W0221423

H.-D. Belitz · W. Grosch

Lehrbuch der Lebensmittelchemie

Dritte, überarbeitete Auflage

Mit 401 Abbildungen und 502 Tabellen

Springer-Verlag Berlin Heidelberg New York
London Paris Tokyo

Professor Dr. Hans-Dieter Belitz

Ordinarius für Lebensmittelchemie an der Technischen Universität München
Leiter des Instituts für Lebensmittelchemie der Technischen Universität München
Direktor der Deutschen Forschungsanstalt für Lebensmittelchemie München
Lichtenbergstraße 4, 8046 Garching

Professor Dr. Werner Grosch

Außerplanmäßiger Professor für Lebensmittelchemie an der Technischen Universität München
Stellvertr. Direktor der Deutschen Forschungsanstalt für Lebensmittelchemie München
Lichtenbergstraße 4, 8046 Garching

ISBN 3-540-16962-8 3. Aufl. Springer-Verlag Berlin Heidelberg New York
ISBN 0-387-16962-8 3rd ed. Springer-Verlag New York Heidelberg Berlin

ISBN 3-540-13171-X 2. Aufl. Springer-Verlag Berlin Heidelberg New York
ISBN 0-387-13171-X 2nd ed. Springer-Verlag New York Heidelberg Berlin

CIP-Kurztitelaufnahme der Deutschen Bibliothek

Belitz, Hans-Dieter
Lehrbuch der Lebensmittelchemie
H.-D. Belitz; W. Grosch – 3., überarb. Auflage
Berlin, Heidelberg, New York, London, Paris, Tokyo: Springer, 1987

Engl. Ausg. u.d.T.: Belitz, Hans-Dieter:
Food chemistry
ISBN 3-540-16962-8 (Berlin ...)
ISBN 0-387-16962-8 (New York ...)
NE: Grosch, Werner

Dieses Werk ist urheberrechtlich geschützt. Die dadurch begründeten Rechte, insbesondere die der Übersetzung, des Nachdrucks, des Vortrags, der Entnahme von Abbildungen und Tabellen, der Funksendung, der Mikroverfilmung oder der Vervielfältigung auf anderen Wegen und der Speicherung in Datenverarbeitungsanlagen, bleiben, auch bei nur auszugsweiser Verwertung, vorbehalten. Eine Vervielfältigung dieses Werkes oder von Teilen dieses Werkes ist auch im Einzelfall nur in den Grenzen der gesetzlichen Bestimmungen des Urheberrechtsgesetzes der Bundesrepublik Deutschland vom 9. September 1965 in der Fassung vom 24. Juni 1985 zulässig. Sie ist grundsätzlich vergütungspflichtig. Zuwiderhandlungen unterliegen den Strafbestimmungen des Urheberrechtsgesetzes.

© by Springer-Verlag Berlin Heidelberg 1982, 1985, 1987
Printed in Germany

Die Wiedergabe von Gebrauchsnamen, Handelsnamen, Warenbezeichnungen usw. in diesem Buch berechtigt auch ohne besondere Kennzeichnung nicht zu der Annahme, daß solche Namen im Sinne der Warenzeichen- und Markenschutz-Gesetzgebung als frei zu betrachten wären und daher von jedermann benutzt werden dürften.

Satz: Passavia Druckerei GmbH Passau
Druck: Saladruck, Steinkopf & Sohn, Berlin
Bindearbeiten: Lüderitz & Bauer, Berlin
2154/3020-543210

Zum Gedenken an

Joseph Schormüller

7. 7. 1903–6. 11. 1974

Vorwort zur dritten Auflage

Für die dritte Auflage wurde der Text aller Kapitel gründlich überarbeitet und auf den neuesten Stand gebracht. Darüber hinaus sind verschiedene Abschnitte hinzugekommen, andere wurden neu gefaßt. Beispielhaft für solche Erweiterungen und Ergänzungen seien genannt:

- Die Aromastoffe wurden bei allen Lebensmitteln verstärkt unter dem Gesichtspunkt ihrer sensorischen Relevanz behandelt.
- Die Darstellung des Ablaufs wichtiger technischer Prozesse wurde durch Fließbilder übersichtlicher gemacht.
- Eine Reihe von Reaktionen (*Maillard*-Reaktion, Lipidperoxidation u. a.) wurde erweitert und verbessert dargestellt.
- Auf Einsatzmöglichkeiten neuerer analytischer Methoden (HPLC, Enzymimmunoassay, NIR u. a.) wurde verstärkt hingewiesen.
- Die Literaturangaben zu allen Kapiteln wurden ergänzt.

Wiederum sind wir allen Kollegen und Studenten sehr dankbar, die bei der Abfassung des Manuskriptes mit Rat und Tat geholfen haben.
Bei der Fertigstellung des Manuskriptes und beim Korrekturlesen wurden wir von Frau Lebensmittelchemikerin A. Mödl und den Damen A. Aumeier, R. Berger, H. Hecht, I. Hofmeier und K. Wüst unterstützt, denen wir herzlich danken. Dem Verlag sind wir für das Eingehen auf unsere Wünsche und die angenehme Zusammenarbeit sehr verbunden.

Garching, im Juni 1987 H.-D. Belitz, W. Grosch

Vorwort zur ersten Auflage

Die sehr schnelle Entwicklung von Lebensmittelchemie und Lebensmitteltechnologie in den letzten zwei Jahrzehnten, die durch die starke Erweiterung sowohl der analytischen als auch der verfahrenstechnischen Möglichkeiten bedingt ist, läßt den international bestehenden Mangel an zusammenfassenden Darstellungen für Unterricht und Fortbildung besonders fühlbar werden. Das vorliegende Lehrbuch der Lebensmittelchemie soll dazu beitragen, die Lücke zu schließen. Wir konnten uns bei seiner Abfassung auf Vorlesungen stützen, die wir seit über 15 Jahren an der Technischen Universität München für verschiedene Fachrichtungen halten.

Da sich die getrennte Behandlung aller wichtigen Lebensmittelinhaltsstoffe (Proteine, Lipide, Kohlenhydrate, Aromastoffe etc.) einerseits und aller wichtigen Lebensmittelgruppen (Milch, Fleisch, Eier, Getreide, Obst, Gemüse etc.) andererseits im Unterricht bewährt hat, ist der Stoff auch im vorliegenden Buch so gegliedert. Inhaltsstoffe, die nur in bestimmten Lebensmitteln vorkommen, werden dort behandelt, wo sie eine besondere Rolle spielen. Den Zusatzstoffen und der Kontamination von Lebensmitteln sind eigene Kapitel gewidmet. Ausführlich dargestellt werden die physikalischen und chemischen Eigenschaften aller wichtigen Inhaltsstoffe, soweit sie die Grundlage für das Verständnis der bei der Gewinnung, Verarbeitung, Lagerung und Zubereitung von Lebensmitteln ablaufenden oder zu erwartenden Reaktionen, sowie der bei der Lebensmittelanalyse benutzten Methoden sind. Weiterhin wurde versucht, die Zusammenhänge zwischen Strukturen und Eigenschaften auf der Ebene der Inhaltsstoffe und auf der Ebene der Lebensmittel deutlich zu machen.
Der Stoff wurde auf die Chemie der Lebensmittel konzentriert und ohne Berücksichtigung nationaler oder internationaler lebensmittelrechtlicher Vorschriften dargestellt. Verzichtet wurde auf eine breitere Erörterung ernährungswissenschaftlicher, lebensmitteltechnologischer und toxikologischer Aspekte, die zwar ebenso wie das Lebensmittelrecht zur Ausbildung des Lebensmittelchemikers gehören, die aber heute aus Gründen der Kompetenz und des Stoffumfangs Gegenstand getrennter Darstellungen sein müssen. Nicht verzichtet wurde dagegen bei den einzelnen Lebensmitteln auf eine kurze Behandlung von Verarbeitungsvorgängen unter Angabe der entsprechenden Prozeßparameter, da diese in unmittelbarer Beziehung zu den chemischen Reaktionen im Lebensmittel stehen. Die für den Lebensmittelchemiker unentbehrlichen warenkundlichen Informationen, sowie Produktionszahlen werden vorwiegend in Form tabellarischer Übersichten geboten.
Jedes Kapitel enthält Literaturhinweise, die, ohne Anspruch auf Vollständigkeit, ohne Berücksichtigung von Prioritäten und ohne Wertung, der Vertiefung des Stoffes dienen sollen. Weitere Literatur von allgemeiner Bedeutung ist am Schluß des Buches zusammengestellt.
Das Buch ist in erster Linie für Studenten der Lebensmittelchemie und der Chemie bestimmt, weiterhin für Studenten anderer Fachrichtungen mit Lebensmittelchemie als Pflicht- oder Wahlfach. Wir hoffen, daß diese Gesamtdarstellung des Gebietes darüber hinaus auch für im Berufsleben stehende Lebensmittelchemiker und Chemiker von Interesse ist.
Für Unterstützung bei der Fertigstellung des Manuskripts und beim Korrekturlesen danken wir sehr herzlich Frau Lebensmittelchemikerin A. Mödl, sowie den Damen J. Hahn, I. Hofmeier, E. Hortig, F. Lynen und K. Wüst. Dem Springer-Verlag sind wir für das verständnisvolle Eingehen auf unsere Wünsche und für die angenehme Zusammenarbeit sehr dankbar.

Garching, im Juli 1982 H.-D. Belitz, W. Grosch

Inhaltsverzeichnis

Einleitung

Lebensmittel sind Stoffe, die in unverändertem, zubereiteten oder verarbeiteten Zustand von Menschen zur Ernährung und zum Genuß verzehrt werden.
Mit den Begriffen „Ernährung" und „Genuß" werden zwei wesentliche Eigenschaften von Lebensmitteln angesprochen, der „Nährwert" und der „Genußwert". Der Nährwert ist relativ einfach zu kennzeichnen, da alle wichtigen Nährstoffe bekannt und in ihrer Wirkung definiert sind und da es sich um eine begrenzte Zahl von Stoffen handelt. Eine Aussage über den Genußwert ist schwerer zu machen, da in diese Aussage alle auf die Sinnesorgane wirkenden Eigenschaften des Lebensmittels, wie Aussehen, Geruch, Geschmack, Konsistenz, eingehen, die durch eine große Zahl von teilweise noch unbekannten Verbindungen bedingt sein können.
Neben Nährwert und Genußwert gewinnen bei der Beurteilung von Lebensmitteln zunehmend auch Eigenschaften Bedeutung, die den Gebrauchswert bestimmen, der u.a. von den Möglichkeiten schneller und bequemer Zubereitung abhängt. Im englischen Sprachraum werden Lebensmittel mit solchen Eigenschaften als „convenience food" bezeichnet. Eine selbstverständliche Forderung an Lebensmittel ist ferner die Abwesenheit von schädlichen Stoffen.
Die Lebensmittelchemie ist nun sowohl mit der Zusammensetzung von Rohstoffen und Produkten als auch mit den bei deren Gewinnung, Verarbeitung, Lagerung und Zubereitung eintretenden Veränderungen befaßt. Die in der Regel außerordentlich komplexe Zusammensetzung von Lebensmitteln kann zu einer Vielzahl von erwünschten oder unerwünschten Reaktionen führen, die von den verschiedensten Parametern abhängen. Um zu brauchbaren Aussagen über solche Reaktionen zu kommen, ist es notwendig, Lebensmittel in überschaubare Einzelsysteme aufzulösen. Ausgehend von Arbeiten über die Zusammensetzung (Nachweis, Isolierung und Strukturaufklärung von Inhaltsstoffen) werden Reaktionen einzelner Bestandteile und definierter Gemische in Modellsystemen verfolgt. Anschließen kann sich daran die Untersuchung von Lebensmitteln, in denen die jeweils betrachteten Reaktionen dominieren. Grundsätzlich gehen derartige Arbeiten von bestimmten Verbindungen aus und es besteht daher keine Ausrichtung auf einzelne Lebensmittelgruppen. Solche allgemeinen Untersuchungen über Reaktionen von Inhaltsstoffen werden ergänzt durch spezielle Untersuchungen über chemische Veränderungen in einzelnen Lebensmitteln. Arbeiten dieser Art sind von vornherein enger mit technischen und wirtschaftlichen Aspekten verbunden. Sie tragen – ausgehend von grundlegenden Erkenntnissen über chemische Vorgänge in Lebensmitteln – sowohl zur Lösung einzelner technischer Probleme als auch zur Optimierung technischer Verfahren bei.
Die umfassende Beurteilung von Lebensmitteln setzt voraus, daß die Lebensmittelanalytik mit der Lebensmitteltechnik Schritt hält. Ein Schwerpunkt der Lebensmittelchemie ist deshalb auch die Bereitstellung und ständige Weiterentwicklung analytischer Methoden. Besondere Bedeutung gewinnt dieser Punkt durch die mögliche Kontamination von Lebensmitteln mit gesundheitlich bedenklichen Stoffen. Hier ergeben sich enge Beziehungen zu Umweltproblemen.
Insgesamt dient lebensmittelchemische Forschung dem Ziel, objektive Maßstäbe

für eine Beurteilung nach den genannten Kriterien – Nährwert, Genußwert, Abwesenheit schädlicher Stoffe, Gebrauchswert – zu liefern und damit eine wesentliche Voraussetzung für die Produktion hochwertiger Lebensmittel in ausreichender Menge zu schaffen.

Aus den hier skizzierten Aufgaben wird deutlich, daß die Lebensmittelchemie nicht wie andere chemische Disziplinen von vornherein auf bestimmte Stoffklassen oder bestimmte Methoden konzentriert ist, sondern daß sie stofflich und methodisch ein sehr weites Feld abzudecken hat.

0 Wasser

0.1 Einführung

In vielen Lebensmitteln dominiert das Wasser (Tab. 0.1). Es fördert als Medium chemische Umsetzungen, und es ist an Hydrolysen als Reaktionspartner beteiligt. Entzug des Wassers oder Bindung durch Erhöhung der Kochsalz- oder Zuckerkonzentration führt deshalb zu einer Hemmung vieler Reaktionen bzw. zur Hemmung des Wachstums von Mikroorganismen und damit bei einer Reihe von Lebensmitteln zu einer erhöhten Lagerstabilität. Durch physikalische Wechselwirkungen mit Proteinen, Polysacchariden, Lipiden und Salzen leistet das Wasser auch einen wesentlichen Beitrag zur Textur.

Tabelle 0.1. Wassergehalt von Lebensmitteln

Lebensmittel	Wasser (Gew-%)	Lebensmittel	Wasser (Gew-%)
Fleisch	65–75	Getreidemehle	12–14
Milch	87	Kaffeebohnen, geröstet	5
Gemüse, Obst	70–90	Milchpulver	4
Brot	35	Speiseöle	0
Honig	20		
Butter, Margarine	16–18		

Die Funktion des Wassers wird verständlich, wenn wir seine Struktur und seinen Zustand in Lebensmitteln betrachten. Spezielle Aspekte der Wasserbindung werden bei einzelnen Inhaltsstoffen (cf. 1.4.3.3; 3.5.2 u. 4.4.3) und beim Fleisch (cf. 12.5) erörtert.

0.2 Struktur

0.2.1 Wassermolekül

Die sechs Valenzelektronen des Sauerstoffs sind im Wassermolekül zu vier sp^3-Orbitalen hybridisiert, die sich nach den Ecken eines etwas verzerrten Tetraeders erstrecken (Abb. 0.1). Je zwei Hybridorbitale werden von O—H-Bindungen, die einen H—O—H-Bindungswinkel von 105° bilden, und von den beiden nichtbindenden Elektronenpaaren (n-Elektronen) eingenommen. Die OH-Bindungen sind auf Grund der höheren Elektronegativität des Sauerstoffs etwa zu 40% ionisiert.

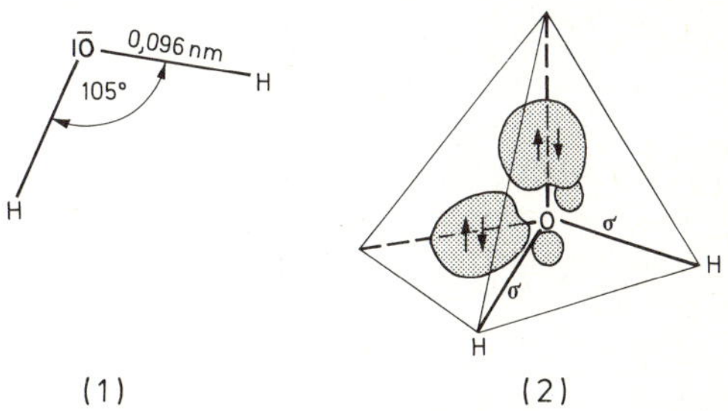

Abb. 0.1. Wasser. (1) Molekülgeometrie, (2) Orbitalmodell

Vier Wassermoleküle werden tetraedrisch von einem Wassermolekül über Wasserstoff-Brücken koordiniert, an denen die zwei mit n-Elektronen besetzten sp^3-Orbitale des Sauerstoffs als Akzeptoren und die beiden H-Atome beteiligt sind (Abb. 0.2). Die Dissoziationsenergie für eine H-Brücke beträgt ungefähr 25 kJ/mol.

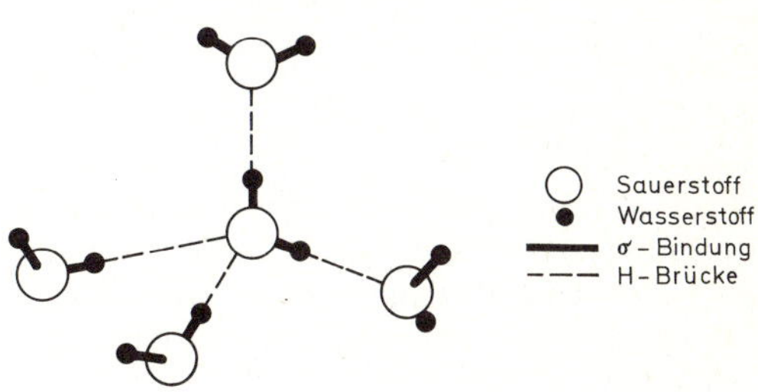

Abb. 0.2. Tetraedrische Koordination von Wassermolekülen

Die gleichzeitige Anwesenheit von je zwei Akzeptor- und Donor-Stellen für H-Brücken im Molekül begründet die im Vergleich zu anderen kleinen Molekülen ungewöhnlichen physikalischen Eigenschaften des Wassers, denn nur Wassermoleküle können sich zu einem dreidimensionalen Netzwerk assoziieren, das von H-Brücken stabilisiert wird. Alkohole und die mit Wasser isoelektronischen Dipole HF und NH_3 bilden nur lineare und zweidimensionale Strukturen aus.

Die oben angesprochene Polarisierung der O—H-Bindung wird über die H-Brücken weitergegeben und erstreckt sich über mehrere Bindungen. Das Dipolmoment eines aus mehreren H_2O-Molekülen bestehenden Komplexes ist somit größer als das Dipolmoment des Einzelmoleküles. Die Dielektrizitätskonstante des Wassers liegt deshalb recht hoch und übersteigt den Wert, den man auf Grund des Dipolmoments des Einzelmoleküls errechnen kann.

Entlang der H-Brücken vollzieht sich auch der Transport von Protonen, in dem sie von einem H_2O-Molekül zum anderen springen. Das aus der Dissoziation eines H_2O-Moleküls oder aus einer Säure stammende Proton verschwindet dabei in den n-Elektronen eines benachbarten H_2O-Moleküls.

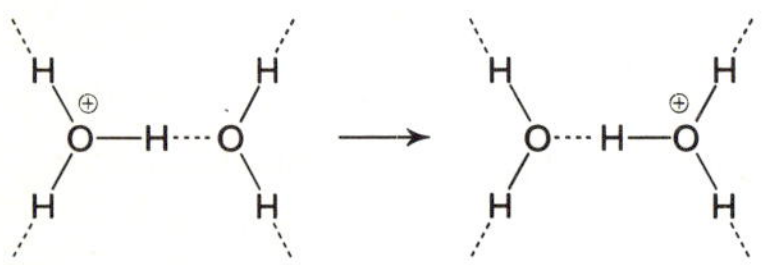

(0.1)

Es entsteht das $H_3O^{\oplus}$-Ion, das unter Ausbildung sehr starker Wasserstoffbrücken (Dissoziationsenergie etwa 100 kJ/mol) hydratisiert vorliegt. Für den Transport der $OH^{\ominus}$-Ionen, der auch entlang der H-Brücken erfolgt, gilt ein entsprechender Mechanismus.

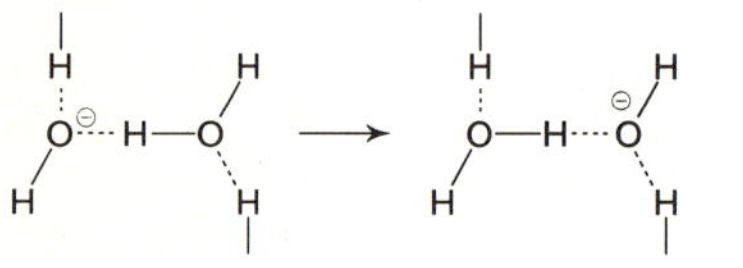

(0.2)

Da der Übergang des Protons von einem Sauerstoffatom zum anderen sehr schnell erfolgt ($\nu > 10^{12}\ s^{-1}$) übertrifft seine Beweglichkeit die aller anderen Ionen um das 4–5fache. Eine Ausnahme macht nur das $OH^{\ominus}$-Ion, das sich durch eine gestufte Attraktion von Protonen nur etwa 40% langsamer durch die Wasserstruktur bewegt.

Da im Eis sich die H-Brücken über größere Bereiche erstrecken als im flüssigen Wasser (vgl. folgenden Abschnitt), sind hier die Protonen noch um den Faktor 100 beweglicher.

0.2.2 Flüssiges Wasser und Eis

Die Anordnung der Wassermoleküle im flüssigen Wasser und im Eis ist noch nicht vollständig geklärt. Die im folgenden dargestellten Hypothesen sind aber mit den vorliegenden Daten im Einklang und werden allgemein akzeptiert.

Durch die ausgeprägte Neigung der Wassermoleküle zur Assoziation über H-Brücken sind flüssiges Wasser und Eis hochstrukturierte Körper. Sie unterscheiden sich in den Abständen der Wassermoleküle, in der vorherrschenden Koordinationszahl, in der Durchgängigkeit und Lebensdauer der Strukturen. Bei 0 °C und 1 atm Druck entsteht mit Eis-I eine von neun bisher bekannten Eis-Modifikationen, von denen jede in einem bestimmten Temperatur- und Druckbereich stabil ist. Im Eis-I beträgt die Koordinationszahl vier, der O—H···O-Abstand 0,276 nm (0 °C) und das H-Atom ist 0,101 nm bzw. 0,175 nm von den beiden Sauerstoffatomen entfernt. Die aus fünf Wassermolekülen bestehenden Tetraeder sind zwar locker gepackt, aber durchgehend über H-Brücken verbunden.

Die Koordinationszahl und der Abstand zwischen zwei Wassermolekülen nehmen beim Übergang Eis → Wasser und bei weiterer Erwärmung zu (Tab. 0.2). In bezug auf die Dichte verhalten sich die beiden Effekte gegensinnig. Ein Anstieg der Koordinationszahl, d.h. eine Zunahme der H_2O-Moleküle, die unmittelbar jedes H_2O-Molekül umgeben, erhöht die Dichte, während sie bei einer Zunahme der Molekülabstände sinkt. Beim Anstieg der Temperatur von 0 °C auf 4 °C überwiegt der aus der Zunahme der Koordinationszahl resultierende Effekt. Wasser hat demzufolge die ungewöhnliche Eigenschaft, daß bei 0 °C seine Dichte im flüssigen Zustand (0,9998 g/cm³) größer ist als im festen Zustand (Eis-I, ϱ = 0,9168 g/cm³). Für flüssiges Wasser wird angenommen, daß die H_2O-Moleküle über H-Brücken Polygone bilden, die in einem dyna-

Tabelle 0.2. Koordinationszahl und Abstand von zwei Wassermolekülen

	Koordinationszahl	O—H···O-Abstand
Eis (0 °C)	4	0,276 nm
Wasser (1,5 °C)	4,4	0,290 nm
Wasser (83 °C)	4,9	0,305 nm

mischen Gleichgewicht sich sehr schnell auflösen und neu formieren. Diese Fluktuation erklärt die niedrigere Viskosität des Wassers, die bei starren H-Brücken nicht verständlich wäre.
Die Struktur des flüssigen Wassers ändert sich beim Lösen von Ionen, von Molekülen mit polaren und/oder hydrophoben Gruppen. So besetzen die n-Elektronen der Wassermoleküle die freien Orbitale des Kations bei der Bildung von Aquo-Komplexen. Über H-Brücken werden weitere H_2O-Moleküle zu einer Hydrathülle koordiniert, die dann die natürliche Wasserstruktur stört. Anionen bauen über Ionen-Dipol- und polare Gruppen über Dipol-Dipol-Wechselwirkungen oder H-Brücken eine Hydrathülle auf und greifen dadurch in die Struktur des Wassers ein. Nicht weniger stören aliphatische Gruppen, da sie über Dispersionskräfte die Seite der H_2O-Moleküle mit den n-Elektronen-Orbitalen fixieren können. Ein Minimum der freien Enthalpie wird erreicht, wenn sich um die hydrophoben Gruppen eine eher eisartige Wasserstruktur einstellt, die im Sinne tetraedrischer Viererkoordination vollkommener geordnet ist als im normalen flüssigen Wasser. Solche eisartigen Hüllen aliphatischer Gruppen leisten z. B. bei Proteinen einen Beitrag zur Stabilisierung der aus thermodynamischen Gründen begünstigten Konformation.
Da Eis und flüssiges Wasser hochstrukturiert sind, bedarf es im Vergleich zu Stoffen bei denen das nicht oder in einem geringeren Umfang der Fall ist, zusätzlicher Energie, um solche Strukturen aufzulösen. Wasser hat deshalb einen wesentlich höheren Schmelz- und Siedepunkt als Methanol und Dimethylether (Tab. 0.3), in deren Molekülen nur eine bzw. keine Donor-Stelle für H-Brücken vorkommt.

Tabelle 0.3. Schmelz- und Siedepunkte

	F_p (°C)	K_p (°C)
H_2O	0,0	100,0
CH_3OH	−98	64,7
CH_3OCH_3	−138	−23

0.3 Wasserbindung

0.3.1 Sorptionsisotherme

In Abb. 0.3 ist die Sorptionsisotherme eines Lebensmittels, d. h. die Beziehung zwischen dem Wassergehalt und der Wasseraktivität a_w, dargestellt. Die Wasseraktivität ist definiert:

$$a_W = \frac{p}{p_o} = \frac{RGF}{100} \qquad (0.3)$$

p = Wasserdampfpartialdruck im Lebensmittel bei der Temperatur T
p_0 = Sättigungsdampfdruck des reinen Wassers bei der gegebenen Temperatur
RGF = Relative Gleichgewichtsfeuchtigkeit bei gegebener Temperatur

Bei niedrigen Wassergehalten (< 50%) haben kleine Änderungen dieses Parameters starke Veränderungen in der Wasseraktivität zur Folge. Die Sorptionsisotherme eines Lebensmittels mit niedrigerem Wassergehalt ist deshalb im Vergleich zu Abb. 0.3a mit gedehnter Ordinate in Abb. 0.3b dargestellt.
Gemäß Abb. 0.3b liegt die den Verlauf einer Trocknung kennzeichnende Desorptionsisotherme etwas höher als die für die Lagerung feuchtigkeitsempfindlicher Lebensmittel maßgebende Adsorptionsisotherme. Zur Erklärung der Hysterese kommen zwei Ursachen in Betracht. Bei der Trocknung schließen sich Kapillaren; die innere Oberfläche nimmt ab. – Zum Füllen der verbliebenen Kapillaren, deren Geometrie bei Lebensmitteln stark differiert, wird ein höherer Wasserdampfpartialdruck als zur Entleerung benötigt, denn die Adsorption ist vom größten und die Desorption vom kleinsten Wert des Kapillarradius abhängig.
Aus dem Verlauf der Sorptionsisothermen ergeben sich drei Bereiche der Wasserbindung. Bei der Adsorption überzieht sich zunächst die trokkene innere Oberfläche monomolekular mit Wasser (Abschnitt A in Abb. 0.3b), wobei es mit den Inhaltsstoffen zu den unter 0.2.2 genannten Wechselwirkungen kommt. Im Abschnitt B (Abb. 0.3b) koordiniert die monomolekulare Schicht weitere Wassermoleküle bis eine Hydrathülle entsteht, die noch nicht beweglich ist und deshalb auch bei tiefer Temperatur nicht gefrieren kann (Typ III der Wasserbindung in

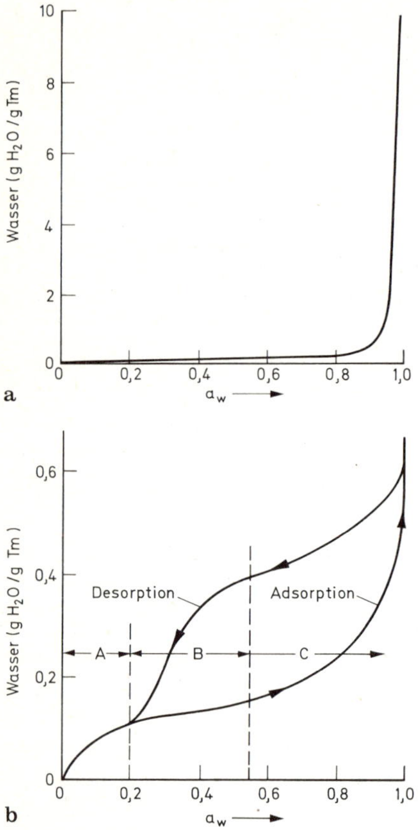

Abb. 0.3. Sorptionsisotherme. (Nach *T. P. Labuza* et al., 1970)

a Lebensmittel mit hohem Wassergehalt;
b Lebensmittel mit niedrigem Wassergehalt
Tm: Trockenmasse

Tabelle 0.4. Bindung des Wassers in Lebensmitteln

Bindungs-typ	a_w-Bereich	Zustand
I	0,8–0,99	Bewegliches Wasser im Gewebe von Membranen eingeschlossen bzw. in Makrokapillaren (∅ > 1 μm); Gefrierpunkt etwas erniedrigt.
II	0,25–0,8	Wassermoleküle mit eingeschränkter Beweglichkeit, z. B. in Mikrokapillaren (∅ < 1 μm); Gefrierpunkt stark erniedrigt.
III	< 0,25	„Nicht gefrierendes" Wasser

Tabelle 0.5. Wassergehalt einiger Lebensmittel am BET-Punkt

Lebensmittel	Wassergehalt (g/100 g Trockensubstanz)	Lebensmittel	Wassergehalt (g/100 g Trockensubstanz)
Stärke	11	Kartoffeln, in Stücken	6
Gelatine	11	Magermilchpulver	3
Lactose, amorph	6	Rindfleisch, gefriergetrocknet	4
Dextran	9		
Saccharose, kristallin	0,4		

Tab. 0.4). Bei höheren Wasseraktivitäten (Abschnitt C in Abb. 0.3b) kondensiert Wasser zunehmend in den Kapillaren, wobei in Abhängigkeit von der Beweglichkeit des Wassers zwischen Typ I und II unterschieden werden kann (Tab. 0.4).

Die monomolekulare Belegung der inneren Oberfläche eines Lebensmittels mit Wasser wird durch den BET-Punkt markiert. Er ist nach *Brunauer, Emmett* und *Teller* benannt, die eine mathematische Beziehung entwickelt haben, mit der, von der Sorptionsisotherme eines Lebensmittels ausgehend, derjenige Teil des Wassers berechnet werden kann, der monomolekular gebunden vorliegt. Die erhaltenen Werte (Beispiele in Tab. 0.5) sind Näherungen, da die Berechnung auf einer Reihe von Vereinfachungen basiert.

Das „nicht-gefrierende" Typ-III-Wasser, dessen Anteil etwa zwei- bis viermal so hoch ist wie der Wassergehalt am BET-Punkt, kann mit Hilfe der Differential-Thermoanalyse, das Typ-II-Wasser mit Hilfe der ^{1}H-NMR-Spektroskopie bestimmt werden.

0.3.2 Einfluß auf die Reaktionsgeschwindigkeit

In Lebensmitteln, deren Wassergehalt geringer ist als der Gehalt an Feststoffen, hängt die Geschwindigkeit vieler Reaktionen vom Grad der Wasserbindung ab.

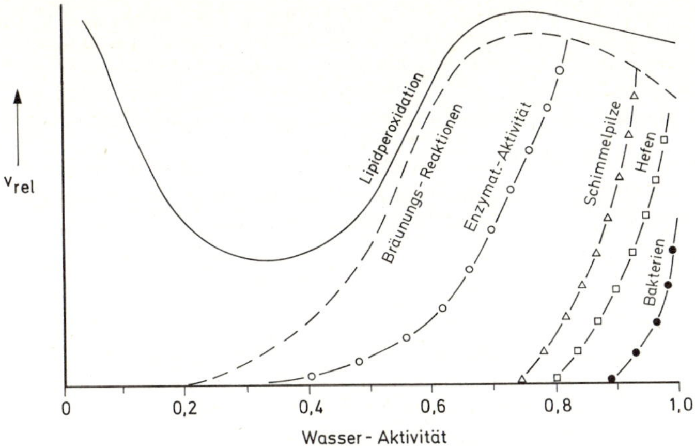

Abb. 0.4. Lagerstabilität von Lebensmitteln in Abhängigkeit von der Wasseraktivität. (Nach *T.P. Labuza,* 1971)

Der Einfluß der Wasseraktivität auf Prozesse, die für die Qualität von Lebensmitteln von zentraler Bedeutung sind, ist prinzipiell in Abb. 0.4 dargestellt. Abnehmende Wasseraktivität bremst zunächst das Wachstum von Mikroorganismen, dann die Reaktionen, die von Enzymen (insbesondere Hydrolasen cf. 2.7) katalysiert werden, und schließlich auch die nicht-enzymatische Bräunung. Eine Ausnahme macht nur die Autoxidation der Lipide, deren Geschwindigkeit im trockenen Lebensmittel wieder ansteigt (cf. 3.7.2.1.4).

Tabelle 0.6. Wasseraktivität von Lebensmitteln

Lebensmittel	a_w	Lebensmittel	a_w
Leberwurst	0,96	Marmelade	0,82–0,94
Salami	0,82–0,85	Honig	0,75
Getrocknete Früchte	0,72–0,80		

Die Lagerstabilität von Lebensmitteln mit a_w-Werten zwischen 0,2 und 0,4 ist am höchsten (Abb. 0.4). Sie bedürfen keiner Konservierung gegen mikrobiellen Verderb und ihre Qualität wird auch durch die nicht-enzymatische Bräunung und die Lipidautoxidation kaum beeinträchtigt.

Lebensmittel mit a_w-Werten zwischen 0,6 und 0,9 (Beispiele in Tab. 0.6) werden als „intermediate moisture foods" (IMP) bezeichnet. Sie sind weitgehend geschützt gegen mikrobiellen Verderb.

Tabelle 0.7. Wassergehalt einiger Lebensmittel bzw. -bestandteile bei einer Wasseraktivität von 0,8

	Wassergehalt (%)		Wassergehalt (%)
Erbsen	16	Glycerin	108
Casein	19	Sorbit	67
Stärke		Saccharose	56
(Kartoffel)	20	Kochsalz	332

Ein Weg zur Herabsetzung der Wasseraktivität und damit zur Verbesserung der Haltbarkeit ist ein Zusatz von Substanzen mit hohem Wasserbindungsvermögen („humectants").

Der Gegenüberstellung in Tab. 0.7 ist zu entnehmen, daß dafür neben Kochsalz insbesondere Glycerin, Sorbit und Saccharose von Interesse sind. Allerdings handelt es sich hier um Geschmacksstoffe, die bei vielen Lebensmitteln nicht oder zumindest nicht in den erforderlichen hohen Konzentrationen vom Verbraucher akzeptiert werden.

0.4 Literatur

Fennema, O.R.: Water and ice. In: Principles of food science, part I (Ed.: Fennema, O.R.), p. 13, Marcel Dekker, Inc.: New York. 1976

Franks, F.: Water, ice and solutions of simple molecules. In: Water relations of foods (Ed.: Duckworth, R.B.), p. 3, Academic Press, London. 1975

Heiss, R.: Haltbarkeit und Sorptionsverhalten wasserarmer Lebensmittel. Springer-Verlag, Berlin. 1968

Karel, M.: Water activity and food preservation. In: Principles of food science, part II (Eds.: Karel, M., Fennema, O. R., Lund, D. B.), p. 237, Marcel Dekker, Inc.: New York. 1975

Labuza, T. P.: Sorption phenomena in foods. Food Technol. *22*, 263 (1968)

Labuza, T. P.: Kinetics of lipidoxidation in foods. Crit. Rev. Food Technol. *2*, 355 (1971)

Labuza, T. P., Tannenbaum, S. R., Karel, M.: Water content and stability of low-moisture and intermediate-moisture foods. Food Technol. *24*, 543 (1970)

Polesello, A., Giangiacomo, R.: Application of near infrared spectrophotometry to the nondestructive analysis of foods: a review of experimental results. Crit. Rev. Food Sci. Nutr. *18*, 203 (1982/83)

Rockland, L. B.: Water activity and storage stability. Food Technol. *23*, 1241 (1969)

1 Aminosäuren, Peptide, Proteine

1.1 Einführung

Aminosäuren, Peptide und Proteine sind wichtige Bestandteile von Lebensmitteln. Sie liefern einerseits die für die Proteinbiosynthese notwendigen Bausteine. Andererseits tragen Aminosäuren und Peptide direkt zum Geschmack von Lebensmitteln bei und sind auch Vorläufer für Aromastoffe und Farbstoffe, die über thermische und/oder enzymatische Reaktionen bei der Gewinnung, Verarbeitung und Lagerung von Lebensmitteln gebildet werden. An solchen Reaktionen können auch andere Lebensmittelinhaltsstoffe, z.B. Kohlenhydrate, beteiligt sein. Weiterhin tragen Proteine über ihre Fähigkeit zur Bildung oder Stabilisierung von Gelen, Schäumen, Teigen, Emulsionen und fibrillären Strukturen ganz wesentlich zu den physikalischen Eigenschaften von Lebensmitteln bei.

Tabelle 1.0 informiert über die wichtigsten Proteinquellen und ihren Anteil an der weltweiten Proteinerzeugung. Neben Pflanzen und Tieren kommen Algen *(Chlorella, Scenedesmus, Spirulina spp.)*, Hefen und Bakterien für die Produktion von Proteinen in Frage (Einzellerproteine, Single Cell Proteins, SCP). Als C-Quellen werden u.a. Glucose, Melasse, Stärke, Sulfitablaugen, Abwasser, höhere n-Alkane und Methanol verwendet. Hefen der Gattung *Candida* wachsen z.B. auf Paraffinen und liefern ca. 0,75 t Protein/t Kohlenwasserstoff. Bakterien der Gattung *Pseudomonas* liefern in wäßrigem Methanol ca. 0,3 t Protein/t Alkohol. Aufgrund des hohen Nucleinsäuregehaltes von Hefen und Bakterien (6–17% der Trockenmasse) ist eine Isolierung des Proteins aus der Zellmasse notwendig. Die künftige Bedeutung von Einzellerproteinen hängt vom Preis und von den technologischen Eigenschaften ab.

Tabelle 1.0. Proteinerzeugung (Welt, 1978/79)

Proteinquelle	Proteinmenge (Mio. t/a)	Ausbeute (kg/ha)	Preis (US $/kg)
Getreide	140	200– 700	1
Ölsaaten	40	500–1200	0,8
Leguminosen[a]	8,6	200–1000	1
Gemüse[b]	8,3		7
Fleisch	18	50– 200	17
Fisch	13		11
Milch	15	50– 400	12
Eier	3		10

[a] Ohne Ölsaaten. [b] Wurzeln und Knollen.

1.2 Aminosäuren

1.2.1 Allgemeines

In Totalhydrolysaten von Proteinen liegen etwa 20 Aminosäuren vor, denen von einigen Ausnahmen abgesehen, die allgemeine Formel

$$\mathrm{R{-}\underset{\displaystyle NH_2}{\underset{|}{C}H}{-}COOH} \qquad (1.0)$$

zukommt. Im einfachsten Fall ist R = H (Aminoessigsäure, Glycin), bei den übrigen Aminosäuren ist R ein aliphatischer, aromatischer oder heterocyclischer Rest, der weitere funktionelle Gruppen tragen kann. Tab. 1.1 orientiert über die wichtigsten Proteinbausteine. Die Gesamtzahl der in der Natur vorkommenden Aminosäuren (Abb. 1.1) liegt bei 200. Eine Reihe dieser ungewöhnlichen Aminosäuren, die besonders in pflanzlichen Materialien in freier Form vorkommen, wird im Kapitel Gemüse besprochen.

1.2.2 Einteilung, Entdeckung und Vorkommen

1.2.2.1 Einteilung

Eine Einteilung der Aminosäuren ist nach verschiedenen Gesichtspunkten möglich. Da die Seitenketten der Aminosäuren für die intra- und

Tabelle 1.1. Aminosäuren (Proteinbausteine)

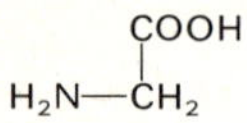	Glycin (Gly, G)[a]	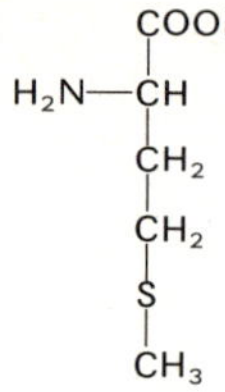	L-Methionin (Met, M)	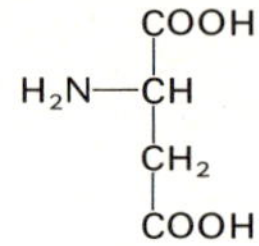	L-Asparaginsäure[a] (Asp, D)
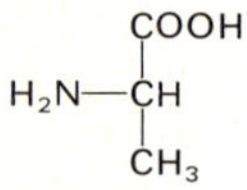	L-Alanin (Ala, A)	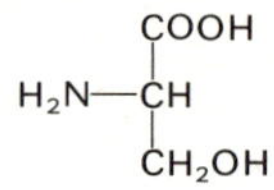	L-Serin (Ser, S)	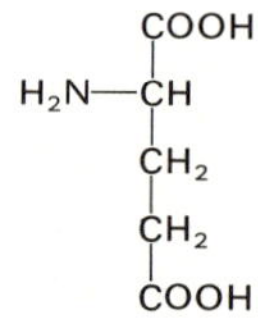	L-Glutaminsäure[a] (Glu, E)
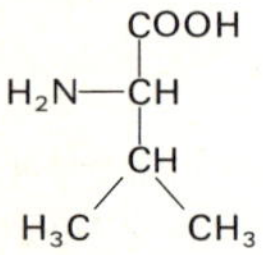	L-Valin (Val, V)	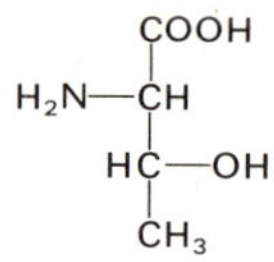	L-Threonin (Thr, T)	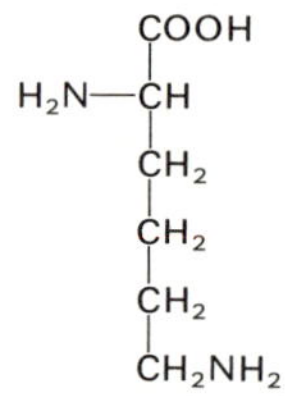	L-Lysin (Lys, K)
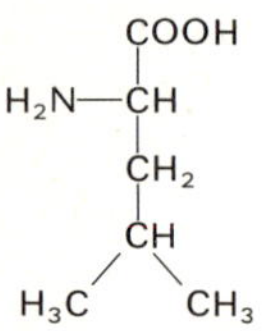	L-Leucin (Leu, L)	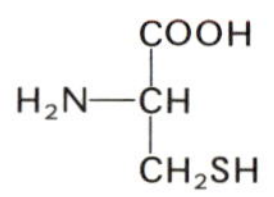	L-Cystein (Cys, C)	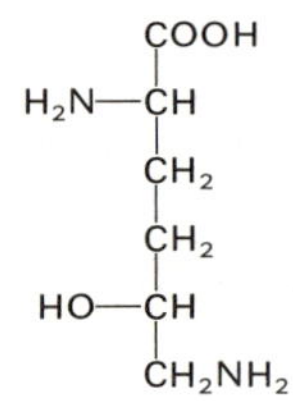	L-5-Hydroxylysin
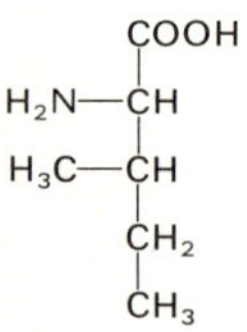	L-Isoleucin (Ile, I)	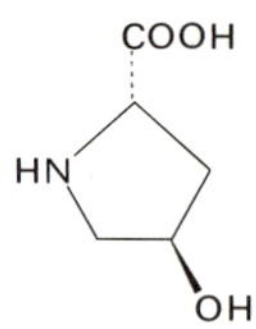	L-4-Hydroxyprolin	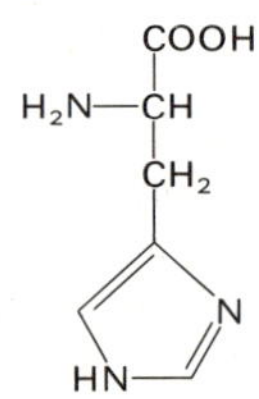	L-Histidin (His, H)
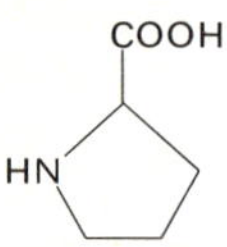	L-Prolin (Pro, P)	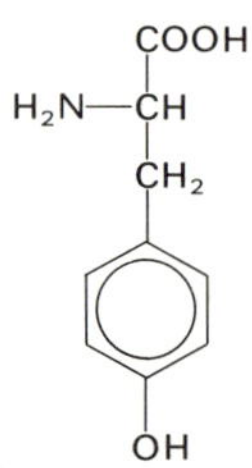	L-Tyrosin (Tyr, Y)	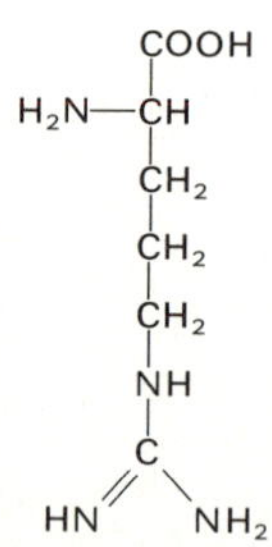	L-Arginin (Arg, R)
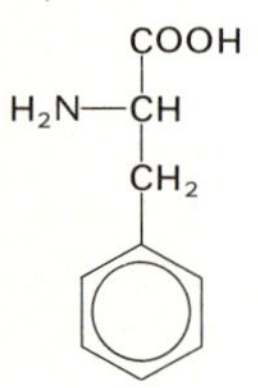	L-Phenylalanin (Phe, F)	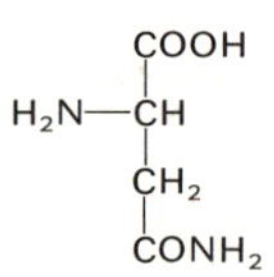	L-Asparagin[b] (Asn, N)		
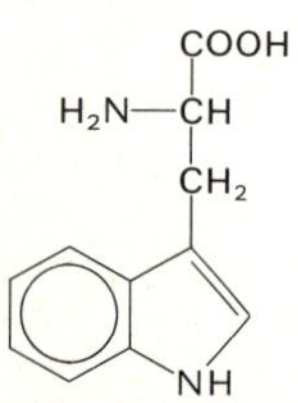	L-Tryptophan (Trp, W)	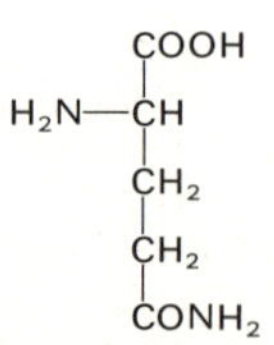	L-Glutamin[b] (Gln, Q)		

[a] Drei- und einbuchstabige Symbole.

[b] Wenn keine Unterscheidung zwischen Säure und Amid erfolgt, dann lauten die Symbole (Asx, B) und (Glx, Z).

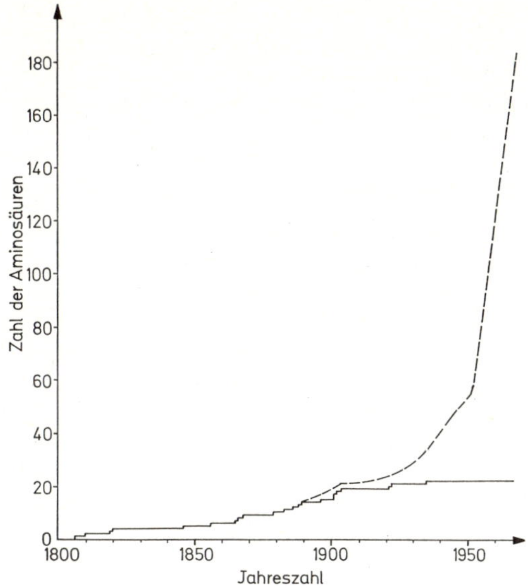

Abb. 1.1. Entdeckung natürlich vorkommender Aminosäuren (nach *Meister,* 1965). ---- Aminosäuren insgesamt, —— normale Proteinbausteine

intermolekularen Wechselwirkungen bei Proteinen und damit für deren Eigenschaften entscheidend sind, kann man einteilen in:

- Aminosäuren mit ungeladenen, unpolaren Seitenketten: Glycin, Alanin, Valin, Leucin, Isoleucin, Prolin, Phenylalanin, Tryptophan, Methionin.
- Aminosäuren mit ungeladenen, polaren Seitenketten: Serin, Threonin, Cystein, Tyrosin, Asparagin, Glutamin.
- Aminosäuren mit geladenen Seitenketten: Asparaginsäure, Glutaminsäure, Histidin, Lysin, Arginin.

Eine Einteilung nach ernährungsphysiologischen Gesichtspunkten unterscheidet:

- essentielle Aminosäuren:
  Valin, Leucin, Isoleucin, Phenylalanin, Tryptophan, Methionin, Threonin, Histidin (für den Säugling essentiell), Lysin, Arginin (semiessentiell).
- nichtessentielle Aminosäuren:
  Glycin, Alanin, Prolin, Serin, Cystein, Tyrosin, Asparagin, Glutamin, Asparaginsäure, Glutaminsäure.

1.2.2.2 Entdeckung und Vorkommen

Alanin wurde aus Seidenfibroin 1888 von *Th. Weyl* isoliert. Es findet sich in den meisten Proteinen, besonders reichlich in Seidenfibroin (35%). Gelatine und Zein enthalten etwa 9%, während der Alaningehalt der übrigen Proteine zwischen 2 und 7% liegt. Alanin gehört zu den für den menschlichen Organismus nicht essentiellen Aminosäuren.

Arginin wurde von *E. Schulze* und *E. Steiger* 1886 erstmals aus Lupinenkeimlingen isoliert. Es findet sich in allen Proteinen zu durchschnittlich 3–6%, besonders reichlich in den Protaminen. Der Arginingehalt des Erdnußproteins ist mit 11% ziemlich hoch. Biochemisch ist Arginin als Zwischenprodukt der Harnstoffsynthese von großer Bedeutung. Für den Menschen ist es eine semiessentielle Aminosäure, deren Zufuhr mit der Nahrung bei bestimmten Stoffwechsellagen notwendig zu sein scheint.

Asparagin wurde 1806 als erste Aminosäure von *Vauquelin* und *Robiquet* aus Spargelsaft isoliert. Das Vorkommen in Proteinen (Edestin) wurde 1932 durch *Damodaran* bewiesen. In Glykoproteinen kann die Kohlenhydratkomponente N-glykosidisch über die Amidgruppe gebunden sein (cf. 11.2.3.1.1 und 11.2.3.1.3).

Asparaginsäure wurde 1868 von *H. Ritthausen* aus Leguminosen isoliert. Sie findet sich in allen tierischen Proteinen, vor allem in Albuminen in Mengen von 6–10%. Reich an Asparaginsäure sind Proteine aus Alfalfa (14,9%) und Mais (12,3%), während Weizen abfällt (3,8%). Asparaginsäure ist nicht essentiell.

Cystin wurde 1810 von *W. H. Wollaston* aus Blasensteinen und 1899 von *L. Mörner* aus Horn isoliert. Es kommt reichlich in Keratinen vor (9%) und hat allgemein große Bedeutung, da in vielen Proteinen Peptidketten über eine Disulfidbindung zwischen zwei Cysteinresten miteinander verknüpft sind. Auch innerhalb einer Peptidkette erfolgt die Fixierung einer bestimmten Konformation häufig über Disulfidbindungen. Die meisten Proteine enthalten Mengen von 1–2%. Cystin ist nicht essentiell, kann aber zum Teil Methionin ersetzen.

Glutamin wurde 1883 von *Schulze* und *Bosshard* aus Zuckerrübensaft erhalten. Das Vorkommen in Proteinen (Edestin) wurde 1932 durch *Damo-*

daran bewiesen. Glutamin geht leicht in Pyrrolidoncarbonsäure über, die zwischen pH 2,2 und 4,0 beständig ist und durch Säure oder Alkali zu Glutaminsäure gespalten wird.

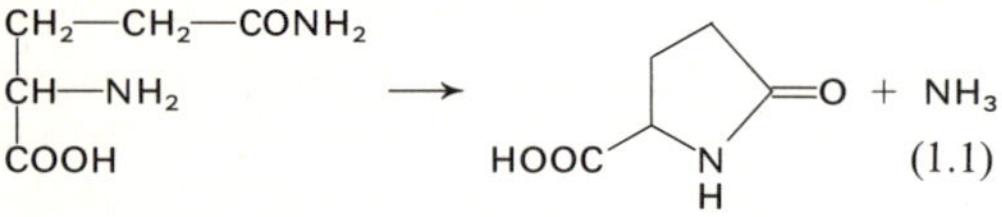

(1.1)

Glutaminsäure hat *H. Ritthausen* 1866 aus Weizengluten isoliert. Sie kommt in den meisten Proteinen in großen Mengen vor, besonders reichlich aber in Milch- (21,7%), Weizen- (31,4%), Mais- (18,4%) und Sojaprotein (18,5%). Auch in der Melasse sind größere Mengen Glutaminsäure enthalten. In Form von Mononatriumglutamat wird sie in großem Umfang zahlreichen Lebensmitteln zur Geschmacksverbesserung zugesetzt.

Glycin findet sich in großen Mengen in den Strukturproteinen (Collagen enthält 25 bis 30%) und wurde von *H. Braconnot* 1820 aus Gelatine isoliert. Es ist nicht essentiell, spielt aber als Baustein vieler anderer Verbindungen in biosynthetischen Mechanismen eine große Rolle.

Histidin wurde von *A. Kossel* und *S.G. Hedin* unabhängig voneinander 1896 aus Protaminen isoliert. Es ist in den meisten Proteinen in Mengen von 2–3% anzutreffen; Blutproteine enthalten etwa 6%. Histidin ist für den Säugling essentiell.

5-Hydroxylysin wurde von *van Slyke* et al. (1921) und von *Schryver* et al. (1925) erhalten. Es kommt im Collagen vor. In Glykoproteinen kann die Kohlenhydratkomponente O-glykosidisch über die Hydroxygruppe gebunden sein (cf. 12.3.2.3.1).

4-Hydroxyprolin wurde 1902 von *E. Fischer* aus Gelatine erhalten. Da es sehr reichlich im Collagen (12,4%) auftritt, wird die Hydroxyprolinbestimmung zum Nachweis von Bindegewebsanteilen in Fleischerzeugnissen herangezogen. Hydroxyprolin kommt auch in Pflanzen als Bestandteil von Glykoproteinen vor, die am Aufbau der Zellwände beteiligt sind. Hydroxyprolin ist nicht essentiell.

Isoleucin wurde 1904 von *P. Ehrlich* aus Fibrin erhalten. Die Aminosäure ist essentiell. Fleisch- und Getreideproteine enthalten 4–5%, Ei- und Milchproteine etwa 6–7%.

Leucin wurde von *H. Braconnot* 1820 aus Wolle und Muskel isoliert. Es findet sich als essentielle Aminosäure in den meisten Proteinen zu 7–10%. Getreideproteine enthalten unterschiedliche Mengen (Maisprotein: 12,7%, Weizenprotein 6,9%). Aus Leucin und Isoleucin entstehen bei der alkoholischen Gärung Fuselalkohole.

Lysin wurde von *E. Drechsel* 1889 aus Casein isoliert und findet sich zu 7–9% in Fleisch-, Ei- und Milchproteinen. Cerealienproteine, vor allem die Prolamine sind mit 2–4% ärmer an dieser essentiellen Aminosäure. Krebs- und Fischproteine liegen mit 10–11% am höchsten. Lysin ist gleich Threonin und Methionin der limitierende Faktor für die biologische Wertigkeit vieler Proteine, vor allem pflanzlicher Herkunft. Lysin-Verluste treten bei vielen technischen Prozessen auf, da die Aminosäure durch ihre ε-Aminogruppe besonders reaktionsfähig ist (cf. *Maillard*-Reaktion).

Methionin wurde 1922 von *J.H. Müller* aus Casein erhalten. In tierischen Proteinen ist es zu 2–4% vertreten, in pflanzlichen zu 1–2%. Es gehört zu den essentiellen Aminosäuren und spielt in vielen biochemischen Prozessen als Methyl-Donator eine große Rolle. Die Aminosäure ist sehr sauerstoff- und hitzeempfindlich, so daß bei verschiedenen technischen Prozessen, z.B. beim Trocknen, Darren, Puffen, Rösten, sowie bei der Behandlung mit Oxidationsmitteln, Verluste auftreten können. Bei der Mehlbleichung mit Stickstofftrichlorid entsteht das toxische Methioninsulfoximid:

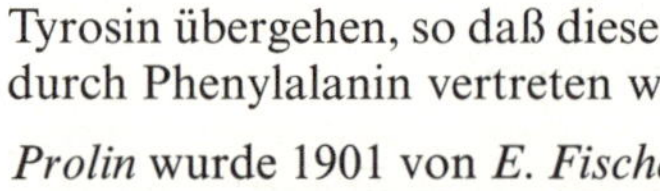

(1.2)

Phenylalanin wurde 1881 von *E. Schulze* aus Lupinen isoliert. Es kommt in fast allen Proteinen durchschnittlich mit 4–5% vor und ist für den Menschen essentiell. Im Organismus kann es in Tyrosin übergehen, so daß dieses in der Nahrung durch Phenylalanin vertreten werden kann.

Prolin wurde 1901 von *E. Fischer* im Casein und Eialbumin entdeckt. Prolin ist in vielen Proteinen zu 4–7% enthalten, reichlich kommt es im Weizenprotein (10,3%), in der Gelatine (12,8%) und im Casein (12,3%) vor. Prolin ist nicht essentiell.

Serin wurde 1865 von *E. Cramer* aus Sericin isoliert. Die meisten Proteine enthalten 4–8% der

Aminosäure. In Phosphoproteinen (Casein, Phosvitin) ist Serin neben Threonin der Träger der Phosphorsäure in Form von O-Phosphoserin. In Glykoproteinen kann die Kohlenhydratkomponente O-glykosidisch über die Hydroxygruppe von Serin oder auch von Threonin gebunden sein (cf. 10.1.2.1.1 (ϰ-Casein) und 13.1.4.2.4).

Threonin wurde 1935 von *W. C. Rose* entdeckt und gehört zu den essentiellen Aminosäuren. Der Threoningehalt von Fleisch, Milch und Eiern liegt zwischen 4,5 und 5%, der von Cerealien zwischen 2,7 und 4,7%. Bei biologisch minderwertigen Proteinen ist Threonin häufig der limitierende Faktor. Der Bouillongeruch von Proteinhydrolysaten geht zum Teil auf ein Lacton zurück, das über α-Oxobuttersäure aus Threonin gebildet wird (cf. 12.9).

Tryptophan wurde 1902 von *F. G. Hopkins* aus einem mit Pankreasenzymen erhaltenen Caseinhydrolysat isoliert. Es kommt in tierischen Proteinen in relativ kleinen Mengen vor (1–2%), noch weniger dagegen in Cerealienproteinen (um 1%). Zu erwähnen ist der außerordentlich hohe Tryptophangehalt des Lysozyms (7,8%). Bei der sauren Hydrolyse von Proteinen wird es vollständig zerstört. Biologisch ist Tryptophan als essentielle Aminosäure von großer Bedeutung, vor allem auch als Vorläufer der Nicotinsäure.

Tyrosin wurde aus Casein 1846 von *J. Liebig* erhalten. Es findet sich wie Phenylalanin in fast allen Proteinen zu 2–6%, im Seidenfibroin zu 10%. Durch enzymatische Oxidation wird es über Dihydroxyphenylalanin in die braunschwarzen Melanine überführt.

Valin wurde 1879 von *P. Schutzenberger* isoliert. Es ist eine essentielle Aminosäure und kommt in Fleischproteinen und in Cerealienproteinen zu 5–7%, in Ei- und Milchproteinen zu 7–8% vor. Bemerkenswert ist der hohe Valingehalt des Elastins (15,6%).

1.2.3 Physikalische Eigenschaften

1.2.3.1 Dissoziation

Aminosäuren liegen in wäßriger Lösung in Abhängigkeit vom pH-Wert als Kationen, Zwitterionen oder Anionen vor:

$$R{-}CH(NH_3^{\oplus}){-}COOH \underset{+H^{\oplus}}{\overset{-H^{\oplus}}{\rightleftharpoons}} R{-}CH(NH_3^{\oplus}){-}COO^{\ominus} \underset{+H^{\oplus}}{\overset{-H^{\oplus}}{\rightleftharpoons}} R{-}CH(NH_2){-}COO^{\ominus} \quad (1.3)$$

Bezeichnet man das Kation als ^{+}A, das dipolare Ion als $^{+}A^{-}$, und das Anion als A^{-}, dann ergibt sich für die Dissoziationskonstanten:

$$\frac{[^{\oplus}A^{\ominus}][H^{\oplus}]}{[^{\oplus}A]} = K_1 \qquad \frac{[A^{\ominus}][H^{\oplus}]}{[^{\oplus}A^{\ominus}]} = K_2 \quad (1.4)$$

Der pH-Wert, bei dem nur dipolare Ionen vorliegen, der isoelektrische Punkt (pI) ergibt sich für $[^{+}A] = [A^{-}]$:

$$[^{\oplus}A] = \frac{[^{\oplus}A^{\ominus}][H^{\oplus}]}{K_1} = [A^{\ominus}] = \frac{[^{\oplus}A^{\ominus}]K_2}{[H^{\oplus}]}$$

$$[H^{\oplus}] = (K_1 \cdot K_2)^{0,5}$$
$$pI = 0{,}5\,(pK_1 + pK_2) \quad (1.5)$$

Die Dissoziationskonstanten von Aminosäuren lassen sich z. B. aus Titrationskurven ermitteln. Abb. 1.2 zeigt Titrationskurven von Glycin, Histidin und Asparaginsäure. In Tab. 1.2 sind die Dissoziationskonstanten einiger Aminosäuren zusammengestellt. Gegenüber den entsprechenden Carbonsäuren und Aminen ist bei den Aminosäuren die Acidität der Carboxylgruppe größer und die Basizität der Aminogruppe geringer

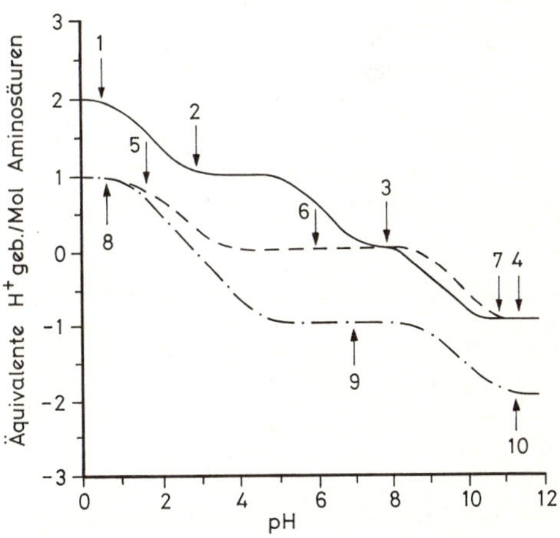

Abb. 1.2. Berechnete Titrationskurven von Glycin (----), Histidin (——) und Asparaginsäure (-·-·-). Die Ziffern an den Kurven beziehen sich auf die Ladungszustände der Aminosäuren in den jeweiligen pH-Bereichen: 1 $^{++}$His, 2 $^{++}$His^{-}, 3 $^{+}$His^{-}, 4 His^{-}, 5 $^{+}$Gly, 6 $^{+}$Gly^{-}, 7 Gly^{-}, 8 $^{+}$Asp, 9 $^{+}$Asp^{--}, 10 Asp^{--}

Tabelle 1.2. Apparente Dissoziationskonstanten und isoelektrische Punkte von Aminosäuren (25 °C)

Aminosäure	pK_1	pK_2	pK_3	pK_4	pI
Alanin	2,34	9,69			6,0
Arginin	2,18	9,09	12,60		10,8
Asparagin	2,02	8,80			5,4
Asparaginsäure	1,88	3,65	9,60		2,8
Cystein	1,71	8,35	10,66		5,0
Cystin	1,04	2,10	8,02	8,71	5,1
Glutamin	2,17	9,13			5,7
Glutaminsäure	2,19	4,25	9,67		3,2
Glycin	2,34	9,60			6,0
Histidin	1,80	5,99	9,07		7,5
4-Hydroxyprolin	1,82	9,65			5,7
Isoleucin	2,26	9,62			5,9
Leucin	2,36	9,60			6,0
Lysin	2,20	8,90	10,28		9,6
Methionin	2,28	9,21			5,7
Phenylalanin	1,83	9,13			5,5
Prolin	1,99	10,60			6,3
Serin	2,21	9,15			5,7
Threonin	2,15	9,12			5,6
Tryptophan	2,38	9,39			5,9
Tyrosin	2,20	9,11	10,07		5,7
Valin	2,32	9,62			6,0
Propionsäure	4,87				
2-Propylamin	10,63				
β-Alanin	3,55	10,24			6,9
γ-Aminobutter-säure	4,03	10,56			7,3

(cf. die pK-Werte von Propionsäure, 2-Propylamin, Alanin). Wie ein Vergleich der pK-Werte von 2-Aminopropionsäure (Alanin) und 3-Aminopropionsäure (β-Alanin) zeigt, ist der Effekt von der Entfernung der funktionellen Gruppen abhängig.

1.2.3.2 Konfiguration und optische Aktivität

Aminosäuren – ausgenommen Glycin – haben mindestens ein asymmetrisches C-Atom und sind optisch aktiv. Alle üblicherweise in Proteinen vorkommenden Aminosäuren haben die gleiche Konfiguration am α-C-Atom: Es sind L-Aminosäuren bzw. (S)-Aminosäuren* nach dem System von *Cahn-Ingold-Prelog* (mit Ausnahme von L-Cystein, das der (R)-Reihe zuzuordnen ist). D-Aminosäuren bzw. (R)-Aminosäuren kommen ebenfalls in der Natur vor, z. B. in einer Reihe von Peptiden mikrobiellen Ursprungs:

L-Aminosäure (S)-Aminosäure D-Aminosäure (R)-Aminosäure (1.6)

Isoleucin, Threonin und 4-Hydroxyprolin haben zwei asymmetrische C-Atome, so daß jeweils vier Isomere vorliegen:

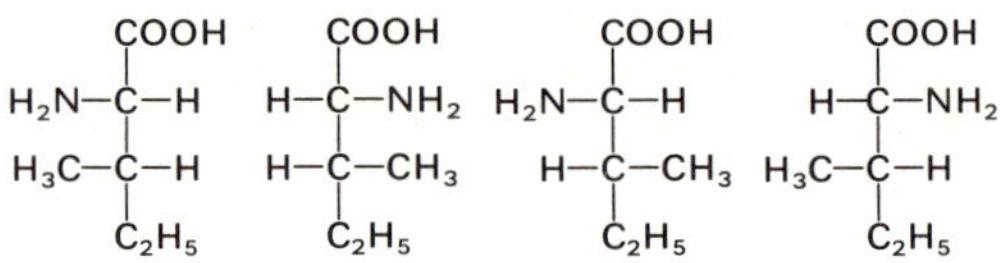

L-Isoleucin (2S:3S)-Isoleucin (Proteinbaustein) D-Isoleucin (2R:3R)-Isoleucin L-allo-Isoleucin (2S:3R)-Isoleucin D-allo-Isoleucin (2R:3S)-Isoleucin

(1.7)

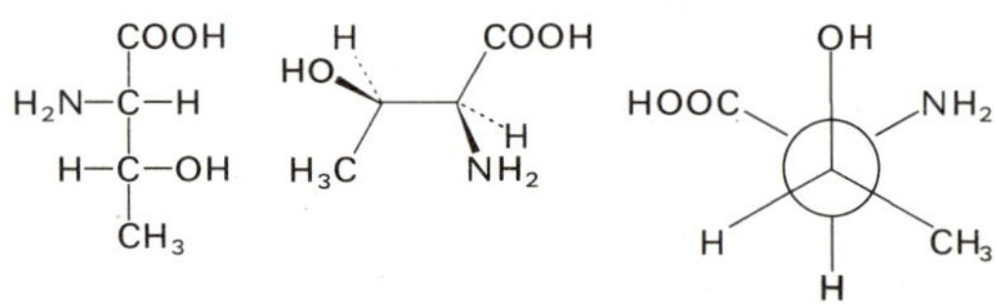

(Fischer-Projektion) (Keilstrich-Formel) (Newman-Projektion)

L-Threonin, (2S:3R)-Threonin (Proteinbaustein)

(1.8)

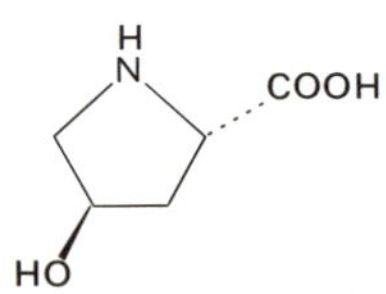

L-4-Hydroxyprolin, (2S:4R)-Hydroxyprolin (Proteinbaustein)

(1.9)

Die spezifische Drehung wäßriger Lösungen der Aminosäuren hängt stark vom pH-Wert ab. Sie durchläuft im allgemeinen im neutralen Bereich ein Minimum und steigt auf Zusatz von Säure bzw. Alkali (Tab. 1.3).

1.2.3.3 Löslichkeit

Die Löslichkeit der Aminosäuren in Wasser ist sehr unterschiedlich. Neben dem extrem lösli-

* Bei Aminosäuren wird ebenso wie bei Kohlenhydraten die D,L-Nomenklatur weiterhin bevorzugt.

Tabelle 1.3. Spezifische Drehung von Aminosäuren ($[\alpha]_D^t$)

Aminosäure	Lösungsmittel	Temperatur (°C)	$[\alpha]_D$
L-Alanin	0,97 mol/l HCl	15	+14,7°
	Wasser	22	+2,7°
	3 mol/l NaOH	20	+3,0°
L-Cystin	1,02 mol/l HCl	24	−214,4°
L-Glutaminsäure	6.0 mol/l HCl	22,4	+31,2°
	Wasser	18	+11,5°
	1 mol/l NaOH	18	+10,96°
L-Histidin	6,0 mol/l HCl	22,7	+13,0°
	Wasser	25,0	−39,01°
	0,5 mol/l NaOH	20	−10,9°
L-Leucin	6,0 mol/l HCl	25,9	+15,1°
	Wasser	24,7	−10,8°
	3,0 mol/l NaOH	20	+7,6°

chen Prolin sind auch Hydroxyprolin, Glycin und Alanin gut löslich. Die übrigen Aminosäuren sind (Tab. 1.4) erheblich weniger löslich; sehr schwer löslich sind Cystin und Tyrosin. Zusatz von Säure oder Alkali erhöht die Löslichkeit durch Salzbildung. Auch die Anwesenheit anderer Aminosäuren setzt die Löslichkeit im allgemeinen herauf, so daß z. B. in Proteinhydrolysaten ganz andere Löslichkeitsverhältnisse anzutreffen sind, als bei der Betrachtung der einzelnen Komponenten.

Tabelle 1.4. Löslichkeit von Aminosäuren in Wasser (g/100 g Wasser)

	Temperatur (°C)				
Aminosäure	0	25	50	75	100
L-Alanin	12,73	16,51	21,79	28,51	37,30
L-Asparaginsäure	0,209	0,500	1,199	2,875	6,893
L-Cystin	0,005	0,011	0,024	0,052	0,114
L-Glutaminsäure	0,341	0,843	2,186	5,532	14,00
Glycin	14,18	24,99	39,10	54,39	67,17
L-Histidin	–	4,29	–	–	–
L-Hydroxyprolin	28,86	36,11	45,18	51,67	–
L-Isoleucin	3,791	4,117	4,818	6,076	8,255
L-Leucin	2,270	2,19	2,66	3,823	5,638
D,L-Methionin	1,818	3,381	6,070	10,52	17,60
L-Phenylalanin	1,983	2,965	4,431	6,624	9,900
L-Prolin	127,4	162,3	206,7	239,0	–
D,L-Serin	2,204	5,023	10,34	19,21	32,24
L-Tryptophan	0,823	1,136	1,706	2,795	4,987
L-Tyrosin	0,020	0,045	0,105	0,244	0,565
L-Valin	8,34	8,85	9,62	10,24	–

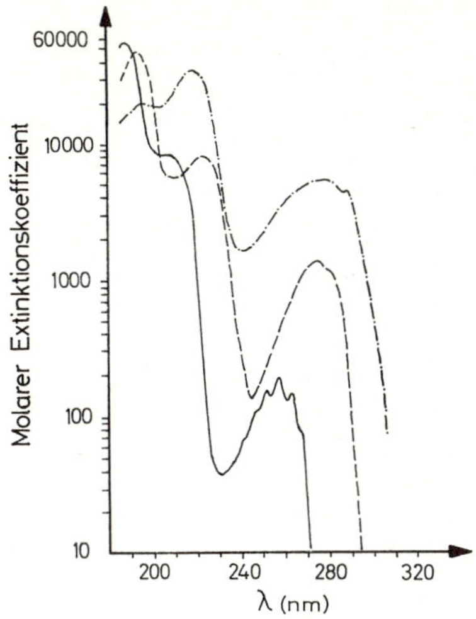

Abb. 1.3. UV-Absorption von Aminosäuren (nach *Lübke, Schröder, Kloss,* 1975). –·–·– Trp, – – – Tyr, —— Phe

Die Löslichkeit in organischen Lösungsmitteln (g/100 g Lösungsmittel) ist wegen des polaren Charakters der Verbindungen nicht sehr gut. In Ether sind alle Aminosäuren unlöslich; in Ethanol sind nur Cystein und Prolin (1,5; 19 °C) relativ leicht löslich. Methionin, Arginin, Leucin (0,0217; 25 °C), Glutaminsäure (0,00035; 25 °C), Phenylalanin, Hydroxyprolin, Histidin und Tryptophan sind in Alkohol wenig löslich, Isoleucin relativ gut (0,09; 20 °C/0,13; 78–80 °C) in heißem Alkohol.

1.2.3.4 UV-Absorption

Die aromatischen Aminosäuren Phenylalanin, Tyrosin und Tryptophan absorbieren im UV-Bereich mit Maxima bei 200–230 nm und bei 250–290 nm (Abb. 1.3). Bei Tyrosin führt die Dissoziation der phenolischen HO-Gruppe zu einer Verschiebung der Absorptionskurve um ca. 20 nm nach längeren Wellenlängen (Abb. 1.4). Die Absorption bei 280 nm wird zur Bestimmung von Proteinen und Peptiden herangezogen. Histidin, Cystein und Methionin absorbieren zwischen 200 und 210 nm.

1.2.4 Chemische Reaktionen

Aminosäuren zeigen die üblichen Reaktionen von Carbonsäuren und Aminen. Besonderheiten

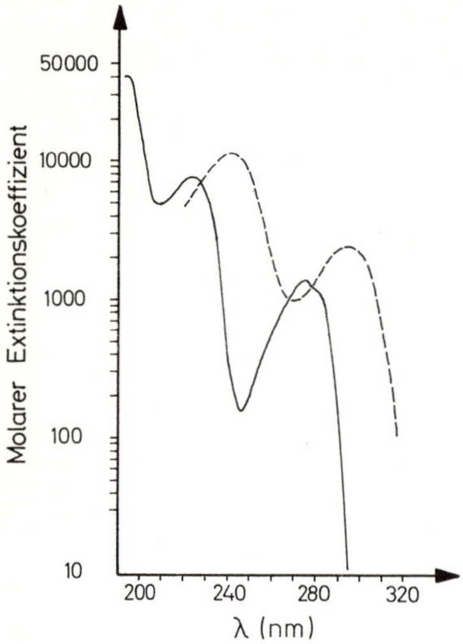

Abb. 1.4. pH-Abhängigkeit der UV-Absorption von Tyrosin (nach *Lübke, Schröder, Kloss,* 1975). —— 0,1 mol/l HCl, --- 0,1 mol/l NaOH

sind durch die gleichzeitige Anwesenheit von Carboxyl- und Aminogruppen sowie gegebenenfalls noch weiteren funktionellen Gruppen gegeben. Im Zusammenhang mit der Zubereitung von Lebensmitteln durch Kochen, Braten und Backen sind für die Lebensmittelchemie auch Reaktionen bei Temperaturen von 100–220 °C von Interesse.

1.2.4.1 Veresterung der Carboxyl-Gruppe

Aminosäuren sind einer säurekatalysierten Veresterung leicht zugänglich; mit Ethanol und HCl führt sie z. B. zu den Ethylesterhydrochloriden:

$$R{-}\underset{NH_3^{\oplus}Cl^{\ominus}}{CH}{-}COOH + R'{-}OH \xrightarrow{H^{\oplus}} R{-}\underset{NH_3^{\oplus}Cl^{\ominus}}{CH}{-}COOR' + H_2O \qquad (1.10)$$

Die freien Ester sind aus den Salzen durch Einwirkung von Basen erhältlich und im Vakuum unzersetzt destillierbar. Auf einer fraktionierten Destillation der Ester beruhte die erste von *Emil Fischer* entwickelte Methode zur Trennung von Aminosäuren:

$$R{-}\underset{NH_3^{\oplus}X^{\ominus}}{CH}{-}COOR' \xrightarrow{B} R{-}\underset{NH_2}{CH}{-}COOR' + BH^{\oplus}X^{\ominus} \qquad (1.11)$$

Freie Aminosäureester neigen zur Bildung cyclischer Dipeptide bzw. offenkettiger Polypeptide:

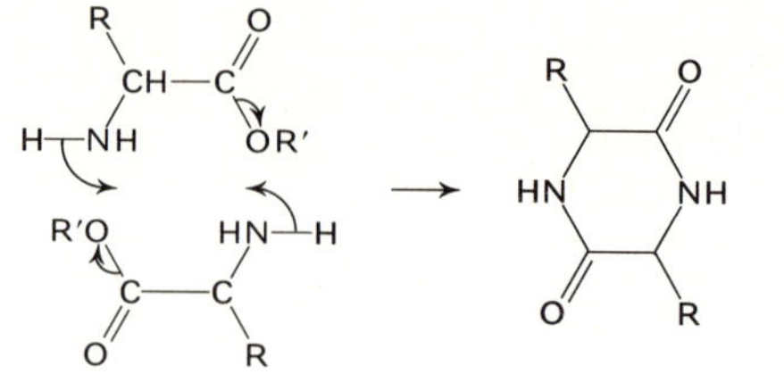

(1.12)

$$-NH{-}\underset{R}{CH}{-}C(=O)OR' + H_2N{-}\underset{R}{CH}{-}C(=O){-}$$

$$\longrightarrow -NH{-}\underset{R}{CH}{-}CO{-}NH{-}\underset{R}{CH}{-}CO{-} + R'OH \qquad (1.13)$$

Als Schutzgruppen bei der Peptidsynthese spielen die mit Säuren leicht spaltbaren tert.-Butylester und die mit HBr/Eisessig bzw. durch katalytische Hydrierung spaltbaren Benzylester eine Rolle.

1.2.4.2 Reaktionen der Amino-Gruppe

1.2.4.2.1 Acylierung

Als Acylierungsmittel kommen aktivierte Säurederivate in Frage, z. B. Säurehalogenide oder Säureanhydride:

$$R'{-}COX + H_2N{-}\underset{R}{CH}{-}COO^{\ominus} + OH^{\ominus}$$

$$\longrightarrow R'{-}CO{-}NH{-}\underset{R}{CH}{-}COO^{\ominus} + X^{\ominus} + H_2O \qquad (1.14)$$

N-Acetylaminosäuren werden als Bestandteile chemisch definierter Diäten diskutiert und auch zur Supplementierung von pflanzlichen Proteinen zur Erhöhung der biologischen Wertigkeit. Ein Zusatz von freien Aminosäuren zu Lebensmitteln, die im Rahmen der Zubereitung erhitzt werden, ist nicht unproblematisch. Methionin kann z. B. mit reduzierenden Zuckern über eine *Strecker*-Reaktion Methional geben und damit ein Fehlaroma (off-flavour) verursachen. Andere essentielle Aminosäuren, wie z. B. Lysin und Threonin können durch ähnliche Reaktionen ihre biologische Wertigkeit verlieren. Es konnte gezeigt werden, daß N-Acetyl-L-methionin und N-Acetyl-L-threonin durch Ratten, das Methionin-Derivat auch durch den Menschen in gleicher Weise verwertbar sind wie die freien Aminosäuren. Im Falle des Lysins sind dagegen weder die α- und ε-Acetyl-Derivate noch das α,ε-Diacetyl-Derivat in der Lage, das Wachstum von Ratten signifikant zu erhöhen, wohl aber α- und ε-(α-Aminoacyl)- sowie α,ε-Di-(α-aminoacyl)-Derivate (cf. 1.3.4.4). Für die Peptidsynthese sind leicht abspaltbare Acyl-Reste als Schutzgruppen von Bedeutung.

Der Trifluoracetyl-Rest ist durch basenkatalysierte Hydrolyse unter milden Bedingungen zu entfernen:

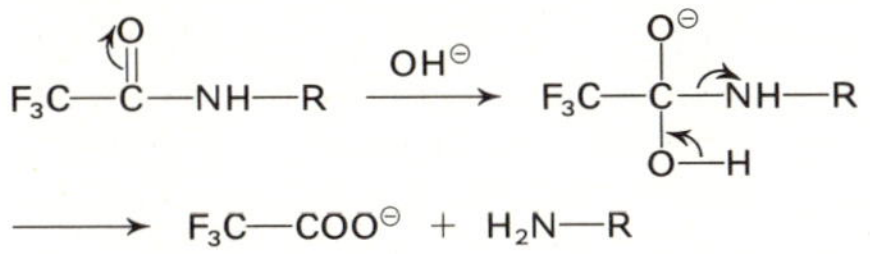

(1.15)

Der Phthalyl-Rest kann durch Hydrazinolyse abgespalten werden:

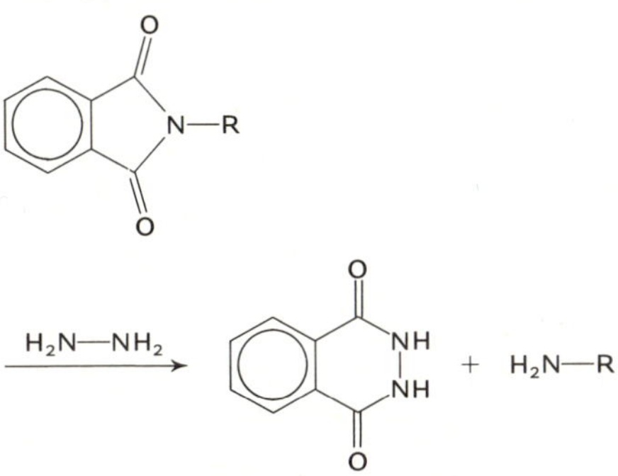

(1.16)

Die Benzyloxycarbonyl-Gruppe kann sowohl durch katalytische Hydrierung als auch durch HBr/Eisessig entfernt werden:

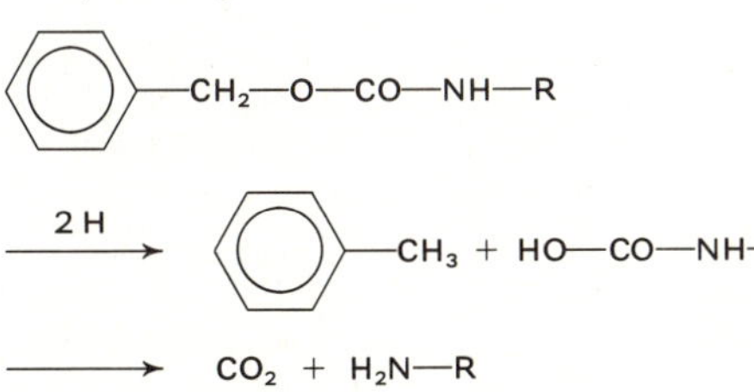

(1.17)

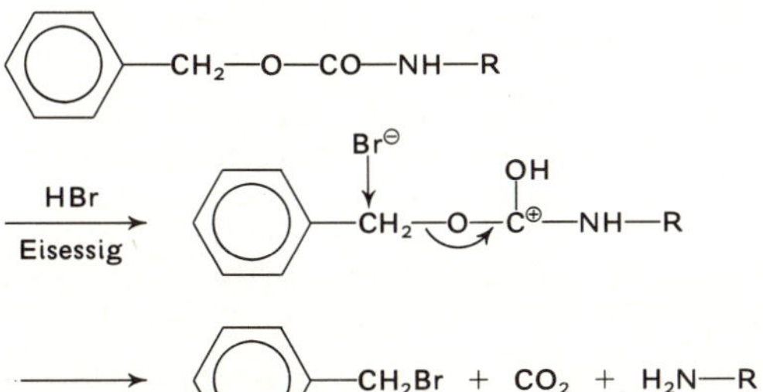

(1.18)

tert.-Alkoxycarbonyl-Reste, z. B. die tert.-Butyloxycarbonyl-Gruppe sind säurekatalytisch leicht abspaltbar:

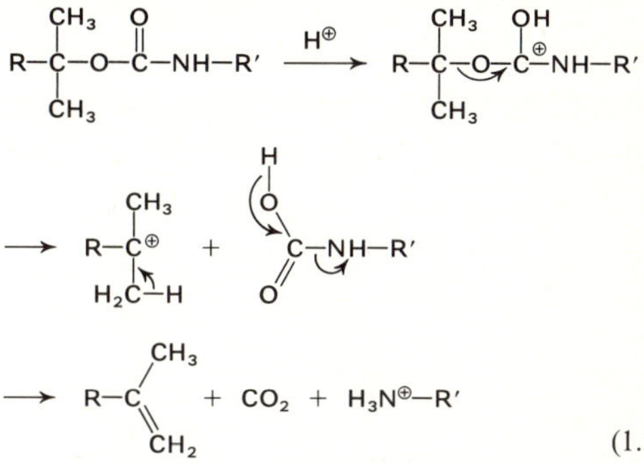

(1.19)

N-Acyl-Derivate von Aminosäuren gehen unter Wasserabspaltung in Oxazolinone (Azlactone) über:

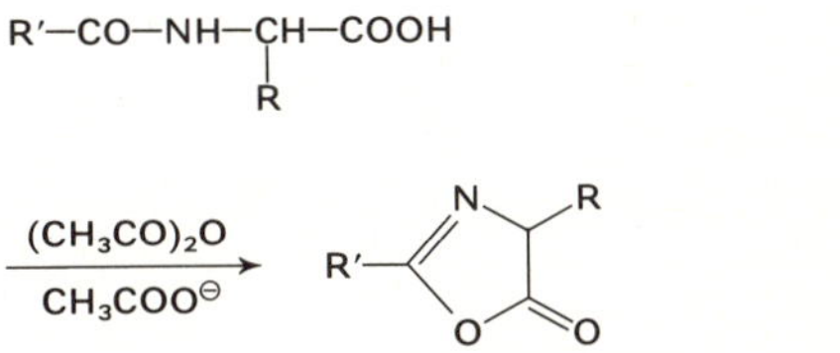

(1.20)

Dies sind sehr reaktionsfähige Zwischenprodukte, da sie ein mesomerie-stabilisiertes Anion bilden, das z. B. mit Aldehyden reagieren kann. Man macht von dieser Reaktion bei der Synthese von Aminosäuren Gebrauch, indem man vom Azlacton des Glycins ausgeht:

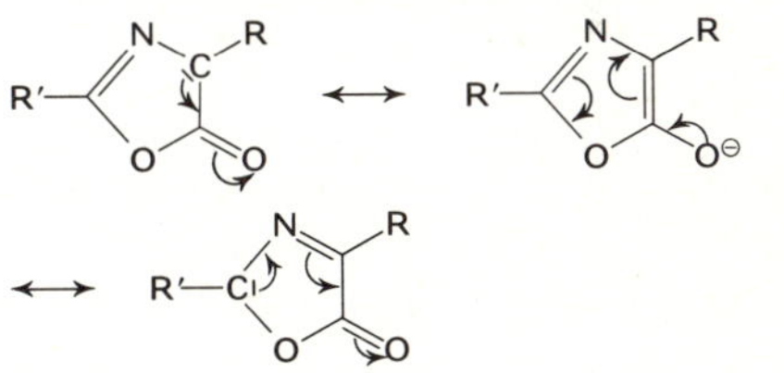

(1.21)

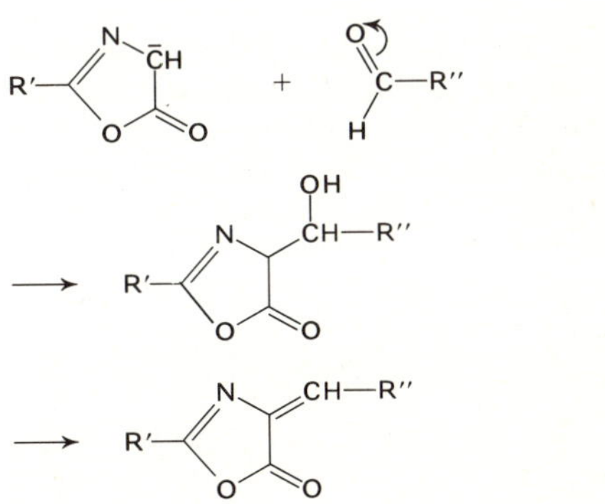

(1.22)

Analytisch von großer Bedeutung ist die Acylierung mit 5-Dimethylaminonaphthalin-1-sulfonsäurechlorid (Dansylchlorid):

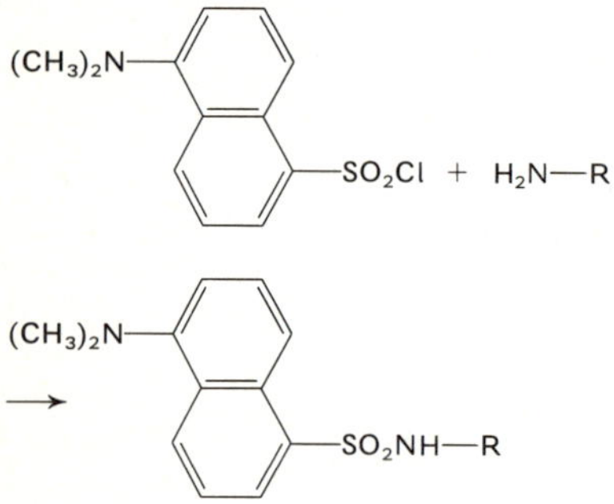

(1.23)

Die Arylsulfonyl-Derivate sind gegen Säurehydrolyse sehr stabil, so daß die Reaktion zur Ermittlung von N-terminalen Aminosäuren und von freien ε-Amino-Gruppen in Peptiden und Proteinen geeignet ist. Die Dansyl-Derivate fluoreszieren im UV-Licht. Die Nachweisgrenze liegt im Nanomolbereich und ist etwa um den Faktor 100 niedriger als die von 2,4-Dinitrophenylaminosäuren.

1.2.4.2.2 Alkylierung und Arylierung

N-Methylaminosäuren werden durch Umsetzung von N-Tosylaminosäuren mit Methyljodid und anschließende Detosylierung mit HBr erhalten:

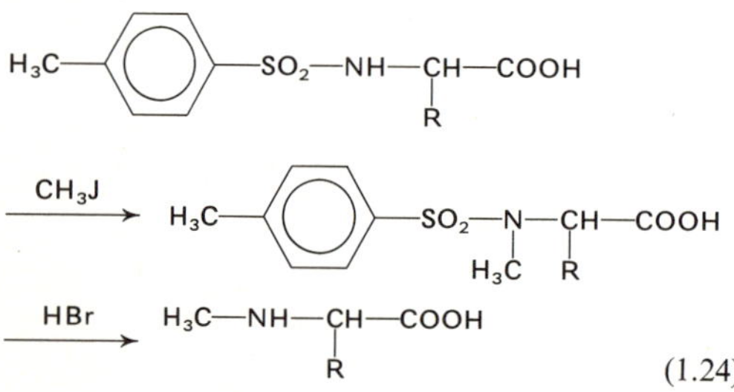

(1.24)

Ein anderer Weg führt über die durch Reaktion mit Benzaldehyd zugängliche Benzylverbindung, die mit HCHO/HCOOH methyliert wird. Die Benzylgruppe läßt sich dann hydrogenolytisch entfernen:

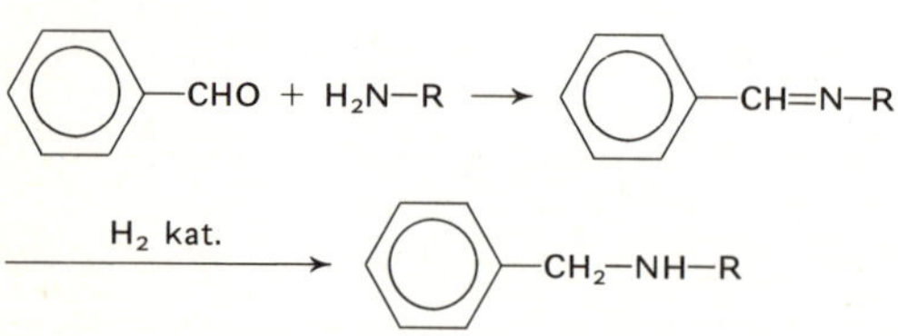

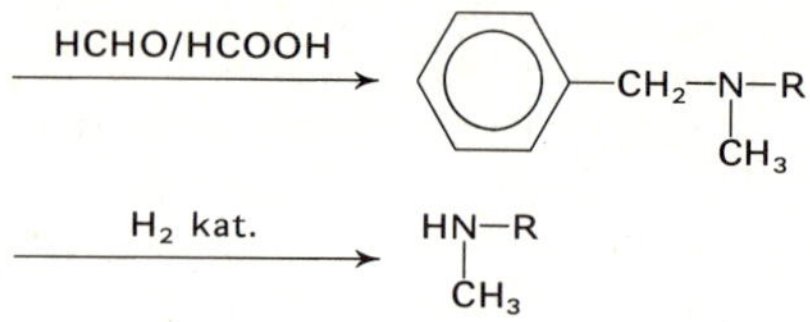

(1.25)

Dimethylaminosäuren sind durch Umsetzung mit HCHO unter Reduktion zugänglich:

$$2\,HCHO + H_2N{-}R \xrightarrow[\text{pH 9, 0 °C}]{NaBH_4} (CH_3)_2N{-}R \qquad (1.26)$$

Die entsprechende Umsetzung von Proteinen wird diskutiert als mögliche Schutzreaktion für ε-Aminogruppen, die auf diese Weise in Lebensmitteln der *Maillard*-Reaktion entzogen werden können (cf. 1.4.6.2.2).
Die direkte Umsetzung von Aminosäuren mit einem Methylierungsreagenz, z. B. Methyljodid oder Dimethylsulfat führt über die Methyl- und Dimethyl-Verbindungen zu den Trimethyl-Derivaten, die als Betaine bezeichnet werden:

$$H_2N{-}CH(R){-}COOH \xrightarrow{CH_3J} (CH_3)_3N^{\oplus}{-}CH(R){-}COO^{\ominus} \qquad (1.27)$$

Wie Tab. 1.5 zeigt, kommen Betaine in tierischem und pflanzlichem Material vor.

Tabelle 1.5. Vorkommen von N-Trimethylaminosäuren $(CH_3)_3N^+-CHR-COO^-$ (Betaine)

Aminosäure	Betain	Vorkommen
β-Alanin	Homobetain	Fleischextrakt
γ-Amino-buttersäure	Actinin	Muscheln
Glycin	Betain	Zuckerrübe, andere tierische und pflanzliche Materialien
Histidin	Herzynin	Champignon
β-Hydroxy-γ-amino-buttersäure	Carnitin	Säugetiermuskel, Hefe, Weizenkeime, Fisch, Leber, Molke, Muscheln
4-Hydroxy-prolin	Betonicin	Jackbohne
Prolin	Stachydrin	Stachys, Orangenblätter, Zitronenschale, Alfalfa, Luzerne, Aspergillus oryzae

Die Umsetzung mit 1-Fluor-2,4-dinitro-benzol (FDNB) führt zu N-2,4-Dinitrophenylaminosäuren (DNP-Aminosäuren), gelben, gut kristallisierenden Verbindungen. Die Reaktion ist wichtig für die Markierung von N-terminalen Aminosäure-Resten und freien ε-Aminogruppen in Peptiden und Proteinen, da die DNP-Aminosäuren unter den Bedingungen der sauren Hydrolyse stabil sind:

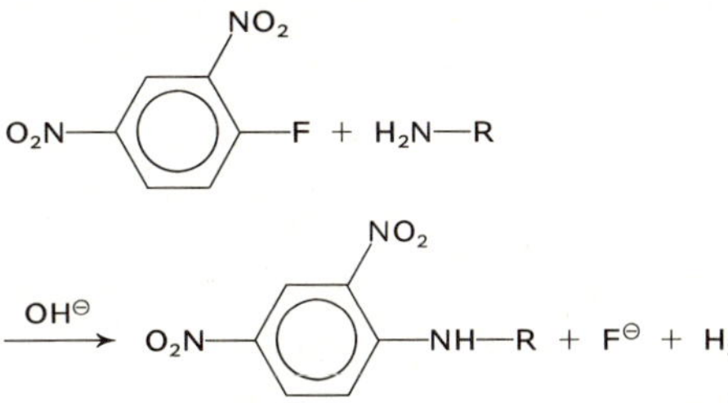

(1.28)

Triphenylmethylchlorid (Tritylchlorid) liefert mit Aminosäureestern N-Tritylderivate, die gegen Alkali stabil, aber infolge der Stabilität des Triphenylmethyl-Kations sehr labil gegenüber Säuren sind:

$$(C_6H_5)_3C{-}Cl + H_2N{-}R \xrightarrow{OH^\ominus} (C_6H_5)_3C{-}NH{-}R$$

$$\xrightarrow{H^\oplus} (C_6H_5)_3C^\oplus + H_2N{-}R \qquad (1.29)$$

Ebenfalls analytisch von Bedeutung ist die Reaktion mit Trinitrobenzolsulfonsäure, die zu gelben Derivaten führt und zur fotometrischen Bestimmung von Proteinen genutzt wird:

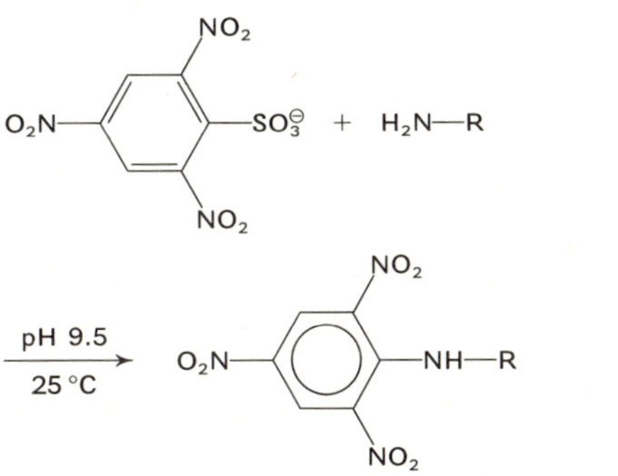

(1.30)

Es handelt sich um eine nucleophile aromatische Substitution, die über ein Additionsprodukt (*Meisenheimer*-Komplex) verläuft. Die Reaktion verläuft nur dann unter milden Bedingungen, wenn die am Benzolring auftretende negative Ladung durch elektronenanziehende Substituenten stabilisiert wird (s. Formel 1.31).

Der direkte Beweis für die Bildung eines *Meisenheimer*-Komplexes konnte durch Isolierung des Additionsproduktes bei der Reaktion von 2,4,6-Trinitroanisol mit Kaliumethanolat erbracht werden (s. Formel 1.32).

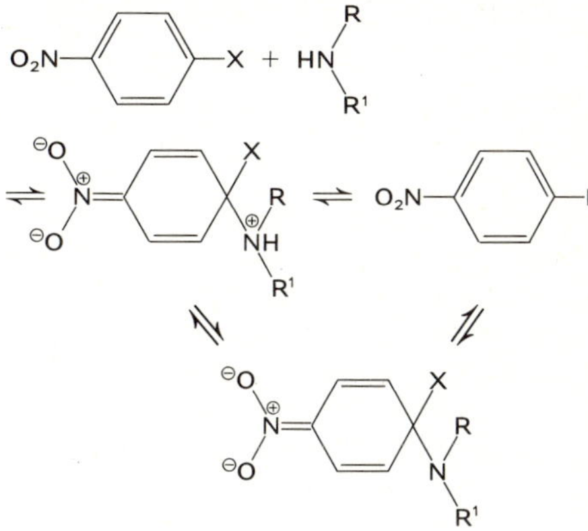

(1.31)

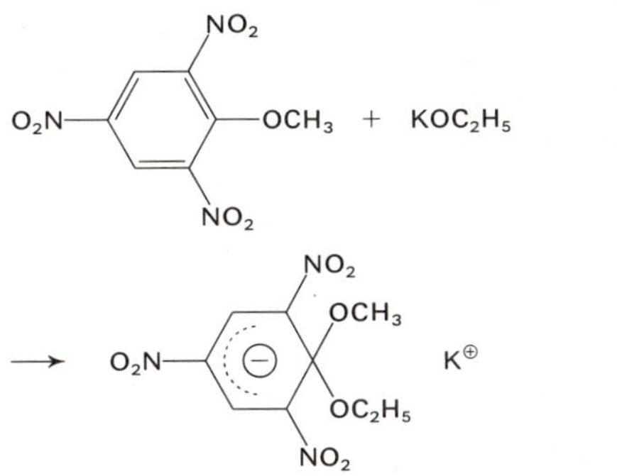

(1.32)

Analog verläuft die Reaktion mit 1,2-Naphthochinon-4-sulfonsäure (*Folin*-Reagenz), bei der ein roter Farbstoff entsteht:

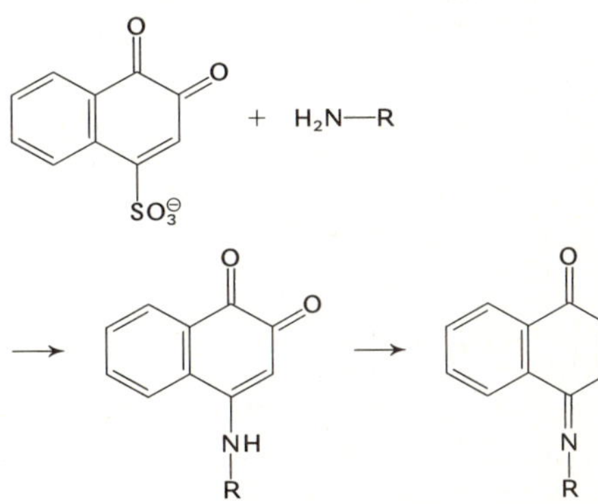

(1.33)

1.2.4.2.3 Carbamoylierung und Thiocarbamoylierung

Aminosäuren reagieren mit Isocyanaten zu Carbamoylderivaten, die beim Erhitzen in saurem Medium zu 2,4-Dioxoimidazolidinen (Hydantoinen) cyclisieren:

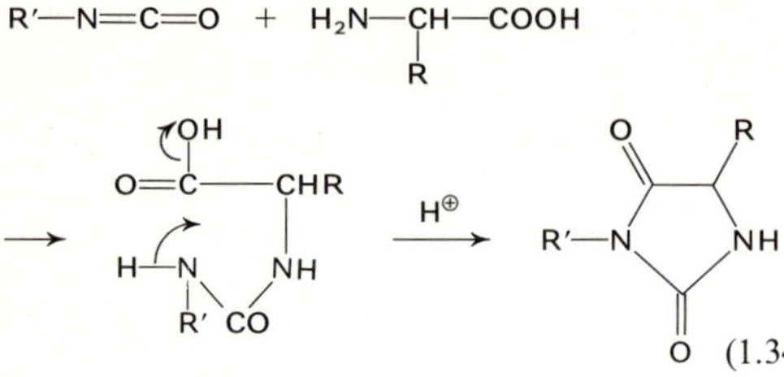

(1.34)

Durch eine entsprechende Reaktion mit Phenylisothiocyanat ist ein stufenweiser Abbau von Peptiden (*Edman*-Abbau) möglich, der für die Sequenzanalyse von großer Bedeutung ist. Das zunächst gebildete Anilinothiazolinon ist im sauren Medium unbeständig und hydrolysiert zur Phenylthiocarbamoylaminosäure, die unter geeigneten Bedingungen zum 3-Phenyl-2-thiohydantoin cyclisiert werden kann:

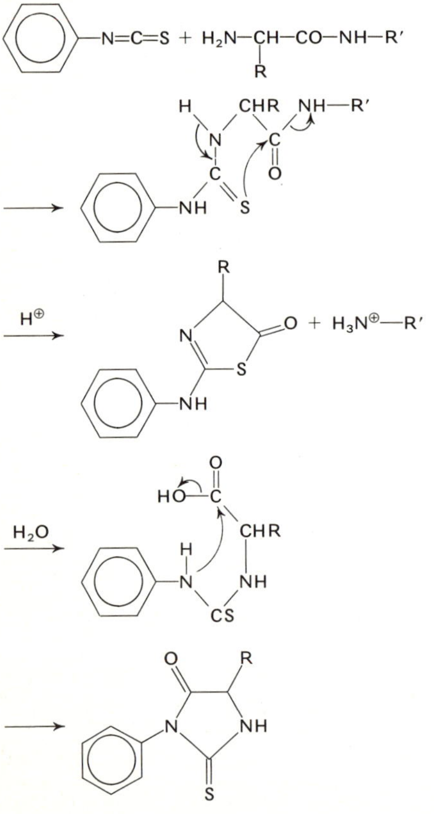

(1.35)

1.2.4.2.4 Reaktionen mit Carbonyl-Verbindungen

Aminosäuren reagieren mit Carbonyl-Verbindungen zu Azomethinen. Enthält die Carbonyl-Verbindung eine elektronenanziehende Gruppe, z. B. eine zweite Carbonyl-Gruppe, dann erfolgt unter Decarboxylierung eine Transaminierung:

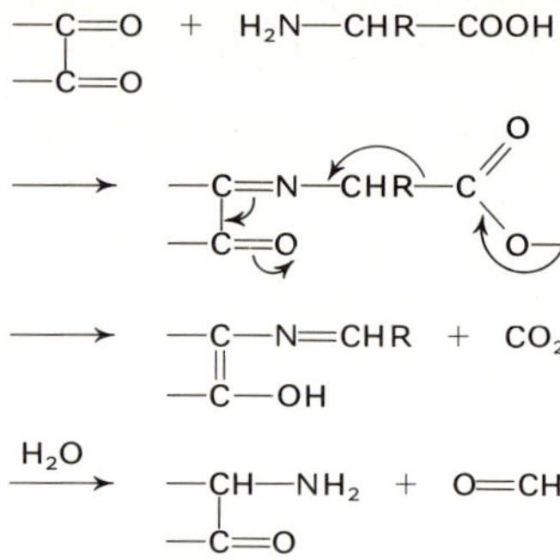

(1.36)

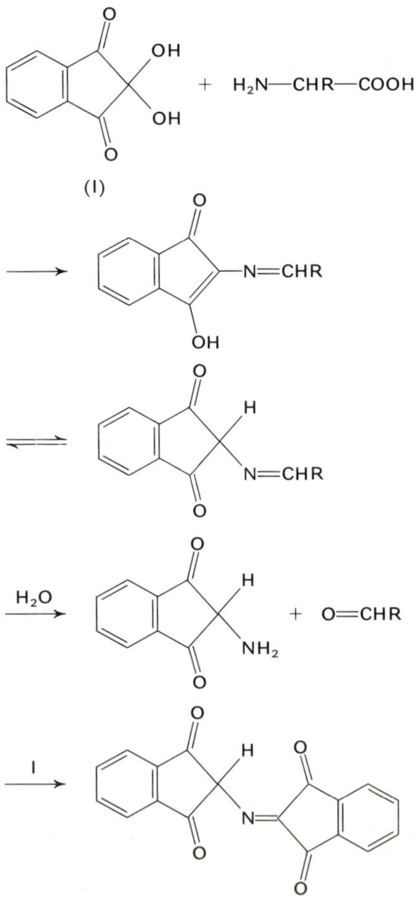

(1.37)

Die Reaktion ist als *Strecker*-Abbau bekannt und spielt in Lebensmitteln eine Rolle, da hier vielfach Dicarbonyl-Verbindungen aus der *Maillard*-Reaktion zur Verfügung stehen (cf. 4.2.4.4).

Die aus den Aminosäuren gebildeten Aldehyde (*Strecker*-Aldehyde) sind Aromastoffe.
Ein Spezialfall des *Strecker*-Abbaus ist die Ninhydrin-Reaktion, die für die quantitative fotometrische Bestimmung der Aminosäuren von großer Bedeutung ist (s. Formel 1.37).
Der entstehende blauviolette Farbstoff absorbiert bei 570 nm. Mit Prolin wird ein gelber Farbstoff mit $\lambda_{max} = 440$ nm gebildet:

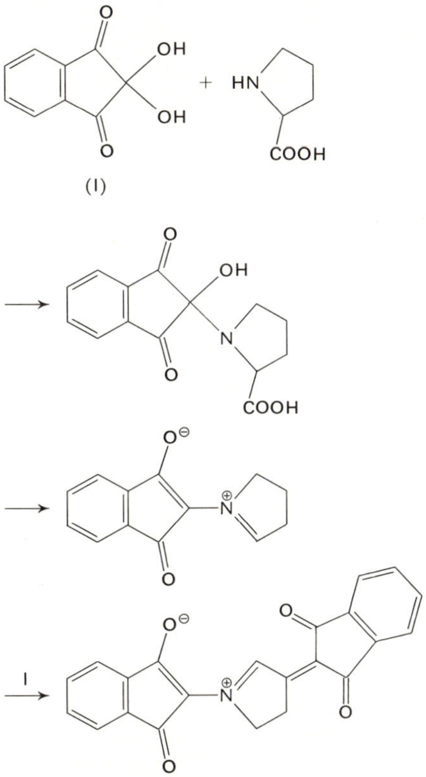

(1.38)

1.2.4.3 Reaktionen unter Beteiligung weiterer funktioneller Gruppen

Die Mehrzahl dieser Reaktionen ist in den Fällen von Interesse, in denen α-Amino-Gruppe und α-Carboxyl-Gruppe blockiert sind, also z. B. bei Peptiden und Proteinen. Sie werden deshalb ausführlich bei den Reaktionen zur Modifizierung von Proteinen behandelt (cf. 1.4.4 und 1.4.6.2). Hier werden nur einige Reaktionen aufgeführt, die auch für die freien Aminosäuren von Bedeutung sind.

1.2.4.3.1 Lysin

Beim Vorliegen von zwei Amino-Gruppen ist der selektive Umsatz der einen oder anderen Gruppe von Bedeutung. Bei Lysin ist eine selektive Acylierung der ε-Amino-Gruppe durch Umsetzung des Cu-Komplexes möglich:

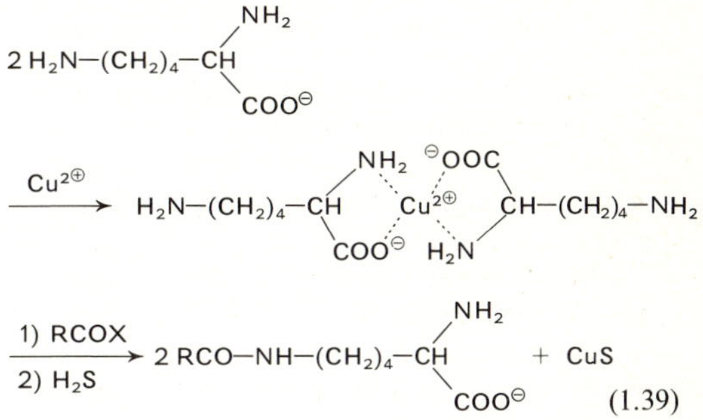

(1.39)

Umgekehrt ist über die Benzyliden-Verbindung auch eine selektive Reaktion an der α-Amino-Gruppe möglich:

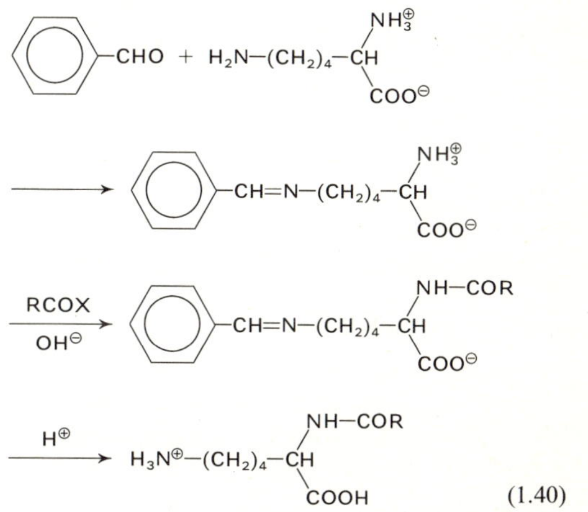

(1.40)

ε-N-Benzyliden-L-lysin ist wie auch ε-N-Salicyliden-L-lysin im Rattenwachstumstest ebenso wirksam wie L-Lysin selbst. Die unter Bräunung verlaufende *Maillard*-Reaktion ist dagegen bei diesen Derivaten stark verlangsamt. Die Verbindungen sind deshalb für die Supplementierung von Lebensmitteln interessant.

1.2.4.3.2 Arginin

Die Guanidyl-Gruppe der Aminosäure gibt mit α-Naphthol und Hypobromit einen roten Farbstoff folgender Struktur:

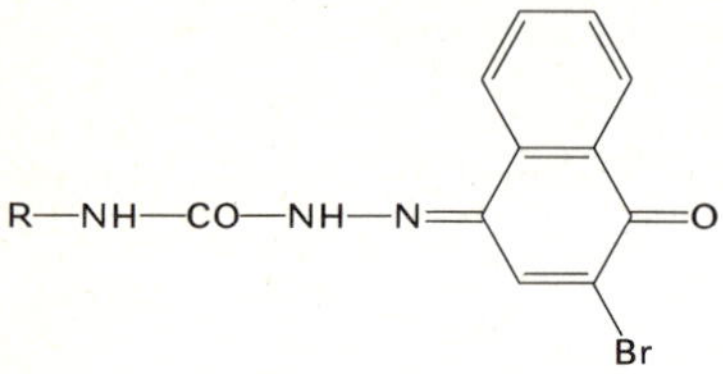

(1.41)

1.2.4.3.3 Asparaginsäure und Glutaminsäure

Für selektive Reaktionen an den beiden Carboxylgruppen kann man die größere Veresterungsgeschwindigkeit der β- bzw. γ-Carboxylgruppe ausnutzen. Umgekehrt verläuft bei den Diestern die säurekatalysierte Hydrolyse an der β- bzw. γ-Carboxylgruppe schneller, da die Anlagerung eines Protons infolge der größeren Entfernung von der Ammoniumgruppe erleichtert ist. Bei der alkalischen Hydrolyse von peptidgebundenen Methyl- bzw. Ethylestern der Asparaginsäure bzw. Glutaminsäure können Isopeptidbindungen gebildet werden:

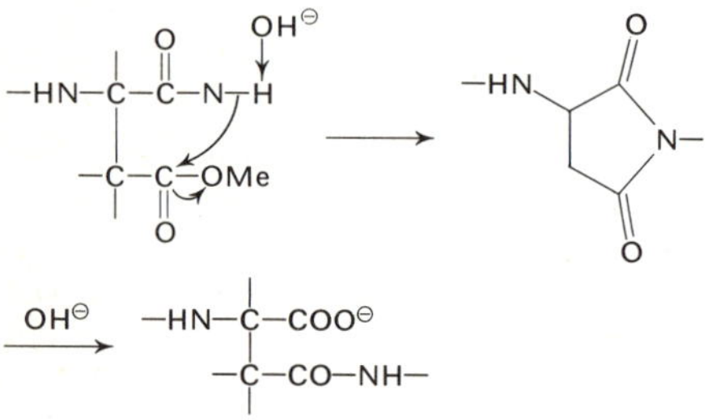

(1.42)

1.2.4.3.4 Serin und Threonin

Unter den Bedingungen der sauren oder alkalischen Hydrolyse von Proteinen können unter β-Eliminierung von Wasser die entsprechenden α-Ketosäuren gebildet werden:

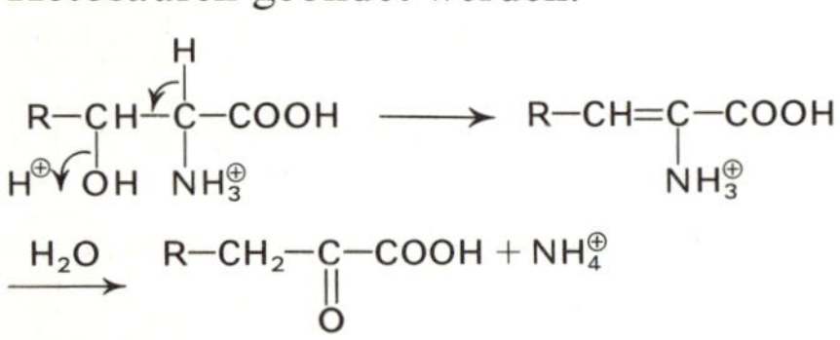

(1.43)

Die aus Threonin entstehende α-Ketobuttersäure kann über eine Transaminierungsreaktion α-Aminobuttersäure als neue Aminosäure liefern.

Die Reaktion ist für Verluste an Hydroxyaminosäuren bei der Hydrolyse von Proteinen verantwortlich. Um zu zuverlässigen Werten für diese Aminosäuren zu kommen, wird verschieden lang hydrolysiert und auf die Hydrolysezeit 0 extrapoliert.

1.2.4.3.5 Cystein und Cystin

Cystein geht bereits durch milde Oxidation (J_2, Kaliumhexacyanoferrat (III)) in das Disulfid Cystin über. Umgekehrt ist die Reduktion von Cystin mit $NaBH_4$ oder mit Thiolen (Mercaptoethanol, Dithiothreit) möglich:

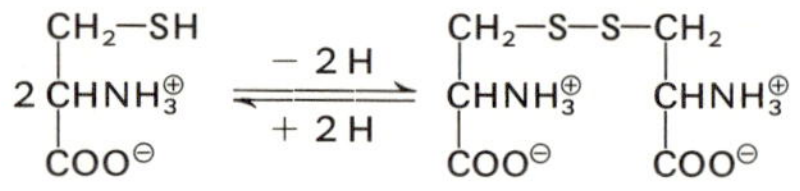

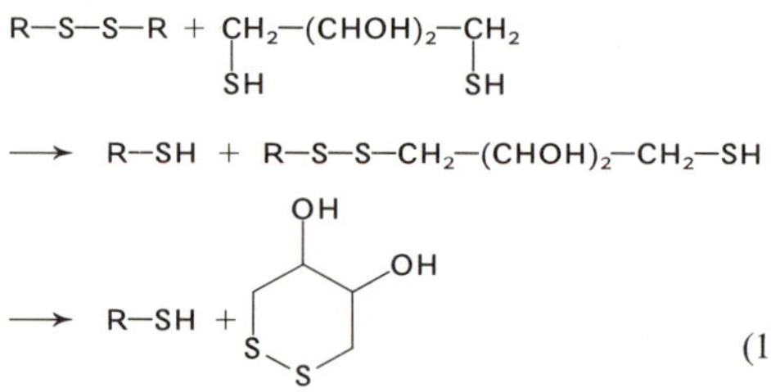

(1.44)

Die Gleichgewichtskonstanten für die Reduktion von Cystin (pH 7, 25 °C) mit Mercaptoethanol und Dithiothreit liegen bei 1 und 10^4.

Stärkere Oxidation, z. B. mit Perameisensäure, führt zur entsprechenden Sulfonsäure, der Cysteinsäure:

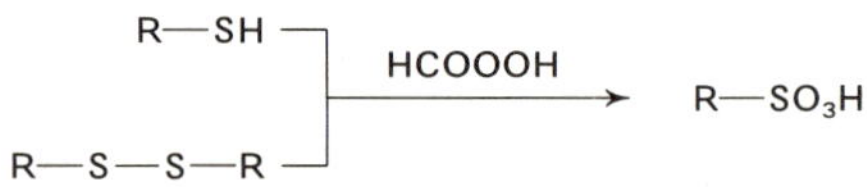

(1.45)

Die Umsetzung von Cystein mit alkylierenden Reagentien führt zu Thioethern. Vielbenutzte Alkylierungsmittel sind Jodessigsäure, Jodacetamid, Ethylenimin, Vinylpyridin:

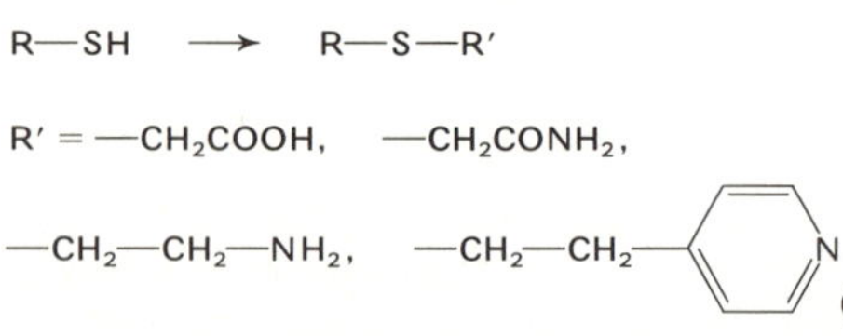

(1.46)

1.2.4.3.6 Methionin

Methionin ist über das Sulfoxid zum Sulfon oxidierbar. Die Reaktion kann bei der Lebensmittelverarbeitung zu Verlusten an dieser essentiellen Aminosäure führen:

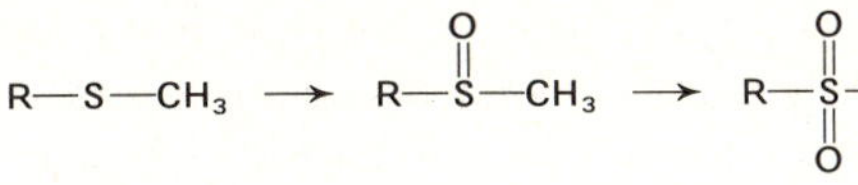

(1.47)

1.2.4.3.7 Tyrosin

Tyrosin reagiert ebenso wie Histidin mit diazotierter Sulfanilsäure (*Pauly*-Reagenz) zu einem roten Farbstoff:

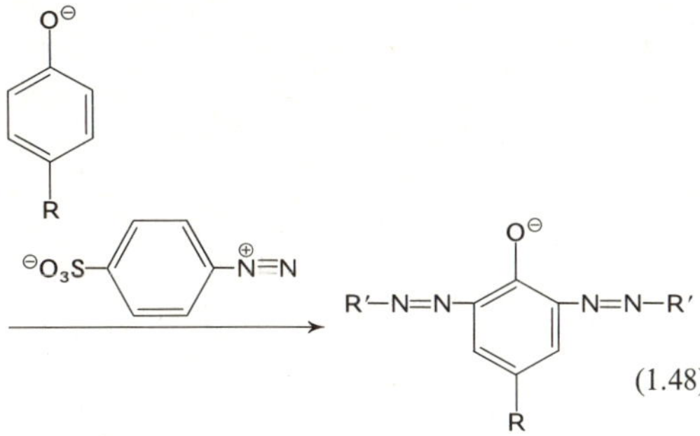

(1.48)

1.2.4.4 Thermische Zersetzung von Aminosäuren

Reaktionen bei höheren Temperaturen spielen im Zusammenhang mit der Lebensmittelzubereitung eine große Rolle. Beim Rösten, Braten, Backen und Fritieren entwickelt sich bei vielen Lebensmitteln ein für den erhitzten Zustand typisches Aroma. Vielfach sind schwefelhaltige Verbindungen von Bedeutung. In erhitztem Fleisch wurden z. B. über 100 flüchtige Schwefelverbindungen (Thiole, Sulfide, Disulfide, Thiophene, Thiazole, andere S-Heterocyclen) nachgewiesen, und aus der Patentliteratur ist bekannt, daß speziell durch Erhitzen von schwefelhaltigen Aminosäuren mit einer Reihe anderer Komponenten fleischähnliches Aroma zu erhalten ist (Tab. 1.6).

Die thermische Zersetzung von Aminosäuren

Tabelle 1.6. Beispiele für Patente über Aroma von verarbeitetem Fleisch

Erfinder	Firma	Nummer	Jahr	Reaktionen
May und Morton	Unilever	Brit. 858.660	1961	Aminosäurequelle (muß Cystein enthalten) + Aldehyde + Pentosen in Wasser: am Rückfluß erhitzen
Hack und Königsdorf	Corn Products Co.	US 3.480.447	1969	Aminosäuren (cysteinfrei) + hydrolysiertes pflanzliches Protein + reduzierender Zucker + Taurin: 15–20 h auf 110 °C erhitzen
Giacino	IFF	US 3.519.437	1970	Taurin + Thiamin + hydrolysiertes pflanzliches Protein + Wasser oder Fett + Hitze oder „flash heating“
O'Hara, Ota, Enei, Eguchi, Okamura	Ajinomoto	US 3.524.747	1970	Aminosäure (nicht Cystein) + Milchsäure + Phosphat + Nucleosid-5′-phosphat
Kitada et al.	Ajinomoto	US 3.620.772	1971	Cystein + reduzierender Zucker 1–10 h bei 50–120 °C und 70–200 kg/cm^2
Tonsbeek	Unilever	Can. 862.685	1971	Aminosäuren + Milchsäure + 5′-Nucleotid bei 110–150 °C erhitzen
van Pottelsberghe, de la Potterie	Nestle	US 3.716.380	1973	Proteinhydrolysat + Wasser + Methionin + Hitze + ein Saccharid, wahlweise in Gegenwart einer Carbonsäure
van Pottelsberghe, de la Potterie	Nestle	US 3.716.379	1973	Hydrolysiertes pflanzliches Protein (cysteinfrei) + Thiamin + ein Mono- oder Polysaccharid + Wasser + Hitze

wurde deshalb auch in Modellreaktionen eingehend untersucht, und in Tab. 1.7 sind Verbindungen zusammengestellt, die bei der Pyrolyse von Cystin und Methionin (270 bis 300 °C) unter Stickstoff auftreten. Die Reaktionswege sind in Formel 1.49 gegeben.

Als Modellreaktion für das Braten eines Lebensmittels in Fett wurde Cystein in Tributyrin 2 h auf 200–220 °C erhitzt. In Abb. 1.5 ist die Trennung der Reaktionsprodukte wiedergegeben. Die Reaktionswege sind in Formel 1.50 gegeben. Die Numerierung bezieht sich auf Abb. 1.5.

Das Fett wirkt bei den hohen Temperaturen als Acylierungsmittel. 2-Propylthiazolin entsteht z. B. als Hauptprodukt durch Acylierung des durch Decarboxylierung gebildeten Cysteamins und anschließende Cyclisierung. Die Dehydrierung zum entsprechenden Thiazol kann durch den anwesenden Luftsauerstoff oder auch durch Radikale erfolgen. Die Bildung von N-Ethylbutyramid in relativ großen Mengen ist durch eine radikalische Abspaltung des Schwefels zu erklären, ebenso wie die Bildung von Alanin und Ethylamin bei der Pyrolyse von Cystin.

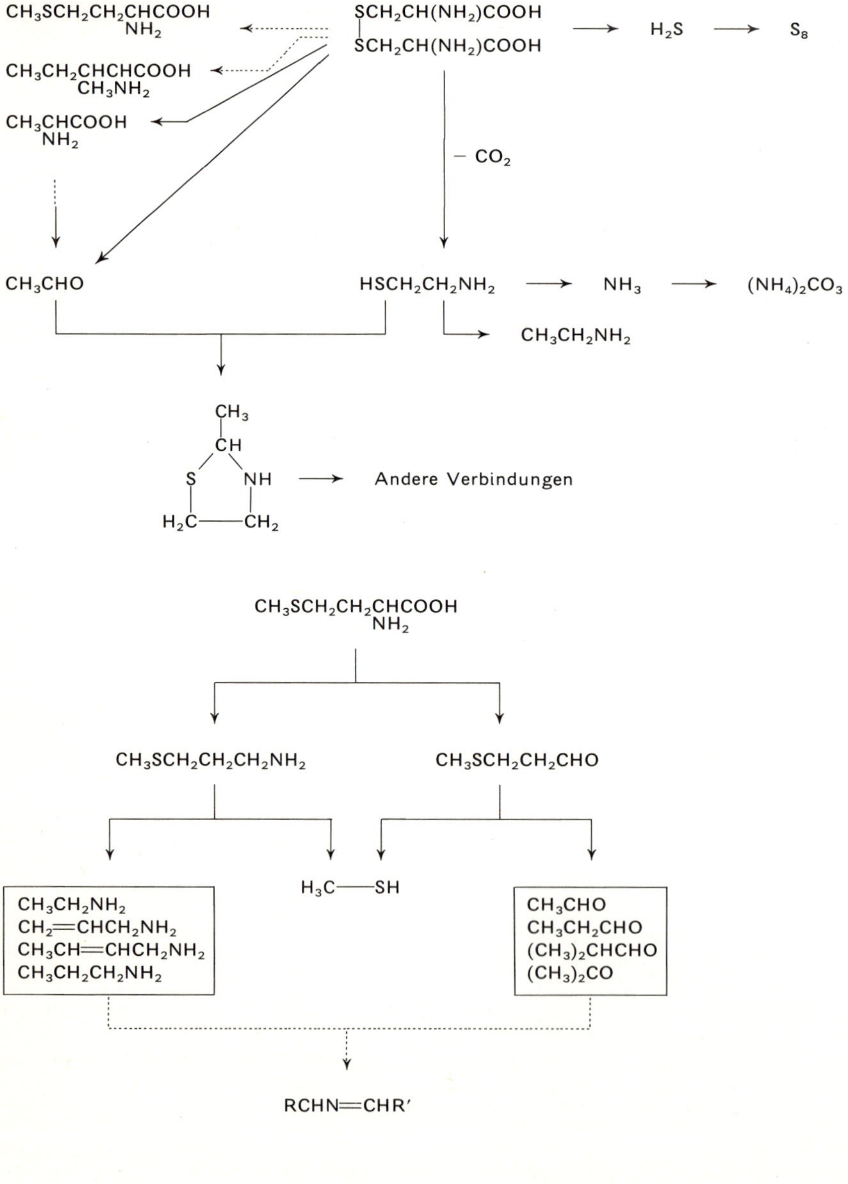

(1.49)

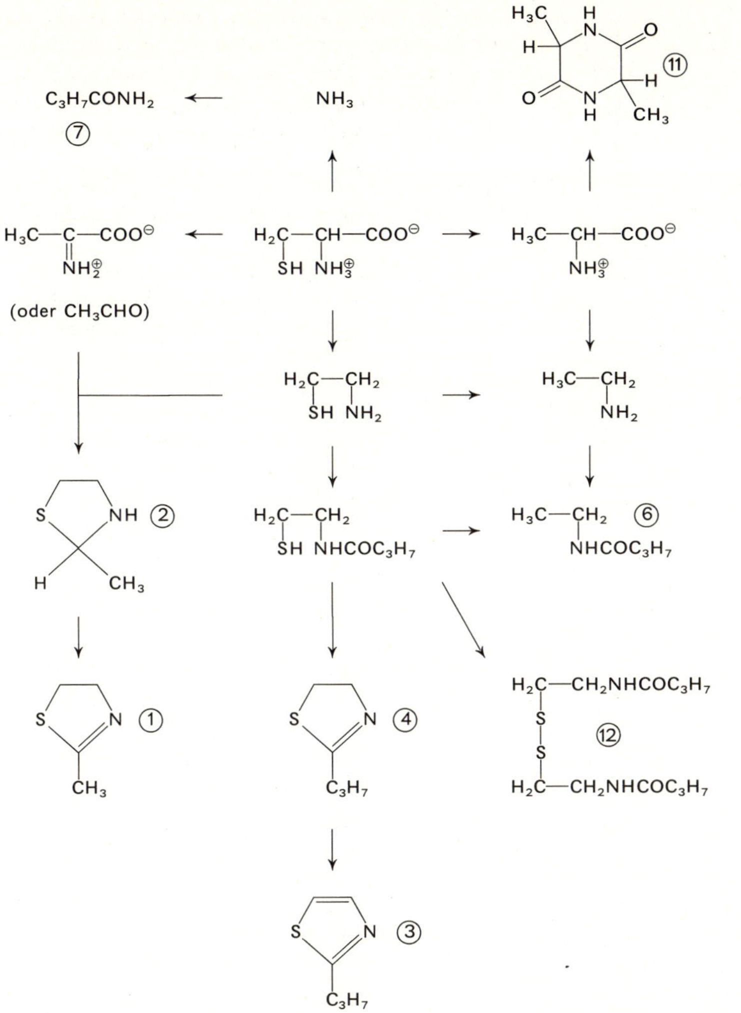

(1.50)

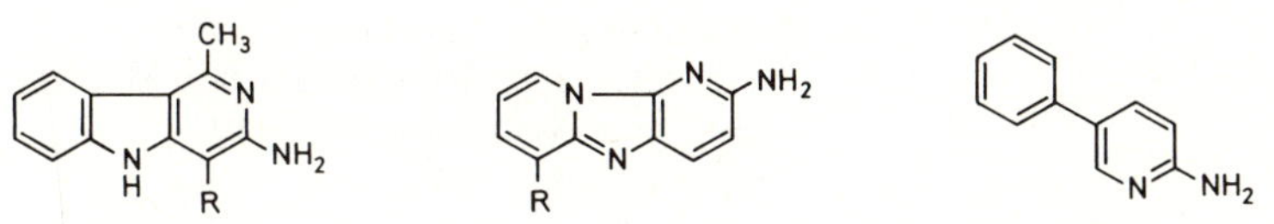

I II III

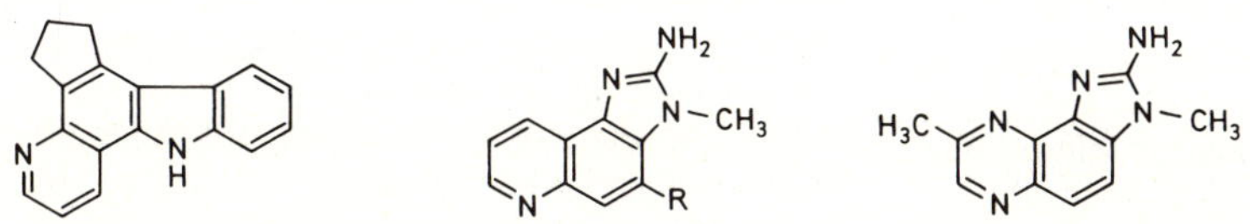

IV V VI

(1.51)

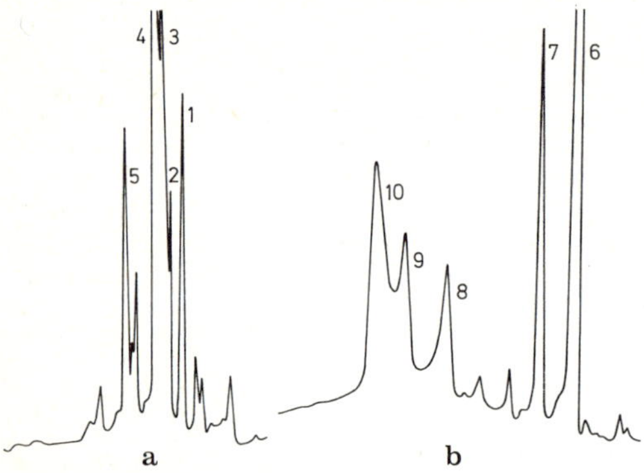

Abb. 1.5. Reaktionsprodukte beim Erhitzen von Cystein in Tributyrin (2h bei 200–220 °C am Rückfluß) (nach *Severin* und *Ledl*, 1975). Gaschromatographische Trennung einer leichter (**a**) und einer schwerer (**b**) flüchtigen Fraktion. (20% Carbowax auf Kieselgur, 5 m Länge, 1 cm ∅, Säulentemperatur 70° (a) bzw. 80° (b), nach 15 min mit 5°/min auf 220°). *1* 2-Methylthiazolin, *2* 2-Methylthiazolidin, *3* 2-Propylthiazol, *4* 2-Propylthiazolin, *5* Buttersäure, *6* N-Ethylbutyramid, *7* Butyramid, *8, 9, 10* Mono- oder Diglyceride der Buttersäure, *11* 2,5-Dimethyldioxopiperazin, *12* N,N′-Dibutyrylcystamin

Tabelle 1.7. Pyrolyseprodukte von Cystin[a] und Methionin (1 h bei 270–300 °C unter N_2, 30 mm Hg)

Verbindung	Gebildet[b] aus	
	Cystin	Methionin
1) Schwefelwasserstoff	+++	
2) Methanthiol		+++
3) 2-Methylthiazolidin	+++	
4) Thiopropylamin	++	
5) 3-Methylthiopropylamin		++
6) Ethylamin	++	+
7) 2-Propenylamin		++
8) 2-Butenylamin		+
9) Ethanal	++	++
10) Propanal		++
11) Methylthiopropanal		++
12) Aceton		+
13) Isobutanal		+
14) Ammoniumcarbonat	+++	
15) Ammoniak	+	
16) Schwefel	+	
17) Alanin	+	
18) Isoleucin	(+)	
19) Methionin	(+)	

[a] Alle angeführten Verbindungen außer Schwefel und Methionin wurden auch aus Cystein erhalten.

[b] Menge +++: groß; ++: mittel; +: klein, (+): sehr klein.

Aus Pyrolysaten von Aminosäuren und auch aus verschiedenen Lebensmitteln konnten eine Reihe von mutagenen und zum Teil auch cancerogenen Verbindungen isoliert werden (Formel 1.51). Ordnet man Aminosäuren nach fallender Mutagenität ihrer Pyrolyseprodukte, dann ergibt sich die Reihe Tryptophan, Serin, Glutaminsäure, Kreatinin, Kreatin, Ornithin, Lysin, Arginin, Citrullin.

Die Carbolinderivate Trp-P-1 (I, R = CH_3) und Trp-P-2 (I, R = H), kommen in Tryptophanpyrolysaten und in über Holzkohlenfeuer zubereitetem Fisch und Fleisch vor. Die Aza-δ-carboline Glu-P-1 (II, R = CH_3) und Glu-P-2 (II, R = H), das 2-Amino-5-phenyl-pyridin Phe-P-1 (III) und das Cyclopentano-pyrido-[3,2-a]carbazol Lys-P-1 (IV) wurden aus den Pyrolysaten der entsprechenden Aminosäuren erhalten.

Die ebenfalls mutagenen Amino-imidazolo-chinoline IQ (V, R = H), MeIQ (V, R = CH_3) und das Amino-imidazolo-chinoxalin $MeIQ_x$ (VI) wurden in Sardinen und in Fleischextrakt gefunden.

Die β-Carboline Norharman (VII, R = H) und Harman (VII, R = CH_3) sind als Bestandteile des Tabakrauchs schon länger bekannt. Ihre Bildung erfolgt aus Tryptophan und Formaldehyd bzw. Acetaldehyd:

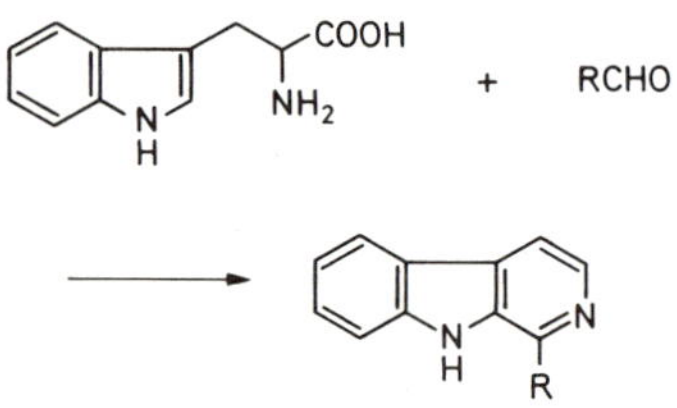

VII (1.52)

1.2.5 Synthetische Aminosäuren zur Verbesserung der biologischen Wertigkeit von Nahrungsproteinen (Fortifying Foods)

Über den Bedarf des Menschen an essentiellen Aminosäuren und über den Gehalt einiger wichtiger Nahrungsproteine an diesen Aminosäuren orientiert Tab. 1.8. Die biologische Wertigkeit eines Proteins (g gebildetes Körperprotein/100 g Nahrungsprotein) wird durch den absoluten Gehalt an essentiellen Aminosäuren bestimmt, aber auch durch das Mengenverhältnis der essentiellen Aminosäuren zueinander und zu den nicht-

Tabelle 1.8. Bedarf des erwachsenen Menschen an essentiellen Aminosäuren und Zusammensetzung einiger Nahrungsproteine

Aminosäure	1	2	3	4	5	6	7	8	9
Isoleucin	10–11	3,5	4,0	4,6	3,9	3,6	3,4	5,0	3,5
Leucin	11–14	4,2	5,3	7,1	4,3	5,1	6,5	8,2	5,4
Lysin	9–12	3,5	3,7	4,9	3,6	4,4	2,0	3,6	5,4
Methionin + Cystin	11–14	4,2	3,2	2,6	1,9	2,1	3,8	3,4	1,9
Methionin		2,0	1,9	1,9	1,2	0,9	1,4	2,2	0,8
Phenylalanin + Tyrosin	13–14	4,5	6,1	7,2	5,8	5,5	6,7	8,9	6,0
Phenylalanin		2,4	3,5	3,5	3,1	3,3	4,6	4,7	2,5
Threonin	6– 7	2,2	2,9	3,3	2,9	2,7	2,5	3,7	3,8
Tryptophan	3	1,0	1,0	1,0	1,0	1,0	1,0	1,0	1,0
Valin	11–14	4,2	4,3	5,6	3,6	3,3	3,8	6,4	4,1
Tryptophan[a]			1,7	1,4	1,4	1,5	1,1	1,0	1,3

1: Tagesbedarf in mg/kg Körpergewicht,
2–8: Relativwerte, bezogen auf Trp = 1 (Pattern),
2: Tagesbedarf, 3: Ei, 4: Kuhmilch, 5: Kartoffel, 6: Soja, 7: Weizenmehl, 8: Reis, 9: Torulahefe.
[a] Tryptophan (%) im Rohprotein.

essentiellen Aminosäuren. Die höchste bis jetzt beobachtete biologische Wertigkeit hat ein Gemisch aus 35% Eiprotein und 65% Kartoffelprotein.
Die biologische Wertigkeit wird im allgemeinen limitiert durch

- Lysin: Defizit bei Getreideproteinen und anderen pflanzlichen Proteinen
- Methionin: Defizit bei Kuhmilch- und Fleischproteinen
- Threonin: Defizit bei Weizen und Roggen
- Tryptophan: Defizit bei Casein, Mais, Reis

Da die Nahrung in vielen Teilen der Welt Proteine nicht in ausreichender Menge und Qualität enthält, kommt einer Aufwertung durch Zusatz essentieller Aminosäuren Bedeutung zu. Beispiele sind die Rice-Fortification in Japan, Thailand und Tunesien (Zusatz von L-Lysin und L-Threonin), die Supplementierung von Brot mit L-Lysin in Japan und von Soja und Erdnuß mit Methionin.
Weiterhin werden synthetische Aminosäuren als Bestandteile von chemisch definierten Diäten (CDD) benötigt, die vollständig resorbierbar sind und zur Ernährung bei Raumfahrten, im prä- und postoperativen Stadium, sowie in der Therapie von Maldigestions- und Malabsorptionssyndromen eingesetzt werden.
Größere Bedeutung hat der Zusatz von Aminosäuren bei Futtermitteln. Die Mengen bewegen sich bei Mischfutter zwischen 0,05 und 0,2%.

Tabelle 1.9. Weltproduktion von Aminosäuren (1979)

Aminosäure	t/a →	Verfahren[a]	Vorwiegende Verwendung als/für
L-Ala	130	E	Geschmacksstoff
D,L-Ala	700	C	Geschmacksstoff
L-Arg	500	M	Infusionen, therapeutische Zwecke
L-Asp	250	E	therap. Zwecke, Geschmacksstoff
L-Asn	50	I, C	therap. Zwecke
L-Cys	700	I	Backhilfsmittel, Antioxidans
L-Glu	270.000	M	Geschmacksstoff, Geschmacksverstärker
L-Gln	500	M	therap. Zwecke
Gly	6.000	C	Süßstoff
L-His	200	M	therap. Zwecke
L-Ile	150	M	Infusionen
L-Leu	150	M, I	Infusionen
L-Lys	32.000	M, E	Futtermittelzusatz
L-Met	150	E, C	therap. Zwecke
D,L-Met	180.000	C	Futtermittelzusatz
L-Phe	150	M, C	Infusionen
L-Pro	100	M	Infusionen
L-Ser	50	M, C	kosmetische Zwecke
L-Thr	160	M, C	Lebensmittelzusatz
L-Trp	200	E, C	Infusionen
L-Tyr	100	I	Infusionen
L-Val	150	M, C	Infusionen

[a] M: Mikrobiologisches Verfahren, C: Chemische Synthese, E: Enzymatisches Verfahren, I: Isolierung aus natürlichen Rohstoffen.

Entsprechend dem Bedarf ist die Produktion von Aminosäuren gestiegen. Tab 1.9 orientiert über die Weltproduktion 1979. Eine Sonderstellung nimmt L-Glutaminsäure ein, die in großem Umfang als Geschmacksverstärker eingesetzt wird. Aber auch Methionin und Lysin erreichen beträchtliche Produktionszahlen.
Man kann drei große Verfahren der Herstellung unterscheiden: die chemische Synthese, die Isolierung aus natürlichen Rohstoffen, z. B. aus Proteinhydrolysaten und die Gewinnung durch mikrobielle Verfahren, die heute die größte Bedeutung haben. Am Beispiel einiger Aminosäuren sollen wichtige technische Herstellungswege erläutert werden.

1.2.5.1 Glutaminsäure

Acrylnitril wird mit CO/H_2 katalytisch formyliert und der resultierende Aldehyd über eine *Strecker*-Reaktion in das Dinitril der Glutaminsäure überführt. Die Racematspaltung erfolgt über die bevorzugte Kristallisation von L-Glutaminsäure aus übersättigten Lösungen des Isomerengemisches beim Animpfen mit der L-Verbindung:

$$H_2C{=}CH{-}CN \xrightarrow[{[Co(CO)_4]_2}]{CO/H_2} OHC{-}CH_2{-}CH_2{-}CN \xrightarrow{HCN/NH_3} NC{-}\underset{NH_2}{\underset{|}{C}H}{-}CH_2{-}CH_2{-}CN \xrightarrow{OH^\ominus} \text{D,L-Glu} \quad (1.53)$$

Ein fermentatives Verfahren liefert mit verschiedenen Mikroorganismen *(Brevibacterium foavum, Brev. roseum, Brev. saccharolyticum)* direkt L-Glutaminsäure in Ausbeuten von 50 g/l Fermentationsansatz:

$$CH_3COONH_4\ (20\ g/l) \xrightarrow[pH\ 7.5]{MO} \text{L-Glu}\ (50\ g/l) \quad (1.54)$$

1.2.5.2 Asparaginsäure

Mit Hilfe von Aspartase ist L-Asparaginsäure aus Fumarsäure in Ausbeuten von 90% zu erhalten:

$$\text{Fumarsäure} \xrightarrow[NH_3]{\text{Aspartase}} \text{L-Asp} \quad (1.55)$$

1.2.5.3 Lysin

Ein Verfahren geht vom Caprolactam aus, das alle wichtigen Strukturelemente enthält, bis auf die α-Aminogruppe, die in mehreren Schritten eingeführt wird:

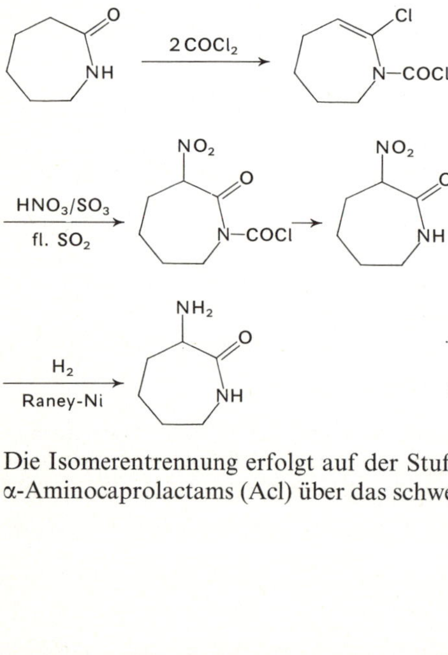

(1.56)

Die Isomerentrennung erfolgt auf der Stufe des α-Aminocaprolactams (Acl) über das schwerlösliche Salz der L-Komponente mit L-Pyrrolidoncarbonsäure (Pyg):

$$\text{D,L-Acl} + \text{L-Pyg} \longrightarrow \text{D-Acl} + \text{L,L-Salz}$$

(D-Acl → D,L-Acl: Base)

$$\longrightarrow \text{L-Acl} \xrightarrow{HCl} \text{L-Lys} \cdot HCl \quad (1.57)$$

Eleganter ist die selektive Hydrolyse des L-Enantiomeren durch eine L-α-Amino-ε-caprolactamase, die in verschiedenen Hefen vorkommt, z. B. in *Cryptococcus laurentii.* Die Racemisierung des zurückbleibenden D-Isomeren ist mit einer Racemase aus *Achromobacter obae* möglich. Der Prozeß ist als Eintopfreaktion durchführbar: Das racemische Aminocaprolactam wird mit intakten Zellen von *C. laurentii* und *A.obae* inkubiert und liefert zu fast 100% L-Lysin.

Ein weiteres Verfahren addiert Acrylnitril an Ethanal. Der resultierende Cyanobutyraldehyd wird über eine *Bucherer*-Reaktion in das Cyanopropylhydantoin überführt. Durch katalytische Hydrierung der Cyangruppe und alkalische Hydrolyse wird D,L-Lysin erhalten. Die Isomerentrennung kann über das schwer lösliche L-Lysinsulfanilat erfolgen.

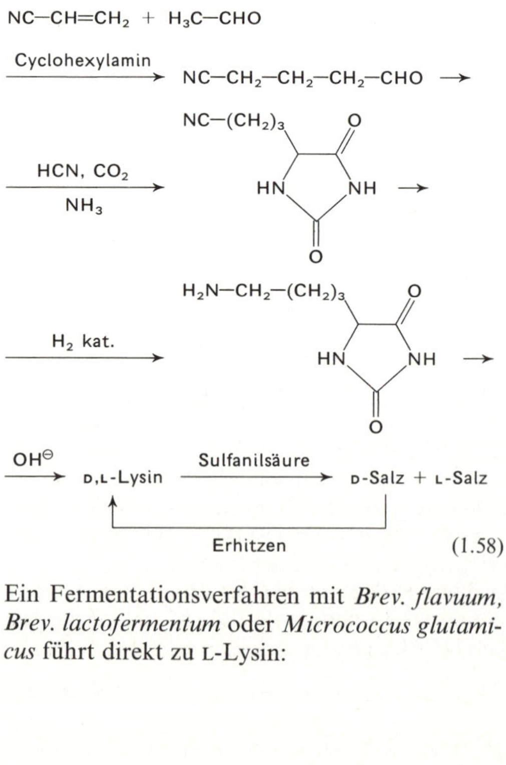

(1.58)

Ein Fermentationsverfahren mit *Brev. flavuum, Brev. lactofermentum* oder *Micrococcus glutamicus* führt direkt zu L-Lysin:

$$CH_3COONH_4 \; (<15\ g/l) \xrightarrow[pH\ 7-8.5]{MO} \text{L-Lys}\ (40-90\ g/l) \qquad (1.59)$$

1.2.5.4 Methionin

Methanthiol wird an Acrolein addiert und der entstehende Aldehyd über eine *Bucherer*-Reaktion in das Hydantoin überführt, das alkalisch hydrolysiert wird. Eine Isomerentrennung entfällt im allgemeinen, da D-Methionin vom Menschen verwertet wird:

$$CH_3SH + H_2C{=}CH{-}CHO \longrightarrow H_3C{-}S{-}CH_2CH_2{-}CHO$$

$$\xrightarrow[2)\ OH^{\ominus}]{1)\ HCN,\ CO_2,\ NH_3} \text{D,L-Met} \qquad (1.60)$$

1.2.5.5 Phenylalanin

Benzaldehyd wird mit Hydantoin kondensiert. Durch Hydrierung mit einem chiralen Katalysator wird ein Produkt mit ca. 90% L-Phenylalanin erhalten:

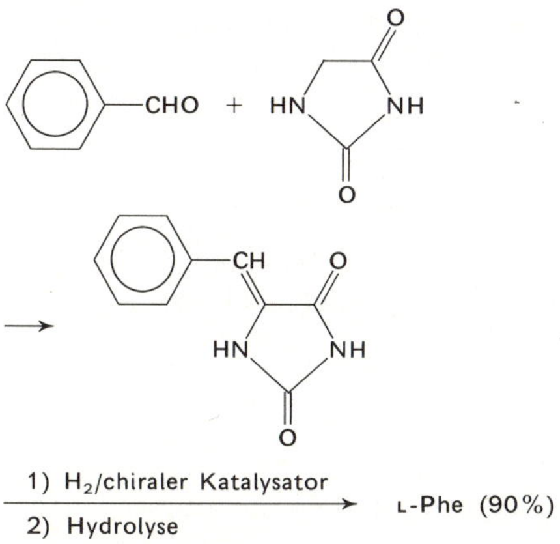

(1.61)

1.2.5.6 Threonin

Glycin wird als Kupferkomplex mit Ethanal umgesetzt. Das Verhältnis von threo- zu erythro-Isomeren ist 2:1. Eine Trennung ist auf Grund von Löslichkeitsunterschieden möglich:

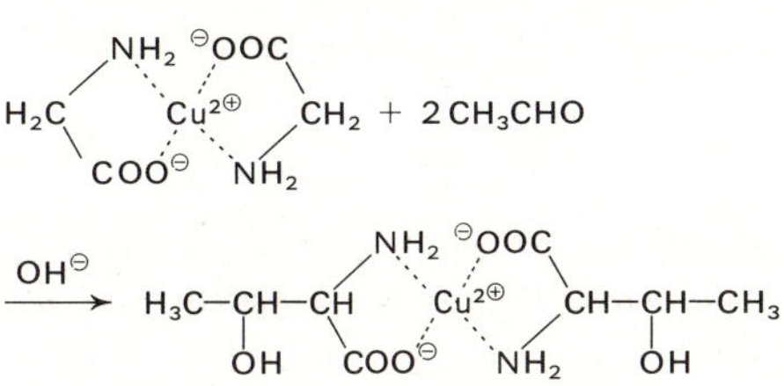

(1.62)

D,L-Threonin läßt sich über die N-Acetylverbindung mit Hilfe von Acylase in die Isomeren trennen.

Threonin ist auch über mikrobiologische Verfahren zugänglich.

1.2.5.7 Tryptophan

Die Aminosäure ist technisch über eine Variante der *Fischer*schen Indolsynthese zugänglich. Die Addition von HCN an Acrolein ergibt 3-Cyanopropanal, das über eine *Bucherer*-Reaktion in das Hydantoin überführt wird. Die Cyangruppe wird zur Aldehydgruppe reduziert. Umsetzung mit Phenylhydrazin führt zum Indolderivat. Das Hydantoin wird alkalisch verseift:

$$HCN + H_2C{=}CH{-}CHO \longrightarrow NC{-}CH_2{-}CH_2{-}CHO$$

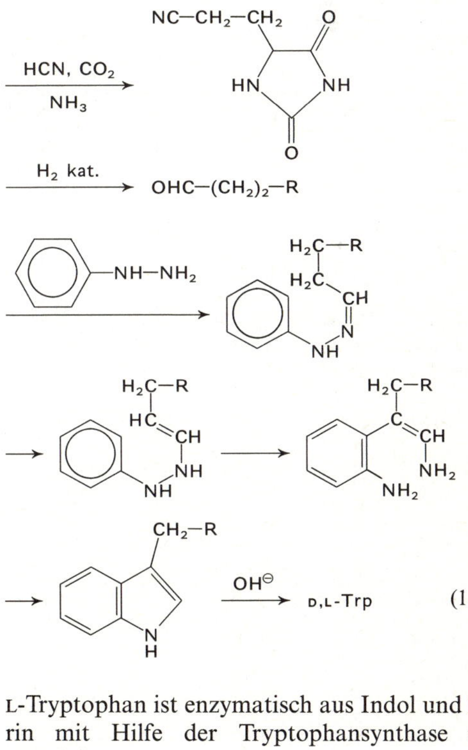

(1.63)

L-Tryptophan ist enzymatisch aus Indol und Serin mit Hilfe der Tryptophansynthase zugänglich:

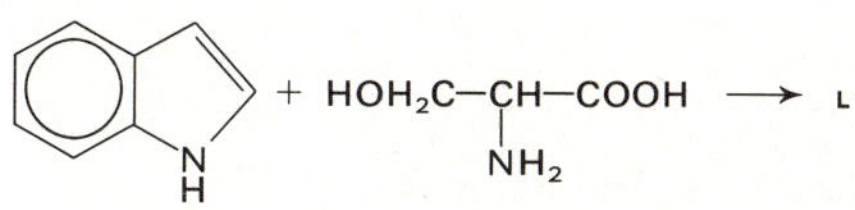

(1.64)

1.2.6 Sensorische Eigenschaften

Bei proteinreichen Lebensmitteln, in denen hydrolytische Vorgänge ablaufen (z. B. in Fleisch, Fisch, Käse), können Aminosäuren zum Geschmack beitragen.

In Tab. 1.10 sind Daten über die Geschmacksqualität und die Geschmacksintensität von Aminosäuren zusammengestellt. Die Geschmacksqualität hängt von der Konfiguration ab: süße Aminosäuren sind überwiegend in der D-Reihe zu finden, bittere Aminosäuren in der L-Reihe. Aminosäuren mit cyclischen Seitenketten (1-Amino-cycloalkan-1-carbonsäuren) sind dementsprechend süß und bitter.

Die Geschmacksintensität einer Verbindung kommt z. B. im Erkennungsschwellenwert zum Ausdruck. Man versteht darunter die niedrigste Konzentration, bei der die vorliegende Geschmacksqualität von Testpersonen mit Sicherheit erkannt wird. Aus Tab. 1.10 folgt, daß die Geschmacksintensität der Aminosäuren von der Hydrophobität der Seitenkette abhängt.

L-Tryptophan ist bei einem Schwellenwert von $c_{Sbi} = 4–6$ mmol/l neben L-Tyrosin die bitterste, D-Tryptophan mit $c_{Ssü} = 0{,}2$ bis 0,4 mmol/l die mit Abstand süßeste Aminosäure. Ein Vergleich dieser Schwellenwerte mit denen von Coffein ($c_{Sbi} = 1–1{,}2$ mmol/l) und Saccharose ($c_{Ssü} = 10–12$ mmol/l) zeigt, daß Coffein ca. 5mal so bitter wie L-Tryptophan und D-Tryptophan ca. 37mal so süß wie Saccharose ist.

L-Glutaminsäure nimmt eine Sonderstellung ein. Sie schmeckt in höheren Konzentrationen nach Fleischbrühe, in niedrigen Konzentrationen verstärkt sie den Eigengeschmack eines Lebensmittels (flavour enhancer, cf. 8.6.1). L-Methionin hat einen schwefelartigen Geschmack.

Der bittere Geschmack einer Reihe von L-Aminosäuren kann bei einigen Verwendungen stören, z. B. bei chemisch definierten Diäten.

Tabelle 1.10. Geschmack von Aminosäuren (in wäßriger Lösung bei pH 6–7)
sü – süß, bi – bitter, neu – neutral

Aminosäure	Geschmack			
	L-Verbindung		D-Verbindung	
	Qualität	Intensität[a]	Qualität	Intensität[a]
Alanin	sü	12–18	sü	12–18
Arginin	bi		neu	
Asparagin	neu		sü	3– 6
Asparaginsäure	neu		neu	
Cystin	neu		neu	
Glutamin	neu		neu	8–12
Glutaminsäure	nach Fleischbrühe		neu	
Glycin[b]	sü	25–35		
Histidin	bi	45–50	sü	2– 4
Isoleucin	bi	10–12	sü	8–12
Leucin	bi	11–13	sü	2– 5
Lysin	sü		sü	
	bi	80–90		
Methionin	schwefelartig		schwefelartig	
Phenylalanin			sü	4– 7
	bi	5– 7	sü	1– 3
Prolin	sü	25–40	neu	
	bi	25–27		
Serin	sü	25–35	sü	30–40
Threonin	sü	35–45	sü	40–50
Tryptophan	bi	4– 6	sü	0,2– 0,4
Tyrosin	bi	4– 6	sü	1– 3
1-Aminocycloalkan-1-carbonsäuren[b]				
Cyclobutanderivat	sü	20–30		
Cyclopentanderivat	sü	3-6		
	bi	95–100		
Cyclohexanderivat	sü	1-3		
	bi	45–50		
Cyclooctanderivat	sü	2–4		
	bi	2–5		
Coffein	bi	1–1,2		
Saccharose	sü	10–12		

[a] Erkennungsschwellenwerte (mmol/l).
[b] Verbindungen sind nicht optisch aktiv.

1.3 Peptide

1.3.1 Allgemeines, Nomenklatur

Peptide entstehen durch Verknüpfung von Aminosäuren über Säureamidbindungen.

Hydrolyse von Peptiden führt zurück zu den Aminosäuren:

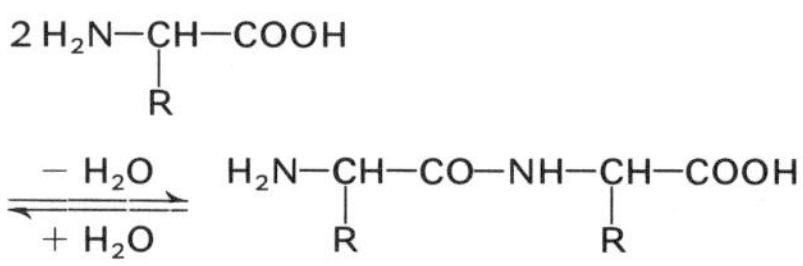
(1.65)

Bei der Peptidsynthese müssen im allgemeinen die Gruppen blockiert werden, die nicht reagieren sollen. Die verwendeten Schutzgruppen müssen nach der Synthese unter Bedingungen zu entfernen sein, unter denen die geknüpften Peptidbindungen stabil sind:

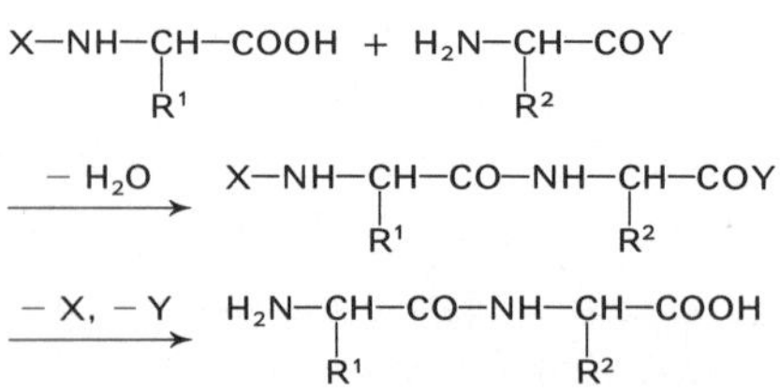
(1.66)

Je nach Anzahl der Aminosäurereste unterscheidet man Di-, Tri-, Tetrapeptide etc. und faßt diese bis zu ca. 10 Resten als Oligopeptide zusammen. Höhere Peptide werden als Polypeptide bezeichnet, wobei der Übergang zu den Proteinen fließend ist. Meist wird die Grenze bei einem Molekulargewicht von ca. 10000, d.h. bei ca. 100 Aminosäureresten angesetzt.
Peptide werden als acylierte Aminosäuren aufgefaßt:

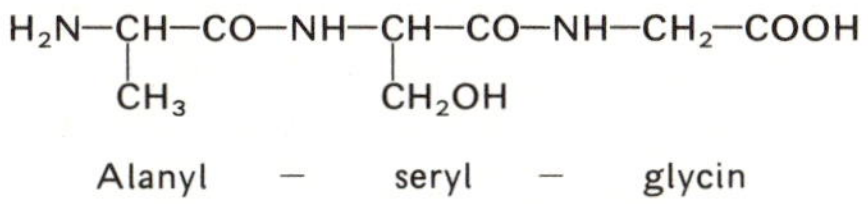

(1.67)

Zur Vereinfachung der Schreibweise bedient man sich zur Bezeichnung der Aminosäurereste eines im allgemeinen aus den drei ersten Buchstaben des Namens gebildeten Symbols (cf. Tab. 1.1).* Das angeführte Peptid wird wie folgt wiedergegeben:

Ala—Ser—Gly (1.68)

D-Aminosäuren werden durch ein vorgesetztes D gekennzeichnet. Bindungen, an denen funktionelle Gruppen der Seitenkette beteiligt sind, werden durch von dem entsprechenden Rest ausgehende senkrechte Bindestriche wiedergegeben. Als Beispiel sei das Tripeptid Glutathion angeführt, ein γ-Glutamyl-cysteinyl-glycin, sowie das entsprechende Disulfid, oxidiertes Glutathion:

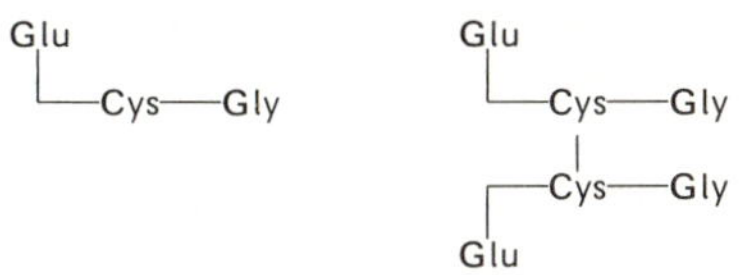

(1.69)

Vereinbarungsgemäß wird der Aminosäurerest mit freier Aminogruppe immer nach links gesetzt. Die endständigen Reste werden als N-terminaler bzw. C-terminaler Aminosäurerest bezeichnet. Bei cyclischen Peptiden wird die Richtung der Peptidbindung – CO → NH – durch einen Pfeil gekennzeichnet.

* Für noch abgekürztere Darstellungen sind auch einbuchstabige Symbole festgelegt worden (cf. Tab. 1.1).

1.3.2 Physikalische Eigenschaften

1.3.2.1 Dissoziation

In Tab. 1.11 sind die pK-Werte und die isoelektrischen Punkte einiger Peptide zusammengestellt. Gegenüber den entsprechenden Aminosäuren ist die Acidität der freien Carboxylgruppe und die Basizität der freien Aminogruppe bei den Pepti-

Tabelle 1.11. Dissoziationskonstanten und isoelektrische Punkte von Peptiden (25 °C)

Peptid	pK_1	pK_2	pK_3	pK_4	pK_5	pI
Gly-Gly	3,12	8,17				5,65
Gly-Gly-Gly	3,26	7,91				5,59
Ala-Ala	3,30	8,14				5,72
Gly-Asp	2,81	4,45	8,60			3,63
Asp-Gly	2,10	4,53	9,07			3,31
Asp-Asp	2,70	3,40	4,70	8,26		3,04
Lys-Ala	3,22	7,62	10,70			9,16
Ala-Lys-Ala	3,15	7,65	10,30			8,98
Lys-Lys	3,01	7,53	10,05	11,01		10,53
Lys-Lys-Lys	3,08	7,34	9,80	10,54	11,32	10,93
Lys-Glu	2,93	4,47	7,75	10,50		6,10
His-His	2,25	5,60	6,80	7,80		7,30

Tabelle 1.12. Geschmacksschwellenwerte einiger Peptide: Abhängigkeit von Konfiguration und Aminosäuresequenz (getestet in wäßriger Lösung bei pH 6–7); bi – bitter

Peptid[a]	Geschmack	
	Qualität	Intensität[b]
Gly-Leu	bi	19–23
Gly-D-Leu	bi	20–23
Gly-Phe	bi	15–17
Gly-D-Phe	bi	15–17
Leu-Leu	bi	4– 5
Leu-D-Leu	bi	5– 6
D-Leu-D-Leu	bi	5– 6
Ala-Leu	bi	18–22
Leu-Ala	bi	18–21
Gly-Leu	bi	19–23
Leu-Gly	bi	18–21
Ala-Val	bi	60–80
Val-Ala	bi	65–75
Phe-Gly	bi	16–18
Gly-Phe	bi	15–17
Phe-Gly-Phe-Gly	bi	1,0–1,5
Phe-Gly-Gly-Phe	bi	1,0–1,5

[a] L-Konfiguration wenn nicht anders angegeben.
[b] Erkennungsschwellenwert in mmol/l.

Tabelle 1.13. Bittergeschmack von Dipeptiden A–B: Abhängigkeit der Schwellenwerte (mmol/l) von der Hydrophobität der Seitenkette (0: süßer oder neutraler Geschmack)

A / B		Asp	Glu	Asn	Gln	Ser	Thr	Gly	Ala	Lys	Pro	Val	Leu	Ile	Phe	Tyr	Trp
		0	0	0	0	0	0	0	0	85	26	21	12	11	6	5	5
Gly	0	–	–	–	–	–	–	0	0	–	45	75	21	20	16	17	13
Ala	0	–	–	–	–	–	–	0	0	–	–	70	20	–	–	–	–
Pro	26	–	–	–	–	–	–	–	–	–	–	–	6	–	–	–	–
Val	21	–	–	–	–	–	–	65	70	–	–	20	10	–	–	–	–
Leu	12	–	–	–	–	–	–	20	20	–	–	–	4,5	–	–	3,5	0,4
Ile	11	43	43	33	33	33	33	21	21	23	4	9	5,5	5,5	–	–	0,9
Phe	6	–	–	–	–	–	–	17	–	–	2	–	1,4	–	0,8	0,8	–
Tyr	5	–	–	–	–	–	–	–	–	–	–	–	4	–	–	–	–
Trp	5	–	28	–	–	–	–	–	–	–	–	–	–	–	–	–	–

den geringer. Die Sequenz ist von Einfluß (cf. Gly-Asp/Asp-Gly).

1.3.3 Sensorische Eigenschaften

Während bei Aminosäuren eine Abhängigkeit der Geschmacksqualität von der Konfiguration vorhanden ist, hat sich bei den bisher untersuchten Peptiden – mit Ausnahme der süßen Dipeptidester der L-Asparaginsäure – unabhängig von der Konfiguration neutraler oder bitterer Geschmack gezeigt (Tab. 1.12). Die Intensität des Geschmacks hängt wie bei den Aminosäuren von der Hydrophobität der Seitenketten ab (Tab. 1.13). Sie scheint bei kleinen Peptiden unabhängig von der Aminosäuresequenz zu sein (Tab. 1.12).

Der bittere Geschmack von Peptiden kann sich bei Lebensmitteln überall da störend bemerkbar machen, wo proteolytische Vorgänge ablaufen. So ist Bittergeschmack bei Käse als Folge von Fehlreifungen bekannt. Das Auftreten von Bittergeschmack steht auch einer breiteren Anwendung proteolytischer Enzyme zu gezielter Modifizierung von Nahrungsproteinen bisher entgegen. Auf Möglichkeiten einer Entbitterung von Proteinpartialhydrolysaten wird bei der enzymatischen Modifizierung von Proteinen eingegangen (cf. 1.4.6.3.2).

Der süße Geschmack der erwähnten Dipeptidester der L-Asparaginsäure (I) wurde 1969 an α-L-Aspartyl-L-phenylalanin-methylester zufällig entdeckt. Außer den Peptidestern

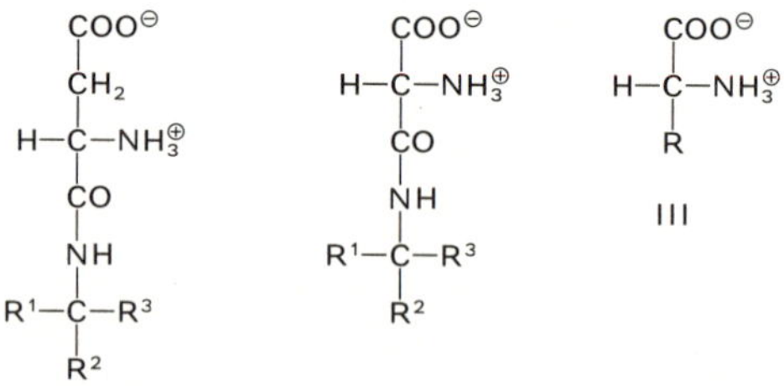

I II III (1.70)

der L-Asparaginsäure sind auch die Peptidester der L-Aminomalonsäure (II) süß. Ein Vergleich

Tabelle 1.14. Geschmack von Dipeptidestern der Asparaginsäure[a] und der Aminomalonsäure[b]

R^2	R^3	Geschmack[c]
Asparaginsäurederivate		
$COOCH_3$	H	8
n-C_3H_6	$COOCH_3$	4
n-C_4H_7	$COOCH_3$	45
n-C_4H_9	$COOC_2H_5$	5
n-C_6H_{13}	CH_3	10
n-C_7H_{15}	CH_3	neutral
$COOCH(CH_3)_2$	n-C_3H_7	17
$COOCH(CH_3)_2$	n-C_4H_9	neutral
$COOCH_3$	$CH_2C_6H_5$	bitter
$CH(CH_3)C_2H_5$	$COOCH_3$	bitter
$CH_2CH(CH_3)_2$	$COOCH_3$	bitter
$CH_2C_6H_5$	$COOCH_3$	140
COO-2-methyl-cyclohexyl	$COOCH_3$	5–7000
COO-fenchyl	$COOCH_3$	22–33000
D,L-Aminomalonsäurederivate		
$COOiC_3H_7$	CH_3	58
CH_3	$COOiC_3H_7$	neutral

[a] Formel 1.70, I, R^1 = H.
[b] Formel 1.70, II, R^1 = H.
[c] Angegeben ist bei süßem Geschmack der Faktor $f_{sac,g}$, bezogen auf 10%ige Saccharoselösung (cf. 8.8.1), ansonsten die Geschmacksqualität.

der Formeln I und II mit III zeigt die Verwandtschaft zur Reihe der süßen D-Aminosäuren: Nur bei Peptiden vom Typ I und II haben Carboxylgruppe, Aminogruppe und Seitenkette R die offensichtlich für süßen Geschmack erforderliche Anordnung.
Seit der Entdeckung des süßen Geschmacks der Verbindungen vom Typ I wurden die strukturellen Voraussetzungen in einer Reihe von Arbeiten systematisch untersucht. L-Asparaginsäure erwies sich als essentiell, desgleichen die Knüpfung der Peptidbindung über die α-Carboxylgruppe. R^1 kann H oder CH_3 sein*, während R^2 und R^3 in gewissen Grenzen variierbar sind. In Tab. 1.14 sind einige Beispiele angeführt. Die Intensität des Süßgeschmacks durchläuft mit Zunahme von Länge und Volumen des Restes R^2 ein Maximum. Der Größe von R^3 sind engere Grenzen gesetzt. Offensichtlich kommt dem Substituenten R^2 für die Intensität die größte Bedeutung zu.
Die Hydrochloride einiger Peptide haben einen salzigen Geschmack (Tab. 1.15) und sind gegebenenfalls für natriumarme Diäten interessant.

Tabelle 1.15. Peptide mit salzigem Geschmack

Peptid[a]	Geschmack	
	Schwellenwert (mmol/l)	Qualität[b]
Orn-βAla.HCl	1,25	3
Orn-γAbu.HCl	1,40	3
Orn-Tau.HCl	3,68	4
Lys-Tau.HCl	5,18	4
NaCl	3,12	3

[a] Abkürzungen: Orn: Ornithin, βAla: β-Alanin, γAbu: γ-Aminobuttersäure, Tau: Taurin.
[b] Die Qualität des salzigen Geschmacks wurde anhand einer Skala mit den Noten 0–5 im Vergleich zu einer 6,4 mmol/l NaCl-Lösung (Note 3) beurteilt (Note 4 etwas besser, Note 5 deutlich besser als die Vergleichslösung).

1.3.4 Einzelne Peptide

Peptide sind in der Natur weit verbreitet. Häufig haben sie spezifische biologische Wirkungen (Peptid-Hormone, Peptid-Toxine, Peptid-Antibiotica). Im folgenden sind einige lebensmittelchemisch interessante Peptide als Beispiele angeführt.

1.3.4.1 Glutathion

Glutathion, γ-L-Glutamyl-L-cysteinyl-glycin, ist in tierischen Organismen, in Pflanzen und in Mikroorganismen weit verbreitet. Bemerkenswert ist die Bindung der Glutaminsäure über die γ-Carboxylgruppe. Das Peptid ist Coenzym der

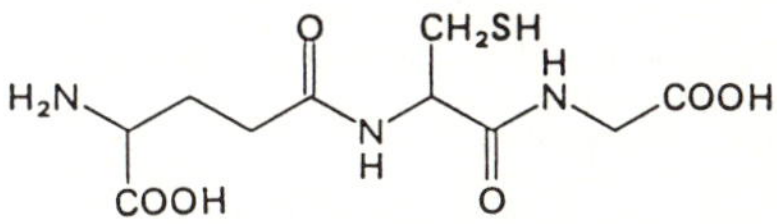

(1.71)

Glyoxalase. Es ist am aktiven Transport von Aminosäuren und auf Grund seiner leichten Oxidierbarkeit auch an verschiedenen Redoxreaktionen beteiligt. Es beeinflußt z.B. über einen Thiol-Disulfidaustausch mit Kleberproteinen die rheologischen Eigenschaften von Weizenteigen: Hohe Konzentrationen an reduziertem Glutathion in Mehl scheinen durch eine Reduktion von Proteindisulfidbindungen und die damit verbundene Molekulargewichtserniedrigung bei einigen strukturbildenden Proteinfraktionen klebrige Teige zu bedingen (cf. 15.4.1.4.1).

1.3.4.2 Carnosin, Anserin, Balenin

Es handelt sich um eine Gruppe von Dipeptiden des β-Alanins mit L-Histidin bzw. 1-Methyl- oder 3-Methyl-L-histidin, die in Muskeln von Wirbeltieren vorkommen:

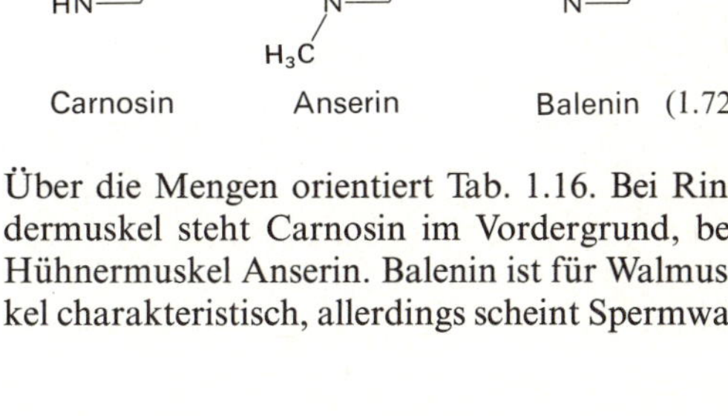

(1.72)

Über die Mengen orientiert Tab. 1.16. Bei Rindermuskel steht Carnosin im Vordergrund, bei Hühnermuskel Anserin. Balenin ist für Walmuskel charakteristisch, allerdings scheint Spermwal

* Über Verbindungen mit $R^1 > CH_3$ ist bisher nichts bekannt.

Tabelle 1.16. Vorkommen von Carnosin, Anserin und Balenin (%)[a]

Material	Carnosin	Anserin	Balenin	Σ[b]
Rindermuskel	0,15–0,35	0,01–0,05		0,2–0,4
Rindfleisch-extrakt	3,1 –5,7	0,4 –1,0		4,4–6,2
Hühnerfleisch[c]	0,01–0,1	0,05–0,25		
Hühnerfleisch-extrakt	0,7 –1,2	2,5 –3,5		
Walfleisch				ca. 0,3
Walfleisch-extrakt a[d]	3,1 –5,9	0,2 –0,6	13,5–23,0	16–30
Walfleisch-extrakt b[e]	2,5 –4,5	1,2 –3,0	0 – 5,2	3,5–12

[a] Alle Werte beziehen sich auf Feuchtgewebe bzw. auf käufliche Extrakte mit 20% Wasser.
[b] Summe von β-Alaninpeptiden.
[c] Mager, entbeint.
[d] Käufliches Extraktgemisch verschiedener Walarten.
[e] Käufliches Extraktgemisch, aber vorwiegend Spermwal (Pottwal).

das Dipeptid nicht zu enthalten. Die in käuflichen Spermwalfleischextrakten aufgefundenen Mengen sind wahrscheinlich auf einen Gehalt an Fleisch anderer Walarten zurückzuführen. Die Peptide haben in der Lebensmittelanalytik Bedeutung zur Charakterisierung von Fleischextrakten. Ihre physiologische Rolle ist nicht völlig klar. Von Bedeutung scheint die Pufferwirkung im pH-Bereich 6–8 zu sein. Eine Beteiligung an der Wiederherstellung der Erregbarkeit und Kontraktionsfähigkeit des ermüdeten Skelettmuskels wird diskutiert, für Carnosin auch eine Wirkung als Neurotransmittersubstanz des Geruchsnervs.

1.3.4.3 Nisin

Das Peptid wird von einigen Stämmen (Langfield-N-Gruppe) des *Streptococcus lactis* gebildet. Es enthält mit Dehydroalanin, Dehydro-β-methylalanin, Lanthionin und β-Methyllanthionin eine Reihe von ungewöhnlichen Aminosäuren und damit auch 5 Thioetherbrücken (s. Formel 1.73).

Sehr verwandt ist das von *Bacillus subtilis* produzierte Subtilin. Nisin wirkt gegen grampositive Mikroorganismen (Milchsäurebakterien, Streptokokken, Bazillen, Clostridien und andere anaerobe Sporenbildner). Der Angriff erfolgt auf die Cytoplasmamembran unmittelbar nach dem Auskeimen der Sporen. Seine Wirkung ist deshalb gegen Sporen stärker als gegen vegetative Zellen. In einigen Ländern ist Nisin als Konservierungsmittel zugelassen. Es wird bei Hartkäse und vor allem bei Schmelzkäse gegen Buttersäuregärungen und Weißfäule eingesetzt. Bei Gemüsekonserven erlaubt die Verwendung von Nisin mildere Sterilisationsbedingungen.

1.3.4.4 Lysinpeptide

Eine Reihe von Lysinpeptiden, wie

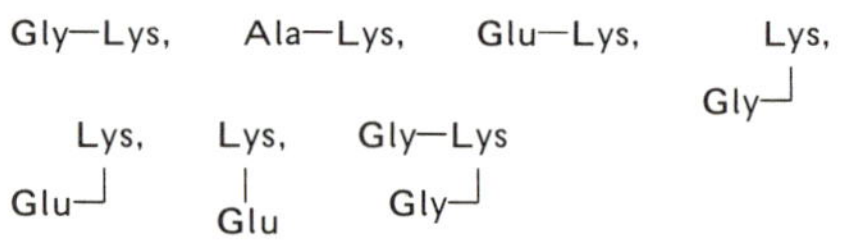

(1.74)

werden im Rattenwachstumstest ebenso gut verwertet wie Lysin selbst. Die Bräunungsreaktion mit Glucose ist aber stark verlangsamt (Abb. 1.6). Diese Peptide sind deshalb für die Supplementierung von solchen Lebensmitteln mit Lysin geeignet, die einer stärkeren Erhitzung in Gegenwart von reduzierenden Zuckern unterworfen werden müssen.

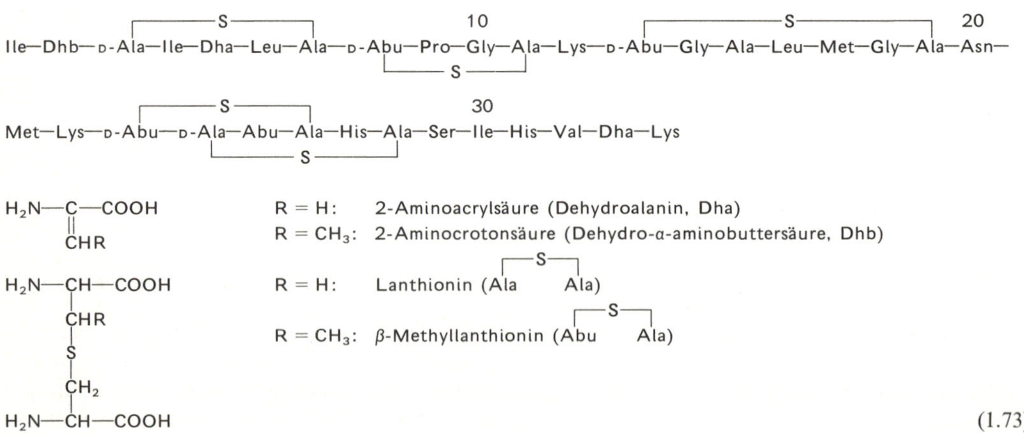

(1.73)

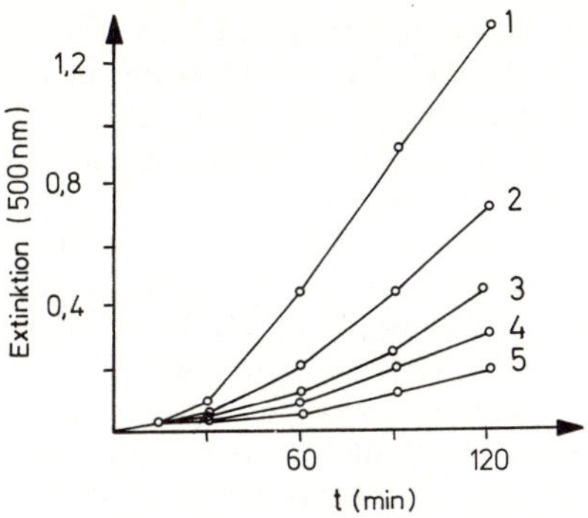

Abb. 1.6. Bräunung von Lysinderivaten (0,1 M Lysin bzw. Lysinderivat, 0,1 mol/l Glucose in 0,1 mol/l Phosphatpuffer pH 6,5, 100 °C in verschlossenem Gefäß) (nach *Finot* et al., 1978). 1 Lys, 2 Ala-Lys, 3 Gly-Lys, 4 Glu—Lys, 5 Lys┐ Gly┘ Glu┘

1.3.4.5 Andere Peptide

Besonders in proteinreichen Lebensmitteln kommen Peptide in wechselnden Mengen als Folgeprodukte proteolytischer Vorgänge mehr oder weniger regelmäßig vor.

1.4 Proteine

Proteine sind wie Peptide aus Aminosäuren aufgebaut, die säureamidartig verknüpft sind. Daneben können covalent gebundene Heterobausteine vorhanden sein. So enthalten Phosphoproteine, wie z. B. die Caseine der Milch (cf. 10.1.2.1.1) oder das Phosvitin des Eidotters (cf. 11.2.4.1.2) mit Phosphorsäure veresterte Serin- bzw. Threoninreste.

Glykoproteine, wie z. B. ϰ-Casein (cf. 10.1.2.1.1), verschiedene Komponenten des Eiklars (cf. 11.2.3.1) und Eidotters (cf. 11.2.4.1.2), das Bindegewebsprotein Collagen (cf. 12.3.2.3.1), Serumproteine einiger Fischspezies (cf. 13.1.4.2.4) enthalten eine oder mehrere Monosaccharid- bzw. Oligosaccharideinheiten O-glykosidisch an Serin, Threonin oder δ-Hydroxylysin bzw. N-glykosidisch an Asparagin gebunden (s. Formel 1.75).

Die Struktur eines Proteins wird bestimmt durch die Aminosäuresequenz (Primärstruktur), von der die Konformation des Moleküls (Sekundär-, Tertiärstruktur) abhängt. In manchen Fällen lie-

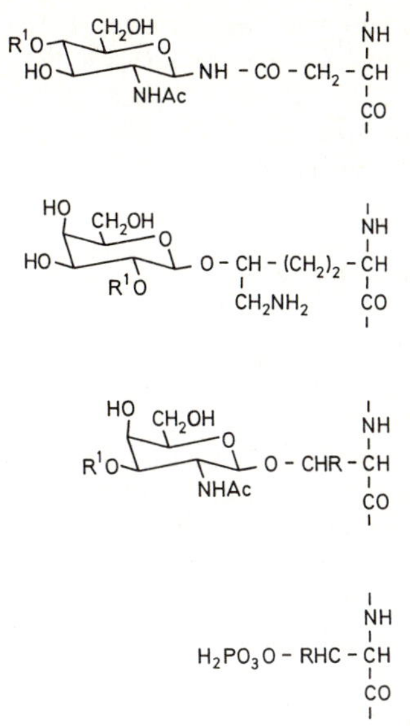

(1.75)

R : H, CH_3 ; R[1] : H, Zuckerrest ; Ac : Acetyl

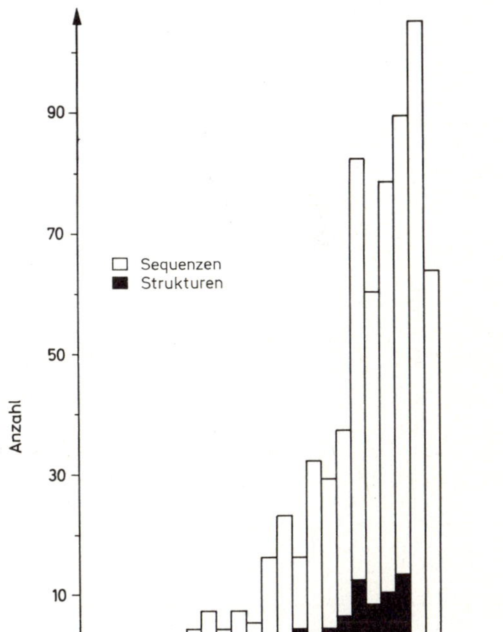

Abb. 1.7. Anzahl der aufgeklärten Aminosäuresequenzen (1953–1976) und Proteinstrukturen (1960–1974)

gen Proteine in Form von Molekülaggregaten vor, die eine bestimmte Geometrie haben (Quartärstruktur). Abb. 1.7 informiert über aufgeklärte Aminosäuresequenzen (1953–1976) und Konformationen (1960–1974).

1.4.1 Aminosäuresequenz

1.4.1.1 Aminosäurezusammensetzung, Subeinheiten

Die Durchführung einer Sequenzanalyse setzt voraus, daß ein einheitliches Protein vorliegt. Zunächst wird nach saurer Hydrolyse die Aminosäurezusammensetzung ermittelt. Die Verfahren (Trennung am Kationenaustauscher, Anfärbung mit Ninhydrin) sind heute standardisiert und automatisiert (Aminosäureanalysatoren). Abb. 1.8 gibt ein typisches Aminosäurechromatogramm wieder.
Von Bedeutung ist ferner die Bestimmung des Molekulargewichtes (Gelchromatographie, Ultrazentrifugation, SDS-Elektrophorese) und die Prüfung, ob das Protein aus mehreren, gleichen oder verschiedenen Polypeptidketten (Subeinheiten) besteht, die durch Disulfidbindungen oder durch nichtcovalente Bindungen zusammengehalten werden. Eine Dissoziation in die Subeinheiten erfolgt z. B. bei Änderungen des pH-Wertes, bei chemischer Modifizierung des Proteins (z. B. durch Succinylierung, cf. 1.4.4.1.3 und 1.4.6.2.1) und bei Anwesenheit von denaturierenden Agentien (Harnstoff, Guanidinhydrochlorid, Natriumdodecylsulfat). Disulfidbindungen werden – auch bei Proteinen, die nur aus einer Peptidkette bestehen – gelöst durch Oxidation der Cystinreste zu Cysteinsäure oder durch Reduktion zu Cysteinresten mit anschließender Alkylierung der Thiolgruppen (cf. 1.2.4.3.5) zur Verhinderung der Reoxidation. Eine Trennung von Subeinheiten erfolgt durch chromatographische oder elektrophoretische Methoden.

1.4.1.2 Terminale Gruppen

Die Ermittlung der N-terminalen Aminosäure kann durch Umsetzung des Proteins mit 1-Fluor-2,4-dinitrobenzol (cf. 1.2.4.2.2) oder mit 5-Dimethylaminonaphthalin-1-sulfonsäurechlorid (cf. 1.2.4.2.1) erfolgen. Auch eine Umsetzung mit Cyanat, Abspaltung der terminalen Aminosäure als Hydantoin, Abtrennung und anschließende

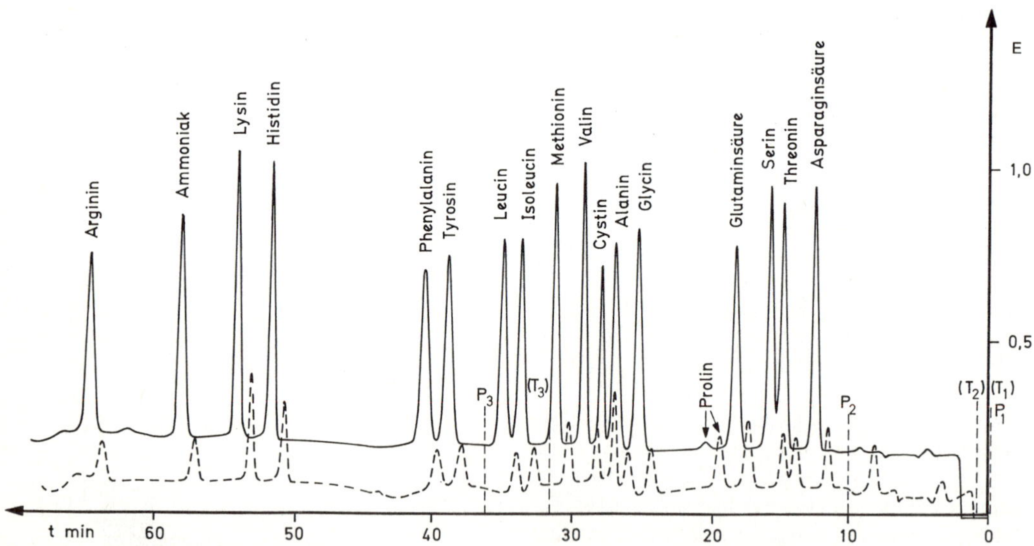

Abb. 1.8. Aminosäurechromatogramm. Trennung eines Aminosäurestandardgemisches. (10 nmol/Aminosäure) mit einem Aminosäureanalysator. Ionenaustauscher: Durrum DC-4A, Säule: 295 × 4 mm, Puffer $P_1/P_2/P_3$: 0,2 mol/l Na-Citrat pH 3,20/0,2 mol/l Na-Citrat pH 4,25/1,2 mol/l Na-Citrat/NaCl pH 6,45, Temperatur $T_1/T_2/T_3$: 48/56/80 °C, Fließgeschwindigkeit: 25 ml/h, Extinktionen E nach Anfärbung mit Ninhydrin bei 570/440 nm: ——/----

Rückspaltung des Hydantoins zur Aminosäure ist möglich (cf. 1.2.4.2.3). Schließlich ist eine Ermittlung der N-terminalen Aminosäure bzw. der Sequenz im Bereich des N-Terminus durch Hydrolyse mit Aminopeptidasen möglich. Dabei ist zu berücksichtigen, daß die Hydrolysegeschwindigkeit von der Aminosäureseitenkette abhängig ist und daß Prolinreste nicht abgespalten werden. Besondere Verfahren sind erforderlich, wenn der N-terminale Rest acyliert ist (N-Formyl-, N-Acetylaminosäure, Pyroglutaminsäure).

Die Ermittlung der C-terminalen Aminosäure kann durch Hydrazinolyse nach *Akabori* erfolgen:

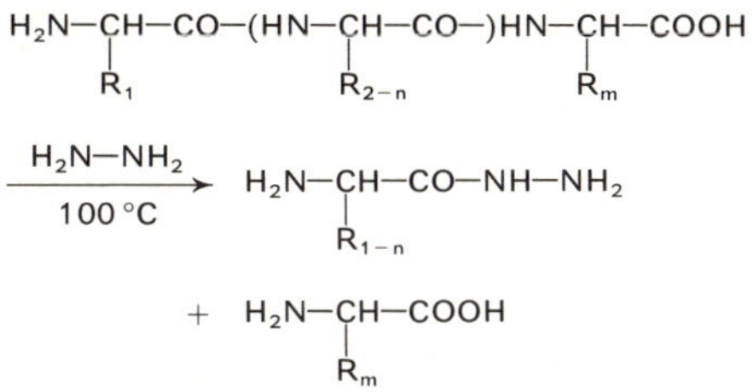

(1.76)

Die C-terminale Aminosäure wird von den Aminosäurehydraziden abgetrennt, z. B. über einen Kationenaustauscher, und identifiziert. Für eine enzymatische Hydrolyse vom C-Terminus her stehen Carboxypeptidase A (bevorzugte Abspaltung von Aminosäuren mit aromatischen und großen aliphatischen Seitenketten), Carboxypeptidase B (bevorzugte Abspaltung von Lysin, Arginin, daneben aber auch von Aminosäuren mit neutralen Seitenketten) und Carboxypeptidase C (spaltet mit geringer Spezifität, einschließlich Prolin) zur Verfügung.

1.4.1.3 Partielle Hydrolyse

Im allgemeinen werden längere Peptidketten fragmentiert, die Fragmente getrennt und einzeln sequenziert. Für eine selektive Spaltung von Peptidbindungen auf enzymatischem Wege werden in erster Linie verwendet Trypsin, das ausschließlich Lys-X- und Arg-X-Bindungen angreift und Chymotrypsin, das mit geringerer Spezifität vorwiegend Tyr-X-, Phe-X-, Trp-X- und Leu-X-Bindungen hydrolysiert. Durch Modifizierung des Proteins kann der enzymatische Angriff gesteuert werden: Eine Acylierung der ε-Aminogruppen von Lysinresten beschränkt die tryptische Hydrolyse auf Arginylbindungen (cf. 1.4.4.1.3 und 1.4.4.1.4), eine S-Aminoethylierung von Cysteinresten führt zusätzlich Spaltstellen für Trypsin („Pseudolysinreste") in das Molekül ein:

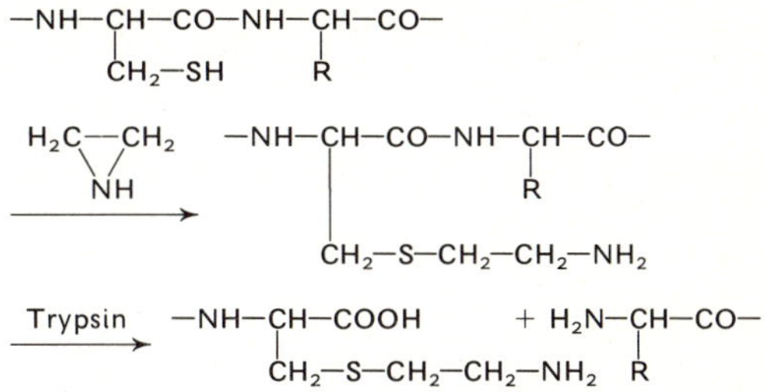

(1.77)

Die wichtigste chemische Methode zur selektiven Hydrolyse ist die Spaltung mit Bromcyan an Met-X-Bindungen:

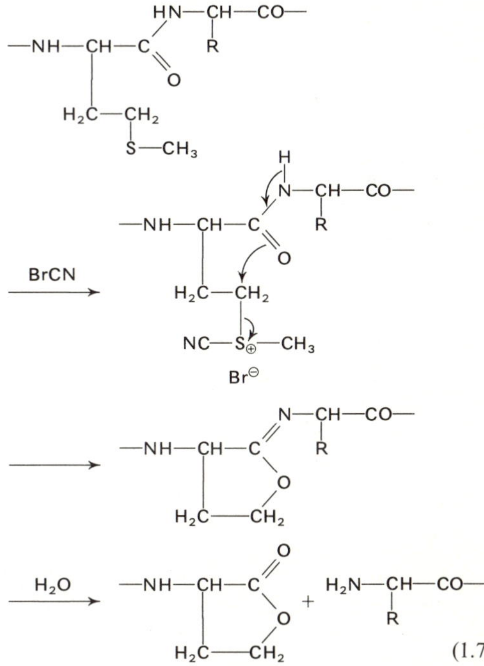

(1.78)

Bei der Hydrolyse mit konzentrierten Säuren ist in Abhängigkeit von den Seitenketten der benachbarten Aminosäuren eine unterschiedliche Spaltungsgeschwindigkeit von Peptidbindungen zu beobachten. Besonders leicht werden Bindungen hydrolysiert, an denen die Aminogruppen von Serin und Threonin beteiligt sind. Der Effekt wird auf eine über das Oxazolin verlaufende N → O-Acylwanderung mit nachfolgender Hydrolyse der gebildeten Esterbindung zurückgeführt (s. Formel 1.79).

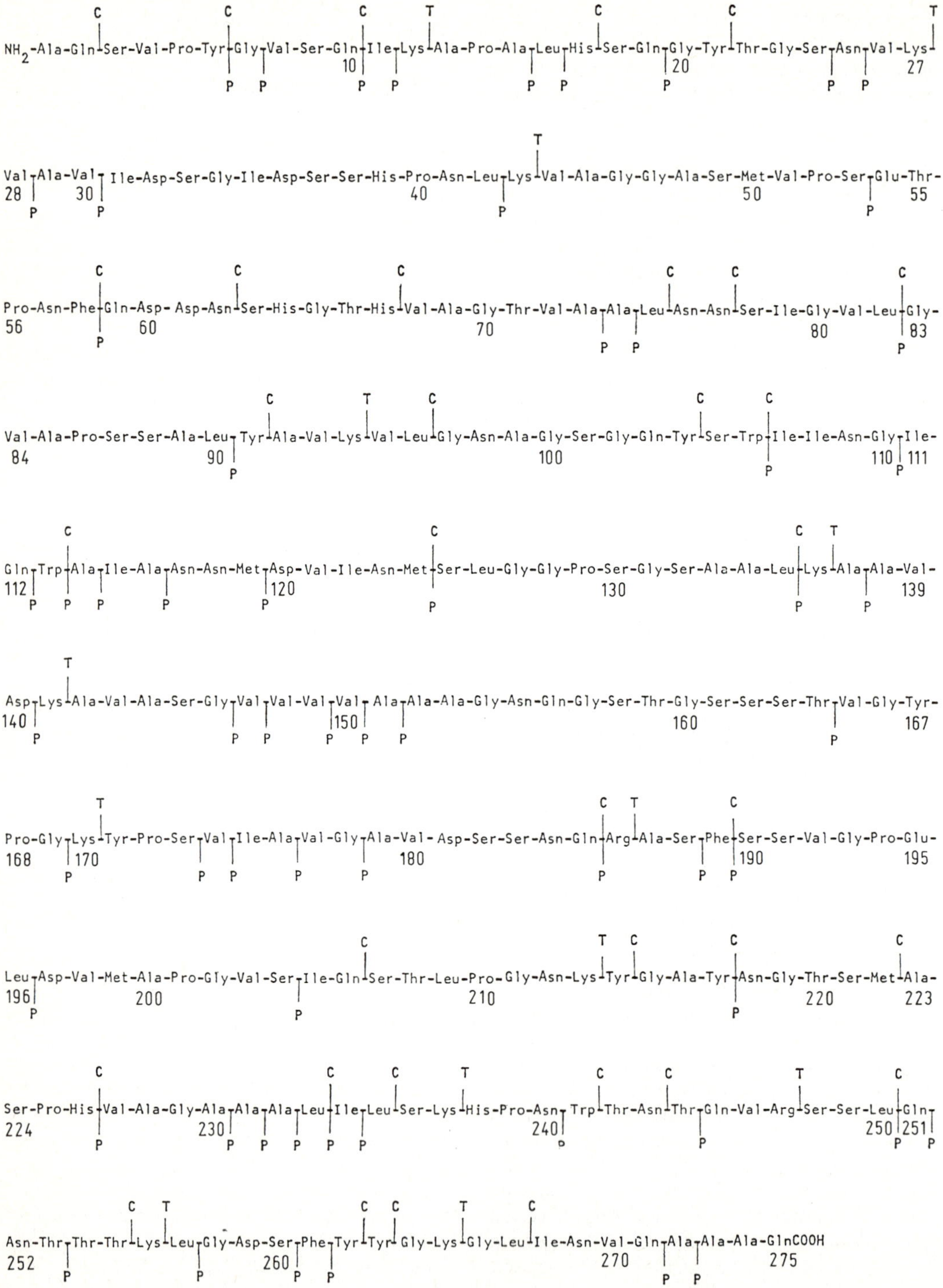

Abb. 1.9. Subtilisin BPN′; Peptidbindungen hydrolysiert durch Trypsin (T), Chymotrypsin (C) und Pepsin (P)

Bei Verwendung verdünnter Säuren wird eine bevorzugte Spaltung von Aspartylbindungen beobachtet.

Die Trennung der Spaltpeptide erfolgt durch Gelchromatographie und durch Ionenaustauschchromatographie unter Verwendung flüchtiger Puffer (Pyridin-, Morpholinacetat), die durch Gefriertrocknung entfernt werden können. In letzter Zeit hat die Trennung von Proteinen und Peptiden durch Hochdruckflüssigkeitschromatographie an alkylierten Silicagelen (Reversed-phase HPLC) große Bedeutung erlangt. Als mobile Phasen werden flüchtige Puffer im Gemisch mit organischen Lösungsmitteln, z. B. Acetonitril, verwendet.

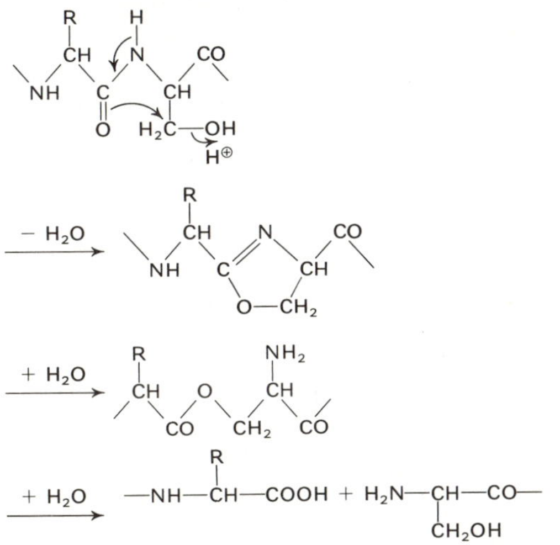

(1.79)

Die Rekonstruktion der Reihenfolge der Spaltpeptide im Protein ist möglich, wenn die Fragmentierung auf mindestens zwei unterschiedlichen Wegen erfolgt. Zugeordnet wird mit Hilfe der Aminosäurezusammensetzung und gegebenenfalls der terminalen Reste der Spaltpeptide an Hand der auftretenden Überlappungen. Das Prinzip der Methode wird in Abb. 1.9 am Beispiel von Subtilisin BPN' erläutert.

1.4.1.4 Sequenzanalyse

Die mit Abstand wichtigste Methode ist der stufenweise Abbau mit Phenylisothiocyanat nach *Edman* (cf. 1.2.4.2.3). Die resultierenden Phenylthiohydantoine werden entweder als solche identifiziert oder nach Rückspaltung in die Aminosäuren. Die Reaktionsfolge wird entweder in Lösung oder mit dem trägergebundenen Peptid in fester Phase durchgeführt. Beide Wege sind bereits automatisiert (Sequenator). Als Träger kommen aminogruppenhaltige Harze (z. B. Aminopolystyrol) oder Glasperlen in Frage, die mit Aminoalkylsiloxanen umgesetzt werden:

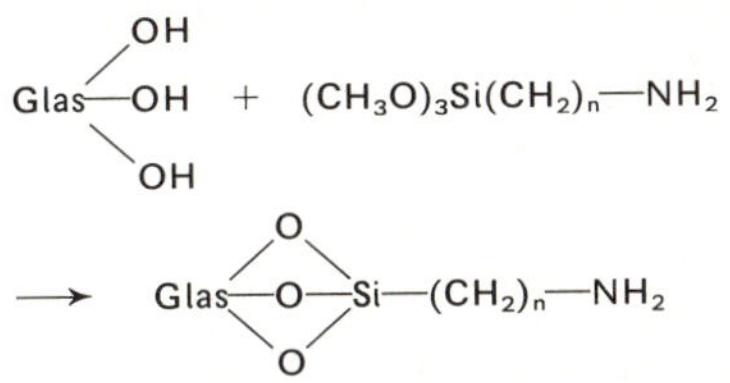

(1.80)

Peptide werden über Carboxylgruppen (Aktivierung mit Carbodiimiden oder Carbonyldiimidazol wie bei der Peptidsynthese) oder über Aminogruppen angehängt. Ein aus der Hydrolyse eines Proteins mit Trypsin resultierendes Spaltpeptid mit C-terminalem Lysin würde z. B. mit p-Phenylen-diisothiocyanat über die ε- und die α-Aminogruppe fixiert werden. Eine Behandlung des Trägers mit Säure unter den Bedingungen des *Edman*-Abbaus führt zur Spaltung der ersten Peptidbindung und erlaubt dann einen normalen weiteren Abbau (s. Formel 1.81).

Neben dem *Edman*-Abbau können andere Methoden, wie die bei der Endgruppenbestimmung erwähnte Hydrolyse mit Amino- und Carboxypeptidasen oder die Fragmentierung geeigneter flüchtiger Peptidderivate im Massenspektrometer zur Sequenzanalyse wertvolle zusätzliche Informationen liefern.

1.4.2 Konformation

Aussagen über die Konformation sind durch Röntgenstrukturanalyse von Proteinkristallen zu erhalten. Man kann davon ausgehen, daß in vielen Fällen die Konformation des Proteins im Kristall der in Lösung sehr ähnlich ist.

1960 gelang *Kendrew* et al. die Aufklärung der Struktur des Myoglobins (Molekulargewicht 17800) bei einer Auflösung von 0,2 nm. Bis 1975 waren ca. 70 Proteine analysiert, wobei die Auflösung in der Mehrzahl der Fälle zwischen 0,2 und 0,3 nm lag.

Abb. 1.10 zeigt am Beispiel des 2,5-Dioxopiperazins die für verschiedene Auflösungen berechneten Elektronendichteverteilungen. Die einzel-

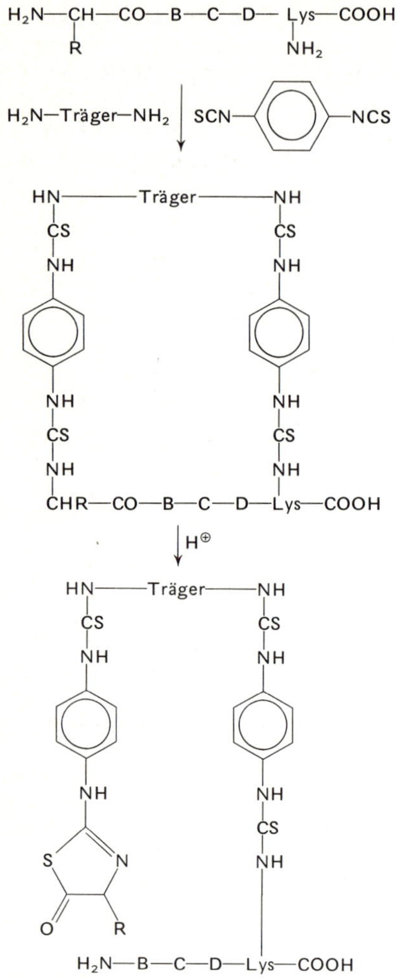

(1.81)

nen Atome kommen bei 0,11 nm gut heraus. Diese Auflösung ist bei Proteinen nicht erreichbar, doch sind für eine sichere Lokalisierung der C_α-Atome einer Peptidkette Werte < 0,3 nm erforderlich.

1.4.2.1 Gestreckte Peptidkette

Aus röntgenographischen Untersuchungen und aus anderen physikalischen Messungen sind die Bindungslängen und Bindungswinkel einer völlig gestreckten Peptidkette sehr gut bekannt (Abb. 1.11). Die Peptidbindung hat partiellen (40%) Doppelbindungscharakter; die π-Elektronen sind über die C′—O und die C′—N-Bindungen verteilt. Die Resonanzenergie beträgt ca. 83,6 kJ/mol:

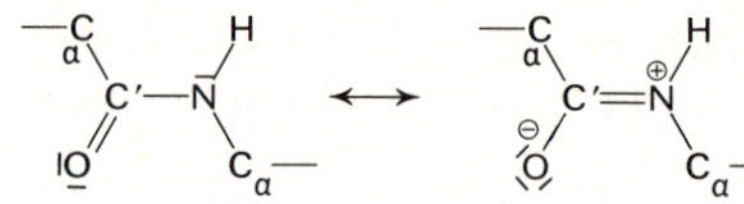

(1.82)

Normalerweise hat die Peptidbindung trans-Konfiguration; die cis-Konfiguration kommt nur in Sonderfällen, z. B. bei kleinen cyclischen Peptiden und in Proteinen vor Prolinresten vor.

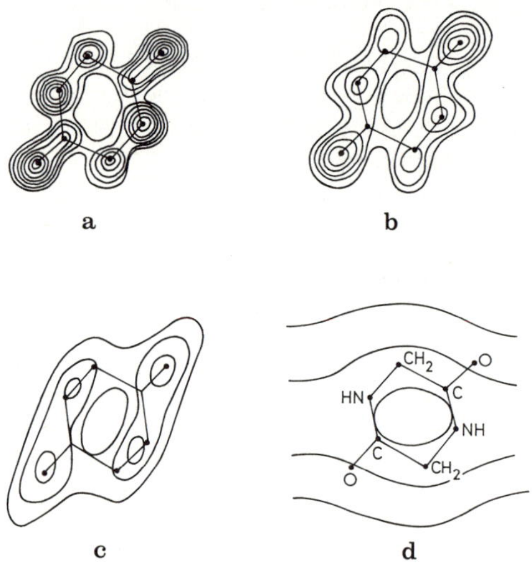

Abb. 1.10. Elektronendichteverteilung von 2,5-Dioxopiperazin für verschiedene Auflösungen. **a** 0,11 nm, **b** 0,15 nm, **c** 0,20 nm, **d** 0,60 nm. (Nach *Perutz,* 1962)

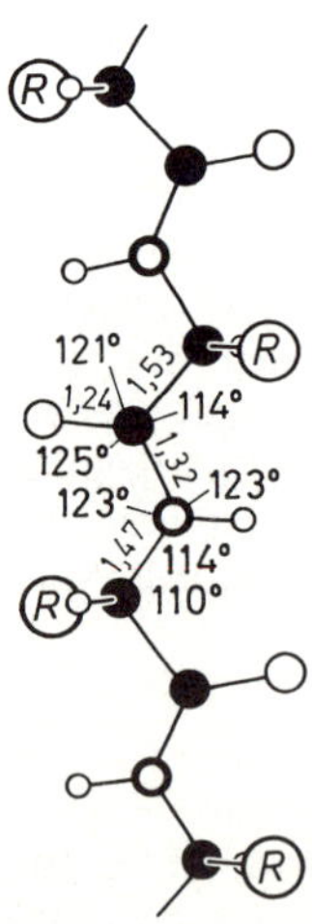

Abb. 1.11. Struktur einer gestreckten Peptidkette.
● Kohlenstoff, ○ Sauerstoff, **O** Stickstoff, o Wasserstoff, Ⓡ Seitenkette

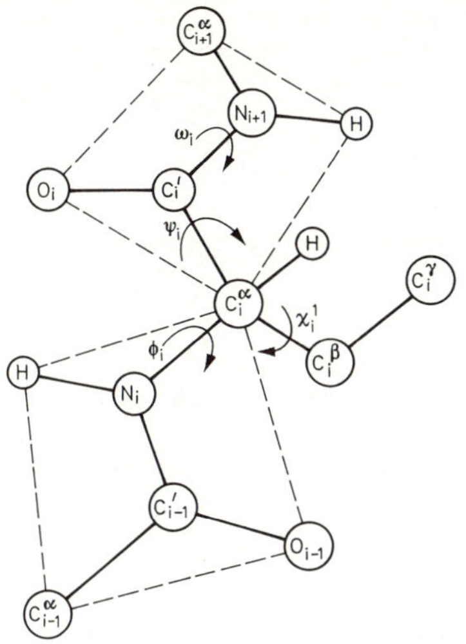

Abb. 1.12. Definition der Diederwinkel einer Peptidkette.
$\omega_i = 0°$ für $C_i^\alpha–C_i'/N_{i+1}–C_{i+1}^\alpha \rightarrow$ cis,
$\psi_i = 0°$ für $C_i^\alpha–N_i/C_i'–O_i \rightarrow$ trans,
$\phi_i = 0°$ für $C_i^\alpha–C_i'/N_i–H_i \rightarrow$ trans,
$\chi_i = 0°$ für $C_i^\alpha–N_i/C_i^\beta–C_i \rightarrow$ cis;
Winkel sind positiv, wenn die Drehung im Uhrzeigersinn erfolgt, von einem Betrachter aus gesehen, der auf der N-terminalen Seite einer Bindung sitzt, bzw. bei Seitenketten auf der Seite der Bindung, die sich näher an der Hauptkette befindet. (Nach *Schulz, Schirmer*, 1979)

Durch die Aufhebung der freien Drehbarkeit um die Peptidbindung liegen die sechs Atome C_i^α, C_i', O_i, N_{i+1}, C_{i+1}^α und H_{i+1} in einer Ebene (Abb. 1.12). Für die trans-Peptidbindung ist $\omega_i = 180°$. Die Stellung von zwei benachbarten Ebenen zueinander wird durch die Größe der Winkel ψ_i und ϕ_i bestimmt. Für die gestreckte Peptidkette gilt $\psi_i = 180°$, $\phi_i = 180°$. Die Stellung von Seitenketten läßt sich entsprechend durch eine Folge von Winkeln χ_i^{1-n} beschreiben.

1.4.2.2 Reguläre Strukturelemente (Sekundärstruktur)

In Proteinen liegt die Peptidkette nicht gestreckt vor (ψ_i, $\phi_i \neq 180°$). An Modellen kann man zeigen, daß ψ_i und ϕ_i bei Beachtung der zulässigen minimalen Abstände zwischen nicht-gebundenen Atomen (Tab. 1.17) nur bestimmte Werte annehmen können. In Abb. 1.13 sind die erlaubten Bereiche für Aminosäuren mit R $\neq$ H eingezeichnet. Für Glycin (R = H) sind diese Bereiche größer. Aus Abb. 1.14 geht hervor, daß die Mehrzahl der bei 13 verschiedenen Proteinen empirisch gefundenen ψ,ϕ-Paare von ca. 2500 Aminosäureresten in diesen erlaubten Bereichen liegt. Folgen in einer Peptidkette eine Anzahl gleicher ψ,ϕ-Paare aufeinander, dann liegen reguläre Strukturelemente vor. Tabelle 1.18 gibt einen Überblick. Unter normalen Bedingungen spielen in Polypeptiden nur die alpha-Helix, die parallele und die antiparallele β-Struktur sowie die Polyprolin-II-Helix eine Rolle.

Tabelle 1.17. Minimale Abstände für nicht gebundene Atome (Å)

	C	N	O	H
C	3,20[a] (3,00)[b]	2,90 (2,80)	2,80 (2,70)	2,40 (2,20)
N		2,70 (2,60)	2,70 (2,60)	2,40 (2,20)
O			2,70 (2,60)	2,40 (2,20)
H				2,00 (1,90)

[a] Normalwerte. [b] Extremwerte.

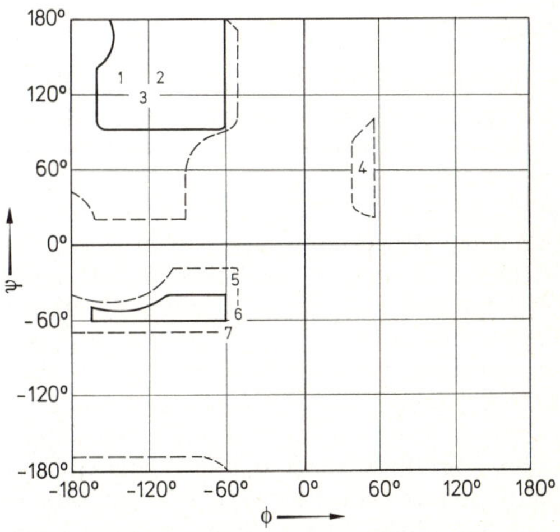

Abb. 1.13. ϕ,ψ-Diagramm (*Ramachandran*-Diagramm). Zulässige Bereiche für Aminosäuren mit C^β-Atom unter Verwendung der Normalwerte (—) bzw. der Extremwerte (---) für die minimalen Abstände nicht gebundener Atome in Tab. 1.17. β-Strukturen: antiparallele (1), parallele (2), verdrehte (3), Helices: α, linksgängig (4), 3_{10} (5), α, rechtsgängig (6), π (7)

Tabelle 1.18. Reguläre Strukturelemente (Sekundärstrukturen) bei Polypeptiden

Struktur	Φ (°) →	ψ (°) →	n[a]	d[b] (Å)	r[c] (Å)	Bemerkungen
Faltblatt, parallel (β-Struktur)	−119	+113	2,0	3,2	1,1	kommt gelegentlich bei benachbarten Kettenabschnitten globulärer Proteine vor
Faltblatt, antiparallel (β-Struktur)	−139	+135	2,0	3,4	0,9	verbreitet in Proteinen und synthetischen Polypeptiden
3_{10}-Helix	−49	−26	3,0	2,0	1,9	wurde an den Enden von α-Helices beobachtet
α-Helix, rechtsgängig	−57	−47	3,6	1,5	2,3	verbreitet in globulären Proteinen, als „coiled coil" in fibrillären Proteinen
α-Helix, linksgängig	+57	+47	3,6	1,5	2,3	Poly-D-aminosäuren, Poly-(β-benzyl)-L-aspartat
π-Helix	−57	−70	4,4	1,15	2,8	hypothetisch
Polyglycin I						ähnlich der antiparallelen Faltblattstruktur
Polyglycin II, linksgängig	−80	+150	3,0	3,1		synthetisches Polyglycin ist ein Gemisch von
Polyglycin II, rechtsgängig	+80	−150	3,0	3,1		rechts- und linksgängiger Helix, in einigen Seidenfibroinen kommt die linksgängige Helix vor
Poly-L-prolin I	−83	+158	3,3	1,9		synthetisches Poly-L-prolin, nur cis-Peptidbindungen
Poly-L-prolin II	−78	+149	3,0	3,1		wie linksgängiges Polyglycin II, als Tripelhelix in Collagen

[a] Reste pro Umdrehung.
[b] Fortgang in Achsrichtung pro Rest.
[c] Radius der Helix.

1.4.2.2.1 Faltblatt- oder β-Strukturen

Im Bereich um $\phi = -120°$ und $\psi = +120°$ liegen drei reguläre Strukturelemente (Abb. 1.13), die als Faltblattstrukturen bezeichnet werden. Die Peptidkette ist jeweils an den C^{α}-Atomen leicht geknickt (Abb. 1.15), die Seitenketten R stehen senkrecht zur Hauptachse y alternierend in Richtung +z und −z. Die Struktur wird durch Ausbildung von Wasserstoffbrücken in Richtung der x-Achse zwischen entsprechenden Gruppen benachbarter Ketten stabilisiert, wobei diese Ketten parallel (planar parallel sheet) oder antiparallel (planar antiparallel sheet) laufen können (Abb. 1.16). Verbreiteter als diese planaren Faltblattstrukturen sind die energetisch begünstigten verdrehten Strukturen (twisted sheet), bei denen die Hauptachsen benachbarter Ketten einen Winkel von 25° bilden (Abb. 1.17).
Die β-Strukturen können auch als spezielle Helix mit einem Fortgang von 2 Resten pro Umdrehung aufgefaßt werden. Mit Prolin ist die Ausbildung einer β-Struktur nicht möglich.

1.4.2.2.2 Helicale Strukturen

Im Bereich von $\phi = -60°$ und $\psi = -60°$ liegen drei reguläre Strukturelemente (Abb. 1.13), bei denen die Peptidkette schraubenförmig verläuft. Die Stabilisierung dieser Strukturen erfolgt durch Ausbildung von Wasserstoffbrücken zwischen den praktisch in Richtung der Hauptachse stehenden CO- und NH-Gruppen der Peptidkette, und zwar jeweils zwischen den CO-Gruppen der Aminosäurereste i und den NH-Gruppen der Reste i + 3 (3_{10}-Helix), i + 4 (α-Helix) bzw. i + 5 (π-Helix). Am häufigsten tritt die α-Helix auf, und zwar bei Polypeptiden aus L-Aminosäuren ausschließlich die rechtsgängige Form (Abb. 1.18). Die linksgängige α-Helix ist für L-Aminosäuren energetisch ungünstig, da die Seitenketten hier in engem Kontakt mit dem Rückgrat stehen. Mit Prolin ist keine α-Helix möglich. Die 3_{10}-Helix wurde nicht als selbständige reguläre Struktur, sondern ausschließlich an den Enden von α-Helices beobachtet. Die π-Helix ist hypothetisch. Von Polyprolin sind zwei helicale Kon-

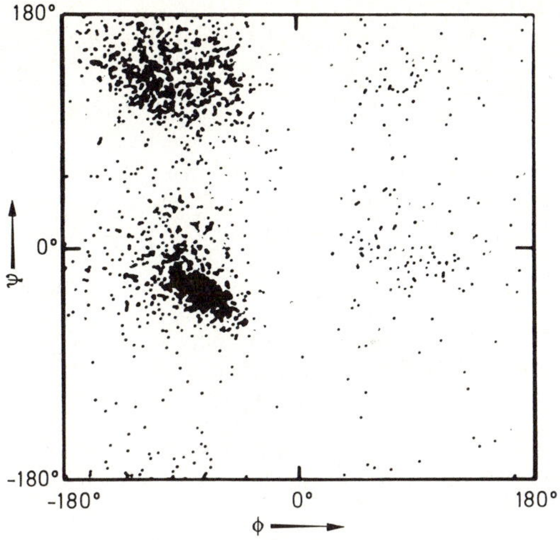

Abb. 1.14. φ,ψ-Diagramm mit den bei 13 verschiedenen Proteinen mit ca. 2500 Aminosäureresten beobachteten Werten. (Nach *Schulz, Schirmer,* 1979)

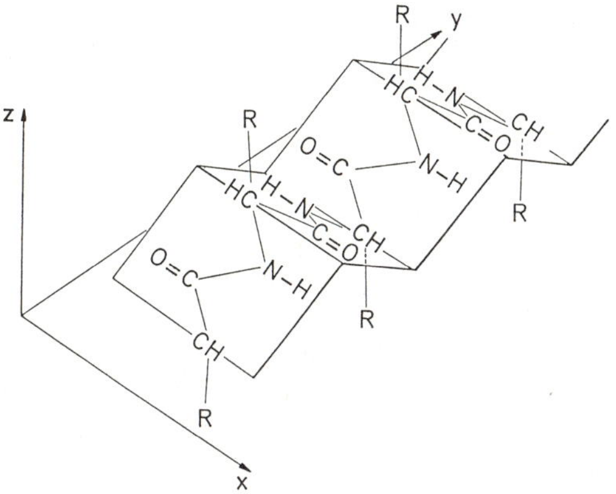

Abb. 1.15. Faltblattstruktur einer Peptidkette

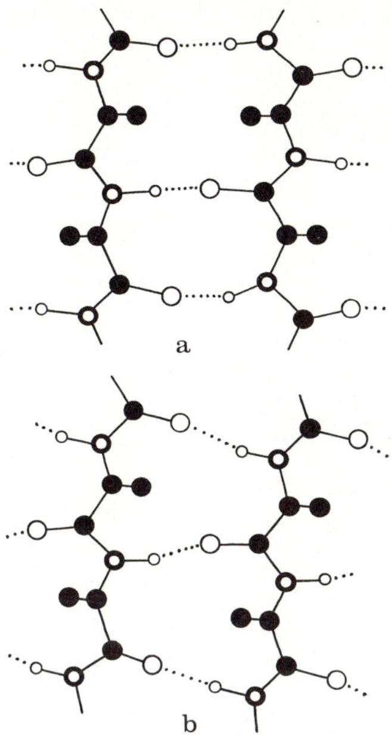

Abb. 1.16. Antiparallele (**a**) und parallele (**b**) Anordnung von Peptidketten

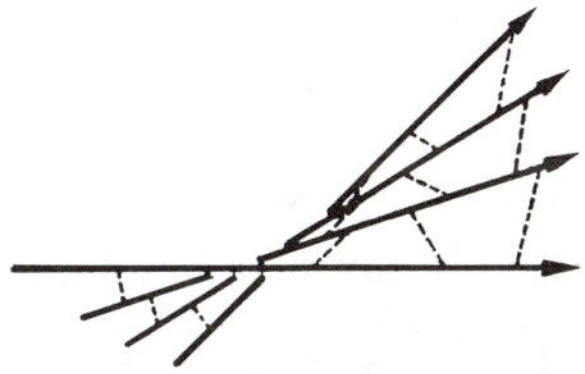

Abb. 1.17. Schematische Darstellung einer verdrehten Faltblattstruktur (twisted sheet) aus parallelen Peptidketten. (Nach *Schulz, Schirmer,* 1979)

formationen (I und II) bekannt. Polyprolin I enthält nur cis-Peptidbindungen und ist rechtsgängig, Polyprolin II enthält trans-Peptidbindungen und ist linksgängig. Die Stabilität der beiden Konformationen hängt u.a. vom Lösungsmittel ab. In Wasser dominiert Polyprolin II. Polyglycin kann ebenfalls in zwei Konformationen vorliegen. Polyglycin I ist eine β-Struktur, Polyglycin II entspricht weitgehend der Polyprolin-II-Helix. Eine Helix wird charakterisiert durch die Winkel φ und ψ bzw. durch die daraus folgenden Parameter n (Anzahl der Aminosäurereste pro Umdrehung), d (Fortgang in Achsrichtung pro Aminosäurerest) und r (Radius). Für die Steigung gilt $p = n \cdot d$. In Abb. 1.19 sind die Parameter n und d in ein φ/ψ-Diagramm eingezeichnet.

1.4.2.2.3 Krümmungen der Peptidkette

Bei globulären Proteinen ändert die Peptidkette häufig ihre Laufrichtung. An solchen Krümmungen (reverse turn, β-turn, β-bend, hairpin bend), die eine besondere Geometrie erfordern, sind im allgemeinen jeweils vier aufeinanderfolgende Aminosäurereste beteiligt, darunter häufig Prolin und Glycin. Es sind verschiedene Krümmungstypen bekannt, von denen die Typen I (42% von 421 untersuchten Krümmungen), II (15%) und III (18%) die größte Bedeutung haben (Abb. 1.20).

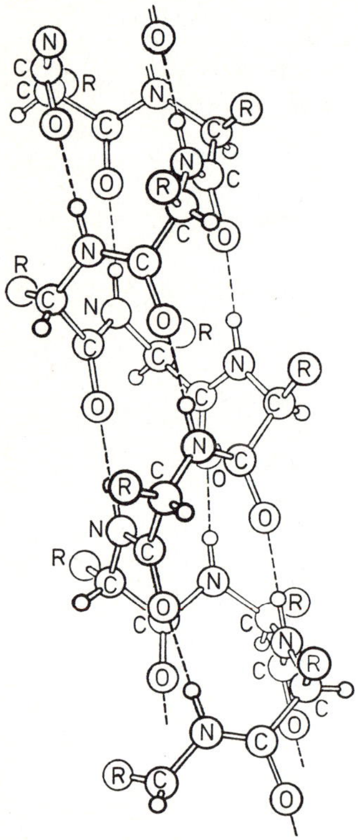

Abb. 1.18. Rechtsgängige α-Helix

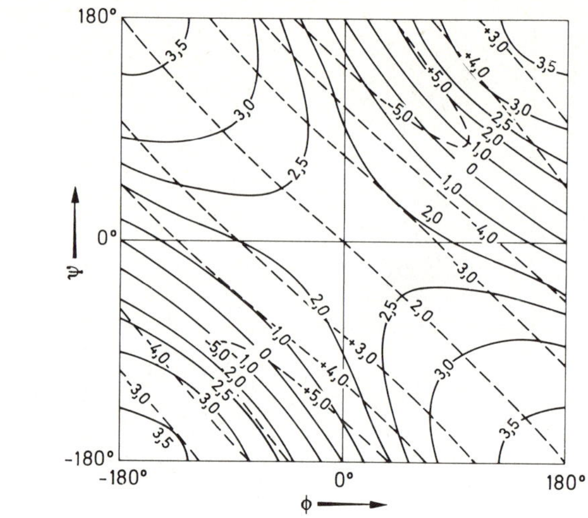

Abb. 1.19. ϕ,ψ-Diagramm mit eingezeichneten Helix-Parametern n (---) und d (—). (Nach *Schulz, Schirmer,* 1979)

Tabelle 1.19. Krümmungen (β-turns) in der Peptidkette von Lysozym aus Eiklar

Positionen	Sequenz
20–23	Y R G Y
36–39	S N F N
39–42	N T Q A
47–50	T D G S
54–57	G I L E
60–63	S R W W
66–69	D G R T
69–72	T P G S
74–77	N L C N
85–88	S S D I
100–103	S D G D
103–106	D G M N

Bei Typ I sind in den vier Positionen alle Aminosäurereste erlaubt, mit Ausnahme von Prolin in Position 3. Bei Typ II ist in Position 3 Glycin erforderlich, bei Typ III, der einer 3_{10}-Helix entspricht, sind alle Aminosäuren erlaubt.
In Tabelle 1.19 sind die Positionen der Krümmungen in der Peptidkette des Lysozyms zusammengestellt.

1.4.2.2.4 Supersekundärstrukturen

Die Analyse der bisher bekannten Proteinstrukturen hat gezeigt, daß reguläre Strukturelemente kombiniert auftreten können. Beispiele für solche Supersekundärstrukturen sind umeinander gedrehte α-Helices (coiled-coil α-Helix, Abb.

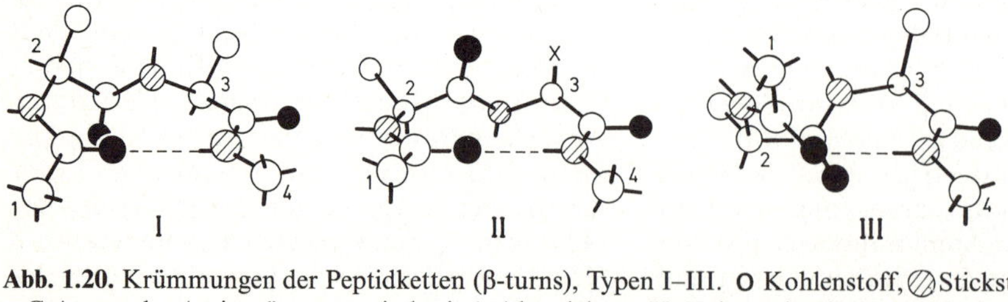

Abb. 1.20. Krümmungen der Peptidketten (β-turns), Typen I–III. O Kohlenstoff, ⊘ Stickstoff, ● Sauerstoff, die α-C-Atome der Aminosäurereste sind mit 1–4 bezeichnet; X: Keine Seitenkette erlaubt

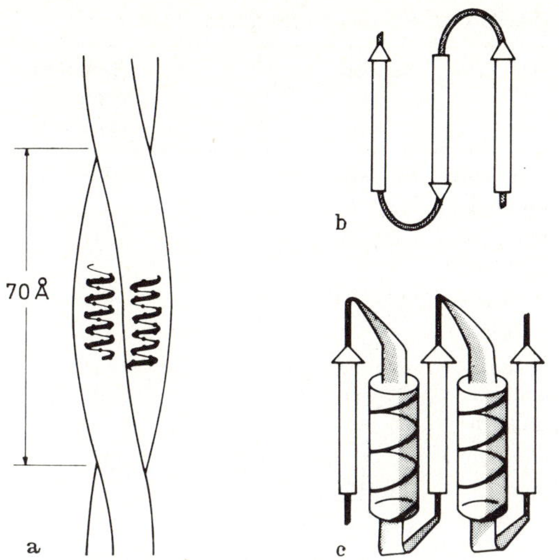

Abb. 1.21. Supersekundärstrukturen. (Nach *Schulz, Schirmer*, 1979)
a coiled-coil α-Helix, **b** β-Mäander, **c** βαβαβ-Struktur.

1.21, a), Folgen von antiparallelen β-Strukturen (β-Mäander, Abb. 1.21, b) und Kombinationen von α-Helices mit β-Strukturen (z. B. βαβαβ, Abb. 1.21, c).

1.4.2.3 Tertiär- und Quartärstrukturen

Nach der Konformation lassen sich Proteine in die zwei großen Gruppen der fibrillären Proteine oder Faser- bzw. Skleroproteine und der globulären Proteine einteilen.

1.4.2.3.1 Faserproteine

Bei den Faserproteinen ist die gesamte Peptidkette in einer einzigen regulären Struktur angeordnet. Beispiele sind Wollkeratin (α-Helix), Seidenfibroin (β-Struktur), Collagen (Tripelhelix). Die Stabilisierung dieser Strukturen erfolgt durch intermolekulare Wechselwirkungen, vorwiegend über Wasserstoffbrücken und hydrophobe Bindungen.

1.4.2.3.2 Globuläre Proteine

Bei den globulären Proteinen wechseln reguläre Abschnitte mit irregulären (random coiled) Abschnitten. Der Anteil an regulären Strukturelementen kann sehr unterschiedlich sein, z. B.

Tabelle 1.20. Anteil regulärer Strukturelemente bei verschiedenen globulären Proteinen

Protein	α-Helix	β-Struktur	n_G	n	%
Myoglobin	3– 16[a]			14	
	20– 34			15	
	35– 41			7	
	50– 56			7	
	58– 77			20	
	85– 93			9	
	99–116			18	
	123–145			23	
			151	113	75
Lysozym	5– 15			11	
	24– 34			11	
		41–54		14	
	80– 85			6	
	88– 96			9	
	97–101			5	
	109–125			7	
			129	63	49
α_{S1}-Casein			199		ca. 30
β-Casein			209		ca. 20

[a] Positionsnummern der Aminosäurereste in der Sequenz.
n_G: Aminosäurereste insgesamt.
n: Aminosäurereste in regulären Strukturen.
%: Prozentualer Anteil der Aminosäurereste (%) in regulären Strukturen.

20–30% bei Casein, 49% bei Lysozym und 75% bei Myoglobin (Tab. 1.20). Man unterscheidet 5 Strukturklassen, je nachdem ob nur α-Helix, nur β-Struktur, α-Helix und β-Struktur in getrennten Bereichen der Peptidkette, α-Helix und β-Struktur alternierend über die Peptidkette vorkommen oder ob α-Helix und β-Struktur völlig fehlen.
Der Prozeß der Faltung der Peptidkette wird noch nicht im Detail verstanden. Er erfolgt spontan, wahrscheinlich von einem oder bei größeren Proteinen von mehreren Zentren besonders großer Stabilität ausgehend. Die Tendenz zur Ausbildung regulärer Strukturelemente ist bei den verschiedenen Aminosäureresten sehr unterschiedlich ausgeprägt. In Tab. 1.21 sind entsprechende Daten zusammengestellt, die aus der Analyse globulärer Proteine mit bekannter Konformation abgeleitet worden sind. Aus den Daten folgt u. a., daß Met, Glu, Leu und Ala starke

Tabelle 1.21. Normalisierte Häufigkeiten[a] von Aminosäureresten in regulären Strukturelementen globulärer Proteine

Aminosäure	α-Helix (P_α)	Faltblatt (P_β)	β-turn (P_t)
Ala	1,29	0,90	0,78
Cys	1,11	0,74	0,80
Leu	1,30	1,02	0,59
Met	1,47	0,97	0,39
Glu	1,44	0,75	1,00
Gln	1,27	0,80	0,97
His	1,22	1,08	0,69
Lys	1,23	0,77	0,96
Val	0,91	1,49	0,47
Ile	0,97	1,45	0,51
Phe	1,07	1,32	0,58
Tyr	0,72	1,25	1,05
Trp	0,99	1,14	0,75
Thr	0,82	1,21	1,03
Gly	0,56	0,92	1,64
Ser	0,82	0,95	1,33
Asp	1,04	0,72	1,41
Asn	0,90	0,76	1,28
Pro	0,52	0,64	1,91
Arg	0,96	0,99	0,88

[a] Angegeben ist der Bruchteil einer Aminosäure in einem regulären Strukturelement bezogen auf den Bruchteil aller Aminosäuren im gleichen Strukturelement. Bei $P = 1$ liegt Zufallsverteilung vor, bei $P > 1$ Anreicherung, bei $P < 1$ Abreicherung. Die Daten basieren auf der Analyse von 66 Proteinstrukturen.

Tabelle 1.22. Bindungstypen bei Proteinen

Typ	Beispiel	Bindungsenergie (kJ/mol)
Covalente Bindung	—S—S—	ca. −230
Elektrostatische Wechselwirkung[a]	$—COO^- H_3N^+—$	−21
	$\rangle C{=}O\ O{=}C\langle$	+1,3
Wasserstoffbrücken	—O—H···O⟨	−4
	⟩N—H···O=C⟨	−3
Hydrophobe Bindung	$—CH(CH_3)_2 \cdots (H_3C)_2CH—$	0,025[b]
	—Ala···Ala—	−3
	—Val···Val—	−8
	—Leu···Leu—	−9
	—Phe···Phe—	−13
	—Trp···Trp—	−19

[a] für $\varepsilon = 4$. [b] pro $Å^2$ Oberfläche.

Helix-Bildner sind, Gly und Pro dagegen starke Helix-Brecher. Val, Ile und Leu begünstigen die Ausbildung von Faltblattstrukturen, während Asp, Glu und Pro sie verhindern. Pro und Gly sind wichtige Bausteine von Krümmungen. Mit Hilfe solcher Daten sind bei gegebener Aminosäuresequenz Voraussagen der zu erwartenden Konformationen möglich. Durch die Faltung wird eine dichte Packung der Peptidkette erreicht, unter Ausbildung einer möglichst großen Zahl von intramolekularen nichtcovalenten Bindungen. Über die beteiligten Bindungstypen orientiert Tab. 1.22. Von besonderer Bedeutung für die Faltung ist einerseits die Ausbildung von Wasserstoffbrücken, die zwischen Hauptkette und Hauptkette, Hauptkette und Seitenkette, Seitenkette und Seitenkette erfolgen kann. Der Anteil an polaren Gruppen, die H-Brücken ausbilden, scheint bei Proteinen mit Molekulargewichten $M > 8900$ Dalton ziemlich konstant bei 50% zu liegen und damit eine lineare Funktion des Molekulargewichts zu sein.

Andererseits spielt die hydrophobe Bindung zwischen apolaren Gruppen eine große Rolle. Sie führt dazu, daß apolare Gruppen zum großen Teil im Innern des Moleküls begraben werden. Für eine Reihe von monomeren Proteinen mit bekannter Konformation ist die für Wassermoleküle zugängliche Oberfläche im gestreckten und im nativen gefalteten Zustand berechnet worden. Es ergab sich, daß der Anteil der im gestreckten Zustand zugänglichen Oberfläche, der bei der Faltung im Inneren des Moleküls begraben wird, eine einfache lineare Funktion des Molekulargewichts M ist. Da der Gewinn an freier Energie für die begrabene Oberfläche in wäßriger Lösung bei 10 kJ/nm^2 liegt, wurde der hydrophobe Beitrag zur freien Energie der Faltung berechnet mit:

$$\Delta G_{HP} = 88\ M + 79 \cdot 10^{-5}\ M^2\ [J \cdot mol^{-1}] \tag{1.83}$$

Diese für den Bereich von $6108 \leq M \leq 34409$ abgeleitete Beziehung scheint auch für größere Proteine zu gelten, da diese häufig aus mehreren, sich unabhängig voneinander faltenden globulären Teilstrukturen bestehen, die als „Strukturdo-

mänen“ (structural domains) bezeichnet werden und die in der Gesamtstruktur der Peptidkette nur lockeren Kontakt miteinander haben (Abb. 1.22). Proteine mit Disulfidbindungen falten sich deutlich langsamer als Proteine ohne Disulfidbindungen. Da die Bildung der Disulfidbindungen nicht der geschwindigkeitsbestimmende Schritt ist, scheint die Faltung bei diesen Proteinen anders abzulaufen. Umgekehrt ist eine Auffaltung erschwert, so daß Proteine mit Disulfidbrücken im allgemeinen stabil und nicht so leicht denaturierbar sind. Ein Beispiel ist der *Bowman-Birk*-Inhibitor der Sojabohne (Abb. 1.23), ein Protein, das Trypsin und Chymotrypsin zu hemmen vermag und dessen Tertiärstruktur durch 7 Disulfidbindungen stabilisiert wird. Insbesondere liegen die beiden reaktiven Zentren Lys^{16}-Ser^{17} und Leu^{43}-Ser^{44} in relativ kleinen Ringen, die aus jeweils 9 Aminosäureresten durch eine Disulfidbrücke gebildet werden. Die thermische Stabilität dieses Inhibitors ist relativ groß.
Als Beispiele für die Faltung globulärer Proteine zeigt Abb. 1.24 schematisch den Verlauf der Peptidketten bei der β-Kette des Hämoglobins, bei Triosephosphat-Isomerase und bei Carboxypeptidase.

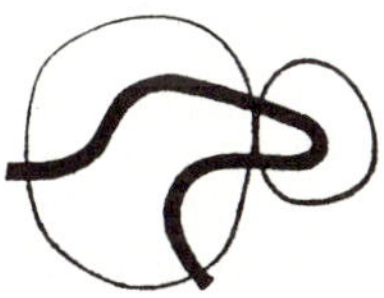

Abb. 1.22. Globuläres Protein mit 2 Strukturdomänen (globuläre Teilstrukturen). (Nach *Schulz, Schirmer,* 1979)

1.4.2.3.3 Quartärstruktur

Zusätzlich zum Energiegewinn bei der Faltung einer Peptidkette kann die Assoziation mehrerer, gleicher oder verschiedener Peptidketten (Untereinheiten) einen weiteren Energiegewinn ergeben, der z. B. für Hämoglobin (4 paarweise identische Peptidketten) $\Delta G^0 = -46\ \text{kJ mol}^{-1}$ und für einen Trypsin-Trypsininhibitor-Komplex (2 Peptidketten) $\Delta G^0 = -75{,}2\ \text{kJ mol}^{-1}$ beträgt. Im Prinzip entspricht diese Assoziation durchaus der Faltung einer größeren Peptidkette mit mehreren Strukturdomänen, nur sind die Subeinheiten nicht covalent verbunden. In Tab. 1.23 sind einige Proteine mit Quartärstruktur enthalten.

1.4.2.4 Denaturierung

Unter Denaturierung versteht man die reversible oder irreversible Änderung der nativen Konformation (Tertiärstruktur) eines Proteins, die ohne Lösung von covalenten Bindungen (mit Ausnahme von Disulfidbindungen) erfolgt. Die Denaturierung kann durch alle Einflüsse verursacht werden, die Wasserstoffbrücken, Ionenbindungen oder hydrophobe Bindungen lösen, also z. B. durch Temperaturänderung, pH-Änderung, Vergrößerung der Phasengrenzfläche, Einwirkung von Scherkräften, Zusatz von organischen Lösungsmitteln, Salzen, Harnstoff, Guanidinhydrochlorid oder Detergentien wie Natriumdodecylsulfat. Die Denaturierung wird im allgemeinen reversibel sein, wenn die Peptidkette im mehr oder weniger stark aufgefalteten Zustand durch Wechselwirkung mit dem denaturierenden Agens

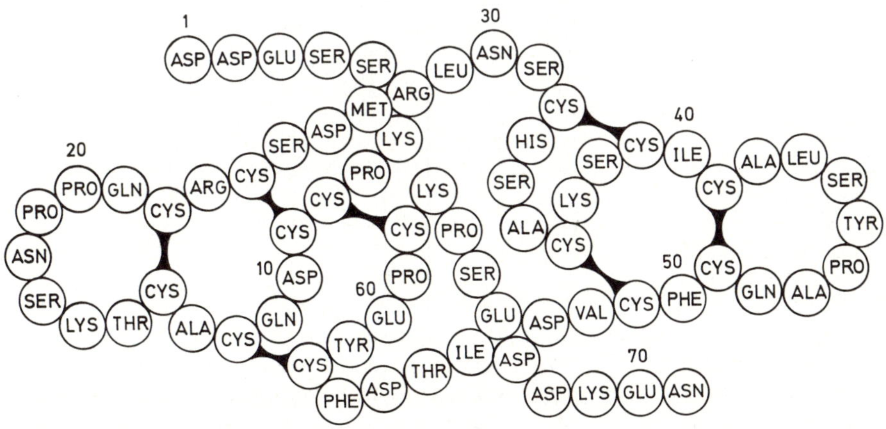

Abb. 1.23. *Bowman-Birk*-Inhibitor aus Sojabohnen. (Nach *Ikenaka* et al., 1974)

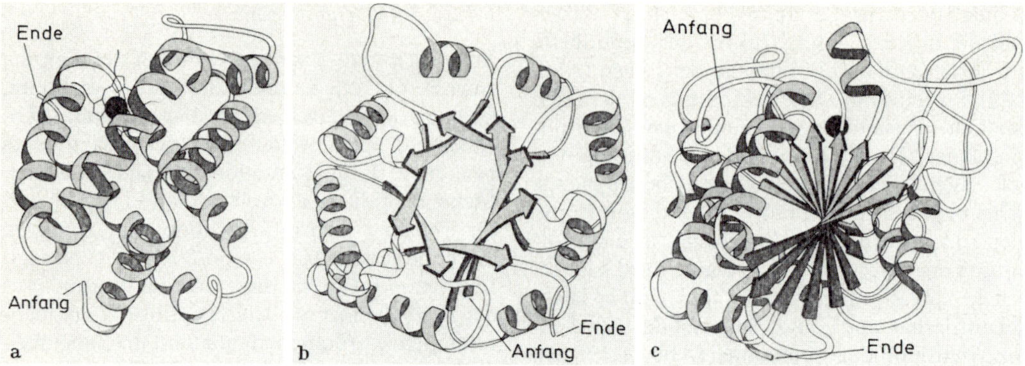

Abb. 1.24. Tertiärstrukturen (schematisch; Spirale: α-Helix, Pfeil: Faltblatt) der β-Kette des Hämoglobins (**a**), der Triosephosphat-Isomerase (**b**) und der Carboxypeptidase (**c**). (Nach *Walton,* 1981)

stabilisiert wird, so daß nach dessen Entfernung eine Rückbildung der nativen Konformation erfolgen kann. Sie wird im allgemeinen irreversibel sein, wenn die Peptidkette im aufgefalteten Zustand durch intermolekulare Wechselwirkungen mit anderen Peptidketten stabilisiert wird, wie z.B. bei der thermischen Koagulation von Proteinen (Eierkochen). Bei der Auffaltung einer Peptidkette können auch reaktive Gruppen, z.B. Thiolgruppen, freigelegt werden, die in der Struktur begraben waren und die durch Bildung covalenter Bindungen, z.B. Disulfidbrücken, ebenfalls zu einer irreversiblen Denaturierung führen können.

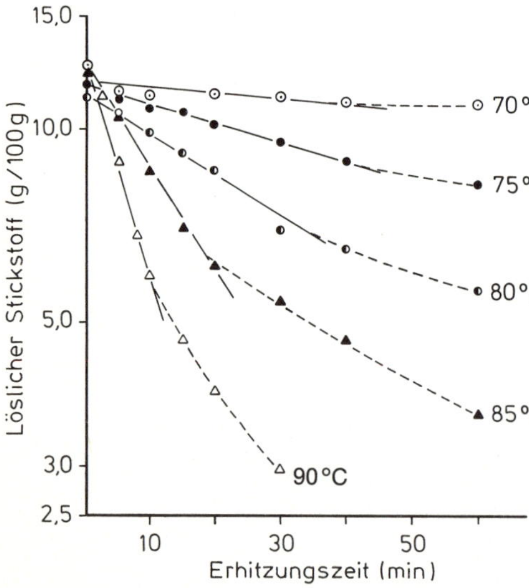

Abb. 1.25. Löslichkeit von Feuchtkleber (Weizen) in verdünnter Essigsäure nach unterschiedlicher thermischer Belastung

Eine durch Auffaltung globulärer Proteine bedingte Aggregation der Peptidketten ist mit einer Abnahme der Löslichkeit oder der Quellbarkeit verbunden. So wird der in verdünnter Essigsäure lösliche Anteil von Weizenkleber mit zunehmender thermischer Belastung kleiner (Abb. 1.25). Als Folge der durch thermische Vorbehandlung verminderten Quellbarkeit des Klebers ist das Volumen von Brot aus rekombinierten Mehlen kleiner (Abb. 1.26).

Bei fibrillären Proteinen führt eine Denaturierung durch Zerstörung der hochgeordneten Struktur im allgemeinen zu einer Zunahme der Löslichkeit bzw. Quellbarkeit. Ein Beispiel ist der thermisch bedingte Übergang von Collagen in Gelatine, der beim Kochen von Fleisch erfolgt (cf. 12.3.2.3.1).

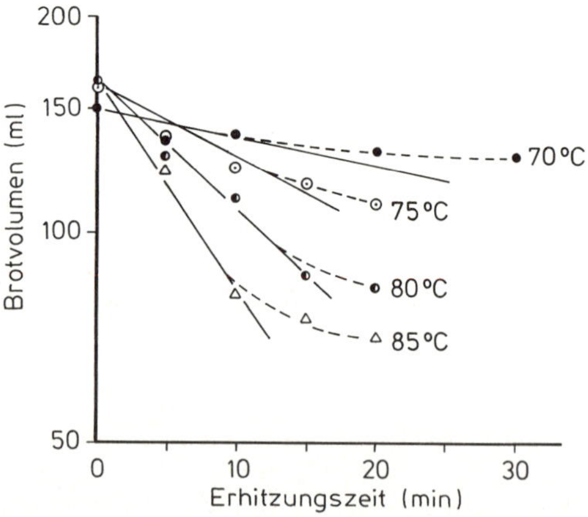

Abb. 1.26. Volumen von Weißbrot aus rekombinierten Mehlen unter Verwendung von thermisch behandeltem Feuchtkleber (Weizen)

Tabelle 1.23. Beispiele für globuläre Proteine

Name	Herkunft	Molekulargewicht × 10^{-3}	Anzahl der Untereinheiten
Lysozym	Ei (Huhn)	14,6	1
Papain	*Papaya latex*	20,7	1
α-Chymotrypsin	Pankreas (Rind)	23	1
Trypsin	Pankreas (Rind)	23,8	1
Pektinesterase	Tomate	27,5	
Chymosin	Magen (Kalb)	31	
β-Lactoglobulin	Milch	35	2
Pepsin A	Magen (Schwein)	35	1
Peroxidase	Meerrettich	40	1
Hämoglobin	Blut	64,5	4
Avidin	Ei (Huhn)	68,3	4
Alkohol-Dehydrogenase	Leber (Pferd)	80	2
	Hefe	150	4
Hexokinase	Hefe	104	2
Lactat-Dehydrogenase	Herz (Schwein)	135	4
Glucoseoxidase	*P. notatum*	152	
Pyruvatkinase	Hefe	161	8
	A. niger	186	
β-Amylase	Süßkartoffel	215	4
Katalase	Leber (Rind)	232	4
	M. lysodeikticus	232	
Adenosintriphosphatase	Herz (Rind)	284	6
Urease	Jack-Bohne	483	6
Glutamin-Synthetase	*E. coli*	592	12
Arginin-Decarboxylase	*E. coli*	820	10

Bei biologisch aktiven Proteinen ist die Denaturierung im allgemeinen mit dem Verlust der Aktivität verbunden. Die Angreifbarkeit von Proteinen durch Enzyme ist im denaturierten Zustand meist größer.

1.4.3 Physikalische Eigenschaften

1.4.3.1 Dissoziation

Die Proteine sind wie die Aminosäuren amphotere Stoffe. Im Gegensatz zu diesen liegen sie aber in Abhängigkeit vom pH-Wert als polyvalente Kationen, Anionen oder Zwitterionen vor. Weiterhin scheiden die α-Carboxyl- und α-Aminogruppen – mit Ausnahme der endständigen Gruppen – für die Aufnahme oder Abgabe von Protonen aus, da sie die Peptidbindung bilden. Der Hauptanteil an dissoziablen Gruppen wird deshalb von den funktionellen Gruppen der Seitenketten gestellt. Tab. 1.24 orientiert über deren pK-Werte. Im Gegensatz zu den Aminosäuren können die Werte bei Proteinen sehr stark schwanken, da die Dissoziation durch Nachbargruppen im Makromolekül beeinflußt wird. Bei Lysozym wurden z. B. für die γ-Carboxylgruppe von Glu^{35} pK = 6–6,5, für die β-Carboxylgruppen von Asp^{66} pK = 1,5–2, Asp^{52} pK = 3–4,6 und Asp^{101} pK = 4,2–4,7 gefunden.

Man unterscheidet zwischen der Gesamtladung eines Proteins (total charge), die der Summe der Absolutbeträge aller positiven und negativen Ladungen entspricht und der Überschußladung (net charge), die je nach pH-Wert positiv, Null oder negativ sein kann. Am isoelektrischen Punkt ist die Überschußladung definitionsgemäß Null, während die Gesamtladung ein Maximum erreicht. Bei kleineren oder größeren pH-Werten strebt die Überschußladung einem Maximum zu, während die Gesamtladung kleiner als am isoelektrischen Punkt ist.

Da Proteine nicht nur mit Protonen, sondern auch mit anderen Ionen in Wechselwirkung treten, muß zwischen einem isoionischen und einem isoelektrischen Punkt unterschieden werden. Der isoionische Punkt ist definiert als der pH-Wert einer Proteinlösung, die keine anderen Ionen als die des Wassers enthält. Eine solche Proteinlösung wird z. B. durch erschöpfende Dialyse (oder besser Elektrodialyse) gegen Wasser erhalten. Der isoionische Punkt hängt von der Proteinkonzentration ab, während der isoelektrische Punkt sich in Abhängigkeit von Art und Konzentration der anwesenden Ionen ändern kann. Der isoelek-

Tabelle 1.24. pK-Werte der Seitenketten von Proteinen

Gruppe	pK (25 °C)	Gruppe	pK (25 °C)
α-Carboxyl-	3– 4	Imidazolium-	4– 8
β,γ-Carboxyl-	3– 5	Hydroxy- (aromatisch)	9–12
α-Ammonium-	7– 8	Thiol-	8–11
ε-Ammonium-	9–11		
Guanidinium-	12–13		

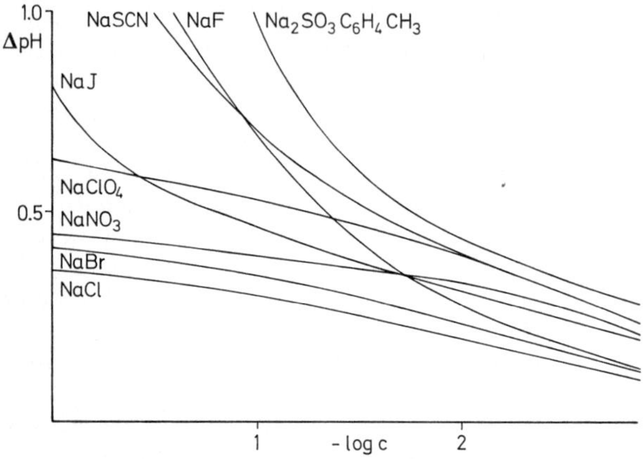

Abb. 1.27. pH-Verschiebung einer isoionischen Lösung von Serumalbumin durch Zusatz verschiedener Salze. (Nach *Edsall, Wyman,* 1958)

trische Punkt wird in Anwesenheit von Salzen kleiner sein als der isoionische Punkt, wenn die Bindung der Anionen größer als die der Kationen ist und umgekehrt. Abb. 1.27 orientiert über die pH-Verschiebungen bei einer isoionischen Serumalbuminlösung auf Zusatz verschiedener Salze. Die pH-Verschiebung ist durchweg positiv, d. h. das Protein bindet mehr Anionen als Kationen.

Die in Abb. 1.28 wiedergegebene Titrationskurve von β-Lactoglobulin bei verschiedenen Ionenstärken zeigt, daß bei diesem Protein der isoelektrische Punkt unabhängig von anwesenden Salzen bei pH = 5,18 liegt. Die Titrationskurven werden aber mit zunehmender Ionenstärke steiler, d. h. elektrostatische Wechselwirkungen zwischen Proteinmolekülen, die eine Abflachung bedingen, werden zurückgedrängt.

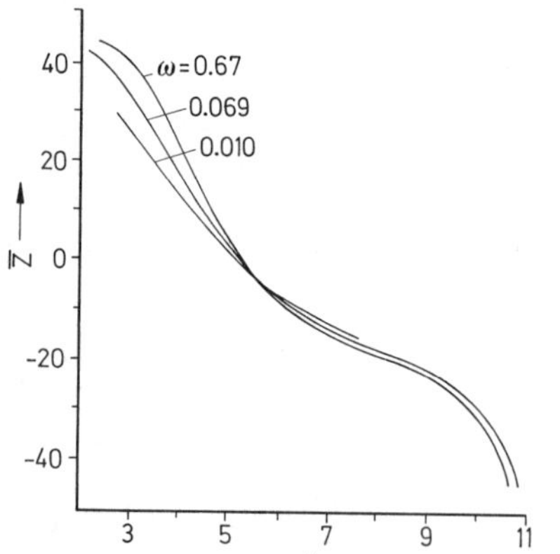

Abb. 1.28. Titrationskurven von β-Lactoglobulin bei verschiedenen Ionenstärken ω. (Nach *Edsall, Wyman,* 1958)

Ein Protein am isoelektrischen Punkt ist ausgezeichnet durch minimale Löslichkeit bzw. maximale Fällbarkeit und Aussalzbarkeit, sowie durch maximales Kristallisationsvermögen. Viskosität (bei löslichen Proteinen) und Quellbarkeit (bei unlöslichen Proteinen) durchlaufen im isoelektrischen Punkt ein Minimum.

1.4.3.2 Optische Aktivität

Die optische Aktivität von Proteinen geht nicht nur auf die Asymmetrie der Aminosäuren, sondern auch auf die chirale Anordnung der Peptidkette zurück, so daß aus Messungen der Rotationsdispersion und des Circulardichroismus, insbesondere im Bereich der Absorption der Peptidbindung bei 190–200 nm, Rückschlüsse auf die Konformation möglich sind. Der in dem genannten Wellenlängenbereich auftretende *Cotton*-Effekt läßt quantitative Aussagen über vorhandene Sekundärstrukturen zu. α-Helix bzw. β-Struktur führen zu einem negativen *Cotton*-Effekt mit Maxima bei 199 bzw. 205 nm, ungeordnete (random-coiled) Strukturen zu einer Verschiebung der Maxima nach kürzeren Wellenlängen bzw. zu einem positiven *Cotton*-Effekt (Abb. 1.29).

1.4.3.3 Löslichkeit, Hydratation, Quellbarkeit

Das Löslichkeitsverhalten von Proteinen ist sehr unterschiedlich und hängt von der Anzahl polarer und apolarer Gruppen und von deren Anordnung im Molekül ab. Im allgemeinen sind Proteine nur in stark polaren Lösungsmitteln, wie z. B. Wasser, Glycerin, Formamid, Dimethyl-

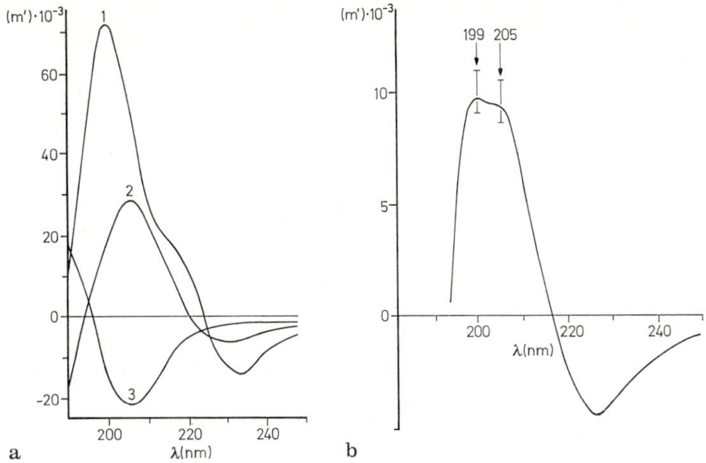

Abb. 1.29. Cotton-Effekt. **a** Polylysin als α-Helix (1, pH 11–11,5), β-Struktur (2, pH 11–11,3 und Erhitzen auf über 50 °C) und random coiled (3, pH 5–7). **b** Ribonuclease mit 20% α-Helix, 40% β-Struktur und 40% random coiled Bereichen. (Nach *Lübke, Schröder, Kloss,* 1975)

formamid, Ameisensäure löslich; in weniger polaren Lösungsmitteln, wie z. B. Ethanol ist nur in Ausnahmefällen (Prolamine) eine merkliche Löslichkeit vorhanden.

In Wasser ist die Löslichkeit vom pH-Wert und von anwesenden Salzen abhängig. Abb. 1.30 zeigt die Verhältnisse am Beispiel des β-Lactoglobulins. Die Löslichkeit steigt im Bereich kleiner Ionenstärken mit der Ionenstärke an, das jeweilige Löslichkeitsminimum (isoelektrischer Punkt) verschiebt sich infolge bevorzugter Bindung von Anionen durch das Protein mit steigender Ionenstärke von pH = 5,4 nach pH = 5,2.

Neutralsalze haben ganz allgemein einen zweifachen Einfluß auf die Löslichkeit von Proteinen. In niedrigen Konzentrationen (0,5–1 mol/l) wirken sie infolge der Zurückdrängung von elektrostatischen Protein-Protein-Wechselwirkungen löslichkeitserhöhend („Einsalz-Effekt").

Der Logarithmus der Löslichkeit (S) ist in diesem Bereich der Ionenstärke (μ) proportional (cf. Abb. 1.30):

$$\log S = k \cdot \mu.$$

In höheren Konzentrationen setzen Neutralsalze infolge der Hydratationsneigung der Ionen dagegen die Löslichkeit von Proteinen herab („Aussalz-Effekt"). Es besteht folgende Beziehung (S_0: Löslichkeit bei $\mu = 0$, K: Aussalzkonstante):

$$\log S = \log S_0 - K \cdot \mu$$

Die Kationen und auch die Anionen lassen sich bei jeweils gleichen Gegenionen nach der Größe des Aussalzeffektes in folgende Reihe ordnen (*Hofmeister*sche Reihen):

$K^+ > Rb^+ > Na^+ > Cs^+ > Li^+ > NH_4^+$;
$SO_4^{2-} >$ Citrat$^{2-} >$ Tartrat$^{2-} >$ Acetat$^-$
$> Cl^- > NO_3^- > Br^- > J^- > CNS^-$.

Multivalente Anionen sind wirksamer als mono-

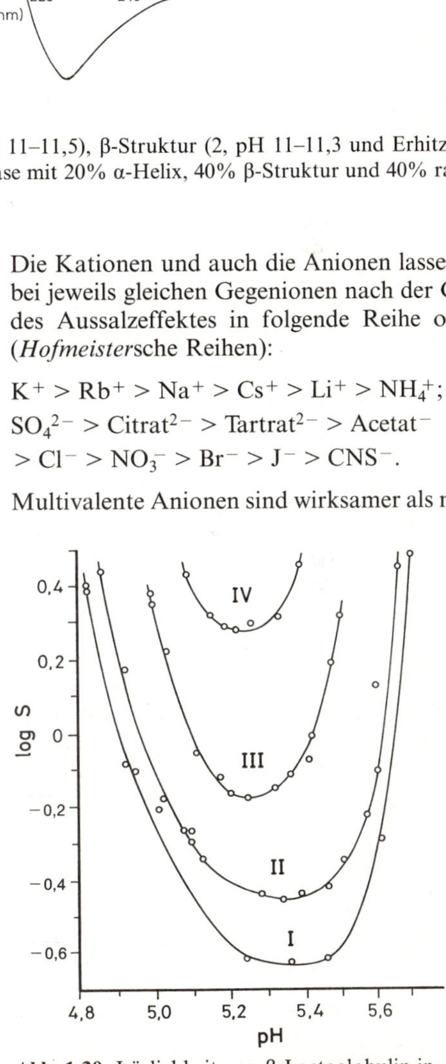

Abb. 1.30. Löslichkeit von β-Lactoglobulin in Abhängigkeit von pH-Wert und Ionenstärke. I 0,001, II 0,005, III: 0,01, IV: 0,02

valente, umgekehrt sind bivalente Kationen weniger wirksam als monovalente.

Als polare Substanzen sind Proteine in wäßriger Lösung hydratisiert. Der Hydratationsgrad (g Hydratwasser/g Protein) ist unterschiedlich. Er beträgt z. B. für Ovalbumin (in Ammonsulfat) 0,22, für Edestin (in Ammonsulfat) 0,66, für β-Lactoglobulin 0,8 und für Hämoglobin 0,3.

Die Quellung ist bei unlöslichen Proteinen der der Hydratation löslicher Proteine entsprechende Vorgang. Durch die Einlagerung von Wasser in die Strukturen treten Volumenvergrößerungen und andere Änderungen von physikalischen Eigenschaften ein. Die Wasseraufnahme durch Quellung kann ein Mehrfaches der Proteintrockenmasse betragen. Muskelgewebe enthält z. B. 3,5–3,6 g Wasser pro g Proteintrockenmasse.

1.4.4 Chemische Reaktionen

Die chemische Modifizierung von Proteinen ist aus verschiedenen Gründen von Bedeutung, z. B. zur Gewinnung von Derivaten für die Sequenzanalyse, zur Identifizierung von reaktionsfähigen Gruppen in katalytischen Zentren, zur Bindung an Träger und zur gezielten Veränderung von Eigenschaften. Im Gegensatz zu den Aminosäuren stehen bei den Proteinen, abgesehen von den terminalen Gruppen, nur die Seitenketten für Reaktionen zur Verfügung.

1.4.4.1 Lysinreste

Die Reaktionen lassen sich einteilen in Reaktionen, die unter Erhaltung der positiven Ladung, unter Verlust der positiven Ladung und unter Einführung einer negativen Ladung verlaufen. Besondere Bedeutung haben reversible Reaktionen.

1.4.4.1.1 Reaktionen unter Erhaltung der positiven Ladung

Eine Alkylierung ist mit Aldehyden und Ketonen unter Reduktion möglich:

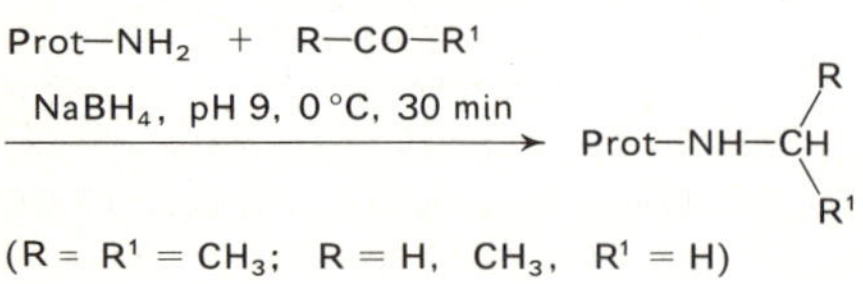

($R = R^1 = CH_3$; $R = H, CH_3, R^1 = H$) (1.84)

Mit Formaldehyd ($R = R_1 = H$) wird das Dimethylderivat Prot—$N(CH_3)_2$ erhalten (cf. 1.2.4.2.2).

Eine Guanidierung erfolgt mit O-Methylisoharnstoff. α-Aminogruppen reagieren viel langsamer als ε-Aminogruppen:

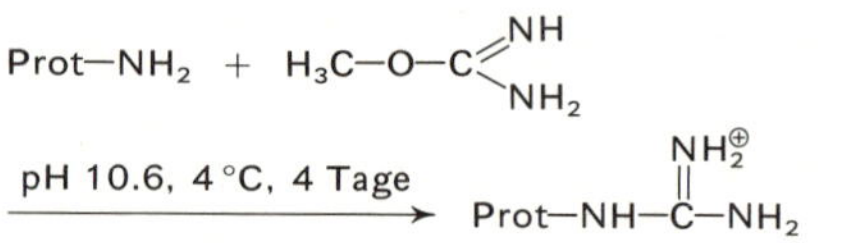

(1.85)

Die Reaktion hat für die Bestimmung biologisch verfügbarer ε-Aminogruppen analytische Bedeutung.

Eine Amidinierung ist mit Imidoestern möglich, die aus den entsprechenden Nitrilen gut zugänglich sind:

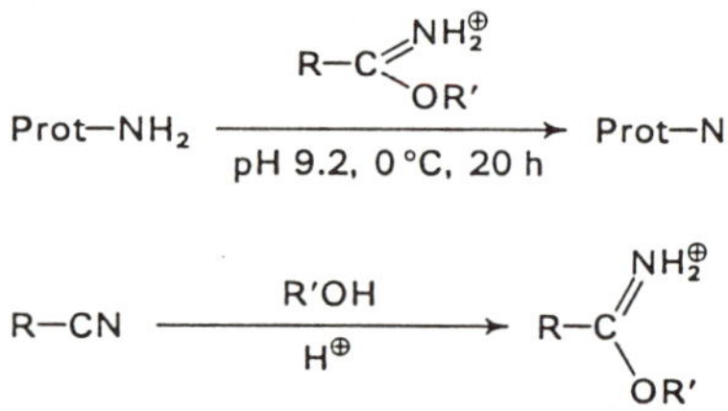

(1.86)

Die Verwendung bifunktioneller Imidoester erlaubt eine Quervernetzung (cf. 1.4.4.10).

Aminosäurereste können durch Reaktion mit Carboxyanhydriden ankondensiert werden:

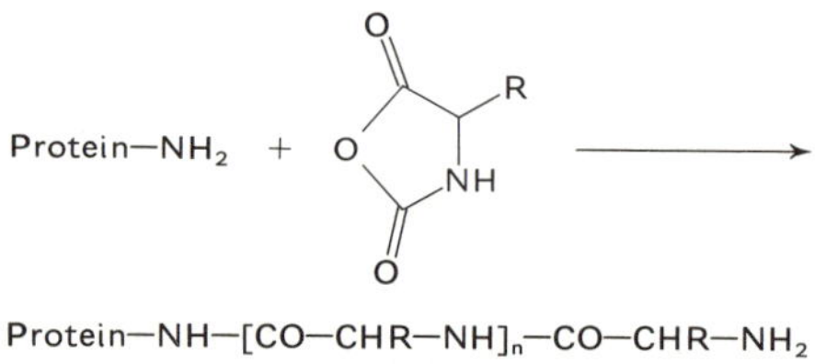

(1.87)

n hängt von den Reaktionsbedingungen ab. Die Carboxyanhydride sind aus den Aminosäuren mit Phosgen leicht zugänglich:

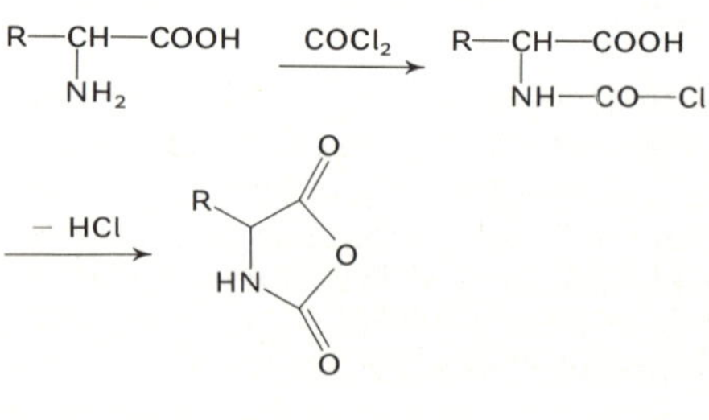

(1.88)

1.4.4.1.2 Reaktionen unter Verlust der positiven Ladung

Acetanhydrid reagiert auch mit Cystein-, Histidin-, Serin-, Threonin- und Tyrosinresten. Bei einer anschließenden Behandlung des Proteins mit Hydroxylamin (1 mol/l, 2 h, 0 °C, pH 9) bleiben jedoch nur die Acetylaminogruppen intakt:

$$\text{Prot—NH}_2 \xrightarrow[\text{pH } 7-9.5,\ 0\,^{\circ}\text{C}]{(\text{CH}_3\text{CO})_2\text{O}} \text{Prot—NH—CO—CH}_3 \qquad (1.89)$$

Bei der Carbamoylierung mit Cyanat werden neben α- und ε-Aminogruppen auch Cystein- und Tyrosinreste angegriffen, deren Derivatisierung aber im Alkalischen reversibel ist:

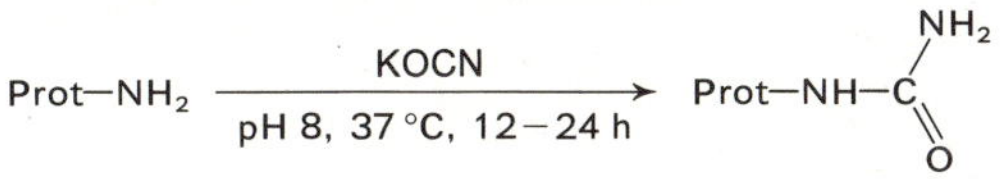

(1.90)

Die Arylierung mit 1-Fluor-2,4-dinitrobenzol (FDNB) und mit Trinitrobenzolsulfonsäure wurde bereits erwähnt (cf. 1.2.4.2.2). FDNB reagiert auch mit Cystein, Histidin und Tyrosin. Für die Derivatisierung von Proteinen ist die gut wasserlösliche 4-Fluor-3-nitrobenzol-sulfonsäure von Interesse:

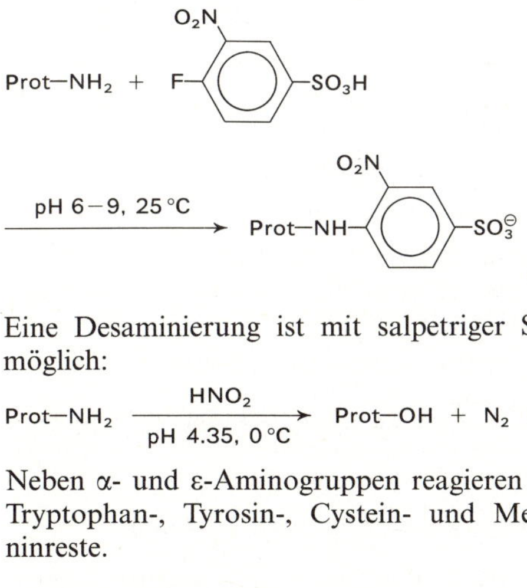

(1.91)

Eine Desaminierung ist mit salpetriger Säure möglich:

$$\text{Prot—NH}_2 \xrightarrow[\text{pH } 4.35,\ 0\,^{\circ}\text{C}]{\text{HNO}_2} \text{Prot—OH} + \text{N}_2 \qquad (1.92)$$

Neben α- und ε-Aminogruppen reagieren auch Tryptophan-, Tyrosin-, Cystein- und Methioninreste.

1.4.4.1.3 Reaktionen unter Einführung einer negativen Ladung

Die Acylierung mit Dicarbonsäureanhydriden, z. B. mit Bernsteinsäureanhydrid führt eine Carboxylgruppe in das Protein ein:

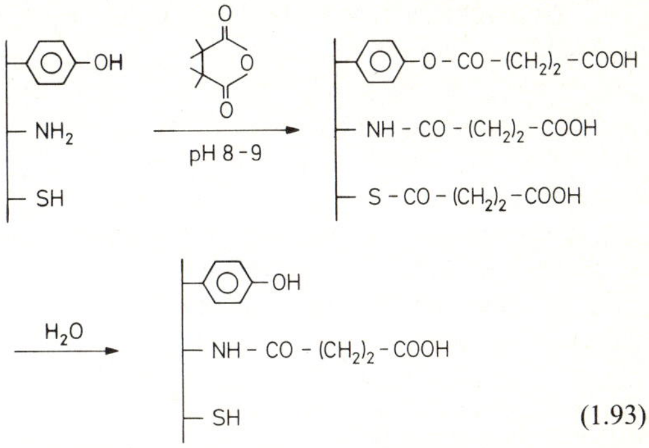

(1.93)

Die Einführung einer fluoreszierenden sauren Gruppe ist über die Reaktion mit Pyridoxalphosphat unter Reduktion der *Schiff*schen Base möglich:

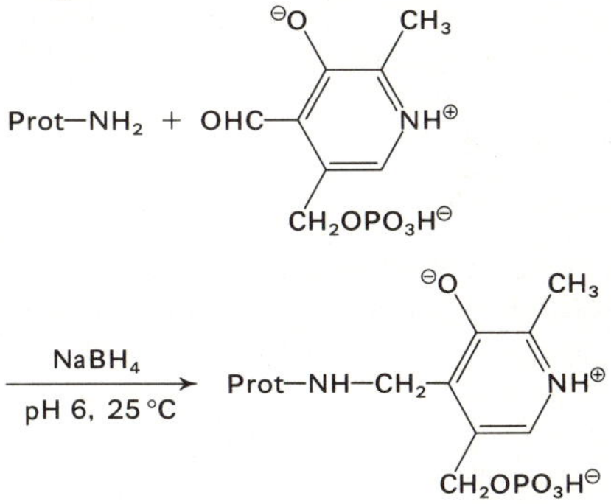

(1.94)

1.4.4.1.4 Reversible Reaktionen

N-Maleylderivate werden im Sauren durch Katalyse der undissoziierten Carboxylgruppe wieder gespalten:

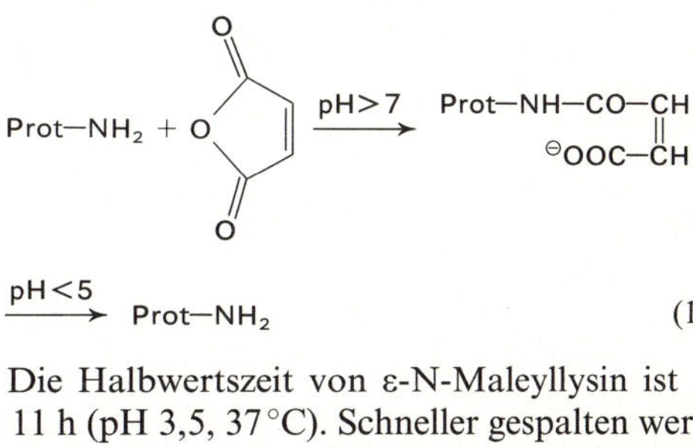

(1.95)

Die Halbwertszeit von ε-N-Maleyllysin ist τ = 11 h (pH 3,5, 37 °C). Schneller gespalten werden das 2-Methylmaleylderivat (τ < 3 min bei pH 3,5 und 20 °C) und das 2,2,3,3-Tetrafluorsuccinylderivat (τ sehr klein bei pH 9,5 und 0 °C). Cysteinreste addieren Maleinsäureanhydrid zum stabilen S-Succinylderivat. Diese Nebenreaktion kann vermieden werden mit exo-cis-3,6-Endoxohexahydrophthalsäureanhydrid:

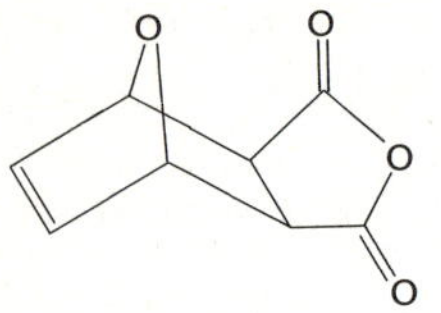

(1.96)

Die Halbwertszeit für das ε-N-Acyllysin ist $\tau =$ 4–5 h (pH 3, 25 °C).
Mit Diketen werden Acetoacetylderivate erhalten:

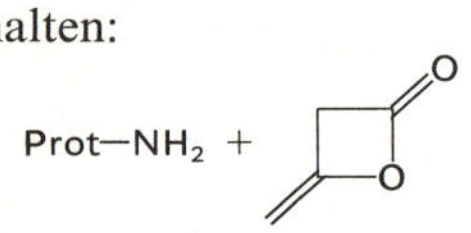

$$\longrightarrow \text{Prot—NH—CO—CH}_2\text{—CO—CH}_3 \qquad (1.97)$$

Eine Reaktion erfolgt auch mit Cystein- und Tyrosinresten. Die Acylgruppe ist vom Tyrosin bei pH 9,5 abspaltbar, die Rückspaltung der Aminoderivate ist mit Phenylhydrazin oder Hydroxylamin bei pH 7 möglich.

1.4.4.2 Argininreste

Die Guanidylgruppe reagiert mit α- oder β-Dicarbonylverbindungen zu cyclischen Derivaten:

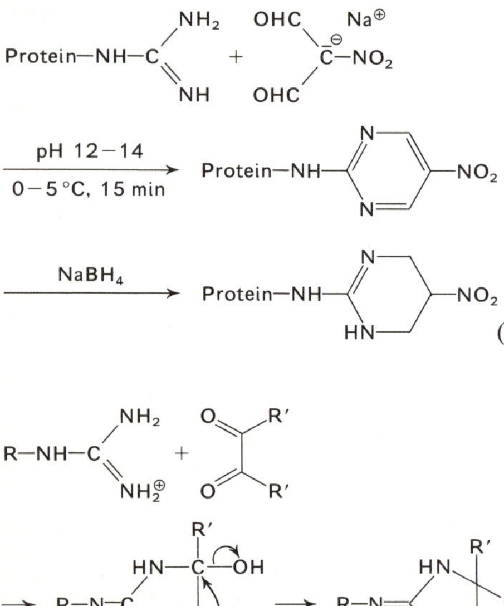

(1.98)

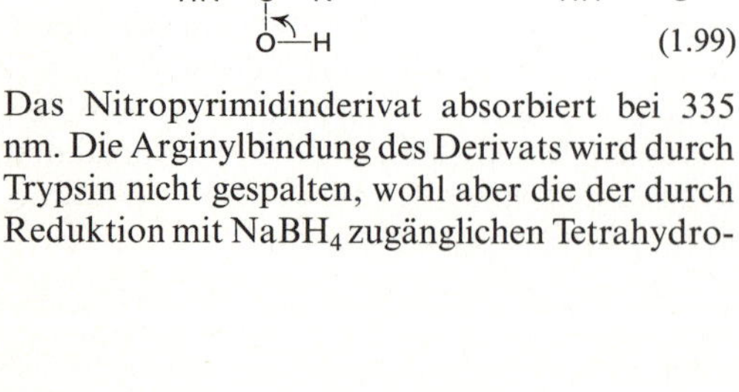

(1.99)

Das Nitropyrimidinderivat absorbiert bei 335 nm. Die Arginylbindung des Derivats wird durch Trypsin nicht gespalten, wohl aber die der durch Reduktion mit $NaBH_4$ zugänglichen Tetrahydroverbindung (s. Formel 1.98). Mit Benzil resultiert unter Benzilsäureumlagerung ein Iminoimidazolidon (s. Formel 1.99).
Sehr selektiv und unter milden Bedingungen verläuft die Reaktion mit 1,2-Cyclohexandion. Eine Regenerierung der Guanidylgruppe ist mit Hydroxylamin möglich:

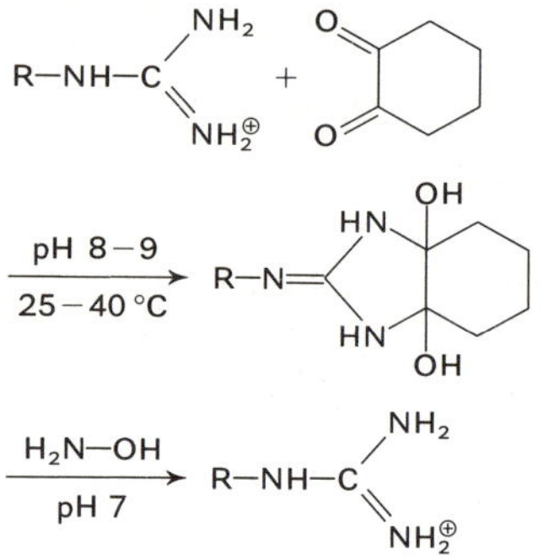

(1.100)

1.4.4.3 Glutaminsäure- und Asparaginsäurereste

Bei der Veresterung mit Methanol/HCl können als Nebenreaktionen Methanolyse von Amidbindungen sowie N,O-Acylwanderungen bei Seryl- und Threonylresten auftreten:

$$\text{Protein—COOH} \xrightarrow[0\,°C]{CH_3OH/HCl} \text{Protein—COOCH}_3 \qquad (1.101)$$

Diazoacetamid reagiert mit Carboxylgruppen, aber auch mit Cysteinresten:

$$\text{Protein—COOH} + \text{N}_2\text{CH—CONH}_2$$
$$\longrightarrow \text{R—COOCH}_2\text{CONH}_2 \qquad (1.102)$$

Aminosäureester oder andere nucleophile Verbindungen können mit Hilfe von Carbodiimiden ankondensiert werden:

$$\text{Protein—COOH} + \text{H}_2\text{N—CH}_2\text{—COOCH}_3$$
$$\xrightarrow{R—N{=}C{=}N—R} \text{Protein—CO—NH—CH}_2\text{—COOCH}_3 \qquad (1.103)$$

1.4.4.4 Cystinreste (cf. auch 1.2.4.3.5)

Eine Spaltung ist durch nucleophilen Angriff möglich:

$$\text{Protein—S—S—Protein} + \text{Y}^{\ominus}$$
$$\longrightarrow \text{Protein—S—Y} + \text{Protein—S}^{\ominus} \qquad (1.104)$$

Hinsichtlich der Reaktivität der Reagentien gilt Hydrid > Arsenit und Phosphin > Alkanthiol > Aminoalkanthiol > Thiophenol und Cyanid > Sulfit > OH^- > p-Nitrophenol > Thiosulfat > Thiocyanat. Die Spaltung mit $NaBH_4$ und Thiolen wurde bereits erwähnt (cf. 1.2.4.3.5). Die vollständige Spaltung mit Sulfit setzt alkalische Lösungen und Gegenwart eines Oxidationsmittels (z. B. Cu^{2+}) voraus:

$$RSSR + SO_3^{2\ominus} \longrightarrow RSSO_3^{\ominus} + RS^{\ominus}$$
$$2\,RS^{\ominus} \xrightarrow{Cu^{2\oplus}} RSSR \qquad (1.105)$$

Die gebildeten S-Sulfoderivate sind in neutralen und sauren Medien stabil und relativ gut wasserlöslich. Durch einen Überschuß an Thiol kann die S-Sulfogruppe wieder entfernt werden.

Die Spaltung mit Cyanid ist insofern besonders interessant, als das gebildete Thiocyanat unter Spaltung der N-Acylbindung zum 3-Acyl-2-iminothiazolidin cyclisieren kann:

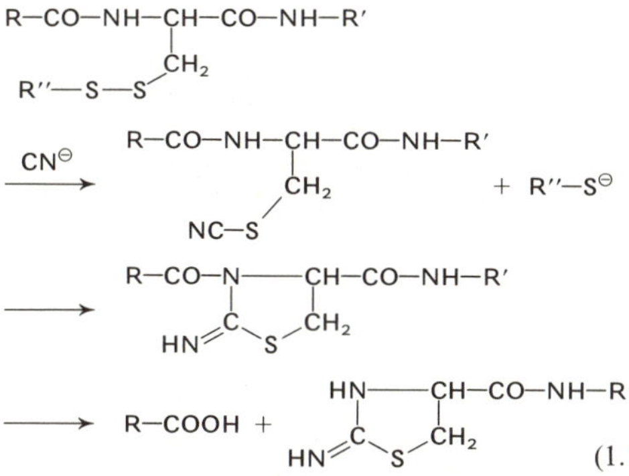

(1.106)

Die Reaktion kann zur selektiven Spaltung von Peptidketten ausgenutzt werden. Zunächst werden dabei alle Disulfidbindungen mit Dithiothreit reduziert und anschließend die durch Reaktion mit 5,5'-Dithiobis-(2-nitrobenzoesäure) gebildeten gemischten Disulfide bei pH 7 mit Cyanid umgesetzt.

Eine elektrophile Spaltung erfolgt mit Ag^+ und Hg^+ oder Hg^{2+}:

$$2\,Ag^{\oplus} + 2\,RSSR \longrightarrow 2\,RSAg + 2\,RS^{\oplus}$$
$$2\,RS^{\oplus} + 2\,OH^{\ominus} \longrightarrow 2\,RSOH \longrightarrow RSO_2H + RSH$$
$$RSH + Ag^{\oplus} \longrightarrow RSAg + H^{\oplus}$$

$$3\,Ag^{\oplus} + 2\,RSSR + 2\,OH^{\ominus} \longrightarrow 3\,RSAg + RSO_2H + H^{\oplus} \qquad (1.107)$$

Mit H^+ erfolgt eine elektrophile Spaltung nur in starken Säuren (z. B. in 10 mol/l HCl). Das gebildete Sulfeniumion kann dann einen Disulfidaustausch katalysieren:

$$RSSR + H^{\oplus} \longrightarrow RSH + RS^{\oplus}$$
$$RS^{\oplus} + R^1SSR^1 \longrightarrow RSSR^1 + R^1S^{\oplus} \qquad (1.108)$$

In neutralen und alkalischen Lösungen wird ein Disulfidaustausch durch Thiolationen katalysiert:

$$RSSR + OH^{\ominus} \rightleftharpoons R{-}SOH + RS^{\ominus}$$
$$R^1SSR^1 + RS^{\ominus} \rightleftharpoons R^1SSR + R^1S^{\ominus} \qquad (1.109)$$

1.4.4.5 Cysteinreste (cf. auch 1.2.4.3.5)

Eine Reihe von Alkylierungsmitteln führt zu Derivaten, die bei der sauren Hydrolyse von Proteinen stabil sind. Die Umsetzung mit Ethylenimin, die S-Aminoethylderivate und damit in einem Protein zusätzliche für Trypsin angreifbare Bindungen ergibt, wurde bereits besprochen (cf. 1.4.1.3). Durch Jodacetat werden in Abhängigkeit vom pH-Wert auch Methionin, Lysin und Histidin angegriffen:

$$Protein{-}SH \xrightarrow{JCH_2COOH} Protein{-}S{-}CH_2{-}COOH \qquad (1.110)$$

Weitere alkylierende Reagentien sind Maleinsäureanhydrid und Methyl-p-nitrobenzolsulfonat:

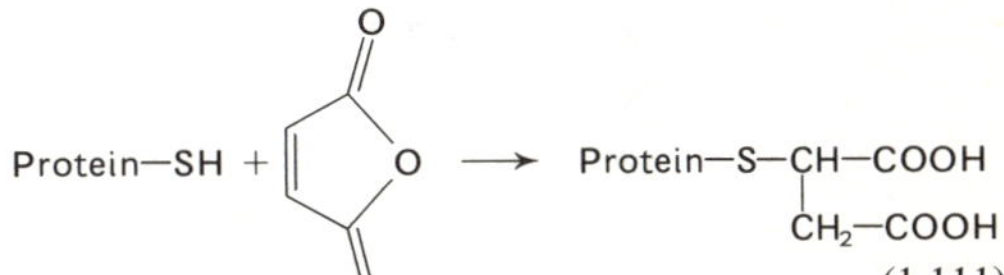

(1.111)

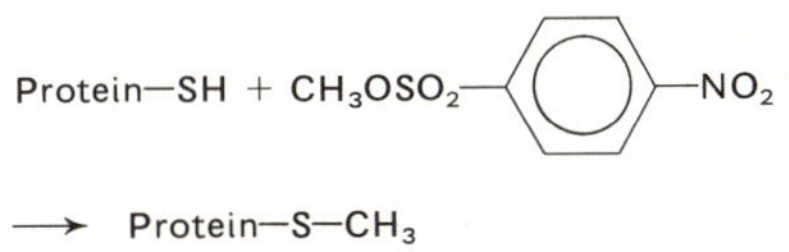

(1.112)

Eine Reihe von Reagentien erlaubt auch eine spektrofotometrische Bestimmung von Thiolgruppen, z. B. Azobenzol-2-sulfenylbromid ($\varepsilon_{353} = 16\,700\ M^{-1}\ cm^{-1}$ bei pH 1 für das Derivat), 5,5'-Dithiobis-(2-nitrobenzoesäure) ($\varepsilon_{412} = 13\,600$ bei pH 8 für das bei der Reaktion entstehende Thionitrobenzoatanion), p-Mercuribenzoat ($\varepsilon_{250} = 7500$ bei pH 7 für das Derivat) und N-Ethylmaleinsäureimid ($\varepsilon_{300} = 620$ bei pH 7 für das Derivat):

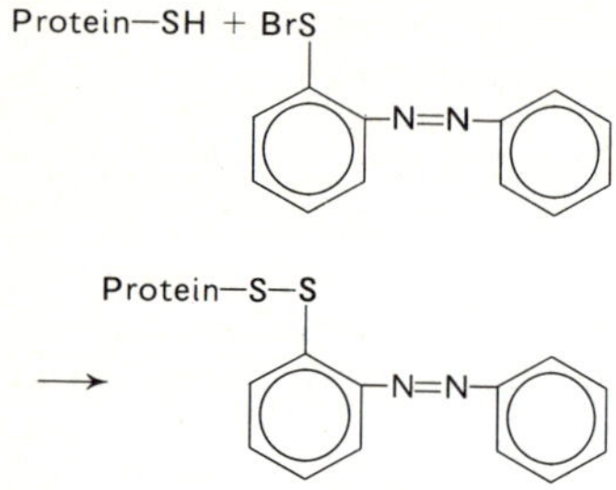

(1.113)

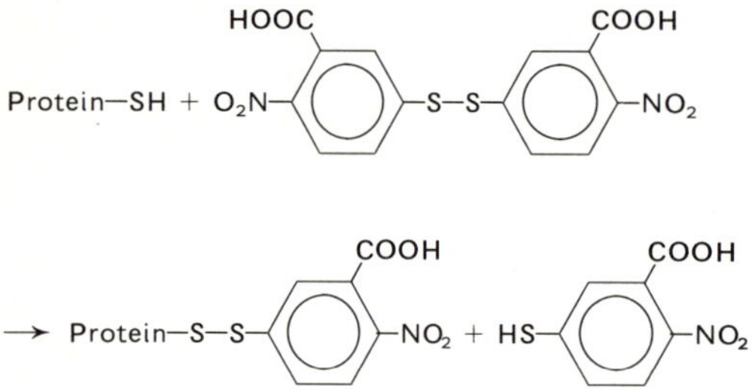

(1.114)

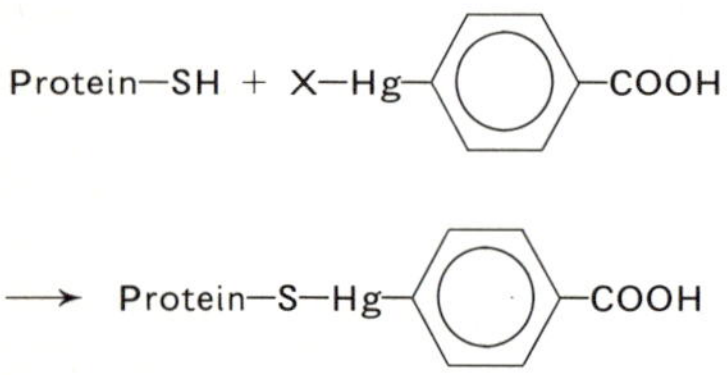

(1.115)

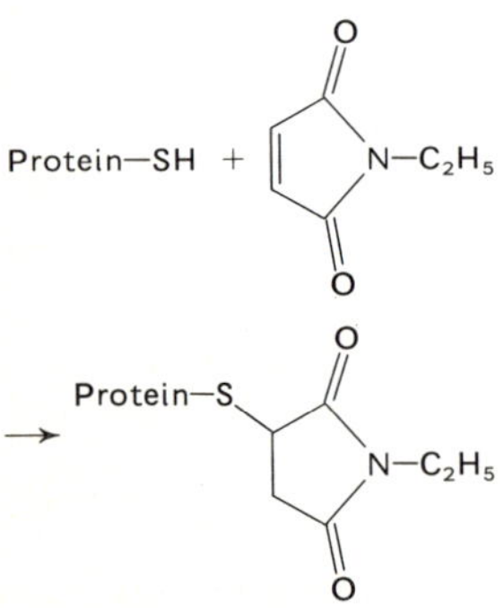

(1.116)

1.4.4.6 Methioninreste

Wasserstoffperoxid oxidiert zum Sulfoxid. Eine Regeneration ist durch Thiole im Überschuß möglich (cf. 1.2.4.3.6). α-Halogencarbonsäuren, β-Propiolacton und Alkylhalogenide überführen in die Sulfoniumderivate, die mit Thiolen im Alkalischen regenerierbar sind:

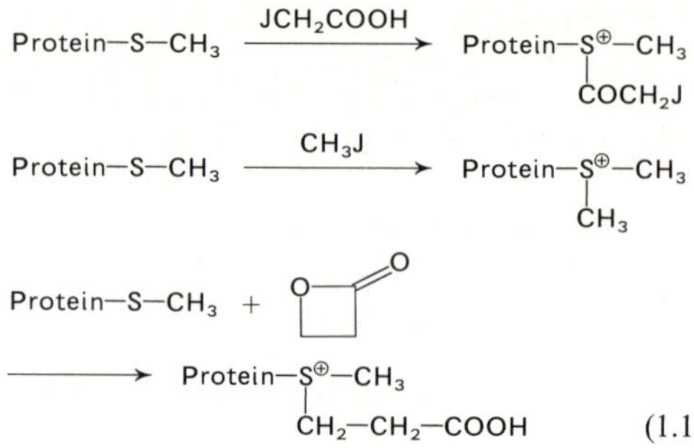

(1.117)

Die Reaktion mit BrCN, die unter Spaltung der Peptidbindung erfolgt, wurde bereits behandelt (cf. 1.4.1.3).

1.4.4.7 Histidinreste

Eine selektive Modifizierung war bisher nur bei Histidinresten im aktiven Zentrum einiger Serinproteinasen möglich. Substratanaloge Halogenmethylketone inaktivieren z. B. Trypsin (1-Chlor-3-tosylamido-7-aminoheptan-2-on, TLCK) oder Chymotrypsin (1-Chlor-3-tosylamido-4-phenylbutan-2-on, TPCK) unter N-Alkylierung von Histidin (cf. 2.4.1.1):

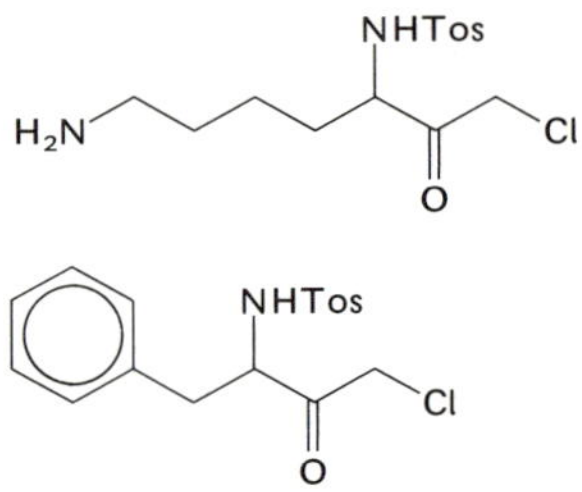

(1.118)

1.4.4.8 Trypthophanreste

N-Bromsuccinimid oxidiert die Seitenkette von Tryptophan, greift aber gleichzeitig Tyrosin, Histidin und Cystein an:

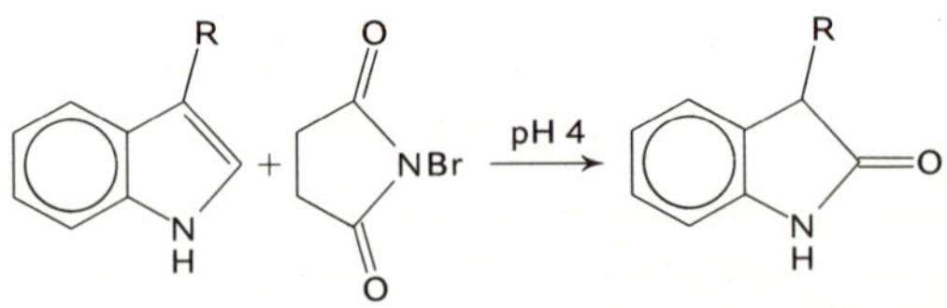

(1.119)

Die Reaktion wird zur selektiven Spaltung von Peptidketten und zur spektrofotometrischen Bestimmung von Tryptophan benutzt.

1.4.4.9 Tyrosinreste

Eine selektive Acylierung von Tyrosin ist mit Acetylimidazol möglich:

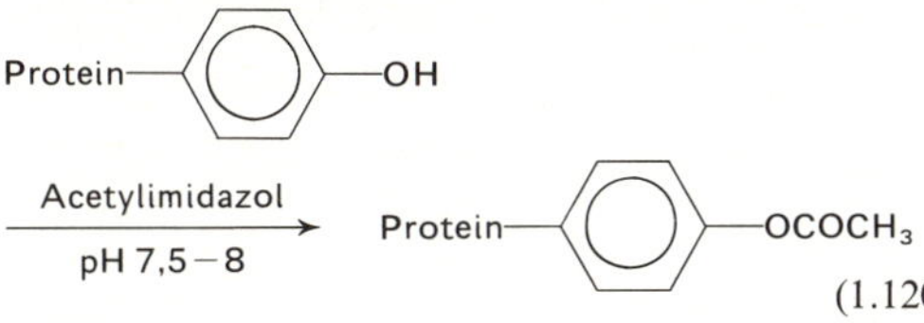

(1.120)

Diazotierte Arsanilsäure greift neben Tyrosin auch Histidin, Lysin, Tryptophan und Arginin an:

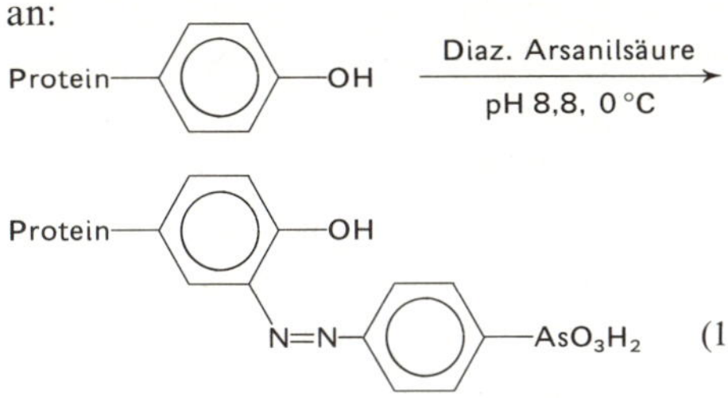

(1.121)

Tetranitromethan nitriert in o-Stellung:

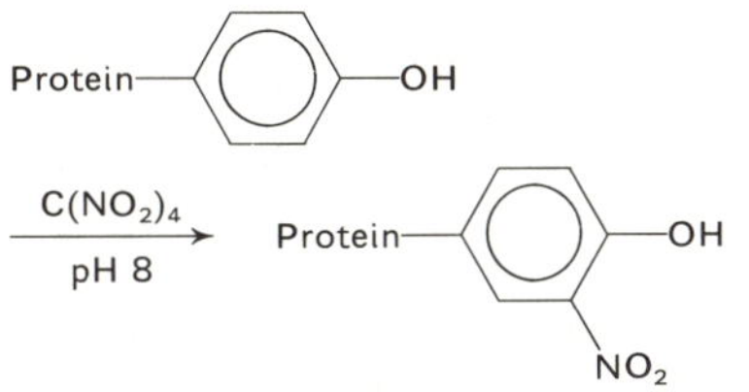

(1.122)

1.4.4.10 Bifunktionelle Reagentien

Bifunktionelle Reagentien ermöglichen intra- und intermolekulare Vernetzungen von Proteinen. Beispiele sind bifunktionelle Imidoester, Fluornitrobenzole und Isocyanate:

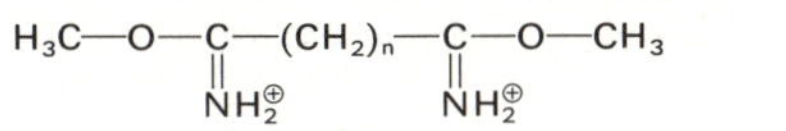

(1.123)

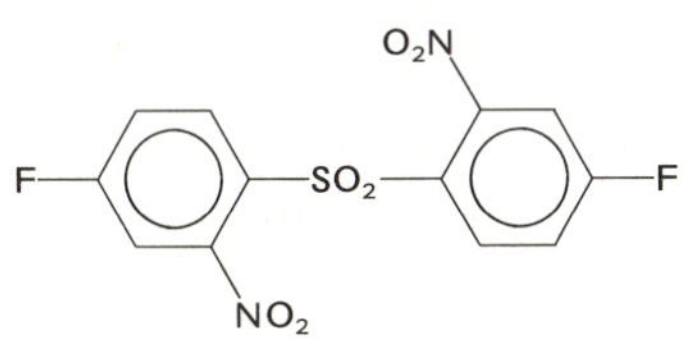

(1.124)

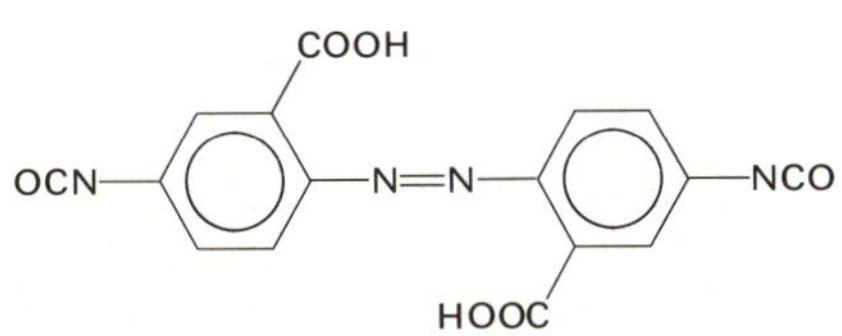

(1.125)

1.4.4.11 Reaktionen bei der Lebensmittelverarbeitung

Die Verarbeitung von Lebensmitteln kann chemische Veränderungen an Proteinen zur Folge haben, deren Art und Ausmaß von vielen Parametern abhängt, z. B. von der Zusammensetzung der Lebensmittel, von Prozeßbedingungen wie Temperatur, pH-Wert, Anwesenheit von Sauerstoff. Die Folge solcher Reaktionen kann eine Verminderung der biologischen Wertigkeit eines Proteins sein, z. B. durch

- Zerstörung essentieller Aminosäuren
- Überführung essentieller Aminosäuren in Derivate, die im Stoffwechsel nicht verwertbar sind
- Herabsetzung der Verdaulichkeit durch intra- oder interchenare Vernetzungen.

Auch die Entstehung toxischer Folgeprodukte ist nicht auszuschließen. Die ernährungsphysiologische und toxikologische Bewertung auftretender Veränderungen ist jedoch häufig noch umstritten.

In Gegenwart reduzierender Zucker steht eine *Maillard*-Reaktion mit den ε-Aminogruppen der Lysinreste im Vordergrund, die z. B. mit Lactose oder Glucose zu proteingebundenem ε-N-Desoxylactulosyl-1-lysin oder ε-N-Desoxyfructosyl-1-lysin führt. Lysin ist in dieser Form biologisch nicht verfügbar. Bei der Säurehydrolyse dieser primären Reaktionsprodukte entstehen neben Lysin die Folgeprodukte Furosin und Pyridosin in konstantem Verhältnis (cf. 4.2.4.4):

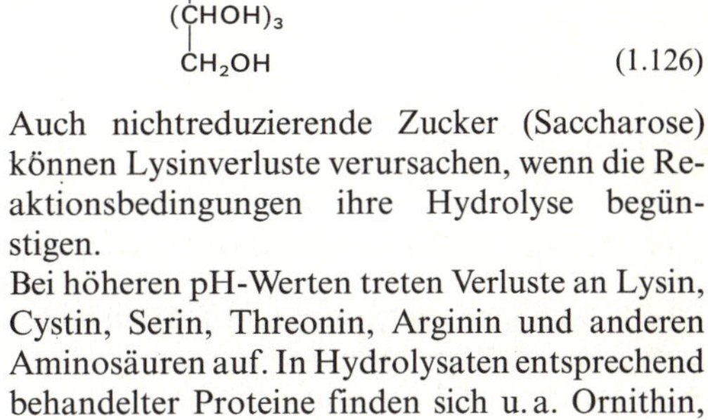

(1.126)

Auch nichtreduzierende Zucker (Saccharose) können Lysinverluste verursachen, wenn die Reaktionsbedingungen ihre Hydrolyse begünstigen.

Bei höheren pH-Werten treten Verluste an Lysin, Cystin, Serin, Threonin, Arginin und anderen Aminosäuren auf. In Hydrolysaten entsprechend behandelter Proteine finden sich u. a. Ornithin,

β-Aminoalanin, Lysinoalanin, Ornithinoalanin, Lanthionin, Methyllanthionin und D-Alloisoleucin neben anderen D-Aminosäuren.
Folgende Reaktionen liegen ihrer Bildung zugrunde: 1,2-Eliminierung führt bei Hydroxy- und Thioaminosäuren zu 2-Aminoacrylsäure (Dehydroalanin) bzw. 2-Aminocrotonsäure (Dehydroaminobuttersäure):

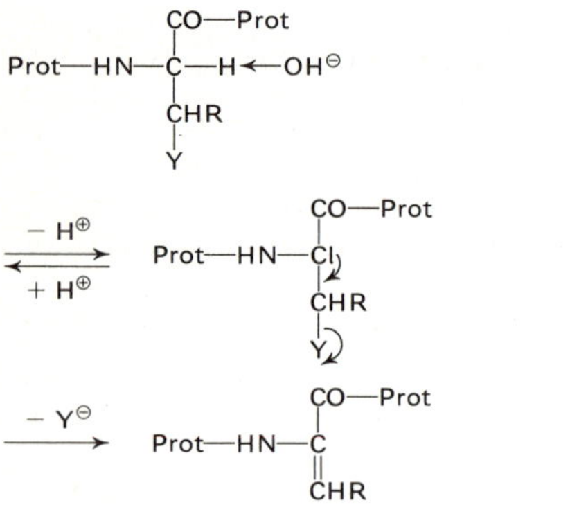

(1.127)

R = H, CH_3; Y = OH, OPO_3H_2, SH, SR^1, SSR^1

Im Fall von Cystin kann das eliminierte Thiolcystein zu einem zweiten Rest Dehydroalanin abreagieren:

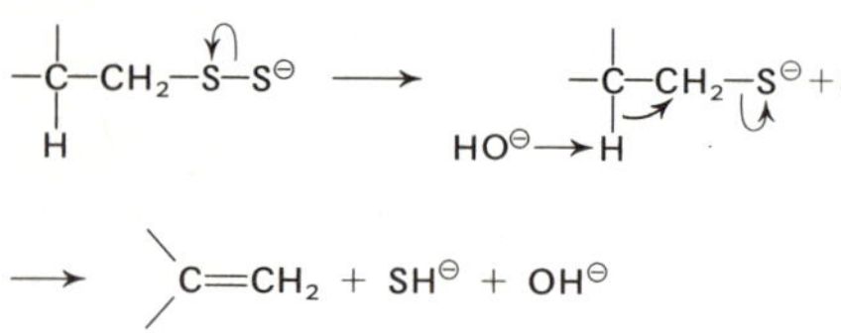

(1.128)

Alternativ ist bei Cystin auch eine Lösung der Disulfidbindung durch nucleophilen Angriff am Schwefel möglich, der über Thiol und Sulfinat ebenfalls wie oben zu Dehydroalanin führt:

$$R{-}S{-}S{-}R + 2\,OH^{\ominus} \longrightarrow R{-}S{-}O^{\ominus} + R{-}S^{\ominus} + H_2O \qquad (1.129)$$

$$R{-}S{-}O^{\ominus} + R{-}S{-}S{-}R \longrightarrow R{-}S(=O){-}S{-}R + R{-}S^{\ominus} \qquad (1.130)$$

$$R{-}S(=O){-}S{-}R + 2\,OH^{\ominus} \longrightarrow R{-}SO_2^{\ominus} + R{-}S^{\ominus} + H_2O \qquad (1.131)$$

Durch Addition von Aminen und Thiolen bilden sich intra- und interchenare Vernetzungen aus. Auch Ammoniak kann addiert werden:

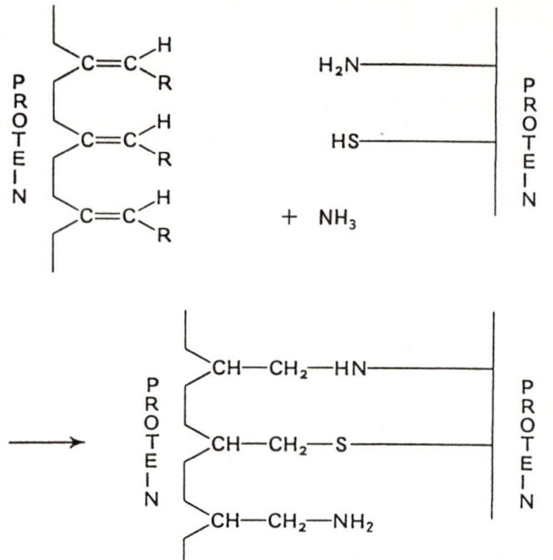

(1.132)

Bei der Säurehydrolyse solcher vernetzter Proteine resultieren die in Tab. 1.25 zusammengestellten Aminosäuren. Ornithin entsteht durch Spaltung von Arginin:

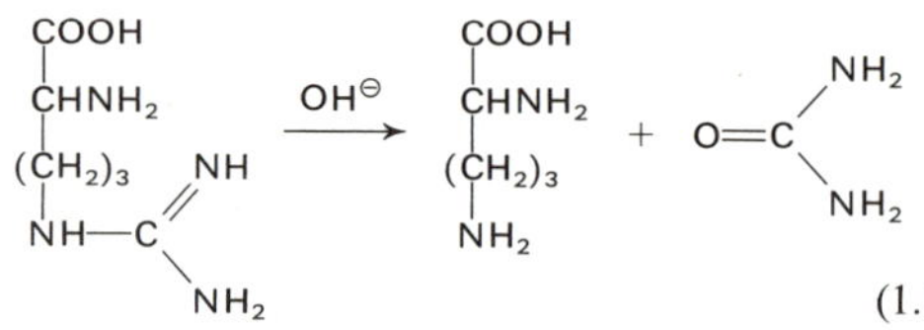

(1.133)

Die Bildung von D-Aminosäuren erfolgt über das durch Abstraktion eines Protons an C^2 gebildete Carbanion. Besonders auffallend ist die Reaktion beim L-Isoleucin, da hier D-allo-Isoleucin entsteht, das als Diastereomeres im Gegensatz zu anderen D-Aminosäuren auf Grund seiner von L-Isoleucin abweichenden Retentionszeit im Aminosäurechromatogramm direkt zu erkennen ist:

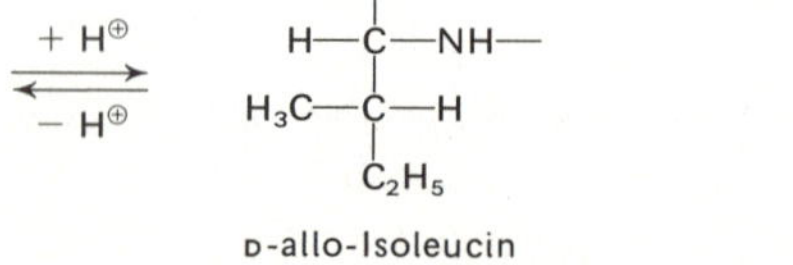

(1.134)

Tabelle 1.25. Ungewöhnliche Aminosäuren, die bei der Alkalibehandlung von Proteinen gebildet werden

Name	Formel
3-N^6-Lysinoalanin (R = H) 3-N^6-Lysino-3-methyl-alanin (R = CH_3)	COOH–CHNH$_2$–CHR—NH—$(CH_2)_4$–CHNH$_2$–COOH
3-N^5-Ornithinoalanin (R = H) 3-N^5-Ornithino-3-methylalanin (R = CH_3)	COOH–CHNH$_2$–CHR—NH—$(CH_2)_3$–CHNH$_2$–COOH
Lanthionin (R = H) 3-Methyllanthionin (R = CH_3)	COOH–CHNH$_2$–CHR—S—CH$_2$–CHNH$_2$–COOH
3-Aminoalanin (R = H) 2,3-Diaminobuttersäure (R = CH_3)	COOH–CHNH$_2$–CHRNH$_2$

Beim trockenen Erhitzen von Proteinen im Neutralbereich entstehen Isopeptidbindungen zwischen den ε-Aminogruppen von Lysinresten und den β- bzw. γ-Carboxamidgruppen von Asparagin- und Glutaminresten:

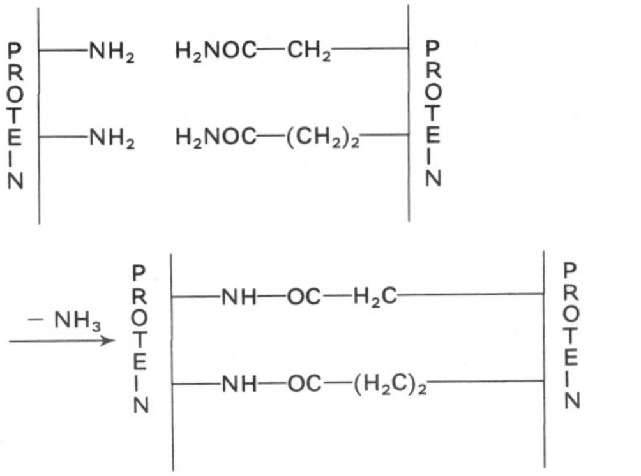

(1.135)

Diese Isopeptidbindungen werden bei der Säurehydrolyse gespalten und führen auch nicht zum Auftreten ungewöhnlicher Aminosäuren. Beim stärkeren Erhitzen von Proteinen in Gegenwart von Wasser tritt ein weitergehender Abbau ein. Oxidative Veränderungen an Proteinen betreffen vor allem Methionin, das relativ leicht Methioninsulfoxid bildet:

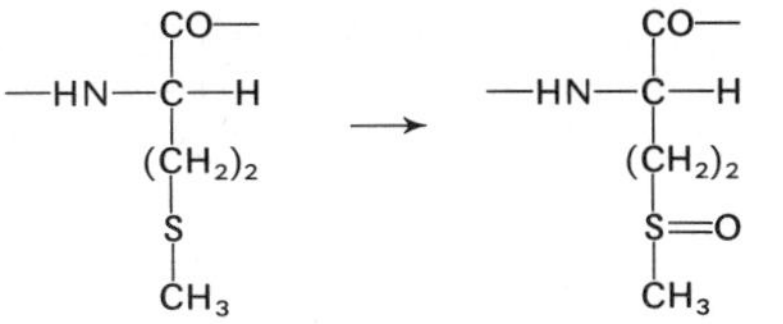

(1.136)

Die Bildung von Methioninsulfoxid wurde im Zusammenhang mit der Lipidperoxidation, der Phenoloxidation und bei Belichtung in Gegenwart von Sauerstoff und Sensibilisatoren (z. B. Riboflavin) beobachtet.

Peptidgebundenes Methioninsulfoxid ist offensichtlich nach *in-vivo*-Reduktion zu Methionin teilweise biologisch verfügbar. So wurde mit Ratten für Casein, bei dem Methionin vollständig zum Sulfoxid oxidiert war, ein PER-Wert von 90% im Vergleich zum unbehandelten Protein ermittelt.

Abb. 1.31 zeigt die Folgen einer Alkalibehandlung am Beispiel eines Proteinisolats aus Sonnenblumenkernen. Serin, Threonin, Arginin und Isoleucin nehmen mit zunehmender Konzentration an NaOH stark ab, Ornithin und allo-Isoleucin treten als neue Aminosäuren auf. Lysin nimmt zunächst ab und bei höherer NaOH-Konzentration wieder zu, Lysinoalanin durchläuft ein Maximum.

Über das Ausmaß der Entstehung von D-Aminosäuren bei der Alkalibehandlung einiger Proteine orientiert Tab. 1.26.

Aus Abb. 1.32 und 1.33 folgt, daß die Bildung von Lysinoalanin nicht nur vom pH-Wert, son-

Tabelle 1.26. Bildung von D-Aminosäuren bei der Alkalibehandlung von Proteinen[a] (1%ige Lösung in 0,1 mol/l NaOH, pH ~ 12,5, 65 °C)

Protein	Erhitzungszeit (h)	D-Asp (%)	D-Ala	D-Val	D-Leu	D-Pro	D-Glu	D-Phe
Casein	0	2,2	2,3	2,1	2,3	3,2	1,8	2,8
	1	21,8	4,2	2,7	5,0	3,0	10,0	16,0
	3	30,2	13,3	6,1	7,0	5,3	17,4	22,2
	8	32,8	19,4	7,3	13,6	3,9	25,9	30,5
Weizenkleber	0	3,3	2,0	2,1	1,8	3,2	2,1	2,3
	3	29,0	13,5	3,9	5,6	3,2	25,9	23,3
Promin D (Sojaprotein)	0	2,3	2,3	2,6	3,3	3,2	1,8	2,3
	3	30,1	15,8	6,6	8,0	5,8	18,8	24,9
Lactalbumin	0	3,1	2,2	2,9	2,7	3,1	2,9	2,3
	3	22,7	9,2	4,8	5,8	3,6	12,2	16,5

[a] Werte in % bezogen auf D- + L-Aminosäure = 100%.

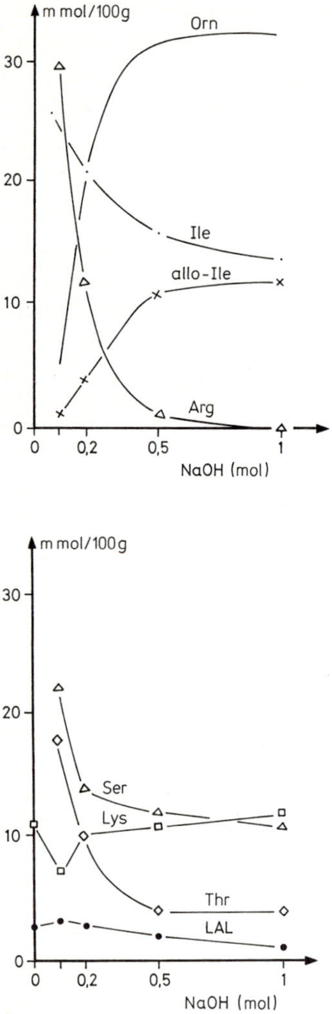

Abb. 1.31. Aminosäuregehalt von Sonnenblumenisolat nach Erhitzen (16 h, 80°) in Natronlauge. (Nach *Mauron*, 1975)

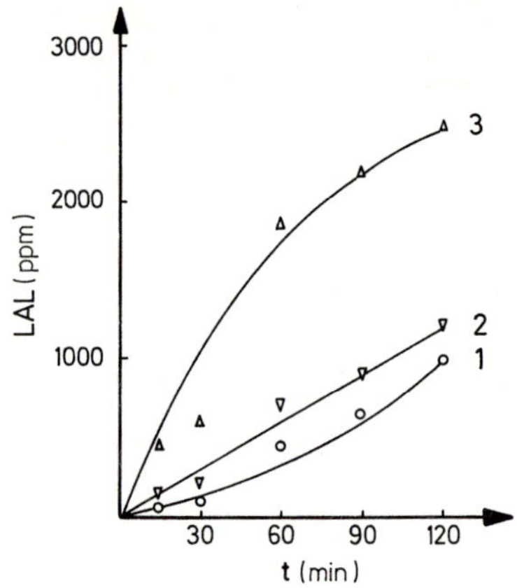

Abb. 1.32. Bildung von Lysinoalanin (LAL) beim Erhitzen von Casein (5%ige Lösung, 100 °C) (nach *Sternberg, Kim*, 1977). 1 pH 5,0, 2 pH 7,0, 3 pH 8,0

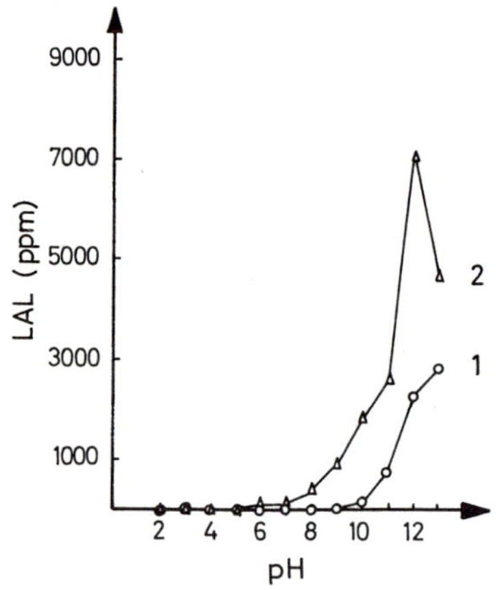

Abb. 1.33. Bildung von Lysinoalanin (LAL) in Weizen- (2) und Maiskleber (1). (Proteingehalt der Kleber: 70%, 6,6%ige Suspensionen, 4 h bei 100 °C.) (Nach *Sternberg, Kim*, 1977)

dern auch vom vorliegenden Protein abhängt. Bei Casein findet infolge der phosphorylierten Serinreste bereits bei pH 5 eine merkliche Reaktion statt, bei Gluten aus Weizen und Mais dagegen erst im Bereich von pH 8–11. Abb. 1.34 zeigt die Abhängigkeit der Reaktion von der Proteinkonzentration.

Tab. 1.27 zeigt, daß Lysinoalanin in den verschiedensten industriell verarbeiteten und haushaltsmäßig zubereiteten Lebensmitteln nachweisbar ist. Die Menge hängt offensichtlich von der Art und Intensität der Bearbeitung ab.

1.4.5 Enzymkatalysierte Reaktionen

1.4.5.1 Allgemeines

Es ist eine große Zahl von verschiedenartigen enzymkatalysierten Reaktionen bei Proteinen bekannt. Dazu gehören hydrolytische Reaktionen (Spaltung von Peptidbindungen, Spaltung von anderen Bindungen, z. B. Esterbindungen bei Phosphoproteinen), Transferreaktionen (Einführung von Phosphorsäuregruppen, von Zuckerresten, von Methylgruppen), Redoxreaktio-

Tabelle 1.27. Gehalt verschiedener Lebensmittel an Lysinoalanin

Lebensmittel	Herkunft/Behandlung		Lysinoalanin (mg/kg Protein)
Frankfurter Würstchen	HP[a]	unzubereitet	0
		gekocht	50
		im Ofen gebacken	170
Hühnerkeule	HP	roh	0
		im Ofen gebacken	110
		im Mikrowellenofen gebacken	200
Eiklar, flüssig	HP		15
Eiklar		gekocht (3 min)	140
		(10 min)	270
		(30 min)	370
		gebraten (10 min/150 °C)	350
		(30 min/150 °C)	1100
Trockeneiklar	HP		160–1820[b]
Kondensmilch, gesüßt	HP		360– 540
Kondensmilch, ungesüßt	HP		590– 860
Milchpräparat für Säuglingsernährung	HP		150– 640
Infant Food	HP		<55– 150
Sojaproteinisolat	HP		0– 370
Hydrolyzed Vegetable Protein	HP		40– 500
Kakaopulver	HP		130– 190
Natriumcaseinat	HP		45– 560
Natriumcaseinat	HP		430–6900
Calciumcaseinat	HP		250–4320

[a] Handelsprodukt.
[b] Schwankungsbreite bei verschiedenen Produkten.

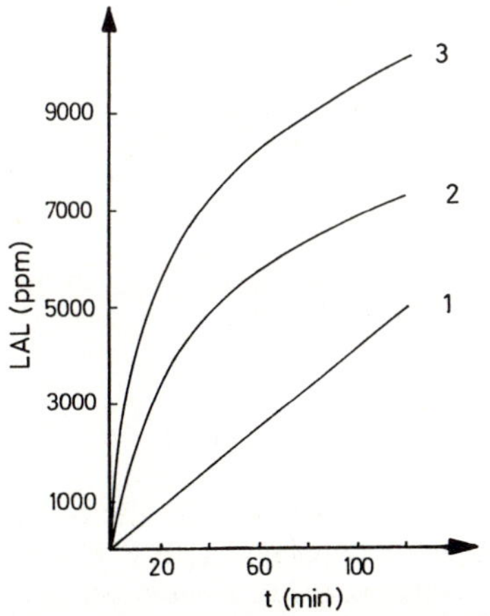

Abb. 1.34. Bildung von Lysinoalanin (LAL) in Abhängigkeit von der Caseinkonzentration (1): 5%, (2): 15%, (3): 20%, pH 12,8). (Nach *Sternberg, Kim,* 1977)

Tabelle 1.28. Beispiele für enzymatische Reaktionen bei Proteinen

Hydrolyse
- Endopeptidasen
- Exopeptidasen

Proteolytisch induzierte Aggregation
- Collagenbiosynthese
- Blutgerinnung
- Plastein-Reaktion

Quervernetzung
- Disulfidbindungen
  Protein-Disulfid-Isomerase
  Protein-Disulfid-Reduktase (NAD(P)H)
  Protein-Disulfid-Reduktase (Glutathion)
  Sulfhydryloxidase
  Lipoxygenase
  Peroxidase
- Aldol-, Aldiminkondensation und Folgereaktionen (Bindegewebe)
  Lysyloxidase

Phosphorylierung, Dephosphorylierung
- Proteinkinase
- Phosphoproteinphosphatase

Hydroxylierungen
- Prolinhydroxylase
- Lysinhydroxylase

Glykosylierungen
- Glykoprotein-β-Galactosyl-Transferase

Methylierung, Demethylierung
- Protein(Arginin)-Methyl-Transferase
- Protein(Lysin)-Methyl-Transferase
- Protein-O-Methyl-Transferase

Acetylierung, Deacetylierung
- ε-N-Acetyllysin

nen (Oxidation von Thiolen, Reduktion von Disulfiden, Oxidation von Aminogruppen, Einführung von Hydroxygruppen). Tab. 1.28 faßt einige Beispiele zusammen. Auf eine Reihe der erwähnten Reaktionen wird in Abschnitt 1.4.6.3 bzw. bei einzelnen Lebensmitteln eingegangen. Hier sollen nur die Enzyme näher behandelt werden, die Peptidbindungen hydrolytisch angreifen (proteolytische Enzyme, Peptid-Hydrolasen).

1.4.5.2 Proteolytische Enzyme

Proteolytische Vorgänge spielen in vielen Lebensmitteln eine Rolle, sei es, daß wie bei Fleisch

Tabelle 1.29. Einteilung proteolytischer Enzyme (Peptid-Hydrolasen)

EC-Nr.[a]	Enzymgruppe	Bemerkungen	Beispiele
	Peptidasen (Exopeptidasen)	spalten Proteine/Peptide schrittweise vom N-Terminus oder C-Terminus her	
3.4.11.	α-Aminoacylpeptid-Hydrolasen	spalten Aminosäuren vom N-Terminus ab	verschiedene Aminopeptidasen
3.4.13.	Dipeptid-Hydrolasen	spalten Dipeptide	verschiedene Dipeptidasen (Carnosinase, Anserinase)
3.4.14.	Dipeptidylpeptid-Hydrolasen	spalten Dipeptide vom N-Terminus ab	Cathepsin C
3.4.15.	Peptidyldipeptid-Hydrolasen	spalten Dipeptide vom C-Terminus ab	Carboxycathepsin
3.4.16.	Serin-Carboxypeptidasen	spalten Aminosäuren vom C-Terminus ab, Serin im aktiven Zentrum	Carboxypeptidase C, Cathepsin A
3.4.17.	Metall-Carboxypeptidasen	spalten Aminosäuren vom C-Terminus ab, Zn^{2+} oder Co^{2+} im aktiven Zentrum	Carboxypeptidasen A und B
3.4.18.	Cystein-Carboxypeptidasen	spalten Aminosäuren vom C-Terminus ab, Cystein im aktiven Zentrum	lysosomale Carboxypeptidase B
	Proteinasen	spalten Proteine/Peptide an nicht-terminalen Bindungen	
3.4.21.	Serin-Proteinasen	Serin im aktiven Zentrum	Chymotrypsine A, B, C, α- und β-Trypsin, alkalische mikrobielle Proteinasen
3.4.22.	Cystein-Proteinasen	Cystein im aktiven Zentrum	Papain, Ficin, Bromelain, Cathepsin B
3.4.23.	Asparaginsäure-Proteinasen	Asparaginsäure im aktiven Zentrum	Pepsin, Cathepsin D, Rennin (Chymosin)
3.4.24.	Metall-Proteinasen	Metallionen im aktiven Zentrum	Collagenase, neutrale mikrobielle Proteinasen

[a] cf. 2.2.6

durch gewebseigene Proteinasen katalysierte autolytische Reaktionen ablaufen, sei es, daß wie bei Käse zugesetzte Mikroorganismen eine mehr oder weniger weitgehende Proteolyse bedingen. Über die Einteilung dieser großen Gruppe von Enzymen orientiert Tab. 1.29. Es lassen sich zwei Untergruppen bilden, die der Peptidasen (Exopeptidasen), die Peptidketten unter schrittweiser Abspaltung von Aminosäuren oder Dipeptiden vom Ende her angreifen und die der Proteinasen, die Peptidketten an nicht-terminalen Bindungen angreifen. Die weitere Unterteilung ergibt sich u. a. nach den Gruppen im aktiven Zentrum. Im folgenden sollen die wichtigsten Typen vorgestellt werden.

1.4.5.2.1 Serinproteinasen

Es handelt sich um eine Gruppe von Enzymen, deren Wirksamkeit im Bereich von pH 7–11 liegt und die auch als alkalische Proteinasen bezeichnet werden. Typische tierische Vertreter sind Trypsin, die Chymotrypsine, Elastase, Plasmin, Thrombin. Sehr viele Bakterien und Pilze produzieren Serinproteinasen, z. B. *Bacillus cereus, B. firmus, B. licheniformis, B. megaterium, B. subtilis, Serratia marcescens, Streptomyces fradiae, S. griseus, Tritirachium album, Aspergillus flavus, A. oryzae, A. sojae.* Gemeinsam ist diesen Enzymen ein Serinrest und ein Histidinrest im aktiven Zentrum (cf. 2.4.2.2). Die Spaltung von Proteinen erfolgt unter intermediärer Bildung eines Acylenzyms:

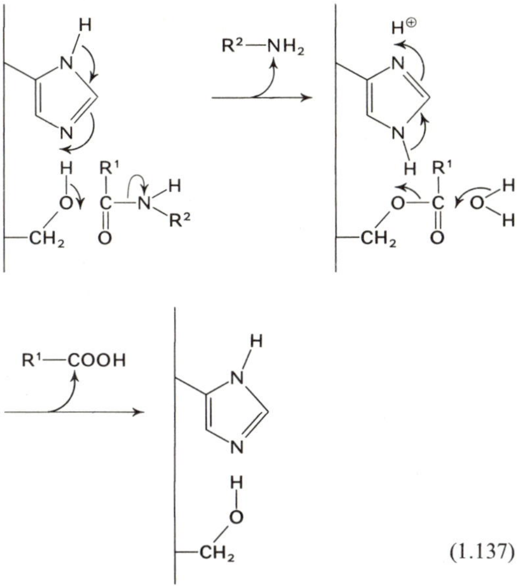

(1.137)

Eine Inaktivierung ist mit Reagentien wie Diisopropylfluorphosphat (DIFP) und Phenylmethansulfonylfluorid (PMSF) möglich, die den aktiven Serinrest irreversibel acylieren:

$$E{-}CH_2OH + FY \longrightarrow E{-}CH_2OY + HF$$
$$(Y: {-}PO(i\,C_3H_7O)_2,\ {-}SO_2{-}CH_2C_6H_5) \quad (1.138)$$

Eine irreversible Hemmung erfolgt auch durch substratanaloge Halogenmethylketone, die den aktiven Histidinrest alkylieren (cf. 2.4.1.1), und durch Proteinaseinhibitoren, die selbst Proteine sind, mit dem Enzym einen inaktiven Komplex bilden und in tierischen und pflanzlichen Organen verbreitet sind (Pankreas, Colostrum, Eiklar, Kartoffel, Samen vieler Leguminosen; cf. 16.2.3). Die Spezifität der Serinproteinasen ist sehr unterschiedlich (cf. Tab. 1.30). Während Trypsin ausschließlich Bindungen von Aminosäureresten mit basischen Seitenketten (Lysyl-, Arginylbindungen) und Chymotrypsin bevorzugt Bindungen von Aminosäureresten mit aromatischen Seitenketten (Phenylalanyl-, Tyrosyl-, Tryptophanylreste) löst, sind die mikrobiellen Enzyme im allgemeinen sehr wenig spezifisch.

1.4.5.2.2 Cysteinproteinasen

Typische Vertreter dieser Gruppe sind Papain (aus dem Saft des tropischen Melonenbaumes *Carica papaya*), Bromelain (aus Saft und Stengeln von *Ananas comosus*), Ficin (aus *Ficus latex* und anderen *Ficus spp.*) sowie eine *Streptococcus*-Proteinase. Der Aktivitätsbereich dieser Enzyme ist sehr breit und liegt in Abhängigkeit vom Substrat bei pH 4,5–10 mit einem Maximum bei pH 6–7,5.

Der Mechanismus scheint dem der Serinproteinasen analog zu sein: Im aktiven Zentrum befindet sich ein Cysteinrest. Als covalente Zwischenverbindung tritt ein Thioester auf. Die Enzyme sind sehr oxidationsempfindlich; sie werden im allgemeinen in Gegenwart von Reduktionsmitteln (z. B. Cystein) und Komplexbildnern (z. B. EDTA) eingesetzt.

Eine Inaktivierung ist durch Oxidationsmittel, Metallionen, Alkylierungsmittel möglich (cf. 1.2.4.3.5 und 1.4.4.5). Die Spezifität ist nicht sehr ausgeprägt (cf. Tab. 1.30).

1.4.5.2.3 Metallhaltige proteolytische Enzyme

Zu dieser Gruppe gehören sowohl Exopeptidasen, wie die Carboxypeptidasen A und B, Aminopeptidasen, Dipeptidasen, Prolidase und Prolinase, als auch Proteinasen aus Bakterien und Pilzen wie *Bacillus cereus, B. megaterium, B. subtilis, B. thermoproteolyticus* (Thermolysin), *Streptomyces griseus* (Pronase; enthält auch Carboxy- und Aminopeptidasen), *Aspergillus oryzae.*

Die Enzyme enthalten ein Mol Zn^{2+} pro Mol Protein, Prolidase und Prolinase ein Mol Mn^{2+}. Bei Carboxypeptidase A tritt das Metallion als *Lewis*-Säure mit der Carbonylgruppe der zu spaltenden Peptidbindung in Kontakt. Abb. 1.35 zeigt die Anordnung der anderen beteiligten Reste im aktiven Zentrum, die durch Röntgenstrukturanalyse von Enzym-Substrat-Komplexen bekannt ist.

Die Enzyme sind im Bereich von pH 6–9 wirksam, ihre Spezifität ist im allgemeinen gering (cf. Tab. 1.30).

Gehemmt wird die Gruppe durch Komplexbildner (EDTA) und durch Natriumdodecylsulfat.

Tabelle 1.30. Spezifität proteolytischer Enzyme [Spaltung der oxidierten B-Kette des Insulins vom Rind; starke Spaltung: ↓, schwache Spaltung: (↓)]

Nr.[a]	Phe	Val	Asn	Gln	His	Leu	Cys	Gly	Ser	His	Leu	Val	Glu	Ala	Leu	Tyr	Leu	Val	Cys	Gly	Glu	Arg	Gly	Phe	Phe	Tyr	Thr	Pro	Lys	Ala
Serinproteinasen																														
1																						↓							↓	
2															(↓)	↓									↓	↓				
3				↓		↓					↓				↓	(↓)	↓							↓	↓	(↓)				
4		↓	↓					↓				↓								↓										
5																						↓							↓	
6			↓						↓						↓	↓									↓				↓	
7				(↓)								(↓)			↓	↓			↓						↓	↓			↓	
8			↓	↓			↓					(↓)	↓		↓	↓			↓					(↓)	↓				↓	
Cysteinproteinasen																														
9			↓			(↓)	(↓)	(↓)					↓	(↓)			↓		↓						↓	↓				
10								↓	↓				↓			↓								↓	↓					
11			↓				(↓)						↓	↓		↓			↓		↓	↓		↓	(↓)	(↓)				
Metallhaltige (neutrale) Proteinasen																														
12	↓				↓					↓				↓	↓	↓	↓						↓	↓	↓				↓	
13					↓					↓				↓		↓	↓						↓	↓						
14					↓					↓				↓		↓	↓						↓	↓	↓				↓	
Asparaginsäureproteinasen																														
15	(↓)		(↓)	(↓)					(↓)		↓		(↓)	(↓)	(↓)	↓							(↓)	↓	↓					
16	(↓)										(↓)		↓		↓	(↓)	↓							↓	↓					
17		↓									↓	↓		↓				↓							↓					
18	↓														↓	↓								↓	↓					
19	(↓)				(↓)					↓	↓	↓		(↓)	↓	↓				(↓)			↓	↓	↓	(↓)				

[a] Enzyme.

1) Trypsin (Rind)
2) Chymotrypsin A (Rind)
3) Chymotrypsin C (Schwein)
4) Aspergillopeptidase C (*Aspergillus oryzae*)
5) Proteinase aus *Streptomyces griseus* (Trypsin-ähnlich)
6) Subtilisin BPN′
7) Proteinase aus *Aspergillus oryzae*
8) Proteinase aus *Aspergillus flavus*
9) Papain (*Papaya carica*)
10) Ficin III (*Ficus glabrata*)
11) Chymopapain (*Charica papaya*)
12) Proteinase II aus *Aspergillus oryzae*
13) Proteinase aus *Bacillus subtilis*
14) Thermolysin (*Bacillus thermoproteolyticus* Rokko)
15) Pepsin A (Schwein)
16) Rennin (Kalb)
17) Proteinase aus *Candida albicans*
18) Proteinase aus *Mucor miehei*
19) Proteinase aus *Rhizopus chinensis*

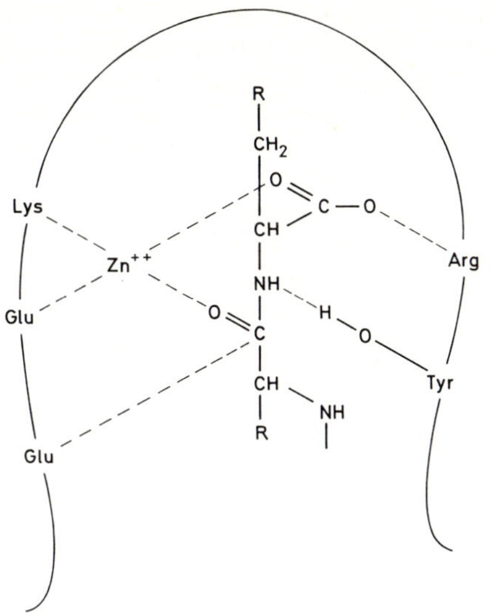

Abb. 1.35. Aktives Zentrum von Carboxypeptidase A. (Nach *Lowe, Ingraham,* 1974)

1.4.5.2.4 Asparaginsäureproteinasen

Typische Vertreter dieser Gruppe sind die tierischen Enzyme Pepsin und Rennin (Lab-Enzym), die bei pH 2–4 wirken, sowie Cathepsin D, das je nach Substrat und Herkunft ein pH-Optimum zwischen 3 und 5 hat. Bei pH 6–7 spaltet Rennin mit großer Spezifität eine Bindung des ϰ-Caseins und löst damit die Milchgerinnung aus (cf. 10.1.2.1.1).

Saure Proteinasen aus Mikroorganismen lassen sich entsprechend in pepsinähnliche und renninähnliche Enzyme mit milchgerinnender Wirkung einteilen. Erstere werden z. B. von *Aspergillus awamori, A. niger, A. oryzae, Penicillium spp. und Trametes sanguinea* produziert, letztere z. B. von *Aspergillus usamii* und *Mucor spp.*, wie *M. pusillus.*

Im aktiven Zentrum dieser Enzyme sind zwei Carboxylgruppen vorhanden, von denen eine undissoziiert ist. Der postulierte Mechanismus ist aus Formel 1.139 zu ersehen: Der nucleophile Angriff eines Wassermoleküls auf das Carbonyl-C-Atom der Peptidbindung wird katalysiert durch die Seitenketten von Asp-32 (basischer Katalysator) und Asp-215 (saurer Katalysator). Die Numerierung der Aminosäurereste des aktiven Zentrums bezieht sich auf die Asparaginsäureproteinase aus *Rhizopus chinensis.*

Eine Hemmung erfolgt durch verschiedene Diazoacetylaminosäureester, die mit den Carboxylgruppen im aktiven Zentrum reagieren, sowie durch Pepstatin. Hierbei handelt es sich um ein Peptidgemisch aus verschiedenen Streptomyceten mit der allgemeinen Formel (R: i-Valeriansäure oder n-Capronsäure; AHMHA: 4-Amino-3-hydroxy-6-methyl-heptansäure):

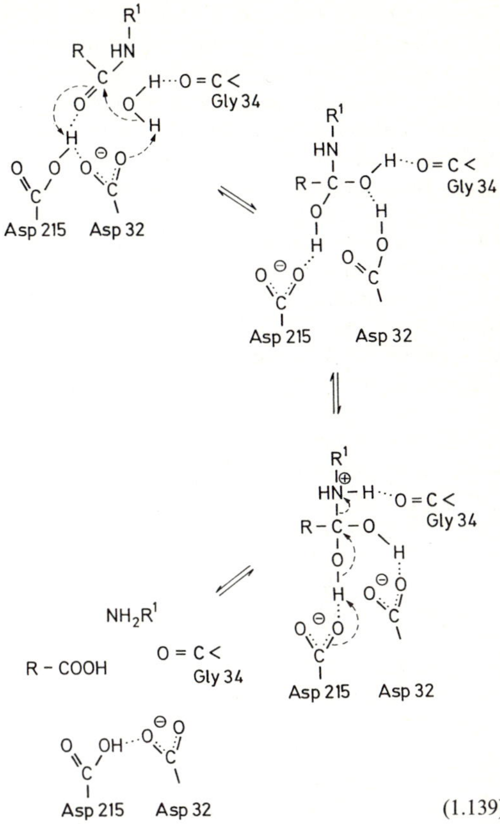

(1.139)

R—Val—Val—AHMHA—Ala—AHMAH (1.140)

Über die Spezifität von Asparaginsäureproteinasen informiert Tab. 1.30.

1.4.6 Lebensmitteltechnologisch interessante chemische und enzymatische Reaktionen

1.4.6.1 Allgemeines

Die Anforderungen an die Eigenschaften von Lebensmitteln aus ernährungsphysiologischer und toxikologischer, aber auch aus technologischer Sicht steigen ständig. Diese Entwicklung führt dazu, daß Lebensmittel zunehmend nach einem Baukastenprinzip aufgefaßt werden müssen: Auf der einen Seite steht das Lebensmittel mit der Summe der geforderten Eigenschaften, auf der anderen Seite stehen Bausteine, die jeweils einen Teil dieser Eigenschaften mitbringen. Diese Betrachtungsweise hat auch bei Lebensmitteln ein verstärktes Interesse an Zusammenhängen zwischen den makroskopischen physikalischen und chemischen Eigenschaften und den auf der molekularen Ebene zugrunde liegenden Strukturen und Reaktionen geweckt. Gute Kenntnisse dieser Zusammenhänge sind Voraussetzung für die Steuerung technischer Prozesse, sei es durch Optimierung der Verfahren oder durch Modifizierung von Bausteinen in Richtung auf erwünschte Eigenschaften.

Die Modifizierung von Proteinen ist noch keine übliche Methode der Lebensmittelverarbeitung. Sie gewinnt aber an Bedeutung, und zwar vorwiegend aus zwei Gründen: Einerseits haben Proteine sehr vielfältige Funktionen in Lebensmitteln, und eine Reihe dieser Funktionen wird von modifizierten Proteinen besser erfüllt als von nativen Proteinen. Andererseits zwingen die Welternährungsprobleme zu einem verstärkten Einsatz neuer Rohstoffe.

Modifizierungsreaktionen erlauben es, solche neuen Rohstoffe (z. B. Proteine pflanzlicher oder mikrobieller Herkunft) den jeweiligen Erfordernissen anzupassen.

Hier wird anhand von Beispielen ein Überblick gegeben über einige zur Zeit diskutierte oder auch bereits praktizierte Proteinmodifizierungen durch chemische und durch enzymatische Methoden bzw. deren Kombination. Die Beispiele sind unter dem Gesichtspunkt ausgewählt, die Trends zu verdeutlichen.

In Tab. 1.31 sind einige Eigenschaften von Proteinen in Lebensmitteln zusammengestellt. Bestimmt werden diese Eigenschaften durch die Aminosäurezusammensetzung, die Aminosäuresequenz und die daraus folgende Konformation. Eine Änderung der Eigenschaften ist möglich durch Änderung der Aminosäurezusammensetzung, Änderung der Molekülgröße und durch die Abspaltung oder Einführung von Heterobausteinen. Zu solchen Änderungen führen chemische und/oder enzymatische Reaktionen.

Ziele einer Modifizierung im Rahmen der Lebensmittelverarbeitung können sein:

- Blockierung von Verderbsreaktionen (z. B. *Maillard*-Reaktion)
- Verbesserung physikalischer Eigenschaften (z. B. Textur, Schaumstabilität, Aufschlagvermögen, Löslichkeit)
- Verbesserung des Nährwerts (Erhöhung der Verdaulichkeit, Inaktivierung toxischer oder sonstiger störender Substanzen, Einführung essentieller Bestandteile, z. B. bestimmter Aminosäuren).

Tabelle 1.31. Eigenschaften von Proteinen in Lebensmitteln

Eigenschaften mit	
ernährungsphysiologischer Relevanz	technologischer Relevanz
Aminosäurezusammensetzung Verfügbarkeit der Aminosäuren	Löslichkeit, Dispergierbarkeit, Koagulierbarkeit, Wasserbindung, Gelbildung, Teigbildung, Elastizität, Viskosität, Adhäsivität, Kohäsivität, Schaumbildung, Schaumstabilisierung, Emulsionsbildung, Emulsionsstabilisierung.

1.4.6.2 Chemische Modifizierung

Tab. 1.32 faßt aus der großen Zahl von bekannten chemischen Reaktionen von Proteinen diejenigen heraus, die im Zusammenhang mit Lebensmitteln von Bedeutung sein können.

Tabelle 1.32. Beispiele für lebensmitteltechnologisch interessante chemische Reaktionen an Proteinen

Reaktive Gruppe	Reaktion	Produkt
$—NH_2$	Acylierung	—NH—CO—R
$—NH_2$	Red. Alkylierung mit HCHO	$—N(CH_3)_2$
$—CONH_2$	Hydrolyse	—COOH
—COOH	Veresterung	—COOR
—OH	Veresterung	—O—CO—R
—SH	Oxidation	—S—S—
—S—S—	Reduktion	—SH
—CO—NH—	Hydrolyse	$—COOH + H_2N—$

1.4.6.2.1 Acylierung

Eine Succinylierung mit Bernsteinsäureanhydrid (cf. 1.4.4.1.3) verbessert im allgemeinen die Löslichkeit von Proteinen.

Succinylierter Weizenkleber ist z. B. bei pH 5 sehr gut löslich (Abb. 1.36). Ein Grund ist in der Desaggregierung der hochmolekularen Fraktion zu sehen (Abb. 1.37). Am Beispiel von succinyliertem Casein wird deutlich, daß der isoelektrische Punkt mit dem Löslichkeitsminimum in Richtung auf kleinere pH-Werte verschoben wird (Abb. 1.38). Succinylierung von Protein aus Blättern führt neben Löslichkeitsverbesserung auch zur Verbesserung des Geschmacks und des Emulgierverhaltens. Succinyliertes Hefeprotein zeigt neben der besseren Löslichkeit zwischen pH 4 und 6 größere Stabilität gegenüber Hitzepräzipitierung bei pH-Werten über 5, besseres Emulsionsbildungsvermögen, das sogar dem zahlreicher anderer Proteine überlegen ist (Tab. 1.33), und besseres Schaumbildungsvermögen.

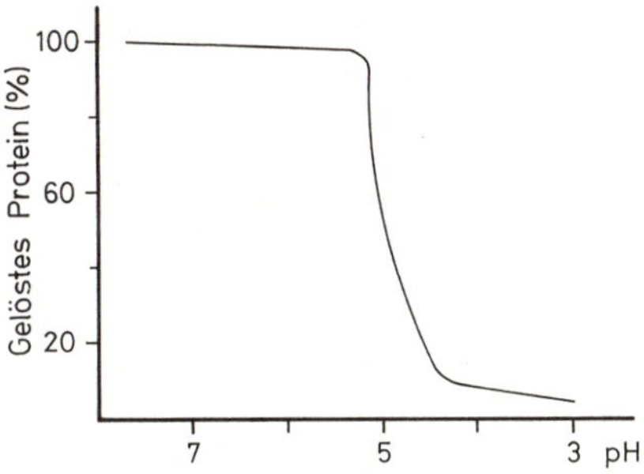

Abb. 1.36. Löslichkeit von succinyliertem Weizenprotein (0,5%ige Lösung in H_2O) in Abhängigkeit vom pH-Wert. (Nach *Grant,* 1973)

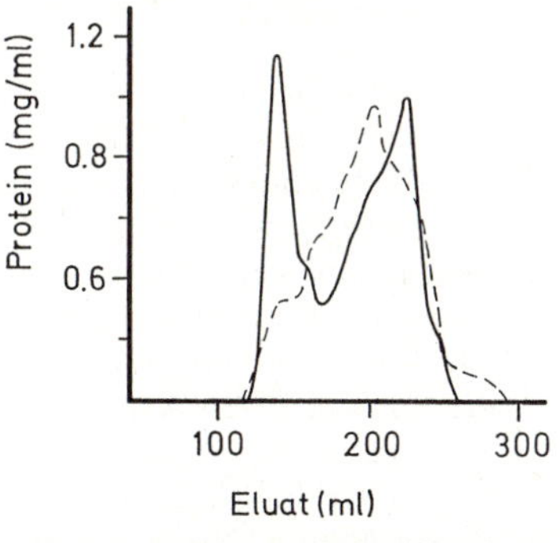

Abb. 1.37. Chromatographie eines Proteinextraktes (0,2 mol/l Essigsäure) aus Weizenmehl vor (——) und nach (----) Succinylierung an Sephadex G 100. (Nach *Grant,* 1973)

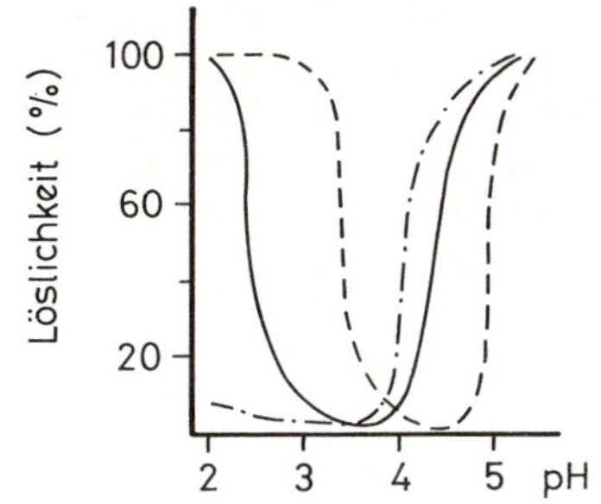

Abb. 1.38. Löslichkeit (%) von nativem (----) und succinyliertem Casein (—— 50%; -·-·- 76%) in Abhängigkeit vom pH-Wert. (Nach *Schwenke* et al., 1977)

Tabelle 1.33. Emulgierende Wirkung einiger Proteine[a]

Protein	Emulsifying Activity Index ($m^2 \times g^{-1}$) pH 6,5	pH 8,0
Hefeprotein (88% succinyliert)	322	341
Hefeprotein (62% succinyliert)	262	332
Natriumdodecylsulfat (0,1%)	251	212
Rinderserumalbumin	–	197
Natriumcaseinat	149	166
β-Lactoglobulin	–	153
Molkenproteinpulver A	119	142
Hefeprotein (24% succinyliert)	110	204
Molkenproteinpulver B	102	101
Sojaproteinisolat A	41	92
Hämoglobin	–	75
Sojaproteinisolat B	26	66
Hefeprotein (unmodifiziert)	8	59
Lysozym	–	50
Eieralbumin	–	49

[a] Protein-Konzentration 0,5% in Phosphat-Puffer pH 6,5.

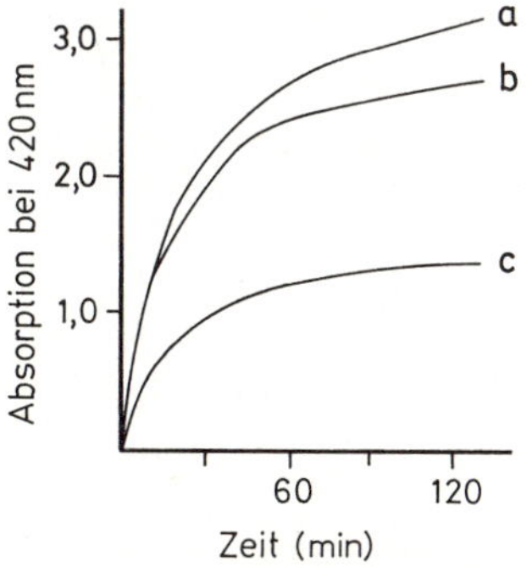

Abb. 1.39. Hydrolyse von reduktiv methyliertem Casein mit α-Chymotrypsin vom Rind. Modifizierungsgrade: a 0%, b 33%, c 52%. (Nach *Galembeck* et al., 1977)

Aminoacylgruppen können eingeführt werden durch Reaktion mit Carboxyanhydriden von Aminosäuren (Abb. 1.42), Aminosäuren und Carbodiimiden (Abb. 1.43) oder BOC-Aminosäure-hydroxysuccinimiden und anschließender Abspaltung der Aminoschutzgruppe:

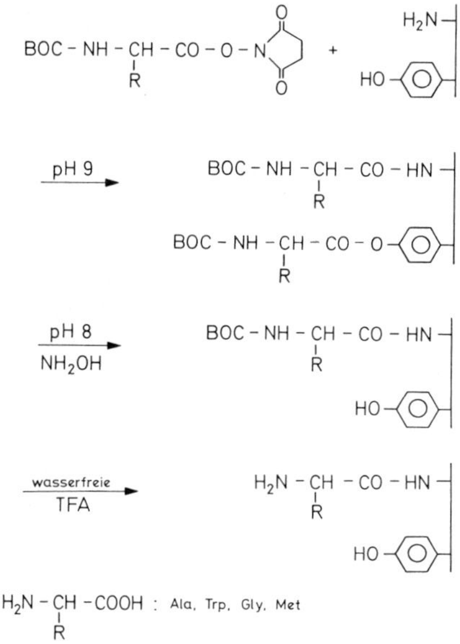

(1.141)

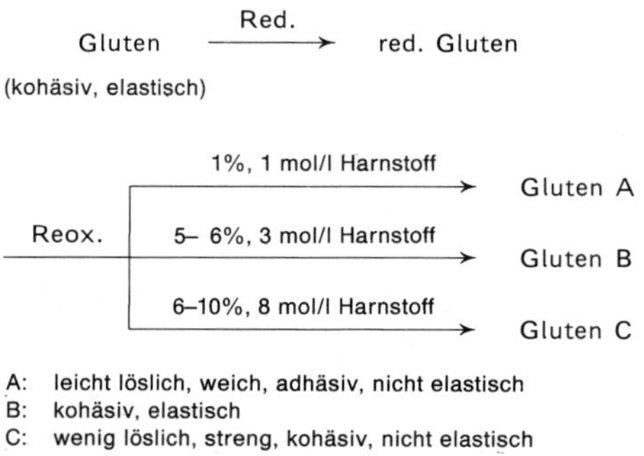

Abb. 1.40. Eigenschaften von modifiziertem Weizenkleber. (Nach *Lastity,* 1975)

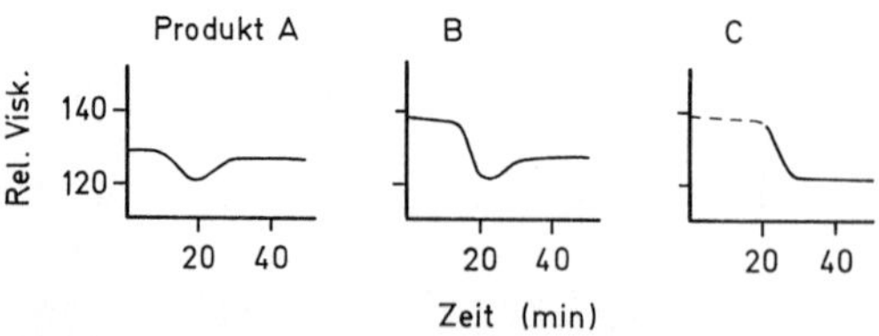

Abb. 1.41. Viskositätsverlauf bei der Reduktion verschiedener Weizenkleber (nach *Lastity,* 1975); zur Bezeichnung der Proben A, B und C cf. Abb. 1.40

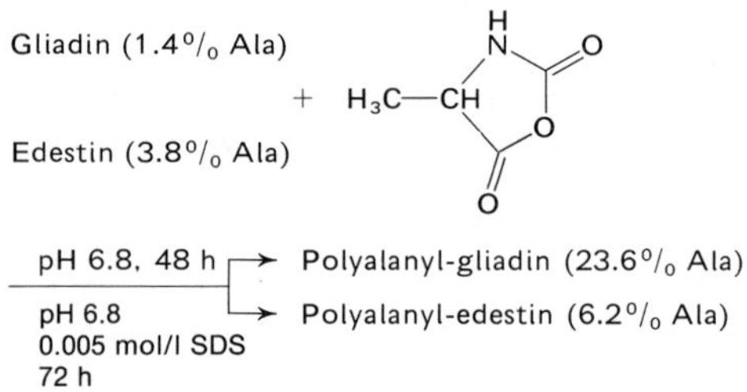

Abb. 1.42. Reaktion von Proteinen mit D,L-Alanincarboxyanhydrid. (Nach *Sela* et al., 1962, *St. Angelo* et al., 1966)

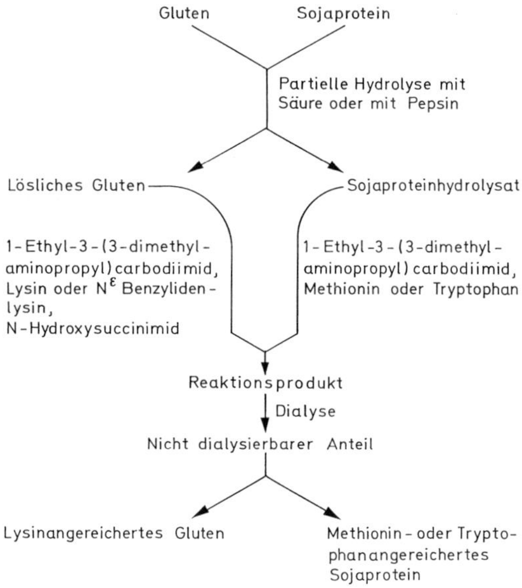

Abb. 1.43. Covalente Bindung von Lysin an Gluten (nach *Li-Chan* et al., 1979) und von Methionin oder Tryptophan an Sojaprotein (nach *Voutsinas* und *Nakai,* 1979) durch die Carbodiimid-Methode

Fütterungsversuche mit Casein, an das nach der letztgenannten Methode Methionin angehängt wurde, zeigen, daß die Verfügbarkeit gut ist (Tab. 1.34). Durch eine solche covalente Anbindung von essentiellen Aminosäuren an Proteine werden bereits erwähnte Probleme vermieden, die bei der Supplementierung mit freien Aminosäuren auftreten, wie Verluste bei der Verarbeitung, Aromafehler durch Methionalbildung etc.
Tab. 1.35 zeigt am Beispiel von β-Casein, wie gut das Assoziationsverhalten von Proteinen durch Acylierung mit Fettsäuren unterschiedlicher Kettenlänge zu steuern ist.

Tabelle 1.34. Fütterungsversuch mit modifiziertem Casein (Ratte): Plasmakonzentration freier Aminosäuren und PER-Werte

Diät	µmol/100 ml Plasma				
	Lys	Thr	Ser	Gly	Met
Casein	101	19	34	32	5
Met-Casein[a]	96	17	33	27	39
					PER[b]
Casein (10%)					2,46
Casein (10%) + Met (0,2%)					3,15
Casein (5%) + Met-Casein[a] (5%)					2,92

[a] Covalente Bindung von Met an ε-NH_2-Gruppen des Caseins.
[b] Protein Efficiency Ratio.

Tabelle 1.35. Assoziation von acyliertem β-Casein A

Protein	SG[a] (%)	Mono-mer (%)	Poly-mer (%)	$S^{0}_{20,w}$ ($S \cdot 10^{13}$)	$S^{1\%}_{20,w}$ ($S \cdot 10^{13}$)
β-Casein					
A (I)	–	11	89	12,6	6,3
Acetyl-I	96	41	59	4,8	4,7
Propionyl-I	97	24	76	10,5	5,4
n-Butyryl-I	80	8	92	8,9	8,3
n-Hexanoyl-I	85	0	100	7,6	11,6
n-Octanoyl-I	89	0	100	6,6	7,0
n-Decanoyl-I	83	0	100	5,0	6,5

[a] Substitutionsgrad.

1.4.6.2.2 Alkylierung

Eine reduktive Methylierung von Aminogruppen mit Formaldehyd/$NaBH_4$ würde die *Maillard*-Reaktion zurückdrängen. Die erhaltenen Dimethylderivate sind allerdings in Abhängigkeit vom Derivatisierungsgrad der Proteolyse schlechter zugänglich (Abb. 1.39). Eine intensive Prüfung solcher Produkte unter ernährungsphysiologisch/toxikologischen Gesichtspunkten steht noch aus.

1.4.6.2.3 Redoxreaktionen an Cystein und Cystin

Disulfidbindungen haben einen starken Einfluß auf die Eigenschaften von Proteinen. Weizenkleber kann z. B. durch Reduktion der Disulfidbindungen und deren anschließende Reoxidation unter variierenden Bedingungen modifiziert werden (Abb. 1.40). Durch Reoxidation in verdünnter Lösung entsteht ein lösliches, weiches, adhäsives Produkt (Gluten A), durch Reoxidation in konzentrierter Lösung und in Gegenwart höherer Konzentrationen an Harnstoff entsteht ein unlösliches, strenges, kohäsives Produkt (Gluten C). Aus dem Viskositätsverlauf bei der nochmaligen Reduktion dieser Kleber folgt, daß Gluten A erwartungsgemäß vorwiegend intramolekulare, Gluten C vorwiegend intermolekulare SS-Brükken enthält (Abb. 1.41).

1.4.6.3 Enzymatische Modifizierung

Von den vielen bekannten enzymatischen Reaktionen an Proteinen (cf. 1.4.5) ist bisher nur ein kleiner Teil auf mögliche Anwendungen im Lebensmittelbereich geprüft worden.

1.4.6.3.1 Dephosphorylierung

Abb. 1.44 zeigt am Beispiel von β-Casein, daß die Löslichkeit eines solchen Phosphoproteins in Gegenwart von Calcium durch partielle enzymatische Dephosphorylierung sehr verbessert werden kann.

1.4.6.3.2 Plasteinreaktion

Die Plasteinreaktion erlaubt eine enzymatische Knüpfung von Peptidbindungen und damit den Aufbau von Polypeptiden mit einem Molekulargewicht im Bereich von $M_r \approx 3000$ aus Partialhydrolysaten:

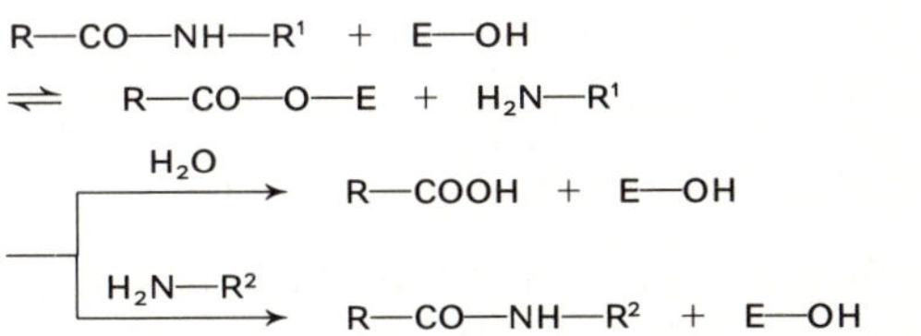

(1.142)

Die Reaktionsgeschwindigkeit hängt u. a. von der Art der Aminosäure ab; hydrophobe Aminosäuren werden bevorzugt umgesetzt (Abb. 1.45). Durch eine Verlängerung der Alkylkette des Esters kann allerdings die Einbaugeschwindigkeit auch bei kurzen Seitenketten (Alanin) stark beschleunigt werden (Tab. 1.36).
Mit Hilfe der Plasteinreaktion ist eine Verbesserung der biologischen Wertigkeit von Proteinen

Tabelle 1.36. Plasteinreaktion mit Papain: Einbaugeschwindigkeit[a] von Aminosäureestern

Aminoacylrest	OEt	OnBu	OnHex	OnOct
L-Ala	0,016	0,054	0,133	0,135
D-Ala	0,0	–	0,0	–
α-Methylala	0,0	–	0,0	–
L-Val	0,005	–	0,077	–
L-Norval	0,122	–	0,155	–
L-Leu	0,119	–	0,140	–
L-Norleu	0,125	–	0,149	–
L-Ile	0,005	–	0,048	–

[a] μmol × mg Papain^{-1} × min^{-1}.

Tabelle 1.37. Aminosäurezusammensetzung einiger Plasteine (Gew.-%)

	1	2	3	4	5	6
Arg	1,56	1,33	1,07	1,06	1,35	1,74
His	1,07	0,95	0,81	0,75	0,81	1,06
Ile	4,39	6,39	6,58	5,49	6,23	5,67
Leu	20,18	23,70	23,05	23,75	25,28	23,49
Lys	0,20	0,20	0,24	2,14	3,24	0,19
Phe	6,63	7,26	6,82	7,34	7,22	6,98
Thr	2,40	2,18	9,23	2,36	2,46	2,13
Trp	0,38	9,71	0,25	0,40	0,42	0,33
Val	3,62	5,23	5,77	5,53	6,18	6,20
Met	1,58	1,87	1,67	1,89	2,06	2,04
Cys	1,00	0,58	0,88	0,81	0,78	0,92
Ala	7,56	7,51	8,05	7,97	7,93	8,77
Asp	4,61	3,38	3,42	3,71	3,60	3,91
Glu	21,70	12,48	14,03	14,77	12,95	13,02
Gly	1,48	1,15	1,23	1,29	1,27	1,52
Pro	10,93	8,42	9,10	9,73	9,14	9,37
Ser	4,42	3,40	3,89	3,93	3,74	4,28
Tyr	4,73	5,35	4,97	5,00	6,08	5,54

1) Zeinhydrolysat; 2) Trp-Plastein; 3) Thr-Plastein; 4) Lys-Plastein; 5) Ac-Lys-Plastein; 6) Kontrollansatz ohne Zugabe von Aminosäureethylestern.

möglich: Abb. 1.46 zeigt das am Beispiel einer Anreicherung von Zein mit Tryptophan, Threonin und Lysin. Die Aminosäurezusammensetzung der auf diesem Wege erhaltenen Zein-Plasteine ist in Tab. 1.37 wiedergegeben.
Eine Anreicherung bestimmter Aminosäuren kann mit Hilfe der entsprechenden Aminosäureester, aber auch unter Verwendung geeigneter Partialhydrolysate erfolgen. Abb. 1.47 zeigt z. B. die Anreicherung von Sojaprotein mit schwefelhaltigen Aminosäuren durch „Verschnitt" mit einem Partialhydrolysat aus Wollkeratin. Die PER-Werte des Plasteins sind in Tab. 1.38 wiedergegeben.

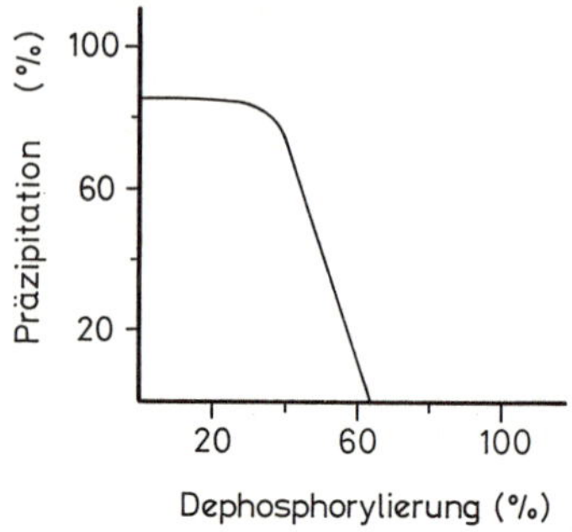

Abb. 1.44. Löslichkeitsverhalten von partiell dephosphoryliertem β-Casein (Phosphoproteinphosphatase) in Abhängigkeit vom Dephosphorylierungsgrad; Präzipitation: pH 7,1; 2,5 mg/ml Protein; 10 mmol/l $CaCl_2$; 35 °C; 1 h. (Nach *Yoshikawa* et al., 1974)

Tabelle 1.38. PER-Werte einiger Proteine und Plasteine

Protein	PER-Werte (Ratte)
Casein	2,40
Sojaprotein (I)	1,20
Plastein SW[a] + I (1:2)	2,86
Plastein-Met[b] + I (1:3)	3,38

[a] Aus I-Hydrolysat und Wollkeratinhydrolysat.
[b] Aus I-Hydrolysat und Met-OEt.

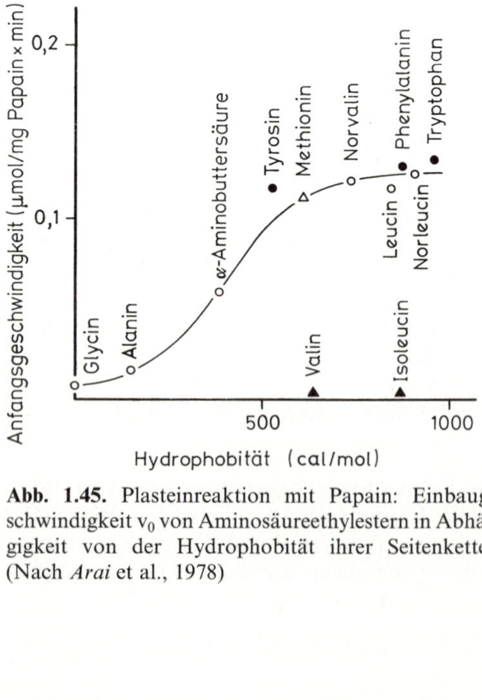

Abb. 1.45. Plasteinreaktion mit Papain: Einbaugeschwindigkeit v_0 von Aminosäureethylestern in Abhängigkeit von der Hydrophobität ihrer Seitenketten. (Nach *Arai* et al., 1978)

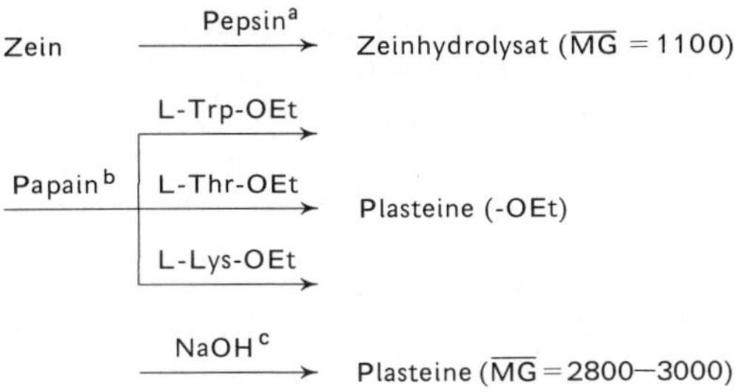

Abb. 1.46. Anreicherung von Zein mit Trp, Thr und Lys durch Plasteinreaktion. (Nach *Aso* et al., 1974)

a 1% Substrat, E/S = 1/50, pH 1,6, 37 °C, 72 h.
b 50% Substrat, Hydrolysat/AS-OEt = 10/1, E/S = 3/100, 37 °C, 48 h.
c 0,1 mol/l in 50% Ethanol, 25 °C, 5 h

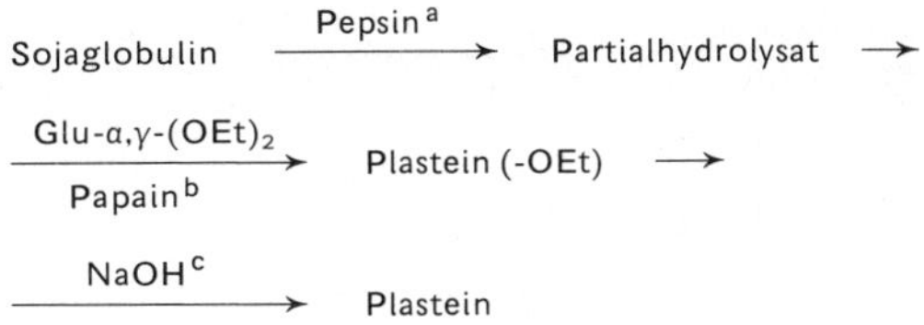

Abb. 1.49. Anreicherung von Sojaglobulin mit Glutaminsäure durch Plasteinreaktion. (Nach *Yamashita* et al., 1975)

a pH 1,6.
b Partialhydrolysat/Glu-α,γ-$(OEt)_2$ = 2:1, Substratkonzentration: 52,5%, E/S = 1/50, pH 5,5, 37 °C, 24 h, Ansatz 20%ig an Aceton.
c 0,2 mol/l, 2 h, 25 °C

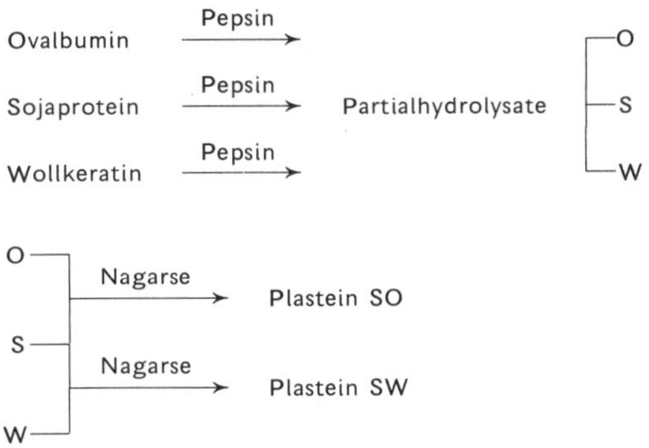

Abb. 1.47. Anreicherung schwefelhaltiger Aminosäuren durch Plasteinreaktion. (Nach *Yamashita* et al., 1971)

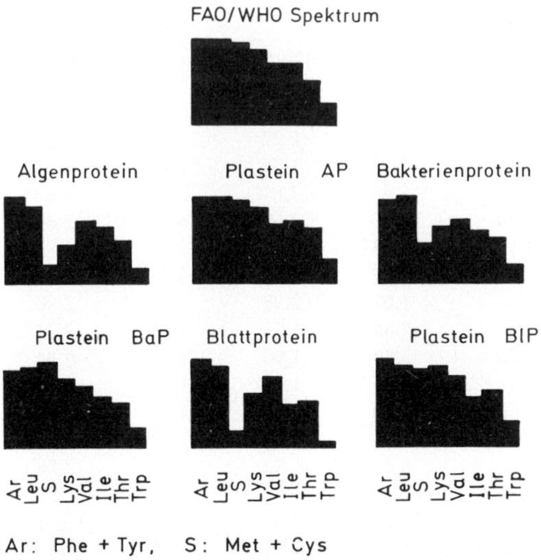

Abb. 1.48. Aminosäurespektren einiger Proteine und daraus erhaltener Plasteine. (Nach *Arai* et al., 1978)

Abb. 1.48 zeigt, daß es auf diese Weise möglich ist, aus den verschiedensten Proteinen Plasteine zu erhalten, deren Aminosäurespektrum dem des FAO/WHO-Referenzproteins sehr nahe kommt.

Die Plasteinreaktion bietet weiterhin die Möglichkeit, die Löslichkeit eines Proteins zu verbessern, z. B. über eine Erhöhung des Gehaltes an Glutaminsäure (Abb. 1.49), der sich bei einem Plastein aus Sojaprotein von ca. 25% auf 42% steigern läßt. Sojaprotein hat ein ausgeprägtes Löslichkeitsminimum im Bereich von pH 3 bis 6, das bei dem unmodifizierten Plastein schon wesentlich weniger ausgeprägt ist, während das Glutaminsäure-Plastein über den gesamten pH-Bereich gleich gut löslich ist (Abb. 1.50). Das modifizierte Plastein ist auch thermisch nicht koagulierbar (Abb. 1.51).

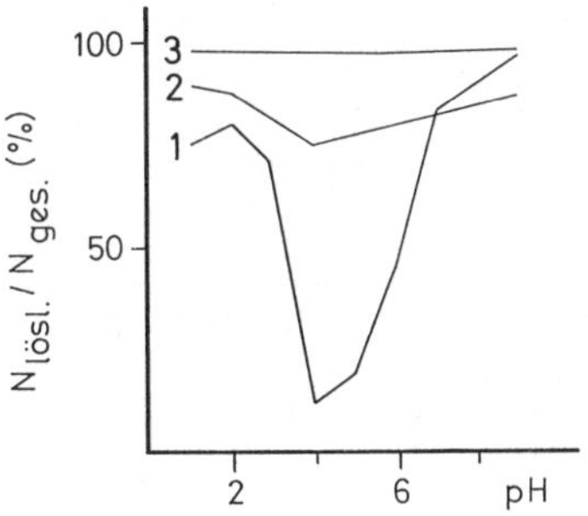

Abb. 1.50. Löslichkeitsverhalten von Sojaprotein und davon abgeleiteten Produkten (1 g/100 ml H_2O) in Abhängigkeit vom pH-Wert. 1 Sojaprotein, 24,1% Glu; 2 Plastein, 24,8% Glu; 3 Glu-Plastein, 41,9% Glu. (Nach *Yamashita* et al., 1975)

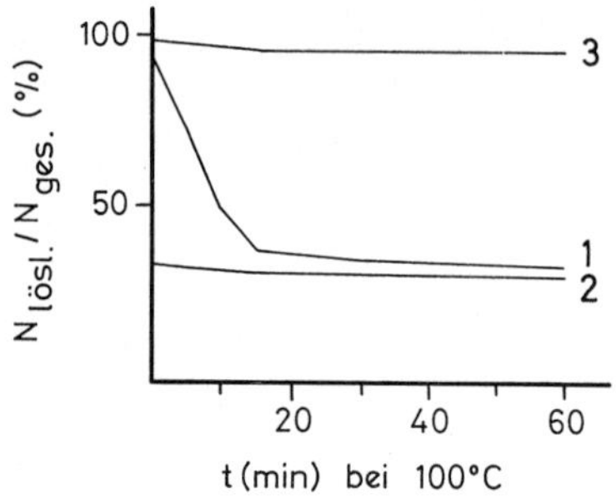

Abb. 1.51. Löslichkeitsverhalten von Sojaprotein und davon abgeleiteten Produkten (800 mg/10 ml H_2O) in Abhängigkeit von der Erhitzungszeit bei 100 °C. 1 Sojaprotein, 24,1% Glu; 2 Plastein, 24,8% Glu; 3 Glu-Plastein, 41,9% Glu. (Nach *Yamashita* et al., 1975)

Die Erhöhung des Gehaltes an Glutaminsäure hat auch noch einen interessanten sensorischen Effekt: Bei partieller Hydrolyse des modifizierten Plasteins tritt kein Bittergeschmack auf, dafür ist ein ausgeprägter Geschmack nach Fleischbrühe vorhanden (Tab. 1.39).

Tabelle 1.39. Geschmack glutaminsäurereicher Plasteine

Enzym	pH	Substrat[a]	Hydrolyse[b]	Geschmack[c]	
				bitter	fleischbrühartig
Pepsin	1,5	G	67	1,0	1,3
		P	73	4,5	1,0
α-Chymotrypsin	8,0	G	48	1,0	1,0
		P	72	4,5	1,0
Molsin	3,0	G	66	1,0	5,0
		P	74	1,3	1,3
Pronase	8,0	G	66	1,0	4,3
		P	82	1,3	1,2

[a] G: Glu-Plastein, P: Plastein; 1 g/100 ml Ansatz.
[b] $N_{lösl}$ (10% TCE)/N_{ges} (%).
[c] 1: kein Geschmack, 5: sehr starker Geschmack.

Die Entbitterung von Proteinhydrolysaten ist auch ohne Einbau von hydrophilen Aminosäuren möglich: Bitterpeptide, wie z. B. Leu-Phe, die bei der partiellen Hydrolyse freigesetzt werden, reagieren bei der anschließenden Plasteinreaktion bevorzugt und werden in geschmacksneutrale höhermolekulare Peptide eingebaut.

Die Vielseitigkeit der Plasteinreaktion zeigt sich auch am Beispiel der Entfernung unerwünschter Aminosäuren: Für bestimmte Stoffwechseldefekte ist eine phenylalaninfreie Diät erforderlich, die mit Hilfe von Aminosäuregemischen zusammengestellt werden kann. Die Verwendung von phenylalaninfreien höhermolekularen Peptiden wäre in sensorischer und osmotischer Hinsicht günstiger. Solche Peptide sind zu erhalten, indem ein Protein zunächst mit Pepsin hydrolysiert wird. Pronase setzt unter geeigneten Bedingungen bevorzugt Aminosäuren mit langen hydrophoben Seitenketten frei. Die verbleibenden Peptide werden durch Gelchromatographie abgetrennt und einer Plasteinreaktion unterworfen, unter Einführung von Tyrosin und Tryptophan (Abb. 1.52). Es resultieren Plasteine, die praktisch phenylalaninfrei sind, die anderen Aminosäuren einschließlich Tyrosin aber in ausgewogenem Verhältnis enthalten (Tab. 1.40).

Die Plasteinreaktion ist auch als Ein-Stufen-Prozeß durchführbar (Abb. 1.53). Damit sind die Voraussetzungen für eine Übertragung in größere Maßstäbe gegeben.

Tabelle 1.40. Aminosäurezusammensetzung (Gew.-%) von Plasteinen mit hohem Tyrosin- und niedrigem Phenylalaningehalt aus Fischproteinkonzentrat (FPC) und Sojaproteinisolat (SPI)

Aminosäure	FPC	FPC-Plastein	SPI	SPI-Plastein
Arg	7,05	4,22	7,45	4,21
His	2,31	1,76	2,66	1,41
Ile	5,44	2,81	5,20	3,83
Leu	8,79	3,69	6,73	2,43
Lys	10,68	10,11	5,81	3,83
Thr	4,94	4,20	3,58	4,39
Trp	1,01	2,98	1,34	2,80
Val	5,88	3,81	4,97	3,24
Met	2,80	1,90	1,25	0,94
Cys	0,91	1,41	1,78	1,82
Phe	4,30	0,05	4,29	0,23
Tyr	3,94	7,82	3,34	7,96
Ala	6,27	4,82	4,08	2,56
Asp	11,13	13,67	11,51	18,00
Glu	17,14	27,17	16,94	33,56
Gly	4,42	3,94	4,88	3,89
Pro	3,80	4,25	6,27	2,11
Ser	4,59	3,58	5,45	4,67

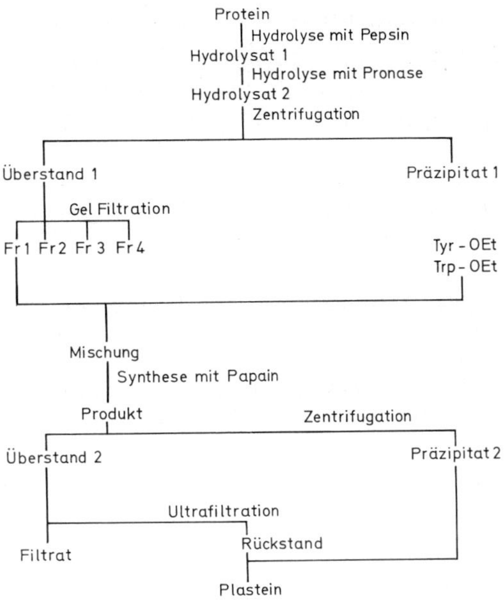

Abb. 1.52. Gewinnung von Plasteinen mit hohem Tyrosin- und niedrigem Phenylalaningehalt. (Nach *Yamashita* et al., 1976)

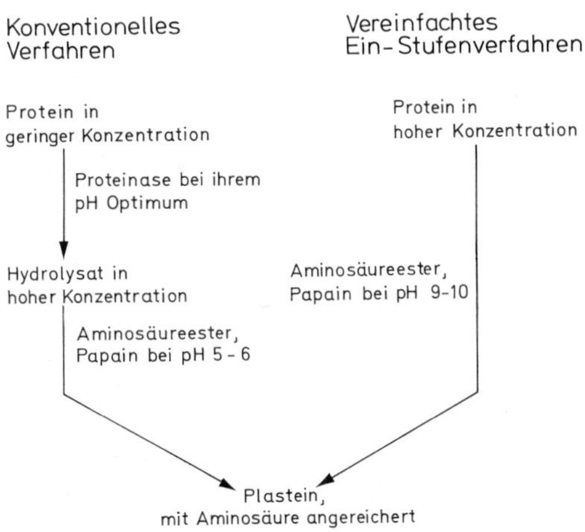

Abb. 1.53. Vergleich der zwei- und einstufigen Plastein-Reaktion. (Nach *Yamashita* et al., 1979)

1.4.6.3.3 Quervernetzung

Eine Quervernetzung von Proteinen ist mit Peroxidase möglich. Diese Quervernetzung erfolgt bei Inkubation mit Peroxidase/H_2O_2 über Dityrosinreste:

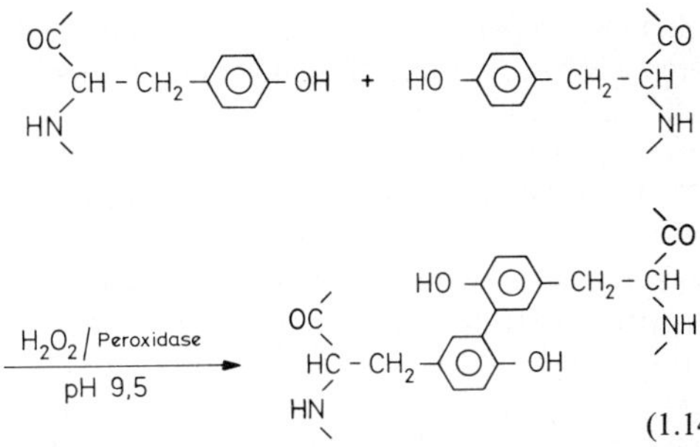

(1.143)

Bei Inkubation mit Peroxidase/H_2O_2/Brenzcatechin erfolgen nach oxidativer Deaminierung der Lysylreste, Aldol- und Aldiminkondensationen, analog zu den durch Lysyloxidase im Bindegewebe bewirkten Reaktionen:

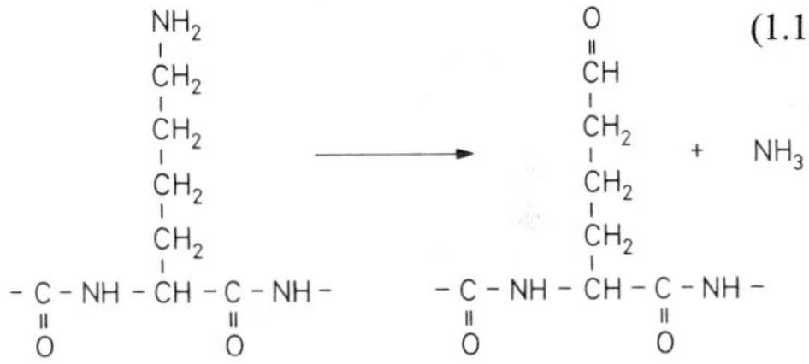

(1.144)

In Tab. 1.41 sind einige mit Peroxidase/H_2O_2 modifizierte Proteine aufgeführt, in denen Dityrosin nachgewiesen wurde.

Tabelle 1.41. Dityrosingehalt einiger Proteine nach Oxidation mit Meerrettich-Peroxidase/H_2O_2 (pH 9,5, 37 °C, 24 h, Substrat/Enzym = 20/1)

Protein	Tyrosingehalt vor Oxidation (g/100 g Protein)	Abnahme des Tyrosins (%)	Dityrosingehalt (g/100 g Protein)
Casein	6,3	21,8	1,37
Soyamin[a]	3,8	11,5	0,44
Rinderserum-albumin	4,56	30,7	1,40
Gliadin	3,2	5,4	0,17

[a] Proteinpräparat aus Sojabohnen.

1.4.7 Texturierte Proteine

1.4.7.1 Einführung

Von dem derzeit weltweit produzierten Protein sind ca. 20% tierischen und 80% pflanzlichen Ursprungs, wobei das pflanzliche Protein prak-

tisch ausschließlich von Cerealien (57%) und Ölsaaten (16%) stammt. Möglicherweise werden auch unkonventionelle Proteinquellen (Mikroorganismen, Blätter) Bedeutung erlangen.
Proteine tragen bei einer Reihe von Lebensmitteln entscheidend zur physikalischen Struktur bei, z. B. zur Faserstruktur von Muskelfleisch, zur porösen Struktur von Brot, zur Gelstruktur von Milchprodukten oder Sojaprodukten.
Viele pflanzliche Proteine haben eine globuläre Struktur und sind, obwohl sie in großer Menge zur Verfügung stehen, im Lebensmittelbereich nur begrenzt einsetzbar. Im Rahmen von Versuchen zur Ausweitung der Verwendungsmöglichkeiten solcher Proteine sind seit Mitte der fünfziger Jahre eine Reihe von Verfahren entwickelt worden, die globulären Proteinen eine Faserstruktur verleihen. Bei geeigneter Prozeßführung resultieren kochfeste Produkte mit fleischähnlicher Textur, die zur Streckung von Fleisch (meat extender), als Fleischsurrogat (meat analog) und generell überall da verwendet werden können, wo eine stückige Struktur erwünscht ist.

1.4.7.2 Ausgangsmaterial

Proteinquellen für die Herstellung texturierter Produkte sind z. B. Soja, Casein, Weizengluten, Baumwollsaat, Erdnuß, Sesam, Sonnenblume, Saflor, Zein, Raps, Hefe, Molkenprotein, Blutplasma, Schlachtabgänge wie Lungen- und Magengewebe.
Der für eine Texturierung erforderliche Proteingehalt des Ausgangsmaterials ist unterschiedlich und hängt vom Prozeß ab. Es werden auch Mischungen verschiedener Ausgangsmaterialien eingesetzt, z. B. Soja und Lactalbumin, oder Protein und saure Polysaccharide (Alginate, Carrageene, Pektine).
Die Eignung verschiedener Proteine für eine Texturierung ist unterschiedlich. Das Molekulargewicht sollte im Bereich von 10000 bis 50000 liegen. Bei Proteinen mit $M_r < 10\,000$ ist nur schwache Faserbildung zu erwarten, bei Proteinen mit $M_r > 50\,000$ sind hohe Viskosität und Gelbildung im alkalischen pH-Bereich nachteilig. Der Anteil von Aminosäureresten mit polaren Seitenketten sollte im Interesse der Ausbildung intermolekularer Wechselwirkungen groß sein, der Anteil von Aminosäureresten mit sperrigen Seitenketten, die solche Wechselwirkungen stören können, dagegen klein.

1.4.7.3 Texturierung

Bei der Texturierung erfolgt unter Lösung intramolekularer Wechselwirkungen eine Auffaltung der Peptidketten globulärer Proteine und eine Stabilisierung der gestreckten Peptidketten (β-Struktur) durch Ausbildung intermolekularer Wechselwirkungen. Diese Strukturänderung kann im allgemeinen auf zwei Wegen erreicht werden:

- Das Ausgangsprotein wird aufgelöst und durch eine Spinndüse in ein Fällbad gepreßt (Spinnprozeß).
- Das Ausgangsprotein wird in feuchtem Zustand bei hohem Druck und hoher Temperatur einer starken Scherbeanspruchung ausgesetzt (Extrusionsprozeß).

1.4.7.3.1 Spinnprozeß

Das Ausgangsmaterial (Proteingehalt > 90%, z. B. ein Sojaproteinisolat) wird in Wasser suspendiert und durch Zugabe von Alkali in Lösung gebracht. Die ca. 20%ige Lösung wird bei pH 11 unter Rühren gealtert. Die Viskosität nimmt dabei infolge Auffaltung des Proteins zu. Anschließend wird die Lösung durch eine Spinndüse (5000–15000 Löcher mit d = 0,01–0,08 mm) in ein Fällbad von pH 2–3 gepreßt. Das Fällbad enthält neben einer Säure (Phosphorsäure, Milchsäure, Essigsäure, Citronensäure, Salzsäure) meist ca. 10% NaCl, im Fall des Verspinnens von Lösungen aus Proteinen und sauren Polysacchariden auch Erdalkalisalze. Die Proteinfasern werden beim Aufwickeln gestreckt (z. B. auf das 2–4fache der ursprünglichen Länge) und zu Bündeln von 10–20 mm Durchmesser zusammengefaßt. Durch den Streckvorgang wird die Ausbildung von intermolekularen Wechselwirkungen begünstigt und dadurch die mechanische Festigkeit der Faserbündel erhöht, die Dehnbarkeit allerdings herabgesetzt.
Die Fasern werden zur Entfernung anhaftender Flüssigkeit zwischen Rollen gepreßt, durch ein Neutralisationsbad ($NaHCO_3$ + NaCl) vom pH 5,5–6 und manchmal zusätzlich durch ein Härterbad (konz. NaCl-Lösung) geführt.
Mehrere Faserbündel können zu größeren Aggregaten mit 7–10 cm Durchmesser vereinigt werden.
Die Nachbehandlung erfolgt in einem Bad mit Bindemitteln (hitzekoagulierbares Protein, wie

z. B. Eiprotein, modifizierte Stärke, andere Polysaccharide) zur Erhöhung der thermischen Stabilität, Aromastoffen und Fetten. Ein typisches Bad für Fasern, die als Fleischanaloge präpariert werden, enthält z. B. Wasser (51%), Ovalbumin (15%), Weizenkleber (10%), Sojamehl (8%), Zwiebelpulver (7%), Proteinhydrolysat (2%), Kochsalz (1%), Mononatriumglutamat (0,15%), Farbstoff (0,5%).
Abschließend werden die präparierten Faserbündel erhitzt und geschnitten.

1.4.7.3.2 Extrusionsprozeß

Das Ausgangsmaterial (Proteingehalt ca. 50%, z. B. Sojamehl) wird auf einen Wassergehalt von 30–40% gebracht und mit Zusätzen (Kochsalz, Puffersubstanzen, Aromastoffe, Farbstoffe) versehen. Aromastoffe werden in Fett als Träger gegebenenfalls erst nach dem Extrusionsprozeß zugesetzt, um Verluste zu vermeiden. Die Masse wird in den Extruder, ein beheizbares zylindrisches oder konisches Gefäß mit einer rotierenden Schraube eingebracht, wo sich bei Temperaturen von 120–180 °C Drucke bis zu 30–40 bar aufbauen. Die Masse wird dadurch in einen plastischen, viskosen Zustand überführt, in dem festes Material neben flüssigem, geschmolzenem Protein vorliegt. Es erfolgt Hydratation, partielle Auffaltung und Streckung der globulären Proteine und Anordnung der Proteinstränge in Fließrichtung.
Der Prozeßablauf wird u. a. beeinflußt durch Schraubengeschwindigkeit und -geometrie, Wärmeleitfähigkeit und Viskosität des Materials, Verweilzeit im Extruder.
Die geschmolzene Masse verläßt den Extruder, Wasserdampf entweicht bei der Druckentlastung und hinterläßt Vakuolen zwischen den verzweigten Proteinsträngen.
Der Extrusionsprozeß ist billiger als der Spinnprozeß. Er führt aber nicht wie dieser zu gut definierten Fasern, sondern lediglich zu faserartigen Partikeln.
Es sind die verschiedensten Extrudertypen im Gebrauch. Beim Extrudieren ist wie bei anderen Prozessen eine Tendenz zum Hochtemperatur-Kurzzeit-Extrudieren festzustellen (high-temperature/short-time extrusion cooker).

1.5 Literatur

Aeschbach, R., Amado, R., Neukom, H.: Formation of dityrosine cross-links in proteins by oxidation of tyrosine residues. Biochim. Biophys. Acta *439,* 292 (1976)

Akimoto, H., Kawai, A., Nomura, H., Nagao, M., Kawachi, T., Sugimura, T.: Synthesis of potent mutagens in tryptophan pyrolysates. Chem. Lett. *1977,* 1061

Arai, S., Yamashita, M., Fujimaki, M.: Nutritional improvement of food proteins by means of the plastein reaction and its novel modification. Adv. Exp. Med. Biol. *105,* 663 (1978)

Ariyoshi, Y.: The structure-taste relationships of aspartyl dipeptide esters. Agric. Biol. Chem. *40,* 983 (1976)

Aso, K., Yamashita, M., Arai, S., Fujimaki, M.: Tryptophan-, threonine-, and lysine-enriched plasteins from zein. Agric. Biol. Chem. *38,* 679 (1974)

Aso, K., Yamashita, M., Arai, S., Suzuki, J., Fujimaki, M.: Specificity for incorporation of α-amino acid esters during the plastein reaction by papain. J. Agric. Food Chem. *25,* 1138 (1977)

Belitz, H.-D., Wieser, H.: Zur Konfigurationsabhängigkeit des süßen oder bitteren Geschmacks von Aminosäuren und Peptiden. Z. Lebensm. Unters. Forsch. *160,* 251 (1976)

Boggs, R. W.: Biovailability of acetylated derivatives of methionine, threonine and lysine. Adv. Exp. Med. Biol. *105,* 571 (1978)

Bott, R. R., Davies, D. R.: Pepstatin binding to *Rhizopus chinensis* aspartyl proteinase. In: Peptides: Structure and function (Eds.: Hruby, V. J., Rich, D. H.), p. 531. Pierce Chemical Co.: Rockford, Ill. 1983

Brussel, L. B. P., Peer, H. G., van der Heijden, A.: Structure-taste relationship of some sweet-tasting dipeptide esters. Z. Lebensm. Unters. Forsch. *159,* 337 (1975)

Cherry, J. P. (Ed.): Protein functionality in foods. ACS Symposium Series 147, American Chemical Society: Washington, D. C. 1981

Creighton, T. E.: Proteins: structures and molecular properties. W. H. Freeman and Co.: New York. 1983

Croft, L. R.: Introduction to protein sequence analysis, 2nd edn., John Wiley and Sons, Inc.: Chichester. 1980

Edsall, J. T., Wyman, J.: Biophysical chemistry. Vol. I, Academic Press: New York. 1958

Einsele, A.: Biomass from higher n-alkanes. In: Biotechnology (Eds.: Rehm, H.-J., Reed, G.), Vol. 3, p. 43, Verlag Chemie: Weinheim. 1983

Evans, M. T. A., Irons, L., Petty, J. H. P.: Physicochemical properties of some acyl derivatives of β-Casein. Biochim. Biophys. Acta *243,* 259 (1971)

Faust, U., Präve, P.: Biomass from methane and methanol. In: Biotechnology (Eds.: Rehm, H.-J., Reed, G.), Vol. 3, p. 83, Verlag Chemie: Weinheim. 1983

Finot, P.-A., Mottu, F., Bujard, E., Mauron, J.: N-Substituted lysines as sources of lysine in nutrition. Adv. Exp. Med. Biol. *105*, 549 (1978)
Fujimaki, M., Kato, S., Kurata, T.: Pyrolysis of sulfur containing amino acids. Agric. Biol. Chem. *33*, 1144 (1969)
Fujino, M., Wakimasu, M., Tanaka, K., Aoki, H., Nakajima, N.: L-Aspartyl-aminomalonic acid diesters. Naturwissenschaften *60*, 351 (1973)
Galembeck, F., Ryan, D.S., Whitaker, J.R., Feeney, R.E.: Reactions of proteins with formaldehyde in the presence and absence of sodium borohydride. J. Agric. Food Chem. *25*, 238 (1977)
Glazer, A.N.: The chemical modification of proteins by group-specific and site-specific reagents. In: The proteins (Eds.: Neurath, H., Hill, R.L., Boeder, C.-L.), 3rd edn., Vol. II, p. 1, Academic Press: New York. 1976
Grant, D.R.: The modification of wheat fluor proteins with succinic anhydride. Cereal Chem. *50*, 417 (1973)
Gross, E., Morell, J.L.: Structure of nisin. J. Am. Chem. Soc. *93*, 4634 (1971)
Haagsma, N., Slump, P.: Evaluation of lysinoalanine determinations in food proteins. Z. Lebensm. Unters. Forsch. *167*, 238 (1978)
Hudson, B.J.F. (Ed.): Developments in food proteins-1 ff, Applied Science Publ.: London. 1982ff
Ikenaka, T., Odani, S., Koide, T.: Chemical structure and inhibitory activities of soybean proteinase inhibitors. Bayer-Symposium V „Proteinase inhibitors", p. 325, Springer-Verlag: Berlin. 1974
Kasai, H., Yamaizumi, Z., Shiomi, T., Yokoyama, S., Miyazawa, T., Wakabayashi, K., Nagao, M., Sugimura, T., Nishimura, S.: Structure of a potent mutagen isolated from fried beef. Chem. Lett. *1981*, 485
Kasai, H., Yamaizumi, Z., Wakabayashi, K., Nagao, M., Sugimura, T., Yokoyama, S., Miyazawa, T., Spingarn, N.E., Weisburger, J.H., Nishimura, S.: Potent novel mutagens produced by broiling fish under normal conditions. Proc. Jpn. Acad. Ser. B *56*, 278 (1980)
Kinsella, J.E., Shetty, K.J.: Yeast proteins: Recovery and functional properties. Adv. Exp. Med. Biol. *105*, 797 (1978)
Kinsella, J.E.: Functional properties of proteins in foods: A survey. Crit. Rev. Food Sci. Nutr. *7*, 219 (1976)
Kinsella, J.E.: Texturized proteins: Fabrication, flavoring, and nutrition. Crit. Rev. Food Sci. Nutr. *10*, 147 (1978)
Kostka, V. (Ed.): Aspartic proteinases and their inhibitors. Walter de Gruyter: Berlin. 1985
Lasztity, R.: Rheologische Eigenschaften von Weizenkleber und ihre Beziehungen zu molekularen Parametern. Nahrung *19*, 749 (1975)
Li-Chan, E., Helbig, N., Holbek, E., Chau, S., Nakai, S.: Covalent attachment of lysine to wheat gluten for nutritional improvement. J. Agric. Food Chem. *27*, 877 (1979)
Lottspeich, F., Henschen, A., Hupe, K.-P. (Eds.): High performance liquid chromatography in protein and peptide chemistry. Walter de Gruyter: Berlin. 1981
Lowe, J.N., Ingraham, L.L.: An introduction to biochemical reaction mechanisms. Prentice Hall, Inc.: Englewood Cliffs, N.J. 1974
Lübke, K., Schröder, E., Kloss, G.: Chemie und Biochemie der Aminosäuren, Peptide und Proteine. Georg Thieme Verlag: Stuttgart. 1975
Masters, P.M., Friedman, M.: Racemization of amino acids in alkali-treated food proteins. J. Agric. Food Chem. *27*, 507 (1979)
Mauron, J.: Ernährungsphysiologische Beurteilung bearbeiteter Eiweißstoffe. Dtsch. Lebensm. Rundsch. *71*, 27 (1975)
Mazur, R.H., Goldkamp, A.H., James, P.A., Schlatter, J.M.: Structure-taste relationships of aspartic acid amides. J. Med. Chem. *13*, 1217 (1970)
Mazur, R.H., Reuter, J.A., Swiatek, K.A., Schlatter, J.M.: Synthetic sweeteners 3. Aspartyl dipeptide esters from L- and D-alkylglycines. J. Med. Chem. *16*, 1284 (1973)
Meister, A.: Biochemistry of the amino acid. 2nd edn., Vol. I, Academic Press: New York. 1965
Nagao, M., Yahagi, T., Kawachi, T., Seino, Y., Honda, M., Matsukura, N., Sugimura, T., Wakabayshi, K., Tsuji, K., Kosuge, T.: Mutagens in foods, and especially pyrolysis products of protein. Dev. Toxicol. Environ. Sci. 2nd (Prog. Genet. Toxicol.), p. 259 (1977)
Needleman, S.B. (Ed.): Protein sequence determination. Springer-Verlag: Berlin. 1970
Needleman, S.B. (Ed.): Advanced methods in protein sequence determination. Springer-Verlag: Berlin. 1977
Oura, E.: Biomass from carbohydrates. In: Biotechnology (Eds.: Rehm, H.-J., Reed, G.), Vol. 3, p. 3, Verlag Chemie: Weinheim. 1983
Perutz, M.F.: Proteins and nucleic acids. Elsevier Publ. Co.: Amsterdam. 1962
Poindexter, E.H., Jr., Carpenter, R.D.: Isolation of harmane and norharmane from cigarette smoke. Chem. Ind. *1962*, 176
Puigserver, A.J., Sen, L.C., Clifford, A.J., Feeney, R.E., Whitaker, J.R.: A method for improving the nutritional value of food proteins: Covalent attachment of amino acids. Adv. Exp. Med. Biol. *105*, 587 (1978)
Richmond, A.: Phototrophic microalgae. In: Biotechnology (Eds.: Rehm, H.-J., Reed, G.), Vol. 3, p. 109, Verlag Chemie: Weinheim. 1983
Schulz, G.E., Schirmer, R.H.: Principle of protein structure. Springer-Verlag: Berlin. 1979
Schwenke, K.D.: Beeinflussung funktioneller Eigenschaften von Proteinen durch chemische Modifizierung. Nahrung *22*, 101 (1978)

Sela, M., Lupu, N., Yaron, A., Berger, A.: Watersoluble polypeptidyl gliadins. Biochim. Biophys. Acta *62,* 594 (1962)

Severin, Th., Ledl, F.: Thermische Zersetzung von Cystein in Tributyrin. Chem. Mikrobiol. Technol. Lebensm. *1,* 135 (1972)

Sheppard, R. C. (Ed.): Amino-acids, peptides, and proteins, Vol. 1ff, The Chemical Society: Burlington House, London. 1970ff

Shinoda, I., Tada, M., Okai, H.: A new salty peptide, ornithyl-β-alanine hydrochloride. Pept. Chem., 21st. Proceeding of the Symposium on Peptide Chemistry 1983, p. 43 (1984)

Soda, K., Tanaka, H., Esaki, N.: Amino acids. In: Biotechnology (Eds.: Rehm, H.-J., Reed, G.), Vol. 3, p. 479, Verlag Chemie: Weinheim. 1983

St. Angelo, A. J., Conkerton, E. J., Dechary, J. M., Altschul, A. M.: Modification of edestin with N-carboxyl-D,L-alanine anhydride. Biochim. Biophys. Acta *121,* 181 (1966)

Sternberg, M., Kim, C. Y.: Lysinoalanine formation in protein food ingredients. Adv. Exp. Med. Biol. *86 B,* 73 (1977)

Sugimura, T., Kawachi, T., Nagao, M., Yahagi, T., Seino, Y., Okamoto, T., Shudo, K., Kosuge, T.,Tsuji, K. et al.: Mutagenic principle(s) in tryptophan and phenylalanine pyrolysis products. Proc. Jpn. Acad. *53,* 58 (1977)

Sulser, H.: Die Extraktstoffe des Fleisches. Wissenschaftliche Verlagsgesellschaft mbH: Stuttgart. 1978

Traub, W., Piez, K. A.: The chemistry and structure of collagen. Adv. Protein Chem. *25,* 267 (1971)

Treleano, R., Belitz, H.-D., Jugel, H., Wieser, H.: Beziehungen zwischen Struktur und Geschmack bei Aminosäuren mit cyclischen Seitenketten. Z. Lebensm. Unters. Forsch. *167,* 320 (1978)

Voutsinas, L. P., Nakai, S.: Covalent binding of methionine and tryptophan to soy protein. J. Food Sci. *44,* 1205 (1979)

Wakabayashi, K., Tsuji, K., Kosuge, T., Takeda, K., Yamaguchi, K., Shudo, K., Iitaka, Y., Okamoto, T., Yahagi, T. et al.: Isolation and structure determination of a mutagenic substance in L-lysine pyrolysate. Proc. Jpn. Acad. Ser. B *54,* 569 (1978)

Walton, A. G.: Polypeptides and protein structure, Elsevier North Holland, Inc., New York. 1981

Whitaker, J. R., Fujimaki, M. (Eds.): Chemical deterioration of proteins, ACS Symposium Series 123, American Chemical Society: Washington D.C. 1980

Wieser, H., Belitz, H.-D.: Zusammenhänge zwischen Struktur und Bittergeschmack bei Aminosäuren und Peptiden. I. Aminosäuren und verwandte Verbindungen. Z. Lebensm. Unters. Forsch. *159,* 65 (1975)

Wieser, H., Belitz, H.-D.: Zusammenhänge zwischen Struktur und Bittergeschmack bei Aminosäuren und Peptiden. II. Peptide und Peptidderivate. Z. Lebensm. Unters. Forsch. *160,* 383 (1976)

Wieser, H., Jugel, H., Belitz, H.-D.: Zusammenhänge zwischen Struktur und Süßgeschmack bei Aminosäuren. Z. Lebensm. Unters. Forsch. *164,* 277 (1977)

Yamashita, M., Arai, S., Fujimaki, M.: A low-phenylalanine, high-tyrosine plastein as an acceptable dietetic food. J. Food Sci. *41,* 1029 (1976)

Yamashita, M., Arai, S., Amano, Y., Fujimaki, M.: A novel one-step process for enzymatic incorporation of amino acids into proteins: Application to soy protein and flour for enhancing their methionine levels. Agric. Biol. Chem. *43,* 1065 (1979)

Yamashita, M., Arai, S., Tsai, S.-J., Fujimaki, M.: Plastein reaction as a method for enhancing the sulfur-containing amino acid level of soybean protein. J. Agric. Food Chem. *19,* 1151 (1971)

Yamashita, M., Arai, S., Kokubo, S., Aso, K., Fujimaki, M.: Synthesis and characterization of a glutamic acid enriched plastein with greater solubility. J. Agric. Food Chem. *23,* 27 (1975)

Yoshikawa, M., Tamaki, M., Sugimoto, E., Chiba, H.: Effect of dephosphorylation on the self-association and the precipitation of β-Casein. Agric. Biol. Chem. *38,* 2051 (1974)

2 Enzyme

2.1 Einführung

Enzyme sind Proteine mit katalytischer Aktivität. Sie werden von biologischen Zellen synthetisiert und bewirken die Gesamtheit der chemischen Reaktionen eines Organismus, die als Stoffwechsel in Erscheinung tritt. Enzymkatalysierte Reaktionen laufen deshalb auch in vielen Lebensmitteln ab und beeinflussen die Qualität positiv oder negativ. Hervorzuheben sind die Reifung von Obst- und Gemüsefrüchten, aber auch von Fleisch- und Milchprodukten, die Vorgänge bei der Herstellung von Teigen aus Weizen- oder Roggenmehl und das Brauen alkoholischer Getränke.

Bei der Lagerung oder thermischen Behandlung von Lebensmitteln kann sowohl eine Inaktivierung von Enzymen als auch eine Veränderung ihrer Verteilung auf die subzellulären Strukturen der Gewebe eintreten. Da sich diese Veränderungen im allgemeinen analytisch gut erfassen lassen, sind Enzyme als Indikatoren einer solchen Behandlung von Lebensmitteln besonders geeignet. Beispiele sind der Nachweis der Pasteurisierung von Milch, Bier oder Bienenhonig sowie die Unterscheidung zwischen frischem und gefrorenem Fleisch oder Fisch.

Die Eigenschaften von Enzymen sind für den Lebensmittelchemiker aber auch von Interesse, weil in steigendem Umfang Enzympräparate zur Verfügung stehen, die zur Analytik von Lebensmittelbestandteilen oder bei der industriellen Herstellung von Lebensmitteln verwendet werden können. Beispiele werden in diesem Kapitel unter 2.5.4 (Analytik) und 2.8 (Lebensmitteltechnologie) dargestellt.

Einzelheiten über Enzyme, die in Lebensmitteln eine Rolle spielen, sind in diesem Kapitel auf die exemplarische Hervorhebung solcher Eigenschaften beschränkt, die einen Einblick in den Aufbau und die Wirkungsweise von Enzymen gestatten oder zum Verständnis ihrer Anwendung in der Lebensmittelanalytik oder in der Lebensmitteltechnologie beitragen.

2.2 Allgemeine Merkmale, Isolierung und Nomenklatur

2.2.1 Wirkung von Katalysatoren

Betrachten wir zum Verständnis der Katalyse die exergonische Reaktion

$$A \underset{k_{-1}}{\overset{k_1}{\rightleftharpoons}} P \tag{2.1}$$

wobei wir den überwiegend auftretenden Fall annehmen, daß sie nicht spontan abläuft. Der Reaktand A ist metastabil, weil die erforderliche Aktivierungsenergie E_A zur Erreichung des Übergangszustandes, in dem chemische Bindungen gelöst oder geknüpft werden und das Produkt P entsteht, sehr hoch ist (Abb. 2.1).

Beschleunigt wird die Reaktion durch die Zugabe eines geeigneten Katalysators. Er überführt den Reaktanden A in Zwischenverbindungen (EA und EP in Abb. 2.1), deren Übergangszustände auf einem niedrigeren Energieniveau liegen als der Übergangszustand ($A^{\ddagger}$ in Abb. 2.1) der unkatalysierten Reaktion. Eine genügend große Anzahl von Molekülen der Spezies A ist

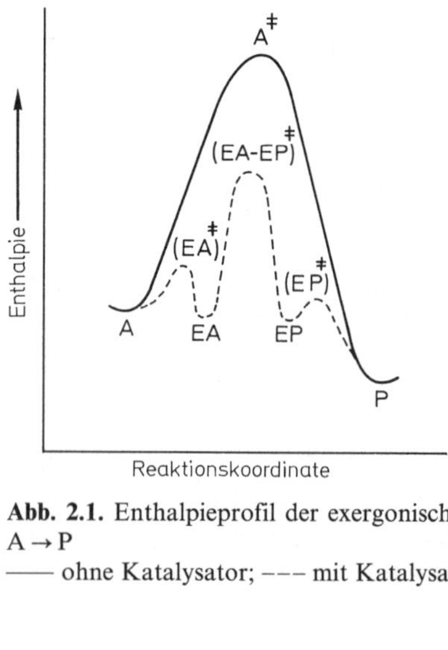

Abb. 2.1. Enthalpieprofil der exergonischen Reaktion A → P
—— ohne Katalysator; --- mit Katalysator E

so energiereich, daß laufend die Zwischenverbindungen mit dem Katalysator entstehen können, aus denen das Produkt und der unveränderte Katalysator hervorgehen. Durch den Katalysator erhöhen sich demnach die Geschwindigkeitskonstanten k_1 und k_{-1}, es ändert sich aber nicht die Gleichgewichtskonstante der Reaktion, d. h. das Verhältnis $K = k_1/k_{-1}$.

In Tab. 2.1 ist für einige Beispiele die Höhe der Aktivierungsenergie, ihre Herabsetzung durch chemische Katalysatoren oder Enzyme sowie die Steigerung der Reaktionsgeschwindigkeit zusammengestellt. Im Unterschied zu den Reaktionen 1 und 5 in Tab. 2.1, die auch ohne Katalysator mit meßbarer Geschwindigkeit ablaufen, finden die Hydrolysen 2, 3 und 4 nur in Gegenwart von Protonen als Katalysator statt. Geeignete Enzyme steigern aber in allen Fällen die Reaktionsgeschwindigkeit um mehrere Größenordnungen im Vergleich zu den anorganischen Katalysatoren. Auf Grund der enormen Wirksamkeit genügen 10^{-8} bis 10^{-6} mol/l Enzym für in vitro Experimente; die Enzymkonzentrationen in der lebenden Zelle sind jedoch häufig wesentlich höher.

Tabelle 2.1. Beispiele für die Wirkung von Katalysatoren

Nr. Reaktion	Katalysator	Aktivierungsenergie ($kJ \cdot mol^{-1}$)	k_{rel} (25 °C)
1. $H_2O_2 \rightarrow H_2O + 1/2\,O_2$	ohne	75	1,0
	$J^{\ominus}$	56,5	$\sim 2,1 \cdot 10^3$
	Katalase	26,8	$\sim 3,5 \cdot 10^8$
2. Casein + n H_2O → (n + 1) Peptide	$H^{\oplus}$	86	1,0
	Trypsin	50	$\sim 2,1 \cdot 10^6$
3. Buttersäureethylester + H_2O → Buttersäure + Ethanol	$H^{\oplus}$	55	1.0
	Lipase	17,6	$\sim 4,2 \cdot 10^6$
4. Saccharose + H_2O → Glucose + Fructose	$H^{\oplus}$	107	1,0
	Invertase	46	$\sim 5,6 \cdot 10^{10}$
5. Linolsäure + O_2 → Linolsäurehydroperoxid	ohne	150–270	1,0
	$Cu^{2\oplus}$	30–50	$\sim 10^2$
	Lipoxygenase	16,7	$\sim 10^7$

2.2.2 Spezifität

Zu den hervorstechenden Eigenschaften eines Enzyms gehört außer der Fähigkeit die Geschwindigkeit einer Reaktion enorm zu steigern, noch die Spezifität im Hinblick auf die Verbindung, die umgesetzt wird *(Substratspezifität)* und auf die Reaktion, die katalysiert wird *(Reaktionsspezifität)*.

Bei allosterischen Enzymen (cf. 2.5.1.3) ist die Aktivität von bestimmten Effektoren abhängig. Solche Enzyme zeigen zusätzlich *Regulationsspezifität*.

2.2.2.1 Substratspezifität

Die Substratspezifität der Enzyme ist unterschiedlich scharf ausgeprägt. Bei einer Reihe von Hydrolasen genügt die Anwesenheit einer bestimmten funktionellen Gruppe im Substrat. Beispiele sind unspezifische Lipasen (cf. Tab. 3.16) und Proteinasen (cf. 1.4.5.2.1), die allgemein auf Ester- bzw. Peptidbindungen ansprechen.

Enger begrenzt ist die Spezifität bei Enzymen, deren Aktivität davon abhängt, daß die funktionelle Gruppe mit einem weiteren Strukturmerkmal verknüpft ist. Beispiele sind die Proteinasen Trypsin und Chymotrypsin, die nur Ester- oder Peptidbindungen hydrolysieren, deren Carbonyl-Gruppe von einem Lysyl- oder Arginyl- (Trypsin) bzw. Tyrosyl-, Phenylalanyl- oder Tryptophanylrest (Chymotrypsin) ausgeht.

Viele Enzyme aktivieren nur ein einziges Substrat oder setzen zumindest ein Substrat bevorzugt und andere mit deutlich verminderter Geschwindigkeit um (cf. Beispiele in Tab. 2.2 und 3.17). Ein sicheres Urteil über den Grad der Spezifität ist bei solchen Enzymen nur möglich, wenn sie in reiner Form vorliegen, d. h. die Begleitenzyme mit ihren „Fremdaktivitäten" vollständig abgetrennt worden sind.

Auffallend ist die strenge Spezifität der Enzyme gegenüber Stereoisomeren. Bei Substraten, in denen die zu aktivierende Gruppe selbst ein chirales

Tabelle 2.2. Substratspezifität einer α-Glucosidase aus Leguminosen

Substrat	Relative Aktivität (%)	Substrat	Relative Aktivität (%)
Maltose	100	Cellobiose	0
Isomaltose	4,0	Saccharose	0
Maltotriose	41,5	Phenyl-α-glucosid	3,1
Panose	3,5		
Amylose	30,9	Phenyl-α-maltosid	29,7
Amylopektin	4,4		

Zentrum darstellt, wird ausschließlich ein Enantiomeres umgesetzt. Verbreitet ist auch die Spezifität gegenüber Diastereomeren, insbesondere cis-trans-Isomeren.
Enzyme mit hoher Substratspezifität sind für die Lebensmittelanalytik von besonderem Interesse, da mit ihnen selektiv einzelne Bestandteile eines Lebensmittels ohne zeitraubende und oft verlustreiche Trennungsoperationen qualitativ und quantitativ analysiert werden können.

2.2.2.2 Reaktionsspezifität

Ein Enzym aktiviert sein Substrat hochspezifisch, so daß nur eine von den thermodynamisch möglichen Reaktionen stattfindet. Betrachten wir folgendes Beispiel:
Die L(+)-Milchsäure wird von den vier in Abb. 2.2 angegebenen Enzymen als Substrat erkannt, doch nur die Lactat-2-Monooxygenase decarboxyliert sie oxidativ zur Essigsäure. Die Lactat-Dehydrogenase und die Lactat-Malat Transhydrogenase bilden ein anderes Reaktionsprodukt, das Pyruvat, doch auf verschiedenen Wegen (Abb. 2.2). Daraus könnte der Schluß gezogen werden, daß die Reaktionsspezifität auf den unterschiedlichen Cosubstraten NAD^+ bzw. Oxalacetat beruht. Das ist aber nicht der Fall, denn ein Tausch der Cosubstrate führt zum Stillstand der Reaktionen. Tatsächlich ist sowohl die Reaktions- als auch die Substratspezifität durch den Proteinteil eines Enzyms vorgegeben.
Von den vier betrachteten Enzymen reagiert nur die Racemase mit beiden Enantiomeren der Milchsäure und beschleunigt die Bildung des Racemates.

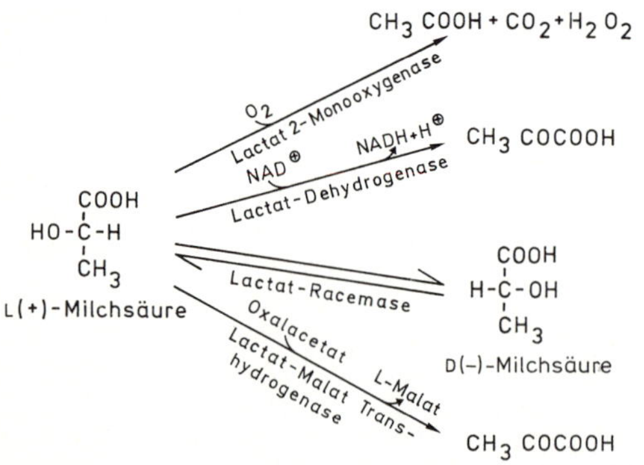

Abb. 2.2. Beispiele für die Reaktionsspezifität von Enzymen

Die Reaktionsspezifität ist die Grundlage für die Klassifizierung und Nomenklatur der Enzyme (cf. 2.2.6).

2.2.3 Struktur

Enzyme sind globuläre Proteine von sehr unterschiedlicher Größe (cf. Tab. 1.23). Wie in 1.4.2 näher ausgeführt, wird die Struktur der Proteine durch die Aminosäuresequenz und die daraus resultierende Konformation (Sekundär- und Tertiärstruktur) bestimmt. Größere Enzymmoleküle bestehen häufig aus zwei oder mehr Peptidketten (Untereinheiten bzw. Protomere, cf. Tab. 1.23), die sich zu einer bestimmten Quartärstruktur (cf. 1.4.2.3) anordnen. Wie unter 2.4.1 näher erläutert wird, ist die räumliche Gestalt der Enzymmoleküle für ihre Spezifität und Effektivität als Katalysatoren verantwortlich. Die Proteinnatur bedingt aber auch, daß die Enzyme meist nur in einem relativ engen pH-Bereich aktiv sind (pH-Optimum cf. 2.5.3) und leicht unter Verlust der Aktivität denaturieren (cf. 1.4.2.4), z.B. bei Erhöhung der Temperatur (cf. 2.6.4).
Eine Reihe von Enzymen sind Komplexe, die aus dem Protein und einer damit fest verknüpften nichtproteinartigen Komponente bestehen, die als „prosthetische" Gruppe an der Katalyse beteiligt ist (cf. 2.3.2). Andere Enzyme bedürfen eines Cosubstrates (ältere Bezeichnung „Coenzym"), das reversibel gebunden wird (cf. 2.3.1).

2.2.4 Isolierung und Reinigung

Die meisten Eigenschaften eines Enzyms können nur an der reinen Substanz klar erkannt werden. Wie die folgenden Bemerkungen zur Isolierung zeigen, bedient man sich bei der Reinigung proteinchemischer Trennoperationen, die, da Enzyme temperaturlabil sind, in der Regel bei 0 bis 4 °C ausgeführt werden müssen.

Zerkleinerung des Gewebes und Extraktion: Die Zerkleinerung des biologischen Materials beansprucht besondere Aufmerksamkeit, damit ein möglichst vollständiger Zellaufschluß erzielt wird. Homogenisiert wird das Gewebe in Gegenwart des Extraktionspuffers, der häufig geeignete Zusätze zum Schutz des Enzyms vor Oxidation oder vor Schwermetallspuren enthält. Besondere Schwierigkeiten bereitet die Extraktion von Enzymen, die so fest mit Membranen verbunden sind, daß sie nicht ohne weiteres in Lösung gehen. Zusätze bestimmter Tenside helfen in manchen Fällen. In der Regel müssen größere Mengen an Ausgangsmaterial aufgearbeitet werden, weil normalerweise der Anteil des Enzyms an der extrahierten Proteinfraktion gering ist und bei der Reinigung größere Verluste auftreten (Beispiel in Tab. 2.3).

Anreicherung: Die Abtrennung der Begleitproteine, die stufenweise erfolgt, steht bei der Reinigung des Enzyms im Vordergrund. Als erste Operation wird häufig eine fraktionierte Fällung, z.B. mit Ammoniumsulfat, oder eine Auftrennung der extrahierten Proteine nach Molekulargewichtsbereichen durch Gelchromatographie gewählt, da hierbei größere Probevolumina bewältigt werden können. Die Fraktion, die das gesuchte Enzym enthält, wird gesammelt und z.B. durch Ionenaustauschchromatographie weiter aufgetrennt. Andere oder zusätzliche Möglichkeiten bietet die präparative Elektrophorese, die in verschiedenen Varianten (Disk-Elektrophorese; Isoelektrische Fokussierung) ausgeführt werden kann. Durch Affinitätschromatographie kann das oft sehr aufwendige Reinigungsverfahren erheblich verkürzt werden. An die in einer Säule befindliche stationäre Phase ist dabei ein Substrat oder ein spezifisch wirkender Inhibitor fixiert, so daß das Enzym reversibel und selektiv gebunden und gegenüber den Begleitproteinen mit Verzögerung eluiert wird.

Kontrolle der Reinheit: Die vollständige Abtrennung der Begleitproteine wurde früher durch Kristallisation des Enzyms bewiesen. Dieses Verfahren ist umständlich und angreifbar. Heute bedient man sich in erster Linie der oben bereits genannten elektrophoretischen Verfahren, die im analytischen Maßstab mit hoher Trennleistung ausgeführt werden können.

Einen weiteren Hinweis ergibt das Verhalten bei der Chromatographie: Ein reines Enzym erscheint mit einem symmetrischen Protein-Peak, dessen spezifische Aktivität (Aktivität des Enzyms bezogen auf die Proteinmenge) während der Elution konstant bleibt.

Die bei der Anreicherung gemessenen Werte werden meist in einer Übersicht zusammengestellt (Beispiel in Tab. 2.3). Sie gibt Auskunft über den Grad der Anreicherung, der bei jedem Aufarbeitungsschritt erzielt worden ist, und die Ausbeute an Enzym. Die Übersicht läßt auch die Trennoperationen leicht erkennen, die mit besonders hohem Verlust an Enzymaktivität verbunden sind und, wenn erforderlich, verbessert werden sollten.

2.2.5 Multiple Formen von Enzymen

Die Chromatographie oder Elektrophorese eines Enzyms führt mitunter zu einer Trennung in *„Isoenzyme“*, d.h. in Enzyme, welche die gleiche Reaktion katalysieren, sich aber in der Protein-

Tabelle 2.3. Isolierung einer α-Glucosidase aus einer Bohnenart *(Phaseolus vidissimus)*

Nr. Aufarbeitungsschritt	Protein (mg)	α-Glucosidase			
		Aktivität (μcat)	spezifische Aktivität (μcat/mg)	Anreicherung (-fach)	Ausbeute (%)
1. Extraktion mit 0,01 mol/l Acetat-Puffer pH 5,3					
2. 90% Sättigung mit $(NH_4)_2SO_4$ und lösen in Puffer Nr. 1	44200	3840	0,087	1	100
3. Fällung mit Polyethylenglykol (20%). Niederschlag in 0,025 mol/l Tris-HCl-Puffer pH 7,4 lösen	7610	3590	0,47	5,4	93
4. Chromatographie an DEAE-Cellulose (Kationen-Austauscher)	1980	1650	0,83	9,5	43
5. Chromatographie an SP-Sephadex C-50 (Anionen-Austauscher)	130	845	6,5	75	22
6. Präparative Isoelektrische Fokussierung	30	565	18,8	216	15

struktur unterscheiden. Das Auftreten multipler Formen eines Enzyms kann folgende Ursachen haben:

- In verschiedenen Kompartimenten der Zelle entstehen genetisch unabhängig Enzyme mit derselben Substrat- und Wirkungsspezifität, die sich aber in der Primärstruktur unterscheiden. Ein Beispiel ist die Glutamat-Oxalacetat-Transaminase, die sowohl in den Mitochondrien als auch im Sarkoplasma vorkommt und zur Unterscheidung von Frisch- und Gefrierfleisch benutzt wird (cf. 12.10.1.2).
- Ein Protomer assoziiert zu Polymeren unterschiedlicher Größe. Ein Beispiel ist die Glutamat-Dehydrogenase, die im Gleichgewicht Moleküle mit $M_r = 2{,}5 \cdot 10^5 - 10^6$ ausbildet.
- Unterschiedliche Protomere treten in wechselnder Kombination zu dem aus einer größeren Anzahl von Untereinheiten aufgebauten Enzymmolekül zusammen. So existieren z. B. von der Lactat-Dehydrogenase, deren Reaktion in Abb. 2.2 aufgeführt ist, fünf Formen (A_4, A_3B, A_2B_2, AB_3 und B_4), die auf zwei Protomere A und B zurückgehen.

2.2.6 Nomenklatur

Basierend auf der Reaktionsspezifität hat eine Kommission aus Mitgliedern der „Internationalen Union of Pure and Applied Chemistry (I.U.P.A.C.)“ und der „International Union of Biochemistry (I.U.B.)“ zuletzt 1984 Regeln für die Klassifizierung und Bezeichnung von Enzymen veröffentlicht.
Nach den katalysierten Reaktionstypen werden die Enzyme in sechs Klassen eingeteilt:

1. Oxidoreduktasen
2. Transferasen (Gruppenübertragende Enzyme)
3. Hydrolasen
4. Lyasen (Enzyme, die unter Bildung von Doppelbindungen von ihrem Substrat Gruppen nichthydrolytisch abspalten, oder Enzyme, die Gruppen an Doppelbindungen anlagern)
5. Isomerasen (Enzyme, die Umlagerungen innerhalb eines Moleküls katalysieren)
6. Ligasen (Enzyme, die Verbindungen unter gleichzeitiger Spaltung von ATP synthetisieren)

Jede Klasse enthält Unterklassen, welche die Art der Reaktion näher beschreiben, z. B. durch Angabe des Elektronen-Donators in Oxidations-Reduktions-Reaktionen oder durch die Angabe der funktionellen Gruppe, die von Transferasen übertragen oder von Hydrolasen gespalten wird. Jede Unterklasse ist in weitere Sub-Unterklassen aufgeteilt. Bei den Oxido-Reduktasen geben beispielsweise die Sub-Unterklassen die Acceptoren an, welche die Elektronen vom jeweiligen Donator aufnehmen.
In diese Hierarchie wird jedes Enzym eingeordnet. Betrachten wir dazu ein Beispiel. Das Enzym Ascorbinsäureoxidase katalysiert die Reaktion:

$$\text{L-Ascorbinsäure} + \tfrac{1}{2}O_2 \rightleftharpoons \text{L-Dehydroascorbinsäure} + H_2O \qquad (2.2)$$

Der System-Name ist deshalb L-Ascorbinsäure : Sauerstoff Oxidoreduktase und die System-Nummer lautet EC 1.10.3.3:

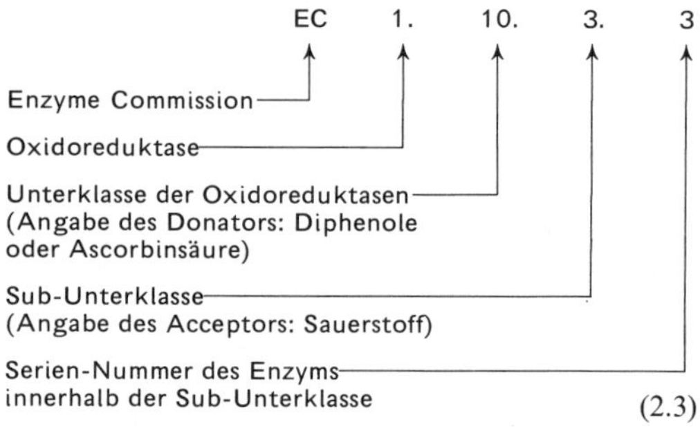

(2.3)

Zur Kennzeichnung eines Enzyms genügt der Trivialname, der im allgemeinen kürzer ist als der System-Name, mit dem Zusatz der System-Nummer. Da Enzyme aus verschiedenen biologischen Materialien sich häufig in ihren Eigenschaften unterscheiden, ist bei Enzympräparaten auch die Herkunft, z. B. „Ascorbinsäureoxidase (EC 1.10.3.3) aus Gurken“ und, wenn bekannt, die subzelluläre Fraktion (Cytosol, Mitochondrien, Peroxisomen usw.) anzugeben.
In Tab. 2.4 sind eine Reihe von Enzymen, die für die Lebensmittelchemie von Interesse sind, mit den Fundstellen in diesem Buch zusammengestellt.

Tabelle 2.4. Systematische Zusammenstellung einiger Enzyme, die für die Lebensmittelchemie von Bedeutung sind

Hauptklasse und Unterklassen		Enzym	EC-Nr.	Im Text unter
1.	*Oxidoreduktasen*			
1.1	CH–OH als Donator			
1.1.1	Mit NAD$^\oplus$ oder NADP$^\oplus$ als Acceptor	Alkohol-Dehydrogenase	1.1.1.1	2.5.4
		Butandiol-Dehydrogenase	1.1.1.4	2.8.2.1.5
		Sorbit-Dehydrogenase	1.1.1.14	2.5.4
		Lactat-Dehydrogenase	1.1.1.27	2.5.4
		Malat-Dehydrogenase	1.1.1.37	2.5.4
		Galactose-Dehydrogenase	1.1.1.48	2.5.4
		Glucose-6-phosphat-Dehydrogenase	1.1.1.49	2.5.4
1.1.3	Mit Sauerstoff als Acceptor	Glucoseoxidase	1.1.3.4	2.5.4 und 2.8.2.1.1
1.2	Aldehydgruppe als Donator			
1.2.1	Mit NAD$^\oplus$ oder NADP$^\oplus$ als Acceptor	Aldehyd-Dehydrogenase	1.2.1.3	2.8.2.1.4
1.2.3	Mit Sauerstoff als Acceptor	Xanthinoxidase	1.2.3.2	2.3.3.2
1.8	S-Verb. als Donator			
1.8.5	Mit Chinon oder entsprechender Verb. als Acceptor	Glutathion-Dehydrogenase	1.8.5.1	15.2.2.7
1.10	Diphenol od. Dienol als Donator			
1.10.3	Mit Sauerstoff als Acceptor	Ascorbinsäureoxidase	1.10.3.3	2.2.6
1.11	Hydroperoxid als Donator	Katalase	1.11.1.6	2.8.2.1.2
		Peroxidase	1.11.1.7	2.5.4 und 2.6.4
1.13	Auf einzelne Verbindungen wirkend			
1.13.11	Einbau von 2 Sauerstoffatomen	Lipoxygenase	1.13.11.12	2.6.4 und 3.7.2.2
1.14	Zwei Verbindungen als Donatoren			
1.14.18	Einbau von einem Sauerstoffatom	Monophenol-Monooxygenase (Phenoloxidase)	1.14.18.1	2.6.4 und 18.1.2.5.7
2.	*Transferasen*			
2.7	Phosphat-Gruppen übertragend			
2.7.1	OH-Gruppe als Acceptor	Hexokinase	2.7.1.1	2.5.4
		Glycerokinase	2.7.1.30	2.5.4
		Pyruvatkinase	2.7.1.40	2.5.4
2.7.3	N-Gruppe als Acceptor	Creatinkinase	2.7.3.2	2.5.4
3.	*Hydrolasen*			
3.1	Esterbindungen spaltend			
3.1.1	Carboxylesterhydrolasen	Carboxylesterase	3.1.1.1	3.7.1.1
		Triacylglycerid-Lipase	3.1.1.3	2.6.4 und 3.7.1.1
		Phospholipase A_2	3.1.1.4	3.7.1.2
		Acetylcholinesterase	3.1.1.7	2.4.2.2
		Pektinesterase	3.1.1.11	4.4.5.2
		Phospholipase A_1	3.1.1.32	3.7.1.2

Tabelle 2.4. Fortsetzung

Hauptklasse und Unterklassen		Enzym	EC-Nr.	Im Text unter
3.1.3	Phosphorsäuremonoester-hydrolasen	Alkalische Phosphatase	3.1.3.1	2.6.4
3.1.4	Phosphorsäurediesterhydrolasen	Phospholipase C	3.1.4.3	3.7.1.2
		Phospholipase D	3.1.4.4	3.7.1.2
3.2	Glycoside spaltend			
3.2.1	Glycosidasen	α-Amylase	3.2.1.1	4.4.5.1.1
		β-Amylase	3.2.1.2	4.4.5.1.2
		Exo-1,4-α-D-Glucosidase (Glucoamylase)	3.2.1.3	4.4.5.1.3
		Cellulase	3.2.1.4	4.4.5.3
		Polygalacturonase	3.2.1.15	2.6.4 und 4.4.5.2
		Lysozym	3.2.1.17	2.8.2.2.11
		α-D-Glucosidase (Maltase)	3.2.1.20	2.5.4
		β-D-Glucosidase	3.2.1.21	2.6.4
		α-D-Galactosidase	3.2.1.22	
		β-D-Galactosidase (Lactase)	3.2.1.23	2.8.2.2.7
		β-D-Fructofuranosidase (Invertase)	3.2.1.26	2.8.2.2.8
		1,3-β-D-Xylanase	3.2.1.32	2.8.2.2.10
		α-Rhamnosidase	3.2.1.40	2.8.2.2.9
		Pullulanase	3.2.1.41	4.4.5.1.4
		Exopolygalacturonase	3.2.1.67	4.4.5.2
3.2.3	S-Glycosidasen	Thioglucosidase (Myrosinase)	3.2.3.1	2.8.2.2.12
3.4	Peptidbindungen spaltend[a]			
3.4.21	Serin-Proteinasen[a]	Mikrobielle Serin-Proteinasen z. B. Subtilisin	3.4.21.14	1.4.5.2.1
3.4.22	Cysteinproteinasen[a]	Papain	3.4.22.1	1.4.5.2.2
		Ficin	3.4.22.3	1.4.5.2.2
		Bromelain	3.4.22.5	1.4.5.2.2
3.4.23	Asparaginsäure-Proteinasen[a]	Chymosin (Labenzym)	3.4.23.4	1.4.5.2.4
3.4.24	Metall-Proteinasen[a]	Mikrobielle Metall-Proteinasen	3.4.2.4.4	1.4.5.2.3
3.5	C–N-Bindungen spaltend (ohne Peptidhydrolasen)			
3.5.2	In cyclischen Amiden	Creatininase	3.5.2.10	2.5.4
4.	*Lyasen*			
4.2	C–O-Lyasen			
4.2.2	Auf Polysaccharide wirkend	Pektatlyase	4.2.2.2	4.4.5.2
		Exopolygalacturonatlyase	4.2.2.9	4.4.5.2
		Pektinlyase	4.2.2.10	4.4.5.2
5.	*Isomerasen*			
5.3	Intramolekulare Oxidoreduktasen			
5.3.1	Aldosen-Ketosen umwandelnd	Xylose-Isomerase	5.3.1.5	2.8.2.3
		Glucosephosphat-Isomerase	5.3.1.9	2.5.4
5.3.99	Andere intramolekulare Oxidoreduktasen	Hydroperoxidisomerase	5.3.99.1	3.7.2.3

[a] cf. Tabellen 1.29 u. 1.30.

2.2.7 Meßgrößen und Einheiten

Die katalytische Aktivität eines Enzyms tritt nur unter ganz bestimmten Bedingungen (pH, Ionenstärke und Art des Puffers, Cofaktoren, Temperatur) zutage. Die zu beobachtende Wirkung eines Enzyms wird deshalb in einem definierten Test-System als Geschwindigkeit des Substrat-Umsatzes oder der Produkt-Bildung gemessen. Die Einheit im SI-System ist $mol \cdot s^{-1}$, für die die Bezeichnung „Katal" (kat) empfohlen wird*. Dezimale Teile davon werden in üblicher Weise gebildet; z. B.:

$$\mu kat = 10^{-6}\, kat = \mu mol \cdot s^{-1} \qquad (2.4)$$

Konzentrationen enzymatischer Aktivität in Lösung werden angegeben als $kat \cdot l^{-1}$.
Weitere abgeleitete Meßgrößen sind:

- Die *spezifische katalytische Aktivität,* d. h. die Aktivität eines Enzympräparates bezogen auf die Proteinmasse. Ihre Einheit ist „Katal pro kg Protein" ($kat \cdot kg^{-1}$).
- Die *molare katalytische Aktivität.* Sie kann bestimmt werden, wenn das Enzym rein vorliegt und sein Molekulargewicht bekannt ist. Sie wird in „Katal pro Mol Enzym" ($kat \cdot mol^{-1}$) angegeben. Enthält das Enzym nur ein aktives Zentrum pro Molekül, so ist die molare katalytische Aktivität gleich der „Wechselzahl", die als Anzahl der Substratmoleküle definiert ist, welche pro Zeiteinheit durch jedes aktive Zentrum im Enzymmolekül umgesetzt wird.

2.3 Cofaktoren

Analysen haben gezeigt, daß viele Enzyme keine reinen Proteine sind, sondern Metallionen und/oder niedermolekulare Substanzen aus anderen Stoffklassen enthalten. Diese Heterobestandteile, die als Cofaktoren bezeichnet werden, sind für die Aktivität des Enzyms unentbehrlich.

Die Cofaktoren werden in

- Prosthetische Gruppen, und
- Cosubstrate (ältere Bezeichnung „Coenzyme") unterteilt.

* In der Literatur wird auch noch die ältere Definition angewandt: 1 Enzym-Einheit (U) $\hat{=}$ 1 $\mu mol \times min^{-1}$ Substratumsatz.

Bei der Unterscheidung geht man davon aus, daß die prosthetische Gruppe fest mit dem Enzym verbunden ist. Sie kann z. B. durch eine Dialyse nicht abgetrennt werden und verbleibt während der Katalyse an demselben Enzym. Häufig werden zwei Substrate nacheinander umgesetzt, damit die prosthetische Gruppe wieder den Ausgangszustand erreicht. Cosubstrate reagieren dagegen im Stoffwechsel mit mindestens zwei Enzymen. Sie übertragen dabei Wasserstoff oder eine funktionelle Gruppe, und sie werden deshalb auch als „Transportmetabolite" oder „Zwischensubstrate" bezeichnet. Sie unterscheiden sich von einem Substrat dadurch, daß sie durch eine Folgereaktion wieder regeneriert werden und daher nur in sehr kleinen Mengen verfügbar sein müssen. In der Lebensmittelanalytik werden die Cosubstrate häufig nur in einer Richtung angewandt.
Von den bekannten Cofaktoren sind im folgenden nur diejenigen zusammengestellt, die für Enzyme von Bedeutung sind, deren Aktivitäten in der Lebensmittelanalytik und -technologie eine Rolle spielen. Einige Cofaktoren stehen in Beziehung zu den wasserlöslichen Vitaminen (cf. 6.3). Die Metallionen werden im Abschnitt 2.3.3 gesondert behandelt.

2.3.1 Cosubstrate

2.3.1.1 Nicotinamid-adenin-dinucleotid

Transhydrogenasen (z. B. Lactat-Dehydrogenase, Alkohol-Dehydrogenase) dehydrieren oder hydrieren ihre Substrate mit Hilfe von Pyridin-Cosubstraten (Abb. 2.3), deren Nicotinsäureamid-Rest dabei in 4-Stellung ein Hydrid-Ion aufnimmt oder abgibt:

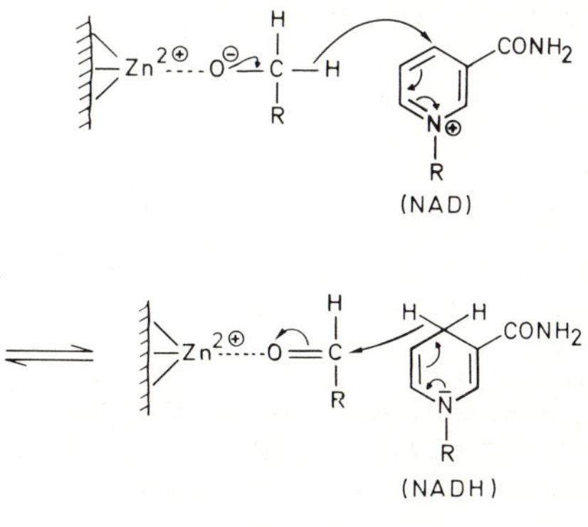

(2.5)

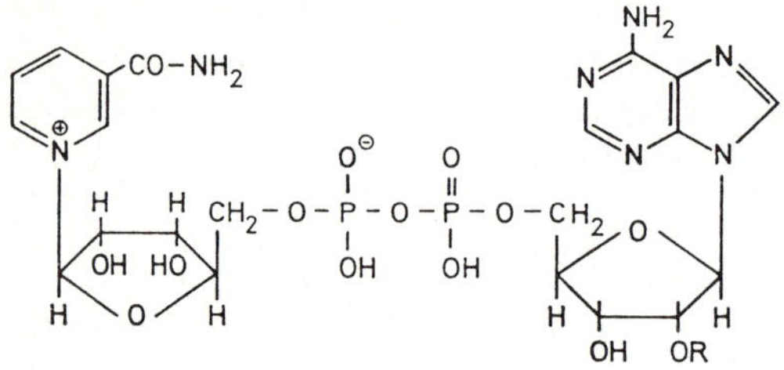

Abb. 2.3. Nicotinamid-adenin-dinucleotid (NAD) und Nicotinamid-adenin-dinucleotid-phosphat (NADP); R = H: NAD; R = PO_3H_2: NADP

Die Reaktion verläuft stereospezifisch (cf. 2.4.1.2.3), denn durch Fixierung der $CONH_2$- und der Ribose-Phosphat-Gruppe wird der Pyridinring des Cosubstrates planar auf der Oberfläche des Enzyms angeordnet. Die Rolle des Zn-Ions bei der Katalyse wird unter 2.3.3.1 besprochen.

Die Transhydrogenasen unterscheiden sich darin, welche der beiden Seiten des Pyridinrings für den Wasserstoff-Transfer zugänglich ist. Beispielsweise transferieren die Alkohol- und die Lactat-Dehydrogenase den pro-R-Wasserstoff von der A-Seite*, die Glutamat- und die Glucose-Dehydrogenase den pro-S-Wasserstoff von der B-Seite* des Pyridinrings.

Die oxidierte und die reduzierte Form der Pyridin-Cosubstrate lassen sich leicht durch eine fotometrische Bestimmung der Absorption bei 340 nm unterscheiden (Abb. 2.4). In der Lebensmittelanalytik werden deshalb enzymatische Reaktionen, deren direkte Messung schwierig ist, wenn möglich mit einer NAD(P)-abhängigen Indikator-Reaktion gekoppelt (cf. 2.5.4.1.1).

2.3.1.2 Adenosintriphosphat

Das Nucleotid Adenosintriphosphat (ATP) ist eine energiereiche Verbindung:

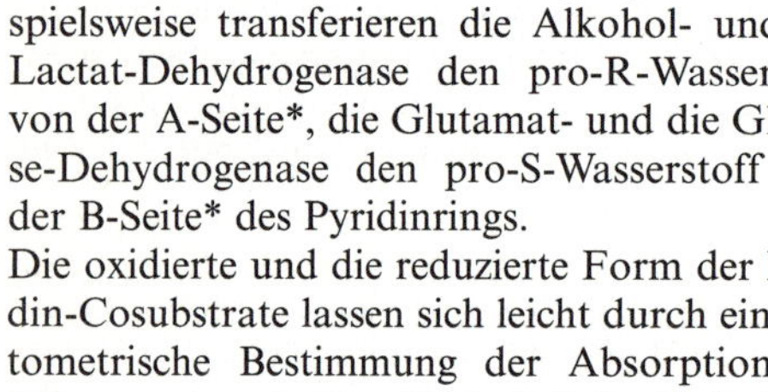

(2.6)

* Vor der Bestimmung der absoluten Konfiguration des prochiralen Zentrums wurden die beiden Seiten des Pyridinrings mit A und B unterschieden.

$$ATP + H_2O \longrightarrow ADP + H_3PO_4 \quad (2.7)$$

(ΔG^0 bei pH 7 = -50 kJ mol^{-1})

Aus ihr werden im Stoffwechsel verschiedene Gruppen abgelöst und auf bestimmte Substrate übertragen. Von den bestehenden Möglichkeiten wird in der Lebensmittelanalytik die Übertragung des Orthophosphatrestes durch Kinasen genutzt (cf. Tab. 2.13).

2.3.2 Prosthetische Gruppen

2.3.2.1 Flavine

Das 6,7-Dimethyl-9-ribityl-isoalloxazin (Riboflavin), bekannt auch als Vitamin B_2 (cf. 6.3.2), ist Bestandteil des Flavin-mononucleotids (FMN) und des Flavin-adenin-dinucleotids (FAD), die in einer Reihe von Oxidoreduktasen als prosthetische Gruppen den Elektronen-Transfer vollziehen.

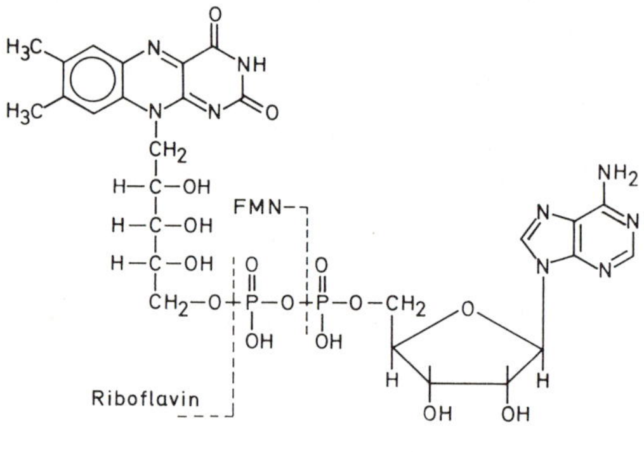

Flavin-adenin-dinucleotid (FAD) (2.8)

Ein Beispiel ist die in der Lebensmitteltechnologie als Sauerstoff-Fänger häufig angewandte Glucoseoxidase (cf. 2.8.2.1.1). Das Enzym aus *Aspergillus niger* ist ein Dimer (M_r = 168000) mit zwei nichtkovalent gebundenen Molekülen FAD. Es enthält im Unterschied z. B. zur Xanthinoxidase (cf. 2.3.3.2) keine Schwermetallionen. Bei der Oxidation eines Substrates, z. B. von β-D-Glucose zum δ-D-Gluconolacton, wird das Flavochinon wahrscheinlich über zwei Ein-Elektronen-Schritte reduziert (s. Formel 2.9). Wie die Glucoseoxidase, so übertragen viele Flavo-Enzyme die Elektronen auf molekularen

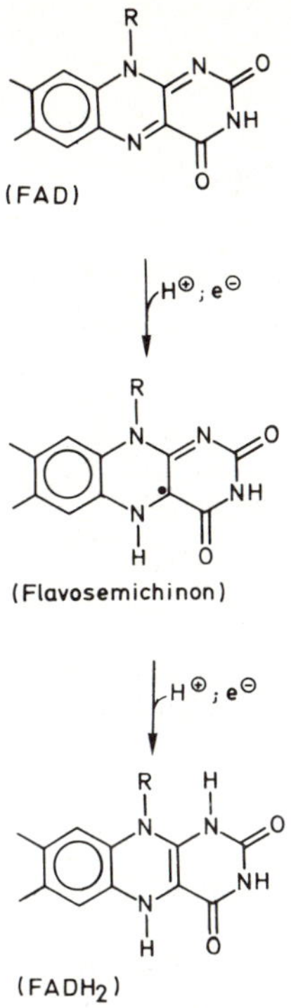

(2.9)

Sauerstoff unter Bildung von H_2O_2; dabei treten folgende Intermediate auf:

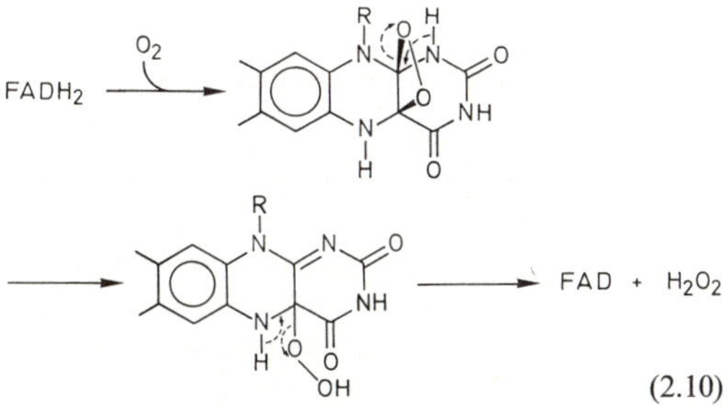

(2.10)

2.3.2.2 Hämin

Peroxidasen aus pflanzlichen Lebensmitteln und einige Katalasen enthalten Ferri-Protoporphyrin III (Hämin; s. Formel 2.11) als prosthetische Gruppe, das als Chromophor die braune Farbe dieser Enzyme verursacht.

Bei der Katalyse ändert sich das Elektronenanregungsspektrum der Peroxidasen (Abb. 2.5, a), bedingt durch einen Valenzwechsel des Zentralatoms (Abb. 2.5, b), wobei intermediär die Verbindungen I (grün) und II (blaßrot) auftreten. Die, wie dem Namen schon zu entnehmen, grün

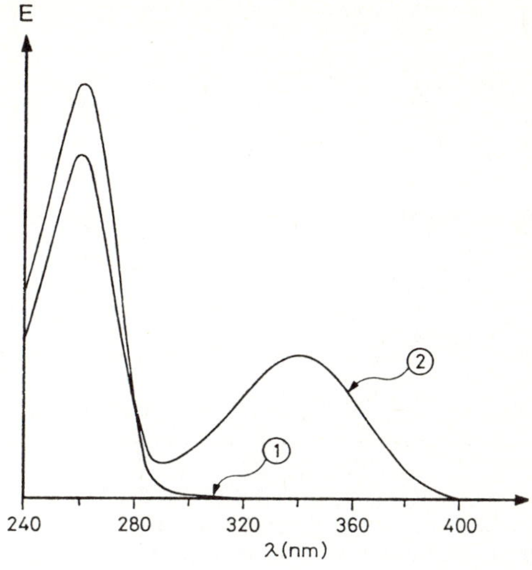

Abb. 2.4. Elektronenanregungsspektren von NAD (1) und NADH (2)

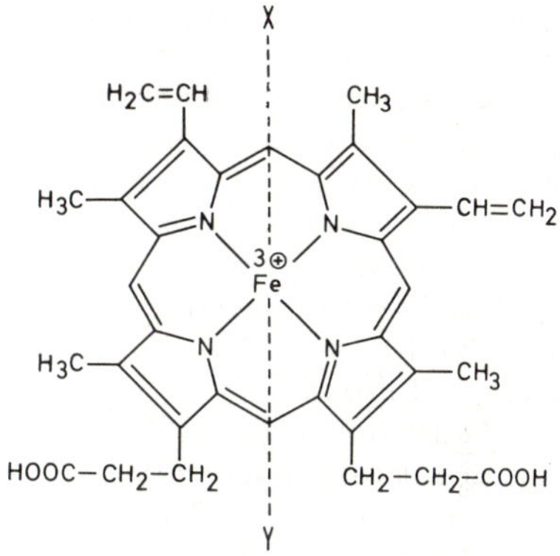

(2.11)

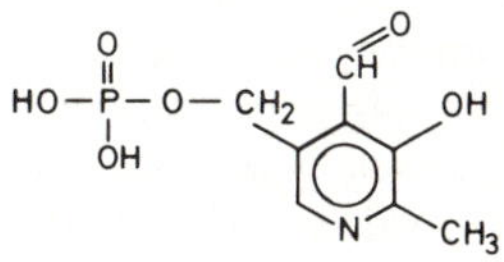

(2.12)

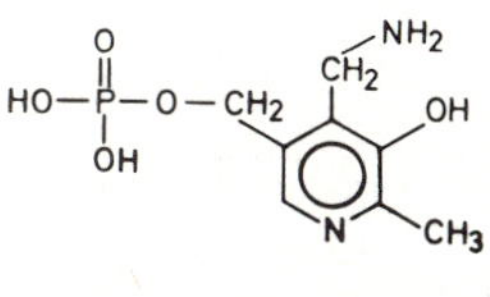

(2.13)

gefärbten Verdoperoxidasen aus tierischen Lebensmitteln, z. B. der Milch, enthalten ein anderes, bisher nicht identifiziertes Fe-Protoporphyrin als prosthetische Gruppe.

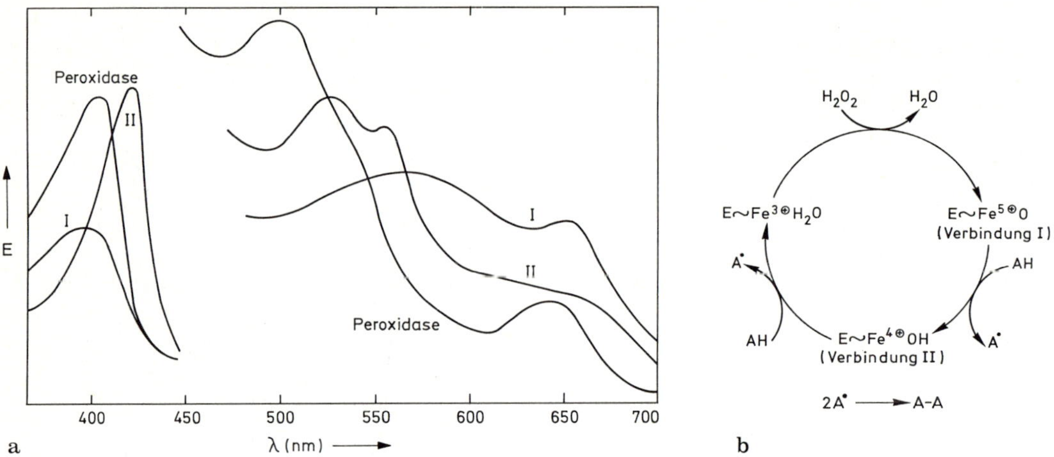

Abb. 2.5. Reaktion der Peroxidase mit H_2O_2 und einem Wasserstoff-Donator (AH). **a** Elektronenanregungsspektren der Peroxidase und der Intermediate I und II; **b** Valenzwechsel des Fe-Zentralatoms bei der Katalyse

2.3.2.3 Pyridoxalphosphat

Unter der Bezeichnung Vitamin B_6 (cf. 6.3.3) gehören das Pyridoxalphosphat (s. Formel 2.12) und das davon sich ableitende Pyridoxamin (s. Formel 2.13) zu den essentiellen Nährstoffen.
Mit dem Enzym u.a. über einen Lysyl-Rest verknüpft, wirken sie als prosthetische Gruppen bei der Umwandlung von Aminosäuren mit. Im ersten Schritt der Katalyse verdrängt die Substrataminosäure den Lysyl-Rest des Enzyms aus der Aldimin-Bindung (s. Formel 2.14).
Auf das α-C-Atom der Aminosäure übt die positive Ladung des Pyridinrings einen starken Elektronenzug aus, dem durch Eliminierung eines Substituenten nachgegeben wird. Von den verschiedenen Folgereaktionen sind in Abb. 2.6 die Transaminierung unter Bildung einer α-Ketosäure und die Decarboxylierung zum Amin dargestellt. Welcher der möglichen Reaktionswege tatsächlich eingeschlagen wird, entscheidet die Struktur des jeweiligen Enzymproteins.

2.3.3 Metallionen

Metallionen sind für viele Enzyme als Cofaktoren unentbehrlich. Sie können zur Stabilisierung der Konformation beitragen, an der Bindung des Substrates beteiligt sein, sowie als *Lewis*-Säuren oder als Elektronen-Überträger an der Katalyse mitwirken. Betrachten wir die wichtigsten Ionen.

2.3.3.1 Magnesium, Calcium und Zink

$Mg^{2\oplus}$-Ionen aktivieren einige Enzyme, die Phosphorsäureester hydrolysieren (Phosphatasen, Beispiele in Tab. 2.4) oder Phosphatreste von ATP auf einen geeigneten Acceptor transferieren (Kinasen, cf. Tab. 2.4). In beiden Fällen polarisieren die Mg^{2+}-Ionen als elektrophile *Lewis*-Säuren die P–O-Bindung im Phosphat-Rest des Substrates oder Cosubstrates und erleichtern dadurch den Angriff des Nucleophils (H_2O bei den Hydrolasen; ROH bei den Kinasen). Ein Beispiel

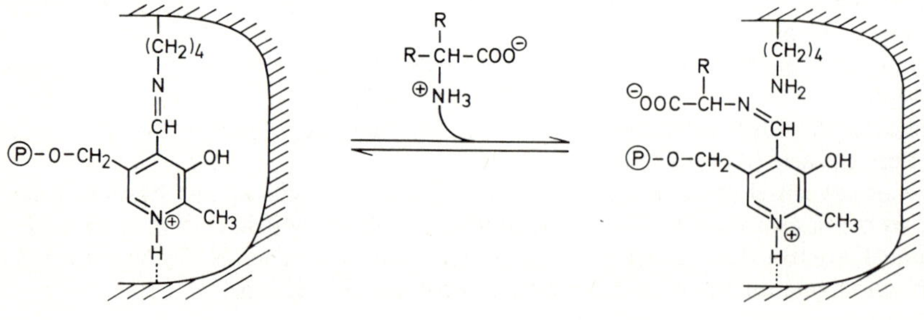

(2.14)

ist die Hexokinase (cf. Tab. 2.13), die bei der Glykolyse die Phosphorylierung von Glucose zum Glucose-6-phosphat mit ATP als Cosubstrat katalysiert. Die Wirkung des $Mg^{2\oplus}$-Ions im Enzym-Substrat-Komplex wird durch folgende Formulierung deutlich:

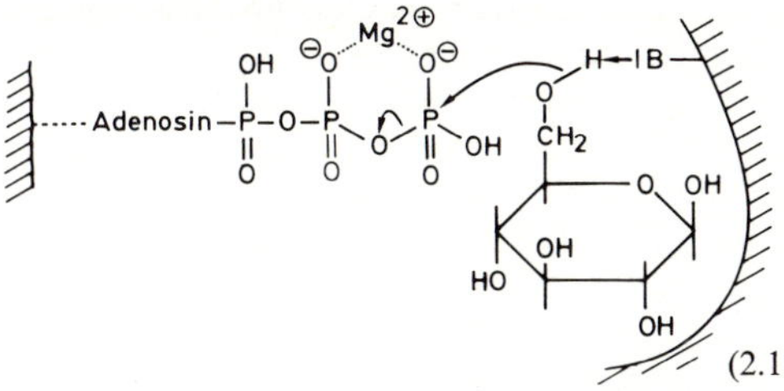

(2.15)

$Ca^{2\oplus}$-Ionen sind schwächere *Lewis*-Säuren als Mg^{2+}-Ionen. Bei den hier genannten Enzymen führt deshalb ein Tausch $Mg^{2\oplus} \rightarrow Ca^{2\oplus}$ zu einer Hemmung der Katalyse.

Die aktivierende Wirkung von $Ca^{2\oplus}$-Ionen bei einigen anderen Enzymen beruht darauf, daß sie durch eine Ionenbeziehung mit negativ geladenen Aminosäureresten die Konformation des Enzyms (z. B. α-Amylase, cf. 4.4.5.1.1) stabilisieren, oder daß sie an der Substrat-Bindung beteiligt sind (z. B. Lipase, cf. 3.7.1.1).

Das $Zn^{2\oplus}$-Ion gehört zu den Cofaktoren aus der Reihe der Übergangsmetalle, die unter physiologischen Bedingungen keine Redox-Reaktionen eingehen. Als *Lewis*-Säure von ähnlicher Stärke wie das $Mg^{2\oplus}$-Ion übernimmt es ähnliche Aufgaben. Einen Tausch $Mg^{2\oplus} \rightarrow Zn^{2\oplus}$ überstehen deshalb einige Enzyme ohne Aktivitätsverlust.

Die beiden möglichen Funktionen von Metallionen, nämlich Stabilisierung der Konformation und Beteiligung an der Katalyse, sind an der Alkohol-Dehydrogenase besonders deutlich zu erkennen. Das Enzym aus der Leber (Pferd) besteht aus zwei identischen Polypeptidketten mit je einem aktiven Zentrum. Von den vier $Zn^{2\oplus}$-Ionen, die das Enzym enthält, dissoziieren zwei leicht ab, wobei ohne Veränderung der Quartärstruktur die Aktivität verloren geht. Wie unter 2.3.1.1 bereits dargestellt, ist jedes dieser $Zn^{2\oplus}$-Ionen Bestandteil eines aktiven Zentrums und polarisiert bei der Katalyse die C—O-Bindung des Substrates und begünstigt so den Transfer des Hydridions zum oder vom Cosubstrat. Die Abtrennung der beiden restlichen $Zn^{2\oplus}$-Ionen gelingt nur unter drastischen Bedingungen durch Zerstörung der Quartärstruktur, an deren Zusammenhalt sie beteiligt sind.

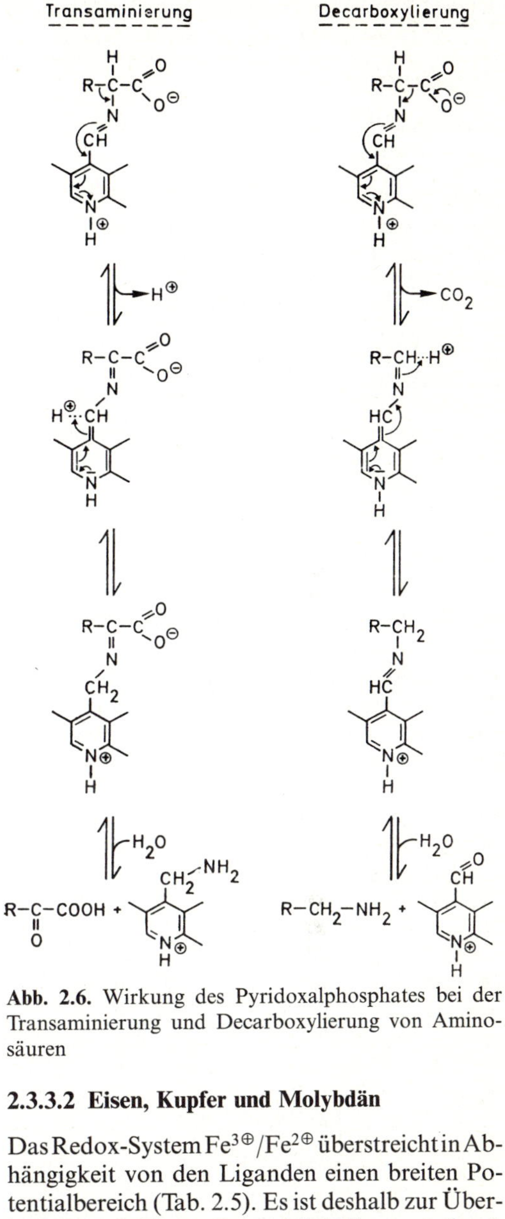

Abb. 2.6. Wirkung des Pyridoxalphosphates bei der Transaminierung und Decarboxylierung von Aminosäuren

2.3.3.2 Eisen, Kupfer und Molybdän

Das Redox-System $Fe^{3\oplus}/Fe^{2\oplus}$ überstreicht in Abhängigkeit von den Liganden einen breiten Potentialbereich (Tab. 2.5). Es ist deshalb zur Überbrückung größerer Potential-Differenzen durch gestuften Elektronentransport besonders geeignet. Auf Beispiele treffen wir bei den Cytochromen in der Atmungskette (cf. Lehrbücher der Biochemie), bei der Biosynthese ungesättigter Fettsäuren (cf. 3.2.4) und bei einzelnen Enzymen.

Die Fe-haltigen Enzyme werden den Häm- (Beispiele 2.3.2.2) oder den Nicht-Häm-Eisen-Prote-

Tabelle 2.5. Redox-Potentiale bei pH 7 (25 °C) von $Fe^{3\oplus}$/$Fe^{2\oplus}$-Systemen in Abhängigkeit von den Liganden

Redox-System	E'_0 (Volt)
$(Fe^{III}(o\text{-}phen^a)_3)^{3\oplus}/(Fe^{II}(o\text{-}phen)_3)^{2\oplus}$	+1,10
$(Fe^{III}(OH_2)_6)^{3\oplus}/(Fe^{II}(OH_2)_6)^{2\oplus}$	+0,77
$(Fe^{III}(CN)_6)^{3\ominus}/(Fe^{II}(CN)_6)^{4\ominus}$	+0,36
Cytochrom a ($Fe^{3\oplus}$)/Cytochrom a ($Fe^{2\oplus}$)	+0,29
Cytochrom c ($Fe^{3\oplus}$)/Cytochrom c ($Fe^{2\oplus}$)	+0,26
Hämoglobin ($Fe^{3\oplus}$)/Hämoglobin ($Fe^{2\oplus}$)	+0,17
Cytochrom b ($Fe^{3\oplus}$)/Cytochrom b ($Fe^{2\oplus}$)	+0,04
Myoglobin ($Fe^{3\oplus}$)/Myoglobin ($Fe^{2\oplus}$)	0,00
$(Fe^{III}EDTA)^{1\ominus}/(Fe^{II}EDTA)^{2\ominus}$	−0,12
$(Fe^{III}(oxin^b)_3)/(Fe^{II}(oxin)_3)^{1\ominus}$	−0,20
Ferredoxin ($Fe^{3\oplus}$)/Ferredoxin ($Fe^{2\oplus}$)	−0,40

[a] o-phen: o-Phenanthrolin.
[b] oxin: 8-Hydroxychinolin.

inen zugeordnet. Beispiele für die zuletzt genannte Gruppe sind die Lipoxygenase, deren Mechanismus unter 3.7.2.2 dargestellt ist und die Xanthinoxidase.
Die Xanthinoxidase aus der Milch (M_r = 275000) reagiert mit vielen Elektronendonatoren und -acceptoren; am aktivsten ist sie gegenüber Xanthin und Hypoxanthin auf der einen und Sauerstoff auf der anderen Seite. Das Enzym besitzt wahrscheinlich zwei aktive Zentren pro Molekül mit je 1 FAD, 4 Fe und 1 Mo. Bei der Oxidation des Hypoxanthins bzw. des Xanthins zur Harnsäure:

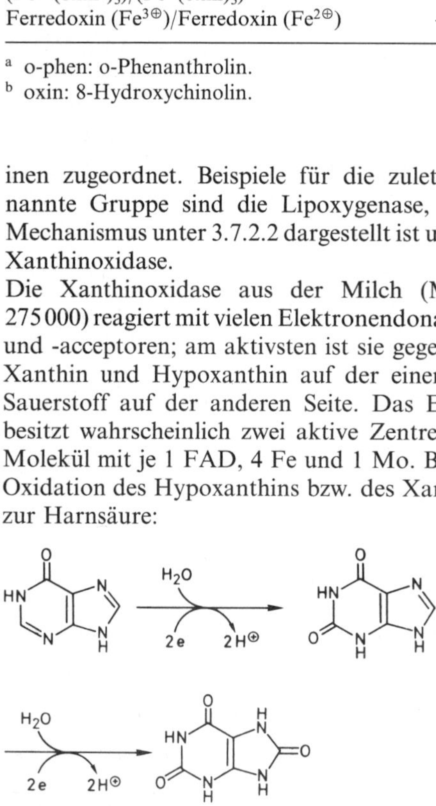

(2.16)

reduziert es den Luftsauerstoff über zwei Ein-Elektronen-Schritte zum H_2O_2, wobei der Elektronentransport mit folgenden Valenzwechseln verbunden ist:

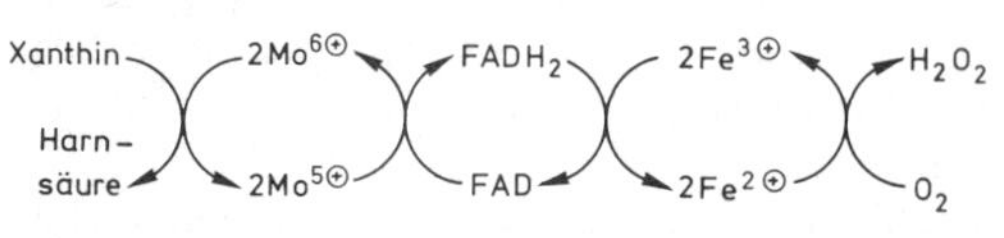

(2.17)

Unter bestimmten Bedingungen entläßt das Enzym einen Teil des Sauerstoffs schon nach Aufnahme nur eines Elektrons als $O_2^{\ominus}$. Diese aktivierte Spezies kann über Folgereaktionen eine Lipidperoxidation auslösen (cf. 3.7.2.1.4); eine Beteiligung der Xanthinoxidase an der Entstehung eines „Oxidations-Geschmackes" in der Milch wird deshalb diskutiert.
Bekannte Oxidasen in Lebensmitteln, die nur das Redoxsystem $Cu^{2\oplus}/Cu^{1\oplus}$ als prosthetische Gruppe enthalten, sind die Phenoloxidase (cf. 18.1.2.5.7) und die Ascorbinsäureoxidase.

2.4 Theorie der Enzymkatalyse

An einigen Beispielen (Tab. 2.1) wurde gezeigt, daß Enzyme wesentlich wirksamere Katalysatoren sind als Protonen und andere Spezies, die bei nicht-enzymatischen Reaktionen eingesetzt werden. Auch in bezug auf die Substrat- und Reaktionsspezifität sind die Enzyme den chemischen Katalysatoren überlegen.
Zur Erklärung der besonderen Leistungen der Enzyme sind Theorien entwickelt worden. Sie basieren auf Ergebnissen, die nur indirekt einen Einblick in den Ablauf der Katalyse geben, z. B. auf der Identifizierung an der Katalyse beteiligter funktioneller Gruppen des Enzyms, dem Auffinden ihrer Anordnung in der Tertiärstruktur und dem Nachweis von Konformationsänderungen während der Anlagerung des Substrates. Ergänzend untersucht man niedermolekulare Modelle, an deren Reaktivität die Zusammenarbeit der katalytisch wirksamen Gruppen und andere Effekte, die zur Erklärung der Enzym-Katalyse in Betracht kommen, verdeutlicht werden können.

2.4.1 Das aktive Zentrum

Enzymmoleküle sind häufig um einige Zehnerpotenzen größer als ihre Substrate, z. B. Glucoseoxidase (M_r = 1,5 · 10^5) und Glucose (M_r = 180). Bei der Katalyse tritt demnach nur ein relativ kleiner Bezirk des Enzyms mit dem Substrat in direkten Kontakt, der als das *„aktive Zentrum"* bezeichnet wird. Das aktive Zentrum umfaßt die Aminosäurereste des Enzyms, die an der Bindung des Substrates und gegebenenfalls des Cofaktors beteiligt sind und diejenigen, die an der Umwandlung des Substrates in das Produkt mitwirken. Entsprechend wird das aktive Zentrum in *Bindungsort* und *Reaktionsort* unterteilt.

2.4.1.1 Lokalisierung

Zur Identifizierung der Aminosäurereste im aktiven Zentrum des Enzyms werden in der Regel mehrere Methoden angewandt, da die Ergebnisse häufig nicht eindeutig sind und mit großer Vorsicht interpretiert werden müssen.
Die Bestimmung der Aktivität in Abhängigkeit vom pH (cf. 2.5.3) gibt einen ersten Einblick in die Beteiligung dissoziabler Seitenketten, da in vielen Fällen entweder die geladene oder die ungeladene Form an der Katalyse mitwirkt. Bei der Deutung der Ergebnisse muß aber beachtet werden, daß eine benachbarte geladene Gruppe, eine Wasserstoffbrücke oder eine hydrophobe Umgebung die Dissoziation des Aminosäurerestes beeinflussen und seinen pK-Wert verschieben kann (cf. 1.4.3.1).
Die selektive Markierung von Seitenketten des aktiven Zentrums durch chemische Modifizierung ist eine andere Möglichkeit. Führt die Inkubation mit Reagentien wie z. B. Jodessigsäure (cf. 1.2.4.3.5) oder Dinitrofluorbenzol (cf. 1.2.4.2.2) zu einer Abnahme der Aktivität und ergibt die Analyse des modifizierten Enzyms, daß nur eine von mehreren gleichartigen funktionellen Gruppen (z. B. eine von mehreren SH-Gruppen) reagiert hat, so gehört diese Gruppe wahrscheinlich zum aktiven Zentrum.
Eindeutiger wird das Ergebnis der Markierung, wenn ein substratanaloger Inhibitor zur Verfügung steht. Auf Grund der Ähnlichkeit mit der chemischen Struktur des Substrates wird ein solches Reagenz vom Enzym zwar gebunden, aber nicht in das Produkt überführt. Betrachten wir die folgenden Beispiele:
Der N-Toluolsulfonyl-L-phenylalaninethylester (Formel 2.18) ist ein gutes Substrat für die Proteinase Chymotrypsin, die die Hydrolyse der

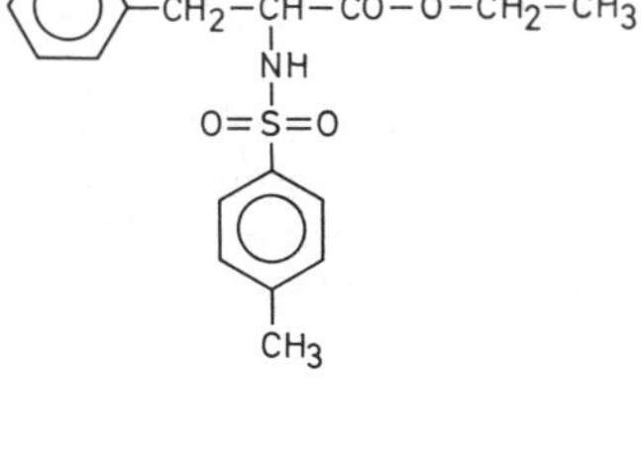

(2.18)

Esterbindung katalysiert. Wird die Ethoxy- durch die Chloromethyl-Gruppe ersetzt, so entsteht ein substratähnlicher Inhibitor (TPCK):

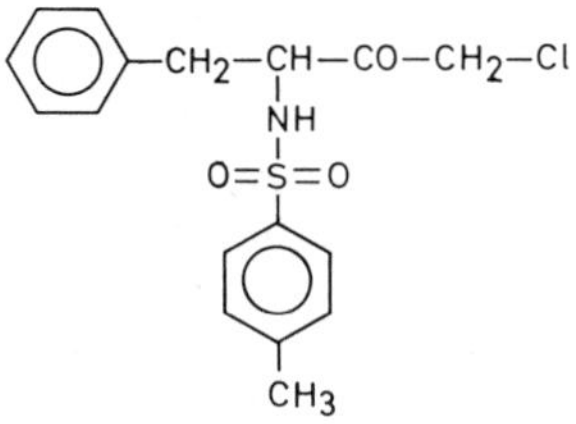

(2.19)

der vom aktiven Zentrum des Chymotrypsins irreversibel gebunden wird. Die Analyse des Enzym-Inhibitor-Komplexes ergab, daß von den zwei Histidinresten, die im Chymotrypsin vorkommen, nur das His[57] alkyliert wird. Der modifizierte His-Rest gehört somit zum aktiven Zentrum (cf. Mechanismus der Chymotrypsin-Katalyse in Abb. 2.15). Das TPCK reagiert ganz spezifisch, z. B. wird die Proteinase Trypsin nicht gehemmt. Der entsprechend aufgebaute substratanaloge Inhibitor, der ausschließlich mit Trypsin reagiert, ist das Tosyllysylchlormethan (TLCK):

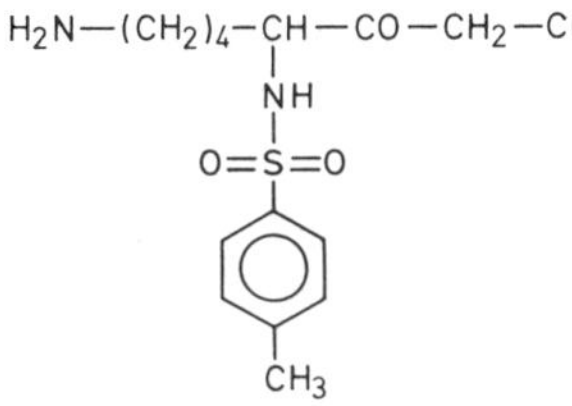

(2.20)

Mit Diisopropylfluorphosphat (DIPF):

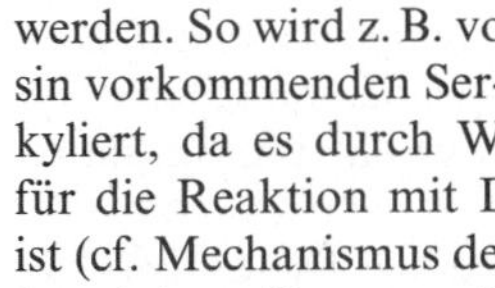

(2.21)

kann bei einer Reihe von Proteinasen und Esterasen ein Serinrest im aktiven Zentrum markiert werden. So wird z. B. von den 27 im Chymotrypsin vorkommenden Ser-Resten nur das Ser[195] alkyliert, da es durch Wechselwirkung mit His[57] für die Reaktion mit DIPF genügend aktiviert ist (cf. Mechanismus der Katalyse in Abb. 2.15). Im aktiven Zentrum der β-Glucosidase konnte mit Hilfe des substratanalogen Inhibitors Conduritol B-epoxid die Beteiligung einer Carboxygruppe an der Katalyse nachgewiesen werden:

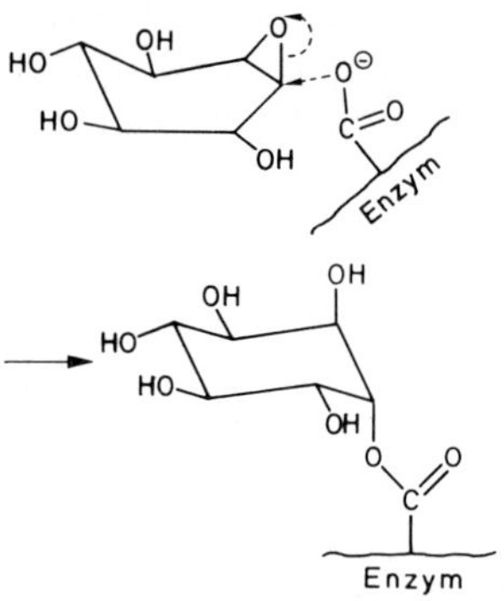

(2.22)

Ein Lysinrest ist bei einer Reihe von Lyasen und bei Enzymen, die Pyridoxalphosphat als Cosubstrat benötigen, an der Katalyse beteiligt. Es entsteht intermediär eine *Schiffsche*-Base zwischen einer ε-Amino-Gruppe des Enzyms und dem Substrat bzw. dem Pyridoxalphosphat (cf. 2.3.2.3), die durch Reduktion mit $NaBH_4$ nachgewiesen werden kann.

Ein Beispiel für eine „Lysin"-Lyase ist die Aldolase aus Kaninchenmuskel, bei der das Intermediat mit Dihydroxyacetonphosphat (cf. Mechanismus in Abb. 2.17) wie folgt abgefangen wurde:

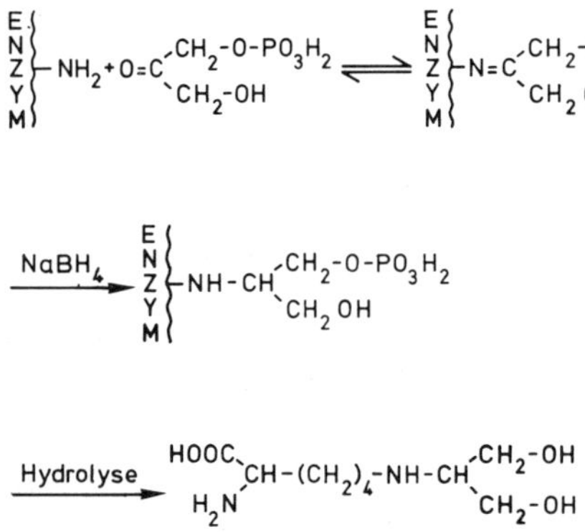

(2.23)

2.4.1.2 Substratbindung

2.4.1.2.1 Schlüssel-Schloß-Hypothese

Zur Erklärung der Substratspezifität hat *Emil Fischer* schon um die Jahrhundertwende eine Hypothese aufgestellt, in der er das Enzym mit einem Schloß und das Substrat mit dem dazu gehörenden Schlüssel verglichen hat. Das aktive Zentrum weist danach eine bestimmte Geometrie auf, in die nur das Substrat so hineinpaßt, daß es mit den katalytisch wirksamen Seitenketten des Enzyms in Kontakt treten kann (Abb. 2.7).

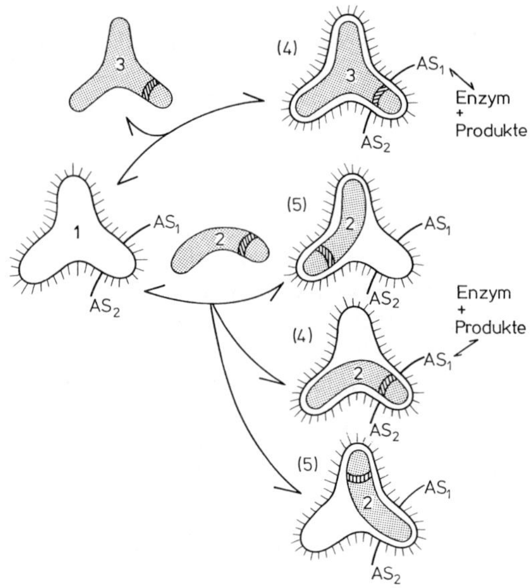

Abb. 2.7. Bindung eines guten (3) und eines schlechten Substrates (2) durch das aktive Zentrum (1) eines Enzyms (nach *W. P. Jencks,* 1969). Produktive (4) und unproduktive (5) Enzym-Substrat-Komplexe; AS_1 und AS_2: Reaktive Aminosäurereste des Enzyms, die an der Umwandlung Substrat → Produkt mitwirken

Für „schlechte" Substrate gibt es demgegenüber mehrere Möglichkeiten der Bindung, aber nur ein Enzym-Substrat-Komplex in unserem Beispiel (Abb. 2.7) ist produktiv, da in ihm die reaktive Gruppe des Substrates optimal zu den die Katalyse vollziehenden Aminosäureresten des Enzyms orientiert ist.

Die Proteinasen Chymotrypsin und Trypsin, die zu den Enzymen gehören, deren Raumstruktur mit Hilfe der Röntgenstrukturanalyse aufgeklärt worden ist, zeigen eine gewisse Übereinstimmung mit der Schlüssel-Schloß-Theorie.

Beim Chymotrypsin und Trypsin ist der Bindungsort eine hydrophobe Tasche (Abb. 2.8), in der große Aminosäurereste des Substrates, wie die aromatischen Aminosäuren (Chymotrypsin, Abb. 2.8, a) bzw. der Lysyl- oder Arginylrest (Trypsin, Abb. 2.8, b) Platz haben. An Stelle von Ser^{189} enthält die Peptidkette des Trypsins Asp^{189}, das, wenn es als Carboxylat-Anion vorliegt, den positiv geladenen Lysyl- oder Arginylrest des Substrates anzieht und damit dessen Peptidbindung auf das an der Hydrolyse beteiligte Ser^{195} ausrichtet.

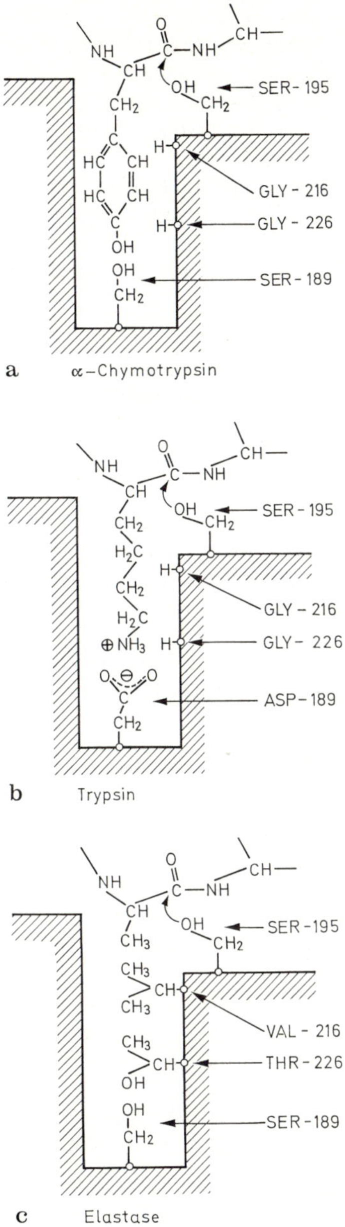

Abb. 2.8. Hypothese über die Substratbindung durch α-Chymotrypsin, Trypsin und Elastase. (Nach *D. Shotton*, 1971)

Bei Elastase, die Peptide nach demselben Mechanismus wie das Chymotrypsin hydrolysiert, ist die „Tasche" durch die Seitenketten der Aminosäuren Val^{216} und Thr^{226} so weit geschlossen, daß nur noch die Methylgruppe des Alanins hineinpaßt (Abb. 2.8, c). Die Spezifität der Elastase ist deshalb auf Alanylpeptide oder -ester ausgerichtet.

2.4.1.2.2 Induzierte Paßform

Bei einer Reihe von Enzymen verändert sich die Konformation als Folge der Substrat-Anlagerung. Ein Beispiel ist die Carboxypeptidase A, bei der sich die Seitenkette von Tyr^{248} um ungefähr 12 Å auf das Substrat Glycyl-L-phenylalanin zu bewegt, um mit ihm in Kontakt zu treten. Diese und andere Beobachtungen stützen das von *D. E. Koshland* (1964) entwickelte „Modell der induzierten Paßform" („induced fit"), wonach nur das Substrat (Fall I in Abb. 2.9) eine Änderung der Tertiärstruktur induziert, die zur „aktiven Konformation" des Enzyms führt, bei der sich die Aminosäurereste A und B in der für die Reaktion mit dem Substrat notwendigen Position befinden.

In den Fällen II und III (Abb. 2.9) werden zwar die Substanzen durch die Kontakt-Aminosäure C gebunden, doch handelt es sich nicht um Substrate, da die Aminosäurereste A und B bei der Konformationsänderung nicht in die „aktive" Position gelangen.

Insgesamt kann man davon ausgehen, daß die Ursache für die Substratspezifität bei manchen Enzymen mit der Schlüssel-Schloß-Hypothese und bei anderen mit dem „induced-fit"-Modell befriedigend erklärt werden kann.

Die hier dargestellten Beziehungen zwischen Enzymkonformation und katalytischer Aktivität erklären auch die Empfindlichkeit der Enzyme. Geringe Störungen der Tertiärstruktur, die zu einem Auseinanderrücken an der Katalyse beteiligter funktioneller Gruppen führen, haben schon einen Verlust der Enzymaktivität zur Folge.

2.4.1.2.3 Stereospezifität

Enzyme reagieren stereospezifisch. Sie können sowohl zwischen cis-trans-Isomeren als auch zwischen optischen Antipoden bei der Substrat-Bindung unterscheiden. Die in Abb. 2.2 angeführten Reaktionen der L(+)-Milchsäure sind Beispiele für den zuletzt genannten Fall.

Auch die Katalyse verläuft stereospezifisch. Besonders eindrucksvoll zeigen das Reaktionen, in

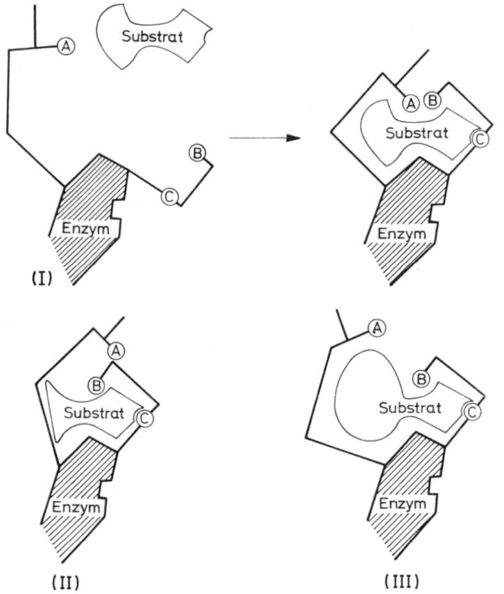

Abb. 2.9. Modell zur Erklärung der „induzierten Paßform“ des aktiven Zentrums. (Nach *D. E. Koshland*, 1964)
—— Polypeptidkette des Enzyms mit den katalytisch aktiven Aminosäureresten A und B; der Aminosäurerest C bindet das Substrat

denen das Enzym zwischen den gleichartigen Substituenten am prochiralen Zentrum des Substrates eine Unterscheidung trifft. In Versuchen mit stereospezifisch deuterierten Substraten konnte nachgewiesen werden, daß z. B. bei der Dehydrierung von Ethanol durch die Alkohol-Dehydrogenase aus Hefe das pro-R-Wasserstoffatom vom C-1 des Ethanols zum C-4 des Nicotinsäureamidrings vom NAD transferiert wird:

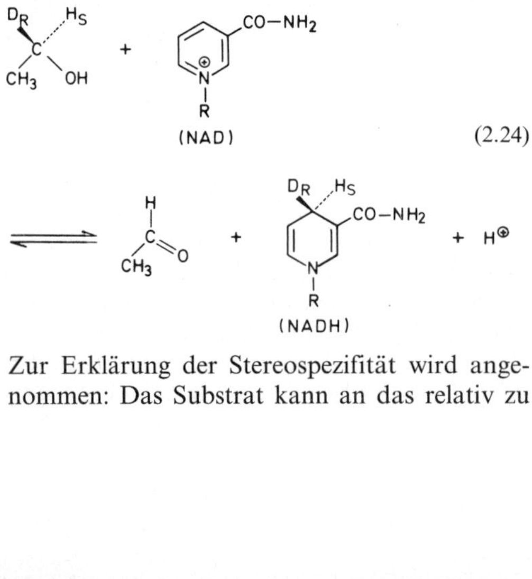

(2.24)

Zur Erklärung der Stereospezifität wird angenommen: Das Substrat kann an das relativ zu ihm große Enzymmolekül nur von einer Seite herantreten. Werden zwei Substituenten (z. B. die CH_3- und OH-Gruppe des Ethanols in Abb. 2.10) des prochiralen Zentrums durch die Bindungsstellen A und B des Enzyms fixiert, dann ist das Substrat so festgelegt, daß immer derselbe Substituent mit dem reaktiven Ort C in Kontakt kommt, d. h. durch die asymmetrische Bindung am Enzym werden gleichartige Gruppen in einem symmetrischen Substratmolekül unterschieden.

2.4.1.3 Einfluß der Substratbindung auf die Reaktionsgeschwindigkeit

2.4.1.3.1 Sterische Effekte – Orientierungseffekte

Die Spezifität der Substrat-Bindung leistet einen sehr wesentlichen Beitrag zur Geschwindigkeit der Enzym-Katalyse. Folgende Hypothesen, die sich zum Teil auf Untersuchungen von Modellen stützen, werden diskutiert:

Bei der Bindung am aktiven Zentrum werden die Reaktionspartner gegenüber der verdünnten Substrat-Lösung angereichert. Zusätzlich wird eine Reaktion aber noch dadurch begünstigt, daß die Bindung zu einer starken Annäherung der reaktiven Gruppe des Substrates an die katalytisch wirksamen Gruppen des Enzyms führt.

Der Gewinn, der sich aus der Bindung der Substrate für die Geschwindigkeit der Reaktion ergibt, resultiert somit zu einem Teil aus einer Änderung in der Molekularität der Reaktion, denn

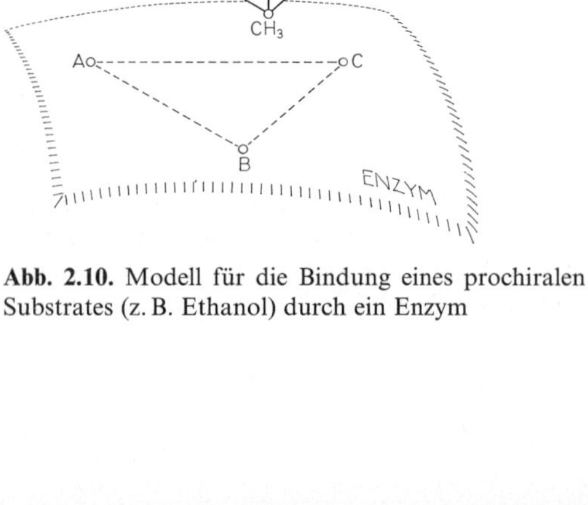

Abb. 2.10. Modell für die Bindung eines prochiralen Substrates (z. B. Ethanol) durch ein Enzym

die intermolekulare Reaktion zweier Substrate wird im Enzym-Substrat-Komplex zu einer intramolekularen Reaktion. Die Auswirkungen kann man an Modellverbindungen verdeutlichen, die dadurch, daß sie die reaktiven Gruppen in einem Molekül vereint enthalten, intramolekular reagieren. Ihre Reaktivität wird mit der des entsprechenden bimolekularen Systems verglichen und das Ergebnis als Verhältnis der Geschwindigkeitskonstanten der intramolekularen (k_1) und der intermolekularen Reaktion (k_2) ausgedrückt und auf Grund der Dimension als „effektive Molarität" bezeichnet.
Betrachten wir als Beispiel die Spaltung von p-Bromphenylacetat durch Acetat-Ionen unter Bildung von Essigsäureanhydrid:

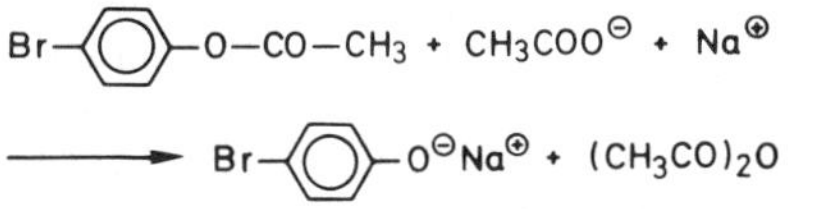
(2.25)

Intramolekular verläuft die Reaktion wesentlich schneller als intermolekular (Tab. 2.6). Die effektive Molarität steigt stark an, wenn das reaktive Carboxylat-Anion sich in unmittelbarer Nachbarschaft zur Carbonyl-Gruppe des Esters befindet und durch weitgehende Aufhebung der Bewegungsfreiheit einer Reaktion nicht mehr ausweichen kann. So geht die Zunahme der effektiven Molarität (Tab. 2.6) parallel mit einer Abnahme in der Beweglichkeit der C–C-Bindungen. Im Glutarsäureester können noch zwei, im Bernsteinsäureester kann noch eine Bindung rotieren, wodurch die beiden reaktiven Gruppen sowohl zu-, aber auch auseinander rükken. Aufgehoben ist die freie Drehbarkeit im bicyclischen System; die Reaktionsgeschwindigkeit steigt hier stark an, da die starre sterische Anordnung des Carboxylat-Ions und der Estergruppe zu einer Konfiguration führt, die der des Übergangszustandes ähnelt.
Gegen die Beispiele in Tab. 2.6 kann angeführt werden, daß häufig das Substrat vom Enzym nicht kovalent gebunden wird. Das folgende Modell zeigt, daß auch andere Wechselwirkungen die Annäherung zweier Reaktionspartner fördern.
Alkylamine katalysieren die Hydrolyse des p-Nitrophenyldecansäureesters:

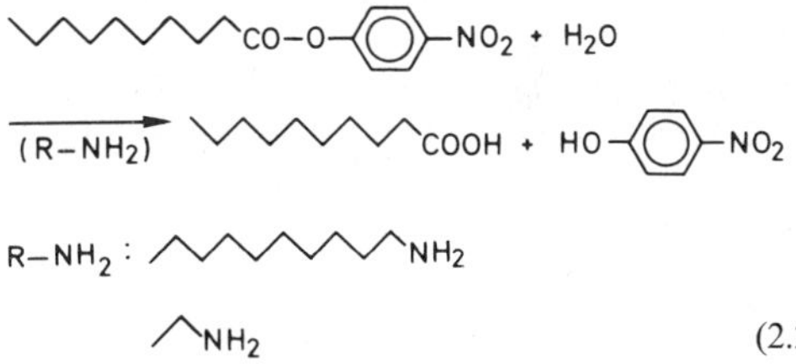
(2.26)

Decylamin reagiert um den Faktor 700 schneller als Ethylamin, da die reaktive Aminogruppe durch eine maximale Ausbildung hydrophober Kontakte ganz nahe zur Carbonyl-Gruppe des Esters orientiert wird. Dementsprechend nimmt die Reaktionsgeschwindigkeit wieder ab, wenn der Alkylrest des Amins noch weiter verlängert wird.

Tabelle 2.6. Relative Geschwindigkeit der Bildung von Säureanhydriden

Modell		k_1/k_2 (mol/l)
I.	CH_3—COOR + CH_3—COO$^\ominus$	
II.	H_2C(CH_2—COOR)(CH_2—COO$^\ominus$)	$9{,}5 \cdot 10^2$
III.	H_2C—COOR / H_2C—COO$^\ominus$	$2{,}2 \cdot 10^5$
IV.	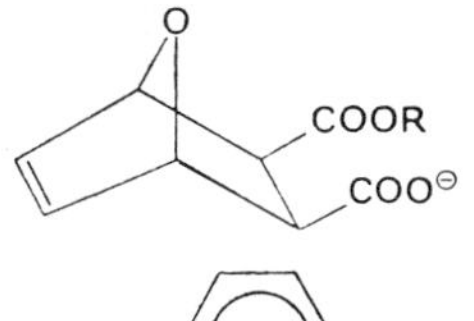	$5 \cdot 10^7$
	R: 	

2.4.1.3.2 *Deformation von Bindungen*

Möglicherweise haben Konformationsänderungen des Enzyms, die sich bei der Bindung des Substrates einstellen können, eine Deformation von Bindungen im Substrat zur Folge.
Wie in Abb. 2.11 dargestellt, hat eine Hypothese zum Inhalt, daß die Geometrie des Bindungsortes in der stabilsten Konformation des Enzyms (E_1) nicht ganz genau mit der Form des Substratmoleküls übereinstimmt. Bei der Bindung des Substrates geht das Enzym in eine energiereichere, aber zum Substrat besser passende Konformation (E_2) über mit der Tendenz, den stabileren Zustand wieder zu erreichen. Dabei deformiert es die Bindungen zum Substrat, so daß sich

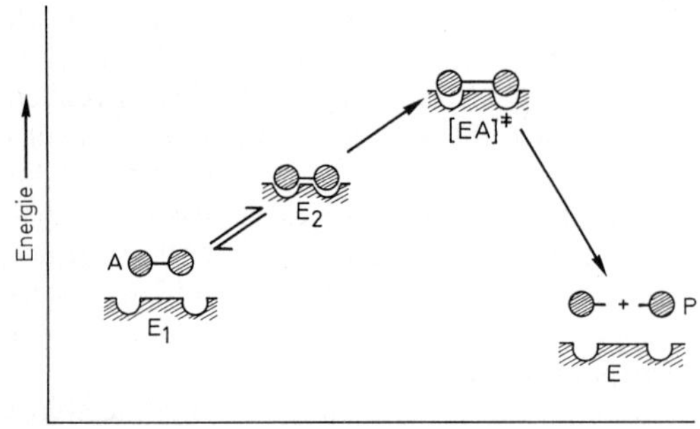

Abb. 2.11. Deformation von Bindungen bei der Bildung des Enzym-Substrat-Komplexes. (Nach *W. P. Jencks*, 1969)
E: Enzym in den Zuständen 1 und 2; $(EA)^{\#}$: Enzym-Substrat-Komplex im Übergangszustand; A: Substrat; P: Produkte

der Enzym-Substrat-Komplex dem Übergangszustand nähert.

Ein chemisches Modell, das den Einfluß solcher Spannungen auf die Reaktionsgeschwindigkeit zeigt, ist die Hydrolyse folgender Phosphorsäurediester:

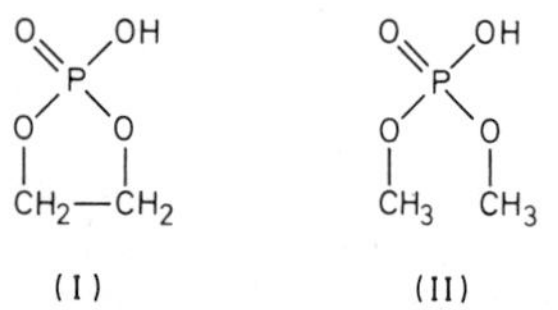

(2.27)

Die Verbindung (I) reagiert etwa 10^8mal schneller als (II).

2.4.1.3.3 Entropie-Effekt

Bei der thermodynamischen Betrachtung der Katalyse stellt man in Rechnung, daß die diskutierten sterischen Effekte zu einem Verlust an Translations- und Rotationsfreiheitsgraden führen. Bei der Bildung eines Enzym-Substrat-Komplexes ist der damit verbundene Entropieverlust wahrscheinlich besonders groß. Beträgt die Abnahme der Entropie bei einer Reaktion, die bei 27 °C abläuft, z. B. $140\ J \cdot K^{-1} \cdot mol^{-1}$, so verringert sich nach einer Berechnung, die in der Literatur angestellt worden ist, die freie Aktivierungsenthalpie $\Delta G^{\#}$ um 43 kJ. Dieser Wert liegt im Bereich des Betrages, um den die Aktivierungsenergie durch ein Enzym gesenkt wird (cf. Tab. 2.1) und der eine Steigerung der Reaktionsgeschwindigkeit um den Faktor 10^8 zur Folge haben kann.

Wie stark sich der Entropie-Effekt im konkreten Fall auswirken kann, zeigt als Beispiel die Chymotrypsin-Katalyse. Unter 2.4.2.2 werden wir sehen, daß die Katalyse zweistufig unter intermediärer Bildung des Acylenzyms verläuft. Hier wollen wir zunächst nur die zweite Stufe, die Deacylierung betrachten (cf. Abb. 2.15) und dabei die Fälle

a) N-Acetyl-L-tyrosyl-chymotrypsin
b) Acetyl-chymotrypsin

unterscheiden.

Im Fall a) erfolgt die Deacylierung um den Faktor 3540 schneller, da die Carbonyl-Gruppe durch das Eintauchen der aromatischen Seitenkette des Tyrosins in eine Tasche des Enzyms (Abb. 2.12, a) im richtigen Abstand zu dem aus dem Wasser entstehenden und nucleophil angreifenden $OH^{\ominus}$-Ion (cf. 2.4.2.2) fixiert ist. Im Fall b) ist diese Fixierung nicht möglich (Abb. 2.12, b), so daß hier der Unterschied zwischen dem Grund- und dem Übergangszustand viel größer ist. Je mehr sich aber Grund- und Übergangszustand entsprechen, um so positiver wird die Aktivierungsentropie $\Delta S^{\#}$ sein, was zu einer erheblichen Steigerung der Reaktionsgeschwindigkeit führen kann. Die thermodynamischen Daten in Tab. 2.7 zeigen, daß der Unterschied in den Reaktionsgeschwindigkeiten tatsächlich in erster Linie auf einem Entropie-Effekt beruht; die Aktivierungsenthalpien $(\Delta H^{\#})$ differieren kaum.

2.4.2 Reaktionsmechanismen

Die Reaktionsschritte, die zur Umwandlung des Enzym-Substrat- in den Enzym-Produkt-Komplex führen, werden in allgemeine Säure-Basen-Katalyse, kovalente Katalyse und Redox-Katalyse unterteilt. Bei Katalysen, deren Verlauf nur

Tabelle 2.7. Thermodynamische Daten für den Übergangszustand von zwei Acyl-Chymotrypsinen

Acyl-Rest im Chymotrypsin	$\Delta G^{\#}$ $(kJ \cdot mol^{-1})$	$\Delta H^{\#}$ $(kJ \cdot mol^{-1})$	$\Delta S^{\#}$ $(J \cdot K^{-1} \cdot mol^{-1})$
N-Acetyl-L-tyrosyl	59,6	43,0	−55,9
Acetyl	85,1	40,5	−149,7

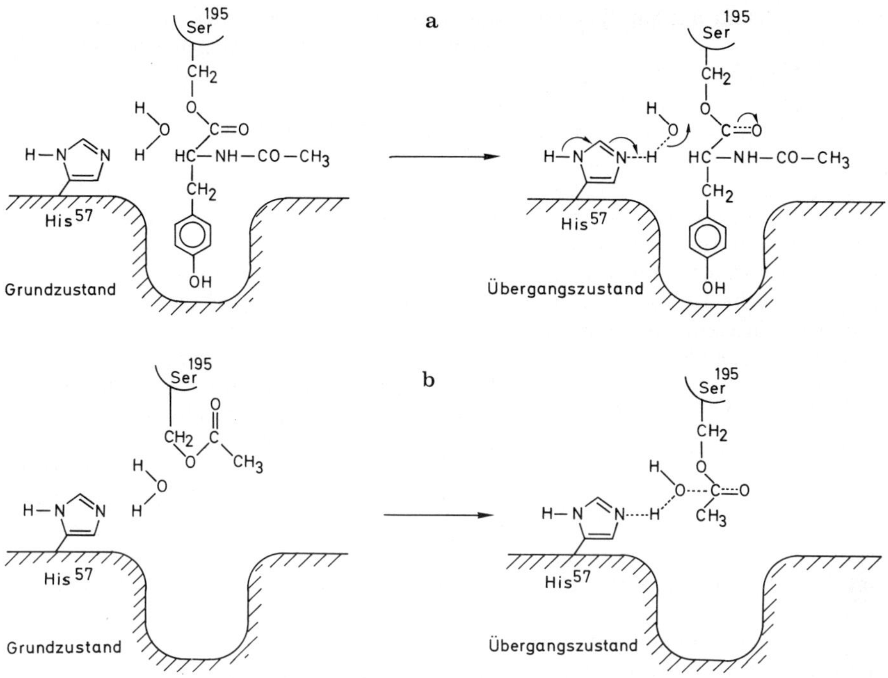

Abb. 2.12. Sterische Effekte bei der Deacylierung von zwei Acylchymotrypsinen. (Nach *M. L. Bender* et al., 1964) **a** N-Acetyl-L-tyrosyl-chymotrypsin; **b** Acetyl-chymotrypsin

mit einer Kombination dieser Mechanismen gedeutet werden kann, erfolgt die Einordnung in eine der genannten Kategorien, wenn möglich, auf Grund des Schrittes, der die Geschwindigkeit bestimmt.

2.4.2.1 Allgemeine Säure-Basen-Katalyse

Im Unterschied zur speziellen Säure-Basen-Katalyse, bei der die Geschwindigkeit der Reaktion von der Konzentration an $H_3O^{\oplus}$- und/oder $OH^{\ominus}$-Ionen abhängt, umfaßt die allgemeine Säure-Basen-Katalyse den Einfluß anderer im Reaktions-System vorhandener Protonendonatoren (allgemeine Säuren) und/oder Protonenacceptoren (allgemeine Basen) auf die Reaktionsgeschwindigkeit.

Tabelle 2.8. Relative Geschwindigkeit der Mutarotation von Tetramethylglucose (0,09 mol/l) in Benzol

Katalysator	$k_{rel.}$	Katalysator	$k_{rel.}$
ohne	1,0	0,1 mol/l Pyridin + 0,1 mol/l p-Kresol	101
0,1 mol/l Pyridin	5,0		
0,1 mol/l p-Kresol	5,4		

Die Auswirkungen solcher Katalysatoren zeigt beispielhaft eine nichtenzymatische Reaktion, die Mutarotation. Zur Eliminierung der speziellen Säure-Basen-Katalyse wurde ein Glucosederivat in Benzol, also in Abwesenheit von Wasser untersucht:

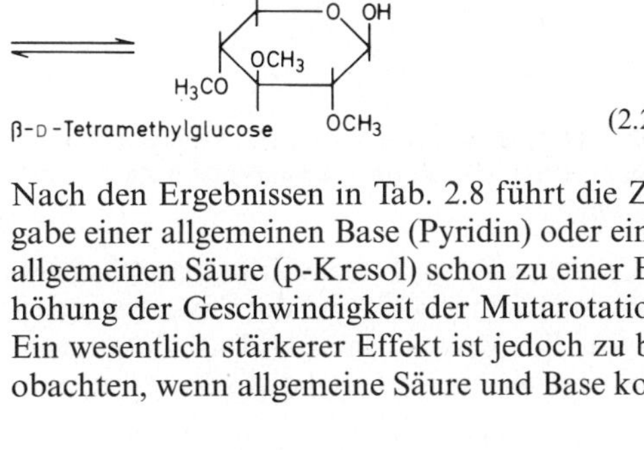

(2.28)

Nach den Ergebnissen in Tab. 2.8 führt die Zugabe einer allgemeinen Base (Pyridin) oder einer allgemeinen Säure (p-Kresol) schon zu einer Erhöhung der Geschwindigkeit der Mutarotation. Ein wesentlich stärkerer Effekt ist jedoch zu beobachten, wenn allgemeine Säure und Base konzertiert die Öffnung des Pyranrings katalysieren können:

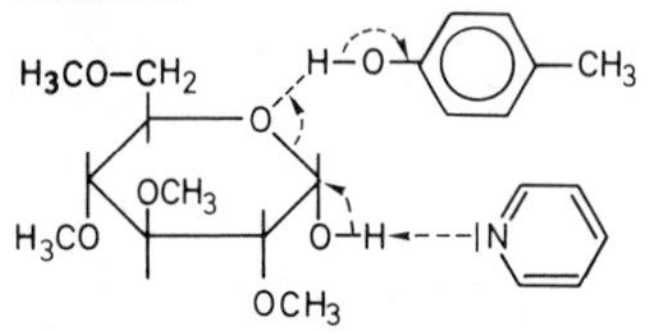

(2.29)

In Enzymen fungieren Aminosäurereste mit prototropen Gruppen als allgemeine Säuren und Basen. Unter ihnen beansprucht der Imidazolring des Histidins besonderes Interesse, da er beide Funktionen gleichzeitig ausüben kann:

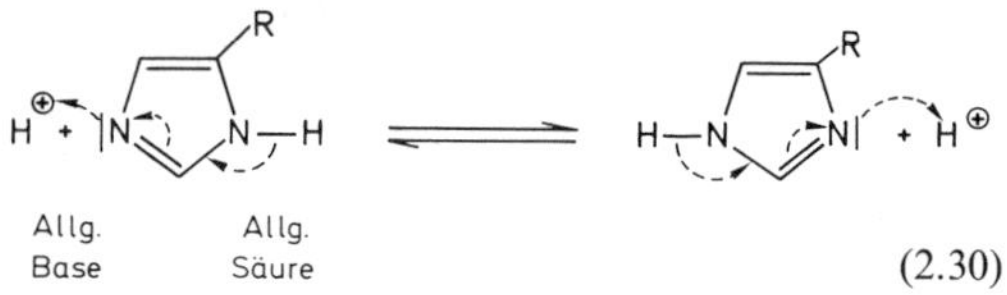

(2.30)

Mit $pK_2 = 6{,}1$ liegt die Dissoziation des Imidazolrings im Bereich des pH-Optimums vieler Enzyme.
Zwei Histidinreste sind bei der Ribonuclease, einer Phosphodiesterase, die u. a. cyclische Pyrimidin-2′,3′-phosphate hydrolysiert, an der Katalyse beteiligt. Wie in Abb. 2.13 dargestellt, wirkt His^{12} als allgemeine Base, in dem sie von einem Wassermolekül das Proton übernimmt. Der Angriff des intermediär entstehenden $OH^{\ominus}$-Ions auf die Phosphat-Gruppe wird durch His^{119} unterstützt.

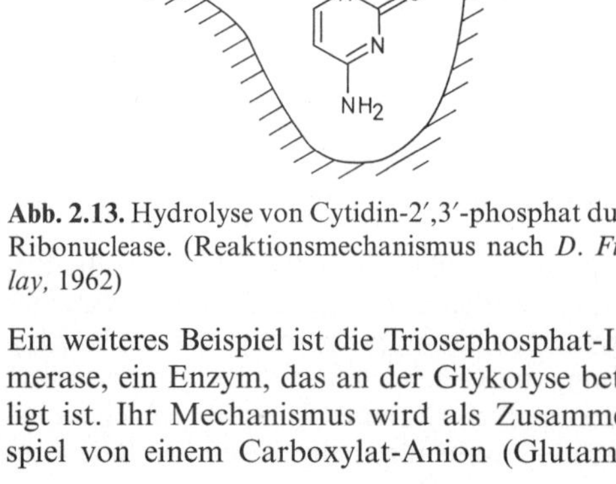

Abb. 2.13. Hydrolyse von Cytidin-2′,3′-phosphat durch Ribonuclease. (Reaktionsmechanismus nach *D. Findlay,* 1962)

Ein weiteres Beispiel ist die Triosephosphat-Isomerase, ein Enzym, das an der Glykolyse beteiligt ist. Ihr Mechanismus wird als Zusammenspiel von einem Carboxylat-Anion (Glutaminsäurerest) als allgemeine Base mit einer bisher noch nicht identifizierten allgemeinen Säure gedeutet:

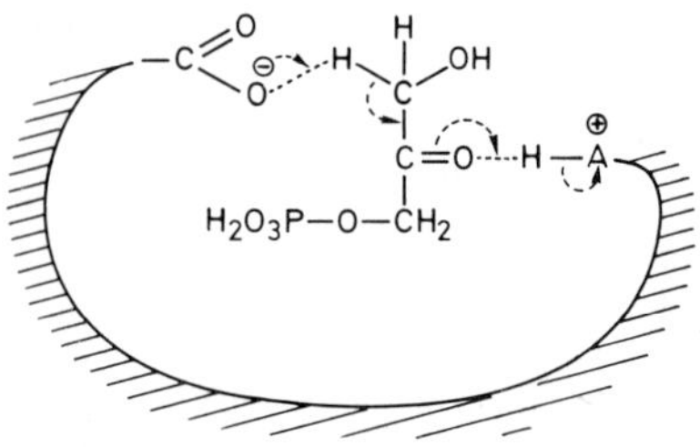

(2.31)

Das aus dem Dihydroxyaceton-3-phosphat entstehende Endiol isomerisiert unter Beteiligung des Enzyms zum Glycerinaldehyd-3-phosphat.
Aus den beiden Beispielen werden die Merkmale der allgemeinen Säure-Basen-Katalyse deutlich: Der geschwindigkeitsbestimmende Schritt der Reaktion besteht aus einem Protonentransfer zwischen prototropen Gruppen; eine kovalente Bindung zwischen Enzym und Substrat ist daran nicht beteiligt.

2.4.2.2 Kovalente Katalyse

Versuche zur Identifizierung des aktiven Zentrums haben gezeigt (cf. 2.4.1.1), daß eine Reihe von Enzymen das Substrat oder Teile davon vorübergehend bei der Katalyse kovalent binden.
In Tab. 2.9 sind Beispiele für funktionelle Gruppen von Enzymen, die an kovalenten Bindungen beteiligt sind, und für entstehende Enzym-Substrat-Komplexe angegeben. Es dominiert die nucleophile Katalyse (Beispiele Nr. 1–6 in Tab. 2.9), da in Enzymen nur Aminosäurereste vorkommen, die nucleophil mit dem Substrat reagieren. Elektrophile Reaktionen werden mit Hilfe von Carbonylverbindungen (Beispiel Nr. 7 in Tab. 2.9) oder Metallionen ausgeführt.
Eine Reihe von Proteinasen und Esterasen reagieren kovalent in zwei nacheinander ablaufenden nucleophilen Substitutionsreaktionen, die zur Acylierung und Deacylierung des Enzyms führen. Betrachten wir als Beispiel das Chymotrypsin. Seine Aktivität hängt u. a. von His^{57} und Ser^{195} ab, die durch die Faltung der Peptidkette nahe benachbart im aktiven Zentrum vorkommen (Abb. 2.14).
Durch die Unterstützung von Asp^{102}, das sich in einer hydrophoben Umgebung befindet und deshalb besonders wirksam andere funktionelle Gruppen polarisieren kann, wird His^{57} zu einer

Tabelle 2.9. Beispiele für kovalent verknüpfte Enzym-Substrat-Intermediate

Enzym	Reakt. funktionelle Gruppe	Intermediat
1. Chymotrypsin	HO-(Serin)	Acylenzym
2. Papain	HS-(Cystein)	Acylenzym
3. β-Amylase	HS-(Cystein)	Maltosylenzym
4. Aldolase	ε-H_2N-(Lysin)	*Schiffsche*-Base
5. Alkalische Phosphatase	HO-(Serin)	Phosphoenzym
6. Glucose-6-phosphatase	Imidazol-(Histidin)	Phosphoenzym
7. Histidin-Decarboxylase	O=C< (Pyruvat)	*Schiffsche-Base*

starken allgemeinen Base, die aus der HO-Gruppe eines Serinrestes (Ser[195]) ein Proton abstrahieren kann (a in Abb. 2.15). Das entstehende Nucleophil greift die Carbonyl-Gruppe des Substrates an; das Amin wird freigesetzt (b). Das Acyl-Enzym ist notwendigerweise ein äußerst labiles Zwischenprodukt, da sonst die Katalyse nicht so schnell verlaufen würde. His[57] leitet unter Mitwirkung von Asp[102] die Deacylierung des Enzyms ein, in dem es ein Wassermolekül deprotoniert (c). Das gebildete $OH^{\ominus}$-Ion reagiert nucleophil mit der Carbonyl-Gruppe des Acyl-Enzyms (c) und substituiert Ser[195] (d).

Ein besonders reaktiver Serinrest konnte in einer ganzen Reihe von Hydrolasen nachgewiesen werden, z. B. in Trypsin, Subtilisin, Elastase, Acetylcholinesterase, Lipase. Diese Enzyme hydrolysieren wahrscheinlich ihre Substrate nach einem Mechanismus, der dem des Chymotrypsins

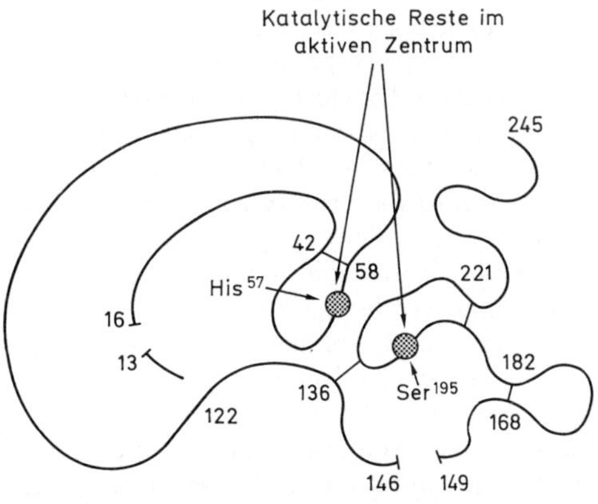

Abb. 2.14. Anordnung der Polypeptidketten im Chymotrypsinmolekül. (Nach *A. L. Lehninger*, 1977)

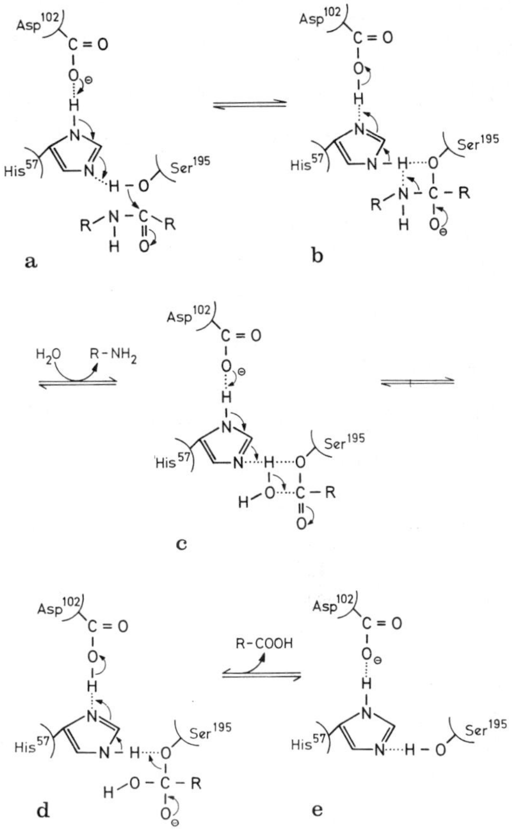

Abb. 2.15. Vorgeschlagener Reaktionsmechanismus für das Chymotrypsin. (Nach *D. M. Blow* et al., 1969)

analog ist. Andere Hydrolasen, wie z. B. die in Pflanzen vorkommenden Proteinasen Papain, Ficin und Bromelain, besitzen an Stelle des aktiven Serinrestes einen Cysteinrest, so daß es intermediär zur Bildung eines Thioesters kommt.

Auch Enzyme, die Kohlenhydrate spalten, können nach dem hier genannten Prinzip arbeiten. Abb. 2.16 zeigt, daß bei der Hydrolyse von Amylose durch β-Amylase im ersten Übergangszustand der Katalyse ein Carboxylat-Anion als allgemeine Base und ein Imidazolring als allgemeine Säure den nucleophilen Angriff der SH-Gruppe auf die α-glykosidische Bindung des Substrates erleichtern. Im zweiten Übergangszustand unterstützt der Imidazolring als allgemeine Base die Hydrolyse des Maltosylenzyms.

Als weiteren Aminosäurerest, der an einer kovalenten Katalyse mitwirken kann, haben wir bereits das „aktive" Lysin kennengelernt (cf.

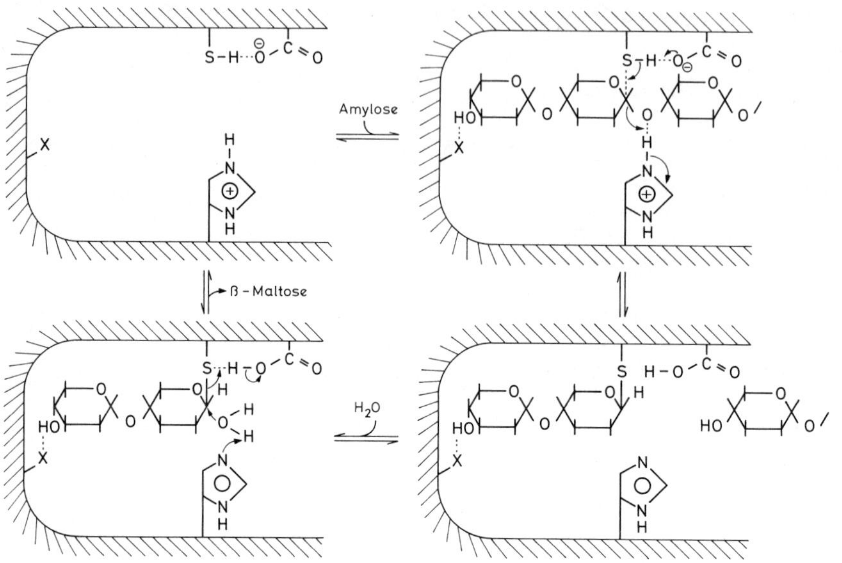

Abb. 2.16. Vorgeschlagener Mechanismus für die Hydrolyse von Amylose durch β-Amylase

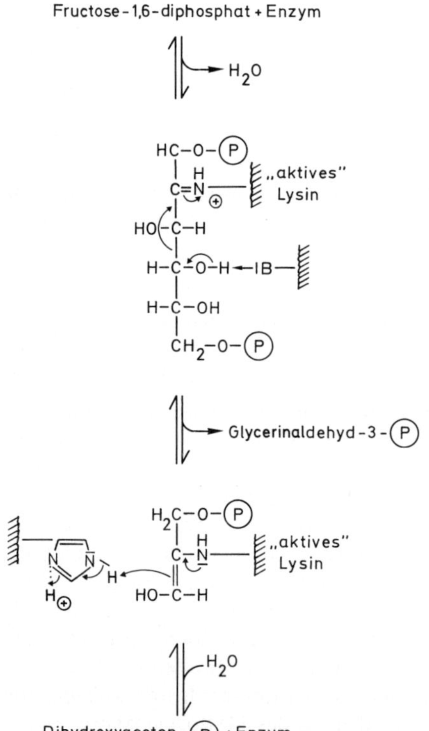

Abb. 2.17. Aldolase aus Kaninchenmuskel – Modell zur Erklärung der Reaktion; (P) : $—PO_3H_2$

2.4.1.1). Viele Lyasen reagieren so mit Substraten, die eine Carbonyl-Gruppe enthalten. Sie katalysieren z. B. eine Aldol- oder Retroaldolkondensation, die insbesondere bei der Umwandlung und Spaltung von Monosacchariden eine große Rolle spielt, oder die Decarboxylierung von β-Ketosäuren. Betrachten wir einige Details des Reaktionsverlaufes am Beispiel der Aldolase (Abb. 2.17). Im Enzym-Substrat-Komplex, der durch elektrostatische Wechselwirkungen zwischen den Phosphatresten des Substrates und positiv geladenen Gruppen des Enzyms stabilisiert wird, entsteht durch den nucleophilen Angriff der ε-Aminogruppe des „aktiven" Lysins auf die Carbonyl-Gruppe eine *Schiffsche*-Base. Als Kation vorliegend erleichtert sie die Retroaldolspaltung des Substrates, wobei eine negativ geladene Gruppe des Enzyms (z. B. ein Thiolat- oder Carboxylat-Anion) das freiwerdende Proton übernimmt. Glycerinaldehyd-3-phosphat wird freigesetzt. Die Hydrolyse der Dihydroxyacetonphosphat-Gruppe erfolgt vom Enzym nach Umlagerung der Enamin- in die Ketimin-Struktur.
Nach diesem Mechanismus reagieren Aldolasen, die in Tieren und Pflanzen vorkommen („Lysin"-Aldolasen bzw. Aldolasen Klasse I). Eine zweite Gruppe, die häufig von Mikroorganismen produziert wird, enthält ein Metallion (Metallo-Aldolase), das über eine elektrophile Reaktion mit

der Carbonyl-Gruppe die Retroaldolkondensation beschleunigt:

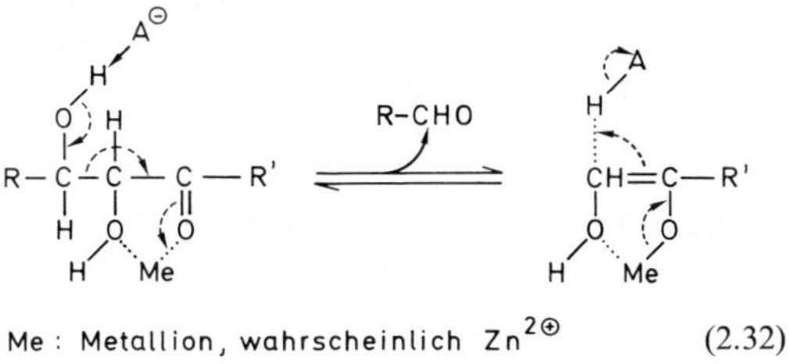

(2.32)

Weitere Beispiele für die elektrophile Metall-Katalyse sind unter 2.3.3.1 angegeben. Eine andere Möglichkeit elektrophil zu reagieren zeigen Enzyme mit einer α-Ketosäure (Pyruvat oder α-Ketobuttersäure) als katalytisch wirksamer Gruppe. Ein Beispiel ist die Histidin-Decarboxylase, deren N-terminaler Aminosäurerest mit Pyruvat verknüpft ist. Die Decarboxylierung des Histidins beginnt mit der Bildung der *Schiffschen*-Base, die weiteren Schritte sind in Abb. 2.18 dargestellt.

2.4.2.3 Redox-Katalyse

Die wichtigsten Mechanismen der Redox-Katalyse wurden bereits unter 2.3.1.1, 2.3.2.1, 2.3.2.2 und 2.3.3.2 behandelt.

2.4.3 Schlußbemerkung

Insgesamt bietet die Theorie Ansätze für ein Verständnis der Ursachen, die bei Enzymen die katalytische Wirkung bedingen. Unsere Kenntnisse sind aber für quantitative Angaben über die Beiträge, die die einzelnen Effekte zur Steigerung der Reaktionsgeschwindigkeit leisten, noch völlig unzureichend.

2.5 Kinetik enzymatischer Reaktionen

Ein Enzym kann nur auf indirektem Weg durch die Messung seiner katalytischen Aktivität in Lebensmitteln nachgewiesen und von anderen Enzymen unterschieden werden. Aus diesem Grund ist eine eingehende Auseinandersetzung mit den Parametern notwendig, die die Geschwindigkeit einer enzymkatalysierten Reaktion beeinflussen.

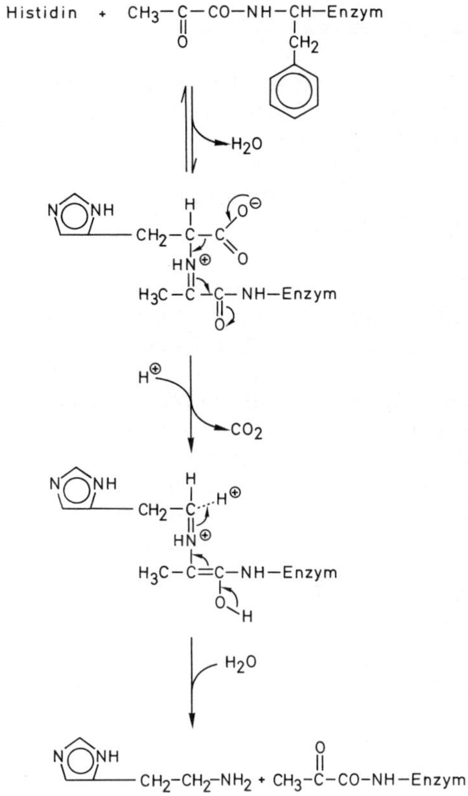

Abb. 2.18. Für die Reaktion der Histidin-Decarboxylase vorgeschlagener Mechanismus

Die Reaktionsgeschwindigkeit hängt ab von den Konzentrationen der Reaktionsteilnehmer (Enzym, Substrat, Wasserstoffionen, Aktivatoren, Inhibitoren), von der Ionenstärke und Dielektrizitätskonstanten des Lösungsmittels (in der Regel Wasser) und von der Temperatur.

2.5.1 Einfluß der Substratkonzentration

2.5.1.1 Ein-Substrat-Reaktion

2.5.1.1.1 Geschwindigkeitsgesetz nach Michaelis und Menten

Betrachten wir eine Ein-Substrat-Reaktion. Das Enzym E reagiert intermediär mit dem Substrat A zu einem Enzym-Substrat-Komplex EA, der nach vollzogener Reaktion in das Enzym und das Reaktionsprodukt P zerfällt:

$$E + A \underset{k_{-1}}{\overset{k_1}{\rightleftharpoons}} EA \xrightarrow{k_2} E + P \qquad (2.33)$$

Zur Bestimmung der katalytischen Aktivität des Enzyms wird die Abnahme der Substratkonzentration oder die Zunahme der Produktkonzentration in Abhängigkeit von der Zeit gemessen. Die erhaltene Aktivitätskurve (Abb. 2.19) zeigt folgende Bereiche:

a) Maximal vergehen einige ms bis sich ein Gleichgewicht zwischen den Geschwindigkeiten einstellt, mit denen der Enzym-Substrat-Komplex entsteht und zerfällt. Messungen im pre-steady state Bereich, die einen Einblick in die Teilschritte und den Mechanismus der Katalyse geben, sind sehr aufwendig. Sie werden hier nicht weiter erörtert.
b) Die üblichen Verfahren, die zur Messung von Enzymaktivitäten angewandt werden, setzen erst ein, wenn der stationäre Zustand (steady state) erreicht ist. Für ihn gilt:

$$\frac{dEA}{dt} = -\frac{dEA}{dt} \qquad (2.34)$$

c) Die Geschwindigkeit der Reaktion sinkt fortlaufend. Abgesehen von einem zunehmenden Mangel an Substrat kann diese Erscheinung auch noch auf einer der folgenden Ursachen beruhen:
Das Enzym denaturiert leicht, so daß seine Konzentration laufend abnimmt.
Das gebildete Produkt hemmt zunehmend das Enzym oder durch den Anstieg in der Produktkonzentration macht sich abweichend von Gl. (2.33) die Rückreaktion mehr und mehr bemerkbar.

Da solche undurchschaubaren Einflüsse bei der Analyse von Enzymaktivitäten vermieden werden müssen, bestimmt man in der Regel die Anfangsgeschwindigkeit v_0 kurz nach dem Start der Reaktion.

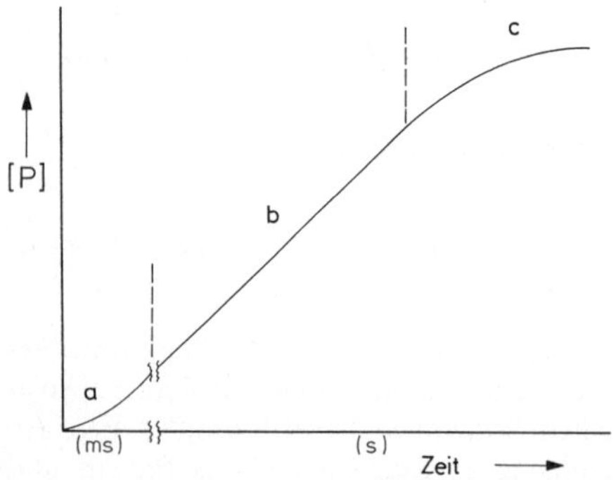

Abb. 2.19. Ablauf einer enzymkatalysierten Reaktion

Grundlage für die Kinetik des steady state ist eine von *G.E. Briggs* und *J.B.S. Haldane* (1925) entwickelte Theorie, die auf den Vorstellungen von *L. Michaelis* und *M.L. Menten* (1913) aufbaut.
In bezug auf die in Gl. (2.33) angegebene Reaktion werden folgende Annahmen getroffen:

(E_0) = Enzymkonzentration zu Beginn der Katalyse
(E) = Konzentration an freiem, d.h. nicht im Enzym-Substrat-Komplex (EA) gebunden vorliegenden Enzym:
$(E) = (E_0) - (EA)$
(A_0) = Substratkonzentration zu Beginn der Katalyse; dabei gilt die Bedingung $(A_0) \gg (E_0)$. Da während der Katalyse nur ein kleiner Teil von (A_0) reagiert, ist (A) praktisch gleich (A_0).

Betrachtet wird die Anfangsgschwindigkeit v_0, d.h. für die Produktkonzentration gilt (P) = 0. Für die in Gl. (2.33) angegebene Reaktion folgt:

$$\frac{dP}{dt} = v_0 = k_2(EA) \qquad (2.35)$$

Unbekannt und experimentell nicht bestimmbar ist in Gl. (2.35) die Konzentration an Enzym-Substrat-Komplex (EA). Sie wird wie folgt berechnet:
Die Geschwindigkeiten, mit denen EA nach Gl. (2.33) gebildet wird

$$\frac{dEA}{dt} = k_1(E)(A_0) \qquad (2.36)$$

und wieder zerfällt,

$$-\frac{dEA}{dt} = k_{-1}(EA) + k_2(EA) \qquad (2.37)$$

stehen im steady state im Gleichgewicht (cf. Gl. (2.34)).

$$k_1(E)(A_0) = (k_{-1} + k_2)(EA) \qquad (2.38)$$

Die Konzentration an freiem Enzym (E) ist experimentell nicht so ohne weiteres zugänglich; sie wird in Gl. (2.38) durch die oben angegebene Beziehung substituiert.

$$k_1[(E_0) - (EA)](A_0) = (k_{-1} + k_2)(EA) \qquad (2.39)$$

Auflösung von Gl. (2.39) nach (EA) ergibt

$$(EA) = \frac{(E_0)(A_0)}{\frac{k_{-1} + k_2}{k_1} + (A_0)} \qquad (2.40)$$

Der Quotient der Geschwindigkeitskonstanten in Gl. (2.40) wird als *Michaelis*-Konstante K_m bezeichnet:

$$(EA) = \frac{(E_0)(A_0)}{K_m + (A_0)} \tag{2.41}$$

Durch Ersatz von (EA) in Gl. (2.35) durch Gl. (2.41) erhält man das Geschwindigkeitsgesetz nach *Michaelis* und *Menten,* das für die Mehrzahl enzym-katalysierter Ein-Substrat-Reaktionen gilt:

$$v_0 = \frac{k_2 (E_0)(A_0)}{K_m + (A_0)} \tag{2.42}$$

Gl. (2.42) enthält mit (E_0) eine Größe, die erst bestimmt werden kann, wenn das Enzym gereinigt vorliegt. Damit kinetische Messungen auch mit Rohpräparaten durchgeführt werden können, haben *Michaelis* und *Menten* das Geschwindigkeitsgesetz Gl. (2.42) durch eine Grenzbetrachtung relativiert.
Bei Substratüberschuß $[(A_0) \gg K_m]$ kann man im Nenner von Gl. (2.42) K_m gegen (A_0) vernachlässigen:

$$v_0 = \frac{k_2 (E_0)\cancel{(A_0)}}{\cancel{(A_0)}} = V \tag{2.43}$$

Man erhält eine Reaktion 0. Ordnung hinsichtlich der Substratkonzentration, deren Geschwindigkeit V allein von der während einer Messung konstanten Enzymkonzentration abhängt. Die Geschwindigkeit V wird auch als maximale Geschwindigkeit bezeichnet.
Aus Gl. (2.43) ist ersichtlich, daß bei der Bestimmung der katalytischen Aktivität von Enzymen mit hohem Substratüberschuß gearbeitet werden muß.
Zur Eliminierung von (E_0) wird V in Gl. (2.42) eingeführt:

$$v_0 = \frac{V(A_0)}{K_m + (A_0)} \tag{2.44}$$

Ist $(A_0) = K_m$, so wird aus Gl. (2.44)

$$v_0 = \frac{V}{2} \tag{2.45}$$

Die *Michaelis*-Konstante K_m gibt demnach die Substratkonzentration an, bei der die Enzymreaktion mit halbmaximaler Geschwindigkeit abläuft; K_m ist unabhängig von der Enzymkonzentration. Je niedriger der Wert für K_m, um so größer ist die Affinität eines Substrats zum Enzym, d.h. um so bevorzugter wird es gebunden und meist auch umgesetzt. In der Regel bewegen sich die K_m-Werte im Bereich zwischen 10^{-2} und 10^{-5} mol/l.
Aus der Definition für K_m

$$K_m = \frac{k_{-1} + k_2}{k_1} \tag{2.46}$$

folgt, daß K_m nur für den Fall $k_2 \ll k_1$ mit der Dissoziationskonstanten K_S des Enzym-Substrat-Komplexes identisch ist.

$$k_2 << k_{-1} \frown K_m \approx \frac{k_{-1}}{k_1} = K_S \tag{2.47}$$

In Tab. 2.10 sind einige Werte für die Konstanten k_1, k_{-1} und k_0 angegeben. k_0 ist an Stelle von k_2 gesetzt, da die experimentell bestimmte Konstante in den Fällen, in denen die Katalyse über mehr Teilschritte verläuft, als in Gl. (2.33) angenommen, nicht die definierte Konstante darstellt. Die Geschwindigkeitskonstante k_1 für die Bildung des Enzym-Substrat-Komplexes hat die Größenordnung $10^6 - 10^8$; sie nähert sich in einigen Fällen der maximalen Geschwindigkeit ($\sim 10^9\ l \cdot mol^{-1} \cdot s^{-1}$), mit der ein kleines Molekül aus der Lösung zum aktiven Zentrum eines Enzyms diffundieren kann. k_{-1} ist meist wesentlich kleiner (10–$10^4\ s^{-1}$) und k_0 liegt im Bereich 10–$10^6\ s^{-1}$.
Als dritten Grenzfall wollen wir die Situation betrachten $(A_0) \ll K_m$, die etwa ab $(A_0) < 0{,}05\ K_m$ gegeben ist. Im Nenner von Gl. (2.42) kann man dann (A_0) vernachlässigen:

$$v_0 = \frac{k_2 (E_0)(A_0)}{K_m} \tag{2.48}$$

Tabelle 2.10. Geschwindigkeitskonstanten einiger Enzyme

Enzym	Substrat	k_1 ($l \cdot mol^{-1} \cdot s^{-1}$)	k_{-1} (s^{-1})	k_0 (s^{-1})
Fumarase	Fumarat	$>10^9$	$4{,}5 \cdot 10^4$	10^3
Acetylcholinesterase	Acetylcholin	10^9		10^3
Alkohol-Dehydrogenase (Leber)	NAD	$5{,}3 \cdot 10^5$	74	
	NADH	$1{,}1 \cdot 10^7$	3,1	
	Ethanol	$>1{,}2 \cdot 10^4$	>74	10^3
Katalase	H_2O_2	$5 \cdot 10^6$		10^7
Peroxidase	H_2O_2	$9 \cdot 10^6$	$<1{,}4$	10^6
Hexokinase	Glucose	$3{,}7 \cdot 10^6$	$1{,}5 \cdot 10^3$	10^3
Urease	Harnstoff	$>5 \cdot 10^6$		10^4

und mit $k_2(E_0) = V$ folgt:

$$v_0 = \frac{V}{K_m}(A_0) \tag{2.49}$$

Die Gleichung von *Michaelis* und *Menten* geht in ein Geschwindigkeitsgesetz für eine Reaktion 1. Ordnung hinsichtlich der Substratkonzentration über. Bei der Anwendung kinetischer Verfahren zur Bestimmung von Substratkonzentrationen (cf. 2.5.4.1.3) müssen die Versuchsbedingungen so gewählt werden, daß Gl. (2.49) gilt.

2.5.1.1.2 Bestimmung von K_m und V

Zur Bestimmung von K_m und V wird die katalytische Aktivität eines Enzympräparates in Abhängigkeit von der Substratkonzentration gemessen. Sehr gute Ergebnisse werden erzielt, wenn (A_0) im Bereich von 0,1 K_m bis 10 K_m liegt.
Eine graphische Auswertung durch Einsetzen der Meßwerte in Gl. (2.44), bei der es sich um die Gleichung einer Hyperbel handelt (Abb. 2.20), führt nur dann zu einem genauen Wert für K_m, wenn V exakt bestimmt werden kann.

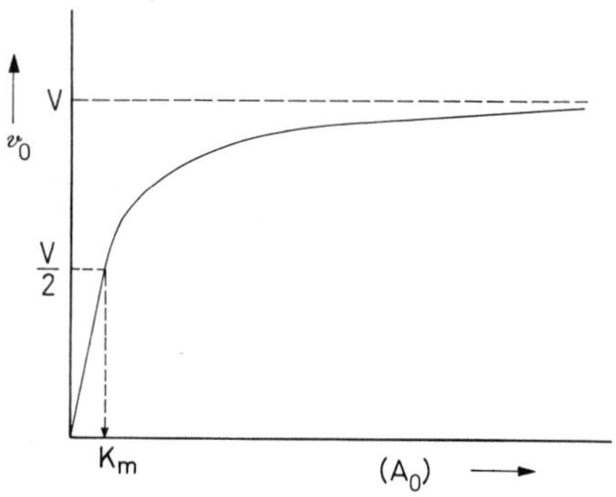

Abb. 2.20. Bestimmung von K_m nach Gl. (2.48)

Zur sicheren Extrapolation von V wird Gl. (2.44) in die Gleichung einer Geraden umgeformt. Am häufigsten kommt dabei das Verfahren von *Lineweaver* und *Burk* zur Anwendung, das von der reziproken Form der Gl. (2.44) ausgeht:

$$\frac{1}{v_0} = \frac{K_m}{V} \cdot \frac{1}{(A_0)} + \frac{1}{V} \tag{2.50}$$

und bei dem $1/v_0$ gegen $1/(A_0)$ aufgetragen wird (Abb. 2.21). Aus dem Ordinatenabschnitt (1/V) und dem Abszissenabschnitt $(-1/K_m)$ werden V und K_m ermittelt. Ergeben die Meßwerte keine

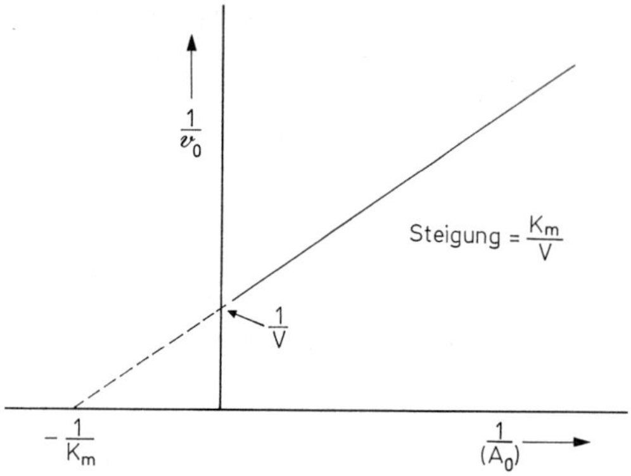

Abb. 2.21. Bestimmung von K_m und V. (Nach *Lineweaver* und *Burk*)

Gerade, so liegen Abweichungen von der hier formulierten steady state Kinetik vor, z. B. Hemmung durch Substratüberschuß oder allosterische Effekte (cf. 2.5.1.3).
Nachteilig an dem Verfahren von *Lineweaver* und *Burk* ist die Häufung der Meßpunkte im Sättigungsbereich und die Dehnung bei den schwerer zugänglichen niederen Substratkonzentrationen, die dadurch bei der Festlegung der Geraden leicht überbewertet werden.
Ein Verfahren, bei dem die Meßpunkte gleichmäßiger auf der Geraden verteilt sind, hat u. a. *Hofstee* vorgeschlagen. Aus Gl. (2.44) folgt:

$$\begin{aligned} v_0(A_0) + v_0 K_m &= V \cdot (A_0) && \text{(a)} \\ v_0 + \frac{v_0}{(A_0)} \cdot K_m &= V && \text{(b)} \\ v = -K_m \frac{v}{(A_0)} &+ V && \text{(c)} \end{aligned} \tag{2.51}$$

Gl. (2.51) ist die Gleichung einer fallenden Geraden (Abb. 2.22); die Bestimmung von K_m und V ist der Abbildung zu entnehmen.
Ein-Substrat-Reaktionen, für die die hier abgeleitete Kinetik, abgesehen von Sonderfällen (cf. 2.5.1.3), zutrifft, werden insbesondere von Lyasen und bestimmten Isomerasen katalysiert. Als Ein-Substrat-Reaktion kann aber auch die Katalyse der Hydrolasen behandelt werden, wenn das Wasser, dessen hohe Konzentration (55,6 mol/l) sich bei der Reaktion praktisch nicht verändert, als Reaktant unberücksichtigt bleibt.
Die Charakterisierung von Enzym/Substratsystemen durch die Bestimmung von K_m und V ist von Bedeutung für die enzymatische Analyse (cf. 2.5.4), für die Bewertung enzymatischer Reaktio-

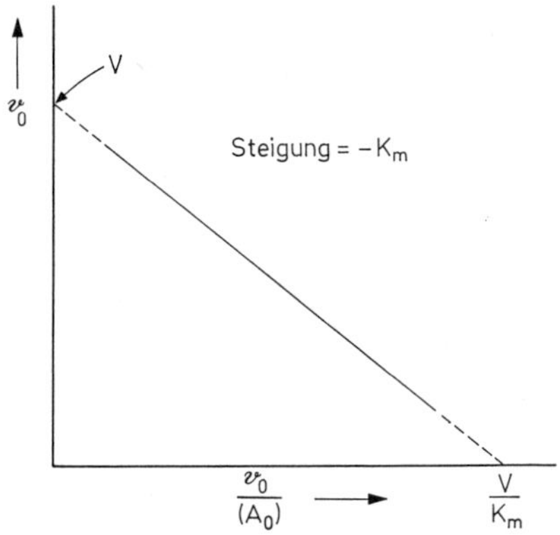

Abb. 2.22. Bestimmung von K_m und V. (Nach *Hofstee*)

nen in Lebensmitteln (z. B. enzymatische Bräunung in Kartoffeln, cf. 2.5.1.2.1) und für die Anwendung von Enzymen in der Lebensmitteltechnik (z. B. Aldehyd-Dehydrogenase, cf. 2.8.2.1.4).

2.5.1.2 Zwei-Substrat-Reaktion

Bei vielen Enzymen, wie z. B. den Oxidoreduktasen und Ligasen, sind zwei oder mehr Substrate bzw. Cosubstrate an der Reaktion beteiligt.

2.5.1.2.1 Reihenfolge bei der Substratbindung

Bei Enzymreaktionen mit zwei Substraten kann die Bindung der Substrate an das Enzym in verschiedener Reihenfolge geschehen. Dabei ist zunächst zu unterscheiden, ob die Katalyse im ternären Komplex (Enzym + 2 Substrate) oder in einem binären Komplex, der immer nur eines der beiden Substrate enthält, vollzogen wird.
Ternäre Enzym-Substrat-Komplexe können auf zweierlei Weise entstehen. Die Substrate lagern sich entweder in wahlloser („random mechanism“) oder in definierter Reihenfolge („ordered mechanism“) an das Enzym an. Betrachten wir dazu die Reaktion:

$$A + B \overset{E}{\rightleftharpoons} P + Q \tag{2.52}$$

Reagiert das Enzym nach dem „random mechanism“, so werden die Substrate in zufälliger Reihenfolge zu einem ternären Enzym-Substrat-Komplex EAB gebunden und die Produkte dissoziieren entsprechend aus dem ternären Enzym-Produkt-Komplex EPQ:

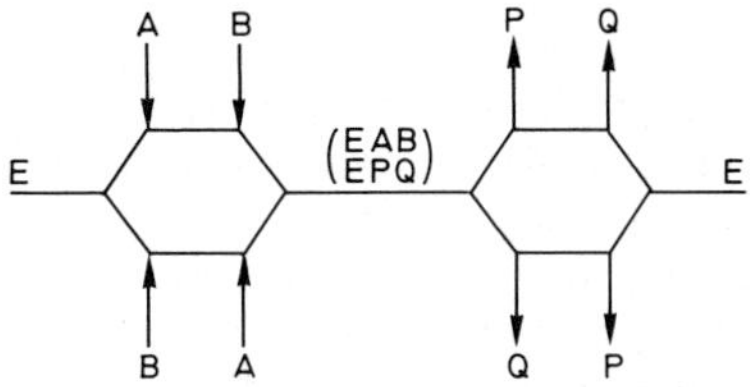

(2.53)

Ein Beispiel für ein Enzym, das nach diesem Mechanismus reagiert, ist die Creatin-Kinase im Fleisch (cf. 12.3.6):

$$\text{Kreatin} + \text{ATP} \rightleftharpoons \text{Kreatinphosphat} + \text{ADP} \tag{2.54}$$

Bei einem „ordered mechanism“ nimmt die Reaktion Gl. (2.52) folgenden Verlauf:

(2.55)

Nach einem „ordered mechanism“ reagiert die Alkohol-Dehydrogenase, doch hängt die Reihenfolge der Bindung der Substrate $NAD^{\oplus}$ und Ethanol von der Ethanolkonzentration ab. Bei niedrigen Konzentrationen (< 4 mmol/l) gilt:

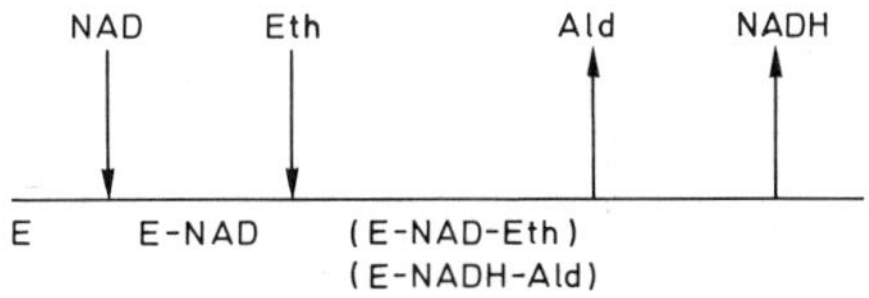

(2.56)

Eth : Ethanol
Ald : Acetaldehyd

Steigt die Ethanolkonzentration auf 7–8 mmol/l, so bindet das Enzym zuerst den Alkohol und dann das Cosubstrat; die Dissoziation der Produkte bleibt unberührt.
Auch die Phenoloxidase aus Kartoffeln soll nach einem „ordered mechanism“ reagieren. Zuerst wird Sauerstoff und anschließend das phenolische Substrat gebunden, wobei in der Kartoffel Chlorogensäure und Tyrosin in Frage kommen. Gegenüber dem zuerst genannten Substrat hat das Enzym die größere Affinität und auch V liegt höher, d. h. es wird bevorzugt umgesetzt. Der Quotient Chlorogensäure/Tyrosin beeinflußt so-

mit die enzymatische Bräunung, die sich bei der Kartoffelverarbeitung sehr störend bemerkbar macht, da tiefbraun gefärbte Melanoidine in schneller Reaktion nur aus dem Tyrosin nicht aber aus Chlorogensäure hervorgehen. Bei der Bewertung von Kartoffelsorten unter dem Gesichtspunkt der „enzymatischen Bräunung" müssen außerdem noch die Unterschiede in der Phenoloxidaseaktivität und im Ascorbinsäuregehalt in Rechnung gestellt werden. Die zuletzt genannte Verbindung verzögert durch Reduktion primär gebildeter o-Chinone (cf. 18.1.2.5.7) deren Weiterreaktion zu den Melanoidinen.

Bei enzymatischen Reaktionen, in denen funktionelle Gruppen übertragen werden, entstehen im allgemeinen nur binäre Enzym-Substrat-Komplexe nach dem sogenannten *Ping-Pong-Mechanismus.*

Ein Substrat wird an das Enzym E gebunden, reagiert unter Veränderung des Enzyms, das nun als F bezeichnet wird. F unterscheidet sich von E z. B. im Oxidationszustand der prosthetischen Gruppe oder in der kovalenten Bindung einer funktionellen Gruppe. Das veränderte Enzym F bindet das zweite Substrat, eine zweite Reaktion findet statt, die zur Rückbildung der Enzymform E und zu dem zweiten Produkt führt:

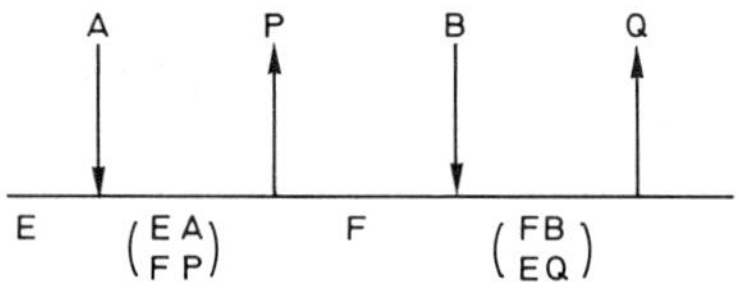

(2.57)

Das an der Glykolyse beteiligte Enzym Hexokinase reagiert nach einem Ping-Pong-Mechanismus:

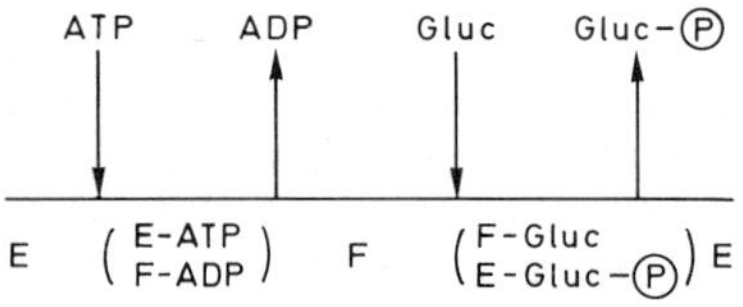

(2.58)

2.5.1.2.2 *Geschwindigkeitsgesetze*

Die Geschwindigkeitsgesetze für die Zwei-Substrat-Reaktionen kann man mit einem Verfahren ableiten, das dem bei der Ein-Substrat-Katalyse angewandten analog ist. Wir wollen hier nur die Ergebnisse betrachten.

Verläuft die Katalyse über einen ternären Enzym-Substrat-Komplex, so lautet die Beziehung:

$$v_0 = \frac{V}{1 + \frac{K_a}{(A_0)} + \frac{K_b}{(B_0)} + \frac{K_{ia} \cdot K_b}{(A_0)(B_0)}} \quad (2.59)$$

Die Veränderung gegenüber dem Geschwindigkeitsgesetz für die Ein-Substrat-Reaktion Gl. (2.44) wird deutlich, wenn man ihm folgende Form gibt:

$$v_0 = \frac{V}{1 + \frac{K_a}{(A_0)}} \quad (2.60)$$

Die Konstanten K_a und K_b sind in Gl. (2.59) wie K_m definiert, d. h. sie geben die Konzentration von A bzw. B an, für die $v_0 = V/2$ ist, unter der Voraussetzung, daß das Enzym jeweils mit dem anderen Substrat (B bzw. A) gesättigt ist. Jede dieser Konstanten setzt sich wie K_m (cf. Gl. (2.46)) aus mehreren Geschwindigkeitskonstanten zusammen. K_{ia} ist eine Inhibitorkonstante für A.

Wenn die Bindung eines Substrates die des anderen nicht beeinflußt, jedes Substrat am Enzym nur seinen Bindungsort besetzt und die Substrate den ternären Enzym-Substrat-Komplex in definierter Reihenfolge („ordered mechanism") bilden, dann wird:

$$K_{ia} \cdot K_b = K_a \cdot K_b \quad (2.61)$$

bzw. aus Gl. (2.59) wird:

$$v_0 = \frac{V}{1 + \frac{K_a}{(A_0)} + \frac{K_b}{(B_0)} + \frac{K_a \cdot K_b}{(A_0)(B_0)}} \quad (2.62)$$

Entsteht nur ein binärer Enzym-Substrat-Komplex („Ping-Pong-Mechanismus"), so fehlt das Glied $K_{ia} \cdot K_b$, d. h. Gl. (2.59) vereinfacht sich zu:

$$v_0 = \frac{V}{1 + \frac{K_a}{(A_0)} + \frac{K_b}{(B_0)}} \quad (2.63)$$

Zur Bestimmung der Konstanten wird die Anfangsgeschwindigkeit der Katalyse in Abhängigkeit von der Konzentration an Substrat B (oder A) für einige Konzentrationen von A (oder B) gemessen. Die Auswertung kann nach *Lineweaver* und *Burk* erfolgen. Aus der Gl. (2.59) für den „random mechanism" wird nach Umformung:

$$\frac{1}{v_0} = \left[\frac{K_b}{V} + \frac{K_{ia} \cdot K_b}{(A_0)V}\right]\frac{1}{(B_0)} + \left[1 + \frac{K_a}{(A_0)}\right]\frac{1}{V} \quad (2.64)$$

Aufgetragen wird zunächst $1/v_0$ gegen $1/(B_0)$. Aus dem erhaltenen Diagramm (Abb. 2.23) werden dann die für verschiedene (A_0)-Werte sich ergebenden Steigungen und Ordinatenabschnitte entnommen

$$\text{Steigung} = \frac{K_b}{V} + \frac{K_{ia} K_b}{V} \cdot \frac{1}{(A_0)}$$
$$\text{Ordinatenabschnitt} = \frac{1}{V} + \frac{K_a}{V} \cdot \frac{1}{(A_0)} \quad (2.65)$$

und gegen $1/(A_0)$ aufgetragen. Man erhält zwei Geraden (Abb. 2.24, a und b), aus deren Steigungen und Ordinatenabschnitten die Konstanten K_a, K_b, K_{ia} und die maximale Geschwindigkeit V berechnet werden können. Verläuft die Katalyse über den Ping-Pong-Mechanismus, so ergibt der Auftrag $1/v_0$ gegen $1/(B_0)$ eine Schar paralleler Geraden (Abb. 2.25), die wie oben beschrieben weiter ausgewertet werden.

Aus einem Vergleich der Abb. 2.23 und 2.25 folgt, daß die Abhängigkeit der Anfangsgeschwindigkeit von der Substratkonzentration eine Unterscheidung zwischen ternärem und binärem Enzym-Substrat-Komplex gestattet. Nicht möglich ist dagegen auf diesem Wege die Unterscheidung zwischen einem „ordered" und einem „random" Mechanismus.

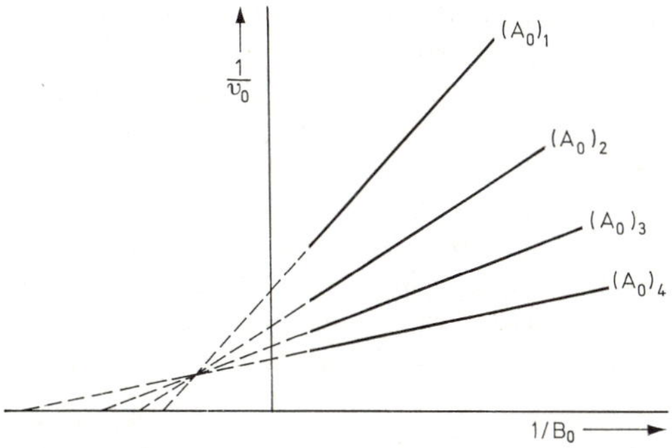

Abb. 2.23. Auswertung einer Zwei-Substrat-Reaktion, die über einen ternären Enzym-Substrat-Komplex verläuft. (Nach *Lineweaver* und *Burk*) $(A_0)_4 > (A_0)_3 > (A_0)_2 > (A_0)_1$

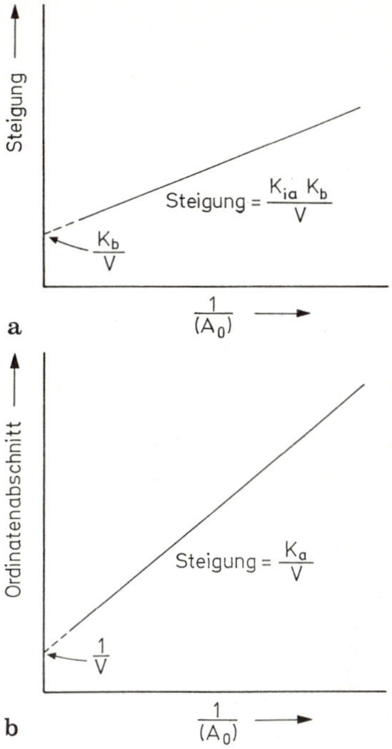

Abb. 2.24. Auftrag der Steigungen (**a**) und der Ordinatenabschnitte (**b**) aus Abb. 2.23 gegen $1/(A_0)$

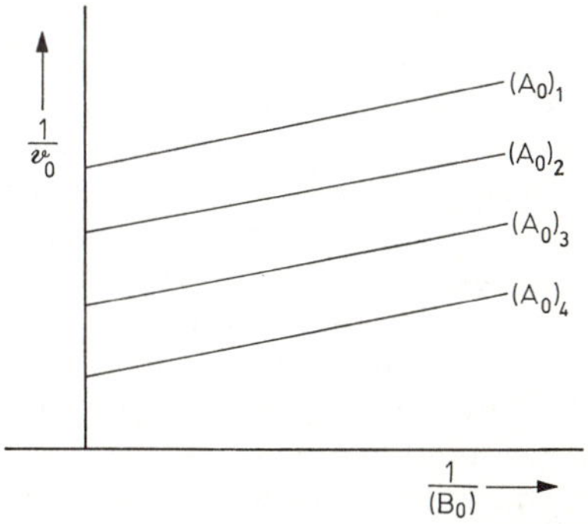

Abb. 2.25. Auswertung einer Zwei-Substrat-Reaktion, die über einen binären Enzym-Substrat-Komplex verläuft. (Nach *Lineweaver* und *Burk*) $(A_0)_4 > (A_0)_3 > (A_0)_2 > (A_0)_1$

2.5.1.3 Allosterisch regulierte Enzyme

Wir haben schon einige Enzyme kennengelernt, die aus mehreren Protomeren bestehen (cf. Tab. 1.23). Arbeiten die Protomeren bei der Katalyse unabhängig voneinander, so gilt die unter 2.5.1.1 und 2.5.1.2 dargestellte *Michaelis-Menten*-Kinetik. Enzyme, deren Untereinheiten kooperieren,

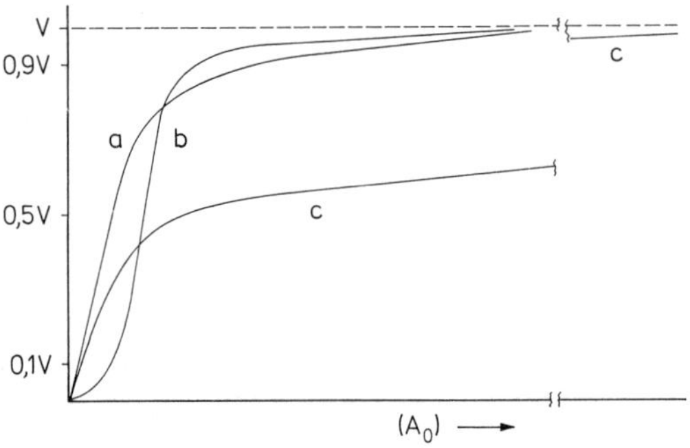

Abb. 2.26. Einfluß der Substratkonzentration auf die Geschwindigkeit der Katalyse. a Enzym, das der *Michaelis-Menten*-Kinetik gehorcht, b Allosterisch reguliertes Enzym mit positiver Kooperativität, c Allosterisch reguliertes Enzym mit negativer Kooperativität

weichen davon ab. Insbesondere bei positiver Kooperation, wenn das Enzym z. B. durch das Substrat aktiviert wird, führt die Auftragung von v_0 gegen (A_0) nicht zu einer Hyperbel, sondern zu einer Sättigungskurve mit sigmoidem Verlauf (Abb. 2.26).

Zu den Enzymen, deren Kinetik nicht der Beziehung nach *Michaelis* und *Menten* folgt, gehören die allosterisch regulierten Enzyme. Sie besitzen neben dem aktiven Zentrum einen Ort, an dem der allosterische Effektor (Substrat, Cosubstrat oder eine andere niedermolekulare Substanz) reversibel gebunden wird. Allosterisch regulierte Enzyme sind in der Regel an Kontrollstellen des Stoffwechsels wirksam. Ein Beispiel ist die Phosphofructokinase, die bei der Glykolyse und alkoholischen Gärung die Phosphorylierung von Fructose-6-phosphat katalysiert und in Gegenwart von ATP durch ihr Substrat aktiviert wird (positive Kooperation).

Zur sicheren experimentellen Unterscheidung eines nicht der Regulation unterliegenden Enzyms von einem allosterisch regulierten Enzym werden die Substratkonzentrationen, für die $v_0 = 0{,}1\,V$ und $v_0 = 0{,}9\,V$ gilt, ins Verhältnis gesetzt:

$$R_S = \frac{(A_0)_{0,9\,V}}{(A_0)_{0,1\,V}} \qquad (2.66)$$

Für alle Enzyme, die der Gleichung nach *Michaelis–Menten* gehorchen, beträgt das so definierte Substratverhältnis $R_s = 81$. Bei allosterisch regulierten Enzymen liegt der R_s-Wert entweder deutlich darunter oder darüber. $R_s < 81$ bedeutet positive Kooperation: Jedes gebundene Effektormolekül beschleunigt die Bindung des Substrates und fördert damit die katalytische Aktivität (Fall b in Abb. 2.26). $R_s > 81$ bedeutet negative Kooperation: Der Effektor (allosterischer Inhibitor) verzögert die Bindung weiterer Substratmoleküle (Fall c in Abb. 2.26).

Zur Erklärung der allosterischen Effekte sind verschiedene Modelle entwickelt worden, von denen hier nur das von *Monod, Wyman* und *Changeux* (1965) beschriebene Symmetrie-Modell in vereinfachter Form erläutert werden soll und zwar für den Fall des Substrates als positiv wirkendem allosterischen Effektor.

Die Protomeren eines allosterisch regulierten Enzyms existieren danach in zwei Konformationen, von denen die eine mit hoher (R-Form) und die andere mit geringer Affinität (T-Form) das Substrat bindet. Zwischen den Protomeren des Enzymmoleküls bestehen Wechselwirkungen. Sie bewirken, daß die Bindung des allosterischen Effektors durch ein Protomeres eine Umfaltung sämtlicher Untereinheiten in die aktivere Konformation induziert.

Nehmen wir an, die R- und T-Formen eines aus vier Protomeren bestehenden Enzyms befinden sich in einem Gleichgewicht, das ganz auf der Seite der T-Form liegt:

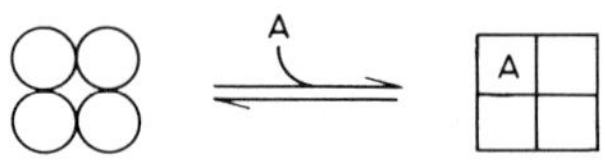

(T-Form) (R-Form) (2.67)

Eine Zugabe des Substrates, das hier gleichzeitig als allosterischer Effektor wirken soll, hat zur Folge, daß die Gleichgewichtslage von der T- zur katalytisch wesentlich aktiveren R-Form verschoben wird. Da ein Substratmolekül vier katalytische Zentren aktiviert, wird der starke Anstieg in der Aktivität des Enzyms bei nur geringer Zunahme der Substratkonzentration verständlich.

Eine Gleichung, die *A. V. Hill* schon 1913 für die sigmoid verlaufende Sauerstoffbindung des Hämoglobins gefunden hat, ist auch zur quantitativen Beschreibung der sigmoiden Sättigungskurve allosterischer Enzyme geeignet:

$$v_0 = \frac{V\,(A_0)^n}{K' + (A_0)^n} \qquad (2.68)$$

Die Gleichung sagt, daß die Geschwindigkeit der Katalyse in der n-ten Potenz der Substratkonzen-

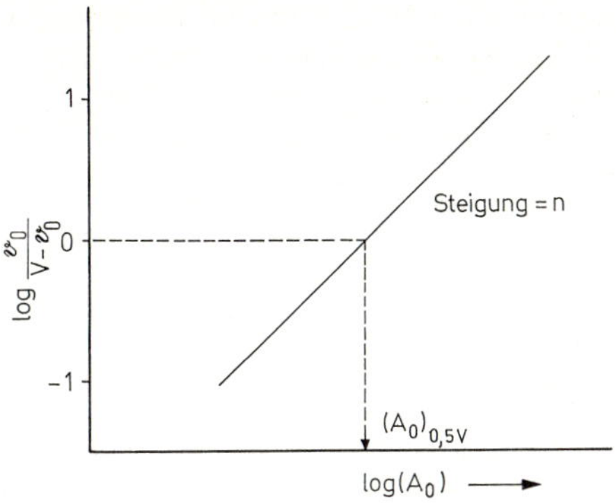

Abb. 2.27. Lineare Darstellung der *Hill*-Gleichung

tration steigt, wenn (A_0) klein gegenüber K ist. Der *Hill*-Koeffizient n ist ein Maß für die Sigmoidität der Kurve und damit für die Cooperativität des Enzyms. Für n = 1, geht Gl. (2.68) in das Geschwindigkeitsgesetz nach *Michaelis* und *Menten* über.

Zur Auswertung von Meßdaten wird Gl. (2.68) in die Gleichung einer Geraden umgeformt:

$$\log \frac{v_0}{V - v_0} = n \log (A_0) - \log K' \tag{2.69}$$

Die Steigung der Geraden (Abb. 2.27) ergibt den *Hill*-Koeffizienten n. Die Konstante K ist nicht äquivalent mit der Substratkonzentration, die zur Erzielung einer Geschwindigkeit $v_0 = 0{,}5\,V$ aufgewendet werden muß (cf. 2.5.1.1.1), denn aus Gl. (2.69) folgt für diese Bedingung:

$$\log \frac{0.5\,V}{0.5\,V} = 0 = n \cdot \log (A_0)_{0.5\,V} - \log K' \qquad K' = (A_0)^n_{0.5\,V} \tag{2.70}$$

2.5.2 Einfluß von Inhibitoren

Die katalytische Aktivität eines Enzyms wird neben der Substratkonzentration auch durch die Art und Konzentration von *Effektoren* beeinflußt. Unter diesem Oberbegriff werden *Inhibitoren,* d. h. Stoffe, welche die Geschwindigkeit der Katalyse reduzieren, und *Aktivatoren,* d. h. Stoffe, die den entgegengesetzten Effekt ausüben, zusammengefaßt. Zu den Aktivatoren gehören u. a. Verbindungen und Metallionen, die als prosthetische Gruppen wirksam sind oder die Konformation des Enzyms bzw. den Enzym-Substrat-Komplex stabilisieren (cf. 2.3.2 und 2.3.3). Hier soll näher der Einfluß der Inhibitoren diskutiert werden.

Inhibitoren sind als Bestandteile von Lebensmitteln identifiziert worden. Gefunden wurden z. B. bestimmte Proteine, die spezifisch Proteinasen (cf. 16.2.3), Amylasen oder β-Fructofuranosidasen hemmen. Weiterhin enthalten Lebensmittel Substanzen, die unspezifisch ein breites Spektrum von Enzymen hemmen können. Dazu gehören die phenolischen Inhaltsstoffe (cf. 18.1.2.5) und die Senföle (cf. 17.1.2.6.5). Darüber hinaus kann ein Lebensmittel mit Bioziden, Schwermetallen und anderen Umweltchemikalien kontaminiert (cf. Kap. 9) sein, die unter Umständen als Inhibitoren wirksam sein können. Insbesondere muß bei der enzymatischen Analyse von Lebensmittelbestandteilen diese Möglichkeit beachtet werden.

Zur Unterdrückung unerwünschter enzymatischer Reaktionen werden Lebensmittel in der Regel erhitzt (cf. 2.6). Inhibitoren werden bei der Lebensmittelherstellung in der Regel nicht angewandt. Eine der wenigen Ausnahmen ist der Zusatz von SO_2 (z. B. als Inhibitor der Phenoloxidase, cf. 8.12.6).

Das umfangreiche Material, das über die Wirkungsweise von Inhibitoren bekannt geworden ist, wurde von der biochemischen Forschung erarbeitet, da Versuche mit Inhibitoren wichtige Informationen über die Art der funktionellen Gruppe des aktiven Zentrums und über den Mechanismus der Katalyse ergeben (cf. 2.4.1.1).

Basierend auf der Kinetik werden die Inhibitoren zunächst in zwei Gruppen eingeteilt, je nachdem, ob sie *irreversibel* oder *reversibel* mit dem Enzym reagieren.

2.5.2.1 Irreversible Hemmung

Irreversible Inhibitoren reagieren mit dem Enzym meist kovalent; die entstehende Verbindung EI dissoziiert nicht:

$$E + I \xrightarrow{k_1} EI \tag{2.71}$$

Die Geschwindigkeit der Hemmung hängt von der Geschwindigkeitskonstanten k_1 in Gl. (2.71), von der Enzymkonzentration (E) und von der Inhibitorkonzentration (I) ab. Die irreversible Hemmung ist somit eine Funktion der Reaktionszeit und sie kann durch die Verdünnung des

Reaktionsmediums auch nicht zum Teil wieder rückgängig gemacht werden. Diese beiden Kriterien dienen zur Unterscheidung von der reversiblen Hemmung. Beispiele für irreversible Hemmungen sind die Reaktion von SH-Gruppen eines Enzyms mit Jodessigsäure:

$$\text{Enz-SH} + \text{JCH}_2\text{COOH} \longrightarrow \text{Enz-S-CH}_2\text{-COOH} + \text{HJ} \quad (2.72)$$

und die Reaktionen der unter 2.4.1.1 beschriebenen Inhibitoren.

2.5.2.2 Reversible Hemmung

Die reversible Hemmung ist charakterisiert durch ein Gleichgewicht zwischen Enzym und Inhibitor:

$$\text{E} + \text{I} \rightleftharpoons \text{EI} \quad \text{(a)}$$

$$\frac{(\text{E}) \cdot (\text{I})}{(\text{EI})} = K_i \quad \text{(b)} \quad (2.73)$$

Die Gleichgewichtskonstante K_i, auch Inhibitorkonstante genannt, ist das Maß für den Hemmeffekt: Je kleiner der Wert für K_i, um so größer ist die Affinität des Inhibitors zum Enzym.
Auf Grund der Kinetik lassen sich drei Formen der reversiblen Enzym-Hemmung unterscheiden, die kompetitive, die nichtkompetitive und die unkompetitive Inhibierung (Beispiele in Tab. 2.11). Weitere Fälle, wie allosterische Hemmung, teilweise kompetitive oder teilweise nichtkompetitive Hemmung werden hier nicht behandelt.

2.5.2.2.1 Kompetitive Hemmung

Der Inhibitor reagiert nur mit dem freien Enzym und tritt dabei in Konkurrenz zum Substrat:

$$\text{E} + \text{I} \rightleftharpoons \text{EI} \qquad \text{E} + \text{A} \rightleftharpoons \text{EA} \quad (2.74)$$

Nach der steady state Theorie folgt für die Ein-Substrat-Reaktion:

$$v_0 = \frac{V\,(A_0)}{K_m\left(1 + \frac{(I)}{K_i}\right) + (A_0)} \quad (2.75)$$

Die Anwesenheit des Inhibitors wirkt sich in einer scheinbaren Vergrößerung der *Michaelis*-Konstanten um den Faktor

$$1 + \frac{(I)}{K_i} \quad (2.76)$$

aus. Ein solcher Effekt kann bei der enzymatischen Substrat-Bestimmung von Nutzen sein (cf. 2.5.4.1.3). Für (I) = 0 geht Gl. (2.75) in die *Michaelis-Menten*-Gleichung Gl. (2.44) über.
Die graphische Auswertung nach *Lineweaver* und *Burk* (Abb. 2.28 a) zeigt, daß V durch einen kompetitiven Inhibitor nicht verändert wird, da er durch eine entsprechende hohe Substratkonzentration vom Enzym vollständig verdrängt werden kann (cf. Anwendung in Abb. 2.46). Bei Kenntnis von K_m läßt sich K_i aus dem Abszissenabschnitt in Abb. 2.28, a berechnen.

Tabelle 2.11. Beispiele reversibler Enzym-Hemmung

Enzym	EC-Nr.	Substrat	Inhibitor	Typ der Hemmung[a]	K_i(mol/l)
Glucose-Dehydrogenase	1.1.1.47	Glucose/NAD	Glucose-6-phosphat	K	$4{,}4 \cdot 10^{-5}$
Glucose-6-phosphat-Dehydrogenase	1.1.1.49	Glucose-6-ph./NADP	Phosphat	K	$1 \cdot 10^{-1}$
Succinat-Dehydrogenase	1.3.99.1	Succinat	Fumarat	K	$1{,}9 \cdot 10^{-3}$
Kreatinkinase	2.7.3.2	Creatin/ATP	ADP	NK	$2 \cdot 10^{-3}$
Glucokinase	2.7.1.2	Glucose/ATP	D-Mannose,	K	$1{,}4 \cdot 10^{-2}$
			2-Deoxyglucose,	K	$1{,}6 \cdot 10^{-2}$
			D-Galactose	K	$6{,}7 \cdot 10^{-1}$
Hexosediphosphatase	3.1.3.11	D-Fructose-1,6-diphosph.	AMP	NK	$1{,}1 \cdot 10^{-4}$
α-Glucosidase	3.2.1.20	p-Nitrophenyl-α-D-glucopyranosid	Saccharose,	K	$3{,}7 \cdot 10^{-2}$
			Turanose	K	$1{,}1 \cdot 10^{-2}$
Cytochromoxidase	1.9.3.1	Ferrocytochrom c	Azid	UK	

[a] K: kompetitiv, NK: nichtkompetitiv, UK: unkompetitiv.

2.5.2.2.2 Nichtkompetitive Hemmung

Der nichtkompetitive Inhibitor wird nicht vom aktiven Zentrum, sondern von einer anderen Stelle des Enzyms gebunden; er reagiert demzufolge nicht nur mit dem freien Enzym, sondern auch mit dem Enzym-Substrat-Komplex, so daß drei Vorgänge parallel ablaufen:

$$E + A \rightleftharpoons EA \qquad E + I \rightleftharpoons EI \qquad EA + I \rightleftharpoons EAI \tag{2.77}$$

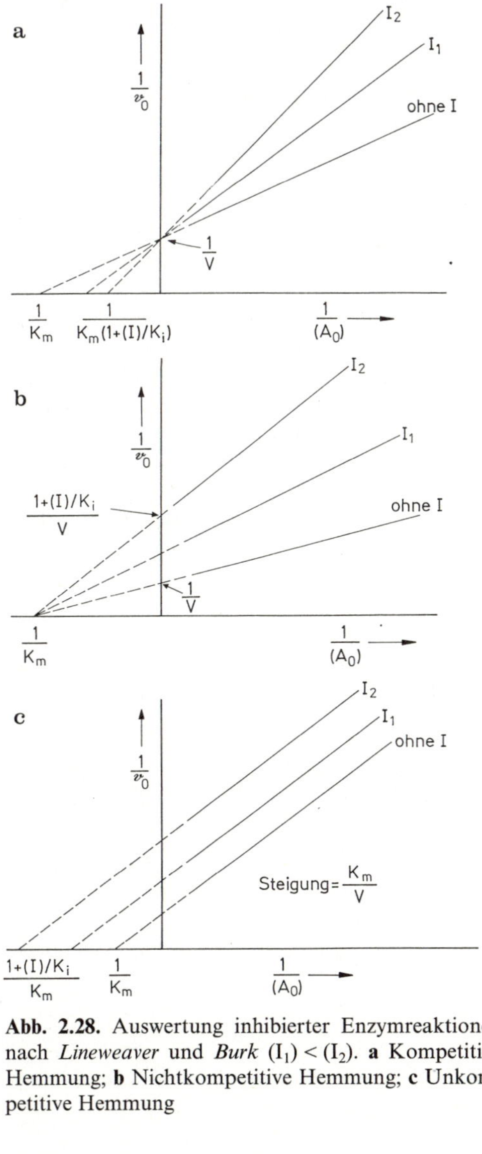

Abb. 2.28. Auswertung inhibierter Enzymreaktionen nach *Lineweaver* und *Burk* $(I_1) < (I_2)$. **a** Kompetitive Hemmung; **b** Nichtkompetitive Hemmung; **c** Unkompetitive Hemmung

Unter der Annahme, daß EAI und EI katalytisch inaktiv und die Dissoziationskonstanten K_i und K_{EAi} numerisch gleich sind, wird nach Umformung in die reziproke Form folgende Gleichung erhalten:

$$\frac{1}{v_0} = \frac{K_m}{V}\left(1 + \frac{(I)}{K_i}\right)\frac{1}{(A_0)} + \frac{1}{V}\left(1 + \frac{(I)}{K_i}\right) \tag{2.78}$$

Der graphischen Auswertung (Abb. 2.28 b), ist zu entnehmen, daß nicht K_m, sondern nur V durch den Inhibitor beeinflußt wird, da er die Konzentration an verfügbarem Enzym herabsetzt.

2.5.2.2.3 Unkompetitive Hemmung

Hier reagiert der Inhibitor nur mit dem Enzym-Substrat-Komplex:

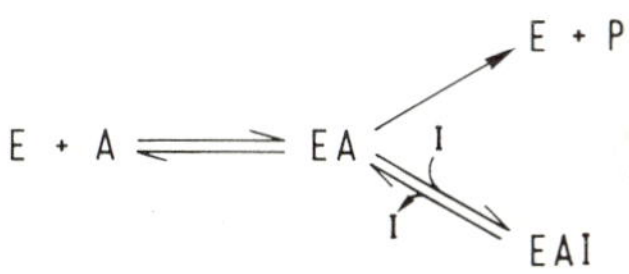

(2.79)

Umgeformt zur Gleichung einer Geraden lautet das Geschwindigkeitsgesetz für diesen Fall:

$$\frac{1}{v_0} = \frac{K_m}{V}\,\frac{1}{(A_0)} + \frac{1}{V}\left(1 + \frac{(I)}{K_i}\right) \tag{2.80}$$

Die graphische Auswertung (Abb. 2.28 c) zeigt, daß der unkompetitive Inhibitor sowohl V als auch K_m, nicht aber das Verhältnis K_m/V verändert. Die unkompetitive Hemmung tritt bei Ein-Substrat-Reaktionen sehr selten und bei Zwei-Substrat-Reaktionen häufiger auf.

Zusammenfassend ist festzuhalten, daß die drei Typen von reversiblen Inhibitoren durch Auftragung der Meßwerte nach *Lineweaver* und *Burk* (Abb. 2.28) erkannt werden können.

2.5.3 Einfluß der Wasserstoffionenkonzentration (pH)

Jedes Enzym ist nur in einem beschränkten pH-Bereich katalytisch aktiv; es hat in der Regel ein mehr oder minder scharf ausgeprägtes pH-Optimum, das häufig um pH 5,5–7,5 liegt (Tab. 2.12).

Die Lage des Optimums wird mitunter von der Art und der Ionenstärke des zur Messung verwendeten Puffers beeinflußt. Die Empfindlich-

Tabelle 2.12. pH-Optimum einiger Enzyme

Enzym	Herkunft	Substrat	pH-Optimum
Pepsin	Magen	Proteine	2
Chymotrypsin	Pankreas	Proteine	7,8
Papain	Tropische Pflanze	Proteine	7–8
Lipase	Mikroorganismen	Olivenöl	5–8
α-Glucosidase (Maltase)	Mikroorganismen	Maltose	6,6
β-Amylase	Malz	Stärke	5,2
β-Fructofuranosidase (Invertase)	Tomaten	Saccharose	4,5
Pektin-Lyase	Mikroorganismen	Pektinsäure	9,0–9,2
Xanthinoxidase	Milch	Xanthin	8,3
Lipoxygenase, Typ I[a]	Soja	Linolsäure	9,0
Lipoxygenase, Typ II[a]	Soja	Linolsäure	6,5

[a] vgl. 3.7.2.2.

keit, mit der Enzyme auf Veränderungen des pH reagieren, hat zwei Ursachen:

a) Veränderungen in der Proteinstruktur bis hin zur irreversiblen Denaturierung.
b) Die katalytische Aktivität hängt davon ab, daß die prototropen Gruppen des aktiven Zentrums sich in einem bestimmten Ladungszustand befinden (cf. 2.4.2.1).

Bei einem dissoziablen Substrat kann zusätzlich noch der Einfluß des pH auf dessen Ionisierung für die Reaktionsgeschwindigkeit von Bedeutung sein; dieser Effekt muß gesondert bestimmt werden. Hier wollen wir nur die unter b) genannten Einflüsse betrachten, wobei Vereinfachungen gemacht werden.

Ein Enzym E und der mit dem Substrat A entstehende Enzym-Substrat-Komplex EA bilden in Abhängigkeit vom pH folgende Gleichgewichte:

$$E^{n+1} \underset{}{\overset{-H^{\oplus}}{\rightleftharpoons}} E^{n} \underset{}{\overset{-H^{\oplus}}{\rightleftharpoons}} E^{n-1}$$

$$E^{n+1}A \underset{}{\overset{-H^{\oplus}}{\rightleftharpoons}} E^{n}A \underset{}{\overset{-H^{\oplus}}{\rightleftharpoons}} E^{n-1}A \qquad (2.81)$$

Welche dieser Ladungszustände von E und von EA an der Katalyse beteiligt sind, folgt aus der pH-Abhängigkeit von V und K_m:

a) Aus der Auftragung von K_m gegen den pH ergeben sich die prototropen Gruppen des Enzyms, die an der Bindung des Substrates und/oder an der Aufrechterhaltung seiner aktiven Konformation mitwirken. Das Ergebnis ist in der Regel einer der folgenden vier in Abb. 2.29 zusammengestellten Fälle:
Abb. 2.29a: K_m ist unabhängig vom pH im Bereich pH 4–9, d.h. die Formen E^{n+1}, E^n und E^{n-1} können das Substrat binden.
Abb. 2.29b und c: K_m hängt von einer prototropen Gruppe ab, deren pK-Wert (Wendepunkt der Kurve) unterhalb (Abb. 2.29b) bzw. oberhalb des Neutralpunktes (Abb. 2.29c) liegt. Im ersten Fall sind E^n und E^{n-1} und im zweiten Fall E^{n+1} und E^n die aktiven Formen bei der Substratbindung.
Abb. 2.29d: K_m hängt von zwei prototropen Gruppen ab; die aktive Form bei der Substratbindung ist E^n.

b) Die Beteiligung prototroper Gruppen an der Umwandlung des Enzym-Substrat-Komplexes in das Produkt tritt hervor, wenn das Enzym mit dem Substrat gesättigt ist, d.h. wenn Gl. (2.43) gilt, durch die V definiert ist. Die Auftragung von V gegen den pH ergibt grundsätzlich dieselben vier Fälle wie in Abb. 2.29 dargestellt, doch beziehen sich die Aussagen nun auf die prototropen Gruppen von EA bei der Weiterreaktion zum Produkt.

Zur Verdeutlichung soll abschließend die Auswertung und Interpretation von Meßdaten an einem hypothetischen Fall erläutert werden. Wir gehen davon aus, daß bei verschiedenen pH-Werten Daten für v_0 in Abhängigkeit von der Substratkonzentration

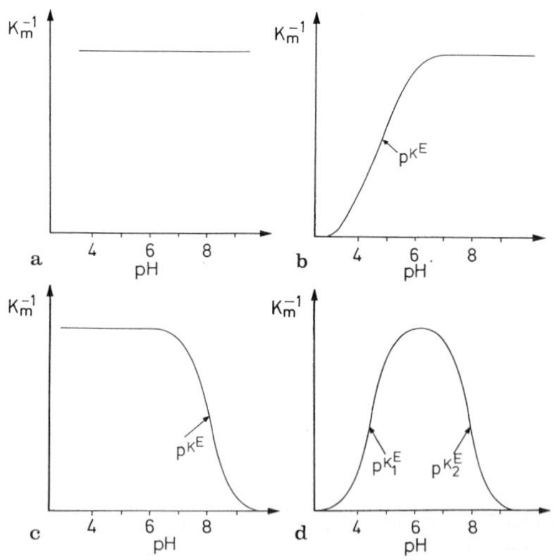

Abb. 2.29. Mögliche Wirkungen des pH auf die *Michaelis*-Konstante K_m

vorliegen, die z. B. nach *Lineweaver* und *Burk* ausgewertet werden können. Aus der Schar der resultierenden Geraden (Abb. 2.30) werden die Werte für K_m und V ermittelt und gegen den pH aufgetragen. Das Diagramm $K_m^{-1} = f(pH)$ (Abb. 2.31, a) entspricht Abb. 2.29 c, d. h., E^{n+1} und E^n sind aktiv bei der Bindung des Substrates.

Aus Abb. 2.31, b folgt, daß V von einer prototropen Gruppe abhängt, deren pK-Wert unterhalb des Neutralpunktes liegt. Von den beiden im Gleichgewicht stehenden Enzym-Substrat-Komplexen $E^{n+1}A$ und E^nA ist demnach nur der zuletzt Genannte zur Umwandlung von A in das Produkt befähigt.

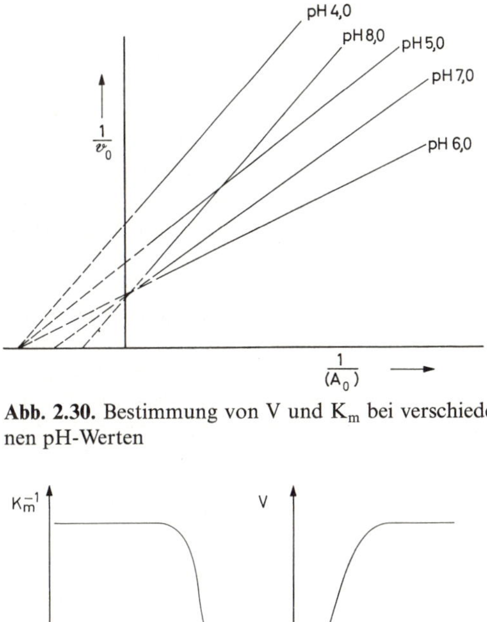

Abb. 2.30. Bestimmung von V und K_m bei verschiedenen pH-Werten

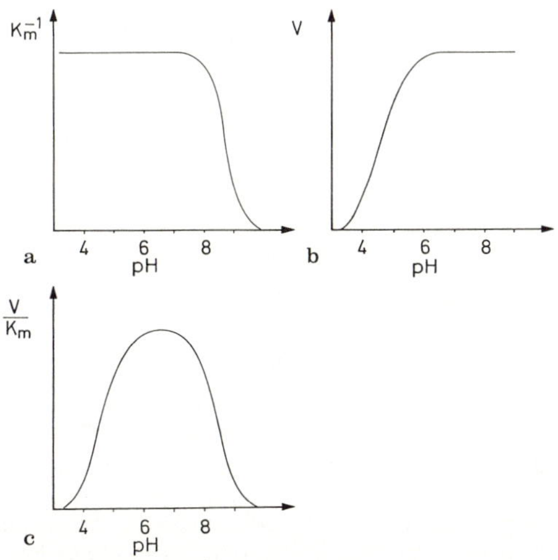

Abb. 2.31. Auswertung von K_m und V in Abhängigkeit vom pH für einen hypothetischen Fall

Damit ergibt sich in diesem Beispiel insgesamt folgende Wirkung des pH auf die Katalyse des Enzyms:

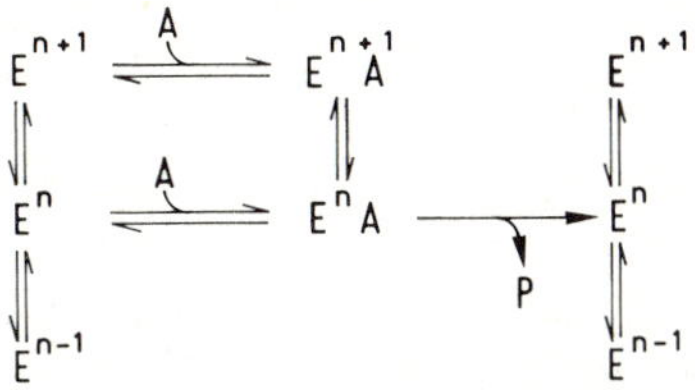

(2.82)

Das Schema ist auch im Einklang mit dem Diagramm $V/K_m = f(pH)$ (Abb. 2.31, c), dem zu entnehmen ist, daß insgesamt zwei prototrope Gruppen des Enzyms an der Katalyse beteiligt sind.

Eine genaue Bestimmung der pK-Werte an enzymatischen Reaktionen beteiligter prototroper Gruppen ist durch andere Formen der Auswertung möglich. Eine Identifizierung der Gruppen auf Grund des pK-Wertes ist jedoch sehr problematisch, da der pK-Wert häufig stark von der Umgebung im Proteinmolekül beeinflußt wird. In diesem Zusammenhang braucht man nur daran zu denken, daß der pK-Wert der Essigsäure in Wasser 4,75 und in 80%igem Aceton etwa 7 beträgt. Aus der pH-Abhängigkeit der Enzymaktivität abgeleitete Ergebnisse geben deshalb nur erste Hinweise, die durch weitere Untersuchungen abgesichert werden müssen.

2.5.4 Enzymatische Analyse

Die enzymatische Analyse kann bei Lebensmitteln sowohl die Bestimmung von Bestandteilen, die als Substrate oder Inhibitoren von Enzymen in Frage kommen, als auch die Bestimmung von Enzymaktivitäten zum Gegenstand haben.

Außerdem werden bestimmte Enzyme als Indikatoren in Immunoassays für Lebensmittelkomponenten eingesetzt (Enzymimmunoassay).

2.5.4.1 Substratbestimmungen

2.5.4.1.1 Prinzip

Bestandteile von Lebensmitteln können mit Hilfe von Enzymen schnell, sehr empfindlich und äußerst spezifisch qualitativ und quantitativ analy-

$$\begin{array}{lcll} \text{Glucose} + \text{ATP} & \xrightarrow{\text{HK}} & \text{Glucose-6P} & \text{(a)} \\ \text{Glucose-6P} + \text{NADP}^{\oplus} & \xrightarrow{\text{G6P-DH}} & \text{6-Phosphogluconate} + \text{NADPH} + \text{H}^{\oplus} & \text{(b)} \\ \text{Lactose} & \xrightarrow{\beta\text{-Ga}} & \text{Glucose} + \text{Galactose} & \text{(c)} \\ \text{Saccharose} & \xrightarrow{\beta\text{-F}} & \text{Glucose} + \text{Fructose} & \text{(d)} \end{array} \quad (2.84)$$

siert werden (Beispiele in Tab. 2.13); langwierige Reinigungs- und Trennoperationen entfallen in der Regel.

Im enzymatischen Test wird eine fotometrische oder elektrochemische Bestimmung der Reaktionspartner oder -produkte bevorzugt. Kommen sie dafür nicht in Frage, so erfolgt ihre Bestimmung im gekoppelten Test. Er wird in einem Ansatz ausgeführt und umfaßt die *Hilfsreaktion**, in der die zu analysierende Substanz umgesetzt wird, und die *Indikator-Reaktion,* die zur Messung herangezogen wird. In den meisten Fällen ist die Indikator-Reaktion der Hilfsreaktion nachgeschaltet:

$$\begin{array}{l} \text{A} + \text{B} \xrightleftharpoons{\text{Hilfs-Enzym}} \text{P} + \text{Q} \\ \text{P} + \text{C} \xrightleftharpoons{\text{Indikator-Enzym}} \text{R} + \text{S} \end{array} \quad (2.83)$$

A ist der Bestandteil eines Lebensmittels, der analysiert werden soll; gemessen wird C, R oder S. Die Gleichgewichtslage der nachgeschalteten Indikator-Reaktion ist bei einer gekoppelten Enzym-Reaktion maßgebend. Sie muß – eventuell durch Kunstgriffe – so eingestellt werden, daß in unserem Fall das Produkt P aus dem Gleichgewicht der Hilfsreaktion abgezogen wird, bevor es die Gleichgewichtskonzentration dieser Reaktion erreicht.

Durch Aneinanderreihung von Hilfsreaktionen kann man mit einer Indikator-Reaktion mehrere Inhaltsstoffe in einem Ansatz bestimmen. Ein Beispiel ist die Analyse von Glucose, Lactose und Saccharose (s. Formel 2.84).

Zuerst wird Glucose in der Hilfsreaktion (a) mit ATP phosphoryliert. Das entstehende Glucose-6-phosphat ist Substrat in der NADP-abhängigen Indikator-Reaktion (b). Zugabe von β-Galactosidase startet die Analyse der Lactose, denn die in Reaktion (c) freigesetzte Glucose wird nach Phosphorylierung durch die Indikator-Reaktion (b) erfaßt (Abb. 2.32). Schließlich wird durch den Zusatz von β-Fructosidase die Saccharose gespalten (d) und die Glucose über (a) und (b) bestimmt (Abb. 2.32).

* Die Bezeichnung „Hilfsreaktion" für die Hauptreaktion ist nicht sehr glücklich gewählt. Sie hat sich aber allgemein durchgesetzt.

2.5.4.1.2 *Endwert-Methode*

Das Verfahren ist unproblematisch bei enzymatischen Reaktionen, deren Gleichgewicht entweder ganz auf der Produktseite liegt oder durch geeignete experimentelle Maßnahmen zugunsten des Produktes verschoben werden kann. Ist dies nicht gegeben, so müssen Eichkurven aufgestellt werden.

Im Unterschied zur kinetischen Methode (cf. 2.5.4.1.3) muß die Konzentration des Substrates, das im Lebensmittel analysiert werden soll, nicht schon zu Beginn der Reaktion unterhalb der *Michaelis*-Konstanten des die Hilfsreaktion katalysierenden Enzyms liegen. Die Reaktionszeit ist einfach zu berechnen, wenn für den größten Teil

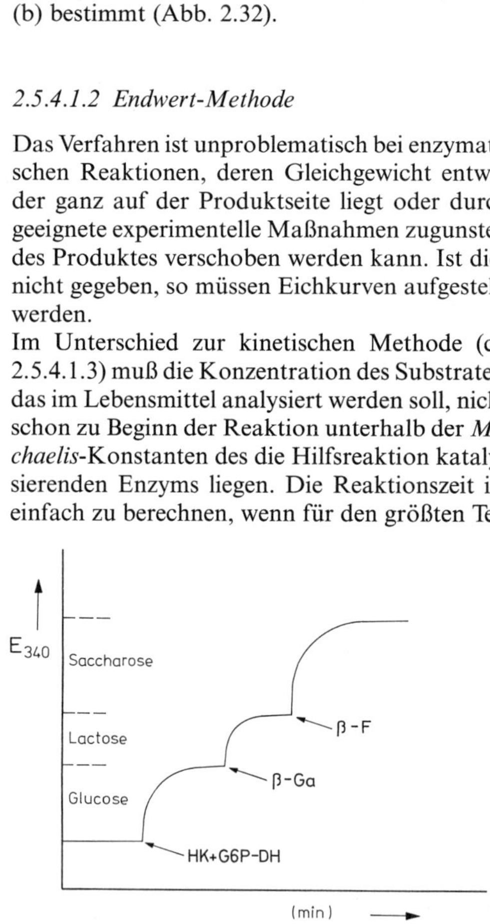

Abb. 2.32. Enzymatische Bestimmung von Glucose, Saccharose und Lactose in einem Ansatz. Nach den Cosubstraten ATP und NADP werden die Enzyme in der Reihenfolge Hexokinase (HK), Glucose-6-phosphat-Dehydrogenase (G6P-DH), β-Galactosidase (β-Ga) und β-Fructosidase (β-F) zugegeben

Tabelle 2.13. Enzymatische Analyse von Lebensmittelinhaltsstoffen[a]

Inhaltsstoff	Hilfs-Reaktion	Indikator-Reaktion
Glucose	β-D-Glucose[b] + O_2 $\xrightleftharpoons[\text{oxidase}]{\text{Glucose-}}$ ∂-D-Gluconolacton + H_2O_2 (a_H)	o-Dianisidin + H_2O_2 $\xrightleftharpoons{\text{Peroxidase}}$ Oxid. o-Dianisidin (a_I)
	Glucose + ATP $\xrightleftharpoons[\text{kinase}]{\text{Hexo-}}$ Glucose-6P (b_H)	Glucose-6P + $NADP^{\oplus}$ $\xrightleftharpoons[\text{Dehydrogenase}]{\text{Glucose-6P-}}$ Gluconat-6P + NADH + $H^{\oplus}$ (b_I)
Fructose	Fructose + ATP $\xrightleftharpoons[\text{kinase}]{\text{Hexo-}}$ Fructose-6P	Fructose-6P $\xrightleftharpoons[\text{Isomerase}]{\text{Glucosephosphat-}}$ Glucose-6P
Sorbit	D-Sorbit + NAD $\xrightleftharpoons[\text{drogenase}]{\text{Sorbit-Dehy-}}$ Fructose + NADH + $H^{\oplus}$	
Maltose	Maltose + H_2O $\xrightleftharpoons{\alpha\text{-Glucosidase}}$ 2 Glucose	Wie Glucose ($b_H + b_I$)
Stärke	Stärke + (n − 1) H_2O $\xrightleftharpoons[\text{glucosidase}]{\text{Amylo-}}$ n-Glucose	Wie Glucose ($b_H + b_I$)
Galactose		β-D-Galactose + $NAD^{\oplus}$ $\xrightleftharpoons[\text{Dehydrogenase}]{\text{Galactose-}}$ Galactonsäure + NADH + $H^{\oplus}$
Ethanol		Ethanol + NAD $\xrightleftharpoons[\text{Dehydrogenase}]{\text{Alkohol-}}$ Acetaldehyd + NADH + $H^{\oplus}$
Glycerin[c]	Glycerin + ATP $\xrightleftharpoons[\text{kinase}]{\text{Glycero-}}$ Glycerin-1P + ADP	ADP + Phosphoenolpyruvat $\xrightleftharpoons[\text{kinase}]{\text{Pyruvat-}}$ ATP + Pyruvat (c)
		Pyruvat + NADH + $H^{\oplus}$ $\xrightleftharpoons[\text{Dehydrogenase}]{\text{Lactat-}}$ Lactat + $NAD^{\oplus}$ (d)
Lactat	L-Lactat über die Rückreaktion von d); D-Lactat mit Dehydrogenase entspr. Spezifität	
Kreatinin und Kreatin	Kreatinin + H_2O $\xrightleftharpoons{\text{Kreatininase}}$ Kreatin	Kreatin + ATP $\xrightleftharpoons[\text{kinase}]{\text{Kreatin-}}$ Kreatin-P + ADP
Einzelne Aminosäuren	$R-CH(NH_2)COOH$ $\xrightleftharpoons[\text{Decarboxylase}^{d}]{\text{Aminosäure-}}$ $R-CH_2-NH_2 + CO_2$	ADP wird über c) und d) bestimmt
L-Malat		L-Malat + $NAD^{\oplus}$ $\xrightleftharpoons[\text{Dehydrogenase}]{\text{Malat-}}$ Oxalacetat + NADH + $H^{\oplus}$

[a] Saccharose, Lactose vgl. Abb. 2.32.
[b] Über Mutarotation wird auch das α-Anomere erfaßt.
[c] Nach Hydrolyse können mit dieser Methode auch Acylglyceride erfaßt werden.
[d] Spezifisch reagierende Decarboxylasen sind verfügbar u. a. für L-Tyrosin, L-Lysin, L-Glutaminsäure, L-Asparaginsäure, L-Arginin.

Tabelle 2.14. Praktikable Enzymkonzentrationen für Endwertmethoden

Substrat	Enzym	K_m (mol/l)	Enzym Konzentration (µkat/l)
Glucose	Hexokinase	$1{,}0 \cdot 10^{-4}$ (30 °C)	1,67
Glycerin	Glycerokinase	$5{,}0 \cdot 10^{-5}$ (25 °C)	0,83
Harnsäure	Uratoxidase	$1{,}7 \cdot 10^{-5}$ (20 °C)	0,28
Fumarsäure	Fumarase	$1{,}7 \cdot 10^{-6}$ (21 °C)	0,03

der Reaktion das Geschwindigkeitsgesetz für die Reaktion 1. Ordnung gültig ist.
Bei Zwei-Substrat-Reaktionen wird das Enzym mit dem zweiten Substrat gesättigt. Da unter diesen Bedingungen Gl. (2.44) gültig ist, kann sowohl für Ein- als auch für Zwei-Substrat-Reaktionen die für den Test erforderliche katalytische Aktivität des Enzyms ermittelt werden. Den Beispielen in Tab. 2.14 ist zu entnehmen, daß für Endwertmethoden auf Grund des größeren Spielraums in der Substratkonzentration, Enzyme mit niedrigen K_m-Werten erwünscht sind. Zur Berechnung der Reaktionszeit, die so gewählt werden sollte, daß bei Reaktionen, deren Gleichgewicht praktisch ganz auf der Produktseite liegt, ein 99%-Umsatz gewährleistet ist, sind Daten für K_m und V erforderlich.

2.5.4.1.3 Kinetische Methode

Bei der kinetischen Methode wird die Substratkonzentration über eine Messung der Reaktionsgeschwindigkeit ermittelt. Auf einen quantitativen Umsatz wird verzichtet, so daß sich der Zeitbedarf pro Analyse reduziert. Da die kinetische Methode im allgemeinen auch noch weniger gegen Störungen (z. B. Trübungen, Eigenfarbe der Lösungen) anfällig ist als die Endwert-Methode, verdient sie bei der Automatisierung enzymatischer Analysen den Vorzug.
Die kinetische Bestimmung von Substraten ist nur möglich, solange Gl. (2.49) gültig ist. Für die Versuchsführung ergibt sich daraus:

a) Bei Zwei-Substrat-Reaktionen muß die Konzentration des 2. Substrates so hoch angesetzt werden, daß die Geschwindigkeit der Reaktion nur noch von der Konzentration der Substanz abhängt, die analysiert werden soll.
b) Enzyme mit hohen *Michaelis*-Konstanten sind erforderlich, damit relativ hohe Substratkonzentrationen gemessen werden können.
c) Stehen Enzyme mit der unter b) genannten Eigenschaft nicht zur Verfügung, so versucht man gegebenenfalls den K_m-Wert durch Zusatz eines kompetitiven Inhibitors zu erhöhen.

Zur Erläuterung von Punkt c) wollen wir als Beispiel die in Tab. 2.13 angegebene Glycerinbestimmung betrachten. Sie gestattet im kinetischen Test nur die Analyse sehr niedriger Glycerinkonzentrationen, da die K_m-Werte der beteiligten Enzyme klein sind: 6×10^{-5} bis 3×10^{-4} mol/l.
In der Reaktionskette kann durch Zugabe von ATP das Enzym Pyruvat-Kinase kompetitiv in bezug auf ADP gehemmt werden. Der K_m-Wert für ADP (3×10^{-4} mol/l) erhöht sich scheinbar (cf. 2.5.2.2.1) und die Reaktion verhält sich über einen entsprechend größeren Konzentrationsbereich von ADP wie eine Reaktion 1. Ordnung. Da durch den Zusatz des kompetitiven Inhibitors die Reaktion c (Tab. 2.13) zum geschwindigkeitsbestimmenden Teilschritt der Gesamtreaktion wird, ist somit auch eine kinetische Bestimmung höherer Glycerinkonzentrationen möglich.

2.5.4.2 Enzymaktivitätsbestimmungen

In der Einleitung zum 2. Kapitel wurde darauf hingewiesen, daß Enzyme zum Nachweis einer thermischen Behandlung von Lebensmitteln geeignet sind. Die Analyse von Enzymaktivitäten ist aber auch deshalb von Bedeutung, weil sie in steigendem Umfang zur Charakterisierung von Rohstoffen und zur Optimierung lebensmitteltechnologischer Verfahren eingesetzt wird. Außerdem müssen die Aktivitäten von Enzympräparaten kontrolliert werden, die bei der Verarbeitung oder Analyse von Lebensmitteln, angewandt werden.
Die Meßgröße für die katalytische Aktivität eines Enzyms ist die Geschwindigkeit der von ihm beschleunigten Reaktion. Bei der Messung sind optimale Bedingungen für das Enzym in bezug auf Art und Ionenstärke des verwendeten Puffers, pH-Wert, die Konzentrationen an Substraten, Cosubstraten und Aktivatoren einzustellen.

Die exakte Einhaltung der Meßbedingungen einschließlich der Reaktionstemperatur ist bei Aktivitätsbestimmungen besonders kritisch, da im Unterschied zur Substratanalyse eine Kontrolle der Meßwerte über einen eingewogenen Standard häufig nicht möglich ist.
Ein besonders wichtiger Parameter, der die Messung stark beeinflußt, ist die Temperatur. Schwankungen wirken sich stark auf die Reaktionsgeschwindigkeit aus (cf. 2.6); z. B. mißt man bei um 1 °C erhöhter Temperatur die Aktivität des Enzyms um etwa 10% zu hoch. Wenn möglich, sollte die Inkubation bei 25 °C durchgeführt werden.
Die ideale Substratkonzentration ist im Test so einzustellen, daß Gl. (2.43) gilt, d. h. $(A_0) \gg K_m$. Die Realisierung dieser Forderung stößt aber häufig auf Schwierigkeiten: Das Substrat ist nur begrenzt löslich oder es hindert durch eine starke Lichtabsorption den fotometrischen Test oder es hemmt in höheren Konzentrationen das Enzym. Für solche Fälle sind Verfahren entwickelt worden, mit denen die optimale Substratkonzentration bestimmt werden kann.

2.5.4.3. Enzymimmunoassay

Mit Hilfe immunologischer Verfahren können Bestandteile von Lebensmitteln spezifisch und sehr empfindlich quantitativ bestimmt werden. Erforderlich ist ein Antiserum, das Antikörper enthält, die spezifisch mit der zu bestimmenden Substanz, dem Antigen, reagieren. Das Antiserum wird durch Immunisierung u. a. von Kaninchen erzeugt. Da nur hochmolekulare Verbindungen ($M_r > 5000$) immunogen wirken, bedarf es bei niedermolekularen Verbindungen (Haptene) der kovalenten Kopplung an ein Protein. Das mit dem „Konjugat" erzeugte Antiserum enthält dann sowohl Antikörper gegen das Protein wie auch solche gegen das Hapten.

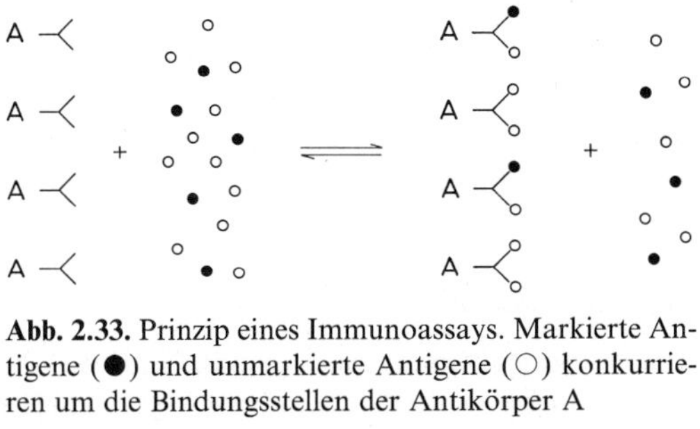

Abb. 2.33. Prinzip eines Immunoassays. Markierte Antigene (●) und unmarkierte Antigene (○) konkurrieren um die Bindungsstellen der Antikörper A

Im Immunoassay, dessen Prinzip Abb. 2.33 zeigt, konkurrieren markierte und unmarkierte Antigene um die im Unterschuß vorliegenden Antikörper. Werden im Test sowohl die Konzentrationen des markierten Antigens wie auch die der Antikörper konstant gehalten, so ist die Konzentration des zu bestimmenden unmarkierten Antigens die einzige Testvariable. Entsprechend dem Massenwirkungsgesetz kann folglich die unbekannte Antigenkonzentration indirekt über den Anteil an freiem markierten Antigen bestimmt werden. Im Unterschied zu älteren Techniken bedarf es nicht der Bildung eines Präzipitates zum Nachweis der Antigen-Antikörper-Reaktion (cf. 12.9.2.3.2). Immunoassays können deshalb wesentlich schneller und empfindlicher ausgeführt werden.
Zur Markierung der Antigene werden Radioisotope (^3H, ^{14}C) und Enzyme angewandt; außerdem spielen Fluoreszenz- und Lumineszenzfarbstoffe sowie stabile Radikale eine Rolle. Als Indikatorenzyme werden häufig die Peroxidase aus Meerrettich, die alkalische Phosphatase aus Kälbermagen und die β-D-Galactosidase aus *E. coli* angewandt, da sie in hoher Reinheit zur Verfügung stehen, relativ stabil sind und ihre Aktivität empfindlich und genau gemessen werden kann. Die Enzyme werden mit den Antigenen oder Haptenen kovalent verbunden, z. B. durch Reaktion mit Glutaraldehyd oder Carbodiimid.
Enzymimmunoassays werden in der Lebensmittelanalytik zunehmend angewandt (Beispiele in Tab. 2.15). Im Unterschied zum Radioimmunoassay (RIA) bedarf es nicht speziell ausgerüsteter Laboratorien. Außerdem ist beim Radioimmu-

Tabelle 2.15. Beispiele für die Anwendung von Enzymimmunoassays in der Lebensmittelanalytik

Nachweis und Quantifizierung
Tierart bei Fleisch
Fremdeiweiß in Fleischprodukten
Myosin im Muskel
Tierarzneimittel und Masthilfsmittel, z. B. Penicillin in der Milch; natürliche und synthetische Östrogene im Fleisch
Toxine (Alfatoxine, Enterotoxine, Ochratoxine) in Lebensmitteln
Glykoalkaloide in Kartoffeln

noassay immer eine Trennung der freien von den antikörpergebundenen Antigenen erforderlich (heterogener Immunoassay), während beim Enzymimmunoassay homogene Tests möglich sind, wenn die Aktivität des Indikatorenzyms durch Bildung des Antigen-Antikörper-Komplexes gehemmt wird. In der Lebensmittelanalytik wird überwiegend ein spezielles heterogenes Verfahren unter Verwendung von festen Trägern (z. B. Antikörper gebunden an Polystyrol oder Cellulose) zur Erleichterung der Abtrennung der freien Antigene angewandt, die ELISA-Technik *(„enzyme-linked immunosorbent assay“)*.

2.6 Einfluß der Temperatur

Enzymatische Prozesse werden bei der Herstellung und Lagerung von Lebensmitteln meistens über die Temperatur geregelt. Erwünschte Reaktionen, z. B. bei Reifungsvorgängen oder bei der Anwendung der unter 2.8.2 beschriebenen Enzympräparate, fördert man durch die Einstellung und Einhaltung der optimalen Inkubationstemperatur. Reaktionen, die sich negativ auf das Aroma, die Farbe, den Nährwert oder die Textur auswirken, werden entweder durch eine Lagerung bei tiefen Temperaturen gebremst oder sie werden durch eine Hitze-Inaktivierung der dafür maßgebenden Enzyme ausgeschaltet.
In Tab. 2.16 sind einige Lebensmittel zusammengestellt, von denen das Enzym bekannt ist, welches inaktiviert werden muß, damit die Qualität erhalten bleibt. Derartige detaillierte Kenntnisse fehlen aber noch bei vielen Lebensmitteln, die zur Verbesserung der Haltbarkeit sterilisiert, pasteurisiert oder blanchiert werden.
In den folgenden Abschnitten werden zunächst die Parameter erläutert, mit denen der Einfluß der Temperatur auf Enzyme charakterisiert werden kann. Daran schließt sich eine Diskussion der Phänomene an, die bei der thermischen Belastung von Enzymen oder enzymaktiven Lebensmitteln festzustellen sind.

Tabelle 2.16. Thermische Inaktivierung von Enzymen zur Vermeidung von Qualitätsverlusten

Lebensmittel	Enzym	Qualitätsverlust
Produkte aus Kartoffeln, Äpfeln	Phenoloxidase	Enzymatische Bräunung
Halbreife Erbsen	Lipoxygenase, Peroxidase	Aromafehler; Bleichung
Fischprodukte	Proteinasen, Thiaminasen	Textur (Verflüssigung) Vitamin B_1-Verluste
Tomatenpüree	Polygalacturonase	Textur (Verflüssigung)
Produkte aus Aprikosen	β-Glucosidase	Farbfehler
Haferflocken	Lipase, Lipoxygenase	Geschmacksfehler (bitter)

2.6.1 Q_{10}-Wert

In der Biologie und Lebensmittelchemie wird der Einfluß der Temperatur auf die Geschwindigkeit komplizierter Prozesse häufig über den Q_{10}-Wert quantitativ erfaßt, der wie folgt definiert ist:

$$Q_{10} = \frac{v_{T+10°}}{v_T} \tag{2.85}$$

v_T = Reaktionsgeschwindigkeit bei der Temperatur T

Der Q_{10}-Wert beträgt bei den meisten chemischen und enzymatischen Reaktionen 2–3. Er ist mit der Reaktionsgeschwindigkeit v über eine Exponentialfunktion verknüpft:

$$\log (v_{T_1} - v_{T_2}) = \frac{\Delta T}{10°} \log Q_{10} \tag{2.86}$$

Temperaturdifferenz $\Delta T = T_1 - T_2$

Geringe Unterschiede in den Q_{10}-Werten haben deshalb große Unterschiede in den Reaktionsgeschwindigkeiten zur Folge.

2.6.2 Aktivierungsenergie

Die Temperaturabhängigkeit der Reaktionsgeschwindigkeit gibt eine Beziehung wieder, die empirisch gefunden und von *S. Arrhenius* interpretiert worden ist:

$$\log k = \log A - \frac{E_a}{2{,}3RT} \tag{2.87}$$

k: Geschwindigkeitskonstante
E_a: Aktivierungsenergie
T: Temperatur (K)
R: Gaskonstante (8,3143 $JK^{-1}\ mol^{-1}$)
A: *Arrhenius Faktor*

Bei Enzymreaktionen kann gemäß Gl. (2.43) die Geschwindigkeitskonstante gleich V gesetzt wer-

den, wenn die Temperaturabhängigkeit bei entsprechend hoher Substratkonzentration gemessen wird.
Die Aktivierungsenergie, d.h. der Energiebetrag, den ein Molekül mindestens besitzen muß, damit es in das Produkt umgewandelt wird, kann durch graphische Auswertung der experimentellen Daten im Diagramm log V gegen 1/T bestimmt werden (cf. Beispiel in Abb. 2.35).
Welcher Schritt der Katalyse der ermittelten Aktivierungsenergie bedarf und damit geschwindigkeitsbestimmend ist, kann nur nach Kenntnis des Mechanismus geklärt werden. Solche Untersuchungen sind sehr aufwendig und schwierig. Ein detailliertes Energieprofil ist deshalb bisher nur für wenige Enzyme (Fumarase, α-Chymotrypsin) bestimmt worden.
Den Werten in Tab. 2.1 ist zu entnehmen, daß die Aktivierungsenergie für enzymkatalysierte Reaktionen im Bereich 10–60 $kJ \cdot mol^{-1}$ liegt.
Bei Enzymen, die nicht nur eine Verbindung umsetzen, kann die Aktivierungsenergie vom Substrat abhängen. So dehydriert die Alkohol-Dehydrogenase, die z.B. für die Aromabildung in halbreifen Erbsen von Bedeutung ist, Alkohole mit unterschiedlicher Aktivierungsenergie (Tab. 2.17). Die Aktivierungsenergie der Rückreaktion wird in diesem Fall nur wenig vom Substrat beeinflußt.
Der Q_{10}-Wert und die Aktivierungsenergie sind über folgende Beziehung verknüpft:

$$Q_{10} = e^{10 E_a / RT^2} \tag{2.88}$$

Danach ist der Q_{10}-Wert von der Temperatur abhängig, während die Aktivierungsenergie entsprechend der *Arrhenius*-Gleichung von der Temperatur unabhängig ist.

Tabelle 2.17. Alkohol-Dehydrogenase aus Erbsen: Aktivierungsenergien für die Dehydrierung von Alkoholen und die Hydrierung von Aldehyden

Alkohol	E_a ($kJ \cdot mol^{-1}$)	Aldehyd	E_a ($kJ \cdot mol^{-1}$)
Ethanol	20		
n-Propanol	37	Propanal	20
2-Propenol	18		
n-Butanol	40	n-Butanal	21
n-Hexanol	35	n-Hexanal	18
2tr-Hexenol	15	2tr-Hexenal	19
		2tr-Heptenal	18

Die *Arrhenius*-Gleichung (Gl. 2.87) gibt aber den Zusammenhang von k und T nur angenähert wieder. Nach der Theorie des Übergangszustandes gilt für kondensierte Systeme ($\Delta H^{\#}$: Aktivierungsenthalpie):

$$E_a \approx RT + \Delta H^{\#} \tag{2.89}$$

2.6.3 Temperatur-Optimum

Eine enzymkatalysierte Reaktion verhält sich bei steigender Temperatur zunächst wie jede chemische Umsetzung; ihre Geschwindigkeit nimmt zu (Abb. 2.34). Abweichend vom üblichen Erscheinungsbild ist das Auftreten eines „Temperatur-Optimums", dessen Überschreiten rasch zu einem Stillstand der Katalyse führt (Abb. 2.34). Das „Temperatur-Optimum" (Beispiel in Abb. 2.45) resultiert aus der Überlagerung von den zwei gegenläufigen Effekten

- Enzym-Katalyse und
- Enzym-Inaktivierung,

deren Geschwindigkeiten mit steigender Temperatur zunehmen.
Dem folgenden Beispiel ist zu entnehmen, daß die beiden Prozesse sich aber in ihren Aktivierungsenergien sehr stark unterscheiden. Die Hydrolyse von Amylose, katalysiert von einem α-Amylase-Präparat aus Mikroorganismen, wurde in Abhängigkeit von der Temperatur verfolgt. Aus den Steigungen der im *Arrhenius*-Diagramm erhaltenen Kurve (Abb. 2.35) wurde errechnet:

E_a (Hydrolyse): 20 $kJ \cdot mol^{-1}$
E_a (Inaktivierung): 295 $kJ \cdot mol^{-1}$

Die Werte liegen innerhalb der Grenzen, die für die Enzym-Katalyse (E_a: 10–60 $kJ \cdot mol^{-1}$; cf.

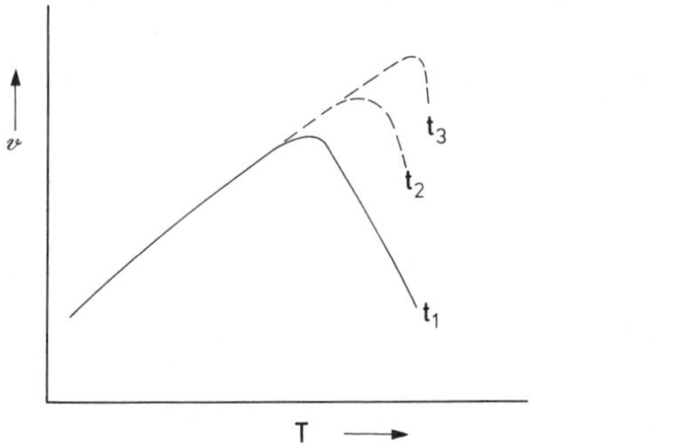

Abb. 2.34. Katalytische Aktivität eines Enzyms in Abhängigkeit von der Temperatur. Die Dauer der thermischen Belastung bei der Inkubation ist unterschiedlich: $t_1 > t_2 > t_3$

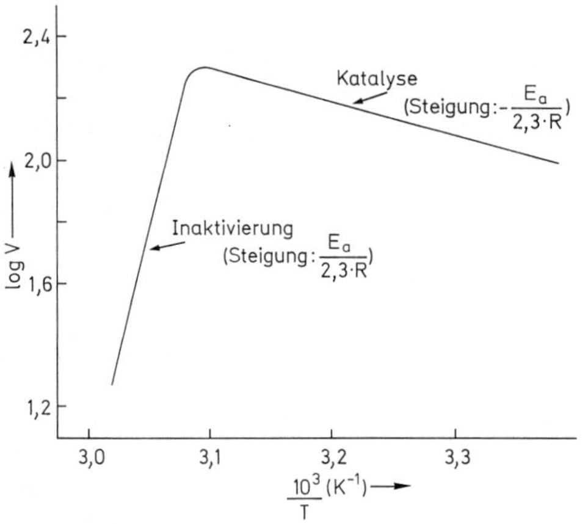

Abb. 2.35. α-Amylase aus Schimmelpilzen. Hydrolyse von Amylose in Abhängigkeit von der Temperatur. *Arrhenius*-Diagramm zur Bestimmung der Aktivierungsenergien der Enzym-Katalyse und -Inaktivierung; V = Geschwindigkeit der Gesamtreaktion

Tab. 2.1) und für die Enzym-Inaktivierung (E_a: 200–750 kJ · mol^{-1}) gefunden worden sind.

Der Unterschied in den Aktivierungsenergien hat zur Folge, daß mit steigender Temperatur die Geschwindigkeit der Inaktivierung wesentlich stärker zunimmt als die der Katalyse. Für unser Beispiel ergeben sich aus den Aktivierungsenergien die in Tab. 2.18 aufgeführten relativen Geschwindigkeiten: Steigt T von 0 °C auf 60 °C, so verläuft die Hydrolyse nur um den Faktor 5 schneller, die Inaktivierung wird dagegen um mehr als 10 Zehnerpotenzen beschleunigt.

Das „Temperatur-Optimum" kann nur bedingt zur Charakterisierung eines Enzyms herangezogen werden, da seine Lage auch von der Versuchsführung abhängt (Abb. 2.34). Je länger die Einwirkung höherer Temperaturen dauert, um so größer ist die Enzymmenge, die durch Inaktivierung ausfällt und um so niedriger liegt das sogenannte „Temperatur-Optimum".

Tabelle 2.18. Einfluß der Temperatur auf die α-Amylase: Relative Geschwindigkeiten der Hydrolyse und Inaktivierung

Temperatur (°C)	Relative Geschwindigkeit[a]	
	Hydrolyse	Inaktivierung
0	1,0	1,0
10	1,35	$1{,}0 \cdot 10^2$
20	1,8	$0{,}7 \cdot 10^4$
40	3,0	$1{,}7 \cdot 10^7$
60	4,8	$1{,}5 \cdot 10^{10}$

[a] Die Werte wurden aus den Aktivierungsenergien 20 kJ · mol^{-1} (Hydrolyse) bzw. 295 kJ · mol^{-1} (Inaktivierung) berechnet.

2.6.4 Thermische Stabilität

Die Stabilität von Enzymen gegenüber höheren Temperaturen ist sehr unterschiedlich. Manche verlieren schon bei tiefen Temperaturen ihre katalytische Aktivität; andere vertragen – zumindest kurzfristig – eine höhere thermische Belastung. In einigen seltenen Fällen ist die Stabilität bei niedrigen Temperaturen sogar geringer als bei mittleren.

In der Milch (Abb. 2.36) sind die Lipase und die alkalische Phosphatase thermolabil, die saure Phosphatase ist dagegen relativ stabil. Die alkalische Phosphatase, deren Aktivität einfacher bestimmt werden kann als die der Lipase, wird deshalb zur Unterscheidung von roher und pasteurisierter Milch herangezogen. Von den in Abb. 2.37 aufgeführten Enzymen der Kartoffel fällt beim Erhitzen zuletzt die Peroxidase aus. Bei Gemüsen ist dieses Erscheinungsbild häufiger anzutreffen. In diesen Fällen ist die Peroxi-

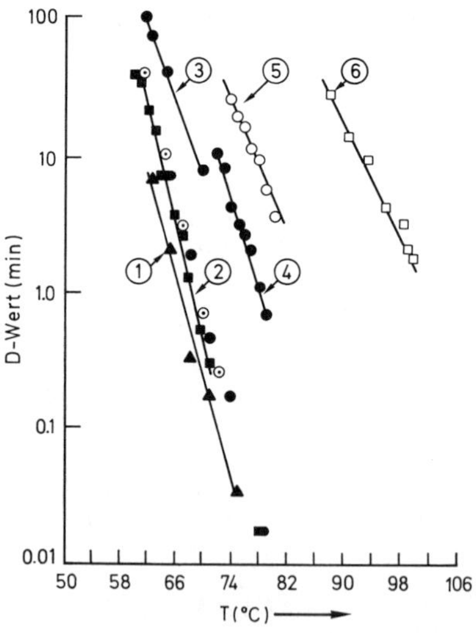

Abb. 2.36. Thermische Inaktivierung von Enzymen in der Milch: (1) Lipase (Inaktivierung 90%), (2) alkalische Phosphatase (90%), (3) Katalase (80%), (4) Xanthinoxidase (90%), (5) Peroxidase (90%), (6) saure Phosphatase (99%)

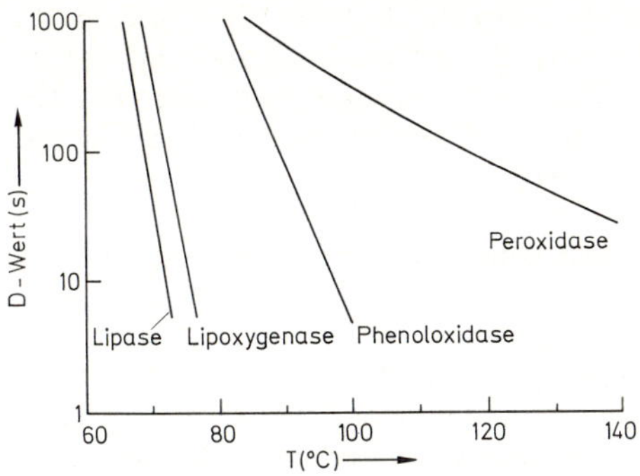

Abb. 2.37. Thermische Inaktivierung (90%) von Enzymen in Kartoffeln

dase als Indikator für eine vollständige Inaktivierung aller Enzyme, z. B. im Blanchierprozeß, geeignet.

Bei der Erwärmung werden im Enzymprotein die Veränderungen ausgelöst, die unter 1.4.2.4 für Proteine allgemein dargestellt sind. Bei Enzymen sind die Auswirkungen aber mit besonders großer Empfindlichkeit nachzuweisen, da schon geringe konformative Veränderungen des aktiven Zentrums den Verlust der katalytischen Aktivität zur Folge haben können.

In den beiden Diagrammen (Abb. 2.36 und 2.37) ist der sogenannte *„D-Wert"* gegen die Erhitzungstemperatur aufgetragen. Er gibt die Zeit an, die für eine Reduktion der katalytischen Aktivität auf einen bestimmten Restbetrag (meistens 10%) erforderlich ist. Davon abgeleitet bezeichnet der *„Z-Wert"* die Temperaturdifferenz, die zu einer Erniedrigung des D-Wertes von 100% auf 10% führt. Je größer der Z-Wert, um so größer die thermische Stabilität des Enzyms (cf. Abb. 2.37 und Tab. 2.19).

Die Inaktivierungsgeschwindigkeit hängt von mehreren Faktoren ab. Hervorzuheben ist der Einfluß des pH. Die aus Erbsen isolierte Lipoxygenase (Abb. 2.38) stimmt darin mit vielen Enzymen überein, daß sie am pH ihres isoelektrischen Punktes (pH 5,9) am langsamsten denaturiert. Für technisch interessante Proteinasen sind in Tab. 2.22 Angaben über die thermische Stabilität zusammengestellt. Die am isolierten Enzym gewonnenen Daten können nicht ohne weiteres auf die Verhältnisse im Lebensmittelrohstoff übertragen werden, denn in seiner natürlichen Umgebung ist ein Enzym in der Regel wesentlich stabiler. Durch weitere Untersuchungen, insbesondere über den Wärmeübergang im Lebensmittel, ist es in Einzelfällen gelungen ein Verfahren zu entwickeln, mit dem der Grad der Inaktivierung im Lebensmittel aus Daten über die thermische Stabilität des isolierten Enzyms berechnet werden kann. Die Übereinstimmung mit den experimentellen Befunden zeigt Abb. 2.39.

In Gemüsen, deren Enzyme durch Blanchieren inaktiviert sind, kann bei der Lagerung Peroxidaseaktivität wieder auftreten. Die Ursachen der Reaktivierung, die auch bei der alkalischen Phosphatase der Milch beobachtet worden ist, sind noch unbekannt.

Beim Unterschreiten des Gefrierpunktes verhalten sich Enzyme unterschiedlich. Änderungen hängen von der Art des Enzyms und von einer Reihe, zum Teil gegenläufiger Faktoren ab. So wird die Aktivität positiv beeinflußt durch Erhöhung der Konzentrationen an Enzym und Substrat infolge Eiskristallbildung, positiv oder negativ durch pH-Verschiebungen, und negativ durch den Viskositätsanstieg des Mediums, der

Tabelle 2.19. Thermische Inaktivierung von Enzymen in der Kartoffel

Enzym	Z-Wert (°C)
Lipase	3,1
Lipoxygenase	3,6
Phenoloxidase	7,8
Peroxidase	35,0

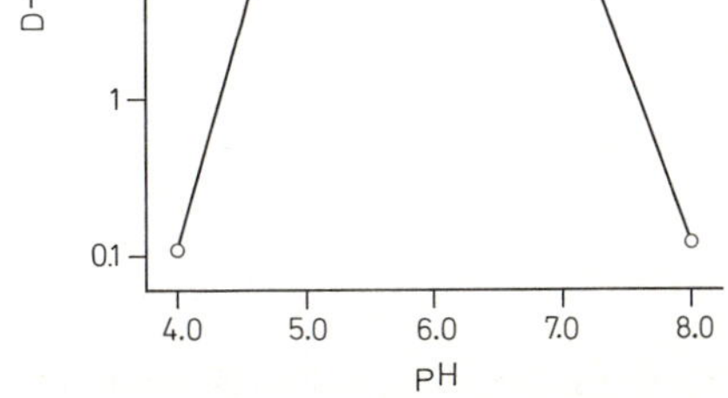

Abb. 2.38. Lipoxygenase isoliert aus Erbsen – Inaktivierung bei 65 °C in Abhängigkeit vom pH

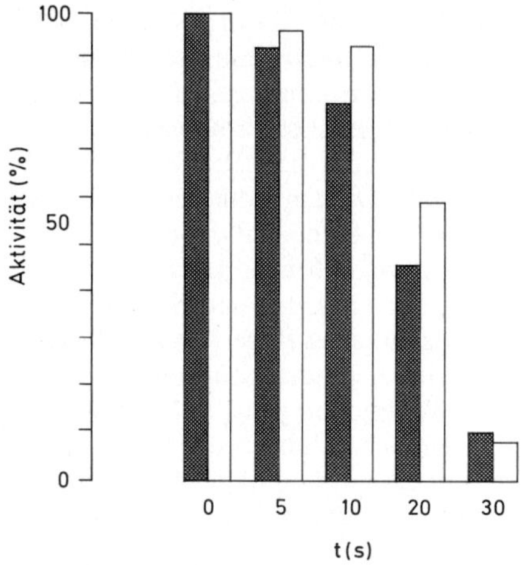

Abb. 2.39. Blanchieren halbreifer Erbsen bei 95 °C – Inaktivierung der Lipoxygenase (nach *S. Svensson,* 1977). ■ Experimentell gefunden, □ berechnet

zunehmend die Diffusion des Substrates behindert. Im völlig durchgefrorenen Lebensmittel, ein Zustand, der häufig erst bei sehr tiefen Temperaturen erreicht wird, ruht die katalytische Aktivität; nur relativ wenige Enzyme werden durch Einfrieren irreversibel geschädigt.

2.7 Einfluß der Wasseraktivität

Die Geschwindigkeit vieler chemischer Umsetzungen nimmt mit sinkender Wasseraktivität ab (cf. 0.3.2). Auch enzymatische Reaktionen bedürfen der Beweglichkeit des Wassers, da es die Diffusion des Substrates zum Enzym unterstützt. Bei der Trocknung eines Lebensmittels sinkt deshalb die Geschwindigkeit der Katalyse (Beispiel in Abb. 2.40).

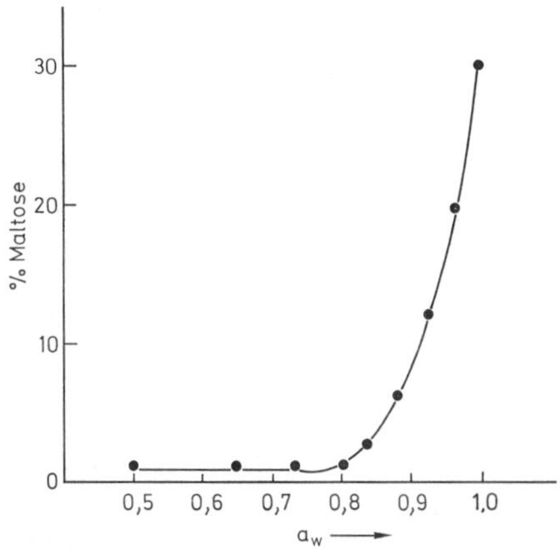

Abb. 2.40. Hydrolyse von Stärke durch β-Amylase; Einfluß der Wasseraktivität. (Nach *J. A. Troller* u. *J. H. B. Christian,* 1978)

Bestimmte enzymatische Reaktionen sind aber auch noch unterhalb des BET-Punktes (Definition in 0.3.1) möglich, wenn ein Substrat auch ohne das Medium Wasser in der Lage ist zum Enzym zu gelangen. So wird z. B. das flüssige Triolein im Unterschied zum festen Trilaurin noch unterhalb des BET-Wertes von einer Lipase hydrolysiert (Abb. 2.41).

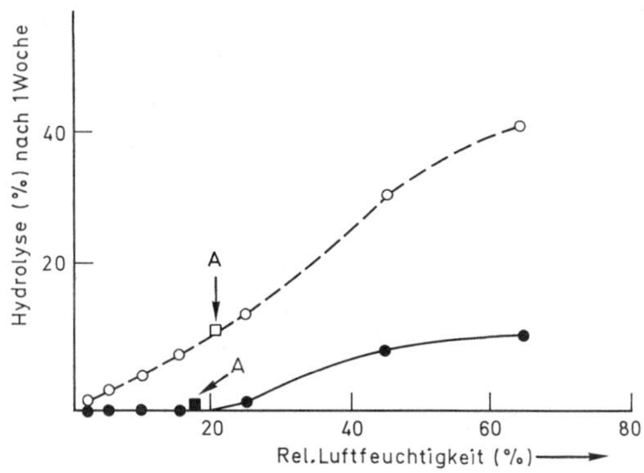

Abb. 2.41. Lagerversuch mit einer Mischung aus Cellulose, Lipase und Trilaurin (●–●–●) und einer Mischung aus Cellulose, Lipase und Triolein (○–○–○). (Nach *L. Acker* u. *R. Wiese,* 1972) A: BET-Punkt

2.8 Verwendung von Enzymen in der Lebensmitteltechnik

Enzymkatalysierte Reaktionen werden bei der Lebensmittelverarbeitung seit alters her ausgenutzt. Die Enzyme sind dabei entweder von vornherein Bestandteil des Lebensmittels oder sie kommen durch Mikroorganismen ins Spiel. Jüngeren Datums ist dagegen der Zusatz von mehr oder weniger angereicherten und gereinigten Enzympräparaten tierischen, pflanzlichen und insbesondere mikrobiellen Ursprungs. Tab. 2.20 gibt einen Überblick über Enzyme mikrobieller Herkunft und deren Anwendungen in der Lebensmitteltechnik.
Der gezielte Einsatz von Enzymen bietet eine Reihe von Vorteilen: Die ausgeprägte Substrat- und Reaktionsspezifität (cf. 2.2.2) und die hohe

Tabelle 2.20. Beispiele für die Anwendung von Enzymen mikrobieller Herkunft in der Lebensmitteltechnik

EC-Nr.	Enzym[a]	Biologische Herkunft	Anwendung[b]
Oxidoreductasen			
1.1.1.39	Malat-Dehydrogenase (decarboxylierend)	*Leuconostoc oenos*	10
1.1.3.4	Glucoseoxidase	*Aspergillus niger*	7, 10, 16
1.11.1.6	Katalase	*Micrococcus lysodeicticus* *Aspergillus niger*	1, 2, 7, 10, 16
Hydrolasen			
3.1.1.1	Carboxylesterase	*Mucor miehei*	2, 3
3.1.1.3	Triacylglycerid-Lipase	*Aspergillus niger, A. oryzae, Candida lipolytica, Mucor javanicus, M. miehei, Rhizopus arrhizus, R. niveus*	2, 3
3.1.1.11	Pektinesterase	*Aspergillus niger*	9, 10, 17
3.1.1.20	Tannase	*Aspergillus niger, A. oryzae*	10
3.2.1.1	α-Amylase	*Bacillus licheniformis, B. subtilis, Aspergillus oryzae*	3, 8, 9, 10, 12, 14, 15
		Aspergillus niger, Rhizopus delemar, R. oryzae	8, 9, 10, 12, 14, 15
3.2.1.2	β-Amylase	*Bacillus cereus, B. megatherium, B. subtilis*	8, 10
3.2.1.3	Exo-1,4-α-D-Glucosidase	*Aspergillus oryzae*	3, 9, 10, 12, 14, 15, 18
		Aspergillus niger, Rhizopus arrhizus, R. delemar, R. niveus, R. oryzae, Trichoderma reesei	9, 10, 12, 14, 15, 18
3.2.1.4	Cellulase	*Aspergillus niger, A. oryzae, Rhizopus delemar, R. oryzae, Sporotrichum dimorphosporum, Thielavia terrestris, Trichoderma reesei*	9, 10, 18
3.2.1.6	Endo-1,3(4)-β-D-Glucanase (Laminarinase)	*Bacillus circulans, B. subtilis, Aspergillus niger, A. oryzae, Penicillium emersonii, Rhizopus delemar, R. oryzae*	10
3.2.1.7	Inulinase	*Kluyveromyces fragilis*	12
3.2.1.11	Dextranase	*Klebsiella aerogenes, Penicillium funicolosum, P. lilacinum*	12
3.2.1.15	Polygalacturonase	*Aspergillus niger, Penicillium simplicissimum, Trichoderma reesei*	3, 9, 10, 17
		A. oryzae, Rhizopus oryzae	3, 9, 10
		Aspergillus niger	9, 10, 17
3.2.1.20	α-D-Glucosidase	*Aspergillus niger, A. oryzae, Rhizopus oryzae*	8
3.2.1.21	β-D-Glucosidase	*Aspergillus niger, Trichoderma reesei*	9
3.2.1.22	α-D-Galactosidase	*Aspergillus niger, Mortierella vinacea sp., Saccharomyces carlsbergensis*	12
3.2.1.23	β-D-Galactosidase	*Aspergillus niger, A. oryzae, Kluyveromyces fragilis, K. lactis*	1, 2, 4, 18
3.2.1.26	β-D-Fructofuranosidase (Invertase)	*Aspergillus niger, Saccharomyces carlsbergensis, S. cerevisiae*	14
3.2.1.32	Endo-1,3-β-D-Xylanase	*Streptomyces sp., Aspergillus niger, Sporotrichum dimorphosporum*	8, 10, 13
3.2.1.41	Pullulanase	*Bacillus acidopullulyticus*	8, 10, 12, 14, 15
		Klebsiella aerogenes	8, 10, 12
3.2.1.55	α-L-Arabinofuranosidase	*Aspergillus niger*	9, 10, 17
3.2.1.58	Exo-1,3-β-D-Glucosidase	*Trichoderma harzianum*	10
3.2.1.68	Isoamylase	*Bacillus cereus*	8, 10

Tabelle 2.20. Fortsetzung

EC-Nr.	Enzym[a]	Biologische Herkunft	Anwendung[b]
3.2.1.78	Endo-1,4-β-D-Mannanase	*Bacillus subtilis, Aspergillus oryzae, Rhizopus delemar, R. oryzae, Sporotrichum dimorphosporum, Trichoderma reesei*	13
		Aspergillus niger	13, 17
3.4.21.14	Serin-Proteinase[c]	*Bacillus licheniformis*	5, 6, 10, 11
3.4.23.6	Asparaginsäure-Proteinase	*Aspergillus melleus, Endothia parasitica, Mucor miehei, M. pusillus*	2
		Aspergillus oryzae	2, 5, 6, 8, 9, 10, 11, 15, 18
3.4.24.4	Metall-Proteinase	*Bacillus cereus, B. subtilis*	10, 15
Lyasen			
4.2.2.10	Pektinlyase	*Aspergillus niger*	9, 10, 17
Isomerasen			
5.3.1.5	Xylose-Isomerase[d]	*Actinoplanes missouriensis, Arthrobacter sp., Bacillus coagulans, Streptomyces albus, S. olivaceus, S. olivochromogenes, S. rubiginosus*	8, 9, 10, 12

[a] Dominierende Aktivität.
[b] 1) Milch, 2) Käse, 3) Fette u. Öle, 4) Speiseeis, 5) Fleisch, 6) Fisch, 7) Eier, 8) Cerealien u. Stärke, 9) Obst u. Gemüse, 10) Getränke (Fruchtsäfte, Bier, Wein), 11) Suppen, 12) Zucker u. Honig, 13) Kakao, Schokolade, Tee, 14) Konfekt, 15) Gebäck, 16) Salate, 17) Gewürze u. Aromen, 18) Diätetische Lebensmittel.
[c] Ähnlich wie Subtilisin.
[d] Anwendung als Glucose-Fructose-Isomerase, cf. 2.8.2.3.

Reaktionsgeschwindigkeit unter milden Bedingungen (Temperatur; pH-Wert) gestatten eine gelenkte, schnelle und kontinuierliche Reaktionsführung bei einem im allgemeinen geringen technischen Aufwand.

2.8.1 Technische Enzympräparate

2.8.1.1 Gewinnung

Bei der Isolierung der Enzyme aus den oben genannten Materialien bedient man sich im Prinzip der unter 2.2.4 genannten Methoden. Im Unterschied zu den weitgehend gereinigten Enzymen für die Analytik zielt die Aufarbeitung bei den Enzymen für technische Zwecke aus ökonomischen Gründen nur darauf ab, jene Fremdaktivitäten zu reduzieren oder vollständig zu beseitigen, die die Anwendung stören. Im Vordergrund der Fraktionierung stehen dabei selektive Fällungsoperationen (durch Änderung der Ionenstärke und/oder des pH), die Adsorption an anorganischen Gelen (z. B. Calciumphosphatgel oder Hydroxylapatit), die Chromatographie an porösen Gelen und die Ultrafiltration durch Membranen. Ionenaustausch-Chromatographie, Affinitätschromatographie (cf. 2.2.4) und Elektrophorese sind relativ teure Verfahren; sie werden deshalb seltener angewandt. Bei temperaturstabilen Enzymen können störende Fremdaktivitäten auch durch Erhitzen ausgeschaltet werden.

In den Handel gelangen die Präparate mit definierter katalytischer Aktivität, die durch Zusatz geeigneter Verdünnungsmittel wie Salze und Kohlenhydrate eingestellt wird. Der Gehalt an aktivem Enzym ist relativ gering; z. B. enthalten Proteinasepräparate 5–10% Proteinasen und die zur Mehlbehandlung verwendeten Amylasepräparate sogar nur ca. 0,1% reine Pilz-α-Amylase.

2.8.1.2 Immobilisierte Enzyme

Enzyme in löslicher Form können im allgemeinen nur ein einziges Mal eingesetzt werden. Ökonomischer sind an einen Träger fixierte Enzyme, die mehrfach verwendet werden können, wobei im kontinuierlichen Verfahren (z. B. das immobilisierte Enzym als stationäre Phase einer Säule) die Reaktion über die Fließgeschwindigkeit sehr einfach kontrolliert werden kann. Immobilisierte Enzyme werden auf verschiedenen Wegen hergestellt (Abb. 2.42).

2.8.1.2.1 Gebundene Enzyme

Enzyme können kovalent oder in einzelnen Fällen adsorptiv über Ionenbeziehungen, H-Brükken und/oder hydrophobe Wechselwirkungen

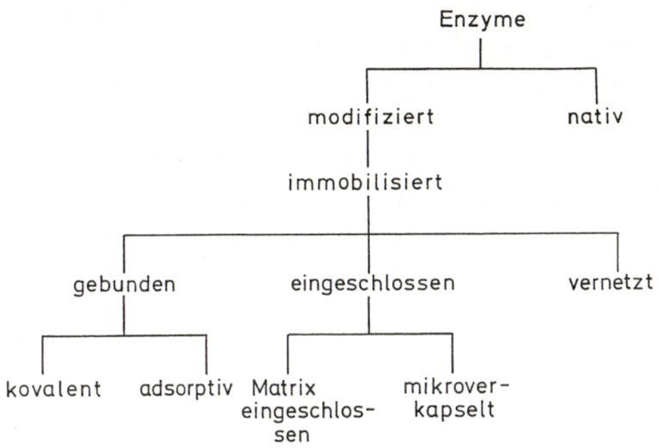

Abb. 2.42. Arten immobilisierter Enzyme

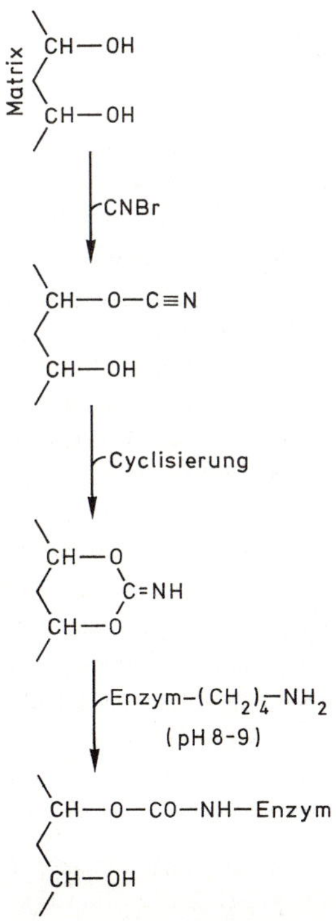

Abb. 2.43. Immobilisierung eines Enzyms durch kovalente Bindung an eine Matrix

mit dem Träger verbunden werden. Die kovalente Bindung an eine aktivierte Matrix wird häufig mit Methoden aus der Peptid- und Proteinchemie hergestellt; ein Beispiel zeigt Abb. 2.43. Eine andere Möglichkeit ist die Copolymerisation mit geeigneten Monomeren. Durch die kovalente Bindung wird ein „Ausbluten" des Enzyms verhindert.

2.8.1.2.2 Eingeschlossene Enzyme

Bei der Herstellung von Polymeren, z. B. aus Acrylamid und N,N'-Methylen-bis-acrylamid, können Enzyme in Hohlräume eingeschlossen werden, die über Poren zugänglich sind. Mit geeigneten Techniken gelingt die Produktion semipermeabler Mikrokapseln oder Fäden.

2.8.1.2.3 Vernetzte Enzyme

Durch Umsetzung mit einem bifunktionellen Reagenz, z. B. Glutardialdehyd, können Enzyme zu unlöslichen Komplexen vernetzt werden, die noch katalytisch aktiv sind. Da solche Präparate mechanisch relativ instabil sind, werden sie bisher nur in der Analytik angewandt.

2.8.1.2.4 Eigenschaften

Die Eigenschaften immobilisierter Enzyme werden häufig von der Matrix und von der Art der Immobilisierung beeinflußt.

Kinetik: Zur Sättigung bedarf es beim eingeschlossenen Enzym in der Regel höherer Konzentrationen an Substrat als beim nativen Enzym, da in den Poren ein Konzentrationsgefälle zum Enzym entsteht. Auch bei kovalent mit einem geladenen Träger verbundenem Enzym erhöht sich die „scheinbare" *Michaelis*-Konstante, wenn das Substrat und die funktionellen Gruppen der Matrix die gleiche Ladung tragen. Entgegengesetzte Ladungen führen dagegen zu einer Anreicherung des Substrates aus der Lösung und damit zu einem erniedrigten apparenten K_m-Wert.

pH-Optimum: Negativ geladene Gruppen des Trägers verschieben bei kovalent gebundenen Enzymen das pH-Optimum in den alkalischen Bereich, positiv geladene Gruppen verschieben entsprechend in den sauren Bereich. Die Veränderungen gegenüber dem nativen Enzym können ein bis zwei Einheiten betragen.

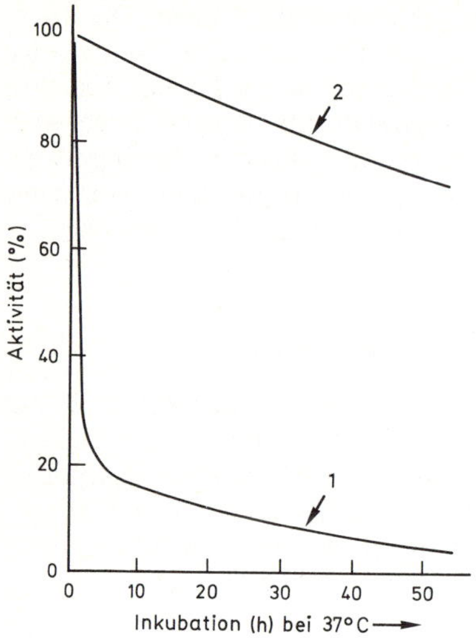

Abb. 2.44. Vergleich der thermischen Stabilität (nach *O. R. Zaborsky*, 1973). *1* β-D-Glucosidase, *2* β-D-Glucosidase, immobilisiert

Thermische Inaktivierung: Im Gegensatz zu den nativen Enzymen besitzen immobilisierte Enzyme oft eine höhere Temperaturstabilität (Beispiel in Abb. 2.44). Die bei der Modifizierung eines Enzyms gegebenen Möglichkeiten zur gezielten Veränderung, insbesondere des pH-Optimums und der Temperaturstabilität, sind für die Anwendung von großem Interesse.

2.8.2 Einzelne Enzyme

2.8.2.1 Oxidoreduktasen

Von den zahlreichen Enzymen dieser Gruppe werden bisher neben der Glucoseoxidase vor allem die Katalase und Lipoxygenase in der Lebensmitteltechnik angewandt. Insbesondere zur Verbesserung des Aromas sind eine Reihe von Oxidoreduktasen vorgeschlagen worden bzw. stehen bereits in der Erprobung (Beispiele in 2.8.2.1.4 und 2.8.2.1.5).

2.8.2.1.1 Glucoseoxidase

Das Enzym, das von Pilzstämmen produziert wird (Tab. 2.20), katalysiert, wie in Tab. 2.13 angegeben, die Oxidation von Glucose unter Verbrauch von Sauerstoff; es kann sowohl zur Beseitigung von Glucose als auch von Sauerstoff dienen. Das bei der Reaktion entstehende H_2O_2 wird in einigen Fällen als Oxidationsmittel genutzt, meist wird es aber durch Katalase abgebaut.

Anwendungen: Durch die Beseitigung von Glucose bei der Herstellung von Eitrockenprodukten (cf. 11.4.3) wird die *Maillard*-Reaktion, die zu Verfärbungen und zu einer Verschlechterung im Aufschlagverhalten führen kann, unterbunden. Ähnliche Anwendungen sind auch bei bestimmten Fleisch- und Kartoffelerzeugnissen möglich.

Die Beseitigung von Sauerstoff in geschlossenen Packungssystemen führt zur Unterdrückung der Fettoxidation oder des oxidativen Abbaus von Farbstoffen. So wird bei Krabben der Farbumschlag rosa → gelb durch Tauchen in eine Lösung von Glucoseoxidase/Katalase verhindert. Mit dieser Enzymkombination kann auch die Haltbarkeit von Citrussäften, Bier und Wein verlängert werden, da Oxidationsreaktionen, die sich negativ auf das Aroma auswirken, gehemmt werden.

2.8.2.1.2 Katalase

Das Enzym, das aus Mikroorganismen gewonnen wird (Tab. 2.20), hat Bedeutung als Hilfsenzym zur Zerstörung von H_2O_2:

$$2\,H_2O_2 \rightleftharpoons 2\,H_2O + O_2 \qquad (2.90)$$

H_2O_2 tritt als Produkt bei der Behandlung von Lebensmitteln mit Glucoseoxidase auf oder es wird bei bestimmten Konservierungsverfahren zugesetzt. Ein Beispiel ist die Pasteurisation von Milch mit H_2O_2, die dort von Bedeutung sein kann, wo thermische Verfahren auf technische Schwierigkeiten stoßen. So haltbar gemachte Milch ist auch für die Käserei sehr gut geeignet, da das empfindliche Caseinsystem thermisch nicht geschädigt ist. Überschüssiges H_2O_2 wird mit Katalase abgebaut.

2.8.2.1.3 Lipoxygenase

Die Eigenschaften des Enzyms sind unter 3.7.2.2, seine Anwendung bei der Mehlbleichung und zur Verbesserung der Teigrheologie unter 15.4.1.4.3 beschrieben.

2.8.2.1.4 Aldehyd-Dehydrogenase

Bei der Gewinnung von Sojaprodukten entsteht durch enzymatisch-oxidativ gebildete flüchtige Abbauprodukte (Hexanal u. a.) aus ungesättigten Fettsäuren ein „bohniger“ Aromafehler. Er kann durch enzymatische Oxidation der Aldehyde zu den Carbonsäuren, die auf Grund ihrer hohen Geschmacksschwelle hier nicht stören, beseitigt werden:

$$\text{n-Hexanal} + NAD^{\oplus} \rightleftharpoons \text{Capronsäure} + NADH + H^{\oplus} \quad (2.91)$$

Von verschiedenen Aldehyd-Dehydrogenasen besitzt das Enzym aus Rinderleber-Mitochondrien eine besonders hohe Affinität zum n-Hexanal (Tab. 2.21); seine Anwendung bei der Herstellung von „Soja-Milch" wird empfohlen.

Tabelle 2.21. *Michaelis* Konstanten für Aldehyd-Dehydrogenasen (ALD) verschiedener Herkunft

Substrat	K_m (µmol/l)			
	ALD (Rinderleber)			ALD
	Mitochondrien	Cytosol	Mikrosomen	Hefe
Ethanal	0,05	440	1500	30
n-Propanal	–	110	1400	–
n-Butanal	0,1	<1	–	–
n-Hexanal	0,075	<1	<1	6
n-Octanal	0,06	<1	<1	–
n-Decanal	0,05	–	–	–

2.8.2.1.5 Butandiol-Dehydrogenase

Im Bier kann bei der Fermentation entstandenes Diacetyl einen Fehlgeschmack verursachen. Das Enzym, z. B. aus *Aerobacter aerogenes,* kann diesen Fehler korrigieren, indem es das Diketon zum geschmacklosen 2,3-Butandiol hydriert:

$$CH_3-CO-CO-CH_3 + NADH + H^{\oplus} \rightleftharpoons CH_3-\underset{OH}{CH}-\underset{OH}{CH}-CH_3 + NAD^{\oplus} \quad (2.92)$$

Eine Verbesserung des Verfahrens ist die Verwendung von Hefezellen, die neben dem Enzym und NADH noch ein das Cosubstrat regenerierendes System enthalten. Zum Schutz vor Bestandteilen der Hefe, die im Bier unerwünscht sind, werden die Zellen in Gelatine eingekapselt.

2.8.2.2 Hydrolasen

Die meisten Enzyme, die in der Lebensmitteltechnik eingesetzt werden, stammen aus der Hauptgruppe der Hydrolasen.

2.8.2.2.1 Proteinasen

Die in der Technik verwendeten Gemische von proteolytischen Enzymen enthalten vorzugsweise Endopeptidasen (Spezifität und Einteilung unter 1.4.5.2), die aus tierischen Organen, höheren Pflanzen oder Mikroorganismen bzw. aus deren Fermentationslösungen gewonnen werden (Tab. 2.22). Beispiele für die Anwendung sind: Bei der Herstellung von bestimmten Gebäcken werden dem Mehl Proteinasen zugesetzt, damit beim Anteigen ein fester Kleber partiell hydrolysiert und dadurch weicher wird (cf. 15. 4.1.4.5).

Tabelle 2.22. Proteinasen in der Lebensmitteltechnik

Name	Herkunft	pH-Optimum	pH-Bereich optimaler Stabilität
	A. Tierische Proteinasen		
Pankreasproteinase[a]	Pankreas	9,0[b]	3–5
Pepsin	Schweine- und Rindermagenschleimhaut	2	
Chymosin	Kälbermagenschleimhaut	6–7	5,5–6,0
	B. Pflanzliche Proteinasen		
Papain	Tropischer Melonenbaum (*Carica papaya*)	7–8	4,5–6,5
Bromelain	Ananas (Frucht; Strünke) (*Ananas comosus*)	7–8	
Ficin	Feige (*Ficus carica*)	7–8	
	C. Bakterienproteinasen		
Alkalische Proteinasen z. B. Subtilisin	*Bac. subtilis*	7–11	7,5–9,5
Neutrale Proteinasen z. B. Thermolysin	*Bac. thermoproteolyticus*	6–9	6–8
Pronase[c]	*Streptom. griseus*		
	D. Pilzproteinasen		
Carboxyl-Proteinase	*Asp. oryzae*	3,0–4,0[d]	5
Neutrale Proteinase	*Asp. oryzae*	5,5–7,5[d]	7,0
Alkalische Proteinase	*Asp. oryzae*	6,0–9,5[d]	7–8
Proteinase	*Mucor pusillus*	3,5–4,5[d]	3–6
Proteinase	*Rhiz. chinensis*	5,0	3,8–6,5

[a] Gemische von Trypsin, Chymotrypsin und verschiedenen Peptidasen mit Amylase und Lipase als Begleitenzyme.
[b] Casein als Substrat.
[c] Gemisch verschiedener Proteinasen, darunter Amino- und Carboxypeptidase.
[d] Hämoglobin als Substrat.

In der Milchtechnik erfolgt die Caseinfällung mit Chymosin oder Lab (Tab. 2.20) über eine Reaktion, die unter 10.1.2.1.1 beschrieben ist. Die Fällung des Caseins wird auch durch andere Proteinasen ausgelöst, doch verringern dabei sekundäre proteolytische Vorgänge die Ausbeute und Festigkeit des Bruches. Wegen der Verknappung von Lab, das weitgehend frei von anderen Proteinasen nur aus den Mägen saugender Kälber gewonnen werden kann, sucht man nach Ersatz. Von den Proteinasen aus Mikroorganismen sind die aus *Mucor miehei, M. pusillus* und *Endothia parasitica* als „mikrobielles Lab" besonders geeignet.

Proteinasen aus Pflanzen (Tab. 2.22) und daneben auch aus Mikroorganismen werden zur Beschleunigung der Fleischreifung und Verbesserung der Zartheit angewendet. Das Problem ist die gleichmäßige Verteilung im Muskel. Als Methode der Wahl scheint sich eine Injektion in den Blutkreislauf der Tiere kurz vor der Schlachtung herauszustellen bzw. bei gefriergetrocknetem Fleisch eine Rehydratisierung mit Enzymlösungen.

Kältetrübungen bei Bier, die auf eine Proteinausscheidung zurückgehen, können durch eine Hydrolyse der Proteine mit pflanzlichen Proteinasen (Tab. 2.22) verhindert werden. Die Anwendung des Papains für diesen Zweck wurde bereits 1911 von *Wallerstein* empfohlen. Die Herstellung von Total- oder Partialhydrolysaten von Proteinen auf enzymatischem Weg ist ebenfalls ein Beispiel für den Einsatz von Proteinasen. Auf diesem Wege ist z. B. die Verflüssigung von Fischprotein zu Produkten mit guten Geschmackseigenschaften möglich.

Bei der enzymatischen Hydrolyse von Proteinen muß generell darauf geachtet werden, daß nicht Peptide und/oder Aminosäuren entstehen, die bitter schmecken (cf. 1.2.6 u. 1.3.3). Mit ihrem Auftreten muß bei der Mehrzahl aller Proteine (Ausnahme z. B. Collagen) gerechnet werden, wenn das Molekulargewicht der Peptidbruchstücke unter 6000 sinkt.

2.8.2.2.2 *α- und β-Amylasen*

Die Amylasen werden aus Kulturen von Bakterien und Schimmelpilzen (Tab. 2.20) gewonnen oder gehören zu den Bestandteilen von Malzpräparaten. Für den Abbau von Maisstärke (Verkleisterung bei 105–110 °C) ist die hohe Temperaturstabilität der Bakterien-Amylasen, insbesondere aus *Bac. licheniformis* (Abb. 2.45) interessant, die sich bei Zugabe von Ca^{2+} Ionen noch erhöht. Zusätze insbesondere von α-Amylasen beschleunigen den Stärkeabbau bei der Bierwürzebereitung und werden bei der Herstellung von Gebäck (cf. 15.4.1.4.8) angewandt.

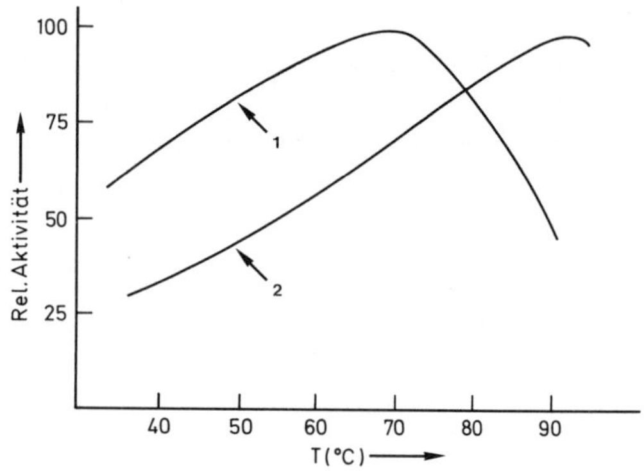

Abb. 2.45. Einfluß der Temperatur auf die Aktivität der α-Amylasen aus *Bac. subtilis* (1) und *Bac. licheniformis* (2)

2.8.2.2.3 *Exo-1,4-α-D-Glucosidase (Glucoamylase)*

Bei der Gewinnung von Glucoamylasen mikrobieller Herkunft wird auf die Abtrennung von Transglucosidasen geachtet, da sie Glucose z. B. auf Maltose transferieren und dadurch die Glucoseausbeute bei der Stärkeverzuckerung herabsetzen.

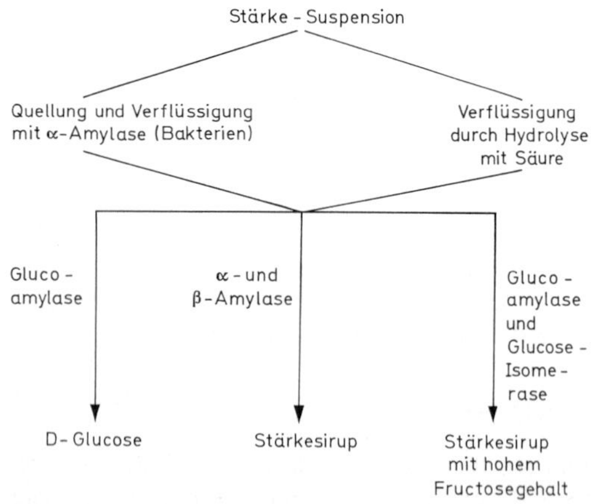

Abb. 2.46. Enzymatischer Stärkeabbau

Der Ablauf der Stärkeverzuckerung ist in Abb. 2.46 dargestellt. Beim rein enzymatischen Verfahren (linke Seite in Abb. 2.46) kann die Quellung der Stärke und die Verflüssigung in einem Arbeitsgang erfolgen, wenn eine hitzestabile Bakterien-α-Amylase angewandt wird (cf. 2.8.2.2.2). Durch die Wirkung von Amylasen entsteht ein Gemisch aus Glucose, Maltose und Dextrinen, der Stärkesirup (cf. 19.1.4.3.2).

2.8.2.2.4 Pullulanase (Isoamylase)

Pullulanase (cf. 4.4.5.1.4) findet Verwendung in der Brauerei und beim Stärkeabbau, wobei in Kombination mit β-Amylase ein Stärkesirup mit hohem Gehalt an Maltose produziert werden kann.

2.8.2.2.5 Endo-1,3(4)-β-D-Glucanase

Bei der Bierherstellung erhöhen β-Glucane aus der Gerste die Viskosität der Würze und erschweren die Filtration. Durch eine enzymatische Endo-Hydrolyse wird die Viskosität erniedrigt.

2.8.2.2.6 α-D-Galactosidase

Die folgenden Enzyme (einschließlich 2.8.2.2.9) greifen das nichtreduzierend wirkende Ende von Di-, Oligo- oder Polysacchariden an und hydrolysieren das terminale Monosaccharid. Die Spezifität geht aus dem Namen hervor, z. B. α-D-Galactosidase:

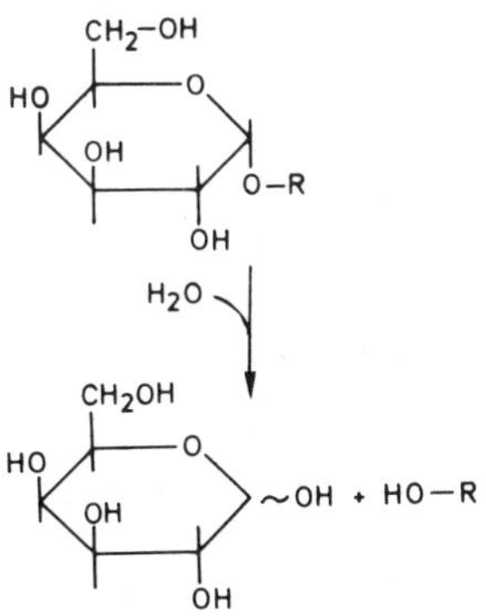

(2.93)

Bei der Gewinnung von Rübenzucker (cf. 19.1.4.1.2) kann durch Hydrolyse der Raffinose die Ausbeute an Saccharose verbessert werden, da deren Kristallisation aus der Mutterlauge bei einem Anteil von > 8% Raffinose gestört ist.
Die Flatulenzwirkung von Leguminosen geht u. a. auf Stachyose und Raffinose zurück (cf. 16.2.5). Nach einem Abbau mit α-D-Galactosidase ist der Effekt vermindert.

2.8.2.2.7 β-D-Galactosidase (Lactase)

Die Präparate werden in der Milchtechnik zur Hydrolyse von Lactose eingesetzt, die sich auf Grund ihrer geringen Löslichkeit in Magermilchkonzentraten oder bei Eiskrem störend bemerkbar machen kann. Auch hier werden immobilisierte Enzyme mit Erfolg eingesetzt.

2.8.2.2.8 β-D-Fructofuranosidase (Invertase)

Zur Inversion von Saccharose werden in der Süßwarenindustrie technische Präparate aus speziellen Hefestämmen angewendet. Der Invertzucker ist löslicher und besitzt auf Grund des Gehaltes an freier Fructose eine etwas höhere Süßkraft als Saccharose.

2.8.2.2.9 α-L-Rhamnosidase

Citrussäfte und -pürees enthalten mit dem Naringin einen intensiven Bitterstoff, aus dem durch Zusammenwirken einer α-L-Rhamnosidase mit einer β-D-Glucosidase das nichtbittere Aglykon Naringenin freigesetzt wird (cf. 18.1.2.5.4).

2.8.2.2.10 Cellulasen und Hemicellulasen

Die Backfähigkeit von Roggenmehlen kann durch einen partiellen Abbau der Pentosane verbessert werden. Technische Hemicellulase-Präparate sind Gemische von β-Glykosidasen (1,4-β-D-Xylanase u. a.).
Mazerierend wirkende Enzympräparate, die u. a. Cellulasen, α- und β-Mannosidasen und pektinolytische Enzyme (cf. 2.8.2.2.13) enthalten, dienen zum schonenden Aufschluß pflanzlicher Lebensmittel.
Beispiele für die Anwendung sind: Gewinnung von Obst- und Gemüsepürees, Zerkleinerung von Teeblättern, Herstellung von Kartoffelpüreepulvern. Eine mechanische Schädigung der Zellen und eine damit verbundene Verkleisterung freier Stärke bei nachfolgender thermischer Behandlung wird vermieden.
Glykosidasen (Cellulasen und Amylasen aus *Asp. niger*) in Kombination mit Proteinasen werden zum Schälen von Krabben empfohlen. Die Schalen werden gelockert und können mit Wasser abgespritzt werden.

2.8.2.2.11 *Lysozym*

Die Zellwand von grampositiven Bakterien wird von Polysacchariden, den Mureinen, gebildet, die Aminozucker als Bausteine enthalten. Das Lysozym (cf. 11.2.3.1.4) löst Mureine auf, indem es β-1,4-Bindungen zwischen der N-Acetylmuraminsäure und der 2-Acetamido-2-desoxy-D-glucose hydrolysiert. Zur Herabsetzung der Keimzahlen bei Käse und damit zur Verhinderung von Spätblähungen durch Clostridien wird ein Zusatz von Lysozym vorgeschlagen.

2.8.2.2.12 *Thioglucosidase*

Die Proteine der Samen von *Brassicaceae* (z. B. Raps und Rübsen) können besser verwertet werden, wenn ihre Glucosinolate enzymatisch abgebaut und die entstehenden Senföle mit Wasserdampf abgetrieben werden. Die Reaktion der Thioglucosidase und einige in Cruciferen vorkommende Glucosinolate sind unter 17.1.2.6.5 angegeben.

2.8.2.2.13 *Pektinolytische Enzyme*

Die pektinolytischen Enzyme sind unter 4.4.5.2 angegeben. Die Pektinesterase spielt u. a. bei Fruchtsäften eine Rolle, da die Pektinsäure mit $Ca^{2\oplus}$-Ionen schwerlösliche Salze bildet, die unerwünschte Ausflockungen zur Folge haben. Nach einer thermischen Inaktivierung des Enzyms bei etwa 90 °C tritt der Effekt nicht mehr auf, doch es verschlechtert sich dabei das Aroma. Verbesserungen des Verfahrens ergeben sich aus Untersuchungen der Pektinesterase aus Orangen: Das Enzym wird kompetitiv durch Oligogalacturonsäuren und Pektinsäure gehemmt (Abb. 2.47); durch Zusätze solcher Inhibitoren werden Trübungen in Citrussäften stabilisiert.

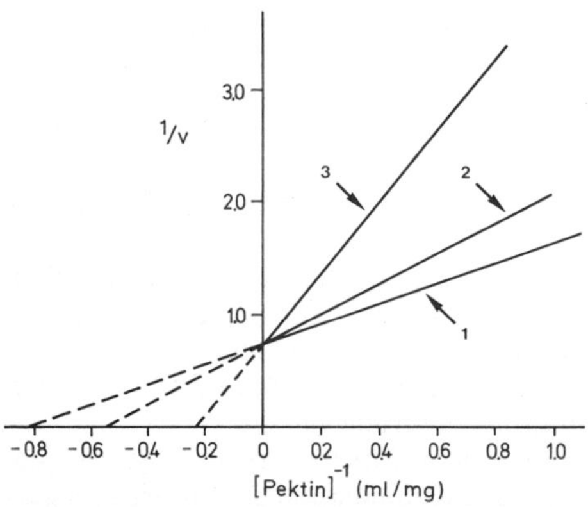

Abb. 2.47. Pektinesterase aus Orangen: Inhibitoren (nach *F. Termote,* 1977). *1* Ohne Inhibitor, *2* Hepta- u. Octagalacturonsäure, *3* Pektinsäure

Trübungen bei Obst- und Gemüsesäften können durch Zusatz pektinolytischer Enzyme leichter geklärt werden. Hervorgerufen werden die Trübungen durch Partikel, deren Kerne aus Kohlenhydraten und Proteinen (36%) bestehen. Die prototropen Gruppen der Proteine tragen beim pH von Obstsäften (pH ca. 3,5) positive Ladungen. Ihnen stehen negativ geladene Pektine gegenüber, die die äußere Hülle der Partikel bilden. Eine partielle Pektinolyse soll dazu führen, daß der positive Kern hervortritt. Es kommt dann zu einer Aggregation zwischen Polykationen und Polyanionen und damit zur Ausflockung. Die Klärung von Säften durch Gelatine (bei pH 3,5 positiv geladen) und ihre Verhinderung durch Alginate (Polyanion bei pH 3,5) ist in Übereinstimmung mit dem Modell.
Weiterhin haben pektinolytische Enzyme große Bedeutung für die Erhöhung der Ausbeuten bei der Gewinnung von Obst- und Gemüsesäften und von Olivenöl.

2.8.2.2.14 *Lipasen*

Die Wirkungsweise der Lipasen ist unter 3.7.1.1 beschrieben. Mikrobiologisch erzeugte Lipasen (z. B. aus *Candida lipolytica*) werden zur Verstärkung des Aromas bei der Käseherstellung eingesetzt.
Eine geringe Hydrolyse des Milchfettes ist aber auch für Milchschokolade von Interesse und hebt im Geschmack den „Milchcharakter". Auch hier können Lipasen eingesetzt werden.
Bei Backwaren werden Alterungsvorgänge durch Lipasen verzögert, wahrscheinlich über die entstehenden Mono- und Diacylglyceride (cf. 15.4.4). Die Entfettung von Knochen für die Herstellung von Gelatine, die unter milden Bedingungen erfolgen muß, wird durch Lipasen erleichtert.

2.8.2.2.15 *Tannasen*

Tannasen katalysieren die Hydrolyse von Gerbstoffen:

$$\text{Digallat} \xrightarrow{H_2O} \text{Gallat} \tag{2.94}$$

Präparate aus *Asp. niger* verhindern dadurch die bei Tee in der Kälte auftretenden Trübungen.

2.8.2.3 Isomerasen

Aus der Gruppe der Isomerasen hat die Glucose-Isomerase zur Herstellung von Stärkesirup mit hohem Fructosegehalt große Bedeutung erlangt (cf. 19.1.4.3.5). Das Enzym ist mikrobieller Herkunft. Da es Xylose mit höherer Aktivität isomerisiert als Glucose wird es als Xylose-Isomerase klassifiziert (cf. Tab. 2.4).

2.9 Literatur

Acker, L., Wiese, R.: Über das Verhalten der Lipase in wasserarmen Systemen. Z. Lebensm. Unters. Forsch. *150,* 205 (1972)

Bender, M.L., Bergeron, R.J., Komiyama, M.: The bioorganic chemistry of enzymatic catalysis. John Wiley & Sons: New York. 1984

Bergmeyer, H.U., Bergmeyer, J., Graßl, M.: Methods of enzymatic analysis. 3rd edn., Vol. 1 ff., Verlag Chemie: Weinheim. 1983 ff.

Bergmeyer, H.U., Gawehn, K.: Grundlagen der enzymatischen Analyse. Verlag Chemie: Weinheim. 1977

Betz, A.: Enzyme. Verlag Chemie: Weinheim. 1974

Birch, G.G., Blakebrough, N., Parker, K.J.: Enzymes and food processing. Applied Science Publ.: London. 1981

Blow, D.M., Birktoft, J.J., Harley, B.S.: Role of a buried acid group in the mechanism of action of chymotrypsin. Nature *221,* 337 (1969)

Eriksson, C.E.: Enzymic and non-enzymic lipid degradation in foods. In: Industrial aspects of biochemistry (Ed.: Spencer, B.), Federation of European Biochemical Societies, Vol. 30, p. 865, North Holland/American Elsevier: Amsterdam. 1974

Fennema, O.: Activity of enzymes in partially frozen aqueous systems. In: Water relations of foods (Ed.: Duckworth, R.B.), p. 397, Academic Press: New York. 1975

Gray, C.J.: Enzyme-catalysed reactions. Van Nostrand Reinhold Comp.: London. 1971

Guilbault, G.G.: Analytical uses of immobilized enzymes. Marcel Dekker, Inc.: New York. 1984

International Union of Biochemistry: Enzyme nomenclature 1984. Academic Press: New York. 1984

Karel, M.: Physico-chemical modification of the state of water in foods – a speculative survey. In: Water relations of foods (Ed.: Duckworth, R.B.), p. 639, Academic Press: London. 1975

Kilara, A., Shahani, K.A.: The use of immobilized enzymes in the food industry: a review. Crit. Rev. Food Sci. Nutr. *12,* 161 (1979)

Koshland, D.E.: Conformation changes at the active site during enzyme action. Fed. Proc. *23,* 719 (1964)

Koshland, D.E., Neet, K.E.: The catalytic and regulatory properties of proteins. Annu. Rev. Biochem. *37,* 359 (1968)

Lehninger, A.L.: Biochemie. Verlag Chemie: Weinheim. 1977

Matheis, G., Belitz, H.-D.: Untersuchungen zur enzymatischen Bräunung bei Kartoffeln. Z. Lebensm. Unters. Forsch. *163,* 186 und 191 (1977)

Morris, B.A., Clifford, M.N. (Eds.): Immunoassays in food analysis. Elsevier Applied Science Publ.: London. 1985

Palmer, T.: Understanding enzymes. 2nd edn., Ellis Horwood Publ.: Chichester. 1985

Phipps, D.A.: Metals and metabolism. Clarendon Press: Oxford. 1978

Potthast, K., Hamm, R., Acker, L.: Enzymic reactions in low moisture foods. In: Water relations of foods (Ed.: Duckworth, R.B.), p. 365, Academic Press: London. 1975

Reed, G.: Enzymes in food processing. 2nd edn., Academic Press: New York. 1975

Richardson, T.: Enzymes. In: Principles of food science, Part I (Ed.: Fennema, O.R.), Marcel Dekker, Inc.: New York. 1977

Schwimmer, S.: Source book of food enzymology. AVI Publ. Co.: Westport, Conn. 1981

Scrimgeour, K.G.: Chemistry and control of enzyme reactions. Academic Press: London. 1977

Segel, I.H.: Biochemical calculations. John Wiley and Sons, Inc.: New York. 1968

Shotton, D.: The molecular architecture of the serine proteinases. In: Proceedings of the international research conference on proteinase inhibitors (Eds.: Fritz, H., Tschesche, H.), p. 47, Walter de Gruyter: Berlin. 1971

Suckling, C.J. (Eds.): Enzyme chemistry. Chapman and Hall: London. 1984

Svensson, S.: Inactivation of enzymes during thermal processing. In: Physical, chemical and biological changes in food caused by thermal processing (Eds.: Hoyem, T., Kvalle, O.), p. 202, Applied Science Publ.: London. 1977

Termote, F., Rombouts, F.M., Pilnik, W.: Stabilization of cloud in pectinesterase active orange juice by pectic acid hydrolysates. J. Food Biochem. *1,* 15 (1977)

Troller, J.A., Christian, J.H.B.: Water activity and food. Academic Press: New York. 1978

Whitaker, J.R.: Principles of enzymology for the food sciences. Marcel Dekker, Inc.: New York. 1972

Zaborsky, O.R.: Immobilized enzymes. CRC-Press: Cleveland, Ohio. 1973

3 Lipide

3.1 Einführung

Zu den Lipiden gehören sowohl einfache als auch aus mehreren Bausteinen bestehende Substanzen, die bis auf eine sehr ausgeprägte Hydrophobität und das daraus resultierende Lösungsverhalten, keine strukturellen Gemeinsamkeiten erkennen lassen. Die Lipide sind, und das ist ihr analytisches Merkmal, nur in organischen Lösungsmitteln nicht aber in Wasser löslich und können dadurch leicht von den Proteinen und Kohlenhydraten abgetrennt werden. Eine Reihe von Lipiden ist grenzflächenaktiv, da sie Bausteine mit hydrophilen Gruppen enthält. Diese Verbindungen werden als polare (amphiphile) von den neutralen Lipiden abgegrenzt. Die in Tab. 3.1 angegebenen zwei Wege zur Klassifizierung der Lipide haben sich allgemein durchgesetzt.

Bei der Mehrzahl der Lipide beruhen die Hydrophobizität und die Unterschiede in der Reaktivität darauf, daß es sich um Fettsäurederivate handelt. In diesen sogenannten Acyllipiden (Tab. 3.1) liegt die Fettsäure als Ester oder in einigen Substanzklassen auch als Säureamid gebunden vor.

Bestimmte Lipide sind am Aufbau von Membranen beteiligt, die der Begrenzung von Zellen und von subzellulären Elementen dienen. Solche Lipide kommen deshalb in sämtlichen Lebensmittelrohstoffen vor, doch beträgt ihr Anteil oft weniger als 2% (cf. Tab. 3.14). Die Lipide verdienen aber auch als Nebenbestandteile von Lebensmitteln besondere Beachtung, weil ihre hohe Reaktivität sich auf die Qualität eines Lebensmittels stark auswirken kann.

In einigen tierischen Geweben und in Organen bestimmter Pflanzen werden insbesondere die Triacylglyceride gespeichert. Übersteigt deren Gehalt 15–20%, dann kann es sich lohnen, die Triacylglyceride zu isolieren, um sie in reiner Form dem Verbraucher als Öl oder Fett verfügbar zu machen.

Die ernährungsphysiologische Bedeutung der Lipide beruht auf dem hohen Brennwert der Triacylglyceride (39 kJ/g), dem Vorkommen von essentiellen Fettsäuren und Vitaminen. Abgesehen davon sind die Lipide durch bestimmte Eigenschaften unentbehrlich für die Zubereitung und Herstellung von Lebensmitteln. Hervorzuheben sind das Schmelzverhalten, der angenehm sahnige oder öligfettige Geschmack, das Lösungsvermögen für bestimmte Geschmacks- und eine

Tabelle 3.1. Klassifizierung der Lipide

A. Klassifizierung nach dem Merkmal „Acylrest"

I. Einfache Lipide (nicht verseifbar)

Freie Fettsäuren, Isoprenoid-Lipide (Steroide, Carotinoide, Monoterpene u. a.), Tocopherole

II. Acyllipide (verseifbar)	Bausteine
Mono-, Di-, Triacylglyceride	Fettsäure, Glycerin
Phospholipide (Phosphatide)	Fettsäure, Glycerin oder Sphingosin, Phosphorsäure, Base
Glykolipide	Fettsäure, Glycerin oder Sphingosin, Mono-, Di- oder Oligosaccharide
Diollipide	Fettsäure, Ethan-, Propan- oder Butandiol
Wachse	Fettsäure, Fettalkohol
Sterinester	Fettsäure, Sterin

B. Klassifizierung nach dem Merkmal „neutral-polar"

Neutrale Lipide	Polare (amphiphile) Lipide
Fettsäuren ($>C_{12}$)	Glycerophospholipide
Mono-, Di-, Triacylglyceride	Glyceroglykolipide
Sterine, Sterinester	Sphingophospholipide
Carotinoide	Sphingoglykolipide
Wachse	
Tocopherole[a]	

[a] Tocopherole und Chinonlipide werden auch gesondert als „Redox-Lipide" zusammengefaßt.

Vielzahl von Geruchsstoffen. Diese Eigenschaften sind zur Erzielung einer bestimmten Konsistenz, eines spezifischen Mundgefühls und Aromas und einer ausreichenden Aromastabilität von Bedeutung. Außerdem können Lebensmittel in dem Medium Fett bei relativ hohen Temperaturen zubereitet werden.
Zu den Lipiden gehören auch wichtige Aromastoffe bzw. Vorstufen, die zu Aromastoffen abgebaut werden. Einige Verbindungsklassen sind wie schon oben angedeutet als Emulgatoren unentbehrlich und andere spielen als fettlösliche Farbstoffe eine Rolle.

3.2 Fettsäuren

3.2.1 Nomenklatur und Einteilung

Durch Hydrolyse werden aus den Acyllipiden aliphatische Carbonsäuren freigesetzt, die sich in der chemischen Struktur unterscheiden. Entsprechend können die Fettsäuren nach der Länge der Acylkette, Anzahl, Position und Konfiguration der Doppelbindungen, sowie nach dem Vorkommen zusätzlicher funktioneller Gruppen klassifiziert werden. Ein weiteres Merkmal zur Unterscheidung ist die Verteilung der Fettsäuren in Lebensmitteln.
In Tab. 3.2 sind dominierende Fettsäuren zusammengestellt. Palmitin-, Öl- und Linolsäure kommen häufig und in großer Menge vor, während die übrigen in Tab. 3.2 aufgeführten Carbonsäuren auch weit verbreitet sind, aber in der Regel nur in geringen Mengen auftreten (Nebenfettsäuren). Aus den Daten wird deutlich, daß die ungesättigten Fettsäuren in der Natur dominieren.

In der Literatur werden die Fettsäuren gern mit einem Kürzel bezeichnet, z. B. 18:2 (9, 12) für Linolsäure, aus dem die Kohlenstoffzahl sowie Anzahl, Position und Konfiguration der Doppelbindungen hervorgeht. Die Doppelbindungen sind dabei immer als cis-konfiguriert anzusehen; trans-Doppelbindungen werden mit dem Zusatz „tr" besonders gekennzeichnet. Bei einer detaillierteren Wiedergabe der Struktur wird das C-Gerüst als Zick-Zack-Linie geschrieben (Tab. 3.2).

3.2.1.1 Gesättigte Fettsäuren

Von den gesättigten Fettsäuren (Tab. 3.5) dominieren in den Lipiden die unverzweigten Verbindungen mit geradzahligem Kohlenstoffgerüst. Als Bestandteile von Triglyceriden sind die niedermolekularen Fettsäuren (< 14:0) nur im Milch-, Kokos- und Palmkernfett vertreten. In freier Form und verestert mit niedermolekularen Alkoholen kommen sie in geringen Konzentrationen insbesondere in Lebensmitteln vor, die mit Hilfe von Mikroorganismen hergestellt werden und spielen dort eine Rolle als Aromastoffe.
Geruchs- und Geschmacksschwellen von Fettsäuren sind in Tab. 3.3 für Wasser, Sahne, Butter und Kokosfett angegeben. Die Daten für Sahne und Kokosfett zeigen, daß die Geruchsschwellen der C_4- und C_6-Fettsäuren niedriger liegen als die Geschmacksschwellen, während es bei den C_8-C_{14}-Fettsäuren umgekehrt ist. Die Geruchsschwelle ist pH-abhängig, da nur das undissoziierte Fettsäuremolekül geruchsaktiv ist. In Mischungen werden synergistische Effekte beobachtet: So zeigen die Beispiele Nr. 1 u. 2 in Tab. 3.4, daß bei einem Zusatz einer Mischung von

Tabelle 3.2. Strukturen der Hauptfettsäuren

Kurzschreibweise	Struktur[a]	Trivialname	Anteil (%)[b]
14:0		Myristinsäure	2
16:0		Palmitinsäure	11
18:0		Stearinsäure	4
18:1 (9)	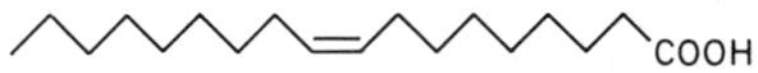	Ölsäure	34
18:2 (9, 12)	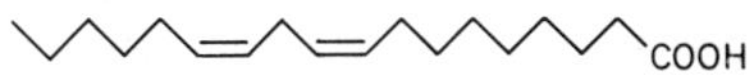	Linolsäure	34
18:3 (9, 12, 15)	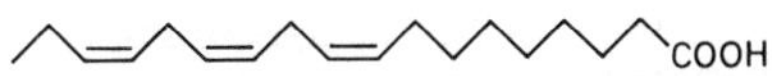	Linolensäure	5

[a] Die Zählung der C-Atome erfolgt ausgehend von der COOH-Gruppe.
[b] Geschätzter Anteil an der Weltproduktion pflanzlicher Speisefette.

Tabelle 3.3. Aromaschwellen (Geruch und/oder Geschmack) freier Fettsäuren in verschiedenen Lebensmitteln

Fettsäure	Wasser	Aromaschwelle (mg/kg) in				
		Sahne		Süßrahmbutter	Kokosfett	
		Geruch	Geschmack		Geruch	Geschmack[a]
4:0	6,2	50	60	40	35	160
6:0	15	85	105	15	25	50
8:0	5,8	200	120	455	>1000	25
10:0	3,5	>400	90	250	>1000	15
12:0	n. b.	>400	130	200	>1000	35
14:0	n. b.	>400	>400	5000	>1000	75
16:0	n. b.	n. b.	n. b.	10000	n. b.	n. b.
18:0	n. b.	n. b.	n. b.	15000	n. b.	n. b.

[a] Geschmacksqualität: 4:0 ranzig, 6:0 ranzig, nach Ziege, 8:0 muffig, ranzig, seifig, 10:0, 12:0 und 14:0 seifig.
n. b.: nicht bestimmt.

Tabelle 3.4. Geruch und Geschmack von Fettsäuremischungen in Sahne

Nr.	Fettsäuremischungen aus 4:0	6:0	8:0	10:0	12:0	Geruch	Geschmack
	Konzentration in %-Aromaschwelle[a]						
1	28	17	29	31	30	k. G.	k. G.
2	28	17	40	42	37	k. G.	ranzig, seifig
3	28	17	52	53	45	muffig, ranzig	ranzig, seifig
4	48	29	29	31	30	muffig, ranzig	k. G.
5	48	29	40	42	37	muffig, ranzig	ranzig, seifig

[a] Die Konzentration jeder Fettsäure ist bezogen auf die in Tab. 3.3 angegebenen Schwellenwerte für Geruch bei 4:0 und 6:0 bzw. für Geschmack bei 8:0–12:0.
k. G.: kein von der Sahne abweichender Geruch bzw. Geschmack.

C_4-C_{12}-Fettsäuren zu Sahne ein ranzig-seifiger Geschmack auftritt, wenn Capryl-, Caprin- und Laurinsäure von 30% auf 40% ihrer jeweiligen Schwellenkonzentration zunehmen. Eine weitere Zunahme dieser Fettsäuren in der Mischung Nr. 3 auf annähernd 50% der Schwellenkonzentration ergibt zusätzlich eine muffig-ranzige Geruchsnote.

Einige hochmolekulare Fettsäuren (> 18:0) wurden in Leguminosen (z. B. Erdnußbutter) nachgewiesen. Sie können wie die niedermolekularen Homologen zur Identifizierung der Herkunft einiger Fette herangezogen werden (cf. 14.5.2.3). Fettsäuren mit ungeradzahliger C-Kette (Tab. 3.5) kommen nur in Spuren in Lebensmitteln vor. Auch hier können die niedermolekularen Homologen als Aromastoffe von Bedeutung sein. Von den ungeradzahligen höheren Fettsäurehomologen kommen die Pentadecan- und die Heptadecansäure im Milchfett und in einer Reihe pflanzlicher Fette vor. Der Trivialname „Margarinsäure" für 17:0 beruht auf einem Irrtum: *M. E. Chevreul* (1786–1889), der u. a. zuerst Fette als Ester des Glycerins mit Fettsäuren erkannt hat, prägte auch das Wort „Margarine" in der Annahme, der Rohstoff Oleomargarin (eine Fraktion aus Rindertalg) enthalte mit der Margarinsäure 17:0 eine neue Fettsäure. Später wurde gefunden, daß es sich hier um ein Gemisch aus Palmitin- und Stearinsäure handelt. Verzweigte Fettsäuren sind selten in Lebensmitteln. Im Milchfett wurden mit der Pristan- und Phytansäure (Tab. 3.5) zwei Isoprenoidsäuren entdeckt, die aus dem Abbau der Phytylseitenkette des Chlorophylls stammen.

3.2.1.2 Ungesättigte Fettsäuren

Die ungesättigten Fettsäuren, die in den Lipiden dominieren, enthalten eine, zwei oder drei Allyl-

Tabelle 3.5. Gesättigte Fettsäuren

Kurzschreibweise	Struktur	Systemat. Name	Trivialname	Fp (°C)
A. Geradzahlige unverzweigte Fettsäuren				
4:0	$CH_3(CH_2)_2COOH$	Butansäure	Buttersäure	−7,9
6:0	$CH_3(CH_2)_4COOH$	Hexansäure	Capronsäure	−3,9
8:0	$CH_3(CH_2)_6COOH$	Octansäure	Caprylsäure	16,3
10:0	$CH_3(CH_2)_8COOH$	Decansäure	Caprinsäure	31,3
12:0	$CH_3(CH_2)_{10}COOH$	Dodecansäure	Laurinsäure	44,0
14:0	$CH_3(CH_2)_{12}COOH$	Tetradecansäure	Myristinsäure	54,4
16:0	$CH_3(CH_2)_{14}COOH$	Hexadecansäure	Palmitinsäure	62,9
18:0	$CH_3(CH_2)_{16}COOH$	Octadecansäure	Stearinsäure	69,6
20:0	$CH_3(CH_2)_{18}COOH$	Eicosansäure	Arachinsäure	75,4
22:0	$CH_3(CH_2)_{20}COOH$	Docosansäure	Behensäure	80,0
24:0	$CH_3(CH_2)_{22}COOH$	Tetracosansäure	Lignocerinsäure	84,2
26:0	$CH_3(CH_2)_{24}COOH$	Hexacosansäure	Cerotinsäure	87,7
B. Ungeradzahlige unverzweigte Fettsäuren				
5:0	$CH_3(CH_2)_3COOH$	Pentansäure	Valeriansäure	−34,5
7:0	$CH_3(CH_2)_5COOH$	Heptansäure	Önanthsäure	−7,5
9:0	$CH_3(CH_2)_7COOH$	Nonansäure	Pelargonsäure	12,4
15:0	$CH_3(CH_2)_{13}COOH$	Pentadecansäure		52,1
17:0	$CH_3(CH_2)_{15}COOH$	Heptadecansäure	Margarinsäure	61,3
C. Verzweigte Fettsäuren				
	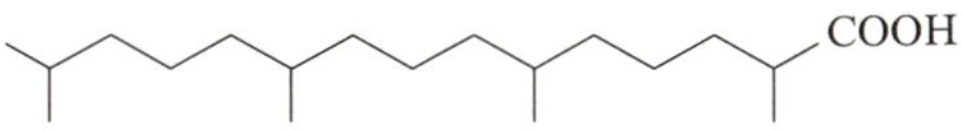	2,6,10,14-Tetramethylpentadecansäure	Pristansäure	
	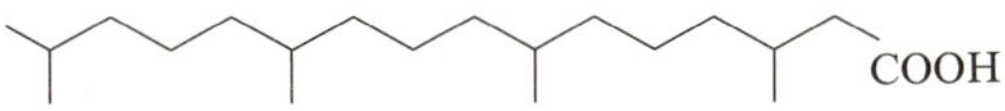	3,7,11,15-Tetramethylhexadecansäure	Phytansäure	

gruppen im Acylrest (Tab. 3.6). Die isolierte, d.h. hier durch jeweils eine Methylengruppe unterbrochene Stellung der immer cis-konfigurierten Doppelbindungen hat zu der Bezeichnung Isolenfettsäuren geführt.

Strukturelle Beziehungen zwischen den ungesättigten nichtkonjugierten Fettsäuren, die sich aus der Biosynthese ergeben, werden deutlich, wenn man die Position der Doppelbindung vom Methylende des Moleküls ausgehend angibt (Hervorhebung dieser Art der Zählung durch den Zusatz „ω") und die Fettsäuren mit dem gleichen Methylende zusammenfaßt. Es ergeben sich die drei Familien ω3, ω6 und ω9 (Tab. 3.6), in denen jeweils eine häufiger vorkommende C_{18}-Fettsäure (cf. Tab. 3.2) strukturelle Gemeinsamkeiten mit seltener auftretenden höhermolekularen Verbindungen aufweist. So kommt die Erucasäure nur in Ölen aus *Brassicaceae* (cf. 14.3.2.2.5), die Arachidonsäure im Fleisch, der Leber, im Schweineschmalz und in den Lipiden des Hühnereis vor, während die zur ω3-Familie gehörende Hexadecatriensäure in Rapsblättern und niederen Pflanzen nachgewiesen wurde. Die Nervonsäure ist ein Baustein der Sphingolipide. C_{20}- und C_{22}-Fettsäuren mit 5 und 6 Doppelbindungen sind ein Kennzeichen der Fischöle (cf. 14.3.1.2).

Die Linolsäure kann nicht vom menschlichen Organismus synthetisiert werden. Sie und die anderen zur ω6-Familie gehörenden Fettsäuren, deren Synthese aus Linolsäure in Säugetieren möglich ist, sind essentielle Fettsäuren, die u.a. zum Aufbau biologisch aktiver Membranen benötigt werden. Ob es sich bei der zur ω3-Familie gehörenden α-Linolensäure, die wie Linolsäure nur von Pflanzen gebildet wird, um einen essentiellen Nährstoff handelt, ist umstritten.

Tabelle 3.6. Ungesättigte Fettsäuren

Kurz-schreibweise	Struktur	Trivialname	Fp (°C)
A. Fettsäuren mit nichtkonjugierten cis-Doppelbindungen			
	ω9-Familie		
18:1 (9)	$CH_3{-}(CH_2)_7{-}CH{=}CH{-}CH_2{-}(CH_2)_6{-}COOH$	Ölsäure	13,4
22:1 (13)	${-}(CH_2)_{10}{-}COOH$	Erucasäure	34,7
24:1 (15)	${-}(CH_2)_{12}{-}COOH$	Nervonsäure	42,5
	ω6-Familie		
18:2 (9, 12)	$CH_3{-}(CH_2)_4{-}(CH{=}CH{-}CH_2)_2{-}(CH_2)_6{-}COOH$	Linolsäure	−5,0
18:3 (6, 9, 12)	${-}(CH{=}CH{-}CH_2)_3{-}(CH_2)_3{-}COOH$	γ-Linolensäure	
20:4 (5, 8, 11, 14)	${-}(CH{=}CH{-}CH_2)_4{-}(CH_2)_2{-}COOH$	Arachidonsäure	−49,5
	ω3-Familie		
18:3 (9, 12, 15)	$CH_3{-}CH_2{-}(CH{=}CH{-}CH_2)_3{-}(CH_2)_6{-}COOH$	α-Linolensäure	−11,0
16:3 (7, 10, 13)	${-}(CH_2)_4{-}COOH$		
	Δ9-Familie		
18:1 (9)	$CH_3{-}(CH_2)_7{-}CH{=}CH{-}CH_2{-}(CH_2)_6{-}COOH$	Ölsäure	13,4
16:1 (9)	$CH_3{-}(CH_2)_5{-}$	Palmitoleinsäure	0,5
14:1 (9)	$CH_3{-}(CH_2)_3{-}$	Myristoleinsäure	
B. Fettsäuren mit nichtkonjugierten trans-Doppelbindungen			
18:1 (tr9)	$CH_3{-}(CH_2)_7{-}CH\overset{tr}{=}CH{-}(CH_2)_7{-}COOH$	Elaidinsäure	46
18:2 (tr9, tr12)	$CH_3{-}(CH_2)_4{-}CH\overset{tr}{=}CH{-}CH_2{-}CH\overset{tr}{=}CH{-}(CH_2)_7{-}COOH$	Linolelaidinsäure	28
C. Fettsäuren mit konjugierten Doppelbindungen			
18:3 (9, tr11, tr13)	$CH_3{-}(CH_2)_3{-}CH\overset{tr}{=}CH{-}CH\overset{tr}{=}CH{-}CH\overset{c}{=}CH{-}(CH_2)_7{-}COOH$	α-Eleostearinsäure	48
18:3 (tr9, tr11, tr13)	$CH_3{-}(CH_2)_3{-}CH\overset{tr}{=}CH{-}CH\overset{tr}{=}CH{-}CH\overset{tr}{=}CH{-}(CH_2)_7{-}COOH$	β-Eleostearinsäure	71,5
18:4 (9, 11, 13, 15)[a]	$CH_3{-}CH_2{-}(CH{=}CH)_4{-}(CH_2)_7{-}COOH$	Parinarsäure	85

[a] Geometrie der Doppelbindungen unbekannt.

Bei einigen Monoen-Fettsäuren ergibt sich ein formaler Zusammenhang durch die übliche Zählung vom Carboxylende. Die so begründete Δ9-Familie (Tab. 3.6) enthält mit der Palmitoleinsäure und Myristoleinsäure zwei Nebensäuren, die in pflanzlichen und tierischen Lebensmitteln auftreten.

Zu den ungesättigten Fettsäuren mit einer ungewöhnlichen Struktur gehören Verbindungen mit einer trans-Doppelbindung und/oder mit konjugierten Doppelbindungen (Tab. 3.6). Als Artefakte können solche Substanzen bei der technischen Bearbeitung von Fetten (Erhitzen, Härten) entstehen. Einige dieser Fettsäuren kommen auch natürlich vor. So wurde das trans-Analoge der Ölsäure im Hammeltalg und das der Linolsäure in Samen des mexikanischen Strauches *Chilopsis linearis* gefunden. Konjugenfettsäuren mit Dien-, Trien- oder Tetraensystem treten in bestimmten Samenölen, die aber keine Rolle für die menschliche Ernährung spielen, häufiger auf. In Tab. 3.6 sind als Beispiel zwei natürlich vorkommende Fettsäuren mit einem konjugierten Triensystem aufgeführt, die sich in der Konfiguration einer Doppelbindung unterscheiden.

Tabelle 3.7. Geschmack ungesättigter Fettsäuren, emulgiert in Wasser

Verbindung	Schwelle (mmol/l)	Qualität
Ölsäure	9–12	bitter, brennend, stechend
Elaidinsäure	22	schwach brennend
Linolsäure	4–6	bitter, brennend, stechend
Linolelaidinsäure	11–15	bitter, brennend, kratzig
γ-Linolensäure	3–6	bitter, brennend, stechend
α-Linolensäure	0,6–1,2	bitter, brennend, stechend, nach frischer Walnuß
Arachidonsäure	6–8	bitter, widerlicher Beigeschmack

Ungesättigte Fettsäuren, emulgiert in Wasser, schmecken bitter, wobei der Schwellenwert z. B. bei der α-Linolensäure relativ niedrig ist (Tab. 3.7). Es können somit Geschmacksfehler auftreten, wenn aus ungesättigten Triacylglyceriden, die in Wasser emulgiert geschmacklos sind, durch eine enzymatische Hydrolyse die in Tab. 3.7 angegebenen Fettsäuren freigesetzt werden.

3.2.1.3 Substituierte Fettsäuren

Hydroxyfettsäuren: Die bekannteste Hydroxyfettsäure ist die Ricinolsäure 12 h–18 : 1 (9). Sie ist optisch aktiv und besitzt die D(+)-Konfiguration:

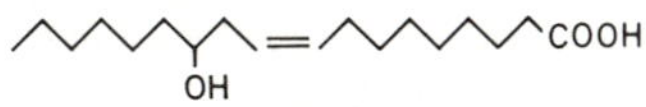

(3.1)

Als Hauptfettsäure des Ricinusöles (bis 90%) kann sie als Indikator für dessen Anwesenheit in Speiseölen dienen.

In den Blattlipiden zahlreicher Gemüsepflanzen kommen gesättigte D-2-Hydroxyfettsäuren (16:0–25:0) mit gerader, aber auch ungerader C-Zahl in geringen Konzentrationen vor.

Die unter Wasserabspaltung aus 4- bzw. 5-Hydroxycarbonsäuren (C_8–C_{16}) hervorgehenden γ- bzw. δ-Lactone wurden im Milchfett sowie in Aprikosen und Pfirsichen nachgewiesen.

Oxofettsäuren: Etwa 1% der Milchlipide besteht aus gesättigten (C_{10}–C_{24}) und ungesättigten (C_{14}–C_{18}) Oxofettsäuren gerader C-Zahl, wobei die Carbonylgruppe die Positionen 5–13 einnimmt. Eine der 47 identifizierten Verbindungen hat folgende Struktur:

$$CH_3-(CH_2)_4-CH{=}CH-CH_2-CH_2-\overset{\overset{\displaystyle O}{\|}}{C}-(CH_2)_7-COOH \qquad (3.2)$$

Furanfettsäuren: In Fischleberölen kommen 1–6% (in einzelnen Süßwasserfischen bis zu 25%) Fettsäuren vor, die einen Furanring enthalten. Die bisher identifizierten acht Verbindungen unterscheiden sich in der Stellung und der Substitution des Furanrings. Im folgenden ist eine Verbindung wiedergegeben:

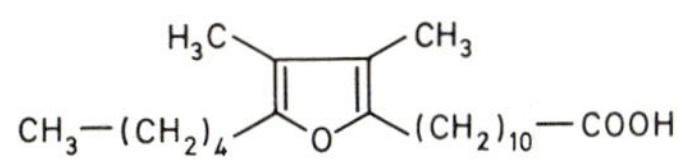

(3.3)

Substituierte Fettsäuren entstehen auch bei der Autoxidation bzw. enzymatischen Peroxidation ungesättigter Fettsäuren. Sie werden dort näher besprochen (cf. 3.7.2.3 u. 3.7.2.4.1).

3.2.2 Physikalische Eigenschaften

3.2.2.1 Carboxyl-Gruppe

Carbonsäuren neigen stark zur Ausbildung von Dimeren, die über Wasserstoffbrücken

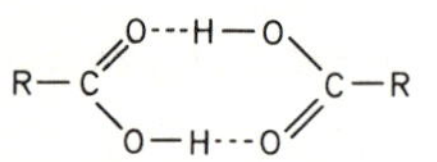

(3.4)

stabilisiert sind, deren „Bindungsenergie" in Hexan 38 kJ/mol dimerer Verbindung beträgt. Auch im Kristallgitter sind die Fettsäuremoleküle in dieser Weise angeordnet (Abb. 3.2).
Der Säurecharakter der Carboxyl-Gruppe beruht auf der Dissoziation des Protons und der Bildung eines resonanzstabilisierten Carboxylat-Anions:

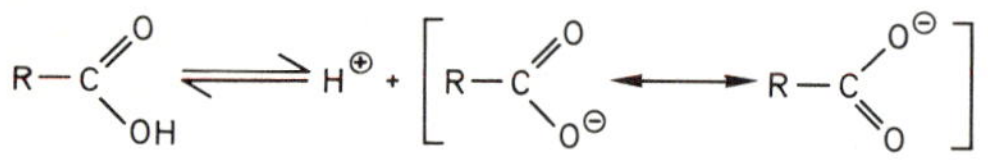

(3.5)

Der pK_s-Wert der Carbonsäuren C_2–C_9 liegt im Bereich 4,75–4,95. Davon stark abweichend wurde für Linolsäure ein pK_s-Wert von 7,9 gefunden. Dieses abnormale Verhalten, für das es bis jetzt keine Erklärung gibt, wird aus den in Abb. 3.1 dargestellten Titrationskurven für Propion-, Capryl- und Linolsäure, die unter denselben Bedingungen aufgenommen worden sind, besonders deutlich.

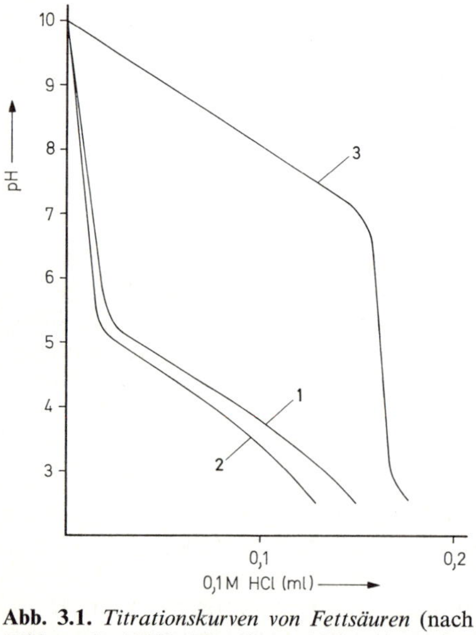

Abb. 3.1. *Titrationskurven von Fettsäuren* (nach *G. S. Bild* et al., 1977). Titration wäßriger Lösungen (0,1 mol/l) der Na-Salze der (1) Propion-, (2) Capryl- und (3) Linolsäure mit 0,1 mol/l HCl

3.2.2.2 Kristallstruktur, Schmelzpunkte

Für das Schmelzverhalten der Fette ist die Anordnung der Acylreste im Kristallgitter neben den Besonderheiten, die sich aus der Struktur der Triglyceride ergeben, maßgebend.
Aus dem Wert für den Energieinhalt der Konformation einer C-Kette wurde berechnet, daß bei Raumtemperatur 75% der C—C-Bindungen einer gesättigten Fettsäure gestaffelt („trans"-Konformation) und 25% in der energetisch nur wenig höher liegenden schief-anti Konformation angeordnet sind.
Die ungesättigten Fettsäuren haben wegen der fehlenden Drehbarkeit um die Doppelbindungen einen oder mehrere starre Knicke. Dabei wird das Molekül durch eine trans-Doppelbindung nicht so stark verformt wie durch eine cis-Doppelbindung. So verursacht die cis-Konfiguration eine Krümmung des Ölsäuremoleküls von etwa 40°:

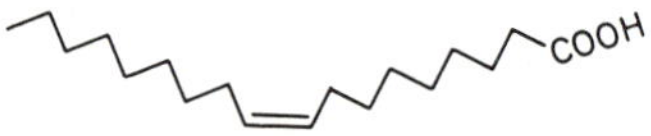

(3.6)

Die trans-Konfiguration der Elaidinsäure führt zwar zu einer gewissen Verkürzung der C-Kette, doch ähnelt die Struktur noch der gestreckten Form der Stearinsäure:

(3.7)

Durch eine Zunahme an cis-Doppelbindungen wird die Krümmung des Moleküls verstärkt. So steigern die vier cis-Doppelbindungen in der Arachidonsäure die Abweichung von der Geradlinigkeit auf 165°:

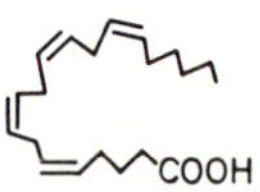

(3.8)

Bei der Kristallisation orientieren sich die Moleküle gesättigter Fettsäuren wie in Abb. 3.2 etwas vereinfacht dargestellt. Die Anordnung als Doppelmolekül (siehe oben) bleibt dabei erhalten. Eingestrahltes Röntgenlicht wird an den Ebenen des Kristalls, die durch die Carboxyl-Gruppen gebildet werden, maximal gebeugt, da hier die

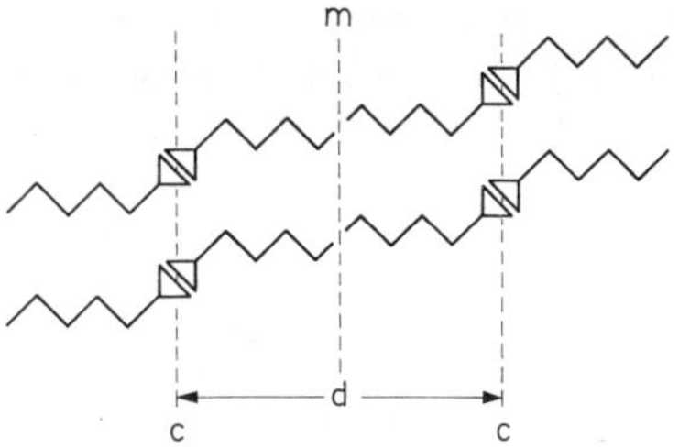

Abb. 3.2. Anordnung der Capronsäuremoleküle im Kristall (nach *J.F. Mead* et al., 1965). Ergebnis der Röntgenstrukturanalyse: Die Röntgenstrahlen werden stark an den Ebenen der Carboxyl-Gruppe (c) und schwach an den Methylenden (m) gebeugt. d: Identitätsperiode

Elektronendichte am größten ist. Aus den Abständen der „Hauptreflexe" (Abstand d in Abb. 3.2) kann mit den Methoden der Röntgenstrukturanalyse die Länge eines Fettsäuremoleküls bestimmt werden. Für Stearinsäure wurden 2,45 nm gefunden.

Stabilisiert wird das Molekülgitter durch die hydrophoben Wechselwirkungen der Acylreste. Entsprechend steigt die Energie und damit die Temperatur, die zum Schmelzen der Fettsäurekristalle aufgewendet werden muß, mit zunehmender C-Zahl.

Ungeradzahlige sowie ungesättigte Fettsäuren können sich nicht so regelmäßig wie die gesättigten Fettsäuren mit gerader C-Zahl im Kristallgitter anordnen. Bei den zuerst genannten Verbindungen stören sich die Methylenden etwas.

Die geringere Symmetrie hat zur Folge, daß der Schmelzpunkt der geradzahligen Fettsäure den der folgenden ungeradzahligen Fettsäure übersteigt (cf. Tab. 3.5).

Tabelle 3.8. Einfluß der Anzahl, Konfiguration und Position von Doppelbindungen auf den Schmelzpunkt von Fettsäuren

Verbindung		Fp (°C)
18:0	Stearinsäure	69
18:1 (tr9)	Elaidinsäure	46
18:1 (2)	cis-2-Octadecensäure	51
18:1 (9)	Ölsäure	13,4
18:2 (9, 12)	Linolsäure	−5
18:2 (tr9, tr12)	Linolelaidinsäure	28
18:3 (9, 12, 15)	α-Linolensäure	−11
20:0	Arachinsäure	75,4
20:4 (5, 8, 11, 14)	Arachidonsäure	−49,5

Bei ungesättigten Fettsäuren behindert eine trans-Doppelbindung nicht so stark die Anordnung der Moleküle im Kristallgitter wie eine cis-Doppelbindung. Dieser Unterschied, der aus den oben dargestellten sterischen Verhältnissen bei ungesättigten Fettsäuren herrührt, hat zur Folge, daß die Schmelzpunkte in der Reihe 18:0, 18:1 (tr9), 18:1 (9) absinken. Diese Rangfolge ergibt sich aber nur, wenn die Positionen der Doppelbindungen im Molekül vergleichbar sind. Rückt z.B. eine cis-Doppelbindung an das Ende des Moleküls, dann ist die Abweichung von der gestreckten Form nicht so groß wie in der Ölsäure, und entsprechend liegt der Schmelzpunkt höher; z.B. übertrifft der Schmelzpunkt der cis-2- sogar den der trans-9-Octadecensäure (Tab. 3.8).

Der Schmelzpunkt nimmt weiter ab, wenn die Zahl der isolierten cis-Doppelbindungen steigt (Tab. 3.8). Auch dieses Verhalten ist mit den Veränderungen in der Molekülgeometrie zu erklären, die sich z.B. aus dem oben beschriebenen Vergleich der Öl- mit der Arachidonsäure ergeben.

3.2.2.3 Harnstoff-Addukte

Harnstoff bildet bei der Kristallisation Kanäle mit einem Durchmesser von 0,8–1,2 nm, die langkettige Kohlenwasserstoffe einschließen können. Die Stabilität der Harnstoff-Addukte von Fettsäuren geht parallel mit der Molekülgeometrie. Jede Abweichung von der geradkettigen Anordnung führt zu einer Schwächung. Entsprechend sinkt die Tendenz zur Bildung der Einschlußverbindungen in der Reihe 18:0 > 18:1 (9) > 18:2 (9, 12).

Eine Substitution der Fettsäure verhindert den Einschluß. So können verzweigte und oxidierte Fettsäuren bzw. deren Methylester von den geradkettigen Verbindungen abgetrennt werden. Dieses Prinzip wird analytisch z.B. zur Anreicherung und Abtrennung verzweigter oder oxidierter Fettsäuren genutzt.

3.2.2.4 Löslichkeit

Langkettige Fettsäuren sind in Wasser praktisch nicht löslich, sondern bilden an der Oberfläche einen Film. Dabei ist die polare Carboxy-Gruppe zum Wasser und die hydrophobe C-Kette zur Gasphase gerichtet. Mit abnehmender C-Zahl steigt die Löslichkeit; Buttersäure ist vollständig mit Wasser mischbar.

Stearin- und andere gesättigte langkettige Fettsäuren lösen sich am besten in Diethylether, da dieses Lösungsmittel noch genügend polar ist für die Carboxyl-Gruppe. Völlig unpolare Lösungsmittel, wie Petrolether, sind für Fettsäuren nicht geeignet.

Mit zunehmender Zahl an cis-Doppelbindungen steigt die Löslichkeit der Fettsäuren. Am Beispiel einer Lösung in Aceton wird dies in Abb. 3.3 deutlich. Die Unterschiede in der Löslichkeit können zur Trennung gesättigter von ungesättigten Fettsäuren genutzt werden. Das Gemisch wird dazu bei Zimmertemperatur gelöst und gestuft bis auf −80 °C gekühlt. Die fraktionierte Kristallisation ist aber in ihrer Trennleistung begrenzt, weil sich z. B. Stearinsäure in Ölsäure enthaltendem Aceton wesentlich besser als in reinem Aceton löst. Diese gegenseitige Beeinflussung der Löslichkeit ist in Abb. 3.3 nicht berücksichtigt.

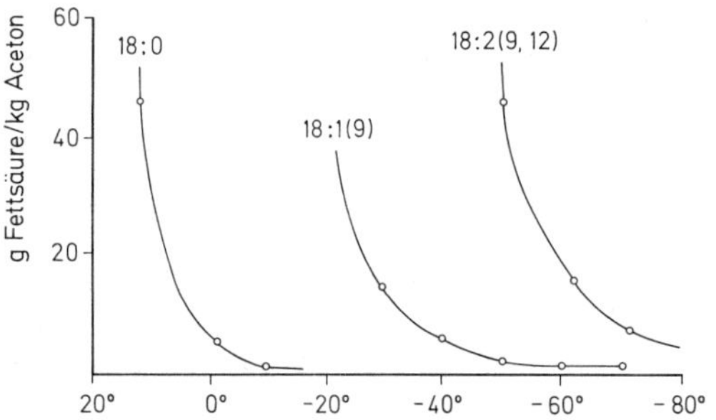

Abb. 3.3. Löslichkeit von Fettsäuren in Aceton. (Nach *J.F. Mead* et al., 1965)

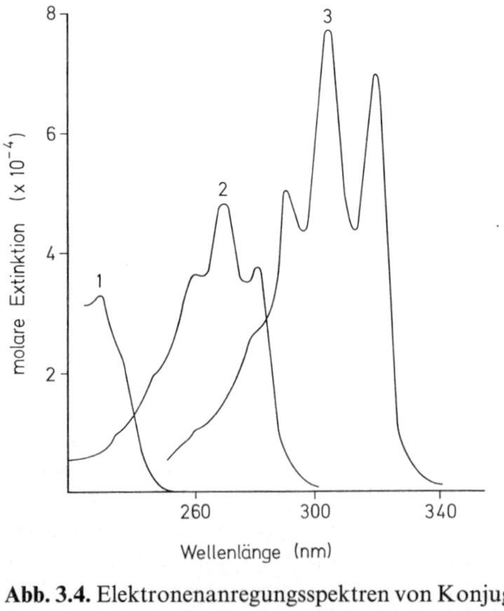

Abb. 3.4. Elektronenanregungsspektren von Konjugenfettsäuren (nach *H. Pardun,* 1976). (1) 9,11-Isolinolsäure, (2) α-Elaeostearinsäure, (3) Parinarsäure

3.2.2.5 UV-Absorption

Auf Grund der isolierten cis-Doppelbindungen absorbieren alle ungesättigten Fettsäuren UV-Licht etwa bei derselben Wellenlänge um 190 nm. Sie können deshalb nicht fotometrisch unterschieden werden. Konjugenfettsäuren absorbieren in Abhängigkeit von der Länge und Konfiguration des konjugierten Doppelbindungssystems bei unterschiedlichen Wellenlängen. Abb. 3.4 zeigt dies an einigen Beispielen. Zur Überführung der Isolen- in Konjugenfettsäuren cf. 3.2.3.2.2.

3.2.3 Chemische Eigenschaften

3.2.3.1 Methylierung der Carboxyl-Gruppe

Zur Erleichterung einer gaschromatographischen oder destillativen Trennung der Fettsäuren werden die Carboxylgruppen durch Methylierung depolarisiert. Im analytischen Maßstab wird die Reaktion mit Diazomethan, das durch alkalische Hydrolyse z. B. von N-Nitroso-N-methyl-p-toluolsulfonsäureamid erzeugt wird, bevorzugt.

Das freigesetzte CH_2N_2 wird mit Stickstoff in eine Vorlage getrieben, die die Fettsäuren gelöst in Ether-Methanol (9:1 v/v) enthält. Die Reaktion:

$$R{-}COOH + CH_2N_2 \longrightarrow R{-}COOCH_3 + N_2 \qquad (3.9)$$

verläuft schonend und es entstehen bei dieser Versuchsführung keine Nebenprodukte.

Weitere Möglichkeiten der Methylierung sind: Veresterung mit einem Überschuß an Methanol in Gegenwart einer *Lewis*-Säure (BF_3) als Katalysator oder Umsetzung der Silbersalze der Fettsäuren mit Methyljodid:

$$R{-}COOAg + CH_3J \longrightarrow R{-}COOCH_3 + AgJ \qquad (3.10)$$

3.2.3.2 Reaktionen ungesättigter Fettsäuren

Eine Reihe von Reaktionen, die aus der Chemie der Olefine bekannt sind, spielen für die Analytik und Technologie von ungesättigten Acyllipiden eine besondere Rolle.

3.2.3.2.1 Halogenanlagerung

Die Bestimmung der Konzentration eines Fettes an Doppelbindungen ist über die Jodzahl (cf. 14.5.2.1) möglich. Dabei wird das Fett mit einem Halogenierungsreagenz umgesetzt, das sich nur an die Doppelbindungen addiert. Vermieden werden muß eine Substitution unter Bildung von Halogenwasserstoff. Geeignet ist JBr in Eisessig:

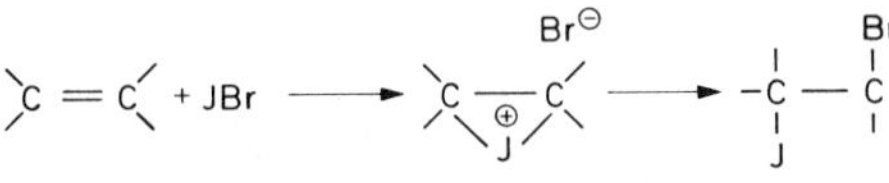
(3.11)

Der Gehalt an Doppelbindungen ergibt sich aus der Titration des Reagenzes mit Thiosulfat vor und nach Zugabe des Fettes.

3.2.3.2.2 Überführung der Isolen- in Konjugenfettsäuren

Allylsysteme sind labil und lagern sich in Gegenwart einer Base (KOH oder Kalium-t-butylat) leicht um:

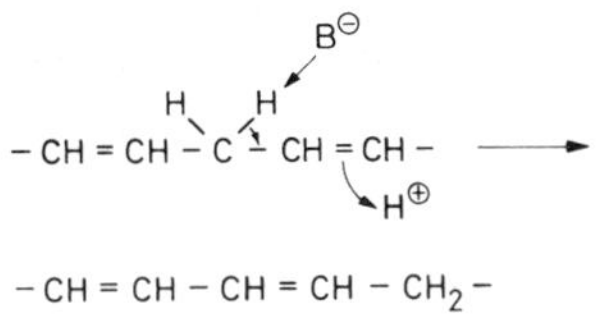
(3.12)

Bei der Reaktion stellt sich ein Gleichgewicht zwischen Isolen- und Konjugenfettsäuren ein, das von den Reaktionsbedingungen abhängt. Die Isomerisierung wird analytisch genutzt, denn sie ermöglicht die simultane fotometrische Bestimmung von Linol-, Linolen- und Arachidonsäure, da die aus diesen Verbindungen hervorgehenden Fettsäuren mit einem konjugierten Dien-, Trien- oder Tetraensystem bei unterschiedlichen Wellenlängen (cf. Abb. 3.4) das Licht absorbieren. Die Versuchsbedingungen können so gewählt werden, daß nur die natürlich vorkommenden cis-, nicht aber die z.B. bei der Fett-Härtung (cf. 14.4.2) entstehenden trans-Fettsäuren isomerisiert werden.

3.2.3.2.3 Bildung von π-Komplexen mit $Ag^{\oplus}$*-Ionen*

Ungesättigte Fettsäuren und Acyllipide, aber auch ungesättigte z.B. durch Autoxidation entstandene Aldehyde (cf. 3.7.2.1.5) können durch „Argentations-Chromatographie" nach der Anzahl, Position und Konfiguration der Doppelbindungen aufgetrennt werden. Das Verfahren basiert darauf, daß Doppelbindungen reversibel π-Komplexe mit $Ag^{\oplus}$-Ionen bilden, die unterschiedlich stabil sind:

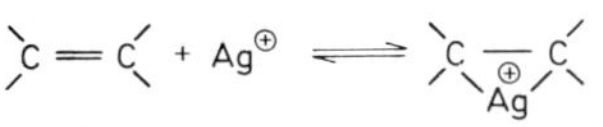
(3.13)

Die Stabilität der Komplexe wird durch folgende Faktoren beeinflußt: Sie steigt mit zunehmender Zahl der Doppelbindungen: Auf einer Dünnschichtplatte, die mit einem Silbersalz imprägniert ist, wird eine Fettsäure mit zwei cis-Doppelbindungen stärker zurückgehalten als eine Fettsäure mit einer cis-Doppelbindung, d.h. der R_f-Wert steigt in der Reihe 18:2 (9, 12) – 18:1 (9) – 18:0. Weiterhin bilden Fettsäuren mit isolierten Doppelbindungen stabilere $Ag^{\oplus}$-Komplexe als solche mit konjugierten und die mit cis-konfigurierten Doppelbindungen stabilere als die mit trans-Doppelbindungen. Auch sind die $Ag^{\oplus}$-Komplexe um so stabiler, je weiter eine Doppelbindung zum Ende der C-Kette lokalisiert ist. Entsprechend sind Trennungen von Isolen- und Konjugenfettsäuren bzw. auch von Isomeren möglich, die sich nur in der Konfiguration der Doppelbindungen unterscheiden.

3.2.3.2.4 Hydrierung

In Gegenwart geeigneter Metallkatalysatoren, z.B. Ni, ist eine Addition von Wasserstoff an die Doppelbindungen von Acyllipiden möglich. Diese heterogene katalytische Hydrierung verläuft stereoselektiv als cis-Addition. Bei Fettsäuren mit mehreren Doppelbindungen geht eine vom Katalysator geförderte Isomerisierung der Isolen- zur Konjugenfettsäure voraus:

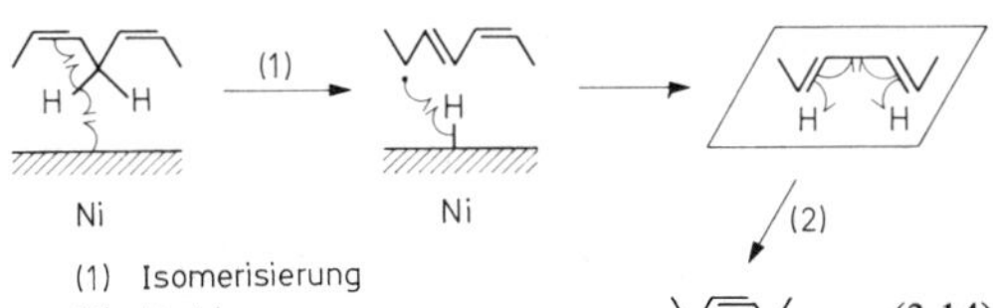

(3.14)

Da die Dien-Fettsäuren stabilere π-Komplexe mit dem Katalysator bilden als die Monoensäuren, werden erstere bevorzugt hydriert. In der Natur kommen nicht so viele feste Fette vor, wie benötigt werden. Die hier angedeutete partielle Hydrierung spielt deshalb eine große Rolle in der Fett-Technik (cf. 14.4.2).

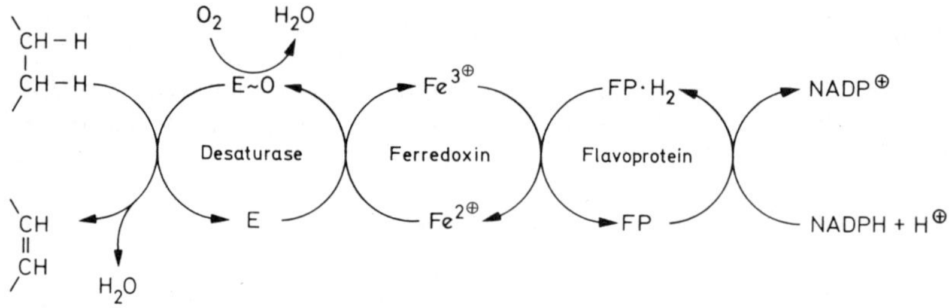

(3.15)

3.2.4 Biosynthese der ungesättigten Fettsäuren

Vorläufer sind die gesättigten Fettsäuren in aktivierter Form (cf. Lehrbücher der Biochemie), die in Pflanzen und im Säugetiergewebe aerob durch eine Desaturase-Reaktion stereospezifisch dehydriert werden. In den Pflanzen sind ein Flavoprotein und Ferredoxin am Elektronentransport zum Sauerstoff beteiligt (s. Formel 3.15).
Bei den mehrfach ungesättigten Fettsäuren werden die Doppelbindungen schrittweise eingeführt. Zwischen Säugetieren und Pflanzen bestehen hier die folgenden wesentlichen Unterschiede: Im Säugetier ist die Synthese der Ölsäure möglich und es können auch weitere Doppelbindungen in Richtung auf das Carboxylende eingeführt werden. Aus der essentiellen Linolsäure kann so die γ-Linolen- und nach Kettenverlängerung die Arachidonsäure gebildet werden (Abb. 3.5). Bei Mangel an Linolsäure in der Nahrung wird die Ölsäure zu einer Isolinolsäure und zu Folgeprodukten dehydriert (Abb. 3.5), die aber nicht die physiologische Funktion der Linolsäure übernehmen können.

Die Pflanze kann Doppelbindungen sowohl in Richtung auf das Methyl- als auch in Richtung auf das Carboxylende einführen. Ölsäure (Oleoyl-CoA oder β-Oleoylphosphatidyl-cholin) wird zum Linol- und dann zum Linolensäurederivat dehydriert (Abb. 3.5).

3.3 Acylglyceride

Die Acylglyceride gehören zu den neutralen Lipiden (cf. Tab. 3.1). Mono-, Di- oder Triester des Glycerins mit Fettsäuren werden auch als *Neutralfette* bezeichnet. Die Speisefette und -öle bestehen ganz überwiegend aus Triacylglyceriden.

3.3.1 Triacylglyceride (TG)

3.3.1.1 Nomenklatur, Einteilung

Das Glycerin als dreiwertiger Alkohol kann entweder ein-, zwei oder dreisäurige Ester bilden. Während im ersten Fall eine Verbindung mit drei

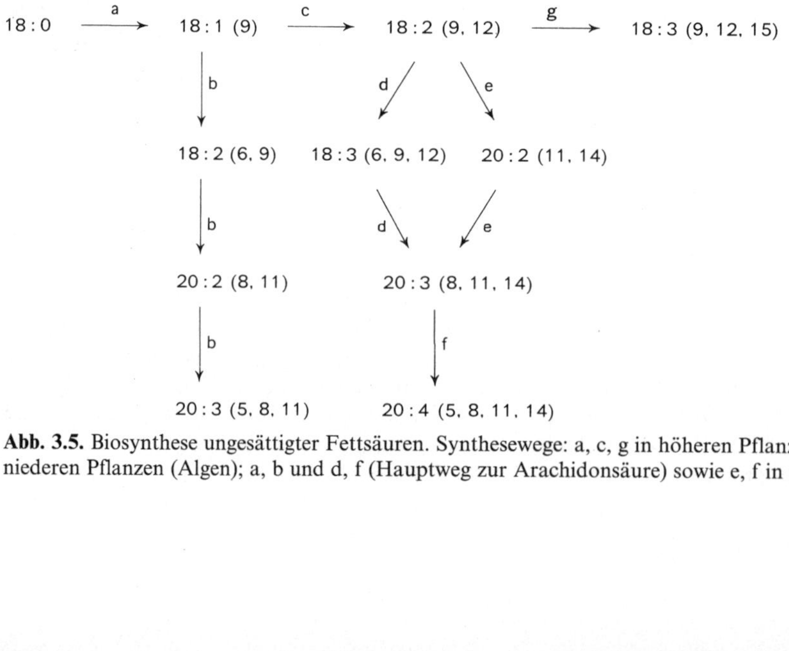

Abb. 3.5. Biosynthese ungesättigter Fettsäuren. Synthesewege: a, c, g in höheren Pflanzen; a, c, g und a, c, d, f in niederen Pflanzen (Algen); a, b und d, f (Hauptweg zur Arachidonsäure) sowie e, f in Säugetieren

gleichen Acylresten entsteht, z. B. Tripalmitin (P_3), enthalten die gemischtsäurigen Ester zwei bzw. drei verschiedene Fettsäuren, z. B. Dipalmitoleïn (P_2O) und Palmito-oleo-linolein (POL). Bei der Benennung gilt in der Regel, daß die Fettsäure mit der kleineren C-Zahl bzw. bei gleicher C-Zahl die mit der geringeren Anzahl Doppelbindungen zuerst genannt wird. Die Zahl Z der möglichen Triacylglyceride ergibt sich aus der Zahl n der im Fett vorkommenden Fettsäuren:

$$Z = \frac{n^3 + n^2}{2} \tag{3.16}$$

Für n = 3 gilt bereits Z = 18. Dieser Fall, daß in einem Fett nur drei Fettsäuren vorkommen, ist sehr selten. Ein Beispiel ist der Borneo-Talg (cf. 14.3.2.2.3), der praktisch nur 16:0, 18:0 und 18:1 (9) enthält.
Allerdings berücksichtigt Z auch die Positionsisomeren, z. B. POSt – PStO – StPO. Werden sie außer acht gelassen, so reduziert sich Z auf Z′:

$$Z' = \frac{n^3 + 3n^2 + 2n}{6} \tag{3.17}$$

Mit n = 3 resultiert Z′ = 10.
Im Triacylglyceridmolekül entsteht ein chirales Zentrum, wenn die beiden primären OH-Gruppen des Glycerins mit zwei verschiedenen Fettsäuren verestert sind:

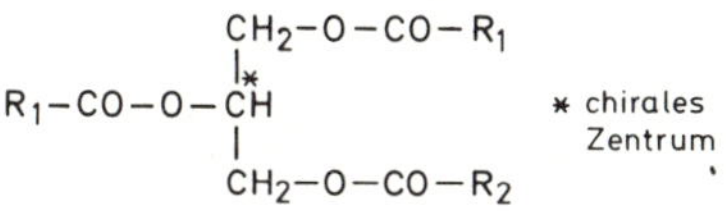

(3.18)

Für die stereospezifische Numerierung der Acylreste, die mit dem Präfix „sn“ gekennzeichnet wird, legt man das prochirale L-Glycerin zugrunde; z. B. in der *Fischer*-Projektion:

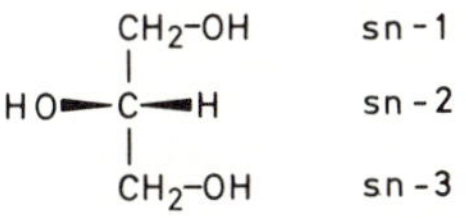

(3.19)

An Beispielen soll die Nomenklatur für Triacylglyceride erläutert werden:

sn-POSt = sn-1-Palmito-2-oleo-3-stearin.

Diese Angabe ist nur möglich, wenn z. B. durch stereospezifische Analyse (cf. 3.3.1.4) die Fettsäurebesetzung der Positionen 1, 2 und 3 ermittelt worden ist.

rac-POSt = sn-POSt und sn-StOP im Verhältnis 1:1, d. h. die Fettsäure in der Position 2 ist fixiert, die verbleibenden Fettsäuren sind gleichmäßig auf die Positionen 1 und 3 verteilt.

POSt = Gemisch aus sn-POSt, sn-OPSt, sn-StOP, sn-PStO, sn-OStP und sn-StPO

3.3.1.2 Schmelzverhalten

Die Schmelzpunkte der TG hängen ab sowohl von der Fettsäurezusammensetzung als auch von den Positionen, die von den Fettsäuren im Glyceridmolekül eingenommen werden (Tab. 3.9).
Mono-, Di- und Triacylglyceride sind polymorph, d. h. sie kristallisieren in verschiedenen Modifikationen, die mit γ, α, β′ und β bezeichnet werden. Sie unterscheiden sich im Schmelzpunkt (Tab. 3.9) und in den spektroskopischen Eigenschaften.
Die glasige und kurzlebige γ-Modifikation wird gewöhnlich beim Abschrecken des geschmolzenen Acylglycerids erhalten und geht durch Tempern kurz unterhalb ihres Schmelzpunktes in die α-Form über. Bei weiterem Erwärmen geht die α- zunächst in die β′- und dann in die β-Modifi-

Tabelle 3.9. Triacylglyceride und ihre polymorphen Formen

Verbindung	Fp (°C) der polymorphen Form			
	γ	α	β′	β
Tristearin		55	65	72,5
Triolein		−32	−12	5,5
Tripalmitin		45	56,5	65,5
1,2-Dipalmitoolein	18,5	28,9		34,8
1,3-Dipalmitoolein	18	26,5		38,5
1-Palmito-3-stearo-2-olein		18,2	33	39
1-Palmito-2-stearo-3-olein		26,3	40,2	
2-Palmito-1-stearo-3-olein		25,3	40,2	
Trilinolein				−10
1,2-Dipalmitolinolein				26 bis 27
1-Palmito-dilinolein				−4 bis −3
1-Stearo-dilinolein				5 bis 6
1,2-Diacetopalmitin		22,4		42,3
1,2-Distearo-olein	30,4	43,5		
1,3-Distearo-olein	22,4	37	41,5	44,3
Trimyristin		33	46,5	57,0
Trilaurin		15	35	46,5

kation über, die am stabilsten ist und den höchsten Schmelzpunkt aufweist (Tab. 3.9).
Beim Kristallisieren aus Lösungsmitteln wird im allgemeinen sogleich die β-Form erhalten. Für Tristearin ist bekannt, daß die α-Modifikation im hexagonalen, die β′-Modifikation im orthorhombischen und die β-Modifikation im triklinen System kristallisiert.
Aus Messungen der Elektronendichte wurde gefolgert, daß die β-Form eines gesättigten Triacylglycerides als „Stuhl" (B) und die β′-Form als „Stimmgabel" (A) existiert:

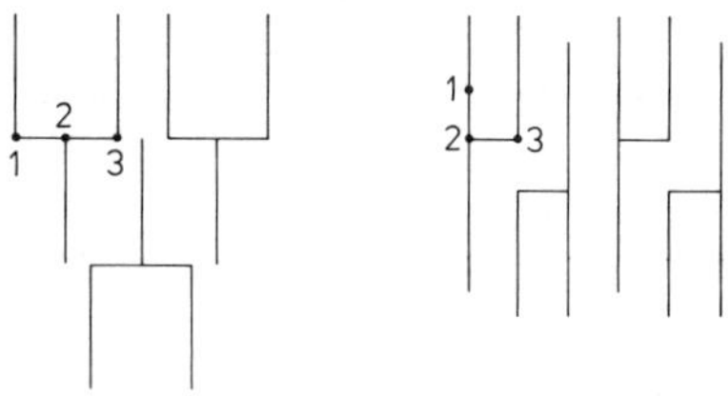

(3.20)

β′-Modifikation (A) β-Modifikation (B)

Ungesättigte Fettsäuren stören die regelmäßige Anordnung der Moleküle im Kristall, der Schmelzpunkt sinkt infolgedessen.
TG, die wie das 2,3-Diaceto-palmitin aus einer langkettigen und zwei sehr kurzkettigen Säuren bestehen, bilden außerordentlich stabile α-Modifikationen. Da Filme aus einer solchen Substanz bis auf das 200–300fache ihrer normalen Länge gedehnt werden können, sind sie als Überzüge für fetthaltige Lebensmittel von Interesse. Die Speisefette können nach der Modifikation klassifiziert werden, die beim Erstarren dominiert (Tab. 3.10).

Tabelle 3.10. Kristall-Typ von Speisefetten

β-Typ	β′-Typ	β-Typ	β′-Typ
Kokosfett	Baumwollsaatöl	Erdnußbutter	Talg
Maiskeimöl	Butter	Sonnenblumenöl	Walöl
Olivenöl	Palmöl	Schmalz	
Palmkernfett	Rapsöl		

3.3.1.3 Chemische Eigenschaften

Hydrolyse, Methanolyse und Umesterung sind die wichtigsten Reaktionen der TG.

Hydrolyse: Durch Einwirkung von Alkali (z.B. methanol. KOH) wird ein Fett gespalten (verseift):

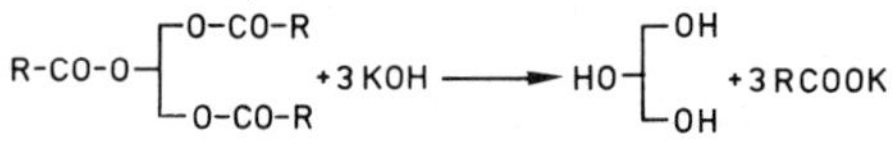

(3.21)

Durch Ansäuern und Extraktion können aus den Alkalisalzen (Seifen) die freien Fettsäuren gewonnen werden. Dieses Verfahren ist für die Analytik von Interesse. Großtechnisch gewinnt man die freien Fettsäuren durch Spaltung der Glyceride mit Wasser unter Druck, wobei durch erhöhte Temperatur und Anwendung alkalischer (ZnO, MgO, CaO) oder saurer Katalysatoren (aromatische Sulfonsäuren) die Reaktionsgeschwindigkeit gesteigert wird.

Methanolyse: Die in den TG vorkommenden Fettsäuren werden meistens gaschromatographisch als Methylester analysiert. Die notwendige Umesterung wird mit Na-methylat/Methanol in Gegenwart von 2,2-Dimethoxypropan durchgeführt, das das entstehende Glycerin abfängt. Die Reaktion verläuft dadurch auch bei Raumtemperatur sehr schnell und quantitativ:

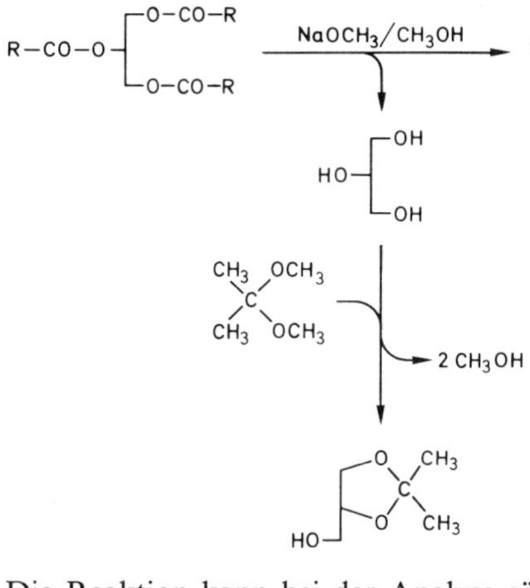

(3.22)

Die Reaktion kann bei der Analyse sämtlicher Acyllipide angewendet werden.

Umesterung: Diese Reaktion ist für die Technik von großer Bedeutung (cf. 14.4.3), denn es können dadurch die physikalischen Eigenschaften von Fetten oder Fettgemischen ohne Eingriff in die chemische Struktur der Fettsäuren gezielt verändert werden. Bei der Reaktion kommt es zu einem intra- und intermolekularen Austausch der Acylreste, wobei sich ein Gleichgewicht ein-

stellt, das u. a. von der Struktur und Konzentration der eingesetzten TG abhängt. Als Katalysator dient in der Regel Na-methylat.
An einem Gemisch aus Tristearin (StStSt) und Triolein (OOO) bzw. an Stearodiolein (OStO) soll das Prinzip der Reaktion verdeutlicht werden. Zwei Arten der Reaktionsführung werden unterschieden:

- Bei der *Einphasenumesterung* werden die Acylreste über die Glyceride statistisch verteilt

St St St + O O O
(50%) (50%)
↓ ($NaOCH_3$) (3.23)
St St St (12,5%) St O St (12,5%) O St St (25%) St O O (25%) O St O (12,5%) O O O (12,5%)

- Bei der *gelenkten Umesterung* wird die Reaktionstemperatur soweit gesenkt, daß höherschmelzende und schwerlösliche TG kristallisieren. Sie nehmen nicht mehr an der Reaktion teil, deren Gleichgewicht sich damit laufend verändert. Ein Fett kann so in eine höher und eine niedriger schmelzende Fraktion zerlegt werden, z. B.:

O St O
↓ ($NaOCH_3$) (3.24)
St St St (33,3%) O O O (66,7%)

3.3.1.4 Strukturbestimmung

Abgesehen vom Nachweis bestimmter Fremdfette (cf. 14.5.2) ist die Analyse der Struktur der TG auch zur Klärung der Beziehungen, die zwischen dem chemischen Aufbau der Fette und ihrem Schmelzverhalten bzw. ihrer Konsistenz bestehen, von besonderem Interesse.
Zunächst ein Beispiel: Kakaobutter und der im vorigen Jahrhundert gern zu ihrer Streckung benutzte Rindertalg besitzen eine sehr ähnliche Fettsäurezusammensetzung, wenn man die beiden gesättigten Hauptsäuren 16:0 und 18:0 zusammenfaßt (Tab. 3.11). Dennoch unterscheiden sich beide Fette im Schmelzverhalten: Kakaobutter ist hart und spröde und schmilzt in einem engen Temperaturintervall (28–36 °C). Rindertalg schmilzt zwar höher (ca. 45 °C), aber in einem breiteren Temperaturbereich und er ist wesentlich plastischer. Maßgebend für das von der Kakaobutter abweichende Schmelzverhalten sind die Unterschiede in den Glyceridtypen SSS, SUS und SSU (Tab. 3.11). Borneotalg (Tenkawangfett) ist in seinem chemischen Aufbau der Kakaobutter so ähnlich, daß bei der in Tab. 3.11 vereinfachten Angabe der vorkommenden TG keine Unterschiede mehr zu erkennen sind. Demzufolge ist auch das Schmelzverhalten ähnlich, so daß der Borneotalg heute zu den wichtigsten Kakaobutteraustauschfetten gehört.
Die Analyse der in einem Fett vorkommenden TG wird mit der reversed-phase HPLC durchgeführt (Beispiele in Abb. 3.6). Dabei werden die TG sowohl nach der Anzahl der C-Atome als auch nach der Zahl der Doppelbindungen und teilweise auch nach der Stellung der Doppelbindungen im Molekül aufgetrennt. Nicht getrennt werden TG, die sich nur in der Stellung der Acylreste unterscheiden. Ihre Anteile an einem Peak müssen wie weiter unten angegeben durch eine stereospezifische Analyse bestimmt werden.
Fette, die aus unterschiedlichen Quellen stammen, können durch HPLC sicherer differenziert werden als durch eine gaschromatographische Analyse der Fettsäurezusammensetzung. Eine Unterscheidung der Kakaobutter von einigen Kakaobutteraustauschfetten kann z. B. durch Bestimmung der Mengenverhältnisse der Triacylglyceride PPO, PStO und StStO erfolgen.

Tabelle 3.11. Mittlere Fettsäure- und Triacylglyceridzusammensetzung (Gew.-%) von Kakaobutter, Rindertalg und Borneotalg (Kakaobutteraustauschfett)

	Kakaobutter	Rindertalg	Borneotalg[a]
16:0	25	36	20
18:0	37	25	42
20:0	1		1
18:1 (9)	34	37	36
18:2 (9, 12)	3	2	1
SSS[b]	2	29	4
SUS	81	33	80
SSU	1	16	1
SUU	15	18	14
USU		2	
UUU	1	2	1

[a] cf. 14.3.2.2.3
[b] S: Gesättigte Fettsäure, U: Ungesättigte Fettsäure.

Aus Untersuchungen über die Biosynthese von TG wurden Hypothesen entwickelt, die eine Vorhersage der TG-Zusammensetzung auf der Basis der insgesamt vorkommenden Fettsäuren gestatten. Für Pflanzenfette ergeben die mit Hilfe der *1,3-Random-2-Random*-Hypothese berechneten Werte eine gute Übereinstimmung mit den experimentell gefundenen Daten. Diese Hypothese geht von zwei getrennten Fettsäure-Pools aus. In ihnen kommen statistisch verteilt die Fettsäuren vor, die bei der Biosynthese in das TG eingebaut werden. Aus dem einen Pool werden die primären OH-Gruppen (Positionen 1 und 3) und aus dem anderen wird die sekundäre OH-Gruppe des Glycerins verestert. Den Anteil jedes TG kann man berechnen:

$$\beta\text{-XYZ (mol-\%)} = 2 \cdot \begin{bmatrix}\text{mol-\% X in}\\ \text{1,3-Position}\end{bmatrix} \cdot \begin{bmatrix}\text{mol-\% Y in}\\ \text{2-Position}\end{bmatrix} \cdot \begin{bmatrix}\text{mol-\% Z in}\\ \text{1,3-Position}\end{bmatrix} \cdot 10^{-4} \qquad (3.25)$$

Die zur Anwendung der Formel notwendigen Daten werden wie folgt erhalten: Nach partieller Hydrolyse des Fettes mit Pankreas-Lipase (cf. 3.7.1.1) werden die in den Positionen 1, 3 vorkommenden Fettsäuren bestimmt. Als Differenz zu den insgesamt vorkommenden Fettsäuren ergeben sich die mit der Position 2 verknüpften

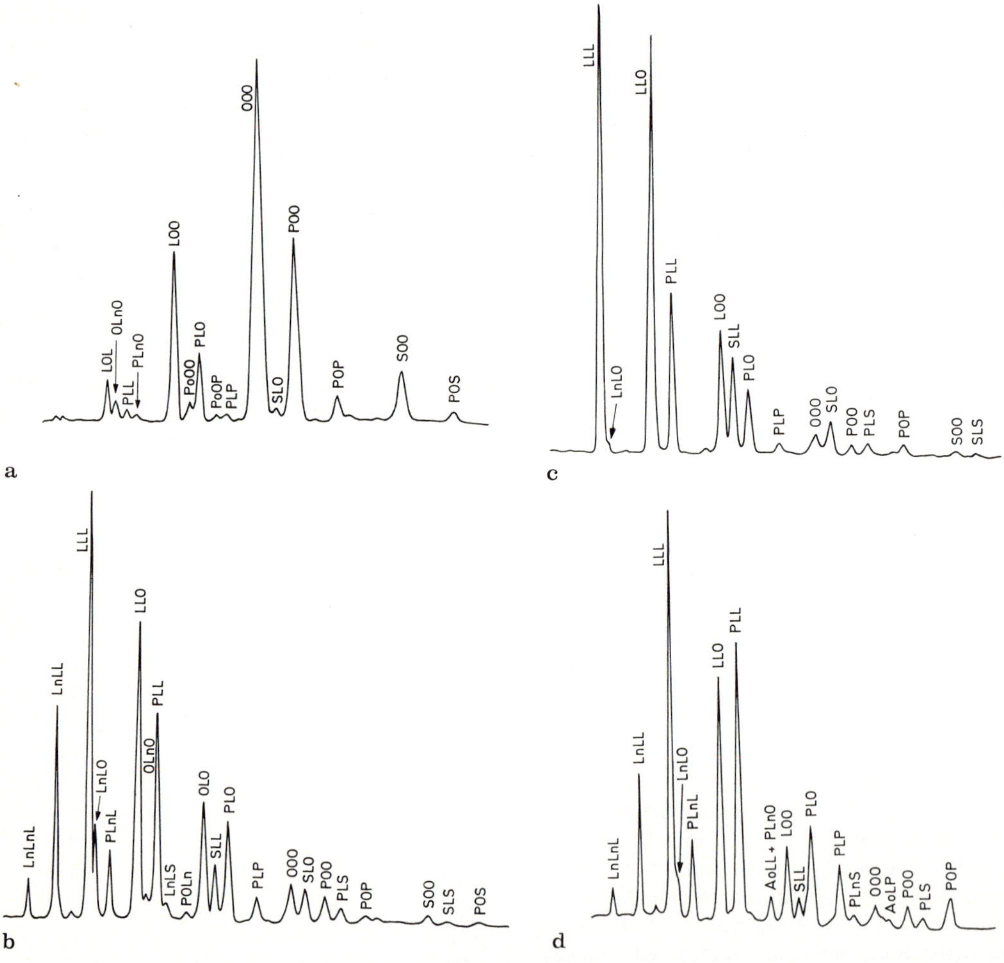

Abb. 3.6. HPLC-Analyse der Triacylglyceridzusammensetzung von Speisefetten

a Olivenöl, **b** Sojaöl, **c** Sonnenblumenöl, **d** Weizenkeimöl. Die TG enthalten die Fettsäuren: P Palmitins., S Stearins., O Öls., L Linols., Ln Linolens., A_0 Eicosans

Tabelle 3.12. Triacylglyceridzusammensetzung (mol-%) des Sonnenblumenöls.
Vergleich der experimentell gefundenen mit den nach der 1,3-Random-2-Random-Hypothese berechneten Werten

Triacylglycerid[a]	Gefunden	Berechnet	Triacylglycerid[a]	Gefunden	Berechnet
β-StOSt	0,3	0,5	β-OStL	0,5	0,2
β-StStO	0,2	Spur	β-OOL	8,1	6,5
β-StOO	2,3	1,6	β-OLO	3,1	4,2
β-OStO	0,1	Spur	β-StLL	13,2	14,0
β-StStL	0,3	0,2	β-LStL	1,3	0,3
β-StLSt	2,2	1,7	β-OLL	20,4	21,9
OOO	1,3	1,2	β-LOL	8,4	8,7
β-StOL	4,4	4,2	LLL	28,1	28,9
β-StLO	4,0	5,3	Andere	0,9	0,9

St: Stearinsäure, O: Ölsäure, L: Linolsäure

[a] Mittlere Fettsäure des TG in β- bzw. sn-2-, übrige Fettsäuren in sn-1- oder sn-3-Position.

Acylreste. Die Berechnung der TG-Zusammensetzung erfolgt mit dem Computer.
Tab. 3.12 zeigt an einem Beispiel, daß die aus der *1,3-Random-2-Random*-Hypothese berechnete TG-Zusammensetzung gut mit den experimentellen Befunden übereinstimmt. Allerdings wird hier keine Unterscheidung zwischen den Positionen 1 und 3 vorgenommen. Einschränkend muß noch ergänzt werden, daß die Hypothese nur auf Pflanzenfette angewendet werden kann, in denen die Hauptfettsäuren vorkommen.

Stereospezifische Analyse: Biochemisch kann man zwischen den Acylresten, die mit den primären OH-Gruppen des Glycerins verestert sind, differenzieren und somit die Verteilung der Fettsäuren auf die Positionen 1, 2 und 3 ermitteln.
Die Reaktionen, die bei einem der verschiedenen Verfahren zur stereospezifischen Analyse durchgeführt werden, sind in Abb. 3.7 angegeben: Mit Pankreas-Lipase (cf. 3.7.1.1) wird das TG I unter kontrollierten Bedingungen zunächst nur bis zur Diacylglyceridstufe hydrolysiert. Es folgt eine Phosphorylierung mit einer Diacylglycerid-Kinase. Das Enzym reagiert stereospezifisch, denn es phosphoryliert nur die 1,2-, nicht aber die 2,3-Diacylglyceride. Zusätzlich wird I mit der Lipase vollständig, d. h. bis zur Monoacylglyceridstufe III hydrolysiert. Aus den Ergebnissen der Fettsäureanalysen von I, II und III kann die Verteilung der Acylreste auf die Positionen 1, 2 und 3 berechnet werden.
Mit dem Verfahren können einzelne TG oder TG-Gemische analysiert werden. Bei Pflanzenfetten konnten aus den Ergebnissen (einige Beispiele zeigt Tab. 3.13) folgende Regeln für die Fettsäureverteilung abgeleitet werden:

- Die primären HO-Gruppen des Glycerins in 1- und 3-Position sind vorzugsweise mit gesättigten Fettsäuren verestert.

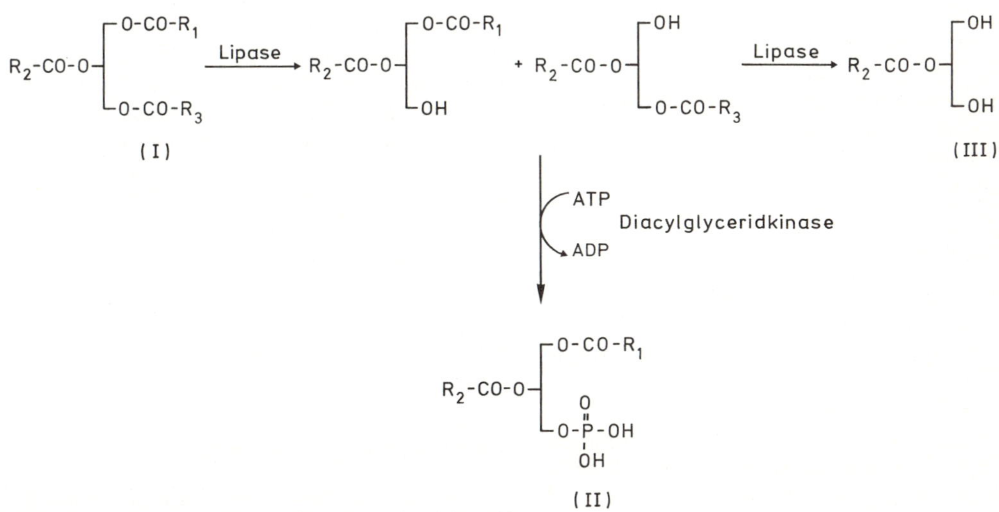

Abb. 3.7. Stereospezifische Analyse von Triacylglyceriden

Tabelle 3.13. Ergebnisse stereospezifischer Analysen[a]

Fett	Position	16:0	18:0	18:1 (9)	18:2 (9, 12)	18:3 (9, 12, 15)
Erdnuß	1	13,6	4,6	59,2	18,5	–
	2	1,6	0,3	58,5	38,6	–
	3	11,0	5,1	57,3	18,0	–
Soja	1	13,8	5,9	22,9	48,4	9,1
	2	0,9	0,3	21,5	69,7	7,1
	3	13,1	5,6	28,0	45,2	8,4
Kakao	1	34,0	50,4	12,3	1,3	–
	2	1,7	2,1	87,4	8,6	–
	3	36,5	52,8	8,6	0,4	–
Leber	1	19,0	2,53	6,2	5,3	–
(Ratte)	2	1,2	0,2	13,0	18,0	–
	3	6,0	0,8	14,0	10,0	–

[a] In der Tabelle sind nicht sämtliche Fettsäuren aufgeführt, die in den Fetten vorkommen.

- Öl- und Linolensäure sind, von Ausnahmen abgesehen (Kakaobutter in Tab. 3.13), gleichmäßig über alle Positionen verteilt.
- Die dann noch freien Positionen 2 werden von der Linolsäure eingenommen.

Die in Tab. 3.13 zusammengestellten Ergebnisse zeigen, daß sich bei Pflanzenfetten die in den Positionen 1 und 3 vorkommenden Acylreste nur geringfügig unterscheiden. Die 1,3-Random-2-Random-Hypothese muß deshalb, wie oben gezeigt, zu Werten führen, die mit dem Experiment gut übereinstimmen.

Bei tierischen Fetten hängt das Fettsäuremuster stark von der Fettsäurezusammensetzung der Nahrung ab. Ein stationärer Zustand stellt sich erst ein, wenn die Tiere 4–6 Monate mit einem Futter konstanter Zusammensetzung ernährt worden sind. Das in Tab. 3.13 angeführte Beispiel zeigt, daß bei tierischen Fetten die Besetzung der 1- und 3-Position sehr viel stärker differiert als bei pflanzlichen Fetten. Voraussagen sind hier nur möglich, wenn man von drei getrennten Fettsäure-Pools ausgeht (1-Random-2-Random-3-Random-Hypothese).

3.3.1.5 Biosynthese

Die TG werden in den Fettzellen der Säugetiere ebenso wie in höheren Pflanzen aus dem L-Glycerin-3-phosphat und Fettsäureestern des Coenzyms A synthetisiert (Abb. 3.8). Zur Bereitstellung von L-Glycerin-3-phosphat wird aus der Glykolyse stammendes Dihydroxyacetonphosphat von einer NAD-abhängigen Glycerinphosphat-Dehydrogenase reduziert.

Die synthetisierten TG werden als Öltröpfchen

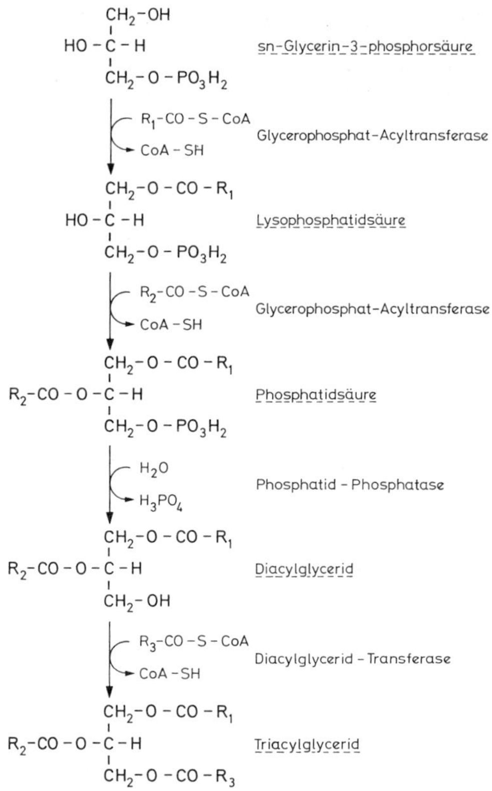

Abb. 3.8. Biosynthese der Triacylglyceride

(Sphärosomen), die von einer Membran umgeben sind, in den Geweben abgelagert.

Die Fettsäurezusammensetzung der in einer bestimmten Pflanzenart synthetisierten TG hängt vom Klima, insbesondere von der Temperatur, ab. Allgemein gilt die Regel, daß Pflanzen in einem kälteren Klima einen höheren Anteil an ungesättigten Fettsäuren produzieren. Offensichtlich soll dadurch die Mobilität der TG erhalten bleiben. Sonnenblumen (Abb. 3.9) zeigen dieses Verhalten sehr ausgeprägt; die Saflorpflanze reagiert dagegen nur schwach auf Temperaturunterschiede (Abb. 3.9).

3.3.2 Mono- und Diacylglyceride (MG und DG)

3.3.2.1 Vorkommen, Herstellung

In geringen Mengen kommen die MG und DG sowohl in den Speisefetten als auch in den Lipi-

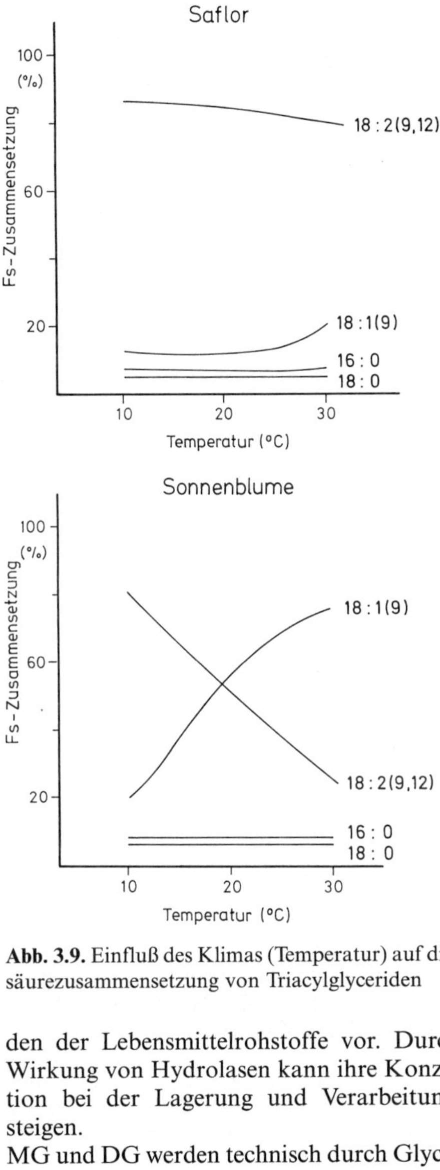

Abb. 3.9. Einfluß des Klimas (Temperatur) auf die Fettsäurezusammensetzung von Triacylglyceriden

den der Lebensmittelrohstoffe vor. Durch die Wirkung von Hydrolasen kann ihre Konzentration bei der Lagerung und Verarbeitung ansteigen.

MG und DG werden technisch durch Glycerinolyse hergestellt; für MG gilt z. B.:

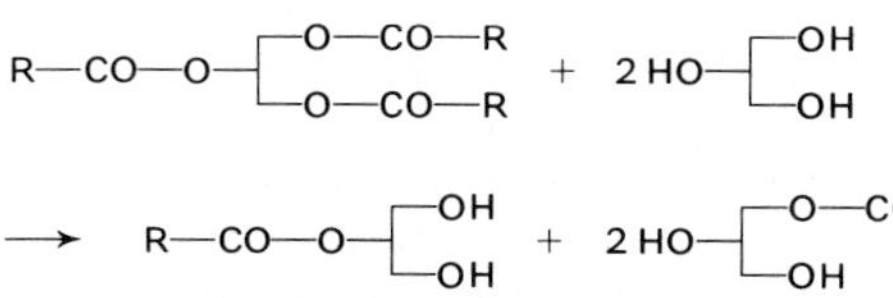

(3.26)

3.3.2.2 Physikalische Eigenschaften

Auch MG und DG kristallisieren in verschiedenen Modifikationen (cf. 3.3.1.2). Der Schmelzpunkt der einsäurigen Glyceride (β-Modifikation) steigt in der Reihe 1,2-DG < TG < 2-MG < 1,3-DG < 1-MG:

Tripalmitin	65,5 °C
1,3-Dipalmitin	72,5 °C
1,2-Dipalmitin	64,0 °C
1-Palmitin	77,0 °C
2-Palmitin	68,5 °C

MG und DG sind grenzflächenaktive Stoffe, deren Eigenschaften durch Derivatisierung modifiziert werden können. Sie und ihre Derivate spielen in der Lebensmitteltechnik eine große Rolle als Emulgatoren (cf. 8.15.4.1).

3.4 Phospho- und Glykolipide

3.4.1 Verbindungsklassen

Phospho- und Glykolipide sind gemeinsam mit Proteinen am Aufbau der biologischen Membranen beteiligt. Sie kommen daher in sämtlichen tierischen und pflanzlichen Lebensmitteln vor. Beispiele sind in Tab. 3.14 zusammengestellt. Als grenzflächenaktive Stoffe enthalten die Phospho- und Glykolipide hydrophobe (Acylreste, N-Acylsphingosin) und hydrophile Gruppen (Phosphorsäure, Kohlenhydrate). Infolgedessen sind sie befähigt, im wäßrigen Medium geordnete Strukturen (Mizellen) auszubilden, die beim

Tabelle 3.14. Zusammensetzung von Lipiden in verschiedenen Lebensmitteln[a]

	Milch	Soja	Weizen	Apfel
Gesamtlipide	3,6	23,0	1,5	0,088
Triacylglyceride	94	88	41	5
Mono- und Diacylglyceride	1,5		1	
Sterine	<1		1	15
Sterinester			1	2
Phospholipide	1,5	10	20	47
Glykolipide		1,5	29	17
Sulfolipide				1
Andere		0,54	7	15

[a] Gesamtlipide in %; Lipidfraktionen in % bezogen auf Gesamtlipide.

Tabelle 3.15. Lipid-Zusammensetzung von Membranen

	Lipid-Gehalt (%) der Membran	Zusammensetzung der Lipide (%)			
		Neutrale Lipide	Glycero-glykolipide	Glycero-phospholipide	Sphingo-lipide
Chloroplasten (Spinat)	52	29	45	9	K.A.
Mitochondrien (Herz, Rind)	26	8	K.A.[a]	92	0
Endoplasmatisches Reticulum (Herz, Schwein)	25	32	K.A.	55	11
Myelin (Gehirn, Säugetier)	78	25	K.A.	32	31

[a] Es liegen keine Analysenwerte vor.

Aufbau von Membranen eine Rolle spielen. In Tab. 3.15 sind einige Beispiele über die Zusammensetzung von Membranlipiden zusammengestellt.

3.4.1.1 Phosphatidylderivate

Von der Phosphatidsäure leiten sich folgende Glycerophospholipide ab:

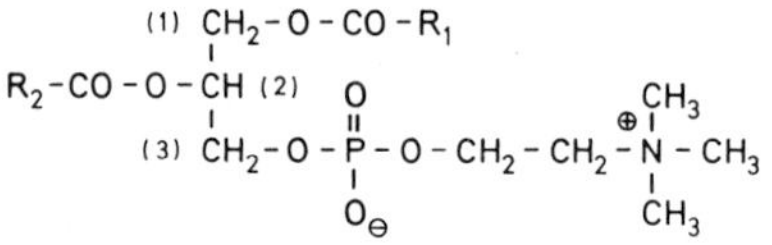
(3.27)

Phosphatidyl-cholin (Lecithin)

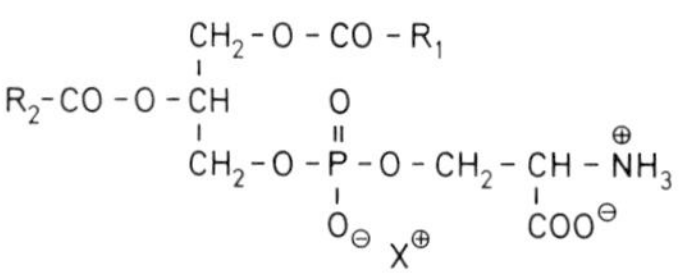
(3.28)

Phosphatidyl-serin

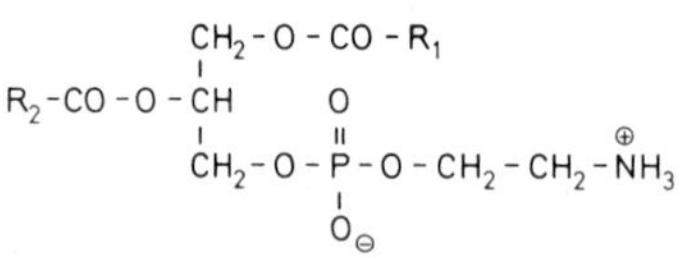
(3.29)

Phosphatidyl-ethanolamin

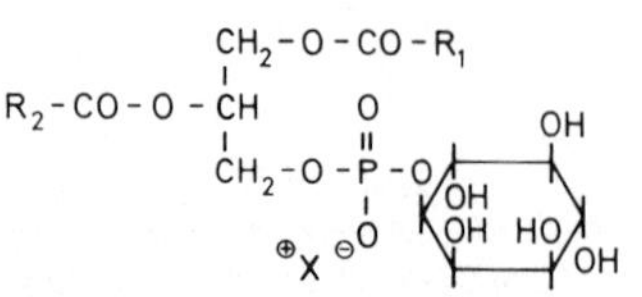
(3.30)

Phosphatidyl-inosit

Phosphatidyl-serin und Phosphatidyl-ethanolamin wurden früher als *Kephaline* bezeichnet.

Durch Hydrolyse mit einer Phospholipase A (cf. 3.7.1.2.1) wird nur ein Acylrest abgespalten und es entstehen aus den Lecithinen und Kephalinen die entsprechenden Lyso-Verbindungen. Phosphatidylglycerin wurde in zahlreichen Pflanzen, insbesondere in den Chloroplasten nachgewiesen:

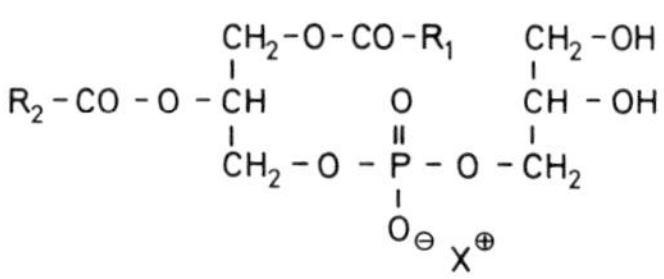
(3.31)

L-α-Phosphatidyl-D-glycerin

Das zuerst im Rinderherz identifizierte Cardiolipin gehört ebenfalls zu den Nebenbestandteilen der Lipidfraktion grüner Pflanzen:

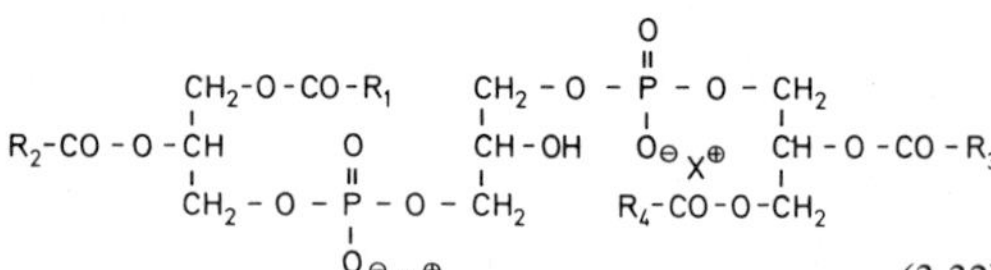
(3.32)

Diphosphatidylglycerin (Cardiolipin)

Eine Sonderstellung unter den Glycerophospholipiden nehmen die *Plasmalogene* ein. Es sind Phosphatide, in denen die 1-Stellung des Glycerins über eine Enoletherbindung (Konfiguration der Doppelbindung: „cis") mit einem Fettaldehyd von 16 oder 18 C-Atomen verknüpft ist. Plasmalogene bzw. 1-O-(1-Alkenyl)-2-O-acylglycerophospholipide kommen in geringen Mengen in tierischen Geweben und auch in der Milch vor. Die Enoletherbindung wird im Unterschied zur Etherbindung der 1-O-Alkylglycerine (cf. 3.6.2) schon durch schwache Säuren hydrolysiert:

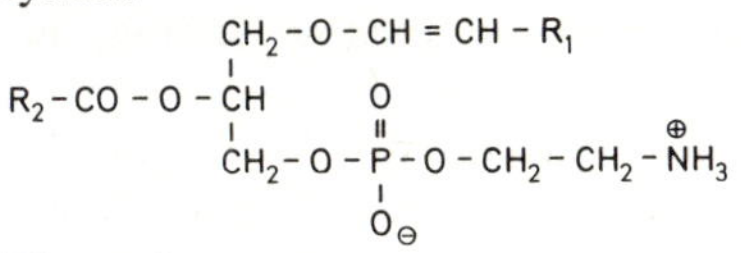
(3.33)

Plasmalogen

Phospholipide sind empfindlich gegen Autoxidation, da sie häufig neben Palmitin- noch Linolsäure enthalten.
Die Phospholipide sind sehr gut in Chloroform-Methanol-Mischungen und schlecht in wasserfreiem Aceton löslich. Der pK_s-Wert der Phosphat-Gruppe liegt zwischen 1 und 2; Phosphatidyl-cholin und -ethanolamin sind bei pH 7 Zwitterionen.
Die Phospholipide können mit alkoholischer KOH gestuft hydrolysiert werden. Unter milden Bedingungen werden nur die Fettsäuren, mit starkem Alkali wird auch die Base abgespalten. Die Bindung zwischen Phosphorsäure und Glycerin bzw. Phosphorsäure und Inosit ist alkalistabil, kann aber sauer hydrolysiert werden. Phosphatidylderivate bilden gemeinsam mit Triacylglyceriden und Sterinen die Lipidfraktion der Lipoproteine (cf. 3.5.1).

Reines *Lecithin* ist ein W/O-Emulgator mit einem HLB-Wert (Definition cf. 8.15.3) von etwa 3. In der Lebensmitteltechnik kommen bei der Herstellung von Emulsionen Rohlecithine zur Anwendung, die aus Ölsaaten (insbesondere Soja) und daneben aus Eigelb isoliert werden. Die Rohlecithine sind komplex zusammengesetzte Lipidgemische (cf. Abb. 3.10) mit Phosphatidyl-cholinen, -ethanolaminen und -inositen als Hauptkomponenten (Tab. 3.16) sowie mit HLB-Werten, die höher liegen als der des reinen Lecithins. Von den Herstellern wird auch die in Ethanol lösliche und die darin unlösliche Fraktion angeboten (Zusammensetzung in Tab. 3.16). Rohlecithine mit stark erhöhtem HLB-Wert, die als O/W-Emulgatoren fungieren, sind die „hydroxylierten" Lecithine, bei denen die ungesättigten Acylreste durch Oxidation mit Wasserstoffperoxid oder Benzoylperoxid partiell modifiziert worden sind.

Tabelle 3.16. Glycerophospholipide in einem Rohlecithin aus Soja

	Gew.-% des Rohlecithins		
	Unfraktioniert	in Ethanol lösliche Fraktion	in Ethanol unlösliche Fraktion
Phosphatidyl-ethanolamin	13–17	16,3	13,3
Phosphatidyl-cholin	20–27	49	6,6
Phosphatidyl-inosit	9	1	15,2

3.4.1.2 Glyceroglykolipide

Sie bestehen aus einem 1,2-Diacylglycerid und einem an die 3-Stellung des Glycerins glykosidisch gebundenen Mono-, Di-, seltener auch Tri- oder Tetrasaccharid. Bei den Glyceroglykolipiden aus Pflanzen dominiert als Baustein die Galactose. Besonders reich an Glyceroglykolipiden sind Chloroplasten (Tab. 3.15).

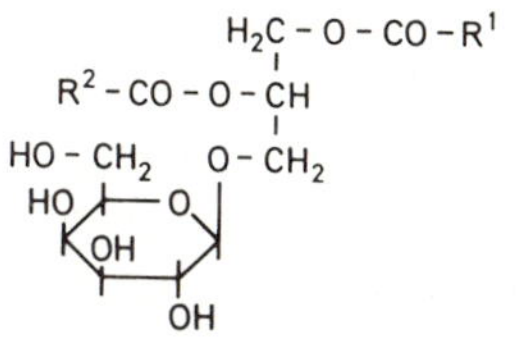
(3.34)

Monogalactosyldiacylglycerid (MGDG)
(1,2-Diacyl-3-β-D-galactopyranosyl-L-glycerin)

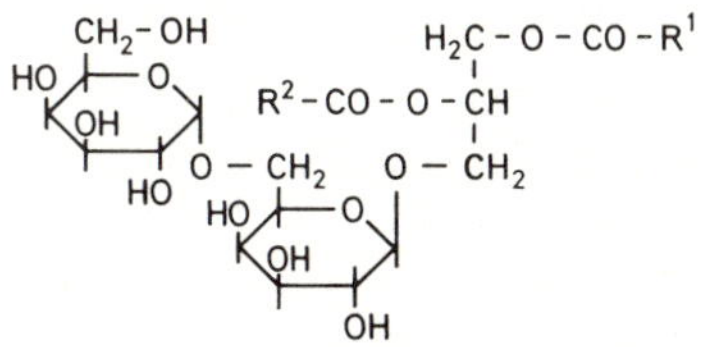
(3.35)

Digalactosyldiacylglycerid (DGDG)
(1,2-Diacyl-3-(α-D-galactopyranosyl-1,6-β-D-galactopyranosyl)-L-glycerin)

Zu den Nebenkomponenten der Pflanzenlipide gehören 6-O-Acyl-MGDG und 6-O-Acyl-DGDG
Gut wasserlösliche Glyceroglykolipide sind die Sulfolipide, die als Baustein die 6-Sulfochinovose enthalten. Sie kommen in den Chloroplasten vor, wurden aber auch in Kartoffeln nachgewiesen:

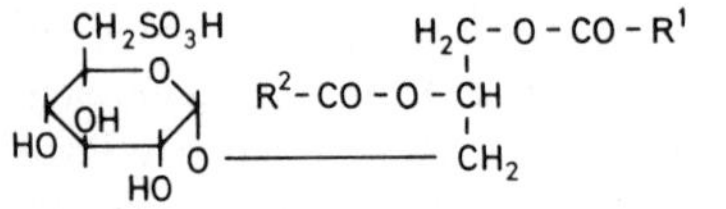

(3.36)

Sulfolipid
(1,2-Diacyl-(6-sulfo-α-D-chinovosyl-1,3)-L-glycerin)

3.4.1.3 Sphingolipide

Die Sphingolipide enthalten an Stelle des Glycerins das langkettige Aminodiol Sphingosin (D-erythro-1,3-Dihydroxy-2-amino-trans-4-octadecen):

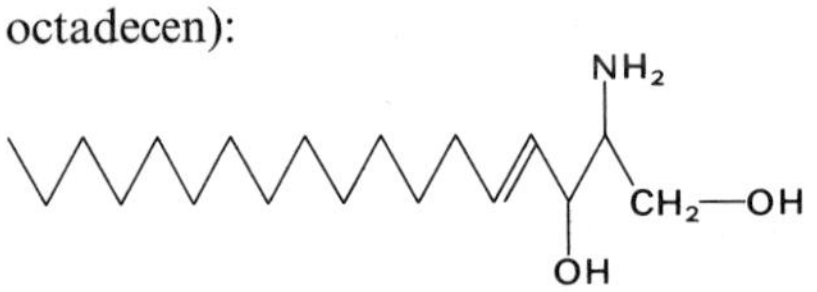

(3.37)

In Pflanzen (z. B. im Weizen) treten Sphingolipide auf, die sich von den Phytosphingosinen ableiten:

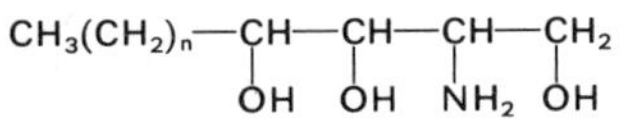

(3.38)

n: 13, 14, 15, 16

In den Sphingolipiden bildet die Aminogruppe mit einer Fettsäure ein Säureamid, das als Ceramid bezeichnet wird. Die primäre OH-Gruppe ist entweder mit Phosphorsäure verestert (Sphingophospholipid: Ceramid-Phosphat-Base) oder sie bindet glykosidisch ein Mono-, Di- oder Oligosaccharid (Sphingoglykolipid: Ceramid-Zucker$_n$). Bei der dritten Sphingolipid-Klasse ist das Ceramid über eine Phosphatbrücke mit den Zuckern verknüpft (Sphingophosphoglykolipide: Ceramid-Phosphat-Zucker$_n$). Diese Substanzen werden auch als Phytoglykolipide bezeichnet.

Das Sphingomyelin, das in den Myelinscheiden der Nerven vorkommt, ist ein Beispiel für ein *Sphingophospholipid:*

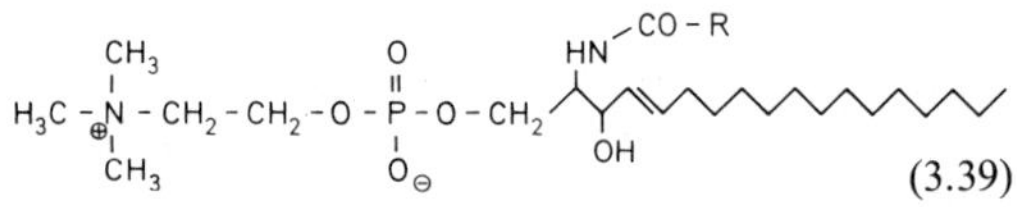

(3.39)

Sphingoglykolipide kommen im Gehirn und in Pflanzen (insbesondere Cerealien) vor. Ceramidmonohexoside werden auch als Cerebroside bezeichnet. Die Sphingoglykolipide aus Cerealien enthalten als Bausteine neben Glucose noch Mannose sowie gesättigte (14:0–28:0) und einfach ungesättigte (16:1–26:1) 2-Hydroxy- oder 2,3-Dihydroxyfettsäuren. Ein Beispiel ist das Sphingoglykolipid aus Weizen (in Formel 3.40). Bei den Gangliosiden, die in verschiedenen Organen (Gehirn, Milz, Erythrocyten) vorkommen, ist das Sphingosin mit einem Oligosaccharid verknüpft, das auch Sialinsäuren (Sammelname für N-Acetyl- und N-Glykosylneuraminsäuren) enthält (s. Formel 3.41).

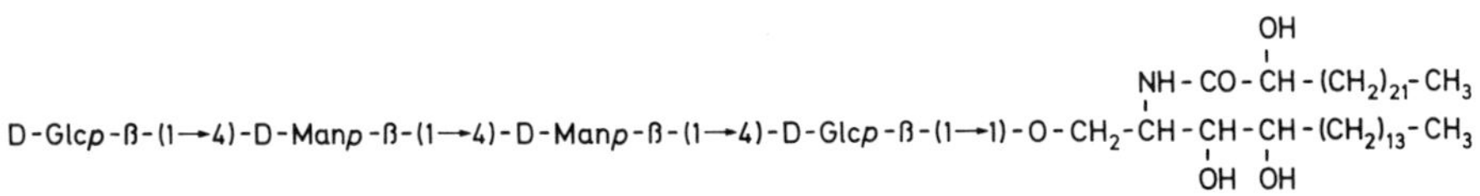

(3.40)

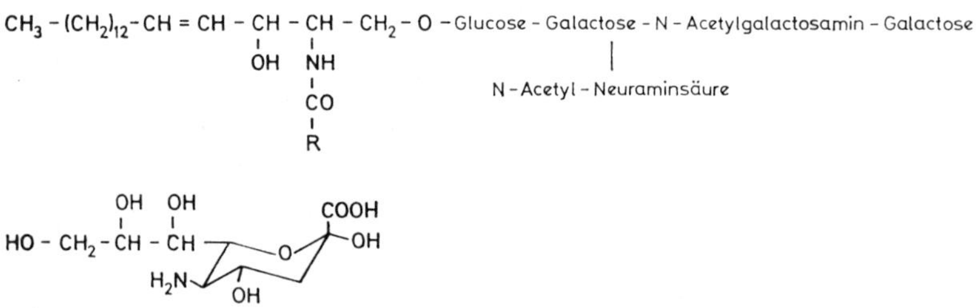

Neuraminsäure

(3.41)

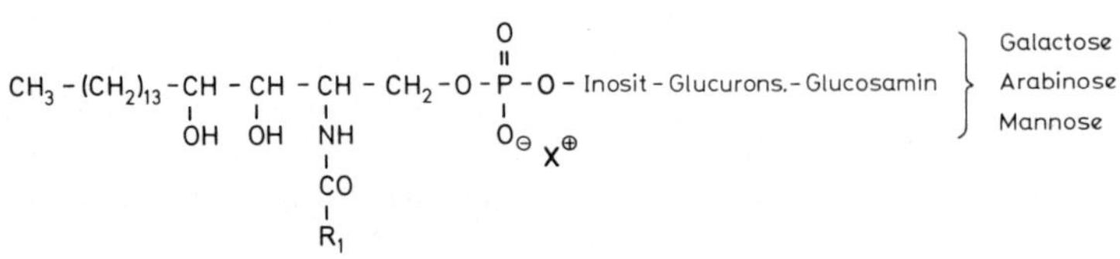

(3.42)

Die *Phytosphingolipide* sind noch komplizierter aufgebaut. Die Totalhydrolyse ergab Phytosphingosin, Inosit, Phosphorsäure, verschiedene Monosaccharide (Galactose, Arabinose, Mannose, Glucosamin, Glucuronsäure).
Isoliert wurden Phytosphingolipide u.a. aus Mais, Soja und Erdnuß (s. Formel 3.42).

3.4.2 Analytik

3.4.2.1 Extraktion, Abtrennung von Nichtlipiden

Zur vollständigen schonenden Extraktion der Lipide sind Lösungsmittelgemische, z.B. Chloroform/Methanol (2 + 1 v/v) oder Hexan/Isopropanol (3 + 2 v/v) geeignet. Zur Stabilisierung gegen Autoxidation wird der Zusatz geringer Mengen an BHA (cf. 3.7.3.2.2) empfohlen.
Nichtlipide wurden früher durch Ausschütteln des Extraktes mit kompliziert zusammengesetzten Salzlösungen von den Lipiden abgetrennt. Ein verbessertes Verfahren, durch das insbesondere die Bildung von Emulsionen umgangen

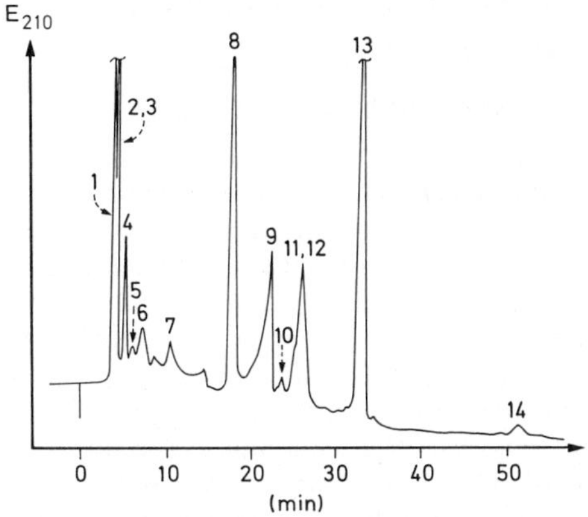

Abb. 3.10. HPLC-Analyse eines Rohlecithins aus Soja. (Nach *N. Sotirhos et al.*, 1986)

1 Triacylglyceride, *2* Freie Fettsäuren, *3* Phosphatidylglycerin, *4* Cerebroside, *5* Phytosphingosin, *6* Diphosphatidyl-glycerin, *7* Digalactosyldiacyl-glyceride, *8* Phosphatidyl-ethanolamin, *9* Phosphatidyl-inosit, *10* Lyso-phosphatidyl-ethanolamin, *11* Phosphatidsäuren, *12* Phosphatidyl-serin, *13* Phosphatidyl-cholin, *14* Lyso-phosphatidyl-cholin

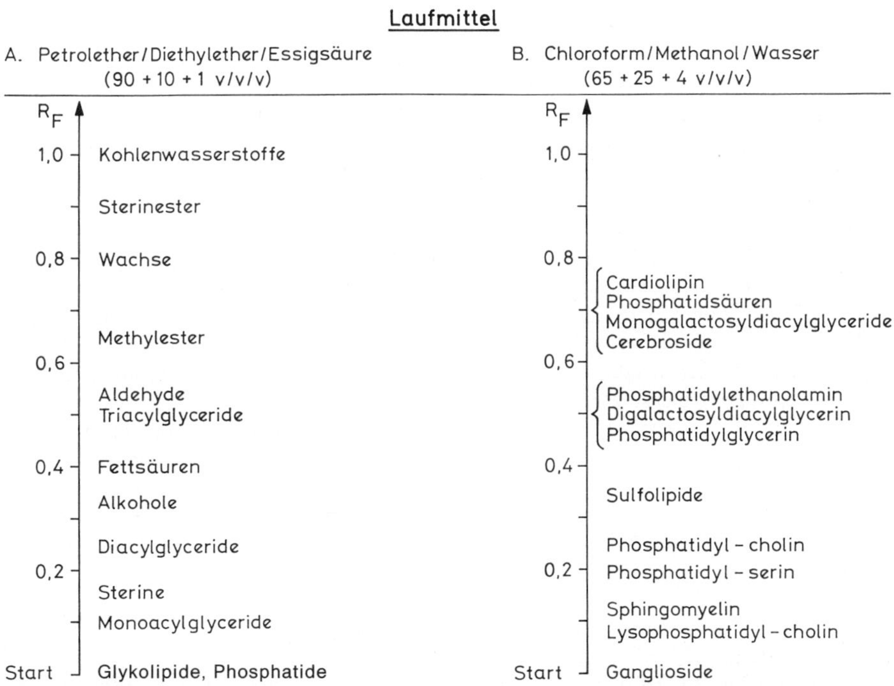

Abb. 3.11. Dünnschichtchromatographische Trennung von Lipidklassen auf Kieselgel-Schichten mit zwei Laufmittel-Systemen

wird, beruht auf der Chromatographie an Dextran-Gel.

3.4.2.2 Trennung und Identifizierung der Verbindungsklassen

Mit Laufmitteln unterschiedlicher Polarität können die isolierten Lipide dünnschichtchromatographisch in die vorkommenden Verbindungsklassen getrennt werden. Abb. 3.11 zeigt Beispiele für die Trennung der neutralen und der polaren Lipide. Die Identifizierung der polaren Lipide wird durch Sprühreagenzien unterstützt, die auf einzelne Bausteine wie Phosphorsäure (Molybdänblau-Reaktion), Monosaccharide (Orcin-$FeCl_3$), Cholin (Wismutjodid: *Dragendorff*-Reagenz), Ethanolamin und Serin (Ninhydrin), Sphingosin (Chlor-Benzidin) ansprechen.
Steht genügend Material zur Verfügung, so empfiehlt sich eine Vortrennung durch Säulenchromatographie an Magnesiumsilikat (Florisil), Kieselsäure, hydrophobiertem Dextrangel oder an einem Cellulose-Ionenaustauscher.
Zunehmende Bedeutung gewinnt auch die HPLC-Analyse der Phospho- und Glykolipide. Abb. 3.10 zeigt die Trennung eines Rohlecithins aus Soja als Beispiel.

3.4.2.3 Bausteinanalyse

Die Bestimmung der Fettsäurezusammensetzung kann nach Methanolyse gaschromatographisch erfolgen. Zur Bestimmung der Position der Acylreste (1 oder 2 im Glycerin) werden Phosphatidylderivate mit Phospholipasen selektiv hydrolysiert (cf. 3.7.1.2.1).
Auch die Sphingosinbase kann nach Überführung in das Trimethylsilylderivat gaschromatographisch bestimmt werden. Die Länge des C-Gerüstes, die insbesondere bei den Phytosphingosinen von Interesse ist, ergibt sich aus der Analyse des durch Perjodatspaltung freigesetzten Aldehyds:

$$CH_3-(CH_2)_n-\underset{OH}{CH}-\underset{OH}{CH}-\underset{NH_2}{CH}-CH_2-OH \xrightarrow{JO_4^{\ominus}} CH_3-(CH_2)_n-CHO + NH_3 + 3\,CH_2O \qquad (3.43)$$

Die Monosaccharid-Bausteine der Glykolipide werden nach Hydrolyse mit 2 mol/l Trifluoressigsäure als Glykonsäurenitrilacetate gaschromatographisch analysiert (cf. 4.2.4.6).

3.5 Lipoproteine, Membranen

3.5.1 Lipoproteine

3.5.1.1 Definition

Als Lipoprotein wird ein Komplex aus Proteinen, polaren Lipiden und Triacylglyceriden bezeichnet, der in einem wäßrigen Medium löslich ist und nicht durch physikalische Verfahren wie Sedimentation und Elektrophorese, wohl aber durch Extraktion mit geeigneten Lösungsmitteln in die Protein- und Lipidkomponenten aufgetrennt werden kann.
Für die Stabilität der Lipoproteine sind in erster Linie hydrophobe Wechselwirkungen zwischen den aus apolaren Seitenketten gebildeten hydrophoben Regionen der Proteine auf der einen Seite und den Acylresten der Lipide auf der anderen Seite maßgebend. Außerdem tragen zur Stabilität eines Lipoproteins Ionenbeziehungen zwischen geladenen Aminosäureseitenketten und den geladenen Gruppen der Phosphatide bei. H-Brücken, die sehr wesentlich die Sekundärstruktur von Proteinen stabilisieren, spielen bei der Bindung der Lipide keine große Rolle, da in den Phosphatidylderivaten nur wenige Gruppen dazu befähigt sind. In einem größeren Umfang wären H-Brücken zwischen Proteinen und Glykolipiden möglich, doch sind solche Lipide bisher noch nicht als Bestandteile definierter Lipoproteine isoliert worden, sondern nur als Einzelkomponenten von Membranen. Allerdings sollen für die Stabilität des Klebers, der beim Anteigen von Weizenmehl entsteht (cf. 15.2.4), Lipoproteine bestehend aus Prolaminen und Glutelinen, die mit Glykolipiden über H-Brükken und hydrophobe Wechselwirkungen verknüpft sind, mit maßgebend sein.
Lipoproteine werden demnach nur durch nichtkovalente Bindungen zusammengehalten. Kovalente Bindungen zwischen Lipiden und Proteinen können zwar nicht völlig ausgeschlossen werden, sind aber nach den bisher vorliegenden Ergebnissen unwahrscheinlich.

3.5.1.2 Klassifizierung

Lipoproteine existieren als globuläre Partikel in einem wäßrigen Medium oder sie gehen aus biologischem Material in Lösung, wenn die Ionen-

stärke erhöht, der pH des Mediums geändert oder ein Detergenz zugesetzt wird. Die zuletzt genannten mehr oder minder drastischen Eingriffe sind zur Isolierung der in Membranen vorkommenden Lipoproteine notwendig.
Charakterisiert werden Lipoproteine zunächst durch Zentrifugation. Da die Lipide eine niedrigere Dichte (0,88–0,9 g/ml) besitzen als die Proteine (1,3–1,35 g/ml) kommt es entsprechend der Protein-Lipid-Zusammensetzung zu einer ersten Auftrennung. Besonders gut untersucht sind die im Blutplasma vorkommenden Lipoproteine, die bei bestimmten Dichten, die durch Zugabe von NaCl eingestellt werden, in der Ultrazentrifuge in drei Fraktionen unterteilt werden können (Abb. 3.12). Bei einer Lösungsdichte von d < 1,006 g/ml flotieren die „very low density lipoproteins“ (VLDL), bei 1,063 g/ml die „low density lipoproteins“ (LDL), bei 1,21 g/ml die „high density lipoproteins“ (HDL) und im Sediment verbleiben die Plasmaproteine. Durch Elektrophorese werden die VLDL in die Chylomikronen und die Prä-β-lipoproteine getrennt.

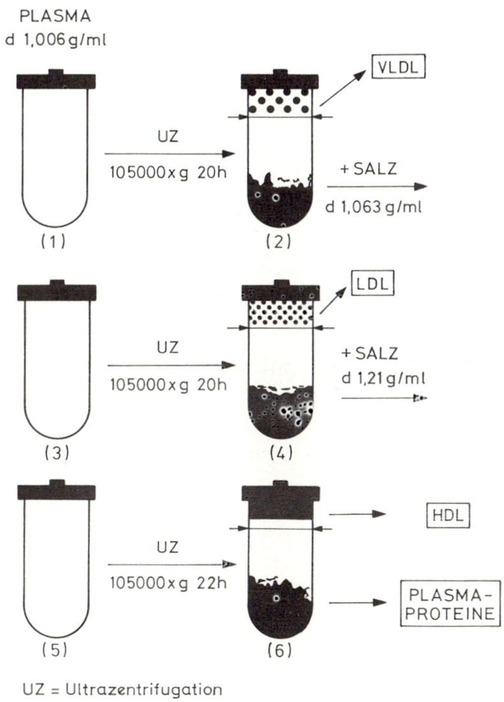

Abb. 3.12. Fraktionierung der Plasmalipoproteine mit Hilfe der präparativen Ultrazentrifuge. (Nach *D. Seidel*, 1971)

Die Lipoproteine der LDL-Fraktion bewegen sich bei der Elektrophorese so weit wie die β-Globuline des Blutplasmas; die LDL werden daher als β-Lipoproteine bezeichnet. Analoge Beobachtungen haben zur Bezeichnung α-Lipoproteine für die HDL geführt.
Bei den Chylomikronen, deren Durchmesser 1000–10000 Å betragen, handelt es sich um globuläre Partikel aus Triacylglyceriden und Cholesterinestern, die von einer membranartigen Struktur aus Proteinen, Phosphatiden und Cholesterin umschlossen sind. Die Chylomikronen übernehmen im Blut den Transport der Triglyceride zu den verschiedenen Körperorganen; die Fetttröpfchen der Milch sind ähnlich aufgebaut (cf. 10.1.2.3).
Die Zusammensetzung der Plasmalipoproteine ist in Tab. 3.17 aufgeführt.
Die Diagnose bestimmter Krankheiten des Fettstoffwechsels (Hyperlipidämien) basiert auf der Menge und der Zusammensetzung der Plasmalipoproteinfraktion.
Aus Eidotter wurden u. a. zwei Lipoproteine isoliert (Tab. 3.17). Das LDL kommt wie die Plasmalipoproteine in gelöster Form vor. Beim β-Lipovitellin, dessen Zusammensetzung für ein HDL charakteristisch ist (Tab. 3.17), handelt es sich um einen Membranbestandteil.
Elektronenmikroskopische Untersuchungen der in der Milch vorliegenden Fetttröpfchen zeigen, daß an deren Membran kleine Partikel haften, die u. a. durch Behandlung mit einem Detergenz abgelöst werden können. Die Partikel wurden als LDL (cf. Tab. 3.17) identifiziert.

3.5.2 Beteiligung der Lipide am Aufbau von biologischen Membranen

Hauptbestandteile der Membranen, die die Zellen kompartimentieren, sind Proteine und Lipide. Unterschiede in der Struktur und Funktion haben zur Folge, daß die Lipidzusammensetzung von Membranen erheblich differieren kann (cf. Beispiele in Tab. 3.15).
Die Erforschung von Membranstrukturen ist schwierig, da die Methoden, die zur Isolierung und Reinigung von Membranen angewendet werden, deren Organisation und Funktionsfähigkeit tiefgreifend verändern können.
Bei der Aufstellung von Membranmodellen geht man davon aus, daß polare Acyllipide sich in

Tabelle 3.17. Zusammensetzung typischer Lipoproteine

Quelle	Lipoprotein	Partikelgewicht	Protein (%)	Glycerophospholipide (%)	Cholesterin frei (%)	Cholesterin verestert (%)	Triacylglyceride (%)
Blutserum	Chylomikronen	10^9–10^{10}	1–2	4	2,5–3	3–4	85–90
(Mensch)	Prä-β-lipoproteine	$5–100 \cdot 10^6$	8,3	19,2	7,4	11,1	54,2
	LDL(β-Lipoproteine)	$2,3 \cdot 10^6$	22,7	27,9	8,5	28,8	10,5
	HDL(α-Lipoproteine)	$1–4 \cdot 10^5$	58,1	24,7	2,9	9,2	5,9
Eidotter	β-Lipovitellin	$4 \cdot 10^5$	78	12	0,9	0,1	9
(Huhn)	LDL	$2–10 \cdot 10^6$	18	22	3,5	0,2	58
Milch (Rind)	LDL	$3,9 \cdot 10^6$	12,9	52	0	0	35,1

einem wäßrigen Milieu unter Aufrechterhaltung eines Maximums an hydrophoben Wechselwirkungen anordnen. Es entstehen dadurch Doppelschichten, in denen die hydrophoben Acylreste der Lipide nach innen und die hydrophilen Gruppen nach außen zur wäßrigen Phase gerichtet sind. Verwirklichen lassen sich diese Strukturen als Mizellen oder Lamellen (Abb. 3.13). Bei den Membranen aus tierischen Zellen sind globuläre Proteine, unter denen sich auch Enzyme befinden, in die bimolekulare aus Phosphoglycerolipiden bestehende Schicht eingebettet, wobei einige Proteine auf beiden Seiten der Membran herausragen (Abb. 3.14). Die Proteine können sich innerhalb des Lipidfilms bewegen. Ältere Modelle, die aber nicht bestätigt werden konnten, gingen davon aus, daß die Membran im Innern eine Lipid-Doppelschicht enthält, die beiderseits mit Membranproteinen bedeckt ist. Die Proteine sollten dabei an die polaren Gruppen der Lipide durch Ionen- und/oder Wasserstoffbrücken-Bindungen fixiert sein.

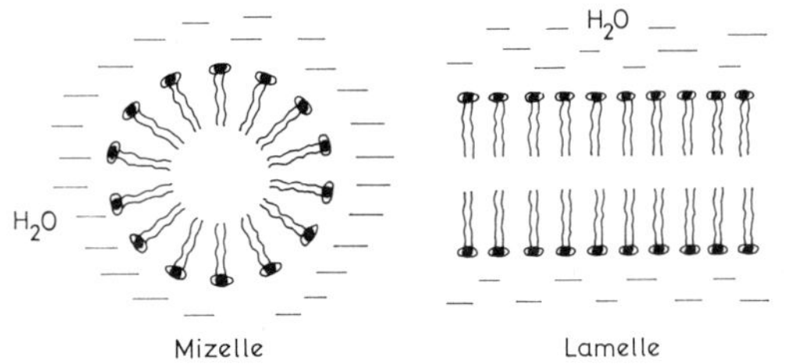

Abb. 3.13. Anordnung polarer Acyllipide im wäßrigen Medium. ⊙ Polarer Teil des Lipids, ≈ hydrophober Teil des Lipids

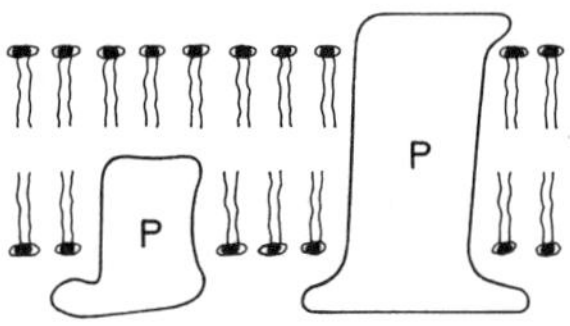

Abb. 3.14. Modell einer biologischen Membran. Die Proteine (P) sind in der Phospholipid-Phase beweglich

3.6 Diollipide, Fettalkohole, Wachse, Cutin

3.6.1 Diollipide

Als Nebenbestandteile der Lipidfraktion kommen Diollipide verbreitet in Pflanzen und Tieren vor. Bezogen auf Glycerin liegt der Diolgehalt um 1%. Ausnahmen sind Seesterne, Seeigel und Mollusken, deren Lipide im Sommer 25–40% Diolderivate enthalten. Im Winter und Frühjahr geht der Anteil stark zurück.

Gefunden wurden sowohl neutrale als auch polare Diollipide, die sich vom Ethylenglykol, Propan- (1,2 und 1,3) und Butandiol (1,3; 1,4 und 2,3) ableiten. Aus Maiskörnern wurden u.a. isoliert:

(3.44)

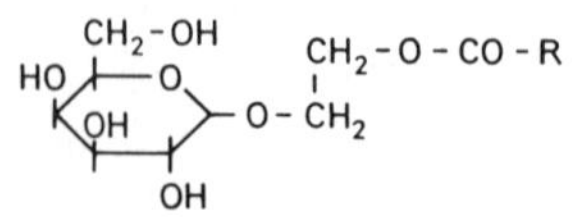

(3.45)

Im Glykodiollipid ist eine OH-Gruppe der Galactose noch mit einer Fettsäure verestert. Nachgewiesen wurden auch Diollipide, deren Strukturen den Phosphatidyl-cholinen und den Plasmalogenen analog sind.

3.6.2 Fettalkohole und Derivate

Fettalkohole kommen frei und gebunden verbreitet in Pflanzen und Tieren vor. Besonders reich an freien Fettalkoholen sind die Fischöle, die u. a.

Cetylalkohol	$C_{16}H_{33}OH$
Stearylalkohol	$C_{18}H_{37}OH$
Oleylalkohol	$C_{18}H_{35}OH$

enthalten.
Derivate der Fettalkohole sind die *Wachse*, bei denen es sich um Ester mit langkettigen Fettsäuren handelt. Als Bestandteile des Wachses von Kohlblättern wurden die primären Alkohole von C_{12}, C_{18}–C_{28} mit Stearyl- und Cerylalkohol ($C_{26}H_{53}OH$) als Hauptkomponenten identifiziert. Daneben kommen aber auch Ester sekundärer Alkohole vor, z. B. Ester des Nonacosan-15-ols:

$$H_3C{-}(CH_2)_{13}{-}\underset{\displaystyle OH}{\underset{|}{CH}}{-}(CH_2)_{13}{-}CH_3 \qquad (3.46)$$

Wachse schützen die Oberfläche von Blättern, Stengeln und Samen gegen Austrocknung und den Befall durch Mikroorganismen. Bei der Extraktion ungeschälter Saat gehen Wachse in das Öl über. Sie sind bei höheren Temperaturen im Öl löslich, kristallisieren aber schon bei Raumtemperatur und verursachen unerwünschte Trübungen. So wird bei der Gewinnung von Sonnenblumenöl u. a. Cerotylcerotat:

$$H_3C{-}(CH_2)_{24}{-}CO{-}O{-}CH_2{-}(CH_2)_{24}{-}CH_3 \qquad (3.47)$$

aus der Schale der Kerne extrahiert. Zur Erzeugung eines „blanken“ Öls muß es bei der Raffination entfernt werden.
Wachse kommen auch in Fischölen, insbesondere im Kopf- und Specköl des Spermwales vor. Fettalkohole 16 : 0, 18 : 0, 18 : 1 (9) bilden mit Glycerin Mono- und Diether, die in kleinen Mengen weitverbreitet in Säugetieren und Seetieren vorkommen. Beispiele für aufgefundene Strukturen sind:

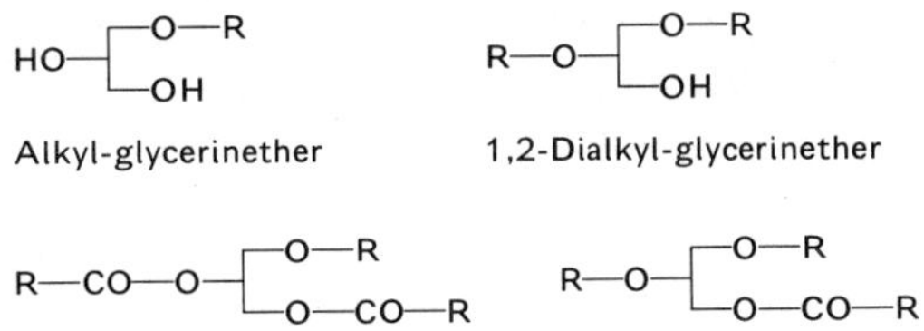

Alkyl-glycerinether; 1,2-Dialkyl-glycerinether; 0-Alkyl-diacylglycerid; 0,0-Dialkyl-monoacylglycerid

(3.48)

Zur Strukturermittlung werden die Ether-Lipide mit Jodwasserstoff gespalten oder mit Lithiumaluminiumhydrid unter Freisetzung des Alkohols reduziert.
Die Analyse der *Alkoxylipide* gestattet die Unterscheidung von Rinder- und Schweinefett. In dem zuerst genannten Fett kommt etwa die dreifache Konzentration (ca. 370 µg/g) Alkoxylipid vor; sie ist unabhängig von den Bestandteilen des Futters. Da sich auch das Spektrum der auftretenden Verbindungen unterscheidet, können Mischungen beider Fettarten quantitativ analysiert werden. Notwendig ist eine Anreicherung der deacylierten Alkoxylipide aus dem „Unverseifbaren“ durch Extraktion und Säulenchromatographie. Nach Silylierung der beiden freien OH-Gruppen erfolgt eine gaschromatographische Analyse.
Die deacylierten Alkoxylipide (1-O-Alkylglycerine) werden mit folgenden Trivialnamen bezeichnet:

$$CH_3{-}(CH_2)_{14}{-}CH_2{-}O{-}CH_2{-}\underset{\displaystyle OH}{\underset{|}{CH}}{-}\underset{\displaystyle OH}{\underset{|}{CH_2}} \qquad (3.49)$$

Chimylalkohol

$$CH_3{-}(CH_2)_{16}{-}CH_2{-}O{-}CH_2{-}\underset{\displaystyle OH}{\underset{|}{CH}}{-}\underset{\displaystyle OH}{\underset{|}{CH_2}} \qquad (3.50)$$

Batylalkohol

$$CH_3{-}(CH_2)_7{-}CH{=}CH{-}(CH_2)_7{-}CH_2{-}O{-}CH_2{-}\underset{\displaystyle OH}{\underset{|}{CH}}{-}\underset{\displaystyle OH}{\underset{|}{CH_2}}$$

Selachylalkohol (3.51)

3.6.3 Cutin

Der der Luft zugewandte Teil der Epidermis von Pflanzen enthält neben Wachsen auch Cutine. Die Cutine sind hochmolekulare, kompliziert zusammengesetzte Substanzen. Als Bausteine spielen u. a. Hydroxyfettsäuren eine Rolle, die den unter 3.7.2.4.1 aufgeführten Verbindungen ähneln. Einen Ausschnitt aus der postulierten Struktur zeigt Abb. 3.15.

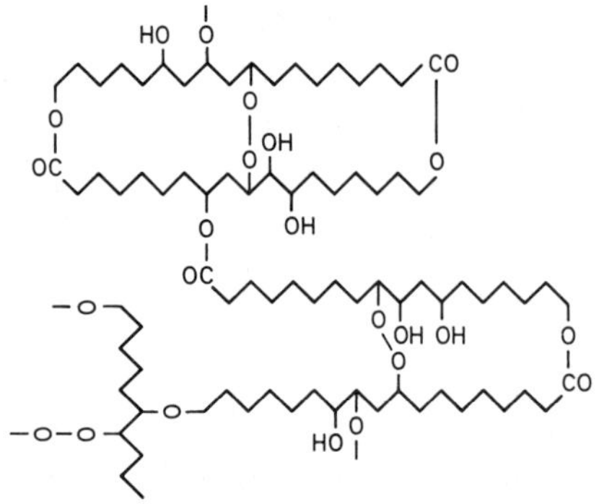

Abb. 3.15. Ausschnitt aus der Struktur des Cutins. (Nach *C. Hitchcock* u. *B. W. Nichols*, 1971)

Tabelle 3.18. Hydrolyse der Lipide bei der Zerkleinerung von Kartoffeln

	Acyllipide µmol/g[a]	Freie Fettsäuren µmol/g[a]
Kartoffel	2,34	0,70
Homogenat[b]	2,04	1,40
Homogenat[b] nach 10 min bei 0 °C	1,72	1,75
Homogenat[b] nach 10 min bei 25 °C	0,54	2,90

[a] Bezogen auf Frischgewebe.
[b] Die Kartoffelstücke wurden 30 s bei 0 °C homogenisiert.

3.7 Veränderungen der Acyllipide in Lebensmitteln

3.7.1 Enzymatische Hydrolyse

In Lebensmitteln und Mikroorganismen kommen verbreitet Hydrolasen vor, die Acyllipide spalten. Die Freisetzung von Fettsäuren ($< C_{16}$), z. B. bei der Hydrolyse des Milchfettes, hat unmittelbare Auswirkungen auf das Aroma. In Milch, Butter, Kokosfett u. a. ist die Lipolyse unerwünscht, da die freien C_4–C_{14}-Fettsäuren (Schwellenwerte in Tab. 3.3 und 3.4) für ranzige Aromafehler verantwortlich sind. Unverzichtbar ist dagegen die Lipolyse des Milchfettes bei der Käsereifung, denn hier sind die freien Fettsäuren am gewünschten Aroma beteiligt. Bei der Herstellung von Milchschokolade ist eine geringe Hydrolyse des Milchfettes ebenfalls erwünscht.
Ungesättigte Fettsäuren, die bei der Lipolyse freigesetzt werden, können, wenn sie in Wasser emulgiert vorliegen, den Geschmack eines Lebensmittels beeinflussen, da sie dann schon in geringer Konzentration eine bitter-brennende Empfindung hervorrufen (cf. Tab. 3.7). Außerdem werden sie autoxidativ (cf. 3.7.2.1) oder enzymatisch-oxidativ (cf. 3.7.2.2) zu intensiven Geruchs- und Geschmacksstoffen abgebaut. So ist die Lipolyse in Obst- und Gemüsefrüchten, die in der Regel sehr schnell bei der Zerkleinerung des Gewebes erfolgt (cf. Tab. 3.18), eng mit der zuletzt genannten Reaktion verknüpft und trägt dadurch zur Aromabildung bei. Auch bei der Zerkleinerung von Ölsaaten und -früchten kann eine geringfügige enzymatische Hydrolyse der Acyllipide oft nicht vermieden werden. Da die langkettigen Fettsäuren u. a. das Schäumen begünstigen, werden sie bei der Raffination (cf. 14.4.1) abgetrennt.
Die lipolytisch aktiven Enzyme gehören zur Gruppe der Carboxylester-Hydrolasen (cf. Tab. 2.4).

3.7.1.1 Hydrolasen für Triacylglyceride (Lipasen)

Die Lipasen (cf. Tab. 2.4) hydrolysieren nur emulgierte Acyllipide; sie sind an der Grenzfläche Wasser/Lipide aktiv. Die Lipasen unterscheiden sich von den Esterasen, die ausschließlich wasserlösliche Ester, z. B. Triacetylglycerid, spalten.
Lipasen wurden u. a. in der Milch, in Ölsaaten (Sojabohne, Erdnuß), Cerealien (Hafer, Weizen), in Obst und Gemüse und im Verdauungstrakt nachgewiesen. Zahlreiche Mikroorganismen geben Lipasen an das Kulturmedium ab.
Im Hinblick auf die Spezifität unterscheidet man die Enzyme, die ohne Einschränkung bzw. ganz bevorzugt mit den primären OH-Gruppen des Glycerins veresterte Fettsäuren hydrolysieren von denjenigen, die alle drei Esterbindungen mit derselben Geschwindigkeit spalten (Tab. 3.19).
Am besten untersucht ist die Lipase aus Schweine-Pankreas, deren Molekulargewicht M_r = 48 000 beträgt. Das Enzym hydrolysiert mit abnehmender Geschwindigkeit Triacyl- > Diacyl- ≫ Monoacylglyceride. Tab. 3.19 zeigt, daß es zu den Lipasen gehört, die mit den Acylresten in den Positionen 1 und 3 eines Triacylglycerids reagieren. Erst nach einer Acylwanderung wird bei

Tabelle 3.19. Beispiele für die Spezifität von Lipasen

Aus Triacylglyceriden werden hydrolysiert	durch Lipase aus
Acylreste in den Positionen 1 und 3	Pankreas, Milch, *Pseudomonas fragi, Penicillium roqueforti*
Acylreste in den Positionen 1, 2 und 3	Hafer, Rizinus, *Aspergillus flavus*
Öl- und Linolsäure in den Positionen 1, 2 und 3	*Geotrichum candidum*

längerer Inkubation auch der dritte Acylrest freigesetzt:

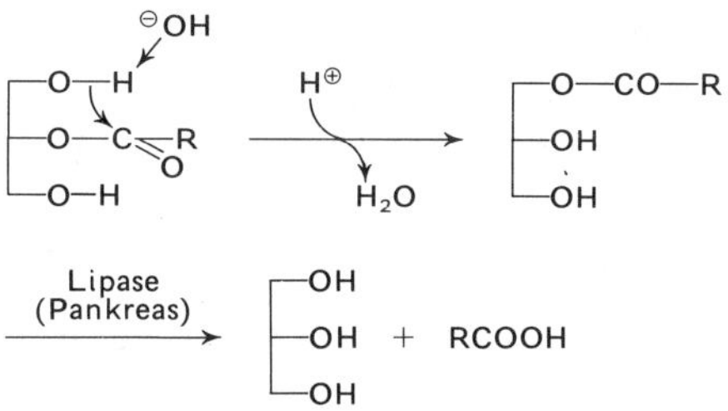

(3.52)

Die Geschwindigkeit der Lipolyse ist von der Länge der Acylreste abhängig. Die Pankreas-Lipase hydrolysiert bevorzugt Glyceride, die Buttersäure enthalten.

Je größer die Grenzfläche Öl/Wasser, d. h. je kleiner die Öltröpfchen, um so aktiver sind die Lipasen. Diese Beziehung muß bei der Herstellung von Substratemulsionen für die Aktivitätsbestimmung beachtet werden.

Für die Pankreas-Lipase wurde ein Modell entwickelt, das die Fähigkeit solcher Enzyme erklären soll, an der Grenzschicht Öl/Wasser aktiv zu sein (Abb. 3.16). Durch hydrophobe Wechselwirkungen wird der „hydrophobe Kopf" der Lipase an den Öltropfen fixiert und das aktive Zentrum des Enzyms auf die Esterbindung eines Substratmoleküls ausgerichtet. Das aktive Zentrum der Pankreas-Lipase ähnelt dem der Serin-Proteinasen. Die Hydrolyse der Esterbindung verläuft unter Beteiligung von Ser, His und Asp nach einem Mechanismus, der dem des Chymotrypsins (cf. 2.4.2.2) analog ist. Im Unterschied zu den Ser-Proteinasen enthält die Pankreas-Lipase im aktiven Zentrum einen Leucinrest, der hydrophoben Kontakt zum Substrat aufnimmt und es zum aktiven Zentrum orientiert.

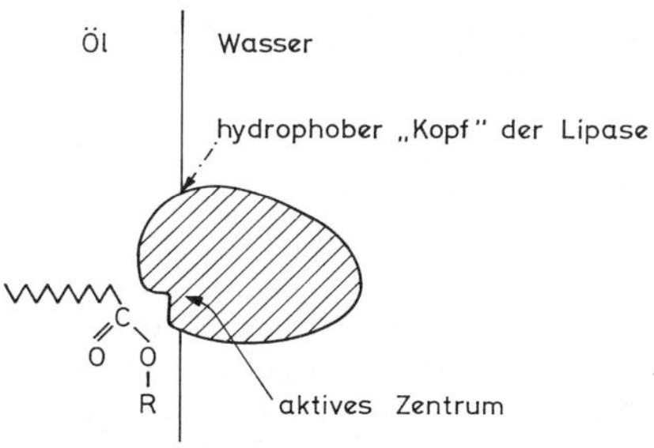

Abb. 3.16. Hypothese über die Fixierung der Pankreas-Lipase an einer Öl/Wasser-Grenzschicht. (Nach *H. Brockerhoff*, 1974)

Die Reaktion der Lipasen wird durch $Ca^{2\oplus}$-Ionen beschleunigt, da hierbei die freigesetzten Fettsäuren als unlösliche Ca-Salze abgefangen werden.

Die in der Milch vorkommende Lipase ähnelt in ihren Eigenschaften weitgehend der Pankreas-Lipase.

Lipasen mikrobieller Herkunft sind mitunter sehr hitzestabil. Wie das Beispiel einer Lipase aus *Pseudomonas fluoreszens* zeigt (Tab. 3.20), überstehen solche Lipasen die Pasteurisation, die Ultrahocherhitzung und auch Trocknungsverfahren, z. B. die Herstellung von Trockenmilch. Bei der Lagerung von solchen Produkten können sie einen Qualitätsabfall verursachen.

Unter den Lipasen, die von Mikroorganismen produziert werden, wurde eine Lipase mit hoher Spezifität (Tab. 3.19) entdeckt, die nur Fettsäuren mit einer cis-Doppelbindung in Position 9 hydrolysiert. Sie ist von Interesse für die Analyse von Triglyceriden. Lipasen werden in der Lebensmitteltechnik angewandt (cf. 2.8.2.2.14).

Die in Lebensmitteln vorkommenden Lipaseaktivitäten können sehr empfindlich mit fluorochromen Substraten, z. B. 4-Methylumbelliferylfettsäureestern, gemessen werden. Allerdings kann die Lagerstabilität eines Lebensmittels gegenüber Lipolyse nicht allein aufgrund solcher

Tabelle 3.20. Hitzeinaktivierung einer Lipase aus *Pseudomonas fluoreszens*, gelöst in Magermilch

Temperatur (°C)	D-Wert[a] (min)
100	23,5
120	7,3
140	2,0
160	0,7

[a] Zeit für 90%ige Aktivitätsabnahme (cf. 2.6.4).

Tabelle 3.21. Freie Fettsäuren in Süßrahmbutterproben unterschiedlicher Qualität

Fettsäure	Süßrahmbutter				
	A	B	C (mg/kg)	D	E
4:0	0	5	38	78	119
6:0	0	4	28	25	46
8:0	8	22	51	51	86
10:0	38	58	104	136	229
12:0	78	59	142	137	231
14:0	193	152	283	170	477
Aroma[a]	2,3	2,8	3,0	4,6	5,4

[a] Bewertung: 2 nicht ranzig, 3 leicht ranzig, 4 ranzig, 5 stark ranzig.

Messungen vorausgesagt werden. Von wesentlichem Einfluß ist die Substratspezifität der Lipasen, die sehr unterschiedlich sein kann. Infolgedessen können bei gleicher Lipaseaktivität gegenüber einem Standardsubstrat die einzelnen Fettsäuren bei der Lagerung sehr unterschiedlich zunehmen. Da die Geruchs- und Geschmacksschwellen der Fettsäuren aber erheblich differieren (cf. Tab. 3.3 und 3.4), sind die Auswirkungen der Lipasen auf das Aroma sehr unterschiedlich. Der Zeitpunkt, ab dem ranzige Aromafehler auftreten werden, ist deshalb aus der Messung der Lipaseaktivität nicht ohne weiteres vorhersehbar. Einen genaueren Aufschluß über die zu erwartenden Veränderungen ergeben Lagerungsversuche, bei denen die freien Fettsäuren durch eine gaschromatographische Analyse quantitativ bestimmt werden. Als Beispiel orientiert Tab. 3.21 über die Veränderungen in den Konzentrationen der freien Fettsäuren bei Süßrahmbutter und über das damit verbundene Auftreten ranziger Aromafehler.

3.7.1.2 Hydrolasen für polare Lipide

Entsprechend den Substraten werden diese Enzyme als Phospholipasen, Lysophospholipasen und Glykolipid-Hydrolasen bezeichnet.

3.7.1.2.1 Phospholipasen

Die Enzyme, die Phosphatide hydrolysieren, reagieren zum Teil sehr spezifisch. Am Abbau des Lecithins kann man die Angriffspunkte der verschiedenen Phospholipasen verdeutlichen. Die Phospholipasen A_1 und A_2 werden auch zur Bestimmung der in Phospholipiden in den Positionen 1 und 2 vorkommenden Acylreste eingesetzt.

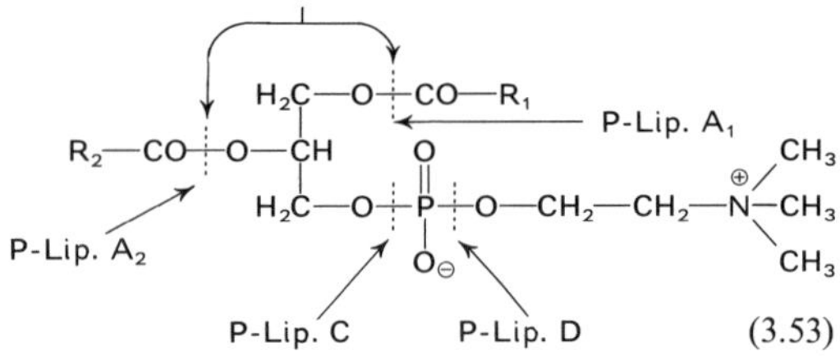

(3.53)

P-Lip.: Phospholipase

Phospholipase A_1: Das Enzym, das neben der Phospholipase A_2 in vielen Säugetieren und Bakterien vorkommt, spaltet spezifisch die sn-1 Esterbindungen von Diacylphosphatiden.

Phospholipase A_2: Enzyme mit der sn-2 Spezifität wurden u.a. aus Schlangen- und Bienengiften isoliert. Sie sind sehr stabil, werden durch $Ca^{2\oplus}$-Ionen aktiviert und gehören mit zu den kleinsten Enzymmolekülen (Molekulargewicht ca. 14000).

Phospholipase B: Die Existenz von Phospholipasen B, die aus Diacylphosphatiden in einem Schritt beide Acylreste hydrolysieren, ist umstritten. Im Unterschied zu den Phospholipasen A_1, A_2, C und D konnte der B-Typ bisher noch nicht in reiner Form präpariert werden. Angereichert wurde eine Phospholipase B aus keimender Gerste.

Phospholipase C hydrolysiert Lecithin zu einem 1,2-Diacylglycerid und Phosphorylcholin. Das Enzym wurde in Bakterien und auch in tierischen Geweben nachgewiesen.

Phospholipase D transferiert den Phosphatidrest auf ein Wasser- oder Alkoholmolekül (Methanol, Ethanol, Glycerin), z.B.:

$$\text{Phosphatidyl-cholin} + \text{ROH} \longrightarrow \text{Phosphatidyl-OR} + \text{Cholin}$$

$$R: H, CH_3, CH_3CH_2, CH_2(OH)—CH(OH)—CH_2 \quad (3.54)$$

Das Enzym, das Phosphatidyl-inosite nicht umsetzt, kommt verbreitet in Pflanzen, Säugetieren und Mikroorganismen vor. Isoliert wurde es aus Blumenkohl, Erdnuß und Baumwollsamen.

Lysophospholipasen: Die Enzyme, die nur Lysophosphatide hydrolysieren, sind in tierischen Geweben und Bakterien weit verbreitet. Es gibt Lysophospholipasen, die vorwiegend 1-Acylphosphatide spalten, andere bevorzugen 2-Acylphosphatide und eine dritte Gruppe macht keinen Unterschied zwischen den beiden Lysophosphatid-Typen.

3.7.1.2.2 Glykolipid-Hydrolasen

In den grünen Teilen der Pflanzen sind Enzyme lokalisiert, die die Acylreste aus Mono- und Digalactosyl-diacylglyceriden freisetzen. Untersuchungen zur Substratspezifität einer aus Kartoffeln isolierten Hydrolase (Tab. 3.22) zeigen, daß in Pflanzen auch Enzyme vorkommen, die generell polare Lipide hydrolysieren. Das Enzym aus Kartoffeln spaltet bevorzugt die Acylreste aus Monoacylglyceriden und Lyso-Lecithin; Triolein wird nicht umgesetzt.

Tabelle 3.22. Gereinigte Acylhydrolase aus Kartoffeln: Substratspezifität

Substrat	Relative Aktivität (%)	Substrat	Relative Aktivität (%)
Monoolein	100	Lecithin	13
Diolein	21	Monogalactosyldiacylglycerid	31
Triolein	0,2	Digalactosyldiacylglycerid	17
Ölsäuremethylester	28		
Lyso-Lecithin	72		

3.7.2 Peroxidation ungesättigter Acyllipide

Zu den Bausteinen der Acyllipide gehören Fettsäuren, die wie die Öl-, Linol- und Linolensäure eine oder mehrere Allyl-Gruppen enthalten (cf. Tab. 3.6) und somit leicht zu Hydroperoxiden oxidieren, die durch Folgereaktionen in eine Vielzahl von Verbindungen überführt werden. Unter den Bedingungen, die bei der Lagerung von Lebensmitteln üblicherweise herrschen, sind deshalb die ungesättigten Acyllipide nicht stabil. Bei dem Vorgang, der als *Lipidperoxidation* bezeichnet wird, kann man die *Autooxidation* von der *Lipooxygenase-Katalyse* abgrenzen. Der Unterschied besteht darin, daß die Reaktion des Sauerstoffs mit der Fettsäure zum Hydroperoxid beim zuletzt genannten Prozeß von einem Enzym katalysiert wird.

Bei der Lipidperoxidation entstehen in großer Vielfalt flüchtige und nicht-flüchtige Substanzen. Da zu den flüchtigen Verbindungen außerordentlich aktive Geruchsstoffe gehören, sind Auswirkungen der Lipidperoxidation auch in Lebensmitteln festzustellen, in denen ungesättigte Acyllipide nur in geringen Konzentrationen vorkommen oder in denen nur ein sehr geringer Anteil der Acyllipide mit Sauerstoff reagiert hat.

Die eintretenden Veränderungen im Aroma des Lebensmittels werden vom Verbraucher häufig negativ, z. B. als ranzig, fischig, metallisch oder kartonartig bzw. als undefinierbarer Altgeschmack bewertet. Es darf aber nicht übersehen werden, daß flüchtige Verbindungen aus der Lipidperoxidation in Konzentrationen unterhalb der off-flavour-Schwelle wesentlich zum Aroma vieler Obst- und Gemüsearten beitragen und auch das Aroma fetthaltiger Lebensmittel abrunden.

3.7.2.1 Autoxidation

Durch eine Vielzahl ineinander greifender Reaktionen verläuft die Autoxidation der Lipide sehr kompliziert. Die Vielschichtigkeit des Vorgangs hat zur Folge, daß die Untersuchung von Lebensmitteln durch das Studium von Modellen ergänzt werden muß, in denen z. B. eine ungesättigte Fettsäure oder ein Intermediat ihrer Autoxidation unter definierten Bedingungen oxidiert oder weiter umgesetzt wird.

Solche Modellversuche haben gezeigt, daß die Geschwindigkeit der Autoxidation abhängig ist von der Fettsäurezusammensetzung, der Konzentration und Wirksamkeit von Pro- und Antioxidantien, dem Sauerstoff-Partialdruck, der mit Sauerstoff in Berührung kommenden Oberfläche und von den Bedingungen, unter denen das fetthaltige Lebensmittel gelagert wird (Temperatur, Licht, Wassergehalt). Entsprechend unterschiedlich verläuft die Autoxidation.

Grenzfall 1 in Abb. 3.17 demonstriert die in Lebensmitteln verbreitet vorkommende Situation: Erst nach einer bestimmten Lagerzeit können erste Oxidationsprodukte nachgewiesen werden. Nach Ablauf der Induktionsperiode steigt – und das ist typisch für autoxidative Vorgänge – die Reaktionsgeschwindigkeit in Abhängigkeit von der Zeit. Bei manchen Lebensmitteln ist die Kon-

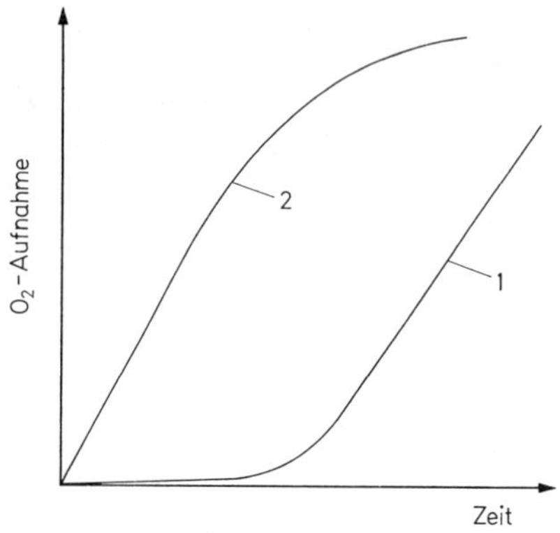

Abb. 3.17. Geschwindigkeit der Autoxidation eines ungesättigten Acyllipids. Die Konzentration an Prooxidantien ist in (1) gering und in (2) hoch

zentration an Prooxidantien relativ hoch. Hier kann der Grenzfall 2 auftreten, der keine Induktionsperiode aufweist.

3.7.2.1.1 Elementarschritte der Autoxidation

Die Länge der Induktionsperiode und die Oxidationsgeschwindigkeit hängen u. a. von der Fettsäurezusammensetzung eines Lipids ab (Tab. 3.23): Je mehr Allylgruppen im Fettsäuremolekül vorkommen, um so kürzer ist die Induktionsperiode und um so schneller verläuft die Oxidation.

Die beiden Phänomene – Induktionsperiode und Zunahme der Reaktionsgeschwindigkeit in der Reihe Öl-, Linol- und Linolensäure – lassen sich mit folgenden Annahmen erklären: Die Oxidation verläuft über radikalische Zwischenstufen; es treten relativ stabile Radikale auf, die nur besonders aktivierte H-Atome abstrahieren können. *Farmer* und Mitarb. (1942) und *Bolland* (1949) haben diese Annahmen und die Tatsache der exponentiellen Zunahme der Reaktionsgeschwindigkeit zur Grundlage gemacht für die Formulierung der Elementarschritte, die bei der Autoxidation von Olefinen und damit auch von ungesättigten Fettsäuren ablaufen. Wie in Abb. 3.18 gezeigt, wird der Prozeß als Radikalkettenreaktion gedeutet, die durch die Stufen Wachstum, Verzweigung und Abbruch gekennzeichnet ist. Gestartet wird die Autoxidation durch Radikale, deren Herkunft zunächst unklar blieb.

Tabelle 3.23. Induktionsperiode und relative Oxidationsgeschwindigkeit von Fettsäuren bei 25 °C

Fettsäure	Zahl der Allylgruppen	Induktionsperiode (h)	Relative Oxidationsgeschwindigkeit
18:0	0		1
18:1 (9)	1	82	100
18:2 (9, 12)	2	19	1200
18:3 (9, 12, 15)	3	1,34	2500

Aus den für die Teilschritte der Radikalkette gemessenen bzw. berechneten Geschwindigkeitskonstanten ergibt sich, daß, bedingt durch die relative Stabilität von Peroxyradikalen, die Fortsetzung des Kettenwachstums durch Abstraktion eines H-Atoms aus einem Fettsäuremolekül (Rk 2 in Abb. 3.18) sehr langsam verläuft. Dieser Teilschritt bestimmt die Geschwindigkeit der Radikalkette.

Die Peroxidation der ungesättigten Fettsäuren beschleunigt sich autokatalytisch, da Radikale durch einen unimolekularen Zerfall (Rk 4 in Abb. 3.18) der Hydroperoxide entstehen. Diese Reaktion wird u. a. durch Schwermetallionen oder Häm(in)verbindungen begünstigt (cf. 3.7.2.1.4). Außerdem wird diese Reaktion als Ausgangspunkt für die Bildung der flüchtigen Reaktionsprodukte diskutiert (cf. 3.7.2.1.5).

Nach einer bestimmten Zeit erreicht die Konzentration der Hydroperoxide ein Niveau, ab dem bimolekulare Reaktionen der Hydroperoxide (Rk 5 in Abb. 3.18) zur Bildung der Radikale führen. Im Unterschied zum endergonischen unimolekularen Zerfall eines Hydroperoxids (ca. 150 kJ/mol) ist die Energiebilanz für die Rk 5 ausgeglichen. Bei den meisten Lebensmitteln spielt aber Rk 5 keine Rolle, da sie schon durch die Folgen der Fettoxidation ungenießbar geworden sind, bevor die notwendige Hydroperoxid-Konzentration erreicht wird.

Bei Zimmertemperatur kann ein Radikal die Bildung von 100 Hydroperoxiden starten, ehe ein Kettenabbruch erfolgt. In Gegenwart von Luft (Sauerstoffpartialdruck > 130 mbar) werden alle Acylradikale über die schnelle Rk 1 in Peroxyradikale überführt. Der Kettenabbruch findet deshalb durch Kollision von zwei Peroxyradikalen (Rk 8 in Abb. 3.18) statt.

Die Rkk 6 und 7 in Abb. 3.18 spielen eine Rolle, wenn z. B. die inneren Partien eines fetthaltigen Lebensmittels an Sauerstoff verarmt sind.

Die in Abb. 3.18 dargestellte Hypothese ist nur

Start: Bildung von Peroxy-($RO_2^\bullet$), Alkoxy-($RO^\bullet$) oder Alkyl ($R^\bullet$)-Radikalen

Kettenwachstum:

(1) $R^\bullet + O_2 \longrightarrow RO_2^\bullet$ $k_1: 10^9\, l \cdot mol^{-1} \cdot s^{-1}$

(2) $RO_2^\bullet + RH \longrightarrow ROOH + R^\bullet$ $k_2: 10-60\, l \cdot mol^{-1} \cdot s^{-1}$

(3) $RO^\bullet + RH \longrightarrow ROH + R^\bullet$

Kettenverzweigung:

(4) $ROOH \longrightarrow RO^\bullet + {}^\bullet OH$

(5) $2\,ROOH \longrightarrow RO_2^\bullet + RO^\bullet + H_2O$

Kettenabbruch:

(6) $2\,R^\bullet \longrightarrow$
(7) $R^\bullet + RO_2^\bullet \longrightarrow$
(8) $2\,RO_2^\bullet \longrightarrow$
} stabile Produkte

Abb. 3.18. Elementarschritte der Autoxidation von Olefinen

für die Anfangsphase der Autoxidation gültig. Mit zunehmender Reaktionszeit wird der Prozeß immer unübersichtlicher, da neben den Hydroperoxiden Sekundärprodukte auftreten, die teilweise weiter zu Tertiärprodukten autoxidieren können. Die Stufe, ab der sich die Prozesse multiplizieren, hängt u. a. von der Stabilität der primär sich bildenden Monohydroperoxide ab. Vgl. dazu die Unterschiede in der Struktur bei den aus der Linol- und Linolensäure hervorgehenden Verbindungen.

3.7.2.1.2 Monohydroperoxide

Das in Rk 1 der Radikalkette (Abb. 3.18) gebildete Peroxyradikal ist relativ reaktionsträge und abstrahiert daher ganz selektiv das am schwächsten gebundene H-Atom aus einem Fettsäuremolekül. In dieser Eigenschaft unterscheidet es sich z. B. von dem besonders reaktiven Hydroxy-($HO^\bullet$) und dem aktiveren Alkoxyradikal-($RO^\bullet$) (cf. 3.7.2.1.4). Rk 2 in Abb. 3.18 ist nur schnell, wenn die Energie für die H-Abstraktion aus dem Fettsäuremolekül deutlich niedriger ist als die Energie, die bei der Bildung der Wasserstoff-Sauerstoff-Bindung in der entstehenden Hydroperoxy-Gruppe frei wird (etwa 376 kJ/mol).

Tabelle 3.24. Energieaufwand für die Dissoziation eines H-Atoms

	D_{R-H} (kJ/mol)
H–CH_2—	422
CH_3—$CH(H)$—	410
—$CH(H)$—$CH{=}CH$—	322
—$CH{=}CH$—$CH(H)$—$CH{=}CH$—	272

In Tab. 3.24 sind die Energiebeträge aufgeführt, die zur Abstraktion eines H-Atoms aus den Gruppen aufgewendet werden müssen, die in Fettsäuren vorkommen können. Danach abstrahiert ein Peroxyradikal das H-Atom leichter aus einer Methylengruppe eines 1,4-Pentadiensystems als aus einer Mono-Allyl-Gruppe, denn das aus dem 1,4-Dien hervorgehende Radikal ist stärker resonanzstabilisiert (Delokalisierung der Elektronen über 5 C-Atome). Diese Betrachtungsweise erklärt zunächst die Unterschiede in den Geschwindigkeiten, mit denen die ungesättigten Fettsäuren autoxidieren. Es wird daraus aber auch verständlich, warum bei Raumtemperatur und darunter nicht die gesättigten, sondern nur die ungesättigten Fettsäuren und zwar sehr selektiv von Peroxyradikalen angegriffen werden.

Die in Abb. 3.18 allgemein formulierten Reaktionsschritte lassen sich auf jede ungesättigte Fettsäure übertragen. Im Fall der Ölsäure erfolgt die H-Abstraktion an den Methylengruppen 8 und 11 (Abb. 3.19) unter Bildung von vier Hydroxyperoxiden, die auch als Autoxidationsprodukte identifiziert worden sind. Die Konfiguration der Doppelbindung hängt bei den Hydroperoxiden von der Temperatur ab. Bei Zimmertemperatur werden 33% cis- und 67% der stabileren trans-Konfiguration erhalten.

In der Linolsäure ist die Methylengruppe in der Position 11 durch die beiden benachbarten Doppelbindungen für eine H-Abstraktion besonders aktiviert (Abb. 3.20). Das entstehende Pentadienylradikal stabilisiert sich unter Ausbildung von zwei Hydroperoxiden mit je einem konjugierten Diensystem. Diese Hydroperoxide, die

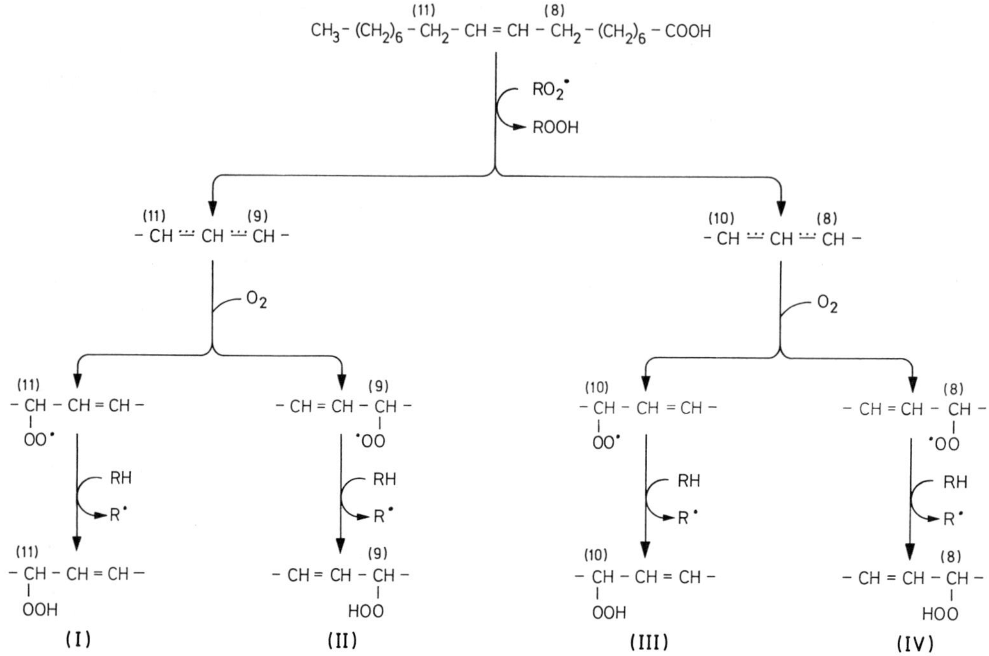

Abb. 3.19. Autoxidation von Ölsäure. Primäre Reaktionsprodukte:

I 11-Hydroperoxyoctadec-9-ensäure; II 9-Hydroperoxyoctadec-10-ensäure; III 10-Hydroperoxyoctadec-8-ensäure; IV 8-Hydroperoxyoctadec-9-ensäure

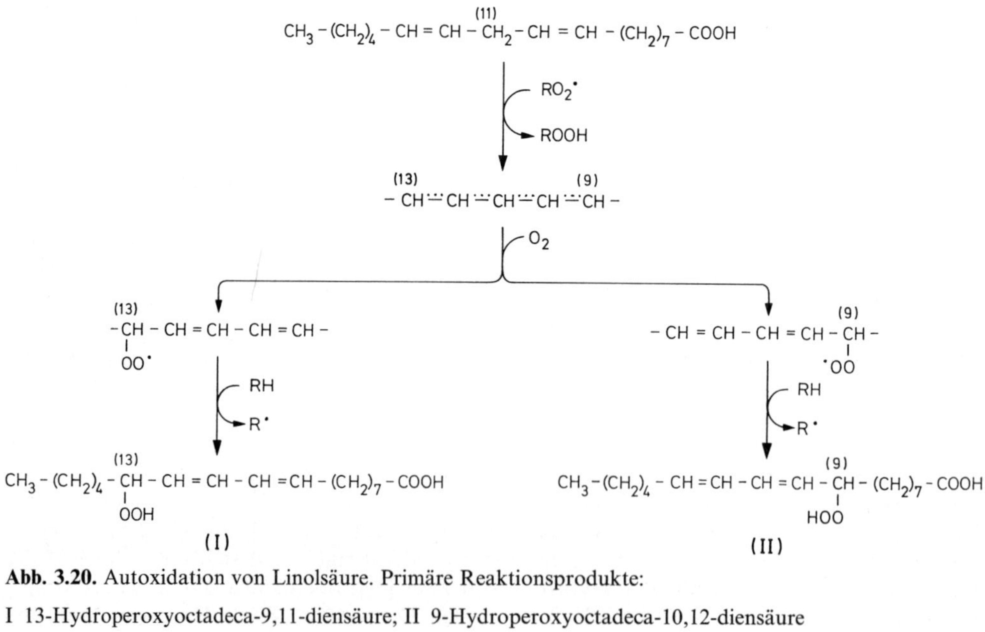

Abb. 3.20. Autoxidation von Linolsäure. Primäre Reaktionsprodukte:

I 13-Hydroperoxyoctadeca-9,11-diensäure; II 9-Hydroperoxyoctadeca-10,12-diensäure

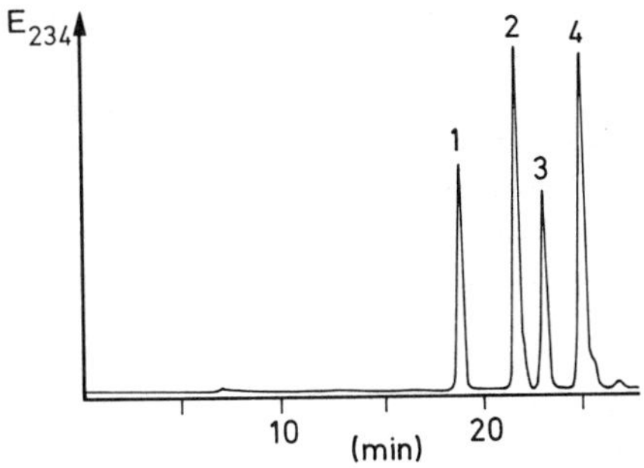

Abb. 3.21. Autoxidation von Linolsäuremethylester. Analyse der Primärprodukte (nach Reduktion der Hydroperoxy-Gruppe) mit Hilfe der Hochdruckflüssigkeitschromatographie (nach *H. W.-S. Chan* u. *G. Levett*, 1977). (1) 13-Hydroxy-cis-9,trans-11-octadecadiensäuremethylester, (2) 13-Hydroxy-trans-9,trans-11-octadecadiensäuremethylester, (3) 9-Hydroxy-trans-10,cis-12-octadecadiensäuremethylester, (4) 9-Hydroxy-trans-10,trans-12-octadecadiensäuremethylester

das UV-Licht bei etwa 235 nm absorbieren, können direkt oder nach Reduktion zu den entsprechenden Hydroxydienfettsäuren in Form ihrer Methylester durch Hochdruckflüssigkeitschromatographie aufgetrennt werden (Abb. 3.21).

Bei der Autoxidation von Linolsäure reagieren neben der bis-allylischen Methylengruppe im geringen Umfang auch die mono-allylischen Methylengruppen (Position 8 und 14 des Moleküls) unter Bildung von vier Hydroperoxiden (8-, 10-, 12- u. 14-OOH) mit jeweils zwei isolierten Doppelbindungen. Der Anteil dieser Nebenverbindungen an den Monohydroperoxiden liegt bei 4% (Tab. 3.25).

Aus der Linolensäure gehen bei der Autoxidation vier Monohydroperoxide hervor (Tab. 3.25). Ihre Bildung ergibt sich zwanglos, wenn man von H-Abstraktionen aus den Methylengruppen 11 und 14 ausgeht. Die resultierenden zwei Pentadienylradikale stabilisieren sich analog zur Autoxidation der Linolsäure (Abb. 3.20) zu je zwei Monohydroperoxiden. Von den vier Hydroperoxiden entstehen nicht gleiche Mengen, sondern die 9- und 16-Isomeren überwiegen (Tab. 3.25). Die Konfiguration der konjugierten Doppelbindungen hängt von den Reaktionsbedingungen ab. Bei < 40 °C sind cis-trans-Hydroperoxide die Hauptprodukte. Mit der Reaktion des Peroxyradikals zum Monohydroperoxid konkurrieren die β-Fragmentierung und die Cyclisierung.

Die β-Fragmentierung führt nach Wiedereintritt

Tabelle 3.25. Monohydroperoxide aus der Autoxidation ($^3O_2$) und der Fotooxygenierung ($^1O_2$) ungesättigter Fettsäuren

Fettsäure	Monohydroperoxid			
	Position der		Anteil (%)	
	HOO-Gruppe	Doppelbindungen	$^3O_2$	$^1O_2$
Ölsäure	8	9	27	
	9	10	23	48
	10	8	23	52
	11	9	27	
Linolsäure	8	9, 12	1,5	
	9	10, 12	46,5	32
	10	8, 12	0,5	17
	12	9, 13	0,5	17
	13	9, 11	49,5	34
	14	9, 12	1,5	
Linolensäure	9	10, 12, 15	31	23
	10	8, 12, 15		13
	12	9, 13, 15	11	12
	13	9, 11, 15	12	14
	15	9, 12, 16		13
	16	9, 12, 14	46	25

des Sauerstoffmoleküls zu einem stellungsisomeren Peroxyradikal; z. B. bei Ölsäure:

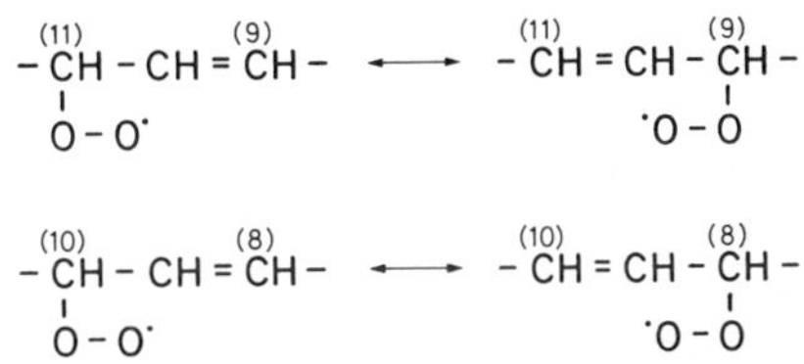

(3.55)

Aber auch die Hydroperoxide können über diesen Reaktionsweg isomerisieren, wenn durch Reaktion mit Radikalen (H-Abstraktion aus der HOO-Gruppe) oder mit Schwermetallionen (Rk. 3.64) wieder Peroxyradikale entstehen. Die 9- und 13-Hydroperoxide der Linolsäure, bei denen diese Isomerisierung zuerst beobachtet wurde, lagern sich zum jeweils anderen Isomeren um, z. B. das 13-Hydroperoxid (s. Formel 3.56).

3.7.2.1.3 Hydroperoxy-epidioxide

Bei Peroxyradikalen mit isolierter β,γ-Doppelbindung tritt eine Cyclisierung in Konkurrenz zur Bildung der Monohydroperoxide. Der Eintritt von einem zweiten Sauerstoffmolekül und

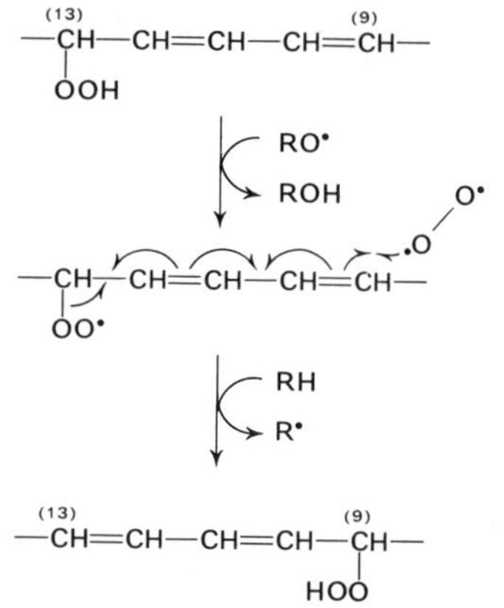

(3.56)

die H-Abstraktion führen dann zu einem Hydroperoxy-epidioxid:

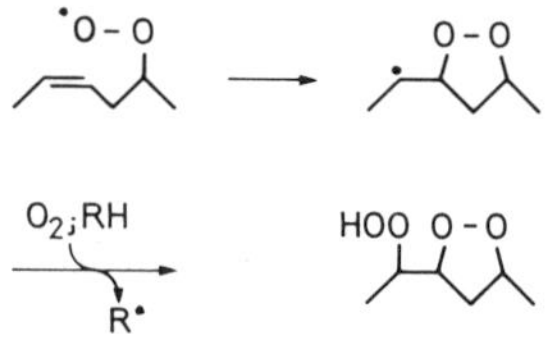

(3.57)

Peroxyradikale mit isolierter β,γ-Doppelbindung entstehen intermediär sowohl bei der Autoxidation als auch bei der Fotooxygenierung (Reaktion mit Singulett-O_2; cf. Abb. 3.23) von ungesättigten Fettsäuren mit zwei und mehr Doppelbindungen.

Bei Linolsäure handelt es sich um das 10- und 12-Peroxyradikal, die leicht cyclisieren. Während bei der Autoxidation solche Radikale nur als Nebenprodukte entstehen, werden sie bei der Fotooxygenierung intermediär mit ähnlich hoher Ausbeute gebildet wie die 9- und 13-Peroxyradikale, die aber nicht cyclisieren können. Die Cyclisierung der 10- und 12-Peroxyradikale hat zur Folge, daß die entsprechenden Monohydroperoxide bei der Fotooxygenierung in geringerem Umfang entstehen als die 9- und 13-Isomeren (Tab. 3.25; Reaktion mit $^1O_2$).

Von den Peroxyradikalen, die bei der Autoxidation von Linolensäure entstehen, enthalten nur die 12- und 13-Isomeren, nicht aber die 9- und 16-Isomeren jeweils eine isolierte β,γ-Doppelbindung. Auch hier trägt die Cyclisierung der 12- und 13-Peroxyradikale dazu bei, daß die entsprechenden Monohydroperoxide in geringeren Mengen im Vergleich zu den 9- und 16-Isomeren gebildet werden (Tab. 3.25).

Peroxyradikale werden von Antioxidantien rasch unter Bildung von Monohydroperoxiden abgefangen (cf. 3.7.3.1). Es wird dadurch nicht nur das Kettenwachstum gehemmt, sondern auch die β-Fragmentierung und die Cyclisierung der Peroxyradikale.

Bei thermischer Belastung fragmentieren Hydroperoxy-epidioxide unter Bildung von Aldehyden und Aldehydsäuren, z. B. das vom 12-Peroxyradikal der Linolsäure sich ableitende Hydroperoxy-epidioxid:

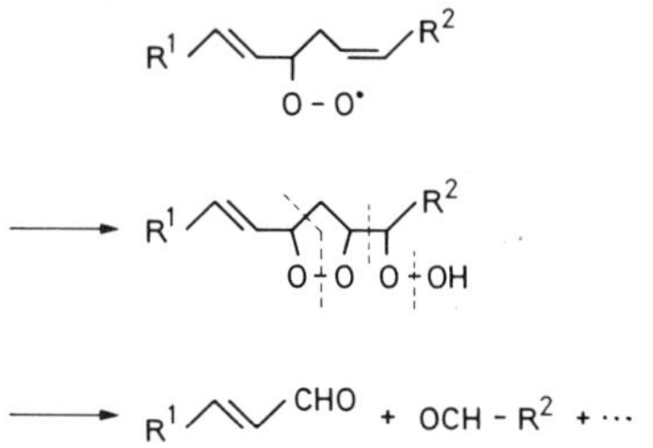

(3.58)

R^1 : CH_3-$(CH_2)_3$; R^2: $(CH_2)_7$ - COOH

Die Cyclisierung von Peroxyradikalen, die von Fettsäuren mit drei und mehr Doppelbindungen abstammen, kann über das Peroxyepidioxidradikal hinaus zu Bicyclo-endoperoxiden führen (s. Formel 3.74).

3.7.2.1.4 Start der Radikalkettenreaktionen

Da die Autoxidation der ungesättigten Acyllipide häufig zu einer Qualitätsminderung der Lebensmittel führt, möchte man diesen Prozeß zumindest bremsen. Gezielte Maßnahmen sind aber erst möglich, wenn man genauer über die Reaktionen Bescheid weiß, die während der Induktionsperiode ablaufen und den Start der Radikalketten herbeiführen.

Im vergangenen Jahrzehnt wurden bei der Erforschung von Modellen zwei sich grundsätzlich unterscheidende Gruppen von Reaktionen erkannt, die am Start der Autoxidation beteiligt sind.

Bei der 1. Gruppe handelt es sich um die Startreaktionen im engeren Sinn, denn hier wird die Energiebarriere überwunden, welche die Reaktion einer ungesättigten Fettsäure mit Sauerstoff behindert.

Zu dieser Gruppe gehören die Fotooxygenierung und die Lipoxygenase-Katalyse (cf. 3.7.2.2). Aus beiden Reaktionen gehen die „ersten" Hydroperoxide hervor, die in den Reaktionen der

2. Gruppe durch Schwermetallionen und Häm(in)proteine zu Radikalen umgesetzt werden, die dann die Autoxidation der ungesättigten Fettsäuren starten können.
Bestimmte Enzyme, die das Superoxidradikalanion freisetzen, nehmen eine Zwischenstellung ein, da zumindest H_2O_2 für die Folgereaktionen zur Radikalbildung notwendig ist.

Fotooxygenierung: Zum Verständnis der Fotooxygenierung und zur Abgrenzung von der Autoxidation müssen wir uns mit der Elektronenkonfiguration des Sauerstoffs befassen. Wie in Abb. 3.22 dargestellt, erlaubt sie die Zustände $^3\Sigma^-g$, $^1\Delta^+g$ und $^1\Sigma^+g$.
Im Grundzustand ist der Sauerstoff bemerkenswerterweise ein Triplett ($^3O_2$), das 1-Elektronen-Reaktionen mit Radikalen bevorzugt. Erschwert ist dagegen durch Spin-Barrieren die Reaktion eines Tripletts mit einer Verbindung, die sich, wie z. B. die Fettsäuren, im Singulett-Zustand befindet zu einem Singulett, z. B. einem Hydroperoxid. Entsprechend hoch liegt die Aktivierungsenergie für die direkte Oxidation einer Fettsäure:

$$RH + {}^3O_2 \longrightarrow ROOH \quad (3.59)$$

mit etwa 146–273 kJ/mol, die deshalb nicht so ohne weiteres stattfindet.
unter Aufnahme von 92 kJ geht der Sauerstoff aus dem Grund- in den kurzlebigen 1. Singulett-Zustand ($^1O_2$) über (Abb. 3.22). Die beiden einsamen Elektronen sind jetzt gepaart. Das Molekül ähnelt in seiner Bereitschaft zu 2-Elektronen-Reaktionen dem Ethylen; es ist nur elektrophiler. Der 2. Singulettzustand ($^1\Sigma^+g$) besitzt im Vergleich zum 1. eine noch kürzere Lebensdauer und spielt bei der Fettoxidation keine Rolle.
Es ist schon lange bekannt, daß die Lagerstabilität fetthaltiger Lebensmittel in Gegenwart von Licht sinkt; eine Autoxidation der Lipide wird gestartet. Geringe Mengen bestimmter Substanzen wirken hier sensibilisierend.
Nach *Schenk* und *Koch* (1960) gibt es zwei Typen von Sensibilisatoren. Beim *Typ-1* reagiert der durch das Licht aktivierte Sensibilisator (Sen*) mit dem Substrat unter Bildung von Radikalen, die dann eine Autoxidation auslösen. Bei der *Typ-2* Reaktion wird dagegen der Sauerstoff zum $^1O_2$ aktiviert.
Typ-1 und Typ-2 Fotooxygenierung konkurrieren miteinander. Welche Reaktion überwiegt,

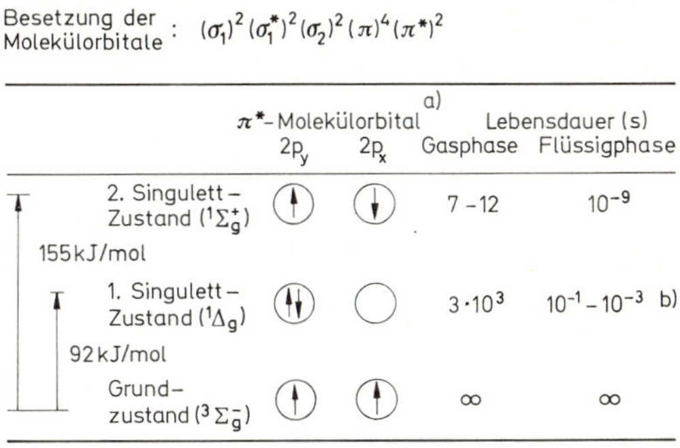

Abb. 3.22. Elektronenkonfiguration des Sauerstoffmoleküls

[a] Elektronen-Besetzung der Bahnfunktionen 2 p_x und 2 p_y
[b] Abhängig von der Art des Lösungsmittels, z. B.: 2 µs in H_2O, 20 µs in D_2O, 200 µs in Methanol.

hängt sehr wesentlich ab sowohl von der Struktur des Sensibilisators als auch von der Struktur des Substrats, das oxygeniert wird. Eine hohe Sauerstoff- und niedrige Substratkonzentration begünstigen den Typ-2.
Tab. 3.25 zeigt, daß die Zusammensetzung der Hydroperoxide, die aus einer ungesättigten Fettsäure hervorgehen, sich bei der Autoxidation und der Reaktion mit $^1O_2$ unterscheidet. Durch eine Analyse der Hydroperoxide, die am besten über eine HPLC-Trennung der Isomeren erfolgt, kann demnach zwischen Typ-1 und Typ-2 Fotooxygenierung unterschieden werden. Solche Untersuchungen haben gezeigt, daß die in Lebensmitteln vorkommenden Sensibilisatoren Chlorophyll a und b, die Phäophytine a und b sowie das Riboflavin den Typ-2 bei der Oxygenierung von Öl- und Linolsäure stark bevorzugen.
Bei der *Typ-2* Fotooxygenierung wird der Sauerstoff durch den angeregten Sensibilisator in den 1. Singulett-Zustand überführt:

$$\begin{aligned} Sen &\xrightarrow{h\nu} Sen^* \\ Sen^* + O_2 &\longrightarrow Sen + {}^1O_2 \end{aligned} \quad (3.60)$$

Der $^1O_2$ kann direkt mit den ungesättigten Fettsäuren über eine „Cyclo-Addition" reagieren:

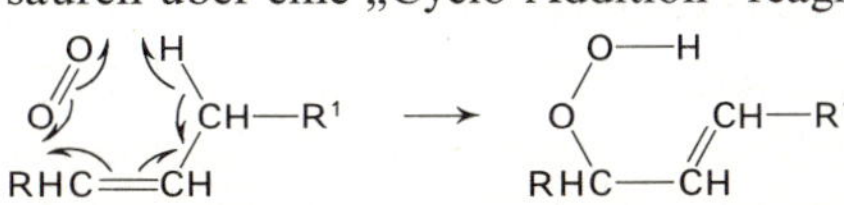

(3.61)

In Übereinstimmung mit diesem Mechanismus gehen aus jeder Fettsäure doppelt so viele Hydro-

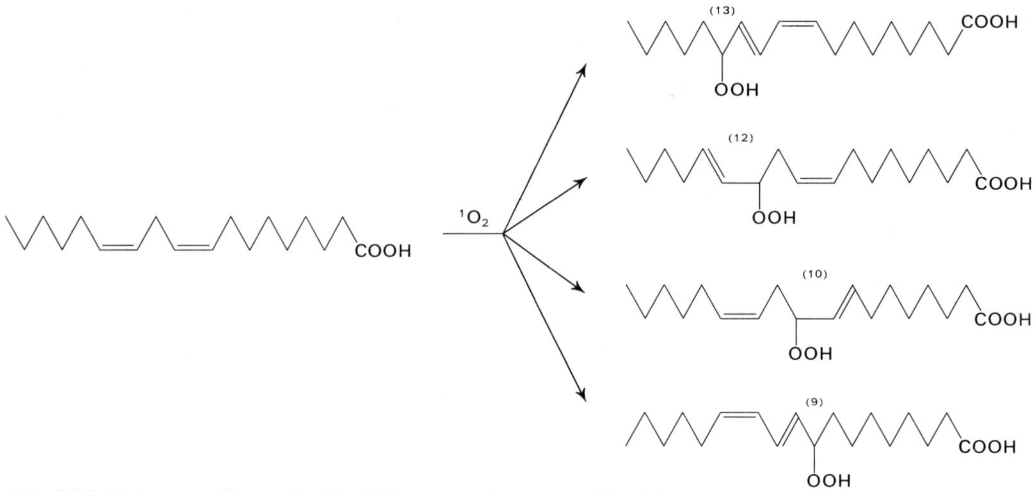

Abb. 3.23. Hydroperoxide aus der Typ-2 Fotooxygenierung von Linolsäure

peroxide hervor, wie isolierte Doppelbindungen im Molekül vorkommen. In Abb. 3.23 sind als Beispiel die Reaktionsprodukte der Linolsäure dargestellt: Zusätzlich zu den beiden Hydroperoxiden mit einem konjugierten Dien-System, die wir schon aus der Autoxidation der Linolsäure kennen (Abb. 3.20), entstehen noch zwei weitere Hydroperoxide mit isolierten Doppelbindungen. Gehemmt wird die Bildung von $^1O_2$ durch Carotinoide (Car):

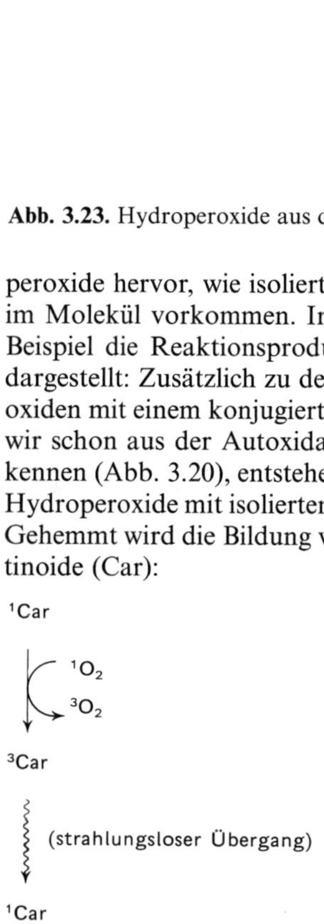

(3.62)

Sie quenchen sehr schnell (k: 3×10^{10} l · mol^{-1} s^{-1}) den $^1O_2$ zum $^3O_2$ und verhindern auch den Energietransfer vom angeregten Chlorophyll zum $^3O_2$. Carotinoide sind deshalb zum Schutz fetthaltiger Lebensmittel vor einer Typ-2 Fotooxygenierung besonders geeignet.

Schwermetallionen: Fette und fetthaltige Lebensmittel enthalten immer Spuren an Schwermetallen, da deren vollständige Entfernung unwirtschaftlich wäre. Die Metallionen – in erster Linie Fe, Cu und Co – können stammen:

- Aus den Lebensmittelrohstoffen. Schwermetallionen kommen in geringen Konzentrationen als Bestandteile vieler Enzyme und anderer Metallproteine verbreitet vor. Bei der Fettgewinnung dissoziieren die Schwermetallionen vom Protein und werden in Form fettsaurer Salze mit isoliert.
- Aus der Apparatur. Bei der Verarbeitung von Fetten können Säuren die Schwermetalle herauslösen. Die Metallspuren, die vom Lebensmittel aufgenommen werden, sind in der Regel physiologisch inaktiv, aber schon prooxidativ wirksam.
- Aus dem Verpackungsmaterial. Spuren an Schwermetallen können in Folien oder Papieren vorkommen und langsam in die Fettphase übergehen.

Die Konzentration, ab der die Lagerstabilität eines Fettes nicht mehr gewährleistet ist, hängt von der Art des Schwermetalls und von der Fettsäurezusammensetzung ab. Öle mit relativ hohem Linolsäuregehalt, wie z. B. Sonnenblumen- und Maiskeimöl, sollten weniger als 0,03 ppm Fe und 0,01 ppm Cu enthalten. Bei Fetten mit einem hohen Öl- und/oder Stearinsäuregehalt, wie z. B. Butter, liegen die Grenzkonzentrationen mit etwa 5 ppm Cu bzw. Fe höher.

Schwermetallionen (Me) können die Autoxidation der ungesättigten Acyllipide starten, indem sie bereits vorhandene Hydroperoxide unter Bildung von Radikalen zersetzen:

$$Me^{n\oplus} + ROOH \longrightarrow Me^{(n+1)\oplus} + RO^{\bullet} + OH^{\ominus} \quad (3.63)$$

$$Me^{(n+1)\oplus} + ROOH \longrightarrow RO_2^\bullet + H^\oplus + Me^{n\oplus} \quad (3.64)$$

Tab. 3.26 zeigt am Beispiel des Eisens, daß das Schwermetallion auf der niedrigeren Oxidationsstufe mit dem Hydroperoxid um den Faktor 10 schneller reagiert als das oxidierte Metallion. Entsprechend verläuft die Reaktion (3.63) wesentlich schneller als die Folgereaktion (3.64), in der die reduzierte Form des Metallions unter Bildung eines Peroxyradikals regeneriert wird. Die aus den Hydroperoxiden hervorgehenden Radikale können die Autoxidation starten.

Die Geschwindigkeit mit der in Wasser emulgierte Hydroperoxide zersetzt werden, hängt vom pH ab (Tab. 3.26). Das Optimum der Wirkung von Fe- und Cu-Ionen liegt bei pH 5,5–6,0. Bereits geringe Mengen Ascorbinsäure reichen, um den Hydroperoxid-Abbau zu beschleunigen. Offensichtlich hält die Ascorbinsäure den reduzierten Zustand der Metallionen aufrecht.

Die direkte Oxidation einer Fettsäure zum Acylradikal durch ein Schwermetallion:

$$RH + Me^{(n-1)\oplus} \longrightarrow R^\bullet + H^\oplus + Me^{n\oplus} \quad (3.65)$$

verläuft wahrscheinlich sehr langsam. Sie scheint beim Start der Autoxidation keine Rolle zu spielen.

Die Autoxidation der Acyllipide ist vom *Wassergehalt* des Lebensmittels abhängig.

Die Geschwindigkeit ist in trockenen und in wasserhaltigen Lebensmitteln hoch, durchläuft aber bei einer Wasseraktivität (a_w) von etwa 0,3 ein Minimum (cf. Abb. 0.4). Die hohe Geschwindigkeit der Lipidautoxidation im getrockneten Lebensmittel wird darauf zurückgeführt, daß die Metallionen nicht mehr durch eine Hydrathülle an Wechselwirkungen mit den Hydroperoxiden gehemmt sind. Außerdem ist ESR-spektroskopischen Messungen zu entnehmen, daß die Trocknung die Bildung von Radikalen im Lebensmittel fördert, die möglicherweise zum Start der Autoxidation beitragen. Mit steigendem Wassergehalt sinkt die Geschwindigkeit der Autoxidation, da die Schwermetallionen und auch die Radikale hydratisiert werden. Oberhalb a_w 0,3 ist neben gebundenem auch freies Wasser im Lebensmittel vorhanden, das die Beweglichkeit der Prooxidantien erhöht. Der Wiederanstieg der Autoxidationsgeschwindigkeit wird damit erklärt.

Tabelle 3.26. Zersetzung von Linolsäurehydroperoxid[a] durch Schwermetalle oder Hämverbindungen bei 23 °C. Angabe der relativen Geschwindigkeitskonstanten k_{rel}

Schwermetallionen[b]	k_{rel} pH 7	k_{rel} pH 5,5	Hämverbindungen[b]	k_{rel} pH 7	k_{rel} pH 5,5
$Fe^{3\oplus}$	1	10^2	Hämatin	$4 \cdot 10^3$	$4 \cdot 10^4$
$Fe^{2\oplus}$	14	10^3	Methämoglobin	$5 \cdot 10^3$	$7{,}6 \cdot 10^3$
$Cu^{2\oplus}$	0,2	1,5	Cytochrom C	$2{,}6 \cdot 10^3$	$3{,}9 \cdot 10^3$
$Co^{3\oplus}$	$6 \cdot 10^2$	1	Oxyhämoglobin	$1{,}2 \cdot 10^3$	
$Mn^{2\oplus}$	0	0	Myoglobin	$1{,}1 \cdot 10^3$	
			Katalase	1	
			Peroxidase	1	

[a] Linolsäurehydroperoxid emulgiert in einem Puffer.
[b] Die Geschwindigkeitskonstanten wurden auf die Reaktion in Gegenwart von $Fe^{3\oplus}$ bei pH 7 ($k_{rel} = 1$) bezogen.

Häm(in)-Verbindungen: Häm($Fe^{2\oplus}$)- und Hämin($Fe^{3\oplus}$)proteine kommen in den meisten Lebensmittelrohstoffen vor. In tierischen Geweben können Hämoglobin, Myoglobin und Cytochrom C die Lipidoxidation beschleunigen. Solche Reaktionen sind häufig die Ursache für die Ausbildung ranziger Aromadefekte bei der Lagerung von Fisch, Geflügel und gekochtem Fleisch. In pflanzlichen Lebensmitteln sind Peroxidase und Katalase die wichtigsten Häminproteine. Als ein sehr wirksamer Katalysator der Lipidperoxidation ist auch das Cytochrom P_{450} erkannt worden, doch ist bisher noch nicht bekannt, ob es die Lagerstabilität von Lebensmitteln beeinflußt. Im Unterschied zur Schwermetallkatalyse findet beim Abbau von Hydroperoxiden durch die Fe-Porphyrinproteine kein Valenzwechsel des Fe-Ions statt. Damit im Einklang wird die Wirkung der Häminverbindungen durch Ascorbinsäure nicht gesteigert.

Zur Erklärung des Hydroperoxid-Abbaus wollen wir als Beispiel das Myoglobin betrachten: Im Myoglobin bindet das $Fe^{2\oplus}$-Ion oktaedrisch ein Ligandenfeld bestehend aus dem Protoporphyrinsystem, einem Histidinrest aus dem Protein und einem Wassermolekül. Die äußere Koordinationssphäre dieses Komplexes ist schematisch in Formel 3.66 dargestellt.

Im Komplex wird das Wasser- leicht von einem Hydroperoxidmolekül verdrängt, da sich dadurch die Stabilität des Ligandenfelds erhöht. Durch eine Wechselwirkung mit dem Porphyrinsystem, deren Einzelheiten noch nicht geklärt sind, wird das Hydroperoxid in ein Alkoxy- und ein Hydroxyradikal gespalten. Hier findet also die Reaktion statt, die bei den Elementarschrit-

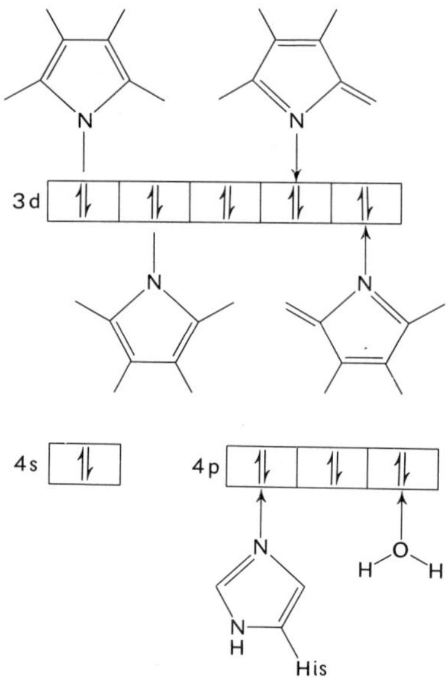

(3.66)

ten der Autoxidation für die Kettenverzweigung formuliert worden ist (Rk 4 in Abb. 3.18).
Hydroperoxide werden von Häm(in)verbindungen um einige Größenordnungen schneller abgebaut als von Fe-Ionen (Tab. 3.26). Entsprechend sind erstere auch wesentlich wirksamer beim Start und bei der Beschleunigung der Lipidperoxidation. Ein Absinken des pH-Wertes führt nur zu einer geringen zusätzlichen Steigerung des Hydroperoxidzerfalls (Tab. 3.26).
Die Aktivität der Häm(in)proteine gegenüber den Hydroperoxiden hängt davon ab, inwieweit der Fe-Porphyrinkomplex für das Fettsäurehydroperoxid frei zugänglich ist. Bei der nativen Katalase und Peroxidase ist die Bindung des Hydroperoxids offensichtlich gestört. Erst eine Denaturierung durch Hitze legt die prosthetische Gruppe frei und ermöglicht den Abbau von Fettsäurehydroperoxiden. Ein Modellversuch mit Peroxidase, dessen Ergebnis in Tab. 3.27 zusammengestellt ist, zeigt eine Zunahme in der prooxidativen Wirkung um den Faktor 10, wenn das Enzym erhitzt wurde. Die enzymatische Aktivität der Peroxidase geht erwartungsgemäß zurück. Ähnliche Ergebnisse wurden auch mit einer Katalase erzielt.
Das Verhalten der Peroxidase und Katalase ist für die Lagerstabilität erhitzter pflanzlicher Lebensmittel von Bedeutung. Solange die Proteine sich noch im nativen Zustand befinden, ist im allgemeinen die Lipoxygenase (cf. 3.7.2.2) der

Tabelle 3.27. Geschwindigkeit der Linolsäureperoxidation katalysiert durch erhitzte Meerrettich-Peroxidase

Hitzebehandlung 2 min bei °C	Linolsäure-peroxidation (µmol O_2/min)	Enzym-aktivität (%)
25	8,7	100
53	10,5	100
90	47,5	80
120	79,5	50
140	96,0	14

wirksamste Katalysator für eine Lipidperoxidation. Nach einer Hitzedenaturierung der Lipoxygenasen nehmen die Häm(in)proteine diesen Platz ein. Weiterhin ist zu beachten, daß Messungen, mit denen die enzymatischen Aktivitäten der Häm(in)proteine erfaßt werden, keine Aussage über deren Wirkung als Prooxidans gestatten.

Aktivierter Sauerstoff aus enzymatischen Reaktionen: Sauerstoff kann unter Bildung von drei Intermediaten, die sich in ihrer Reaktivität stark unterscheiden, enzymatisch bis zum Wasser reduziert werden:

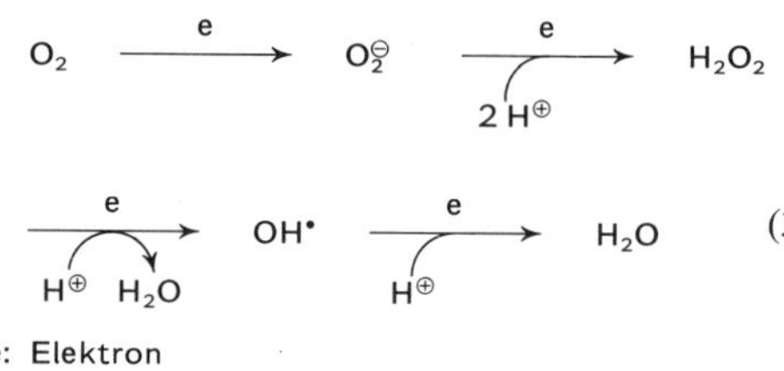

(3.67)

Durch Aufnahme eines Elektrons entsteht mit dem Superoxidradikalanion ($O_2^{\ominus}$) ein Reduktionsmittel, dessen chemische Eigenschaften gemäß dem Gleichgewicht:

$$O_2^{\ominus} + H^{\oplus} \rightleftharpoons HO_2^{\bullet} \;(pK_s: 4{,}8) \qquad (3.68)$$

vom pH abhängen. Auf Grund des pK_s-Wertes liegt es unter physiologischen Bedingungen als Anion vor, der radikalische Charakter tritt zurück. Entsprechend wirkt es als Nucleophil (z. B. fördert es in Membranen die Hydrolyse von Phospholipiden), kann aber nicht direkt durch H-Abstraktion eine Lipidperoxidation einleiten. Der radikalische Charakter tritt erst im sauren pH-Bereich hervor, wenn das Perhydroxyradikal ($HO_2^{\bullet}$) dominiert. Das $O_2^{\ominus}$ besitzt eine gewisse Stabilität, da es nur sehr langsam ($k = 0{,}35\,l \cdot mol^{-1} \cdot s^{-1}$) dismutiert:

$$2\,O_2^{\ominus} + 2\,H^{\oplus} \longrightarrow H_2O_2 + O_2 \quad (3.69)$$

Allerdings kommt in zahlreichen tierischen und pflanzlichen Geweben mit der Superoxiddismutase ein Enzym vor, das die Reaktion (3.69) stark beschleunigt ($k = 2 \times 10^9\ l \cdot mol^{-1} \cdot s^{-1}$). Die weiter unten besprochenen Folgereaktionen sind dann nicht mehr möglich.

Freigesetzt wird das $O_2^{\ominus}$ insbesondere durch Flavinenzyme, wie z. B. die Xanthinoxidase (cf. 2.3.3.2). Die Beteiligung dieses Enzyms am Oxidationsgeschmack der Milch wird schon seit längerer Zeit diskutiert.

Das zweite Intermediat der Reduktion von Sauerstoff, Wasserstoffhydroperoxid, ist bei Abwesenheit von Schwermetallionen, energiereicher Strahlung (einschl. UV-Licht) und höherer Temperatur ein reaktionsträges Agens. Demgegenüber ist das aus ihm hervorgehende Hydroxyradikal ($HO^{\cdot}$) außerordentlich reaktiv, da bei einer H-Abstraktion

$$R{-}H + HO^{\bullet} \longrightarrow R^{\bullet} + H_2O \quad (3.70)$$

der Energieinhalt der entstehenden H—O-Bindung (497 kJ/mol) den jeder C—H-Bindung (cf. Tab. 3.24) um wenigstens 75 kJ/mol übersteigt. Entsprechend unselektiv reagiert das $HO^{\cdot}$-Radikal mit sämtlichen organischen Lebensmittelbestandteilen. Es kann deshalb direkt eine Lipidperoxidation starten, doch wird sich bei komplex zusammengesetzten Lebensmitteln immer die Frage stellen, ob das $HO^{\cdot}$-Radikal tatsächlich die ungesättigten Acyllipide erreicht, oder ob es schon vorher von anderen Lebensmittelbestandteilen abgefangen wird.

Im Hinblick auf den Start der Lipidautoxidation ist noch eine Folgereaktion des Superoxidradikalions mit H_2O_2 hervorzuheben, die *Fenton*-Reaktion, insbesondere mit Fe-Komplexen:

(3.71)

Fe-Komplexe, hier z. B. mit dem ADP, sind in pflanzlichen und tierischen Lebensmitteln verbreitet. Das vom $O_2^{\ominus}$ reduzierte $Fe^{2\oplus}$ kann dann seinerseits vorhandenes H_2O_2 unter Bildung von $OH^{\cdot}$-Radikalen reduzieren.

3.7.2.1.5 Sekundärprodukte

Die primär aus der Autoxidation hervorgehenden Monohydroperoxide sind geruch- und geschmacklos (z. B. Hydroperoxide der Linolsäure in Tab. 3.34). Die Qualität eines Lebensmittels ändert sich erst, wenn sekundär flüchtige Verbindungen entstehen, da zu ihnen eine Vielzahl intensiver Aromastoffe gehören, die schon in den geringen Konzentrationen, in denen sie normalerweise auftreten, sehr stark den Geruch und Geschmack beeinflussen können.

Die Hauptaromastoffe aus der Lipidperoxidation sind Carbonylverbindungen; daneben spie-

Tabelle 3.28. Bei der Autoxidation ungesättigter Fettsäuren entstehende flüchtige Carbonylverbindungen[a] (μg/g)

Ölsäure		Linolsäure		Linolensäure	
Heptanal	50	Pentanal	55	Propanal[b]	
Octanal	320	Hexanal	5100	1-Penten-3-on	30
Nonanal	370	Heptanal	50	2tr-Butenal	10
Decanal	80	2tr-Heptenal	450	2tr-Pentenal	35
2tr-Decenal	70	Octanal	45	2c-Pentenal	45
2tr-Undecenal	85	1-Octen-3-on	2	2tr-Hexenal	10
		2c-Octenal	990	3tr-Hexenal	15
		2tr-Octenal	420	3c-Hexenal	90
		3c-Nonenal	30	2tr-Heptenal	5
		3tr-Nonenal	30	2tr,4c-Heptadienal	320
		2tr-Nonenal	30	2tr,4tr-Heptadienal	70
		2c-Decenal	20	2c,5c-Octadienal	20
		2tr,4tr-Nonadienal	30	3,5-Octadien-2-on	30
		2tr,4c-Decadienal	250	2tr,6c-Nonadienal	10
		2tr,4tr-Decadienal	150	2,4,7-Decatrienal	85

[a] Von jeder Fettsäure wurde 1 g bei 20 °C bis zur Aufnahme von 0,5 mol Sauerstoff pro mol Fettsäure autoxidiert.
[b] Gehört zu den Hauptverbindungen.

len noch Kohlenwasserstoffe (Alkane, Alkene und Alkylfurane) und Alkohole eine Rolle.

Flüchtige Monocarbonylverbindungen: Einen Ausschnitt aus der Vielzahl der identifizierten Carbonylverbindungen zeigt Tab. 3.28. Den Schwellenwerten, die auf Grund der geringeren Löslichkeit in Wasser niedriger sind als in einem hydrophoben Medium (Tab. 3.29), ist zu entnehmen, daß von einigen Verbindungen schon wenige mg/t eines Lebensmittels zur Stimulierung der in Tab. 3.29 angegebenen Aromanoten ausreichen.

Besonders intensive Aromastoffe werden bei der Autoxidation der α-Linolensäure (cf. Tab. 3.28 und 3.29) gebildet. Das rasche Verderben linolensäure-haltiger Lebensmittel beruht also nicht nur auf der bevorzugten Reaktionsfähigkeit dieser Säure, sondern auch noch auf den niedrigen Schwellenkonzentrationen der entstehenden flüchtigen Aldehyde, wie z. B. dem 3-cis-Hexenal, 2-trans,6-cis-Nonadienal und 1,cis-5-Octadien-3-on.

Die Vielfalt der Carbonylverbindungen erweitert sich noch, wenn bei der Oxidation einer Fettsäure, die in einem Lebensmittel nur in geringen Konzentrationen vorkommt, eine Carbonylverbindung mit sehr hohem Aromapotential entsteht. Als Beispiel sei die im Rinder- und Hammeltalg und in der Butter vorkommende Octadeca-cis-11,cis-15-diensäure genannt, die als Vorläufer u. a. des cis-4-Heptenals (Schwellenwert: 10 µg/kg) identifiziert wurde. Auch technische Maßnahmen können zu einem veränderten

Tabelle 3.29. Sensorische Eigenschaften aliphatischer Aldehyde und Vinylketone

Verbindung	Geruchsqualität									Geruchsschwelle (ppb)	
	stechend	ölig-fettig	talgig	Fritieraroma	grüne Blätter	nach Gurken	tranig-fischig	Orangenschale	nach Metall	in Paraffinöl	in Wasser
Aldehyde											
5:0	+									100	10
6:0			+		+					150	4,5
7:0		+								45	30
8:0		+						+		50	40
9:0			+							250	40
10:0								+		900	5
5:1 (2tr)		+			+					700	–
6:1 (2tr)		+			+					1 500	17
6:1 (3c)					+					100	0,3
7:1 (2tr)		+								14 000	50
8:1 (2tr)		+								7 000	4
9:1 (2tr)			+			+				3 500	0,08
7:2 (2tr, 4c)		+		+						50	–
7:2 (2tr, 4tr)		+								10 000	–
9:2 (2tr, 4tr)		+								460	90
9:2 (2tr, 6c)						+				2	0,05
9:2 (2tr, 6tr)			+		+					210	1
10:2 (2tr, 4c)				+						20	–
10:2 (2tr, 4tr)				+						200	0,07
10:3 (2tr, 4c, 7c)							+			–	–
Vinylketone											
1-Penten-3-on							+			3	1
1-Octen-3-on									+	0,1	0,1
1,cis-5-Octadien-3-on		+							+	0,1	0,001

Fettsäurespektrum und damit zu Vorläufern für neue Carbonylverbindungen führen. Ein Beispiel ist das trans-6-Nonenal, bei dessen Precursor, Octadeca-cis-9-trans-15-diensäure, es sich um eine partiell hydrierte Linolensäure handelt. Entsprechend kann dieser Aldehyd bei der Lagerung von partiell gehärtetem Soja- und Leinsamenöl entstehen. Er ist mitverantwortlich für einen Aromafehler, den sogenannten „Härtungs-Geschmack".

Zur Erklärung der Bildung der flüchtigen Carbonylverbindungen sind mehrere Mechanismen vorgeschlagen worden. Am wahrscheinlichsten ist die β-Spaltung der Monohydroperoxide (Abb. 3.24), wobei die Bildung des intermediär entstehenden Alkoxyradikals durch Schwermetallionen oder Häm(in)verbindungen (cf. 3.7.2.1.4) katalysiert werden kann.

Bei jeder Hydroxyperoxyfettsäure, die aus der Autoxidation der ungesättigten Fettsäuren hervorgeht, gibt es zwei Möglichkeiten für eine β-Spaltung (Abb. 3.24). Energetisch bevorzugt ist der Weg B, auf dem die von der Doppelbindung entferntere C—C-Bindung fragmentiert, da hier ein resonanzstabilisiertes Enon oder Dienon entstehen kann. Eine Übertragung der β-Spaltung (Weg B) auf die beiden Monohydroperoxide der Linolsäure ergibt:

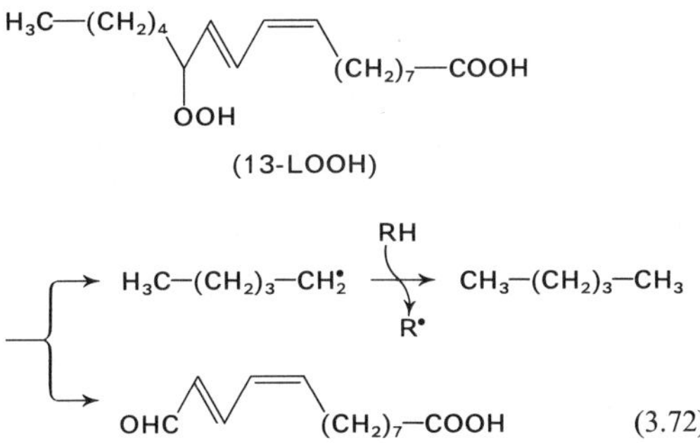

(3.72)

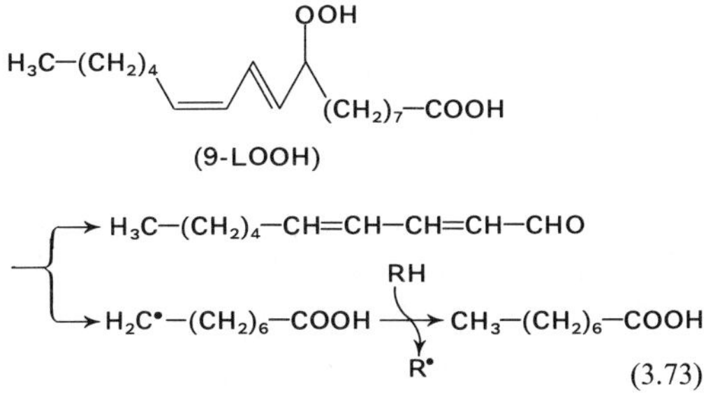

(3.73)

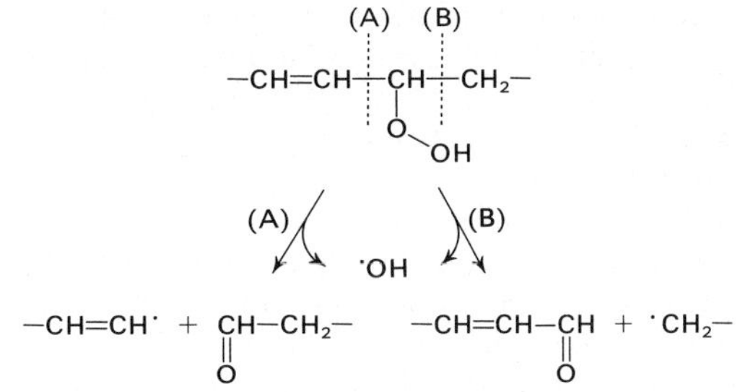

Abb. 3.24. β-Spaltung von Monohydroperoxiden. (Nach *H. T. Badings*, 1970)

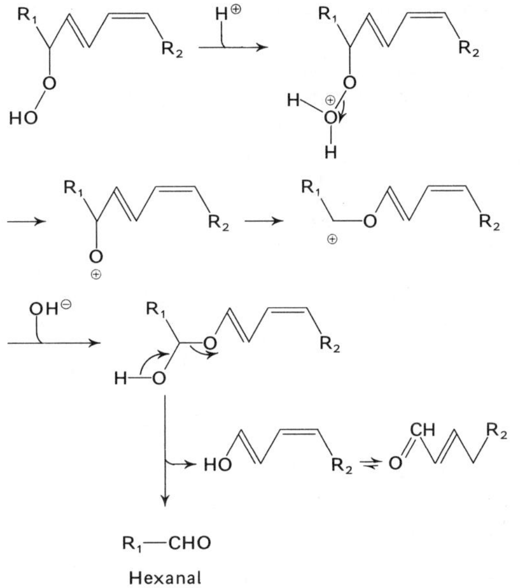

R_1: $CH_3(CH_2)_4$ R_2: $(CH_2)_7$—COOH

Abb. 3.25. Protonenkatalysierte Spaltung des 13-Hydroperoxids der Linolsäure. (Nach *G. Ohloff*, 1973)

Von den flüchtigen Produkten aus der Linolsäureautoxidation, die keine Carboxy-Gruppe tragen, können damit das 2,4-Decadienal und auch das Pentan erklärt werden.

Von den flüchtigen Hauptverbindungen der Linolsäure (cf. Tab. 3.28) bleibt die Bildung des Hexanals zunächst offen. In wäßrigen Systemen ist die bevorzugte Entstehung des Hexanals mit einem ionischen Mechanismus vereinbar. Wie in Abb. 3.25 gezeigt, beginnt die Heterolyse mit einer Protonierung der Hydroperoxy-Gruppe. Nach Verlust von Wasser geht das gebildete Oxa-Kation eine Insertionsreaktion ausschließlich an der C—C-Bindung neben der Doppelbindung ein, so daß über das Carboniumion der Zerfall in eine Oxosäure und in das Hexanal erfolgt. Im Einklang mit dieser Vorstellung sind Ergebnisse, wonach aus dem 9-Hydroperoxid der Linolsäure das 2-Nonenal entsteht.

In der wasserfreien Fettphase eines Lebensmittels steht die oben dargestellte homolytische Spaltung der Hydroperoxide im Vordergrund. Schließt man den Weg A in Abb. 3.24 aus, dann müssen noch andere Reaktionen zur Erklärung der Bildung des Hexanals und der anderen Aldehyde aus Linolsäure herangezogen werden. Möglichkeiten sind eine Weiteroxidation der Monohydroperoxide und auch der Carbonylverbindungen.

Tatsächlich autoxidieren die 2-Alkenale und die 2,4-Alkadienale wesentlich schneller als die ungesättigten Fettsäuren (Abb. 3.26). Außerdem wurde für die Autoxidation des 2,4-Decadienals nachgewiesen, daß dabei neben dem Hexanal auch noch andere flüchtige Verbindungen entstehen, die bei der Autoxidation der Linolsäure auftreten. Da die gesättigten Aldehyde, wie am Beispiel des Nonanals in Abb. 3.26 gezeigt, nur langsam autoxidieren, werden sie angereichert und dominieren schließlich. Auch das im Vergleich zum Pentan und 2,4-Decadienal verspätete Auftreten des Hexanals bei einer Lagerung linolsäurehaltiger Fette stützt die Annahme, daß das Hexanal nicht direkt aus dem 13-Hydroperoxid hervorgeht, sondern tertiär entsteht, z. B. bei der Autoxidation von 2,4-Decadienal.

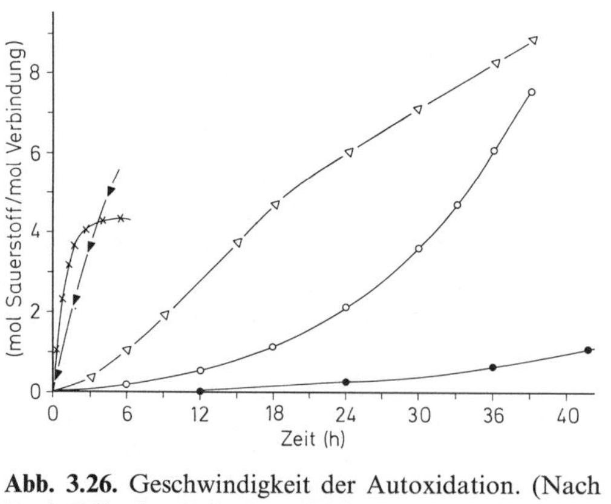

Abb. 3.26. Geschwindigkeit der Autoxidation. (Nach *D.A. Lillard* u. *E.A. Day,* 1964)

–▽–▽– Linolensäuremethylester, –○–○– Linolsäuremethylester, ×–×– 2-Nonenal, ▼–▼–▼ 2,4-Heptadienal, –●–●– Nonanal

Andere Versuche, die Vielzahl der entstehenden Aldehyde zu erklären, gehen davon aus, daß auch ein Zerfall der Nebenhydroperoxide, die bei der Autoxidation von Linolsäure entstehen (cf. Tab. 3.25) zur Erweiterung des Aldehydspektrums beiträgt; z. B. kann Pentanal aus dem 14-Hydroperoxid entstehen.

Überträgt man den hier dargelegten radikalischen Mechanismus (Weg B in Abb. 3.24) auf die Autoxidation der α-Linolensäure, so läßt sich zunächst die Bildung des 2,4-Heptadienals (aus dem 12-Hydroperoxidisomer) und des 2,4,7-Decatrienals (aus dem 9-Hydroperoxidisomer) erklären. Die übrigen flüchtigen Carbonylverbindungen könnten aus der Autoxidation dieser beiden Aldehyde oder aus der Weiteroxidation der labilen Monohydroperoxide stammen.

Malondialdehyd: Insbesondere bei der Autoxidation von Fettsäuren mit drei und mehr Doppelbindungen entsteht Malondialdehyd. Die Verbindung ist geruchlos, sie kann aber in Lebensmitteln Proteine durch zweifache Kondensation vernetzen (cf. 3.7.2.4.3). Aus α-Linolensäure entsteht der Malondialdehyd über eine Variante des

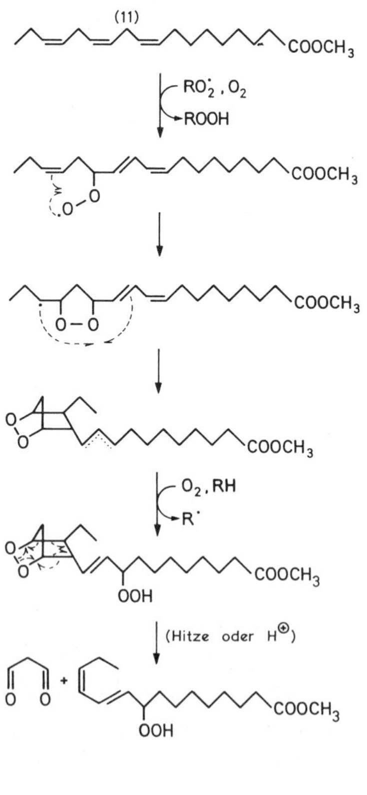

(3.74)

Reaktionsweges, den wir schon bei der Bildung der Hydroperoxyepidioxide (cf. 3.7.2.1.3) kennengelernt haben. Als Zwischenprodukt tritt dabei ein bicyclisches Endoperoxid auf, das leicht zum Malondialdehyd fragmentieren soll (s. Formel 3.74).

Furanderivate: Bei der Autoxidation der Linol- und Linolensäure entstehen einige Abkömmlinge des Furans (Tab. 3.30), die u. a. zum grün/bohnigen Aromadefekt von Sojaöl beitragen sollen. Durch die übliche Raffination (cf. 14.4.1) wird der Geruch beseitigt, er kehrt aber bei unsachgemäßer Lagerung des Öls wieder zurück (*„Reversionsgeschmack"*).

Alkane, Alkene: Hauptprodukte in der Fraktion der flüchtigen Kohlenwasserstoffe sind Pentan und Ethan. Da sie sehr empfindlich durch eine gaschromatographische „Headspace"-Analyse quantitativ erfaßt werden können, sind sie auch zum Nachweis einer Lipidperoxidation in vivo geeignet. Pentan entsteht wahrscheinlich über eine β-Spaltung des 13-Hydroperoxids der Linolsäure. Ein entsprechender Weg führt vom 16-Hydroperoxid der Linolensäure zum Ethan.

3.7.2.2 Vorkommen und Eigenschaften der Lipoxygenase

In zahlreichen Pflanzen und auch in bestimmten tierischen Geweben kommt mit der Lipoxygenase (Linolsäure: Sauerstoff Oxidoreduktase, EC 1.13.11.12) ein Enzym vor, das die Oxygenierung bestimmter ungesättigter Fettsäuren zu Monohydroperoxiden katalysiert, die wir schon als Autoxidationsprodukte kennengelernt haben. Von der Autoxidation unterscheidet sich die Reaktion der Lipoxygenase durch die Merkmale der Enzymkatalyse wie Substratspezifität, Selektivität in der Peroxidierung, Auftreten eines pH-Optimums, die Anfälligkeit gegenüber Hitze und durch die um Größenordnungen höhere Geschwindigkeit im Temperaturbereich 0–20 °C. Entsprechend niedrig liegt mit 17 kJ/mol die Aktivierungsenergie für die Peroxidierung von Linolsäure (vgl. die Aktivierungsenergie der unkatalysierten Reaktion; 3.7.2.1.4).

Die Lipoxygenasen peroxidieren nur Fettsäuren, die ein 1-cis, 4-cis-Pentadiensystem enthalten. Bevorzugte Substrate sind demnach Linol- und Linolensäure für die Enzyme aus Pflanzen und Arachidonsäure für die Enzyme tierischer Herkunft; Ölsäure wird nicht umgesetzt.

Die Lipoxygenasen sind Metallproteine mit einem Fe-Ion im aktiven Zentrum. Aktiviert wird das Enzym durch sein Produkt, wobei das Fe(II) zum Fe(III) oxidiert wird (Abb. 3.27, a). Für den Ablauf der Katalyse werden folgende Schritte angenommen: Im Substrat wird ein H-Atom aus der Methylengruppe des 1,4-Pentadiensystems abstrahiert und zum Proton oxidiert. Das vom Enzym gebundene Pentadienylradikal lagert sich in ein konjugiertes Dien-System um und nimmt Sauerstoff auf. Das entstehende Peroxyradikal

Tabelle 3.30. Flüchtige Furanderivate

Verbindung	Vorläufer	Aroma nach
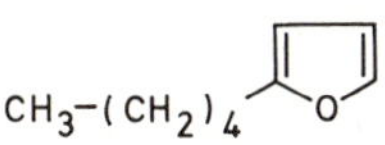 2-n-Pentylfuran	18:2 (9, 12)	Süßholz
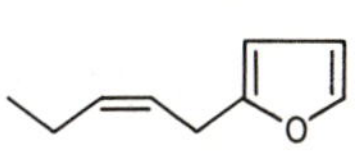 2-(cis-2′-Pentenyl)furan	18:3 (9, 12, 15)	Gras, Butternote
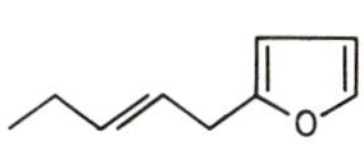 2-(trans-2′-Pentenyl)furan	18:3 (9, 12, 15)	Ölfarbe, Metall
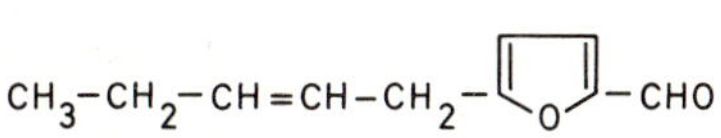 5-(Pentenyl)-2-furaldehyd	18:3 (9, 12, 15)	Süßholz

wird vom Enzym reduziert und nach Anlagerung eines Protons als Hydroperoxid freigegeben.
Es bleibt noch darauf hinzuweisen, daß die Katalyse auch beim Fehlen von Monohydroperoxiden anspringt, d.h. das Enzym kann die unter 3.7.2.1.4 erwähnte Energiebarriere überwinden.
Hinsichtlich der Eigenschaften sind in Pflanzen zwei Typen des Enzyms zu unterscheiden, doch kommen auch Übergänge vor. Kennzeichen der Typ I-Lipoxygenase ist, daß sie nur die freien Fettsäuren umsetzt und dabei mit hoher Stereospezifität peroxidiert, wobei ein optisch aktives Hydroperoxid mit einem cis,trans-konfigurierten Diensystem entsteht (Abb. 3.27, b). Solche Enzyme bilden aus Linolsäure entweder das 9- oder das 13-Hydroperoxid (Tab. 3.31 und Abb. 3.27, b).
Die Typ II-Lipoxygenasen wirken demgegenüber mehr als Katalysatoren einer Autoxidation, da sie mit herabgesetzter Reaktionsspezifität die Linolsäure zu den beiden aus der Autoxidation bekannten Hydroperoxiden (Tab. 3.31) und zu anderen Produkten wie Oxodienfettsäuren oxidieren. Außerdem reagieren sie auch mit den veresterten Substratfettsäuren, benötigen im Lebensmittel also nicht die Vorarbeit einer Lipase.

Tabelle 3.31. Vorkommen und Eigenschaften von Lipoxygenasen

Lebensmittel	pH-Optimum	Peroxidierungsspezifität[a] 9-LOOH (%)	13-LOOH (%)	Typ
Sojabohne, L-1	9,0	5	95	I
Sojabohne, L-2	6,5	50	50	II
Erbse, L-2	6,5	50	50	II
Erdnuß	6,0	0	100	I
Kartoffel	5,5	95	5	I
Tomate	5,5	95	5	I
Weizen	6,0	90	10	I
Gurke	5,5	75	25	
Apfel	6,0	10	90	
Erdbeere	6,5	23	77	
Stachelbeere	6,5	45	55	II

[a] Gegenüber Linolsäure; 9- bzw. 13-LOOH cf. Abb. 3.27, b.

a

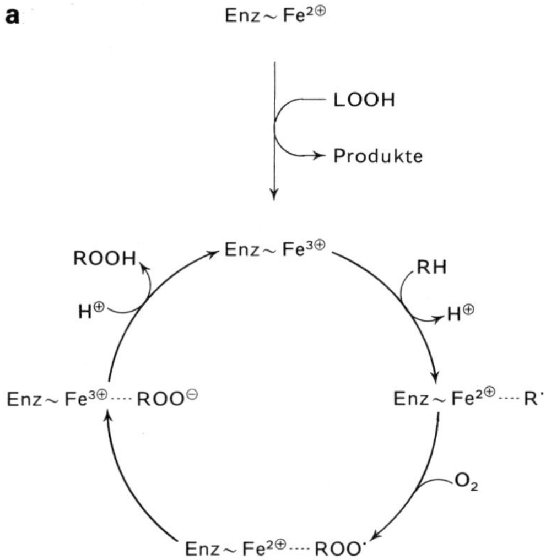

b

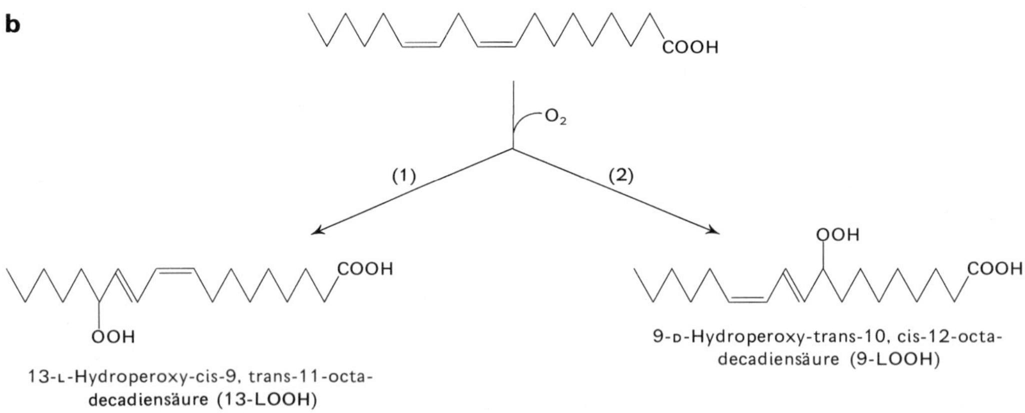

Abb. 3.27. Reaktion der Typ I-Lipoxygenase
a Hypothese über den Ablauf der Katalyse (nach *G. A. Veldink*, 1977); RH: Linolsäure; LOOH: Hydroperoxid der Linolsäure
b Reaktionsspezifität bei der Oxidation von Linolsäure; (1) Lipoxygenase aus Sojabohnen (L-1; cf. Tab. 3.31); (2) Lipoxygenase aus Tomaten (cf. Tab. 3.31)

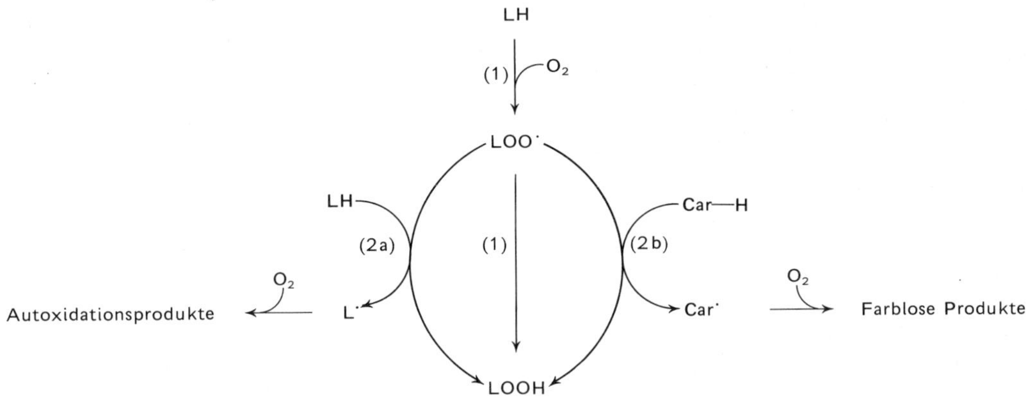

Abb. 3.28. Reaktionen der Typ-II-Lipoxygenase. (1) Hauptweg der Katalyse, (2a) und (2b) Co-Oxidation. LH: Linolsäure; Car-H: Carotinoid; LOOH: Hydroperoxid der Linolsäure

Die Typ II-Lipoxygenasen können Carotinoide und Chlorophylle co-oxidieren, d. h. zu farblosen Produkten abbauen. Benutzt wird diese Eigenschaft bei der „Mehlbleichung" (cf. 15.4.1.4.3). Die Fähigkeit der Typ II-Enzyme zur Co-Oxidation beruht wahrscheinlich darauf, daß sie die primär gebildeten Peroxyradikale nicht so schnell und nicht so vollständig wie die Typ I-Enzyme in Hydroperoxide umwandeln. Die freien Peroxyradikale können dann H-Atome entweder aus den noch vorhandenen ungesättigten Fettsäuren (Weg 2a in Abb. 3.28) oder aus Polyenen (Weg 2b in Abb. 3.28) abstrahieren und damit eine Autoxidation dieser Verbindungen einleiten. Die in Leguminosen vorkommenden Typ II-Lipoxygenasen bilden bei der Co-Oxidation der in den Lipiden vorkommenden Substratfettsäuren auch ein breites Spektrum flüchtiger Aldehyde. Diese Verbindungen, die identisch sind mit flüchtigen Autoxidationsprodukten, werden in Abhängigkeit vom NADH-NAD-Status enzymatisch zu den entsprechenden Alkoholen reduziert.

3.7.2.3 Enzymatischer Hydroperoxid-Abbau

Die Fettsäurehydroperoxide werden von Tieren und Pflanzen unterschiedlich abgebaut. Während in tierischen Geweben eine Reduktion durch das Enzym Glutathion-Peroxidase (cf. 7.3.2.8) zu den entsprechenden Hydroxysäuren erfolgt, steht bei den Pflanzen und auch bei Pilzen eine Spaltung der Hydroperoxide durch eine Lyase im Vordergrund. Diese Reaktion ist lebensmittelchemisch besonders interessant, weil dadurch aus den Hydroperoxiden, die durch Lipoxygenase-Katalyse aus Linol- und Linolensäure entstehen, Aromastoffe gebildet werden, die für Obst, Gemüse und Pilze wichtig sind, z. B. die grün-grasig oder gurkenartig riechenden Aldehyde Hexanal, 3-cis-Hexenal (Blätteraldehyd), 3-cis,6-cis-Nonadienal und das pilzartige 1-Octen-3(R)-ol (Tab. 3.32). Als Mechanismus wird eine β-Spaltung des Hydroperoxids angenommen

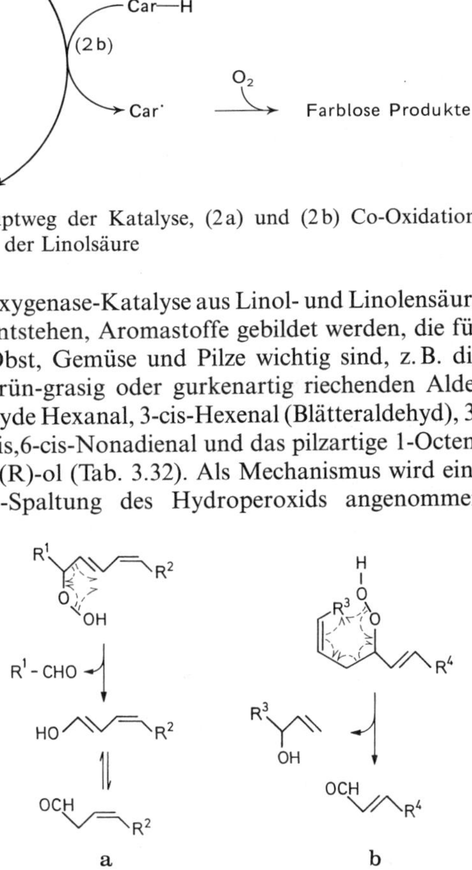

	R^1	R^2
13-LOOH	$CH_3(CH_2)_4$	$(CH_2)_7COOH$
13-LnOOH	$CH_3CH_2CH=CHCH_2$	$(CH_2)_7COOH$
9-LOOH	$HOOC(CH_2)_7$	$(CH_2)_4CH_3$
9-LnOOH	$HOOC(CH_2)_7$	$CH_2CH=CHCH_2CH_3$
	R^3	R^4
10-LOOH	$CH_3(CH_2)_4$	$(CH_2)_6COOH$
10-LnOOH	$CH_3CH_2CH=CHCH_2$	$(CH_2)_6COOH$

Abb. 3.29. Mechanismus der Spaltung von Hydroperoxiden durch Lyasen. (Nach *M. Wurzenberger u. W. Grosch,* 1986)
a in Pflanzen, **b** in Pilzen

(Abb. 3.29). Der Unterschied in den flüchtigen Produkten bei Pflanzen (Aldehyde) und Pilzen (Allylalkohole) ist durch die unterschiedliche Substrat- und Reaktionsspezifität der Hydroperoxid-Lyasen bedingt. Im ersten Fall (Abb. 3.29, a) wird in den Hydroperoxiden mit konjugierten Dien-Systemen die Bindung gespalten zwischen dem C-Atom, das die HOO-Gruppe trägt, und dem C-Atom des Dien-Systems. Im zweiten Fall (Abb. 3.29, b) erfolgt die Spaltung von Hydroperoxiden mit isolierten Doppelbindungen in entgegengesetzter Richtung zwischen dem C-Atom, das die OOH-Gruppe trägt, und dem C-Atom der benachbarten Methylengruppe.
Die in Pflanzen aus der Spaltung hervorgehenden 3-cis-Aldehyde können sich in die entsprechenden 2-trans-Aldehyde umlagern. Isomerasen, die diese Reaktion katalysieren, wurden in Gurken, Äpfeln und Teechloroplasten festgestellt.
Das verbreitete Vorkommen der in Tab. 3.32 angeführten C_6- und C_9-Aldehyde in Obst und Gemüse sowie der C_8-Alkohole in Pilzen erlaubt den Schluß, daß die enzymatisch-oxidative Spaltung von Linol- und Linolensäure unter Mitwirkung der Enzyme Lipoxygenase, Hydroperoxid-Lyase und gegebenenfalls einer Aldehyd-Isomerase generell zur Aromabildung in diesen Lebensmitteln beiträgt. Sie tritt bei einer Schädigung des Gewebes (Zerkleinerung von Obst und Gemüse), wenn Sauerstoff ungehindert in die Zellen eindringen kann, verstärkt in Erscheinung.

In Gerste, Mais und Leinsamen wurde eine Hydroperoxid-Isomerase nachgewiesen, die die Bildung von α- oder γ-Ketolfettsäuren katalysiert, z. B.:

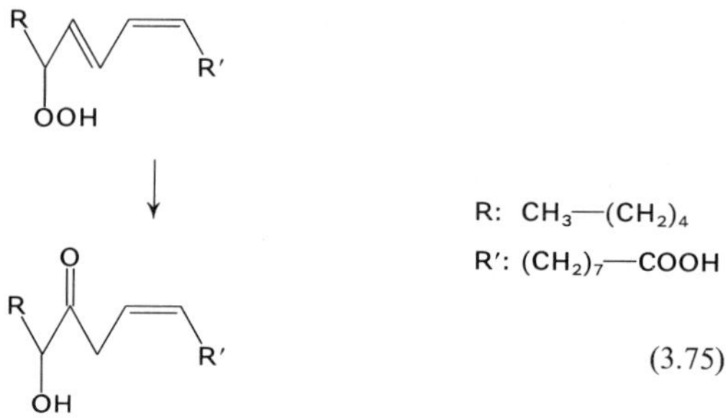

(3.75)

In Kartoffeln wird das von der Lipoxygenase aus Linolsäure gebildete 9-Hydroperoxid enzymatisch unter Abspaltung von Wasser in eine Fettsäure mit Dienyletherstruktur umgewandelt:

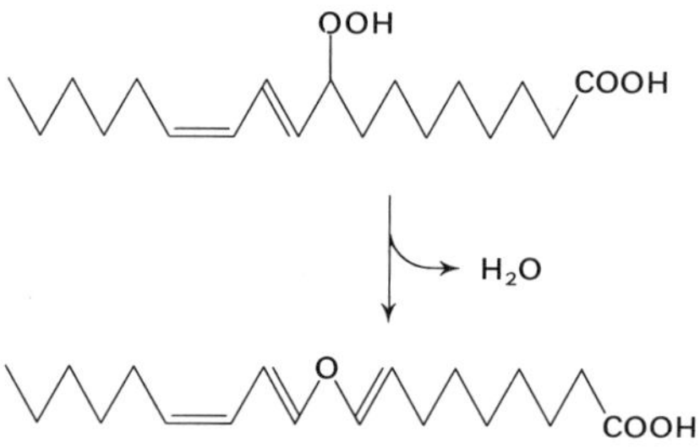

(3.76)

(1'-trans,3'-cis-Nonadienyloxa)-trans-8-nonensäure

Tabelle 3.32. Vorkommen und Eigenschaften von Hydroperoxid-Lyasen

Vorkommen	Substrat	Produkte d. Katalyse
Apfel, Tomate, Gurke, Teeblätter (Chloroplasten), Sojabohne, Weintraube	13(S)-Hydroperoxy-9-cis,11-trans-octadecadiensäure (13-LOOH)	Hexanal + 12-Oxo-9-cis-dodecensäure
Apfel, Tomate, Gurke, Teeblätter (Chloroplasten), Sojabohne, Weintraube	13(S)-Hydroperoxy-9-cis,11-trans,15-cis-octadecatriensäure (13-LnOOH)	3-cis-Hexenal + 12-Oxo-9-cis-dodecensäure
Gurke, Birne	9(R)-Hydroperoxy-10-trans,12-cis-octadecadiensäure (9-LOOH)	3-cis-Nonenal + 9-Oxononansäure
Gurke, Birne	9(R)-Hydroperoxy-10-trans,12-cis,15-cis-octadecatriensäure (9-LnOOH)	3-cis,6-cis-Nonadienal + 9-Oxononansäure
Champignon	10(S)-Hydroperoxy-8-trans,12-cis-octadecadiensäure (10-LOOH)	1-Octen-3(R)-ol + 10-Oxo-8-trans-decensäure
Champignon	10(S)-Hydroperoxy-8-trans,12-cis,15-cis-octadecatriensäure (10-LnOOH)	1,5-cis-Octadien-3(R)-ol + 10-Oxo-8-trans-decensäure

Im Hafer geht von der Lipoxygenase- auch Lipoperoxidaseaktivität aus. Das zunächst gebildete 9-Hydroperoxid wird dabei zur 9-Hydroxy-trans-10,cis-12-octadecadiensäure reduziert. Da die Hydroxy- im Unterschied zur Hydroperoxysäure bitter schmeckt (Tab. 3.34), kann diese Reaktion zur Entstehung von Bittergeschmack bei der Lagerung von Hafer beitragen (cf. 15.2.2.3).

3.7.2.4 Wechselwirkungen zwischen Hydroperoxiden und Proteinen

3.7.2.4.1 Produkte aus Hydroperoxiden

Die enzymatisch gebildeten Hydroperoxide können häufig auch dann nicht im Lebensmittel nachgewiesen werden, wenn Enzyme fehlen, die ihren Abbau katalysieren. Unspezifische Reaktionen, an denen Schwermetallionen oder Häm(in)verbindungen sowie Proteine beteiligt sind, überführen die Hydroperoxide in Oxo-, Epoxy-, Mono- und Trihydroxysäuren (Tab. 3.33). Im Unterschied zu den Primärprodukten der Autoxidation, den Hydroperoxiden, sind einige der Folgeprodukte als Bitterstoffe erkannt worden (Tab. 3.34). Nachgewiesen wurden solche Verbindungen in Leguminosen und Cerealien. Sie dürften auch in anderen Lebensmitteln, die leicht autoxidable Fettsäuren und Proteine enthalten, bei der Lagerung entstehen, z. B. Fisch.

Zur Erklärung der Entstehung der in Tab. 3.33 aufgeführten Verbindungen werden die in Abb. 3.30 dargestellten Reaktionsfolgen angenommen. Ausgangspunkt ist das aus dem 9- oder 13-Hydroperoxid durch Schwermetall- oder Häm(in)katalyse (cf. 3.7.2.1.4) hervorgehende Oxyradikal, das schnell zum Epoxyallylradikal cyclisiert und daneben auch durch H-Abstraktion in eine Hydroxy- oder Oxosäure überführt wird. Unter aeroben Bedingungen kombiniert das Epoxyallylradikal bevorzugt mit Sauerstoff. Im Einklang mit der anti-*Markownikoff*-Regel

Tabelle 3.33. Produkte, die beim Abbau von Linolsäurehydroperoxiden durch unspezifische Reaktionen entstehen

Produkte[a]	Reaktion der Hydroperoxide mit				
	$Fe^{3\oplus}$-Cystein	Hämoglobin	Sojahomogenat	Erbsenhomogenat	Weizenmehl
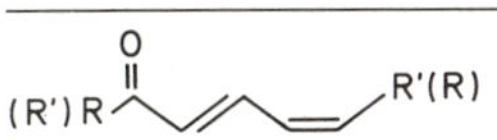	+	+	+	+	
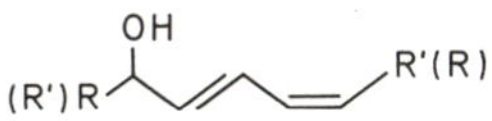	+	+	+	+	+
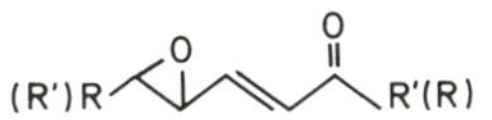	+		+		
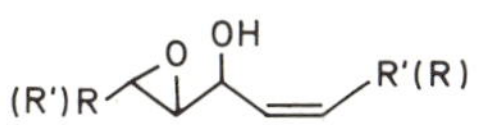	+	+	+		
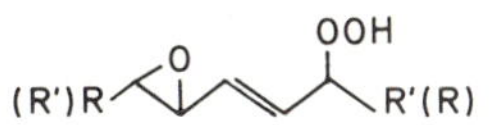	+		+		
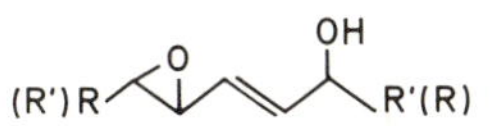		+		+	+
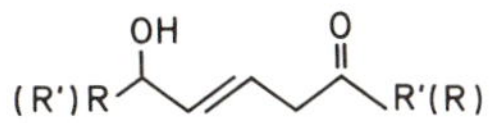	+				
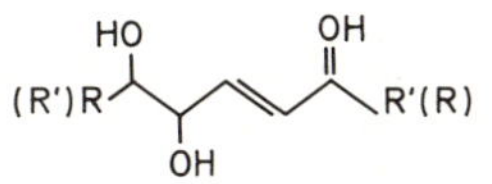	+		+	+	+

[a] In der Regel entstehen Gemische aus zwei Isomeren mit R: $CH_3(CH_2)_4$ und R′: $(CH_2)_7$—COOH

Tabelle 3.34. Geschmack oxidierter Fettsäuren

Verbindung	Schwelle für Bittergeschmack (mmol/l)
13-Hydroperoxy-cis-9,trans-11-octadecadiensäure	nicht bitter[a]
9-Hydroperoxy-trans-10,cis-12-octadecadiensäure	nicht bitter[a]
13-Hydroxy-cis-9,trans-11-octadecadiensäure	7,6–8,5[a]
9-Hydroxy-trans-10,cis-12-octadecadiensäure	6,5–8,0[a]
9,12,13-Trihydroxy-trans-10-octadecadiensäure 9,10,13-Trihydroxy-trans-11-octadecadiensäure	0,6–0,9[b]

[a] Brennender Beigeschmack.
[b] Es wurde ein Gemisch der beiden Trihydroxysäuren verkostet.

resultiert daraus überwiegend das α,β-Epoxy-ε-hydroperoxid, das nach Reduktion zum Alkoxyradikal in die Epoxyhydroxy- und/oder Epoxyketoverbindung übergeht. Die allylischen Epoxide hydrolysieren leicht unter Bildung von Trihydroxy- und Dihydroxyketoverbindungen. Ein Nebenweg ist die Kombination des Epoxyallylradikals mit Hydroxyradikalen, die aus der Homolyse des Hydroperoxids stammen können (Abb. 3.30).

3.7.2.4.2 Bildung von Lipid-Protein-Komplexen

Untersuchungen über die Reaktion zwischen dem 13-Hydroperoxid aus Linolsäure und N-Acetylcystein haben gezeigt, daß nur bei Abwesenheit von Sauerstoff folgendes Addukt entsteht:

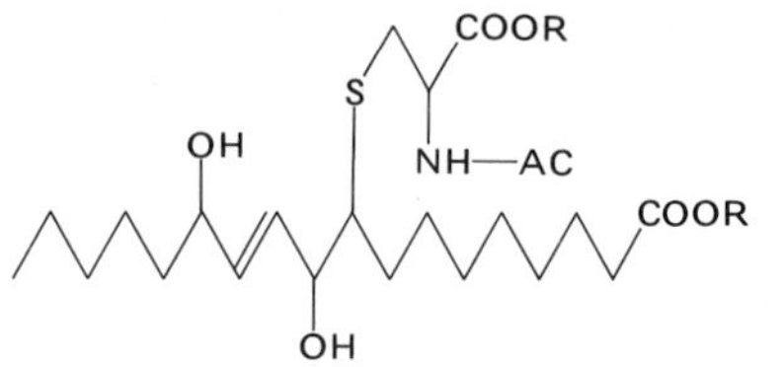

(3.77)

Ist Sauerstoff zugegen, dann treten die kovalent mit der Aminosäure verknüpften Produkte stark zurück und es entstehen die in Tab. 3.33 aufgeführten Fettsäuren.

Der Unterschied in den Reaktionsprodukten beruht auf der bevorzugten Reaktion der intermediär gebildeten Radikale mit Sauerstoff. In Abb. 3.31 wird dies am Beispiel des Modells Hydroperoxyfettsäure/$Fe^{2\oplus}$/Cystein gezeigt. Nur bei Abwesenheit von Sauerstoff kann das aus dem Cystein durch H-Abstraktion entstandene Thioradikal sich an die Hydroxydienfettsäure addieren (Weg 2 in Abb. 3.31), sonst verläuft die Oxidation unter Bildung von Oxidationsprodukten des Cysteins und von oxidierten Fettsäuren schneller.

Das weitgehende Fehlen kovalent verbundener Lipid-Protein-Komplexe in Gegenwart von Sauerstoff hat zur Folge, daß der größte Teil der

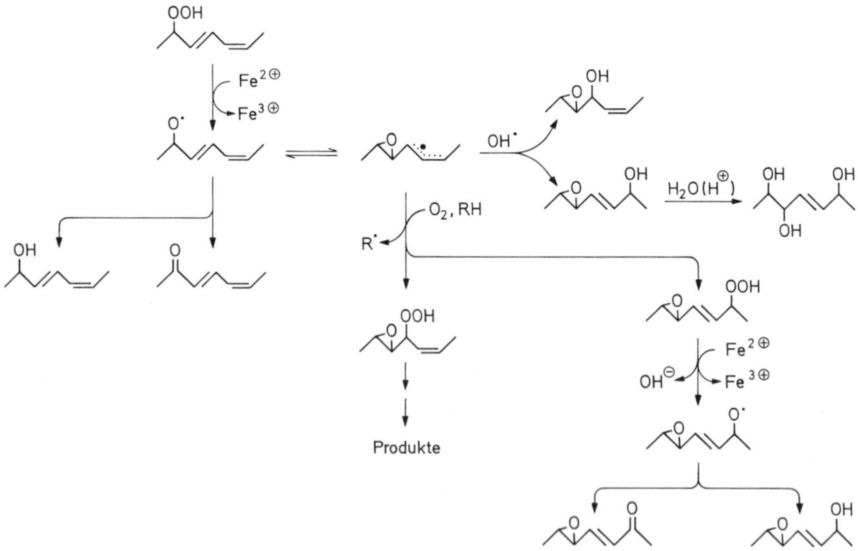

Abb. 3.30. Abbau von Hydroperoxiden der Linolsäure zu Hydroxy-, Epoxy- und Oxofettsäuren (nach *H. W. Gardner,* 1985). (Dargestellt sind Ausschnitte aus den Formeln)

oxidierten Lipide aus einem proteinhaltigen Lebensmittel mit Lösungsmitteln, die H-Brücken aufbrechen (z. B. $CHCl_3$/Methanol 2:1), extrahiert werden können.

3.7.2.4.3 *Veränderungen der Proteine*

Die Reaktionen mit den Hydroperoxiden und deren Folgeprodukten führen zu Veränderungen der Proteine, die sich bei Lebensmitteln auf die Konsistenz und Löslichkeit (Vernetzung von Proteinen), die Farbe (Bräunungsreaktionen) und den Nährwert (Verlust essentieller Aminosäuren) auswirken können.

Die nach Abb. 3.31 aus den Hydroperoxiden hervorgehenden Radikale greifen in den Proteinen (PH) bevorzugt die Aminosäuren Trp, Lys, Tyr, Arg, His, Cystein und Cystin an, wobei die phenolische OH-, die S- oder N-haltigen Gruppen reagieren:

$$RO^{\bullet} + PH \longrightarrow P^{\bullet} + ROH \qquad (3.78)$$

$$2\,P^{\bullet} \longrightarrow P\text{—}P \qquad (3.79)$$

In der Folgereaktion (3.79) kommt es durch Kombination von zwei Proteinradikalen zur Vernetzung. – Bei der Lipidperoxidation entsteht unter bestimmten Bedingungen Malondialdehyd (cf. 3.7.2.1.5). Als bifunktionelles Reagenz kann er über eine *Schiffsche*-Basen-Reaktion mit den ε-NH_2-Gruppen von Lys-Resten die Proteine vernetzen:

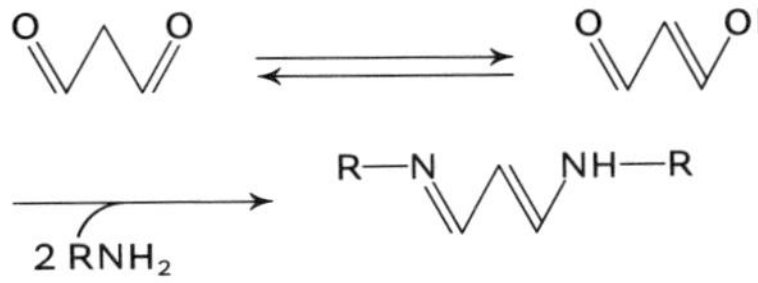

(3.80)

Das *Schiffsche*-Basen-Addukt ist ein konjugiertes Fluorochrom, das auf Grund seiner spektralen Eigenschaften (Anregung $\lambda_M \sim 350$ nm; Emission $\lambda_M \sim 450$ nm) zum Nachweis der Lipidperoxidation und der daraus resultierenden Reaktionen mit Proteinen herangezogen werden kann.

Die hier angesprochenen Vernetzungsreaktionen spielen z. B. bei der Lagerung von tiefgefrorenem Fisch eine Rolle und sind dort mitverantwortlich für die Abnahme der Löslichkeit der Proteine. – Auch die Monocarbonylverbindungen aus der Autoxidation ungesättigter Fettsäuren kondensieren leicht mit den freien NH_2-Gruppen von Proteinen zu *Schiffsche*-Basen, die dann über eine mehrfache Aldolkondensation in braune Polymere übergehen (Abb. 3.32). Die entstehenden Produkte sind häufig N-frei, da die Aminoverbindung wieder abhydrolysiert. Erfolgt die Hydrolyse schon nach der ersten oder zweiten Aldolkondensation (Abb. 3.32) und reagiert der freigesetzte aromaaktive Aldehyd nicht mehr

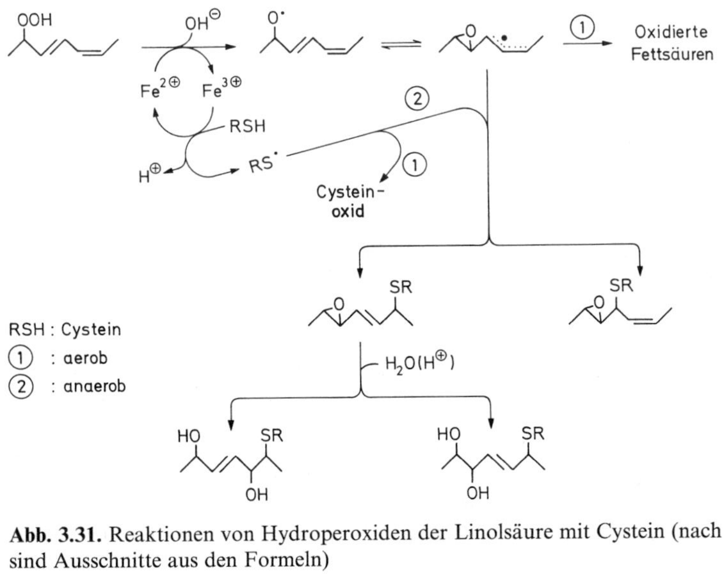

Abb. 3.31. Reaktionen von Hydroperoxiden der Linolsäure mit Cystein (nach *H. W. Gardner*, 1985). (Dargestellt sind Ausschnitte aus den Formeln)

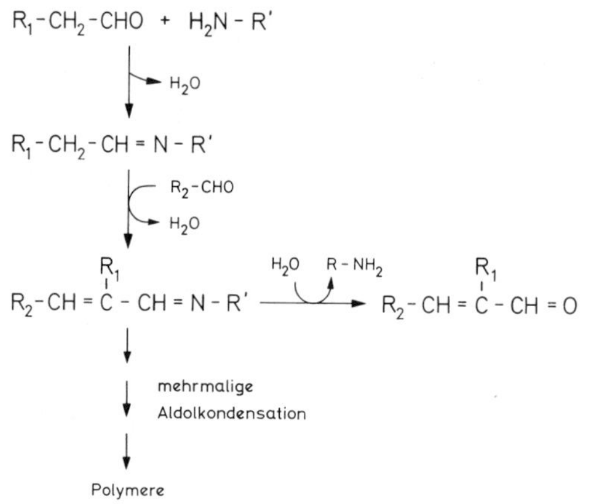

Abb. 3.32. Reaktionen flüchtiger Aldehyde mit NH_2-Gruppen von Proteinen

weiter, so haben solche Prozesse nicht nur Veränderungen in der Farbe („Bräunung"), sondern auch im Aroma zur Folge.

3.7.2.4.4 Abbau von Aminosäuren

Modelluntersuchungen ist zu entnehmen, daß ein sinkender Wassergehalt die Spaltung der Proteinmoleküle und den Abbau von Proteinseitenketten gegenüber der radikalischen Vernetzungsreaktion begünstigt. Einige Beispiele für das Ausmaß der auftretenden Aminosäureschädigung zeigt Tab. 3.35. Deutlich ist eine starke Abhängigkeit von der Art des Proteins und von den Reaktionsbedingungen zu erkennen. Über die aus den Aminosäuren hervorgehenden Produkte informiert Tab. 3.36.

Tabelle 3.35. Verluste von Aminosäuren bei der Reaktion von Proteinen mit peroxidierenden Lipiden

Reaktionssystem		Reaktionsbedingungen		Verluste an Aminosäuren
Protein	Lipid	Zeit	T(°C)	(% Verlust)
Cytochrom C	Linolensäure	5 h	37	His (59), Ser (55), Pro (53), Val (49), Arg (42), Met (38), Cys (35)[a]
Trypsin	Linolsäure	40 min	37	Met (83), His (12)[a]
Lysozym	Linolsäure	8 Tage	37	Trp (56), His (42), Lys (17), Met (14), Arg (9)
Casein	Ethyllinoleat	4 Tage	60	Lys (50), Met (47), Ile (30), Phe (30), Arg (29), Asp (29), Gly (29), His (28), Thr (27), Ala (27), Tyr (27)[a,b]
Ovalbumin	Ethyllinoleat	24 h	55	Met (17), Ser (10), Lys (9), Ala (8), Leu (8)[a,b]

[a] Trp nicht analysiert. [b] Cystin nicht analysiert.

Tabelle 3.36. Produkte aus Aminosäuren, die bei der Reaktion mit peroxidierenden Lipiden entstehen

Reaktionssystem		Verbindungen aus der Aminosäure
Aminosäure	Lipid	
His	Methyllinoleat	Imidazolmilchsäure, Imidazolessigsäure
Cys	Ethylarachidonat	Cystin, H_2S, Cysteinsäure, Alanin, Cystindisulfoxid
Met	Methyllinoleat	Methioninsulfoxid
Lys	Methyllinoleat	Diaminopentan, Asparaginsäure, Glycin, Alanin, α-Aminoadipinsäure, Pipecolinsäure, 1,10-Diamino-1,10-dicarboxydecan

3.7.3 Hemmung der Lipidperoxidation

Eine Autoxidation ungesättigter Acyllipide kann verhindert werden durch:

- Ausschluß von Sauerstoff: Möglichkeiten sind die Verpackung im Vakuum oder ein Zusatz von Glucoseoxidase (cf. 2.8.2.1.1).
- Lagerung bei tiefer Temperatur in der Dunkelheit. Die Geschwindigkeit der Autoxidation wird herabgesetzt. Bei Früchten und Gemüsen, die das Enzym Lipoxygenase enthalten, reicht diese Maßnahme in der Regel nicht aus. Ein Verderb kann nur verhindert werden, wenn das Enzym vorher durch Blanchieren (cf. 2.6.4) inaktiviert wird.
- Zusatz von Antioxidantien.

3.7.3.1 Wirkung von Antioxidantien

Durch ein Antioxidans (AH) werden die bei Start, Kettenwachstum und Kettenverzweigung (cf. Abb. 3.18) entstehenden Oxy- und Peroxyradikale abgefangen (Abb. 3.33).
Abgesehen vom Ethoxyquin spielen in Lebensmitteln nur Antioxidantien mit phenolischen

1) $RO^{\bullet} + AH \longrightarrow ROH + A^{\bullet}$
2) $ROO^{\bullet} + AH \longrightarrow ROOH + A^{\bullet}$
3) $RO^{\bullet} + A^{\bullet} \longrightarrow ROA$
4) $ROO^{\bullet} + A^{\bullet} \longrightarrow ROOA$

Abb. 3.33. Wirkung von Antioxidantien als Radikalfänger. AH: Antioxidans

OH-Gruppen eine Rolle, die bei den Rkk. 1 und 2 in Abb. 3.33 durch Resonanz stabilisierte Phenoxyradikale ergeben. Sie können zwar noch weitere Alkoxy- und Peroxyradikale abfangen (Rkk. 3 und 4), sind aber zu reaktionsträge für eine H-Abstraktion aus ungesättigten Acyllipiden. Infolgedessen ist das Wachstum von Radikalketten durch die Bildung relativ stabiler Produkte unterbrochen; die Lipidperoxidation ist gehemmt. Das Reaktionsschema in Abb. 3.33 zeigt, daß von einem Antioxidansmolekül zwei Radikalketten terminiert werden. Der maximal von den Antioxidantien erreichbare stöchiometrische Faktor beträgt demnach n = 2. Bei den Antioxidantien, die in der Praxis eine Rolle spielen, liegt n zwischen 1 und 2. Die Antioxidantien wirken aber nicht nur als Radikalfänger, sie reduzieren auch einen Teil der entstandenen Hydroperoxide zu den Hydroxyverbindungen.

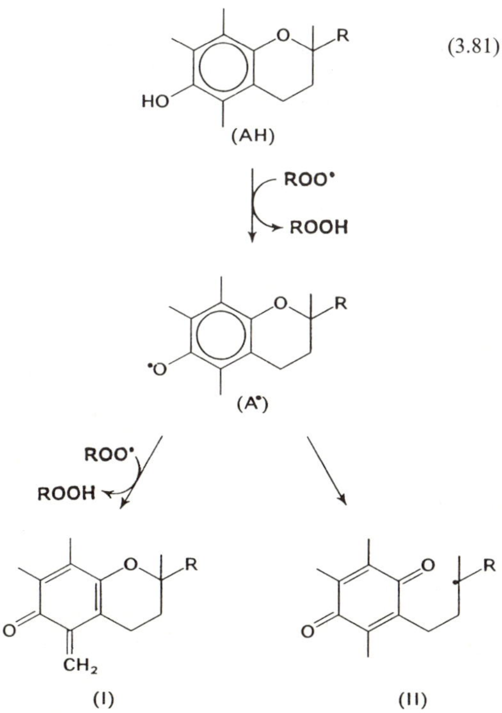

(3.81)

3.7.3.2 Antioxidantien in Lebensmitteln

3.7.3.2.1 Natürliche Antioxidantien

Im natürlichen Zellverband sind die ungesättigten Acyllipide erfahrungsgemäß oft recht beständig, da Pflanze und Tier sowohl Antioxidantien als auch Enzyme, wie z. B. die Glutathion-Peroxidase und Superoxid-Dismutase enthalten, die eine Lipidperoxidation hemmen.
Insbesondere bei der Gewinnung von Fetten aus Pflanzen werden Tocopherole (cf. 3.8.3) mitisoliert. Da ausreichende Konzentrationen auch die Raffination überstehen, garantieren die Tocopherole die Stabilität des Fertigproduktes. Ausnahmen sind Soja-, Raps- und Rüböl, bedingt durch den relativ hohen Gehalt an Linolensäure (cf. 14.3.2.2.5). Der Tocopherol-Gehalt tierischer Fette hängt vom Futter ab.

Tabelle 3.37. Geschwindigkeitskonstanten von Tocopherolen und BHT für die Reaktion 2 in Abb. 3.33 bei 30 °C

Antioxidans	$k(l \cdot mol^{-1} \cdot s^{-1}) \cdot 10^{-5}$
α-Tocopherol	23,5
β-Tocopherol	16,6
γ-Tocopherol	15,9
δ-Tocopherol	6,5
2,6-Di-tert-butyl-p-kresol (BHT)	0,1

Die antioxidative Wirksamkeit der Tocopherole steigt in der Reihe α → ∂. Sie verhält sich umgekehrt zur Vitamin-E-Aktivität (cf. 6.2.3) und zur Geschwindigkeit der Reaktion mit Peroxyradikalen. Tab. 3.37 zeigt, daß dabei α-Tocopherol am schnellsten reagiert, auch im Vergleich zu dem synthetischen Antioxidans BHT. Zur Erklärung der unterschiedlichen Wirksamkeit der Tocopherole *in vivo* und in Lebensmitteln werden folgende Hypothesen diskutiert:
Es wird angenommen, daß die antioxidative Wirkung der Tocopherole auf den in Formel 3.81 angegebenen Reaktionen beruht. Dabei stehen dem intermediär sich bildenden Phenoxyradikal zwei Reaktionen offen. Es kann entweder ein weiteres Peroxyradikal abfangen und in das relativ stabile Produkt I übergehen oder durch Umlagerung zum p-Chinon ein reaktionsfähiges Radikal II bilden, das eine Lipidperoxidation starten kann. Es wird erwartet, daß der zuletzt genannte Reaktionsweg *in vivo* unterdrückt ist.

Bei der Reaktion der Antioxidantien entstehen Hydroperoxide (Abb. 3.33; Formel 3.81). Es wurde gefunden, daß Hydroperoxide aus Linolsäure durch γ- und ∂-Tocopherol besser stabilisiert werden als durch α-Tocopherol. Durch den Zerfall von Hydroperoxiden entstehen Radikale, die sofort mit den Antioxidantien reagieren. Im Vergleich zum γ- und ∂-Tocopherol wird somit mehr α-Tocopherol umgesetzt. Seine Konzentration nimmt rascher ab und damit auch die in Erscheinung tretende antioxidative Wirksamkeit. *In vivo* ist der Zerfall der Hydroperoxide unbedeutend, da sie sofort durch Glutathion-Peroxidasen reduziert werden. α-Tocopherol wird von Sauerstoff schneller oxidiert als γ- und ∂-Tocopherol. Es sollen dabei Radikale entstehen, die eine Lipidperoxidation starten können. *In vivo* ist das α-Tocopherol gegen eine solche Oxidation geschützt.

Ascorbinsäure (cf. 6.3.9) ist in wäßrigen Systemen nur in höheren Konzentrationen ($\sim 10^{-3}$ mol/l) als Antioxidans wirksam. In niedrigen Konzentrationen (10^{-5} mol/l) sind insbesondere in Gegenwart von Schwermetallionen, auch prooxidative Wirkungen beobachtet worden.

Tocopherole und Vitamin C werden Lebensmitteln zur Erhöhung der Stabilität zugesetzt, wobei von der zuletzt genannten Verbindung zur Verbesserung der Löslichkeit in der Fettphase ein Derivat, das Ascorbylpalmitat, zur Anwendung kommt. Beide, Ascorbinsäure und Ascorbylpalmitat, verstärken die antioxidative Wirkung des α-Tocopherols, da sie das aus der Rk. 2 in Abb. 3.33 hervorgehende Tocopherolradikal schnell zum α-Tocopherol reduzieren.

Auch Carotinoide können Acylperoxyradikale abfangen. Es entstehen Radikale, die durch Resonanz stabilisiert sind (Formel 3.82) und keine Lipidperoxidation starten können. β-Carotin ist in einer Konzentration von 5×10^{-5} mol/l am aktivsten, in höheren Konzentrationen überwiegt die prooxidative Wirkung. Auch der Sauerstoffpartialdruck ist kritisch; er sollte unter 150 mm Hg liegen.

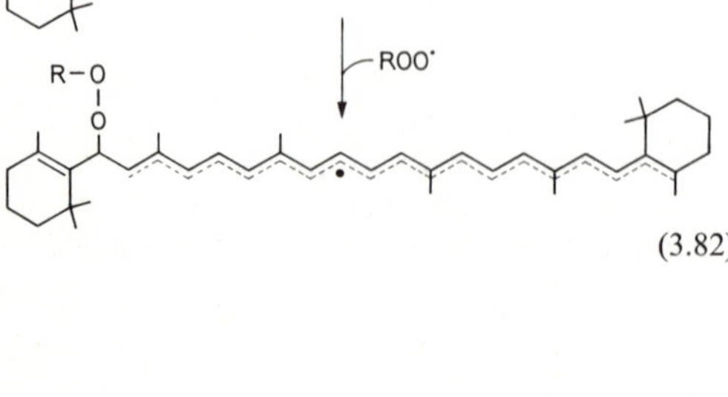

(3.82)

Phenolische Verbindungen, wie z. B. Vertreter aus der Reihe der Flavanone (cf. 18.1.2.5.4) und Flavonole (cf. 18.1.2.5.5), spielen verbreitet in pflanzlichen Geweben eine Rolle als Antioxidantien. Der Schutz, den einige Gewürze (z. B. Salbei, Rosmarin u. a.) gegen die Fettautoxidation bieten, beruht auf diesen Inhaltsstoffen (cf. 22.1.1.5).

Beim Räuchern werden im Holz vorkommende Polyphenole wie Lignin zu flüchtigen Phenolen gecrackt, die u. a. antioxidativ in den Räucherwaren wirksam sind.

Hinzuweisen ist auch noch auf die antioxidative Wirkung von Produkten der *Maillard*-Reaktion, den Reduktonen (cf. 4.2.4.4).

3.7.3.2.2 Synthetische Antioxidantien

Für den praktischen Gebrauch müssen die Antioxidantien folgende Bedingungen erfüllen: Sie dürfen nicht toxisch sein; sie sollen in geringer Konzentration (0,01–0,02%) hochwirksam sein und sich an der Oberfläche der Fettphase anreichern. Für O/W-Emulsionen sind deshalb stark lipophile Antioxidantien (niedriger HLB-Wert, z. B. BHA, BHT, α-Tocopherol) besonders geeignet. Außerdem sollen sie durch in der Lebensmitteltechnik übliche Prozesse nicht verändert werden. Die hier angesprochene Stabilität wird auch als „carry-through-effect“ bezeichnet. Von den künstlich hergestellten Antioxidantien spielen weltweit eine Rolle:

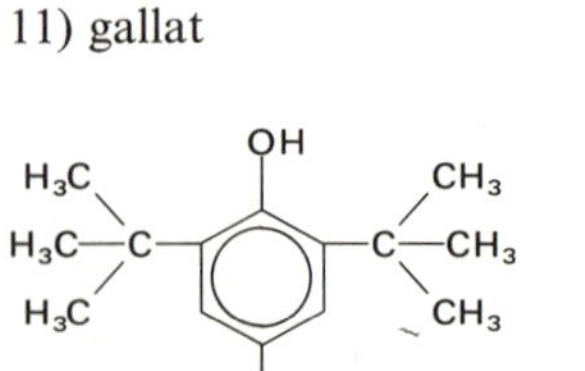

(3.83)

Propyl-(n = 2), Octyl-(n = 7) und Dodecyl-(n = 11) gallat

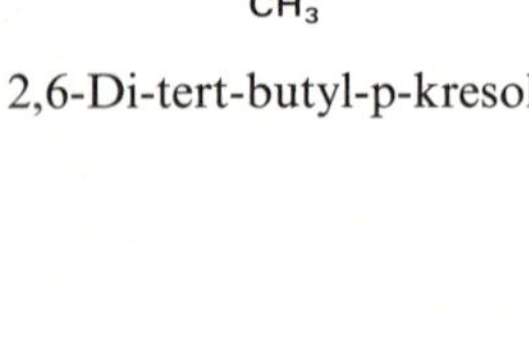

(3.84)

2,6-Di-tert-butyl-p-kresol (BHT)

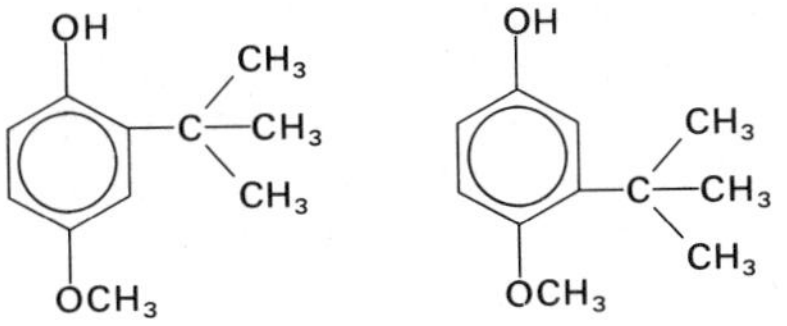

(3.85)

tert-Butyl-4-hydroxyanisol (BHA)

Das BHA ist ein Gemisch von zwei Isomeren.

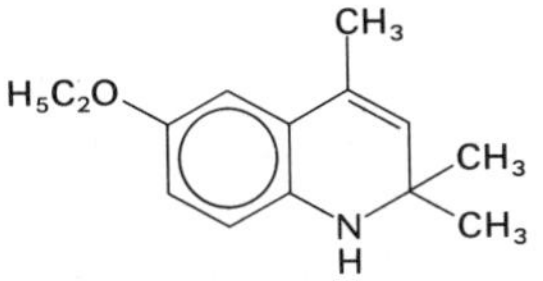

(3.86)

6-Ethoxy-1,2-dihydro-2,2,4-trimethylchinolin (Ethoxyquin)

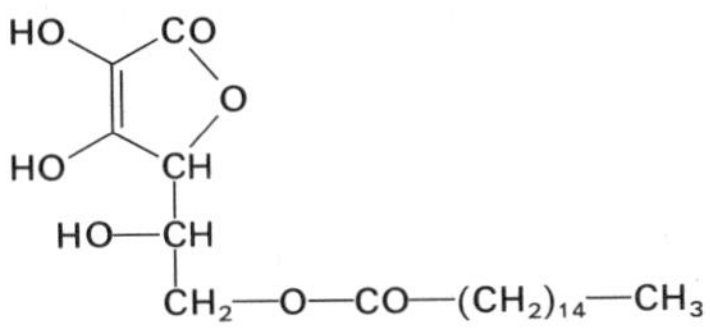

(3.87)

Ascorbylpalmitat

ESR-Messungen zeigen, daß der größte Teil des Ethoxyquins als freies Radikal

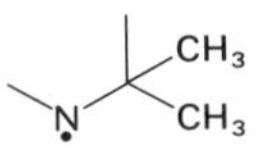

(3.88)

vorliegt, das sich durch Dimerisierung stabilisiert. Das Radikal ist die antioxidativ wirksame Spezies. tert-Butylhydrochinon (die Abkürzung TBHQ leitet sich ab von „tertiary butyl hydroquinone") ist ein besonders wirksames Antioxidans und dient u. a. zur Stabilisierung von Sojaöl. Bei der Verarbeitung von BHA, TBHQ und BHT ist zu beachten, daß sie bei höheren Temperaturen und in Gegenwart von Wasserdampf flüchtig sind.

Die Anwendung von Antioxidantien wird durch lebensmittelrechtliche Vorschriften in den einzelnen Ländern unterschiedlich geregelt.

Die Wirksamkeit der Antioxidantien kann durch vergleichende Untersuchungen, z. B. mit Hilfe des „Antioxidativen Faktors (AF)" ermittelt werden:

$$AF = \frac{I_a}{I_0} \quad (3.89)$$

I_a: Induktionsperiode des Fettes (cf. 3.7.2.1.1) mit Antioxidans.

I_0: Induktionsperiode des Fettes ohne Antioxidans.

Tabelle 3.38. Zusatz (0,02%) verschiedener Antioxidantien zu raffiniertem Schweineschmalz

Antioxidans	AF	Antioxidans	AF
d-α-Tocopherol	5	Octylgallat	6
dl-γ-Tocopherol	12	Ascorbylpalmitat	4
BHA	9,5	BHA und	
BHT	6	BHT[a]	12

[a] Von jeder Verbindung 0,01%.

Danach ist ein Antioxidans um so wirksamer, je größer AF ist. Am Beispiel einer Schmalzprobe zeigt Tab. 3.38, daß hier vom BHA die größte antioxidative Wirksamkeit ausgeht. Dies ist auch verständlich, da beim BHT die Reaktionen mit den Radikalen (Rk 1 u. 2 in Abb. 3.33) durch die beiden sperrigen tert-Butylreste behindert werden. Zu beachten ist, daß die Wirkung des Antioxidans nicht nur von der Art, sondern auch von der Vorbelastung des Fettes abhängt. Die in Tab. 3.38 angegebenen Daten besitzen deshalb nur orientierenden Charakter.

In Kombination sind BHA und BHT wirksamer (Tab. 3.38) als einzeln.

Zur Erklärung wird angenommen, daß das aus dem BHA gemäß Reaktion Nr. 2 (Abb. 3.33) hervorgehende Phenoxyradikal (I):

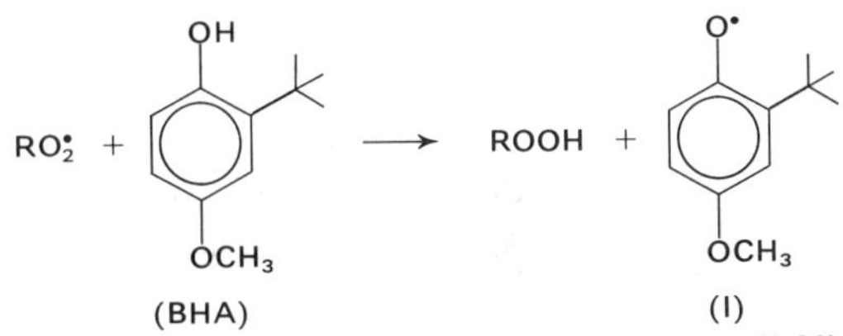

(3.90)

über eine schnelle Folgereaktion vom BHT wieder regeneriert wird:

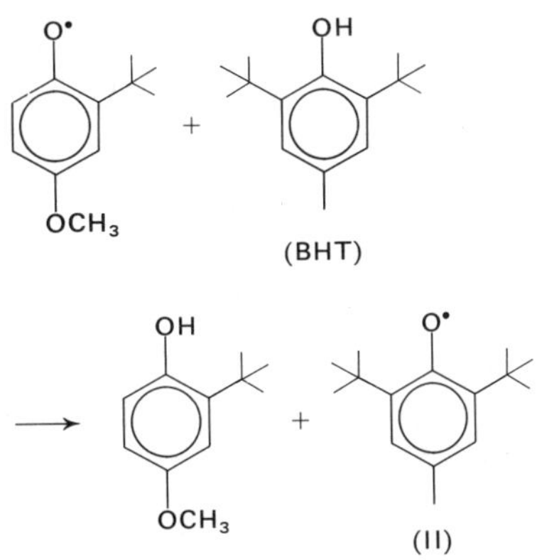

(3.91)

Das aus dem BHT stammende Phenoxyradikal (II) kann ein weiteres Peroxyradikal abfangen:

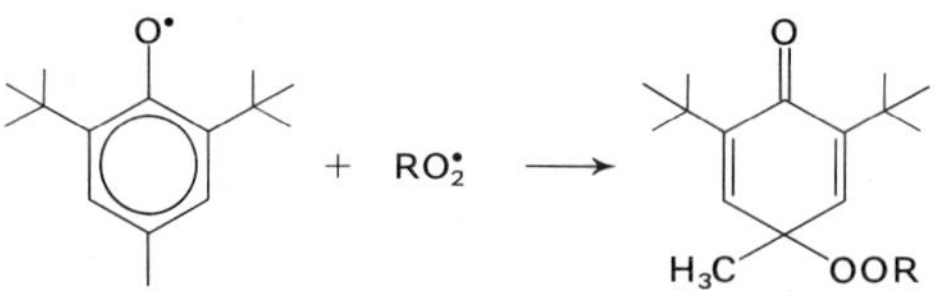

(3.92)

Propylgallat steigert zwar die Wirkung des BHA, nicht aber die des BHT. Ascorbylpalmitat, das allein nur schwach wirksam ist, unterstützt besonders das γ-dl-Tocopherol.

3.7.3.2.3 Synergisten

Hierunter versteht man Substanzen, die die Wirkung der Antioxidantien verstärken. In erster Linie gehören dazu Citronen-, Phosphor-, Citracon- und Fumarsäure, d.h. Verbindungen, die Schwermetallionen komplex binden können. Ein Start der Lipidautoxidation durch Schwermetallkatalyse (cf. 3.7.2.1.4) wird so verhindert. Die in Tab. 3.39 zusammengestellten Ergebnisse zeigen die synergistische Wirkung der Citronen- und Phosphorsäure in Kombination mit Laurylgallat. Während die Citronensäure die Wirkung des Antioxidanses in Gegenwart aller drei Schwermetalle erhöht, ist die Phosphorsäure nur bei Kupfer und Nickel nicht aber gegenüber Eisen aktiv. Die Ursachen für diese Unterschiede sind noch nicht geklärt. Citronensäure verdient auch deshalb den Vorzug, weil Phosphorsäure die Polymerisation der Fette beim Erhitzen fördert.

Tabelle 3.39. Synergistische Wirkung von Citronen- (C) und Phosphorsäure (P) in Kombination mit Laurylgallat (LG)

Schmalz mit Zusatz von	AF bei Zusatz von				
	0,01% C	0,01% P	0,01% LG	0,01% LG + 0,01% C	0,01% LG + 0,01% P
0,2 ppm Cu	0,3	0,2	0,9	4,7	4,1
2 ppm Fe	0,6	0,5	0,1	5,7	0,2
2 ppm Ni	0,5	0,6	3,0	7,0	4,4

3.7.4 Erhitzen von Fetten (Fritieren)

Zu den Zubereitungsmethoden, die verbreitet angewendet werden, gehört das Fritieren. Fleisch, Fisch, Gebäck, Kartoffelscheiben u.a. werden in ein auf ca. 180 °C erhitztes Fett getaucht und sind nach einigen Minuten gar. Die Fette verändern sich erheblich bei längerem Erhitzen. Aus einigen Meßwerten, die z.B. für ein Baumwollsaatöl in Tab. 3.40 zusammengestellt sind, geht hervor, daß beim Erhitzen u.a. Doppelbindungen reagieren, wobei höhermolekulare Substanzen entstehen, die die Viskosität des Fettes ansteigen lassen. Gebildete Peroxide fragmentieren sofort durch die thermische Belastung; Peroxidbestimmungen sind hier ungeeignet für Aussagen über den Zustand des Fettes.

Beim Erhitzen entsteht eine unübersehbare Vielfalt von Produkten, da die Selektivität der Radikal-Reaktionen weitgehend aufgehoben ist. Zur Verdeutlichung der Reaktionstypen, mit denen beim Fritieren und Braten in der Fettphase gerechnet werden muß, dient die in Tab. 3.41 zu-

Tabelle 3.40. Veränderungen eines Baumwollsaatöles beim Erhitzen (225 °C)

	Zeit (Std)		
	0	72	194
Mittleres Molekulargewicht	850	1080	1510
Viskosität (Poise)	0,6	2,1	18,1
Jodzahl	110	91	73
Peroxidzahl	2,5	1,5	0,0
Harnstoff-Filtrat[a] (%)	2,3	17,5	31,0

[a] Reaktionsprodukte (Polymere und oxidierte Fettsäuren), die mit Harnstoff keine Addukte bilden.

Tabelle 3.41. Übersicht über die beim Erhitzen von Fetten ablaufenden Reaktionen

Erhitzen des Fettes	Reaktion	Produkte
1. ohne Fritiergut	Autoxidation Isomerisierung Polymerisation	Flüchtige Säuren Aldehyde Ester Alkohole Epoxide Verzweigte Fettsäuren Dimere Mono- und bicyclische Verbindungen Aromaten Verbindungen mit trans-Doppelbindungen Wasserstoff, CO_2
2. mit Fritiergut	wie 1., zusätzlich Hydrolyse	wie 1., zusätzlich freie Fettsäuren Mono- und Diacylglyceride Glycerin

sammengestellte Übersicht. Einige der aufgeführten Reaktionen sollen an Beispielen vertieft werden.

Tabelle 3.42. Flüchtige Verbindungen aus erhitztem Tristearin[a]

Verbindungsklasse	Anteil (%)	C-Zahl	Hauptverbindungen
Alkohole	2,7	4–14	n-Octanol n-Nonanol n-Decanol
γ-Lactone	4,1	4–14	γ-Butyrolacton γ-Pentalacton γ-Heptalacton
Alkane	8,8	4–17	n-Heptadecan n-Nonan n-Decan
Säuren	9,7	2–12	n-Hexansäure n-Pentansäure n-Buttersäure
Aldehyde	36,1	3–17	n-Hexanal n-Heptanal n-Octanal
Methylketone	38,4	3–17	2-Nonanon 2-Heptanon 2-Decanon

[a] Das Tristearin wurde auf 192 °C in Gegenwart von Luft erhitzt.

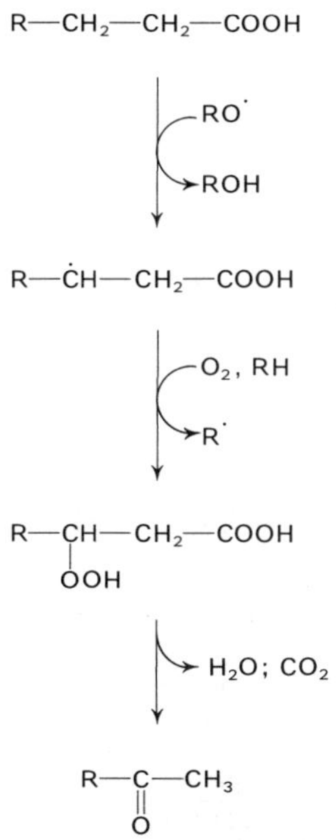

Abb. 3.34. Autoxidation gesättigter Fettsäuren: Hypothese über die Bildung der Methylketone

3.7.4.1 Autoxidation gesättigter Acyllipide

Oberhalb einer Temperatur von 60 °C nimmt die Selektivität der Autoxidation ab, da gebildete Hydroperoxide sofort in Hydroxy- und Alkoxyradikale zersetzt werden (gemäß Rk 4 in Abb. 3.18), die auf Grund ihrer hohen Reaktivität H-Atome auch aus gesättigten Fettsäuren abstrahieren können. Aus diesen Reaktionen geht eine Vielzahl von Verbindungen hervor. Tab. 3.42 zeigt am Beispiel des Tristearins, daß dabei bevorzugt eine Reihe von Aldehyden und Methylketonen auftritt. Beide Verbindungsklassen entstehen auch beim Abbau von freien Fettsäuren.

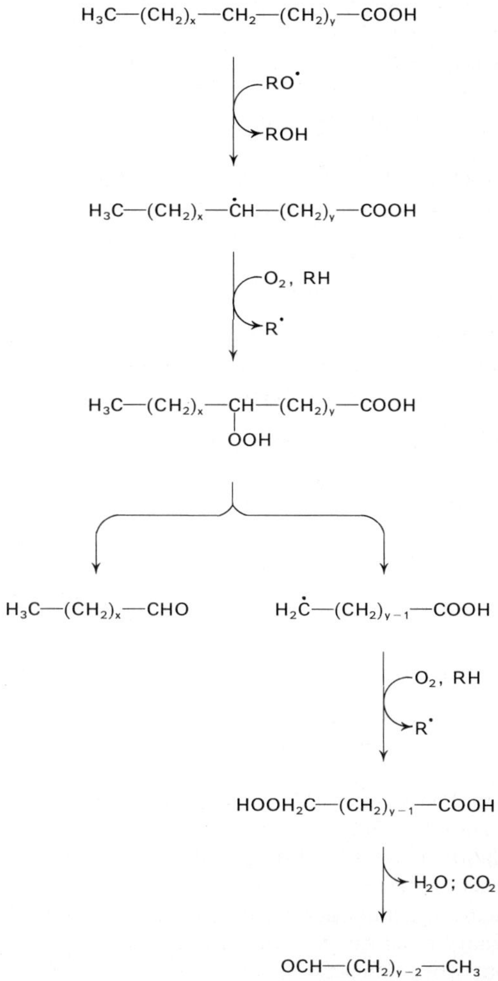

Abb. 3.35. Autoxidation gesättigter Fettsäuren: Hypothese über die Bildung flüchtiger Aldehyde

Diese werden durch Hydrolyse aus den Triglyceriden freigesetzt oder stammen aus der Oxidation von Aldehyden.
Eine thermisch induzierte β-Oxidation gefolgt von einer Decarboxylierung führt zu den Methylketonen (Abb. 3.34), während aus der β-Spaltung der Hydroperoxide, die bei erhöhter Temperatur unselektiv abläuft (vgl. den Unterschied zu 3.7.2.1.5), Aldehyde hervorgehen (Abb. 3.35). Unter den flüchtigen Verbindungen kommen intensive Geruchsstoffe vor. Bestimmte ungesättigte Lactone wie das Lacton der 4-Hydroxy-2-nonensäure

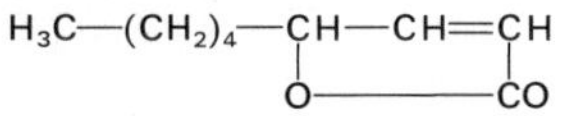

(3.93)

sollen für den angenehmen Fritiergeschmack mit verantwortlich sein. Da solche Verbindungen beim thermischen Abbau von Linolsäure entstehen, ergeben Fette, die diese Fettsäure enthalten, ein besseres Aroma. Wird ein Fett zu lange thermisch belastet, dann machen sich die flüchtigen Verbindungen unangenehm im Aroma bemerkbar und führen zum Verderb.

3.7.4.2 Polymerisation

Beim Erhitzen werden Isolen- in Konjugenfettsäuren umgelagert, die dann über eine 1,4-Cycloaddition die sogenannten *Diels-Alder*-Addukte ergeben:

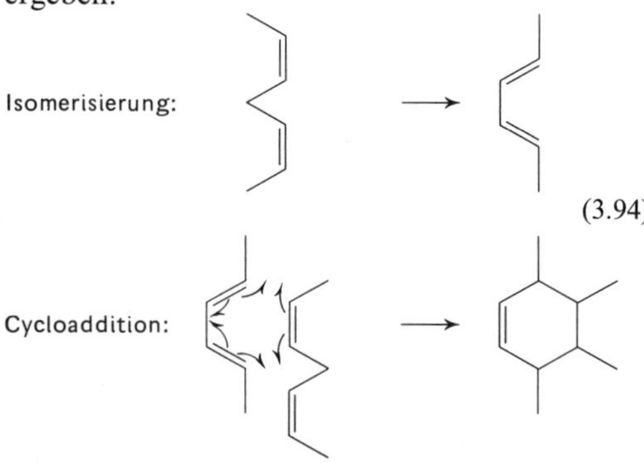

(3.94)

Die Seitenketten der entstehenden tetrasubstituierten Cyclohexenderivate werden durch Oxidation unter Einführung von Oxo-, Hydroxy- oder Carboxyl-Gruppen verkürzt. Der Cyclohexenring aromatisiert leicht, so daß auch Verbindungen, die sich von der Benzoesäure ableiten, entstehen können.
Die Fettsäure- oder Triacylglyceridradikale, die durch Abstraktion eines H-Atoms entstehen, können, wenn Folgereaktionen mit Sauerstoff zunächst ausbleiben, dimerisieren und dann cyclisieren:

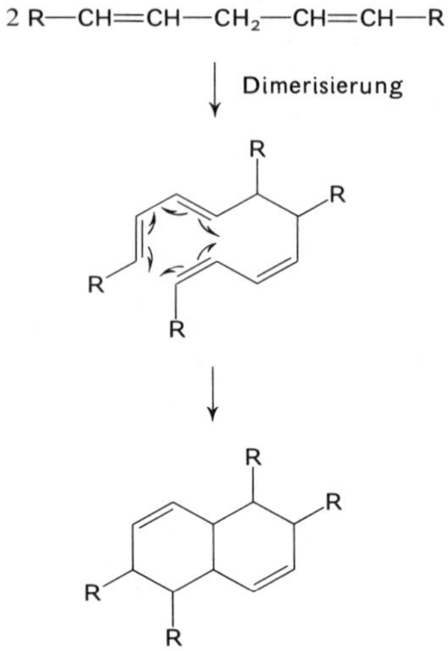

(3.95)

In Gegenwart von Sauerstoff entstehen auch noch Polymere, die über Ether- oder Peroxidbindungen verbrückt sind, und Hydroxy-, Oxo- oder Epoxy-Gruppen enthalten. Folgende Strukturen wurden u. a. identifiziert:

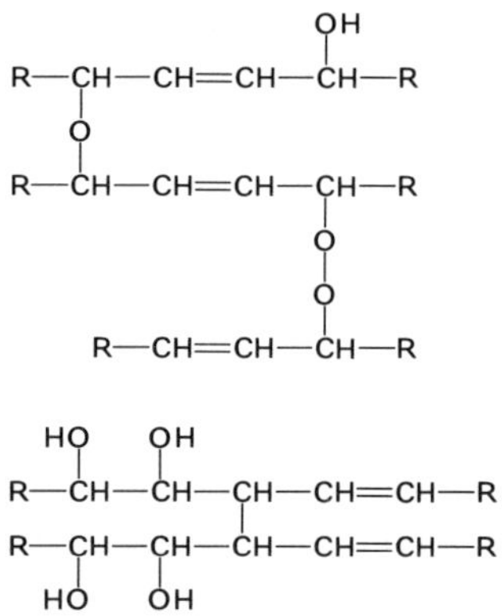

(3.96)

Tabelle 3.43. Relative Fritierbeständigkeit (RFB) verschiedener Öle und Fette

Öl- bzw. Fettsorte	RFB	Öl- bzw. Fettsorte	RFB
Sonnenblumenöl	1,0	Butterschmalz	2,3
Rüböl	1,0	Kokosfett	2,4
Sojaöl	1,0	Rindertalg	2,4
Erdnußöl	1,2	Sojaöl, gehärtet	2,3
Palmöl	1,5	Erdnußöl, gehärtet	4,4
Schweineschmalz	2,0		

Solche Verbindungen sind unerwünscht, da sie nachhaltig den Geschmack mindern und auf Grund der OH-Gruppen als grenzflächenaktive Stoffe das Schäumen verursachen.
Abgesehen von geruchlichen und geschmacklichen Mängeln wird ein thermisch belastetes Fett als verdorben bewertet, wenn $\geq 1\%$ oder $\geq 0{,}7\%$ (bei Absinken des Rauchpunktes auf $\leq 170\,°C$) petrolether-unlösliche oxidierte Fettsäuren entstanden sind. Die Beständigkeit der Öle und Fette beim Erhitzen ist unterschiedlich (Tab. 3.43); durch Hydrierung der Doppelbindungen wird sie erhöht.

3.7.5 Mikrobieller Abbau von Acyllipiden zu Methylketonen

Die kurz- und mittelkettigen Fettsäuren, die im Milchfett, Kokos- und Palmöl vorkommen, werden von bestimmten Schimmelpilzen u. a. zu Methylketonen abgebaut. Dazu befähigt sind eine Reihe von *Penicillium-* und *Aspergillus*-Arten, sowie einige *Ascomyceten, Phycomyceten* und *Fungi imperfecti*.
Die Mikroorganismen hydrolysieren zunächst die Triacylglyceride enzymatisch (cf. 3.7.1) und bauen dann auf einem Seitenweg der β-Oxidation (Abb. 3.36) die Fettsäuren $< C_{14}$ zu Methylketonen ab, deren C-Gerüste gegenüber den Fettsäuren um ein C-Atom verkürzt sind. Offensichtlich ist die Thiohydrolase-Aktivität in diesen Schimmelpilzen größer als die β-Ketothiolase-Aktivität, so daß an Stelle der thioklastischen Spaltung des β-Ketosäure-thioesters (vgl. Lehrbücher der Biochemie) dessen Hydrolyse tritt. Die freigesetzte β-Ketosäure wird rasch enzymatisch decarboxyliert, und von den entstehenden Methylketonen wird ein Teil zu den entsprechenden 2-Alkanolen reduziert.

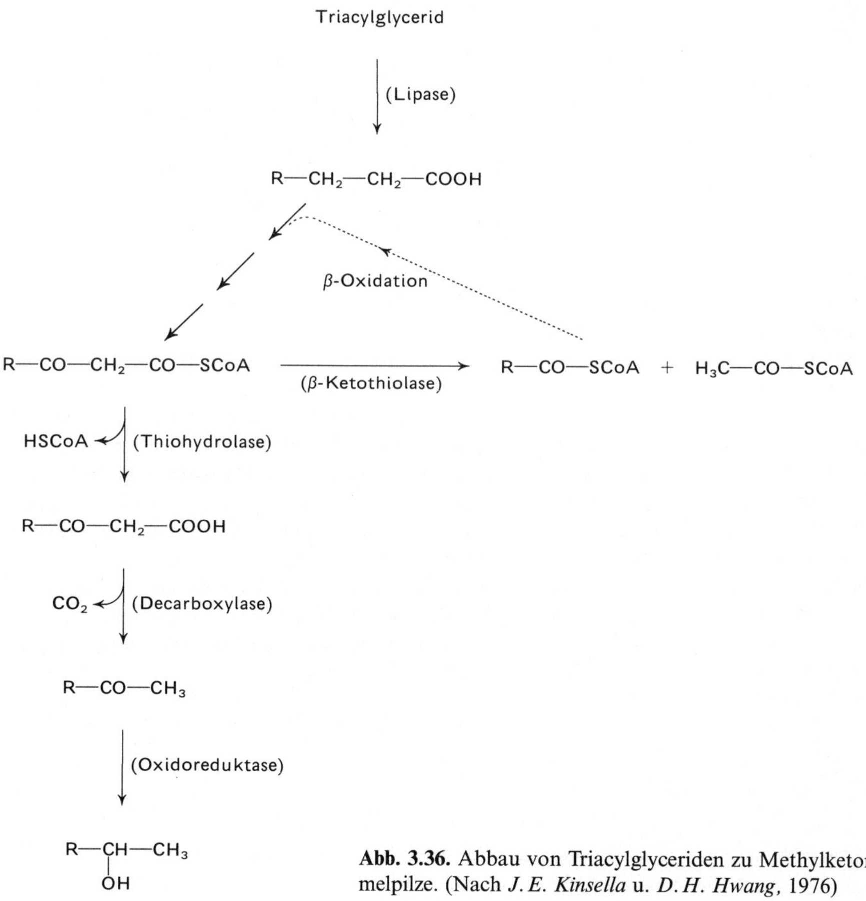

Abb. 3.36. Abbau von Triacylglyceriden zu Methylketonen durch Schimmelpilze. (Nach *J. E. Kinsella* u. *D. H. Hwang*, 1976)

Tabelle 3.44. Sensorische Eigenschaften von Methylketonen

Verbindung	Geruchsqualität	Geruchsschwelle (ppb) in Wasser
2-Pentanon	fruchtig, nach Bananen	2300
2-Hexanon		930
2-Heptanon	würzig	650
2-Octanon	blumig, grün	190
2-Nonanon	blumig, fettig	190

Im Vergleich zu den Aldehyden liegen die Geruchsschwellenkonzentrationen der Methylketone deutlich höher (cf. Tab. 3.29 und 3.44). Dennoch spielen sie als Aromastoffe eine Rolle, wobei ihr Beitrag zum Aroma der Schimmelkäse (cf. 10.2.8.3) besonders hervorzuheben ist. Unangenehm machen sich dagegen die Methylketone beim Kokos- und Palmkernöl bzw. bei Zubereitungen, die diese Fette oder Milchfett enthalten, bemerkbar. Der von ihnen hervorgerufene Aromafehler wird als „Parfümranzigkeit" bezeichnet.

3.8 Bestandteile des Unverseifbaren*

Von Ausnahmen abgesehen enthalten Fette 0,2–1,5% unverseifbare Verbindungen (Tab. 3.45), die aus einer Lösung der Seifen (Alkalisalze der Fettsäuren) durch Extraktion mit einem organischen Lösungsmittel isoliert werden können.
Zu den Bestandteilen des Unverseifbaren gehören Kohlenwasserstoffe, Sterine, Tocopherole und Carotinoide. Weiterhin können Fremdbestandteile wie Mineralöle, Weichmacher und Biozide im Unverseifbaren vorkommen.
Jede Verbindungsklasse des Unverseifbaren besteht aus einer Reihe von Komponenten, wobei unsere Kenntnisse über die vorkommenden Verbindungen sich durch die Fortschritte in der Analytik gerade im letzten Jahrzehnt stark erweitert haben.
Ziel von Untersuchungen über die Zusammensetzung des Unverseifbaren ist u. a. der Nachweis

* Hierzu gehören auch die unter 3.6.2 beschriebenen freien Fettalkohole und deacylierten Alkoxylipide.

Tabelle 3.45. Gehalt einiger Fette an unverseifbaren Bestandteilen

Fett bzw. Öl	Unverseifbare Bestandteile (%)	Fett bzw. Öl	Unverseifbare Bestandteile (%)
Soja	0,6–1,2	Raps	0,7–1,1
Sonnenblumen	0,3–1,2	Shea	3,6–10,0
Kakao	0,2–0,3	Schweineschmalz	0,1–0,2
Erdnuß	0,2–4,4	Haileber	0,7–9,0
Oliven	0,4–1,1	Hering	1,2–2,3
Palm	0,3–0,9		

von Verbindungen, die als Indikatoren für die verschiedenen Fettarten analytisch genutzt werden können.

3.8.1 Kohlenwasserstoffe

Sämtliche Öle enthalten Kohlenwasserstoffe mit gerader und ungerader C-Zahl (C_{11} bis C_{35}). Besonders reich an diesen Verbindungen sind das Oliven- und Reisöl sowie bestimmte Seetieröle. Hauptkohlenwasserstoff des Oliven- (1–7 g/kg) und des Reisöls (3,3 g/kg) ist ein lineares Triterpen, das Squalen:

(3.97)

Als Indikator für Olivenöl wird es analytisch genutzt (cf. Tab. 14.20).
In wesentlich höheren Konzentrationen kommt Squalen in den Leberölen von Seetieren vor. So bestehen Leberöle von Haifischen zu 30% aus Squalen, neben 7% Pristan (2,6,10,14-Tetramethylpentadecan) und etwas Phytan (3,7,11,15-Tetramethylhexadecan).
Abgesehen von den polycyclischen Kohlenwasserstoffen (cf. 9.7) wurden in Pflanzenölen auch Alkylbenzole in geringen Mengen nachgewiesen, z. B. im Olivenöl:

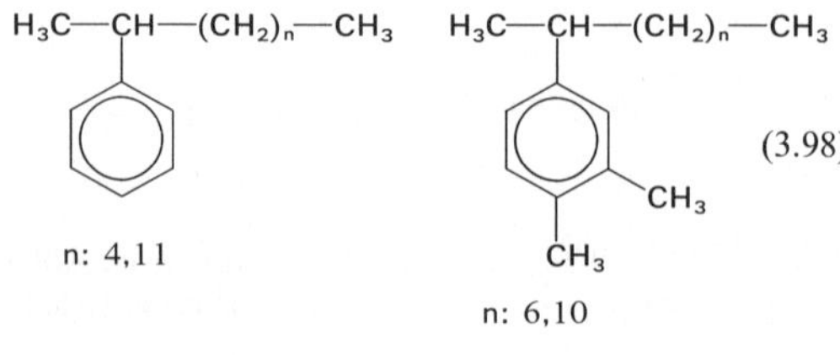

(3.98)

3.8.2 Sterine und Sterinderivate

Das Unverseifbare der Speisefette enthält eine Reihe von cyclischen Triterpenen, deren Strukturen in Beziehung zu den Steroiden stehen. Besonders vielfältig ist das Sterinspektrum der Pflanzenfette, in dem neben den Desmethyl- noch 4-Methyl- und 4,4-Dimethylsterine vorkommen.

3.8.2.1 Struktur, Nomenklatur

Das Gerüst der Sterine besteht aus vier kondensierten Ringen A–D; die Ringe A, B und C liegen in der Sesselform vor und Ring D ist fast eben. Während die Ringe B und C sowie C und D trans-verknüpft sind, kommen bei A und B cis- und trans-Verknüpfungen vor. Charakteristisch für Sterine ist die Hydroxygruppe am C-3. Im Cholest-5-en-3β-ol (Cholesterin)

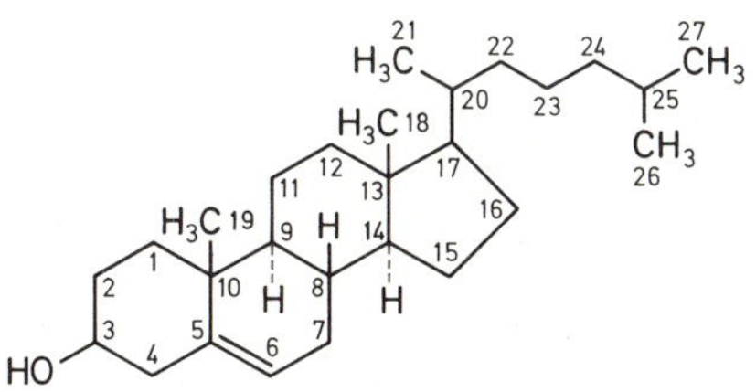

(3.99)

ist die Isomerie der Ringverknüpfung A/B durch die vom C-5 ausgehende Doppelbindung aufgehoben.

Nach Übereinkunft wird die sterische Anordnung der Substituenten sowie der H-Atome an den Verknüpfungsstellen der Ringe auf die angulare Methylgruppe am C-10 bezogen. Liegt das Ringsystem eines Sterins in der Papierebene und ragt dabei die Methylgruppe am C-10 nach oben, so werden sämtliche Substituenten und H-Atome, die sich dazu in trans-Stellung, d. h. unterhalb der Papierebene befinden, als α-ständig bezeichnet und ihre Bindungen durch punktierte Linien symbolisiert. β-Ständige Substituenten, deren Bindung durch eine ausgezogene Linie dargestellt wird, befinden sich in cis-Stellung zur Methylgruppe am C-10.

Im Cholesterin (s. Formel 3.99) sind die OH-Gruppe, die Methylgruppe am C-13, die Seitenkette am C-17 und das H-Atom am C-8 β-ständig und die H-Atome am C-9, C-14 und C-17 α-ständig.

Sterine, die nicht am C-4 methyliert sind, werden als Desmethylsterine bezeichnet.

3.8.2.2 Sterine in tierischen Lebensmitteln

3.8.2.2.1 Cholesterin

Cholesterin entsteht bei der Biosynthese (vgl. Lehrbücher der Biochemie) aus Squalen. Es ist das Hauptsteroid der Säugetiere und kommt frei und verestert mit gesättigten und ungesättigten Fettsäuren in den Lipiden vor. Über den Cholesteringehalt einiger Lebensmittel informiert Tab. 3.46.

Tabelle 3.46. Cholesteringehalt einiger Lebensmittel

Lebensmittel	Menge (mg/100 g)
Kalbshirn	2000
Eidotter[a]	1010
Schweinenieren	410
Schweineleber	340
Butter	240
Schweinefleisch, mager	70
Rindfleisch, mager	60
Heilbutt	50

[a] Eiklar enthält kein Cholesterin.

Die Autoxidation des Cholesterins, die von Peroxyradikalen mehrfach ungesättigter Fettsäuren beschleunigt wird, verläuft über die Intermediate 3β-Hydroxycholest-5-en-7α- und -7β-hydroperoxid, von denen das 7β-Epimere durch die quasiäquatoriale Konformation stabiler ist und bevorzugt entsteht. Im Unterschied zur Autoxidation entsteht bei der fotosensibilisierten Oxidation (Reaktion mit Singulett-O_2) von Cholesterin das 3β-Hydroxycholest-6-en-5α-hydroperoxid. Von den zahlreichen Folgeprodukten der Hydroperoxide treten Cholest-5-en-3β, 7α-diol, Cholest-5-en-3β,7β-diol, 3β-Hydroxycholest-5-en-7-on, 5,6β-Epoxy-5β-cholestan-3β-ol und 5α-Cholestan-3β,5,6β-triol bei einer Autoxidation des Cholesterins stärker in Erscheinung und wurden als Nebenbestandteile einiger Lebensmittel (Eidotterpulver, Vollmilchpulver, Butterschmalz) nachgewiesen.

Das Cholesterin ist im tierischen Organismus Ausgangspunkt für die Synthese anderer Steroide, z. B. der Sexualhormone und Gallensäuren. Letztere spielen auf Grund ihrer Grenzflächenaktivität eine Rolle bei der Emulgierung und Absorption der Triacyllipide im Darm. Im folgenden ist eine Gallensäure, die Cholsäure, angegeben:

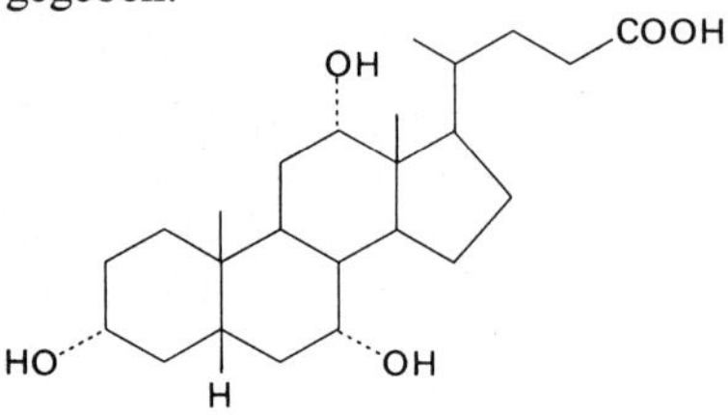

(3.100)

Die Gallensäuren sind im Darm über eine Säureamidbindung mit Glycin oder Taurin verknüpft.

3.8.2.2.2 Vitamin D

Aus dem 7-Dehydrocholesterin, das als Vorstufe bei der Biosynthese des Cholesterins gebildet wird (vgl. Lehrbücher der Biochemie), kann durch eine fotochemische Reaktion das Cholecalciferol (Vitamin D_3) entstehen. Wie in Abb.

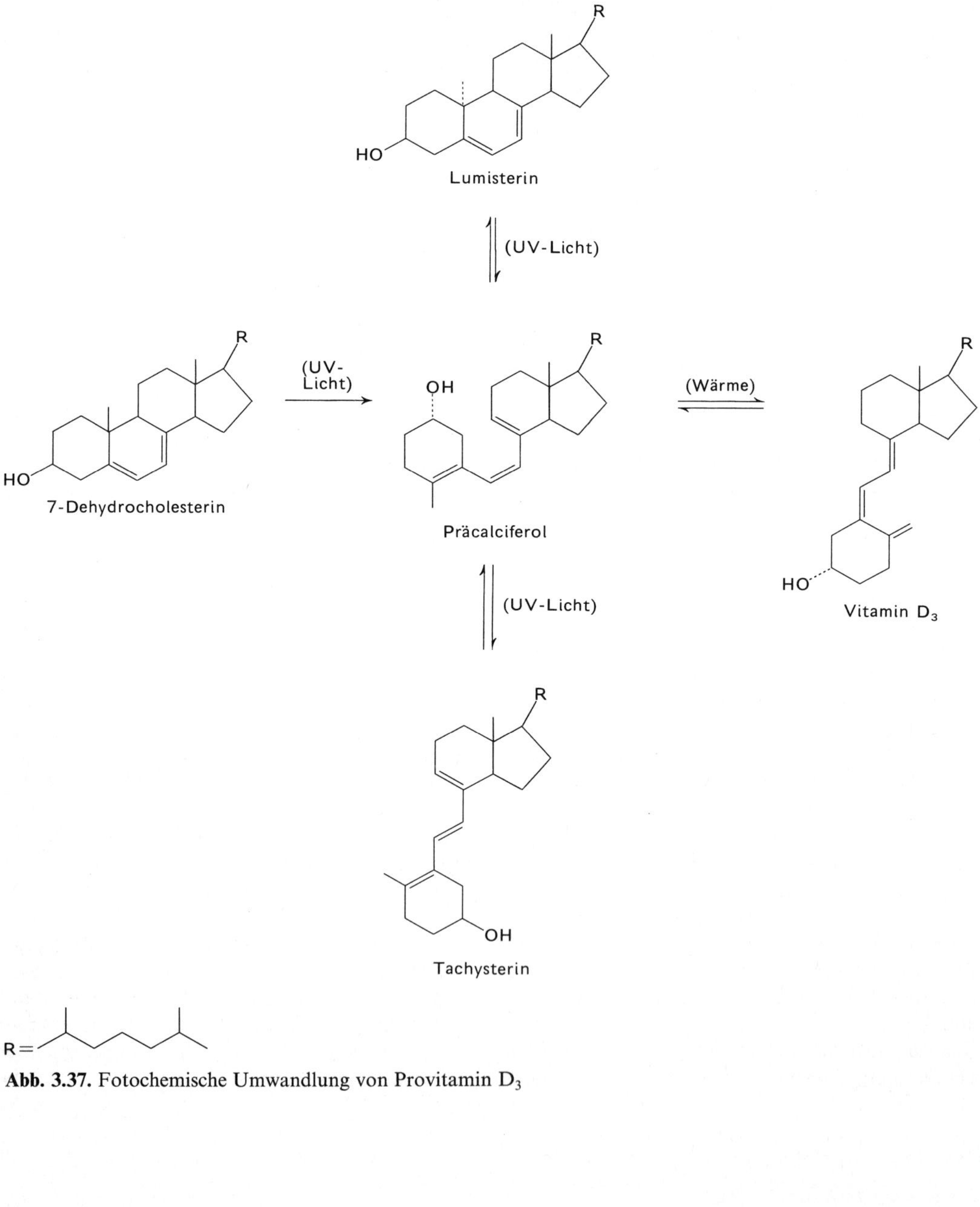

Abb. 3.37. Fotochemische Umwandlung von Provitamin D_3

3.37 dargestellt, führt Bestrahlung mit ultraviolettem Licht zu einer Öffnung von Ring B. Das resultierende Präcalciferol wird thermisch unter Verschiebung der Doppelbindung in das Vitamin D_3 umgelagert. Von den Nebenprodukten Lumi- und Tachysterin geht keine Vitamin-D-Wirkung aus. In der Leber und Niere wird das Vitamin D_3 zum eigentlich physiologisch wirksamen 1,25-Dihydroxy-cholecalciferol hydroxyliert.

Beim Menschen wird in der Haut eingelagertes 7-Dehydrocholesterin, das größtenteils aus der Nahrung stammt, durch den UV-Anteil des Sonnenlichtes in das Vitamin D_3 umgewandelt. Das Vorkommen und die physiologische Bedeutung des Vitamin D werden unter 6.2.2 behandelt.

Das Hauptsterin der Hefe, das Ergosterin (Cholest-5,7,22-trien-3β-ol), ist das Provitamin D_2.

3.8.2.3 Sterine in Pflanzenfetten

3.8.2.3.1 Desmethylsterine

Cholesterin, das lange als ein Indikator für tierische Fette galt, kommt in geringen Konzentrationen auch in Pflanzen vor (Tab. 3.47). Campe-, Stigma- und Sitosterin, die in den Ölen in höheren Konzentrationen auftreten, sind strukturell mit dem Cholesterin verwandt; verändert ist nur die Seitenkette am C-17. Die folgenden Formelausschnitte zeigen die Unterschiede:

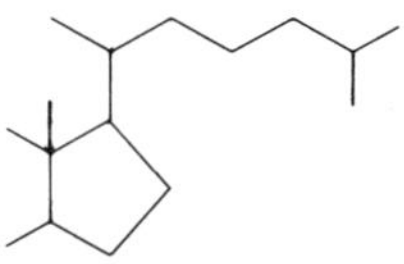

Cholesterin

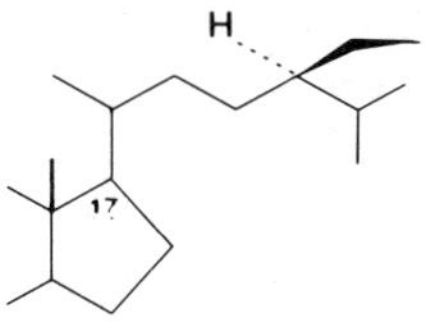

(3.102)

Sitosterin (24-α-Ethylcholesterin)

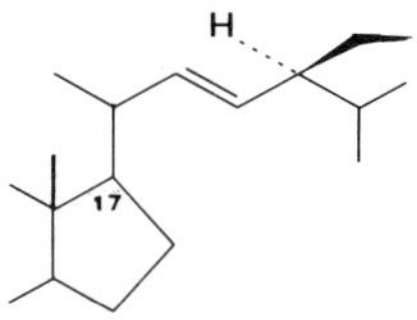

(3.103)

Stigmasterin

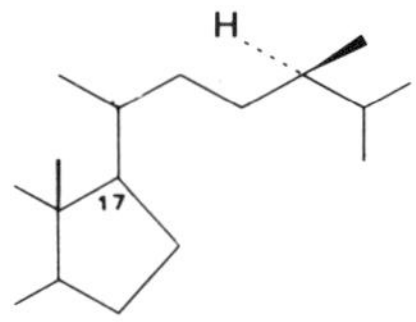

(3.104)

Campesterin (24-α-Methylcholesterin)

Als Derivat des Sitosterins kann das Δ^5-Avenasterin aufgefaßt werden:

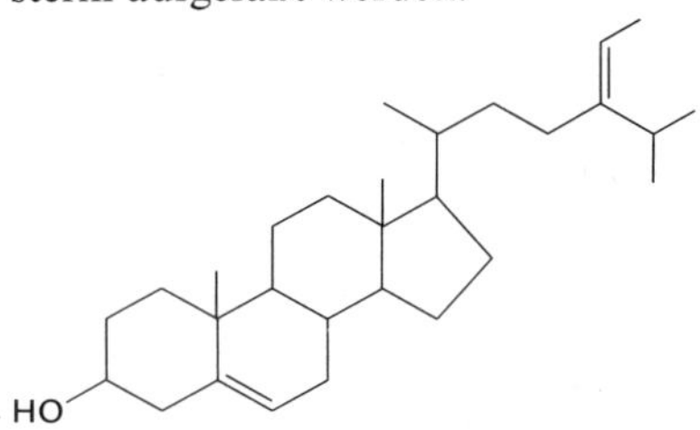

(3.105)

Δ^5-Avenasterin

Tabelle 3.47. Mittlere Sterinzusammensetzung von Pflanzenölen[a]

Verbindung	Sonnenblumen	Erdnuß	Soja	Baumwollsaat	Mais	Oliven	Palm
Cholesterin	0,5	6,2	0,5	0,5	0,5	0,5	0,5
Brassicasterin	0,5	0,5	0,5	0,5	0,5	0,5	0,5
Campesterin	242	278	563	276	2655	19	88
Stigmasterin	236	145	564	17	499	0,5	42
β-Sitosterin	1961	1145	1317	3348	9187	732	252
Δ^5-Avenasterin	163	253	46	85	682	78	0,5
Δ^7-Stigmasterin	298	0,5	92	0,5	96	0,5	51
Δ^7-Avenasterin	99	34	63	18	102	30	0,5
24-Methylencycloartenol	204	0,5	53	0,5	425	580	0,5

[a] Angaben in mg/kg.

Neben den Δ^5- kommen Δ^7-Sterine in den Pflanzenlipiden vor; zwei Beispiele sind:

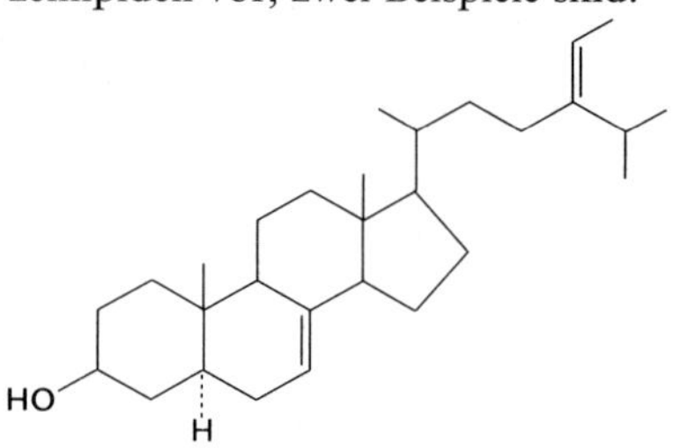

(3.106)

Δ^7-Avenasterin

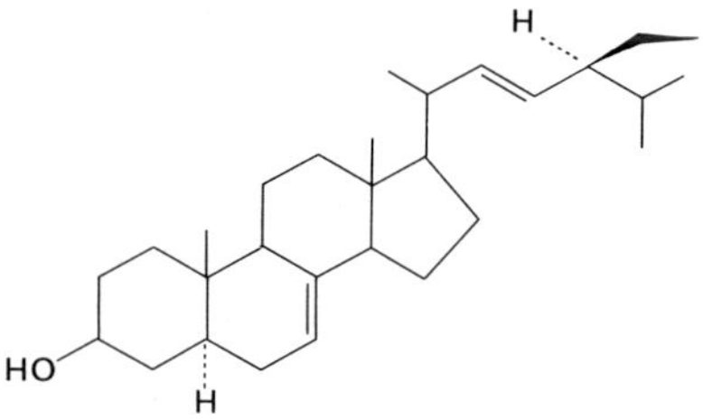

(3.107)

Δ^7-Stigmasterin

Der Anteil der Sterine liegt bei den Pflanzenfetten zwischen 0,15% und 0,9%; Sitosterin tritt als Hauptkomponente auf (Tab. 3.47).
Zur Identifizierung der Bestandteile von Fettmischungen wurden aus den Daten über die Hauptsterine Quotienten berechnet. So dient zum Nachweis von Kakaobutterverfälschungen das Verhältnis Stigmasterin/Campesterin, das sowohl im Kokosfett als auch in einer Reihe von Kakaobutteraustauschfetten wesentlich kleiner ist als in der Kakaobutter (Tab. 3.48). Zum Nachweis pflanzlicher Fette in tierischen wird die Sterinfraktion auf das Vorliegen der sogenannten Phytosterine (z. B. Sito- und Campesterin) untersucht.

Tabelle 3.48. Gehalt an Sterinen und Quotient Stigmasterin/Campesterin in verschiedenen Fetten

Fett	Sterine g/kg	% Stigmasterin / % Campesterin
Kakaobutter	1,8	2,8–3,5
Salfett[a]	3	0,98
Tenkawang[a]	2,15	0,42–0,55
Illexao 30–90[b]	1,15	–[d]
Palmöl	0,67	0,43
Palmkernfett	0,81	1,28
Coberine[c]		0,31–0,60
Choclin[c]		0,38
Kaobien[c]		0,56
Kokosfett	0,75	1,47

[a] Kakaobutteraustauschfett (cf. 14.3.2.2.3).
[b] Handelsname für Sheastearin.
[c] Handelsname für Kakaobutterersatzfett aus Palmölmittelfraktion und Sheafett.
[d] Enthält kein Stigmasterin.

3.8.2.3.2 Methyl- und Dimethylsterine

Sterine, die am C-Atom 4 eine α-ständige Methylgruppe tragen, kommen in Pflanzenölen verbreitet vor. Hauptverbindungen sind:

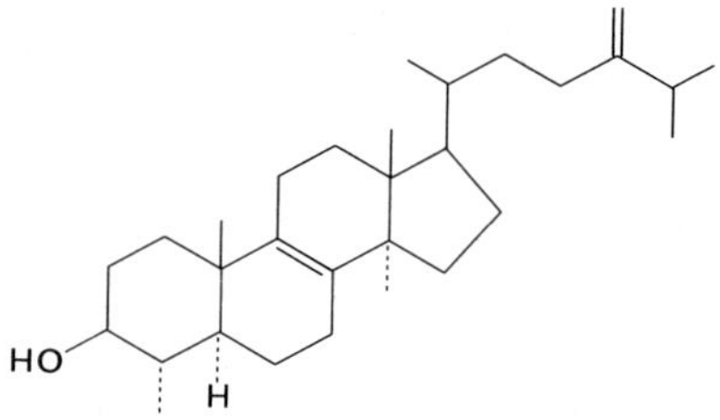

(3.108)

4α,14α-Dimethyl-24-methylen-5α-cholest-8-en-3β-ol (Obtusifoliol)

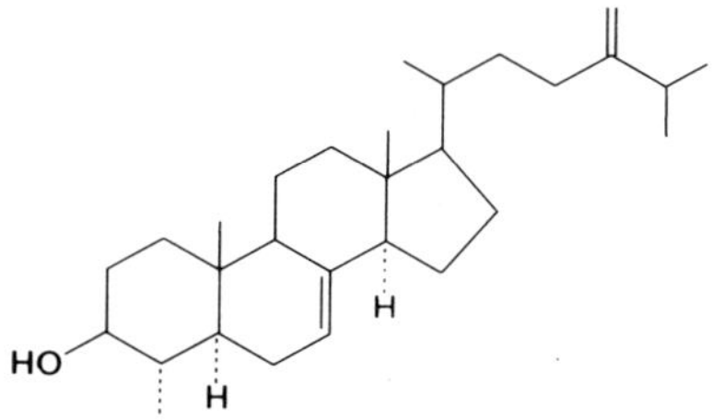

(3.109)

4α-Methyl-24-methylen-5α-cholest-7-en-3β-ol (Gramisterol)

Bei gaschromatographisch-massenspektrometrischen Untersuchungen der Sterinfraktion hat man auch 4,4-Dimethylsterine, zum Teil mit mehreren sauerstoffhaltigen Substituenten in vielen Pflanzenölen identifiziert:

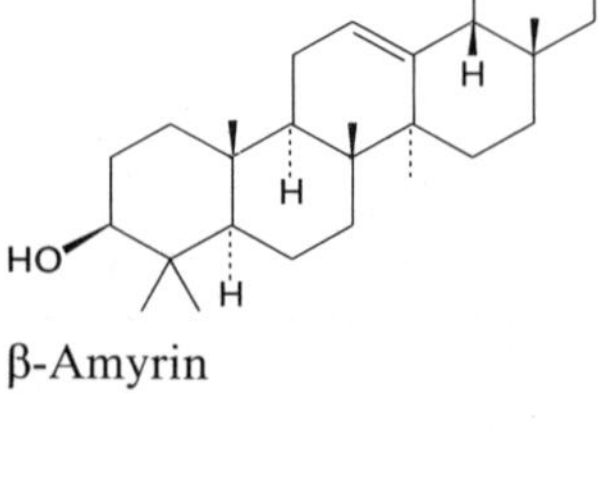

(3.110)

β-Amyrin

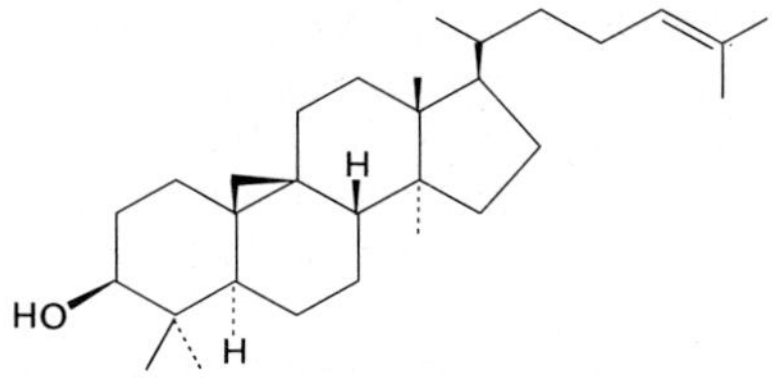

Cycloartenol

(3.111)

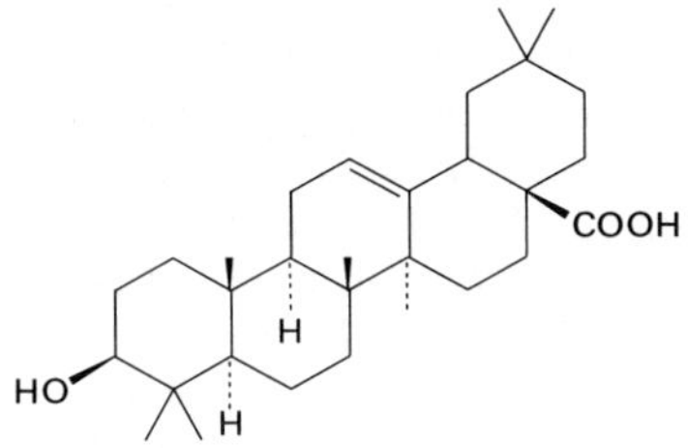

Oleanolsäure

(3.112)

Die hier aufgeführte Oleanolsäure ist als Inhaltsstoff des Olivenöls schon seit längerer Zeit bekannt. Auch die Methyl- und Dimethylsterine sind zur Bestimmung der Herkunft von Fetten von Bedeutung (cf. Abb. 3.39).

3.8.2.4 Analyse

Zum qualitativen Nachweis von Sterinen wird mit dem Fett oder dem „Unverseifbaren" die Reaktion nach *Liebermann-Burchard* ausgeführt. Von dem Test sind verschiedene Varianten entwickelt worden, die in Abhängigkeit von der Struktur des Sterins und des verwendeten Oxidationsmittels grüne oder rote Farbstoffe ergeben. Besonders empfindlich ist die Reaktion, wenn $Fe^{3\oplus}$-Ionen an Stelle von SO_3 als Oxidationsmittel verwendet werden. Die Umwandlung des Sterins in die Farbstoffe beruht auf der in Abb. 3.38 dargestellten Reaktionsfolge. Deutlich wird hier, warum mit dem Test nur Sterine nachgewiesen werden können, die wie das Cholesterin eine Doppelbindung im Ringsystem enthalten.
Dünnschichtchromatographisch lassen sich die Sterine u. a. als 3,5-Dinitrobenzoate trennen und

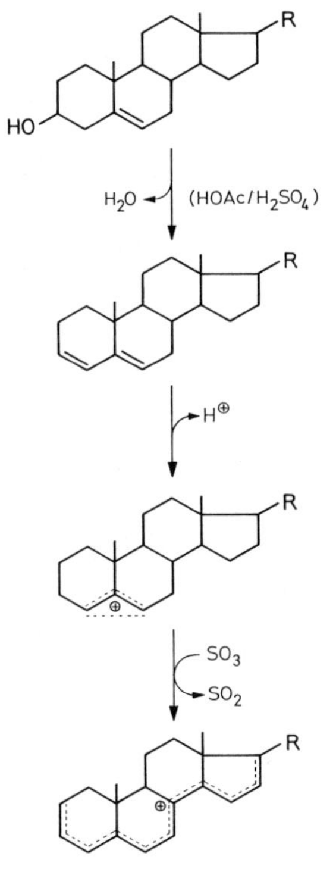

Pentaenylkation (λ_M: 620 nm)

Abb. 3.38. Nachweis von Sterinen nach *Liebermann-Burchard:* Entstehung des Farbstoffs

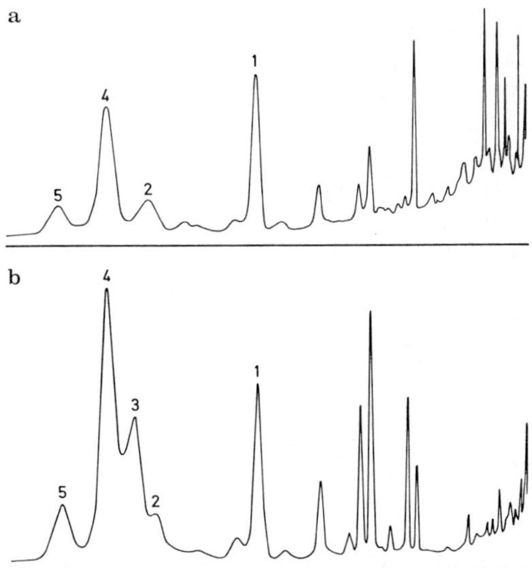

Abb. 3.39. Gaschromatographische Trennung der Triterpenalkohol-Fraktion (nach Silylierung) aus Kakaobutter (**a**) und Kakaobutter +2% Coberine (**b**) (nach *A. Fincke,* 1976). Peak 1: Cholesterin (als Bezugssubstanz zugesetzt); Peak 2: β-Amyrin; Peak 3: Butyrospermol u. α-Amyrin; Peak 4: Cycloartenol; Peak 5: 24-Methylencycloartenol

nach Reaktion mit 1,3-Diaminopropan als *Meisenheimer*-Addukte sehr empfindlich quantitativ erfassen. Universeller anwendbar ist die gaschromatographische Analyse der silylierten Sterine. Eine Anwendung, den Nachweis von 2% Coberine in Kakaobutter zeigt Abb. 3.39.
Der Eigehalt (genauer Eidottergehalt) von Eierteigwaren kann aus dem Cholesteringehalt, der am besten gaschromatographisch bestimmt wird, berechnet werden.
Für die Bestimmung der D-Vitamine sind spezielle Verfahren entwickelt worden. Bei der Durchführung ist die Empfindlichkeit dieser Substanzen gegenüber Licht besonders zu beachten. Eine chemische Bestimmung umfaßt die dünnschichtchromatographische Auftrennung des Unverseifbaren, Elution des Vitamin D von der Platte und fotometrische Auswertung des nach Umsetzung mit Antimon(III)-chlorid entstehenden Farbstoffs. Möglich ist auch die Anwendung der HPLC.

3.8.3 Tocopherole und Tocotrienole

3.8.3.1 Struktur, Bedeutung

Die Methylderivate des Tocols, eines 2-Methyl-2 (4′,8′,12′-trimethyl-tridecyl)-chroman-6-ols, werden als Tocopherole bezeichnet. Daneben kommen die entsprechenden Methylderivate des Tocotrienols vor.
Je vier Tocopherole und Tocotrienole, deren chemische Strukturen in Abb. 3.40 zusammengestellt sind, wurden vorzugsweise in Cerealien, Nüssen und Ölsaaten nachgewiesen. Diese zu den *Redoxlipiden* gehörenden Substanzen sind unter ernährungsphysiologischen und analytischen Gesichtspunkten interessant. Als Antioxidantien (cf. 3.7.3.2.1) verlängern sie die Lagerstabilität fetthaltiger Lebensmittel. Die Bedeutung der Tocopherole als Vitamin E wird unter 6.2.3 behandelt.
Von den in den Ölsaaten vorkommenden Tocopherolen überstehen 60–70% die Raffination (cf. 14.4.1) und erscheinen in den Speisefetten (Tab. 3.49). Einige Ölsorten, deren Fettsäurezusammensetzung ähnlich ist, können auf Grund des charakteristischen Tocopherolspektrums unterschieden werden. Dazu zwei Beispiele: Im Weizenkeimöl ist der Anteil des β-Tocopherols an der Tocopherolfraktion besonders hoch (Tab. 3.49) und somit ein Indikator für dieses Öl. Ein Zusatz von Soja- zu einem Sonnenblumenöl ist zwar aus der Erhöhung der Linolensäure zu erkennen (cf. 14.5.2.3). Ein endgültiges Urteil darüber, ob und wieviel Sojaöl im Sonnenblumenöl vorliegt, ist aber nur über eine Analyse der Tocopherolzusammensetzung möglich. Das Tocopherolmuster ist auch zur Unterscheidung von Mandel- und Aprikosenkernöl geeignet (Tab. 3.49), die in der Fettsäurezusammensetzung sehr ähnlich sind. Verfälschungen von Marzipan mit Persipan können somit durch eine Analyse der Tocopherole erkannt werden.

3.8.3.2 Analyse

Bei der Isolierung der Tocopherole treten sehr leicht Verluste durch Oxidation auf. Speiseöle

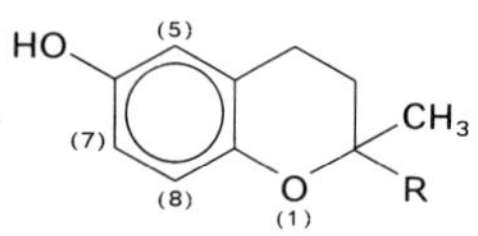

Tocol $R = H_2C{-}CH_2{-}CH_2{-}CH(CH_3){-}CH_2{-}CH_2{-}CH_2{-}CH(CH_3){-}CH_2{-}CH_2{-}CH_2{-}CH(CH_3){-}CH_3$

Tocotrienol $R = H_2C{-}CH_2{-}CH{=}C(CH_3){-}CH_2{-}CH_2{-}CH{=}C(CH_3){-}CH_2{-}CH_2{-}CH{=}C(CH_3){-}CH_3$

Substitution	*Tocopherole* (T)	*Tocotrienole* (T-3)
5,7,8-Trimethyl	α-T	α-T-3
5,8-Dimethyl	β-T	β-T-3
7,8-Dimethyl	γ-T	γ-T-3
8-Methyl	δ-T	δ-T-3

Abb. 3.40. In Lebensmitteln vorkommende Tocopherole und Tocotrienole

Tabelle 3.49. Tocopherole und Tocotrienole in Pflanzenölen[a]

Öl	α-T	α-T-3	β-T	β-T-3	γ-T	γ-T-3	δ-T	δ-T-3
Sonnenblumen	56,4	<0,02	2,45	0,2	0,4	0,02	0,09	
Erdnuß	14,1	<0,02	0,4	0,4	13,1	0,03	0,92	
Soja	17,9	<0,02	2,80	0,4	60,4	0,08	37,1	
Baumwollsaat	40,3	<0,02	0,2	0,9	38,3	0,09	0,5	
Mais	27,2	5,4	0,2	1,1	56,6	6,2	2,5	
Oliven	9,0	<0,02	0,2	0,4	0,5	0,03	0,04	
Palm (roh)	20,6	39,2	<0,1	2,5	<0,1	42,6	2,6	10,1
Weizenkeim	133,0	<2,6	71,0	18,1	26,0		27,1	
Mandel	20,7		0,3		0,9			
Aprikosenkern	0,5				22,4		0,3	
Pfirsichkern	6,4		1,3		1,0			
Kakaobutter	0,3		<0,1		5,3		<0,1	
Palmölmittelfraktion	<0,1		<0,1		0,43		<0,1	
Sheafettstearin	<0,1		<0,1		0,43		<0,1	

[a] Mittlere Zusammensetzung; Angaben in mg/100 g.

werden deshalb bei Raumtemperatur in Aceton gelöst, das z. B. etwas Ascorbylpalmitat als Antioxidans enthält. Die Hauptmenge der Triacylglyceride kann durch Kristallisation bei −80 °C abgetrennt werden. Die in Lösung verbleibenden Tocopherole werden dünnschicht- oder gaschromatographisch (nach Silylierung der HO-Gruppe) oder durch HPLC (Abb. 3.41) bestimmt. Fotometrisch werden die Tocopherole über ihre Absorption im UV erfaßt. Empfindlicher sind sowohl die Fluorometrie als auch ein älteres kolorimetrisches Verfahren nach *Emmerie* und *Engel*. Es beruht auf der Reduktion von Fe(III)-Ionen durch die Tocopherole zu Fe(II)-Ionen, die mit 2,2′-Bipyridyl einen intensiv rot gefärbten Komplex bilden.

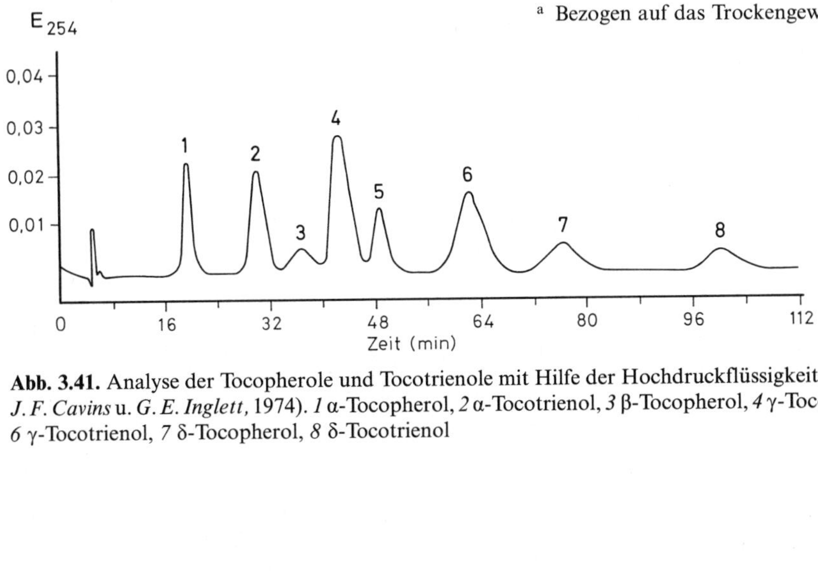

Abb. 3.41. Analyse der Tocopherole und Tocotrienole mit Hilfe der Hochdruckflüssigkeitschromatographie (nach *J. F. Cavins* u. *G. E. Inglett*, 1974). *1* α-Tocopherol, *2* α-Tocotrienol, *3* β-Tocopherol, *4* γ-Tocopherol, *5* β-Tocotrienol, *6* γ-Tocotrienol, *7* δ-Tocopherol, *8* δ-Tocotrienol

3.8.4 Carotinoide

Polyen-Kohlenwasserstoffe, die aus acht Isopreneinheiten aufgebaut sind (Tetraterpene) und dementsprechend ein Skelett von 40 C-Atomen besitzen, verleihen zahlreichen pflanzlichen Lebensmitteln (Tab. 3.50) eine intensive gelbe,

Tabelle 3.50. Vorkommen von Carotinoiden

Lebensmittel	Konzentration (ppm)[a]	Lebensmittel	Konzentration (ppm)[a]
Mohrrüben	54	Pfirsiche	27
Spinat	26–76	Äpfel	0,9–5,4
Tomaten	51	Erbsen	3–7
Aprikosen	35	Zitronen	2–3

[a] Bezogen auf das Trockengewicht.

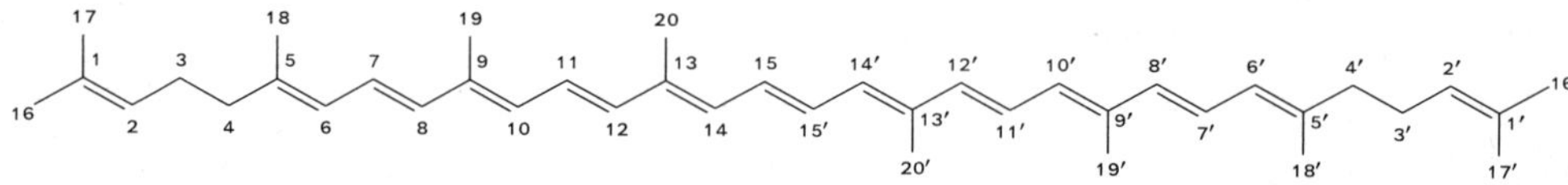

(3.113)

orange oder rote Färbung. Die zusammenfassend als Carotinoide bezeichneten Verbindungen werden nur in Pflanzen synthetisiert (vgl. Lehrbücher der Biochemie), gelangen aber über das Futter auch in tierische Gewebe und werden dort mitunter modifiziert und gespeichert. Ein bekanntes Beispiel ist das Hühnerei, dessen Dotter durch Carotinoide gefärbt ist.
Bei grünen Pflanzen werden die Carotinoide von den Chlorophyllen verdeckt.

3.8.4.1 Chemische Struktur, Vorkommen

Von der Grundstruktur der C_{40}-Carotinoide (s. Formel 3.113) lassen sich die verschiedenen Carotine durch Hydrierung, Dehydrierung und/oder Cyclisierung ableiten, wobei die zuletzt genannte Reaktion an einer oder an beiden Endgruppen vorkommen kann. Die Unterschiede in der C_9-Endgruppe werden mit griechischen Buchstaben bezeichnet (s. Formel 3.114).

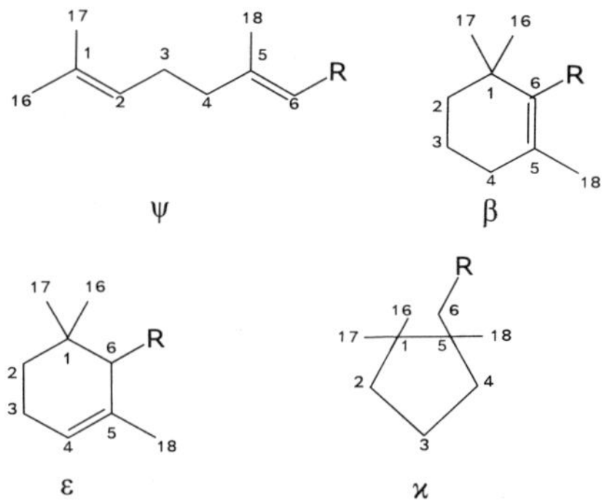

(3.114)

Bei halbsystematischen Stoffnamen werden jeweils zwei griechische Buchstaben der Stammbezeichnung „Carotin" vorgesetzt, die die Struktur der beiden Endgruppen angeben (z. B. III, IV, VI, X). Bezeichnungen wie α-, β-, γ-Carotin sind Trivialnamen.
Die Carotinoide klassifiziert man in zwei Hauptgruppen, die Carotine und Xanthophylle. Im Unterschied zu den Carotinen, bei denen es sich um reine Polyen-Kohlenwasserstoffe handelt, kommen in den Xanthophyllen auch Sauerstofffunktionen (Hydroxy-, Epoxy-, Oxo-Gruppen) vor. Im folgenden werden einige für Lebensmittel wichtige Verbindungen vorgestellt.

3.8.4.1.1 Carotine

Acyclische Carotine

s. Formeln 3.115–3.118

Die Carotine I, II und III sind Intermediate, aus denen durch fortschreitende Dehydrierung das Lycopin (IV) biosynthetisiert wird (vgl. Lehrbücher der Biochemie). In den roten Tomatensorten ist Lycopin und in den gelben ist eine der Vorstufen des Lycopins (eventuell gemeinsam mit β-Carotin) der Hauptfarbstoff (Tab. 3.51).

Tabelle 3.51. Carotine (ppm) in verschiedenen Tomatensorten

Sorte	Phytoen (I)	Phytofluen (II)	β-Carotin (VII)	ξ-Carotin (III)	γ-Carotin (V)	Lycopin (IV)
Campbell	24,4	2,1	1,4	0	1,1	43,8
Ace Yellow	10,0	0,2	Spur	0	0	0
High Beta	32,5	1,7	35,6	0	0	0
Jubilee	68,6	9,1	0	12,1	4,3	5,1

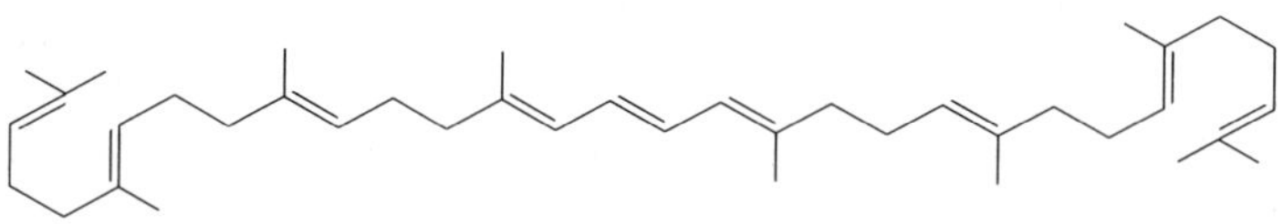

(3.115)

Phytoen (I)

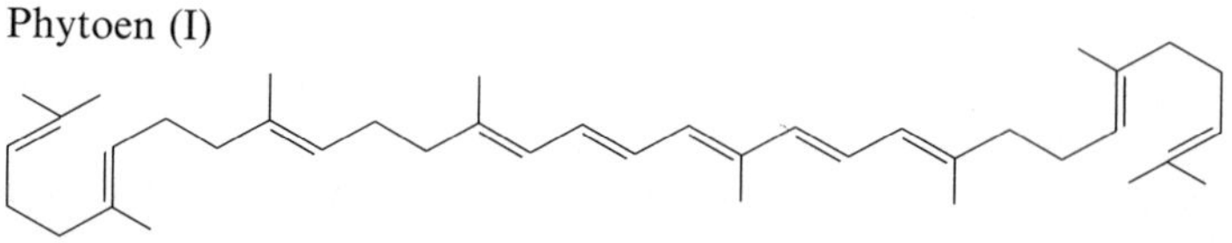

(3.116)

Phytofluen (II)

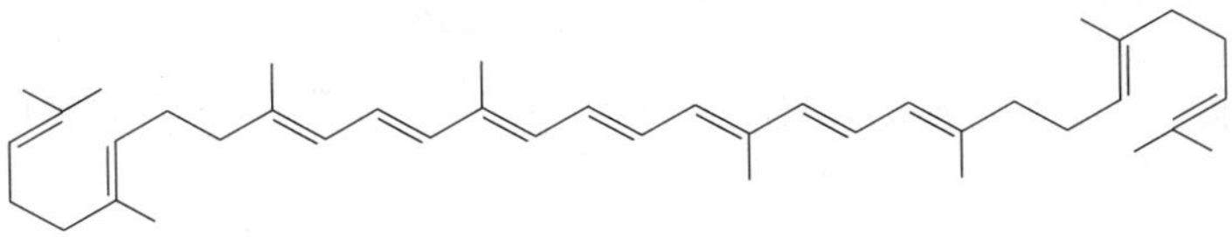
(3.117)

ξ-Carotin (7,8,7′,8′-Tetrahydro-ψ,ψ-carotin) (III)

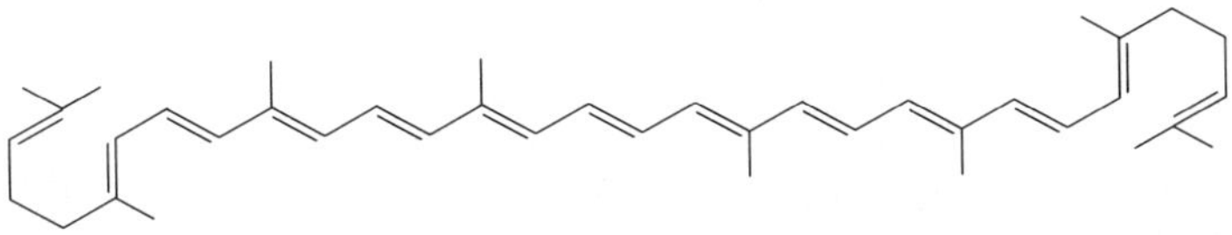
(3.118)

Lycopin (ψ,ψ-Carotin) (IV)

Monocyclische Carotine

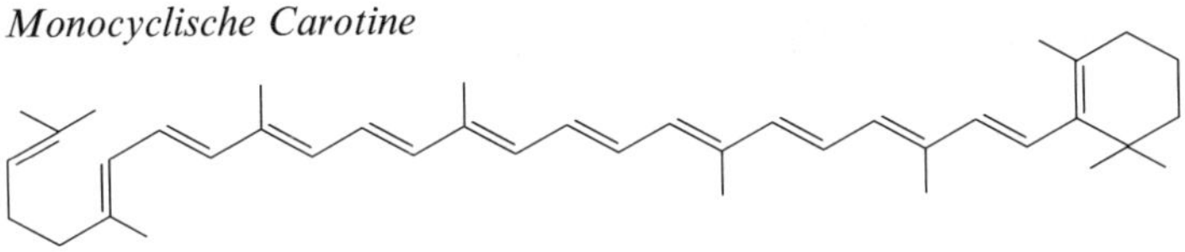
(3.119)

γ-Carotin (V)

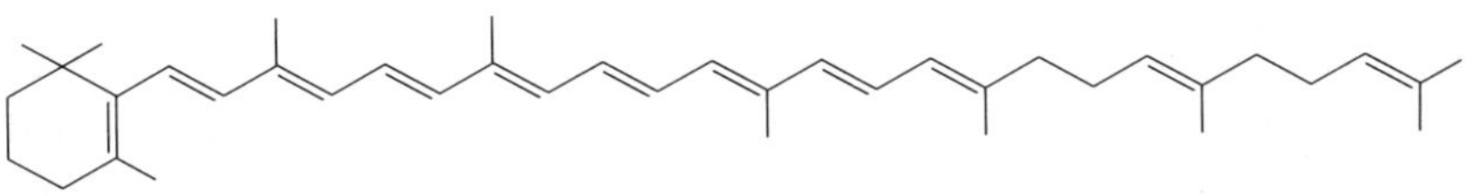
(3.120)

β-Zeacarotin (V a)

Bicyclische Carotine

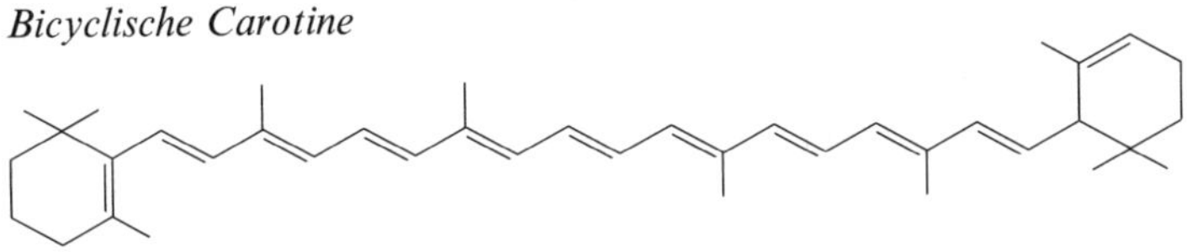
(3.121)

α-Carotin (β,ε-Carotin) (VI)

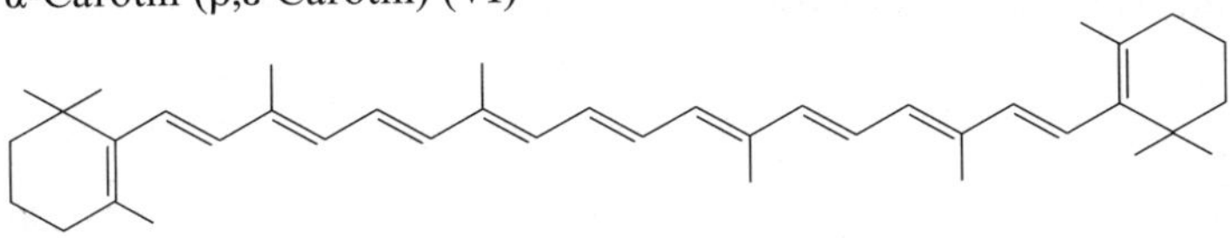
(3.122)

β-Carotin (β,β-Carotin) (VII)
Die Bedeutung des β-Carotins als Vorläufer von Vitamin A wird unter 6.2.1 behandelt.

3.8.4.1.2 Xanthophylle

Hydroxyverbindungen

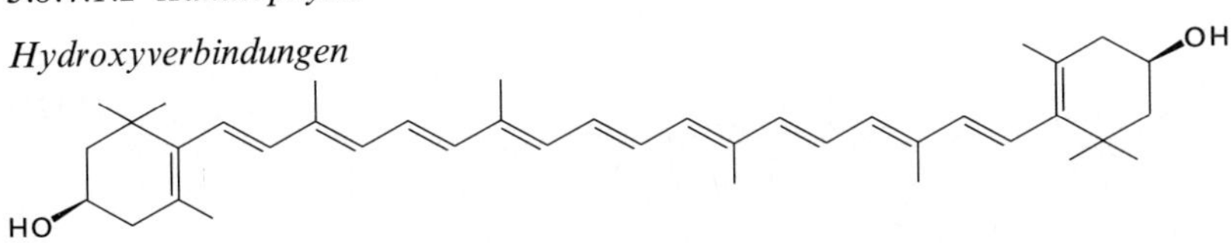

(3.123)

Zeaxanthin (β,β-Carotin-3,3′-diol) (VIII) kommt u. a. im Mais vor.

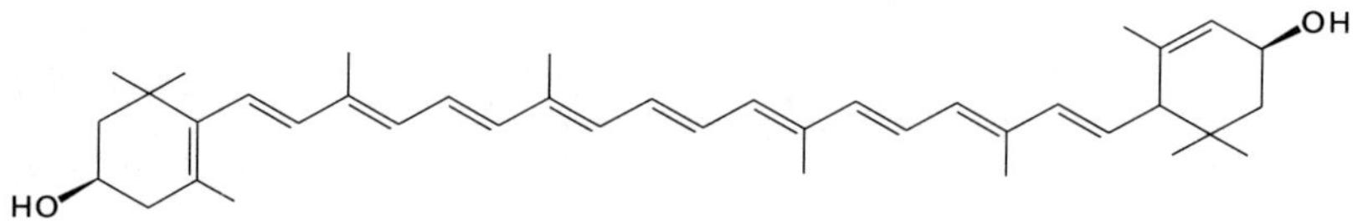

(3.124)

Lutein (β,ε-Carotin-3,3′-diol) (IX) verbreitet in grünen Blättern, auch im Eidotter.

Oxoverbindungen

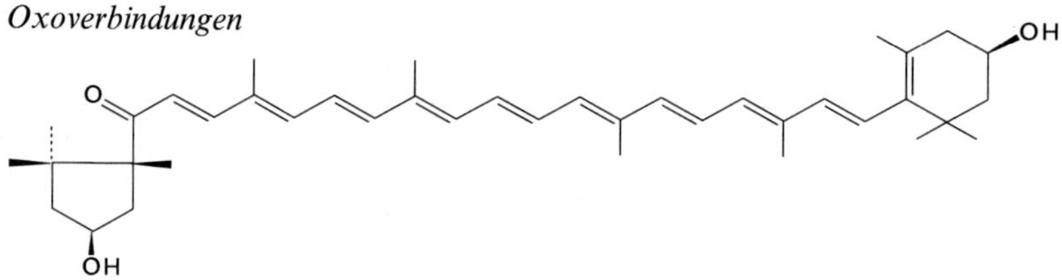

(3.125)

Capsanthin (3,3′-Dihydroxy-β,κ-carotin-6′-on) (X); Hauptcarotinoid der Paprikafrucht.

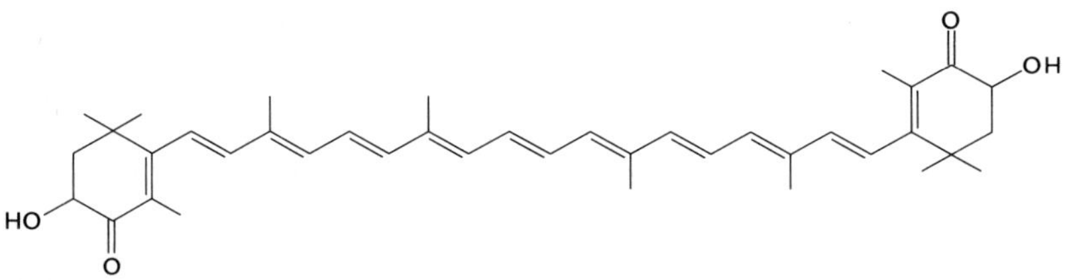

(3.126)

Astaxanthin (XI); in Krebsen bildet es durch Kombination mit Proteinen drei blaue (α-, β- und γ-Crustacyanin) und einen gelben Farbstoff. Beim Erhitzen von Krebsen wird aus den grün erscheinenden Carotinoid-Proteinen das rote Astaxanthin freigesetzt.

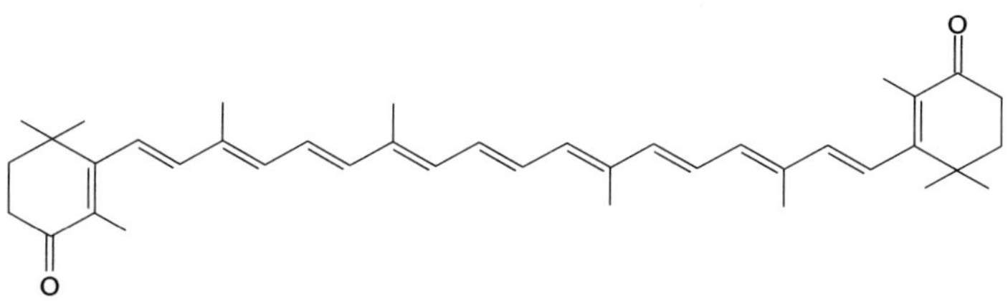

(3.127)

Canthaxanthin (XII); Anwendung als Lebensmittelfarbstoff (cf. 3.8.4.5).

Epoxyverbindungen

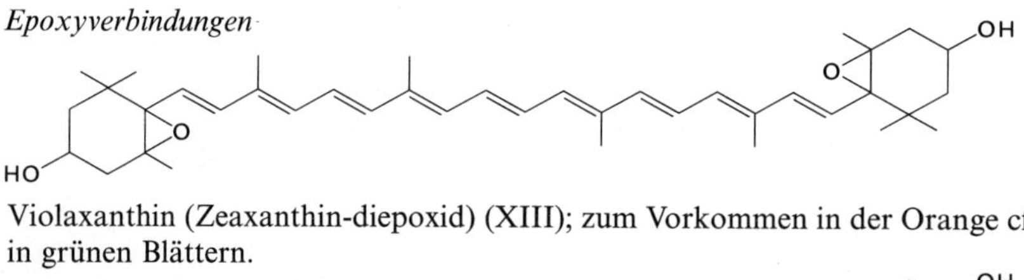

(3.128)

Violaxanthin (Zeaxanthin-diepoxid) (XIII); zum Vorkommen in der Orange cf. Tab. 3.52, verbreitet in grünen Blättern.

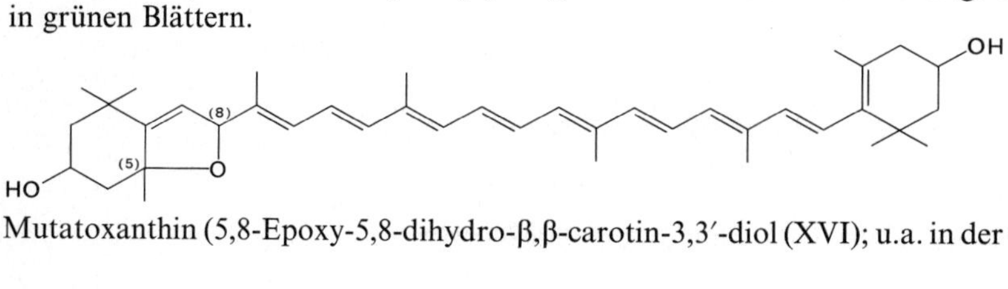

(3.129)

Mutatoxanthin (5,8-Epoxy-5,8-dihydro-β,β-carotin-3,3′-diol (XVI); u.a. in der Orange (cf. Tab. 3.52).

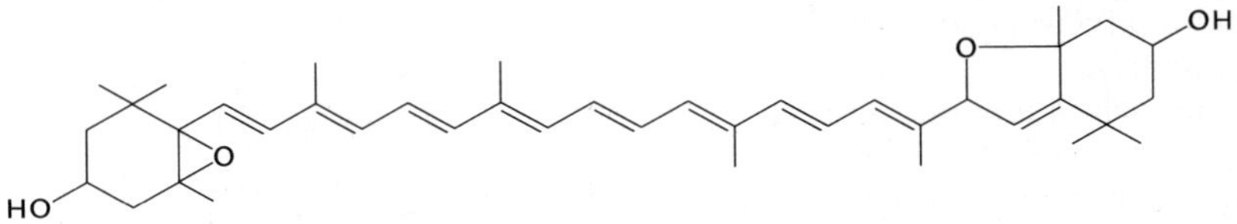

(3.130)

Luteoxanthin (XIV); Hauptcarotinoid der Orange (cf. Tab. 3.52).

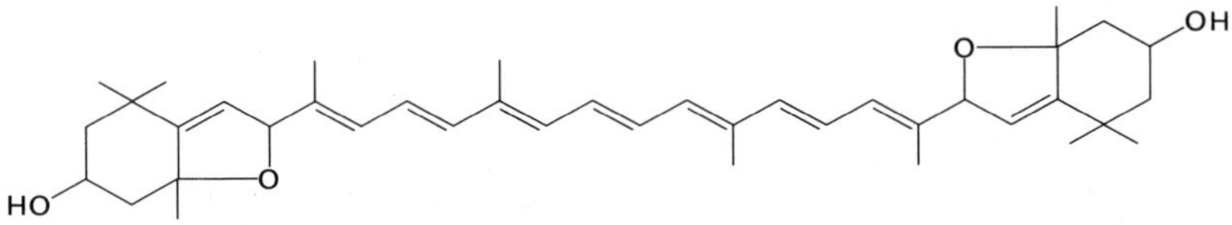

(3.131)

Auroxanthin (XV); Bestandteil der Orange (cf. Tab. 3.52).

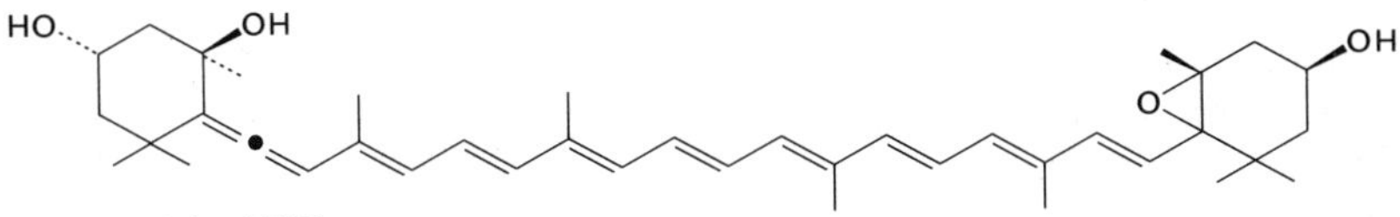

(3.132)

Neoxanthin (XX)

Carbonsäuren u. Ester

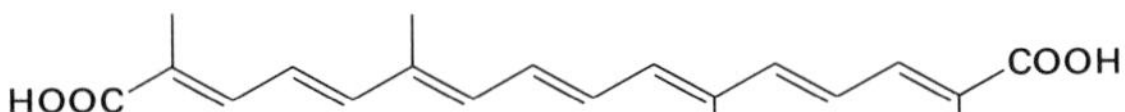

(3.133)

Crocetin (XVII); im Safranfarbstoff Crocin sind beide Carboxylgruppen des Crocetins mit dem Disaccharid Gentiobiose verknüpft. Crocin ist deshalb in Wasser löslich.

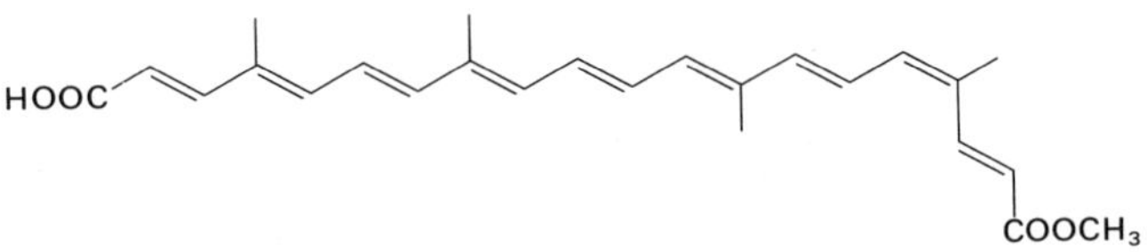

(3.134)

Bixin (XVIII); Hauptpigment des Anatto-Extraktes (cf. 3.8.4.5). Eine Doppelbindung der Verbindung ist cis-konfiguriert.

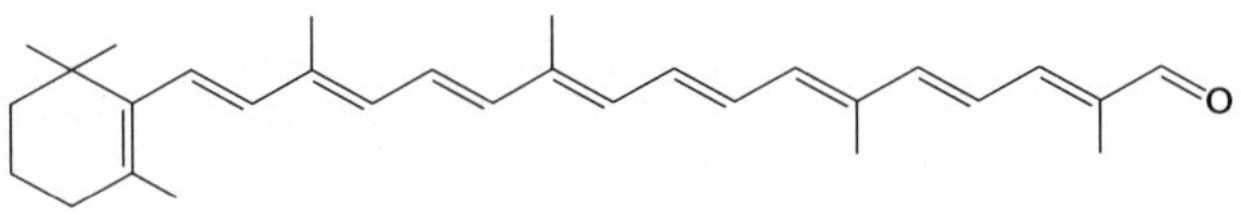

(3.135)

β-apo-8′-Carotinal* (XIX).

In den Pflanzen kommen in der Regel komplex zusammengesetzte Carotinoidgemische vor; z. B. wurden in der Orange mehr als 50 Verbindungen identifiziert, von denen in Tab. 3.52 diejenigen aufgeführt sind, deren Anteil 5% übersteigt.

* Das Präfix „apo“ weist auf das Carotinoid hin, aus dem die Verbindung durch den Abbau eines Strukturteils entstanden ist.

3.8.4.2 Physikalische Eigenschaften

Carotinoide sind in apolaren Lösungsmitteln und damit auch in den Speisefetten gut und in Wasser nicht löslich. Sie werden deshalb als „Lipochrome“ bezeichnet. Extrahiert werden die Carotinoide mit Petrolether, Ether oder Benzol; für die Xanthophylle sind auch Ethanol und Aceton geeignet.

Die Elektronenanregungsspektren der Caroti-

noide sind für die Strukturaufklärung und Analytik von besonderem Interesse.
Die Spektren der Carotine zeigen drei Maxima, deren Wellenlängen von der Anzahl der konjugierten Doppelbindungen abhängen (Tab. 3.53). Die Feinstruktur ist beim acyclischen Lycopin (IV) besser ausgebildet als beim β-Carotin, denn die zuletzt genannte Verbindung ist nicht mehr vollständig planar.
Die Methylgruppen der Ringe und die der Polyenkette stören sich. Diese sterischen Effekte verhindern eine vollständige Überlappung der π-Orbitale, so daß eine hypsochrome Verschiebung der Lichtabsorption zu beobachten ist (Abb. 3.42, a).
Oxogruppen in Konjugation zum Polyensystem verschieben die Lichtabsorption bathochrom und heben die Feinstruktur auf (Abb. 3.42, b). Hydroxygruppen sind ohne Einfluß. Ein Wechsel des Lösungsmittels verändert die Lage der Maxima im Spektrum, z. B. führt ein Übergang vom Hexan zu Ethanol zu einer bathochromen Verschiebung.
Bei der überwiegenden Mehrzahl der natürlich vorkommenden Carotinoide handelt es sich um all-trans Verbindungen. Wird eine Doppelbindung in die cis-Konfiguration umgelagert, so verschieben sich die Maxima geringfügig, und es tritt eine Nebenbande („cis-Bande") bei kürzeren Wellenlängen auf.

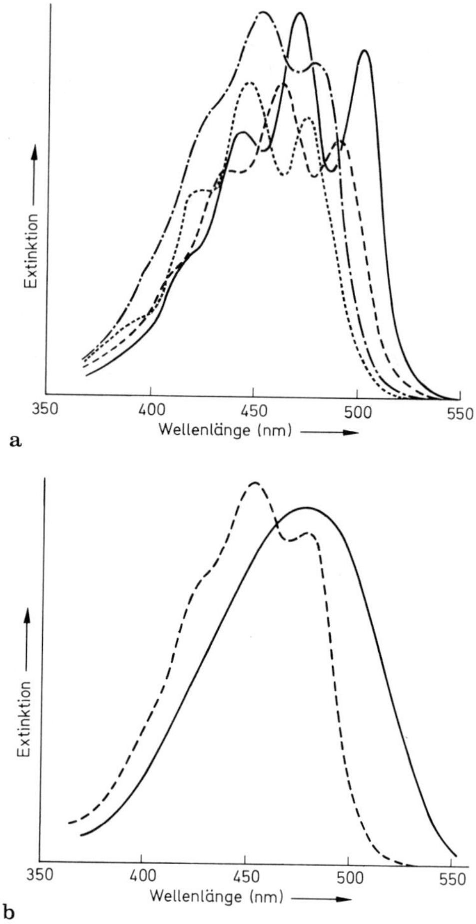

Abb. 3.42. Elektronenanregungsspektren von Carotinoiden. (Nach *O. Isler,* 1971)
a —— Lycopin (IV), ---- γ-Carotin (V), ····· α-Carotin (VI), –·–·–·– β-Carotin (VII); **b** Canthaxanthin (XII) vor —— und nach ---- der Reduktion der Oxo-Gruppen mit $NaBH_4$

Tabelle 3.52. Hauptkomponenten der Carotinoidfraktion aus Orangensaft

Verbindung	Anteil an den Carotinoiden (%)
Phytoen (I)	13
ξ-Carotin (III)	5,4
Cryptoxanthin (3-Hydroxy-β-carotin)	5,3
Antheraxanthin (5,6-Epoxyzeaxanthin)	5,8
Mutatoxanthin (XVI)	6,2
Violaxanthin (XIII)	7,4
Luteoxanthin (XIV)	17,0
Auroxanthin (XV)	12,0

Tabelle 3.53. Wellenlängen maximaler Lichtabsorption von Carotinen

Verbindung	Konjugierte Doppelbindungen	Wellenlängen (Petrolether) (nm)		
A. Einfluß der Zahl der konjugierten Doppelbindungen				
Phytoen (I)	3	275	285	296
Phytofluen (II)	5	331	348	367
ξ-Carotin (III)	7	378	400	425
Neurosporen	9	416	440	470
Lycopin (IV)	11	446	472	505
B. Einfluß der Ringstruktur				
γ-Carotin (V)	11	431	462	495
β-Carotin (VII)	11	425[a]	451	483

[a] Maximum nicht mehr eindeutig (cf. Abb. 3.42).

Tabelle 3.54. Aromastoffe, die primär beim oxidativen Abbau von Carotinoiden entstehen

Vorläufer	Aromastoff	Vorkommen
Lycopin (I)	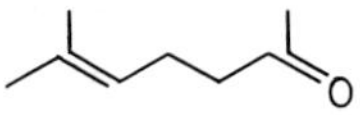 6-Methyl-5-hepten-2-on	Tomate
	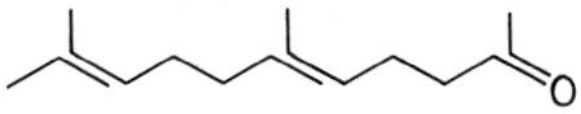 6,10-Dimethyl-5,9-undecadien-2-on	Tomate
	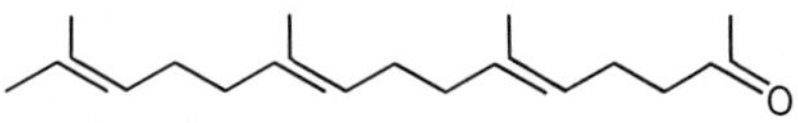 6,10,14-Trimethyl-5,9,13-pentadecadien-2-on	Tomate
Dehydrolycopin	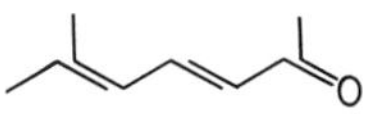 6-Methyl-3,5-heptadien-2-on	Tomate
β-Carotin (VII)	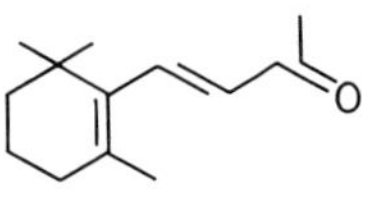 β-Ionon[a]	
β-Carotin-5,6-epoxid	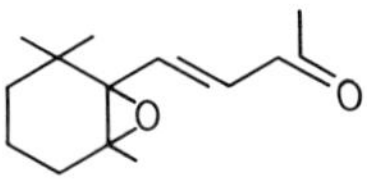 β-Ionon-5,6-epoxid	Tomate, Himbeere, Brombeere, Passionsfrucht, Schwarzer Tee
α-Carotin (VI)	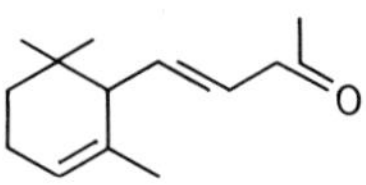 α-Ionon[a]	

[a] Geruchsschwellen cf. 5.1.3.

3.8.4.3 Chemische Eigenschaften

Carotinoide sind sehr empfindlich gegenüber Sauerstoff und Licht. Fehlen diese Faktoren, dann sind die Carotinoide auch bei höheren Temperaturen in Lebensmitteln stabil. Beschleunigt wird der Abbau der Carotinoide durch die radikalischen Intermediate, die bei der Lipidperoxidation auftreten (cf. 3.7.2). Besonders deutlich wird das Phänomen der Co-Oxidation bei bestimmten Lipoxygenasen (cf. 3.7.2.2).

Die auf einem oxidativen Abbau der Carotinoide beruhenden Veränderungen in der Farbe treten insbesondere bei Paprika- und Tomatentrockenprodukten, aber auch bei der Mehlbleichung (cf. 15.4.1.4.3) auf.

Der Farbumschlag rot → braun, der z. B. bei der Lagerung von Paprikapulver zu beobachten ist, beruht neben der *Maillard*-Reaktion auf einer Oxidation des Capsanthins (Abb. 3.43) und auf im einzelnen noch nicht geklärten Polymerisationsreaktionen.

3.8.4.4 Vorläufer von Aromastoffen

Beim oxidativen Abbau der Carotinoide können Aromastoffe entstehen. In Tab. 3.54 sind einige

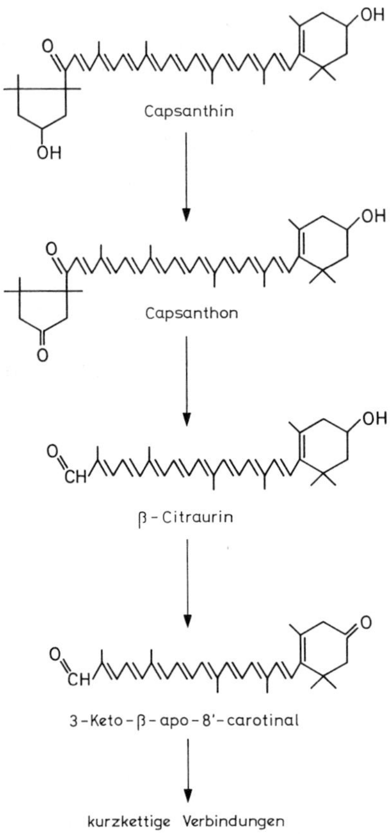

Abb. 3.43. Oxidativer Abbau des Capsanthins bei der Lagerung von Paprika. (Nach *T. Philip* u. *F. J. Francis*, 1971)

Verbindungen, ihre Vorläufer und die Lebensmittel zusammengestellt, in denen sie nachgewiesen worden sind. Das dort aufgeführte β-Ionon, das für das Aroma der Himbeere wesentlich ist, besitzt eine sehr niedrige Geruchsschwelle (14 ppb; Wasser). In getrockneten Mohrrüben verursachen höhere Konzentrationen an β-Ionon ein hier unerwünschtes „Veilchen-Aroma“.

Die aus dem Carotinabbau hervorgehenden ungesättigten Ketone oxidieren leicht weiter. Das Dihydroactinidiolid (Tab. 3.55) ist das Produkt einer solchen Folgereaktion des β-Ionons, während das 1,2-Dihydro-1,1,6-trimethylnaphthalin (Tab. 3.55) aus dem β-Iononepoxid oder dem 3-Oxo-β-ionon stammt.

Die weiteren in Tab. 3.55 angegebenen flüchtigen Verbindungen, die über unbekannte Reaktionen aus dem Stoffwechsel der Carotinoide hervorgehen, stehen auch in struktureller Beziehung zu

Tabelle 3.55. Flüchtige Verbindungen, deren Strukturen in Beziehung zum α- oder β-Ionon stehen

Verbindung	Vorkommen
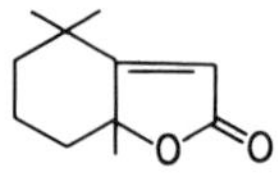 Dihydroactinidiolid	Schwarzer Tee, Tomate
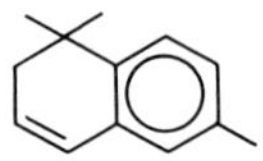 1,2-Dihydro-1,1,6-trimethylnaphthalin	Pfirsich, Erdbeere, Rotwein
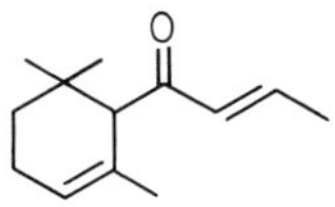 α-Damascon	Teeblätter
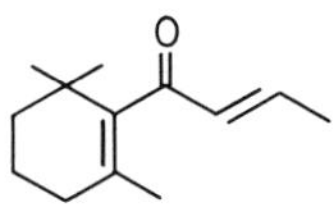 β-Damascon	Teeblätter
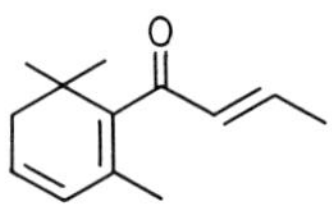 β-Damascenon[a]	Teeblätter, Himbeere, gekochter Apfel, Weintrauben, Bier, Kaffee
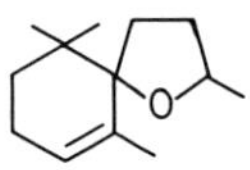 Theaspiran	Himbeere, Passionsfrucht, Teeblätter
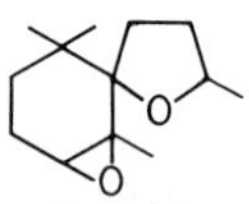 Theaspiran-4,5-epoxid	Schwarzer Tee
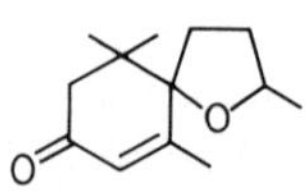 Theaspiron	Teeblätter, Passionsfrucht

[a] Geruchsschwelle cf. 5.1.3.

den Iononen. Die Damascone und das Damascenon sind wesentlich am Tabakaroma beteiligt. Theaspiron, dessen Konzentration in grünen Teeblättern 15 µg/kg beträgt, wird als Aromaverstärker für Schwarzen Tee, aber auch für andere Lebensmittel empfohlen.

3.8.4.5 Anwendungen in der Lebensmitteltechnik

Carotinoide werden u. a. zum Färben von Margarine, Eiscreme, Käsezubereitungen, Getränken, Soßen, Fleisch-, Süß- und Teigwaren eingesetzt. Zur Anwendung kommen Extrakte aus Pflanzen und einzelne Verbindungen.

3.8.4.5.1 Extrakte aus Pflanzen

Anatto ist ein gelber, öliger oder wäßrig-alkalischer Extrakt aus Samen des Raku- oder Orleanstrauches *(Bixa orellana)*. Die Hauptkomponenten sind Bixin (XVIII) und Norbixin, die bei der Hydrolyse des Bixins entstehende Dicarbonsäure. Oleoresin aus Paprika ist ein roter Ölextrakt, der ca. 50 Pigmente enthält. Der wäßrige Extrakt aus Safran *(Crocus sativus)* mit dem Hauptinhaltsstoff Crocin (XVII) ist u. a. zum Färben von Getränken, aber auch Gebäck geeignet.
Rohes Palmöl enthält 0,05–0,2% Carotinoide mit α- und β-Carotin im Verhältnis 2:3 als Hauptkomponenten. Es dient insbesondere zur Färbung von Margarine.

3.8.4.5.2 Einzelne Verbindungen

β-Carotin (VII), Canthaxanthin (XII), β-apo-8′-Carotinal (XIX) und die sich von der zuletzt genannten Verbindung ableitende Säure bzw. ihr Ethylester werden als Farbstoffe für fetthaltige Lebensmittel synthetisiert. Durch Kombination mit grenzflächenaktiven Stoffen können diese Carotinoide in Mikroemulsionen (cf. 8.15.1) überführt werden, die zur Färbung wasserhaltiger Lebensmittel geeignet sind.

3.8.4.6 Analyse

Aus der Lipidfraktion, die durch Extraktion des Lebensmittels mit Isopropanol/Petrolether (3:1 v/v) oder Aceton erhalten worden ist, werden die Carotinoide nach alkalischer Hydrolyse der Acyllipide mit dem „Unverseifbaren" isoliert. Zu beachten ist, daß es Ausnahmen von der Regel gibt, wonach Carotinoide alkalistabil seien. Kommen alkalilabile Carotinoide vor, so müssen die Acyllipide chromatographisch abgetrennt werden.

Tabelle 3.56. Auftrennung der Carotinoide in Verbindungsklassen durch Chromatographie an neutralem Aluminiumoxid (6% Wasser)
P: Petrolether, D: Diethylether

Elution mit	Carotinoide im Eluat
100% P	Carotine
5% D in P	Carotinepoxide
20–59% D in P	Monohydroxy-carotinoide
100% D	Dihydroxy-carotinoide
5% Ethanol in D	Dihydroxyepoxy-carotinoide

Liegt ein kompliziert zusammengesetztes Gemisch von Carotinoiden vor, dann ist eine Vortrennung in Verbindungsklassen, z. B. durch Chromatographie an neutralem Al_2O_3 (Tab. 3.56) erforderlich. Die weitere Analyse erfolgt dünnschichtchromatographisch. Besonders geeignet sind MgO- oder $ZnCO_3$-Schichten, die eine Auftrennung der Verbindungsklassen nach Anzahl, Position und Konfiguration der Doppelbindungen gestatten.
Die Identifizierung basiert auf dem chromatographischen Verhalten und dem Elektronenanregungsspektrum (cf. 3.8.4.2), das gegebenenfalls noch auf Veränderungen bei gruppenspezifischen Tests untersucht werden kann. Ein hypsochromer Effekt weist z. B. nach Zugabe von $NaBH_4$ auf eine Keto- oder Aldehydgruppe und nach Zugabe von HCl auf eine 5,6-Epoxygruppe. Die zuletzt erwähnte „Blauverschiebung" beruht auf der Umlagerung:

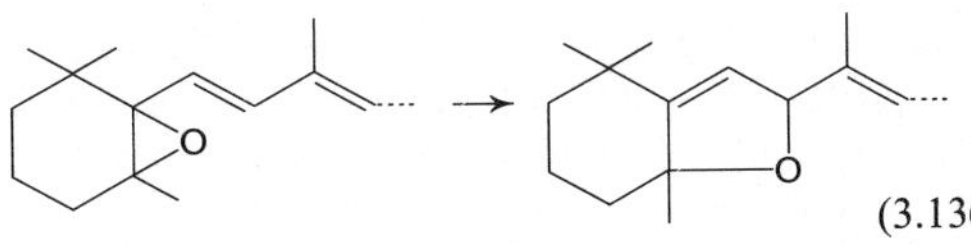

(3.136)

(5,6-Epoxid) (5,8-Epoxid)

Zu beachten ist, daß solche Umlagerungen auch schon bei der Chromatographie an Kieselsäure auftreten und zu Artefakten führen können.
Auch bei der Lagerung von Lebensmitteln, die wie z. B. Orangensaft einen niedrigen pH aufweisen, findet die Umlagerung der Epoxygruppe statt.

Zur Bestimmung der Struktur von Carotinoiden werden neben VIS/UV- noch Massen- und IR-Spektroskopie herangezogen. Auf Grund hoher molarer Extinktionskoeffizienten können Carotinoide mit großer Empfindlichkeit fotometrisch nachgewiesen und quantitativ analysiert werden. Auf Grund ihrer spektralen und chromatographischen Eigenschaften lassen sich Carotinoide mit Hilfe der Hochdruckflüssigkeitschromatographie besonders gut trennen.

3.9 Literatur

Andersson, R.E., Hedlund, C.B., Jonsson, U.: Thermal inactivation of a heat-resistant lipase produced by the psychotrophic bacterium *Pseudomonas fluoreszens*. J. Dairy Sci. *62*, 361 (1979)

Axelrod, B.: Lipoxygenases. In: Food related enzyme (Ed.: Whitaker, J.R.), p. 324, Advances in Chemistry Series 136, American Chemical Society: Washington D.C. 1974

Badings, H.T.: Cold storage defects in butter and their relation to the autoxidation of unsaturated fatty acids. Ned. Melk Zuiveltijdschr. *24*, 147 (1970)

Barnes, P.J.: Lipid composition of wheat germ and wheat germ oil. Fette Seifen Anstrichm. *84*, 256 (1982)

Bergelson, L.D.: Diol lipids. New types of naturally occuring lipid substances. Fette Seifen Anstrichm. *75*, 89 (1973)

Biermann, U., Wittmann, A., Grosch, W.: Vorkommen bitterer Hydroxyfettsäuren in Hafer und Weizen. Fette Seifen Anstrichm. *82*, 236 (1980)

Bild, G.S., Ramadoss, C.S., Axelrod, B.: Effect of substrate polarity on the activity of soybean lipoxygenase isoenzymes. Lipids *12*, 732 (1977)

Britton, G., Goodwin, T.W.: Biosynthesis of carotenoids. In: Methods in enzymology (Eds.: Colowick, S.P., Kaplan, N.O.), Vol. XVIII, part C, p. 654, Academic Press: New York. 1971

Chan, H.W.-S., Levett, G.: Autoxidation of methyl linoleate. Separation and analysis of isomeric mixtures of methyl linoleate hydroperoxides and methyl hydroxylinoleates. Lipids *12*, 99 (1977)

Chang, S.S., Peterson, R.J., Ho, C.-T.: Chemistry of deep fat fried flavor. In: Lipids as a source of flavor (Ed.: Supran, M.K.), p. 18, ACS Symposium Series 75, American Chemical Society: Washington, D.C. 1978

Christie, W.W.: Lipid analysis. 2. Aufl. Pergamon Press: Oxford. 1982

Dennis, E.A.: Phospholipases. In: The enzymes (Ed.: Boyer, P.D.) 3rd edn., Vol. XVI, p. 307, Academic Press: New York. 1983

Emken, E.A.: Commercial and potential utilization of lipoxygenase. J. Am. Oil Chem. Soc. *55*, 416 (1978)

Eriksson, C.E.: Enzymic and non-enzymic lipid degradation in foods. In: Industrial aspects of biochemistry (Ed.: Spencer, B.), Federation of European Biochemical Societies, Vol. 30, p. 865, North Holland/American Elsevier: Amsterdam. 1974

Fideli, E.: Lipids of olives. Prog. Chem. Fats Other Lipids *15*, 57 (1977)

Fiebig, H.-J.: HPLC-Trennung von Triglyceriden. Fette Seifen Anstrichm. *87*, 53 (1985)

Foote, C.S.: Photosensitized oxidation and singlet oxygen: Consequences in biological systems. In: Free radicals in biology (Ed.: Pryor, W.A.), Vol. II, p. 85, Academic Press: New York. 1976

Forss, D.A.: Odour and flavour compounds from lipids. Prog. Chem. Fats Other Lipids *13*, 177 (1973)

Galliard, T., Mercer, E.I. (Eds.): Recent advances in the chemistry and biochemistry of plant lipids. Academic Press: London. 1975

Galliard, T., Phillips, D.R., Reynolds, J.: The formation of cis-3-nonenal, trans-2-nonenal and hexanal from linoleic acid hydroperoxide isomers by a hydroperoxide cleavage enzyme system in cucumber *(cucumis sativus)* fruits. Biochem. Biophys. Acta *441*, 181 (1976)

Gardner, H.W.: Decomposition of linoleic acid hydroperoxides. Enzymic reactions compared with nonenzymic. J. Agric. Food Chem. *23*, 129 (1975)

Gardner, H.W.: Lipid hydroperoxide reactivity with proteins and amino acids: A review. J. Agric. Food Chem. *27*, 220 (1979)

Gertz, C., Herrmann, K.: Zur Analytik der Tocopherole und Tocotrienole in Lebensmitteln. Z. Lebensm. Unters. Forsch. *174*, 390 (1982)

Grosch, W.: Lipid degradation products and flavours. In: Food flavours (Eds.: Morton, I.D., MacLeod, A.J.), Part A, p. 325, Elsevier Scientific Publ. Co.: Amsterdam. 1982

Grosch, W.: Neuere Vorstellungen über die Lipidoxidation. Lebensmittelchem. Gerichtl. Chem. *38*, 81 (1984)

Gunstone, F.D., Norris, F.A.: Lipids in foods. Pergamon Press: Oxford. 1983

Haslbeck, F., Senser, F., Grosch, W.: Nachweis niedriger Lipase-Aktivitäten in Lebensmitteln. Z. Lebensm. Unters. Forsch. *181*, 271 (1985)

Hitchcock, C., Nichols, B.W.: Plant lipid biochemistry. Academic Press: London. 1971

Homberg, E., Bielefeld, B.: Sterine und Methylsterine in Kakaobutter und Kakaobutter-Ersatzfetten. Dtsch. Lebensm. Rundsch. *78*, 73 (1982)

Isler, O. (Ed.): Carotenoids. Birkhäuser Verlag: Basel. 1971

Jensen, R.G.: Detection and determination of lipase (acylglycerol hydrolase) activity from various sources. Lipids *18*, 650 (1983)

Jeong, T.M., Itoh, T., Tamura, T., Matsumoto, T.: Analysis of methylsterol fractions from twenty vegetable oils. Lipids *10,* 634 (1975)

Johnson, A.R., Davenport, J.B.: Biochemistry and methodology of lipids. John Wiley and Sons: New York. 1971

Keppler, J.G.: Twenty-five years of flavor research in a food industry. J. Am. Oil Chem. Soc. *54,* 474 (1977)

Kindl, H., Wöber, G.: Biochemie der Pflanzen. Springer-Verlag: Berlin. 1975

Kinsella, J.E., Hwang, D.H.: Enzym *penicillium roqueforti* involved in the synthesis of cheese flavour. Crit. Rev. Sci. Nutr. *8,* 191 (1976)

Korycka-Dahl, M.B., Richardson, T.: Active oxygen species and oxidation of food constituents. Crit. Rev. Food Sci. Nutr. *10,* 209 (1978)

Labuza, T.P.: Kinetics of lipidoxidation foods. Crit. Rev. Food Technol. *2,* 355 (1971)

Lillard, D.A., Day, E.A.: Degradation of monocarbonyls from autoxidizing lipids. J. Amer. Chem. Soc. *41,* 549 (1964)

Litchfield, C.: Analysis of triglycerides. Academic Press: New York. 1972

Mahadevan, V.: Fatty alcohols: Chemistry metabolism. Prog. Chem. Fats Other Lipids *15,* 255 (1977)

Mead, J.F., Howton, D.R., Nevenzel, J.: Fatty acids, long-chain alcohols and waxes. In: Comprehensive biochemistry (Eds.: Florkin, M., Stotz, E.H.), Vol. 6, p. 1, Elsevier Publ. Co.: Amsterdam. 1965

Meijboom, P.W., Jongenotter, G.A.: Flavor perceptibility of straight chain, unsaturated aldehydes as a function of double-bond position and geometry. J. Am. Oil Chem. Soc. 680 (1981)

Nawar, W.W., Bradley, S.J., Lomanno, S.S., Richardson, G.G., Whiteman, R.C.: Volatile from frying fats: A comparative study. In: Lipids as a source of flavor (Ed.: Supran, K.), p. 42, ACS Symposium Series 75, Americ. Chemical Society: Washington. D.C. 1978

Ohloff, G.: Fette als Aromavorstufen. In: Fett als funktionelle Bestandteile von Lebensmitteln (Hrsg.: Solms, J.), S. 119, Forster Verlag AG: Zürich. 1973

Ohloff, G.: Recent developments in the field of naturally-occuring aroma components. Fortschr. Chem. Org. Naturst. *35,* 431 (1978)

Perkins, E.G. (Ed.): Analysis of lipids and lipoproteins. American Oil Chemists' Society: Champaign, Ill. 1975

Philip, T., Francis, F.J.: Oxidation of capsanthin. J. Food Sci. *36,* 96 (1971)

Podlaha, O., Töregard, B., Püschl, B.: TG-type composition of 28 cocoa butters and correlation between some of the TG-type components. Lebensm. Wiss. Technol. *17,* 77 (1984)

Porter, N.A., Lehman, L.S., Weber, B.A., Smith, K.J.: Unified mechanism for polyunsaturated fatty acid autoxidation. Competition of peroxy radical hydrogen atom abstraction β-scission, and cyclization. J. Am. Chem. Soc. *103,* 6447 (1981)

Pryde, E.H. (Ed.): Fatty acids. American Oil. Chemists' Society: Champaign, Ill. 1979

Pryor, W.A., Stanley, J.P., Blair, E.: Autoxidation of polyunsaturated fatty acids. II. A suggested mechanism for the formation of TBA-reactive materials from prostaglandin – like endoperoxides. Lipids *11,* 370 (1976)

Seidel, D.: Plasmalipoproteine – Funktion und Charakterisierung. In: Fettstoffwechselstörungen (Hrsg.: Schettler, G.), S. 24, Georg Thieme Verlag: Stuttgart. 1971

Sherwin, E.R.: Oxidation and antioxidants in fat and oil processing. J. Am. Oil Chem. Soc. *55,* 809 (1978)

Simic, M.G., Karel, M. (Eds.): Autoxidation in food and biological systems. Plenum Press: New York. 1980

Slower, H.L.: Tocopherols in foods and fats. Lipids *6,* 291 (1971)

Smith, L.L.: Cholesterol autoxidation. Plenum Press: New York. 1981

Smouse, T.H.: A review of soy bean oil reversion flavor. J. Am. Oil Chem. Soc. *56,* 747A (1979)

Sotirhos, N., Ho, C.-T., Chang, S.S.: High performance liquid chromatographic analysis of soybean phospholipids. Fette Seifen Anstrichm. *88,* 6 (1986)

Sven, D.J., Rackis, J.J.: Lipid – derived flavors of legume protein products. J. Am. Oil Chem. Soc. *54,* 468 (1977)

Thiele, O.W.: Lipide, Isoprenoide mit Steroiden. Georg Thieme Verlag: Stuttgart. 1979

Van Niekerk, P.J., Burger, A.E.C.: The estimation of the composition of edible oil mixtures. J. Am. Oil Chem. Soc. *62,* 531 (1985)

Veldink, G.A., Vliegenthart, J.F.G., Boldingh, J.: Plant lipoxygenases. Prog. Chem. Fats Other Lipids *15,* 131 (1977)

Warner, K., Evans, C.D., List, G.R., Dupuy, H.P., Wadsworth, J.I., Goheen, G.E.: Flavor score correlation with pentanal and hexanal contents of vegetable oil. J. Am. Oil Chem. Soc. *55,* 252 (1978)

Woo, A.H., Lindsay, R.C.: Statistical correlation of quantitative flavor intensity assessments and individual free fatty acid measurements for routine detection and prediction of hydrolytic rancidity off-flavours in butter. J. Food Sci. *48,* 1761 (1983)

4 Kohlenhydrate

4.1 Einführung

Von allen organischen Stoffen auf der Erde sind Kohlenhydrate nicht nur am weitesten verbreitet, sondern sie kommen auch in der größten Menge vor. Im Stoffwechsel von Tier und Pflanze nehmen sie eine zentrale Stellung ein. Auf der Synthese von Kohlenhydraten aus Kohlendioxid und Wasser mit Hilfe der Lichtenergie durch die grünen Pflanzen, der Fotosynthese, beruht die Existenz aller anderen Organismen, die auf die Zufuhr organischer Substanz mit der Nahrung angewiesen sind.

Kohlenhydrate gehören zu den Grundnährstoffen, die immer einen bedeutenden Anteil an der Gesamtnahrung haben werden. Auch unverdauliche Kohlenhydrate sind als Ballaststoffe für eine ausgewogene Nahrung von Bedeutung. Daneben kommen ihnen in Lebensmitteln weitere wichtige Funktionen zu, z. B. als Süßungsmittel, Gelbildner, Dickungsmittel, Stabilisatoren und als Vorstufen von Aromastoffen und Farbstoffen, die in Lebensmitteln aus Kohlenhydraten durch eine Reihe von Reaktionen entstehen können.

Die Bezeichnung Kohlenhydrate stammt aus einer Zeit der Beschäftigung mit diesen Stoffen, in der auf Grund der Bruttoformeln angenommen wurde, daß sie – wie z. B. Glucose $C_6H_{12}O_6$ ($6C + 6H_2O$) – als Hydrate des Kohlenstoffs aufzufassen seien. Inzwischen sind zahlreiche Verbindungen bekannt, die nicht eine entsprechende Bruttozusammensetzung haben, auf Grund ihrer Reaktionen aber ebenfalls zur Klasse der Kohlenhydrate gehören, wie z. B. Desoxyzucker, Aminozucker, von Zuckern abgeleitete Carbonsäuren und viele andere Verbindungen. Die Einteilung erfolgt in Monosaccharide, Oligosaccharide und Polysaccharide. Monosaccharide sind Polyhydroxyaldehyde oder Polyhydroxyketone, die im allgemeinen eine unverzweigte C-Kette besitzen. Bekannte Vertreter sind Glucose, Fructose, Galactose. Oligosaccharide sind Kohlenhydrate, die formal aus Monosacchariden unter Wasserabspaltung, z. B. nach der Gleichung:

$$n\ C_6H_{12}O_6 \xrightarrow{-(n-1)\ H_2O} C_{6n}H_{10n+2}O_{5n+1} \qquad (4.1)$$

aufgebaut sind. Bekannte Vertreter sind die Disaccharide Saccharose, Maltose, Lactose, das Trisaccharid Raffinose und das Tetrasaccharid Stachyose.

Bei Polysacchariden ist n eine mehr oder weniger große Zahl. Die Eigenschaften dieser höhermolekularen Verbindungen weichen von denen der niederen Glieder im allgemeinen beträchtlich ab. So sind Polysaccharide vielfach in Wasser schlechter löslich als Mono- und Oligosaccharide, sie schmecken nicht süß und sind reaktionsträger. Bekannte Vertreter sind Stärke, Cellulose und Pektin.

4.2 Monosaccharide

4.2.1 Struktur und Nomenklatur

4.2.1.1 Konstitution

Die Monosaccharide leiten sich formal als Polyhydroxyaldehyde (Aldosen) vom Glycerinaldehyd bzw. als Polyhydroxyketone (Ketosen) vom Dihydroxyaceton durch Insertion von CHOH-Einheiten ab. Nach der Gesamt-C-Zahl bezeichnet man die resultierenden Verbindungen in der Reihe der Aldosen, ausgehend von der Triose Glycerinaldehyd als Tetrosen, Pentosen, Hexosen etc., bzw. in der Reihe der Ketosen, ausgehend von der Triulose Dihydroxyaceton als Tetrulosen, Pentulosen, Hexulosen etc. Die Stellung der Ketogruppe wird durch eine vorgesetzte Stellungsziffer gekennzeichnet, z. B. 2-Pentulose, 3-Hexulose.

Trägt ein Monosaccharid eine zweite Carbonylgruppe, so wird es als -dialdose (2 Aldehydgruppen), -osulose (Aldehyd- und Ketogruppe) oder -diulose (2 Ketogruppen) bezeichnet. Ersatz einer HO-Gruppe durch ein H-Atom ergibt eine Desoxyverbindung, durch eine NH_2-Gruppe eine Aminodesoxy-Verbindung:

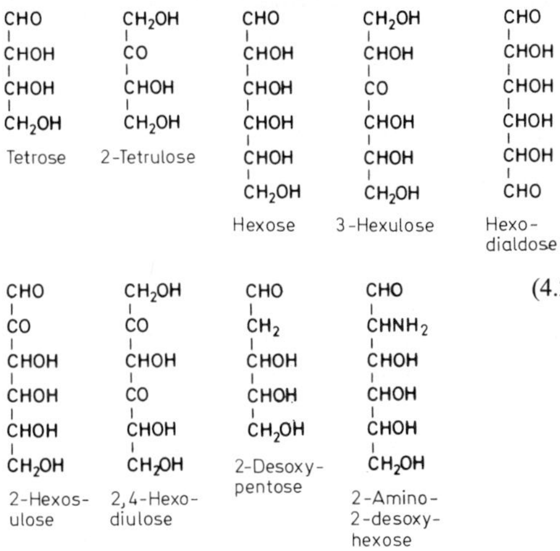

(4.2)

Alle Monosaccharide ab Tetrose und 2-Pentulose können unter intramolekularer Halbacetalbildung zu fünf- und sechsgliedrigen Lactolen cyclisieren. Mit Ausnahme der Erythrose liegen sie in

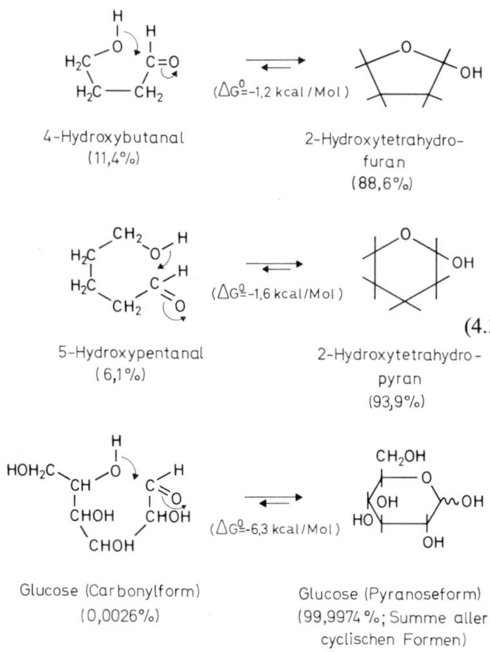

(4.3)

kristallinem Zustand durchweg in dieser Form vor, und auch in Lösung ist im Gleichgewicht der Anteil der offenen Carbonylform sehr gering. Die Tendenz zur Cyclisierung ist schon bei einfachen ω-Hydroxyaldehyden sehr groß und bei Monosacchariden noch weiter verstärkt, wie die Beispiele in Formel 4.3 zeigen (ΔG°-Werte und Gleichgewichtskonzentrationen in 75%igem wäßrigem Ethanol).

Die Lactole, Derivate des Tetrahydrofurans bzw. Tetrahydropyrans, werden als Furanosen bzw. Pyranosen bezeichnet.

4.2.1.2 Konfiguration

Die Triose Glycerinaldehyd besitzt ein chirales Zentrum, so daß ein Enantiomerenpaar, D- und L-Glycerinaldehyd bekannt ist. Von jedem Enantiomeren ausgehend läßt sich durch Cyanhydrinsynthese ein diastereomeres Paar Tetrosen erhalten:

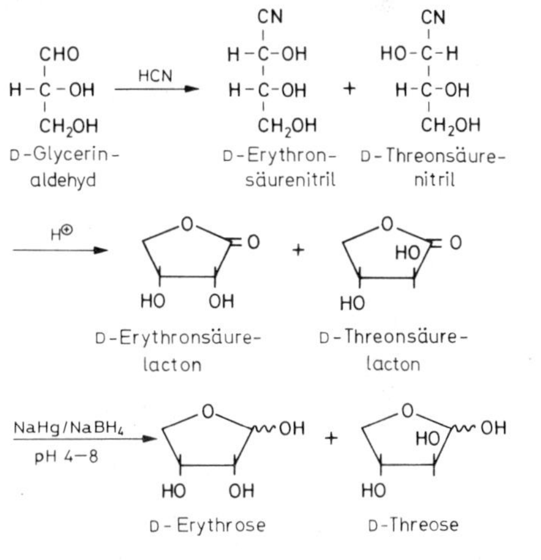

(4.4)

Entsprechend resultieren aus L-Glycerinaldehyd L-Erythrose und L-Threose:

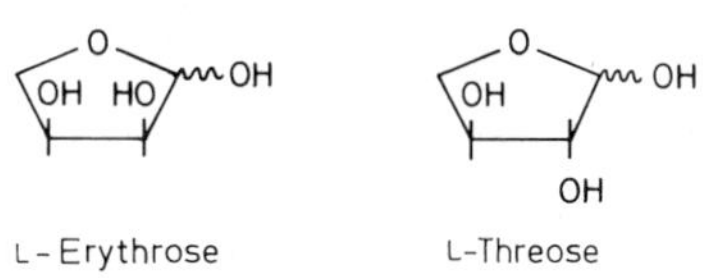

(4.5)

Die Nitrile können auch unter Umgehung der Lactonzwischenstufe mit $PdO/BaSO_4$ direkt zu den diastereomeren Aldosen reduziert werden.

Eine weitere Reaktion zum Aufbau von Monosacchariden ist die Nitroalkansynthese. Die durch Umsetzung einer Aldose mit Nitromethan als Anionen erhaltenen epimeren Nitroverbindungen werden getrennt und über eine aci-Nitroalkanspaltung (*Nef*-Reaktion) in die entsprechenden Aldosen überführt:

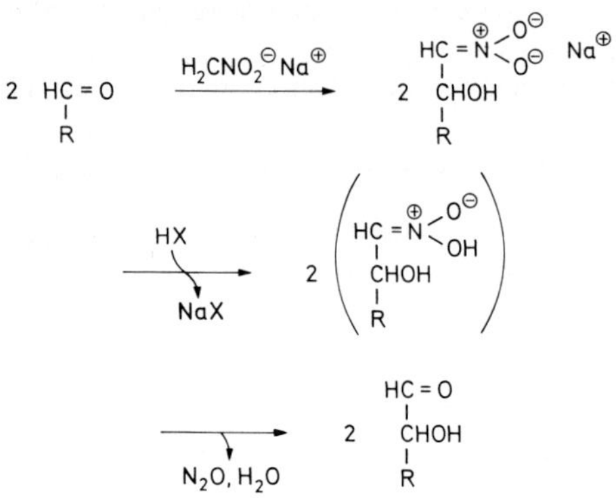

(4.6)

Aus jeder der vier Tetrosen sind auf den genannten Wegen zwei, insgesamt also acht Pentosen zu erhalten, die wiederum zu sechzehn isomeren Hexosen führen. Alle auf D-Glycerinaldehyd zurückgehenden Verbindungen werden als D-Aldosen, die auf L-Glycerinaldehyd zurückgehenden als L-Aldosen bezeichnet.

Eine wichtige Abbaureaktion für Aldosen läuft über das Disulfon des Dithioacetals:

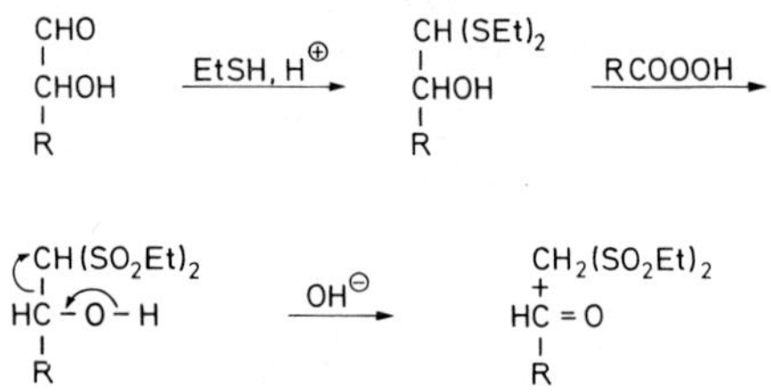

(4.7)

In Abb. 4.1 sind die Formeln und Namen der D-Aldosen in vereinfachter *Fischer*-Projektion zusammengestellt, in Tab. 4.1 Angaben über das Vorkommen von Aldosen, die im Zusammenhang mit Lebensmitteln Bedeutung haben. Mo-

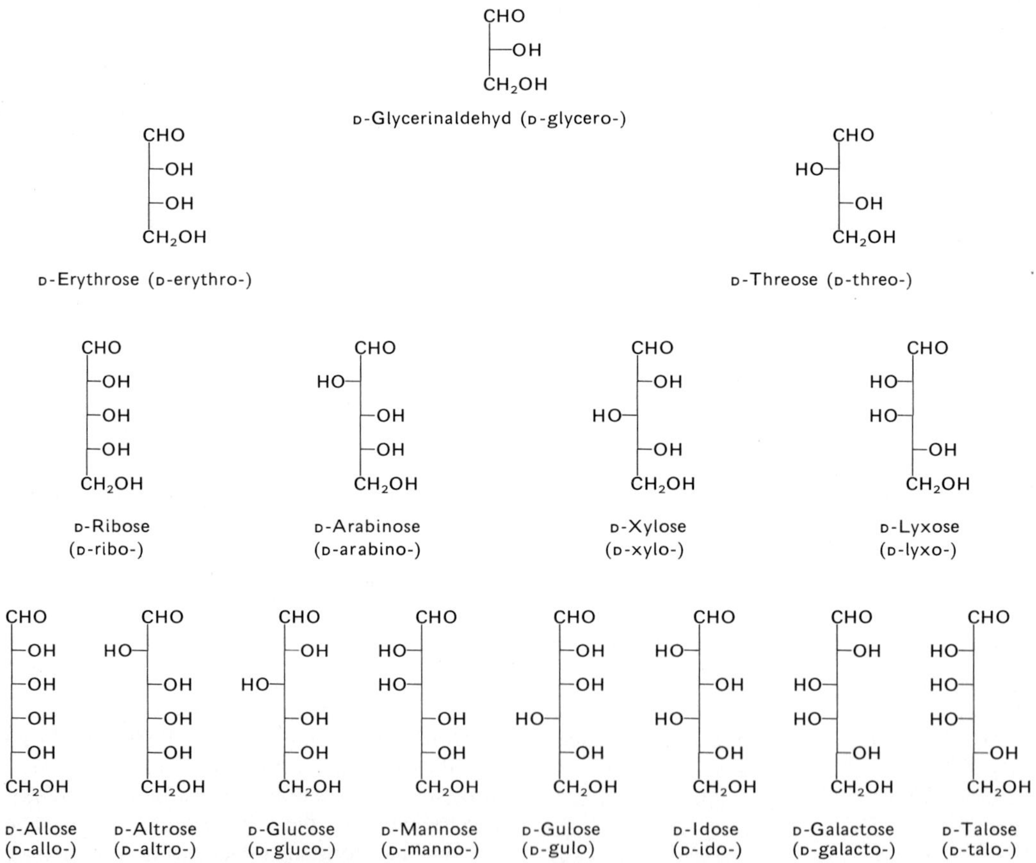

Abb. 4.1. D-Aldosen in *Fischer*-Projektion

nosaccharide, die sich nur in der Konfiguration an einem asymmetrischen C-Atom unterscheiden, werden als Epimere bezeichnet. D-Glucose und D-Mannose sind 2-Epimere, D-Glucose und D-Galactose 4-Epimere.

Tabelle 4.1. Vorkommen von Aldosen

Name, Struktur	Vorkommen
Pentosen	
D-Apiose (3-C-Hydroxymethyl-D-glycerotetrose)	Petersilie, Selleriesamen
L-Arabinose	Pflanzengummi, Hemicellulosen, Pektine, Glykoside
2-Desoxy-D-ribose	Desoxyribonucleinsäuren
D-Lyxose	Hefenucleinsäuren
2-O-Methyl-D-xylose	Hemicellulosen
D-Ribose	Ribonucleinsäuren
D-Xylose	Xylane, Hemicellulosen, Pflanzengummi, Glykoside
Hexosen	
L-Fucose (6-Desoxy-L-galactose)	Frauenmilch, Seetang, Pflanzengummi, Pflanzenschleime
D-Galactose	verbreitet in Oligo- und Polysacchariden
D-Glucose	in Pflanzen und Tieren weit verbreitet
D-Mannose	verbreitet in Polysacchariden
L-Rhamnose (6-Desoxy-L-mannose)	Pflanzengummi, Pflanzenschleime, Glykoside

Entsprechend läßt sich von den enantiomeren D- und L-Tetrulosen formal durch Insertion von weiteren CHOH-Gruppen zwischen Ketogruppe und CHOH-Gruppe die Reihe der D- und L-2-Ketosen ableiten. In Abb. 4.2 sind die Formeln und Namen der D-2-Ketosen in vereinfachter *Fischer*-Projektion zusammengestellt, in Tab. 4.2 Angaben über das Vorkommen von Ketosen, die

Tabelle 4.2. Vorkommen von Ketosen

Name, Struktur	Vorkommen
Hexulosen	
D-Fructose	verbreitet in Pflanzen, Honig
D-Psicose	in Rückständen vergorener Melasse
Heptulosen	
D-manno-2-Heptulose	Avocadobirne
Octulosen	
D-glycero-D-manno-2-Octulose	Avocadobirne
Nonulosen	
D-erythro-L-gluco-2-Nonulose	Avocadobirne

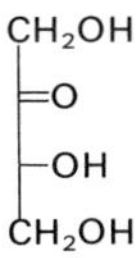
D-Tetrulose

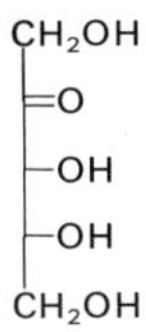
D-Ribulose

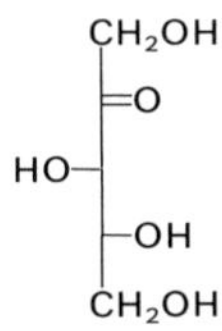
D-Xylulose

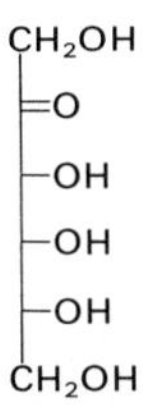
D-Psicose

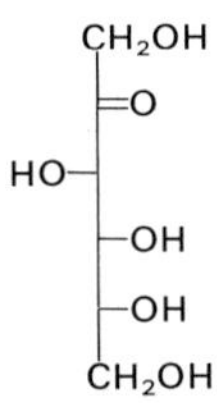
D-Fructose

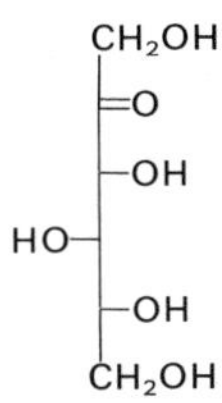
D-Sorbose

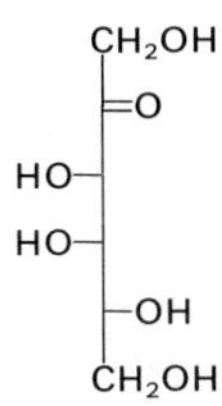
D-Tagatose

Abb. 4.2. D-Ketosen in *Fischer*-Projektion

im Zusammenhang mit Lebensmitteln Bedeutung haben.

Zur vereinfachten Wiedergabe der Strukturen von Oligo- und Polysacchariden werden Kurzbezeichnungen benutzt, die wie bei den Aminosäuren in der Regel aus den ersten drei Buchstaben des Namens der Monosaccharide bestehen. In Abb. 4.1 sind die aus den Trivialnamen abgeleiteten Konfigurationspräfixe angegeben, die für eine bestimmte Konfigurationsfolge stehen und die zur systematischen Bezeichnung von Monosacchariden dienen. Die systematischen Namen von D-Glucose und D-Fructose sind z. B. D-gluco-Hexose und D-arabino-2-Hexulose. Mit Hilfe dieser Nomenklatur ist auch die systematische Bezeichnung von Monosacchariden mit mehr als vier chiralen Zentren möglich. Dabei wird zunächst der der Carbonylgruppe benachbarte Teil des Moleküls mit dem maximal möglichen Präfix belegt, der restliche, weiter von der Carbonylgruppe entfernte Teil wird aber zuerst genannt. Bei Ketosen werden die durch die Ketogruppe getrennten Teile benannt. Im zusammengesetzten Präfix erscheint, wie bei den Aldosen, der Teil mit dem am weitesten von der Carbonylgruppe entfernten C-Atom zuerst. Liegen nicht mehr als vier chirale Zentren vor, kann die Bezeichnung ohne Berücksichtigung einer Unterbrechung durch die Ketogruppe durch ein Präfix erfolgen. Die Beispiele in Formel 4.8 illustrieren die Regeln.

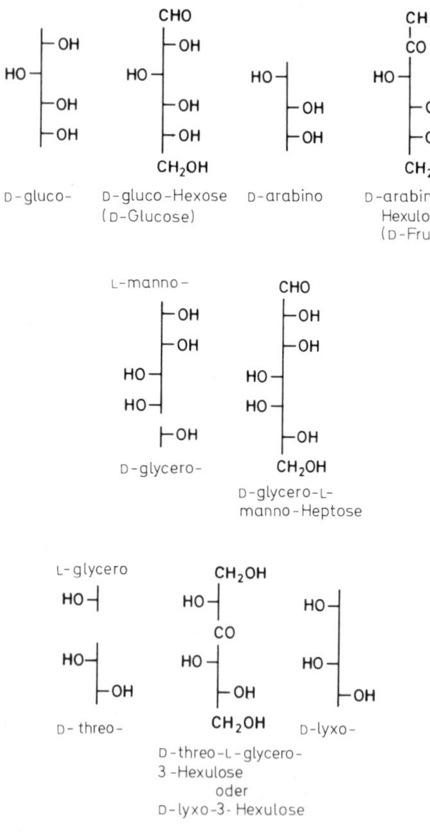

(4.8)

Die Lactolbildung führt zu einem weiteren chiralen Zentrum und damit wiederum zum Auftreten von je zwei diastereomeren Pyranosen und Furanosen, die Anomere genannt und mit α und β bezeichnet werden. Die folgenden Formeln geben die anomeren D-Glucosen in *Fischer*- und in *Haworth*-Projektion wieder:

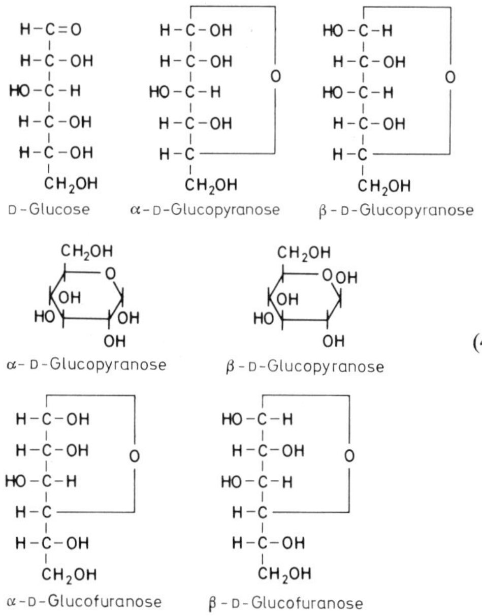

(4.9)

Auf Grund der cis-Stellung der HO-Gruppen an C-1 und C-2 bei α-D-Glucopyranose erhöht diese im Gegensatz zum β-Anomeren die elektrische Leitfähigkeit von Borsäurelösungen durch Bildung eines Boratkomplexes:

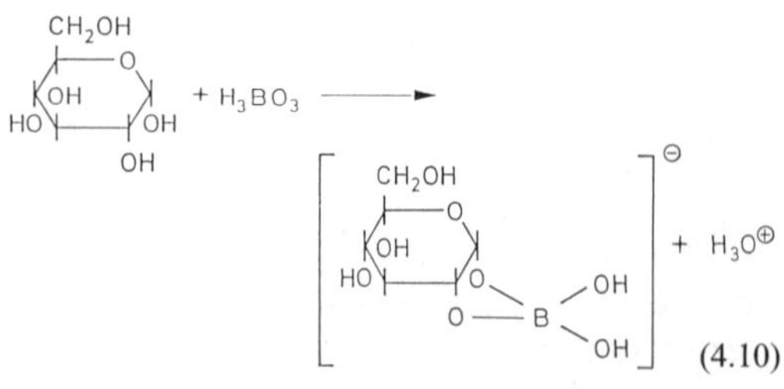

(4.10)

In der *Haworth*-Projektion gilt allgemein, daß die HO-Gruppe bei α-/β-Anomeren in der D-Reihe unterhalb/oberhalb, in der L-Reihe oberhalb/unterhalb der Ringebene steht:

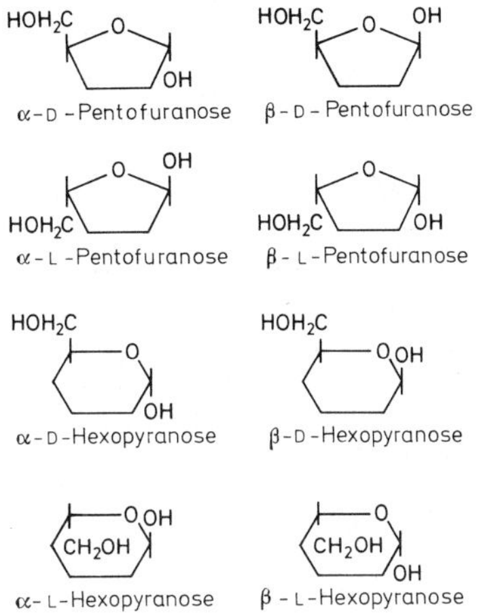

(4.11)

Von jedem Monosaccharid können in Lösung demnach zusammen mit der offenkettigen Verbindung fünf Formen vorliegen. Infolge der starken Tendenz zur Cyclisierung tritt die offene Form stark zurück, der Anteil der übrigen Formen im Gleichgewicht wird durch das Konfigurationsmuster bestimmt. Bei D-Glucose sind in wäßriger Lösung fast ausschließlich die beiden Pyranosen mit 36% (α) und 64% (β) vorhanden, während die Furanosen nur mit < 1% vertreten sind. Bei anderen Zuckern ist die Gleichgewichtslage davon sehr verschieden (cf. Tab. 4.6).
Der Übergang in die verschiedenen Formen erfolgt über die offenkettige Carbonylverbindung. Die durch Säuren und Basen katalysierte Ringöffnung ist dabei der geschwindigkeitsbestimmende Schritt:

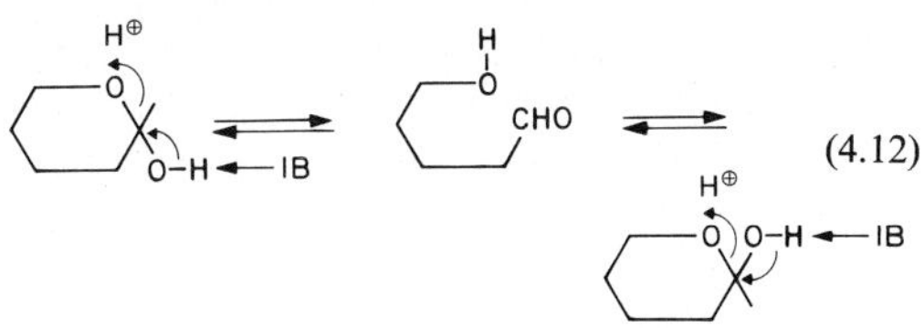

(4.12)

An 2,3,4,6-Tetramethyl-D-glucose in Benzol wird die Beschleunigung der Gleichgewichtseinstellung durch Säure-Base-Katalyse bei konzertierter Aktion von Kresol und Pyridin besonders deutlich (Tab. 4.3). Auch bifunktionelle Reagentien, wie 2-Pyridon sind in polaren und unpolaren Lösungsmitteln wirkungsvolle Säure-Base-Katalysatoren (Tab. 4.3):

Tabelle 4.3. Mutarotationsgeschwindigkeit von 2,3,4,6-Tetramethyl-D-glucose (0.09 mol/l) in Benzol

Katalysator	k (min^{-1})	k_{rel}
–	$7{,}8 \times 10^{-5}$	1,0
Pyridin (0.1 mol/l)	$3{,}7 \times 10^{-4}$	4,7
p-Kresol (0.1 mol/l)	$4{,}2 \times 10^{-4}$	5,4
Pyridin + p-Kresol (0.1 mol/l)	$7{,}9 \times 10^{-3}$	101
2-Pyridon (0.1 mol/l)	$1{,}8 \times 10^{-1}$	2307
Benzoesäure (0.1 mol/l)	2,2	28205

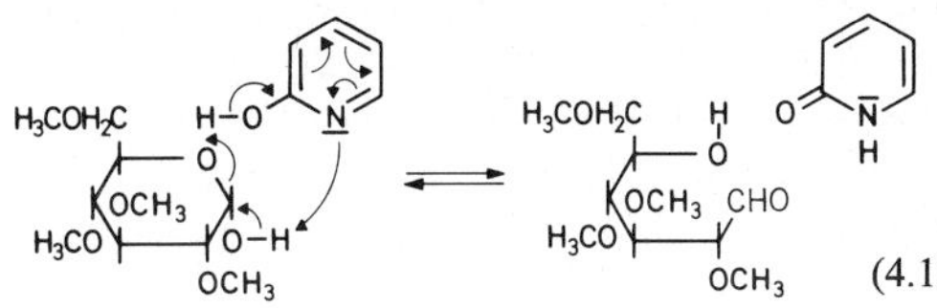

(4.13)

Auch Wasser kann als bifunktioneller Katalysator auftreten:

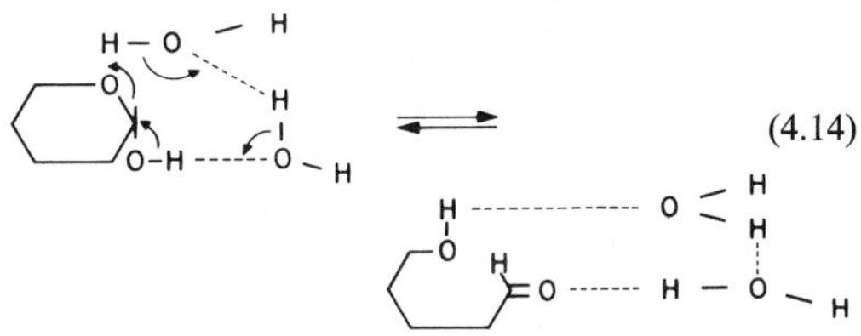

(4.14)

Die Geschwindigkeit der Gleichgewichtseinstellung zwischen α- und β-Form in wäßriger Lösung geht im Bereich von pH 2 bis pH 7 durch ein breites Minimum, wie am Beispiel von Lactose in Abschnitt 10.1.2.2 gezeigt wird, und steigt erst jenseits dieser Werte steil an.

4.2.1.3 Konformation

Bei den Pyranosen ist die Sessel-Konformation C (chair) am stabilsten. Von den beiden möglichen C-Konformationen ($^4C_1$ und $^1C_4$) liegt in der Reihe der D-Pyranosen im allgemeinen die $^4C_1$-Konformation vor, da hier infolge äquatorialer Stellung der Mehrzahl der HO-Gruppen und vor allem der $HOCH_2$-Gruppe die Wechselwirkungen zwischen den Substituenten meist wesentlich geringer sind als in der $^1C_4$-Konformation. Bei β-D-Glucopyranose stehen z.B. in $^4C_1$-Konformation alle Substituenten äquatorial, in $^1C_4$-Konformation dagegen axial. Auch bei der α-D-Glucopyranose ist die $^4C_1$-Konformation mit einem axialen Substituenten bei weitem energieärmer (Tab. 4.5):

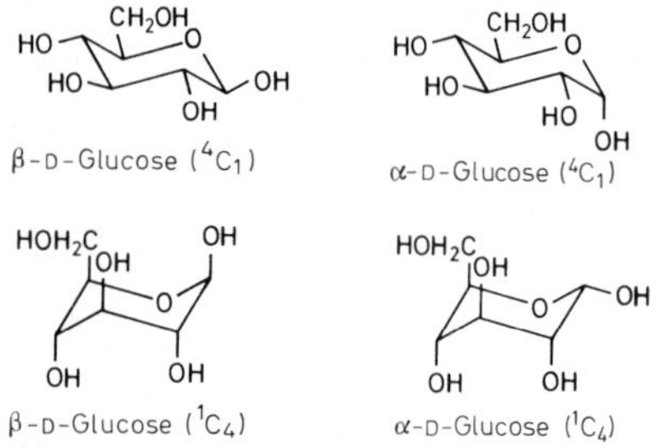

(4.15)

Anders liegen die Verhältnisse bei α-D-Idopyranose. Hier stehen in $^4C_1$-Konformation alle Substituenten mit Ausnahme der $HOCH_2$-Gruppe axial, so daß die $^1C_4$-Konformation trotz axialer Stellung der $HOCH_2$-Gruppe energetisch begünstigt ist (Tab. 4.5). Beide Konformere wurden nachgewiesen:

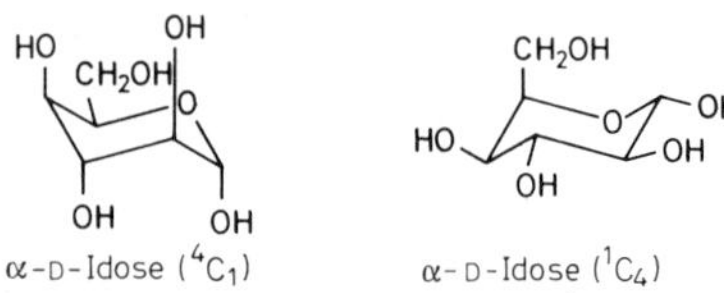

(4.16)

Bei der zweiten Ausnahme, der α-D-Altropyranose, ist die Energiedifferenz zwischen den beiden Konformationen noch kleiner als bei α-D-Idose (Tab. 4.5). Auch hier wurden beide Konformere nachgewiesen.

Die Energieinhalte von Konformeren lassen sich in der Reihe der Pyranosen aus partiellen Wechselwirkungsenergien berechnen, die aus empirischen Daten abgeleitet werden. Berücksichtigt werden dabei nur 1,3-diaxiale Wechselwirkungen, mit Ausnahme der zwischen H-Atomen, und 1,2-gauche-Wechselwirkungen zwischen HO-Gruppen, sowie zwischen HO-Gruppen und $HOCH_2$-Gruppen. Die partiellen Wechselwirkungsenergien sind in Tab. 4.4 zusammengestellt und die daraus für verschiedene Konformere durch Addition berechneten relativen freien Enthalpien ΔG° in Tab. 4.5. Bei der Berechnung ist außer den genannten Wechselwirkungsenergien ein Effekt berücksichtigt, der die HO-Gruppe am anomeren C-Atom in äquatorialer Stellung destabilisiert, in axialer Stellung dagegen stabilisiert und der als *anomerer Effekt* bezeichnet wird. Erklärt wird der Effekt mit der Abstoßung der parallelen Dipole, die im Falle äquatorialer Stellung der 1-HO-Gruppe aus den

Tabelle 4.4. Partielle destabilisierende Wechselwirkungsenergien zwischen Substituenten am Tetrahydropyran-Ring

Wechselwirkung	Energie[a] kJ/mol
$H_{ax}-O_{ax}$	1,88
$H_{ax}-C_{ax}$	3,76
$O_{ax}-O_{ax}$	6,27
$O_{ax}-C_{ax}$	10,45
$O_{äq}-O_{äq}/O_{ax}-O_{äq}$	1,46
$O_{äq}-C_{äq}/O_{ax}-C_{äq}$	1,88
Anomerer Effekt[b]	
für $O^{C2}_{äq}$	2,30
für O^{C2}_{ax}	4,18

[a] Wäßrige Lösung, Raumtemperatur.
[b] Nur bei äquatorialer Stellung der anomeren HO-Gruppe zu berücksichtigen.

Tabelle 4.5. Relative freie Enthalpien von Hexopyranosen

Verbindung	Konformation	ΔG^0 (kJ/mol)
α-D-Glucose	$^4C_1$	10,03
	$^1C_4$	27,38
β-D-Glucose	$^4C_1$	8,57
	$^1C_4$	33,44
α-D-Mannose	$^4C_1$	10,45
β-D-Mannose	$^4C_1$	12,33
α-D-Galactose	$^4C_1$	11,91
β-D-Galactose	$^4C_1$	10,45
α-D-Idose	$^4C_1$	18,18
	$^1C_4$	16,09
β-D-Idose	$^4C_1$	16,93
	$^1C_4$	22,36
α-D-Altrose	$^4C_1$	15,26
	$^1C_4$	16,09

polarisierten Bindungen Kohlenstoffatom5–Ringsauerstoff und Kohlenstoffatom1–Sauerstoff der anomeren HO-Gruppe resultieren. Die Abstoßung drückt die anomere HO-Gruppe in die α-Position:

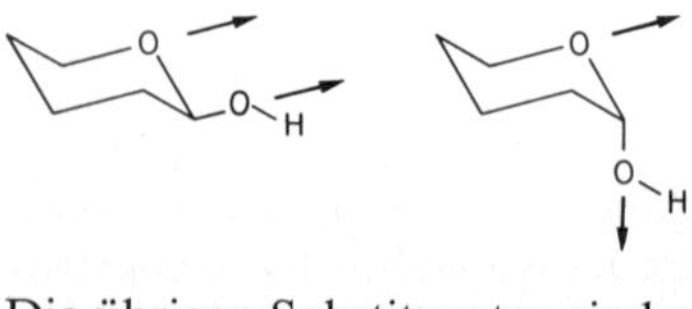

(4.17)

Die übrigen Substituenten sind von Einfluß auf den anomeren Effekt, bes. die HO-Gruppe in 2-Position: axiale Stellung verstärkt infolge Ausbildung antiparalleler Dipole die Stabilisierung des α-Anomeren mehr als äquatoriale Stellung. Entsprechend ist die α-D-Mannose im Gleichgewicht in wäßriger Lösung mit 67%, α-D-Glucose bzw. α-D-Galactose dagegen nur mit 36% bzw. 27% vertreten (Tab. 4.6).

Eine Alkylierung der HO-Gruppen verstärkt den anomeren Effekt ebenso (Tab. 4.7) wie eine Herabsetzung der Dielektrizitätskonstanten des Lösungsmittels, die eine Verstärkung der Dipol-Dipol-Wechselwirkung zur Folge hat.

Bei den Furanosen sind die Briefumschlag-Konformationen E (envelope) und die verdrehten Konformationen T (twisted) am stabilsten, wobei in Lösung immer ein Gemisch energetisch ähnlicher Konformerer vorliegen wird:

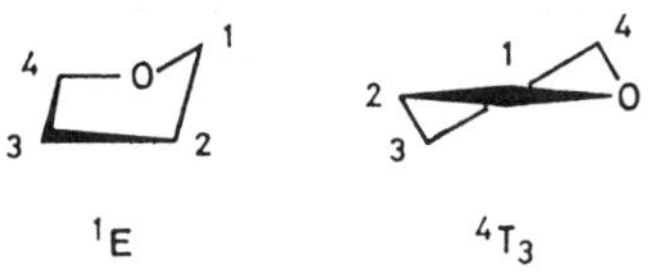

(4.18)

Tabelle 4.6. Gleichgewichtszusammensetzung[a] von Aldosen und Ketosen in wäßriger Lösung

Verbindung	α-Pyranose	β-Pyranose	α-Furanose	β-Furanose
D-Glucose	36	64		< 1
D-Mannose	67	33		< 1
D-Galactose	27	73		< 1
D-Idose	31	37	16	16
D-Ribose	21,5	58,5	6,5	13,5
D-Xylose	35	65		< 1
D-Fructose	3	57	9	31

[a] Werte in %.

Tabelle 4.7. Gleichgewichtszusammensetzung[a] von Methylglykosiden in Methanol (1% HCl)

Verbindung	α-Pyranosid	β-Pyranosid	α-Furanosid	β-Furanosid
Methyl-D-glucosid	66	32,5	0,6	0,9
Methyl-D-mannosid	94	5,3	0,7	0
Methyl-D-galactosid	58	20	6	16
Methyl-D-xylosid	65	30	2	3

[a] Werte in %.

Ein anomerer Effekt wird wie bei den Pyranosen die anomere HO-Gruppe bevorzugt in die axiale Position lenken, besonders dann, wenn die HO-Gruppe am C-Atom 2 ebenfalls axial steht. Bei 5-O-Methyl-D-glucose, die keine Pyranose-Form ausbilden kann, wird deshalb das $^3T_2$-Konformere besonders stabil sein:

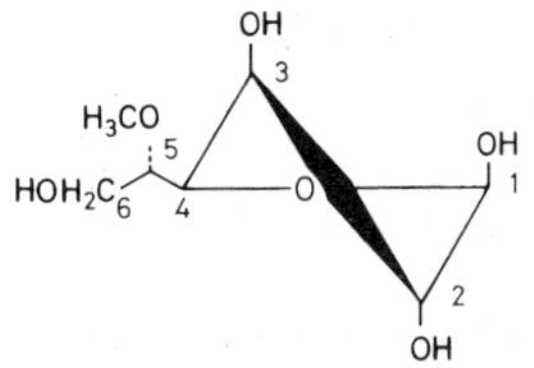

5-O-Methyl-D-glucose ($^3T_2$)

(4.19)

Die Pyranosen sind im allgemeinen stabiler als die Furanosen, so daß sie bei den meisten Monosacchariden stark überwiegen (Tab. 4.6).

Die Gleichgewichtsanteile der verschiedenen isomeren Formen in neutraler wäßriger Lösung sind für eine Reihe von Monosacchariden in Tab. 4.6 zusammengestellt. Aussagen über diese Anteile sind mit Hilfe der Polarimetrie, mit Hilfe der Bromoxidation, bei der β-Pyranosen wesentlich schneller umgesetzt werden als α-Pyranosen, und vor allem mit Hilfe der kernmagnetischen Resonanzspektroskopie möglich.

Bei der Protonenresonanz schaltet man die an Sauerstoff gebundenen Protonen, die das Spektrum komplizieren würden, durch Derivatisierung (O-Acylderivate) oder durch Austausch gegen Deuterium und Messung in D_2O aus. Die chemische Verschiebung der verbleibenden, an Kohlenstoff gebundenen Protonen ist unterschiedlich. Die Protonen an anomeren C-Atomen erscheinen infolge geringerer Abschirmung bei tieferem magnetischem Feld als die übrigen Protonen, wobei die chemische Verschiebung in der Reihenfolge Pyranosen < Furanosen im Bereich von $\partial = 4{,}5 - 5{,}5$ (freie Monosaccharide) zunimmt. Weiterhin erscheint im allgemeinen ein axiales Proton (β-Form in der D-Reihe) bei höherem Feld (niedrigerer ∂-Wert) als ein äquatoriales Proton (α-Form in der D-Reihe). Aus der Kopplung benachbarter Protonen ist weiterhin auf deren äq-äq-, äq-ax- (kleine Kopplungskonstanten) oder ax-ax-Anordnung (große Kopplungskonstante) und damit auf die vorliegende Konformation zu schließen.

Abb. 4.3 zeigt am Beispiel des Protonenresonanzspektrums von D-Idose zunächst die Folge

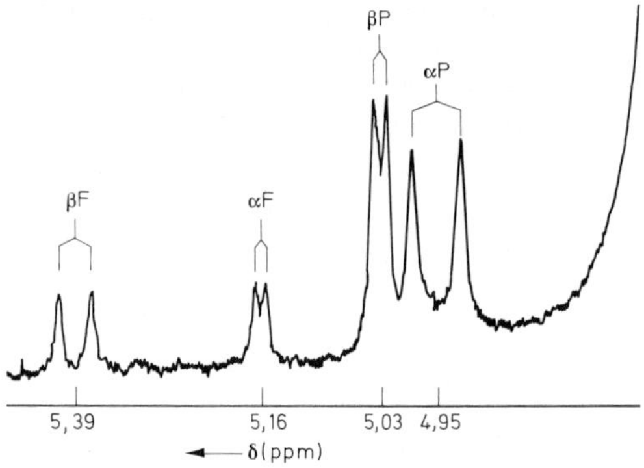

Abb. 4.3. Protonenresonanzspektrum (Signale der Protonen an C-1) von D-Idose. (Nach *Angyal*, 1969)

von Pyranosen und Furanosen mit steigendem ∂-Wert. Die große Kopplungskonstante des Signals beim niedrigsten ∂-Wert ist nicht mit den beiden möglichen Konformeren der β-Pyranose zu vereinbaren, sondern zeigt eine diaxiale Stellung der Protonen an den Kohlenstoffatomen 1 und 2 an, die nur bei der α-Pyranose in der $^1C_4$-Konformation vorliegt. Im vorliegenden Fall ist deshalb das zweite Signal der β-Pyranose zuzuordnen, die sowohl in $^1C_4$- als auch in $^4C_1$-Konformation eine kleine Kopplungskonstante hat. Bei den Furanose-Signalen entspricht das höhere mit großer Kopplungskonstante der cis-Anordnung der Protonen an den Kohlenstoffatomen 1 und 2 bei der β-Form und das niedrigere mit kleiner Kopplungskonstante der trans-Anordnung der α-Form.
Konformationsaussagen sind auch durch ^{13}C-Kernresonanzspektroskopie zu erhalten, da hier ebenfalls die chemische Verschiebung der verschiedenen C-Atome unterschiedlich ist und von der räumlichen Anordnung der Substituenten beeinflußt wird.

4.2.2 Physikalische Eigenschaften

4.2.2.1 Hygroskopizität und Löslichkeit

Die Wasseraufnahme von Zuckern in Substanz ist sehr unterschiedlich und hängt u. a. von der Struktur, vom vorliegenden Isomerengemisch und der Reinheit ab. Sie kann störend sein bei zuckerhaltigen Pulvern und Granulaten, deren Löslichkeitseigenschaften sich durch Zusammenbacken verschlechtern. Andererseits trägt die Hygroskopizität von konzentrierten Zuckerlösungen, wie z. B. Glucosesirup, zur Feuchthaltung von Lebensmitteln, wie z. B. Backwaren bei. Die Löslichkeit von Mono- und Oligosacchariden in Wasser ist gut. Anomere können sich in der Löslichkeit beträchtlich unterscheiden, wie z. B. α- und β-Lactose (cf. 10.1.2.2). In Ethanol sind Monosaccharide schwerlöslich, in anderen organischen Lösungsmitteln, wie Ether, Chloroform, Benzol unlöslich.

4.2.2.2 Optische Drehung, Mutarotation

In Tab. 4.8 sind die spezifischen Drehwerte einiger wichtiger Mono- und Oligosaccharide zusammengestellt. Die spezifische Drehung $[\alpha]_\lambda^t$ folgt aus dem bei der Wellenlänge λ und der Temperatur t gemessenen Drehwinkel α durch die Beziehung:

$$[\alpha]_\lambda^t = \frac{100 \cdot \alpha}{l \cdot c} \quad (4.20)$$

worin l die Länge des Polarimeterrohrs und c die Konzentration des Zuckers in g/100 ml Lösung ist. Für den Vergleich der Drehung verschiedener Verbindungen mit unterschiedlichen Molekulargewichten eignet sich die molekulare Drehung [M]:

$$[M]_\lambda^t = \frac{M[\alpha]_\lambda^t}{100} \quad (4.21)$$

worin M das Molekulargewicht ist. Da sich Anomere und auch Pyranosen und Furanosen in ihren Drehwerten unterscheiden, ändert sich der Drehwert einer frischbereiteten Lösung eines Isomeren so lange, bis das Gleichgewichtsgemisch vorliegt. Die Erscheinung wird als Mutarotation bezeichnet. In Fällen, in denen im Gleichgewicht praktisch nur zwei Isomere vorliegen, wie z. B. bei Glucose die α- und β-Pyranose, folgt die Gleichgewichtseinstellung einem Geschwindigkeitsgesetz 1. Ordnung:

$$-\frac{dc_\alpha}{dt} = k \cdot c_\alpha - k' \cdot c_\beta \quad (4.22)$$

Man spricht von einfacher Mutarotation, im Gegensatz zur komplexen Mutarotation anderer Zucker, z. B. Idose, bei denen die Furanosen einen beträchtlichen Anteil haben und das Geschwindigkeitsgesetz demzufolge komplizierter ist.

Tabelle 4.8. Spezifische Drehung einiger Mono- und Oligosaccharide

Verbindung	$[\alpha]_D$[a]	Verbindung	$[\alpha]_D$[a]
Monosaccharide		*Oligosaccharide* (Forts.)	
L-Arabinose	+105	Kestose	+28
α-	+55,4	Lactose	+53,6
β-	+190,6	β-	+34,2
D-Fructose	−92	Maltose	+130
β-	−133,5	α-	+173
D-Galactose	+80,2	β-	+112
α-	+150,7	Maltotriose	+160
β-	+52,8	Maltotetraose	+166
D-Glucose	+52,7	Maltopentaose	+178
α-	+112	Maltulose	+64
β-	+18,7	Manninotriose	+167
D-manno-2-Heptulose	+29,4	Melezitose	+88,2
D-Mannose	+14,5	Melibiose	+143
α-	+29,3	β-	+123
β-	−17	Palatinose	+97,2
D-Rhamnose	−7,0	Panose	+154
D-Ribose	−23,7	Raffinose	+101
D-Xylose	+18,8	Saccharose	+66,5
α-	+93,6	α-Schardinger-Dextrin	+151
Oligosaccharide (einschl. Disaccharide)		β-Schardinger-Dextrin	+162
Cellobiose	+34.6	γ-Schardinger-Dextrin	+180
β-	+14.2	Stachyose	+146
Gentianose	+33.4		
Gentiobiose	+10		
α-	+31		
β-	−3		

[a] Temperatur: 20–25 °C.

4.2.3 Sensorische Eigenschaften

Mono- und Oligosaccharide, sowie die entsprechenden Zuckeralkohole sind mit wenigen Ausnahmen süß. Für β-D-Mannose wird z. B. süßbitterer Geschmack berichtet, ebenso sind einige Oligosaccharide bitter.

Die größte Bedeutung als Süßungsmittel haben Saccharose, Stärkesirupe (Gemische aus Glucose, Maltose, Malto-Oligosacchariden) und Glucose. Daneben spielen Invertzucker, fructosehaltige Glucosesirupe, Fructose, Lactose und die Alkohole Sorbit, Mannit und Xylit eine Rolle.

Die Zucker unterscheiden sich sowohl hinsichtlich der Qualität als auch hinsichtlich der Intensität des süßen Geschmacks. Saccharose zeichnet sich durch einen besonders vollen und auch bei höheren Konzentrationen noch angenehmen Geschmack vor anderen Zuckern aus. Die Geschmacksintensität nimmt bei Oligosacchariden im allgemeinen mit der Kettenlänge ab.

Aussagen über die Intensität des Geschmacks sind durch den Erkennungsschwellenwert (niedrigste Konzentration, bei der ein süßer Geschmackseindruck wahrnehmbar ist) oder durch Vergleich mit einer Referenzsubstanz (Konzentrationen isosüßer Lösungen) möglich. Der Schwellenwert steht in Beziehung zur Affinität des süßen Stoffes zum Geschmacksrezeptor und ist deshalb in erster Linie bei Untersuchungen über Zusammenhänge zwischen chemischer Struktur und Geschmack von Bedeutung. Für praktische Zwecke ist die zweite genannte Methode wichtiger, da die Konzentrationsabhängigkeit der Geschmacksintensität von Verbindung zu Verbindung meist sehr unterschiedlich ist. Als Referenzsubstanz dient im allgemeinen Saccharose. In den Tab. 4.9, 4.10 und 4.11 sind Süßschwellenwerte und relative Süßwerte einiger Zucker zusammengestellt. Es handelt sich dabei um Mittelwerte mit einer gewissen Schwan-

Tabelle 4.9. Geschmacksschwellenwerte von Zuckern in Wasser

Verbindung	Erkennungsschwellenwert (recognition threshold)		Wahrnehmungsschwellenwert (detection threshold)	
	mol/l	%	mol/l	%
Fructose	0,052	0,94	0,02	0,24
Glucose	0,090	1,63	0,065	1,17
Lactose	0,116	4,19	0,072	2,60
Maltose	0,080	2,89	0,038	1,36
Saccharose	0,024	0,81	0,011	0,36

Tabelle 4.10. Relative Süßwerte[a] von Zuckern und Zuckeralkoholen bezogen auf Saccharose

Verbindung	Relative Süßwerte	Verbindung	Relative Süßwerte
Saccharose	100	D-Mannit	69
Dulcit	41	D-Mannose	59
D-Fructose	114	Raffinose	22
D-Galactose	63	D-Rhamnose	33
D-Glucose	69	D-Glucit	51
Invertzucker	95	Xylit	102
Lactose	39	D-Xylose	67
Maltose	46		

[a] 10%ige Lösungen in Wasser.

Tabelle 4.11. Konzentrationen (%) isosüßer wäßriger Lösungen verschiedener Zucker und Zuckeralkohole

D-Fructose	D-Glucose	Lactose	Saccharose	D-Glucit	Xylit
0,8	1,8	3,5	1,0		
1,7	3,6	6,5	2,0		
4,2	8,3	15,7	5,0	9,3	8,5
8,6	13,9	25,9	10,0	17,2	9,8
13,0	20,0	34,6	15,0		
16,1	27,8		20,0	28,2	18,5
	39,0		30,0		25,4
	48,2		40,0	48,8	

kungsbreite. Für den Erkennungsschwellenwert von Saccharose sind in der Literatur z. B. Werte im Bereich von 0,01–0,037 mol/l zu finden.

Qualität und Intensität des Geschmacks einer Verbindung hängen nicht nur von der Struktur, sondern auch von anderen Parametern, wie z. B. Temperatur, pH-Wert und Anwesenheit weiterer süßer oder nicht-süßer Verbindungen ab. Die Temperaturabhängigkeit der Geschmacksintensität ist bei D-Fructose besonders ausgeprägt (Abb. 4.4). Sie beruht auf der unterschiedlichen Intensität des Süßgeschmacks der verschiedenen Isomeren: β-D-Fructopyranose ist das süßeste Isomer, und seine Konzentration nimmt mit steigender Temperatur ab (Abb. 4.5). Weiterhin bestehen gleichzeitig Wechselbeziehungen zwischen dem Zuckergehalt einer Lösung und der sensorischen Beurteilung ebenfalls anwesender flüchtiger Aromastoffe. Auch die Farbe einer Lösung kann das Urteil über den Geschmack beeinflussen. Die Abb. 4.6–4.9 erläutern die genannten Phänomene am Beispiel von Fruchtsäften und Obstkonserven. Insgesamt folgt, daß ein Süßungsmittel sowohl hinsichtlich seiner Zusammensetzung als auch hinsichtlich seiner Konzentration der Gesamtrezeptur des jeweiligen Lebensmittels angepaßt werden muß, damit ein optimaler sensorischer Eindruck resultiert.

Voraussetzung für das Auftreten von süßem Geschmack ist ein Protonendonator/-acceptor-System (AH/B-System), das durch eine hydro-

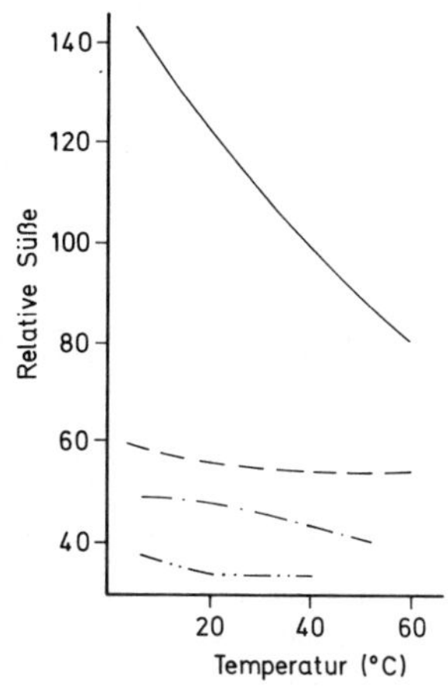

Abb. 4.4. Temperaturabhängigkeit der relativen Süße einiger Zucker (bezogen auf Saccharose ≙ 100 bei der jeweiligen Temperatur; —— D-Fructose, ---- D-Glucose, –·–·–·– D-Galactose, –··–··–··– Maltose). (Nach *Shallenberger, Birch,* 1975)

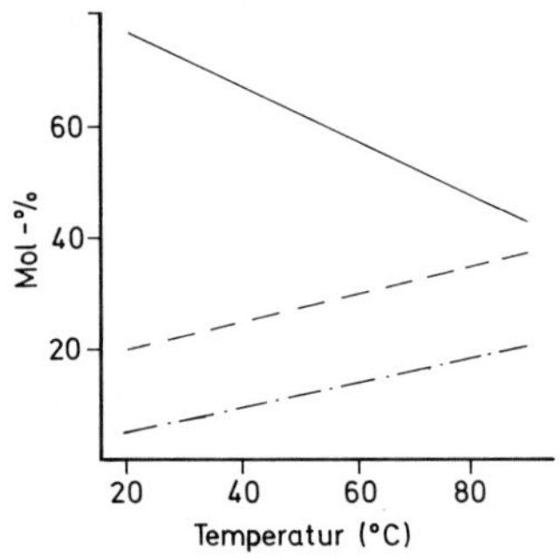

Abb. 4.5. Temperaturabhängigkeit des Mutarotationsgleichgewichts von D-Fructose (—— β-D-Fructopyranose, ---- β-D-Fructofuranose, –·–·–·– α-D-Fructofuranose). (Nach *Shallenberger, Birch,* 1975)

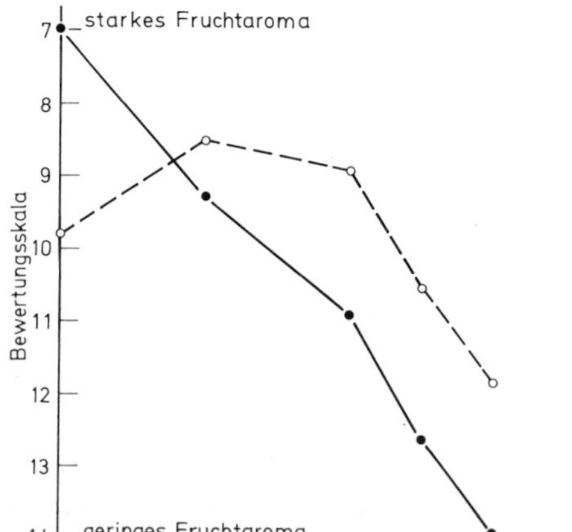

Abb. 4.6. Sensorische Bewertung des „fruit flavor" von Pfirsichkonserven in Abhängigkeit vom Verhältnis Saccharose/Stärkesirup (•——• 60° Brix, ○---○ 50° Brix). (Nach *Pangborn,* 1959)

phobe Gruppe X ergänzt werden kann (cf. 8.8.1) und das mit einem komplementären System des Rezeptors in Wechselwirkung tritt. Auf Grund von Untersuchungen über die Geschmackseigenschaften von Zuckerderivaten und Desoxyzukkern werden folgende AH/B/X-Systeme für β-D-Glucopyranose und β-D-Fructopyranose angenommen:

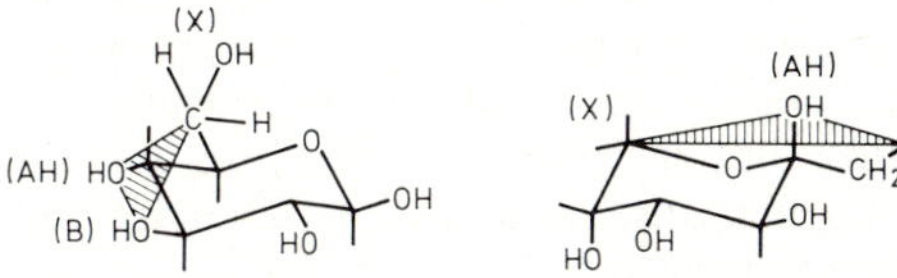

(4.23)

Sowohl β-D-Glucopyranose als auch β-L-Glucopyranose sind süß, und es läßt sich zeigen, daß die AH/B/X-Systeme beider Verbindungen mit dem gleichen komplementären $AH_R/B_R/X_R$-System eines Rezeptors in Kontakt zu bringen sind:

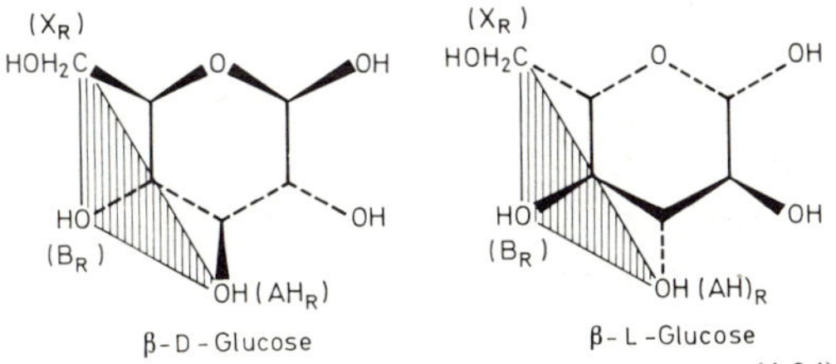

(4.24)

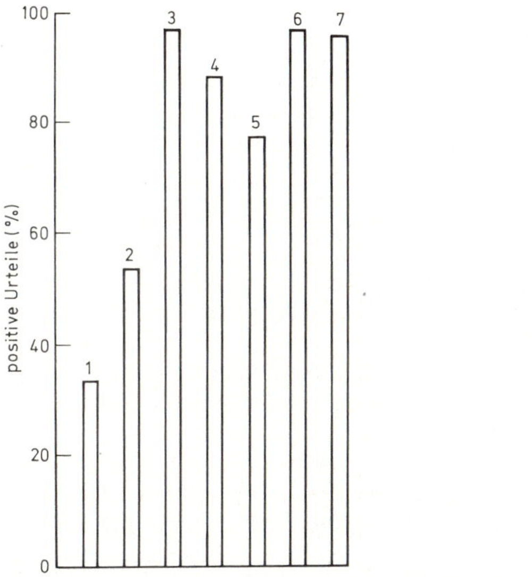

Abb. 4.7. Sensorische Bewertung von unterschiedlich gesüßten Kirschkonserven (1, 2, 3: 60, 50, 40% Saccharose, 4: 0,15% Cyclamat, 5: 0,05% Saccharin, 6: 10% Saccharose + 0,10% Cyclamat, 7: 10% Saccharose + 0,02% Saccharin). (Nach *Salunkhe*, 1963)

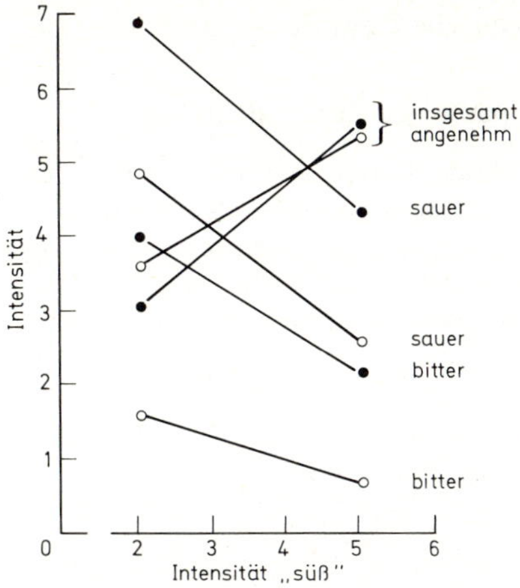

Abb. 4.8. Sensorische Bewertung der Kategorien „overall pleasantness", „sour" und „bitter" bei Heidelbeer- und Preiselbeersaft in Abhängigkeit vom Süßungsgrad (○—○ Heidelbeere, •—• Preiselbeere). (Nach *Sydow*, 1974)

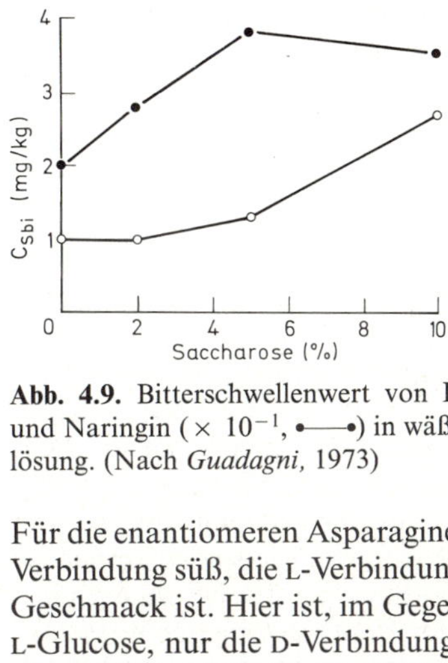

Abb. 4.9. Bitterschwellenwert von Limonin (○—○) und Naringin ($\times 10^{-1}$, •—•) in wäßriger Saccharoselösung. (Nach *Guadagni*, 1973)

Für die enantiomeren Asparagine gilt, daß die D-Verbindung süß, die L-Verbindung dagegen ohne Geschmack ist. Hier ist, im Gegensatz zu D- und L-Glucose, nur die D-Verbindung mit dem komplementären $AH_R/B_R/X_R$-System eines Rezeptors in Kontakt zu bringen:

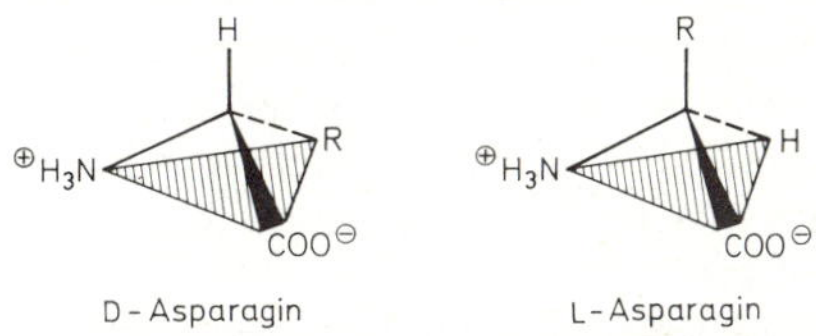

(4.25)

Die Beispiele zeigen, daß das AH/B/X-Modell die strukturellen Voraussetzungen für das Auftreten von süßem Geschmack prinzipiell richtig wiedergibt.

4.2.4 Chemische Reaktionen und Derivate

4.2.4.1 Reduktion zu Zuckeralkoholen

Monosaccharide lassen sich mit $NaBH_4$, mit Wasserstoff katalytisch oder elektrolytisch zu den entsprechenden Alkoholen reduzieren. Aus Ketosen entstehen jeweils zwei Alkohole, da ein zusätzliches Asymmetriezentrum gebildet wird:

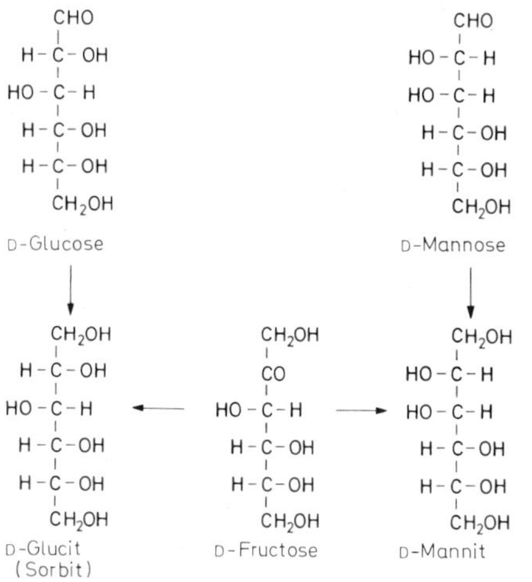

(4.26)

Der Name des Alkohols leitet sich vom Zucker durch Ersatz der Endung -ose oder -ulose durch die Endung -it ab. Für Lebensmittel haben von den vier existierenden Pentiten (meso-Ribit, D-, L-Arabinit, meso-Xylit) nur der Xylit, von den zehn Hexiten (meso-Allit, meso-Galactit (Dulcit), D-, L-Glucit (Sorbit), D-, L-Idit, D-, L-Mannit und D-, L-Altrit) nur der D-Glucit (Sorbit) und der D-Mannit Bedeutung. Verwendet werden sie u.a. als Zuckeraustauschstoffe bei diätetischen Lebensmitteln, zur Herabsetzung der Wasseraktivität bei „intermediate moisture foods" (cf. 0.3.2), als Feuchthaltemittel, als Weichmacher, als Kristallisationsverzögerer und zur Verbesserung der Rehydratation von Trockenprodukten. Sorbit kommt in der Natur in verschiedenen Früchten vor, z.B. in Birnen, Äpfeln und Pflaumen. Maltit, das Reduktionsprodukt des Disaccharids Maltose, wird neuerdings ebenfalls hinsichtlich einer Verwendung in Lebensmitteln diskutiert.

4.2.4.2 Oxidation zu Glykonsäuren, Glykarsäuren und Glykuronsäuren

Unter milden Bedingungen, z.B. mit Brom in gepufferter neutraler oder alkalischer Lösung wird bei Aldosen ausschließlich die Lactolgruppe angegriffen. Die β-Pyranose wird bedeutend schneller umgesetzt als die α-Pyranose. Da sie die stärkere Säure ist (cf. 4.2.1.3) kann davon ausgegangen werden, daß das Pyranose-Anion die reaktionsfähige Form ist. Es entsteht das δ-Lacton, das sich mit dem γ-Lacton und der freien Glykonsäure, die ab pH > 3 überwiegt, ins Gleichgewicht setzt:

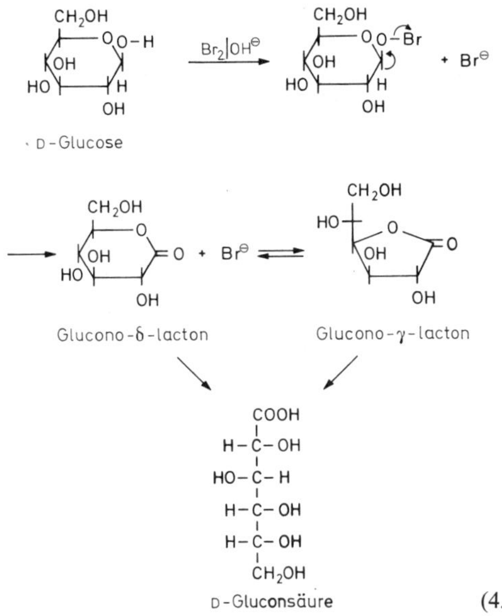

(4.27)

Der Übergang der beiden Lactone ineinander erfolgt wahrscheinlich über eine bicyclische Form.

Der Name der Säuren wird durch Anhängen der Endung -onsäure an die Stammsilbe der Aldosen gebildet.

In Lebensmitteln kann Glucono-δ-lacton überall da eingesetzt werden, wo es auf eine langsame Säureproduktion ankommt, also z.B. bei Backpulver, bei Rohwurst, bei Milchprodukten.

Stärkere Oxidationsmittel, z.B. Salpetersäure, greifen bei Aldosen am C-1 und an der $HOCH_2$-Gruppe unter Bildung von Glykarsäuren an. Aus Galactose entsteht auf diesem Wege Galactarsäure oder Schleimsäure:

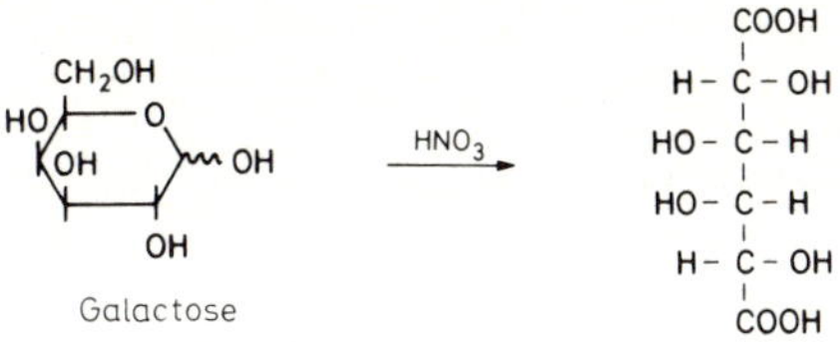

Galactose Schleimsäure (4.28)

Die Glykarsäuren können je nach Konfiguration Mono- oder Dilactone bilden.

Eine Oxidation der $HOCH_2$-Gruppe unter Erhaltung der Carbonylfunktion am C-1 zu Glykuronsäuren ist nur unter Verwendung von Schutzgruppen möglich. Sehr geeignet ist die Umsetzung vicinaler HO-Gruppen mit Aceton, da die entstehenden Ketale nach erfolgter Oxidation am C-6 unter milden Bedingungen im Sauren wieder abspaltbar sind:

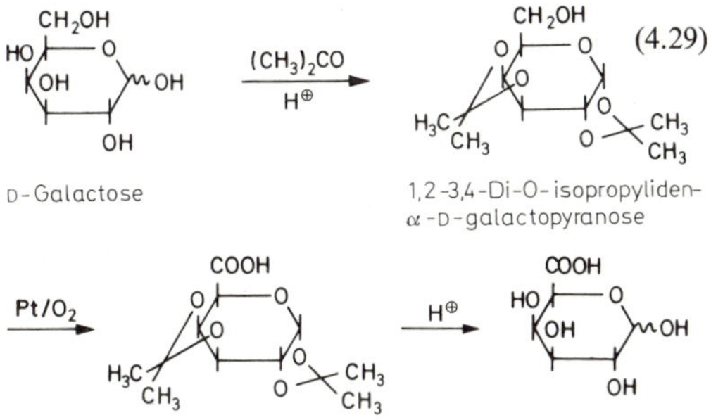

D-Galactose; 1,2-3,4-Di-O-isopropyliden-α-D-galactopyranose (4.29)

1,2-3,4-Di-O-isopropyliden-α-D-galactopyranuronsäure; D-Galacto-pyranuronsäure (D-Galacturonsäure)

Eine weitere Möglichkeit zur Synthese von Glykuronsäuren ist die Reduktion des Monolactons der entsprechenden Glykarsäure:

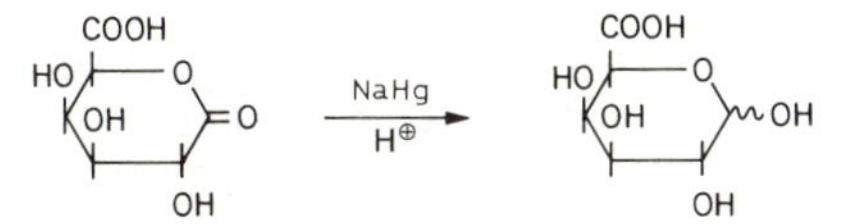

D-Galactarsäure 1,4-monolacton; D-Galacturonsäure (4.30)

Ein auch industriell genutzter Weg zu Glucuronsäure führt über die Oxidation und anschließende Hydrolyse von Stärke:

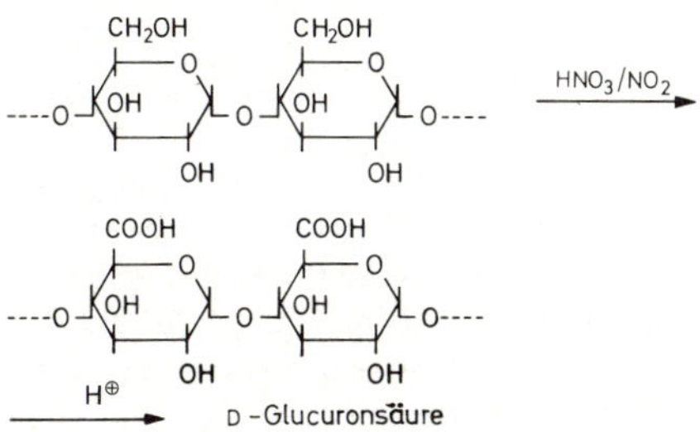

D-Glucuronsäure (4.31)

Je nach der vorliegenden Konfiguration können Glykuronsäuren als Pyranosen oder Furanosen Lactone bilden.

Die Biosynthese der Glykuronsäuren erfolgt ebenfalls über die C-1-blockierten Monosaccharide (s. Formel 4.32, S. 220).

Eine Reihe von Glykuronsäuren sind Bausteine von Polysacchariden, die in der Lebensmitteltechnik als Gelbildner von Bedeutung sind, wie Pektin (D-Galacturonsäure) und Alginsäure (D-Mannuronsäure, L-Guluronsäure).

4.2.4.3 Reaktionen in Gegenwart von Säuren und Basen

Monosaccharide sind im pH-Bereich von 3–7 relativ stabil; jenseits dieser Grenzen treten je nach den Bedingungen mehr oder weniger weitgehende Umwandlungen ein. Während im sauren Milieu Eliminierungen von Wasser unter Erhalt der C-Kette überwiegen, stehen im basischen Milieu Enolisierungen mit nachfolgender Fragmentierung und Sekundärreaktionen der Fragmente im Vordergrund.

4.2.4.3.1 Reaktionen in stark saurer Lösung

In verdünnten Mineralsäuren erfolgt in Umkehrung der Glykosidhydrolyse (cf. 4.2.4.5) eine deshalb als *Reversion* bezeichnete Bildung von Glykosiden. Im Falle von Glucose wurden alle in Frage kommenden Disaccharide und auch höhere Oligosaccharide nachgewiesen, im Vordergrund stehen aber Isomaltose und daneben auch Gentiobiose:

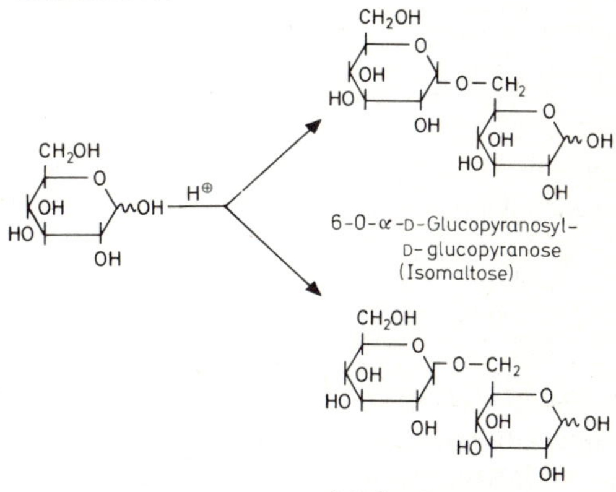

6-O-α-D-Glucopyranosyl-D-glucopyranose (Isomaltose)

6-O-β-D-Glucopyranosyl-D-glucopyranose (Gentiobiose)

(4.33)

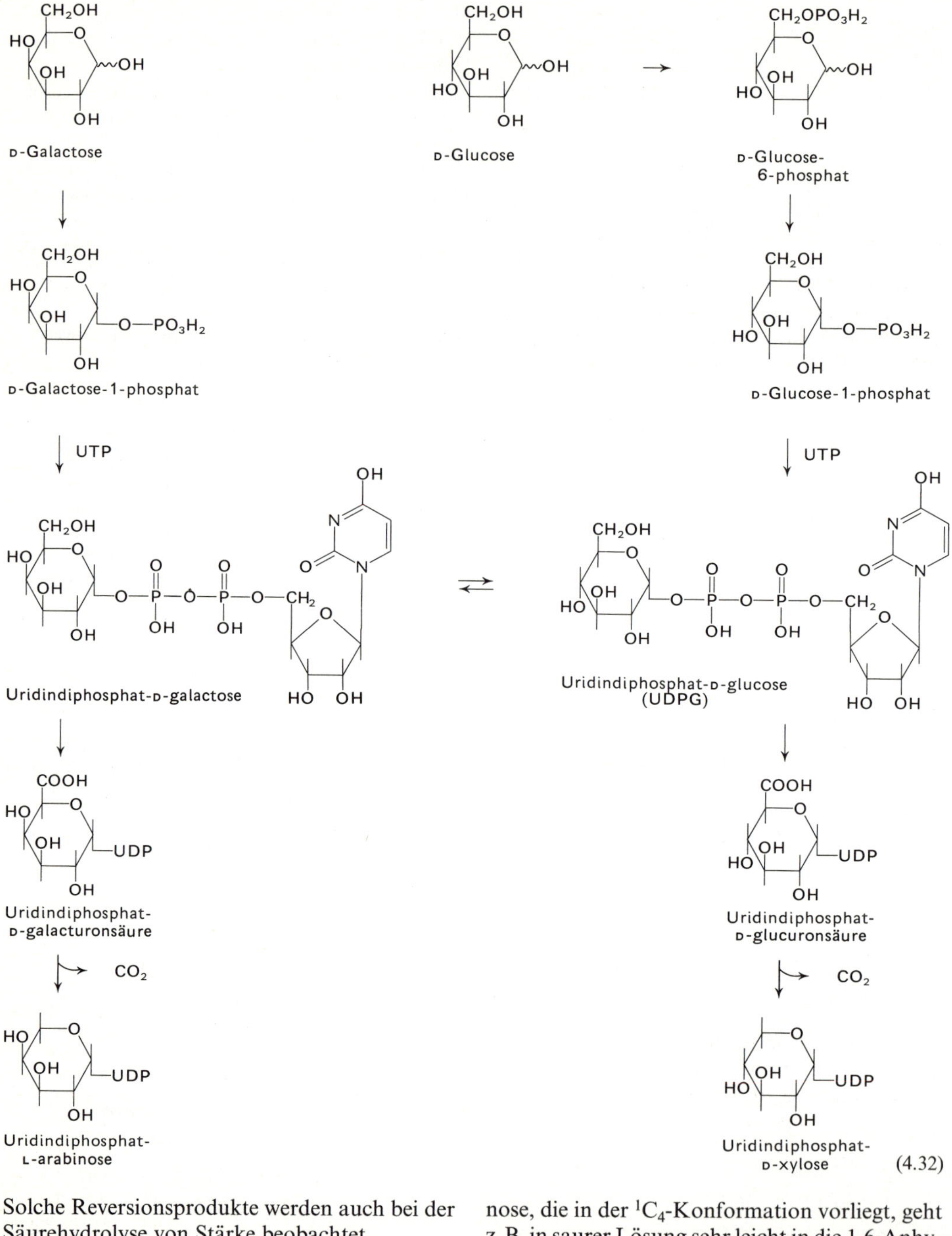

(4.32)

Solche Reversionsprodukte werden auch bei der Säurehydrolyse von Stärke beobachtet.

Neben intermolekularer Glykosidbildung kann auch intramolekulare Glykosidbildung auftreten, besonders leicht dann, wenn die konformativen Voraussetzungen günstig sind. β-Idopyranose, die in der $^1C_4$-Konformation vorliegt, geht z. B. in saurer Lösung sehr leicht in die 1,6-Anhydro-idopyranose über, während bei β-D-Glucopyranose ($^4C_1$-Konformation) die gleiche Reaktion nur unter drastischen Bedingungen eintritt, z. B. bei der Pyrolyse von Glucose, Stärke oder

Cellulose. Beim Erhitzen von Glucosesirup auf Temperaturen > 100 °C kann ebenfalls 1,6-Anhydroglucopyranose in Spuren auftreten:

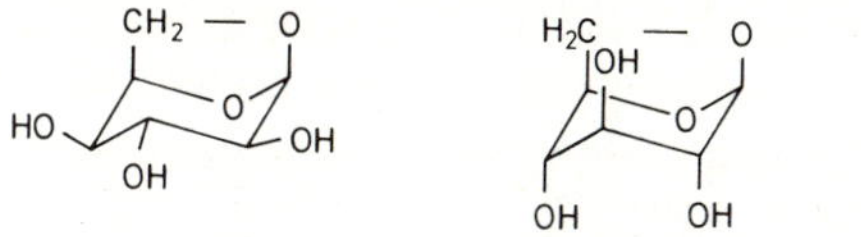

(4.34)

1,6-Anhydro-D-idopyranose   1,6-Anhydro-D-glucopyranose

Auch tricyclische Verbindungen können durch intramolekulare Glykosidbildung entstehen. In Schmelzen von Saccharose wurden z. B. geringe Mengen von Di-D-fructopyranose-1,2′:2,1′-dianhydrid nachgewiesen (Formel 4.35).

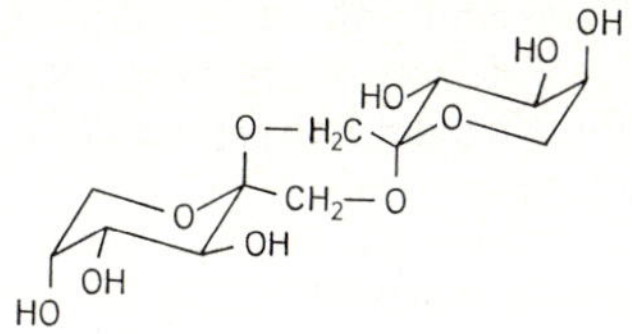

(4.35)

Bereits beim Erhitzen von Monosacchariden in schwachsaurer Lösung, verstärkt aber bei höherer Säurekonzentration, treten nach langsam verlaufender Enolisierung sehr leicht protonenkatalysierte β-Eliminierungen von Wasser ein, die über einige reaktive Zwischenstufen zu Furanderivaten führen. Aus Pentosen entsteht Furfural, aus Hexosen und Hexulosen 5-Hydroxymethylfurfural. Die größere Reaktivität der 2-Keto-

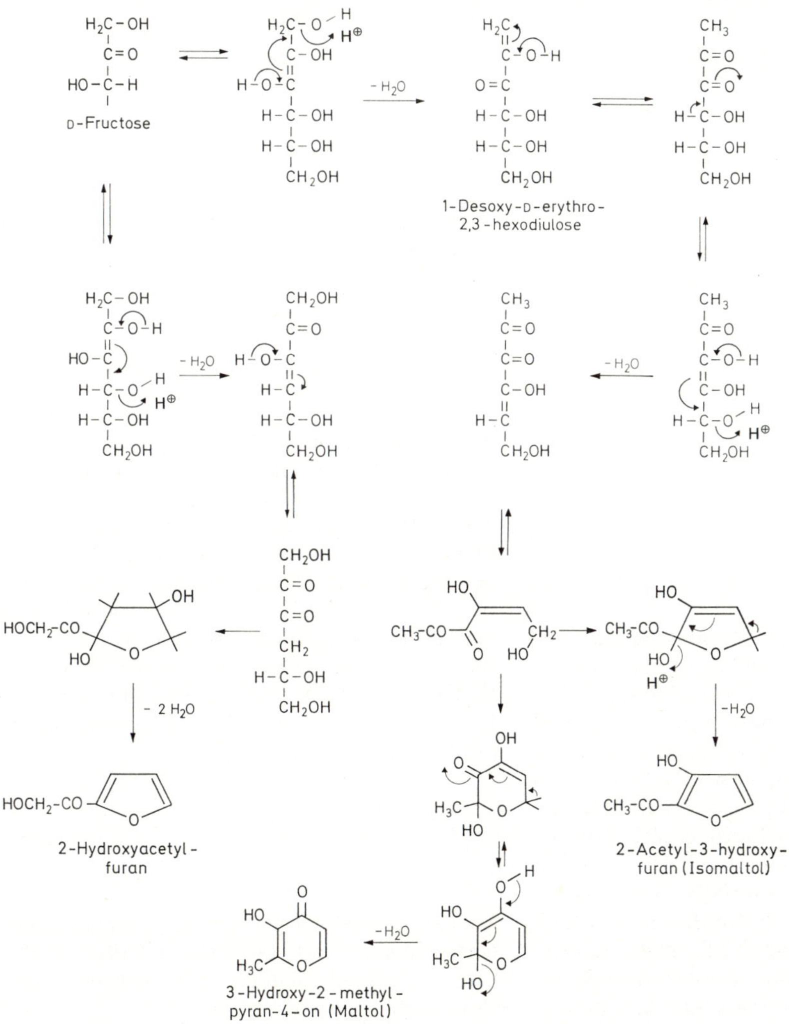

(4.36)

sen ist mit der leichter als bei Aldosen verlaufenden 1,2-Enolisierung zu erklären. Der Verlauf der Reaktion wird am Beispiel von Glucose und Fructose gezeigt:

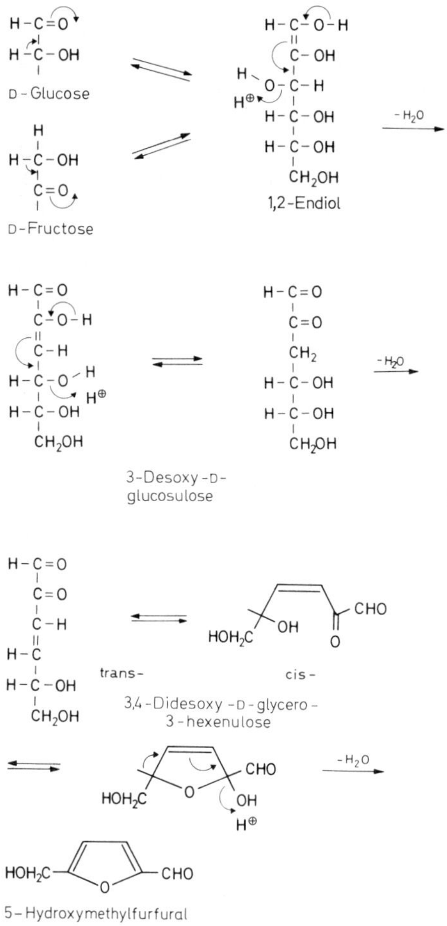

(4.37)

Da Fructose neben dem vorherrschenden 1,2-Endiol auch das 2,3-Endiol bilden kann, ist das Produktspektrum breiter als bei Glucose. Durch Abspaltung der HO-Gruppe am C-1 entsteht über entsprechende Zwischenstufen 2-Acetyl-3-hydroxyfuran (Isomaltol) oder 3-Hydroxy-2-methyl-pyran-4-on (Maltol), durch Abspaltung der HO-Gruppe am C-4 2-Hydroxyacetylfuran (s. Formel 4.36). Die Entstehung einer Reihe weiterer Produkte läßt sich ebenfalls über entsprechende Reaktionsfolgen formulieren. So kann 2,4-Dihydroxy-2,5-dimethyl-3-furanon (Diacetylformosin), eine Verbindung mit starkem Karamelgeruch, aus der 1-Desoxy-2,3-hexodiulose über die 1,6-Didesoxy-2,4,5-hexotriulose gebildet werden, deren cyclische Form sie ist:

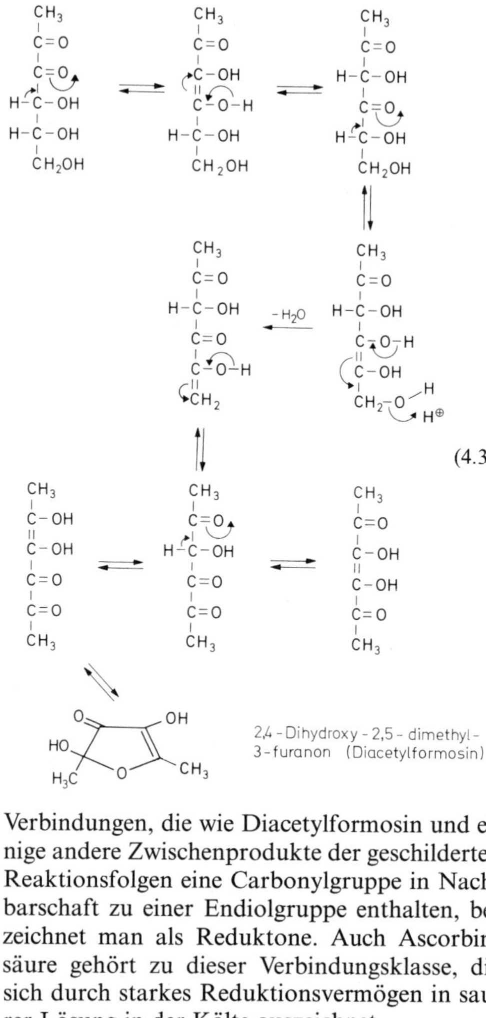

(4.38)

Verbindungen, die wie Diacetylformosin und einige andere Zwischenprodukte der geschilderten Reaktionsfolgen eine Carbonylgruppe in Nachbarschaft zu einer Endiolgruppe enthalten, bezeichnet man als Reduktone. Auch Ascorbinsäure gehört zu dieser Verbindungsklasse, die sich durch starkes Reduktionsvermögen in saurer Lösung in der Kälte auszeichnet.

$Ag^{\oplus}$, $Au^{3\oplus}$, $Pt^{4\oplus}$ werden zu den Metallen reduziert, $Cu^{2\oplus}$ zu $Cu^{\oplus}$, $Fe^{3\oplus}$ zu $Fe^{2\oplus}$ und Br_2 bzw. J_2 zu $Br^{\ominus}$ bzw. $J^{\ominus}$, wobei das Redukton in die Dehydroverbindung übergeht:

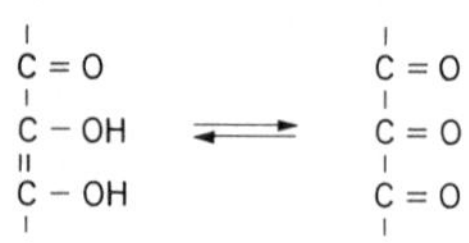

(4.39)

Reduktone sind bei pH < 6 als resonanzstabilisierte Monoanionen stabil; das bei höherem pH-Wert auftretende Dianion ist in Gegenwart von O_2 instabil:

(4.40)

In Gegenwart von Aminoverbindungen laufen die hier besprochenen Reaktionen auch unter milden Bedingungen sehr leicht ab (cf. 4.2.4.4). Die auf diese Weise in Lebensmitteln gebildeten Reduktone können als Antioxidantien wirken.

4.2.4.3.2 Reaktionen in stark basischer Lösung

In Gegenwart von Basen werden Aldosen und Ketosen sehr leicht enolisiert. Über das gemeinsame 1,2-Endiol stehen z. B. Glucose, Mannose und Fructose miteinander im Gleichgewicht. In geringem Umfang tritt auch Psicose über eine 2,3-Enolisierung von Fructose im Gleichgewichtsgemisch auf:

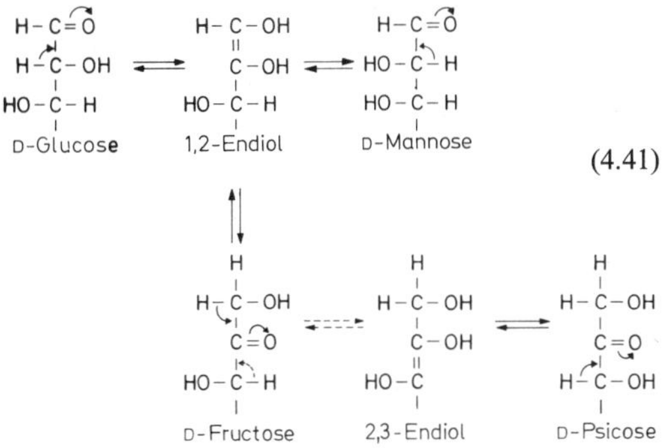

(4.41)

Bei dieser als *Lobry de Bruyn-van Ekenstein*-Umlagerung bekannten Isomerisierung werden je nach Ausgangszucker sehr unterschiedliche Mengen an den verschiedenen Zuckern erhalten. Die auch auf Disaccharide anwendbare Reaktion spielt eine Rolle zur Überführung von Aldosen in Ketosen. So wird mit Natriumaluminat als Katalysator Lactose (4-O-β-D-Galactopyranosyl-D-glucopyranose) in Lactulose (4-O-β-D-Galactopyranosyl-D-fructose) überführt (Formel 4.42). Die Fructose liegt in diesem Disaccharid überwiegend als Pyranose (II a) und zum kleineren Teil als Furanose (II b) vor.

Lactulose wird für den Einsatz in der Säuglingsernährung diskutiert, da sie als Bifidus-Faktor wirkt und auch Obstipation verhindert.

In Gegenwart von Sauerstoff oder von anderen Oxidationsmitteln, wie z. B. $Cu^{2\oplus}$ kommt es zur Spaltung der Doppelbindung des Endiols unter Bildung der zwei entsprechenden Carbonsäuren. Hauptprodukte der Reaktion mit Glucose sind D-Arabinonsäure und Ameisensäure:

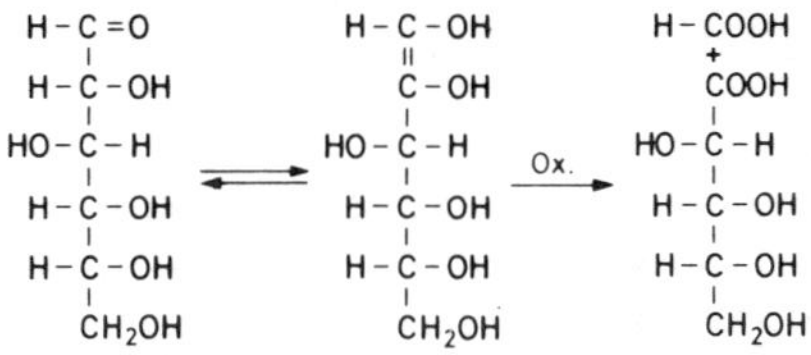

(4.43)

Je nach Reaktionsbedingungen, insbesondere in Abhängigkeit von der Basizität des Ansatzes, treten infolge der durch das Molekül laufenden Enolisierung auch andere Hydroxycarbonsäuren auf.

Die nicht stöchiometrisch verlaufende alkalische Oxidation hat für den qualitativen Nachweis und für die quantitative Bestimmung von reduzierenden Zuckern Bedeutung (*Fehling*sche und *Nylander*sche Reaktion).

Unter nicht oxidativen Bedingungen kommt es mit verdünntem Alkali in der Hitze und mit konzentriertem Alkali bereits in der Kälte ebenfalls zum Kettenbruch an der Doppelbindung unter Bildung von Hydroxyaldehyden und Hydroxyketonen. Da die Enolisierung, wie bereits erwähnt, durch das gesamte Molekül laufen kann und da auch Wasserabspaltungen in unterschied-

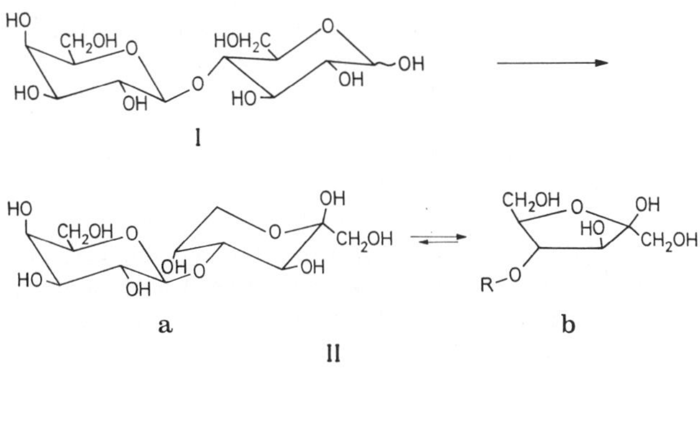

(4.42)

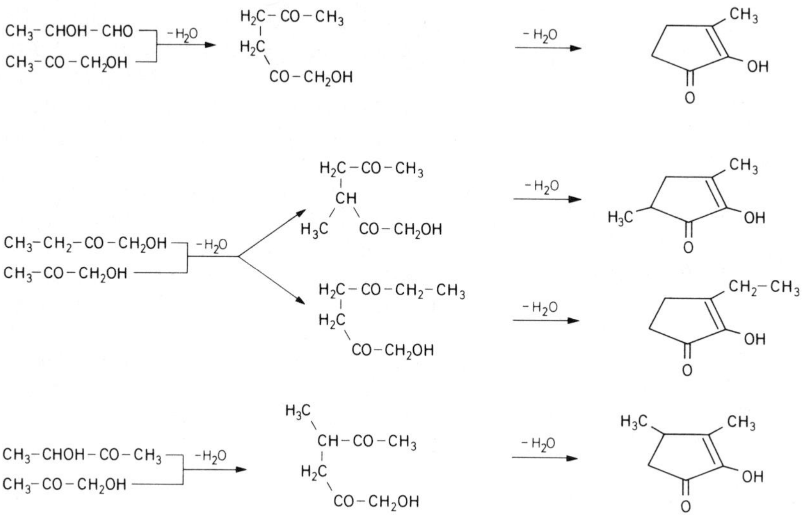

(4.44)

lichem Maße auftreten können, ist bereits das Spektrum der Primärprodukte groß. Diese sind sehr reaktionsfähig und können, z. B. über Aldolkondensationen und *Cannizzaro*-Reaktionen, eine große Zahl von Sekundärprodukten bilden. In Fructosesirup, der bei pH 8–10 über 3 h erhitzt wurde, konnten die in Tab. 4.12 zusammengestellten Verbindungen nachgewiesen werden. Einige, wie z. B. die Cyclopentenolone, sind typische Karamel-Aromastoffe. Ihre Bildung ist auf den in Formel 4.44 dargestellten Wegen vorstellbar.

Charakteristische Reaktionsprodukte von Monosacchariden in starkem Alkali und besonders Erdalkali sind die verschiedenen Saccharinsäuren. Sie entstehen jeweils als Diastereomerenpaar

Tabelle 4.12. Flüchtige Reaktionsprodukte bei alkalischem Abbau von Fructose (pH 8–10)

Essigsäure
Hydroxyaceton
1-Hydroxy-2-butanon
3-Hydroxy-2-butanon
4-Hydroxy-2-butanon
Furfurylalkohol
5-Methyl-2-furfurylalkohol
2,5-Dimethyl-4-hydroxy-3-(2H)-furanon
2-Hydroxy-3-methyl-2-cyclopenten-1-on
3,4-Dimethyl-2-hydroxy-2-cyclopenten-1-on
3,5-Dimethyl-2-hydroxy-2-cyclopenten-1-on
3-Ethyl-2-hydroxy-2-cyclopenten-1-on
γ-Butyrolacton

durch Benzilsäure-Umlagerungen aus den 1,2- und 2,3-Dicarbonylverbindungen, die im Abschnitt 4.2.4.3.1 als Folgeprodukte von Enolisierung und Wasserabspaltung bereits behandelt wurden:

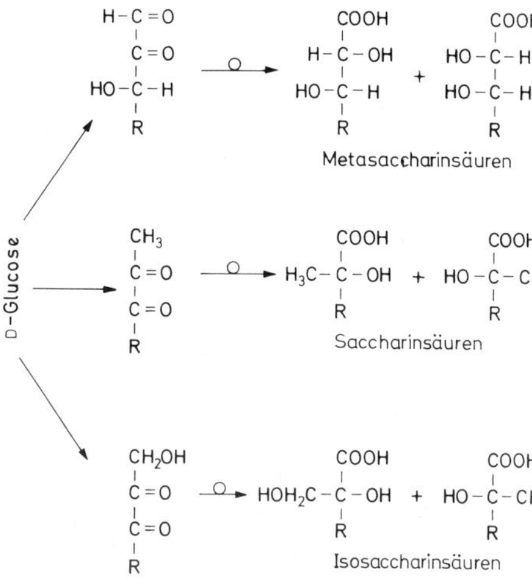

(4.45)

Ammoniak katalysiert die gleichen Reaktionen wie Alkali und Erdalkali. Zusätzlich treten aber stickstoffhaltige Produkte auf, wie 1-Amino-1-desoxy-glykosen (Glykosylamine), Di-glykosylamine und 1-Amino-1-desoxy-glykulosen. Ihre Bildung wird im Abschnitt über N-Glykoside (4.2.4.4) behandelt. Reaktionsfähige Zwischenprodukte können einerseits zu hochmolekularen braunen Verbindungen polymerisieren, andererseits eine Reihe von Imidazol-, Pyrazin- und Pyridinderivaten liefern.

4.2.4.3.3 Karamelisierung

Das Schmelzen von Zucker oder das Erhitzen von Zuckersirup in Gegenwart saurer und/oder basischer Katalysatoren führt zu braungefärbten Produkten mit typischem Karamelaroma. Dabei laufen die in den beiden vorhergehenden Abschnitten behandelten Reaktionen ab. Der Prozeß kann mehr in Richtung auf Aromabildung und mehr in Richtung auf Farbbildung gelenkt werden. So führt das Erhitzen von Saccharosesirup in gepufferter Lösung z.B. zu starker Fragmentierung und damit sekundär zu starker Bildung von Aromastoffen. Es handelt sich dabei vorwiegend um Dihydrofuranone, Cyclopentenolone, Cyclohexenolone und Pyrone (cf. 4.2.4.3.2). Das Erhitzen von Glucosesirup mit Schwefelsäure in Gegenwart von Ammoniak führt andererseits z.B. zu stark gefärbten polymeren Produkten (Zuckercouleur), deren Löslichkeit und Stabilität im Sauren durch Einführung von Sulfonsäuregruppen über eine Addition von Sulfit an Doppelbindungen erhöht werden kann:

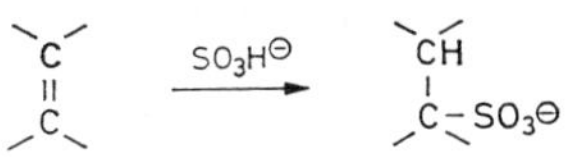

(4.46)

4.2.4.4 Reaktionen mit Aminoverbindungen (N-Glykoside, *Maillard*-Reaktion)

Die Reaktion von Aminoverbindungen mit Monosacchariden erfolgt wahrscheinlich primär durch Addition an die Carbonylgruppe und anschließende Wasserabspaltung zum Imin und unter Cyclisierung zum Glykosylamin (N-Glykoside):

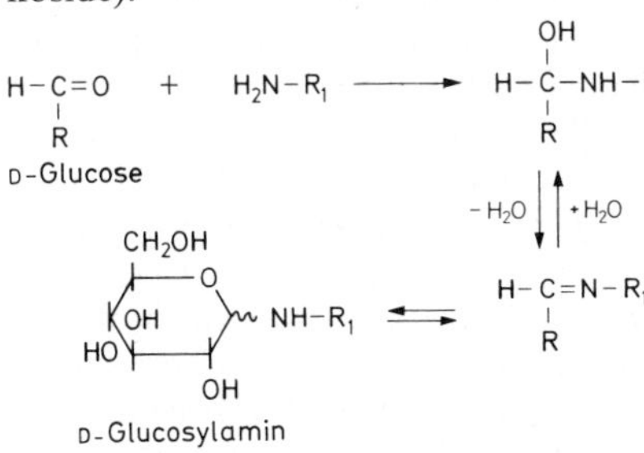

(4.47)

N-Glykoside mutarotieren im Gegensatz zu O-Glykosiden. Die säurekatalysierte Isomerisierung erfolgt über ein offenkettiges Immoniumion, das auch Zwischenprodukt der Hydrolyse ist:

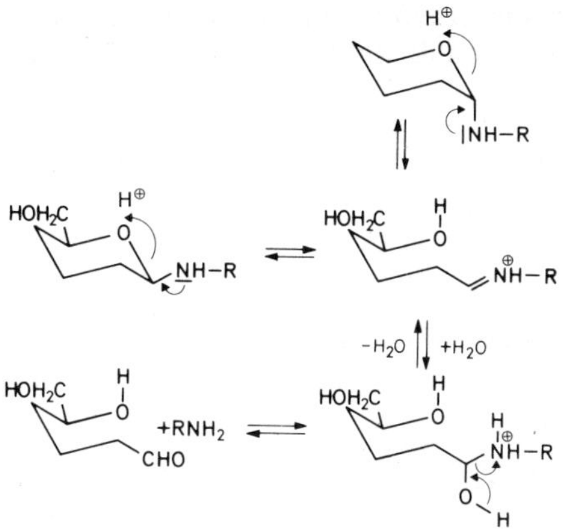

(4.48)

N-Glykoside sind in der Natur weit verbreitet (Nucleinsäuren, NAD, Coenzym A). In Lebensmitteln entstehen sie immer dann, wenn reduzierende Zucker mit Proteinen, Peptiden, Aminosäuren oder Aminen gemeinsam vorkommen, besonders leicht bei höherer Temperatur oder bei geringer Wasseraktivität.

Die aus Aldosen primär entstehenden Aldosylamine werden zu 1-Amino-1-desoxyketosen umgelagert (*Amadori*-Umlagerung). Entsprechend können aus Ketosylaminen je zwei isomere 2-Amino-2-desoxyaldosen entstehen (*Heyns*-Umlagerung). Die Reaktionen entsprechen der bereits behandelten basenkatalysierten Isomerisierung von Aldosen und Ketosen, gehen von dem bei der Anomerisierung bereits erwähnten Immoniumion aus und laufen über das dem Endiol entsprechende Enaminol:

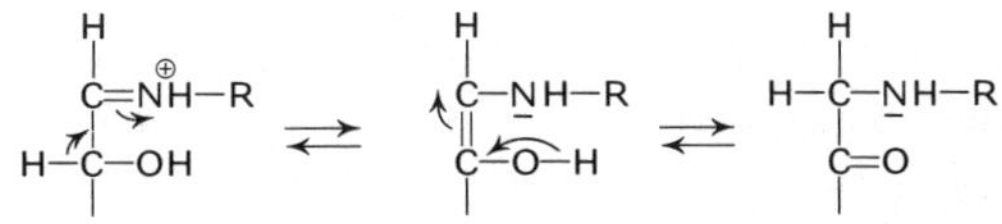

1-Amino-1-desoxy-ketose

(4.49)

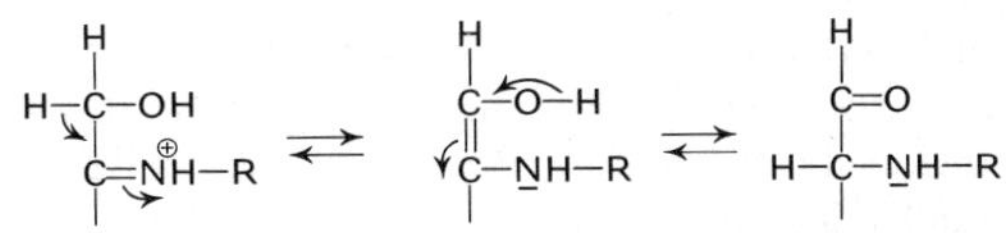

2-Amino-2-desoxy aldose

(4.50)

1-Amino-1-desoxy-ketosen wurden in verschiedenen Lebensmitteln nachgewiesen, z.B. in Trockenfrüchten (Pfirsich, Aprikose), Trockengemüsen, Milchpulver, Leberextrakten.

In Milchpulver erfolgt die Reaktion zwischen ε-Aminogruppen der Proteine und dem Disaccharid Lactose:

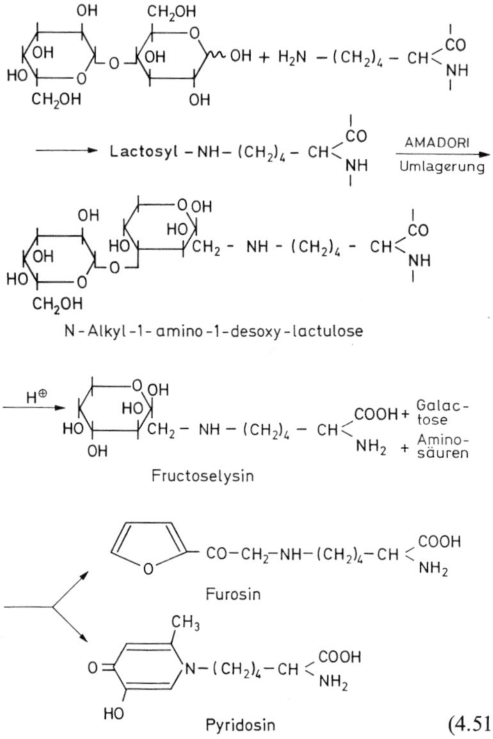

(4.51)

Das primär gebildete Lactosylamin geht durch *Amadori*-Umlagerung in die proteingebundene N-Alkyl-1-amino-1-desoxy-lactulose über, die bei Säurehydrolyse Fructoselysin liefert, das in die Folgeprodukte Furosin und Pyridosin übergeht. Diese Aminosäuren werden bei der Aminosäureanalyse von Milchpulverhydrolysaten, aber auch von Hydrolysaten anderer Lebensmittel erfaßt und sind Indikatorsubstanzen für Zucker-Amin-Reaktionen.

Glykosylamine und die *Amadori*-Produkte sind aber nur Zwischenverbindungen in Reaktionsfolgen, die unter dem Begriff „*Maillard*-Reaktion" oder „nicht-enzymatische Bräunung" zusammengefaßt werden. Diese Reaktionsfolgen entsprechen denen, die bei den Umwandlungen von Monosacchariden unter Säure-Base-Katalyse bereits behandelt wurden. Ausgehend von den N-haltigen Zwischenverbindungen, die mit dem basischen Stickstoff einen Katalysator im Molekül enthalten, verlaufen diese Reaktionen nur wesentlich schneller bzw. unter wesentlich milderen Bedingungen, wie sie bei vielen Lebensmitteln vorliegen. Die Reaktionen führen einerseits zu braunen Pigmenten, die als Melanoidine bezeichnet werden, Stickstoff in wechselnden Mengen enthalten, unterschiedliche Molekulargewichte und auch unterschiedliche Löslichkeit in Wasser besitzen.

Weiterhin entstehen flüchtige Verbindungen, die vielfach aromawirksam sind. Bräunung und Aromabildung bei Koch-, Back- und Bratprozessen gehen ebenso auf die *Maillard*-Reaktion zurück, wie Verluste an essentiellen Aminosäuren (Lysin, Methionin), unerwünschte Verfärbungen und Entstehung von Fehlaromen (off-flavour) bei der Lagerung von Lebensmitteln, insbesondere in getrocknetem Zustand oder bei der thermischen Behandlung zum Zwecke der Pasteurisierung, Sterilisierung oder Röstung.

Im folgenden werden einige typische Reaktionswege erläutert.

Die *Amadori*-Verbindungen können mit einem zweiten Zuckermolekül unter Glykosylaminbildung und anschließender *Amadori*-Umlagerung zu Di-D-ketosylaminosäuren („Diketose-Aminosäuren") weiterreagieren:

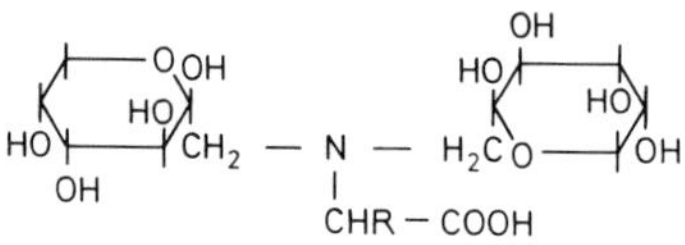

(4.52)

Di-D-fructosylsaminosäure

Diese zerfallen in schwach saurer Lösung bei 100 °C wesentlich rascher als die Ketosylaminosäuren zu Desoxydicarbonylverbindungen. Die Aminokomponente wird freigesetzt und kann erneut reagieren (Formel 4.53; R^1 = H: Ketosylaminosäure, R^1 = CH_2—CO—CHOH—: Diketosylaminosäure, R^2 = CHR^3COOH. 1) Glykosylaminierung, 2) *Amadori*-Umlagerung, 3) 1,2-Enolinierung, 4) 2,3-Enolinierung).

Die Desoxydicarbonylverbindungen sind sehr reaktiv. Wie schon in Abschnitt 4.2.4.3 ausgeführt, sind Dehydratisierungen (1), Isomerisierungen (2), intramolekulare Redoxreaktionen (3) und C—C-Spaltungen (4) typisch (Formel 4.54). Weitere Verbindungen aus solchen C—C-Spaltungen sind z. B. Diacetyl, Acetoin, Glycerinaldehyd, Dihydroxyaceton, Methylglyoxal, Glyoxal.

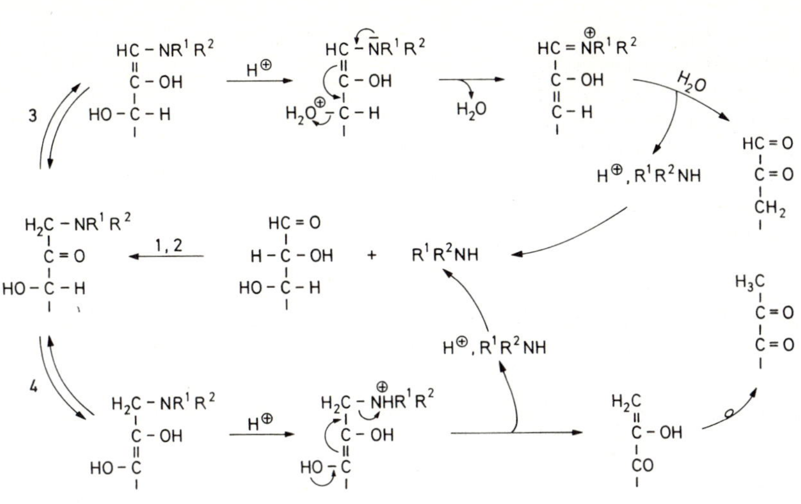

(4.53)

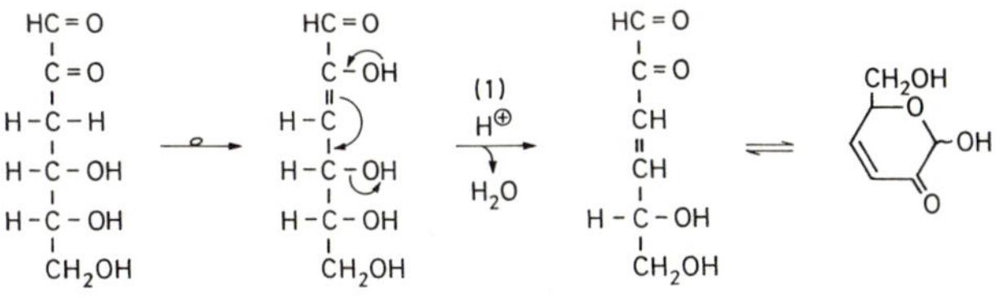

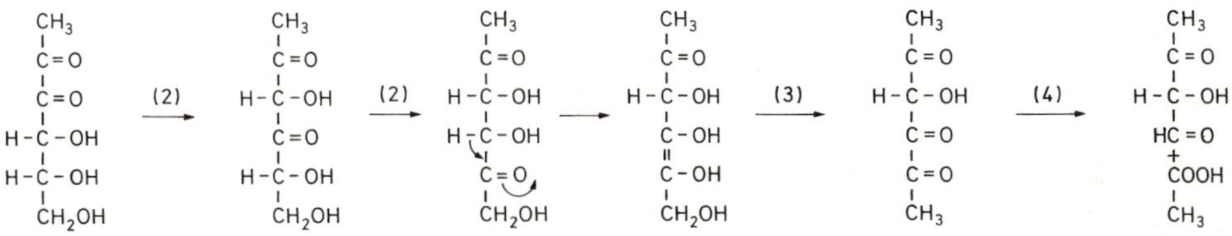

(4.54)

Das Formelschema der Abb. 4.10 faßt ausgewählte, wichtige Produkte der *Maillard*-Reaktion, wie sie aus Modellgemischen und/oder aus Lebensmitteln isoliert wurden, sowie die wahrscheinlichen Reaktionswege zusammen:

Zucker (Mono-, Disaccharide) liefern mit Aminoverbindungen über Glykosylamine *Amadori*-Verbindungen, die unter Aminabspaltung (cf. Formel 4.53) zu 1-, 3- und 4-Desoxyverbindungen (I–III) weiterreagieren. Während Zucker in Abwesenheit von Aminen hauptsächlich über die 3- und 4-Desoxyverbindungen abgebaut werden, sind die 1-Desoxyverbindungen für die *Maillard*-Reaktion besonders charakteristisch.

Ausgehend von den *1-Desoxyverbindungen* (I, Abb. 4.10) läuft ein gemeinsamer Abbauweg von Mono- und Disacchariden über die 1,6-Didesoxyverbindungen (IVa, IVb, mit R = H in erhitzten Lebensmitteln nachgewiesen), die mit sekundären Aminen zu Aminohexosereduktonen (V), mit primären Aminen zu Pyrrolinonreduktonen (VI) weiterreagieren. Eine Wasserabspaltung zu den 1,5-Didesoxyformen (VII, VII a), die dann weiter zu Maltol (VIII) oder zu Isomaltolderivaten (IX) reagieren, wurde bisher nur bei Disacchariden und nicht bei Monosacchariden beobachtet. Die Umsetzung von Lactose führt bevorzugt zu β-Galactosylisomaltol, die von Maltose zu Maltol und nicht zu α-Glucosylisomaltol. In Gegenwart von primären Aminen entstehen Pyridone (X). Das entsprechende Lysinderivat (X: $R^3 = (CH_2)_4$—$CHNH_2$—COOH) kommt z. B. proteingebunden in erhitzten Milchprodukten vor und wird bei der Aminosäureanalyse solcher Produkte gemeinsam mit Pyridosin (cf. Formel 4.51) erfaßt.

Charakteristisch für Monosaccharide ist das in einer Reihe von Lebensmitteln nachgewiesene Dihydropyranon XI, das nur bei $R^1 = H$ gebildet werden kann. Unter den üblichen Bedingungen der *Maillard*-Reaktion erfolgt bei XI keine Wasserabspaltung zu Maltol (VIII).
1-Desoxyverbindungen können mit Aldehyden zu farbigen Verbindungen (XII, XIII) kondensieren, wobei offen ist, ob die Kondensation vor oder nach der Cyclisierung erfolgt. Weitere Farbstoffe (z. B. VII in Formel 4.60) können im Sauren über Methylenreduktinsäure (VI in Formel 4.60) entstehen. Das wichtigste bekannte *Maillard*-Produkt aus Pentosen ist XIV, das u. a. in Fleischbrühe nachgewiesen wurde. Die farbigen Verbindungen XV und XVI werden durch Reaktionen mit Carbonylverbindungen gebildet.
Aus den *3-Desoxyverbindungen* (II, Abb. 4.10), die aus Mono- und Disacchariden gebildet werden, entstehen über die 3,4-Didesoxyverbindungen Furfural (XVIII, R = H) bzw. Hydroxymethylfurfural (XVIII, $R = CH_2OH$), sowie in Anwesenheit von primären Aminen Pyrrol- (XIX) und Pyridinderivate (XX). Die Furfurale sind die flüchtigen Hauptprodukte bei der Karamelisierung. Die 3,4-Didesoxyverbindung (XVII) kann mit Aldehyden, z. B. mit Furfural oder Hydroxymethylfurfural, zu XXI kondensieren. Weitere Reaktionen sind Stabilisierung durch Acetalbildung (XXII), oder Umlagerung zu XVII b, nochmalige Reaktion mit Aldehyden zu XXIII und, in Anwesenheit von primären Aminen, zu XXIV.
Über die *4-Desoxyverbindung* (III, Abb. 4.10), die auch aus Disacchariden gebildet wird, entstehen Hydroxyacetylfuran (XXV) und in Gegenwart von primären Aminen die Pyrrol- und Pyridinderivate XXVI und XXVII. Während XXV beim Karamelisieren neben Hydroxymethylfurfural ein flüchtiges Hauptprodukt ist, können bei der *Maillard*-Reaktion auch die Stickstoffverbindungen (XXVI, XXVII) in größerer Menge vorliegen.
Eine weitere Reaktionsfolge, der *Strecker*-Abbau, geht von α-Dicarbonylverbindungen, wie sie als Zwischen- oder auch Endprodukte der anderen Reaktionsfolgen auftreten, und Aminosäuren aus und führt unter Transaminierung zu Aminoketonen, Aldehyden und CO_2 (cf. 1.2.4.2.4).
Diese Reaktion läuft in Lebensmitteln bei höheren Konzentrationen an freien Aminosäuren und

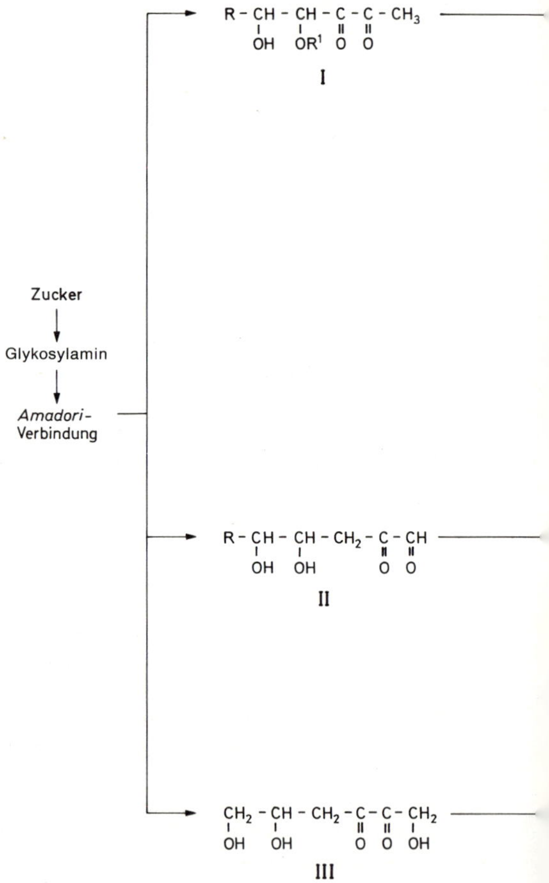

Abb. 4.10. Schema der *Maillard*-Reaktion

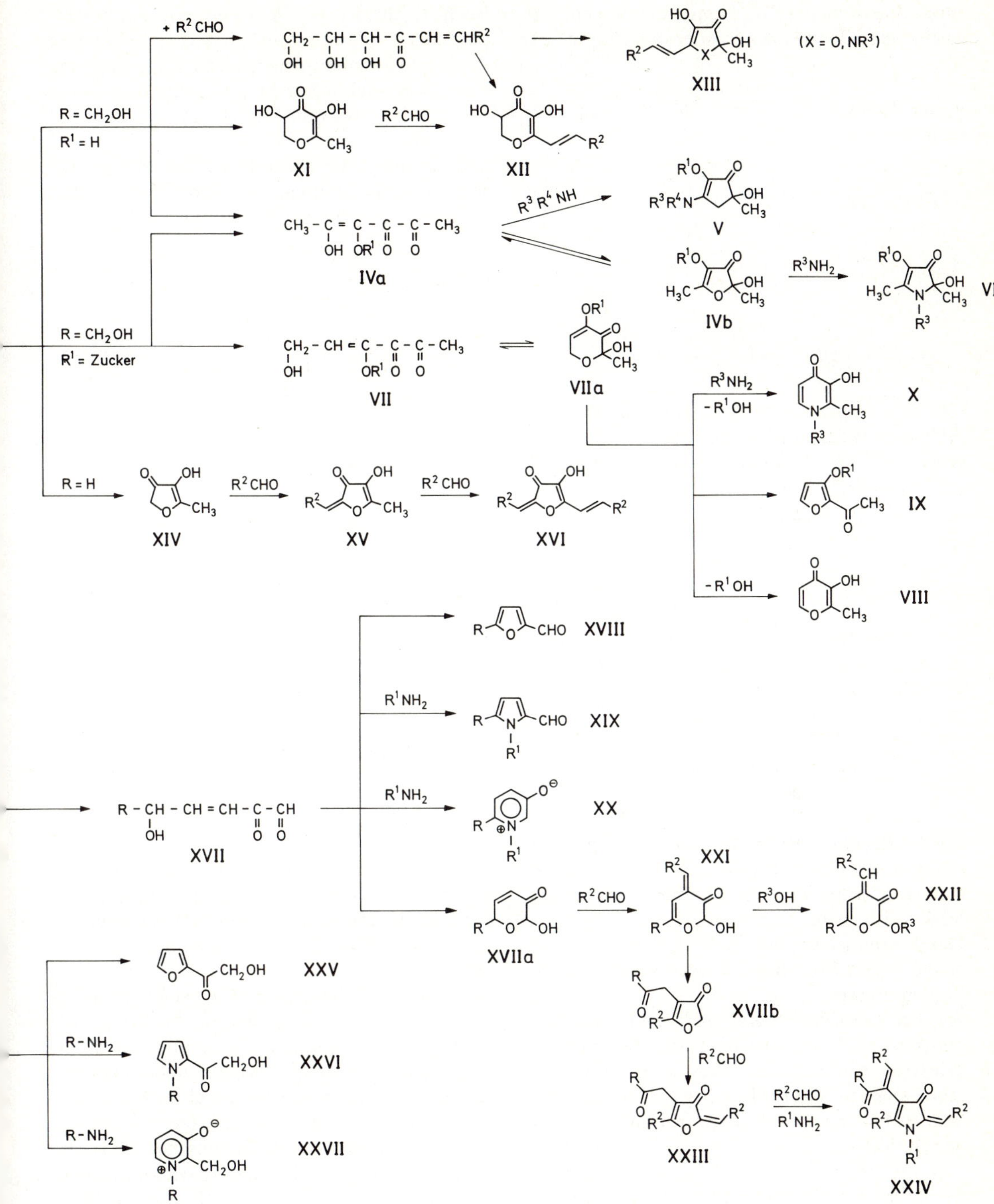
+ R²CHO
R = CH₂OH
R¹ = H
R²CHO
R³R⁴NH
R = CH₂OH
R¹ = Zucker
R³NH₂
-R¹OH
R = H
R¹NH₂
R-NH₂
R³OH
(X = O, NR³)
XIII
XI
XII
V
IVa
IVb
VI
VII
VIIa
X
IX
VIII
XIV
XV
XVI
XVIII
XIX
XX
XVII
XXI
XXII
XVIIa
XVIIb
XXIII
XXIV
XXV
XXVI
XXVII

unter drastischeren Reaktionsbedingungen, z. B. bei höheren Temperaturen oder unter Druck ab:

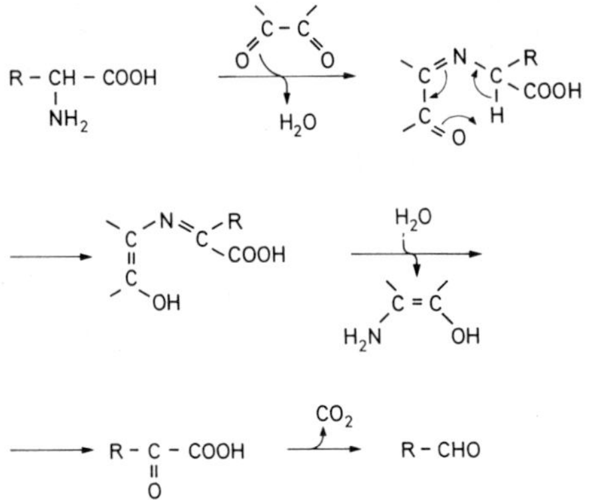

(4.55)

Die entstehenden Aldehyde, auch als *Strecker*-Aldehyde bezeichnet, können zum Aroma beitragen (cf. 5.3.1.1). Das Aminoketon kann z. B. zu Pyrazinderivaten führen:

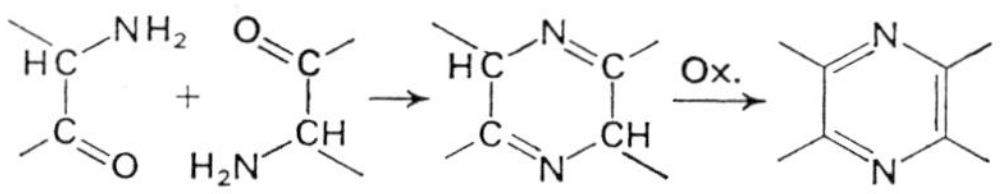

(4.56)

Übergänge in die Pyrrolreihe sind z. B. durch Reaktionen zwischen α-Dicarbonylverbindungen und 1-Amino-1-desoxy-ketosen möglich:

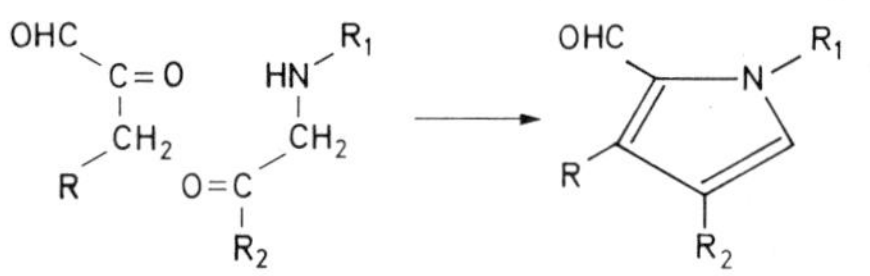

(4.57)

Bei der Beteiligung von Aminosäuren mit weiteren funktionellen Gruppen in der Seitenkette sind noch komplexere Reaktionen möglich (cf. 5.3.1.5–5.3.1.10).

Das Formelschema der Abb. 4.11 (S. 231) faßt einige weitere Folgeprodukte der *Strecker*-Reaktion zusammen:

Aus der *3-Desoxyverbindung* (I), die formal zu II reduziert wird, lassen sich aus der Reaktion mit primären Aminosäuren (Weg a) die Produkte III–V ableiten. Mit Prolin (Weg b) entsteht Maltoxazin (VI) und mit 4-Hydroxyprolin das Furanderivat VII.

Der *1-Desoxyverbindung* (VIII) lassen sich die Verbindungen IX–XI und der *4-Desoxyverbindung* (XII) die Verbindungen XIII und XIV zuordnen.

In die Struktur farbiger Produkte der *Maillard*-Reaktion geben Modellversuche erste Einblicke.

Beim Erhitzen von Pentosen mit Aminoverbindungen (Aminosäuren, primäre/sekundäre Amine) in annähernd neutraler wäßriger Lösung wird in beträchtlicher Menge 4-Hydroxy-5-methyl-2,3-dihydrofuran-3-on (I) gebildet. Die CH-acide Verbindung kondensiert mit Aldehyden und Ketonen, die ebenfalls aus bereits besprochenen Umwandlungsreaktionen der Zucker stammen, zu farbigen Verbindungen (II, III):

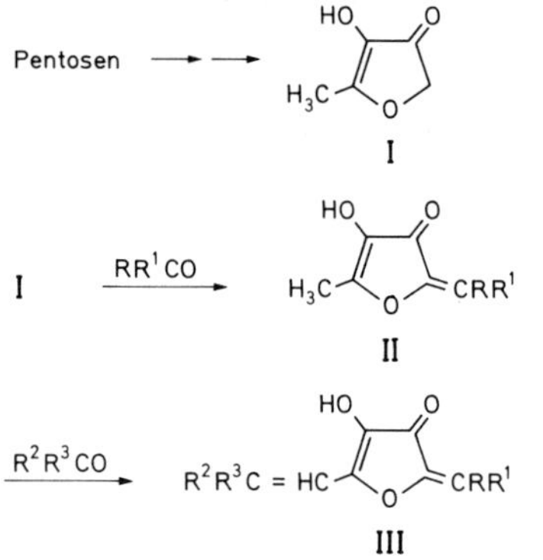

(4.58)

So wurden z. B. aus Xylose und Glycin in wäßriger Lösung die orangefarbene Verbindung IV und aus Xylose und Diethylamin in Ethanol die Verbindung V erhalten:

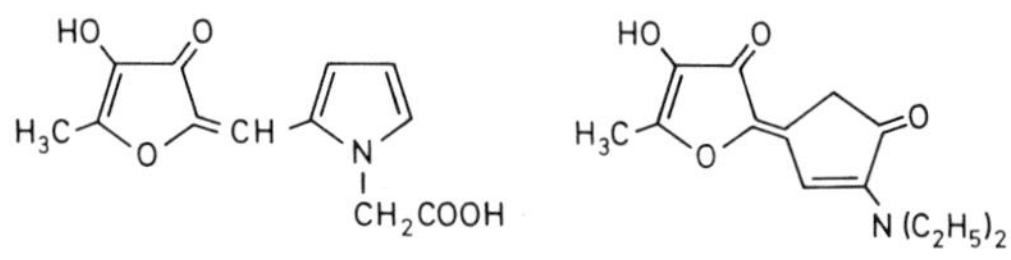

IV V (4.59)

Aus Hexosen (Formel 4.60) entsteht bei der *Maillard*-Reaktion u. a. Methylenreduktinsäure (VI) und das Dihydro-γ-pyron VIII, die ebenfalls zu farbigen Produkten (VII, IX) kondensieren können.

Während der Bildungsweg (Formel 4.61) des farbigen Lactams X (λ_{max} 406 nm, in Methanol) noch offen ist, könnte das Acylpyrrol XI durch Retroaldolspaltung des Zuckers und Rekombination der Bruchstücke des primären Amins entstanden sein. Die orange gefärbte Verbindung XII (λ_{max} 478 nm, in methanolischer HCl), die beim Erhitzen von Glucose/Piperidiniumacetat in Ethanol auftritt, enthält den für Pentosen charakteristischen Furanonring als CH-acide Komponente. Wahrscheinlich ist eine Abspaltung von Formaldehyd über eine Retroaldolreaktion erfolgt.

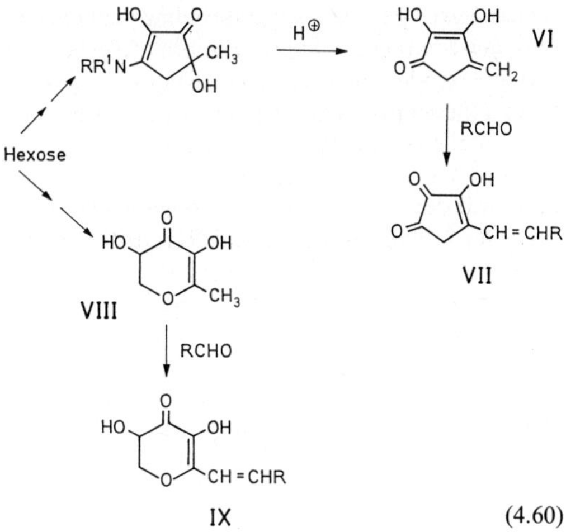

(4.60)

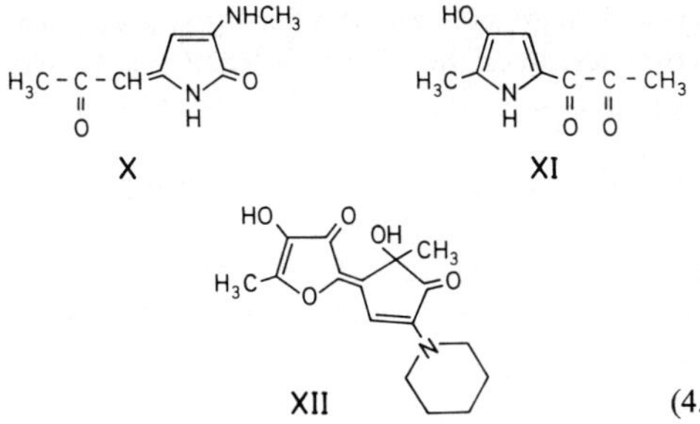

(4.61)

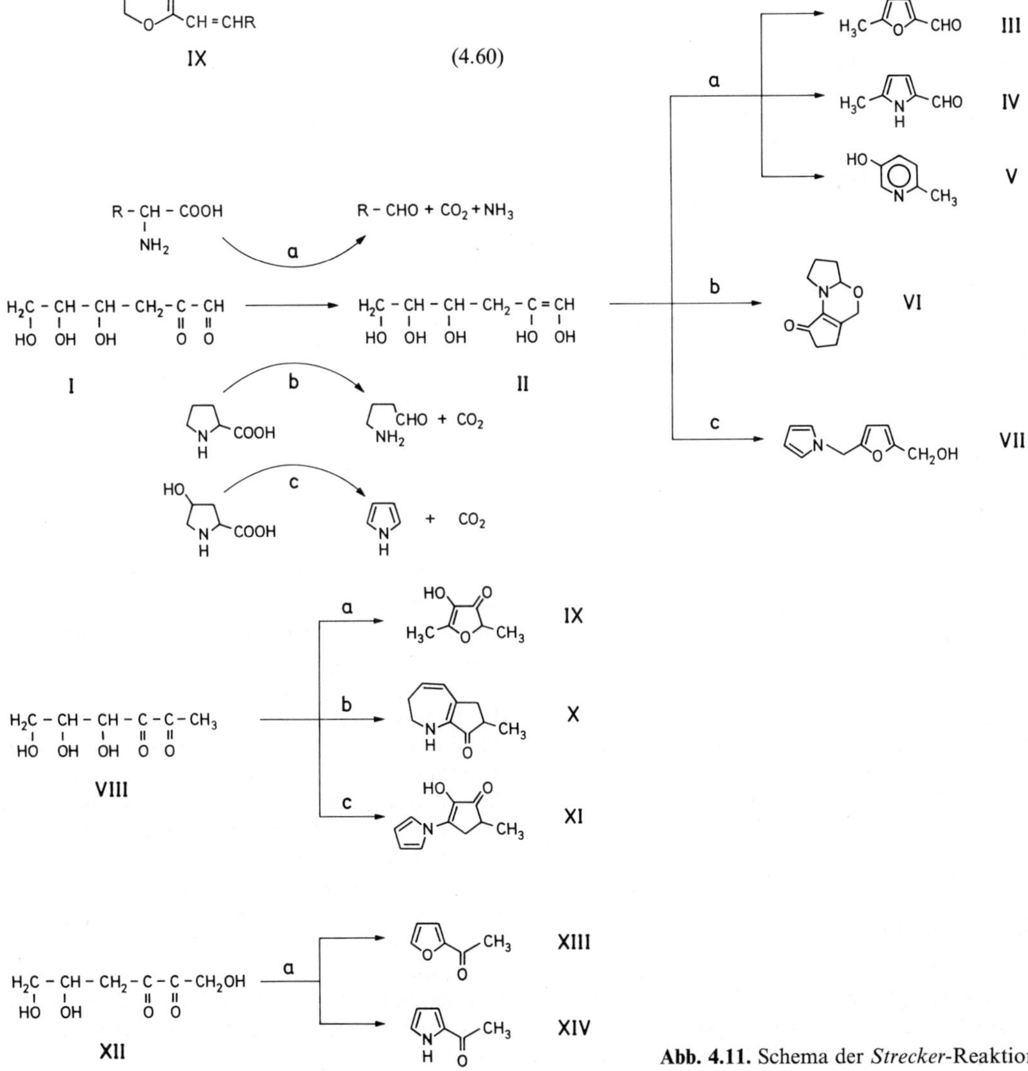

Abb. 4.11. Schema der *Strecker*-Reaktion

Insgesamt zeigt sich, daß bei der Entstehung von Farbstoffen über die *Maillard*-Reaktion C—C-Spaltungen und Rekombinationen eine Rolle spielen.

Beispiele für bei der *Maillard*-Reaktion auftretende Bitterstoffe sind die aus erhitzten Prolin/Saccharose-Gemischen (190 °C, 30 min, Molverhältnis 3:1) isolierten Aminohexosereduktone I und II (c_{sbi} 0,8 und 0,03 mmol/l):

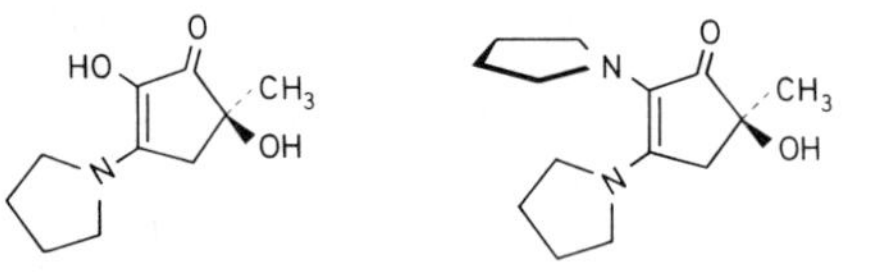

I II (4.62)

Maßnahmen zur Verhinderung der *Maillard*-Reaktion in Fällen, in denen sie unerwünscht ist, sind Herabsetzung des pH-Werts, Einhaltung möglichst niedriger Temperaturen und Vermeidung kritischer Bereiche der Wasseraktivität (cf. 0.3.2) bei Verarbeitung und Lagerung, Einsatz nicht-reduzierender Zucker sowie Zusatz von Sulfit.

Abb. 4.12 zeigt am Beispiel der Trocknung von Karotten den Vorteil einer zweistufigen Prozeßführung.

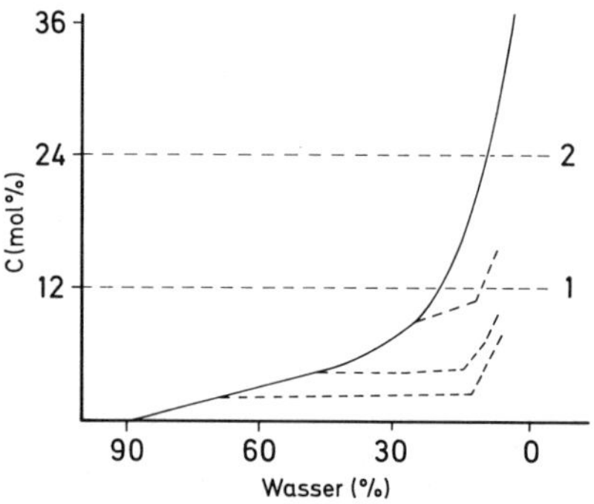

Abb. 4.12. Zunahme der Konzentration an *Amadori*-Verbindungen bei zweistufiger Lufttrocknung von Karotten in Abhängigkeit vom Wassergehalt (—— 10, 20, 30 min bei 110 °C; ---- 60 °C; sensorische Prüfung: 1) Wahrnehmungsschwelle, 2) Qualitätsgrenze). (Nach *Eichner* und *Wolf*, in *Waller, Feather*, 1983)

4.2.4.5 Reaktionen mit Hydroxyverbindungen (O-Glykoside)

Erhitzen von Monosacchariden in Alkoholen in Gegenwart eines sauren Katalysators führt zum Ersatz der Lactolgruppe durch eine Alkoxy- oder Aryloxygruppe, die als Aglykon bezeichnet wird (*Fischer*-Synthese). Es resultieren Alkyl- oder Arylglykoside. Die Reaktion erfolgt wahrscheinlich zunächst mit der offenen Form. Bei den meisten Zuckern kommt es in der ersten Phase bevorzugt zur Bildung der Furanoside, die sich dann mit den Pyranosiden ins Gleichgewicht setzen. Der Übergang Furanosid-Pyranosid erfolgt wahrscheinlich über ein offenes, die Isomerisierung der Pyranoside über ein cyclisches Carboxonium-Ion:

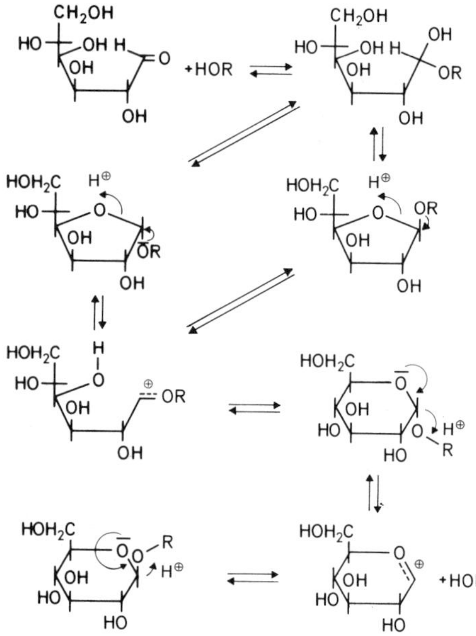

(4.63)

Durch Abbrechen der Reaktion zu einem geeigneten Zeitpunkt sind auf diesem Wege Furanoside zugänglich. Das Gleichgewicht hängt wie dasjenige in wäßriger Lösung von konformativen Faktoren ab. Das alkoholische Milieu und der Rest R verstärken den anomeren Effekt, so daß das α-Pyranosid stärker begünstigt ist als die α-Pyranose beim freien Zucker in Wasser (cf. Tab. 4.7). Bei D-Glucose liegen in Methanol in Gegenwart von 1% HCl z. B. 66% des Methylglucosids als α-Pyranosid, 32,5% als β-Pyranosid und 0,6% bzw. 0,9% als α- bzw. β-Furanosid vor. Bei D-Mannose und bei D-Galactose sind es unter gleichen Bedingungen 94% bzw. 58% α-Pyranosid.

Ein weitgehend stereospezifischer Zugang zu Glykosiden ist über die Acetylglykosylhalogenide möglich:

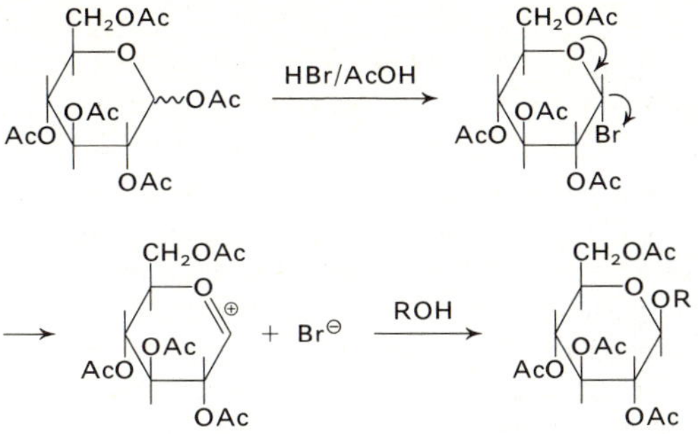

(4.64)

Bei der Umsetzung der peracetylierten Monosaccharide mit HBr wird durch den starken anomeren Effekt praktisch ausschließlich das α-Halogenid gebildet. Dieses reagiert wahrscheinlich über das Glykosylkation auf Grund der abschirmenden Wirkung des Acetylsubstituenten in 2-Position ganz überwiegend zum 1,2-trans-Glykosid, im Falle der D-Glucose also zum β-Glucosid.

Von den Acetylglykosylhalogeniden führt auch ein weitgehend stereoselektiver Weg zu den α-Glykosiden. Zunächst wird zum Glykal dehalogeniert. Addition von Nitrosylchlorid führt zum 2-Desoxy-2-nitroso-glykosylchlorid, das mit Alkoholen unter HCl-Abspaltung zum 2-Desoxy-2-oximino-α-glykosid reagiert. Umsetzung mit Ethanal ergibt die 2-Oxoverbindung, die zum α-Glucosid reduziert wird:

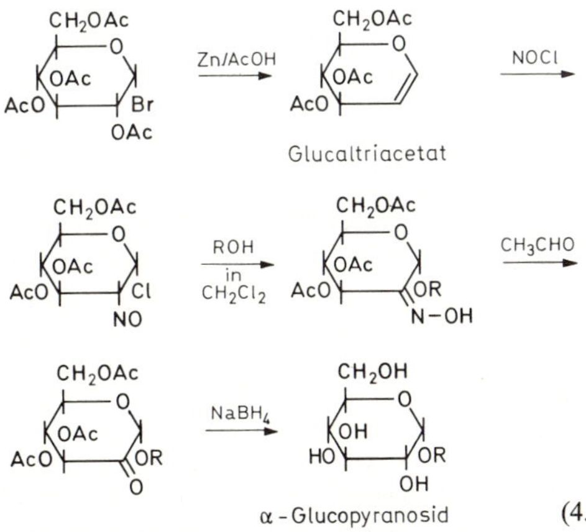

(4.65)

O-Glykoside sind in der Natur weit verbreitet und demzufolge auch Bestandteile von Lebensmitteln, z. B. als Glykolipide, Glykoproteine, Flavonoidglykoside, Saponine.

O-Glykoside werden im Sauren leicht hydrolysiert. Im Alkalischen erfolgt die Hydrolyse im allgemeinen nur unter drastischen Bedingungen, unter denen die Monosaccharide nicht stabil sind.

Die Säurehydrolyse wird durch Protonierung des Glykosids eingeleitet. Der Abspaltung des Alkohols folgt die Anlagerung von Wasser:

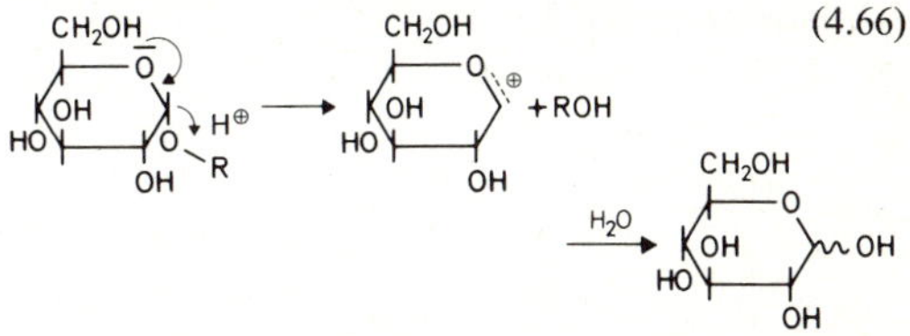

(4.66)

Die Hydrolysegeschwindigkeit ist vom Aglykon und vom Monosaccharid abhängig. Bei Alkylglykosiden ist meist das α-Pyranosid als bevorzugtes Isomeres auch stabiler gegen Hydrolyse. Entsprechendes gilt für Arylglykoside, bei denen umgekehrt aus sterischen Gründen das β-Pyranosid bevorzugt gebildet wird und auch stabiler gegen Hydrolyse ist. Beim Zuckerrest scheint ein Zusammenhang mit der konformativen Stabilität zu bestehen. Die konformativ sehr stabilen Glucoside werden langsamer als andere Glykoside hydrolysiert. In Tab. 4.13 sind einige Daten zusammengestellt.

Tabelle 4.13. Relative Hydrolysegeschwindigkeit von Glykosiden (a: 2 mol/l HCl, 60 °C; b: 0.5 mol/l HCl, 75 °C)

Verbindung	Bedingung	k_{rel}
Methyl-α-D-glucopyranosid	a	1,0
Methyl-β-D-glucopyranosid	a	1,8
Phenyl-α-D-glucopyranosid	a	53,7
Phenyl-β-D-glucopyranosid	a	13,2
Methyl-α-D-glucopyranosid	b	1,0
Methyl-β-D-glucopyranosid	b	1,9
Methyl-α-D-mannopyranosid	b	2,4
Methyl-β-D-mannopyranosid	b	5,7
Methyl-α-D-galactopyranosid	b	5,2
Methyl-β-D-galactopyranosid	b	9,2

4.2.4.6 Ester

Eine Veresterung von Monosacchariden ist mit Säurehalogeniden oder Säureanhydriden möglich. Die Acetylierung kann z. B. mit Acetanhydrid in Pyridin erfolgen:

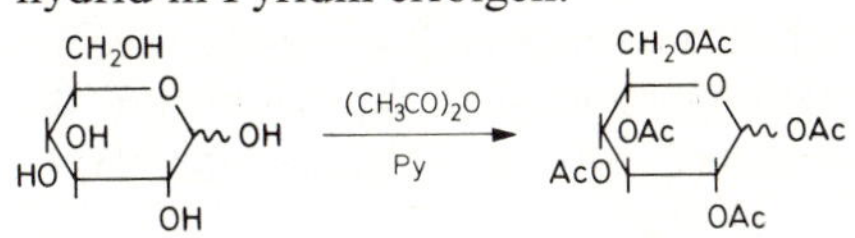

(4.67)

Acylgruppen spielen als Schutzgruppen bei synthetischen Reaktionen eine Rolle. Analytisch spielen die Glykonsäurenitrilacetate als geeignete Derivate für die gaschromatographische Trennung eine Rolle. Ein besonderer Vorteil ist, daß die Chromatogramme nicht durch Anomere kompliziert werden:

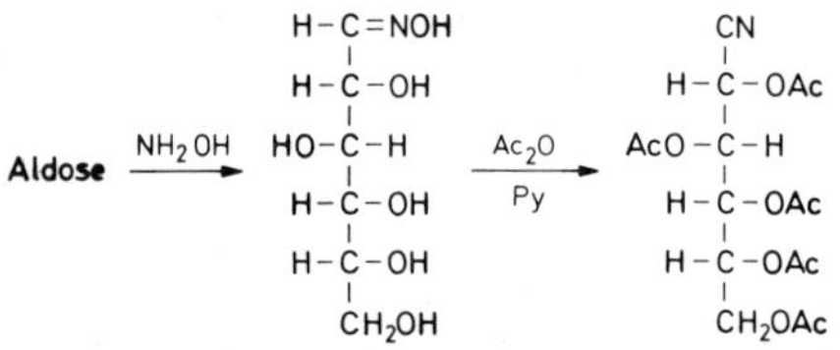

(4.68)

Mit bestimmten Kunstgriffen ist die selektive Veresterung einzelner Hydroxygruppen möglich, bei Glucose z. B. eine selektive Acetylierung in 3-Stellung durch Umsetzung der 1,2-5,6-Di-O-isopropyliden-α-D-glucofuranose mit Acetanhydrid und anschließende Spaltung des Diketals mit Essigsäure:

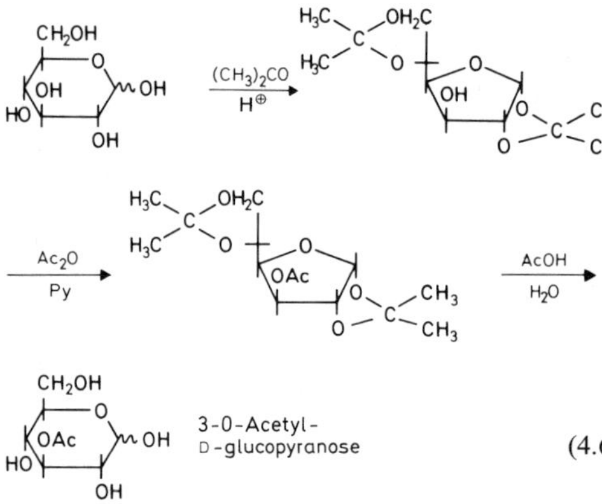

(4.69)

Die Abspaltung von Acylgruppen kann durch Umesterung oder durch Ammonolyse erfolgen:

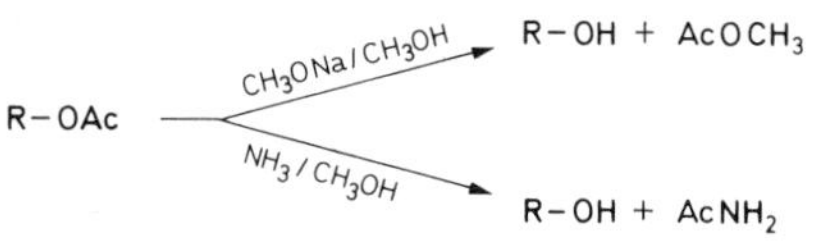

(4.70)

Zuckerester sind auch in der Natur weit verbreitet. Phosphorsäureester sind wichtige Stoffwechselzwischenprodukte, Schwefelsäureester sind Bestandteile von Polysacchariden. Als Beispiele für eine Veresterung mit organischen Säuren seien das in Blaubeeren vorkommende Vaccinin (6-Benzoyl-D-glucose) und der Gerbstoff der Tannin-Gruppe Corilagin (1,3,6-Tri-galloyl-D-glucose) angeführt:

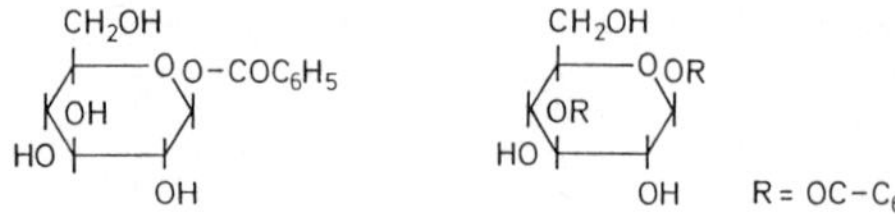

(4.71)

Ester von Zuckern oder Zuckeralkoholen mit langkettigen Fettsäuren (Laurinsäure, Palmitinsäure, Stearinsäure, Ölsäure) werden industriell hergestellt und haben als grenzflächenaktive Substanzen große Bedeutung. Zu erwähnen sind die Fettsäureester des Sorbitans (cf. 8.15.4.3) und der Saccharose (cf. 8.15.4.2), für die es im Lebensmittelbereich viele Anwendungsmöglichkeiten gibt.

4.2.4.7 Ether

Eine Methylierung der HO-Gruppen ist mit Dimethylsulfat oder Methyljodid möglich. Die Methylether haben Bedeutung für die Strukturanalyse von Kohlenhydraten, da sie Aussagen über Ringgrößen und über Verknüpfungsstellen erlauben.

Permethylierte Saccharose liefert z. B. nach Säurehydrolyse 2,3,4,6-Tetra-O-methyl-D-glucose und 1,3,4,6-Tetra-O-methyl-D-fructose. Daraus folgen eine 1,2′-Verknüpfung der beiden Zucker und die Pyranose- bzw. Furanose-Struktur von Glucose bzw. Fructose:

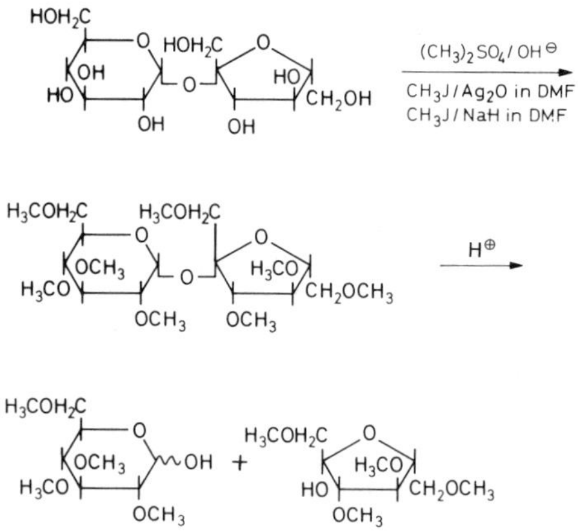

(4.72)

Die Trimethylsilylether (TMS-Ether) sind zwar sehr labil gegenüber Hydrolyse und Alkoholyse, aber auf Grund ihrer Thermostabilität für die gaschromatographische Trennung und Identifizierung von Zuckern sehr geeignet. Durch Umsetzung der Zucker mit Hexamethyldisilazan und Trimethylchlorsilan in Pyridin sind sie gut zugänglich:

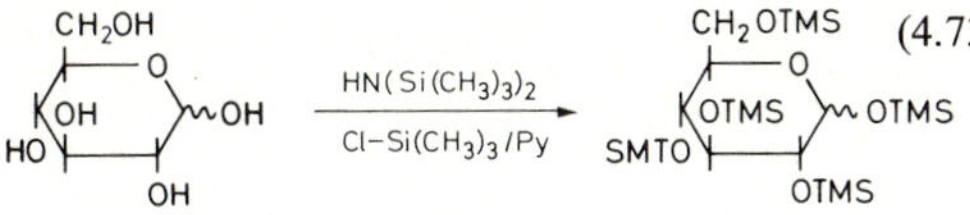

(4.73)

4.2.4.8 Glykolspaltung

Die oxidative Spaltung von Glykolen mit Bleitetraacetat oder Perjodat hat für die Strukturanalyse bei Kohlenhydraten Bedeutung, da sie

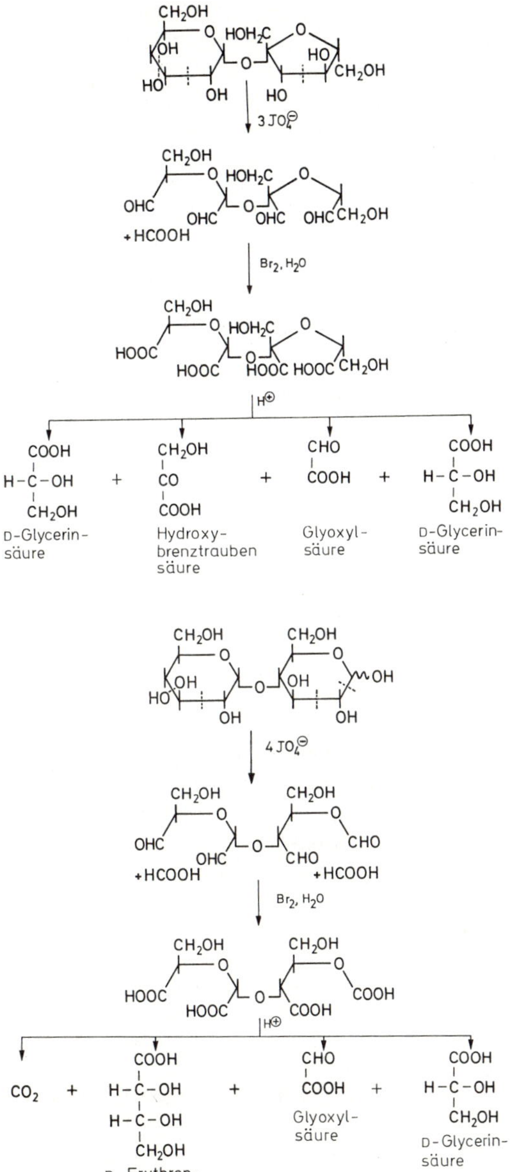

(4.74)

die quantitative Beurteilung benachbarter freier HO-Gruppen erlaubt. Auch Hydroxy-Amine werden gespalten, falls der Stickstoff noch ein Wasserstoffatom enthält.

Saccharose verbraucht z. B. 3 Mole Perjodat, Maltose dagegen 4 Mole (s. Formel 4.74).

Aus dem Verbrauch an Perjodat, aus der Menge der gebildeten Ameisensäure – bei Saccharose 1 Mol, bei Maltose 2 Mole – und aus den übrigen Bruchstücken, die durch Oxidation mit Br_2 in die stabilen Carbonsäuren überführt und dann hydrolysiert werden, lassen sich ebenso wie durch Permethylierung Rückschlüsse auf Verknüpfung und Ringstruktur ziehen.

4.3 Oligosaccharide

4.3.1 Struktur und Nomenklatur

Monosaccharide sind zur Glykosidbildung befähigt (cf. 4.2.4.5). Findet diese zwischen der Lactolgruppe eines Monosaccharids und einer beliebigen HO-Gruppe eines zweiten Monosaccharids statt, dann resultiert ein Disaccharid. Durch entsprechende Kettenverlängerung entstehen Verbindungen, die bis zu ca. 10 Monosaccharidresten als Oligosaccharide, darüber als Polysaccharide bezeichnet werden. Ist die Glykosidbindung zwischen zwei Monosacchariden unter Beteiligung beider Lactolgruppen gebildet worden, dann liegt ein *nicht reduzierendes Disaccharid* vor, im Fall der Beteiligung einer Lactolgruppe und einer alkoholischen HO-Gruppe dagegen ein *reduzierendes Disaccharid*. Ersteres wird als Glykosylglykosid aufgefaßt, letzteres als Glykosylglykose, unter Angabe von Verknüpfungsrichtung und Position. Beispiele sind Saccharose und Maltose:

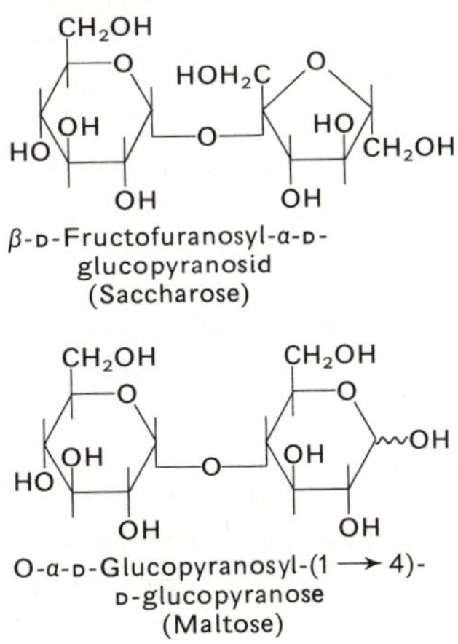

(4.75)

Eine abgekürzte Schreibweise bedient sich dreibuchstabiger Kurzbezeichnungen für die Monosaccharide und der Suffixe *f* und *p* für Furanose und Pyranose. Saccharose und Maltose erscheinen in dieser Schreibweise als O-β-D-Fru*f*(2 → 1)α-D-Glc*p* und O-α-D-Glc*p*(1 → 4)D-Glc*p*. Verzweigungen treten auf, wenn ein Monosaccharidrest mit zwei Glykosylresten verbunden ist. Zur Kennzeichnung wird im Namen der zweite Glykosylrest in eckige Klammern gesetzt. Als Beispiel ist ein Trisaccharid aufgeführt, das als Baustein in den Polysacchariden Amylopektin und Glykogen vorkommt:

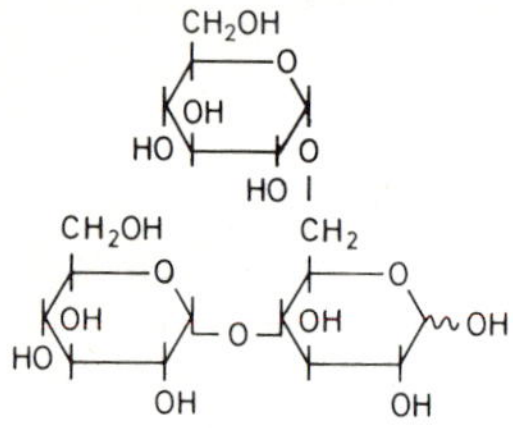

(4.76)

O-α-D-Glucopyranosyl-(1→4)-O-[α-D-glucopyranosyl-(1→6)]-D-glucopyranose

Die Kurzschreibweise für dieses Trisaccharid lautet:

α-D-Glc*p* (1 → 4) Glc*p*
(6
↑ (4.77)
1)-α-D-Glc*p*

Die Konformation von Oligo- und Polysacchariden läßt sich, ähnlich wie die von Peptiden, durch Angabe von Winkelpaaren Φ, Ψ beschreiben:

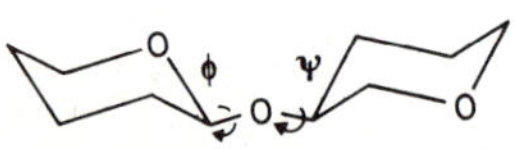

(4.78)

Die Berechnung von Konformationsenergien für alle möglichen Φ,Ψ-Paare führt zu Φ,Ψ-Diagrammen mit Linien gleicher Konformationsenergie. Die auf diesem rechnerischen Wege ermittelten Konformationen niedriger Energie stimmen mit experimentellen Daten (Röntgenstrukturanalyse, NMR, ORD) für Oligo- und Polysaccharide gut überein. Wasserstoffbrücken spielen bei der Stabilisierung von Konformeren eine große Rolle. So werden Cellobiose und Lactose jeweils durch eine Wasserstoffbrücke zwischen der HO-Gruppe am C-3 des Glykoserestes und dem Ringsauerstoff des Glykosylrestes stabilisiert. Die Konformation in wäßriger Lösung scheint der in kristallinem Zustand sehr ähnlich zu sein:

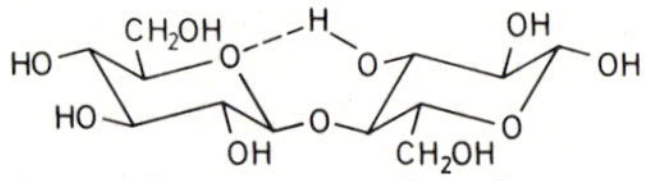

(4.79)

O-β-D-Glucopyranosyl-(1→4)-D-glucopyranose (Cellobiose)

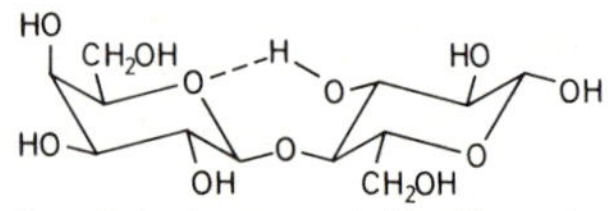

O-β-D-Galactopyranosyl-(1→4)-D-glucopyranose (Lactose)

Bei Maltose liegt im kristallinen Zustand und in nicht-wäßrigen Lösungsmitteln eine Wasserstoffbrücke zwischen der HO-Gruppe am C-2 des Glucosylrestes und der HO-Gruppe am C-3 des Glucoserestes vor (Formel 4.80), während in wäßriger Lösung partiell ein Konformeres vorzuliegen scheint, das durch eine Wasserstoffbrücke zwischen der $HOCH_2$-Gruppe des Glucosylrestes und der HO-Gruppe am C-3 des Glucoserestes (Formel 4.81) stabilisiert wird. Den beiden Konformeren entsprechen zwei Energieminima im Φ,Ψ-Diagramm.

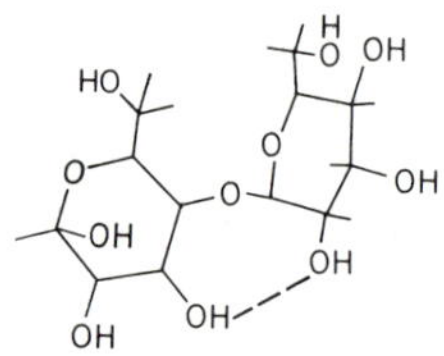

(4.80)

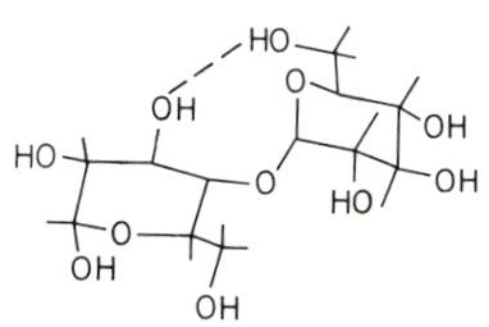

(4.81)

Bei Saccharose ist die Ausbildung von zwei Wasserstoffbrücken möglich und zwar zwischen den HO-Gruppen am C-1 bzw. C-6 des Fructoserestes und der HO-Gruppe am C-2 bzw. dem Ringsauerstoff des Glucoserestes:

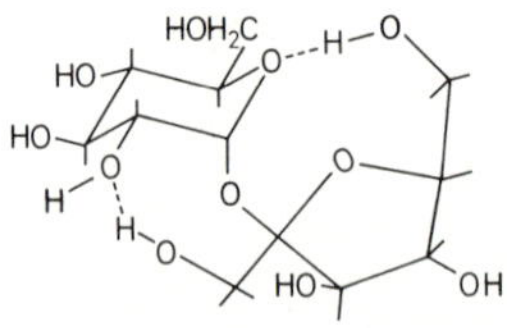

(4.82)

β-D-Fructofuranosyl-α-D-glucopyranosid (Saccharose)

4.3.2 Eigenschaften und Reaktionen

In Tab. 4.14 sind für den Lebensmittelbereich wichtige Oligosaccharide mit Angaben über ihr Vorkommen zusammengestellt. Die physikalischen und sensorischen Eigenschaften wurden bereits bei den Monosacchariden abgehandelt. Das gilt auch für die Reaktionen, bei denen allerdings der Unterschied zwischen reduzierenden und nicht-reduzierenden Oligosacchariden zu beachten ist. Letztere zeigen nicht das für eine freie Lactolgruppe typische Verhalten, wie Reduktionsvermögen, Mutarotation, Reaktionen mit Alkoholen und Aminen.

Als Glykoside sind Oligosaccharide durch Säuren leicht hydrolysierbar, während sie gegenüber Basen relativ stabil sind. Die Hydrolyse der Saccharose wird auch als Inversion und das resultierende äquimolare Glucose-Fructose-Gemisch als Invertzucker bezeichnet, da die spezifische Drehung des Rohrzuckers positiv und die des Hydrolysats infolge der gegenüber der rechtsdrehenden D-Glucose (Dextrose) wesentlich stärker linksdrehenden Fructose (Lävulose) negativ ist:

$$\text{Saccharose } [\alpha]_D = +66{,}5^\circ \xrightarrow{H^\oplus} \text{D-Glucose } [\alpha]_D = +52{,}7^\circ + \text{D-Fructose } [\alpha]_D = -92{,}4^\circ \;\Rightarrow\; [\alpha]_D = -19{,}8^\circ \quad (4.83)$$

Bei reduzierenden Disacchariden sind aus der Mutarotation während der Hydrolyse Rückschlüsse auf die Konfiguration am anomeren C-Atom möglich. Da in der D-Reihe die α-Anomeren höhere spezifische Drehwerte haben als die β-Anomeren, wird infolge Anomerisierung der freigesetzten, über die Lactolgruppe gebundenen Zucker die spezifische Drehung während der Spaltung von α-Glykosiden ab- und von β-Glykosiden zunehmen:

$$\text{Cellobiose } (\beta)\ [\alpha]_D = +34{,}6^\circ \longrightarrow 2\ \text{D-Glucose } [\alpha]_D = +52{,}7^\circ$$

$$\text{Maltose } (\alpha)\ [\alpha]_D = +130^\circ \longrightarrow 2\ \text{D-Glucose } [\alpha]_D = +52{,}7^\circ \quad (4.84)$$

$$\text{Lactose } (\beta)\ [\alpha]_D = +52{,}3^\circ \longrightarrow \text{D-Galactose } [\alpha]_D = +80{,}2^\circ + \text{D-Glucose } [\alpha]_D = +52{,}7^\circ \;\Rightarrow\; [\alpha]_D = +66{,}3^\circ$$

Auch glykosidspaltende Enzyme sind spezifisch für die Konfiguration am anomeren C-Atom und auch für den gesamten Glykosylrest, während das Aglykon meist in gewissen Grenzen variabel sein kann.

Die Methoden zur Ermittlung der Verknüpfungspositionen (Methylierung, Glykolspaltung) wurden bereits bei den Monosacchariden behandelt.

4.4 Polysaccharide

4.4.1 Einteilung, Struktur

Polysaccharide sind wie Oligosaccharide aus Monosacchariden aufgebaut, die über Glykosidbindungen miteinander verknüpft sind. Saure Hydrolyse führt zu den Monosacchariden. Zur Strukturaufklärung ist neben der Totalhydrolyse die chemische oder enzymatische Partialhydrolyse von Bedeutung. Sie liefert Oligosaccharide, deren Analyse Aufschluß über Monosacharidsequenzen sowie über Position und Typ der Verknüpfungen gibt.

Polysaccharide (Glykane) können aus einem (Homoglykane) oder mehreren (Heteroglykane) Bausteinen bestehen. Die Monosaccharide können linear verknüpft sein (Cellulose, Amylose) oder verzweigt (Amylopektin, Glykogen, Guaran), wobei die Häufigkeit von Verzweigungsstellen und die Länge der Seitenketten sehr unterschiedlich sein können (Glykogen, Guaran).

Die Sequenz der Monosaccharidreste kann periodisch sein, wobei die Periode einen oder mehrere Reste umfassen kann (Cellulose, Amylose, Hyaluronsäure), sie kann über mehr oder weniger lange Abschnitte periodisch sein, die durch aperiodische Abschnitte voneinander getrennt werden (Algine, Carrageenane, Pektine), und sie kann durchweg aperiodisch sein (Kohlenhydratkomponenten von Glykoproteinen).

4.4.2 Konformation

Die Art der vorliegenden Monosaccharidreste sowie Position und Typ ihrer Verknüpfung bestimmen die Konformation der Kette. Neben irregulären Konformationen sind reguläre Konformationen bekannt, die zumindest partielle periodische Sequenzen voraussetzen.

Tabelle 4.14. Struktur und Vorkommen von Oligosacchariden

Name	Struktur	Vorkommen
Disaccharide		
Cellobiose	O-β-D-Glc*p*-(1 → 4)-D-Glc*p*	Cellulosebaustein
Gentiobiose	O-β-D-Glc*p*-(1 → 6)-D-Glc*p*	Glykoside (Amygdalin)
Isomaltose	O-α-D-Glc*p*-(1 → 6)-D-Glc*p*	Glucosegewinnung aus Stärke, Mutterlaugen
Lactose	O-β-D-Gal*p*-(1 → 4)-D-Glc*p*	Milch
Lactulose	O-β-D-Gal*p*-(1 → 4)-D-Fru*f*	Reversionsprodukt der Lactose
Maltose	O-α-D-Glc*p*-(1 → 4)-D-Glc*p*	Stärkebaustein, Zuckerrübe, Bienenhonig
Maltulose	O-α-D-Glc*p*-(1 → 4)-D-Fru*f*	Reversionsprodukt der Maltose, Bienenhonig, Bier
Melibiose	O-α-D-Gal*p*-(1 → 6)-D-Glc*p*	Kakaobohne
Neohesperidose	O-α-L-Rha*p*-(1 → 2)-D-Glc*p*	Glykoside (Naringin, Neohesperidin)
Neotrehalose	O-α-D-Glc*p*-(1 → 1)-β-D-Glc*p*	Kojiextrakt
Nigerose	O-α-D-Glc*p*-(1 → 3)-D-Glc*p*	Bienenhonig, Bier
Palatinose	O-α-D-Glc*p*-(1 → 6)-D-Fru*f*	Mikrobiell aus Saccharose
Rutinose	O-α-L-Rha*p*-(1 → 6)-D-Glc*p*	Glykoside (Hesperidin)
Saccharose	O-β-D-Fru*f*-(2 → 1)-α-D-Glc*p*	Zuckerrübe, Zuckerrohr, in Pflanzen weit verbreitet
Trehalose	O-α-D-Glc*p*-(1 → 1)-α-D-Glc*p*	Mutterkorn, junge Pilze
Trisaccharide		
Fucosidolactose	O-α-D-Fuc*p*-(1 → 2)-O-β-α-Gal*p*-(1 → 4)-D-Gal*p*	Frauenmilch
Gentianose	O-β-D-Glc*p*-(1 → 6)-O-α-D-Glc*p*-(1 → 2)-β-D-Fru*f*	Rhizom von Enzianarten
Isokestose (1-Kestose)	O-α-D-Glc*p*-(1 → 2)-O-β-D-Fru*f*-(1 → 2)-β-D-Fru*f*	Einwirkung von Saccharasen auf Saccharose
Kestose (6-Kestose)	O-α-D-Glc*p*-(1 → 2)-O-β-D-Fru*f*-(6 → 2)-β-D-Fru*f*	Einwirkung von Saccharasen (Hefe) auf Saccharose, Bienenhonig
Maltotriose	O-α-D-Glc*p*-(1 → 4)-O-α-D-Glc*p*-(1 → 4)-D-Glc*p*	Abbauprodukt von Stärke, Stärkesirup
Manninotriose	O-α-D-Gal*p*-(1 → 6)-O-α-D-Gal*p*-(1 → 6)-D-Glc*p*	Manna
Melezitose	O-α-D-Glc*p*-(1 → 3)-O-β-D-Fru*f*-(2 → 1)-α-D-Glc*p*	Manna, Nektar
Neokestose	O-β-D-Fru*f*-(2 → 6)-O-α-D-Glc*p*-(1 → 2)-β-D-Fru*f*	Einwirkung von Saccharasen auf Saccharose
Panose	O-α-D-Glc*p*-(1 → 6)-O-α-D-Glc*p*-(1 → 4)-D-Glc*p*	Abbauprodukt von Amylopektin, Bienenhonig
Raffinose	O-α-D-Gal*p*-(1 → 6)-O-α-D-Glc*p*-(1 → 2)-β-D-Fru*f*	Zuckerrübe, Zuckerrohr, weit verbreitet in Pflanzen
Umbelliferose	O-α-D-Gal*p*-(1 → 2)-O-α-D-Glc*p*-(1 → 2)-β-D-Fru*f*	Wurzeln von Umbelliferen
Tetrasaccharide		
Maltotetraose	O-α-D-Glc*p*-(1 → 4)-O-α-D-Glc*p*-(1 → 4)-O-α-D-Glc*p*-(1 → 4)-D-Glc*p*	Stärkesirup
Stachyose	O-α-D-Gal*p*-(1 → 6)-O-α-D-Gal*p*-(1 → 6)-O-α-D-Glc*p*-(1 → 2)-β-D-Fru*f*	in Pflanzen weit verbreitet (Artischocke, Sojabohne)
Höhere Oligosaccharide		
Maltopentaose	[O-α-D-Glc*p*-(1 → 4)]$_4$-D-Glc*p*	Stärkesirup
α-*Schardinger*-Dextrin, Cyclohexaglucan (α,1 → 4)		Einwirkung von *Bacillus macerans* auf Stärke
β-*Schardinger*-Dextrin, Cycloheptaglucan (α,1 → 4)		
γ-*Schardinger*-Dextrin, Cyclooctaglucan (α,1 → 4)		

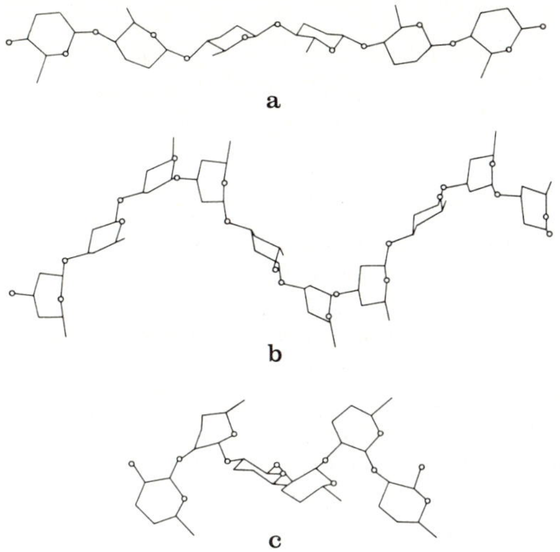

Abb. 4.13. Konformation einiger β-D-Glucane. Bindung: **a** 1 → 4, **b** 1 → 3, **c** 1 → 2. (Nach *Rees,* 1977)

Im folgenden sollen einige typische Konformationen am Beispiel von Glucanen und anderen Polysacchariden erläutert werden.
Eine *gestreckte, bandförmige Konformation* (ribbon type) ist für 1,4-verknüpfte β-D-Glucopyranosereste typisch (Abb. 4.13, a), wie sie z. B. bei Cellulose vorliegen:

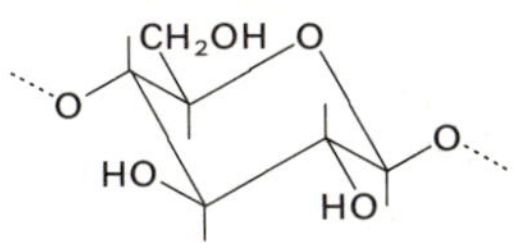

(4.85)

Aus der Formel ist zu ersehen, daß die gestreckte Konformation der Kette aus der Zick-Zack-Geometrie der von den Monomeren ausgehenden Bindungen zu den Sauerstoffbrücken folgt. Die Kette kann etwas gestaucht sein, so daß H-Brücken zwischen HO-Gruppen benachbarter Reste möglich werden, die zur Stabilisierung beitragen. Bezeichnet man die Anzahl der Monomeren pro Umdrehung mit n und den Fortgang in Achsrichtung pro Rest mit h, dann liegt bei dieser gestreckten Konformation n im Bereich von 2 bis ±4 und h im Bereich der Länge einer Monomereinheit. Bei der in Abb. 4.13, a dargestellten Kette ist z. B. $n = -2{,}55$ und $h = 5{,}13$ Å.
Eine stärker gefaltete bandförmige Konformation kann ebenfalls auftreten, wie die folgenden Ausschnitte aus einer Pektinkette (1,4-verknüpfte α-D-Galactopyranosyluronatreste):

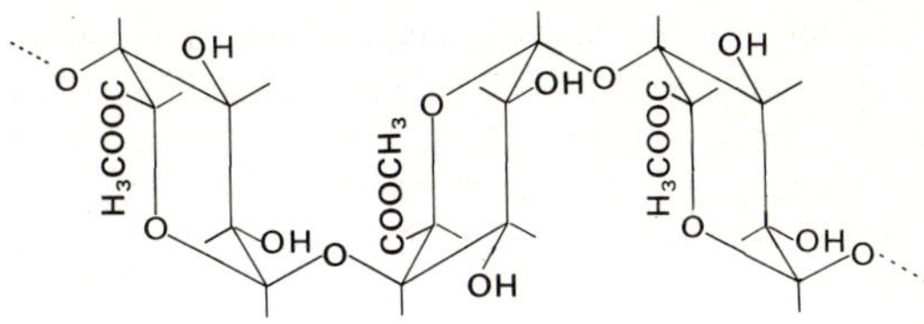

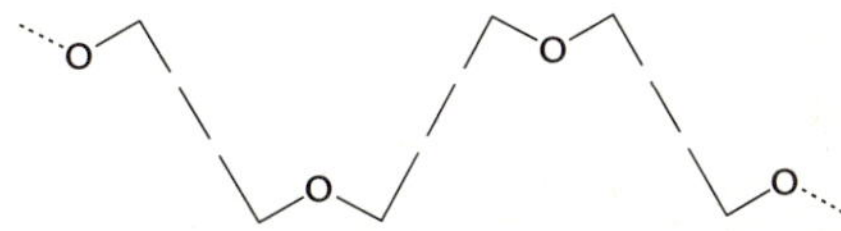

(4.86)

und aus einer Alginkette (1,4-verknüpfte α-L-Gulopyranosyluronatreste) zeigen:

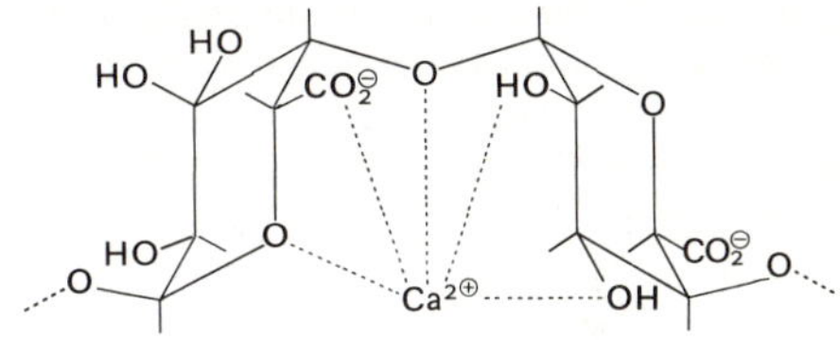

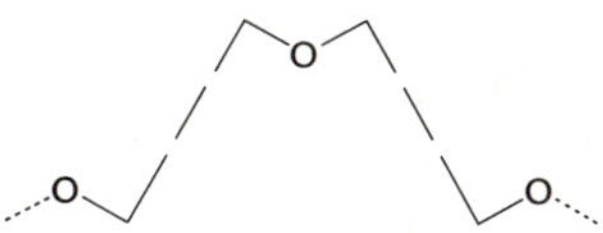

(4.87)

Im letzten Fall, in dem die Stabilisierung durch Calciumionen erfolgt, können sich zwei Ketten zusammenlagern zu einer Konformation, die an eine Eierschachtel erinnert (egg box type):

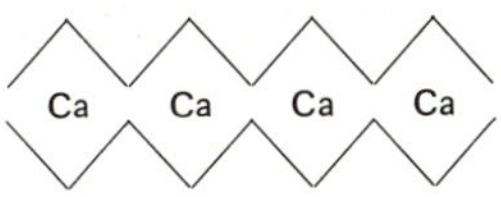

(4.88)

Zusammenfassend ist festzustellen, daß allen hier betrachteten Beispielen mit bandförmiger Konformation eine Zick-Zack-Geometrie der von den Monomeren ausgehenden Bindungen zu den Sauerstoffbrücken gemeinsam ist.
Eine *helicale Konformation* (hollow helix type) ist für 1,3-verknüpfte β-D-Glucopyranosereste typisch (Abb. 4.13, b), wie sie z. B. im Lichenan vorkommen:

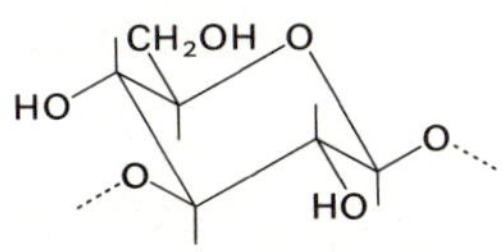

(4.89)

Aus der Formel ist zu ersehen, daß die helicale Konformation der Kette aus der U-förmigen

Geometrie der von den Monomeren ausgehenden Bindungen zu den Sauerstoffbrücken folgt. Eine entsprechende Geometrie und demzufolge ebenfalls helicale Konformation hat Amylose (1,4-verknüpfte α-D-Glucopyranosylreste):

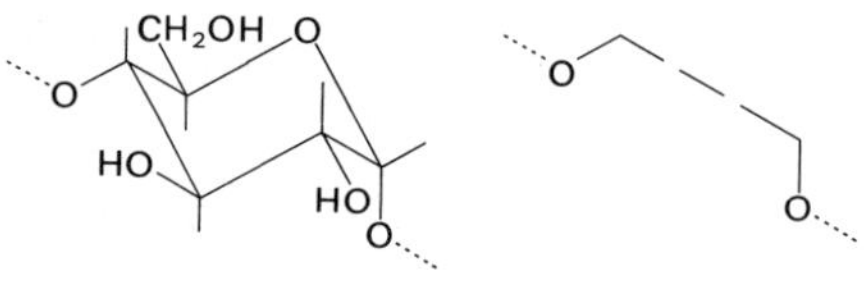

(4.90)

Die Anzahl der Monomeren pro Umdrehung (n) und der Fortgang in Achsrichtung pro Rest (h) ist bei helicalen Konformationen sehr variabel. n liegt im Bereich von 2 bis ±10 und h kann sich dem Grenzwert 0 nähern. Bei der in Abb. 4.13 b wiedergegebenen Konformation des β(1→3)-Glucans ist n = 5,64 und h = 3,16 Å.

Helicale Konformationen können sich auf verschiedene Weise stabilisieren. Wenn der Durchmesser groß genug ist, kann es zur Bildung von Einschlußverbindungen kommen (Abb. 4.14 a, cf. auch 4.4.4.14.2). Bei gestreckteren Ketten bilden sich verdrillte Doppel- oder Tripelhelices aus (Abb. 4.14 b; cf. auch 4.4.4.3.2 und 4.4.4.14.2) und bei noch stärker gestreckten Ketten ist eine Packung ohne Verdrillung möglich (Abb. 4.14 c).

Eine *verdrehte Konformation* (crumpled type) tritt z. B. bei 1,2-verknüpften β-D-Glucopyranoseresten auf (Abb. 4.13 c), der eine verdrehte Geometrie der von den Monomeren ausgehenden Bindungen zu den Sauerstoffbrücken entspricht:

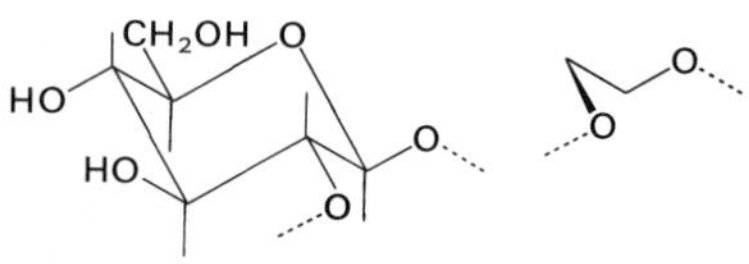

(4.91)

n kann im Bereich von 4 bis −2 variieren, h im Bereich 2–3 Å. Die in Abb. 4.13 c wiedergegebene Konformation hat n = 2,62 und h = 2,79 Å. Die bestehenden Möglichkeiten für die Ausbildung geordneter Konformationen sind für diesen Bindungstyp kleiner als für die anderen besprochenen Fälle. Polysaccharide dieses Typs spielen nur eine geringe Rolle.

Besonders große Variabilität hinsichtlich der möglichen Konformationen zeigen Glykane vom Typ 1,6-verknüpfter β-D-Glucopyranosereste, die man als *locker verbundene Polysaccharide* (loosely jointed type) zusammenfassen kann:

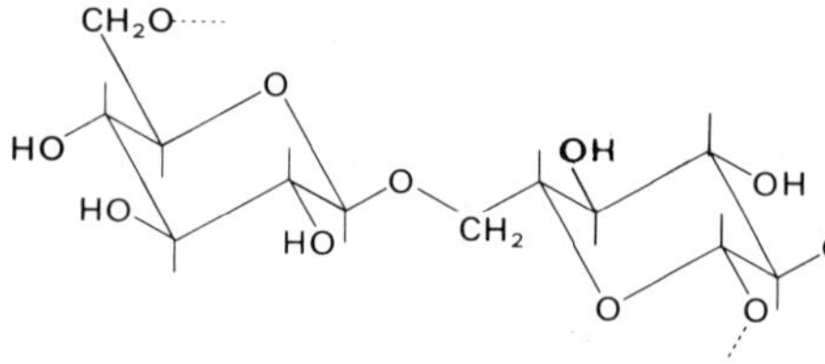

(4.92)

Die große Flexibilität bei diesem Glykan-Typ beruht darauf, daß die Brücke zwischen zwei Monomeren aus drei frei drehbaren Bindungen besteht und daß außerdem die Zuckerreste weiter voneinander entfernt sind.

Die bisher betrachteten Beispiele haben gezeigt, daß bei Homoglykanen Voraussagen über zu erwartende Konformationen auf Grund der Geometrie der von den Monomeren ausgehenden Bindungen zu den Sauerstoffbrücken möglich sind. Schwieriger werden Voraussagen im Falle von Heteroglykanen mit periodischen Sequenzen, wenn Monomere vorliegen, die unterschiedliche Konformationstypen implizieren. Ein solcher Fall ist z. B. bei ι-Carrageenan gegeben, bei dem der β-D-Galactopyranose-4-sulfatrest U-förmige Geometrie und der 3,6-Anhydro-α-D-galactopyranose-2-sulfatrest Zick-Zack-Geometrie hat:

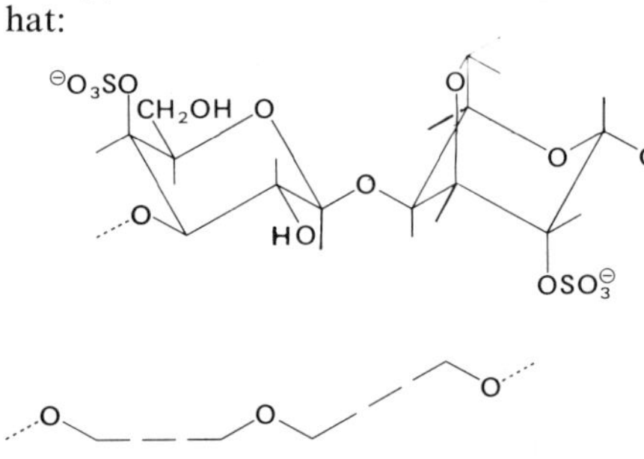

(4.93)

Modellrechnungen haben gezeigt, daß die konformativen Möglichkeiten von einem gestauchten Band bis zu einer gestreckten Helix reichen.

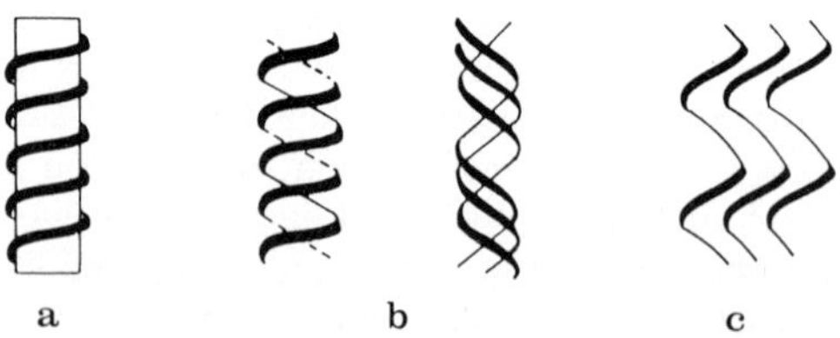

Abb. 4.14. Stabilisierung helicaler Konformationen durch Bildung von **a** Einschlußverbindungen; **b** verdrillten Doppel- oder Tripelhelices; **c** Packungen ohne Verdrillung. (Nach *Rees*, 1977)

Die Röntgenstrukturanalyse ergab, daß eine gestreckte Helix vorliegt, die sich als Doppelhelix stabilisiert (cf. 4.4.4.3.2 und Abb. 4.19).
Wie in Abschnitt 4.4.1 ausgeführt wurde, können bei einem Polysaccharid periodische Monosaccharidsequenzen durch unperiodische Abschnitte unterbrochen sein. Solche Störungen in der Sequenz haben Störungen der Konformation zur Folge. Die Auswirkung solcher Störungen soll am Beispiel des oben bereits erwähnten ι-Carrageenans näher erläutert werden, da sie für das Verständnis der Gelbildung durch Makromoleküle von Bedeutung ist.
Bei der Biosynthese dieser Polysaccharide wird zunächst eine periodische Sequenz aus alternierenden β-D-Galactopyranose-4-sulfatresten (I, Konformation $^4C_1$) und α-D-Galactopyranose-2,6-disulfatresten (II, Konformation $^4C_1$) aufgebaut:

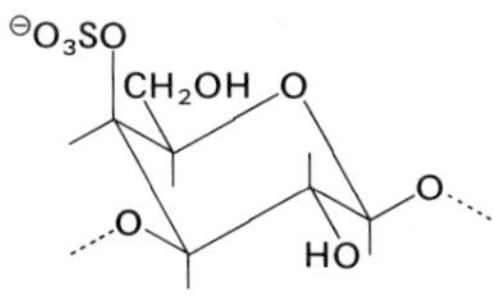

I

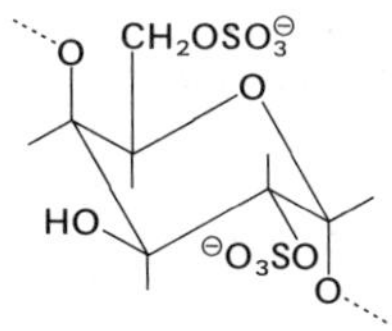

II

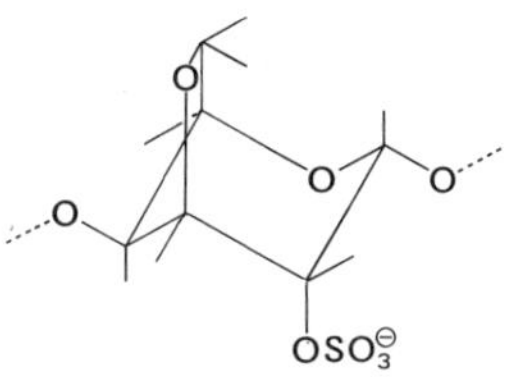

III

(4.94)

Anschließend wird in der fertigen Kette durch eine enzymkatalysierte Reaktion ein großer Teil der α-D-Galactopyranose-2,6-disulfatreste (II) unter Eliminierung von Sulfat in 3,6-Anhydro-α-D-galactopyranose-2-sulfatreste (III, Konformation $^1C_4$) überführt. Dieser Übergang ist mit einer Änderung der Bindungsgeometrie verbunden. Einige II-Reste bleiben als Störstellen in der Sequenz liegen. Während die nicht gestörten Abschnitte einer Kette mit entsprechenden Abschnitten anderer Ketten Doppelhelices ausbilden können, ist das an den gestörten Stellen nicht möglich (Abb. 4.15). Auf diese Weise entsteht ein Gel, ein dreidimensionales Netzwerk, das große Mengen an Solvens immobilisiert. Die Eigenschaften des Gels, z. B. seine Festigkeit, sind bei

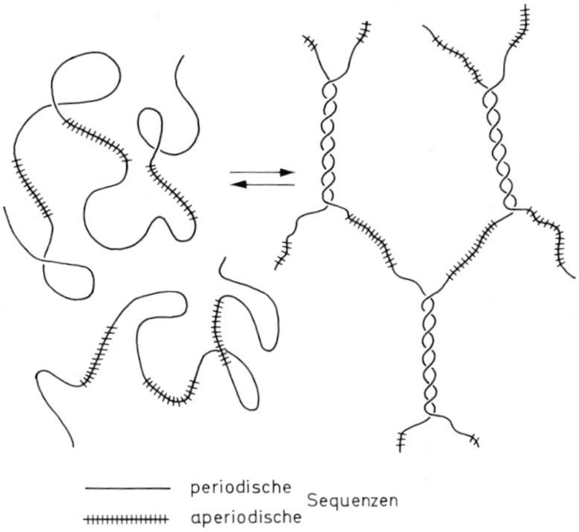

Abb. 4.15. Schematische Darstellung der Gelbildung. (Nach *Rees,* 1977)

der Biosynthese des Polysaccharids durch Anzahl und Verteilung der in Form von α-D-Galactopyranose-2,6-disulfatresten stehenbleibenden Störstellen steuerbar.
Der am Beispiel des ι-Carrageenans geschilderte Vorgang der Gelbildung, der auf der interchenaren Wechselwirkung von Sequenzabschnitten mit regulärer Konformation beruht, die durch irreguläre (random coiled) Abschnitte in den Ketten unterbrochen werden, läßt sich generell auf andere Makromoleküle übertragen. Strukturelle Voraussetzung für die Fähigkeit zur Gelbildung ist, neben einem ausreichend hohen Molekulargewicht, in allen Fällen die Unterbrechung periodischer, zur Ausbildung regulärer Konformationen geeigneter Sequenzen. Die Unterbrechung kann durch Einschieben von Zuckerresten mit anderer Bindungsgeometrie (Carrageenane, Algine, Pektine), durch geeignete Verteilung von freien und veresterten Carboxylgruppen (Glykuronane) und durch Seitenketten bedingt sein. Für die interchenaren Kontakte zwischen Abschnitten mit regulärer Konformation kommen sowohl Doppelhelices (Abb. 4.16a), Bündel von Doppelhelices (Abb. 4.16b), als auch Wechselwirkungen zwischen gestreckten, bandförmigen Konformationen z. B. in Form der oben erwähnten Eierschachtel (Abb. 4.16c), oder in Form anderer Packungen (Abb. 4.16d), sowie Wechselwirkungen zwischen helicalen und gestreckten, bandförmigen Konformationen (Abb. 4.16e) in Frage.

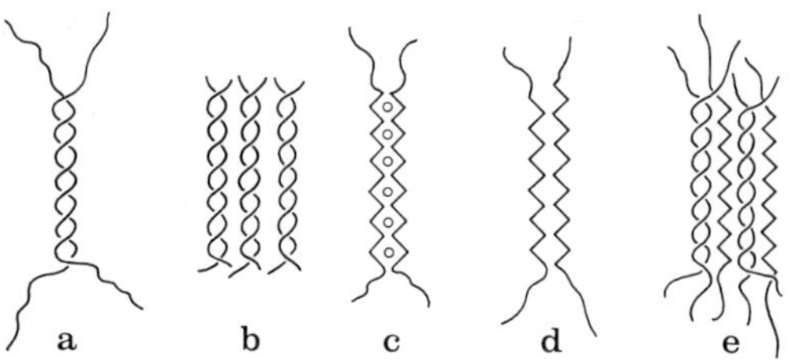

Abb. 4.16. Interchenare Wechselwirkungen regulärer Konformationen; **a** Doppelhelices, **b** Bündel von Doppelhelices, **c** Eierschachtel (egg box), **d** gestreckte, bandförmige Ketten, **e** Doppelhelices und gestreckte Ketten.

4.4.3 Eigenschaften

4.4.3.1 Allgemeines

Polysaccharide sind in der Natur in großer Menge weit verbreitet und haben Bedeutung als

- strukturbildende Stoffe (Cellulose, Hemicellulosen, Pektin bei Pflanzen; Chitin, Mucopolysaccharide bei Tieren)
- Reservestoffe (Stärke, Dextrine, Fructane, Galactomannane bei Pflanzen; Glykogen bei Tieren)
- wasserbindende Stoffe (Agar, Pektin, Algin bei Pflanzen; Mucopolysaccharide bei Tieren).

Sie kommen demzufolge in vielen Lebensmitteln vor und haben auch hier Bedeutung als strukturbildende Stoffe (bei Obst und Gemüse) und als Nährstoffe (bei Getreide, Kartoffeln und Hülsenfrüchten). Sie werden darüber hinaus in nativer und modifizierter Form bei der Verarbeitung und Zubereitung von Lebensmitteln in großem Umfang verwendet, z. B. als Dickungs- und Geliermittel (Stärke, Algin, Pektin, Guaran), als Stabilisatoren für Emulsionen und Dispersionen, als Überzugsmaterial zum Schutz empfindlicher Lebensmittel vor unerwünschten Veränderungen, sowie als inertes Füllmaterial zur Erhöhung des Ballaststoffanteiles (cf. 15.2.3.2) in der Nahrung. Tabelle 4.15 gibt einen Überblick über Anwendungen in der Lebensmitteltechnik.

Die genannten Funktionen von Polysacchariden beruhen auf sehr unterschiedlichen Eigenschaften. Diese reichen von völliger Unlöslichkeit (Cellulose) bis zu guter Quellbarkeit und Löslichkeit in heißem oder auch kaltem Wasser (Stärke, Guaran). Die Lösungen haben zum Teil selbst bei hoher Konzentration nur niedrige Viskosität

Tabelle 4.15. Beispiele für Anwendungen von Polysacchariden bei Lebensmitteln

Anwendungsgebiet/ Lebensmittel	Geeignete Polysaccharide
Stabilisierung der Emulsion/Suspension bei Kondensmilch, Schokoladenmilch	Carrageenan, Algin, Pektin, Carboxymethylcellulose
Stabilisierung der Emulsion bei Kaffeeweißern, fettreduzierten Margarinen	Carrageenan
Stabilisierung von Speiseeis gegen Eiskristallbildung, Aufschmelzen, Phasentrennung; Konsistenzverbesserung (Geschmeidigkeit)	Algin, Carrageenan, Agar, Gummi arabicum, Traganth, Xanthan, Guaran, Johannisbrotkernmehl, Modifizierte Stärken, Carboxymethylcellulose, Methylcellulose
Wasserbindung, Konsistenzverbesserung, Ausbeuteerhöhung bei Weichkäse, Streichkäse, Käsezubereitungen	Carrageenan, Agar, Traganth, Karaya-Gummi, Guaran, Johannisbrotkernmehl, Algin, Carboxymethylcellulose
Verdickung und Gelierung von Milch in heiß und kalt zubereiteten Puddings, Cremes; Konsistenzverbesserung	Pektin, Algin, Carrageenan, Guaran, Johannisbrotkernmehl, Carboxymethylcellulose, Modifizierte Stärken
Wasserbindung, Stabilisierung der Emulsion bei Fleischprodukten (Corned beef, Wurst)	Agar, Karaya-Gummi, Guaran, Johannisbrotkernmehl
Gelees für Fleisch-, Fisch- und Gemüseprodukte	Algin, Carageenan, Agar
Stabilisierung und Verdikkung, Verhinderung von Synärese, Gefrier-Tau-Stabilität bei Suppen, Soßen, Salatcremes, Mayonnaise, Ketchup; Erzielung von „body" bei fett- und stärkereduzierten Produkten	Traganth, Algin, Karaya-Gummi, Xanthan, Guaran, Johannisbrotkernmehl, Carboxymethylcellulose, Propylenglykolalginat, Modifizierte Stärken
Stabilisierung von Proteinschäumen bei Bier, Schlagrahm, Meringues, Negerküssen	Algin, Carrageenan, Agar, Gummi arabicum, Karaya-Gummi, Xanthan
Verhinderung der Stärkeretrogradation bei Backwaren, Wasserbindung bei Teigen	Agar, Guaran, Johannisbrotkernmehl, Carrageenan, Xanthan

Tabelle 4.15. Fortsetzung

Anwendungsgebiet/ Lebensmittel	Geeignete Polysaccharide
Verdickung und Gelierung von Fruchtmassen (Konfitüren, Marmeladen, Gelees, Fruchtmassen für Speiseeis, Yoghurt)	Pektin, Algin
Gelierung von Geleezuckerwaren, Gummibonbons, Tortenguß, Zuckerglasur, Wasser-Dessertgelees	Pektin, Algin, Carrageenan, Agar, Gummi arabicum, Modifizierte Stärken
Trubstabilisierung bei Fruchtsäften, Erzielung von „body" bei Getränkepulvern	Algin, Pektin, Propylenglykolalginat, Gummi arabicum, Xanthan, Guaran, Methylcellulose
Stabilisierung von pulverförmigen Aromastoff-Emulsionen, Verkapselung von Aromastoffen	Gummi arabicum, Ghatti-Gummi, Xanthan

(Gummi arabicum), zum Teil bereits bei niedriger Konzentration außerordentlich hohe Viskosität (Guaran). Eine Reihe von Polysacchariden bildet bereits bei geringer Konzentration Gele (Algin, Pektin), die vielfach thermoreversibel sind. Während die meisten Gele bei höheren Temperaturen aufschmelzen, gelieren einige Cellulosederivate bei Temperaturerhöhung.
Diese vielfältigen Eigenschaften und ihre Nutzung bei Lebensmitteln werden im Abschnitt 4.4.4 bei den einzelnen Polysacchariden näher besprochen. Hier soll nur ein kurzer Abriß der Zusammenhänge zwischen Struktur und Eigenschaften bei den verschiedenen Gruppen dieser Stoffklasse gegeben werden.

4.4.3.2 Perfekt-lineare Polysaccharide

Verbindungen mit *einem* neutralen Monosaccharidbaustein und *einem* Bindungstyp, die auch als perfekt-lineare Polysaccharide (Cellulose, Amylose) bezeichnet werden, sind in Wasser im allgemeinen unlöslich oder schwerlöslich und können nur unter mehr oder weniger drastischen Bedingungen in Lösung gebracht werden, z. B. bei hohen Temperaturen oder durch Aufbrechen von Wasserstoffbrücken mit geeigneten Reagenzien, z. B. mit starkem Alkali. Aus der Lösung scheidet sich ein perfekt-lineares Polysaccharid leicht wieder ab (Retrogradation der Stärke). Der Grund liegt in den optimalen strukturellen Voraussetzungen für die Ausbildung regulärer Konformationen und für interchenare Wechselwirkungen. Vielfach ist die Ordnung so gut, daß zumindest partiell ein kristalliner Zustand resultiert. Innerhalb der Gruppe können in Abhängigkeit von Baustein, Bindungstyp und Molekulargewicht große Eigenschaftsunterschiede auftreten, wie die Beispiele Cellulose, Amylose und β-1,3-Glucan zeigen.

4.4.3.3 Verzweigte Polysaccharide

Verzweigte Polysaccharide (Amylopektin, Glykogen) sind besser löslich als perfekt-lineare Polysaccharide, da interchenare Wechselwirkungen zurücktreten und damit die Solvatisierung erleichtert ist. Lösungen, die verzweigte Polysaccharide enthalten, sind nach dem Trocknen gut rehydratisierbar. Die Lösungen haben eine geringere Viskosität im Vergleich zu Lösungen linearer Polysaccharide gleicher Konzentration und gleichen Molekulargewichts. Der Grund ist darin zu sehen, daß die Viskosität im allgemeinen vom „effektiven Volumen" abhängt, d.h. vom Volumen der Kugel, deren Durchmesser gleich der größten linearen Ausdehnung des Moleküls ist. Dieses Volumen ist bei linearen Molekülen meist größer als bei verzweigten Molekülen gleichen Molekulargewichts (Abb. 4.17). Ausnah-

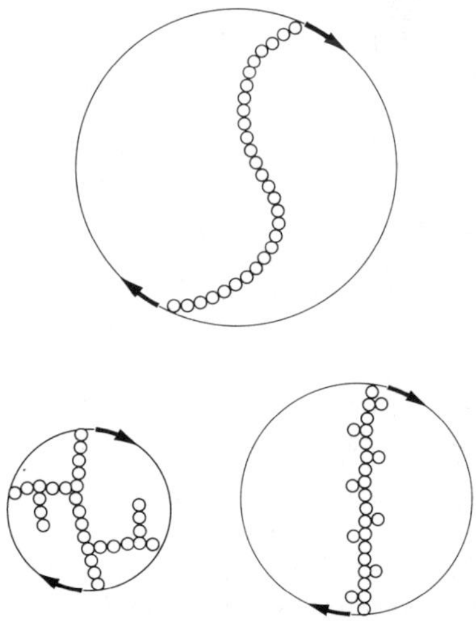

Abb. 4.17. Schematische Darstellung des „effektiven Volumens" linearer, verzweigter und linearverzweigter Polysaccharide.

men sind bei starker Faltung der linearen Kette möglich. Die Neigung zur Präzipitation ist bei dieser Gruppe von Polysacchariden gering. Bei hohen Konzentrationen kann es zur Bildung klebriger Pasten kommen, wahrscheinlich durch Wechselwirkungen (Ineinandergreifen, Verschlingung) von Seitenketten. Die Verbindungen eignen sich deshalb als Adhäsive.

4.4.3.4 Linear verzweigte Polysaccharide

Linear verzweigte Polysaccharide, d. h. Verbindungen mit einer langen Kette und vielen kurzen Seitenketten (Guaran, Alkylcellulosen), vereinigen die Eigenschaften von perfekt-linearen und verzweigten Polysacchariden in sich. Da lange Ketten vorhanden sind, ist die Viskosität der Lösungen hoch. Durch die zahlreichen kurzen Seitenketten werden intermolekulare Wechselwirkungen so stark abgeschwächt, daß Löslichkeit und Rehydratisierbarkeit gut sind und daß auch konzentrierte Lösungen stabil sind.

4.4.3.5 Polysaccharide mit Carboxylgruppen

Polysaccharide mit Carboxylgruppen (Pektin, Algin, Carboxymethylcellulose) sind als Alkalisalze im neutralen und alkalischen Bereich gut löslich. Die Moleküle sind durch Abstoßung der Carboxylationen relativ gestreckt und zeigen aus dem gleichen Grund keine intermolekularen Wechselwirkungen. Die Viskosität der Lösungen ist demzufolge hoch, hängt aber vom pH-Wert ab. Bei pH ≤ 3 erfolgt Gelbildung oder Präzipitation durch Wegfall der elektrostatischen Abstoßung und Dimerisierung undissoziierter Carboxylgruppen über Wasserstoffbrücken. Eine Gelbildung im neutralen pH-Bereich ist durch bivalente Kationen zu erreichen.

4.4.3.6 Polysaccharide mit starken Säuregruppen

Polysaccharide mit starken Säuregruppen (Schwefelsäureester, Phosphorsäureester wie z. B. Furcellaran, Carrageenan, phosphatierte Stärken) sind ebenfalls gut löslich und bilden hochviskose Lösungen, die im Gegensatz zu denen der carboxylgruppenhaltigen Polysaccharide auch im stark sauren Milieu beständig sind.

4.4.3.7 Modifizierte Polysaccharide

Die Modifizierung von Polysacchariden hat im allgemeinen bereits bei niedrigen Substitutionsgraden merkliche Eigenschaftsänderungen zur Folge.

4.4.3.7.1 Einführung neutraler Gruppen

Die Einführung neutraler Gruppen in lineare Polysaccharide erhöht die Löslichkeit, sowie die Viskosität und Stabilität der Lösungen. So entsprechen z. B. die Eigenschaften von Methyl-, Ethyl- und Hydroxypropylcellulosen denen von Guaran und Johannisbrotkernmehl. Die Effekte gehen auf die Störung interchenarer Wechselwirkungen durch die Alkylgruppen zurück, die eine Hydratisierung erleichtert. Bei höheren Substitutionsgraden steigt durch die Erhöhung der Hydrophobität auch die Löslichkeit in organischen Lösungsmitteln.

4.4.3.7.2 Einführung saurer Gruppen

Die Einführung saurer Gruppen (Carboxylgruppen, Sulfat- und Phosphatgruppen) erhöht ebenfalls die Löslichkeit und die Viskosität der Lösungen aus den bei nativen Polysacchariden bereits erörterten Gründen. In befeuchtetem Zustand bilden entsprechend derivatisierte Polysaccharide teilweise Systeme von salbenähnlicher Konsistenz.

4.4.4 Einzelne Polysaccharide

4.4.4.1 Agar

4.4.4.1.1 Vorkommen, Gewinnung

Agar wird aus verschiedenen Rotalgen *(Rhodophyceae)*, z. B. aus *Gelidium spp.*, *Pterocladia spp.* und *Gracilaria spp.*, durch Heißwasserextraktion gewonnen. Eine Reinigung ist durch Ausfrieren der Gele möglich.

4.4.4.1.2 Struktur, Eigenschaften

Agar ist ein heterogenes, nicht ganz scharf definiertes Material. Vorherrschende Bausteine sind β-D-Galactopyranose und 3,6-Anhydro-α-L-galactopyranose, die alternierend über (1 → 4)- und (1 → 3)-Bindungen verknüpft sind:

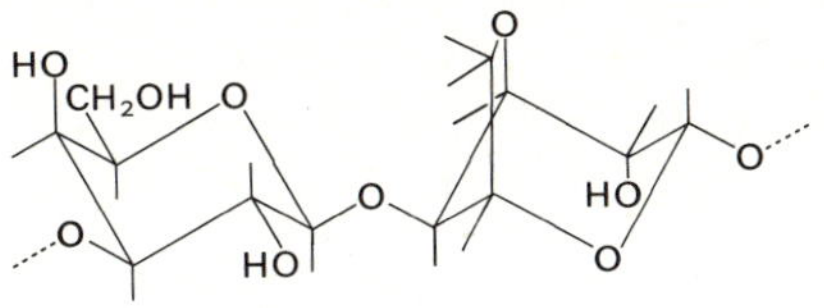

(4.95)

Die Ketten sind in geringem Umfang mit Schwefelsäure verestert. Nach dem Sulfatgehalt lassen sich unterscheiden Agarose, bei der ca. jeder 10. Galactoserest verestert ist, und Agaropektin, bei dem der Veresterungsgrad höher ist und das außerdem Brenztraubensäure, gebunden als Ketal (4,6-(1-Carboxyethyliden)-D-galactose) enthält. Uronsäuren sind abwesend oder nur in Mengen von 1% vorhanden. Agar ist in kaltem Wasser unlöslich, wenig löslich in Ethanolamin und löslich in Formamid. Agar, das aus einer warmen wäßrigen Dispersion mit Ethanol gefällt wurde, ist in feuchtem Zustand in Wasser von 25 °C löslich. Trockenes Agar ist in heißem Wasser löslich. Beim Abkühlen tritt Gelbildung ein. Eigenschaften und Stabilität des Gels hängen von der Konzentration an Agar und vom Molekulargewicht ab. Eine 1,5%ige Lösung geliert z. B. im Bereich von 32–39 °C und schmilzt erst im Bereich von 60–97 °C wieder auf. Die große Differenz zwischen Gelier- und Schmelztemperatur ist eine bemerkenswerte und einzigartige Eigenschaft von Agar.

4.4.4.1.3 Anwendung

Agar wird sehr vielfältig verwendet, z. B. für Nährböden in der Mikrobiologie und als Abformmaterial. Für die Anwendungen in der Lebensmittelindustrie ist maßgeblich, daß Agar praktisch unverdaulich ist, hitzeresistente Gele bildet, sowie emulgierende und stabilisierende Wirkung hat. Agar wird eingesetzt bei Sorbets und Eiscreme (ca. 0,1%), vielfach in Kombination mit Tragacanth oder Johannisbrotkernmehl bzw. Gelatine. Mengen von 0,1–1% sind zur Stabilisierung von Yoghurt, bestimmten Käsen, Zuckerwaren, Backwaren (Pastetenfüllungen), Baisers geeignet. Bei Brot verzögert Agar das Altbackenwerden, bei Geflügel- und Fleischkonserven wird es als Geliermittel eingesetzt. Eine Rolle spielt Agar auch bei vegetarischen Lebensmitteln (Fleischsubstitute, Desserts, vorbehandelte Cerealien).

4.4.4.2 Algin

4.4.4.2.1 Vorkommen, Gewinnung

Algin ist der Sammelbegriff für die Alginsäure, ihre Salze und Derivate.
Alginate kommen in allen Braunalgen *(Phaeophyceae)* als Zellwandbestandteile vor. Ausgangsmaterial für die Gewinnung sind z. B. *Macrocystis pyrifera, Laminaria spp., Ascophyllum spp.* und *Sargassum spp.* Die Algen werden mit Alkali extrahiert. Das Polysaccharid wird aus dem Extrakt als Calciumsalz oder als Alginsäure gefällt.

4.4.4.2.2 Struktur, Eigenschaften

Bausteine sind β-D-Mannuronsäure und α-L-Guluronsäure, die über (1 → 4)-Bindungen verknüpft sind:

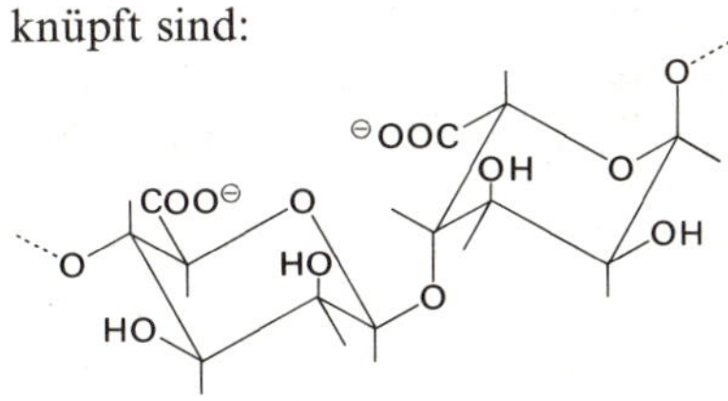

(4.96)

Das Verhältnis der Bausteine liegt im allgemeinen bei 1,5 (Mannuronsäure/Guluronsäure), kann aber je nach Herkunft der Polysaccharide auch davon abweichen. Bei Alginat aus *Laminaria hyperborea* wurden z. B. Werte im Bereich von 0,4 bis 1,0 beobachtet. Bei partieller Hydrolyse wurden Bruchstücke erhalten, die überwiegend aus Mannuronsäure und solche, die überwiegend aus Guluronsäure aufgebaut sind, sowie Bruchstücke, die beide Uronsäuren im Verhältnis 1 : 1 enthalten. Im Polysaccharidmolekül kommen demnach folgende strukturelle Einheiten vor:

$$[\rightarrow 4)\text{-}\beta\text{-D-ManpA}(1 \rightarrow 4)\text{-}\beta\text{-D-ManpA}(1 \rightarrow]_n$$
$$[\rightarrow 4)\text{-}\alpha\text{-L-GulpA}(1 \rightarrow 4)\text{-}\alpha\text{-L-GulpA}(1 \rightarrow]_m$$
$$[\rightarrow 4)\text{-}\beta\text{-D-ManpA}(1 \rightarrow 4)\text{-}\alpha\text{-L-GulpA}(1 \rightarrow]_p \quad (4.97)$$

Das Molekulargewicht liegt im Bereich von 32 000–200 000, entsprechend einem Polymerisationsgrad von 180–930. Die Carboxylgruppen haben pK-Werte von 3,4–4,4. Wasserlöslich sind die Salze mit Alkalimetallen, Magnesium, Ammoniak und Aminen. Die Viskosität von Alginatlösungen hängt u. a. vom Molekulargewicht und vom Gegenion ab. In Abwesenheit von bi-

und trivalenten Kationen bzw. in Gegenwart von Komplexbildnern ist die Viskosität niedrig. Sie steigt mit zunehmender Konzentration an mehrwertigen Kationen (z. B. Calcium) und ist auf diese Weise leicht auf gewünschte Werte einzustellen. Einfrieren und Wiederauftauen von calciumhaltigen Natriumalginatlösungen kann zu Viskositätserhöhungen führen. Abb. 4.18 zeigt den Viskositätsverlauf mit der Konzentration am Beispiel von Alginatpräparaten mit niedriger, mittlerer und hoher Viskosität. Aus der Abbildung folgt, daß die Viskosität einer 1%igen Lösung je nach Präparat zwischen 20 und 2000 cps liegen kann. Im pH-Bereich von 4,5–10 ist die pH-Abhängigkeit der Viskosität gering. Sie steigt bei pH < 4,5 und erreicht im pH-Bereich von 3–3,5 ein Maximum.

Durch Zusatz von Calcium-Ionen oder durch Ansäuern von Natriumalginatlösungen werden Gele, Fasern und Filme erhalten. Für eine gleichmäßige Gelbildung ist eine langsame Reaktion erforderlich, die z. B. in Mischungen aus Natriumalginat, Calciumphosphat und Glucono-δ-lacton oder Natriumalginat und Calciumsulfat gewährleistet ist.

4.4.4.2.3 Derivate

Ein Derivat mit wirtschaftlicher Bedeutung ist Propylenglykolalginat. Der Ester wird durch Reaktion von Propylenoxid mit partiell neutralisierter Alginsäure erhalten und ist bis zu pH-Werten von ca. 2 löslich. Mit Calcium-Ionen bildet Propylenglykolalginat weiche Gele.

4.4.4.2.4 Anwendung

Alginate sind sehr wirksame Dickungsmittel, Stabilisatoren und Gelbildner. Sie verbessern und stabilisieren in Konzentrationen von 0,25–0,5% die Konsistenz von Füllungen für Backwaren, Baisers, Salatsoßen, Schokoladenmilch und verhindern bei Eiscreme zusätzlich die Bildung großer Eiskristalle bei der Lagerung. Sie dienen zur Herstellung der verschiedensten Gele (Kaltpuddings, Geleefrüchte, Dessertgele) sowie zur Stabilisierung von frischen Fruchtsäften und von Bierschaum.

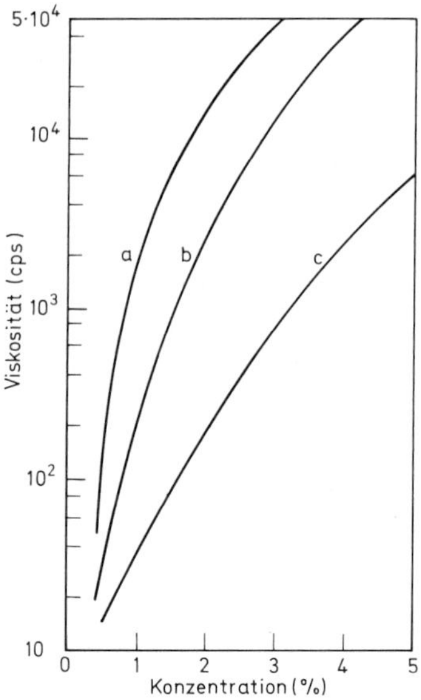

Abb. 4.18. Viskosität von Alginat in wäßriger Lösung (Alginat mit a) hoher, b) mittlerer, c) niedriger Viskosität).

4.4.4.3 Carrageenan

4.4.4.3.1 Vorkommen, Gewinnung

Rotalgen *(Rhodophyceae)* produzieren zwei Typen von Galactanen und zwar Agar und agarähnliche Polysaccharide mit den Bausteinen D-Galactose und 3,6-Anhydro-L-galactose, sowie Carrageenane und verwandte Verbindungen mit den Bausteinen D-Galactose und 3,6-Anhydro-D-galactose, die partiell als 2-, 4-, 6-Sulfate oder auch als 2,6-Disulfate vorliegen. Isoliert werden Carrageenane z. B. aus *Chondrus spp.*, *Eucheuma spp.*, *Gigartina spp.*, *Gloiopeltis spp.* und *Iridaea spp.* durch Extraktion mit heißem Wasser unter leicht alkalischen Bedingungen und anschließende Trocknung oder Fällung.

4.4.4.3.2 Struktur, Eigenschaften

Carrageenan ist ein komplexes Gemisch verschiedener Polysaccharide, die z. B. durch fraktionierte Fällung mit Kaliumionen zu trennen sind. Tab. 4.16 informiert über die Monosaccharidbausteine. Zwei Hauptkomponenten sind das in Gegenwart von Kalium unlösliche κ-Carrageenan und das unter diesen Bedingungen lösliche λ-Carrageenan.

Tabelle 4.16. Bausteine von Carrageenanen

Carrageenan	Monosaccharidbausteine
ι-Carrageenan	D-Galactose-4-sulfat, 3,6-Anhydro-D-galactose-2-sulfat
ϰ-Carrageenan	D-Galactose-4-sulfat, 3,6-Anhydro-D-galactose
λ-Carrageenan	D-Galactose-2-sulfat, D-Galactose-2,6-disulfat
μ-Carrageenan	D-Galactose-4-sulfat, D-Galactose-6-sulfat, 3,6-Anhydro-D-galactose
ν-Carrageenan	D-Galactose-4-sulfat, D-Galactose-2,6-disulfat, 3,6-Anhydro-D-galactose
Furcellaran	D-Galactose, D-Galactose-2-sulfat, D-Galactose-4-sulfat, D-Galactose-6-sulfat, 3,6-Anhydro-D-galactose

ϰ-Carrageenan besteht aus D-Galactose, 3,6-Anhydro-D-galactose und esterartig gebundenem Sulfat im molaren Verhältnis von etwa 6:5:7. Die Galactosereste sind praktisch vollständig in 4-Stellung sulfatiert, die Anhydrogalactosereste können in 2-Stellung sulfatiert sein oder auch durch α-D-Galactose-6-sulfat bzw. -2,6-disulfat ersetzt sein. Eine typische Sequenz von ϰ- bzw. ι-Carrageenan ist:

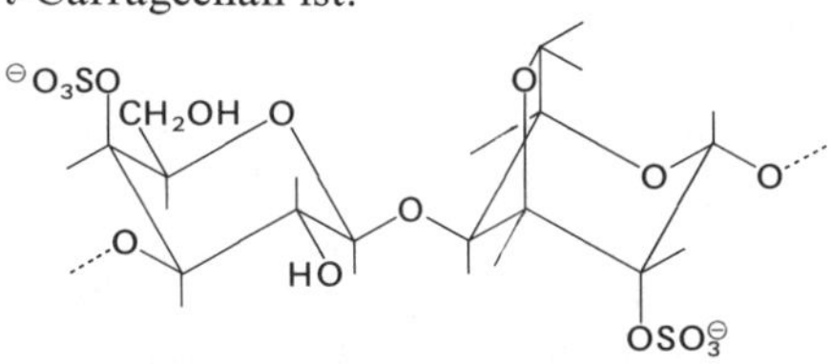

(4.98)

Die Sequenz begünstigt die Ausbildung einer Doppelhelix (Abb. 4.19).

λ-Carrageenan enthält β-D-Gal*p*-(1 → 4)-α-D-Gal*p* als Grundbaustein (cf. Formel 4.99), der 2,3-glykosidisch zum Polymer verknüpft ist. Die 6-Position des zweiten Galactoserestes ist mit Schwefelsäure verestert, ebenso wie ca. 70% der 2-Position beider Reste. Durch den hohen Sulfatgehalt ist die Ausbildung eines Zick-Zack-Bandes begünstigt.

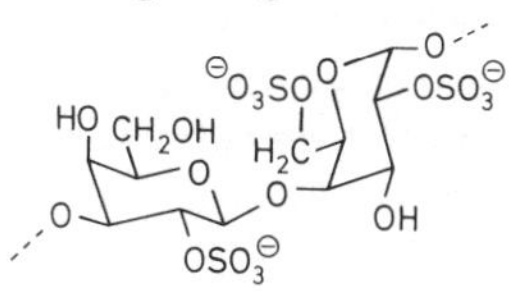

(4.99)

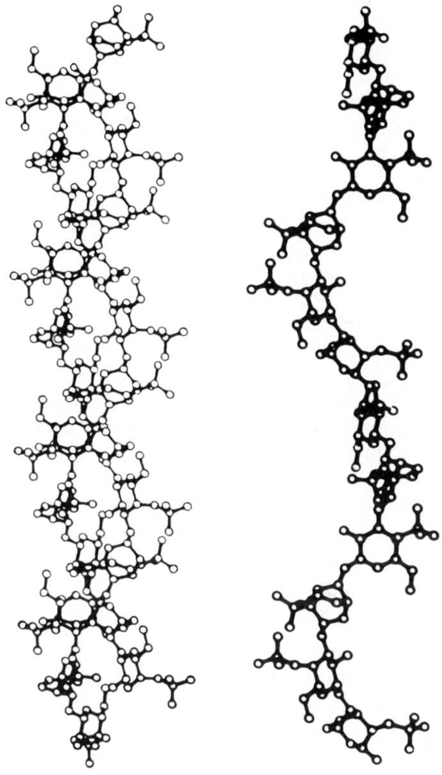

a b

Abb. 4.19. Konformation von ι-Carrageenan. **a** Doppelhelix, **b** einfacher Strang zur Verdeutlichung der Konformation. (Nach *Rees*, 1977)

Die Molekulargewichte von ϰ- und λ-Carrageenanen liegen im Bereich von 200000–800000. Die Wasserlöslichkeit der Carrageenane ist um so besser, je höher der Gehalt an Sulfatresten und je niedriger der Gehalt an Anhydrozuckern ist. Die Viskosität der Lösung hängt vom vorliegenden Carrageenan, vom Molekulargewicht, von der Temperatur, vom Ionenmilieu und von der Konzentration ab. Wie bei allen linearen Makromolekülen mit geladenen Gruppen steigt die Viskosität praktisch exponentiell mit der Konzentration (Abb. 4.20). Wäßrige Lösungen von ϰ-Carrageenan bilden in Gegenwart von Ammonium-, Kalium-, Rubidium- und Cäsium-Ionen thermisch reversible Gele, nicht dagegen in Gegenwart von Natrium- und Lithiumionen. Daraus folgt, daß die Gelbildung offensichtlich stark vom Radius der hydratisierten Gegenionen abhängt. Er liegt bei der ersten Gruppe im Bereich

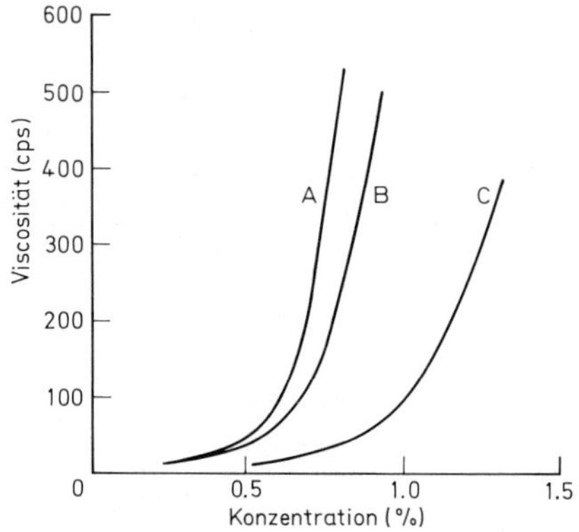

Abb. 4.20. Viskosität von Carrageenanen in wäßriger Lösung. A: *Eucheuma spinosum*, C: *Chondrus crispus*, B: A und C im Verhältnis 2:1, 40 °C, 20 Upm. (Nach *Whistler*, 1973)

von 0,23 nm, während hydratisierte Lithium- (0,34 nm) und Natriumionen (0,28 nm) deutlich größer sind. Die Gelbildung beruht wahrscheinlich auf der partiellen Ausbildung von Doppelhelices zwischen verschiedenen Ketten. Das Ausmaß dieser Bildung von intermolekularen Doppelhelices und damit die Gelfestigkeit ist um so größer, je regulärer die Sequenz ist. Jeder Ersatz eines 3,6-Anhydrogalactoserestes durch einen anderen Rest, z. B. durch Galactose-6-sulfat, führt zu einem Knick in der Helix und damit zu einer Herabsetzung der Gelfestigkeit. Der Einfluß der Sulfatgruppe auf die Konformation ist in 6-Stellung größer als in 2- oder 4-Stellung, so daß auch die Gelfestigkeit des ϰ-Carrageenans vorwiegend vom Gehalt an 6-Sulfatgruppen abhängt.

Ein Zusatz des selbst nicht gelierenden Carubins zu ϰ-Carrageenan führt zu festeren, elastischeren Gelen, die weniger zur Synärese neigen. Offensichtlich verhindert Carubin eine Aggregation von ϰ-Carrageenan-Helices.

Alkalibehandlung von Carrageenan führt zur Eliminierung von 6-Sulfatgruppen unter Bildung von 3,6-Anhydrogalactoseresten.

Carrageenane und andere saure Polysaccharide fällen Proteine, wenn der pH-Wert der Lösung kleiner als der isoelektrische Punkt des Proteins ist. Der Effekt kann zur Trennung von Proteingemischen ausgenutzt werden.

4.4.4.3.3 Anwendung

Die Anwendung von Carrageenanen in der Lebensmittelverarbeitung beruht auf ihren Eigenschaften, Gele zu bilden, die Viskosität von Lösungen zu erhöhen, zu emulgieren und die verschiedensten Systeme zu stabilisieren. Bei Schokoladenmilch wird z. B. eine Fettabscheidung verhindert und die Suspension stabilisiert, bei Frischkäse wird eine Synärese verhindert. Bei der Herstellung von Backwaren werden die Teigeigenschaften verbessert und die Verarbeitung größerer Milchanteile ermöglicht. Das Geliervermögen der Kaliumsalze wird bei Desserts und Fleischkonserven ausgenutzt. Die Textur von Proteinfasern wird durch Carrageenanzusätze verbessert. Bei Kondensmilch werden Proteinabscheidungen verhindert. Carrageenan scheint hier bereits in Konzentrationen von 0,02% ein schwaches Gelnetz zu bilden, an das die Caseinpartikelchen über elektrostatische Wechselwirkungen fixiert werden. Carrageenane werden weiterhin zur Stabilisierung von Eiscreme und zur Klärung von Getränken eingesetzt.

4.4.4.4 Furcellaran

4.4.4.4.1 Vorkommen, Gewinnung

Furcellaran (Danish Agar) wird aus der Rotalge *Furcellaria fastigiata* gewonnen. Die Produktion begann 1943, da Europa damals von Agarquellen abgeschnitten war. Nach einer Alkalivorbehandlung der Algen wird das Polysaccharid mit heißem Wasser extrahiert. Der im Vakuum eingeengte Extrakt wird in eine 1–1,5%ige KCl-Lösung eingespritzt. Die sich abscheidenden Gelfäden werden durch Ausfrieren konzentriert, abgepreßt oder abzentrifugiert und getrocknet. Das Produkt liegt als Kaliumsalz vor und enthält 8–15% freies KCl.

4.4.4.4.2 Struktur, Eigenschaften

Furcellaran besteht aus D-Galactose (46–53%), 3,6-Anhydro-D-galactose (30–33%) und aus Sulfaten beider Zucker (16–20%).

Die Struktur von Furcellaran ist der von ϰ-Carrageenan sehr ähnlich, so daß man es heute zu den Carrageenanen rechnet. Der wesentliche Unterschied ist, daß ϰ-Carrageenan einen Sulfatrest auf zwei Zuckerreste enthält, während bei Fur-

cellaran ein Sulfatrest auf drei bis vier Zuckerreste kommt. Gefunden wurden an Zuckersulfaten D-Galactose-2-sulfat, -4-sulfat, -6-sulfat und 3,6-Anhydro-D-galactose-2-sulfat. Verzweigungen der Polysaccharidkette sind nicht auszuschließen. Furcellaran bildet thermoreversible Gele, wobei das Geliervermögen vom Polymerisationsgrad, vom Gehalt an 3,6-Anhydro-D-galactose und vom Radius der anwesenden Kationen abhängt.
$K^{\oplus}$, $NH_4^{\oplus}$, $Rb^{\oplus}$ und $Cs^{\oplus}$ bilden sehr feste Gele, $Ca^{\oplus}$ hat einen geringeren Effekt und mit $Na^{\oplus}$ erfolgt keine Gelbildung. Ein Zusatz von Zucker beeinflußt die Gelfestigkeit positiv.

4.4.4.4.3 Anwendung

Furcellaran gibt mit Milch sehr gute Gele und wird deshalb bei Puddings eingesetzt. Auch für Tortenguß ist es sehr geeignet, da das Gel in Gegenwart von Zucker sehr schnell gebildet wird und gute Stabilität gegenüber Säure besitzt. Bei Marmeladen hat Furcellaran gegenüber Pektin den Vorteil, daß es auch bei Zuckerkonzentrationen unter 50–60% stabile Gele bildet. Die notwendige Konzentration an Polysaccharid liegt bei 0,2–0,5%, je nach Zuckermenge und gewünschter Gelfestigkeit. Um eine Hydrolyse möglichst gering zu halten, wird Furcellaran meist als 2–3%ige Lösung in Wasser zu der heißen, fertig gekochten Frucht-Zucker-Mischung zugegeben.
Furcellaran wird auch bei Fleischprodukten eingesetzt, z.B. bei Fleischpasten und Pastetenfüllungen.
Bei der Bierherstellung erleichtert es die Proteinabscheidung und damit die Endfiltration.

4.4.4.5 Gummi arabicum

4.4.4.5.1 Vorkommen, Gewinnung

Gummi arabicum wird von verschiedenen *Acacia spp.*, vorwiegend *Acacia senegal*, bei Verwundung der Rinde in Form von Tropfen mit 2–7 cm Durchmesser ausgeschieden, die an der Luft trocknen. Die Ausbeuten pro Baum und Jahr liegen im Durchschnitt zwischen 900 und 2000 g. Hauptproduzent ist mit 50–60000 t/a der Sudan, gefolgt von einigen anderen afrikanischen Staaten. Gummi arabicum war bereits im alten Ägypten als „Kami" bekannt und wurde als Adhäsiv für Pigmentfarben verwendet.

4.4.4.5.2 Struktur, Eigenschaften

Gummi arabicum ist ein Gemisch nahe verwandter Polysaccharide mit Molekulargewichten (Gewichtsmittel) im Bereich von 260000–1160000. Bausteine sind L-Arabinose (3,5), L-Rhamnose (1,1), D-Galactose (2,9) und D-Glucuronsäure (1,6). Das in Klammern hinter den Zuckern angegebene molare Mengenverhältnis bezieht sich auf *A. senegal*. Es kann in Abhängigkeit von der Species sehr stark schwanken. Gummi arabicum besteht aus einer Hauptkette von β-D-Galactopyranosylresten, die über (1 → 3)-Bindungen verknüpft sind und zum Teil in 6-Position Seitenketten tragen (Formel 4.100).
Gummi arabicum liegt als neutrales oder leicht saures Salz vor. Gegenionen sind $Ca^{2\oplus}$, $Mg^{2\oplus}$ und $K^{\oplus}$. Durch Lösen in 0,1 mol/l HCl und Fällen mit Ethanol ist die freie Säure erhältlich. Gummi arabicum ist extrem wasserlöslich, so daß Lösungen mit Konzentrationen bis zu 50% hergestellt werden können. Die Viskosität der Lösung steigt erst bei hohen Konzentrationen stark an (Abb. 4.21), während viele andere Polysaccharide bereits bei niedrigen Konzentrationen hochviskose Lösungen bilden (Tab. 4.17).

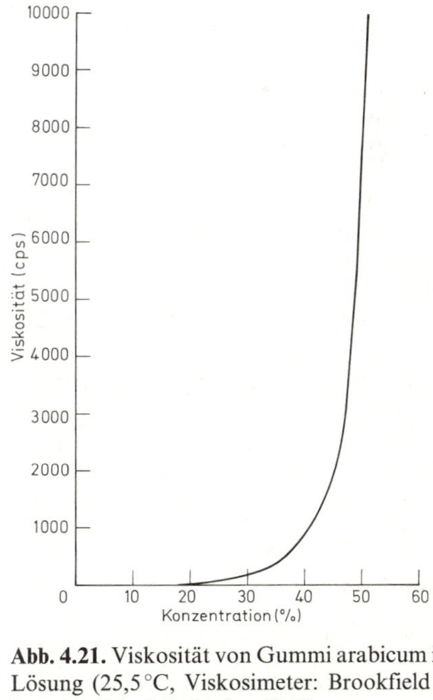

Abb. 4.21. Viskosität von Gummi arabicum in wäßriger Lösung (25,5 °C, Viskosimeter: Brookfield Synchro – Lectric). (Nach *Whistler*, 1973)

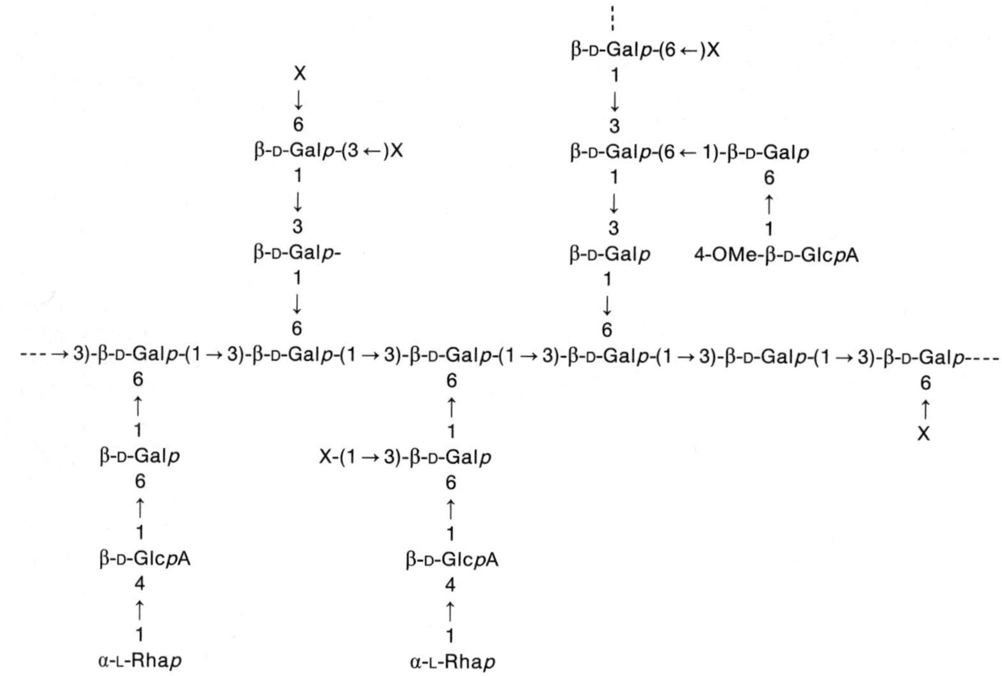

X = L-Araf-(1 → ;
oder α-D-Galp-(1 → 3)-L-Araf-(1 →
oder β-L-Arap-(1 → 3)-L-Araf-(1 →
oder L-Araf-(1 → 3)-L-Araf-(1 →
oder L-Araf-(1 → 3)-L-Araf-(1 → 3)-L-Araf-(1 →
oder β-L-Arap-(1 → 3)-L-Araf-(1 → 3)-L-Araf-(1 → (4.100)

4.4.4.5.3 Anwendung

Gummi arabicum wird als Dickungsmittel, Emulgator und Stabilisator eingesetzt, z. B. bei Backwaren. Bei Süßwaren verhindert es Zuckerkristallisation und Fettabscheidung, bei Eiscreme die Bildung großer Eiskristalle, bei Getränken kann es als Schaumstabilisator eingesetzt werden. Gummi arabicum ermöglicht auch die Herstellung von pulverförmigen Aromakonzentraten (flavour fixative). So werden ätherische Öle z. B. in einer Lösung von Gummi arabicum emulgiert und anschließend sprühgetrocknet. Das Polysaccharid bildet einen Film um die Öltröpfchen und verhindert oxidative und andere Veränderungen.

4.4.4.6 Ghatti-Gummi

4.4.4.6.1 Vorkommen

Ghatti-Gummi ist ein Exsudat des in Indien und Ceylon heimischen Baumes *Anogeissus latifolia.*

4.4.4.6.2 Struktur, Eigenschaften

Bausteine sind L-Arabinose, D-Galactose, D-Mannose, D-Xylose und D-Glucuronsäure. Auch L-Rhamnose wurde nachgewiesen. Die Zucker sind teilweise acetyliert (5,5% Acetylgruppen bez. auf TM). Drei charakteristische Strukturelemente wurden nachgewiesen (cf. Formel 4.101). Das saure Polysaccharid liegt als Ca/Mg-Salz vor. Ghatti-Gummi ist zu ca. 90% in Wasser löslich bzw. dispergierbar. Er gibt viskosere Lösungen als Gummi arabicum, ist aber schlechter löslich.

4.4.4.6.3 Anwendung

Ghatti-Gummi kann wie Gummi arabicum zur Stabilisierung von Suspensionen und Emulsionen eingesetzt werden.

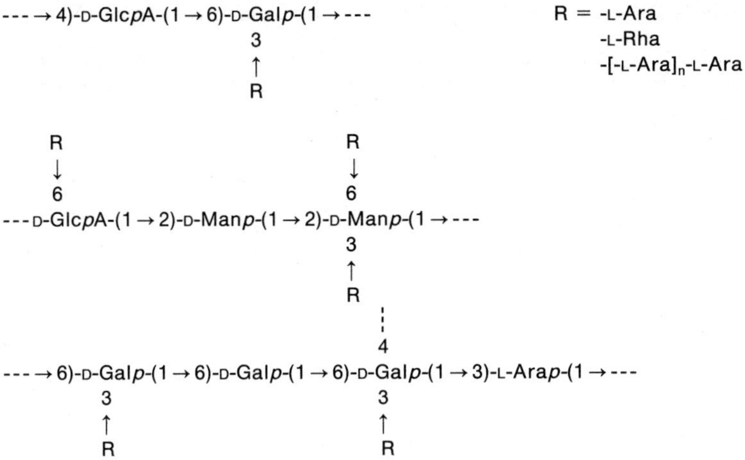

(4.101)

4.4.4.7 Tragant (Tragacanth)

4.4.4.7.1 Vorkommen

Tragant ist ein Pflanzengummi, der von verschiedenen *Astragalus spp.* ausgeschieden wird, und der vorwiegend in Kleinasien (Iran, Syrien, Türkei) produziert wird.

4.4.4.7.2 Struktur, Eigenschaften

Tragant besteht aus einer in Wasser löslichen (Tragantin, Tragacanthin) und einer unlöslichen, quellbaren Fraktion (Bassorin). Tragantin enthält 43% D-Galacturonsäure, 40% D-Xylose, 10% L-Fucose und 4% D-Galactose. Es besteht wie Pektin aus einer Polygalacturonsäure-Hauptkette, die Seitenketten aus den übrigen Zuckerresten trägt (Formel 4.102). Bassorin besteht aus 75% L-Arabinose, 12% D-Galactose, 3% D-Galacturonsäuremethylester und L-Rhamnose. Das Molekulargewicht liegt bei 840000. Das Molekül ist stark gestreckt (450 × 1,9 nm), so daß hochviskose Lösungen resultieren (Tab. 4.17), deren Viskosität von der Schergeschwindigkeit abhängt (Abb. 4.22).

4.4.4.7.3 Anwendung

Tragant wird als Dickungsmittel und Stabilisator bei Salatsoßen (0,4–1,2%) und bei Füllungen für Backwaren eingesetzt. Ein Zusatz bei Eiscreme (0,5%) führt zu weicher Konsistenz.

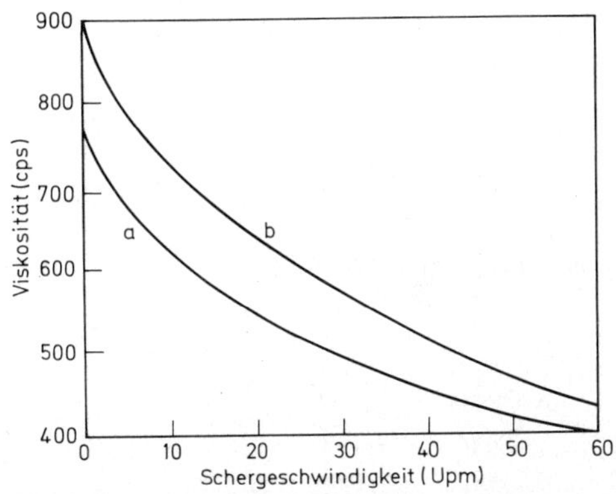

Abb. 4.22. Viskosität wäßriger Tragantlösungen in Abhängigkeit von der Schergeschwindigkeit. a: Tragant in Flockenform, 1%ig; b: Tragant in Bandform, 0,5%ig. (Nach *Whistler*, 1973)

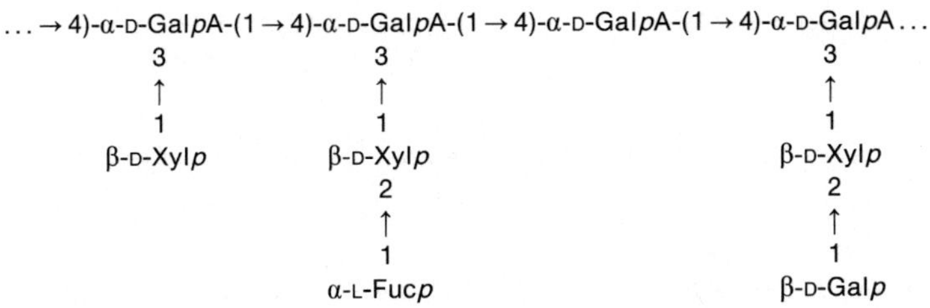

(4.102)

Tabelle 4.17. Dynamische Viskositäten (mPa.s) von wäßrigen Polysaccharidlösungen in Abhängigkeit von der Konzentration (25 °C)

Konzentration (%)	Pektin	Gummi arabicum	Agar	Tragant	Carrageenan	Natriumalginat	Methylcellulose 1500 cps	Xanthan	Johannisbrotkernmehl	Guaran
1	50		4	54	57	214	39	2000	59	3025
2	200		25	906	397	3760	512	7000	1114	25060
3	550			10605	4411	29400	3850	11500	8260	111150
4			400	44275	25356		12750		39660	302500
5		7		111000	51425		67575		121000	510000
6				183500						
10		17								
20		41								
30		200								
40		936								
50		4163								

4.4.4.8 Karaya-Gummi

4.4.4.8.1 Vorkommen

Karaya-Gummi, auch als „Indischer Tragant" bezeichnet, ist ein Exsudat des indischen Baumes *Sterculia ureus* und anderer *Sterculia*-Arten.

4.4.4.8.2 Struktur, Eigenschaften

Bausteine sind D-Galactose, L-Rhamnose, D-Galacturonsäure und L-Glucuronsäure. Die Zucker sind teilweise acetyliert (13% Acetylgruppen bez. auf TM). Das Molekül besteht aus drei Hauptketten, die Polymere unterschiedlicher Disaccharideinheiten sind (cf. Formel 4.103). Die Hauptketten tragen Seitenketten und sind auch über Seitenketten kovalent verknüpft.

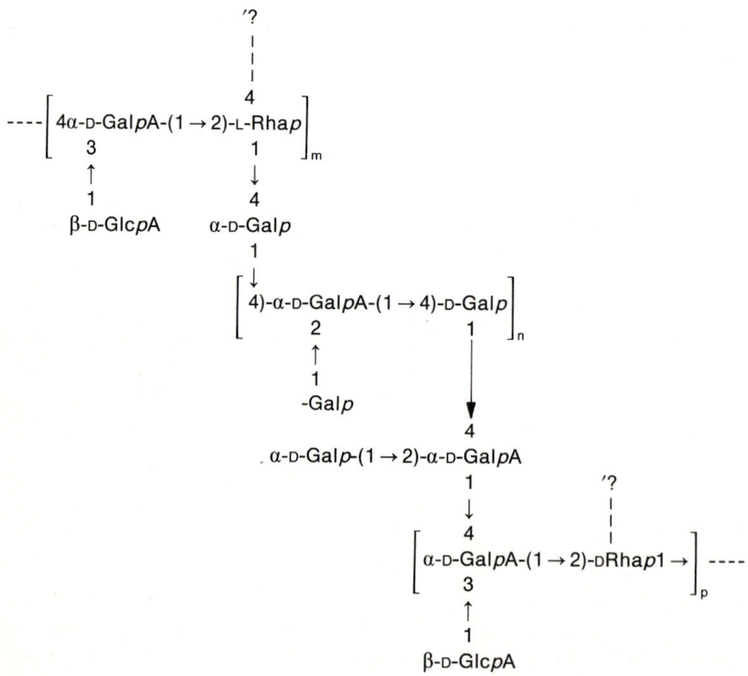

(4.103)

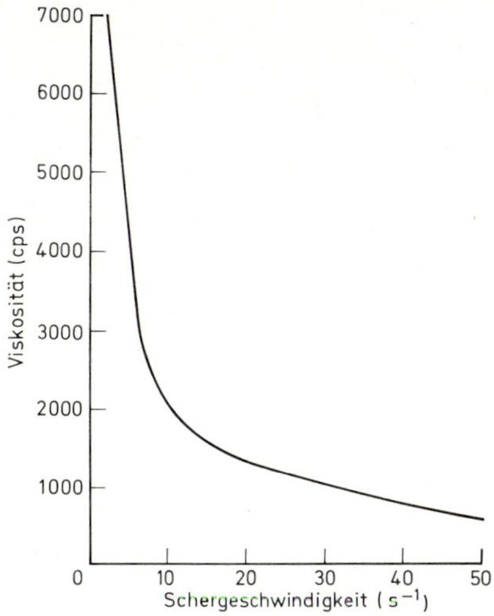

Abb. 4.23. Viskosität einer 1%igen wäßrigen Guaranlösung (25 °C) in Abhängigkeit von der Schergeschwindigkeit. Viskosimeter: Haake, Rotovisko. (Nach *Whistler,* 1973)

Auf Grund der starken Vernetzung ist das Polysaccharid unlöslich in Wasser und resistent gegen Enzyme und Mikroorganismen, quillt aber bereits in kaltem Wasser stark. Bei Konzentrationen über 3% haben die Suspensionen pastöse Konsistenz.

4.4.4.8.3 Anwendung

Karaya-Gummi wird eingesetzt zur Wasserbindung (Weichkäse), als Bindemittel (Fleischprodukte wie Corned Beef, Wurst), zur Stabilisierung von Proteinschäumen (Bier, Schlagsahne, Meringues) und als Dickungsmittel (Suppen, Soßen, Salatcremes, Mayonnaise, Ketchup). Er erhöht die Gefrier-Tau-Stabilität von Produkten, verhindert die Synärese von Gelen und trägt zum „body" bei.

4.4.4.9 Guaran

4.4.4.9.1 Vorkommen, Gewinnung

Guarmehl wird aus den Samen der Leguminose *Cyamopsis tetragonoloba* durch Abtrennung der äußeren Schichten und des Keimlings als weitgehend reines Endosperm gewonnen. Neben dem Polysaccharid Guaran enthält Guarmehl 10–15% Wasser, 5–6% Protein, 2,5% Rohfaser und 0,5–0,8% Asche. Hauptanbaugebiete für die Guarpflanze sind die USA (Texas), Indien und Pakistan.

4.4.4.9.2 Struktur, Eigenschaften

Guaran ist ein Galactomannan. Es besteht aus einer Hauptkette von (1 → 4)-verknüpften β-D-Mannopyranosylresten. Jeder zweite Rest trägt über eine (1 → 6)-Bindung α-D-Galactopyranosylreste als Seitenkette:

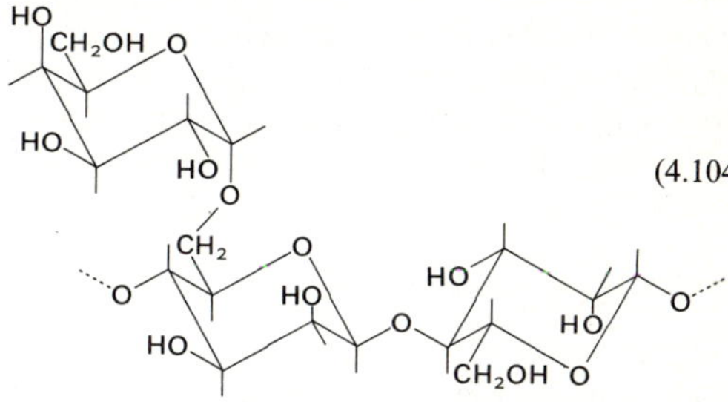

(4.104)

Guaran bildet hochviskose Lösungen (Tab. 4.17), deren Viskosität von der Schergeschwindigkeit abhängt (Abb. 4.23).

4.4.4.9.3 Anwendung

Guaran wird als Dickungsmittel und Stabilisator u. a. bei Salatsoßen und Eiscreme (0,3%) verwendet. Daneben findet es breite Anwendung in der Papier-, Kosmetik- und Arzneimittelindustrie.

4.4.4.10 Johannisbrotkernmehl (Carubin)

4.4.4.10.1 Vorkommen, Gewinnung

Der Johannisbrotbaum *(Ceratonia siliqua)* ist im gesamten Mittelmeergebiet von alters her heimisch. Die in Schoten befindlichen Samen werden von den Arabern Karat genannt und dienten in getrocknetem Zustand als Gewichtseinheit (ca. 200 mg). Bis heute hat sich die Gewichtseinheit Karat für Edelsteine und für Feingehaltsangaben bei Edelmetallen gehalten.

Die Samen bestehen zu 30–33% aus Schalenmaterial, zu 23–25% aus dem Keimling und zu 42–46% aus Endosperm. Die Samen werden vermahlen, das Endosperm wird abgetrennt und wie Guarmehl verwendet. Das Mehl enthält ca. 88% Galactomannoglykane, 5% andere Polysaccharide, 6% Protein und 1% Mineralstoffe.

4.4.4.10.2 Struktur, Eigenschaften

Das Hauptpolysaccharid des Johannisbrotkernmehls besteht wie Guaran aus einer Kette von (1→4)-verknüpften β-D-Mannopyranosylresten, die (1→6)-gebundene α-D-Galactopyranosylreste als Seitenketten enthält. Aus dem Verhältnis Mannose/Galactose, das mit 3–6 angegeben wird, folgt, daß im Unterschied zu Guaran durchschnittlich nur jeder 4. bis 5. Mannoserest eine Seitenkette trägt.
Das Molekulargewicht des Galactomannans liegt bei 310000. Die physikalischen Eigenschaften entsprechen denen von Guaran, nur ist die Viskosität von Lösungen nicht so hoch (cf. Tab. 4.17). Wie bei Guaran liegt Strukturviskosität vor.

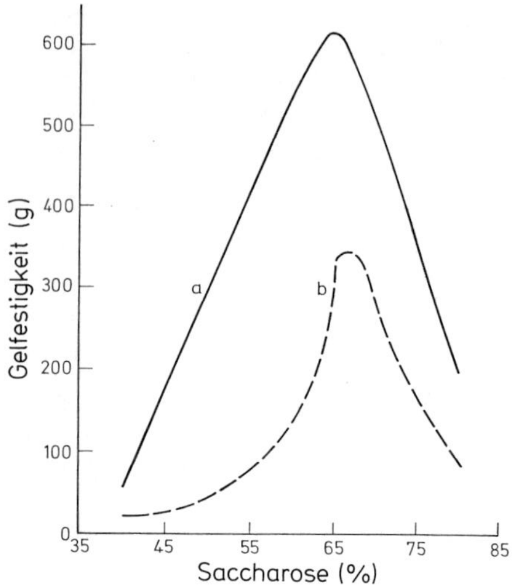

Abb. 4.24. Festigkeit von Gelen aus Tamarindenkernmehl (a) und Pektin aus Zitronen (b) in Abhängigkeit von der Saccharosekonzentration. (Nach *Whistler*, 1973)

4.4.4.10.3 Anwendung

Johannisbrotkernmehl wird als Dickungs- und Bindemittel sowie als Stabilisator u.a. bei Fleischkonserven, Salatsoßen, Wurstwaren, Weichkäse und Eiscreme eingesetzt. Es verbessert auch das Wasserbindungsvermögen von Teigen, insbesondere wenn der Klebergehalt gering ist.

4.4.4.11 Tamarindenkernmehl

4.4.4.11.1 Vorkommen, Gewinnung

Die Tamarinde (*Tamarindus indica*) ist einer der wichtigsten und verbreitetsten Bäume Indiens. Die in Schoten befindlichen Samen enthalten ein Polysaccharid, das durch Extraktion mit heißem Wasser und Trocknung der Extrakte isoliert werden kann.

4.4.4.11.2 Struktur, Eigenschaften

Das Polysaccharid besteht aus D-Galactose (1), D-Xylose (2) und D-Glucose (3), in dem in Klammern angegebenen molaren Verhältnis. Außer-

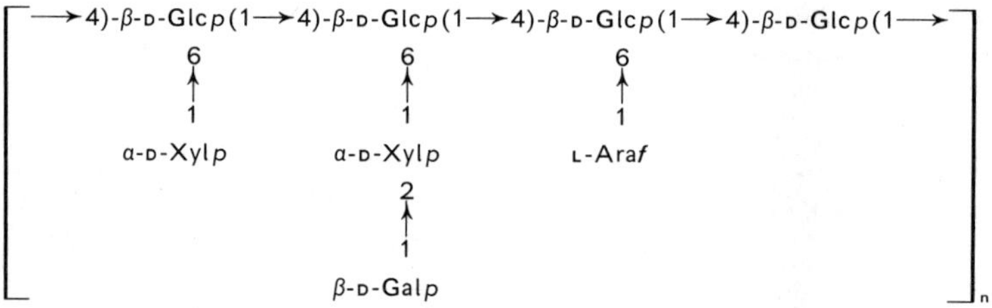

(4.105)

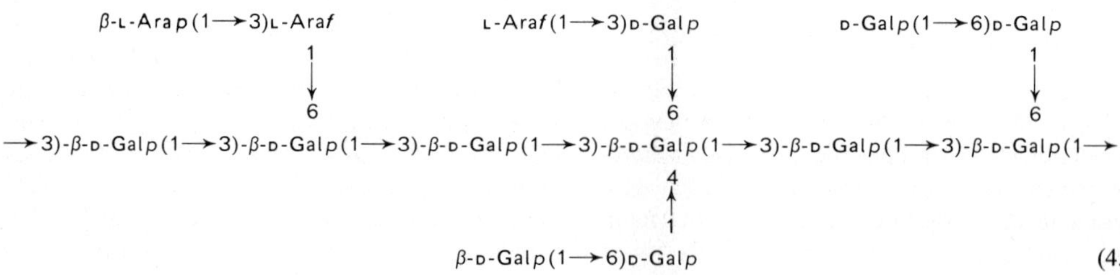

(4.106)

dem ist L-Arabinose anwesend. Es wird die in Formel 4.105 angegebene Struktur vorgeschlagen.
Das Polysaccharid bildet in einem breiten pH-Bereich stabile Gele. Die für eine bestimmte Gelfestigkeit erforderliche Zuckerkonzentration ist niedriger als bei Pektin (Abb. 4.24). Die Gele zeigen nur geringe Synärese.

4.4.4.11.3 Anwendung

Das Polysaccharid aus Tamarindensamen ist für die Herstellung von Marmeladen und Gelees an Stelle von Pektin gut geeignet. Außerdem kommt es als Verdickungsmittel und Stabilisator z. B. für Eiscreme und Mayonnaise in Frage.

4.4.4.12 Arabinogalactan aus Lärchen

4.4.4.12.1 Vorkommen, Gewinnung

Alle Lärchenarten *(Larix spp.)* enthalten im Kernholz in Mengen zwischen 5–35% der Trockensubstanz ein wasserlösliches Arabinogalactan, das durch Gegenstromextraktion des zerkleinerten Holzes mit Wasser oder verdünnten Säuren und anschließende Walzentrocknung des Extrakts gewonnen werden kann.

4.4.4.12.2 Struktur, Eigenschaften

Das Polysaccharid besteht aus einer Kette $(1 \rightarrow 3)$-verknüpfter β-D-Galactopyranosylreste, die teilweise in 4- und 6-Position Seitenketten aus Galactose- und Arabinoseresten tragen. Es wird die in Formel 4.106 angegebene Struktur vorgeschlagen.
Der Verzweigungsgrad ist hoch. Das Molekulargewicht liegt im Bereich von 50 bis 70000. Das Molekül hat annähernd sphärische Gestalt. Infolgedessen verhält sich die wäßrige Lösung wie eine *Newton*sche Flüssigkeit. Die Viskosität ist außerordentlich niedrig. Bei einer 10%igen Lösung beträgt sie 1,74 cps (20 °C), bei einer 30%igen Lösung 7,8 cps (pH 4, 20 °C) bzw. 8,15 cps (pH 11, 20 °C) und bei einer 40%igen Lösung 23,5 cps (20 °C). Die Daten zeigen, daß die Viskosität praktisch nicht vom pH-Wert abhängt. Erst bei Konzentrationen > 60% geht die Lösung in eine dicke Paste über.

4.4.4.12.3 Anwendung

Das Arabinogalactan wird auf Grund der sehr guten Löslichkeit bei geringer Viskosität als Emulgator, Stabilisator und Trägermaterial u. a. bei ätherischen Ölen, Aroma-Formulierungen und Süßstoffen eingesetzt.

4.4.4.13 Pektin

4.4.4.13.1 Vorkommen, Gewinnung

Pektin ist in Pflanzen weit verbreitet. Gewonnen wird es aus den Schalen von Citrusfrüchten und aus Apfeltrestern, die in der Trockenmasse 20–40% bzw. 10–20% davon enthalten. Die Extraktion erfolgt bei pH 1,5–3 und 60–100 °C. Der Prozeß muß wegen der möglichen Hydrolyse von Glykosid- und Esterbindungen sorgfältig kontrolliert werden. Der Extrakt wird entweder zu flüssigen Pektinpräparaten konzentriert oder er wird getrocknet (Sprüh- oder Walzenverfahren). Reinere Präparate werden erhalten durch Fällung des Pektins mit Ionen, die unlösliche Salze bilden (z. B. $Al^{3\oplus}$) und anschließendes Waschen mit angesäuertem Alkohol zur Entfernung der zugesetzten Ionen, oder durch Fällung mit Alkohol, wobei Isopropanol und Ethanol verwendet werden.

4.4.4.13.2 Struktur, Eigenschaften

Pektin besteht vorwiegend aus $(1 \rightarrow 4)$-verknüpfter α-D-Galacturonsäure:

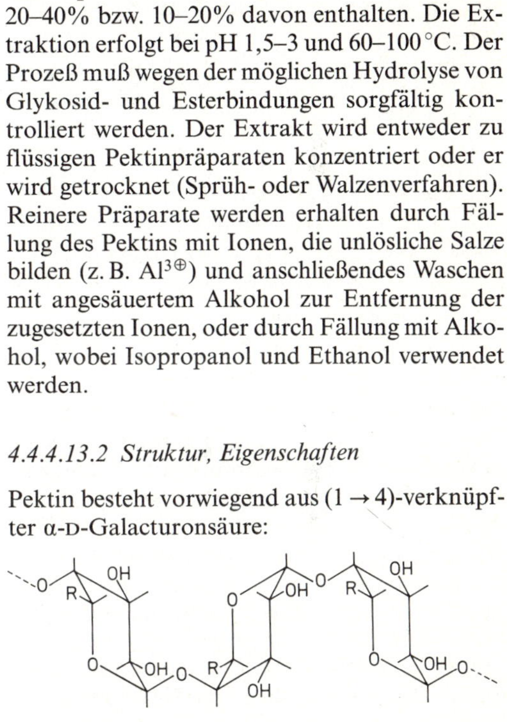

R: $COO^{\ominus}$, $COOCH_3$ (4.107)

Die Hauptkette hat aber Abschnitte, in denen L-Rhamnose angereichert ist. In geringer Menge enthält Pektin auch D-Galactane, L-Arabinane und Arabinogalactane in kovalenter Bindung an das Galacturonan. Die Carboxylgruppen der Galacturonsäurereste sind in unterschiedlichem Maße mit Methanol verestert, die HO-Gruppen in 2- und 3-Stellung können in geringem Umfang acetyliert sein. Die Stabilität von Pektin ist bei pH 3–4 am größten. Im stärker sauren Gebiet erfolgt Hydrolyse von Glykosidbindungen. Im alkalischen Gebiet werden sowohl Esterbindungen als auch Glykosidbindungen gespalten, letztere durch Eliminierung:

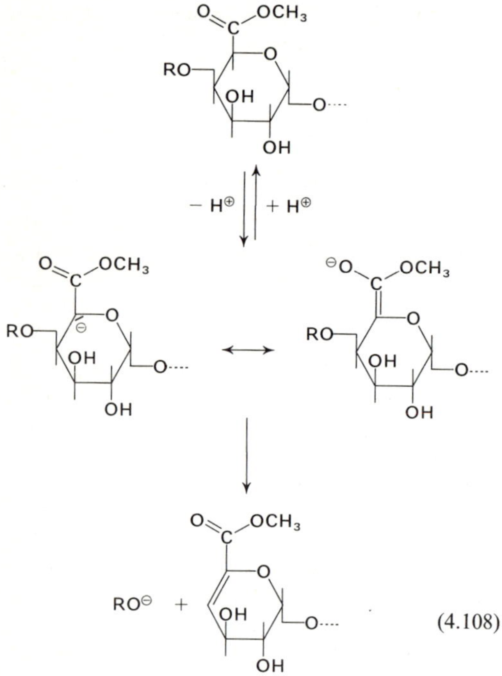

(4.108)

Die Eliminierung erfolgt wesentlich leichter an Galacturonsäureresten mit veresterter Carboxylgruppe, da hier das H-Atom am C-5 saurer ist als bei Resten mit freier Carboxylgruppe.

Pektin bildet bei pH ~ 3, in Gegenwart von Calciumionen auch bei höheren pH-Werten, thermoreversible Gele. Das Gelbildungsvermögen ist unter sonst vergleichbaren Bedingungen proportional dem Molekulargewicht und umgekehrt proportional dem Veresterungsgrad. Niedrigveresterte Pektine benötigen zur Gelbildung sehr niedrige pH-Werte und/oder Calciumionen, gelieren dafür aber bei relativ niedriger Zuckerkonzentration. Hochveresterte Pektine benötigen dagegen mit zunehmendem Veresterungsgrad steigende Zuckerkonzentrationen. Die Geschwindigkeit der Gelbildung ist bei hochveresterten Pektinen größer als bei niedrigveresterten (Tab. 4.18).

Tabelle 4.18. Gelierzeit von Pektinen mit unterschiedlichem Veresterungsgrad

Pektintyp	Veresterungsgrad (%)	Gelierzeit[a] (s)
schnell gelierend	72–75	20–70
normal	68–71	100–135
langsam gelierend	62–66	180–250

[a] Differenz zwischen Zeitpunkt, zu dem die für die Gelbildung erforderlichen Voraussetzungen erfüllt sind und Zeitpunkt der einsetzenden Gelbildung.

4.4.4.13.3 Anwendung

Auf Grund seines Geliervermögens wird Pektin in großem Umfang bei Marmeladen und Gelees eingesetzt. Standardbedingungen für die Bildung eines stabilen Gels sind z. B. Pektingehalte < 1%, Zuckergehalte von 58–75% und ein pH-Wert von 2,8–3,5. Bei zuckerarmen Erzeugnissen werden niedrig veresterte Pektine in Gegenwart von Calcium verwendet. Zur Stabilisierung von Getränken (Emulgierung von ätherischen Ölen) und Eiscremes hat Pektin ebenfalls Bedeutung.

4.4.4.14 Stärke

4.4.4.14.1 Allgemeines

Stärke ist bei Pflanzen als Reservekohlenhydrat in den verschiedensten Organen weit verbreitet. Sie ist als Bestandteil vieler Lebensmittel auch die wichtigste Kohlenhydratquelle für die menschliche Ernährung. Daneben haben Stärke und ihre Derivate Bedeutung für viele Industriezweige, z. B. für die Lebensmittelindustrie, die Papierindustrie und die Textilindustrie.

Die Gewinnung von Stärke erfolgt vorwiegend aus Mais, Hirse, Kartoffeln, Weizen, Maniok und Süßkartoffeln, daneben auch aus Reis, Arrowroot und aus der Sagopalme.

In manchen Fällen, z. B. bei der Kartoffel, liegen die Stärkekörner frei in den Zellen, so daß die Isolierung ein relativ einfacher Prozeß ist. Das pflanzliche Material wird zerkleinert, die Stärke mit Wasser ausgeschwemmt, aus der Suspension (Stärkemilch) abgeschieden und getrocknet. In anderen Fällen, z. B. bei den Getreidearten, ist die Stärke im Endosperm in eine Proteinmatrix eingelagert, so daß die Isolierung aufwendiger ist. Mais wird z. B. zunächst 36–48 h im Gegenstromverfahren in Wasser von ca. 50 °C eingeweicht. Das Einweichwasser enthält zur Auflokkerung der Proteinmatrix ca. 0,2% SO_2. Dadurch wird der Prozeß beschleunigt und die Stärkeausbeute erhöht. Anschließend werden die

Maiskörner zerkleinert. Die Keime lassen sich auf Grund ihrer durch den hohen Fettgehalt bedingten niedrigen Dichte durch Flotation abtrennen. Sie werden auf Keimöl verarbeitet (cf. 14.3.2.2.4). Kleber und Stärke werden auf Grund ihres Dichteunterschiedes (Kleber < Stärke) in Hydrozyklonen getrennt. Der Kleber wird als Viehfutter oder für die Herstellung von Proteinhydrolysaten (Würze) verwendet. Die Stärke wird gewaschen und getrocknet. – Stärke ist ein Gemisch von zwei Glucanen, Amylose und Amylopektin. Die meisten Stärken enthalten 20–30% Amylose (Tab. 4.19). Inzwischen sind aber Maissorten (Amylomais) bekannt, deren Stärke einen Amyloseanteil von 50–80% hat. Amylose kann aus Stärke gewonnen werden, z. B. durch Kristallisation aus einer Stärkedispersion, meist in Gegenwart von Salzen ($MgSO_4$) oder polaren organischen Verbindungen (Alkohole wie 1-Butanol oder niedermolekulare Fettsäuren wie Capryl- bzw. Caprinsäure), die mit Amylose Komplexe bilden.

Normale Stärken enthalten 70–80% Amylopektin, die Stärken bestimmter Mais- und Hirsesorten, die als Wachsmais bzw. Wachshirse bezeichnet werden, dagegen praktisch 100%.

Tabelle 4.19. Amylosegehalt, Verkleisterungstemperatur und Quellung verschiedener Stärken

Stärke aus	Amylose (%)	Verkleisterungstemperatur (°C)	Quellung[a] bei 95 °C
Weizen	26	53–65	21
Roggen		57–70	
Gerste	22	56–62	
Mais	28	62–70	24
Amylomais	51–65	67–87	
Wachsmais	1	63–72	64
Hafer	27	56–62	
Reis	18	61–78	19
Wachsreis	1	55–65	56
Hirse	25	69–75	22
Wachshirse	1	68–74	49
Kartoffeln	23	58–66	
Bohnen	24	64–67	
Erbsen	35	57–70	
Maniok		52–64	

[a] Gewicht der gequollenen Stärke bezogen auf ihr Trokkengewicht; der Verlust an löslichen Polysacchariden ist berücksichtigt.

4.4.4.14.2 Struktur und Eigenschaften von Amylose

Amylose besteht aus Ketten von (1 → 4)-verknüpften α-D-Glucopyranosylresten:

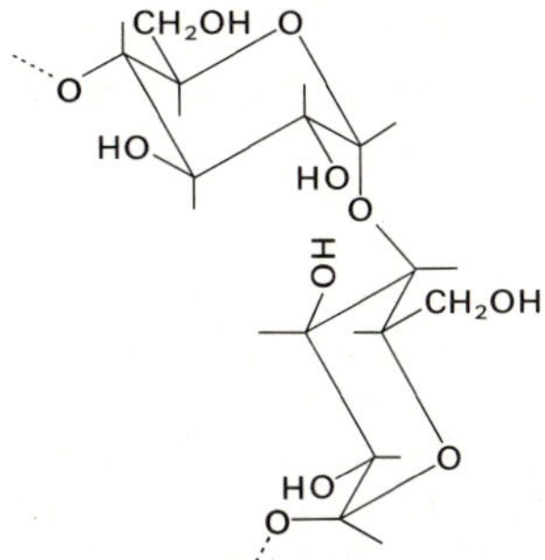

(4.109)

Die enzymatische Hydrolyse erfolgt durch α-Amylase, β-Amylase und Glucoamylase. Da β-Amylase vielfach Amylose nicht ganz vollständig zu Maltose abbaut, wird eine sehr geringe Verzweigung über α(1 → 6)-Bindungen angenommen. Die Molekülgröße von Amylose ist unterschiedlich. Der Polymerisationsgrad liegt bei Getreidestärken zwischen 1000 und 2000, bei Kartoffelstärke kann er bis zu 4500 betragen. Das entspricht Molekulargewichten von 150 000 bis 750 000. Amylose ist in kaltem Wasser nicht leicht dispergierbar. Bei höheren Temperaturen kommt es unter Quellung zur Bildung eines Stärkekleisters, der ein System von stark gequollenen Stärkekörnern in Stärkelösung ist. Der Temperaturbereich, in dem Verkleisterung erfolgt, ist bei Stärken verschiedener Herkunft unterschiedlich (Tab. 4.19).

In Abb. 4.25 ist eine Verkleisterungskurve für Kartoffelstärke wiedergegeben. Der Anteil ver-

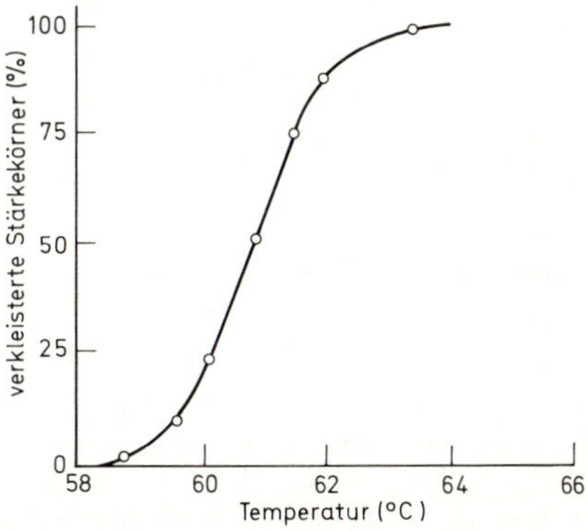

Abb. 4.25. Verkleisterungskurve von Kartoffelstärke. (Nach *Banks* und *Muir*, 1980)

kleisterter Stärkekörner wurde dabei durch mikroskopische Beobachtung ermittelt.
Eine andere Möglichkeit, die Verkleisterung in Abhängigkeit von der Temperatur zu verfolgen, ist die Messung der Viskosität der Stärkesuspension. Aus den Viskositätskurven in Abb. 4.26 ist zu entnehmen, daß zunächst unter Quellung des Korns ein Viskositätsanstieg erfolgt. Der anschließende Zerfall des gequollenen Korns ist von einem Viskositätsabfall begleitet. Der Kurvenverlauf ist bei verschiedenen Stärken sehr unterschiedlich. Kartoffelstärke zeigt ein sehr großes Maximum (~ 4000 *Brabender*-Einheiten), das von einem steilen Abfall gefolgt ist. Wachsmaisstärke zeigt ein ähnliches Verhalten, nur liegt das Maximum nicht so hoch. Bei normaler Maisstärke ist das Maximum noch kleiner, aber der nachfolgende Abfall ist gering, d. h. die Stabilität des Korns ist größer. Amylomaisstärke quillt unter den Versuchsbedingungen nicht, obwohl ca. 35% des Materials in Lösung gehen.
Beim schnellen Abkühlen eines Stärkekleisters unter Rühren steigt im allgemeinen die Viskosität, beim schnellen Abkühlen ohne Rühren bildet sich ein Stärkegel. Amylosegele neigen zur Retrogradation. Man bezeichnet damit den weitgehend irreversiblen Übergang vom gelösten bzw. dispergierten Zustand in einen unlöslichen, entquollenen, mikrokristallinen Zustand (Abb. 4.27), der durch langsames Abkühlen eines Stärkekleisters auch direkt erreicht werden kann. Die Neigung zur Retrogradation wird gefördert durch niedrige Temperatur, insbesondere im Bereich um 0 °C, neutralen pH-Wert, hohe Konzentration und Abwesenheit grenzflächenaktiver Stoffe. Sie hängt auch vom Molekulargewicht und vom Stärketyp ab und nimmt z. B. in der Reihe Kartoffel < Mais < Weizen zu.
Die geschilderten Übergänge von sehr wasserarmen Ausgangszuständen über stark gequollene Zustände oder Lösungen in mehr oder weniger stark entquollene Zustände sind mit Konformationsänderungen der Amylosekette verbunden, die noch nicht vollständig beschrieben werden können, da sie sehr stark von den jeweiligen Bedingungen, z. B. auch von der Anwesenheit niedermolekularer Verbindungen, abhängen.
Mit Hilfe der Röntgenstrukturanalyse wurden in nativen Stärkekörnern drei Strukturtypen ermittelt, die mit A, B und C bezeichnet werden. In gequollenen Körnern tritt eine weitere, als V-Stärke bezeichnete Form auf.

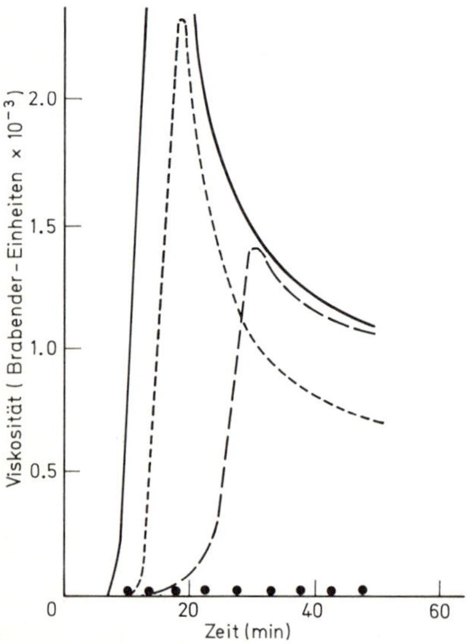

Abb. 4.26. Verkleisterungsverhalten verschiedener Stärken. Visko-Amylograph, Brabender; 40 g Stärke/460 ml Wasser, Temperaturprogramm: Start bei 50 °C, Heizen auf 95 °C mit 1,5 °C/min, Halten auf 95 °C für 30 min; —— Kartoffelstärke, ---- Wachsmaisstärke, – – normale Maisstärke. ••• Amylomaisstärke. (Nach *Banks* und *Muir*, 1980)

Abb. 4.27. Verhalten von Amylosemolekülen beim Abkühlen einer konzentrierten wäßrigen Lösung

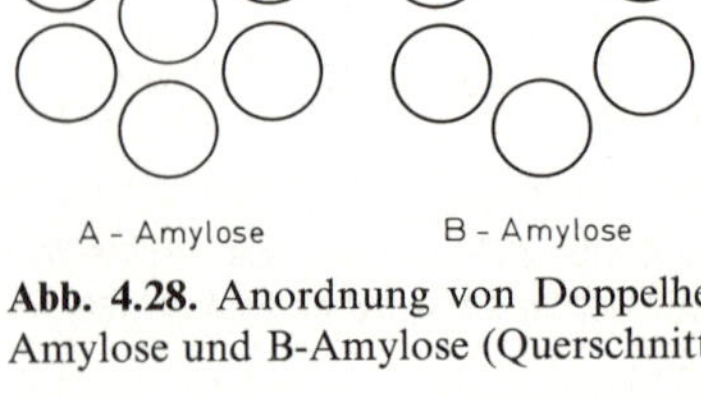

Abb. 4.28. Anordnung von Doppelhelices (O) bei A-Amylose und B-Amylose (Querschnitt)

Während die A- und B-Formen echte kristalline Modifikationen sind, handelt es sich beim C-Typ um eine Mischform. Die A-Form ist vorwiegend in Getreidestärken anzutreffen, die B-Form bei der Kartoffel, beim Amylomais und bei retrogradierten Stärken. Die C-Form wird einerseits in Gemischen von Mais- und Kartoffelstärke beobachtet, kommt andererseits aber auch in verschiedenen Leguminosenstärken vor.

Strukturelement der B-Form sind Doppelhelices (cf. Abb. 4.30), die antiparallel hexagonal gepackt sind (Abb. 4.28). Der zentrale Kanal ist mit Wasser gefüllt. Die A-Form ist der B-Form sehr ähnlich, nur ist hier der zentrale Kanal mit einer weiteren Doppelhelix ausgefüllt. Wasser ist bei dieser Form zwischen den Doppelhelices eingelagert (Abb. 4.28). Abb. 4.29, a gibt eine solche Doppelhelix wieder.

Diese Doppelhelix kann je nach den herrschenden Bedingungen in verschiedene andere helicale Konformationen übergehen. In Gegenwart von KOH ist z. B. eine gestrecktere Helix mit 6 Glucoseresten pro Umdrehung (Abb. 4.29, b), in Gegenwart von KBr eine noch stärker gestreckte Helix mit 4 Resten pro Umdrehung (Abb. 4.29, c) stabil. In Gegenwart von kleinen Molekülen, die Einschlußverbindungen bilden, wird die oben erwähnte, als V-Stärke bezeichnete Konformation stabilisiert (Abb. 4.29, d), die ebenfalls 6 Glucosereste pro Umdrehung enthält. Die Stabilisierung erfolgt u. a. durch H-Brücken zwischen O-2 und O-3 von in der Kette benachbarten Resten sowie zwischen O-2 und O-6 von Resten i und i + 6, die auf der Helixoberfläche benachbart sind. Viele Moleküle, z. B. Jod, Monoglyceride, Phenole, Arylhalogenide, n-Butanol, t-Butanol, Cyclohexan, sind zur Bildung von Einschlußverbindungen mit Amylose befähigt. Der Helixdurchmesser kann sich in gewissem Umfang an das eingeschlossene Molekül anpassen und liegt im Bereich von 13,7 Å bis 16,2 Å. Während der Jodstärkekomplex und der Komplex mit n-Butanol die beschriebene V-Konformation mit 6 Glucoseresten/Umdrehung haben, liegt im Komplex mit t-Butanol eine Helix mit 7 Glucoseresten/Umdrehung vor (Abb. 4.29, e). Offensichtlich ist eine Aufweitung der Helix bis zu 8 Resten/Umdrehung möglich, z. B. in Gegenwart von α-Naphthol (Abb. 4.29, f). Da das Innere der Helix hydrophob ist, müssen die eingeschlossenen Moleküle ebenfalls ausreichend lipophil sein. Die eingeschlossenen Moleküle tragen wesentlich zur Stabilität einer bestimmten Konformation bei. So ist z. B. bekannt, daß die V-Konfor-

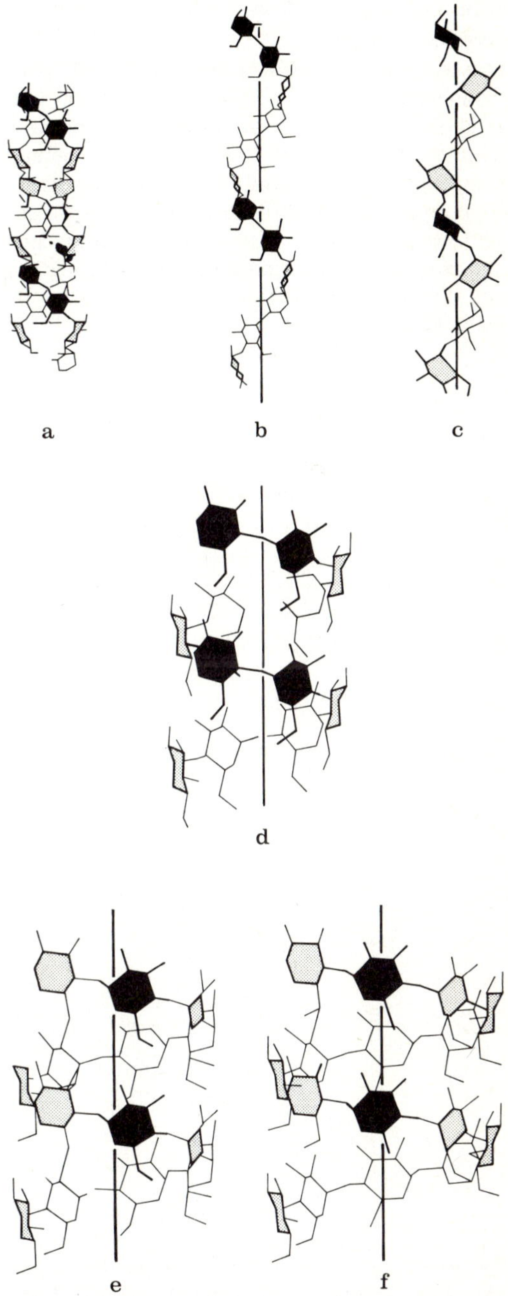

Abb. 4.29. Konformationen von Amylose (Erklärung s. Text). (Nach *Rees*, 1977)

mation nach Entfernung der eingeschlossenen Verbindung in feuchter Atmosphäre langsam in die gestrecktere B-Konformation übergeht. Dieser Übergang tritt auch bei der Alterung von Brot und anderem Gebäck auf. Während frisch gebackenes Brot das V-Spektrum verkleisterter Stärke zeigt, ist für altbackenes Brot das B-Spektrum retrogradierter Stärke typisch. Abb. 4.30 zeigt die beiden Konformationen in Zylinderprojektion. Während bei V-Amylose, wie bereits ausgeführt, O-2 der Reste i und O-6 der Reste i + 6 direkt über H-Brücken in Kontakt treten, sind bei B-Amylose Wassermoleküle eingeschoben, so daß der Fortgang in Achsrichtung (h) von 0,8 nm bei der V-Helix auf 1 nm bei der B-Helix vergrößert wird.

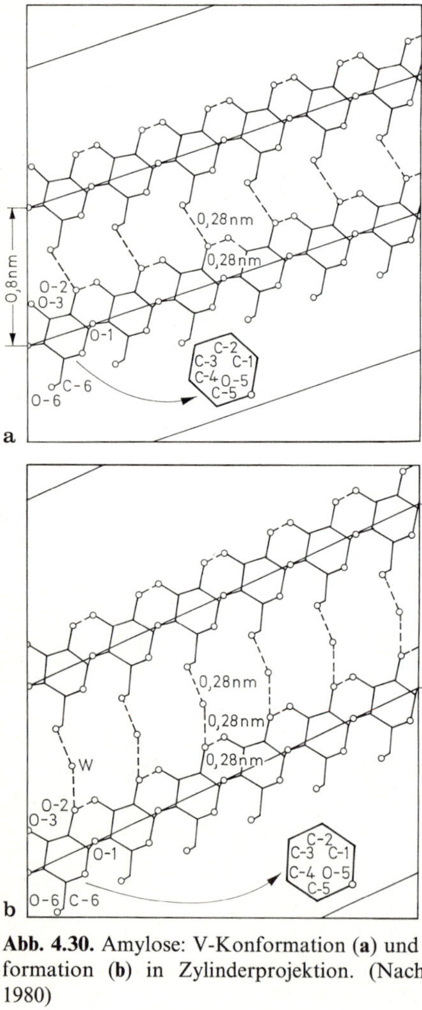

Abb. 4.30. Amylose: V-Konformation (**a**) und B-Konformation (**b**) in Zylinderprojektion. (Nach *Ebert*, 1980)

Getreidestärken werden durch eingeschlossene Lipide stabilisiert, so daß sie schlecht quellen. In Gegenwart von Alkoholen (Ethanol, Amylalkohol, tert. Amylalkohol) ist die Quellung verbessert. Offensichtlich verdrängen diese Alkohole die eingeschlossenen Lipide.

Wie bereits angedeutet, können die drei Hauptmodifikationen (A, B, V) unter geeigneten Bedingungen ineinander überführt werden. Kartoffelstärke geht z.B. beim Erhitzen in feuchtem Zustand von der B-Form in die A-Form über. Verseifung von Fasern aus Amylosetriacetat mit methanolischer KOH, Extraktion der Alkali-Amylose mit absolutem Methanol und anschließendes Einweichen in 75%igem Ethanol ergibt V-Stärke. Beim Stehen an feuchter Luft (80% relative Feuchtigkeit) gibt Alkali-Amylose nach einigen Tagen A-Stärke, beim Behandeln mit kochendem Wasser B-Stärke. Zur Bildung von Einschlußverbindungen ist nur die V-Form befähigt.

4.4.4.14.3 Struktur und Eigenschaften von Amylopektin

Amylopektin ist ein verzweigtes Glucan mit folgender Struktur:

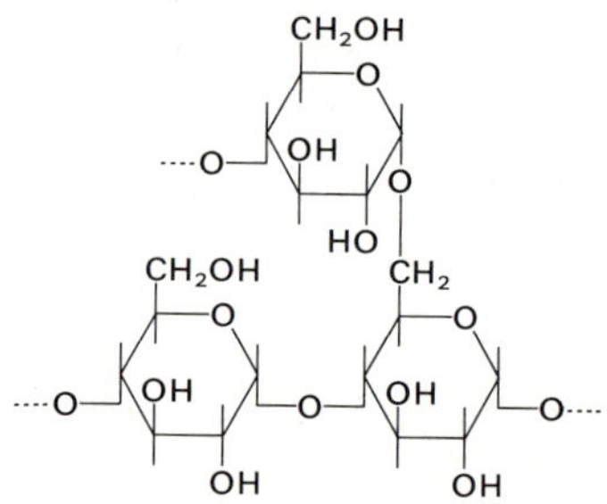

(4.110)

Im Durchschnitt kommt auf 15–30 Glucosereste ein Verzweigungspunkt, doch ist die Verteilung der Verzweigungen unregelmäßig. Die vorgeschlagenen Strukturmodelle (Abb. 4.31) nehmen an, daß auch bei Amylopektin Doppelhelices vorliegen, die parallel angeordnet sind. Offensichtlich geht der Hauptanteil kristalliner Strukturen im Stärkekorn auf Amylopektin zurück. Das folgt u.a. daraus, daß Wachsmaisstärke die gleiche Kristallinität hat wie normale Maisstärke und daß bei der Verkleisterung der Stärkekörner Amylose in Lösung geht, während Amylopektin ungelöst zurückbleibt.

Das Molekulargewicht von Amylopektin ist sehr hoch und liegt im Bereich von 10^7 bis 20×10^7.

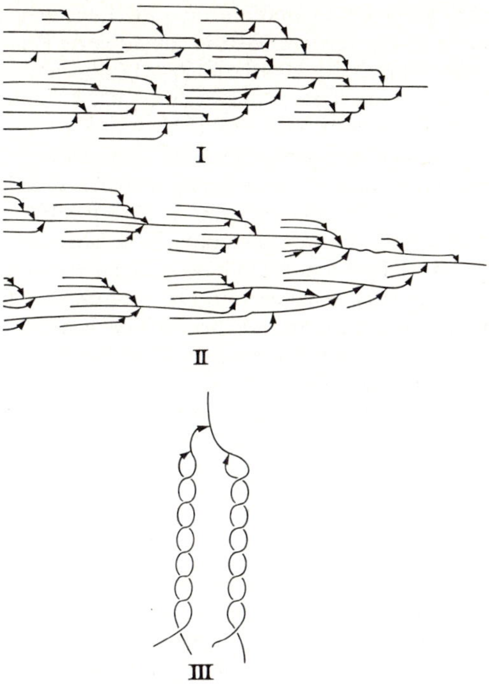

Abb. 4.31. Strukturmodelle (I, II) für Amylopektin mit parallelen Doppelhelices. III ist ein vergrößerter Ausschnitt von I bzw. II. (Nach *Banks* und *Muir,* 1980)

Auf ca. 400 Glucosereste kommt ein Phosphatrest.
Die Anordnung der Amylopektinmoleküle im Stärkekorn zeigt Abb. 4.32.
Über den enzymatischen Abbau gilt das bei Amylose Gesagte. β-Amylase baut bis zu den Verzweigungspunkten ab unter Zurücklassung von Bruchstücken, die als Grenzdextrine bezeichnet werden.
Amylopektin gibt beim Erhitzen in Wasser klare, hochviskose Lösungen, die fadenziehend und kohäsiv sind. Im Gegensatz zu Amylose ist eine Neigung zur Retrogradation kaum vorhanden, es erfolgt keine Alterung und keine Gelbildung, es sei denn, die Konzentration ist sehr hoch. Die Viskosität fällt aber leicht ab im sauren Milieu, beim Autoklavieren und bei starker mechanischer Scherbeanspruchung.

4.4.4.14.4 Anwendung

Stärke ist ein wichtiges Dickungs- und Bindemittel, z. B. bei Puddings, Suppen, Soßen, Kindernährmitteln, Backwaren, Mayonnaisen.

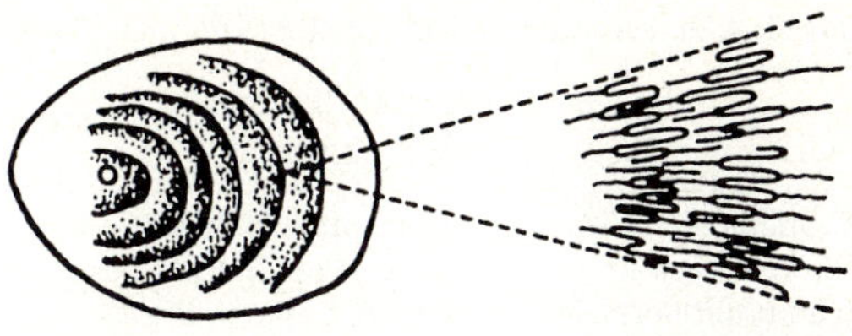

Abb. 4.32. Anordnung von Amylopektinmolekülen im Stärkekorn

Amylose eignet sich für Schutzüberzüge bei Früchten (Datteln, Feigen), Trockenfrüchten und kandierten Früchten, die ein Zusammenkleben verhindern. Eine entsprechende Behandlung von Pommes frites setzt die Oxidationsanfälligkeit herab. Das gute Gelbildungsvermögen von dispergierbarer Amylose macht sie für Instantpuddings und Instantsoßen geeignet. Amylosefilme können zur Verpackung von Lebensmitteln, z. B. von Instantprodukten aus Kaffee, Tee, eingesetzt werden.
Amylopektin wird in großem Umfang als Dikkungsmittel, Stabilisator und Adhäsiv eingesetzt. Tab. 4.20 gibt einen Überblick.

4.4.4.15 Modifizierte Stärken

Die Eigenschaften von Stärke und von Stärkefraktionen (Amylose, Amylopektin) lassen sich durch physikalische oder chemische Modifizierung verbessern und bestimmten Verwendungszwecken anpassen.

4.4.4.15.1 Quellstärke

Durch Erhitzen von Stärkesuspensionen und anschließendes Trocknen erhält man Produkte, die in kaltem Wasser löslich sind und Gele bilden. Sie werden bei Instanterzeugnissen, z. B. bei Pudding, und als Backhilfsmittel verwendet (cf. Tab. 4.20).

4.4.4.15.2 Dünnkochende Stärke

Durch partielle Säurehydrolyse von Stärke erhält man Produkte, die in kaltem Wasser wenig, in kochendem Wasser aber gut löslich sind. Die Lösungen haben eine geringere Viskosität als die Ausgangsstärken und bleiben auch beim Abkühlen dünnflüssig. Die Neigung zur Retrogradation ist gering. Verwendet werden dünnkochende Stärken als Dickungsmittel und als Schutzfilme (cf. Tab. 4.20).

Tabelle 4.20. Verwendung von Amylopektin und seinen Derivaten

Stärke	Verwendung
Unmodifizierte Wachsstärken (auch im Verschnitt mit normalen Stärken oder Mehlen)	Salatsoßen, Sterilkonserven und Gefrierkonserven, Suppen, Bratensoßen, gepuffte Cerealien, Snack Foods
Vorverkleisterte Wachsstärken oder isoliertes Amylopektin	Backwaren, Pastetenfüllungen, sterilisiertes Brot, Salatsoßen, Puddingmischungen
Dünnkochende Wachsstärken	Schutzfilme für Lebensmittel
Quervernetzte Wachsstärken	Pastetenfüllungen, weiße und braune Soßen, Bratensoßen, Steril- und Gefrierkonserven, Puddings, Salatsoßen, Suppen, Aufstrichmassen für Sandwiches, Kindernahrung
Hydroxypropylether von Wachsstärken	Steril- und Gefrierkonserven
Carboxymethylether von Wachsstärken	Stabilisator für Emulsionen
Essigsäureester von Wachsstärken	Steril- und Gefrierkonserven, Kindernahrung
Bernsteinsäure- und Adipinsäureester von Wachsstärken	Steril- und Gefrierkonserven, Einkapselung von Aromen
Schwefelsäureester von Wachsstärken	Dickungsmittel, Stabilisator für Emulsionen, Behandlung von Magengeschwüren (Pepsininhibitor)

4.4.4.15.3 Stärkeether

Die Umsetzung von 30–40%igen Stärkesuspensionen mit Ethylenoxid oder Propylenoxid in Gegenwart von Alkali- oder Erdalkalihydroxiden (pH 11–13) führt zu Hydroxyethyl- bzw. Hydroxypropylderivaten (R^1 = H, CH_3):

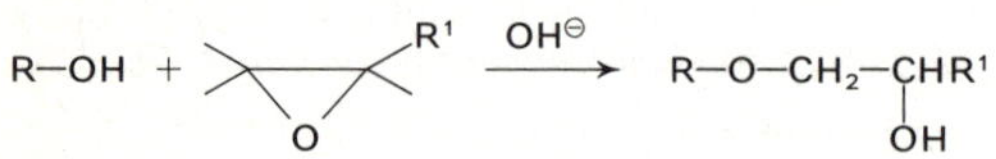

(4.111)

Zu den gleichen Derivaten kommt man auch durch Umsetzung mit den entsprechenden Chlorhydrinen. Der Substitutionsgrad kann durch geeignete Prozeßführung in weiten Grenzen gesteuert werden. Niedrig substituierte Produkte enthalten bis zu 0,1 mol Alkylgruppen pro Mol Glucose, höher substituierte 0,8–1 mol. Durch die Einführung von Hydroxyalkylgruppen, vielfach in Kombination mit einer geringen Quervernetzung (s. unten), werden das Quellungsvermögen und die Löslichkeit stark verbessert, die Verkleisterungstemperatur herabgesetzt und die Gefrier-Tau-Stabilität der hochviskosen Lösungen wesentlich erhöht. Die Produkte sind deshalb als Dickungsmittel bei Gefrierlebensmitteln und bei hitzesterilisierten Konserven sehr gut geeignet (cf. Tab. 4.20).

Die Umsetzung von Stärke mit Chloressigsäure im alkalischen Milieu führt zu Carboxymethylstärken:

$$R{-}OH + ClCH_2COO^{\ominus} \xrightarrow{OH^{\ominus}} R{-}O{-}CH_2{-}COO^{\ominus} \qquad (4.112)$$

Die Produkte quellen sofort in kaltem Wasser und in Ethanol. 1–3%ige Dispersionen haben salbenartige, 3–4%ige Dispersionen gelartige Konsistenz. Die Produkte sind als Dickungsmittel und Gelbildner interessant.

4.4.4.15.4 Stärkeester

Stärkemonophosphate werden u. a. durch trockenes Erhitzen von Stärke mit Alkaliorthophosphaten oder Alkalitripolyphosphaten auf 120–175 °C erhalten:

$$R{-}OH \xrightarrow[POCl_3/\text{Alkaliphosphate}]{OH^{\ominus}} R{-}OPO_3H^{\ominus} \qquad (4.113)$$

Entsprechend werden Ester der Stärke mit organischen Säuren, z. B. mit Essigsäure und höheren Fettsäuren (C_6–C_{26}), sowie mit Bernsteinsäure, Adipinsäure und Citronensäure durch Umsetzung mit geeigneten aktivierten Derivaten der Säuren, z. B. mit Vinylacetat, oder auch durch Erhitzen von Stärke mit den Säuren bzw. ihren Salzen erhalten. Das Dickungsvermögen von Stärkeestern ist besser als das von nativer Stärke. Die Derivate besitzen auch eine gute Gefrier-Tau-Stabilität. Sie werden als Dickungsmittel und Stabilisatoren eingesetzt, z. B. bei Backwaren, Trockensuppen und -soßen, Puddings, Gefrierlebensmitteln, hitzesterilisierten Konserven, Margarine. Sie sind auch für Schutzüberzüge z. B. bei Trockenfrüchten oder zum Einkapseln von Aromen gut geeignet (cf. Tab. 4.20).

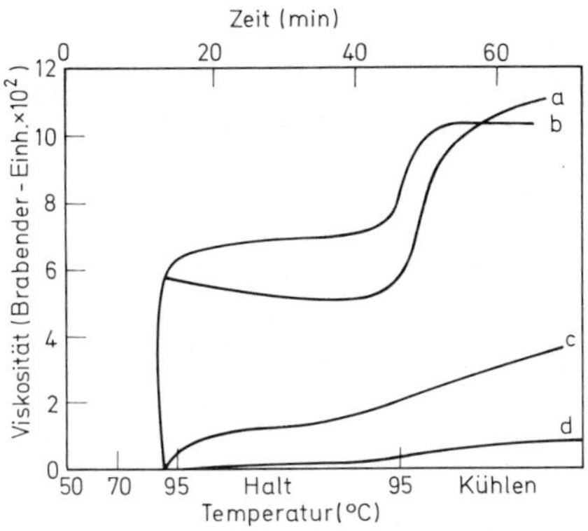

Abb. 4.33. Viskosität von Maisstärke in Abhängigkeit vom Vernetzungsgrad. Meßgerät: *Brabender* Amylograph, a: Kontrolle; Vernetzung mit b: 0,05%, c: 0,10%, d: 0,15% Epichlorhydrin. (Nach *Pigman*, 1970)

4.4.4.15.5 Vernetzte Stärke

Die Umsetzung von Stärke mit bi- oder polyfunktionellen Reagenzien, z. B. mit Trinatriummetaphosphat, Phosphoroxychlorid, Epichlorhydrin oder gemischten Anhydriden aus Essigsäure und Dicarbonsäuren wie Adipinsäure, führt zu vernetzten Produkten (Stärke: R—OH):

$$2\,R{-}OH + R^1CO{-}O{-}CO{-}(CH_2)_n{-}CO{-}O{-}COR^1 \longrightarrow R{-}O{-}CO{-}(CH_2)_n{-}CO{-}O{-}R \quad (4.114)$$

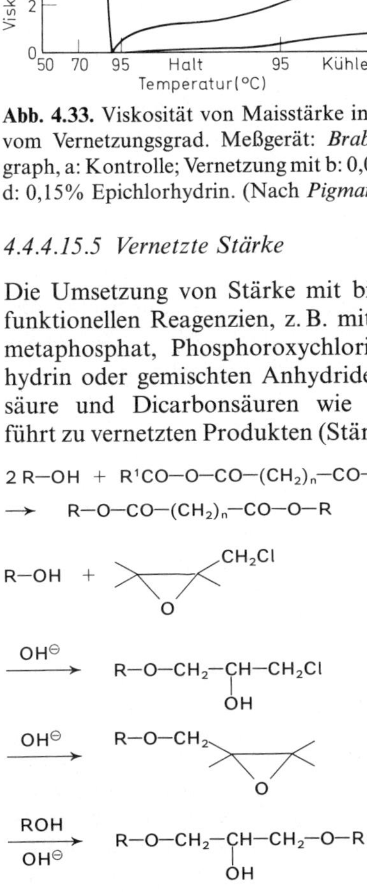

(4.115)

$$2\,R{-}OH \xrightarrow{(NaPO_3)_3} R{-}O{-}\underset{O^{\ominus}}{\overset{O}{\overset{\|}{P}}}{-}O{-}R \quad (4.116)$$

Je nach Vernetzungsgrad werden die Verkleisterungstemperatur mehr oder weniger stark herauf- und das Quellungsvermögen herabgesetzt (Abb. 4.33). Die Stabilität gegen Scherbeanspruchung und extremere pH-Werte wird vergrößert. Vernetzte Stärken werden überall dort eingesetzt, wo es auf große Stabilität ankommt.

4.4.4.15.6 Oxidierte Stärke

Die Umsetzung von Stärke mit alkalischer Hypochloritlösung bei Temperaturen unter dem Verkleisterungspunkt führt unter Hydrolyse und Oxidation zu Produkten mit Carboxylgruppen, wobei im Durchschnitt eine Carboxylgruppe auf 25–50 Glucosereste kommt:

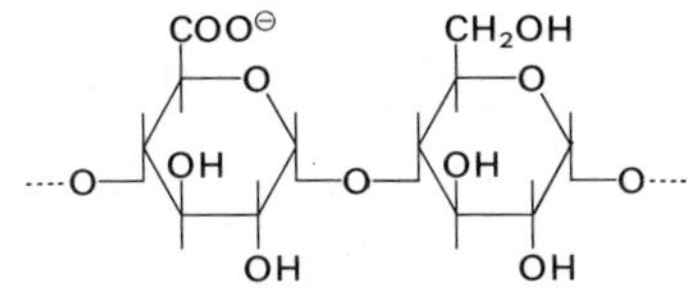

(4.117)

Sie werden als Füllmaterial niedriger Viskosität z. B. bei Salatsoßen und Mayonnaisen eingesetzt. Im Gegensatz zu den dünnkochenden Stärken zeigen oxidierte Stärken keine Retrogradation und keine Gelbildung.

4.4.4.16 Cellulose

4.4.4.16.1 Vorkommen, Gewinnung

Cellulose ist der Hauptbestandteil pflanzlicher Zellwände und kommt zusammen mit Hemicellulosen, Pektin und Lignin vor. Sie wird durch körpereigene Enzyme des menschlichen Intestinaltrakts nicht angegriffen und bildet mit den anderen genannten inerten Polysacchariden zusammen den als Rohfaser bezeichneten Ballaststoffanteil von Lebensmitteln pflanzlicher Herkunft (Gemüse, Obst, Getreide), der Bedeutung für die Anregung der Darmperistaltik haben soll.

4.4.4.16.2 Struktur, Eigenschaften

Cellulose besteht aus β-Glucopyranoseresten, die über (1 → 4)-Bindungen verknüpft sind (s. Formel 4.118).

Sie kristallisiert monoklin, wobei die in Faserrichtung angeordneten Ketten die b-Achse der Elementarzelle bilden (Abb. 4.34). Die Ketten sind wahrscheinlich etwas gefaltet, so daß sich intramolekulare H-Brücken zwischen O-4 und O-6 sowie zwischen O-3 und O-5 bilden können (s. Formel 4.119).

In Richtung der a-Achse liegen intermolekulare Wasserstoffbrücken vor, in Richtung der c-Achse hydrophobe Wechselwirkungen. Der Anteil kristalliner Abschnitte beträgt bei nativer Cellulose im Durchschnitt 60%. Sie werden durch amor-

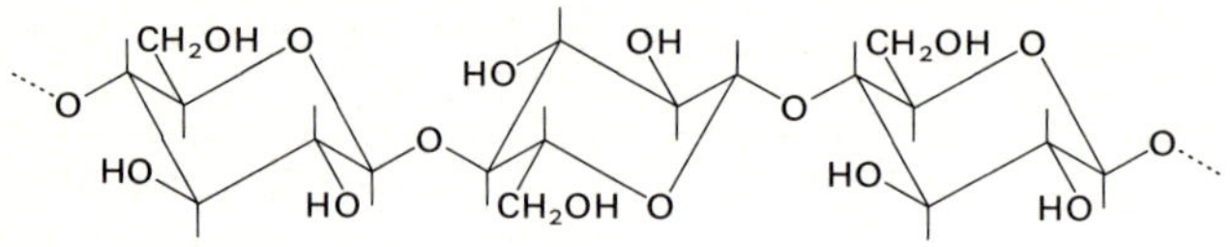

(4.118)

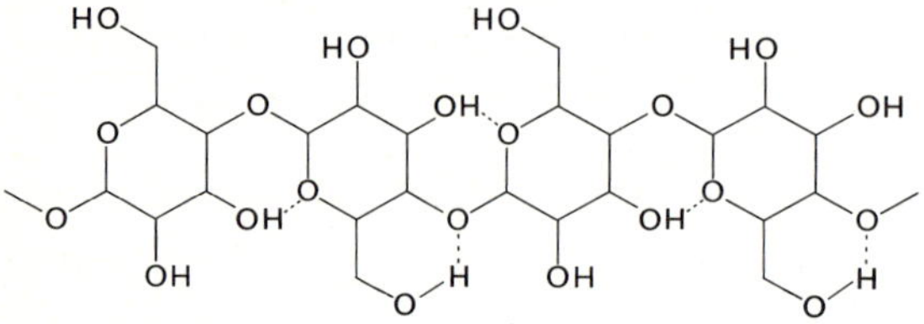

(4.119)

phe Abschnitte unterbrochen, in denen offensichtlich auch säure- und alkalilabile Bindungen liegen, deren Hydrolyse mikrokristalline Cellulose liefert. Es handelt sich dabei um partiell depolymerisierte Cellulose, die ebenso wie das Ausgangsmaterial unlöslich ist, aber bei Molekulargewichten von 30–50000 keine Faserstruktur mehr besitzt.
Cellulose ist sehr hochmolekular. Je nach Herkunft werden Polymerisationsgrade von 1000 bis 14000 angegeben. Auf Grund des hohen Molekulargewichts und der hochgeordneten Struktur ist Cellulose in Wasser unlöslich. Auch ihr Quellungsvermögen, das in Abhängigkeit von der Herkunft schwankt, ist gering.

4.4.4.16.3 Anwendung

Mikrokristalline Cellulose wird u. a. bei kalorienverminderten Lebensmitteln, bei Salatsoßen, Desserts und Eiscremes verwendet. Die Hydratisierbarkeit und die Dispergierbarkeit der mikrokristallinen Cellulose werden durch kleine Mengen Carboxymethylcellulose wesentlich verbessert.

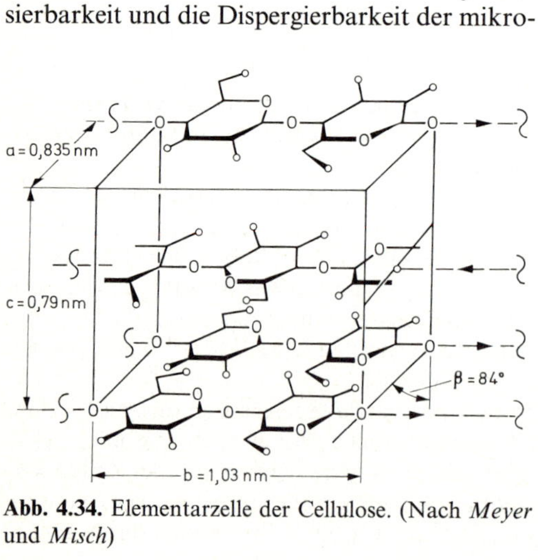

Abb. 4.34. Elementarzelle der Cellulose. (Nach *Meyer* und *Misch*)

4.4.4.17 Cellulosederivate

Die völlig inerte Cellulose kann durch Alkylierung in eine Reihe von Derivaten überführt werden, die gut quellbar bzw. löslich sind und die viele Anwendungsgebiete haben.

4.4.4.17.1 Alkylcellulosen, Hydroxyalkylcellulosen

Durch Umsetzung von Cellulose mit Alkali und Methylchlorid bzw. Propylenoxid werden Methylgruppen bzw. Hydroxypropylgruppen eingeführt, wobei der Substitutionsgrad von den Reaktionsbedingungen abhängt (s. Formel 4.120). Es werden auch gemischt-substituierte Produkte hergestellt, z. B. Methylhydroxypropylcellulose und Methylethylcellulose. Die Substituenten bewirken eine Störung der regelmäßigen Packung der Celluloseketten und erleichtern damit eine Solvatisierung. Je nach Art der Substituenten und je nach Substitutionsgrad werden unterschiedlich gut quellbare bzw. wasserlösliche Produkte erhalten. Charakteristisch für Methylcellulosen und Methylhydroxypropylcellulosen ist, daß die Viskosität der Lösungen zunächst mit steigender Temperatur in der üblichen Weise abfällt, daß dann aber bei einer vom Substituenten und Substitutionsgrad abhängigen Temperatur reversible Gelbildung auftritt. In Abb. 4.35 ist die Abhängigkeit der Geliertemperatur von der Art der Substitution und von der Konzentration an einigen Beispielen wiedergegeben. Hydroxyalkylsubstituenten stabilisieren die Hydrathülle um das Makromolekül und setzen deshalb die

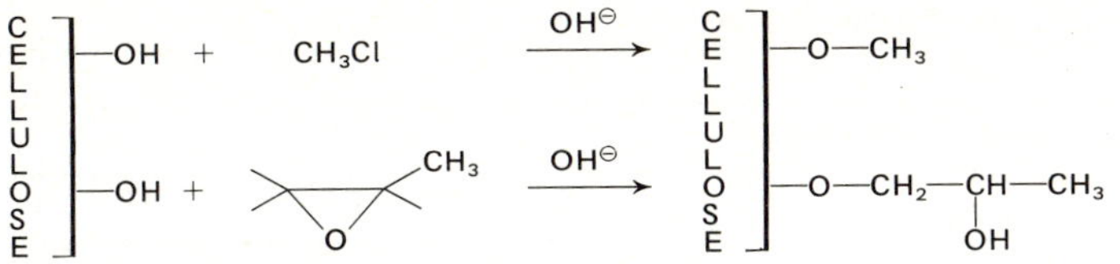

(4.120)

Geliertemperatur herauf. Durch Änderung des Verhältnisses von Methyl- zu Hydroxypropylgruppen kann die Geliertemperatur in weiten Grenzen variiert werden.

Die genannten Eigenschaften führen zu einer Reihe von interessanten Anwendungen (Tab. 4.21). Bei Backwaren aus glutenarmen oder glutenfreien Mehlen (Reis, Mais, Roggen) reduzieren Methyl- und Methylhydroxypropylcellulosen die Krümeligkeit, erlauben die Einarbeitung größerer Wassermengen in den Teig und verbessern damit die Quellung der Stärke beim Backprozeß. Da verschieden substituierte Cellulosen sehr variierende Gelierpunkte haben, kann für jeden Zweck das geeignetste Produkt angewendet werden. Zusatz zu Paniermassen setzt die Fettaufnahme beim Braten herab, Zusatz bei der Herstellung von Trockenprodukten aus Obst und Gemüse verbessert die Rehydratisierbarkeit und die Konsistenz des rehydratisierten Produktes.

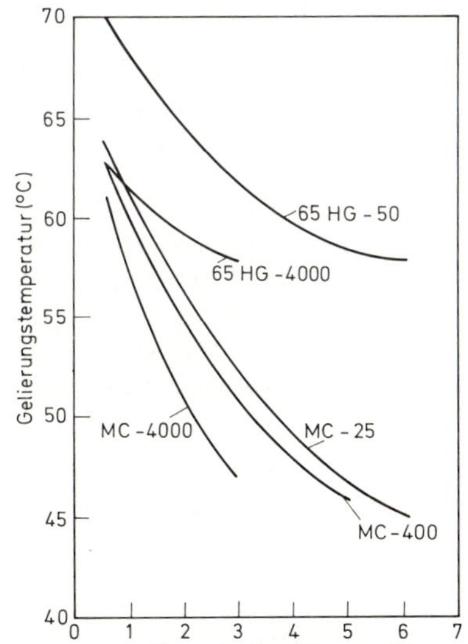

Abb. 4.35. Gelierverhalten von Alkylcellulosen. MC: Methylcellulosen, HG: Hydroxypropylmethylcellulosen, Hydroxypropylgehalt ca. 6,5%; die Zahlen hinter den Bezeichnungen geben die Viskosität (cps) in 2%iger Lösung an. (Nach *Balser*, 1975)

Empfindliche Lebensmittel können durch Schutzfilme aus Alkylcellulosen vor unerwünschten Veränderungen bewahrt werden. Schließlich können die genannten Cellulosederivate als Dikkungsmittel eingesetzt werden, insbesonders bei diätetischen Lebensmitteln. Hydroxypropylcellulose ist ein wirksamer Stabilisator für Emulsionen und Methylethylcellulose läßt sich zu stabilen Schäumen aufschlagen.

4.4.4.17.2 Carboxymethylcellulose

Umsetzung von Cellulose mit Alkali und Chloressigsäure führt zu Carboxymethylcellulose. Die Eigenschaften hängen vom Substitutionsgrad (0,3–0,9) und vom Polymerisationsgrad (500–2000) ab. Niedrig substituierte Typen ($\leq 0{,}3$) sind unlöslich in Wasser, aber löslich in Alkali, während höher substituierte Typen ($> 0{,}4$) wasserlöslich sind. Löslichkeit und Viskosität sind pH-abhängig.

Carboxymethylcellulose ist ein inertes Binde- und Dickungsmittel, das zur Konsistenzverbesserung bei vielen Lebensmitteln, z. B. bei Gelees, Pastetenfüllungen, Streich- und Schmelzkäsen, Salatsoßen und Tortenbelägen eingesetzt wird (Tab. 4.21). Bei Eiscreme wird die Eiskristallbildung zurückgedrängt und dadurch eine weiche Konsistenz stabilisiert, bei Zuckerwaren wird eine unerwünschte Zuckerkristallisation, bei Backwaren die Retrogradation der Stärke und damit das Altbackenwerden verzögert. Bei Trokkenprodukten erhöhen Zusätze von Carboxymethylcellulose die Stabilität und verbessern die Rehydratisierbarkeit.

4.4.4.18 Hemicellulosen

Unter dem Begriff „Hemicellulosen" werden Substanzen zusammengefaßt, die innerhalb der Zellwände von Pflanzen die Räume zwischen den Cellulosefibrillen ausfüllen. Untersuchungen u. a. von Äpfeln, Kartoffeln und Bohnen zeigen, daß Xyloglucane in der Klasse der *Dicotyledoneae* dominieren; einen Ausschnitt aus der Struk-

Tabelle 4.21. Anwendung von Cellulosederivaten (Menge: 0,01–0,8%)

Lebensmittel	Cellulosederivat[a]			Wirkung								
	1	2	3	A[b]	B	C	D	E	F	G	H	I
Backwaren	+		+		+		+		+			
Kartoffelprodukte	+	+			+		+					+
Fleisch, Fisch	+		+	+		+						+
Mayonnaise, Soßen	+		+	+	+			+				
Fruchtpasteten, Gelees	+			+	+	+						
Fruchtsaft	+			+								
Brauerei	+	+								+	+	
Wein	+	+								+	+	
Eiscreme, Baiser	+			+	+			+				
Diätetik	+	+	+		+							

[a] 1: Carboxymethylcellulose, Na-Salz; 2: Methylcellulose; 3: Hydroxypropylmethylcellulose.
[b] A: Verdickung; B: Wasserbindung; C: Gelieren kalt; D: Gelieren heiß; E: Emulgieren; F: Suspendieren; G: Oberflächenaktivität; H: Adsorption; I: Filmbildung.

tur eines Xyloglucans aus einer Bohnensorte *(„runner beans“)* zeigt Formel 4.121.
In der Klasse der *Monocotyledoneae* ist die Zusammensetzung der Hemicellulosen des Endospermgewebes sehr unterschiedlich, z. B. enthalten Weizen und Roggen überwiegend Arabinoxylane (Pentosane, cf. 15.2.3.2.1), während in der Gerste und im Hafer β-Glucane (cf. 15.2.3.2.2) vorherrschend sind.

4.4.4.19 Xanthan

4.4.4.19.1 Vorkommen, Gewinnung

Xanthan wird von *Xanthomonas campestris* und einigen verwandten Mikroorganismen in Medien produziert, die neben Glucose und NH_4Cl ein Aminosäuregemisch sowie Mineralstoffe enthalten. Das Polysaccharid wird aus dem Medium durch Fällung mit Isopropanol in Gegenwart von KCl abgeschieden.

4.4.4.19.2 Struktur, Eigenschaften

Xanthan kann als Cellulosederivat aufgefaßt werden. Die Hauptkette besteht aus 1,4-verknüpften β-Glucopyranoseresten. Im Durchschnitt trägt jeder zweite Glucoserest in der 3-Position ein Trisaccharid der Struktur β-D-Man*p*-(1 → 4)-β-D-Glc*p*A(1 → 2)-α-D-Man*p* als Seitenkette. Die an die Hauptkette gebundene Mannose ist in der 6-Position acetyliert, und ca. 50% der endständigen Mannosereste liegen ketalisiert mit Pyruvat als 4,6-O-(1-Carboxyethyliden)-D-mannopyranose vor (cf. Formel 4.122). Das Molekulargewicht ist $M_r > 10^6$. Xanthan ist in Wasser gut löslich. Die hochviskosen Lösungen zeigen pseudoplastisches Verhalten (Abb. 4.36). Die Viskosität ist weitgehend temperatur-

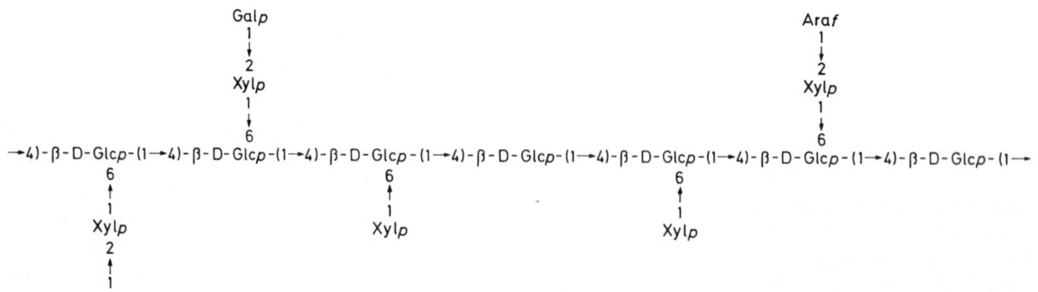

(4.121)

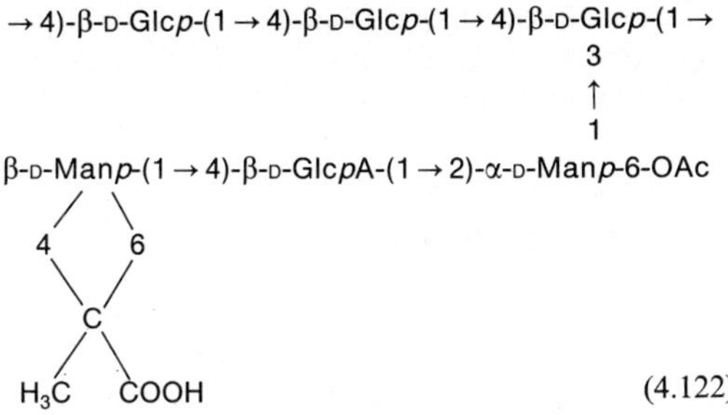

(4.122)

unabhängig. Lösungen, Emulsionen und Gele besitzen in Gegenwart von Xanthan eine hohe Gefrier-Tau-Stabilität.

4.4.4.19.3 Anwendung

Xanthan ist sowohl zur Trubstabilisierung als auch zur Stabilisierung von Emulsionen ätherischer Öle in Getränken geeignet. Wegen seiner großen thermischen Stabilität ist es ein brauchbares Dickungsmittel für Konserven. Bei Stärkegelen erhöhen Zusätze von Xanthan die Gefrier-Tau-Stabilität beträchtlich. Für Instant-Puddings kann die Eigenschaft von Xanthan ausgenutzt werden, im Gemisch mit Johannisbrotkernmehl, Tetranatriumpyrophosphat und Milch Gele zu bilden. Die pseudoplastischen Eigenschaften können bei Salatsoßen von Interesse sein: Die hohe Viskosität im Ruhezustand bedingt eine große Stabilität und der Viskositätsabfall bei Scherbeanspruchung bedingt leichtes Fließen.

4.4.4.20 Scleroglucan

4.4.4.20.1 Vorkommen, Gewinnung

Sclerotium species, z. B. *S. glucanicum* produzieren Scleroglucan in Medien, die Glucose, Nitrat als N-Quelle und Mineralsalze enthalten. Das Polysaccharid wird aus dem Filtrat eines Homogenats mit Alkohol gefällt.

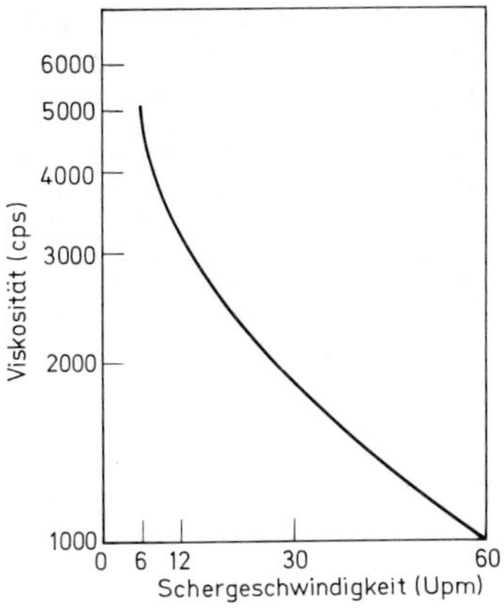

Abb. 4.36. Viskosität einer wäßrigen Xanthanlösung in Abhängigkeit von der Schergeschwindigkeit (Viskosimeter: *Brookfield* Model LVF). (Nach *Whistler*, 1973)

4.4.4.20.2 Struktur, Eigenschaften

Scleroglucan ist ein β-1,3-Glucan, das im Durchschnitt an jedem dritten Zucker einen Glucoserest als Seitenkette trägt (s. Formel 4.123).
Das Polysaccharid hat Molekulargewichte im Bereich von 130000 und ist gut löslich in Wasser. Die Lösungen haben hohe Viskosität und zeigen pseudoplastisches Verhalten.

4.4.4.20.3 Anwendung

Scleroglucan kommt im Lebensmittelbereich als Dickungsmittel und auf Grund seiner guten filmbildenden Eigenschaften beim Trocknen für Schutzüberzüge in Frage.

4.4.4.21 Dextran

4.4.4.21.1 Vorkommen

Leuconostoc mesenteroides, Streptobacterium dextranicum, Streptococcus mutans und einige andere Bakterien produzieren extracellulär Dex-

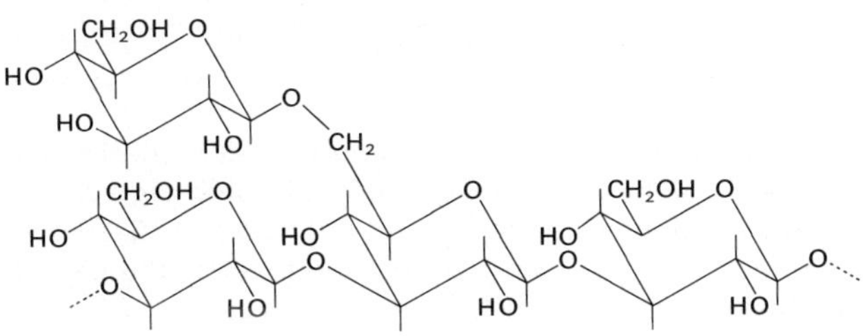

(4.123)

tran aus Saccharose mit Hilfe von α-1,6-Glucan: D-Fructose-2-Glucosyl-Transferase (Dextransucrase, EC 2.4.1.5). Dextran ist ein β-1,6-Glucan (Molekulargewicht $M_r = 4–5 \times 10^7$) mit einigen Glucoseseitenketten, die vorwiegend über 1,3-, zum Teil aber auch über 1,4- bzw. 1,2-Bindungen mit der Hauptkette verknüpft sind:

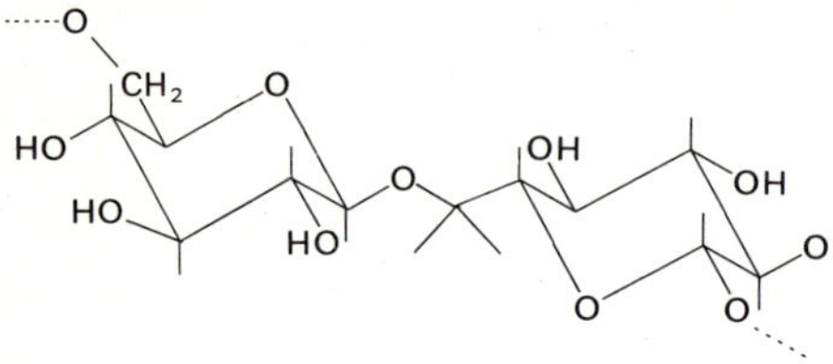

(4.124)

Im Durchschnitt befinden sich 95% der Glucosereste in der Hauptkette. Dextran ist in Wasser gut löslich.

4.4.4.21.3 Anwendung

Dextran wird vorwiegend in der Medizin als Blutersatzmittel verwendet. Im Lebensmittelbereich kommt es als Verdickungsmittel und Stabilisator, z. B. bei Backwaren, Süßwaren, Getränken und Speiseeis in Frage.

4.4.4.22 Polyvinylpyrrolidon (PVP)

4.4.4.22.1 Struktur, Eigenschaften

Die Verbindung wird wie ein Polysaccharid eingesetzt und soll deshalb hier behandelt werden. Das Molekulargewicht von PVP liegt im Bereich von 10000–360000. Es ist in Wasser und in organischen Lösungsmitteln gut löslich. Die Viskosität der Lösung hängt vom Molekulargewicht ab.

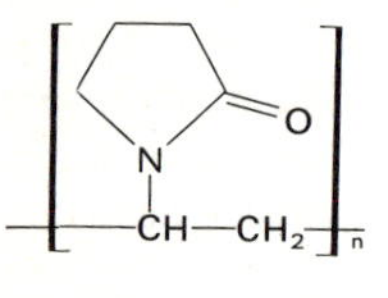

(4.125)

4.4.4.22.2 Anwendung

Mit phenolischen Verbindungen bildet PVP unlösliche Komplexe und wird deshalb als Klärmittel bei Getränken (Bier, Wein, Fruchtsäfte) eingesetzt. Weiterhin dient es als Binde- und Verdickungsmittel, sowie als Stabilisator, z. B. von Vitaminen. Seine Neigung zur Filmbildung macht es für Schutzüberzüge geeignet (Verbesserung der Löslichkeit und Aromafixierung bei Kaffee- und Teepulvern).

4.4.5 Enzymatischer Abbau von Polysacchariden

Enzyme, die Polysaccharide spalten, sind bei pflanzlichen Lebensmitteln von Interesse. Beispiele sind Vorgänge bei der Reifung von Obst (cf. 18.1.3.3.2), die Verarbeitung von Mehl zu Gebäck (cf. 15.2.2.1) und der Abbau von Getreide zur Vorbereitung einer alkoholischen Gärung (cf. 20.1.4). Außerdem werden solche Enzyme in der Lebensmitteltechnik (cf. 2.8.2.2) und in der Kohlenhydratanalytik (cf. Tab. 2.13 u. 4.4.6) eingesetzt. Die folgenden Hydrolasen sind von besonderer Bedeutung.

4.4.5.1 Amylasen

Amylasen hydrolysieren die Polysaccharide der Stärke.

4.4.5.1.1 α-Amylase

α-Amylase hydrolysiert Stärke, Glykogen und andere 1,4-α-Glucane. Der Angriff erfolgt im Innern des Moleküls, d. h., das Enzym ist den Endopeptidasen vergleichbar. Aus Amylose werden Oligosaccharide von 6–7 Glucoseeinheiten freigesetzt. Offensichtlich greift das Enzym an der Amylose-Helix (cf. 4.4.4.14.2) an und hydrolysiert „benachbarte", um eine Windung entfernte Glykosidbindungen. Amylopektin wird wahllos gespalten; die Verzweigungsstellen (cf. 4.4.4.14.3) werden übersprungen. $Ca^{2\oplus}$-Ionen aktivieren die α-Amylase (cf. 2.3.3.1 u. 2.8.2.2.2).

Die Viskosität einer Stärkelösung nimmt bei der Hydrolyse durch α-Amylase rasch ab („Stärkeverflüssigung") und die Jodfärbung verschwindet. Die zunächst entstehenden Dextrine werden bei längerer Inkubation weiter abgebaut, reduzierende Zucker treten auf und schließlich entsteht α-Maltose. Die Aktivität des Enzyms sinkt mit fallendem Polymerisationsgrad des Substrates schnell ab.

Durch eine Verkleisterung der Stärke (cf. 4.4.4.14) wird die Katalyse beschleunigt; das gequollene Substrat wird z. B. von einer Bakterienamylase 300mal und von einer Pilzamylase 10^5mal schneller abgebaut als native Stärke.

4.4.5.1.2 β-Amylase

Das Enzym katalysiert die Hydrolyse von 1,4-α-D-glukosidischen Bindungen in Polysacchariden (Mechanismus in Abb. 2.16), wobei vom nicht reduzierenden Ende eine Maltoseeinheit nach der anderen abgespalten wird. Die Hydrolyse ist mit *Walden*scher Umkehr am C-1 verbunden, so daß β-Maltose entsteht. Diese Inversion, die polarimetrisch nachgewiesen werden kann, ist das eindeutige Kennzeichen für eine Exoglykanase.
Im Unterschied zur Amylose wird Amylopektin nicht vollständig hydrolysiert; schon vor Erreichen der Verzweigungsstellen kommt die Reaktion zum Stillstand.

4.4.5.1.3 Exo-1,4-α-D-Glucosidase (Glucoamylase)

Die Glucoamylase setzt vom nicht reduzierenden Ende der 1,4-α-D-Glucane schrittweise β-D-Glucose frei. Im Amylopektin werden α-1,6-Verzweigungen etwa 30mal langsamer als α-1,4-Bindungen gespalten.

4.4.5.1.4 α-Dextrin Endo-1,6-α-Glucosidase (Pullulanase)

Das Enzym hydrolysiert 1,6-α-D-glukosidische Bindungen in Polysacchariden, z. B. in Amylopektin, Glykogen und Pullulan. Aus Amylopektin entstehen lineare Amylosebruchstücke.

4.4.5.2 Pektinolytische Enzyme

Pektine (cf. 4.4.4.13) in pflanzlichen Lebensmitteln werden durch eine Reihe von Enzymen angegriffen. Man unterscheidet

- Pektinesterasen, die in Pflanzen und Mikroorganismen verbreitet vorkommen und das Pektin zur Pektinsäure entmethylieren (Formel 4.126).
- Enzyme, welche die glykosidische Bindung in Polygalacturoniden angreifen (Tab. 4.22). Hierzu gehören Hydrolasen und Lyasen, die eine Transeliminierung katalysieren (s. Formel 4.127). Die bei der zuletzt genannten Reaktion im Produkt entstehende Doppelbindung führt zu einem Anstieg in der Absorption bei 235 nm.

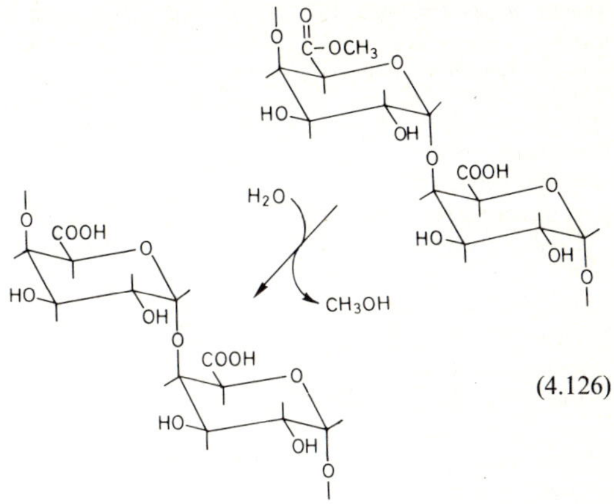

(4.126)

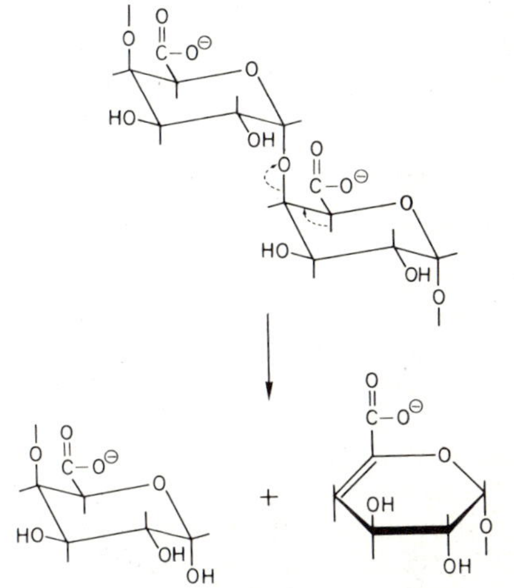

(4.127)

Aus Tab. 4.22 folgt eine weitere Unterteilung der zweiten Gruppe nach dem Substrat (Pektin oder Pektinsäure) und nach dem Ort des Angriffs (Endo-/Exo-Enzyme). Die Endo-Enzyme depolymerisieren stark und reduzieren die Viskosität einer Pektinlösung rasch.
Die Polygalacturonasen kommen in Pflanzen und Mikroorganismen vor; sie werden durch NaCl und manche zusätzlich durch $Ca^{2\oplus}$-Ionen aktiviert.
Die Pektin- und Pektatlyasen werden nur von Mikroorganismen produziert. Sie werden durch $Ca^{2\oplus}$-Ionen aktiviert und unterscheiden sich im pH-Optimum (pH 8,5–9,5) von den Polygalacturonasen (pH 5–6,5).

Tabelle 4.22. Enzyme, die Pektin oder Pektinsäure spalten

Enzym	EC-Nr.	Substrat
Polygalacturonase	3.2.1.15	
Endo-Polymethylgalacturonase		Pektin
Endo-Polygalacturonase		Pektinsäure
Exo-Polygalacturonase	3.2.1.67	
Exo-Polymethylgalacturonase		Pektin
Exo-Polygalacturonase		Pektinsäure
Pektinlyase	4.2.2.10	
Endo-Polymethylgalacturonlyase		Pektin
Pektatlyase	4.2.2.2	
Endo-Polygalacturonatlyase		Pektinsäure
Exo-Polygalacturonatlyase	4.2.2.9	Pektinsäure

4.4.5.3 Cellulasen

Die Hydrolyse der völlig unlöslichen, mikrokristallinen Cellulose ist ein komplizierter Vorgang. Von bestimmten Mikroorganismen werden dafür Partikel, die Cellusomen, produziert (Partikelgewicht ca. 10^6), die bei der Isolierung leicht in Enzyme zerfallen, die den Cellulose-Abbau synergistisch vollziehen und in Komponenten, die u. a. die Substratbindung unterstützen. Am Abbau der Cellulose zur Cellubiose bzw. zur Glucose sind mindestens drei Enzyme beteiligt:

$$\text{Cellulose} \xrightarrow[C_1]{C_x} \text{Cellobiose} \xrightarrow{\text{Cellobiase}} \text{Glucose} \qquad (4.128)$$

Der C_1- bzw. C_x-Faktor, die wie in Tab. 4.23 angegeben, als Endo- bzw. Exo-1,4-β-Glucanasen erkannt worden sind, hydrolysieren die Cellulose zur Cellobiose. Da der C_1-Faktor durch sein Produkt zunehmend gehemmt wird, bedarf es noch einer Cellobiase, damit der Cellulose-Abbau nicht rasch zum Erliegen kommt. Aber auch die Cellobiase unterliegt der Produkthemmung. Ein vollständiger Cellulose-Abbau ist deshalb nur möglich, wenn entweder die Cellobiase in großem Überschuß eingesetzt wird oder die Glucose schnell abgeführt wird.

4.4.5.4 Endo-1,3(4)-β-Glucanase

Diese Hydrolase, die auch Laminarinase genannt wird, hydrolysiert 1,3(4)-β-Glucane. Das Enzym kommt gemeinsam mit Cellulasen u. a. im Gerstenmalz vor und ist am Abbau der β-Glucane (cf. 15.2.3.2.2) bei der Herstellung von Bier beteiligt.

4.4.5.5 Hemicellulasen

Auch der Abbau von Hemicellulosen erfolgt durch Endo- und Exo-Hydrolasen. Die Substratspezifität richtet sich nach den Monosaccharidbausteinen und dem Bindungstyp; z. B. Endo-1,4-β-D-Xylanase, Endo-1,5-α-L-Arabinase. Die Enzyme kommen in Pflanzen und Mikroorganismen vor, häufig vergesellschaftet mit Cellulasen.

4.4.6 Analytik von Polysacchariden

Die Identifizierung und quantitative Bestimmung von Polysacchariden spielt u. a. bei der

Tabelle 4.23. Cellulasen

EC-Nr.	Name	Synonyme	Reaktion
3.2.1.4	Cellulase	C_x-Faktor CMCase[a] Endo-1,4-β-Glucanase	Endohydrolyse von 1,4-β-D-glucosidischen Bindungen
3.2.1.91	Cellulose 1,4-β-Cellobiosidase	C_1-Faktor Avicellase	Exohydrolyse von 1,4-β-D-glucosidischen Bindungen unter Bildung von Cellobiose aus Cellulose oder 1,4-β-Glucooligosacchariden. Der Angriff erfolgt vom nichtreduzierenden Ende.
3.2.1.21	β-Glucosidase	Cellobiase Amygdalase	Hydrolyse terminaler β-D-Glucosereste in β-Glucanen.

[a] CMC: Carboxymethylcellulose; die Aktivität des Enzyms kann über die Viskositätsabnahme der CMC-Lösung gemessen werden.

Untersuchung auf Dickungsmittel und Ballaststoffe eine Rolle.

4.4.6.1 Dickungsmittel

Die Dickungsmittel müssen zunächst angereichert werden, wobei das Verfahren je nach Zusammensetzung der Lebensmittel abzuwandeln ist. Im allgemeinen werden die Dickungsmittel aus der entfetteten Probe mit heißem Wasser extrahiert. Extrahierte Stärke wird durch enzymatische Hydrolyse (α-Amylase, Glucoamylase) abgebaut, und Proteine werden durch Fällung (z. B. mit Sulfosalicylsäure) abgetrennt. Die in Lösung verbleibenden Polysaccharide werden mit Ethanol abgeschieden. Einen ersten Überblick über die anwesenden Dickungsmittel gibt ein Elektropherogramm der in einem Boratpuffer gelösten Polysaccharide. Die Identifizierung und damit auch die Abgrenzung der zugesetzten von den in vielen Lebensmitteln endogen vorkommenden Polysacchariden ist unterschiedlich schwierig. In einfach gelagerten Fällen genügt die Absicherung des Elektropherogramms durch eine Bausteinanalyse. Dazu werden nach Hydrolyse oder Methanolyse der Polysaccharide die Monomeren z. B. als Glykonsäurenitrilacetate (cf. 4.2.4.6) oder als Trimethylsilylether (cf. 4.2.4.7) gaschromatographisch an Kapillarsäulen qualitativ und quantitativ erfaßt. In schwierigeren Fällen empfiehlt sich zunächst eine Vortrennung der sauren und neutralen Polysaccharide an einem Ionenaustauscher. Gegebenenfalls wird die Verknüpfung der Monomeren bestimmt: Nach Methylierung der freien OH-Gruppen werden die Polysaccharide sauer hydrolysiert und die erhaltenen Methylzucker wie oben angegeben gaschromatographisch analysiert. Mit Verlusten verbunden und deshalb kritisch im Analysengang sind die Methanolyse bzw. Hydrolyse der Polysaccharide und die Erfassung der labilen Uronsäuren sowie der Anhydrozucker. Ein Auftreten von Glucose unter den Monomeren weist u. a. auch auf modifizierte Glucane hin, z. B. auf modifizierte Stärken oder Cellulosen. Die Identifizierung solcher Dickungsmittel erfolgt durch einen gezielten Nachweis der Heterobestandteile, z. B. Acetat oder Phosphat.

4.4.6.2 Ballaststoffe

Zur Bestimmung der Ballaststoffe (cf. 15.2.3.2) werden bevorzugt die sogenannten „gravimetrischen Methoden“ angewandt: In der entfetteten Probe werden die verdaulichen Bestandteile (1,4-α-Glucane, Proteine) enzymatisch (hitzestabile α-Amylase, Glucoamylase, Proteinase) hydrolysiert; nach der Zentrifugation verbleiben im Rückstand die unlöslichen Ballaststoffe. Die Isolierung der wasserlöslichen Ballaststoffe im Überstand, die schwierig ist, erfolgt durch Fällung mit Ethanol, Ultrafiltration oder Dialyse. Die in den löslichen und unlöslichen Ballaststoffen noch enthaltenen Proteinreste und Mineralstoffe werden mit Hilfe von Korrekturfaktoren in Abzug gebracht.

4.7 Literatur[a]

Angyal, S. J.: Zusammensetzung und Konformation von Zuckern in Lösung. Angew. Chem. *81,* 172 (1969)

Balser, K.: Celluloseäther. In: Ullmanns Encyklopädie der technischen Chemie, 4. Aufl., Bd. 9, S. 192. Verlag Chemie: Weinheim. 1975

Banks, W., Muir, D. D.: Structure and chemistry of the starch granule. In: The biochemistry of plants (Eds.: Stumpf, P. K., Conn, E. E.), Vol. 3, p. 321, Academic Press: New York. 1980

Birch, G. G.: Structural relationships of sugars to taste. Crit. Rev. Food Sci. Nutr. *8,* 57 (1967)

Birch, G. G. (Ed.): Developments in food carbohydrate-1 ff, Applied Science Publ.: London. 1977 ff.

Birch, G. G., Parker, K. J. (Eds.): Nutritive sweeteners. Applied Science Publ.: London. 1982

Birch, G. G., Parker, K. J. (Eds.): Dietary fibre. Applied Science Publ.: London. 1983

Birch, G. G. (Ed.): Analysis of food carbohydrate. Elsevier Applied Science Publ.: London. 1985

Blanshard, J. M. V., Mitchell, J. R. (Eds.): Polysaccharides in food. Butterworths: London. 1979

Brimacombe, J. C. (Ed.): Carbohydrate chemistry, Vol. 1 ff, The Chemical Society, Burlington House: London. 1969 ff.

Davidson, R. L. (Ed.): Handbook of water-soluble gums and resins. McGraw-Hill Book Co.: New York. 1980

Ebert, G.: Biopolymere. Dr. Dietrich Steinkopff Verlag: Darmstadt. 1980

Eriksson, C. (Ed.): Maillard reactions in food. Chemical, physiological and technological aspects. Pergamon Press: Oxford. 1981

Guadagni, D. G., Maier, V. P., Turnbaugh, J. G.: Effect of some citrus juice constituents on taste thresholds for limonine and naringin bitterness. J. Sci. Food Agric. *24,* 1277 (1973)

---

[a] cf. 19.3.

Hill, R.D., Munck, L. (Eds.): New approaches to research on cereal carbohydrates. Elsevier Science Publ.: Amsterdam. 1985

Ledl, F., Severin, T.: Untersuchungen zur Maillard-Reaktion. XIII. Bräunungsreaktion von Pentosen mit Aminen. Z. Lebensm. Unters. Forsch. *167,* 410 (1978)

Ledl, F., Severin, T.: Untersuchungen zur Maillard-Reaktion. XVI. Bildung farbiger Produkte aus Hexosen. Z. Lebensm. Unters. Forsch. *175,* 262 (1982)

Ledl, F., Krönig, U., Severin, T., Lotter, H.: Untersuchungen zur Maillard-Reaktion. XVIII. Isolierung N-haltiger farbiger Verbindungen. Z. Lebensm. Unters. Forsch. *177,* 267 (1983)

Ledl, F.: Low molecular products, intermediates and reaction mechanisms. In: Amino-carbonyl reactions in food and biological systems (Eds.: Fujimaki, M., Namiki, M., Kato, H.), p. 569, Elsevier: Amsterdam. 1986

Ledl, F., Fritul, G., Hiebl, H., Pachmayr, O., Severin, T.: Degradation of Maillard products. In: Amino-carbonyl reactions in food and biological systems (Eds.: Fujimaki, M., Namiki, M., Kato, H.), p. 173, Elsevier: Amsterdam. 1986

Lehmann, J.: Chemie der Kohlenhydrate. Georg Thieme Verlag: Stuttgart. 1976

Loewus, F.A., Tanner, W. (Eds.): Plant carbohydrates I, II. Springer-Verlag: Berlin. 1981/82

Pangborn, R.M., Leonard, S., Simone, M., Luh, B.S.: Freestone peaches. I. Effect of sucrose, citric acid and corn syrup on consumer acceptance. Food Technol. *13,* 444 (1959)

Pigman, W., Horton, D. (Eds.): The Carbohydrates. 2nd edn., Academic Press: New York. 1970–1980

Pilnik, W., Voragen, F., Neukom, H., Nittner, E.: Polysaccharide. In: Ullmanns Encyklopädie der technischen Chemie, 4. Aufl., Bd. 19, S. 233, Verlag Chemie: Weinheim. 1980

Preuß, A., Thier, H.-P.: Isolierung natürlicher Dikkungsmittel aus Lebensmitteln zur capillargaschromatographischen Bestimmung. Z. Lebensm. Unters. Forsch. *176,* 5 (1983)

Radley, J.A. (Ed.): Starch production technology. Applied Science Publ.: London. 1976

Rees, D.A.: Polysaccharide shapes. Chapman and Hall: London. 1977

Reilly, P.J.: Xylanases: structure and function. Basic Life Sci. *18,* 111 (1981)

Salunkhe, D.K., McLaughlin, R.L., Day, S.L., Merkley, M.B.: Preparation and quality evaluation of processed fruits and fruit products with sucrose and synthetic sweeteners. Food Technol. *17,* 203 (1963)

Scherz, H., Mergenthaler, E.: Analytik der als Lebensmittelzusatzstoffe verwendeten Polysaccharide. Z. Lebensm. Unters. Forsch. *170,* 280 (1980)

Scherz, H.: Verwendung der Polysaccharide in der Lebensmittelverarbeitung. In: Polysaccharide. Eigenschaften und Nutzung (Hrsg.: Burchard, W.), S. 142, Springer-Verlag: Berlin. 1985

Schweizer, T.F.: Fortschritte in der Bestimmung von Nahrungsfasern. Mitt. Geb. Lebensmittelunters. Hyg. *75,* 469 (1984)

Shallenberger, R.S., Birch, G.G.: Sugar chemistry. AVI Publ. Co.: Westport, Conn. 1975

Shallenberger, R.S.: Advanced sugar chemistry, principles of sugar stereochemistry. Ellis Horwood Publ.: Chichester. 1982

Sutherland, I.W.: Extracellular polysaccharides. In: Biotechnology (Eds.: Rehm, H.-J., Reed, G.), Vol. 3, p. 531, Verlag Chemie: Weinheim. 1983

Von Sydow, E., Moskowitz, H., Jacobs, H., Meiselman, H.: Odor – Taste interaction in fruit juices. Lebensm. Wiss. Technol. *7,* 18 (1974)

Waller, G.R., Feather, M.S. (Eds.): The maillard reaction in foods and nutrition. ACS Symposium Series 215, American Chemical Society: Washington, D.C. 1983

Whistler, R.L. (Ed.): Industrial gums. 2nd edn., Academic Press: New York. 1973

5 Aromastoffe

5.1 Einführung

5.1.1 Abgrenzung der Begriffe

Beim Verzehr eines Lebensmittels entsteht durch das Zusammenwirken von Geschmacks-, Geruchs- und Tastempfindungen ein Gesamtsinneseindruck, der am besten mit dem englischen Wort „Flavour" bezeichnet wird, da die deutsche Sprache keinen entsprechend umfassenden Begriff kennt, sondern den Begriff „Geschmack" vieldeutig sowohl für den Geschmack im engeren Sinn als auch für die Gesamtempfindung verwendet. Die am Zustandekommen des Flavours beteiligten Verbindungen lassen sich in *Geschmacksstoffe* und *Geruchsstoffe* oder *Aromastoffe* unterteilen. Es gibt aber auch Verbindungen, die sowohl auf den Geschmacks- als auch auf den Geruchssinn wirken.

Geschmacksstoffe sind bei Zimmertemperatur im allgemeinen nicht flüchtig. Sie werden deshalb nur mit den Geschmacksrezeptoren wahrgenommen. Als Geschmacksstoffe sind saure, süße, bittere und salzige Verbindungen von Bedeutung, die in verschiedenen Kapiteln behandelt werden (cf. z. B. 8.10, 22.3, 1.2.6, 1.3.3, 4.2.3, 8.8, 19.22.2).

Aromastoffe sind flüchtige Verbindungen, die mit den Geruchsrezeptoren wahrgenommen werden können. Der Begriff Aromastoff wird ebenso wie der Begriff Geschmacksstoff wertfrei verwendet, denn dieselbe Verbindung kann in einem Lebensmittel an der Ausbildung der typischen Geruchs- und Geschmacksnote beteiligt sein und in einem anderen an einem Fehlgeruch oder Fehlgeschmack (off-flavour).

5.1.2 „Impact Compounds" natürlicher Aromen

Die Menge der in einem Lebensmittel vorkommenden flüchtigen Verbindungen ist sehr gering (ca. 10–50 mg/kg). Sie besteht jedoch im allgemeinen aus einer Vielzahl von Komponenten. Insbesondere enthalten Lebensmittel, die durch thermische Prozesse allein (z. B. Kaffee) oder in Kombination mit einer Fermentation (z. B. Brot, Bier, Kakao, Tee) hergestellt werden, weit mehr als 500 flüchtige Verbindungen. Aber auch bei Obst und Gemüse ist häufig die Vielfalt sehr groß.

Sämtliche bekannten flüchtigen Verbindungen werden, nach Lebensmitteln und nach Verbindungsklassen geordnet, in einem laufend aktualisierten Tabellenwerk* publiziert. In der Ausgabe 1985 sind insgesamt 4450 Verbindungen bei 212 Lebensmitteln aufgeführt.

Von den flüchtigen Verbindungen ist aber nur eine beschränkte Anzahl für das Aroma von Bedeutung. Als Aromastoffe kommen in erster Linie diejenigen Verbindungen in Betracht, deren Konzentrationen im Lebensmittel höher liegen als die Geruchs- und/oder Geschmacksschwellen (cf. „Aromawert": 5.1.4). Von den Verbindungen, die unterhalb der Geruchs- und/oder Geschmacksschwelle liegen, tragen noch diejenigen zum Aroma bei, die in Mischungen diese Schwellen überschreiten (Beispiele für synergistische Effekte in 3.2.1.1 u. 20.1.7.8).

Unter den Aromastoffen verdienen diejenigen Verbindungen besondere Beachtung, die das charakteristische Aroma eines Lebensmittels prägen *(„character impact compound");* Beispiele sind in Tab. 5.1 angegeben. Weiterhin sind Verbindungen besonders interessant, die in komplexen Aromaprofilen wichtige Aromanoten hervorrufen, z. B. „nußartig" bei Haselnüssen oder „röstig" bei Weißbrot (Tab. 5.1).

Die Abgrenzung der Aromastoffe von den übrigen flüchtigen Verbindungen ist bei den einzelnen Lebensmitteln sehr unterschiedlich weit fortge-

---

* Maarse, H., Visscher, C. A. (Eds.): Volatile compounds in food. Qualitative data, Supplement 2 to the 5th Edition. TNO-Division for nutrition and food research: Zeist 1985.

Tabelle 5.1. Beispiele für „character impact compounds"

Verbindung	Aroma	Vorkommen
2-trans,4-cis-Decadiensäureethylester	birnenartig	Birnen
Benzaldehyd	bittermandelartig	Mandeln, Kirschen, Pflaumen
Neral/Geranial	zitronenartig	Zitrone
1-(p-Hydroxyphenyl)-3-butanon (Himbeerketon)	himbeerartig	Himbeere
(R)-(−)-1-Octen-3-ol	pilzartig	Champignons, Camembertkäse
2-trans,6-cis-Nonadienal	gurkenartig	Gurke
Geosmin	erdig	Rote Rübe
trans- u. cis-5-Methyl-2-hepten-4-on	nußartig	Haselnüsse
Maltol, Isomaltol	karamelartig	Gebäck, Bier
2-Acetyl-1-pyrrolin	röstig	Weißbrotkruste

schritten. In den entsprechenden Kapiteln orientiert der Abschnitt „Aromastoffe" jeweils über den gegenwärtigen Stand.

5.1.3 Schwellenkonzentration

Die Konzentration einer Verbindung, die gerade noch zur Erkennung ihres Geruches ausreicht, bezeichnet man als Geruchsschwelle (Erkennungsschwelle). Niedriger liegt die Wahrnehmungsschwelle, d.h. diejenige Konzentration, bei der die Verbindung schon wahrzunehmen ist, bei der aber noch nicht die Aromaqualität eindeutig festgestellt werden kann.
Anhand der Schwellenkonzentration kann die Aromawirksamkeit von Inhaltsstoffen verglichen werden. Tab. 5.2 zeigt an einigen Beispielen, daß zwischen einzelnen Aromastoffen große Unterschiede bestehen können, die sich über Konzentrationsbereiche von mehreren Zehnerpotenzen erstrecken.
Am Nootkaton, einem wesentlichen Aromastoff der Grapefruit (cf. 18.1.2.6.3), wird sichtbar, daß sich Enantiomere erheblich in der Aromaintensität und gegebenenfalls (cf. 5.3.2.3) auch in der Aromaqualität unterscheiden können.

Die Schwellenkonzentration eines Aromastoffes ist u.a. von seinem Dampfdruck abhängig, der sich mit der Temperatur und mit dem Medium (cf. Tab. 5.3) ändert. Sie ist aber auch vom Bestimmungsverfahren und von der Zusammensetzung der Prüfgruppe abhängig. Aus diesen Gründen differieren häufig die in der Literatur angegebenen Schwellenwerte.

5.1.4 Aromawert

Wie schon angedeutet leisten Aromastoffe mit hohen „Aromawerten" wesentliche Beiträge zum Aroma eines Lebensmittels. Der „Aromawert" A_x einer Verbindung wird gemäß der Definition

$$A_x = \frac{c_x}{a_x}$$

(c_x: Konzentration der Verbindung X im Lebensmittel, a_x: Geruchsschwelle (cf. 5.1.2) der Verbindung X im Lebensmittel)

berechnet. Die Gewinnung der dafür notwendigen Daten ist nicht einfach. Die Schwierigkeiten, die bei der quantitativen Analyse flüchtiger Verbindungen überwunden werden müssen, die nur in Spuren im Lebensmittel vorkommen, sind so groß, daß die gefundenen Werte in den meisten Fällen nur Näherungen darstellen. Voller Probleme steckt aber auch die Ermittlung der Geruchsschwellen, die nicht in einfachen Modellsystemen erfolgen kann, sondern, wie die erheblichen Unterschiede in Tab. 5.3 zeigen, in einem Medium, das der Zusammensetzung des betrachteten Lebensmittels entsprechen muß.
In Tab. 5.4 sind flüchtige Verbindungen, die in Kartoffelchips vorkommen, nach dem Aromawert geordnet. Es bestehen extreme Unterschiede im Beitrag zum Aroma. Weitere sensorische Untersuchungen haben bestätigt, daß es sich bei dem an der Spitze stehenden Methional um eine Komponente handelt, deren Geruch dem Aroma von Kartoffelchips sehr nahe kommt.
Dennoch ist die Beurteilung flüchtiger Verbindungen auf der Basis des Aromawertes zunächst nur ein grobes Raster. Zusätzlich berücksichtigt werden muß die Abhängigkeit der Geruchsintensität von der Konzentration, die entsprechend einem allgemeingültigen Gesetz für physiologische Reize von *Stevens* wie folgt formuliert wird:

$$E = k \cdot (S - S_o)^n$$

E: Empfindungsintensität; k: Konstante; S: Reizstärke (Stimulanskonzentration); S_o: Schwellenreizstärke.

Die Beispiele in Abb. 5.1 zeigen, daß der Exponent n und damit die Abhängigkeit der Geruchsintensität von der Konzentration sehr unterschiedlich sein kann.

Tabelle 5.2. Geruchsschwellen einiger Aromastoffe in Wasser (20 °C)

Verbindung	Schwellenwert (mg/l)
Pyrazin	300
Ethanol	100
Maltol	35
Furfural	3,0
Hexanol	0,7
Benzaldehyd	0,35
Buttersäure	0,2
Himbeerketon	0,1
Vanillin	0,02
Limonen	0,01
Linalool	0,006
Hexanal	0,004 5
2-Phenylethanal	0,004
α-Ionon	0,004
2-Methylpropanal	0,001
Ethylbutyrat	0,001
(+)-Nootkaton	0,001
(−)-Nootkaton	1,0
2-Methylbuttersäureethylester	0,000 1
4-Hydroxy-2,5-dimethyl-3(2H)-furanon	0,000 04
4-Methoxy-2,5-dimethyl-3(2H)-furanon	0,000 03
Methylmercaptan	0,000 02
β-Damascenon	0,000 009
β-Ionon	0,000 007
2-Isobutyl-3-methoxypyrazin	0,000 002
1-p-Menthen-8-thiol	0,000 000 02

Tabelle 5.3. Vergleich von Schwellenwerten[a] in Wasser und Bier

Verbindung	Schwelle (mg/kg) in	
	Wasser	Bier
n-Butanol	0,5	200
3-Methylbutanol	0,25	70
Dimethylsulfid	0,000 33	0,05
2-trans-Nonenal	0,000 08	0,000 11

[a] Geruch und Geschmack.

Tabelle 5.4. Aromastoffe von Kartoffelchips

Verbindung	Anteil im Konzentrat (%)	Geruchsschwelle (μg/kg Öl)	Aromawert $\times 10^{-3}$
Methional	2,0	0,2	100 000
2-Phenylethanal	18,0	22	8 180
3-Methylbutanal	5,0	13	3 850
2-Ethyl-3,6-dimethylpyrazin	7,4	24	2 720
2-trans,4-trans-Decadienal	7,5	135	560
2-Methylbutanal	7,4	140	530
2-Ethyl-5-methylpyrazin	6,0	320	190
1-Penten-3-on	0,1	5,5	180
Hexanal	2,1	120	175
2-Methylpropanal	0,5	43	120
2-trans-Nonenal	1,5	150	100

Außerdem kommen additive Effekte in Betracht, die aber schwer abzuschätzen sind. Erste Aufschlüsse haben Untersuchungen von Mischungen ergeben. Sie zeigen, daß bei Komponenten mit ähnlichen Aromanoten sich die Intensitäten addieren, doch ist die Intensität der Mischung meist geringer als die Summe der Einzelintensitäten (cf. 3.2.1.1 u. 20.1.7.8). Für Aromastoffe, die sich deutlich in der Note unterscheiden, wurde dagegen gefunden, daß sich das Geruchsprofil

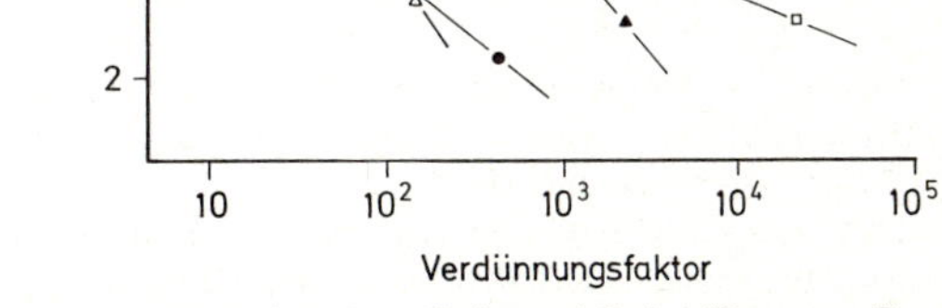

Abb. 5.1. Relative Geruchsintensität I_{rel} (Bezug: n-Butanol) in Abhängigkeit von der Stimulanskonzentration. (Nach *A. Dravnieks,* 1977)
Luft, gesättigt mit dem Aromastoff, wurde verdünnt. ●-●-● α-Pinen, ○-○-○ 3-Methylbuttersäuremethylester, △-△-△ Capronsäure, ▲-▲-▲ Hexadienal, □-□-□ Hexylamin.

einer Mischung nur dann aus den Profilen der Komponenten additiv zusammensetzt, wenn die Geruchsintensitäten etwa gleich sind. Ist das Konzentrationsverhältnis so beschaffen, daß die Geruchsintensität einer Komponente überwiegt, dann bestimmt diese auch weitgehend bis vollständig das Geruchsprofil. Beispiele sind 2-trans-Hexenal und 2-trans-Decenal, deren Geruchsprofile sich deutlich unterscheiden (cf. Abb. 5.2, a u. 5.2, f). Die Geruchsnoten beider Aldehyde sind bei einem Verhältnis der Geruchsintensitäten von annähernd eins im Geruchsprofil der Mischung zu erkennen (Abb. 5.2, d). Dominiert jedoch die Geruchsintensität des Decenals (Abb. 5.2, b) bzw. Hexenals (Abb. 5.2, e), dann bestimmt die jeweilige Note das Geruchsprofil der Mischung.

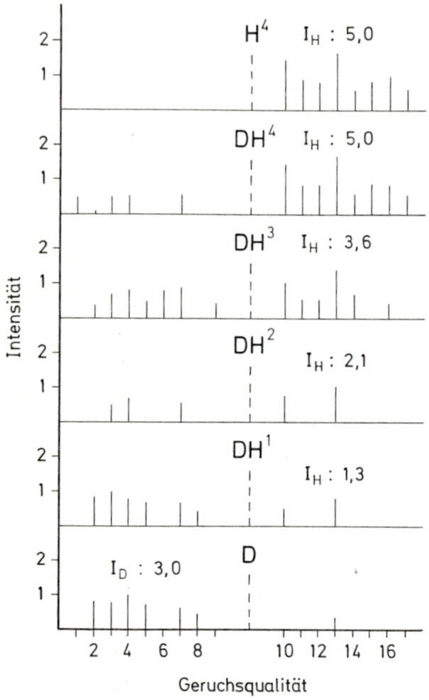

Abb. 5.2. Geruchsprofile von 2-trans-Decenal (D), 2-trans-Hexenal (H) und von Gemischen beider Aldehyde. (Nach *D. G. Laing u. M. E. Willcox,* 1983)
Folgende Konzentrationen (mg/kg) gelöst in Di-2-ethylhexylphthalat wurden untersucht: 50 (D); 2 (H^1); 3,7 (H^2); 11 (H^3) und 33 (H^4).
I_D bzw. I_H: Geruchsintensität der jeweiligen Konzentration von 2-trans-Decenal bzw. 2-trans-Hexenal. Geruchsqualität: **1** warm, **2** wie frisch gewaschen, **3** n. Karton, **4** ölig-fettig, **5** schal, **6** n. Farbe, **7** n. Kerzen, **8** ranzig, **9** n. Wanzen, **10** fruchtig, **11** n. Äpfeln, **12** n. Mandeln, **13** grün-grasig, **14** scharf-stechend, **15** süß, **16** n. Bananen, **17** blumig. Die gestrichelte Linie trennt Aromaqualitäten von 2-trans-Decenal (linke Seite) und 2-trans-Hexenal.

Die Mischung in Abb. 5.2, c ergibt ein neuartiges Geruchsprofil, weil darin bestimmte Noten des Decenals (schal, n. Farbe, ranzig) und des Hexenals (n. Äpfeln, Mandeln, süß) nicht mehr zu erkennen sind.
Die Beispiele verdeutlichen, daß die Aromaprofile von Lebensmitteln, in denen dieselben Aromastoffe vorkommen, schon auf Grund quantitativer Unterschiede völlig verschieden sein können. Änderungen, z. B. in der Rezeptur oder im Herstellungsverfahren, die zu Konzentrationsverschiebungen bei den Aromastoffen führen, können die Balance so stören, daß ein Aromaprofil mit ungewohnten Merkmalen resultiert.

5.1.5 Aromafehler

Durch artfremde, in den betreffenden Lebensmitteln normalerweise nicht vorkommende Aromastoffe, durch den Verlust von „impact compounds" oder durch Konzentrationsverschiebungen einzelner Aromastoffe kann ein Aromafehler („off-flavour") entstehen. In Tab. 5.5 sind einige Aromafehler angegeben, die bei der Herstellung und Lagerung von Lebensmitteln auftreten können. Weitere Ursachen für die Bildung von Aromafehlern sind der Zusammenstellung in Abb. 5.3 zu entnehmen.
Aus dem Stoffwechsel von Mikroorganismen stammen folgende Verbindungen, die in verschiedenen Lebensmitteln als Ursache von Aromafehlern identifiziert worden sind: Skatol (I; faecalisch, 10 µg/kg*), 2-Methylisoborneol (II; erdig-muffig, 0,03 µg/kg*) und Geosmin (III; erdig, 0,01 µg/kg*).

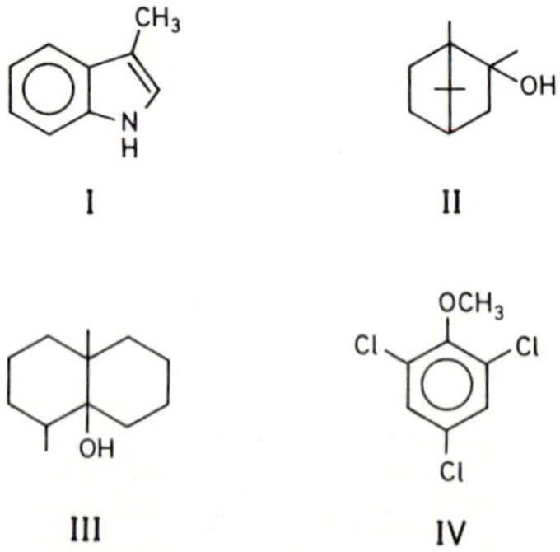

(5.1)

* Geruchsschwelle in Wasser.

Tabelle 5.5. Aromafehler in Lebensmitteln

Lebensmittel	Aromafehler	Ursache
Milch	Sonnenlichtgeschmack	Fotooxidation (Riboflavin wirkt als Sensibilisator) von Methionin → Methional
Trockenmilch	bohnig	O_3-Gehalt der Luft zu hoch: Ozonolyse von 8,15- und 9,15-Isolinolsäure → 6-trans-Nonenal
Trockenmilch	leimig	Abbau von Tryptophan zu o-Aminoacetophenon
Milchfett	metallisch	Autoxidation von Pentaen- und Hexaenfettsäuren → Octa-1,cis-5-dien-3-on
Milchprodukte	malzig	Fehlfermentation durch *Streptococcus lactis var. maltigenes;* Bildung von Phenylacetaldehyd und 2-Phenylethanol aus Phenylalanin
Hammel	süßlich-sauer	4-Methyloctansäure, 4-Methylnonansäure
Erbsen, tiefgefroren	heuartig	Gesättigte u. ungesättigte Aldehyde, Octa-3,5-dien-2-on, 3-Alkyl-2-methoxy-pyrazine, Hexanal
Orangensaft	Grapefruitnote	Oxidation (Metallkatalyse) oder Fotooxidation von Valencen zum Nootkaton: 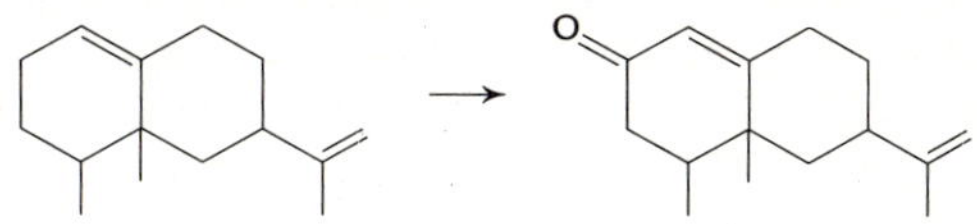
Orangensaft	Terpennote	Oxidation von d-Limonen zu Carvon und Carveol 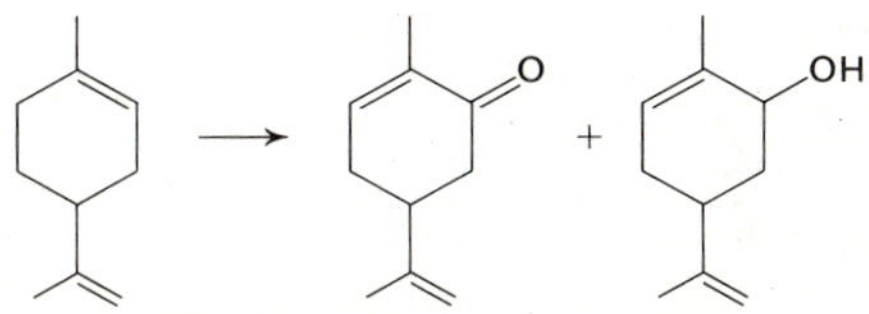
Saft der Passionsfrucht	Aromaverflachung beim Pasteurisieren	Oxidation von (6-trans-2′-trans)-6-(But-2′-enyliden)-1,5,5-trimethylcyclohex-1-en zu 1,1,6-Trimethyl-1,2-dihydronaphthalin: 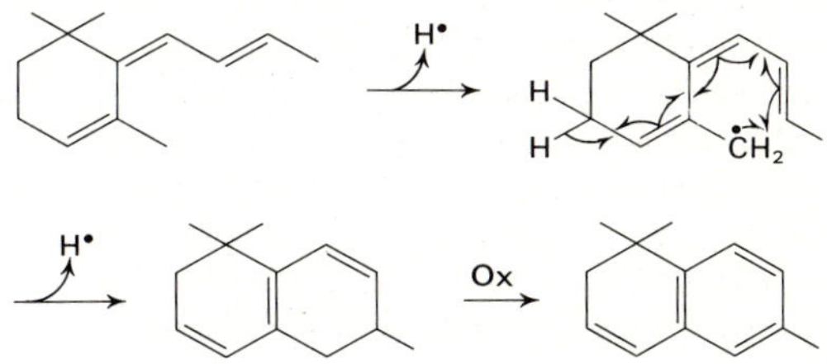
Bier	Sonnenlichtgeschmack	Fotolyse von Humulon: Reaktion eines Spaltproduktes mit H_2S zu 3-Methyl-2-buten-1-thiol
Bier	Phenolische Note	Fehlfermentation: Decarboxylierung von Hydroxyzimtsäuren durch *Hafnia protea*

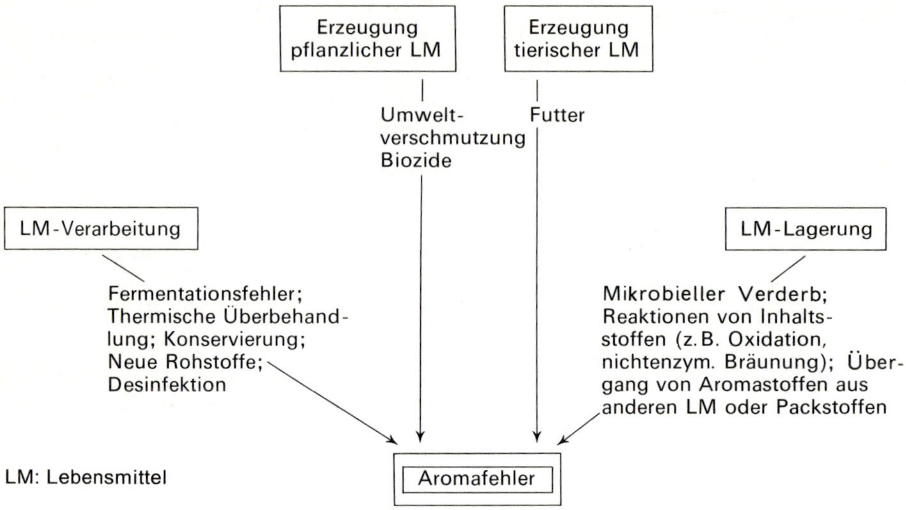

Abb. 5.3. Ursachen für das Auftreten von Aromafehlern

Beim mikrobiellen Abbau von Pentachlorphenol, das als Fungizid eingesetzt wird, entsteht u. a. 2,4,6-Trichloranisol (IV, s. Formel 5.1). Es verursacht mit extrem niedriger Schwelle (3×10^{-5} µg/kg, Wasser) an „Schimmel" erinnernde Aromafehler (cf. 20.2.7).

5.2 Analyse

Bei den Aromastoffen handelt es sich um Substanzen, die zum Teil sehr reaktiv sind, aus den verschiedensten Verbindungsklassen stammen und in sehr geringen, doch unterschiedlichen Konzentrationen im Lebensmittel vorkommen. Die Schwierigkeiten der qualitativen und quantitativen Aromastoffanalyse beruhen auf diesen Merkmalen und darauf, daß zur Charakterisierung eines Aromastoffes sowohl die Ermittlung der chemischen Struktur als auch der sensorischen Eigenschaften gehört. Die Ergebnisse von Aromastoffanalysen sind die Voraussetzung zur Entwicklung objektiver Methoden in der Lebensmitteltechnologie, mit denen die Güte des Aromas von Rohstoffen und Produkten kontrolliert oder Veränderungen des Aromas bei der Prozeßführung erkannt werden können. Entsprechende Untersuchungen über Lebensmittelaromen erweitern darüber hinaus die Möglichkeiten der Aromatisierung mit naturidentischen Aromastoffen (cf. 5.5).

Für die Überwachung des Verkehrs mit Lebensmitteln bilden Daten über den natürlichen Gehalt eines Lebensmittels an Aromastoffen die Grundlage für den Nachweis einer unzulässigen Aromatisierung.

5.2.1 Isolierung

Vor der Isolierung der flüchtigen Verbindungen ist zunächst zu fragen, ob eine Bestandsaufnahme sämtlicher im Lebensmittel vorkommender Aromastoffe erfolgen soll oder ob nur die im Dampfraum über dem Lebensmittel anwesenden Aromastoffe, die in die Nase gelangen und den Geruchssinn anregen können, zu analysieren sind. Die zuletzt genannten Verbindungen sind über eine *„Headspace-Analyse"* zu erfassen, die gesamten Aromastoffe eines Lebensmittels dagegen, wenn überhaupt, nur durch die Analyse von Aromakonzentraten. Solche Konzentrate sollten möglichst auf verschiedenen Wegen gewonnen worden sein, denn jede Technik, mit der flüchtige Verbindungen isoliert werden, weist Mängel auf (Tab. 5.6). Besondere Schwierigkeiten treten bei Lebensmitteln auf, in denen Enzyme aktiv sind, die das Aroma verändern; z. B. spalten Hydrolasen am Aroma beteiligte Ester bei der Zerkleinerung von Obst und Gemüse und Lipoxygenasen bilden in Verbindung mit Hydroperoxid-Lyasen neue Aromastoffe. Durch Zusatz von Inhibitoren oder eine sehr schnelle Aufarbeitung der

Tabelle 5.6. Mögliche Veränderungen von Aromen während der Isolierung flüchtiger Verbindungen

Reaktion
Enzymatisch:
1. Hydrolyse von Estern (cf. 3.7.1)
2. Oxidative Spaltung ungesättigter Fettsäuren (cf. 3.7.2.3)
3. Hydrierung von Aldehyden (cf. 5.3.2.1)
Nichtenzymatisch:
4. Hydrolyse von Glykosiden (cf. 5.3.2.3)
5. Lactone aus Hydroxysäuren
6. Cyclisierung von Di-, Tri- und Polyolen (cf. 5.3.2.3)
7. Dehydratisierung und Umlagerung tert.-Allylalkohole
8. Reaktionen von Thiolen, Aminen und Aldehyden (cf. 5.3.1.5) im Aromakonzentrat

Probe versucht man, solche Störungen zu begrenzen. Zusätze von Methanol oder Ethanol zur Hemmung enzymkatalysierter Reaktionen sind in manchen Fällen hilfreich, können aber auch eine Veränderung des Aromas durch die Bildung von Estern und Acetalen aus Säuren bzw. Aldehyden zur Folge haben.
Bei den niedrigen pH-Werten, die in Früchten vorherrschen, können insbesondere die in Tab. 5.6 angegebenen nichtenzymatischen Reaktionen 4–7 die Isolierung von Aromastoffen durch Artefaktbildung beeinträchtigen. Bei der Konzentrierung von Isolaten aus erhitzten Lebensmitteln, insbesondere Fleisch, ist nicht auszuschließen, daß reaktive Substanzen wie z. B. Thiole, Amine und Aldehyde, so weit angereichert werden, daß sie u. a. zu heterocyclischen Aromastoffen kondensieren (Reaktion 8 in Tab. 5.6).
Ein weiterer Punkt, der bei der Isolierung auch nicht außer acht gelassen werden darf, ist die unterschiedlich starke Bindung von Aromastoffen an die nichtflüchtigen Bestandteile eines Lebensmittels (cf. 5.4).

5.2.1.1 Destillation, Extraktion

Von wäßrig-flüssigen Lebensmitteln werden die flüchtigen Aromastoffe mit einem Teil des Wassers im Vakuum abdestilliert, wobei hochflüchtige Verbindungen mit besonders intensiv gekühlten Vorlagen abgefangen werden. Die im Destillat enthaltenen organischen Verbindungen werden durch Extraktion oder durch Adsorption an einer hydrophoben Matrix und reversed-phase-Chromatographie vom Wasser getrennt und vorfraktioniert.
Destillation und Extraktion können auch simultan mit der Apparatur nach *Likens-Nickerson* (Abb. 5.4) durchgeführt werden. Versuche mit verschiedenen Verbindungsklassen ergaben hohe Ausbeuten für die Homologen C_5—C_{11} (Tab. 5.7). Unvollkommen ist die Abtrennung polarer Verbindungen, die in Wasser gut löslich sind. Beispiele sind die niedermolekularen Homologen der in Tab. 5.7 angegebenen Verbindungsklassen oder die in Tab. 5.12 angeführten 3(2H)-Furanone. Aber auch mit steigendem Molekularge-

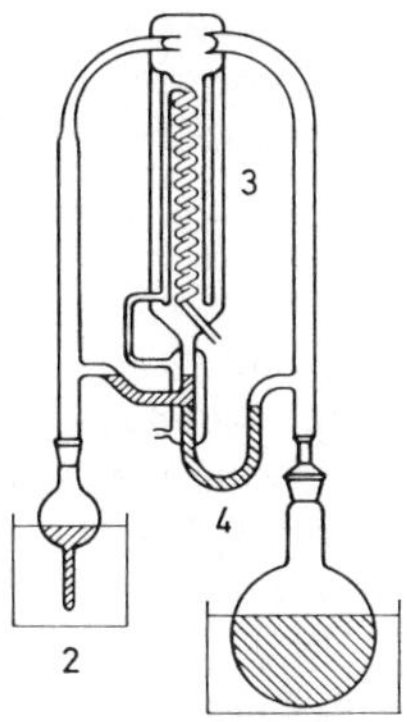

Abb. 5.4. Apparatur nach *Likens* und *Nickerson* zur simultanen Destillation und Extraktion flüchtiger Verbindungen. *1* Kolben mit wäßriger Probe und Heizbad, *2* Kolben mit Lösungsmittel (z. B. Pentan) und Heizbad, *3* Kühler, *4* Trennung des Kondensates in Extrakt (obere Phase) und Wasser

Tabelle 5.7. Ausbeuten (%) an flüchtigen Verbindungen bei der Isolierung aus sehr verdünnten wäßrigen Lösungen (0,6 ppm) durch Destillation und Extraktion (Pentan) mit der Apparatur nach *Likens* u. *Nickerson*

C-Zahl	1-Alkanol	2-Alkanon	Alkanal	Alkan
3	Spur			
4	Spur	Spur	Spur	
5	93	79	101	
6	97	104	91	64
7	101	101	101	94
8	102	94	94	103
9	99	97	83	94
10		102		90
11		101		94
12				104

wicht sinkt oberhalb $M_r = 150$ die Flüchtigkeit, so daß die Ausbeuten an solchen Aromastoffen stark abnehmen.

Bei der simultanen Destillation/Extraktion werden in der Regel niedrig siedende Lösungsmittel angewandt, um die nachfolgende Konzentrierung der Aromastoffe zu erleichtern. Das Verfahren wird deshalb unter Normaldruck oder leichtem Unterdruck durchgeführt. Die thermische Belastung, die sich dadurch für das Lebensmittel ergibt, kann zu Reaktionen führen (Beispiele in Tab. 5.6), die die Aromazusammensetzung verändern. So zeigt das Beispiel in Tab. 5.8 in welchem Umfang einige Aromastoffe bei der simultanen Destillation/Extraktion aus Glykosiden freigesetzt werden.

Bei der Destillation von Ölen oder Fetten (Abb. 5.5) werden die flüchtigen Verbindungen in den gekühlten Vorlagen konzentriert erhalten, da Wasser fehlt.

5.2.1.2 Gas-Extraktion

Aus festen oder flüssigen Proben können die flüchtigen Verbindungen mit einem inerten Gas (z. B. N_2; He) extrahiert und durch Adsorption an einem porösen Kunststoffgranulat (Tenax GC, Porapak Q, Chromosorb 105) gesammelt werden. Da Wasser von den Polymeren nur geringfügig retardiert wird (Tab. 5.9), erfolgt die Desorption zur Gewinnung eines wasserfreien Konzentrates gestuft. Bei niedriger Temperatur wird das Wasser aus den Polymeren eluiert und bei erhöhter Temperatur werden die übrigen flüchtigen Verbindungen mit einem Trägergas in eine gekühlte Vorlage gespült, die z. B. an einen Gaschromatographen angeschlossen werden kann.

5.2.1.3 Headspace-Analyse

Die Durchführung einer Headspace-Analyse ist einfach: Das Lebensmittel wird in einem verschlossenen Gefäß temperiert bis die flüchtigen Verbindungen ihre Gleichgewichtskonzentrationen in der Gasphase erreicht haben. Mit einer Spritze wird ein bestimmtes Volumen aus dem Dampfraum über dem Lebensmittel abgezogen und zur gaschromatographischen Analyse auf eine geeignete Trennsäule injiziert. Da der Wassergehalt und ein zu großes Volumen der Probe erheblich die Trennleistung der Gaschromato-

Tabelle 5.8. Vergleich von Destillation i. Vakuum (I) mit simultaner Destillation/Extraktion (II) bei der Isolierung von Aromastoffen aus Kirschsaft

Aromastoff	I[a]	II[a]
Benzaldehyd	202	5260
Linalool	1,1	188

[a] Angaben in µg/l; die Verluste, die bei der Isolierung der Aromastoffe auftreten, sind berücksichtigt.

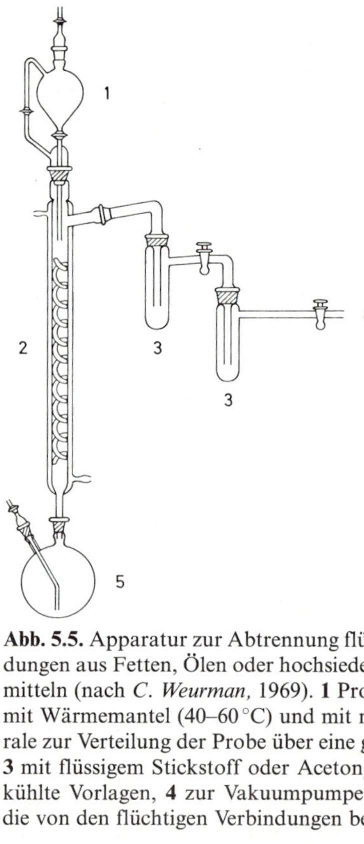

Abb. 5.5. Apparatur zur Abtrennung flüchtiger Verbindungen aus Fetten, Ölen oder hochsiedenden Lösungsmitteln (nach *C. Weurman*, 1969). **1** Probe, **2** Glasrohr mit Wärmemantel (40–60 °C) und mit rotierender Spirale zur Verteilung der Probe über eine größere Fläche, **3** mit flüssigem Stickstoff oder Aceton/Trockeneis gekühlte Vorlagen, **4** zur Vakuumpumpe, **5** Vorlage für die von den flüchtigen Verbindungen befreite Probe

Tabelle 5.9. Relative Retentionszeiten (t_{rel}) einiger Verbindungen bei der Gaschromatographie an Porapak Q (Styrol-Divinylbenzol-Polymerisat) (T: 55 °C)

Verbindung	t_{rel}	Verbindung	t_{rel}
Wasser	1,0	Ethylmercaptan	20,2
Methanol	2,3	Dimethylsulfid	19,8
Ethanol	8,1	Ameisensäureethylester	6,0
Acetaldehyd	2,5		
Propanal	15,8		
Methylmercaptan	2,6		

graphie mindern, werden nur die mengenmäßig herausragenden flüchtigen Verbindungen erfaßt, die aber in der Regel für das Aroma des Lebensmittels von geringerer Bedeutung sind.
Eine Steigerung der Empfindlichkeit ist möglich, wenn die flüchtigen Verbindungen wie im vorigen Abschnitt beschrieben mit einem Gas extrahiert und durch Adsorption an einem Polymeren angereichert werden. Es ist aber sehr schwierig, eine Probe zu erhalten, deren Zusammensetzung dem ursprünglichen Konzentrationsverhältnis der flüchtigen Verbindungen über dem Lebensmittel entspricht. Ein Modellversuch (Abb. 5.6) verdeutlicht die Probleme: Die Proben (e) und (f), die durch Adsorption an verschiedenen Polymeren gewonnen worden sind, differieren untereinander und auch von Probe (b), der direkten Headspace-Analyse. Durch Variation der Gasextraktion (Trägergasmenge, Zeit) kann die Übereinstimmung zwar verbessert werden, doch bleiben erhebliche Differenzen.

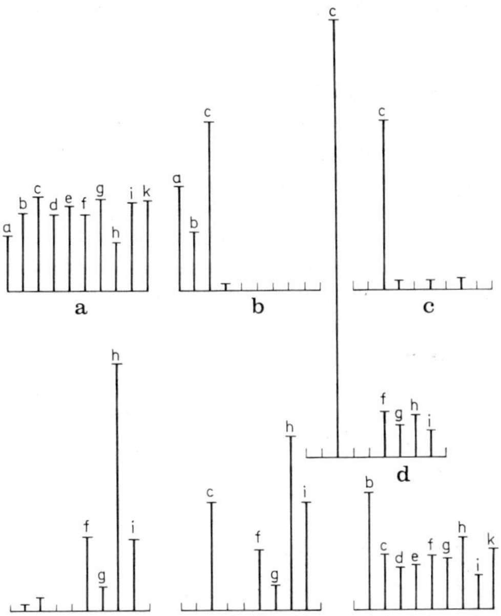

Abb. 5.6. Vergleich von Methoden, die zur Isolierung von Aromastoffen angewandt werden. (Nach *W. G. Jennings* u. *M. Filsoof,* 1977)
a Ausgangslösung: a Ethanol, b 2-Pentanon, c Heptan, d Pentanol, e Hexanol, f Ameisensäurehexylester, g 2-Octanon, h d-Limonen, i Essigsäureheptylester, k γ-Heptalacton; **b** Headspace-Analyse von **a**; **c** von **a** werden 10 μl in 100 ml Wasser gelöst, dann Headspace-Analyse; **d** wie **c**, aber zu 80% gesättigt mit NaCl; **e** wie **c**, Elution mit N_2 in Porapak Q; **f** wie **c**, Elution mit N_2 in Tenax GC; **g** wie **e**, Destillation-Extraktion. (Nach *Nickerson* u. *Likens;* cf. Abb. 5.4).

Ein Vergleich der Proben (a) und (g) in Abb. 5.6 zeigt, daß das Ergebnis der Destillation-Extraktion die Zusammensetzung der Ausgangslösung relativ gut wiedergibt, wenn man vom Ethanol absieht.

5.2.2 Trennung

Enthält das Aromakonzentrat Phenole, Säuren oder Basen, so ist deren Abtrennung durch Extraktion mit Alkali bzw. Säure und gesonderte Analyse zweckmäßig.
Das neutrale Aromakonzentrat enthält in der Regel aber noch so viele Komponenten, daß es auch mit einer Dünnfilmkapillare höchster Trennleistung gaschromatographisch nicht gelingt, sämtliche Verbindungen zu trennen. Vortrennungen sind notwendig, die durch fraktionierte Destillation, präparative Gas- oder Hochdruckflüssigkeitschromatographie erfolgen können. Das Beispiel in Abb. 5.7, die Analyse eines Cognac-Aromas, soll den notwendigen Aufwand verdeutlichen.

5.2.3 Chemische Struktur

Massenspektrometrische Untersuchungen stehen bei der Strukturaufklärung der flüchtigen Verbindungen zunächst im Vordergrund, da die Substanzmengen, die bei der gaschromatographischen Trennung eluiert werden, im allgemeinen noch für ein auswertbares Spektrum ausreichen. Außerdem ist eine direkte Kopplung des Massenspektrometers an die gaschromatographische Trennsäule (Dünnfilm- oder Dünnschichtkapillare) möglich. Bei Verbindungen, die nur eine funktionelle Gruppe enthalten und deren Molekulargewicht nicht zu groß ist, kann aus dem Massenspektrum zusammen mit den Daten über das gaschromatographische Verhalten (Retentionsindex) ein Vorschlag zur Struktur abgeleitet werden, der durch IR-Spektroskopie und gegebenenfalls durch Analyse von Derivaten untermauert werden muß.
Bei komplizierter gebauten Verbindungen, z. B. Heterocyclen, sind die Massenspektren häufig mehrdeutig. Betrachten wir als Beispiel die bei-

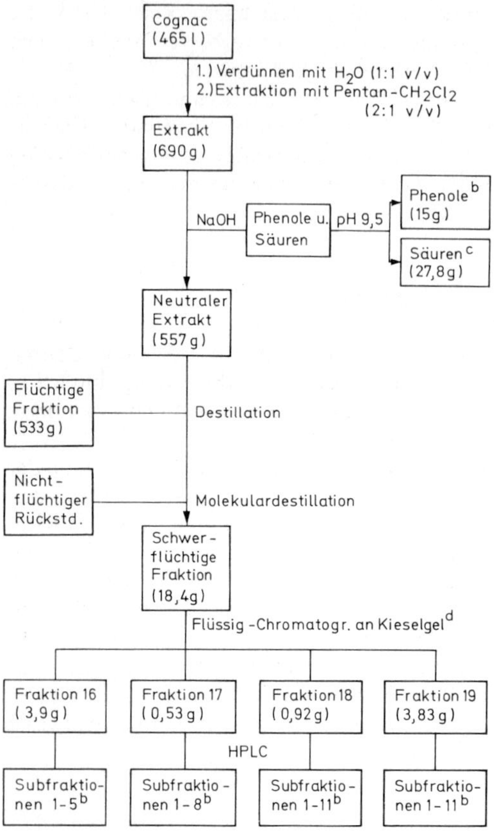

Abb. 5.7. Flüchtige Verbindungen[a] aus einem Cognac (Schema der Analysenschritte nach *Ter Heide* et al., 1978)

---

a Die Analyse beschränkte sich auf Fraktionen, die einen wesentlichen Beitrag zum Aroma leisten.

b Die GC/MS-Analyse ergab 18 Acetale, 59 Alkohole, 28 Aldehyde, 70 Ester, 35 Ketone, 3 Lactone, 8 Phenole und 44 andere Verbindungen.

c Die GC/MS-Analyse der Säuren als Methylester ergab 27 Verbindungen.

d Von den 22 Fraktionen wurden vier durch Hochdruckflüssigkeitschromatographie (HPLC) weiter getrennt.

den in Abb. 5.8 angegebenen Verbindungen. Die Massenspektren sind sehr ähnlich, eine Unterscheidung ist nur auf Grund der ^{1}H-NMR-Spektren möglich (Abb. 5.8). Eine breitere Anwendung der ^{1}H-NMR-Spektroskopie zur Strukturaufklärung von Aromastoffen ist inzwischen möglich, da hochauflösende Spektrometer zur Verfügung stehen, die mit relativ wenig Substanz auskommen.

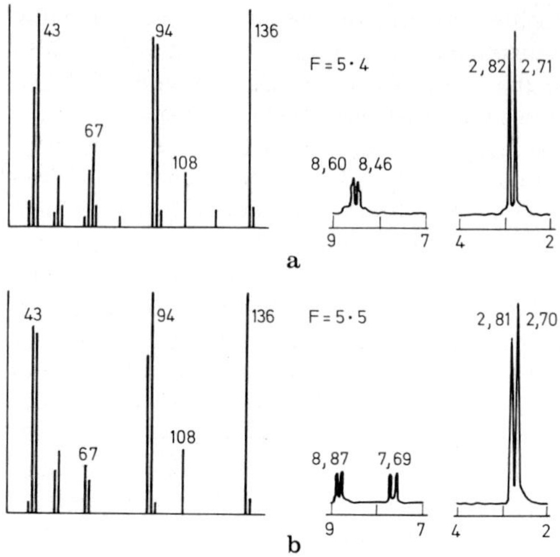

Abb. 5.8. Massenspektren und ^{1}H-NMR-Spektren. (Ausschnitte) von 2-Acetyl-3-methylpyrazin **a** und 4-Acetyl-2-methylpyrimidin **b**. (Nach *R. Tressl,* 1980)

Ein weiteres Hilfsmittel für die qualitative Analyse ist die „Reaktions-Gaschromatographie“. Einige µg Substanz, in einer Kapillare an einem porösen Träger fixiert, der gegebenenfalls mit dem Katalysator imprägniert ist, werden z. B. hydriert oder mit Ozon gespalten. Aus den Reaktionsprodukten, die nach gaschromatographischer Trennung massenspektrometrisch identifiziert werden, ergeben sich Hinweise auf die Struktur.

Selbstverständlich ist eine Verbindung erst identifiziert, wenn die vorgeschlagene Struktur mit der synthetisierten Referenzsubstanz übereinstimmt.

5.2.4 Sensorische Relevanz

5.2.4.1 Sensorische Beurteilung von GC-Peaks

Zur ersten Orientierung über die im Aromastoffkonzentrat vorkommenden Aromastoffe dient das „Aromagramm“, das bei der gaschromatographischen Analyse durch Abriechen des Trägergasstromes aufgenommen wird. Ein Beispiel ist das Aromagramm des Kaffees (cf. 21.1.3.3.7). „Character impact compounds“ im Aromagramm sind Verbindungen mit Aromanoten, die für das Lebensmittel charakteristisch sind (z. B. die Röstaromastoffe im Aromagramm von Kaffee) oder Verbindungen, die nach Rekombina-

tion ein Aroma ergeben, das sich dem des Lebensmittels stark nähert. Ein Beispiel für den zuletzt genannten Fall ist die in Abb. 5.9 etwas vereinfacht dargestellte Analyse der „character impact compounds“ des Blaubeeraromas:
Im ersten Schritt wurden die gaschromatographisch getrennten Komponenten in drei Fraktionen A, B und C gesammelt und dann verkostet. Das Aroma von Fraktion C erinnerte an „Blaubeeren“. Es verschwand, wenn C in die Fraktionen D, E und F aufgetrennt wurde. Eine Mischung aus den Fraktionen D und E, die allein die Aromanoten „grün, scharf“ bzw. „nach Parfum, Citrone“ aufwiesen, führte wieder zur Aromanote „Blaubeere“. Durch weitere Eingrenzungen wurden schließlich R und T als „character impact compounds“ ermittelt und chemisch als 3-cis-Hexenol (R) und Linalool (T) identifiziert.

5.2.4.2 Statistische Analyse

Bei den kompliziert zusammengesetzten Aromen, die z. B. im Verlauf lebensmitteltechnischer

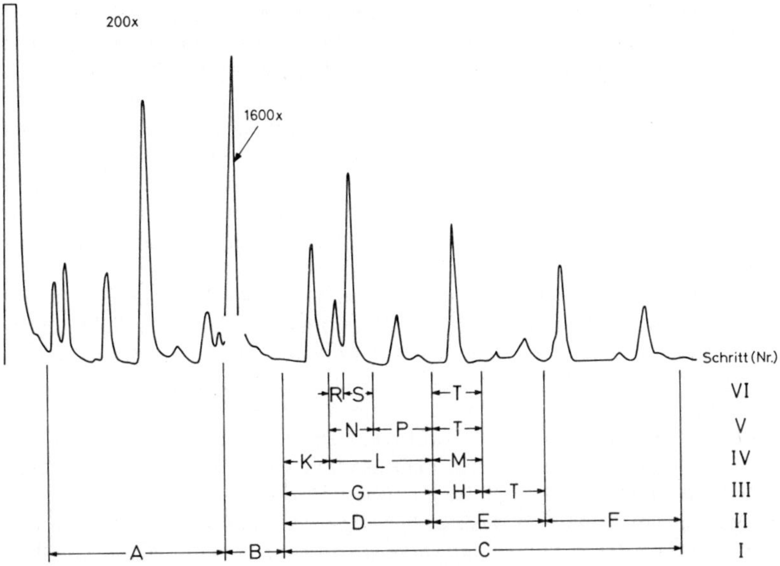

Abb. 5.9. Analyse des Aromas von Blaubeeren. (Nach *Parliment* u. *Scarpellino*, 1977)
Die gaschromatographisch getrennten Fraktionen wurden einzeln und in Kombinationen verkostet:

Eingrenzungsschritt	GC-Fraktion	Aromanote „Blaubeere“	
		ja	nein
I	A		+
	B		+
	C	+	
II	D		+
	E		+
	F		+
	D + E	+	
	D + F		+
	E + F		+
⋮	⋮		⋮
VI	R		+
	S		+
	T		+
	R + T	+	

Prozesse entstehen, können Beziehungen zwischen den sensorischen Daten über Geruchsintensitäten und -qualitäten auf der einen und den identifizierten flüchtigen Verbindungen auf der anderen Seite nur noch mit einer statistischen Analyse hergestellt werden, die mit Hilfe der elektronischen Datenverarbeitung durchgeführt wird.

Betrachten wir dazu eines der wenigen bisher bekannt gewordenen Beispiele, die Analyse eines Aromafehlers, der sich bei der Herstellung von Fleischkonserven einstellen kann. Die Headspace-Analyse ergab 95 Verbindungen. Für eine Korrelation mit den Ergebnissen der sensorischen Analyse wurden 23 Verbindungen mit Aromawerten $A_x \gg 1$ herangezogen. Die Konzentrationen von maximal vier dieser Verbindungen wurden jeweils algebraisch zu sog. S-Werten verknüpft, z. B. durch lineare oder vektorielle Summation. Die sensorische Beurteilung erfolgte auf der Basis von 15 Geruchsqualitäten (z. B. „schwefelig", „nach gekochtem Gemüse", „ekelhaft riechend") nach einer 10stufigen Intensitätsskala. Bei der anschließenden Korrelation der Ergebnisse von instrumenteller Analyse und Sensorik ergab sich z. B. für die Aromanote „angebrannt, rauchig" eine lineare Beziehung zwischen den sensorischen Daten R und den Konzentrationen an Acetaldehyd und 2-Methylthiophen (Abb. 5.10). Außerdem konnte gezeigt werden, daß Schwefelwasserstoff, Methylmercaptan, Dimethylsulfid, 2-Methylpropanal sowie 2- und 3-Methylbutanal für den „canned beef off-flavour" verantwortlich sind. Im Einklang damit war, daß

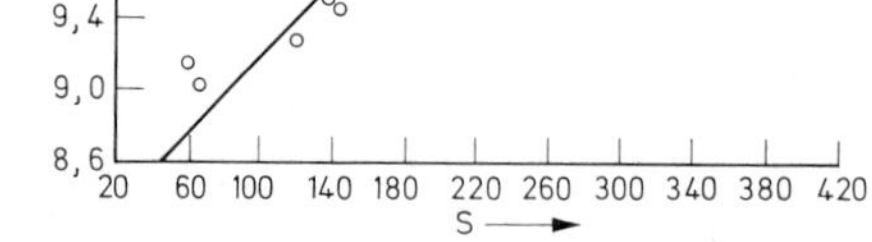

Abb. 5.10. Aromanote „angebrannt, rauchig" bei Fleischkonserven: Sensorische Daten (R + 10) in Abhängigkeit von den Stimulanskonzentrationen in der Verknüpfung. S = ((Ethanal) (2-Methylthiophen))$^{1/2}$. (Nach *E. von Sydow,* 1975)

Zusätze von Lysin (Bindung der Aldehyde) und Na-fumarat (Bindung von H_2S und Methylmercaptan) den Aromafehler mildern.

5.3 Einzelne Aromastoffe

Sichtet man das umfangreiche Material über das Vorkommen von Aromastoffen in Lebensmitteln, so ist auf der einen Seite die Vielzahl der beteiligten Verbindungsklassen auffällig. Auf der anderen Seite ist aber manche Übereinstimmung in der Zusammensetzung von Aromen aus verschiedenen Lebensmitteln zu erkennen. Einfache flüchtige Verbindungen wie Alkohole, Aldehyde, Amine und Monocarbonsäuren wurden in praktisch allen Lebensmitteln identifiziert und auch andere Aromastoffe sind in einer ganzen Reihe von Lebensmitteln anzutreffen; z. B. kommen von den bisher im Kakaoaroma identifizierten 400 Verbindungen 260 auch in anderen Lebensmitteln vor.

Die Vielfalt der chemischen Strukturen zeigt, daß zahlreiche Reaktionen an der Aromabildung beteiligt sind, für die aber, darauf deuten die Überschneidungen in den Aromaspektren hin, die Voraussetzungen in einer mehr oder minder großen Zahl von Lebensmitteln vorliegen.

Obst, Gemüse und Gewürze enthalten Aromastoffe, die überwiegend aus dem Sekundärstoffwechsel hervorgehen. Zumindest qualitative Gemeinsamkeiten ergeben sich, wenn dieselben Stoffwechselwege in mehreren Pflanzenfamilien vorkommen. So ist ein breites Spektrum von Terpenen nicht nur in Citrusfrüchten anzutreffen, sondern auch in Gewürzen, Johannisbeeren, Preiselbeeren, Karotten, Sellerie u. a. Unterschiede in den Aromen ergeben sich aus Abweichungen in den Details der Terpen-Biosynthese und aus den Differenzen im übrigen Sekundärstoffwechsel.

Fleisch, Fisch, Milch und Cerealien sind von Natur aus arm an Aromen. Erst bei der Verarbeitung entstehen z. B. durch Erhitzen und/oder Fermentation produkt- und prozeßspezifische Aromen. Wenn bestimmte Kohlenhydrate, Aminosäuren bzw. Peptide und Lipide in diesen Lebensmitteln vorliegen, so werden auch dieselben Aromastoffe gebildet, vorausgesetzt, daß z. B. bei einer thermischen Behandlung vergleichbare Bedingungen (Temperatur, Zeit, Anwesenheit von Wasser, Sauerstoff) herrschen. Bei der Aromabildung durch Fermentation ergeben sich Gemeinsamkeiten, wenn in den Rohstoffen dieselben Aromavorläufer von Mikroorganismen umgesetzt werden, deren Sekundärstoffwechsel in bezug auf die Bildung flüchtiger Verbindungen übereinstimmt. Beispiele sind die Synthese höherer Alkohole und Ester durch Hefen in alkoholischen Getränken und im Brot sowie der Abbau von Milch- und Kokosfett zu 2-Alkanonen und 2-Alkanolen.

Im folgenden wird eine Auswahl von Aromastoffen vorgestellt, unterteilt nach der Bildung durch nichtenzymatische oder enzymatische Reaktionen und jeweils geordnet nach Verbindungsklassen. Einige Aromastoffe, die sowohl durch enzymatische als auch durch nichtenzymatische Reaktionen entstehen können, werden in den beiden Abschnitten 5.3.1 und 5.3.2 besprochen.

Zu den dargestellten Reaktionswegen ist zu bemerken, daß sie unterschiedlich gut abgesichert sind. In vielen Fällen handelt es sich nur um Hypothesen, die, ausgehend von der Struktur des Aromavorläufers unter Zuhilfenahme von Kenntnissen aus der Chemie und Biochemie, eine Brücke zum Aromastoff schlagen. Nur bei relativ wenigen Reaktionen konnten bisher die angegebenen Zwischenprodukte isoliert, beteiligte Enzyme nachgewiesen und der vorgeschlagene Reaktionsweg durch die Untersuchung von Modellen gesichert werden. Allerdings steht hier die Forschung vor einer besonders schwierigen Aufgabe, da es meist um die Klärung von Seitenwegen chemischer oder biochemischer Reaktionen geht, die hinsichtlich der umgesetzten Mengen kaum ins Gewicht fallen.

5.3.1 Nichtenzymatische Reaktionen

Bei Zimmertemperatur treten Aromaveränderungen durch nichtenzymatische Reaktionen erst nach längeren Reaktionszeiten, z. B. bei der Lagerung, in Erscheinung. Eine Rolle spielen die Lipidperoxidation (cf. 3.7.2.1.5), der *Strecker*-Abbau von Aminosäuren (cf. 4.2.4.4), die Heterolyse von Kohlenhydraten und Folgereaktionen, die insbesondere von den entstandenen Aldehyden ausgehen (cf. Abb. 3.32). Durch einen Kochprozeß werden alle diese Vorgänge stark beschleunigt.

Noch höhere Temperaturen, die bei Röstprozessen (Braten, Backen u. a.) angewandt werden, steigern die Vielfalt der Aromen. Die Lebensmitteloberfläche trocknet aus und es setzt Pyrolyse von Kohlenhydraten, Proteinen, Lipiden und anderen Bestandteilen ein, wobei u. a. Aromastoffe entstehen.

Kennzeichnend für nichtenzymatische Reaktionen ist die große Zahl flüchtiger Verbindungen,

Tabelle 5.10. Einige *Strecker*-Aldehyde

Vorläufer-Aminosäure	*Strecker*-Aldehyd Name	Struktur	Aroma	Geruchsschwelle (µg/l; H_2O)
Gly	Formaldehyd	CH_2O	Mäuseurin, esterartig	$50 \cdot 10^3$
Ala	Ethanal	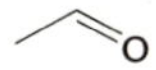	stechend, fruchtig	25
Val	2-Methylpropanal	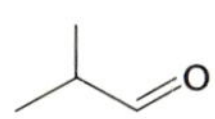	grün, stechend	2
Leu	3-Methylbutanal	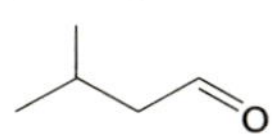	grün, Bittermandel	3
Ile	2-Methylbutanal	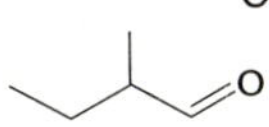	grün, ätherisch, Bittermandel	4
Phe	2-Phenylethanal	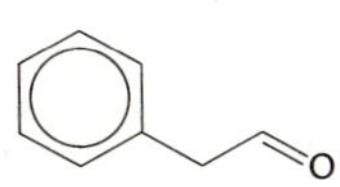	honigartig, blumig	4

die dabei aus einem Reaktionspartner hervorgehen. So entstehen beim Erhitzen (200 °C) von Cystein und Xylose in Tributyrin allein schon 41 Schwefelverbindungen, darunter 20 Thiazole, 11 Thiophene, zwei Dithiolane und ein Dimethyltrithiolan.

5.3.1.1 Carbonyl-Verbindungen

Die wichtigsten Reaktionen, die zu flüchtigen Carbonyl-Verbindungen führen, sind unter 3.7.2.1.5 (Lipid-Peroxidation), 4.2.4.3.2 (Karamelisierung) und 4.2.4.4 (*Strecker*-Abbau von Aminosäuren) dargestellt. In Tab. 5.10 sind einige *Strecker*-Aldehyde, die in vielen Lebensmitteln gefunden worden sind, mit ihren Aromaqualitäten aufgeführt. Entsprechende Daten für Carbonylverbindungen, die aus dem Abbau von Fettsäuren hervorgehen, zeigt Tab. 3.29. Carbonylverbindungen entstehen auch beim Abbau von Carotinoiden (cf. 3.8.4.4).

5.3.1.2 Pyranone

Maltol, dessen Bildung aus Kohlenhydraten unter 4.2.4.4 angegeben ist, riecht nach Karamel (Schwellenwert in Tab. 5.2). Über das Vorkommen informiert Tab. 5.11.
Maltol verstärkt auch den süßen Geschmack von Lebensmitteln (cf. 8.6.3) und maskiert den Bittergeschmack von Hopfen und Cola.

Tabelle 5.11. Vorkommen von Maltol

Lebensmittel	mg/kg	Lebensmittel	mg/kg
Malzkaffee	292	Schokolade	3,3
Biskuit	19,7	Bier	0–3,4

Ethylmaltol (2-Ethyl-3-hydroxy-4(4H)-pyranon) stimuliert dasselbe Aroma, ist aber 4- bis 6mal wirksamer als Maltol. Es wurde bisher nicht in Lebensmitteln gefunden, wird aber zur Aromatisierung angewandt.

5.3.1.3 Furane

Unter den in großer Zahl beim Abbau von Kohlenhydraten entstehenden Furanabkömmlingen sind die 3(2H)-Furanone auffällige Aromastoffe (cf. Tab. 5.12).
Die Verbindungen I–III (Tab. 5.12), das Maltol und die unter 4.2.4.3.2 angegebenen Cyclopentenolone, die alle eine planare Enoloxo-Konfiguration

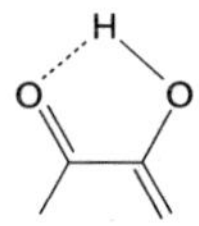

(5.2)

besitzen, riechen nach Karamel. Fehlt die Hydroxygruppe (V) oder ist sie methyliert (IV), so verschwindet dieser Aromaeindruck.
Die Umwandlung von Fructose in ein Furanon ist unter 4.2.4.3.1 dargestellt. Eine Variante des Reaktionsweges (Abb. 5.11) zeigt, wie man sich die Entstehung von I (Tab. 5.12) vorstellt.
Als Vorläufer von II (Tab. 5.12) wird L-Rhamnose angenommen. Abb. 5.12 erklärt die Bildung von II bei der *Maillard*-Reaktion. Ob die in Früchten nachgewiesenen Furanone, begünstigt durch den niedrigen pH, ausschließlich durch nichtenzymatische Reaktionen entstehen, ist noch unklar.
6-Methyl-2,3-dihydro-thieno(2,3-c)furan (s. Formel 5.3), 2-Furfurylmercaptan (I, s. Formel 5.5) und 5-Methylfurfurylmercaptan (II, s. Formel 5.5) leisten wesentliche Beiträge zum Kaffeearoma (cf. 21.1.3.3.7).

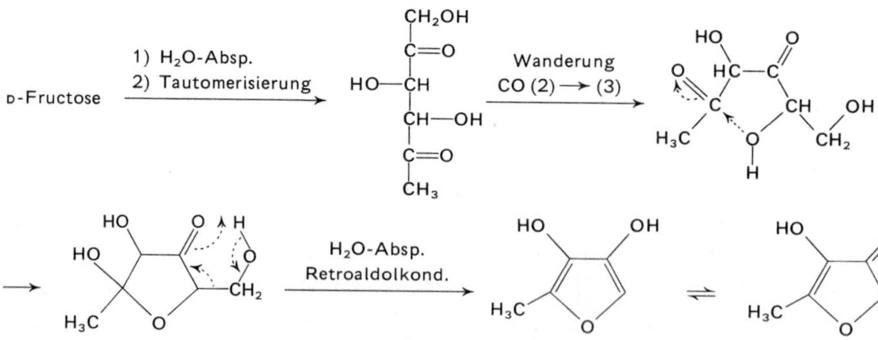

Abb. 5.11. Bildung von 4-Hydroxy-5-methyl-3(2H)-furanon

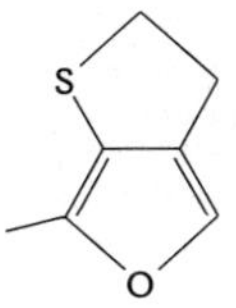

I

(5.3)

Schwefelhaltige Furanderivate mit niedrigen Geruchsschwellen können sich auch beim Abbau von Thiamin bilden. Sie wurden in fleischähnlichen Aromen, die beim Erhitzen von Thiamin mit Cystein und Proteinhydrolysaten entstehen (cf. Tab. 1.6), und bei der Bestrahlung von Thiamin gefunden. Besonders auffällig ist das Bis(2-methyl-3-furyl)disulfid, das auf Grund einer Geruchsschwelle von $2 \cdot 10^{-5}$ µg/kg (Wasser) zu den wirksamsten Aromastoffen gehört, die bisher identifiziert worden sind. Die Verbindung ist für den Geruch von Vitamin B_1 verantwortlich und soll an Fleischaromen mitwirken. Es wird angenommen, daß sie durch Cyclisierung und Oxidation aus dem bei der Hydrolyse von Thiamin u. a. entstehenden 4-Oxo-3-mercapto-1-pentanol hervorgeht (s. Formel 5.4).

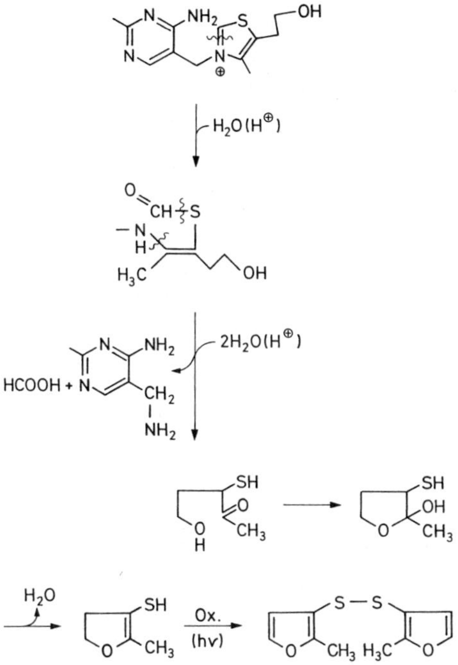

(5.4)

Das Beispiel zeigt, daß Nebenbestandteile von Lebensmitteln wie das Thiamin als Aromavorläufer eine wichtige Rolle spielen können, wenn bei ihrem Abbau Aromastoffe mit sehr niedrigen Schwellenwerten gebildet werden.

I II (5.5)

5.3.1.4 Lactone

Zahlreiche Lactone sind verbreitet in Lebensmitteln anzutreffen; Tab. 5.13 zeigt davon nur einen kleinen Ausschnitt. Da ihr Aroma zum Teil sehr

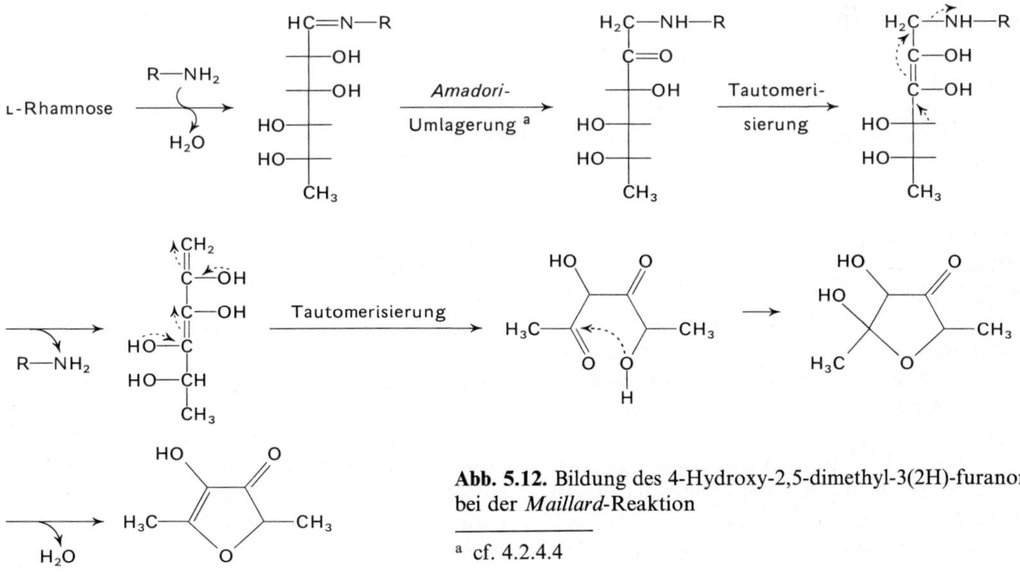

Abb. 5.12. Bildung des 4-Hydroxy-2,5-dimethyl-3(2H)-furanons bei der *Maillard*-Reaktion

[a] cf. 4.2.4.4

Tabelle 5.12. 3(2H)-Furanone in Lebensmitteln

Struktur	Substituenten	Aroma	Vorkommen
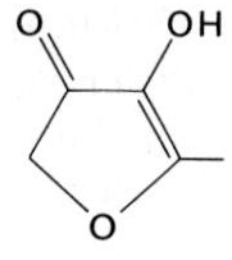 (I)	4-Hydroxy-5-methyl	geröstete Zichorie, Karamel	Fleischbrühe
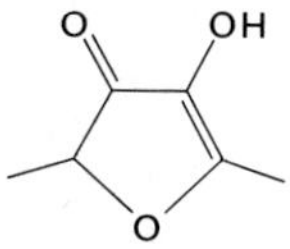 (II)	4-Hydroxy-2,5-dimethyl[a]	fruchtig, erdbeerartig[b]	Ananas, Erdbeeren, gebrannte Mandeln, Fleischbrühe, Popcorn
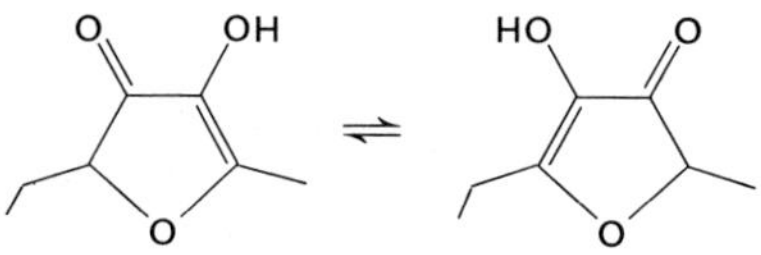 (III)	4-Hydroxy-2-ethyl-5-methyl	süß, Mürbgebäck, Karamel	Sojasoße[c]
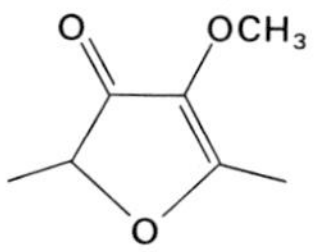 (IV)	4-Methoxy-2,5-dimethyl[a]	Sherry	Erdbeeren, Himbeeren[d]
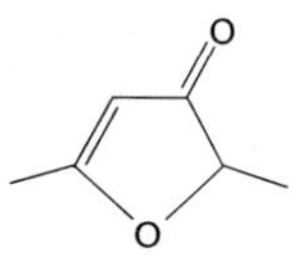 (V)	2,5-Dimethyl	Brot	Weißbrot, Kaffee

[a] Geruchsschwelle in Tab. 5.2.
[b] In höheren Konzentrationen karamelartig.
[c] Die beiden angegebenen tautomeren Formen wurden nachgewiesen.
[d] Arctic bramble *(Rubus articus)*.

angenehme Noten aufweist, sind sie auch für die Aromatisierung von Lebensmitteln von Interesse. Langkettige Lactone (z.B. III–V in Tab. 5.13), die in fetthaltigen Lebensmitteln (z.B. Milchfett, Fleisch) und einigen Früchten (cf. 18.1.2.6.7) nachgewiesen worden sind, gehen aus den entsprechenden Hydroxyfettsäuren hervor (cf. 3.2.1.3).
Die Lactone VI–VIII, deren Entstehung noch nicht geklärt ist, sind für das Aroma der in Tab. 5.13 aufgeführten alkoholischen Getränke wesentlich. Vom „Whisky-Lacton" (VIII in Tab. 5.13) existieren zwei diastereomere Formen. Das cis-Lacton, dessen Geruchsschwelle höher als die des trans-Lactons (0,79 ppm bzw. 0,067 ppm) liegt, hat das angenehmere Aroma.

5.3.1.5 Thiole, Thioether, Di- und Trisulfide

Unter der Fülle von Schwefelverbindungen, die insbesondere beim Erhitzen von Lebensmitteln aus Cystein, Cystin, Thiamin und Methionin hervorgehen, befinden sich sehr wirksame Aromastoffe (Tab. 5.14), die an der Ausbildung von

Tabelle 5.13. Lactone in Lebensmitteln

Name	Struktur	Aroma	Vorkommen
4-Butanolid (γ-Butyrolacton)	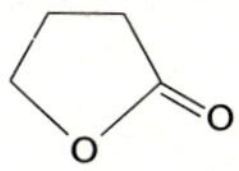 (I)	süß, aromatisch leicht nach Butter	getrocknete Pilze, Popcorn, geröstete Nüsse, Knäckebrot, Ananas
3-Penten-4-olid (α-Angelicalacton)	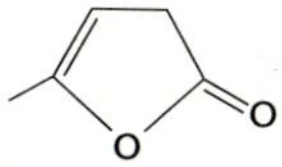 (II)	süß, etwas herb	Weißbrot, Sojabohnen, Rosinen
4-Nonanolid[a]	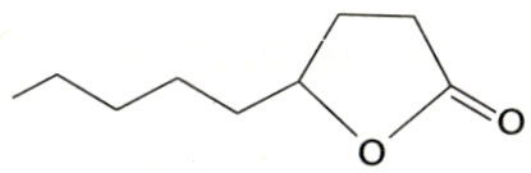 (III)	fettig, nach Kokosnuß	fetthaltige Lebensmittel, Knäckebrot, Pfirsich
4-Decanolid[b] (γ-Decalacton)	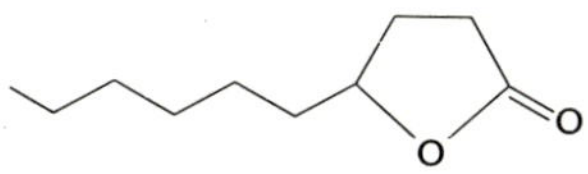 (IV)	fruchtig, nach Pfirsich	fetthaltige Lebensmittel, Erdbeeren
5-Decanolid[c] (δ-Decalacton)	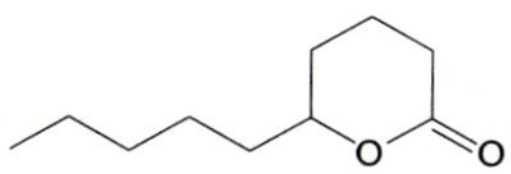 (V)	ölig, nach Pfirsich	fetthaltige Lebensmittel
5-Oxo-4-hexanolid (Soleron)	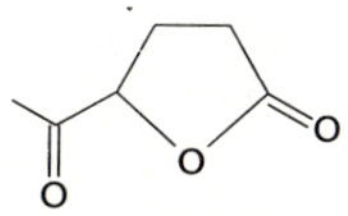 (VI)	weinig	Wein
5-Hydroxy-4-hexanolid (Sherry-Lacton)	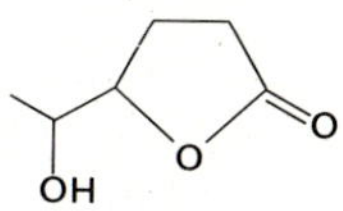 (VII)		Sherry
3-Methyl-4-octanolid (Whisky-Lacton)	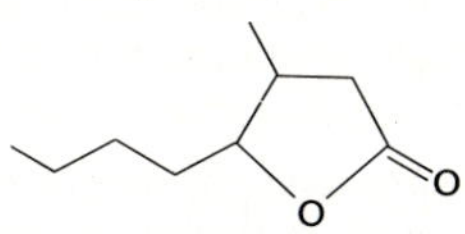 (VIII)		Whisky

Geruchsschwellen (mg/kg): [a] 0,065 (H_2O), 2,4 (Öl); [b] 0,088 (H_2O); [c] 0,16 (H_2O).

Tabelle 5.14. Geruchsschwellen flüchtiger Schwefelverbindungen in Wasser

Verbindung	Schwellenwert (µg/l)
Schwefelwasserstoff	10
Methylmercaptan	0,02
Ethylmercaptan	0,008
Dimethylsulfid	1,0
Dimethyldisulfid	7,6
Dimethyltrisulfid	0,01
Methional	0,2
2-Acetylthiazol	10
2-Isobutylthiazol	2
3,4-Dimethylthiophen	1,3
5-Methyl-2-formylthiophen	1,0
3,5-Dimethyl-1,2,4-trithiolan	10

angenehmen, aber auch sehr unangenehmen Geruchsnoten beteiligt sind. Eine Reihe von Schwefelverbindungen, die bei der nichtenzymatischen Bräunung entstehen, lassen Aromanoten erkennen, die eine gewisse Beziehung zum Aroma von verarbeitetem Fleisch haben. In der Patentliteratur sind deshalb zahlreiche Reaktionssysteme beschrieben worden (Tab. 1.6), mit denen solche Aromen erzeugt werden können.

Thiole sind auf Grund ihres intensiven Geruchs und als Zwischenstufen, die mit anderen flüchtigen Verbindungen durch Addition an Carbonylgruppen oder Doppelbindungen zu weiteren Aromastoffen reagieren können, an der Bildung von Aromen beteiligt.

Schwefelwasserstoff und 2-Mercaptoacetaldehyd gehen im Zuge des *Strecker*-Abbaus aus Cystein hervor (Abb. 5.13). Methionin ergibt in analoger Weise Methional, aus dem durch β-Eliminierung leicht Methylmercaptan freigesetzt wird (Abb. 5.14). Nach Methylierung, z. B. beim Erhitzen mit Pektin, ist Methionin auch der Vorläufer für Dimethylsulfid:

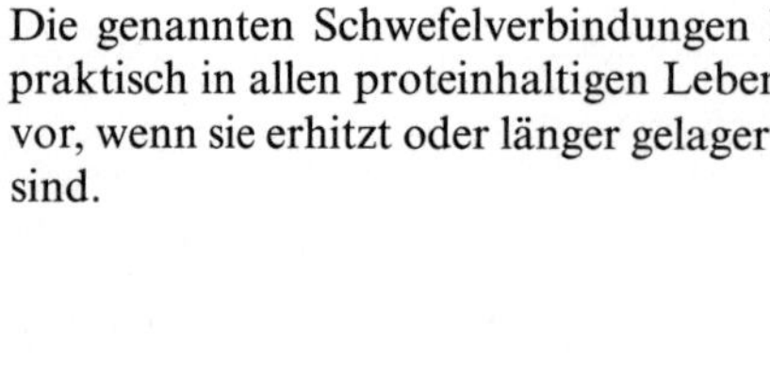

(5.6)

Die genannten Schwefelverbindungen kommen praktisch in allen proteinhaltigen Lebensmitteln vor, wenn sie erhitzt oder länger gelagert worden sind.

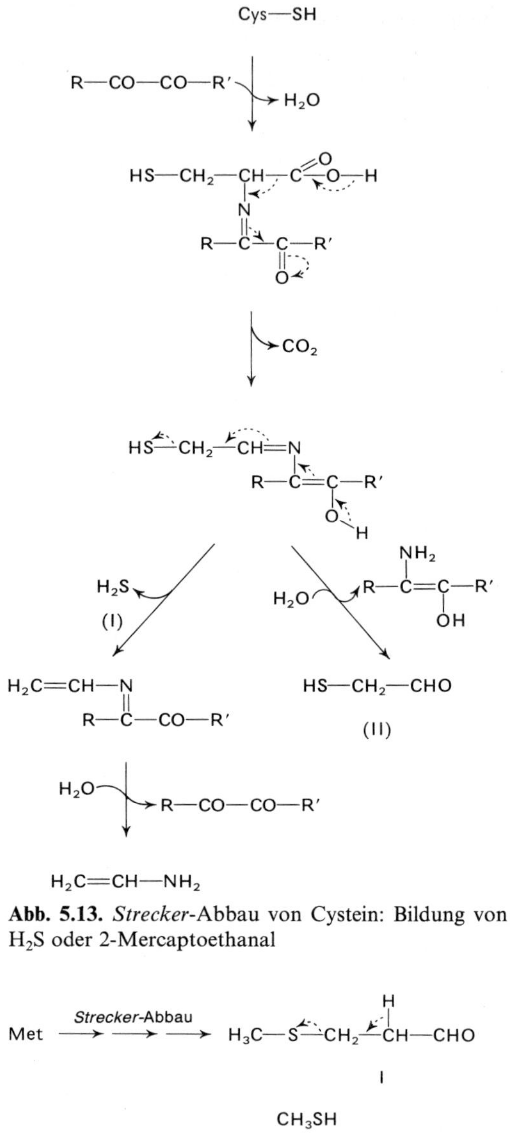

Abb. 5.13. *Strecker*-Abbau von Cystein: Bildung von H_2S oder 2-Mercaptoethanal

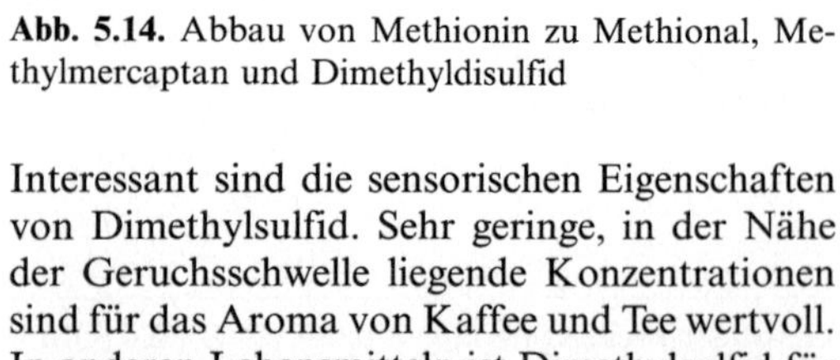

Abb. 5.14. Abbau von Methionin zu Methional, Methylmercaptan und Dimethyldisulfid

Interessant sind die sensorischen Eigenschaften von Dimethylsulfid. Sehr geringe, in der Nähe der Geruchsschwelle liegende Konzentrationen sind für das Aroma von Kaffee und Tee wertvoll. In anderen Lebensmitteln ist Dimethylsulfid für Aromafehler verantwortlich, die als „nach Petro-

leum“ (gefrorener Schellfisch), „nach Zwiebeln“ (Bier) oder „nach Futter“ (Milch) riechend charakterisiert werden. Im Bier sind Bakterien an der Bildung von Dimethylsulfid beteiligt.
Methional ist z.B. für den „Sonnenlichtgeschmack“ der Milch verantwortlich (cf. Tab. 5.5) und für den typischen Geschmack von Kartoffelprodukten wesentlich (cf. Tab. 5.4).
Das Dithiohalbacetal, 1-Methylthioethanthiol, das durch folgende Reaktion entsteht und von dem ein fleischartiger Geruch ausgeht, wurde in Fleischbrühe nachgewiesen:

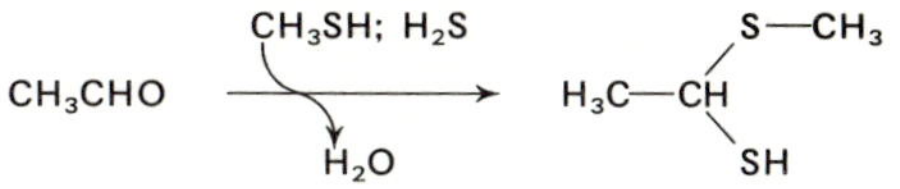

(5.7)

Durch Thiole werden markante Aromafehler verursacht. Außer dem „Sonnenlichtgeschmack“ bei Bier (Tab. 5.5) ist ein Geruch nach „Katzenurin“, der bei Dosenrindfleisch vorkommen kann, zu nennen. Reaktionspartner sind hier Mesityloxid, das möglicherweise aus einem Lösungsmittel stammt, und Schwefelwasserstoff:

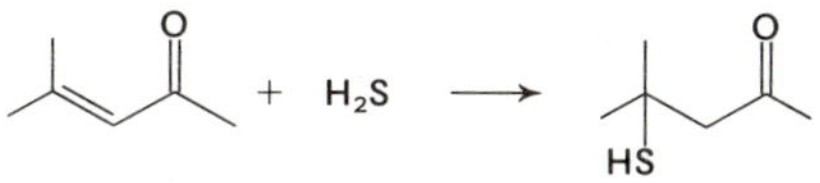

(5.8)

Thiole oxidieren leicht zu Disulfiden (cf. Abb. 5.14), die unter Bildung von Trisulfiden disproportionieren können:

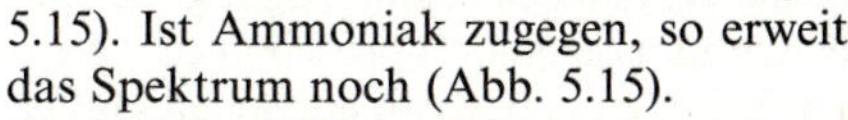

(5.9)

Das außerordentlich aromawirksame Dimethyltrisulfid (cf. Tab. 5.14) trägt zum Aroma von Hühnerfleisch bei. Außerdem prägt es das Aroma von gekochtem Weiß- und Blumenkohl.
Aus Acetaldehyd und Schwefelwasserstoff entstehen cyclische Schwefelverbindungen (Abb. 5.15). Ist Ammoniak zugegen, so erweitert sich das Spektrum noch (Abb. 5.15).
Die Sulfide I–III in Abb. 5.15 und das dem Trithioacetaldehyd (I) analoge Trithioaceton entstehen beim Kochen von Fleisch; eine Bedeutung für das Aroma wird diskutiert.

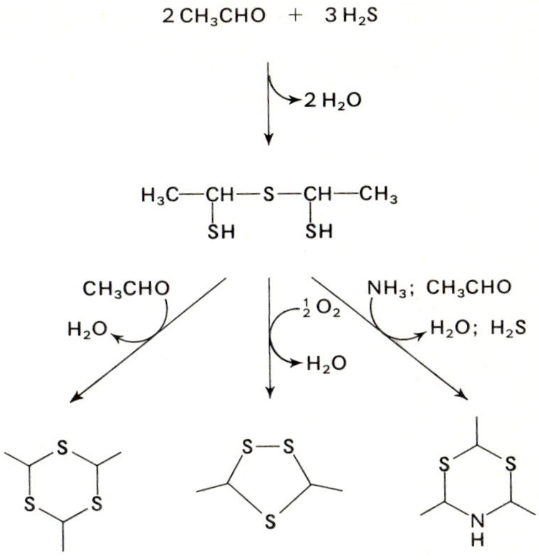

I II III

Abb. 5.15. Bildung von 2,4,6-Trimethyl-s-trithian (I), 3,5-Dimethyl-1,2,4-trithiolan (II) und 2,4,6-Trimethyl-5,6-dihydro-1,3,5-dithiazin (III)

5.3.1.6 Thiophene

Aus dem *Strecker*-Abbau von Cystein resultierendes 2-Mercaptoethanal (II in Abb. 5.13) kann mit ungesättigten Aldehyden wie Acrolein oder 2-Butenal (aus der Aldolkondensation von Acetaldehyd) unter Bildung von Thiophenderivaten reagieren (cf. Abb. 5.16), die u.a. in gekochtem und gebratenem Fleisch, geröstetem Kaffee und gerösteten Nüssen nachgewiesen worden sind. Der Beitrag des 2-Methylthiophens zum Geschmack von Fleischkonserven wird unter 5.2.4.2 behandelt.
Glucosesirup erhält durch 2,5 ppm 2-Acetyl-3-methylthiophen ein honigähnliches Aroma; im Kaffee entwickeln 1,1 ppm eine nußartige, etwas an Stärke erinnernde Aromanote.
Beim Erhitzen von Cystein mit 3(2H)-Furanonen (z.B. Verbindung I, Tab. 5.12) entstehen fleischartige Aromen. Folgende Reaktionen werden u.a. erwartet:

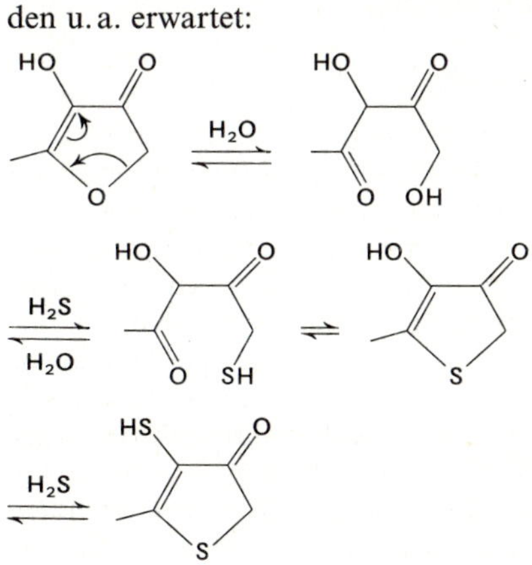

(5.10)

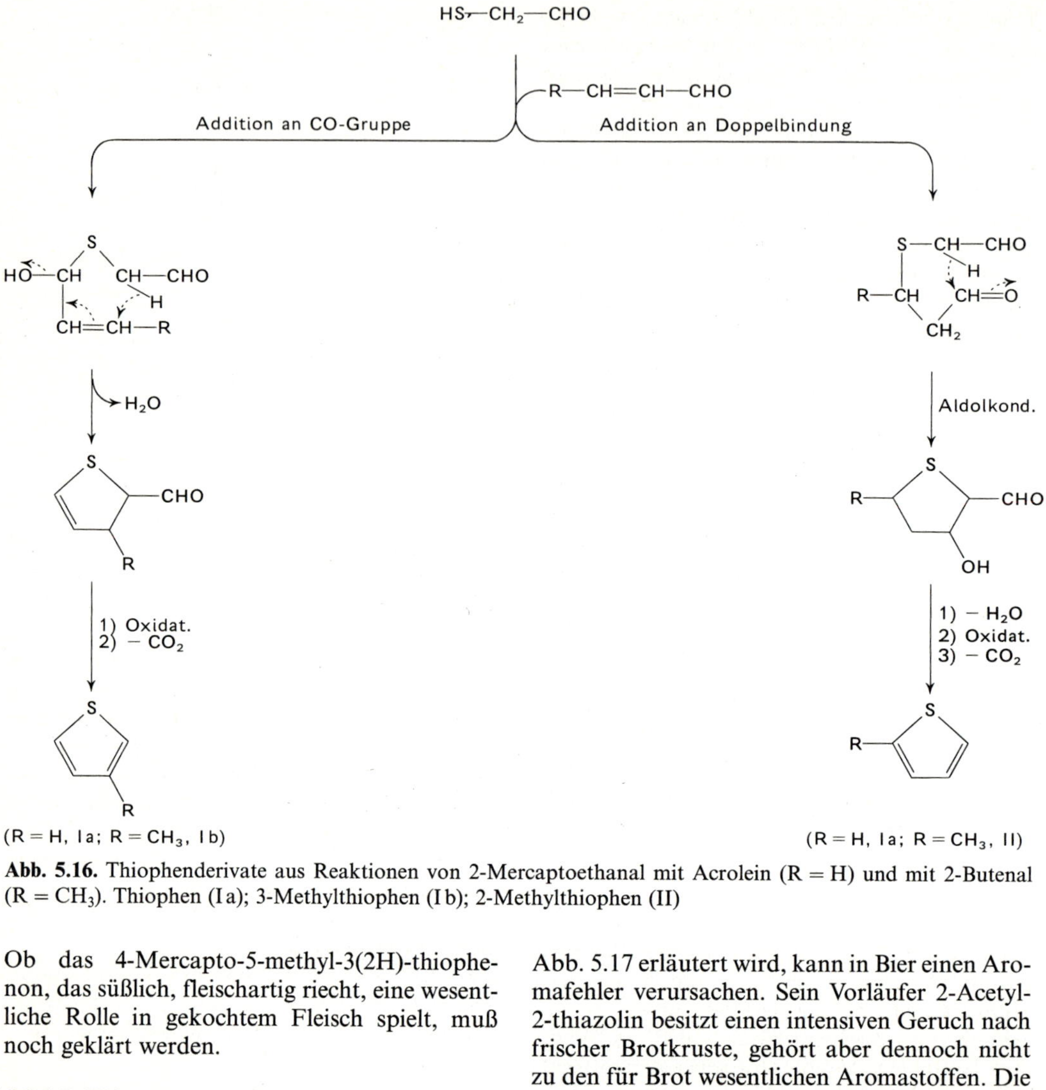

Abb. 5.16. Thiophenderivate aus Reaktionen von 2-Mercaptoethanal mit Acrolein (R = H) und mit 2-Butenal (R = CH_3). Thiophen (I a); 3-Methylthiophen (I b); 2-Methylthiophen (II)

Ob das 4-Mercapto-5-methyl-3(2H)-thiophenon, das süßlich, fleischartig riecht, eine wesentliche Rolle in gekochtem Fleisch spielt, muß noch geklärt werden.

5.3.1.7 Thiazole

Thiazol und seine Derivate wurden u. a. in Kaffee, gekochtem Fleisch, gekochten Kartoffeln, erhitzter Milch und in Bier nachgewiesen. Von den vielen inzwischen bekanntgewordenen Verbindungen sind in Tab. 5.15 einige Beispiele angeführt. Das nußartige Aroma, das für manche Thiazole typisch ist, zeigt besonders auffällig die in gekochtem Fleisch vorkommende Verbindung V (cf. Tab. 5.15). Sie wird deshalb zur Aromatisierung von Lebensmittelzubereitungen eingesetzt.
Thiazol IV (Tab. 5.15), das verbreitet in erhitzten Lebensmitteln vorkommt und dessen Bildung in Abb. 5.17 erläutert wird, kann in Bier einen Aromafehler verursachen. Sein Vorläufer 2-Acetyl-2-thiazolin besitzt einen intensiven Geruch nach frischer Brotkruste, gehört aber dennoch nicht zu den für Brot wesentlichen Aromastoffen. Die Substanz ist synthetisch leicht zugänglich und dient zur Aromatisierung. Thiazol VI (Tab. 5.15) kann beim Erhitzen von Milch entstehen und ist mitverantwortlich für einen Aromafehler („stale off-flavour"). Thiazol III (Tab. 5.15) gehört zu den wesentlichen Aromastoffen der Tomate. In entsprechenden Produkten wird das Aroma durch 20–50 ppb Thiazol III verstärkt (zu seiner Bildung cf. 5.3.2.4).
Thiazole gehen aber auch aus dem thermischen Abbau von Thiamin hervor (cf. Abb. 5.18). Auf einem anderen Weg entstehen noch Furan- und Thiophenderivate.

Tabelle 5.15. Thiazole in Lebensmitteln

Name	Struktur	Aroma
Thiazol	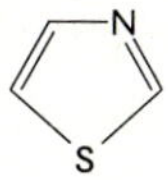 (I)	Pyridin
2-Methyl-thiazol	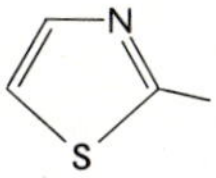 (II)	grün, Gemüse
2-Isobutyl-thiazol	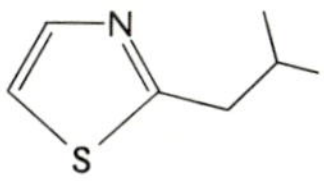 (III)	grün, Tomate, weinig
2-Acetyl-thiazol	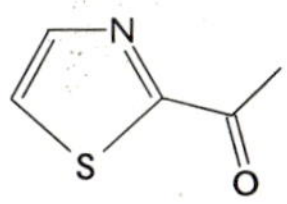 (IV)	Nüsse, Getreide, Popcorn
2,4-Dimethyl-5-vinyl-thiazol	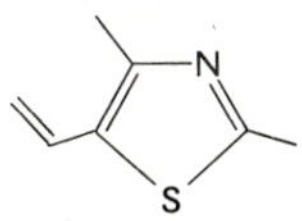 (V)	Nüsse
Benzothiazol	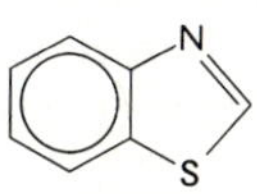 (VI)	Chinolin, Gummi

5.3.1.8 Oxazole

Beim Erhitzen proteinhaltiger Lebensmittel können Oxazole bzw. Oxazoline u. a. durch die in Abb. 5.17 angegebene Variante des *Strecker*-Abbaus aus Serin oder Threonin entstehen. Einige Oxazoline, z. B. das 2,4,5-Trimethyl-3-oxazolin, dessen Aroma als holzartig, modrig, grün (Geruchsschwelle in Wasser: 1 ppm) charakterisiert wird, sollen am Fleischaroma beteiligt sein:

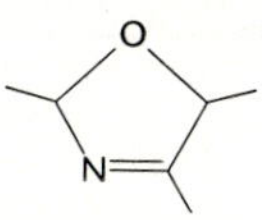

(5.11)

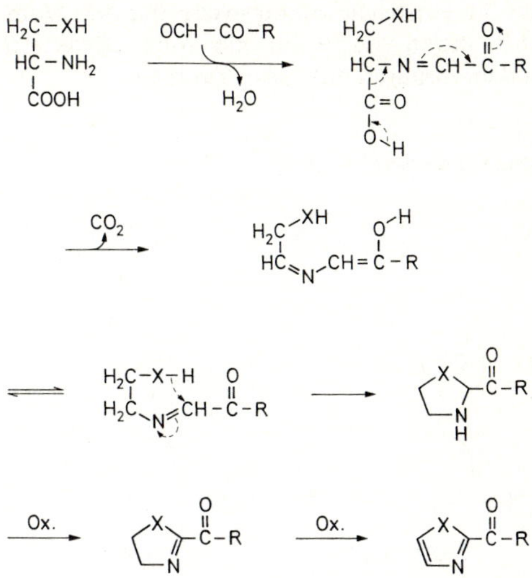

Abb. 5.17. *Strecker*-Abbau von Cystein (X = S) unter Bildung von 2-Acylthiazolen sowie von Serin (X = O) unter Bildung von 2-Acyloxazolen

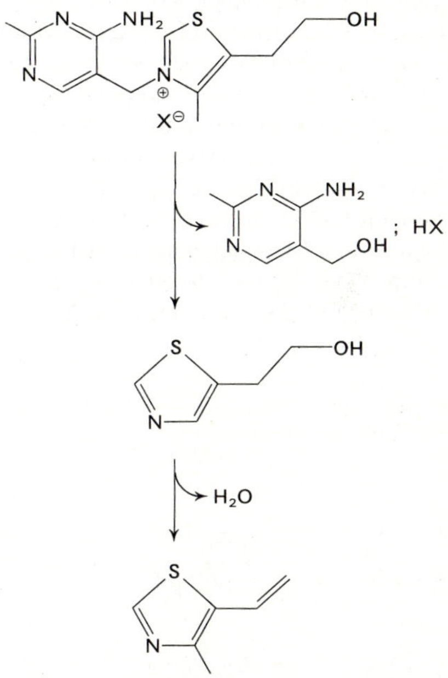

I

Abb. 5.18. Thermischer Abbau von Thiamin bei pH 6; I: 4-Methyl-5-vinylthiazol

5.3.1.9 Pyrrole, Pyridine

In Koch-, Röst- und Brataromen wurden zahlreiche Pyrrol- und Pyridin-Abkömmlinge identifiziert. Sie entstehen vorzugsweise bei der *Maillard*-Reaktion von Prolin oder durch Reaktion von Aminosäuren mit 2-Acylfuranen:

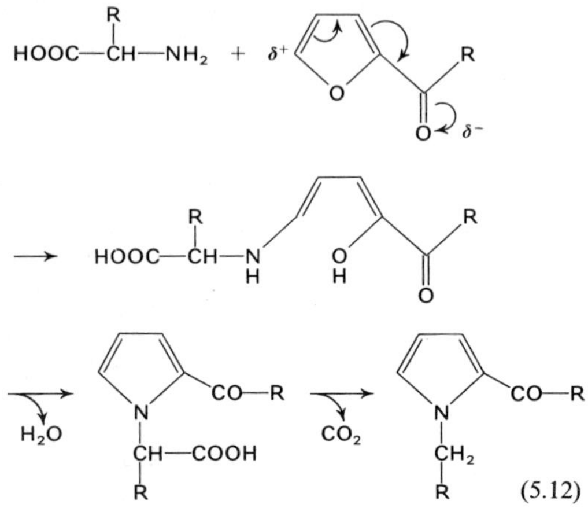

(5.12)

Von den Produkten, die beim Erhitzen von Prolin mit Monosacchariden entstehen, sind die in Tab. 5.16 angegebenen Verbindungen besonders interessant, da sie an Röstaromen mitwirken und in der Weiß- und Roggenbrotkruste vorkommen (cf. 15.4.3.2.2). Darüber hinaus verursacht das 2-Acetyl-1-pyrrolin bei bestimmten Reissorten, die vorzugsweise in Asien verzehrt werden, ein angenehmes Popcorn-Aroma. Bei der Gaschromatographie erscheint vom 2-Acetyl-1-pyrrolin überwiegend die in Tab. 5.16 angegebene Imin-Form, während vom 2-Acetyl-1,4,5,6-tetrahydropyridin das Enamin- und das Imin-Tautomere auftreten.

Die Bildung des 2-Acetyl-1,4,5,6-tetrahydropyridins soll über eine Erweiterung des Prolinrings verlaufen:

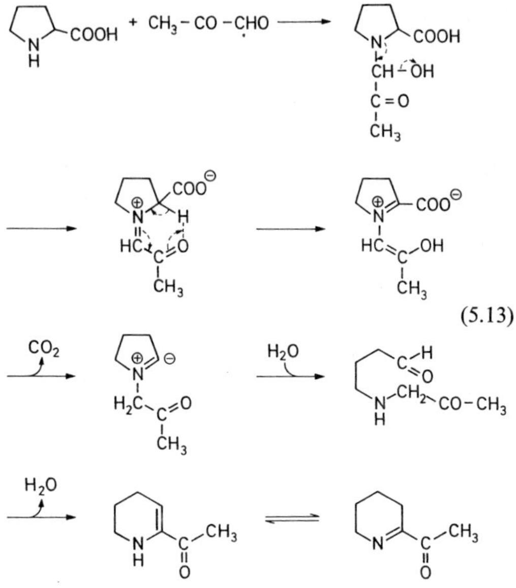

(5.13)

Bei einer Oxidation des Tetrahydropyridins zum 2-Acetylpyridin bleibt die popcornartige Aromanote erhalten, doch steigt die Geruchsschwelle etwa um den Faktor 10.

5.3.1.10 Pyrazine

Auf sehr wirksame Aromastoffe treffen wir bei den Pyrazinen, von denen bisher über 50 in Lebensmitteln gefunden worden sind; einige Beispiele zeigt Tab. 5.17. Pyrazine entstehen bei der

Tabelle 5.16. Bildung von Aromastoffen beim Erhitzen von Prolin mit einem Monosaccharid

Name	Struktur	Geruchsschwelle[b] (µg/kg)	Monosaccharid[c] I	II	III (mg/kg)[a]	IV	V
2-Acetyl-l-pyrrolin	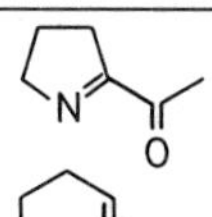	0,1	7	3	2	3	11
2-Acetyl-1,4,5,6-tetrahydropyridin	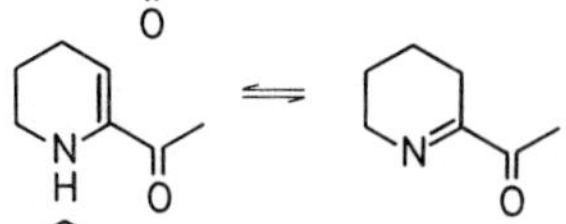	1,6	290	20	28	23	170
2-Acetylpyridin	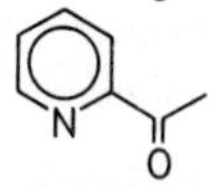	19	+	1	7	10	20

[a] Menge an gebildetem Aromastoff in mg/kg Prolin-Monosaccharid-Gemisch (äquimolar).
[b] In Wasser.
[c] Monosaccharide: I Glycerinaldehyd, II Erythrose, III Arabinose, IV Glucose, V Rhamnose.

Tabelle 5.17. Pyrazine in Lebensmitteln

Struktur	Substituenten	Aroma	Geruchsschwelle ($\mu g/l$; H_2O)
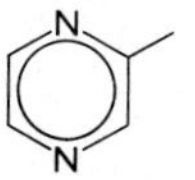 (I)	2-Methyl-	gerösteten Erdnüssen	10^5
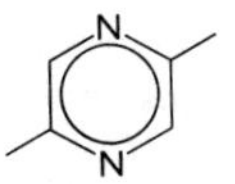 (II)	2,5-Dimethyl-		$1{,}8 \cdot 10^3$
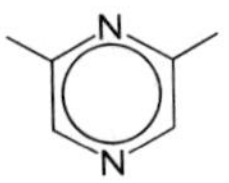 (III)	2,6-Dimethyl-	Schokolade	10^4
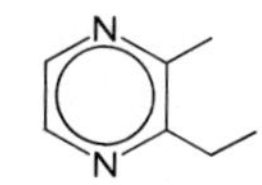 (IV)	2-Methyl-3-ethyl-	brenzlig	30
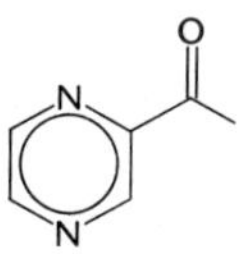 (V)	Acetyl-	gerösteter Mais	62
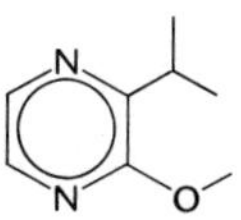 (VI)	2-Isopropyl-3-methoxy-	Kartoffeln	0,002
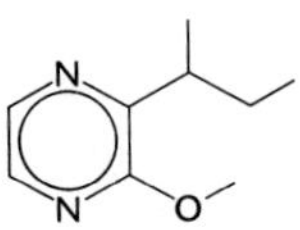 (VII)	2-sec-Butyl-3-methoxy-		0,001
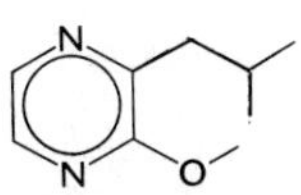 (VIII)	2-Isobutyl-3-methoxy-	scharf, Paprika	0,002

Maillard-Reaktion und bei der Pyrolyse bestimmter Aminoverbindungen. Dementsprechend kommen sie verbreitet in Lebensmitteln vor, die bei der Herstellung erhitzt werden, z. B. in Brot, Fleisch, Kaffee, Kakao und gerösteten Nüssen. Die Beispiele in Tab. 5.17 geben einen Eindruck von den Aromanoten, die von Pyrazinen hervorgerufen werden. Die umfangreiche Patentliteratur ist ein Spiegel für die Bemühungen, Pyrazine zur Erzeugung und zur Verstärkung von Aromen einzusetzen (Beispiele in Tab. 5.18).

Sowohl für die *Maillard*-Reaktion als auch für die Pyrolyse ist das Pyrazin-Spektrum in Abhängigkeit von der N-Quelle untersucht worden. In Abb. 5.19 sind Ergebnisse von Versuchen, in denen Glucose mit verschiedenen Aminosäuren und Ammoniumchlorid umgesetzt wurde, angeführt. Die Pyrazine dürften dabei auf dem unter 4.2.4.4 angegebenen Reaktionsweg entstehen. Bei der Pyrolyse gehören Hydroxyaminoverbindungen zu den bevorzugten Vorläufern der Pyrazine (Tab. 5.19), z. B. das Threonin:

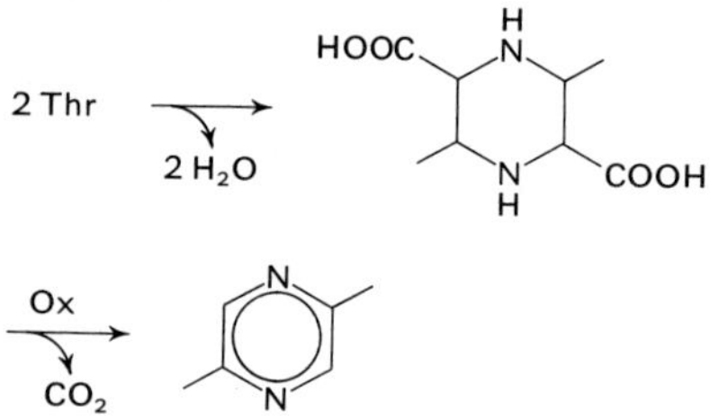

(5.14)

Table 5.18. Aromatisierung mit Pyrazinen

Verbindung (mg/kg)	Lebensmittel	Aroma
2-Ethyl-3-vinylpyrazin (6)	Instant-Kaffee	erdig
2-Ethyl-3,5-dimethylpyrazin (50)	Glucosesirup	gebrannte Mandeln
2-Ethyl-3,6-dimethylpyrazin (20)	Glucosesirup	Haselnuß
Formylpyrazin (12,5)	Instant-Kaffee	Röstnote
2-Ethoxy-3-methylpyrazin	Eiscreme	geröstete Nüsse
2-Ethyl-3-methoxypyrazin	Kartoffelprodukte	Kartoffeln

Durch Reaktion von Cyclopentenolonen (cf. 4.2.4.3.2) mit Aminoketonen (cf. 4.2.4.4) und Ammoniak können die in erhitzten Lebensmitteln auftretenden 6,7-Dihydro-5H-cyclopenta(b)pyrazine entstehen:

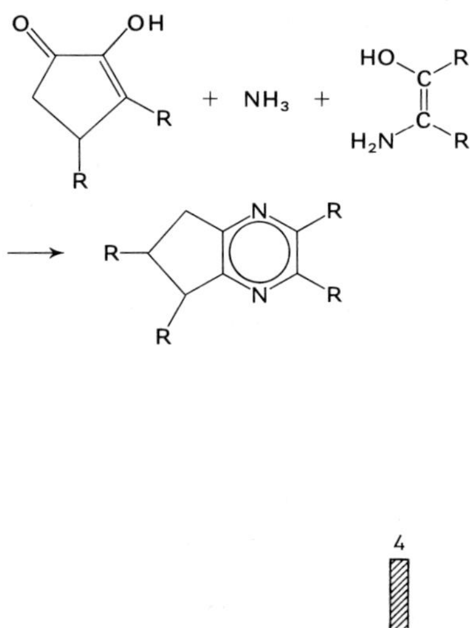

(5.15)

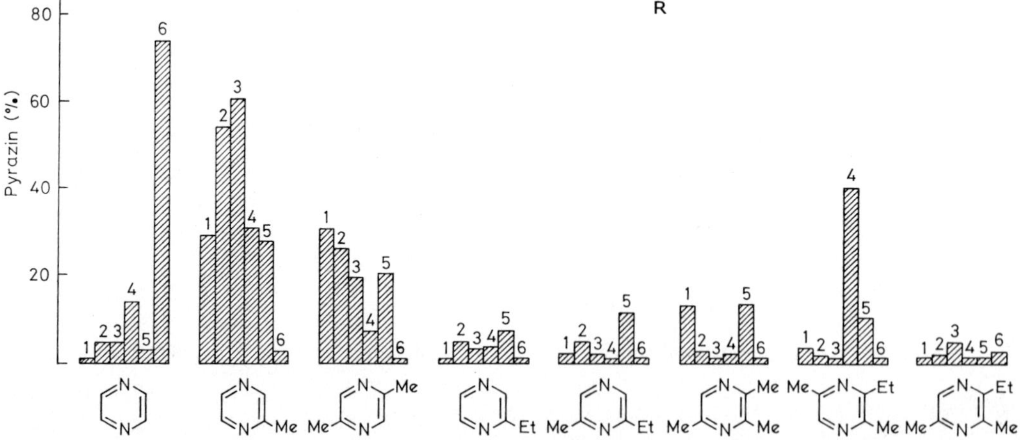

Abb. 5.19. Pyrazinbildung in gerösteten Erdnüssen und bei der *Maillard*-Reaktion von Modellgemischen (nach *P. E. Koehler* et al., 1969). Geröstete Erdnüsse (1); Glucose umgesetzt bei 120 °C mit Asparagin (2), Glutamin (3), Glutaminsäure (4), Asparaginsäure (5), Ammoniumchlorid (6)

Tabelle 5.19. Bildung von Pyrazinen bei der Pyrolyse. Menge: sehr groß (4), groß (3), mittel (2), gering (1), nicht nachgewiesen (0)

Pyrazin	Vorläufer				
	Ser	Thr	Ethanolamin	Glucosamin	Ala
Pyrazin	3	0	4	1	0
Methylpyrazin	2	1	3	4	0
2,3-Dimethylpyrazin	1	0	0	1	0
2,5-Dimethylpyrazin	0	4	1	3	0
Ethylpyrazin	4	0	2	0	0
2-Ethyl-5-methylpyrazin	0	0	0	1	0
2-Ethyl-6-methylpyrazin	1	0	0	0	0
2,6-Dimethylpyrazin	2	0	0	0	0
3-Ethyl-2,5-dimethylpyrazin	1	3	2	0	0
Trimethylpyrazin	0	3	0	2	0

Bei einigen Pilzen und Mikroorganismen gehören die besonders aromawirksamen Pyrazine VI–VIII (Tab. 5.17) zu den Stoffwechselprodukten (cf. 5.3.2.5).

5.3.1.11 Phenole

Phenolische Säuren und Lignin werden thermisch oder durch Mikroorganismen u. a. zu den in Tab. 5.20 angegebenen Phenolen abgebaut, die infolgedessen in vielen Lebensmitteln vorkommen und auch beim Räuchern auf Fleisch- und Fischerzeugnisse übergehen. Die zuletzt genannten Produkte, alkoholische Getränke, aber auch Butter (Tab. 5.21) sind Beispiele, bei denen das Aroma durch geringe Konzentrationen an bestimmten Phenolen aufgewertet wird. In Modellversuchen (Tab. 5.22) wurden die Phenole ermittelt, die bei der Pyrolyse einzelner phenolischer Säuren entstehen. Zur Erklärung solcher Reaktionen, die z. B. beim Rösten von Kaffee oder Darren von Malz stattfinden, wird angenommen, daß thermisch gebildete Radikale den Abbau der phenolischen Säure initiieren; z. B. aus Ferulasäure (Abb. 5.20).

Tabelle 5.21. Phenole in der Butter[a]

Verbindung	Gefundene Konzentration		Aromaschwelle[b]	Optimale Konzentration[c]
	Probe 1	Probe 2		
Phenol	16	9	10	50
m-Kresol	3,3	3	10	50
p-Kresol	5	2	2	5
Guajacol	0,8	2	2	

[a] Alle Angaben in µg/kg.
[b] Medium: Butter.
[c] Einstellung dieser Konzentration führt zu einer höheren Bewertung des Aromas.

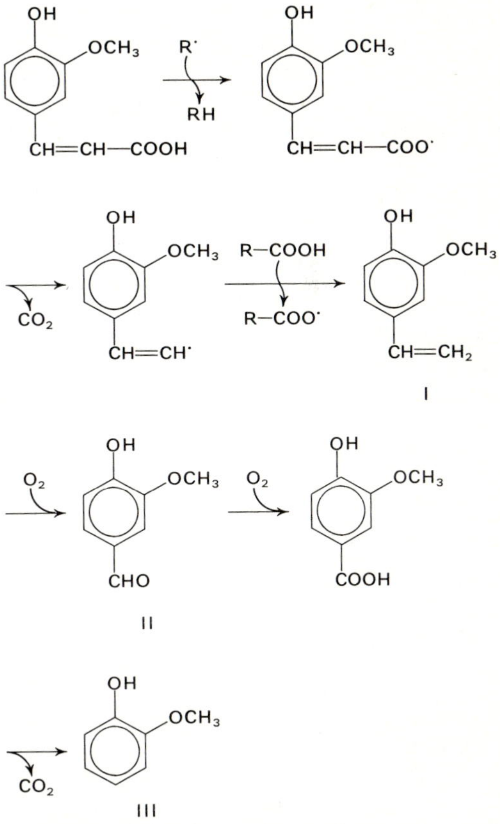

Abb. 5.20. Thermischer Abbau von Ferulasäure. 4-Vinylguajacol (I), Vanillin (II), Guajacol (III)

5.3.2 Enzymatische Reaktionen

Aromastoffe werden über eine Vielzahl von Reaktionen gebildet, die im Rahmen des normalen Stoffwechsels von Tieren, Pflanzen und Mikroorganismen ablaufen. Darüber hinaus sind für die Aromabildung enzymatische Reaktionen von Bedeutung, die erst nach Zerstörung des Ge-

Tabelle 5.20. Phenole in Lebensmitteln

Name	Struktur	Aroma	Vorkommen
Phenol	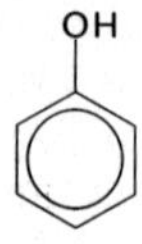 (I)	rauchig	Kaffee, Bier, Sherry, Milch, geröstete Erdnüsse, Tomaten
m-Kresol	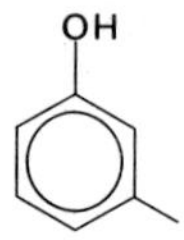 (II)	rauchig	Kaffee, Sherry, Milch, geröstete Erdnüsse, Spargel
4-Ethylphenol	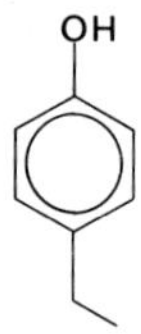 (III)	holzig	Milch, Sojasoße, geröstete Erdnüsse, Tomaten
Guajacol	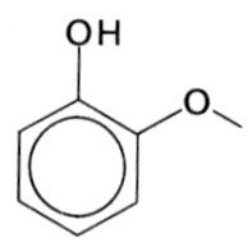 (IV)	rauchig, brennend, süßlich	Kaffee, Milch, Knäckebrot
4-Vinylphenol	 (V)	streng, rauchig	Bier, Milch, geröstete Erdnüsse
2-Methoxy-4-vinylphenol	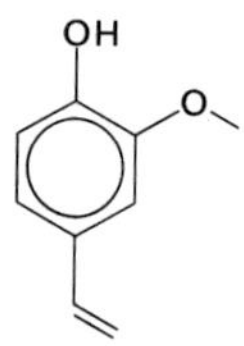 (VI)	Gewürznelke	Kaffee, Bier
Isoeugenol	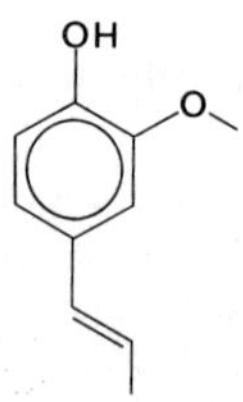 (VII)	Gewürznelke	Kaffee, Bier

Tabelle 5.22. Pyrolyse phenolischer Säuren (T: 200 °C; Luft)

Phenolische Säure	Produkte	Verteilung (%)
Ferulasäure	4-Vinylguajacol	79,9
	Vanillin	6,4
	4-Ethylguajacol	5,5
	Guajacol	3,1
	3-Methoxy-4-hydroxy-acetophenon (Acetovanillon)	2,6
	Isoeugenol	2,5
Sinapinsäure	2,6-Dimethoxy-4-vinyl-phenol	78,5
	Syringaaldehyd	13,4
	2,6-Dimethoxyphenol	4,5
	2,6-Dimethoxy-4-ethylphenol	1,8
	3,5-Dimethoxy-4-hydroxy-acetophenon (Acetosyringon)	1,1

webeverbandes eintreten, z. B. beim Zerkleinern von Obst und Gemüse. Enzyme können weiterhin indirekt an der Aromabildung beteiligt sein, in dem sie Vorstufen bereitstellen – z. B. Aminosäuren aus Proteinen, Zucker aus Polysacchariden und o-Chinone aus phenolischen Verbindungen –, die dann nicht-enzymatisch zu Aromastoffen weiterreagieren. Auf diese Weise verstärken Enzyme das Aroma z. B. bei Brot, Fleisch, Bier, Tee und Kakao.

5.3.2.1 Carbonylverbindungen, Alkohole

Fettsäuren und Aminosäuren sind Vorläufer für eine ganze Reihe von Aldehyden, während der Abbau von Kohlenhydraten als flüchtige Carbonylverbindung nur Ethanal liefert.

Bei der α-Oxidation von Fettsäuren entstehen langkettige Aldehyde (C_{13}–C_{17}):

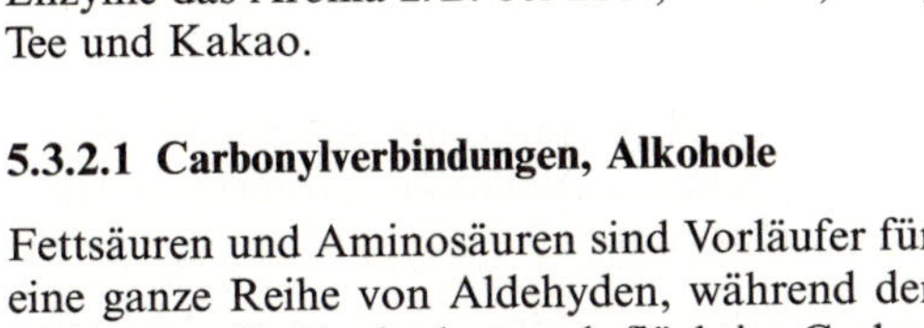

(5.16)

Nachgewiesen wurde dieser Stoffwechselweg u. a. in Gurken.

Im Obst und Gemüse werden Linol- und Linolensäure durch die Lipoxygenase allein oder in Kombination mit einer Hydroperoxid-Lyase wie unter 3.7.2.2 und 3.7.2.3 angegeben unter Bildung von Aldehyden oxidativ gespalten, wobei insbesondere die Aromastoffe Hexanal, 2-trans-Hexenal, 3-cis-Hexenal und/oder 2-trans-Nonenal, 3-cis-Nonenal, 2-trans,6-cis-Nonadienal und 3-cis,6-cis-Nonadienal auftreten. Häufig erscheinen diese Aldehyde und die daraus sich ableitenden Alkohole erst, wenn bei einer Zerkleinerung Sauerstoff in das Gewebe eindringen kann.

Aldehyde, die beim *Strecker*-Abbau entstehen (cf. 5.3.1.1), können auch aus dem Stoffwechsel der in Tab. 5.10 angegebenen Aminosäuren hervorgehen, wenn sich an die Transaminierung oder oxidative Desaminierung zur 2-Oxosäure als Nebenweg eine Decarboxylierung anschließt:

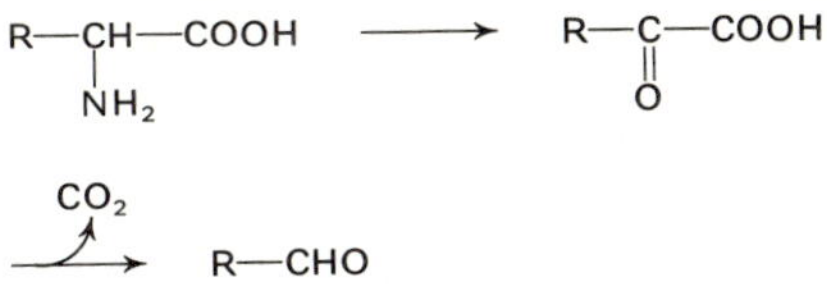

(5.17)

Im Unterschied dazu wird Threonin dehydratisiert; die Decarboxylierung ergibt Propanal:

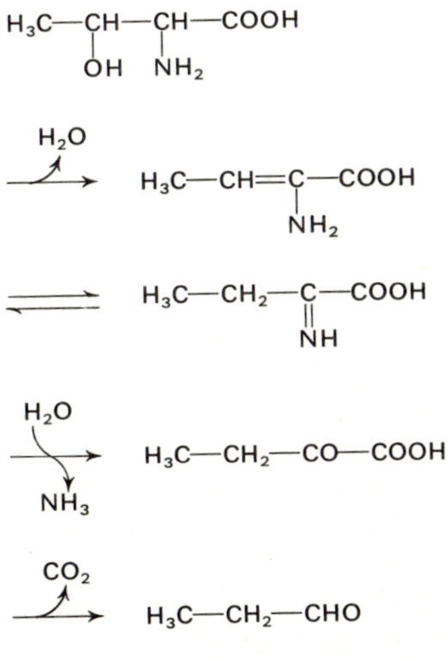

(5.18)

Aldehyde, die sich von Aminosäuren ableiten, treten verbreitet in pflanzlichen und in fermentierten Lebensmitteln auf. Untersuchungen an der Hefe *Saccharomyces cerevisiae* deuten darauf hin, daß 2-Methylpropanal, 2- und 3-Methylbutanal nur in geringem Umfang beim Abbau, sondern überwiegend bei der Synthese von Valin, Leucin und Isoleucin als Nebenprodukte entstehen.

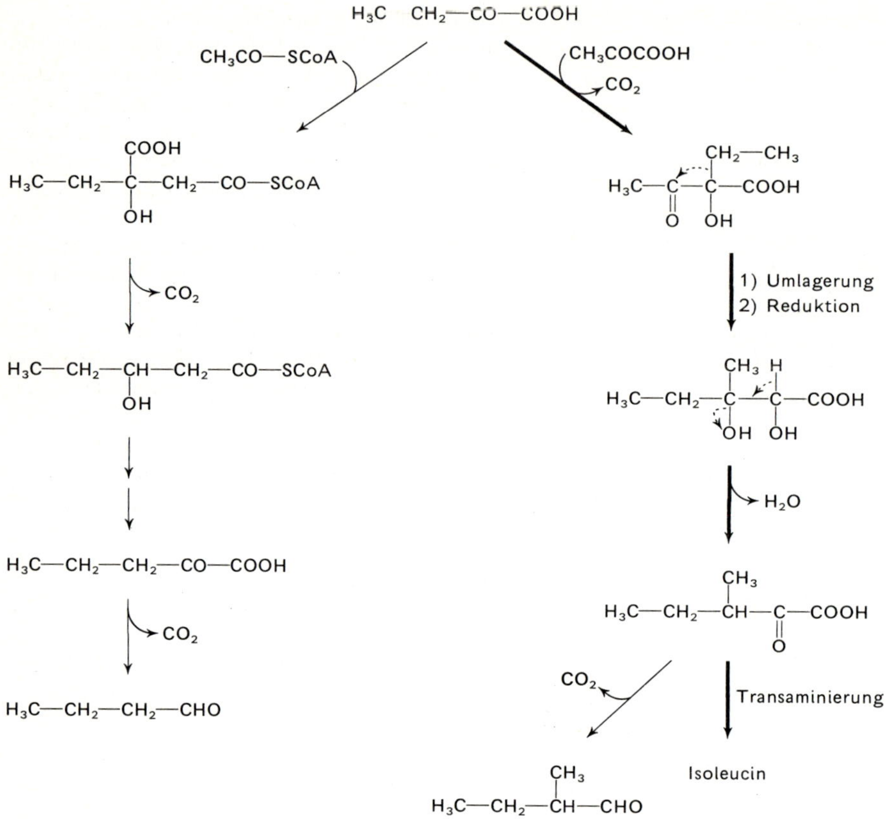

Abb. 5.21. Bildung von Aldehyden bei der Biosynthese des Isoleucins (nach *A. Piendl,* 1969). → Hauptweg, → Nebenweg des Stoffwechsels

Abb. 5.21 ist zu entnehmen, daß 2-Oxobuttersäure, die wie oben erwähnt u.a. aus Threonin hervorgeht, in Isoleucin überführt werden kann. Daneben entstehen Butanal und 2-Methylbutanal.

2-Acetomilchsäure, gebildet durch Kondensation von zwei Molekülen Pyruvat, ist das Zwischenprodukt auf dem Weg zu Valin und Leucin (Abb. 5.22). Daneben wird sie auch zum Acetoin, dem Vorläufer des Diacetyls, decarboxyliert. Auf der Stufe der 2-Oxo-3-methylbuttersäure verzweigt sich der Stoffwechsel zum 2-Methylpropanal und an der 2-Oxo-4-methylvaleriansäure zum 3-Methylbutanal (Abb. 5.22).

Ein Enzym, das 2-Oxocarbonsäuren aus dem Aminosäure-Stoffwechsel zu Aldehyden decarboxyliert, wurde u.a. in Orangen nachgewiesen. Tab. 5.23 zeigt die Substratspezifität. Alkohol-Dehydrogenasen (cf. 2.3.1.1) können Aldehyde, die aus dem Fettsäure- und Aminosäure-Stoffwechsel stammen, zu den entsprechenden Alkoholen reduzieren:

$$R{-}CH_2{-}OH + NAD^{\oplus} \rightleftharpoons R{-}CHO + NADH + H^{\oplus} \qquad (5.19)$$

Tabelle 5.23. Substratspezifität einer 2-Oxocarbonsäure-Decarboxylase aus Orangensaft

Substrat	v_{rel} (%)
Pyruvat	100
2-Oxobuttersäure	34
2-Oxovaleriansäure	18
2-Oxo-3-methylbuttersäure	18
2-Oxo-3-methylvaleriansäure	18
2-Oxo-4-methylvaleriansäure	15

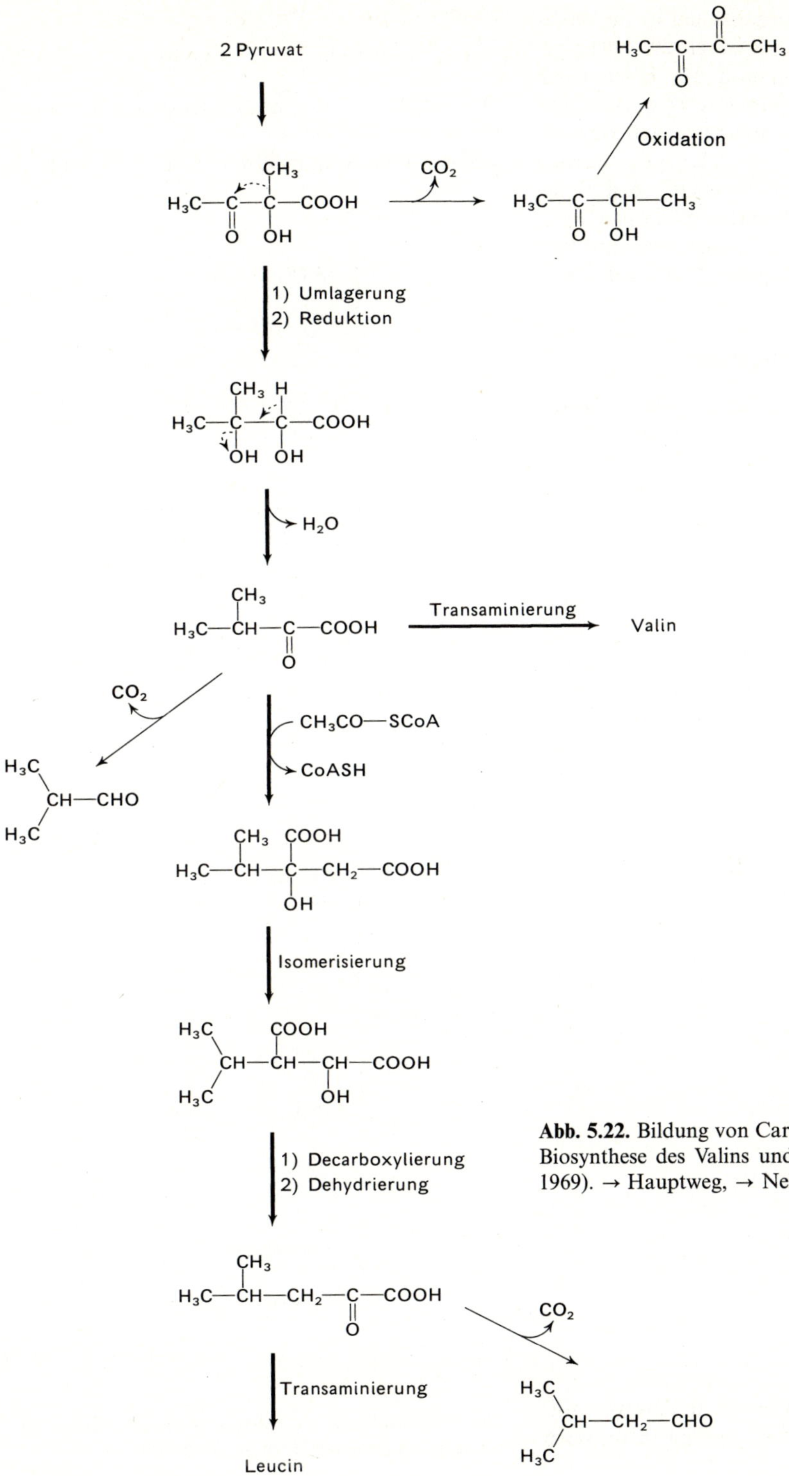

Abb. 5.22. Bildung von Carbonylverbindungen bei der Biosynthese des Valins und Leucins (nach *A. Piendl*, 1969). → Hauptweg, → Nebenweg des Stoffwechsels

In Pflanzen und Mikroorganismen ist die Alkoholbildung aus Aldehyden durch die Gleichgewichtslage der Reaktion und das Überwiegen von NADH im Vergleich zum $NAD^{\oplus}$ stark begünstigt. Allerdings ist die Spezifität der Enzyme sehr unterschiedlich. Aldehyde $> C_5$ werden meist nur noch langsam reduziert, so daß sie, wenn sie bei der oben genannten oxidativen Fettsäurespaltung sehr schnell entstehen, im Vergleich zu den entsprechenden Alkoholen überwiegen können.

5.3.2.2 Kohlenwasserstoffe, Ester

In Obst und Gemüse (u. a. Ananas, Apfel, Birne, Pfirsich, Passionsfrucht, Kiwi, Sellerie, Petersilie) kommen ungesättigte C_{11}-Kohlenwasserstoffe vor, die als Aromastoffe eine Rolle spielen. Besonders interessant sind 1,3-trans,5-cis-Undecatrien und 1,3-trans,5-cis,8-cis-Undecatetraen, die mit sehr niedrigen Schwellenkonzentrationen balsamisch, würzig, kiefernartig riechen. Es wird angenommen, daß die Kohlenwasserstoffe durch β-Oxidation, Lipoxygenase-Katalyse, Oxidation des Radikals zum Carboniumion und Decarboxylierung aus ungesättigten Fettsäuren hervorgehen. In Formel 5.21 ist der hypothetische Reaktionsweg von der Linolsäure zum 1,3-trans,5-cis-Undecatrien angegeben.

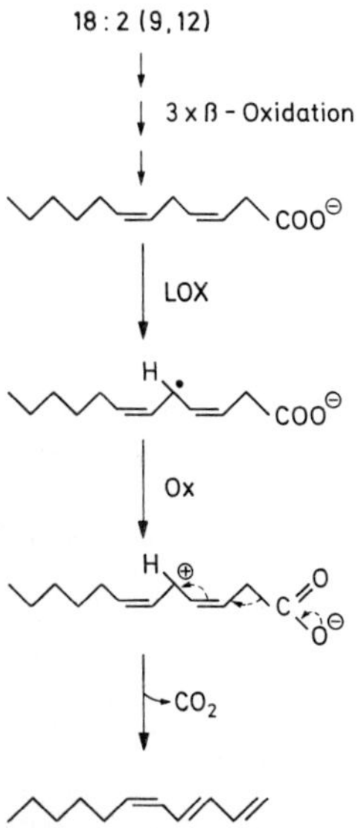

(5.21)

Ester, die bei einigen Obstarten zu den wesentlichen Aromastoffen zählen, werden in intakten Zellen synthetisiert:

$$R—CO—SCoA + R'—OH \longrightarrow R—CO—O—R' + CoASH \quad (5.20)$$

Das Acyl-CoA stammt aus der β-Oxidation von Fettsäuren, gegebenenfalls auch aus dem Stoffwechsel von Aminosäuren. Abb. 5.23 zeigt als

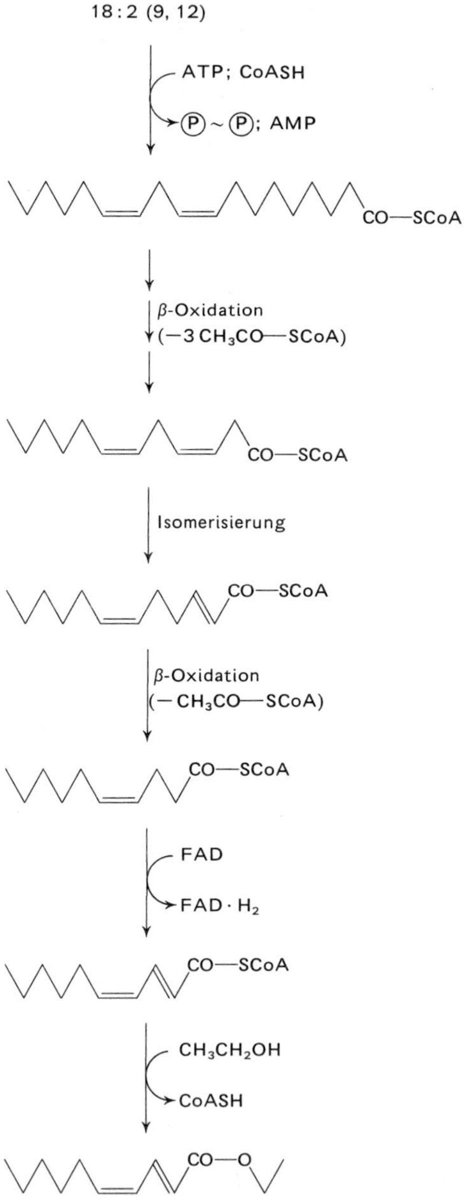

Abb. 5.23. Bildung von 2-trans,4-cis-Decadiensäureethylester in Birnen. (Nach *W. G. Jennings* u. *R. Tressl*, 1974)

Beispiel wie man sich die Bildung des 2-trans,4-cis-Decadiensäureethylesters, der für das Aroma von Birnen Bedeutung hat, aus Linolsäure vorstellt.
Bei der Zerkleinerung von Obst, z. B. bei der Saftherstellung, werden die Ester rasch durch anwesende Hydrolasen gespalten; das Aroma verändert sich.

5.3.2.3 Terpene

In Tab. 5.24 sind Mono- und Sesquiterpene zusammengestellt, die in Obst (cf. 18.1.2.6) und

Tabelle 5.24. Terpene in Lebensmitteln

Monoterpene

Acyclisch (einschließlich cyclischer Derivate)

Myrcen (I)

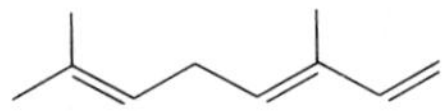

trans-Ocimen (II)

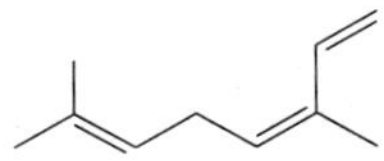

cis-Ocimen (III)

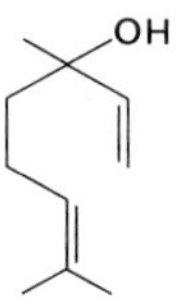

Linalool (IV)

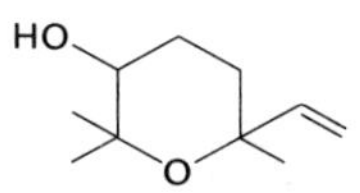

2,6,6-Trimethyl-2-vinyl-5-hydroxytetrahydropyran[a] (IV a)

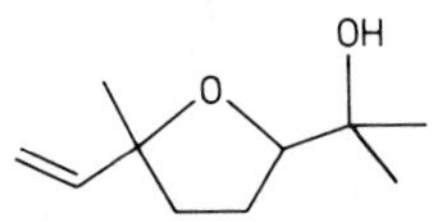

2-Methyl-2-vinyl-5-hydroxyisopropyltetrahydrofuran[a] (IV b)

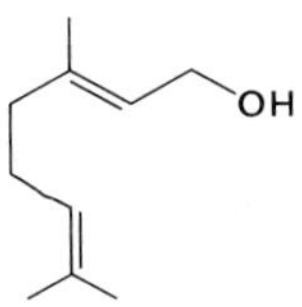

Geraniol[b] (V)

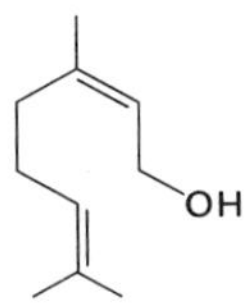

Nerol[b] (VI)

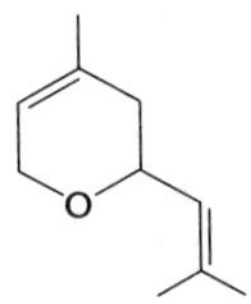

Neroloxid (VI a)

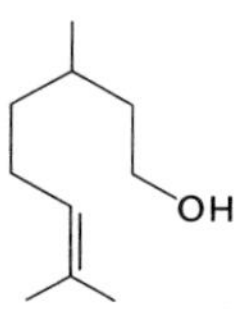

Citronellol[b] (VII)

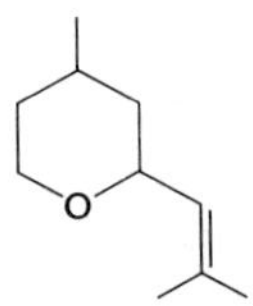

Rosenoxid (VII a)

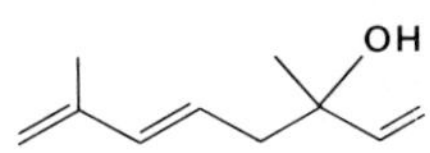

Hotrienol[c] (VIII)

Monocyclisch

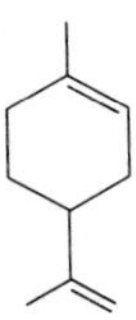

Limonen (IX)

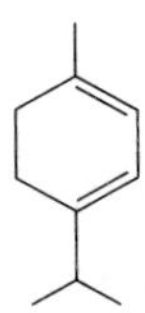

α-Terpinen (X)

α-Phellandren (XI)

Tabelle 5.24. (Fortsetzung)

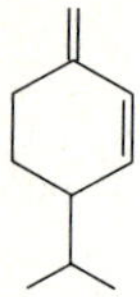

β-Phellandren (XII)

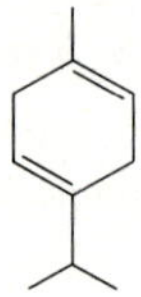

γ-Terpinen (XIII)

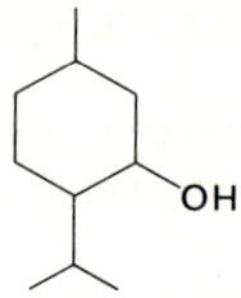

Menthol (XIV)

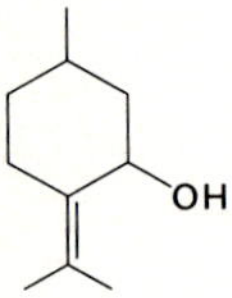

Pulegol (XV)

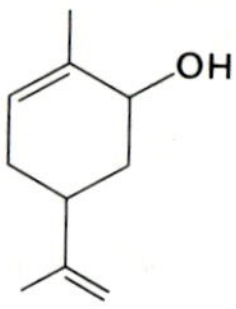

Carveol (XVI)

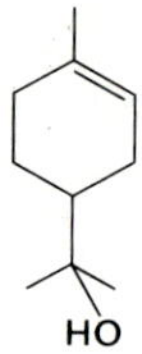

α-Terpineol (XVII)

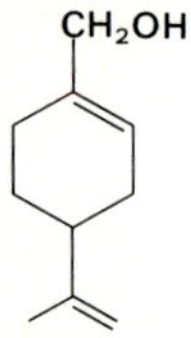

Perillaalkohol (XVIII)

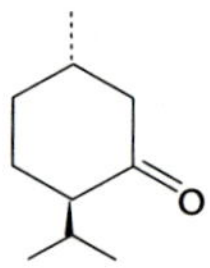

Menthon (XIX)

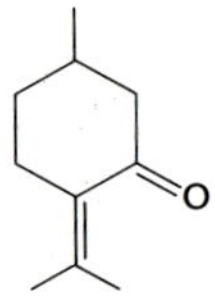

Pulegon (XX)

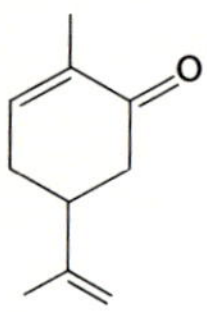

Carvon (XXI)

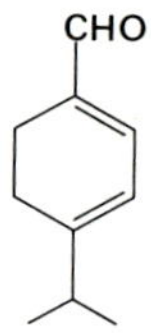

1,3-p-Menthadien-7-al (XXII)

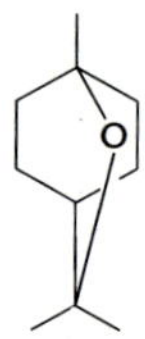

1,8-Cineol (XXIII)

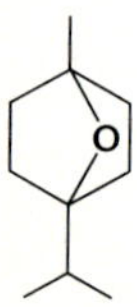

1,4-Cineol (XXIV)

Bicyclisch

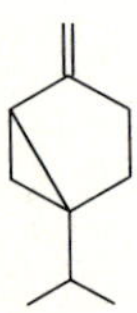

Sabinen (XXV)

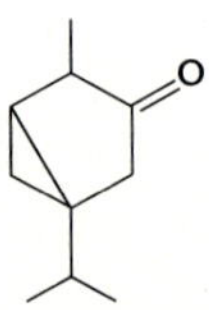

Thujon (XXVI)

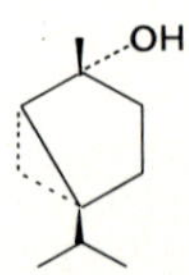

(+)-cis-Sabinenhydrat (XXVII)

Tabelle 5.24. (Fortsetzung)

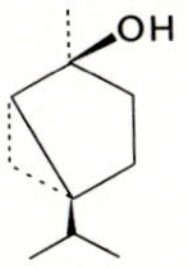

(+)-trans-Sabinenhydrat (XXVIII)

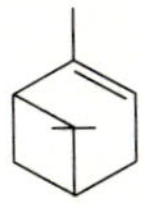

α-Pinen (XXIX)

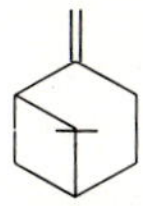

β-Pinen (XXX)

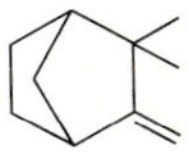

Camphen (XXXI)

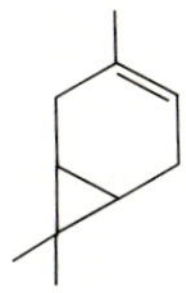

Δ^3-Caren (XXXII)

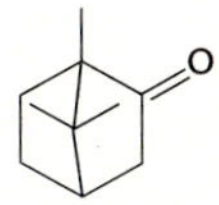

Campher (XXXIII)

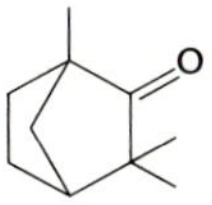

Fenchon (XXXIV)

Sesquiterpene

Acyclisch

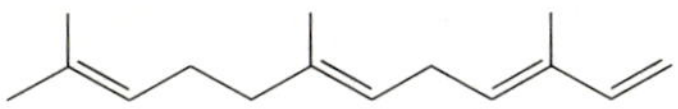

trans-α-Farnesen (XXXV)

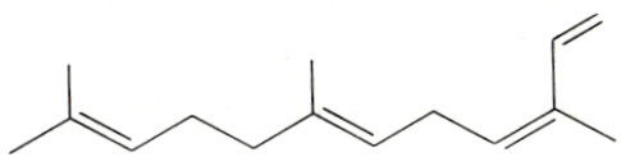

cis-α-Farnesen (XXXVI)

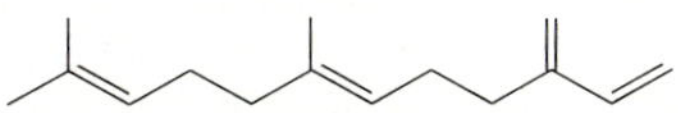

β-Farnesen (XXXVII)

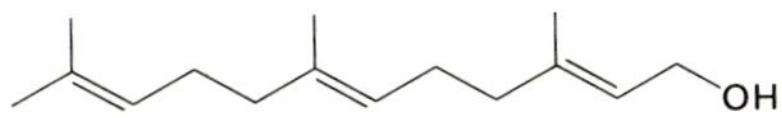

Farnesol (XXXVIII)

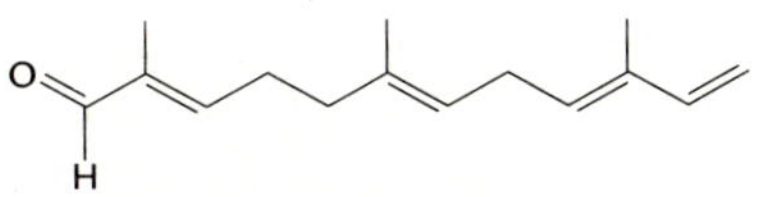

(all-trans)-α-Sinensal (XXXIX)

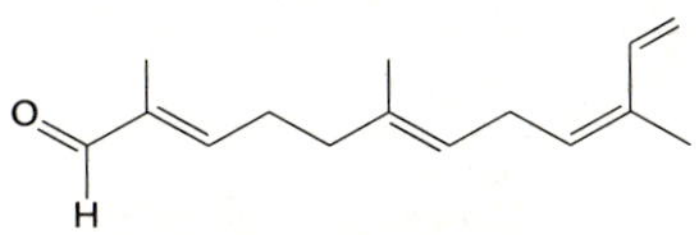

(trans,trans,cis)-α-Sinensal (XL)

Monocyclisch

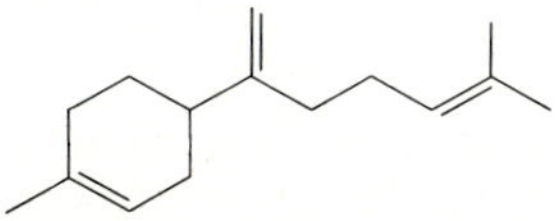

β-Bisabolen (XLI)

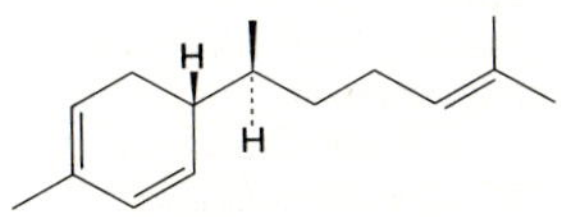

(−)-Zingiberen (XLII)

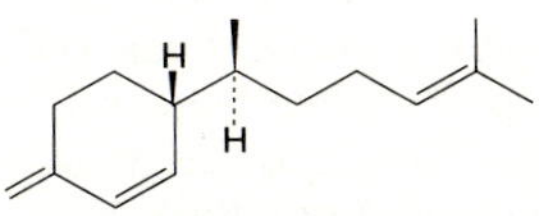

(−)-Sesquiphellandren (XLIII)

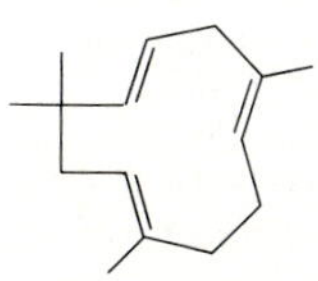

Humulen (XLIV)

Tabelle 5.24. (Fortsetzung)

Bicyclisch

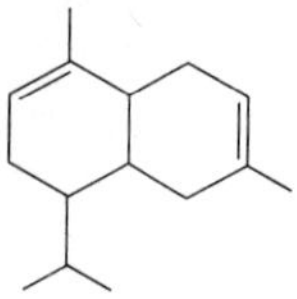

β-Cadinen (XLV)

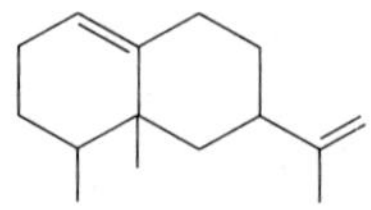

Valencen (XLVI)

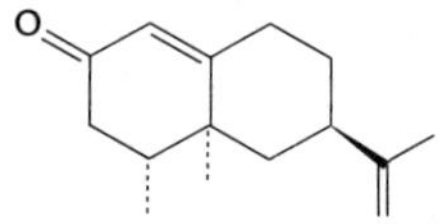

(+)-Nootkaton (XLVII)

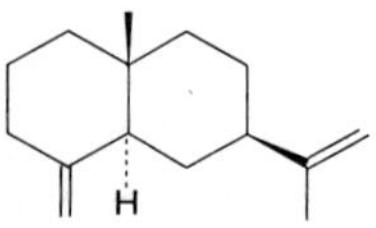

β-Selinen (XLVIII)

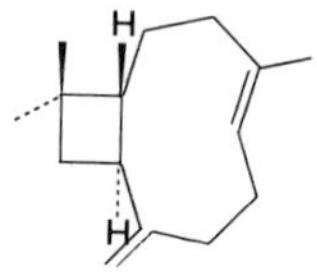

β-Caryophyllen (XLIX)

[a] Die Verbindungen werden auch als Pyranlinalooloxid (IV a) und Furanlinalooloxid (IV b) bezeichnet.
[b] Die entsprechenden Aldehyde Geranial (V a), Neral (VI b), Citronellal (VII a) wurden auch gefunden; Citral ist eine Mischung aus Neral und Geranial.
[c] Das 3,7-Dimethyl-1,5,7-octatrien-3-ol wird auch als Hotrienol bezeichnet.

Gemüse (cf. 17.1.2.6), in Gewürzen (cf. 22.1.1.1) und im Wein (cf. 20.2.6.9) vorkommen. Sie stimulieren eine breite Palette von Aromen, die oft als sehr angenehm empfunden werden (Beispiele in Tab. 5.25). Flüchtige Terpene spielen in verschiedenen Lebensmitteln eine Rolle als „character impact compounds" und sie werden häufig zur Aromatisierung von Lebensmitteln angewandt.

Tabelle 5.25. Aromaqualitäten einiger Terpene

Verbindung[a]	Aroma
Linalool[b] (IV)	blumig
Linalooloxid (IV b)	süß-holzig mit blumig-erdigem Unterton
Nerol (VI)	frisch, süß, rosenartig
Neroloxid (VI a)	süß-blumig mit grün-krautigem Unterton
Limonen[b] (IX)	nach Zitronen
α-Phellandren (XI)	frisch, scharf, citrusartig, etwas minzig
α-Terpineol (XVII)	nach Flieder, süßer, an Pfirsich erinnernder Geschmack
Pulegon (XX)	minzig, campherartig
α-Pinen (XXIX)	harzig, nach Terpentin
Fenchon (XXXIV)	campherartig, süß
Farnesol (XXXVIII)	blumig

[a] Die römischen Zahlen in Klammern nehmen auf Tab. 5.24 Bezug.
[b] Geruchsschwellen in Tab. 5.2.

Monoterpene mit Hydroxygruppen, z. B. Linalool, Geraniol, Nerol, liegen in Obstsäften überwiegend als Glykoside vor. Gefunden wurden Linalool-β-rutinosid (I) und Linalool-6-O-α-L-arabinofuranosyl-β-D-glucopyranosid (II) z. B. in Traubensaft und auch in Wein:

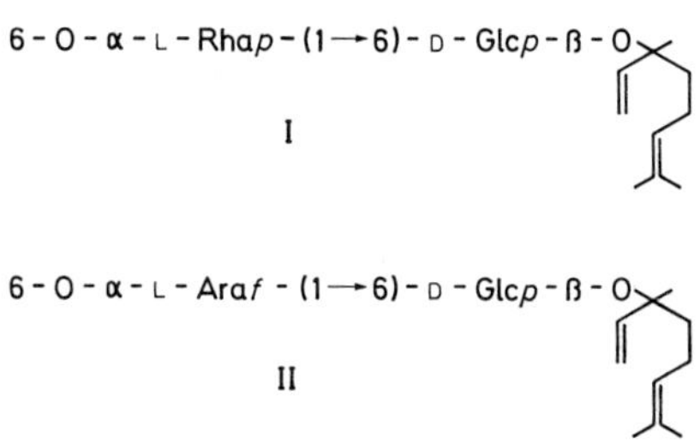

(5.22)

Bedingt durch den niedrigen pH-Wert der Säfte hydrolysieren die Terpenglykoside bei Erwärmung, z. B. bei der Herstellung von Konfitüren. Werden dabei Terpene mit zwei oder drei Hydroxygruppen freigesetzt, so reagieren sie leicht weiter. Beispiele sind die Bildung von Hotrienol (IV) und Neroloxid (V) aus 3,7-Dimethylocta-1,5-dien-3,7-diol (s. Formel 5.23) im Traubensaft und die Bildung von cis- und trans-Furanlinalooloxiden (VI a und VI b) aus 3,7-Dimethyloct-1-en-

3,6,7-triol (s. Formel 5.24) im Trauben- und Pfirsichsaft.

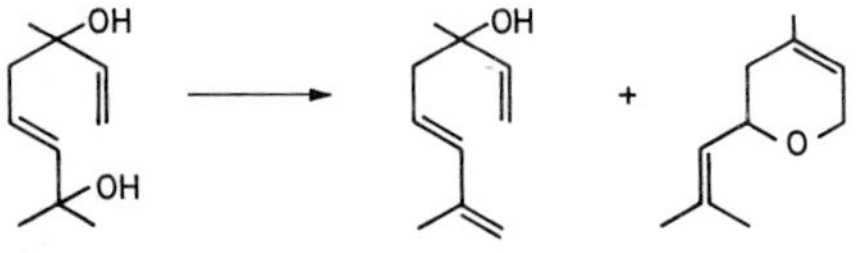

IV V (5.23)

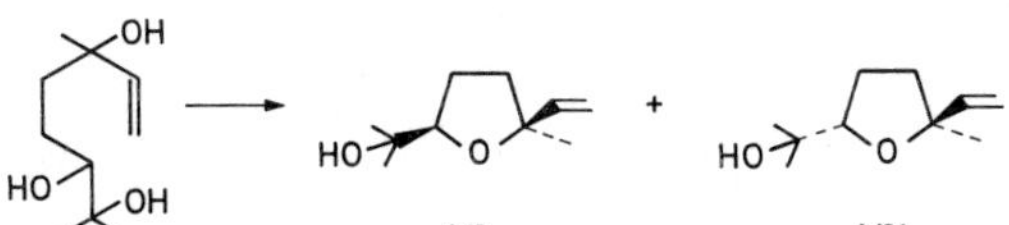

VIa VIb (5.24)

Die meisten Terpene besitzen ein oder mehrere chirale Zentren. Von manchem Terpen kommen die optisch inaktive Form, sowie die l- und d-Formen in verschiedenen Pflanzen vor. Die Enantiomeren bzw. Diastereomeren eines Terpens unterscheiden sich in der Regel in den Geruchsnoten; z. B. wird Menthol (XIV in Tab. 5.24) in der l-Form (1R, 3R, 4S) als süß-minzig, kühl, frisch, in der d-Form (1S, 3S, 4R) als weniger kühl und frisch, doch dafür phenolisch-medizinisch, dumpf mit krautigem Unterton beschrieben. Vom Carvon (XXI in Tab. 5.24) riecht die l-Form minzig und die d-Form nach Kümmel.

Manche Terpene oxidieren leicht bei der Lagerung von Lebensmitteln; in Tab. 5.5 und in Abschnitt 22.1.1.1 sind Beispiele angegeben.

Die Biosynthese der Terpene, die nur von Pflanzen und einigen Mikroorganismen durchgeführt werden kann, geht vom Acetyl-CoA aus.

Drei Moleküle kondensieren zum 3-Hydroxy-3-methylglutaryl-CoA (I), das nach Hydrolyse und Reduktion in Mevalonsäure (II) übergeht. Phosphorylierung, Abspaltung von CO_2 und H_2O führen zum Isopentenyldiphosphat (III), das teilweise in Dimethylallylpyrophosphat (IV) umgelagert wird (s. Formel 5.25). Aus IV geht leicht ein Kation hervor, das mit der Doppelbindung von III reagiert (s. Formel 5.26):

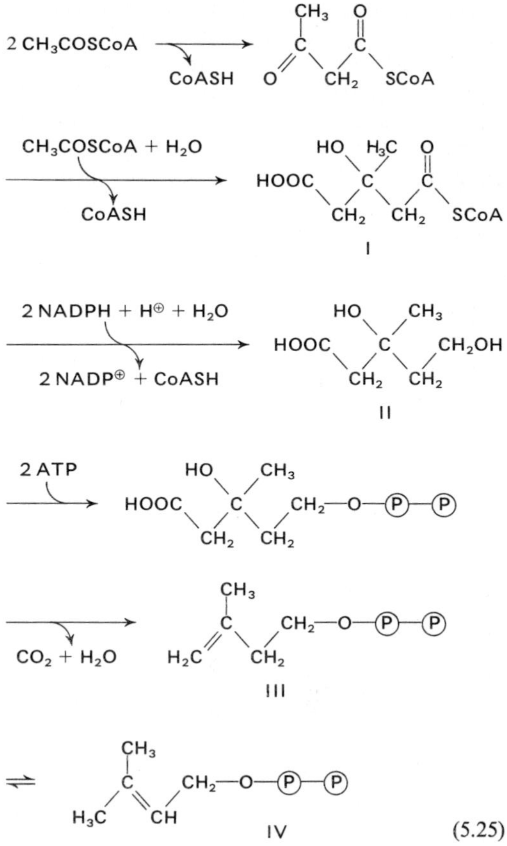

(5.25)

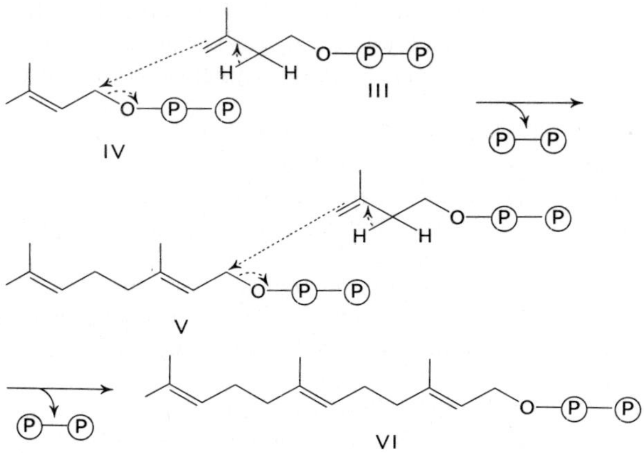

(5.26)

Eliminierung eines Protons ergibt Geranyldiphosphat (V), die Schlüsselsubstanz auf dem Weg zu den Monoterpenen. Durch Addition von einem weiteren Molekül III wird V zum Farnesyldiphosphat (VI) verlängert, von dem die Sesquiterpene abstammen (s. Formel 5.26).
Während acyclische Monoterpene auch aus V hervorgehen können (z. B. Geraniol durch Hydrolyse von V) ist eine Cyclisierung erst nach trans → cis-Isomerisierung von V zum Nerylpyrophosphat (VII) möglich, wobei dieser Schritt, der die oben formulierte Kettenverlängerung unterbricht, und die sich anschließende Cyclisierung von einer Cyclase katalysiert werden:

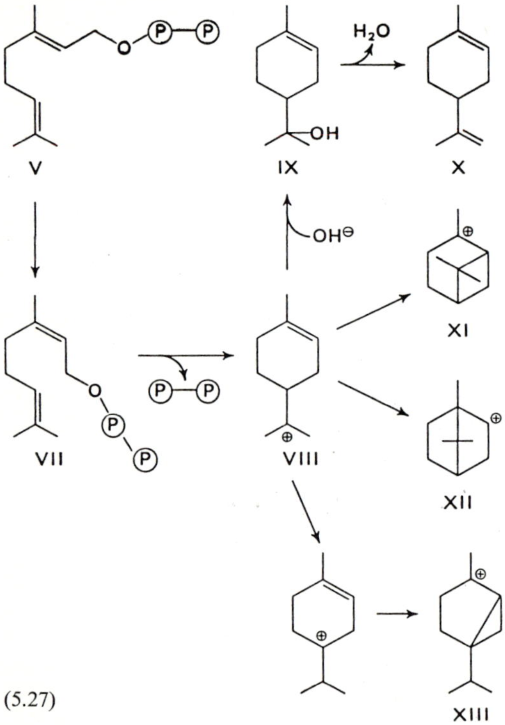

(5.27)

Es wird angenommen, daß die Cyclisierung über ein Kation (VIII) erfolgt, von dem sich sowohl die Terpene mit dem Menthan-Gerüst, wie α-Terpineol (IX) und Limonen (X) ableiten, als auch die bicyclischen Pinane (XI), Bornane (XII) und Thujane (XIII). Außer durch Addition eines $OH^{\ominus}$-Ions an die intermediär auftretenden Kationen, werden Sauerstoff-Funktionen durch Oxidation in das fertige C-Gerüst der Terpene eingeführt. In Pfefferminzblättern entsteht beispielsweise (—)-Menthol (XIV) aus dem Kation VIII auf folgendem Weg:

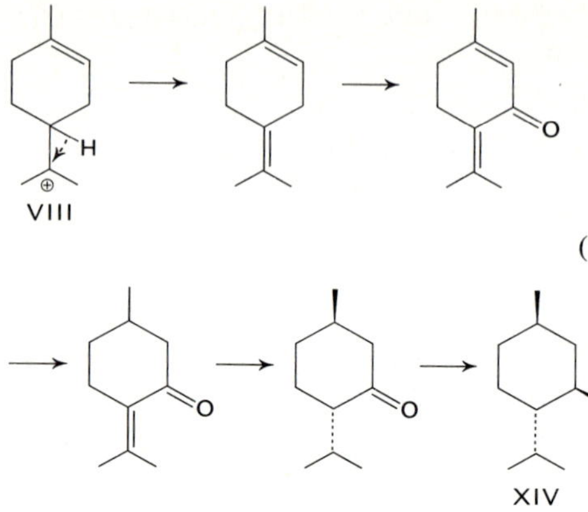

(5.28)

Auch die Biosynthese der Sesquiterpene wird von einer trans → cis-Umlagerung eingeleitet (s. Formel 5.29). Für das aus dem cis-Farnesylpyrophosphat (XV) intermediär entstehende Kation (XVI) gibt es, bedingt durch die Länge des C-Gerüstes und die darin vorkommenden drei Doppelbindungen, eine Fülle von Reaktionsmöglichkeiten. Hier sind davon nur die Stoffwechselwege ausgewählt worden, die für die Bildung des β-Bisabolens (XVII) und des β-Cadinens (XIX) postuliert werden (s. Formel 5.29).

5.3.2.4 Flüchtige Schwefelverbindungen

Das Aroma mancher Gemüseart wird durch flüchtige Schwefelverbindungen, die durch enzymatische Reaktionen entstehen, hervorgerufen. Beispiele sind Gemüse aus den Pflanzenfamilien *Brassicaceae* und *Liliaceae*, deren Aromen beim Abbau von Glucosinolaten bzw. S-Alkyl-cysteinsulfoxiden (cf. 17.1.2.6.5) entstehen.
Zum Aroma der Tomate trägt mit dem 2-Isobutylthiazol (III, Tab. 5.15) eine Verbindung bei, die wahrscheinlich aus dem Sekundärstoffwechsel des Leucins und des Cysteins hervorgeht (s. Formel 5.30).
Isobuttersäure ist der Vorläufer für die im Spargel vorkommende Asparagussäure (1,2-Dithiolan-4-carbonsäure). Sie wird zur Methacrylsäure dehydriert, die dann ein noch unbekanntes S-haltiges Nucleophil addiert (s. Formel 5.31). Beim Kochen wird Asparagussäure zu einem 1,2-Dithiocyclopenten (s. Formel 5.32) oxidativ decarboxyliert, das am Aroma von Spargel beteiligt ist.
Bei der Herstellung von Wein und Bier entstehen flüchtige Schwefelverbindungen aus Methionin

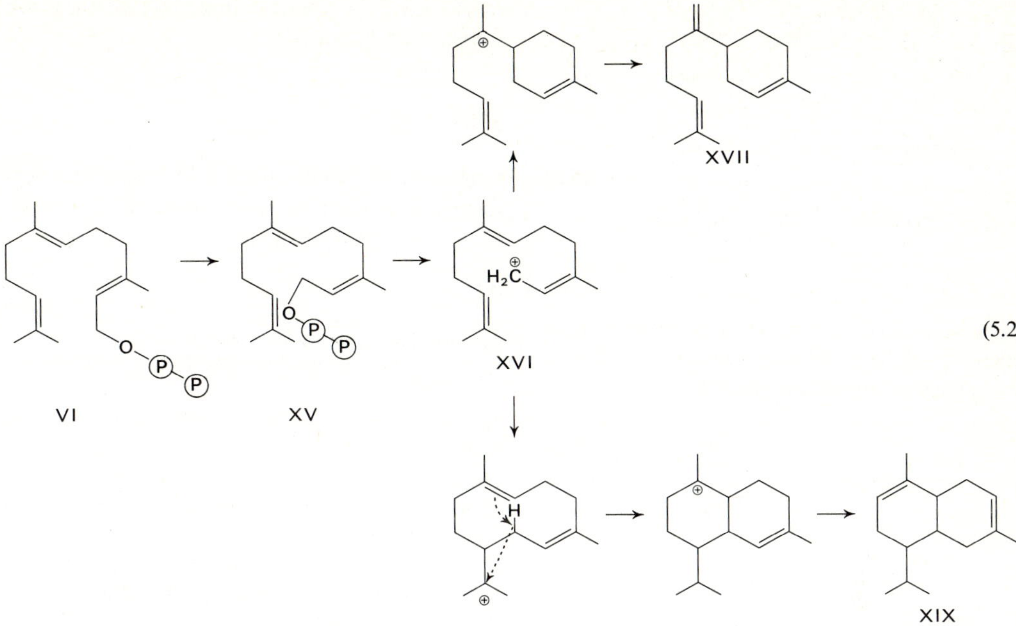

(5.29)

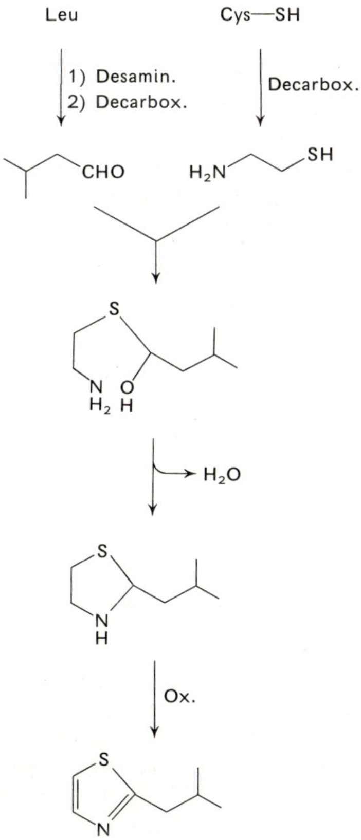

(5.30)

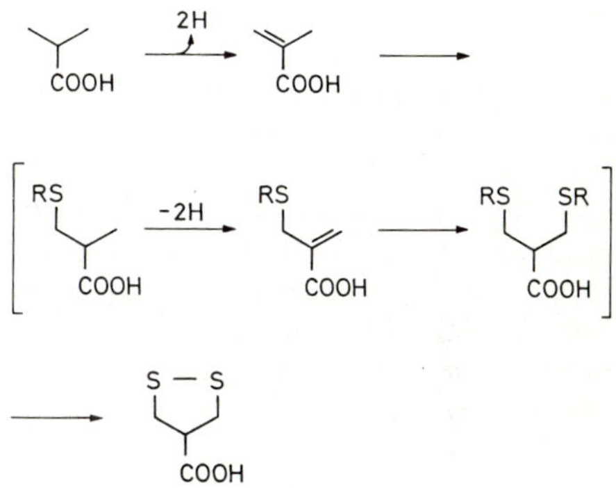

(5.31)

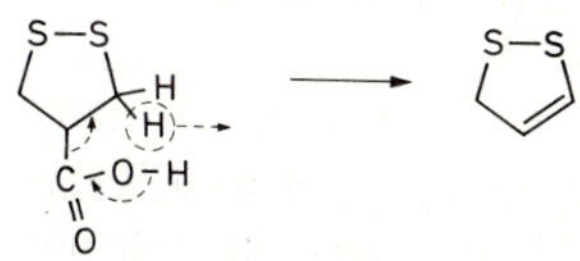

(5.32)

durch den Stoffwechsel von Mikroorganismen (s. Formel 5.33), z. B. Methional (I), Methionol (II) und Essigsäure-3-(methylthio)-propylester (III).

5.3.2.5 Pyrazine

Paprika *(Capsicum annuum)* und Chillies *(Capsicum frutescens)* enthalten 2-Isobutyl-3-meth-

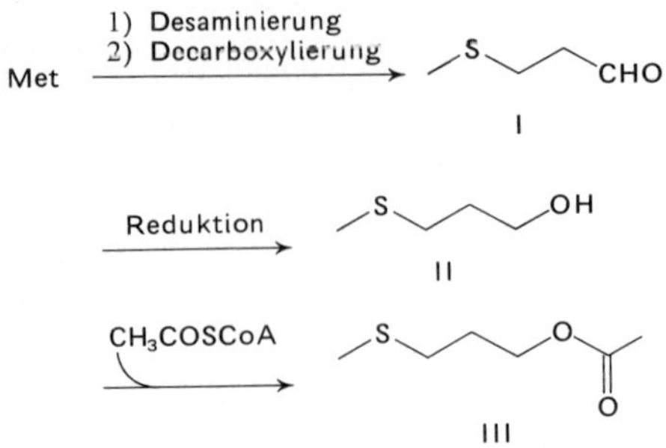

(5.33)

oxypyrazin (VIII in Tab. 5.17) in höheren Konzentrationen. Seine Biosynthese aus Leucin wird mit folgender Hypothese erklärt:

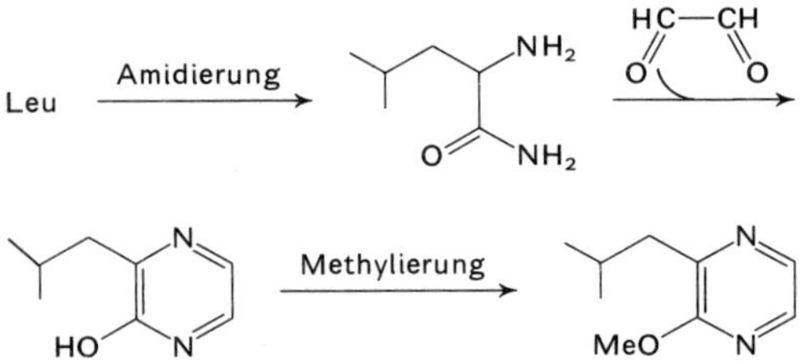

(5.34)

Bei Möhren gehört das 2-sec-Butyl-3-methoxypyrazin zu den typischen Aromastoffen.
Pyrazine werden auch von Mikroorganismen produziert. Nachgewiesen wurde u. a. 2-Isopropyl-3-methoxypyrazin als Stoffwechselprodukt von *Pseudomonas perolans* und *Pseudomonas taetrolens*. In Eiern, Milchprodukten und Fisch ist dieses Pyrazin für einen muffig-erdigen Aromafehler verantwortlich.

5.4 Wechselwirkungen mit anderen Inhaltsstoffen

Wechselwirkungen u. a. mit Lipiden, Proteinen und Kohlenhydraten beeinflussen die Retention der flüchtigen Verbindungen im Lebensmittel und wirken sich auf ihre Konzentrationen in der Gasphase und damit auf die Intensität und Qualität des Aromas aus. Da die Verhältnisse in Lebensmitteln sehr unübersichtlich sind, versucht man die zugrundeliegenden Vorgänge durch Untersuchungen an Modellen zu erfassen. Kenntnisse über die Bindung von Aromastoffen an die Lebensmittelmatrix sind im Hinblick auf eine Aromatisierung und auf das Verhalten der Aromastoffe bei der Verarbeitung und Lagerung von Lebensmitteln wichtig.

5.4.1 Lipide

In einer O/W-Emulsion (cf. 8.15.1) steht der Verteilungskoeffizient K des Aromastoffes in Beziehung zur Aromawirkung:

$$K = \frac{c_o}{c_w}; \qquad (5.35)$$

c_o: Konzentration des Aromastoffs im Öl
c_w: Konzentration des Aromastoffs in der wäßrigen Phase.

Bei einer homologen Reihe, z. B. bei den n-Alkanolen in Abb. 5.24, wächst K mit steigender Kettenlänge. Die Löslichkeit in der Fettphase steigt proportional mit der durch die Kettenverlängerung bedingten Zunahme der Hydrophobität. Der Dampfdruck verhält sich umgekehrt; er sinkt sowohl mit steigender Hydrophobität des Aromastoffes als auch mit wachsendem Lipidanteil der O/W-Emulsion; entsprechend steigt die Geruchsschwelle.
Der zuletzt genannte Zusammenhang wird in Abb. 5.25 deutlich. Die Löslichkeit von 2-Heptanon ist in Vollmilch größer als in Magermilch, die sich in dieser Beziehung wie Wasser verhält. Die Konzentration des 2-Heptanons in der Gasphase ist dagegen am geringsten, wenn ein Öl als Lösungsmittel fungiert (Abb. 5.25).

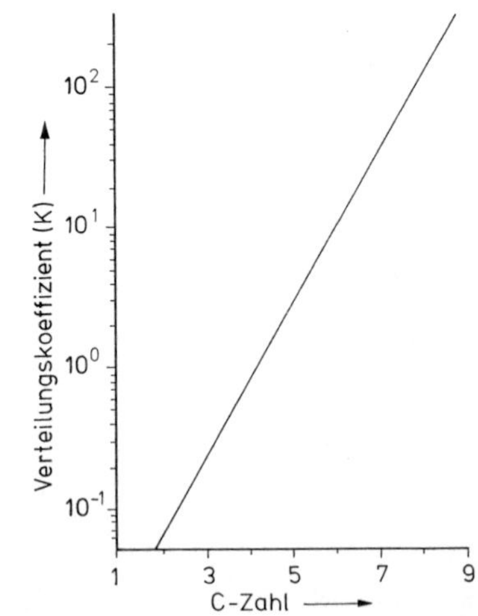

Abb. 5.24. Verteilung der n-Alkanole im Zweiphasensystem Öl/Wasser. (Nach *P. B. McNulty* u. *M. Karel*, 1973)

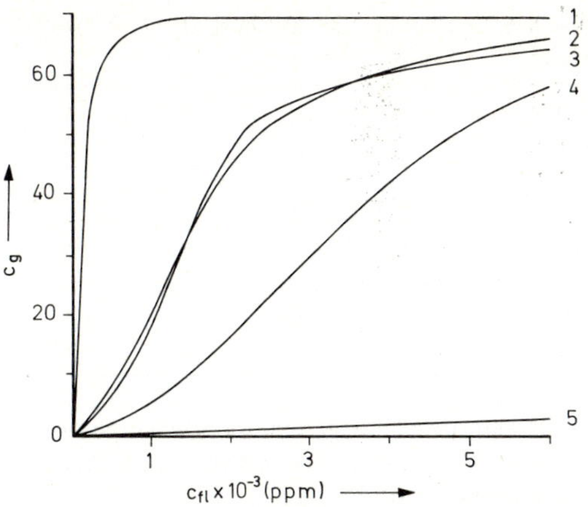

Abb. 5.25. Einfluß des Mediums auf die Konzentration von 2-Heptanon in der Gasphase (nach *W. W. Nawar,* 1966). 2-Heptanon allein (1), in Wasser (2), in Magermilch (3), in Vollmilch (4), in Öl (5). c_{fl}: Konzentration in der Flüssigkeit; c_g: Konzentration in der Gasphase (Höhe des Detektorsignals nach Headspace-Analyse)

Versuche mit n-Alkoholen ergaben, daß mit steigender Kettenlänge die Geschwindigkeit ansteigt, mit der in einer O/W-Emulsion die flüchtigen Verbindungen von der Öl- in die Wasserphase übergehen. Eine Zunahme der Viskosität des Öls verzögert den Übergang.

5.4.2 Proteine, Polysaccharide

Abb. 5.26 zeigt die Sorption einiger flüchtiger Verbindungen an verschiedene Proteine. Vom Ethanol werden die größten Mengen gebunden, möglicherweise über H-Brücken. Für die Bindung unpolarer Aromastoffe dürften hydrophobe Bezirke in den Proteinen zuständig sein. Ein Vorschlag zur Auswertung von Daten aus Experimenten über die Sorption von Aromastoffen an Biopolymere geht vom Massenwirkungsgesetz aus. Besitzt ein Biopolymer B eine Gruppe, die ein Aromastoffmolekül A zu binden vermag, so gilt:

$$K = \frac{(BA)}{c_f \cdot (B)} \tag{5.36}$$

K = Einzelbindungskonstante
c_f = Konzentration an freien Aromastoffmolekülen

$$(BA) = K \cdot c_f \cdot (B) \tag{5.37}$$

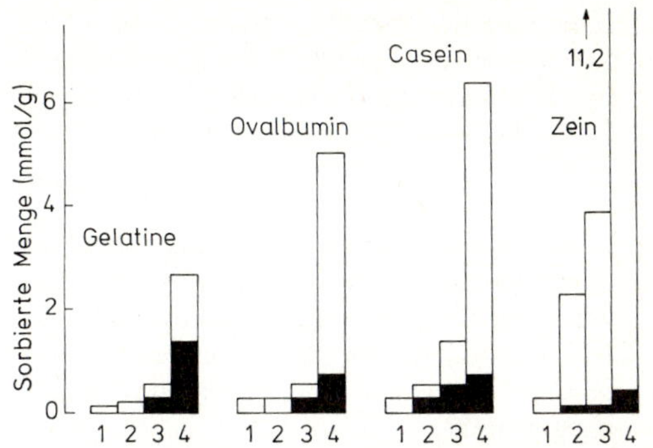

Abb. 5.26. Sorption flüchtiger Verbindungen an Proteine bei 23 °C (nach *H. G. Maier,* 1974). Hexan (1), Essigsäureethylester (2), Aceton (3), Ethanol (4). □ + ■: Maximale Sorption; ■: Nach Desorption

Zur Berechnung der durchschnittlichen Zahl an Aromastoffmolekülen, die von einem Biopolymermolekül gebunden werden, führt man das spezifische Bindungsvermögen r ein:

$$r = \frac{(BA)}{(B) + (BA)} \tag{5.38}$$

In Gleichung (5.38) wird die Konzentration des Komplexes BA entsprechend Gleichung (5.37) substituiert:

$$r = \frac{K \cdot c_f \cdot (B)}{(B) + K \cdot (B) \cdot c_f} = \frac{K \cdot c_f}{1 + K \cdot c_f} \tag{5.39}$$

Wenn ein Biopolymermolekül nicht nur ein Molekül A bindet, sondern n bindende Gruppen besitzt, die voneinander unabhängig und gleichwertig sind, so erhält man für r einen n-mal so großen Wert, und aus Gleichung (5.39) wird:

$$r = \frac{n \cdot K \cdot c_f}{1 + K \cdot c_f} \tag{5.40}$$

$$\frac{r}{c_f} = K \cdot n - K \cdot r = K' - K \cdot r \tag{5.41}$$

K′ = Gesamtbindungskonstante

Die Auswertung von Daten erfolgt gemäß Gleichung (5.41) graphisch im Diagramm $r/c_f = f(r)$. Drei Grenzfälle sind zu beobachten:

a) Eine Gerade (Abb. 5.27 a) deutet darauf hin, daß eine einzige Bindungsregion am Polymeren mit n Bindungsstellen vorliegt, wobei diese äquivalent und voneinander unabhängig sind. Aus den Schnittpunkten der Geraden mit der Abszisse und der Ordinate erhält man n bzw. K′.

b) Eine Gerade parallel zur Abszisse (Abb. 5.27 b) tritt auf, wenn die Einzelbindungskonstante K klein und n sehr groß ist. In diesem Spezialfall geht Gleichung (5.41) über in:

$$r = K' \cdot c_f \tag{5.42}$$

c) Eine Kurve (Abb. 5.27 c), die angenähert von zwei Geraden (Abb. 5.27 d) wiedergegeben wird, deutet auf zwei Bindungskonstanten K_1' und K_2' und jeweils n_1 und n_2 bindende Gruppen, die äquivalent und voneinander unabhängig sind.

Beim Auftragen von r gegen c_f ergibt sich K′ aus der Steigung. Ein Beispiel für das Modell mit zwei Bindungsregionen (Fall c) stellt die Aromabindung an Stärke dar. Dabei ist zu beachten, daß Stärke erst nach Verkleisterung die Aromastoffe unter Einschluß in helicale Strukturen bindet, an deren Ausbildung nicht nur Amylose, sondern auch Amylopektin beteiligt ist. In Tab. 5.26 sind die Bindungsparameter für einige Aromastoffe zusammengestellt. Zahlreiche Anhaltspunkte deuten darauf hin, daß die Werte K_1' und n_1 Bindungszonen im Innern der Helix erfassen, während die Werte K_2' und n_2 Bindungszonen an der Oberfläche der Helix wiedergeben. K_1' ist größer als K_2', d. h. im Innern werden die Aromastoffe durch mehr Glucosebausteine fester gebunden. Der Quotient 1/n ist ein Maß für die Größe der Bindungszonen. Er wächst verständlicherweise bei den n-Alkanolen mit steigendem Molekulargewicht, er ist aber auch im Innern der Helix größer als an der Oberfläche. Insgesamt kann man davon ausgehen, daß die eingeschlossenen Verbindungen nicht mehr voll als Aromastoffe wirksam sind.

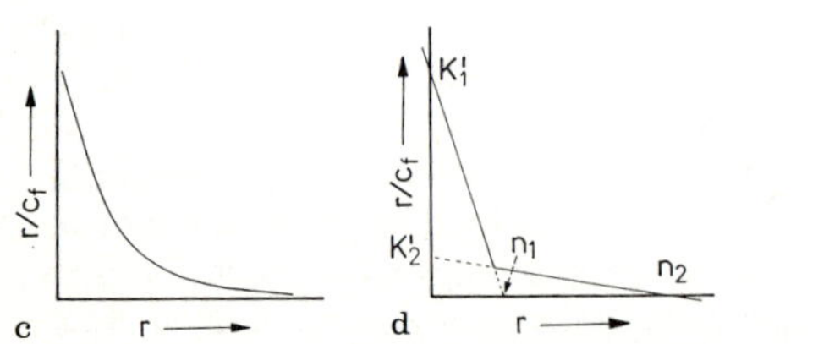

Abb. 5.27. Bindung von Aromastoffen durch Biopolymere – Graphische Bestimmung der Bindungsparameter. (Nach *J. Solms*, 1975)

Tabelle 5.26. Bindung von Aromastoffen an Kartoffelstärke

Verbindung	K_1'	n_1	K_2'	n_2
1-Hexanol	$5{,}45 \cdot 10^1$	0,10	–	–
1-Octanol	$2{,}19 \cdot 10^2$	0,05	$2{,}15 \cdot 10^1$	0,11
1-Decanol	$1{,}25 \cdot 10^2$	0,04	$1{,}29 \cdot 10^1$	0,11
Caprinsäure	$3{,}30 \cdot 10^2$	0,07	$4{,}35 \cdot 10^1$	0,19
Menthon	$1{,}84 \cdot 10^2$	0,012	8,97	0,045
Menthol	$1{,}43 \cdot 10^2$	0,007	–	–
β-Pinen	$1{,}30 \cdot 10^1$	0,027	1,81	0,089

Bei Proteinen in wäßriger Lösung wurde eine unbegrenzte Zahl von Bindungsstellen festgestellt (Fall b). In Tab. 5.27 sind K′-Werte für einige Aromastoffe angegeben. Die Konstanten nehmen ab in der Reihenfolge Aldehyde, Ketone, Alkohole; Verbindungen wie Dimethylpyrazin und Buttersäure werden praktisch nicht gebunden. Bei Aldehyden muß aber in Rechnung gestellt werden, daß sie mit freien Amino- und SH-Gruppen reagieren, daß also nicht nur sekundäre Bindungskräfte beteiligt sind.

Bei der Bindung der Aromastoffe verhalten sich Rinderserumalbumin und Sojaprotein praktisch gleich (Tab. 5.27). Da die Hydrophobität beider Proteine sehr ähnlich ist, sind offensichtlich hydrophobe Wechselwirkungen, wie oben bereits angedeutet, sehr wesentlich an der Bindung von Aromastoffen durch Proteine beteiligt.

Tabelle 5.27. Bindung von Aromastoffen an Proteine (0,4%ige Lösungen bei pH 4,5)

Aromastoff	Gesamtbindungskonstante $K' \cdot 10^{-3}$ ($l \cdot mol^{-1}$)			
	Rinderserum-albumin		Sojaprotein	
	20 °C	60 °C	20 °C	60 °C
Butanal	9,765	11,362	10,916	9,432
Benzaldehyd	6,458	6,134	5,807	6,840
2-Butanon	4,619	5,529	4,975	5,800
1-Butanol	2,435	2,786	2,100	2,950
Phenol	3,279	3,364	3,159	3,074
Vanillin	2,070	2,490	2,040	2,335
2,5-Dimethyl-pyrazin	0,494			
Buttersäure	0			

5.5 Aromatisierung von Lebensmitteln

Aromatisierte Lebensmittel werden seit Jahrhunderten hergestellt und verzehrt, z. B. Süßwaren, Gebäck, Tees, alkoholische Getränke. In den vergangenen Jahrzehnten hat die Zahl aromatisierter Lebensmittel stark zugenommen. Sie liegt in der Bundesrepublik bei etwa 15% des gesamten Lebensmittelverbrauchs. Eine wesentliche Ursache für diese Entwicklung ist der Anstieg industriell produzierter Lebensmittelzubereitungen, die, bedingt durch Herstellungs- und Lagerungsbedingungen, häufig einer Aromatisierung bedürfen. Außerdem ist der Einsatz neuartiger Rohstoffe, z. B. von Protein-Isolaten, für die Streckung traditioneller Lebensmittel oder für die Herstellung von Surrogaten nur aussichtsreich, wenn entsprechende Möglichkeiten zur Aromatisierung bereitstehen. Zur Aromatisierung dienen Aromakonzentrate oder Essenzen, die vom Aromafachmann, dem Flavoristen, aus einzelnen Aromastoffen und Aromastoffgemischen „komponiert" werden. Die entwickelten „Aromaformeln" basieren auf der Erfahrung und dem sensorischen Gespür des Flavoristen und auf Ergebnissen der Aromastoffanalytik. Bei der Aromatisierung sind bestimmte Rechtsvorschriften zu beachten, die in den einzelnen Ländern unterschiedliche Normen setzen.

5.5.1 Rohstoffe für Essenzen

In der Bundesrepublik enthalten aromatisierte Lebensmittel zu 75% Aromastoffe, die aus Pflanzen isoliert und deshalb als „natürliche" Aromastoffe bezeichnet werden. Von den eingesetzten synthetischen Aromastoffen sind 99% den natürlich vorkommenden chemisch gleich („naturidentische Aromastoffe") und nur ca. 1% gehören zu den künstlichen Aromastoffen ohne natürliches Vorbild.

5.5.1.1 Ätherische Öle

Ätherische Öle werden aus Pflanzenteilen, wie z. B. Nelkenknospen, Muskatnüssen, Citrus-, Kümmel-, Fenchel- und Cardamomfrüchten (cf. 22.1.1.1), vorzugsweise durch Wasserdampfdestillation, Klärung und Abscheidung des Wassers isoliert. Druck und Temperatur werden bei diesem Prozeß so geführt, daß möglichst geringe Verluste an Aromastoffen durch thermische Zersetzung, Oxidation und Hydrolyse auftreten. Manche ätherischen Öle, z. B. aus Citrusfrüchten, enthalten Terpenkohlenwasserstoffe, die leicht autoxidieren und polymerisieren („verharzen"). Durch eine fraktionierte Destillation werden sie abgetrennt, z. B. das Limonen aus dem Orangenöl. Eine destillative Fraktionierung wird aber auch angewandt, um einzelne Aromastoffe zu isolieren, die in den ätherischen Ölen dominieren, z. B. 1,8-Cineol aus Eucalyptusöl, Menthol aus Pfefferminzöl, Anethol aus Sternanisöl, Eugenol aus Gewürznelkenöl und Citral aus Litseacubaöl.

5.5.1.2 Extrakte, Auszüge

Aus Rohstoffen, deren Gehalt an ätherischen Ölen gering ist oder bei denen wesentliche Aromastoffe durch Wasserdampfdestillation infolge Zersetzung oder Löslichkeit in der wäßrigen Phase verlorengehen würden, erfolgt Abtrennung durch Extraktion. Beispiele sind bestimmte Gewürze und Fruchtpulver. Als Lösungsmittel werden Hexan, Dichlormethan, Aceton, Ethanol, Wasser oder ein Speiseöl angewandt. Sehr gute Ergebnisse erzielt man auch mit überkritischem CO_2. Die flüchtigen Lösungsmittel werden vom Extrakt durch Destillation praktisch vollständig abgetrennt. Der *Extrakt* (Resin, Absolue) enthält oft über 10% Aromastoffe neben Lipiden und anderen Substanzen, die mit dem angewandten Lösungsmittel ebenfalls extrahierbar sind. Zur Gewinnung bestimmter Aromastofffraktionen kann sich eine Chromatographie oder Gegenstromverteilung anschließen. Wird das Lösungsmittel nicht abgetrennt, so erhält man einen *Auszug*, der im Vergleich zu einem ätherischen Öl das um den Faktor 10^2–10^3 schwächere Aromatisierungsmittel darstellt.

5.5.1.3 Destillate

Bei der destillativen Konzentrierung von Fruchtsäften werden die Aromastoffe, die in der Regel flüchtiger sind als die Hauptmenge des Wassers, gesondert kondensiert (cf. 18.2.11). Aus solchen Destillaten lassen sich sehr konzentrierte Aromafraktionen gewinnen.

5.5.1.4 Mikrobielle Aromen

Auf dem Markt werden Käsearomakonzentrate angeboten mit etwa der 20fachen Aromastärke von normalem Käse. Sie werden durch kombinierte Einwirkung von Lipasen und *Penicillium roqueforti* aus Molke und Pflanzenfetten hergestellt. Neben C_4—C_{10}-Fettsäuren bestimmen 2-Heptanon und 2-Nonanon das Aroma.

5.5.1.5 Synthetische naturidentische Aromastoffe

Wirtschaftliche Gründe sind dafür maßgebend, daß aus der Fülle von Aromastoffen, die inzwischen in Lebensmitteln nachgewiesen worden sind, nur eine beschränkte Anzahl synthetisiert wird. Die Synthese geht von einem ausreichend und preiswert verfügbaren Naturstoff oder von einer Grundchemikalie aus. Betrachten wir einige Beispiele:

Der weltweit wichtigste Aromastoff Vanillin wird überwiegend durch alkalische Hydrolyse von Lignin (Sulfitablauge aus der Zellstoffgewinnung) und oxidative Spaltung des dabei entstehenden Coniferylalkohols hergestellt:

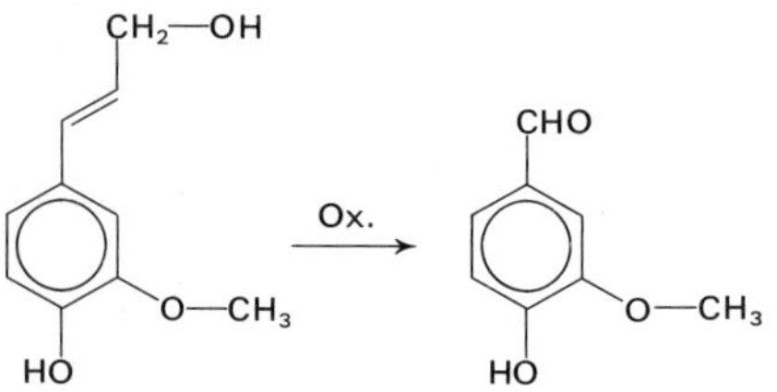

(5.43)

Die wichtigste Quelle für das viel verwendete Citral (Gemisch aus Geranial (I) und Neral (II)) ist Lemongrasöl *(Cymbopogon flexuosus)*, aus dem es über das Bisulfitaddukt isoliert wird:

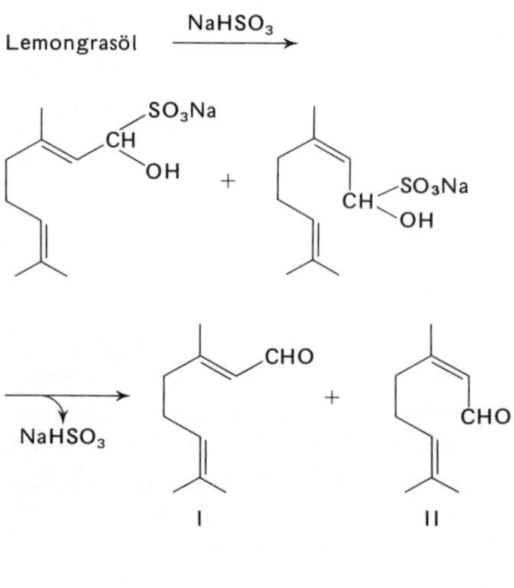

(5.44)

Der Aromastoff Menthol wird überwiegend aus der Petrochemikalie m-Kresol hergestellt. Durch Alkylierung entsteht Thymol, das zum racemischen Menthol hydriert wird:

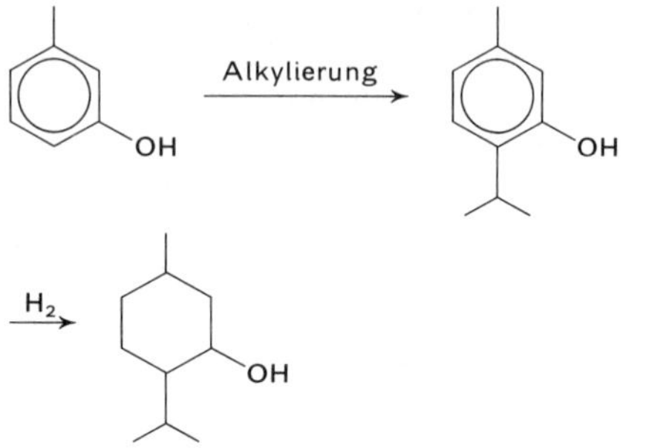

(5.45)

Ein aufwendiger Prozeß, in dem das Racemat gespalten und das l-Menthol isoliert wird, schließt sich an, denn d-Menthol mindert die Aromaqualität (cf. 5.3.2.3).

Die Reinheitsanforderungen, die an synthetische Aromastoffe gestellt werden, sind extrem hoch. Die aufwendigen Reinigungsoperationen sind aber nicht nur notwendig, damit ein Produkt erzeugt wird, das bei normaler Anwendung gesundheitlich unbedenklich ist, sondern auch zur Abtrennung von unerwünschten Begleitaromastoffen. So würde z. B. das Menthol mit einem phenolischen „off-flavour" belastet sein, wenn es nur noch mit 0,01% Thymol verunreinigt wäre, da die Aromaschwelle des Thymols um den Faktor 450 niedriger ist als die des l-Menthols.

5.5.1.6 Künstliche Aromastoffe

In Tab. 5.28 sind einige künstliche Aromastoffe zusammengestellt, die bei der Aromatisierung von Lebensmitteln Anwendung finden.

5.5.2 Essenzen

Aus den Rohstoffen komponiert der Flavorist die Essenz. Neben einem optimalen Aroma muß er u. a. in Betracht ziehen, ob Verluste an Aromastoffen bei einer thermischen Belastung des Lebensmittels eintreten können. Die entwickelten „Aromaformeln" beinhalten sehr viel „know-how" und werden deshalb streng gehütet. Aus diesem Grunde zeigt das in Tab. 5.29 angegebene Beispiel auch nur prinzipiell, wie solche Essenzen aufgebaut sind.

Tabelle 5.28. Nicht in Lebensmitteln vorkommende Verbindungen, die als Aromastoffe Anwendung finden

Name	Struktur	Aroma
Ethylvanillin	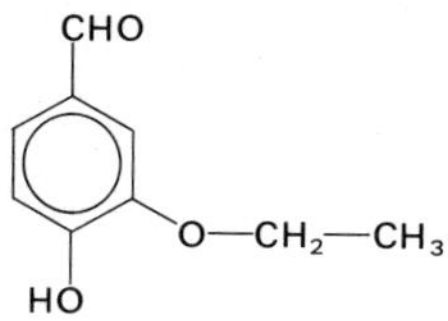	süß, nach Vanille (2–4mal stärker als Vanille)
Ethylmaltol	cf. 5.3.1.2	karamelartig
Moschus Ambret	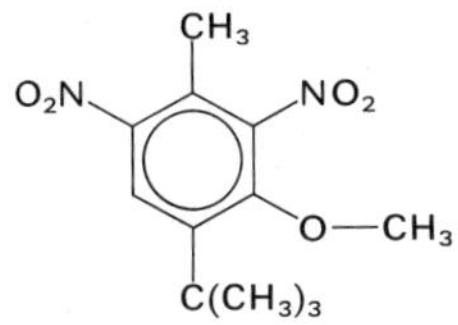	moschusartig
Allylphenoxyacetat	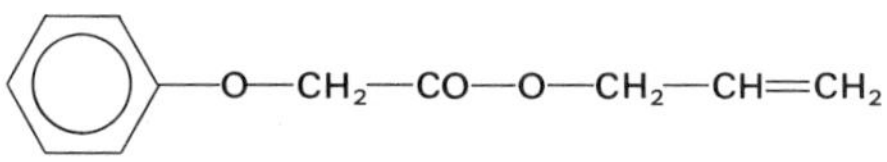	nach Honig u. Ananas
α-Amylzimtaldehyd	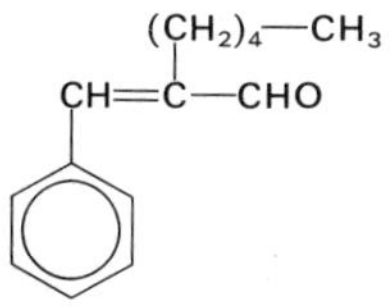	nach Jasmin u. Lilien
Hydroxycitronellal	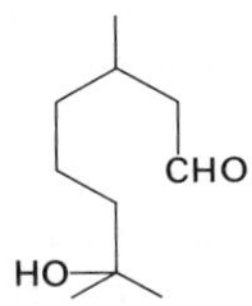	süß, blumig nach Lilien
Resorcindimethylether	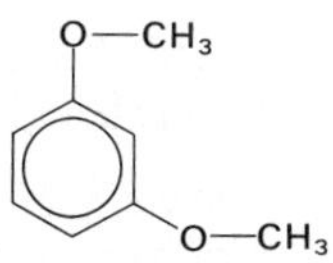	scharf, fruchtig
Anisylaceton	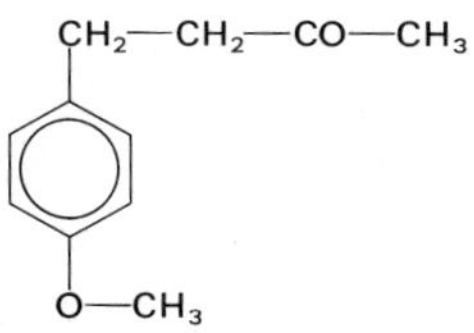	süß, blumig, fruchtig
6-Methylcumarin	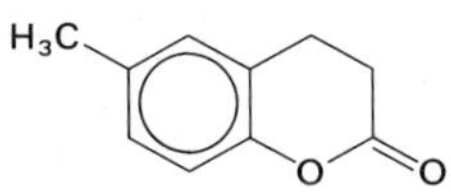	trocken, krautartig

Tabelle 5.28. (Fortsetzung)

Name	Struktur	Aroma
β-Naphthylmethylketon	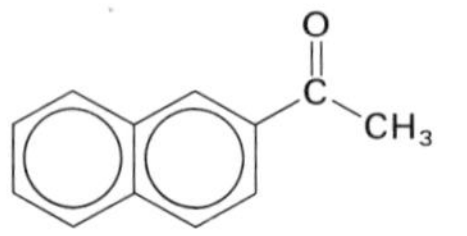	nach Orangenblüten, an Erdbeeren erinnernd
Propenylguäthol	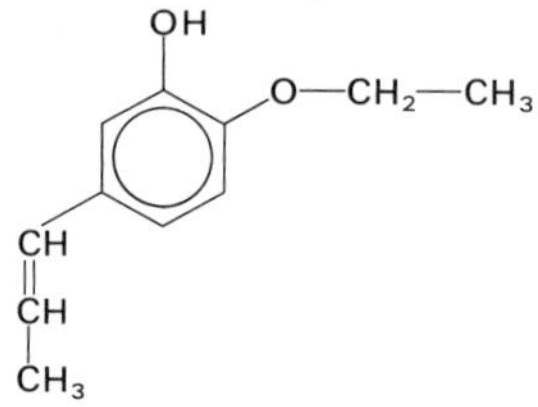	vanilleartig
Piperonylisobutyrat	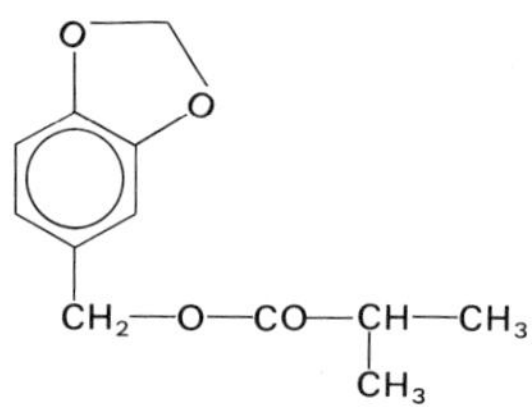	süß, fruchtig, nach Beerenobst

5.5.3 Aromastoffe aus Vorstufen

Bei Lebensmitteln, die erhitzt werden und deren wesentliche Aromastoffe durch die *Maillard*-Reaktion entstehen, geht der Trend dahin, das Aroma durch eine Erhöhung der Konzentration an Vorstufen zu verstärken bzw. abzurunden. Bestimmte Aromavorläufer werden entweder direkt zugegeben (cf. Patente über Fleischaromanoten in Tab. 1.6) oder sie werden bei der Zubereitung erzeugt, in dem zugesetzte Hydrolasen aus Proteinen und Polysacchariden die Reaktionspartner für die *Maillard*-Reaktion freisetzen (cf. 4.2.4.4).

5.6 Struktur – Geruch

Die Einwirkung von Stimulantien auf periphere Rezeptoren eines Organismus führt zu Antworten, die charakterisiert sind durch ihre *Qualität* und *Intensität*. Nur die Intensität ist quantifizierbar, z. B. über die Schwellenwerte (cf. 5.1.3). Die Qualität läßt sich dagegen nur vergleichend beschreiben. Es lassen sich z. B. Gruppen von Stimulantien bilden mit gleichen oder ähnlichen Qualitäten. Man spricht von Primärqualitäten oder Modalitäten, wenn sich eine Qualität als homogen erweist, d. h. wenn sie nicht durch Superposition von zwei oder mehreren nicht identischen Informationsarten erhalten werden kann. Gegenstand vieler Untersuchungen ist nun die Frage, welche Strukturelemente für das Zustandekommen bestimmter Geruchs- und Geschmackseindrücke maßgeblich sind.
Bei *Geruchsstoffen* sind von Einfluß:

- die Geometrie des Moleküls
- die funktionellen Gruppen

Die *Bedeutung der Geometrie* läßt sich z. B. an einigen campherartigen Verbindungen demonstrieren:

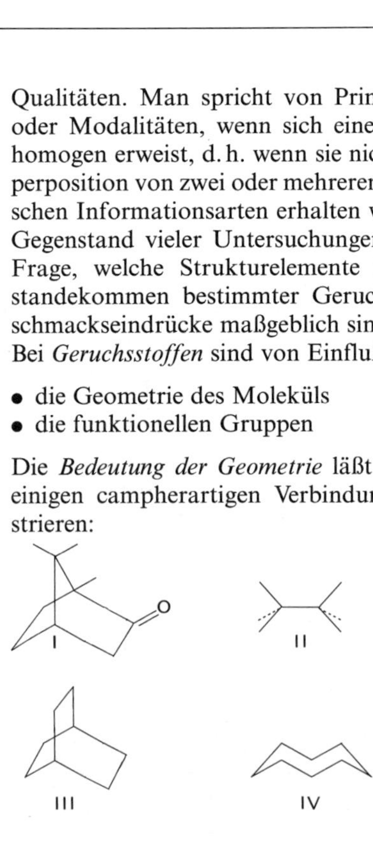

(5.46)

2,2,3,3-Tetramethylbutan (II) und Bicyclooctan (III) haben einen Geruch, der dem des Camphers (I) sehr ähnlich ist. Auch Cyclooctan (IV) ist campherähnlich, wenn auch nicht so rein wie die anderen genannten Verbindungen. Aus diesen Beispielen folgt, daß für die Geruchsqualität „Campher" funktionelle Gruppen nicht von ausschlaggebender Bedeutung sind, sondern die kompakte, annähernd sphärische Form des Moleküls.

Ein weiterer Hinweis auf die vorrangige Bedeutung der Geometrie ist die Ersetzbarkeit von Gruppen durch solche mit annähernd gleichem *van der Waals*-Radius, z. B. H↔F, CH_3↔Br, ohne daß sich die Geruchsqualität grundlegend ändert (s. Formel 5.47). Bei den Verbindungen V und VI sind ähnlich im Geruch, wenn auch das Fluorderivat etwas herber ist. Bei den Verbindungen VII/VIII bzw. IX/X bleibt der Moschuscharakter erhalten, bei XI/XII wird er allerdings gelöscht. Bei XIII/XIII a bleibt der Geruch nach Sandelholz erhalten, wenn die cis-Decalingruppe durch eine t-Butylcyclohexylgruppe ersetzt wird. Auch die Verbindungen XIV und XIV a haben

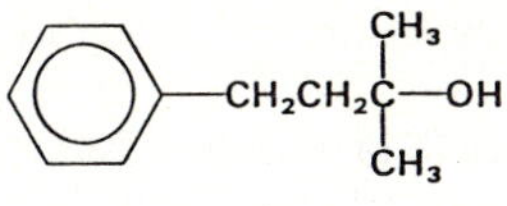

V

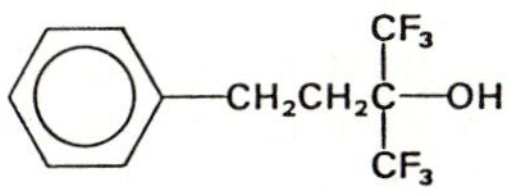

VI

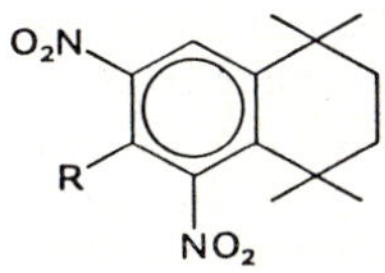

VII : R = Me
VIII : R = Br

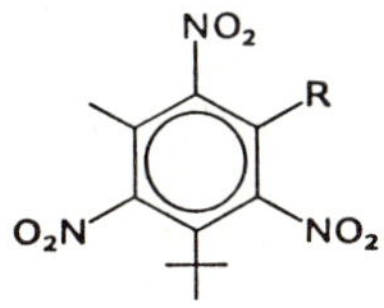

IX : R = Me
X : R = Br

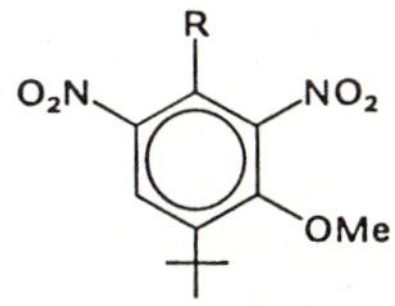

XI : R = Me
XII : R = Br

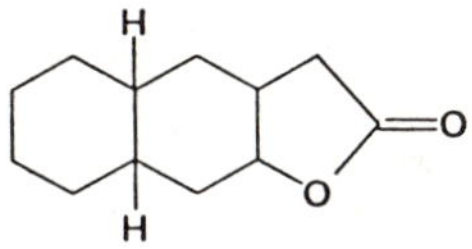

XIII

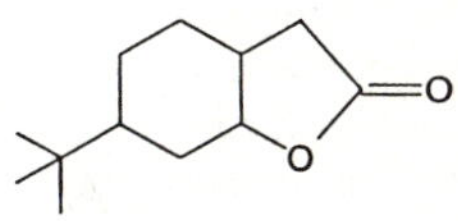

XIII a

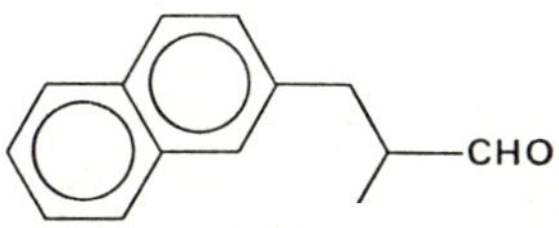

XIV

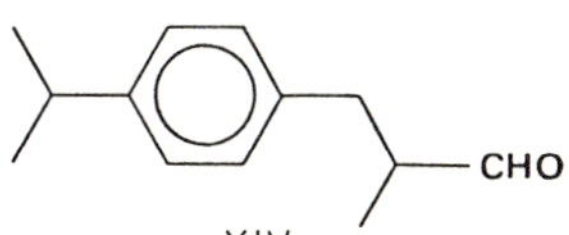

XIV a

(5.47)

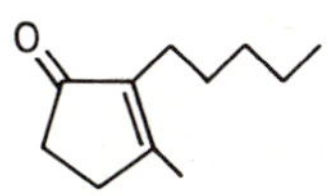

XV

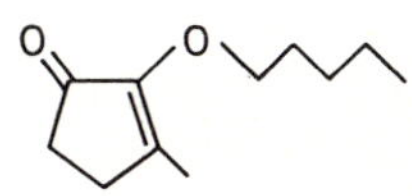

XVI

Tabelle 5.29. Gegenüberstellung von zwei Ananas-Essenzen

Aus natürlichen Rohstoffen:	Mit synthetischen Aromastoffen (Forts.):
686 g Ananas-Fruchtsaftkonzentrat	16,4 g Allylcyclohexylpropionat
300 g Ananas-Schalendestillat	16,0 g Ethylpropionat
10 g Orangenöl[a]	13,0 g Ethylheptanoat
2 g Weinhefenöl[a]	8,0 g Buttersäure
2 g Kamillenöl[a]	5,6 g Vanillin
1000 g	4,0 g Citronellylbutyrat
	2,5 g Methylallylcaproat
Mit synthetischen Aromastoffen:	2,0 g Methyl-β-methylthiopropionat
376 g Ethylacetat	2,0 g Allylphenoxyacetat
112 g Amylbutyrat	1,0 g Methylcaprylat
105 g Butylacetat	0,6 g Citral
45 g Ethylbutyrat	0,3 g Cinnamylacetat
36 g Ethylisovalerat	0,1 g Bornylacetat
28,6 g Amylacetat	162 g Lösungsmittel
22,5 g Orangenöl	1000 g
21,4 g Allylcapronat	
20,0 g Diethylsebacat	

[a] Gehalt an Aromastoffen ca. 1%.

den gleichen Geruch, ebenso wie XV und XVI (Formel 5.47).

Von Bedeutung bei solchen Substitutionen ist allerdings, daß der Dipolvektor erhalten bleibt, der für eine bestimmte Orientierung des Moleküls am Rezeptor verantwortlich ist (Formel 5.48). cis-t-Butylcyclohexylacetat (XVII) hat z. B. einen starken charakteristischen Geruch, die trans-Verbindung (XVIII) riecht dagegen schwach und fad.

Daß ähnliche Geometrie ähnliche Geruchsqualität bedingt, zeigt auch das Beispiel Limonen (XIX, Formel 5.49). Die beiden isomeren p-Menthene-8 unterscheiden sich deutlich: XX hat charakteristischen Orangengeruch wie Limonen, XXI dagegen faden Kohlenwasserstoff-Geruch. *Funktionelle Gruppen* sind für einen Geruchsstoff nicht essentiell, wie das Beispiel von Kohlenwasserstoffen mit charakteristischem Geruch zeigt. Bei diesen Verbindungen ohne funktionelle Gruppen wird die erläuterte Bedeutung der Geometrie besonders klar. Andererseits gibt es Verbindungen, die praktisch nur aus einer funktionellen Gruppe bestehen und die extrem stark riechen, z. B. NH_3, H_2S, CH_3SH. Hier können sterische Faktoren keine Rolle spielen, die funktionelle Gruppe ist dominant.

Mit zunehmender Molekülgröße tritt der dominante Einfluß der funktionellen Gruppe auf die Qualität des Geruchseindruckes zurück, während der Einfluß auf die Orientierung des Moleküls am Rezeptor über den Dipolvektor immer stärker herauskommt. Damit ist natürlich wieder ein indirekter Einfluß auf die Qualität, aber auch auf die Intensität gegeben. Beispiele sind die folgenden Verbindungen: R_2S, R_2NH, R_2O. Für R = Me bestehen starke Unterschiede in der Qualität. Für R^1 = Me, R^2 = PhEt sind Unterschiede vorhanden, aber nicht sehr ausgeprägt, Ether und Thioether haben den gleichen Geruchstyp.

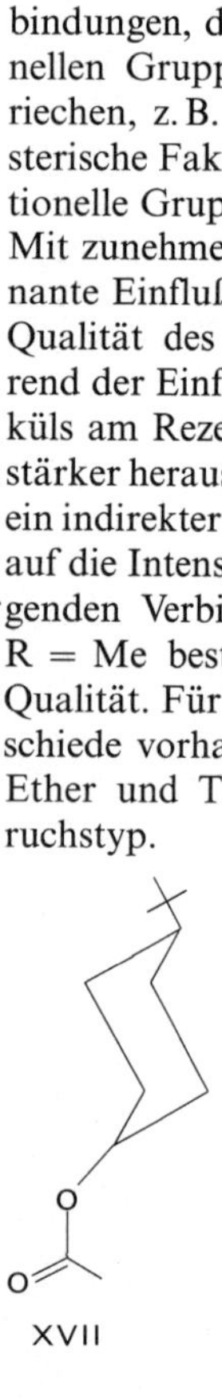

XVII

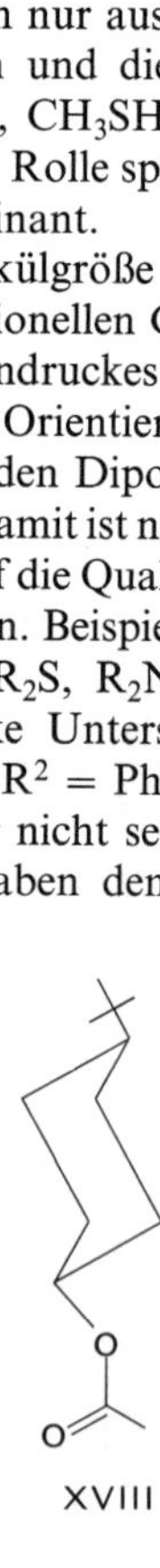

XVIII

(5.48)

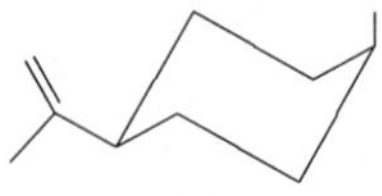

XXI

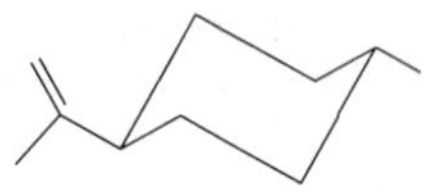

XX

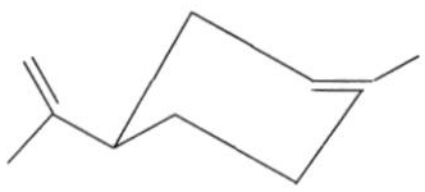

XIX

(5.49)

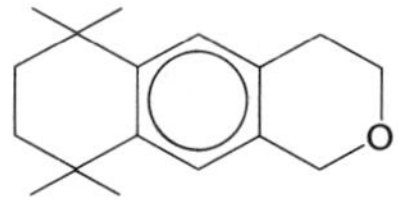

XXII

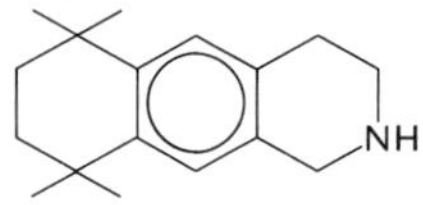

XXIII

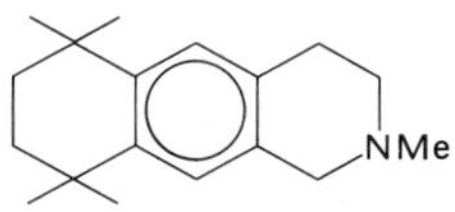

XXIV

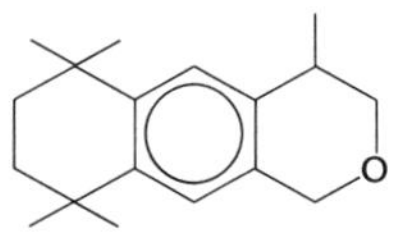

XXV

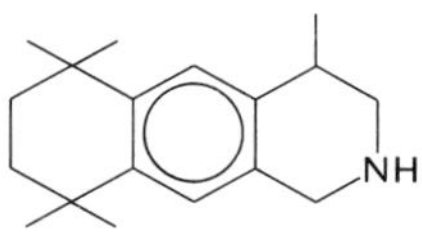

XXVI

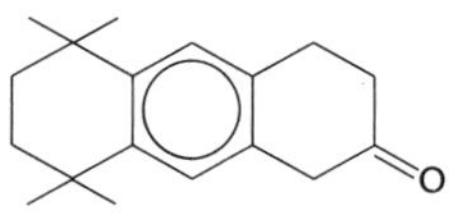

XXVII

(5.50)

Weitere Beispiele sind in der Moschus-Reihe zu finden (Formel 5.50). Ersatz von Sauerstoff in XXII durch NH (XXIII) oder NMe (XXIV) ist unter Schwächung aber Erhalt der ursprünglichen Geruchsqualität möglich. Das Gleiche gilt für XXV und XXVI. Ersatz von Sauerstoff in XXV durch CO (XXVII) hat dagegen Löschung zur Folge. Die Gründe sind geringere Flüchtigkeit und Änderung des Dipolvektors.

Die Umgebung funktioneller Gruppen in einem Molekül hat im allgemeinen Bedeutung, da sie von Einfluß auf die Zugänglichkeit dieser Gruppen ist.

Campher ist durch Methylisopropylketon ganz gut zu imitieren. Die Umgebung der funktionellen Gruppe ist sehr ähnlich. Einige Beispiele aus der Moschus-Reihe belegen ebenfalls, daß die Zugänglichkeit der funktionellen Gruppe eine Rolle spielt (Formel 5.51).

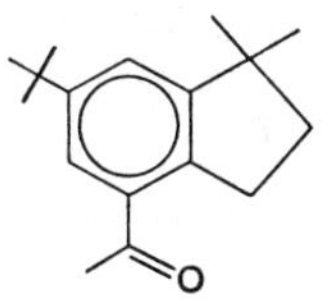

XXVIII

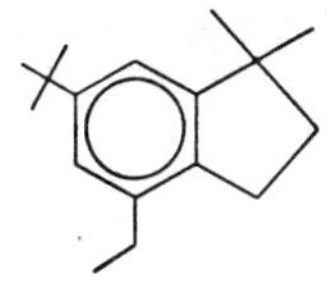

XXIX

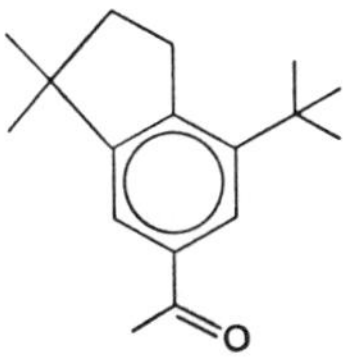

XXIX a

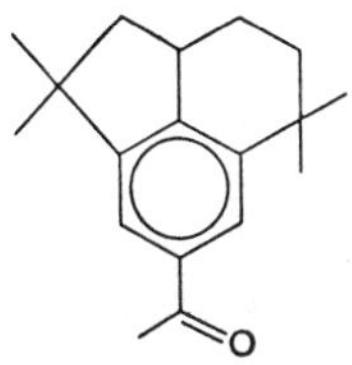

XXIX b

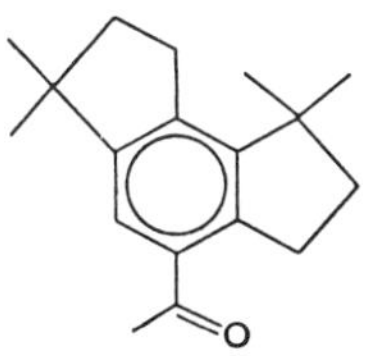

XXIX c

(5.51)

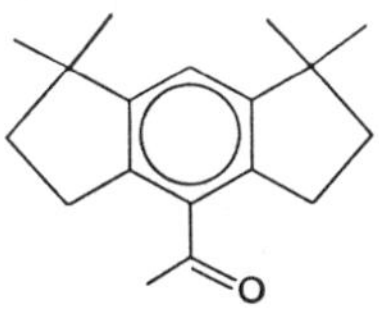

XXIX d

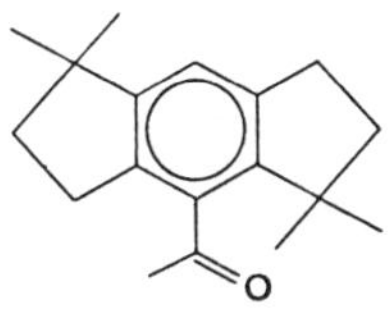

XXIX e

Bei XXVIII ist die CO-Gruppe erforderlich, denn XXIX hat keinen Moschus-Charakter. Wichtig für die Intensität sind quartäre C-Atome in den Positionen 3 und 5. In den Positionen 2 und 6 stören sie dagegen und zwar sowohl die Zugänglichkeit der CO-Gruppe als auch die Coplanarität. Die Verbindungen XXIX a–XXIX c haben starken, die Verbindungen XXIX d und XXIX e dagegen sehr schwachen Moschus-Geruch.

Bei Verbindungen mit mehreren funktionellen Gruppen kann deren Stellung zueinander wichtig für die Geruchsqualität sein (Formel 5.52): Verbindung XXX hat z. B. einen strengen, phenolischen, an Salicylsäure erinnernden Geruch, der bei XXXII nur sehr schwach ausgeprägt ist. XXXI ist geruchlos, während XXXIII die als „Himbeerketon" bekannte Verbindung mit stark fruchtigem Geruch ist. Vom Isomerenpaar XXXIV/XXXV hat die cis-Verbindung XXXIV eine starke blumig-holzige Geruchsnote, während die trans-Verbindung XXXV geruchlos ist. Vermutlich treten die beiden Gruppen als bifunktionelle Einheit mit einer entsprechenden Einheit des Rezeptors in Wechselwirkung. Die HO-Gruppe ist dabei Protonen-Donator (AH-Gruppe), die CO-Gruppe Protonen-Acceptor (B-Gruppe). An einer Reihe von Verbindungen mit differenter Geruchsqualität zeigt sich, daß der Abstand Donator–Acceptor offensichtlich kleiner als 3 Å sein muß. Die Geruchsqualität scheint bei diesen Verbindungen vom hydrophoben Teil des Moleküls entscheidend bestimmt zu werden, der als dritte Gruppe X mit dem Rezeptor in Kontakt kommt. Es ist interessant, daß dieses neuerdings für eine Reihe von Geruchsstoffen postulierte AH/B/X-System sich bereits seit mehr als zehn Jahren für die Diskussion von Struktur-Aktivitäts-Beziehungen bei süßen Verbindungen sehr bewährt hat (cf. 4.2.3 und 8.8.1).

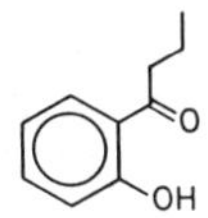

XXX

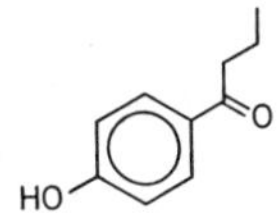

XXXI

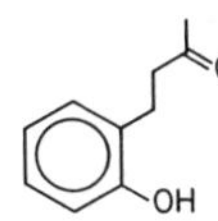

XXXII

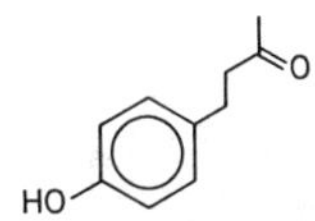

XXXIII

(5.52)

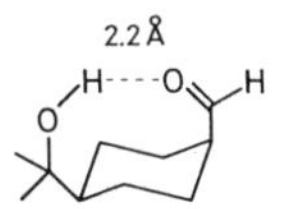

XXXIV

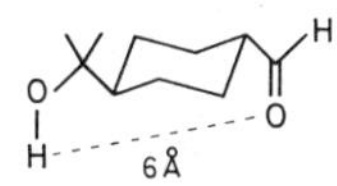

XXXV

Die Annahme einer solchen Stimulans-Rezeptor-Wechselwirkung über mindestens drei Punkte zeigt ihre Brauchbarkeit auch bei chiralen Verbindungen, die in der Regel sehr unterschiedliche Aromanoten haben, z. B. l/d-Menthol und l/d-Carvon (cf. 5.3.2.3).

Zusammenfassend ist zur Rolle von funktionellen Gruppen zu sagen: Bei kleinen Molekülen haben sie direkten Einfluß auf die Qualität, bei großen Molekülen Einfluß auf die Orientierung am Rezeptor und damit indirekt auf die Qualität. Die Geometrie steht hier aber stark im Vordergrund. Es zeigt sich, daß beide Parameter, Geo-

metrie und funktionelle Gruppen, im Grunde nicht zu trennen sind.
In manchen Fällen lassen sich *Struktur-Aktivitäts-Beziehungen* in besonders einfachen Regeln ausdrücken. Ein Beispiel sind Decaline mit Ambra-Charakter (XL):

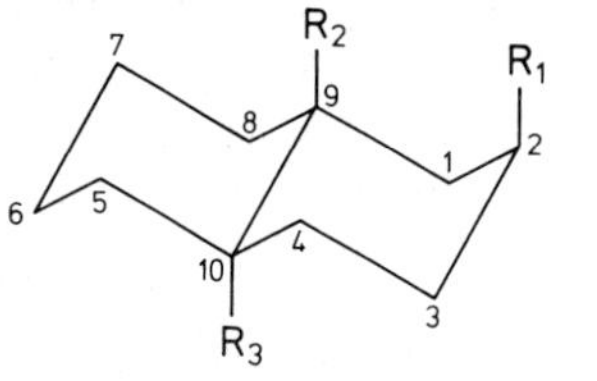

XL

(5.53)

Strukturelle Forderungen für Ambra-Geruch sind: trans-Decalin muß in den Positionen 2, 9, 10 axial substituiert sein (auch H rechnet als Substituent), ein Substituent muß eine O-Funktion haben. Diese Regel von *Ohloff* ist durch viele Beispiele belegt.
Zum Abschluß einiges über einzelne *Geruchsmodalitäten*. Die Anzahl der Primärqualitäten ist umstritten. Tab. 5.30 gibt einige Beispiele wieder. Den Primärqualitäten sind jeweils Verbindungen gegenübergestellt, die diese besonders gut repräsentieren.
Moschus ist mit Abstand besonders gut untersucht hinsichtlich Struktur-Aktivitäts-Beziehungen. Für einige weitere Modalitäten liegen auch gewisse Informationen vor. Bei anderen Modalitäten ist dagegen noch wenig systematische Arbeit publiziert worden.

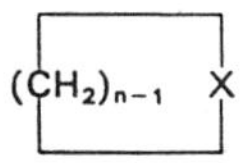

X = CO, O, S, NH, NMe

XLI a

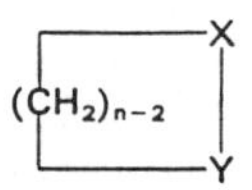

X–Y = O—CO

XLI b

(5.54)

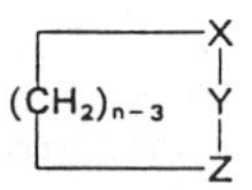

X–Y–Z = O—CO—O
CO—O—CO
O—CH_2—O

XLI c

Die *Makrocyclen* XLI a–XLI c (Formel 5.54) mit n = 15/16 haben guten Moschus-Charakter. Für n > 16 nimmt die animalische Note zu, ab n = 9–11, 12 ist eine Campher-Note vorherrschend. Bei niederen Gliedern hängt die Qualität stark von der Natur der polaren Gruppen ab.

Tabelle 5.30. Primärqualitäten von Gerüchen

Qualität	Charakteristische Verbindung
I. Nach *Amoore*	
blumig	Phenylethyl-methyl-ethyl-carbinol
ätherisch	Propanol, 1,2-Dichlorethan
campherartig	Campher
moschusartig	Moschusxylol
minzartig	Menthon
faulig	Dimethylsulfid
stechend	Essigsäure, Ameisensäure
II. Nach *Harper*	
blumig	β-Ionon
ätherisch	Propanol
süß	Vanillin
ranzig	Buttersäure
schwefelartig, nach Knoblauch, Zwiebel	Diethylsulfid
mandelartig	Benzaldehyd
mottenkugelartig	Naphthalin
ammoniakartig	Ammoniak
fischig	Trimethylamin
fruchtig	Benzylacetat

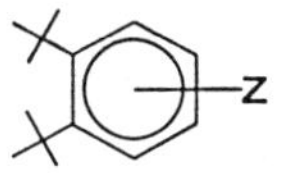

XLII a

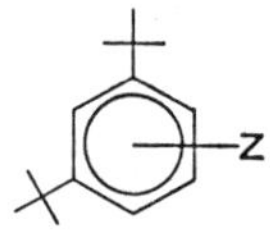

XLII b

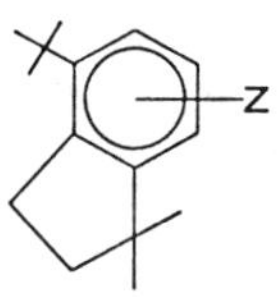

XLII c

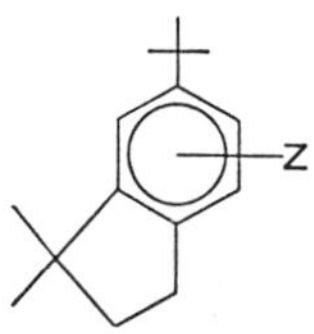

XLII d

(5.55)

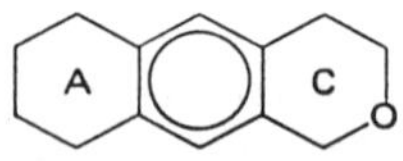

XLIII

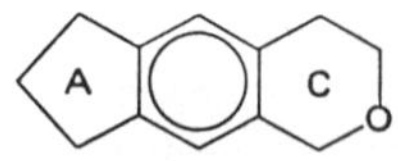

XLIV

(5.56)

Aromatische Ketone XLIIa–XLIId (Formel 5.55, Z = R—CO) können ebenfalls Moschus-Charakter haben, desgleichen *Isochromane* (Formel 5.5b; XLIII, XLIV; Ringe A und C alkyliert) und *Nitro-Aromaten* (Formel 5.57; XLV, XLVI).

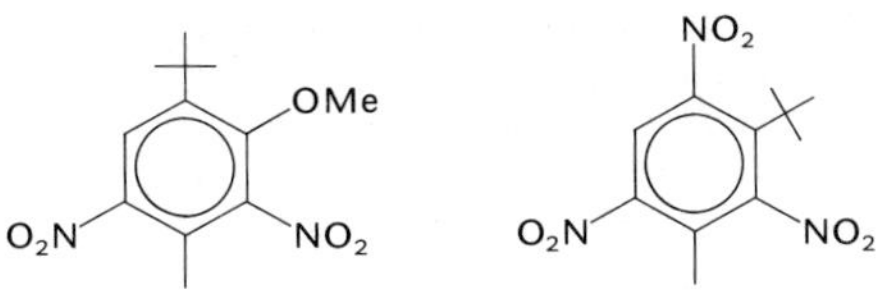

XLV XLVI (5.57)

Camphergeruch (Formel 5.46, I) erfordert ein quasi sphärisches Molekül, so daß sowohl Kohlenwasserstoffe als auch polare Moleküle in Frage kommen (Formel 5.46, II–IV; Formel 5.58, XLVII–L).

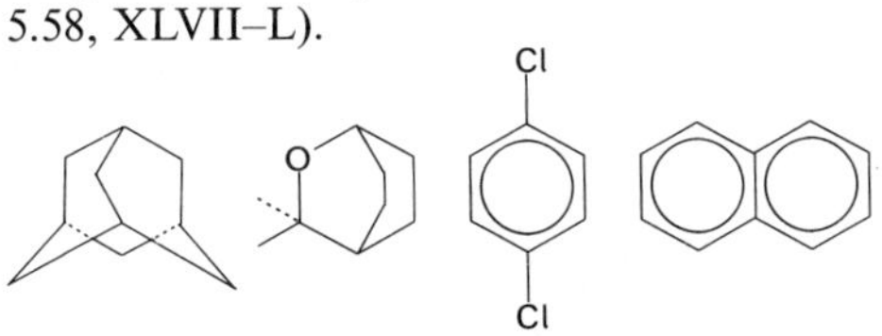

XLVII XLVIII XLIX L (5.58)

Für Verbindungen mit karamelartigem, süßlichem, nußartigem Geruch, wie sie im Verlauf nichtenzymatischer Bräunungsreaktionen beim Erhitzen von Lebensmitteln aus Zuckern gebildet werden, scheint das oben erwähnte AH/B-System essentiell zu sein. Variationen in der Geruchsqualität sind durch den hydrophoben Teil des Moleküls bedingt. Typische Vertreter dieser Klasse von Geruchsstoffen (Formel 5.59) sind Maltol (LI) und Isomaltol (LII). Veränderungen an der bifunktionellen Protonendonator/Protonenacceptor-Einheit führen zu starken Veränderungen der Geruchsqualität: O-Methylisomaltol (LIII) hat den typischen Maltolcharakter völlig verloren und nur einen schwachen, leicht fruchtigen Geruch.

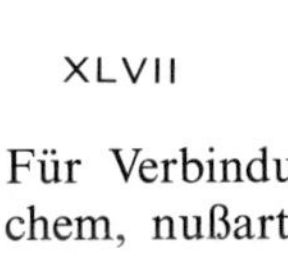

LI

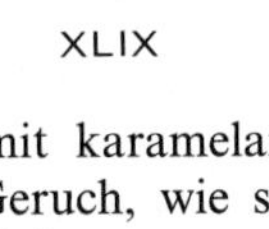

LII

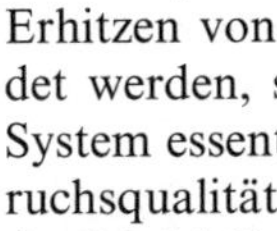

LIII (5.59)

5.7 Literatur

Adda, J., Richard, H. (Eds.): International symposium on food flavors. Technique et Documentation (Lavoisier): Paris. 1983

Beets, M. G. J.: Structure – activity relationships in human chemoreception. Applied Science Publ.: London. 1978

Berger, R. G., Drawert, F., Kollmannsberger, H., Nitz, S.: Natural occurrence of undecaenes in some fruits and vegetables. J. Food Sci. *50*, 1655 (1985)

Berger, R. G., Nitz, S. Schreier, P. (Eds.): Topics in flavour research. H. Eichhorn: Marzling-Hangenham. 1985

Beyeler, M., Solms, J.: Interaction of flavour model compounds with soy protein and bovine serum albumin. Lebensm. Wiss. Technol. *7*, 217 (1974)

Buttery, R. G., Haddon, W. F., Seifert, R. M., Turnbaugh, J. G.: Thiamin odor and bis(2-methyl-3-furyl)disulfide. J. Agric. Food Chem. *32*, 674 (1984)

Charalambous, G., Inglett, G. E. (Eds.): Flavor of foods and beverages. Academic Press: New York. 1978

Charalambous, G., Katz, I. (Eds.): Phenolic, sulfur, and nitrogen compounds in food flavors. ACS Symposium Series 26, American Chemical Society: Washington, D.C. 1976

Drawert, F.: Geruch- und Geschmackstoffe. Verlag Hans Carl: Nürnberg. 1975

Emberger, R.: Möglichkeiten des Aufbaus natürlicher und synthetischer Aromen. Lebensmittelchem. Gerichtl. Chem. *34*, 149 (1980)

Fenaroli, G.: Handbook of flavor ingredients. 2nd edn., Vol. I and II, CRC Press: Cleveland, Ohio. 1975

Forss, D. A.: Mechanisms of formation of aroma compounds in milk and milk products. J. Dairy Res. *46*, 691 (1979)

Frijters, J. E. R.: A critical analysis of the odour unit number and its use. Chem. Senses Flavour *3*, 227 (1978)

Jennings, W. G., Filsoof, M.: Comparison of sample preparation techniques for gaschromatographic analyses. J. Agric. Food Chem. *25*, 440 (1977)

Jennings, W. G., Tressl, R.: Production of volatile compounds in the ripening bartlett pear. Chem. Mikrobiol. Technol. Lebensm. *3*, 52 (1974)

Kaminski, E., Stawicki, S., Wasowicz, E., Kasperek, M.: Volatile odour substances produced by microflora. Nahrung *24*, 103 (1980)

Koehler, P. E., Mason, M. E., Newell, J. A.: Formation of pyrazine compounds in sugaramino acid model systems. J. Agric. Food Chem. *17*, 393 (1969)

Laing, D. G., Wilcox, M. E.: Perception of components in binary odour mixtures. Chem. Senses *7*, 249 (1983)

Land, D. G., Nursten, H. E. (Eds.): Progress in flavour research. Applied Science Publ.: London. 1979

Maarse, H., Belz, R. (Eds.): Isolation, separation and identification of volatile compounds in aroma research. Akademie-Verlag: Berlin. 1981

Maarse, H., Visscher, C. A. (Eds.): Volatile compounds in food. Qualitative data. 5th edn. with supplements 1 and 2, TNO-CIVO Food Analysis Institute: Zeist, the Netherlands. 1985

Maarse, H., Visscher, C. A. (Eds.): Volatile compounds in food. Quantitative data. Vol. 4, TNO-CIVO Food Analysis Institute: Zeist, the Netherlands. 1985

Maga, J. A.: The role of sulfur compounds in food flavor. I. Thiazoles, Crit. Rev. Food Sci. Nutr. *6,* 153 (1975)

Maga, J. A.: The role of sulfur compounds in food flavor. II. Thiophenes. Crit. Rev. Food Sci. Nutr. *6,* 241 (1975)

Maga, J. A.: The role of sulfur compounds in food flavor. III. Thiols. Crit. Rev. Food Sci. Nutr. *7,* 147 (1976)

Maga, J. A.: Lactones in foods. Crit. Rev. Food Sci. Nutr. *8,* 1 (1976)

Maga, J. A.: Simple phenol and phenolic compounds in food flavor. Crit. Rev. Food Sci. Nutr. *10,* 323 (1978)

Maga, J. A.: Furans in foods. Crit. Rev. Food Sci. Nutr. *11,* 355 (1979)

Maga, J. A.: Pyrroles in foods. J. Agric. Food Chem. *29,* 691 (1981)

Maga, J. A.: Pyridines in foods. J. Agric. Food Chem. *29,* 895 (1981)

Maga, J. A.: Pyrazines in foods: an update. Crit. Rev. Food Sci. Nutr. *16,* 1 (1982)

Maier, H. G.: Zur Bindung flüchtiger Aromastoffe an Proteine. Dtsch. Lebensm. Rundsch. *70,* 349 (1974)

McNulty, P. B., Karel, M.: Factors affecting flavour release and uptake in O/W-emulsions. J. Food Technol. *8,* 319 (1973)

Morton, I. D., MacLeod, A. J. (Eds.): Food Flavours. Part A. Introduction. Elsevier Scientific Publ. Co.: Amsterdam. 1982

Murray, K. E., Whitfield, F. B.: The occurrence of 3-alkyl-2-methoxypyrazines in raw vegetables. J. Sci. Food Agric. *26,* 973 (1975)

Nawar, W. W.: Some considerations in interpretation of direct headspace gas chromatographic analysis of food volatiles. Food Technol. *20,* 213 (1966)

Nursten, H. E.: Developments in research on the flavour of foods. Res. Food Sci. Nutr. *4,* 183 (1984)

Ohloff, G.: Recent developments in the field of naturally-occurring aroma components. Fortschr. Chem. Org. Naturst. *35,* 431 (1978)

Ohloff, G.: Bifunctional unit concept in flavour chemistry. In: Flavour '81 (Ed.: Schreier, P.) p. 757, Walter de Gruyter: Berlin. 1981

Ohloff, G., Flament, I.: The role of heteroatomic substances in the aroma compounds of food stuffs. Fortschr. Chem. Org. Naturst. *36,* 231 (1978)

Ohloff, G., Flament, I., Pickenhagen, W.: Flavor chemistry. Food Rev. Int. *1,* 99 (1985)

Parliment, T. H., Scarpellino, R.: Organoleptic techniques in chromatographic food flavor analysis. J. Agric. Food Chem. *25,* 97 (1977)

Piendl, A.: Brauereitechnologie und Molekularbiologie. Brauwissenschaft *22,* 175 (1969)

Reineccius, G. A.: Off-flavors in meat and fish – a review. J. Food Sci. *44,* 12 (1979)

Reymond, D., Solms, J.: Geruch und Geschmack verändernde Stoffe. In: Kosmetika, Riechstoffe und Lebensmittelzusatzstoffe (Hrsg.: Aebi, H., Baumgartner, E., Fiedler, H. P., Ohloff, G.), S. 193, Georg Thieme Verlag: Stuttgart. 1978

Rothe, M.: Einführung in die Aromaforschung. Akademie-Verlag: Berlin. 1978

Schreier, P.: Chromatographic studies of biogenesis of plant volatiles. Dr. Alfred Hüthig Verlag: Heidelberg. 1984

Solms, J.: Aromastoffe als Liganden. In: Geruch- und Geschmackstoffe (Hrsg.: Drawert, F.), S. 201, Verlag Hans Carl: Nürnberg. 1975

Teranishi, R., Flath, R. A., Sugisawa, H. (Eds.): Flavor research. Recent advances. Marcel Dekker, Inc.: New York. 1981

Ter Heide, R., de Valois, P. J., Visser, J., Jaegers, P. P., Timmer, R.: Concentration and identification of trace constituents in alcoholic beverages. In: Analysis of foods and beverages – Headspace techniques (Ed.: Charalambous, G.), p. 249, Academic Press: New York. 1978

Tressl, R.: Probleme bei der Beurteilung von natürlichen Aromen. Lebensmittelchem. Gerichtl. Chem. *34,* 47 (1980)

Tressl, R., Renner, R.: Bildung von Aromastoffen in Lebensmitteln. Dtsch. Lebensm. Rundsch. *72,* 37 (1976)

Vernin, G. (Ed.): Chemistry of heterocyclic compounds in flavours and aromas. Ellis Horwood Publ.: Chichester. 1982

Von Sydow, E.: Contribution for individual chemical compounds to the aroma of foods. In: Geruch- und Geschmackstoffe (Hrsg.: Drawert, F.), S. 187, Verlag Hans Carl: Nürnberg. 1975

Williams, P. J., Strauss, C. R., Wilson, B., Massy-Westropp, R. A.: Novel monoterpene disaccharide glycosides of *Vitis vinifera* grapes and wines. Phytochemistry *21,* 2013 (1982)

Ziegler, E.: Die natürlichen und künstlichen Aromen. Dr. Alfred Hüthig Verlag: Heidelberg. 1982

6 Vitamine

6.1 Einführung

Vitamine sind essentielle Nahrungsmittelbestandteile, deren ausreichende Zufuhr für die Aufrechterhaltung vieler Funktionen des menschlichen Organismus notwendig ist. Ihre weitgehende Erhaltung bei der Verarbeitung von Lebensmitteln hat deshalb große Bedeutung. Die Tabellen 6.1 und 6.2 orientieren über zu erwartende Verluste am Beispiel von Gemüse- und Obstkonserven. Solche Verluste an Vitaminen können sowohl durch chemische Reaktionen bedingt sein, die zu inaktiven Folgeprodukten führen, als auch durch die Extraktion insbesondere von wasserlöslichen Vitaminen, z. B. bei Blanchier- und Kochprozessen, bei denen das Kochwasser nicht mit zum Verzehr gelangt.
Bei ausgewogener Nahrungsaufnahme ist eine ausreichende Versorgung mit Vitaminen im allgemeinen gewährleistet. Eine Unterversorgung, die bei leichter Form zu Hypovitaminosen und bei schwerer Form zu Avitaminosen führt, kann nicht nur durch unzureichende Zufuhr mit der Nahrung bedingt sein, sondern auch auf gestörte Resorption, Streßsituationen und Krankheiten zurückgehen.

Eine Beurteilung des Versorgungszustandes kann über eine Messung der Plasmakonzentration oder über die Messung einer von dem betreffenden Vitamin abhängigen biologischen Funktion, z. B. einer Enzymaktivität erfolgen.
Die Einteilung erfolgt üblicherweise in die fettlöslichen Vitamine A, D, E, K_1 und in die wasserlöslichen Vitamine B_1, B_2, B_6, Nicotinamid, Pantothensäure, Biotin, Folsäure, B_{12}, C.
Über den durchschnittlichen Bedarf des Menschen an einigen Vitaminen in verschiedenen Lebensaltern orientiert Tab. 6.3.

6.2 Fettlösliche Vitamine

6.2.1 Retinol (Vitamin A)

6.2.1.1 Biologische Funktionen

Retinol (I, Formel 6.1) ist für den Proteinstoffwechsel aller Zellen von Bedeutung, die sich entwicklungsgeschichtlich vom Ektoderm ableiten (Haut, Schleimhäute). Es wirkt in einer noch weitgehend ungeklärten Weise der Keratinisierung dieser Zellen entgegen.

Tabelle 6.1. Vitaminverluste beim Konservieren von Gemüse

Konserve und Zubereitung	Untersuchte Gemüsearten	Vitaminverluste im Vergleich zu frisch gekochter und abgetropfter Ware (%)				
		A	B_1	B_2	Niacin	C
Gefrorene Ware, gekocht und abgetropft	10[a]	12[c]	20	24	24	26
		0–50[d]	0–61	0–45	0–56	0–78
Sterilisierte Ware, abgetropft	7[b]	10	67	42	49	51
		0–32	56–83	14–50	31–65	28–67

[a] Spargel, Limabohnen, Grüne Bohnen, Brokkoli, Blumenkohl, Grüne Erbsen, Kartoffeln, Spinat, Rosenkohl, Maiskolben.
[b] wie a, außer Brokkoli, Rosenkohl, Blumenkohl; Werte für Kartoffeln einschließlich Flüssigkeit.
[c] Mittelwert.
[d] Schwankungsbreiten.

Tabelle 6.2. Vitaminverluste beim Konservieren von Obst

Konserve	Untersuchte Obstarten	Vitaminverluste im Vergleich zu frischer Ware (%)				
		A	B_1	B_2	Niacin	C
Gefrorene Ware (nicht getaut)	8[a]	37[c]	29	17	16	18
		0–78[d]	0–66	0–67	0–33	0–50
Sterilisierte Ware (einschl. Flüssigkeit)	8[b]	39	47	57	42	56
		0–68	22–67	33–83	25–60	11–86

[a] Äpfel, Aprikosen, Heidelbeeren, Sauerkirschen, Orangensaftkonzentrat (auf rückverdünnten Saft berechnet), Pfirsiche, Himbeeren, Erdbeeren.
[b] Wie a, außer Orangensaft anstelle von Orangensaftkonzentrat.
[c] Mittelwerte.
[d] Schwankungsbreiten.

Tabelle 6.3. Tagesbedarf an Vitaminen

Altersgruppe (Jahre)		<1	1–4	4–10	10–18	>18
Vitamin	Einheit					
A	IE[a]	1500	2000–2500	2500–3000	4500–5000	5000–6000
D	IE[b]	400	400	400	400	400
E	IE[c]	5	10	10	15	15
C	mg	35	40	40	45	45–80
B_1	mg	0,3–0,5	0,6–0,8	0,9–1,2	1,5	1,5
B_2	mg	0,4–0,6	0,8	0,9–1,2	1,3–1,8	1,2–1,8
B_6	mg	0,3–0,5	0,7–0,9	0,9–1,2	1,6–2,0	2,0–2,5
Nicotinamid	mg	5–8	9–12	12–16	14–20	12–20
Folsäure	mg	0,05	0,1–0,2	0,2–0,3	0,4	0,4–0,8
B_{12}	µg	0,3–0,4	1–1,5	1,5–2,0	2,0–3,0	3,0–4,0

[a] Bedarf bei Zufuhr von 75% in Form von Vitamin A und 25% in Form von Carotin, 1 internationale Einheit ≙ 0,3 µg Vitamin A, 1,8 µg β-Carotin, 3,6 µg anderen Carotinoiden mit Vitamin A-Wirkung.
[b] 1 IE ≙ 0,025 µg Vitamin D_3.
[c] 1 IE ≙ 1 mg D,L-α-Tocopherolacetat.

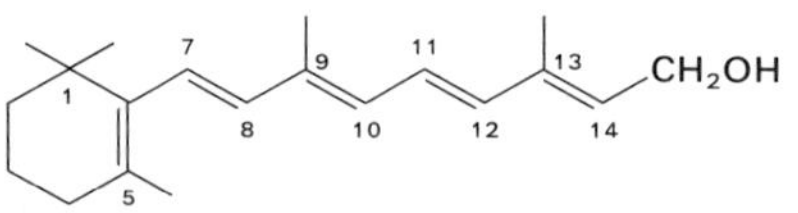

I

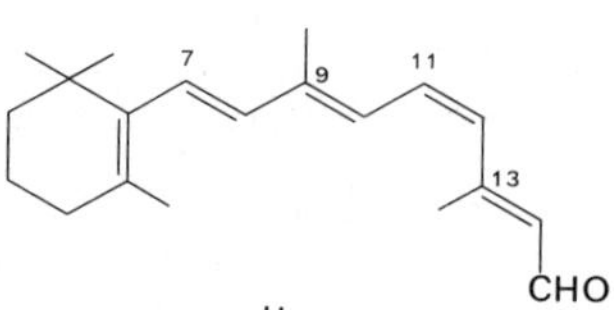

II

(6.1)

Weiterhin ist Retinol in Form des 11-cis-Retinals (II) Bestandteil der für den Sehvorgang wichtigen Chromoproteine von Zapfen (λ_{max}: 435, 540, 565 nm) und Stäbchen der Retina: Die Chromoproteine werden in der Dunkelheit aus den entsprechenden Proteinen (Opsine) und 11-cis-Retinal aufgebaut (*Schiff*sche Base) und dissoziieren bei Belichtung in all-trans-Retinal und Protein. Dabei kommt es zur Abgabe eines Nervenimpulses. Das all-trans-Retinal wird direkt oder über all-trans-Retinol und 11-cis-Retinol wieder in 11-cis-Retinal überführt (Abb. 6.1).

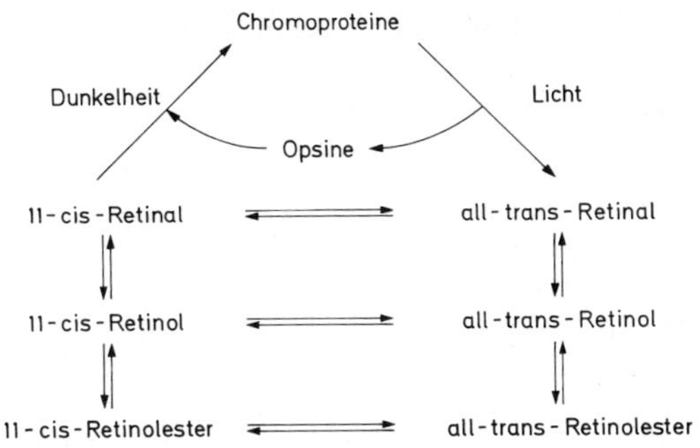

Abb. 6.1. Schema des Sehvorganges

6.2.1.2 Bedarf, Vorkommen

Der Bedarf des Erwachsenen liegt bei 1,5 bis 1,8 mg/Tag und wird zu ca. 75% durch Retinol (in Form der Fettsäureester, vorwiegend Retinylpalmitat) und zu ca. 25% durch β-Carotin oder andere als Provitamine wirksame Carotinoide gedeckt. Dabei entsprechen infolge begrenzter Spaltung der Carotinoide 6 g β-Carotin 1 g Retinol.

Resorption und Speicherung in der Leber erfolgen vorwiegend als Fettsäureester. Der Gehalt der Leber an Retinol liegt bei 240 μg/g Frischgewebe, d.h. insgesamt werden ca. 240–540 mg gespeichert. Die Leber gibt freies Retinol an das Blut ab, das dort proteingebunden vorliegt. Die Plasmakonzentration beträgt beim Erwachsenen 45–84 μg/100 ml, Werte unter 15–24 μg/100 ml werden als Mangelzustand angesehen.

Eine Hypervitaminose ist bekannt, die Erscheinungen gehen aber bei Senkung der Retinolzufuhr zurück.

Vitamin A kommt vor allem in Fischleberölen, in der Leber von Säugetieren, im Milchfett und im Eidotter vor. Carotinoide sind enthalten in Gemüsen (Karotten, Spinat, Kresse, Grünkohl, Paprika, Tomaten), außerdem in Früchten (Hagebutten, Kürbis, Aprikosen, Orangen) und in dem zur Färbung benutzten Palmöl. Tierische Carotinoide sind immer pflanzlichen Ursprungs und werden mit der Nahrung aufgenommen. In der Tab. 6.4 sind Mittelwerte für einige Lebensmittel angegeben, die in Abhängigkeit von verschiedenen Faktoren (z.B. Sorte, Reifezustand) stark schwanken können. Exakte Angaben über die Vitamin A-Aktivität eines Lebensmittels erfordern eine detaillierte Analyse der anwesenden Carotinoide.

6.2.1.3 Stabilität, Abbaureaktionen

Vitamin A und Carotinoide können Verluste erleiden, die je nach den Bedingungen bei Verarbeitung und Lagerung eines Lebensmittels zwischen 5 und 40% liegen. In Abwesenheit von Sauerstoff stehen bei höheren Temperaturen (Kochen, Sterilisieren) Isomerisierungen und Fragmentierungen im Vordergrund. In Gegenwart von Sauerstoff erfolgt Oxidation zu einer Reihe von Folgeprodukten, die z.T. flüchtig sind (cf. 3.8.4.4). Die Oxidation verläuft häufig parallel zur Fettoxidation (Cooxidation). Die Oxidationsgeschwindigkeit ist u.a. abhängig von O_2-Partialdruck, Wasseraktivität, Temperatur. Besonders anfällig sind Trockenlebensmittel.

6.2.2 Calciferol (Vitamin D)

6.2.2.1 Biologische Funktionen

Cholecalciferol (Vitamin D_3, I, Formel 6.2) wird aus Cholesterin über 7-Dehydrocholesterin in der Haut unter Einwirkung von ultraviolettem Licht gebildet (cf. 3.8.2.2.2). Entsprechend entsteht aus Ergosterin Ergocalciferol (Vitamin D_2, II).

Aktive Metaboliten scheinen 25-Hydroxycholecalciferol und insbesondere 1α,25-Dihydroxycholecalciferol bzw. 1α,25-Dihydroxyergocalciferol zu sein, die an der intestinalen Calciumresorption und am Einbau von Calciumsalzen in die organische Matrix des Knochens beteiligt sind, u.a. durch Auslösung der Biosynthese des „calciumbinding proteins".

Bei Mangel an Vitamin D kommt es zu vermehrter Ausscheidung von Calcium und Phosphat und als Folge zu einer Störung der Verknöcherung (Rachitis). Bei überhöhter Zufuhr an Vitamin D entwickelt sich eine Hypercalcämie mit Ablagerungen von Calciumcarbonat und Calciumphosphat in verschiedenen Organen.

6.2.2.2 Bedarf, Vorkommen

Der Bedarf liegt bei 10 μg/Tag. Indikatoren für eine ausreichende Versorgung sind die Konzentration des Metaboliten 25-Hydroxycholecalciferol im Plasma und die Aktivität der alkalischen Serumphosphatase, die bei Mangel erhöht ist.

In der Natur kommt fast ausschließlich Vitamin D_3 vor, lediglich in Fischleberölen wurden kleinere Mengen an Vitamin D_2 gefunden. Die D-Provitamine Ergosterin und 7-Dehydrocholesterin sind im Tier- und Pflanzenreich weit verbreitet. Besonders reich an Provitamin D_2 sind Hefen, höhere Pilze, Kohl, Spinat und Weizenkeimöl. Vitamin und Provitamin D_3 sind enthalten in Eigelb, Butter, Kuhmilch, Rinder- und Schweineleber, Mollusken, tierischen Fetten und Schweineschwarte. Die wichtigsten Vitamin-D-Quellen sind jedoch Fischöle, vor allem die Fischleberöle. Die Deckung des Bedarfs an Vitamin D erfolgt beim Menschen vorzugsweise über 7-Dehydrocholesterin. Tab. 6.4 orientiert über das Vorkommen von Vitamin D in einigen Lebensmitteln. Die Werte können stark schwanken, bei Kuhmilch z. B. deutlich zwischen Sommer- und Wintermilch, bedingt durch Futterart (Weidegang) und Lichtwirkung (Ultraviolettstrahlung des Sonnenlichtes).

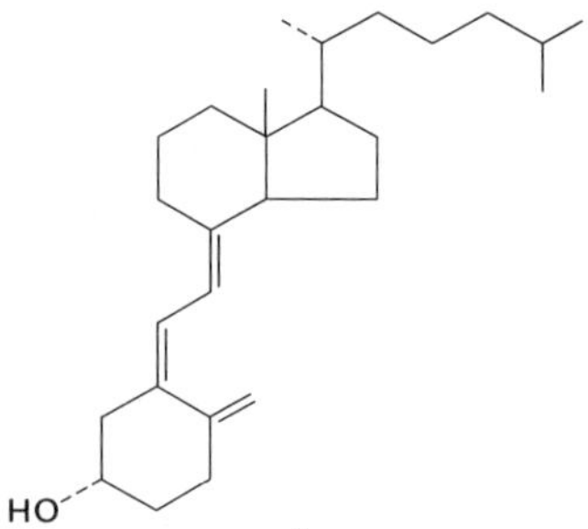

I

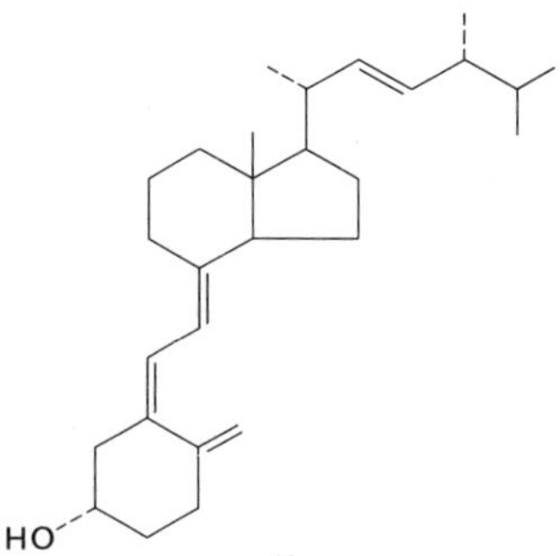

II (6.2)

6.2.2.3 Stabilität, Abbaureaktionen

Vitamin D ist empfindlich gegen Sauerstoff und Licht. Doch ist die Stabilität in Lebensmitteln kein Problem, da eine ausreichende Versorgung beim Erwachsenen im allgemeinen gewährleistet ist.

6.2.3 α-Tocopherol (Vitamin E)

6.2.3.1 Biologische Funktionen

Es ist eine Reihe von Tocopherolen bekannt, die sich in Anzahl und Position der ringständigen Methylgruppen unterscheiden und von denen α-Tocopherol (Formel 6.3; die Konfiguration an den drei Asymmetriezentren 2,4′ und 8′ ist R) die größte biologische Aktivität hat (Tab. 6.5). Diese soll vorwiegend auf seinen antioxidativen Eigenschaften beruhen, die eine Lipidoxidation verzögern oder verhindern (cf. 3.7.3.1), damit zur Stabilisierung von Membranstrukturen beitragen und andere Wirkstoffe (z. B. Vitamin A, Ubichinon, aber auch Hormone und Enzyme) gegen eine Oxidation stabilisieren. Vitamin E ist an der Umwandlung von Arachidonsäure in Prostaglandine beteiligt und verlangsamt die Aggregation der Blutplättchen. Vitamin-E-Mangel ist mit chronischen Erkrankungen verbunden (Sterilität bei Nutztieren und Versuchstieren, Anämie bei Affen, Muskeldystrophie beim Huhn). Die Wirkungsmechanismen sind noch unklar.

6.2.3.2 Bedarf, Vorkommen

Der Bedarf wird mit 15 mg α-Tocopherol/Tag angegeben. Er erhöht sich bei hohem Gehalt der Nahrung an ungesättigten Fettsäuren. Bei normaler Versorgung liegen die Plasmakonzentrationen bei 0,7–1,6 mg/100 ml. Als Mangelzustand werden Werte $< 0{,}4$ mg/100 ml angesehen. Tab. 6.4 orientiert über den Tocopherolgehalt einiger Lebensmittel. Quellen sind vor allem pflanzliche Öle, insbesondere Getreidekeimöle.

6.2.3.3 Stabilität, Abbaureaktionen

Bei der Verarbeitung pflanzlicher Öle zu Margarine und Shortenings treten Verluste auf. Auch bei starker Fettautoxidation, speziell in Trokkenlebensmitteln oder in fritierten Lebensmitteln, muß mit Verlusten gerechnet werden (Tab. 6.6).

6.2.4 Phytomenadion (Vitamin K_1)

6.2.4.1 Biologische Funktionen

Bei den Vitaminen der K-Gruppe handelt es sich um Naphthochinonderivate, die sich in der Sei-

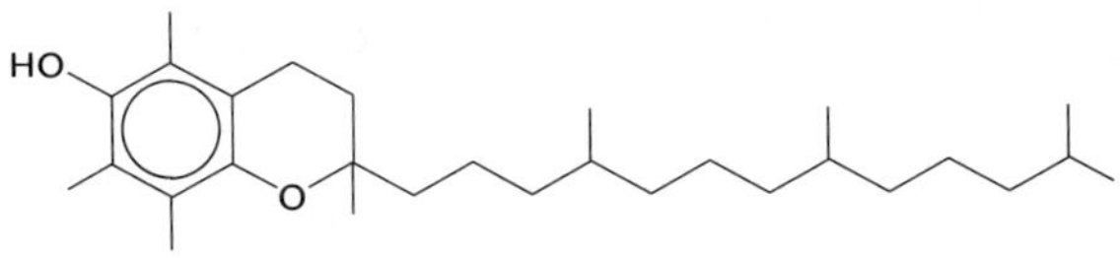

(6.3)

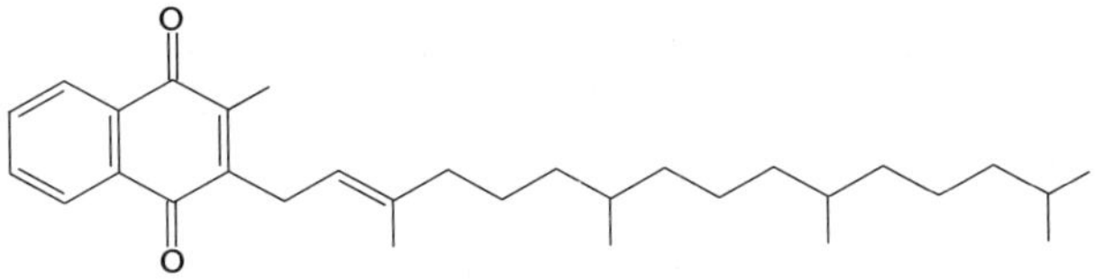

(6.4)

tenkette unterscheiden. Vitamin K_1 hat die in Formel 6.4 angegebene Struktur; die Konfiguration an den C-Atomen 7′ und 11′ ist R und entspricht der von natürlichem Phytol. Das aus optisch inaktivem Isophytol synthetisierte racemische Vitamin K_1 hat die gleiche biologische Wirksamkeit wie das Naturprodukt.

Vitamin K_1 ist an der Biosynthese einiger Blutgerinnungsfaktoren beteiligt (Prothrombin, Proconvertin, Christmas-Faktor, Stuart-Faktor). Bei Mangel treten verminderte Prothrombinaktivität, Hypothrombinämie und Hämorrhagien auf.

Tabelle 6.5. Biologische Aktivität einiger Tocopherole[a]

Tocopherol	Aktivität (IE/mg)
d,l-α-Tocopherolacetat[b]	1,0
d,l-α-Tocopherol	1,1
d-α-Tocopherolacetat	1,4
d-α-Tocopherol	1,5
l-α-Tocopherol	0,5
d,l-β-Tocopherol	0,3
d,l-γ-Tocopherol	0,15
d,l-δ-Tocopherol	0,01

a Die Formeln sind in Abb. 3.40 gegeben.

b Das synthetische, racemische d,l-α-Tocopherolacetat ist das am meisten verwendete Vitamin E-Präparat. Es wurde als Standardsubstanz gewählt: 1 mg = 1 Internationale Einheit (IE). Neuerdings wird d-α-Tocopherol als Standard vorgeschlagen.

6.2.4.2 Bedarf, Vorkommen

Der Bedarf an Vitamin K_1 wird für den Erwachsenen auf 1–4 mg/Tag geschätzt. Er wird durch die Nahrung und durch das von Darmbakterien synthetisierte Vitamin K gedeckt. Anscheinend ist die Syntheseleistung der Darmbakterien, die bei 1 bis 1,5 mg/Tag liegt, allein ausreichend. Vitamin K_1 kommt vor allem in grünen Pflanzenteilen vor, aber auch in der Leber. Tab. 6.4 orientiert über einige Quellen.

Tabelle 6.6. Stabilität von Tocopherol in fritierten Lebensmitteln

	Tocopherol insgesamt (mg/100 g)	Verlust (%)
Öl vor dem Fritieren	82	
nach dem Fritieren	73	11
Öl extrahiert aus Kartoffelchips		
unmittelbar nach der Herstellung	75	
nach 2 Wochen bei Raumtemperatur	39	48
nach 1 Monat bei Raumtemperatur	22	71
nach 2 Monaten bei Raumtemperatur	17	77
nach 1 Monat bei −12 °C	28	63
nach 2 Monaten bei −12 °C	24	68
Öl extrahiert aus Pommes frites		
unmittelbar nach der Herstellung	78	
nach 1 Monat bei −12 °C	25	68
nach 2 Monaten bei −12 °C	20	74

Tabelle 6.4. Vitamingehalte einiger Lebensmittel[a]

Lebensmittel	Carotin[b] mg	A mg	D µg	E mg	K mg	B_1 mg	B_2 mg	NAM[c] mg	PAN[d] mg	B_6 mg	BIO[e] µg	FOL[f] µg	B_{12} µg	C mg
Milch und Milchprodukte														
Kuhmilch, roh (Vorzugsmilch)	0,018	0,030	0,06	0,09		0,04	0,18	0,09	0,35	0,05	3,5	6,0	0,4	1,7
Frauenmilch	0,024	0,054	0,05	0,52	0,003	0,02	0,04	0,17	0,21	0,01	0,6	5,0	0,05	4,4
Butter	0,38	0,59	1,3	2,2	0,06	0,005	0,02	0,03	0,05	0,005				0,2
Käse														
Emmentaler	0,14	0,32	1,1	0,35		0,05	0,34	0,18	0,40	0,07	3,0	4,0	2,2	0,5
Camembert (60% Fett i. T.)		0,63				0,04	0,37	1,18	0,7	0,2	2,8			
Camembert (30% Fett i. T.)	0,1	0,2	0,17	0,30		0,05	0,67	1,2	0,9	0,3	5,0	66	3,1	
Eier														
Hühnereigelb		1,12		3,0		0,29	0,40	0,07	3,7	0,3	50	150	2,0	
Hühnereiweiß						0,02	0,32	0,09	0,14	0,012	7	16	0,1	0,3
Fleisch und Fleischprodukte														
Rindfleisch, ganze Hälften, mager						0,08	0,18	4,9		0,5		20	1,3	
Schweinefleisch, ganze Hälften, mager						0,66	0,17	3,7		0,4			0,8	
Kalbsleber		3,92	0,33	1,2	0,15	0,28	2,61	15,0	7,9	0,9	80	240	60	35
Schweineleber		5,8		0,45	0,02	0,31	3,2	15,7	6,8	0,6	30	220	40	23
Hühnerleber		11,6	1,3	0,4		0,32	2,49	11,6	7,2	0,8		380	20	28
Schweineniere						0,34	1,8	8,4	3,1	0,6			20	16
Blutwurst	0,02					0,07	0,13	1,2					50	
Fisch und Fischprodukte														
Hering		0,04	30	1,5		0,04	0,22	3,8	0,9	0,5	4,5	5	8,5	0,5
Aal		0,98	13	8		0,18	0,32	2,6	0,3			13	1	1,8
Lebertran		30	330	3,26										
Getreide und Getreideprodukte														
Weizen, ganzes Korn	0,02			3,2		0,48	0,14	5,1	1,2	0,4	6	49		
Weizenmehl, Type 405				2,3		0,06	0,03	0,7	0,2	0,2	1,5	10		
Weizenmehl, Type 550				2,0		0,11	0,08	0,5	0,4	0,1	1,1	20		
Weizenkeime				27,6	0,35	2,01	0,72	4,5	1,0	3,3	17	520		
Weizenkleie				9,1	0,08	0,65	0,51	17,7	2,5	2,5	44	400		
Roggen, ganzes Korn				3,8		0,35	0,17	1,8	1,5	0,3	4,6	42		
Roggenmehl, Type 997				3,4		0,19	0,11	0,8						
Mais, ganzes Korn	0,37			5,8	0,04	0,36	0,20	1,5	0,7	0,4	6	26		

Mais, Frühstücksflocken (Corn flakes)			0,43				1,4	0,2	0,07		6		
Haferflocken			3,7		0,59	0,15	1,0	1,1	0,16	20	24		
Reis, unpoliert			4,5		0,41	0,09	5,2	1,7	0,68	12	16		
Reis, poliert			0,4		0,06	0,03	1,3	0,6	0,15		29		
Gemüse													
Brunnenkresse	2,68				0,09	0,17	0,7						51
Champignon (Zucht)	0,01	1,94	0,08	0,02	0,10	0,44	5,2	2,1	0,07	20	30		4,9
Chicorée	1,29				0,05	0,03	0,24		0,05		50		10,2
Endivie	1,14				0,05	0,12	0,4				50		9,4
Feldsalat	3,9				0,07	0,08	0,4						35
Grünkohl	4,1				0,1	0,25	2,1		0,3	0,5	60		105
Kartoffel	0,01		0,09		0,11	0,05	1,2	0,4	0,2	0,4	7		17
Kohlrabi	0,2				0,05	0,05	1,8	0,1	0,1				63,3
Kopfsalat	0,8		0,4	0,2	0,06	0,08	0,3	0,1	0,06	1,9	40		13
Linse, getrocknet	0,1		1,3		0,43	0,26	2,2	1,4	0,6		40		
Möhre	12		0,7	0,08	0,07	0,05	0,6	0,3	0,1	5	8		7,1
Rosenkohl	0,4		1,1	0,6	0,11	0,14	0,7		0,3	0,4	80		114
Spinat	4,2		2,5	0,4	0,11	0,23	0,6	0,3	0,22	6,9	80		52
Steinpilz		3,1	0,63		0,03	0,37	4,9	2,7					2,5
Tomate	0,82		0,49	0,63	0,06	0,04	0,5	0,3	0,1	4	40		24,2
Weißkohl	0,04		0,02		0,05	0,04	0,3	0,3	0,1		80		45,8
Obst													
Apfelsine	0,09		0,24		0,08	0,04	0,3	0,2	0,05	2,3	20		50
Aprikose	1,8		0,5		0,04	0,05	0,8	0,3	0,1		4		9,4
Erdbeere	0,05		0,22	0,02	0,03	0,05	0,5	0,3	0,06	4	20		64
Grapefruit	0,02		0,27		0,05	0,02	0,24	0,25	0,03	0,4	10		44
Hagebutte													1250
Johannisbeere, rot	0,04		0,21		0,04	0,03	0,23	0,06	0,05	2,6			36
Johannisbeere, schwarz	0,14		1,0		0,05	0,04	0,28	0,4	0,08	2,4			177
Kirsche, sauer	0,3				0,05	0,06	0,4						12
Pflaume	0,2		0,8		0,07	0,04	0,4	0,2	0,05	0,1	2		5,4
Sanddornbeere	1,5				0,03	0,21	0,3	0,2	0,11	3,3	10		450
Hefe													
Bäckerhefe, gepreßt					1,43	2,31	17,4	3,5	0,8	30	1020		
Bierhefe, getrocknet					12,0	3,8	44,8	7,2	4,4	20	3200	20	

[a] Werte in mg oder µg bezogen auf 100 g eßbaren Anteil. [b] Gesamtcarotinoide mit Vitamin A-Aktivität. [c] Nicotinsäureamid. [d] Pantothensäure. [e] Biotin. [f] Folsäure.

6.2.4.3 Stabilität, Abbaureaktionen

Über Reaktionen in Lebensmitteln ist wenig bekannt. Durch Licht und Alkali werden die K-Vitamine zerstört. Gegen Luftsauerstoff und thermische Belastung sind sie relativ beständig.

6.3 Wasserlösliche Vitamine

6.3.1 Thiamin (Vitamin B_1)

6.3.1.1 Biologische Funktionen

Thiamin ist in Form des Thiaminpyrophosphats

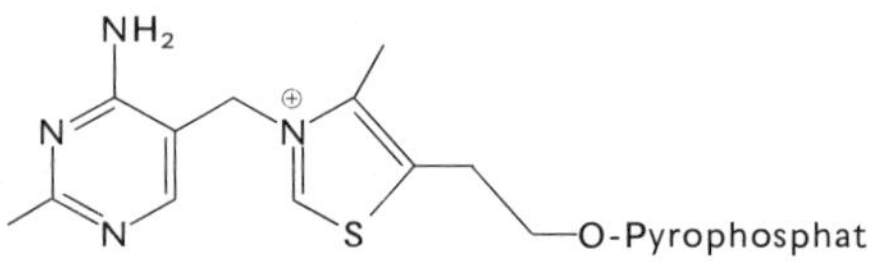

(6.5)

Coenzym des Pyruvatdehydrogenase-Komplexes, der Transketolase, Phosphoketolase und 2-Oxoglutaratdehydrogenase und überträgt aktive Aldehydgruppen (D: Donator, A: Acceptor):

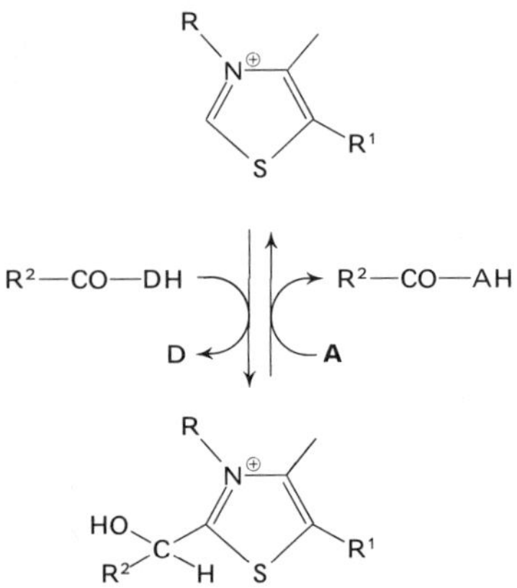

(6.6)

Als Folge eines Thiaminmangels sind die entsprechenden Enzymaktivitäten herabgesetzt. Die voll ausgeprägte Avitaminose ist als Beri-Beri bekannt.

6.3.1.2 Bedarf, Vorkommen

Als Bedarf für den Erwachsenen werden 1 bis 2 mg/Tag angegeben. Da es sich bei Thiamin um eine Schlüsselsubstanz des Kohlenhydratstoffwechsels handelt, steigt der Bedarf mit der Kohlenhydratzufuhr. Als Indikator für eine ausreichende Versorgung kann z. B. die Messung der Transketolase-Aktivität in den Erythrocyten dienen und das Ausmaß ihrer Reaktivierbarkeit mit Thiaminpyrophosphat.

Vitamin B_1 ist in Pflanzen weit verbreitet, so im Pericarp und in der Keimanlage von Getreide, in der Hefe, im Gemüse, in Hülsenfrüchten und Kartoffeln; daneben kommt es auch reichlich im Schweine- und Rindfleisch, in Fischen und Eiern sowie in tierischen Organen (Leber, Niere, Hirn, Herz) vor. Auch Kuh- und Frauenmilch enthalten Vitamin B_1. Besonders bedeutungsvoll als Thiaminlieferanten sind Vollkornbrot und Kartoffeln. Da Vitamin B_1 vor allem in den äußeren Schichten des Getreides lokalisiert ist, treten bei niedriger Getreideausmahlung oder beim Polieren des Reises große Verluste auf (cf. 15.3.1.3 u. 15.3.2.2.1). Tab. 6.4 gibt einen Überblick über das Vorkommen.

6.3.1.3 Stabilität, Abbaureaktionen

Die Stabilität von Thiamin in wäßriger Lösung ist relativ gering. Sie hängt ab vom pH-Wert (Abb. 6.2), von der Temperatur (Tab. 6.7), von der Ionenstärke und von den anwesenden Ionen. Auch soll die enzymgebundene Form weniger stabil sein als freies Thiamin (Abb. 6.2). Starke Nucleophile, wie z. B. $HSO_3^{\ominus}$ und $OH^{\ominus}$ führen zu schnellem Abbau unter Bildung von 5-(2-Hydroxyethyl)-4-methylthiazol und 2-Methyl-4-amino-5(methylsulfonsäure)-pyrimidin bzw. 2-Methyl-4-amino-5-hydroxymethylpyrimidin (s. Formel 6.7).

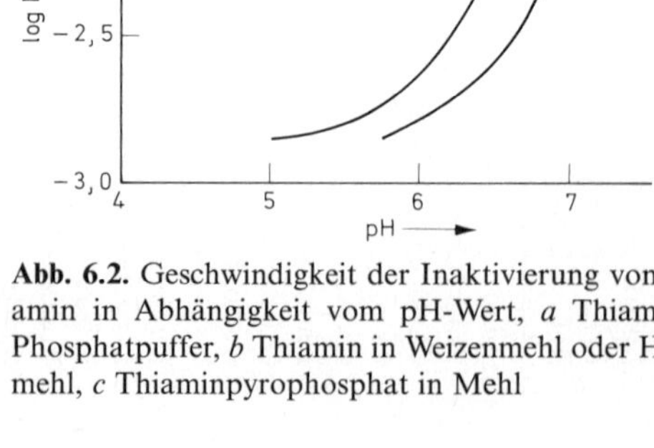

Abb. 6.2. Geschwindigkeit der Inaktivierung von Thiamin in Abhängigkeit vom pH-Wert, *a* Thiamin in Phosphatpuffer, *b* Thiamin in Weizenmehl oder Hafermehl, *c* Thiaminpyrophosphat in Mehl

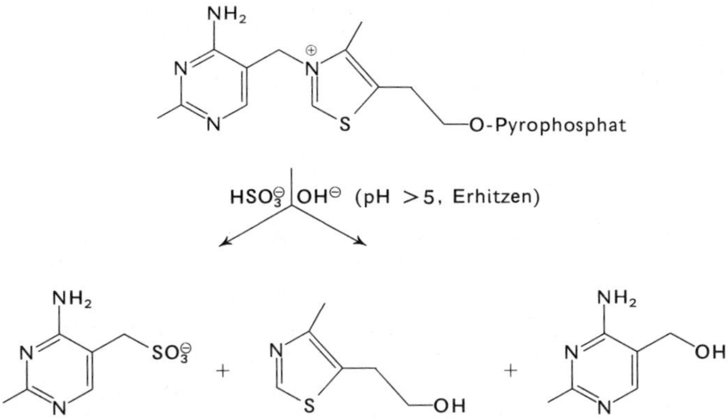

(6.7)

Die thermische Thiaminzerstörung, die zunächst ebenfalls zu einer Fragmentierung in die erwähnten Thiazol- und Pyrimidinderivate führt, ist am Auftreten eines fleisch-ähnlichen Aromas bei gekochten Lebensmitteln beteiligt. Verantwortlich für dieses Aroma sollen Folgeprodukte des Thiazolderivats sein, u.a. Furan-, Thiophen-, Dihydrothiophenderivate und H_2S.
Nitrit inaktiviert Thiamin ebenfalls, wahrscheinlich durch Reaktion mit der Aminogruppe des Pyrimidinrings.
Starke Oxidationsmittel, wie H_2O_2 und Kaliumferricyanid führen zu dem fluoreszierenden Thiochrom. Die Reaktion wird zur Thiaminbestimmung ausgenutzt:

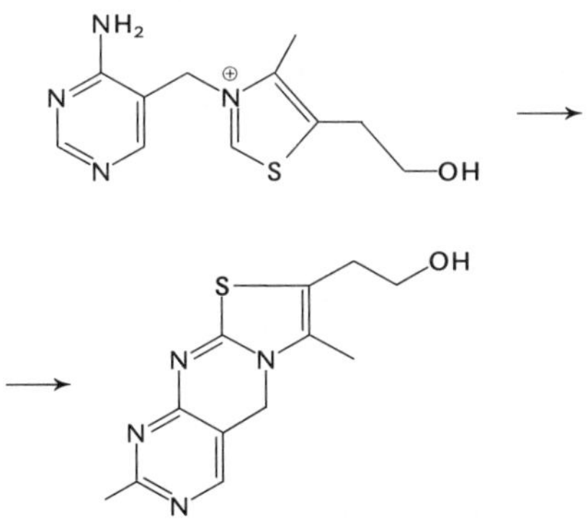

(6.8)

Im einzelnen muß mit folgenden Verlusten an Thiamin gerechnet werden: In Obst- und Gemüsekonserven bei der Lagerung über ein Jahr mit 15–25%, beim Kochen von Fleisch unter Haushaltsbedingungen je nach Temperatur und Verfahren mit 0–60%, beim Pökeln von Fleisch mit 20%, beim Backen von Weißbrot mit 20%, beim Blanchieren von Kohl ohne Sulfit mit 15%, in Gegenwart von Sulfit mit 40%. Die durch Sulfit bedingten Verluste sind pH-abhängig. In stark saurem Milieu (Citrussäfte) tritt praktisch kein Thiaminabbau auf.

Tabelle 6.7. Verluste an Thiamin bei der Lagerung von Lebensmitteln (12 Monate)

Lebensmittel	Thiaminverlust %	
	1,5 °C	38 °C
Aprikosen	28	65
Orangensaft	0	22
Erbsen	0	32
Grüne Bohnen	24	92
Tomatensaft	0	40

6.3.2 Riboflavin (Vitamin B_2)

6.3.2.1 Biologische Funktionen

Riboflavin (Formel 6.9) hat als prosthetische Gruppe der Flavinenzyme große Bedeutung für den Stoffwechsel, insbesondere für den Proteinstoffwechsel.

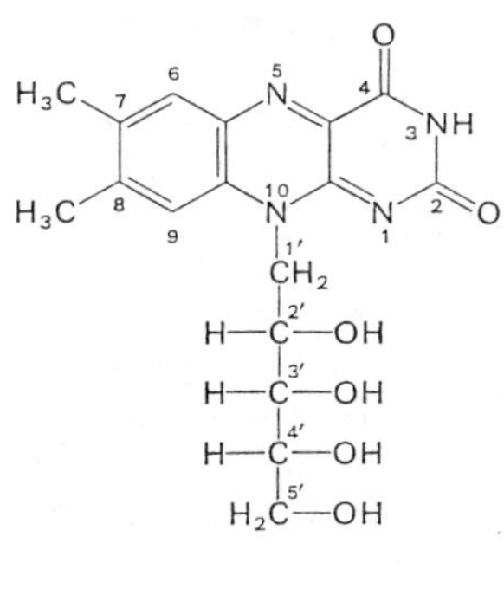

(6.9)

Bei Mangel an Riboflavin werden vermehrt Aminosäuren ausgeschieden. Charakteristisch ist auch eine Abnahme der Glutathionreduktase-Aktivität in den Erythrocyten.

6.3.2.2 Bedarf, Vorkommen

Der Bedarf wird für den Erwachsenen mit 1,6–2,6 mg/Tag angegeben. Mangelerscheinungen treten bei normaler Nahrungsaufnahme selten auf, da die Riboflavindepots des Körpers sehr beständig sind und auch bei mangelhafter Zufuhr nur um 30–50% abnehmen. Ein Indikator für den Versorgungszustand ist die Ausscheidung von Riboflavin mit dem Urin. Werte ≥ 80 μg Riboflavin/g Kreatinin gelten als normal, 27–79 μg/g als niedrig und < 27 μg/g als defizitär. Auch eine Messung der erwähnten Glutathionreduktase-Aktivität gibt Aufschluß.
Die wichtigsten Riboflavinquellen sind Milch und Milchprodukte, Eier, verschiedene Gemüsearten, Hefe und Fleischprodukte, insbesondere solche, die Innereien (Herz, Leber, Niere) enthalten, außerdem Fischleber und -rogen. Tab. 6.4 orientiert über einige Quellen.

6.3.2.3 Stabilität, Abbaureaktionen

Riboflavin ist unter den bei Lebensmitteln üblichen Bedingungen ziemlich stabil. Verluste liegen bei 10–15%. Bei Belichtung, insbesondere im Bereich von 420–560 nm, wird durch eine fotochemische Reaktion unter Abspaltung von Ribit Lumiflavin gebildet:

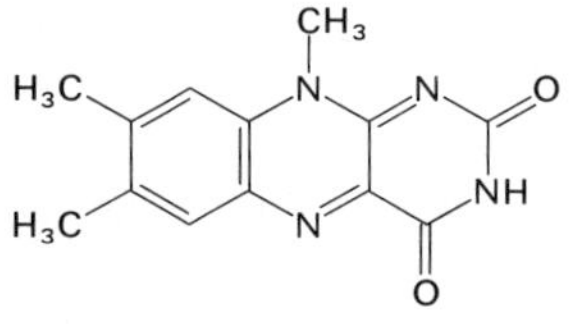

(6.10)

6.3.3 Pyridoxin (Pyridoxal, Vitamin B_6)

6.3.3.1 Biologische Funktionen

Vitamin B_6-Aktivität besitzen Pyridoxin (Formel 6.11, R = CH_2OH), Pyridoxal (R = CHO) und Pyridoxamin (R = CH_2NH_2). Die im Stoffwechsel wirksame Form ist Pyridoxalphosphat als Coenzym (cf. 2.3.2.3) von Aminosäuredecarboxylasen, Aminosäureracemasen, Aminosäuredehydratasen, Aminotransferasen, Serin-Palmi-

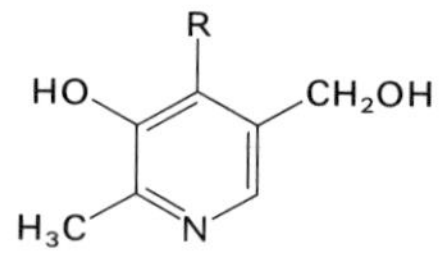

(6.11)

toyl-Transferase, Lysyloxidase, δ-Aminolävulinsäuresynthase und Enzymen des Tryptophanstoffwechsels. Bei Phosphorylasen stabilisiert es die Konformation. Die Aufnahme erfolgt meist als Pyridoxal oder als Pyridoxamin.
Bei Mangel an Pyridoxin treten Störungen im Proteinstoffwechsel auf, z. B. in der Hämoglobinsynthese. Auch ist die Ausscheidung von Hydroxykynurenin und Xanthurensäure erhöht, da der Übergang Tryptophan → Nicotinsäure auf der Stufe der Kynureninase gestört ist.

6.3.3.2 Bedarf, Vorkommen

Der Bedarf des Erwachsenen wird mit 2 mg/Tag angegeben. Indikator für eine ausreichende Versorgung ist die Aktivität der Glutamat-Oxalacetat-Transaminase in den Erythrocyten, die bei Mangel absinkt. Über das Vorkommen von Pyridoxin in Lebensmitteln orientiert Tab. 6.4.

6.3.3.3 Stabilität, Abbaureaktionen

Am stabilsten ist Pyridoxal, das deshalb auch vorwiegend bei der Vitaminierung von Lebensmitteln mit Vitamin B_6 zugesetzt wird.
Die Verluste an Vitamin B_6-Aktivität liegen beim Kochen von Fleisch um 45%, beim Kochen von Gemüsen um 20–30%. Bei der Sterilisation von Milch wurde eine Reaktion mit Cystein zu einem inaktiven Thiazolidin beobachtet, die auch bei anderen Lebensmitteln Ursache für Verluste sein kann:

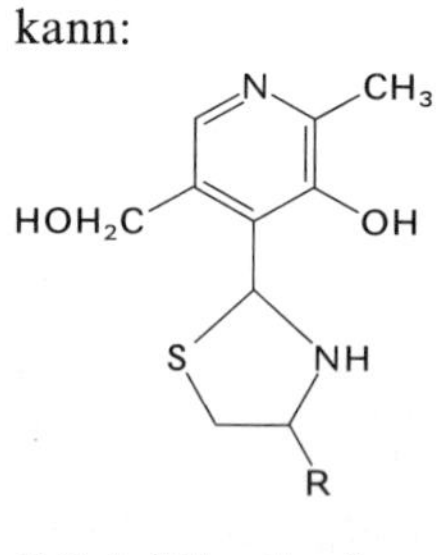

(6.12)

6.3.4 Nicotinsäureamid (Niacin)

6.3.4.1 Biologische Funktionen

Nicotinsäureamid (Formel 6.13, I) ist in Form von Nicotinsäureamid-adenin-dinucleotid ($NAD^{\oplus}$)

oder Nicotinsäureamid-adenin-dinucleotidphosphat (NADP$^{\oplus}$) Coenzym von Dehydrogenasen. Die Ausscheidung im Urin erfolgt vorwiegend als N^1-Methylnicotinsäureamid (Trigonellinamid, II), N^1-Methyl-6-pyridon-3-carboxamid (III), sowie als N^1-Methyl-4-pyridon-3-carboxamid (IV) und in Form einiger weiterer Oxidationsprodukte:

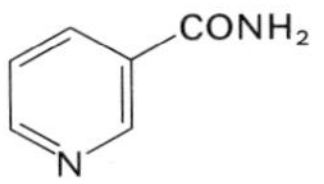

I

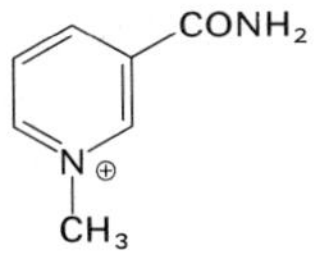

II

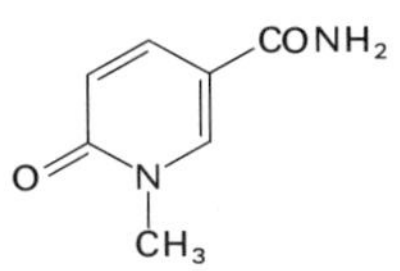

III

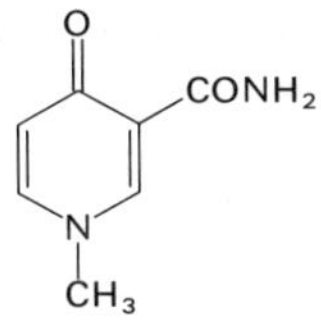

IV (6.13)

Bei Mangel ist zunächst eine Abnahme der Konzentrationen von NAD$^{\oplus}$ und NADP$^{\oplus}$ in Leber und Muskel zu beobachten, während die Werte von Blut, Herz und Niere noch normal bleiben. Die klassische Mangelerkrankung ist die Pellagra, gekennzeichnet durch Diarrhoe, Dermatitis und Dementia. Zunächst treten jedoch meist unspezifische Symptome auf.

6.3.4.2 Bedarf, Vorkommen

Der Bedarf des Erwachsenen wird mit 12 bis 20 mg/Tag angegeben und zu 60–70% aus Tryptophan gedeckt. Dabei entsprechen 60 mg L-Tryptophan 1 mg Nicotinsäureamid. Indikatoren für eine ausreichende Versorgung sind die Höhe der Ausscheidung von Metaboliten wie II im Urin oder die Konzentrationen von III und IV im Plasma.
In der Nahrung liegt Nicotinsäure als solche, als Amid oder in Form der Coenzyme vor. Besonders gute Quellen sind einige tierische Organe, Cerealien, Hefen und Pilze. Tab. 6.4 orientiert über das Vorkommen.

6.3.4.3 Stabilität, Abbaureaktionen

Nicotinsäure ist ziemlich stabil. Beim Blanchieren von Gemüse werden Verluste um 15% beobachtet (cf. Tab. 6.1 und 6.2). Bei der Reifung von Fleisch treten in den ersten Tagen Verluste um 25–30% auf.

6.3.5 Pantothensäure

6.3.5.1 Biologische Funktionen

Pantothensäure (Formel 6.14) ist Baustein des Coenzyms A, dessen Funktion im Stoffwechsel die Aktivierung von Carbonsäuren in Form der Thioester ist. Pantothensäure kommt frei nur im Plasma vor, in Organen stets als Coenzym A. Die höchsten Konzentrationen finden sich in Leber, Nebenniere, Herz und Niere.

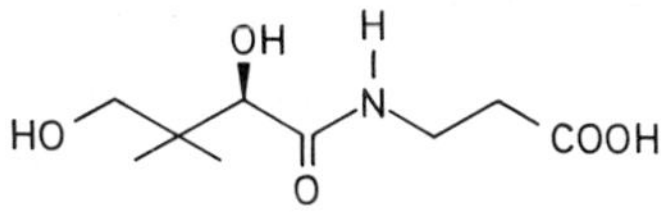

(6.14)

Nur das R-Enantiomere kommt in der Natur vor und ist biologisch aktiv. Bei normaler Ernährung tritt kein Mangel auf.

6.3.5.2 Bedarf, Vorkommen

Der Bedarf wird für den Erwachsenen mit 6–8 mg/Tag angegeben. Die Konzentration im Blut liegt bei 10–40 μg/100 ml, mit dem Urin werden 2–7 mg/Tag ausgeschieden.
Tab. 6.4 orientiert über das Vorkommen von Pantothensäure in Lebensmitteln.

6.3.5.3 Stabilität, Abbaureaktionen

Pantothensäure ist ziemlich stabil. Verluste werden bei der Milchverarbeitung mit 10%, beim Kochen von Gemüse, hauptsächlich bedingt durch Extraktion, mit 10–30% angegeben.

6.3.6 Biotin

6.3.6.1 Biologische Funktionen

Biotin ist die prosthetische Gruppe von carboxylierenden Enzymen wie Acetyl-CoA-Carboxylase, Pyruvatcarboxylase, Propionyl-CoA-Carboxylase und hat damit eine wichtige Funktion bei der Fettsäuresynthese und der Gluconeogenese. Seine Carboxylgruppe ist über eine Amidbindung an die ε-Aminogruppe eines Lysinrestes des jeweiligen Enzymproteins gebunden. Nur die (3aS, 4S, 6aR)-Verbindung, das D-(+)-Biotin ist biologisch aktiv:

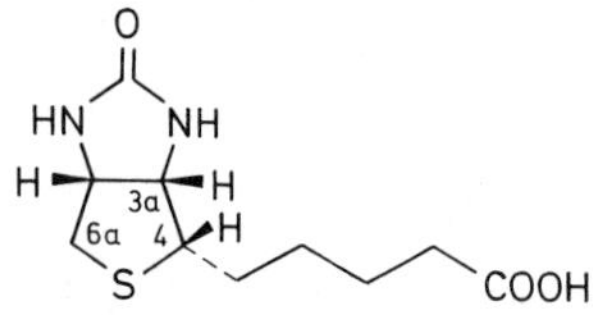

(6.15)

Mangelzustände treten selten auf. Verzehr größerer Mengen rohen Eiklars kann dazu führen, da das darin enthaltene Avidin Biotin spezifisch bindet und damit inaktiviert (cf. 11.2.3.1.9).

6.3.6.2 Bedarf, Vorkommen

Der Bedarf des Erwachsenen wird mit 150 bis 300 μg/Tag angegeben. Indikator für eine ausreichende Versorgung ist die Ausscheidung von 30–50 μg/Tag mit dem Urin. Bei Mangel kann die Ausscheidung auf 5 μg/Tag zurückgehen.
Biotin kommt größtenteils an Protein gebunden vor. Tab. 6.4 orientiert über einige Quellen.

6.3.6.3 Stabilität, Abbaureaktionen

Biotin ist ziemlich stabil. Verluste während der Verarbeitung von Lebensmitteln werden mit 10–15% angegeben.

6.3.7 Folsäure

6.3.7.1 Biologische Funktionen

In Form der Tetrahydroverbindung (Formel 6.16, II) ist Folsäure (I) Cofaktor von Enzymen, die C_1-Einheiten in verschiedenen Oxidationsstufen übertragen, z. B. als Formyl- oder Hydroxymethylreste. Bei der Übertragung sind diese Reste an das N^5- oder das N^{10}-Atom der Tetrahydrofolsäure gebunden.
Mangelzustände können bei ungenügender Zufuhr, bei gestörter Resorption oder bei einer Therapie mit Folsäureantagonisten auftreten. Sie sind durch Abnahme der Folsäurekonzentration in Erythrocyten und Plasma sowie durch Veränderungen im Blutbild gekennzeichnet.

6.3.7.2 Bedarf, Vorkommen

Der Bedarf des Erwachsenen wird auf 0,4 bis 0,8 mg/Tag geschätzt. Eine ausreichende Versorgung ist über die Bestimmung der freien Folsäure im Serum oder in den Erythrocyten zu kontrollieren. Serumwerte im Bereich von 5–20 ng/ml werden als normal, Werte < 5 ng/ml als defizitär angesehen. Bei Mangel steigt auch die Ausscheidung von Formiminoglutaminsäure nach Histidingaben, da deren Übergang in Glutaminsäure als letzter Schritt des Histidinabbaus folsäureabhängig ist.
In Lebensmitteln liegt Folsäure meist in Form von γ-L-Oligoglutamaten mit 1–8 Glutaminsäureresten vor. Deren Resorption ist, im Gegensatz zu der von Folsäure selbst, limitiert und erst nach Abspaltung der Glutaminsäurereste durch Folsäurekonjugase, einer γ-Glutamylhydrolase, möglich. Der Folsäuregehalt von Lebensmitteln ist unterschiedlich. Tab. 6.4 gibt einen Überblick über das Vorkommen.

6.3.7.3 Stabilität, Abbaureaktionen

Folsäure ist in Form der Oligoglutamate ziemlich stabil. Beim Blanchieren von Gemüse werden keine, beim Kochen von Fleisch nur geringe Verluste beobachtet. Bei Milch wurde festgestellt, daß Verluste offensichtlich auf oxidative Prozesse zurückgehen und parallel zur Zerstörung von Ascorbinsäure verliefen. Zugesetztes Ascorbat stabilisiert Folsäure.

6.3.8 Cyanocobalamin (Vitamin B_{12})

6.3.8.1 Biologische Funktionen

Cyanocobalamin (Formel 6.17) wurde 1948 aus *Lactobacillus lactis* isoliert und ist wegen seiner

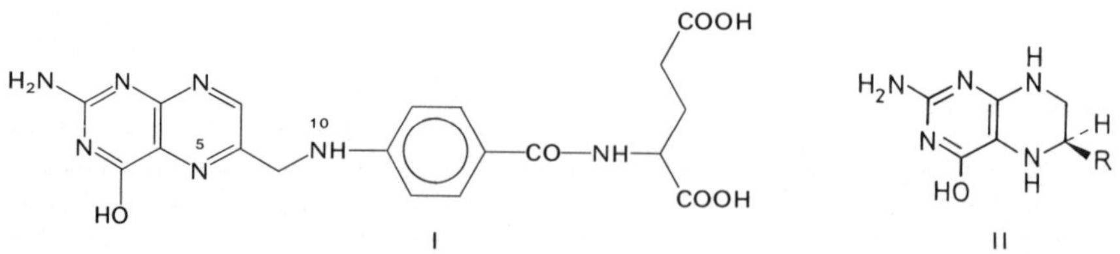

(6.16)

Stabilität und Verfügbarkeit die am meisten verwendete Form des Vitamins, die allerdings erst bei der Aufarbeitung biologischer Materialien als Artefact entsteht. Nativ kommen Cobalamine als Adenosylcobalamin und als Methylcobalamin vor, die an Stelle der Cyanogruppe einen 5′-Desoxyadenosylrest bzw. einen Methylrest enthalten.

Adenosylcobalamin (Coenzym B_{12}) ist an Umlagerungsreaktionen beteiligt, bei denen formal ein Wasserstoffatom und ein Alkylrest, ein Acylrest oder eine elektronegative Gruppe ihre Plätze an zwei benachbarten C-Atomen tauschen. Solche Reaktionen spielen im Stoffwechsel einer Reihe von Bakterien eine Rolle. Eine von Vitamin B_{12} abhängige Umlagerung bei Säugetieren ist der Übergang von Methylmalonyl-CoA in Succinyl-CoA (cf. 10.2.8.3). Bei Mangel an Vitamin B_{12} erfolgt Ausscheidung von Methylmalonsäure im Urin.

Eine weitere von Adenosylcobalamin abhängige Reaktion ist die Reduktion von Ribonucleosidtriphosphaten zu den entsprechenden 2′-Desoxyverbindungen, den Bausteinen der Desoxyribonucleinsäuren.

Methylcobalamin wird u. a. bei der Methylierung von Homocystein zu Methionin durch N^5-Methyltetrahydrofolsäure als Zwischenstufe gebildet. Das beteiligte Enzym ist eine von Cobalamin abhängige Methyltransferase.

Die Resorption von Cyanocobalamin erfolgt unter Mitwirkung eines Glykoproteins, des in der Magenmucosa gebildeten „intrinsic factor". Bei Mangel an Vitamin B_{12}, der meist auf gestörte Resorption infolge unzureichender Bildung von „intrinsic factor" zurückgeht, tritt perniziöse Anämie auf.

6.3.8.2 Bedarf, Vorkommen

Der Bedarf des Erwachsenen wird mit 3 bis 4 µg/Tag angegeben. Die Plasmakonzentration liegt normalerweise bei 450 pg/ml.

Besondere Bedeutung hat Vitamin B_{12} auch dadurch erlangt, daß es allein oder im Gemisch mit Antibioticis ausgesprochen wachstumsfördernde Wirkung, z. B. bei Küken, Ferkeln und Jungschweinen, ausübt, u. a. offenbar bedingt durch den erwähnten Einfluß auf den Proteinstoffwechsel. Die damit verbundene Steigerung der Futterverwertung kommt vor allem bei unterentwickelten Jungtieren zur Geltung. Schließlich übt Vitamin B_{12} einen günstigen Einfluß auf die Legefreudigkeit und Eiausbrütung der Hühner aus. Alle diese Beobachtungen haben dazu geführt, daß Vitamin B_{12} ausgedehnte Verwendung bei der Vitaminierung von Futtermitteln fand.

Reich an Vitamin B_{12} sind Leber, Niere, Milz, Thymus und Muskelfleisch. Für den Menschen sind deshalb innere Organe von Nutztieren die wichtigsten Quellen für Vitamin B_{12}.

Tab. 6.4 gibt eine Übersicht über das Vorkommen.

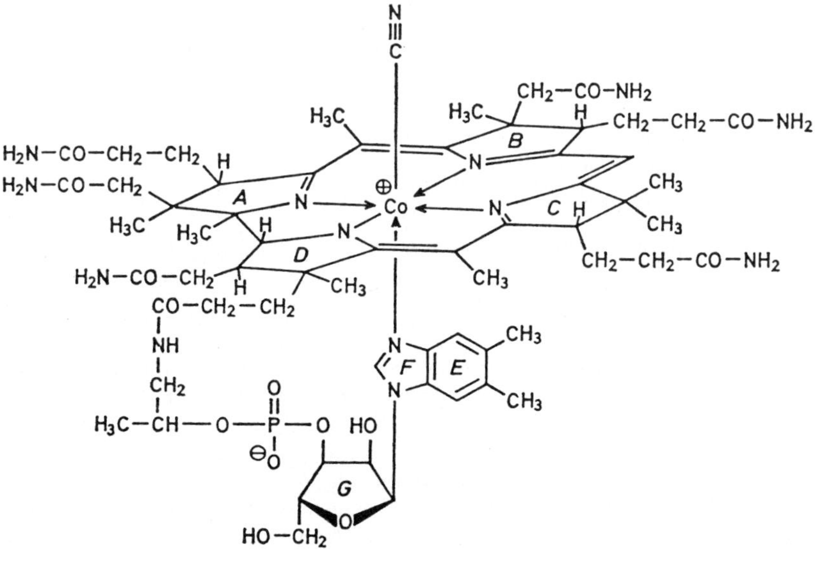

(6.17)

6.3.8.3 Stabilität, Abbaureaktionen

Die Stabilität von Vitamin B_{12} hängt stark von den Bedingungen ab. Im pH-Bereich 4–6 ist es auch bei höheren Temperaturen recht stabil. Bei höheren pH-Werten und in Gegenwart von Reduktionsmitteln (Ascorbinsäure, SO_2) können größere Verluste auftreten.

6.3.9 L-Ascorbinsäure (Vitamin C)

6.3.9.1 Biologische Funktionen

Ascorbinsäure (L-threo-Hex-2-enonsäure-γ-lacton, Formel 6.18, I) ist an Hydroxylierungsreaktionen beteiligt, z. B. an der Synthese von Catecholaminen, Hydroxyprolin, Hydroxytryptophan und Corticosteroiden (11-β-Hydroxylierung von Desoxycorticosteron, 17-β-Hydroxylierung von Corticosteron). Sie wird vollständig resorbiert und im Gesamtorganismus verteilt, wobei aber die höchsten Konzentrationen in den Nebennieren und in der Hypophyse auftreten.
Die Ausscheidung von ca. 3% des Pools, der bei 20–50 mg/kg Körpergewicht liegt, im Urin erfolgt als Ascorbinsäure und Dehydroascorbinsäure (25%), sowie in Form der Metaboliten 2,3-Diketogulonsäure (20%) und Oxalsäure (55%). Eine Erhöhung des ausgeschiedenen Oxalats erfolgt erst bei Zufuhr von sehr hohen Dosen an Ascorbinsäure.
Mangel führt unter Absinken der Konzentration im Plasma zu Skorbut.

6.3.9.2 Bedarf, Vorkommen

Der Bedarf des Erwachsenen wird mit 45 bis 80 mg/Tag angegeben. Indikator für eine ungenügende Versorgung sind Plasmakonzentrationen von 0,4 mg/100 ml.
Vitamin C ist in jeder tierischen und pflanzlichen Zelle enthalten, meist in freier Form, daneben wahrscheinlich auch an Eiweiß gebunden. Besonders reiche Vitamin C-Quellen sind Hagebutten, schwarze und rote Johannisbeeren, Erdbeeren, Petersilie, Orangen, Zitronen und Grapefruits, verschiedene Kohlarten und Kartoffeln, die allerdings bei Lagerung bis zum Frühjahr einen Vitaminverlust von ca. 70% erleiden.
Tab. 6.4 orientiert über das Vorkommen von Ascorbinsäure in verschiedenen Lebensmitteln.

Tabelle 6.8. UV-Absorption von Ascorbinsäure bei verschiedenen pH-Werten

pH	λ max (nm)
2	244
6 – 10	266
> 10	294

6.3.9.3 Stabilität, Abbaureaktionen

Ascorbinsäure (I) ist eine mittelstarke Säure ($pK_1 = 4{,}04$, $pK_2 = 11{,}4$ bei 25 °C), deren Absorption im UV vom pH abhängt (Tab. 6.8) und die leicht und reversibel zu Dehydroascorbinsäure (II) oxidiert wird, die in wäßriger Lösung als hydratisiertes Hemiketal (IV) vorliegt. Die biologische Wirkung als Vitamin C geht verloren, wenn aus der Dehydroascorbinsäure durch eine irreversible Öffnung des Lactonrings die 2,3-Diketogulonsäure (III) entsteht:

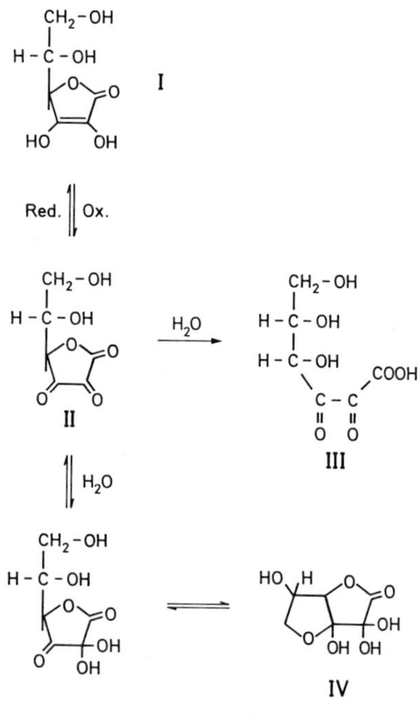

(6.18)

Der Übergang von Ascorbinsäure in Dehydroascorbinsäure und deren Folgeprodukte verläuft je nach den vorliegenden Bedingungen unterschiedlich. Einflußgrößen sind z. B. Sauerstoffpartialdruck, pH-Wert, Temperatur, Schwermetallionen. Die metallkatalysierte Oxidation verläuft sehr viel schneller als die Spontanoxidation,

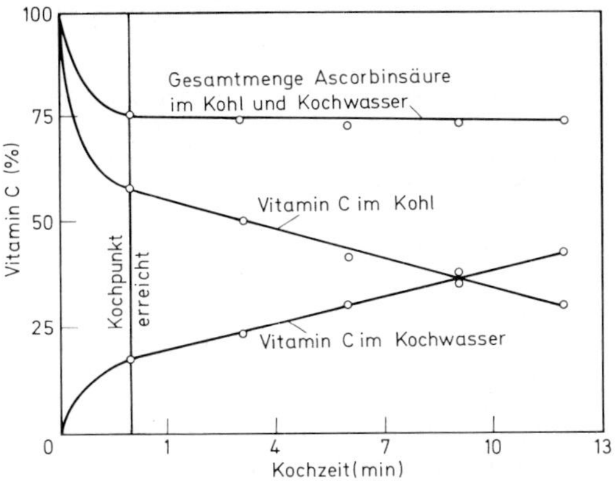

Abb. 6.3. Ascorbinsäureverluste beim Kochen von Kohl. (Nach *Plank,* 1966)

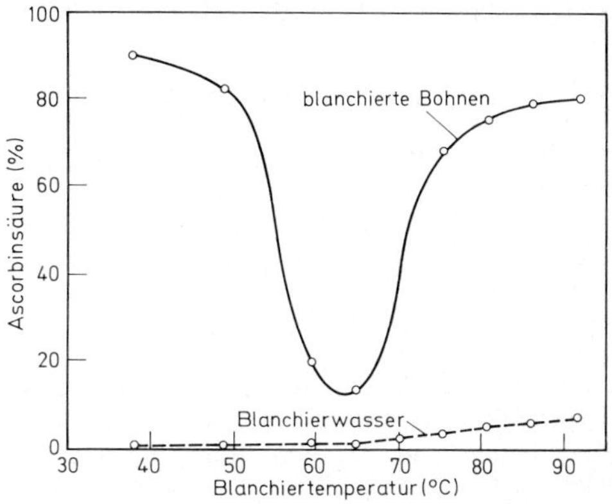

Abb. 6.4. Ascorbinsäureverluste bei grünen Bohnen in Abhängigkeit von der Blanchiertemperatur. (Nach *Plank,* 1966)

so daß Spuren an Schwermetallionen, insbesondere $Cu^{2\oplus}$ und $Fe^{3\oplus}$, zu starken Verlusten an Vitamin C führen können.

Das Prinzip der Metallkatalyse zeigt das folgende Reaktionsschema (Me = Metallion):

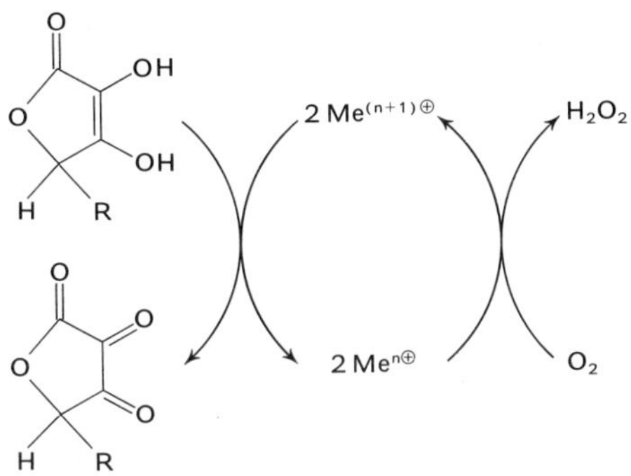

(6.19)

Der anaerobe Abbau, der wesentlich langsamer als die unkatalysierte Oxidation erfolgt, und der bei pH 4 maximal, bei pH 2 minimal ist, verläuft möglicherweise über die Ketoform der Ascorbinsäure und das Ketoanion zur Diketogulonsäure:

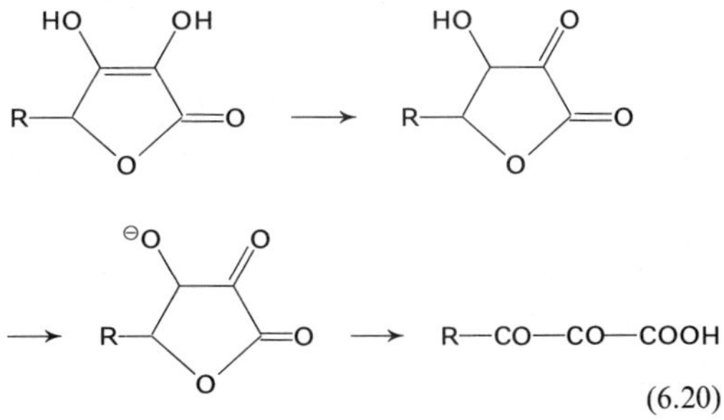

(6.20)

Folgeprodukte der Diketogulonsäure sind Xyloson sowie 4-Desoxypentoson, die weiter in Ethylglyoxal, verschiedene Reduktone (cf. 4.2.4.3.1), Furfural und Furancarbonsäure übergehen können:

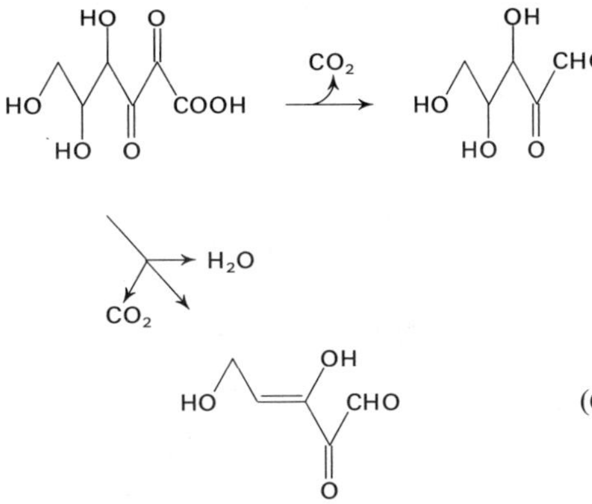

(6.21)

In Gegenwart von Aminosäuren können Ascorbinsäure, Dehydroascorbinsäure und die genannten Folgeprodukte Reaktionen vom *Maillard*-Typ eingehen (cf. 4.2.4.4).

Über Ascorbinsäureverluste in Lebensmitteln liegen viele Daten vor. Die Tab. 6.1 und 6.2 sowie die Abb. 6.3 und 6.4 geben einige Beispiele. Vielfach wird der Ascorbinsäureabbau ganz allgemein als Indikator für in Lebensmitteln ablaufende Veränderungen herangezogen.

6.4 Literatur

Bässler, K.H., Lang, K.: Vitamine. Dr. Dietrich Steinkopff Verlag: Darmstadt. 1975

Counsell, J.N., Hornig, D.H. (Eds.): Vitamin C (Ascorbic Acid). Applied Science Publ.: London. 1981

Farrer, K.T.H.: The thermal destruction of vitamin B_1 in foods. Adv. Food Res. *6*, 257 (1955)

Isler, O., Brubacher, G.: Vitamine I. Fettlösliche Vitamine. Georg Thieme Verlag: Stuttgart. 1982

Körner, W.F., Völlm, J.: Vitamine. In: Klinische Pharmakologie und Pharmakotherapie. 3. Aufl. (Hrsg.: Kuemmerle, H.P., Garrett, E.R., Spitzy, K.H.), S. 361, Urban u. Schwarzenberg: München. 1976

Labuza, T.P., Riboh, D.: Theory and application of Arrhenius kinetics to the prediction of nutrient losses in foods. Food Technol. *36* (10), 66 (1982)

Lund, D.B.: Effect of commercial processing on nutrients. Food Technol. *33* (2), 28 (1979)

Machlin, L.J. (Ed.): Handbook of Vitamins. Marcel Dekker, Inc.: New York. 1984

Plank, R.: Handbuch der Kältetechnik. Bd. XIV, S. 475, Springer-Verlag: Berlin. 1966

Reiff, F., Paust, J., Meier, W., Fürst, A., Ernst, H.G., Kuhn, W., Härtner, H., Florent, J., Suter, C., Pollak, P.: Vitamine. In: Ullmanns Encyklopädie der technischen Chemie, 4. Aufl., Bd. 23, S. 621, Verlag Chemie: Weinheim. 1983

Seib, P.A., Tolbert, B.M. (Eds.): Ascorbic acid: Chemistry, metabolism, and uses. Advances in Chemistry Series 200, American Chemical Society: Washington, D.C. 1982

7 Mineralstoffe

7.1 Einführung

Mineralstoffe sind die Bestandteile pflanzlicher und tierischer Gewebe, die bei der Verbrennung als Asche zurückbleiben.
Nach dem Anteil der einzelnen Elemente an der Asche kann man einteilen in *Mengenelemente* (Ca, P, K, Cl, Na, Mg) und in *Spurenelemente* (Fe, Zn, Cu, Mn, J, Mo etc.). Nach der biologischen Bedeutung unterscheidet man *essentielle Elemente* mit bekannter biologischer Funktion, *nicht-essentielle Elemente,* über deren biologische Rolle nichts bekannt ist und die vielfach als Begleiter essentieller Elemente auftreten, sowie *toxische Elemente,* die über die Nahrung oder über Wasser und Luft in den Organismus gelangen können.
Essentielle Elemente, zu denen alle Mengenelemente und eine Reihe von Spurenelementen zählen, haben sehr vielfältige Funktionen, z. B. als Elektrolyte, als Bestandteile von Enzymen (cf. 2.3.3) und als Bausteine bestimmter Körpersubstanzen (Knochen, Zähne). Tab. 7.1 informiert über den Mineralstoffgehalt des menschlichen Organismus.
Als Bestandteile von Lebensmitteln sind die Mineralstoffe aber nicht nur aus ernährungsphysiologischen Gründen von Bedeutung. Sie tragen vielmehr häufig zum Geschmack bei, aktivieren oder inhibieren enzymkatalysierte sowie andere Reaktionen und beeinflussen die Textur.

Tabelle 7.1. Mineralstoffgehalt des menschlichen Organismus

Element	Menge g/kg	Element	Menge mg/kg
Calcium	10–20	Eisen	70–100
Phosphor	6–12	Zink	20–30
Kalium	2–2,5	Kupfer	1,5–2,5
Natrium	1–1,5	Mangan	0,15–0,3
Chlor	1–1,2	Jod	0,1–0,2
Magnesium	0,4–0,5	Molybdän	0,1

7.2 Mengenelemente

7.2.1 Natrium

Der Natriumbestand des menschlichen Organismus liegt bei 1,4 g/kg. Hauptaufgabe des Natriums, das zum größten Teil extrazellulär vorliegt, ist es, meist mit Chlorid als Gegenion, den osmotischen Druck der extrazellulären Flüssigkeit zu bewirken. Daneben aktiviert es einige Enzyme, z. B. Amylase. Die Resorption des Natriums setzt sehr rasch (nach 3–6 min) ein und ist nach 3 h vollständig. Die Natriumaufnahme liegt bei 1,7–6,9 g/Tag. Unter- wie Überangebot an Natrium führt zu schweren Störungen. Unter Ernährungsgesichtspunkten ist lediglich die überhöhte Zufuhr bedeutungsvoll, die u. a. zu Hypertension führen kann. Eine Senkung der Natriumaufnahme läßt sich z. B. mit Hilfe von Diätsalzen (Kochsalzersatzmitteln) erreichen (cf. 22.2.5). Der Natriumbedarf des Erwachsenen dürfte im Mittel etwa 460 mg/Tag betragen. Tab. 7.2 bringt Werte für den Natriumgehalt einiger Lebensmittel.

7.2.2 Kalium

Der Kaliumbestand des menschlichen Organismus liegt bei 2 g/kg. Kalium ist vorwiegend in den Zellen lokalisiert. Es reguliert den osmotischen Druck in der Zelle, ist an der Erregbarkeit der Zellen beteiligt und aktiviert eine Reihe von Enzymen der Glykolyse und Atmungskette. Die Kaliumaufnahme beträgt bei üblicher Ernährung 2–5,9 g/Tag. Der Mindestbedarf wird auf 782 mg geschätzt. Kaliummangel, der mit einer Reihe von Symptomen verbunden ist, kann u. a. bei zu geringer Nahrungsaufnahme und bei überwiegender Zufuhr kaliumarmer Lebensmittel, wie z. B. Weißbrot und Fett, auftreten. Über den Kaliumgehalt einiger Lebensmittel informiert Tab. 7.2. Besonders reich an Kalium sind u. a. Kartoffel und Melasse.

Tabelle 7.2. Gehalt einiger Lebensmittel[a] an Natrium, Kalium, Calcium, Eisen und Phosphor

Lebensmittel	Na	K	Ca	Fe	P
Milch und Milchprodukte					
Kuhmilch, roh (Vorzugsmilch)	48	157	120	0,046	92
Frauenmilch	16	53	31	0,08	15
Butter	5	16	13	–	21
Käse					
Emmentaler (45% Fett i. T.)	450	107	1020	0,31	636
Camembert (60% Fett i. T.)	944	105	400	0,58	310
Camembert (30% Fett i. T.)	900	120	600	0,17	540
Eier					
Hühnereigelb	51	138	140	7,2	590
Hühnereiweiß	170	154	11	0,2	21
Fleisch und Fleischprodukte					
Rindfleisch, ganze Hälften, mager	58	342	11	2,6	170
Schweinefleisch, ganze Hälften, mager	58	260	9	2,3	176
Kalbsleber	87	316	8,7	7,9	306
Schweineleber	77	350	20	22,1	362
Hühnerleber	68	218	18	7,4	240
Schweineniere	173	242	7	10	260
Blutwurst	680	38	6,5	6,4	22
Fisch und Fischprodukte					
Hering	117	360	34	1,1	250
Aal	65	217	17	0,6	223
Getreide und Getreideprodukte					
Weizen, ganzes Korn	7,8	502	43,7	3,3	406
Weizenmehl, Type 405	2,0	108	15	1,95	–
Weizenmehl, Type 550	3,0	126	16	1,1	95
Weizenkeime	5	837	69	8,1	1100
Weizenkleie	2	1390	43	3,6	1240
Roggen, ganzes Korn	40	530	64	–	373
Roggenmehl, Type 997	1	240	31	2,2	–
Mais, ganzes Korn	6	330	15	–	256
Mais, Frühstücksflocken (Corn flakes)	915	139	13	2,0	59
Haferflocken	5	335	54	4,6	391
Reis, unpoliert	10	150	23	2,6	325
Reis, poliert	6	103	6	0,6	120
Gemüse					
Brunnenkresse	12	276	180	3,1	64
Champignon (Zucht)	8	422	8	1,26	123
Chicorée	4,4	192	26	0,74	26
Endivie	53	346	54	1,4	54
Erbsen, grün	2	304	24	1,84	108
Feldsalat	4	421	35	2,0	49
Grünkohl	42	490	212	1,9	87
Kartoffel	3,2	443	9,5	0,8	50
Kohlrabi	32	380	68	0,9	49,7
Kopfsalat	10	224	37	1,1	33

Tabelle 7.2. (Fortsetzung)

Lebensmittel	Na	K	Ca	Fe	P
Gemüse					
Linse, getrocknet	4	810	74	6,9	412
Möhre	60	290	41	0,66	35
Rosenkohl	7	411	31	1,1	84
Spinat	65	633	126	4,1	55
Steinpilz	6	486	9	1,0	115
Tomate	6	297	14	0,5	26
Weißkohl	13	227	46	0,5	28
Obst					
Apfel	3	144	7	0,48	12
Apfelsine	1,4	177	42	0,4	23
Aprikose	2	278	16	0,65	21
Erdbeere	2,5	147	26	0,96	29
Grapefruit	1,6	180	18	0,34	17
Hagebutte	146	291	257	–	258
Johannisbeere, rot	1,4	238	29	0,91	27
Johannisbeere, schwarz	1,5	310	46	1,29	40
Kirsche, sauer	2	114	–	0,6	7
Pflaume	1,7	221	14	0,44	18
Sanddornbeere	3,5	133	42	0,44	9
Hefe					
Bäckerhefe, gepreßt	34	649	28	4,9	605
Bierhefe, getrocknet	–	1410	–	17,6	1900

[a] Angaben in mg/100 g eßbarem Anteil (Mittelwerte).

7.2.3 Magnesium

Der Magnesiumbestand des Menschen liegt bei 250 mg/kg, die wünschenswerte Zufuhr bei 300–350 mg/Tag. Bei üblicher Ernährung werden 300–500 mg/Tag aufgenommen. Als Bestandteil und Aktivator zahlreicher Enzyme, insbesondere solcher, die energiereiche Phosphate umsetzen, ist Magnesium ein lebenswichtiges Element. Infolge dieser zentralen Stellung im Stoffwechsel führt Magnesiummangel zu schweren Störungen.

7.2.4 Calcium

Der Calciumbestand des Menschen liegt bei 1500 g. Calcium steht damit unter den Mineralstoffen des Organismus der Menge wie dem ubiquitären Vorkommen nach weit an der Spitze und findet sich im Skelett sowie in anderen Geweben. Wegen seiner Bedeutung für den Aufbau des Knochensystems, die Blutgerinnung und die Muskelkontraktion ist Calcium ein essentieller Nahrungsbestandteil. Calciummangel führt zu schweren Störungen. Die wünschenswerte Calciumzufuhr wird mit 0,8–1 g/Tag angegeben, die durchschnittliche Aufnahme mit der Nahrung wird auf 0,8–0,9 g/Tag geschätzt. Hauptquelle für Calcium sind Milch und Milchprodukte, in großem Abstand gefolgt von Obst und Gemüse, Getreideprodukten, Fleisch, Fisch und Eiern. Tab. 7.2 informiert über den Calciumgehalt einiger Lebensmittel.

7.2.5 Chlorid

Der Chloridbestand des Menschen liegt bei 1,1 g/kg, die Aufnahme, die hauptsächlich in Form von Kochsalz erfolgt, bei 3–12 g/Tag. Chlorid ist Gegenion für Natrium im extrazellulären Bereich und auch Gegenion für die Protonen des Magensaftes. Chlorid wird ebenso schnell aufgenommen, wie bei Überschuß mit dem Urin wieder ausgeschieden. Exakte Angaben über den Bedarf liegen nicht vor.

7.2.6 Phosphat

Der Bestand des Menschen an Phosphor liegt bei ca. 700 g, der Bedarf an Phosphat wird mit 0,8–1,2 g/Tag angegeben. Der Ca/P-Quotient der Nahrung soll 1 sein. Phosphor hat in Form von Phosphat, das frei oder als Ester bzw. Anhydrid vorliegt, eine zentrale Rolle im Stoffwechsel und ist ein essentieller Nahrungsbestandteil. Mit der Nahrung aufgenommene organische Phosphorverbindungen werden im Darm durch Phosphatasen gespalten, so daß die Resorption überwiegend als anorganisches Phosphat erfolgt. Auch Polyphosphate, die als Lebensmittelzusatzstoffe eine Rolle spielen, werden erst nach Spaltung zu Orthophosphat resorbiert. Dabei hängt das Ausmaß der Spaltung vom Kondensationsgrad ab.
Tab. 7.2 informiert über den Phosphorgehalt einiger Lebensmittel.

7.3 Spurenelemente

7.3.1 Allgemeines

Es sind 14 essentielle Spurenelemente bekannt, die als Bestandteile von Hormonen, Vitaminen, Enzymen oder anderen Proteinen eine biologische Funktion haben. Daneben kommen zahlreiche weitere Elemente vor, deren physiologische Funktion nicht bekannt ist und die als Begleiter anderer Elemente auftreten, wie z. B. Li als Begleiter von Na und Rb als Begleiter von K. Tab. 7.3 informiert über den Bestand des menschlichen Organismus an essentiellen und nicht-essentiellen Spurenelementen, sowie über die durchschnittliche Zufuhr. Aus einer Reihe von Gründen können auch toxische Elemente, wie z. B. As, Sb, Cd, Hg, Tl, Pb auf verschiedenen Wegen in Lebensmittel gelangen. Sie werden in Abschnitt 9.2 behandelt. Ein Mangel an essentiellen Spurenelementen führt zu Stoffwechselstörungen, die meist durch den Ausfall von Enzymen bedingt sind.

Tabelle 7.3. Spurenelemente: Bestand des menschlichen Organismus und Zufuhr mit der Nahrung[a]

Element	Bestand (mg/kg)	Zufuhr (mg/Tag)
Essentiell		
Fe	60	15
F	37	2,5
Zn	33	6–22
Si	ca. 14	cf.[b]
Cu	1,0	3,2
V	0,3	2
Se	0,2	0,07
Mn	0,2	2–9
J	0,2	0,2
Sn	0,2	4,0
Ni	0,1	0,4
Mo	0,1	0,3
Cr	0,02	0,05–0,1
Co	0,02	0,3
Nicht-essentiell		
Rb	4,6	1–2
Br	2,9	7,5
Al	0,9	5–35
B	0,7	1,3
Ba	0,3	1,3
Ti	0,1	0,9
Au	0,1	
Sb	0,1	
Te	0,1	0,2
Li	0,03	2,0
Cs	0,02	
U	0,001	
Bi	0,0004	

[a] Durchschnittswerte.
[b] Die Siliciumaufnahme hängt sehr stark von der Zusammensetzung der Nahrung ab (pflanzliche Nahrung $\gg$ tierische Nahrung).

7.3.2 Essentielle Spurenelemente

7.3.2.1 Eisen

Der Eisenbestand des Menschen liegt bei 4–5 g, wovon der überwiegende Teil als Hämoglobin und Myoglobin vorliegt. Eisen ist als Bestandteil dieser Farbstoffe und als Bestandteil einer Reihe von Enzymen (Peroxidase, Katalase, Hydroxylasen, Flavinenzyme) ein essentieller Lebensmittelinhaltsstoff. Der Bedarf wird je nach Alter und Geschlecht mit 1–2,8 mg/Tag angegeben. Zur Deckung dieses Bedarfs ist eine Zufuhr mit der Nahrung in Höhe von 5–28 mg/Tag erforderlich. Die große Schwankungsbreite der erforderlichen Zufuhr geht auf die unterschiedliche Resorbierbarkeit des Eisens zurück, die sowohl von der Bindungsform als auch von der Gesamtzusammensetzung der Nahrung abhängt. Am besten ausnutzbar ist Eisen aus Fleisch. Die Resorptionsquote liegt hier bei 20–30%, während sie bei Leber (6,3%), Fisch (5,9%), Cerealien, Gemüse und Milch (1–1,5%) deutlich geringer ist. Eier senken die Resorptionsquote, Ascorbinsäure erhöht sie. Auch Kleiebestandteile verringern die Resorption infolge ihres hohen Phytatgehaltes. Offensichtlich wird die Eisenresorption aus der Nahrung beim gesunden Menschen durch den Bedarf gesteuert. Um eine ausreichende Versorgung auch bei Personen mit hohem Bedarf (Kinder, Frauen bis zur Menopause, Schwangere, Stillende) in jedem Fall sicherzustellen, wird eine Anreicherung von Cerealien (Mehl, Brot, Reis, Teigwaren) mit 55–130 mg Eisen/kg empfohlen. Umfangreiche Versuche an Hühnern und Ratten haben gezeigt, daß dazu $FeSO_4$ am besten geeignet ist, daß aber auch Eisen(II)gluconat und Eisen(II)glycerophosphat gut ausgenutzt werden. Technologische Probleme als Folge dieser Anreicherung sind Erhöhung der Oxidationsanfälligkeit und bei Mehlen Verschlechterungen der Backeigenschaften. Insgesamt ist Eisen lebensmitteltechnologisch oft unerwünscht, z. B. als Katalysator von Oxidationsreaktionen (ungesättigte Lipide, Ascorbinsäure), als Trübungsfaktor bei Wein oder als störende Komponente in Trinkwasser, wo u. a. das Wachstum eisenspeichernder Bakterien gefördert wird. Über den Eisengehalt einiger Lebensmittel informiert Tab. 7.2.

7.3.2.2 Kupfer

Der Kupferbestand des Menschen liegt bei 100–150 mg. Kupfer ist Bestandteil einer Reihe von Oxidoreduktasen (Cytochromoxidase, Tyrosinase, Uricase, Aminoxidase). Im Plasma ist Kupfer überwiegend an Coeruloplasmin gebunden, das den Übergang $Fe^{2\oplus} \rightarrow Fe^{3\oplus}$ katalyisert. Diese Reaktion ist sehr wichtig, da nur $Fe^{3\oplus}$ von Transferrin transportiert wird. Die täglich benötigte Kupfermenge von 1–2 mg wird durch die übliche Kost gedeckt. Ebenso wie Eisen wirkt sich Kupfer in vieler Hinsicht lebensmitteltechnisch ungünstig aus, da es eine Reihe von unerwünschten Reaktionen katalysiert.

7.3.2.3 Zink

Der Zinkbestand des erwachsenen Menschen beträgt 2–4 g. Die im Bereich von 6–22 mg/Tag liegende Zufuhr mit der Nahrung ist ausreichend. Zink ist Bestandteil einer Reihe von Enzymen (z. B. Alkoholdehydrogenase, Lactatdehydrogenase, Malatdehydrogenase, Glutamatdehydrogenase, Carboxypeptidasen A und B, Kohlensäureanhydratase). Weitere Enzyme z. B. Dipeptidasen, alkalische Phosphatasen, Lecithinase, Enolase, werden durch Zink, ebenso wie durch einige andere zweiwertige Metallionen aktiviert. Mangelnde Zinkzufuhr bewirkt beim Tier schwere Ausfallerscheinungen. Hohe Zinkzufuhr ist für den Menschen toxisch. Zinkvergiftungen sind beim Genuß saurer, in verzinkten Gefäßen gehaltener Speisen (Kartoffelsalat bei Massenverpflegung) aufgetreten.

7.3.2.4 Mangan

Der menschliche Organismus enthält 10 bis 40 mg Mangan. Der Bedarf wird offensichtlich durch die übliche Zufuhr von 2–48 mg/Tag mit der Nahrung gedeckt. Mangan ist Bestandteil der Pyruvatcarboxylase und aktiviert ebenso wie andere zweiwertige Metallionen verschiedene Enzyme, z. B. Arginase, Aminopeptidase, alkalische Phosphatase, Lecithinase, Enolase. Das Element ist relativ untoxisch.

7.3.2.5 Kobalt

Der gesamte Kobaltbestand des Menschen beträgt 1–2 mg. Seit der Entdeckung, daß Vitamin

B_{12} als Zentralatom Kobalt enthält, ist die große Bedeutung dieses Elementes verständlich geworden. Essentiell ist Kobalt für den Menschen offensichtlich nur als Bestandteil von Vitamin B_{12}. Der Bedarf dürfte im allgemeinen durch die Nahrung gedeckt werden.

7.3.2.6 Vanadium

Der Vanadiumbestand des Menschen liegt bei 17–43 mg. In Versuchen mit Ratten und Hühnern wurde eine wachstumsfördernde Wirkung beobachtet, so daß das Element offensichtlich biologische Funktionen hat. Der aus Tierversuchen berechnete Bedarf des Menschen von 1–2 mg/Tag wird durch die Nahrung gedeckt.

7.3.2.7 Chrom

Der regional sehr unterschiedliche Chrombestand des Menschen liegt zwischen 6–12 mg. Auch die Zufuhr schwankt mit 5–200 µg/Tag sehr stark. Chrom hat Bedeutung für die Glucoseverwertung. Es aktiviert z. B. die Phosphoglucomutase und steigert die Wirksamkeit von Insulin. Bei Chrommangel sinkt die Glucosetoleranz. 25 ppm Chrom in Form von Chromaten erwiesen sich in Langzeitversuchen mit Ratten als nicht toxisch.

7.3.2.8 Selen

Der Selenbestand des Menschen liegt bei 10–15 mg, die Aufnahme bei 0,05–0,1 mg/Tag. Selen hat antioxidative Funktionen und kann die Wirkung von Tocopherol unterstützen; wirksame Verbindung ist die selenhaltige Glutathion-Peroxidase, die folgende Reaktion katalysiert:

$$ROOH + 2GSH \rightarrow ROH + H_2O + GSSG \quad (7.1)$$

Die Toxizität von Selen, das u. a. auch stark cancerogen wirkt, ist aus zahlreichen Tierversuchen und aus Erkrankungen von Wiederkäuern auf selenreichen Böden gut bekannt. 2–8 ppm Selen im Futter können bereits schwere Schäden verursachen.

7.3.2.9 Molybdän

Der Bestand des Menschen an Molybdän liegt bei 8–10 mg. Mit der Nahrung werden ca. 0,3 mg Molybdat/Tag aufgenommen. Molybdän ist Bestandteil der Aldehydoxidase und der Xanthinoxidase. Auch die an der Fleischumrötung beteiligte bakterielle Nitratreduktase enthält Molybdän. Höhere Dosen sind toxisch, wie u. a. aus der Erkrankung von Wiederkäuern auf molybdänreichen Böden bekannt ist. Das Gras solcher Böden enthält 20–100 µg/g Trockenmasse.

7.3.2.10 Nickel

Nickel aktiviert eine Reihe von Enzymen, die auch durch andere zweiwertige Metallionen aktivierbar sind, z. B. alkalische Phosphatasen und Oxalacetatdecarboxylase. Es verstärkt auch die Wirkung von Insulin. Sein essentieller Charakter ist durch Mangelsymptome bei Ratten und Hühnern erwiesen, zu denen u. a. Veränderungen der Lebermitochondrien gehören.

7.3.2.11 Zinn

Zinn kommt in allen Organen des Menschen vor. Bei Ratten hat es eine wachstumsfördernde Wirkung. Der natürliche Zinngehalt von Lebensmitteln ist gering, kann aber bei Konserven in Weißblechdosen erhöht sein. Von besonders sauren Lebensmitteln können oft beträchtliche Zinnmengen gelöst werden. So enthielt ein Fruchtsaft aus Ananas und Pampelmusen, der in mangelhaft verzinnten Kannen transportiert wurde, 2 g/l. Die Zinngehalte von Lebensmitteln in Weißblechdosen liegen im allgemeinen unter 50 mg/kg und sollten 250 mg/kg nicht überschreiten. Zinn wird nur in geringem Umfang resorbiert und ist deshalb wenig toxisch.

7.3.2.12 Silicium

Silicium wird als lösliche Kieselsäure sehr rasch resorbiert. Der Siliciumbestand des Menschen liegt bei 1 g; Hauptquelle für die Zufuhr sind Getreideprodukte. Silicium wirkt wachstumsfördernd und scheint demnach biologische Funktionen zu haben. Toxisch ist Kieselsäure nur in Konzentrationen von $\geq$ 100 mg/kg.

7.3.2.13 Fluor

Der menschliche Organismus enthält etwa 2,6 g Fluor. Der essentielle Charakter des Elements folgt aus Störungen von Wachstum und Fortpflanzung bei Ratten bzw. Mäusen, wenn die

Fluorkonzentrationen im Futter unter 2,5 ppm bzw. unter 0,1–0,3 ppm lagen. Eine positive Wirkung im Zusammenhang mit der Zahnkaries ist erwiesen: 0,5–1,5 ppm Fluor im Trinkwasser, die als NaF oder $(NH_4)_2SiF_6$ zugesetzt werden können, haben einen Rückgang der Karies zur Folge. Die Wirkung wird auf eine Verminderung der Löslichkeit des Zahnschmelzes und auf eine Hemmung von Enzymen, die an der Kariesbildung beteiligt sind, zurückgeführt. Da sich aber toxische Wirkungen von Fluorid bereits ab 2 ppm zeigen, ist die Fluoridierung des Trinkwassers umstritten.

7.3.2.14 Jod

Der Jodbestand des menschlichen Organismus liegt bei 10 mg, wovon sich der größte Teil (70–80%) organisch gebunden in der Schilddrüse findet. Die Aufnahme des Jods aus der Nahrung erfolgt fast ausschließlich und sehr rasch als Jodid, das dann zum Aufbau der Schilddrüsenhormone Thyroxin und Trijodthyronin dient. Jodid wird zunächst zu Jod oxidiert. Es erfolgt Jodierung der Tyrosinreste des Thyreoglobulins. Durch anschließende Kondensation von je zwei Resten Monojodtyrosin bzw. Dijodtyrosin entsteht proteingebundenes Thyroxin bzw. Trijodthyronin. Durch Proteinasen werden die beiden hormonwirksamen Aminosäuren freigesetzt, zusammen mit einer Reihe von Peptiden, die aber nicht aktiv sind. Der Jodbedarf des Menschen liegt bei etwa 100–200 µg/Tag. Bei Jodmangel kommt es zur Vergrößerung der Schilddrüse (Jodmangelkropf). Die meisten Lebensmittel enthalten relativ wenig Jod. Gute Jodquellen sind Milch, Eier und vor allem Seefische. Das Trinkwasser trägt nur wenig zur Jodversorgung bei. In Kropfgegenden enthält es 0,1–2,0 µg/l, in kropffreien 2–15 µg/l. Um eine zu geringe Jodaufnahme zu verhindern, haben einige Länder mit jodarmen Bezirken eine Jodprophylaxe durch Anreicherung des Speisesalzes mit KJ durchgeführt: 100 µg Jod sind in 1–10 g Kochsalz enthalten. Höhere Joddosen sind toxisch und bewirken z. B. bei der Ratte Störungen der Fortpflanzung und Lactation.

7.3.3 Einige nicht-essentielle Spurenelemente

7.3.3.1 Bor

Bor ist bei Mensch und Tier vorhanden, wird aber offensichtlich nicht benötigt. Für einige Pflanzen hat es dagegen Bedeutung. So sind die Herz- und Trockenfäule der Zuckerrübe und die Braunkrankheit der Kohlrübe Bormangelkrankheiten. Bor kommt in zahlreichen Lebensmitteln vor. Bezogen auf Frischgewicht enthalten Früchte 5–30, Gemüse 0,5–2, Cerealien 0,5–3, Eier 0,1 und Milch 0,1–0,2 ppm Bor. Die Höhe der Borzufuhr liegt bei 4–41 mg/Tag. Sie ist u. a. vom Weinkonsum abhängig, der 10 mg/l an Bor enthält. Da Borsäure in höheren Konzentrationen im Fettgewebe und vor allem im Zentralnervensystem kumuliert und die Konsequenzen dieser Speicherung noch nicht zu übersehen sind, wird sie als Konservierungsmittel nicht mehr verwendet.

7.3.3.2 Aluminium

Der menschliche Körper enthält 50–150 mg Aluminium, wobei die höheren Werte vor allem beim alternden Organismus gefunden werden. Die Aluminiumaufnahme liegt im allgemeinen zwischen 5 und 35 mg/Tag. Aluminium wird aus dem Magen-Darm-Trakt nur äußerst geringfügig resorbiert und zum größten Teil mit dem Kot ausgeschieden. Harn enthält $< 0{,}1$ mg/Tag; ein Übergang in die Milch findet praktisch nicht statt. Tierversuche über mehrere Generationen mit hohen Dosen erwiesen die Unschädlichkeit der Aluminiumzufuhr; auch für den Menschen sind Aluminiumsalze praktisch ungiftig, so daß Bedenken gegen die Verwendung von Aluminiumgefäßen für Lebensmittel unbegründet sind. Neuere Arbeiten zeigen, daß eine pathologisch bedingte Akkumulation von Aluminium im menschlichen Körper zu erheblichen Schäden an den Zellen des Zentralnervensystems führt.

7.4 Mineralstoffe bei der Lebensmittelverarbeitung

Der Beitrag der Mineralstoffe zu den ernährungsphysiologischen und physikalischen Eigenschaften von Lebensmitteln ist in der Einführung zu diesem Kapitel und bei den einzelnen Elementen bereits dargestellt worden. Darüber hinaus können verschiedene Metallionen, die entweder dem Lebensmittel selbst entstammen oder die im Laufe der Gewinnung, Verarbeitung und Lagerung in das Lebensmittel übergehen, aus verschiedenen Gründen auch störend in Erscheinung treten. Sie bewirken z. B. Verfärbungen bei Obst- und Gemüseprodukten (cf. 18.1.2.5.7) und katalysieren Reaktionen, die zu Verlusten an essentiellen Inhaltsstoffen (z. B. Oxidation von Ascorbinsäure, cf. 6.3.9.3) oder zur Entwicklung eines Fehlgeruchs oder Fehlgeschmacks („off-flavour", z. B. als Folge der Fettoxidation, cf. 3.7.2.1.4) führen können. Die Maskierung solcher störender Metallionen durch Komplexbildner (cf. 8.14) hat deshalb in der Lebensmitteltechnik große Bedeutung.

7.5 Literatur

Lang, K.: Biochemie der Ernährung, 4. Aufl., Dr. Dietrich Steinkopff Verlag: Darmstadt. 1979

8 Zusatzstoffe

8.1 Einführung

Unter Zusatzstoffen werden hier Stoffe oder Stoffgemische verstanden, die Lebensmitteln aus irgendeinem, die Erzeugung, Verarbeitung, Verpackung oder Lagerung betreffenden Grund zugesetzt werden, ohne selbst Hauptinhaltsstoffe zu sein. Meist verbleiben Zusatzstoffe oder ihre Folgeprodukte im Lebensmittel. In manchen Fällen werden sie aber auch im Laufe eines Prozesses wieder entfernt. Die folgenden Beispiele sollen auf einige wichtige Anwendungsgebiete von Zusatzstoffen hinweisen:

- *Nährwert*

  Zur Hebung des Nährwertes dienen z. B. Zusätze von Vitaminen, Mineralstoffen, Aminosäuren, Aminosäurederivaten. Die Herstellung von Lebensmitteln für bestimmte diätetische Zwecke kann den Einsatz weiterer Zusatzstoffe (Dickungsmittel, Emulgatoren, Süßstoffe) erfordern.

- *Genußwert*

  Farbe, Geruch, Geschmack und Konsistenz, die für den Genußwert von großer Bedeutung sind, können bei der Verarbeitung und Lagerung von Lebensmitteln Minderungen erfahren. Solche Minderungen können durch Zusatz von Farbstoffen, Aromastoffen oder Aromaverstärkern („flavour enhancer“) ausgeglichen werden. Die Entwicklung von Fehlaromen („off flavour“), z. B. bedingt durch Fettoxidation, kann durch Zusatz von Antioxidantien unterbunden werden. Die Konsistenz kann z. B. durch Zusatz von Mineralstoffen, von Polysacchariden und auf vielen anderen Wegen stabilisiert werden.

- *Haltbarkeit*

  Die heute üblichen Formen der Produktion und Verteilung von Lebensmitteln, sowie der zunehmende Trend zu Lebensmitteln, die einfach und schnell zuzubereiten sind („convenience food“), stellt an die Haltbarkeit ständig höhere Anforderungen. Weiterhin erfordert die Welternährungssituation, den Verderb von Lebensmitteln so weit wie möglich zurückzudrängen. Das Haltbarmachen von Lebensmitteln betrifft sowohl den Schutz vor mikrobiell bedingtem Verderb, z. B. durch Zusatz von antimikrobiell wirksamen Stoffen, als auch die Unterbindung und Verzögerung unerwünschter chemischer und physikalischer Veränderungen, z. B. durch Stabilisierung des pH-Wertes mit Hilfe von Puffersubstanzen, durch Stabilisierung der Konsistenz mit Hilfe von Dickungs- und Geliermitteln auf Polysaccharidbasis.

Es ist heute selbstverständlich, daß Lebensmittelzusatzstoffe, einschließlich ihrer möglichen Folgeprodukte, in den zur Anwendung kommenden Mengen keine für den Menschen toxischen Wirkungen haben dürfen. Das betrifft sowohl die akute Toxizität als auch die chronische Toxizität, insbesonders mögliche cancerogene, teratogene und mutagene Wirkungen. Es ist heute weiterhin allgemein anerkannt, daß Lebensmittelzusatzstoffe nur dort zur Anwendung kommen sollten, wo zwingende Gründe vorliegen, die den Nährwert, den Genußwert und/oder die Technologie betreffen. In den meisten Ländern unterliegt die Verwendung von Zusatzstoffen differierenden lebensmittelrechtlichen Regelungen, deren Harmonisierung unter allgemein anerkannten toxikologischen und lebensmitteltechnologischen Gesichtspunkten angestrebt wird.

Im folgenden werden die wichtigsten Gruppen von Zusatzstoffen behandelt. Dabei wird kein Bezug auf die erwähnten Rechtsvorschriften und auf in diesen gegebene Definitionen genommen. Einen Eindruck von der relativen Bedeutung verschiedener Zusatzstoffgruppen vermittelt Tab. 8.1.

Tabelle 8.1. Anteil einzelner Zusatzstoffe an den 1965 in den USA insgesamt verwendeten Stoffen[a]

Stoffklasse	Anteil %	Stoffklasse	Anteil %
Aromastoffe	42,5	Farbstoffe	2,1
Natürliche Aromen	21	Konservierungsstoffe	1,8
Ergänzungsstoffe für Nährwert	6,9	Stabilisatoren	1,8
Tenside	5	Antioxidantien	1,7
Puffersubstanzen, Säuren, Alkalien	3,5	Reifungs- und Bleichungsmittel	1,4
Komplexbildner	2,6	Süßstoffe	0,5
		Sonstige Zusatzstoffe	9,4

[a] Im Jahr 1965 wurden 1696 Stoffe (≙ 100%) verwendet.

8.2 Vitamine

Zum Ausgleich von Verarbeitungsverlusten oder zur Erhöhung des Nährwertes werden Lebensmitteln verschiedentlich Vitamine zugesetzt. Eine solche Vitaminierung spielt insbesondere bei Fruchtsäften, Gemüse- und Obstkonserven, Mehl und Brot, Milch, Margarine und Säuglingsnahrung eine Rolle. Tab. 8.2 gibt einen Überblick.

Einige Vitamine haben zusätzlich andere erwünschte Wirkungen. Ascorbinsäure ist ein Teigverbesserungsmittel und kann auch wie die Tocopherole als Antioxidans eingesetzt werden. Carotinoide und Riboflavin sind Farbstoffe. Niacin verbessert die Farbstabilität bei frischem und gepökeltem Fleisch.

Tabelle 8.2. Beispiele für Vitaminzusätze bei Lebensmitteln

Vitamin	Lebensmittel
B_1	Kakaopulver und abgeleitete Produkte, Getränke und Getränkekonzentrate, Backwaren u. a.
B_2	Backwaren, Getränke u. a.
B_6	Backwaren, Teigwaren u. a.
B_{12}	Getränke u. a.
Pantothensäure	Backwaren u. a.
Folsäure/Biotin	Zusatz nicht üblich
C	Fruchtgetränke, Desserts, Milcherzeugnisse u. a., Mehl
A	Magermilchpulver, Frühstücksflocken, Getränkekonzentrate, Margarine, Backwaren u. a.
D	Milch, Milchpulver u. a.
E	verschiedene Lebensmittel, z. B. Margarine

8.3 Aminosäuren

Die Erhöhung des Nährwertes von Lebensmitteln durch Zusatz von essentiellen Aminosäuren und ihren Derivaten wird in den Abschnitten 1.2.5 und 1.4.6.3 behandelt.

8.4 Mineralstoffe

Im allgemeinen enthält die Nahrung ausreichende Mengen an Mineralstoffen. Zusätze kommen in Frage bei Eisen, das häufig nicht vollständig resorbiert wird, auch bei Calcium, Magnesium, Kupfer und Zink. In jodarmen Gegenden kann eine Jodierung von NaCl wichtig sein (cf. 22.2.4).

8.5 Aromastoffe

Der Zusatz von Aromastoffen natürlicher und synthetischer Herkunft hat große Bedeutung (cf. Tab. 8.1). Die Aromastoffe werden in Kapitel 5 und bei verschiedenen Lebensmitteln ausführlich behandelt.

8.6 **Aromaverstärker** (Flavour enhancers, flavour potentiators)

Es sind Verbindungen bekannt, die das Aroma bestimmter Lebensmittel verstärken, ohne selbst im wirksamen Konzentrationsbereich einen ausgeprägten Geruch oder Geschmack zu besitzen. Der Verstärkungseffekt kann sich z. B. auf Phänomene wie „Fülle", „Volumen", „Körper", „Frische" (besonders bei thermisch verarbeiteten Lebensmitteln) eines Aromaeindrucks beziehen, wie auch auf die Geschwindigkeit, mit der sich ein Aromaeindruck aufbaut („time factor potentiator").

8.6.1 Mononatriumglutamat (MSG)

Glutaminsäure wurde 1866 von *Ritthausen* isoliert. 1908 fand *Ikeda,* daß MSG die wirksame Komponente der in Japan seit langem zur Geschmacksverbesserung von Suppen und ähnlichen Lebensmitteln benutzten Alge *Laminaria japonica* ist. Der Weltverbrauch lag 1978 bei 200000 t.

MSG hat im Bereich von pH 5–8 und in dem bei der Anwendung üblichen Konzentrationsbereich (0,2–0,5%) einen angenehmen, leicht salzig-süßen Eigengeschmack und darüber hinaus eine Eigenschaft, die verschiedentlich mit „mouth satisfaction" beschrieben wird. Es bewirkt eine Intensivierung des sensorischen Eindrucks insbesondere bei fleischähnlichen Aromen und wird in großem Umfang bei Gefrierprodukten, Trokkenprodukten und Konserven auf Fisch- und Fleischbasis eingesetzt.

Bei einigen überempfindlichen Menschen kann der Genuß größerer Mengen an MSG das „China-Restaurant-Syndrom" auslösen, das mit subjektiven Beschwerden (Schläfendruck, Kopfschmerzen, Magenschmerzen, Gliederschmerzen) verbunden ist, die nach kurzer Zeit wieder verschwinden.

8.6.2 5′-Nucleotide

5′-Inosinmonophosphat (IMP, Dinatriumsalz) und 5′-Guanosinmonophosphat (GMP, Dinatriumsalz) haben eine ähnliche Wirkung wie MSG, die aber um den Faktor 10–20 stärker ist.

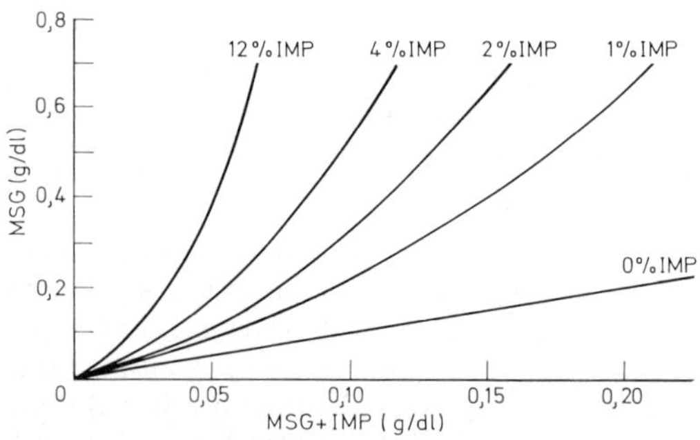

Abb. 8.1. Synergistische Wirkung von Natriumglutamat (MSG) und Dinatriuminosinmonophosphat (IMP). Auf den Kurven liegen die Konzentrationen wäßriger Lösungen von MSG und von MSG + IMP, die von einer Testgruppe als „sensorisch äquivalent" bezeichnet werden

Die Wirkung (75–500 ppm) ist in allen Lebensmitteln gut, die auf MSG ansprechen (z. B. Suppen, Soßen, Fleischkonserven, Tomatensaft). Neben dem „MSG-Effekt" werden auch spezifische Wirkungen der Nucleotide beschrieben. So soll z. B. bei flüssigen Lebensmitteln der Eindruck einer größeren Viskosität erzeugt werden. Vielfach wird auch der Eindruck von „Frische" und „naturalness" heraufgesetzt. Bei Suppen sind „body" und „mouthfeeling" besser.

Bei der gemeinsamen Verwendung von MSG und IMP bzw. GMP treten deutlich synergistische Effekte auf (Abb. 8.1).

8.6.3 Maltol

Maltol, 3-Hydroxy-2-methyl-4-pyron, ist eine Substanz von karamelartigem Geruch (Fp. = 162–164 °C). In kohlenhydratreichen Lebensmitteln (z. B. in Fruchtsaftgetränken, Marmeladen, Gelees) steigert es den Süßeindruck. Ein Zusatz von 5–75 ppm Maltol erlaubt z. B. eine Reduktion des Zuckers um 15% bei gleicher Intensität des Süßgeschmacks.

8.6.4 Sonstige Verbindungen

Es liegen zahlreiche Patente über weitere Verbindungen vor, die einen Einfluß auf das Aroma von Lebensmitteln haben, sei es, daß sie einen Aromaeindruck intensivieren oder verbessern, sei es, daß sie unangenehme Aromanoten unterdrücken und modifizieren. Die Bedeutung solcher Verbindungen, die zum Teil bereits in außerordentlich niedrigen Konzentrationen wirksam sind, wird sicher steigen. Große Probleme bei der analytischen Erfassung sind vorauszusehen.

Ein Beispiel ist das Natriumsalz des Sulfobernsteinsäure-bis-(2-ethylhexyl)-esters,

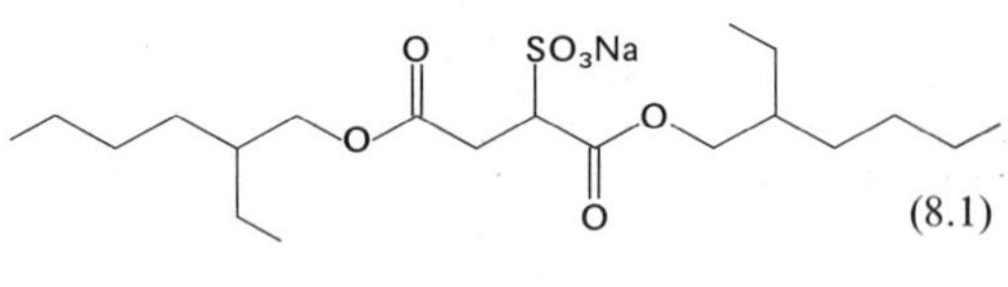

(8.1)

das in geringen Konzentrationen den Frischeindruck von Sterilmilch positiv beeinflussen soll. N,N′-Di-o-tolylethylendiamin (Formel 8.2), das im Bereich von 5×10^{-7} ppb bis 10 ppb wirkt, soll die

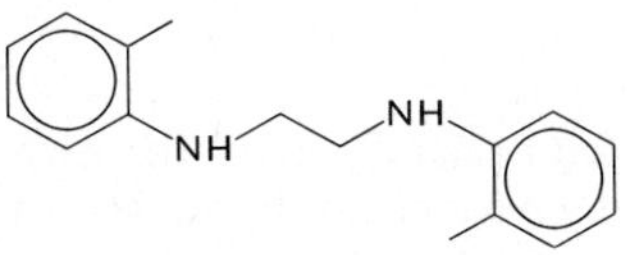

(8.2)

butterähnliche Komponente von Margarine verstärken und den Milchgeschmack von rekonstituiertem Milchpulver verbessern.

8.7 Zuckeraustauschstoffe

Unter Zuckeraustauschstoffen werden Verbindungen verstanden, die wie Zucker (Saccharose, Glucose) als Süßungsmittel verwendet werden können, die aber insulinunabhängig metabolisiert werden. Wichtige Zuckeraustauschstoffe sind die Zuckeralkohole Sorbit und Xylit, auch Mannit, sowie Fructose (cf. 19.1.4.5 bis 19.1.4.9).

8.8 Süßstoffe

Unter Süßstoffen sollen hier natürliche oder synthetische Verbindungen verstanden werden, die süßen Geschmack, aber keinen oder einen im Verhältnis zu ihrer Süßkraft zu vernachlässigenden Nährwert besitzen („non nutritive sweeteners").

An neuen Süßstoffen besteht ein erhebliches Interesse, da einerseits in vielen Industrieländern auf Grund der Übergewichtigkeit der Bevölkerung ein Trend zu einer kalorisch reduzierten Ernährung vorhanden ist und andererseits die Unbedenklichkeit der seit langem bekannten Süßstoffe Saccharin und Cyclamat seit einiger Zeit in verschiedenen Ländern erneut experimentell geprüft und diskutiert wird. Die Suche nach Süßstoffen wird dadurch erschwert, daß die Zusammenhänge zwischen Struktur und Süßgeschmack noch nicht befriedigend geklärt sind, und daß geeignete Verbindungen nicht nur gesundheitlich unbedenklich sein müssen, sondern, daß sie darüber hinaus verschiedene andere Kriterien erfüllen müssen. Dazu gehören ausreichende Löslichkeit, Stabilität in einem breiten pH- und Temperaturbereich, möglichst reiner Süßgeschmack ohne Neben- und Nachgeschmack, auf Süßkraft bezogen ein mit Saccharose vergleichbarer Preis. Zur Zeit wird die Anwendung einer Reihe von Verbindungen diskutiert.

Im folgenden werden einige süße Verbindungen vorgestellt, ohne Rücksicht darauf, ob sie bereits verwendet werden oder für eine Verwendung in Frage kommen.

8.8.1 Strukturelle Voraussetzungen für süßen Geschmack

Süßer Geschmack wird von sehr verschiedenartigen Verbindungen hervorgerufen. *Shallenberger* und *Acree* sehen als gemeinsames strukturelles Merkmal ein Protonendonator/-acceptor-System (AH_s/B_s-System) an, das bestimmte sterische Voraussetzungen erfüllen muß und das mit dem komplementären System eines Rezeptors (AH_r/B_r-System) über zwei Wasserstoffbrücken in Wechselwirkung treten kann (Abb. 8.2). *Kier* erweiterte dieses Modell, indem er zusätzlich eine hydrophobe Wechselwirkung mit einer in geeig-

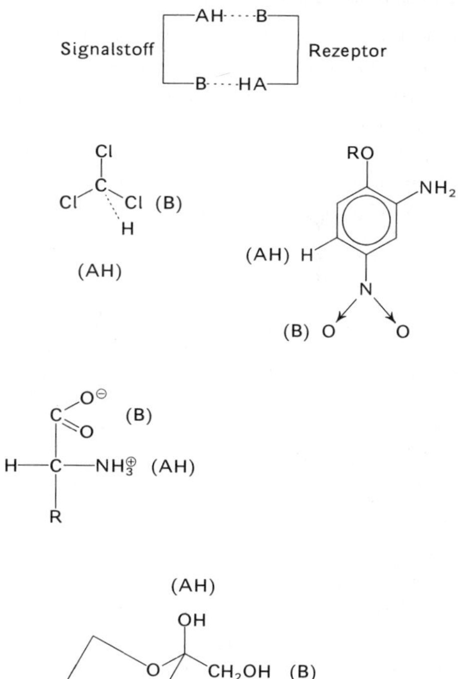

Abb. 8.2. AH/B-Systeme verschiedener süßer Verbindungen

neter Position befindlichen Gruppe X annimmt (Abb. 8.3). Die Beispiele in den Abb. 8.2 und 8.3 zeigen, daß diese Modelle auf süße Verbindungen aus den verschiedensten Stoffklassen anwendbar sind. Ein erweitertes Modell ersetzt das AH_s/B_s-System durch ein nucleophiles/elektrophiles System (n_s/e_s-System) und den lokalisierten Kontakt mit der Gruppe X durch einen ausgedehnten hydrophoben Kontakt. Ein schematischer Rezeptor für süße Verbindungen ist danach als hydrophobe Tasche darzustellen, die ein komplementäres n_r/e_r-System enthält.

Während bei süßen Verbindungen *zwei* polare (n_s/e_s) Gruppen vorhanden sein müssen, die gegebenenfalls durch eine hydrophobe Gruppe ergänzt werden, sind bei bitteren Verbindungen *eine* polare (n_s oder e_s) und *eine* hydrophobe Gruppe ausreichend.

Als Maß für die Intensität des Süßgeschmacks einer Verbindung können herangezogen werden

- der Erkennungsschwellenwert c_{tsw} (niedrigste Konzentration einer wäßrigen Lösung des zu testenden Stoffes, die als süß empfunden wird)
- der Faktor f_{sac}, mit dem die beliebige Konzentration einer wäßrigen Lösung des zu testenden Stoffes multipliziert werden muß, um die Konzentration einer isosüßen Saccharoselösung zu ergeben. Der Faktor ist konzentrationsabhängig und kann sich auf Gewichtsmengen ($f_{sac,g}$) oder molare Mengen ($f_{sac,mol}$) beziehen.

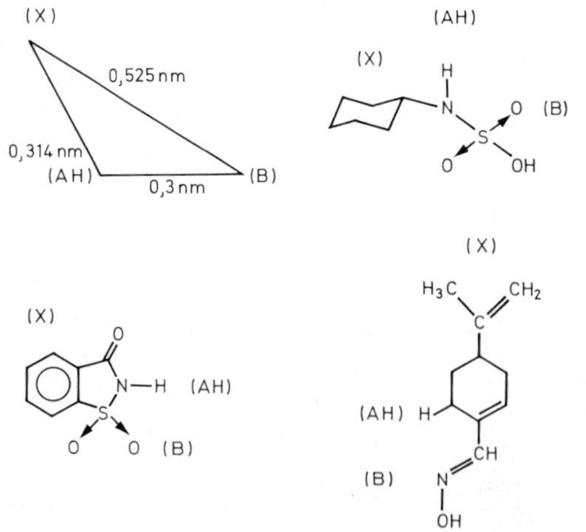

Abb. 8.3. AH/B/X-Systeme verschiedener süßer Verbindungen

8.8.2 Saccharin

Saccharin ist zur Zeit neben Cyclamat der wichtigste Süßstoff und wird meist in Form des Na- und Ca-Salzes verwendet. Die Verbindung besitzt in höheren Konzentrationen einen leicht bitteren Nachgeschmack. Für eine 10%ige Saccharoselösung ist $f_{sac,g} \sim 320$. Als vorläufiger ADI-Wert wurden 0–2,5 mg/kg Körpergewicht festgelegt. Die Synthese geht überwiegend vom Toluol (*Remsen/Fahlberg*-Verfahren, Formel 8.3) oder teilweise auch von Anthranilsäuremethylester (*Maumee*-Verfahren, Formel 8.4) aus:

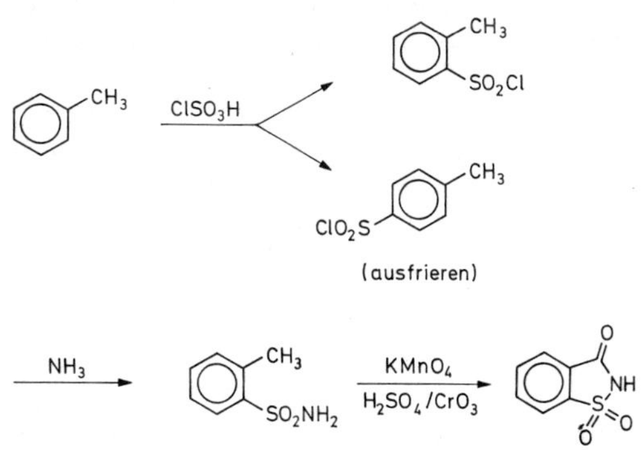

(8.3)

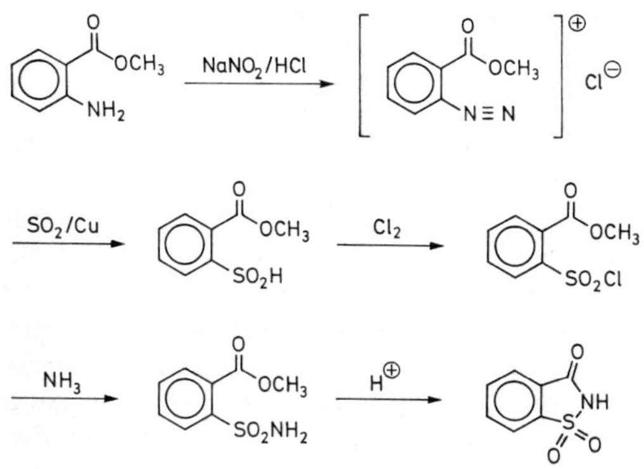

(8.4)

Es wurden auch zahlreiche Derivate synthetisiert und auf ihre Geschmackseigenschaften getestet.

8.8.3 Cyclamat

Bei Cyclamat, einem weit verbreiteten Süßstoff, handelt es sich um das Na- oder Ca-Salz der Cyclohexylsulfaminsäure. Die Geschmacksintensität ist wesentlich niedriger als die von Saccharin und liegt bei $f_{sac,g} \sim 35$ für eine 10%ige Saccharoselösung. Dafür ist kein bitterer Beigeschmack vorhanden. Insgesamt ist der Süßgeschmack von Cyclamat allerdings nicht so angenehm wie der von Saccharin. Als vorläufiger ADI-Wert für die Säure wurden 0–11 mg/kg Körpergewicht festgelegt. Die Synthese geht von Cyclohexylamin aus:

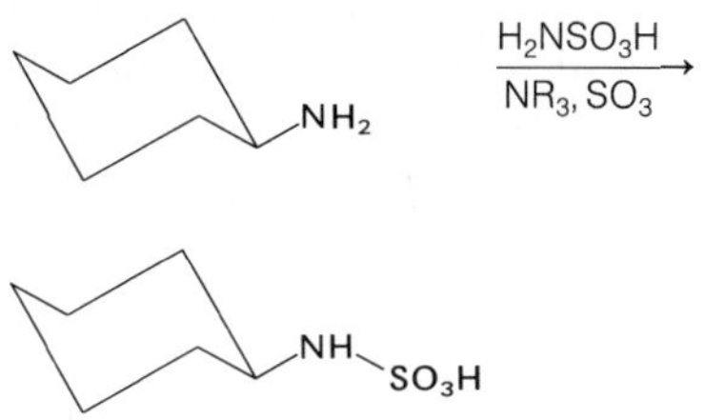

(8.5)

Tab. 8.3 zeigt am Beispiel einiger homologer Verbindungen, daß die Intensität des Süßgeschmacks von der Größe des Cycloalkylrestes abhängt.

Tabelle 8.3. Geschmacksschwellenwerte von Cycloalkylsulfaminsäuren (Na-Salze), R—NH—SO_3Na

R	c_{tsw} (mmol/l)	R	c_{tsw} (mmol/l)
Cyclobutyl	100	Cycloheptyl	0,5–0,7
Cyclopentyl	2–4	Cyclooctyl	0,5–0,8
Cyclohexyl	1–3		

8.8.4 Monellin

Das Fruchtfleisch von *Dioscoreophyllum cumminsii* enthält das süße Protein Monellin mit einem Molekulargewicht von $M_r = 11\,500$. Es besteht aus zwei Peptidketten A und B, die nicht kovalent verbunden sind. Die Aminosäuresequenzen sind in Tab. 8.4 angegeben. Die getrennten Ketten sind nicht süß. Eine Rekombination führt langsam zu einer teilweisen Regeneration des süßen Geschmacks. Die Geschmacksintensität des nativen Proteins wird nicht wieder erreicht. Wahrscheinlich hängt das damit zusammen, daß die Trennung der Peptidketten nur unter Bedingungen erfolgt, die möglicherweise zu irreversiblen Konformationsänderungen führen. Die SH-Gruppe des Cysteinrestes der B-Kette reagiert nur langsam und unter drastischen Bedingungen mit SH-Reagenzien, so daß ihre Bedeutung für den süßen Geschmack des Proteins fraglich ist. Am Schwellenwert ist $f_{sac,g} = 3000$. Auf Grund der geringen Stabilität des Proteins und des langsamen Einsetzens und Abklingens des Geschmackseindrucks wird Monellin wahrscheinlich keine Bedeutung als Süßstoff erlangen.

8.8.5 Thaumatine

Die Früchte von *Thaumatococcus daniellii* enthalten zwei süße Proteine, die Thaumatine I und II, deren $f_{sac,g} \sim 2000$ ist. Daneben kommen in geringer Menge noch drei weitere süße Proteine vor (Thaumatine a, b, c). Die Aminosäuresequenz von Thaumatin I, das aus einer Peptid-

Tabelle 8.4. Aminosäuresequenzen der A- und B-Kette von Monellin

A-Kette

5 10 15 20
Phe Arg Glu Ile Lys Gly Tyr Gly Tyr Gln Leu Tyr Val Tyr Ala Ser Asp Lys Leu Phe
25 30 35 40
Arg Ala Asp Ile Ser Glu Asp Tyr Lys Thr Arg Gly Arg Lys Leu Leu Arg Phe Asn Gly
45
Pro Val Pro Pro Pro

B-Kette

5 10 15 20
Gly Glu Trp Glu Ile Ile Asp Ile Gly Pro Phe Thr Gln Asn Leu Gly Lys Phe Ala Val
25 30 35 40
Asp Glu Glu Asn Lys Ile Gly Gln Tyr Gly Arg Leu Thr Phe Asn Lys Val Ile Arg Pro
45 50
Cys Met Lys Lys Thr Ile Tyr Glu Asn Glu

kette mit 207 Resten besteht, ist bekannt (Tab. 8.5). Ein Vergleich der Sequenzen von Monellin A bzw. B und Thaumatin I zeigt, daß fünf identische Tripeptideinheiten vorhanden sind (Tab. 8.6). Mit zunehmender Acetylierung der 11 ε-Aminogruppen des Proteins wird der süße Geschmack schwächer, bereits bei vier Acetylgruppen ist er gelöscht. Im Gegensatz dazu konnten bis zu 7 ε-Aminogruppen durch reduktive Methylierung mit $HCHO/NaBH_4$ ohne Minderung der Geschmacksintensität modifiziert werden. Offensichtlich ist der isoelektrische Punkt des Proteins für seine Aktivität von Bedeutung. Thaumatin wird möglicherweise für einige Anwendungsgebiete Bedeutung erlangen.

8.8.6 Miraculin

Miraculin ist ein Glykoprotein, das in den Früchten von *Synsepalum dulcificum* vorkommt. Es ist selbst ohne Geschmack, hat aber die Eigenschaft, sauren Lösungen eine süße Geschmacksnote zu verleihen und wird deshalb als Geschmackswandler (taste modifier) bezeichnet. So schmeckt z. B. Zitronensaft wie gesüßter Zitronensaft,

Tabelle 8.5. Aminosäuresequenz von Thaumatin I

1									10										20
Ala	Thr	Phe	Glu	Ile	Val	Asn	Arg	Cys	Ser	Tyr	Thr	Val	Trp	Ala	Ala	Ala	Ser	Lys	Gly
21									30										40
Asp	Ala	Ala	Leu	Asp	Ala	Gly	Gly	Arg	Gln	Leu	Asn	Ser	Gly	Glu	Ser	Trp	Thr	Ile	Asn
41									50										60
Val	Glu	Pro	Gly	Thr	Asn	Gly	Gly	Lys	Ile	Trp	Ala	Arg	Thr	Asp	Cys	Tyr	Phe	Asp	Asp
61									70										80
Ser	Gly	Ser	Gly	Ile	Cys	Lys	Thr	Gly	Asp	Cys	Gly	Gly	Leu	Leu	Arg	Cys	Lys	Arg	Phe
81									90										100
Gly	Arg	Pro	Pro	Thr	Thr	Leu	Ala	Glu	Phe	Ser	Leu	Asn	Gln	Tyr	Gly	Lys	Asp	Tyr	Ile
101									110										120
Asp	Ile	Ser	Asn	Ile	Lys	Gly	Phe	Asn	Val	Pro	Met	Asn	Phe	Ser	Pro	Thr	Thr	Arg	Gly
121									130										140
Cys	Arg	Gly	Val	Arg	Cys	Ala	Ala	Asp	Ile	Val	Gly	Gln	Cys	Pro	Ala	Lys	Leu	Lys	Ala
141									150										160
Pro	Gly	Gly	Gly	Cys	Asn	Asp	Ala	Cys	Thr	Val	Phe	Gln	Thr	Ser	Glu	Tyr	Cys	Cys	Thr
161									170										180
Thr	Gly	Lys	Cys	Gly	Pro	Thr	Glu	Tyr	Ser	Arg	Phe	Phe	Lys	Arg	Leu	Cys	Pro	Asp	Ala
181									190										200
Phe	Ser	Tyr	Val	Leu	Asp	Lys	Pro	Thr	Thr	Val	Thr	Cys	Pro	Gly	Ser	Ser	Asn	Tyr	Arg
201						207													
Val	Thr	Phe	Cys	Pro	Thr	Ala													

Tabelle 8.6. Identische Tripeptidsequenzen bei Monellin und Thaumatin

	116				120				99	100					105
Thaumatin	-Pro	Thr	*Thr*	*Arg*	*Gly*	Cys	Arg-	Thaumatin	-Tyr	Ile	*Asp*	*Ile*	*Ser*	Asn	Ile-
	27			30					20					25	
Monellin A	-Tyr	Lys	*Thr*	*Arg*	*Gly*	Arg	Lys-	Monellin A	-Arg	Ala	*Asp*	*Ile*	*Ser*	Glu	Asp-
	126				130				92			95			
Thaumatin	-Cys	Ala	*Ala*	*Asp*	*Ile*	Val	Gly-	Thaumatin	-Leu	Asn	*Gln*	*Tyr*	*Gly*	Lys	Asp-
	19	20					25		26				30		
Monellin A	-Phe	Arg	*Ala*	*Asp*	*Ile*	Ser	Glu-	Monellin B	-Ile	Gly	*Gln*	*Tyr*	*Gly*	Arg	Leu-
	98		100												
Thaumatin	-Asp	Tyr	*Ile*	*Asp*	*Ile*	Ser	Asn-								
	4	5					10								
Monellin B	-Glu	Ile	*Ile*	*Asp*	*Ile*	Gly	Pro-								

wenn der Mund zuvor mit einer Lösung von Miraculin gespült wurde. Das Molekulargewicht liegt bei 42000–44000.

8.8.7 Extrakte aus *Gymnema silvestre*

Im Zusammenhang mit dem Geschmackswandler Miraculin verdienen Extrakte aus *Gymnema silvestre* Erwähnung. Sie haben die Eigenschaft, die Fähigkeit zur Rezeption süßen Geschmacks für einige Stunden zu löschen, die Wahrnehmung anderer Geschmacksqualitäten aber unberührt zu lassen. Der Wirkstoff ist noch nicht mit Sicherheit bekannt.

8.8.8 Steviosid

Die Blätter von *Stevia rebaudiana* enthalten ca. 6% an Steviosid (Formel 8.6), dessen $f_{sac,g}$ ~ 300 ist. Die Verbindung kann möglicherweise als Süßstoff Bedeutung erlangen.

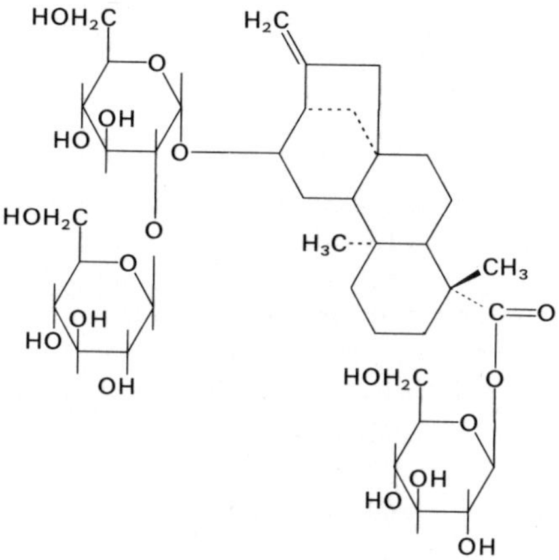

(8.6)

8.8.9 Osladin

Osladin kommt im Rhizom von *Polypodium vulgare* vor. Es ist sehr süß ($f_{sac,g}$ ~ 3000), wird aber aus toxikologischen Gründen wahrscheinlich keine Bedeutung als Süßstoff erlangen (s. Formel 8.7).

8.8.10 Phyllodulcin

Die Blätter von *Hydrangea macrophylla* enthalten das 3,4-Dihydroisocumarinderivat Phyllodulcin (Formel 8.8). Die sensorischen Eigenschaften sind denen der Dihydrochalcone und

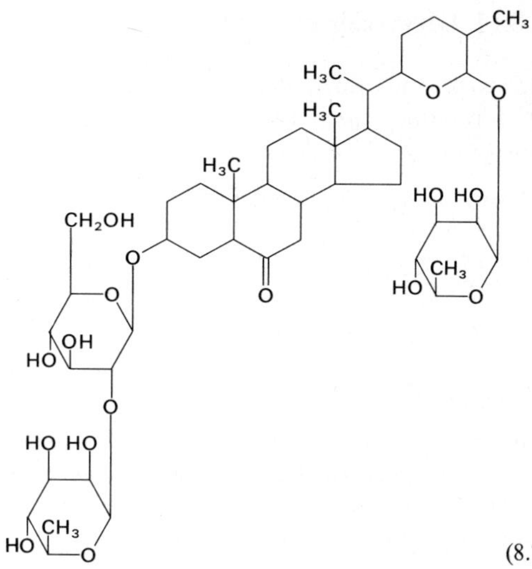

(8.7)

des Süßholzes ähnlich: Der Geschmackseindruck tritt relativ langsam auf und fällt auch langsam wieder ab. Die Intensität liegt bei f_{sac} = 200–300. Eine Verwendung wäre z. B. bei bestimmten Bonbonsorten und bei Kaugummi denkbar.

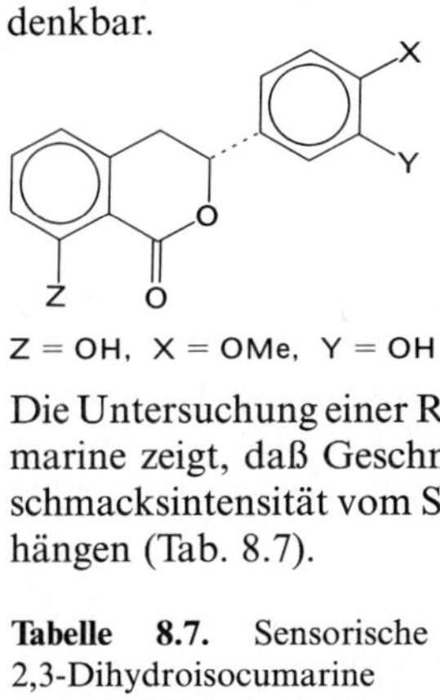

(8.8)

Die Untersuchung einer Reihe verwandter Isocumarine zeigt, daß Geschmacksqualität und Geschmacksintensität vom Substitutionsmuster abhängen (Tab. 8.7).

Tabelle 8.7. Sensorische Eigenschaften einiger 2,3-Dihydroisocumarine

Verbindung[a]			Geschmack
X	Y	Z	
OMe	OH	OH	sehr süß
OMe	OMe	OH	bitter
OMe	OMe	OMe	ohne Geschmack
OMe	OAc	OAc	leicht süß
OH	OH	OH	ohne Geschmack
OH	H	OH	ohne Geschmack
OH	OH	H	ohne Geschmack
OMe	OH	H	sehr süß
OH	OMe	H	ohne Geschmack

[a] Formel 8.8.

8.8.11 Glycyrrhizin

Das wirksame Prinzip der Wurzeln von Süßholz *(Glycyrrhiza glabra)* ist ein β,β'-Glucuronido-glucuronid der Glycyrrhetinsäure:

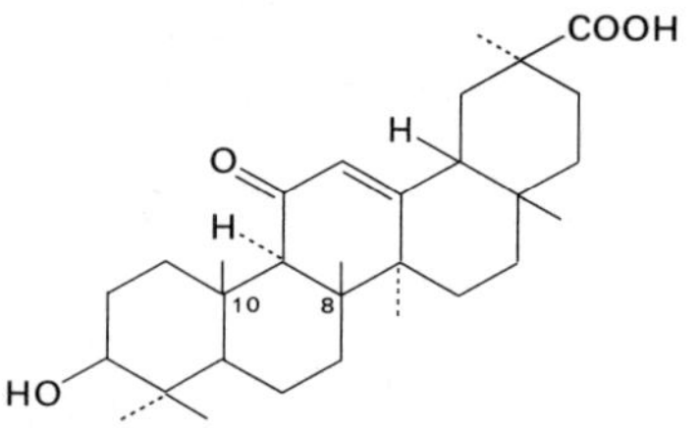

(8.9)

Die Geschmacksintensität liegt bei $f_{sac} = 50$. Die Verbindung wird zur Herstellung von Lakritzen verwendet. Ihre cortisonähnliche Nebenwirkung begrenzt eine breitere Anwendung.

8.8.12 Nitroaniline

Einige m-Nitroaniline sind potente Süßstoffe:

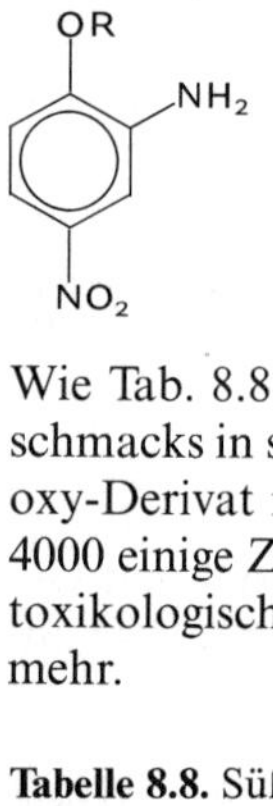

(8.10)

Wie Tab. 8.8 zeigt, hängt die Intensität des Geschmacks in starkem Maße von R ab. Das Propoxy-Derivat mit $f_{sac} = 4100$ ist als Ultrasüß P-4000 einige Zeit verwendet worden, hat aber aus toxikologischen Gründen keine Bedeutung mehr.

Tabelle 8.8. Süßer Geschmack einiger 1-Alkoxy-2-amino-4-nitrobenzole (Formel 8.10)

R	f_{sac}	R	f_{sac}
H	120	C_4H_9	1000
CH_3	220	$(CH_3)_2CH$	600
C_2H_5	950	$CH_3CH{=}CH$	2000
C_3H_7	4100		

8.8.13 Dihydrochalcone

Einige aus Flavanonen zugängliche Dihydrochalcone (cf. 18.1.2.5.4) haben einen relativ reinen Süßgeschmack, der sich langsam aufbaut und dann einige Zeit anhält. Für β-Neohesperidin-dihydrochalcon wird die Intensität des Süßgeschmacks mit $f_{sac,g} = 1100$ (Schwellenwert) bzw. $f_{sac,g} = 600$ (10–12%ige Saccharoselösung) angegeben (R = β-Neohesperidosyl-):

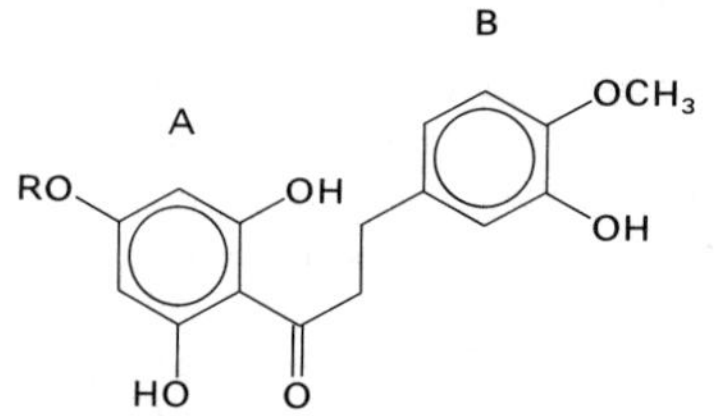

(8.11)

Die Verbindung kommt für eine Verwendung bei Kaugummi, Mundwasser und verschiedenen Bonbontypen in Frage. Qualität und Intensität des Geschmacks hängen bei den Dihydrochalconen insbesondere vom Substitutionsmuster des Rings B ab. Voraussetzung für das Auftreten süßen Geschmacks ist z. B., daß Ring B mindestens eine HO-Gruppe, aber nicht drei aufeinander folgende Hydroxy- und Alkoxysubstituenten trägt.

8.8.14 Dulcin

Dulcin, 4-Ethoxyphenylharnstoff (Formel 8.12), ist im Geschmack der Saccharose ähnlicher als Saccharin. Die Intensität des Süßgeschmacks wird mit $f_{sac,g} = 109$ (5% Saccharose) angegeben und ist damit geringer als die von Saccharin. Der Süßstoff wurde u. a. im Gemisch mit Saccharin verwendet, hat aber aus toxikologischen Gründen keine Bedeutung mehr.

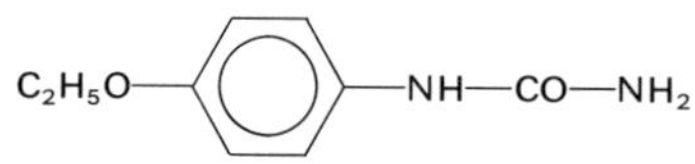

(8.12)

8.8.15 Oxime

Seit längerer Zeit ist bekannt, daß das trans-Oxim des Perillaaldehyds (I) intensiv süß schmeckt ($f_{sac,g} \sim 2000$):

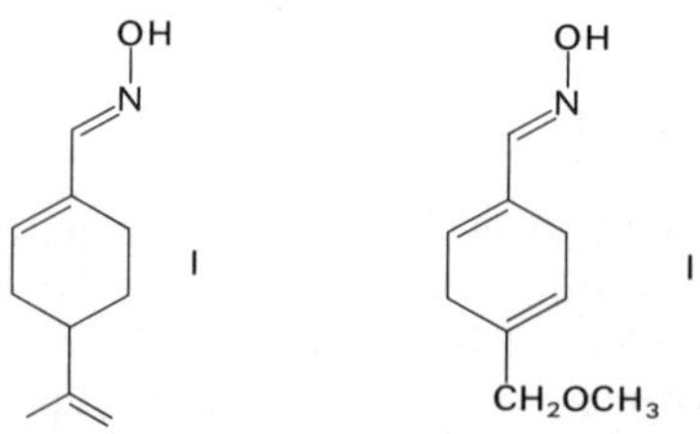

(8.13)

Einer Verwendung steht die geringe Wasserlöslichkeit entgegen. Inzwischen ist eine verwandte Verbindung (II) mit besserer Löslichkeit beschrieben worden, die allerdings nicht so süß ist ($f_{sac,g} \sim 450$).

8.8.16 Oxathiazinondioxide

Oxathiazinondioxide sind eine neue Klasse von Süßstoffen, deren AH/B-System dem des Saccharins entspricht und die auf Grund ihrer Eigenschaften und auf Grund der vorliegenden toxikologischen Daten für eine Anwendung in Frage kommen. Die Intensität des Süßgeschmacks

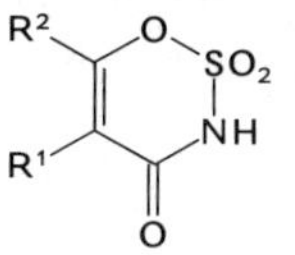

(8.14)

hängt von den Substituenten R^1 und R^2 ab (Tab. 8.9).
Für das Kaliumsalz von Acesulfam wurde ein ADI-Wert von 0–9 mg/kg Körpergewicht festgelegt.
Die Oxathiazinondioxide sind zugänglich aus Fluorsulfonylisocyanat und Alkinen bzw. Verbindungen mit aktiven Methylengruppen, wie z. B. 1,3-Diketonen, 3-Oxocarbonsäuren und 3-Oxocarbonsäureestern (Formel 8.15).

Tabelle 8.9. Süßer Geschmack einiger Oxathiazinondioxide (Na-Salze)

R^1	R^2	$f_{sac,g}$	R^1	R^2	$f_{sac,g}$
H	H	10	Et	H	20
H	Me	130[a]	Et	Me	250
Me	H	20	Pr	Me	30
Me	Me	130	i-Pr	Me	50
H	Et	150			

[a] Acesulfam.

8.8.17 Dipeptidester

L-Asp-L-Phe-OMe (Aspartam) ist süß, ebenso wie eine Reihe anderer Dipeptidester der L-Asparaginsäure und der D,L-Aminomalonsäure. Auf die Zusammenhänge zwischen Struktur und Geschmack bei diesen Verbindungen wird im Abschnitt 1.3.3 näher eingegangen. Die Intensität relativ zu Saccharose hängt von der Konzentration ab (Tab. 8.10). Eine Anwendung bei verschiedenen Lebensmitteln zeichnet sich ab, doch ist die Stabilität nicht in allen Fällen ausreichend. Probleme treten nicht auf beim Süßen von Getränken (Kaffee, Tee) zum sofortigen Genuß, aber bei Zusätzen von Aspartam zu Lebensmitteln, die erhitzt werden müssen und zu Getränken, die längere Zeit gelagert werden. Mögliche Abbaureaktionen sind Hydrolyse zu den Komponenten und Cyclisierung zum 2,5-Dioxopiperazin (Formel 8.16).
Als ADI-Werte für Aspartam und das Diketopiperazin wurden 0–40 mg/kg Körpergewicht und 0–7,5 mg/kg Körpergewicht festgelegt.

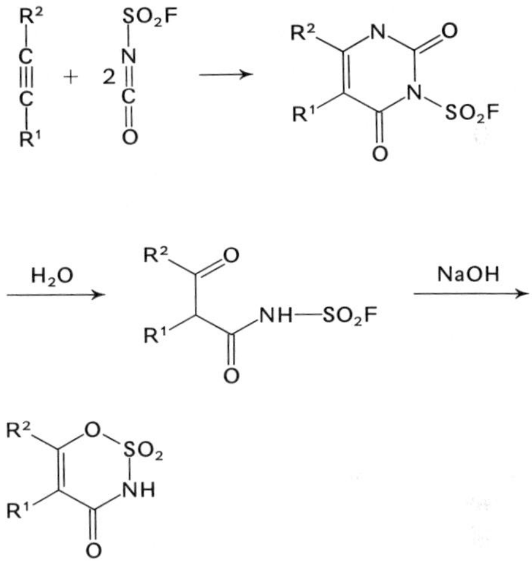

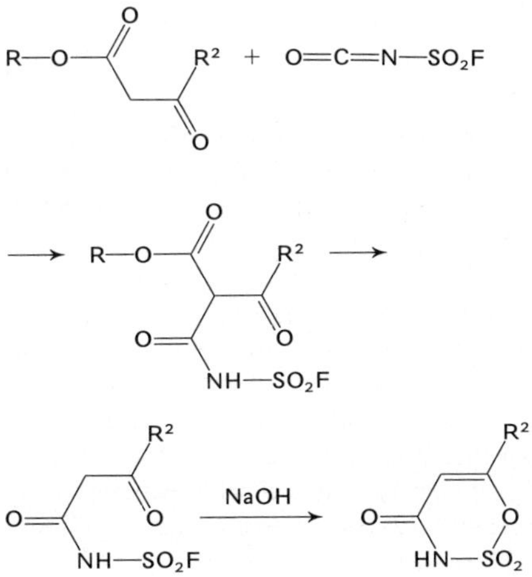

(8.15)

Tabelle 8.10. Vergleich der Geschmacksintensität von Aspartam und Saccharose (Konzentration isosüßer wäßriger Lösungen in %)

Saccharose	Aspartam	$f_{sac,g}$
0,34[a]	0,001[a]	340
4,3	0,02	215
10,0	0,075	133
15,0	0,15	100

[a] Schwellenwert.

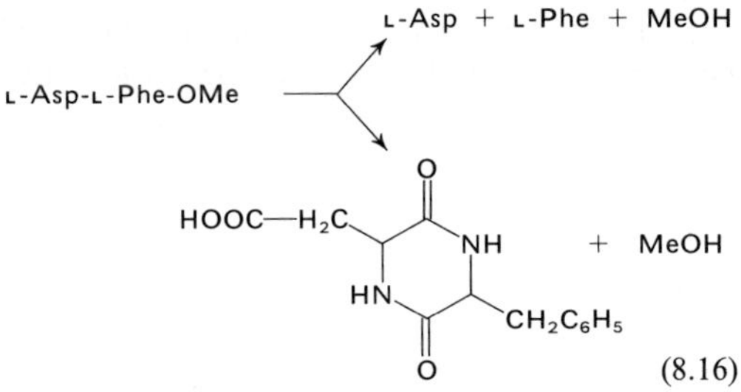

(8.16)

Aspartam wird in größerem Maßstab auf folgendem Wege synthetisiert:

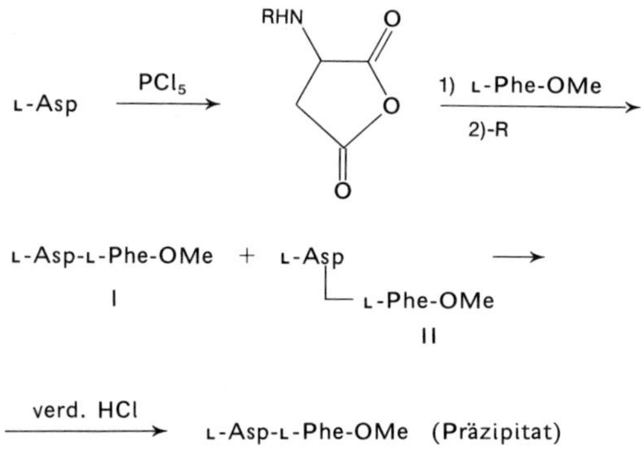

(8.17)

Die Trennung der isomeren Dipeptidester (I, II) ist auf Grund von Löslichkeitsunterschieden infolge der unterschiedlichen isoelektrischen Punkte ($IP_I > IP_{II}$) möglich.
Andere Synthesevorschläge beruhen z. B. auf einer Plasteinreaktion (cf. 1.4.6.3.2) mit einer N-derivatisierten Asparaginsäure und Phenylalaninmethylester oder auf der durch gentechnische Manipulationen erreichten bakteriellen Synthese eines Asp-Phe-Polymeren, dessen enzymatischer Spaltung zu Asp-Phe und anschließender säure- oder enzymkatalysierter Veresterung des Dipeptids mit Methanol.

8.8.18 Hernandulcin

(+)-Hernandulcin ist ein süßes Sesquiterpen [6-(1,5-Dimethyl-1-hydroxy-hex-4-enyl)-3-methyl-cyclohex-2-enon] aus *Lippia dulcis* Trev. *(Verbenaceae)*:

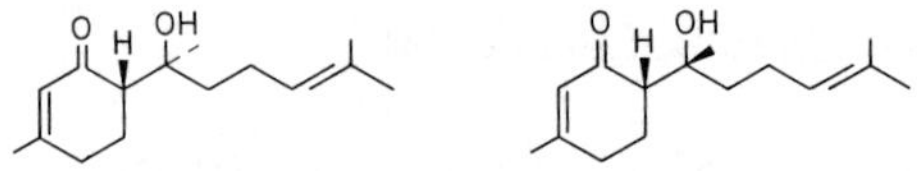

I II (8.18)

Die Intensität des süßen Geschmacks von Hernandulcin im Vergleich zu Saccharose ist $f_{sac,mol} = 1250$ (0,25 mol/l Saccharose). Insgesamt ist der Geschmack etwas weniger angenehm als der von Saccharose. Ein leichter bitterer Beigeschmack ist vorhanden.
Die racemische Verbindung wurde über eine gelenkte Aldolkondensation durch Zugabe von 6-Methyl-5-hepten-2-on zu 3-Methyl-2-cyclohexen-1-on und Lithiumdiisopropylamid in Tetrahydrofuran synthetisiert. Die Enantiomerenpaare (±)-Hernandulcin (I, 95%) und (±)-Epihernandulcin (II, 5%) wurden chromatographisch getrennt. I ist süß und II nicht.
Die Carbonylgruppe und die Hydroxygruppe sind beim Hernandulcin ca. 0,26 nm voneinander entfernt und als AH/B-System anzusehen. Die Reduktion der Carbonylgruppe zur Hydroxygruppe oder die Acetylierung der Hydroxygruppe löscht den Süßgeschmack.

8.9 Farbstoffe

Zum Ausgleich von Farbverlusten und Farbänderungen bei der Verarbeitung und Lagerung werden eine Reihe von natürlichen Farbstoffen, vorwiegend Carotinoide (cf. 3.8.4.5) zur Färbung von Lebensmitteln eingesetzt. Die Zahl der zu diesem Zweck verwendeten nichtnatürlichen Farbstoffe ist gering. Tab. 8.11 orientiert über einige Verbindungen, die von Bedeutung sind. Die größte Rolle spielen die Farbtöne gelb und rot. Lebensmittel, die für eine Färbung in Frage kommen, sind z. B. Süßwaren, Getränke, Dessertpulver, Getreideprodukte, Eiscreme, Milchprodukte.

8.10 Säuren

Neben der Aromawirkung (Genußsäuren) und der antimikrobiellen Wirkung haben Säuren noch eine Reihe von anderen Funktionen in Lebensmitteln. Im folgenden werden die wichtigsten verwendeten Säuren behandelt.

8.10.1 Essigsäure und andere Fettsäuren

Essigsäure, Propionsäure und Sorbinsäure werden bei den antimikrobiellen Stoffen (cf. 8.12) behandelt. Andere Fettsäuren, z. B. Buttersäure und höhere Homologe, werden in Aromaformulierungen verwendet.

8.10.2 Bernsteinsäure

Die Säure (pK_1 = 4,19, pK_2 = 5,63) wird zur Modifizierung der Plastizität von Teigen eingesetzt. Succinylierte Monoglyceride sind als Emulgatoren Backhilfsmittel. Die Synthese erfolgt durch katalytische Hydrierung von Fumarsäure oder Maleinsäure.

8.10.3 Bernsteinsäureanhydrid

Es handelt sich um das einzige Säureanhydrid, das als Lebensmittelzusatzstoff verwendet wird. Die Hydrolyse erfolgt langsam, so daß die Verbindung gut für Backpulver und zur Wasserbindung bei bestimmten Trockenlebensmitteln geeignet ist.

8.10.4 Adipinsäure

Die Säure (pK_1 = 4,43, pK_2 = 5,62) wird in Backpulvern, in Trockenpulvern von Fruchtsaftgetränken, in Fertiggetränken, zur Verbesserung der Gelbildung bei Marmeladen und Gelees sowie zur Texturverbesserung bei Käse eingesetzt. Die Synthese geht von Phenol oder Cyclohexan aus (s. Formel 8.19).

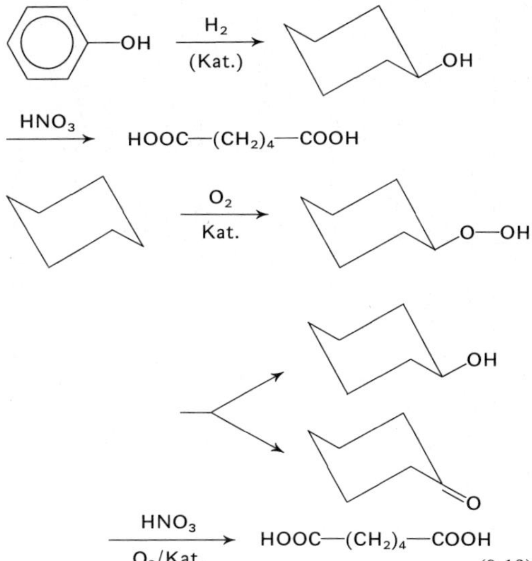

(8.19)

8.10.5 Fumarsäure

Fumarsäure (pK_1 = 3,00, pK_2 = 4,52) erhöht die Lagerfähigkeit von Trockenprodukten, z. B. von Puddingpulver. Sie wird weiterhin zur Absenkung des pH-Wertes zusammen mit Konservierungsmitteln, wie z. B. Benzoesäure, eingesetzt und als Gelierhilfsmittel. Die Synthese erfolgt über das Maleinsäureanhydrid (Formel 8.20) oder mikrobiell mit *Rhizopus spp.* auf Melasse.

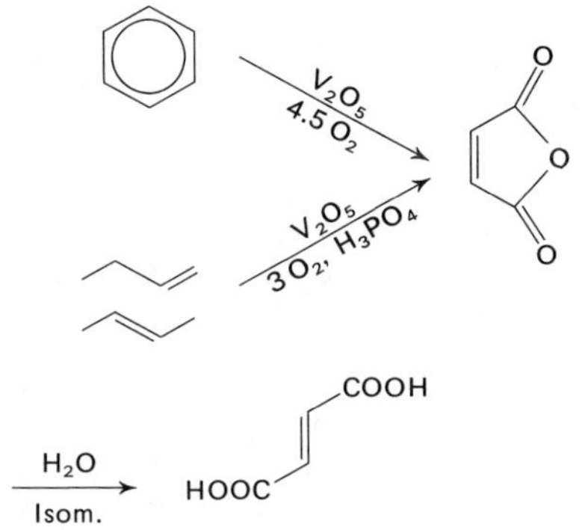

(8.20)

8.10.6 Milchsäure

Verwendet wird D,L- oder L-Milchsäure (pK = 3,86) als 80%ige Lösung. Eine charakteristische Eigenschaft ist die intermolekulare Veresterung unter Bildung von Oligomeren oder unter Bildung des dimeren Lactids:

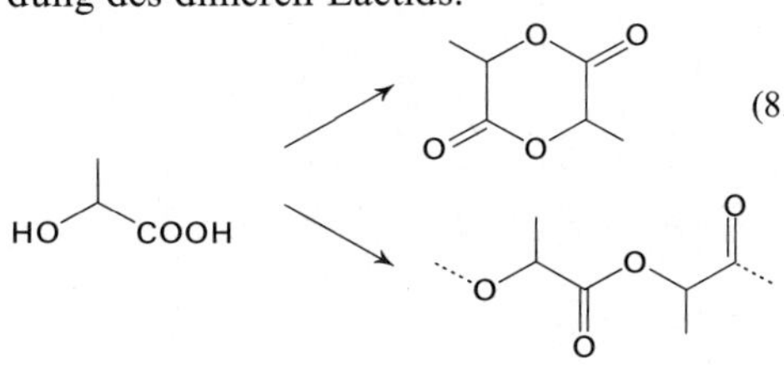

(8.21)

Tabelle 8.11. Einige Farbstoffe für Lebensmittel

Nr.	Name			Farbe	λ_{max} (nm)	Formel[a]	Verwendungsbeispiele
1	Tartrazin	L-Gelb 2,	E 102,	zitronengelb (W)	426 (W)	I	Puddingpulver, Zuckerwaren, Kunstspeiseeis, Brausen
2	Riboflavin	L-Gelb 6,	E 101,	gelb (W)	445 (W)		Mayonnaise, Suppen, Pudding, Desserts, Zuckerwaren
3	Kurkumin	L-Gelb 7,	E 100,	gelbrot (E)	426 (E)	II	Senf
4	Zeaxanthin	L-Gelb 9,		gelb (Öl)	455–460 (CH)		Fette, Heiß- und Kaltgetränke, Pudding, Wasser
5	Gelborange S	L-Orange 2,	E 110,	orange (W)	485 (W)	III	Getränke, Obstkonserven, Zuckerwaren, Kunsthonig, Seelachs, Krabben
6	β-Carotin	L-Orange 3,	E 160a,	orange (Öl)	453–456 (CH)		Fette, Getränke, Suppen, Pudding, Wasser, Zuckerwaren, Yoghurt
7	Bixin	L-Orange 4,	E 160b,	orange (Öl)	471/503 ($CHCl_3$)		Fette, Mayonnaise
8	Lycopin	L-Orange 6,	E 160d,	orange (Öl)	478 (H)		Mayonnaise, Ketchup, Soßen
9	Canthaxanthin	L-Orange 7g,	E 161g,	orange (Öl)	485 ($CHCl_3$)		Seelachs, Getränke, Tomatenprodukte
10	Astaxanthin	L-Orange 7i,		orange (Öl)	488 ($CHCl_3$)		Getränke, Tomatenprodukte, Zuckerwaren
11	β-Apo-8′-carotinal	L-Orange 8,	E 160e,	orange (Öl)	460–462 (CH)		Soßen, Getränke, Zuckerwaren
12	Azorubin	L-Rot 1,	E 122,	blaustichig rot (W)	516 (W)	IV	Getränke, Zuckerwaren, Kunstspeiseeis, Pudding, Obstkonserven
13	Amaranth	L-Rot 3,	E 123,	blaustichig rot (W)	520 (W)	V	Getränke, Obstkonserven, Zuckerwaren, Konfitüren
14	Ponceau 4 R	L-Rot 4,	E 124,	scharlachrot (W)	505 (W)	VI	Getränke, Süßwaren, Seelachs, Käseüberzüge
15	Karmin	L-Rot 7,	E 120,	leuchtend rot	518 (W ammoniakalisch)	VII	Alkoholische Getränke

Tabelle 8.11. (Fortsetzung)

Nr.	Name			Farbe	λ_{max} (nm)	Formel[a]	Verwendungsbeispiele
16	Anthocyanidine (aus Rückständen roter Trauben)	L-Rot 9a–9f,	E 163a–f,	rot-violett[b] (W)	520–546 (M + 0,01% HCl)		Konfitüren, Brausen
17	Erythrosin	L-Rot 11,	E 127,	kirschrot (W)	527 (W)	VIII	Früchte, Konfitüren, Zuckerwaren
18	Rot 2G	L-Rot 12,		blaustichig rot (W)	532 (W)	IX	Zuckerwaren
19	Indigotin	L-Blau 2,	E 132,	purpurblau (W)	610 (W)	X	auch in Kombination mit gelb für Zuckerwaren, Liköre
20	Patentblau V	L-Blau 3,	E 131,	grünstichig blau (W)	638 (W)	XI	meist in Kombination mit gelb für Zuckerwaren, Getränke
21	Brillantblau FCF	L-Blau 4,		grünstichig blau (W)	630 (W)	XII	meist in Kombination mit gelb für Zuckerwaren, Getränke
22	Chlorophyll	L-Grün 1,	E 140,	grün	412 ($CHCl_3$)		Öle
23	Chlorophyllin-Kupfer-Komplex	L-Grün 2b,	E 141,	grün (W)	405 (W)		Zuckerwaren, Liköre, Gelees, Cremespeisen
24	Brillantsäuregrün	L-Grün 3,	E 142,	grün (W)	632 (W)	XIII	
25	Brillantschwarz BN	L-Schwarz 1,	E 151,	blaustichig violett	570 (W)	XIV	Fischrogen, Zuckerwaren

[a] Formeln in Tab. 8.12; [b] Farbe pH-abhängig; W: Wasser, CH: Cyclohexan, M: Methanol, H: Hexan, E: Ethanol.

Tabelle 8.12. Strukturen einiger Lebensmittelfarbstoffe. Die römische Bezifferung bezieht sich auf Tab. 8.11.

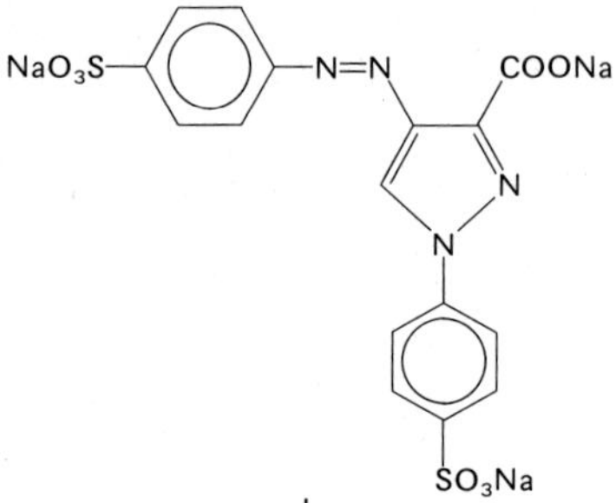

I

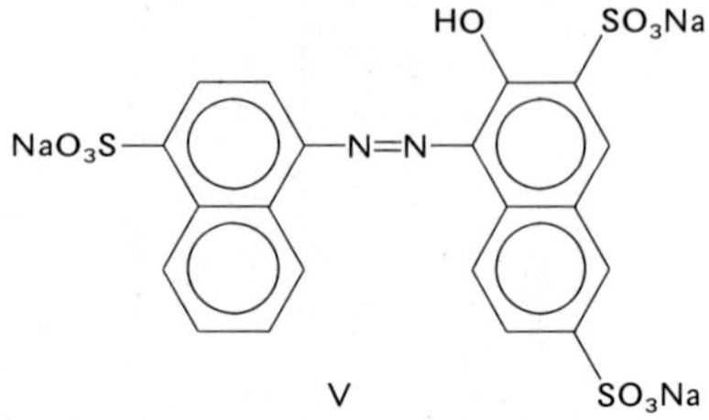

V

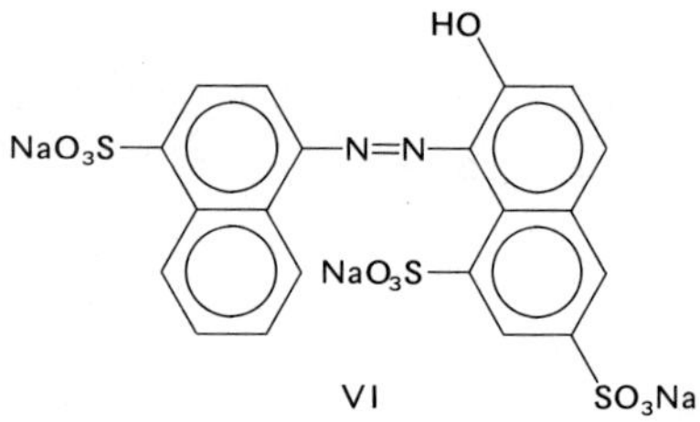

VI

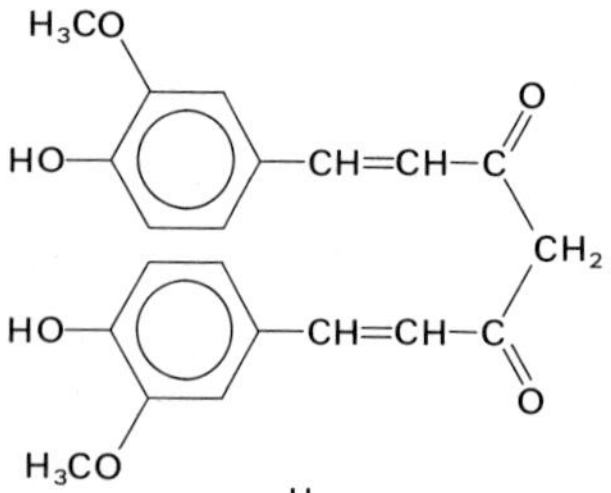

II

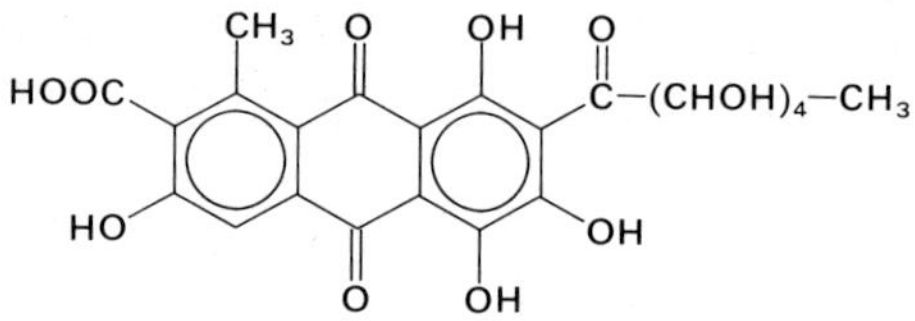

VII

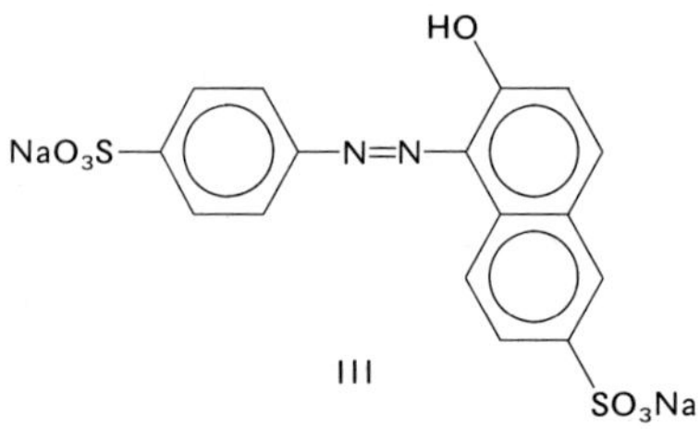

III

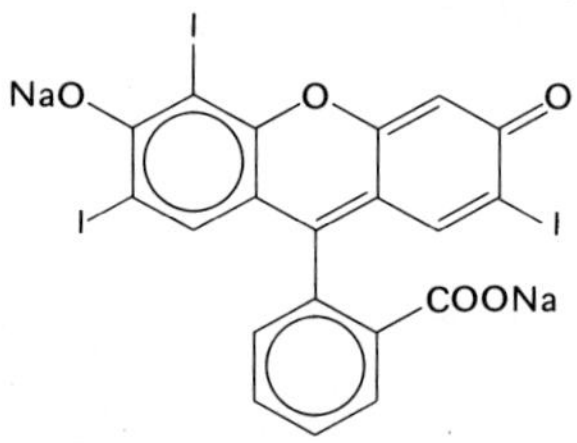

VIII

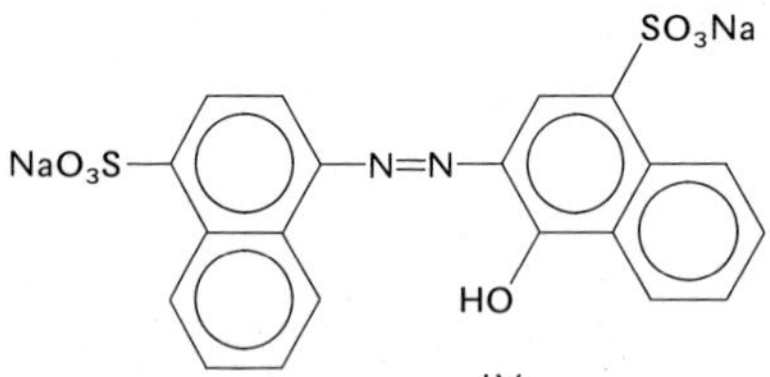

IV

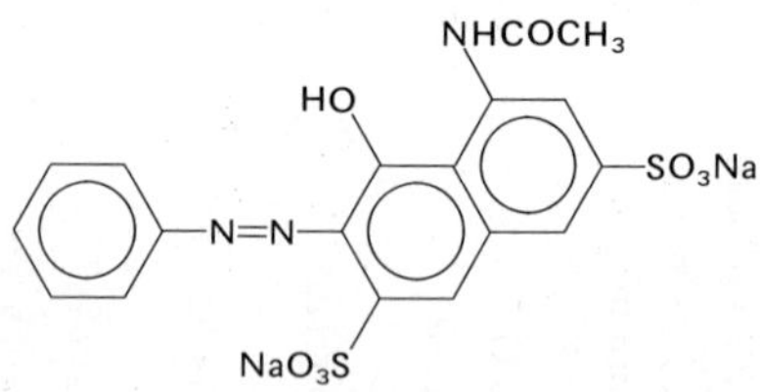

IX

Tabelle 8.12 (Fortsetzung)

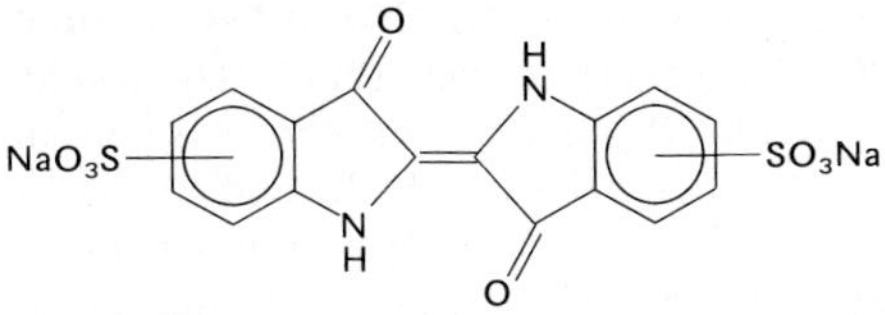

X

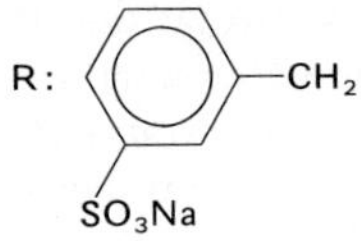

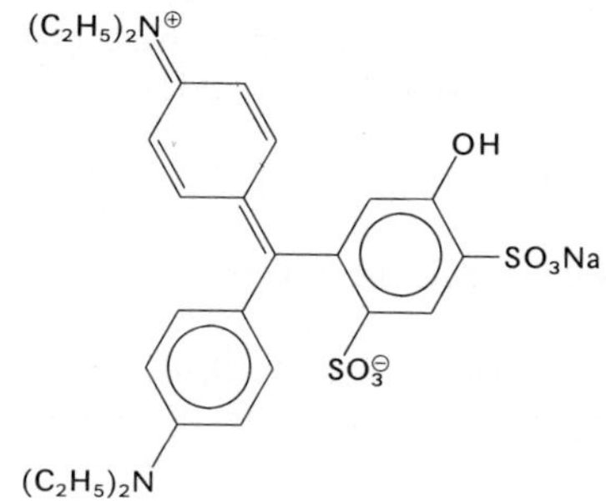

XI

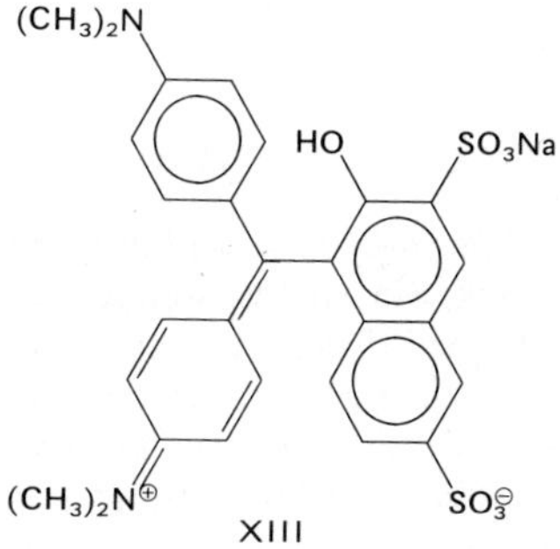

XIII

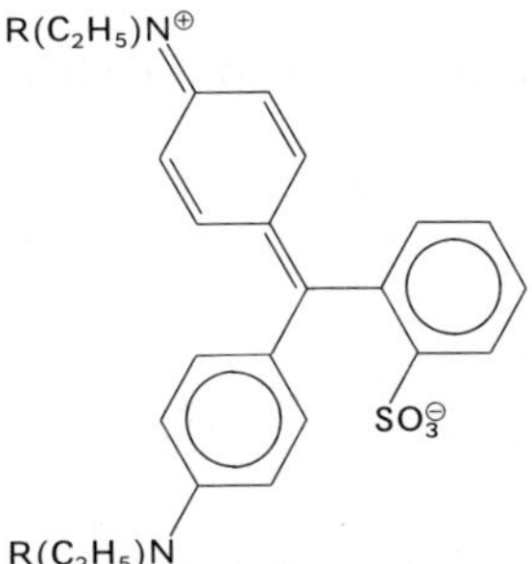

XII

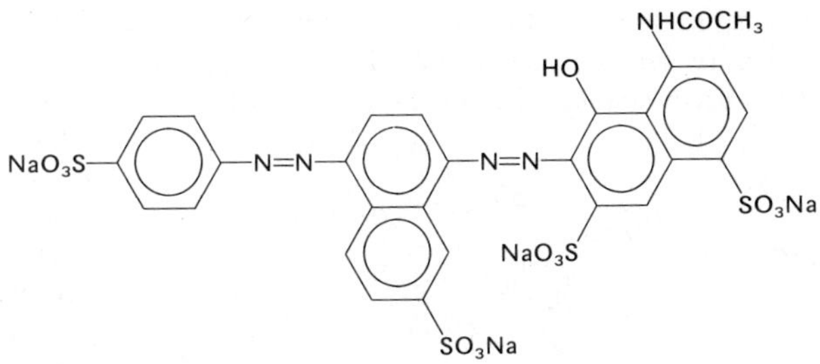

XIV

Derartige Produkte treten in allen Lösungen von Milchsäure auf, deren Konzentration > 18% ist. Bei Verdünnung erfolgt Hydrolyse zu Milchsäure. Das Lactid kann als Säuregenerator eingesetzt werden. Milchsäure wird verwendet zur Verbesserung der Aufschlagfähigkeit von Eiklarpulver (Einstellung auf pH 4,8–5,1), zur Geschmacksverbesserung bei essigsauren Gemüsen und bei Getränken, zur Verhinderung von Verfärbungen bei Obst und Gemüse sowie in Form von Calciumlactat bei Milchpulver.

Die Herstellung erfolgt durch Synthese aus Ethanal, die zu D,L-Milchsäure führt (Formel 8.22), oder durch homofermentative Vergärung *(Lactobacillus delbrückii, L. bulgaricus, L. leichmannii)* kohlenhydrathaltiger Rohstoffe, die je nach Gärbedingungen im allgemeinen L- oder D,L-Milchsäure liefert.

$$\text{Saccharose} \longrightarrow \text{Lactat} \longrightarrow \text{Ca-Lactat} \xrightarrow{H_2SO_4} \text{Milchsäure}$$

$$CH_3CHO \xrightarrow{HCN} CH_3CHOHCN \longrightarrow \text{Lactat} \quad (8.22)$$

8.10.7 Äpfelsäure

Äpfelsäure ($pK_1 = 3{,}40$, $pK_2 = 5{,}05$) ist sehr breit zu verwenden bei Marmeladen, Gelees, Sorbets, Getränken. Obst- und Gemüsekonserven (z. B. Tomaten). Die Monoester mit Fettalkoho-

len sind sehr wirksame Antispritzmittel bei Koch- und Bratfetten.
Die Synthese der D,L-Verbindung erfolgt durch Wasseranlagerung an Maleinsäure/Fumarsäure. L-Äpfelsäure ist aus Fumarsäure enzymatisch mit Fumarase *(Lactobacillus brevis, Paracolobactrum spp.)*, aus anderen C-Quellen (Paraffine) durch Fermentation mit *Candida spp.* zugänglich.

8.10.8 Weinsäure

Weinsäure ($pK_1 = 2{,}98$, $pK_2 = 4{,}34$) hat einen sehr harten Geschmack. Sie wird verwendet zur Säuerung von Wein, bei Fruchtsaftgetränken, sauren Bonbons, Speiseeis, Backpulvern und wegen ihrer Bildung von Metallkomplexen als Synergist für Antioxidantien. Die Gewinnung von (2R,3R)-Weinsäure erfolgt aus Weinhefe, Trester und Faßweinstein. Das darin vorliegende Gemisch von Kaliumhydrogentartrat und Calciumtartrat wird zunächst völlig in Calciumtartrat überführt, aus dem dann mit Schwefelsäure die Weinsäure freigesetzt wird. Die racemische Traubensäure wird durch cis-Epoxidierung von Maleinsäure und anschließende Hydrolyse erhalten:

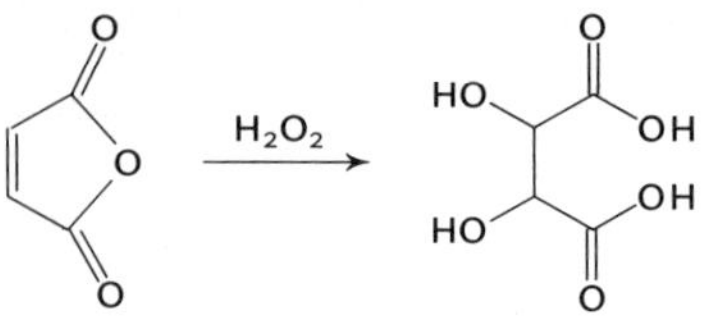

(8.23)

8.10.9 Citronensäure

Citronensäure ($pK_1 = 3{,}09$, $pK_2 = 4{,}74$, $pK_3 = 5{,}41$) wird verwendet in Bonbons, Fruchtsäften, Eiscreme, Marmeladen, Gelees, Gemüsekonserven, Milchprodukten, wie z. B. Schmelzkäse und Buttermilch (Aromaverbesserung). Sie dient der Unterdrückung der Bräunung bei Obst und Gemüse und als Synergist für Antioxidantien. Die Gewinnung erfolgt durch Fermentation von Melasse mit *Aspergillus niger*. Die Ausbeute liegt bei 50–70% bezogen auf Zucker.

8.10.10 Phosphorsäure

Auf Phosphorsäure ($pK_1 = 2{,}15$, $pK_2 = 7{,}1$, $pK_3 \sim 12{,}4$) und ihre Salze entfällt im Lebensmittelbereich ein Anteil von 25% aller eingesetzten Säuren. Vergleichsweise liegt der Anteil von Citronensäure bei 60%, der aller übrigen Säuren bei 15%. Haupteinsatzgebiete sind Colagetränke und verwandte Produkte. Weiterhin wird sie in Fruchtgelees, Schmelzkäse, Mehl und als wirksame Puffersubstanz zur pH-Einstellung bei Fermentationen verwendet. Saure Salze der Phosphorsäure, z. B. $Ca(H_2PO_4)_2 \times H_2O$ (schnell wirkend), $NaH_{14}Al_3(PO_4)_8 \times 4H_2O$ (langsam wirkend) und $Na_2H_2P_2O_7$ (langsam wirkend) werden u. a. als langsam bzw. schnell wirkende Mittel zur Freisetzung von CO_2 aus $NaHCO_3$ bei Backpulver eingesetzt.

8.10.11 Salzsäure, Schwefelsäure

Die beiden Säuren werden zur Hydrolyse von Stärke und von Saccharose eingesetzt, Salzsäure auch zur Hydrolyse von Proteinen bei der Herstellung von Würzen.

8.10.12 Gluconsäure und Glucono-δ-lacton

Gluconsäure wird durch Oxidation von Glucose erhalten, die entweder metallkatalytisch oder enzymatisch *(Aspergillus niger, Gluconobacter suboxidans)* erfolgt.
Gluconsäure wird u. a. zur Herstellung von Invertzucker und bei Getränken und Süßwaren verwendet.
Das δ-Lacton wird durch Eindampfen einer Gluconsäurelösung bei 35–60 °C erhalten. Da es nur langsam unter Freisetzung von Protonen hydrolysiert, kann es überall eingesetzt werden, wo eine langsame Säuerung erwünscht ist, z. B. bei Backpulver, bei der Rohwurstreifung und bei bestimmten Sauermilchprodukten.

8.11 Basen

NaOH und eine Reihe von alkalischen Salzen, wie z. B. $NaHCO_3$, Na_2CO_3, $MgCO_3$, MgO, $Ca(OH)_2$, Na_2HPO_4, Na_3PO_4 und Natriumcitrat, werden im Lebensmittelbereich zu den verschiedensten Zwecken eingesetzt, wie die folgenden Beispiele zeigen.
Bei reifen Oliven trägt eine Behandlung mit NaOH (0,25–2%ig) zur Beseitigung des Bitterge-

schmacks und zur Entwicklung der erwünschten dunklen Farbe bei.
Bei Laugengebäck führt das Tauchen des geformten Teiges in 1,25%ige NaOH bei 85–88 °C zur Ausbildung der typischen glatten, tiefbraunen Oberfläche beim Backprozeß.
Bei der Schokoladenherstellung führt Anwesenheit von $NaHCO_3$ durch Intensivierung der *Maillard*-Reaktion zu dunklen, bitteren Typen.
Bei der Herstellung von Schmelzkäse erfolgt die zur Verbesserung der Quellbarkeit des Caseingels erforderliche pH-Anhebung durch alkalische Salze.

8.12 Antimikrobielle Stoffe

Die Ausschaltung von Mikroorganismen allein durch physikalische Methoden ist nicht in allen Fällen möglich, so daß der Einsatz von antimikrobiellen Stoffen notwendig wird. Das Spektrum der dafür in Frage kommenden Verbindungen hat sich seit längerer Zeit praktisch nicht geändert, da es schwierig ist, neue Verbindungen mit möglichst breiter Wirkung zu finden, die für Säugetiere nur geringe Toxizität haben und die zudem billig sind.

8.12.1 Benzoesäure

Benzoesäure wirkt einerseits auf die Zellwand und hemmt andererseits Enzyme des Citratcyclus (α-Ketoglutarsäuredehydrogenase, Bernsteinsäuredehydrogenase) und der oxidativen Phosphorylierung.
Eingesetzt werden die Alkalisalze, da die Löslichkeit der Säure zu gering ist. Wirksam ist aber die undissoziierte Säure ($pK_a = 4{,}19$), wahrscheinlich aus Gründen der Membranpermeabilität.
Benzoesäure kommt in der Natur vor, meist als Glykosid (Moosbeere, Preiselbeere, Heidelbeere, Pflaume, Zimt, Gewürznelke).
Die antimikrobielle Wirkung richtet sich vorwiegend gegen Hefen und Pilze, weniger gegen Bakterien. Die Abb. 8.4 und 8.6 zeigen die pH-Abhängigkeit der Wirkung gegen *E. coli*, *Staph. aureus* und *Asp. niger*.
Die LD_{50} (Ratte; oral) liegt bei 1,7–3,7 g/kg, die LD_{100} (Meerschweinchen, Katze, Hund, Kaninchen; oral) bei 1,4–2 g/kg. Als unbedenklich für

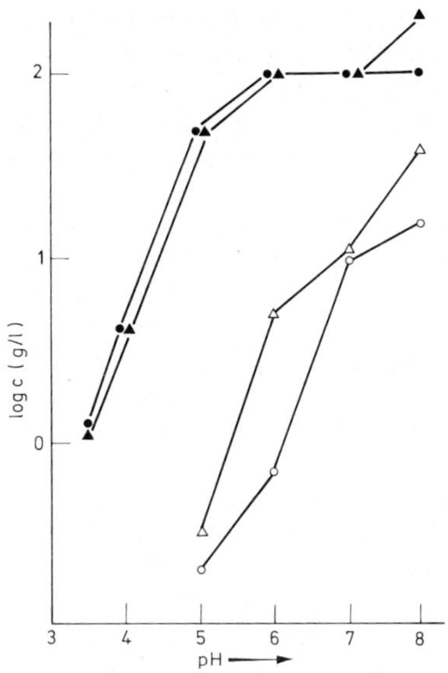

Abb. 8.4. Wirkung von Benzoesäure auf *E. coli* (○ bacteriostatisch, ● bactericid) und *Staph. aureus* (△ bacteriostatisch, ▲ bactericid)

den Menschen wird eine Aufnahme von < 0,5 g/Tag an Natriumbenzoat angesehen. Auch bei Dosen von ≤ 4 g/Tag an Natriumbenzoat ist keine Gefahr der Akkumulation gegeben, da eine Ausscheidung als Hippursäure, bei größeren Dosen daneben auch als Glucuronsäurederivat erfolgt.
Die Anwendung von Benzoesäure (0,05 bis 0,1%) erfolgt vielfach in Kombination mit anderen Konservierungsstoffen und auf Grund der pH-Abhängigkeit der Wirkung vorwiegend bei sauren Lebensmitteln (pH ≤ 4–4,5), wie kohlensäurehaltigen Getränken, Fruchtsalaten, Marmeladen, Gelees, Präserven (Fisch), Margarine, Pastetenfüllungen, Sauergemüse. Aromaveränderungen, die wahrscheinlich durch Umesterungen bedingt sind, können insbesondere bei Obstprodukten auftreten.

8.12.2 Ester der p-Hydroxybenzoesäure (PHB-Ester)

Die Verbindungen sind ziemlich stabil. Die Löslichkeit in Wasser nimmt mit zunehmender Länge der Alkylkette ab. Meist werden sie in 5%iger NaOH gelöst.
Die Wirkung richtet sich vorwiegend gegen Pilze

und Hefen, weniger gegen Bakterien, speziell gramnegative. Die Wirksamkeit steigt mit zunehmender Länge der Alkylkette (Abb. 8.5); trotzdem werden aus Gründen der Löslichkeit die niederen Glieder der homologen Reihe bevorzugt.

Die LD_{50} (Maus, oral) liegt bei > 8 g/kg. In einem Fütterungsversuch über 96 Wochen wurde bei 2% PHB-Ester in der Diät keine, bei 8% eine leichte Gewichtsminderung gegenüber den Kontrollen festgestellt. Die Verbindungen werden nach Hydrolyse als p-Hydroxybenzoesäure bzw. als Glycin- und Glucuronsäurekonjugate ausgeschieden.

Die Anwendung ist in einem breiten Bereich möglich, da die Wirksamkeit im Gegensatz zu der von Benzoesäure kaum vom pH-Wert abhängt (Abb. 8.6). Eingesetzt werden die PHB-Ester (0,03–0,06%), gelöst in wäßrigem Alkali, Ethanol oder Propylenglykol, z. B. bei Füllungen für Backwaren, Fruchtsäften, Marmeladen, Sirupen, Präserven, Oliven, Sauergemüse.

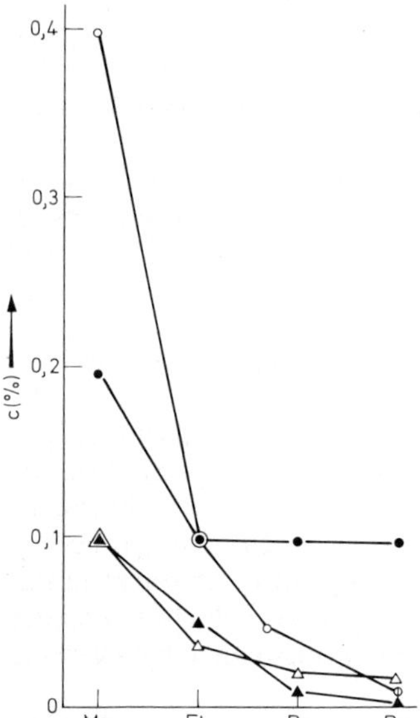

Abb. 8.5. Hemmung von *Salmonella typhosa* (●), *Aspergillus niger* (△), *Staphylococcus aureus* (○) und *Saccharomyces cerevisiae* (▲) durch PHB-Ester

8.12.3 Sorbinsäure (2,4-Hexadiencarbonsäure)

Die fungistatische Wirkung geradkettiger Carbonsäuren ist schon lange bekannt. Ungesättigte

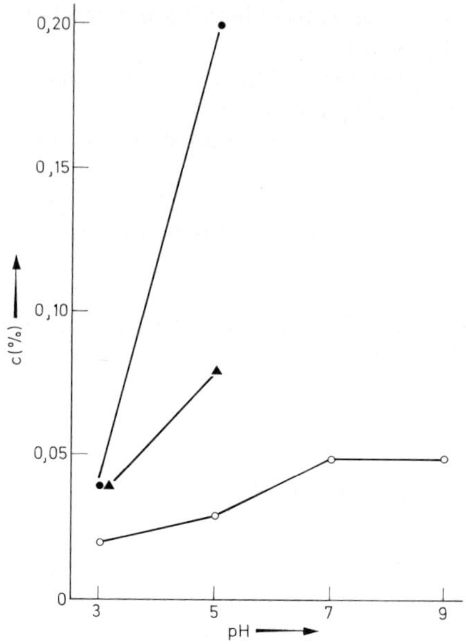

Abb. 8.6. Hemmung von *Aspergillus niger* durch Benzoesäure (●), p-Hydroxybenzoesäurepropylester (○) und Sorbinsäure (▲)

Säuren, wie z. B. Crotonsäure und ihre Homologen, haben einen noch besseren Effekt. Sorbinsäure (pK = 4,76) hat den Vorzug, in der verwendeten Konzentration (≤ 0,3%) geruchs- und geschmacksfrei zu sein.

Die Synthese kann auf verschiedenen Wegen erfolgen:

- aus der in der Vogelbeere *(Sorbus aucuparia)* vorkommenden Parasorbinsäure, (S)-2-Hexen-5-olid:

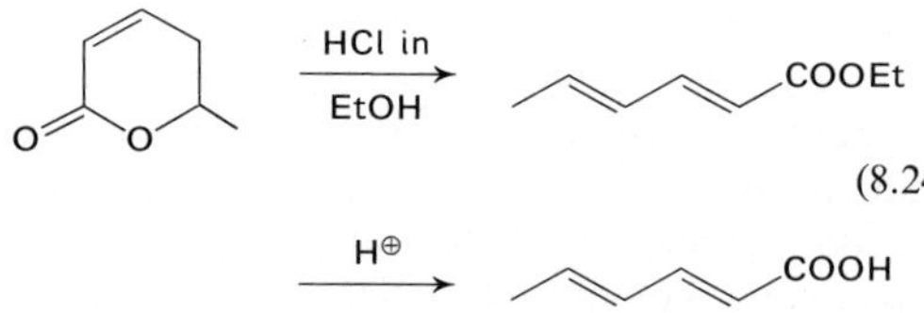

(8.24)

- aus Ethanal:

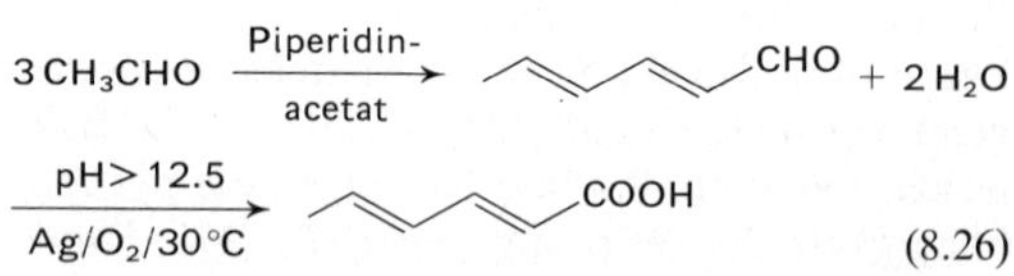

(8.26)

- aus Crotonaldehyd, der aus Ethanal zugänglich ist.

Dieses Verfahren hat die größte Bedeutung:

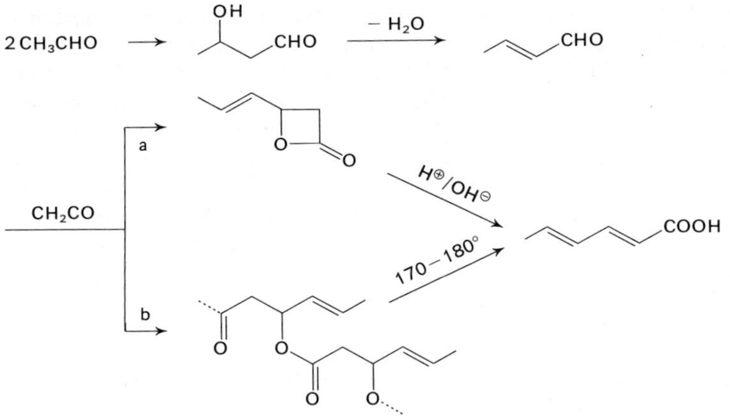

(8.25)

a: BF_3, T<0 °C b: Diethylenglykol, Zn-Isobutyrat, T>25 °C

Eine antimikrobielle Wirkung ist vorhanden gegen Hefen und Pilze, weniger gegen Bakterien. Die Wirkung ist pH-abhängig (cf. Abb. 8.6). Eine Anwendung ist bis pH 6,5 möglich.

Die LD_{50} (Ratte) liegt bei 4–6 g/kg. Eine Fütterung von Ratten über 90 Tage mit 1–8% Sorbinsäure in der Diät hatte keinen Effekt. Eine 8%ige Dosis von Benzoat überleben dagegen nur 60% der Tiere.

Sorbinsäure wird über die β-Oxidation abgebaut. Ein geringer Anteil an ω-Oxidation zu trans,trans-Muconsäure wurde nachgewiesen:

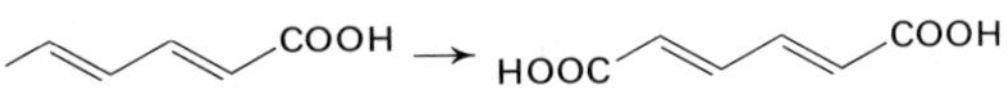

(8.27)

Einige Mikroorganismen, z. B. *Penicillium roqueforti*, sind in der Lage, Sorbinsäure durch Decarboxylierung in 1,3-Pentadien zu überführen, das keine antimikrobielle Aktivität besitzt und z. B. bei Käse ein Fehlaroma bedingen kann:

(8.28)

Angewendet wird Sorbinsäure bei Backwaren, Käse, Getränken (Fruchtsäften, Wein), Marmelade, Gelee, Trockenfrüchten, Margarine.

8.12.4 Propionsäure

Propionsäure kommt in der Natur überall da vor, wo eine Propionsäuregärung abläuft, z. B. in Emmentaler-Käse in Mengen bis zu 1%.

Die antimikrobielle Wirkung erstreckt sich auf Pilze, weniger auf Bakterien. Gegen Hefen ist praktisch kein Effekt vorhanden. Die Wirkung ist pH-abhängig. Eine Anwendung ist bis pH 5, teilweise bis pH 6 möglich.

Propionsäure ist praktisch nicht toxisch. Eingesetzt wird sie bei Backwaren zur Schimmelverhütung und gegen den fadenziehenden *Bacillus mesentericus* (Zusatz von 0,1–0,2% zum Mehl, z. B. als Ca-Salz), sowie bei Milchprodukten (z. B. Tauchen von Käse in 8%ige Lösungen).

8.12.5 Essigsäure

Die konservierende Wirkung von Essig ist schon lange bekannt. Essigsäure hat Bedeutung als Genußsäure und als Konservierungsmittel. Sie ist wirksamer gegen Hefen und Bakterien als gegen Pilze. Eingesetzt wird sie als Säure, in Form der Na- und Ca-Salze und als Na-Diacetat, $CH_3COOH \cdot CH_3COONa \times 0{,}5\ H_2O$, bei Ketchup, Mayonnaise, Sauergemüse, Brot und anderen Backwaren.

8.12.6 SO_2 und Sulfite

Die Wirkung erstreckt sich auf Hefen, Pilze und Bakterien. Sie steigt mit fallendem pH-Wert und wird auf undissoziierte schweflige Säure zurückgeführt, die bei pH < 3 dominiert.

Die Toxizität ist bei den üblichen Dosen gering. Eine mutagene Wirkung wird diskutiert. Thiamin wird durch SO_2 zerstört. Die Ausscheidung von Sulfit erfolgt als Sulfat im Urin.

Die Anwendung erfolgt bei Trockenfrüchten und

Trockengemüsen, Fruchtsäften, Sirupen, Konzentraten, Pürees in Form von SO_2, Na_2SO_3, K_2SO_3, $NaHSO_3$, $KHSO_3$, $Na_2S_2O_5$, $K_2S_2O_5$ in Dosen ≤ 200 ppm.
Im Laufe der Weinbereitung werden vor der Fermentierung des Mostes zur Ausschaltung von störenden Mikroorganismen und während der Fermentierung mit Reinkulturen 50–100 ppm, bei der Lagerung 50–75 ppm angewendet.
SO_2 hat nicht nur antimikrobielle Wirkung, sondern verhindert auch unerwünschte Verfärbungen durch Blockierung reaktiver Carbonylverbindungen (*Maillard*-Reaktion, nichtenzymatische Bräunung) oder durch Hemmung der Phenoloxidation (enzymatische Bräunung).

8.12.7 Diethyldicarbonat, Dimethyldicarbonat

Diethyldicarbonat ist eine farblose Flüssigkeit von fruchtigem, esterartigem Geruch. Die antimikrobielle Wirkung erstreckt sich auf Hefen (10–100 ppm), Bakterien (Lactobazillen: 100–170 ppm) und Pilze (300–800 ppm). In Klammern sind jeweils die für eine deutliche Hemmung notwendigen Konzentrationen angegeben. Diethyldicarbonat wird zu CO_2 und Ethanol hydrolysiert:

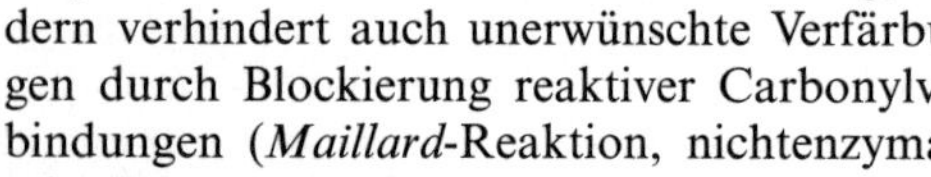

(8.29)

oder reagiert mit anderen Inhaltsstoffen. In alkoholischen Getränken entsteht z. B. in geringer Menge Diethylcarbonat:

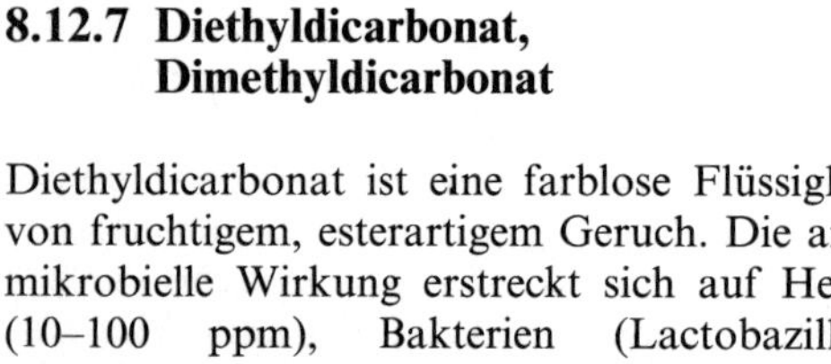

(8.30)

In Gegenwart von Ammoniumsalzen kann in pH-abhängiger Reaktion Ethylurethan gebildet werden:

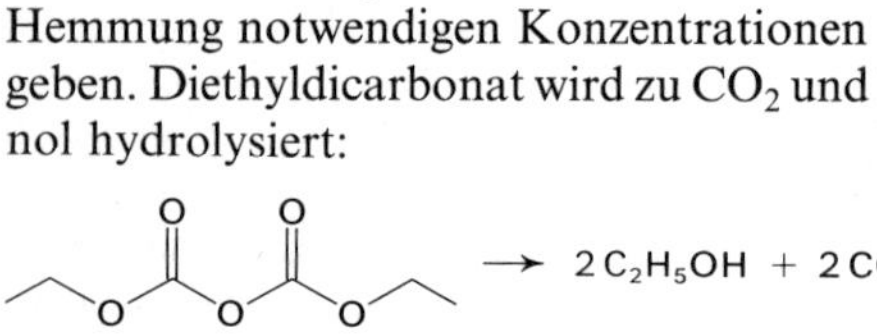

(8.31)

Da Diethylcarbonat als teratogen angesehen wird und Ethylurethan wegen Bildung der Vinylverbindung cancerogen ist, wird die Verwendung von Diethyldicarbonat unter toxikologischen Gesichtspunkten diskutiert. Die Verbindung soll durch Dimethyldicarbonat ersetzt werden, da Methylurethan im Gegensatz zur Ethylverbindung nicht cancerogen ist. Angewendet werden die Verbindungen zur Kaltpasteurisierung von Fruchtsäften, Wein und Bier in Mengen von 120–300 ppm.

8.12.8 Ethylenoxid, Propylenoxid

Die Verbindungen sind wirksam gegen alle Mikroorganismen und zwar gegen vegetative Zellen und gegen Sporen, sowie gegen Viren. Die Reaktivität von Propylenoxid ist etwas geringer als die von Ethylenoxid.
Die Verbindungen selbst sind als wirksame Alkylierungsmittel sehr toxisch. Nach einer Anwendung müssen deshalb alle vorhandenen Reste sehr sorgfältig entfernt werden. Die bei der Hydrolyse entstehenden Glykole sind nicht sehr toxisch (Ethylenglykol: LD_{50} bei der Maus 8,3 g/kg). Eine Bildung toxischer Reaktionsprodukte ist aber nicht auszuschließen, z. B. die von Chlorhydrinen in Gegenwart von Clorid:

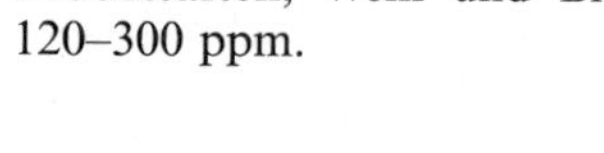

(8.32)

Auch zahlreiche essentielle Nahrungsbestandteile reagieren unter Inaktivierung, z. B. Riboflavin, Pyridoxin, Niacin, Folsäure, Histidin, Methionin. Allerdings sind diese Reaktionen bei den üblichen Anwendungen ohne ernährungsphysiologische Bedeutung.
Die Verbindungen werden als Begasungsmittel (Ethylenoxid Kp = 10,7 °C, Propylenoxid Kp = 35 °C) gegen Insekten und als Mittel zur Gassterilisation bei solchen wasserarmen Lebensmitteln eingesetzt, bei denen andere Methoden, z. B. eine Hitzesterilisation, nicht in Frage kommen. Es sind dies z. B. Walnüsse, Stärke, bestimmte Trockenfrüchte und vor allem Gewürze, bei denen der Keimgehalt ein besonderes Problem ist. Die Anwendung der Verbindungen erfolgt in Druckkammern im Gemisch mit Inertgas (z. B. 80–90% CO_2). Auf die Notwendigkeit einer sorgfältigen Entfernung von aktivem Restgas (Nachspülung, Vakuum) wurde bereits hingewiesen.

Eine Alternative zur Begasung der genannten Lebensmittel ist die Entkeimung durch energiereiche Strahlen.

8.12.9 Nitrit, Nitrat

Nitrit und Nitrat werden in erster Linie zur Farberhaltung bei Fleisch eingesetzt (cf. 12.3.2.2.2). Sie haben aber auch antimikrobielle Wirkung, insbesondere zusammen mit NaCl. Von Bedeutung sind sie z. B. bei nichtsterilen Fleischprodukten, besonders zur Vermeidung von Infektionen mit *Clostridium botulinum*. Die Wirksamkeit ist vom pH-Wert abhängig und proportional der Konzentration an HNO_2. Akute Toxizität ist nur bei größeren Dosen gegeben (Bildung von Methämoglobin). Mögliche Gefahren werden aber heute in der Bildung von Nitrosaminen gesehen, die sehr wirksame cancerogene Verbindungen sind. Zahlreiche Tierversuche haben gezeigt, daß das gleichzeitige Verfüttern nitrosierbarer Amine und Nitrit zur Entstehung von Tumoren führt. Es sind deshalb Bestrebungen im Gange, die Gesamtzufuhr an Nitrit und Nitrat mit der Nahrung herabzusetzen.

8.12.10 Antibiotica

Die Anwendung von Antibiotica zur Lebensmittelkonservierung ist problematisch, da die Entwicklung resistenter Mikroorganismenstämme ihren Einsatz in der Medizin stören kann.
Eine gewisse Bedeutung hat das Polypeptidantibioticum Nisin, das von einigen *Strept. lactis*-Stämmen produziert wird, aktiv gegen grampositive Mikroorganismen ist und nicht in der Medizin verwendet wird. Das hitzeresistente Peptid wird z. B. bei Milchprodukten (Käse, Kondensmilch) eingesetzt (cf. 1.3.4.3).
Pimaricin (Formel 8.33) ist aktiv gegen Hefen

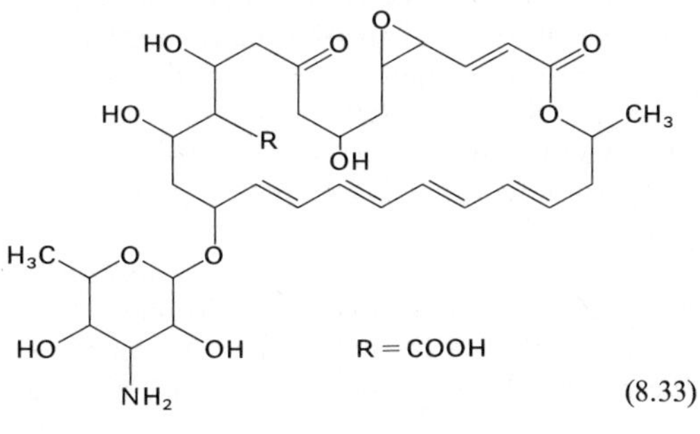

(8.33)

und Schimmelpilze (5–100 ppm) und wird zur Oberflächenbehandlung von Käse eingesetzt. Auch eine Schimmelbildung auf Rohwurst ist mit Pimaricin zu unterdrücken.
Chlortetracyclin und Oxytetracyclin werden als Breitbandantibiotica z. B. für einen Einsatz bei frischem Fleisch, Fisch und Geflügel diskutiert.

8.12.11 Diphenyl

Diphenyl wird auf Grund seiner Hemmwirkung gegen Schimmelpilze zur Konservierung der Schale von Citrusfrüchten eingesetzt. Die Anwendung erfolgt über eine Imprägnierung des Verpackungsmaterials (1–5 g Diphenyl/m^2).

8.12.12 o-Phenylphenol

Schimmelpilze werden im pH-Bereich 6–8 durch 10–50 ppm o-Phenylphenol gehemmt. Der Effekt, der mit steigendem pH-Wert zunimmt, wird zur Konservierung der Schale von Citrusfrüchten ausgenutzt. Die Anwendung erfolgt durch Tauchen der Früchte in 0,5–2%ige Lösungen bei pH 11,7.

8.12.13 Thiabendazol, 2-(4-Thiazolyl)benzimidazol

Die Verbindung wirkt fungistatisch, insbesondere gegen Schimmelpilze, wie z. B. *Penicillium italicum* und *Penicillium digitatum*. Sie wird zur Konservierung der Schale von Citrusfrüchten und Bananen eingesetzt. Die Anwendung erfolgt durch Behandlung der Früchte mit Wachsemulsionen, die 0,1–0,45% an Thiabendazol enthalten.

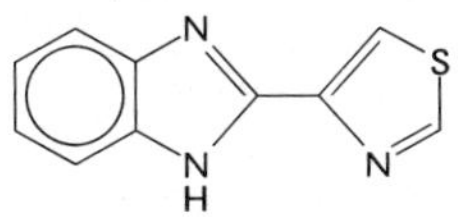

(8.34)

8.13 Antioxidantien

Da Lipide in Lebensmitteln sehr verbreitet sind und da die Lipidoxidation zu sehr aromawirksamen Folgeprodukten führt, ist sie eine wichtige Ursache für den Verderb von Lebensmitteln durch Entwicklung eines Fehlaromas. Die Lipidoxidation kann durch die Entfernung von Sauerstoff oder durch Zusatz von Antioxidantien unterdrückt werden. Bei den Antioxidantien handelt es sich meist um phenolische Verbindungen, die häufig als Gemische und in Kombination mit Komplexbildnern die beste Wirkung zeigen. Die wichtigsten natürlichen und synthetischen Antioxidantien, zu denen Tocopherole, Ester der Ascorbinsäure, Ester der Gallussäure, tert.-Butylhydroxyanisol und Di-tert.-butylhydroxytoluol gehören, werden in Abschnitt 3.7.3.2.2 behandelt.

8.14 Komplexbildner

Komplexbildner haben steigende Bedeutung für die Lebensmittelverarbeitung. Durch die Bindung von Metallionen tragen sie wesentlich zur Stabilisierung von Farbe, Aroma und Textur bei. Viele Komplexbildner sind natürliche Bestandteile von Lebensmitteln, z. B. Dicarbonsäuren (Oxalsäure, Bernsteinsäure), Hydroxysäuren (Milchsäure, Äpfelsäure, Weinsäure, Citronensäure), Polyphosphorsäuren (ATP, Pyrophosphat), Aminosäuren, Peptide, Proteine, Porphyrine.
Tab. 8.13 orientiert über Komplexbildner, die in der Lebensmittelindustrie verwendet werden,

Tabelle 8.13. Komplexbildner bei der Lebensmittelverarbeitung (eingeklammerte Verbindungen haben nur als Salze oder Derivate Bedeutung)

(Essigsäure)	Na-, K-, Ca-Salze
Citronensäure	Na-, K-, Ca-Salze Monoisopropylester, Monoglyceridester, Triethylester, Monostearylester
EDTA	Na-, Ca-Salze
(Gluconsäure)	Na-, Ca-Salze
Oxystearin	
Orthophosphorsäure	Na-, K-, Ca-Salze
(Pyrophosphorsäure)	Na-Salz
(Triphosphorsäure)	Na-Salz
(Hexametaphosphorsäure) (10–15 Reste)	Na-, Ca-Salze
(Phytinsäure)	Ca-Salz
Sorbit	
Weinsäure	Na-, K-Salze
(Thioschwefelsäure)	Na-Salz

Tabelle 8.14. Assoziationskonstanten (pK-Werte) einiger Metallkomplexe

Komplex-bildner	$Ca^{2\oplus}$	$Co^{2\oplus}$	$Cu^{2\oplus}$	$Fe^{2\oplus}$	$Fe^{3\oplus}$	$Mg^{2\oplus}$	$Zn^{2\oplus}$
Acetat	0,5	2,2				0,5	1,0
Glycin	1,4	5,2	8,2	4,3	10,0	3,5	5,2
Citrat	3,5	4,4	6,1	3,2	11,9	2,8	4,5
Tartrat	1,8		3,2		7,5	1,4	2,7
Gluconat	1,2		18,3			0,7	1,7
Pyrophosphat	5,0		6,7		22,2	5,7	8,7
ATP	3,6	4,6	6,1			4,0	4,3
EDTA	10,7	16,2	18,8	14,3	25,7	8,7	16,5

Tab. 8.14 über die Assoziationskonstanten einiger Metallkomplexe.
Schwermetallspuren sind Katalysatoren der Fettoxidation. Ihre Bindung durch Komplexbildner erhöht die Wirkung von Antioxidantien. Desgleichen wird die Oxidation von Ascorbinsäure und von fettlöslichen Vitaminen verhindert. Bei Gemüsekonserven ist die Aroma- und Farberhaltung wesentlich verbessert. Bei der Herstellung von Gewürzextrakten ist durch kombinierte Anwendung von Antioxidantien und Komplexbildnern eine beträchtliche Erhöhung der Extraktqualität zu erreichen. Bei Milchprodukten wird häufig die desaggregierende Wirkung auf Caseinkomplexe ausgenutzt, bei Blut die antikoagulierende Wirkung. Die Zuckerkristallisation ist in Gegenwart von Komplexbildnern wesentlich erleichtert, da Zucker-Metall-Komplexe zerstört werden.

8.15 Grenzflächenaktive Stoffe (Tenside)

Natürlich vorkommende und synthetische Tenside (Tab. 8.15) spielen bei Lebensmitteln überall da eine Rolle, wo eine Herabsetzung der Grenzflächenspannung erforderlich ist. Sie werden z. B. eingesetzt bei der Benetzung lipophiler Oberflächen, als Schmiermittel zur Verbesserung der Löslichkeit, vor allem aber zur Herstellung und Stabilisierung von Dispersionen aller Art (Tab. 8.16).
Zu den Dispersionen gehören Emulsionen, Schäume, Aerosole und Suspensionen (Tab. 8.17). In allen Fällen unterscheidet man eine *äußere* oder *kontinuierliche* Phase von einer *inne-*

ren oder *dispersen* Phase. Besondere Bedeutung bei Lebensmitteln haben Emulsionen, die deshalb hier näher behandelt werden sollen.

Tabelle 8.15. Grenzflächenaktive Stoffe in Lebensmitteln

I. Natürlich vorkommend:

A. Ionen: Proteine, Phospholipide (Lecithin) (cf. 3.4.1.1), Gallensäuren
B. Neutrale Substanzen: Glykolipide (cf. 3.4.1.2), Saponine

II. Synthetisch:

A. Ionen: Stearyl-2-lactylat
B. Neutrale Substanzen: Mono-, Diacylglyceride und deren Essig-, Citronen-, Wein- und Milchsäureester, Saccharosefettsäureester, Sorbitanfettsäureester, Polyoxyethylen-Sorbitanfettsäureester

Tabelle 8.16. Beispiele für die Anwendung grenzflächenaktiver Stoffe

Anwendung bei der Herstellung von	Wirkung
Margarine	Stabilisierung der W/O-Emulsion
Mayonnaise	Stabilisierung der O/W-Emulsion
Speiseeis	Stabilisierung der O/W-Emulsion, Erzielung einer „trockenen" Konsistenz
Wurstwaren	Verhinderung des Fettaustrittes
Brot, Gebäck	Verbesserung der Porung, Erhöhung des Gebäckvolumens, Hemmung der Retrogradation der Stärke
Schokolade	Verbesserung der rheologischen Eigenschaften, Verhinderung von Fettreif
Instantpulver	Solubilisierung
Gewürzextrakte	Solubilisierung

Tabelle 8.17. Disperse Systeme

Typ	Innere Phase	Äußere Phase
Emulsion	flüssig	flüssig
Schaum	gasförmig	flüssig
Aerosol	flüssig oder fest	gasförmig
Suspension	fest	flüssig

8.15.1 Allgemeines über Emulsionen

Emulsionen sind disperse Systeme von zwei nicht oder nur wenig ineinander löslichen Flüssigkeiten. Besteht die äußere Phase aus Wasser und die innere z. B. aus einem Öl, so spricht man von einer „Öl-in-Wasser"-(O/W)-Emulsion. Wird umgekehrt Wasser in Öl dispergiert, so entsteht eine W/O-Emulsion. Beispiele für Emulsionen sind: Milch (O/W), Butter (W/O), Mayonnaise (O/W).

Das Erscheinungsbild einer Emulsion hängt vom Tröpfchendurchmesser ab. Ist $d \geq 1$ µm, so erscheint die Emulsion milchig-trüb. Bei einem Teilchendurchmesser nahe der Wellenlänge des Lichts (10^{-5} bis 10^{-6} cm) ist das System optisch klar und wird als Mikroemulsion bezeichnet.

Jeder Emulgator kann nur eine begrenzte Menge an innerer Phase dispergieren, d. h. er besitzt eine bestimmte *Kapazität*. Wird diese Grenze überschritten, so bricht die Emulsion beim Verdünnen mit der äußeren Phase zusammen. Die Kapazität von Emulgatoren, die zur Eliminierung der Emulgatorkonzentration, der Temperatur und anderer Einflußgrößen unter Standardbedingungen gemessen wird, ist unterschiedlich.

8.15.2 Wirkung von Emulgatoren

Emulsionen werden mit Hilfe geeigneter grenzflächenaktiver Stoffe, den Emulgatoren, hergestellt und stabilisiert. Die Wirkung der Emulgatoren wird aus ihrem Molekülaufbau verständlich. Sie bestehen aus einem lipophilen bzw. hydrophoben Teil, der in der nicht-wäßrigen Phase gut löslich ist, und einem polaren bzw. hydrophilen Teil, der in Wasser gut löslich ist. Der hydrophobe Teil des Moleküls ist in der Regel ein langkettiger Alkylrest, und der hydrophile Teil besteht aus einer dissoziablen Gruppe oder aus einer Anhäufung von Hydroxy- bzw. Polyglykolethergruppen.

In nicht-mischbaren Systemen, wie z. B. Öl/Wasser, besetzen die Emulgatoren die Grenzfläche zwischen den beiden Phasen und vermindern die Grenzflächenspannung. Sie erleichtern damit – schon in geringer Konzentration – eine Feinverteilung der einen in der anderen Phase. Außerdem schützen die Emulgatoren die einmal gebildeten Tröpfchen vor einer Aggregation und vor Koaleszenz (Abb. 8.7).

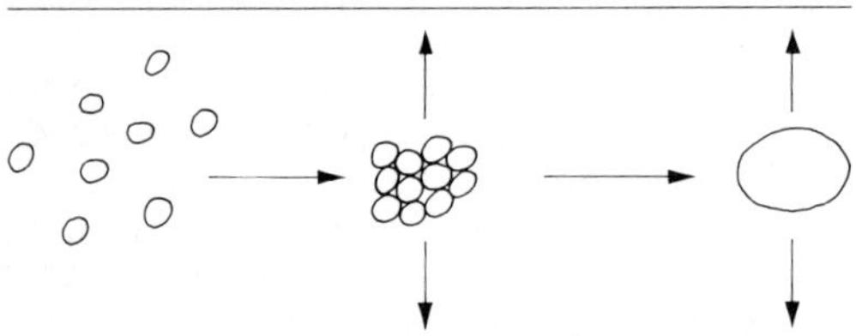

Abb. 8.7. Veränderungen einer Emulsion. 1 Die Tröpfchen sind in der kontinuierlichen Phase dispergiert. 2 Die Tröpfchen bilden Aggregate. Die Vergrößerung des Teilchendurchmessers führt zu einer Beschleunigung der Aufrahmung oder der Sedimentation. 3 Koaleszenz: Die aggregierten Tröpfchen verschmelzen zu immer größeren Tropfen. Schließlich bilden sich zwei kontinuierliche Phasen aus; die Emulsion ist gebrochen

Ionische Tenside stabilisieren O/W-Emulsionen, indem sich ihre Alkylreste an der Grenzfläche im Öltropfen lösen und die geladenen Gruppen in die wäßrige Phase ragen. Es entsteht unter Einbezug der Gegenionen eine elektrische Doppelschicht, die eine Aggregation der Teilchen verhindert (Abb. 8.8, a).
Neutrale Emulgatoren orientieren sich an der Oberfläche der Öltröpfchen so, daß die polaren Gruppen in die wäßrige Phase gerichtet sind. Die Koaleszenz der Tröpfchen einer O/W-Emulsion

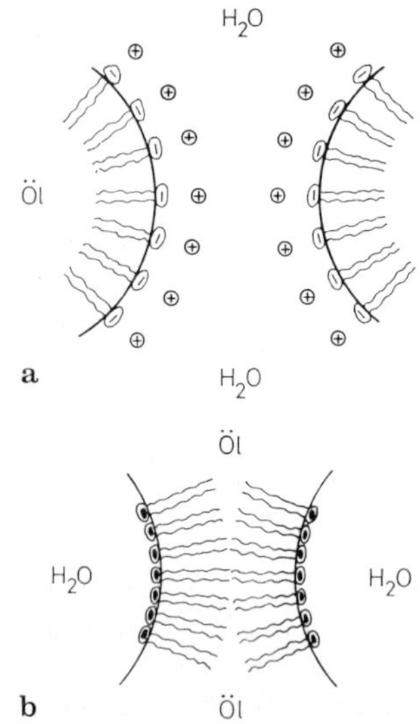

Abb. 8.8. Stabilisierung von Emulsionen. **a** Wirkung ionischer Emulgatoren am Beispiel einer O/W-Emulsion. **b** Wirkung neutraler Emulgatoren am Beispiel einer W/O-Emulsion.
⚭ polare Gruppe ≈ apolarer Molekülteil

wird durch die mehr oder weniger geschlossene Hydrathülle verhindert, die sich infolge der polaren Gruppen des Emulgators ausbildet.
Die Koaleszenz von Wassertröpfchen in einer W/O-Emulsion setzt voraus, daß es zum Durchbruch von Wassermolekülen durch die doppelte Schicht hydrophober Gruppen (Abb. 8.8, b) kommt. Dies ist aber nur möglich, wenn die zur Sprengung der hydrophoben Wechselwirkungen notwendige Energie aufgebracht wird.
Die Stabilität einer Emulsion steigt nach Zusätzen, die die Bewegung der Tröpfchen erschweren. Hydrokolloide (cf. 4.4.3) stabilisieren aus diesem Grund O/W-Emulsionen, da sie die Viskosität der „äußeren“ Phase erhöhen.
Ein Anstieg der Temperatur wirkt sich negativ auf die Stabilität aus und wird beim Brechen einer Emulsion, neben Schütteln, Schlagen oder Druck (mechanische Zerstörung des Grenzflächenfilms, z. B. beim Buttern, cf. 10.2.3.3) angewandt. Weitere Möglichkeiten, die Stabilität herabzusetzen, sind Zusätze von Ionen, die einen Zusammenbruch der elektrischen Doppelschicht bewirken, und die gezielte Zerstörung des Emulgators, z. B. durch Hydrolyse.

8.15.3 HLB-Wert

Aus den oben skizzierten Modellen folgt, daß ein Tensid mit relativ starker lipophiler und schwacher hydrophiler Gruppe, das infolgedessen vorwiegend in Öl löslich ist, bevorzugt eine W/O-Emulsion stabilisieren wird und umgekehrt. Von dieser Erfahrung ausgehend ist ein Maßstab entwickelt worden, mit dem die relative „Stärke“ oder „Wirksamkeit“ der hydrophilen und der lipophilen Gruppe von Emulgatoren bewertet werden kann, der *HLB-Wert* („hydrophile-lipophile balance“). Er kann u. a. aus der Dielektrizitätskonstanten oder aus dem chromatographischen Verhalten des grenzflächenaktiven Stoffes ermittelt werden. Für Fettsäureester von Polyhydroxyalkoholen ergibt sich der HLB-Wert auch aus (VZ: Verseifungszahl des Emulgators, SZ: Säurezahl der abgetrennten Säure):

$$\mathrm{HLB} = 20\left(1 - \frac{\mathrm{VZ}}{\mathrm{SZ}}\right) \qquad (8.35)$$

In Tab. 8.18 sind die HLB-Werte verschiedener Substanzen zusammengestellt. Der HLB-Wert steht in Beziehung zur Anwendung (Tab. 8.19).

Tabelle 8.18. HLB-Werte grenzflächenaktiver Stoffe

Verbindung	HLB-Wert
Ölsäure	1,0
Sorbitantristearat	2,1
Stearylmonoglycerid	3,4
Sorbitanmonostearat	4,7
Sorbitanmonolaurat	8,6
Gelatine	9,8
Polyoxyethylen-sorbitantristearat	10,5
Methylcellulose	10,5
Polyoxyethylen-sorbitanmonostearat	14,9
Polyoxyethylen-sorbitanmonooleat	15,0
Natriumoleat	18,0
Kaliumoleat	20,0

Tabelle 8.19. HLB-Wert und technische Anwendung

HLB-Bereich	Anwendung
3–6	W/O-Emulgator
7–9	Feuchthaltemittel
8–18	O/W-Emulgator
15–18	Stabilisierung von Trübungen

Bei neutralen Emulgatoren wurde beobachtet, daß bei einer Erhöhung der Temperatur der Hydratationsgrad der polaren Gruppen abnimmt und der Einfluß der lipophilen Gruppen relativ stärker wird. Bei einigen Emulgatoren hat dies zur Folge, daß es bei Erhöhung der Temperatur zur Phasenumkehr O/W → W/O kommt. Die Temperatur, bei welcher die Inversion erfolgt, wird als „Phasenumwandlungstemperatur" bezeichnet.

8.15.4 Synthetische Emulgatoren

Von den synthetischen Emulgatoren spielen in der Lebensmitteltechnik die nichtionischen Verbindungen die größte Rolle. Hier besteht im Unterschied zu den ionischen Verbindungen nicht die Gefahr, daß durch Salzbildung mit Inhaltsstoffen des Lebensmittels die grenzflächenaktive Wirkung sinkt.

Die Anwendung von Emulgatoren ist in den einzelnen Ländern durch Rechtsvorschriften unterschiedlich geregelt. Die folgenden Verbindungen sind weltweit in Gebrauch.

8.15.4.1 Mono-, Diacylglyceride und Derivate

Mono- und Diacylglyceride, die meist als Gemische zur Anwendung kommen, werden wie unter 3.3.2 angegeben hergestellt. Durch Derivatisierung (cf. Tab. 8.20) erhält man weitere Emulgatoren mit speziellen Wirkungen. Dabei entstehen infolge der vielfältigen Reaktionsmöglichkeiten der Ausgangsverbindungen komplex zusammengesetzte Produkte. Ein Beispiel ist die Herstellung von Diacetylweinsäuremonoglycerid (Formel 8.36).

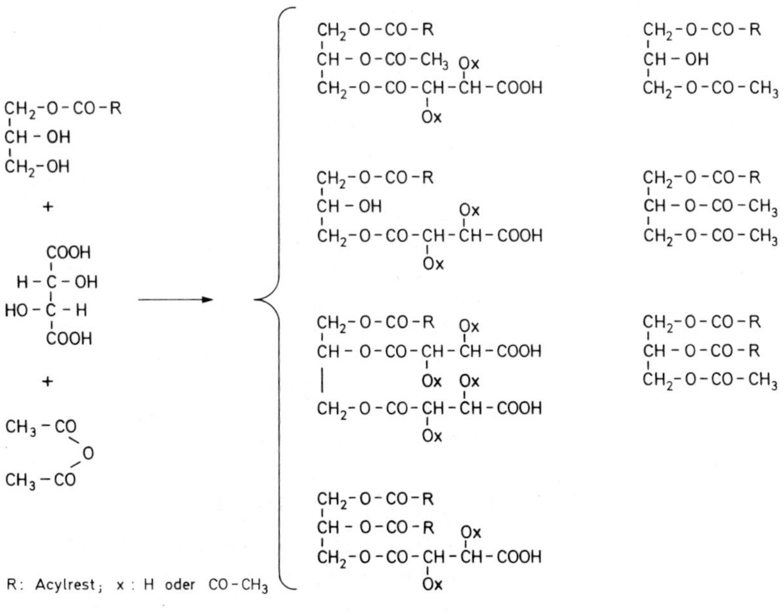

(8.36)

Tabelle 8.20. Emulgatoren aus Mono-Diacylglycerid-Gemischen

Name Mono- und Diglyceride verestert mit			Herstellung durch Umsetzung von Gemischen aus Mono- und Diacylglyceriden mit
Essigsäure (acetylierte Mono-Diglyceride)	*Acetem*	E 472a	Essigsäureanhydrid
Milchsäure	*Lactem*	E 472b	Milchsäure
Citronensäure	*Citrem*	E 472c	Citronensäure
Monoacetyl- und Diacetylweinsäure	*Datem*	E 472e	Weinsäure und Essigsäureanhydrid
Phosphorsäure	*SEMP*	E 442	Phosphorpentoxid

8.15.4.2 Zuckerester

Sie werden u. a. durch Umesterung von Methylestern der Fettsäuren 14:0, 16:0, 18:0 und/oder 18:1 (9) mit Saccharose, daneben auch mit Lactose hergestellt. Die entstehenden Mono- und Diester sind geruch- und geschmacklos; sie überdecken in Abhängigkeit von der Struktur einen größeren HLB-Bereich (7–13) und werden zur Stabilisierung von O/W-Emulsionen oder zur Solubilisierung von Instantpulvern eingesetzt.

8.15.4.3 Sorbitanfettsäureester

Ester von Sorbitan (cf. 19.1.4.6) mit Fettsäuren (Span's)

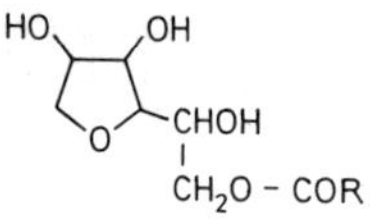

(8.37)

dienen u. a. zur Stabilisierung von W/O-Emulsionen.

8.15.4.4 Polyoxyethylen-Sorbitanfettsäureester

Zur Steigerung der hydrophilen Eigenschaften wird Sorbitan mit Ethylenoxid zu Polyoxyethylenderivaten umgesetzt und anschließend mit Fettsäuren verestert (Tween's):

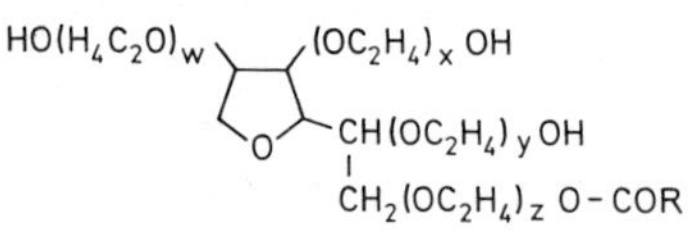

(8.38)

Die Polyoxyethylen-Sorbitansäureester (Beispiele in Tab. 8.18) sind zur Stabilisierung von O/W-Emulsionen geeignet.

8.15.4.5 Stearyl-2-lactylat

Von den synthetischen Tensiden mit dissoziabler Gruppe werden die Stearyl-Milchsäure und deren Natrium- und Calciumsalze verbreitet angewendet:

$$CH_3{-}(CH_2)_{16}{-}CO{-}O{-}\underset{}{\overset{CH_3}{\overset{|}{C}}}H{-}CO{-}O{-}\overset{CH_3}{\overset{|}{C}}H{-}COO^{\ominus}Na^{\oplus} \qquad (8.39)$$

Die freie Säure wirkt als W/O-Emulgator, die Salze sind O/W-Emulgatoren.
Der HLB-Wert des Na-Salzes beträgt 8–9, der des Ca-Salzes 6–7. Das zuerst genannte Salz stabilisiert z. B. O/W-Emulsionen, die mehrere Gefrier-Auftau-Cyclen überstehen müssen.

8.16 Dickungsmittel, Gelbildner, Stabilisatoren

Eine Reihe von Polysacchariden und modifizierten Polysacchariden erhöht bereits in geringen Konzentrationen die Viskosität von Systemen, bildet Gele und stabilisiert Emulsionen, Suspensionen und Schäume. Die Verbindungen wirken auch als Kristallisationsverzögerer (z. B. bei Zukkerwaren und bei Speiseeis) und sind zur Verkapselung von Aromen bei Trockenprodukten geeignet. Diese Eigenschaften machen Polysaccharide zu wichtigen Hilfsmitteln bei der Verarbeitung, Lagerung und Zubereitung von Lebensmitteln. Alle bedeutungsvollen Verbindungen, ihre Eigenschaften und Anwendungen werden im Kapitel Kohlenhydrate ausführlich behandelt. Unter den Proteinen ist Gelatine ein für den Lebensmittelbereich wichtiger Gelbildner (cf. 12.3.2.3.1).

8.17 Feucht- und Weichhaltungsmittel

Einige Polyole (1,2-Propandiol, Glycerin, Mannit, Sorbit) spielen auf Grund ihrer hygroskopischen Eigenschaften als Feucht- und Weichhaltungsmittel sowie als Kristallisationsverzögerer vor allem bei Süßwaren eine Rolle. Vor der Trocknung zugesetzt (Glycerin, Sorbit), können sie die Rehydratation von Trockenprodukten verbessern.

8.18 Mittel zur Erhaltung der Rieselfähigkeit

Produkte wie Speisesalz, Würzsalze (z. B. Mischungen aus Zwiebelpulver, Knoblauchpulver und Speisesalz), Gemüse- und Obstpulver, Trokkensuppen und Trockensoßen, Backpulver, neigen zum Zusammenbacken. Mit einer Reihe von Verbindungen, die entweder Wasser adsorbieren oder einen hydrophoben Schutzfilm liefern, kann die Rieselfähigkeit erhalten werden. Zu diesen Verbindungen gehören Natrium-, Kalium- und Calciumhexacyanoferrat(II), Calciumsilicate ($CaSiO_3 \times n\,H_2O$), Natriumsilicoaluminate, Tricalciumphosphat, Magnesiumsilicate und Magnesiumcarbonat.

8.19 Bleichmittel

Eine Bleichung spielt vor allem bei Mehl eine Rolle. Die Oxidation der farbgebenden Carotinoide kann durch eine Reihe von Verbindungen erfolgen, die zum Teil gleichzeitig auch zu einer Verbesserung der Backeigenschaften führen. Beispiele für eingesetzte Oxidationsmittel sind Benzoylperoxid, Cl_2, ClO_2, NOCl, NO_2, N_2O_4. Auch Lipoxygenase hat bleichende Wirkung.

8.20 Klärhilfsmittel

Bei Getränken, z. B. Fruchtsäften, Bier, Wein, können Trübungen und Sedimente auftreten, an denen phenolische Verbindungen, Pektine und Proteine beteiligt sind. Die genannten Erscheinungen können durch partiellen enzymatischen Abbau der Pektine und Proteine, aber auch durch Entfernung von Phenolen mit Hilfe von Gelatine, Polyamiden oder Polyvinylpyrrolidon sowie durch Entfernung von Proteinen mit Hilfe von Bentonit (Aluminiumsilicat) oder Tannin bekämpft werden.

8.21 Treibgase, Schutzgase

Bei oxidationsempfindlichen Lebensmitteln kann die Lagerung unter Schutzgasen (N_2, CO_2) eine geeignete Methode zur Haltbarkeitsverlängerung sein.
Flüssige Lebensmittel können in Druckdosen verpackt werden und mit Hilfe von Treibgasen als Creme oder Paste (z. B. Käsecreme, Ketchup), Schaum (z. B. Schlagsahne) oder Nebel (z. B. Gewürzextrakte in Öl) abgegeben werden. Als Treibgase werden N_2, N_2O, CO_2, Octafluorcyclobutan (Freon 318) und Chlorpentafluorethan (Freon 115) verwendet. N_2 wird auf Grund seiner geringen Löslichkeit in Wasser und Fett bevorzugt da eingesetzt, wo eine Schaumbildung unerwünscht ist (Ketchup). N_2O und CO_2 begünstigen dagegen wegen ihrer guten Wasserlöslichkeit, die genannten Fluorkohlenwasserstoffe wegen ihrer sehr guten Fettlöslichkeit bei Druckentlastung die Schaumbildung (Schlagsahne).

8.22 Literatur

Beets, M. G. J.: Structure-activity relationships in human chemoreception. Applied Science Publ.: London. 1978

Belitz, H.-D., Chen, W., Jugel, H., Treleano, R., Wieser, H., Gasteiger, J., Marsili, M.: Sweet and bitter compounds: Structure and taste relationship. In: Food taste chemistry (Ed.: Boudreau, J. C.), ACS Symposium Series 115, p. 93, American Chemical Society: Washington, D.C. 1979

Belitz, H.-D., Chen, W., Jugel, H., Stempfl, W., Treleano, R., Wieser, H.: Structural requirements for sweet and bitter taste. In: Flavour '81 (Ed.: Schreier, P.), p. 741, Walter de Gruyter: Berlin. 1981

Belitz, H.-D., Chen, W., Jugel, H., Stempfl, W., Treleano, R., Wieser, H.: QSAR of bitter tasting compounds. Chem. Ind. *1983,* 23

Birch, G. G., Brennan, J. G., Parker, K. J. (Eds.): Sensory properties of foods. Applied Science Publ.: London. 1977

Buchta, K.: Lactic acid. In: Biotechnology (Eds.: Rehm, H.-J., Reed, G.), Vol. 3, p. 409, Verlag Chemie: Weinheim. 1983

Compadre, C. M., Pezzuto, J. M., Kinghorn, A. D.: Hernandulcin: an intensely sweet compound discovered by review of ancient literatur. Science *227,* 417 (1985)

Deutsche Forschungsgemeinschaft: Bewertung von Lebensmittelzusatz- und -inhaltsstoffen. VCH Verlagsgesellschaft: Weinheim. 1985

Furia, T. E. (Ed.): Handbook of food additives. 2nd edn., CRC Press: Cleveland, Ohio. 1972
Griffin, W. C., Lynch, M. J.: Surface active agents. In: Handbook of food additives, 2nd edn. (Ed.: Furia, T. E.), p. 397, CRC Press: Cleveland, Ohio. 1972
Haberstroh, H.-J., Hustede, H.: Weinsäure. In: Ullmanns Encyklopädie der technischen Chemie, 4. Aufl., Bd. 24, S. 431, Verlag Chemie: Weinheim. 1983
Heusch, R.: Emulsionen. In: Ullmanns Encyklopädie der technischen Chemie, 4. Aufl., Bd. 10, S. 449, Verlag Chemie: Weinheim. 1975
Iyengar, R. B., Smits, P., Van der Ouderas, F., Van der Wel, H., Van Brouwershaven, J., Ravestein, P., Richters, G., von Wassenaar, P. D.: The complete amino-acid sequence of the sweet protein Thaumatin I. Eur. J. Biochem. *96,* 193 (1979)
Kier, L. B.: A molecular theory of sweet taste. J. Pharm. Sci. *61,* 1394 (1972)
Kommission der Europäischen Gemeinschaften: Berichte des Wissenschaftlichen Lebensmittelausschusses (Sechzehnte Folge) – Süßstoffe: Brüssel. 1985
Lange, H., Kurzendorfer, C.-P.: Zum Mechanismus der Stabilisierung von Emulsionen. Fette Seifen Anstrichm. *76,* 120 (1974)
Lück, E.: Chemische Lebensmittelkonservierung. Springer-Verlag: Berlin. 1977
Maga, J. A.: Flavor potentiators. Crit. Rev. Food Sci. Nutr. *18,* 231 (1982/83)
Powrie, W. D., Tung, M. A.: Food dispersions. In: Principles of food science, part I (Ed.: Fennema, O. R.), p. 539, Marcel Dekker, Inc.: New York. 1976
Röhr, M., Kubicek, C. P., Kominek, J.: Citric acid. In: Biotechnology (Eds.: Rehm, H.-J., Reed, G.), Vol. 3, p. 419, Verlag Chemie: Weinheim. 1983
Röhr, M., Kubicek, C. P., Kominek, J.: Gluconic acid. In: Biotechnology (Eds.: Rehm, H.-J., Reed, G.), Vol. 3, p. 455, Verlag Chemie: Weinheim. 1983
Rosival, L., Engst, R., Szokolay, A.: Fremd- und Zusatzstoffe in Lebensmitteln. VEB Fachbuchverlag: Leipzig. 1978
Schuster, G. (Hrsg.): Emulgatoren für Lebensmittel. Springer-Verlag: Berlin. 1985
Schwall, H.: Milchsäure. In: Ullmanns Encyklopädie der technischen Chemie, 4. Aufl., Bd. 17, S. 1, Verlag Chemie: Weinheim. 1979
Shallenberger, R. S., Acree, T. E.: Chemical structure of compounds and their sweet and bitter taste. In: Handbook of sensory physiology, Vol. IV, Part 2 (Ed.: Beidler, L. M.), p. 221, Springer-Verlag: Berlin. 1971
Souci, S. W., Mergenthaler, E.: Fremdstoffe in Lebensmitteln. J. F. Bergmann Verlag: München. 1958
Van der Wel, H., Bel, W. J.: Effect of acetylation and methylation on the sweetness intensity of Thaumatin I. Chem. Senses Flavor *2,* 211 (1976)

9 Kontamination von Lebensmitteln

9.1 Allgemeines

In Lebensmittel können aus verschiedenen Gründen und auf verschiedenen Wegen Verbindungen gelangen, die wegen ihrer Toxizität besondere Aufmerksamkeit erfordern. Es sind dies z. B.

- Bestandteile von Emissionen, die bei Verbrennungen und bei anderen technischen Prozessen auftreten (toxische Spurenelemente, radioaktive Nuklide, polycyclische aromatische Kohlenwasserstoffe),
- Komponenten aus Verpackungsmaterialien und aus anderen, in größerem Umfang verwendeten Stoffen (Monomere sowie Weichmacher und andere Hilfsstoffe bei Kunststoffen, polychlorierte Biphenyle, Reinigungs- und Desinfektionsmittel),
- Toxische Stoffwechselprodukte von Mikroorganismen (Enterotoxine, Mykotoxine),
- Rückstände von Pflanzenbehandlungsmitteln (Pesticide),
- Rückstände von Tierarzneimitteln und Zusätzen zu Futtermitteln.

Weiterhin können sich toxische Verbindungen in Lebensmitteln oder auch erst im menschlichen Verdauungstrakt durch Reaktionen zwischen Inhaltsstoffen bilden (Nitrosamine).
Notwendige Maßnahmen zur Verminderung von Kontaminationen sind u. a.:

- Analytische Erfassung von Kontaminationen auf möglichst breiter Basis und mit möglichst großer Empfindlichkeit,
- Ermittlung der Kontaminationswege,
- Legislative Schritte (Verbot oder Einschränkung der Verwendung von Stoffen bzw. Prozessen, Festsetzung von Höchstmengen).

Entsprechende Bemühungen haben auf vielen Gebieten bereits zu Erfolgen geführt.
Im Ernährungsbericht 1980 wird zu den chemisch-toxikologischen Aspekten bei Lebensmitteln festgestellt:

„Wenn man die Gesamtsituation in Lebensmitteln im Vergleich zum Ernährungsbericht 1976 überblickt, so muß man sagen, daß keine neuen Risiken entdeckt worden sind, daß dort, wo Kontaminationen bestehen und Maßnahmen zu ihrer Reduktion oder ihrer Vermeidung ergriffen worden sind, sich auch bereits Verminderungen der Rückstände abzeichnen. Wo solche Rückstände unvermeidbar sind, gilt es, den Verbraucher aufzuklären, daß er stärker kontaminierte Lebensmittel, wie bestimmte Wildpilze, Niere, Leber, Süßwasserfische nicht täglich in den Speiseplan einbezieht, sondern seltener verzehrt.
Wo durch absichtliches menschliches Zutun Rückstandsprobleme auftreten, durch Anwendung von verbotenen Pesticiden oder zur unrechten Zeit, von nicht zulässigen Tierarzneimitteln oder durch Nichteinhaltung der Wartezeiten, kann nur eine verschärfte Überwachung hilfreich sein, die stärker als bisher auch Einzelablieferer von Milch und Eiern, Anbauer bestimmter Kulturen und besonders Importeure bestimmter Nahrungsgüter berücksichtigt."

Die toxikologische Bewertung der Kontamination von Lebensmitteln kann aus mehreren Gründen schwierig sein. Zunächst liegen nicht für alle Stoffe ausreichende Daten vor. Weiterhin ist ein Zusammenwirken verschiedener Stoffe, gegebenenfalls einschließlich ihrer Folgeprodukte, nicht auszuschließen. Auch hängen mögliche Wirkungen nicht zuletzt vom Alter, Geschlecht, Gesundheitszustand und von den Verzehrsgewohnheiten der Konsumenten ab. Aus diesen Gründen wird bei allen Aussagen über „duldbare Konzentrationen" mit einem großen Sicherheitsfaktor gearbeitet.
Die Prüfung der Toxizität von Stoffen umfaßt heute im allgemeinen die Ermittlung der

- akuten Toxizität, meist als „mittlere letale Dosis" (LD_{50}) ausgedrückt,
- subakuten Toxizität in Fütterungsversuchen über vier Wochen,
- chronischen Toxizität in Fütterungsversuchen von 6 Monaten bis zu 2 Jahren.

Bei den Untersuchungen zur chronischen Toxizität wird insbesondere auf mögliche karzinogene, mutagene und teratogene Wirkungen geachtet.

Die Versuche werden mit mindestens zwei Tierarten durchgeführt, von denen eine nicht zu den Nagern gehören soll.
Die obere Grenze des Dosisbereichs einer Substanz, in dem auch bei lebenslanger Zufuhr und bei Beobachtung mehrerer Generationen keine Wirkungen nachgewiesen werden können, wird als „No Effect Level" (NEL, mg/kg Körpergewicht des Versuchstieres) bezeichnet. Er kann als Grundlage der Risikoabschätzung für den Menschen bei allen Substanzen dienen, für die im Tierversuch eine Dosis-Wirkungsbeziehung nachgewiesen wurde. Durch Multiplikation von NEL mit einem Sicherheitsfaktor (10^{-1} bis 5×10^{-4}, meist 10^{-2}), mit dem besonders empfindliche Personen, extreme Abweichungen vom durchschnittlichen Verzehr und andere unbekannte Faktoren in Rechnung gestellt werden, ergibt sich die toxikologisch „Annehmbare Dosis" (AD, mg/kg Körpergewicht des Menschen), die als Tagesdosis (Acceptable Daily Intake, ADI) oder als Wochendosis (Acceptable Weekly Intake, AWI) angegeben wird.
Aus den toxikologisch annehmbaren Dosen können unter Berücksichtigung der Verzehrsgewohnheiten „Duldbare Konzentrationen" (DK) von Substanzen für einzelne Lebensmittel berechnet werden, deren Einhaltung eine Überschreitung der AD ausschließt:

$$DK = \frac{NEL \times FV}{SF} \times \frac{KG}{VM \times ZSF}$$

DK: Toxikologisch duldbare Konzentration für einzelne Lebensmittel (mg/kg Lebensmittel)
NEL: No Effect Level (mg/kg Futter)
FV: Futteraufnahme der Versuchstiere pro Tag (kg Futter/kg Körpergewicht)
SF: Sicherheitsfaktor (10–2000, meist 100)
KG: Körpergewicht eines Erwachsenen (50–80 kg)
VM: Täglich verzehrte Menge des Lebensmittels, für das die DK ermittelt werden soll (kg)
ZSF: Zusätzlicher Sicherheitsfaktor für besonders empfindliche Personen, wie Kinder, Kranke (2,5).

Durch Rechtsvorschriften festgelegte Höchstmengen liegen vielfach noch unter diesen toxikologisch duldbaren Höchstmengen, da weitere Gesichtspunkte in die Berechnung eingehen, z. B. bei den Pestiziden die „bei guter landwirtschaftlicher Praxis" erforderlichen Mengen.

Tabelle 9.1. Quecksilber, Blei und Cadmium in Lebensmitteln (BRD, Stand 1979[a])

Lebensmittel	Quecksilber			Blei			Cadmium		
	1	2	3	1	2	3	1	2	3
Milch				0,001–0,083 5	0,019	0,05	0,001–0,007	0,001	0,0025
Hühnereier	0,000 8–0,24	0,011	0,03	0,000 2–0,868 9	0,074	0,2	0,000 5–0,087 1	0,024	0,05
Rind-/Kalbfleisch	0,000 5–0,105	0,003	0,02	0,001–0,967	0,070	0,3	0,001–0,32	0,016	0,1
Schweinefleisch	0,001–0,18	0,006	0,05	0,01–0,600	0,061	0,3	0,001–0,099	0,009	0,1
Rinder-/Kalbsleber	0,002 5–0,879	0,015	0,1	0,01–3,31	0,278	0,8	0,001–4,1	0,127	0,5
Schweineleber	0,001–1,434	0,058	0,1	0,007–1,488	0,149	0,8	0,002 5–1,61	0,165	0,8
Süßwasserfisch	0,000 5–2,74	0,257	1,0	0,000 5–1,08	0,124	0,5	0,000 5–0,803 5	0,020	0,05
Seefisch	0,003 5–1,78	0,128	1,0						
Fischerzeugnisse	0,002–1,6	0,189	1,0						
Blattgemüse	0,000 25–0,033	0,004		0,002 5–9,136	0,620	1,2	0,001–0,387 5	0,044	0,1
Sproßgemüse	0,000 25–0,025	0,003		0,000 5–0,55	0,101	1,2	0,000 5–0,09	0,019	0,1
Fruchtgemüse	0,000 25–0,012	0,003		0,001 5–1,91	0,120	0,2	0,000 5–0,166	0,020	0,1
Wurzelgemüse				0,001 5–1,24	0,205	0,5	0,001–0,104	0,023	0,05
Kernobst	0,000 25–0,012 5	0,002		0,000 5–1,54	0,171	0,5	0,000 5–0,116	0,010	0,05
Steinobst	0,000 25–0,009 9	0,001		0,007 5–1,349	0,142	0,5	0,000 5–0,076	0,014	0,05
Beerenobst	0,000 25–0,001 67	0,002		0,000 2–2,08	0,245	0,5	0,000 1–0,101	0,018	0,05
Fruchtsäfte				0,01–0,20	0,057	0,2	0,004–0,015	0,007	0,02
Getreide	0,000 5–0,064 2	0,004	0,03	0,01–0,61	0,041	0,5	0,004–0,80	0,035	0,1
Kartoffeln	0,000 5–0,015 4	0,006	0,02	0,001 5–0,319	0,075	0,2	0,001–0,202	0,050	0,1
Wein				0,005–3,08	0,173	0,3	0,000 5–0,03	0,003	0,1
Trinkwasser	0,000 02–0,002	0,000 3	0,004	0,002 1–0,022 5	0,009	0,04	0,000 4–0,004 4	0,001	0,006

[a] Alle Werte in mg/kg bzw. mg/l, Spalten 1: Variationsbreite, Spalten 2: Arithmetisches Mittel, Spalten 3: Richtwert, der nicht überschritten werden sollte, bzw. in einigen Fällen gesetzlich festgelegte Höchstmenge.

9.2 Toxische Spurenelemente

9.2.1 Quecksilber

Für Quecksilbervergiftungen, die durch Lebensmittel ausgelöst werden, kommen nur organische Quecksilbervergiftungen in Frage, z. B. Dimethylquecksilber (CH_3—Hg—CH_3), Methylquecksilbersalze (CH_3—Hg—X, X = Chlorid, Phosphat), Phenylquecksilbersalze (C_6H_5—Hg—X, X = Chlorid, Acetat). Diese Verbindungen sind lipidlöslich, leicht resorbierbar, werden in den Erythrocyten und im Zentralnervensystem gespeichert und sind sehr toxisch. Einige der genannten Verbindungen werden als Fungicide und als Saatbeizmittel verwendet. Methylquecksilberverbindungen werden auch aus anorganischen Quecksilberverbindungen durch Mikroorganismen synthetisiert, die in Sedimenten von Gewässern vorkommen. Der Gehalt an diesen Verbindungen kann deshalb bei Fischen und anderen in Wasser lebenden Organismen relativ hoch sein.

Der natürliche Quecksilbergehalt in der Umwelt ist in den letzten 50 Jahren praktisch konstant geblieben. Vergiftungsfälle (Japan, Irak) konnten auf den Verzehr von Fischen, die durch stark quecksilberhaltige Industrieabwässer kontaminiert waren und auf den Verzehr von gebeiztem Saatgut zurückgeführt werden. Als duldbare Jahresdosis für einen Erwachsenen (70 kg) werden insgesamt 18 mg Quecksilber angesehen, davon höchstens 10 mg als Methylquecksilber. Über den Quecksilbergehalt von Lebensmitteln informiert Tab. 9.1. Die durchschnittliche Aufnahme von Quecksilber mit Lebensmitteln, die praktisch nur über den Verzehr von Fisch erfolgt, wird in der BRD derzeit auf 5,7 mg/Kopf und Jahr geschätzt.

9.2.2 Blei

Die Kontamination der Umwelt mit Blei ist durch die Industrialisierung und durch die Verwendung von bleihaltigen Antiklopfmitteln bei Kraftstoffen gestiegen. Das Antiklopfmittel Bleitetraethyl, $(C_2H_5)_4Pb$, gibt bei der Verbrennung PbO, $PbCl_2$ und andere anorganische Bleiverbindungen. Die Hauptmenge dieser Bleiverbindungen wird in einem ca. 30 m breiten Streifen beidseits von Straßen abgeschieden, wobei die Konzentration mit der Entfernung von der Fahrbahn stark abnimmt. Sie ist z. B. bei stark befahrenen Straßen in 100 m Entfernung in der Atmosphäre um den Faktor 10, im Boden und in Pflanzen um den Faktor 20 kleiner als unmittelbar neben der Fahrbahn. Die Senkung der Konzentration an bleihaltigen Antiklopfmitteln und die Verwendung bleifreier Kraftstoffe hat bereits zu einer Verringerung der Kontamination geführt.

Die gestiegene Kontamination der Umwelt hat allerdings den Bleigehalt von Lebensmitteln nicht wesentlich erhöht, da der Boden Blei im allgemeinen gut festhält, so daß die Kontamination von Pflanzen nicht proportional zur Kontamination des Bodens steigt. Gemüse mit großer Oberfläche (Spinat, Grünkohl) können größere Bleimengen enthalten, wenn sie in der Nähe von Emissionsquellen angebaut werden. Beim Übergang von der Pflanze zum Tier erfolgt keine Anreicherung. Ein großer Teil des aufgenommenen Bleis wird mit den Faeces ausgeschieden.

Weitere Kontaminationsquellen sind bleihaltige Zinngefäße, gelötete Konservendosen und bleihaltige Glasuren, insbesondere wenn sie mit sauren Lebensmitteln in Berührung kommen. Dieser Kontaminationsweg spielt aber heute keine große Rolle mehr.

Als vorläufig duldbare Wochendosis für einen Erwachsenen (70 kg) werden 3,5 mg Blei angesehen. Über den Bleigehalt von Lebensmitteln informiert Tab. 9.1. Die durchschnittliche Aufnahme von Blei liegt in der BRD bei 0,7–1,2 mg/Woche, wovon über 90% auf die Nahrung entfallen. Eine Senkung der Bleiaufnahme ist wünschenswert.

Untersuchungen an Haaren und Knochen haben gezeigt, daß die Bleibelastung des Menschen in vorindustrieller Zeit offensichtlich größer war als heute. Mögliche Ursachen sind in der Verwendung von Blei für Wasserleitungsrohre, bleihaltigem Zinngeschirr und bleihaltigen Glasuren zu sehen.

9.2.3 Cadmium

$Cd^{2\oplus}$-Ionen werden im Gegensatz zu $Pb^{2\oplus}$- und $Hg^{2\oplus}$-Ionen von Pflanzen leicht aufgenommen und verteilen sich im Gewebe gleichmäßig, so daß eine Dekontamination durch Entfernung von Hüllen oder äußeren Blättern, wie z. B. bei Blei, nicht möglich ist. Einige Wildpilze enthalten von Natur aus größere Mengen Cadmium. Bei Lebensmitteln tierischer Herkunft ist Cadmium vor allem in Innereien (Leber, Niere) und auch in der Milch zu finden. Als Kontaminationsquellen kommen Industrieabwässer und Klärschlamm, der als Düngemittel verwendet wird, in Frage. Es ist noch umstritten, ob die Cadmiumbelastung in der Umwelt durch die Industrialisierung in einer mit Blei vergleichbaren Weise zugenommen hat. Bei Langzeitaufnahmen von Cadmium kommt es zu einer Speicherung im menschlichen Organismus, vorwiegend in Leber und Niere, die ab 0,2–0,3 mg Cd/g Nierenrinde u. a. zu Tubulusschäden führt. Als duldbare Wochendosis werden 0,5 mg Cadmium angesehen. Über den Cadmiumgehalt von Lebensmitteln informiert Tab. 9.1. Die Aufnahme scheint zu schwanken und wird in der BRD sowie auch in anderen Ländern derzeit auf 0,24 mg/Woche geschätzt, wovon mehr als 95% auf die Nahrung entfallen. Aus den Werten folgt, daß zwar keine akuten Gefahren bestehen, daß die Kontamination mit Cadmium aber im Gegensatz zu der mit Blei und Quecksilber ein gewisses Problem darstellt und daß eine Verringerung der Cd-Aufnahme anzustreben ist.

9.2.4 Radionuklide

Abschätzungen ergaben, daß die durchschnittliche Strahlenexposition (Gonadendosis) eines Menschen in der BRD 1975 bei 1,72 mGy/Jahr lag. Davon entfielen 0,21 mGy auf inkorporierte natürliche Radionuklide (ca. 90% auf ^{40}K, der Rest auf ^{14}C u. a.), < 0,01 mGy auf inkorporierte Radionuklide aus Kernwaffenversuchen, und zwar ca. 50% auf ^{137}Cs und ca. 50% auf ^{90}Sr, ^{14}C und Tritium. ^{137}Cs und ^{90}Sr treten als Begleiter von Kalium bzw. Calcium auf. Die Kontamination von Lebensmitteln erreichte in der BRD 1964/65 ein Maximum. Die Aufnahme mit der Gesamtnahrung lag damals pro Tag und Person bei 9 Bq ^{137}Cs und 1 Bq ^{90}Sr. Bis zum Reaktorunfall von Tschernobyl im April 1986 lag die Aufnahme auf Grund der Tatsache, daß seit 1963 Kernwaffentests von den USA und der Sowjetunion nur noch unterirdisch durchgeführt werden dürfen, nur noch bei weniger als 10% dieser Werte, so daß Rückstände von Radionukliden in Lebensmitteln ohne gesundheitliche Bedeutung waren. Die durch den Unfall in Tschernobyl verursachte zusätzliche Aufnahme von Radionukliden mit der Nahrung wird für 1986 (Kinder bis 1 Jahr/Erwachsene) auf 1779/4598 Bq/Jahr an ^{131}J, 986/1758 Bq/Jahr an ^{134}Cs und 1849/3399 Bq/Jahr an ^{137}Cs, die dadurch bedingte zusätzliche effektive Äquivalentdosis für Menschen in der BRD auf 0,04–0,26 mSv geschätzt. Die natürliche Strahlenbelastung liegt vergleichsweise bei 2 mSv pro Jahr, von denen 0,38 mSv/Jahr durch Radionuklide in der Nahrung bedingt sind. Vorsorglich wurden für Milch und Gemüse Aktivitätshöchstwerte von 500 Bq/l bzw. 250 Bq/kg festgesetzt.

Durch den Betrieb von Kernenergieanlagen wird die Tritiummenge in der gesamten Biosphäre von 28 MCi langfristig auf 250 MCi steigen.

9.3 Toxische Verbindungen mikrobieller Herkunft

9.3.1 Lebensmittelvergiftungen bakteriellen Ursprungs

Die Mehrzahl der Lebensmittelvergiftungen (60–90%) ist bakteriellen Ursprungs. Zu unterscheiden ist zwischen durch Lebensmittel verursachten

- Intoxikationen, z. B. durch *Clostridium botulinum, Staphylococcus aureus,*
- Erkrankungen infolge massiver Verunreinigung mit fakultativ pathogenen Keimen, wie z. B. *Clostridium perfringens, Bacillus cereus,*
- Infektionen durch *Salmonella spp.* oder *Shigella spp.*,
- Erkrankungen unklarer Ätiologie durch *Proteus spp., Escherichia coli, Pseudomonas spp.*

Die Wirkung der genannten Bakterien im Verdauungstrakt des Menschen geht auf Enterotoxine zurück, die in Exotoxine und in Endotoxine unterteilt werden.

Exotoxine werden vorwiegend von grampositiven Bakterien im Laufe der Entwicklung freigesetzt. Es handelt sich meist um Proteine mit Antigenspezifität, die sehr toxisch sind und nach einer gewissen Latenzzeit wirken. Dazu gehören die Toxine von *Clostridium botulinum, Cl. perfringens* und *Staphylococcus aureus.* In Tab. 9.2 sind einige Daten über diese Mikroorganismen und ihre Wirkungen zusammengestellt. Intoxikationen mit *St. aureus* gehören zu den häufigsten Lebensmittelvergiftungen, die mit Erbrechen, Durchfall und Magenschmerzen verlaufen und vorwiegend durch Lebensmittel tierischer Herkunft bedingt sind (Fleisch, Fleischprodukte, Geflügel, Käse, Kartoffelsalat, Kuchen).

Tabelle 9.2. Lebensmittelvergiftungen durch bakterielle Toxine

Mikroorganismen	*Staphylococcus aureus*	*Clostridium botulinum*	*Bacillus cereus*	*Clostridium perfringens*
Wachstumsbedingungen				
Temperaturbereich	10–45 °C	4–35 °C	10–45 °C	12–52 °C
pH-Bereich	4,5	5		5–8,5
Toxin				
Art	Protein	Protein	Lipid (?)	Protein
Wirksame Menge	0,5–1 μg	0,1–1 μg	10^8 Keime/g	10^6 Keime/g
Stabilität	relativ thermostabil	thermolabil, Inaktivierung durch 80 °C/30 min, 100 °C/5 min		
Inkubationszeit	2–6 h	1–3 d	1–12 h	8–24 h
Dauer der Erkrankung	1–3 d	Tod nach 1–8 d, im Überlebensfall 6–8 Monate	0,5–1 d	0,5–1 d
Symptome	Erbrechen, Diarrhoe, Leibschmerzen	Lähmung der Nervenzentren des verlängerten Marks	Leibschmerzen, Übelkeit, Diarrhoe, Erbrechen	Diarrhoe, Bauchkrämpfe, Übelkeit Appetitlosigkeit
Lebensmittel, über die eine Vergiftung bevorzugt auftreten kann	Aufschnitt, geschnittener Käse, schwach saure Salate (Fleisch, Wurst, Geflügel, Käse, Kartoffel), Mayonnaise, Cremefüllungen bei Backwaren	Hausgemachte Fleischkonserven, große Knochenschinken, aufgeschnittene Wurst, Forellenfilets, Konserven grüner Bohnen	Gemeinschaftsverpflegung: Warmgehaltene Gerichte, getreidehaltige Gerichte (Mais, Reis)	Gemeinschaftsverpflegung: Aufgewärmte, lange warm gehaltene Fleischgerichte, lange warm gehaltene Desserts, Puddings, Cremefüllungen bei Backwaren

Endotoxine werden vorwiegend von gramnegativen Bakterien produziert. Es handelt sich um Antigene, die fest an die Bakterienoberfläche gebunden sind und aus Protein-, Polysaccharid- und Lipidkomponenten bestehen. Die Wirkung tritt im allgemeinen ohne längere Latenzzeit ein. Zu dieser Gruppe gehören z. B. die Toxine der Erreger von Typhus, Paratyphus, Salmonellosen und bakterieller Ruhr. Die größte Bedeutung haben Salmonellosen, die z. B. durch infizierte Eiprodukte, Gefriergeflügel, Hackfleisch, Konditoreiwaren und Kakao ausgelöst werden können.

9.3.2 Mykotoxine

Es sind 80 bis 90 Mykotoxine bekannt, die von etwa 120 Schimmelpilzarten unter bestimmten Bedingungen produziert werden. In Tab. 9.3 sind Daten über einige Mykotoxine zusammengestellt, die im Zusammenhang mit Lebensmitteln besonderes Interesse beanspruchen. Die Strukturformeln sind in Abb. 9.1 zu finden.

Die durch *Claviceps purpurea* hervorgerufene Mutterkornvergiftung hatte früher Bedeutung, spielt heute aber infolge der Saatgutbeizung und der Reinigung des Brotgetreides vor der Vermahlung keine Rolle mehr. Die Verwendung von nicht sachgemäß gereinigtem Getreide im Haushalt ist aber äußerst gefährlich.

Die meisten Daten liegen über die durch verschiedene *Aspergillus spp.* produzierten hochtoxischen Aflatoxine vor, da Aflatoxin B_1 die stärkste bisher bekanntgewordene karzinogene Verbindung ist. Im Tierversuch (Ratte) erwies sich eine Tagesdosis von 10 μg/kg Körpergewicht bereits als wirksam. Vergleichsweise waren in entsprechenden Versuchen mit dem ebenfalls hochtoxischen Dimethylnitrosamin 750 μg/kg

Table 9.3. Mykotoxine

Pilz	Toxin[a]	Toxizität[b]	Wirkung	Vorkommen
Claviceps purpurea	Ergotalkaloide (I)		Ergotismus (Gangrän, Krämpfe)	Vorzugsweise Roggen, weniger Weizen
Aspergillus flavus *A. parasiticus*	Aflatoxine (II)	7,2 mg/kg (Ratte, oral)	Leberzirrhose, Leberkrebs	Erdnüsse, andere Nüsse (Mandeln, Paranüsse), Mais und andere Getreidearten, Futtermittel, Milch
Aspergillus versicolor *A. nidulans*	Sterigmatocystin (III)	120 mg/kg (Ratte, oral)	Leberkrebs	Mais, Weizen, Futtermittel
Penicillium expansum *P. urticae* *Byssochlamis nivea*, *B. fulva*	Patulin (IV)	35 mg/kg (Maus, oral)	Zellgift	Faules Obst, Fruchtsäfte
Aspergillus ochraceus *A. melleus*	Ochratoxin A (V)	20 mg/kg (Ratte, oral)	Fettleber, Nierenschäden	Gerste, Mais
Fusarium graminearum	Zearalenon (VI) (Fusariotoxin F_2)	0,1 mg/kg über 5 Tage (Schwein, oral[c])	Östrogen, Unfruchtbarkeit	Mais, andere Getreidearten, Futtermittel
Fusarium oxysporum *F. tricinctum*	Fusariotoxin T_2 (VII)	3,8 mg/kg (Ratte, oral)	Toxische Aleukie, Hämorrhagisches Syndrom	Getreide, Futtermittel
Fusarium roseum *F. graminearum*	Vomitoxin (VIII)	70 mg/kg (Maus, i. p.)	Erbrechen	Getreide, Futtermittel

[a] Die römischen Ziffern beziehen sich auf die Strukturformeln in Abb. 9.1.
[b] Akute Toxizität (LD_{50}).
[c] Östrogene Wirkung.

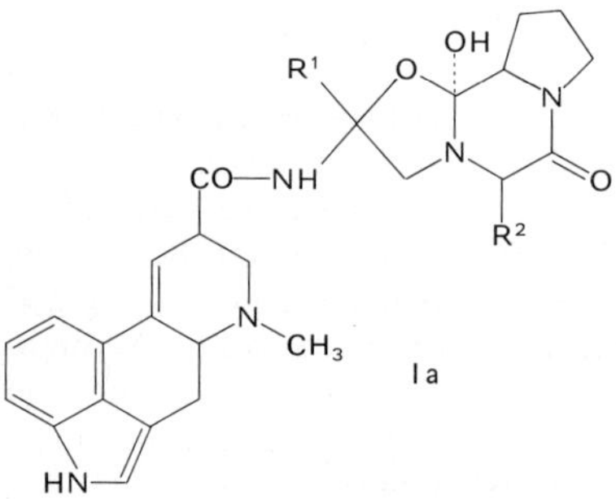

I a

I: Ergotalkaloide
I a: Ergocristin ($R^1 = CH(CH_3)_2$, $R^2 = H_2C{-}C_6H_5$), Ergostin ($R^1 = C_2H_5$, $R^2 = H_2C{-}C_6H_5$), Ergotamin ($R^1 = CH_3$, $R^2 = H_2C{-}C_6H_5$), Ergocryptin ($R^1 = CH(CH_3)_2$, $R^2 = H_2C{-}CH(CH_3)_2$), Ergocornin ($R^1 = CH(CH_3)_2$, $R^2 = CH(CH_3)_2$), Ergosin ($R^1 = CH_3$, $R^2 = CH_2{-}CH(CH_3)_2$) I b: Ergometrin

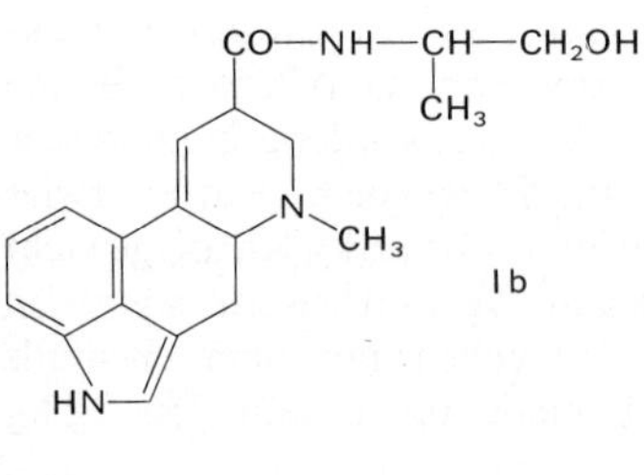

I b

Abb. 9.1. Strukturformeln einiger Mykotoxine (cf. Tab. 9.3)

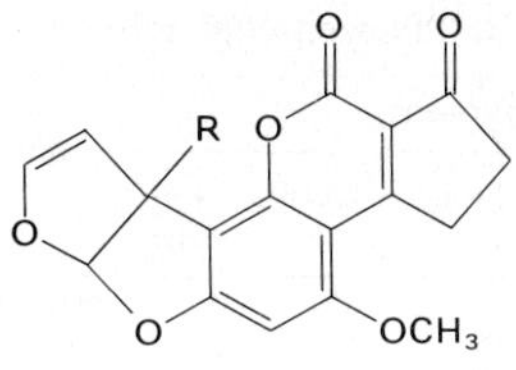

IIa

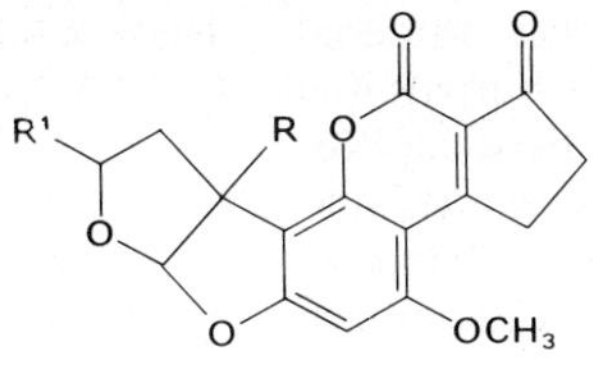

IIb

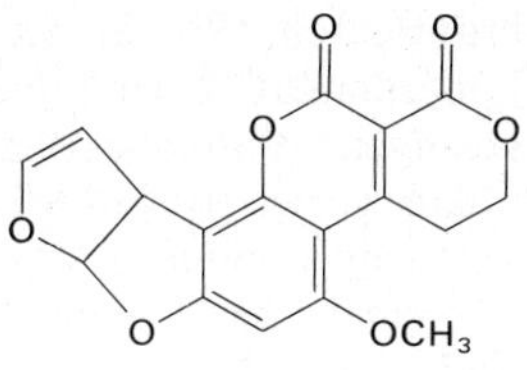

IIc

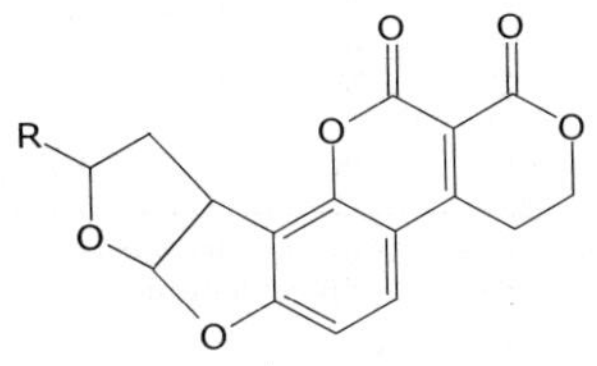

IId

II: Aflatoxine
IIa: Aflatoxin B_1 (R=H),
Aflatoxin M_1 (R=OH), IIb: Aflatoxin B_2
(R, R^1=H), Aflatoxin M_2 (R=OH, R^1=H),
Aflatoxin B_{2a} (R=H, R^1=OH), IIc: Aflatoxin G_1,
IId: Aflatoxin G_2 (R=H), Aflatoxin G_{2a} (R=OH)

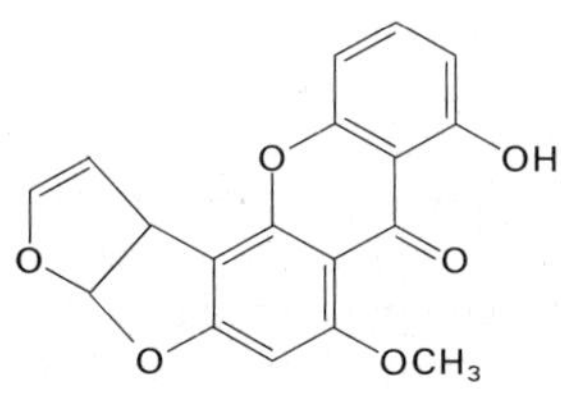

III

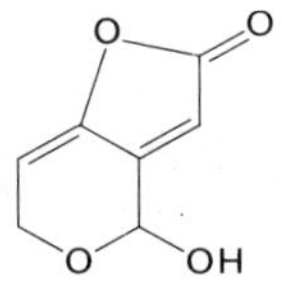

IV

III: Sterigmatocystin
IV: Patulin

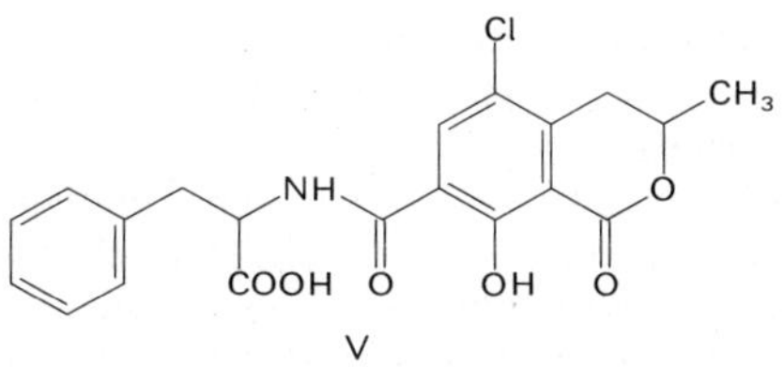

V

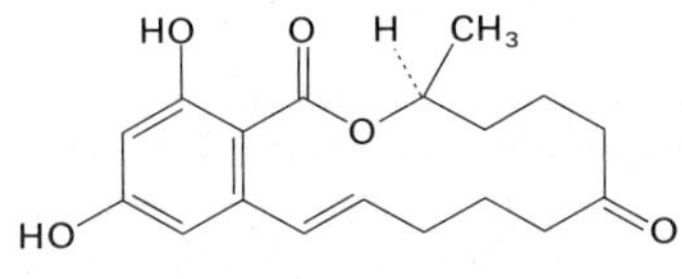

VI

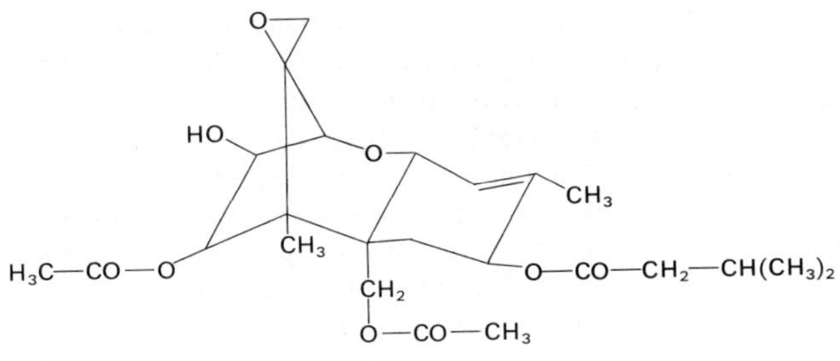

VII

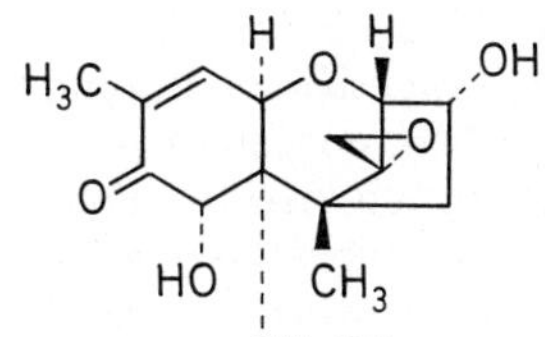

VIII

V: Ochratoxin A
VI: trans-Zearalenon
VII: Fusariotoxin T_2
VIII: Vomitoxin

Abb. 9.1. (Fortsetzung)

erforderlich. Primär ist pflanzliches Material kontaminiert. Über kontaminierte Futtermittel gelangen Aflatoxine aber auch in tierische Produkte, vorwiegend in Milch. Die Kuh metabolisiert aufgenommene Aflatoxine der B-Gruppe zu solchen der M-Gruppe, die ebenfalls karzinogen sind.

Durch sehr umfangreiche analytische Arbeiten und durch die Festlegung von Höchstmengen in Rechtsvorschriften ist die Kontamination mit Aflatoxinen stark zurückgegangen. Bei Erdnüssen rechnet man heute nur noch mit *einem* kontaminierten Kern auf 10^4 aflatoxinfreie Kerne. In Trinkmilch sind die Aflatoxine M_1 und M_2, die aus den Aflatoxinen B_1 und B_2 durch Hydroxylierung in 4-Stellung hervorgehen, verbreitet anzutreffen, allerdings in durchschnittlich sehr geringen Mengen von 3–8 ng/l.

Über das Vorkommen anderer Mykotoxine, die in Tab. 9.2 aufgeführt sind, liegen bisher wesentlich weniger analytische Daten vor. Die quantitativ wichtigste Quelle für Mykotoxine bleibt der Schimmelbefall von Obst, Back- und Fleischwaren in den Haushalten.

9.4 Pesticide

9.4.1 Allgemeines

Unter dem Begriff Pesticide faßt man alle Verbindungen zusammen, die bei der Pflanzenproduktion angewendet werden, um Pflanzen bzw. pflanzliche Produkte vor Krankheiten, tierischen Schädlingen, pflanzlichen Schädlingen (Unkraut, Parasiten) und schädlichen Mikroorganismen zu schützen. Die wichtigsten Gruppen von Pesticiden sind *Herbicide* zur Bekämpfung von Unkraut, *Fungicide* zur Bekämpfung von unerwünschten Mikroorganismen und *Insecticide* zur Bekämpfung von Insekten. Daneben haben *Acaricide* gegen Milben, *Nematicide* zur Bekämpfung von Fadenwürmern, *Molluskicide* zur Bekämpfung von Schnecken, *Rodenticide* zur Bekämpfung von Nagetieren, sowie *Wuchsstoffe* (cf. 18.1.4) Bedeutung. Tab. 9.4 informiert über die Marktanteile der verschiedenen Pesticidgruppen.

Durch die Anwendung von Pesticiden werden Verluste an Erntegütern und Vorräten herabgesetzt und auch durch Insekten übertragene Krankheiten (Malaria) unter Kontrolle gehalten.

Tabelle 9.4. Marktanteile von Pflanzenschutzmitteln

	Pesticidgruppen[a]				Insgesamt[b]
	Insecticide	Fungicide	Herbicide	Sonstige	
Westeuropa	21	27	47	5	20,6
BRD	11	19	64	6	2,8
Frankreich	19	25	50	6	7,2
Italien	28	45	22	5	3,2
Osteuropa	22	28	45	5	18,3
USA/Kanada	28	6	65	2	23,1
Lateinamerika	58	13	28	1	12,0
Afrika	60	17	16	7	4,9
Asien/Mittl. Osten	49	22	26	2	19,4
Australien/ Neuseeland	30	13	56		1,7

[a] Prozentualer Anteil am Gesamtwert (Großhandelspreise).
[b] Prozentualer Anteil am Weltmarkt (Großhandelspreise).

Die Verluste an Erntegütern liegen trotzdem weltweit noch bei durchschnittlich 35% (Europa 25%, Asien 43%).

Die Anwendung von Pesticiden erfolgt in verschiedener Form, z. B. als Stäubemittel, als Streumittel und als Flüssigkeit. Die Einhaltung von Anwendungsvorschriften, Wartezeiten zwischen letzter Anwendung und Ernte sowie die Beschränkung der Anwendung auf das unbedingt notwendige Maß sind unabdingbare Forderungen, damit die Rückstände in Lebensmitteln und Futtermitteln so gering wie möglich sind. Den genannten Forderungen wird vielfach durch Rechtsvorschriften mit Anwendungsverboten, Angaben von Höchstmengen etc. Nachdruck verliehen.

Die Kontamination erfolgt bei Lebensmitteln pflanzlicher Herkunft entweder direkt durch Behandlung der Kulturen bzw. durch Vorratsschutzmaßnahmen (z. B. Fungicide bei Obst und Gemüse, Insecticide bei Getreide), oder indirekt, z. B. bei Folgekulturen durch Aufnahme von noch vorhandenen Pesticidrückständen über Boden bzw. Gasphase, bei Nachbarkulturen bzw. Unterkulturen durch Abtrift, ferner über die Behandlung von Lagerräumen.

Bei Lebensmitteln tierischer Herkunft erfolgt eine Kontamination über Futtermittel, Stallbehandlungsmittel, Stallweißelmittel (Fungicide, Insecticide), Insektenbekämpfungsmittel, gebeizte Holzteile, Tierarzneimittel, gegebenenfalls auch über die Verfütterung von gebeiztem Saatgut.

Tab. 9.5 und Abb. 9.2 geben einen Überblick über wichtige Pesticide und ihre Anwendungsgebiete. Tab. 9.6 informiert über die Rückstandssituation in der BRD.

Tabelle 9.5. Ausgewählte Pesticide

Nr.	Name	Anwendung
Insecticide		
I	Lindan (γ-HCH), BHC, Gammexan	Saatgut (Getreide, Rüben, Leguminosen), Gemüse, Obst
I a	β-HCH	in der BRD nicht zulässig, ebenso wie α-HCH
II	p,p'-DDT	Malariabekämpfung, in der BRD nicht zulässig
III	Methoxychlor	Obst, Gemüse, Kartoffeln, Kohl, Weizen, Roggen
IV	Endosulfan, Thiodan	Gemüse, Obst, Kartoffeln, Rüben, Raps, Ackerbohnen, Mais, Futtermittel
V	Aldrin, HHDN	Wein
VI	Dieldrin, HEOD	in der BRD nicht zulässig
VII	Heptachlor	Saatgut (Rüben)
VIII	Heptachlorepoxid (A, B)	Metaboliten von VII
IX	Azinphosethyl, Gusathion H	Kartoffeln, Getreide, Raps, Rüben, Gemüse, Futtermittel
X	Azinphos-methyl, Gusathion	Obst, Gemüse (Spargel), Wein
XI	Dimethoat, Rogor, Perfekthion	Gemüse, Obst, Wein, Kartoffeln, Rüben, Getreide, Futtermittel
XII	Fenitrothion	Gemüse, Obst, Kartoffeln, Getreide, Klee, Rüben, Wein
XIII	Methidathion	Obst, Kartoffeln, Rüben, Wein
XIV	Mevinphor, Phosdrin, PD 5	Obst, Gemüse, Getreide, Kartoffeln, Raps, Rüben, Futtermittel
XV	Malathion	Getreide, Kartoffeln, Gemüse, Obst
XVI	Parathion (-ethyl), E 605, Eftol	Gemüse, Obst, Getreide, Rüben, Raps, Kartoffeln, Wein, Futtermittel
XVII	Parathion-methyl, ME 605	wie XVI
XVIII	Phosphamidon	Gemüse, Obst, Getreide, Kartoffeln, Raps, Rüben, Klee, Wein
XIX	Bromophos, Nexion	Gemüse, Obst, Getreide, Kartoffeln, Rüben, Raps, Futtermittel
XX	Dibrom, Naled	wie XIX
XXI	Chlorfenvinfos, Birlane	Gemüse, Kartoffeln, Rüben, Mais
XXII	Dichlorvos, DDVP, Vapona	Gemüse, Obst, Getreide, Raps, Rüben, Kartoffeln, Champignons, Wein, Futtermittel
XXIII	Carbaryl, Sevin	Obst, Gemüse, Kartoffeln, Wein
XXIV	Methomyl, Lannate	Gemüse, Wein
XXV	Promecarb, Carbamult	Kernobst, Gemüse, Kartoffeln, Raps, Rüben
XXVI	Propoxur, Unden	Gemüse, Obst, Getreide, Kartoffeln, Rüben
Natürliche Insecticide		
XXVI a	Nicotin	Gemüse, Obst
XXVI b	Pyrethrine (aus *Chrysanthemum cinerariifolium*)	Obst, Gemüse, Kartoffeln, Raps, Rüben, Champignons, Wein
XXVI c	Rotenon, Derris	Obst, Gemüse, Kartoffeln, Raps, Rüben, Wein
Acaricide		
XXVII	Ethion	Obst
XXVIII	Kelthane, Dicofol	Obst, Gemüse, Wein
XXIX	Tetradifon, Tedion	Obst, Wein
XXX	Tetrasul, Animert	Gurken, Tomaten
Fungicide		
XXXI	Kupferoxichlorid	Obst, Gemüse, Raps, Rüben, Kartoffeln, Wein
XXXII	Schwefel	Obst, Gemüse, Wein, Saatkartoffeln
XXXIII	Thiram, TMTD, Pomarsol	Kernobst, Erdbeeren, Endivie, Kopfsalat, Gemüse, Wein
XXXIV	Ferbam	Kernobst
XXXV	Ziram	Kernobst
XXXVI	Maneb, Dithane, M-22	Kartoffeln, Rüben, Gemüse, Spargel, Beerenobst, Wein, Kernobst
XXXVII	Zineb, Dithane, Z-78	Kernobst, Steinobst, Spargel, Wein
XXXVIII	Mancozeb (Komplex aus XXXVI und XXXVII), Dithane ultra	Kernobst, Steinobst, Gurken, Tomaten, Gemüse, Wein
XXXIX	Benomyl, Benlate	Kernobst, Gurken, Kopfsalat, Erdbeeren, Getreidesaatgut
XL	Captafol, Difolatan	Kernobst, Pfirsiche, Gemüse, Leguminosen, Kartoffeln, Wein
XLI	Captan, Orthocid	Kernobst, Kirschen, Pfirsiche, Gemüse, Mais, Leguminosen, Kopfsalat, Wein
XLII	Dichlofluamid, Euparen	Kopfsalat, Tomaten, Beerenobst, Kernobst, Pfirsiche, Wein
XLIII	Folpet, Phaltan	Kernobst, Kirschen, Erdbeeren, Bohnen, Erbsen, Gurken, Wein
XLIV	Hexachlorbenzol (HCB)	in der BRD nicht zulässig
XLV	Quintozen, PCNB, Brassicol (enthält bis zu 3% XLIV)	Saatgutbehandlung (Getreide, Kartoffeln)
XLVI	Thiabendazol, Tecto	Kernobst, Oberflächenbehandlung (Banane, Citrusfrüchte)
XLVII	Fentinacetat, Brestan	Möhren, Kartoffeln
XLVIII	Methoxyethylquecksilberchlorid, Ceresan-Naßbeize	Weizen, Roggen, Gerste, Hafer
IL	Phenylquecksilberacetat, PMA	wie XLVIII
L	Phenylquecksilberchlorid, PMC	wie XLVIII
Herbicide		
LI	Alachlor	Mais, Gemüsekohl
LII	Amitrol	bei allen Kulturen, Kernobst
LIII	Atrazin	Mais, Spargel
LIV	Bromacil	Kernobst
LV	Buturon	Beerenobst, Wein, Wintergetreide
LVI	Chlorbufam	Gemüse (Möhren, Rote Rüben)

Tabelle 9.5. (Fortsetzung)

Nr.	Name	Anwendung
LVII	Chlorpropham, CIPC	Kartoffeln (Keimhemmung)
LVIII	Chloroxuron, Tenoran	Gemüse, Möhren
LIX	Chlortoluron	Wintergetreide
LX	2,4-D	Getreide
LXI	Disquat	Kartoffeln (Krautabtötung), Gemüse, Erdbeeren
LXII	Desmetryn	Gemüsekohl
LXIII	Diallat, DDTC	Erbsen, Rote Rüben, Rüben
LXIV	Diuron	Spargel, Beerenobst
LXV	Lenacil	Erdbeeren, Spinat, Rüben
LXVI	Linuron	Erbsen, Bohnen, Möhren, Sellerie, Spargel, Kartoffeln, Wein
LXVII	MCPA	Kernobst, Gerste, Wein
LXVIII	Metobromuron	Feldsalat, Kartoffeln
LXIX	Metoxuron	Möhren, Getreide
LXX	Metribuzin	Tomaten, Spargel, Kartoffeln
LXXI	Monalid	Möhren, Petersilie, Sellerie
LXXII	Monolinuron	Buschbohnen, Spargel, Kartoffeln, Getreide, Wein
LXXIII	Paraquat, Gramoxone	Gemüse, Obst, Erdbeeren, Wein, alle Ackerbaukulturen
LXXIV	Pentanochlor	Möhren, Petersilie, Tomaten, Sellerie, Pfefferminze
LXXV	Prometryn	Möhren, Porree, Sellerie
LXXVI	Propham, IPC	Kümmel, Kartoffeln (Keimhemmung)
LXXVII	Propyzamid	Endivie, Kopfsalat, Kernobst, Raps
LXXVIII	Simazin, Gesatop	Kernobst, Steinobst, Erdbeeren, Wein, Erbsen, Mais, Ackerbohnen, Zuckerrüben
LXXIX	2,4,5-T	Getreide, Wein
LXXX	TCA	Zuckerrüben
LXXXI	Terbutryn, Igran	Erbsen, Mais
LXXXII	Triallat, Avadex	Getreide, Zuckerrüben
LXXXIII	Trifluoralin	Blumenkohl, Kohlrüben, Wintergetreide
Nematicide		
LXXXIV	Dazomet	Obst, Gemüse, Ackerkulturen, Kartoffeln
LXXXV	1,3-Dichlorpropen/ 1,2-Dichlorpropen, DD-Gemisch	Kartoffeln, Obst, Gemüse, Wein, Ackerbaukulturen
LXXXVI	Methylbromid, Terabol	Gemüse, Obst, Ackerkulturen, Kartoffeln, Rüben
LXXXVII	Methylisocyanat	wie LXXXVI
LXXXVIII	Zinophos	Gemüse
Molluskicide		
LXXXIX	Metaldehyd	Gemüse, Erdbeeren, Getreide
XC	Mercapto-dimethur	Getreide
Rodenticide		
XCI	Endrin	Kernobst, Steinobst, Johannisbeeren
XCII	Toxaphen (chloriertes Camphen)	Getreide

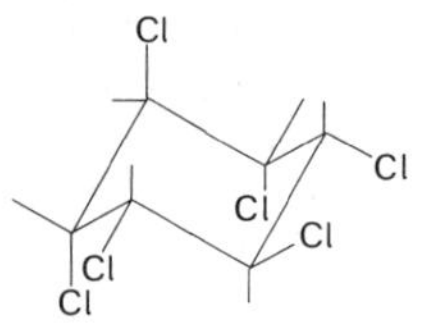

I

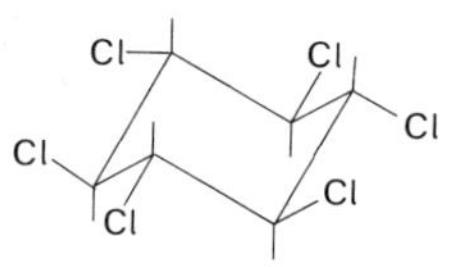

I a

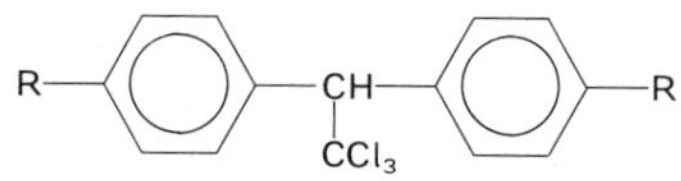

II: R = Cl, III: R = OCH_3

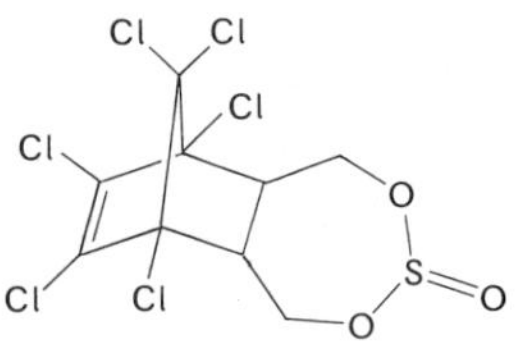

IV

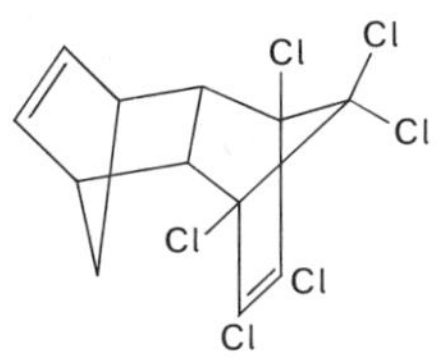

V

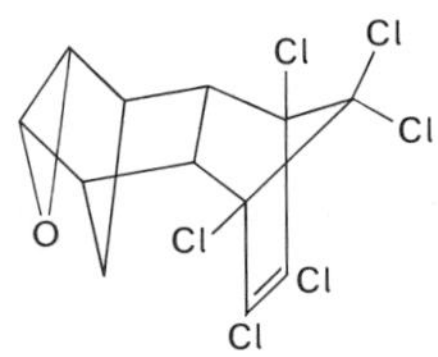

VI

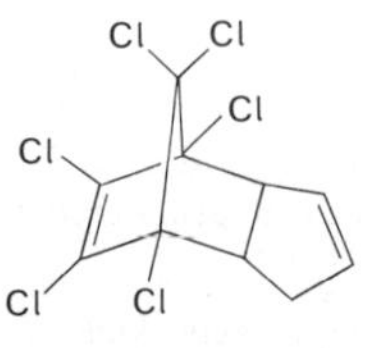

VII

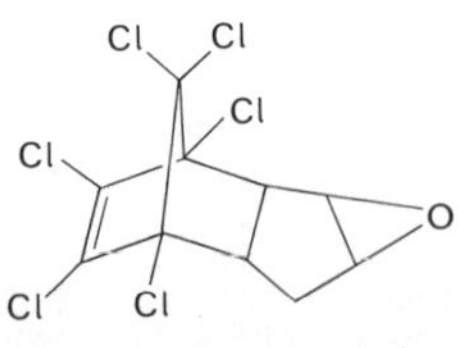

VIII

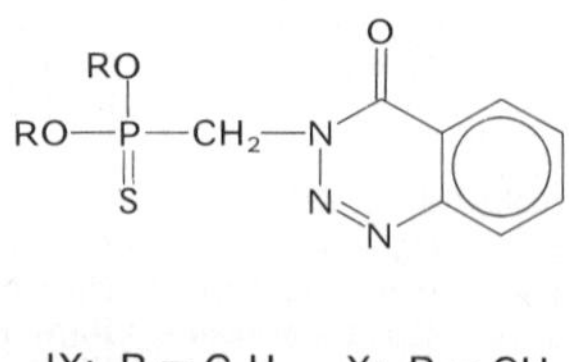

IX: R = C_2H_5, X: R = CH_3

Abb. 9.2. Struktur ausgewählter Pesticide. Die römische Bezifferung bezieht sich auf Tab. 9.5. – Blatt 1

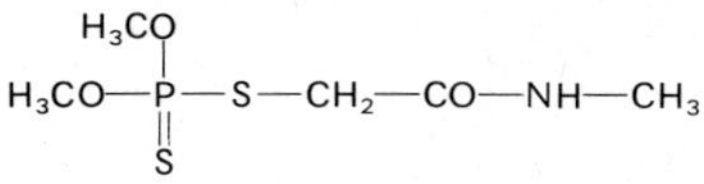

XI

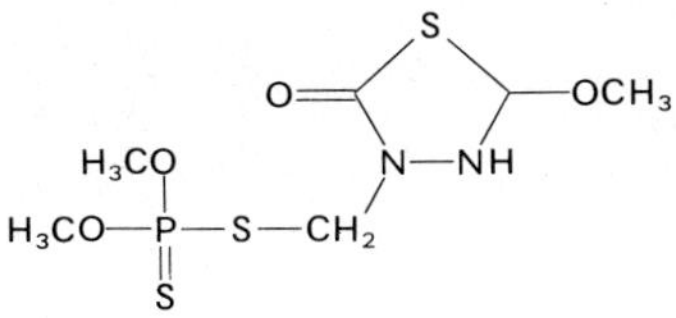

XIII

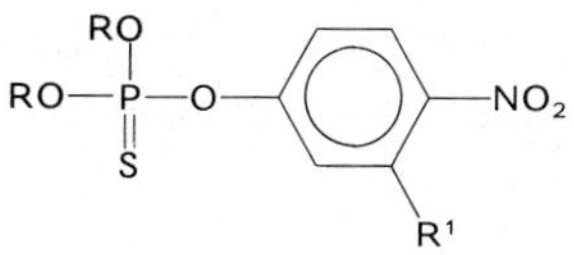

XII : $R = CH_3$, $R^1 = CH_3$
XVI : $R = C_2H_5$, $R^1 = H$
XVII: $R = CH_3$, $R^1 = H$

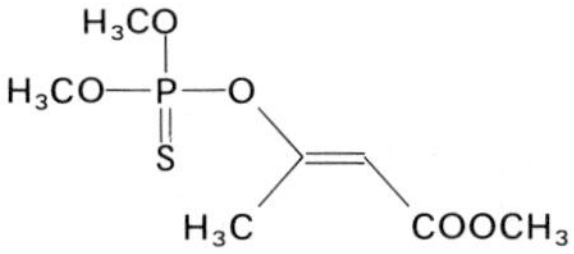

XIV

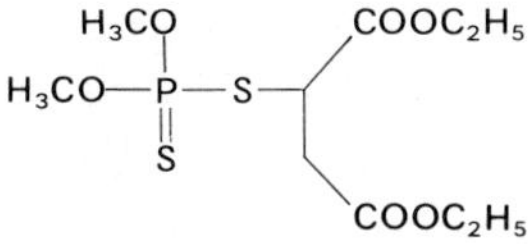

XV

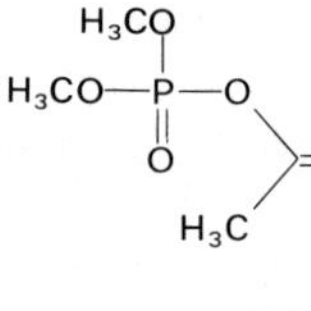

XVIII

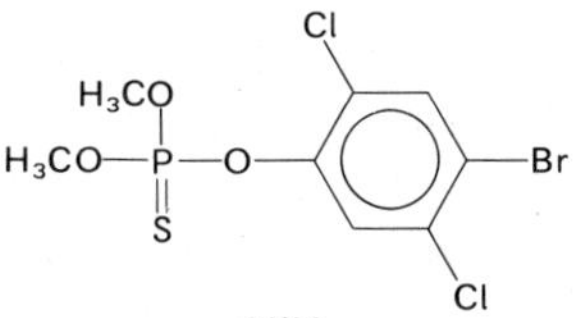

XIX

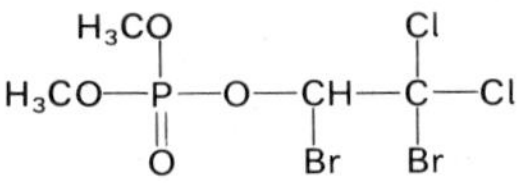

XX

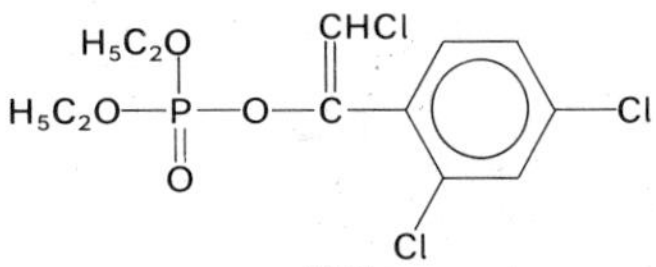

XXI

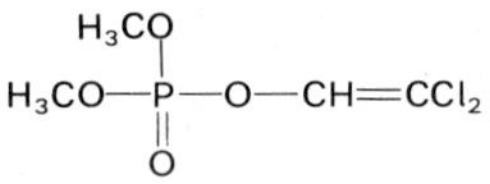

XXII

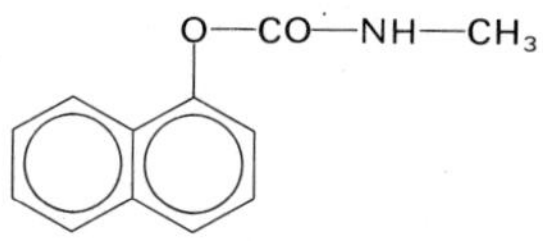

XXIII

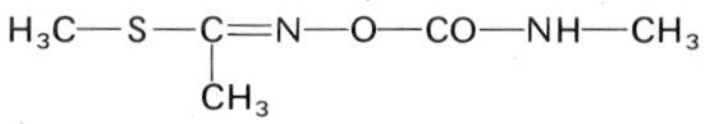

XXIV

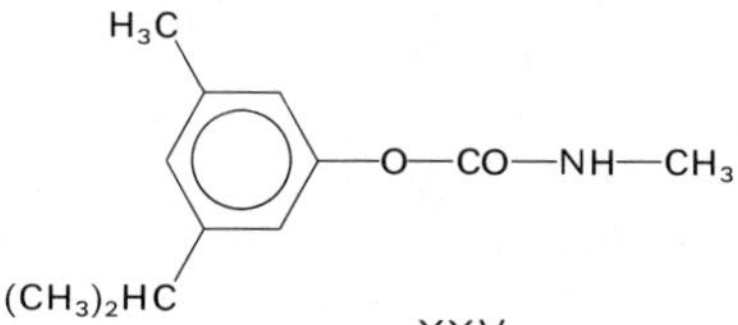

XXV

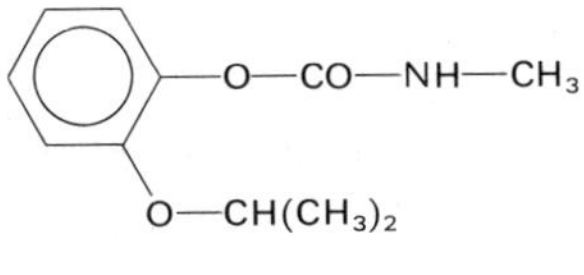

XXVI

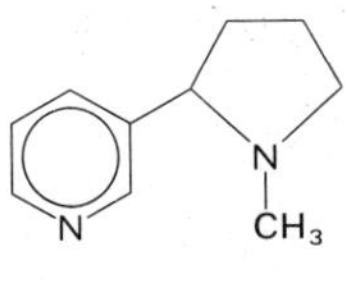

XXVIa

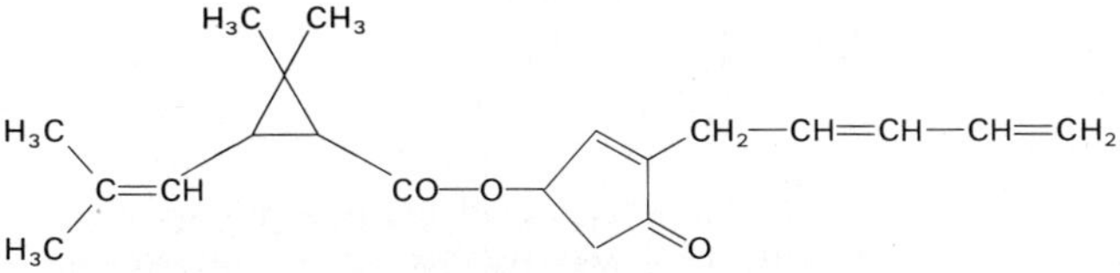

XXVIb (Pyrethrin I)

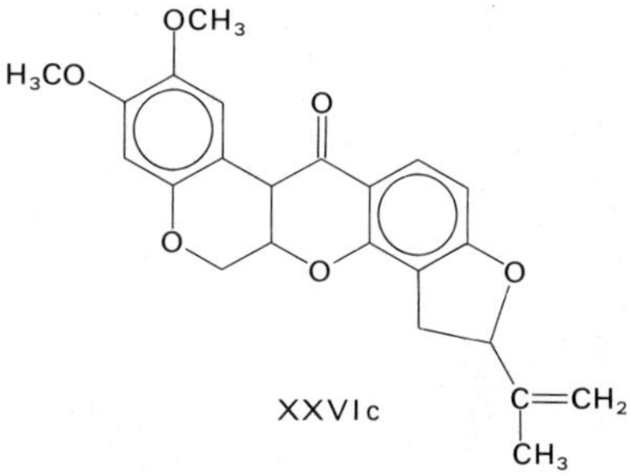

XXVIc

Abb. 9.2. – Blatt 2

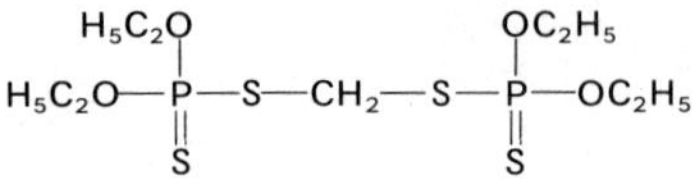

XXVII

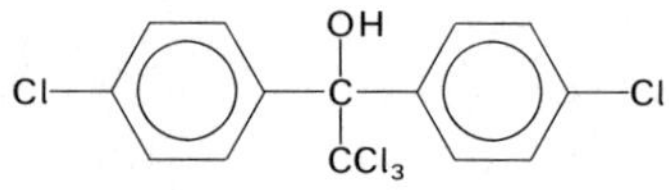

XXVIII

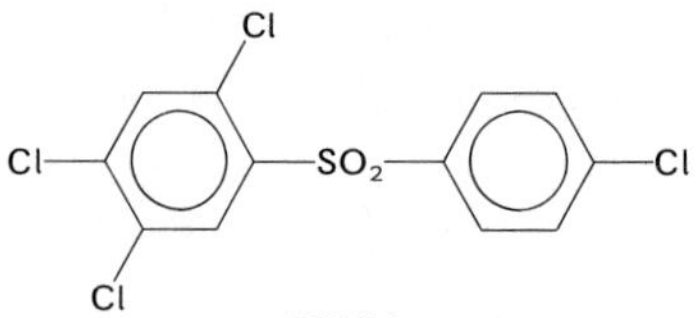

XXIX

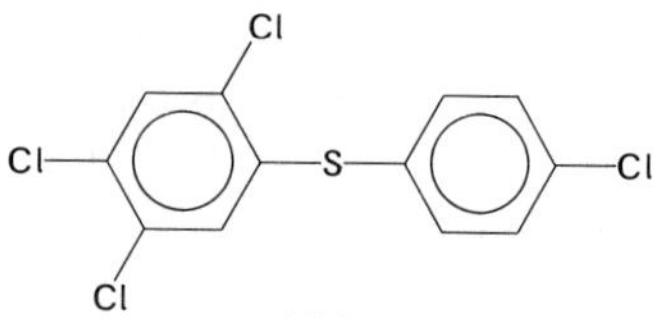

XXX

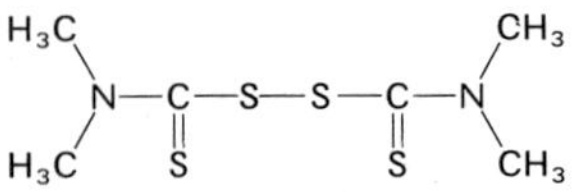

XXXIII

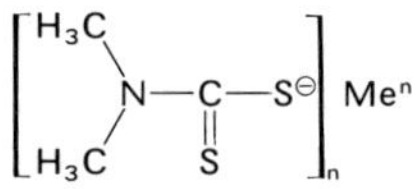

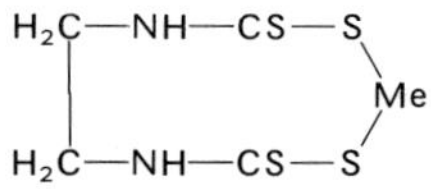

XXXIV: n = 3, Me = $Fe^{3\oplus}$ XXXVI: Me = $Mn^{2\oplus}$
XXXV: n = 2, Me = $Zn^{2\oplus}$ XXXVII: Me = $Zn^{2\oplus}$

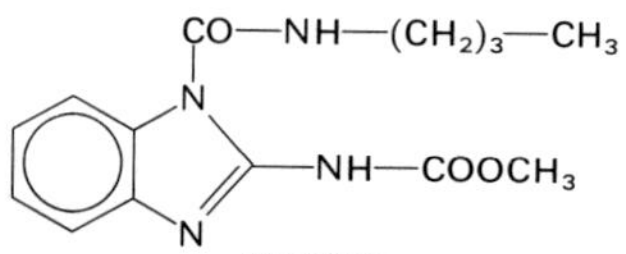

XXXIX

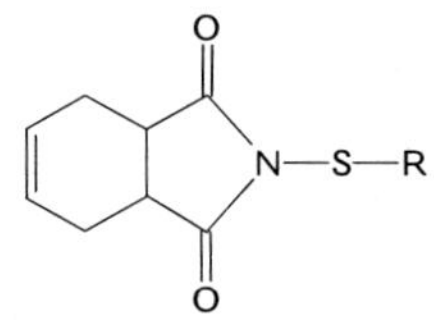

XL: R = CCl_2—$CHCl_2$
XLI: R = CCl_3

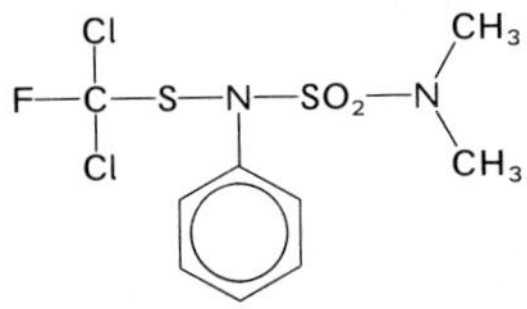

XLII

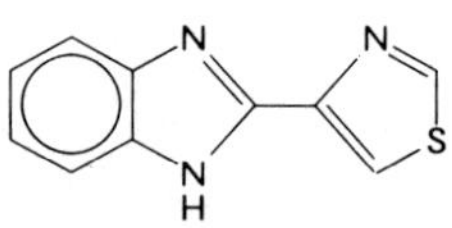

XLVI

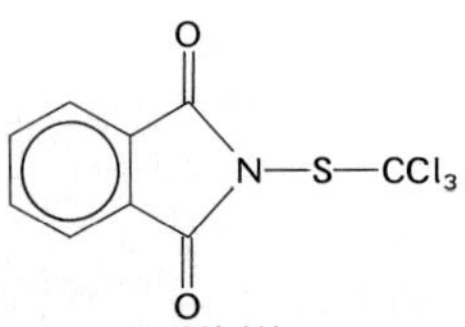

XLIII

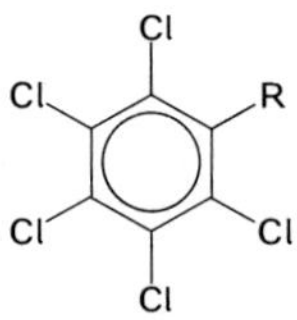

XLIV: R = Cl
XLV: R = NO_2

R_nMeX

XLVII: n = 3, Me = $Sn^{4\oplus}$, X = $OCOCH_3$, R = C_6H_5
XLVIII: n = 1, Me = $Hg^{2\oplus}$, X = Cl, R = $CH_3O(CH_2)_2$
IL: n = 1, Me = $Hg^{2\oplus}$, X = $OCOCH_3$, R = C_6H_5
L: n = 1, Me = $Hg^{2\oplus}$, X = Cl, R = C_6H_5

Abb. 9.2. Struktur ausgewählter Pestizide. Die römische Bezifferung bezieht sich auf Tab. 9.5. – Blatt 3

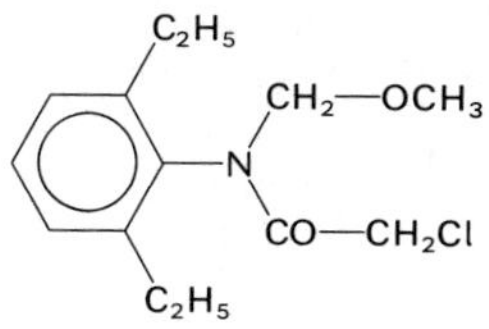

LI

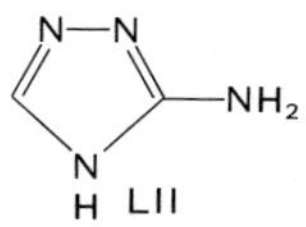

LII

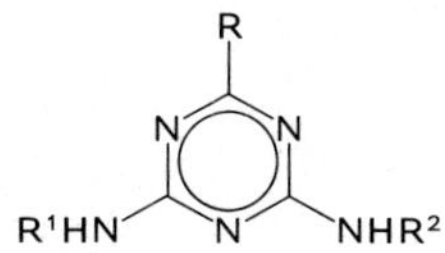

LIII: R = Cl, $R^1 = C_2H_5$, $R^2 = CH(CH_3)_2$
LXII: $R = SCH_3$, $R^1 = CH_3$, $R^2 = CH(CH_3)_2$
LXXV: $R = SCH_3$, $R^1, R^2 = CH(CH_3)_2$
LXXVIII: R = Cl, $R^1, R^2 = C_2H_5$
LXXXI: $R = SCH_3$, $R^1 = C_2H_5$, $R^2 = C(CH_3)_3$

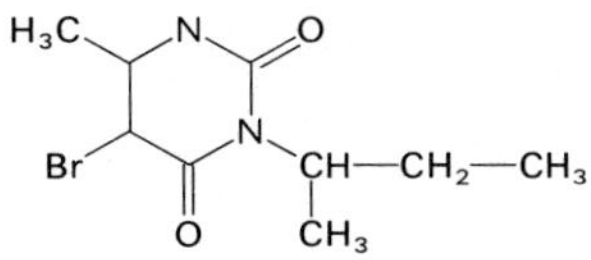

LIV

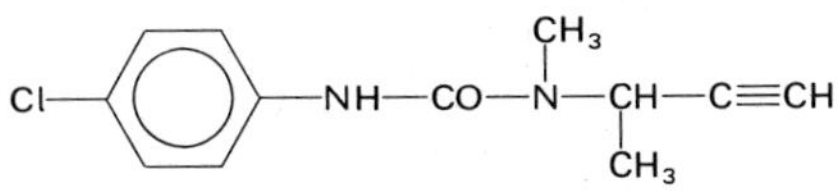

LV

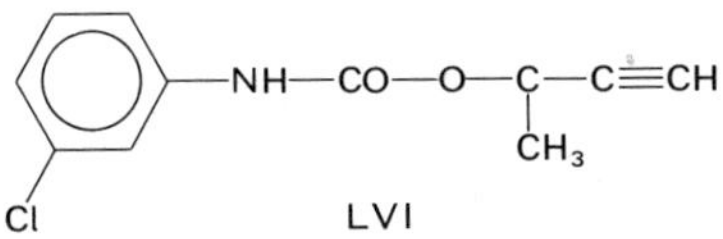

LVI

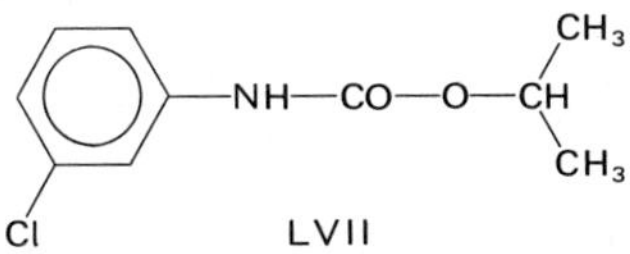

LVII

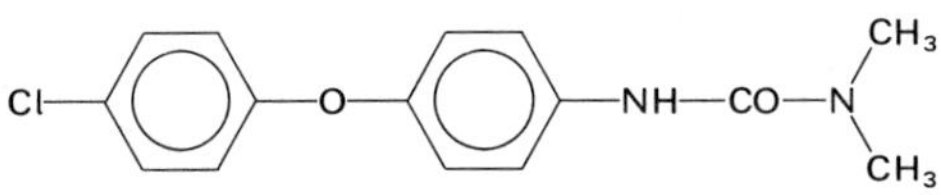

LVIII

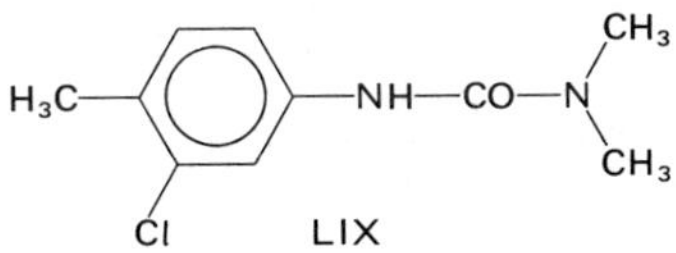

LIX

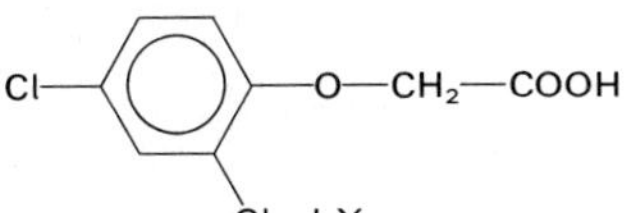

LX

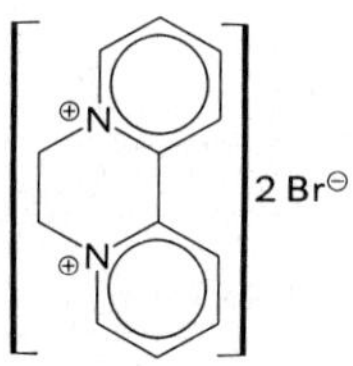

LXI

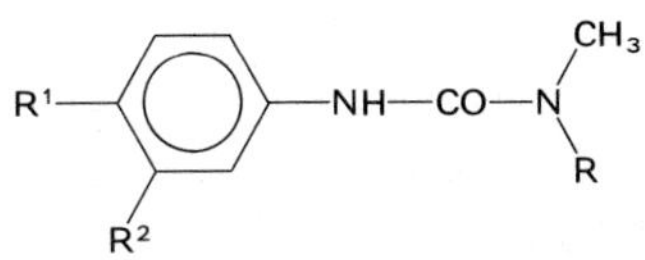

LXIV: $R^1, R^2 = Cl$, $R = CH_3$
LXVI: $R^1, R^2 = Cl$, $R = OCH_3$
LXVIII: $R^1 = Br$, $R^2 = H$, $R = OCH_3$
LXIX: $R^1 = OCH_3$, $R^2 = Cl$, $R = CH_3$
LXXII: $R^1 = Cl$, $R^2 = H$, $R = OCH_3$

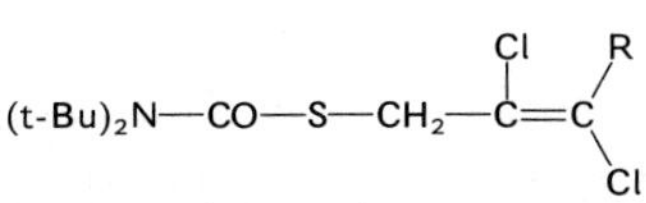

LXIII: R = H, LXXXII: R = Cl

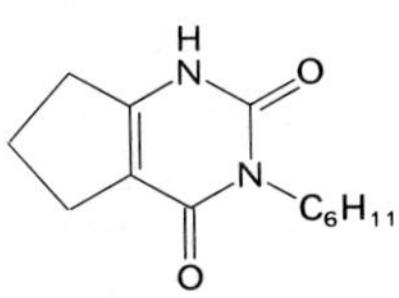

LXV

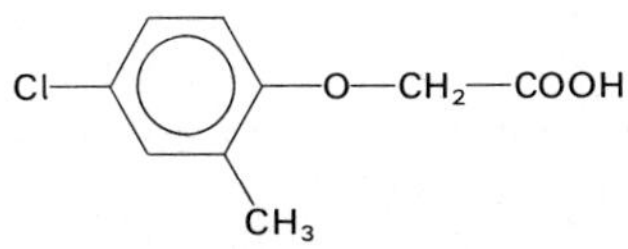

LXVII

Abb. 9.2. – Blatt 4

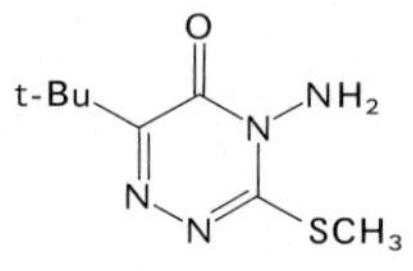

LXX

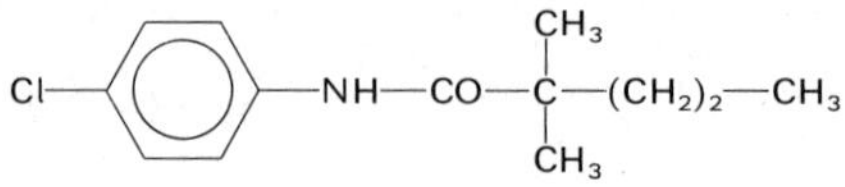

LXXI

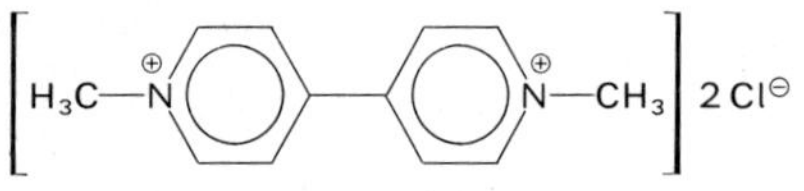

LXXIII

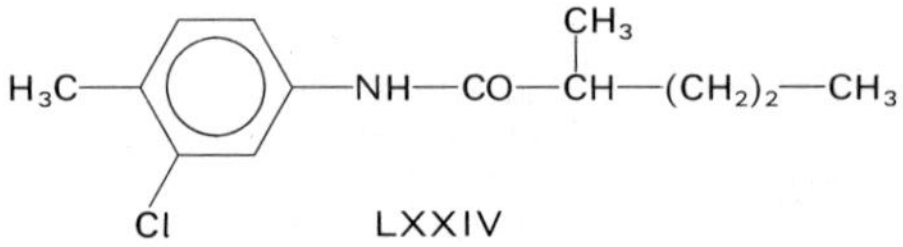

LXXIV

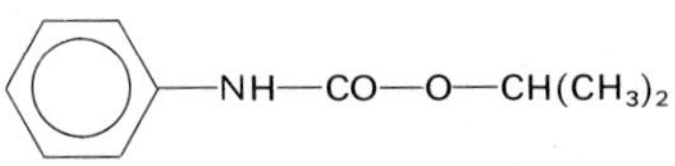

LXXVI

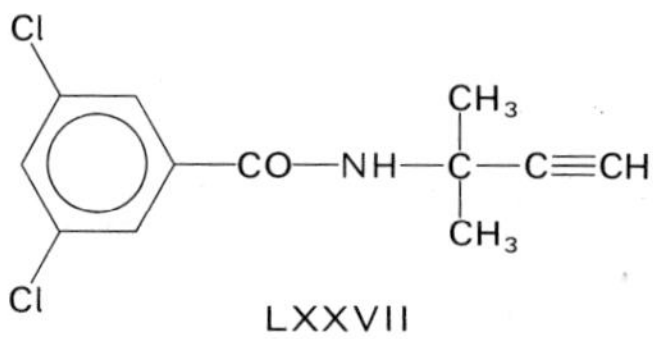

LXXVII

CCl_3COOH

LXXX

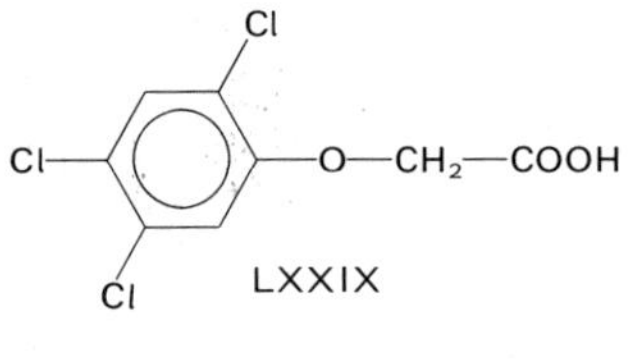

LXXIX

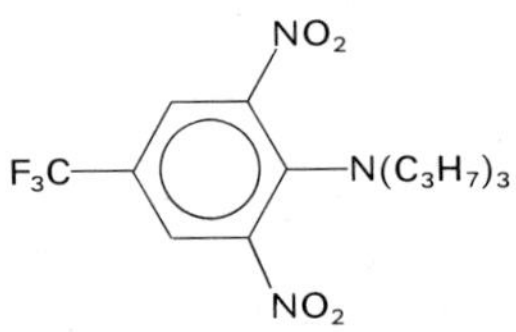

LXXXIII

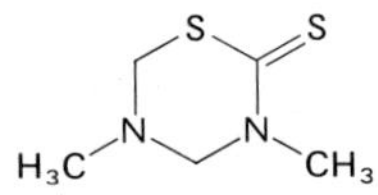

LXXXIV

$HC=CCl-CH_2Cl$

$ClCH=CH-CH_2Cl$

LXXXV

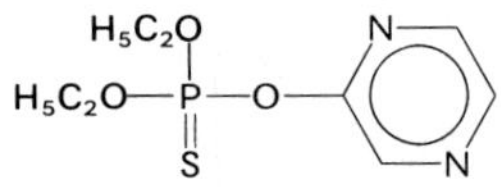

LXXXVIII

CH_3CHO

LXXXIX

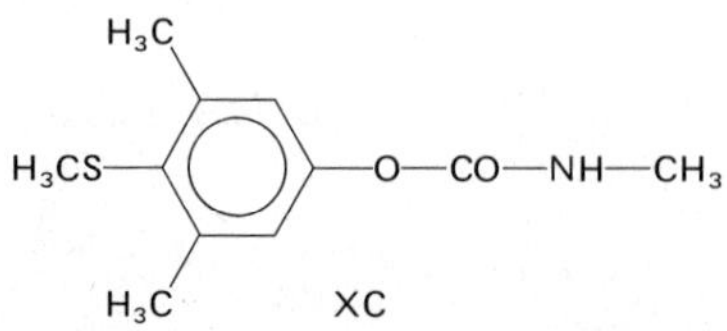

XC

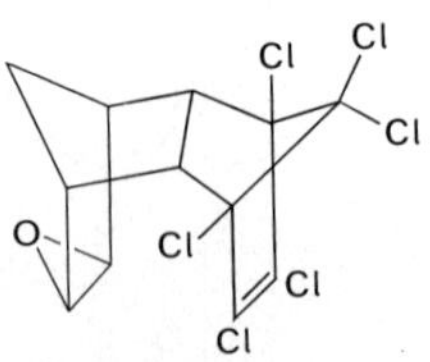

XCI

Abb. 9.2. Struktur ausgewählter Pesticide. Die römische Bezifferung bezieht sich auf Tab. 9.5. – Blatt 5

9.4.2 Insecticide

Die wichtigsten Gruppen von Insecticiden sind Chlorkohlenwasserstoffe, organische Phosphorsäureester und Carbamate (Tab. 9.5, Abb. 9.2). Davon beanspruchen die Chlorkohlenwasserstoffe die größte Aufmerksamkeit, da sie sehr stabil sind und sich im Fettgewebe des Menschen, der am Ende der Nahrungskette steht, anreichern und auch im Fett der Muttermilch. Untersuchungen von Humanfett auf derartige Rückstände sind ein guter Indikator für die Gesamtsituation.

Die Kontamination von Lebensmitteln mit chlororganischen Verbindungen ist rückläufig, da die Anwendung zunehmend zurücktritt zu Gunsten von Thiophosphorsäureestern und Carbamaten.. Da diese Verbindungen wesentlich leichter abgebaut werden, sind bei Einhaltung der Wartezeiten keine Rückstandsprobleme zu erwarten. Bei den in Tab. 9.6 zusammengestellten Untersuchungen handelt es sich im Falle positiver Rückstandsbefunde überwiegend um persistente chlororganische Insecticide, seltener um phosphororganische Insecticide, Fungicide und Herbicide. Lebensmittel tierischer Herkunft ent-

Tabelle 9.6. Pesticidrückstände in Lebensmitteln (BRD, 1977 und 1978) (nach Ernährungsbericht 1980)

Lebensmittel	Jahr	Herkunft	Zahl der Proben	davon Proben mit Rückständen	
				unter Höchstmengen in %	über Höchstmengen in %
Lebensmittel pflanzlicher Herkunft (Gemüse und Obst)	1977	Inland	216	19,0	1,4
		Ausland	594	51,5	8,2
	1978	Inland	629	28,6	0
		Ausland	938	43,3	2,0
Gemüse	1977	Inland	166	14,5	1,8
		Ausland	280	40,4	8,2
	1978	Inland	223	16,6	0
		Ausland	312	51,9	3,5
Obst (ohne Citrusfrüchte)	1977	Inland	50	28,0	0
		Ausland	255	41,6	8,2
	1978	Inland	98	45,9	0
		Ausland	375	42,4	1,9
Citrusfrüchte	1977	In- und	59	64,4	8,5
	1978	Ausland	102	49,0	1,0
Lebensmittel tierischer Herkunft	1977	Inland	649	95,7	2,5
		Ausland	242		
	1978	Inland	748	92,0	1,9
		Ausland	189		
Milch	1977	In- und	115	95,7	3,5
	1978	Ausland	307	98,4	0,7
Milcherzeugnisse	1977	In- und	59	100	0
	1978	Ausland	38	97,4	0
Butter	1977	In- und	80	98,6	0
	1978	Ausland	114	97,4	0
Käse	1977	In- und	67	79,1	8,7
	1978	Ausland	47	87,3	10,6
Eier	1977	In- und	64	84,4	9,4
	1978	Ausland	77	85,7	0
Fleischerzeugnisse	1977	In- und	143	95,8	1,4
	1978	Ausland	254	83,9	3,9

hielten fast durchweg in geringen Mengen chlororganische Verbindungen (HCH, HCB, DDT, DDE, Dieldrin, PCB), allerdings ist im Vergleich zu zurückliegenden Jahren, wie bereits erwähnt, eine deutlich abnehmende Tendenz bei DDT und seinen Metaboliten sowie bei Dieldrin, HCB und Heptachlorepoxid festzustellen. Hohe DDT-Werte wurden zum Teil bei Obst, insbesondere bei Weintrauben und Äpfeln beobachtet. Infolge des Gehaltes der Muttermilch an chlororganischen Verbindungen, der um den Faktor 10–30 höher ist als der von Kuhmilch (Tab. 9.7), werden bei Brustkindern die ADI-Werte bei DDT deutlich, bei Dieldrin um den Faktor 2–4 und bei HCB um den Faktor 8–9 überschritten. Trotzdem wiegen die Vorzüge der Ernährung mit Muttermilch nach Meinung der Experten ein etwaiges gesundheitliches Risiko durch solche Rückstände während einer Stillperiode von 3–6 Monaten auf.

Abb. 9.3 zeigt am Beispiel von Milch, wie groß die Unterschiede zwischen Rückständen in Mischproben und in Einzelproben sein können und welche Bedeutung deshalb die systematische Untersuchung auch der Anlieferungsmilch hat.

9.4.3 Herbicide

Die der Unkrautbekämpfung dienenden Herbicide lassen sich in Verbindungen mit totaler und Verbindungen mit selektiver Wirkung einteilen.

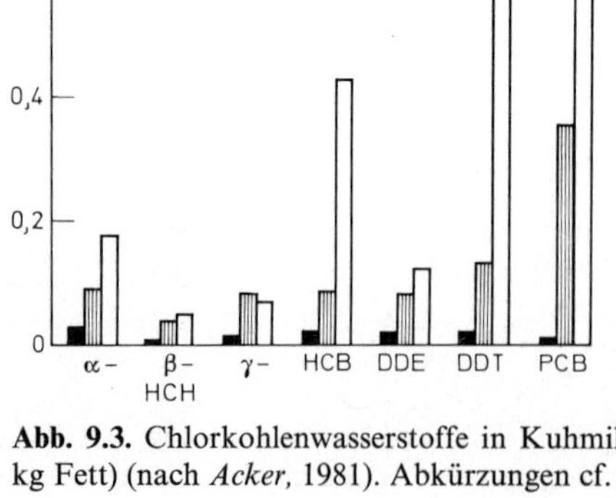

Abb. 9.3. Chlorkohlenwasserstoffe in Kuhmilch (mg/kg Fett) (nach *Acker*, 1981). Abkürzungen cf. Tab. 9.7

Tabelle 9.7. Chlorkohlenwasserstoffe in Kuhmilch und Muttermilch (mg/kg Fett)

		α-HCH	β-HCH	γ-HCH
Kuhmilch[b]	1979	0,028	0,009	0,031
Muttermilch[c]	1974/75	0,032	0,56	0,087
	1979/80	0,02	0,3	0,02
		HCB	DDT[a]	PCB
Kuhmilch[b]	1979	0,030	0,033	0,11
Muttermilch[c]	1974/75	2,65	3,51	6,5
	1979/80	1,5	2,0	4,0

HCH: Hexachlorcyclohexan, HCB: Hexachlorbenzol, DDT: 4,4-Dichlordiphenyltrichlorethan, DDE: 1,1-Dichlor-2,2-bis(p-chlorphenyl)-ethylen, DDD: 1,1-Dichlor-2,2-bis(4-chlorphenyl)-ethan, PCB: Polychlorierte Biphenyle.

[a] Gesamt-DDT: DDT + Abbauprodukte (DDE, DDD).
[b] 810 Proben aus verschiedenen Gegenden der BRD.
[c] Proben aus Nordwestdeutschland.

Zur ersten Gruppe gehören z. B. Chlorate, Kupfersulfat, Calciumcyanamid und chlorierte Fettsäurederivate. Zur selektiv wirkenden Gruppe gehören z. B. Wuchsstoffe wie Aryloxyfettsäuren, Carbaminsäure- und Harnstoffderivate, Triazine und Pyridine (cf. Tab. 9.5 und Abb. 9.2). Schwerpunkte der Anwendung von Herbiciden liegen bei Mais und anderen Getreidekulturen sowie bei Rübenkulturen. Rückstandsprobleme sind kaum zu erwarten, da die Warmblütertoxizität der Verbindungen im allgemeinen gering ist. Mögliche Nebenwirkungen durch Beeinflussung von Arthropoden und durch Beeinflussung der natürlichen Mikroflora sind schwer zu übersehen.

9.4.4 Fungicide

Die Verbindungen werden gegen die durch Pilze hervorgerufenen Pflanzenkrankheiten eingesetzt, z. B. gegen Kartoffel- und Tomatenfäule, Mehltau und Obstschorf.

Wichtige Fungicide sind neben anorganischen Verbindungen (Kupferoxychlorid, Schwefel, Schwefelkalkbrühe) Dithiocarbamate und metallorganische Verbindungen (cf. Tab. 9.5 und Abb. 9.2). Rückstände von HCB und von Dithiocarbamaten werden bei Blattgemüse, insbesondere bei Kopfsalat, beobachtet. Auch Quintozen, das HCB als Verunreinigung enthält, tritt auf.

9.5 Tierarzneimittel und Futtermittelzusatzstoffe

9.5.1 Allgemeines

Die heutigen Methoden der Tierhaltung haben zu einem breitgestreuten Einsatz von Arzneimitteln geführt, der aus therapeutischen, in großem Ausmaß aber auch aus prophylaktischen und wirtschaftlichen (z. B. Verkürzung der Mastzeiten, Verminderung von Verlustrisiken) Gründen erfolgt. Rückstände an solchen Arzneimitteln, die über Lebensmittel vom Menschen, zwar in kleinen Mengen, aber kontinuierlich aufgenommen werden, können möglicherweise zu Risiken führen, die vielfach noch nicht vollständig überblickt werden. Wie bei den Pesticiden ist deshalb durch geeignete Maßnahmen (Erlaß von Rechtsvorschriften, analytische Überwachung, Klärung toxikologischer Fragen) dafür Sorge zu tragen, daß die gesundheitlichen Belange des Menschen voll gewahrt bleiben.
Einige wichtige Gruppen von Tierarzneimitteln werden im folgenden kurz vorgestellt. Tab. 9.8 und Abb. 9.4 geben einen Überblick.

9.5.2 Antibiotica

Antibiotica werden als Therapeutica, aber auch als Masthilfsmittel verwendet, da sie die Futterverwertung verbessern und wachstumsfördernd sind (Kalb, Schwein, Geflügel). Rückstände können u.a. in Eiern und in Milch (nach Mastitisbehandlung) auftreten. Risiken für den Menschen können sich aus der möglichen Resistenzentwicklung auf Grund einer ständigen Aufnahme kleiner Dosen und aus allergischen Gründen ergeben. Es besteht deshalb die Forderung, nur solche Antibiotica als Zusatzstoffe für Futtermittel zu verwenden, die in der Human- und Veterinärmedizin nicht eingesetzt werden.

9.5.3 Glucocorticoide

Nebennierenrindenhormone, z. B. Cortison, werden bei Streßzuständen eingesetzt. Es handelt sich um Stoffe mit sehr vielfältigen Wirkungen, die keinesfalls unkontrolliert über Lebensmittel aufgenommen werden sollten.

9.5.4 Sexualhormone

Neben der therapeutischen Anwendung werden die Verbindungen auf Grund ihrer anabolen Wirkung als Masthilfsmittel eingesetzt. Verwendet werden sowohl körpereigene Hormone (z. B. Östradiol, Testosteron), als auch körperfremde Verbindungen mit entsprechender Wirkung (z. B. Ester von Östradiol und Testosteron, Trenbolon, Diethylstilböstrol, Zeranol).
Während die körpereigenen Hormone wahrscheinlich als Rückstände kein Risiko darstellen, sind die anderen genannten Verbindungen meist ziemlich stabil und haben eine lange Verweildauer im Körper. Von Diethylstilböstrol sind teratogene und karzinogene Wirkungen bekannt.

9.5.5 Psychopharmaca

Verbindungen aus dieser Gruppe (z. B. Librium, Valium) werden als Sedativa bei Streßzuständen, z. B. vor Impfungen und vor der Schlachtung eingesetzt. Indirekt kann sich eine Ruhigstellung günstig auf die Mastzeit auswirken. Möglicherweise wird durch die Anwendung die Erkennung kranker Tiere erschwert.

9.5.6 Thyreostatica

Die Verbindungen führen durch Senkung des Grundumsatzes zu einer Gewichtszunahme (Fleisch- und Fettansatz) und verbessern auch die Fleischbeschaffenheit. Vorwiegend handelt es sich um Thiouracile und Mercaptobenzimidazole. Bei den als Abbauprodukte auftretenden Thioharnstoffen sind karzinogene Wirkungen möglich.

9.5.7 Coccidiostatica

Die Verbindungen werden als Zusatzstoffe für Futtermittel verwendet, zur Verhinderung der durch Protozoen ausgelösten Coccidiose (Enteritis, Kachexie), die insbesondere Geflügel und Kaninchen befällt. Rückstände können z. B. in Eiern auftreten.

Tabelle 9.8. Tierarzneimittel, Futtermittelzusatzstoffe (Ausgewählte Strukturformeln in Abb. 9.4)

Nr.	Verbindung	Anwendung
Antibiotica, Sulfonamide		
I	Penicilline *(Penicillium notatum)*	Therapeutica, Futtermittelzusätze
II	Streptomycin *(Streptomyces griseus)*	Therapeutica
III	Tetracycline *(Streptomyces spp.)*	Therapeutica, Futtermittelzusätze
IV	Chloramphenicol *(Streptomyces venezuelae)*	wie III
V	Oleandomycin *(Streptomyces antibioticus)*	Futtermittelzusatz bei Geflügel, Schweinen
VI	Spiramycin *(S. ambofaciens)*	wie V und Kälber, Schafe, Ziegen
VII	Tylosin *(S. fradiae)*	wie V, bei Schweinen
VIII	Flavophospholipol	wie V, bei Geflügel, Kälbern, Schweinen
IX	Virginiamycin *(S. virginae)*	wie VIII
X	Zink-Bacitracin *(Bacillus subtilis)*	wie VI
XI	Sulfonamide	Therapeutica
XII	Carbadox	Therapeuticum zur Tieraufzucht
Steroidhormone und andere Verbindungen mit östrogener Wirkung		
XIII	Nebennierenrindenhormone	Therapeutica
XIV	17-β-Östradiol	Therapeutica, Masthilfsmittel (XIV–XXIX)
XV	Östron	
XVI	17-α-Östradiol	
XVII	Östriol	
XVIII	Progesteron	
XIX	Testosteron	
XX	17-β-Östradiol-3-benzoat	
XXI	Östradiol-17-monopalmitat	
XXII	Testosteron-propionat	
XXIII	Trenbolon	
XXIV	Trenbolonacetat	
XXV	Diethylstilböstrol	
XXVI	Genisterin	
XXVII	Hexöstrol	
XXVIII	Cumöstrol	
XXIX	Dienöstrol	
XXX	Zeranol	Masthilfsmittel
Psychopharmaca		Therapeutica (Sedativa)
XXXI	Meprobamat (Aneural, Miltaun)	
XXXII	Hydroxyzin (Atarax, Marmoran)	
XXXIII	Chlordiazepoxid (Librium)	
XXXIV	Diazepam (Valium)	
XXXV	Oxazepam (Adumbran)	
XXXVI	Chlorpromazin (Megaphen)	
XXXVII	Promazin (Verophen)	

Tabelle 9.8. (Fortsetzung)

Nr.	Verbindung	Anwendung
XXXVIII	Azepromazin (Plegicil)	
XXXIX	Xylazin (Rompun)	
XL	Azaperon (Stresnil)	
XLI	Reserpin	
Thyreostatica		Therapeutica, Masthilfsmittel
XLII	Methylthiouracil (Thyreostat)	
XLIII	Thiamazol (Favistan)	
XLIV	Carbimazol (Neo-Thyreostat)	
Coccidiostatica		Futterzusatz zur Prophylaxe gegen Cocciodiose bei Geflügel
XLV	Amprolium	
XLVI	Decoquinate	
XLVII	DOT, Dinitolmid	
Antiparasitica		
XLVIII	Niclofolan (Menichlopholan)	Therapeuticum gegen Leberegel
IL	Oxyclozanid	wie XLVIII
L	Trichlorphon (Metrifonate)	
Sonstige Arzneimittel		
LI	Niclosamid (Masonil)	Therapeuticum gegen Würmer
LII	Nitarson	Therapeuticum (Geflügel, Durchfall bei Schweinen), Wachstumsstimulans
Antioxidantien		Futtermittelzusätze
LIII	Ethoxyquin	
LIV	Butylhydroxytoluol (BHT)	

9.5.8 Sonstige Verbindungen

Antiparasitica werden z. B. gegen Leberegel bei Rindern eingesetzt, die insbesondere über Schnecken infiziert werden können. Rückstände solcher Verbindungen sind in der Milch möglich. Um Futtermittel beim Transport vor Selbstentzündung zu schützen, werden *Antioxidantien,* wie z. B. Ethoxyquin, eingesetzt.

9.6 Polychlorierte Biphenyle (PCB)

Bei den polychlorierten Biphenylen handelt es sich um eine sehr heterogene Stoffklasse. Ein verbreitetes Handelsprodukt, das Clophen A 60 mit 60% gebundenem Chlor besteht aus ca. 55 Komponenten von durchaus unterschiedlicher Toxizität, die sich durch Anzahl und Stellung der Chloratome im Biphenylmolekül unterscheiden und die auch in sehr unterschiedlichen Mengen im Gemisch vorliegen. PCB werden sehr vielseitig eingesetzt, u. a. auch als Weichmacher für Kunststoffe und in Anstrichmitteln. Obwohl sie inzwischen nicht mehr in offenen Systemen verwendet werden sollen, reichen die bereits in Boden, Atmosphäre und Gewässern befindlichen Mengen für eine Kontamination von Lebensmitteln immer noch aus. Die Konzentrationen sind mit durchschnittlich 12 µg/kg zwar niedrig, aber wie bei allen persistenten lipophilen Verbindungen erfolgt in der Nahrungskette (Pflanze–Tier–Mensch) eine Anreicherung.

9.7 Polycyclische aromatische Kohlenwasserstoffe (PAK)

Bei der Verbrennung von organischem Material (Holz, Kohle, Heizöl) kann durch pyrolytische

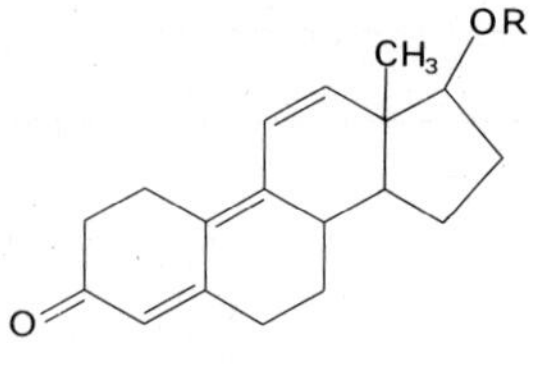

XXIII: R = H
XXIV: R = $COCH_3$

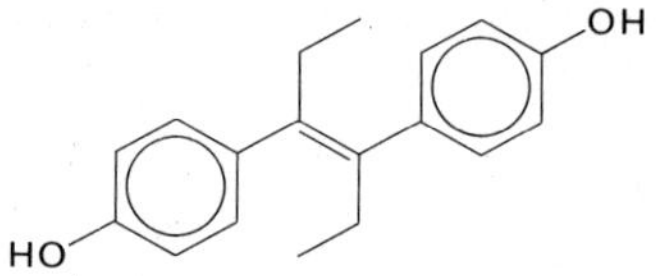

XXV

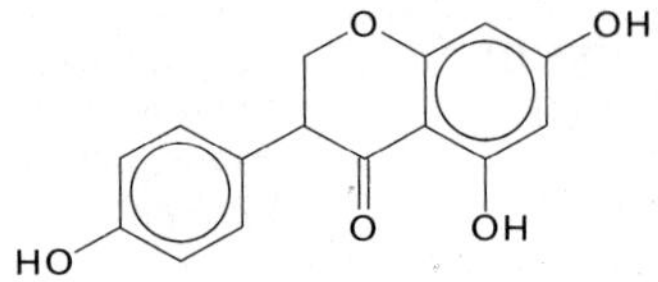

XXVI

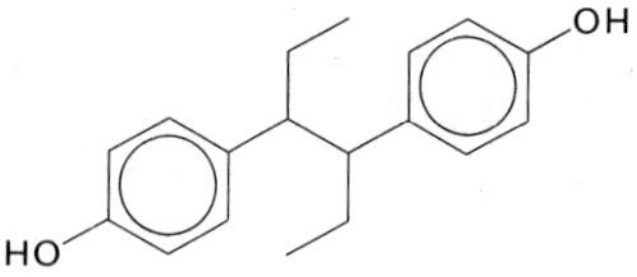

XXVII

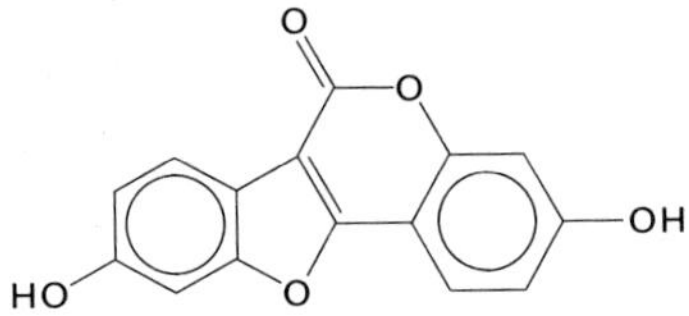

XXVIII

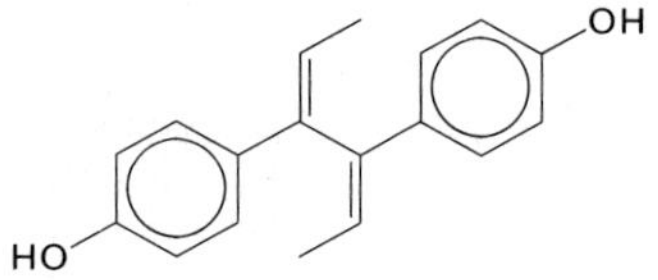

XXIX

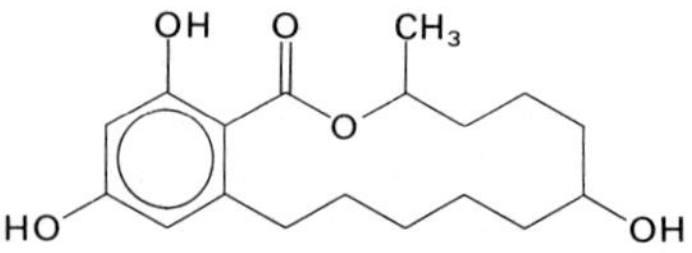

XXX

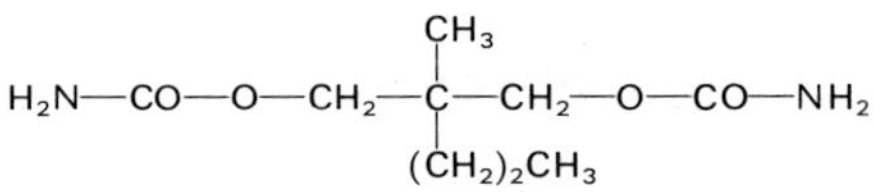

XXXI

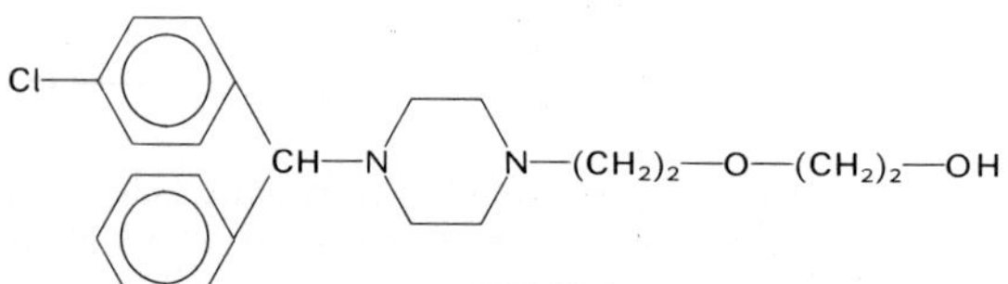

XXXII

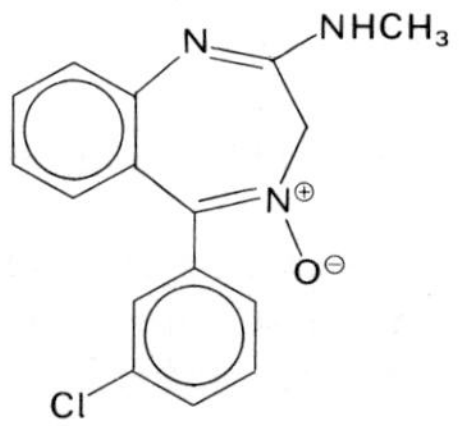

XXXIII

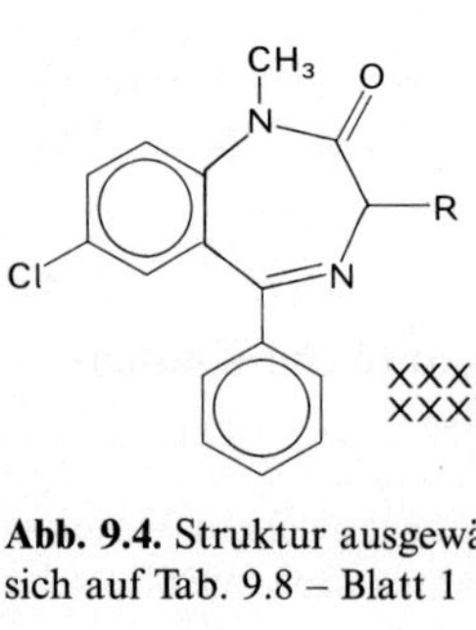

XXXIV: R = H
XXXV: R = OH

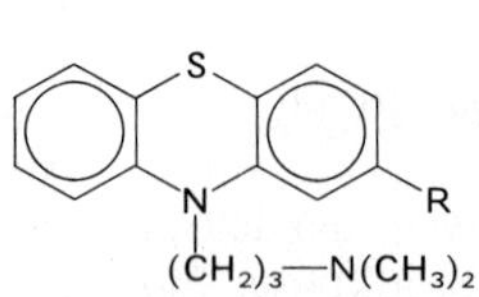

XXXVI: R = Cl
XXXVII: R = H
XXXVIII: R – $COCH_3$

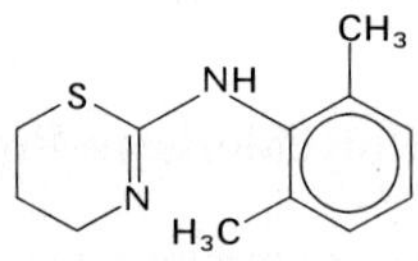

XXXIX

Abb. 9.4. Struktur ausgewählter Tierarzneimittel und Futtermittelzusatzstoffe. Die römische Bezifferung bezieht sich auf Tab. 9.8 – Blatt 1

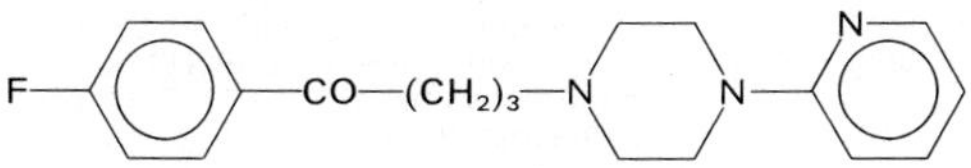

XL

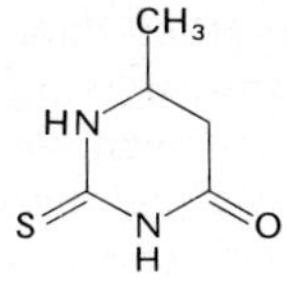

XLII

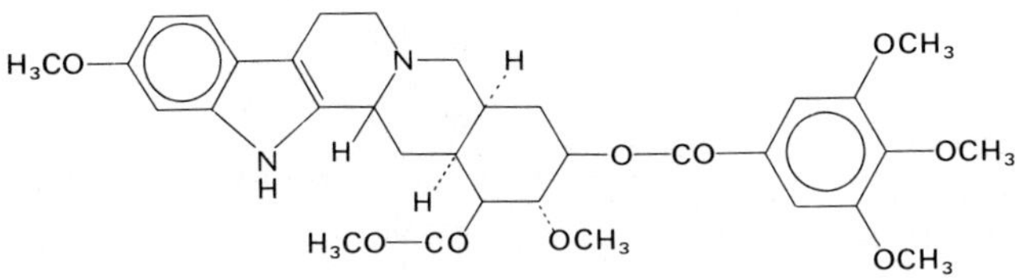

XLI

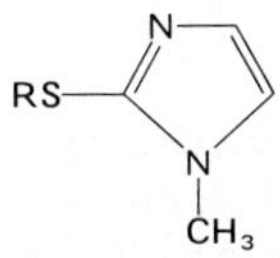

XLIII: R = H
XLIV: R = OCOCH3

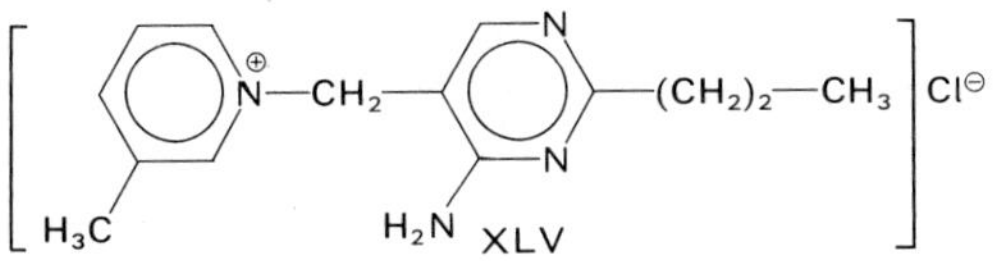

XLV

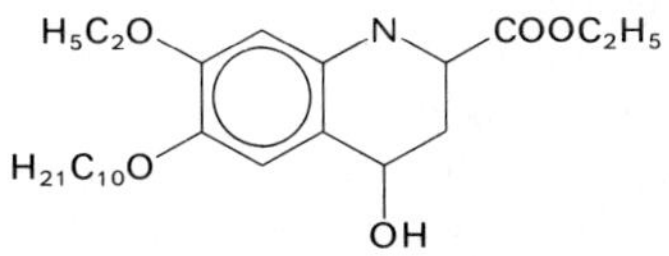

XLVI

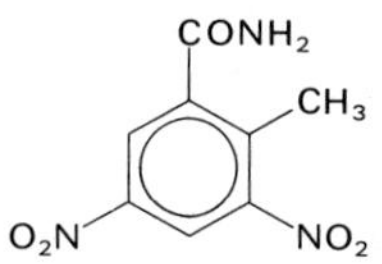

XLVII

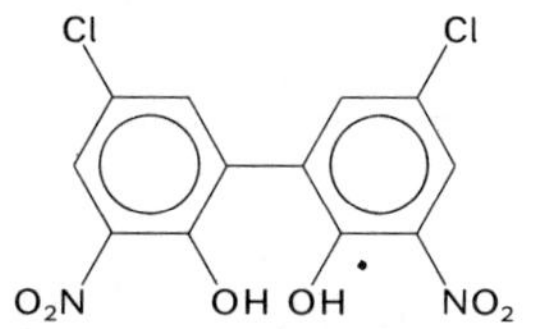

XLVIII

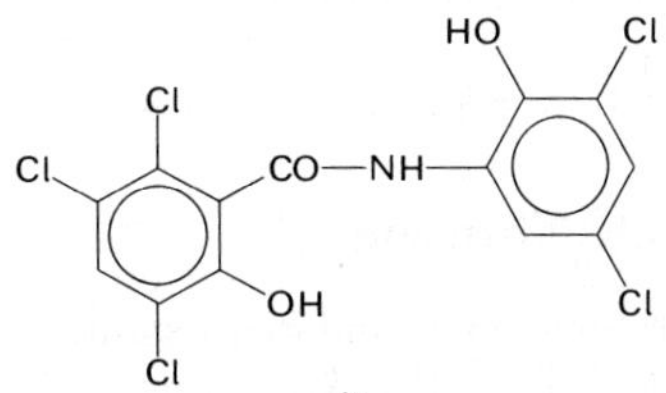

IL

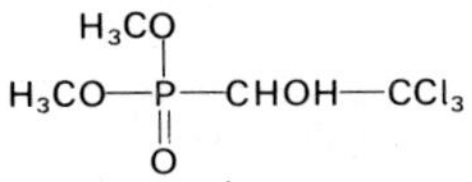

L

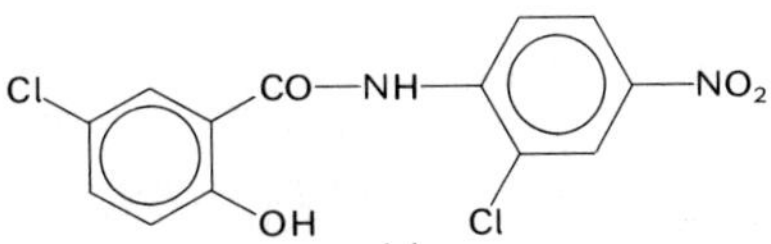

LI

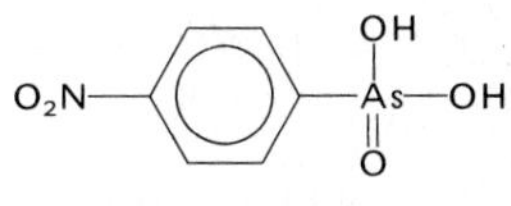

LII

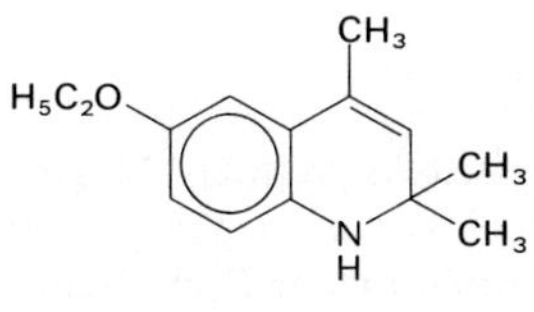

LIII

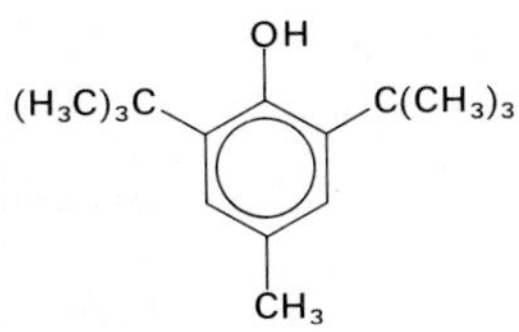

LIV

Abb. 9.4. – Blatt 2

Reaktionen eine große Zahl polycyclischer aromatischer Kohlenwasserstoffe entstehen, die unterschiedlich karzinogen sind. Art und Menge der gebildeten Verbindungen hängen von der Führung der Verbrennungsprozesse ab. Benzo[*a*]pyren dient als Leitsubstanz für diese Substanzgruppe:

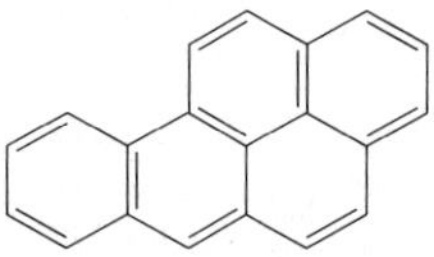
(9.1)

Eine Kontamination von Lebensmitteln kann erfolgen durch Fall-out, z. B. auf Obst- und Gemüsekulturen (insbes. Blattgemüse) in Industriegebieten, durch direkte Trocknung von Getreide mit Verbrennungsabgasen, durch Räuchern (insbes. bei Schwarzgeräuchertem) und durch Grillen über Holzkohle.

Der Gehalt in Fleisch und Fleischerzeugnissen soll 1 µg/kg im Endprodukt – gemessen als Benzo[*a*]pyren – nicht überschreiten. Der Anteil geräucherter Erzeugnisse mit Gehalten oberhalb dieser Menge wird gegenwärtig auf nur noch etwa 2% geschätzt. Die höchsten Konzentrationen an polycyclischen aromatischen Kohlenwasserstoffen in geräucherten Fischwaren finden sich im Räucheraal und Räucherlachs.

9.8 Nitrosamine

Nitrosamine und Nitrosamide sind Verbindungen mit starker karzinogener Wirkung. Sie entstehen aus sekundären Aminen, N-substituierten Amiden und salpetriger Säure:

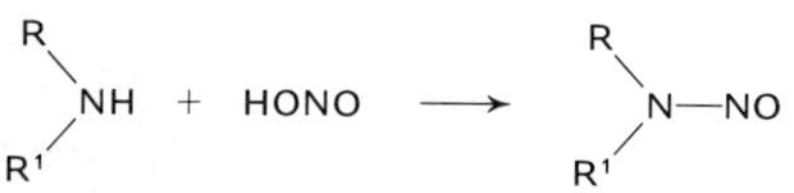
(9.2)

$$R{-}CO{-}NHR^1 + HONO \longrightarrow R{-}CO{-}N(NO){-}R^1$$
(9.3)

Das Nitrosoniumion, $NO^{\oplus}$ oder Nitrosylhalogenide, XNO sind die reaktiven Agentien:

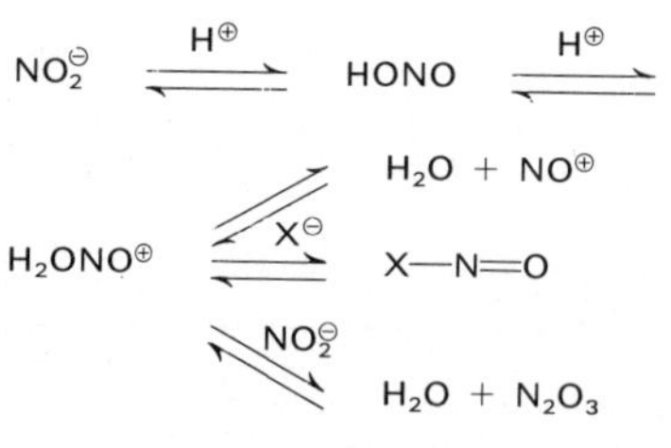
(9.4)

Eine Bildung ist auch aus primären Aminen, aus Diaminen und aus tertiären Aminen möglich:

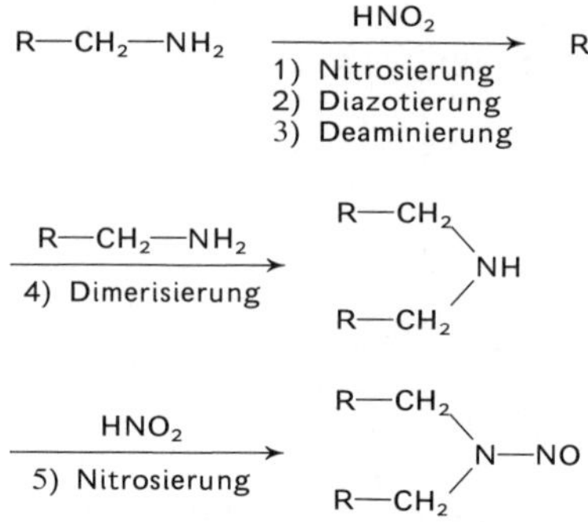

(9.5)

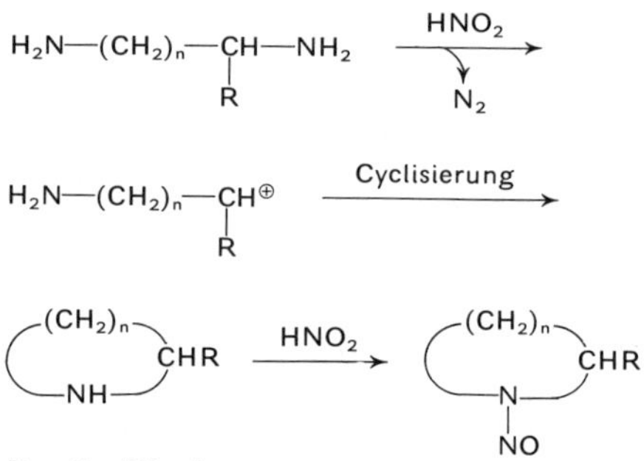

R = H: Diamine
R = COOH: Diaminocarbonsäuren (9.6)

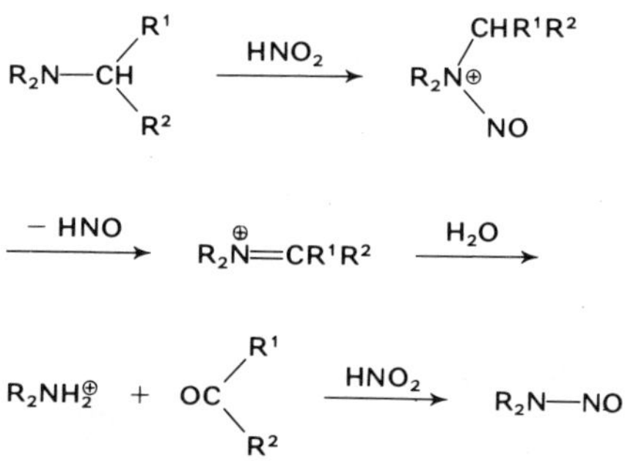
(9.7)

$$2\,HNO \longrightarrow H_2N_2O_2 \longrightarrow H_2O + N_2O$$
(9.8)

In zahlreichen Lebensmitteln wurden Nitrosamine in wechselnden Mengen nachgewiesen (Tab. 9.9). Den Hauptanteil macht Dimethylnitrosamin aus, das auch am stärksten karzinogen ist. Daneben spielen Nitrosopiperidin und Nitrosopyrrolidin eine gewisse Rolle. So enthielten

Tabelle 9.9. Nitrosamine in Lebensmitteln

Lebensmittel	Verbindung[a]	Menge µg/kg	Untersuchungsjahr
Frankfurter Würstchen	NDMA	0–84	1972
Fisch, roh	NDMA	0–4	1971, 1972
Fisch, geräuchert und mit Nitrit oder Nitrat behandelt	NDMA	4–26	1971
Fisch, gebacken	NDMA	1–9	1972
Käse (Danish, Blue, Gouda, Tilsiter, Ziegenmilchkäse)	NDMA	1–4	1972
Salami	NDMA	10–80	1972
Schinkenspeck, Rauchfleisch	NDMA	1–60	1975
Pfefferschinken, roh und gebraten	NPIP	4–67	1975
	NPYR	1–78	1975

[a] NDMA: N-Nitrosodimethylamin, NPIP: N-Nitrosopiperidin, NPYR: N-Nitrosopyrrolidin.

von untersuchten Fleischwaren 30% Nitrosodimethylamin (0,5–15 µg/kg) und 13% Nitrosopyrrolidin (> 0,5 µg/kg). Bei Käse waren 25% der Proben positiv (0,5–4,9 µg/kg). Nitrosopyrrolidin entsteht durch Nitrosierung von Prolin und anschließende Decarboxylierung der Nitrosaminosäure bei hohen Temperaturen, z. B. beim Braten:

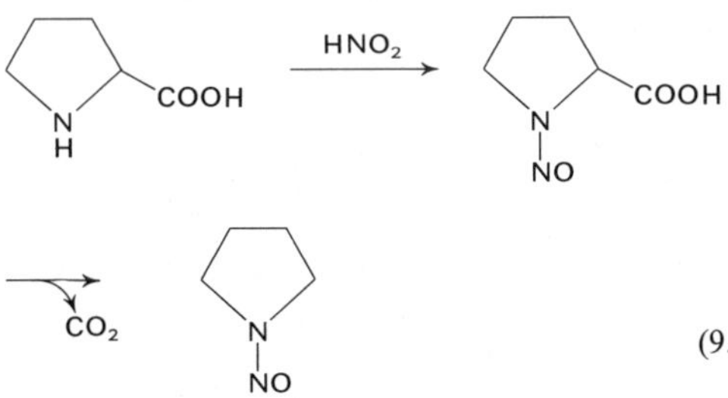

(9.9)

Man hat bei Fleischwaren festgestellt, daß der Gehalt an Nitrosopyrrolidin von 1,5 µg/kg vor auf 15,4 µg/kg nach dem Braten anstieg. Die Schätzungen der mittleren täglichen Aufnahme von Nitrosaminen durch den Menschen schwanken zwischen 0,1 µg Nitrosodimethylamin und 0,1 µg Nitrosopyrrolidin bis zu insgesamt 1 µg. Zu dieser exogenen Belastung kann eine endogene Belastung kommen, die sich ergibt aus der Zufuhr von nitrosierbaren Aminen einerseits und von Nitrat andererseits mit der Nahrung. Tab. 9.10 informiert über den Gehalt einiger Lebensmittel an Aminen. Nitrat ist in verschiedenen Gemüsen in zum Teil sehr großen Mengen (Tab. 9.10) und gegebenenfalls auch in Trinkwasser vorhanden. Die Mindestaufnahme pro Person und Tag wird auf 75 mg geschätzt. Nitrat wird bereits im Speichel bakteriell zu Nitrit reduziert. Damit sind die Voraussetzungen für Nitrosierungsreaktionen im sauren Milieu des Magens gegeben. Auf die Nitrosierbarkeit einer Reihe von Arzneimitteln sei ebenfalls hingewiesen. Meist handelt es sich um Dimethylamino- oder Diethylaminoverbindungen, aus denen dann Dimethyl- bzw. Diethylnitrosamine abgespalten werden können.

Eine Hemmung von Nitrosierungen ist z. B. mit Ascorbinsäure möglich, die von Nitrit zu Dehydroascorbinsäure oxidiert wird, unter Reduktion des Nitrits zu NO. Auch Tocopherole und verschiedene andere Lebensmittelinhaltsstoffe hemmen Nitrosierungen.

Geeignete Maßnahmen zur Verminderung der exogenen und endogenen Belastung mit Nitrosaminen sind z. B.:

- Senkung des Nitrit- und Nitratzusatzes zu Fleischwaren. Ein völliger Verzicht auf Nitrit erscheint wegen der Gefahr bakterieller Intoxikationen (Botulismus) zu riskant.
- Zusatz von Hemmstoffen (Ascorbinsäure, Tocopherole),
- Verringerung des Nitratgehaltes von Gemüsen.

9.9 Reinigungs- und Desinfektionsmittel

Den durch Massentierhaltung und maschinellen Milchentzug bedingten Rückstandsproblemen kommt zunehmende Bedeutung zu. In Fleisch und Fleischwaren sind es Reste dieser Mittel von den Oberflächen der Verarbeitungsgeräte, in der Milch können sie durch Maßnahmen zur Zitzendesinfektion auftreten. Aus jodhaltigen Desinfektionsmitteln einschließlich der Zitzentauchmittel kann eine zusätzliche Jodbelastung der Milch resultieren.

Spuren von Reinigungs- und Desinfektionsmitteln können Aromafehler verursachen (cf. 10.3.4).

Tabelle 9.10. Amine und Nitrat in Lebensmitteln (mg/kg)

Verbindung	Spinat	Rot-kohl	Grün-kohl	Karot-ten	Rote Beete	Sellerie	Grüner Salat	Rha-barber	Hering			Tilsiter	Camem-bert	Lim-burger
									gesal-zen	geräu-chert	in Öl			
Ammoniak	18280	11060	15260	3970	8800	19600	10260	6340	2928	270	–	164400	–	–
Methylamin	12	22,7	16,6	3,8	30	5,1	37,5	–	3,4	–	7	–	12	3
Ethylamin	8,4	1,3	–	1	1	–	3,3	–	0,1	0,4	–	–	4	1
Dimethylamin	–	2,8	5,5	–	–	6,4	7,2	–	7,8	6,3	45	–	–	–
Methylethylamin	–	0,9	–	7	7	–	7,5	–	–	–	1	–	–	–
n-Propylamin	–	–	–	–	–	–	–	–	–	–	–	8,7	2	2
Diethylamin	15	–	–	–	–	–	–	–	1,9	5,2	–	–	–	–
n-Butylamin	–	–	7	–	–	–	–	–	–	–	–	3,7	–	–
i-Butylamin	–	–	–	–	–	–	–	–	–	0,3	–	–	0,2	0,2
Pyrrolin	–	–	–	–	–	–	–	–						
n-Pentylamin	0,3	0,6	0,4	–	–	0,8	3	–	–	–	17	1,2	–	–
i-Pentylamin	3,8	–	0,5	–	–	–	–	3,9	–	–	–	–	0,2	Sp[a]
Pyrrolidin	2,5	–	–	–	–	0,4	–	–	–	–	–	19,9	1	0,1
Di-n-propylamin									–	–	–	8,4	–	–
Piperidin									0,7	0,2	–	–	–	Sp
Anilin	–	1,0	0,7	30,9	–	0,7	0,6	5						
N-Methylanilin	3,4	0,3	–	0,8	–	0,5	–	–	–	–	–	37,9	–	–
N-Methylbenzylamin	–	–	–	16,5	–	–	10	–	–	–	2	–	–	–
Toluidin	–	–	1,1	7,2	–	1,1	–	–						
Benzylamin	6,1	3,3	3,8	2,8	0,1	3,4	11,5	2,9						
Phenylethylamin	1,1	8,6	3	2	0,5	–		3,2						
N-Methylphenyl-ethylamin	2,4	3,7	2	2	0,4	0,5	0,4	2,6	–	–	0,1	2,6	–	–
Nitrat[b] 1	1665	284	790	280	2084	1850	2584	2148	–	–	–	444	–	–
2	20	65	30	0	100	70	90	714						
3	6700	2680	5530	2850	6631	6500	12826	5454						
n	523	10	25	297	113	35	460	29						

[a] Spuren. [b] Mittelwert (1), Minimalwert (2), Maximalwert (3), Probenzahl (n).

9.10 Literatur

Acker, L.: Die Rückstandssituation in der Bundesrepublik Deutschland – Versuch einer Bestandsaufnahme. Lebensmittelchem. Gerichtl. Chem. *35,* 1 (1981)

Berg, H. W., Diehl, J. F., Frank, H.: Rückstände und Verunreinigungen in Lebensmitteln. Dr. Dietrich Steinkopff Verlag: Darmstadt. 1978

Bund für Lebensmittelrecht und Lebensmittelkunde e. V.: Wie sicher sind unsere Lebensmittel? Schriftenreihe Heft 102, B. Behr's Verlag: Hamburg. 1983

Bundesforschungsanstalt für Ernährung: Essentielle und toxinale Inhaltsstoffe in der täglichen Gesamtnahrung. Bericht BFE-R--83-02, Karlsruhe, Dezember 1983

Bundesforschungsanstalt für Ernährung: Radioaktivität in Lebensmitteln – Tschernobyl und die Folgen. Bericht BFE-R--86-04, Karlsruhe, Dezember 1986

Deutsche Forschungsgemeinschaft: Rückstände in Gebäck und Getreideprodukten. Harald Boldt Verlag KG: Boppard. 1981

Deutsche Forschungsgemeinschaft: Rückstände in Lebensmitteln tierischer Herkunft. Verlag Chemie: Weinheim. 1983

Deutsche Forschungsgemeinschaft: Das Nitrosamin-Problem. Verlag Chemie: Weinheim. 1983

Deutsche Forschungsgemeinschaft: Rückstände und Verunreinigungen in alkoholfreien Getränken. Verlag Chemie: Weinheim. 1983

Eisenbrand, G.: N-Nitrosoverbindungen in Nahrung und Umwelt. Wissenschaftliche Verlagsgesellschaft mbH: Stuttgart. 1981

Ernährungsbericht 1980. Deutsche Gesellschaft für Ernährung e. V.: Frankfurt/Main. 1980

Ernährungsbericht 1984. Deutsche Gesellschaft für Ernährung e. V.: Frankfurt/Main. 1984

Hassall, K. A.: The chemistry of pesticides. Verlag Chemie: Weinheim. 1982

Hathway, D. E.: Molecular aspects of toxicology. The Royal Society of Chemistry, Burlington House: London. 1984

Heitefuß, R.: Pflanzenschutz. Georg Thieme Verlag: Stuttgart. 1975

Heyns, K.: Über die endogene Nitrosamin-Entstehung beim Menschen. Landwirtschaftliche Forschung, Sonderheft 36, S. 145, Kongreßband 1979 Gießen, J. D. Sauerländer Verlag: Frankfurt/Main. 1980

Lindner, E.: Toxikologie der Nahrungsmittel, 2. Aufl., Georg Thieme Verlag: Stuttgart. 1979

Wegler, R. (Hrsg.): Chemie der Pflanzenschutz- und Schädlingsbekämpfungsmittel. Bde. 1–8, Springer-Verlag: Berlin. 1970–1982

10 Milch und Milchprodukte

10.1 Milch

Milch ist die aus Milchdrüsen weiblicher Säugetiere abgesonderte Flüssigkeit. Sie enthält als ausschließliche Nahrung des heranwachsenden Lebewesens alle wichtigen Nährstoffe. Der Mensch hat von alters her die Milch von Ziege, Schaf und Rind für seine Ernährung genutzt. Heute versteht man unter Milch als Handelsware lediglich die Kuhmilch. Milch anderer Tiere kommt unter Kennzeichnung, z. B. als Schaf- oder Ziegenmilch, in den Handel.

Die Milchleistung je Kuh in kg/Jahr hat sich in Deutschland durch entsprechende Zuchtwahl und Futterverbesserung innerhalb eines Jahrhunderts mehr als verdoppelt. Sie belief sich 1812 auf rund 1280 kg, 1926 bereits auf 2163 kg, lag 1970 im Durchschnitt in der BRD bei 3800 kg und 1977 bei 4181 kg.

Über die Milcherzeugung in verschiedenen Ländern sowie über die Herstellung und den Verbrauch an Milcherzeugnissen informieren die Tabellen 10.1, 2 und 3.

10.1.1 Physikalische und physikalisch-chemische Eigenschaften

Milch ist eine weißliche bis gelblich-weiße undurchsichtige Flüssigkeit, deren Farbe durch die Lichtstreuung und -absorption an Fetttröpfchen und Proteinmizellen bedingt ist. Demzufolge ist auch fettfreie Magermilch weiß. Die gelbliche bzw. gelblich-grüne Farbe rührt vom Carotin der Fettphase (vor allem bei der Weidefütterung) und vom Riboflavin der wäßrigen Phase her. Der Geschmack ist mild süßlich, der Geruch ist eigentümlich unspezifisch.

Das Fett ist in Form von Fetttröpfchen, die mit einer Membran umgeben sind, im Milchserum emulgiert. Bei längerem Stehen oder beim Zentrifugieren tritt *Aufrahmung* ein: Fetttröpfchen flotieren und setzen sich als *Rahm* von der *Magermilch* ab. Durch Homogenisierung kann eine feinere Verteilung des Fetts erreicht werden und damit eine langsamere Aufrahmung.

Im Milchserum dispergiert sind Proteinteilchen variierender Größe, die als Mizellen bezeichnet werden und hauptsächlich aus Calciumsalzen des Caseins bestehen. Weiterhin kommen in der

Tabelle 10.1. Produktion von Milch 1984 (1000 t)

Erdteil	Kuhmilch	Büffelmilch	Schafmilch	Ziegenmilch
Welt	448587	31827	8323	7504
Afrika	10930	1320	735	1483
Amerika, Nord-, Mittel-	80357	–	–	351
Amerika, Süd-	23857	–	37	136
Asien	37212	30413	3812	3546
Europa, West-	138920	71	2066	1515
Europa, Ost- + USSR	143679	23	1091	474
Ozeanien	13631	–	–	–

Land	Kuhmilch	Land	Büffelmilch
USSR	97200	Indien	20700
USA	61436	Pakistan	7000
Frankreich	33300	China	1560
BRD	26141	Ägypten	1320
Polen	16744	Nepal	550
UK	16200	Türkei	280
Indien	14200	Italien	71
Niederlande	12752	Sri Lanka	64
Italien	10700	Burma	61
Brasilien	10500	Vietnam	55
DDR	8750		
Neuseeland	7500	Σ (%)[a]	99
Kanada	8200		
Mexiko	7227		
Japan	7140		
Σ (%)[a]	75		

[a] Weltproduktion ≙ 100%.

Tabelle 10.1. (Fortsetzung)

Land	Schafmilch	Land	Ziegenmilch
Türkei	1300	Indien	955
Frankreich	1060	Türkei	625
Iran	705	Bangladesh	517
Italien	647	Frankreich	475
Griechenland	596	Griechenland	420
China	525	Sudan	415
Syrien	525	Pakistan	390
Rumänien	350	Spanien	370
Bulgarien	345	USSR	330
Spanien	255	Mexiko	322
		Somalia	290
Σ (%)[a]	76	Iran	223
		Algerien	160
		China	150
		Σ (%)[a]	77

[a] Weltproduktion ≙ 100%.

Milch Lipoproteinpartikelchen vor, auch als Milchmikrosomen bezeichnet, die aus Resten von Zellmembranen, Microvilli etc. bestehen, sowie somatische Zellen, hauptsächlich Leucocyten (10^8/l Milch). In Tab. 10.4 sind einige Eigenschaften der Hauptstrukturelemente der Milch zusammengefaßt.
Gelöst sind im Milchserum verschiedene weitere Proteine, Kohlenhydrate, Mineralstoffe und sonstige Inhaltsstoffe.
Die *spezifische Masse* der Milch wird durch zunehmenden Fettgehalt erniedrigt, durch zunehmenden Protein-, Milchzucker- und Salzgehalt erhöht. Sie liegt bei Kuhmilch zwischen 1,029 und 1,034 (15 °C). Magermilch (Fettentzug) hat eine höhere spezifische Masse als Vollmilch. Nach den Beziehungen von *Fleischmann*

$$m = 1{,}2\,f + \frac{266{,}5(s-1)}{s} \qquad (10.1)$$

und von *Richmond*

$$m = 0{,}25\,s + 1{,}21\,f + 0{,}66 \qquad (10.2)$$

kann die *Trockensubstanz* der Milch in Prozent (m) aus dem Fettgehalt in Prozent (f) und der spezifischen Masse (s) berechnet werden.
Der *Gefrierpunkt* der Milch liegt bei −0,53 bis −0,55 °C. Infolge seiner großen Konstanz ist er für einen Nachweis der Wässerung geeignet.

Der *pH-Wert* von frischer Milch liegt bei 6,5–6,75, der *Säuregrad* nach *Soxhlet-Henkel* (°SH) bei 6,5–7,5.
Der *Brechungsindex* (n_D^{20}) liegt bei 1,3410 bis 1,3480, die *spezifische elektrische Leitfähigkeit* (25 °C) bei 4–5,5 · 10^{-3} Ohm^{-1} cm^{-1}.
Zur Beurteilung von Milch und Milcherzeugnissen kann das *Redoxpotential* beitragen, für das +0,30 V (Rohmilch), +0,10 V (pasteurisierte Milch), +0,05 V (Schmelzkäse), −0,15 V (Joghurt) und −0,30 V (Emmentaler Käse) angegeben werden.

10.1.2 Zusammensetzung

Die Zusammensetzung der Milch schwankt von Tierart zu Tierart ziemlich stark. Tabelle 10.5 gibt einige Daten. In allen Fällen ist Wasser mit 63–87% der Hauptbestandteil. Im folgenden wird nur noch Kuhmilch behandelt, die als Lebensmittel die größte Bedeutung hat.

10.1.2.1 Proteine

Schon *O. Hammarsten* unterschied 1877 zwischen drei Proteinen in der Milch, dem *Casein*, dem *Lactalbumin* und dem *Lactoglobulin*. Er gab auch ein Verfahren zur Trennung an: Magermilch wird nach dem Verdünnen mit Essigsäure angesäuert. *Casein* flockt aus, die *Molkenproteine* bleiben in Lösung. Damit war schon eine charakteristische Eigenschaft des Caseins herausgestellt: seine Unlöslichkeit im schwach sauren Gebiet. Im Laufe der Zeit stellte sich heraus, daß das Proteinsystem der Milch wesentlich komplexer ist. 1936 konnte *Pedersen* die Uneinheitlichkeit des Caseins in der Ultrazentrifuge demonstrieren, und 1939 erhielt *Mellander* elektrophoretisch drei Fraktionen, die als α-, β- und γ-Casein bezeichnet wurden.
In Tab. 10.7 sind die wichtigsten heute bekannten Proteine der Kuhmilch aufgeführt. Die *Caseinfraktion* bildet den Hauptanteil. Hauptkomponenten der *Molkenproteine* sind die genetisch unterschiedlichen β-Lactoglobuline A und B und das α-Lactalbumin. Die übrigen Komponenten treten stark zurück. Weitere, in noch kleinerer Menge vorkommende Proteine, z.B. die verschiedenen Enzyme der Milch, sind in der Tabelle nicht mit aufgeführt.

Tabelle 10.2. Produktion von Milchprodukten 1984 (1000 t)

Erdteil	Käse	Butter[a]	Kondens-milch	Vollmilch-pulver	Magermilch-pulver[b]	Molken-pulver
Welt	12337	7660	4716	1960	4445	1531
Afrika	378	156	30	15	26	–
Amerika, Nord-, Mittel-	2805	677	1377	112	699	462
Amerika, Süd-	424	147	181	369	6	–
Asien	675	1410	611	108	195	9
Europa, West-	4772	2354	1568	833	2222	865
Europa, Ost-, + USSR	3010	2502	863	338	924	172
Ozeanien	275	414	86	182	373	21

Land	Käse	Land	Butter[a]	Land	Kondens-milch
USA	2402	USSR	1610	USA	875
USSR	1659	Indien	740	USSR	560
Frankreich	1250	Frankreich	605	Niederlande	548
BRD	872	BRD	572	BRD	505
Italien	655	USA	508	Indien	350
Niederlande	530	Polen	320	Kanada	202
Polen	401	DDR	297	Mexiko	197
Dänemark	296	Neuseeland	295	Tschechoslowakei	155
UK	245	Niederlande	242	Frankreich	148
Ägypten	244	Pakistan	238	DDR	127
Kanada	229	UK	205	Σ (%)[c]	78
DDR	227	Irland	164		
Argentinen	210	Σ (%)[c]	76		
Σ (%)[c]	75				

Land	Voll-milch-pulver	Land	Mager-milch-pulver[b]	Land	Molken-pulver
USSR	270	Frankreich	748	USA	406
Frankreich	207	BRD	610	Frankreich	337
Brasilien	200	USA	558	Niederlande	190
Niederlande	184	USSR	480	BRD	134
BRD	138	Neuseeland	249	DDR	68
Neuseeland	135	Irland	182	UK	61
Dänemark	99	Japan	155	Portugal	58
Japan	91	Niederlande	155	Kanada	56
Argentinien	75	DDR	145	Jugoslawien	54
USA	55	UK	134	Tschechoslowakei	48
Venezuela	55	Σ (%)[c]	77	Σ (%)[c]	92
Σ (%)[c]	77				

[a] Einschließlich Fett aus Büffelmilch (ghee).
[b] Einschließlich Buttermilchpulver.
[c] Weltproduktion ≙ 100%.

Tabelle 10.3. Verbrauch an Milch und Milcherzeugnissen (kg/Kopf und Jahr) in der BRD

	64/65	66/67	68/69	70/71	72/73	74/75	76/77
Trinkmilch	95,7	93,4	92,0	92,5	86,5	82,9	83,8
Sahne	2,5	2,8	3,2	3,5	3,7	3,9	4,1
Käse	8,4	9,1	9,4	10,2	11,1	11,7	12,4
Butter	8,5	8,6	8,5	8,3	7,3	7,0	6,4

Die Aminosäurezusammensetzung von Gesamtprotein, Casein und Molkenprotein der Kuhmilch ist in Tab. 10.6 angegeben.

10.1.2.1.1 Caseinfraktion

Die wichtigsten Komponenten dieser Fraktion sind gut untersucht. Ihre Aminosäuresequenzen sind in Tab. 10.8 zusammengestellt. Über die genetischen Varianten orientiert Tab. 10.9.

α_s-*Caseine:* Die Variante B des α_{s1}-Caseins besteht aus einer Peptidkette mit 199 Aminosäureresten und einem Molekulargewicht von 23600. Die Sequenz enthält 8 Phosphoserinreste, von denen 7 in den Positionen 43–80 lokalisiert sind, die zusätzlich 12 Carboxylgruppen enthalten. Diese Positionen bilden damit einen extrem polaren, sauren Abschnitt. Prolin ist gleichmäßig über die Kette verteilt und behindert offensichtlich die Ausbildung regulärer Strukturen größeren Umfangs. Diskutiert werden Anteile von ca. 30%. Die Positionen 100–199 sind ausgeprägt apolar und verantwortlich für die starke Assoziationsneigung, die aber durch Abstoßung der Phosphatgruppen in Grenzen gehalten wird. In Gegenwart von $Ca^{2\oplus}$ in den in der Milch üblichen Konzentrationen bildet α_{s1}-Casein ein unlösliches Calciumsalz. Bei Variante A fehlen die Reste 14–26, bei Variante C tritt Gly-192 an die Stelle von Glu-192 und bei Variante D Pth-53 (Phosphothreonin) an die Stelle von Ala-53.

α_{s2}-*Casein* besitzt eine ausgesprochen dipolare Struktur mit einer Konzentration anionischer Gruppen im Bereich des N-Terminus und kationischer Gruppen im Bereich des C-Terminus. Es ist mit Ca^{2+} noch leichter fällbar als α_{s1}-Casein.

β-*Caseine:* Die Variante A^2 besteht aus einer Peptidkette mit 209 Resten und einem Molekulargewicht von 24500. Die 5 Phosphoserinreste sind in den Positionen 1–40 lokalisiert, die darüber hinaus praktisch die gesamten ionisierbaren Reste des Moleküls enthalten. Die Positionen 136–209 enthalten dagegen vorwiegend Reste mit apolaren Seitenketten. Insgesamt ist die Struktur des Moleküls mit „polarem Kopf" und „apolarem Schwanz" als „seifenähnlich" zu bezeichnen. Aus CD-Messungen folgt, daß β-Casein ca. 9% α-Helix und ca. 25% β-Struktur enthält. Temperatursteigerung führt zu einer Erhöhung der β-Struktur auf Kosten des aperiodischen Anteils. Die Selbstassoziation ist endotherm. Das Protein ist mit $Ca^{2\oplus}$ bei den in der Milch vorkommenden Konzentrationen fällbar. Bei $T \leq 1\,°C$ ist aber auch das Calciumsalz gut löslich.

ϰ-*Caseine:* Die Variante B besteht aus einer Peptidkette mit 169 Resten und einem Molekulargewicht von 18000. Das Monomere wird nur unter reduzierenden Bedingungen gefaßt. Normalerweise liegt ϰ-Casein als Trimeres oder höheres Oligomeres vor, wobei eine Verbrückung über Disulfidbindungen wahrscheinlich ist. Das Protein enthält wechselnde Mengen an Kohlenhydraten (Durchschnittswerte: 1% Galactose, 1,2% Galactosamin, 2,4% N-Acetylneuraminsäure), die über Thr-133 an die Peptidkette gebunden sind. Elektrophoretisch läßt sich ϰ-Casein in verschiedene Komponenten trennen, die sich bei gleicher Aminosäurezusammensetzung

Tabelle 10.4. Hauptstrukturelemente der Milch

Name	Dispersionstyp	Anteil (% d. TM)	Anzahl (l^{-1})	Durchmesser (nm)	Oberfläche (m^2/l Milch)	Spezifische Masse[a] (g/ml)
Fettkügelchen	Emulsion	3,8	10^{13}	100–10000	70	0,92
Caseinmizellen	Suspension	2,8	10^{17}	10–300	4000	1,11
Globuläre Proteine (Molkenproteine)	Kolloidale Lösung	0,6	10^{20}	3–6	5000	1,34
Lipoprotein-partikelchen	Kolloidale Suspension	0,01	10^{17}	10	10	1,10

[a] 20 °C

nur im Kohlenhydratanteil unterscheiden und z. B. pro Mol Protein 0–3 Mole N-Acetylneuraminsäure, 0–4 Mole Galactose, sowie 0–3 Mole Galactosamin enthalten. Isoliert werden konnten drei verschiedene Glykosylreste, von denen einer die in Formel 10.3 angegebene Struktur hat.

Tabelle 10.5. Zusammensetzung (%) der Muttermilch und der Milch verschiedener Tierarten

Art	Protein	Casein	Molken-protein	Zucker	Fett	Asche
Mensch	0,9[a]	0,4	0,5	7,1	4,5	0,2
Esel	2,0	1,0	1,0	7,4	1,4	0,5
Pferd	2,5	1,3	1,2	6,2	1,9	0,5
Kamel	3,6	2,7	0,9	5,0	4,0	0,8
Rentier	10,1	8,6	1,5	2,8	18,0	1,5
Kuh	3,2	2,6	0,6	4,6	3,9	0,7
Zebu	3,2	2,6	0,6	4,7	4,7	0,7
Yak	5,8			4,6	6,5	0,9
Büffel	3,8	3,2	0,6	4,8	7,4	0,8
Ziege	3,2	2,6	0,6	4,3	4,5	0,8
Schaf	4,6	3,9	0,7	4,8	7,2	0,9
Katze	7,0	3,8	3,2	4,8	4,8	0,6
Hund	7,4	4,8	2,6			
Kaninchen	10,4					

[a] Während der Stillperiode ab dem 15. Tag Anstieg auf 1,6% Protein.

Tabelle 10.6. Aminosäurezusammensetzung (g AS/100 g Protein) von Gesamtprotein, Casein und Molkenprotein der Kuhmilch.

Aminosäure	Gesamt-protein	Casein	Molken-protein
Alanin	3,7	3,1	5,5
Arginin	3,6	4,1	3,3
Asparaginsäure	8,2	7,0	11,0
Cystin	0,8	0,3	3,0
Glutaminsäure	22,8	23,4	15,5
Glycin	2,2	2,1	3,5
Histidin	2,8	3,0	2,4
Isoleucin	6,2	5,7	7,0
Leucin	10,4	10,5	11,8
Lysin	8,3	8,2	9,6
Methionin	2,9	3,0	2,4
Phenylalanin	5,3	5,1	4,2
Prolin	10,2	12,0	4,4
Serin	5,8	5,5	5,5
Threonin	4,8	4,4	8,5
Tryptophan	1,5	1,5	2,1
Tyrosin	5,4	6,1	4,2
Valin	6,8	7,0	7,5

Tabelle 10.7. Proteine der Kuhmilch

Fraktion	Genetische Varianten	Mittlerer Anteil[a]	Isoion. Punkt	Molekulargewicht[b] ($\times 10^{-3}$)	Phosphorgehalt (%)
Caseine		80	–	–	0,9
α_{s1}-Caseine	A, B, C, D	34	4,92–5,35	23,6	1,1
α_{s2}-Caseine	A, B, C, D	8		25,2	1,4
$\varkappa$-Caseine	A, B	9	5,37	19	0,2
β-Caseine	A^1, A^2, A^3, B, C, D, E, B_Z	25	5,20–5,85	24	0,6
γ-Caseine		4	5,8–6,0	12–21	0,1
γ_1-Caseine	A^1, A^2, A^3, B			20,5	
γ_2-Caseine	A^1/A^2, A^3, B			11,8	
γ_3-Caseine	$A^1/A^2/A^3$, B			11,6	
Molkenproteine		20	–	–	
β-Lactoglobuline	A, B, C, D, Dr	9	5,35–5,41	18,3	
α-Lactalbumin	A, B	4	4,2–4,5[e]	14,2	
Serumalbumin		1	5,13	66,3	
Immunoglobuline		2			
IgG1			5,5–6,8	162	
IgG2			7,5–8,3	152	
IgA			–	400[c]	
IgM			–	950[d]	
FSC(s)				80	
Proteose-Pepton		4	3,3–3,7	4–41	

[a] In % des Gesamtproteins von Magermilch. [b] Monomere. [c] Dimer. [d] Pentamer. [e] Isoelektr. Punkt.

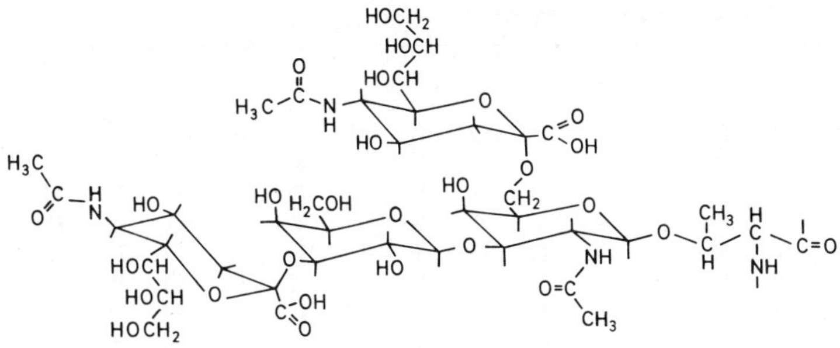

(10.3)

In den anderen beiden Oligosaccharideinheiten fehlt jeweils einer der beiden N-Acetylneuraminsäurereste.
ϰ-Casein ist als einzige Hauptkomponente des Caseins auch in Gegenwart von $Ca^{2\oplus}$ in den in der Milch vorkommenden Konzentrationen löslich (Abb. 10.1). Darüber hinaus vermag es die mit $Ca^{2\oplus}$ fällbaren Caseinfraktionen (α_{s1}-Casein, β-Casein) durch Komplexbildung vor einer Ausfällung zu schützen (Abb. 10.2). Diese Eigenschaft des ϰ-Caseins ist für die Bildung stabiler Caseinkomplexe und Caseinmizellen von entscheidender Bedeutung.
Labenzym spaltet selektiv an der Peptidbindung $\cdot\cdot Phe^{105}$—$Met^{106}\cdot\cdot$ zu para-ϰ-Casein und einem Glykopeptid (Pyg: Pyroglutaminsäure, Pyrrolidoncarbonsäure):

	1	105 106	169	
	Pyg ······	Phe – Met ··········	Val	
		ϰ-Casein		(10.4)
	1	105 106	169	
$\xrightarrow{\text{Lab}}$	Pyg ······	Phe + Met ··········	Val	
	para-ϰ-Casein	Glykopeptid		

Das Glykopeptid ist löslich, para-ϰ-Casein dagegen durch $Ca^{2\oplus}$ fällbar. Auf diese Weise verliert ϰ-Casein die erwähnte Schutzwirkung und es kommt zur Ausfällung der Caseinkomplexe und Caseinmizellen der Milch. Die Spezifität von Lab ist sehr groß, wie aus Tab. 10.10 folgt. Die Zuckereinheit von ϰ-Casein ist nicht essentiell für den Angriff von Lab und für die stabilisierenden Eigenschaften des Proteins. Der Zucker verlangsamt aber die Spaltung des Proteins durch Lab und auch die Stabilität von α_s-, ϰ-Caseingemischen in Gegenwart von Calcium scheint vom Kohlenhydratgehalt des ϰ-Caseins abzuhängen.

γ-Caseine: Bei diesen Proteinen handelt es sich um Abbauprodukte der β-Caseine durch milcheigene proteolytische Enzyme. So entstehen die γ_1-Caseine durch Abspaltung der Reste 1–28, die in der Milch das Proteose-Pepton PP8F bilden. Entsprechend werden die γ_2- und γ_3-Caseine durch Abspaltung der Reste 1–105 bzw. 1–107 gebildet. Nach neueren Nomenklaturempfehlungen sollen die β-Caseinfragmente mit den Positionsnummern bezeichnet werden. Das γ_1-Casein aus einer beliebigen β-Caseinvariante X ist danach z. B. β-Casein X (f 29–209) und das entsprechende Proteose-Pepton PP8F β-Casein X (f 1–28).

λ-Caseine: Die λ-Caseinfraktion besteht hauptsächlich aus Fragmenten der α_{s1}-Caseine, die in vitro durch Inkubation mit Plasmin vom Rind erhalten werden können.
Das molare Verhältnis der Hauptkomponenten $\alpha_{s1}/\beta+\gamma/\varkappa/\alpha_{s2}$ liegt bei durchschnittlich 8/8/3/2.
Alle Caseine enthalten Phosphorsäure, die sich immer in Tripeptidsequenzen der Art (Pse: Phosphoserin):

Pse-X-Glu oder Pse-X-Pse (10.5)

findet, wobei X eine beliebige Aminosäure einschließlich Phosphoserin und Glutaminsäure sein kann. Beispiele sind:

α_{s1}-Casein:	Pse-Glu-Pse	
	Pse-Ile-Pse-Pse-Pse-Glu	
	Pse-Val-Glu	
	Pse-Ala-Glu	(10.6)
β-Casein:	Pse-Leu-Pse-Pse-Pse-Glu	
	Pse-Glu-Glu	
ϰ-Casein:	Pse-Pro-Glu	

Wahrscheinlich geht diese Regelmäßigkeit auf die Spezifität der Proteinkinase zurück.

Tabelle 10.8. Aminosäuresequenzen von Milchproteinen des Rindes

α_{s1}-Casein B

R	P	K	H	P	I	K	H	Q	G	L	P	Q	E	V	L	N	E	N	L
L	R	F	F	V	A	P	F	P	Q	V	F	G	K	E	K	V	N	E	L
S	K	D	I	G	S[a]	E	S[a]	T	E	D	Q	A	M	E	D	I	K	E	M
E	A	E	S[a]	I	S[a]	S[a]	S[a]	E	E	I	V	P	N	S[a]	V	E	Q	K	H
I	Q	K	E	D	V	P	S	E	R	Y	L	G	Y	L	E	Q	L	L	R
L	K	K	Y	K	V	P	Q	L	E	I	V	P	N	S[a]	A	E	E	R	L
H	S	M	K	Q	G	I	H	A	Q	Q	K	E	P	M	I	G	V	N	Q
E	L	A	Y	F	Y	P	E	L	F	R	Q	F	Y	Q	L	D	A	Y	P
S	G	A	W	Y	Y	V	P	L	G	T	Q	Y	T	D	A	P	S	F	S
D	I	P	N	P	I	G	S	E	N	S	E	K	T	T	M	P	L	W	

α_{s2}-Casein

K	N	T	M	E	H	V	S[a]	S[a]	S[a]	E	E	S	I	I	S[a]	Q	E	T	Y
K	Q	E	K	N	M	A	I	N	P	S	K	E	N	L	C	S	T	F	C
K	E	V	V	R	N	A	N	E	E	E	Y	S	I	G	S[a]	S[a]	S[a]	E	E
S[a]	A	E	V	A	T	E	E	V	K	I	T	V	D	D	K	H	Y	Q	K
A	L	N	E	I	N	E	F	Y	Q	K	F	P	Q	Y	L	Q	Y	L	Y
Q	G	P	I	V	L	N	P	W	N	Q	V	K	R	N	A	V	P	I	T
P	T	L	N	R	E	Q	L	S[a]	T	S[a]	E	E	N	S	K	K	T	V	D
M	E	S[a]	T	E	V	F	T	K	K	T	K	L	T	E	E	E	K	N	R
L	N	F	L	K	K	I	S	Q	R	Y	Q	K	F	A	L	P	Q	Y	L
K	T	V	Y	Q	H	Q	K	A	M	K	P	W	I	Q	P	K	T	K	V
I	P	Y	V	R	Y	L													

β-Casein A^2

R	E	L	E	E	L	N	V	P	G	E	I	V	E	S[a]	L	S[a]	S[a]	S[a]	E
E	S	I	T	R	I	N	K	K	I	E	K	F	Q	S[a]	E	E	Q	Q	Q
T	E	D	E	L	Q	D	K	I	H	P	F	A	Q	T	Q	S	L	V	Y
P	F	P	G	P	I	P	N	S	L	P	Q	N	I	P	P	L	T	Q	T
P	V	V	V	P	P	F	L	Q	P	E	V	M	G	V	S	K	V	K	E
A	M	A	P	K	H	K	E	M	P	F	P	K	Y	P	V	Q	P	F	T
E	S	Q	S	L	T	L	T	D	V	E	N	L	H	L	P	P	L	L	L
Q	S	W	M	H	Q	P	H	Q	P	L	P	P	T	V	M	F	P	P	Q
S	V	L	S	L	S	Q	S	K	V	L	P	V	P	E	K	A	V	P	Y
P	Q	R	D	M	P	I	Q	A	F	L	L	Y	Q	Q	P	V	L	G	P
V	R	G	P	F	P	I	I	V											

κ-Casein B

Z[d]	E	Q	N	Q	E	Q	P	I	R	C	E	K	D	E	R	F	F	S	D
K	I	A	K	Y	I	P	I	Q	Y	V	L	S	R	Y	P	S	Y	G	L
N	Y	Y	Q	Q	K	P	V	A	L	I	N	N	Q	F	L	P	Y	P	Y
Y	A	K	P	A	A	V	R	S	P	A	Q	I	L	Q	W	Q	V	L	S
D	T	V	P	A	K	S	C	Q	A	Q	P	T	T	M	A	R	H	P	H
P	H	L	S	F	M	A	I	P	P	K	K	N	Q	D	K	T	E	I	P
T	I	N	T	I	A	S	G	E	P	T	S	T[b]	P	T	I	E	A	V	E
S	T	V	A	T	L	E	A	S[a]	P	E	V	I	E	S	P	P	E	I	N
T	V	Q	V	T	S	T	A	V											

Tabelle 10.8. (Fortsetzung)

α-Lactalbumin B[c]

E	Q	L	T	K	C	E	V	F	R	E	L	K	D	L	K	G	Y	G	G
V	S	L	P	E	W	V	C	T	T	F	H	T	S	G	Y	D	T	E	A
I	V	E	N	N	Q	S	T	D	Y	G	L	F	Q	I	N	N	K	I	W
C	K	N	D	Q	D	P	H	S	S	N	I	C	N	I	S	C	D	K	F
L	N	N	D	L	T	N	N	I	M	C	V	K	K	I	L	D	K	V	G
I	N	Y	W	L	A	H	K	A	L	C	S	E	K	L	D	Q	W	L	C
E	K	L																	

β-Lactoglobulin B[e]

L	I	V	T	Q	T	M	K	G	L	D	I	Q	K	V	A	G	T	W	Y
S	L	A	M	A	A	S	D	I	S	L	L	D	A	Q	S	A	P	L	R
V	Y	V	E	E	L	K	P	T	P	E	G	D	L	E	I	L	L	Q	K
W	E	N	G	E	C	A	Q	K	K	I	I	A	E	K	T	K	I	P	A
V	F	K	I	D	A	L	N	E	N	K	V	L	V	L	D	T	D	Y	K
K	Y	L	L	F	C	M	E	N	S	A	E	P	E	Q	S	L	A	C	Q
C	L	V	R	T	P	E	V	D	D	E	A	L	E	K	F	D	K	A	L
K	A	L	P	M	H	I	R	L	S	F	N	P	T	Q	L	E	E	Q	C
H	I																		

[a] Der Serinrest ist phosphoryliert.
[b] Der Threoninrest ist glykosyliert.
[c] Disulfidbindungen: 6–120, 28–111, 61–77, 73–91.
[d] Pyrrolidoncarbonsäure.
[e] Disulfidbindungen: 66–160 und offensichtlich variierend 106–119 oder 106-121.
Die freie Thiolgruppe wird dementsprechend variierend durch Cys-119 oder Cys-121 gestellt.

Über die unterschiedliche Verteilung polarer und apolarer Gruppen, auf die bei Besprechung der einzelnen Proteine schon hingewiesen wurde, orientiert zusammenfassend Tab. 10.9. Bei den Hydrophobitätswerten der Tabelle handelt es sich um die mittleren Hydrophobitäten $\bar{H}$ der Aminosäureseitenketten in den betreffenden Sequenzabschnitten, die sich auf folgende Weise errechnen lassen:

Ein Maß für die Hydrophobität einer Verbindung ist die Transferenergie ΔF_t, die bei der Überführung von Wasser in ein organisches Lösungsmittel aufzubringen ist und die sich aus der Löslichkeit der Verbindung in Wasser (N_w, als

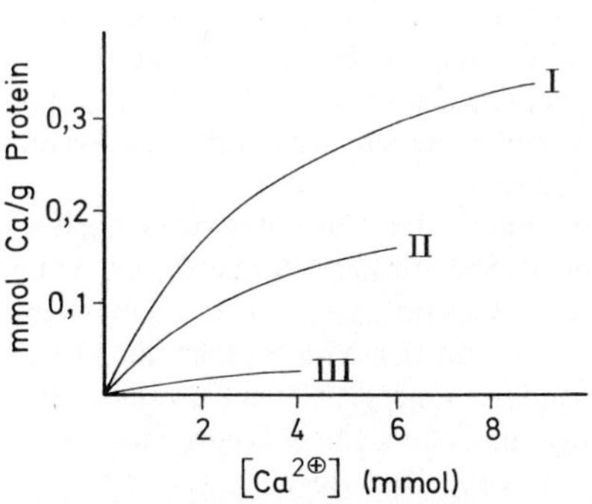

Abb. 10.1. Calciumbindung durch I: α_{s1}- (0,38), II: β- (0,21) und III: ϰ-Casein (0,05). In Klammern sind die gebundenen Phosphatreste in mmol/g Casein angegeben. (Nach *Walstra* und *Jenness,* 1984)

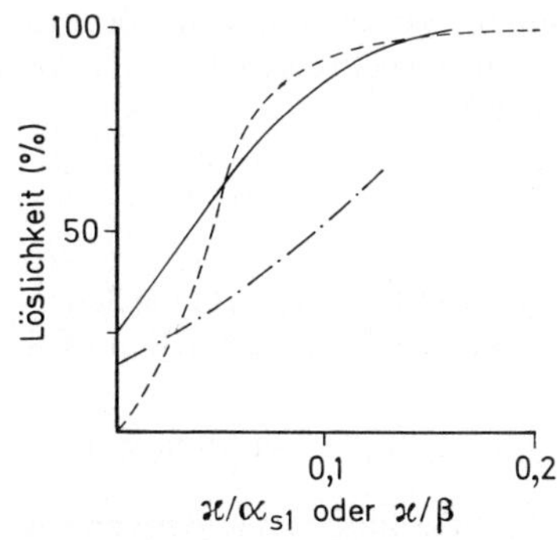

Abb. 10.2. Einfluß von ϰ-Casein auf die Löslichkeit von α_{s1}- (---- 2,5 mg/ml) und β-Casein (—— 1,5 mg/ml; —·—·— 6 mg/ml) bei pH 7,0, 30 °C, 100 mmol/l $CaCl_2$. (Nach *Walstra* und *Jenness,* 1984)

Tabelle 10.9. Aminosäuresequenzen[a] von genetischen Varianten der Proteine von Kuhmilch

Protein	Variante	Häufigkeit[b]	Positionen der Substitutionen						
			14–26		53		59		192
α_{s1}-Casein	A	s	fehlen						
	B	w			Ala		Glu		Glu
	C	i							Gly
	D	s			ThrP				
	E	s					Lys		Gly
			18	35	36	37	67	106	122
β-Casein	A^1						His		
	A^2	w, i	SerP	SerP	Glu	Glu	Pro	His	Ser
	A^3							Gln	
	B	s							Arg
	C	s		Ser		Lys			
	D	s	Lys						
	E	s			Lys				
			136	148					
κ-Casein	A	w, i	Thr	Asp					
	B	x	Ile	Ala					
			10						
α-Lactalbumin	A	i	Gln						
	B	w	Arg						
			45	59	64	118	158		
β-Lactoglobulin	A	x			Asp	Val			
	B	w, i	Glu	Gln	Gly	Ala	Glu		
	C	s		His					
	D	s	Gln						
	E (D_{Yak})	s					Gly		

[a] Cf. Tabelle 10.8.
[b] w: vorherrschend in der westlichen Welt, i: vorherrschend in Indien, s: selten, x: nicht vorherrschend, aber auch nicht selten.

Molenbruch) und in dem organischen Lösungsmittel (N_{org}, als Molenbruch) ergibt (γ_w, γ_{org}: Aktivitätskoeffizienten):

$$\Delta F_t = RT \ln \frac{N_w \cdot \gamma_w}{N_{org} \cdot \gamma_{org}}$$

Die entsprechende Transferenergie für die Seitenkette einer Aminosäure $H\Phi_i$, ergibt sich aus folgender Beziehung:

$$H\Phi_i = \Delta F_t \text{ (Aminosäure i)} - \Delta F_t \text{ (Glycin)}$$

Die mittlere Hydrophobität eines Sequenzabschnittes mit n Aminosäureresten ist dann:

$$\bar{H} = \frac{\Sigma H\Phi_i}{n}$$

Je größer $H\Phi_i$ bzw. $\bar{H}$ ist, um so größer ist die Hydrophobität der einzelnen Seitenkette bzw. des Sequenzabschnittes. Die in Tab. 10.11 angegebenen Werte beziehen sich auf das System Ethanol/Wasser.

Die Komponenten der Caseinfraktion liegen – bis auf einen als Serumcasein bezeichneten Anteil von ≤ 10% des Gesamtcaseins, für den meist gilt $c_\beta > c_\varkappa > c_{\alpha s1}$ – in der Milch nicht als Monomere vor, sondern aggregieren zu Caseinkomplexen und Caseinmizellen. Diese Aggregation wird entsprechend Abb. 10.3 durch eine Reihe von Parametern gesteuert. Durch Dialyse gegen einen Komplexbildner läßt sich das Gleichgewicht z. B. vollständig in Richtung auf die Monomeren verschieben, durch hohe $Ca^{2\oplus}$-Konzentrationen

Tabelle 10.10. Spezifität von Lab: Relative Geschwindigkeit der Hydrolyse von ϰ-Casein und Peptiden

Substrat	k_{rel}
ϰ-Casein	
105 106 169	
(Pyg——Leu-Ser-Phe-Met-Ala——Val)	1
Phe-Met	0
Phe-Met-OMe	0
Z-Phe-Met-OMe	0
Leu-Ser-Phe-Met-Ala-OMe	0,001 bis 0,01

Tabelle 10.11. Verteilung von Aminosäureresten mit ionisierbaren Seitenketten (Nettoladung) und apolaren Seitenketten (Hydrophobität) bei α_{s1}-Casein und β-Casein

Reste	α_{s1}-Casein		Reste	β-Casein	
	1	2		1	2
1–40	+3	1340	1–43	−16	783
41–80	−22,5	641	44–92	−3,5	1429
81–120	0	1310	93–135	+2	1173
121–160	−1	1264	136–177	+3	1467
161–199	−2,5	1164	178–209	+2	1738

1 Nettoladung,
2 Hydrophobität $\bar{H}$ (cal/mol; cf. Text).

in Richtung auf große Mizellen. Auch die Konzentration an ϰ-Casein ist von Einfluß. Aus Abb. 10.4 folgt, daß die Mizelldurchmesser in Magermilch zwischen 50 nm und 300 nm schwanken, mit einem Schwerpunkt bei 150 nm. Bei einem mittleren Durchmesser von 140 nm errechnet sich für eine Mizelle ein Volumen von $1,4 \times 10^6$ nm^3 und ein Partikelgewicht von 10^7–10^9. Das entspricht 25000 Monomeren pro Mizelle. Die Caseinmizellen sind wesentlich kleiner als die Fetttröpfchen, deren Durchmesser im Bereich von 0,1–10 µm liegen. In Abb. 10.5 sind Mizellen im rasterelektronenmikroskopischen Bild wiedergegeben. In Tab. 10.12 ist die Zusammensetzung einer Mizelle angegeben.

Das Verhältnis der Monomeren kann in weiten Grenzen schwanken (Tab. 10.13), abhängig von Kuhrasse, Jahreszeit und Fütterung, abhängig auch von der Mizellgröße (Tab. 10.14). Die Mizellen sind nicht dicht gepackt, sondern stark solvatisiert (1,9 g H_2O/g Protein) und damit porös. Die Monomeren werden zusammengehalten durch

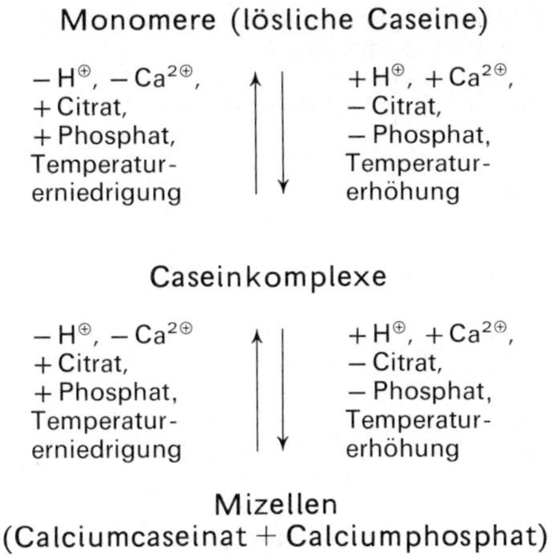

Abb. 10.3. Bildung von Caseinkomplexen und Caseinmizellen

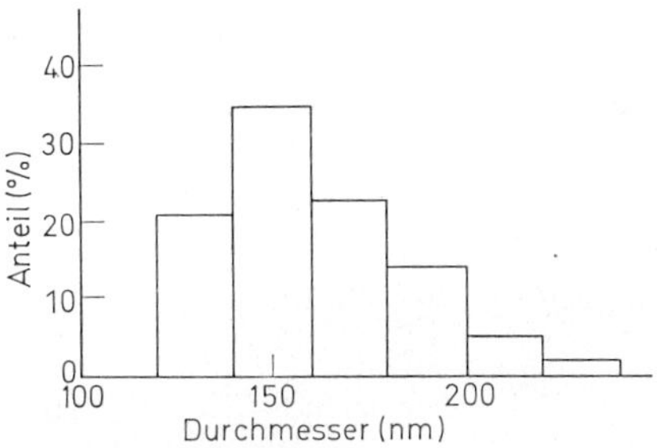

Abb. 10.4. Größenverteilung von Caseinmizellen in Magermilch (fixiert mit Glutaraldehyd)

- hydrophobe Bindungen, die bei T < 5 °C minimal sind,
- elektrostatische Bindungen, vorwiegend über Calcium- bzw. Calciumphosphatbrücken zwischen Phosphoserinresten und Glutaminsäureresten (Abb. 10.6),
- Wasserstoffbrücken.

Es werden verschiedene Mizellmodelle auf molekularer Ebene vorgeschlagen, die jeweils einen Teil der experimentellen Befunde gut erklären.

Tabelle 10.12. Zusammensetzung von Caseinmizellen (%)

Casein	93,2	Phosphat (org.)	2,3
Ca	2,9	Phosphat (anorg.)	2,9
Mg	0,1	Citrat	0,4
Na	0,1		
K	0,3		

Tabelle 10.13. Typische Mengenverhältnisse von Caseinkomponenten in Mizellen

Komponenten	Verhältniszahlen			
α_{s1}	3	6	9	12
β	1	1	4	4
γ		1	1	1
$\varkappa$	1	3	3	3

Tabelle 10.14. Mizellzusammensetzung und Mizellgröße von Caseinmizellen

Zentrifugations-zeit (min)[a]	Zusammensetzung des Sediments (%)			
	α_{s1}	β	$\varkappa$	Sonst.
0[b]	50	32	15	3
0–7,5	47	34	16	3
7,5–15	46	32	18	4
15–30	45	31	20	4
39–60	42	29	26	3
Serumcasein	39	23	33	5

[a] 10^5 g. [b] Isoelektrisches Casein.

Das in Abb. 10.7 wiedergegebene Modell nimmt Subeinheiten (Submizellen) an, die aus den verschiedenen Casein-Monomeren bestehen und über Calciumphosphatbrücken zu großen Mizellen aggregieren. Offensichtlich existieren zwei Typen von Subeinheiten: Der eine Typ enthält $\varkappa$-Casein, der andere nicht. Die $\varkappa$-Caseinmoleküle sind an der Oberfläche der entsprechenden Submizellen angeordnet. Ihre hydrophilen C-Termini ragen wie Haare an verschiedenen Stellen aus der Oberfläche heraus und behindern dort eine Aggregation. Die Aggregation der Submizellen wird nun so lange fortschreiten, bis die gesamte Oberfläche der sich bildenden Mizelle von $\varkappa$-Casein bedeckt, d. h. „behaart" ist und somit sterische Repulsion zeigt. Die effektive Dichte der Haarschicht liegt bei mindestens 5 nm. Ein kleiner Teil des $\varkappa$-Caseins befindet sich auch im Innern der Mizelle. Der Angriff des Labferments am $\varkappa$-Casein entfernt den C-Terminus in Form des löslichen Glykopeptids 106–169 und damit die Ursache der Repulsion. Die zurückbleibenden Paracasein-Mizellen bilden zunächst kleine Aggregate mit unregelmäßiger und oft

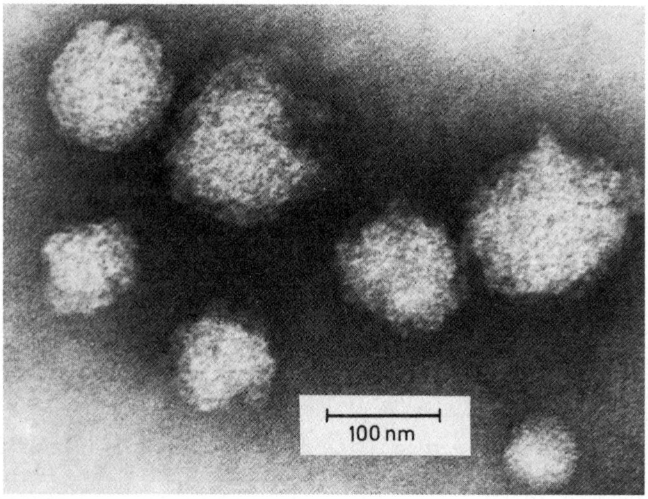

Abb. 10.5. Caseinmizellen in Magermilch, Rasterelektronenmikroskopie (Fixierung mit Glutaraldehyd, Negativanfärbung mit Phosphormolybdänsäure). (Nach *Webb*, 1974)

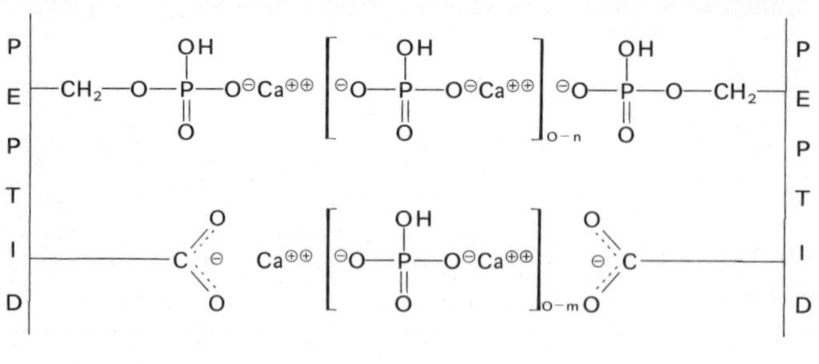

Abb. 10.6. Verbrückung von Peptidketten durch Calciumionen

langgestreckter Form, die dann unter Gelbildung zu einem dreidimensionalen Netzwerk mit einem Porendurchmesser von einigen µm zusammentreten. Anwesende Fettkügelchen werden unter Porenerweiterung in das Netzwerk eingeschlossen. Zwischen Casein-Monomeren und Submizellen, gelöstem und gebundenem Calciumphosphat, sowie Submizellen und Mizellen sind dynamische Gleichgewichte anzunehmen.

10.1.2.1.2 Molkenproteine

β-*Lactoglobulin* kommt in den genetischen Varianten A, B, C (Jersey Kühe), D (Montbeliarde Kühe) vor. Zwei weitere Varianten, A_{Dr} und B_{Dr} (australische Droughtmaster Kühe) sind bis auf den Kohlenhydratgehalt mit A und B identisch. Tab. 10.9 orientiert über die Änderungen in der Aminosäurezusammensetzung, Tab. 10.8 über die Aminosäuresequenz von β-Lactoglobulin. Das monomere β-Lactoglobulin mit einem Molekulargewicht von 18000 zeigt eine reversible, pH-abhängige Oligomerisierung entsprechend der Gleichung:

$$\underset{pH < 3{,}5}{A} \rightleftharpoons A_2 \rightleftharpoons \underset{3{,}7 < pH < 5{,}1}{(A_2)_4} \rightleftharpoons A_2 \rightleftharpoons \underset{pH > 7{,}5}{A} \qquad (10.7)$$

Das Monomere ist danach nur bei pH < 3,5 und bei pH > 7,5 beständig. Das Oktamere tritt nur bei der Variante A auf, nicht bei den Varianten B und C. Bei pH > 8,6 erfolgt eine irreversible Denaturierung, ebenso beim Erhitzen und in Gegenwart hoher Konzentrationen an Calcium. β-Lactoglobulin enthält eine SH-Gruppe, die im nativen Protein in der Struktur begraben ist. Durch partielle Denaturierung wird sie freigelegt und kann zur Dimerisierung des Proteins über eine Disulfidbrücke führen oder zu Reaktionen mit anderen Milchproteinen, insbesondere mit ϰ-Casein und α-Lactalbumin, die beim Erhitzen von Milch ablaufen.

α-*Lactalbumin* existiert in zwei genetischen Formen A und B (Gln → Arg). Die Aminosäuresequenz, die Ähnlichkeit mit der des Lysozyms hat, ist bekannt. α-Lactalbumin hat eine biologische Funktion als Untereinheit B der Lactosesynthase. Die Untereinheit A dieses Enzyms ist eine wenig spezifische Galactosyltransferase; die Untereinheit B sorgt dafür, daß der Transfer des Galactoserestes selektiv auf Glucose erfolgt.

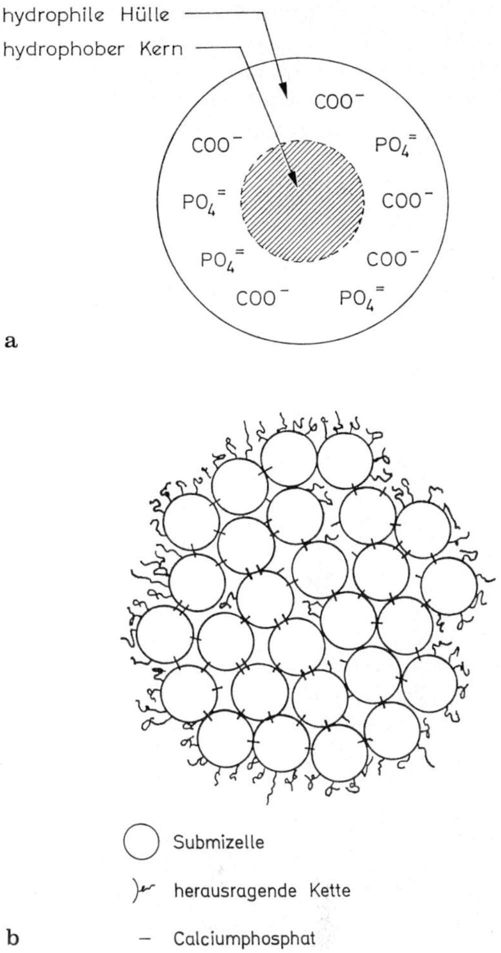

Abb. 10.7. Schematisches Modell einer Caseinmizelle. **a** Subeinheit aus α_{s1}-, β-, γ-, ϰ-Caseinen; **b** Mizelle aus Subeinheiten, die durch Calciumphosphat verbrückt sind. (Nach *Webb*, 1974, und *Walstra, Jenness*, 1984)

10.1.2.2 Kohlenhydrate

Hauptkomponente ist Milchzucker (Lactose), eine 4-O-β-D-Galactopyranosyl-D-glucopyranose, die zu 4–6% vorkommt.
Die stabilste Form ist α-Lactose-Monohydrat, $C_{12}H_{22}O_{11} \cdot H_2O$. In dieser Form kristallisiert Lactose aus übersättigter wäßriger Lösung bei T < 93,5 °C je nach den Bedingungen in Prismen oder Pyramiden. Bei der Trocknung (Vakuum, T > 100 °C) resultiert ein hygroskopisches α-Anhydrid. Kristallisation aus wäßriger Lösung bei T > 93,5 °C führt zu wasserfreier β-Lactose (β-

Anhydrid). Bei schneller Trocknung einer Lactoselösung, z. B. im Zuge der Herstellung von Milchpulver, wird ein amorphes Gleichgewichtsgemisch aus α- und β-Lactose erhalten. Diese amorphe Lactose ist hygroskopisch.

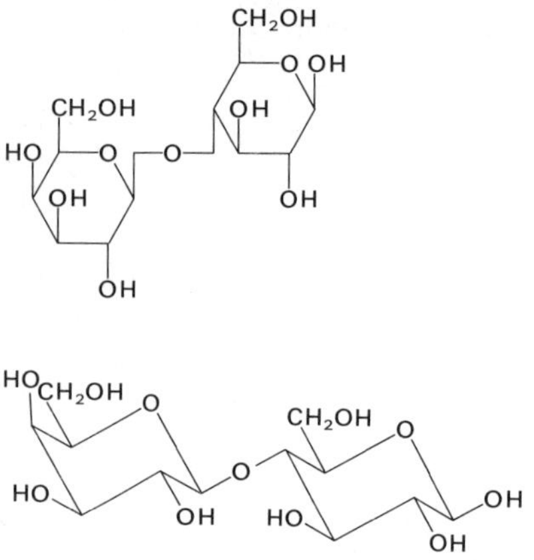

β-Lactose

(10.8)

In Tabelle 10.15 sind einige physikalische Daten zusammengestellt. Das Verhältnis der Anomeren ist von der Temperatur abhängig: mit steigender Temperatur nimmt die β-Form ab. Die Mutarotationsgeschwindigkeit ist sowohl von der Temperatur ($Q_{10} = 2{,}8$), als auch vom pH-Wert (Abb. 10.8) abhängig. Der starke Anstieg der Geschwindigkeit bei pH < 2 und pH > 7 geht darauf zurück, daß der geschwindigkeitsbestimmende Schritt der Ringöffnung sowohl durch $H^{\oplus}$ als auch durch $OH^{\ominus}$ katalysiert wird:

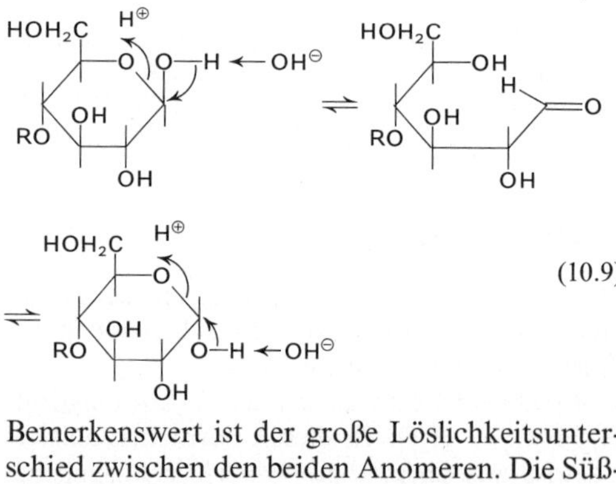

(10.9)

Bemerkenswert ist der große Löslichkeitsunterschied zwischen den beiden Anomeren. Die Süßkraft von Lactose ist deutlich geringer als die von Fructose, Glucose und Saccharose (Tab. 10.16). In geringen Mengen kommen neben Lactose in der Milch Glucose, einige Aminozucker und Oligosaccharide vor.

Tabelle 10.15. Physikalische Daten von Lactose

	α-Lactose	β-Lactose	Gleichgewichtsgemisch
Schmelzpunkt (°C)	201,6[a]	252,2	
Spez. Drehung $[\alpha]_D^{20}$	89,4	35,0	
Gleichgewicht in wäßriger Lösung[b]			
0 °C	1,00	1,80	
20 °C	1,00	1,68	
50 °C	1,00	1,63	
Löslichkeit in Wasser[c]			
0 °C	5,0	45,1	11,9
25 °C	8,6		21,6
39 °C	12,6		31,5
100 °C	70	94,7	157,6

[a] Hydrat. [b] Relative Konzentrationen. [c] g Lactose/100 g Wasser.

Tabelle 10.16. Süßkraft[a] von Saccharose, Glucose, Fructose und Lactose

Saccharose	Glucose	Fructose	Lactose
0,5	0,9	0,4	1,9
5,0	8,3	4,2	15,7
10,0	12,7	8,7	20,7
20,0	21,8	16,7	33,3

[a] Angegeben ist die Konzentration (%) isosüßer wäßriger Lösungen.

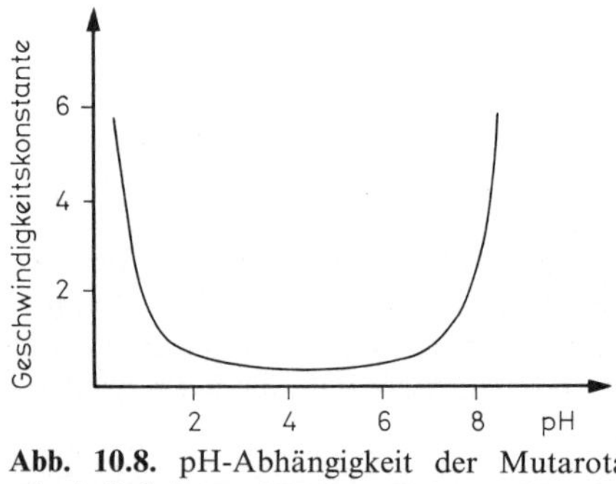

Abb. 10.8. pH-Abhängigkeit der Mutarotationsgeschwindigkeit von Lactose

In erhitzten Milchprodukten kommt Lactulose vor, die etwas süßer und deutlich besser löslich ist als Lactose. Kondensmilch enthält z. B. bis zu 1% Lactulose, entsprechend einer Isomerisierung von ca. 10% der vorhandenen Lactose. Die Bildung erfolgt über die *Lobry de Bruyn–van Ekenstein*-Umlagerung (cf. 4.2.4.3.2) oder über eine *Schiff*'sche Base. Beim Erhitzen von Milch tritt in Spuren auch Epilactose (4-O-β-D-Galactopyranosyl-D-mannose) auf.

10.1.2.3 Lipide

Über die Zusammensetzung von Milchfett orientiert Tabelle 10.17.
Milchfett besteht zu 95–96% aus Triglyceriden. Die Fettsäurezusammensetzung folgt aus Tabelle 10.18. Charakteristisch ist der relativ hohe Gehalt an niederen Fettsäuren, vor allem an Buttersäure. Der Gehalt an ungesättigten Fettsäuren schwankt mit Jahreszeit und Fütterung. Eine Erhöhung ist z. B. durch Verfütterung hochungesättigter Fette in gekapselter Form möglich. Nachteile solcher ernährungsphysiologisch interessanter Maßnahmen sind das Auftreten ungesättigter Lactone, die zu Aromafehlern führen können, sowie veränderte physikalisch-chemische Eigenschaften von Endprodukten, z. B. erhöhte Oxidationsanfälligkeit.
Neben den Hauptfettsäuren kommen in kleinen Mengen ungeradzahlige und verzweigte Fettsäuren sowie Oxofettsäuren (cf. 3.2.1.3) vor.
Phospholipide kommen in Mengen von 0,8–1%, Sterine (vorwiegend Cholesterin) in Mengen von 0,2–0,4% vor.
Über das Schmelzverhalten von Butterfett, das von Jahreszeit und Fütterung abhängt, orientiert Tabelle 10.19.
Das Milchfett ist sehr fein im Plasma verteilt. Der Durchmesser der Fettkügelchen liegt zwischen 0,1 und 10 μm mit dem Hauptanteil im Bereich von 1–5 μm. Durch Homogenisieren – dabei wird die Milch bei 50–75 °C mit unterschiedlichem Druck (25–350 bar) durch eine Drüse gepreßt – wird der Durchmesser in Abhängigkeit vom angewendeten Druck bis auf Werte < 1 μm gesenkt. Die Fetttröpfchen sind von einer Membran umgeben, die aus Phospholipiden und Proteinen besteht und etwa 2% der Gesamtmasse des Tröpfchens ausmacht. Die Schichtdicke beträgt im Durchschnitt 8–9 nm, ist aber ungleichmäßig. Über die Zusammensetzung

Tabelle 10.17. Milchlipide

Lipidfraktion	Anteil am Gesamtlipid %
Triacylglyceride	95–96
Diacylglyceride	1,3–1,6
Monoacylglyceride	0,02–0,04
Ketosäureglyceride	0,9–1,3
Hydroxysäureglyceride	0,6–0,8
Freie Fettsäuren	0,1–0,4
Phospholipide	0,8–1,0
Sphingolipide	0,06
Sterine	0,2–0,4

Tabelle 10.18. Fettsäuren in Milchfett[a]

Fettsäure	Gew.-%
gesättigt, geradkettig	
Buttersäure	2,79
Capronsäure	2,34
Caprylsäure	1,06
Caprinsäure	3,04
Laurinsäure	2,87
Myristinsäure	8,94
Pentadecansäure	0,79
Palmitinsäure	23,80
Heptadecansäure	0,70
Stearinsäure	13,20
Nonadecansäure	0,27
Arachinsäure	0,28
Behensäure	0,11
gesättigt, verzweigt	
12-Methyltetradecansäure	0,23
13-Methyltetradecansäure	0,14
14-Methylpentadecansäure	0,20
14-Methylhexadecansäure	0,23
15-Methylhexadecansäure	0,36
3,7,11,15-Tetramethylhexadecansäure	0,12–0,18
ungesättigt	
9-Decensäure	0,27
9-cis-Tetradecensäure	0,72
9-cis-Hexadecensäure	1,46
9-cis-Heptadecensäure	0,19
8-cis-Octadecensäure	0,45
Ölsäure	25,50
11-cis-Octadecensäure	0,67
9-trans-Octadecensäure	0,31
10-trans-Octadecensäure	0,32
11-trans-Octadecensäure	1,08
12-trans-Octadecensäure	0,12
13-trans-Octadecensäure	0,32
14-trans-Octadecensäure	0,27
15-trans-Octadecensäure	0,21
16-trans-Octadecensäure	0,23
Linolsäure	2,11
Linolensäure	0,38

[a] Angegeben sind nur Verbindungen, deren Anteil > 0,1% ist.

Tabelle 10.19. Schmelzverhalten von Butterfett

Temperatur (°C)	Fester Anteil (%)	Temperatur (°C)	Fester Anteil (%)
5	43–47	30	6–8
10	40–43	35	1–2
20	21–22	40	0

Tabelle 10.20. Zusammensetzung der Membran von Milchfetttröpfchen

Bestandteil	Anteil (%)
Protein	41
Phospho- und Glycolipide	30
Cholesterin	2
Neutrale Glyceride	14
Wasser	13

orientiert Tabelle 10.20. Bei den Proteinen handelt es sich um spezielle Membranproteine. In homogenisierter Milch, bei der die Fettoberfläche stark vergrößert ist, sind auch Caseine am Aufbau der Membranen beteiligt. Neben Lipoproteinen enthält die Membran Enzyme, u. a. Xanthinoxidase, Acetylcholinesterase sowie alkalische und saure Phosphatase (cf. Tab. 10.23). Eine sehr aktive Lipoprotein-Lipase, bei der es sich um ein Glykoprotein handelt (8,3% Kohlenhydrate, Molekulargewicht 48 300), kommt in den Caseinmizellen vor. Trotz der Anwesenheit dieses Enzyms hält sich Rohmilch unter geeigneten Lagerbedingungen einige Tage ohne Entwicklung eines ranzigen Fehlaromas. Offensichtlich verhindert die intakte Membran der Fettkügelchen die Lipolyse. Zerstörung der nativen Membran, z. B. bei Homogenisierung, die mit einem Einbau von Bestandteilen der Caseinmizellen in die neugebildeten Membranen verbunden ist, führt zu einer sehr starken Hydrolyse von Triacylglyceriden (1 µmol Fettsäure pro min und ml Milch, pH 7, 37 °C): Die Milch wird in wenigen Minuten ranzig. Die Inaktivierung der Lipoprotein-Lipase durch Pasteurisierung muß deshalb vor der Homogenisation erfolgen.

10.1.2.4 Organische Säuren

Mengenmäßig überwiegt Citronensäure (1,8 g/l), die beim Stehen der Milch schnell abgebaut wird. Andere Säuren (Milchsäure, Essigsäure) sind Abbauprodukte der Lactose. Charakteristisch für Milch ist das Vorkommen der Orotsäure (73 mg/l), die ein Zwischenprodukt der Biosynthese von Pyrimidinnucleotiden ist:

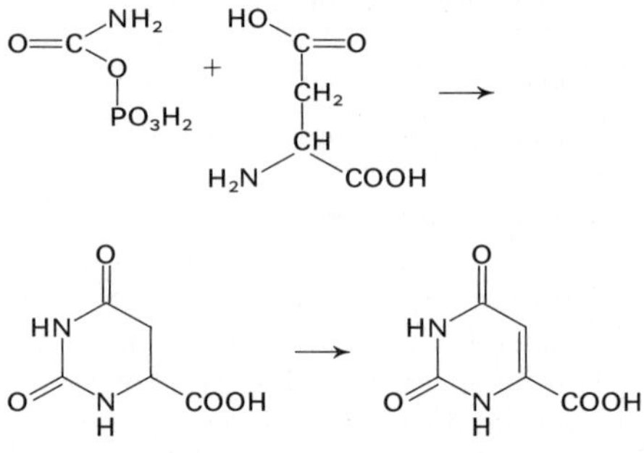

Dihydroorotsäure Orotsäure

→ Uridin- / Cytidin- / Thymidin- } 5-phosphat (10.10)

10.1.2.5 Mineralstoffe

Tabelle 10.21 orientiert über den Gehalt von Kuhmilch an Mineralstoffen, einschließlich der Spurenelemente.

Tabelle 10.21. Mineralstoffe der Milch

Bestandteil	mg/l	Bestandteil	µg/l
Kalium	1500	Zink	4000
Calcium	1200	Aluminium	500
Natrium	500	Eisen	400
Magnesium	120	Kupfer	120
		Molybdän	60
Phosphat	3000	Mangan	30
Chlorid	1000	Nickel	25
Sulfat	100		
		Silicium	1500
		Brom	1000
		Bor	200
		Fluor	150
		Jod	60

Tabelle 10.22. Vitamine der Milch

Vitamin	mg/l	Vitamin	mg/l
A (Retinol)	0,4	Nicotinamid	1
D (Calciferol)	0,001	Pantothensäure	3,5
E (Tocopherol)	1,0	C (Ascorbinsäure)	20
B_1 (Thiamin)	0,4	Biotin	0,03
B_2 (Riboflavin)	1,7	Folsäure	0,05
B_6 (Pyridoxin)	0.6		
B_{12} (Cyanocobalamin)	0,005		

10.1.2.6 Vitamine

Milch enthält alle Vitamine in unterschiedlicher Menge (Tab. 10.22). Bei der Verarbeitung gehen die fettlöslichen Vitamine mit dem Rahm, die wasserlöslichen verbleiben in der Magermilch bzw. Molke.

10.1.2.7 Enzyme

Milch enthält eine größere Anzahl von Enzymen, die analytische Bedeutung für den Nachweis einer Erhitzung haben, aber auch die Verarbeitungseigenschaften beeinflussen können. Der unterschiedliche Verlauf der thermischen Inaktivierung bei verschiedenen Enzymen erlaubt differenzierte Aussagen über Art und Ausmaß einer Erhitzung (cf. 2.6.4 und Abb. 2.36).
An Hydrolasen wurden u.a. nachgewiesen: Amylasen, Lipasen, Esterasen, Proteinasen und Phosphatasen. Auch Proteinasen-Inhibitoren kommen vor. Wichtige Oxidoreduktasen sind u.a. Aldehyd Dehydrogenasen (Xanthin Oxidase), Lactoperoxidase und Katalase. Tabelle 10.23 gibt einen Überblick über Vorkommen und Lokalisierung.

Tabelle 10.23. Enzyme in der Kuhmilch

EC-Nummer	Name	Lokalisierung[a]
1.1.1.27	L-Lactat-Dehydrogenase	P
1.1.1.37	Malat-Dehydrogenase	
1.1.3.22	Xanthin-Oxidase	F
1.4.3.6	Amin-Oxidase (kupferhaltig)	
1.6.99.3	NADH-Dehydrogenase	F
1.8	Sulfhydryl-Oxidase[b]	S
1.8.1.4	Dihydrolipoamid-Dehydrogenase	F
1.11.1.6	Katalse	L
1.11.1.7	Peroxidase	S
1.15.1.1	Superoxid-Dismutase	
2.3.2.2	γ-Glutamyl-Transferase	F
2.4.1.22	Lactose-Synthase	S
2.4.99.1	CMP-N-Acetylneuraminat-β-galactosid-α-2,6-Sialyl-Transferase	
2.6.1.1	Aspartat-Amino-Transferase	P
2.6.1.2	Alanin-Amino-Transferase	
2.7.1.26	Riboflavin-Kinase	
2.7.1.30	Glycerin-Kinase	
2.7.7.2	FMN-Adenyl-Transferase	
2.8.1.1	Thiosulfat-Schwefel-Transferase	
3.1.1.1	Carboxyl-Esterase	S
3.1.1.2	Aryl-Esterase	
3.1.1.7	Acetylcholin-Esterase	F
3.1.1.8	Cholin-Esterase	S
3.1.1.34	Lipoprotein-Lipase	C
3.1.3.1	Alkalische Phosphatase	F
3.1.3.2	Saure Phosphatase	F
3.1.3.5	5′-Nucleotidase	F
3.1.3.9	Glucose-6-phosphatase	F
3.1.3.16	Phosphoprotein-Phosphatase	P
3.1.4.1	Phosphodiesterase I	F
3.1.27.5	Ribonuclease, Pankreas	S
3.2.1.1	α-Amylase	S
3.2.1.2	β-Amylase	
3.2.1.17	Lysozym	S
3.2.1.24	α-Mannosidase	
3.2.1.30	N-Acetyl-β-glucosaminidase	
3.2.1.31	β-Glucuronidase	
3.4	Saure Proteinase	
3.4.21.7	Plasmin	C
3.6.1.3	Adenosintriphosphatase	F
3.6.1.9	Nucleotidpyrophosphatase	
4.1.2.13	Fructosediphosphat-Aldolase	
5.3.1.9	Glucose-6-phosphat-Isomerase	

[a] C: Caseinmizelle, F: Fettkügelchen-Membran, L: Leucocyten, P: Plasma, S: Serum
[b] Nicht Thiol-Oxidase EC 1.8.3.2

10.1.3 Bearbeitung der Milch

Nur ein kleiner Teil der Milch (Vorzugsmilch) wird unbearbeitet an den Verbraucher abgegeben. Der überwiegende Teil unterliegt einer Bearbeitung, über die Abb. 10.9 schematisch orientiert.

10.1.3.1 Reinigung

Die größtenteils in Tankwagen angelieferte Milch wird über ein Entlüftergefäß einem Klarifikator (selbstreinigender Tellerseparator) zur Reinigung zugeführt. Diese Separatoren können sowohl kalte als auch warme (40 °C) Milch verarbeiten und haben bei Drehzahlen von 4500–8400 min^{-1} Durchsatzleistungen bis zu 50000 l/h.

10.1.3.2 Entrahmung

Nach Erwärmung der Milch auf etwa 40 °C (Steigerung der Entrahmungsschärfe durch Viskositätserniedrigung) wird in einem Entrahmungsseparator in Rahm und Magermilch getrennt. Entrahmungsseparatoren arbeiten mit Nennleistungen bis zu 25000 l/h bei Drehzahlen von 4700–6500 min^{-1}. Durch gezieltes Rückmischen kann die Milch auf den gewünschten Fettwert standardisiert werden.

10.1.3.3 Hitzebehandlung

Ziel der folgenden Erhitzung ist die Verlängerung der Haltbarkeit und die Ausschaltung pathogener Mikroorganismen (Abb. 10.10).

Die Erhitzung kann erfolgen als:

- Pasteurisation: Hocherhitzung (85 °C/2 s), Kurzzeiterhitzung im Plattenerhitzer (71 bis 74 °C/14–40 s) sowie Dauererhitzung (62 bis 65 °C/30 min),

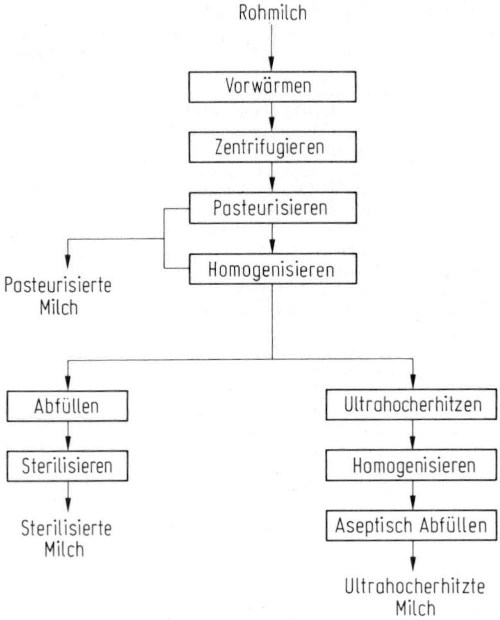

Abb. 10.9. Behandlung von Milch

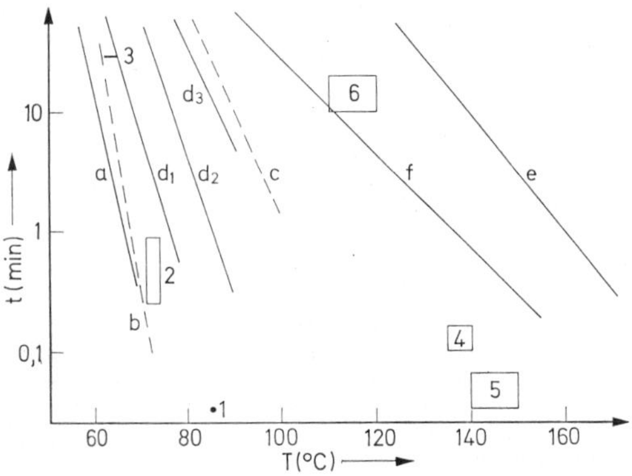

Abb. 10.10. Erhitzung von Milch. *1–3* Pasteurisation: *1* Hocherhitzung, *2* Kurzzeiterhitzung, *3* Dauererhitzung. *4, 5* Ultrahocherhitzung: *4* indirekt, *5* direkt, *6* Sterilisation. a: Abtötung pathogener Mikroorganismen (Tuberkelbakterium als Leitorganismus), b/c: Inaktivierung der alkalischen/sauren Phosphatase. d_1, d_2, d_3 Denaturierung (5, 40, 100%) der Molkenproteine. e: Hitzekoagulation des Caseins, f: beginnende Bräunung

- Ultrahocherhitzung (UHT): Indirekte Erhitzung (135–140 °C/6–10 s) im Röhren- oder Plattenwärmeaustauscher und direkte Erhitzung (140–150 °C/2–4 s) durch Dampfinjektion mit anschließender aseptischer Abpackung. Um eine Verdünnung bzw. Konzentrierung der Milch zu verhindern, muß hierbei die Menge des injizierten Dampfes so geregelt sein, daß sie der bei der Expansion im Vakuum abgezogenen Wassermenge entspricht.
- Bactotherm-Verfahren: Kombination von Zentrifugalentkeimung in Bactofugen (65 bis 70 °C) und UHT-Erhitzung des abgetrennten Sediments (2–3% der Milch) mit anschließender Rekombination. Hierdurch vermeidet man die Erhitzung der gesamten Milchmenge, was geschmackliche Vorteile bietet. Die Lagerfähigkeit wird mit ca. 8–10 Tagen angegeben.
- Sterilisation: 110–120 °C/10–20 min in der Verpackung im Autoklaven.

10.1.3.4 Homogenisation

Ziel der Homogenisation ist die Stabilisierung der Emulsion Milch durch Zerkleinerung der Fetttröpfchen. Dies wird durch Hochdruckhomogenisation (bis 350 bar, 50–75 °C) erreicht. Der Hochdruckhomogenisator ist im Prinzip eine Hochdruckpumpe, die das Produkt durch ein Homogenisierventil preßt. Die Fettkügelchen werden durch Turbulenz, Kavitation und Scherkräfte zerkleinert.

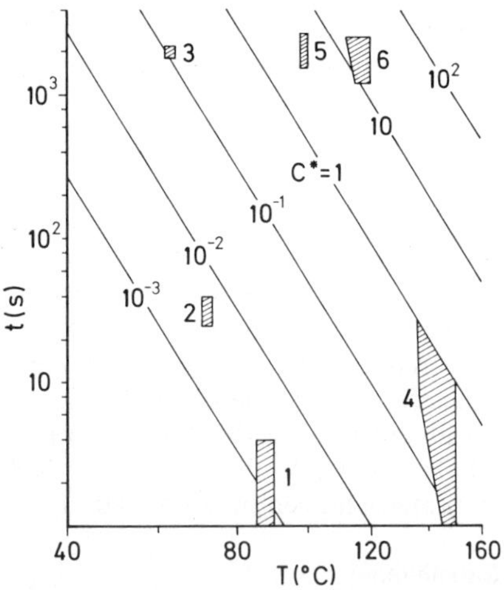

Abb. 10.11. Chemische Reaktionen beim Erhitzen von Milch („Chemischer Effekt" C* = 1: ca. 3% Thiaminverlust, ca. 0,7% Lysinverlust, Bildung von ca. 0,8 mg/l HMF); Übliche Erhitzungsverfahren: *1* Hocherhitzung, *2* Kurzzeiterhitzung, *3* Dauererhitzung, *4* UHT-Erhitzung, *5* Abkochen, *6* Sterilisation. (Nach *Kessler*, 1983)

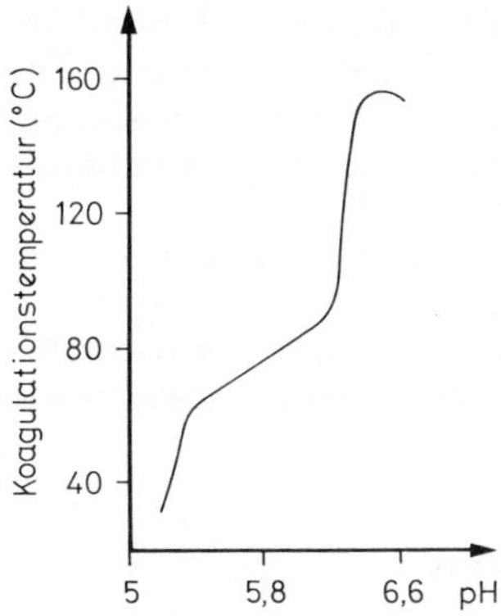

Abb. 10.12. pH-Abhängigkeit der thermischen Koagulation von Magermilch

10.1.3.5 Reaktionen bei der Erhitzung

Die thermische Behandlung der Milch hat Veränderungen bei einer Reihe von Inhaltsstoffen zur Folge. Casein ist kein hitzekoagulierbares Protein im strengen Sinne: die Koagulation erfolgt erst bei sehr hohen Temperaturen (cf. Abb. 10.10). Beim Erhitzen von Natrium- bzw. Calciumcaseinatlösungen auf 120 °C über 5 h wurde eine 100%ige bzw. 85%ige Dephosphorylierung und eine Freisetzung von 15% des Stickstoffs in Form niedermolekularer Bruchstücke beobachtet.
Temperatur und pH-Wert beeinflussen aber die Caseinassoziation stark und verursachen Mizelländerungen. Solche Änderungen kommen z. B. in der pH-Abhängigkeit der thermischen Koagulation von Magermilch zum Ausdruck: die Koagulationstemperatur fällt mit fallendem pH-Wert (Abb. 10.12). Salze sind ebenfalls von Einfluß. So steigt die thermische Instabilität von Milch mit dem Gehalt an freiem Calcium.
Die Ausschaltung pathogener Mikroorganismen ist bei allen Verfahren der Pasteurisation gewährleistet. Eine Indikatorreaktion für ausreichende Erhitzung ist die annähernd parallel verlaufende Inaktivierung der alkalischen Phosphatase. Bei höheren Temperaturen bzw. längeren Erhitzungszeiten beginnt dann die Denaturierung der Molkenproteine, die mit der Inaktivierung der sauren Phosphatase vollständig ist. Im denaturierten Zustand sind die Molkenproteine im Gebiet des isoelektrischen Punktes nicht mehr löslich und koagulieren bei der Säuerung oder Labung von Milch zusammen mit dem Casein. Diese gemeinsame Fällung aller Milchproteine ist bei einigen technischen Verfahren von Bedeutung (Herstellung von Cottage cheese). Die Instabilität der Molkenproteine ist unterschiedlich (Abb. 10.13).
Beim Erhitzen von Milch kommt es auch zu einer Aktivierung von Thiolgruppen. Beobachtet wurde z. B. ein Thiol-Disulfid-Austausch zwischen ϰ-Casein und β-Lactoglobulin. Durch diese Reaktion wird die Angreifbarkeit des ϰ-Caseins durch Chymosin herabgesetzt. Die Folge ist eine mehr oder weniger starke Verzögerung der Labgerinnung bei erhitzter Milch.
Weitere Erhitzungsfolgen sind:

- Calciumphosphatniederschläge auf Caseinmizellen.
- *Maillard*-Reaktionen zwischen Lactose und Aminogruppen (Lysin), die bei den klassischen Sterilisationsverfahren zur Bräunung und zur Bildung von Hydroxymethylfurfural (HMF) führen.
- Bildung von δ-Lactonen und Methylketonen aus Glyceriden mit Hydroxy- bzw. Ketofettsäuren.
- Abbau von Thiamin.
- Veränderungen an der Milchfettmembran, die von Einfluß auf das Aufrahmverhalten sind.

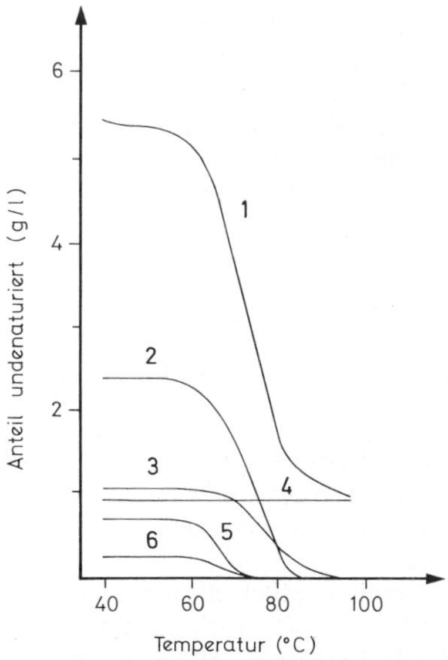

Abb. 10.13. Denaturierung von Molkenproteinen beim Erhitzen auf verschiedene Temperaturen über 30 min. *1* Molkenproteine insgesamt, *2* β-Lactoglobulin, *3* α-Lactalbumin, *4* Proteose-Pepton, *5* Immunglobulin, *6* Serumalbumin

In umfangreichen Messungen konnte gezeigt werden, daß sich eine Reihe von chemischen Reaktionen beim Erhitzen von Milch, z. B. der Abbau von Thiamin und Lysin, die Bildung von HMF und die Bräunung, über einen großen Temperatur-Zeit-Bereich (einschließlich Langzeitlagerung) mit einem Geschwindigkeitsgesetz 2. Ordnung befriedigend beschreiben läßt. Aufgrund dieser Ergebnisse wurde unter Annahme einer mittleren Aktivierungsenergie von E_a = 102 kJ/mol ein „chemischer Effekt" $C^* = 1$ definiert, der in einem log t/T^{-1}-Diagramm einer Geraden entspricht, auf der die Thiaminverluste ca. 3%, die Lysinverluste ca. 0,7% und die HMF-Bildung ca. 0,8 mg/l betragen (Abb. 10.11). Die weiteren Geraden in Abb. 10.11 entsprechen den jeweils um eine Zehnerpotenz geringeren bzw. höheren Wärmebelastungen und chemischen Umsätzen ($C^* = 10^{-1}$, 10^{-2} ..., bzw. 10^1, 10^2 ...). Eine deutliche Bräunung setzt erst im Bereich von $C^* = 10$ ein.

Bei Vorliegen hinreichend zuverlässiger Werte für die Geschwindigkeitskonstanten k und für die Aktivierungsenergie E_a sind auch bei anderen Lebensmitteln Voraussagen über zu erwartende Nährstoffverluste im Laufe der Verarbeitung und Lagerung möglich. Die ablaufenden Reaktionen lassen sich dabei im allgemeinen nach Geschwindigkeitsgesetzen nullter oder erster Ordnung mathematisch darstellen, doch treten auch andere Reaktionsordnungen auf, wie sich am oben dargestellten Beispiel Milch und auch am Abbau von Ascorbinsäure in verpackten Lebensmitteln mit begrenzter Sauerstoffzufuhr zeigt.

10.1.4 Milchsorten

Milch wird u.a. in folgenden Formen konsumiert:

- *Rohmilch* (Vorzugsmilch) muß als unbearbeitete Milch bei der Gewinnung und Abgabe besonders hohen Anforderungen hygienischer Art genügen.
- *Vollmilch* ist erhitzte Milch, die meist auf einen standardisierten Fettgehalt eingestellt wird.
- *Teilentrahmte (fettarme) Milch* ist erhitzte Milch mit einem Fettgehalt zwischen 1,5% und 1,8%.
- *Entrahmte Milch* ist erhitzte Milch, deren Fettgehalt unter 0,3% liegt.
- *Rekombinierte Milch* spielt vor allem in Ländern mit zu geringer Milcherzeugung eine Rolle. Sie wird aus Vollmilchpulver oder aus Magermilchpulver unter Zusatz von Rahm bzw. Butterfett hergestellt.
- *Filled milk* wird aus Magermilchpulver unter Zusatz von pflanzlichen Fetten gewonnen.
- *Toned milk* ist eine Mischung von fettreicher Frischmilch mit rekonstituierter Magermilch.

10.2 Milchprodukte

Die Verarbeitung von Milch ist in Abb. 10.14 schematisch dargestellt.

10.2.1 Sauermilchprodukte

Gemeinsam ist allen Sauermilchprodukten, daß sie eine Gärung durchlaufen haben, an der neben Milchsäurebakterien auch andere Mikroorganismen, z. B. Hefen, beteiligt sein können. Bei den Milchsäurebakterien unterscheidet man zwei Familien *(Lactobacillaceae, Streptococcaceae)* und vier Gattungen *(Lactobacillus, Streptococcus, Leuconostoc, Pediococcus)*, Tab. 10.24 informiert über die wichtigsten Arten.

Je nach den beteiligten Mikroorganismen verläuft die Gärung über den Glykolyseweg unter ganz überwiegender Bildung von Milchsäure (homofermentative Gärung), über den Pentosephosphatweg unter Bildung von Milchsäure, Essigsäure (Ethanol) und gegebenenfalls CO_2 (heterofermentative Gärung) oder aber über beide Wege. Abb. 10.15 gibt einen Überblick über diese Stoffwechselwege. Obligat homofermentative Organismen verfügen über Fructosediphosphat-Aldolase, aber nicht über Glucose-6-phosphat-Dehydrogenase und 6-Phosphogluconat-Dehydrogenase. Obligat heterofermentative Organismen haben dagegen beide Dehydrogenasen, aber keine Aldolase. Fakultativ homofermentative Organismen besitzen alle drei Enzyme und können beide Stoffwechselwege benutzen.

Neben dem Fermentationstyp hängt auch die Konfiguration der gebildeten Milchsäure von den beteiligten Mikroorganismen ab. Aus Tab. 10.24 ist zu ersehen, daß beide Enantiomere in wechselnden Mengen gebildet werden. Tab. 10.25 orientiert über den Gesamtgehalt verschie-

Tabelle 10.24. Milchsäurebakterien

Mikroorganismus	L-Milchsäure[a] (%)	Bemerkungen
Lactobacillus bulgaricus	0,6–4	thermophil,
L. lactis	0	homofermentativ,
L. leichmanii		D-, L- oder
L. delbrueckii		D,L-Milchsäure
L. helveticus	70	
L. jugurti		
L. acidophilus	60	
L. casei subsp. casei		mesophil,
L. casei subsp. alactosus		homofermentativ,
L. casei subsp. pseudoplantarum		D-,L-oder D,L-Milchsäure
L. casei subsp. rhamnosus		
L. casei subsp. fusiformis		
L. casei subsp. tolerans		
L. plantarum		
L. curvatus		
L. fermentum		heterofermentativ,
L. cellobiosus		D,L-Milchsäure
L. brevii		
L. hilgardii		
L. vermiformis		
L. reuteri		
Streptococcus thermophilus	99	thermophil, homofermentativ
S. faecium		homofermentativ
S. lactis	92–99	mesophil,
S. cremoris	99	homofermentativ
Leuconostoc cremoris		heterofermentativ,
L. mesenteroides		D-Milchsäure
L. dextranicum		
L. lactis		
Pediococcus acidilactici		thermophil, homofermentativ, D,L-Milchsäure

[a] Orientierungswerte; der Anteil L-Milchsäure hängt vom Bakterienstamm und von den Kulturbedingungen ab.

Tabelle 10.25. Gesamtmilchsäure und L-Milchsäure in einigen Milchprodukten[a]

Produkt	Gesamtmilchsäure (%)	L-Milchsäure (%)[b]
Sauermilch	0,97	88
Buttermilch	0,86	87
Sauerrahm	0,86	96
Joghurt	1,08	54
Quark	0,59	94
Hüttenkäse	0,34	92
Emmentaler	0,27	76
Sbrinz	1,53	58
Tilsiter	1,27	52

[a] Durchschnittswerte.
[b] Bezogen auf Gesamtmilchsäure.

dener Milchprodukte an Milchsäure und über den jeweiligen Anteil an L-Milchsäure.
Im Stoffwechsel des Menschen wird ausschließlich L-Milchsäure gebildet und es steht auch nur eine L-Lactat-Dehydrogenase zur Verfügung. Die Zufuhr größerer Mengen an D-Milchsäure kann deshalb zu einer Anreicherung im Blut und zu einer Hyperacidität des Urins führen. Die WHO empfiehlt deshalb eine Beschränkung der Zufuhr von D-Milchsäure auf 100 mg pro Tag und kg Körpergewicht.
Außer den genannten Hauptprodukten werden im Verlauf der Gärung verschiedene Aromastoffe gebildet (cf. 10.3.3). Auch laufen in gewissem Umfang proteolytische und lipolytische Vorgänge ab.

10.2.1.1 Sauermilch

Sauermilch ist das aus Milch durch Gärung gewonnene Erzeugnis, wobei die Gerinnung entweder durch Spontansäuerung unter dem Einfluß verschiedener Milchsäurebildner oder aber nach Zusatz von mesophilen Mikroorganismen (*Streptococcus lactis, S. cremoris, S. diacetylactis, Leuconostoc cremoris*) zu erhitzter Milch bei 20 °C erfolgt. Im Verlauf der Säuerung wird aus Lactose Milchsäure gebildet, die bei pH 5–4 zur Koagulation des Caseins führt. Die dickliche, sauer schmeckende Masse wird aus Vollmilch (mindestens 3,5% Fett), fettarmer Milch (1,5–1,8% Fett) oder entrahmter Milch (höchstens 0,3% Fett), vielfach unter Zusatz von Magermilchpulver zur Erhöhung der Trockensubstanz und Verbesserung der Struktur des resultierenden Proteingels hergestellt. Sauermilch enthält 0,5–0,9% Milchsäure. In anderen Ländern wird neben Kuhmilch auch Schaf-, Büffel-, Rentier- oder Stutenmilch verarbeitet. Entsprechend führt die Säuerung von Rahm zu Sauerrahm.

10.2.1.2 Joghurt

Die Herstellung von Joghurt ist in Abb. 10.16 schematisch dargestellt. Die Joghurtkulturen bestehen aus symbiotisch zusammenlebenden thermophilen Milchsäurebakterien (*Streptococcus thermophilus* und *Lactobacillus bulgaricus*). Bebrütet wird unter Zusatz von 1,5–3% Betriebskultur bei 42–45 °C etwa 3 h. Genußfertiger Joghurt hat einen pH-Wert von etwa 4–4,2 und enthält 0,7–1,1% Milchsäure. Ein Spezialjoghurt

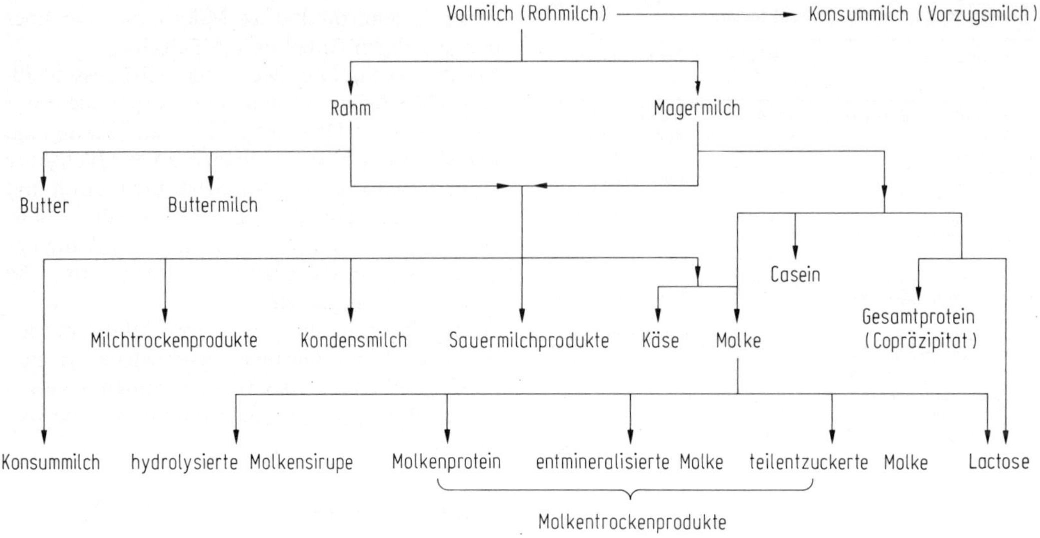

Abb. 10.14. Schema der Milchverarbeitung

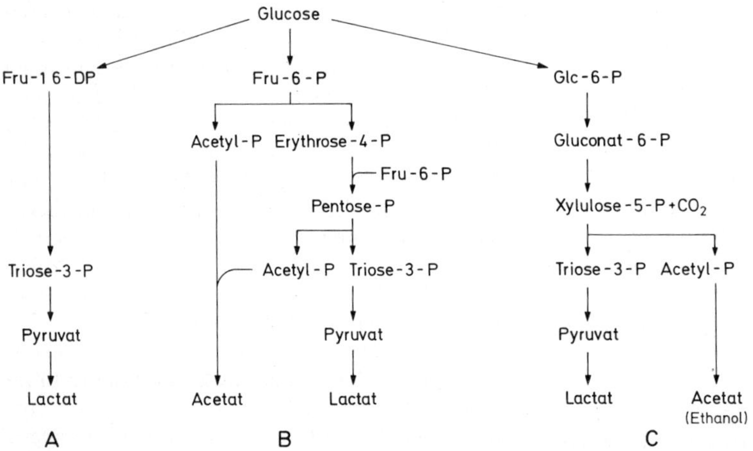

Abb. 10.15. Glucose-Stoffwechsel in Milchsäurebakterien. A: Homofermentative Gärung, B (Bifidus-Weg) und C (6-Phosphogluconat-Weg): Heterofermentative Gärung

ist die mit *Lactobacillus acidophilus* (37–38 °C) hergestellte Acidophilusmilch. Sie enthält 0,5–0,7% Milchsäure.

Zusatz von Früchten oder Fruchtmark und Zucker liefert Spezialprodukte (Joghurt mit Früchten).

Wesentlichen Anteil am spezifischen Joghurtaroma haben Carbonylverbindungen, unter denen der Acetaldehyd stark überwiegt.

10.2.1.3 Kefir und Kumys

Kefir und Kumys sind schäumende, alkohol- und kohlensäurehaltige, aus Turkestan und dem Kaukasus stammende Getränke. Die typischen blumenkohlartig geformten, erbsen- bis haselnußgroßen Kefirknöllchen bestehen aus einer noch nicht vollständig bekannten Mikroflora. Beteiligt sind u. a. *Lactobacillus brevis, L. casei, Leuconostoc mesenteroides, Streptococcus durans, Saccharomyces delbrueckii, S. cerevisiae*

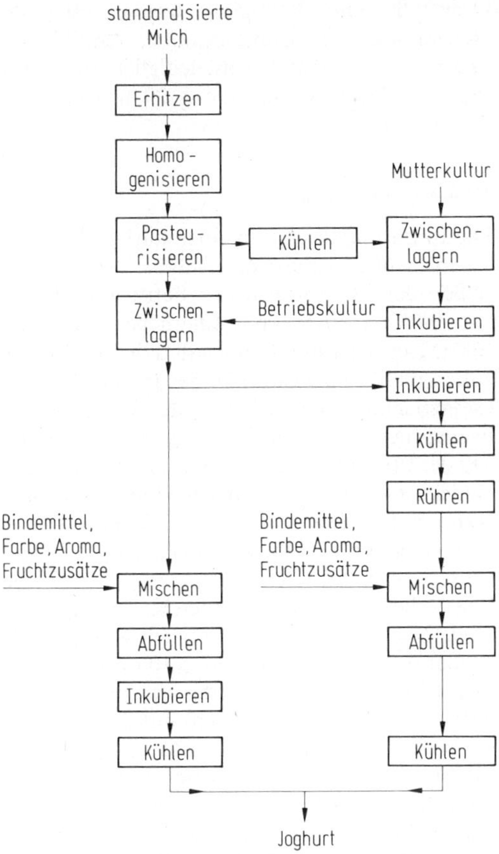

Abb. 10.16. Herstellung verschiedener Joghurt-Arten

und *Acetobacter aceti*. Kumys kann aus Stuten- oder auch Ziegenmilch mit Hilfe obligater Kumys-Reinkulturen hergestellt werden. Kefir enthält neben Milchsäure (0,5–1,0%) merkliche Mengen an Alkohol (0,5–2,0%) sowie Kohlensäure und, durch die proteolytische Wirkung der Hefen, Abbauprodukte des Caseins. Normaler Kumys enthält 1,0–3,0% Alkohol. Die Herstellung verläuft ähnlich wie die des Joghurts.

10.2.1.4 Tätte

Tätte (Langmilch) ist ein besonderes, in Schweden, Norwegen und Finnland gewonnenes Sauermilchprodukt von langer Haltbarkeit. Beteiligt sind mesophile Mikroorganismen (*Streptococcus* und *Leuconostoc spp.*). Die eigentümliche fadenziehende Struktur ist durch die bei den niedrigen Gärtemperaturen auftretende Bildung von Schleimsubstanzen bedingt.

10.2.2 Sahne (Rahm)

Die Milch wird über Entrahmungsseparatoren in hermetischer, selbstreinigender oder hermetisch/selbstreinigender Ausführung praktisch vollständig entfettet (Restfettgehalte 0,03–0,06%). Die Sahneerzeugnisse werden anschließend durch Rückmischen standardisiert (Mindestfettgehalte: Kaffeesahne 10%, Schlagsahne 30%, Butterungssahne 25–82%). Sahne dient in verschiedenster Art zum direkten Genuß oder zur Herstellung von Butter und Eiscreme.

Anforderungen an Schlagrahm betreffen die Schlagfähigkeit und die Stabilität des geschlagenen Produkts. Für Erzeugnisse bester Qualität wird z. B. eine Volumenzunahme von $\geq 80\%$ und das 3 cm tiefe Eindringen eines Standardkörpers von 100 g in einer Zeit von > 10 s gefordert. Auch darf sich nach 1 h bei 18 °C kein Serum absetzen.

Beim Aufschlagvorgang kommt es zunächst zur Ansammlung von Fetttröpfchen an der Oberfläche großer Luftblasen. Mit zunehmender Bildung kleinerer Luftblasen kommt es unter Aufreißen der Membranen zur Vergrößerung der Fettgrenzfläche und schließlich zu einer Gelierung der die Luftblasen trennenden Lamellen.

Saure Sahne ist in fortgeschrittener milchsaurer Gärung befindliche Sahne.

10.2.3 Butter

Butter ist die aus Rahm durch die im Butterungsvorgang ablaufende Phasenumkehr gewonnene Wasser-in-Öl-Emulsion (W/O-Emulsion). Je nach dem Herstellungsverfahren unterscheidet man zwischen Sauerrahmbutter aus gesäuertem Rahm und Süßrahmbutter aus ungesäuertem Rahm. Eine nachträgliche Säuerung ist durch das *Booser*-Verfahren und durch das *Nizo*-Verfahren möglich. Beide Verfahren sind wegen des besseren Aromas der sauren Butter und der besseren Verwertbarkeit der süßen Buttermilch von wirtschaftlichem Interesse.

Butter enthält 81–85% Fett, 14–16% Wasser und 0,5–2% fettfreie Trockenmasse. Die Zusammensetzung ist im allgemeinen gesetzlich geregelt. Die kontinuierliche Phase wird durch den flüssigen Anteil des Milchfettes gebildet, in dem Fettkörnchen, Wassertröpfchen und Luftbläschen eingeschlossen sind. Die Konsistenz der Butter wird durch das Verhältnis von freiem flüssigen

Fett zu festem Fett bestimmt. Durch jahreszeitliche Schwankungen des Milchfetts im Gehalt an ungesättigten Fettsäuren schwankt das Verhältnis festes Fett/flüssiges Fett bei Zimmertemperatur zwischen 1 (im Sommer) und 1,5 (im Winter). Ein Ausgleich ist durch geeignete Temperaturführung während der Rahmreifung, der Butterung und des Knetvorgangs möglich, die das Ausmaß des Einschlusses von flüssigem Fett in Fettkörnchen bestimmt. Abb. 10.17 gibt einen Überblick über die wichtigsten Verarbeitungsschritte bei der Butterherstellung.

10.2.3.1 Rahmgewinnung und -behandlung

Die Rahmgewinnung erfolgt aus der Milch durch Entrahmungsseparatoren wie unter 10.1.3.2 und 10.2.2 beschrieben.
Je nach Butterungsverfahren sind Fettgehalte zwischen 25 und 82% einzustellen. Der Rahm wird bei 90–110 °C pasteurisiert. Die weitere Rahmbehandlung hat großen Einfluß auf die Eigenschaften der Butter. Rahm zur Sauerrahmbutterherstellung wird im Rahmreifer (doppelwandiger Rührbehälter) mit Buttersäurewecker versetzt und bis zu 24 h bei 8–19 °C inkubiert.
Buttersäurewecker bestehen aus säure- und aromabildenden (Diacetyl) Bakterien, wie *Streptococcus lactis, Streptococcus cremoris, Streptococcus diacetylactis* und *Betacoccus citrovorus*. Durch entsprechende Temperaturführung bei der Rahmreifung kann die Fettkristallbildung gelenkt und somit auch die Konsistenz der Butter

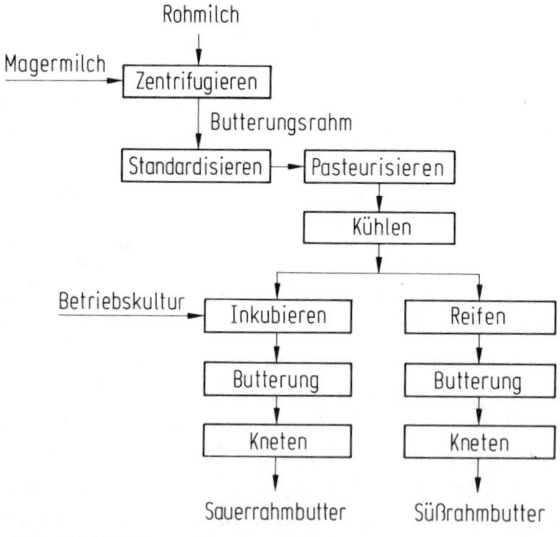

Abb. 10.17. Herstellung von Butter

beeinflußt und korrigiert werden. Bei der Herstellung von Süßrahmbutter entfällt die Säuerung. Der Rahm wird lediglich zur Steuerung der Fettkristallisation 3–29 h bei 6–10 °C gelagert.

10.2.3.2 Butterung

Die Butterung besteht in einer starken mechanischen Beanspruchung des Rahms, die zum Zerreißen der Membranen der Fetttröpfchen und zur Bildung einer kontinuierlichen Fettphase führt. Der Schaumbildung soll dabei Bedeutung zukommen, da die Luftbläschen mit ihrer großen Grenzfläche einen Teil des Membranmaterials beanspruchen. Es wurde nachgewiesen, daß ein Teil der Phospholipide in die wäßrige Phase geht. Zunächst werden unter Abscheidung der übrigen Rahmbestandteile als Buttermilch Butterkörner von etwa 2 mm Durchmesser gebildet. Diese Butterkörner enthalten noch etwa 30% wäßrige Phase, die beim anschließenden Knetvorgang auf 15–19% reduziert und fein verteilt wird (Durchmesser der Wassertröpfchen $\leq$10 µm).
Der Prozeß erfolgt entweder diskontinuierlich unter Verwendung von Rahm mit 25–35% Fett in nicht rotationssymmetrisch aufgehängten Edelstahlgefäßen verschiedener Form, oder in kontinuierlich arbeitenden Butterfertigern unter Verwendung von Rahm mit 32–38% (Sauerrahmbutter) bzw. 40–50% (Süßrahmbutter) Fett. Die Maschinen sind in Butterungs-, Trenn- und Knetabteilungen unterteilt. In der Butterungsabteilung findet durch eine rotierende Schlagwelle die Butterkornbildung statt. In der zweigeteilten Trennabteilung erfolgt zuerst eine Nachverbutterung, wobei Butterkörnchen größeren Durchmessers entstehen. Anschließend wird die Buttermilch abgetrennt und die Butter gegebenenfalls gewaschen. Die gekühlte Knetabteilung besteht aus Transportschnecken und Knetelementen zur Nachbearbeitung der Butter. In beiden Knetabteilungen wird unter Vakuum gearbeitet, um den Luftgehalt der Butter unter 1% zu senken. Salz- und Wassergehalt der Butter werden über Zudosierungen eingestellt.
Beim kontinuierlichen ALFA-Butterungsverfahren erfolgt die Phasenumkehr eines 82%igen Rahms durch mehrstufiges Kühlen auf 8–13 °C in Schneckenkühlern ohne Abscheidung von wäßriger Phase.
Beim *Booser*-Verfahren werden 3–4% Säurewek-

ker in das süße Butterkorn (13,5–14,5% Wasser) eingearbeitet.
Beim *Nizo*-Verfahren werden zunächst Milchsäure- und Aromastoffkonzentrate durch getrennte Fermentationsverfahren gewonnen, dann gemischt und in das süße Butterkorn eingearbeitet. Die Milchsäure wird durch *Lactobacillus helveticus* auf Molke oder Quarkmolke erzeugt, durch Ultrafiltration abgetrennt und im Vakuum auf ca. 18% konzentriert. Die Aromastoffe werden auf Magermilch (16% Trockenmasse) mit Säurebildnern und *Streptococcus diacetylactis* erhalten.

10.2.3.3 Verpackung

Die Verpackung erfolgt in Pergamentpapier oder in beschichtete Aluminiumfolie.

10.2.3.4 Abgeleitete Produkte

Von Butter abgeleitete Produkte sind

- Butterschmalz (Butterbrät, eingesottene Butter), das aus mindestens 99,3% Milchfett besteht. Die wäßrige Phase wird durch Dekantieren der aufgeschmolzenen Butter oder durch Eindampfen entfernt.
- fraktioniertes Butterfett, das durch Trennung in einen hoch- und niederschmelzenden Anteil durch fraktionierte Kristallisation erhalten wird und das verschiedenen Zwecken (z. B. der Konsistenzverbesserung von Schlagrahm und Butter) dient.
- streichfähige Mischungen mit pflanzlichen Fetten von unterschiedlichem Fettgehalt.

10.2.4 Kondensmilch

Kondensmilch wird aus Milch durch teilweisen Entzug des Wassers, gegebenenfalls auch unter Zusatz von Saccharose (gezuckerte Kondensmilch) erhalten und unverdünnt oder verdünnt wie Milch verwendet. Die ungezuckerte Kondensmilch ist vorwiegend in den Fettstufen 4%, 7,5% und 10% handelsüblich. Die Herstellung (Abb. 10.18) erfolgt aus Milch mit entsprechend eingestelltem Fettgehalt, die zunächst zur Abscheidung des Albumins, zur Keimtötung und Minderung der Gefahr des Nachdickens für 10–25 min auf 85 bis 100 °C erhitzt und anschließend bei 40 bis 80 °C in kontinuierlich arbeitenden Vakuumapparaten eingedickt wird. Gegenüber den früher verwendeten Umlauf-, Steigrohr- und Plattenverdampfern hat sich heute hauptsächlich der Dünnschichtverdampfer durchgesetzt. Meist werden mehrere Einheiten (bis zu sieben Stufen) in Reihe geschaltet, wobei jede Einheit durch die Brüden aus der vorhergehenden Stufe geheizt wird. Temperatur und Druck nehmen dabei von Stufe zu Stufe ab. Optimale Energieausnutzung wird durch mechanische oder thermische Brüdenverdichtung erreicht. Die so erhaltene Kondensmilch mit einer Trockenmasse ≥25–33% wird homogenisiert, in Dosen (lackiertes Weißblech) gefüllt und im Autoklaven (20 min bei 115 bis 120 °C) sterilisiert. Eine Durchflußsterilisation mit anschließender steriler Abpackung ist ebenfalls möglich.
Um eine Gerinnung des Produktes während der Herstellung und Lagerung zu vermeiden ist ein Zusatz von Natriumhydrogencarbonat, Dinatriumphosphat und Trinatriumcitrat üblich, der eine Korrektur von pH-Wert und Konzentration an freiem Calcium bewirkt und damit der Caseinaggregation entgegenwirkt (cf. Abb. 10.3).
Bei gezuckerter Kondensmilch wird nach dem Vorwärmen, das hier als Kurzzeiterhitzung bei 110–130 °C erfolgt, Saccharose bis zu einer Konzentration von 45–50% (bezogen auf das Endprodukt) zugesetzt. Eine Sterilisation erübrigt sich. Um Sandigkeit durch Kristallisation von Lactose zu vermeiden – durch den Saccharosezu-

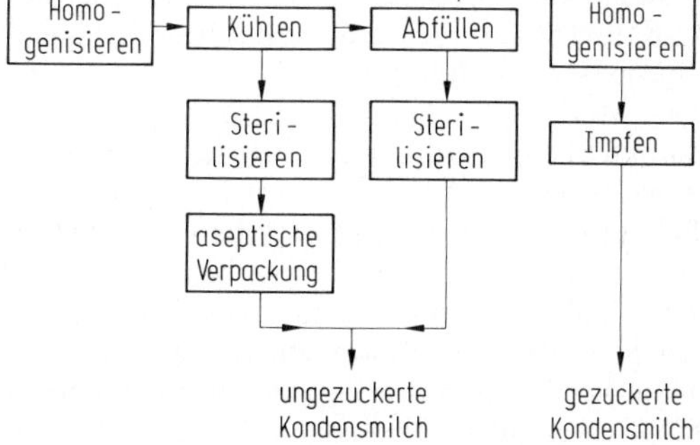

Abb. 10.18. Herstellung von Kondensmilch

satz wird die Löslichkeitsgrenze von Lactose überschritten – wird nach raschem Abkühlen mit feingemahlenem α-Lactosehydrat geimpft und auf diese Weise erreicht, daß die Kristallgröße ≤ 10 µm bleibt.

Die entscheidenden Qualitätsmerkmale von Kondensmilch sind der Grad der Hitzeschädigung (Lysinabbau), die Separationsverhinderung während der Laufzeit, das Nichtauftreten von grob auskristallisierter Lactose sowie Farbe und Geschmack. Diese Kriterien werden sowohl durch die Prozeßführung (Wärmebehandlung beim Eindampfen und Sterilisieren sowie geeignete Wahl von Homogenisationsdruck und Temperatur) als auch durch die Herkunft der Milch (Fütterung) und die Hygiene beim Produzenten beeinflußt.

10.2.5 Milchtrockenprodukte

Magermilch- und Vollmilchpulver werden entweder in Ländern, die aus klimatischen Gründen keine Milchwirtschaft besitzen, zur Rekonstitution von Milch verwendet oder sind Zwischenprodukte für die weitere Verarbeitung zu Säuglingsmilcherzeugnissen, Milchschokolade und ähnlichem. Es handelt sich um Instanterzeugnisse, deren Qualität von Haltbarkeit, Wiederauflösevermögen (kalt und warm), Geschmack, mikrobiologischer Charakteristik und Schonung der essentiellen Inhaltsstoffe (Eiweiß, Vitamine) bei der Herstellung abhängig ist.

Vorwiegendes Trocknungsverfahren ist die Sprühtrocknung. Für spezielle Zwecke in der Weiterverarbeitung werden jedoch auch die Walzentrocknung (mit und ohne Vakuum) sowie die Fließbetttrocknung (Schäumung mit Inertgas N_2 oder CO_2) verwendet. Die Gefriertrocknung bietet keine entscheidenden Vorteile gegenüber der billigeren Sprühtrocknung und ist nur für Spezialprodukte von Interesse.

Die Milch wird meist über Dünnschichtverdampferanlagen auf 30–55% Trockenmasse vorkonzentriert.

Bei der Walzentrocknung wird die Flüssigkeit in einer dünnen Schicht auf einen beheizten Trokkenzylinder aufgetragen und nach einer definierten Verweilzeit (Rotation) durch Schabemesser abgetragen. Die Aufbringung des Flüssigkeitsfilms kann auf unterschiedliche Weise erfolgen. Bei der Walzentrocknung werden relativ große Partikel erhalten. Die thermische Belastung (Temperatur, Zeit) ist wesentlich größer als bei der Sprühtrocknung. Die Löslichkeit ist infolge Denaturierung der Molkenproteine schlecht. Infolge der *Maillard*-Reaktion ist das Produkt deutlich gebräunt.

Bei der Sprühtrocknung wird die Milch durch Zentrifugalzerstäubung oder durch Düsenversprühung im Sprühturm fein verteilt und mit Heißluft (150–200 °C) im Gleichstrom oder Gegenstrom getrocknet. In den letzten Jahren ist eine Tendenz zu Mehrstufenverfahren vorhanden, in denen die eigentliche Sprühtrocknung die erste und die Fließbetttrocknung in einem Vibrationsfließbett die zweite Trocknungsstufe bilden. Die Nachschaltung von Vibrationsfließbetten ermöglicht bessere Energieausnutzung im Sprühturm (möglichst große Temperaturdifferenz zwischen Eingang und Ausgang) und führt zu agglomerierten Trockenprodukten mit verbesserten Benetzungseigenschaften. Neue Sprühtrocknungssysteme arbeiten mit in der Sprühtrockenkammer integriertem Fließbett (sogenanntes Kompaktsystem).

Die Partikel mit Durchmessern im Bereich von 5–100 µm bestehen aus einer kontinuierlichen Masse von amorpher Lactose und anderen niedermolekularen Komponenten, in die Fettkügelchen, Caseinmizellen, Molkenproteine und meist Vakuolen eingelagert sind. Wenn das Pulver Wasser aufnimmt, kommt es bei $a_w > 0{,}4$ zur Kristallisation der Lactose, die zur Agglomeration führt. Während der Trocknung steigt die Temperatur der Partikel normalerweise nicht über 70 °C. Die Molkenproteine sind demzufolge überwiegend nicht denaturiert und löslich. Viele Enzyme sind noch aktiv. Lagerungsprobleme sind durch die *Maillard*-Reaktion bedingt und bei fetthaltigen Pulvern durch die Fettoxidation. Schaumgetrocknete Produkte können hervorragende Eigenschaften haben (Aroma, Löslichkeit).

Neben Vollmilch- und Magermilchpulver werden auf ähnliche Weise weitere Trockenmilchprodukte hergestellt, wie Sprüh- bzw. Walzensahne mit jeweils mindestens 42% Fett in der Trockenmasse und höchstens 4% Wasser, sowie Butterpulver, ein Sahnepulver mit 70–80% Fett. Bei Säuglingsmilchpräparaten erfolgt teilweise eine Angleichung an Muttermilch, z. B. durch Zusatz von Molkenproteinen, Saccharose, Molke oder Lactose, Pflanzenfett, Vitaminen, Spurenele-

menten und durch Reduzierung des Mineralstoffgehaltes bzw. durch Verschiebung des Na/K-Verhältnisses.
Über die Zusammensetzung einiger Trockenprodukte orientiert Tab. 10.26.

10.2.6 **Kaffeeweißer** (Coffee whitener)

Kaffeeweißer sind Produkte, die in flüssiger, meist aber in trockener instantisierter Form in den Handel kommen und wie Kaffeesahne oder Kondensmilch verwendet werden. Tab. 10.27 zeigt eine für diese Produkte typische Rezeptur. Im Unterschied zu Milchprodukten werden bei der Herstellung pflanzliche Fette eingesetzt. Die Proteinkomponente wird gewöhnlich von Caseinaten gestellt. Die wichtigsten Verfahrensschritte bei der Herstellung sind: Voremulgierung der Bestandteile bei Temperaturen bis zu 90 °C, Hochdruckhomogenisation (cf. 10.1.3.4), Sprühtrocknung und Instantisierung (cf. 10.2.5).

10.2.7 Speiseeis

Speiseeis ist eine gefrorene Masse, die Milch, Milchprodukte, Zucker, pflanzliche Fette, Eiprodukte, Früchte oder Fruchtbestandteile, Kaffee, Kakao, Aromastoffe und Farbstoffe enthalten kann. Eine typische Rezeptur ist z. B. 10% Milchfett, 11% fettfreie Milchtrockenmasse, 14% Saccharose, 2% Glucosesirup-Trockenmasse, 0,3% Emulgatoren, 0,3% Dickungsmittel, 62% Wasser. Die Dickungsmittel, meistens Polysaccharide, erhöhen die Viskosität und die Emulgatoren destabilisieren die Fettkügelchen und begünstigen deren Aggregation beim Gefrierprozeß.

Tabelle 10.26. Zusammensetzung einiger Milchtrockenprodukte (%)

	1	2	3	4	5
Wasser	3,5	4,3	4,0	3,1	7,1
Protein	25,2	35,0	21,5	33,4	12,0
Fett	26,2	1,0	40,0	2,3	1,2
Lactose	38,1	51,9	29,5	54,7	71,5
Mineralstoffe	7,0	7,8	5,0	6,5	8,2

1: Vollmilchpulver, 2: Magermilchpulver, 3: Sahnepulver, 4: Buttermilchpulver, 5: Molkenpulver.

Tabelle 10.27. Typische Kaffeeweißer-Rezeptur

Bestandteil	Menge (%)
Glucosesirup	52,6
Fett	30,0
Na-Caseinat	12,0
Wasser	3,15
Emulgatoren	1,6
K_2HPO_4	0,6
Carrageenan	0,05
Farb- und Aromastoffe	

Zur Herstellung von Eiscreme wird eine Mischung der Bestandteile nach Hochtemperatur-Kurzzeit-Pasteurisation (80–85 °C, 20–30 s), Hochdruckhomogenisation (150–200 bar) und Abkühlung auf ca. 5 °C bei Temperaturen bis zu −10 °C unter Einarbeitung von Luft (60–100 Vol%) gefroren und anschließend bei −15 bis −25 °C gehärtet. Die zum Einsatz kommenden Gefrierapparate (Freezer) sind im wesentlichen zylinderförmige, mit Ammoniak gekühlte, rotierende Kratzkühler, wie sie in ähnlicher Ausführung auch bei der Margarineherstellung eingesetzt werden. Im Innern des Zylinders wird zur Aufschäumung der Eiscreme zusätzlich Luft eingearbeitet.
Strukturelemente von Eiscreme sind Eiskristalle (~50 µm), Luftbläschen (60–150 µm), Fettkügelchen (<2 µm) und aggregierte Fettkügelchen (5–10 µm). Das Fett sitzt größtenteils an den Luftbläschen. Die Luftbläschen haben eine dreifache Funktion: Sie setzen den Nährwert herab, machen das Produkt weich und verhindern eine zu starke Kälteempfindung beim Verzehr.

10.2.8 Käse

Käse wird aus dickgelegter Milch durch Abscheidung von Molke und durch mehr oder weniger weitgehende Reifung mit Hilfe spezieller Mikroorganismen (Tab. 10.28) gewonnen. Es gibt eine große Zahl von Käsesorten, die nach verschiedenen Gesichtspunkten eingeteilt werden können, z. B. nach

- der verwendeten Milch (Kuh, Ziege, Schaf)
- der Art der Dicklegung (Säuerung, Labung, Kombination beider Verfahren)
- der Konsistenz bzw. dem Wassergehalt in der

fettfreien Käsemasse (%). Wichtige Gruppen sind:

Reibkäse (< 47)
Hartkäse (< 56)
Schnittkäse (54–63)
Halbfetter Schnittkäse (61–69)
Weichkäse (67–76)
Frischkäse (73–87)

- dem Fettgehalt in der Trockenmasse (%). Wichtige Gruppen sind:

Doppelrahmkäse (60–85)
Rahmkäse (≥ 50)
Vollfettkäse (≥ 45)
Fettkäse (≥ 40)
Halbfettkäse (≥ 20)
Magerkäse (< 10)

Innerhalb solcher Gruppen wird der einzelne Käse durch sein spezifisches Aroma charakterisiert. Eine kleine Auswahl wichtiger Käsesorten ist in Tabelle 10.29 zusammengestellt.
Die Herstellung (Abb. 10.19) besteht im wesentlichen aus der Gewinnung der Käsemasse und aus der Reifung.

10.2.8.1 Gewinnung der Käsemasse

Die Milch wird auf den gewünschten Fettgehalt eingestellt; gegebenenfalls wird auch der Proteingehalt korrigiert. Mögliche Zusätze sind Calciumsalze zur Verbesserung der Gerinnungsfähigkeit und der Konsistenz des Käses, Nitrate gegen

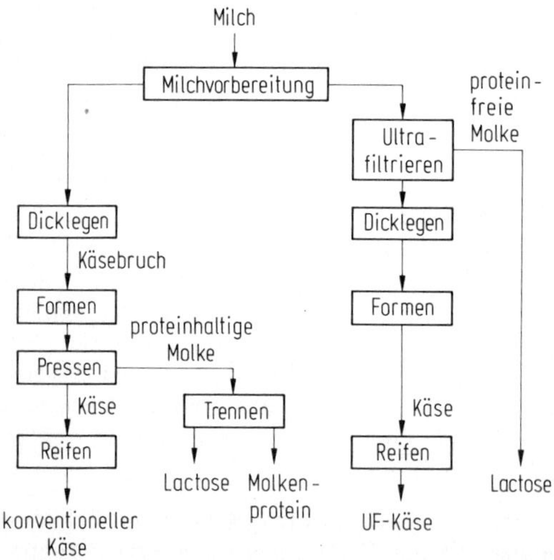

Abb. 10.19. Herstellung von Käse (konventionell bzw. mit Ultrafiltration)

anaerobe Sporenbildner sowie Farbstoffe. Die so vorbereitete Milch wird nach dem Erhitzen oder auch roh mit den Reifungskulturen (cf. Tab. 10.28) versetzt und durch Milchsäuregärung oder Labzusatz bzw. durch Kombination dieser Verfahren bei 18–50 °C zur Gerinnung gebracht. Das Proteingel wird unter Erwärmung mechanisch bearbeitet (schneiden, rühren). Dabei erfolgt unter Abscheidung von Molke eine Verfestigung (Synärese) des fetthaltigen Gels (Bruch), die um so stärker ist, je intensiver die mechanische Einwirkung und je höher die angewendete Temperatur (Brennen) ist. Prozeßführung und Reifungskultur (pH-Wert) bestimmen die Eigenschaften des Bruches. Die Trennung von Bruch und Molke erfolgt je nach gewünschter Konsistenz durch Ablaufen oder Abpressen unter gleichzeitiger Formung der Masse.
Neue Verfahren der Käseherstellung zielen darauf ab, den gewöhnlich über die Molke abge-

Tabelle 10.28. Charakteristische Mikroflora einiger Käsesorten

Käsesorte	Starterkulturen	Weitere Arten
Parmigiano-Reggiano	*Streptococcus thermophilus* *Lactobacillus helveticus* *L. bulgaricus*	keine
Emmentaler	*Streptococcus lactis* *S. cremoris* *S. thermophilus* *Lactobacillus helveticus* *L. bulgaricus*	*Propionibacterium freudenreichii* *P. freudenreichii subsp. shermanii*
Cheddar	*Streptococcus cremoris (S. lactis)*	keine
Roquefort	*Streptococcus lactis* *S. cremoris* *S. lactis subsp. diacetylactis* *Leuconostoc cremoris*	*Penicillium roqueforti*
Limburger	*Streptococcus lactis* *S. cremoris*	*Brevibacterium linens* *Micrococcus spp.* Hefen
Edamer, Gouda	*Streptococcus lactis* *S. cremoris* *S. lactis subsp. diacetylactis* *Leuconostoc cremoris*	*Brevibacterium linens* *Micrococcus spp.* Hefen
Camembert, Brie	*Streptococcus lactis* *S. cremoris* *S. lactis subsp. diacetylactis*	*Penicillium camemberti* *P. caseicolum* *Brevibacterium linens* *Micrococcus spp.* Hefen

Tabelle 10.29. Käsesorten[a]

Frischkäse (F: < 10–70, T: 39–44, R: nicht gereift)
Quark, Neufchatel, Petit Suisse, Demi Sel, Cottage Cheese (körnige Struktur, mit Wasser bei 45–52 °C nachgehärtet) Schichtkäse (Schichten unterschiedlichen Fettgehaltes) Rahm-, Doppelrahmfrischkäse, Demi Suisse, Gervais, Carré-frais, Cream Cheese Mozzarella (plastischer Bruch durch Erhitzen auf > 60 °C in der Molke), Scamorze
Gereifte Käse
Hartkäse (F: 30–50, T: 58–63, R: 2–8 M)
Chester, Cheddar, Cheshire, Cantal Emmentaler, Alpkäse, Bergkäse, Gruyère, Herrgårdskäse, Samsø Gruyère, l'Emmental française, Beaufort, Gruyère de Comte, Greyerzer Parmigiano-Reggiano (körnig, sehr fest), Grana, Bagozzo, Sbrinz Provolone (plastischer Bruch durch Erhitzen auf > 60 °C in der Molke: Pasta filata; Birnen-, Melonenform) Cacciocavallo
Schnittkäse (F: 30–50, T: 44–57, R: 5 W)
Edamer, Geheimratskäse, Brotkäse, Molbo, Thybo Gouda, Fynbo, Naribo Pecorino (Schafskäse), Aunis, Brinsenkäse (durch Vermahlen wird streichfähiger Liptauer erhalten) Port Salut, St. Paulin, Esrom, Jerome, Deutscher Trappistenkäse Tilsiter, Appenzeller, Danbo, Steppenkäse, Svecia-Ost
Halbfeste Schnittkäse (F: 30–60, T: 44–55, R: 3–5 W)
Butterkäse, Italico, Bel Paese, Klosterkäse Roquefort (Schafskäse), Bleu d'Auvergne, Bresse Bleu, Bleu du Haut-Jura, Gorgonzola, Stracchino, Stilton, Blue Dorset, Blue Cheese, Danablu Steinbuscher Weißlacker, Bierkäse
Weichkäse (F: 20–60, T: 35–52, R: 2 W)
Chevre (Ziegenkäse), Chevret, Chevretin, Nicolin, Cacciotta, Rebbiola, Pinzgauer Käse Brie, Le Coulommiers Camembert, Veritable Camembert, Petit Camembert Limburger, Backsteinkäse, Allgäuer Stangenkäse Münsterkäse, Mainauer, Mondseer, Le Munster, Gérômè Pont l'Eveque, Angelot, Maroilles Romadur, Kümmelkäse, Limburger, Münsterkäse, Weinkäse

Tabelle 10.29. (Fortsetzung)

Sauermilchkäse (F: < 10, T: 35, R: 1–2 W)
Harzer Käse, Mainzer Käse (Magerkäse mit Gelb- oder Rotschmierebakterien) Handkäse, Korbkäse, Stangenkäse, Spitzkäse (Magerkäse mit Gelbschmierekulturen oder mit Camembertschimmel), Gamelost
Kochkäse (aus Quark durch Erhitzen mit Schmelzsalzen, F: < 10–60)

[a] Verwandte Sorten sind nebeneinander gesetzt. Bei den Gruppen sind Durchschnittswerte angegeben für F: % Fett in der Trockenmasse, T: % Trockenmasse, R: Reifungszeit in Monaten (M) oder Wochen (W).

führten Molkenproteinanteil in den Bruch einzubringen. Neben Ausbeutesteigerungen (12–18%) führen diese Verfahren zur Einsparung von Abwasserabgabekosten oder aufwendiger Molkeaufbereitung (cf. 10.2.10).

Abb. 10.19 zeigt an einem Beispiel den Einbau von Ultrafiltrationsschritten im Vergleich zur konventionellen Käseherstellung. Daneben besteht die Möglichkeit, konventionell anfallende Molke durch Ultrafiltration zu konzentrieren und der Käsemasse zuzumischen, oder die Milch zunächst durch Säurewecker und/oder Labzusatz dickzulegen und dann durch Ultrafiltration zu konzentrieren. Zur Senkung der Enzymkosten beim Caseinfällungsschritt mit Chymosin (Lab oder meist mikrobielle Labersatzenzyme) sind Verfahren mit trägerfixierten Enzymen in Erprobung, wobei die Enzymreaktion in der Kälte und die Ausfällung durch anschließendes Erwärmen der Milch erfolgt. Auf diese Weise wird eine Verstopfung des Enzymbettes vermieden.

Die einzelnen Arbeitsgänge bei der Käseherstellung werden zunehmend mechanisiert und automatisiert. Eingesetzt werden diskontinuierlich arbeitende Käsefertiger (Wannen oder Tanks mit Rühr- und Schneidewerkzeugen) und Koagulatoren zur kontinuierlichen Käsebruchbereitung mit anschließender vollautomatischer Molkeabtrennung und Ausformung.

10.2.8.2 Frischkäse

Unter Frischkäse versteht man ungereifte Käsesorten mit weicher (Speisequark), gelartiger (Schichtkäse) oder körniger Konsistenz (Hüttenkäse). Bei der Quarkherstellung wird die Molke nach der Dicklegung meist durch Separation abgetrennt. Die Hüttenkäseherstellung erfolgt im allgemeinen über kontinuierlich arbeitende Koagulatoren mit spezieller Temperaturführung. Nach der Entmolkung über Filterbänder kann das Bruchkorn im Schneckentrog gewaschen, gekühlt und dann über ein weiteres Abtropfband getrocknet werden.

10.2.8.3 Gereifte Käse

Die geformte Käsemasse kommt für einige Zeit in ein Salzbad und wird nach dem Abtrocknen in klimatisierten Räumen der Reifung überlassen. Der Reifungsverlauf ist abhängig von der Zusammensetzung der Käsemasse, insbesondere vom Wassergehalt, von den anwesenden Mikroorganismen und von den äußeren Bedingungen (Temperatur, Luftfeuchtigkeit). Bei Weichkäse erfolgt die Reifung von außen nach innen, so daß in frühen Reifungsstadien zwischen einer durchgereiften Rinde und einem noch nicht gereiften Kern unterschieden werden kann. Die Ursache ist in dem hohen Molkeanteil zu sehen, der zu Beginn der Reifung eine erhöhte Milchsäurebildung und damit eine starke pH-Absenkung zur Folge hat. Die Entwicklung der speziellen Reifungskulturen ist an eine pH-Erhöhung gebunden, die durch Decarboxylierung von Aminosäuren zunehmend von außen nach innen bewirkt wird. Bei Hartkäse erfolgt die Reifung gleichmäßig durch die gesamte Masse. Eine Rindenbildung erfolgt hier durch Austrocknung der Oberfläche. Die Rindenbildung kann durch Verpacken des Käses in geeignete Kunststoffolien vor Beginn der Reifung unterdrückt werden. Die Reifungszeit ist sehr unterschiedlich und reicht von einigen Tagen bei Weichkäse bis zu mehreren Monaten bei Hartkäse. Die Ausbeute pro 100 kg Milch liegt bei 8 (Hartkäse) bis 12 kg (Weichkäse).

Während der Reifung erfolgt ein mehr oder weniger starker Abbau aller Bestandteile .

Milchzucker wird durch homofermentative Milchsäuregärung zu Milchsäure abgebaut. In Cheddarkäse fällt z. B. der pH-Wert vom Zufügen der Starterkultur bis zum Ende des Preßvorgangs von 6,55 auf 5,15. In Anwesenheit von Propionsäurebakterien (z. B. bei Emmentaler Käse) wird Milchsäure weiter zu Propionsäure, Essigsäure und CO_2 umgesetzt, entsprechend der Bilanzgleichung:

$$3\ CH_3CHOHCOOH \rightarrow 2\ CH_3CH_2COOH + CH_3COOH + CO_2 + H_2O \qquad (10.11)$$

Das Verhältnis von Propionsäure zu Essigsäure kann je nach Redoxpotential des Käses verscho-

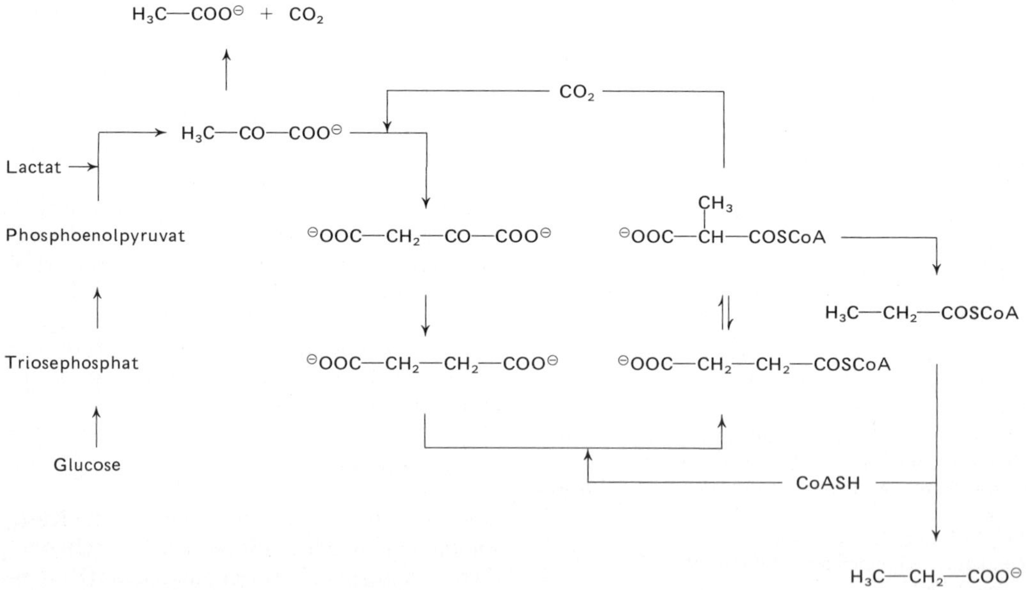

Abb. 10.20. Schema der Propionsäuregärung

ben sein, z. B. durch Nitratzusätze in Richtung auf kleinere Werte. Die Propionsäuregärung verläuft entsprechend Abb. 10.20. Der entscheidende Schritt ist die reversible Umlagerung von Methylmalonyl-CoA zu Succinyl-CoA, die durch Insertion einer CH_2-Gruppe erfolgt

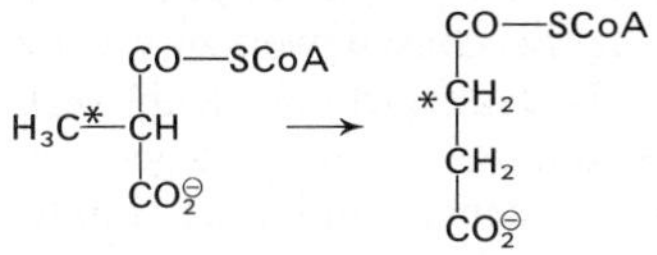
(10.12)

und die durch Adenosyl-B_{12} als Coenzym katalysiert wird. Adenosyl-B_{12} ist ganz allgemein Coenzym für Umlagerungen des Typs:

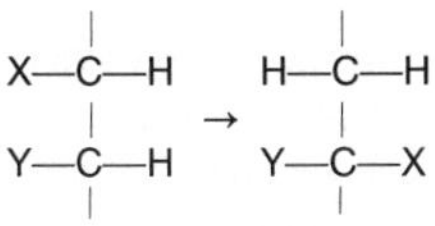
(10.13)

Aus Untersuchungen an einem Coenzym-B_{12}-Analogen folgt, daß offensichtlich ein nicht-klassischer Carbanionmechanismus vorliegt:

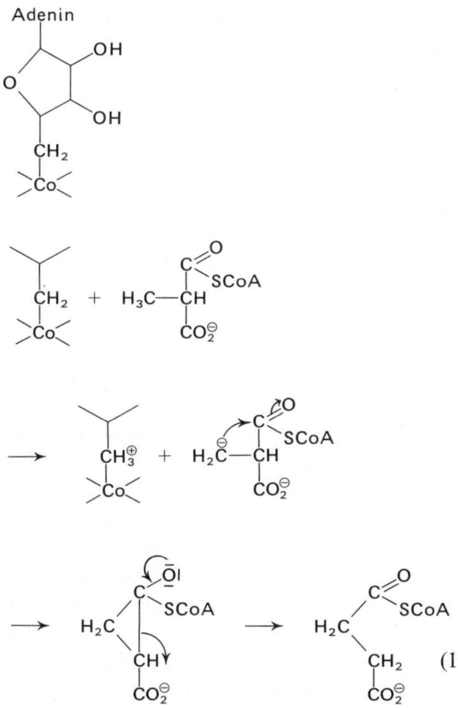
(10.14)

Art und Umfang des Fettabbaus hängen vom Reifungsorganismus ab. Bei den meisten Käsen ist eine möglichst geringe Lipolyse Voraussetzung für ein gutes Aroma. Ausnahmen sind die durch einen ausgeprägten Fettabbau gekennzeichneten Sorten wie Roquefort, Gorgonzola und Stilton.

Die Lipolyse wird durch Homogenisation der verwendeten Milch stark gefördert (Abb. 10.21). Auch kann die Freisetzung der besonders aromawirksamen Fettsäuren auf Grund der Spezifität von Lipasen begünstigt sein (Tab. 10.30). Neben freien Fettsäuren können als Nebenprodukte der β-Oxidation 2-Alkanone und 2-Alkanole gebildet werden (cf. 3.7.5).

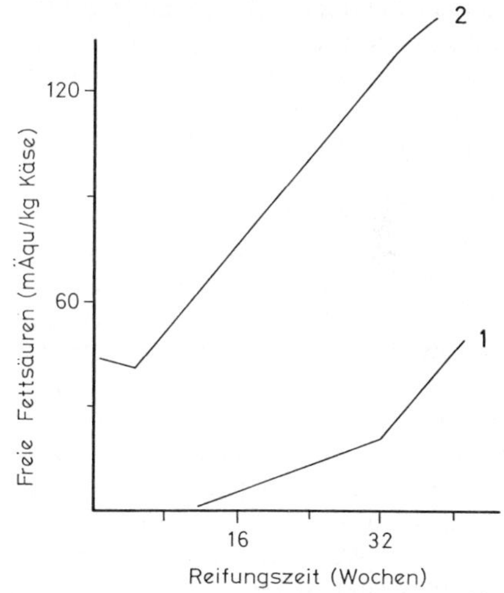

Abb. 10.21. Lipolyse bei der Reifung von Blue Cheese. *1* unbehandelte Milch, *2* homogenisierte Milch

Tabelle 10.30. Substratspezifität einer Lipase aus *Penicillium roqueforti*

Substrat	Hydrolyse (V_{rel})
Tributyrin	100
Tripropionin	25
Tricaprylin	75
Tricaprin	50
Triolein	15

Schimmelpilze, insbesondere *Penicillium roqueforti,* verfügen über die erforderlichen β-Ketoacyl-CoA-deacylasen (Thiohydrolase) und β-Ketosäuredecarboxylasen, so daß die genannten Verbindungen typische Aromastoffe für Käse vom Roquefort-Typ (Blue Cheese) sind (Tab. 10.31).

Tabelle 10.31. 2-Alkanone in Blue Cheese

2-Alkanone n^a	mg/100 g Käsetrockenmasse
3	0,5–0,8
5	1,4–4,1
7	3,8–8,0
9	4,4–17,6
11	1,2–5,9

[a] Anzahl der C-Atome.

Der *Protein*-Abbau läuft über Peptide zu den Aminosäuren. Beteiligt sind je nach Reifungsorganismus an der Zelloberfläche gebundene Proteasen, intracelluläre caseolytische Systeme und extracelluläre proteolytische Enzyme. Je nach Käsetyp werden 20 bis 40% des Caseins in lösliche Folgeprodukte übergeführt. Darunter sind 5 bis 15% Aminosäuren. Für Proteinasen aus *Penicillium roqueforti* wurde optimale Wirksamkeit im pH-Bereich 3 bis 6 festgestellt. Die Proteolyse wird durch den Salzgehalt des Käses stark beeinflußt. Der Aminosäuregehalt von Käse liegt zwischen 2,8 und 9% der Trockenmasse und ist für das Aroma von Bedeutung. Fehlreifungen können zum Auftreten bitterer Peptide führen. Die Aminosäuren werden weiter umgesetzt, wobei in den frühen Stadien der Reifung bei niederem pH-Wert Decarboxylierungen zu Aminen, mit steigendem pH-Wert dann oxidative Reaktionen im Vordergrund stehen:

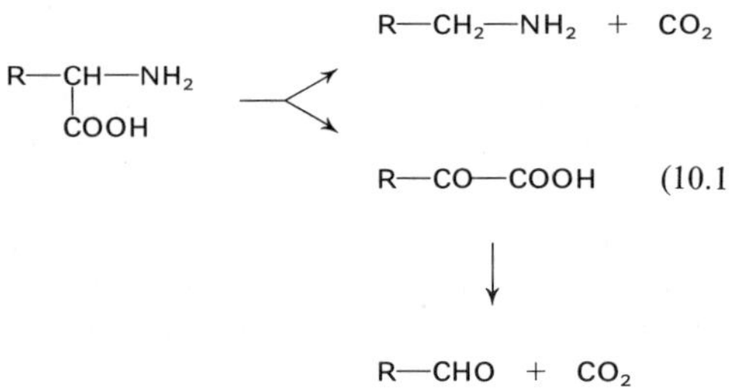

(10.15)

Die Proteolyse trägt nicht nur zur Aromabildung bei, sondern beeinflußt auch die Konsistenz des Käses. Bei überreifen Weichkäsen können proteolytische Vorgänge praktisch bis zur Verflüssigung der gesamten Masse führen.

10.2.8.4 Schmelzkäse

Schmelzkäse wird aus zerkleinerten (Spezialwolf) Schnitt- und Hartkäsen durch Erhitzen (75–95 °C) mit 2–3% Schmelzsalzen (Lactate, Citrate, Phosphate) in streichfähiger oder schnittfester Form hergestellt, gegebenenfalls unter Verwendung weiterer Zusätze (Milchpulver, Rahm, Aromen, Gewürze, Gemüse, Fleischprodukte). Auf Grund der thermischen Ausschaltung der Mikroorganismen ist die Haltbarkeit gut.
Die Erhitzung erfolgt bei chargenweisem Ansatz in doppelwandigen Druckkesseln mit Rührwerk durch Dampfinjektion, meist unter Anlegen von leichtem Vakuum. Daneben sind auch kontinuierliche Verfahren in doppelwandigen Zylindern mit Rührwellen bekannt.

10.2.8.5 Käsesurrogate (Imitation cheese)

Diese hauptsächlich in Nordamerika (USA 1981: 95400 t) bekannten Produkte werden aus Eiweiß (meist Milcheiweiß), Fett (meist gehärtete Pflanzenfette), Wasser und Stabilisatoren unter Anwendung der Schmelzkäsetechnologie hergestellt. Eine typische Rezeptur folgt aus Tab. 10.32.

Tabelle 10.32. Typische Rezeptur für Imitation Cheese (Mozarella-Typ)

Bestandteil	Menge (%)
Wasser	51,1
Ca/Na-Caseinat	26,0
Pflanzenöl (teilweise hydriert)	18,0
Glucono-δ-lacton	2,8
Salz	2,0
Farb- und Aromastoffe	

10.2.9 Casein, Caseinate, Copräzipitat

Abb. 10.22 zeigt schematisch die Herstellung der verschiedenen Produkte.
Eine Fällung des Caseins ist durch Säuren (HCl, H_2SO_4, Milchsäure, H_3PO_4), durch Milchsäuregärung und durch Zusatz von Proteinasen (Chymosin, Pepsin) möglich. Bei der Säurefällung wird bei 35–50 °C auf pH 4,2–4,6 eingestellt (isoelektrischer Punkt des Caseins: 4,6–4,7). Casein fällt grobkörnig, wird meist über Dekantierzentrifugen abgetrennt, gewaschen und getrocknet (Fließbett). Beim enzymatischen Prozeß wird nach der Fällung in der Molke auf 65 °C erwärmt.

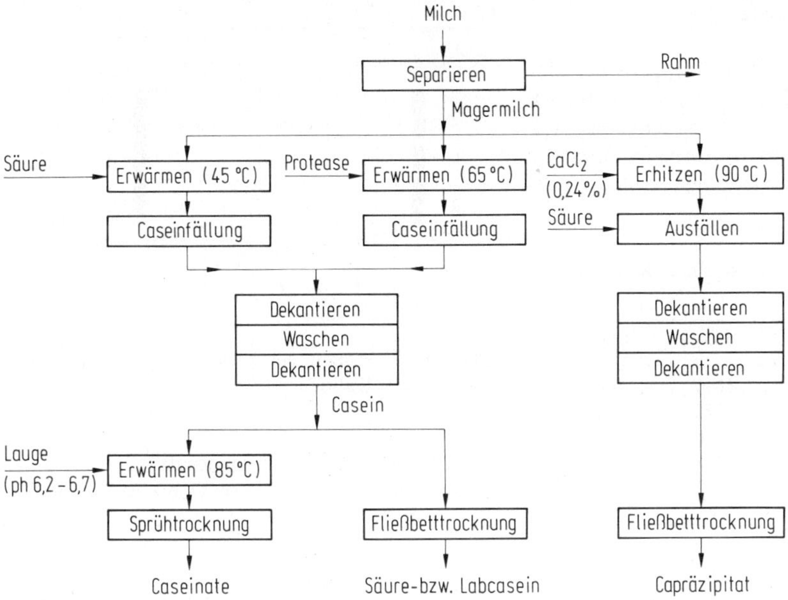

Abb. 10.22. Herstellung von Casein, Caseinaten und Copräzipitat

Eine gemeinsame Fällung von Casein und Molkenprotein ist bei erhöhter Calciumkonzentration (Zusatz von 0,24% $CaCl_2$) durch Erhitzen auf ca. 90 °C möglich. Hitzedenaturierte Molkenproteine fallen auch beim Ansäuern der Milch gemeinsam mit Casein aus. Waschen und Trocknen ergeben Copräzipitate, die bis zu 96% des Milchproteins enthalten. Behandlung von Caseindispersionen (20–25%ig) mit Alkali (NaOH, $Ca(OH)_2$, Alkali- und Erdalkalicarbonate und -citrate) bei 80–90 °C und pH 6,2–6,7 und anschließende Sprühtrocknung führt zu löslichen bzw. gut dispergierbaren Produkten (Caseinate, aufgeschlossenes Milcheiweiß).

Caseine und Caseinate werden im Lebensmittelbereich, aber auch in anderen Bereichen („Nonfood uses") eingesetzt. Im Lebensmittelbereich erfolgen Zusätze zur Proteinanreicherung und/oder zur Erzielung bzw. Stabilisierung bestimmter physikalischer Eigenschaften bei Fleischwaren, Backwaren, Süßwaren, Getreideprodukten, Eiscreme, Aufschlagmassen, Kaffeeweißern (Coffee Whiteners) und diätetischen Erzeugnissen.

Andere Verwendungsgebiete liegen in der Papierindustrie (Oberflächenbehandlung von Papieren für Bücher und Zeitschriften, die für Feindruck geeignet sein müssen), Klebstoffindustrie (Alkalicaseinate mit Calciumkomponente als Binder), Textilindustrie (Farbstoffixierung, wasserabstoßende Behandlung) und Pigmentfarbenindustrie.

Tabelle 10.33. Zusammensetzung von Molkenprodukten[a]

Produkt	TM[b] (%)	Protein (% d. TM)	Lactose (% d. TM)	Mineralstoffe (% d. TM)
Magermilch	9,0	36	53	7
Labmolke	6,0–6,4	13	75	8
Sauermolke	5,8–6,2	12	67	14
Entmineralisiertes Molkenpulver		12–13	85	1–2
Molkeneiweißpulver[c]				
I		47	44	9
II		74	20	6

[a] Richtwerte.
[b] Trockenmasse.
[c] Nach einem (I) bzw. zwei (II) Ultrafiltrationsschritten.

10.2.10 Molkenprodukte

Molke fällt in erheblichen Mengen bei der Käse- und Caseinherstellung an (Tab. 10.34). Steigerungen der Abwasserabgabekosten und veränderte Verarbeitungsstrukturen machten die Entwicklung von Aufarbeitungsverfahren notwendig.

Tabelle 10.34. Anfall von Molke (in 1000 t Trockenmasse)

Region	1976	1980
Westeuropa	1617	1987
darunter EG	1332	1652
darunter BR Deutschland	258	323
USA	838	968
Welt	2807	3362

Über die Zusammensetzung von Molke und abgeleiteten Produkten orientiert Tab. 10.33. Einsatzgebiete für Molke und Molkenprodukte liegen in der Tierernährung, bei diätetischen Lebensmitteln (Säuglingsernährung), Backwaren, Süßwaren und Getränken.

10.2.10.1 Molkenpulver

In der Milchwirtschaft werden zwei verfahrenstechnische Varianten angewandt, um Molke zu trocknen:

- Voreindickung der Molke auf 50–55% Trockenmasse durch Fallstromverdampfungsanlagen (thermische oder mechanische Brüdenverdichtung) und anschließende Sprühtrocknung (einstufig oder zweistufig mit nachgeschaltetem Vibrationsfließbett).
- Voreindickung der Molke auf 21–25% Trockenmasse durch Umkehrosmose (Reverse Osmose, Hyperfiltration), anschließende Eindickung auf 50–55% Trockenmasse über Fallstromverdampfungsanlagen und Resttrocknung durch Sprühverfahren.

Energetische Betrachtungen lassen den zweiten Weg vorteilhafter erscheinen.

10.2.10.2 Entmineralisiertes Molkenpulver

Die Herstellung von entmineralisiertem Molkenpulver erfolgt durch Ionenaustausch oder

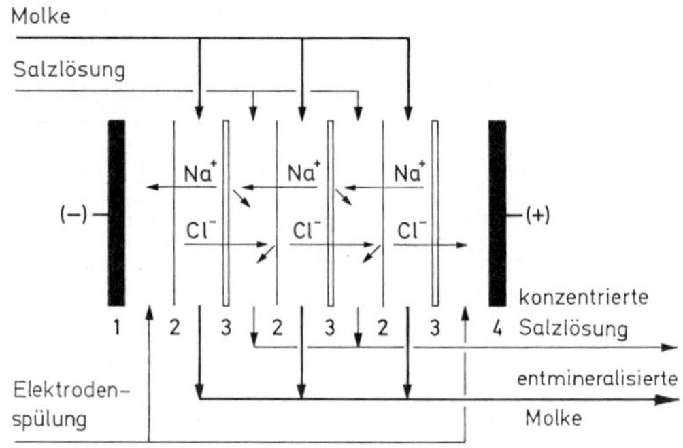

Abb. 10.23. Prinzip der Elektrodialyse von Molke. *1* Kathode, *2* Kationenmembran, *3* Anionenmembran, *4* Anode

vorteilhafter durch Elektrodialyse (1,5–4,5 V/ Zelle; Stromdichte 5–20 mA/cm^2 Membranfläche, Abb. 10.23).

10.2.10.3 Teilentzuckerte Molkenproteinkonzentrate

Bei der Ultrafiltration von Molke werden, je nach Stufenzahl und Waschwassermenge, verschieden stark lactoseabgereicherte Proteinkonzentrate erhalten. Eine weitere, aber weniger schonende Methode ist die Erhitzung der Molke (95 °C, 3–4 min) durch Direktdampfinjektion und anschließende Fällung der denaturierten

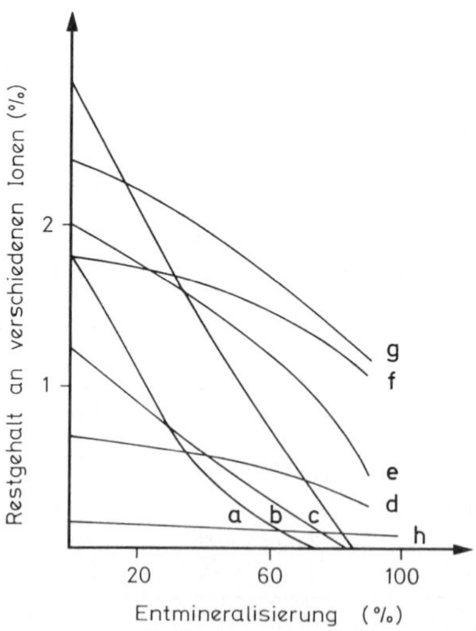

Abb. 10.24. Entmineralisierung von Molke. a $Cl^{\ominus}$, b $Na^{\oplus}$, c $K^{\oplus}$, d $Ca^{2\oplus}$, e Phosphat, f Lactat, g Citrat, h $Mg^{2\oplus}$

Proteine bei pH 4,5, Abscheidung in einer Dekantierzentrifuge (2000–4000 min^{-1}) und Trocknung.

10.2.10.4 Hydrolysierte Molkesirupe

Durch Einsatz trägerfixierter Lactase (β-Galactosidase, EC. 3.2.1.23) gewinnt die Herstellung von süßen Molkensirupen, bei denen die Lactose zu Glucose und Galactose hydrolysiert ist, zunehmend an Bedeutung. Die Konzentrierung auf 60–75% Trockenmasse erfolgt durch Eindampfen.

10.2.11 Lactose

Lactose kann entweder durch Ultrafiltration von Molke oder durch Kristallisation aus auf 55–65% Trockenmasse konzentrierter Molke gewonnen werden. Die erhaltene Rohlactose (Lebensmittelqualität) wird durch Umkristallisieren in Raffinade (Pharmaqualität) übergeführt. Einsatzgebiete liegen bei pharmazeutischen Präparaten (Tablettenfüllstoff), diätetischen Lebensmitteln, Backwaren, Trockenlebensmitteln, Kakaoprodukten, Getränken, Eiscreme.

10.3 Aroma von Milch und Milchprodukten

10.3.1 Milch

Rohe oder schonend pasteurisierte Milch hat einen milden, aber charakteristischen Geschmack. In Aromastoffkonzentraten (1–100 mg/kg Milch) wurden über 400 flüchtige Verbindungen identifiziert, die in unterschiedlichem Maße zum Aroma beitragen. Einige Verbindungen, die das Aroma von schonend pasteurisierter Milch (73 °C, 12 s) und von UHT-Milch (indirekte Erhitzung, 142 °C, 4,6 s) bestimmen, sind in Tab. 10.35 zusammengestellt.
Eine bei niedrigen Temperaturen pasteurisierte Milch (z.B. 73 °C, 12 s) ist frei von Kochgeschmack. Typische Aromastoffe sind Dimethylsulfid, Diacetyl, 2-Methylbutanol, 4-cis-Heptenal, 3-Butenylisothiocyanat und 2-trans-Nonenal. Schon bei etwas höherer Pasteurisationstemperatur (83 °C, 10 s) tritt Kochgeschmack auf, hauptsächlich bedingt durch Schwefelwasser-

Tabelle 10.35. Flüchtige Verbindungen, die zum Aroma von Milch[a] beitragen.

Verbindung	Beitrag zum Aroma[b] SPM	UHT
Schwefelwasserstoff	0	2
Ethanal	1	0
Methylmercaptan	0	1
Dimethylsulfid	3	3
Diacetyl	2	3
3-Methylbutanal	1	2
2-Methylbutanal	1	1
2-Pentanon	0	1
Pentanal	0	1
i-Butylmercaptan	0	1
Methylisothiocyanat	0	1
Dimethyldisulfid	0	2
4-Pentennitril	1	0
2-Methylbutanol	2	1
2-Hexanon	1	3
Ethylisothiocyanat	0	1
Hexanal	1	2
Buttersäureethylester	1	0
Furfural	0	1
2,4-Dithiapentan	1	1
2-Heptanon	0	4
4-cis-Heptenal	2	3
Heptanal	1	1
Benzaldehyd	0	1
2,3,4-Trithiapentan	0	2
3-Butenylisothiocyanat	2	0
Benzonitril	1	1
1-Octen-3-on	1	1
2-Octanon	0	1
1-Octen-3-ol	1	1
Octanal	0	1
Acetophenon	0	1
2-Nonanon	0	4
Nonanal	1	1
p-Kresol	1	1
2-trans-Nonenal	2	2
Naphthalin	0	1
2-trans,4-trans-Nonadienal	1	0
Benzothiazol	0	1
γ-Octalacton	0	1
δ-Octalacton	0	1
Decanol	0	1
2-Undecanon	0	2
γ-Decalacton	0	1
δ-Decalacton	1	2
2-Tridecanon	0	1
γ-Dodecalacton	0	2
δ-Dodecalacton	1	3

[a] Schonend pasteurisierte Milch (SPM): 12 s, 73 °C; UHT-Milch (UHT): indirekte Erhitzung, 4,6 s, 142 °C.
[b] Noten 0–4: kein, leichter, mittlerer, starker, sehr starker Beitrag zum Aroma.

stoff und andere Schwefelverbindungen, die vorwiegend aus Membranproteinen der Fettkügelchen gebildet werden. Methylketone aus der thermischen Decarboxylierung von β-Ketofettsäuren tragen ebenso zum Kochgeschmack bei wie die aus γ- und δ-Hydroxyfettsäuren entstehenden Lactone.

Das Aroma von UHT-Milch wird ebenfalls von 2-Alkanonen, Lactonen und Schwefelverbindungen bestimmt, u.a. von 2-Heptanon, 2-Nonanon, Dimethylsulfid, Diacetyl, 2-Hexanon, 4-cis-Heptenal, δ-Dodecalacton, Schwefelwasserstoff, 3-Methylbutanal, Dimethyldisulfid, Hexanal, 2,3,4-Trithiapentan, 2-trans-Nonenal, 2-Undecanon, δ-Decalacton und γ-Dodecalacton.

Noch stärkere thermische Belastung von Milch, wie z.B. beim Sterilisieren, läßt dann *Maillard*-Produkte wie Maltol, Isomaltol, 5-Hydroxymethylfurfural, 4-Hydroxy-2,5-dimethyl-3(2H)-furanon und 2,5-Dimethylpyrazin in den Vordergrund treten.

10.3.2 Kondensmilch, Milchtrockenprodukte

Beim Konzentrieren und Trocknen von Milch treten in verstärktem Maße Reaktionen auf, wie sie bei der Milcherhitzung besprochen wurden (cf. 10.1.3.5 und 10.3.1). Demzufolge wird das Aroma von Kondensmilch wie das von UHT-Milch (cf. 10.3.1 und Tab. 10.35) durch Ketone, Lactone und darüberhinaus durch aus der *Maillard*-Reaktion stammende Verbindungen bestimmt. Typisch sind u.a. 2-Alkanone, Benzaldehyd, Acetophenon, Maltol, 5-Hydroxymethylfurfural, 4-Hydroxy-2,5-dimethyl-3(2H)-furanon, 2,5-Dimethylpyrazin, Furfurylalkohol, δ-Decalacton, Benzothiazol und o-Aminoacetophenon. Der bei längerer Lagerung von Kondensmilch auftretende Altgeschmack wird auf höhere Konzentrationen der genannten Verbindungen zurückgeführt, insbesondere auf das Vorkommen des aus dem Abbau von Tryptophan stammenden o-Aminoacetophenons in Konzentrationen von ≥ 1 μg/kg. An gummiartigen Aromadefekten ist Benzothiazol in höheren Konzentrationen beteiligt.

Für den Geschmack von Milchpulver sind ebenfalls 2-Alkanone, Lactone und Produkte der *Maillard*-Reaktion charakteristisch. Bei der Lagerung von Vollmilchpulver ist die Entwicklung von Aromafehlern durch Folgeprodukte der Lipidperoxidation bedingt.

10.3.3 Sauermilchprodukte, Joghurt

Charakteristisch für das Aroma sind Stoffwechselprodukte der Milchsäurebakterien wie Diacetyl, Ethanal, Dimethylsulfid, Essigsäure, Milchsäure und verschiedene andere Aldehyde, Ketone und Ester. Auch CO_2, obwohl kein Aromastoff, scheint wichtig zu sein. Bei guten Sauermilchprodukten sollte das Konzentrationsverhältnis Diacetyl/Ethanal ca. 4 betragen. Bei Werten ≤ 3 tritt eine grüne Geschmacksnote (Joghurtgeschmack) auf, die als Aromafehler anzusehen ist.

Die Diacetylbildung erfolgt aus Citrat (Abb. 10.25). Der Übergang von Acetolactat zu Diacetyl ist umstritten. Er soll spontan erfolgen, oder katalysiert durch eine α-Acetolactat-Oxidase.

Ethanal trägt stark zum Joghurtaroma bei. Konzentrationen von 13–16 μg/kg sind für gute Produkte charakteristisch.

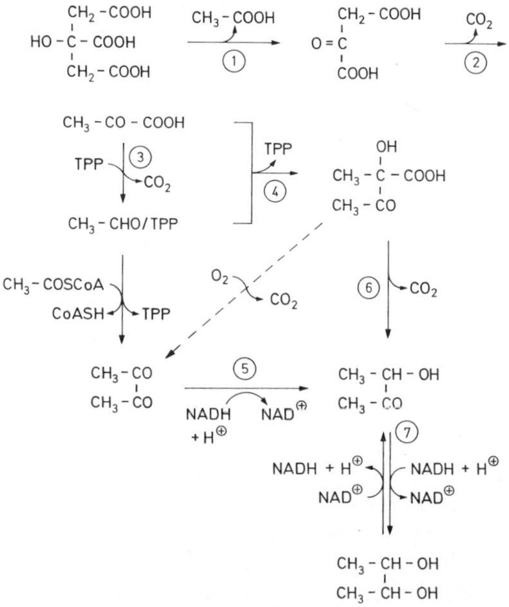

Abb. 10.25. Diacetyl- und Butandiolbildung aus Citrat durch Streptococcen. *1* Citratase, *2* Oxalacetat-Decarboxylase, *3* Pyruvat-Decarboxylase, *4* α-Acetolactat-Synthase, *5* Diacetyl-Reductase, *6* α-Acetolactat-Decarboxylase, *7* 2,3-Butandiol-Dehydrogenase

10.3.4 Rahm, Butter

Zum Aroma von Süßrahmbutter tragen u. a. freie Fettsäuren (C_{10}, C_{12}), δ-Lactone (C_8, C_{10}, C_{12}), Dimethylsulfid, 4-cis-Heptenal, Indol und Skatol bei. Für Sauerrahmbutter sind zusätzlich Stoffwechselprodukte der Starterkulturen von Bedeutung, vor allem Diacetyl, Milchsäure und Essigsäure. Tab. 10.36 enthält eine Formulierung, die zur Aromatisierung von Süßrahmbutter geeignet ist.

Enthält Butter Lipasen, so werden bei der Lagerung Fettsäuren freigesetzt, die oberhalb bestimmter Grenzkonzentrationen (cf. 3.2.1.1) ranzige Aromafehler verursachen. Über die Zusammensetzung der freien Fettsäuren in Butterproben mit einwandfreiem und mit ranzigem Geschmack orientiert Tab. 3.21.

Ranzig-seifige Aromafehler, die in Butterproben mit sehr niedrigen Konzentrationen an freien Fettsäuren auftreten, können auf einer Kontamination mit anionischen Detergentien (Natriumdodecylsulfat, Natriumdodecylbenzolsulfonat) beruhen. Solche Detergentien werden bei einer Desinfektion der Euter und der Melkmaschinen angewandt.

Tabelle 10.36. Formulierung für Süßrahmbutter-Aroma

Verbindung	Konzentration[a]
Diacetyl	4
3-Methylbutanal	0,01
4-cis-Heptenal	0,006
2-Phenylethanal	0,002
Essigsäure	57
Valeriansäure	0,15
Phenol	0,01
p-Kresol	0,005
Guajacol	0,002
Buttersäureethylester	0,002
γ-Decalacton	3
δ-Decalacton	3,6
δ-Dodecalacton	6,9
Schwefelwasserstoff	0,01
Methylmercaptan	0,01
Dimethylsulfid	0,06
Indol	0,006
Skatol	0,67
Natriumglutamat	1,0
Milchsäure auf pH 4.6	

[a] mg/kg Süßrahmbutter

10.3.5 Käse

Zum Käsearoma tragen sehr viele Verbindungen bei. Neben qualitativen Unterschieden scheint die quantitative Balance für die Ausprägung der

Tabelle 10.37. Formulierungen für Blue Cheese-Aroma (mg/kg Käse) 1: in Blue Cheese gefundene Mengen (+: nachgewiesen), 2–4: Aromaformulierungen

Verbindungen	1	2	3	4
Essigsäure	825	8	550	
Buttersäure	1500	6	950	
Propionsäure				126
Isobuttersäure		2		
Valeriansäure		3		
Isovaleriansäure		3		
Capronsäure	900	265	600	
Heptansäure		5,4		
Caprylsäure	770	89	515	
Pelargonsäure		4,5		
Caprinsäure	2000	133		
Laurinsäure	3000			
Glyoxylsäure		71		
Zimtsäure		0,03		
Brenztraubensäure		20		
2-Ketoisovaleriansäure		17		
2-Ketoisocapronsäure		43		
Oxalessigsäure		51		
2-Ketoglutarsäure		42		
Buttersäureethylester	+	0,5	1,5	
Capronsäuremethylester			6	
Capronsäureethylester		0,5		
Caprylsäuremethylester			6	
Caprylsäureethylester		0,5		
Zimtsäuremethylester				4
2-Pentanol	0,5	6	1	
2-Heptanol	6,0	1	12	28
2-Nonanol	3,5	10	7	
1-Octen-3-ol		22		4
Phenylethanol	+		2	
Ethanal		5		
Propanal		2		
Butanal		2		
Pentanal		2		
Phenylethanal		2		
Methional		0,1		
Aceton	3		6	
2-Pentanon	15	8	30	
2-Heptanon	35	65	70	1,6
2-Nonanon	33	116	65	36
2-Undecanon	8	10	17	
2-Tridecanon		2		
δ-Decalacton		0,7		
δ-Dodecalacton		0,7		
Indol		0,1		

sortentypischen Aromanoten besonders wichtig zu sein.
Tab. 10.37 zeigt als Beispiel einige Formulierungen, mit denen das Aroma von Blue Cheese (Roquefort-Typ) zu simulieren ist. Neben vielen anderen Verbindungen sind für diesen Käse hohe Konzentrationen an niederen Fettsäuren sowie 2-Alkanone und 2-Alkanole aus dem Lipidstoffwechsel besonders typisch.
Eine „character impact compound" von Camembert ist 1-Octen-3-ol, das in höherer Konzentration vorliegt und für die Pilznote verantwortlich ist. An der blumigen Note dieses Käsetyps sind 2-Phenylethanol und 2-Phenylethylacetat beteiligt, an der Haselnußnote 1,3-Dimethoxybenzol und Zimtsäuremethylester. Die Knoblauchnote von reifem Camembert geht auf Schwefelverbindungen zurück, u. a. auf 2,4-Dithiapentan, 2,4,5-Trithiahexan und 3-Methylthio-2,4-dithiapentan.
Bei Käsen mit bakterieller Oberflächenreifung, z. B. bei Pont l'Eveque sind Phenol, Kresol und Acetophenon sowie Methylthioester niederer Fettsäuren (C_2, C_3, C_4, Methyl-C_4) für das Aroma von Bedeutung.
In Käsen mit Propionsäuregärung, wie z. B. Emmentaler und Gruyère, wurde ebenfalls Methylthioacetat gefunden. Weiter scheinen neben Propionsäure, anderen niederen Fettsäuren und einigen Ketosäuren, verschiedene Alkohole und Ester sowie auch Monoamine und Alkylpyrazine eine Rolle zu spielen.
Für eine bittere Geschmacksnote von Käsen sind wahrscheinlich nicht nur Peptide verantwortlich, sondern auch andere Amide. In Camembert wurde z. B. das bittere N-Isobutylacetamid nachgewiesen.

10.3.6 Aromafehler

Aromafehler, auf die zum Teil schon bei einzelnen Produkten hingewiesen wurde, können sowohl durch die Absorption von Aromastoffen aus der Umgebung, als auch durch die Bildung von Aromastoffen über thermische und enzymatische Reaktionen in der Milch oder im Milchprodukt entstehen.
Exogene Aromastoffe aus dem Futter oder der Stalluft gelangen vorwiegend über den Atmungs- oder Verdauungstrakt der Kuh in die Milch. Die direkte Absorption spielt offensichtlich nur eine geringe Rolle.
Auch Stoffwechselstörungen der Kuh können einen Aromafehler bedingen. So ist bei Ketosis der Acetongehalt der Milch erhöht.
An der endogenen Bildung von Aromafehlern ist die Oxidation von Lipiden beteiligt. Während sehr niedrige Konzentrationen an bestimmten Carbonylverbindungen, z. B. an 4-cis-Heptenal (1 µg/kg), 1-Octen-3-on und Hexanal, zum vollen, sahnigen Geschmack beizutragen scheinen, führen erhöhte Konzentrationen an diesen und anderen Verbindungen zu kartonartigen, metallischen und grünen Aromanoten. In Butter sind z. B. die Phospholipide der Fettkügelchenmembran besonders oxidationsanfällig. Die Folgeprodukte verteilen sich in der gesamten Fettfraktion und verursachen dort einen Geschmacksfehler, der sich von metallisch über fettig, tranig nach talgig entwickelt.
Hitzeinduzierte Aromaverschiebungen wurden bereits besprochen. Charakteristisch ist die mit zunehmender thermischer Belastung zunehmende Bedeutung von Schwefelwasserstoff und anderen flüchtigen Schwefelverbindungen, 2-Alkanonen, Lactonen und *Maillard*-Verbindungen.
Licht kann über Riboflavin als Sensibilisator einen Abbau von Methionin zu 3-Methylthiopropanal bewirken, das zusammen mit anderen Sulfiden und Methylmercaptan den als „Lichtgeschmack" bekannten Aromafehler von Milch und Milchprodukten bewirkt.
Eine Reihe von Aromafehlern sind durch enzymatische Reaktionen bedingt. Es handelt sich dabei u. a. um

- unreinen Geschmack infolge erhöhter Konzentration an Dimethylsulfid, bedingt durch psychrotrope Mikroorganismen,
- fruchtigen Geschmack infolge Bildung von Ethylestern durch psychrotrope Mikroorganismen, z. B. *Pseudomonas fragii,*
- malzigen Geschmack infolge der erhöhten Bildung von 3-Methylbutanal, 2-Methylbutanal und 2-Methylpropanal durch *Strept. lactis var. maltigenes,*
- phenolischen Geschmack durch Sporen von *Bacillus circulans,*
- ranzigen Geschmack infolge der Freisetzung niederer Fettsäuren (C_4–C_{12}) durch Milchlipasen oder bakterielle Lipasen,
- bitteren Geschmack, der proteolytisch bedingt ist und z. B. bei der Lagerung von UHT-Milch auftreten kann. Die milcheigene Proteinase

Plasmin wird bei intensiver Erhitzung (142 °C, > 16 s) inaktiviert, einige bakterielle Proteinasen können dagegen nach wesentlich längerer thermischer Belastung (142 °C, 6 min) noch aktiv sein.

10.4 Literatur

Adda, J., Roger, S., Dumont, J.-P.: Some recent advances in the knowledge of cheese flavor. In: Flavor of foods and beverages (Eds.: Charalambous, G., Inglett, G. E.), p. 65, Academic Press: New York. 1978

Aimutis, W. R., Eigel, W. N.: Identification of λ-casein as plasmin-derived fragments of bovine α_{s1}-casein. J. Dairy Sci. *65,* 175 (1982)

Andrews, A. T.: The formation and structure of some proteose-peptone components. J. Dairy Res. *46,* 215 (1979)

Badings, H. T., De Jong, C., Dooper, R. P. M., De Nijs, R. C. M.: Rapid analysis of volatile compounds in food products by purge-and-cold-trapping/capillary gas chromatography. In: Progress in flavor research 1984 (Ed.: Adda, J.), p. 523, Elsevier Science Publ.: Amsterdam. 1985

Bottazzi, V.: Other fermented dairy products. In: Biotechnology (Eds.: Rehm, H.-J., Reed, G.), Vol. 5, p. 315, Verlag Chemie: Weinheim. 1983

Creamer, L. K., Richardson, T., Parry, D. A. D.: Secondary structure of bovine α_{s1}- and β-casein in solution. Arch. Biochem. Biophys. *211,* 689 (1981)

Davies, F. L., Law, B. A.: Advances in the microbiology and biochemistry of cheese and fermented milk. Elsevier Applied Science Publ.: London. 1984

Graham, E. R. B., Malcolm, G. N., McKenzie, H. A.: On the isolation and conformation of bovine β-casein A^1. Int. J. Biol. Macromol. *6,* 155 (1984)

Jolles, P., Fiat, A.-M.: The carbohydrate portion of milk glycoproteins. J. Dairy Res. *46,* 187 (1979)

Kessler, H. G.: Lebensmittelverfahrenstechnik – Schwerpunkt Molkereitechnologie. Kessler-Verlag: München-Weihenstephan. 1976

Kessler, H. G.: Leidet der ernährungsphysiologische Wert industriell bearbeiteter Lebensmittel – am Beispiel Milch? Dtsch. Molk.Ztg. *104,* 482 (1983)

Kiermeier, F., Lechner, E.: Milch und Milcherzeugnisse. Verlag Paul Parey: Berlin. 1973

Kinsella, J. E., Hwang, D. H.: Enzymes of Penicillium roqueforti involved in the biosynthesis of cheese flavor. Crit. Rev. Food Sci. Nutr. *8,* 191 (1977)

Labuza, T. P., Riboh, D.: Theory and application of Arrhenius kinetics to the prediction of nutrient losses in foods. Food Technol. *36* (10), 66 (1982)

Nemitz, G.: Technologie der Milch-Nebenprodukte. Landwirtschaftliche Forschung, Sonderheft 33/II, S. 300, Kongreßband 1976 Oldenburg, J. D. Sauerländer's Verlag: Frankfurt/Main. 1977

Olivecrona, T., Bengtsson, G.: Lipases in milk. In: Lipases (Eds.: Borgström, B., Brockman, H. L.), p. 205, Elsevier Science Publ.: Amsterdam. 1984

Payens, T. A. J.: Casein micelles: the colloid-chemical approach. J. Dairy Res. *46,* 291 (1979)

Stein, J. L., Imhof, K.: Milch und Milchprodukte. In: Ullmanns Encyklopädie der technischen Chemie, 4. Aufl., Bd. 16, S. 689, Verlag Chemie: Weinheim. 1978

Swaisgood, H. E.: The Caseins. Crit. Rev. Food Technol. *3,* 375 (1972/73)

Timm, F.: Speiseeis. Verlag Paul Parey: Berlin. 1985

Vedamuthu, E. R., Washam, C.: Cheese. In: Biotechnology (Eds.: Rehm, H.-J., Reed, G.), Vol. 5, p. 231. Verlag Chemie: Weinheim. 1983

Walstra, P., Jenness, R.: Dairy chemistry and physics. John Wiley & Sons: New York. 1984

Webb, B. H., Johnson, A. H., Alford, J. A. (Eds.): Fundamentals of dairy chemistry. 2nd edn., AVI Publ. Co.: Westport, Conn. 1974

Woo, A. H., Lindsay, R. C.: Anionic detergent contamination detected in soapy-flavored butters. J. Food Prot. *45,* 1232 (1982)

11 Eier

11.1 Einführung

Eier haben von alters her der Ernährung des Menschen gedient. Sie enthalten hochwertige Nährstoffe in konzentrierter, leicht resorbierbarer Form und sind vielseitig nutzbar in der Lebensmittelindustrie und im Haushalt. Die größte Bedeutung haben Hühnereier, während die Eier anderer Vogelarten (Gans, Ente, Kiebitz, Möwe, Wachtel) im Vergleich stark zurücktreten. Der Begriff „Ei" bezieht sich ohne Zusätze (z. B. „Entenei") im allgemeinen auf Hühnereier, die hier ausschließlich behandelt werden sollen. Tabelle 11.1 orientiert über einige Produktions- und Verbrauchszahlen.

Tabelle 11.1. Produktion von Eiern 1984 (1000 t)[a]

Erdteil	Hühnereier	Sonstige Eier
Welt	29436	400
Afrika	1152	8
Amerika, Nord-, Mittel-	5447	1
Amerika, Süd-	1680	10
Asien	9404	251
Europa, West-	5251	6
Europa, Ost-, + USSR	6238	110
Ozeanien	265	16

Land	Hühnereier	Land	Sonstige Eier
USSR	4203	Indonesien	80
USA	4035	USSR	65
China	3956	Vietnam	60
Japan	2117	Bangladesh	37
Frankreich	900	China	28
Brasilien	835	Rumänien	21
Indien	820	Tschechoslowakei	18
BRD	800	Australien	14
Mexiko	729	Thailand	13
UK	702	Philippinen	12
Niederlande	672	Σ (%)[b]	87
Spanien	650		
Italien	635		
Polen	449		
Rumänien	370		
DDR	350		
Σ (%)[b]	75		

[a] Einschließlich Eier zum Brüten.
[b] Weltproduktion = 100%.

11.2 Aufbau, physikalische Eigenschaften und Zusammensetzung

11.2.1 Allgemeines

Das Ei (Abb. 11.1) ist von einer 0,2–0,4 mm dicken Kalkschale umgeben, die porös, beim Hühnerei weiß oder gelb bis braun, beim Entenei grünlich oder weiß, bei Wildvogeleiern verschiedenartig gesprenkelt ist. Die Schale ist innen mit einer aus zwei Schichten bestehenden Haut ausgekleidet, die sich am stumpfen Ende des Eies teilt und die Luftkammer bildet. Diese mißt beim Frischei etwa 5 mm im Durchmesser und vergrö-

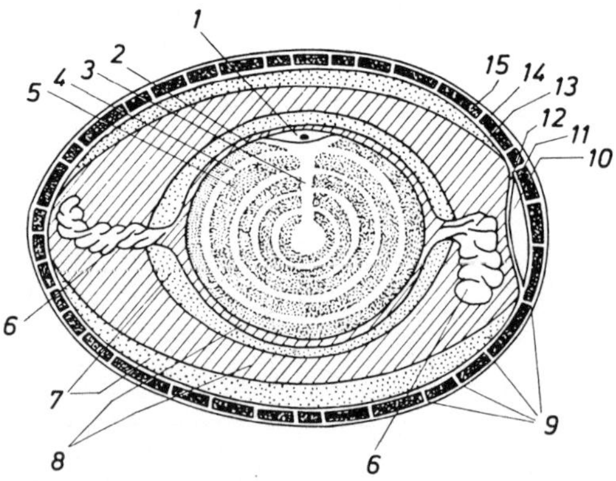

Abb. 11.1. Schematischer Schnitt durch ein Hühnerei. 1 Keimscheibe mit Keimbläschen, 2 Dottermembran, 3 Latebra, 4 weißer Dotter, 5 gelber Dotter, 6 Hagelschnur, 7 Eiklar dünnflüssig, 8 Eiklar zähflüssig, 9 Poren, 10 Luftkammer, 11 Schalenmembran, 12 Eimembran, 13 Schalenhaut, 14 Oberhäutchen, 15 Eischale

ßert sich mit zunehmendem Alter des Eies; die Messung der Größe der Luftkammer kann zur Altersbestimmung von Eiern herangezogen werden. Das Eiklar (Weißei) ist eine wäßrige, schwach gelbliche Flüssigkeit, die aus drei Schichten differierender Viskosität besteht. Umgeben vom Eiklar liegt im Innern die Dotterkugel, die durch zwei an der Dotterhaut befestigte, in das Weißei übergehende, spiralig gedrehte Stränge (Hagelschnüre, Chalazen) fixiert wird. Sie bleiben beim Aufschlagen des Eies am Dotter hängen. An einer Seite der Dotterkugel liegt die Keimscheibe (Blastodiscus, Hahnentritt) als weißliche, keulenförmig in den Dotter reichende Partie. Gelber und weißlicher Dotter sind konzentrisch geschichtet.

Das Durchschnittsgewicht eines Hühnereis liegt bei 58 g. Über die Anteile von Schale, Eiklar und Eidotter und über den Gehalt dieser Fraktionen an Hauptbestandteilen orientiert Tab. 11.2. In Tab. 11.3 sind Daten über die Aminosäurezusammensetzung von Vollei, Eiklar und Eidotter enthalten.

Tabelle 11.2. Durchschnittliche Zusammensetzung von Hühnereiern

Fraktion	Anteil an der Gesamtmasse (%)	Trokkenmasse (%)	Proteine (%)	Fette (%)	Kohlenhydrate (%)	Mineralstoffe (%)
Schale	10,3	98,4	3,3[a]			95,1
Eiklar	56,9	12,1	10,6	0,03	0,9	0,6
Eidotter	32,8	51,3	16,6	32,6	1,0	1,1

[a] Protein-Mucopolysaccharid-Komplex.

Tabelle 11.3. Aminosäurezusammensetzung von Vollei, Eiklar und Eidotter (g/100 g eßbarer Anteil)

Aminosäure	Vollei	Eiklar	Eidotter
Ala	0,71	0,65	0,82
Arg	0,84	0,63	1,13
Asx	1,20	0,85	1,37
Cys	0,30	0,26	0,27
Glx	1,58	1,52	1,95
Gly	0,45	0,40	0,57
His	0,31	0,23	0,37
Ile	0,85	0,70	1,00
Leu	1,13	0,95	1,37
Lys	0,68	0,65	1,07
Met	0,40	0,42	0,42
Phe	0,74	0,69	0,72
Pro	0,54	0,41	0,72
Ser	0,92	0,75	1,31
Thr	0,51	0,48	0,83
Trp	0,21	0,16	0,24
Tyr	0,55	0,45	0,76
Val	0,95	0,84	1,12

11.2.2 Schale

Die Schale besteht aus Calciumcarbonat (Kalkspatkristalle) und Proteinfasern (Protein-Mucopolysaccharid-Komplexe) im Verhältnis 50:1. Daneben liegen kleine Mengen an Magnesiumcarbonat und an Phosphaten vor. Die Oberfläche ist von einer dünnen (10 µm) schleimartigen Proteinschicht bedeckt. Es folgt als eigentliche Schale eine schwammartige Matrix, die nach innen warzenartige Auswüchse besitzt. Die äußere Membran der aus zwei Schichten (48 µm und 22 µm) von Protein-Polysaccharidfasern bestehenden Schalenhaut ist fest mit der Schale verbunden. Die Schalenmatrix enthält Poren (7000–17000 pro Ei), die von der Membran bis zur Oberfläche führen. Die Poren sind von Proteinfasern erfüllt, die ein Eindringen von Mikroorganismen erschweren.

11.2.3 Eiklar (Weißei)

Eiklar ist eine ca. 10%ige wäßrige Lösung verschiedener globulärer Proteine, die Ovomucinfa-

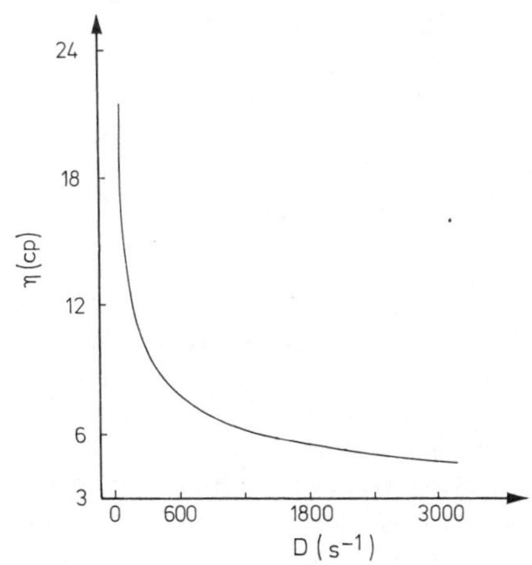

Abb. 11.2. Viskosität η von Eiklar in Abhängigkeit von der Schergeschwindigkeit D (10 °C). (Nach *Stadelman*, 1977)

Tabelle 11.4. Proteine des Eiklars

Protein	Anteil am Gesamtprotein[a] (%)	Denaturierungstemperatur (°C)	Molekulargewicht	Isoel. Punkt	Bemerkungen
Ovalbumin	54	84,5	44500	4,5	
Conalbumin (Ovotransferrin)	12	61,5	76000	6,1	bindet Metallionen
Ovomucoid	11	70,0	28000	4,1	Proteinaseninhibitor
Lysozym (G_1 Globulin)	3,5	75,0	14300	10	N-Acetylmuramidase
G_2 Globulin	4	92,5	30–45000	5,5	gute Schaumbildner
G_3 Globulin	4			5,8	
Ovomucin	1,5		$5{,}5–8{,}3 \times 10^6$	4,5–5,0	hemmt virale Hämagglutination
Flavoprotein	0,8		32000	4,0	bindet Riboflavin
Ovoglykoprotein	0,5		24000		
Ovomakroglobulin	0,5		760–900000	4,5	
Ovoinhibitor	0,1		49000	5,1	Proteinaseninhibitor
Avidin	0,05		68300[b]	9,5	bindet Biotin

[a] Durchschnittliche Werte.
[b] Viermal 15600 + ca. 10% Kohlenhydrate.

sern enthält. Alle anderen Komponenten treten stark zurück. Das dickflüssige Eiklar unterscheidet sich vom dünnflüssigen (cf. Abb. 11.1) nur durch den ca. vierfachen Gehalt an Ovomucin. Eiklar ist eine pseudoplastische Flüssigkeit, deren Viskosität von der Schergeschwindigkeit abhängt (cf. Abb. 11.2). Die Oberflächenspannung (12,5%ige Lösung, pH 7,8, 24 °C) liegt bei 0,0499 Nm^{-1}. Der pH-Wert des Eiklars beträgt beim frischgelegten Ei 7,6–7,9 und steigt infolge der Diffusion von gelöstem CO_2 durch die Schale während der Lagerung in Abhängigkeit von der Temperatur bis auf 9,7. Nach 21 Tagen Lagerung im Temperaturbereich von 3–35 °C wurde z. B. ein pH-Wert von 9,4 gemessen.

11.2.3.1 Proteine

In Tab. 11.4 sind die wichtigsten Proteine des Eiklars in der Reihenfolge ihres Anteils am Gesamtprotein aufgeführt. Über die Kohlenhydratkomponenten der darunter befindlichen Glykoproteine orientiert Tab. 11.5. Mehrere Eiklarproteine besitzen biologische Aktivität (Tab. 11.4), z. B. als Enzyme (Lysozym), Enzyminhibitoren (Ovomucoid, Ovoinhibitor) und Komplexbildner für Coenzyme (Flavoprotein, Avidin). Möglicherweise hängt diese biologische Aktivität mit dem Schutz des Eies vor mikrobiellem Verderb zusammen. Eine Trennung der Eiklarproteine ist relativ leicht möglich: Eiklar wird mit dem gleichen Volumen an gesättigter Ammoniumsulfatlösung versetzt. Es fällt die Globulinfraktion mit Lysozym, Ovomucin und anderen Globulinen. Die Albuminfraktion mit Ovalbumin, Conalbumin und Ovomucoid, die den Hauptanteil ausmacht, bleibt in Lösung. Die weitere Trennung erfolgt durch Ionenaustauschchromatographie.

Tabelle 11.5. Kohlenhydratzusammensetzung einiger Glykoproteine des Hühnereiklars

Protein	Kohlenhydratanteil (%)	Kohlenhydratkomponenten (Mole/Mol Protein)				
		Gal	Man	GlcN	GalN	Sialinsäure
Ovalbumin	3,2		5	3		
Ovomucoid	23	2	7	23		1
α-Ovomucin[a]	13	21	46	63	6	7
Ovoglykoprotein	31	6	12	19		2
Ovoinhibitor (A)	9,2	10[b]		14		0,2
Avidin[c]	10		4 (5)	3		

[a] Enthält außerdem 15 Mole veresterter Schwefelsäure pro Mol Protein.
[b] Summe von Gal und Man.
[c] Werte pro Subeinheit (M_r = 16000).

11.2.3.1.1 Ovalbumin

Das Hauptprotein des Eiklars wurde durch *Hofmeister* 1890 kristallisiert erhalten. Es handelt sich um ein Glykophosphoprotein mit 3,2% Kohlenhydraten (cf. Tab. 11.5) und 0–2 Molen seringebundener Phosphorsäure pro Mol Protein (Komponenten A_3, A_2, A_1 mit einem Anteil von ca. 3, 12, 85%). Ovalbumin besteht aus einer Peptidkette mit 385 Aminosäureresten, hat ein Molekulargewicht $M_r = 42\,699$ und enthält vier Thiol- und eine Disulfidgruppe. Die Phosphorsäuregruppen sitzen an Ser-68 und Ser-344. Im Laufe der Lagerung von Eiern entsteht, wahrscheinlich durch Thiol-Disulfid-Austausch, aus dem nativen Protein (Koagulationstemperatur 84,5 °C) das hitzestabilere S-Ovalbumin (Koagulationstemperatur 92,5 °C).
Der Kohlenhydratanteil ist an Asn-292 in der Sequenz

—Glu—Lys—Tyr—Asn—Leu—Thr—Ser—

gebunden und hat wahrscheinlich folgende Struktur:

```
(βGlcNAc)0–1 → αMan → (αMan)3(1 →
                          ↑
                       (αMan)0–1
                                         |
        → 3)βGlcNAc(1 – 4)βGlcNAc → Asn
              4                          |
              ↑
              1
            βMan
              ↑
        (βGlcNAc)0–2                 (11.1)
```

Ovalbumin ist relativ hitzestabil, denaturiert aber relativ leicht beim Schütteln oder Schlagen einer wäßrigen Lösung. Diese Grenzflächendenaturierung verläuft unter Aggregation.

11.2.3.1.2 Conalbumin (Ovotransferrin)

Beim Huhn sind Conalbumin und Serumtransferrin identisch. Das Protein ist nicht wie Ovalbumin an Grenzflächen denaturierbar, koaguliert aber bei niedrigerer Temperatur. Conalbumin besteht aus einer Peptidkette und enthält eine Oligosaccharideinheit aus vier Mannose- und acht N-Acetylglucosaminresten.
Eine charakteristische Eigenschaft ist die Bindung von Metallionen (2 Mole $Mn^{3\oplus}$, $Fe^{3\oplus}$, $Cu^{2\oplus}$, $Zn^{2\oplus}$ pro Mol Protein) bei $pH \geq 6$.

Tabelle 11.6. Metallkomplexe von Conalbumin

Metallion	λ_{max} (nm)	ε ($l\,mol^{-1}\,cm^{-1}$)	Farbe des Komplexes
$Fe^{3\oplus}$	470	3280	rosa
$Cu^{2\oplus}$	440	2500	gelb
	670	350	
$Mn^{3\oplus}$	429	4000	gelb

In Tab. 11.6 sind die Absorptionsmaxima einiger Komplexe zusammengestellt. Die bei technischen Prozessen manchmal auftretende störende Rotverfärbung von Eiprodukten geht auf den Conalbumin-Eisen-Komplex zurück. Bei $pH < 4$ sind die Metallkomplexe vollständig dissoziiert. An der Metallbindung sind Tyrosin- und Histidinreste beteiligt. Bei der Alkylierung von 10–14 Histidinresten mit Bromacetat geht z. B. die Fähigkeit zur Eisenbindung verloren, desgleichen bei der Nitrierung von Tyrosinresten mit Tetranitromethan. Conalbumin wirkt hemmend auf Mikroorganismen.

11.2.3.1.3 Ovomucoid

Durch Ionenaustauschchromatographie und Elektrophorese wurden 2–3 Formen des Proteins erhalten, die sich offensichtlich im Sialinsäuregehalt unterscheiden. Die Kohlenhydrate (cf. Tab. 11.5) sind als drei Oligosaccharideinheiten über Asparaginreste gebunden. Das Protein enthält neun Disulfidbindungen und ist demzufolge sehr stabil gegenüber Hitzekoagulation. Es kann deshalb aus hitzekoagulierten Lösungen von Eiklar mit Ethanol oder Aceton gefällt werden. Ovomucoid hemmt Trypsin vom Rind, nicht dagegen vom Menschen.
Der Anteil an regulären Strukturelementen ist hoch (26% α-Helix, 46% β-Struktur, 10% β-turn).

11.2.3.1.4 Lysozym (Ovoglobulin G_1)

Lysozym ist sehr verbreitet und kommt, außer im Eiklar, in vielen tierischen Geweben und Sekreten, im Latex verschiedener Pflanzen und in einigen Schimmelpilzen vor.
Das Protein, von dem drei Komponenten bekannt sind, ist eine N-Acetylmuramidase, die Zellwände von grampositiven Bakterien (Mureine) hydrolysieren kann (AG: N-Acetylglucos-

amin; AMS: N-Acetylmuraminsäure; →: Angriff von Lysozym):

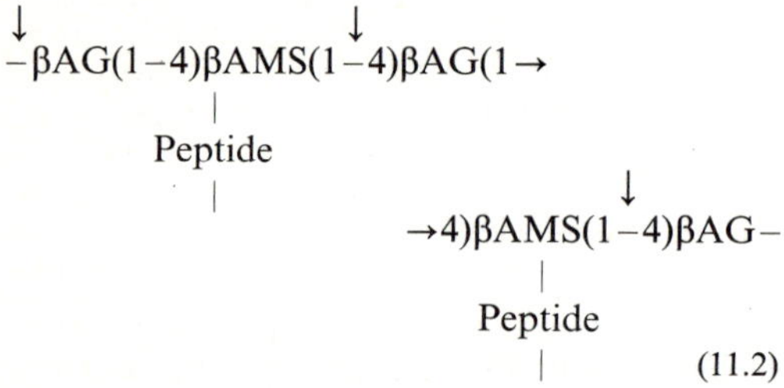

Lysozym besteht aus einer Peptidkette mit 129 Aminosäureresten, die vier Disulfidbindungen enthält. Primär- (Tab. 11.7) und Tertiärstruktur sind bekannt.

11.2.3.1.5 Ovoglobuline G_2 und G_3

Die Proteine sind als gute Schaumbildner bekannt.

11.2.3.1.6 Ovomucin

Das Protein, von dem drei Komponenten bekannt sind, kann offensichtlich fibrilläre Strukturen ausbilden und dadurch einen Beitrag zur Viskosität von Eiklar leisten, insbesondere von dickflüssigem Eiklar, in dem es in vierfach höherer Konzentration vorkommt als in der dünnflüssigen Fraktion.

Ovomucin wurde in eine kohlenhydratarme α- (KH-Gehalt ca. 15%) und eine kohlenhydratreiche β-Fraktion (KH-Gehalt ca. 50%) getrennt und scheint mit Polysacchariden assoziiert zu sein.

Die Zusammensetzung des Kohlenhydratanteils folgt aus Tab. 11.5.

Ovomucin ist hitzestabil. Es bildet mit Lysozym einen wasserunlöslichen Komplex, dessen Dissoziation pH-abhängig ist.

Tabelle 11.7. Aminosäuresequenzen von Avidin (1) und Lysozym (2)

1)			Ala	Arg	Lys	*Cys*	Ser	*Leu*	Thr	Gly	Lys	Trp
2)	Lys	Val	Phe	Gly	Arg	*Cys*	Glu	*Leu*	Ala	Ala	Ala	Met
1)			Thr	Asn	Asp	Leu	Gly	Ser	*Asn*[a]	Met	Thr	Ile
2)			Lys	Arg	His	Gly	Leu	Asp	*Asn*[a]	Tyr	Arg	Gly
1)			Gly	Ala	Val	Asn	Ser	Arg	Gly	Glu	Phe	Thr
2)			Tyr	Ser	Leu	Gly	Asn	Trp	Val	Cys	Ala	Ala
1)			Gly	Thr	Tyr	Ile	Thr	Ala	Val	*Thr*	Ala	Thr
2)			Lys	Phe	Glu	Ser	Asn	Phe	Asn	*Thr*	Glu	Ala
1)			Ser	*Asn*	Glu	Ile	Lys	Glu	Ser	Pro	Leu	His
2)			Thr	*Asn*	Arg	Asn	Thr	Asp	Gly	Ser	Thr	Asp
1)			Gly	Thr	Glu	Asn	Thr	*Ile*	*Asn*	Lys	*Arg*	Thr
2)			Tyr	Gly	Ile	Leu	Glu	*Ile*	*Asn*	Ser	*Arg*	Trp
1)			Gln	Pro	Thr	Phe	*Gly*	Phe	*Thr*	Val	Asn	Trp
2)			Trp	Cys	Asn	Asp	*Gly*	Arg	*Thr*	Pro	Gly	Ser
1)			Lys	Phe	Ser	Glu	Ser	Thr	Thr	Val	Phe	Thr
2)			Arg	Asn	Leu	Cys	Asp	Ile	Pro	Cys	Ser	Ala
1)			Gly	Gln	Cys	Phe	Ile	Asp	Arg	Asn	Gly	Lys
2)			Leu	Leu	Ser	Ser	Asp	Ile	Thr	Ala	Ser	Val
1)			Glu	Val	Leu	*Lys*	Thr	Met	Trp	Leu	Leu	Arg
2)			Asn	Cys	Ala	*Lys*	Lys	Ile	Val	Ser	Asp	Gly
1)			Ser	Ser	Val	*Asn*	Asp	Ile	Gly	Asp	Asp	*Trp*
2)			Asp	Glu	Met	*Asn*	Ala	Trp		Val	Ala	*Trp*
1)			Lys	Ala	Thr	Arg	Val	*Gly*	Ile	Asn	Ile	Phe
2)			Arg	Asn	Arg	Cys	Lys	*Gly*	Thr	Asp	Val	Gln
1)			Thr	Arg	Leu	*Arg*	Thr	Gln	Lys	Glu		
2)			Ala	Trp	Ile	*Arg*	Gly	Cys	Arg	Leu		

[a] Bindungsort für Kohlenhydrate.

11.2.3.1.7 Flavoprotein

Das Protein bindet Riboflavin sehr fest und hat wahrscheinlich die Funktion, den Übergang des Coenzyms aus dem Blutserum in das Ei zu ermöglichen.

11.2.3.1.8 Ovoinhibitor

Das Protein, über dessen Kohlenhydratzusammensetzung Tab. 11.5 informiert, ist wie Ovomucoid ein Proteinaseninhibitor, der Trypsin, Chymotrypsin und mikrobielle Enzyme hemmt.

11.2.3.1.9 Avidin

Avidin ist ein basisches Glykoprotein (cf. Tab. 11.4), dessen Aminosäuresequenz bekannt ist. Bemerkenswert sind 15 mit Lysozym identische Positionen (12% der Gesamtsequenz, cf. Tab. 11.7). Avidin liegt als Tetrameres vor und besteht aus vier identischen Subeinheiten. Pro Subeinheit bindet es ein Mol Biotin. Die Dissoziationskonstante des Avidin-Biotin-Komplexes bei pH 5,0 ist mit $k_{-1}/k_1 = 1{,}3 \times 10^{-15}$ mol/l extrem niedrig. Freie Enthalpie und Enthalpie der Komplexbildung sind $\Delta G = -85$ kJ/mol und $\Delta H = -90$ kJ/mol. Möglicherweise hat Avidin, da es im Eiklar praktisch nur in biotinfreier Form vorliegt, eine antibakterielle Funktion. Interessanterweise wurde in verschiedenen *Streptomyces spp.* ein verwandtes biotinbindendes Protein (Streptavidin) gefunden, dem antibiotische Funktionen zukommen dürften.

11.2.3.2 Andere Bestandteile

11.2.3.2.1 Lipide

Der Lipidgehalt von Eiklar ist mit 0,03% vernachlässigbar klein.

11.2.3.2.2 Kohlenhydrate

Die Kohlenhydrate (ca. 1%) sind zum Teil proteingebunden (ca. 0,5%), zum Teil (0,4 bis 0,5%) frei. Die freien Kohlenhydrate bestehen zu 98% aus Glucose, daneben kommen Mannose, Galactose, Arabinose, Xylose, Ribose und Desoxyribose in Mengen von 0,2–2,0 mg/100 g Eiklar vor. Freie Oligo- und Polysaccharide fehlen. Die gebundenen Kohlenhydrate wurden bei den Proteinen behandelt (cf. 11.2.3.1 und Tab. 11.5). Vorherrschend sind in dieser Fraktion Mannose, Galactose und Glucosamin. Daneben kommen Sialinsäure und Galactosamin vor.

11.2.3.2.3 Mineralstoffe

Über den Mineralstoffgehalt, der bei 0,6% liegt, orientiert Tab. 11.8.

Tabelle 11.8. Mineralstoffe des Eies

	Eiklar (%)	Eidotter (%)
Schwefel	0,195	0,016
Phosphor	0,018	0,543–0,980
Natrium	0,161–0,169	0,070–0,093
Kalium	0,145–0,167	0,112–0,360
Magnesium	0,009	0,032–0,128
Calcium	0,008–0,02	0,121–0,262
Eisen	0,0009	0,0053–0,011

11.2.3.2.4 Vitamine

Angaben über den Vitamingehalt sind in Tab. 11.12 zusammengestellt.

11.2.4 Eidotter (Eigelb)

Eidotter ist eine Fett-in-Wasser-Emulsion mit einer Trockenmasse von ca. 50%, die zu einem Drittel aus Proteinen und zu zwei Dritteln aus Lipiden besteht. Durch Einwanderung von Wasser aus dem Eiklar fällt die Trockenmasse in 1–2

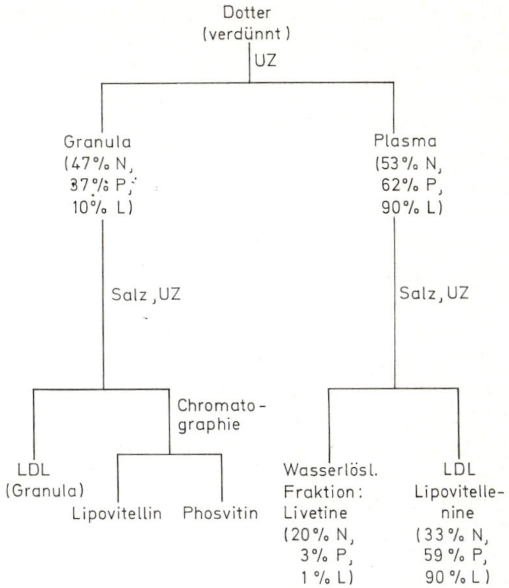

Abb. 11.3. Schema der Fraktionierung von Eidotter. Alle Zahlen beziehen sich auf Gesamtdotter (100%). N: Stickstoff, P: Phosphor, L: Lipid, UZ: Ultrazentrifuge, LDL: low density lipoprotein

Wochen Lagerung um 2–4%. Eidotter enthält Partikel von unterschiedlicher Größe, die sich zwei Gruppen zuordnen lassen:

- *Dottertröpfchen* sehr unterschiedlicher Größe mit Durchmessern von 20–40 μm, die Fetttröpfchen ähneln, überwiegend aus Lipiden bestehen und zum Teil Proteinmembranen haben. Es handelt sich im wesentlichen um Lipoproteine niedriger Dichte (LDL, cf. 3.5.1.2).
- *Granula,* die mit Durchmessern um 1,0 bis 1,3 μm wesentlich kleiner als die Dottertröpfchen sind, einheitlicher in der Größe, aber weniger einheitlich in der Form. Sie haben eine Substruktur, bestehen im wesentlichen aus Proteinen, enthalten aber auch Lipide und Mineralstoffe.

Ältere Trennungsverfahren für Eidotter, bei denen meist eine zumindest partielle Entfettung mit verschiedenen Lösungsmitteln erfolgte (Ether, Ethanol, Butanol), führten unter Zerstörung der Lipoproteine im allgemeinen zu Artefakten wechselnder Zusammensetzung. In neuerer Zeit versucht man durch Zentrifugation, gegebenenfalls unter Zusatz von Elektrolyten, zu nativen Dotterfraktionen zu kommen.

Abb. 11.3 enthält das Schema einer solchen Fraktionierung. Die Granula lassen sich durch Zentrifugation des verdünnten Dotters vom Plasma abtrennen. Zusatz von Kochsalz erlaubt dann die weitere Trennung der Granula in eine Lipoproteinfraktion niedriger Dichte (LDL-Fraktion der Granula) und den Lipovitellin-Phosvitin-Komplex, der chromatographisch zerlegt werden kann. Das Plasma kann bei Zusatz von Kochsalz in eine flotierende Lipoproteinfraktion niedriger Dichte (LDL-Fraktion, Lipovitellenin; cf. 3.5.2) und in die wasserlösliche Livetinfraktion getrennt werden.
Tab. 11.9 orientiert über die Zusammensetzung von Granula, Plasma und einigen Komponenten dieser Fraktionen. Die angegebenen Werte sind aus verschiedenen Daten der Literatur errechnet und nur als Richtwerte zu betrachten, da infolge der großen Schwierigkeiten bei der Trennung von Eidotter Literaturdaten meist mehr oder weniger stark voneinander abweichen.
Eidotter ist eine pseudoplastische, Nicht-*Newton*sche Flüssigkeit, deren Viskosität von der Scherkraft abhängt. Die Oberflächenspannung beträgt 0,044 Nm^{-1} (25 °C). Der pH-Wert liegt bei 6,0 und steigt, im Gegensatz zu dem von Eiklar, auch während längerer Lagerung nur auf 6,4–6,9.

Tabelle 11.9. Zusammensetzung von Eidotter und seinen Fraktionen (Granula und Plasma)[a]

Fraktion	Lipide	Proteine	Mineralstoffe
Dotter	63,5	32,4	2,1
Granula	*6,9*	*16,1*	*1,4*
Lipovitelline (HDL)[b]	3,5	12,3	
Phosvitin		4,6	
LDL[c]	2,5	0,3	
Plasma	*59,3*	*13,9*	*1,5*
Livetine		10,6	
LDL[c]	59,4	6,6	

[a] Alle Zahlen sind Anteile an der Dottertrockenmasse in Prozent.
[b] Lipoproteinfraktion hoher Dichte (high density lipoprotein).
[c] Lipoproteinfraktion niedriger Dichte (low density lipoprotein).

11.2.4.1 Proteine der Granula

11.2.4.1.1 Lipovitelline

Es handelt sich um Lipoproteine hoher Dichte (HDL), deren Lipidanteil bei 22% der Trockenmasse liegt und zu ca. 35% aus Triglyceriden, zu ca. 60% aus Phospholipiden und zu ca. 5% aus Cholesterin und Cholesterinestern besteht (cf. 3.5.2). Mit elektrophoretischen und chromatographischen Methoden ist eine Trennung in α- und β-Lipovitellin möglich, die sich im Proteinphosphorgehalt (0,50% und 0,27% P) unterscheiden. Wahrscheinlich enthalten die Proteinkomponenten auch Kohlenhydrate. Die Lipovitelline liegen bei pH < 7 als Dimere mit Molekulargewichten von 400 000 vor. Die Aminosäurezusammensetzung folgt aus Tab. 11.10. Ansonsten sind die Proteinkomponenten wenig charakterisiert. Wahrscheinlich sind Subeinheiten mit Molekulargewichten um 30 000 vorhanden. Im Dotter liegen die Lipovitelline als Komplex mit Phosvitin vor.

11.2.4.1.2 Phosvitin

Phosvitin ist ein Glykophosphoprotein mit einem extrem hohen Anteil an seringebundener Phosphorsäure. Es besteht aus zwei Komponenten (α- und β-Phosvitin), bei denen es sich um Proteinaggregate mit Molekulargewichten von 160 000 und 190 000 handelt. α-Phosvitin besteht aus drei verschiedenen Subeinheiten (M_r = 37 500, 42 500 und 45 000), β-Phosvitin überwiegend aus einer Subeinheit (M_r = 45 000). Über die Aminosäurezusammensetzung orientiert Tab. 11.10. Das partielle spezifische Volumen ist mit 0,545 ml/g sehr niedrig, wahrscheinlich auf Grund der großen Ladung. Der Reibungsquotient läßt auf eine langgestreckte Form des Moleküls schließen.
Partielle Einblicke in die Aminosäuresequenz zeigen, daß Folgen von 6–8 Phosphoserinresten, unterbrochen von basischen und anderen Aminosäureresten, für das Protein typisch sind:

$$\cdots Asp—(Pse)_6—Arg—Asp\cdots$$
$$\cdots His—His—Arg—(Pse)_6—Arg—His—Lys\cdots \quad (11.3)$$

Der Kohlenhydratanteil ist ein verzweigtes Oligosaccharid, bestehend aus Mannose (3 Reste),

Galactose (3), N-Acetylglucosamin (5) und N-Acetylneuraminsäure (2), das N-glykosidisch an Asparagin gebunden ist. Die Aminosäuresequenz in der Umgebung der Bindungsstelle ist bekannt:

$$\cdots\text{Ser—Asn—Ser—Gly—(Pse)}_8\text{—Arg—Ser—Val—Ser—His—His}\cdots \quad (11.4)$$

(Kohlenhydrat an Asn gebunden)

Tabelle 11.10. Aminosäurezusammensetzung von Phosvitin, α- und β-Lipovitellin (mol-%)

Aminosäure	Phosvitin[a]	α-Lipovitellin	β-Lipovitellin
Gly	2,7	5,0	4,6
Ala	3,6	8,0	7,5
Val	1,3	6,2	6,6
Leu	1,3	9,2	9,0
Ile	0,9	5,6	6,2
Pro	1,3	5,5	5,5
Phe	0,9	3,2	3,3
Tyr	0,5	3,3	3,0
Trp	0,5	0,8	0,8
Ser	54,5	9,0	9,0
Thr	2,2	5,2	5,6
Cys	0,0	2,1	1,9
Met	0,5	2,6	2,6
Asx	6,2	9,6	9,3
Glx	5,8	11,4	11,6
His	4,9	2,2	2,0
Lys	7,6	5,7	5,9
Arg	5,3	5,4	5,6

[a] Der Phosphorsäuregehalt liegt bei 50 bis 55 mol-%.

Es gibt Hinweise, daß Phosvitin einen Phosphothreoninrest enthält und daß 5–7 Serinreste pro Mol nicht verestert sind.

Phosvitin bindet Metallionen sehr gut. Während bei den $Ca^{2\oplus}$- und $Mg^{2\oplus}$-Komplexen intermolekulare Quervernetzungen zu überwiegen scheinen, ist der $Fe^{3\oplus}$-Komplex monomer, was ebenso wie das Erreichen einer Sättigung des Phosvitins mit Eisen bei einem molaren Verhältnis Fe/P = 0,5 auf Bildung eines Chelatkomplexes unter Beteiligung von jeweils zwei Phosphatgruppen der gleichen Peptidkette hindeutet. Möglicherweise ist die Bildung von Metallkomplexen eine der biologischen Funktionen des Phosvitins.

11.2.4.2 Proteine des Plasmas

11.2.4.2.1 Lipovitellenine

Es handelt sich um Lipoproteine niedriger Dichte (LDL), die bei der Zentrifugation von verdünntem Dotter flotieren. Durch fraktionierte Zentrifugation können mehrere Komponenten unterschiedlicher Dichte erhalten werden. Der Lipidanteil liegt bei 84–90% der Trockenmasse und besteht zu 74% aus Triglyceriden sowie zu 26% aus Phospholipiden. Die Phospholipidfraktion enthält überwiegend Phosphatidylcholine (ca. 75%), weiterhin Phosphatidylethanolamine (ca. 18%) sowie Sphingomyeline und Lysophospholipide (ca. 8%). Die Partikelgewichte liegen bei mehreren Millionen. Die Proteinkomponenten sind wenig charakterisiert.

Tabelle 11.11. Lipide des Eidotters

Lipidfraktion	a	b
Triglyceride	66	
Phospholipide	28	
Phosphatidylcholine		73
Phosphatidylethanolamine		15,5
Lysophosphatidylcholine		5,8
Sphingomyeline		2,5
Lysophosphatidylethanolamine		2,1
Plasmalogene		0,9
Phosphatidylinosite		0,6
Cholesterin, Cholesterinester und Sonstige	6	

[a] Anteil am Gesamtlipid in %.
[b] Anteil an der Phospholipidfraktion in %.

11.2.4.2.2 Livetine

Die wasserlösliche, globuläre Proteinfraktion läßt sich elektrophoretisch in α-, β- und γ-Livetin trennen, die sich als identisch mit den Blutserumproteinen Serumalbumin, α_s-Glykoprotein und γ-Globulin des Huhns erwiesen.

11.2.4.3 Lipide

Über die Lipidzusammensetzung von Eidotter orientiert Tab. 11.11. Die Lipide stehen in Form der bereits behandelten Lipoproteine in enger Wechselwirkung mit den Proteinen des Eidotters.

11.2.4.4 Andere Bestandteile

11.2.4.4.1 Kohlenhydrate

Eidotter enthält bezogen auf Trockenmasse ca. 1% Kohlenhydrate, von denen ca. 0,2% an Proteine gebunden sind. Bei den freien Kohlenhydraten kommen neben Glucose die gleichen Monosaccharide vor wie in Eiklar (cf. 11.2.3.2.2).

11.2.4.4.2 Mineralstoffe

Über die Mineralstoffe orientiert Tab. 11.8.

11.2.4.4.3 Vitamine

Über die Vitamine orientiert Tab. 11.12.

11.2.4.4.4 Aromastoffe

Die typischen Aromastoffe für Eiklar und Eidotter sind noch unbekannt. Der „fischige" Aromafehler, der bei Eiern vorkommen kann, wird von Trimethylamin verursacht, dessen Geruchsschwelle bei 0,8 μg/l (Wasser) liegt. Das Trimethylamin entsteht durch mikrobiellen Abbau von Cholin, z. B. bei einer Verfütterung von Fisch- oder Sojamehl.

Tabelle 11.12. Vitamingehalt von Vollei, Eiklar und Eidotter (mg/100 g eßbarer Anteil)

Vitamin	Vollei	Eiklar	Eidotter
Retinol	0,22	0	1,12
Thiamin	0,11	Spuren	0,29
Riboflavin	0,30	0,27	0,44
Niacin	0,1	0,1	0,1
Pyridoxin	0,12	Spuren	0,3
Pantothensäure	1,59	0,14	3,72
Biotin	0,025	0,007	
Folsäure	0,051	0,016	0,15
Tocopherole	1,0	0	3,0
α-Tocopherol	0,46		

11.3 Lagerung

Bei der Lagerung von Eiern kommt es zu einer Reihe von Veränderungen. Die Diffusion von CO_2 durch die Schale führt schon bald nach dem Legen zu dem bereits erwähnten starken pH-Anstieg vor allem im Eiklar. Die Abgabe von Wasserdampf durch die Schale hat eine Verringerung der Dichte (Ausgangswert ca. 1,086 g/cm^3, tägliche Abnahme ca. 0,0017 g/cm^3) und eine Vergrößerung der Luftkammer zur Folge. Die Viskosität des Eiklars nimmt ab, das spezifisch leichtere Dotter steigt auf („Anhängen" bei Kühlhauseiern), die Dotterkugel flacht ab, die Dotterhaut wird unelastischer und reißt beim Aufschlagen des Eies leicht ein. Einige technisch wichtige Eigenschaften ändern sich, wie z. B. das Aufschlagverhalten des Eiklars und die Stabilität des Eischnees. Es kommt zur Entwicklung eines „Altgeschmacks".
Die genannten Veränderungen werden zur Feststellung des Eialters herangezogen, z. B. bei der Schwimmprobe (Dichteänderung), Durchleuchtungsprobe (Dotterform und -lage), Prüfung der Viskosität des Eiklars, Messung der Luftkammer, Messung des Brechungsindexes, sensorischen Prüfung auf Altgeschmack (meist am weichgekochten Ei). Die Qualitätsverluste bei der Lagerung sind um so geringer, je niedriger die Temperatur und je geringer die CO_2- und Wasserverluste sind. Die Kühlhauslagerung ist deshalb ein wichtiges Verfahren der Eikonservierung. Sie erfolgt meist bei 0–1,5 °C und 85–90% relativer Luftfeuchtigkeit. Ein Ölen der Schale mit leichten Mineralölen hemmt den Austritt von CO_2 und Wasser sehr wirkungsvoll, muß aber unmittelbar (1 h) nach dem Legen erfolgen, da die CO_2-Verluste anfangs am größten sind. Bewährt hat sich auch eine Lagerung unter Schutzgasen (Luft oder Stickstoff mit bis zu 45% CO_2). Kühlhausgelagerte Eier sind 6–9 Monate haltbar; der Gewichtsverlust liegt bei 3–6,5%.

11.4 Eiprodukte

11.4.1 Allgemeines

Eiprodukte werden aus Vollei, Eiklar oder Eidotter (Eigelb) gewonnen und als flüssige, gefrorene oder getrocknete Halbfabrikate weiterverarbeitet, u. a. bei der Herstellung von Backwaren und Süßwaren, Teigwaren, Mayonnaisen und Salatsoßen, Trockensuppen, Margarine, Fleischprodukten, Eiscreme, Eierlikör. Abb. 11.4 gibt einen Überblick über die wichtigsten Verfahrensschritte bei der Herstellung von Eiprodukten.

11.4.2 Technisch wichtige Eigenschaften

Die vielseitige Verwendung von Eiprodukten ist im wesentlichen auf drei Eigenschaften zurückzuführen, auf die thermische Koagulierbarkeit, das Schaumbildungsvermögen und die Wirkung als Emulgator, daneben auch auf Farbe und Aroma.

11.4.2.1 Thermische Koagulierbarkeit

Eiklar beginnt bei 62 °C zu koagulieren, Eidotter bei 65 °C; die Koagulationstemperatur hängt aber vom pH-Wert ab. Bei pH $\geq 11,9$ geliert Eiklar bereits bei Raumtemperatur. Das Gel verflüssigt sich aber nach einiger Zeit. Alle Eiproteine, mit Ausnahme von Ovomucoid und Phosvitin sind koagulierbar. Conalbumin ist besonders labil, wird aber durch Komplexbildung mit Metallionen stabilisiert. Auf Grund der Koagulierbarkeit sind Eiprodukte wichtige Bindemittel.

11.4.2.2 Schaumbildung

Der durch Aufschlagen von Eiklar gebildete Schaum (Eischnee) wird zur Einarbeitung von Luft und damit zur Lockerung von Lebensmitteln (Backwaren wie Meringues, Angel Cakes, Biskuits und Soufflés etc.) eingesetzt.
Beim Aufschlagen kommt es infolge der starken Vergrößerung der Grenzfläche Flüssigkeit/Luft zu einer Denaturierung und Aggregation von Proteinen. Insbesondere Ovomucin bildet in den Flüssigkeitslamellen um die Luftbläschen einen Film unlöslichen Materials, der den Schaum stabilisiert. Auch die Globuline leisten einen wichtigen Beitrag durch Erhöhung der Viskosität und Erniedrigung der Oberflächenspannung, was besonders zu Beginn des Aufschlagvorganges von Bedeutung ist.
Versuche mit Eiklar, dem Ovomucin und die Globuline fehlten, ergaben lange Aufschlagzeiten und reduziertes Volumen bei Angel Cakes. Ein zu hoher Ovomucingehalt setzt die Elastizität des erwähnten Films und damit die thermische Stabilität des Schaumes (Ausdehnung der Luftbläschen) herab.
Das Aufschlagverhalten von Eiklar kann durch Messung des Schaumvolumens und der Schaumstabilität (Abtropftest) geprüft werden.

11.4.2.3 Emulgatorwirkung

Die Emulgatorwirkung von Vollei oder Eidotter wird z. B. bei der Herstellung von Mayonnaisen ausgenutzt (cf. 14.4.6). Als wirksame Komponenten sind die Lipoproteine und Proteine anzusehen.

11.4.3 Trockenprodukte

Nach dem maschinellen Brechen der Eier wird der Inhalt entweder gemischt oder nach Trennung in Dotter und Eiklar (Eieraufschlag- und Trennmaschinen) über Separatoren gereinigt (cf. Abb. 11.4).
Zur Verminderung von Reaktionen zwischen Aminokomponenten (Proteine, Phosphatidylethanolamine) und reduzierenden Zuckern (Glucose), die zu unerwünschten Verfärbungen und zu Fehlaromen führen würden, wird vor dem Trocknen entzuckert.
Die Entfernung des Zuckers erfolgt bei Eiklar nach dem Pasteurisieren (cf. 11.4.5) überwiegend durch bakterielle Fermentation. Nach Einstellen des pH-Wertes auf 7–7,5 mit Citronensäure bzw. Milchsäure wird bei 30–33 °C mit geeigneten Mikroorganismen *(Streptococcus spp., Aerobacter spp.)* inkubiert. Bei Vollei und Eidotter wird der Zucker zum Teil durch Vergärung mit Hefe (z. B. *Saccharomyces cerevisiae)*, vorwiegend aber durch Oxidation zu Gluconsäure mit Hilfe von Glucoseoxidase/Katalase (cf. 2.8.2.1.1 und 2.8.2.1.2) entfernt. Durch Zusatz von H_2O_2 (O_2-Entwicklung) wird der Prozeß beschleunigt.
Das wichtigste Trocknungsverfahren ist die Sprühtrocknung. Es kommen Lufteintrittstemperaturen von 120–230 °C zur Anwendung. Bei Vollei- und Dotterprodukten ist eine schnelle Kühlung des getrockneten Materials notwendig. Andere Trocknungsverfahren, z. B. die Gefriertrocknung, finden nur begrenzt Anwendung.
Ein Instantisieren ist in der üblichen Weise durch Rückfeuchten und Trocknen der agglomerierten Partikelchen möglich. Die Agglomeration wird

Tabelle 11.13. Zusammensetzung von Eitrockenprodukten (Werte in %)

Inhaltsstoff	Vollei	Eiklar	Eidotter
Wasser[a]	5,0	8,0	5,0
Fett[b]	40,0	Spuren	57,0
Protein[b]	45,0	80,0	30,0
Asche	3,7	5,7	3,4
Red. Zucker[a]	0,1	0,1	0,1

[a] Maximalwerte.
[b] Minimalwerte.

bei Eiklarprodukten durch Zuckerzusätze begünstigt (Saccharose, Lactose).
Die Haltbarkeit von Eiklarpulver ist praktisch unbegrenzt. Entzuckertes Volleipulver hält sich ca. ein Jahr bei Raumtemperatur, entzuckertes Dotterpulver ca. acht Monate bei Raumtemperatur und über ein Jahr im Kühlraum. Limitierend bei dotterhaltigen Produkten ist die Aromafehlentwicklung durch Fettoxidation.
Über die Zusammensetzung von Eitrockenprodukten orientiert Tab. 11.13.

11.4.4 Gefrierprodukte

Die Eier werden in der bereits geschilderten Weise (cf. 11.4.3 und Abb. 11.4) vorbereitet. Zur Minderung des Keimgehaltes wird zunächst meist pasteurisiert (cf. 11.4.5) und dann bei −23 bis −25 °C eingefroren. Die Haltbarkeit bei einer Lagertemperatur von −15 bis −18 °C beträgt 8–10 Monate.
Während Eiklar durch Einfrieren nur eine geringe Viskositätsabnahme erleidet und praktisch keine Minderung der technisch wichtigen Eigenschaften, erfolgt bei Eidotter eine irreversible Viskositätserhöhung, wenn beim Einfrieren und Lagern Temperaturen von −6 °C unterschritten werden (cf. Abb. 11.5). Es resultiert ein Produkt von gelartiger Konsistenz, das bei der Weiterverarbeitung, z. B. bei Dosier- und Mischprozessen, große Schwierigkeiten bereitet. Vollei geliert ebenfalls, allerdings in geringerem Ausmaß als

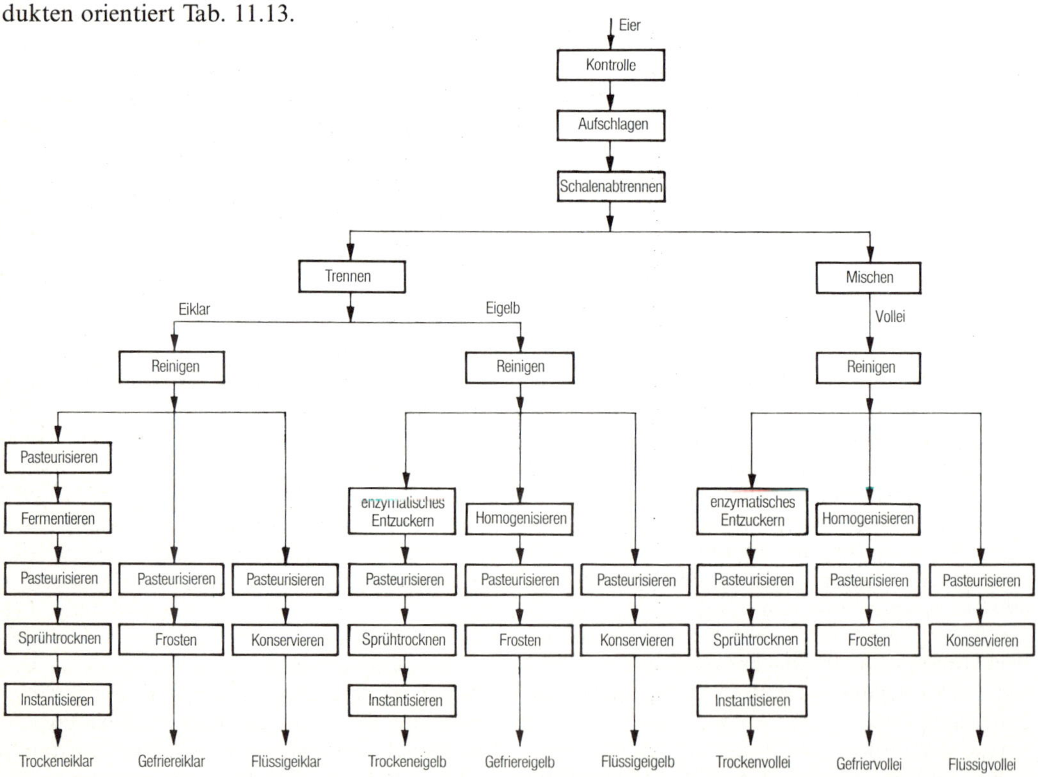

Abb. 11.4. Schematischer Überblick zur Herstellung von Eiprodukten.

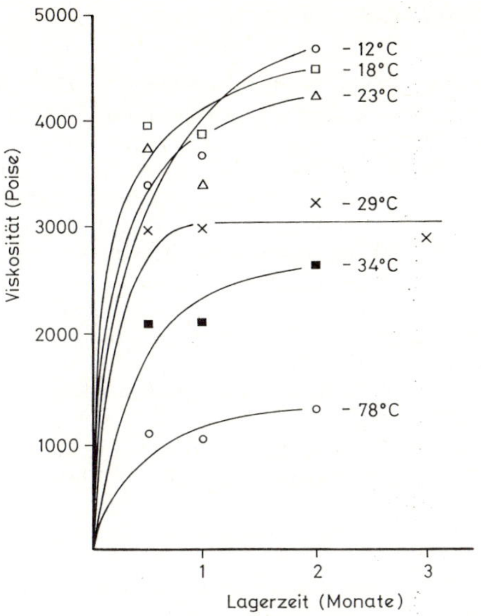

Abb. 11.5. Viskosität von Eidotter nach Gefrierlagerung. (Nach *Palmer* et al., 1970)

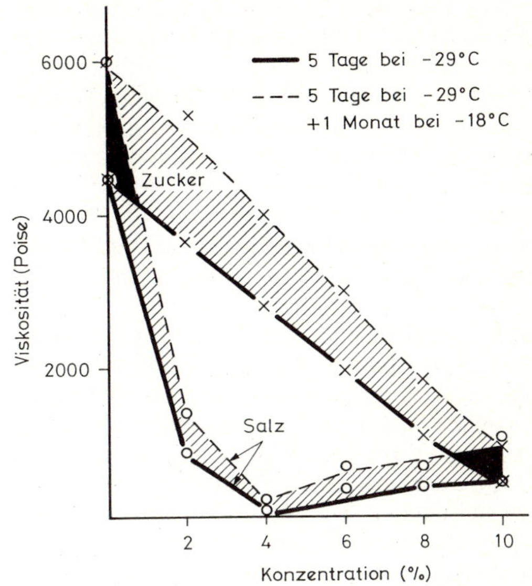

Abb. 11.6. Viskosität von Eidotter nach Gefrierlagerung unter Zusatz von Kochsalz oder Saccharose. (Nach *Palmer* et al., 1970)

Eidotter. Vorbehandlung des Dotters mit proteolytischen Enzymen (Papain) und mit Phospholipase A hemmt die Gelbildung. Auch eine mechanische Behandlung nach dem Auftauen reduziert die Viskosität. Völlig zu unterbinden ist die Gelbildung durch Zusätze von NaCl (2–10%) oder Saccharose (8–10%). Obwohl die Verwendungsmöglichkeiten der Gefrierprodukte durch diese Zusätze eingeschränkt werden, haben die Verfahren große Bedeutung (Abb. 11.6).

Die Konsistenz der Gefrierprodukte wird vom Temperaturgradienten beim Einfrieren und Auftauen ebenso beeinflußt, wie von Lagertemperatur und Lagerzeit. Schnelles Einfrieren und Auftauen ist günstig.

Die molekularen Vorgänge, die zur Gelbildung führen, werden noch ungenügend verstanden. Offensichtlich führt die Eiskristallbildung zu einer partiellen Dehydratisierung der Proteine, unter Rearrangement der Lipoproteine. Damit wird wahrscheinlich eine Proteinaggregation unter Ausbildung von verdrillten Proteinsträngen ermöglicht.

Die Aufschlageigenschaften von Gefriereiklar sind durch verschiedene Zusätze, wie z. B. Glycerin, Stärkesirup, Triethylcitrat, zu verbessern. Über die typische Zusammensetzung von Gefrierprodukten orientiert Tab. 11.14.

Tabelle 11.14. Zusammensetzung von Eigefrierprodukten und Eiflüssigprodukten (Werte in %)

Inhaltsstoff	Vollei	Eiklar	Eidotter
Wasser	75,3	88,0	57,0
Fett	11	<0,03[a]	27,2
Protein	12	10,5	13,5
Red. Zucker	0,7	0,8	0,7

[a] Dotteranteil.

11.4.5 Flüssigprodukte

Die Eier werden in der bereits geschilderten Weise (cf. 11.4.3 und Abb. 11.4) vorbereitet. Die anschließende Pasteurisierung ist wegen der Labilität der Eiproteine unter den für die Ausschaltung pathogener Mikroorganismen erforderlichen Bedingungen ein schwieriger Prozeß. Wichtig ist vor allem eine Abtötung aller *Salmonella spp.*, deren Hitzeresistenz unterschiedlich ist. Am resistentesten sind *S. senftenberg*, *S. oranienburg* und *S. paratyphi* B. Parallel zur Abtötung von *S. senftenberg* verläuft die Inaktivierung der α-Amylase, die deshalb als Indikatorsubstanz dienen kann. Die Erhitzungsbedingungen sind für die verschiedenen Flüssigprodukte unterschiedlich.

Als ausreichende Erhitzung für Vollei und Eidotter sind 64–65 °C/2,5–3,0 min anzusehen. Allerdings werden auch mildere bzw. drastischere Bedingungen für vertretbar bzw. erforderlich gehalten. Die Bedingungen für Eiklar können milder sein, da die Hitzeresistenz der *Salmonella spp.* bei höheren pH-Werten geringer ist. Allerdings ist auch die Koagulationstemperatur der Proteine unter diesen Bedingungen herabgesetzt. Zusätze von NaCl und Saccharose erhöhen dagegen die Hitzeresistenz der Mikroorganismen.
Die meisten Eiklarproteine sind bei pH 7 relativ stabil und erfahren unter den üblichen Pasteurisierungsbedingungen keine stärkere Minderung technisch wichtiger Eigenschaften, wie z. B. des Aufschlagvermögens. Eine Ausnahme ist Conalbumin, das aber durch Zusatz von Metallionen (Aluminiumlactat) stabilisiert werden kann. Auch Natriumhexametaphosphat erhöht die Stabilität.
Flüssigprodukte werden im allgemeinen im Anschluß an die Pasteurisierung durch Zusatz von Sorbinsäure oder Benzoesäure chemisch konserviert.
Über die Zusammensetzung von flüssigen Eiprodukten orientiert Tab. 11.14.

11.5 Literatur

Chang, P. K., Powrie, W. D., Fennema, O.: Effect of heat treatment on viscosity of yolk. J. Food Sci. *35*, 864 (1970)

Green, N. M.: Avidin. Adv. Protein Chem. *29*, 85 (1975)

Janssen, H. J. L.: Neuere Entwicklungen bei der Fabrikation von Eiprodukten. Alimenta *10*, 121 (1971)

Maga, J. A.: Egg and egg product flavour. J. Agric. Food Chem. *30*, 9 (1982)

Palmer, H. H., Ijichi, K., Roff, H.: Partial thermal reversal of gelation in thawed egg yolk products. J. Food Sci. *35*, 403 (1970)

Spiro, R. G.: Glycoproteins. Adv. Protein Chem. *27*, 349 (1973)

Stadelman, W. J., Cotterill, O. J. (Eds.): Egg science and technology. 2nd edn., AVI Publ. Co.: Westport, Conn. 1977

Taborsky, G.: Phosphoproteins. Adv. Protein Chem. *28*, 1 (1974)

Tunmann, P., Silberzahn, H.: Über die Kohlenhydrate im Hühnerei. I. Freie Kohlenhydrate. Z. Lebensm. Unters. Forsch. *115*, 121 (1961)

12 Fleisch

12.1 Einführung

Zahlreiche Zeugnisse aus vielen Kulturen belegen, daß Fleisch von Wild- und Haustieren seit ältesten Zeiten große Bedeutung für die Ernährung des Menschen hat. Die Domestizierung des Schafs ist bereits früher als 7000 v. Chr., die von Rind und Schwein um 5000 v. Chr. erfolgt.
Neben der Skelettmuskulatur warmblütiger Tiere, bei der es sich um Fleisch im engeren Sinne handelt, finden auch andere Teile Verwendung wie Fettgewebe, Innereien, Blut. Definitionen für Fleisch können je nach Zielsetzung sehr voneinander abweichen. So schließt z. B. der Begriff aus lebensmittelrechtlicher Sicht alle Teile von warmblütigen Tieren in frischem und verarbeitetem Zustand ein, die sich zum Genuß für Menschen eignen, während im üblichen Sprachgebrauch mit Fleisch als Lebensmittel mehr oder weniger fettes Skelettmuskelgewebe gemeint ist. Über Fleischerzeugung und Fleischverbrauch orientieren die Tab. 12.1–3.

12.2 Bau des Muskelgewebes

12.2.1 Skelettmuskel

Ein Skelettmuskel besteht aus langen schmalen Zellen (Fasern), die parallel angeordnet sind, und ist von einer dicken Bindegewebsschicht (Epimysium) umgeben. Dünnere Bindegewebsschichten (Perimysium) durchziehen den Muskel, fassen Gruppen von Fasern zu Bündeln zusammen und umhüllen die einzelnen Fasern (Endomysium). Abb. 12.1 zeigt einen Querschnitt durch den *Musculus psoas* vom Kaninchen, der Perimysium und Endomysium gut erkennen läßt.
Die Oberfläche der Muskelfaser heißt Sarcolemma und besteht aus drei Schichten: der bereits erwähnten Bindegewebsschicht, einer mittleren amorphen Schicht und der Plasmamembran. Das Innere der Faser ist von in der Längsrichtung liegenden Myofibrillen erfüllt, die den kontraktilen Apparat bilden und von Sarcoplasma sowie von anderen Zellelementen (Zellkerne, Mitochondrien, sarcoplasmatischem Reticulum) umgeben sind. Je nach Verhältnis Myofibrillen/Sarcoplasma unterscheidet man weiße, myofibrillenreiche, sarcoplasmaarme Muskulatur für ausgiebige, rasche Kontraktion bei rascher Ermüdung und rote, myofibrillenarme, sarcoplasmareiche Muskulatur für langsame, anhaltende Kontraktion bei geringer Ermüdung. Abb. 12.2 zeigt eine Muskelfaser mit zahlreichen Myofibrillen im Querschnitt.
Der Bau des kontraktilen Apparats wird am Längsschnitt deutlich. Die für Skelettmuskel charakteristische Querstreifung (Abb. 12.3) geht auf die regelmäßige Folge von anisotropen, im polarisierten Licht doppelbrechenden Banden (A-Banden) und isotropen Banden (I-Banden) zurück. In der Mitte der hellen I-Banden verlaufen quer zur Faserrichtung die dunklen Z-Linien. Die dunklen A-Banden werden, ebenfalls quer zur Faserrichtung, von den helleren H-Zonen durchzogen, in deren Mitte die dunklen M-Linien liegen (Abb. 12.4). Eine kontraktile Einheit, ein Sarcomeres, reicht von einer Z-Linie zur nächsten und ist aus dicken und dünnen Filamenten aufgebaut. Die dicken Filamente bestehen aus dem Protein Myosin, erstrecken sich über die gesamte A-Bande und werden im Bereich der M-Linie in hexagonaler Anordnung fixiert (Abb. 12.8, a). Die dünnen Filamente bestehen hauptsächlich aus Actin, sind an der Z-Linie fixiert, laufen durch die I-Bande und zwischen den dicken Filamenten bis zum Rand der H-Zone in die A-Bande hinein (Abb. 12.8, b). Bei der Kontraktion des Muskels, deren Mechanismus in Abschnitt 12.3.2.1.5 erläutert ist, werden die Z-Linien durch Hineinschieben der dünnen Filamente in die H-Zone angenähert. Dabei verschwinden die I-Banden. Abb. 12.5 gibt die Verhältnisse schematisch wieder.

Tabelle 12.1. Produktion von Fleisch 1984 (1000 t)[a]

Erdteil	Rind/Kalb	Büffel	Schaf/ Lamm	Ziege	Schwein	Pferd	Geflügel	Fleisch insgesamt
Welt	45751	981	6115	2042	55460	504	29958	144070
Afrika	3028	134	772	609	414	17	1517	7359
Amerika, Nord-, Mittel-	13322	–	206	30	8289	177	8923	31199
Amerika, Süd-	6776	–	250	64	1651	84	2894	11847
Asien	2730	836	1781	1222	19055	81	6077	32516
Europa, West-	8660	–	895	68	13229	122	5422	29221
Europa, Ost-, und USSR	9354	10	1086	46	12494	16	4774	28335
Ozeanien	1751	–	1126	2	328	9	339	3594

Land	Rind/Kalb
USA	10927
USSR	7100
Argentinien	2570
Brasilien	2293
Frankreich	2000
BRD	1567
Australien	1296
Italien	1160
UK	1141
Kanada	1000
Mexiko	780
Polen	700
Kolumbien	629
Südafrika	620
Japan	534
Σ (%)[b]	75

Land	Büffel
Pakistan	240
Ägypten	134
Indien	134
China	112
Thailand	72
Vietnam	69
Philippinen	46
Indonesien	35
Laos	25
Nepal	22
Σ (%)[b]	91

Land	Schaf/Lamm
USSR	815
Neuseeland	692
Australien	434
China	322
Türkei	312
UK	286
Iran	230
Pakistan	180
USA	172
Frankreich	167
Südafrika	134
Afghanistan	133
Indien	133
Spanien	130
Argentinien	103
Mongolei	103
Sudan	91
Saudiarabien	88
Äthiopien	86
Σ (%)[b]	75

Land	Ziege
China	306
Indien	305
Pakistan	240
Nigeria	134
Türkei	71
Äthiopien	65
Somalia	52
Sudan	51
Bangladesh	48
Iran	45
Griechenland	40
Indonesien	38
Niger	30
Südafrika	30
USSR	30
Kenia	27
Afghanistan	26
Yemen, Ar.	26
Σ (%)[b]	77

Land	Schwein
China	15103
USA	6719
USSR	5940
BRD	3232
Frankreich	1808
Japan	1435
Niederlande	1320
Italien	1224
DDR	1220
Polen	1200
Ungarn	1178
Spanien	1160
Σ (%)[b]	75

Land	Pferd
USA	90
Mexiko	60
Argentinien	50
Italien	48
China	41
Frankreich	29
Mongolei	27
Brasilien	20
Kanada	17
Chile	11
Σ (%)[b]	78

[a] Schlachtungen im jeweiligen Gebiet, unabhängig von der Herkunft der Tiere.

[b] Weltproduktion ≙ 100%.

Tabelle 12.1 (Fortsetzung)

Land	Geflügel	Land	Fleisch insgesamt
USA	7479	USA	25627
USSR	2700	China	18335
China	1718	USSR	16839
Brasilien	1616	Frankreich	5585
Japan	1350	BRD	5239
Frankreich	1250	Brasilien	4847
Italien	1025	Italien	3732
UK	817	Argentinien	3482
Spanien	800	Japan	3344
Kanada	557	UK	3199
Rumänien	500	Spanien	2635
Mexiko	489	Kanada	2445
Argentinien	466	Australien	2304
Niederlande	412	Polen	2299
Ungarn	405	Niederlande	2264
BRD	365	Mexiko	1871
Polen	350	DDR	1812
Venezuela	332	Rumänien	1744
Σ (%)[b]	76	Σ (%)[b]	75

[a] Schlachtungen im jeweiligen Gebiet, unabhängig von der Herkunft der Tiere.
[b] Weltproduktion ≙ 100%.

Tabelle 12.2. Fleischverbrauch BRD (kg pro Einwohner und Jahr)

Jahr	Rind/ Kalb	Schwein	Geflügel	Gesamt
1960	18,7	29,3	4,2	59,0
1964/65	19,2	33,9	6,0	66,5
1970	22,9	36,1	7,4	72,0
1972/73	20,5	42,0	9,0	79,0
1974/75	21,0	44,6	8,8	82,5
1976/77	21,6	45,5	9,1	84,9

Tabelle 12.3. Fleischverbrauch in ausgewählten Ländern (kg pro Einwohner und Jahr)

Land/ Bereich	Jahr	Rind/ Kalb	Schwein	Geflügel	Gesamt
USA	1960	41,5	29,5	17,2	95,3
	1970	48,6	30,6	18,9	99,9
EG	1960	19,9	19,2	5,2	52,2
	1970	25,2	23,7	8,9	65,7
Frankreich	1960	29,2	19,8	8,6	74,9
	1970	35,9	24,8	11,3	89,3
Italien	1960	12,9	7,2	3,6	30,0
	1970	18,9	9,1	9,2	43,5

12.2.2 Herzmuskel

Der Herzmuskel ist im Bau der quergestreiften Skelettmuskulatur ähnlich, doch ist die Zahl der Mitochondrien wesentlich größer.

12.2.3 Glatte Muskulatur

Die Zelle der glatten Muskulatur ist ausgezeichnet durch einen zentral gelegenen Zellkern und durch optisch einheitliche Myofibrillen, die keine Querstreifung zeigen. Glatte Muskulatur kommt in den unwillkürlichen Muskeln (mit Ausnahme des Herzens) vor, z. B. in Schleimhäuten, Milz, Lymphdrüsen, Epidermis, Darmtraktus. Glatte Fasern spielen zur Erkennung von entsprechenden Gewebsteilen in Fleischprodukten eine Rolle, vornehmlich zum Nachweis von Schlund, Magen und Kalbsgekröse.

12.3 Zusammensetzung und Funktion von Muskelgewebe

12.3.1 Übersicht

Von anhaftendem Fett befreite Muskulatur enthält im Durchschnitt 76% Wasser, 21,5% Stickstoffsubstanzen, 1,5% Fett und 1% Mineral-

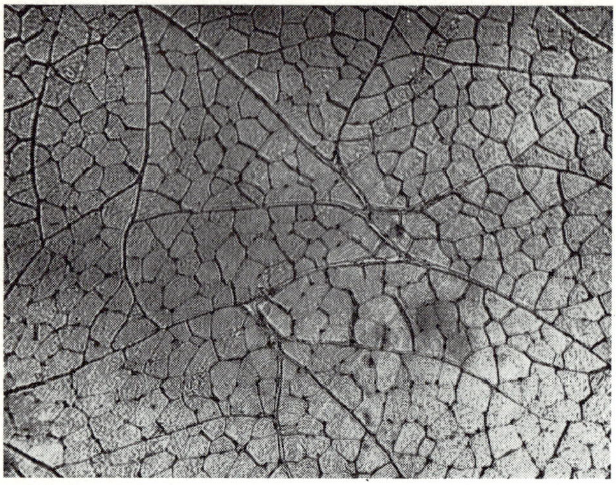

Abb. 12.1. Querschnitt durch den *M. psoas* vom Kaninchen. (Aus *Schultz, Anglemier,* 1964)

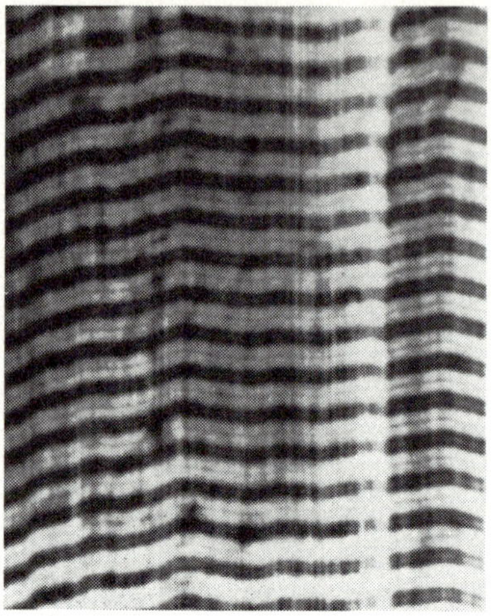

Abb. 12.3. Längsschnitt durch zwei Muskelfasern. (Aus *Schultz, Anglemier,* 1964)

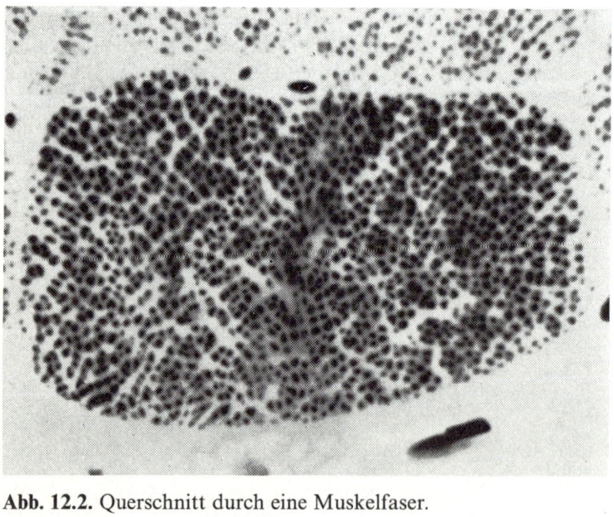

Abb. 12.2. Querschnitt durch eine Muskelfaser. (Aus *Schultz, Anglemier,* 1964)

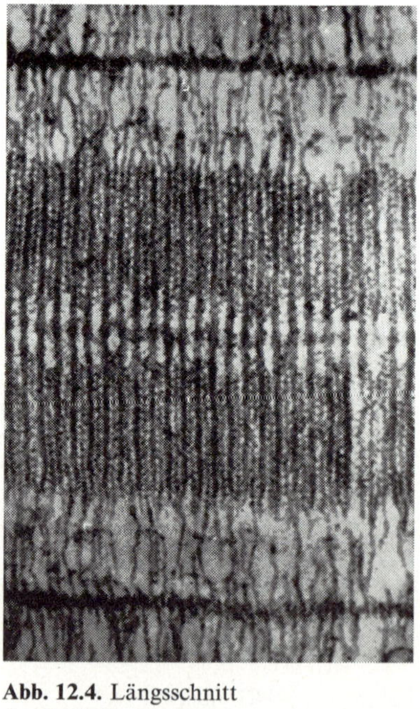

Abb. 12.4. Längsschnitt durch ein Sarcomeres. (Aus *Schultz, Anglemier,* 1964)

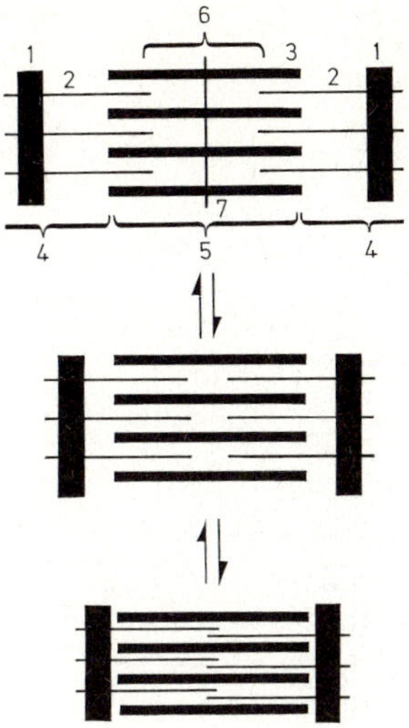

Abb. 12.5. Schematische Darstellung eines Sarcomeren im relaxierten und im kontrahierten Zustand

1 Z-Linie, 2 dünnes Filament, 3 dickes Filament, 4 I-Bande, 5 A-Bande, 6 H-Zone, 7 M-Linie

stoffe. Dazu kommen wechselnde Mengen an Kohlenhydraten (0,05–0,2%). Tabelle 12.4 orientiert über die mittlere Zusammensetzung einiger Teilstücke von Schwein, Rind und Huhn.

12.3.2 Proteine

Die Proteine des Muskels (cf. Tab. 12.5) lassen sich in drei große Gruppen einteilen:

- Proteine des kontraktilen Apparats (myofibrilläre Proteine), größtenteils extrahierbar mit konzentrierten Salzlösungen (Myosin, Actin, Tropomyosin, Troponin etc.),
- Lösliche Proteine (Sarcoplasmaproteine), extrahierbar mit Wasser oder verdünnten Salzlösungen (Myoglobin, Enzyme),
- Unlösliche Proteine (Bindegewebsproteine, Proteine von Organellen).

12.3.2.1 Proteine des kontraktilen Apparats und ihre Funktion

Es sind ca. 20 verschiedene myofibrilläre Proteine bekannt. Mengenmäßig überwiegen Myosin und Actin mit einem Anteil von 65–70% am Gesamtprotein. Der Rest entfällt auf die für die Kontraktion wichtigen Tropomyosine und Troponine sowie auf verschiedene Proteine des Cytoskeletts, die zur Stabilisierung der Sarcomeren beitragen.

12.3.2.1.1 Myosin

Myosin hat als Baustein der dicken Filamente einen Anteil von 50–60% an den Proteinen des kontraktilen Apparats. Es kann mit Puffern höherer Ionenstärke, z.B. mit 0,3 mol/l KCl/0,15 mol/l Phosphat-Puffer pH 6,5 aus Muskelgewebe extrahiert werden, hat ein Molekulargewicht von ca. 500000, besteht aus zwei Peptidketten und ist ein sehr langgestrecktes Molekül (Abmessungen 140 × 2 nm). Die zwei Peptidketten haben einen hohen Anteil an α-helicaler Struktur, bestehen aus langen, miteinander verdrillten Schwänzen, Hälsen und globulären Köpfen (Abmessungen 20 × 5 nm), in denen die ATPase-Aktivität des

Tabelle 12.4. Mittlere chemische Zusammensetzung von Fleisch (%)

Tier	Teilstück	Wasser	Protein	Fett	Asche
Schwein	Unterschulterblatt (*M. subscapularis*)	74,9	19,5	4,7	1,1
	Lende (*M. psoas maior*)	75,3	21,1	2,4	1,2
	Kotelett[a]	54,5	15,2	29,4	0,8
	Schinken	75	20,2	3,6	1,1
	Bauch	40	11,2	48,2	0,6
Rind	Keule	76,4	21,8	0,7	1,2
	Kotelett[a]	74,6	22,0	2,2	1,2
Huhn	Keule	73,3	20,0	5,5	1,2
	Brust	74,4	23,3	1,2	1,1

[a] Mit anhaftendem Fettgewebe.

Tabelle 12.5. Muskelproteine

Proteine	Anteil[a]	
Myofibrilläre Proteine	60,5	
Myosin (H-, L-Meromyosin, verschiedene assoziierte Komponenten)		29
Actin		13
Connectin		3,7
Tropomyosine		3,2
Troponine C, I, T		3,2
α-, β-, γ-Actinine		2,6
Myomesin, N-Linienprotein etc.		3,7
Desmin etc.		2,1
Sarcoplasmaproteine	29	
Glycerinaldehydphosphat-Dehydrogenase		6,5
Aldolase		3,3
Kreatinkinase		2,7
Weitere glykolytische Enzyme		12,0
Myoglobin		1,1
Hämoglobin, andere extracelluläre Proteine		3,3
Bindegewebsproteine, Proteine von Organellen	10,5	
Collagen		5,2
Elastin		0,3
Mitochondrienproteine (einschl. Cytochrom c und unlöslichen Enzymen)		5,0

[a] Mittlerer prozentualer Anteil am Gesamtprotein eines typischen Säugetiermuskels nach Rigor mortis und vor weiteren Veränderungen post mortem.

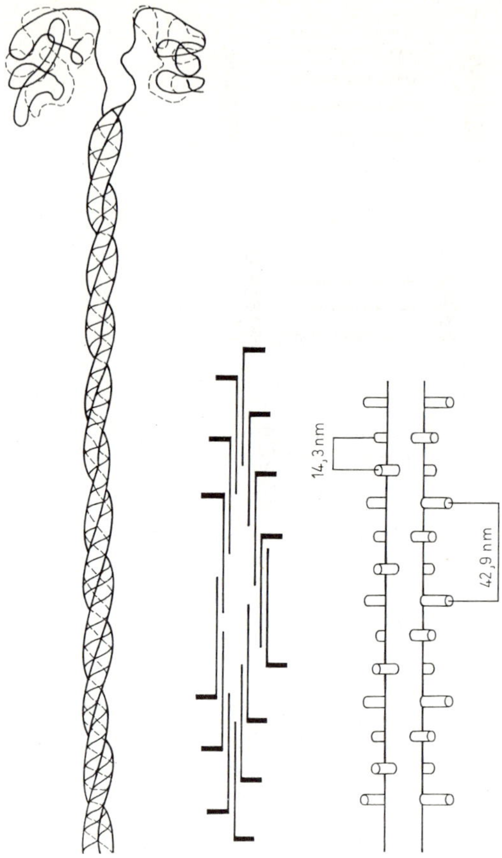

Abb. 12.6. a Schematische Darstellung eines Myosinmoleküls (nach *Lehninger*, 1975). **b** Schematische Darstellung der Anordnung von Myosinmolekülen in den dicken Filamenten (nach *Huxley*, 1963). **c** Schematische Darstellung eines dicken Filaments. (Nach *Lehninger*, 1975)

Myosins lokalisiert ist und die auch die Wechselwirkung mit dem Actin der dünnen Filamente bewirken (Abb. 12.6, a).

Mit Trypsin ist eine Spaltung von Myosin in L- und H-Meromyosin (light and heavy meromyosins) möglich, die Molekulargewichte von 150000 bzw. 340000 haben. Die H-Fraktion enthält die globulären Köpfe und besitzt sowohl ATPase-Aktivität als auch die Fähigkeit zur Komplexbildung mit Actin. Weitere Proteolyse liefert aus H-Meromyosin zwei Subfragmente S1 und S2, die dem eigentlichen Kopf und dem Hals entsprechen. In der Kopfregion finden sich außerdem vier weitere, nicht covalent gebundene Peptidketten (M_r = 20000).

In den dicken Filamenten (l ~ 1500 nm, d ~ 12 nm) sind die Myosinmoleküle entsprechend der schematischen Darstellung in Abb. 12.6 (b und c) angeordnet. Es kommt durch Kontakt der Peptidschwänze zur Ausbildung eines Hauptstrangs, um den die Köpfe spiralförmig gruppiert sind. Der Abstand zwischen zwei aufeinanderfolgenden Köpfen beträgt 14,3 nm, der zwischen zwei in einer Reihe stehenden Köpfen 42,9 nm. Jedes Filament enthält ca. 400 Proteinmoleküle. Die Assoziation ist unter bestimmten Bedingungen reversibel.

12.3.2.1.2 *Actin*

Actin hat als Hauptbestandteil der dünnen Filamente einen Anteil von 15–30% an den kontraktilen Proteinen. Es ist, wahrscheinlich auf Grund

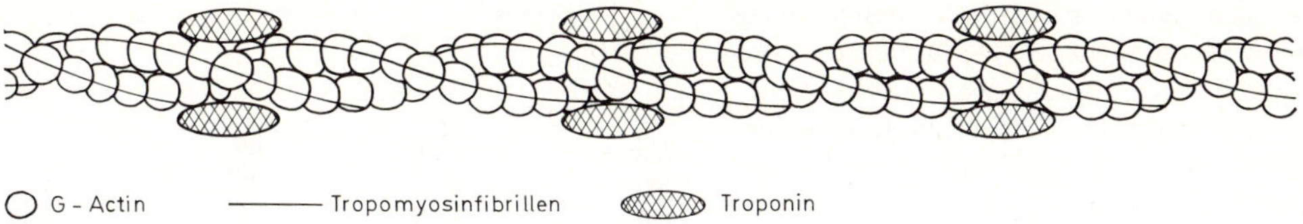

Abb. 12.7. Schematische Darstellung eines dünnen Filaments. (Nach *Karlsson,* 1977)

seiner Fixierung am Material der Z-Linien, wesentlich schwerer extrahierbar als Myosin. Die Gewinnung ist z. B. durch Extraktion von Acetontrockenpulver von Muskelgewebe mit wäßriger ATP-Lösung möglich.

Das monomere G-Actin (globuläres Actin) hat ein Molekulargewicht von ca. 46000 und die Eigenschaft, ATP zu binden. Es polymerisiert in Gegenwart von Salzen oder auch in Gegenwart von ATP und $Mg^{2\oplus}$ (unter Spaltung des Triphosphats zu ADP, das gebunden bleibt) zu F-Actin (fibrilläres Actin).

In den dünnen Filamenten (l ~ 1000 nm, d ~ 8 nm) des Muskels liegt F-Actin in Form eines verdrillten helicalen Doppelstranges vor, der durch zwei Tropomyosinfibrillen (cf. 12.3.2.1.3) stabilisiert wird (Abb. 12.7). Es handelt sich also insgesamt um ein viersträngiges Filament. Jeweils sechs dünne Filamente umgeben ein dickes Filament, wobei jeder F-Actin-Strang seinerseits mit den Köpfen von drei dicken Filamenten in Kontakt kommt (Abb. 12.8, b).

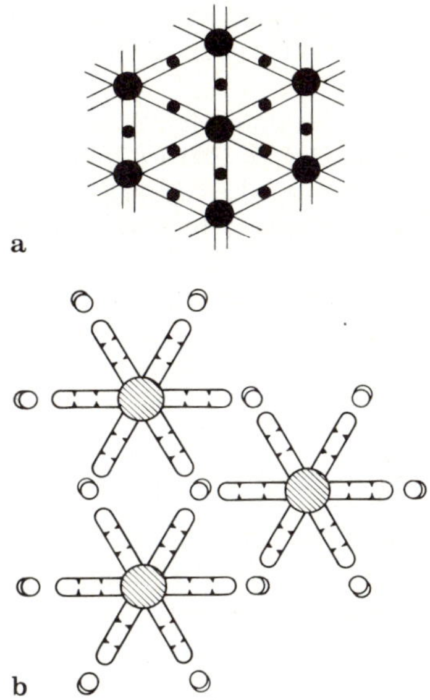

Abb. 12.8. Schematische Querschnitte durch Myofibrillen.
a Hexagonale Anordnung von dicken Filamenten (Myosinfilamenten, ●) im Bereich der M-Linie; Vernetzung durch M-Filamente (•) und M-Brücken (=), die u. a. aus Myomesin bestehen (nach *Lawrie,* 1985).
b Hexagonale Anordnung von dicken und dünnen Filamenten (Myosin- und Actinfilamenten). (Nach *Schultz, Anglemier,* 1964)

12.3.2.1.3 Tropomyosin und Troponin

Tropomyosin ist ein langgestrecktes Molekül (45 × 2 nm) mit einem Molekulargewicht von ca. 70000, das aus zwei miteinander verdrillten Peptidketten α-helicaler Struktur besteht. Das Monomere bildet leicht polymere Fibrillen, die in den dünnen Filamenten als Komplex mit F-Actin vorliegen.

Troponin sitzt auf den Actinfilamenten (cf. Abb. 12.7) und steuert durch eine von der $Ca^{2\oplus}$-Konzentration abhängige Konformationsänderung bei der Muskelkontraktion den Kontakt zwischen Myosin- und Actinfilamenten (cf. 12.3.2.1.5). Es ist aus den drei Komponenten T, I und C aufgebaut. Troponin-T besteht aus einer Peptidkette mit 259 Aminosäureresten und bindet an Tropomyosin. Troponin-I (179 Aminosäurereste) bindet an Actin und hemmt verschiedene Enzymaktivitäten (ATPase). Troponin-C (158 Aminosäurereste) bindet $Ca^{2\oplus}$-Ionen reversibel durch Konformationsänderung.

12.3.2.1.4 Weitere myofibrilläre Proteine

Neben den Hauptkomponenten der Sarcomeren, Myosin und Actin, ist eine Reihe von Cytoskelettproteinen bekannt, die für die Stabilisierung der Struktur der Sarcomeren verantwortlich sind. Die wichtigste Komponente ist *Connectin,* ein unlösliches Protein (M_r = 700000–1000000), das feine Filamente (g-Filamente, d = 2 nm) zu bilden vermag, die von der Z-Linie ausgehen und

zwischen den dicken Filamenten benachbarter Sarcomerer laufen. Diese g-Filamente tragen entscheidend zur Festigkeit des Fleisches bei.
Ein weiteres Protein des Zellgerüsts ist *Myomesin* (Subeinheit: $M_r = 165000$). Als Hauptkomponente der M-Linie trägt Myomesin zur Fixierung der dicken Filamente der A-Bande und zur Verbindung benachbarter Myofibrillen bei. Da Myomesin stark an Myosin bindet, ist es möglicherweise auch an der Packung und am Zusammenhalt der Myosinmoleküle in den dicken Filamenten beteiligt.
In den Z-Linien sind u.a. die Proteine *α-Actinin* ($M_r = 200000$), *Desmin* ($M_r = 55000$), *Vimentin* ($M_r = 58000$) und *Synemin* ($M_r = 23000$) lokalisiert. Desmin scheint benachbarte Myofibrillen zu verbinden.
Aus den beiderseits parallel der Z-Linien durch die I-Banden verlaufenden N-Linien wurde ein *N-Linienprotein* ($M_r = 60000$) isoliert.

12.3.2.1.5 Kontraktion und Relaxation

Bei Stimulation eines Muskels durch einen Nervenimpuls kommt es zur Depolarisierung der Zellmembran und damit zum Austritt von $Ca^{2\oplus}$-Ionen aus den Sarcotubuli im sarcoplasmatischen Reticulum. Die $Ca^{2\oplus}$-Konzentration steigt in sehr kurzer Zeit von 10^{-7} auf 10^{-5} mol/l. Die $Ca^{2\oplus}$-Ionen werden vom Troponin aufgenommen und bewirken eine Konformationsänderung dieses $Ca^{2\oplus}$-empfindlichen Proteins. Da Troponin in Kontakt mit Tropomyosin steht, kommt es als Folge der Konformationsänderung zu einer Verschiebung der Tropomyosinfibrillen relativ zu den F-Actinsträngen. Diese Verschiebung ermöglicht unter Abwinklung der Köpfchen vom Hauptstrang der dicken Filamente – die dazu notwendige Energie ist als Konformationsenergie aus der vorhergehenden Spaltung von ATP im Köpfchen vorhanden, das auch die Spaltprodukte ADP und anorganisches Phosphat noch enthält – deren Kontakt mit den dünnen Filamenten (Abb. 12.9, a). Eine anschließende Konformationsänderung der Köpfchen führt zu einer Verschiebung der dünnen Filamente relativ zum dicken Filament (Abb. 12.9, b). Da die Köpfchen gegensinnig zur M-Linie angeordnet sind, kommt es zu einer Annäherung der Z-Linien.
Das Köpfchen gibt ADP und anorganisches Phosphat ab, löst sich vom dünnen Filament

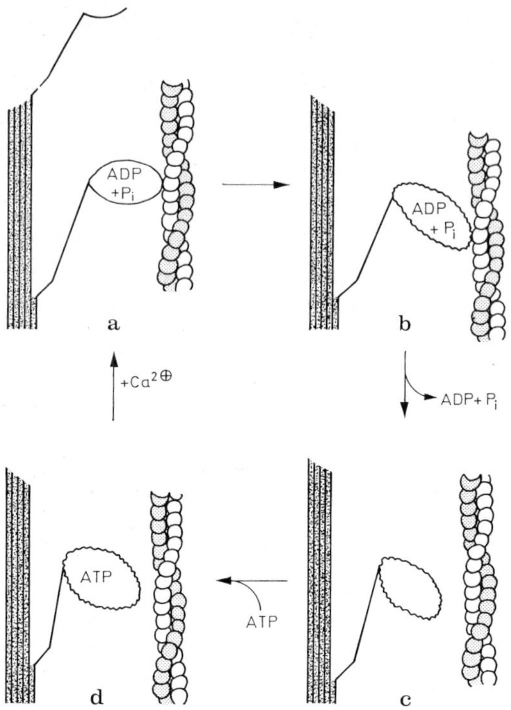

Abb. 12.9. Molekulare Vorgänge bei der Muskelkontraktion (s. Text). (Nach *Karlsson*, 1977)

(Abb. 12.9, c) und kann wieder ATP aufnehmen (Abb. 12.9, d). Ist die $Ca^{2\oplus}$-Konzentration noch hoch, erfolgt unter Spaltung von ATP sofort wieder Kontakt des Köpfchens mit dem dünnen Filament (Abb. 12.9, a), und der geschilderte Ablauf beginnt von neuem. Ist die $Ca^{2\oplus}$-Konzentration inzwischen abgefallen, dann erfolgt keine Spaltung von ATP – Troponin scheint in diesem Zustand als Inhibitor der ATPase im Myosinköpfchen zu wirken – und kein Kontakt des Köpfchens mit dem dünnen Filament. Der Muskel geht in den relaxierten Zustand zurück.
Das Absinken der $Ca^{2\oplus}$-Konzentration bei nachlassender Reizung des Muskels wird ebenso wie der Anstieg bei Reizung durch die Sarcotubuli bewirkt, die im vorliegenden Fall $Ca^{2\oplus}$-Ionen aus dem Sarcoplasma entfernen. Ist die ATP-Konzentration niedrig, dann erfolgt offensichtlich keine Lösung des Kontaktes zwischen Myosin- und Actinfilamenten. Der Muskel verbleibt in einem starren, kontrahierten Zustand (Rigor mortis, cf. 12.4). ATP hat demnach einen Weichmachereffekt.

12.3.2.1.6 Actomyosin

Lösungen von F-Actin und Myosin bilden bei hohen Ionenstärken ($\mu = 0{,}6$) in vitro einen Komplex, der als Actomyosin bezeichnet wird. Die Komplexbildung ist mit einem Anstieg der Viskosität verbunden und erfolgt in einem definierten molaren Verhältnis: 1 Molekül Myosin tritt in Wechselwirkung mit 2 Molekülen G-Actin, d. h. mit einer Grundeinheit der Doppelhelix des F-Actinstranges. Es entsteht wahrscheinlich ein ährenförmiges Gebilde mit der F-Actin-Doppelhelix als Rückgrat und mit Myosinmolekülen, die in die Lösung hineinragen. Zusatz von ATP bewirkt einen schlagartigen Abfall der Viskosität infolge Dissoziation des Komplexes. Anschließender Zusatz von $Ca^{2\oplus}$-Ionen aktiviert die Myosin-ATPase, ATP wird gespalten, und es erfolgt Rückbildung des Actomyosinkomplexes.
Es ist gelungen, durch Verspinnen einer Actomyosinlösung (Fällbad Wasser) Fäden zu erhalten, die wie Muskelfasern auf Zusatz von ATP kontrahieren. Durch Extraktion von Muskelfaserbündeln mit Glycerin ist es andererseits möglich, alle löslichen Komponenten aus dem Muskel zu entfernen und die Semipermeabilität der Membranen zu beseitigen. Ein derartiger Modellmuskel zeigt auf Zusatz von ATP und $Ca^{2\oplus}$-Ionen alle Erscheinungen einer Kontraktion in vivo.
Diese Modellversuche zeigen, daß die Vorgänge bei der Muskelkontraktion im Prinzip verstanden werden, wenn auch einige molekulare Details noch unbekannt sind.

12.3.2.2 Lösliche Proteine

Die löslichen Proteine haben einen Anteil von 25–30% am Gesamtprotein von Muskelgewebe. Es handelt sich dabei um ca. 50 Komponenten, im wesentlichen um Enzyme und um Myoglobin (cf. Tab. 12.5). Die hohe Viskosität des Sarcoplasmas geht auf die große Konzentration an gelösten Proteinen zurück, die 20–30% betragen kann. In vivo sind die glykolytischen Enzyme an die myofibrillären Proteine gebunden.

12.3.2.2.1 Enzyme

Das Sarcoplasma enthält zunächst die für die Glykolyse und für den Pentosephosphat-Cyclus benötigten Enzyme. Der Anteil der Glycerinal-

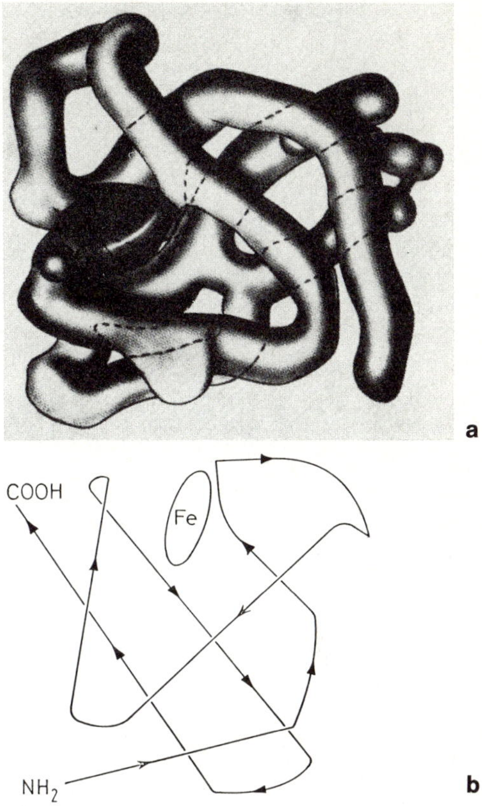

Abb. 12.10. Molekülmodell des Myoglobins (**a**) und Schema des Verlaufs der Peptidkette (**b**). (Aus *Schormüller*, 1965)

dehyd-3-phosphat-Dehydrogenase am gesamten löslichen Protein kann mehr als 20% betragen. Weiterhin ist eine Reihe anderer, mit dem ATP-Stoffwechsel zusammenhängender Enzyme vorhanden, wie z. B. Kreatin-Kinase und ADP-Desaminase (cf. 12.3.6 und 12.3.8).

12.3.2.2.2 Myoglobin

Muskelgewebe enthält im Durchschnitt 1% purpurrotes Myoglobin, berechnet auf Trockenmasse. Der Gehalt schwankt allerdings je nach Pigmentierung (weißes und rotes Muskelgewebe) stark.
Myoglobin besteht aus einer Peptidkette vom Molekulargewicht $M_r = 16\,800$, deren Primär- und Tertiärstruktur bekannt sind (Abb. 12.10). In einer hydrophoben Tasche liegt, gebunden an His^{93}, die Farbstoffkomponente, bei der es sich,

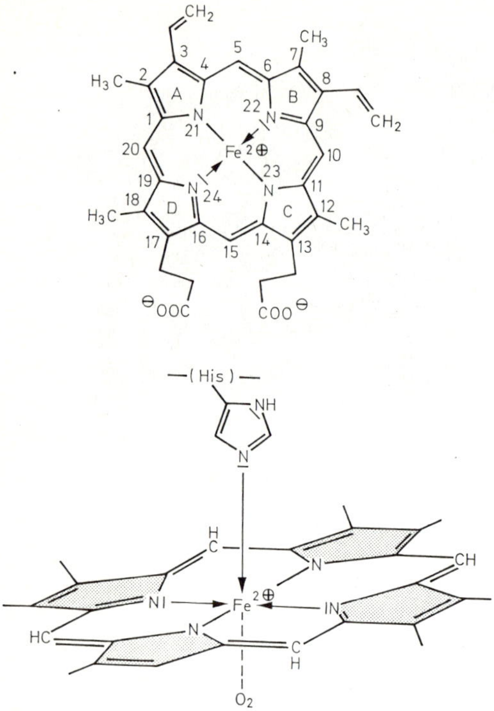

Abb. 12.11. $Fe^{2\oplus}$-Protoporphyrin, Formel und Bindung an Peptidkette. (Nach *Karlsson*, 1977)

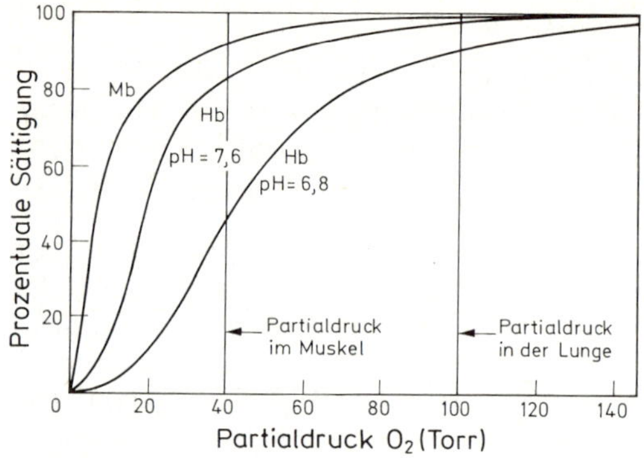

Abb. 12.12. Sauerstoffbindungskurven von Myoglobin und Hämoglobin

wie beim Hämoglobin, um $Fe^{2\oplus}$-Protoporphyrin (Häm) handelt (Abb. 12.11).

Myoglobin hat auf Grund seiner Fähigkeit zur reversiblen Bindung von Sauerstoff die Funktion eines Sauerstoffspeichers. Ein Vergleich der Sauerstoffbindungskurven von Hämoglobin und Myoglobin (Abb. 12.12) zeigt, daß das als Sauerstofftransporteur fungierende Hämoglobin bei niedrigem p_{O_2}, wie er z. B. im Muskel herrscht, Sauerstoff an Myoglobin abgibt. Die sigmoide Form der Sauerstoffbindungskurve des Hämoglobins geht auf die Quartärstruktur des Moleküls zurück. Es besteht aus vier Polypeptidketten mit je einem Farbstoffmolekül. Die Sauerstoffbindung an die vier Farbstoffmoleküle erfolgt auf Grund allosterischer Effekte cooperativ, so daß sich für die Sättigung S ergibt (p_{O_2}: Sauerstoffpartialdruck, k: Dissoziationskonstante des Sauerstoffkomplexes):

$$S = \frac{k \cdot p_{O_2}^n}{1 + k \cdot p_{O_2}^n} \qquad (12.1)$$

Für Hämoglobin ist n ~ 2,8 (sigmoide Sättigungskurve), für Myoglobin ist n = 1 (hyperbolische Sättigungskurve). Die Effizienz der Sauerstoffübertragung von Hämoglobin auf Myoglobin wird auf Grund der pH-Abhängigkeit der Sauerstoffbindung (*Bohr*-Effekt) durch pH-Senkung noch weiter gesteigert.

Während im lebenden Tier nur ca. 10% des Eisens an Myoglobin gebunden sind, liegt der Myoglobinanteil am gesamten Eisen eines gut ausgebluteten Rindermuskels bei 95%. Hämoglobin leistet demnach nur einen kleinen Beitrag zur Fleischfarbe, und der Beitrag anderer Pigmente, wie z. B. der der Cytochrome, ist zu vernachlässigen.

Es ist allerdings zu beachten, daß das Aussehen eines Stückes Fleisch nicht nur von der Absorption der Fleischpigmente – in erster Linie also von der Absorption des Myoglobins – abhängt, sondern auch von der Lichtstreuung an der Muskelfasermatrix. Bedingung für eine leuchtend rote Farbe ist, daß der Absorptionskoeffizient groß ist im Vergleich zum Streuungskoeffizienten.

Myoglobin (Mb) hat eine purpurrote Farbe (λ_{max} = 555 nm), das Sauerstoffaddukt Oxymyoglobin (MbO_2) ist leuchtend rot (λ_{max} = 542 und 580 nm), das Oxidationsprodukt Metmyoglobin ($MMb^{\oplus}$) ist braun (λ_{max} = 505 und 635 nm). Andere Liganden mit starkem Feld (z. B. CO, NO, $N_3^{\ominus}$, $CN^{\ominus}$) werden wie O_2 praktisch covalent gebunden und ergeben low-spin-Komplexe mit ähnlichen Absorptionsspektren und deshalb ähnlicher Farbe wie MbO_2. Abb. 12.13 zeigt einige Absorptionskurven.

Das freie Häm ($Fe^{2\oplus}$-Protoporphyrin) bildet kein O_2-Addukt, sondern wird rasch zum Hämin ($Fe^{3\oplus}$-Protoporphyrin) oxidiert. Als Voraussetzung für eine reversible O_2-Bindung muß auf einer axialen Seite ein effektiver Donator-Ligand unter Ausbildung eines quadratisch-pyramidalen Komplexes an das Eisen gebunden werden. Im Myoglobin hat die Imidazolseitenkette des His^{93} diese Funktion. Das Eisen wird durch die Wechselwirkung mit dem fünften Liganden um ca. 0,05 nm aus der Häm-Ebene herausgezogen:

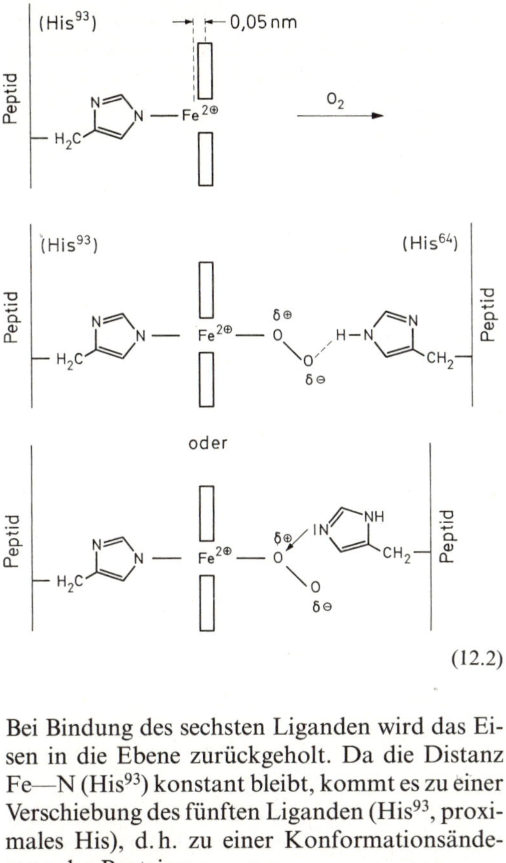

(12.2)

Bei Bindung des sechsten Liganden wird das Eisen in die Ebene zurückgeholt. Da die Distanz Fe—N (His^{93}) konstant bleibt, kommt es zu einer Verschiebung des fünften Liganden (His^{93}, proximales His), d.h. zu einer Konformationsänderung des Proteins.

Die Basizität des fünften Liganden bestimmt die Art der Bindung des sechsten Liganden. Der Imidazolring vom His^{93} ist ein guter π-Donator und stabilisiert deshalb ein O_2-Addukt. Eine schwächere Base würde die Wahrscheinlichkeit einer Oxidation des Eisens anstatt einer Oxygenierung erhöhen, eine stärkere Base würde die Stabilität des O_2-Adduktes vergrößern. Der letztere Effekt wäre vom biochemischen Standpunkt

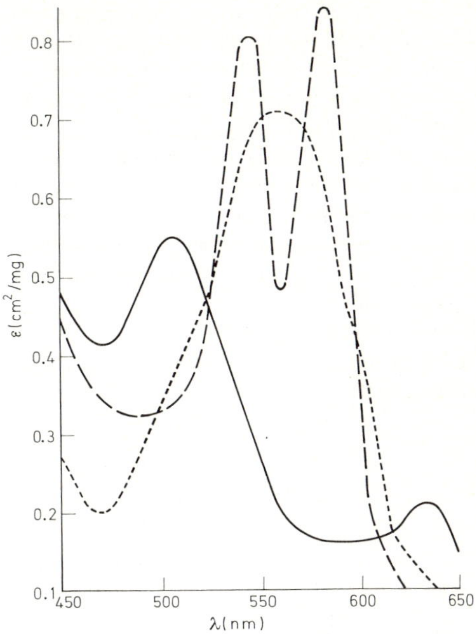

Abb. 12.13. Absorptionsspektren von Myoglobin (- - - -), Oxymyoglobin (— — —) und Metmyoglobin (——). (Nach *Fennema*, 1976)

aus (O_2-Speicher) negativ, vom lebensmittelchemischen Standpunkt aus (stabile, leuchtend rote Farbe von Fleisch) positiv zu bewerten.

His^{93} sitzt in der erwähnten hydrophoben Tasche des Myoglobinmoleküls. Durch Protonierung und Deprotonierung ist die Elektronendichte am Eisen und damit die Oxygenierung zu steuern. Erhöhung des pH-Wertes erhöht die Basizität und damit die O_2-Bindung (*Bohr*-Effekt, cf. Abb. 12.12).

Ein zweiter Histidinrest des Myoglobins (His^{64}, distales His) trägt zur Stabilisierung des Häm-O_2-Komplexes durch Ausbildung einer Wasserstoffbrücke oder einer Ionenbindung zwischen N und O bei (Formel 12.2).

Die Farbe frischen Fleisches wird bestimmt durch das Verhältnis von Myoglobin (Mb), Oxymyoglobin (MbO_2) und Metmyoglobin ($MMb^{\oplus}$):

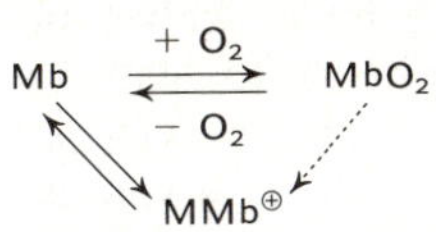

(12.3)

Bei hohem Sauerstoffpartialdruck bildet sich das stabile MbO_2: Frisch geschnittenes Fleisch

nimmt bis zu einer Tiefe von ca. 1 cm eine leuchtend kirschrote Farbe an, die als Qualitätsmerkmal gilt. Bei niedrigem Sauerstoffpartialdruck erfolgt eine langsame und kontinuierliche Oxidation zu $MMb^{\oplus}$. Der Übergang $Fe^{2\oplus} \rightarrow Fe^{3\oplus}$ ist mit dem Umschlag der Farbe von rot nach braun verbunden. $MMb^{\oplus}$ bildet kein O_2-Addukt, wahrscheinlich weil $Fe^{3\oplus}$ ein schlechterer π-Donator ist als $Fe^{2\oplus}$. Mit besseren Donator-Liganden ($CN^{\ominus}$, NO, $N_3^{\ominus}$) als O_2 werden low-spin-Komplexe gebildet, deren Spektren ähnlich dem Spektrum des MbO_2 sind.
Der Übergang $Fe^{2\oplus} \rightarrow Fe^{3\oplus}$ wird als Autoxidation bezeichnet:

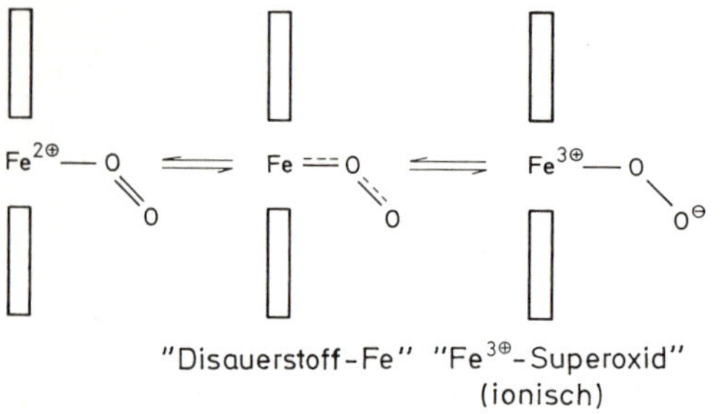

(12.4)

Sauerstoff dissoziiert nach Protonierung des äußeren negativierten O-Atoms in Form des Hydroperoxyradikals, der konjugierten Säure des Superoxidanions (cf. 3.7.2.1.4), unter Mitnahme eines Elektrons des Eisens vom Farbstoff ab. Das Proton kann vom distalen Histidinrest, von einer anderen Gruppe des Globins oder aus dem umgebenden Medium kommen. Die Autoxidation wird durch pH-Senkung gefördert, die über die Erhöhung der Dissoziation des Protein-Farbstoff-Komplexes den Übergang Häm → Hämin beschleunigt:

$$\text{Globin} + \text{Häm} \underset{k_{-1}}{\overset{k_1}{\rightleftharpoons}} \text{Myoglobin} \quad (12.5)$$

Fleisch hat unmittelbar nach der Schlachtung einen pH-Wert um 7, bei dem die Gleichgewichtskonstante der obigen Reaktion bei $K = k_1/k_{-1} = 10^{12}–10^{15}\ mol^{-1}$ liegt. Da im post-Rigor-Zustand der pH-Wert infolge der Glykolyse auf 5–6 gefallen ist, besteht erhöhte Autoxidationsanfälligkeit.
Die Stabilität des MbO_2 ist auch stark von der Temperatur abhängig. Die Halbwertszeit beträgt bei pH 5 und 25 °C τ = 2,8 h, bei 0 °C τ = 5 d.
Frisches Fleisch enthält ein System, das $MMb^{\oplus}$ wieder zu Mb reduzieren kann und wahrscheinlich verwandt ist mit dem System zur Reduktion von Methämoglobin in Erythrocyten. Ist also bei niedrigem Sauerstoffpartialdruck, wie er im Inneren eines Fleischstückes oder bei verpacktem Fleisch vorliegt, eine langsame Oxidation zu $MMb^{\oplus}$ erfolgt, dann geht dieses wieder in Mb über. Ungünstig für die Farberhaltung von Fleisch ist die Verpackung in O_2-durchlässiges Material, da nach einiger Zeit die Reduktionskapazität erschöpft ist.
Günstig ist dagegen die Verpackung in einem O_2-undurchlässigen Material. Der gesamte Farbstoff liegt dann als Mb vor und geht bei Öffnung der Packung in leuchtend rotes MbO_2 über.
Eine Stabilisierung der Farbe ist auch durch Behandlung mit CO/Luft-Gemischen vor der Verpackung möglich.
$Cu^{2\oplus}$ fördert die Autoxidation sehr stark, während andere Metallionen ($Fe^{3\oplus}$, $Zn^{2\oplus}$, $Al^{3\oplus}$) weniger aktiv sind.
In der Fleischtechnologie spielt die Farbstabilisierung durch Zusatz von Nitrat oder Nitrit (Pökelung) eine große Rolle. Nitrit oxidiert zunächst das Myoglobin zu Metmyoglobin:

$$\text{Mb} + NO_2^{\ominus} \longrightarrow \text{MMb}^{\oplus} + \text{NO} \quad (12.6)$$

Das entstehende NO liefert mit Mb und $MMb^{\oplus}$ extrem stabile Komplexe (MbNO und $MMb^{\oplus}$ NO) von leuchtend roter Farbe (Umrötung):

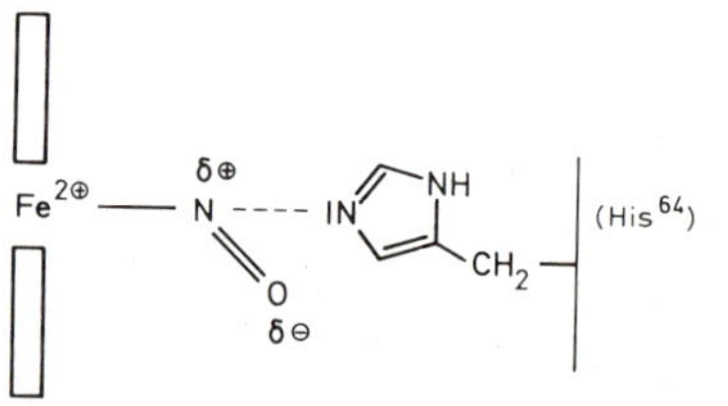

(12.7)

Reduktionsmittel (Ascorbat, Thiole, NADH) beschleunigen die Umrötung durch Reduktion von $MMb^{\oplus}$ zu Mb. $MMb^{\oplus}NO$ scheint unter Reduktion des Eisens partiell in $MbN^{\oplus}O$ überzugehen. Möglicherweise ist dieses Nitrosylmyoglobin die einzige Endstufe der Komplexe von NO mit Mb und $MMb^{\oplus}$.
MbNO ist in Abwesenheit von O_2 sehr stabil. In Gegenwart von O_2 wird dissoziiertes NO zu NO_2 oxidiert.
Die Farbe gepökelten Fleisches ist auch hitzestabil. In erhitzten Produkten liegt ein denaturiertes

Nitrosomyoglobin vor oder, infolge Dissoziation des Protein-Farbstoff-Komplexes, ein Häm mit NO-Liganden in beiden axialen Positionen:

$$O^{\oplus}N—Fe^{2\oplus}—NO^{\ominus} \quad (12.8)$$

Beim Erhitzen von ungepökeltem Fleisch kommt es dagegen zum Farbumschlag nach braun. Es liegt ein $Fe^{3\oplus}$-Komplex vor, der wahrscheinlich als fünften Liganden eine Stickstoffbase (Imidazol) und als sechsten Liganden Wasser enthält, das durch Liganden mit starkem Feld (z. B. NO, CO, $CN^{\ominus}$) verdrängt werden kann.
In Abb. 12.14 sind die erwähnten Reaktionen des Myoglobins, die für die Fleischfarbe von entscheidender Bedeutung sind, nochmals schematisch zusammengefaßt.

12.3.2.3 Unlösliche Proteine

Die Hauptmenge des in Wasser und in Salzlösungen nicht löslichen Proteinmaterials ist Bindegewebe. Daneben liegen Membranmaterial und nicht lösliche Anteile des kontraktilen Apparats vor, die bereits unter 12.3.2.1.4 behandelt wurden.
Das Bindegewebe enthält verschiedene Zelltypen. Charakteristisch ist die große Menge der von Bindegewebszellen produzierten Interzellularsubstanz, die aus amorphem Material (Kohlenhydrate, Lipide, Proteine) mit eingelagerten Collagenfasern besteht.
Bei dem Membranmaterial handelt es sich vorwiegend um Lipoproteine. Der Lipidanteil von Muskelgewebe liegt bei 3–4%, ist überwiegend in Membranen anzutreffen und besteht aus Phospholipiden, Triglyceriden und Cholesterin. Der Anteil der Phospholipide an der Lipidfraktion ist unterschiedlich hoch und beträgt z. B. bei Plasmamembranen ca. 50%, bei Mitochondrienmembranen 90%.

12.3.2.3.1 Collagen

Collagen macht bei Säugetieren ca. 20–25% des Gesamtproteins aus. Tab. 12.6 orientiert über die Aminosäurezusammensetzung. Charakteristisch sind der hohe Gehalt an Glycin, Prolin und das

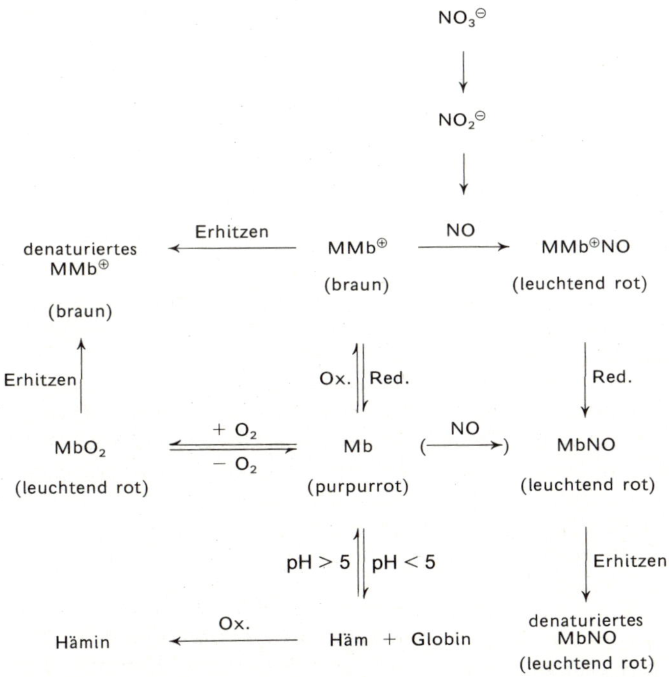

Abb. 12.14. Schematische Darstellung der Reaktionen von Myoglobin (Mb: Myoglobin, $MMb^{\oplus}$: Metmyoglobin, MbO_2: Oxymyoglobin, MbNO: Nitrosomyoglobin, $MMb^{\oplus}NO$: Nitrosometmyoglobin)

Tabelle 12.6. Aminosäurezusammensetzung von Muskelproteinen (Werte in g/16 g N)

Aminosäuren	Gesamtmuskel (Rind)	Gesamtmuskel (Geflügel)[a]	Myosin	Actin	Collagen (Kalbshaut)	Elastin
Asparaginsäure	9,7–9,9	9,7–11,0	10,9	10,4	5,4	1,0
Threonin	4,8	3,5–4,5	4,7	6,7	2,1	1,1
Serin	4,1–4,5	–	4,1	5,6	2,9	0,9
Glutaminsäure	15,8–16,2	16–18	21,9	14,2	9,7	2,4
Prolin	3,0–4,1	–	2,4	4,9	13,0	11,6
Hydroxyprolin					10,5	1,5
Glycin	4,6–6,1	4,6–6,7	2,8	4,8	22,5	25,5
Alanin	6,1–6,3	–	6,7	6,1	8,2	21,1
Cystin	1,3–1,5	–	1,0	1,3	0	0,3
Valin	4,8–5,5	4,7–4,9	4,7	4,7	2,9	16,5
Methionin	4,1–4,5	–	3,1	4,3	0,7	Spuren
Isoleucin	5,2	4,6–5,2	5,3	7,2	4,8 (Isoleucin + Leucin)	3,7
Leucin	8,1–8,7	7,3–7,8	9,9	7,9		8,6
Tyrosin	3,8–4,0	–	3,1	5,6	1,2	1,3
Phenylalanin	3,8–4,5	3,7–3,9	4,5	4,6	2,2	5,9
Lysin	9,2–9,4	8,3–8,8	11,9	7,3	3,9	0,5
Hydroxylysin					1,1	–
Histidin	3,7–3,9	2,2–2,3	2,2	2,8	0,7	0,1
Arginin	5,3–5,5	5,7–6,1	6,8	6,3	7,6	1,2
Tryptophan	–	–	0,8	2,0	0	–

[a] Huhn, Ente, Truthahn; Durchschnittswerte.

Vorkommen von 4-Hydroxyprolin und 5-Hydroxylysin. Da das Vorkommen von Hydroxyprolin auf Bindegewebe beschränkt ist, kann es zur Bestimmung des Bindegewebsanteiles in Fleischwaren herangezogen werden.

Collagen enthält auch Kohlenhydrate (Glucose und Galactose), die O-glykosidisch über Hydroxylysin mit der Peptidkette verknüpft sind. Gefunden wurden 2-O-α-D-Glucosyl-O-β-D-galactosyl-hydroxylysin und O-β-D-Galactosyl-hydroxylysin.

Es sind verschiedene Collagen-Typen bekannt, die für unterschiedliche Organe und auch für die unterschiedlichen Bindegewebsschichten des Muskelgewebes (cf. 12.2.1) charakteristisch sind. Tab. 12.7 gibt einen Überblick. In Tab. 12.8 ist die Aminosäuresequenz einer α^1-Kette von Collagen Typ I aus Säugetierhaut wiedergegeben. Typisch ist das Vorkommen von Glycin in jeder dritten Position. Abweichungen von dieser Regelmäßigkeit werden nur an den Enden einer Kette beobachtet. Eine häufige Sequenz ist

—Gly—Pro—Hyp— .

Hydroxyprolin steht auf Grund der Spezifität des hydroxylierenden Enzyms bei Wirbeltieren nur in der angezeigten Position vor Glycin.

Collagen ist aus drei Peptidketten aufgebaut, die je nach Typ verschieden oder identisch sein können (cf. Tab. 12.7). Die drei Peptidketten, die jeweils helicale Struktur haben, treten zu einer Tripelhelix zusammen, deren Struktur dem Polyglycin II entspricht.

Abb. 12.15 zeigt eine solche Tripelhelix.

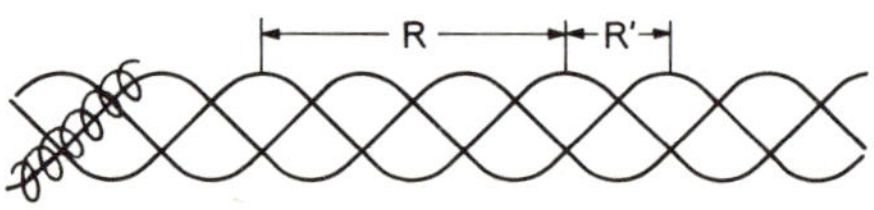

Abb. 12.15. Schema der Konformation von Tropocollagen (Periode R = 8,7 nm, Pseudoperiode R′ = 2,9 nm)

Das resultierende Molekül, Tropocollagen, hat ein Molekulargewicht von ca. 30 000 und ist ca. 280 nm lang, bei einem Durchmesser von 1,4–1,5 nm. Die Zusammenlagerung von Tropocollagen entsprechend dem Schema in Abb. 12.16 führt

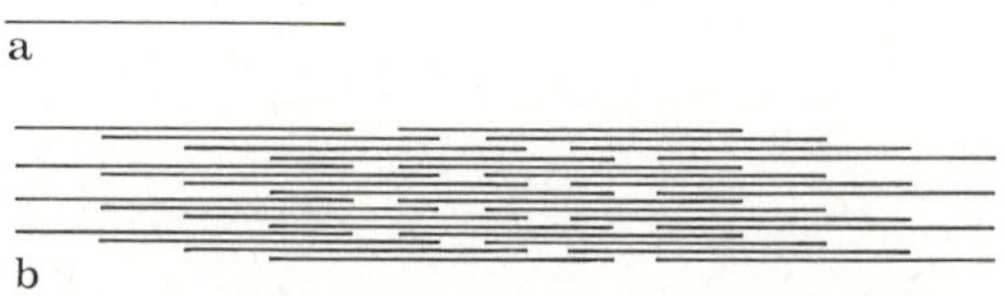

Abb. 12.16. Schema des Aufbaus einer Collagenfaser **b** aus Tropocollagen **a**

Tabelle 12.7. Collagentypen

Typ	Peptid-ketten[a]	Molekulare Zusammen-setzung	Vorkommen
I	α^1, α^2	$[\alpha^1(I)]_2\alpha^2$ (I)	Haut, Sehnen, Knochen, Muskel (Epimysium)
II	α^1	$[\alpha^1$ (II)$]_3$	Knorpel
III	α^1	$[\alpha^1$ (III)$]_3$	Foetale Haut, cardiovasculäres System, Synovialmembranen, Innere Organe, Muskel (Perimysium)
IV	α^1, α^2	$[\alpha^1$ (IV)$]_3$ (?)[b]	Basalmembranen, Linsenkapsel, Glomeruli
		(?)	Placentamembran, Lunge, Muskel (Endomysium)
V	αA, αB, αC (?)	$[\alpha B]_2$ αA oder $(\alpha B)_3$ + $(\alpha A)_3$ bzw. $(\alpha C)_3$ (?)	Placentamembran, cardiovasculäres System, Lunge, Muskel (Endomysium), Nebenkomponente vieler Gewebe

[a] Die α-Ketten verschiedener Collagentypen unterscheiden sich und werden deshalb als α^1 (I), α^1 (II), αA etc. gekennzeichnet.

[b] (?): Nicht endgültig geklärt.

zu Collagenfasern, deren Querstreifung sich aus der Art der Überlappung ergibt.

Mit zunehmender Alterung des Collagens kommt es zu einer Stabilisierung der Struktur durch covalente Quervernetzungen. Diese Quervernetzung umfaßt folgende Reaktionen:

- Enzymatische Oxidation von Lysin und Hydroxylysin zu den entsprechenden ω-Aldehyden,
- Reaktionen dieser Aldehyde zu Aldolen und Aldiminen,
- Stabilisierung dieser Primärprodukte durch Reduktion oder Oxidation.

Es scheint, daß nur bestimmte Reste in Reaktion treten, vorzugsweise in den terminalen Bereichen der Peptidketten.

Die Oxidation der Lysin- und Hydroxylysinseitenketten durch ein Enzym, das $Cu^{2\oplus}$ und Pyridoxalphosphat benötigt und mit den Aminoxidasen verwandt ist, führt zu peptidgebundenen α-Aminoadipinsäuresemialdehydresten (R = H oder OH):

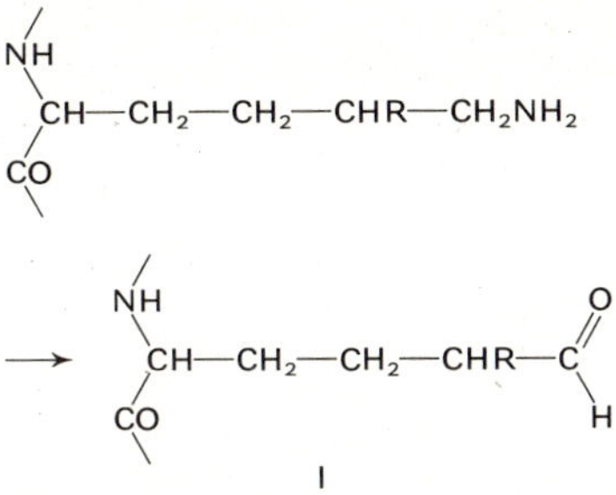

(12.9)

Die Aldehydseitenketten können eine Aldolkondensation eingehen, der eine Eliminierung von Wasser folgen kann:

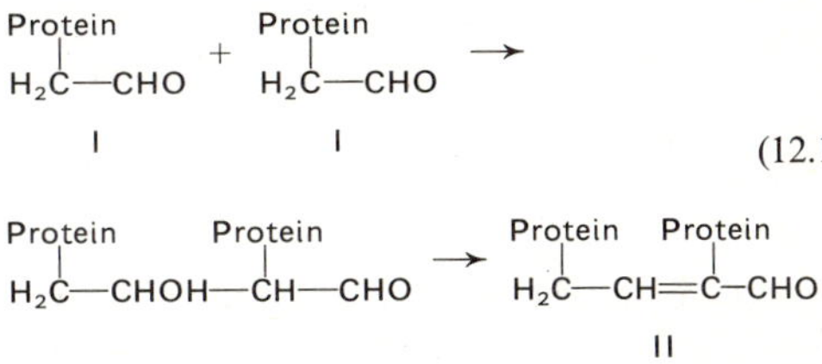

(12.10)

I kann auch mit einem Lysinrest zu einem Aldimin reagieren, das durch Reduktion in peptidgebundenes Lysinonorleucin (III) überführt werden kann:

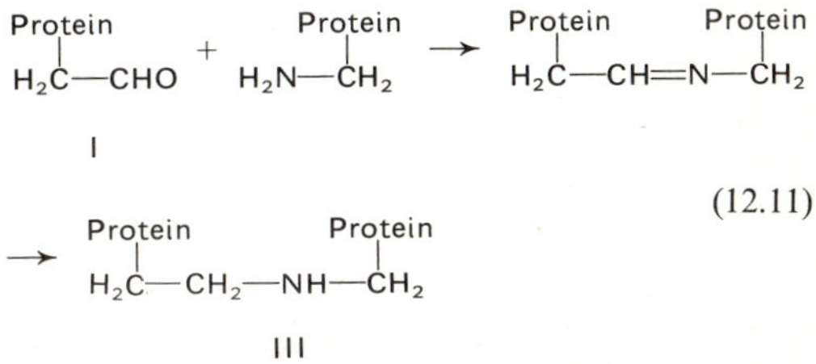

(12.11)

Der Aldehyd II kann ebenfalls mit einem Lysinrest über Dehydromerodesmosin (IV) zu Merodesmosin (V) reagieren:

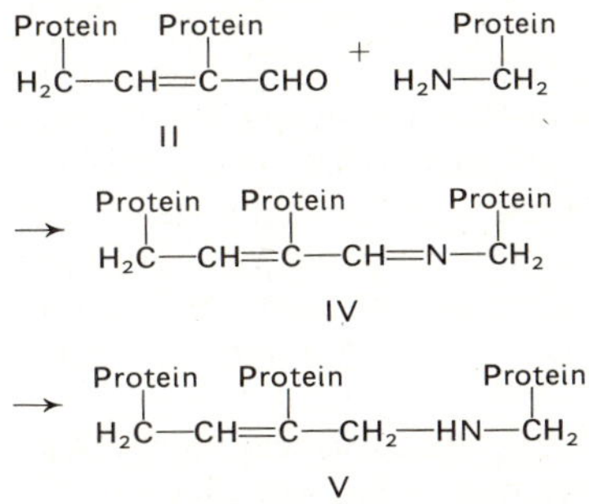

(12.12)

Cyclisierende Reaktionen unter Beteiligung von drei Molekülen I und einem Lysinrest führen zu Pyridinderivaten und den entsprechenden reduzierten Verbindungen, die als Desmosine (VI), Dihydro- (VII) und Tetrahydrodesmosine (VIII) bezeichnet werden:

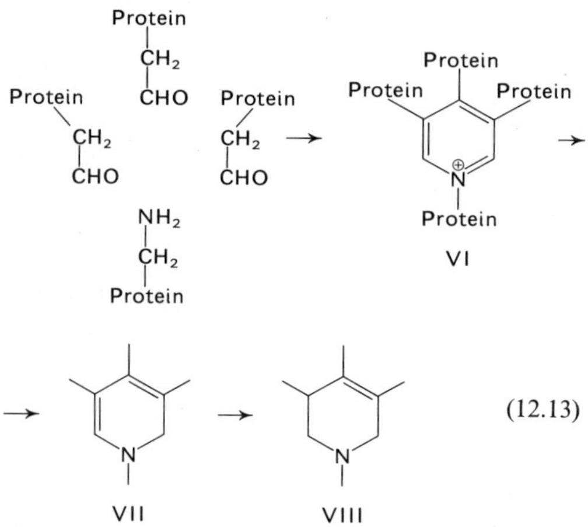

(12.13)

Je nach Ablauf der Kondensationen werden neben den aufgeführten Desmosinen (VI), die als A-Typ bezeichnet werden, auch Ringe mit anderem Substitutionsmuster beobachtet, z. B. B- und C-Typen:

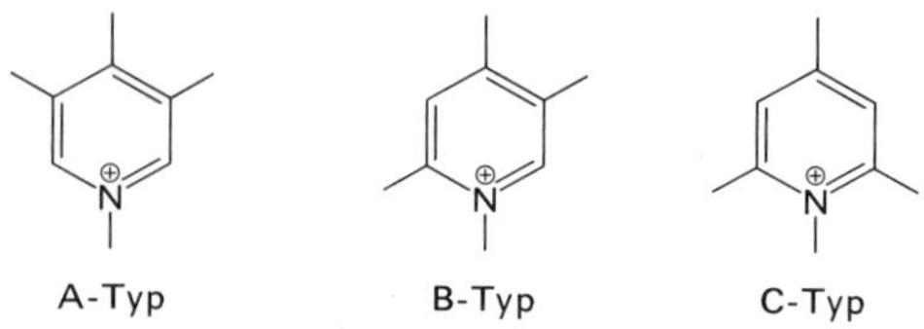

(12.14)

Alle geschilderten Reaktionen können auch unter Beteiligung von Hydroxylysinresten ablaufen. Von allen erwähnten Verbindungen wurden nur Hydroxylysinonorleucin und Dihydroxylysinonorleucin in signifikanten Mengen aus Collagen isoliert.

Bei der Biosynthese des Collagens (Abb. 12.17, a–h) werden beim Typ I zunächst Pro-α^1- und Pro-α^2-Ketten synthetisiert, bei denen es sich um am N-Terminus bis zu 25% verlängerte α^1- und α^2-Ketten handelt (a). Sofort nach der Ablösung der Ketten vom Polysom erfolgt die Hydroxylierung von Prolin- und Lysinresten (s. Formel 12.15).

Anschließend erfolgt eine Ausrichtung der Ketten unter Zusammenlagerung von zwei Pro-α^1-

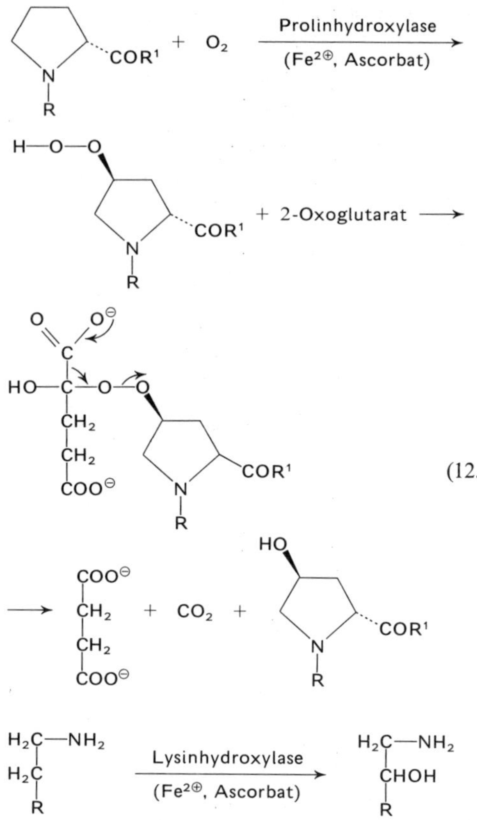

(12.15)

und einer Pro-α^2-Kette und Ausbildung der helicalen Strukturen (b–d). Für diesen Vorgang der Ordnung der Peptidketten scheint den verlängerten N-Termini besondere Bedeutung zuzukommen. Zwischen ihnen bilden sich in dieser Phase auch Disulfidbindungen aus, die offensichtlich zur Stabilisierung der komplexen Struktur beitragen. Das Procollagen wird nun glykosyliert, durch die Zellmembran (e) ausgeschieden und unter Entfernung der erwähnten N-Termini durch limitierte Proteolyse (f) in Tropocollagen (g) überführt, das sich in der geschilderten Weise zu Collagenfasern (h) zusammenlagert. Auf dieser Stufe erfolgt dann auch die covalente Vernetzung von Peptidketten durch Lysinoxidation und deren Folgereaktionen.

Collagen ist quellbar, aber nicht löslich. Enzymatisch wird es durch eine Reihe von Collagenasen unterschiedlicher Herkunft und Spezifität mehr oder weniger weitgehend hydrolysiert. Eine zu den Metallproteinasen gehörende Wirbeltiercollagenase spaltet z. B. bevorzugt eine Bindung in

Tabelle 12.8. Sequenz von Collagen aus Säugetierhaut, α^1-Kette[a]

														Z*	M	S	Y	G	Y	D	E	K	S	A	G	V	S	V	P
G	P	M	G	P	S	G	P	R	G	L	P*	G	P	P*	G	A	P*	G	P	Q	G	F	Q	G	P	P*	G	E	P*
G	E	P*	G	A	S	G	P	M	G	P	R	G	P	P*	G	P	P*	G	K	N	G	D	D	G	E	A	G	K	P
G	R	P*	G	Q	R	G	P	P*	G	P	Q	G	A	R	G	L	P*	G	T	A	G	L	P*	G	M	K*	G	H	R
G	F	S	G	L	D	G	A	K	G	N	T	G	P	A	G	P	K	G	E	P*	G	S	P*	G	Z	B	G	A	P*
G	Q	M	G	P	R	G	L	P*	G	E	R	G	R	P*	G	P	P*	G	S	A	G	A	R	G	D	D	G	A	V
G	A	A	G	P	P*	G	P	T	G	P	T	G	P	P*	G	F	P*	G	A	A	G	A	K	G	E	A	G	P	Q
G	A	R	G	S	E	G	P	Q	G	V	R	G	E	P*	G	P	P*	G	P	A	G	A	A	G	P	A	G	N	P*
G	A	D	G	Q	P*	G	A	K	G	A	N	G	A	P*	G	I	A	G	A	P*	G	F	P*	G	A	R	G	P	S
G	P	Q	G	P	S	G	A	P*	G	P	K	G	N	S	G	E	P*	G	A	P*	G	N	K	G	D	T	G	A	K
G	E	P*	G	P	A	G	V	Q	G	P	P*	G	P	A	G	E	E	G	K	R	G	A	R	G	E	P*	G	P	S
G	L	P*	G	P	P*	G	E	R	G	G	P*	G	S	R	G	F	P*	G	A	D	G	V	A	G	P	K	G	P	A
G	E	R	G	S	P*	G	P	A	G	P	K	G	S	P*	G	E	A	G	R	P*	G	E	A	G	L	P*	G	A	K
G	L	T	G	S	P*	G	S	P*	G	P	D	G	K	T	G	P	P*	G	P	A	G	Q	D	G	R	P*	G	P	A
G	P	P*	G	A	R	G	Q	A	G	V	M	G	F	P*	G	P	K	G	A	A	G	E	P*	G	K	A	G	E	R
G	V	P*	G	P	P*	G	A	V	G	P	A	G	K	D	G	E	A	G	A	Q	G	P	P*	G	P	A	G	P	A
G	E	R	G	E	Q	G	P	A	G	S	P*	G	F	Q	G	L	P*	G	P	A	G	P	P*	G	E	A	G	K	P*
G	E	Q	G	V	P*	G	D	L	G	A	P*	G	P	S	G	A	R	G	E	R	G	F	P*	G	E	R	G	V	E
G	P	P*	G	P	A	G	P	R	G	A	N	G	A	P*	G	N	D	G	A	K	G	D	A	G	A	P*	G	A	P*
G	S	Q	G	A	P*	G	L	Q	G	M	P*	G	E	R	G	A	A	G	L	P*	G	P	K	G	D	R	G	D	A
G	P	K	G	A	D	G	A	P	G	K	D	G	V	R	G	L	T	G	P	I	G	P	P*	G	P	A	G	A	P*
G	D	K	G	E	A	G	P	S	G	P	A	G	T	R	G	A	P*	G	D	R	G	E	P*	G	P	P*	G	P	A
G	F	A	G	P	P*	G	A	D	G	Q	P*	G	A	K	G	E	P*	G	D	A	G	A	K	G	D	A	G	P	P*
G	P	A	G	P	A	G	P	P*	G	P	I	G	N	V	G	A	P*	G	P	K*	G	A	R	G	S	A	G	P	P*
G	A	T	G	F	P*	G	A	A	G	R	V	G	P	P*	G	P	S	G	N	A	G	P	P*	G	P	P*	G	P	A
G	K	E	G	S	K	G	P	R	G	E	T	G	P	A	G	R	P*	G	E	V	G	P	P*	G	P	P*	G	P	A
G	E	K	G	A	P*	G	A	D	G	P	A	G	A	P*	G	T	P	G	P	Q	G	I	A	G	Q	R	G	V	V
G	L	P*	G	Q	R	G	E	R	G	F	P*	G	L	P*	G	P	S	G	E	P*	G	K	Q	G	P	S	G	A	S
G	E	R	G	P	P*	G	P	M	G	P	P*	G	L	A	G	P	P*	G	E	S	G	R	E	G	A	P*	G	A	E
G	S	P*	G	R	D	G	S	P*	G	A	K	G	D	R	G	E	T	G	P	A	G	A	P*	G	P	P*	G	A	P*
G	A	P*	G	P	V	G	P	A	G	K	S	G	D	R	G	E	T	G	P	A	G	P	I	G	P	V	G	P	A
G	A	R	G	P	A	G	P	Q	G	P	R	G	B	K*	G	Z	T	G	Z	Z	G	B	R	G	I	K*	G	H	R
G	F	S	G	L	Q	G	P	P*	G	P	P*	G	S	P*	G	E	Q	G	P	S	G	A	S	G	P	A	G	P	R
G	P	P*	G	S	A	G	S	P*	G	K	D	G	L	N	G	L	P*	G	P	I	G	P*	P*	G	P	R	G	R	T
G	D	A	G	P	A	G	P	P*	G	P	P*	G	P	P*	G	P	P*	G	P	P	S	G	G	Y	D	L	S	F	L
P	Q	P	P	Q	Q	Z	K	A	H	D	G	G	R	Y	Y														

Z*: Pyrrolidoncarbonsäure, P*: 4-Hydroxyprolin, K*: 5-Hydroxylysin.

[a]: Die Sequenz ist aus Sequenzen von Hautcollagen verschiedener Säugetiere abgeleitet, die sich sehr ähnlich sind.

nativem Collagen, während die Collagenase aus *Clostridium histolyticum,* ebenfalls eine Metallproteinase, bevorzugt vor Glycinresten spaltet, so daß Tripeptide resultieren:

—Pro—X—↓Gly—Pro—X—↓Gly—Pro— (12.16)

Es sind auch zu den Serinproteinasen gehörende collagenolytische Enzyme bekannt.

Denaturiertes Collagen, wie es bei der Fleischreifung durch die Einwirkung von Milchsäure entsteht, ist auch durch lysosomale Enzyme spaltbar, z. B. durch eine lysosomale Collagenase und durch die Cysteinproteinase Cathepsin B_1. Thermisch denaturiertes Collagen wird durch Pepsin und Trypsin angegriffen.

Eine charakteristische Eigenschaft von Collagen ist das Schrumpfen beim Erhitzen (Kochen und Braten von Fleisch). Die Schrumpftemperatur (T_s) hängt von der Art des Collagens ab und liegt z. B. für Fischcollagen bei ca. 45 °C, für Säugetiercollagen bei 60–65 °C. Beim Erhitzen von nativem Collagen auf $T > T_s$ erfolgt eine je nach Quervernetzung mehr oder weniger weitgehende Auffaltung der Tripelhelices unter Bildung von löslicher Gelatine. Beim Abkühlen erfolgt in Abhängigkeit von der Konzentration der Gelatinelösung und vom Temperaturgradienten wieder

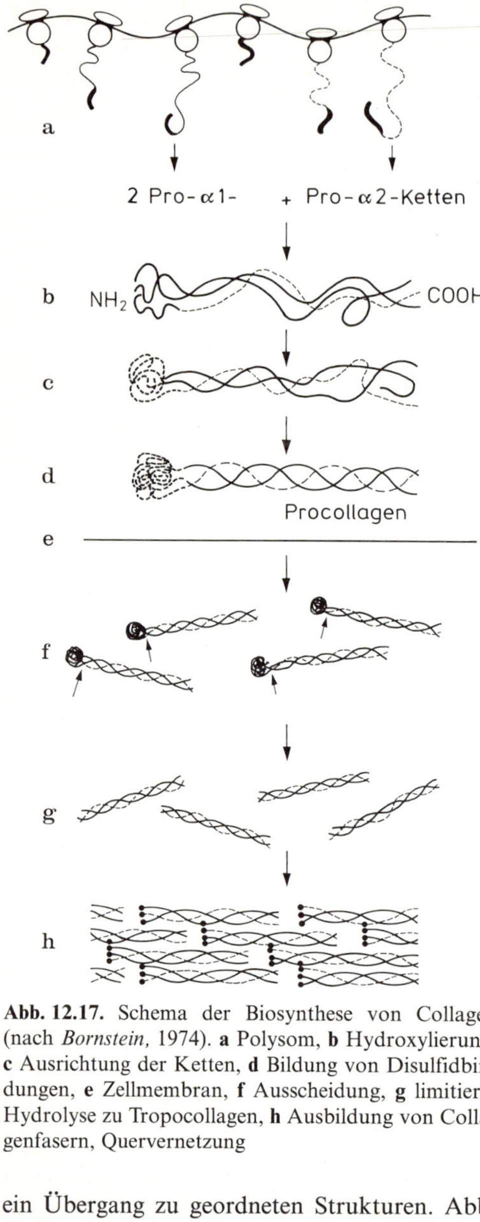

Abb. 12.17. Schema der Biosynthese von Collagen (nach *Bornstein,* 1974). **a** Polysom, **b** Hydroxylierung, **c** Ausrichtung der Ketten, **d** Bildung von Disulfidbindungen, **e** Zellmembran, **f** Ausscheidung, **g** limitierte Hydrolyse zu Tropocollagen, **h** Ausbildung von Collagenfasern, Quervernetzung

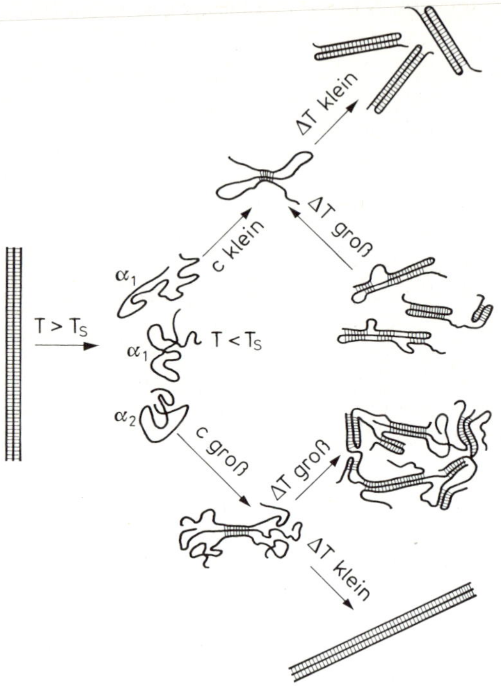

Abb. 12.18. Schema des Übergangs Collagen → Gelatine (nach *Traub* und *Piez,* 1971). (T_s: Schrumpftemperatur, T: Temperatur, c: Konzentration; s. Text)

ein Übergang zu geordneten Strukturen. Abb. 12.18 gibt die Verhältnisse schematisch wieder. Bei niedriger Konzentration erfolgt überwiegend eine intramolekulare Rückfaltung einzelner Ketten. Bei höherer Konzentration und langsamer Abkühlung kommt es zur Rückbildung von Strukturen, die denen des Ausgangsmaterials ähnlich sind. Bei hoher Konzentration und schneller Abkühlung entstehen Strukturen, bei denen alternierend kurze helicale Abschnitte und ungeordnete Abschnitte auftreten. Diese Strukturen können große Mengen an Wasser immobilisieren. Es sind Gelatinegele.

Der geschilderte Übergang Collagen → Gelatine erfolgt beim Kochen und Braten von Fleisch. Das Ausmaß der Gelatinierung hängt von der Quervernetzung des Collagens und damit vom Alter des Tieres ebenso ab wie vom Erhitzungsprozeß (Temperatur, Zeit, Druck).

Gelatine spielt als Geliermittel eine Rolle. Sie wird technisch aus Knochen oder Haut durch alkalischen und/oder sauren Aufschluß und nachfolgende Wasserextraktion gewonnen. Je nach Herstellungsprozeß werden Produkte mit unterschiedlichen Molekulargewichten und davon abhängig mit unterschiedlichen Geliereigenschaften erhalten, die als Speisegelatine oder in anderen Industriezweigen (Filmindustrie) Verwendung finden.

12.3.2.3.2 Elastin

Elastin kommt vergesellschaftet mit Collagen in kleineren Mengen im Bindegewebe vor. Es han-

delt sich um ein nicht quellbares, sehr resistentes Protein mit gummiähnlichen Eigenschaften. Tab. 12.6 zeigt, daß die Aminosäurezusammensetzung von der des Collagens abweicht. Die basischen Aminosäuren treten zurück, dafür sind Aminosäuren mit unpolaren Seitenketten stark erhöht (Ala, Val, Leu, Ile). Dieser Unterschied erklärt das im Gegensatz zu Collagen fehlende Quellvermögen beim Erhitzen in Wasser.
Die elastischen Eigenschaften werden auf das Vorkommen einer Pentapeptideinheit .VPGVG. zurückgeführt, die als Polymer eine spezielle Konformation ausbildet, eine sogenannte β-Spirale. Es handelt sich dabei um eine Folge von durch Glycinreste verbundene β-turns, die zur α-Helix aufgewickelt sind:

```
-G-V  V-G-V  V-G-V  V-
   |  |      |  |      |  |
   P-G       P-G       P-G
```
(12.17)

Der die β-turns verbindende Glycinrest kann aus sterischen Gründen durch keinen anderen Aminosäurerest ersetzt werden.
Elastin wird durch die vom Pankreas produzierte Serinproteinase Elastase hydrolysiert. Das Enzym spaltet bevorzugt Peptidbindungen, an denen die Carbonylgruppen von Aminosäureresten mit unpolaren nichtaromatischen Seitenketten beteiligt sind.

12.3.3 Freie Aminosäuren

Frischer Rindermuskel enthält freie Aminosäuren in Mengen von 0,1–0,3% (bezogen auf Frischgewebe). Alle Proteinbausteine sind in kleinen Mengen (< 0,005%) nachweisbar, Alanin (0,01–0,05%) und Glutaminsäure (0,01 bis 0,05%) treten stärker hervor.
Zur Fraktion der freien Aminosäuren wird auch Taurin (I) gerechnet, das mit 0,02–0,1% den Hauptanteil stellt und das aus Cystein über Cysteinsäure oder auf einem Nebenweg über Cysteamin und Hypotaurin (II) gebildet wird:

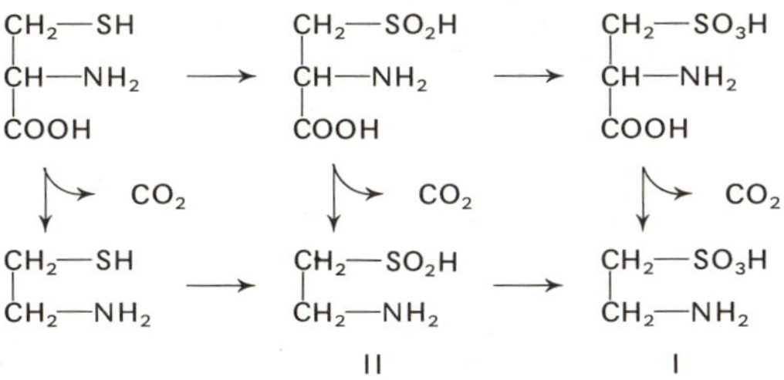

(12.18)

Biochemisch hat Taurin Bedeutung für die Derivatisierung von Gallensäuren (Taurocholsäure, Taurodesoxycholsäure). Ihm werden auch Neurotransmitterfunktionen zugeschrieben.

12.3.4 Peptide

Die für Muskel charakteristischen β-Alanylhistidinpeptide Carnosin, Anserin und Balenin werden in Abschnitt 1.3.4.2 behandelt.

12.3.5 Amine

Methylamin ist in frischem Rindermuskel in Mengen von 2 mg/kg vorhanden, andere flüchtige aliphatische Amine (Dimethyl-, Trimethyl-, Ethyl-, Diethyl-, Isopropylamin) sind in Spuren nachweisbar. Die durch Decarboxylierung von Aminosäuren (Name jeweils in Klammern) entstehenden biogenen Amine Histamin (Histidin), Tyramin (Tyrosin), Tryptamin (Tryptophan) und Colamin (Serin) kommen in Mengen von 10 mg/kg vor, Putrescin (Ornithin), Cadaverin (Lysin) sowie Spermin, das 1,4-Bis-(3′-aminopropylamino)-butan und Spermidin, das 3′-Aminopropyl-1,4-diaminobutan in sehr kleinen Mengen. Bei fortgeschrittener Autolyse und beginnender bakterieller Zersetzung steigt der Gehalt an biogenen Aminen stark an (1–20 g/kg).

12.3.6 Guanidinverbindungen

Kreatin und Kreatinin (I, II in Formel 12.19) sind charakteristische Bestandteile des Muskels und werden deshalb zum Nachweis von Fleischextrakt in Lebensmitteln herangezogen. Die Mengen liegen im frischen Rindermuskel bei 0,3–0,6% (I) und 0,02–0,04% (II).
Im lebenden Muskel liegen 50–80% des Kreatins als Kreatinphosphat (III) vor, das mit ATP im Gleichgewicht steht, dessen Einstellung von der Kreatin-Kinase beschleunigt wird. Verbindung III dient als Energiespeicher (Freie Enthalpie der Hydrolyse $\Delta G^0 = -42{,}7$ kJ/mol; ATP: $\Delta G^0 = -29{,}7$ kJ/mol). Post mortem, wenn ATP nicht mehr in größeren Mengen über oxidative Prozesse nachgeliefert wird, fällt die Konzentration an Kreatinphosphat innerhalb weniger Stunden sehr stark ab.

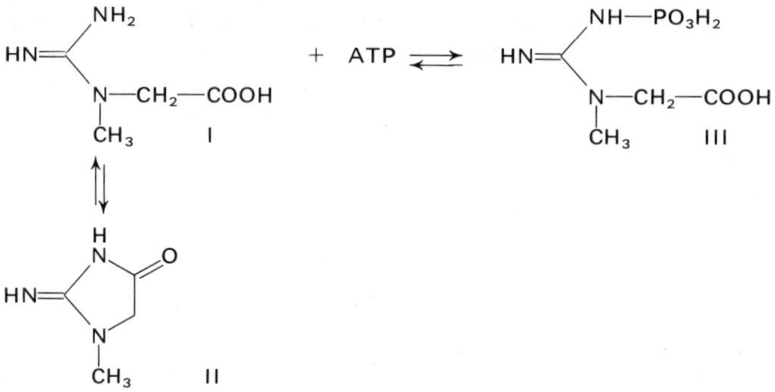

(12.19)

12.3.7 Quartäre Ammoniumverbindungen

Cholin und Carnitin kommen in Mengen von 0,02–0,06% und 0,05–0,2% (bezogen auf Frischgewebe) im Muskel vor. Cholin wird aus Serin über Colamin gebildet:

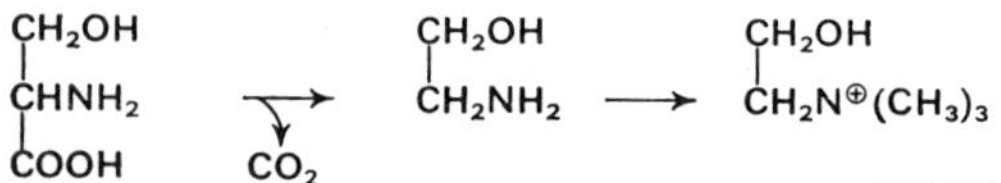

(12.20)

Carnitin entsteht aus Lysin über ε-N-Trimethyllysin und Butyrobetain:

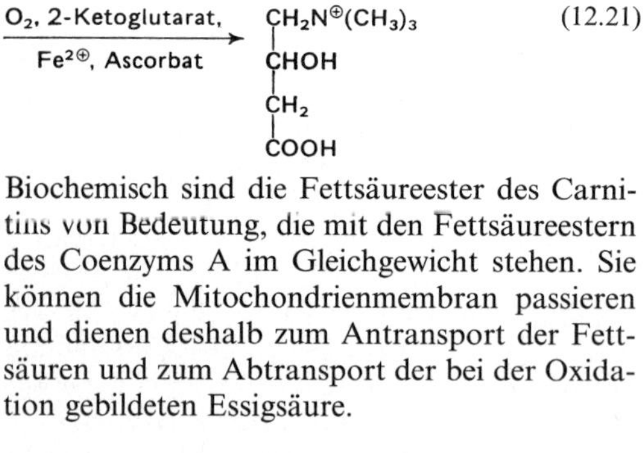

(12.21)

Biochemisch sind die Fettsäureester des Carnitins von Bedeutung, die mit den Fettsäureestern des Coenzyms A im Gleichgewicht stehen. Sie können die Mitochondrienmembran passieren und dienen deshalb zum Antransport der Fettsäuren und zum Abtransport der bei der Oxidation gebildeten Essigsäure.

12.3.8 Purine und Pyrimidine

Die Gesamtmenge an Purinen im frischen Rindermuskel liegt bei 0,1–0,25% (bezogen auf Frischgewebe). Das in lebendem Muskel überwiegende ATP wird post mortem in Abhängigkeit vom Zustand des Tieres und von der Temperatur mehr oder weniger schnell über die folgenden Reaktionen zu Inosin-5′-monophosphat (IMP) abgebaut, das dann langsamer über Inosin in Hypoxanthin übergeht (Tab. 12.9):

$$
\begin{array}{lll}
\text{ATP} & \rightleftharpoons & \text{ADP} + \text{P}_{an} \ \text{(Myosin-ATPase)} \\
\text{2 ADP} & \rightleftharpoons & \text{ATP} + \text{AMP} \ \text{(Myokinase)} \\
\text{AMP} & \longrightarrow & \text{IMP} + \text{NH}_3 \ \text{(Adenylat-Desaminase)} \\
\text{IMP} & \longrightarrow & \text{Inosin} + \text{P}_{an} \ \text{(5'-Nucleotidase)} \\
\text{Inosin} & \longrightarrow & \text{Hypoxanthin} + \text{Ribose} \ \text{(Nucleosidase)}
\end{array}
$$

(12.22)

In Tab. 12.10 sind am Beispiel des *M. psoas* vom Kaninchen Daten über die postmortalen Veränderungen der Nucleotidfraktion und einiger anderer wichtiger Inhaltsstoffe enthalten.

Tabelle 12.9. Purine und Pyrimidine im frischen Rindermuskel

Verbindung	Menge (%)
Inosin-5′-phosphat	0,02–0,2[a]
Inosin	Spuren
Hypoxanthin	0,01–0,03
Adenosin-5′-phosphat	0,001–0,01
Adenosin-5′-diphosphat } Adenosin-5′-triphosphat }	< 0,3[b]
Nicotinamid-adenin-dinucleotid	0,1
Guanosin-5′-phosphat	0,002
Cytidin-5′-phosphat	0,001
Uridin-5′-phosphat	0,002

[a] Bis ca. 1 h post mortem ist kein IMP vorhanden.
[b] Konzentration fällt post mortem je nach Kühlung und sonstigen Bedingungen mehr oder weniger schnell ab.

Tabelle 12.10. Postmortale Konzentrationsänderungen bei einigen Inhaltsstoffen des *M. psoas* vom Kaninchen

Verbindung	µmol/g Frischgewebe	
	lebender Muskel	post-rigor-Muskel
Totaler säurelöslicher Phosphor	68	68
Anorganisches Phosphat	< 12	> 48
Adenosintriphosphat	9	< 1
Adenosindiphosphat	1	< 1
Inosinmonophosphat	< 1	9
Kreatinphosphat	20	< 1
Kreatin	23	42
NAD/NADP	2	1
Glykogen	50	< 10
Glucose-1-phosphat	< 1	< 1
Glucose-6-phosphat	5	6
Fructose-1,6-diphosphat	< 1	< 1
Milchsäure	10	100

Die mit dem Übergang ATP → IMP verbundenen Änderungen im Wasserbindungsvermögen von Fleisch werden im Abschnitt 12.5 behandelt. Pyrimidinnucleotide treten gegenüber den Purinderivaten stark zurück (Tab. 12.9).

12.3.9 Organische Säuren

Die vorherrschende Säure des Muskels ist die durch Glykolyse gebildete Milchsäure (0,2–0,8% im Frischgewebe), gefolgt von Glykolsäure (0,1%) und Bernsteinsäure (0,05%). Andere Säuren des Citratcyclus sind nur in sehr kleinen Mengen nachweisbar.

12.3.10 Kohlenhydrate

Der Glykogengehalt des Muskels schwankt sehr stark (0,02–1% des Frischgewebes) und hängt vom Alter und Zustand des Tieres bei der Schlachtung ab. Der Abfall post mortem erfolgt unterschiedlich schnell.
Zucker sind nur in Mengen von 0,1–0,15% vorhanden, wovon 0,1% auf Glucose-6-phosphat und andere Zuckerphosphate entfallen, der Rest auf Glucose (0,009–0,09%), Fructose und Ribose.

Tabelle 12.11. Vitamine im Rindermuskel

Verbindung	mg/kg Frischgewebe
Thiamin	0,6–1,6
Riboflavin	1–3
Nicotinsäureamid	40–120
Pyridoxin, Pyridoxal, Pyridoxamin	1–4
Pantothensäure	4–10
Folsäure	0,1–0,3
Biotin	0,05
Cobalamin	0,01–0,02

Tabelle 12.12. Mineralstoffe im Rindermuskel

Element	% im Frischgewebe	Element	% im Frischgewebe
K	0,25–0,4	Zn	0,001–0,008
Na	0,07–0,2	P (als P_2O_5)	0,30–0,55
Mg	0,015–0,035	Cl	0,04–0,1
Ca	0,005–0,025		
Fe	0,001–0,005		

12.3.11 Vitamine

Tab. 12.11 orientiert über die wasserlöslichen Vitamine in Fleisch.

12.3.12 Mineralstoffe

Tab. 12.12 orientiert über die Mineralstoffe in Fleisch. Die Spurenelemente, deren Gehalt bei 1 mg/kg Frischgewebe liegt, sind nicht einzeln aufgeführt.

12.4 Postmortale Veränderungen im Muskel

Unmittelbar nach Eintritt des Todes ist der Muskel weich, schlaff und trocken und kann unter leichter Belastung (5–15 kPa) reversibel gedehnt werden. Nach einigen Stunden tritt die Totenstarre (Rigor mortis) ein. Der Muskel ist nur unter starker Belastung (> 200 kPa) dehnbar und wird feucht bis naß. Der Rigor kann in verschiedenen Stadien der Kontraktion oder Dehnung eintreten. Er löst sich nach einiger Zeit, und der Muskel kann nun wieder leicht gedehnt werden, allerdings irreversibel. Proteolytisch bedingte morphologische Veränderungen führen zu zarter Konsistenz (Reifung, Alterung).

12.4.1 Rigor mortis

Mit der Unterbrechung des Blutkreislaufs endet die Sauerstoffversorgung des Muskels. Es entwickeln sich anaerobe Bedingungen. Die vorhandenen energiereichen Phosphate (Kreatinphosphat, ATP, ADP) werden abgebaut. Die Glykolyse, deren Geschwindigkeit vom pH-Wert, von der Temperatur und vom vorhandenen Glykogen abhängt, ist der einzige energieliefernde Prozeß. Die gebildete Milchsäure bleibt im Muskel liegen. Der pH-Wert fällt von ca. 6,5 auf < 5,8. Tab. 12.10 orientiert am Beispiel des *M. psoas* vom Kaninchen über die Konzentrationsverschiebungen wichtiger Inhaltsstoffe post mortem. Abb. 12.19 gibt am Beispiel des *M. longissimus dorsi* und des *M. psoas* vom Rind den zeitlichen Verlauf des Abfalls von pH-Wert, Kreatinphosphat und ATP wieder, der in verschiedenen Muskeln durchaus unterschiedlich ist.

Der Muskel verliert seine Dehnbarkeit mit zunehmendem ATP-Abbau sehr schnell (Abb. 12.19). Er wird hart (Totenstarre, Rigor mortis cf. 12.3.2.1.5 und 12.3.2.1.6) und feucht bis naß. Der Rigor mortis entwickelt sich beim Rind in 10–24 h, beim Schwein in 4–18 h und beim Huhn in 2–4 h.

Die Geschwindigkeit des pH-Abfalls und auch der erreichte End-pH-Wert sind für das Wasserbindungsvermögen und damit für die Qualität des Fleisches von entscheidender Bedeutung. Abb. 12.20 zeigt, daß bei schneller und intensiver Kühlung des Muskels post mortem das Wasserbindungsvermögen deutlich höher ist als bei langsamem Temperaturabfall.

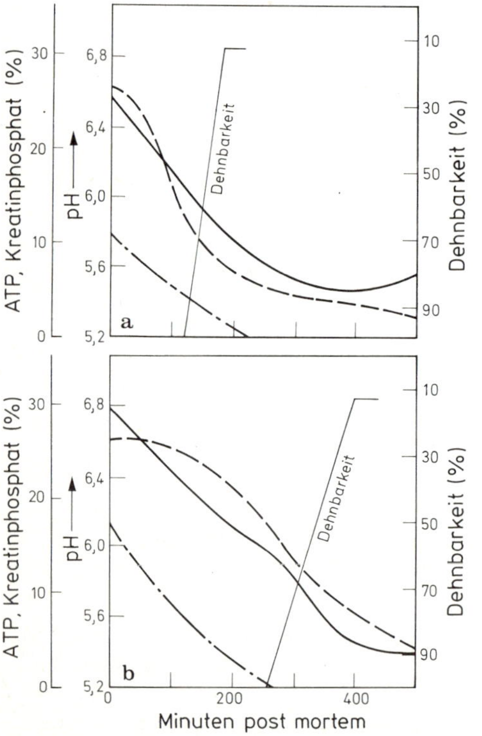

Abb. 12.19. Postmortale Veränderungen im Rindermuskel. **a** *M. longissimus dorsi*, **b** *M. psoas*; —: pH-Wert, – – –: ATP in % des gesamten säurelöslichen Phosphats, –·–·–: Kreatinphosphat in % des gesamten säurelöslichen Phosphats. (Nach *Hamm*, 1972)

12.4.2 Fleischfehler (PSE- und DFD-Fleisch)

Ein sehr schneller ATP- und pH-Abfall (Abb. 12.21) kann bei Schweinemuskel zu wäßrigem, blassen Fleisch mit niedrigem Wasserbindungsvermögen führen (PSE-Fleisch: pale, soft, exudative). PSE-Fleisch hat geringe Festigkeit, erleidet große Gewichtsverluste beim Abhängen und große Abtropfverluste beim Auftauen nach Einfrieren. Das Auftreten dieses Fleischfehlers ist typisch für Schweine mit genetisch bedingter Streßempfindlichkeit, wenn sie vor dem Schlachten Belastungen, bedingt durch Transport, Temperaturschwankungen, Angst etc., ausgesetzt sind. Es erfolgt kurz vor oder während der Schlachtung ein abnorm schneller ATP-Abbau, der eine erhöhte Glykolysegeschwindigkeit induziert. Es wird ein niedriger pH-Wert bei relativ hoher Gewebetemperatur erreicht. Als Folge soll es zu einer Abscheidung von denaturierten Proteinen des Sarcoplasmas auf den Myofibrillen kommen, deren Quellungsverhalten damit verändert wird (cf. Abb. 12.22).

Die genannten Erscheinungen treten bevorzugt an hellen Muskeln auf (z. B. *M. longissimus dorsi*, *M. glutaeus medius*), während dunkle Muskeln des gleichen Tieres (z. B. *M. rectus abdomini*) normale Beschaffenheit haben können.

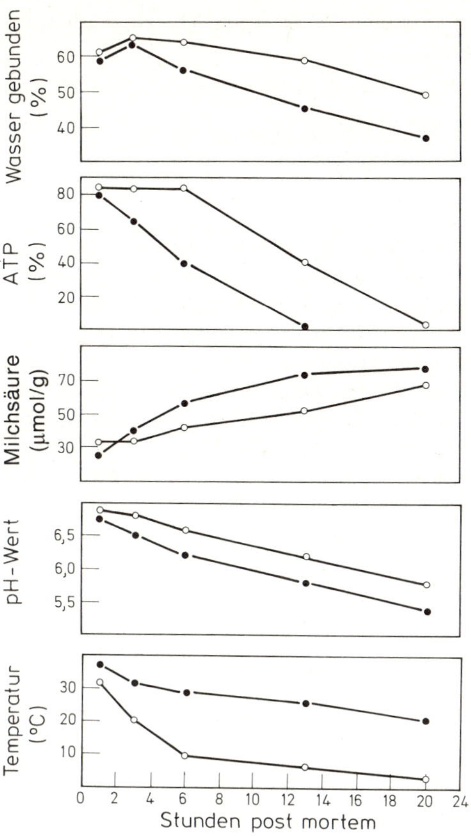

Abb. 12.20. Einfluß der Temperatur auf postmortale Veränderungen im Rindermuskel. *M. semimembranosus*, •—•: normale Kühlung, Tierkörper während der ersten Stunden p. m. bei 2–4 °C gehalten, dann Hinterviertel entnommen und 10 h bei 14 °C, anschließend bei 2 °C gehalten; ○—○: Eiskühlung, Hinterviertel 11 h im Eisbrei, anschließend bei 2 °C gehalten. Temperaturmessung in 4 cm Tiefe; gebundenes Wasser auf Gesamtwasser, Milchsäure auf Frischgewicht, ATP auf Gesamtnucleotid bezogen. (Nach *Disney* et al., 1967)

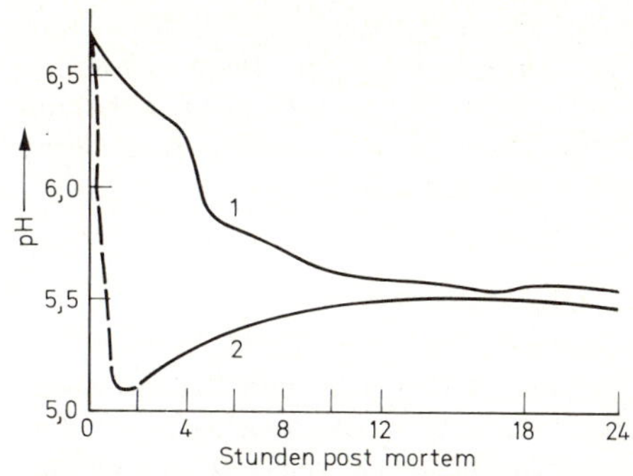

Abb. 12.21. Postmortaler pH-Abfall in normalem Schweinefleisch (1) und in PSE-Fleisch (2) *(M. longissimus dorsi)*. (Nach *Briskey* und *Wismer-Pedersen*, 1961)

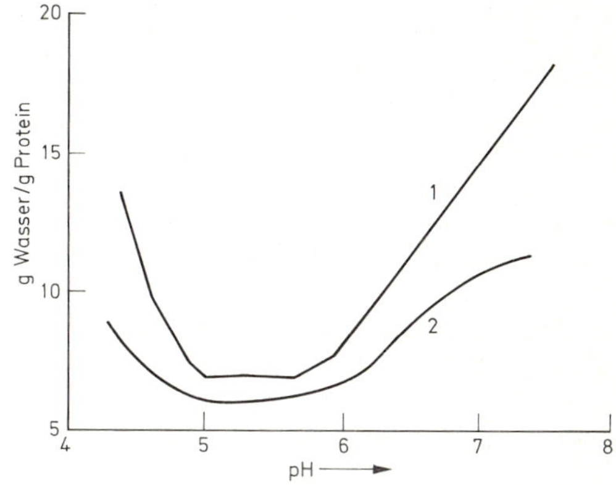

Abb. 12.22. Wasserbindungsvermögen von gewaschenen Myofibrillen aus normalem (1) und wäßrigem (2) Schweinefleisch (PSE-Fleisch). (Nach *Bendall* und *Wismer-Pedersen*, 1962)

Das Auftreten von dunklem, klebrigen Schweinefleisch (DFD-Fleisch: dark, firm, dry) ist ebenfalls für streßanfällige Tiere charakteristisch. Der Unterschied zum PSE-Effekt scheint nur darin zu liegen, daß Lactat und Protonen kurz vor oder nach der Schlachtung aus dem Muskel in das Blut übergehen, denn DFD-Fleisch hat 45 min post mortem im Gegensatz zu PSE-Fleisch einen hohen pH-Wert und eine niedrige Konzentration an Milchsäure.

Einige für normales und fehlerhaftes Fleisch charakteristische Daten sind in Tab. 12.13 zusammengefaßt. Beide Fleischfehler können an verschiedenen Muskeln des gleichen Tieres auftreten. Der PSE-Effekt spielt beim Rindermuskel keine Rolle, da hier Energie aus dem Fettstoff-

Tabelle 12.13. Unterschiede zwischen normalem und fehlerhaftem Fleisch[a]

	Beschaffenheit	pH_1	pH_{24}	ATP	Glykogen	Lactat
Normalfleisch		6,5	5,8	2,2	6,2	4,7
PSE-Fleisch	blaß, wäßrig, schlaffe Konsistenz	5,6	5,6	0,3	1,9	9,0
DFD-Fleisch	dunkel, klebrig feste Konsistenz	6,5	6,3	1,1	1,5	4,0

[a] *M. longissimus dorsi*. vom Schwein. Mittelwerte (mg/g Muskel) 1 h post mortem, pH-Werte 1 h (Anfangs-pH-Wert, pH_1) und 24 h (End-pH-Wert, pH_{24}) post mortem.

wechsel zur Verfügung steht, so daß der Glykogenabbau langsamer erfolgt. Beim Schweinemuskel läßt er sich durch vorsichtige Behandlung streßempfindlicher Tiere und rasche Abkühlung des Tierkörpers vermeiden.

12.4.3 Fleischreifung

Der Rigor mortis löst sich beim Rindermuskel 2–3 Tage post mortem. Die anschließende Reifungsphase, die für zarte Konsistenz und Aromabildung wesentlich ist, erfordert je nach Temperatur unterschiedliche Zeiten. Man rechnet bei Rindfleisch mit 14 d/0 °C, 6 d/8–10 °C und 4 d/16–18 °C. Während der Reifung steigt der pH-Wert leicht an, das Wasserbindungsvermögen nimmt etwas zu und der Saftaustritt beim Erhitzen etwas ab. Die Reifung oder Alterung ist mit morphologischen Änderungen verbunden, die in erster Linie das Cytoskelett betreffen. Die Z-Linien werden desorganisiert, die g-Filamente erweichen und zerfallen, und die laterale Adhäsion zwischen benachbarten Myofibrillen geht verloren.
Es handelt sich dabei um proteolytisch bedingte Vorgänge. So wird z. B. die Bindung von α-Actinin an die Z-Linien gelockert und damit offensichtlich auch die Fixierung der Actinfilamente. Ein Abbau von Desmin führt zur Lockerung des Verbundes benachbarter Myofibrillen im Bereich der Z-Linien. An der Adhäsion von Muskelzellen sind auch lösliche Proteine, wie z. B. die Fibronectine beteiligt, deren Konzentration mit der Reifung abnimmt. Die aus Connectin bestehenden g-Filamente werden ebenfalls proteolytisch abgebaut.
An diesen Vorgängen sind verschiedene endogene Enzyme beteiligt. Für den Angriff auf das Z-Linien-Material ist vor allem ein als CASF bezeichnetes Protein verantwortlich (Calcium Activated Sarcoplasmic Factor), das durch die post mortem eintretende Freisetzung von Calcium aus dem endoplasmatischen Reticulum aktiviert wird. Das pH-Optimum von CASF liegt bei 7, merkliche Aktivität ist ab pH 6 vorhanden. CASF baut in vitro Desmin, Connectin, auch M-Linien-Protein, Troponin T und Tropomyosin ab, hat aber keine Aktivität gegenüber Myosin und Actin.
An der Proteolyse sind auch lysosomale Enzyme beteiligt, z. B. die Cathepsine B, D und L, die u. a. Troponin T und auch Myosin und Actin angreifen.

12.5 Wasserbindungsvermögen von Fleisch

Muskelgewebe enthält bei einem Proteinanteil von 20–22% ca. 74–76% Wasser, das sind 350–360 g Wasser/100 g Protein. Der Anteil an Hydratwasser ist klein, er liegt bei Proteinen im allgemeinen bei 16–22 g Wasser/100 g Protein. Das übrige Wasser des Muskels, d. h. ca. 95%, wird durch die schmalen Kanäle zwischen den Filamenten gehalten. Veränderungen im Wassergehalt sind mit einer Quellung oder Schrumpfung der Myofibrillen verbunden. Der Quellungszustand oder das Wasserbindungsvermögen dieses Proteingels hängt von Art und Umfang der Wechselwirkungen zwischen den Peptidketten ab, die über Wasserstoffbrücken oder über Ionenbindungen, gegebenenfalls unter Beteiligung zweiwertiger Metallionen erfolgen. Abnahme dieser Wechselwirkungen führt zur Quellung, Zunahme zur Entquellung (Synärese) des Gels.
Das Wasserbindungsvermögen von Fleisch, das für viele technische Prozesse von großer Bedeutung ist, hängt vom pH-Wert und vom Ionenmilieu ab (cf. 1.4.3.1 und 1.4.3.3).
Die Gesamtladung eines Proteins und damit elektrostatische Wechselwirkungen sind am isoelektrischen Punkt am größten. Die Quellung von Fleisch durchläuft deshalb im Bereich von pH 5–5,5 ein Minimum (cf. Abb. 12.23).
Zusatz von Salzen führt infolge bevorzugter Anionenbindung zu einer Verschiebung des isoelektrischen Punktes bzw. Quellungsminimums in Richtung auf kleinere pH-Werte. Das bedeutet erhöhte Wasserbindung in Gegenwart von Salzen bei allen pH-Werten, die größer als der isoelektrische Punkt von ungesalzenem Fleisch sind (cf. Abb. 12.24).
Das große Wasserbindungsvermögen des Muskels unmittelbar nach der Schlachtung („Fleisch in schlachtwarmem Zustand“) ist auf die vor Eintritt des Rigor mortis hohe ATP-Konzentration zurückzuführen. Mit zunehmendem ATP-Abbau nehmen die Rigidität zu und das Wasserbindungsvermögen ab (cf. Abb. 12.25). Zusatz von ATP zu Muskelhomogenaten vor Einsetzen des Rigor mortis bewirkt eine Quellung (cf. Abb.

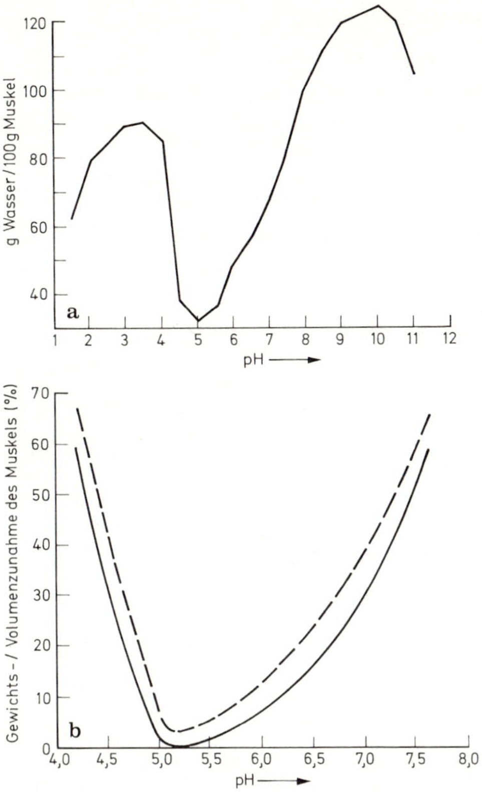

Abb. 12.23. pH-Abhängigkeit der Quellung bei Fleisch. **a** Rindermuskelhomogenat, 5 d p. m.; **b** Rindermuskel in Würfeln. 3 mm Kantenlänge, --- Gewichtszunahme, —— Volumenzunahme. (Nach *Hamm,* 1972)

12.26). Zusatz von ATP zu einem Homogenat aus Muskel im Zustand post rigor führt in niedriger Konzentration zur Kontraktion und damit zur Entquellung, in höherer Konzentration zur Quellung (cf. Abb. 12.26). Der Quellungseffekt ist allerdings nur von kurzer Dauer, da unter ATP-Abbau bald Kontraktion und Entquellung eintreten. Insgesamt demonstrieren die Versuche den auf einer Dissoziation von Actin-Myosin-Komplexen beruhenden Weichmachereffekt von ATP (cf. 12.3.2.1.5 und 12.3.2.1.6). Dem auf Grund hoher ATP-Konzentration und hohem pH-Wert großen Wasserbindungsvermögen von schlachtwarmem Fleisch steht das geringe Wasserbindungsvermögen von Fleisch post rigor gegenüber.

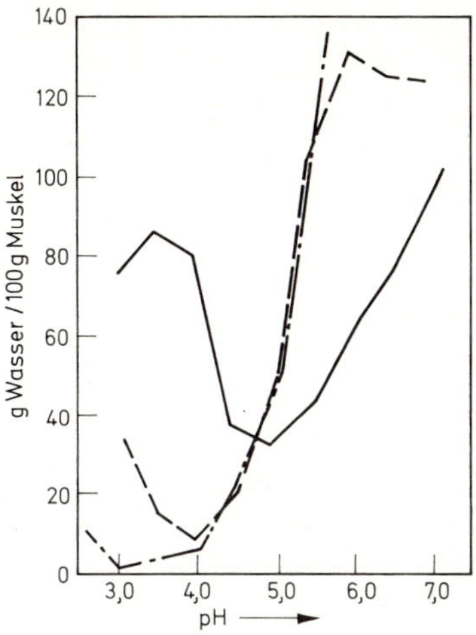

Abb. 12.24. Abhängigkeit der Quellung bei Fleisch von Salzzusätzen. Rindermuskelhomogenat, Ionenstärke der zugesetzten Salze im Homogenat $\mu = 0{,}20$. —— Kontrolle, --- NaCl, -·-·- NaSCN. (Nach *Hamm,* 1972)

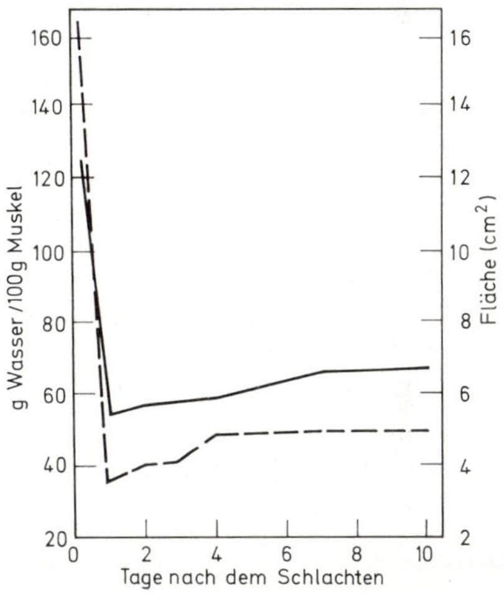

Abb. 12.25. Wasserbindungsvermögen und Rigidität von Rindermuskel. —— Wasserbindungsvermögen; --- Rigidität, angegeben als die Fläche, die das Homogenat beim Pressen zwischen Filterpapier unter Standardbedingungen einnimmt. (Nach *Hamm,* 1972)

12.6 Fleischarten, Lagerung und Verarbeitung von Fleisch

Moderne Schlachtbetriebe arbeiten mit einem hohen Automationsgrad. Die angelieferten Tiere werden nach der Elektrobetäubung in Entblute-

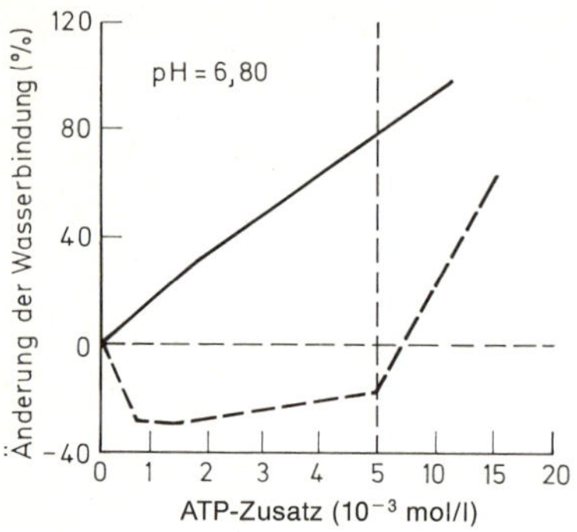

Abb. 12.26. Abhängigkeit der Quellung bei Fleisch von ATP-Zusätzen. Rindermuskelhomogenat, pH 6,8, —— 2 h p.m.; --- 4 d p.m. (Nach *Hamm*, 1972)

karusellen entblutet. Das Blut kann in Blutplasma und -konzentrat (Hämoglobin) aufgearbeitet werden. Die Tierkörper gelangen über Brühbottiche und Enthaarungsmaschinen zu Hautabziehmaschinen. Danach werden die Tiere ausgenommen, wobei die roten Organe und das Magen/Darm-Paket getrennt der Weiterverarbeitung zugeführt werden. Die Tierhälften werden kühl zwischengelagert und dann an Fließbändern zerlegt. Während der Verarbeitung anfallender Speck wird der Fettschmelze zugeführt. Alle verworfenen Materialien und Knochen werden in Tierkörperverwertungsanlagen zu Fleisch- bzw. Knochenmehl verarbeitet. Die Abwässer werden mit spezifischen Verfahren aufgearbeitet.

12.6.1 Fleischarten, Schlachtabgänge

12.6.1.1 Rindfleisch

Das Fleisch ist je nach Alter und Geschlecht blaß ziegelrot oder dunkelrot, oft durch Fettablagerung im Zwischenbindegewebe marmoriert. Bestes Fleisch stammt von 4–6 Jahre alten Ochsen, auch von nichtträchtigen bis zu 8 Jahre alten Rindern oder 1½–2 Jahre alten Bullen. Fleisch von (über 12–14 Jahre) alten Kühen ist geringwertig. Der durchschnittliche Schlachtverlust beim Ochsen beträgt 40–55%, bei der Kuh 42–66%. Rindfleisch soll vor der Verwendung 4–8 Tage (Suppenfleisch) bzw. 10–14 Tage (Bratenfleisch) abhängen.

12.6.1.2 Kalbfleisch

Das Fleisch ist weiß bis blaßrot, feinfaserig aber zähe, die Muskulatur meist schlaff, klebrig; der spezifische Geruch wird durch reichliche Bildung von Milchsäure (säuerlich-aromatisch) bedingt. Das beste Schlachtalter der Tiere liegt bei 4 bis 6 Wochen, jüngere Tiere liefern Fleisch mit über 80% Wassergehalt. Vor der Verwendung soll Kalbfleisch 8 Tage abhängen.

12.6.1.3 Hammel- und Schaffleisch

Das Fleisch zeigt hell-, ziegel- oder dunkelrote Farbe und ist meist mit Fettgewebe durchsetzt. 2–4 Jahre alte, im Herbst geschlachtete Tiere sind am besten. Geruch und Geschmack des Schaffleisches sind spezifisch.

12.6.1.4 Ziegenfleisch

Ziegenfleisch ist heller als Hammelfleisch. Bockfleisch weist bei nicht sachgemäßer Schlachtung Geschlechtsgeruch auf.

12.6.1.5 Schweinefleisch

Schweinefleisch zeigt ziemlich weiche Konsistenz und ist feinfaserig, von blaßrosa, rosa oder weißlich grauer Farbe. Beim Kochen wird das Fleisch grauweiß, im Gegensatz zu allen anderen Fleischarten. Es ist von Fett durchwachsen und umwachsen. Vor der Verwendung soll es 3–4 Tage abhängen.

12.6.1.6 Pferdefleisch

Das Fleisch ist hellrot bei jungen Tieren, dunkel- bis braunrot und an der Luft schwarzrot nachdunkelnd bei älteren Tieren. Die Konsistenz ist fest, die Muskeln sind kaum von Fett durchwachsen. Das weiche ölige Fett (Smp 30 °C) sammelt sich beim Kochen fetten Pferdefleisches in gelben Tröpfchen auf der Brühe. Der eigentümlich süßliche Geruch und Geschmack des Pferdefleisches wird auf den hohen Glykogengehalt zurückgeführt. Zum Nachweis von Pferdefleisch dient neben der Glykogenbestimmung die Präzipitation mit sensibilisiertem Kaninchenserum und insbesondere die Untersuchung des Fettes, für das ein im Vergleich zu Rinder- und Schweinefett hoher Gehalt an Linolensäure charakteristisch ist.

12.6.1.7 Geflügelfleisch

Die Farbe ist je nach Alter, Gattung und Körperteil sehr verschieden (hell in der Brustmuskulatur, dunkel an den hinteren Extremitäten). Man unterscheidet Geflügel mit dunklem („schwarzem") Fleisch (Gans, Ente, Taube) und solches mit heller Muskulatur (Haushuhn, Truthahn, Pfau). Alter, Geschlecht und Fütterung beeinflussen die Fleischqualität. Geflügelfett neigt wegen des hohen Gehaltes an ungesättigten Fettsäuren stark zur Ranzigkeit.

12.6.1.8 Wildfleisch

Man unterscheidet Haarwild mit den Untergruppen Hochwild (Reh, Hirsch, Elch, Gemse), Schwarzwild (Wildschwein) und Niederwild (Hase, Kaninchen, Dachs, Biber, Bär), vom Feder- oder Flugwild (Auerhahn, Rebhuhn, Fasan, Schnepfen etc.). Das Fleisch ist zartfaserig, von fester Konsistenz und wegen der geringen Ausblutung von roter bis rotbrauner Farbe. Es zeigt wenig Binde- und Fettgewebe. Der Geschmack ist für jede Wildart spezifisch. Die Reifung erfordert wegen des dichten Gefüges längere Zeit. Das Fleisch schmeckt dann angenehm pikant und zeigt dunkelbraune bis schwarzrote Farbe.

12.6.1.9 Innereien und sonstige Nebenprodukte

Hierher rechnen Zunge, Herz, Leber, Niere, Milz, Gehirn, Schlund, Netz, Därme, Pansen und Magen, Blase, Schweineschwarte, Kuheuter u. a. m. Leber findet Verwendung als spezifischer Aromaträger in der Leberwurst und in Pasteten (Gänseleber), außerdem wird sie auch als solche genossen. Herz, Nieren, Lungen, Schweine- und Rindermagen, Kalbsgekröse und Kuheuter werden in billige Wurstsorten gegeben, Milz liefert die Milzwurst. Zunge findet gekocht, gepökelt und geräuchert zur Herstellung feiner Wurstsorten oder als Frischware und Konserve Verwendung. Besonders geschätzt als Krankenkost sind das Kalbshirn und die Thymusdrüse des Kalbes (Kalbsmilch, Bries).

Über die Zusammensetzung einiger Innereien gibt Tab. 12.14 Auskunft.

Därme mit ihrem hohen Gehalt an elastischem Bindegewebe sind ausgezeichnete Wursthüllen. Zusammen mit dem Magen des Rindes („Kaldaune", „Kutteln") liefern sie besondere Gerichte (Königsberger Fleck, Kuttelflecke).

Tabelle 12.14. Zusammensetzung von inneren Organen und Blut (g/100g eßbarem Anteil)

Organ	Wasser	Eiweiß	Fett	Kohlenhydrate	Brennwert (kJ)
Herz					
Rind	75,5	16,8	6,0	0,56	556
Schwein	76,8	16,9	4,8	0,4	510
Niere					
Rind	76,1	16,6	5,1	–	510
Schwein	76,3	16,5	5,2	0,80	523
Leber					
Rind	69,9	19,7	3,1	5,90	590
Schwein	71,8	20,1	5,7	1,14	615
Milz					
Rind	76,7	18,5	2,9		456
Schwein	77,4	17,2	3,6	–	464
Zunge, Rind	66,8	16,0	15,9	0,4	933
Lunge					
Schwein	79,1	13,5	6,7	–	510
Kalbshirn	79,4	9,8	8,6	0,8	536
Kalbsbries (Milch, Thymus)	77,7	17,2	3,4	–	452
Blut					
Rind	80,5	17,8	0,13	0,065	335
Schwein	79,2	18,5	0,11	0,06	372

Schweineschwarte spielt eine gewisse Rolle bei der Herstellung von Sülz- und Blutwurst sowie von Schwartenmagen.

Knorpeln und Knochen enthalten, ebenso wie Sehnen, Fascien und Bänder neben Collagen auch Elastin. Knochen und Knorpel zeigen recht ähnliche Zusammensetzung mit Ausnahme des Mineralstoffgehaltes, der für Knorpel bei etwa 1% liegt, bei Knochen beträchtliche Schwankungen aufweist (20–70%, im Mittel 22%). Der Fettgehalt kann in Knochen bis auf 30% ansteigen; im allgemeinen schwankt er zwischen 10 und 25%. Knochen der Wirbelsäule und der Rippen geben beim Kochen mit Wasser Leimsubstanz und Fett an die Flüssigkeit ab, weshalb sie zur Suppenbereitung dienen (Knochenbrühe).

12.6.1.10 Blut

Die bei der Schlachtung abfließende Blutmenge, im Mittel etwa 5% des Lebendgewichtes (Ochsen, Kühe, Kälber), ist besonders hoch beim Pferd (9,98%) und niedrig beim Schwein (3,3%). Als Lebensmittel wird Blut seit alters in Blut- oder Rotwürsten und Schwartenmagen (Preßsack) verwendet.

Blut besteht aus dem eiweißreichen Plasma, in dem als zelluläre Elemente Erythrocyten, Leuko-

cyten und Thrombocyten suspendiert sind. Die roten Blutkörperchen bilden kreisrunde und elliptische, elastische und kernlose, oft geldrollenartig zusammengelagerte Scheiben sehr unterschiedlichen Durchmessers (Ziege 4 µm, Schwein 6 µm, Wal 10 µm, Vögel, Amphibien, Reptilien und Fische bis zu 50 µm und mehr). Sie enthalten den Blutfarbstoff, das Hämoglobin. Die weißen Blutkörperchen sind kernhaltige, membran- und farblose Zellen, 4–14 µm im Durchmesser und gegenüber den Erythrocyten weit geringer an Zahl. Im Plasma finden sich neben den Blutsalzen (Kaliumphosphat, Natriumchlorid, daneben wenig Ca-, Mg- und Fe-Salze) eine Reihe von Proteinen, nämlich Albumine, verschiedene Globuline und Fibrinogen.
Die N-haltigen, niedermolekularen Substanzen („Reststickstoff") des Blutes bestehen vor allem aus Harnstoff, daneben aus wenig Aminosäuren, Harnsäure, Kreatin und Kreatinin.
Bei der Blutgerinnung geht das lösliche Fibrinogen in unlösliches Fibrin über und scheidet sich als Gerinnsel ab. Der Gerinnungsvorgang wird durch das Enzym Thrombin katalysiert, das durch einen sehr komplexen Vorgang aus der Vorstufe Prothrombin freigesetzt wird. Das feine Netzwerk des Fibrins schließt bei der Gerinnung alle Formelemente des Blutes ein. Es scheidet sich der durch Hämoglobin rotgefärbte Blutkuchen ab, die verbleibende (albumin- und globulinhaltige) Flüssigkeit wird Blutserum genannt. Blutplasma enthält 0,3–0,4% Fibrinogen und 6,5–8,5% Albumine + Globuline, etwa im Verhältnis 2,9:2,0 (Albumin-Globulin-Quotient).
Über die Zusammensetzung von Blut orientiert Tab. 12.14.
Der Gerinnungsvorgang des Blutes ist an die Gegenwart von Ca-Ionen geknüpft, so daß Ca-Ionen bindende Agentien (Citrate, Phosphate, Oxalat, Fluorid) die Gerinnung zu verhindern vermögen. Derart stabilisiertes Blut liefert beim Zentrifugieren etwa 70% Blutplasma mit 7–8% Eiweiß, das auch auf Trockenplasma verarbeitet wird. Der verbleibende Rückstand der Plasmagewinnung (Blutkuchen) liefert Trockendickblut. Flüssiges Plasma darf nur aus dem Blut von Rindern (ausgenommen Kälbern) und Schweinen gewonnen werden. Der Zusatz von Trockenblutplasma und flüssigem Blutplasma zu Fleischerzeugnissen ist unter Deklaration zulässig. Als calciumbindende Stoffe kommen Citrate und Phosphate in Frage.

12.6.1.11 Innersekretorische Drüsen

Zu erwähnen ist die Sammlung und Verwendung innersekretorischer Drüsen für pharmazeutische Zwecke, z. B. von Zirbel- und Schilddrüsen, Ovarien, Nebenschilddrüsen, Nebennieren, Hoden oder Bauchspeicheldrüsen.

12.6.2 Lagerungs- und Verarbeitungsverfahren

Um Fleisch lagern zu können, muß es entsprechend behandelt werden.

12.6.2.1 Kühlen

Kühlen ist ein wichtiges Verfahren zur Haltbarkeitsverlängerung von frischem Fleisch. Gekühlt werden meist halbe oder geviertelte Tierkörper und zwar langsam (z. B. mit Luft von 4 °C, 0,5 m/sec) oder schnell (z. B. sukzesiv über 3 h mit Luft von −10 °C, 3,5 m/sec, über 19 h mit Luft von 2 °C, 1,2 m/sec und über 18 d mit Luft von 4 °C). Die Haltbarkeit beträgt bei Lagerung um 0 °C 3–6 Wochen. Auch bei hoher relativer Luftfeuchtigkeit treten Gewichtsverluste durch Wasserverdampfung auf, die um so geringer sind, je höher das Wasserbindungsvermögen des Fleisches ist.
Solange Fleisch im Stück kühl gelagert wird, autoxidieren die Lipide nur sehr langsam. Erst eine

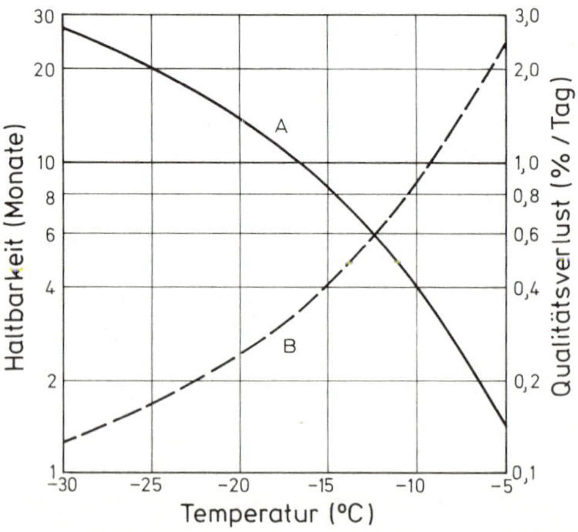

Abb. 12.27. Abhängigkeit der Haltbarkeit von der Lagertemperatur bei Gefrierhühnern. —— Haltbarkeit A, --- Qualitätsverlust B = 100/A. (Nach *Gutschmidt*, 1974)

weitgehende Zerkleinerung des Gewebes oder eine Erhitzung hat eine starke Beschleunigung der Peroxidation zur Folge, da dabei hochungesättigte Phospholipide aus den Membranen und $Fe^{2\oplus}$-Ionen aus dem Myoglobin freigesetzt werden. Dieses Nicht-Häm-Eisen, dessen Anstieg beim Kochprozeß Tab. 12.16 am Beispiel Rindfleisch zeigt, ist ein wirksamer Katalysator der Lipidperoxidation. Schon nach kurzer Kühllagerung kann ein ranziger *Off-flavour* („warmed-over flavour") entstehen. Pökeln hemmt diesen Qualitätsabfall: Das Myoglobin wird durch Nitrit stabilisiert, so daß beim Kochprozeß kein zusätzliches Nicht-Häm-Eisen entsteht (Tab. 12.16).

12.6.2.2 Gefrieren

Durch Einfrieren kann die Haltbarkeit von Fleisch beträchtlich verlängert werden. Der Prozeß wird einstufig (direktes Einfrieren) oder zweistufig (Kühlen, Einfrieren) geführt unter Verwendung von Luft mit Temperaturen um −40 °C und Geschwindigkeiten von 3–10 m/sec. Die Haltbarkeit beträgt bei Lagerung um −18 °C bis −20 °C und 90% relativer Luftfeuchtigkeit 9–15 Monate. Am Beispiel von Hühnern orientiert Abb. 12.27 über die Lagerfähigkeit in Abhängigkeit von der Temperatur, Tab. 12.15 über die Qualitätsverluste beim Durchlaufen der Kühlkette. Die Haltbarkeit wird in erster Linie begrenzt durch oxidative Veränderungen der Lipidfraktion, die bei Geflügel (Ente, Gans, Huhn) und beim Schwein leichter eintreten als bei Rind und Hammel.

Das Wasserbindungsvermögen von Gefrierfleisch ist um so größer, je tiefer die Einfriertemperatur und je größer die Gefriergeschwindigkeit sind, da unter diesen Bedingungen die Bildung großer Eiskristalle, die Zerstörung von Membranen und irreversible Veränderungen an myofibrillären Proteinen durch intermediär auftretende hohe Salzkonzentrationen vermieden werden.

Das Einfrieren von schlachtwarmem Fleisch ohne vorherige Abkühlung (einstufiger Prozeß) führt beim Auftauen zu hohen Saftverlusten, wenn das Fleisch vor Eintritt des Rigor gefriert, was nur bei kleineren Stücken möglich ist. Beim Auftauen kommt es dann zu einem extrem schnellen ATP-Abbau mit entsprechender Herabsetzung des Wasserbindungsvermögens, da die

Tabelle 12.15. Qualitätsverluste[a] von Gefrierhühnern beim Durchlaufen der Kühlkette

Kühlkette	Mittlere Lager-temp. (°C)	Halt-bar-keit (d)	Quali-täts-verlust (%/d)	Mittlere Lager-zeit (d)	Quali-täts-verlust (%)
Hersteller	−23	540	0,186	40	7,5
Transport	−20	420	0,239	2	0,5
Groß-händler	−22	520	0,196	190	37,1
Transport	−16	370	0,370	1	0,4
Klein-händler	−20	420	0,239	30	7,2
	−14[b]	210	0,476	3	1,4
Transport	− 7	60	1,67	0,17	0,3
Verbraucher	−12	150	0,666	14	9,3
Σ				280	63,7

[a] Definition cf. Abb. 12.27.
[b] Geschätzte Werte für Lagerung in der Oberschicht von Kühltruhen.

Tabelle 12.16. Oxidativer Fettverderb bei gekochtem Rindfleisch

	Rindfleisch			
	roh	gekocht	gepökelt[a]	gepökelt u. gekocht[a]
Nicht-Häm-Eisen (µg/g)	6,62	10,8	6,65	6,80
Lagerung bei 4 °C	Malonaldehyd (mg/kg)[b]			
0. Tag		0,58		0,56
5. Tag		1,55		0,48
12. Tag		2,78		0,47
21. Tag		2,83		0,54

[a] Gepökelt mit 156 mg/kg Nitrit.
[b] Bestimmt mit dem Thiobarbitursäure-Test.

Myosin-ATPase durch $Ca^{2\oplus}$-Freisetzung aus dem sarcoplasmatischen Reticulum stark aktiviert wird („Tau-Rigor"). Der Tau-Rigor kann vermieden werden, wenn das schlachtwarm eingefrorene Fleisch in gefrorenem Zustand unter Zusatz von NaCl im Kutter zerkleinert wird, oder wenn das schlachtwarme Fleisch unter Zusatz von NaCl zerkleinert und dann eingefroren wird.

Im gereiften Zustand eingefrorenes Fleisch zeigt geringere Saftverluste als im Rigor eingefrorenes, doch kommt diese Prozeßführung aus wirtschaftlichen Gründen meist nicht in Frage.

Längere Gefrierlagerung von Fleisch führt zu einer Abnahme des Wasserbindungsvermögens. Beobachtet wurden Veränderungen der Löslichkeit und Verschiebungen des isoelektrischen Punkts von Sarcoplasmaproteinen und kontraktilen Proteinen.

Langsames Auftauen von Gefrierfleisch wird allgemein günstiger beurteilt als schnelles Auftauen, obwohl auch gegenteilige Befunde vorliegen. Offensichtlich müssen Einfrieren, Lagerung und Auftauen im Zusammenhang gesehen und aufeinander abgestimmt werden.

12.6.2.3 Trocknen

Die Verlängerung der Haltbarkeit von Fleisch durch Trocknen ist eine sehr alte Methode. Die Trocknung wird vielfach in Verbindung mit Salzen, Pökeln und Räuchern angewendet. Es werden verschiedene Verfahren eingesetzt, z. B. die Trocknung im Heißluftstrom (40–60 °C), die Trocknung im Vakuum unter verschiedenen Bedingungen, z. B. in heißem Fett, und als schonendste Methode die Gefriertrocknung. Der Wassergehalt des Endproduktes liegt bei 3–10%. Wichtige Qualitätskriterien sind die Rehydratisierbarkeit, die durch Messung der Wasseraufnahme unter Standardbedingungen bestimmt werden kann, und auch die Bindung des aufgenommenen Wassers. Durch das Trocknungsverfahren sollten das Wasserbindungsvermögen und das Aroma so wenig wie möglich beeinflußt werden. Die Haltbarkeit von Trockenprodukten ist durch die Fettoxidation und die *Maillard*-Reaktion begrenzt.
Getrocknetes Rind- und Hühnerfleisch ist als Einlage für Trockensuppen wichtig. Neben Fleischstücken werden für diesen Zweck auch gewolftes Fleisch (mit und ohne Bindemittel) und Fleischprodukte, wie z. B. Fleischklößchen, getrocknet.

12.6.2.4 Salzen und Pökeln

Salz in höheren Konzentrationen hemmt sowohl die Entwicklung von Mikroorganismen als auch die Aktivität fleischeigener Enzyme und führt deshalb zu einer Verlängerung der Haltbarkeit. Beim Salzen erfolgt zunächst bei Zusatz bis zu ca. 5% NaCl eine Quellung des Fleisches (cf. Abb. 12.24). Höhere Konzentrationen an NaCl (10–20%) führen durch Entquellung zu Endprodukten, die einen niedrigeren Wassergehalt haben als unbehandeltes Fleisch. Das Fleisch behält seine natürliche Farbe und ist meist tief dunkelrot, da die Myoglobinkonzentration durch den Wasserverlust erhöht ist. Beim Kochen tritt Farbumschlag nach graubraun ein.

Die Salzung unter Zusatz von Salpeter oder Natriumnitrit (Pökelung) führt zu Produkten mit hochstabiler Farbe (Umrötung, cf. 12.3.2.2.2).
Die Salzung oder Pökelung erfolgt entweder durch Einreiben der Fleischstücke mit Salz (Trockenpökelung), durch Einlegen in 15 bis 20%ige Salzlake (Naßpökelung) oder auch durch Einspritzen der Salzlake in das Adersystem (Schnellpökelung).
Teilweise erfolgen Zusätze von Zuckern und Gewürzen, die Umrötung und Aromabildung günstig beeinflussen. Das Aroma gepökelter Fleischprodukte unterscheidet sich in charakteristischer Weise von dem ungepökelter Produkte. An seiner Bildung ist die Mikroflora der Pökellake (u. a. *Micrococcus spp.* und *Achromobacter spp.*) beteiligt, die durch Reduktion von Nitrat und Nitrit auch zur Umrötung beiträgt.

12.6.2.5 Räuchern

Eine Räucherung wird meist in Verbindung mit Salzung angewendet. Der Wassergehalt sinkt je nach Räucherverfahren um 10–40%. Im Rauch enthaltene Verbindungen mit bakterizider und antioxidativer Wirkung dringen in das Fleisch ein. Wichtige Rauchinhaltsstoffe sind Phenole, Säuren und Carbonylverbindungen. Der Gehalt des Rauches an polycyclischen Kohlenwasserstoffen ist von der Raucherzeugung abhängig und kann durch geeignete Verfahrensführung, z. B. durch externe Raucherzeugung mit Reinigung des Rauches über Kühlfallen, Duschen oder Filter weitgehend unterdrückt werden. Man unterscheidet die Heißräucherung (60–120 °C) über einen Zeitraum von weniger als einer Stunde bis zu mehreren Stunden (angewendet z. B. bei Koch- und Brühwürsten), die Warmräucherung (40–60 °C) und die Kalträucherung (12–24 °C) über einen Zeitraum von zwei Tagen bis zu mehreren Wochen (angewendet z. B. bei Rohwurst und Schinken). Spezielle Räucherungsverfahren sind Schwitz- und Feuchträucherverfahren, elektrostatische Verfahren sowie die Verwendung von Rauchkondensaten.

12.6.2.6 Erhitzen

Das Erhitzen von Fleisch ist ein wichtiges Zubereitungsverfahren und wird industriell hauptsächlich bei der Herstellung von Kochwürsten und Fleischkonserven angewendet. Typische Ver-

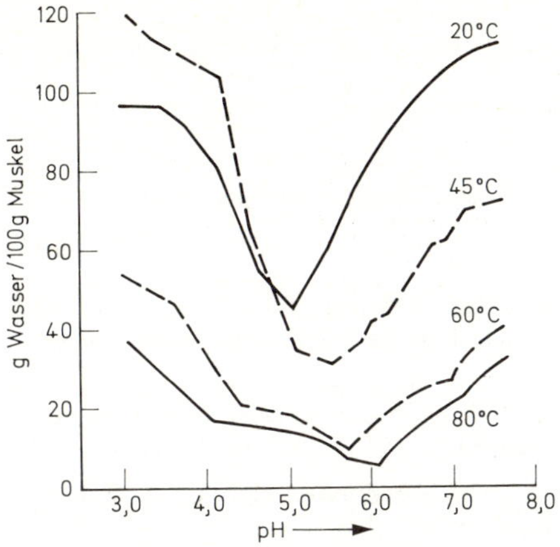

Abb. 12.28. Wasserbindungsvermögen von Rindermuskel in Abhängigkeit von Erhitzung[1] und pH-Wert. (Nach *Hamm,* 1972)

[1] beim natürlichen pH-Wert des Muskels (pH 5,5)

änderungen sind dabei der Umschlag der Farbe nach graubraun, Koagulation der Proteine, Saftaustritt durch Abnahme des Wasserbindungsvermögens (Abb. 12.28), pH-Zunahme, Entwicklung eines für den Erhitzungsprozeß typischen Koch- oder Brataromas, Zartwerden durch Schrumpfung des Collagens und seinen teilweisen Übergang in Gelatine (cf. 12.3.2.3.1).

12.6.2.7 Zartmachen

Zum Zartmachen von Fleisch werden pflanzliche Enzympräparate (Ficin, Papain, Bromelain) benutzt, die entweder auf die Fleischstücke aufgesprüht werden oder über das Adersystem der Tiere kurz vor bzw. nach der Schlachtung verteilt werden.

12.7 Fleischprodukte

Aus Fleisch werden Konserven, Schinken und Wurstwaren sowie Fleischextrakte hergestellt.

12.7.1 Fleischkonserven

Beispiele für Fleischkonserven sind Rindfleisch und Schweinefleisch im eigenen Saft, Corned beef, Luncheon meat, Kochwürste, Sülzen und Pökelschinken. Die zur Erzielung einer sterilen Konserve notwendigen Erhitzungszeiten und -temperaturen hängen von der Dosengröße und auch vom Inhalt ab, da die Wärmeleitfähigkeit sehr unterschiedlich ist (Tab. 12.17). Da längeres Erhitzen zu einer Minderung von Aroma, Textur und Aussehen (Abscheidung von Fett und Gelee) führt, ist ein Trend zu Verfahren zu verzeichnen, die mit hohen Temperaturen und kurzen Zeiten arbeiten.

Neben den sterilen Vollkonserven (Haltbarkeit ca. 4 Jahre bei 25 °C), bei denen der Verderb abiotisch durch chemische Reaktionen erfolgt, werden Halbkonserven (z. B. Pökelschinken, Erhitzungstemperatur im Kern 65–75 °C, Haltbarkeit bis zu 6 Monaten bei 5 °C) und Dreiviertelkonserven (z. B. Koch- und Brühwürste, Erhitzungstemperatur im Kern 110 °C, Haltbarkeit 9–12 Monate bei 15 °C) mit begrenzter Haltbarkeit hergestellt.

12.7.2 Schinken, Wurstwaren, Pasteten

12.7.2.1 Schinken, Speck

12.7.2.1.1 Rohgeräucherte Schinken

Knochenschinken (Rohschneideschinken) wird nach dem Zerschneiden des Hinterschinkens vom Schwein (Lang- oder Rundschnitt) zunächst trocken, dann naß gepökelt (4–7 Wochen), anschließend 2–3 Wochen zum Röten (Nachbrennen) trocken aufbewahrt, schließlich gewaschen, getrocknet und 4–7 Wochen kalt geräuchert. Bei *Rollschinken* wird der Knochen ausgelöst, ansonsten wird wie bei Knochenschinken verfahren, nur ist die Pökeldauer kürzer. Zur Herstellung von *Lachsschinken* wird Kernfleisch vom Kotelettstück leicht gepökelt, in Rinderbutten gefüllt und warm geräuchert.

Tabelle 12.17. Abhängigkeit der Aufheizzeiten bei Fleischkonserven von Füllgut und Dosengröße (Zeit in min, in der eine Kerntemperatur von 121 °C erreicht wird)

Konserve	400 g	850 g	2500 g
Rindfleisch	47	57	80
Schweinefleisch	58	98	120
Leberwurst	90	130	
Blutwurst	106	113	130

Tabelle 12.18. Einige Wurstwaren

Wurstsorte	Rezeptur/Herstellung[a, b]
Rohwürste	
Grobe Mettwurst	Rindfleisch (24%), mageres Schweinefleisch (48%), Speck (24%), Salz (3%), Salpeter (0,03%), weißer Pfeffer (0,4%); vortrocknen, bis zur Schnittfestigkeit kalträuchern
Teewurst	Kalbfleisch (30%), helles Rindfleisch (30%), Schweinefleisch (30%), ungesalzener Speck (10%), Salz, Salpeter, weißer Pfeffer, Mazisblüte, Rum; durchröten lassen, räuchern
Salami (italienische Art)	Rindfleisch (84%), Speck (16%), Salz, Zucker, Salpeter, Ingwer, Nelken; vortrocknen, mäßig warm räuchern
Salami (ungarische Art)	vorgesalzenes Schweinefleisch (75%), Rückenspeck (25%), Salz, Zucker, Pfeffer, Paprika; vortrocknen, räuchern
Cervelatwurst	Rindfleisch (20%), mageres Schweinefleisch (50%), Speck (30%), Salz, Salpeter, gemahlener und ganzer weißer Pfeffer; trocknen, kalt räuchern
Plockwurst	Rindfleisch (50%), Schweinefleisch (25%), Speck (25%), Salz, Salpeter, Zucker, gemahlener und ganzer weißer Pfeffer; vortrocknen, bis zur Schnittfestigkeit räuchern
Landjäger	mageres Schweinefleisch (40%), fettes Schweinefleisch (30%), Rindfleisch (30%), Salz, Salpeter, Zucker, Pfeffer, Senfkörner; flache, eckige, paarweise Würstchen; vortrocknen, leicht warm räuchern
Thüringer Knackwurst	durchwachsenes Schweinefleisch (100%), Salz, Kümmel, Pfeffer, Majoran; vortrocknen, kalt räuchern
Sächsische Knackwurst	Rindfleisch (50%), Schweinefleisch (33%), Speck (17%), Salz, Salpeter, Zucker, Pfeffer, Kümmel
Bratwürste	
Thüringer Bratwurst	durchwachsenes Schweinefleisch (70%), Fresserfleisch[c] (30%), Salz, Pfeffer, Muskat, Kümmel; auf dem Rost braten
Nürnberger Bratwurst	mageres Schweinefleisch (70%), Speck (30%), Salz, Pfeffer, Majoran
Münchner Wollwürste	Fresserfleisch (70%), Milch (30%), Salz, Pfeffer, Zitronenschale
Brühwürste	
Wiener Würstchen	Jungbullen- oder Fresserfleisch (49%), mageres Schweinefleisch (19,5%), Speck (29%), Nitritpökelsalz (2%), Zucker (0,2%), weißer Pfeffer (0,2%), Mazisblüte (0,03%), Koriander (0,02%); in Hammelsaitlinge abfüllen und gelbrosa räuchern
Halberstädter Würstchen	Jungbullen- oder Fresserfleisch (60%), schwach durchwachsenes Schweinefleisch (10%), Speck (30%), Nitritpökelsalz, Zucker, weißer Pfeffer, Muskat, Ingwer, gekörnte Fleischbrühe; in Saitlinge abfüllen und räuchern
Frankfurter Würstchen	mageres Schweinefleisch (70%), Speck (30%), Salz, Nitritpökelsalz, Zucker, Muskat, Pfeffer, Kardamom; in Saitlinge abfüllen, vortrocknen, warm räuchern
Jagdwurst	mageres Schweinefleisch (60%), Rindfleisch (30%), Speck (10%), Nitritpökelsalz, Zucker, Pfeffer, Koriander, Mazisblüte, gekörnte Fleischbrühe; umröten lassen, heiß räuchern
Mortadella	Fresser- oder Jungbullenfleisch (50%), durchwachsenes Schweinefleisch (30%), Speck (20%), Nitritpökelsalz, Zucker, Pfeffer, Kardamom, Ingwer, Pistazien, gekörnte Fleischbrühe; heißräuchern, nach dem Auskühlen kalt nachräuchern

Tabelle 12.18. (Fortsetzung)

Wurstsorte	Rezeptur/Herstellung[a, b]
Göttinger	mageres Rindfleisch (40%), mageres Schweinefleisch (30%), Speck (30%), Nitritpökelsalz, Zucker, weißer Pfeffer, Ingwer, Rum, gekörnte Fleischbrühe; durchröten lassen, heißräuchern, nach dem Abkühlen kalt nachräuchern
Gelbwurst	Fresserfleisch (70%), durchwachsenes Schweinefleisch (30%), Salz, Zucker, Pfeffer, Mazisblüte; abfüllen, brühen und mit Safran gelb färben
Münchner Weißwurst	Fresserfleisch (50%), durchwachsenes Schweinefleisch (30%), Kalbskopf bzw. Häutelzug (20%), Salz, Zucker, Pfeffer, Mazisblüte, Ingwer, Zitronenschale, Zwiebeln, Petersilie
Bayerischer Leberkäse	Fresserfleisch (50%), durchwachsenes Schweinefleisch (40%), Speck (10%), etwas Rinderleber, Nitritpökelsalz, Zucker, Pfeffer, Mazisblüte, Ingwer, Zwiebeln; in der Form backen
Kochwürste	
Kalbsleberwurst	Schweineleber (34%), gekochtes Kalbfleisch (19%), gekochtes, durchwachsenes Schweinefleisch (44%), Salz (2,5%), Pfeffer (0,3%), Muskatblüte (0,1%), Nelken (0,04%), Ingwer (0,04%); Würste in siedendem Wasser ziehen lassen, abkühlen, vortrocknen, leicht räuchern
Landleberwurst	Leber (30%), Fleisch- und Speckabschnitte (50%), rohe Zwiebeln (5%), Speck (15%), Salz, Pfeffer, Piment, Majoran, Thymian; Würste kochen und nach dem Abkühlen kalt räuchern
Gänseleberwurst nach Straßburger Art	Schweineleber (22%), Schweinewamme (32%), Stopfleber von Mastgänsen (35%), Zunge (6%), Trüffeln (5%), Salz, Schalotten, Muskatblüte, Ingwer, weißer Pfeffer, Pistazien; Würste kochen, abkühlen, vortrocknen, leicht räuchern
Leberpastete	Schweineleber (50%), Speck (50%), Salz, Champignons, Mazisnuß, Ingwer, weißer Pfeffer, Schalotten; in der Form kochen oder im Ofen backen
Rotwurst	gewürfelter Speck (50%), Fleischabschnitte, Herzen (15%), gebrühte Schwarten (15%), Schweineblut (20%), Salz, schwarzer Pfeffer, Majoran, Nelken, Piment; Würste kochen, nach dem Abkühlen und Abtrocknen räuchern
Fleischrotwurst	durchwachsenes Schweinefleisch (50%), Fleischabschnitte, Herzen, Nieren (25%), Schwarten (15%), Schweineblut (10%), Salz, weißer Pfeffer, Nelken, Majoran; nach dem Kochen kalt räuchern
Zungenwurst	Schweine-, Kalbs- und Rinderzunge (40%), Speck (28%), gekochte Schwarte (14%), Schweineblut (18%), Salz, schwarzer Pfeffer, Nelken, Piment, Thymian, Zwiebeln, Majoran; Würste kochen, trocknen und kalt räuchern
Hannoversche gekochte Mettwurst (Hannoversche Weißwurst)	fettes Schweinefleisch (100%), Salz, weißer Pfeffer, Muskatblüte, Zwiebeln
Sülze	Eisbein, Schweinebacke, anderes Fleisch, Schwarte, Salz, Pfeffer, Nelken, Kümmel

[a] Die angegebenen Rezepturen sind nur als Beispiele zu betrachten, von denen je nach Landschaft, Marktlage und Qualitätsstufe auch bei gleicher oder ähnlicher Bezeichnung mehr oder weniger stark abgewichen wird.

[b] Angaben über die verwendeten Mengen an Salz und Gewürzen sind jeweils nur bei einer Wurstsorte aus jeder Gruppe gemacht.

[c] Fresser sind männliche Jungrinder.

12.7.2.1.2 Kochschinken

Knochenfreier Schinken wird 2–3 Wochen gepökelt, zum Röten trocken aufbewahrt, gewässert und warm geräuchert. Anschließend wird er leicht ziehend gekocht. Beim „Cook-in"-Verfahren wird das gepökelte Fleisch erst in kochfeste Folien verpackt und dann gekocht und geräuchert. Die Pökelung von *Bierschinken* erfolgt meist über Einmassieren der Pökellake in Poltermaschinen (eventuell unter Vakuum). *Prager Schinken* ist ein spezieller Kochschinken, der häufig in Brotteig gebacken wird.

12.7.2.1.3 Speck

Rückenspeck vom Schwein wird gesalzen, anschließend gewaschen, getrocknet und kalt geräuchert.

12.7.2.2 Wurstwaren

Würste werden aus zerkleinertem Muskelgewebe, anderen Organen und Fett der Schlachttiere unter Zusatz von Salzen, Gewürzen und Wasser hergestellt. Das Wurstbrät wird in Därme oder auch in Dosen abgefüllt und kommt je nach Verarbeitung der Rohstoffe als Rohwurst, Kochwurst oder Brühwurst in den Verkehr. Tab. 12.18 gibt einige Beispiele für Rezepturen, Tab. 12.19 orientiert über die Zusammensetzung von Würsten.

12.7.2.2.1 Rohwurst

Rohwürste werden aus roher, zerkleinerter Skelettmuskulatur, Fett und Gewürzen hergestellt. Typische Vertreter sind Cervelatwurst, Salami, Mettwurst. In Abb. 12.29 ist die Herstellung von Rohwurst schematisch dargestellt. Die Zerkleinerung erfolgt je nach gewünschter Körnung des Endprodukts im Wolf (grob) oder Kutter (fein). Beim Wolf wird das grob zerkleinerte Fleischmaterial über eine Zubringerschnecke Schneidsätzen mit Lochscheiben zugeführt. Durch Einbau von Trennsätzen kann über den Wolf gleichzeitig eine Trennung von Fleisch und Hartteilen (wie Sehnen, Flechsen, Knorpel und Knochen) vorgenommen werden. Eine ähnliche Technik wird bei der Gewinnung von Separatorenfleisch eingesetzt.
Kutter sind Schneidmischer, in denen die Arbeitsgänge Schneiden, Verteilen, Mischen, Feinstzerkleinern und Emulgieren ausgeführt werden.

Tabelle 12.19. Zusammensetzung von Schinken und Wurstwaren

Produkt	Wasser (%)	Eiweiß (%)	Fett (%)	Brennwert (kJ/100 g)
Salami (deutsch)	27,7	17,8	49,7	2303
Cervelatwurst	34,8	16,9	43,2	2028
Knackwurst	50,1	11,9	33,7	1559
Bratwurst (Schwein)	52,7	12,7	32,4	1522
Jagdwurst	52,5	15,6	29,2	1448
Gelbwurst (Hirnwurst)	53,1	11,8	32,7	1520
Münchner Weißwurst	65,2	11,1	21,7	1067
Bockwurst	59,1	12,3	25,3	1232
Leberwurst	42,9	12,4	41,2	1881
Rotwurst	45,5	13,3	38,5	1775
Schweineschinken, roh	43,4	18,0	33,3	1665
Schweineschinken, gekocht	62,0	21,4	12,8	903
Speck, durchwachsen	20,0	9,1	65,0	2751

Ein Kutter besteht im wesentlichen aus einer um einen schnellaufenden Messerkopf rotierenden Schüssel. Durch Messerform und -geschwindigkeit, Schneidraumgröße (eventuell Einbringen von Stauringen) und Tellergeschwindigkeit sowie Kutterdauer lassen sich Produkte unterschiedlicher Textur herstellen. Das Arbeiten unter Vakuum bietet Vorteile. Neben Chargenkuttern mit bis zu 750 l Schüsselinhalt sind heute auch kontinuierlich arbeitende Schüsselkutter bekannt.
Bei schnittfesten Rohwurstsorten wird zur Zerkleinerung gefrorenes Material (−20 °C) eingesetzt und die Temperatur durch Kühlung während des Zerkleinerungsvorgangs unter 4 °C gehalten. Nach dem Abfüllen der Masse wird in Klimaräumen gereift (30–180 °C, 95–75% relative Luftfeuchtigkeit) und geräuchert.
Die Bildung eines spezifischen Aromas erfolgt im Laufe der Wurstreifung durch anwesende Mikroorganismen (Mikrokokken und Lactobazillen, oft in Form von Starterkulturen zugesetzt). Auch hier spielt die Umrötung eine große Rolle. Der pH-Abfall durch Milchsäurebildung führt zur Entquellung des Proteingels. Durch Verdampfung des freigesetzten Wassers resultieren

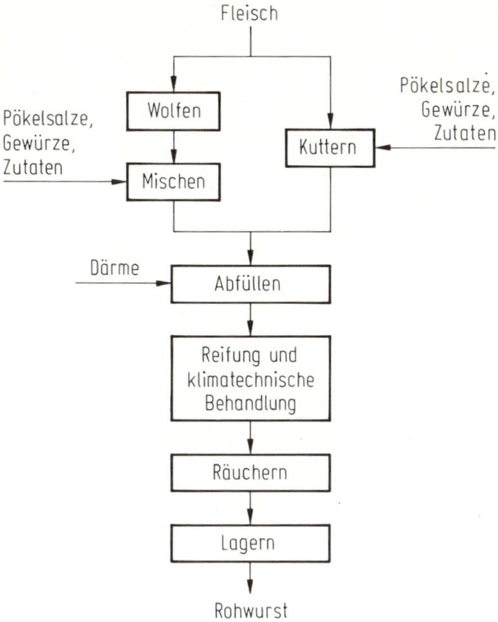

Abb. 12.29. Herstellung von Rohwurst

schnittfeste Erzeugnisse. Eine Schnellreifung ist durch Säureentwicklung mit Hilfe von Glucono-δ-lacton möglich. Die weiße Schicht auf verschiedenen Salami-Arten rührt von Schimmelpilzmyzelen her, bei billigeren Produkten besteht die Schicht aus Kalkmilchtauchmasse.

12.7.2.2.2 Kochwurst

Kochwürste werden aus gekochten Ausgangsmaterialien hergestellt. Typische Vertreter sind Leberwurst, Blutwurst, Sülzwurst. Abb. 12.30 zeigt schematisch die Herstellung von Leberwurst. Moderne Anlagen arbeiten meist mit Kochkuttern, in denen die Arbeitsschritte Vorzerkleinern, Garen, Mischen und Kuttern in einer Maschine durchgeführt werden können.

12.7.2.2.3 Brühwurst

Brühwürste werden aus zerkleinertem, rohen Fleisch meist unter Wasserzusatz im Kutter hergestellt. Wenn kein schlachtwarmes oder schlachtwarm vorgesalzenes Fleisch zur Verarbeitung kommt, wird das Wasserbindungsvermögen durch Zusatz von Kochsalz und Kutterhilfsmitteln (kondensierte Phosphate, Lactat, Acetat, Tartrat, Citrat) gesteigert. Die quellende Wirkung der zugesetzten Salze beruht auf einer Erhöhung des pH-Wertes der Masse und auf der Bindung von entquellend wirkenden bivalenten Kationen. Die Temperatur muß während der Zerkleinerung niedrig gehalten werden (Zusatz von Eis, Eiswasser), da eine Temperaturerhöhung das Wasserbindungsvermögen herabsetzt. Bis zu einem Fett/Protein-Verhältnis von 2,8 nimmt die Wasserretention mit steigendem Fettgehalt der Masse zu, da die Salzkonzentration steigt.

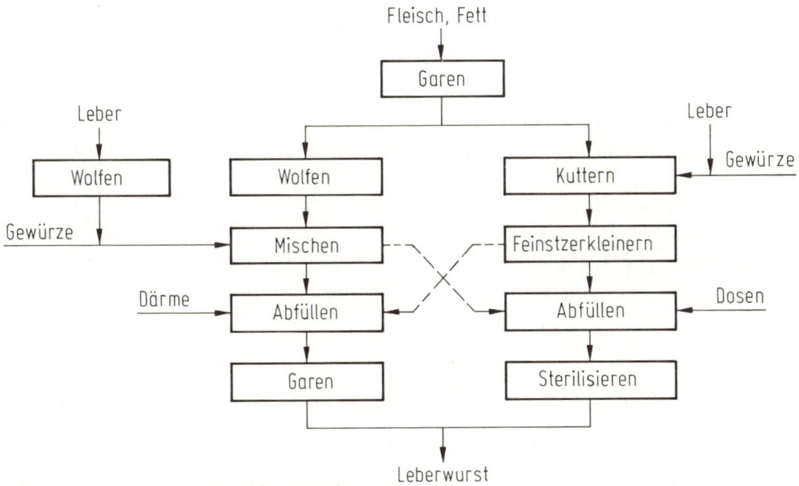

Abb. 12.30. Herstellung von Leberwurst

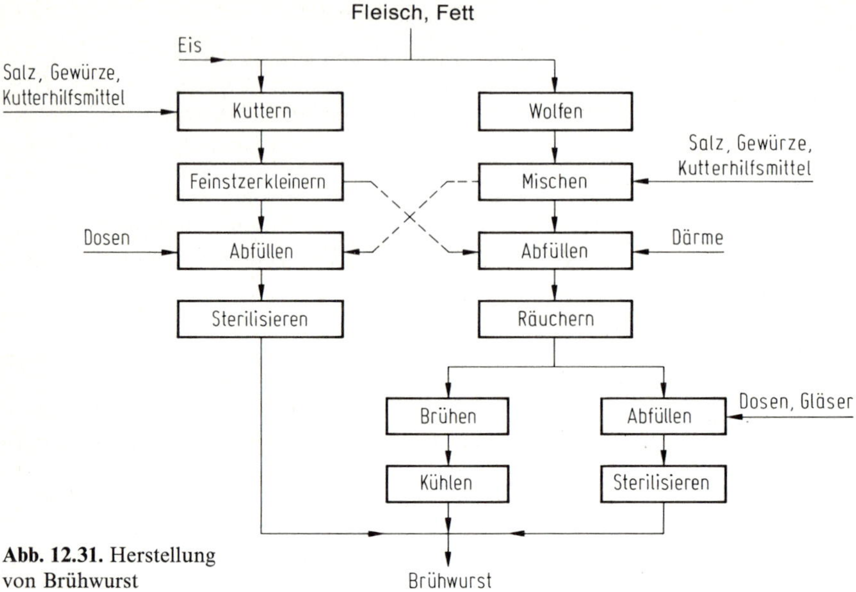

Abb. 12.31. Herstellung von Brühwurst

Nach dem Kuttern wird heißgeräuchert und bei etwa 80 °C gebrüht. Durch Koagulation des wasserreichen Proteingels entsteht die typische knakkige Textur.
Typische Vertreter sind Bockwurst, Wiener Würstchen, Münchner Weißwurst, Jagdwurst und Mortadella. Ein Herstellungsschema zeigt Abb. 12.31.

12.7.2.3 Pasteten und Pains

12.7.2.3.1 Pasteten

Pasteten sind gebackene Fleischerzeugnisse eigener Art, die vor allem aus Fleisch und Fett von Kalb und Schwein, oft aber auch von Geflügel (Gänseleberpastete) und Wild (Hase, Hirsch, Wildschwein) bestehen und (im Gegensatz zu Würsten) meist frei von Schlachtabgängen und minder wertvollen Fleischteilen sind. Ein Teil des Fleisches oder auch die gesamte Fleischmasse liegt als feinzerteilte Farce vor.

12.7.2.3.2 Pains

Pains bestehen aus meist größeren Fleischstükken (vor allem von Wild und Geflügel), die mit Fett, Trüffeln und verschiedenen Gewürzen zu kochwurstartigen Massen verarbeitet werden.

12.7.3 Fleischextrakte und verwandte Produkte

12.7.3.1 Rindfleischextrakt

Fleischextrakt ist ein praktisch fett- und proteinfreies Konzentrat der wasserlöslichen Bestandteile des Rindfleisches. Die Herstellungsverfahren gehen auf Arbeiten von *Liebig* in München (1847) zurück. Zerkleinertes Rindfleisch wird bei

Tabelle 12.20. Zusammensetzung von Rindfleischextrakt

	%
Organische Substanz	56–64
Aminosäuren, Peptide	15–20
Andere N-Verbindungen	10–15
Gesamtkreatinin	5,4–8,2
Ammoniak	0,2–0,4
Harnstoff	0,1–0,3
N-freie Verbindungen	10–15
Gesamtlipide	< 1,5
Pigmentstoffe	10–20
Mineralstoffe	18–24
Natriumchlorid	2,5–5
Wasser	15–23
pH-Wert einer 10%igen wäßrigen Lösung	ca. 5,5

90 °C im Gegenstromverfahren mit Wasser extrahiert. Nach Abscheidung des Fettes durch Separatoren und Filtration wird der Extrakt mit 1,5 bis 5% Trockenmasse in einem mehrstufigen Vakuumverdampfer bei stufenweise fallenden Temperaturen im Bereich von 92–46 °C auf 45–65% Trockenmasse eingeengt. Die Endkonzentrierung auf 80–83% Trockenmasse erfolgt unter Atmosphärendruck bei Temperaturen ≥ 65 °C oder im Vakuum auf Bandtrocknern.
Alternativ wird das bei der Herstellung von Corned beef anfallende Kochwasser in der gleichen Weise auf Fleischextrakt verarbeitet. Wirtschaftliche Bedeutung dürfte nur dieser zweite Weg haben. Die Ausbeuten liegen bei maximal 4% bezogen auf Fleisch. Über die Zusammensetzung von Rindfleischextrakt orientiert Tab. 12.20.
Für den Einsatz in Trockensuppen und -soßen wird der pastöse Fleischextrakt unter Zusatz von Trägersubstanzen zu Fleischextraktvormischungen vakuum- oder sprühgetrocknet.

12.7.3.2 Walfleischextrakt

Das Produkt wird aus dem Fleisch von verschiedenen Walarten (Blauwal, Finwal, Seiwal, Bukkelwal und Pott- oder Spermwal) durch Verfahren hergestellt, die denen für Rindfleischextrakt entsprechen.

12.7.3.3 Geflügelfleischextrakt

Hühnerfleischextrakte werden durch Eindampfen der Kochbrühe von Hühnern oder durch Extraktion von Hühnerkarkassen mit Wasser von 80 °C und anschließendes Einengen des Extraktes im Vakuum auf 70–80% Trockenmasse gewonnen.

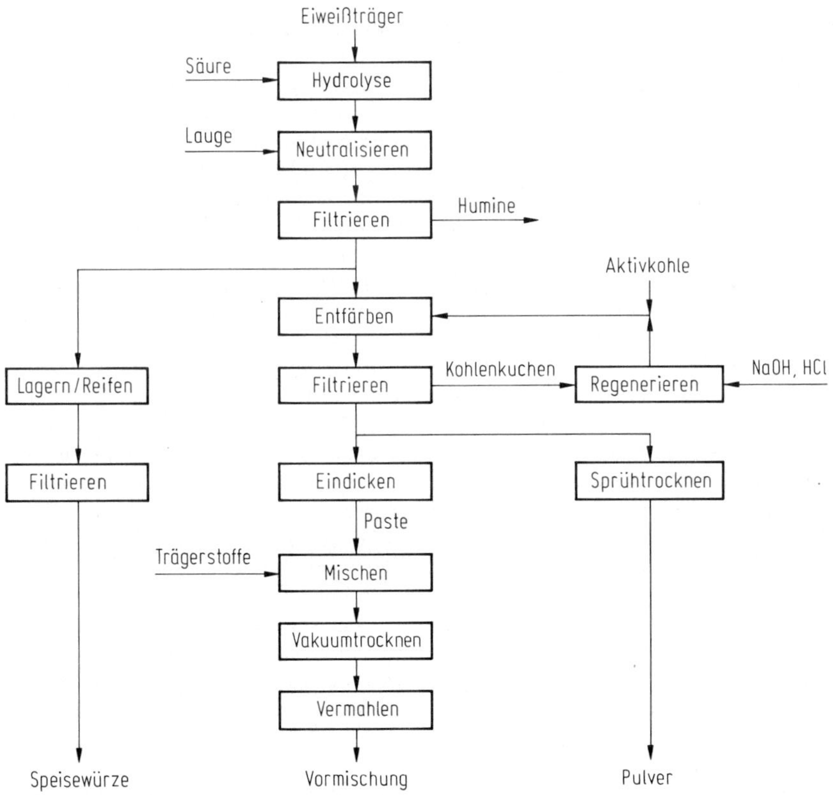

Abb. 12.32. Herstellung von Würzen

12.7.3.4 Hefeextrakt

Hefezellen (*Saccharomyces* und *Torula spp.*) werden nach Plasmolyse (Salzzusatz, Dampfbehandlung) oder Autolyse mit Wasser extrahiert. Die Extrakte werden zu braunen Pasten konzentriert. Hefeextrakte sind reich an Vitaminen der B-Gruppe. Über dem Schwellenwert liegende Konzentrationen an Thiamin, Thiamindiphosphat und deren Abbauprodukten können einen unangenehmen Geschmack hervorrufen. Der würzige Geschmack wird im wesentlichen durch die hydrolytisch freigesetzten 5′-Nucleotide und Aminosäuren (insbesondere Glutaminsäure) verursacht.

12.7.3.5 Proteinhydrolysat (Würze, Hydrolyzed Vegetable Protein)

Abb. 12.32 informiert über den Produktionsablauf bei der Herstellung von Würzen. Die verschiedenen pflanzlichen, eiweißhaltigen Rohstoffe wie Weizen- und Reiskleber, Soja-, Palmkern- oder Erdnußschrot werden entsprechend der vorgegebenen Rezeptur automatisch aus den Rohstoffsilos abgerufen, verwogen und in den Hydrolysekessel (doppelwandiger, druckstabiler Rührbehälter) gefördert. Die Hydrolyse erfolgt bei Temperaturen über 100 °C unter entsprechendem Druck mit Salzsäure oder Schwefelsäure (kochsalzfreie Würzen).

Anschließend wird mit Natrium- oder Calciumcarbonat bzw. mit Lauge bis zu einem pH-Wert von 5,8 neutralisiert. Dabei muß der pH-Bereich von 2,5–4 möglichst schnell durchlaufen werden, um die Bildung von Pyrrolidoncarbonsäure aus Glutaminsäure zurückzudrängen.

Das Hydrolysat wird filtriert und der flüssige Anteil (Würze) eingelagert. Der Filterrückstand wird mit Wasser gegebenenfalls nochmals ausgewaschen und erneut filtriert. Das verdünnte Filtrat wird eingedampft und der Würze aus der ersten Stufe beigegeben.

Die Würze wird anschließend gelagert und vor der Abfüllung noch mehrmals filtriert. Neben flüssiger Speisewürze werden auch Würze in Pasten- und Pulverform sowie Vormischungen zur Verwendung bei Trockensuppen und -soßen hergestellt. Diese Produkte werden teilweise mit Aktivkohle entfärbt und geschmacklich neutralisiert.

Für das intensive, typische Würzaroma ist u.a. 2-Hydroxy-3-methyl-4-ethyl-2-buten-1,4-olid (cf. 12.9, Formel 12.23) verantwortlich. Die Produkte haben fleischähnlichen, bouillonartigen Geruch und Geschmack.

12.8 Trockensuppen und Trockensoßen

Fleischextrakt, Hydrolysate pflanzlicher Proteine und Hefeautolysate werden in großem Umfang zur Herstellung von Trockensuppen und Trockensoßen eingesetzt, die deshalb an dieser Stelle behandelt werden sollen. Die industrielle Herstellung dieser Produkte für den Haushalts- und Großküchenbereich hat in den letzten 20 Jahren zunehmend an Bedeutung gewonnen. Insbesondere ermöglichte eine gezielte Vorbehandlung der eingesetzten Rohstoffe die Entwicklung von Erzeugnissen, die nach kurzzeitiger Rehydratisierung verzehrsfertige komplette Mahlzeiten (Trockeneintopfsuppen), Vor- bzw. Zwischenmahlzeiten (Trockenvorsuppen, Instantsuppen), oder Fertigsoßen ergeben.

12.8.1 Hauptbestandteile

Als Geschmacksträger werden mit und ohne Trägersubstanz getrocknete (Vakuumbandtrocknung, Sprühtrocknung) Fleischextrakte, Proteinhydrolysate und Hefeautolysate neben Glutamat, Ribonucleotiden (Inosinat/Guanylat) sowie Reaktionsprodukte von Amino- und Carbonylverbindungen mit fleischähnlichem Aroma (cf. Tab. 1.6) eingesetzt. Als Bindemittel dienen Getreidemehle (Weizen, Reis, Mais), Leguminosenmehle (Erbse, Linse, Bohne) und Stärken (Kartoffel, Reis, Mais). Neben nativen Mehlen bzw. Stärken werden auch mittels Walzentrocknung bzw. Kochextrusion vorverkleisterte Quellmehle bzw. Instantstärken eingesetzt. Durch Agglomeration lassen sich besonders gute Quell- und Dispergiereigenschaften erzielen. Hülsenfrüchte werden vor der Trocknung in Druckgefäßen bis zu mehreren Stunden vorgekocht. Durch Gefriertrocknung läßt sich die Rehydratisationszeit auf 4–5 min verkürzen, Standardware wird üblicherweise auf Bandtrocknern luftgetrocknet. Teigwaren werden einem Vorkochprozeß mittels Dampf und/oder Wasser unterzogen, oder nach fernöstlichem Vorbild in fettgetrockneter Form eingesetzt.

Reis wird in vorgekochter, gefriergetrockneter Form oder als „reformed“ Reis (getrocknetes

Reismehlextrudat) zugesetzt. Gemüse und Pilze werden nach entsprechender Vorbehandlung (z. B. Blanchieren) getrocknet (Walzen-, Sprüh- und Gefriertrocknung). Produkte mit Instant-Charakter werden bei der sog. „Centrifugal fluidized bed"-Trocknung erhalten, die großtechnisch bei Karotten und Reis angewendet wird und bei der die Produkte in einem perforierten und korbförmigen rotierenden Zylinder mittels Heißluft von ca. 130 °C bei gleichzeitiger Puffung getrocknet werden. Als Fette werden im wesentlichen Rinderfeintalg, gehärtete Pflanzenfette, Hühnerfett und Milchfett verwendet. Die Fette werden häufig in Pulverform eingesetzt (cf. 14.4.7). Bei Fleischzusätzen handelt es sich in erster Linie um Rind- und Hühnerfleisch, das luft- bzw. gefriergetrocknet wird. Zur geschmacklichen Abrundung werden Salz und Gewürze als gemahlenes Naturgewürz oder in Form von Gewürzextrakten zum Einsatz gebracht.
Zur Verbesserung der technologischen Eigenschaften enthalten Trockensuppen und -soßen eine Reihe weiterer Zutaten wie z. B. Milchprodukte, Eiprodukte, Zucker und Maltodextrin, Genußsäuren, Sojaeiweiß, Zuckercouleur und Antioxidantien.

12.8.2 Herstellung

Die Herstellung von Trockensuppen und -soßen beruht im wesentlichen auf der Vermischung der vorgefertigten Rohstoffe. Abb. 12.33 informiert über die Prozeßstufen.
Das Verwiegen der Einzelkomponenten aus den Rohstoffsilos erfolgt meist automatisch, ebenso die pneumatische Dosierung in die Mischer. Bei Suppenmischungen, die bruchempfindliche Bestandteile wie Teigwaren, Trockengemüse usw. enthalten, wird in sog. Schnelläufern (Lödige-, Nauta- oder Draismischer) eine Grundmischung der pulverförmigen Bestandteile (Bindemittel, Fettpulver, Extraktpulver etc.) hergestellt. Die bruchempfindlichen Bestandteile werden in einem zweiten Mischvorgang bei langsamer Gangart schonend untergemischt. Für spezielle Einsatzgebiete (Instant-Suppen und -Soßen) werden die Mischungen agglomeriert, wobei es sich meist um Mischungen ohne grobstückige Bestandteile handelt. Dies erfolgt meist in chargenweise oder kontinuierlich betriebenen Wirbelschicht-Sprühgranulatoren. In kontinuierlichen Agglomera-

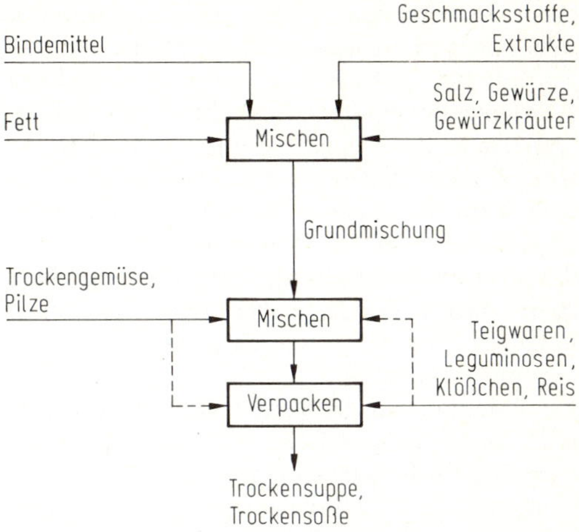

Abb. 12.33. Herstellung von Trockensuppen und -soßen

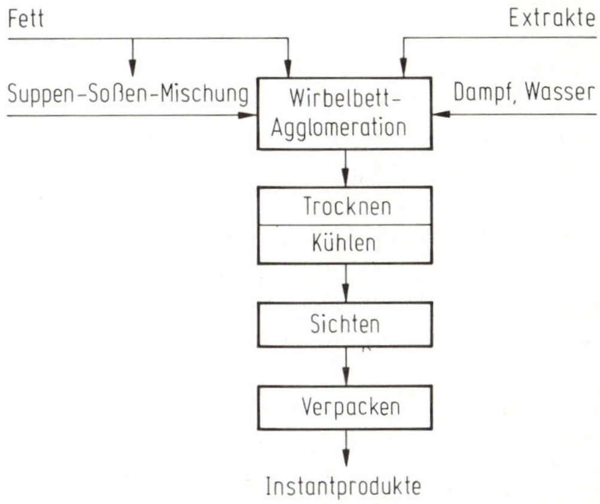

Abb. 12.34. Herstellung von Instantprodukten durch Agglomeration

tionsanlagen (Abb. 12.34) werden Extraktstoffe und Fett in getrennten Anlagen dosiert, oder aber fertige Suppen-/Soßenmischungen durch Rückfeuchtung mit Dampf oder Wasser agglomeriert und über ein separates Fließbett getrocknet. Die eingesetzten Verpackungsmaterialien schützen die Trockenmischung vor Licht, Luft und Feuchtigkeit.

12.9 Fleischaroma

Rohes Fleisch besitzt nur ein schwaches Aroma. Beim Erhitzen entwickeln sich dagegen je nach Tierart und Zubereitungsverfahren (dünsten, kochen, druckkochen, braten, grillen) zahlreiche sehr intensive Aromavarianten. Dabei geht der Einfluß der Zubereitung auf unterschiedliche Konzentrationen von Reaktanten und unterschiedliche Reaktionstemperaturen zurück. So tritt bei schonendem Trocknen und anschließendem Erhitzen eines Kaltwasserextraktes aus Fleisch ein typisches Brataroma auf, während das Erhitzen des Extraktes selbst ein Bouillonaroma liefert. Bei der Zubereitung von Fleisch in heißem Fett tritt dieses als zusätzlicher Reaktant in Erscheinung.

Das Gesamtaroma baut sich auf aus nichtflüchtigen Geschmacksstoffen, Geschmacksverstärkern und flüchtigen Aromastoffen. Die Aromastoffe bzw. ihre Vorläufer entstammen im wesentlichen den wasserlöslichen Fraktionen des Fleisches. Als Geschmacksstoffe sind Aminosäuren (Glu, Ala, Thr, Lys), Glycinbetain und Peptide wichtig, daneben auch Säuren wie Milchsäure. Rindfleisch, das durch Behandlung mit Papain zartgemacht wird, enthält das Octapeptid Lys-Gly-Asp-Glu-Glu-Ser-Leu-Ala, dessen Geschmacksprofil mit würzig-wohlschmeckend (60%), sauer (30%), süß (10%) charakterisiert wird. Glutaminsäure und Inosin-5-monophosphat sind nicht nur als Geschmacksstoffe, sondern auch als Aromaverstärker (cf. 8.6) wirksam. Die Lipide (TG und freie Fettsäuren) tragen zum angenehmen vollen Geschmack und zur Aromaretention bei. Die flüchtigen Aromastoffe werden über die *Maillard*- und *Strecker*-Reaktion gebildet. Als Reaktanten sind einerseits Aminosäuren und Peptide, möglicherweise auch Proteine und Glykoproteine, andererseits Nucleinsäuren und Nucleotide als Zuckerlieferanten von Bedeutung. Daneben spielt auch der oxidative Abbau von Lipiden und vom Thiamin eine Rolle. Zahlreiche Aromastoffe entstehen sekundär durch Reaktionen flüchtiger Primärprodukte, z. B. von H_2S, CH_3SH und NH_3, die aus dem Abbau von Aminosäuren stammen, mit Aldehyden aus dem *Strecker*-Abbau und der Lipidperoxidation oder Ketonen aus der Pyrolyse von β-Ketotriacylglyceriden. Unter den in erhitztem Fleisch identifizierten flüchtigen Verbindungen sind Alkohole, Aldehyde, Ketone, Carbonsäuren, Ester, Benzolderivate, Furane, γ- und δ-Lactone, Pyrane, Oxazoline, Pyrrole, Pyridine, Pyrazine, Thiole, Sulfide, Thiophene, Thiazole, Trithiolane, Trithiane, Dithiazine, Dithiolane und Dithiane.

Obwohl eine große Zahl von Verbindungen identifiziert wurde, sind die Kenntnisse über deren sensorische Bedeutung noch nicht befriedigend. Bekannt ist, daß Schwefelverbindungen im Fleischaroma eine wesentliche Rolle spielen. In Rindfleischbrühe wurde 2-Methyl-3-(methylthio)furan nachgewiesen, das fleischartig riecht. Außerdem leisten H_2S, 2-Acetylthiazol, die aus dem Thiamin hervorgehenden Bis-Furanderivate (s. Formel 5.4) sowie die in Abb. 5.18 angegebenen Heterocyclen, wichtige Beiträge. Das typische Fleischaroma in seinen vielen Varianten kommt aber sicher durch Zusammenspiel einer mehr oder weniger großen Zahl von Verbindungen in bestimmten Konzentrationsverhältnissen zustande.

Ungeklärt sind auch die Aromaunterschiede bei Fleisch aus verschiedenen Tierarten. Eine wesentliche Rolle scheint dabei das Fett zu spielen, denn mageres Fleisch (Rind, Schwein, Schaf) allein erhitzt, ergibt in jedem Fall die Rindfleischnote. Die tierartspezifischen Aromen treten erst nach Zusatz des Fettgewebes auf. Für das Aroma von gekochtem Hühnerfleisch sind gesättigte und ungesättigte Aldehyde, die aus dem oxidativen Abbau ungesättigter Acyllipide stammen, neben flüchtigen S-Verbindungen, die beim Kochen entstehen und dann im Fett gelöst werden, wesentlich.

Eine Erzeugung fleischähnlicher Aromen ist möglich durch Erhitzen von Cystin, Cystein, Methionin und Thiamin mit reduzierenden Zukkern, durch Reaktion von H_2S mit Alkenalen und Hydroxydihydrofuranen sowie durch eine Reihe weiterer Reaktionen. Eine mehr oder weniger befriedigende Imitation von Fleischaroma ist auch mit Hilfe identifizierter Aromastoffe oder synthetischer Analoger mit anderen Substitutionsmustern möglich, die einzeln oder als Gemische Verwendung finden.

Auf die fleischähnlichen Aromanoten von pflanzlichen Proteinhydrolysaten wurde bereits hingewiesen. Auch in diesen Produkten wurden zahlreiche flüchtige Stoffe nachgewiesen, darunter viele Heterocyclen, Carbonylverbindungen und Phenole, deren Bildung ebenfalls über die erwähnten Reaktionswege erfolgt. Zusätzlich kommt bei pflanzlichem Material der Abbau von Lignin zu Ferulasäure und deren Folgeprodukten ins Spiel.

Ein für Würzen typischer Aromastoff ist das 2-Hydroxy-3-methyl-4-ethyl-2-buten-1,4-olid, das aus Threonin über 2-Ketobuttersäure gebildet wird:

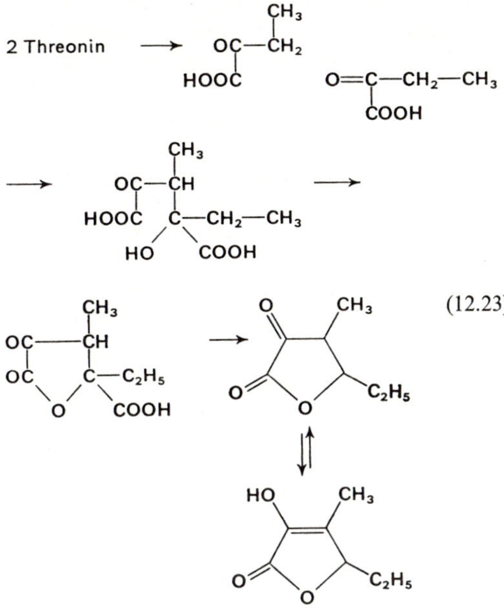

(12.23)

Als Geschmacksverstärker mit ähnlicher Wirkung wie Glutaminsäure sind Homocysteinsäure, Cystein-S-sulfosäure, Tricholomasäure und Ibotensäure [Amino-(3-hydroxy-5-isoxazolyl)essigsäure] bekannt.

12.10 Analytik

12.10.1 Fleisch

Hier interessieren besonders der Nachweis der Tierart von der das Fleisch stammt, die Unterscheidung von Gefrier- und Frischfleisch sowie die Kontrolle auf Arznei- und Masthilfsmittelrückstände.

12.10.1.1 Nachweis der Herkunft

Die Bestimmung der Tierart kann durch immunchemische und/oder elektrophoretische Verfahren erfolgen.

12.10.1.1.1 Serologische Unterscheidung

In derselben Weise, wie für den Nachweis von Soja- und Milcheiweiß näher beschrieben (cf. 12.10.2.3.2), kann auch Fleisch durch eine Antikörper-Antigen-Reaktion identifiziert werden,

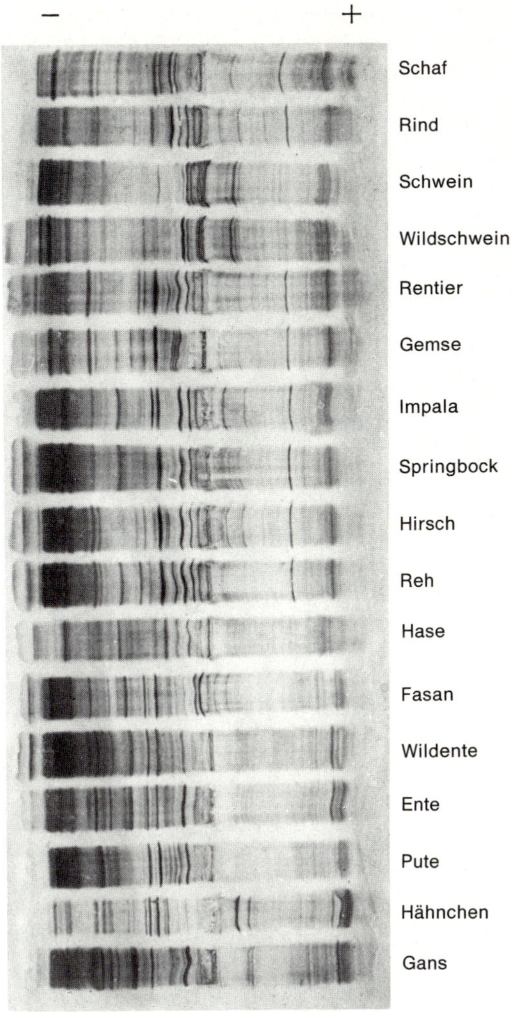

Abb. 12.35. Trennung der Sarcoplasmaproteine verschiedener Warmblüter (Säugetiere, Geflügel) durch isoelektrisches Fokussieren in Polyacrylamidgel (PAGIF auf PAGplate pH 3,5–9,5). (Nach *Kaiser,* 1980a)

wenn Antikörper von den in Frage kommenden Tierarten zur Verfügung stehen.

12.10.1.1.2 Elektrophorese

Zum Nachweis der Tier- bzw. der Pflanzenart, von der ein Lebensmittel stammt, haben sich in der Lebensmittelchemie elektrophoretische Verfahren vielfach dann bewährt, wenn im Elektropherogramm eines Proteinextraktes artspezifische Proteinzonen auftreten. In der Fleischanalytik gestattet die Methode z. B. eine Differenzierung zwischen Rind, Schwein, Pferd, Schaf und den Wildarten (cf. Abb. 12.35). Aus den Intensitäten der Indikatorzonen im Elektropherogramm ist es möglich, wie in Abb. 12.36 am Beispiel des Nachweises von Schweine- in Rinderhackfleisch gezeigt wird, den Anteil einer Fleischart am Gemisch abzuschätzen.

Zur Durchführung der Analyse werden die Proteine zur Erhöhung ihrer Löslichkeit in Gegenwart von Harnstoff oder auch von Natriumdodecylsulfat (SDS) extrahiert. Die elektrophoretische Trennung erfolgt in Stärke-, Agarose- oder Polyacrylamidgelen. Durch die Anwendung eines pH-Gradienten (isoelektrische Fokussierung) ergeben sich in vielen Fällen besonders aussagekräftige Proteinmuster. Bei erhitztem Fleisch werden durch die mit Temperatur und Zeit zunehmende Denaturierung der Proteine die immunchemische und die elektrophoretische Identifizierung mehr und mehr erschwert.

12.10.1.2 Unterscheidung Frisch-/Gefrierfleisch

Das Isoenzymmuster von Zellorganellen, wie z. B. Mitochondrien und Mikrosomen, unterscheidet sich vielfach von dem des Cytosols. Werden die Membranen der Organellen durch einen physikalischen oder chemischen Vorgang geschädigt, so kommt es zu einer Vermischung der Isoenzyme im Cytosol.

Beobachtet wurden solche Schädigungen u. a. beim Einfrieren und Auftauen von Geweben. Im Fleisch wird dadurch z. B. das an die Mitochondrienmembranen gebundene Isoenzym der Glutamat-Oxalacetat-Transaminase (GOT) teilweise in das Sarcoplasma freigesetzt. Während der Preßsaft von nicht gefrorenem Fleisch lediglich das Sarcoplasma-Isoenzym enthält, findet sich darin nach Gefrieren und Auftauen zusätzlich noch das Mitochondrien-Isoenzym. Beide Isoen-

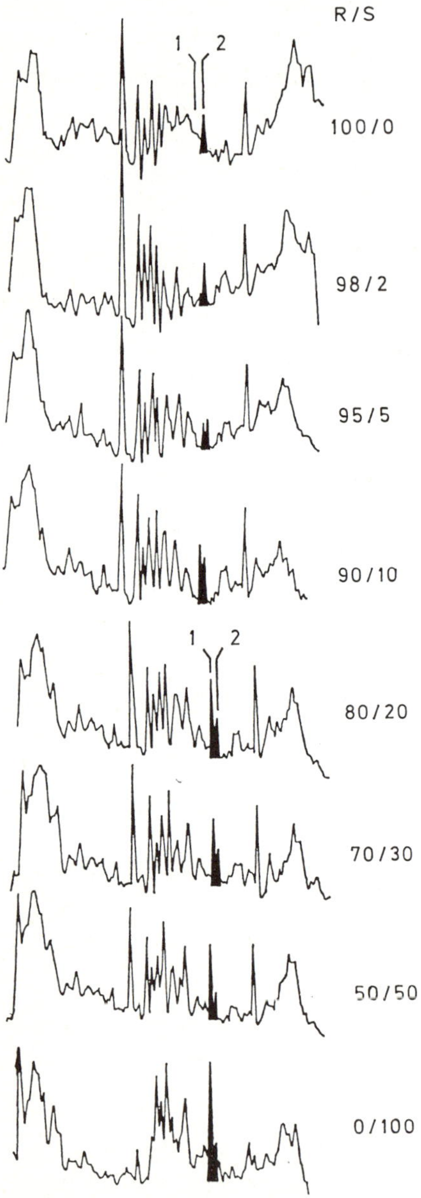

Abb. 12.36. Densitogramme verschiedener Mischungen aus Rind- und Schweinefleisch nach PAGIF auf PAG-plate pH 3,5–9,5. R/S: Mischungsverhältnisse Rind/Schwein in Gew.-%. (Nach *Kaiser,* 1980 b)

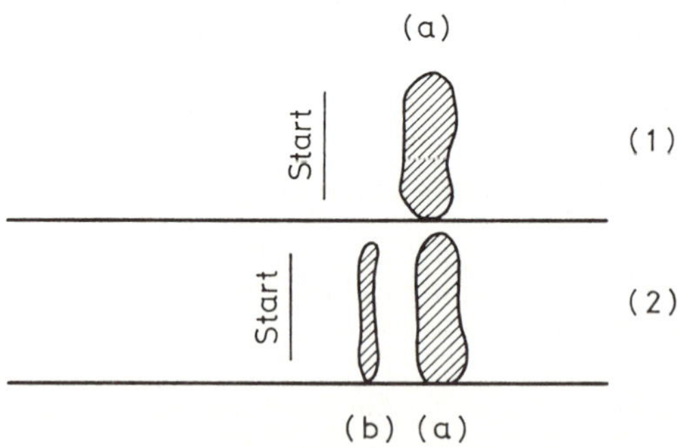

Abb. 12.37. Unterscheidung von frischer Leber (1) und aufgetauter Gefrierleber (2) durch elektrophoretische Trennung der Glutamat-Oxalacetat-Transaminasen (a) GOT_S, (b) GOT_M. (Nach *Hamm* und *Masic,* 1975)

zyme lassen sich durch Elektrophorese des Gewebepreßsaftes trennen (cf. Abb. 12.37). Das Verfahren ist auch auf Fisch anwendbar.

12.10.1.3 Farbe

Zur Beurteilung des Frischezustandes wird u. a. das Verhältnis der Pigmente Myoglobin (purpur), Oxymyoglobin (rot) und Metmyoglobin (braun) bestimmt.

12.10.1.4 Behandlung mit Proteinasepräparaten

Arteriell oder intramuskulär in das Fleisch eingebrachte Proteinasen, die in der Regel pflanzlicher oder mikrobieller Herkunft sind, bewirken einen Abbau von Strukturproteinen und werden demzufolge als Weichmacher (Tenderizer) angewandt. Der Nachweis einer solchen Behandlung ist relativ schwierig. Eine gewisse Möglichkeit ergibt sich aus der Beobachtung, daß in Disk-Elektropherogrammen von SDS-Harnstoff-Extrakten die Bandenintensitäten der niedermolekularen Collagenfragmente ansteigen, wenn das Fleisch mit einer Proteinase behandelt worden ist.

12.10.1.5 Anabolika

In der Tiermast kann durch Anwendung von Anabolika ein vermehrter Fleischansatz erzielt werden. Der Nachweis einer solchen Behandlung, die in den meisten Ländern nicht erlaubt ist, basiert auf einer Erfassung der östrogenen Komponente des Präparates. Außer dem an Material und Zeit sehr aufwendigen Mäuseuterustest ist hierfür eine sehr empfindliche Methode geeignet, die auf dem Radioimmunoassay-Prinzip basiert. Aus dem Uterus vom Kaninchen oder vom Rind können spezielle Proteine isoliert werden, die die Eigenschaft besitzen, Östrogene mit hoher Affinität zu binden. Der gebildete Hormon-Rezeptorprotein-Komplex steht mit seinen Komponenten im Gleichgewicht:

Rezeptor + Östrogen $\rightleftharpoons$ Rezeptor-Östrogen-Komplex

Durch Zugabe von 17β-Östradiol, das zur radiochemischen Erfassung mit Tritium markiert ist, können die in der Probe befindlichen, nicht markierten Östrogene kompetitiv aus dem Hormon-Rezeptor-Komplex verdrängt werden.

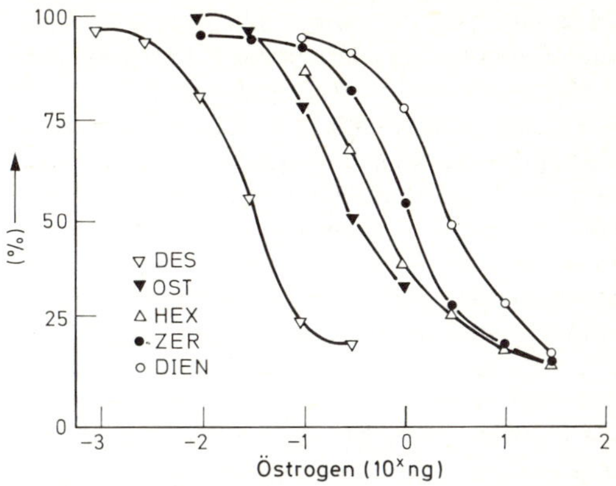

Abb. 12.38. Relative Bindungsaffinität von östrogenen Substanzen zum Östrogenrezeptor. 50% Bindung ergeben: 0,034 ng Diethylstilböstrol (DES), 0,33 ng 17β-Östradiol (OST), 0,6 ng Hexöstrol (HEX), 1,2 ng Zeranol (ZER), 2,9 ng Dienöstrol (DIEN). (Nach *Ingerowski* und *Stan*, 1978)

Zur Gleichgewichtseinstellung wird eine geeignete Menge Rezeptorprotein mit einer konstanten Dosis markiertem Östradiol und dem Extrakt der Probe inkubiert. Die Menge des gebildeten ^{3}H-Östradiol-Komplexes wird kleiner, wenn die aus dem Fleisch stammende Menge eines konkurrierenden Östrogens steigt.

Da die Bindungsaffinität des Östrogenrezeptors von der Art des Östrogens abhängt (Abb. 12.38), sind die Nachweisgrenzen unterschiedlich.

Masthilfsmittel können weiterhin nach geeigneter Derivatisierung der polaren funktionellen Gruppen gaschromatographisch getrennt und massenspektrometrisch identifiziert werden. Die Methode, die auch eine Bestimmung von schwach- oder nicht-östrogenen Komponenten der Masthilfsmittel erlaubt, konnte zunächst, bedingt durch starke Verluste bei der Aufarbeitung der Proben, nicht mit der Empfindlichkeit der radiochemischen Methode konkurrieren. Inzwischen konnte dieser Nachteil aber weitgehend behoben werden.

12.10.1.6 Antibiotika

Antibiotika werden aus therapeutischen Gründen und mitunter in geringeren Konzentrationen auch im Rahmen der Tierernährung eingesetzt, da sie die Futterverwertung erhöhen und damit das Wachstum beschleunigen.

Möglich ist der Nachweis mikrobiologisch über die Hemmung des Wachstums von Bakterien („Hemmstofftest"). Als Testorganismus wird u. a. ein *Bacillus subtilis*-Stamm BGA empfohlen. Zur Identifizierung und quantitativen Analyse von Antibiotika und anderen Arzneimittelrückständen müssen chemische Methoden angewandt werden. Im Vordergrund stehen chromatographische Trennoperationen und massenspektrometrische Untersuchungen. Die Tetracycline, die unter den Antibiotika sehr häufig anzutreffen sind, können relativ einfach durch die fluorimetrische Messung eines in geeigneter Weise aus der Fleischprobe gewonnenen Extraktes bestimmt werden.

12.10.2 Fleischprodukte

Außer den unter dem Stichwort „Fleisch" angedeuteten Problemen der Zuordnung zur Tierspecies und der Rückstandskontrolle muß bei Fleischprodukten insbesondere die Rezeptur geprüft werden. Im Vordergrund stehen deshalb Untersuchungen über den Gehalt an Fremdwasser, kohlenhydrathaltigen Dickungsmitteln, Bindegewebe, Fremdeiweiß und Fett. Außerdem müssen bei gepökelten Fleischprodukten Nitrit, Nitrat, Nitrosamine und möglicherweise zur Umrötung verwendete Ascorbinsäure bestimmt werden. Weitere analytische Fragestellungen sind der Nachweis von Zusatzstoffen wie kondensierte Phosphate, Citronensäure, Glucono-δ-lacton, sowie der Nachweis von polycyclischen Kohlenwasserstoffen in geräucherten Fleischerzeugnissen und von Mycotoxinen in Produkten, die erwünschtes oder unerwünschtes Schimmelpilzwachstum aufweisen.

12.10.2.1 Hauptbestandteile

Einen ersten Einblick, ob durch Überfettung oder einen Zusatz von Kohlenhydraten der den Wert eines Fleischerzeugnisses bestimmende Anteil an Muskeleiweiß erniedrigt worden ist, erhält man durch die Bestimmung der Hauptbestandteile Wasser, Roheiweiß, Fett und Asche. Ist deren Summe kleiner als 100 ± 0,5% der Einwaage, so muß auf das Vorkommen kohlenhydrathaltiger Bindemittel geprüft werden. Bei einem positiven Befund ist zu beachten, daß in Fleischerzeugnissen, die unter Zusatz von Leber hergestellt worden sind, Glykogen vorkommen kann. Eine weitergehende Differenzierung des Kohlenhydratanteils ist dann notwendig.

12.10.2.2 Fremdwasser

Der Wassergehalt von Fleisch steht zu dessen Eiweißgehalt in einem bestimmten, relativ konstanten Verhältnis. Auf dieser Beobachtung beruht die Methode von *Feder,* den Wasserzusatz zu Hack- und Schabefleisch sowie zu Brühwürsten aus folgender Beziehung zu berechnen:

$$\begin{aligned}&\text{Mindestfremdwassergehalt } (\%)\\&= \text{Wasser } (\%) - \text{Eiweiß } (\%) \times F\\&F \text{ (Rindfleisch, Brühwürste)} = 4{,}0\\&F \text{ (Schweinefleisch)} = 4{,}5\end{aligned} \qquad (12.24)$$

Diese indirekte Methode der Fremdwasserbestimmung ist wiederholt kritisiert worden. Es ist bisher aber nicht gelungen, ein besseres Verfahren zu entwickeln. In jedem Fall kann der ermittelte Fremdwassergehalt nicht allein für die Beurteilung einer Fleischware maßgebend sein: Außer dem Gehalt an Muskeleiweiß wird die Relation Fett : Eiweiß eine entscheidende Rolle spielen.

12.10.2.3 Bindegewebsfreies Magerfleisch

Das bindegewebsfreie Magerfleisch bzw. das damit identische bindegewebseiweißfreie Fleischeiweiß (BEFFE) ist für den Wert einer Fleischware maßgebend. Zu seiner Ermittlung wird der Gehalt der Probe an Bindegewebseiweiß (BE), Fremdeiweiß (FE) und an Nichteiweißstickstoffverbindungen (NES; z. B. Glutamat, Purin- und Pyrimidinderivate, Harnstoff) analysiert und vom Gesamteiweiß (GE) abgezogen:

$$\text{BEFFE} = \text{GE} - (\text{FE} + \text{NES} + \text{BE})$$

Eine weitere Methode, die noch in der Erprobung ist, basiert darauf, daß nach einer drastischen Vorbehandlung (Erhitzen auf 130 °C) Fremdproteine, Collagen und Blutplasma bei pH 9 in Lösung gehen, während das zurückbleibende Protein mit einem konstanten Faktor in BEFFE umgerechnet werden kann.

12.10.2.3.1 Bindegewebseiweiß

Indikator für Bindegewebe ist die Aminosäure 4-Hydroxyprolin, die nur in dieser Eiweißfraktion vorkommt. Ihr Gehalt wird im sauren Hydrolysat der Probe bzw. des abgetrennten Rohproteins entweder durch Ionenaustauschchromatographie oder durch eine spezielle Farbreaktion bestimmt. Das in der Praxis sehr verbreitete direkte fotometrische Verfahren beruht auf einer Oxidation des Hydroxyprolins im alkalischen Medium mit H_2O_2 oder N-Chlor-p-toluolsulfonamid (Chloramin-T) zu einem Pyrrolderivat, das mit p-Dimethylaminobenzaldehyd zu einem roten Farbstoff kondensiert. Durch Multiplikation des Hydroxyprolinwertes mit dem Faktor 8, der auf einem mittleren Hydroxypyrolingehalt des Bindegewebes von 12,4% beruht, wird die Menge an Bindegewebseiweiß berechnet.

Tabelle 12.21. Analyse von Brühwurstkonserven auf Sojaprotein

Sojaprotein (%)		Temperatur[a] (°C)
zugesetzt	gefunden	
0,75	0,5 ± 0,1	115
1,50	1,4 ± 0,1	115
3,0	2,0	115
0,75	0,6 ± 0,1	121
1,50	1,0 ± 0,1	121
3,0	0,9 ± 0,1	121

[a] Im Kern der Dose.

12.10.2.3.2 Fremdeiweiß

Zur Streckung oder zur Verbesserung der Wasserbindung können Fleischwaren z. B. Milch-, Ei- oder Sojaproteine enthalten, die immunochemisch sehr empfindlich nachzuweisen sind. Beim einfachen und schnellen Test der Agargeldiffusion (Abb. 12.39) diffundieren Antigen (Fremdprotein im Probenextrakt) und Antikörper (aktiv gegenüber dem Fremdprotein) gegeneinander. Es entstehen bei der Antigen-Antikörper-Reaktion Präzipitationsbanden, deren Größe bzw. Lage auch eine quantitative Aussage gestatten. Genauer und schneller kann die Antigen-Antikörper-Reaktion mit einem Immunoassay quantifiziert werden (cf. 2.5.4.3).
Wie Tab. 12.21 am Beispiel von Brühwurstkonserven zeigt, werden bei einer Hocherhitzung die Proteine soweit verändert, daß sowohl ihre Extrahierbarkeit als auch ihre Antigenwirkung stark beeinträchtigt ist. Eine quantitative Aussage ist dann nicht mehr möglich. Eine weitere Schwierigkeit ergibt sich, wenn ein Antikörper mit mehreren verwandten Proteinen reagiert. Dieses als Kreuzreaktion bezeichnete Phänomen wurde z. B. bei einem Antikörper beobachtet, der nicht nur wie erwartet Eiklar-, sondern auch Milchprotein präzipitiert. In solchen Fällen ist nicht die Agargeldiffusion, sondern die Immunoelektrophorese zur Identifizierung des Fremdproteins geeignet, da zur Präzipitatbildung noch die Lage der Proteinbande im Elektropherogramm als weiteres qualitatives Merkmal hinzukommt.
Für manche Fragestellungen genügt aber auch die elektrophoretische Trennung der Proteine allein. So kann ein Zusatz von Sojaprotein in der Brühwurst nach Diskelektrophorese erkannt werden, da sich zwei aus Soja stammende Proteinzonen deutlich von den Proteinen aus dem Wurstbrät und von anderen Fremdproteinen, wie z. B. Milch- und Eiklareiweiß, absetzen.

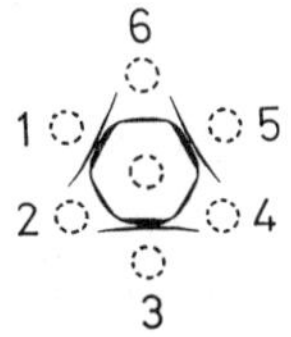

Abb. 12.39. Immunochemischer Nachweis von Fremdeiweiß in einer Brühwurst (nach *Günther*, 1969). Objektträger mit Gelschicht aus Agar-Agar, in die Reservoire eingestanzt sind. Gegen die im zentralen Reservoir vorgelegte Antikörper-Lösung sind diffundiert: Auftragsstellen 1, 3, 5: Sojaprotein (Referenz), Auftragsstellen 2, 4, 6: Extrakt aus einer bei 85 °C hergestellten Brühwurst. Nach Anfärbung mit Amidoschwarz sind zwei Präzipitationsbanden beim Sojaprotein und eine bei den Extrakten aus Brühwurt zu erkennen

12.10.2.4 Nitrosamine

In gepökelten Fleischwaren stellt sich nicht nur die Frage nach dem Gehalt an Nitrit und Nitrat, sondern auch die Frage, ob und in welchem Umfang Nitrosamine vorkommen (cf. 9.8).
Nitrosamine entstehen in der Regel nur in sehr niedrigen Konzentrationen. Da einige Vertreter als sehr toxisch gelten, muß man noch Spuren (< 0,1 ppm) erfassen können. Zur Identifizierung der flüchtigen Nitrosamine kommen Techniken zur Anwendung, die für die Analyse flüchtiger Aromastoffe entwickelt worden sind (cf. 5.2). Beachtet werden muß, daß bei der Abtrennung der Verbindungen durch Destillation im

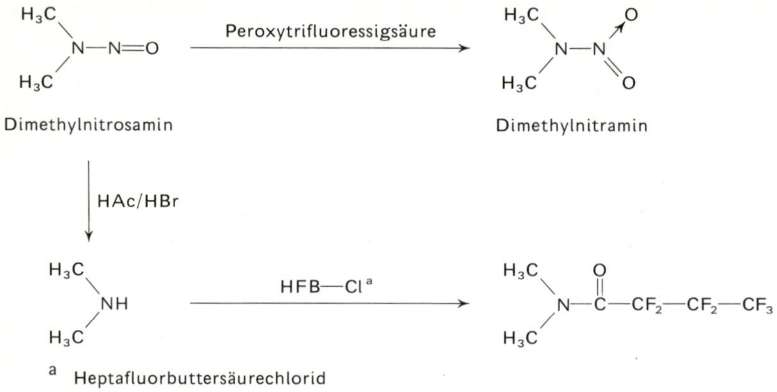

Abb. 12.40. Gaschromatographischer Nachweis von Nitrosaminen nach Derivatisierung (Elektroneneinfang-Detektor)

Vakuum oder durch Extraktion, z. B. mit CH_2Cl_2, nicht ein zu niedriger pH-Wert die Neubildung von Nitrosaminen fördert, wenn noch Nitrit anwesend ist. Aus den Ergebnissen der Aromaforschung ist bekannt, daß die isolierte Fraktion der neutralen flüchtigen Verbindungen, die auch die Nitrosamine enthält, sehr kompliziert zusammengesetzt ist. Eine sichere Identifizierung ist somit nicht durch einen gaschromatographischen Retentionsvergleich möglich, sondern nur nach massenspektrometrischer Überprüfung der chemischen Strukturen.

Die Nachweisgrenze kann gesenkt werden, wenn die quantitative Analyse über Derivate erfolgt, die mit dem Elektroneneinfang-Detektor sehr empfindlich bestimmt werden können, z. B. durch Oxidation der Nitrosamine zu den Nitraminen oder durch Denitrosierung und Überführung in die Heptafluorbuttersäureamide (Abb. 12.40).

12.11 Literatur

Bailey, A. J. (Ed.): Recent advances in the chemistry of meat. The Royal Society of Chemistry, Burlington House: London. 1984

Beck, G., Mantel, Th.: Der biologische Hemmstofftest, ein Weg zur Klärung des Rückstandsproblems in Fleisch. Fleischwirtschaft *52,* 1605 (1972)

Bendall, J. R., Wismer-Pedersen, J.: Some properties of the fibrillar proteins of normal and waterly pork muscle. J. Food Sci. *27,* 144 (1962)

Bornstein, P.: The biosynthesis of collagen. Annu. Rev. Biochem. *43,* 567 (1974)

Bornstein, P., Sage, H.: Structurally distinct collagen types. Annu. Rev. Biochem. *49,* 957 (1980)

Brander, J., Eyring, G., Richter, B.: Würzen. In: Ullmanns Encyklopädie der technischen Chemie, 4. Aufl., Bd. 24, S. 507, Verlag Chemie: Weinheim. 1983

Briskey, E. J., Wismer-Pedersen, J.: Biochemistry of pork muscle structure. I. Rate of anaerobic glycolysis and temperature change versus the apparent structure of muscle tissue. J. Food Sci. *26,* 297 (1961)

Disney, J. G., Follet, M. J., Ratcliff, P. W.: Biochemical changes in beef muscle post mortem and the effect of rapid cooling in ice. J. Sci. Food Agric. *18,* 314 (1967)

Fennema, O. R. (Ed.): Principles of food science. Part I: Food chemistry. Marcel Dekker, Inc.: New York. 1976

Flament, I., Willhalm, B., Ohloff, G.: New developments in meat aroma research. In: Flavor of foods and beverages (Eds.: Charalambous, G., Inglett, G. E.), p. 15, Academic Press: New York. 1978

Giddings, G. G.: The basis of color in muscle foods. Crit. Rev. Food Sci. Nutr. *9,* 81 (1977)

Grau, R.: Fleisch und Fleischwaren. Verlag Paul Parey: Berlin. 1969

Grüttner, F., Lienhop, E.: Taschenbuch der Fleischwarenherstellung. 6. Aufl., Verlag Günter Hempel: Braunschweig. 1962

Günther, H.: Bestimmung von Fremdeiweiß in Fleischwaren. Arch. Lebensmittelhyg. *20,* 97 (1969)

Gutschmidt, J.: The storage life of frozen chicken with regard to the temperature in the cold chain. Lebensm. Wiss. Technol. *7,* 139 (1974)

Hamm, R.: Kolloidchemie des Fleisches. Verlag Paul Parey: Berlin. 1972

Hamm, R., Masic, D.: Routinemethode zur Unterscheidung zwischen frischer Leber und aufgetauter Gefrierleber. Fleischwirtschaft *55,* 242 (1975)

Harrington, W.F., Rao, N.V.: Collagen structure in solution. I. Kinetics of helix regeneration in single-chain gelatins. Biochemistry *9*, 3714 (1970)

Herrmann, Ch., Merkle, Ch., Kotter, L.: Zur Problematik serologischer Nachweisreaktionen für Fremdeiweiße in erhitzten Fleischerzeugnissen. Fleischwirtschaft *53*, 97 und 249 (1973)

Herrmann, Ch., Thoma, H., Kotter, L.: Zur direkten Bestimmung von Muskeleiweiß in Fleischerzeugnissen. Fleischwirtschaft *56*, 87 (1976)

Huxley, H.E.: Electron microscope studies on the structure of natural and synthetic protein filaments from striated muscle. J. Mol. Biol. *7*, 281 (1963)

Igene, J.O., Yamauchi, K., Pearson, A.M., Gray, J.I., Aust, S.D.: Mechanisms by which nitrite inhibits the development of warmed-over flavour (WOF) in cured meat. Food Chem. *18*, 1 (1985)

Ingerowski, G.H., Stan, H.-J.: Nachweis von Östrogen-Rückständen in Fleisch mit Hilfe des cytoplasmatischen Östrogenrezeptors aus Rinderuterus. Dtsch. Lebensm. Rundsch. *74*, 1 (1978)

Kaiser, K.-P., Matheis, G., Kmita-Dürrmann, Ch., Belitz, H.-D.: Identifizierung der Tierart bei Fleisch, Fisch und abgeleiteten Produkten durch Proteindifferenzierung mit elektrophoretischen Methoden. I. Rohes Fleisch und roher Fisch. Z. Lebensm. Unters. Forsch. *170*, 334 (1980a)

Kaiser, K.-P., Matheis, G., Kmita-Dürrmann, Ch., Belitz, H.-D.: Proteindifferenzierung mit elektrophoretischen Methoden bei Fleisch, Fisch und abgeleiteten Produkten. II. Qualitative und quantitative Analyse roher binärer Fleischmischungen durch isoelektrische Fokussierungen in Polyacrylamidgel. Z. Lebensm. Unters. Forsch. *171*, 415 (1980b)

Karlson, P.: Kurzes Lehrbuch der Biochemie. 10. Aufl., Georg Thieme Verlag: Stuttgart. 1977

Lawrie, R.A.: The conversion of muscle to meat. In: Recent advances in food science (Eds.: Hawthorn, J., Leitch, J.M.), Vol. I, p. 68, Butterworths: London. 1962

Lawrie, R.A. (Ed.): Developments in meat science-1 ff, Applied Science Publ.: London. 1980 ff

Lawrie, R.A.: Meat science, 4th edn., Pergamon Press: Oxford. 1985

Lehninger, A.L.: Biochemie. 2. Aufl., Verlag Chemie: Weinheim. 1977

MacLeod, G., Seyyedain-Ardebili, M.: Natural and simulated meat flavors (with particular references to beef). Crit. Rev. Food Sci. Nutr. *14*, 309 (1981)

Moody, W.G.: Beef flavor – a review. Food Technol. *37*, 227 (1983)

Mottram, D.S.: Some observations on the role of lipids in meat flavour. In: Sensory quality in foods and beverages (Eds.: Williams, A.A., Atkin, R.K.), p. 394, Ellis Horwood Ltd.: Chichester. 1983

Ohloff, G., Flament, I.: Heterocyclic constituents of meat aroma. Heterocycles *11*, 663 (1978)

Potthast, K., Hamm, R.: Biochemie des DFD-Fleisches. Fleischwirtschaft *56*, 978 (1976)

Price, J.F., Schweigert, B.S. (Eds.): The science of meat and meat products. 2nd edn., W.H. Freeman: San Francisco. 1971

Rich, A., Davies, D.R., Crick, F.H.C., Watson, J.D.: The molecular structure of polyadenylic acid. J. Mol. Biol. *3*, 71 (1961)

Schormüller, J. (Hrsg.): Handbuch der Lebensmittelchemie. Bd. I, Springer-Verlag: Berlin. 1965

Schultz, H.W., Anglemier, A.F. (Eds.): Proteins and their reactions. AVI Publ. Co.: Westport, Conn. 1964

Scanlan, R.A.: N-Nitrosamines in foods. Crit. Rev. Food Technol. *5*, 357 (1974)

Sulser, H.: Die Extraktstoffe des Fleisches. Wissenschaftliche Verlagsgesellschaft mbH: Stuttgart. 1978

Tóth, L.: Chemie der Räucherung. Verlag Chemie: Weinheim. 1982

Traub, W., Piez, K.A.: The chemistry and structure of collagen. Adv. Protein Chem. *25*, 243 (1971)

Wittkowski, R.: Phenole im Räucherrauch. VCH Verlagsgesellschaft: Weinheim. 1985

13 Fische, Wale, Krusten-, Schalen- und Weichtiere

13.1 Fische

13.1.1 Einführung

Im Rahmen der Ernährung spielen Fische und Fischprodukte eine wesentliche Rolle für die Versorgung mit biologisch hochwertigem Eiweiß, mit Fett und nicht zuletzt mit fettlöslichen Vitaminen.
Eine Einteilung ist unter verschiedenen Gesichtspunkten möglich, z. B.

- nach dem *Lebensraum* in Seefische (Hering, Kabeljau, Seelachs) und in Süßwasserfische (Hecht, Karpfen, Forelle). Einige Arten (z. B. Aal, Lachs) leben sowohl in Süß- als auch in Brackwasser. Die Seefische lassen sich nach dem bevorzugten Aufenthaltsraum weiter in Grundfische und in pelagische Fische unterteilen,
- nach der *Körperform* in Rundfische (Kabeljau, Seelachs) und Plattfische (Seezunge, Steinbutt, Scholle).

In der Fischerei unterscheidet man je nach Fanggebiet zwischen Hochseefischerei, Küstenfischerei und Binnenfischerei. Die Fischzucht spielt sowohl bei Süßwasserfischen als auch bei Seefischen eine große Rolle.
Die Fischereierträge sind im Laufe dieses Jahrhunderts stark gestiegen. Sie lagen um die Jahrhundertwende bei ca. 4 Mio. t und 1977 bei ca. 74 Mio. t. Tab. 13.1 informiert über den Anteil verschiedener Länder, Tab. 13.2 über den Anteil verschiedener Fischarten am Gesamtertrag. Einen Überblick über die Verwertungsart der Fischfänge gibt Tab. 13.3.

13.1.2 Fischarten

In Tab. 13.4 sind Fischarten zusammengestellt, die als Lebensmittel eine größere Rolle spielen. Im allgemeinen sind Raubfische schmackhafter als Friedfische, Fettfische wohlschmeckender als Magerfische. Grätenreiche Fische (Karpfen, Barsch, Hecht, Bleie, Schleie) sind oft weniger begehrt als grätenarme Fische.
Einige Arten werden im folgenden etwas ausführlicher behandelt.

13.1.2.1 Seefische

13.1.2.1.1 Haie

Der etwa 1 m lange Dornhai *(Squalus acanthias)* wird fälschlich auch als Seeaal bezeichnet und kommt unter diesem Namen mariniert oder geräuchert in den Handel. Andere Bezeichnungen sind Steinaal, Forellenstör oder Dornfisch. Die geräucherten Bauchdecken heißen Schillerlocken. Hierher gehört auch der Heringshai *(Lamna nasus)* als Begleiter der Heringsschwärme in der Nordsee. Er besitzt ein dem Kalbfleisch ähnliches Fleisch und trägt unzutreffende Bezeichnungen wie Seestör, Wildstör oder Kalbfisch. Wegen des hohen Harnstoffgehaltes (cf.

Tabelle 13.1. Fische, Krebstiere, Weichtiere (Fänge 1983)

Erdteil	1000 t	Land	1000 t
Welt	76471	Chile	3978
Afrika	4343	Norwegen	2822
Amerika, Nord-, Mittel-	6871	Indien	2520
Amerika, Süd-	7773	Korea, Republik	2400
Asien	34732	Thailand	2250
Europa, West-	11052	Indonesien	2112
Europa, Ost- + USSR	11243	Dänemark	1862
Ozeanien	310	Philippinen	1837
Land	**1000 t**	Korea, Volksrepublik	1600
Japan	11250	Peru	1487
USSR	9757	Kanada	1337
China	5213	Spanien	1250
USA	4143	Mexiko	1070
		Brasilien	845
		Σ (%)[a]	76

[a] Weltproduktion ≙ 100%.

Tabelle 13.2. Fische, Krebstiere, Weichtiere (Fänge nach Arten, 1983)

	1000 t
Süßwasserfische [a]	
Karpfen, Barben, etc.	770
Buntbarsche	441
Störe	28
Flußaale	88
Lachse, Forellen, Stinte, etc.	899
Sonstige	5969
Seefische	
Plattfische	1183
Kabeljau, Seehecht, Schellfisch, etc.	11350
Rotbarsche, sonstige Barsche, Meeraale, etc.	5151
Meeräschen, Hornhechte, etc.	7900
Heringe, Sardinen, Sardellen	17145
Thunfische, Bonitos, Makrelenhechte, etc.	2765
Makrelen, Seehechte, etc.	3664
Haie, Rochen, etc.	657
Sonstige	8073
Krebstiere	
Süßwasserarten	107
Krabben	805
Hummer	176
Garnelen	1778
Sonstige marine Arten	77
Weichtiere	
Süßwasserarten	301
Muscheln	746
Austern	1019
Tintenfische	1630
Sonstige marine Arten	134
Schildkröten	5

[a] Einschließlich von Arten, die in Salz- und Süßwasser leben.

Tabelle 13.3. Verwertung der Fischfänge (Welt, 1983)

Verwertungsart	Menge (%)[a]
Frischfisch	23,8
Gefrierfisch	22,9
Salz-, Räucherfisch, Marinaden	14,6
Konserven	13,0
	74,3
Fischmehl, Fischöl	24,6
Sonstige	1,1

[a] Anteil am Gesamtfang.

13.1.4.3.6) weist das Fleisch dieses Fisches meist leichten Ammoniakgeruch auf. Bestrebungen, die hier genannten ernährungsphysiologisch hochwertigen Haiarten unter anderen, wenn auch unrichtigen Bezeichnungen in den Handel zu bringen, sind wegen der Abneigung des Verbrauchers gegenüber dem Wort Hai verständlich. Flossen der Haie sind in China ein beliebtes Nahrungsmittel, als Luxusspeise werden sie auch bei uns importiert.

13.1.2.1.2 Heringsfische

Der Hering *(Clupea harengus)* ist einer der meistverarbeiteten und wichtigsten Nutzfische. Man unterscheidet Heringe nach der Fangzeit (Frühjahrs- bis Winterhering), der Laichzeit oder Geschlechtsreife (Matjes-, Voll-, Hohlhering) oder der Fangart (Loggerfischerei mit Treibnetz, Trawl- (Dampfer-)fischerei mit Schleppnetz oder Ringwade, einer riesigen Netztasche, in der der Heringsschwarm zusammengedrängt wird). Als besonders schonende Fangmethode wird in der Hochseefischerei die Elektrofischerei erprobt. Die Hauptfangzeit der deutschen Heringsfischerei liegt im Juli, die der englischen und norwegischen Flotten im Oktober bis Dezember.

Die Heringe sind durchschnittlich 12 bis 35 cm lang, leben als Zugfische in großen Schwärmen und bevölkern die nördlichen gemäßigten und kalten Meere.

Zubereitete Heringsfische sind der als Bückling bezeichnete geräucherte Hering, weiterhin die Sprotte (Brisling, Breitling, *Sprattus sprattus phalericus*), die zu Appetitsild und Anchovis verarbeitet, geräuchert oder in Öl gelegt wird. Und schließlich wäre zu nennen die Sardelle (*Engraulis encrasicolus;* echte Anchovis, in Deutschland nur gesalzen bekannt) sowie die Sardine (*Sardina pilchardus;* aus Frankreich, Spanien, Portugal und den afrikanischen Atlantikküsten), in ihrer erwachsenen Form als Pilchard (England) bezeichnet. Hauptverwendung findet die Sardine als Ölsardine in Dosen. Keine Sardinen, sondern kleine Heringe sind Russische Sardinen oder Kronsardinen. Hierher rechnet auch der frisch oder geräuchert im Handel anzutreffende Maifisch (Alse, *Alosa alosa*).

13.1.2.1.3 Dorschfische

Es handelt sich um fettarme Fische (Nordsee, Island, Weißes Meer), die vorwiegend frisch ver-

Tabelle 13.4. Wichtige Fischarten

Name	Familie	Gattung-Art	Bemerkungen zu Qualität und Verwendung
Seefische			
Pleurotremata (Haie)			
Dornhai	Squalidae	*Squalus acanthias (Acanthias vulgaris)*	
Rajiformes (Rochen)			
Rochen (z. B. Nagelrochen, Glattrochen)	Rajidae	*Raja clavata, R. batis*	verwendet werden die flügelförmigen Verbreiterungen des Körpers und die Brustflossen, Delikatessen, gebraten, geräuchert, in Gelee
Acipenseriformes (Störe)			
Stör	Acipenseridae	*Acipenser sturio*	geräuchert sehr delikat, Kaviar aus Rogen
Clupeiformes (Heringsfische)			
Hering	Clupeidae	*Clupea harengus*	wertvoller Fisch, feines, weißes Fleisch, gebraten, grilliert, industriell verarbeitet u. a. als Bismarckhering, Rollmops, Brathering
Sprotte	Clupeidae	*Sprattus sprattus*	vorwiegend geräuchert, Anchovis
Sardine	Clupeidae	*Sardina pilchardus*	vorwiegend gekocht und dann in Öl eingelegt, in Küstenländern grilliert, gebraten
Sardelle (Anchovis)	Engraulidae	*Engraulis encrasicolus*	angenehm, aromatisch, filetiert, Sardellenringe, Sardellenpaste
Lophiiformes (Seeteufel)			
Seeteufel, Anglerfisch, Lotte	Lophiidae	*Lophius piscatorius*	weißes, gutes, festes Fleisch, pochiert
Gadiformes (Dorschfische)			
Leng	Gadidae	*Molva molva*	wohlschmeckendes, festes, weißes Fleisch
Kabeljau, Dorsch	Gadidae	*Gadus morhua*	Fleisch etwas brüchig, frisch, filetiert, gekühlt, gefroren gesalzen, getrocknet (Stock- und Klippfische), gekocht, pochiert, aus der Leber: Lebertran
Schellfisch	Gadidae	*Melanogrammus aeglefinus*	sehr fein im Geschmack, frisch, gedünstet, gebraten, gebacken, mariniert, geräuchert, als Salat
Köhler, Steinköhler (Seelachs)	Gadidae	*Pollachius virens, P. pollachius*	Fleisch leicht graubraun, filetiert, geräuchert, Scheiben und Schnitzel in Öl (Lachsersatz)
Wittling, Merlan	Merlangius	*Merlangius merlangius*	gutes Fleisch, leicht verdaulich, sehr empfindlich, frisch, gebacken, gebraten, fritiert, für Fischfarcen, gefroren, geräuchert
Seehecht	Merluccidae	*Merluccius merluccius*	frisch, gefroren, alle Zubereitungsarten

Tabelle 13.4. (Fortsetzung)

Name	Familie	Gattung-Art	Bemerkungen zu Qualität und Verwendung
Scorpaeniformes (Panzerwangen)			
Rotbarsch, Goldbarsch	Scorpaenidae	*Sebastes marinus*	wohlschmeckendes Fleisch, fettreicher als das der Gadiden, filetiert, geräuchert
Knurrhahn (Grauer Knurrhahn, Roter Knurrhahn)	Triglidae	*Trigla gurnardus, T. lucerna*	weißes, festes Fleisch (der rote Knurrhahn ist von höherer Qualität), frisch und geräuchert
Seehase	Cyclopteridae	*Cyclopterus lumpus*	geräuchert, Rogen als Kaviarersatz
Perciformes (Barschartige Fische)			
Rote Meerbarbe	Mullidae	*Mullus barbatus*	weißes, feines, sehr delikates Fleisch, grilliert
Katfisch, Steinbeißer, Seewolf	Anarhichadidae	*Anarhichas lupus, A. minor*	feines, weißes, würziges Fleisch, pochiert, geschmort, grilliert, in Teigkruste
Makrele	Scombridae	*Scomber scombrus*	hochwertiges, schmackhaftes, rötliches Fleisch, gebraten, grilliert, geräuchert, in Form verschiedener Konserven, nicht leicht verdaulich
Thunfisch	Scombridae	*Thunnus thynnus*	rötliches Fleisch von ausgezeichnetem Geschmack, gebraten, gebacken, geräuchert, als Konserve in Öl
Pleuronectiformes (Plattfische)			
Steinbutt	Scopthalmidae	*Psetta maxima*	neben Seezunge einer der geschätztesten Fische, schneeweißes, festes, würziges Fleisch, gekocht, grilliert, pochiert
Heilbutt	Pleuronectidae	*Hippoglossus h. hippoglossus*	schmackhaft, pochiert, gebraten, geräuchert
Scholle	Pleuronectidae	*Pleuronectes platessa*	schmackhaftes Fleisch, gebraten oder filetiert und pochiert
Flunder	Pleuronectidae	*Platichthys flesus (Pleuronectes flesus)*	gutes, weißes Fleisch, pochiert, gebakken, geräuchert
Seezunge	Soleidae	*Solea solea*	feinster Plattfisch, pochiert, gebraten, grilliert, gebacken
Süßwasserfische			
Petromyzones (Neunaugen)			
Neunauge	Petromyzonidae	*Lampetra fluviatilis*	industriell verarbeitet
Anguilliformes (Aalartige)			
Aal	Anguillidae	*Anguilla anguilla*	schmackhaftes Fleisch, gute Qualität bis zu 1 kg, frisch gebacken, geräuchert, mariniert, in Gelee
Salmoniformes (Lachsfische)			
Lachs	Salmonidae	*Salmo salar*	sehr edler Fisch (5–10 kg), pochiert, grilliert, gepökelt und geräuchert, gebeizt

Tabelle 13.4. (Fortsetzung)

Name	Familie	Gattung-Art	Bemerkungen zu Qualität und Verwendung
Forelle	Salmonidae	*Salmo trutta*	Edelfisch, keine Gräten, wohlschmeckend, blau gekocht, gebacken, à la meunière
Regenbogenforelle	Salmonidae	*Salmo gairdnerii*	
Saibling	Salmonidae	*Salvelinus fontinalis*	ganz vorzüglicher Fisch, Fleisch zartrosa, Zubereitung wie Forelle, meist gebraten
Renke	Salmonidae	*Coregonus sp.*	Zubereitung wie Forelle
Felchen	Salmonidae	*Coregonus sp.*	weiß, zart, sehr schmackhaft, etwas trocken, gebraten, fritiert (z. B. Genfer See, Bodensee)
Stint	Osmeridae	*Osmerus eperlanus*	Speisefisch, viele Gräten, fritiert
Hecht	Esocidae	*Esox lucius*	junger Hecht (beste Qualität 2–3 kg), zart, wohlschmeckend, Fleisch geschätzt trotz vieler Gräten, gedünstet, gekocht, gebraten
Cypriniformes (Karpfenfische)			
Plötze	Cyprinidae	*Rutilus rutilus*	Fleisch schmackhaft, sehr grätenreich
Blei, Brassen	Cyprinidae	*Abramis brama*	wohlschmeckend, grätenreich
Schleie	Cyprinidae	*Tinca tinca*	zart, fett, wohlschmeckend, blau gekocht, gedünstet
Karpfen	Cyprinidae	*Cyprinus carpio*	Fleisch weich, leicht verdaulich, wertvoller Speisefisch, blau gekocht, nach Matrosenart
Karausche	Cyprinidae	*Carassim carassim*	guter Speisefisch (nicht so gut wie Karpfen), grätenreich
Perciformes (Barschartige Fische)			
Barsch	Percidae	*Perca fluviatilis*	fest, weiß, sehr schmackhaft, beste Qualität bis zu 1 kg (25–40 cm), gebakken, filetiert, gedünstet
Zander	Percidae	*Stizostedion lucioperca*	weiß, zart, weich, saftig und wohlschmeckend, 40–50 cm, gebacken, gedünstet, feinster Süßwasserfisch
Kaulbarsch	Percidae	*Gymnocephalus cernua*	Fleisch sehr wohlschmeckend

wendet werden. Wichtige Vertreter sind Kabeljau (Dorsch; *Gadus morhua*), Köhler (*Pollachius virens*) und Merlan (Wittling; *Merlangius merlangius*). Köhler liefert den Seelachs, der gefärbt, in Scheiben geschnitten und in Öl eingelegt als Lachsersatz in den Handel kommt.
Die Bedeutung des Schellfisches (*Melanogrammus aeglefinus*) tritt gegenüber den genannten Arten weit zurück, die des Seehechtes (Hechtdorsch, *Merluccius merluccius*) ist im Zunehmen begriffen.

13.1.2.1.4 Panzerwangen

Der Rotbarsch (*Sebastes marinus*) hat in den letzten Jahrzehnten außerordentlich an Bedeutung gewonnen. Das Fleisch ist fett, fest und sehr vitaminreich (Fettfisch) und wird gebraten, geräuchert, gekocht und als Gefrierware konsumiert.

13.1.2.1.5 Barschartige Fische

Der Thunfisch (*Thunnus thynnus*) ist ein zu den Makrelen rechnender Stachelflosser mit roter, dem Rindfleisch ähnlicher Muskulatur (Nordseegebiet, Atlantischer Ozean, Mittelmeer). Er wird meist gesalzen, geräuchert, als Ölkonserve oder in Form von Fischpasten verzehrt.
Große Bedeutung besitzt die Makrele (*Scomber scombrus*), die frisch, geräuchert oder als Dosenkonserve in den Handel kommt.

13.1.2.1.6 Plattfische

Neben den Schellfischen gehören Scholle (Goldbutt; *Pleuronectes platessa*), Flunder (Graubutt, Struffbutt; *Platichthys flesus*), Heilbutt (*Hippoglossus hippoglossus*), Kliesche (Scharbe; *Pleuronectes limanda*), Glattbutt (*Rhombus laevis*), Rotbutt, See- und Rotzunge (*Solea solea*), Steinbutt (*Rhombus maximum*) zu den beliebtesten Seefischarten.

13.1.2.2 Süßwasserfische

Als Süßwasserfische sind von Bedeutung: Aal, Karpfen, Schleie, Brasse, Plötze, Güster, Hecht, Barsch und Zander, Lachs, Regenbogen- und Bachforelle, Felchen. Süßwasserfische treten gegenüber den Seefischen an wirtschaftlicher Bedeutung weit in den Hintergrund (cf. Tab. 13.2), wenngleich sie eine wichtige Quelle biologisch hochwertiger Proteine sind.

13.1.2.2.1 Aale

Flußaal und Meer- oder Seeaal (*Anguilla anguilla, A. rostrata, Conger conger* u.a. Aalarten) kommen unreif als Sommeraal (Gelb- oder Braunaal) sowie reif als Winteraal (Blank- oder Silberaal) in den Handel, und zwar frisch, mariniert (Aalbricke), in Gelee oder geräuchert (Spickaal). Auch Gefrieraal wird verwendet. Aal ist durch seinen hohen Fettgehalt (etwa 25% Fett) schwer verdaulich.

13.1.2.2.2 Lachsfische

Lachs (Salm, *Salmo salar*) und Meerforelle (Silberlachs, *Salmo trutta*) sind Wanderfische. Die Hauptmengen werden aus Norwegen und Alaska importiert, oft in gesalzenem oder eingefrorenem Zustand. Hierher rechnen u.a. auch die Bachforelle (*Salmo trutta f. fario*), die Seeforelle (*Salmo trutta f. lacustris*) sowie die Regenbogenforelle (*Salmo gairdnerii*).

13.1.3 Bau von Haut- und Muskelgewebe

Die Haut von Fischen besteht wie die anderer Wirbeltiere aus zwei Schichten, der Oberhaut (Epidermis) und der Lederhaut (Cutis, Corium). Die Oberhaut ist nach außen nicht verhornt. Sie ist sehr wasserreich, enthält zahlreiche Drüsenzellen und ist für die schleimige Oberfläche von Fischen verantwortlich. In der von Bindegewebszügen durchsetzten Lederhaut kommen verschiedene Pigmentzellen vor, darunter die Guanophoren, die silberweiß glänzende Guaninkristalle enthalten. Aus der Lederhaut entwickeln sich verschiedene Schuppen. Zahl, Größe und Art dieser Schuppen sind bei verschiedenen Fischen sehr unterschiedlich. Die Unterschiede sind für die Verarbeitung, die z.B. mit oder ohne Haut erfolgen kann, sehr wichtig. Insgesamt ist die Beschaffenheit der Haut bei Fischen für die Haltbarkeit und auch für die geschmackliche Qualität von Bedeutung. Nach dem Tod erfolgt von der Haut aus die Ausbreitung der Mikroflora, die Ursache für den schnellen Verderb von Fisch ist. Die Haut enthält zahlreiche gegenüber tiefen Temperaturen wenig empfindliche Keime, die noch bei $-10\,°C$ gut wachsen (psychrophile oder psychrotolerante Mikroorganismen). Neben Mikroorganismen der Haut tragen die im Darm enthaltenen Bakterien zum Verderb bei.
Fische haben ein über den ganzen Körper verlaufendes Muskelsystem, das in dorsoventraler Richtung durch Wirbelfortsätze und Flossenstrahlen, in horizontaler Richtung durch Scheidewände (Septen) geteilt ist. Entsprechend der Zahl der Wirbel ist die Rumpfmuskulatur in Muskelabschnitte (Myomere) eingeteilt, die durch Bindegewebshüllen (transversal: Myokommata, horizontal: Myosepten) getrennt sind. Während die Myosepten geradlinig verlaufen, sind die Myokommata zickzackförmig gefaltet. Beim Kochen gelatiniert das Bindegewebe und der Muskel zerfällt in die bekannten schollenartigen Segmente.
Die Fibrillen sind wie bei den Säugetieren quergestreift. Auf Grund eines unterschiedlichen Myoglobingehaltes sind bei Fischen helle und

Tabelle 13.5. Zusammensetzung von Fisch

Fischart	Wasser[a]	Protein[a]	Fett[a]	Mineralstoffe[a]	eßbarer Anteil[b]
Süßwasserfische					
Aal	61	13	26	1,0	70
Barsch	80	18	0,8	1,3	38
Zander	78	19	0,7	1,2	50
Karpfen	72	19	7	1,3	55
Schleie	77	18	0,8	1,8	40
Hecht	80	18	0,9	1,1	55
Lachs	66	20	14	1,0	64
Forelle	78	19	2	1,2	50
Stint	80	17	1,7	0,9	48
Seefische					
Kabeljau	82	17	0,3	1,0	56
Schellfisch	81	18	0,1	1,1	57
Leng	79	19	0,6	1,0	68
Seehecht	81	17	0,9	1,1	58
Rotbarsch	78	19	3	1,4	52
Katfisch	80	16	3	1,1	52
Scholle	81	17	0,8	1,4	56
Flunder	81	17	0,7	1,3	45
Seezunge	80	18	1,4	1,1	71
Heilbutt	75	19	5	1,0	75
Steinbutt	80	17	1,7	0,7	46
Hering, Nordsee	63	17	18	1,3	67
Hering, Ostsee	71	18	9	1,3	65
Sardine	74	19	5		59
Makrele	68	19	12	1,3	62
Thunfisch	62	22	16	1,1	61

[a] %, bezogen auf eßbaren Anteil. [b] %.

dunkle Muskelpartien vorhanden. Bei einigen Fischarten (Hering, Makrele) ist der Anteil an dunklem Muskel sehr hoch (ca. 10%), bei anderen (Dorsch) beschränkt er sich auf eine dünne Schicht unter der Haut.

13.1.4 Zusammensetzung

13.1.4.1 Übersicht

Bei Fischen ist der eßbare Anteil geringer als bei Warmblütern. Der Abfall vom Gesamtfisch beträgt bis zu 50%, vom kopflosen Fisch etwa 10–15%. Fischfleisch wird gleich dem Warmblüterfleisch gut, doch wesentlich schneller verdaut, weshalb der Sättigungswert bedeutend geringer ist. Beim Kochen tritt ein Verlust von etwa 15% ein, wobei Fischfleisch weit weniger schrumpft als Rindfleisch. Die biologische Wertigkeit des Proteins ist der von Warmblüterfleisch gleichzusetzen.

Während der Rohproteingehalt von Fisch meist bei 17–20% liegt, kann der Fettgehalt und damit auch der Wassergehalt in weiten Grenzen schwanken. Es gibt ausgesprochene Magerfische mit Fettgehalten von 0,1–0,3% (Schellfisch, Kabeljau), ausgesprochene Fettfische (Aal, Hering, Thunfisch) mit Fettgehalten von 16–26% und Fische mit mittleren Fettgehalten. Tab. 13.5 vermittelt einen Überblick.

13.1.4.2 Proteine

Der Proteinstickstoffgehalt von Fischmuskel liegt bei 2–3%. Aus der Aminosäurezusammensetzung (Tab. 13.6) folgt im Vergleich mit Rindermuskel und Casein, daß es sich um hochwertiges Protein handelt. Die Proteine des Sarcoplasmas haben einen Anteil von 16–22% am Gesamt-

Tabelle 13.6. Aminosäurezusammensetzung von Fischmuskel, Rindermuskel und Casein (Aminosäure-N in % vom Gesamt-N)

	Casein	Rindermuskel	Kabeljaumuskel
Asparaginsäure	4,7	4,0	6,8
Threonin	3,6	3,7	3,4
Serin	5,3	4,6	3,6
Glutaminsäure	13,3	9,3	8,8
Prolin	7,5	4,3	3,4
Glycin	3,2	6,0	5,8
Alanin	3,0	4,9	5,9
Cystin	0,2	0,8	2,5
Valin	5,4	3,7	2,5
Methionin	1,8	2,2	2,0
Isoleucin	4,1	4,2	2,7
Leucin	6,1	5,1	5,1
Tyrosin	3,0	2,1	1,7
Phenylalanin	2,7	2,7	2,1
Tryptophan	1,0	1,2	1,1
Lysin	9,8	9,8	11,7
Histidin	5,3	4,9	3,5
Arginin	8,2	14,5	13,2

protein. Auf die Proteine des kontraktilen Apparats entfallen ca. 75% und auf die Bindegewebsproteine 3% (Knochenfische) bis 10% (Knorpelfische wie Hai und Rochen). Für die einzelnen Gruppen von Proteinen und ihre Funktionen gilt im wesentlichen das gleiche wie für Säugetiermuskel (cf. 12.3.2).

13.1.4.2.1 Sarcoplasmaproteine

Die Sarcoplasmaproteine bestehen auch bei Fisch hauptsächlich aus Enzymen. Die Enzymausrüstung entspricht der des Säugetiermuskels. Bei der elektrophoretischen Trennung der Sarcoplasmaproteine ergeben sich artspezifische Proteinmuster, die eine Differenzierung ermöglichen. Der Gehalt an Farbstoffen (Myoglobin, Cytochrome) variiert sehr stark, ist aber niemals so hoch wie im Säugetiermuskel. Bei stärker pigmentierten Arten (z.B. Thunfisch) können Abbaureaktionen zu Verfärbungen führen („Grünen" bei Thunfischkonserven).

13.1.4.2.2 Kontraktile Proteine

Der Anteil der kontraktilen Proteine am Gesamtprotein ist höher als beim Säugetiermuskel,

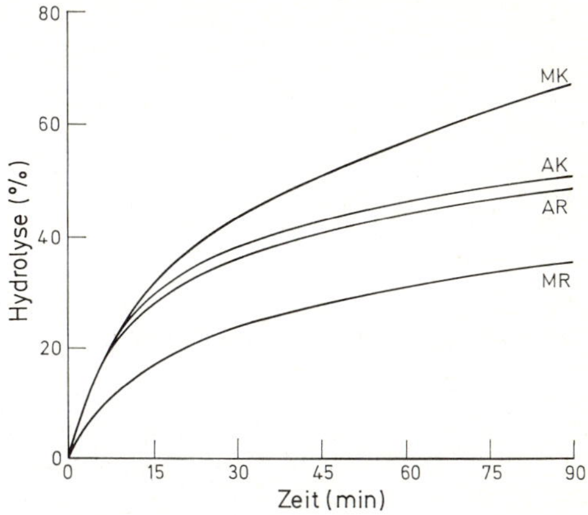

Abb. 13.1. Tryptische Hydrolyse von Myofibrillen (M) und Actin (A) von Kabeljau (K) und Rind (R) unter gleichen Bedingungen. (Nach *Connell*, 1964)

die Komponenten entsprechen sich aber. Allerdings ist die thermische Stabilität der Fischproteine kleiner, die Denaturierung durch Harnstoff erfolgt leichter und die Hydrolyse mit Trypsin und Chymotrypsin verläuft schneller (Abb. 13.1). Alle diese Eigenschaften bedingen die gute Verdaulichkeit von Fischmuskel.

13.1.4.2.3 Bindegewebsproteine

Der Gehalt an Bindegewebsproteinen ist beim Fischmuskel kleiner als beim Säugetiermuskel. Die Schrumpftemperatur T_s ist bei Fischcollagen mit ca. 45 °C deutlich niedriger als bei Säugetiercollagen (60–65 °C). Der niedrige Anteil an Bindegewebsprotein und die niedrige Schrumpftemperatur bedingen, daß Fischmuskel zarter als Säugetiermuskel ist.

13.1.4.2.4 Serumproteine

Die Gefriertemperatur des Blutserums einiger in Polargebieten (Arktis, Antarktis) lebender Fischarten (z.B. *Trematomus borchgrevinki, Dissostichus mawsoni, Boreogadus saida*) liegt bei ca. −2 °C und ist damit deutlich niedriger als die anderer Fischarten (−0,6 bis 0,8 °C). Für diese niedrigen Werte sind „antifreeze glycoproteins" verantwortlich. Die Sequenz der bisher untersuchten Proteine aus dieser Reihe ist streng periodisch:

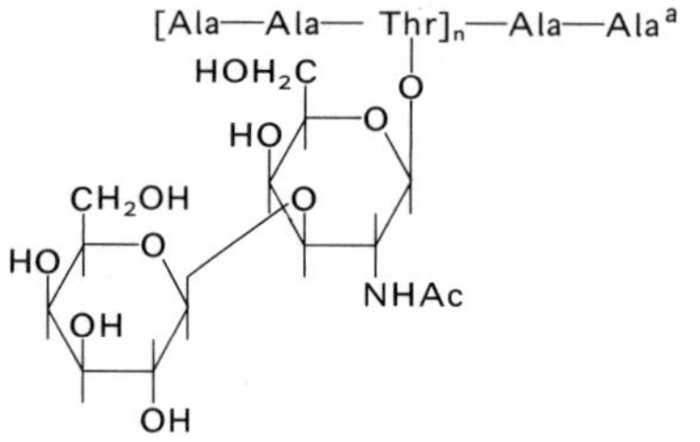

(13.1)

[a] C-terminal stehen ein oder zwei Alaninreste

Das Molekulargewicht liegt im Bereich von 10 500 bis 27 000. Die Konformation ist überwiegend gestreckt mit einigen α-helicalen Bereichen. In Lösung sind diese Glykoproteine hochhydratisiert. Ihre Wirkung wird in verschiedenen Modellen sowohl auf die Disaccharidreste als auch auf die Methylgruppen der Aminosäureseitenketten zurückgeführt.

13.1.4.3 Andere Stickstoffverbindungen

Der Anteil des Nichtproteinstickstoffs am Gesamtstickstoff liegt für Knochenfische bei 9–18%, für Knorpelfische bei 33–38%.

13.1.4.3.1 Freie Aminosäuren, Peptide

Unter den freien Aminosäuren ragt bei Fischen mit dunklem Fleisch (Thunfisch, Makrele) Histidin mengenmäßig heraus. Der Histidingehalt liegt bei 0,6–1,3% (bezogen auf Frischgewebe), und kann bis über 2% ansteigen. Beim bakteriellen Verderb können entsprechend große Mengen an Histamin gebildet werden. Fische mit hellem Fleisch enthalten nur 0,005–0,05% freies Histidin. Neben Histidin kommt im Fischmuskel auch freies 1-Methylhistidin vor. Anserin und Carnosin finden sich in wechselnden Mengen um 25 mg/kg Frischgewebe. Der Tauringehalt liegt bei 500 mg/kg.

13.1.4.3.2 Amine, Aminoxide

Seefische enthalten 40–120 mg/kg an Trimethylaminoxid, das nach dem Tod zu Trimethylamin reduziert wird. Bei Süßwasserfischen liegt der Gehalt an Trimethylaminoxid bei 0–5 mg/kg, es werden aber auch höhere Werte beobachtet. In der Aminfraktion treten neben Trimethylamin Dimethylamin, Methylamin, Ammoniak und die durch Decarboxylierung von Aminosäuren entstehenden biogenen Amine auf. Die Konzentration der flüchtigen Stickstoffbasen nimmt nach dem Tod des Fisches in Abhängigkeit von Lager-

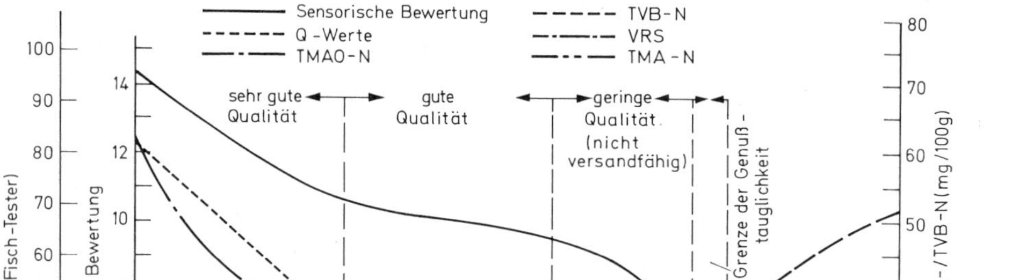

Abb. 13.2. Qualitätsänderungen von Kabeljau während der Eislagerung. (Nach *Ludorff*, 1973). (Sensorische Bewertung: Insgesamt werden 15 Punkte vergeben, davon 5 für Aussehen und 10 für Geruch, Geschmack, Konsistenz; Q-Werte: Messung des elektrischen Widerstandes des Fischgewebes mit dem „Fischtester", Q 40: Güteklasse S, Q = 30–40: A, Q = 20–30: B, Q 20: C und schlechter; TMAO-N: Trimethylaminoxid-N; TVB-N: gesamter flüchtiger Basen-N; VRS: flüchtige reduzierende Substanzen; TMA-N: Trimethylamin-N)

zeit und Lagerbedingungen zu und ist ein Maß für den Frischezustand (Abb. 13.2).

13.1.4.3.3 Guanidinverbindungen

Kreatin kommt in Mengen von 600–700 mg/kg Fischmuskel vor. In Krustentieren wird seine Rolle im Stoffwechsel des Muskels durch Arginin übernommen.

13.1.4.3.4 Quartäre Ammoniumverbindungen

In kleinen Mengen kommen Glycinbetain und γ-Butyrobetain vor.

13.1.4.3.5 Purine

Der Puringehalt des Fischmuskels liegt bei 300 mg/kg.

13.1.4.3.6 Harnstoff

Für Knorpelfische (Rochen, Hai) ist ein hoher Harnstoffgehalt im Muskel (1,3–2,1 g/kg) charakteristisch. Bei der Lagerung des Fleisches dieser Fische erfolgt Abbau zu Ammoniak durch bakterielle Urease.

13.1.4.4 Kohlenhydrate

Der Glykogengehalt des Fischmuskels ist im allgemeinen kleiner als der des Säugetiermuskels und liegt bei $\leq$ 0,3%.

13.1.4.5 Lipide

Der Fettgehalt der Fische ist sehr verschieden und größeren Schwankungen unterworfen. Er hängt nicht nur von der Art, sondern auch vom Reifungscyclus, von der Freßzeit, vom Nahrungsangebot und von der Nahrungsgewohnheit ab. Die Fettablagerung erfolgt im Fleisch (z. B. Karpfen, Hering), in der Leber (Dorsch, Schellfisch, Seelachs) und in den Eingeweiden (Zander, Hecht, Barsch).
Charakteristisch für die Zusammensetzung von Fischfett ist der hohe Anteil an Polyensäuren mit 4–6 Doppelbindungen (cf. 14.3.1.2). Dem hohen Gehalt an ungesättigten Fettsäuren steht die relative Armut an antioxidativ wirksamen Tocopherolen gegenüber. Der Fettanteil im Fisch stellt die Konservierungstechnik, insbesondere die Gefriertechnik, durch die leichte Verderblichkeit des Fischfettes vor schwierige Probleme.

Tabelle 13.7. Mineralstoffe im Fischmuskel

Element	Menge (mg/kg)	Element	Menge (mg/kg)
Ca	48–420	Fe	5–248
Mg	240–310	Cu	0,4–1,7
P	1730–2170	J	0,1–1,0

13.1.4.6 Vitamine

Fettreiche Fische sowie Fischleber (Lebertran) sind wichtige Quellen insbesondere für die fettlöslichen Vitamine A und D. Auch die Vitamine E und K kommen vor.
Von den wasserlöslichen Vitaminen sind Thiamin, Riboflavin und Niacin in größeren, die anderen in kleinen Mengen vorhanden.

13.1.4.7 Mineralstoffe

Über den durchschnittlichen Gehalt von Fischmuskel an einigen wichtigen Mineralstoffen informiert Tab. 13.7.

13.1.4.8 Weitere Inhaltsstoffe

Über 500 vorwiegend tropische Fischspecies (Barrakudas, Seebarsche, Doktorfische, Fugu, Kugelfische etc.), darunter wertvolle Speisefische, sind als *passiv giftig* bekannt. Bei ihrem Verzehr treten mehr oder weniger schwere Vergiftungen auf. Die Giftigkeit kann mit der Jahreszeit schwanken, sie kann sich auf den ganzen Fisch oder auch auf einzelne Organe (Ovarien und Testes, Leber, Eingeweide, Blut) erstrecken. Ein Teil der Gifte wird durch Kochen inaktiviert. Die Strukturen der Gifte, unter denen sich Peptide, Proteine und andere Verbindungen finden, sind zum Teil aufgeklärt, zum Teil nicht. Neben den passiv giftigen Fischarten gibt es auch *aktiv giftige* Fische, die ihren Giftapparat, meist Giftstacheln, zur Verteidigung oder auch zum Angriff einsetzen. Zu dieser Gruppe zählen z. B. Stachelrochen (*Dasytidae*), Petermännchen (*Trachinidae*) und Drachenköpfe (*Scorpaenidae*).

13.1.5 Postmortale Veränderungen

Nach dem Tod des Fisches laufen im Muskel prinzipiell die gleichen Vorgänge ab wie im Säugetiermuskel. Infolge des meist geringen Glykogengehaltes ist die pH-Absenkung geringer. Im allgemeinen werden nur End-pH-Werte um 6,2 erreicht. Die Totenstarre ist beim Kaltblüter im allgemeinen wesentlich kürzer als beim Warmblüter, ihr kommt für die Erhaltung der Fischqualität große Bedeutung zu. Insbesondere ist eine möglichst lange Dauer der Starre dadurch anzustreben, daß der Fisch beim Fang nicht zu lange gejagt wird. Fischfleisch unterscheidet sich grundsätzlich vom Fleisch der Warmblüter dadurch, daß hier eine Reifung über längere Zeit unterbleibt.

Infolge der vom Säugermuskel abweichenden Struktur des Fischmuskels, der Neigung zur alkalischen Reaktion und der bei Fang und Schlachtung des Fisches besonders großen Infektionsmöglichkeit sind die Bedingungen für einen schnellen Verderb besonders günstig. Die bakteriologische Überwachung von Fischmärkten, fischverarbeitenden Betrieben und Fischverkaufsstellen hat deshalb besondere Bedeutung.

Die Autolyse von Fischmuskel ist gering, da das pH-Optimum der vorhandenen Kathepsine bei pH 4,3 liegt, so daß sie bei pH 6–7 praktisch nicht aktiv sind.

Es gibt verschiedene physikalische und chemische Kriterien für den Frischezustand von Fisch. Der pH-Wert liegt bei frischem Fisch meist zwischen 6,0 und 6,5. In der Nähe der Genußtauglichkeitsgrenze wird pH 6,8 erreicht, bei verdorbenem Fisch pH 7 und mehr.

Der spezifische elektrische Widerstand des Fischmuskels ändert sich ebenfalls mit der Lagerzeit. Unmittelbar nach dem Fang werden 440–460 Ohm gemessen, nach 4 Tagen Lagerung ca. 280 Ohm und nach 12 Tagen ca. 260 Ohm. Die Grenze der Genußtauglichkeit wird nach 16 Tagen bei 220 Ohm erreicht.

Auch der Brechungsindex n der Augenflüssigkeit ist von der Lagerzeit abhängig. Bei Schellfisch von sehr guter Qualität lag n im Bereich von 1,3347–1,3366. Fisch mit $n \geq 1{,}3394$ war nicht mehr verkehrsfähig.

Die Abnahme von Trimethylaminoxid und die Zunahme des flüchtigen Stickstoffs, des Trimethylamins und der flüchtigen reduzierenden Substanzen sind chemische Kriterien für die Fischqualität.

Abb. 13.2 informiert über die Brauchbarkeit einiger der genannten Qualitätskriterien am Beispiel der Lagerung von Kabeljau. Außer den chemischen und physikalischen Daten ist die sensorische Bewertung der Fische aufgeführt. Eine Methode ist um so brauchbarer, je empfindlicher sie im Bereich der ersten 12 Tage anspricht, da in dieser Zeit der Abfall von sehr guter Qualität bis zu geringer Qualität erfolgt.

13.1.6 Lagerung und Verarbeitung von Fisch, Fischprodukte

13.1.6.1 Allgemeines

Sowohl das Aufsuchen der zunehmend entfernter liegenden Fanggründe und die damit verbundenen längeren Fangreisen als auch die wirtschaftliche Nutzung der Fangschiffe machen es bei der leicht verderblichen Ware erforderlich, die Verarbeitung immer stärker auf begleitende Fabrikschiffe zu verlagern. Abb. 13.3 gibt einen Überblick über die Verfahren der Fischverarbeitung. Die früher manuell durchgeführten Arbeitsschritte wie Kehlen (Entbluten), Entweiden, Waschen, Köpfen, Enthäuten, Filetieren werden heute in erheblichem Maße von Maschinen übernommen (kombinierte Köpf/Schlacht/Filetier-Maschine).

Die bei der Verarbeitung anfallenden Fischabfälle, die bis zu 50% vom Gesamtfisch betragen, werden in Fischmehlanlagen an Bord und an Land einer wirtschaftlichen Verwertung zugeführt (cf. 13.1.6.13).

Die leichte Zersetzlichkeit der Fischmuskulatur, bedingt durch ihre besondere Struktur und durch die Vielfalt der Infektionsmöglichkeiten bei Fang, Verarbeitung und Vertrieb, hat schon seit alter Zeit dazu geführt, wie beim Warmblüterfleisch durch geeignete Behandlungsverfahren die Haltbarkeit zu steigern.

Die Behandlung der Fische umfaßt zunächst das Abkühlen bzw. Gefrieren sowie das Trocknen, Salzen und Räuchern, dann das Einlegen in Essig oder in Gelatine mit Essigzusatz, das Braten oder Einlegen in Öl und schließlich das Einlegen mit oder ohne Essig bzw. anderen Tunken in luftdicht verschlossene Behältnisse. Die dabei erzielten Produkte sind je nach der zu erwartenden Haltbarkeit zu unterscheiden in Voll- und Halbkonserven (Präserven), wobei für die letztgenannte Konservierungsart meist nicht auf den Zusatz chemischer Konservierungsmittel verzichtet werden kann. Über die Zusammensetzung von Fischprodukten informiert Tab. 13.8.

13.1.6.2 Kühlen und Gefrieren

Frischhaltung durch Kälte ermöglicht die vollkommenste Erhaltung von Genuß- und Nährwert. Da Fisch bereits bei Temperaturen wenig über 0 °C rasch verdirbt, wird im einfachsten

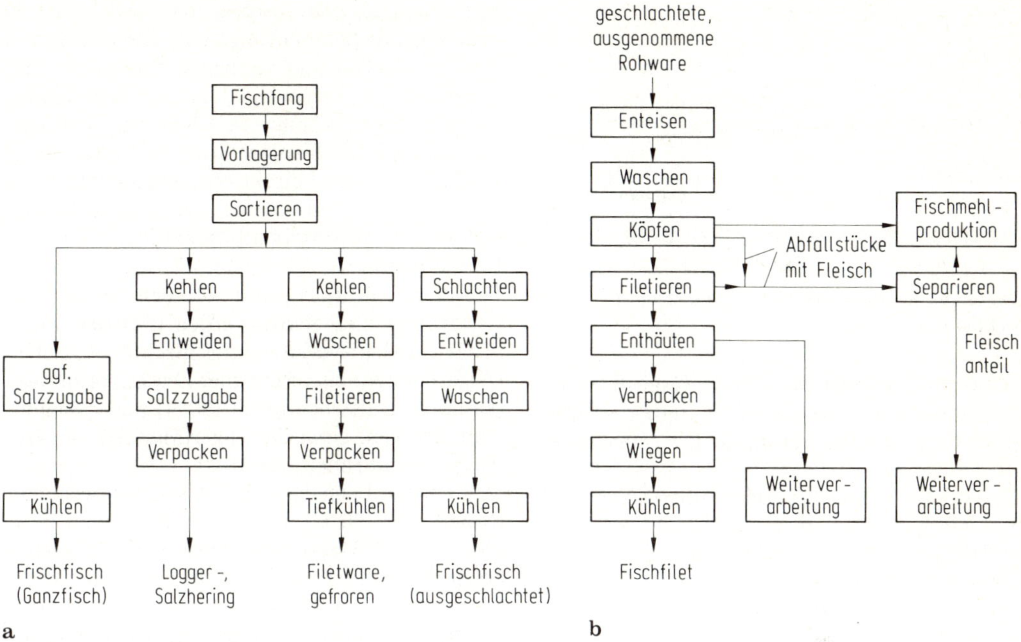

Abb. 13.3. Fischverarbeitung an Bord **(a)** und an Land **(b)**.

Tabelle 13.8. Zusammensetzung von Fischprodukten

Produkt	Wasser[a]	Protein[a]	Fett[a]	NaCl[a]	eßbarer Anteil[b]
Salzfisch					
Matjeshering	54	18	18	10	68
Salzhering	48	21	16	15	68
Trockenfisch					
Stockfisch	15	79	25	2	64
Klippfisch	34	45	0,7	13	99
Räucherfisch					
Bückling	58	23	16	3	62
Sprotte	62	17	20	2	60
Aal	53	19	26	1	73
Makrele	61	21	16	1	70
Schillerlocken	53	21	24		100
Halbkonserven					
Bismarckhering	60	20	17	3	95
Brathering	62	17	15	4	92
Hering in Gelee	56	29	13		55
Anchovis	69	13	5	1	100
Gabelbissen	62	15	10	3	100

[a] %, bezogen auf eßbaren Anteil. [b] %.

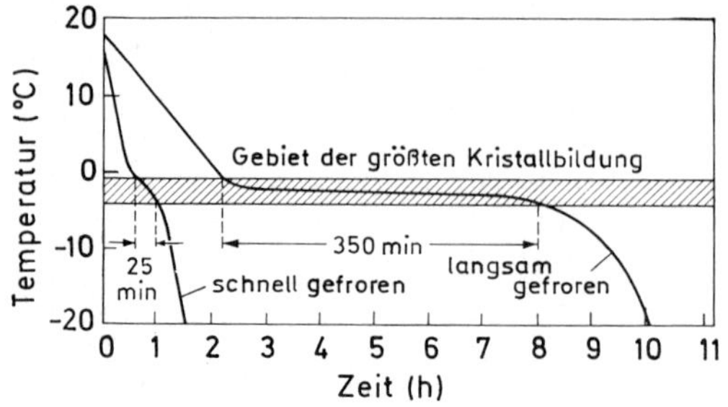

Abb. 13.4. Temperaturverlauf beim Gefrieren von Fischfilets

Falle sofort nach der Sortierung durch Eineisen gekühlt, wobei reines oder mit bakteriziden Stoffen (z. B. Kochsalz) versetztes Eis verwendet wird.

Für das Einfrieren, das früher überwiegend an Land erfolgte, jetzt aber zunehmend an Bord der Fabrikschiffe durchgeführt wird, eignen sich auch ganze Seefische, die aber gegenüber portionierter Filetware in ihrer Bedeutung zurücktreten. Grundsätzlich kommen nur Schnellgefriertechniken (−30 bis −40 °C) in Frage, wobei der kritische Temperaturbereich (−0,5 bis −5 °C) möglichst schnell durchschritten werden soll (Abb. 13.4). Neben Luft- und Kontaktgefrierverfahren werden bei besonders empfindlichen und hochwertigen Waren (Schalentiere) zunehmend Kryogen-Froster eingesetzt.

Beim Luftgefrieren erfolgt das Gefrieren im Kaltluftstrom in unterschiedlich angeordneten, meist kontinuierlich arbeitenden Anlagen (Tunnel, Wendelband etc.). Bei den angewandten Kontaktgefrierverfahren wird der Fisch zwischen zwei mit Kühlmittel durchströmten Kontaktplatten gepreßt und gefrostet. Die erhaltenen Blöcke können durch Bandsägen zu Tafeln oder Stäbchen portioniert werden und gelangen so oder paniert und vorgebraten (170 °C/20 s) zum Verbraucher. Verschnitte (8–12%) finden in Fischfrikadellen und ähnlichen Produkten Verwendung. Im Unterschied zu konventionellen Gefrieranlagen kommt in kryogenen Frostern das Kältemittel (flüssiger Stickstoff oder flüssiges Kohlendioxid) direkt mit dem Lebensmittel in Kontakt. Die räumliche Anordnung der Gefrieranlagen entspricht im wesentlichen der beim Luftgefrieren.

Beim Gefriervorgang sind vor allem Saftverlust, Verfärbung und Ranzigwerden (Fettoxidation) sowie Gewichtsverlust und schlechtes Aussehen (Austrocknen) zu vermeiden. Die Lagerung soll bei hoher Luftfeuchtigkeit (90%) und ruhender Luft erfolgen. Über die Lagerfähigkeit von Gefrierfisch informiert Tab. 13.9.

Das Auftauen im Haushalt erfolgt entweder in Raumluft (+20 °C) oder unter fließendem Wasser (+15 °C). Wesentlich für erfolgreiche Kältekonservierung ist auch hier die Erhaltung einer Gefrierkette vom Produzenten über den Handel bis zum Verbraucher. Aufgetauter Fisch muß sofort verbraucht werden, da er schnell Saft verliert und verdirbt. Die zelleigenen Enzyme des Fischmuskels entfalten auch bei −10 °C noch deutliche Aktivität. Übermäßig lange oder unzureichende Lagerung führt zu Strohig-, Ranzig- bzw. Tranigwerden und Gelbfärbung der Muskulatur, vor allem bei Fettfischen. Zur Bekämpfung des

Tabelle 13.9. Lagerfähigkeit von gefrorenen Fischen, Krusten- und Weichtieren

Produkt	Mögliche Lagerzeit (Monate) bei		
	−18 °C	−25 °C	−30 °C
Fettfisch	4	8	12
Magerfisch	8	18	24
Hummer und Krabben	6	12	15
Krebse	6	12	12
Austern	4	10	12

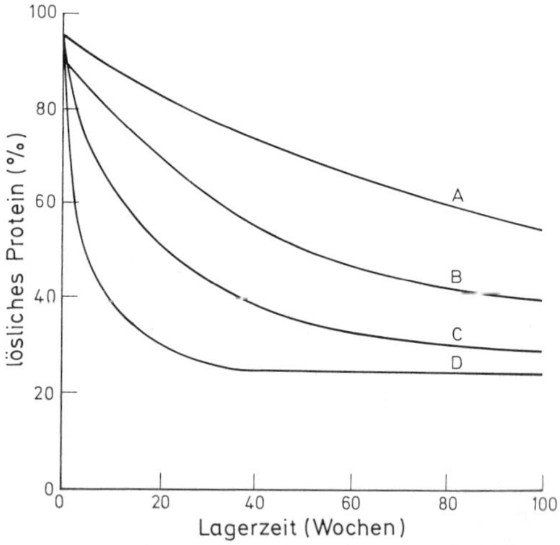

Abb. 13.5. Löslichkeitsänderungen von Proteinen bei der Gefrierlagerung (−14 °C) von Fischmuskel (A: Scholle, B: Heilbutt, C: Dornhai, D: Kabeljau). (Nach *Connell*, 1964)

Fettverderbs werden Antioxidantien und Synergisten wie Ascorbinsäure, Citronensäure, u. a. verwendet. Veränderungen der Konsistenz sind offensichtlich in erster Linie auf Löslichkeitsveränderungen der Proteine zurückzuführen (Abb. 13.5).

13.1.6.3 Trocknen

Fische können in freier Luft oder in Anlagen getrocknet und dadurch haltbar gemacht werden. Im industriellen Maßstab werden heute meist klimatisierbare, kontinuierlich arbeitende Durchlaufanlagen eingesetzt.
Stockfisch ist geköpfter, ausgenommener, an der Seeluft getrockneter, nicht gesalzener Magerfisch (Kabeljau, Seelachs, Schellfisch, Lengfisch oder Lumb), der vor allem in südeuropäischen und tropischen Ländern verbraucht wird. Klippfisch (Klippen = aufspalten) wird aus den obengenannten Magerfischen (meist aus Kabeljau) gewonnen, indem man diese köpft und entgrätet, naß oder trocken salzt und anschließend trocknet. Hauptverbrauchsländer sind Italien, Portugal, Spanien und Südamerika.

13.1.6.4 Salzen

Gesalzene Fische und Fischteile sind Erzeugnisse, die durch Salzen von Frischfischen, tiefgefrorenen oder gefrorenen Fischen und Fischteilen gar und zeitlich begrenzt haltbar gemacht worden sind. Salz ist das wichtigste und älteste Konservierungsmittel für Fische. Gesalzen werden vor allem Hering, Sardellen, Breitlinge, Seelachs, Köhler, Kabeljau, Lachs, Thunfisch sowie Rogen (Kaviar). Bei Verwendung der Salzung als alleiniges Verfahren der Haltbarmachung ohne weitere Verarbeitung (wie Matjes, Marinaden, Räucherwaren etc.) ist jedoch zu berücksichtigen, daß kein vollständiger mikrobieller Schutz gegeben ist, da halophile Mikroorganismen zum Verderb führen können.
Bei der Trockensalzung werden Fisch und Salz in offenen Stapeln abwechselnd geschichtet. Die entstehende Lake kann abfließen.
Bei der Naßsalzung wird der Fisch in mehr oder weniger konzentrierten Salzlösungen eingelegt.
Hartsalzung liegt vor, wenn 100 g Fischgewebewasser mehr als 20 g Salz enthalten; bei Mildsalzung beträgt der entsprechende Salzgehalt mindestens 12 g, jedoch höchstens 20 g.

Besonders wichtig ist das Salzen des Herings. Dabei unterscheidet man den mild gesalzenen Matjeshering (8–10% NaCl), den mittelstark gesalzenen Salzhering („scotch cure“) und den sehr stark gesalzenen Loggerfisch (Hartsalzung: ¾ Hering, ¼ Salz). Außerdem trennt man in land- und seegesalzene Heringe. Salzhering ist als Dauerware monatelang haltbar. Matjeshering muß nach Entnahme aus dem Kühlhaus bald verbraucht werden. Neben der Gewinnung gesalzener Fischfertigwaren werden Fische auch zur schnellen Konservierung vorgesalzen und als Halbfabrikate später zum Fertigprodukt weiter verarbeitet. Heringsfische erfahren nach der Salzung eine mit typischer Geschmacksbildung verbundene Reifung, an der Enzyme beteiligt sind, die beim „Kehlen“ („Kaaken“) der Heringe zusammen mit Eingeweideteilen (Milch oder Rogen) im Fisch verbleiben. Von allen Organen befreite Heringe reifen nicht. Das Salz bewirkt Eiweißdenaturierung und Zellschrumpfung, wobei der klebrig durchscheinende Fischmuskel reif wird. Eine wichtige Rolle spielen auch gesalzener Kabeljau, Seelachs, Pollack oder andere Gadus-Arten (Salzfisch) sowie Salzsardellen.

13.1.6.5 Räuchern

Räucherfische sind Erzeugnisse aus verschieden vorbereiteten Frischfischen, tiefgefrorenen, gefrorenen oder gesalzenen Fischen oder Fischteilen, die durch Behandeln mit frisch entwickeltem Rauch hergestellt werden.
Kaltgeräuchert (2–4 Tage bei Temperaturen unter 30 °C, meist bei 18–26 °C) werden vielfach salzgare Fische (große Heringe, wie Lachshering, Lachs, Schellfisch, Thunfisch). Bückling wird aus unausgenommenem Hering mit Kopf durch Heißräucherung hergestellt. Delikateßbücklinge stammen von ausgenommenen Heringen. Kipper wird auf dem Wege der Kalträucherung aus auseinander geklapptem, frischen Hering gewonnen. Zur Lachsräucherung dient meist gefrorener oder gesalzener amerikanischer Lachs.
Heißgeräuchert (2–4 h bei Temperaturen über 60 °C, meist bei 100–120 °C) werden ganze, ausgenommene oder entgrätete Fische, und zwar Hering (Bückling), Sprotte, Scholle, Flunder, Heilbutt, Aal, Makrele, Thunfisch, Schellfisch, Merlan, Köhler, Dorsch, Rotbarsch, Dornhai, Stör, Maifisch u. a. Heißgeräucherte Fische zeigen gegenüber kaltgeräucherten nur begrenzte

Haltbarkeit (3–6 Tage), die durch Kühllagerung verlängert werden kann. Auch geräucherter Fischrogen (Kabeljau, Köhler) ist im Handel. Die Fischräucherei wird zunehmend in vollautomatischen Anlagen (z. T. kontinuierlichen Durchlaufanlagen) mit externen Raucherzeugern durchgeführt.

13.1.6.6 Marinaden, Bratfischwaren, Kochfischwaren

Marinaden sind Erzeugnisse aus Frischfischen, tiefgefrorenen, gefrorenen oder gesalzenen Fischen oder Fischteilen, die ohne Wärmeeinwirkung durch Behandlung mit Essig, Genußsäuren und Salz, auch unter Zufügung sonstiger Zutaten zum Würzen gargemacht sind. Sie sind mit oder ohne pflanzliche Beigaben in Aufgüssen, Soßen (Tunken), Cremes, Mayonnaise, mayonnaiseähnlichen Zubereitungen oder Öl eingelegt, auch unter Verwendung von Konservierungsstoffen.
Sie werden in Dosen oder anderen Behältnissen verpackt, z. T. auch unverpackt gehandelt. Fischmarinaden zeigen nur begrenzte Haltbarkeit (Halbkonserven, Präserven), auch die Konservierungsmittel vermögen das Verderben nicht zu verhindern.
Marinaden sind u. a. saure, marinierte und Delikateßheringe, Kronsild (früher auch Kronsardinen), Bismarckheringe, Rollmops und eingelegte Heringe.
Bratfischwaren sind Erzeugnisse aus verschieden vorbereiteten Frischfischen, tiefgefrorenen oder gefrorenen Fischen oder Fischteilen, die mit oder ohne Panierung durch Braten, Backen, Rösten oder Grillen gargemacht sind. Sie werden auch mit oder ohne pflanzliche Beigaben in Essigaufguß, Soßen (Tunken) oder Öl eingelegt, auch unter Verwendung von Konservierungsstoffen.
Bekannte Produkte sind Brathering und Bratheringsstücke, Bratrollmops und Aalbricken.
Kochfischwaren sind Erzeugnisse aus verschieden vorbereiteten Frischfischen, tiefgefrorenen Fischen oder Fischteilen, die durch Kochen oder Dämpfen gargemacht werden, auch unter Mitverwendung von Essig, Genußsäuren, Salz und Konservierungsstoffen. Sie sind mit oder ohne pflanzliche Beigaben vollständig von Gelee umschlossen oder mit Aufguß oder Soßen (Tunken) versehen.
Bekannte Produkte sind Hering, Rollmops und Speckrollmops in Gelee, Seeaal (Dornhai) in Gelee und Sülzen aus zerkleinertem Seefischfleisch. Bei Kochfischwaren beobachtete Verflüssigung des Gelees ist auf die Anwesenheit von Proteolyten zurückzuführen (Geleekrankheit).

13.1.6.7 Seelachs

Köhler bzw. Pollack (Seelachs) wird filetiert bzw. mit Salz gargemacht, gefärbt, geräuchert, in Scheiben oder Schnitzel geschnitten und mit einem Aufguß von Öl versehen. Das Produkt ist gut haltbar.

13.1.6.8 Anchosen

Anchosen sind Erzeugnisse aus frischen, gefrorenen oder tiefgefrorenen Sprotten, Heringen oder anderen Heringsfischen, die unter Verwendung von Zucker, auch Erzeugnissen der Stärkeverzuckerung, und mit Kochsalz, auch mit Gewürzen und mit Salpeter biologisch gereift, auch sonst auf verschiedene Weise schmackhaft, z. B. süßsauer, zubereitet sind.
Sie sind mit Aufgüssen, Soßen (Tunken), Cremes oder Öl, auch mit pflanzlichen Zutaten versehen, auch unter Verwendung von Konservierungsstoffen. Anchosen werden, mit oder ohne Gewürz gereift, hergestellt als Anchovis (Kräutersprotten), Appetitsild, Kräuterhering, Gabelbissen u. a. m.

13.1.6.9 Pasteurisierte Fischerzeugnisse

Es handelt sich um Produkte aus Frischfischen, gefrorenen oder tiefgefrorenen Fischen oder Fischteilen, deren Haltbarkeit ohne besondere Kühlhaltung für mindestens 6 Monate durch ausreichende Hitzebehandlung bei Temperaturen unter 100 °C in gasdicht verschlossenen Packungen oder Behältnissen erreicht wird. Sie sind vor der Erhitzung mit Säuren und/oder Salz zubereitet.

13.1.6.10 Fischdauerwaren

Fischdauerkonserven sind Erzeugnisse aus Frischfischen, gefrorenen oder tiefgefrorenen Fischen oder Fischteilen, deren Haltbarkeit ohne besondere Kühlhaltung für mindestens 1 Jahr durch ausreichende Hitzebehandlung in gasdicht verschlossenen Packungen oder Behältnissen erreicht wird.
Zum Unterschied von den oben besprochenen Präserven (Halbkonserven) sind diese Erzeug-

nisse normalerweise unbegrenzt haltbar (praktisch etwa 2 Jahre).
Die Dosen werden hier zur Kenntlichmachung in Papierumhüllung geliefert. Besondere Sorgfalt ist wegen des oft sehr aggressiven Füllgutes auf hochwertiges Dosenmaterial zu legen (gut vernierte oder spritzlackierte Weißblech- und Aluminiumdosen).
Fischdauerkonserven sind Fischerzeugnisse im eigenen Saft, in Aufguß, in Öl bzw. in Öl mit eigenem Aufguß, in Soßen oder Cremes, auch mit Beilagen anderer Lebensmittel, weiterhin Fischpasteten, -klopse und -frikadellen, -vorgerichte (Hors d'œuvre) und -salate.

13.1.6.11 Sonstige Fischzubereitungen

Hierher gehören Vorgerichte aus Fischen unter Beigabe von Gemüsen oder Früchten, Fischklöße, Fischwurst (einschließlich Dorschleberwurst), Fischpasten (Anchovis-, Sardellen-, Herings-, Lachspaste u. a.), Sardellen- und Lachsbutter und schließlich Fischsalate verschiedener Art (Hering und andere Fische).

13.1.6.12 Fischeier und Fischsperma

13.1.6.12.1 Kaviar

Kaviar wird aus verschiedenen Störarten (Stör, Hausen, Beluga, Sewruga, Shyp) gewonnen. Der Rogen dieser Störarten wird mild gesalzen (unter 6% NaCl) als „Malossol" gehandelt, wobei der Beluga-Kaviar als besonders wertvoll gilt. „Preßkaviar" wird aus allen Sorten, Lachskaviar (Amur-, Ketakaviar) aus Rogen von Lachsarten mit weniger als 8,5% Salzgehalt gewonnen. Störkaviar ist meist grau oder braun bis schwarz, Lachskaviar gelblich-rot bis rot gefärbt. Kaviar kommt vor allem aus der Sowjetunion und dem Iran. Er ist leicht verderblich und wird deshalb auf Eis gehalten. Ein Stör liefert 15–20 kg Kaviar.

13.1.6.12.2 Kaviarersatz

Kaviarersatz wird aus den Eiern verschiedener See- und Süßwasserfische gewonnen, so der deutsche gefärbte Kaviar vom Seehasen; auch Dorschrogenkaviar und Heringsrogenkaviar werden hergestellt. Die Körner werden gesäuert, gesalzen, gewürzt, schwarz gefärbt, mit Tragant gebunden und zuweilen mit Konservierungsmitteln versetzt.

13.1.6.12.3 Fischsperma (Fischmilch)

Fischsperma ist bekannt als Fischmilch. Im Handel ist gesalzenes Sperma von See- und Süßwasserfischen, insbesondere Heringsmilch. Oft wird das Sperma küchenmäßig zubereitet und auch zur Herstellung der Milchnertunke bei Fischkonservenaufgüssen benutzt.

13.1.6.13 Sonstige Produkte aus Fisch

Hierher rechnen Nährpräparate und Würzen auf der Basis von Fischeiweißhydrolysaten, Insulin aus der Pankreasdrüse der Haifische, Fischeiweiß aus Abfällen der Seefischfiletierung, Fischmehle als Futtermittel für Jungtiere, Geflügel und Teichfische und schließlich die Fischfette und Fischöle (Trane), die an anderer Stelle besprochen werden (cf. 14.3.1.2). Zunehmende Bedeutung gewinnt die Herstellung von Fischproteinkonzentraten, gegebenenfalls auch unter Modifizierung solcher Proteine (cf. 1.4.6.3.2 und Tab. 1.40).

13.2 Wale

Wenngleich der Wal nicht zu den Fischen rechnet, soll er doch als marines Säugetier hier besprochen werden. Die beiden wichtigsten Walarten sind der bis zu 30 m lange und bis zu 150 t schwere Blauwal (*Balaenoptera musculus*) sowie der Finnwal (*B. physalus*). Daneben werden Buckel- (*Megaptera nodosa*) und Pottwal (*Physeter macrocephalus*) sowie Seiwal (*Balaenoptera borealis*) gefangen. Walfleisch ähnelt dem Wild- oder dem Rindfleisch, zeigt grobe, in Bündeln zusammenliegende, sehr lange Muskelfaserzüge, graurote Farbe, die je nach Tieralter zwischen blaßrot und dunkelrot, bei Gefrierfleisch bis zu tiefem schwarzbraun wechselt, und derbe Konsistenz.
Es ist im frischen Zustand von angenehmem Geschmack, aber infolge schneller Fettoxidation wenig haltbar und hat deshalb nur in geringem Umfang Eingang in die Lebensmittelmärkte gefunden.
Auch Walfleischextrakte werden hergestellt (cf. 12.7.3.2).

13.3 Krustentiere (Krebstiere)

Krustentiere sind Garnele, Languste, Flußkrebs, Hummer, Taschenkrebs, Strand- und Wollhand-

Tabelle 13.10. Zusammensetzung von Krusten-, Schalen- und Weichtieren

Tierart	Wasser[a]	Protein[a]	Fett[a]	Mineralstoffe[a]	eßbarer Anteil[b]
Garnele	78	19	2		41
Hummer	80	16	2	2,1	36
Flußkrebs	83	15	0,5	1,3	23
Auster	83	9	1,2	2,0	10
Pilgermuschel	80	16	0,1	1,4	44
Pfahlmuschel	83	10	1,3	1,7	18

[a] %, bezogen auf eßbaren Anteil. [b] %.

krabbe. Über die Zusammensetzung informiert Tab. 13.10.

13.3.1 Garnelen

Wichtigste Arten sind die Nordseegarnele (*Crangon crangon*), die Ostseegarnele (*Palaemon adspersus fabricii*), die Tiefseegarnele (*Pandalus borealis*) sowie Großgarnelen tropischer Meere (*Penaeus spp.*).
Im Handel finden sich Speisegarnelen als frisch nach dem Fang in kochsalzhaltigem Wasser gargekochte Tiere, außerdem „Krabbenfleisch" (unter Zusatz von Kochsalz kurzfristig haltbar gemachte, entschälte Tiere), weiterhin „Krabben" in Dosen, tiefgefrorene „Krabben", „Krabbenextrakt" und „-salate". Die Garnelenkonserven werden, um den Geschmack nicht zu beeinträchtigen, nur auf 80–90 °C erhitzt. Sie sind also Präserven und dementsprechend nur begrenzt haltbar.

13.3.2 Flußkrebs (Edelkrebs)

Wichtigster Vertreter der Edelkrebse ist der Flußkrebs *Astacus astacus*. Er ist am schmackhaftesten in der Zeit von Mai bis August, in der er sich mehrmals häutet. Krebsfleisch zeigt außerordentlich geringe Haltbarkeit. Beim Kochen wird die dunkelbraungrüne Schale rot durch Freisetzung des Carotinoids Astaxanthin (cf. 3.8.4.1.2) aus dem braungrünen Chromoprotein Ovoverdin. Das Töten der Krebse erfolgt durch Einwerfen in kochendes Wasser, wodurch der Schwanz angezogen wird, ein Kennzeichen dafür, daß der Krebs lebend abgekocht wurde.

Krebserzeugnisse sind Krebsschwänze mit Aufguß und Krebsscheren (beide begrenzt haltbar), Krebspulver, -extrakt und -mehl, getrocknete Krebsnasen, Suppenmassen, Pasten und Extrakte aus Krebsmehl, Krebssuppen u. a. m. Krebsschwänze und -scheren können konserviert sein.
Weitere im Handel zu findende Süßwasserkrebse sind der Galizische Teich- oder Sumpfkrebs (*Astacus leptodoctylus*), der Amerikanische Flußkrebs (*Orconectes limosus*) und der Australische Tafelkrebs (*Euastacus serratus*).

13.3.3 Hummer

Der Europäische Hummer (*Homarus gammarus*) erreicht als die größte europäische Krebsart Längen von 35–90 cm und ein Höchstgewicht von 10 kg. Hauptfanggebiete sind Nordeuropa (z. B. Helgoland), Westeuropa, Mittelmeer und Schwarzes Meer. Am wohlschmeckendsten ist das Fleisch der Brustschale. Nahe verwandt ist der Amerikanische Hummer (*Homarus americanus*). Beide kommen lebend, gekocht oder in Dosen sterilisiert in den Handel. Über den Farbumschlag der Krebspanzer cf. 13.3.2.
Zu dieser Gruppe von Krebsen rechnet auch der Kaisergranat (*Nephrops norvegicus*). Ein Großteil dieses Krebses wird auf Konserven verarbeitet.

13.3.4 Langusten

Die gemeine Languste (*Palinurus vulgaris*) ist eine 30–40 cm lange, bis zu 6 kg schwere Krebsart mit rudimentären Scheren und höckeriger Schale. Sie findet sich besonders häufig im Mittelmeer, an der West- und Südküste von England und bei Irland; auch Kap-Langusten (*Jasus lalandei*) und Mittelmeerlangusten (*Palinurus elephas*) sind im Handel. Das Fleisch ist grobfaserig und gelblich bis gelblich-rötlich.

13.3.5 Weitere Krebstiere

Zu erwähnen sind hier als Vertreter der Kurzschwanzkrebse der Taschenkrebs (*Cancer pagurus*) und als Steinkrabbe die Kamtschatkakrabbe (*Paralithodes camtschatica*) und die Königskrabbe (*Paralithodes platyphus*). Fleisch von gekochten, entschälten Steinkrabben und Kurzschwanzkrebsen liefert das „Crab meat".

13.4 Weichtiere *(Mollusca)*

13.4.1 Muscheln *(Bivalvia)*

Hierher rechnen vor allem Austern und Miesmuscheln. Über die Zusammensetzung informiert Tab. 13.10.

Die Austern (*Ostreidae*, z. B. Europäische Auster, *Ostrea edulis*) leben gesellig auf sog. Austernbänken oder werden in Bassins (Parks), die mit dem Meer in Verbindung stehen, gezüchtet. Beim Genuß müssen die fransenartigen Kiemen („Bart") entfernt werden.

Neben der Europäischen Auster werden noch die Portugiesische Auster (*Gryphea angulata*) und die Amerikanische Auster (*Crassostrea virginica*), vor allem als Konserven, verarbeitet. Am besten ist das Austernfleisch von 3–5 Jahre alten Tieren in den Monaten September bis April.

Die Mies- oder Pfahlmuschel (*Mytilus edulis*) wächst auf langen Bänken in den Watten oder wird auch künstlich an Tauen und Pfählen gezüchtet, zeigt gelbliches Fleisch und ist infolge ihres hohen Eiweißgehaltes (16,8%) und ihres Reichtums an Vitamin A und B-Vitaminen ein wertvolles Lebensmittel. Sie wird gekocht, gebraten oder mariniert gegessen. Hauptzuchtplatz in Deutschland ist die Kieler Bucht, daneben wird Muschelzucht an den Ostfriesischen Inseln getrieben.

Neben der Miesmuschel werden zahlreiche andere Muscheln in oft großem Umfang verzehrt, z.B. die Kammuscheln (*Pectinidae*), die Herz-, Venus-, Sumpf- oder Klaffmuscheln und Vertreter zahlreicher anderer Familien.

Wegen der leichten Verderblichkeit sind Muscheln aller Art nur lebend oder konserviert bzw. zubereitet in den Verkehr zu bringen, schnell zu verzehren und in der warmen Jahreszeit zu meiden. Sie sollen außerdem aus einwandfreien Gewässern stammen.

13.4.2 Schnecken

Schnecken werden vor allem in Italien, Spanien, Frankreich und Deutschland gegessen und zwar fast ausschließlich die große Weinbergschnecke (*Helix pomatia*). Sie wird in Süd- und Mitteldeutschland sowie in Frankreich wild gesammelt, vorwiegend aber in Schneckengärten mit Salat und Kohl oder im Keller auf Weizenkleie und Blättern gemästet. Das Fleisch ist als Delikatesse geschätzt. Schnecken müssen lebend (mit Deckel verschlossen) oder konserviert in den Handel kommen, da die Haltbarkeit des Fleisches sehr begrenzt ist.

Auch Seeschnecken verschiedener Art werden gebraten, gedämpft, gebacken oder zu Suppen gekocht.

13.4.3 Tintenfische

Der gemeine Tintenfisch (*Sepia officinalis*), der gemeine Kalmar (*Loligo loligo*), der gemeine Krake (*Octopus vulgaris*) und andere Arten werden in den Mittelmeerländern, vor allem in Italien, aber auch in vielen anderen Teilen der Welt gefangen und verzehrt, häufig fritiert, gebacken, in Wein gekocht oder zu Suppen, Salaten, Ragouts und Konserven verarbeitet.

13.4.4 Schildkröten

Schildkröten sind Reptilien, deren Fleisch in Deutschland fast ausschließlich zur Herstellung von Schildkrötensuppen, zuweilen auch von Ragouts oder Frikassee dient. Das Fleisch der Suppenschildkröte (*Chelonia mydas*) ist blaßrötlich bis kräftig rot, es kommt meist in Dosen in den Handel. Mockturtlesuppe ist eine auf der Basis von Kalbskopf und Kalbskopfhaut hergestellte unechte Schildkrötensuppe.

13.4.5 Froschschenkel

Es handelt sich um die abgezogenen Hinterschenkel verschiedener Froscharten (*Rana arvalis, Rana tigrena, Rana esculenta*). Das Fleisch ist zart, weiß und wohlschmeckend, dabei leicht verdaulich, doch wenig haltbar. Froschschenkel werden z. B. gekocht, gebraten und als Ragout gegessen.

13.5 Literatur

Borgstrom, G. (Ed.): Fish as food. Vol. I-III, Academic Press: New York. 1961 bis 1965

Connell, J. J.: Fish muscle proteins and some effects on them of processing. In: Proteins and their reactions (Eds.: Schultz, H. W., Anglemier, A. F.), p. 255, AVI Publ. Co.: Westport, Conn. 1964

Connell, J. J. (Ed.): Advances in fish science and technology. Fishing News Books Ltd: Farnham, Surrey, England. 1980

Feeney, R. E., Yin Yeh: Antifreeze proteins from fish bloods. Adv. Protein Chem. *32*, 191 (1978)

Habermehl, G.: Gift-Tiere und ihre Waffen. 2. Aufl., Springer-Verlag: Berlin. 1977

Ludorff, W., Meyer, V.: Fische und Fischerzeugnisse. 2. Aufl., Verlag Paul Parey: Berlin. 1973

Multilingual dictionary of fish and fish products (prepared by the OECD, 2nd ed.). Fishing News Books Ltd.: Farnham, Surrey, England. 1978

14 Speisefette* und Speiseöle

14.1 Einführung

Fette bestehen überwiegend aus Triacylglyceriden (cf. 3.3.1) mit zum Teil erheblichen Unterschieden in der Fettsäurezusammensetzung. Begleitstoffe, deren Anteil normalerweise unter 3% liegt, sind bestimmte Acyllipide wie z. B. die Phosphoglycerolipide (cf. 3.4) und die Bestandteile des Unverseifbaren (cf. 3.8).
In bezug auf die Konsistenz bei Raumtemperatur unterscheidet man im üblichen Sprachgebrauch zwischen einem Fett (fest) und einem Öl (flüssig). Bei der Bezeichnung der Fettarten hat man sich aber mehr oder weniger von dieser Unterscheidung loslösen müssen, da der Aggregatzustand von den klimatischen Verhältnissen abhängt und viele Fette eine halbfeste Konsistenz aufweisen. Wenn nicht besonders vermerkt, werden im folgenden die Fettarten wie im Sprachgebrauch üblich als Öl oder Fett bezeichnet.

14.2 Daten zur Fetterzeugung und zum Fettverbrauch

Über die Produktion pflanzlicher Fettrohstoffe informiert Tab. 14.0. Seit der Zeit vor dem 2. Weltkrieg hat sich die Weltfetterzeugung verdoppelt (Tab. 14.1). Zugenommen hat seit 1964 insbesondere die Produktion an Sojaöl und Palmfetten und auch an Sonnenblumenöl, während die Erträge an Seetierölen gesunken sind. In der Bundesrepublik werden bevorzugt Sojaöl, Butter und Schlachtfette verbraucht.
Der pro-Kopf-Verbrauch an Speisefetten (Tab. 14.2) ist in der Bundesrepublik mehr als doppelt so hoch wie im Weltdurchschnitt. Die leichte Abnahme in den Jahren 1970–75 beruht auf einer gewissen Einschränkung im Butterkonsum.

---

* Butter wird unter 10.2.3 behandelt.

14.3 Einzelne Fette und ihre Herkunft

14.3.1 Tierische Fette

14.3.1.1 Landtierfette

Die Depot- und Organfette von Haustieren wie Rind und Schwein sind ebenso wie Milchfett, das im Kapitel 10 behandelt wird, wichtige tierische Rohstoffe für die Fetterzeugung. Die Bedeutung des Hammelfettes ist dagegen stark zurückgegangen. Hauptfettsäuren dieser drei Landtierfette sind Öl-, Stearin- und Palmitinsäure (Tab. 14.3).
Es ist zu beachten, daß in Tab. 14.3 und in den folgenden Tabellen über Fettsäurezusammensetzungen nur Mittelwerte angegeben sind. Die Werte einzelner Proben können davon erheblich abweichen. Bei den Landtierfetten wirken sich Tierart und -rasse sowie das Futter aus, bei den Pflanzenfetten Art und Varietät der betreffenden Ölpflanze sowie die Umweltbedingungen (Klima, Standort), die beim Wachstum vorherrschen (cf. Abb. 3.9).
Im Unterschied zu den Fetten der Pflanzen ist die Abtrennung der tierischen Fette aus dem Gewebe nicht durch starre Zellwände oder durch Stützgewebe behindert. Es genügt eine Erwärmung des Fettgewebes (Trocken- oder Naßschmelze mit heißem Wasser oder Dampf). Das Fett dehnt sich dabei aus, sprengt die Zellmembranen und fließt heraus. Die weitere Abtrennung des Fettes bereitet keine besonderen technischen Schwierigkeiten (Abb. 14.1).

14.3.1.1.1 Rindertalg

Der Talg wird aus dem Netzfett, das die Bauchhöhle auskleidet, und aus den Nieren, dem Herzen und anderen unbeschädigten Fettgeweben ausgelassen. Das durch Carotinoide, die aus dem Futter stammen, schwach gelblich gefärbte Fett ist von spröder Konsistenz und schmilzt zwi-

Tabelle 14.0. Produktion pflanzlicher Fettrohstoffe 1984 (1000 t)[a]

Erdteil	Rizinus-samen	Sonnenblu-mensamen	Raps	Sesam-samen	Lein-samen	Saflor-samen	Baumwoll-samen
Welt	1038	15941	16368	2113	2574	953	34241
Afrika	42	387	23	441	54	32	2210
Amerika, N.-, M.-	6	1790	3248	133	864	405	5483
Amerika, S.-	248	2255	16	46	739	2	2048
Asien	678	2468	7160	1492	571	469	18523
Europa, W.-	–	2218	4063	1	45	15	414
Europa, O.- + USSR	65	6666	1828	–	294	4	5373
Ozeanien	–	156	32	–	6	26	190
Fettgehalt (%)	45–55	40–65	40–50	45–63	38–44	50	16–24

Erdteil	Kopra	Palmkerne	Palmöl	Oliven	Olivenöl
Welt	3704	2452	6810	9670	1917
Afrika	172	750	1393	866	150
Amerika, N.-, M.-	167	17	43	100	2
Amerika, S.-	31	299	205	137	16
Asien	3010	1338	5042	1341	250
Europa, W.-	–	–	–	7179	1494
Europa, O.- + USSR	–	–	–	45	5
Ozeanien	323	48	126	2	–
Fettgehalt (%)	63–70	40–52	100	20	100

Land	Rizinus-samen	Land	Sonnenblu-mensamen	Land	Raps	Land	Sesam-samen
Indien	407	USSR	4500	China	4195	Indien	550
Brasilien	255	Argentinien	2200	Kanada	3246	China	468
China	180	USA	1699	Indien	2566	Burma	216
USSR	55	China	1380	Frankreich	1354	Sudan	150
Thailand	36	Frankreich	1000	UK	915	Mexiko	92
Pakistan	24	Spanien	968	Polen	911	Nigeria	75
Philippinen	24	Rumänien	890	BRD	662	Korea	49
Paraguay	20	Türkei	710	Dänemark	517	Somalia	45
Äthiopien	12	Ungarn	550	Schweden	382	Türkei	45
Rumänien	10	Bulgarien	470	DDR	303	Uganda	38
Sudan	10					Venezuela	38
Σ (%)[b]	100	Σ (%)[b]	90	Σ (%)[b]	92	Σ (%)[b]	84

[a] Sojabohnen und Erdnüsse sind in Tab. 16.1 aufgeführt.
[b] Weltproduktion $\hat{=}$ 100%.

schen 45 °C und 50 °C. Die Fettsäurezusammensetzung (Tab. 14.3) wird nicht so stark durch das Futter beeinflußt wie beim Schweinefett. Einen Einblick in die Triacylglyceridzusammensetzung gibt Tab. 3.8.

Folgende Handelssorten werden unterschieden: *Feintalg* (premier jus) wird aus frischen, ausgesuchten Teilen mit Wasser bei 50–55 °C ausgeschmolzen; die Säurezahl als Maß für lipolytische Vorgänge (cf. 14.5.3.1) darf 1,3 (d. h. etwa 0,65% freie Fettsäuren) nicht übersteigen. Aus dem auf 30–34 °C erwärmten Feintalg werden zwei Fraktionen, *Oleomargarin* (flüssig) und *Oleostearin* (fest) gewonnen. Oleomargarin ist ein Weichfett mit einer dem Butterschmalz ähnlichen Konsistenz. Es findet in der Margarine- und Backwarenindustrie Verwendung. Oleostearin (Preßtalg) besitzt einen hohen Schmelzpunkt von

Tabelle 14.0. (Fortsetzung)

Land	Leinsamen	Land	Saflorsamen	Land	Baumwollsamen	Land	Kopra
Argentinien	703	Indien	469	China	12162	Philippinen	1400
Kanada	676	Mexiko	305	USSR	5350	Indonesien	800
Indien	440	USA	100	USA	4811	Indien	385
USSR	210	Äthiopien	32	Indien	2500	Malaysia	212
USA	178	Australien	26	Pakistan	1980	Papua, Neuguinea	140
China	95	Spanien	14	Brasilien	1179	Mexiko	120
Rumänien	42	USSR	4	Türkei	938	Sri Lanka	100
Äthiopien	30	Argentinien	2	Ägypten	677	Mozambique	65
Frankreich	30	Portugal	1	Sudan	416	Vietnam	60
Brasilien	27			Mexiko	395	Vanuatu	44
Σ (%)[b]	94	Σ (%)[b]	100	Σ (%)[b]	89	Σ (%)[b]	90

Land	Palmkerne	Land	Palmöl	Land	Oliven	Land	Olivenöl
Malaysia	1046	Malaysia	3717	Spanien	3418	Spanien	727
Nigeria	365	Indonesien	1000	Italien	2050	Italien	430
Brasilien	250	Nigeria	750	Griechenland	1400	Griechenland	285
Indonesien	220	China	210	Türkei	800	Türkei	143
Benin	75	Elfenbeinküste	145	Tunesien	400	Tunesien	90
Zaire	65	Zaire	140	Syrien	370	Syrien	85
Kamerun	47	Kolumbien	121	Portugal	300	Portugal	50
China	46	Papua, Neuguinea	108	Marokko	250	Marokko	34
Papua, Neuguinea	45	Kamerun	81	Argentinien	110	Argentinien	15
Guinea	35	Thailand	81	Libyen	110	Algerien	14
Σ (%)[b]	89	Σ (%)[b]	93	Σ (%)[b]	95	Σ (%)[b]	98

[b] Weltproduktion ≙ 100%.

50–56 °C und dient zur Herstellung von Ziehmargarine (cf. Tab. 14.14).
Speisetalg (Sekundatalg) wird bei 60–65 °C mit Wasser ausgeschmolzen und gereinigt. Er besitzt den typischen Talggeruch und -geschmack; der Gehalt an freien Fettsäuren darf maximal 1,5% betragen. Mindere Talgqualitäten dienen technischen Zwecken.

14.3.1.1.2 Hammeltalg

Da der dem Hammeltalg anhaftende, unangenehme Geruch nur schwierig zu entfernen ist, wird dieses Fett heute kaum noch für Speisezwecke verwendet. Hammeltalg ist härter und brüchiger als Rindertalg; die Fettsäurezusammensetzung zeigt Tab. 14.3.

14.3.1.1.3 Schweineschmalz

Schweineschmalz, auch kurz als Schmalz bezeichnet, ist das aus dem Fettgewebe der Bauchwand und anderer Körperteile des Schweines stammende Fett. Das Rückenfett wird überwiegend als Speck verzehrt. Nach Talg und Butter ist Schmalz gegenwärtig das meistgebrauchte tierische Speisefett (Tab. 14.1). Die Konsistenz, salbenartig bis körnig, hängt von der Schweinerasse und von der Fütterung ab. Über die Fettsäurezusammensetzung informiert Tab. 14.3.

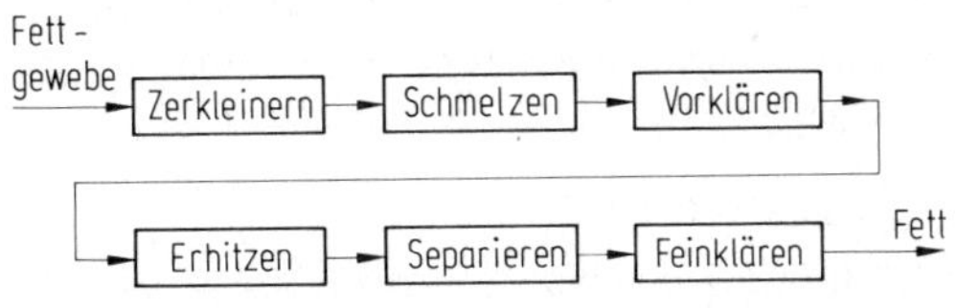

Abb. 14.1. Verfahrensablauf beim Naßschmelzvorgang

Folgende Handelssorten werden unterschieden: Ausschließlich aus dem Bauchwandfett (Flomen, Liesen) stammt die beste Qualität, das *Neutralschmalz*. Es hat milden Geschmack, ist weiß und seine Säurezahl darf 0,8 nicht übersteigen.

Liesenschmalz, aus Liesen und Rückenspeck mit Dampf ausgeschmolzen; Säurezahl maximal 1,0. Durch Dampfschmelzen im Autoklaven (120 bis 130 °C) wird das *Dampfschmalz* aus allen Fettgewebeteilen sowie den Rückständen der Neutralschmalzgewinnung isoliert. Säurezahl maximal 1,5.
Im Unterschied zur Triacylglyceridzusammensetzung des Rindertalgs (Tab. 3.8) kommen im Schweineschmalz weniger Triacylglyceride des Typs SSS und mehr der Typen SUU, USU und UUU (S: Gesättigte Fettsäure, U: Ungesättigte Fettsäure) vor; eine Erniedrigung und Verbreiterung des Schmelzintervalls sind die Folge. Die Haltbarkeit von Schweineschmalz ist nicht besonders gut.

14.3.1.1.4 Gänseschmalz

Als einziges Geflügelfett spielt es als Delikatesse eine gewisse Rolle. Mengenmäßig ist die Produktion unbedeutend. Die Fettsäurezusammensetzung zeigt Tab. 14.3.

14.3.1.2 Seetieröle

Von den Säugetieren, die im Meer leben, dienen Wale und Robben und von den Fischen Angehörige der Heringsfamilie als Fettlieferanten. Für Seetieröle ist das Vorkommen hochungesättigter Fettsäuren mit 4–6 Allylgruppen kennzeichnend (Tab. 14.4), wobei die Fettsäuren 18:4 (6,9,12,15), 20:5 (5,8,11,14,17), 22:5 (7,10,13,16,19) und 22:6 (4,7,10,13,16,19) dominieren. Da solche Fettsäuren sehr leicht autoxidieren, sind die Seetieröle nicht direkt, sondern nur nach Hydrierung der Doppelbindungen und Raffination als Speisefette geeignet.
Für die Analytik ist von Interesse, daß in Seetierölen etwa 1% methylverzweigte Fettsäuren vorkommen, z. B. die 12-Methyl- und die 13-Methyltetradecansäure sowie die 14-Methylhexadecansäure. Diese Fettsäuren sind auch in den gehärteten Fetten noch nachweisbar.

14.3.1.2.1 Walöl

Die Ordnung der Wale besteht aus zwei Hauptgruppen, den Bartenwalen und den Zahnwalen.

Tabelle 14.1. Fetterzeugung der Welt (in 10^3 t)

Fettart	1935/39	1965	1981
Sojaöl	1229	4860	12495
Sonnenblumenöl	562	2375	4515
Baumwollsaatöl	1560	2570	3245
Erdnußöl	1506	3165	2945
Rüböl (Rapsöl)	1207	1465	3750
Palmkern- und Palmöl	1334	1595	6155
Kokosöl	1932	2225	2925
Olivenöl	871	1951[a]	1325[b]
Andere pflanzliche Öle	95	1720	1940
Butter (Reinfett)	3611	4735	5515
Schweineschmalz	2495	4375	4615
Rindertalg	1442	4305	5980
Seetieröle	975	1075	1195
	18819	36416	56600

[a] Angabe für das Jahr 1964.
[b] Schätzung für 1982.

Tabelle 14.2. Verbrauch an Speisefetten in der Bundesrepublik (kg je Einwohner u. Jahr)

Jahr	Butter[a]	Schlachtfett	Pflanzl. u. tier. Öle	Gesamt
1969/70	7,3	6,1	12,8	26,2
1970/71	7,0	6,4	13,2	26,6
1971/72	6,2	6,3	13,4	25,9
1972/73	6,2	6,1	13,4	25,7
1973/74	6,0	6,1	13,3	25,4
1974/75	5,9	6,3	12,9	25,1
1975/76	5,5	6,4	13,2	25,1
1976/77	5,3	6,3	14,0	25,6

[a] Fettanteil; das Produktgewicht liegt 19,5% höher.

Tabelle 14.3. Mittlere Fettsäurezusammensetzung (Gew.-%) von Landtierfetten

Fettsäure	Rindertalg	Hammeltalg	Schweineschmalz	Gänseschmalz
12:0	0	0,5	0	0
14:0	3	2	2	0,5
14:1 (9)	0,5	0,5	0,5	0
16:0	26	21	24	21
16:1 (9)	3,5	3	4	2,5
18:0	19,5	28	14	6,5
18:1 (9)	40	37	43	58
18:2 (9, 12)	4,5	4	9	9,5
18:3 (9, 12, 15)	0	0	1	2[a]
20:0	0	0,5	0,5	0
20:1, 20:2	0	0,5	2	
Sonstige	3	3	0	0

[a] Einschließlich 20:1.

Tabelle 14.4. Mittlere Fettsäurezusammensetzung (Gew.-%) von Seetierölen

Fettsäure	Blauwal	Robbe	Hering (*Clupea harengus*)	Pilchard (*Sardinops caerulea*)	Menhaden (*Brevoortia tyrannus*)
14:0	5	4	7,5	7,5	8
16:0	8	7	18	16	29
16:1	9	16	8	9	8
18:0	2	1	2	3,5	4
18:1	29	28	17	11	13
18:2	2	1	1,5	1	1
18:3	0,5		0,5	1	1
18:4	0,4		3	2	2
20:1	22	12	9,5	3	1
20:4	0,5		0,5	1,5	1
20:5	2,5	5	9	17	10
22:1	14	7	11	4	2
22:5	1,5	3	1,5	2,5	1,5
22:6	3	6	7,5	13	13

Zu den zuerst Genannten, die vom Krill leben, gehören u. a. der Blauwal und der Finnwal. Die Fettsäurezusammensetzung (Tab. 14.4) dieser beiden Arten unterscheidet sich nicht wesentlich. Ein Blauwal von 130 t ergibt 25–28 t Öl, das durch Naßschmelzung gewonnen wird. Die rücksichtslose Ausbeutung der Meere in den letzten 20 Jahren hat dazu geführt, daß das Walöl fast schon zu den seltenen Fettrohstoffen gehört.

14.3.1.2.2 Robbenöle

Robbenöle sind ähnlich zusammengesetzt wie die Walöle (Tab. 14.4).

14.3.1.2.3 Heringsöle

Aus der Heringsfamilie kommen folgende Vertreter als Fettlieferanten in Frage: Hering, Sardine oder Pilchard, Sprotte oder Breitling, Sardelle oder Anchovis und Menhaden. Die Fettsäurezusammensetzung der Öle ist unterschiedlich (Tab. 14.4).

14.3.2 Pflanzenfette

Im Hinblick auf die technischen Verfahren, die zur Gewinnung angewandt werden, ist eine Einteilung der Pflanzenfette in Fruchtfleisch- und Samenfette zweckmäßig. Während nur zwei Fruchtfleischfette von Bedeutung sind, ist die Zahl der Samenfette wesentlich größer.

Alle Speiseöle mit Ausnahme des Schmalzöls sind pflanzlicher Herkunft. In den Verkehr gebracht werden entweder Öle, die nur aus einer Pflanzenart stammen, z. B. Oliven-, Sonnenblumen- und Maisöl, oder Mischungen, die dann ganz allgemein als Speise-, Tafel-, Backöl usw. bezeichnet werden.

14.3.2.1 Fruchtfleischfette

Größere wirtschaftliche Bedeutung haben die Fruchtfleischfette der Oliven und der Früchte von Ölpalmen. Die Merkmale der Früchte und die Fettsäurezusammensetzung sind in Tab. 14.5 zusammengestellt. Auf Grund hoher Enzymaktivitäten (insbes. Lipasen) sind die Früchte nur sehr begrenzt lagerfähig.

14.3.2.1.1 Olivenöl

Das Olivenöl wird aus dem Fruchtfleisch der Steinfrüchte des Ölbaumes (*Olea europaea sativa*) gewonnen. Dabei stammen über 90% der Weltolivenernte aus dem Mittelmeergebiet mit

Tabelle 14.5. Fruchtfleischfette

	Ölbaum (*Olea europaea sativa*)	Ölpalme (*Elaeis guineensis*)
Früchte		
Länge (cm)	2–3	3–5
Breite (cm)	2–3	2–4
Fruchtfleisch (Gew.-%)	78–84	35–85
Steinkern (Gew.-%)	14–16	15–65
Fruchtfleisch (Mesokarp)		
Öl (Gew.-%)	38–58	30–55
Wasser (Gew.-%)	bis 60	35–45
Fruchtfleischfett		
Erstarrungspunkt (°C)	−5 bis −9	27–38
Mittlere Fettsäurezusammensetzung (Gew.-%)		
	Olivenöl	Palmöl
14:0	0	1
16:0	11,5	43,8
16:1	1,5	0,5
18:0	2,5	5
18:1 (9)	75,5	39
18:2 (9, 12)	7,5	10
18:3 (9, 12, 15)	1,0	0,2
20:0	0,5	0,5

Spanien an der Spitze (cf. Tab. 14.0). In geringem Umfang sind Ölbaumkulturen heute auch in Japan, Australien, Kalifornien und Südamerika anzutreffen. Insgesamt ist die Olivenölproduktion aber rückläufig (Tab. 14.1). Die mühsame Ernte der Früchte, die nicht ohne weiteres mechanisiert werden kann, ist ein Grund für diese Entwicklung.

Gewinnung: Die zerkleinerten Früchte werden zum Aufschluß der Ölzellen geknetet, gegebenenfalls unter Zugabe von Salz. Das Öl wird abgepreßt bzw. abdekantiert, wobei sich an die Kaltpressung, bei der die *Vierge*-Sorten (Jungfernöl, Provenceöl) gewonnen werden, im allg. eine Warmpressung bei etwa 40 °C anschließt.
Abgesehen von den Bedingungen, die bei der Gewinnung herrschen, wird die Qualität des Öls vom Reifegrad der Oliven und der Dauer der Lagerung beeinflußt. Für die *Vierge*-Sorten ergibt sich in Abhängigkeit von den sensorischen Eigenschaften und dem Gehalt an freien Fettsäuren folgende Abstufung:

Extra vierge: Angenehm aromatischer Geschmack; bis 1% Fettsäure (berechnet als Ölsäure).

Fine vierge: Ganz leicht abfallend im Geschmack, bis 1,5% freie Fettsäure.

Semi-fine vierge: Kaltgepreßtes Öl, leicht abfallend im Geschmack, bis 3% freie Fettsäure.

Öle mit höherem Gehalt an freien Fettsäuren, dazu gehören in der Regel auch die warmgepreßten, sind nicht direkt zum Verzehr geeignet. Sie werden teils raffiniert oder dienen technischen Zwecken. Mischungen aus kaltgepreßten und raffinierten Olivenölen sind unter den Bezeichnungen „Olivenöl“ oder „reines Olivenöl“ im Handel.

Teesamenöl ähnelt in der Zusammensetzung der Fettsäuren dem Olivenöl. Eine Unterscheidung ist mit dem *Fitelson*-Test (cf. Tab. 14.18) möglich.

14.3.2.1.2 Palmöl

Zu den bedeutenden Ölpflanzen, deren Nutzung ständig gestiegen ist (cf. Tab. 14.1), gehört die Ölpalme, die in erster Linie in West-Malaysia, Nigeria und Indonesien kultiviert wird (cf. Tab. 14.0). Die Früchte liefern zwei verschiedenartige Öle und zwar Palmöl aus dem Fruchtfleisch und Palmkernöl aus dem Samen.

Gewinnung: Die Fruchtstände, die 3000 bis 6000 Früchte enthalten, werden zur Inaktivierung der hohen Lipaseaktivitäten und zur Trennung des Fruchtfleisches von den Kernen mit heißem Dampf behandelt. Aus dem zerkleinerten Fruchtfleisch wird das Öl herausgepreßt und durch Zentrifugation geklärt. Waschen mit heißem Wasser und Trocknung ergibt ein Rohprodukt, das durch den hohen Carotingehalt (cf. 3.8.4.5) gelb bis rot gefärbt ist. Bei der Raffination (cf. 14.4.1) wird das Palmöl u. a. gebleicht und es werden die freien Fettsäuren abgetrennt. Über die Fettsäurezusammensetzung von Palmöl orientiert Tab. 14.5.

14.3.2.2 Samenfette

Die größte Bedeutung als Rohstoffe von Speisefetten haben bestimmte Pflanzensamen. Nach einem Überblick über die Gewinnung sollen die einzelnen Fette besprochen werden, wobei deren Einteilung nach den charakteristischen Fettsäuren erfolgt.

14.3.2.2.1 Gewinnung

Konditionierung: Zur Erleichterung der Abtrennung des Öls wird die zerkleinerte Saat mit Wasserdampf behandelt. Noch intakte Zellen reißen auf und ein Teil der Proteine wird denaturiert (Inaktivierung von Enzymen). Die Temperatur des Verfahrens ist nach oben begrenzt, da keine unerwünschten Farb- und Aromaveränderungen eintreten sollen.
Aus dem konditionierten und auf die Ausgangsfeuchtigkeit getrockneten Material wird das Öl durch Pressung und/oder Extraktion isoliert. Welches der Verfahren angewandt wird, hängt u. a. vom Fettgehalt ab. Unterschreitet er 25%, so ist nur die Extraktion wirtschaftlich.

Pressung: Mit Schneckenpressen, die kontinuierlich betrieben werden, kann das Öl aus dem angewärmten Material bis auf einen Rest von 4–7% abgepreßt werden. Wirtschaftlicher ist im allgemeinen die Anwendung niedrigerer Drucke, so daß im Preßrückstand 15–20% Öl verbleiben, das anschließend extrahiert wird.

Extraktion: Das im Quetschwalzwerk zur Vergrößerung der Oberfläche in dünne Blättchen

gewalzte Material wird mit einer Benzinfraktion (Siedebereich 60–70 °C) extrahiert, die als technisches Hexan bezeichnet wird und neben n-Hexan noch 2- und 3-Methylpentan sowie 2,3-Dimethylbutan enthält und weitgehend frei von Aromaten ist. Die Extraktion erfolgt in Extraktoren verschiedener Ausführung, in denen das Lösungsmittel im Gegenstrom zum Extraktionsgut (Perkolationsprinzip) aufgegeben wird.
Die Abtrennung des Lösungsmittels vom Rohöl erfolgt durch Vakuumdestillation; maximal verbleibt ein Rest von 0,1%. Der vom Extrakt abgetrennte Rückstand, das Extraktionsschrot, wird mit Dampf vom Lösungsmittel befreit und als proteinreiches Futtermittel verwendet. In Abb. 14.2 ist die Ölgewinnung aus Sojabohnen schematisch dargestellt.
Von den durch Pressung oder Extraktion gewonnenen Rohfetten werden suspendierte Pflanzenreste, Proteine, Schleimstoffe u.a. durch Filtration abgetrennt.

14.3.2.2.2 Laurin- und myristinsäurereiche Fette

Die wichtigsten Vertreter dieser Gruppe sind *Kokos-, Palmkern-* und *Babassufett*. Aus der Fettsäurezusammensetzung (Tab. 14.6) ergeben sich Konsequenzen in bezug auf die Lagerstabilität. Auf Grund des geringen Gehaltes an Linolsäure spielen autoxidative Veränderungen keine Rolle. Bei der Verwendung dieser Fette in wasserhaltigen Zubereitungen kann sich aber ein mikrobieller Verderb einstellen, bei dem die Fettsäuren

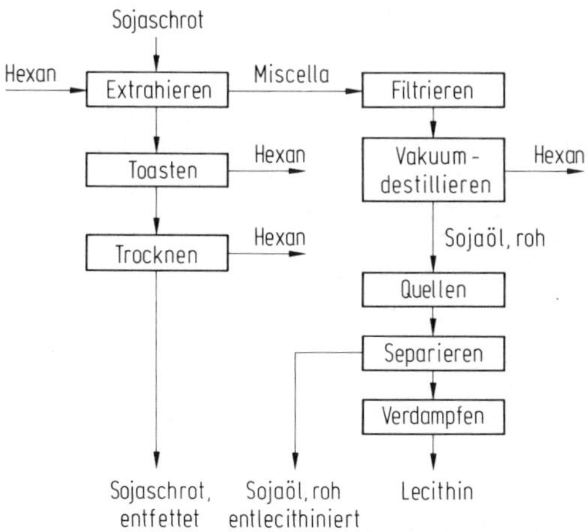

Abb. 14.2. Ölgewinnung aus Sojabohnen

Tabelle 14.6. Samenfette von Palmen

	Ölpalme (*Elaeis guineensis*)	Kokospalme (*Cocos nucifera*)	Babassupalme (*Orbignya speciosa*)
Fettgehalt d. Samens (Gew.-%)	40–52	63–70	67–69
Fett, Schmelzbereich (°C)	23–30	20–28	22–26
Mittlere Fettsäurezusammensetzung (Gew.-%)			
8:0	6	8	4,5
10:0	4	6	7
12:0	47	47	45
14:0	16	18	16
16:0	8	9	7
18:0	2,5	2,5	4
18:1 (9)	14	7	14
18:2 (9, 12)	2,5	2,5	2,5

C_8–C_{12} freigesetzt und teilweise bis zu den Methylketonen abgebaut werden („Parfümranzigkeit"; cf. 3.7.5).
Kokos- und Palmkernfett sind wichtige Bestandteile von Pflanzenmargarinen, die bei Raumtemperatur fest sind. Im Mund schmelzen sie unter Aufnahme einer erheblichen Schmelzwärme, woraus ein deutlich wahrnehmbarer Kühleffekt resultiert.

Kokosfett wird aus den Steinfrüchten der in den Tropen beheimateten Kokospalme gewonnen. Das ölhaltige Endosperm, dessen Wassergehalt durch Trocknung von 50% bis auf 5–7% reduziert wird, dient unter der Bezeichnung *„Kopra"* als Ausgangsmaterial für die Fettgewinnung.

Palmkernfett stammt aus den Samen der Ölpalme. Die aus dem Fruchtfleisch isolierten Samen werden nach Abtrennung der Steinschalen getrocknet.

Babassufett wird aus den Samenkernen der in Brasilien heimischen Babassupalme gewonnen, die außerhalb Brasiliens nur selten anzutreffen ist.

14.3.2.2.3 Palmitin- und stearinsäurereiche Fette

Hierzu gehören Kakaobutter und Fette, die als Ersatz für Kakaobutter (Kakaobutteraustauschfette) angeboten werden. Sie sind relativ hart, kristallisieren ausgeprägt polymorph (cf. 3.3.1.2) und schmelzen zwischen 30 °C und 40 °C, wobei insbesondere bei der Kakaobutter (Tab. 14.7) das relativ enge Schmelzintervall hervorzuheben ist. Das Schmelzverhalten, das im Mund als sehr angenehm empfunden wird, und von dem unter 14.3.2.2.2 erwähnten Kühleffekt begleitet ist, beruht auf dem Vorkommen nur weniger Triacylglyceridtypen, die im wesentlichen Palmitin-, Stearin- und Ölsäure enthalten. Auch die Stabilität gegenüber Autoxidation und mikrobiellem Verderb ist aus der Fettsäurezusammensetzung (Tab. 14.7) verständlich. Die Fette dienen überwiegend zur Herstellung von Schokoladenerzeugnissen, Süß- und Konditorwaren.

Bei der *Kakaobutter* handelt es sich um das Fett der Kakaobohne. Es ist in Speicherkeimblättern lokalisiert (50–58%) und fällt als Nebenprodukt der Kakaofabrikation an (cf. 21.3.2.7). Es ist schwach gelb gefärbt und riecht etwas nach Kakao.

Hinsichtlich der Bezeichnung der *Kakaobutteraustauschfette* herrscht eine gewisse Verwirrung, da Fette verschiedener Herkunft manchmal unter demselben Sammelnamen, z. B. als Illipébutter, vom Handel angeboten werden. Irrtümer können nur durch Angabe der lateinischen Namen der Pflanzen, von denen die Fette stammen, vermieden werden.

Sheabutter wird aus den Samen eines in Westafrika wachsenden Baumes gewonnen, doch ist dessen Kultivierung unwirtschaftlich. Hervorzuheben ist der hohe Anteil (bis 11%) unverseifbarer Inhaltsstoffe.

Borneotalg, der aus den Samen einer in Java, Borneo, den Philippinen und Indien heimischen Pflanze stammt, ist in tropischen Ländern ein wertvolles Speisefett. Auch die *Mowrah-Butter* stammt aus dem tropischen Asien.

Tabelle 14.7. Kakaobutter und Kakaobutteraustauschfette

Handelsname	Kakaobutter	Illipébutter (Mowrah-Butter)	Borneotalg (Tengkawangfett, Illipébutter)	Sheabutter (Karitéfett)
Quelle	Kakaopflanze (*Theobroma cacao*)	*Madhuca longifolia*	*Shorea stenoptera*	*Butyrospermum parkii*
Schmelzber.[a] (°C)	28–36	24,5–28,5	28–37	23–42
	Mittlere Fettsäurezusammensetzung (Gew.-%)			
16:0	25	28	20	7
18:0	37	14	42	38
18:1 (9)	34	49	36	50
18:2 (9, 12)	3	9	< 1	5

[a] Die Schmelzpunktbereiche berücksichtigen die ausgeprägte Polymorphie (cf. 3.3.1.2); die obere Temperatur ist der Schmelzpunkt der stabilen Modifikation.

14.3.2.2.4 Palmitinsäurereiche Öle

Die Öle dieser Gruppe enthalten meist über 10 Gew.-% Palmitinsäure und hohe Konzentrationen an Öl- und Linolsäure (cf. Tab. 14.8).

Baumwollsaatöl oder *Cottonöl* wird aus den Samen der Baumwollstaude gewonnen. Die wichtigsten Anbauländer sind in Tab. 14.0 angegeben. Rohes Baumwollsaatöl ist von dunkler, meist tiefroter Farbe und hat einen charakteristischen Geruch. Es enthält u. a. eine toxisch wirkende phenolische Verbindung, das Gossypol,

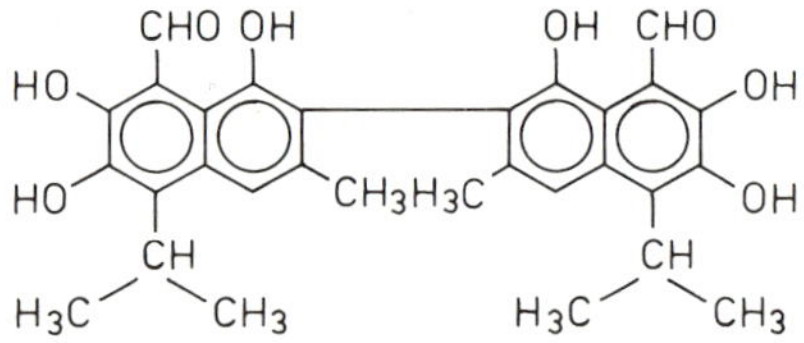

(14.1)

das bei der Raffination abgetrennt wird. Ein anderer Begleitstoff, die Malvaliasäure,

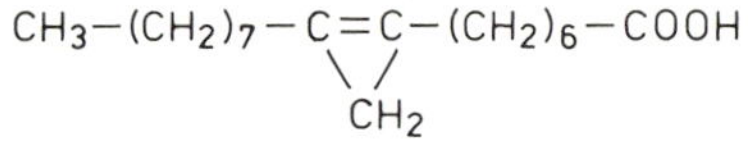

(14.2)

übersteht die Raffination, aber häufig nicht die Hydrierung. Die Substanz soll für die Nachweisreaktion nach *Halphen* verantwortlich sein (cf. Tab. 14.17).

Bei Temperaturen unter + 8 °C wird das Öl durch die Kristallisation hochschmelzender Triacylglyceride trüb. Durch „Winterisieren" (cf. 14.4.4) wird dieser unerwünschten Erscheinung vorgebeugt.

Getreidekeimöle: Alle Getreidearten enthalten in ihren Keimen beträchtliche Mengen Öl, dessen Gewinnung dann lohnend ist, wenn der Keimling bei der Verarbeitung der Saat abgetrennt wird. Die größte industrielle Bedeutung hat das *Maiskeimöl.* Die Abtrennung der Keime erfolgt bei der Gewinnung der Stärke (cf. 4.4.4.14.1). Aus den Keimen wird das Öl durch Pressen und Extraktion gewonnen. Nach der Raffination wer-

Tabelle 14.8. Palmitinsäurereiche Öle

	Baumwollsamen (*Gossypium*)	Maiskeim (*Zea mays*)	Weizenkeim[a] (*Triticum aestivum*)	Kürbiskern (*Cucurbita pepo*)
Fettgehalt d. Samens (Gew.-%)	22–24	3,5–5[b]		35
Erstarrungspunkt (°C)	0 bis +4	−10 bis −18		−15 bis −16
Mittlere Fettsäurezusammensetzung (Gew.-%)				
14:0	1,5	0	0	0
16:0	22	10,5	17	16
18:0	5	2,5	1	5
20:0	1	0,5	0	0
16:1 (9)	1,5	0,5	0	0,5
18:1 (9)	16	32,5	20	24
18:2 (9, 12)	55	52	52	54
18:3 (9, 12, 15)	0	1	10	0,5

[a] Fettgehalt des Keims: 8–11 Gew.-%.
[b] Davon entfallen 80% auf den Keim und 20% auf das Endosperm.

den aus der Kutikula stammende Wachse durch „Winterisieren" (cf. 14.4.4) entfernt.

Maisöl eignet sich zur Herstellung von Margarine und Mayonnaise und wird vor allem als Salatöl verwendet.

Beim *Weizen* und *Reis* reichern sich Keimling und ausgetretenes Öl in der Kleie an. Es kann durch Pressen daraus gewonnen werden. Weizenkeimöl hat auf Grund seines hohen Tocopherolgehaltes diätetische Bedeutung; Reisöl spielt in Asien eine gewisse Rolle.

Das aus geschälten Kürbissamen gepreßte *Kürbiskernöl* ist in Südosteuropa ein bekanntes Speiseöl. Es hat eine braune Farbe und schmeckt nußartig.

14.3.2.2.5 Palmitinsäurearme, öl- und linolsäurereiche Öle

Dieser Klasse gehört eine große Anzahl Öle aus verschiedenen Pflanzenfamilien an (cf. Tab. 14.9). Die Öle sind wichtige Rohstoffe für die Margarineherstellung.

In Europa steht die Sonnenblume unter den Ölpflanzen an erster Stelle; über die weiteren Anbaugebiete orientiert Tab. 14.0. *Sonnenblumenöl* erster Pressung ist hellgelb, von mildem Geschmack und nach mechanischer Klärung direkt zum Verzehr geeignet. Raffiniertes Sonnenblumenöl wird in großen Mengen in Salatölen, Bratölen und als Margarinerohstoff (cf. 14.4.3) verwendet. Bei der Raffination werden auch die störenden Wachsanteile entfernt.

Von großer wirtschaftlicher Bedeutung (cf. Tab. 14.1) sind zwei Leguminosenöle. *Sojaöl* steht heute in der Weltproduktion von Pflanzenölen für die Ernährung an erster Stelle. Hauptanbaugebiete sind die USA, Brasilien und China. Raffiniertes Sojaöl ist hellgelb gefärbt und von mildem Geschmack. Durch Autoxidation insbesondere der Linolensäure (Fettsäurezusammensetzung in Tab. 14.9) kann bei unsachgemäßer Abpackung und Lagerung relativ schnell ein „grün-saatiger" Aromafehler entstehen, der als Reversionsgeschmack (cf. 3.7.2.1.5) bezeichnet wird. Durch selektive Hydrierung auf einen Schmelzbereich von 22–28 °C bzw. 36–43 °C wird die Haltbarkeit verbessert. Solche Öle dienen als Rohstoffe für Margarine und Shortenings.

Die Fettsäurezusammensetzung des *Erdnußöls* variiert stark in Abhängigkeit vom Anbaugebiet.

Tabelle 14.9. Palmitinsäurearme, öl- und linolsäurereiche Öle

	Sonnenblume (*Helianthus annuus*)	Soja (*Glycine max.*)	Erdnuß[a] (*Arachis hypogaea*)	Raps[b] (*Brassica napus*)	Sesam (*Sesamum indicum*)	Saflor (*Carthamus tinctorius*)	Lein (*Linum usitatissimum*)
Fettgehalt des Samens (Gew.-%)	25–30	18–23	42–52	ca. 40	45–55	25–37	32–43
Erstarrungspunkt (°C)	−18 bis −20	−8 bis −18	−2 bis +3	0 bis −2	−3 bis −6	−13 bis −20	−18 bis −27
Mittlere Fettsäurezusammensetzung (Gew.-%)							
16:0	6,5	10	10	4	8,5	6	6,5
18:0	5	5	3	1,5	4,5	2,5	3,5
20:0	0,5	0,5	1,5	0,5	0,5	0,5	0
22:0	0	0	3	0	0	0	0
18:1 (9)	23	21	41	63	42	12	18
18:2 (9, 12)	63	53	35,5	20	44,5	78	14
18:3 (9, 12, 15)	<0,5	8	0	9	0	0,5	58
20:1 u. 20:2	1	0,5	1	1	0	0,5	0
22:1 (13)	0	0	–	0,5	0	0	0

[a] Afrikanisches Erdnußöl. [b] Praktisch frei von Erucasäure.

Im Unterschied zu dem aus Afrika (Senegal und Nigeria) stammenden Öl (Fettsäurezusammensetzung in Tab. 14.9) ist südamerikanisches Erdnußöl auf Kosten der Ölsäure (37 gegenüber 55 Gew.-%) reicher an Linolsäure (41 gegenüber 25 Gew.-%). Charakteristisch für Erdnußöl ist der Gehalt an Arachin-, Behen- und Lignocerinsäure, deren Glyceride unterhalb 8 °C leicht kristallisieren.

Erdnußbutter ist ein Brotaufstrich, der aus gerösteten und gemahlenen Erdnüssen unter Zusatz von Erdnußöl (auch hydriertem Erdnußöl) zubereitet wird.

Rüböl ist das aus den Samen von Raps (*Brassica napus var.napus*) und Rübsen (*Brassica rapa var. silvestris*) gewonnene Öl. Die zuletzt genannte Pflanze, die weniger Öl produziert, ist kleiner (ca. 80 cm), benötigt eine kürzere Vegetationsperiode und ist widerstandsfähiger gegen Frost, Krankheiten und Schädlinge. Ältere Raps- und Rübsensorten enthalten Erucasäure (45–50 Gew.-%), gegen die von ernährungsphysiologischer Seite Bedenken erhoben werden. Inzwischen dominieren erucasäurearme (bis 5 Gew.-%) Neuzüchtungen. Über die Hauptanbaugebiete informiert Tab. 14.0.

Als *Brassicaceae* enthalten Raps und Rübsen Senfölglucoside (Glucosinolate, cf. Tab. 17.10), die unmittelbar bei der Zerkleinerung der Samen durch die Wirkung einer Thioglucosidase (Myrosinase, EC 3.2.3.1) hydrolysiert und zu Estern der Isothiocyansäure (Senföle) umgelagert werden (cf. 17.1.2.6.5). Ein Teil der Isothiocyanate isomerisiert unter Beteiligung eines Enzyms zu Thiocyanaten (Rhodaniden) oder wird zu Nitrilen entschwefelt. Die freigesetzten flüchtigen Verbindungen, die vom Öl gelöst werden, wirken sich nicht nur nachteilig auf die Gesundheit und den Geschmack aus, sondern stören auch als Katalysatorgifte die Fetthärtung mit Nickel-Kontakten (cf. 14.4.2.2). Deshalb wird durch eine geeignete Konditionierung die an der Spaltung der Glucosinolate beteiligte Thioglucosidase inaktiviert. In geringem Umfang trotzdem gebildete flüchtige Schwefelverbindungen werden bei der Raffination vollständig beseitigt. Abgesehen von diesen technischen Maßnahmen bemüht man sich um die Züchtung glucosinolatarmer Raps- und Rübsensorten.

Rüböl dient als Speiseöl. Außerdem wird es u. a. auf einen Schmelzpunkt von 32–34 °C gehärtet, da es dann in seinem Schmelzverhalten dem Kokosfett sehr ähnlich ist.

Senföl ist in seiner Zusammensetzung dem Rüböl sehr ähnlich.

Sesamöl wird aus den Samen einer uralten Kulturpflanze, dem Indischen Sesam (Tab. 14.9) gewonnen, der besonders in Indien, China, Burma und Ostafrika angebaut wird (cf. Tab. 14.0). Es ist im raffinierten Zustand fast wasserhell und sehr gut haltbar, da es neben beachtlichen Mengen an Tocopherolen noch ein phenolisches Antioxidans, das Sesamol enthält, das durch Hydrolyse aus dem Sesamolin entsteht.

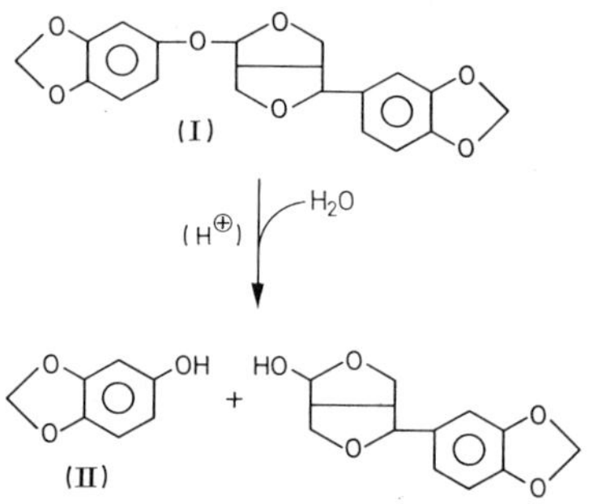

Abb. 14.3. Sesamöl: Entstehung von Sesamol (II) bei der Hydrolyse von Sesamolin (I)

Da Sesamol leicht und sehr spezifisch nachgewiesen werden kann (cf. Tab. 14.17), ist der Zusatz von Sesamöl in einigen Ländern zur Erkennung von Margarine vorgeschrieben.

Safloröl stammt aus den Samen der Färberdistel (Tab. 14.9), die in trockenen Gebieten Nordamerikas und in Indien angebaut wird (cf. Tab. 14.0). Neuerdings werden Sorten gezüchtet, die von der in Tab. 14.9 angegebenen Fettsäurezusammensetzung stark abweichen und 80 Gew.-% 18:1 (9) und 15 Gew.-% 18:2 (9, 12) enthalten.

Leinöl wird in erster Linie in Nordamerika, Indien, der USSR und Argentinien erzeugt (cf. Tab. 14.0). Auf Grund seines hohen Linolensäuregehaltes (cf. Tab. 14.9) autoxidiert es leicht, wobei u. a. Bitterstoffe entstehen. Da die Autoxidation relativ schnell durch die Bildung polymerer Verbindungen zu einer Verfestigung führt („schnell trocknendes Öl"), dient Leinöl als Grundlage für Anstrichfarben, Lacke, Linoleum u. a. Ein geringerer Teil, besonders der kaltgepreßten Sorten, wird als Speiseöl verbraucht.

14.4 Bearbeitung der Fette, Fettprodukte

14.4.1 Raffination

Abgesehen von einigen Ölen, die unter schonenden Bedingungen kalt gepreßt werden können (Beispiele in 14.3.2.1), handelt es sich bei den meisten durch Auspressen, Extraktion oder Ausschmelzen gewonnenen Produkten um nicht unmittelbar für den Verzehr geeignete Rohfette. In Abhängigkeit vom Rohstoff und der Art der Gewinnung enthalten sie z. B. polare Lipide, insbesondere Phospholipide, freie Fettsäuren, arteigene Geruchs- und Geschmacksstoffe, Wachse, Farbstoffe (Chlorophyll, Carotinoide und Abbauprodukte), schwefelhaltige Verbindungen (z. B. Thioglucoside im Raps), phenolische Verbindungen, Metallspuren, Kontaminanten (Pesticide, polycyclische Kohlenwasserstoffe) und Autoxidationsprodukte.
Bei der Raffination, die aus den Verfahrensschritten

- Entlecithinierung,
- Entschleimung,
- Entsäuerung,
- Bleichung,
- Dämpfung

besteht, werden diese Bestandteile abgetrennt. Abb. 14.4 gibt einen Überblick über die Raffination. Selbstverständlich wird der Umfang der Raffination auf die Qualität und die speziellen Bestandteile des Rohöls (z. B. Carotine im Palmöl, Gossypol im Baumwollsaatöl) eingestellt. Außerdem sind bei der Durchführung der

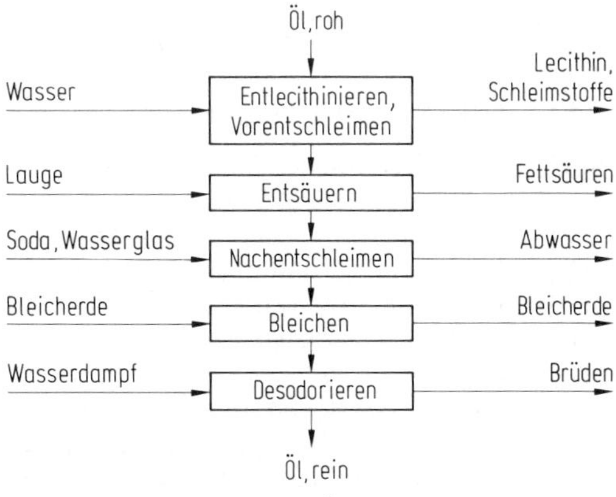

Abb. 14.4. Raffination von Ölen.

Raffination zur Vermeidung von Autoxidation und Polymerisation folgende Kriterien zu beachten:

- Abwesenheit von Sauerstoff (auch beim Transport und bei der Lagerung),
- Verhinderung einer Kontamination mit Schwermetallen,
- Arbeitstemperatur so niedrig und Dauer der thermischen Belastung so kurz wie möglich.

14.4.1.1 Entlecithinierung

Dieser Verfahrensschritt ist besonders für Raps- und Sojaöl von Bedeutung. Nach Zugabe von Wasser (2–5%) zum Rohöl wird auf 90 °C erhitzt, so daß sich die Phospholipide in der Grenzschicht Öl/Wasser anreichern können. Die gebildete Emulsion wird im Separator getrennt: Das „Rohlecithin" (cf. 3.4.1.1) fließt mit der wäßrigen Phase ab und wird durch Abdampfen des Wassers im Vakuum gewonnen.

14.4.1.2 Entschleimung

Die im Öl feinverteilten Proteine und Kohlenhydrate werden durch Zusatz von etwa 0,1% Phosphorsäure bei 80–90 °C ausgeflockt und nach Zusatz von Filterhilfsmitteln abfiltriert. Hierbei erfolgt auch die Abtrennung der nach der Entlecithinierung noch verbliebenen Phospholipidreste.

14.4.1.3 Abtrennung der freien Fettsäuren (Entsäuerung)

Hierfür sind mehrere Methoden entwickelt worden, deren Anwendung sich u. a. nach dem Gehalt des Rohöles an freien Fettsäuren richtet.
Die Extraktion der Fettsäuren mit etwa 15%iger Natronlauge ist die am meisten angewandte Methode. Verfahrenstechnisch ist dieser Schritt nicht ganz einfach, da eine Hydrolyse der Fette vermieden werden muß und die entstehenden Natronseifen, der sog. „Seifenstock", beim Auswaschen mit heißem Wasser sehr stabile Emulsionen bildet. Die Extraktion der Fettsäuren wird heute meist in kontinuierlich arbeitenden, mehrstufigen Zentrifugenanlagen durchgeführt, die eine Nachentschleimungsstufe (Abb. 14.4) enthalten können. Der Vorteil des kontinuierlichen Verfahrens ist, daß durch die relativ kurze Kontaktzeit mit dem Alkali die Raffinationsverluste niedriger sind als bei chargenweise arbeitenden

Anlagen. Kernstücke der Anlage sind selbstreinigende Tellerseparatoren. Nach Trocknung im Vakuum enthält das Öl nur noch 0,05% freie Fettsäuren und etwa 60–70 ppm fettsaure Salze. Wird das Öl abschließend noch mit verdünnter Phosphorsäure gewaschen, dann reduzieren sich die fettsauren Salze auf 20 ppm und es wird ein Teil der Schwermetallspuren entfernt.

Fette mit 5% und mehr an freien Fettsäuren benötigen relativ viel Alkali zur Extraktion, so daß höhere Verluste an Neutralfetten durch die bereits erwähnte Hydrolyse unvermeidlich sind. Bei Fetten, die einen niedrigen Gehalt an ungesättigten Acyllipiden aufweisen, wie z. B. Palmöl und Kokosfett, ist eine Abtrennung der freien Fettsäuren durch Wasserdampfdestillation (Druck: 1–10 mbar; Temperatur 210–270 °C) wirtschaftlicher. Carotinoide werden dabei zersetzt, so daß z. B. Palmöl thermisch gebleicht wird. Die als Nebenprodukt der Destillation anfallenden Fettsäuren werden höher bewertet als die sog. „Raffinationsfettsäuren“ aus der oben beschriebenen Alkalibehandlung. Die destillative Entsäuerung wird häufig mit der Desodorierung kombiniert.

In Sonderfällen ist auch eine selektive Flüssig/Flüssig-Extraktion von Interesse. Ethanol extrahiert aus Rohfetten die freien Fettsäuren bis auf einen Rest von 3%. Das Verfahren kann bei Fetten mit sehr hohen Anteilen freier Fettsäuren eingesetzt werden. Furfural extrahiert bei bestimmten Temperaturen nur die mehrfach ungesättigten Acyllipide. Umgekehrt löst Propan unter Druck ganz bevorzugt die gesättigten Acyllipide und hinterläßt neben den ungesättigten Acyllipiden noch die Bestandteile des Unverseifbaren. Die zuletzt genannten Extraktionsmittel werden zur Fraktionierung von Fischölen eingesetzt, z. B. bei der Gewinnung von Vitamin A-Konzentraten.

14.4.1.4 Bleichung

Zur Abtrennung von Farbstoffen (Chlorophyll, Carotinoide, Autoxidationsprodukte u. a.) wird das Fett im Vakuum bei 90 °C mit Aluminiumsilikaten (sog. *Fuller*-Erden), die durch Behandlung mit Salzsäure und Wasser sowie durch anschließende Trocknung aktiviert worden sind, bis zu 30 min gerührt. Zugesetzt werden 0,5–2% Silikat (bezogen auf die Fettmenge), auch in Kombination mit 0,1–0,4% Aktivkohle.

Von den Adsorptionsmitteln wird abfiltriert. Ein Teil des anhaftenden Öls kann durch Extraktion mit Hexan wiedergewonnen und erneut raffiniert werden.

Bei der Bleichung werden auch noch Reste der Alkaliseifen und der Schleimstoffe sowie Teile des Unverseifbaren und Schwermetalle abgetrennt.

Nach der Bleichung von Fetten, die mehrfach ungesättigte Fettsäuren enthalten, ist häufig eine Zunahme der Absorption bei 270 nm zu beobachten. Sie beruht auf einem Abbau autoxidativ entstandener Hydroperoxide zu Oxodien-(I) und Trienfettsäuren (II):

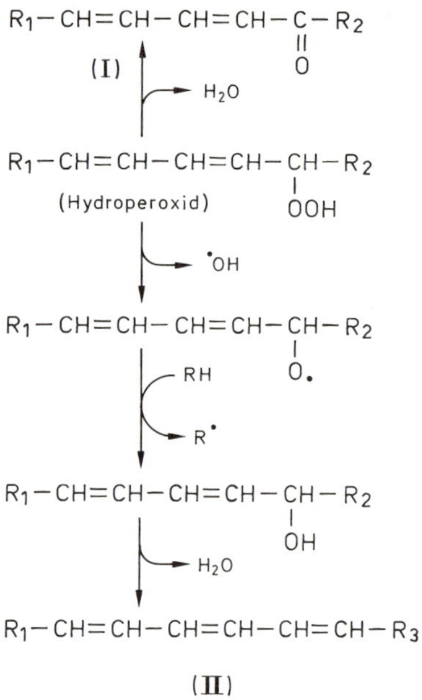

(14.3)

14.4.1.5 Dämpfung (Desodorierung)

Durch eine Wasserdampfdestillation im Vakuum (190–210 °C; 0,5 bis 10 mbar) werden mit den flüchtigen Verbindungen auch die unerwünschten Aromastoffe abgetrennt. In Abhängigkeit von der Art und Konzentration der im Öl vorkommenden flüchtigen Verbindungen dauert die Dämpfung zwischen 20 min und 6 h.

Die Verluste bei dieser Raffinationsstufe sind mit 0,2% unerheblich, da vom Wasserdampf mitgerissene Fetttröpfchen von Prallblechen abgefangen werden.

Tabelle 14.10. Abtrennung von Endrin und von Polycyclen bei der Raffination (Angaben in μg/kg)

Verbindung	Rohöl	Mengen nach der		
		Entsäuerung	Bleichung	Dämpfung
Endrin	620[a]	590	510	< 30
Anthracen	10,1[b]	5,8	4,0	0,4
Phenanthren	100[b]	68	42	15
Benz[*a*]anthracen	14[b]	7,8	5,0	3,1
Benz[*a*]pyren	2,5[b]	1,6	1,0	0,9

[a] Sojaöl. [b] Rapsöl.

14.4.1.6 Produktkontrolle

Neben der sensorischen Beurteilung erfolgt eine Analyse auf freie Fettsäuren, deren Konzentration in der Regel unter 0,05% liegt, und auf mögliche Kontaminanten. Die in Tab. 14.10 angegebenen Beispiele zeigen, daß die Hauptmenge der Pesticide und Polycyclen bei der Dämpfung abgetrennt wird. Allerdings gehen bei diesem Verfahrensschritt auch erwünschte Aromastoffe verloren, die für die Eigenart kaltgepreßter Öle, z. B. des Olivenöls, maßgebend sind.

14.4.2 Hydrierung (Härtung)

14.4.2.1 Allgemeines

Aus den natürlichen Quellen werden überwiegend Öle gewonnen. Es besteht aber eine große Nachfrage nach Fetten, die bei Raumtemperatur fest oder halbfest sind. Zur Beseitigung dieses Mißverhältnisses entwickelte *W. Normann* bereits im Jahre 1902 ein Verfahren zur Umwandlung flüssiger in feste Fette, das auf der Hydrierung der ungesättigten Acyllipide mit Nickel als Katalysator beruht und als „Fetthärtung" bezeichnet wird. Der Prozeß erlangte schnell eine sehr große wirtschaftliche Bedeutung; u. a. sind Seetieröle erst nach „Härtung" für den menschlichen Genuß geeignet. Gegenwärtig werden weltweit über $4 \cdot 10^6$ t/a hydrierte Fette hergestellt, die überwiegend Nahrungszwecken dienen.

Die ungesättigten Acyllipide können vollständig oder partiell hydriert werden. Mit dem erstgenannten Verfahren erzeugt man hochschmelzende Koch-, Brat- und Backfette, mit dem zuletzt genannten verschiedenartige Produkte wie z. B.

- Öle, reich an Monoensäuren, die gegenüber Autoxidation so stabil sind wie das Olivenöl. Sie spielen u. a. als Salatöle und Backfette eine Rolle,
- Produkte, in denen die Linolen- bei weitgehendem Erhalt der essentiellen Linolsäure hydriert worden ist; ein Beispiel ist die selektive Hydrierung von Sojaöl zur Erhöhung der Oxidationsstabilität,
- Fette, die um 30 °C schmelzen und bei Raumtemperatur plastisch sind.

Die vollständig und partiell hydrierten Fette sind u. a. wichtige Rohstoffe für die Margarineindustrie.

14.4.2.2 Katalysator

Das Prinzip der heterogenen katalytischen Hydrierung ungesättigter Acyllipide ist bereits unter 3.2.3.2.4 besprochen worden. Neben den gängigen Nickelkatalysatoren werden Nickelsulfid (Ni_3S_2) und Oxide des Chroms, Kupfers oder Mangans eingesetzt. Die Auswahl erfolgt nach

- Selektivität,
- Bildung von trans-Fettsäuren,
- Lebensdauer und Preis.

Zur Bestimmung der Selektivität werden die Geschwindigkeitskonstanten für die einzelnen Stufen der Hydrierung ermittelt. Vereinfacht dargestellt ergeben sich drei Geschwindigkeitskonstanten:

$$\text{Trien-AR} \xrightarrow{k_3} \text{Dien-AR} \xrightarrow{k_2} \text{Monoen-AR} \xrightarrow{k_1} \text{Gesättigte-AR} \quad (14.4)$$

AR. Acylrest

Bei den hier betrachteten Katalysatoren ist $k_3 > k_2 \gg k_1$.

Für die Selektivität s der Reaktionsschritte folgt

$$s_{32} = \frac{k_3}{k_2}; \quad s_{21} = \frac{k_2}{k_1}; \quad s_{31} = \frac{k_3}{k_1}; \quad (14.5)$$

d. h. je größer s, um so selektiver wird dieser Teilschritt der Hydrierung beschleunigt. Für drei Katalysatoren zeigt Tab. 14.11, daß die Hydrierung Dien → Monoen von Ni_3S_2 und die Hydrierung Trien → Monoen vom Kupfer mit ausgeprägter Selektivität beschleunigt wird. Der zuletzt genannte Katalysator ist also insbesondere zur Herabsetzung des Linolensäuregehaltes in Soja- und Rapsöl geeignet. Allerdings sind Kupferkatalysatoren nicht sehr wirtschaftlich, denn sie können in der Regel höchstens zweimal verwendet werden. Ag/Ni-Kontakte, die dieselben Hydriereigenschaften besitzen, sollen vorteilhafter sein.

Unter ökonomischen Gesichtspunkten schneiden Nickelkontakte am besten ab, da sie eine 50malige Wiederverwendung gestatten, wenn das zu hydrierende Pflanzenfett entsäuert und frei von Schleimstoffen und von Schwefelverbindungen ist (cf. Rüböl 14.3.2.2.5). Dieses günstige Verhältnis zwischen Lebensdauer und Preis begünstigt den Nickelkontakt so eindeutig, daß er immer noch ganz bevorzugt eingesetzt wird. Zur Herstellung dienen zwei Verfahren:

- Imprägnierung geeigneter Träger (Kieselsäure, Kieselgur, Aluminiumoxid) mit Nickelhydroxid oder -carbonat, „Rösten" zum Nickeloxid und Reduktion mit Wasserstoff.
- Imprägnierung des Trägers mit Nickelformiat, das zersetzt wird:

$$Ni(HCOO)_2 \xrightarrow[(200\text{–}250\,°C)]{} Ni + 2\,CO_2 + H_2 \qquad (14.6)$$

Die erhaltenen Nickelkontakte sind pyrophor und werden deshalb eingebettet in Öl gehandhabt.

In jüngerer Zeit hat Ni_3S_2 als Katalysator an Bedeutung gewonnen, da es unempfindlich gegen Katalysatorgifte ist und eine lange Lebensdauer besitzt. Hergestellt werden diese Kontakte durch Fällen von Nickelsulfid auf den Träger und Reduktion mit Wasserstoff.

Für die Praxis sind Rechenprogramme entwickelt worden, die eine Bestimmung der jeweiligen Selektivität aus der Fettsäurezusammensetzung des Ausgangsmaterials und des Hydrierproduktes gestatten.

Bei der Hydrierung von Linolensäure entstehen u. a. Isolinol- und Isoölsäuren:

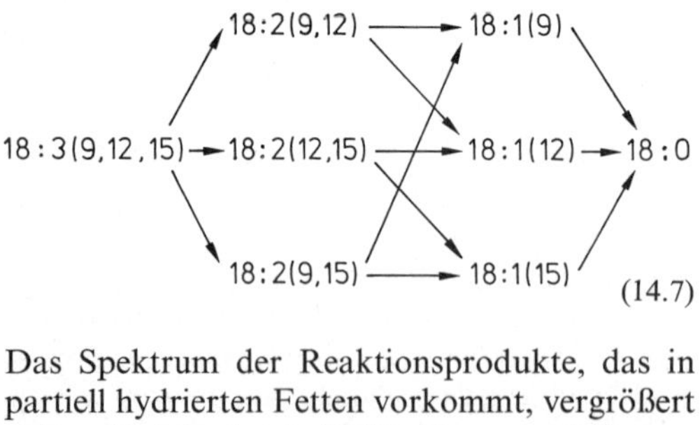

(14.7)

Das Spektrum der Reaktionsprodukte, das in partiell hydrierten Fetten vorkommt, vergrößert sich weiterhin durch die Positions- und Stereoisomerisierung von Doppelbindungen. Bei der Hydrierung von Sojaöl mit einem Kupferkontakt entsteht z. B. eine Reihe von trans-Monoenfettsäuren (Tab. 14.12). Das Ausmaß der Isomerisierung hängt u. a. von der Art des Katalysators ab.

Tabelle 14.11. Eigenschaften von Katalysatoren

Katalysator	Selektivität		trans-Fettsäuren[a] (Gew.-%)[a]
	S_{32}	S_{21}	
Nickelkontakt	2–3	40	40
Ni_3S_2-Kontakt	1–2	75	90
Kupferkontakt	10–12	50	10

[a] Anteil trans-Fettsäuren an der Fraktion der Monoensäuren des Produktes, berechnet als Elaidinsäure.

Obwohl umfangreiche ernährungsphysiologische Untersuchungen keine Anzeichen für eine Störung des Fettstoffwechsels durch Elaidin- und Isoelaidinsäuren ergeben haben, ist man bestrebt, den Anteil der trans-Fettsäuren zu senken, da durch ihre Anwesenheit ein hydriertes Fett leicht (z. B. durch IR-Spektroskopie oder Gaschromatographie) von einem nichthydrierten Fett unterschieden werden kann (cf. 14.5.2.3).

Nachteilig an der partiellen Hydrierung ist auch, daß die durch Isomerisierung aus Linolsäure hervorgehenden Linolelaidinsäuren 18:2 (9tr, 12) und 18:2 (9, 12tr) nicht mehr biologisch aktiv sind.

14.4.2.3 Prozeßführung

Der benötigte Wasserstoff wird durch Elektrolyse von verdünnter KOH, durch Wassergaskonvertierung

$$\begin{aligned} H_2O + C &\longrightarrow H_2 + CO \\ CO + H_2O &\longrightarrow H_2 + CO_2 \end{aligned} \qquad (14.8)$$

oder durch Dampfspaltung von Erdgas

$$\begin{aligned} CH_3(CH_2)_xCH_3 + H_2O &\longrightarrow H_2 + CO \\ CO + H_2O &\longrightarrow H_2 + CO_2 \end{aligned} \qquad (14.9)$$

hergestellt. Bei den beiden zuletzt genannten Verfahren müssen die Katalysatorgifte H_2S und CO sorgfältig entfernt werden.

Die Hydrierung erfolgt im Rührwerkautoklaven bei einem Wasserstoffdruck von 1–5 bar und einer Temperatur von 150–220 °C. Die Härtungs-

Tabelle 14.12. Fettsäurezusammensetzung eines Sojaöls vor und nach der Hydrierung mit einem Kupferkontakt

Fettsäure	Hydrierung	
	vor (Gew.-%)	nach (Gew.-%)
16:0	10,0	10,0
18:0	4,2	4,2
18:1 (9)	26,0	30,4
18:1[a]	0	5,5
18:2 (9, 12)	52,5	42,5
18:2 (Konjugen)[b]	0	0,7
18:2[c]	0	5,2
18:3 (9, 12, 15)	7,3	0,7

[a] Die Fraktion enthält acht trans-Fettsäuren: 18:1 (7 tr) – 18:1 (14 tr); Hauptkomponenten sind: 18:1 (10 tr) und 18:1 (11 tr).
[b] Verschiedene Konjugenfettsäuren.
[c] Isolinol- und Isolinolelaidinsäure.

bedingungen sind von erheblichem Einfluß auf die Zusammensetzung und damit auf die Konsistenz der Produkte. So wird eine selektive Hydrierung der Doppelbindungen durch eine hohe Katalysatorkonzentration, die z. B. je nach Aktivität des Nickelkontaktes bei 200–800 g Ni/t Fett liegt, eine hohe Temperatur und einen geringen Wasserstoffdruck begünstigt. Nach der Hydrierung und Filtration wird das Fett durch Entsäuerung, Bleichung und Dämpfung (cf. 14.4.1.3–14.4.2.5) nachraffiniert.

Bei der Hydrierung werden auch einige Bestandteile des Unverseifbaren angegriffen: Carotinoide einschließlich des Vitamins A werden mehr oder weniger vollständig hydriert; von den chlorhaltigen Pesticiden erfahren einige Verbindungen eine Dehalogenierung. Sterine werden dagegen erst unter sehr drastischen Bedingungen, die in der Praxis nicht üblich sind, abgebaut. Auch das Spektrum und die Konzentration der Tocopherole verändern sich nicht wesentlich.

14.4.3 Umesterung

In großem Umfang werden Fette aus natürlichen Quellen durch Umesterung in Produkte überführt, die auf Grund einer anderen Triacylglyceridzusammensetzung andere Eigenschaften aufweisen. Durch die Auswahl der Rohstoffe und durch die Prozeßführung kann die Umesterung so gelenkt werden, daß ein Fett entsteht, dessen Konsistenz und Schmelzverhalten dem Verwendungszweck angepaßt ist („maßgeschneiderte Fette").

Man unterscheidet die Einphasenumesterung, bei der die Acylreste statistisch über alle Glyceride verteilt werden, von der gelenkten Umesterung, bei der die Reaktionstemperatur soweit gesenkt wird, daß höherschmelzende und schwerlösliche Triacylglyceride auskristallisieren. Das Fett wird auf diese Weise in höher und niedriger schmelzende Fraktionen zerlegt (cf. 3.3.1.3).

Als Katalysator dient in erster Linie Natriummethylat. Das getrocknete und entsäuerte Fett wird mit dem Alkoholat (0,1–0,3% bezogen auf die Fettmenge) bei 80–100 °C gerührt. Zur Beendigung der Reaktion wird der Katalysator durch Zugabe von Wasser inaktiviert und gemeinsam mit den gebildeten Seifen ausgewaschen. Bleichung (cf. 14.4.1.4) und Dämpfung (cf. 14.4.1.5) schließen sich an.

Das in Tab. 14.13 angeführte Beispiel zeigt wie sich die Umesterung auf die Triacylglyceridzusammensetzung und den Schmelzpunkt auswirkt.

Bei Schweineschmalz werden die Backeigenschaften (Mürbwirkung, Gebäckvolumen) durch Umesterung verbessert. Die gleichmäßige Verteilung der Palmitinsäure auf die Triacylglyceride wird dafür verantwortlich gemacht.

Von großer Bedeutung ist die Umesterung für die Herstellung von Margarinesorten mit einer bestimmten Zusammensetzung, z. B.:

- Eine Pflanzenmargarine mit 30 Gew.-% 18:2 (9, 12) kann aus dem durch Umesterung von partiell gehärtetem Sonnenblumenöl mit nati-

Tabelle 14.13. Veränderungen eines partiell hydrierten Palmöls durch Umesterung

Schmelzpunkt	Vor der Umesterung	Einphasen-umesterung	Gelenkte Umesterung
Schmelzpunkt (°C)	41	47	52
	Triacylglyceride[a] in Mol-%		
S_3	7	13	32
S_2U	49	38	13
SU_2	38	37	31
U_3	6	12	24

[a] S: Gesättigte Fettsäure; U: Ungesättigte Fettsäure.

vem Sonnenblumenöl erzeugten Fett hergestellt werden.

- Die Umesterung von ⅔ Palmöl mit ⅓ Palmkern- oder Kokosfett und die Verwendung von 6 Teilen dieses Produktes mit 4 Teilen Sonnenblumenöl, ergibt eine Margarine, die frei von gehärteten Fetten ist und die 20–25 Gew.-% Linolsäure enthält.

14.4.4 Fraktionierung

Durch fraktionierte Kristallisation können unerwünschte Bestandteile eines Fettes entfernt oder erwünschte Triacylglyceride (TG) angereichert werden. Der steigende Bedarf der Lebensmittelhersteller an Spezialfetten mit standardisierten Eigenschaften hat in den letzten Jahren verstärkt dazu geführt, daß insbesondere aus Palmöl und aus den unter 14.3.2.2.2 genannten Fetten bestimmte Fraktionen isoliert werden, wobei in erster Linie folgendes Verfahren angewandt wird: Das Fett wird so langsam gekühlt, daß die hochschmelzenden TG möglichst selektiv kristallisieren, d. h. ohne Bildung von Mischkristallen aus höher- und niedrigschmelzenden TG. Voraussetzung für eine ausreichend scharfe Trennung in zwei und mehr Fraktionen ist eine Schmelzpunktdifferenz von mindestens 10 °C. Die Kristalle werden entweder abfiltriert oder mit einer Tensidlösung herausgewaschen. Bei dem zuletzt genannten Prozeß adsorbieren die Fettkristalle einen in Wasser löslichen grenzflächenaktiven Stoff, z. B. Natriumdodecylsulfat, und werden dadurch in die wäßrige Phase überführt. Aus der separierten wäßrigen Suspension werden die TG nach Erwärmung als flüssiges Fett abgetrennt.
Nach Lösen des Fettes in Hexan oder einem anderen geeigneten Lösungsmittel kann die Fraktionierung zwar schärfer geführt werden als oben geschildert, doch wird das Verfahren durch die Abtrennung und Rückgewinnung des Lösungsmittels so aufwendig, daß es sich nur in ganz speziellen Fällen lohnt.
Bei der *„Winterisierung“* von Rüb-, Baumwollsaat- und Sonnenblumenöl werden mit Verfahren, die auf den oben besprochenen Prinzipien beruhen, geringe Mengen an höherschmelzenden TG oder Wachsen abgetrennt, die bei Kühlschranktemperaturen zu unerwünschten Trübungen der Öle führen. Andere Verfahren zur Erzeugung kältestabiler Öle beruhen auf der Zugabe von Substanzen (Mono-, Diacylglyceride, Bernsteinsäureester u. a.), die die Kristallisation der störenden Bestandteile hemmen.
Anwendungen der fraktionierten Extraktion werden unter 14.4.1.3 besprochen.

14.4.5 Margarine

Margarine, von der weltweit mehr als 7 Mio. t/a produziert werden, ist eine Wasser-in-Öl-Emulsion, deren Stabilität durch die Viskositätserhöhung der kontinuierlichen Fettphase als Folge einer partiellen Kristallisation und durch Emulgatoren erreicht wird. Die Fettkristalle bilden dabei ein dreidimensionales Netzwerk.
Der Erfinder *H. Mège Mouries* beschrieb 1869 in einem Patent die Herstellung eines Streichfettes aus Rindertalg, das die knappe und teure Butter ersetzen sollte. Der Name „Margarine“ wurde ausgehend von der Annahme vorgeschlagen, daß im Rindertalg die Margarinsäure (17:0) dominiere. Diese Annahme trifft aber nicht zu (cf. Tab. 14.3).

14.4.5.1 Zusammensetzung

Rohstoffe für Margarine sind raffinierte Pflanzen- und Seetieröle bzw. -fette, deren Eigenschaften meist durch Härtung, Fraktionierung und Umesterung modifiziert worden sind. Nährwert, Streichfähigkeit, Plastizität, Schmelzverhalten und Lagerstabilität hängen im wesentlichen von der zugrundeliegenden Fettkomposition ab, die auch diätetischen Gesichtspunkten Rechnung tragen kann.
Tab. 14.14 informiert über einige Margarinesorten.
Im Fett, das in der Regel 80% des Produktes ausmacht (Halbfettmargarine 39–41%), ist Wasser (18%) emulgiert. Stabilisiert wird die Emulsion durch Gemische aus Mono- und Diacylglyceriden (ca. 0,5%) und Rohlecithin (ca. 0,25%); Halbfettmargarinen benötigen höhere Emulgatorkonzentrationen. Zur Herstellung höherwertiger Haushaltssorten wird vielfach Magermilch oder in Wasser gelöstes Magermilchpulver (Milcheiweißanteil 1%, bei Halbfettmargarine 2%) zugesetzt. Das Casein unterstützt die Wirkung der Emulgatoren und verursacht beim Erhitzen zusammen mit Lactose erwünschte Bräunungsreaktionen.

Tabelle 14.14. Beispiele für Margarinesorten

Sorte	Merkmale
Haushaltsmargarine	
Standardware	Mind. 50% des Fettanteils aus Pflanzenfetten; Rest tierische Fette.
Pflanzenmargarine	Mind. 98% des Fettanteils aus Pflanzenfetten u. mind. 15% Linolsäure.
Linolsäurereiche Margarine	Mind. 30% Linolsäure, sonst wie Pflanzenmargarine.
Halbfettmargarine	Halber Fettgehalt, zum Braten und Backen nicht geeignet.
Schmelzmargarine	Praktisch wasser- und eiweißfrei, aromatisiert mit Diacetyl und Buttersäure; weiche Konsistenz durch sehr große TG-Kristalle verbunden mit körniger Struktur. Anwendung: Kochen, Braten, Backen.
Spezialsorten für die gewerbliche Verarbeitung	
Backmargarine	Stark mit thermostabilen Substanzen aromatisiert, die zum Aroma der Backwaren beitragen. Überwiegend mittelschmelzende TG.
Ziehmargarine	Kräftig aromatisiert; überwiegend hochschmelzende TG in Ölphase eingebettet, extrem geschmeidig; geeignet u.a. zur Herstellung von Blätterteig.
Cremeмargarine	Nicht od. leicht aromatisiert, weiche Konsistenz; hoher Anteil an Kokosfett; etwa 10 Vol.-% Luft.

TG: Triacylglycerid.

Durch Zugabe von Citronen- und Milchsäure wird der pH der wäßrigen Phase auf 4,2–4,5 eingestellt. Neben der Beeinflussung des Geschmackes wird dadurch ein gewisser Schutz gegen das Wachstum von Mikroorganismen erzielt; außerdem werden Schwermetallspuren komplex gebunden. Weitere Bestandteile von Margarinerezepturen sind Aromastoffe, die für Butter typisch sind und die über fermentativ gesäuerte Magermilch zugeführt werden (cf. 10.2.3.2). Eine Aromatisierung mit synthetisch leicht zugänglichen Verbindungen wie Diacetyl, Buttersäure, Lactonen bestimmter Hydroxyfettsäuren C_8—C_{14} (cf. 5.3.1.4) und 4-cis-Heptenal ist auch möglich. Zur Abrundung des Geschmackes dient Kochsalz (0,1–0,2%). Die Farbgebung erfolgt durch β-Carotin oder mit schonend raffiniertem, ungebleichten Palmöl. Geachtet wird auf einen Gehalt von 1 mg α-Tocopherol je g Linolsäure. Höherwertigen Produkten fügt man etwa 25 IE/g Vitamin A und 1 IE/g Vitamin D_2 zu.

Zur Erleichterung des Nachweises von Margarine ist in einer Reihe von Ländern der Zusatz eines Erkennungsmittels gesetzlich vorgeschrieben. Dabei handelt es sich z. B. um schonend raffiniertes Sesamöl (Nachweis Tab. 14.17).

14.4.5.2 Herstellung

Die Herstellung von Margarine erfolgt in kontinuierlich betriebenen Anlagen, wobei prinzipiell drei Verfahrensschritte zu unterscheiden sind:

- Emulgierung der wäßrigen Phase in der Fettphase,
- Unterkühlung der Emulsion und mechanische Bearbeitung,
- Kristallisation unter Erhalt des Emulsionstyps (W/O-Emulsion) und Abführung der frei werdenden Kristallisationswärme.

14.4.5.3 Margarinesorten

Die Merkmale einiger Sorten sind in Tab. 14.14 zusammengestellt.

14.4.6 Mayonnaise

Mayonnaise ist eine „Öl-in-Wasser"-Emulsion (cf. 8.15.1), die aus Speiseöl (50–85%), Eidotter (5–10%), Essig, Kochsalz und Gewürzen hergestellt wird (cf. 11.4.2.3). Stabilisiert wird die Emulsion durch im Gelbei vorkommende Glycerophospholipide. Produkte mit niedrigem Fettgehalt (< 50%) können Stärke, Pektin, Traganth, Agar–Agar, Alginate, Carboxymethylcellulose, Milcheiweiß, Gelatine oder andere

Tabelle 14.15. Bestimmung des Fettgehaltes von „Corned Beef"

Methode	Fettgehalt[a] (%)	Fettsäurezusammensetzung (g/100 g)			
		Gesättigte Fettsäuren	18:1 (9)	18:2 (9, 12)	18:3 (9, 12, 15)
1. Getrocknete Probe mit Ether extrahiert	7,9	3,98	2,06	0,05	0,08
2. Probe in 95% Ethanol homogenisiert, mit Ether extrahiert	15,8	4,0	2,60	0,77	0,32
3. Hydrolyse mit 4 mol/l HCl (30 min; 60 °C), mit Ether extrahiert	12,3	5,66	3,94	0,95	0,71
4. Hydrolyse mit konz. HCl (1 h; 100 °C), Zugabe von Methanol, Extraktion mit CCl_4	13,9	2,45	1,68	0,34	0,21
5. Probe mit $CHCl_3$: Methanol (2:1 v/v) homogenisiert; waschen mit Wasser, $CHCl_3$-Phase abgetrennt	11,2	4,89	3,31	0,85	0,39

[a] Gravimetrisch nach Abzug des Lösungsmittels.

Dickungsmittel enthalten. Zur Konservierung werden Sorbinsäure, Benzoesäure oder p-Hydroxybenzoesäureethylester zugesetzt.
Die stabile Emulsion wird in einem sog. Kombinator mit nachgeschaltetem Homogenisator hergestellt und sodann abgepackt.

14.4.7 Fettpulver

Im Vergleich zu Fetten und Ölen sind Fettpulver stabiler gegen Autoxidation und in einer Reihe von Prozessen, z. B. bei der Herstellung von Trockensuppen und -soßen, leichter zu verarbeiten. Sie werden aus ungehärteten und gehärteten Pflanzenfetten hergestellt, gegebenenfalls unter Verwendung von Emulgatoren und Proteinträgern. Auch Butter- und Sahnepulver sind bekannt.
Abb. 14.5 zeigt zwei Grundfließbilder zur Herstellung von Fettpulvern.
Beim Kaltsprühverfahren wird das geschmolzene Fett unter hohem Druck versprüht und in einer Kristallisationskammer mit tiefgekühlter Luft (−35 °C) zum Erstarren gebracht und über Ruhebänder einer Nachkristallisation unterworfen. In einem Mischer werden die Fettkristalle dann mit Feststoff ummantelt, um ein Verklumpen zu verhindern.
Beim Sprühtrocknungsverfahren wird das Fett mit Emulgatoren, Wasser und Magermilchkonzentrat homogenisiert, sprühgetrocknet und anschließend kristallisiert.

14.5 Analyse

14.5.0 Aufgaben

Zu den Aufgaben der Fettanalytik gehören die Identifizierung der Fettart bzw. die Bestimmung der Zusammensetzung von Fettgemischen, der Nachweis von Zusätzen (z. B. Antioxidantien, Farbstoffe) und von Fremdbestandteilen (z. B. Lösungsmittelreste, Biozide, Metallspuren, technische Öle, Weichmacher) sowie Aussagen über weitere wertbestimmende Merkmale, z. B. über den Grad der Lipolyse, der Autoxidation oder der thermischen Belastung. Von Interesse sind auch der Raffinationsgrad sowie der Nachweis gehärteter und umgeesterter Fette.

14.5.1 Fettbestimmung in Lebensmitteln

Zunächst sollen die Verfahren diskutiert werden, die zur Fettbestimmung in Lebensmitteln angewendet werden. Sie beruhen häufig auf einer Ex-

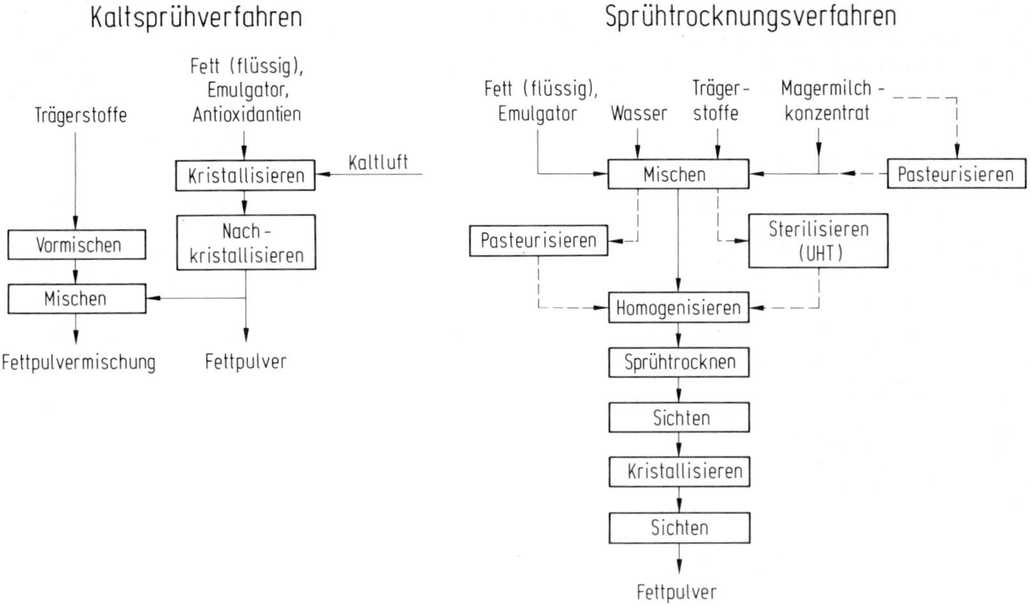

Abb. 14.5. Herstellung von Fettpulver.

traktion mit Ether oder Petrolether und gravimetrischer Analyse des Extraktionsrückstandes. Dieses Verfahren kann insbesondere bei tierischen Lebensmitteln zu falschen Werten führen. So zeigt das Beispiel in Tab. 14.15, daß die Menge des Rückstandes, sein Gehalt an Fettsäuren und die Fettsäurezusammensetzung vom Analysenverfahren stark abhängen. Nicht nur die Zugänglichkeit der Lipide, auch anwesende Emulgatoren und autoxidative Veränderungen beeinflussen sowohl die Menge der extrahierbaren Lipide als auch das Verhältnis Lipid/Nichtlipid im Rückstand. Durch die Anwendung standardisierter Verfahren kann der Nachteil, den alle analytischen Methoden aufweisen, die keine ausreichende chemische oder physikalische Charakterisierung der isolierten Substanzen vorsehen, nicht ausgeschaltet werden. In Zweifelsfällen sollte deshalb eine quantitative Bestimmung der Fettsäuren und/oder des Glycerins erfolgen.
Einfache und sehr schnelle Fettbestimmungen ermöglichen die IR- (cf. 15.3.1) und die ^{1}H-NMR-Spektroskopie. Das zuletzt genannte Verfahren beruht darauf, daß die H-Kerne von Flüssigkeiten wesentlich intensivere magnetische Resonanzeffekte ergeben als die unbeweglichen H-Atome fester Stoffe. Somit heben sich die ^{1}H-NMR-Signale des sich wie eine Flüssigkeit verhaltenden Öles von denen der Nichtölmatrix (Kohlenhydrate, Proteine, gebundenes Wasser u. a.) ab. Die Intensität ist direkt proportional dem Ölgehalt. Die spektroskopischen Methoden sind u. a. bei der Züchtung neuer Arten von Interesse, denn sie erlauben die Bestimmung des Ölgehaltes von einzelnen, unzerkleinerten Samen ohne vorherige Trocknung.
Auch das Verhältnis fester und flüssiger Triacylglyceride in einem Fett kann mit Hilfe der ^{1}H-NMR-Spektroskopie schnell und sehr genau ermittelt werden.

14.5.2 Identifizierung von Fetten

14.5.2.1 Chemische Kennzahlen

Zur Charakterisierung der Zusammensetzung und des Zustandes von Fetten hat die ältere Fettchemie eine Reihe sogenannter Kennzahlen definiert, die aus dem Verbrauch an Reagenz bei der quantitativen Analyse bestimmter funktioneller Gruppen oder Inhaltsstoffe berechnet werden. Durch neuere Analysenmethoden, wie die Gaschromatographie der Fettsäuren und die HPLC der Triacylglyceride, sind viele Kennzahlen überholt. Zu den Zahlen, die noch zur Unterscheidung von Fetten herangezogen werden, gehören:

Verseifungszahl (VZ). Sie gibt die Menge KOH an, die zur Hydrolyse von 1 g Fett notwendig ist. Die VZ (Beispiele in Tab. 14.16) ist um so größer, je kleiner das durchschnittliche Molekulargewicht der Fettsäuren ist.

Jodzahl (JZ). Sie gibt an, wieviel Halogen, als Jod berechnet, von 100 g Fett gebunden wird (cf. 3.2.3.2.1). Der Halogenverbrauch ist abhängig vom Gehalt des Fettes an Öl- (JZ: 89,9), Linol- (JZ: 181) und Linolensäure (JZ: 273). Beispiele für JZ sind in Tab. 14.16 aufgeführt.

Hydroxylzahl (OHZ). Erfaßt werden Hydroxyfettsäuren, Fettalkohole, Mono- und Diacylglyceride sowie freies Glycerin.

14.5.2.2 Farbreaktionen

Einige Öle geben charakteristische Farbreaktionen, die auf dem Vorkommen spezieller Inhaltsstoffe beruhen. Beispiele sind in Tab. 14.17 zusammengestellt. Weil manche charakteristischen Nebenbestandteile bei der Raffination abgetrennt werden, fallen entsprechende Tests mit raffinierten Produkten mitunter negativ aus.

14.5.2.3 Gaschromatographische Analyse der Fettsäurezusammensetzung

Zur gaschromatographischen Analyse werden die Acylreste aus den Glyceriden als Methylester freigesetzt (cf. 3.3.1.3), doch ist an bestimmten stationären Phasen auch eine Trennung der freien Fettsäuren möglich. Die Unterscheidung von cis- und trans-Fettsäuren, die für den Nachweis hydrierter Fette erforderlich ist, wird z. B. durch Chromatographie an Kapillarsäulen erreicht. In Tab. 14.18 sind Fettsäuren zusammengestellt, die zur Differenzierung der Fettart herangezogen werden können. Sind Fettsäuren von analytischem Interesse, die zu den Nebenbestandteilen gehören, so geht der Gaschromatographie ein Anreicherungsschritt voraus. Zur Anwendung kommen neben den üblichen präparativen chromatographischen Verfahren auch spezielle Trenntechniken wie „Argentations"-Chromatographie (cf. 3.2.3.2.3) und die Fraktionierung über die Harnstoffaddukte (cf. 3.2.2.3). Ein Beispiel sind die methylverzweigten Fettsäuren in Seetierölen, die dadurch, daß sie mit Harnstoff keine Addukte bilden, angereichert werden können. Als Indikatoren für Seetieröle, die sich auch bei der Fetthärtung nicht verändern, gestatten sie deren Nachweis in Pflanzenfetten.

Tabelle 14.16. Jod(JZ)- und Verseifungszahlen (VZ) von Speisefetten (Mittelwerte)

Öl/Fett	VZ	JZ	Öl/Fett	VZ	JZ
Kokos	256	9	Rüb	225	30
Palmkern	250	17	Sonnenblumen	190	132
Kakao	194	37	Soja	192	134
Palm	199	55	Butter	225	30
Oliven	190	84			
Erdnuß	192	156			

Tabelle 14.17. Farbreaktionen zum Nachweis von Fetten

Reaktion nach[a]	Nachweis von
Baudouin (Furfurol und Salzsäure)	Sesamöl
Halphen (Schwefel und Schwefelkohlenstoff)	Baumwollsaatöl
Fitelson[b] (H_2SO_4/Essigsäureanhyrid)	Teesamenöl

[a] Reagenzien in Klammern.
[b] Modifikation der Reaktion auf Sterine nach *Liebermann-Burchard* (cf. 3.8.2.4).

Tabelle 14.18. Fettsäuren als Indikatoren für Fettarten

Fettsäure	Anteil[a] (%)	Indikator für
4:0	3,7	Milchfett
12:0	45	Kokos-, Palmkern- und Babassufett
18:1 (9)	65–85[b]	Teesamen-, Oliven- u. Haselnußöl
18:3 (9, 12, 15)	9	Soja-, Raps- u. Rüböl (auch erucasäurefrei)
18:2 (9, 12)	50–70[b]	Sonnenblumen-, Maiskeim-, Baumwollsaat-, Weizenkeim- u. Sojaöl
22:0	3	Erdnußöl
20:4 (5, 8, 11, 14)	0,1–0,6	Tierische Fette
18:1 (9, 12-OH)	80	Ricinusöl
trans-Fettsäuren		Partiell od. vollständig hydrierte Fette[c]
Methylverzweigte Fettsäuren	0,2–1,6	tierische Fette[d]

[a] Der Anteil an der Fettsäurezusammensetzung ist als Mittelwert angegeben, wenn nur ein Wert notiert ist.
[b] Die hohe Konzentration dieser Fettsäure ist charakteristisch.
[c] Zu beachten ist, daß tierische Fette bis zu 10% trans-Fettsäuren enthalten können.
[d] Besonders hoch in den Seetierölen (um 1%).

Aussagekräftiger als die Fettsäurezusammensetzung ist in vielen Fällen das Triacylglyceridmuster, das mit Hilfe der HPLC einfach und schnell bestimmt werden kann (cf. 3.3.1.4).

14.5.2.4 Bestandteile des Unverseifbaren

Einige Fette, die sich nicht oder nicht eindeutig in der Fettsäure- oder Triacylglyceridzusammensetzung unterscheiden, können über eine Analyse von Bestandteilen des „Unverseifbaren" identifiziert werden. Beispiele sind in Tab. 14.19 zusammengestellt.

14.5.2.5 Schmelzpunkt

Außer der Dichte, dem Brechungsindex, der Farbe und der Viskosität ist das Schmelzverhalten der Fette charakteristisch.
Die Zusammensetzung und die Kristallmodifikationen (cf. 3.3.1.2) der in einem Fett vorliegenden Triacylglyceride bestimmen die Lage und Größe des Temperaturintervalls, in dem es schmilzt. Unterschieden werden dabei Steig-, Fließ- und Klarschmelzpunkt, die mit standardisierten Methoden gemessen werden müssen.
Genauer läßt sich das Schmelzverhalten mit Hilfe der Differentialthermoanalyse bestimmen. Gemessen wird die Temperaturdifferenz zwischen dem Fett und einer indifferenten Vergleichssubstanz in Abhängigkeit von der Aufheiztemperatur (Abb. 14.6). Sichtbar werden die Temperaturen, bei denen die polymorphen Kristallumwandlungen stattfinden. Außerdem ergibt sich aus der Schmelzwärme der Gehalt eines Fettes an festen Triacylglyceriden bei verschiedenen Temperaturen. So läßt sich der Festanteil des in Abb. 14.6 vermessenen Kokosfettes z. B. bei $-3\,^{\circ}C$ durch Auswertung der Kurve nach Formel 14.10 berechnen. Das Glyceridverhältnis fest: flüssig ist zur Kontrolle der Härtung (cf. 14.4.2) und Umesterung (cf. 14.4.3) von Bedeutung. Es kann auch durch Messung der Dilatation, d. h. der Volumenzunahme, die ein Fett beim Übergang fest → flüssig erfährt, und durch ^{1}H-NMR-Spektroskopie (cf. 14.5.1) bestimmt werden.

$$\%\ \text{Kokosfett (fest)} = \frac{\text{Fläche (BCDE)}}{\text{Fläche (AEDA)}} \cdot 100 \qquad (14.10)$$

14.5.3 Bestimmung der Qualität

Gewinnung, Verarbeitung und Lagerung beeinflussen die Qualität eines Fettes. Zur Analyse möglicher Veränderungen stehen eine Reihe von Verfahren zur Verfügung.

Tabelle 14.19. Identifizierung von Fettarten über die Analyse von Bestandteilen des „Unverseifbaren"

Analyse	Nachweis
Squalen (cf. 3.8.1)	Olivenöl, Reisöl, Fischleberöl
Campesterin/Stigmasterin[a] (cf. 3.8.2.3.1)	Kakaobutteraustauschfette
Cholesterin[c] (cf. 3.8.2.2.1)	Tierische Fette
Carotine (cf. 3.8.4.5)	Rohes Palmöl
γ-/β-Tocopherol[b] (cf. Tab. 3.49)	Maisöl
β-Tocopherol (cf. Tab. 3.49)	Weizenkeimöl
α-/γ-Tocopherol[b] (cf. Tab. 3.49)	Sonnenblumenöl
γ-/δ-Tocopherol[b] (cf. Tab. 3.49)	Sojaöl
Alkoxylipide (cf. 3.6.2)	Schweinefett/Rinderfett

[a] Konzentrationsverhältnis charakteristisch.
[b] Konzentrationen der einzelnen Verbindungen und Konzentrationsverhältnis charakteristisch.
[c] Cholesterinkonzentration muß > 5% der Sterinfraktion sein.

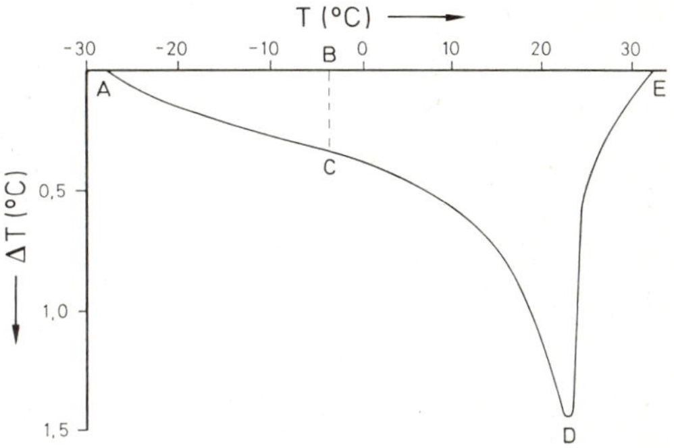

Abb. 14.6. Differentialthermoanalyse eines Kokosfettes.

14.5.3.1 Lipolyse

Das Ausmaß der Lipolyse (cf. 3.7.1) wird über den Gehalt an freien Fettsäuren (ffa bzw. Säurezahl) bestimmt. Öle, deren ffa-Gehalt 1% übersteigt, werden in der Regel als Rohöle bezeichnet; Schmalz gilt bei diesem ffa-Gehalt als verdorben. Eine Ausnahme ist das Olivenöl, das auch bei 3% ffa noch zum direkten Verzehr geeignet ist. Bei der Raffination der Öle sinkt der Gehalt an freien Fettsäuren unter 0,1%.
Eine Beziehung zwischen der sensorisch wahrnehmbaren Verschlechterung der Qualität und der Höhe der ffa ist bei Fetten, die niedermolekulare Acylreste enthalten (z. B. Milch-, Kokos- und Palmkernfett), schon deshalb nicht gegeben, weil unter den freien Fettsäuren die sensorisch

relevanten Verbindungen (C-Zahl < 14) in der Regel zurücktreten. Eine bessere Korrelation ergibt die Analyse der niedermolekularen freien Fettsäuren (cf. 3.7.1.1), die zunächst vom Fett, z. B. mit einem Anionenaustauscher abgetrennt, durch Veresterung mit Ethyljodid vom Austauscher abgelöst und dann gaschromatographisch bestimmt werden.

14.5.3.2 Oxidativer Fettverderb

Fette verderben mehr oder weniger schnell durch eine Autoxidation der ungesättigten Acylreste (cf. 3.7.2.1). Zur Bestimmung des Oxidationszustandes und der voraussichtlichen Lagerstabilität sind eine Reihe von Methoden entwickelt worden.

14.5.3.2.1 Oxidationszustand

Peroxidkonzentration: Die Verfahren beruhen auf einer Reduktion der Hydroperoxygruppe, z. B. mit Jodwasserstoff oder $Fe^{2\oplus}$-Ionen. Das Resultat der Jodometrie wird als Kennzahl ausgedrückt (*Peroxidzahl*). Zum Nachweis von sehr niedrigen Hydroperoxidkonzentrationen ist aber die Reduktion mit $Fe^{2\oplus}$-Ionen besser geeignet, da das entstehende $Fe^{3\oplus}$ als Fe-Rhodanid-Komplex sehr empfindlich fotometrisch erfaßt werden kann (Fe-Test in Tab. 14.20). Die Höhe der Peroxidkonzentration weist zwar auf den Umfang der oxidativen Veränderung hin, es besteht aber keine Beziehung zu einem bereits bestehenden oder zu erwartenden ranzigen Aromafehler, denn der Abbau der Hydroperoxide zu den flüchtigen Verbindungen hängt von so vielen Faktoren ab (cf. 3.7.2.1.5), daß der Verlauf nicht vorausgesagt werden kann.

Carbonylverbindungen: Zur Feststellung eines ranzigen Aromafehlers ist eine Analyse der Verbindungen, die ihn verursachen, aussichtsreicher. Im Vordergrund stehen hier die flüchtigen Carbonylverbindungen (cf. 3.7.2.1.5).

Bei den einfachen summarischen Tests, wie z. B. Benzidin-, Anisidin- und Heptanalzahl, erfolgt keine Abtrennung der flüchtigen Aldehyde, sondern das Fett wird direkt mit dem gruppenspezifischen Reagenz umgesetzt, so daß auch die geschmacklosen Oxoacylglyceride und Oxosäuren miterfaßt werden. Da das Verhältnis zwischen den aromawirksamen und den sensorisch neutralen Carbonylverbindungen nicht bekannt ist, sind Korrelationen zwischen der Höhe der Kennzahl und dem Aromafehler rein zufällig.

Der *Thiobarbitursäuretest*, der zahlreiche Produkte der Lipidperoxidation mit sehr unterschiedlichen Ausbeuten erfaßt, gehört auch in die Kategorie der unspezifischen Tests. Es entstehen dabei rote und gelbe Pigmente.

Der Thiobarbitursäuretest wird gern zum Nachweis einer Lipidperoxidation in biologischen Systemen herangezogen; er ist aber bei öl- und linolsäurehaltigen Lebensmitteln nicht so empfindlich wie der bereits genannte Fe-Test.

Die gaschromatographische Bestimmung einzelner Carbonylverbindungen scheint der geeignetere Weg zu sein, eine Übereinstimmung mit dem sensorischen Befund zu erreichen. Tab. 14.21 zeigt, daß die Pentanal- oder Hexanalbildung beim Verderb von Soja- und Erdnußöl mit dem sensorischen Befund korreliert ist. Beim Baumwollsaatöl besteht diese Beziehung nicht.

Das Beispiel Erdnußöl/Citronensäure (Tab. 14.21) soll darauf aufmerksam machen, daß Zusätze das Spektrum der flüchtigen Verbindungen so verändern können, daß die Korrelation nicht mehr gegeben ist. Dies kann man auch im Modellversuch verdeutlichen. So wird durch Antioxidantien der Abbau der 9-Hydroperoxyoctadeca-trans-10, cis 12-diensäure in Gegenwart von Kupferpalmitat modifiziert (Tab. 14.22): Der Anteil des 2-trans, 4-cis-Decadienals nimmt zu. Da dieser Aldehyd eine wesentlich geringere Geruchsschwelle (cf. Tab. 3.24) als das Hexanal besitzt, wirken sich solche Konzentrationsverschiebungen auf das Aroma aus.

14.5.3.2.2 Voraussage der Lagerstabilität

Zur Bestimmung der Oxidationsneigung von Fetten wird die Oxidation unter definierten Bedingungen so beschleunigt, daß die Verderbserscheinungen schon nach Stunden oder wenigen Tagen auftreten. Beispiele sind der *Schaal*-Test (Lagerung bei 60 °C) und der *Swift*-Stabilitätstest (Lagerung bei 97,8 °C; Durchleiten von Luft). Die Oxidation des Fettes wird sensorisch und chemisch über die Peroxidzahl (cf. 3.7.2), die UV-Absorption (geeignet bei Fetten, die Linol- bzw. Linolensäure enthalten) oder über die Geschwindigkeit der Sauerstoffaufnahme verfolgt. Verläßlich sind auch Methoden, die auf der Beobachtung beruhen, daß gegen Ende der Induktionsperiode größere Mengen an niedermoleku-

Tabelle 14.20. Analytik des Oxidationszustandes ungesättigter Fettsäuren: Relative Empfindlichkeit[a] fotometrischer Verfahren

Methode		Autoxidierter Fettsäuremethylester	
		18:2 (9, 12)[b]	18:3 (9, 12, 15)[c]
UV-Absorption	234 nm	1,0	1,0
	270 nm	0,1	0,3
$Fe^{2\oplus}$/Rhodanid		9,4	6,3
Thiobarbitursäure-	452 nm	0,1	0,5
test	530 nm	0,1	1,0
Kreis-Test		0,1	0,1
Anisidinzahl		0,3	0,75
Heptanalzahl		0,1	0,1

[a] Bezug: UV-Absorption bei 234 nm.
[b] Peroxidzahl: 475.
[c] Peroxidzahl: 450.

Tabelle 14.21. Oxidativer Fettverderb: Korrelation zwischen der Aromabewertung und der Konzentration von Hexanal oder Pentanal

Öl	Korrelationskoeffizient	
	Pentanal	Hexanal
Soja	0,99[a]	0,99[a]
Soja + 0,01% Citronens.		
+ 0,02% TBHQ[d]	0,94[b]	0,90[b]
Baumwollsaat	0,71[c]	0,93[c]
Erdnuß	0,96[b]	0,97[b]
Erdnuß + 0,01% Citronens.	0,06[c]	0,02[c]

[a] Statistische Sicherheit 99%.
[b] Statistische Sicherheit 95%.
[c] Nicht signifikant.
[d] tert-Butylhydrochinon.

Tabelle 14.22. Abbau der 9-Hydroperoxyoctadeca-trans-10,cis-12-diensäure (75 μmol) in Gegenwart von Cu-palmitat zu flüchtigen Aldehyden

Zugesetztes Antioxidans	Aldehyde nach 3 h bei 38 °C				
	Menge (μmol)	Hexanal (mol-%)	2tr-Octenal (mol-%)	2,4-Nonadienal (mol-%)	2,4-Decadienal (mol-%)
ohne	2,5	78	20	1,0	1,0
α-Tocopherol	2,0	73,5	22	1,0	3,5
γ-Tocopherol	1,85	77	19,5	1,0	2,5
δ-Tocopherol	1,6	73,8	22,5	1,2	2,5
BHA	1,8	69,5	24	1,0	5,5
BHT	1,25	73,5	23	1,0	2,5

laren Säuren entstehen, deren Konzentration elektrochemisch bestimmt werden kann. Bei Proben derselben Fettart besteht eine recht gute Korrelation zwischen der Länge der Induktionsperiode und der Haltbarkeit.

14.5.3.3 Thermische Belastung

Der Gehalt an petroletherunlöslichen oxidierten Fettsäuren und der Rauchpunkt werden zur Beurteilung der thermischen Belastung von Fritierfetten (cf. 3.7.4) herangezogen.
Unter *Rauchpunkt* versteht man die Temperatur, bei der sich ein Fett unter Rauchentwicklung zersetzt, wenn es in Gegenwart von Luft erhitzt wird. Beim Fritieren erniedrigt sich der Rauchpunkt, der normalerweise im Bereich von 200–230 °C liegt, durch entstandene Zersetzungsprodukte. Sinkt er unter 170 °C, so ist das Fett verdorben, wenn gleichzeitig der Gehalt an petroletherunlöslichen Fettsäuren 0,7% übersteigt. Die Bestimmung der petroletherunlöslichen oxidierten Fettsäuren weist Mängel in der Reproduzierbarkeit auf. Vorzuziehen ist die säulenchromatographische Trennung der thermisch belasteten Fette an Kieselgel in die unpolaren und polaren Anteile. Dem oben genannten Grenzwert von 0,7% petroletherunlöslichen Fettsäuren entsprechen 73% unpolare und 27% polare Anteile.

14.6 Literatur

Baltes, J.: Gewinnung und Verarbeitung von Nahrungsfetten. Verlag Paul Parey. Berlin. 1975

DGF-Einheitsmethoden. Hrsg. Deutsche Gesellschaft für Fettwissenschaft e. V., Münster/Westf., Wissenschaftliche Verlagsgesellschaft mbH: Stuttgart. 1950–1979

Grosch, W., Tsoukalas, B.: Analysis of fat deterioration – Comparison of some photometric tests. J. Am. Oil Chem. Soc. *54*, 490 (1977)

Guhr, G., Waibel, J.: Untersuchungen an Fritierfetten; Zusammenhänge zwischen dem Gehalt an petrolätherunlöslichen Fettsäuren und dem Gehalt an polaren Substanzen bzw. dem Gehalt an polymeren Triglyceriden. Fette Seifen Anstrichm. *80*, 106 (1978)

Hamilton, R. J., Rossell, J. B. (Eds.): Analysis of oils and fats. Elsevier Applied Science Publ.: London. 1986

Kroll, S.: Margarine und Backfette. In: Ullmanns Encyklopädie der technischen Chemie, 4. Aufl., Bd. 16, S. 481, Verlag Chemie: Weinheim. 1978

Pardun, H.: Analyse der Nahrungsfette. Verlag Paul Parey: Berlin. 1976

Sheppard, A. J., Hubbard, W. D., Prosser, A. R.: Evaluation of eight extraction methods and their effects upon total fat and gas liquid chromatographic fatty acid composition analyses of food products. J. Am. Oil Chem. Soc. *51*, 417 (1974)

Stansby, M. E.: Fish oils. AVI Publ. Co.: Westport, Conn. 1967

Swern, D. (Ed.): Bailey's industrial oil and fat products. 4th edn., Vol. 1, John Wiley and Sons: New York. 1979

Thomas, A.: Fette und Öle. In: Ullmanns Encyklopädie der technischen Chemie, 4. Aufl., Bd. 11, S. 455, Verlag Chemie: Weinheim. 1976

15 Getreide und Getreideprodukte

15.1 Einführung

15.1.1 Vorbemerkung

Produkte aus Getreide gehören zu den wichtigsten Grundnahrungsmitteln des Menschen. In den Industriestaaten werden speziell durch den Konsum von Brot etwa 50% des Kohlenhydratbedarfs, 30% des Proteinbedarfs und 50–60% des Bedarfs an B-Vitaminen gedeckt. Außerdem leisten Getreideerzeugnisse zur Versorgung mit Mineralstoffen und Spurenelementen einen sehr wesentlichen Beitrag.

Die wichtigsten Getreidearten sind Weizen, Roggen, Reis, Mais, Gerste, Hirse und Hafer. Unter ihnen nehmen Weizen und Roggen eine Sonderstellung ein, da nur mit diesen beiden Getreidearten Brot gebacken werden kann.

15.1.2 Abstammung

Die Getreidearten stammen von den Wildformen bestimmter Gräser (*Poaceae*) ab (Abb. 15.1). Die Gerste (*Hordeum vulgare*), bei der es sich wahrscheinlich um die erste planmäßig angebaute Getreideart handelt, war schon um 5000 v. Chr. in Sumer und Assur bekannt. Auch bei den bespelzten Weizenarten aus der Einkorn- (*Triticum monococcum*) und Emmer-Reihe (*T. turdigum* var. *dicoccum*) mit diploiden (Genomformel: AA, Chromosomengrundzahl aller Weizengenome x = 7) bzw. tetraploiden (AABB) Chromosomensätzen handelt es sich um sehr alte Kulturpflanzen, die in den gemäßigten Zonen Eurasiens schon im Neolithikum weit verbreitet waren. Heute sind dies aussterbende Weizenarten. Nur die Durumform des Emmers (*T. turdigum* var. *durum;* Hartweizen, AABB) spielt mit ca. 10% Anteil am gesamten Weizenanbau eine größere Rolle. Weltweit als Brotgetreide durchgesetzt haben sich hexaploide (AABBDD) Nacktweizen (Weichweizen) aus der Dinkelreihe (*T. aestivum L.*). Aus archäologischen Befunden folgt, daß *T. aestivum* vor ca. 10000 Jahren entstanden ist. Sein A-Genom ist mit dem des Einkorns (*T. monococcum*) nah verwandt. Die Herkunft des B-Genoms ist unbekannt. Es stammt wahrscheinlich aus Arten der Gattung *Aegilops*.

Tabelle 15.1. Anbaufläche der Getreidearten (%) bezogen auf die Weltgetreideanbaufläche (1979: 7,6 × 10^8 ha)

Getreideart	1966	1976	1979	1981	1984
Weizen	30,6	31,5	31,4	32,3	34,5
Reis	18,8	19,2	19,1	19,6	21,9
Körnermais	15,5	15,9	15,8	18,1	19,3
Hirse	15,4	15,6	13,7	12,3	6,3
Gerste	12,2	11,9	12,8	10,8	11,7
Hafer	4,5	3,8	3,5	3,6	3,8
Roggen	2,4	2,1	1,9	2,1	2,6

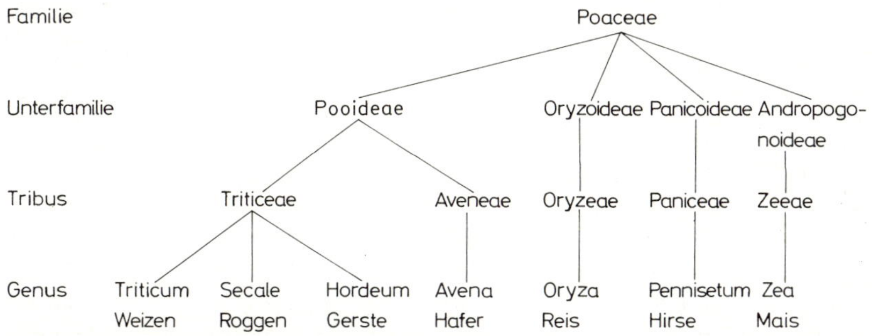

Abb. 15.1. Phylogenie der Getreidearten

Das D-Genom kommt wahrscheinlich aus *Ae. squarrosa.*

Reis (*Oryza sativa*) und Mais (*Zea mays*) werden etwa seit 5000 Jahren angebaut; zuerst im tropischen Südostasien bzw. in Mittel- und Südamerika. In subtropischen und tropischen Gebieten Asiens und Afrikas spielen als Hirsen bezeichnete Getreidearten von alters her eine Rolle. Man unterscheidet Millet oder echte Hirsen aus den Unterfamilien der *Eragrostoideae* und *Panicoideae*, zu denen viele Arten mit vorwiegend regionaler Bedeutung gehören (*z. B. Eragrostis tef, Eleusine coracan, Echinochloa frumentacea, Pennisetum glaucum, Setaria italica*), von der Sorghumhirse (*Sorghum bicolor*) aus der Unterfamilie der *Andropogonoideae*, die weltweit angebaut wird.

Roggen (*Secale cereale*) und Hafer (*Avena sativa*)

Tabelle 15.2. Produktion von Getreide 1984 (1000 t)

Erdteil	Weizen	Reis	Gerste	Mais	Roggen	Hafer	Millet-hirse	Sorghum-hirse	Getreide insgesamt
Welt	521682	469959	171635	449255	31126	43355	30869	71698	1801684
Afrika	9267	8582	3665	22201	11	253	8907	9002	63103
Amerika, Nord-, Mittel-	96131	8521	23876	218437	1487	9620	–	29345	389178
Amerika, Süd-	16625	14542	599	34804	150	937	136	8930	76841
Asien	176219	433197	15985	100157	1943	1116	19566	21787	773436
Europa, West-	87288	1731	61841	24882	4204	10561	23	463	192480
Europa, Ost- + USSR	117276	2728	59610	48382	23321	19344	2207	287	276980
Ozeanien	18875	658	6059	392	11	1525	30	1885	29666

Land	Weizen	Land	Reis	Land	Gerste
China	87682	China	181028	USSR	42000
USSR	76000	Indien	91000	USA	12988
USA	70638	Indonesien	37500	Frankreich	11543
Indien	45148	Bangladesh	21500	UK	10958
Frankreich	32884	Thailand	19200	Spanien	10695
Kanada	21199	Vietnam	15416	BRD	10284
Australien	18580	Japan	14848	Kanada	10252
Türkei	17235	Burma	14500	Türkei	6500
UK	14960	Brasilien	9023	Dänemark	6072
Argentinien	13000	Phillipinen	8280	Australien	5470
				DDR	4400
Σ (%)[a]	76	Σ (%)[a]	88	Σ (%)[a]	76

Land	Mais	Land	Roggen	Land	Hafer
USA	194475	USSR	10500	USSR	15000
China	72690	Polen	9540	USA	6850
Brasilien	21174	DDR	2300	Kanada	2670
Mexiko	14050	BRD	1930	Polen	2604
Rumänien	13000	China	1500	BRD	2083
USSR	13000	USA	823	Schweden	1904
Jugoslawien	11265	Tschechoslowakei	710	Frankreich	1875
Frankreich	10321	Kanada	664	Australien	1470
Argentinien	9500	Dänemark	608	Finnland	1321
Südafrika	4440	Österreich	381	Spanien	790
Σ (%)[a]	81	Σ (%)[a]	93	Σ (%)[a]	84

[a] Weltproduktion ≙ 100%.

Tabelle 15.2. (Fortsetzung)

Land	Millet-hirse	Land	Sorghum-hirse	Land	Getreide insgesamt
Indien	11800	USA	21994	China	364786
China	6604	Indien	11800	USA	314372
Nigeria	3000	China	8532	Indien	169285
USSR	2200	Argentinien	7350	USSR	162508
Niger	900	Mexiko	6729	Frankreich	57767
Mali	800	Nigeria	3000	Kanada	43171
Ägypten	625	Australien	1880	Indonesien	41505
Uganda	600	Sudan	1450	Brasilien	32564
Senegal	471	Äthiopien	870	Argentinien	31422
Burundi	400	Kolumbien	602	Australien	28517
				UK	26533
Σ (%) [a]	89	Σ (%) [a]	86	Mexiko	26422
				Türkei	26338
				BRD	26064
				Σ (%) [a]	75

[a] Weltproduktion ≙ 100%.

sind sogenannte sekundäre Kulturpflanzen. Als ständige, zunächst unerwünschte Begleiter von Kulturpflanzen gelangten sie in nördliche Gebiete und setzten sich bei Klimaverschlechterungen infolge ihrer hohen Standort- und Klimatoleranz leichter durch als Weizen und Gerste. Seit etwa 1000 v. Chr. werden Roggen und Hafer kultiviert.

Züchter sind seit langem bemüht, die Qualitäten des Weizens, insbesondere die Backeigenschaften, mit der Widerstandsfähigkeit des Roggens zu kombinieren. Hybride aus beiden Getreidearten, die unter dem Namen *Triticale* bekanntgeworden sind, haben dieses Ziel bisher nicht erreichen können; ihre wirtschaftliche Bedeutung ist deshalb gering.

15.1.3 Erzeugung

Getreide ist als Rohstoff für die Herstellung von Lebens- und Futtermitteln von besonderer Bedeutung. Dementsprechend wird Getreide auf etwa 60% der Weltackerfläche angebaut. Der Weizen beansprucht davon den größten Teil (Tab. 15.1). Er steht auch an der Spitze der erzeugten Mengen (Tab. 15.2). Weizenüberschußländer sind die USA, Kanada, Argentinien, Australien und Frankreich. In der Bundesrepublik wird Winterweizen (ca. 92%) und etwas Sommerweizen (8%) angebaut.

Tabelle 15.3. Weltgetreideerzeugung 1948–1984 (10^6 t)

Jahr	Menge
1948	683
1956	789
1964	1019
1968	1180
1976	1456
1978	1596
1979	1553
1981	1664
1982	1703
1983	1644
1984	1802

Den Anstieg in der Weltgetreideproduktion zeigt Tab. 15.3. Die pro Flächeneinheit erzielten Erträge sind sehr unterschiedlich (Tab. 15.4). Durch intensive Bemühungen bei der Züchtung und beim Anbau liegen die Werte für Weizen in der Bundesrepublik sehr hoch und werden nur noch von wenigen Ländern, z. B. den Niederlanden, übertroffen. Im Wirtschaftsjahr 1976/77 hat die Bundesrepublik 25,7 × 10^6 t Getreide verbraucht; davon entfielen 38% auf Brot- und 62% auf Futtergetreide.

Tabelle 15.4. Ernteerträge pro Fläche im Jahr 1982/1983/1984 (in dt/ha)

	Weizen	Roggen	Mais	Reis
BRD	54,7/54,4/62,6	40,3/36,0/44,1	65,8/55,3/56,5	
DDR	46,4/47,1/54,7	32,5/29,3/32,9	32,2/18,4/28,6	
Argentinien	20,5/17,9/21,2	8,5/ 8,1/ 8,8	30,3/30,3/31,4	
Australien	7,7/17,1/15,2			
China	24,5/28,0/29,8		32,7/36,3/38,5	48,9/51,0/52,7
Frankreich	52,4/51,3/64,5	29,4/29,0/34,2	63,2/62,5/59,9	
Indien	16,9/18,2/18,5		11,5/13,5/12,9	18,5/21,9/21,3
Türkei	19,4/17,8/19,1	13,8/13,8/14,4	23,5/26,9/27,3	
USSR	15,2/15,5/14,9	12,7/15,7/11,2	28,8/33,4/33,2	38,6/40,0/36,3
USA	23,9/26,5/26,1		71,1/50,9/66,9	52,8/51,5/55,2
Welt	20,3/21,4/22,5	17,2/19,2/17,9	35,7/29,4/34,7	29,9/31,4/31,9

15.1.4 Anatomie – Chemische Zusammensetzung im Überblick

Die Getreidearten heben sich von den Gräsern durch die Ausbildung relativ großer Früchte ab, die als Karyopsen bezeichnet werden, weil die Fruchtschale fest mit der Samenschale verbunden ist. Die Korngröße, die sich im Tausendkorngewicht (Tab. 15.5) widerspiegelt, ist nicht nur arten-, sondern auch sorten- und anbaubedingt und schwankt deshalb stark.

Bei Hafer, Gerste und Reis sind die Vor- und Deckspelze mit der Frucht verwachsen. Weizen und Roggen fallen dagegen beim Drusch nackt an.

Die Bilanz der Hauptinhaltsstoffe ergibt für die sieben Getreidearten ein relativ gleichförmiges Bild (Tab. 15.6). Auffällige Abweichungen sind der erhöhte Lipidgehalt im Hafer und das geringere Vorkommen von Stärke in Hafer, Gerste und Roggen. Dafür ist in diesen Getreidearten die Fraktion der „übrigen Kohlenhydrate" erhöht, die vorwiegend aus den sogenannten Nicht-Stärke-Polysacchariden (cf. 15.2.3.2) besteht. Die Getreidearten unterscheiden sich ferner im Vorkommen von B-Vitaminen (Tab. 15.6). Frucht- und Samenschale umschließen im Getreidekorn das Nährgewebe (Endosperm) und den Keimling (Abb. 15.2). Das Endosperm gliedert sich in den Mehlkörper – aus dem etwa 70–80% des Korns bestehen (Tab. 15.7) – und in die Aleuronschicht (Abb. 15.2), die mit Ausnahme der Gerste einzellig ist. Sie ist, wie das

Tabelle 15.5. Durchschnittliches Tausendkorngewicht (g) von Getreide

Weizen	37	Hafer	32
Roggen	21	Gerste	37
Mais	285	Hirse	23
Reis	27		

Tabelle 15.6. Chemische Zusammensetzung der Getreidearten (Mittelwerte)

	Weizen	Roggen	Mais	Gerste	Hafer	Reis	Hirse
	Gew.-%						
Wasser	13,2	13,7	12,5	11,7	13,0	13,1	12,1
Protein (N × 6,25)	11,7	11,6	9,2	10,6	12,6	7,4	10,6
Lipide	2,2	1,7	3,8	2,1	5,7	2,4[a]	4,05
Stärke	59,2	52,4	62,6	52,2	40,1	70,4	64,4
Übrige Kohlenhydrate	10,1	16,6	8,4	19,6	22,8	5,0	6,3
Rohfaser	2,0	2,1	2,15	1,55	1,56	0,67	1,1
Mineralstoffe	1,5	1,9	1,30	2,25	2,85	1,2	1,6
	mg/kg						
Thiamin	5,5	4,4	4,6	5,7	7,0	3,4	4,6
Niacin	63,6	15,0	26,6	64,5	17,8	54,1	48,4
Riboflavin	1,3	1,8	1,3	2,2	1,8	0,55	1,5
Pantothens.	13,6	7,7	5,9	7,3	14,5	7,0	12,5

[a] Polierter Reis: 0,8%.

Tabelle 15.7. Fraktionen verschiedener Getreidearten (Mittelwerte in Gew.-%)

Getreideart	Spelzen	Kleie	Keim	Mehlkörper
Weizen	0	15,0	2,0	83,0
Mais	0	7,2	11,0	81,8
Hafer	20	8,0	2,0	70,0
Reis	20	8,0	2,0	70,0
Hirse	0	7,9	9,8	82,3

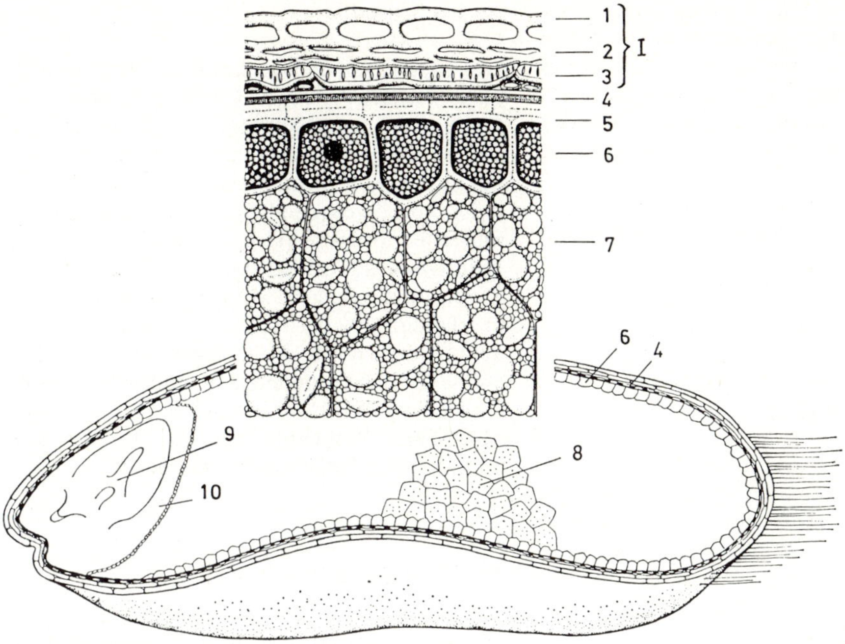

Abb. 15.2. Schematisierter Längsschnitt durch ein Weizenkorn. I Fruchtschale, *1* Längszellen, *2* Querzellen, *3* Schlauchzellen, *4* Samenschale, *5* Nucellarrest, *6* Aleuronzellen, *7* Stärkezellen, *8* Mehlkörper, *9* Keimling, *10* Scutellum

Tabelle 15.8. Chemische Zusammensetzung (Mittelwerte) der Kornteile des Weizens (Gew-% bezogen auf die Trockenmasse)

	Asche	Rohprotein (N × 6,25)	Lipide	Rohfaser[a]	Cellulose	Pentosane	Stärke
Längszellen	1,3	3,9	1,0	27,7	32,1	50,1	–
Quer- u. Schlauchzellen	10,6	10,7	0,5	20,7	22,9	38,9	–
Frucht- u. Samenschale	3,4	6,9	0,8	23,9	27,0	46,6	–
Aleuronzellen[b]	10,9	31,7	9,1	6,6	5,3	28,3	–
Keimling[b]	5,8	34,0	27,6	2,4	–	–	–
Mehlkörper	0,6	12,6	1,6	0,3	0,3	3,3	80,4

[a] Bei der Rohfaserbestimmung werden Teile der Cellulose- und Pentosanfraktion miterfaßt.
[b] Angaben über Kohlenhydrate unvollständig.

Beispiel Weizen zeigt, reich an Protein, das als Granulat in den Zellen erscheint, und sie enthält relativ viel Fett, Enzyme und Vitamine (Tab. 15.8 und 15.9).

Das Aleuroneiweiß des Weizens, das etwa zur Hälfte wasserlöslich ist, beeinflußt nicht die Backeigenschaften. Maßgebend sind dafür vielmehr Proteine, die in den dünnwandigen Zellen des Mehlkörpers neben dessen Hauptinhaltsstoff, der Stärke, vorkommen, und deren Kon-

Tabelle 15.9. Verteilung (%) der Mineralstoffe und Vitamine auf Kornfraktionen bei Weizen

Fraktion	Mineralstoffe	Thiamin	Riboflavin	Niacin	Pyridoxalphosphat	Pantothensäure
Schalen	7	1	5	4	12	9
Keimling	12	64	26	2	21	7
Aleuronschicht	61	32	37	82	61	41
Mehlkörper	20	3	32	12	6	43

zentration zusammen mit der einiger anderer Inhaltsstoffe (Vitamine, Mineralstoffe) von außen nach innen abnimmt. Der Keimling ist über das Schildchen (Scutellum) mit dem Endosperm verbunden. Er ist reich an Enzymen und an Lipiden (Tab. 15.8). Aus Tab. 15.9 ist zu entnehmen, daß bei der Vermahlung von Weizen die Abtrennung des Keimlings und der Kleie, die außer den Schalen auch den größten Teil der Aleuronschicht umfaßt, einen großen Verlust an B-Vitaminen und an Mineralstoffen zur Folge hat.

15.1.5 Sonderstellung des Weizens – Kleberbildung

Nur aus Weizenmehl kann nach Zugabe von Wasser ein viskoelastischer, kohäsiver Teig geknetet werden. Maßgebend für dessen Stabilität ist der beim Anteigen sich bildende Kleber (Gluten), der durch Auswaschen der Stärke und der löslichen Bestandteile des Teiges mit Wasser als Rückstand isoliert werden kann.
Der Kleber besteht zu 90% aus Proteinen (cf. 15.2.1.3) und außerdem aus Lipiden (8%) und Kohlenhydraten (2%). Die Kohlenhydrate, bei denen es sich in erster Linie um lösliche und unlösliche Pentosane (cf. 15.2.3.2.1) handelt, binden einen erheblichen Teil des Wassers, und die Lipide (cf. 15.2.4) sind mit bestimmten Kleberproteinen zu Lipoproteinen assoziiert. Außerdem sind Enzyme (Proteinasen, Lipoxygenase) in frisch isoliertem Kleber nachweisbar.
Für die Kohäsivität und das viskoelastische Verhalten des Teiges sind die Kleberproteine in Verbindung mit den Lipiden verantwortlich. Diese rheologischen Eigenschaften geben dem Teig sein Gashaltevermögen bei der Lockerung und die Fähigkeit, beim Backen ein poröses, lockeres Gebäck mit elastischer Krume zu liefern.
Roggen und die anderen Getreidearten können keinen Kleber bilden, der wie Weizenkleber beim Auswaschen der Teige zurückbleibt. Die Backfähigkeit des Roggens beruht auf den Pentosanen und auf bestimmten Proteinen, deren Quellungszustand durch die Säuerung (cf. 15.4.2.2) so verändert wird, daß sie an der Gashaltung mitwirken können.

15.1.6 Cöliakie

Weizen, Roggen und Gerste können bei genetisch disponierten Personen Cöliakie hervorrufen; eine entsprechende Wirkung des Hafers ist umstritten. Bei der Cöliakie handelt es sich um eine Erkrankung, die mit Schleimhautatrophie im Dünndarmbereich und damit verbundener generalisierter Malabsorption der Nahrung einhergeht. Die Krankheit scheint in unterschiedlichem Maße aufzutreten: In Mitteleuropa sind 0,05%, in Irland 0,33% der Kinder betroffen.
Verantwortlich für die Cöliakie sind die Prolamine der oben genannten Getreidearten. Durch Umstellung der Nahrung auf Reis, Hirse oder Mais, deren Prolamine keine Cöliakie auslösen, können die Kranken geheilt werden.

15.2 Einzelne Inhaltsstoffe

Die Frage nach den Inhaltsstoffen ist im Hinblick auf die Verarbeitung von Weizen und Roggen zu Gebäck von besonderem Interesse.

15.2.1 Proteine

15.2.1.1 Unterschiede in der Aminosäurezusammensetzung

Das Gesamtprotein von Mehlen verschiedener Getreidearten unterscheidet sich in der Aminosäurezusammensetzung (Tab. 15.10). Der Gehalt an Lysin ist bei allen Getreidearten und der an Methionin besonders bei Weizen, Roggen, Gerste, Hafer und Mais wesentlich niedriger als bei Muskel-, Ei- und Milchproteinen. Durch Züchtung versucht man den Gehalt an essentiellen Aminosäuren zu steigern. Gelungen ist dies bei lysinreichen Gersten- und Maissorten.

15.2.1.2 Überblick über die *Osborne*-Fraktionen der Getreidearten

T. B. Osborne hat 1907 die Proteine des Weizens in Abhängigkeit von der Löslichkeit in vier Fraktionen getrennt, indem er mit Wasser die *Albumine*, mit einer Salzlösung, z. B. 0,4 mol/l NaCl, die *Globuline* und mit 70%igem wäßrigen Etha-

Tabelle 15.10. Aminosäurezusammensetzung (mol-%) des Gesamtproteins von Mehlen verschiedener Getreidearten

Aminosäure	Weizen	Roggen	Gerste	Hafer	Reis	Hirse	Mais
Asx	4,2	6,9	4,9	8,1	8,8	7,7	5,9
Thr	3,2	4,0	3,8	3,9	4,1	4,5	3,7
Ser	6,6	6,4	6,0	6,6	6,8	6,6	6,4
Glx	31,1	23,6	24,8	19,5	15,4	17,1	17,7
Pro	12,6	12,2	14,3	6,2	5,2	7,5	10,8
Gly	6,1	7,0	6,0	8,2	7,8	5,7	4,9
Ala	4,3	6,0	5,1	6,7	8,1	11,2	11,2
Cys	1,8	1,6	1,5	2,6	1,6	1,2	1,6
Val	4,9	5,5	6,1	6,2	6,7	6,7	5,0
Met	1,4	1,3	1,6	1,7	2,6	2,9	1,8
Ile	3,8	3,6	3,7	4,0	4,2	3,9	3,6
Leu	6,8	6,6	6,8	7,6	8,1	9,6	14,1
Tyr	2,3	2,2	2,7	2,8	3,8	2,7	3,1
Phe	3,8	3,9	4,3	4,4	4,1	4,0	4,0
His	1,8	1,9	1,8	2,0	2,2	2,1	2,2
Lys	1,8	3,1	2,6	3,3	3,3	2,5	1,4
Arg	2,8	3,7	3,3	5,4	6,4	3,1	2,4
Trp	0,7	0,5	0,7	0,8	0,8	1,0	0,2
Amidgruppen	31,0	24,4	26,1	19,2	15,7	22,8	19,8

nol die *Prolamine* nacheinander aus einem Mehl extrahiert hat. Im Rückstand verbleiben die *Gluteline*. Sie sind teilweise in verdünnter Säure und praktisch vollständig nach Reduktion der Disulfidbindungen und in Anwesenheit bestimmter Detergentien (z. B. Natriumdodecylsulfat) löslich. Auch heute noch dient die *Osborne*-Fraktionierung neben der Auftrennung durch Gelchromatographie (cf. Abb. 15.18) als Einstieg zur Trennung der Getreideproteine.
In der Literatur werden die *Osborne*-Fraktionen der verschiedenen Getreidearten häufig mit eigenen Namen versehen (Übersicht in Tab. 15.11). Da die Vielfalt der Bezeichnungen nur verwirrt und der falsche Eindruck entstehen könnte, es handele sich um einheitliche Proteine, werden im folgenden die oben angegebenen allgemeinen Bezeichnungen gegebenenfalls unter Zusatz der Quelle verwendet, z. B. Weizenglutelin.
Die Albumine und Globuline stammen wahrscheinlich in erster Linie aus Resten des Cytoplasmas und anderen subzellulären Fraktionen, die an der Genese des Korns beteiligt sind. Auch Enzyme kommen in den ersten beiden *Osborne*-Fraktionen vor. Bei den Prolaminen und Glutelinen handelt es sich um Reserveproteine.
Die Getreidearten enthalten unterschiedliche Mengen an *Osborne*-Fraktionen (Abb. 15.3).

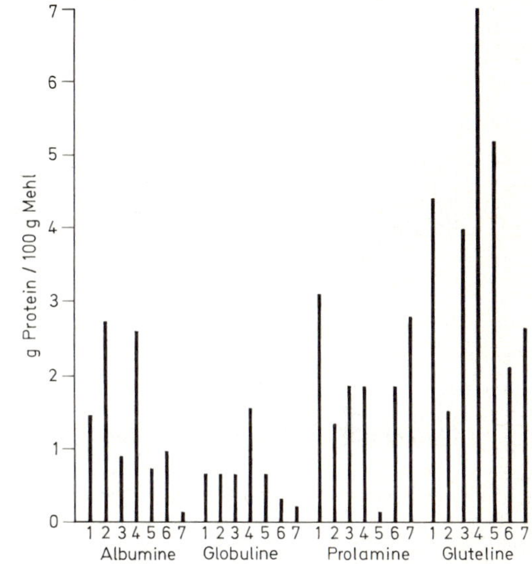

Abb. 15.3. Vorkommen der *Osborne*-Fraktionen in Mehlen aus verschiedenen Getreidearten (nach *H. Wieser* et al., 1980). *1* Weizen, *2* Roggen, *3* Gerste, *4* Hafer, *5* Reis, *6* Hirse, *7* Mais

Tabelle 15.12. Proteinverteilung (%) auf die *Osborne*-Fraktionen[a]

Fraktionen	Weizen	Roggen	Gerste	Hafer	Reis	Hirse	Mais
Albumine	14,7	44,4	12,1	20,2	10,8	18,2	4,0
Globuline	7,0	10,2	8,4	11,9	9,7	6,1	2,8
Prolamine	32,6	20,9	25,0	14,0	2,2	33,9	47,9
Gluteline	45,7	24,5	54,5	53,9	77,3	41,8	45,3

[a] Aschegehalt der untersuchten Mehle (% bezogen auf Trockenmasse): Weizen (0,55), Roggen (0,97), Gerste (0,96), Hafer (1,87), Reis (1,0), Hirse (1,10), Mais (0,33).

Tabelle 15.11. Bezeichnungen für *Osborne*-Fraktionen

Fraktion	Weizen	Roggen	Hafer	Gerste	Mais	Reis	Hirse
Albumin	Leukosin						
Globulin	Edestin		Avenalin				
Prolamin	Gliadin	Secalin	Gliadin	Hordein	Zein	Oryzin	Kafirin
Glutelin	Glutenin	Secalinin	Avenin	Hordenin	Zeanin	Oryzenin	

Weizen weist den höchsten Gehalt an Prolaminen auf, der nur vom Mais annähernd erreicht wird. Beim Roggen ist der Anteil der Albuminfraktion am höchsten und bei Mais am niedrigsten (Tab. 15.12). Durch den hohen Proteingehalt ist die Menge der Albumine im Hafer vergleichbar mit der im Roggen (Abb. 15.3). Im Gehalt an Glutelinen stehen Hafer und Reis vor Weizen, die Werte für Roggen, Hirse und Mais liegen weit darunter (Abb. 15.3).

Nur die Aminosäurezusammensetzung der Prolamine (Abb. 15.4) steht in Beziehung zu der in Abb. 15.1 dargestellten botanischen Verwandtschaft der Getreidearten. Sie ist sehr ähnlich bei Weizen, Roggen und Gerste. Hafer steht in seiner Prolaminzusammensetzung zwischen den *Triti-*

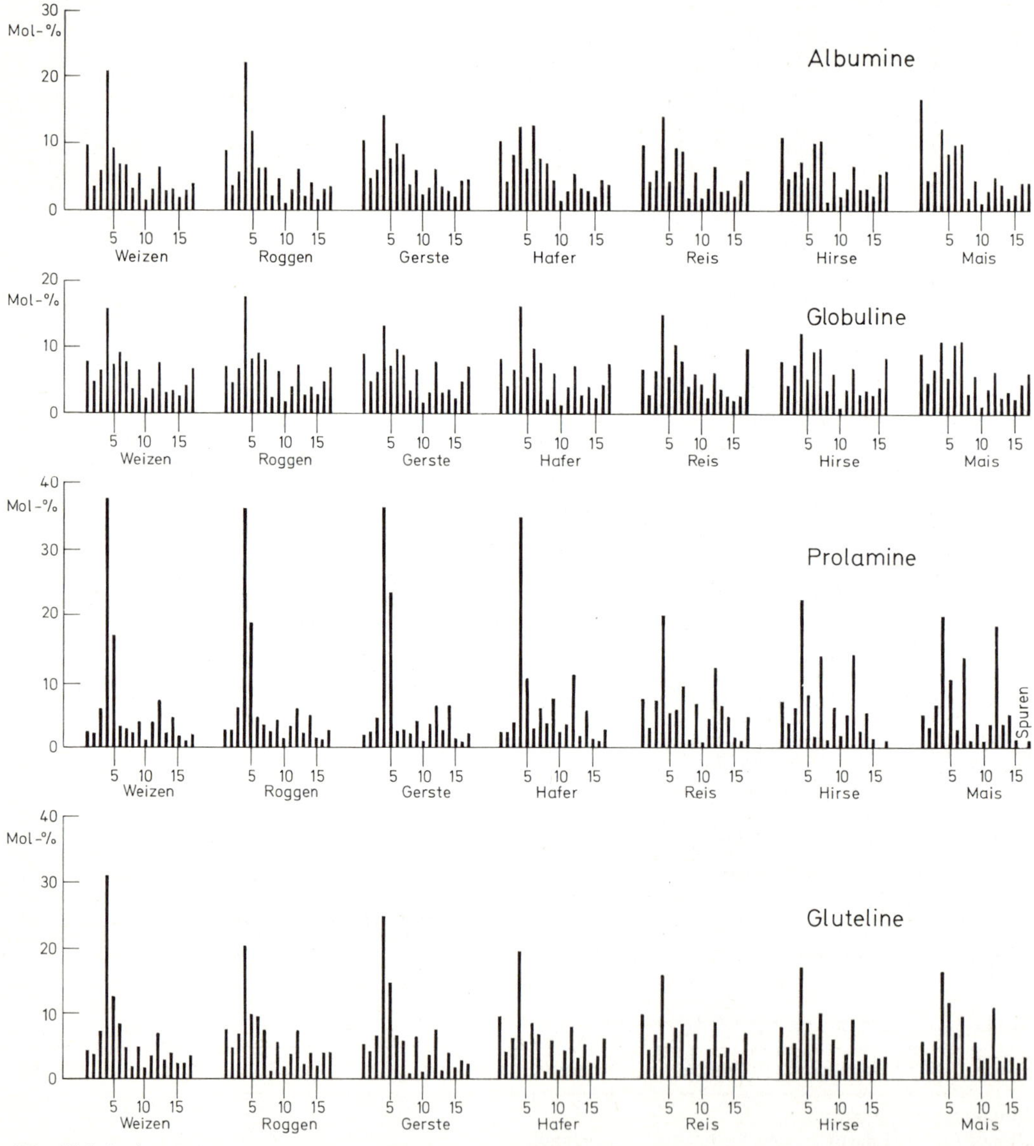

Abb. 15.4. Aminosäurezusammensetzung (Mol-% ohne Trp) der *Osborne*-Fraktionen (nach *H. Wieser* et al., 1980). Auf den Abszissen sind folgende Aminosäuren angegeben: 1 Asx, 2 Thr, 3 Ser, 4 Glx, 5 Pro, 6 Gly, 7 Ala, 8 Cys, 9 Val, 10 Met, 11 Ile, 12 Leu, 13 Tyr, 14 Phe, 15 His, 16 Lys, 17 Arg

ceae und den übrigen Getreidearten: Der Glx-Gehalt entspricht dem der *Triticeae*, der Pro- und Leu-Gehalt liegt wesentlich tiefer bzw. höher, ähnlich wie bei Reis, Hirse und Mais. Letztere sind in den Aminosäurespektren weder untereinander noch mit den *Pooideae* verwandt.
Die *Triticeae*, die in der Aminosäurezusammensetzung der Prolamine weitgehend übereinstimmen, können auch Cöliakie verursachen (cf. 15.1.6). Im Vergleich zu den Prolaminen der übrigen Getreidearten besitzen sie in dieser Proteinfraktion einen wesentlich höheren Glx- und Pro-Anteil. Es wird vermutet, daß die daraus sich ergebenden Unterschiede in der Struktur der Prolamine für die Auslösung von Cöliakie verantwortlich sind.

15.2.1.3 Kleberproteine des Weizens

Die Fraktionierung der im Weizen vorkommenden Proteine nach *Osborne* ergibt etwa im Verhältnis 2:3 Prolamine und Gluteline. Beide Fraktionen leisten in hydratisierter Form unterschiedliche Beiträge zu den rheologischen Eigenschaften eines Teiges: Die Prolamine werden als „Lösungsmittel" für die Gluteline angesehen und vorwiegend für die Viskosität, die hochmolekularen, fibrillären Gluteline dagegen für die Elastizität verantwortlich gemacht.
Kodiert werden die Kleberproteine durch neun komplexe Genloci auf den langen (LA) und kurzen Armen (KA) der Chromosomen des Weizengenoms. Im einzelnen sind das die Orte Glu-A1, Glu-B1 und Glu-D1 (LA) für die *hochmolekularen Gluteninsubeinheiten*, Gli-A1, Gli-B1 und Gli-D1 (KA) für die *niedermolekularen Gluteninsubeinheiten* sowie für die *ω*- und *γ-Gliadine*, und Gli-A2, Gli-B2 und Gli-D2 (KA) für die *α*- und *β-Gliadine*. Sortenunterschiede sind durch differente Allele bedingt, wobei die relative Bedeutung der genannten Genloci in der Reihe Glu-1 > Gli-1 > Gli-2 abnimmt. Durch zweidimensionale Elektrophorese (isoelektrisches Fokussieren/Polyacrylamidgelelektrophorese in Gegenwart von Mercaptoethanol und Natriumdodecylsulfat) lassen sich die Kleberproteine in viele Komponenten trennen. Abb. 15.5 gibt einen schematischen Überblick über die Lage der wichtigen Proteingruppen in einem zweidimensionalen Elektropherogramm, und Abb. 15.6 zeigt als Beispiel die Elektropherogramme von zwei Weizensorten.

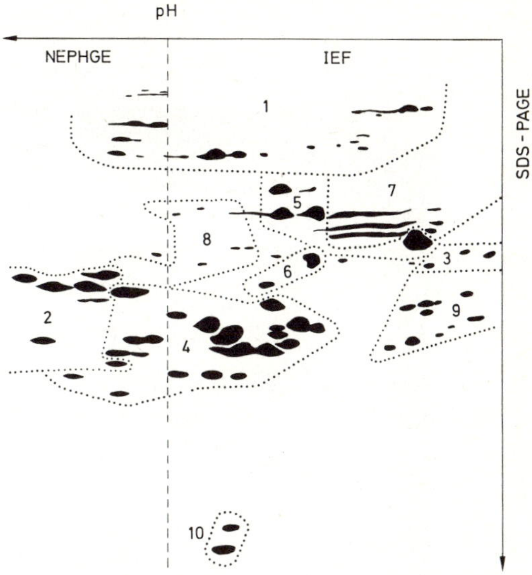

Abb. 15.5. Endospermproteine des Weizens (Sorte *„Chinese Spring"*): Vereinfachte schematische Darstellung einer zweidimensionalen elektrophoretischen Trennung.
1. Dimension: Isoelektrisches Fokussieren (IEF) bzw. Nichtgleichgewichts-pH-Gradient-Elektrophorese (NEPHGE). Die nach beiden Methoden erhaltenen Elektropherogramme werden an der gestrichelten Linie so zusammengesetzt, daß ein kontinuierlicher pH-Gradient entsteht.
2. Dimension: Polyacrylamidgelelektrophorese in Gegenwart von Natriumdodecylsulfat und Mercaptoethanol (SDS-PAGE).
Folgende Proteinfraktionen sind zu erkennen: Hochmolekulare Glutenin-Subeinheiten (1); basische (2) und saure (3) niedermolekulare Glutenin-Subeinheiten; α-, β-, γ- (4) und ω-Gliadine (5); Subeinheiten der Triplett-Bande (6, 10); hochmolekulare Albumine (7); Globuline (8); Nicht-Reserveproteine (9). (Nach *Payne*, et al. 1985)

Untersuchungen über die Struktur der Weizenprolamine und -gluteline, die gegenwärtig in mehreren Laboratorien im Gange sind, zielen darauf ab, die molekulare Basis für die besonderen rheologischen Eigenschaften von Weizenteigen zu klären. Dabei soll die Frage beantwortet werden, welche Rolle den einzelnen Proteinen aus den *Osborne*-Fraktionen bei der Kleberbildung zukommt.

15.2.1.3.1 Weizenprolamine

Die in 70%igem wäßrigen Ethanol lösliche *Osborne*-Fraktion (Gliadinfraktion) läßt sich durch

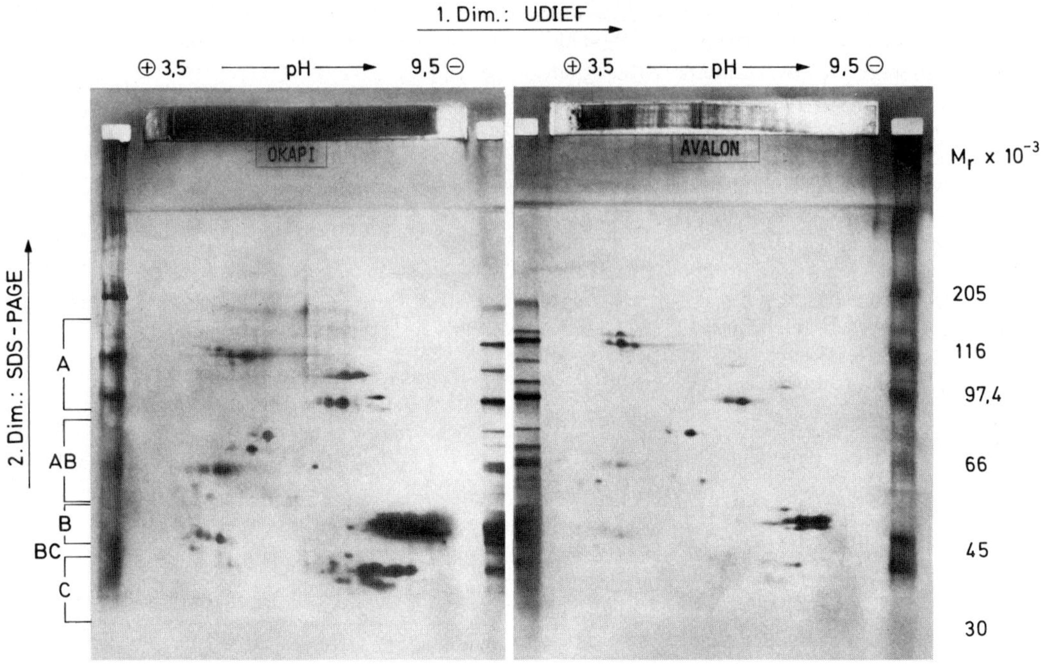

Abb. 15.6. Zweidimensionale elektrophoretische Trennung der Glutenine[a] der Weizensorten *Okapi* (B4) und *Avalon* (A6)[b].
1. Dimension: Isolelektrisches Fokussieren in ultradünner (0,25 mm) Schicht (UDIEF), pH 3,5–9,5; 8 mol/l Harnstoff.
2. Dimension: Polyacrylamidgelelektrophorese in Gegenwart von Natriumdodecylsulfat und Mercaptoethanol (SDS-PAGE).

[a] Rückstand nach Extraktion des entfetteten Mehles mit Wasser, Salzlösung und wäßrigem Ethanol.
[b] Hinter den Sorten sind in Klammern die Backqualitätsgruppen aufgeführt (Brotvolumenausbeute bei A6: mittel bis hoch, bei B4: niedrig bis mittel).

Gelchromatographie in drei Hauptfraktionen trennen (hochmolekulare Gliadine: M_r > 100000; ω-Gliadine: M_r = 60000–80000; niedermolekulare Gliadine: M_r = 30000–40000).
Die *hochmolekulare Gliadinfraktion* enthält vorwiegend Komponenten mit M_r = 140000, daneben sehr hochmolekulare (M_r > 800000) und auch niedermolekulare (M_r = 20000–60000) Anteile. Nach Reduktion der Disulfidbindungen liegt das Molekulargewicht der Hauptfraktion des hochmolekularen Gliadins bei 40000 und entspricht damit den nach Reduktion auftretenden ethanollöslichen Subeinheiten des Glutenins (cf. 15.2.1.3.2). Daraus folgt, daß hochmolekulares Gliadin vorwiegend aus niedermolekularen Subeinheiten besteht, die durch Disulfidbindungen verknüpft sind.
Die *ω-Gliadinfraktion* erscheint bei der Gelfiltration zusammen mit dimeren Formen der niedermolekularen Gliadine (*α-, β-, γ-Gliadine*). Die Bezeichnungen α-, β-, γ- und ω-Gliadine stammen von elektrophoretischen Trennungen in sauren Systemen und bezeichnen die Fraktionen nach abnehmender Beweglichkeit. Insgesamt enthält die Gliadinfraktion mindestens 40 Proteine.
Die Aminosäurezusammensetzung der verschiedenen Gliadine ist ähnlich und weicht nur wenig von den Werten ab, die in Abb. 15.4 für die Weizenprolamine insgesamt angegeben sind. Glx, das überwiegend als Glutamin vorliegt, stellt mehr als ein Drittel der Aminosäuren, gefolgt von Prolin. Die ω-Gliadine bestehen zu ca. 80 mol-% aus Gln (~ 40%), Pro (20–30%) und Phe (ca. 9%). Sie enthalten im Gegensatz zu den übrigen Gliadinen kein Cys und sehr wenig Met (S-poor prolamins). Bei den α-, β- und γ-Gliadinen sind neben Gln (ca. 40%) und Pro (15–20%)

die verzweigtkettigen Aliphaten Val, Leu, Ile (ca. 16%) von größerer Bedeutung. Sie enthalten auch Cys (ca. 2%) und Met (S-rich prolamins). Die N-terminalen Aminosäuresequenzen der Prolamine lassen drei Gruppen erkennen (Tab. 15.13): α/β-, γ- und ω-Gliadine. Aus Tab. 15.13 ist auch zu entnehmen, daß die N-Termini der Weizenprolamine die typische Aminosäurezusammensetzung dieser Proteine nicht widerspiegeln. Die dafür repräsentativen Sequenzen (cf. Tab. 15.14) setzen vielmehr erst in einiger Entfernung vom N-Terminus ein. Inzwischen sind die Gesamtsequenzen einiger α/β-Prolamine bekannt, die zum Teil aus den entsprechenden Nucleinsäuresequenzen abgeleitet und zum Teil durch Sequenzierung der Proteine selbst erhalten wurden (Tab. 15.15). Danach läßt sich die Peptidkette in fünf Abschnitte (domains) einteilen. Abschnitt 1 (Positionen 1–99 in Sequenz 1) besteht nach dem untypischen N-terminalen Bereich (1–25) ganz überwiegend aus Pro, Gln und Phe/Tyr im Verhältnis 3:2:1 und enthält eine Reihe von charakteristischen Sequenzwiederholungen. Die Abschnitte 2 (100–118) und 4 (188–220) bestehen nur aus Gln, während die Abschnitte 3 (119–187) und 5 (221–298) bei einer relativ breit

Tabelle 15.13. N-terminale Sequenzen verschiedener Prolamine aus der Weizensorte *„Ponca"* (zum einbuchstabigen Aminosäurecode cf. Tab. 1.1; mehrere Zeichen untereinander zeigen Heterogenität des Proteins an)

Prolamin	Positionsnummer																													
	1				5					10					15					20					25					30
α_8	V	R	V	P	V	P	Q	L	Q	P	Q	N	P		Q	Q	Q	P	Q	E	Q	V	P	L	V	Q	Z	P	Z	
α_9	V	R	V	P	V	P	Q	L	Q	P	Q	N	P		Q	Q	Q	P	Q	E	Q	V	P	L	V					Q
α_{10}	V	R	V	P	V	P	Q	L	Q	P	Q	N	P	S	Q	Q	Q	P	Q	E	Q	V	P	L	V	Z	Z			
α_{11}	V	R	V	P	V	P	Q	L	Q	P	Q	N	P	S	Q	Q	Q	P	Q	E	Q	V	P	L	V	Q	Z			
α_{12}	V	R	V	P	V	P	Q	L	Q	P	Q	N	P	S	Q	Q	Q	P	Q	E	Q	V	P	L	V	Q	Q			
β_5	V	R	V	P	V	P	Q	L	Q	P	Q	N	P		Q	Q	Q	P	Q	E	Q	V								
γ_1	V	R	V	P	V	P	Q	L	Q	P	Q	N	P	S	Q	Q	Q	P	Q	Z	Q	V	P	L	V	Z	Z	I	Z	
γ_2	N	I	G	V	D	P	W	G	Q	V	Q	W	L	P	Q	Q	Q	V	P	Q	L	Z	Q	P		Q				
	P		Q		V	Q		L				I	V	Q			L		Q		Q			Q		R				
					Q																									
γ_3	N	M	G	V	D	P	W	G	Q	V	Q	W	V	P	Q	Q	L	Q		Q	Q	Q		Z			V	Q		
	P		Q	Q	V	Q	Q					L	P	Q			Q	H												
α_2	V	R	V	P	V	P	Q	L	Q	P	Q	N	P	S	Q	Q	Q	P	Q	E	Q	V	P	L	V					
γ	V	I	V	Q	V	R	Q	L	Q	V	Q	Q																		
ω-2	A	R	E	L	N	P	S	N	K	E	L	Q	S	P	Q	Q	S	F	S											
ω-5	S	R	L	L	S	P	R	G	K	E	L	H	T	P	Q	Q	Q	F	P	Q	Q	X	X	F	P					

Tabelle 15.14. Aminosäuresequenzen typischer Peptide aus einem chymotryptischen Hydrolysat des Prolamins der Weizensorte *„Kolibri"*

PQPQPFPSQQPY	LQLQPFPQPQLP
LQPQQPFPQQPQQPFP	SQQPQQPFPQPQQP
TQQPQQPFPQQPQQPFPQ	VQGQGIIQPQQPA
TQQPQQPFPQQPQQPFPQQPQQP.	SQPQQPI
SQQQQPPF	.QQPQQPFPQP
AQIPQQL	VNVPL
IQPSLQ	PQPQPQY
GIIQPQQPAQQL	LQPQQ
VQQQQFPGQQQPFPPQQPYPQPQ.	AQGSVQPQ
VPVPQ	GSVQPQQ
GQQPQQQQL	
TQQPQQPF	

Tabelle 15.15. Aminosäuresequenzen von α/β-Prolaminen des Weizens

1, 2 Abgeleitet aus den Nucleinsäuresequenzen pGliA-42 und pTO-A10 (Weizensorte „*Cheyenne*"),
3 Sequenzanalyse von A-Gliadin (Weizensorte „*Scout 66*"),
4–6 Abgeleitet aus den Nucleinsäuresequenzen der Klone pW 1215, pW 8233 und pW 8142 (Weizensorte „*Yamhill*").

Die Sequenzen 1 bzw. 4 sind vollständig angegeben. Die Sequenzen 2, 3 bzw. 5, 6 beziehen sich darauf: Identische Positionen sind mit einem durchlaufenden Strich bezeichnet, abweichende mit dem jeweiligen Buchstaben. In einer Sequenz fehlende Positionen sind frei gelassen.

										10										20
1	V	R	V	P	V	P	Q	L	Q	P	Q	N	P	S	Q	Q	Q	P	Q	E
2	–	–	–	–	–	–	–	–	–	–	–	–	–	–	–	–	–	–	–	–
3	–	–	–	–	–	–	–	–	–	–	–	–	–	–	–	–	–	–	–	–
4	V	R	V	P	V	P	Q	P	Q	P	Q	N	P	S	Q	P	Q	P	Q	G
5	–	–	F	–	–	–	–	L	–	–	–	–	–	–	–	Q	L	–	–	E
6	–	–	–	–	–	–	–	L	–	–	K	–	–	–	–	Q	–	–	–	E
1	Q	V	P	L	V	Q	Q	Q	Q	F	P	G	Q	Q	Q	Q	F	P	P	Q
2	–	–	–	–	–	–	–	–	–	–	–	–	–	–	–	–	–	–	–	–
3	–	–	–	–	–	–	–	–	–	–	L	–	–	–	–	P	–	–	–	
4	Q	V	P	L	V	Q	Q	Q	Q	F	P	G	Q	Q	Q	Q	F	P	P	Q
5	–	–	–	–	–	–	–	–	–	–	L	–	–	–	–	P	–	–	–	–
6	–	–	–	–	–	–	–	–	–	–	–	–	–	–	–	–	–	–	–	–
1	Q	P	Y	P	Q	P	Q	P	F	P	S	Q	Q	P	Y	L	Q	L	Q	P
2	–	–	–	–	–	–	–	–	–	–	–	–	–	–	–	–	–	–	–	–
3	–	–	–	–	–	–	–	–	–	–	–	–	–	–	–	–	–	–	–	–
4	Q	P	Y	P	Q	P	Q	P	F	P	S	Q	Q	P	Y	L	Q	L	Q	P
5	–	–	–	–	–	–	–	–	–	–	–	–	L	–	–	–	–	–	–	
6	–	–	–	–	–	–	–	–	–	–	–	–	–	–	–	–	–	–	–	–
1	F	P	Q	P	Q	P	F	P	P	L	P	Y	P	Q	P	Q	S	F	P	P
2	–	–	–	–	–	–	–	–	–	–	–	–	–	–	–	–	–	–	–	–
3	–	–	–	–	–					–	–	–	S	–	–	–	P	–	R	–
4	F	P	Q	P	Q	P	F	P		P	Q	L	P	Y	P	Q	P	P	P	F
5						–	–	–	Q	–	–	–	–	–	S	–	–	Q	–	–
6	–	–	–	–	–	–	–		L	–	–	–	–	–	–	–	–	Q	S	–
1	Q	Q	P	Y	P	Q	Q	Q	P	Q	Y	L	Q	P	Q	Q	P	I	S	Q
2	–	–	–	–	–	–	P	–	–	–	–	S	–	–	–	–	–	–	–	–
3	–	–	–	–	–	–	P	–	–	–	–	S	–	–	–	–	–	–	–	–
4	S	P	Q	Q	P	Y	P	Q	P	Q	P	Q	Y	P	Q	P	Q	Q	P	I
5	R	–	–	–	–	–	–	–	–	–	–	–	–	S	–	–	–	–	–	–
6	P	–	–	–	–	–	–	–	Q	R	–	M	–	L	–	–	–	–	–	–
1	Q	Q	A	Q	Q	Q	Q	Q	Q	Q	Q	Q	Q	Q	Q	Q	Q	Q	I	L
2	–	–	–	–	–	–	–	–	–	–	–	–	–	–	–	–	–		–	–
3	–	–		–	–	–	–	–	–	–	–	–	–	–	–	–	–	–	–	–
4	S	Q	Q	Q	A	Q	Q	Q	Q	Q	Q	Q	Q	Q	Q	Q	Q	Q	Q	Q
5	–	–	–					–	–	–	–	–	–	–	–	–	–	–	–	–
6	–	–	–	–	–	–	–	–	–	–	–	–	–	–	–	–	–	–	–	–
1	Q	Q	I	L	Q	Q	Q	L	I	P	C	R	D	V	V	L	Q	Q	H	N
2	–	–	–	–	–	–	–	–	–	–	–	M	–	–	–	–	–	–	–	–
3	–	–	–	–	–	–	–	–	–	F	–	M	–	–	–	–	–	–	–	–
4	Q	Q	Q	I	L	Q	Q	I	L	Q	Q	Q	L	I	P	C	R	D	V	V
5	–	–	–	–	–	–	–	–	–	–	–	–	–	–	–	–	M	–	–	–
6	–		–	–	–	–	–	–	–	–	–	–	–	–	–	–	–	–	–	–

Tabelle 15.15 (Fortsetzung)

1	I	A	H	A	S	S	Q	V	L	Q	Q	S	T	Y	Q	L	L	Q	Q	L
2	–	–	–	–	R	–	–	–	–	–	–	–	–	–	–	–	–	–	E	–
3	–	–	–	G	R	–	–	–	–	–	–	–	–	–	–	–	–	–	E	–
4	L	Q	Q	H	N	I	A	H	A	R	S	Q	V	L	Q	Q	S	T	Y	Q
5	–	–	–	–	–	–	–	–	G	–	–	–	–	–	–	–	–	–	–	–
6	–	–	–	–	–	–	–	–	–	S	–	–	–	–	–	–	–	–	–	–

1	C	C	Q	Q	L	L	Q	I	P	E	Q	S	Q	C	Q	A	I	H	N	V
2	–	–	–	H	–	W	–	–	–	–	–	–	–	–	–	–	–	–	–	–
3	–	–	–	H	–	W	–	–	–	–	–	–	–	–	–	–	–	–	–	–
4	P	L	Q	Q	L	C	C	Q	Q	L	W	Q	I	P	E	Q	S	R	C	Q
5	L	–	–	E	–	–	–	–	H	–	–	–	–	–	–	–	–	Q	–	–
6	L	–	–	–	–	–	–	–	–	–	L	–	–	–	–	–	–	–	–	–

1	A	H	A	I	I	M	H	Q	Q	Q	Q	Q	Q	Q	E	Q	K	Q	Q	L
2	V	–	–	–	–	L	–					–	–	–		–	–			
3	V	–	–	–	–	L	–						–	–		–	–			
4	A	I	H	N	V	V	H	A	I	I	L	H	Q	Q	Q	R	Q	Q	Q	
5	–	–	–	–	–	–	–	–	–	–	–	–	–	–	–	K	–	–	–	Q
6	–	–	–	–	–	–	–	–	–	–	M	–	–	–	E	Q	–	–	–	L

1	Q	Q	Q	Q	Q	Q	Q	Q	Q	L	Q	Q	Q	Q	Q	Q	Q	Q	Q	Q
2																	–	–	–	–
3																	–	–	–	–
4																				
5																				
6	Q	Q	Q	Q	Q	Q	Q	L	Q	Q	Q	Q	Q	Q	Q	Q	Q	Q	Q	Q

1	P	S	S	Q	V	S	F	Q	Q	P	Q	Q	Q	Y	P	S	S	Q	V	S
2	–	–	–	–	F	–	–	–	–	–	L	–	–	–	–	L	G	–	G	–
3	–	–	–	–	–	–	–	–	–	–	L	–	–	–	–	L	G	–	G	–
4	P	S	S	Q	V	S	L	Q	Q	P	Q	Q	Q	Y	P	S	G	Q	G	F
5	–	–	–	–	–	–	F	–	–	–	L	–	–	–	–	L	–	–	–	S
6	–	–	–	–	–	–	F	–	–	–	–	–	–	–	–	–	S	–	–	S

1	F	Q	P	S	Q	L	N	P	Q	A	Q	G	S	V	Q	P	Q	Q	L	P
2	–	R	–	–	–	Q	–	–	–	–	–	–	–	–	–	–	–	–	–	–
3	–	R	–	–	–	Q	–	–	–	–	–	–	–	–	–	–	–	–	–	–
4	F	Q	P	S	Q	Q	N	P	Q	A	Q	G	S	V	Q	P	Q	Q	L	P
5	–	R	–	–	–	–	–	–	–	–	–	–	–	–	–	–	–	–	–	–
6	–	–	–	–	–	–	–	–	–	–	–	–	–	–	–	–	–	–	–	–

1	Q	F	A	E	I	R	N	L	A	L	Q	T	L	P	A	M	C	N	V	Y
2	–	–		–	–	–	–	–	–	–	–	–	–	–	–	–	–	–	–	–
3	–	–	E	–	–	–	–	–	–	–	–	–	–	–	–	–	–	–	–	–
4	Q	F	E	E	I	R	N	L	A	L	Q	T	L	P	R	M	C	N	V	Y
5	–	–	–	–	–	–	–	–	–	–	–	–	–	–	A	–	–	–	–	–
6	–	–	A	–	–	–	–	–	–	–	–	–	–	–	A	–	–	–	–	–

1	I	P	P	H	C	S	T	T	I	A	P	F	G	I	S	G	T	N
2	–	–	–	Y	–			–	–	–	–	–	A	–	F	–	–	–
3	–	A	–	Y	–			–	–	–	–	–	–	–	F	–	–	–
4	I	P	P	Y	C	S	T	T	I	A	P	F	G	I	F	G	T	N
5	–	–	–	–	–			–	–	–	–	–	–	–	–	–	–	–
6	–	–	–	H	–	–	–	–	–	–	–	–	–	–	–	–	–	–

gestreuten Aminosäurezusammensetzung im Vergleich zu Abschnitt 1 weniger Gln und Pro enthalten und keine Sequenzwiederholungen zeigen.
Über die Konformation der Prolamine ist nur bekannt, daß der Helixanteil bei 30–35% (α-, β-, γ-Gliadine) und der Anteil an β-Struktur bei 10% (α-Gliadin) liegt. Die ω-Gliadine enthalten keine α-Helix und keine β-Strukturen, sind aber reich an β-turns.

15.2.1.3.2 Weizengluteline

Das Glutenin macht bei hexaploidem Weizen ca. 40% des Gesamtproteins aus und trägt wesentlich zu den elastischen Eigenschaften von Weizenmehlteigen bei, da es sehr hochmolekulare Proteinaggregate enthält, die aus einer Reihe von Subeinheiten aufgebaut sind, die kovalent und nicht-kovalent verbunden sind.
Natives Glutenin ist in verdünnter Essigsäure, in konzentriertem Harnstoff, Guanidin-HCl und Natriumdodecylsulfat nur teilweise (25–85%) löslich. Chromatographie der Lösungen an Agarosegelen liefert komplexe Elutionsdiagramme im Molekulargewichtsbereich von 30000 bis zu 2×10^7.
Arbeiten an verschiedenen Weizensorten zeigen, daß gute Backeigenschaften („bread-making-quality") offensichtlich mit einem hohen Anteil an in Harnstoff bzw. Essigsäure unlöslichen, hochmolekularen Gluteninfraktionen gekoppelt sind.
Durch Reduktion der Disulfidbindungen und Alkylierung der entstandenen SH-Gruppen zur Vermeidung einer Reoxidation werden Monomere (Subeinheiten) gewonnen, die sich drei Gruppen mit Molekulargewichten von ca. 100000 (hochmolekulare Subeinheiten), 80000 und 40000 zuordnen lassen. Die angegebenen Molekulargewichte basieren auf elektrophoretischen Untersuchungen (SDS-PAGE). Durch Ultrazentrifugation wurden zum Teil wesentlich niedrigere Werte ermittelt, für die hochmolekularen Glutenin-Subeinheiten z. B. 55000–70000. Die Subeinheiten des Weizenglutelins (Glutenine) variieren mit der Weizensorte, so daß unterschiedliche Eigenschaften von Gluteninen möglicherweise auf unterschiedliche Kombinationen solcher Subeinheiten zurückgeführt werden können. Näher untersucht wurden vor allem die hochmolekularen Subeinheiten, da sie nur im Glutenin vorkommen und da ihnen besondere Bedeutung für die Backeigenschaften zugeschrieben wird. Abb. 15.7 zeigt die Bandenmuster der Glutenine einiger Weizensorten, die durch Polyacrylamidgelelektrophorese in Gegenwart von Natriumdodecylsulfat und Mercaptoethanol (SDS-PAGE) erhalten wurden. Den Proteingruppen A–C in Abb. 15.7 entsprechen die Molekulargewichtsbereiche 90–130000 (A), 43,5 bis 56000 (B) und 30–41500 (C). Die Banden 3 und 10 bzw. 2* der hochmolekularen Gruppe A sind mit guten Backeigenschaften korreliert. Die niedermolekularen Subeinheiten bestehen aus einer Hauptgruppe basischer Proteine (Gruppe 2 in Abb. 15.5) und einer Nebengruppe saurer Proteine (Gruppe 3 in Abb. 15.5) sowie einer weiteren Nebengruppe mit breit gestreuten isoelektrischen Punkten.
Die Lokalisation der für die Biosynthese der hochmolekularen Subeinheiten verantwortlichen Gene auf den entsprechenden Chromosomen ist bereits gut bekannt. Über die Sequenzierung einer relevanten Nucleinsäure wurde z. B. die in Tab. 15.16 wiedergegebene Aminosäuresequenz einer hochmolekularen Gluteninsubeinheit der Weizensorte *„Yamhill"* abgeleitet. Typische Sequenzabschnitte scheinen GYYPTS und QPGQGQ zu sein. Offensichtlich spielt Glycin bei diesen Proteinen eine besondere Rolle. Tab. 15.17 informiert über die N-terminalen Sequenzen einiger hochmolekularer Subeinheiten, die viele geladene Aminosäuren (Glu, Arg, Lys), zwei Cysteinreste und relativ wenig Glycin und Prolin enthalten. Sie sind damit genauso untypisch für die Gesamtzusammensetzung wie die N-Termini der Prolamine (cf. Tab. 15.13).
Über die Assoziation der Glutenin-Subeinheiten zum nativen Glutenin und dessen Wechselwirkungen mit anderen Proteinkomponenten ist noch wenig bekannt. Die starken Qualitätsunterschiede zwischen verschiedenen Weizensorten lassen sich nicht allein auf qualitative und quantitative Unterschiede bei den Glutenin-Subeinheiten zurückführen, sondern sind u. a. von der Molekulargewichtsverteilung des nativen Glutenins abhängig.

15.2.1.3.3 Kleberbildung

Die Kleberbildung verläuft nach Hypothesen, die allerdings noch der experimentellen Stützung bedürfen, wahrscheinlich stufenweise: Die etha-

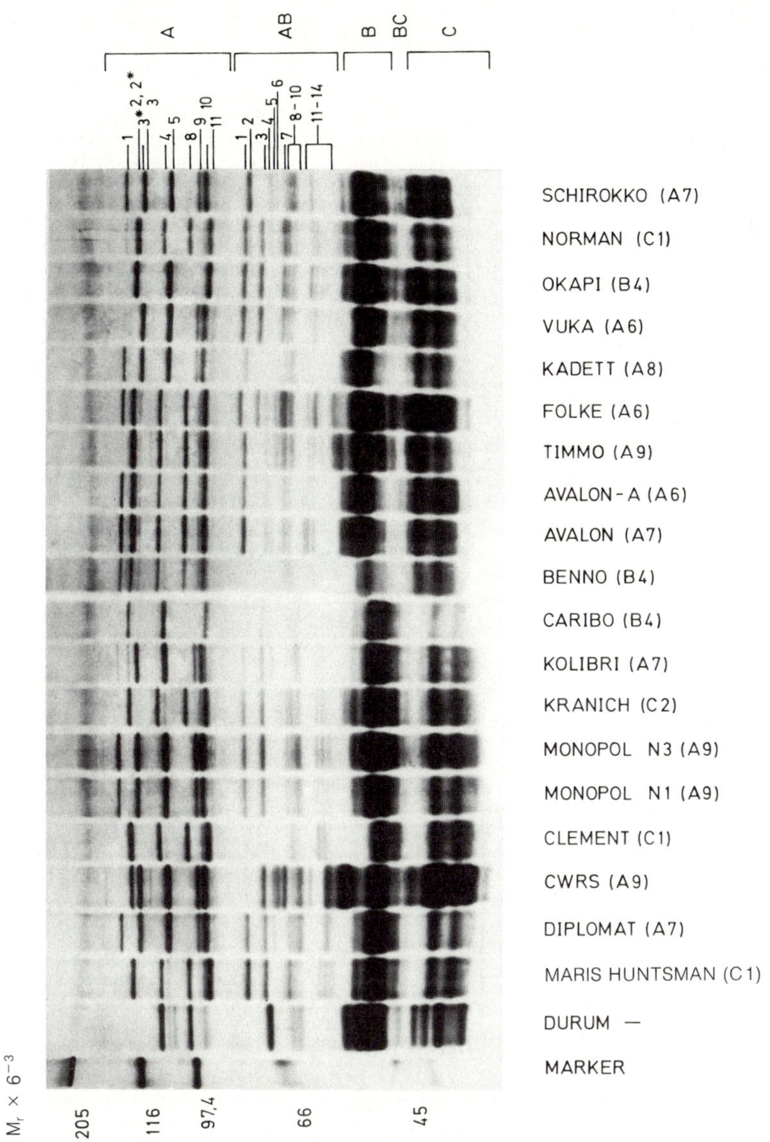

Abb. 15.7. Elektrophoretische Trennung der Glutenine[a] verschiedener Weizensorten[b] in Polyacrylamidgel in Gegenwart von Natriumdodecylsulfat und Mercaptoethanol (SDS-PAGE)

[a] Rückstand nach der Extraktion von entfettetem Mehl mit Wasser, Salzlösung und wäßrigem Ethanol.
[b] Hinter den Sorten sind in Klammern die Backqualitätsgruppen aufgeführt (Brotvolumenausbeute sehr hoch: A9, hoch bis sehr hoch: A8, hoch: A7, mittel bis hoch: A6, mittel: B5, niedrig bis mittel: B4, niedrig: B3, sehr niedrig bis niedrig: C2, sehr niedrig: C1).

nollöslichen, niedermolekularen Subeinheiten des Glutenins bilden zusammen mit bestimmten Gliadinsubeinheiten hochmolekulares Gliadin. Die hochmolekularen Gluteninsubeinheiten polymerisieren getrennt und treten mit dem hochmolekularen Gliadin zusammen. Glutenin bildet schließlich mit niedermolekularem Gliadin, gegebenenfalls unter Mitwirkung von Albuminen

Tabelle 15.16. Aminosäuresequenz einer hochmolekularen Gluteninsubeinheit der Weizensorte *„Yamhill“* (HMW-Klon pW 1212), postuliert aufgrund der DNA-Sequenz des entsprechenden Gens.

E G E A S E Q L Q C E R E L Q E L Q E R E L K A C Q Q V M D Q Q L R D I S P E C
H P V V V S P V A G Q Y E Q Q I V V P K G G S F Y P G E T T P P Q Q L Q Q R I F
W G I P A L L K R Y Y P S V T S P Q Q V S Y Y P G Q A S P Q R P G Q G Q Q P G Q
G Q Q S G Q G Q Q G Y Y P T S P Q Q P G Q W Q Q P E Q G Q P G Y Y P T S P Q Q P
G Q L Q Q P A Q G Q Q P G Q G Q Q G R Q P G Q G Q P G Y Y P T S S Q L Q P G Q L
Q Q P A Q G Q Q G Q Q P G Q G Q Q G Q Q P G Q G Q Q P G Q G Q Q G Q Q P G Q G Q
Q P G Q G Q Q G Q Q L G Q G Q Q G Y Y P T S L Q Q S G Q G Q P G Y Y P T S L Q Q
L G Q G Q S G Y Y P T S P Q Q P G Q G Q Q P G Q L Q Q P A Q G Q Q P E Q G Q Q G
Q Q P G Q G Q Q G Q Q P G Q G Q Q P G Q G Q P G Y Y P T S P Q Q S G Q G Q P G Y
Y P T S S Q Q P T Q S Q Q P G Q G Q Q G Q Q V G Q G Q Q A Q Q P G Q G Q Q P G Q
G Q P G Y Y P T S P L Q S G Q G Q P G Y Y L T S P Q Q S G Q G Q Q P G Q L Q Q S
A Q G Q K G Q Q P G Q G Q Q P G Q G Q Q G Q Q P G Q G Q Q G Q Q P G Q G Q P G Y
Y P T S P Q Q S G Q G Q Q P G Q W Q Q P G Q G Q P G Y Y P T S P L Q P G Q G Q P
G Y D P T S P Q Q P G Q G Q Q P G Q L Q Q P A Q G Q Q G Q Q L A Q G Q Q G Q Q P
A Q V Q Q G Q Q P A Q G Q Q G Q Q L G Q G Q Q G Q Q P G Q G Q Q P A Q G Q Q G Q
Q P G Q G Q Q G Q Q P G Q G Q Q P G Q G Q P W Y Y P T S P Q E S G Q G Q Q P G Q
W Q Q P G Q W Q Q P G Q G Q P G Y Y L T S P L Q L G Q G Q Q G Y Y P T S L Q Q P
G Q G Q Q P G Q W Q Q S G Q G Q H G Y Y P T S P Q L S G Q G Q R P G Q W L Q P G
Q G Q Q G Y Y P T S P Q Q S G Q G Q Q L G Q W L Q P G Q G Q Q G Y Y P T S L Q Q
T G Q G Q Q S G Q G Q Q G Y Y S S Y H V S V E H Q A A S L K V A K A Q Q L A A Q
L P A M C R L E G G D A L S A S Q

Tabelle 15.17. N-terminale Sequenzen von hochmolekularen Gluteninsubeinheiten. (Die Sequenzen sind fortlaufend so angeordnet, daß die Homologie maximal ist.)

Subeinheit	Positionsnummer																											
					5					10					15					20					25			
1 Dx 2/5	E	G	E	A	S	E	Q	L	Q	C	E	R	E	L	Q	E	L	Q	E	R	E	L	K	A	C	Q	Q	V
1 Dy 10/12	E	G	E	A	S	R	Q	L	Q	C	E	R	E	L	Q	E				X	Q	L	E	A	C	Q	Q	V
																							K					
1 A 1	E	G	E	A	S	G	Q	L	Q	C	E	X	E	L	Q	E	G	X				L	K	A	C	Q	Q	V
																	P											
1 Bx 7	E	G	E	A	S	G	Q	L	Q	C	E	X	E	L	E									A	C	Q	Q	V

und Globulinen, den Kleber. Die Assoziation erfolgt unter Ausbildung von intermolekularen Disulfidbindungen, Wasserstoffbrücken und hydrophoben Bindungen. Auch Ionenbindungen spielen eine wichtige Rolle.

15.2.2 Enzyme

Von den im Getreidekorn vorkommenden Enzymen sind diejenigen näher untersucht worden, die bei der Verarbeitung eine Rolle spielen oder von denen eine Mitwirkung an Reaktionen, die für die Qualität der Getreideprodukte ausschlaggebend sind, zumindest erwartet wird.

15.2.2.1 Amylasen

α- und β-Amylasen kommen in allen Getreidearten vor. Von besonderem Interesse sind die Amylasen in Roggen und Weizen, da die Teiglockerung durch Hefe ein Optimum an beiden Aktivitäten erfordert (cf. 15.4.1.4.8). Im reifen Korn erreicht insbesondere die α-Amylaseaktivität ein Minimum, um bei der Keimung wieder anzusteigen. Die Keimruhe ist beim Roggen im Unterschied zum Weizen nur wenig ausgeprägt. Ungünstige Erntebedingungen (hohe Feuchtigkeit und Temperatur) begünstigen eine vorzeitige Keimung (*„Auswuchs“*), die äußerlich noch nicht zu erkennen ist. Die α-Amylaseaktivität steigt an, so daß beim Backprozeß die Stärke

Tabelle 15.18. Amylasen im Weizen

Eigenschaften	α-Amylase I	α-Amylase II	β-Amylase
pH-Optimum	3,6–5,75	5,5–5,7	5,4–6,2
Molmasse	37000[a]	21000[a]	64200[b]
Isoelektrischer Punkt	4,65–5,11	6,05–6,20	4,1–4,9

[a] Gelchromatographie, [b] Ultrazentrifugation.

zu weit abgebaut wird; es stellen sich die unter 15.4.1.2 erwähnten Brotfehler ein.

Aus Weizen werden durch Affinitätschromatographie und Chromatofokussierung zwei α-Amylasen, α-AI und α-AII, isoliert, die bei der SDS-PAG-Elektrophorese noch eine Reihe multipler Formen ergeben. Das Konzentrationsverhältnis beider α-Amylasen ist entwicklungsbedingt. Nach der Blüte erscheint zunächst in den äußeren Schichten des Korns α-AI, die dann mit zunehmender Reife abnimmt. Schon vor der Keimruhe sind geringe Aktivitäten von α-AII nachweisbar, die bei der Keimung sehr stark zunehmen. Tab. 15.18 zeigt, daß die beiden α-Amylasen sich im pH-Optimum, in der Molmasse und im isoelektrischen Punkt unterscheiden. Die α-AII ist temperaturstabiler.

Das pH-Optimum der α-Amylase im keimenden Roggen liegt in einem ähnlichen Bereich wie das von α-AII des Weizens. Durch pH-Absenkung bei der Sauerteigführung (cf. 15.4.2.2) wird deshalb die α-Amylase teilweise gehemmt.

Eigenschaften der im Weizen vorkommenden β-Amylase sind in Tab. 15.18 angeführt.

15.2.2.2 Proteinasen

Saure Proteinasen (pH-Optimum 4–5) wurden in Weizen, Roggen und Gerste nachgewiesen und im Hinblick auf ihre Substratspezifität charakterisiert. Proteinasen des Weizens sind an der Erweichung des Klebers durch Hydrolyse von Peptidbindungen beim Backprozeß beteiligt.

15.2.2.3 Lipasen

Die Enzyme kommen in unterschiedlichen Konzentrationen in sämtlichen Getreidearten vor. Bei der Carboxylester-Hydrolase, die aus Weizenkeimen leicht isoliert werden kann, handelt es sich nicht um eine Lipase, sondern um eine Esterase (zum Unterschied cf. 3.7.1.1). Da die Aktivität im ruhenden Samen gering ist, aber beim Keimen stark zunimmt und mit einem fluorochromen Substrat, z. B. Fluoreszeindibutyrat, sehr empfindlich erfaßt werden kann, beruht darauf eine Methode zum schnellen Nachweis von „Auswuchs“ bei Weizen und Roggen.

Außer der Esterase enthält Weizen noch eine Lipase, die sich in der Kleie anreichert. Am Anstieg der freien Fettsäuren, der bei der Lagerung von Mehl beobachtet wird, sind aber meist auch Lipasen beteiligt, die aus dem Stoffwechsel von Mikroorganismen stammen.

Hafer enthält im Vergleich zu den übrigen Getreidearten besonders viel Lipase, die nach Zerkleinerung oder Quetschung der Körner sehr aktiv ist. Aus den vorkommenden Acyllipiden setzt sie u. a. Linolsäure frei, aus der ein Enzym mit Lipoxygenase- und Lipoperoxidaseaktivität ein Gemisch bitter schmeckender Hydroxyfettsäuren bildet (Abb. 15.8). Durch eine thermische Inaktivierung der beteiligten Enzyme („Präparierung“) wird der Qualitätsabfall verhindert (cf. 15.3.2.2.2).

Bei der Lipid-Extraktion müssen die relativ hohen Phospholipase-D-Aktivitäten im reifen Getreide beachtet werden, denn das Enzym transferiert wie unter 3.7.1.2.1 angegeben, den Phosphatidylrest von Phospholipiden auf Alkohole, die zur Extraktion von Lipiden angewandt werden. Bei einer Extraktion mit kochendem wassergesättigten Butanol wird das Enzym inaktiviert. Eine Phospholipase, die beide Acylreste im Lecithinmolekül hydrolysiert („Phospholipase B“), macht sich im keimenden Getreide bemerkbar. Sie beeinflußt beim Bier die Schaumstabilität (cf. 20.1.7.9).

Bei der Herstellung und Lagerung von Eierteigwaren können die Phospholipasen B und D den Phospholipidgehalt erniedrigen.

15.2.2.4 Phytase

Weizen enthält etwa 1% Phytin, das ca. 70% des im Korn vorkommenden Phosphors bindet. Ein Teil davon wird bei der Teigführung hydrolysiert:

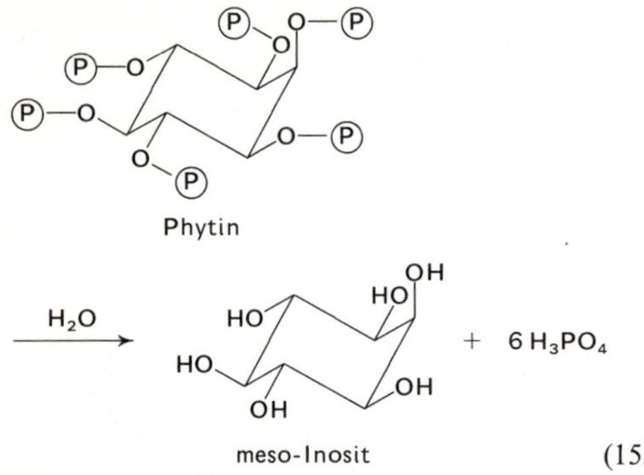

(15.1)

Die Phytasen stammen überwiegend aus Mikroorganismen, die zur Teiglockerung angewandt werden, und im geringen Umfang aus dem Mehl. Bei einer Sauerteigführung werden 70–80% des Phytins hydrolysiert.

Die Reaktion ist ernährungsphysiologisch erwünscht, da das Phytin u.a. mit Calcium- und Eisenionen unlösliche Salze bildet, die sehr schlecht resorbiert werden.

15.2.2.5 Lipoxygenasen

Die Getreidearten enthalten Lipoxygenasen (cf. 3.7.2.2), die, mit Ausnahme des Enzyms aus Roggen, bevorzugt 9-Hydroperoxysäuren aus Linolsäure bilden. Obwohl das Enzym aus Weizen zum Typ I gehört und damit Carotinoide nur sehr langsam cooxidiert, kann diese Reaktion bei der Herstellung von Teigwaren einen Verlust an gelber Farbe herbeiführen. Lipoxygenase wird deshalb in diesem Fall durch Hitze inaktiviert.

Ob die endogene Lipoxygenase den Backprozeß bei der Herstellung von Weizengebäck beeinflußt, ist unklar. Durch einen Zusatz von Sojalipoxygenasepräparaten kann dagegen eine deutliche Mehlverbesserung erreicht werden (cf. 15.4.1.4.3).

Wie in Abb. 15.8 aufgezeigt, enthält der Hafer eine Lipoxygenase mit Lipoperoxidaseaktivität. Sie reduziert die primär gebildeten Hydroperoxide mit phenolischen Verbindungen als H-Donatoren zu den entsprechenden Hydroxysäuren:

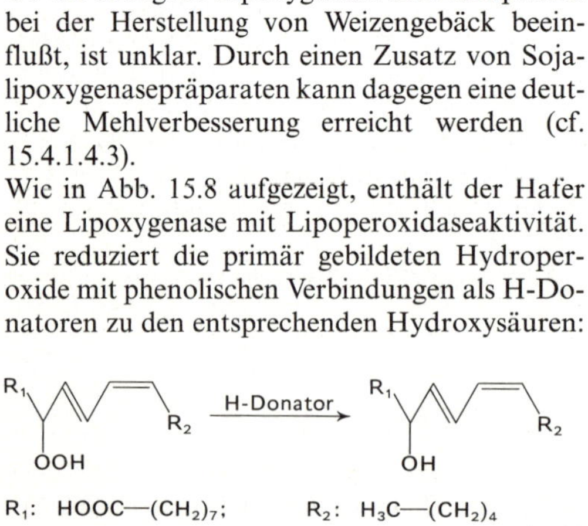

(15.2)

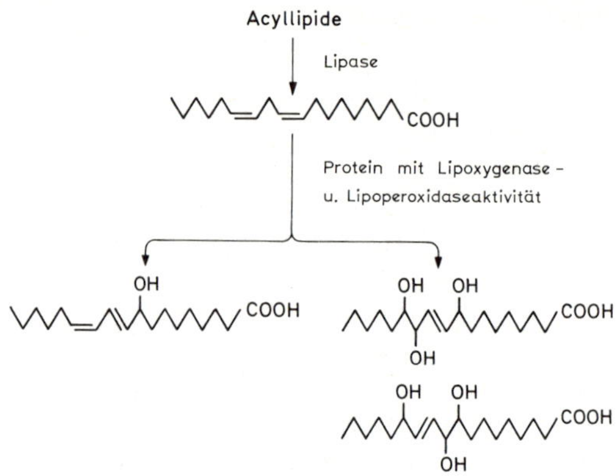

Abb. 15.8. Bildung von Bitterstoffen im Hafer (Schwellenwerte in Tab. 3.28)

15.2.2.6 Peroxidase, Katalase

Beide Enzyme kommen verbreitet im Getreide vor. Die pH-Aktivitätskurven der Enzyme aus Weizen zeigen, daß bei den üblichen pH-Werten eines Teiges um 6,3 die Katalase noch mit 40–50% und die Peroxidase mit weniger als 10% der Aktivität am pH-Optimum (Peroxidase pH 4,5; Katalase pH 7,5) wirksam sind. Es ist deshalb unwahrscheinlich, daß die oxidative Vernetzung von Pentosanen (Abb. 15.10), die von der Peroxidase katalysiert wird, im Teig eine wesentliche Rolle spielt.

Als Hämverbindungen beschleunigen Peroxidase und Katalase die nichtenzymatische Oxidation der Ascorbinsäure zur Dehydroascorbinsäure. Sie sind dadurch möglicherweise an der Verbesserung der Backeigenschaften von Weizenmehl durch Ascorbinsäure beteiligt (cf. 15.4.1.4.1). Ob daneben eine echte Ascorbinsäureoxidase im Weizen vorkommt, ist unsicher.

15.2.2.7 Glutathion-Dehydrogenase

Das Enzym katalysiert die Oxidation von Glutathion (GSH) mit Dehydroascorbinsäure als H-Acceptor (cf. Formel 15.3).

Aus Weizenmehl, in dem relativ hohe Aktivitäten vorkommen, wurde das Enzym isoliert. Es ist hochspezifisch gegenüber dem H-Donator (Tab. 15.19), denn es oxidiert nur GSH, aber weder Cysteinylglycin, das auch im Weizenmehl vorkommt, noch Cystein. Gegenüber dem H-Acceptor ist die Spezifität nicht so ausgeprägt. So zeigt Tab. 15.19, daß alle vier diastereomeren Formen

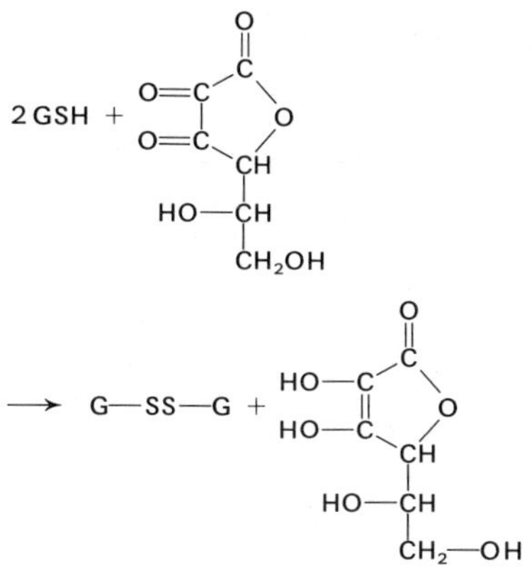

(15.3)

der Dehydroascorbinsäure umgesetzt werden, allerdings mit unterschiedlicher Geschwindigkeit. Die Substratspezifität stimmt mit der unterschiedlichen Wirksamkeit der diastereomeren Dehydroascorbinsäuren bei der Mehlverbesserung überein (cf. 15.4.1.4.1).

15.2.2.8 Phenoloxidasen

Im Getreide kommen Phenoloxidasen (Phenolasen) bevorzugt in den äußeren Schichten der Körner vor. Bei Weizen wurden Tyrosinasen von Polyphenoloxidasen durch Chromatographie und präparative Gelelektrophorese getrennt. Tyrosinasen hydroxylieren zuerst Mono- zu o-Diphenolen (Cresolase-Aktivität) und oxidieren sie dann zu o-Chinonen (Catecholase-Aktivität). Polyphenoloxidasen zeigen nur die zuletzt genannte Aktivität.
Phenolasen können bei Vollkornmehlen eine Bräunung verursachen.

15.2.3 Kohlenhydrate

15.2.3.1 Stärke

Das Hauptkohlenhydrat, die Stärke (cf. Tab. 15.6), kommt als Reservestoff nur im Mehlkörper vor, wobei die Form und Größe der Stärkekörner charakteristisch ist für die einzelnen Getreidearten.
Im Stärkekorn sind die Polysaccharidmoleküle radial angeordnet. Durch den Wechsel von wasserärmeren und wasserreicheren Schichten ergeben sich Unterschiede im Brechungsindex, die im Mikroskop zu erkennen sind.

Tabelle 15.19. Substratspezifität der Glutathion-Dehydrogenase aus Weizen

Substrat	Relative Aktivität (%)
H-Donator	
Glutathion (reduzierte Form)	100
Cystein	0
Cysteinylglycin	0
H-Acceptor	
Dehydroascorbinsäure	
L-threo	100
L-erythro	67
D-erythro	60
D-threo	16

Wird Stärke in wäßriger Suspension erhitzt, so quellen die Körner und verlieren schließlich ihre Gestalt; sie verkleistern. Der Temperaturbereich, in dem dieser Vorgang abläuft, und der Grad der Quellung bei einer bestimmten Temperatur sind charakteristisch (Tab. 4.19) und können zur Differenzierung von Stärken mit herangezogen werden.
Die Getreidestärken bestehen etwa aus 25% Amylose und 75% Amylopektin (cf. Tab. 4.19). Die chemischen Strukturen dieser Polysaccharide sind unter 4.4.4.14.2 und 4.4.4.14.3 dargestellt. In bestimmten Züchtungen, z. B. im Wachsmais, enthält die Stärke praktisch nur Amylopektin; umgekehrt ist eine andere Maissorte sehr reich an Amylose (Tab. 4.19). Beim Erhitzen quillt die Stärke aus Wachsgetreide sehr stark und die aus der zuletzt genannten Maisvariante nur wenig (Tab. 4.19 und Abb. 4.26).
Heterobestandteile der Stärken sind Lipide (Tab. 15.20) und etwa 0,5% Protein. Die Lipide sind eingeschlossen von den Helices der Amylose. Sie bestehen bei der Weizenstärke überwiegend aus Lysolecithin (Tab. 15.20) und sind mit heißem wassergesättigten Butanol aus der partiell verkleisterten Stärke extrahierbar, wobei die Lipide aus der Amylosehelix durch das Butanol verdrängt werden.
Die in der Stärke eingeschlossenen Lipide verzögern die Quellung und erhöhen die Verkleisterungstemperatur; sie beeinflussen damit auch das Backverhalten und wahrscheinlich auch die Eigenschaften des Gebäcks.

Tabelle 15.20. Zusammensetzung von Stärke-Lipiden

	Weizen	Mais[a]	Amylomais[a]	Wachsmais[a]
	(% bzw. mg/100 g)[b]			
Unpolare Lipide	6	60	73	88
Sterinester	2	3	9	7
Triacylglyceride	15	5	16	12
Diacylglyceride	7	3	16	6
Monoacylglyceride	8	12	13	5
Freie Fettsäuren	27	380	650	105
Glykolipide	5	1	5	6
Steringlykoside	3	7	13	3
Monogalactosyldiacylglyceride	4			} 1
Monogalactosylmonoacylglyceride	10		18	}
Digalactosyldiacylglyceride	11			2
Digalactosylmonoglyceride	24		17	3
Phospholipide	89	39	22	6
Lysophosphatidylethanolamin	104	17	16	1
Lysophosphatidylglycerin	23	6	7	Spur
Lysophosphatidylcholin	783	226	183	8
Lysophosphatidylserin } Lysophosphatidylinosit }	26	8	6	Spur
Lipide, insgesamt	1047	667	964	153

[a] Der Amylosegehalt der Stärke beträgt 23% (Mais), 70% (Amylomais) und < 5% (Wachsmais).
[b] Angaben bei den Verbindungsklassen in % unter Bezug auf die gesamte Menge an Lipid und bei den einzelnen Verbindungen in mg pro 100 g Trockenmasse.

15.2.3.2 Nicht-Stärke-Polysaccharide

Das Getreide enthält noch weitere Polysaccharide, deren Mengen im Mehlkörper weit hinter der Stärke zurückbleiben (cf. Tab. 15.21). Es handelt sich dabei um Hemicellulosen, Pentosane, Cellulose, β-Glucane und Glucofructane. Diese Bezeichnungen werden häufig in der Literatur nicht einheitlich angewendet. Zum Teil liegt das daran, daß noch analytische Kriterien fehlen, die eine eindeutige Klassifizierung gestatten. Bei den Nicht-Stärke-Polysacchariden handelt es sich überwiegend um Gerüstsubstanzen der Zellwände, die in den äußeren Partien des Kornes in höheren Konzentrationen eingelagert sind als im Inneren. Mit steigendem Ausmahlungsgrad wächst deshalb ihr Anteil im Mehl (cf. Beispiel Roggen in Tab. 15.27).
Aus ernährungsphysiologischer Sicht werden die löslichen und unlöslichen Nichtstärke-Polysaccharide und das Lignin (cf. 18.1.2.5.1) auch als Ballaststoffe („dietary fiber", „Nahrungsfasern") bezeichnet. Die wichtigsten Quellen für Ballaststoffe sind Cerealien und Leguminosensamen; bei Obst und Gemüse ist der Anteil relativ gering.

Tabelle 15.21. Verteilung (%) der Kohlenhydrate im Weizen

	Mehlkörper	Keim	Kleie
Pentosane und Hemicellulosen	2,4	15,3	43,1
Cellulose	0,3	16,8	35,2
Stärke	95,8	31,5	14,1
Zucker	1,5	36,4	7,6

15.2.3.2.1 Pentosane

Der Pentosangehalt der Getreidearten ist unterschiedlich. Roggenmehle sind besonders reich (6–8%) im Vergleich zu Weizenmehlen (2–3%). Ein Teil (1–1,5% beim Weizen, 15–25% beim Roggen) ist löslich in Wasser.
Die lösliche Pentosanfraktion, die im Vergleich zu den wasserlöslichen Getreideproteinen etwa 15–20mal mehr Wasser bindet, bildet hochviskose Lösungen. Sie besteht überwiegend aus einem linearen Arabinoxylan, das in 80%igem Ethanol unlöslich ist, und daneben aus einem darin löslichen hochverzweigten Arabinogalactanpeptid. Für die Struktur des Arabinoxylans ist eine Kette aus D-Xylopyranose-Einheiten typisch, deren OH-Gruppen in 2- und 3-Stellung mit L-Arabinofuranose glykosidisch verknüpft sind (Abb. 15.9). Durch milde Säurehydrolyse oder Behandlung mit einer α-L-Arabinofuranosidase können die Arabinosereste abgespalten werden; es entsteht ein wasserunlösliches Xylan. Das Grundgerüst des Arabinogalactanpeptids ist aus β(1 → 3)- und β(1 → 6)-verknüpften Galactopyranose-Einheiten aufgebaut; α-glykosidisch gebunden enthält es noch zusätzlich Arabinofura-

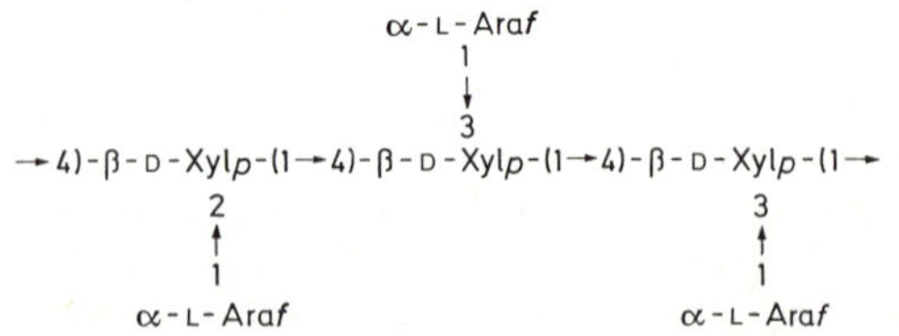

Abb. 15.9. Ausschnitt aus der Struktur eines wasserlöslichen Arabinoxylans aus Weizen

nosereste. Die Bindung zum Peptid wird durch 4-trans-Hydroxyprolin hergestellt.
Die unlöslichen Pentosane quellen sehr stark bei Wasserzugabe. Sie beeinflussen dadurch positiv die teigrheologischen Eigenschaften und das Backverhalten beim Roggen und erhöhen im Gebäck die „Saftigkeit" der Krume. Ein Stärke-Pentosan-Gewichtsverhältnis von 16:1 ist für Roggenmehle optimal. Auch für die Backeigenschaften des Weizens sind die löslichen und unlöslichen Pentosane von Bedeutung, u. a. sind sie am Aufbau des Klebers beteiligt (cf. 15.1.5).
Durch Behandlung mit Alkali gehen die wasserunlöslichen Pentosane in Lösung. So hergestellte und durch Elektrodialyse gereinigte Präparate aus Roggen verbessern, einem Weizenmehl zugesetzt (ca. 2%), dessen Backeigenschaften, insbesondere das Brotvolumen und die Krume, doch beschleunigen sie die Alterung. Sie ermöglichen auch einen Verschnitt des Weizens mit 5–10% Nicht-Brotgetreide (z. B. Mais, Hirse, Soja) ohne Einbuße an Backeigenschaften. Solche Mehle werden als „Zusammengesetzte Mehle (*Composite Flours*)" bezeichnet.
Bei der Behandlung mit H_2O_2/Peroxidase gelieren Pentosanlösungen. Verantwortlich ist die in kleinen Mengen (ca. 0,2%) vorhandene Ferulasäure. Es läuft eine Phenoloxidation ab (Abb. 15.10), die zu einer Molekülvergrößerung führt. Solche Vernetzungen sowie ein geringerer Gehalt an Arabinofuranoseverzweigungen werden für die Unlöslichkeit der Hauptmenge der Pentosane verantwortlich gemacht.

15.2.3.2.2 β-Glucane

Gerste und Hafer enthalten 6–8% β-Glucane, Weizen und Roggen nur 0,5–2%. Die β-Glucane sind lineare Polysaccharide, deren D-Glucopyranose-Einheiten β-1,3 und β-1,4 verknüpft sind. Polysaccharide vom β-Glucantyp werden auch als *Lichenine* bezeichnet. Von den β-Glucanen der Gerste sind 30–60% bei 65 °C löslich. Der daraus resultierende starke Anstieg in der Viskosität erschwert z. B. bei der Bierbereitung die Filtration der Würze.

15.2.3.2.3 Glucofructane

Weizenmehl enthält 1% wasserlösliche, nichtreduzierende Oligosaccharide mit Molekulargewichten bis etwa 2000, die aus D-Glucose und D-Fructose bestehen. Das im Durumweizen dominierende Glucofructan hat wahrscheinlich folgende Struktur:

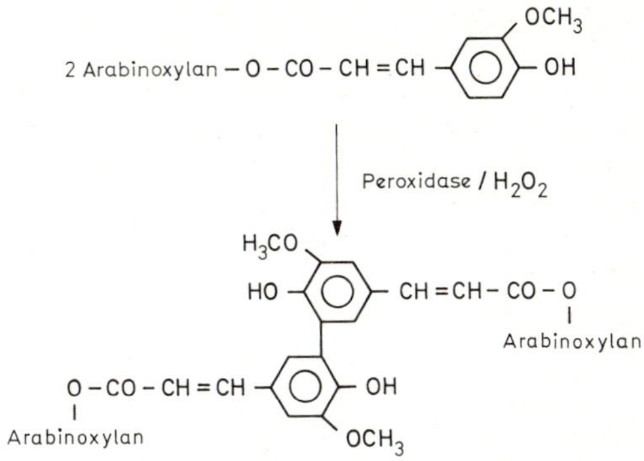

Abb. 15.10. Oxidative Vernetzung von Pentosanen

α-D-Glc*p*(1→2)β-D-Fru*f*(6→2)β-D-Fru*f*(6→2)β-D-Fru*f*
1
↓
2β
Fruc*f* (15.4)

15.2.3.2.4 Cellulose

Sie gehört zu den Nebenbestandteilen der Kohlenhydratfraktion des Mehlkörpers (cf. Tab. 15.21).

15.2.3.3 Zucker

Mono-, Di- und Trisaccharide sowie niedermolekulare Abbauprodukte der Stärke kommen in relativ geringen Konzentrationen im Weizen (Tab. 15.22) und in anderen Getreidearten vor. Soweit es sich um Abbauprodukte der Stärke handelt, erhöhen sich deren Konzentrationen bei der Teigführung (cf. 15.4.2.5). Mono-, Di- und Trisaccharide sind für die Teiglockerung durch die Hefe von Bedeutung (cf. 15.4.1.6.1).

Tabelle 15.22. Mono- und Oligosaccharide im Weizenmehl

Verbindung	(%)
Raffinose	0,05–0,17
Glucodifructose	0,20–0,30
Maltose	0,05–0,10
Saccharose	0,10–0,40
Glucose	0,01–0,09
Fructose	0,02–0,08
Oligosaccharide[a]	1,2–1,3

[a] In 80%ig. Ethanol lösliche Fraktion.

15.2.4 Lipide

In Getreidekörnern kommen relativ geringe Mengen an Lipiden vor, doch gibt es artenbedingte Unterschiede (Tab. 15.6). So ist der Mehlkörper im Hafer lipidreicher (6–8%) als im Weizen (1,6%; cf. Tab. 15.8). Aus diesem Unterschied resultiert der insgesamt höhere Lipidgehalt des Hafers.
Bevorzugt gespeichert werden die Lipide im Keimling, der bei Mais und Weizen als Quelle für die Ölgewinnung dient (cf. 14.3.2.2.4), und außerdem in der Aleuronschicht.
Die Getreidelipide unterscheiden sich nicht sehr wesentlich in der Fettsäurezusammensetzung (Tab. 15.23); Linolsäure dominiert in allen Fällen. Etwas näher sollen die Lipide des Weizens betrachtet werden, die, da von großem Einfluß auf den Backvorgang, besonders eingehend untersucht worden sind.
Weizenmehl enthält je nach Ausmahlungsgrad 1,5–2,5% Lipid. Durch Schütteln mit einem polaren Lösungsmittel, z. B. wassergesättigtem Butanol, gehen bei Raumtemperatur innerhalb weniger Minuten die Nicht-Stärke-Lipide in Lösung, die etwa 75% der Lipide umfassen (Abb. 15.11). Der Rest sind die Stärke-Lipide (cf. 15.2.3.1).
Nicht-Stärke- und Stärke-Lipide des Weizens unterscheiden sich in der Zusammensetzung (cf. Tab. 15.24. und Tab. 15.20). In den Nicht-Stärke-Lipiden überwiegen Triacylglyceride und Digalactosyldiacylglyceride, während in den Stärke-Lipiden Lysophosphatide, in denen der Acylrest

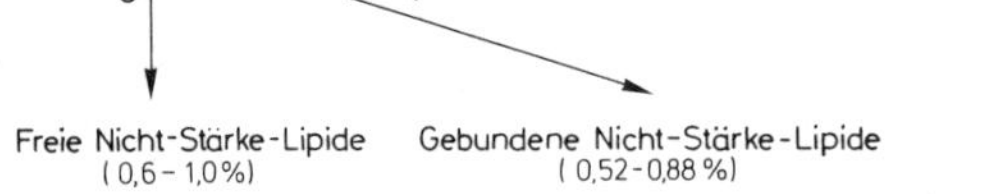

Abb. 15.11. Unterscheidung der Lipide des Weizenmehles auf Grund der Löslichkeit. Extraktion des Mehles: *1* mit wassergesättigtem Butanol (WSB) bei Raumtemperatur, *2* mit WSB bei 90–100 °C, *3* mit Petrolether und anschließend *4* mit WSB

meist die Position 1 einnimmt, als Hauptkomponenten auftreten. Bei Stärken aus verschiedenen Zuchtformen von Mais wird deutlich, daß der Lipidgehalt mit sinkendem Amylosegehalt abnimmt (Tab. 15.20). Die Anteile der Verbindungsklassen an den Nicht-Stärke-Lipiden sind vom Ausmahlungsgrad abhängig: Steigt dieser, so nimmt der Triacylglyceridgehalt zu, da vermehrt Partien des Keimlings in das Mehl übergehen.
Die rheologischen Eigenschaften von Teigen werden von den Nicht-Stärke-Lipiden mitbestimmt. Die Nicht-Stärke-Lipide werden durch Extrak-

Tabelle 15.23. Mittlere Fettsäurezusammensetzung (Gew.-%) der Acyllipide aus Cerealien

	14:0	16:0	16:1	18:0	18:1	18:2	18:3
Weizen		20	1,5	1,5	14	55	4
Roggen		18	< 3	1	25	46	4
Mais		17,7		1,2	29,9	50,0	1,2
Hafer	0,6	18,9		1,6	36,4	40,5	1,9
Gerste	2	22	< 1	< 2	11	57	5
Hirse		14,3	1,0	2,1	31,0	49,0	2,7
Reis	1	< 28	6	2	35	39	3

Tabelle 15.24. Nicht-Stärke-Lipide im Weizenmehl

	mg/100 g[a]
Unpolare Lipide (59%)	
Sterinester	43
Triacylglyceride	909
Diacylglyceride	67
Monoacylglyceride	53
Freie Fettsäuren	64
Glykolipide (26%)	
Steringlykoside	18
Monogalactosyldiacylglyceride	115
Monogalactosylmonoacylglyceride	17
Digalactosyldiacylglyceride	322
Digalactosylmonoglyceride	52
Phospholipide (15%)	
N-Acyl-phosphatidyl-ethanolamin	95
N-Acyl-lysophosphatidylethanolamin	33
Phosphatidylethanolamin Phosphatidylglycerin	} 19
Phosphatidylcholin	96
Phosphatidylserin Phosphatidylinosit	} 9
Lysophosphatidylglycerin	5
Lysophosphatidylcholin	29

[a] Bezogen auf Trockenmasse.

tion mit Lösungsmitteln unterschiedlicher Polarität in freie und gebundene Lipide unterteilt. Die zuerst genannte Fraktion enthält 90% der unpolaren und 20% der polaren Lipide, die in Tab. 15.24 aufgeführt sind. Beim Anteigen des Mehls werden die Glykolipide vollständig und die übrigen Lipide zu 70–80% von dem sich bildenden Kleber gebunden. Das Ausmaß der Bindung der Triacylglyceride hängt von den Knetbedingungen ab. Eine intensive Sauerstoffbelüftung und ganz besonders der Zusatz von Lipoxygenase (cf. 15.4.1.4.3) setzen die Bindung herab.

Die Art der Lipidbindung im Mehl bzw. Kleber ist noch unklar. Gelchromatographische Trennungen und Sedimentationsversuche zeigen das Auftreten von Lipoproteinen. Dies ist ein Anhaltspunkt dafür, daß die unter 3.5.1.1 genannten Wechselwirkungen zwischen Lipiden und Proteinen an der Kleberbildung beteiligt sind.

Im Backversuch wirkt sich ein Zusatz der unpolaren freien Nicht-Stärke-Lipide bei den meisten Weizensorten ungünstig auf das Gebäckvolumen aus (Abb. 15.12). Die polaren Lipide beeinflussen dagegen nach dem Durchschreiten eines Minimums das Backergebnis sehr positiv. Besonders wirksam sind dabei die Hauptglykolipide des Mehles, die Digalactosyldiacylglyceride. Die restlichen polaren Lipide üben vergleichsweise nur eine schwache positive Wirkung aus.

Zur Erklärung der Wirkung der Digalactosyldiacylglyceride wurden Modelle entworfen, die sich auf physikalisch-chemische Daten stützen.

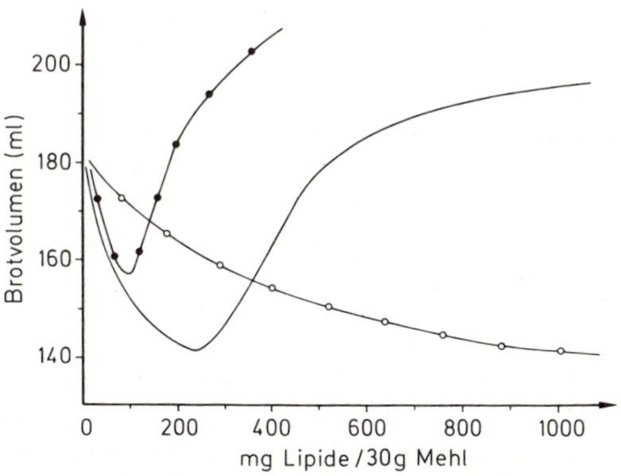

Abb. 15.12. Einfluß von freien Nicht-Stärke-Lipiden auf das Backverhalten von entfettetem Weizenmehl. (Nach *W.R. Morrison*, 1976)
—— Lipide (gesamt); –○–○– Unpolare Lipide; –•–•– Polare Lipide

Wie in Abb. 15.13 dargestellt, geht eine Hypothese davon aus, daß durch solche Glykolipide die Haftung der Stärke an den aus Glutelinen und Prolaminen bestehenden Gluten-Komplex verbessert wird, indem die Acylreste hydrophobe Wechselwirkungen mit den Proteinen und das Disaccharid H-Brücken mit der Stärke ausbilden.

Zu den Nebenbestandteilen der Getreidelipide gehören *Carotinoide*. Weizenmehl enthält davon im Durchschnitt 5,7 mg/kg. Mehle aus Durumarten, deren gelbliche Tönung stärker ist, liegen mit 7,3 mg/kg höher. Das Hauptpigment Lutein (cf. 3.8.4.1.2) kommt frei und verestert (Mono- und Diester) mit den in Tab. 15.23 angegebenen Fettsäuren vor. Außer Lutein wurden noch β-Carotin, β-apo-Carotinal, Cryptoxanthin, Zeaxanthin und Antheraxanthin (Strukturen in 3.8.4.1) nachgewiesen.

Mais enthält je nach Sorte 0,6–57,9 mg/kg Carotinoide mit Lutein und Zeaxanthin als Hauptverbindungen.

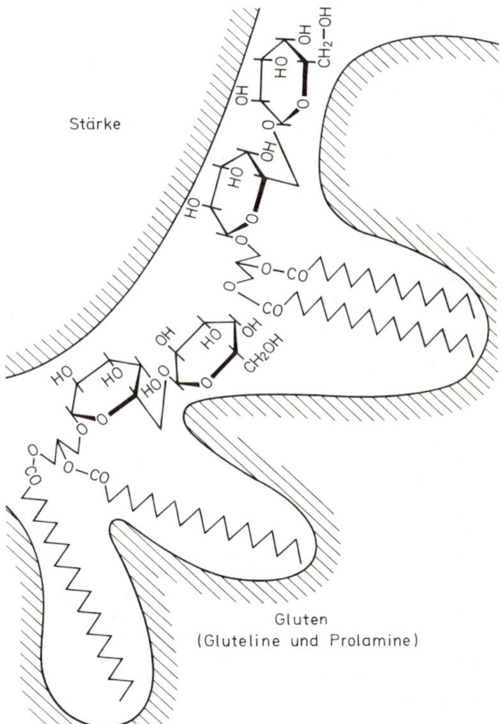

Abb. 15.13. Modell zur Wirkung der Digalactosyldiacylglyceride. (Nach *O.K. Chung* et al., 1978)

15.3 Getreidevermahlung

15.3.1 Weizen und Roggen

Zur Qualitätskontrolle der Rohstoffe und der Mahlprodukte gehört in der Regel eine Wasser-, Protein- und Mineralstoffbestimmung. Die Absorptionsbanden von Lebensmitteln im nahen Infrarot (0,8–2,6 µm) sind für eine schnelle Grundanalytik (Wasser, Protein, Fett, Kohlenhydrate u. a.) geeignet.

Im nahen IR erscheinen die Obertöne von CH-, OH- und NH-Valenzschwingungen. Lebensmittel ergeben deshalb eine Vielzahl von Absorptionsbanden, die aber bestimmten Bestandteilen zugeordnet und deren Intensitäten rechnerunterstützt zur Menge der Inhaltsstoffe in Beziehung gesetzt werden können. Abb. 15.14 zeigt als Beispiel die Absorption von Weizen im nahen IR. Die wasserhaltige Probe absorbiert zusätzlich bei 1,94 µm, so daß nach Abzug der Absorption des getrockneten Weizens und nach Kalibrierung eine Bestimmung des Wassergehaltes möglich ist. Weitere Inhaltsstoffe, die in Lebensmitteln über eine Messung im nahen Infrarot bestimmt werden können, sind in Tab. 15.25 zusammengestellt. Bei der Entwicklung von Methoden für diese Materialien stand die Messung der IR-Reflexion zunächst im Vordergrund, weil sie technisch einfacher durchgeführt werden kann. Da reproduzierbare Ergebnisse nur erhalten werden,

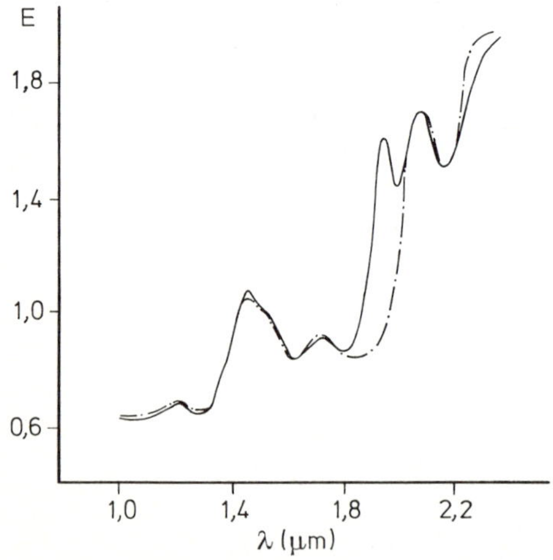

Abb. 15.14. Absorption von gemahlenem Weizen im nahen Infrarot. Probe getrocknet (–·–·–) und mit 9 Gew.-% Wasser (——)

Tabelle 15.25. Beispiele für photometrische Messungen im nahen Infrarot zur quantitativen Analyse von Lebensmitteln

Bestandteil	Lebensmittel
Wasser	Fleisch, Getreide, Kontrolle der Trocknung bei Obst u. Gemüse, Schokolade, Kaffee
Protein	Fleisch, Getreide, Milch und Milchprodukte
Fett	Fleisch, Getreide, Milch- und Milchprodukte, Ölsaaten
Mineralstoffe	Getreide, Fleisch
Stärke	Getreide
Pentosane	Weizen
α-Glucane	Gerste
Lysin	Weizen, Gerste

wenn die Oberfläche und die Granulation der Proben konstant sind, ergeben sich hier Fehlerquellen. Durch eine Verbesserung der Aufnahmetechnik können aber inzwischen Lebensmittel, wie z. B. Getreidekörner, im Bereich 0,8–1,1 µm durchstrahlt werden, so daß der Wasser- und Proteingehalt bei unzerkleinerten Proben auch über eine Messung der Transmission bestimmt werden kann. Messungen im nahen IR werden in der Lebensmitteltechnik zur schnellen Qualitätskontrolle von Rohstoffen und Produkten verbreitet angewandt (Tab. 15.25).

15.3.1.1 Lagerung

Ohne Verlust an Qualität kann Getreide zwei bis drei Jahre gelagert werden, wenn der Wassergehalt der Körner, der nach dem Drusch 20–24% beträgt, auf mindestens 14% reduziert wird. Der geringe Wassergehalt verhindert den Verderb durch Mikroorganismen, insbesondere durch Mykotoxinbildner, und er bremst den Stoffwechsel des Korns erheblich, d. h. die Atmung ist gering.

Das Wasser wird dem Getreide im Rieseltrockner, der von Heißluft bzw. von Verbrennungsabgasen (60–80 °C) durchströmt wird, langsam entzogen (etwa 4% pro Durchgang), damit keine Schädigung des Korns durch Schrumpfung eintritt. Getreide mit höherem Wassergehalt kann über kürzere Zeit gelagert werden, wenn ein Qualitätsabfall durch Kühlung verhindert wird.

Zur Schädlingsbekämpfung wird das Getreide begast. Eingesetzt werden Aluminium- und Ma-

gnesiumphosphide, die sich optimal bei 20 °C und 75% rel. Feuchtigkeit unter Abgabe von PH_3 zersetzen. Außerdem wird noch die Begasung mit HCN, Methylbromid oder Ethylenoxid angewandt.
Weizen und Roggen eignen sich zur Herstellung von Backwaren, insbesondere Brot, und werden als Brotgetreide zusammengefaßt. Die übrigen Getreidearten dienen bei Backwaren nur als Zusätze und werden überwiegend in anderer Weise verwendet, u. a. als Brei und Fladen.

15.3.1.2 Vermahlung

Ziel der Vermahlung ist in erster Linie die Gewinnung solcher Mehle, die ganz überwiegend aus den Bestandteilen des Mehlkörpers bestehen. Die äußeren Partien des Korns einschließlich Keimling und Aleuronschicht (cf. Abb. 15.2) müssen dazu abgetrennt werden. Diese Forderung ist nicht so einfach zu erfüllen, da die Furche des Getreidekorns und die unterschiedliche Größe der Aleuronzellen kein einfaches Abschälen der äußeren Partien erlaubt. Das Korn wird deshalb vorsichtig aufgebrochen (geschrotet), die Bruchstücke werden nach Korngröße sortiert und getrennt weiter zerkleinert.
Zur Vorbereitung der Vermahlung wird das Getreide durch Klassierung nach Größe und spezifischem Gewicht gereinigt (Abtrennung von Unkrautsamen, Mutterkorn, Strohteilen, Staub, verdorbenen Körnern, Erde u. a.). Eine Wäsche des Getreides wird heute nur noch selten durchgeführt, da sie das Wachstum von Mikroorganismen begünstigt.
Zur Vorbereitung des Mahlvorgangs gehört das Netzen, ein 3–24stündiges Einweichen in Wasser, denn im befeuchteten Korn (Wassergehalt 15–17%) ist die Trennung des Mehlkörpers von der Schale und vom Keimling erleichtert. Diesem Zweck dient auch eine Konditionierung von Weizen bei höheren Temperaturen (bis 65 °C), die schneller als das Netzen durchgeführt werden kann und sich günstig auf die Backeigenschaften auswirken soll.
Die Körner werden gestuft vermahlen. Jede Passage umfaßt die Zerkleinerung durch Druck- und Scherkräfte im Walzenstuhl und die Trennung der Mahlprodukte nach der Teilchengröße durch Sieben im Plansichter (Abb. 15.15).
In den Walzenstühlen wird die Größe, Riffelung, Umdrehungszahl und der Abstand der verschieden schnell und entgegengesetzt laufenden Walzen dem Gut angepaßt. So ergeben sich, bedingt durch die verschiedenartigen Kornstrukturen, Unterschiede bei der Vermahlung von Weizen und Roggen, denn der Mehlkörper des ersteren ist brüchig und der des letzteren zäh. Roggen ist deshalb für eine Schrotung auf Grieß weniger geeignet als Weizen, bei dem die ersten Passagen auf Grießbildung und weitere auf Mehlbildung eingestellt werden.
Beim Roggen fällt der freiliegende Keimling schon bei der Reinigung ab, beim Weizen erst im Plansichter. Die Schalen und wesentliche Teile der Aleuronschicht werden als Kleie abgetrennt. Bei der Vermahlung wird ein Teil (ca. 5–8%) der Stärkekörner mechanisch beschädigt. Das Ausmaß hängt sowohl von der Art und Intensität des Mahlens als auch von der Kornhärte ab; je härter die Kornstruktur, um so größer die Schädigung. Da die Geschwindigkeit der Wasseraufnahme beim Anteigen und der enzymatische Abbau der Stärke mit zunehmender Beschädigung wachsen, ist sie von Bedeutung für den Backprozeß und in einem begrenzten Umfang erwünscht. Zur Messung der Stärkebeschädigung wird die mit einer Natriumsulfatlösung extrahierbare

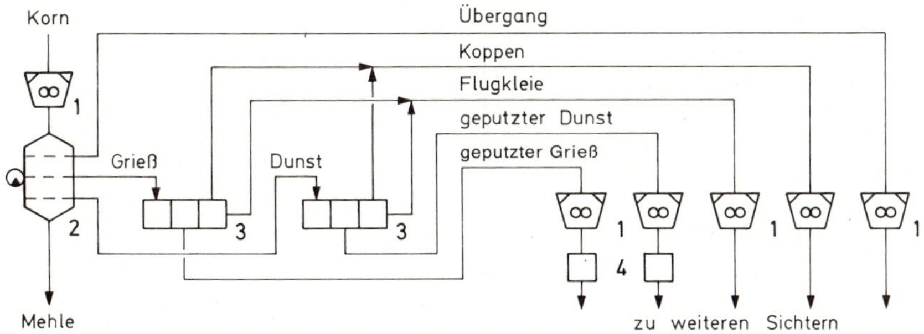

Abb. 15.15. Vermahlung von Getreide (1: Walzenstühle, 2: Sichter, 3: Putzmaschinen, 4: Auflöser)

Amylose oder der ohne Verkleisterung, z. B. bei 30 °C, durch α- und/oder β-Amylase abbaubare Stärkeanteil bestimmt. Über eine Bestimmung der Kornhärte, z. B. durch Infrarotreflexionsmessung, kann auch die beim Mahlvorgang zu erwartende Stärkebeschädigung abgeschätzt werden.

15.3.1.3 Mahlprodukte

Nach dem Partikeldurchmesser unterteilt man müllereitechnisch die Mahlprodukte in Schrot (> 500 μm), Grieß (200–500 μm), Dunst (120–200 μm) und Mehl (14–120 μm). Griffige Mehle, deren Partikel zwischen den Fingern noch fühlbar sind, werden von den feineren schliffigen Mehlen (mittlere Korngröße 40–50 μm) unterschieden.

Die aus den einzelnen Passagen hervorgehenden Mehle unterscheiden sich erheblich in den Backeigenschaften, die u. a. sowohl von der Sorte (hierin bestehen insbesondere beim Weizen große Unterschiede; cf. 15.4.1.1) als auch davon abhängen, ob die Passage aus dem inneren oder dem äußeren Teil des Endosperms bzw. des Mehlkörpers stammt. Die Passagenmehle werden deshalb in der Mühle getrennt auf ihre Backeigenschaften untersucht und entsprechend den Ergebnissen zu Handelsmehlen gemischt, wobei eine evtl. vorgeschriebene Typisierung (siehe weiter unten) zu beachten ist. Tab. 15.26 gibt einige Hinweise zu den Mahlerzeugnissen.

Die chemische Zusammensetzung der Mehle ist vom Ausmahlungsgrad (Gewichtsmenge Mehl aus 100 Gewichtsteilen Getreide) abhängig (Tab. 15.27). Mit zunehmendem Ausmahlungsgrad sinkt der Stärkegehalt und es steigen die überwiegend in den Randschichten des Korns vorkommenden Bestandteile, wie Mineralstoffe, Vitamine und Ballaststoffe. Bei gleichem Ausmahlungsgrad enthalten Roggenmehle einen höheren Anteil der im Korn vorkommenden Mineralstoffe und Vitamine als Weizenmehle (Abb. 15.16), doch ist zu beachten, daß dieser Unterschied bei einigen B-Vitaminen, z. B. Niacin, durch das insgesamt höhere Vorkommen im Weizen (cf. Tab. 15.6) ausgeglichen wird.

In Deutschland werden Brotgetreidemehle auf der Basis des Aschegehaltes typisiert: Mehltype = Aschegehalt (Gew.-%) in der Trockensubstanz × 1000. In Tab. 15.27 sind Beispiele für Weizen- und Roggenmehltypen mit dem jeweiligen Ausmahlungsgrad, dem sie in etwa entsprechen, und mit der chemischen Zusammensetzung angegeben. Tab. 15.26 gibt Hinweise auf die Verwendung. Protein- und Stärkegehalt sind auch von der Partikelgröße abhängig (Tab. 15.28). Mehle für Spezialzwecke (Tab. 15.26) können deshalb auf Grund unterschiedlicher Partikelgröße und unterschiedlicher Dichten von Protein

Tabelle 15.26. Mahlerzeugnisse aus Weizen und Roggen

Standardmehl	Übliches Handelsmehl zur Herstellung verschiedener Backwaren.
Spezialmehl	Besondere Eignung für spezielle Gebäckarten, z. B. kleberstarke Weizenmehle für Toastbrot; kleberarme Weizenmehle für Sandkuchen, Mürbegebäck.
Fertigmehl	Spezialmehl einschließlich der Rohstoffe (Milch-, Eipulver, Zucker usw.), die von der Rezeptur für eine bestimmte Backware vorgeschrieben werden.
Backschrot	Aus geschältem Getreide (ohne Keimling und Fruchtschale).
Vollkornschrot bzw. -mehl	Aus ungeschältem Getreide (einschl. Keimling).

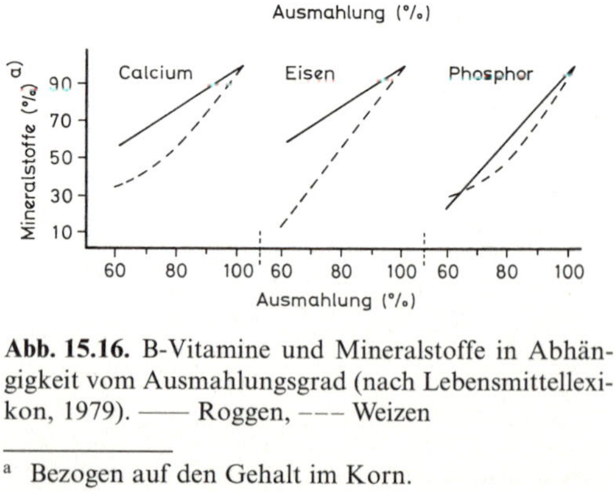

Abb. 15.16. B-Vitamine und Mineralstoffe in Abhängigkeit vom Ausmahlungsgrad (nach Lebensmittellexikon, 1979). —— Roggen, --- Weizen

[a] Bezogen auf den Gehalt im Korn.

Tabelle 15.27. Mittlere Zusammensetzung[a] von Weizen- und Roggenmehl

A. Weizen					
	Type				
	405	550	812	1050	1700[b]
	Ausmahlungsgrad[c]				
	40–56%	64–71%	76–79%	82–85%	100%
Stärke	84,2	81,8	78,4	78,2	66
Protein (N × 6,25)	11,7	12,3	13,0	13,3	14,8
Lipid	1,0	1,2	1,5	1,9	2,3
Ballaststoffe[d]	3,7	3,7	n. a.	4,9	10,9
Mineralst. (Asche)	0,41	0,55	0,81	1,05	1,7

B. Roggen					
	Type				
	815	997	1150	1370	1740
	Ausmahlungsgrad[c]				
	69–72%	75–78%	79–83%	84–87%	90–95%
Stärke	77,5	74,6	72,2	69,3	62,8
Protein (N × 6,25)	9,6	10,1	10,6	11,2	12,4
Lipid	–	1,1	1,3	1,5	1,5
Unlösl. Pentosane	3,8	4,3	4,8	5,2	6,5
Lösliche Pentosane	1,4	1,5	1,6	1,7	1,9
Mineralst. (Asche)	0,82	1,0	1,15	1,37	1,74

[a] Gew.-% bezogen auf Trockenmasse (mittlerer Wassergehalt von Weizen- u. Roggenmehlen: 13 Gew.-%).
[b] Weizenbackschrot.
[c] Ungefähre Angaben.
[d] Unverdauliche Kohlenhydrate (wasserlöslich und -unlöslich), Lignin.

und Stärke durch Windsichten in eine protein- und eine stärkereiche Fraktion klassiert werden. Das Handelsprodukt *Grieß* wird aus dem Mehlkörper des Hartweizens (Durumweizen) und daneben auch aus Weichweizen gewonnen. Hartgrieß ist formstabiler beim Kochen; er dient hauptsächlich zur Herstellung von Teigwaren. Auf Grund des niedrigen Ausmahlungsgrades enthält Grieß relativ wenig Mineralstoffe und Vitamine.

15.3.1.4 Stärkemehle

Bei den *Stärkemehlen* handelt es sich praktisch um reine Stärken. Sie werden aus den Getreidearten, aus Kartoffeln, Maniok *(Manihot esculenta)*, der Sagopalme *(Metroxylon sagu)* und Arrowroot *(Maranta arundinacea)* gewonnen. Die Verfahren zur Herstellung sind je nach Ausgangsmaterial unterschiedlich.

Tabelle 15.28. Proteingehalt eines Weizenmehles in Abhängigkeit von der Partikelgröße

Partikelgröße µm	Anteil am Mehl (Gew.-%)	Proteingehalt (Gew.-%)
0–13	4	19
13–17	8	14
17–22	18	7
22–28	18	5
28–35	9	7
> 35	43	11,5

Aus Weizenmehl wird nach dem Anteigen eine Rohstärkesuspension herausgewaschen, aus der, nach Abtrennung von Faserteilchen, die Stärke fraktioniert abzentrifugiert wird. Dabei erfolgt eine Separierung in Sekundastärke (feinkörnig, teilweise assoziiert mit Pentosanen) und in die reinere Primastärke. Die Stärke wird getrocknet und weiter klassiert. Der als Rückstand verblei-

bende Kleber (cf. 15.1.5) dient u. a. als Rohstoff für die Herstellung von Würzen und die Gewinnung von Glutaminsäure. Schonend getrocknet behält er seine Backfähigkeit („Vitalkleber") und kann zur Mehlverbesserung eingesetzt werden.
Während aus Kartoffeln die Stärke besonders leicht durch Waschen und Zentrifugieren isoliert werden kann, erfordert die Gewinnung aus Mais und Reis einen Aufschluß (cf. 4.4.4.14.1).
Maisstärke ist die Hauptspeisestärke (Feingebäck, Pudding, Soßen, Suppen u. a.) und ein wichtiger Rohstoff für die Gewinnung von Stärkesirup und Glucose (cf. 2.8.2.2.4 und 19.1.4.3).
Beim Roggen ist die Isolierung der Stärke durch den relativ hohen Gehalt an Quellstoffen behindert.
Die in tropischen Ländern aus den Wurzelknollen von Maniok gewonnene Stärke kommt partiell verkleistert als *Tapioka* in den Handel. Beim echten *Sago* und bei der *Taccastärke* handelt es sich um entsprechende Produkte aus dem Mark der Sagopalme bzw. den Sproßknollen von Arrowroot.

15.3.2 Weitere Getreidearten

15.3.2.1 Mais

Das vom Keim befreite Endosperm wird zu Grieß für Breie (Polenta) und zu Mehl für Maisfladen (Tortilla) vermahlen. Maisflocken (Cornflakes) werden aus einem gekochten süßen Maisbrei durch Trocknung, Flockierung und Rösten hergestellt. Ähnliche Produkte gibt es auch aus Hirse, Reis und Hafer.

15.3.2.2 Spelzgetreide

Reis, Hafer und Gerste werden zur Abtrennung der Spelzen (cf. 15.1.4) einem besonderen Schälprozeß unterworfen.

15.3.2.2.1 Reis

Die Vermahlung von Reis umfaßt folgende Arbeitsgänge: *Rohreis* (Paddyreis) → Schälen der Spelzen → *Braunreis* → Schleifen und Polieren zur Entfernung der Frucht- und Samenschale (Silberhäutchen), des Keimlings und der Aleuronschicht → *polierter Reis (Weißreis)*. Außer Voll- oder Ganzreis (Ausbeute 45–55%) fallen Bruch bzw. Mehl (20–35%) und Spelzen bzw. Kleie (20–24%) an.
Durch Behandlung mit Talkum (ein Magnesiumsilikat) und mit einer 50%igen Glucoselösung wird glasierter Weißreis hergestellt.
Weißreis ist im Vergleich zum Rohreis sehr arm an Vitaminen (cf. Tab. 15.29) und Mineralstoffen. Ein im Nährwert verbessertes Produkt wird durch das *Parboiling-Verfahren* gewonnen, das ursprünglich zur Erleichterung der Ablösung der Spelzen entwickelt worden ist:
Rohreis → Einweichen in heißem Wasser, Dämpfen im Autoklaven, Trocknen und Polieren → *Parboiled Reis*.
Bei dieser Behandlung, die etwa mit 25% der Welternte durchgeführt wird, kommt es zu folgenden Veränderungen: Die Stärke verkleistert, retrogradiert aber zum Teil wieder bei der Trocknung. Enzyme werden durch die Hitze inaktiviert, was eine Hemmung der enzymatischen Hydrolyse der Lipide bei einer Lagerung des Reises zur Folge hat. Die Öltröpfchen (cf. 3.3.1.5) werden gesprengt und die Lipide wandern zum Teil aus dem Endosperm in die äußeren Schichten der Reiskörner. Da gleichzeitig Antioxidantien zerstört werden, ist Parboiled Reis anfälliger gegen eine Lipidperoxidation. Mineralstoffe und Vitamine diffundieren demgegenüber aus den äußeren Kornschichten ins Innere des Endosperms und bleiben so nach der Abtrennung der Aleuronschicht erhalten (Tab. 15.29). Die schon erwähnten Veränderungen der Stärke wirken sich in einer Verringerung der Kochzeit aus.
Im Unterschied zu Europa und den USA sind in Asien Reissorten beliebt, die beim Kochen ein „popcornartiges" Aroma entwickeln. Es beruht auf einer Bildung von 2-Acetyl-1-pyrrolin, dessen Konzentration in den aromatischen Reissorten (gekocht) 550–750 μg/kg und in den aromaarmen Sorten < 8 μg/kg beträgt.

Tabelle 15.29. Vitamingehalt in Rohreis, Weißreis und Parboiled Reis

	B-Vitamine (mg/kg)		
	Thiamin	Riboflavin	Niacin
Rohreis	3,4	0,55	54,1
Weißreis	0,5	0,19	16,4
Parboiled Reis	2,5	0,38	32,2

15.3.2.2.2 Hafer

Zur Herstellung von Haferflocken dienen folgende Schritte: Die Körner werden gedämpft und dann bei 75 °C etwa 60–90 min auf einen Wassergehalt von ca. 5% gedarrt. Spelzen, Frucht- und Samenschale werden abgeschält bzw. -poliert. Nochmaliges Dämpfen, Quetschen zwischen Glattwalzen und Trocknung der feuchten Haferflocken schließen sich an. Die Ausbeute beträgt 55–65%. Bei den hydrothermischen Verfahrensschritten werden die Enzyme inaktiviert, die an der Bildung von Bitterstoffen beteiligt sind (cf. 15.2.2.3).

15.3.2.2.3 Gerste

Abtrennung der Spelzen, der Frucht- und Samenschale ergibt Graupen, die weiter zerkleinert auch als Grütze oder feine Graupen in den Handel kommen.

15.4 Backwaren

Backwaren (Übersicht in Tab. 15.30) werden aus Mahlerzeugnissen des Weizens, Roggens und in geringem Umfang auch aus anderen Getreidearten unter Zusatz von Wasser, Kochsalz, Lockerungsmitteln und gegebenenfalls von weiteren Stoffen (Fett, Milch, Zucker, Eier u. a.) hergestellt, wobei folgende Arbeitsgänge Anwendung finden:

- Auswahl und Vorbereitung der Rohstoffe,
- Teigbereitung und -bearbeitung,
- Backen,
- Maßnahmen zur Qualitätserhaltung.

Tabelle 15.30. Einteilung der Backwaren

Brot, einschließlich Kleingebäck	Ganz oder überwiegend aus Getreidemahlerzeugnissen, mittlerer Wassergehalt 15%. Zusätze an Zucker, Milch und/oder Fetten betragen insgesamt weniger als 10%. Kleingebäck unterscheidet sich vom Brot allein durch Größe, Form und Gewicht.
Feine Backwaren, einschließlich Dauerbackwaren	Aus Getreidemahlerzeugnissen mit mindestens 10% Fett und/oder Zucker sowie weiteren Zusätzen. In den Dauerbackwaren ist der Wassergehalt stark reduziert.

15.4.1 Rohstoffe

Von den Rohstoffen bzw. den Bestandteilen von Rezepturen werden hier nur das Mehl und diejenigen Zusätze besprochen, die sich auf die rheologischen Eigenschaften des Teigs und/oder das Backverhalten auswirken. Im Vordergrund stehen dabei die Mittel zur Mehlverbesserung und zur Teiglockerung.
Die Charakterisierung der Rohstoffe und der Zusätze erfolgt in der Praxis durch Messungen der rheologischen Teigeigenschaften und durch Backversuche. In grundlegenden Untersuchungen ist man darüber hinaus bestrebt, die Bestandteile des Mehles und ihre Reaktionen herauszufinden, die das Verhalten bei der Teigbereitung und beim Backprozeß bestimmen.

15.4.1.1 Weizenmehl

Benötigt werden Mehle, deren Backeigenschaften im Hinblick auf die gewünschte Backware (cf. Tab. 15.26) optimal sind. Stark beeinflußt wird die Backqualität sowohl von der Weizensorte (vgl. Beispiele in Tab. 15.32) als auch von den Anbaubedingungen (Klima, Standort) sowie von der Lagerdauer der Mehle und den Bedingungen, die bei der Lagerung herrschen. Bei der Qualitätskontrolle spielt deshalb die Kennzeichnung der Backeigenschaften eine besondere Rolle.
Die Teilchengröße und die Farbe werden sensorisch geprüft. Griffige Mehle (cf. 15.3.1.3) stammen aus harten, kleberreichen Weizensorten. Im Unterschied zu den sog. glatten Mehlen nehmen sie das Wasser langsam auf und ergeben trockene Teige.
Die Farbunterschiede von Mehlen sind gut zu erkennen, wenn angefeuchtete Proben auf schwarz gefärbtem Untergrund betrachtet werden (*Pekar*-Probe).

15.4.1.1.1 Chemische Untersuchungen

Der *Säuregrad* des Mehles (verbrauchte Menge an 0,1 mol/l NaOH/10 g; Titration gegen Phenolphthalein) hängt vom Ausmahlungsgrad ab; er liegt zwischen 2,0 (Type 405) und 5,5 (Type 1800). Ein zu niedriger Säuregrad deutet häufig auf schlecht ausgereifte Mehle hin. Säuregrade > 7,0 lassen auf mikrobiellen Verderb schließen.

Die *Klebermenge,* die nach Auswaschen eines Teigs verbleibt, der aus 10 g Mehl und 6 ml 2%iger NaCl-Lösung geknetet worden ist, gibt einen Hinweis auf die Mehlqualität. Bei einer zu geringen Klebermenge (< 20%) ist die maschinelle Verarbeitung der Teige häufig beeinträchtigt und es treten Gebäckfehler auf. Aber auch ein relativ hoher Gehalt an Feuchtkleber bietet keine Gewähr für gute Backeigenschaften (Sorte *„Maris Huntsman"* in Tab. 15.32). Das Quellvermögen des Klebers wird über den *Sedimentationswert* nach *Zeleny* bestimmt. Das Mehl wird dazu in einer Lösung von Milchsäure in wäßrigem Isopropanol aufgeschlämmt. Je größer das Volumen des überwiegend aus dem Kleber bestehenden Sediments ist, um so besser sollen die Backeigenschaften sein.

Bei Mehlen aus einer Weizensorte, die unter gleichen klimatischen Bedingungen und Bodenverhältnissen kultiviert worden ist, korreliert der *Proteingehalt* mit dem Gebäckvolumen (Abb. 15.17). Bei Mehlen aus verschiedenen Weizensorten ist diese lineare Beziehung nicht gegeben, denn die Regressionsgeraden unterscheiden sich in der Steigung (Abb. 15.17).

Verschiedene Methoden sind entwickelt worden, das Backverhalten von Mehlen über die Menge an *Glutelin* zu charakterisieren. Abb. 15.18 zeigt als Beispiel ein gelchromatographisches Verfahren: Deutlich erhöht sind die Gluteline in dem Mehl mit den guten Backeigenschaften. Es bestehen auch Beziehungen zwischen Backqualität und dem Vorkommen bestimmter hochmolekularer Glutenin-Subeinheiten (cf. 15.2.1.3.2, Abb. 15.7).

Abb. 15.17. Beispiele für die Beziehung zwischen dem Proteingehalt von Mehlen und dem Gebäckvolumen (nach *Y. Pomeranz,* 1977). Amerikanische Winterweizen: *1 Chiefkan, 2 Blackhull, 3 Nebred.* Die Regressionslinien basieren auf zahlreichen Proben

Weizensorten unterscheiden sich im Gehalt an *Thiol-* und *Disulfid-Gruppen* (Tab. 15.31). Davon ausgehend, daß die Stabilität eines Teigs durch einen Disulfidaustausch zwischen niedermolekularen SH-Peptiden und den Kleberproteinen stark beeinflußt wird (cf. 15.4.1.4.1), hat man eine positive Korrelation zwischen der Konzentration an SH- und SS-Gruppen im Mehl bzw. dem daraus berechneten Quotienten und dem Backverhalten erwartet. Gefunden wurden niedrige Korrelationskoeffizienten (ca. 0,6), d. h. die Verhältnisse sind wesentlich komplizierter als die Modellannahme und können nicht über diese einfach zu bestimmende Kenngröße erfaßt werden.

Von den Enzymaktivitäten im Mehl werden bei der Qualitätskontrolle die Amylasen bestimmt: Bei der *Fallzahl* nach *Hagberg* und *Perten* sinkt unter definierten Bedingungen ein stempelförmiger Rührer in den aus der Mehlprobe hergestellten Kleister ein. Gemessen wird die für eine vorgegebene Strecke benötigte Zeit. Während das Ergebnis bei dieser Methode auch von der Stabilität der Stärkekörner gegenüber einem enzymatischen Angriff abhängt, werden über den *Dextrinwert* nach *Lemmerzahl,* der die Hydrolyse eines Standarddextrins durch einen Mehlextrakt vorsieht, nur die Amylasen erfaßt. Die zu erwartende Triebkraft eines Mehles (cf. 15.4.1.6.1) wird über die *Maltosezahl* (sog. diastatische

Tabelle 15.31. Konzentration an SH- und SS-Gruppen in Mehlen aus verschiedenen Weizensorten

Sorte	SH	SS	SS/SH
	(μmol pro g Mehl)		
Kolibri	1,15	12,5	10,9
Caribo topfit	0,88	12,2	13,9
Starker kanadischer Weizen	0,95	13,4	14,1
Inlandweizen I[a]	0,75	10,2	13,6
Inlandweizen II[a]	1,05	12,6	12,0
CWRS[b]	1,26	12,9	10,2

[a] Mehlmischungen aus dem Handel.

[b] CWRS: Kanadische Weizensorte *„Red Spring".*

Tabelle 15.32. Untersuchungen von Weizenmehlen

	Weizensorte[a]		
	Monopol	*Nimbus*	*Maris Huntsman*
Protein (% TM.)[b]	13,2	11,6	11,8
Feuchtkleber (%)	35,1	24,7	34,3
Farinogramm[c]			
Wasseraufnahme (%)	59,2	54,8	59,8
Teigentwicklung (min)	5,0	1,0	2,0
Teigstabilität (min)	5,0	1,5	0,5
Teigerweichung[d] (FE)	30	80	130
Kurzextensogramm[e]			
Dehnungsfläche (cm²)	143	75	17
Dehnungswiderstand (EE)	700	680	110
Dehnbarkeit (mm)	170	92	100
Backversuch			
Teigoberfläche	etw. feucht, normal	normal	feucht, schmierig
Teigelastizität	normal	etwas kurz	nachlassend
Gebäckvolumen (ml)	738	630	510

[a] Weizensorten, die in bezug auf die Herstellung von Brot sehr gute („*Monopol*"), mittelmäßige („*Nimbus*") und sehr schlechte Eigenschaften („*Maris Huntsman*") aufweisen.
[b] Faktor: N × 5,7.
[c] Erläuterungen in Abb. 15.20; Teigkonsistenz: 500 FE.
[d] Gemessen nach 10 min.
[e] Erläuterungen in Abb. 15.22.

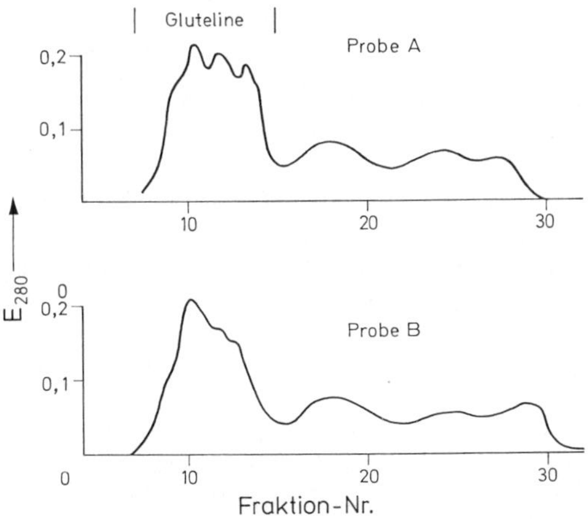

Abb. 15.18. Gelchromatographie (Sephadex G-150) der aus Weizenmehlen mit einer wäßrigen Lösung aus 0,1 mol/l Essigsäure, 3 mol/l Harnstoff und 0,01 mol/l Cetyltrimethylammoniumbromid extrahierten Proteine (nach *K. Khan* u. *W. Bushuk*, 1978). Die Mehle haben gute (A) bzw. schlechte (B) Backeigenschaften

Kraft) ermittelt, bei der eine quantitative Analyse der reduzierenden Zucker vor und nach Inkubation (27 °C, 1 h) einer Suspension des Mehles erfolgt. Mehle mit Maltosezahlen < 1,0% gelten als triebschwach; bei Werten über 2,5% muß mit verminderten Backeigenschaften infolge Auswuchs gerechnet werden.

15.4.1.1.2 Physikalische Untersuchungen

Messungen mit dem Farinographen und dem Extensographen sind die wichtigsten Methoden zur Bestimmung der rheologischen Eigenschaften von Teigen.
Mit dem *Farinographen* (Abb. 15.19) wird die Herstellung eines Teigs verfolgt. Gemessen wird die zur Einstellung einer definierten Konsistenz (Normalkonsistenz) erforderliche Wasseraufnahme des Mehles unter Aufzeichnung eines Kraft-Zeit-Diagramms, das die in Abb. 15.20 angegebenen Merkmale aufweist. Kleberstarke Mehle nehmen in der Regel mehr Wasser auf und

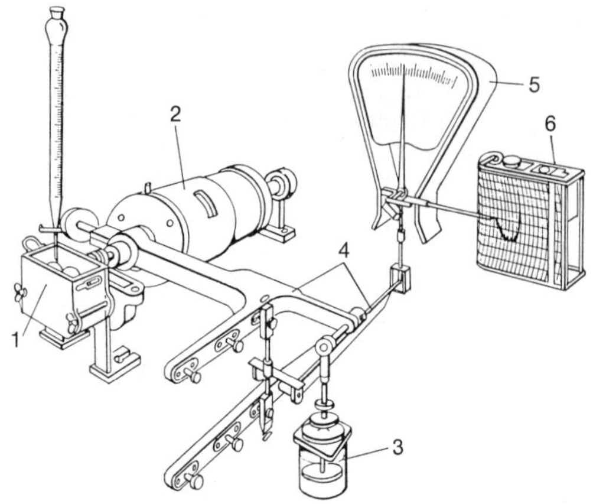

Abb. 15.19. Farinograph (nach *M. Rohrlich* u. *B. Thomas,* 1967). Das Gerät besteht aus einem temperierbaren Kneter (1), der von einem freipendelnd gelagerten Elektromotor mit Getriebe (2) angetrieben wird. Bei laufendem Kneter wird der Widerstand, den die Knetschaufeln in dem zu untersuchenden Teig finden, von einem durch Öl gedämpften (3) Hebelsystem (4) auf eine Waage (5) übertragen und von einem Schreiber (6) als Kraft-Zeit-Diagramm („Farinogramm") registriert

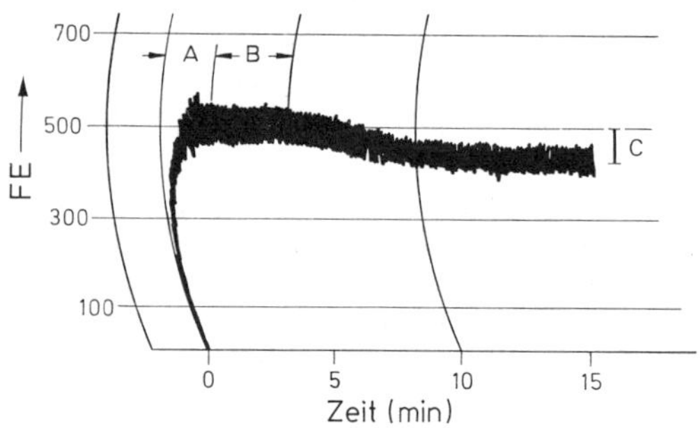

Abb. 15.20. Farinogramm. Für die Beurteilung eines Mehles sind maßgebend: A Teigentwicklungszeit, B Teigstabilität (Konsistenz verändert sich nicht), C Erweichungsgrad: Abnahme der Konsistenz innerhalb eines bestimmten Zeitraumes; hier 12 min. FE: Farinogramm-Einheiten

zeigen eine längere Teigentwicklung und -stabilität als kleberschwache Mehle (Tab. 15.32).

Im *Extensographen* werden standardisierte Teigstücke durch einen Hebelarm bis zum Reißen gedehnt (Abb. 15.21). Das Kraft-Weg-Diagramm (Abb. 15.22) gibt Auskunft über den zu erwartenden Stand des Teiges, sein Gashaltevermögen und die Gärtoleranz. Von den Beispielen in Tab. 15.32 besitzt die Sorte *„Monopol"* einen

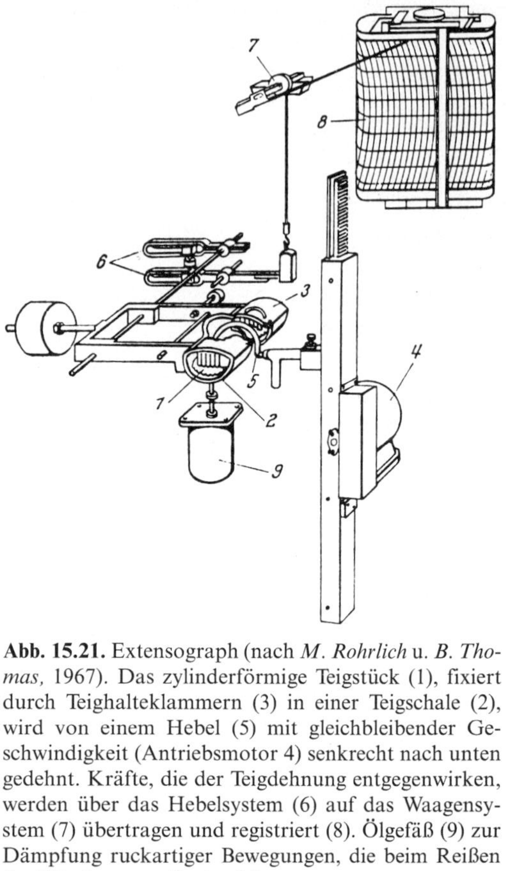

Abb. 15.21. Extensograph (nach *M. Rohrlich* u. *B. Thomas,* 1967). Das zylinderförmige Teigstück (1), fixiert durch Teighalteklammern (3) in einer Teigschale (2), wird von einem Hebel (5) mit gleichbleibender Geschwindigkeit (Antriebsmotor 4) senkrecht nach unten gedehnt. Kräfte, die der Teigdehnung entgegenwirken, werden über das Hebelsystem (6) auf das Waagensystem (7) übertragen und registriert (8). Ölgefäß (9) zur Dämpfung ruckartiger Bewegungen, die beim Reißen des Teigstrangs auftreten können

starken Kleber. Bei der Sorte *„Nimbus"* ist der Kleber kurz, was in einer geringeren Dehnbarkeit zum Ausdruck kommt. Bei der Sorte *„Maris Huntsman"* mit einem sehr weichen Kleber ist insbesondere der Dehnungswiderstand, aber auch die Dehnbarkeit erniedrigt, so daß die Dehnungsfläche sehr klein ausfällt.

15.4.1.1.3 Backversuch

Den direktesten und damit wichtigsten Aufschluß über das Backverhalten eines Mehles ergibt ein unter standardisierten Bedingungen durchgeführter Backversuch. Neben dem Gebäckvolumen (Beispiele in Tab. 15.32) werden die Gebäckform, die Ausbildung und Elastizität der Krume und der Geschmack beurteilt. Backversuche werden im allgemeinen mit mindestens 100 g Mehl/Gebäckstück durchgeführt.

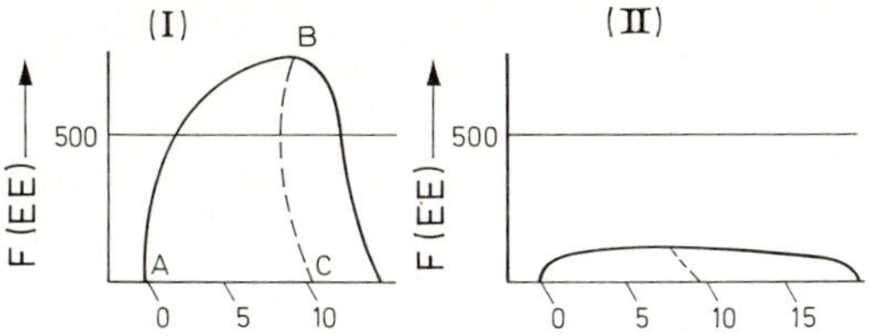

Abb. 15.22. Kurze Extensogramme von einem normalen (I) und einem fließenden Teig (II). Für die Beurteilung sind maßgebend: Dehnungswiderstand: Höhe der Kurve im Maximum (B–C) in Extensogramm-Einheiten (EE). Dehnbarkeit: Abschnitt A–C der Grundlinie in mm. Dehnungsfläche: Fläche A–B–C–A (cm^2); sie steht in Beziehung zur Energie, die bis zum Erreichen des maximalen Dehnungswiderstandes aufgebracht werden muß. Extensogrammzahl: Quotient von Dehnungswiderstand zur Dehnbarkeit

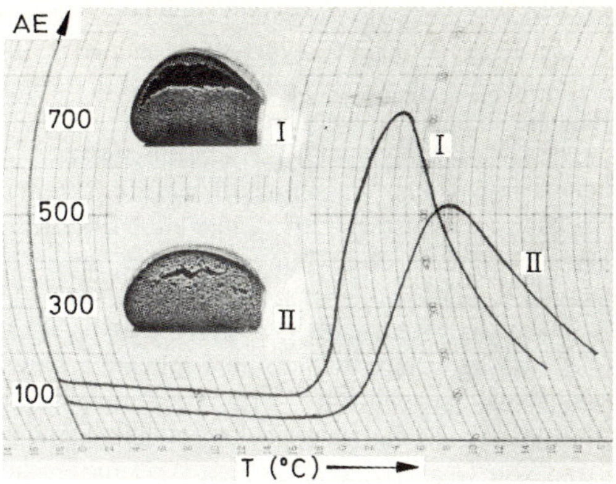

Abb. 15.23. Amylogramme von zwei Roggenmehlen. (Nach *H. Stephan,* 1976)

	Verkleisterungs-maximum	Verkleisterungsend-temperatur	α-Amylase
Mehl I	720 AE	67 °C	hoch
Mehl II	520 AE	73,5 °C	niedrig

AE: Amylogramm-Einheiten.

Zur Untersuchung der Wirkung von Mehlinhaltsstoffen und von Zusatzstoffen, die aufwendig präpariert werden müssen und zur Bewertung neu gezüchteter Sorten, von denen zunächst nur wenige Körner vorliegen, ist ein sog. „Mikrobackversuch", der den Einsatz von 10 g Mehl/Gebäckstück vorsieht, entwickelt worden (Beispiel in Abb. 15.26).

15.4.1.2 Roggenmehl

Die Bestimmung der *Fallzahl* (cf. 15.4.1.1.1) und die Untersuchung im *Amylographen* sind die wichtigsten Methoden für die Erfassung des Backverhaltens von Roggenmehl, das in hohem Maße von den Verkleisterungseigenschaften der Stärke und dem Vorkommen von α-Amylase abhängt. So ist die Fallzahl um so kleiner, je höher die α-Amylaseaktivität ist.

Beim *Amylographen* handelt es sich um ein Rotationsviskosimeter. Gemessen wird die Änderung der Viskosität einer wäßrigen Suspension des Mehles in Abhängigkeit von der Temperatur. Die erhaltene Kurve, das Amylogramm (Abb. 15.23), zeigt zunächst bei steigender Temperatur eine geringe Abnahme und dann durch zunehmende Verkleisterung der Stärke einen Anstieg in der Viskosität bis zu einem Maximalwert. Dieser Wert und die Endtemperatur der Verkleisterung (Temperatur bei Erreichen des Maximums) werden abgelesen.

In Roggenmehlen mit einem ausgeglichenen Backverhalten ist das Verhältnis zwischen der α-Amylaseaktivität und der Beschaffenheit der Stärke optimal. Ein zu geringer Stärkeabbau während des Backprozesses beeinträchtigt sowohl den Geschmack als auch die Krumenstruktur, denn die Membranen der Bläschen, die bei der Teiglockerung vom Treibgas gebildet werden und sich beim Backprozeß zu einem elastischen Krumengefüge verfestigen, enthalten neben Pentosanen, Proteinen und intakten Stärkekörnern noch verkleisterte und partiell hydrolysierte Stärke.

Zu hohe α-Amylaseaktivitäten durch Auswuchs oder eine zu große Temperaturdifferenz zwischen der Inaktivierung des Enzyms (ca. 75 °C) und dem Ende der Stärkeverkleisterung führen ebenfalls zu einem Brotfehler, da beim Backprozeß zu viel Stärke abgebaut wird. Die Membranen der Gasbläschen verflüssigen sich zu stark, so daß das Gas entweichen kann. Es sammelt sich in einem Hohlraum unterhalb der Kruste (Abb. 15.23, I).

15.4.1.3 Lagerung

Nach der Vermahlung erreichen Roggenmehle in 1–2 Wochen und Weizenmehle in 3–4 Wochen ihre vollen Backeigenschaften. Beim Weizenmehl führen oxidative Prozesse während der „Rei-

fung" zu einem festeren (kürzeren) Kleber. Dabei wird u.a. die Konzentration an endogenem Glutathion (cf. Tab. 15.33), das die Stabilität des Klebers beim Anteigen senkt (cf. 15.4.1.4.1), durch Oxidation zum Disulfid herabgesetzt.
Mehle mit einem Wassergehalt < 12% können bei 20 °C (rel. Luftf. < 70%) über ein halbes Jahr gelagert werden, ohne daß wesentliche Veränderungen in den Backeigenschaften eintreten.
Begasen des Mehles mit Cl_2, ClO_2, NOCl, N_2O_4 oder NO, bzw. eine Behandlung mit Dibenzoyl- oder Acetonperoxid führt zum Abbau der Carotinoide; das Mehl wird gebleicht. Die Einwirkung von Cl_2, NOCl, ClO_2 und Acetonperoxid ist mit weitergehenden, im einzelnen noch nicht geklärten Reaktionen verbunden, aus denen eine Verbesserung der Backeigenschaften bei kleberschwachen Mehlen resultiert.

15.4.1.4 Beeinflussung der Backeigenschaften von Weizenmehlen durch Zusätze

Die Backeigenschaften von Weizenmehlen sind sehr unterschiedlich (cf. Beispiele in Tab. 15.32). Im traditionell arbeitenden Betrieb kann der Bäcker die Schwankungen in der Rohstoffqualität durch handwerkliches Geschick in weiten Grenzen ausgleichen, indem er Rezeptur, Teigführung und Backprozeß flexibel auf das gewünschte Produkt abstimmt.
Die Massenproduktion im automatisierten Großbetrieb läuft dagegen nur ökonomisch, wenn Störungen, z.B. durch schwankende Eigenschaften der Rohstoffe weitgehend vermieden werden. Hier sind deshalb Zusätze notwendig, die das Mehl im Hinblick auf die Verarbeitungseigenschaften (z.B. eine verkürzte Teigführung bei niedrigem Energieaufwand) und auf die Qualität des Produkts standardisieren. Durch Zugabe geringer Mengen an Ascorbinsäure, Alkalibromat oder enzymaktivem Sojamehl können kleberschwache Mehle z.B. im Hinblick auf die Herstellung von Brot und Brötchen verbessert werden. Der Teig wird trockner, Dehnungswiderstand, Knettoleranz und Gärstabilität nehmen zu. Außerdem steigt das Gebäckvolumen und es verbessert sich die Krumenstruktur. Ascorbinsäure und Lipoxygenase benötigen Sauerstoff für ihre Wirkung, die in diesen beiden Fällen deshalb besonders stark von der Intensität abhängt, mit der der Teig geknetet wird.

Tabelle 15.33. Vorkommen von reduziertem und oxidiertem Glutathion (GSH bzw. GSSG) in Weizenmehlen

Weizensorte	Mehltype	GSH	GSSG
		µmol/g Mehl	
Caribo Topfit	550	0,29	0,19
Kolibri	405	0,27	0,26
Kolibri	550	0,32	0,27
Bussard	550	0,37	0,29
Kranich	550	0,40	0,19
Benno	405	0,46	0,37
Maris Huntsman	550	0,72	0,28

Durch Zusatz von Cystein oder von Proteinasen kann umgekehrt der Kleber erweicht werden. Aus solchen weichen, sehr plastischen Teigen, die sich mit geringem Energieaufwand verformen lassen, werden u.a. Kekse hergestellt.
Zusatzstoffe, die sich auf die Teigrheologie und/oder das Backergebnis auswirken, sind auch Emulgatoren, Fette, Kochsalz, Milch- und Sojaprodukte, α-Amylasepräparate und Stärkesirup.

15.4.1.4.1 Ascorbinsäure

Zur Mehlverbesserung werden 2–6 g Ascorbinsäure (Asc) pro 100 kg eingesetzt. In gleicher Weise ist auch das Oxidationsprodukt, die Dehydroascorbinsäure (DHAsc) wirksam (Tab. 15.34), deren Anwendung aber unwirtschaftlich wäre.
Beim Anteigen oxidiert die dem Mehl zugesetzte Asc sehr schnell zur DHAsc (Abb. 15.24). Dia-

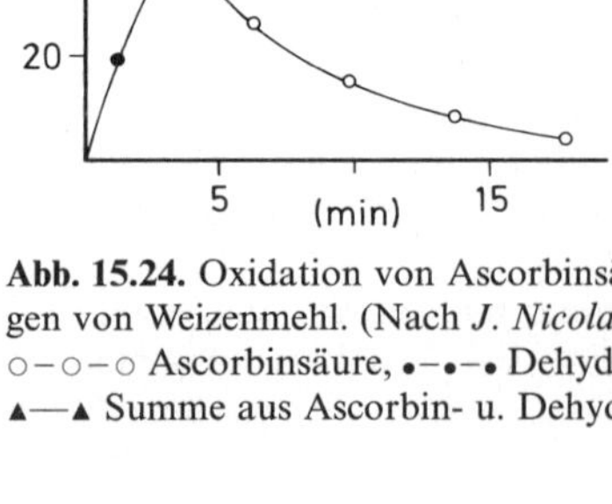

Abb. 15.24. Oxidation von Ascorbinsäure beim Anteigen von Weizenmehl. (Nach *J. Nicolas* et al., 1980)
○–○–○ Ascorbinsäure, •–•–• Dehydroascorbinsäure, ▲—▲ Summe aus Ascorbin- u. Dehydroascorbinsäure

stereomere der Asc werden dabei mit der gleichen Geschwindigkeit umgesetzt. Demgegenüber unterscheiden sich sowohl die vier diastereomeren Asc als auch die entsprechenden DHAsc in der Wirkung als Mehlverbesserungsmittel. Wie in Tab. 15.34 gezeigt, verfestigt die L-threo-Asc (Vitamin C) einen Teig am stärksten. Die beiden erythro-Asc reagieren schwächer und die D-threo-Asc ist nahezu unwirksam. Da diese Unterschiede mit der Substratspezifität der im Mehl vorkommenden GSH-Dehydrogenase (cf. 15.2.2.7) übereinstimmen, wird eine Beteiligung dieses Enzyms an der Mehlverbesserung durch Asc-Zusatz angenommen, die entsprechend Abb. 15.25 erklärt wird.

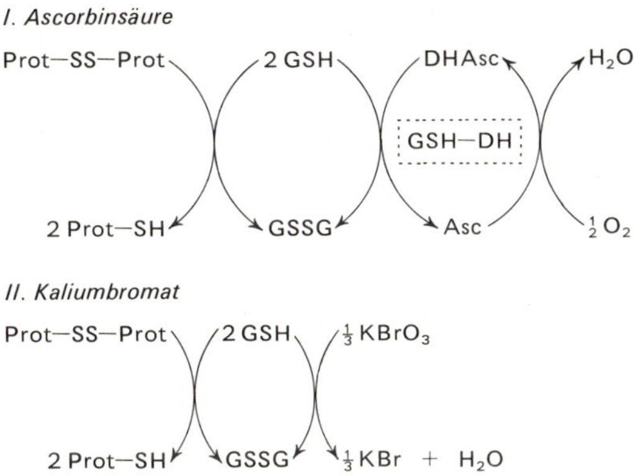

Abb. 15.25. Reaktionen bei der Mehlverbesserung durch Ascorbinsäure oder durch Kaliumbromat. (Nach *G. Mair* u. *W. Grosch*, 1979)

Asc L-threo-Ascorbinsäure; DHAsc L-threo-Dehydroascorbinsäure; GSH Reduziertes Glutathion; GSSG Oxidiertes Glutathion; Prot-SS-Prot Gluteline (vgl. 15.2.1.3.2); GSH-DH Glutathion-Dehydrogenase (vgl. 15.2.2.7)

Durch eingekneteten Luftsauerstoff wird zunächst die Asc zur DHAsc oxidiert. Beschleunigt wird die Reaktion durch Spuren an Schwermetallen oder Häm(in)proteinen wie Peroxidasen und Katalasen; die Beteiligung einer Asc-Oxidase ist unsicher. Durch die Folgereaktion wird endogenes Glutathion dem Disulfidaustausch mit den Kleberproteinen entzogen. Der Disulfidaustausch, der beim Anteigen eines Mehles sofort in Gang kommt (cf. Tab. 15.35) und zu einer Depolymerisation von Kleberproteinen und damit zur Schwächung des Klebers führt, wird gehemmt.

Tabelle 15.34. Beeinflussung der rheologischen Eigenschaften eines Weizenteiges durch Zusätze

Zusatzstoff (0,15 μmol/g Mehl)	Dehnungswiderstand[a] (%)	Dehnbarkeit[a] (%)
Kontrolle (ohne Zusatz)	100	100
Cystein	63	106
Glutathion (reduzierte Form)	56	105
L-threo-Ascorbinsäure	147	58
D-erythro-Ascorbinsäure	122	86
L-erythro-Ascorbinsäure	118	93
D-threo-Ascorbinsäure	94	88
L-threo-Dehydroascorbinsäure	145	56

[a] Relative Angaben.

Tabelle 15.35. Veränderungen im GSH- und GSSG-Gehalt beim Anteigen von Weizenmehlen

Sorte		Knetzeit (min)	Gefunden (μmol/g) GSH	Gefunden (μmol/g) GSSG	Berechnet (μmol/g) 2 × GSSG + GSH
Benno	Mehl	0	0,46	0,37	1,29
	Teig	2	0,29	0,48	1,25
	Teig	5	n. n.	0,66	1,32
Kolibri	Mehl	0	0,27	0,26	0,79
	Teig	5	n. n.	0,44	0,88

n. n.: nicht nachweisbar.

15.4.1.4.2 Bromat, Azodicarbonamid

Ein Zusatz von Alkalibromat verhindert ebenfalls eine zu starke Erweichung des Klebers beim Anteigen des Mehls, da es einen Teil des endogenen Glutathions zum Disulfid oxidiert (Abb. 15.25). Beim Backprozeß wird Bromat vollständig zum Bromid reduziert; eine Bromierung von Mehlbestandteilen findet nicht statt.
Azodicarbonamid ist als Mehlbehandlungsmittel von Interesse,

$$H_2N—CO—N{=}N—CO—NH_2 \quad (15.5)$$

da es sowohl die Teigeigenschaften kleberschwacher Mehle verbessert als auch den Energieaufwand beim Kneten reduziert (cf. Abb. 15.31). Die Einzelheiten seiner Wirkung sind unbekannt.

15.4.1.4.3 Lipoxygenase

Bei der Herstellung von Weißbrot erhöht enzymaktives Sojamehl durch die Wirkung der darin vorkommenden Typ-II-Lipoxygenase die Knettoleranz des Teiges und verbessert das Back-

ergebnis (Abb. 15.26). Im Unterschied zu der im Mehl bereits vorhandenen Lipoxygenase (cf. 3.7.2.2) kann das Soja-Enzym aus den Acyllipiden des Weizens Peroxyradikale freisetzen, die dann andere Inhaltsstoffe cooxidieren (cf. 3.7.2.2). Erkennbar ist die Cooxidation an der schnellen Bleichung der Carotinoide beim Anteigen von Weizenmehlen, die enzymaktive Sojapräparate enthalten. Bei der Herstellung von Weißbrot ist die Bleichung erwünscht.
Welche Verbindungen außer den Carotinoiden cooxidiert werden und dadurch zur Verbesserung der Backeigenschaften beitragen, ist noch unbekannt.

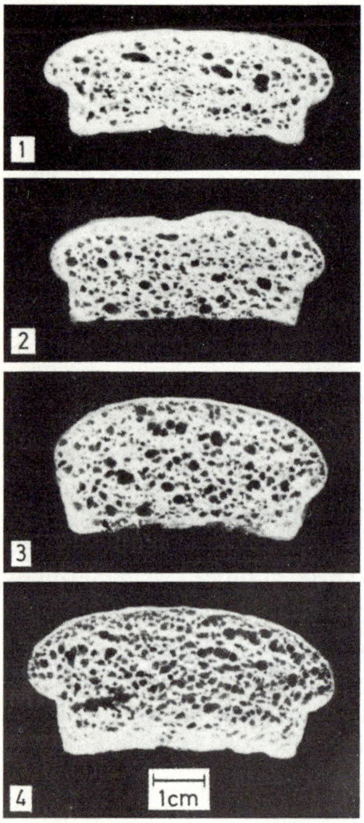

Abb. 15.26. Verbesserung von Weizenmehl durch die Typ-II-Lipoxygenase aus Sojabohnen[a]. (Nach *R. Kieffer* u. *W. Grosch*, 1979)
Zusätze: *1* ohne (Gebäckvolumen 31 ml); *2* Extrakt aus entfettetem Sojamehl, dessen Lipoxygenase durch Hitze inaktiviert ist (31 ml); *3* Extrakt aus entfettetem Sojamehl mit 290 U Lipoxygenase[b] (35 ml); *4* Gereinigte Typ-II-Lipoxygenase mit 285 U Aktivität[b] (37 ml)

[a] Ergebnisse von Backversuchen im kleinen Maßstab mit je 10 g Mehl der Sorte *„Clement"*.
[b] Eine Enzym-Einheit (U) = 1 µmol · min^{-1} Sauerstoff.

Die Anwendung von enzymaktivem Sojamehl ist durch die bei der Katalyse entstehenden geruchsaktiven Verbindungen (cf. 3.7.2.2) auf Mengen unter 2% begrenzt.

15.4.1.4.4 Cystein

Cystein, das in der Form des Hydrochlorids angewandt wird, erweicht den Kleber durch Disulfidaustausch mit der Glutelinfraktion; der Dehnungswiderstand des Teiges sinkt und die Dehnbarkeit nimmt zu (cf. Tab. 15.34). Farinogramme von Teigen, die mit und ohne Zusatz von Cystein hergestellt worden sind, zeigen eine Abnahme sowohl der Teigentwicklungszeit als auch der Teigstabilität (Abb. 15.27). Kleberstarke Mehle ergeben bei optimalem Cysteinzusatz auch ein höheres Gebäckvolumen, da der Teig vom Treibgas leichter gelockert werden kann. Glutathion (GSH) und Natriumsulfit verursachen ähnliche Effekte wie Cystein.

15.4.1.4.5 Proteinasen

Proteinasepräparate mikrobieller oder pflanzlicher Herkunft (cf. 2.8.2.2.1) werden zur Teigerweichung eingesetzt. Die Auswirkungen auf die Teigrheologie, die auf einer Endohydrolyse von

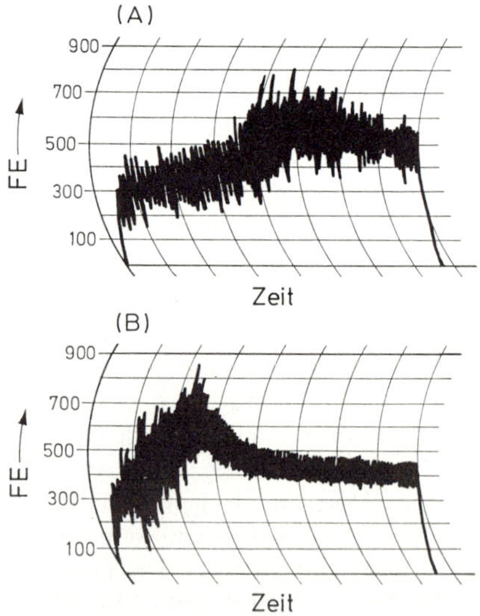

Abb. 15.27. Farinogramme: Wirkung von L-Cysteinhydrochlorid auf ein kleberstarkes Mehl (nach *K.F. Finney* et al., 1971). **A** Kontrolle ohne Zusatz; **B** Cystein (120 ppm)

Kleberproteinen beruht, hängen von der Art des angewandten Präparates ab. Bei gleicher Aktivität gegenüber Hämoglobin als Testprotein baut z. B. eine aus Schimmelpilzen isolierte Proteinase den Kleber weniger ab und senkt den Dehnungswiderstand eines Teigs entsprechend geringer als ein Präparat aus Bakterien, von dem eine noch stärkere Wirkung ausgeht als vom Papain (Abb. 15.28).

Auf Grund der hohen Dosiertoleranz ist die Pilzproteinase zur Optimierung kleberstarker Brot- und Brötchenmehle geeignet. Das Enzym aus Bakterien wird dagegen bei der Herstellung von Keksen und Waffeln eingesetzt, da kleine Teigstücke nach weitgehendem Kleberabbau besonders flach und formstabil hergestellt werden können und sich die Gebäckqualität (Porung, Bruchfestigkeit) verbessert.

Die in Tab. 15.36 angegebenen Daten für mit und ohne Zusatz von Papain hergestellte Weißbrote zeigen einen erhöhten Anstieg der freien Aminosäuren in der Krume bei Proteinasezusatz. Solange die Proteinase beim Backprozeß noch aktiv ist, setzt sie Aminosäuren aus den Proteinen des Mehles frei, die besonders in der Kruste durch *Strecker*-Abbau (cf. 4.2.4.4) in flüchtige Carbonylverbindungen überführt werden. Das Aroma wird dadurch verstärkt und die Bildung von Melanoidinen durch nichtenzymatische Bräunungsreaktionen wird gefördert.

15.4.1.4.6 Kochsalz

Zur Abrundung des Geschmacks werden einem Teig etwa 1,5% NaCl zugesetzt. Wie andere

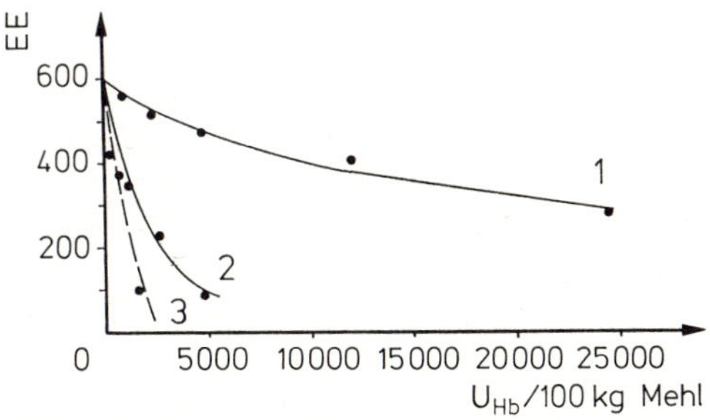

Abb. 15.28. Einfluß von Proteinasepräparaten auf den Dehnungswiderstand (in Extensogramm-Einheiten EE) eines Weizenmehlteiges (nach *B. Sprößler,* 1980). Proteinasepräparat: *1* aus Schimmelpilzen, *2* Papain, *3* aus Bakterien. U_{HB}: Einheit der Proteinaseaktivität gemessen mit Hämoglobin als Substrat

Tabelle 15.36. Auswirkungen eines Zusatzes von Papain bei der Herstellung von Weißbrot (Werte in µmol/g Trockensubstanz)

Inhaltsstoffe		ohne Papain	mit Papain
Freie Aminosäuren	Teig	183	186
	Krume	182	272
	Kruste	10	15
Flüchtige Carbonylverbindungen	Kruste	158	217

Salze, die aus kleinen Ionen bestehen (z. B. Natriumfumarat, Natriumphytat), erhöht es die Teigstabilität. Geladene Aminosäurereste von Kleberproteinen, die durch elektrostatische Abstoßung die Aggregation zu größeren Einheiten und deren Stabilisierung über hydrophobe Wechselwirkungen und H-Brücken erschweren, werden von den Ionen des Salzes neutralisiert.

15.4.1.4.7 Emulgatoren, Fette

Die Backeigenschaften des Mehls sind positiv korreliert mit dem Gehalt an polaren Lipiden, insbesondere an Glykolipiden (cf. 15.2.4). Weiter verbessert werden die Teigeigenschaften, das Backergebnis und die Frischhaltung (cf. 15.4.4) durch Zusätze von Emulgatoren wie Rohlecithine, Mono- und Diacylglyceride und von Derivaten, in denen die OH-Gruppe(n) der zuletzt genannten Verbindungen mit Essig-, Wein-, Milch-, Monoacetyl- oder Diacetylweinsäure verestert sind (cf. 3.3.2 und 8.15.4.1). Zur Erklärung der Wirkung beim Backprozeß wird wie bei den Glykolipiden angenommen (cf. Abb. 15.13), daß die Emulgatoren die Haftung zwischen der Stärke und dem Gluten verbessern.

Ein Zusatz von Triacylglyceriden vermindert in den meisten Fällen das Gebäckvolumen etwas. Es gibt aber auch Ausnahmen. So wird bei dem in Tab. 15.37 aufgeführten Mehl der Sorte I nach Zusatz von 3% Backfett eine erhebliche Steigerung im Gebäckvolumen erzielt.

15.4.1.4.8 α-Amylase

Mehl enthält nur sehr geringe Mengen an Zukkern, die von der Hefe metabolisiert werden können (cf. Tab. 15.22). Zusätze (1–2%) an Saccharose oder Stärkesirup sind erforderlich, damit

Tabelle 15.37. Auswirkung von Backfetten auf das Gebäckvolumen

Weizenmehl	Gebäckvolumen[a] (ml)	
	ohne Fett	mit 3% Fett
I	64,5	81,0
II	73,3	71,8
III[b]	51,6	46,3

[a] Backversuche im kleinen Maßstab (10 g Mehl).
[b] Mehl mit sehr schlechten Backeigenschaften.

die Hefe ausreichend wachsen und das für die Teiglockerung notwendige CO_2 produzieren kann.
Eine gleichmäßige Lockerung über einen längeren Zeitraum steigert die Qualität vieler Backwaren; die Porung wird feiner und gleichmäßiger und die Krume zeigt größere Elastizität.
Mehl, das nicht durch Auswuchs geschädigt ist, enthält etwas β-Amylase, aber sehr wenig α-Amylase (cf. 15.2.2.1), so daß bei der Teigführung nur in einem geringen Umfang Stärke zur vergärbaren Maltose abgebaut wird. Einen Einblick in den Stärkeabbau gibt die Maltose-Zahl (cf. 15.4.1.1.1). Durch zugesetzte α-Amylase in Form von Malzmehlen oder Präparaten mikrobieller Herkunft wird die kontinuierliche Hydrolyse der Stärke gesteigert.
Da bei der Keimung des Getreides u.a. die α-Amylaseaktivität und auch der Gehalt an Maltose und Glucose ansteigen, fördern Malzmehle das Hefewachstum im Teig. Bei kleberschwachen Mehlen kann sich allerdings die im Malz vorkommende proteolytische Aktivität negativ auswirken. Frei von solchen Aktivitäten stehen α-Amylasen aus bestimmten Mikroorganismen zur Verfügung (cf. 2.8.2.2.2). Das Beispiel in Tab. 15.38 zeigt die unterschiedliche Wirkung von α-Amylasepräparaten verschiedener Herkunft auf das Backergebnis. Während Malz und Pilzamylase bei diesem Mehl zu sehr ähnlichen Ergebnissen führen, kann die hitzestabile α-Amylase aus *Bac. subtilis,* die in der Ofenphase noch lange aktiv ist, leicht überdosiert werden.
Die durch die kombinierte Wirkung von α- und β-Amylase gebildete Maltose steht auch als Reaktionspartner für die nichtenzymatische Bräunung zur Verfügung. Dies wirkt sich günstig auf die Farbe der Kruste und auf das Aroma aus.

Tabelle 15.38. Einfluß von Präparaten mit α-Amylaseaktivität auf das Backergebnis

α-Amylasepräparat		Weißbrot		
Herkunft	Aktivität[a] (Einheiten)	Volumen (ml)	Krume	
			Porung	Textur
Ohne Zusatz		2400	mittel	mittel
Weizenmalz	140	2790	gut	gut
	560	3000	gut	gut
	1120	2860	mittel	gut
Asp. oryzae	140	2750	sehr gut	sehr gut
	560	2900	gut	gut
	1120	2950	mittel	mittel
Bac. subtilis	7	2600	gut	gut
	35	2600	gut	mittel
	140	2640	schlecht	sehr schlecht

[a] α-Amylase-Einheiten in 700 g Mehl.

15.4.1.4.9 Milch- und Sojaprodukte

In Kombination mit den bisher besprochenen Zusätzen enthalten Backmittel Milchprodukte (Magermilch, Buttermilch, Molke, Casein) in trockener oder flüssiger Form und/oder Sojaerzeugnisse (Vollsoja oder entfettete Soja). Die dadurch dem Teig zugesetzten Proteine erhöhen die Wasserbindung und ergeben eine weichere, saftigere Krume.

15.4.1.5 Beeinflussung der Backeigenschaften von Roggenmehlen durch Zusätze

Bei Roggenmehlen kann eine Verbesserung der Wasseraufnahme bzw. -bindung durch Zusatz (2–4%) von Quellmehl sowie eine künstliche Teigsäuerung erforderlich und von Interesse sein.

15.4.1.5.1 Quellmehl

Aus gemahlenem Getreide (Weizen, Roggen, Reis, Hirse u.a.) werden Quellmehle durch Verkleisterung der Stärke (Kochen und Dämpfen im Autoklaven), Trocknung und Nachvermahlung hergestellt und mitunter durch Zusatz von Johannisbrotkernmehl, Guarmehl oder Alginat verschnitten.

15.4.1.5.2 Säuerungsmittel

Roggenmehl wird mit saurer Teigführung (cf. 15.4.2.2) verbacken.
Eine künstliche Säuerung erfolgt durch Zugabe von Milch-, Essig-, Wein-, Citronensäure bzw. von sauren Natrium- und Calciumsalzen der Ortho- und Pyrophosphorsäure.

Andere Präparate zur Teigsäuerung – die sog. Trocken- oder Fertigsauer – bestehen aus Quellmehlen, die mit Sauerteigkonzentraten oder mit von Milchsäurebakterien vergorenen Getreidemaischen vermischt sind. Ihr Säuregrad (Definition cf. 15.4.1.1.1) liegt im Bereich 100 bis 1000.

15.4.1.6 Zusätze zur Teiglockerung

Teige, die nur aus Mehl und Wasser bestehen, ergeben ein dichtes Fladengebäck. Brot und anderes Gebäck mit poröser Krume erfordern eine Lockerung des Teigs. Bei Weizenteigen für Brot und Brötchen erfolgt sie durch Hefe und bei Teigen für feine Backwaren durch Backpulver. Roggenteige werden meist mit Hilfe einer Sauerteiggärung gelockert.

15.4.1.6.1 Hefe

Eingesetzt werden bestimmte Mengen (Tab. 15.39) obergäriger Hefe der Gattung *Saccharomyces cerevisiae*. Während die Normalhefe Saccharose im Vergleich zu Maltose bevorzugt abbaut, metabolisieren spezielle Schnelltriebhefen die beiden Disaccharide gleich schnell, so daß sich die Gärzeiten verkürzen.
Bei den Hefen differieren die Temperaturoptima für das Wachstum (24–26 °C) und die Gärung (28–32 °C); der optimale pH-Wert beträgt 4,0–5,0. Die Hefe bildet außer dem für die Lockerung notwendigen CO_2 u.a. noch eine Reihe von Aromastoffen (cf. 5.3.2.1). Ob die Hefe beim Wachstum auch Substanzen abgibt, die die Teigrheologie beeinflussen, ist unklar; für Proteinasen wird dies verneint.

15.4.1.6.2 Chemische Lockerungsmittel

Unter Einwirkung von Wasser, Säure und Wärme setzen Backpulver im Verlauf der Teigführung und beim Backprozeß CO_2 frei. Sie bestehen aus einer CO_2-Quelle, meist Natriumhydrogencarbonat, und aus Wein-, Citronen-, Adipinsäure bzw. deren sauren Natrium- oder Calciumsalzen, Dinatriumhydrogenphosphat oder Aluminiumsulfat. Ein Trennmittel (bis 30%) aus Mais-, Reis-, Weizen- oder Tapiokastärke bzw. Weizenmehl verhindert eine vorzeitige CO_2-Entwicklung. Angeboten werden auch mit Vanillin oder Ethylvanillin aromatisierte Backpulver. Für 500 g Mehl soll das Backpulver 2,35–2,85 g CO_2 (etwa 1,25 l) entwickeln.

Tabelle 15.39. Verwendete Hefemengen bei Brot und anderem Gebäck

Gebäck	Hefemenge[a] (%)
Roggenbrot	0,5–1,5
Roggenmischbrot[b]	1,0–2,0
Weizenmischbrot[b]	1,5–2,5
Weizenbrot	2,0–4,0
Stuten	4,0–6,0
Zwieback	6,0–10,0

[a] Bezogen auf die Mehlmenge.
[b] cf. Tab. 15.50.

Für einige flache Dauergebäcke wird nur $NaHCO_3$ angewandt. Leb- und Honigkuchen werden mitunter durch Hirschhornsalz in Verbindung mit Pottasche (K_2CO_3) gelockert. Hirschhornsalz ist ein Gemisch aus Ammoniumhydrogencarbonat und Ammoniumcarbaminat ($H_2NCOONH_4$). Oberhalb 60 °C zersetzt es sich in NH_3, CO_2 und Wasser.

15.4.2 Teigherstellung

15.4.2.1 Hefeteigführung

15.4.2.1.1 Direkte Hefeführung

Mehl, Wasser, Hefe, Salz und andere Zutaten werden unmittelbar zu einem Teig verarbeitet.

15.4.2.1.2 Indirekte Hefeführung

In einem gut belüfteten Vorteig, der Mehl, Wasser und etwas Zucker enthält, wird die Hefe bei 25–27 °C vermehrt. Nach einer bestimmten Reifezeit wird der Vorteig unter Zugabe der restlichen Mehl- und Flüssigkeitsmenge und weiterer Zutaten zum Hauptteig verarbeitet.
Für die kontinuierliche indirekte Führung sind spezielle flüssige Vorteige entwickelt worden, deren pH bei 5,0–5,3 liegt und die zur Ausbildung eines volleren Aromas bei Temperaturen bis zu 38 °C inkubiert werden. So gereifte Gärteige werden laufend einem Kneter zugeführt, der kontinuierlich den Hauptteig knetet.

15.4.2.2 Sauerteigführung

Durch Säuerung (Absenken des pH auf 4,0–4,3) wird Roggenmehl backfähig (cf. 15.1.5) und es entstehen über enzymatische Prozesse Geruchs- und Geschmacksstoffe, die für Roggenbrot charakteristisch sind.

Im Sauerteig werden Hefen (*Saccharomyces cerevisae, Saccharomyces minor* u.a.), die in erster Linie für die Teiglockerung verantwortlich sind, und eine kompliziert zusammengesetzte Bakterienflora, in der die Milchsäurebildner *Lactobac. plantarum* und *Lactobac. brevis* dominieren, vermehrt.

Der Sauerteig kann nach verschiedenen Techniken geführt werden, die sich erheblich im Zeitbedarf unterscheiden (Abb. 15.29).

Die *mehrstufige Führung* berücksichtigt die unterschiedlichen Anforderungen, die von Hefen und Bakterien an Temperatur und Feuchtigkeit gestellt werden. So wachsen die Hefen bei ca. 26 °C und die interessierenden Bakterien bei 35 °C optimal.

Zum Anstellen der dreistufigen Führung wird eine wäßrige Mehlsuspension mit Vollsauer beimpft (Abb. 15.29). Nach Reife der ersten Stufe wird unter Zugabe von Mehl und Wasser der Grundsauer bei 35 °C und der Vollsauer bei 26 °C geführt.

Die in Abb. 15.29 angegebenen Inkubationsbedingungen sind nur Anhaltspunkte. Abweichungen der Temperatur beeinflussen das Spektrum der Gärprodukte: Bei warmer Führung (30 bis 35 °C) wird bevorzugt Milchsäure gebildet (Abb. 15.30), bei kühler Führung (20–25 °C) entsteht mehr Essigsäure. Angestrebt wird ein „Gärungsquotient" Milchsäure/Essigsäure von 80:20, da

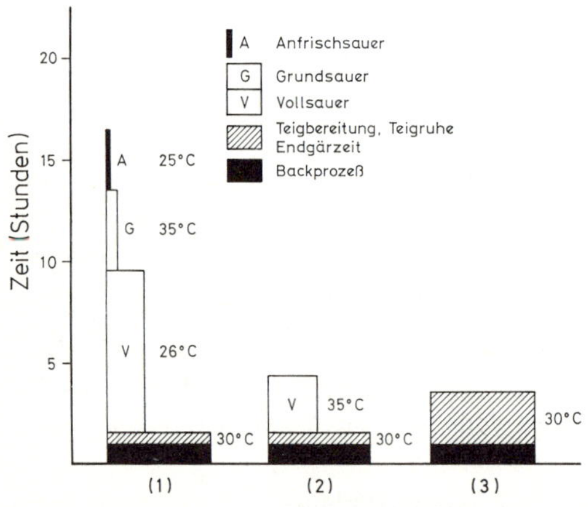

Abb. 15.29. Zeitbedarf verschiedener Sauerteigführungen (nach *M. Rothe,* 1974). 1 Dreistufige Führung, 2 Kurzsauer, 3 Teigsäuerungsmittel

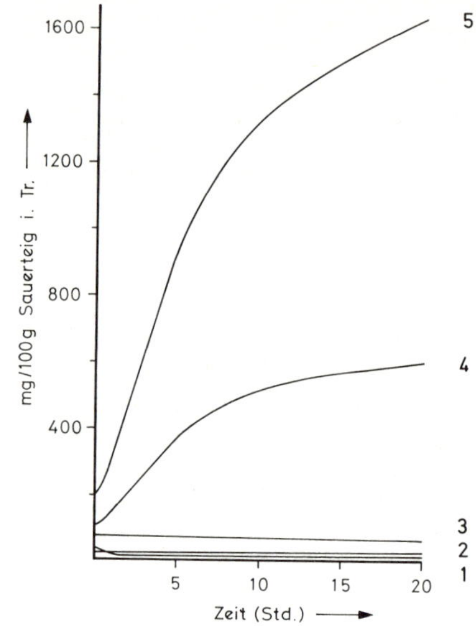

Abb. 15.30. Verlauf der Säurebildung in einem Sauerteig bei 30 °C (nach *E. Rabe,* 1980). *1* Malat, *2* Pyruvat, *3* Citrat, *4* Acetat, *5* Lactat

eine zu hohe Konzentration an Essigsäure einen stechend sauren Geschmacksfehler ergibt.

Der Anteil Roggenmehl im fertigen Gebäck beeinflußt die Menge an reifem Sauerteig (Vollsauer), die bei der Teigbereitung eingesetzt wird. Bezogen auf das Roggenmehl erfordert z.B. Roggenbrot 35–45% und Roggenmischbrot 40 bis 60% Sauerteig.

Reduzierte Führungen nehmen auf die Entwicklung der Hefen keine Rücksicht. Es wird nur noch eine Sauerstufe mit relativ viel Anstellgut angesetzt, die dann nach etwa drei Stunden reif ist (Abb. 15.29). Nach Zusatz von Hefe ist dieser „Kurzsauer" einsatzbereit. Mischungen von Teigsäuerungsmitteln (cf. 15.4.1.5.2) und Hefe, evtl. in Kombination mit Sauerteig, erlauben weitere Zeiteinsparungen (Abb. 15.29).

Bei den reduzierten Führungen sind zwar die für den säuerlichen Geschmack notwendigen Konzentrationen an organischen Säuren im Endprodukt vorhanden, doch herrscht ein Defizit an anderen wesentlichen Aromastoffen bzw. an Vorläufern, aus denen beim Backprozeß Aromastoffe entstehen. So werden bei einer mehrstufigen Führung des Sauerteigs z.B. Proteine des Mehls in größerem Umfang von Proteinasen der Mikroflora bis zu den freien Aminosäuren hydrolysiert, die dann beim Backprozeß über die *Maillard*-Reaktion Aromastoffe liefern.

15.4.2.3 Kneten

Kennzeichnend für den Knetprozeß sind die Phasen: Mischen der Rohstoffe und Zutaten, Teigentwicklung und -plastifizierung.

Knetenergie, Teigeigenschaften und Gebäckvolumen hängen zusammen. Für jeden Teig durchläuft das Gebäckvolumen in Abhängigkeit von der zugeführten Knetenergie ein Maximum (Abb. 15.31), das bei einem kleberschwachen

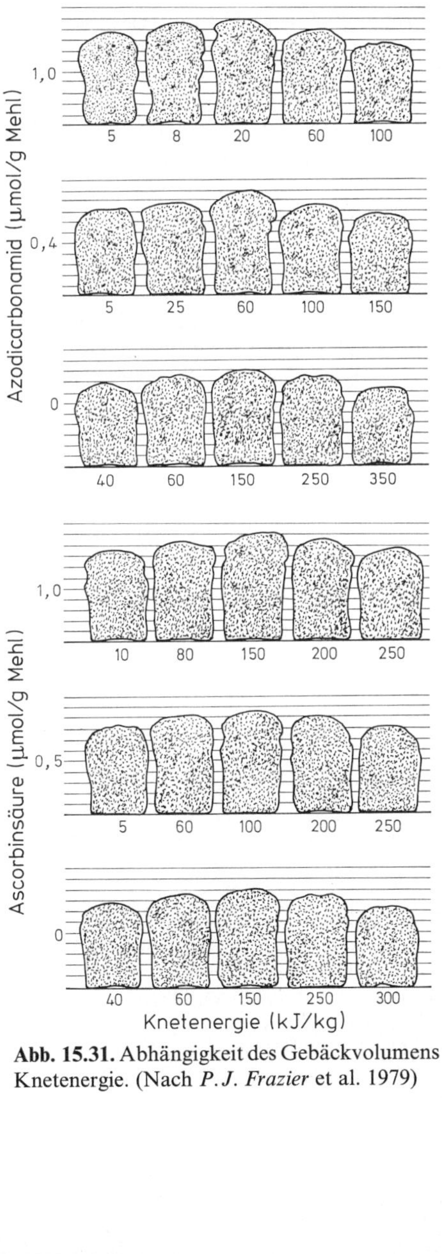

Abb. 15.31. Abhängigkeit des Gebäckvolumens von der Knetenergie. (Nach *P.J. Frazier* et al. 1979)

Mehl niedriger liegt als bei einem kleberstarken und das durch Zusätze zur Mehlverbesserung beeinflußt werden kann. Von den in Abb. 15.31 gezeigten Beispielen senkt Azodicarbonamid (cf. 15.4.1.4.2) den Energiebedarf besonders stark. Geht die Knetung über das Maximum hinaus, so wird der Teig feuchter, beginnt an der Wand des Knetbottichs zu kleben und sein Gashaltevermögen läßt nach. Weizenmehle benötigen zur Teigentwicklung etwa doppelt so lange Knetzeiten wie Roggenmehle.

Die zum Kneten verwendeten Maschinen werden nach der Knetdauer in Schnell-, Intensiv- und Hochleistungskneter oder Mixer eingeteilt (Tab. 15.40), doch sind die Grenzen fließend. Mit zunehmender Knetgeschwindigkeit steigt die Teigtemperatur (Tab. 15.40), die gegebenenfalls durch Kühlung auf 22–30 °C bzw. 26–33 °C (Mixer) gehalten wird.

Vom Mixer wird der Teig nicht im eigentlichen Sinne geknetet, sondern zerrissen und zerschnitten. Dies kann sich negativ auf die Teigstabilität auswirken, so daß mit solchen Teigen zwar Kastenbrote (hier wird der Teig durch die Form abgestützt), aber keine frei geschobenen Brote gebacken werden können.

Neben Chargenknetern werden auch kontinuierlich arbeitende Knetanlagen verwendet. Komponentenmischung und Knetung erfolgen hier über zwei mit Misch- und Knetelementen bestückte, gegenläufige Wellen. Die zum Einsatz kommenden Teigteilmaschinen arbeiten nach dem Prinzip der Kammerteilung: Die abgetrennte Teigmenge ist durch das Kammervolumen regelbar, die Füllung der Kammer erfolgt über die Saugwirkung des Kolbens und die Förderung des Teiges über Schnecken, Kolben oder Greifer.

Nach der Portionierung wird der Teig automatisch durchgearbeitet (gewirkt), indem das Teigstück, durch Leitbleche geführt bzw. spiralför-

Tabelle 15.40. Beispiele für Knetbedingungen bei der Herstellung von Weißbrotteigen

Kneter	Umdrehungszahl (min^{-1})	Knetzeit (min)	Teigerwärmung[a] ΔT (°C)
Schnellkneter	60–75	20	2
Intensivkneter	120–180	10	5
Hochleistungskneter	450	3–5	
Mixer	1440	1	9
Mixer	2900	0,75	14

[a] Während der Knetzeit.

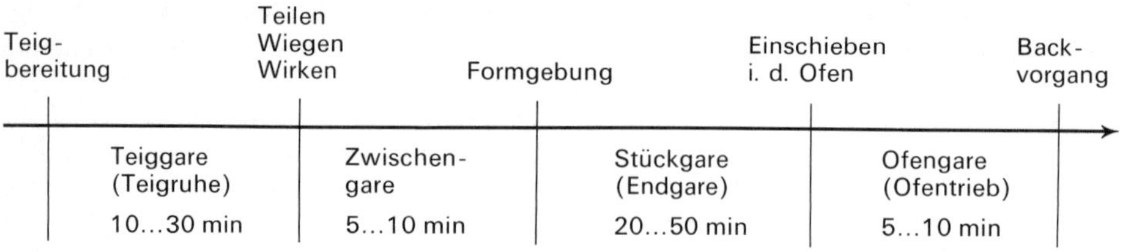

Abb. 15.32. Gärführung biologisch gelockerter Teige (nach *H. Büskens*, 1978). Temperatur: 26–32 °C

mig um einen zylinder- oder kegelförmigen Metallkörper in rollender Bewegung herumgeführt wird.

15.4.2.4 Gärführung

Zur Entwicklung der Hefe und damit des Triebs durchlaufen biologisch gelockerte Teige mehrere Gärstufen (Abb. 15.32). Nach der ersten Gare wird der Teig geteilt, die einzelnen Stücke werden gewogen und gewirkt. Auf eine kurze Zwischengare folgen Formgebung und Stückgare. Im Ofen wird das Teigstück dann durch CO_2 und Wasserdampf auf das Endvolumen hochgetrieben. Die Dauer der Gare ist unterschiedlich. Sie hängt von der Mehlsorte (cf. Abb. 15.33), den Zutaten, der Hefekonzentration und der Ofentemperatur ab. Die Beschaffenheit des Mehls bestimmt die Gärtoleranz, d.h. die Zeit nach der die Gare frühestens oder spätestens abgebrochen und das Teigstück in den Ofen geschoben werden muß; Teige aus kleberschwachem Mehl garen z.B. schnell, besitzen aber nur eine geringe Gärtoleranz.
Die Teigruhe (cf. Abb. 15.32) kann stark gekürzt werden, wenn der Teig mit hoher Energie geknetet wird und/oder wenn durch schnell wirkende Zusätze (z.B. Mischungen aus Bromat, Ascorbinsäure und Cystein) die Teigstruktur in die gewünschte Richtung gelenkt wird und relativ große Hefemengen eingesetzt werden. Auf dieser Grundlage sind „No-Time-Verfahren" entwikkelt worden, die einen ununterbrochenen Teigstrom produzieren.
Die während der Teigbearbeitung erforderlichen Ruhezeiten (Zwischen- und Endgare) werden bei kontinuierlich arbeitenden Backstraßen in klimatisierten Gärräumen realisiert, durch welche die Teigstücke auf Gärgehängen ruhend mit definierter Geschwindigkeit gefördert werden.

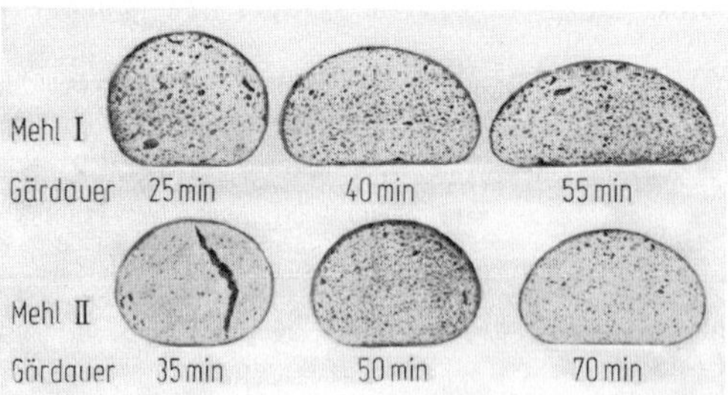

Abb. 15.33. Einfluß der Gärdauer auf das Backergebnis (Roggenmischbrote aus zwei Mehlen mit unterschiedlichen Backeigenschaften). (Nach *H. Büskens*, 1978)

15.4.2.5 Vorgänge bei der Teigbildung

Bezogen auf das Mehl wird ein Brotteig mit etwa 70% Wasser angestellt. Die Höhe der Wasseraufnahme, die von der Mehlsorte abhängt, bestimmt den Umfang ablaufender Reaktionen mit, da ein steigender Wassergehalt die Beweglichkeit der Reaktionspartner fördert. Ein Beispiel ist der enzymatische Abbau der Stärke zu reduzierenden Zuckern (Abb. 15.34).

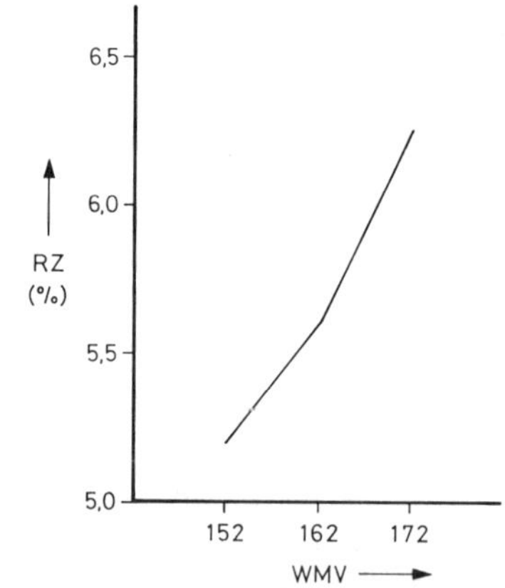

Abb. 15.34. Gehalt an reduzierenden Zuckern in der Weizenmischbrotkrume in Abhängigkeit vom Wassergehalt des Teigs (nach *L. Wassermann* u. *H. H. Dörfner*, 1971). WMV = Wasser-Mehl-Verhältnis:

$$\frac{(\text{Mehl} + \text{Wasser}) \times 100}{\text{Mehl}}$$

RZ: Reduzierende Zucker als Maltose

Beim Anteigen von Weizenmehl sind im Licht- und Elektronenmikroskop starke Veränderungen in der Anordnung der Proteine zu erkennen: In den Endospermzellen liegen die Proteine in Form blattartiger Strukturen vor, die zum Teil nur 100 Å dick sind. Beim Kontakt mit Wasser reißen Hohlräume auf (Abb. 15.35a), deren Ränder zu Wülsten aufquellen (Abb. 15.35b). Schließlich zerfasert die Blattstruktur in ein Gewebe von Mikrofibrillen (Abb. 15.35c) (Durchmesser: 50–100 Å), das sich bei weiterer Hydratation schnell ausdehnt. Gefördert durch den Knetprozeß werden die Mikrofibrillen zu Proteinsträngen gebündelt (Abb. 15.35d), die ein

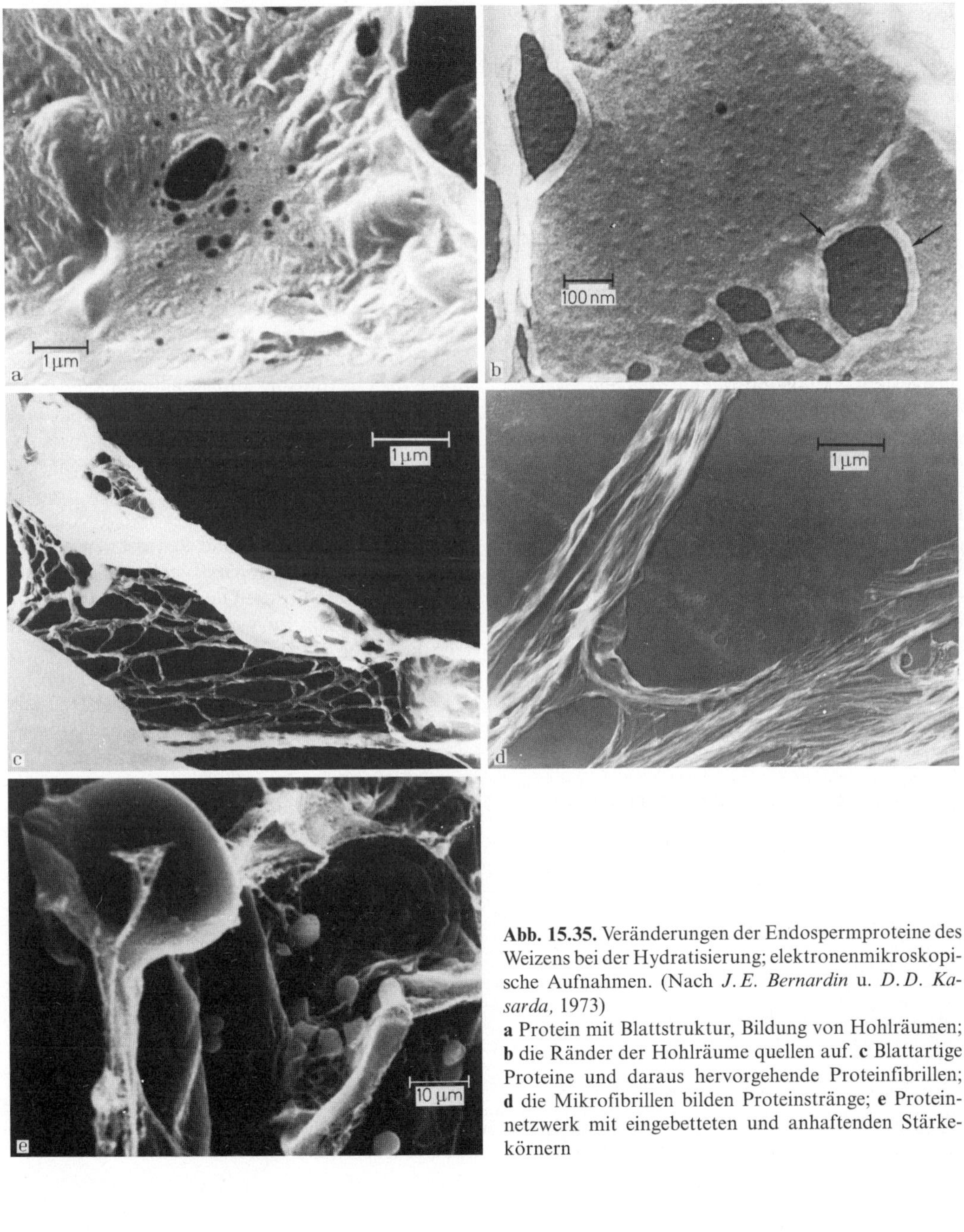

Abb. 15.35. Veränderungen der Endospermproteine des Weizens bei der Hydratisierung; elektronenmikroskopische Aufnahmen. (Nach *J.E. Bernardin* u. *D.D. Kasarda,* 1973)

a Protein mit Blattstruktur, Bildung von Hohlräumen; **b** die Ränder der Hohlräume quellen auf. **c** Blattartige Proteine und daraus hervorgehende Proteinfibrillen; **d** die Mikrofibrillen bilden Proteinstränge; **e** Proteinnetzwerk mit eingebetteten und anhaftenden Stärkekörnern

elastisches Netzwerk ausbilden, das die Stärkekörner mehr oder weniger einhüllt (Abb. 15.35e). Der Übergang blattartiger Strukturen in Mikrofibrillen ist, wenn auch vermindert, nur noch bei Roggen, nicht aber bei Mais, Reis oder Gerste zu beobachten. Bei Weizenmehl bildet sich dabei aus den Prolaminen und Glutelinen (cf. 15.2.1.3) unter Beteiligung von Lipiden (cf. 15.2.4) und Pentosanen (cf. 15.2.3.2.1) der Kleber (cf. 15.1.5), der dem Teig die viskoelastischen Eigenschaften und das Gashaltevermögen verleiht.

Es gibt Hinweise, daß die beim Knetvorgang erzeugte Energie weitere chemische Reaktionen auslösen kann, z. B. ein Aufbrechen von Disulfidbindungen.

15.4.3 Backprozeß

15.4.3.1 Bedingungen

In Tab. 15.41 sind für einige Arten von Gebäck die Ofentemperaturen und Backzeiten zusammengestellt. Davon mitunter abweichend werden Roggen- und Roggenmischbrote bei hoher Temperatur kurz vorgebacken, z. B. 1–3 min bei etwa 400 °C, und dann bei bis auf 150 °C absinkender Temperatur nachgebacken. Der Einfluß auf die Qualität folgt aus Tab. 15.44. Beim kontinuierlichen Prozeß werden meist Durchlauföfen mit Umwälzheizung eingesetzt. Als Transportband dienen häufig Gitter (Netzbandofen).

Bei den in Tab. 15.41 aufgeführten Ofentemperaturen entsteht in der äußeren Schicht der Teigstücke ein steiler Temperaturgradient 200 °C → 120 °C, da der Wärmetransport im Teig nur langsam erfolgt. Im Innern des Gebäcks wird gegen Ende der Backzeit, je nach Stabilität der Kruste gegenüber dem Anstieg des Wasserdampfdrucks, eine Temperatur von 98 bis 106 °C erreicht. Das beim Anteigen zugesetzte Wasser verdampft nur im Krustenbereich. Durch Diffusion des Wassers ins Innere des Brotes kann der Wassergehalt in der frischen Krume sogar etwas höher als im Teig sein. Von Einfluß auf das Backergebnis ist auch die Wasserdampfkonzentration im Ofen. Sie wird durch die Schwadengabe reguliert.

Durch das bei der Krustenbildung verdampfende Wasser tritt ein Backverlust auf, der in Abhängigkeit von der Form und Größe des Gebäckes und vom Backprozeß bei Brot 8–14% des Teiggewichtes beträgt.

Tabelle 15.41. Backzeiten und Backtemperaturen

Backware	Gewicht (g)	Backzeit (min)	Ofen-temperatur (°C)
Kleingebäck (Brötchen)	45	18–20	250–240
Weizenbrot, freigeschoben	500	25–30	240–230
Weizenbrot, Kasten	500	35–40	240–230
Weizenbrot, freigeschoben	1000	40–50	240–220
Roggenmischbrot, freigeschoben	1500	55–65	250–200
Roggenbrot freigeschoben	1500	60–70	260–200
Pumpernickel, Kasten	3000	16–24 h.	180–100

15.4.3.2 Chemische und physikalische Veränderungen

15.4.3.2.1 Textur

Der Anstieg in der Temperatur hat eine Denaturierung der Proteine und eine Quellung der Stärke zur Folge. Im Weißbrotteig erstarrt der durch die Gärführung aufgeschäumte Kleber gemeinsam mit gequollener Stärke zu einem von Poren bis herab zu 3 µm Durchmesser durchzogenen Krumengerüst. Das Ausmaß der Stärkequellung hängt von der Wassermenge ab, die beim Anteigen des Mehles bevorzugt von den Prolaminen, Glutelinen und Pentosanen gebunden wird. Beim Backprozeß stellen diese einen Teil des Wassers für die Quellung der Stärke zur Verfügung. Quillt zu wenig Stärke, so entsteht eine brüchige Krume, quillt zu viel Stärke, so wird die Krume schmierig.

Im Unterschied zur Krume verkleistert die Stärke an der Oberfläche der Kruste fast vollständig, wenn bei hoher Luftfeuchtigkeit, d. h. unter Schwadengabe gebacken wird.

Untersuchungen an Gluten/Stärke-Mischungen, denen der Emulgator Stearyl-2-lactylat zugesetzt war, zeigen oberhalb 50 °C einen Übergang dieses „Lipids" vom Gluten zur Stärke (Tab. 15.42). Offensichtlich fördert das Aufquellen bzw. die Verkleisterung der Stärke, die oberhalb 50 °C einsetzt, die Bindung der Lipide.

Das spezifische Volumen von Weißbrot ist größer als das von Roggenbrot (Tab. 15.43). Entsprechend ist die Roggenbrotkrume fester und weniger elastisch. Offensichtlich können die Pentosane den Mangel an Texturierung, der auf die Roggenproteine zurückgeht, nicht voll ausgleichen (cf. 15.1.5).

Tabelle 15.42. Einfluß der Temperatur auf die Bindung von Stearyl-2-lactylat (SSL) durch eine Mischung aus Gluten und Stärke[a]

T (°C)	SSL frei[b]	SSL gebunden[b] an	
		Gluten	Stärke
30	22,0	64	14
40	20,0	66	14
50	22,0	62	16
60	20,0	6	74
70	16,0	6	78
80	12,0	8	80
90	12,0	2	86

[a] Mischung aus 17,9 g Stärke, 2,7 g Gluten und 0,103 g SSL.
[b] Werte in % bezogen auf SSL insgesamt.

Tabelle 15.43. Spezifisches Volumen[a] von Brot

	(ml/g)
Toastbrot	3,5–4,0
Weißbrot	3,3–3,7
Weizenmischbrot[b]	2,5–3,0
Roggenmischbrot[b]	2,1–2,6
Roggenbrot	1,9–2,4

[a] Spezifisches Volumen = Volumen/Gewicht.
[b] cf. Tab. 15.50.

Tabelle 15.44. Einfluß von Backzeit und Backtemperatur auf die Qualität von Roggenschrotbrot

Backzeit (min) Backtemperatur (°C)	90 240–210	180 210–185	270 185–160
Brotvolumen (ml)	142	142	140
Krustenstärke (mm)	4	5	6
Geschmack	roh, wenig aromatisch	aromatisch	vollmundig, aromatisch

Tabelle 15.45. Verhältnis Krume/Kruste bei verschiedenen Brotsorten

Brot	Krume (%)	Kruste (%)
Brötchen (50 g)	72,5	27,5
Stangenweißbrot	68,5	31,5
Kastenweißbrot (500 g)	75,0	25,0
Freigeschobenes Weißbrot (500 g)	73,8	26,2
Freigeschobenes Roggenmischbrot (1000 g)	73,3	26,7
Angeschobenes Roggenmischbrot (1000 g)	84,5	15,5

Der Denaturierung der Proteine geht beim Backprozeß eine Beschleunigung der Enzymkatalyse während der Phase des Ofentriebs (cf. 15.4.2.4) voraus. Einzelheiten über die ablaufenden Reaktionen sind nur für den Stärkeabbau bekannt (cf. 15.4.1.2).

Die Vitamine der B-Gruppe nehmen beim Backprozeß unterschiedlich ab. Beim Weißbrot betragen die Verluste für Thiamin 20% (Mehltype 500) bis 50% (Mehltype 1150), für Riboflavin 6–14% und für Pyridoxin 0–15%.

Bei den relativ hohen Temperaturen, die in den äußeren Partien der Teigstücke herrschen, wird die Stärke zu Dextrinen, Mono- und Disacchariden abgebaut. Karamelisierungsreaktionen und nichtenzymatische Bräunung führen zur Farbbildung. Es entsteht die Kruste, deren Dicke von der Backtemperatur und -zeit (Tab. 15.44) sowie von der Art des Gebäcks (Tab. 15.45) abhängt. Über die Zusammensetzung einiger Brotsorten informiert Tab. 15.46.

15.4.3.2.2 Aroma

Die Bildung des Aromas erfolgt beim Brotbacken zweistufig: Die Hefe- bzw. Sauerteigführung liefert das Gäraroma und der Backprozeß das Krustenaroma.

Von den flüchtigen Verbindungen, die überwiegend aus dem Stoffwechsel der Hefe hervorgehen (cf. 5.3.2.1), tragen Acetaldehyd, Dimethyldisulfid und Ethanol (Tab. 15.47) auf Grund der Höhe ihrer Aromawerte (Definition in 5.1.4) wesentlich zum Gäraroma von Weißbrot bei.

Das Gäraroma bildet aber nur den Hintergrund, von dem sich das typische, vorzugsweise in der Kruste durch die *Maillard*-Reaktion (cf. 4.2.4.4) und Karamelisierungsreaktionen (cf. 4.2.4.3.3) entstehende Aroma abhebt. Unter der Vielzahl flüchtiger Verbindungen, die aus solchen thermischen Prozessen hervorgehen, sind Acetylpyrazin, 2-Methyl-3-ethylpyrazin, 5-Methyl(5H)cyclopenta(b)pyrazin am Krustenaroma von Roggen- und Weißbrot beteiligt. Die Unterschiede im Krustenaroma beider Brotsorten sind dadurch bedingt, daß im Weißbrot das 2-Acetyl-1-pyrrolin (cf. 5.3.1.9), der Aromastoff mit dem niedrigsten Schwellenwert aller bisher bekannten Röstaromastoffe, in wesentlich höheren Konzentrationen gebildet wird (Tab. 15.48). Beim Roggenbrot treten dagegen die Pyrazine (Tab. 15.48), 3-Methylbutanal, Diacetyl, 1-Octen-3-on, 2,5-Dimethyl-3-ethylpyrazin und Phenylacetaldehyd sehr viel stärker in Erscheinung. Im Vergleich zu Broten aus Roggenmehl sind Roggenschrotbrote

Tabelle 15.46. Chemische Zusammensetzung einiger Brotsorten

Brot	Wasser (%)	Protein (%)	Verdauliche Kohlenhydrate (%)	Ballaststoffe (%)	Lipid (%)	Mineralstoffe (%)
Weißbrot	38,3	8,2	49,7	2,9	1,2	1,6
Weizenmischbrot	37,6	6,7	41,6	4,1	1,1	1,5
Roggenmischbrot	39,1	6,9	41,0	4,9	1,1	1,8
Roggenbrot	38,1	6,7	39,4	5,5	1,0	1,6
Roggenvollkornbrot	42,0	7,3	36,3	7,2	1,2	1,5
Knäckebrot	7,0	10,1	63,2	14,6	1,4	2,3

Tabelle 15.47. Flüchtige Verbindungen, die zum „Gäraroma“ von Weißbrot beitragen

Verbindung	Aromawert[a]
Acetaldehyd	57
Dimethyldisulfid	15,6
Ethanol	11,1
2-Methylpropanal	10
3-Methyl-1-butanol	9,7
Dimethylsulfid	5
1,1-Diethoxyethan	3,6
3-Methylbutanal	2,9
2-Methyl-1-propanol	2,2

[a] Definition cf. 5.1.4.

ärmer an den Pyrazinen, die die Röstnoten hervorrufen (Tab. 15.48). Die Ursachen für die Aromaunterschiede bei den Brotsorten bedürfen noch der Klärung.

15.4.4 Veränderungen bei der Lagerung

Die Qualität von Brot verändert sich schnell bei der Lagerung. Die Kruste verliert durch Adsorption von Wasserdampf an Rösche. Aromastoffe, die im ofenfrischen Brot überwiegend in der Gasphase vorkommen, verflüchtigen sich zum Teil aus der Krustenzone oder sie werden mehr und mehr von den Helices der Amylose eingeschlossen bzw. von Proteinen adsorbiert. Bei einem erneuten Erhitzen (Aufbacken) werden solche Aromastoffe wieder frei. Am Brotaroma sind auch sehr labile Verbindungen beteiligt, z. B. 2-Acetyl-1-pyrrolin, die sich bei der Lagerung durch Oxidation oder andere Reaktionen schnell verändern.

Auch das Krumengefüge wandelt sich, wenn auch langsamer. Die Krume wird fester, ihre Saftigkeit und Elastizität gehen verloren und sie zerbröselt leichter. Dieses Altbackenwerden beruht in erster Linie auf einer Retrogradation der Stärke (cf. 4.4.4.14.2). Darunter versteht man eine zunehmende Entquellung durch Übergang vom amorphen in einen quasikristallinen Zustand.

Die Retrogradation findet ihren Ausdruck in einem Absinken des Anteils an Polysacchariden, die aus einem gelagerten Brot extrahiert werden können, wobei Tab. 15.49 zeigt, daß die Löslichkeit der Amylose stärker als die des Amylopektins abnimmt, d. h. das zuerst genannte Polysaccharid retrogradiert schneller.

Eine Erhöhung der Lagertemperatur, z. B. von 21 °C auf 35 °C, verlangsamt die Retrogradation des Amylopektins um den Faktor vier. Parallel dazu verbessert sich der Frischezustand der Krume, doch verflacht das Aroma. Auch ein

Tabelle 15.48. Röstaromastoffe in den Krusten von drei Brotsorten

Verbindung[a]	Weißbrot	Roggenbrot[b]	Roggenschrotbrot
2-Methyl-3-ethylpyrazin	66	94	18
Acetylpyrazin	19	80	10
5-Methyl(5H)cyclopenta(b)pyrazin	15	37	7
2-Acetyl-1-pyrrolin	78	4	<0,5

[a] Angaben in µg/kg.
[b] Dreistufige Sauerteigführung.

Tabelle 15.49. Lösliche Stärke in bei 21 °C lagerndem Weißbrot

Zeit (Tage)	Lösliche Stärke[a]	Amylose[a]	Amylopektin[a]
0	3,34	0,52	2,82
1	2,16	0,19	1,97
2	1,72	0,14	1,58
5	1,22	0,10	1,12

[a] In g pro 100 g Trockenmasse.

erhöhter Protein- oder Pentosangehalt verzögert die Retrogradation. Die Methode der Wahl für lange Frischhaltung ist in der Regel ein Zusatz von Emulgatoren, z. B. Monoacylglyceride oder Stearyl-2-lactylat. Beim Backprozeß wird der Emulgator von beiden Komponenten der Stärke gebunden, wenn auch in unterschiedlichem Ausmaß (Tab. 15.42 und Abb. 15.36). Die entstehenden Komplexe hindern die Entquellung der Stärke und damit die Retrogradation.

Vereinfacht lassen sich die Vorgänge beim Altbackenwerden wie folgt zusammenfassen:

Beim Backen erfahren die Stärkekörner des Weizenmehles infolge der begrenzten Wassermenge im Teig nur eine begrenzte Quellung. Während der Quellung wird ein Teil der Amylose gelöst, diffundiert aus den Stärkekörnern in die umgebende wäßrige Phase und konzentriert sich in den mit fortschreitender Quellung kleiner werdenden Zwischenräumen.

Infolge ihrer ausgeprägten Tendenz zur Mizellbildung und Retrogradation bildet die Amylose bereits beim Abkühlen der Krume eine Gelstruktur. Die Krume frischen Brotes ist demzufolge ein Gel aus Amyloseketten mit eingebetteten gequollenen Stärkekörnern, die hydratisiertes Amylopektin enthalten. Die beim Altbackenwerden eintretenden Veränderungen spielen sich in den gequollenen Stärkekörnern ab. Die durch Hydratation gelockerten und voneinander getrennten Amylopektinmoleküle beginnen sich über ihre Zweige zu vernetzen und verfestigen die gequollene Stärke. Werden vor dem Backprozeß Komplexbildner zugesetzt, so kann die Amylose nicht aus den Stärkekörnern diffundieren bzw. wird als Einschlußverbindung fixiert, so daß keine Gelbildung eintreten kann und die Weichheit der Krume von vornherein gesichert ist. Wahrscheinlich haben auch die polaren Lipide (Phospho- und Glykolipide) Einfluß auf die Aggregation des Amylopektins.

Aus Stärke/Monoacylglycerid-Addukten können weniger Kohlenhydrate extrahiert werden als aus Stärke allein. Dieser Effekt trägt wahrscheinlich auch zur Erhöhung der Kochfestigkeit von Teigwaren nach Zusatz von Monoacylglyceriden bei (cf. 15.5).

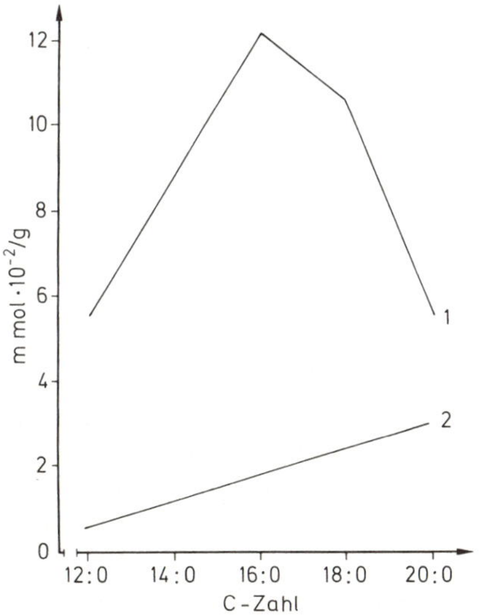

Abb. 15.36. Bildung von Komplexen zwischen Monoacylglyceriden und Amylose (1) oder Amylopektin (2) (nach *W. H. Knightly*, 1977). Abszisse: C-Zahl des gesättigten Acylrestes. Ordinate: Monoglycerid (MG) gebunden an Amylose bzw. Amylopektin (mmol $\times$ 10^{-2} MG/g Polysaccharid)

15.4.5 Brotarten

Aus der großen Vielfalt der Brotarten sind in Tab. 15.50 einige Beispiele angegeben, die größere wirtschaftliche Bedeutung haben. Daten zur chemischen Zusammensetzung sind in Tab. 15.46 enthalten.

Zu den Brotsorten, die bevorzugt aus Roggenschrot hergestellt werden, gehören Knäckebrot und Pumpernickel.

Knäckebrot ist ein Flachbrot, das bevorzugt aus Roggenschrot hergestellt wird. Zur Herstellung wird der Teig eisgekühlt, unter Anwendung eines Kompressors schaumig geschlagen, dünn ausgewalzt und 8–10 min in einem Durchlaufofen gebacken. Durch Trocknung wird der Wassergehalt, der noch 10–20% beträgt, auf 5% gesenkt.

Tabelle 15.50. Brotarten

Nr.	Brotart	Hinweise zur Rezeptur
1.	Weizenbrot (Weißbrot)	Mind. 90% Weizenanteile, Schrotanteil < 10%; gegebenenfalls unter Zusatz von Milchprodukten, Zukker, Fetten (cf. Tab. 15.25).
2.	Weizenmischbrot	50-89% Weizenanteil, Roggenmahlerzeugnisse, sonst wie 1.
3.	Roggenmischbrot	50–89% Roggenanteil, Weizenmahlerzeugnisse, sonst wie 1.
4.	Roggenbrot	Mind. 90% Roggenmehl, bis 10% Weizenmehl; weitere Zusätze wie 1.
5.	Roggen-Vollkornbrot	Aus Mehl, das sämtliche Bestandteile des Roggenkornes enthält, auch ganze Körner; andere Roggen- und Weizenerzeugnisse < 10%.

Neben der hier skizzierten rein mechanischen Lockerung durch Einschlagen von Luft oder Stickstoff werden auch biologisch gelockerte Teige (Hefe- oder Sauerteig) zu Knäckebrot verarbeitet.
Flachbrot wird auch über vollautomatische Kochextrusionsanlagen produziert. Diese Extrusionstechnik ist in der Snackfood- und Stärkeindustrie seit einigen Jahren erfolgreich eingeführt. Kernstück der Anlagen sind Einschnecken- oder Doppelschneckenextruder mit gleichsinnig oder gegenläufig drehenden Schnecken. Der Prozeß wird überwiegend als Hochtemperatur-Kurzzeit-Erhitzung geführt. Durch Zusammenwirken von Druck, Temperatur und Scherkräften wird das Material aufgeschlossen (partielle Stärkeverkleisterung), um dann durch die Düsenkopfplatte verformt zu werden. Der plötzliche Druckabfall an der Düsenmündung führt zur Expansion, wobei Wasser verdampft und die Ausbildung der gewünschten lockeren und blasigen Struktur bewirkt wird.

Pumpernickel stammt aus Westfalen. Der sauer geführte Teig wird in abgedichteten Öfen mehr gekocht als gebacken (cf. Tab. 15.41). Bei der langen Erhitzung wird die Stärke in erheblichem Umfang zu Dextrinen und zu Maltose abgebaut, die für den süßlichen Geschmack verantwortlich ist. Außerdem ist die Melanoidinbildung stark erhöht.

15.4.6 Feine Backwaren

War die Herstellung von feinen Backwaren bis vor einigen Jahren noch die Domäne des Konditoreihandwerks, so ist heute die Bedeutung der großindustriellen Fertigung erheblich gewachsen. Generell läßt sich die bei der Brotherstellung beschriebene Verfahrenstechnik für die Herstellung von feinen Backwaren adaptieren. So werden von den einschlägigen Maschinenfirmen für die verschiedensten Fein- und Dauerbackwaren praktisch vollautomatisch arbeitende Produktionsstraßen angeboten.

15.5 Teigwaren

15.5.1 Rohstoffe

Teigwaren werden aus Weizengrießen und -dunsten (cf. 15.3.1.3), deren Ausmahlungsgrad 70% nicht übersteigt, mit und ohne Ei hergestellt. Bevorzugter Rohstoff ist der Durumweizen, der im Vergleich zum Weichweizen koch- und bißfestere und auf Grund des höheren Gehaltes an Carotinoiden (cf. 15.2.4) auch intensiver gelb gefärbte Teigwaren ergibt. In der Mischung schlagen die Eigenschaften des Weichweizens oberhalb eines Anteils von 30% deutlich durch.
In den sog. Eierteigwaren (chemische Zusammensetzung in Tab. 15.51) verbessern 2–4 Eier pro kg Grieß die Kochfestigkeit und Farbe.

15.5.2 Zusätze

Cysteinhydrochlorid (ca. 0,01%) erniedrigt die Misch- bzw. Knetzeit um 15–20% (cf. 15.4.1.4.4). Da Cystein die Bildung von Melanoidinen bei der nichtenzymatischen Bräunung hemmt, drängt es auch die grauen und bräun-

Tabelle 15.51. Zusammensetzung von Eierteigwaren (4 Eier auf 1 kg Mehl)

Bestandteil	%	Bestandteil	%
Wasser	11,1	Kohlenhydrate	70,0
Protein	14,5	Rohfaser	0,5
Fett	2,9	Minerstoffe	1,0

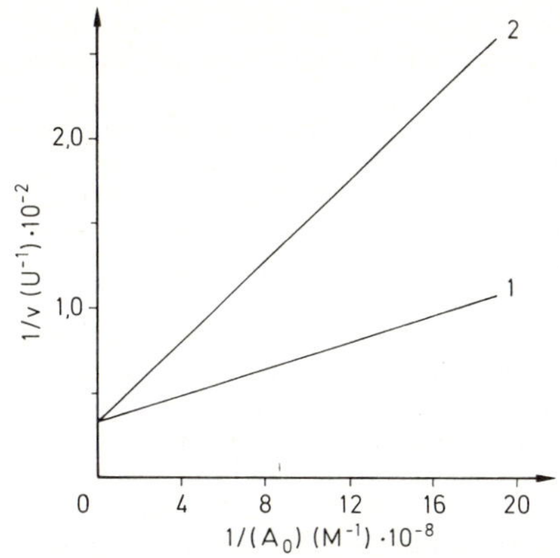

Abb. 15.37. Kompetitive Hemmung der Weizenlipoxygenase durch Ascorbinsäure (nach *D. E. Walsh* et al., 1970). Bestimmung der Aktivität mit Linolsäure als Substrat (1) ohne, (2) mit Ascorbinsäure ($2 \cdot 10^{-6}$ mol/l)

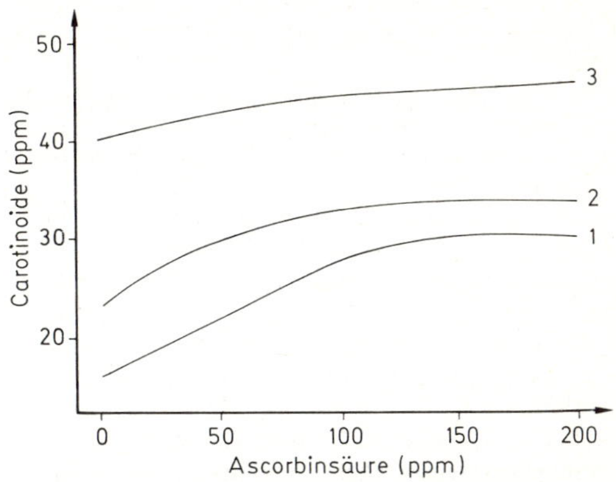

Abb. 15.38. Stabilität der Carotinoide in Teigwaren aus drei Sorten Durumweizen in Abhängigkeit von zugesetzter Ascorbinsäure (nach *D. E. Walsh* et al., 1970). 1–3: Durumweizensorten

lichen Verfärbungen zurück. Monoglyceride (ca. 0,4%) erhöhen die Kochfestigkeit durch Komplexierung von Amylose und Amylopektin (cf. 15.4.4).

Ascorbinsäure hemmt kompetitiv die im Weizen vorkommende Lipoxygenase (Abb. 15.37). Obwohl das Enzym zu den Typ-I-Lipoxygenasen gehört (cf. 3.7.2.2) und deshalb Carotinoide nur sehr langsam cooxidiert, reicht diese geringe Aktivität bei dem relativ langen Prozeß der Teigwarenherstellung dafür aus, daß Carotinoide in erheblichem Umfang zerstört werden. Durch Zugabe von Ascorbinsäure wird die Cooxidation gehemmt (Abb. 15.38).

15.5.3 Herstellung

Teigwaren werden kontinuierlich mit einem aus Mischtrog und Presse bestehenden Extruder im Vakuum (zur Verzögerung des oxidativen Abbaus der Carotinoide) produziert.

Im Mischtrog wird der Grieß unter Zugabe von Wasser (ca. 30%), das gegebenenfalls Ei oder Eipulver enthält, zu Teigkrümeln (∅ 1–3 mm) gerührt, die im Schneckengang des Extruders bei 150–200 bar zu einer Masse gepreßt werden, die von den Durchlaßöffnungen des Pressenkopfes zu Teigsträngen geformt wird.

Die Trocknung ist der schwierigste Teil des Prozesses, denn die Oberfläche der Teigwaren darf nicht vor dem Kern erhärten; Risse und Brüche wären die Folge. Nachdem die frischgeformten Teigstränge zunächst äußerlich soweit abgetrocknet worden sind, daß sie nicht mehr zusammenkleben, erfolgt die weitere Trocknung bei 45–60 °C entweder sehr langsam oder auch gestuft. Nach der Vortrocknung, die den Wassergehalt auf 20–24% senkt, folgt zum Ausgleich des Wassergehaltes in den inneren und äußeren Partien der Teigstränge eine Pause, an die sich dann die Endtrocknung auf 11–13% Wasser anschließt.

15.6 Literatur

Acker, L.: Die Lipide der Stärken – ein Forschungsgebiet zwischen Kohlenhydraten und Lipiden. Fette Seifen Anstrichm. *79,* 1 (1977)

Acker, L.: Phospholipases of cereals. In: Advances in cereal science and technology (Ed.: Pomeranz, Y.), Vol. VII, p. 85, American Association of Cereal Chemists: St. Paul, Minn. 1985

Acker, L., Schmitz, H. J., Hamza, Y.: Über die Lipide des Weizens. Getreide Mehl *18,* 45 (1968)

Ali, M. R., D'Appolonia, B. L.: Einfluß von Roggenpentosanen auf die Teig- und Broteigenschaften. Getreide Mehl Brot *33,* 334 (1979)

Autorenkollektiv: Lebensmittel-Lexikon. VEB Fachbuchverlag: Leipzig. 1979

Barnes, P. J. (Ed.): Lipids in cereal technology. Academic Press: New York. 1983

Bernardin, J. E.: Gluten protein interaction with small molecules and ions – the control of flour properties. Bakers Dig. *52,* Aug. 1978, p. 20

Bernardin, J. E., Kasarda, D. D.: Hydrated protein fibrils from wheat endosperm. Cereal Chem. *50,* 529 (1973)

Bernardin, J. E., Kasarda, D. D.: The microstructure of wheat protein fibrils. Cereal Chem. *50,* 735 (1973)

Bhattacharya, K. R., Ali, S. Z.: Changes in rice during parboiling, and properties of parboiled rice. In: Advances in cereal science and technology (Ed.: Pomeranz, Y.), Vol. VII, p. 105, American Association of Cereal Chemists: St. Paul, Minn. 1985

Bietz, J. A., Huebner, F. R., Sanderson, J. E., Wall, J. S.: Wheat gliadin homology revealed through N-terminal amino acid sequence analysis. Cereal Chem. *54,* 1070 (1977)

Bietz, J. A., Huebner, F. R., Wall, J. S.: Glutenin – the strength protein of wheat flour. Bakers Dig. *47,* Febr. 1973, p. 26

Bietz, J. A., Shepherd, K. W., Wall, J. S.: Singlekernel analysis of glutenin: use in wheat genetics and breeding. Cereal Chem. *52,* 513 (1975)

Bietz, J. A., Wall, J. S.: Identity of high molecular weight gliadin and ethanol-soluble glutenin subunits of wheat: relation to gluten structure. Cereal Chem. *57,* 415 (1980)

Bietz, J. A., Wall, J. S.: Wheat gluten subunits: molecular weights determined by sodium dodecyl sulfate polyacrylamide gel electrophoresis. Cereal Chem. *49,* 416 (1972)

Bolling, H., Meyer, D.: Zur Verarbeitungsqualität neu zugelassener Weizensorten 1976. Getreide Mehl Brot *30,* 291 (1976)

Bushuk, W. (Ed.): Rye: Production, chemistry, and technology. American Association of Cereal Chemists: St. Paul, Minn. 1976

Büskens, H.: Die Backschule – Fachkunde für Bäcker. 7. Aufl., Verlag W. Girardet: Essen. 1978

Buttery, R. G., Ling, L. C., Mon, T. R.: Quantitative analysis of 2-acetyl-1-pyrroline in rice. J. Agric. Food Chem. *34,* 112 (1986)

Chung, O. K., Pomeranz, Y., Finney, K. F.: Wheat flour lipids in breadmaking. Cereal Chem. *55,* 598 (1978)

D'Appolonia, B. L., Kim, S. K.: Wheat flour pentosans. Bakers Dig. *50,* June 1976, p. 45

Finney, K. F., Tsen, C. C., Shogren, M. D.: Cysteine's effect on mixing time, water absorption, oxidation requirement, and loaf volume of Red River 68. Cereal Chem. *48,* 540 (1971)

Fox, P. F., Mulvihill, D. M.: Enzymes in wheat, flour, and bread. In: Advances in cereal science and technology (Ed.: Pomeranz, Y.), Vol. V, p. 107, American Association of Cereal Chemists: St. Paul, Minn. 1982

Frazier, P. J.: Lipoxygenase action and lipid binding in breadmaking. Bakers Dig. *53,* Dec. 1979, p. 8

Frazier, P. J., Brimblecombe, F. A., Daniels, N. W. R., Russell Eggitt, P. W.: Besseres Brot aus schwächerem Weizen – rheologische Überlegungen. Getreide Mehl Brot *33,* 268 (1979)

Houston, D. F. (Ed.): Rice, chemistry and technology. American Association of Cereal Chemists: St. Paul, Minn. 1972

Huebner, F. R., Wall, J. S.: Fractionation and quantitative differences of glutenin from wheat varieties varying in baking quality. Cereal Chem. *53,* 258 (1976)

ICC-Standards: Standard-Methoden der Internationalen Gesellschaft für Getreidechemie (ICC). Verlag Moritz Schäfer: Detmold

Inglett, G. E. (Ed.): Maize, recent progress in chemistry and technology. Academic Press: New York. 1982

Inglett, G. E., Munck, L. (Eds.): Cereals for food and beverages, recent progress in cereal chemistry and technology. Academic Press: New York. 1980

Jackson, E. A., Holt, L. M., Payne, P. I.: Characterization of high-molecular weight gliadin and low-molecular weight glutenin subunits of wheat endosperm by two-dimensional electrophoresis and the chromosomal location of their controlling genes. Theor. Appl. Genet. *66,* 29 (1983)

Kasarda, D. D., Bernardin, J. E., Nimmo, C. C.: Wheat proteins. In: Advances in cereal science and technology (Ed.: Pomeranz, Y.), Vol. I, p. 158, American Association of Cereal Chemists: St. Paul, Minn. 1976

Kasarda, D. D., Okita, T. W., Bernardin, J. E., Baecker, P. A., Nimmo, C. C., Lew, E. J.-L., Dietler, M. D., Greene, F. C.: Nucleic acid (cDNA) and amino acid sequences of alpha-type gliadins from wheat *(Triticum aestivum).* Proc. Natl. Acad. Sci. USA *81,* 4712 (1984)

Khan, K., Bushuk, W.: Glutenin: Structure and functionality in breadmaking. Bakers Dig. *52,* April 1978, p. 14

Kieffer, R., Belitz, H.-D.: Molekulargewichte von Kleberproteinen des Weizens. Z. Lebensm. Unters. Forsch. *172,* 96 (1981)

Kieffer, R., Grosch, W.: Verbesserung der Backeigenschaften von Weizenmehlen durch die Typ II-Lipoxygenase aus Sojabohnen. Z. Lebensm. Unters. Forsch. *170,* 258 (1980)

Knightly, W. H.: The staling of bread. Bakers Dig. *51,* Oct. 1977, p. 52

Kosmina, N. P.: Biochemie der Brotherstellung. VEB Fachbuchverlag: Leipzig. 1977

Kruger, J. E., Marchylo, B. A.: A comparison of the catalysis of starch components by isoenzymes from the two major groups of germinated wheat-α-amylase. Cereal Chem. *62,* 11 (1985)

Lawrence, G. J., Shepherd, K. W.: Variation in glutenin protein subunits of wheat. Aust. J. Biol. Sci. *33,* 221 (1980)

Lorenz, K.: The history, development, and utilization of Triticale. Crit. Rev. Food Technol. *5,* 175 (1974)

MacRitchie, F.: Physicochemical aspects of some problems in wheat research. In: Advances in cereal science and technology (Ed.: Pomeranz, Y.), Vol. III, p. 271, American Association of Cereal Chemists: St. Paul, Minn. 1980

Maga, J. A.: Bread flavour. Crit. Rev. Food Technol. *5,* 55 (1974)

Maga, J. A.: Bread staling. Crit. Rev. Food Technol. *5,* 443 (1974)

Mair, G., Grosch, W.: Changes in glutathione content (reduced and oxidised form) and the effect of ascorbic acid and potassium bromate on glutathione oxidation during dough mixing. J. Sci. Food Agric. *30,* 914 (1979)

Menger, A.: Einfluß von Rohstoffen und Prozeßfaktoren auf die Teigwarenqualität. Getreide Mehl Brot *30,* 149 (1976)

Morrison, W. R.: Lipide in Mehl, Teig und Brot. Getreide Mehl Brot *30,* 244 (1976)

Morrison, W. R.: Cereal lipids. In: Advances in cereal science and technology (Ed.: Pomeranz, Y.), Vol. II, p. 221, American Association of Cereal Chemists: St. Paul, Minn. 1978

Orth, R. A., Bushuk, W.: A comparative study of the proteins of wheat of diverse baking qualities. Cereal Chem. *49,* 268 (1972)

Payne, P. I., Corfield, K. G., Blackman, J. A.: Identification of a high-molecular-weight subunit of glutenin, whose presence correlates with break-making-quality in wheats of related pedigree. Theor. Appl. Genet. *55,* 153 (1979)

Payne, P. I., Harris, P. A., Law, C. N., Holt, L. M., Blackman, J. A.: The high-molecular-weight subunits of glutenin: structure, genetics and relationship to bread-making-quality. Ann. Technol. Agric. *29,* 309 (1980)

Payne, P. I., Corfield, K. G., Holt, L. M., Blackman, J. A.: Correlation between the inheritance of certain high-molecular-weight subunits of glutenin and bread-making quality in progenies of six crosses of bread wheat. J. Sci. Food Agric. *32,* 51 (1981)

Payne, P. I., Holt, L. M., Jackson, E. A., Law, C. N.: Wheat storage proteins: their genetics and their potential for manipulation by plant breeding. Philos. Trans. R. Soc. London Ser. B *304,* 359 (1984)

Payne, P. I., Holt, L. M., Jarvis, M. G., Jackson, E. A.: Two-dimensional fractionation of the endosperm proteins of bread wheat (*Triticum aestivum*): biochemical and genetic studies. Cereal Chem. *62,* 319 (1985)

Pomeranz, Y.: Dispersibility of wheat proteins in aqueous urea solution – a new parameter to evaluate bread-making potentialities of wheat flours. J. Sci. Food Agric. *16,* 586 (1965)

Pomeranz, Y. (Ed.): Wheat: Chemistry and technology. American Association of Cereal Chemists: St. Paul, Minn. 1971

Pomeranz, Y.: Industrial uses of cereals. Symp. Proc., American Association of Cereal Chemists: St. Paul, Minn. 1973

Pomeranz, Y.: Theorie und Praxis der Bestimmung unterschiedlichen Einflusses einzelner Weizenmehlkomponenten auf das Backverhalten. Getreide Mehl Brot *31,* 147 (1977)

Rabe, E.: Organische Säuren in unterschiedlich geführten Broten. Getreide Mehl Brot *34,* 90 (1980)

Rohrlich, M.: Kleberforschung – Ein historisch-wissenschaftlicher Versuch. Verlag Moritz Schäfer: Detmold. 1969

Rohrlich, M.: Getreideenzyme. Verlag Paul Parey: Berlin. 1969

Rohrlich, M., Brückner, G.: Das Getreide. I. und II. Teil, 2. Aufl., Verlag Paul Parey: Berlin. 1966/1967

Rohrlich, M., Eßner, W.: Menge und Verteilung der SH-Gruppen und SS-Bindungen in Weizenmahlprodukten. Brot Gebäck *20,* 4 (1966)

Rohrlich, M., Thomas, B.: Getreide und Getreidemahlprodukte. In: Handbuch der Lebensmittelchemie (Hrsg.: Schormüller, J.), Bd. V/1. Teil, Springer-Verlag: Berlin. 1967

Rothe, M.: Aroma von Brot. Akademie-Verlag: Berlin. 1974

Schieberle, P., Grosch, W.: Quantitative analysis of aroma compounds in wheat and rye bread crusts using a stable isotope dilution assay. J. Agric. Food Chem. *35,* 252 (1987)

Shewry, P. R., Miflin, B. J.: Seed storage proteins of economically important cereals. In: Advances in cereal science and technology (Ed.: Pomeranz, Y.), Vol. VII, p. 1, American Association of Cereal Chemists: St. Paul, Minn. 1985

Shukla, T. P.: Cereal proteins: Chemistry and food applications. Crit. Rev. Food Sci. Nutr. *6,* 1 (1975)

Spicher, G.: Brot und andere Backwaren. In: Ullmanns Encyklopädie der technischen Chemie, 4. Aufl., Bd. 8, S. 702, Verlag Chemie: Weinheim. 1974

Sprößler, B.: Wirkung von Proteinasen beim Zusatz zum Mehl. Getreide Mehl Brot *35,* 60 (1981)

Stephan, H.: Roggenmehl. Getreide Mehl Brot *30,* 77 (1976)

Sumner-Smith, M., Rafalski, J. A., Sugiyama, T., Stoll, M., Soell, D.: Conservation and variability of wheat α/β-gliadin genes. Nucleic Acids Res. *13,* 3905 (1985)

Tan, S. L., Morrison, W. R.: The distribution of lipids in the germ, endosperm, pericarp and tip cap of amylomaize, LG-11 hybrid maize and waxy maize. J. Am. Oil Chem. Soc. *56,* 531 (1979)

Tatham, A. S., Shewry, P. R.: The conformation of wheat gluten proteins. The secondary structures and thermal stabilities of α-, β-, γ- and ω-gliadins. J. Cereal Sci. *3,* 103 (1985)

Sugiyama, T., Rafalski, A., Peterson, D., Söll, D.: A wheat HMW glutenin subunit gene reveals a highly repeated structure. Nucleic Acids Res. *13,* 8729 (1985)

Walsh, D. E., Youngs, V. L., Gilles, K. A.: Inhibition of durum wheat lipoxygenase with L-ascorbic acid. Cereal Chem. *47,* 119 (1970)

Wassermann, L.: Getreide und Getreideprodukte. In: Ullmanns Encyklopädie der technischen Chemie, 4. Aufl., Bd. 12, S. 253, Verlag Chemie: Weinheim. 1976

Wassermann, L., Dörffner, H. H.: Der Einfluß des Wasser-Mehl-Verhältnisses in Brotteigen auf die Zusammensetzung und Eigenschaften der daraus hergestellten Brote. Brot Gebäck *25,* 148 (1971)

Wieser, H., Seilmeier, W., Belitz, H.-D.: Vergleichende Untersuchungen über partielle Aminosäuresequenzen von Prolaminen und Glutelinen verschiedener Getreidearten. I. Proteinfraktionierung nach Osborne. Z. Lebensm. Unters. Forsch. *170,* 17 (1980)

Wieser, H., Seilmeier, W., Belitz, H.-D.: Vergleichende Untersuchungen über partielle Aminosäuresequenzen von Prolaminen und Glutelinen verschiedener Getreidearten. VII. Aminosäuresequenzen von Prolaminpeptiden. Z. Lebensm. Unters. Forsch. *184,* 366 (1987)

Wood, P. J., Siddiqui, I. R., Paton, D.: Extraction of high-viscosity gums from oats. Cereal Chem. *55,* 1038 (1978)

Youngs, V. L., Peterson, D. M., Brown, C. M.: Oats. In: Advances in cereal science and technology (Ed.: Pomeranz, Y.), Vol. V, p. 49, American Association of Cereal Chemists: St. Paul, Minn. 1982

16 Hülsenfrüchte

16.1 Einführung

Reife Samen von Pflanzen aus der Familie *Fabaceae* dienen unter der Sammelbezeichnung „Hülsenfrüchte“ oder „Leguminosen“ der menschlichen Ernährung. Halbreife Erbsen und Bohnen rechnen dagegen zum Gemüse (cf. Kapitel 17). Über die Produktion der wichtigsten Hülsenfrüchte informiert Tab. 16.1.
Die Hülsenfrüchte enthalten relativ viel Protein (Tab. 16.2). Sie sind deshalb für die Eiweißversorgung insbesondere der Entwicklungsländer unentbehrlich. Sojabohnen und Erdnüsse gehören zu den Ölsaaten (cf. 14.3.2.2.5), gewinnen aber auch in den Industrieländern als Rohstoffe für Proteine ständig an Bedeutung.
Im Hinblick auf die biologische Wertigkeit mangelt es den Proteinen aus Hülsenfrüchten mehr oder weniger an den schwefelhaltigen Aminosäuren (Tab. 16.3 u. Tab. 1.8).
Einige Leguminosen enthalten toxisch wirkende Substanzen (Proteinaseinhibitoren, Lectine, cyanogene Glykoside), die gegebenenfalls durch geeignete Verfahren, z. B. durch eine ausreichende Erhitzung zerstört werden müssen.

16.2 Einzelne Inhaltsstoffe

16.2.1 Proteine

Aus Sojabohnen können etwa 80% der Proteine bei pH 6,8 extrahiert werden, von denen der überwiegende Teil beim Ansäuern auf pH 4,5 wieder ausfällt (cf. Abb. 1.43). Zur technischen Gewinnung der Sojaproteine wird diese pH-Abhängigkeit der Löslichkeit genutzt.
Eine Fraktionierung der Proteine aus Hülsenfrüchten auf Grund der Löslichkeit mit dem von *T. B. Osborne* bei Cerealien angewandten Verfahren (cf. 15.2.1.2) ergibt nur drei Fraktionen: Albumine, Globuline und Gluteline, wobei die Globuline vorherrschen (Tab. 16.4).

Der hohe Gehalt der Samen an Globulinen deutet darauf hin, daß es sich bei den Proteinen vorwiegend um Reservestoffe handelt, die bei der Keimung mobilisiert werden.
Aus der Globulinfraktion können durch Ultrazentrifugation oder Chromatographie zwei in allen Leguminosen vorkommende Hauptkomponenten, das *Vicilin* (Sedimentationskoeffizient ~7 S) und das *Legumin* (~11 S) abgetrennt werden. Einzelne Legumine werden unter Bezug auf die Herkunft gesondert bezeichnet, z. B. Glycinin (Sojabohne), Arachin (Erdnuß).
Die Molekulargewichte und Sedimentationskonstanten von 7S- und 11S-Globulinen aus verschiedenen Leguminosen sind in Tab. 16.5 angegeben.
Das eingehend untersuchte 11 S-Globulin aus Sojabohnen enthält pro Molekül sechs Untereinheiten (Abb. 16.1), von denen jede aus einem basischen und einem sauren Protein besteht, die über eine oder mehrere Disulfidbindungen verknüpft sind. Die sauren Proteine (pI ~ 5) sind größer (M_r = 37000) als die basischen (pI ~ 8,2; M_r = 22500). An der Stabilisierung der Quartärstruktur sind hydrophobe Wechselwirkungen sehr wesentlich beteiligt.

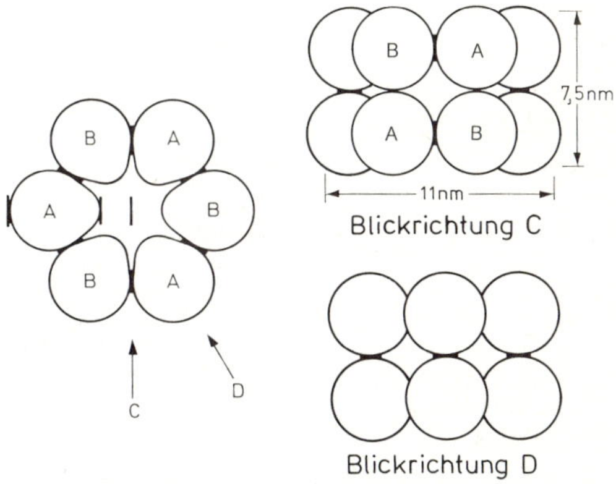

Abb. 16.1. 11 S-Globulin aus Sojabohnen: Modell der Quartärstruktur (nach *R. A. Badley* et al., 1975). Saure (A) und basische Proteine (B)

Tabelle 16.1. Produktion von Hülsenfrüchten (reife Samen) 1984 (1000 t)

Erdteil	Hülsenfrüchte insgesamt[a]	Bohnen[b]	Saubohnen	Erbsen	Kichererbsen	Linsen	Sojabohnen	Erdnüsse[c]
Welt	47907	15469	4039	10627	6526	1538	89893	20611
Afrika	5561	1642	954	280	256	73	378	3832
Amerika, Nord-Mittel-	3400	2670	77	333	165	78	52368	2196
Amerika, Süd-	3466	3206	93	89	24	31	23095	658
Asien	23732	7038	2350	2531	5980	1260	12482	13840
Europa, West-	2709	287	513	1189	99	71	167	17
Europa, Ost- + USSR	8535	623	44	6009	2	25	1319	9
Ozeanien	586	3	10	196	–	–	84	60

Land	Hülsenfrüchte insgesamt	Land	Bohnen	Land	Saubohnen	Land	Erbsen
Indien	12620	Indien	3500	China	2250	USSR	5600
USSR	7079	Brasilien	2621	Äthiopien	450	China	2100
China	6198	China	1848	Ägypten	271	Frankreich	620
Brasilien	2656	Mexiko	1270	Frankreich	211	Indien	365
Mexiko	1488	USA	941	Italien	183	Dänemark	249
Türkei	1326	Uganda	360	Marokko	122	UK	230
USA	1164	Burma	329	Türkei	76	USA	196
Nigeria	900	Indonesien	295	Spanien	64	Tschechoslowakei	181
Frankreich	883	Thailand	284	Tunesien	55	Australien	136
Äthiopien	791	Argentinien	235	Mexiko	40	Kanada	131
Pakistan	743						
Σ (%)[d]	75	Σ (%)[d]	76	Σ (%)[d]	92	Σ (%)[d]	92

Land	Kichererbsen	Land	Linsen	Land	Sojabohnen	Land	Erdnüsse
Indien	4755	Türkei	570	USA	50643	Indien	6900
Pakistan	527	Indien	531	Brasilien	15537	China	4900
Türkei	335	Bangladesch	49	China	9710	USA	2008
Burma	183	Spanien	44	Argentinien	6700	Indonesien	820
Mexiko	165	Kanada	39	Kanada	934	Senegal	682
Äthiopien	89	Syrien	35	Indien	800	Burma	601
Spanien	60	Äthiopien	32	Mexiko	789	Nigeria	550
Iran	50	Iran	30	Paraguay	660	Sudan	420
Algerien	46	Pakistan	29	Indonesien	615	Zaire	380
Tunesien	40	USA	27	USSR	540	Argentinien	329
Σ (%)[d]	96	Σ (%)[d]	90	Σ (%)[d]	97	Σ (%)[d]	85

[a] Ohne Sojabohnen und Erdnüsse.
[b] Außer Saubohnen.
[c] Mit Schalen.
[d] Weltproduktion ≙ 100%.

Tabelle 16.2. Übersicht über die chemische Zusammensetzung[a] von Hülsenfrüchten (reife Samen)

Name	Systematischer Name	Rohprotein (%)	Lipid (%)	Verdauliche Kohlenhydrate (%)	Ballaststoffe (%)	Mineralstoffe (%)
Sojabohne	*Glycine max*	39,0	19,6	7,6	n. a.	5,5
Erdnuß	*Arachis hypogaea*	27,4	50,7	9,1	7,5	2,7
Erbse	*Pisum sativum*	25,7	1,4	53,7	18,7	2,9
Gartenbohne	*Phaseolus vulgaris*	24,1	1,8	54,1	19,2	4,4
Feuerbohne („runner bean“)	*Phaseolus coccineus*	23,1	2,1	n. a.	n. a.	3,9
Urdbohne („black gram“)	*Phaseolus mungo*	26,9	1,6	46,3	n. a.	3,6
Mungobohne („green gram“)	*Phaseolus aureus*	26,7	1,3	51,7	21,7	3,8
Limabohne	*Phaseolus lunatus*	25,0	1,6	n. a.	n. a.	3,9
Kichererbse („chick pea“)	*Cicer arietinum*	22,7	5,0	54,6	10,7	3,0
Sau-(Pferde-)bohne („broad bean“)	*Vicia faba*	26,7	2,3	n. a.	n. a.	3,6
Linse	*Lens culinaris*	26,6	1,6	57,6	11,9	3,6

[a] Mittelwerte (Gew.-% i. d. TM).
n. a.: nicht analysiert.

Tabelle 16.3. Essentielle Aminosäuren (g/16 g N) in Hülsenfrüchten

Aminosäure	Sojabohne	Saubohne
Cystin	1,3	0,8
Methionin	1,3	0,7
Lysin	6,4	6,5
Isoleucin	4,5	4,0
Leucin	7,8	7,1
Phenylalanin	4,9	4,3
Tyrosin	3,1	3,2
Threonin	3,9	3,4
Tryptophan	1,3	n. a.
Valin	4,8	4,4

n. a.: nicht analysiert.

Wird bei pH 7,6 die Ionenstärke von $\mu = 0{,}5$ auf $\mu < 0{,}1$ gesenkt, so dissoziiert das 11 S-Globulin stufenweise (A, B: saure bzw. basische Proteine):

$$11\ S(6\ AB) \rightarrow 7{,}5\ S(3\ AB) \rightarrow 3\ S(AB) \qquad (16.1)$$

Nach Reduktion der Disulfidbindungen in Gegenwart von Harnstoff oder SDS erfolgt die Dissoziation in die Monomeren:

$$(AB) \rightarrow A + B$$

Das gleiche Verhalten zeigen die 7 S-Globuline, dereb Molekulargewichte unfolgedessen, wie in Abb. 16.2 am Beispiel des Vicilins aus Sojabohnen gezeigt wird, stark vom pH und von der Ionenstärke abhängen.

Die Aminosäurezusammensetzung der beiden Hauptglobuline aus Sojabohnen ist, abgesehen vom Methioningehalt, sehr ähnlich (Tab. 16.6). Größere Differenzen bestehen im Kohlenhydrat-

Tabelle 16.4. Hülsenfrüchte: Proteinverteilung (%) auf die *Osborne*-Fraktionen

Fraktionen	Sojabohne	Erdnuß	Erbse	Mungobohne	Saubohne
Albumine	10	15	21	4	20
Globuline	90	70	66	67	60
Gluteline	0	10	12	29	15

Tabelle 16.5. 7S- und 11S-Globuline aus Hülsenfrüchten

Leguminose	7 S-Globulin		11 S-Globulin	
	Sedimentationskoeffizient	Molekulargewicht	Sedimentationskoeffizient	Molekulargewicht
Sojabohne	7,9 ($S_{20,w}$)	193000	12,3 ($S_{20,w}$)	360000
Erdnuß	8,7 (S_{20})	190000	13,2 ($S_{20,w}$)	340000
Erbse	8,1 (S_{20})		13,1 (S_{20})	398000
Gartenbohne	7,6 ($S_{20,w}$)	140000	11,6 ($S_{20,w}$)	340000
Saubohne	7,1 ($S_{20,w}$)	150000	11,4 ($S_{20,w}$)	328000

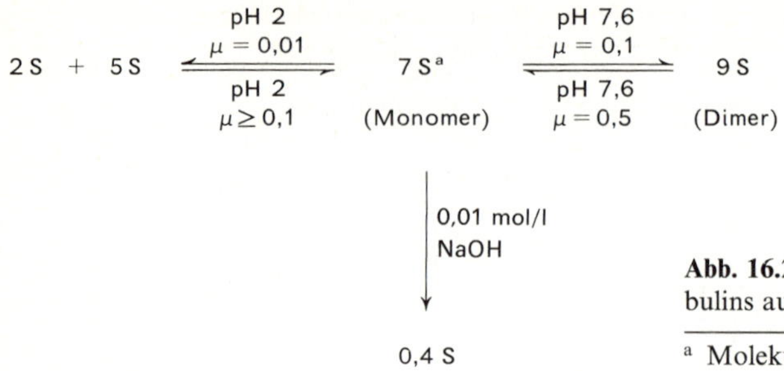

Abb. 16.2. Dissoziation und Aggregation des 7 S-Globulins aus Sojabohnen

[a] Molekulargewicht: 193000

gehalt, der beim 7 S-Globulin mit 5% höher liegt als beim 11 S-Globulin mit <1%.

Im pH-Bereich 4–10 ist das 7 S-Globulin im Vergleich zum 11 S-Globulin der bessere Emulgator im Hinblick auf die Kapazität (Abb. 16.3) und die Stabilität einer O/W-Emulsion.

16.2.2 Enzyme

Von den Enzymen beanspruchen die verschiedenen Formen der Lipoxygenase (cf. 3.7.2.2) besonderes lebensmittelchemisches Interesse, da sie das Aroma von Leguminosen stark beeinflussen. Die Urease kommt in relativ hoher Konzentration in Sojabohnen vor und die Hydrolyse von Harnstoff katalysiert:

$$H_2N-CO-NH_2+H_2O \rightarrow CO_2+NH_3 \quad (16.2)$$

Der Nachweis einer Hitzebehandlung von Sojapräparaten kann über eine Bestimmung dieses Enzyms erfolgen.

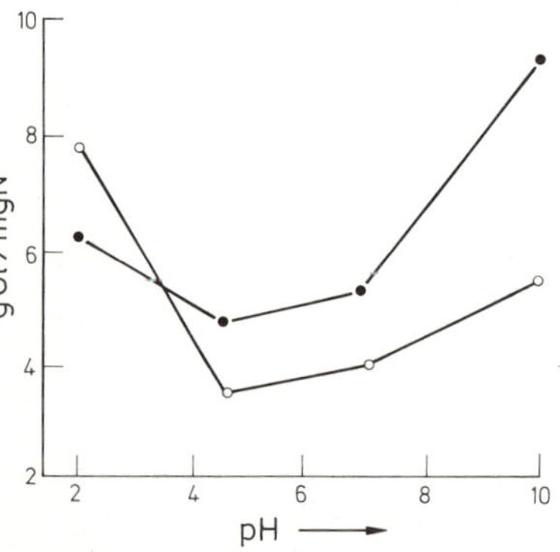

Abb. 16.3. Globuline aus Sojabohnen als Emulgatoren (nach *H. Aoki* et al., 1980). Die Kapazität einer O/W-Emulsion wurde nach Zugabe von (–○–○–) 11 S-Globulin und (–●–●–) 7 S-Globulin in Abhängigkeit vom pH gemessen

16.2.3 Inhibitoren für Proteinasen

Inhibitoren für Proteinasen sind in tierischen und pflanzlichen Geweben anzutreffen. Besonders verbreitet sind sie in der Ordnung der Leguminosen. Weiterhin wurden sie z. B. in Cerealien und Kartoffeln gefunden. Es handelt sich um Proteine mit Molekulargewichten im Bereich von M_r = 6000–46000, die mit Proteinasen inaktive Komplexe bilden, deren Dissoziationskonstante meist sehr klein ist. Zum Teil erfolgt offensichtlich auch eine kovalente Bindung zwischen Enzym und Inhibitor, wie sie bei verschiedenen Proteinasen im Zuge der Hydrolyse von Substraten intermediär auftritt.

In vielen Fällen kommt in pflanzlichem Material nicht nur ein Inhibitor vor, sondern eine Reihe

Tabelle 16.6. Aminosäurezusammensetzung von 7 S- und 11 S-Globulinen aus der Sojabohne

Aminosäure	g AS/100 g Protein	
	7 S-Globulin	11 S-Globulin
Asx	11,18	13,10
Thr	3,14	3,37
Ser	4,79	4,16
Glx	17,54	18,03
Pro	5,21	5,40
Gly	3,37	3,97
Ala	3,66	3,55
Cys	1,52	1,44
Val	4,68	5,05
Met	0,43	1,84
Ile	4,99	4,69
Leu	8,15	7,17
Tyr	3,51	4,05
Phe	5,55	5,73
His	2,32	2,22
Lys	6,26	4,88
Arg	7,37	7,75

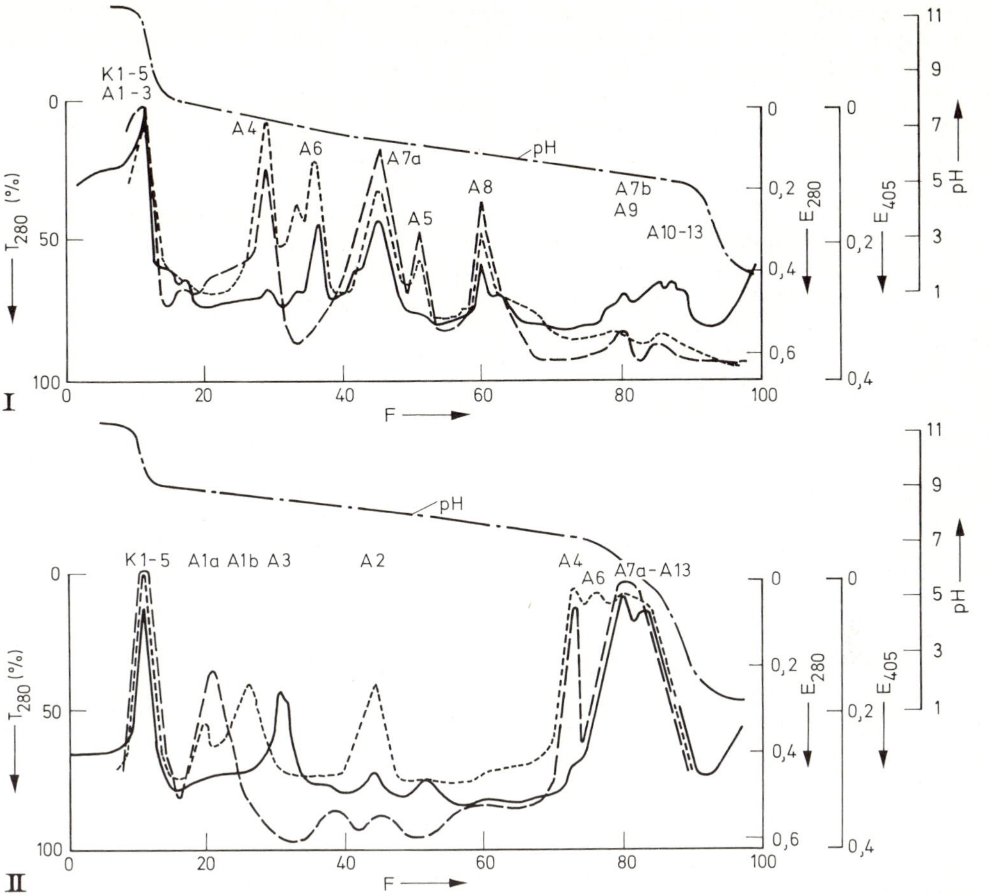

Abb. 16.4. Isoelektrisches Fokussieren eines Rohproteins aus Kartoffeln (nach *H.-D. Belitz* et al., 1971). I: pH-Bereich 5–8, II: pH-Bereich 7–10; F: 1 ml-Fraktionen; — Protein, Durchlässigkeit bei 280 nm; ---- Trypsininhibitoraktivität: Hemmung von 20 µg Rindertrypsin durch 0,025 ml-Aliquote, Substrat N^{α}-Benzoyl-L-arginin-p-nitroanilid (BAPA), E_{405}; --- Chymotrypsininhibitoraktivität: Hemmung von 12 µg Rinder-α-Chymotrypsin durch 0,025 ml-Aliquote, Substrat Casein, E_{280}; –·–· pH-Gradient)

von Inhibitoren, die sich im isoelektrischen Punkt, meist aber auch in der spezifischen Aktivität und thermischen Stabilität unterscheiden. So wurden z. B. bisher in mehr als 30 Leguminosen bis zu 9 Inhibitoren nachgewiesen und bis zu 5 Inhibitoren in mehr oder weniger reiner Form isoliert.

Abb. 16.4 bringt als Beispiel die Trennung eines Rohproteins aus Kartoffelsaft durch isoelektrisches Fokussieren. Es sind mehr als 10 Inhibitoren für Trypsin und Chymotrypsin vom Rind anwesend.

Die thermische Stabilität von Proteinaseninhibitoren hängt u. a. vom Molekulargewicht und von der Stabilisierung der aktiven Konformation durch Disulfidbrücken ab. Ein Beispiel für einen sehr thermostabilen Inhibitor ist der *Bowman-Birk*-Inhibitor der Sojabohne. Er hemmt Trypsin und Chymotrypsin, hat ein Molekulargewicht von M_r = 7900 und enthält sieben Disulfidbrükken (cf. 1.4.2.3.2). Ein zweiter Inhibitor der Sojabohne, der von *Kunitz* isoliert wurde, ist wesentlich thermolabiler. Tab. 16.7 informiert über die thermische Stabilität der Inhibitoren einiger Erbsen und Bohnen.

Die Spezifität von Proteinaseninhibitoren ist sehr unterschiedlich. Neben Inhibitoren für Trypsin, Chymotrypsin und andere Proteinasen, sind auch Proteine bekannt, die reaktive Zentren für zwei Enzyme, z. B. für Trypsin und Chymotrypsin besitzen und die deshalb auch als „double-headed inhibitors" bezeichnet werden. Zu dieser Gruppe gehört z. B. der *Bowman-Birk*-Inhibitor der Sojabohne (cf. Abb. 1.23). Die erwähnten Inhibitoren aus der Kartoffel hemmen ausschließlich Serinproteinasen, unterscheiden sich aber im Einzelnen in ihrer Spezifität (Tab. 16.8). Es ist auch bekannt, daß Inhibitoren auf gleiche Enzyme unterschiedlicher Herkunft verschieden ansprechen. So hemmt Ovomucoid vom Huhn Rindertrypsin aber nicht Humantrypsin. Abb. 16.5 bringt einige weitere Beispiele für die unterschiedliche Hemmung von tierischen und menschlichen Enzymen durch Proteinaseninhibitoren.

Inhibitorhaltiges Material kann zu Ernährungsstörungen führen. So wurde bei Ratten und Hühnern nach der Verfütterung von rohem Sojamehl eine Hyperblasie des Pankreas beobachtet, die aber reversibel ist. Die Folge der vermehrten Sekretion von Pankreassaft ist eine vermehrte Stickstoffausscheidung mit den Faeces. Weiterhin treten Wachstumsstörungen auf, die durch Methionin, Threonin und Valin zu beheben sind. Aus diesem Befund ist zu schließen, daß die Ursache der Wachstumsverzögerung in einem Defizit an bestimmten Aminosäuren zu sehen ist, das wiederum Folge der erhöhten N-Ausscheidung ist. Insgesamt scheinen aber die möglichen Wirkungen der Proteinaseninhibitoren noch nicht völlig verstanden zu sein.

Bei der Verarbeitung bzw. Zubereitung von Lebensmitteln und Futtermitteln werden Proteinaseninhibitoren im allgemeinen durch Erhitzung mehr oder weniger vollständig inaktiviert. Das Ausmaß der Inaktivierung ist dabei sowohl von der Stabilität der Inhibitoren (cf. Tab. 16.7) als auch von den Prozeßbedingungen, z. B. von der Temperaturführung und vom Wassergehalt des Materials, abhängig. Tab. 16.9 zeigt, daß auch in texturierten Proteinen auf Sojabasis noch merkliche Restaktivitäten vorhanden sein können.

16.2.4 Hämagglutinine (Lectine)

In Lebensmitteln pflanzlicher Herkunft kommen verbreitet Proteine bzw. Glykoproteine vor, die sich an Erythrocyten heften und sie präzipitieren. Diese Substanzen werden deshalb als Hämagglutinine oder, da eine Reihe von ihnen bei der Bin-

Tabelle 16.7. Thermische Stabilität von Proteinaseninhibitoren aus Samen verschiedener Erbsen und Bohnen[a]

Samen von	Erhitzung						
	Temperatur (°C)	Dauer (min) 10		30		60	
		Restaktivität (%)[b]					
		T	CT	T	CT	T	CT
Pisum	85					78	24
sativum	95	47	4			0	0
Phaseolus	85			90	94	89	94
vulgaris	95	86		58	66	34	52
Phaseolus	85			44	79	32	19
coccineus	95	31	5	12	0		
Vicia faba	95			70	26	30	18

[a] Wäßrige Extrakte aus den vermahlenen Samen.
[b] Restaktivität gegen Trypsin (T) bzw. Chymotrypsin (CT).

Tabelle 16.8. Hemmung einiger Serinproteinasen durch Inhibitoren der Kartoffel[a]

Enzym	Inhibitor[c] K-Gruppe	A1a	A1b	A2	A4	A5	A6	A7a	A7b	A8
Trypsin[b]	+	+	+	+	+	+	+	+	+	+
α-Chymotrypsin[b]	+	+	0	0	+	+	0	+	+	+
B. subtilis[d]	+	−	0	0	+	+	0	0	+	0
Asp. oryzae[d]	+	−	0	0	+	+	0	0	+	0
Pronase E	+	−	0	0	+	+	0	0	+	0
Proteinase K	+	−	0	0	+	+	0	0	+	0

[a] Sorte *Maritta*. [b] Vom Rind. [c] +: Hemmung. 0: keine Hemmung. −: nicht untersucht.
[d] Proteinase aus dem jeweiligen Mikroorganismus.

Tabelle 16.9. Inhibitoraktivität einiger Sojaprodukte gegenüber Rindertrypsin[a]

Produkt	Extraktion mit 0,125 mol/l H_2SO_4	0,01 mol/l NaOH
Unbehandelte Sojabohnen (Caloria)	51,5	33,7
Supro G 10	6,8	15,6
Soyflour	1,1	8,7
TVP U 110 chunks	0	4,1
Flocosoya	0	1,9

[a] 50%ige Hemmung von mg Trypsin/g Produkt; Substrat: N^{α}-Benzoyl-L-arginin-p-nitroanilid.

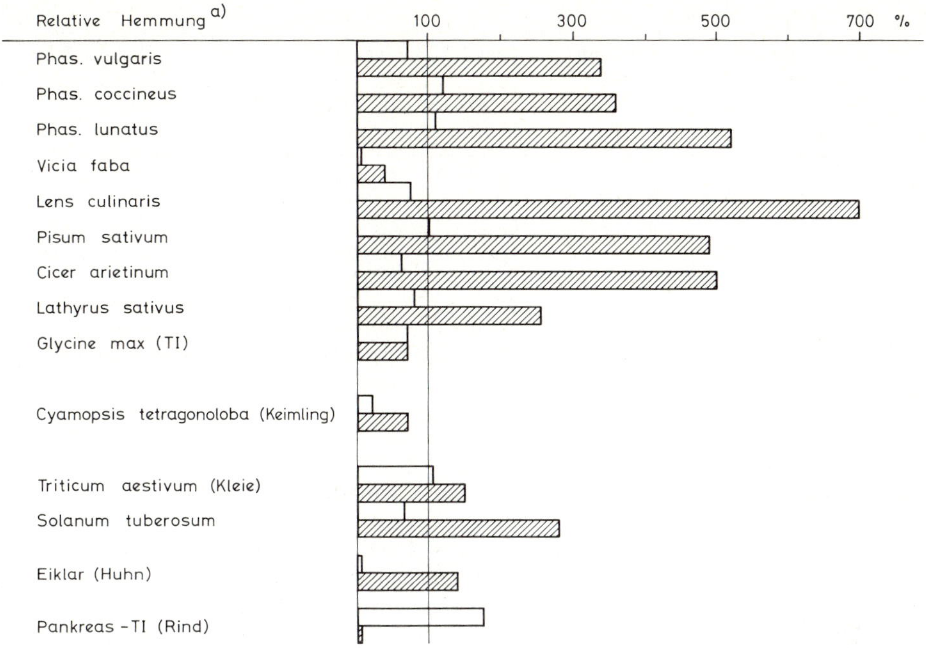

Abb. 16.5. Hemmung von Enzymen des menschlichen Darmsaftes[b] im Vergleich zur Hemmung von Rindertrypsin und Rinder-α-Chymotrypsin

[a] Bezogen auf:
(leeres Feld) Hemmung von Rindertrypsin = 100%,
(schraffiertes Feld) Hemmung von Rinder-α-Chymotrypsin = 100%.

[b] Substrate: N^{α}-Benzoyl-L-arginin-p-nitroanilid (BAPA) für Trypsin und N-Succinyl-L-phenylalanin-p-nitroanilid (Suphepa) für Chymotrypsin

dung eine bestimmte Blutgruppe bevorzugt, auch als Lectine (lat. legere – auswählen) bezeichnet. In den Erythrocyten fungieren bestimmte Glykanreste als Rezeptoren für die Lectine. Entsprechend werden diejenigen Biopolymeren präzipitiert, die einen Glykosylrest enthalten, der vom Lectin erkannt wird (vgl. Angaben zur Spezifität in Tab. 16.10).

Bis auf Ausnahmen sind die Lectine Glykoproteine, die, wenn ihr Molekulargewicht M_r = 30000 übersteigt, aus mehreren Untereinheiten bestehen (cf. Tab. 16.10) und die dann bei Veränderung des pH oder der Ionenstärke leicht dissoziieren. Ein Merkmal der Aminosäurezusammensetzung ist das Überwiegen von sauren Aminosäuren und von Hydroxyaminosäuren sowie das Fehlen bzw. der geringe Gehalt an Methionin.

Zu den gut untersuchten Lectinen gehört ein Protein aus der Schwertbohne (Tab. 16.10), das Concanavalin A. Mit Polysacchariden, die α-D-Mannose enthalten, reagiert es bevorzugt, bindet aber auch solche, die, wie die Dextrine, gehäuft aus α-D-Glucopyranosen bestehen.

Lectine kommen in sämtlichen Hülsenfrüchten vor. Tierversuche ergaben, daß die Toxizität häufig nicht mit der Hämagglutininaktivität parallel geht. So sind z. B. das Lectin aus der Sojabohne und das aus der Gartenbohne toxisch, nicht aber das aus der Erbse. Diese und andere Beobachtungen deuten darauf hin, daß nicht die Hämagglutininaktivität, sondern andere Wirkungen für die Toxizität verantwortlich sind. Eine Herabsetzung der Nährstoffresorption an Zellen der Darmwand, die von Lectinen besetzt sind, oder eine Hemmung der Proteinsynthese werden diskutiert.

Durch längeres Erhitzen werden die Lectine in den Hülsenfrüchten inaktiviert und die toxischen Wirkungen verschwinden.

Tabelle 16.10. Phytohämagglutinine in Lebensmitteln

Quelle	Molekulargewicht	Untereinheiten	Glykankomponente		Spezifität[a]
			% Kohlenhydrat	Bausteine	
Sojabohne	110000	4	5,0	D-Man, D-GlcNAc	D-GalNAc
Gartenbohne	98000–138000	4	4,1	GlcN, Man	D-GalNAc
Schwertbohne[b]	112000	4	0		α-D-Man
Linse	42000–69000	2	2,0	GlcN, Glc	α-D-Man
Kartoffel	20000		5,2	Ara	D-GlcNAc
Weizen	26000		4,5	Glc, Xyl, Hexosamin	D-GlcNAc

[a] Präzipitiert Biopolymere, die den angegebenen Baustein enthalten (Polysaccharide, Glykoproteine, Lipopolysaccharide).
[b] *Canavalia ensiformis.*

16.2.5 Kohlenhydrate

Mit einem Anteil von 75–80% überwiegt die Stärke in der Kohlenhydratfraktion der in Tab. 16.11 aufgeführten Hülsenfrüchte und auch in Erbsen. In der Soja ist das Vorkommen von Stärke unsicher, gefunden wurden Arabinoxylane und Galactane (3,6% bzw. 2,3%). Bei Erdnüssen besteht die Kohlenhydratfraktion etwa zu einem Drittel aus Stärke.

Oligosaccharide kommen in den Hülsenfrüchten im Vergleich zu den Cerealien in höheren Konzentrationen vor, wobei Saccharose, Stachyose und Verbascose zu den Hauptverbindungen zählen (Tab. 16.11). Die Oligosaccharide und Pentosane verursachen nach dem Genuß von Hülsenfrüchten Flatulenz, da sie von anaerob im Darm wachsenden Mikroorganismen zu Monosacchariden hydrolysiert und dann unter Bildung von CO_2, CH_4 und H_2 weiter abgebaut werden. Modellversuche haben gezeigt, daß phenolische Inhaltsstoffe (z. B. Ferula- und Syringasäure) den Stoffwechsel solcher Mikroorganismen und damit die Entstehung von Flatulenz hemmen.

Tabelle 16.11. Kohlenhydrate[a] in Mehlen aus Hülsenfrüchten

Mehl aus	Glucose	Saccharose	Raffinose	Stachyose	Verbascose	Stärke
Gartenbohne	0,04	2,23	0,41	2,59	0,13	51,6
Saubohne	0,34	1,55	0,24	0,80	1,94	52,7
Linse	0,07	1,81	0,39	1,85	1,20	52,3
Mungobohne	0,05	1,28	0,32	1,65	2,77	52,0
Sojabohne[b]	0,01	4,5	1,1	3,7		

[a] Gew.-% bezogen auf die Trockenmasse. [b] Entfettetes Mehl.

16.2.6 Cyanogene Glykoside

In der Limabohne sowie in einigen anderen pflanzlichen Lebensmitteln kommen cyanogene Glykoside vor (Tab. 16.12), die aus den angegebenen Aminosäuren entstehen. Wie bei der Biosynthese der Glucosinolate (cf. 17.1.2.6.5) wird zunächst ein Aldoxim gebildet, das dann entsprechend dem in Abb. 16.6 vorgeschlagenen Reaktionsweg in ein cyanogenes Glykosid überführt wird.

Zur Entgiftung werden die Samen zerkleinert und angefeuchtet. Die Glykoside zerfallen und die entstandene Blausäure (cf. Tab. 16.13) wird nach Ablauf der Inkubationszeit durch Erhitzen vertrieben.

Eingeleitet wird der Abbau der cyanogenen Glykoside durch eine β-Glucosidase (Abb. 16.7), die in den Zellen vom Substrat getrennt lokalisiert ist, aber mit ihm durch das Aufreißen von Zellstrukturen bei der Zerkleinerung des Samens in Kontakt kommt.

Die Substratspezifität der β-Glucosidase ist auf das Aglykon ausgerichtet. So hydrolysiert das im Glykosidasengemisch „Emulsin" in bitteren Mandeln vorkommende Enzym nicht nur Amygdalin, sondern auch andere cyanogene Glykoside, die sich vom Phenylalanin und Tyrosin ableiten, nicht aber Linamarin.

Wie in Abb. 16.7 gezeigt, geht aus der Hydrolyse ein Hydroxynitril hervor, das nicht stabil ist und langsam in die entsprechende Carbonylverbindung und HCN zerfällt. Die meisten Samen enthalten aber eine Hydroxynitril-Lyase, die diese Reaktion beschleunigt.

Tabelle 16.12. Cyanogene Glykoside

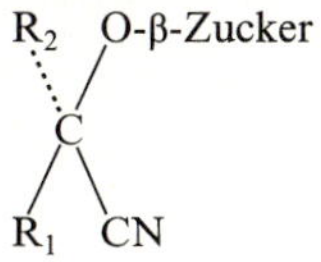

Glykosid Name	Struktur R_1	Struktur R_2	Zucker	Vorläufer-Aminosäure	Vorkommen (Samen)
Linamarin	CH_3	CH_3	Glucose	Val	Limabohne Leinsamen Cassava
(R)-Lotaustralin	C_2H_5	CH_3	Glucose	Ile	wie Linamarin
(R)-Prunasin	Phenyl	H	Glucose	Phe	Prunusarten
(R)-Amygdalin	Phenyl	H	Gentiobiose	Phe	Bittere Mandeln Aprikosen Pfirsich Apfel
(S)-Dhurrin	HO—Phenyl	H	Glucose	Tyr	Sorghumarten

Tabelle 16.13. Menge an gebundener Blausäure in Lebensmitteln, die cyanogene Glucoside enthalten

Lebensmittel	HCN (mg/100 g)
Limabohne[a]	210–310
Bittere Mandeln	250
Sorghum spp.	250
Cassava	110
Erbse	2,3
Bohne	2,0
Kichererbse	0,8

[a] In den USA sind Varietäten gezüchtet worden, die nur noch 10 mg HCN/100 g Samen enthalten.

16.2.7 Lipide*

Triacylglyceride überwiegen auch in der Lipidfraktion von Leguminosen, deren Fettgehalt so gering ist (cf. Tab. 16.2), daß sie als Fettrohstoffe nicht in Frage kommen. Beispiele für die Fettsäurezusammensetzung zeigt Tab. 16.14.

16.2.8 Vitamine, Mineralstoffe

Über den Gehalt einiger Leguminosen an Vitaminen und Mineralstoffen informiert Tab. 16.15. Neben B-Vitaminen sind die beiden Ölsaaten reich an Vitamin E (cf. Tab. 16.15).

* Die Zusammensetzung der Soja- und Erdnußlipide wird in den Kapiteln 3 und 14 besprochen.

Tabelle 16.14. Lipide aus Hülsenfrüchten[a]: Fettsäurezusammensetzung (Gew.-%)

Fettsäure	Gartenbohne	Kichererbse	Saubohne	Linse
14:0	0,22	1,3	0,6	0,85
16:0	21,8	8,9	9,3	23,2
18:0	4,7	1,6	4,9	4,6
20:0	0,53	0,03	0,7	2,3
22:0	2,9	0	0,42	2,7
24:0	1,1	0	0	0,85
16:1 (9)	0,21	0,05	0	0,15
18:1 (9)	11,6	35,4	33,8	36,0
18:2 (9, 12)	29,8	51,1	42,1	20,6
18:3 (9, 12, 15)	27,4	1,7	6,4	1,6
20:1	0,02	0	0,7	1,9

[a] In Tab. 14.9 ist die Fettsäurezusammensetzung des Sojaöls und der Erdnußbutter angegeben.

16.2.9 Coumestrol

Unter den phenolischen Inhaltsstoffen beansprucht das Coumestrol auf Grund seiner östrogenen Wirkung Interesse:

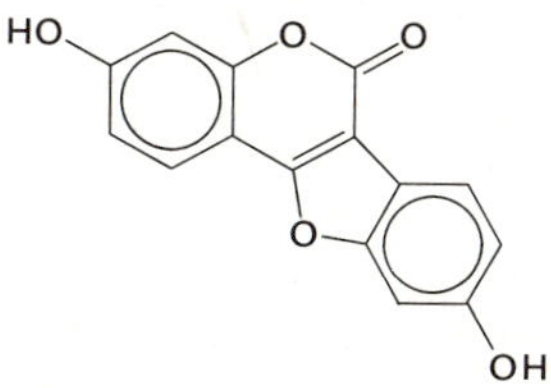

(16.3)

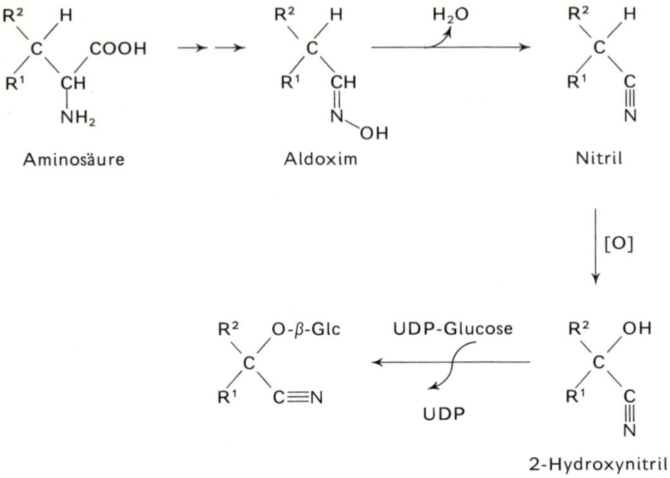

Abb. 16.6. Biosynthese cyanogener Glucoside

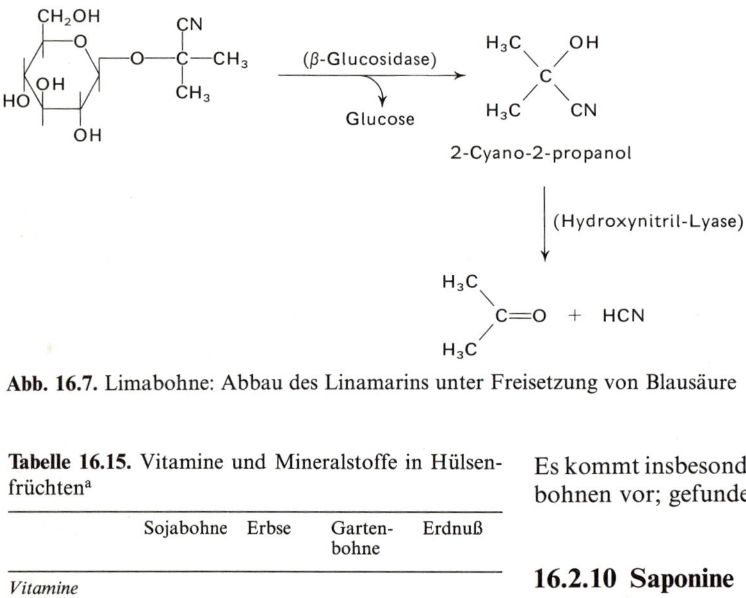

Abb. 16.7. Limabohne: Abbau des Linamarins unter Freisetzung von Blausäure

Tabelle 16.15. Vitamine und Mineralstoffe in Hülsenfrüchten[a]

	Sojabohne	Erbse	Gartenbohne	Erdnuß
Vitamine				
E	127	12		202
B_1	8,2	1,2	4,5	9,0
B_2	4,3	0,64	1,6	1,5
Nicotinamid	20,8	9,5	20,8	153
Pantothensäure	15,9	2,9	9,7	26
B_6	9,9	0,64	2,8	3,0
Mineralstoffe				
Na	33	8,0	20	52
K	$1,4 \times 10^4$	$1,2 \times 10^3$	$1,3 \times 10^4$	$7,1 \times 10^3$
Mg	$2,1 \times 10^3$	132	$1,3 \times 10^3$	$1,6 \times 10^3$
Ca	$2,1 \times 10^3$	96	$1,1 \times 10^3$	590
Fe	71	7,4	60,4	21,1
Zn	8,3	10,6		30,7
P	$4,9 \times 10^3$	432	$4,3 \times 10^3$	$3,7 \times 10^3$
Cl	58	160	248	70

[a] Angaben in mg/kg.

Es kommt insbesondere in den Schalen von Sojabohnen vor; gefunden wurden 0,05 bis 30 ppm.

16.2.10 Saponine

Leguminosen enthalten eine Reihe von Saponinen. In Sojabohnen wurde u. a. das Sojasaponin I identifiziert (cf. Formel 16.4).
Die Ansicht, daß solche Verbindungen zum Bittergeschmack beitragen, der bei der Lagerung von Sojaprodukten entstehen kann, ist inzwischen widerlegt worden. Von Interesse ist dagegen die insektizide Wirkung solcher Verbindungen.

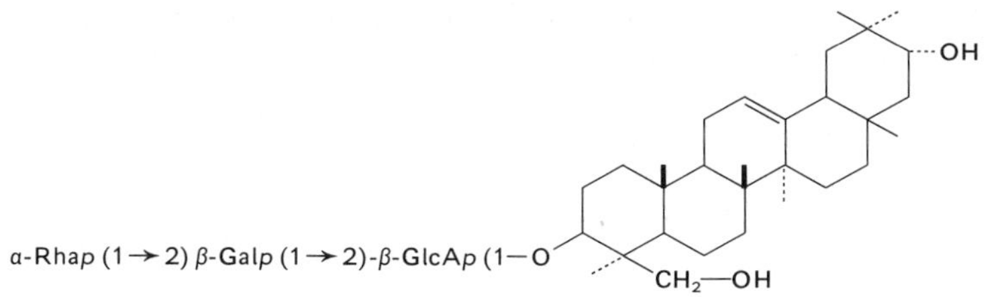

(16.4)

16.2.11 Sonstige Inhaltsstoffe

Die Saatplatterbse, *Lathyrus odoratus*, die u. a. in Indien in Trockenzeiten angebaut wird, enthält β-N-Oxalyl-α, β-diaminopropionsäure (cf. XXXVII in Tab. 17.5). Die Verbindung löst, möglicherweise auf Grund ihrer strukturellen Ähnlichkeit mit Glutaminsäure, die als Neurolathyrismus bezeichnete Krankheit aus, die zur Paralyse der unteren Gliedmaßen führt und von der allein 1975 mehr als 100000 Fälle beschrieben wurden. Das Diaminopropionsäurederivat kann weitgehend entfernt werden durch Kochen der Samen in einem Überschuß von Wasser, das dann verworfen wird, oder durch Einweichen der Samen über Nacht und anschließendes Dämpfen, Rösten oder Trocknen an der Sonne. Das aus den getrockneten Samen erhaltene Mehl hat 24–28% Protein mit einem hohen Lysingehalt und kann für ein ungelockertes indisches Brot („chapatis") verwendet werden.

Die Ackerbohne, *Vicia faba*, enthält die Glucoside Vicin (Formel 16.5, I) und Convicin (II), deren Aglykone Divicin (III) und Isouramil (IV) durch β-Glykosidasen des Verdauungstraktes freigesetzt werden können und in der oxidierten Form eine schnelle Oxidation von Glutathion in Erythrocyten bewirken (cf. Formel 16.5), die ein genetisch bedingtes Defizit an Glucose-6-phosphat-Dehydrogenase haben und deshalb mangels NADPH nicht in der Lage sind, mit Hilfe der Glutathion-Reductase wieder reduziertes Glutathion bereitzustellen. Als Folge des Mangels an reduziertem Glutathion treten hämolytische Erscheinungen auf, die als Favismus bezeichnet werden. Der erwähnte genetische Defekt ist besonders bei Menschen im Nahen Osten verbreitet. Da *Vicia faba* in dieser Region für die Proteinversorgung eine große Rolle spielt, ist man bestrebt, Varianten zu züchten, die diese toxischen Glucoside nicht enthalten, oder geeignete Behandlungsverfahren zu ihrer Entfernung zu entwickeln (Einweichen, Erhitzen).

16.3 Verarbeitung, Produkte

16.3.1 Sojabohnen, Erdnüsse

16.3.1.1 Aromafehler

Die Herstellung und Lagerung von Produkten aus den beiden Ölsaaten ist häufig durch ranzige, bohnige und bittere Aromafehler behindert, die durch flüchtige Carbonylverbindungen, insbesondere Hexanal, und oxidierte Fettsäuren verursacht werden. Die Verbindungen entstehen durch Lipidperoxidation, die von dem Enzym Lipoxygenase und/oder von Häm(in)proteinen beschleunigt wird (cf. 3.7.2.2).

Tabelle 16.16. Thermische Inaktivierung von Lipoxygenase und Peroxidase in Erdnüssen

Hitzebehandlung			Enzymaktivität (%)	
Art	Temp. (°C)	Zeit (min)	Peroxidase	Lipoxygenase
Kontrollversuch			100	100
Trockene Hitze	110	60	48	7
Dampf	100	2	35	0
Dampf	100	6	8	0
Dampf	100	30	1	0

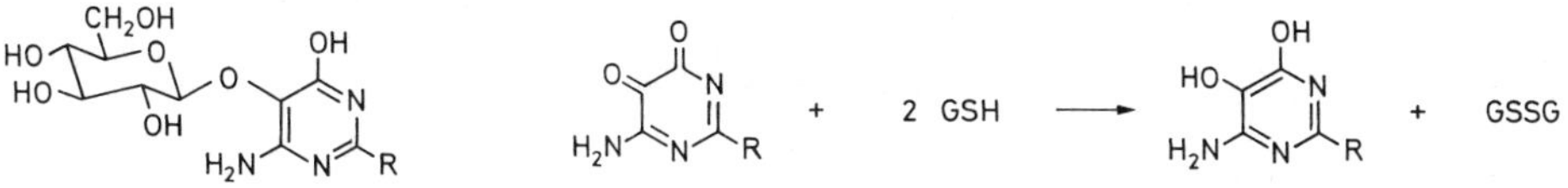

I : R = NH2
II : R = OH

III (ox.) : R = NH2
IV (ox.) : R = OH

III (red.) : R = NH2
IV (red.) : R = OH

(16.5)

Eine Möglichkeit, den Qualitätsabfall zu bremsen, ist die thermische Inaktivierung der Katalysatoren. Tab. 16.16 zeigt am Beispiel Erdnuß, daß eine längere Behandlung mit Wasserdampf zur Inaktivierung der Peroxidase notwendig ist. Eine Denaturierung der Lipoxygenase, die unter den in Tab. 16.16 angegebenen Bedingungen schon nach 2 min erfolgt, reicht allein nicht aus

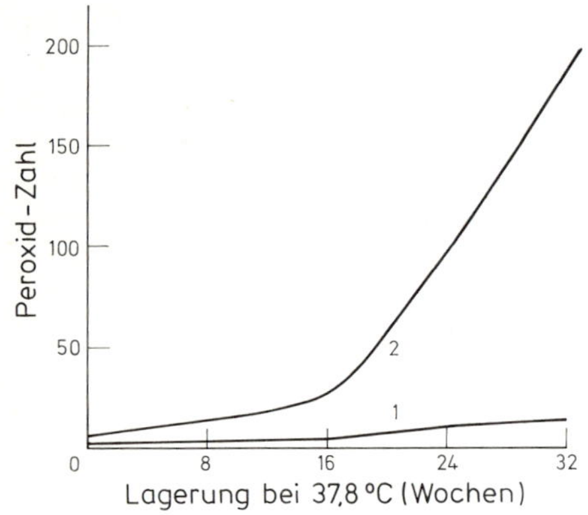

Abb. 16.8. Lagerstabilität von Erdnußflocken (nach *J. H. Mitchell* u. *R. K. Malphrus*, 1977). Behandlung der Erdnußflocken mit Wasserdampf von 100 °C: 30 min (1), 5 min (2)

zur Erzielung einer befriedigenden Lagerstabilität. Die Peroxidase und wahrscheinlich noch andere Katalysatoren müssen auch ausgeschaltet werden (Abb. 16.8).

Eine weitere Maßnahme zur Erzielung geschmacklich einwandfreier Produkte, die insbesondere bei der Gewinnung von Proteinpräparaten angewandt wird, ist die vollständige Abtrennung der Lipide. Der Rest an Lipiden, der in Sojaflocken nach der Extraktion mit Hexan noch verbleibt (cf. 14.3.2.2.1), wird durch Nachextraktion mit Hexan-Ethanol (82:18 v/v) entfernt.

16.3.1.2 Einzelne Produkte

Aus Sojabohnen und Erdnüssen werden Proteinpräparate gewonnen. In Asien werden Sojabohnen allein oder zusammen mit Getreide zu einer Vielzahl von fermentierten Produkten verarbeitet. Die folgende Darstellung gibt einige Beispiele.

16.3.1.2.1 Sojaeiweiß

Einen Überblick über die wichtigsten Verfahrensschritte bei der Sojaveredlung gibt Abb. 16.9.

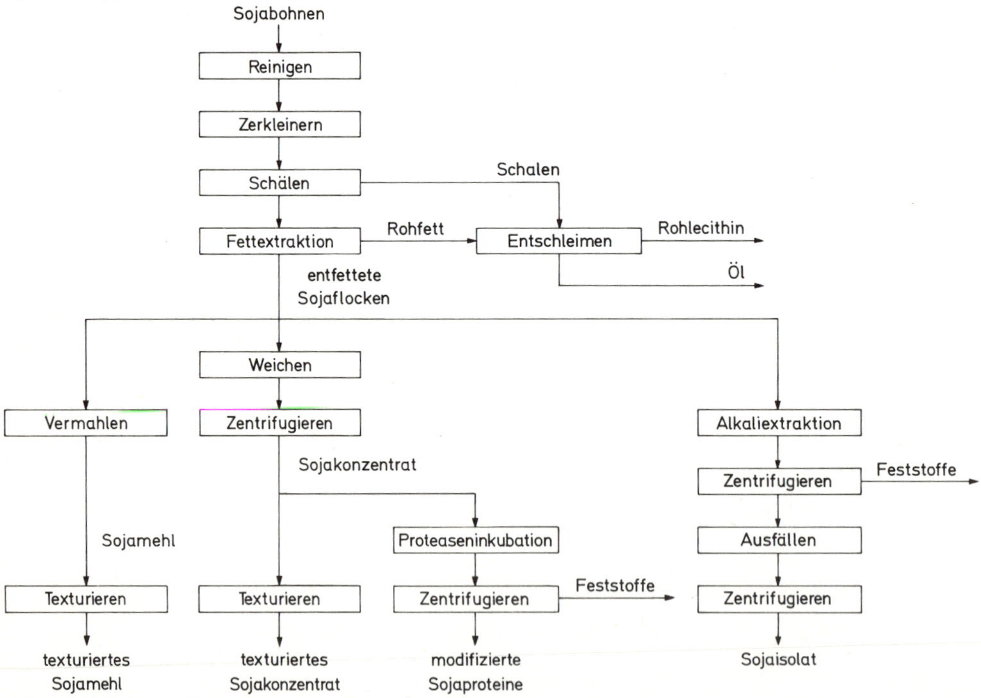

Abb. 16.9. Sojaveredlung

Tabelle 16.17. Zusammensetzung von Sojaproteinkonzentrat und Sojaproteinisolat

Produkt	Protein	Rohfaser	Asche
Konzentrat	72%	3,5%	5,5%
Isolat	95,6%	0,2%	4,0%

Die Gewinnung von Proteinkonzentraten erfolgt überwiegend aus flockiertem und entfettetem Sojamehl, dem Rückstand der Ölgewinnung (cf. 14.3.2.2.1). Sie umfaßt Einweichen der Flocken in Wasser, Ansäuern auf pH 4–5 (cf. 16.2.1), Abtrennung löslicher Inhaltsstoffe durch Zentrifugation, Waschen und Trocknen des Rückstands. Isolate mit höherem Proteingehalt werden gewonnen, indem aus dem Sojamehl mit Wasser oder verdünntem Alkali (pH 8–9) zunächst die löslichen Inhaltsstoffe extrahiert und anschließend die Proteine durch Einstellen auf pH 4–5 aus dem Extrakt wieder gefällt werden. Texturiert und aromatisiert (cf. 1.4.7) werden sie als Fleischsurrogate angeboten.
Die Zusammensetzung von Proteinkonzentraten und -isolaten ist in Tab. 16.17 gegenübergestellt. Der Gehalt an essentiellen Aminosäuren entspricht dem der Sojabohne (cf. Tab. 16.3).
Zur Verbesserung der Proteinversorgung oder zur Hebung der Verarbeitungsqualität (Erhöhung der Wasserbindung; Stabilisierung von O/W-Emulsionen, die bei der Verarbeitung höheren Temperaturen ausgesetzt werden müssen) wird Sojaeiweiß u.a. bei der Herstellung von Fleischwaren, Kindernahrungsmitteln und Backwaren eingesetzt. Ein Zusatz zu Getränken, deren pH bei 3 liegt, erfordert eine bessere Löslichkeit in diesem pH-Bereich. Sie kann durch eine partielle Hydrolyse mit Papain (cf. 2.8.2.2.1) erreicht werden.

16.3.1.2.2 Sojamilch

Sojabohnen, gequollen in Wasser, werden unter Einstellung eines Wasserüberschusses von 10:1 g/g gemahlen. Durch Erhitzen nahe am Kochpunkt für 15–20 min wird die Suspension pasteurisiert, die Lipoxygenasen und Proteinaseninhibitoren werden inaktiviert.
Sojamilch, angereichert mit Calcium und Vitaminen, ist für die Ernährung von Säuglingen von Bedeutung, die keine Kuhmilch vertragen (etwa 7% in den USA).

16.3.1.2.3 Tofu

Aus Sojamilch wird mit Calciumsulfat (3 g/kg) bei 65 °C langsam ein Gel („Sojaquark") gefällt, das durch leichtes Abpressen zwischen Holzrosten isoliert wird. Ein Waschvorgang schließt sich an. Der Wassergehalt des Produkts liegt bei 88%. In der Trockenmasse enthält Tofu 55% Protein und 28% Fett. In China und einigen anderen Ländern Asiens leistet Tofu, das frisch, getrocknet oder in Fett gebacken unter Zusatz von Sojasoße verzehrt wird, den größten Beitrag zur Eiweißversorgung.

16.3.1.2.4 Sojasoße (Shoyu)

Zur Herstellung dieser Würzsoße (Abb. 16.10) wird entfettetes Sojamehl nach Befeuchtung und Erhitzen im Autoklaven (45 min) mit geröstetem und gequetschtem Weizen gemischt. Das Mischungsverhältnis ist in Japan auf 1:1 festgelegt, in China sind Abweichungen bis 4:1 üblich, wobei ein zunehmender Sojaanteil die Qualität des

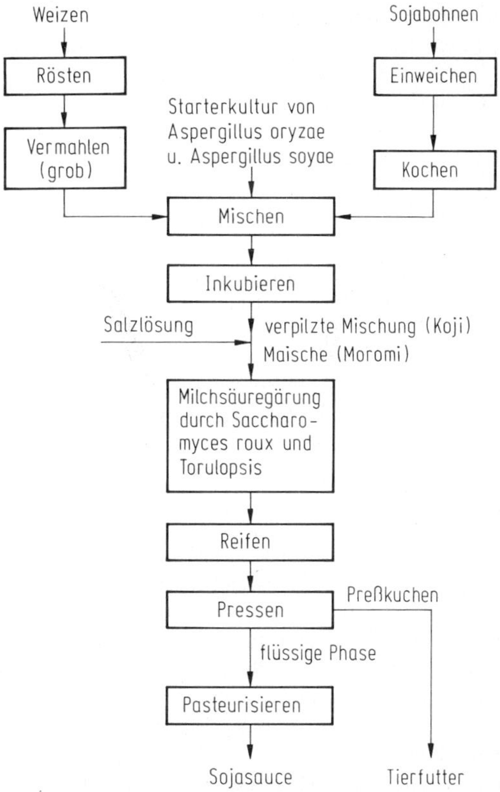

Abb. 16.10. Herstellung von Sojasoße

Produktes mindert. Nach Beimpfung mit *Aspergillus oryzae* und *Aspergillus soyae* wird das Gemisch, dessen Wassergehalt bei 26% liegt, zunächst 24 h bei 30 °C und dann weitere 48 h unter Anstieg der Temperatur auf 40 °C inkubiert. In diesem Ansatz, dem „Koji", wird durch Zugabe einer 22,6%igen NaCl-Lösung, ein Salzgehalt von 18% eingestellt. Die so erhaltene Maische („Moromi") gärt spontan unter Beteiligung von Milchsäurebildnern (u. a. *Pediococcus halophilus*) und später von Hefen (u. a. *Saccharomyces spp., Torulopsis spp.*) oder nach Beimpfen mit *Lactobacillus delbrueckii* und Stämmen der Hefe *Hansenula*. Zur Vermeidung des Wachstums unerwünschter Anaerobier erfolgt die Gärung unter guter Belüftung. Sie ist langwierig und erfolgt gestuft, z. B. 15 °C (1 Monat), 28 °C (4 Monate), 15 °C (1 Monat). Hochwertige Erzeugnisse reifen mehrere Jahre. Nach der Fermentation wird die Sojasoße (pH 4,6) filtriert, bei 65 °C bis 80 °C pasteurisiert und für den Export mit Benzoesäure konserviert.

Bei der Fermentation produzieren die Mikroorganismen extrazelluläre Hydrolasen, die in den Rohstoffen die Proteine, Kohlenhydrate und Nucleinsäuren spalten. Sojasoße enthält 1,5% Stickstoff (davon 60% Aminostickstoff) und 4,4% reduzierende Zucker. Die N-haltige Fraktion besteht aus 40–50% Aminosäuren (Glutaminsäure überwiegt mit 1,2% bezogen auf das Produkt), 40–50% Peptiden, 10–15% Ammoniak und weniger als 1% Protein. Außerdem enthält Sojasoße Stoffwechselprodukte der Mikroorganismen wie Ethanol (1,2%), Milch-, Bernstein- und Essigsäure.

Produkte minderer Qualität sind mit Würzen verschnitten, die durch Säurehydrolyse (cf. 12.7.3.5) aus den oben genannten Rohstoffen hergestellt werden.

16.3.1.2.5 Miso

Miso ist eine fermentierte Sojapaste. Zur Herstellung wird Reis eingeweicht, erhitzt und bei 28–35 °C 40–50 h mit *Aspergillus oryzae* inkubiert. Parallel werden ganze Sojabohnen eingeweicht, erhitzt und mit dem inkubierten Reis gemischt (60 : 30), unter Zusatz von Salz (4–13%). Die Mischung wird einige Monate bei 25–30 °C einer Gärung überlassen, an der Milchsäurebakterien und Hefen beteiligt sind. Anschließend wird das Produkt pasteurisiert und abgepackt.

16.3.1.2.6 Natto

Natto ist ein fermentiertes Sojaprodukt, von dem verschiedene Typen bekannt sind. Zur Herstellung (Itohiki-Typ) werden Sojabohnen in Wasser eingeweicht, gekocht und nach dem Abkühlen mit *Bacillus natto,* einer Variante von *Bacillus subtilis*, 16–20 h bei 40–45 °C inkubiert. Die Oberfläche von Natto hat eine charakteristisch viskose Textur, die durch eine von *B. natto* produzierte Polyglutaminsäure bedingt ist.

16.3.1.2.7 Sufu

Sufu ist ein aus Tofu hergestellter Sojakäse. Tofu wird in Würfel (3 cm Kantenlänge) geschnitten, mit einer angesäuerten Salzlösung (6% NaCl, 2,5% Citronensäure) behandelt, erhitzt (100 °C, 15 min) und mit *Actinomucor elegans* beimpft. Nach Inkubation bei 12–25 °C über 2–7 d wird Sufu in 5–10%ige Salzlösung eingelegt, die gegebenenfalls fermentierte Sojapaste und Ethanol enthält, und 1–12 Monate der Reifung überlassen.

16.3.2 Erbsen, Bohnen

Erbsen und Bohnen sind nur im gekochten Zustand genießbar. Zur Verkürzung der Kochzeit, die auch nach Einweichen über Nacht (Vorquellen), noch einige Stunden beträgt, werden die Hülsenfrüchte entsprechend dem unter 15.3.2.2.1 geschilderten Parboiling-Verfahren vorgekocht.

Eine weitere Möglichkeit, die eine ca. 40%ige Reduktion der Kochzeit zur Folge hat, ist die Abtrennung der Samenschale, die z. B. bei Erbsen durch Dämpfen bei 90 °C, Trocknen und Schälen erfolgt.

Die Erweichung der Hülsenfrüchte beim Kochen beruht auf einem Zerfall des Kotyledonargewebes in einzelne Zellen. Ursache ist der Übergang des nativen Protopektins in Pektin, das unter Einwirkung von Hitze schnell depolymerisiert. Die aus Pektinen bestehenden Mittellamellen der Zellwände, die das Gewebe verfestigen, lösen sich dadurch auf.

Umgekehrt beruht eine Verhärtung der Hülsenfrüchte beim Kochen auf einer Vernetzung der Zellwände. Folgende Reaktionen, die auch schon während einer Lagerung bei höheren Temperaturen einsetzen können, werden als Ursachen diskutiert: In den Mittellamellen eingelagerte Calcium- und Magnesiumphytate werden von der anwesenden Phytase hydrolysiert (cf. 15.2.2.4). Neben meso-Inosit und Phosphorsäure werden $Ca^{2\oplus}$- und $Mg^{2\oplus}$-Ionen freigesetzt, die die Pektinsäuren vernetzen und dadurch die Mittellamellen verfestigen. Pektinesterasen, die das Pektin zur Säure entmethylieren, fördern die Verhärtung des Gewebes.

Bei Hülsenfrüchten, die relativ reich sind an phenolischen Verbindungen und an Phenoloxidasen, soll eine Bildung von Komplexen zwischen Proteinen und Polyphenolen zur Verfestigung des Gewebes beitragen.

Eine Reihe von Bohnen werden in Asien ähnlich wie Sojabohnen zu fermentierten Produkten verarbeitet.

16.4 Literatur

Angelo, A. J. S., Ory, R. L.: Effects of lipoperoxides on proteins in raw and processed peanuts. J. Agric. Food Chem. *23*, 141 (1975)

Aoki, H., Taneyana, O., Inami, M.: Emulsifying properties of soy protein: characteristics of 7 S and 11 S proteins. J. Food Sci. *45*, 534 (1980)

Badley, R. A., Atkinson, D., Hauser, H., Oldani, D., Green, J. P., Stubbs, J. M.: The structure, physical and chemical properties of the soybean protein glycinin. Biochim. Biophys. Acta *412*, 214 (1975)

Belitz, H.-D.: Vegetable proteins as human food. FEBS 11th Meeting Copenhagen 1977, Vol. 44, Symposium A3, Pergamon Press: Oxford. 1978

Belitz, H.-D., Kaiser, K.-P., Santarius, K.: Trypsin and chymotrypsin inhibitors from potatoes: isolation and some properties. Biochem. Biophys. Res. Commun. *42*, 420 (1971)

Beuchat, L. R.: Indigenous fermented foods. In: Biotechnology (Eds.: Rehm, H.-J., Reed, G.), Vol. 5, p. 477, Verlag Chemie: Weinheim. 1983

Boulter, D., Derbyshire, E.: The general properties, classification and distribution of plant proteins. In: Plant proteins (Ed.: Norton, G.), p. 3, Butterworths: London. 1978

Derbyshire, E., Wright, D. J., Boulter, D.: Legumin and vicilin, storage proteins of legume seeds. Phytochemistry *15*, 3 (1976)

Liener, I. E.: Phytohemagglutinins: their nutritional significance. J. Agric. Food Chem. *22*, 17 (1974)

Liener, I. E.: Protease inhibitors and other toxic factors in seeds. In: Plant proteins (Ed.: Norton, G.), p. 117, Butterworths: London. 1978

Liener, I. E.: Significance for humans of biologically active factors in soybeans and other food legumes. J. Am. Oil Chem. Soc. *56*, 121 (1979)

Lookhart, G. L., Jones, B. L., Finney, K. F.: Determination of coumestrol in soybeans by high-performance liquid and thin-layer chromatography. Cereal Chem. *55*, 967 (1978)

Mitchell, J. H., Malphrus, R. K.: Lipid oxidation in spanish peanuts: the effect of moist heat treatments. J. Food Sci. *42*, 1457 (1977)

Naivikul, O., D'Appolonia, B. L.: Comparison of legume and wheat flour carbohydrates. I. Sugar analysis. Cereal Chem. *55*, 913 (1978)

Pernollet, J.-C., Mossé, J.: Structure and location of legume and cereal seed storage proteins. In: Seed proteins (Eds.: Daussant, J., Mossé, J., Vaughan, J.), p. 155, Academic Press: London. 1983

Rackis, J. J., Sessa, D. J., Steggerda, F. R., Shimizu, T., Anderson, J., Pearl, S. L.: Soybean factors relating to gas production by intestinal bacteria. J. Food Sci. *35*, 634 (1970)

Smith, A. K., Circle, S. J. (Eds.): Soybeans: Chemistry and technology. Vol. 1, AVI Publ. Co.: Westport, Conn. 1972

Stanley, D. W., Aguilera, J. M.: A review of textural defects in cooked reconstituted legumes – The influence of structure and composition. J. Food Biochem. *9*, 277 (1985)

Whitaker, J. R., Feeney, R. E.: Enzyme inhibitors in foods. In: Toxicants occurring naturally in foods, 2nd edn., p. 276, National Academy of Sciences: Washington, D. C. 1973

Wolf, W. J.: Chemistry and technology of soybeans. In: Advances in cereal science and technology (Ed.: Pomeranz, Y.), Vol. I, p. 325, American Association of Cereal Chemists: St. Paul, Minn. 1976

17 Gemüse und Gemüseprodukte

17.1 Gemüse

17.1.1 Einführung

Unter Gemüse versteht man alle in frischem Zustand nicht lufttrockenen Pflanzenteile, die ohne Entzug wesentlicher Bestandteile roh, gekocht, konserviert oder sonstwie zubereitet direkt zur menschlichen Ernährung dienen, mit Ausnahme der Früchte mehrjähriger Pflanzen, die zum Obst gehören. Nicht zum Gemüse rechnen trockene Samen (Erbsen, Bohnen, Getreidesamen u. a.). Die Einteilung der Gemüsearten kann unter botanischen Gesichtspunkten erfolgen in Algengemüse, Pilze, Wurzelgemüse, Knollengemüse (Sproß- und Wurzelknollen), Zwiebelgemüse, Blattstielgemüse, Blattgemüse, Blütenstände als Gemüse, Samengemüse und Fruchtgemüse. In Tab. 17.1 sind die wichtigsten Gemüsearten aufgeführt mit Hinweisen auf die botanische Systematik und die Verwendung. Tab. 17.2 und 17.3 orientieren über die Gemüseerzeugung.

17.1.2 Zusammensetzung

Die Zusammensetzung von Gemüse kann in Abhängigkeit von Sorte und Herkunft stark schwanken. Aus Tab. 17.4 ist zu entnehmen, daß die Trockenmasse meist bei 10–20% liegt. Bestandteile sind 1–5% Stickstoffverbindungen, 3–20% Kohlenhydrate, 0,1–0,3% Fett, ca. 1% Rohfaser und ca. 1% Mineralstoffe. Einige Knollen- und Samengemüse haben einen hohen Stärkegehalt und dadurch eine für Gemüse sehr hohe Trockenmasse. Wertbestimmend sind in erster Linie Nebenbestandteile wie Vitamine, Mineralstoffe und Aromastoffe sowie Ballaststoffe.

17.1.2.1 Stickstoffverbindungen

Gemüse enthält im Durchschnitt 1–3% Stickstoffverbindungen. Davon sind 35–80% Proteine, der Rest entfällt auf Aminosäuren, Peptide und andere Verbindungen.

17.1.2.1.1 Proteine

Die Proteinfraktion besteht zum großen Teil aus Enzymen, die bei der Verarbeitung und Zubereitung von Gemüse positiv oder negativ in Erscheinung treten können. So tragen sie einerseits z. B. zur Bildung von typischen Aromastoffen bei, bewirken andererseits aber auch die Entwicklung von Fehlaromen, Gewebserweichungen und Verfärbungen. Anwesend sind Enzyme aus allen Hauptgruppen. Als Beispiele seien genannt

- *Oxidoreduktasen* wie Lipoxygenasen, Phenoloxidasen, Peroxidasen,
- *Hydrolasen* wie Glykosidasen, Esterasen, Proteinasen,
- *Transferasen* wie Transaminasen,
- *Lyasen* wie Glutaminsäuredecarboxylase, Alliinase, Hydroperoxidlyase,
- *Ligasen* wie Glutaminsynthetase.

Neben Enzymen kommen auch Enzyminhibitoren vor, so in Kartoffeln Proteine mit Inhibitorwirkung gegenüber Serinproteinasen (cf. 16.2.3), in grünen Bohnen und Gurken Proteine mit Inhibitorwirkung gegenüber pektinolytischen Enzymen.

Protein- und Enzymmuster, wie sie z. B. bei der elektrophoretischen Trennung erhalten werden, sind häufig arten- und sortentypisch und können zur analytischen Differenzierung dienen. Abb. 17.1 zeigt als Beispiel Protein- und Proteinaseninhibitormuster einer Reihe von Kartoffelsorten.

17.1.2.1.2 Freie Aminosäuren

Neben den Proteinbausteinen sind in Gemüsen, wie in anderen Pflanzen, auch zahlreiche Nichtprotein-Aminosäuren anzutreffen. Tab. 17.5 und Tab. 17.6 geben einen Überblick über Vorkommen und Struktur dieser Verbindungen. Die Beispiele auf S. 617 sollen einen Einblick in die Biosynthese geben.

Tabelle 17.1. Gemüsearten

Nr.	Deutscher Name	Lateinischer Name	Klasse/Ordnung/Familie	Verwendung
Pilze				
1	Butterröhrling	*Suillus luteus*	Basidiomycetes/Boletales	gedünstet, gebraten, getrocknet, gesäuert, gesalzen
2	Edelreizker	*Lactarius deliciosus*	Basidiomycetes/Agaricales	
3	Feldchampignon	*Agaricus campester*	Basidiomycetes/Agaricales	
4	Gartenchampignon	*Agaricus hortensis*	Basidiomycetes/Agaricales	
5	Maronenpilz	*Xerocomus badius*	Basidiomycetes/Boletales	
6	Perigordtrüffel	*Tuber melanosporum*	Ascomycetes/Tuberales	
7	Pfifferling	*Cantharellus cibarius*	Basidiomycetes/Aphyllophorales	
8	Rotfußröhrling	*Xerocomus chrysenteron*	Basidiomycetes/Boletales	
9	Speisemorchel	*Morchella esculenta*	Ascomycetes/Pezizales	
10	Steinpilz	*Boletus edulis*	Basidiomycetes/Boletales	
11	Ziegenlippe	*Xerocomus subtomentosus*	Basidiomycetes/Boletales	
Algen				
12	Meersalat	*Ulva lactuca*		roh als Salat, gekocht in Suppen (Chile, Schottland, Westindien)
13	Zuckertang	*Laminaria saccharina*		roh, gekocht (Schottland)
14		*Laminaria sp.*		getrocknet („Kombu") als Gemüse (Japan)
15		*Porphyra laciniata*		roh als Salat, gekocht als Gemüse (England, Amerika)
16		*Porphyra sp.*		getrocknet, gekocht („Nari"-Produkte) (Japan, Korea)
17		*Undaria pinnatifida*		getrocknet („Wakame") als Gemüse (Japan)
Wurzelgemüse				
18	Möhre	*Daucus carota*	Apiaceae	roh, gekocht
19	Rettich	*Raphanus sativus var. niger*	Brassicaceae	roh, gesalzen
20	Schwarzwurzel	*Scorzonera hispanica*	Asteraceae	gekocht als Gemüse
21	Wurzelpetersilie	*Petroselinum crispum ssp. tuberosum*	Apiaceae	gekocht als Gemüse und zur Würzung
Knollengemüse (Sproßknollen)				
22	Arrowroot	*Tacca leontopetaloides*	Taccaceae	gekocht und als Brotmehl
23	Kartoffel	*Solanum tuberosum*	Solanaceae	gekocht, gebraten, fritiert in verschiedenen Zubereitungsformen, zur Stärkegewinnung, zur Alkoholgewinnung
24	Knollensellerie	*Apium graveolens, var. rapaceum*	Apiaceae	gekocht als Salat, gekocht und gebraten als Gemüse
25	Kohlrabi	*Brassica oleracea convar. acephala var. gongylodes*	Brassicaceae	roh, gekocht
26	Kohlrübe	*Brassica napus var. naprobrassica*	Brassicaceae	gekocht als Gemüse
27	Radieschen/ Rettich	*Raphanus sativus var. sativus/var. niger*	Brassicaceae	roh, gesalzen
28	Rote Rübe	*Beta vulgaris ssp. vulgaris var. conditiva*	Chenopodiaceae	gekocht, als Salat
Knollengemüse (Wurzelknollen)				
29	Batate	*Ipomoea batatas*	Convolvulaceae	gekocht, geröstet, gebraten
30	Maniok	*Manihot esculenta*	Euphorbiaceae	gekocht, geröstet
31	Yam	*Dioscorea*	Dioscoreaceae	gekocht, geröstet
Zwiebelgemüse				
32	Gemüsefenchel	*Foeniculum vulgare var. azoricum*	Apiaceae	roh als Salat, gekocht als Gemüse
33	Küchenzwiebel	*Allium cepa*	Liliaceae	roh, geröstet als Gewürz, gekocht als Gemüse
34	Porree	*Allium porrum*	Liliaceae	gekocht als Gemüse
Stengelgemüse				
35	Bambussprosse	*Bambusa vulgaris*	Poaceae	gekocht als Salat
36	Spargel	*Asparagus officinalis*	Liliaceae	gekocht als Salat und Gemüse
Blattstielgemüse				
37	Bleichsellerie	*Apium graveolens var. dulce*	Apiaceae	roh als Salat, gekocht als Gemüse
38	Rhabarber	*Rheum rhabarbarum, Rheum rhaponticum*	Polygonaceae	gekocht als Kompott

Tabelle 17.1. (Fortsetzung)

Nr.	Deutscher Name	Lateinischer Name	Klasse/Ordnung/Familie	Verwendung
Blattgemüse				
39	Brunnenkresse	*Nasturtium officinale*	Brassicaceae	roh als Salat
40	Chicorée	*Cichorium intybus* L. *var. foliosum*	Cichoriaceae	roh als Salat, gekocht als Gemüse
41	Chinakohl	*Brassica chinensis*	Brassicaceae	roh als Salat, gekocht als Gemüse
42	Feldsalat	*Valerianella locusta*	Valerianaceae	roh als Salat
43	Gartenkresse	*Lepidium sativum*	Brassicaceae	roh als Salat
44	Grünkohl	*Brassica oleracea convar. acephala var. sabellica*	Brassicaceae	gekocht als Gemüse
45	Kopfsalat	*Lactuca capitata var. capitata*	Cichoriaceae	roh als Salat
46	Mangold	*Beta vulgaris ssp. vulgaris var. vulgaris*	Chenopodiaceae	gekocht als Gemüse
47	Pekingkohl	*Brassica pekinensis*	Brassicaceae	gekocht als Gemüse
48	Rosenkohl	*Brassica oleracea convar. oleracea var. gemmifera*	Brassicaceae	gekocht als Gemüse
49	Rotkohl	*Brassica oleracea convar. capitata var. capitata f. rubra*	Brassicaceae	roh als Salat, gekocht als Gemüse
50	Schnittsalat	*Lactuca capitata var. crispa*	Cichoriaceae	roh als Salat
51	Spinat	*Spinacia oleracea*	Chenopodiaceae	gekocht als Gemüse, roh und blanchiert als Salat
52	Weißkohl	*Brassica oleracea convar. capitata var. capitata f. alba*	Brassicaceae	roh als Salat, gesäuert (Sauerkraut roh und gekocht), gekocht als Gemüse
53	Winterendivie	*Cichoricum endivia*	Cichoriaceae	roh als Salat
54	Wirsingkohl	*Brassica oleracea convar. capitata, var. sabauda*	Brassicaceae	gekocht als Gemüse
Blütenstände als Gemüse				
55	Artischocke	*Cynara scolymus*	Asteraceae	gekocht als Gemüse (Infloreszenzböden und fleischige Basen der inneren Hüllblätter)
56	Blumenkohl	*Brassica oleracea convar. botrytis var. botrytis*	Brassicaceae	gekocht als Gemüse und Salat
57	Brokkoli	*Brassica oleracea convar. botrytis var. italica*	Brassicacea	gekocht als Gemüse
Samengemüse				
58	Edelkastanie	*Castanea sativa*	Fagaceae	gekocht als Gemüse, geröstet, gemahlen zu Suppen und Brotteig
59	Grüne Bohne	*Phaseolus vulgaris*	Fabaceae	gekocht als Gemüse und Salat, gesäuert (unreife Hülsen)
60	Grüne Erbse	*Pisum sativum ssp. sativum*	Fabaceae	gekocht als Gemüse und Salat (unreife Samen)
Fruchtgemüse				
61	Aubergine	*Solanum melongena*	Solanaceae	gedünstet, gebraten als Gemüse
62	Gartenkürbis	*Cucurbita pepo*	Cucurbitaceae	gekocht als Kompott und Gemüse
63	Gemüsepaprika	*Capsicum annuum*	Solanaceae	roh, roh als Salat, gekocht, gedünstet als Gemüse
64	Gurke	*Cucumis sativus*	Cucurbitaceae	roh als Salat, gekocht als Gemüse, gesäuert
65	Okra	*Abelmoschus esculentus*	Malvaceae	gekocht als Gemüse und Salat
66	Tomate	*Lycopersicon lycopersicum*	Solanaceae	roh, roh als Salat, gekocht als Gemüse, Mark, Saft
67	Zucchini	*Cucurbita pepo convar. giromontiina*	Cucurbitaceae	gekocht als Gemüse

Tabelle 17.2. Produktion von Gemüse 1984 (1000 t)

Erdteil	Gemüse + Melonen insgesamt	Kohlarten	Artischocken	Tomaten	Blumenkohl	Kürbis
Welt	386824	38182	1170	58592	5002	5631
Afrika	26201	749	107	6019	152	979
Amerika, Nord-, Mittel-	35665	1896	53	10723	368	278
Amerika, Süd-	11814	438	92	3190	71	742
Asien	206961	15480	15	13501	2056	2378
Europa, West-	49760	3669	902	13539	1801	596
Europa, Ost- + USSR	55480	15840	–	11284	451	527
Ozeanien	1945	110	–	336	102	130

Erdteil	Gurken	Auberginen	Chillies[a]	Zwiebeln, trocken	Knoblauch
Welt	11758	5126	7847	23109	2845
Afrika	352	434	1187	1493	190
Amerika, Nord-, Mittel-	1166	65	860	2092	138
Amerika, Süd-	46	9	171	1613	121
Asien	6189	4047	3223	10886	1847
Europa, West-	1263	547	1305	3052	390
Europa, Ost- + USSR	2725	25	1100	3773	156
Ozeanien	18	–	1	201	3

Erdteil	Grüne Bohnen	Grüne Erbsen	Karotten	Wassermelonen	Netzmelonen + andere Melonen
Welt	2879	4603	12126	27097	7874
Afrika	195	126	413	2175	771
Amerika, Nord-, Mittel-	204	1218	1409	1632	1215
Amerika, Süd-	108	111	516	1009	363
Asien	11600	655	3162	14670	3928
Europa, West-	971	1646	2461	1904	1484
Europa, Ost- + USSR	201	655	4024	5631	172
Ozeanien	42	192	141	77	1

Land	Gemüse + Melonen insgesamt	Land	Kohlarten	Land	Artischocken	Land	Tomaten
China	89318	USSR	10900	Italien	500	USA	8165
Indien	44203	China	6655	Spanien	257	USSR	7500
USSR	35187	Korea, Rep.	3457	Frankreich	96	Italien	6143
USA	28073	Japan	3075	Argentinien	80	China	4782
Japan	15157	Polen	2082	USA	53	Türkei	4000
Italien	15147	USA	1515	Griechenland	50	Ägypten	2600
Türkei	14094	Rumänien	1100	Marokko	36	Spanien	2553
Spanien	9315	UK	840	Ägypten	35	Griechenland	2250
Korea, Rep.	9087	Jugoslawien	750	Algerien	25	Rumänien	1800
Ägypten	7614	Spanien	550	Chile	11	Brasilien	1791
Frankreich	7218	Σ (%)[b]	81	Tunesien	11	Mexiko	1320
Rumänien	5185			Σ (%)[b]	99	Portugal	881
Polen	5086					Σ (%)[b]	75
Brasilien	4737						
Σ (%)[b]	75						

[a] Einschließlich anderer Capsicumarten. [b] Weltproduktion ≙ 100%.

Tabelle 17.2. (Fortsetzung)

Land	Blumenkohl
China	984
Indien	668
Frankreich	532
Italien	419
UK	365
USA	305
Spanien	217
Polen	196
DDR	125
Japan	113
Σ (%)[b]	78

Land	Kürbis
China	1031
Ägypten	475
Rumänien	450
Türkei	377
Argentinien	370
Italien	317
Japan	254
Syrien	195
Südafrika	180
Mexiko	140
Chile	132
Spanien	132
Bangladesch	110
Ecuador	96
Σ (%)[b]	76

Land	Gurken
China	3284
USSR	1500
Japan	1055
USA	830
Türkei	600
Rumänien	420
Niederlande	378
Ägypten	315
Syrien	280
Spanien	270
Σ (%)[b]	76

Land	Auberginen
China	1933
Türkei	675
Japan	629
Italien	333
Ägypten	313
Syrien	180
Indonesien	130
Philippinen	110
Spanien	105
Irak	100
Σ (%)[b]	88

Land	Chillies[a]
China	1726
Nigeria	700
Türkei	640
Spanien	634
Italien	534
Mexiko	500
Yugoslawien	370
USA	284
Bulgarien	280
Rumänien	280
Σ (%)[b]	76

Land	Zwiebeln, trocken
China	3038
Indien	2728
USSR	2185
USA	1885
Japan	1154
Spanien	1114
Türkei	1100
Brasilien	714
Iran	700
Niederlande	582
Italien	488
Pakistan	475
Polen	470
Ägypten	400
Jugoslawien	315
Σ (%)[b]	75

Land	Knoblauch
China	562
Türkei	416
Indien	275
Spanien	261
Korea, Rep.	200
Thailand	190
Ägypten	180
USA	85
Jugoslawien	60
Italien	55
Σ (%)[b]	80

Land	Grüne Bohnen
China	404
Italien	280
Spanien	245
Ägypten	130
USA	130
Japan	100
Frankreich	85
Chile	82
Griechenland	80
Rumänien	80
UK	80
Niederlande	69
Kanada	47
Ungarn	47
Syrien	45
Belgien	43
Indien	43
Indonesien	43
Thailand	41
BRD	37
Australien	30
Bangladesch	30
Südafrika	30
Σ (%)[b]	76

[a] Einschließlich anderer Capsicumarten.
[b] Weltproduktion ≙ 100%.

Tabelle 17.2. (Fortsetzung)

Land	Grüne Erbsen	Land	Karotten	Land	Wassermelonen	Land	Netzmelonen + andere Melonen
USA	1125	USSR	2600	China	4740	China	1933
UK	533	China	2194	Türkei	4600	USA	845
Frankreich	480	USA	1025	USSR	4500	Spanien	787
Italien	277	Polen	758	Ägypten	1250	Iran	450
China	271	Japan	643	USA	1195	Ägypten	420
USSR	260	UK	640	Iran	950	Japan	362
Indien	258	Frankreich	551	Japan	865	Italien	358
Ungarn	180	Kanada	270	Syrien	850	Mexiko	300
Australien	150	Italien	266	Italien	696	Syrien	280
Rumänien	130	DDR	261	Griechenland	650	Irak	220
Σ (%)[b]	80	Σ (%)[b]	76	Σ (%)[b]	75	Σ (%)[b]	76

[a] Einschließlich anderer Capsicumarten. [b] Weltproduktion ≙ 100%.

Tabelle 17.3. Produktion stärkehaltiger Wurzelknollen und Sproßknollen 1984 (1000 t)

Erdteil	Knollen insgesamt	Kartoffeln	Süßkartoffeln	Maniok
Welt	593 242	312 209	117 337	129 020
Afrika	91 648	5 830	5 136	51 002
Amerika, Nord-, Mittel-	23 361	20 353	1 446	922
Amerika, Süd-	39 323	10 355	1 431	26 861
Asien	243 570	82 135	108 634	50 000
Europa, West-	47 200	47 054	131	–
Europa, Ost- + USSR	145 354	145 352	–	–
Ozeanien	2 786	1 130	559	235

Land	Knollen insgesamt	Land	Kartoffeln	Land	Süßkartoffeln	Land	Maniok
Burma	158 508	USSR	85 300	China	97 933	Brasilien	21 275
USSR	85 300	China	55 033	Indonesien	2 050	Thailand	19 985
Polen	37 437	Polen	37 437	Vietnam	1 900	Zaire	14 800
Nigeria	32 384	USA	16 404	Indien	1 600	Indonesien	14 000
Brasilien	24 415	Indien	12 250	Japan	1 379	Nigeria	11 800
Thailand	20 349	DDR	8 000	Philippinen	1 000	Indien	5 800
Indien	19 650	BRD	7 753	Ruanda	950	Tansania	5 600
USA	16 996	UK	7 398	Korea, Rep.	895	China	4 067
Indonesien	16 521	Niederlande	6 673	Bangladesch	780	Mozambique	3 150
Zaire	15 592	Rumänien	6 500	Uganda	780	Vietnam	2 900
DDR	8 000	Σ (%)[a]	78	Σ (%)[a]	93	Σ (%)[a]	80
BRD	7 753						
Σ (%)[a]	75						

[a] Weltproduktion ≙ 100%.

Tabelle 17.4. Zusammensetzung von Gemüse (in % des Frischgewebes, eßbarer Anteil)

Gemüseart	Trockenmasse	Stickstoffverbindungen	Kohlenhydrate	Lipide	Rohfaser	Asche
Pilze						
Champignon	10,0	4,8	3,5	0,2	0,8	0,8
Pfifferling	8,5	2,6	3,5	0,8	1,0	0,7
Steinpilz	13,0	5,4	5,2	0,4	1,0	1,0
Wurzelgemüse						
Möhre	11,8	1,1	8,7	0,2	1,0	0,8
Rettich	5,5	1,0	2,9	0,2	0,7	0,8
Schwarzwurzel	21,4	1,4	16,3	0,4	2,3	1,0
Wurzelpetersilie	12,0	2,9	2,3	0,6		1,6
Knollengemüse (Sproßknollen)						
Kartoffel	22,2	2,0	18,9[a]	0,2	0,8	1,1
Knollensellerie	11,6	1,8	7,2	0,3	1,3	1,0
Kohlrabi	9,7	2,0	5,6	0,1	1,0	1,0
Kohlrübe	13,0	1,1	9,9	0,2	1,1	0,8
Radieschen	5,6	1,1	3,5	0,1		0,9
Rote Rübe	12,7	1,6	9,1	0,1	0,8	1,1
Knollengemüse (Wurzelknollen)						
Batate	30,8	1,6	26,6[b]	0,6	0,9	1,1
Maniok	35,0	0,9	32,0	0,4	0,8	0,4
Yam	28,0	1,8	23,8	0,2	0,7	1,0
Zwiebelgemüse						
Küchenzwiebel	10,9	1,5	8,1	0,3	0,6	0,6
Porree	14,6	2,2	9,9	0,3	1,3	0,9
Fenchel	14,0	2,4	9,1	0,3	0,5	1,7
Stengelgemüse						
Spargel	8,3	2,5	4,3	0,1	0,7	0,6
Blattstielgemüse						
Rhabarber	5,2	0,6	3,0	0,2	0,7	0,8
Blattgemüse						
Chicorée	5,6	1,3	2,3	0,2	0,9	1,0
Grünkohl	17,3	6,0	7,5	0,9		1,5
Kopfsalat	5,1	1,6	1,7	0,3	0,7	0,9
Rosenkohl	14,8	4,9	6,7	0,6	1,6	1,2
Rotkohl	9,8	2,0	5,9	0,2	1,0	0,7
Spinat	9,3	3,2	3,7	0,4	0,6	1,5
Weißkohl	7,6	1,3	4,6	0,2	0,8	0,7
Blütenstände als Gemüse						
Artischocke	14,5	2,9	8,2	0,1	2,4	0,8
Blumenkohl	9,0	2,7	4,2	0,3	1,0	0,9
Brokkoli	10,9	3,6	4,4		1,5	1,1
Samengemüse						
Edelkastanie	49,9	2,9	42,8	1,9	1,4	1,2
Grüne Bohne	9,9	1,9	6,1		1,0	0,7
Grüne Erbse	22,0	6,3	12,4		2,0	0,9

[a] Stärke 14,1. [b] Stärke 19,6; Saccharose 2,8.

Tabelle 17.4. (Fortsetzung)

Gemüseart	Trockenmasse	Stickstoffverbindungen	Kohlenhydrate	Lipide	Rohfaser	Asche
Fruchtgemüse						
Aubergine	7,6	1,2	4,7	0,2	0,9	0,6
Gartenkürbis	8,7	1,1	5,5	0,1	1,2	0,8
Gemüsepaprika	6,6	1,2	3,4	0,3	1,4	0,4
Gurke	5,9	0,9	2,8	0,2	0,6	0,5
Tomate	6,5	1,1	4,2	0,2	0,5	0,5

Tabelle 17.5. Vorkommen von Nichtprotein-Aminosäuren in Pflanzen (römische Ziffern beziehen sich auf die Formeln in Tab. 17.6)

	Aminosäure	Pflanze		Familie
Neutrale, aliphatische Aminosäuren				
I	2-(Methylencyclopropyl)-glycin	Litchipflaume	*Litchi chinensis*	Sapidaceae
II	3-(Methylencyclopropyl)-L-alanin (Hypoglycin A)	Akee (Akipflaume)	*Bligia sapida*	Sapidaceae
III	3-Cyano-L-alanin	Futterwicke	*Vicia sativa*	Fabaceae
IV	L-2-Aminobuttersäure	Salbei	*Salvia officinalis*	Lamiaceae
V	L-Homoserin	Gartenerbse	*Pisum sativum*	Fabaceae
VI	O-Acetyl-L-homoserin	Gartenerbse		
VII	O-Oxalyl-L-homoserin	Saatplatterbse	*Lathyrus sativum*	Fabaceae
VIII	5-Hydroxy-L-norvalin	Jackbohne	*Canavalia ensiformis*	Fabaceae
IX	4-Hydroxy-L-isoleucin	Bockshornklee	*Trigonella foenum-graecum*	Fabaceae
X	1-Amino-cyclopropan-1-carbonsäure	Apfel Birne	*Malus sylvestris* *Pyrus communis*	Rosaceae Rosaceae
Schwefelhaltige Aminosäuren				
XI	S-Methyl-L-cystein	Gartenbohne	*Phaseolus vulgaris*	Fabaceae
XII	S-Methyl-L-cysteinsulfoxid	Rettich, Weißkohl, Blumenkohl, Brokkoli	*Brassica oleracea*	Brassicaceae
XIII	S-(Prop-1-enyl)cystein	Knoblauch	*Allium sativum*	Liliaceae
XIV	S-(Prop-1-enyl)cysteinsulfoxid	Zwiebel	*Allium cepa*	Liliaceae
XV	γ-Glutamyl-S-(prop-1-enyl)cystein	Schnittlauch	*Allium schoenoprasum*	Liliaceae
XVI	S-(Carboxymethyl)cystein	Rettich	*Raphanus sativus*	Brassicaceae
XVII	3,3′-(Methylendithio)dialanin (Djencolsäure)	Djencolbohne	*Pithecolobium lobatum*	Fabaceae
XVIII	3,3′(-2-Methylethylen-1,2-dithio)-dialanin (als γ-Glutamylderivat)	Schnittlauch	*Allium schoenoprasum*	Liliaceae
XIX	S-Methylmethionin	Jackbohne Weißkohl Spargel	*Canavalia ensiformis* *Brassica oleracea* *Asparagus officinalis*	Fabaceae Brassicaceae Liliaceae
XX	Homomethionin	Weißkohl	*Brassica oleracea*	Brassicaceae
Iminosäuren				
XXI	Azetidin-2-carbonsäure	Zuckerrübe	*Beta vulgaris ssp.*	Chenopodiaceae
XXII	tr-4-Methyl-L-prolin	Apfel	*Malus sylvestris*	Rosaceae
XXIII	cis-4-Hydroxymethyl-L-prolin	Apfelschale	*Malus sylvestris*	Rosaceae
XXIV	trans-4-Hydroxymethyl-L-prolin	Japanische Wollmispel	*Eriobotrya japonica*	Rosaceae
XXV	trans-4-Hydroxymethyl-D-prolin	Japanische Wollmispel	*Eriobotrya japonica*	Rosaceae
XXVI	4-Methylen-D,L-prolin	Japanische Wollmispel	*Eriobotrya japonica*	Rosaceae
XXVII	cis-3-Amino-L-prolin	Speisemorchel	*Morchella esculenta*	Ascomycetes
XXVIII	Pipecolinsäure	verbreitet		
XXIX	3-Carboxy-6,7-dihydroxy-1,2,3,4-tetrahydroisochinolin	Samtbohne	*Mucuna sp.*	Fabaceae
XXX	1-Methyl-3-carboxy-6,7-dihydroxy-1,2,3,4-tetrahydroisochinolin	Samtbohne	*Mucuna sp.*	Fabaceae

Tabelle 17.5. (Fortsetzung)

	Aminosäure	Pflanze		Familie
Saure Aminosäuren und abgeleitete Verbindungen				
XXXI	4-Methylenglutaminsäure	Erdnuß	*Arachis hypogaea*	Fabaceae
XXXII	4-Methylenglutamin	Erdnuß	*Arachis hypogaea*	Fabaceae
XXXIII	N^5-Ethyl-L-glutamin (L-Theanin)	Tee	*Thea sinensis*	Theaceae
XXXIV	L-threo-4-Hydroxyglutaminsäure			
XXXV	3,4-Dihydroxyglutaminsäure	Gartenkresse	*Lepidium sativum*	Brassicaceae
		Rhabarber	*Rheum rhabarbarum*	Polygonaceae
		Möhre	*Daucus carota*	Apiaceae
		Johannisbeere	*Ribes rubrum*	Saxifragaceae
		Spinat	*Spinacia oleracea*	Chenopodiaceae
		Engelwurz	*Angelica archangelica*	Apiaceae
XXXVI	L-2-Aminoadipinsäure	verbreitet		
Basische Aminosäuren und abgeleitete Verbindungen				
XXXVII	N^2-Oxalyl-diaminopropionsäure	Saatplatterbse	*Lathyrus sativus*	Fabaceae
XXXVIII	N^3-Oxalyl-diaminopropionsäure	Saatplatterbse	*Lathyrus sativus*	Fabaceae
XXXIX	2,4-Diaminobuttersäure (als N^4-Lactylverbindung)	Zuckerrübe	*Beta vulgaris ssp.*	Chenopodiaceae
XL	2-Amino-4-guanidinooxybuttersäure (Canavanin)	Jackbohne	*Canavalia ensiformis*	Fabaceae
		Sojabohne	*Glycine max*	Fabaceae
XLI	4-Hydroxyornithin	Futterwicke	*Vicia sativa*	Fabaceae
XLII	L-Citrullin	Wassermelone	*Citrullus lanatus*	Cucurbitaceae
XLIII	Homocitrullin	Ackerbohne	*Vicia faba*	Fabaceae
XLIV	4-Hydroxyhomocitrullin	Ackerbohne	*Vicia faba*	Fabaceae
XLV	4-Hydroxyarginin	Futterwicke	*Vicia sativa*	Fabaceae
XLVI	4-Hydroxylysin	Salbei	*Salvia officinalis*	Lamiaceae
XLVII	5-Hydroxylysin	Luzerne	*Medicago sativa*	Fabaceae
XLVIII	N^6-Acetyl-L-lysin	Zuckerrübe	*Beta vulgaris*	Chenopodiaceae
XLIX	N^6-Acetyl-allo-5-hydroxy-L-lysin	Zuckerrübe	*Beta vulgaris*	Chenopodiaceae
Heterocyclische Aminosäuren				
L	3-(2-Furoyl)-L-alanin	Buchweizen	*Fagopyrum esculentum*	Polygonaceae
LI	3-Pyrazol-1-ylalanin	Wassermelone	*Citrullus lanatus*	Cucurbitaceae
LII	1-Alanyluracil (Willardin)	Gurke	*Cucumis sativus*	Cucurbitaceae
		Gartenerbse	*Pisum sativum*	Fabaceae
LIII	3-Alanyluracil (Isowillardin)	Gartenerbse	*Pisum sativum*	Fabaceae
LIV	3-Amino-3-carboxypyrrolidin	Moschuskürbis	*Cucurbita monlata*	Cucurbitaceae
LV	3-(2,6-Dihydroxypyrimidin-5-yl)-alanin	Gartenerbse	*Pisum sativum*	Fabaceae
LVI	3-(Isoxazolin-5-on-2-yl)alanin	Gartenerbse	*Pisum sativum*	Fabaceae
LVII	3-(2-β-D-Glucopyranosyl-isoxazolin-5-on-4-yl)alanin	Gartenerbse	*Pisum sativum*	Fabaceae
Aromatische Aminosäuren				
LVIII	N-Carbamoyl-4-hydroxy-phenylglycin	Ackerbohne	*Vicia faba*	Fabaceae
LIX	L-3,4-Dihydroxyphenylalanin	Ackerbohne	*Vicia faba*	Fabaceae
		Samtbohne	*Mucuma sp.*	Fabaceae
Sonstige Aminosäuren				
LX	γ-Glutamyl-L-β-phenyl-β-alanin	Adzukibohne	*Phaseolus angularis*	Fabaceae
LXI	Saccharopin	Hefe	*Saccharomyces cerevisiae*	Saccharomycetaceae

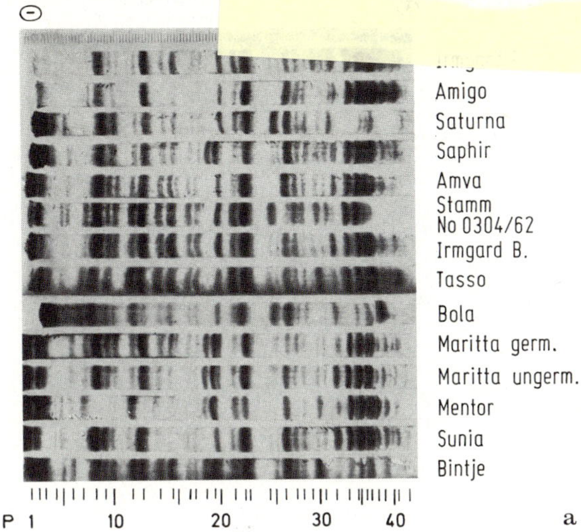

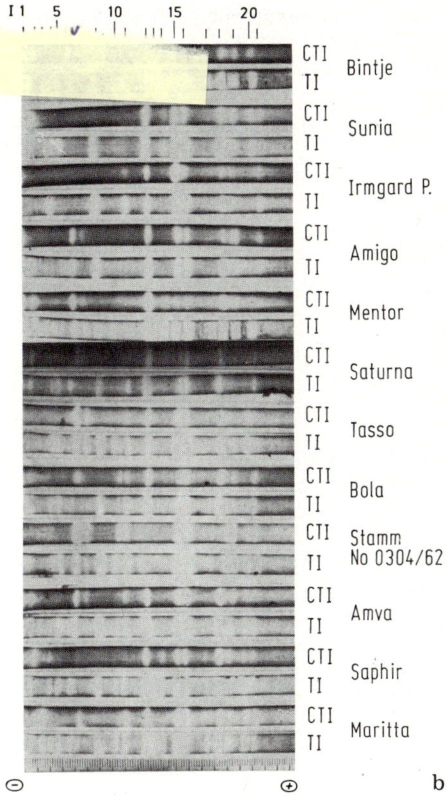

Abb. 17.1. Trennung von Proteinen verschiedener Kartoffelsorten durch isoelektrisches Fokussieren in Polyacrylamidgel, pH 3–10. **a** Anfärbung der Proteine (Coomassie-Blau); **b** Anfärbung der Trypsin- und Chymotrypsininhibitoren (TI, CTI; Inkubation mit Trypsin bzw. Chymotrypsin, N-Acetylphenylalanin-β-naphthylester und Echtblausalz; Inhibitorzonen erscheinen weiß auf rotviolettem Grund). (Nach *Kaiser, Bruhn, Belitz*, 1974)

Unter den Nichtprotein-Aminosäuren befindet sich eine Reihe von höheren Homologen der Proteinbausteine (z. B. Homoserin, Homomethionin, Aminoadipinsäure), die allgemein auf einem dem Übergang Oxalacetat → Ketoglutarat im Citratcyclus entsprechenden Weg zugänglich sind:

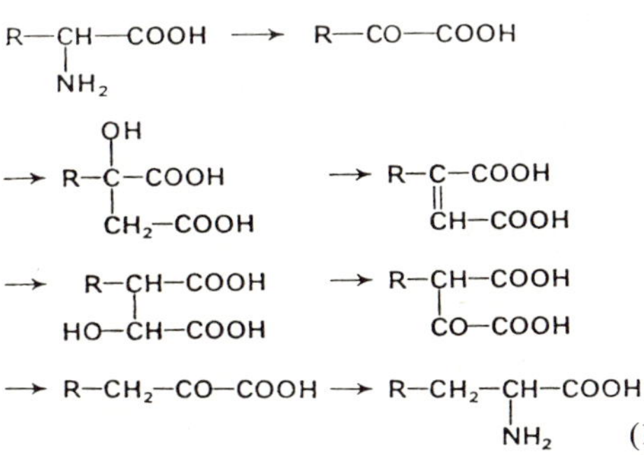

(17.1)

4-Methylenglutaminsäure (Tab. 17.5: XXXI) wird aus Brenztraubensäure gebildet:

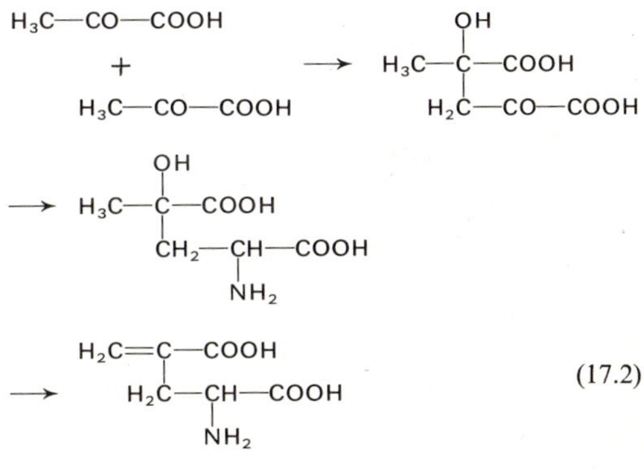

(17.2)

Die als Vorstufen von Aromastoffen bei Alliumarten wichtigen S-Alkylcysteinsulfoxide entstehen wie folgt:

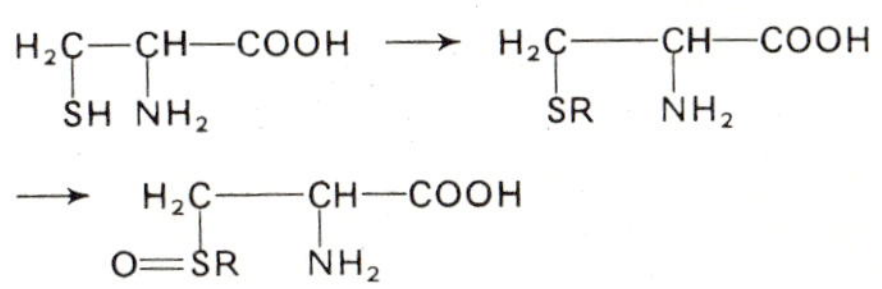

(17.3)

Tabelle 17.6. Struktur von Nichtprotein-Aminosäuren in Pflanzen (Formeln und römische Ziffern beziehen sich auf Tab. 17.5)

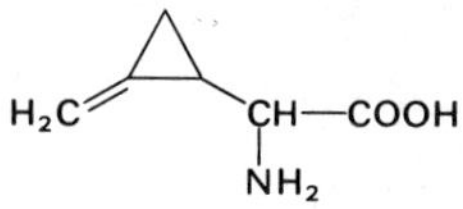
I

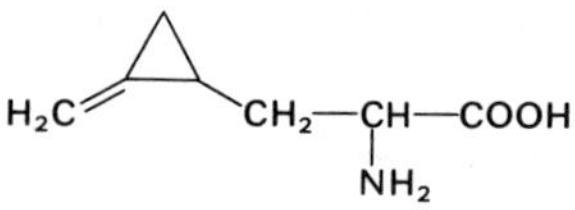
II

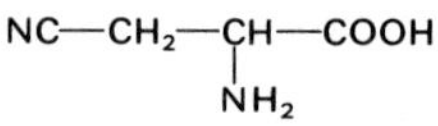
III

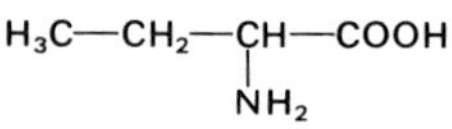
IV

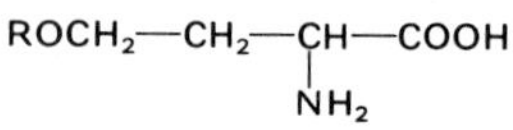
V: R = H
VI: R = H_3C—CO
VII: R = HOOC—CO

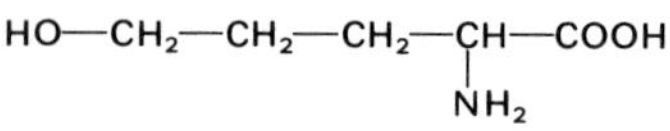
VIII

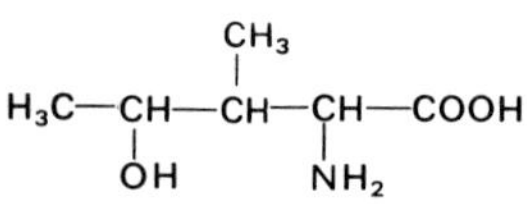
IX

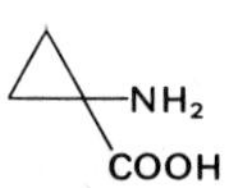
X

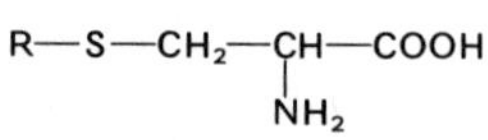
XI: R = CH_3
XIII: R = H_3C—CH=CH
XVI: R = HOOC—CH_2

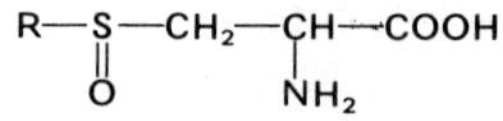
XII: R = CH_3
XIV: R = H_3C—CH=CH

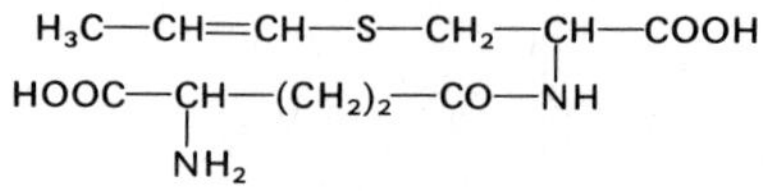
XV

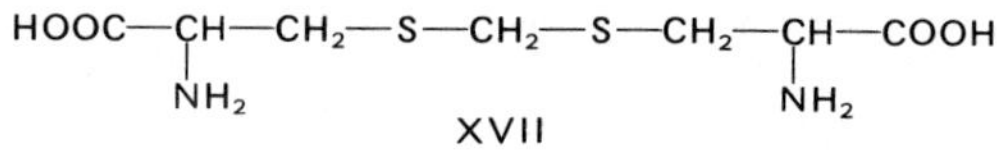
XVII

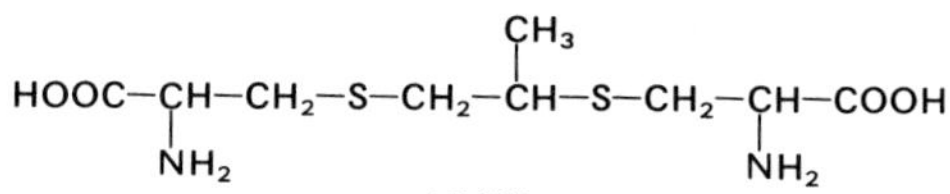
XVIII

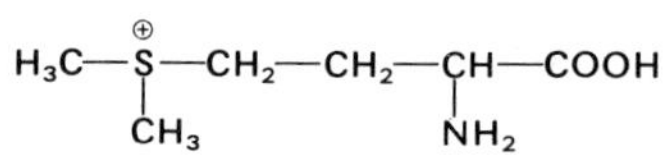
XIX

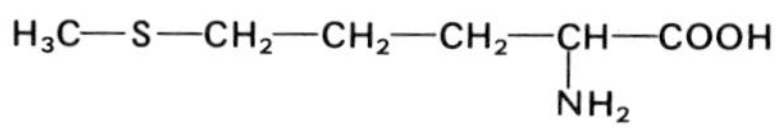
XX

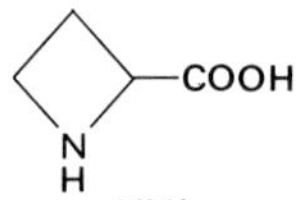
XXI

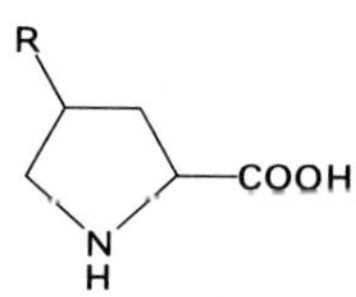
XXII: R = CH_3
XXIII, XXIV, XXV: R = $HOCH_2$

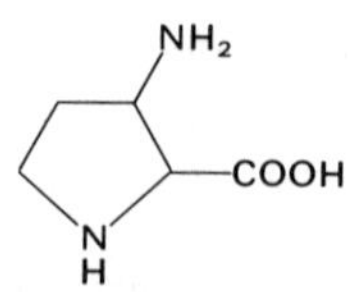
XXVII

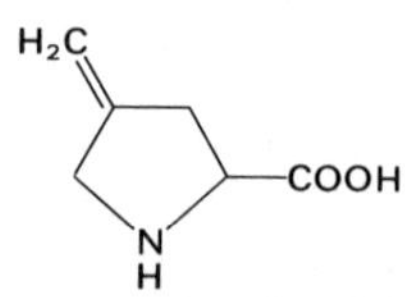
XXVI

Tabelle 17.6. (Fortsetzung)

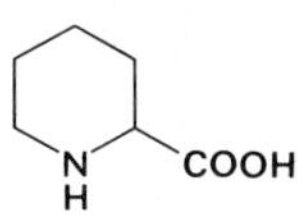

XXVIII

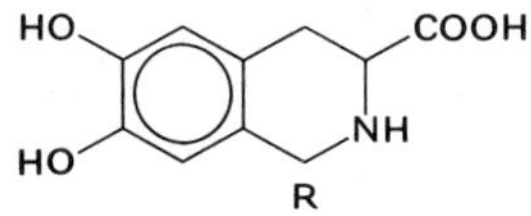

XXIX: R = H
XXX: R = CH_3

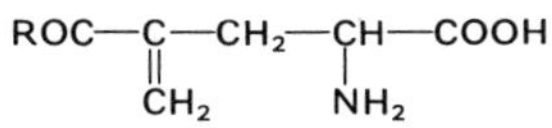

XXXI: R = OH   XXXII: R = NH_2

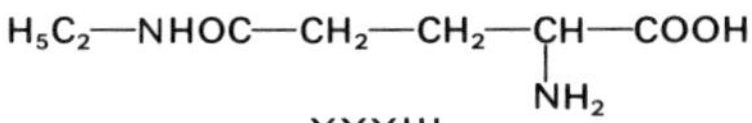

XXXIII

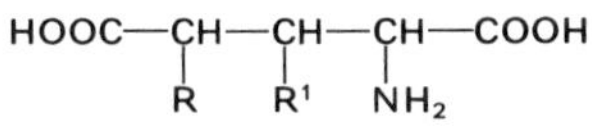

XXXIV: R = HO, R^1 = H
XXXV: R, R^1 = HO

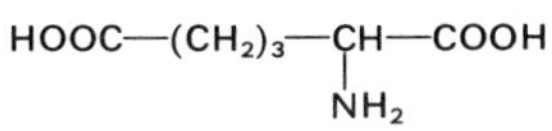

XXXVI

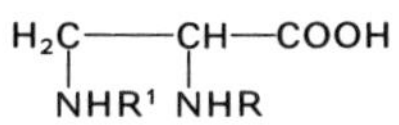

XXXVII: R = HOOC—CO, R^1 = H
XXXVIII: R^1 = HOOC—CO, R = H

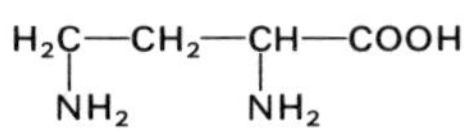

XXXIX

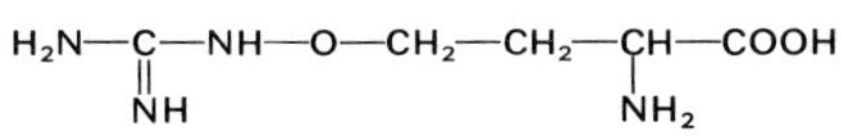

XL

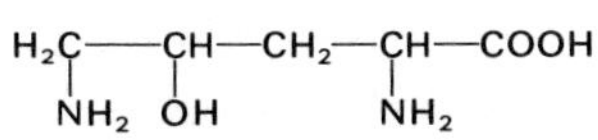

XLI

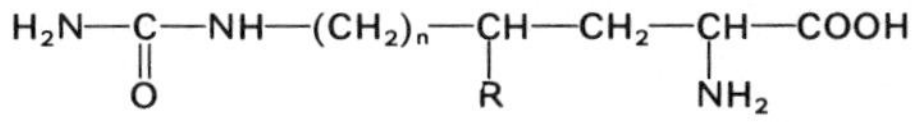

XLII: n = 1, R = H
XLIII: n = 2, R = H
XLIV: n = 2, R = OH

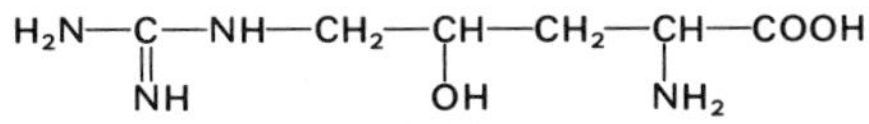

XLV

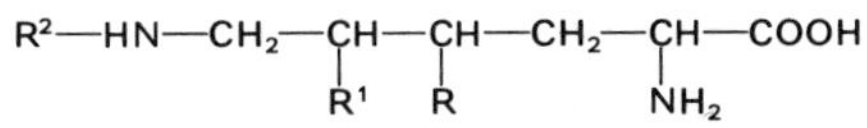

XLVI: R = OH, R^1, R^2 = H
XLVII: R^1 = OH, R, R^2 = H
XLVIII: R, R^1 = H, R^2 = CH_3CO
XLIX: R = H, R^1 = OH, R^2 = CH_3CO

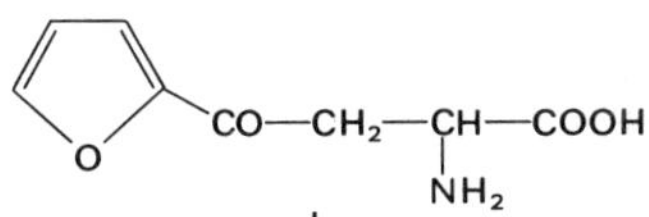

L

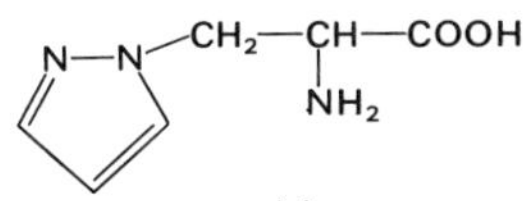

LI

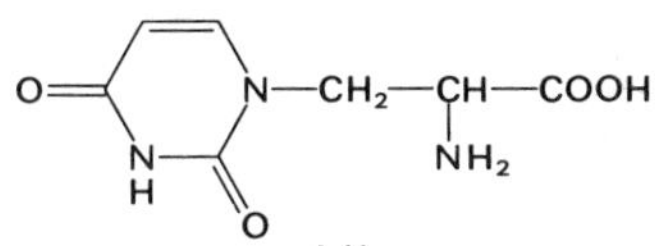

LII

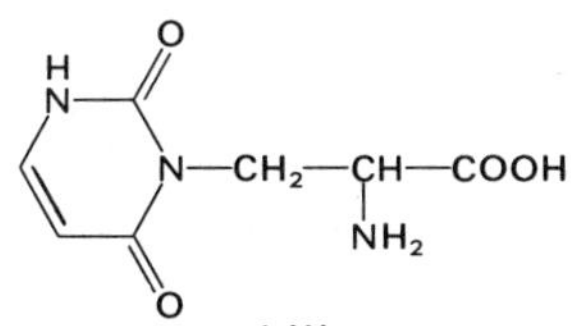

LIII

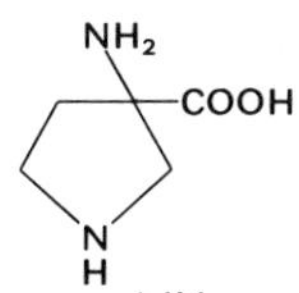

LIV

Tabelle 17.6. (Fortsetzung)

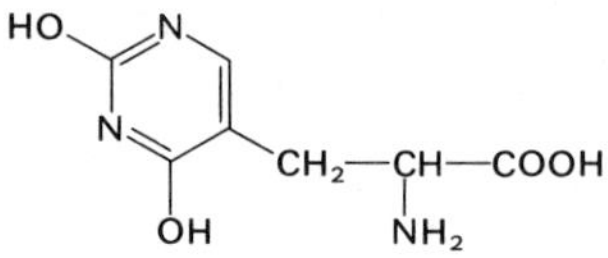

LV

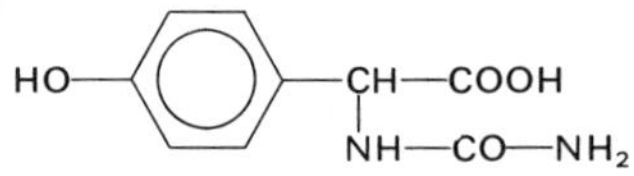

LVIII

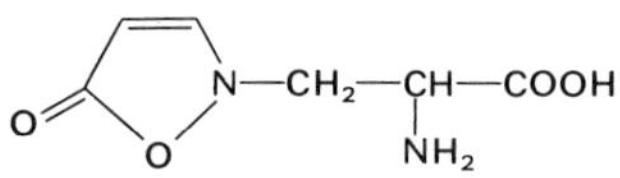

LVI

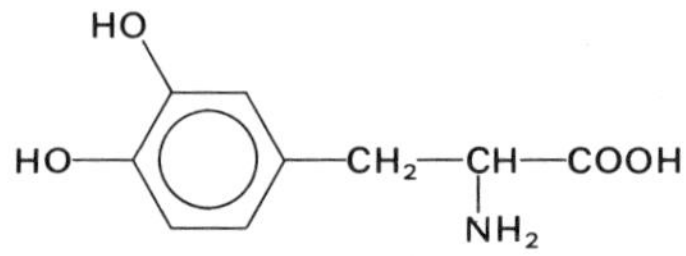

LIX

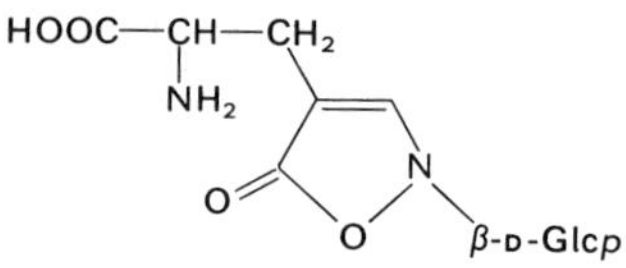

LVII

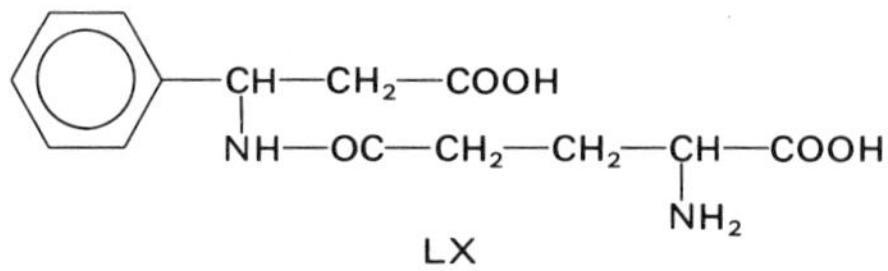

LX

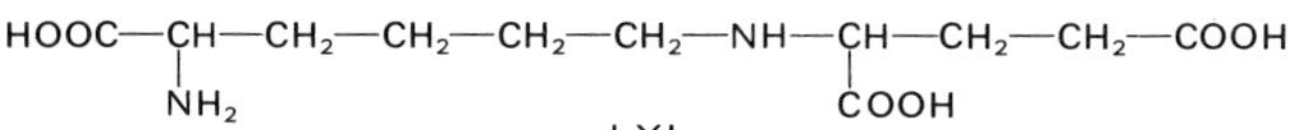

LXI

2,4-Diaminobuttersäure und einige andere Verbindungen sind aus Cystein zugänglich:

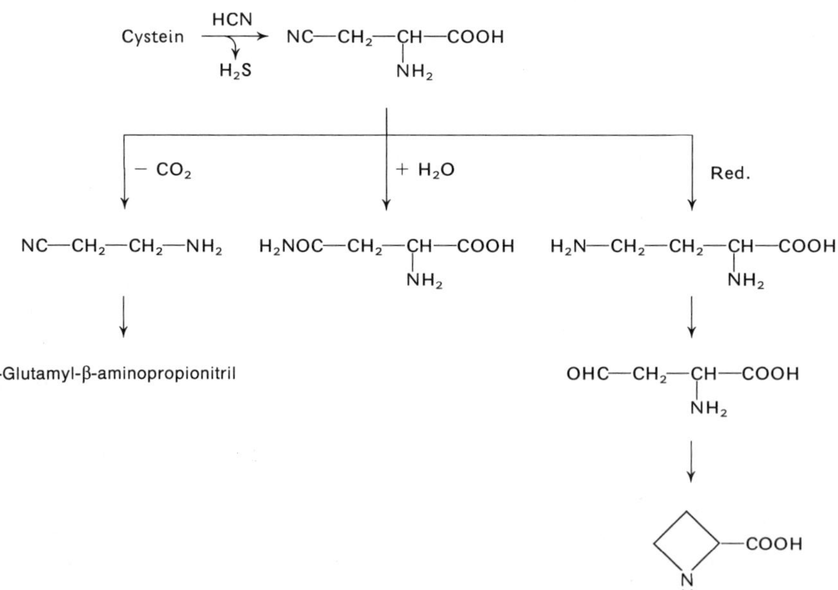

XXI (17.4)

Das zunächst gebildete Halbnitril der Asparaginsäure kann unter Decarboxylierung in β-Aminopropionitril übergehen, das, wie sein γ-Gluta-

mylderivat, den bei Tieren auftretenden Osteolathyrismus hervorruft, der mit schweren Skelettveränderungen verbunden ist. Hydrolyse des Halbnitrils führt zu Asparagin, Hydrolyse und Reduktion zu 2,4-Diaminobuttersäure, deren Oxalylderivat, ebenso wie Oxalyldiaminopropionsäure, beim Menschen als Neurotoxin wirkt. Hauptsymptome des auftretenden Neurolathyrismus sind Paralyse der Extremitäten und Muskelstarre. 2,4-Diaminobuttersäure kann über den Asparaginsäuresemialdehyd in Azetidincarbonsäure (XXI) übergehen, die z. B. in der Zuckerrübe vorkommt (Tab. 17.5).
Frische Champignons enthalten ca. 0,1% Agaritin [N^{β}-[(+)-γ-glutamyl]-4-(hydroxymethyl)-phenylhydrazin]. Gleichzeitig kommen Enzyme vor, die das Agaritin hydrolysieren und das freigesetzte 4-Hydroxymethylphenylhydrazin zum Diazoniumsalz oxidieren.

17.1.2.1.3 Amine

In verschiedenen Gemüsen wurden Amine nachgewiesen, so z. B. Histamin, N-Acetylhistamin und N,N-Dimethylhistamin in Spinat, Tryptamin, Serotonin und Tyramin in Tomate und Aubergine (3–4 mg/100 g TM).

17.1.2.2 Kohlenhydrate

17.1.2.2.1 Mono- und Oligosaccharide, Zuckeralkohole

Die vorherrschenden Zucker in Gemüse sind Glucose und Fructose (0,3–4%) sowie Saccharose (0,1–12%). In geringen Mengen kommen auch andere Zucker vor, in *Umbelliferae* (Sellerie, Petersilie) z. B. Apiose in glykosidischer Bindung, in Alliumarten (Zwiebel, Porree) 1^F-β- und 6^G-β-Fructosylsaccharose, in *Fabaceae* Raffinose, Stachyose und Verbascose. Mannit wurde in *Brassicaceae* und *Cucurbitaceae* nachgewiesen.

17.1.2.2.2 Polysaccharide

Als Reservekohlenhydrat kommt Stärke verbreitet vor, in einigen Wurzel- und Knollengemüsen auch in größeren Mengen. In den *Compositae* (Artischocke, Schwarzwurzel) liegt Inulin an Stelle von Stärke als Reservekohlenhydrat vor. Weitere Polysaccharide sind Cellulose, Hemicellulosen und Pektine. Der Pektinfraktion kommt für die Gewebsfestigkeit besondere Bedeutung zu. Tomaten sind z. B. um so fester, je höher Gesamtpektin- und Mineralstoffgehalt (Ca, Mg) und je niedriger der Veresterungsgrad der Pektine sind. Bei der Verarbeitung von Blumenkohl wurde festgestellt, daß ein Blanchieren (cf. 17.2.3) bei 70 °C für die Erhaltung der Gewebsfestigkeit günstig ist. Als Ursache ist anzusehen, daß die vorhandene Pektinesterase, die erst bei T > 88 °C völlig inaktiviert wird, beim Erhitzen voll zur Wirkung kommt und zu vermehrter Bildung von unlöslichen Pektaten führt. Über die bei der Reifung erfolgenden Übergänge Protopektin → Pektin cf. 18.1.3.3.1.

17.1.2.3 Lipide

Der Lipidgehalt ist meist niedrig und liegt bei 0,1–0,9%. Neben Triacylglyceriden kommen Glyko- und Phospholipide vor.
Carotinoide sind ebenfalls verbreitet (cf. 18.1.2.3.2). Tab. 17.7 orientiert über die Carotinoidmuster von Paprika, Tomate und Melone. Zu den in *Cucurbitaceae* vorkommenden bitteren Cucurbitacinen cf. 18.1.2.3.3.

17.1.2.4 Organische Säuren

Hauptsäuren von Gemüse sind Äpfelsäure und Citronensäure (Tab. 17.8). Der Gehalt an freier, titrierbarer Säure liegt bei 0,2–0,4 g/100 g

Tabelle 17.7. Carotinoide[a] in einigen Gemüsen

	Paprika, grün	Paprika, rot	Tomate	Wassermelone
Gesamtcarotinoide[b]	0,9–1,1	12,7–28,4	5,1–6,3	2,5
Phytoen (I)	1,4	1,7	5,3	2,1
Phytofluen (II)	0,2	1,1	2,8	1,4
α-Carotin (VI)	0,4	0,2	0,03	0,06
β-Carotin (VII)	13,4	11,6	3,7	4,1
γ-Carotin (V)			1,2	0,4
ζ-Carotin (III)	0,4	1,5	0,9	1,6
Lycopin (IV)			78,7	81,3
α-Kryptoxanthin	1,2	1,0		
β-Kryptoxanthin	0,5	6,7		
Lutein (IX)	40,8		2,0	
Zeaxanthin (VIII)	0,6	2,3	0,08	
Violaxanthin (XIII)	13,8	9,9	0,8	
Luteoxanthin (XIV)	6,9	0,9	0,1	
Capsanthin (X)		34,7		
Neoxanthin (XX)	15,1	0,7	0,7	

[a] Die römischen Ziffern beziehen sich auf die in Abschnitt 3.8.4.1 angegebenen Formeln.
[b] mg Carotin/100 g Frischgewebe.

Tabelle 17.8. Organische Säuren in Gemüse (mg/100 g Frischgewebe)

Gemüse	Äpfelsäure	Citronensäure	Oxalsäure
Artischocke	170	100	
Aubergine	170		
Blumenkohl	390	210	
Bohne, grün	112	34	20–45
Brokkoli	120	210	
Erbse, grün	75	142	
Grünkohl	50	350	13–125
Möhre	240	90	0–60
Porree		59	0–89
Rhabarber	910	137	230–500
Rosenkohl	200	240	37
Rote Rübe		110	30–138
Sauerampfer			360
Weißkohl	100	140	
Zwiebel	170	20	

Frischgewebe und ist im Vergleich zu Obst gering; der pH-Wert ist deshalb, mit einigen Ausnahmen (Tomate, Rhabarber), relativ hoch (5,5–6,5). Andere Säuren des Citratcyclus treten mengenmäßig zurück. Oxalsäure kommt in einigen Gemüsen in größerer Menge vor (Tab. 17.8).

17.1.2.5 Phenolische Verbindungen

Die phenolischen Verbindungen werden bei Obst in Abschnitt 18.1.2.5 ausführlich behandelt. Auch in Gemüse kommen Hydroxybenzoesäuren, Hydroxyzimtsäuren, Flavone und Flavonole verbreitet vor. Tab. 17.9 orientiert über Anthocyane in einigen Gemüsen.

Tabelle 17.9. Anthocyane in Gemüse

Gemüseart	Anthocyane
Aubergine	Delphinidin-3-(p-cumaroyl-L-rhamnosyl-D-glucosyl)-5-D-glucosid
Radieschen	Pelargonidin-3-(glucosyl(1→2)-6-(p-cumaroyl)-β-D-glucosido)-5-glucosid
	Pelargonidin-3-(glucosyl(1→2)-6-(feruloyl)-β-D-glucosido)-5-glucosid
Rotkohl	Cyanidin-3-sophorosido-5-glucosid (Zucker-Komponente mit 1–3 Molen Sinapinsäure verestert)
Zwiebel	Cyanidin-glykosid
(rote Schale)	Päonidin-3-arabinosid

17.1.2.6 Aromastoffe

Bei den Angaben zu den Aromastoffen einiger Gemüsearten beziehen sich die arabischen Zahlen hinter den Namen auf Tab. 17.1. Zur Biosynthese von Aromastoffen cf. 5.3.2.

17.1.2.6.1 Pilze (4)

Das Aroma des Champignons wird durch 1-Octen-3-ol bestimmt, das aus dem enzymatisch-oxidativen Abbau von Linolsäure stammt (cf. 3.7.2.3). Beim Erhitzen der Pilze erfolgt Oxidation zum 1-Octen-3-on, das ein pilzig-metallisches Aroma aufweist. In einem in China und Japan viel verwendeten Pilz *(Lentium ediodes)* mit sehr kräftigem Aroma wurde 1,2,3,5,6-Pentathieapan (Lenthionin) als typische Verbindung gefunden:

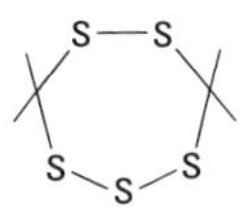

(17.5)

Die Schwellenwerte werden mit 0,27–0,53 ppm (Wasser) bzw. 12,5–25 ppm (Speiseöl) angegeben. Die Biosynthese soll aus einem als Lentinsäure bezeichneten S-Alkylcysteinsulfoxid erfolgen.
Trüffeln enthalten etwa 50 ng/g 5α-Androst-16-en-3α-ol, dessen Moschusgeruch zum Aroma beiträgt.

17.1.2.6.2 Wurzelpetersilie (21)

Das Aroma wird durch verschiedene Monoterpenkohlenwasserstoffe bestimmt. Nachgewiesen wurden u.a. Myrcen, α-Pinen, β-Pinen, α-Thujen, Camphen, Sabinen, Δ^3-Caren, α- und β-Phellandren, (-)-Limonen, γ-Terpinen, p-Cymen und Terpinolen.

17.1.2.6.3 Kartoffel (23), *Süßkartoffel* (29)

Große Bedeutung für das Aroma der rohen Kartoffel hat 2-Isopropyl-3-methoxypyrazin. Zusatz von 0,1–0,2 ppm dieser Verbindung oder von 2-Methoxy-3-ethylpyrazin zu Kartoffelprodukten verstärkt das typische Aroma signifikant. 2,5-Dimethylpyrazin, das ein erdiges Aroma besitzt, scheint ebenfalls eine Rolle zu spielen. Daneben wurden zahlreiche Carbonylverbindungen und Alkohole nachgewiesen.

Das Aroma gerösteter Süßkartoffeln ist mit der Bildung von 2,3-Pentadion, 2-Furylmethylketon, 5-Methylfurfural und Linalool positiv und mit zu hohen Konzentrationen an Furfural, Benzaldehyd und 2-Pentylfuran negativ korreliert.

17.1.2.6.4 Knollensellerie (24)

Das Aroma wird durch Phthalide und Dihydrophthalide bestimmt, die in verschiedenen Pflanzenteilen (Blatt, Wurzel, Knolle, Samen) vorkommen und unter denen 3-n-Butylphthalid (I) und 3-n-Butyl-4,5-dihydrophthalid (II, Sedanenolid) von der Menge her besonders wichtig zu sein scheinen. Ihr Anteil am ätherischen Öl von Selleriesamen liegt jeweils bei 3–10%.

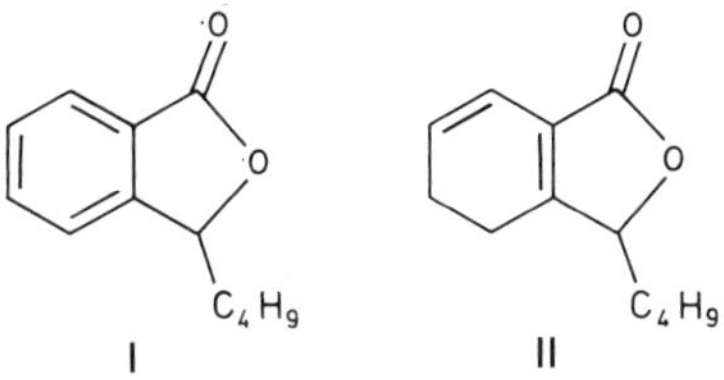

(17.6)

17.1.2.6.5 Radieschen/Rettich (27)

Das scharfe Prinzip ist 4-Methylthio-trans-3-butenyl-isothiocyanat, das beim Zerkleinern aus dem entsprechenden Glucosinolat gebildet wird. Glucosinolate sind in *Brassicaceae, Capparaceae* und einigen anderen Familien weit verbreitet. Tab. 17.10 gibt einen Überblick. Beim Zerkleinern des Gewebes werden sie durch eine Thioglucosidase, die Myrosinase, zu den entsprechenden Isothiocyanaten (Senfölen) abgebaut. Bei R kann es sich um unverzweigte oder verzweigte Alkyl-, Alkenyl-, um ω-Methylthioalkyl-, Monoketoalkyl-, Aralkyl- und heterocyclische Reste handeln:

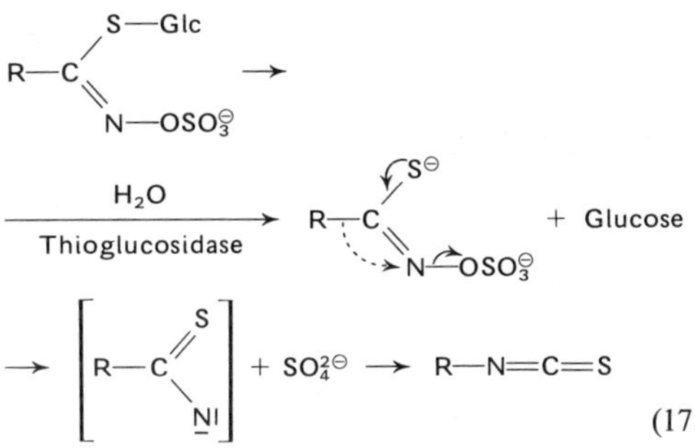

(17.7)

Der Abbau entspricht dem *Lossen*-Abbau von Hydroxamsäuren. Neben Isothiocyanaten wurden auch Rhodanide und Nitrile als Reaktionsprodukte beobachtet.

Tabelle 17.10. Beispiele für Glucosinolate und daraus entstehende Senföle bzw. Oxazolidin-2-thione

Glucosinolat	Vorkommen[a]	Biosynthese aus	Senföl
Sinigrin	Schwarzer Senf (*Brassica nigra*)	Homomethionin	Allyl-
Sinalbin	Weißer Senf (*Sinapis alba*)	Tyrosin	p-Hydroxybenzyl-
Gluconapin	Raps (*Brassica napus*)		3-Butenyl-
Glucobrassicanapin	Raps		4-Pentenyl-
Glucotropäolin	Gartenkresse (*Lepidium sativum*), Kapuzinerkresse (*Tropaeolum majus*)	Phenylalanin	Benzyl-
Gluconasturtiin	Brunnenkresse (*Nasturtium officinale*), Winterkresse (*Barbaraea praecox*)	Homophenylalanin	Phenylethyl-
Glucoibervirin		Homomethionin	ω-Methylthiopropyl-
Glucobrassicin		Tryptophan	Indolylmethyl-
			Oxazolidin-2-thion
Glucoconringiin	*Conringia orientalis*	Leucin/4-Hydroxyleucin	5,5-Dimethyl-
Glucobarbarin		2-Amino-4-phenyl-4-hydroxybuttersäure	5-Phenyl-

[a] Viele Glucosinolate sind über das genannte Vorkommen hinaus weit verbreitet.

Die Isothiocyanate können in verschiedener Weise abreagieren. Mit Hydroxyverbindungen bzw. Thiolen entstehen Thiourethane bzw. Dithiourethane, mit Aminen Thioharnstoffe, Hydrolyse liefert die entsprechenden Amine, CO_2 und H_2S:

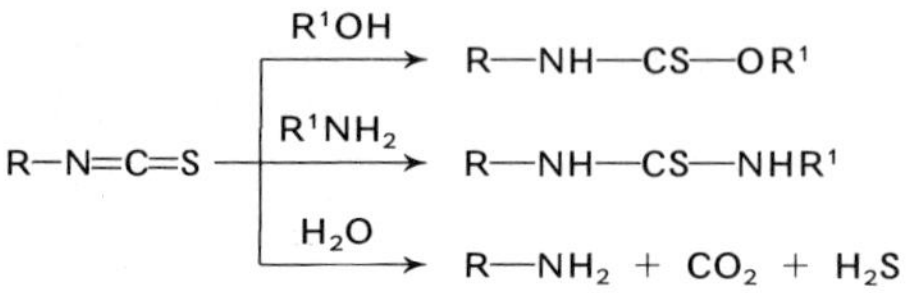

(17.8)

Die Biosynthese der Glucosinolate geht von den entsprechenden Aminosäuren aus und führt über das Oxim (I) und die Thiohydroximsäure (III):

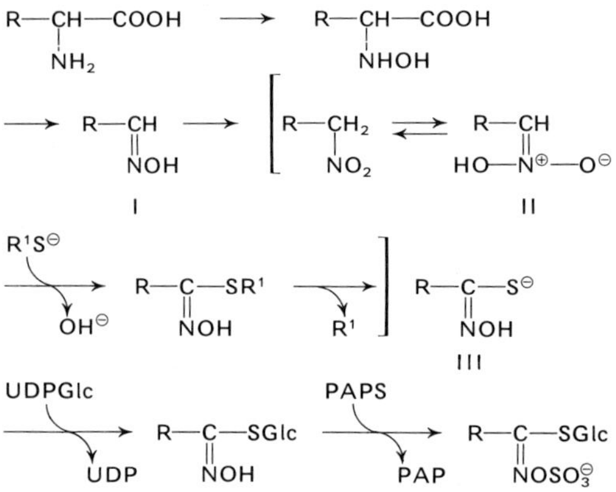

(17.9)

Die zwischen I und III liegenden Stufen sind noch nicht ganz klar. Aus Versuchen mit ^{14}C- und ^{35}S-Verbindungen folgt, daß die aci-Form der entsprechenden Nitroverbindung (II) als Thiolacceptor fungiert. Thioldonator könnte Cystein sein. Die Sulfatierung erfolgt durch 3′-Phosphoadenosin-5′-phosphosulfat (PAPS). Der zu den cyanogenen Glykosiden führende Biosyntheseweg zweigt beim Aldoxim (I) ab (cf. 16.2.6).

17.1.2.6.6 Rote Rübe (28)

Das Aroma wird entscheidend durch Geosmin geprägt:

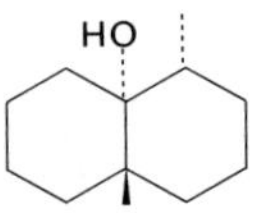

(17.10)

17.1.2.6.7 Küchenzwiebel (33), *Knoblauch*

Das tränenreizende Prinzip der Zwiebel ist (Z)-Propanthial-S-oxid (II), das aus trans-(+)-S-(1-Propenyl)-L-cystein-sulfoxid (I) beim Zerkleinern des Gewebes durch Einwirkung des Enzyms Alliinase (Coenzym: Pyridoxalphosphat) entsteht (s. Formel 17.11). Beim Zerkleinern entsteht auch 3,4-Dimethyl-2,5-thiophendion, das mit einer Schwelle von 7 µg/kg (Wasser) nach H_2S riecht.

Für das Aroma der rohen Zwiebel sind Alkylthiosulfonate (III) von Bedeutung, während bei der gekochten Zwiebel Propyl- und Propenyldisulfide (IV) und -trisulfide im Vordergrund stehen. Das Aroma der gerösteten Zwiebel wird dagegen durch Dimethylthiophene bestimmt.

Als Vorläufer für Aromastoffe haben bei der

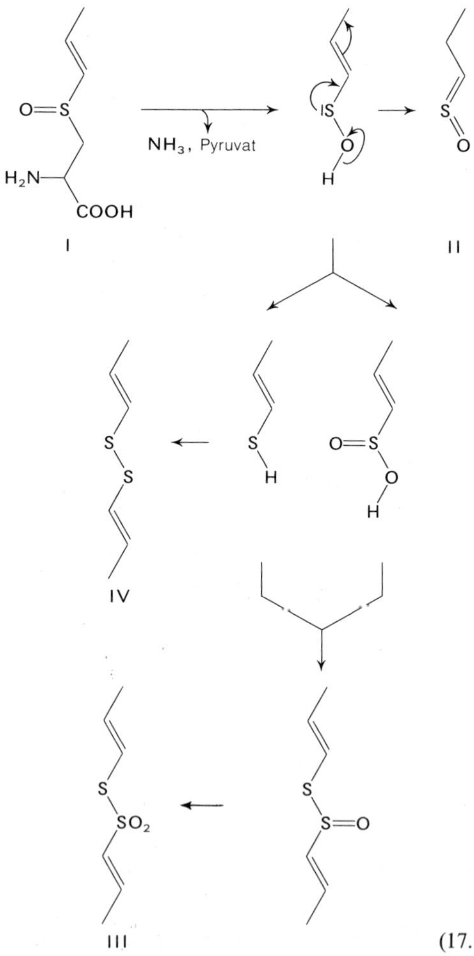

(17.11)

Zwiebel neben I noch S-Methyl- und S-Propyl-L-cysteinsulfoxid Bedeutung. Die Biosynthese von I erfolgt aus Valin und Cystein:

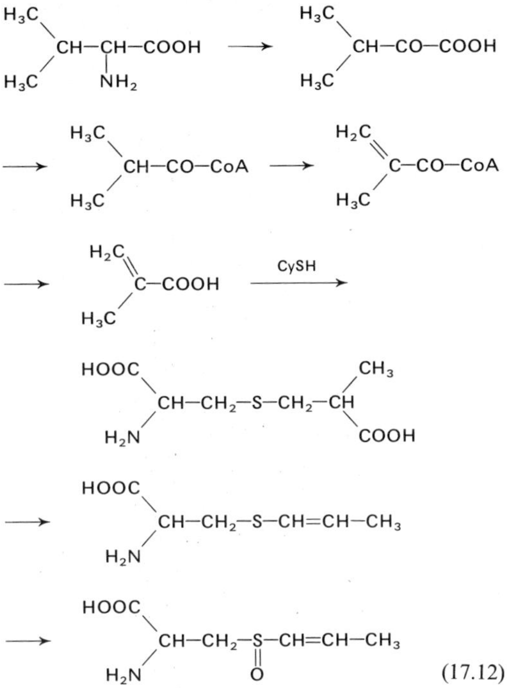

(17.12)

I

Hauptvorläufer für das Knoblaucharoma ist S-Allyl-L-cysteinsulfoxid (Alliin), neben dem wie bei der Zwiebel die S-Methyl- und die S-Propylverbindung vorkommen. Die Allyl- und Propylverbindung werden wahrscheinlich aus Serin und den entsprechenden Thiolen gebildet:

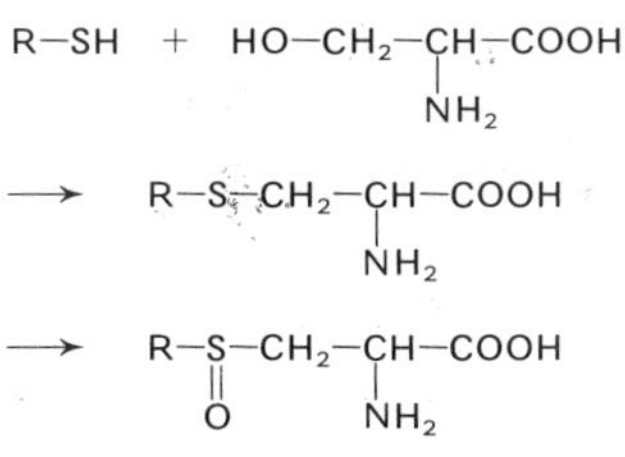

(17.13)

Aus der Hauptkomponente entstehen, katalysiert durch Alliinase, u. a. Diallylthiosulfinat (Allicin) und Diallyldisulfid als bestimmende Aromastoffe.

17.1.2.6.8 Brunnenkresse (39)

Wie bei anderen *Brassicaceae* ist auch hier ein Senföl für das Aroma von Bedeutung und zwar Phenylethylisothiocyanat. Als Hauptkomponente beim Abbau des zugrundeliegenden Glucosinolats tritt Phenylpropionitril auf. Darüber hinaus wurden einige andere Nitrile nachgewiesen, z. B. 8-Methylthiooctanonitril und 9-Methylthiononanonitril.

17.1.2.6.9 Rotkohl, Weißkohl, Rosenkohl (49, 52, 48)

Bei gekochtem Weiß- und Rotkohl machen Senföle mehr als 6% der gesamten flüchtigen Fraktion aus. Im Vordergrund stehen 2-Propenyl-, 3-Butenyl- und 2-Phenylethylisothiocyanat. Davon hat nur die zuletzt genannte Verbindung eine so niedrige Geruchsschwelle (6 µg/kg; Wasser), daß eine Beteiligung am Aroma in Betracht kommt. Eine größere Zahl von weiteren Schwefelverbindungen wurde nachgewiesen, darunter sind Dimethylsulfid und Dimethyltrisulfid sehr wesentliche Aromakomponenten. Auch 3-Alkyl-2-methoxypyrazine scheinen eine Rolle zu spielen. Bei Rosenkohl wurde beobachtet, daß der Aromagesamteindruck bei gekochter Gefrierware weniger befriedigend ist als bei gekochter Rohware. Die Analyse ergab, daß im ersten Fall vergleichsweise wenig Allylsenföl und viel Allylnitril vorhanden ist. Isothiocyanate sind in geringer Konzentration angenehm und appetitanregend, Nitrile dagegen knoblauchähnlich. Die Verschiebung im Konzentrationsverhältnis der beiden Verbindungen wird auf die Inaktivierung der Myrosinase beim Blanchieren der Gefrierware zurückgeführt, als deren Folge das im Rosenkohl vorhandene Allylglucosinolat thermisch überwiegend zum Nitril abgebaut wird. Für den Bittergeschmack, der bei Rosenkohl auftreten kann, ist Goitrin verantwortlich (cf. 17.1.2.9.3).

17.1.2.6.10 Blumenkohl (56), *Brokkoli* (57)

Bei gekochtem Blumenkohl und Brokkoli sind ebenfalls die bei Weißkohl genannten Schwefelverbindungen und dazu auch Nonanal von Bedeutung. 3-Methylthiopropylisothiocyanat trägt zum typischen Aroma von Blumenkohl bei und 4-Methylthiobutylisothiocyanat zum Aroma von Brokkoli.

17.1.2.6.11 Erbse (60)

Das Aroma der grünen Erbse geht auf Aldehyde und Pyrazine (3-Isopropyl-, 3-sec-Butyl-, 3-Isobutyl-2-methoxypyrazin) zurück.

17.1.2.6.12 Gurke (64)

Folgende Aldehyde sind für das Aroma entscheidend: cis-3, cis-6-Nonadienal, trans-2, cis-6-Nonadienal und cis-3-Nonenal. Linol- und Linolensäure sind entsprechend Abb. 3.29 die Vorläufer für diese und für einige weitere Aldehyde (cis-3-Hexenal,trans-2-Hexenal,trans-2-Nonenal). Außerdem wurden Nonanal, cis-6-Nonenal und alle Alkohole gefunden, die sich von den angeführten Aldehyden ableiten. Auch 3-Alkyl-2-methoxypyrazine sind anwesend.

17.1.2.6.13 Tomate (66)

Von einer großen Zahl flüchtiger Verbindungen sind Hexanal, trans-2-Hexenal, cis-3-Hexenal, trans-2, trans-4-Decadienal, β-Ionon und 2-Isobutylthiazol für das Aroma von besonderer Bedeutung. Von großem Einfluß sind wie bei allen Früchten der Reifegrad und die Art der Reifung. Abb. 17.2 zeigt Gaschromatogramme von künstlich gereiften (a), feldgereiften (b) und überreifen (c) Tomaten, die sich beträchtlich unterscheiden. Bei den künstlich gereiften Früchten sind z. B. die Konzentrationen (in Klammern sind die Peak-Nummern aus Abb. 17.2 angegeben) an Butanol (10), 3-Pentanol (13), 2-Methyl-3-hexanol (14), Isopentanal (4), 2,3-Butandion (30), Propylacetat (6), Isopentylbutyrat (18) höher als bei den feldgereiften Früchten. Diese haben dagegen u. a. höhere Konzentrationen an Nonanal (21), Decanal (26), Dodecanal (35), Neral (34), Benzaldehyd (25), Citronellylpropionat (57), Citronellylbutyrat (58), Geranylacetat (59) und Geranylbutyrat (60) als die künstlich gereiften Tomaten. Bei den überreifen Tomaten sind gegenüber den feldgereiften z. B. die Konzentrationen an Isopentylacetat (18), Citronellylbutyrat (58) und Geranylbutyrat (60) erhöht.

Das Aroma gekochter Tomaten wird beeinflußt durch den Anstieg der Konzentrationen von Dimethylsulfid und von Linalool. An der brenzligen Aromanote von Tomatenpüree sind 2-Acetylpyrrol, 2-Formylpyrrol und eine Reihe von Pyrazinen beteiligt.

Tabelle 17.11. Vitamingehalt von Gemüse (mg/100 g Frischgewicht)

Gemüseart	Ascorbinsäure	Thiamin	Riboflavin	Nicotinsäure	Folsäure
Artischocke	12	0,08	0,05	1,0	
Aubergine	5	0,05	0,05	0,6	
Blumenkohl	78	0,11	0,10	0,7	0,02
Brokkoli	113	0,10	0,23	0,9	
Grünkohl	186	0,16	0,26	2,1	
Gurke	11	0,03	0,04	0,2	0,02
Kopfsalat	10	0,06	0,09	0,4	
Möhre	8	0,06	0,05	0,6	
Paprika	128	0,08	0,08	0,5	
Porree	17	0,11	0,06	0,5	
Rettich	26	0,03	0,03	0,3	
Rosenkohl	102	0,10	0,16	0,9	
Rote Rübe	10	0,03	0,05	0,4	
Rotkohl	61	0,09	0,06	0,4	0,04
Sellerie	8	0,05	0,06	0,7	
Spargel	33	0,18	0,20	1,5	
Spinat	51	0,10	0,20	0,6	0,08
Tomate	23	0,06	0,04	0,7	0,01

17.1.2.7 Vitamine

Tab. 17.11 orientiert über den Gehalt von Gemüsen an einigen Vitaminen. Die Werte können in Abhängigkeit von Sorte und Klima stark schwanken. Bei Spinat wurden z. B. im Ascorbinsäuregehalt Schwankungen zwischen 40 und 155 mg/100 g Frischgewicht beobachtet.

17.1.2.8 Mineralstoffe

Tab. 17.12 orientiert über den Gehalt von Gemüsen an Mineralstoffen. Hauptbestandteil in dieser Fraktion ist mit großem Abstand Kalium, gefolgt von Calcium, Natrium und Magnesium.

Tabelle 17.12. Mineralstoffe in Gemüse (mg/100 g Frischgewebe)

Gemüseart	K	Na	Ca	Mg	Fe	Mn	Co	Cu	Zn	P	Cl	F	J
Blumenkohl	328	16	20	17	0,6	0,2		0,1	0,2	54	29	0,01	0,1
Grüne Bohne	256	1,7	51	26	0,8	0,5		0,1		37	36	0,01	
Grüne Erbse	296	2	26	33	1,9	0,7	0,003	0,2	3	119	40	0,02	0,004
Gurke	141	8,5	15	8	0,5	0,2		0,1	0,2	23	37	0,02	0,003
Rote Rübe	336	86	29	1,4	0,9	1,0	0,001	0,2	0,6	45	0,4	0,02	
Tomate	297	6,3	14	20	0,5	0,1	0,01	0,1	0,2	26	60	0,02	0,002
Weißkohl	227	13	46	23	0,5	0,1	0,01	0,1	0,8	28	37	0,01	0,005

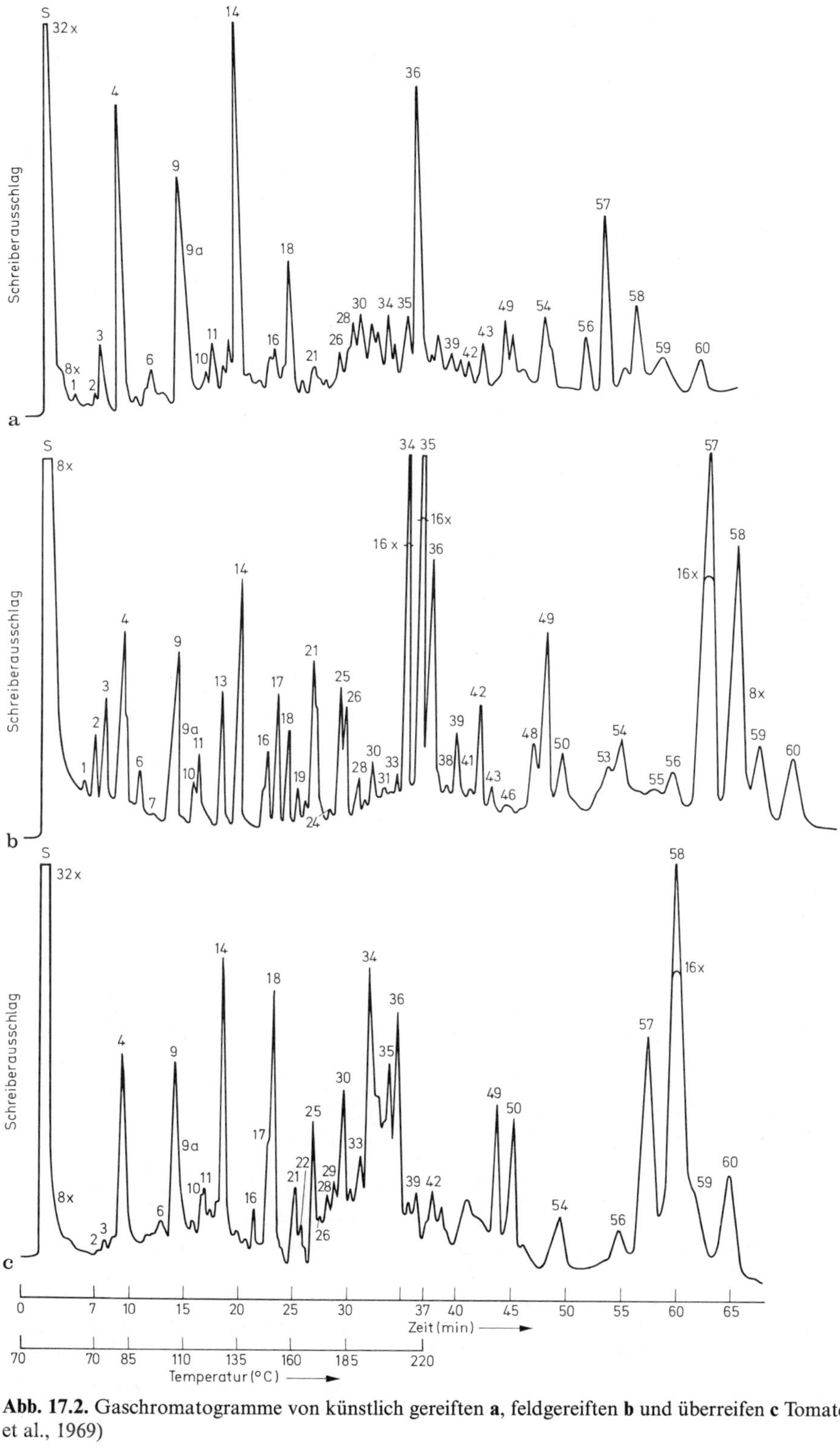

Abb. 17.2. Gaschromatogramme von künstlich gereiften **a**, feldgereiften **b** und überreifen **c** Tomaten. (Nach *Shah* et al., 1969)

Die wichtigsten Anionen sind Phosphat und Chlorid neben Carbonat. Alle anderen Elemente treten stark zurück. Zum Nitratgehalt cf. Tab. 9.10.

17.1.2.9 Sonstige Inhaltsstoffe

Bei Gemüse sind außer den bereits behandelten Carotinoiden und Anthocyanen einige weitere Farbstoffe von großer Bedeutung (Chlorophylle, Betalaine), die in diesem Abschnitt zusammen mit den in *Brassicaceae* vorkommenden goitrogenen Verbindungen behandelt werden sollen.

17.1.2.9.1 Chlorophylle

Die grüne Farbe von Blättern und unreifen Früchten geht auf die Chlorophylle a (blaugrün) und b (gelbgrün) zurück, deren Mengenverhältnis ca. 3:1 beträgt:

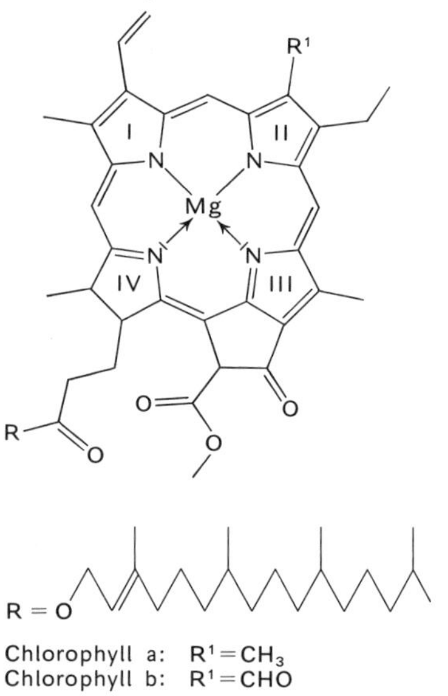

(17.14)

Abb. 17.3 orientiert über die Absorptionsspektren der Chlorophylle und einiger abgeleiteter Verbindungen. Durch Abspaltung von Magnesium gehen die Chlorophylle in die Phäophytine a und b über, die olivbraun gefärbt sind. Ersatz von $Mg^{2\oplus}$ durch andere Metallionen ($Sn^{2\oplus}$, $Fe^{3\oplus}$) führt ebenfalls zu graubraunen Folgeprodukten. Abspaltung von Phytol, z. B. durch Chlorophyllase, führt von den Chlorophyllen zu den Chlorophylliden a und b, bzw. von den Phäophytinen zu den Phäophorbiden a und b.

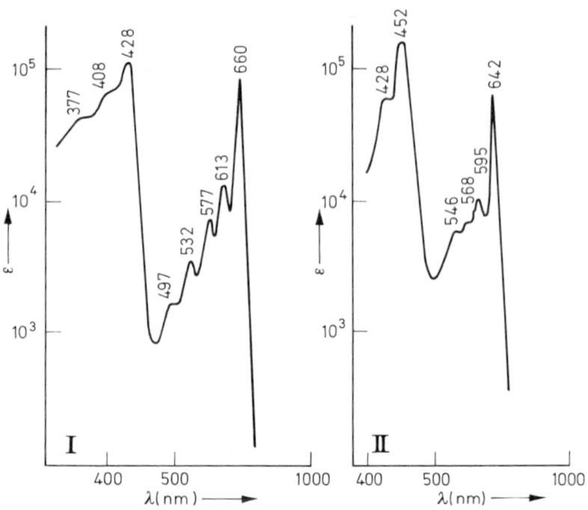

Abb. 17.3. Absorptionsspektren von Chlorophyll a (I) und Chlorophyll b (II) (Lösungsmittel: Diethylether (I) bzw. Diethylether + 1% CCl_4 (II))

Die Chlorophylle und Phäophytine sind auf Grund des Phytolrestes lipophil, die Chlorophyllide und Phäophorbide dagegen hydrophil.
Der mit einer Farbänderung verbundene Übergang der Chlorophylle in die Phäophytine erfolgt besonders leicht beim Erhitzen in schwach saurer Lösung, weniger leicht dagegen bei pH 7. Farbänderungen sind am stärksten ausgeprägt bei der Verarbeitung von grünen Erbsen, grünen Bohnen, Grünkohl, Rosenkohl und Spinat. Aus Tab. 17.13 geht hervor, daß kürzere Zeiten und höhere Temperaturen beim Erhitzen eine bessere Farberhaltung gewährleisten als längere Zeiten und niedrigere Temperaturen. Beim Blanchieren wird die vorhandene Chlorophyllase meist weitgehend ausgeschaltet, so daß Chlorophyllide und Phäophorbide kaum anzutreffen sind. Bei der Fermentation von Gurken, die mit einem Farbübergang von sattgrün nach olivgrün verbunden ist, spielt das Enzym dagegen eine große Rolle: In fermentierten Gurken liegen ganz überwiegend Phäophorbide vor.
Bei der Trocknung von Gemüsen treten auch Farbveränderungen auf, deren Ausmaß von der Wasseraktivität abhängt. Bei der Gefrierlagerung von blanchierten Gemüsen geht die Umwandlung von Chlorophyllen in Phäophytine meist weiter. Bei Bohnen und Rosenkohl war der Phäophytinanteil am Gesamtpigment z. B. von 8–9% unmittelbar nach dem Blanchieren (2 min/100 °C) auf 68–83% nach 12 Monaten bei −18 °C gestiegen. Bei Paprika und Erbsen war

Tabelle 17.13. Veränderungen in der Chlorophyllfraktion bei der Gemüseverarbeitung (Werte in %, bezogen jeweils auf Gesamtpigment der unbehandelten Probe)

Gemüse	Prozeß	Chlorophylle		Chlorophyllide		Phäophytine		Phäophorbide	
		a	b	a	b	a	b	a	b
Grüne Bohne	unbehandelt	49	25	0	0	18	8	0	0
	blanchiert, 4 min/100 °C	37	24	0	0	29	10	0	0
Gurke	unbehandelt	51	30	0	0	15	5	0	0
	blanchiert, 4 min/100 °C	34	24	6	3	22	1	5	7
Gurke	unbehandelt	67	33	0	0	0	0	0	0
	fermentiert, 6 d	4	7	3	5	10	3	47	15
	fermentiert, 24 d	0	0	0	0	16	7	57	28
Spinatpürree	unbehandelt	48	20			26	7		
	Ölbad, 19,5 min/116 °C	4	4			82	27		
	Ölbad, 3,2 min/127 °C	21	13			55	15		
	Ölbad, 1,6 min/138 °C	28	16			48	11		

dagegen unter gleichen Bedingungen eine Zunahme der Phäophytine von 0% auf nur 4–6% zu verzeichnen.

17.1.2.9.2 Betalaine

In *Centrospermae,* z. B. in der Roten Rübe, aber auch in einigen Pilzen, z. B. in der roten Kappe des Fliegenpilzes kommen Farbstoffe vor, die als Betalaine bezeichnet werden und die rotvioletten Betacyane ($\lambda_{max} \sim 540$ nm) sowie die gelben Betaxanthine ($\lambda_{max} \sim 480$ nm) umfassen. Sie besitzen die gemeinsame Struktur:

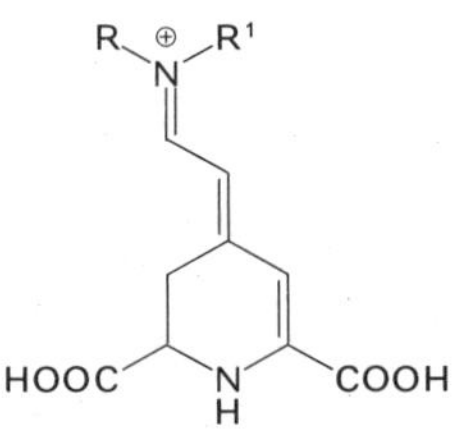

(17.15)

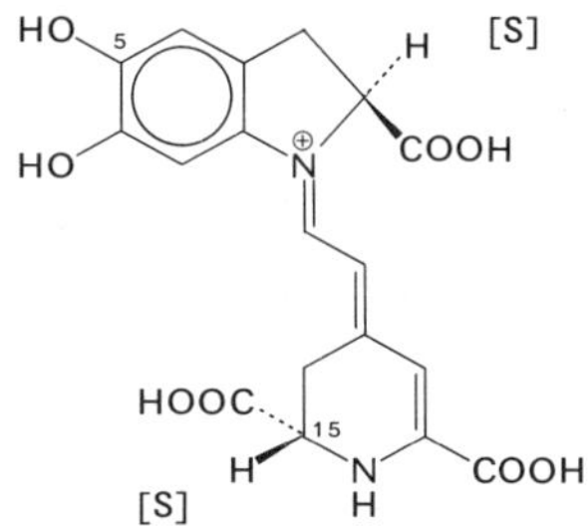

I

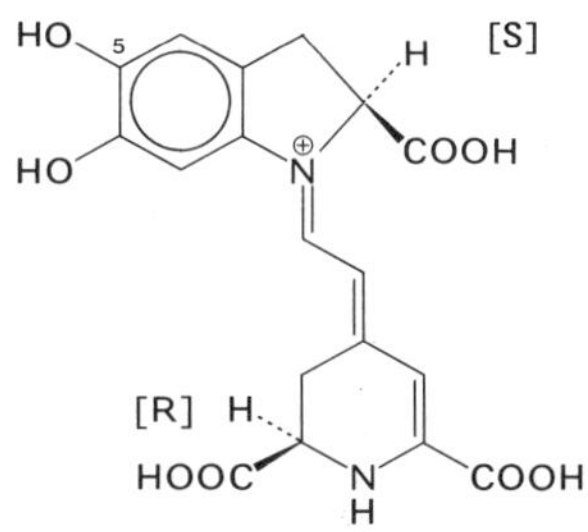

II

(17.16)

Bisher sind etwa 50 Betalaine bekannt. Die Mehrzahl enthält acylierte Zuckerreste. Säurekomponenten sind Schwefelsäure, Malonsäure, Kaffeesäure, Sinapinsäure, Citronensäure, p-Cumarsäure. Alle Betacyane gehen auf die beiden Aglykone Betanidin (I) und Isobetanidin (II) zurück, die sich nur in der Konfiguration am C-15 unterscheiden (Formel 17.16).
Betanin, der Farbstoff der Roten Rübe, ist das 5-O-β-Glucosid des Betanidins.
Den Betaxanthinen ist nur der Dihydropyridinring gemeinsam. Die anderen Strukturelemente sind variabler als bei den Betacyanen. Beispiele für Betaxanthine sind die Vulgaxanthine I und II in Formel 17.17, ebenfalls aus *Beta vulgaris.*

Die Biosynthese der Betalaine erfolgt ausgehend von Dopa durch Öffnung des Benzolrings und Cyclisierung zum Dihydropyridinring. Es entsteht (S)-Betalaminsäure, die durch Kondensation mit (S)-Cyclodopa Betacyane, oder durch Kondensation mit anderen Aminosäuren Betaxanthine liefert (Formel 17.18).

17.1.2.9.3 Goitrogene Substanzen

Die in *Brassicaceae* vorhandenen Glucosinolate können beim enzymatischen Abbau u. a. Rhodanid liefern. In Wirsingkohl wurden z. B. 30 mg, in Blumenkohl 10 mg und in Kohlrabi 2 mg/100 g Frischgewebe nachgewiesen. Da Rhodanid die Aufnahme von Jod in die Schilddrüse hemmt, kann der Verzehr großer Kohlmengen bei gleichzeitig geringer Jodzufuhr zur Kropfbildung führen.

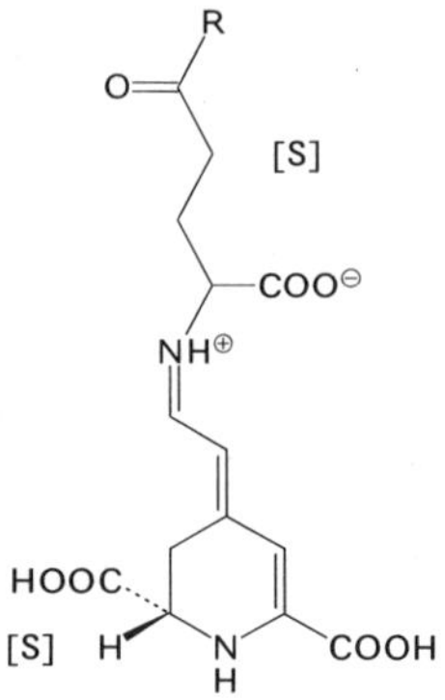

I: R=OH
II: R=NH_2

(17.17)

Goitrogen wirken auch Thiooxazolidone, die immer dann als Sekundärprodukte auftreten, wenn die beim enzymatischen Abbau von Glucosinolaten primär entstehenden Senföle in 2-Stellung eine Hydroxygruppe enthalten:

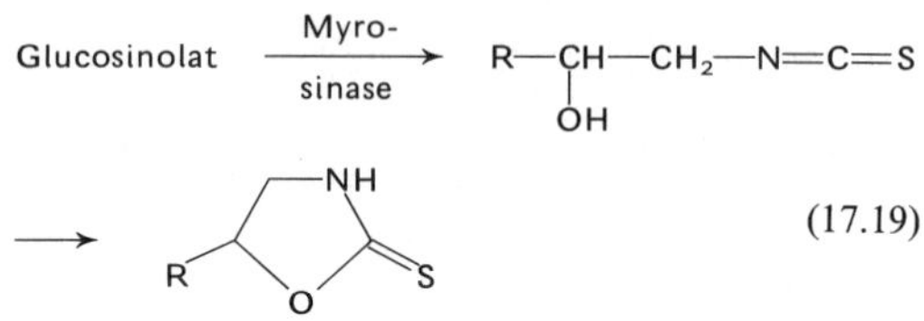

(17.19)

Das entsprechende Glucosinolat kommt in gelben und weißen Rüben in Mengen bis zu 0,02% vor, in den Samen von *Brassicaceae* (Kohlarten, Raps, Kohlrabi) in Mengen bis zu 0,8%.

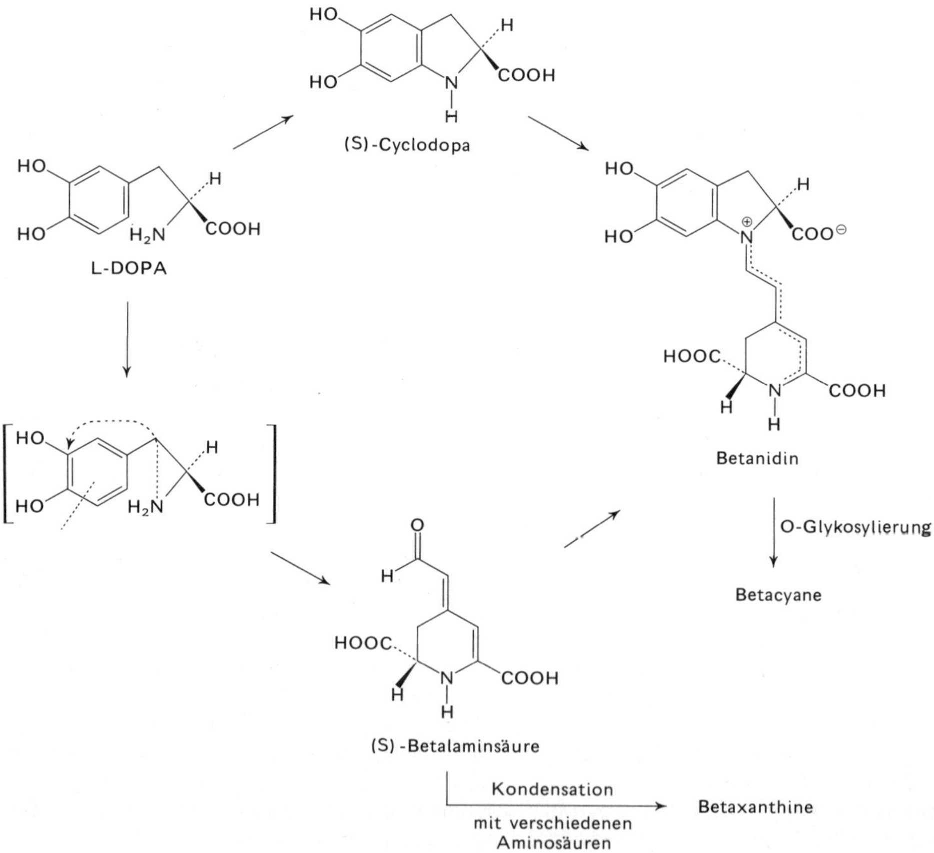

(17.18)

In zerkleinerten Kohlrüben wurden 3–15 mg/kg 5-Vinyloxazolidin-2-thion (Goitrin) nachgewiesen. Eine direkte Aufnahme von Thiooxazolidonen durch den Menschen spielt im allgemeinen keine Rolle, da die entsprechenden Gemüse gekocht verzehrt werden. Infolge Inaktivierung der Myrosinase erfolgt keine Bildung von Goitrogenen. Ein Sonderfall ist Rosenkohl, der bitter schmeckt, wenn beim Kochen das bittere Goitrin aus Progoitrin in größeren Mengen (70–110 mg/kg) entsteht. Indirekt ist auch eine Aufnahme mit der Milch möglich, wenn entsprechende Rohmaterialien verfüttert worden sind. In Milch wurden z. B. 50–100 µg/l an goitrogenen Substanzen gefunden.
Die Wirkung der Thiooxazolidone beruht auf einer Hemmung der Jodierung von Tyrosin und ist deshalb nicht wie die Wirkung der Rhodanide durch Jodgaben, sondern nur durch Gaben von Thyroxin zu beeinflussen.

17.1.3 Lagerung

Die Lagerfähigkeit von Gemüse ist sehr unterschiedlich und hängt von der Art, aber auch stark von der Qualität ab. Während bestimmte Blattgemüse (Kopfsalat, Spinat) und auch Bohnen, Erbsen, Blumenkohl, Gurken, Spargel und Tomaten nur beschränkt haltbar sind, können Wurzel- und Knollengemüse (Möhre, Kartoffel, Kohlrabi, Kohlrübe, Rote Rübe, Sellerie), Zwiebeln und späte Kopfkohlsorten über Monate gelagert werden. Am günstigsten ist die Kühllagerung bei hoher Luftfeuchtigkeit. In Tab. 17.14 sind einige Angaben über übliche Bedingungen zu finden. Die relative Luftfeuchtigkeit muß bei 80–95% liegen. Die Gewichtsverluste innerhalb der angegebenen Lagerzeiten liegen bei 2–10%. Ascorbinsäure nimmt bei der Lagerung meist ab, desgleichen Carotin. Abbau von Stärke und Protein sowie Zunahme der freien Säuren (Blumenkohl, Kopfsalat, Spinat) sind weitere zu beobachtende Veränderungen.

Tabelle 17.14. Kühllagerung von Gemüse

Gemüseart	Temperaturbereich (°C)	Mögliche Lagerdauer (Wochen)
Blumenkohl	−1/0	4–6
Bohne	+3/+4	1–2
Erbse[a]	−1/0	4–6
Grünkohl	−2/−1	12
Gurke	+1/+2	2–3
Kopfsalat	+0,5/+1	2–4
Möhre	−0,5/+0,5	8–10
Paprika, grün	−1/0	4
Porree	−1/0	8–12
Rosenkohl	−3/−2	6–10
Rote Rübe	−0,5/+0,5	16–26
Sellerie	−0,5/+1	26
Spargel	+0,5/+1	2–4
Spinat	−1/0	2–4
Tomate	+1/+2	2–4
Zwiebel	−2,5/−2	40

[a] In der Hülse.

17.2 Gemüseprodukte

Eine Reihe von Verfahren führt zu Gemüseprodukten, die eine gegenüber frischem Gemüse beträchtlich längere Haltbarkeit haben und auch sehr schnell in die verzehrsfertige Form zu überführen sind. Durch Fermentationen sind darüber hinaus, ähnlich wie bei Milch, völlig andersartige Lebensmittel zugänglich.

17.2.1 Trockengemüse

Das Trocknen der Gemüse bezweckt, den natürlichen Wassergehalt der Rohware unter die für das Bakterienwachstum kritische Grenze (12–15%) zu bringen und dabei die ernährungsphysiologisch wichtigen Bestandteile möglichst wenig zu schädigen, Geschmack, Aroma und Aussehen weitgehend zu erhalten und schließlich die Regenerierung beim Wiederaufquellen mit Wasser optimal zu gestalten. Der Trockenprozeß bringt allerdings eine Reihe von Veränderungen mit sich. Zunächst tritt eine Konzentrierung der Hauptkomponenten Eiweiß, Kohlenhydrate und Mineralstoffe ein, wobei chemische Umsetzungen nicht zu vermeiden sind. Die Lipide sind reich an Linolsäure, häufig auch an Linolensäure. Sie unterliegen Autoxidationsreaktionen und verursachen trotz ihrer meist nur geringen Menge „heuartige“ und „ranzige“ Aromafehler. Aminoverbindungen und Kohlenhydrate reagieren im Sinne der *Maillard*-Reaktion unter Dunkelfärbung und unter Bildung neuer Aromastoffe (cf. 4.2.4.4). Die Vit-

amine erfahren z. T. starken Abbau. Die vorhandenen flüchtigen Aroma- und Geschmacksstoffe gehen weitgehend verloren.
Zur Herstellung von Trockenprodukten wird Gemüse gewaschen, geschält bzw. geputzt und gegebenenfalls geschnitten oder gewürfelt. Meist wird zur Enzyminaktivierung 2–7 min mit heißem Wasser oder Dampf blanchiert. Eine Behandlung mit SO_2 kann sich anschließen.
Die Trocknung erfolgt meist in Band- oder Kanaltrocknern bei 55–60 °C auf Restwassergehalte von 4–8%. Flüssige oder pastenartige Güter (z. B. Kartoffelpüree, Tomatenpüree) werden in Sprüh- oder Walzentrocknern, spezielle Güter auch in Wirbelbetttrocknern verarbeitet. Die Gefriertrocknung führt zu sehr hochwertigen Produkten (gute Formerhaltung), die infolge ihrer lockeren porösen Struktur auch ausgezeichnet rehydratisierbar sind. Bestimmte Gemüse für Trockensuppen (z. B. Erbsen, Blumenkohl) werden auf diese Weise hergestellt. Zur Herstellung von Kartoffeltrockenprodukten werden die Knollen geschält, geputzt, in Streifen, Würfel oder Scheiben geschnitten und nach dem Dämpfen getrocknet. Für Kartoffelpüreepulver oder Kartoffelpüreeflocken (Abb. 17.4) werden die gedämpften Streifen zwischen Walzen zerdrückt, wobei die Zellwände möglichst wenig geschädigt werden sollen, da sonst bei der Zubereitung des Pürees, infolge starker Verkleisterung ausgetretener Stärke, ein Produkt mit unbefriedigender Konsistenz resultiert.
Trockengemüse bedarf als licht-, luft- und wasserdampfempfindliches Material sorgfältiger Verpackung, die in Wachspapier, Zellglas oder Mehrschichtfolien, auch in Blechbehältnissen erfolgt, z. T. unter Stickstoff oder im Vakuum. Die Trockenprodukte werden z. T. vor der Verpakkung gepreßt.

17.2.2 Gemüsesterilkonserven

Die Haltbarmachung von Gemüse durch Hitzesterilisierung hat von allen Verarbeitungsverfahren nach wie vor die größte Bedeutung. Ausgesuchte, frisch geerntete Ware wird, wie bei Trockengemüse beschrieben, vorgerichtet und blanchiert. Das Blanchieren bezweckt hier außer der Enzyminaktivierung die Entfernung unerwünschter Geschmacksstoffe (Kohlarten), die Eliminierung der im Gewebe eingeschlossenen Luft und ein Schrumpfen bzw. Erweichen der Rohware, so daß die Packungsdichte größer wird.
Als Aufgußflüssigkeit dient oft 1–2%ige Natriumchloridlösung, bisweilen werden Zucker (Erbsen, Rote Beete, Tomaten, Süßmais), Citronensäure (bis 0,05%, z. B. bei Schwarzwurzeln, Sellerie, Blumenkohl und Puffbohnen), Calciumsalze zur Festigung des Gewebes (Tomaten, Blumenkohl) oder Mononatriumglutamat (100–150 mg pro Kilogrammdose) zur Geschmacksabrundung zugegeben.
Die Sterilisation erfolgt in Autoklaven, die nach der Wärmeübertragung in Vollwasser-, Halbwas-

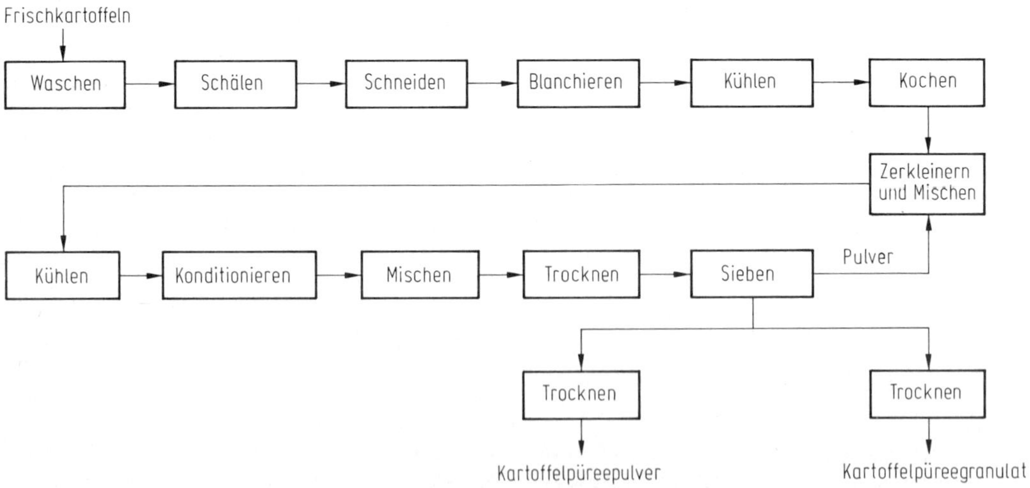

Abb. 17.4. Herstellung von Kartoffelpüreepulver bzw. -granulat

ser- und Dampfautoklaven und nach der Betriebsart in Stand- und Rotationsautoklaven unterteilt werden können. Rotationsautoklaven lassen sich auch für den kontinuierlichen Betrieb auslegen, indem Dosenein- und -austritt über Schleusen ohne Druck- und Dampfverlust gewährleistet wird. Der Vorteil der Rotationserhitzung liegt in der schnelleren und gleichmäßigeren Erhitzung des Produktes. Nach dem Erreichen des notwendigen Sterilisationseffektes wird schnell abgekühlt, um eine übermäßige Nacherhitzung zu vermeiden.

Wie bei der Sterilisation anderer Lebensmittel ist auch bei Gemüse ein Trend zur Anwendung höherer Temperaturen und kürzerer Zeiten (HTST-Sterilisation) zu beobachten, da Produkte besserer Qualität (Konsistenz, Farbe, Aroma) erhalten werden. Temperaturen und Erhitzungszeiten richten sich nach Art und Konsistenz der Gemüse, Größe der Behältnisse und nach dem Behältnismaterial und müssen von Fall zu Fall auf Grund von exakten Temperaturmessungen im Sterilisationsgut während der Sterilisation festgelegt werden.

Der ernährungsphysiologische Wert der Hauptbestandteile (Eiweißstoffe und Kohlenhydrate) erleidet durch die übliche Hitzesterilisierung keine wesentliche Einbuße. Schädigungen durch den Umsatz zwischen Aminosäuren und reduzierenden Zuckern treten zwar ein, sind aber bei den geringen, für die Gesamternährung nicht bedeutungsvollen Mengen der genannten Inhaltsstoffe nicht gravierend. Anders ist dies bei den Vitaminen (cf. Tab. 6.1 und 6.2). Carotin als fettlösliches Provitamin A wird durch den Waschund Blanchierprozeß nicht betroffen und durch die Dosenkonservierung nur mäßig geschädigt (zu etwa 5–30%). Vom Vitamin B_1 bleiben die in Karotten und Tomaten enthaltenen Mengen praktisch erhalten, für andere Gemüse liegen die Verluste zwischen 10 und 50% (grüne Bohnen, Erbsen und Spargel). Hoch sind die Verluste bei Spinat (66%), der eine große Oberfläche aufweist. Vitamin B_2 wird vor allem im Blanchierprozeß zu 5–25% ausgelaugt, bei der weiteren Verarbeitung dagegen nur wenig geschädigt. Ähnlich verhält sich Nicotinsäure. Verluste an Vitamin C sind durch die Wasserlöslichkeit sowie den enzymatischen und chemischen Abbau (bes. bei Gegenwart von Schwermetallspuren) bedingt. Beim gesamten Konservierungsprozeß bleibt Vitamin C zu 55–90% (Spargel, Erbsen und grüne Bohnen) erhalten. Mehrjährige Lagerung von Konserven bewirkt im allgemeinen zusätzliche Vitaminverluste von rund 20%.

17.2.3 Tiefgefrorenes Gemüse

Unter den Produktgruppen der Tiefkühlkost kommt den Gemüseprodukten mit einem Anteil von mehr als 50% eine große Bedeutung zu. Der Gesamtverbrauch an Tiefkühlkost hat sich in der BRD von 22000 t im Jahr 1960 auf 521000 t im Jahr 1980 erhöht. Bei den tiefgefrorenen Kartoffelprodukten haben vorfritierte Pommes frites den größten Anteil.

Für das Einfrieren besonders geeignet sind Bohnen, Erbsen, Paprika, Rosenkohl, Steinpilze und Tomatenmark, Karotten und verschiedene Kohlarten, ungeeignet sind Rettiche, Radieschen, Blattsalate oder ganze Tomaten. Die möglichst hochwertige Rohware wird nach entsprechender Zurichtung zur Ausschaltung von Enzymen durch Behandlung mit kochendem Wasser (1,5–4 min) oder mit strömendem Dampf (2–5 min) blanchiert. Die Blanchierzeiten sind im allgemeinen niedriger als bei den Naßkonserven, variieren je nach Art, Reife und Größe des Gemüses und werden zur Verhinderung des Auslaugens möglichst kurz gehalten. Dampfblanchieren gilt gegenüber der Wasserblanchierung als schonender. Anhand des Peroxidasetestes kann die zur Enzyminaktivierung notwendige Blanchierzeit überprüft werden (cf. 2.6.4).

Unmittelbar nach dem Blanchieren wird das Gemüse abgekühlt, dann bei −40 °C oder tieferen Temperaturen eingefroren und im allgemeinen bei −18 °C bis −20 °C gelagert. Das Einfrieren erfolgt überwiegend mit konventionellen Gefriertechniken durch indirekte Kälteübertragung in Platten- und Luftgefrierapparaten. Kryogene Gefriertechniken haben zur Zeit noch keinen nennenswerten Anteil in der Gemüseverarbeitung.

Beim Einfrieren bleibt der Nährstoffgehalt der Gemüse weitgehend erhalten. Vitamin A und Carotin werden bei geeigneter Blanchierung während des Gefrierens, der Tieftemperaturlagerung und des Auftauens im allgemeinen nur wenig geschädigt (Spinat, Erbsen, Bohnen) oder erleiden mäßige Verluste (Spargel). Verluste an Vitaminen der B-Gruppe sind in erster Linie durch die vorbereitenden Maßnahmen bedingt (Wa-

schen, Blanchieren), im übrigen tritt kaum Minderung ein. Für Vitamin C besteht gleichfalls die Gefahr der Extraktion durch Wasser oder Dampf. Im Gefrierprozeß wird es nicht geschädigt, auch nicht oder nur unwesentlich beim Auftauen. Entscheidend für die Erhaltung des Vitamins C sind sorgfältiges Blanchieren und tiefe Lagertemperaturen (Abb. 17.5 und 17.6).
Bei tiefgefrorenem Gemüse können irreversible Konsistenzänderungen auftreten. Bekannte Erscheinungen sind Weich-, Zäh- und Schlaffwerden (Bohne, Gurke, Möhre, Schwarzwurzel), Ausbildung einer zähen, gummiartigen (Spargel) oder pappig-wattigen Struktur (Sellerie, Kohlrabi) und Verhärtung der Schale (Erbse).

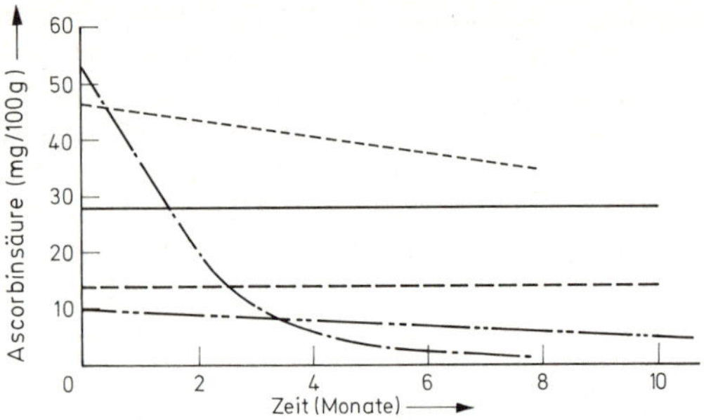

Abb. 17.5. Veränderung des Vitamin C-Gehaltes beim Lagern von gefrorenem Gemüse (−21 °C) — Erbsen vorgebrüht, – – – Bohnen vorgebrüht, –··–··– Bohnen roh, –·–· Spinat roh, ----- Spinat vorgebrüht. (Nach *W. Heimann*, 1958)

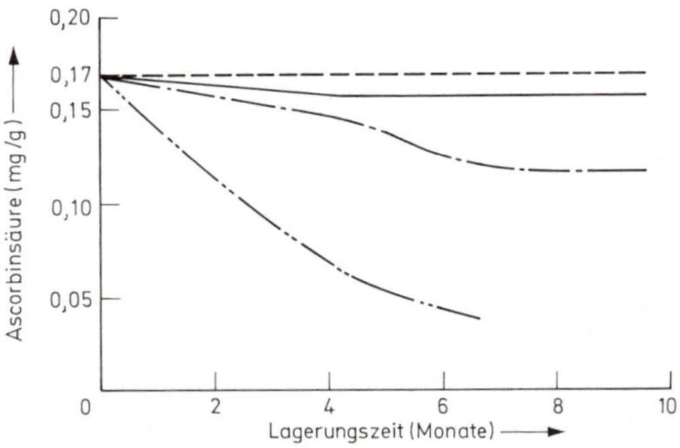

Abb. 17.6. Verluste an Ascorbinsäure in Gefriererbsen bei verschiedenen Lagertemperaturen. — — — −40 °C, — −18 °C, –·–· −12 °C, –··–··– −9 °C. (Nach *Schormüller*, 1966)

17.2.4 Gärungsgemüse

Zur Herstellung solcher Produkte überläßt man Gemüse (Weißkohl, grüne Bohnen, Gurken u. a.) einer spontanen Milchsäuregärung. Diese erniedrigt den pH-Wert, hindert das Wachstum schädlicher, säureempfindlicher Mikroorganismen, bewirkt gleichzeitig enzymatische Lockerung des Zellgefüges und damit bessere Verdaulichkeit und Bekömmlichkeit. Verwendung von Salz wirkt zusätzlich konservierend. Die saure Reaktion des Mediums trägt zur weitgehenden Erhaltung von Vitamin C bei.
Während man bei den bisher besprochenen Konservierungsarten danach strebt, die spezifischen Geruchs- und Geschmacksstoffe des Ausgangsmaterials zu erhalten, oder sich bemüht, verlorengegangene Aromakomponenten wieder zu regenerieren, ist die Herstellung von Gärungsgemüse mit der Entwicklung eines neuartigen, typischen Aromas verbunden.

17.2.4.1 Saure Gurken (Salzgurken, Salzdillgurken)

Die noch unreifen Gurken werden unter Zusatz von Dillkraut und gegebenenfalls auch anderen Gewürzen (Weinblätter, Bohnenkraut, Lorbeerblätter) in 4–6%ige Kochsalzlösung eingelegt, manchmal auch trocken eingesalzen, meist vorher angestochen (gestichelt) und unterliegen dann, gegebenenfalls unter Zusatz von etwas Glucose, bei 18–20 °C einer Milchsäuregärung, bei der neben CO_2 flüchtige Säuren, Alkohol und geringe Mengen verschiedener Aromastoffe entstehen. Beteiligt sind homo- und heterofermentative Milchsäurebakterien wie *Lactobacillus plantarum, L. brevis* und *Pediococcus cerevisiae. Leuconostoc mesenteroides* spielt bei Salzgurken im Gegensatz zu Sauerkraut keine große Rolle. Neben Milchsäurebildnern kommen auch Hefen und *Enterobacter spp.* vor. Die zunächst gebildete Milchsäure (0,5–1%) wird in der späten Gärphase teilweise durch Hefen der Kahmhaut oxidativ verbraucht, wodurch der ursprüngliche pH-Wert des Gärmediums (3,5–3,8) schwach ansteigt.
Neben der Spontangärung sind kontrollierte Gärungen unter Beimpfung mit *Lactobacillus plantarum* und *Pediococcus cerevisiae* üblich.

17.2.4.2 Andere Gemüsearten

Grüne Bohnen, Möhren, Kohlrabi, Sellerie, Spargel, Kohlrüben u. a. werden ähnlich wie

Gurken verarbeitet. Rheinische Brühbohnen sind mit Salz (2,5–3%) eingeschnittene, einer Milchsäuregärung unterworfene grüne Bohnen, die bei etwa 20 °C vergoren und als Faß- wie auch als Dosenware gehandelt werden. Manche gesäuerte Gemüse, vor allem solche, die nicht blanchiert oder vorgekocht wurden, werden beim späteren Kochen nicht weich.

17.2.4.3 Sauerkraut

Die Herstellung von Sauerkraut durch Milchsäuregärung (Abb. 17.7) ist Jahrtausende alt; daneben war früher auch das Einlegen von Kohl in saurem Wein oder Essig üblich. Der in 0,75–1,5 mm dicke Streifen geschnittene ausgereifte feste Weißkohl wird mit etwa 1,8–2,5 Gew.-% Kochsalz in mit Epoxidharzen beschichtete Betonbehälter oder in glasfaserverstärkte Polyestertanks schichtenweise möglichst fest eingebracht und bei 18–24 °C über 3–6 Wochen der spontanen oder gelenkten Milchsäuregärung überlassen, die in den ersten 48 h zu einem großen pH-Abfall von 6,2 auf 4,2 bis 3,7 führt und damit eine Entwicklung störender Mikroorganismen verhindert. Die erste Phase der Gärung wird weitgehend durch *Leucostonoc mesenteroides* bestimmt, daneben auch durch *Lactobacillus brevis*. Später kommen homofermentative Organismen wie *Lactobacillus plantarum* und *Pediococcus cerevisiae* dazu. Die entstehende Säuremenge ist weitgehend abhängig vom ursprünglichen Zuckergehalt des Kohls. Bei schlecht gärendem Kohl wird deshalb zuweilen Zucker (1%) zugegeben. Neben den genannten Lactobacillen sind an der Gärung auch Hefen beteiligt; als Gärprodukte entstehen Milch- und Essigsäure (im Verhältnis 4:1 bis 6:1), Alkohol (0,2–0,8%), CO_2, Mannit (aus Fructose) und, vor allem im Stadium der Vorgärung, Aromastoffe. Nach Ablauf der Gärung liegt der pH-Wert des Sauerkrautes bei etwa 3,6. Milchsäurewerte unter 6 g/l weisen auf nicht genügend vergorenes Kraut hin. Das Fertigprodukt wird in Fässern unter Lake gehalten. Es erfolgt auch Abfüllung in Dosen, die bei 70 °C exhaustiert und bei 95–100 °C sterilisiert werden. Daneben wird Sauerkraut auch in Kleinpackungen aus Kunststoffolien und in Kunststoffbehältern vertrieben. Mildsaures Kraut, vor allem in Süddeutschland bevorzugt, wird durch Unterbrechung der Gärung vor dem vollständigen Zuckerabbau erzeugt. Durch Pasteurisieren für längere Zeit haltbargemacht, soll es noch eindeutig sauer schmecken.

Es ist teilweise üblich, den Sauerkohl durch Zusatz von Zucker, Wacholderbeeren, Kümmel, Dillsamen u. a. zu würzen. Weinsauerkraut ist Gärgemüse, dem nach der Gärung mindestens 1 l Wein auf 50 kg Sauerkohl zugesetzt wurde.

Abgetropftes Sauerkraut enthält im Mittel 90,7% Wasser, 1,5% Stickstoffsubstanz, 0,3% Lipide, 3,9% Kohlenhydrate, 1,1% Rohfaser, 0,6% Mineralstoffe (ohne Kochsalz), 0,8–3,3% Kochsalz, 1,4–1,9% titrierbare Säure (berechnet als Milchsäure, davon 0,28–0,42% Essigsäure) und 0,29–0,61% Alkohol. In geringen Mengen kommen Ameisen-, n-Heptan- und n-Octansäure, Methanol, das für die Mundigkeit wichtige Dextran und Mannit vor. Vitamin C (10–38 mg/100 g) wird bei Zubereitung im Dampftopf praktisch nicht, bei mehrmaligem Aufwärmen zu etwa 30% zerstört.

17.2.4.4 Tafeloliven

Die Weltproduktion an Tafeloliven belief sich 1980 auf ca. 650000 t. Davon entfielen ca. 38% auf grüne, ca. 31% auf schwarze, milchsaure Oliven, ca. 10% auf schwarze, unvergorene Oliven und der Rest auf andere Produkte. Tabelle 17.15 informiert über die Zusammensetzung des Fruchtfleisches von frischen und grünen, milchsauren Oliven.

Zur Herstellung von grünen, milchsauren Oliven werden die Früchte im gelbgrünen bis gelben Zustand geerntet und 6–10 h in 1,3–2,6%ige NaOH eingelegt. Dabei wird der größte Teil des

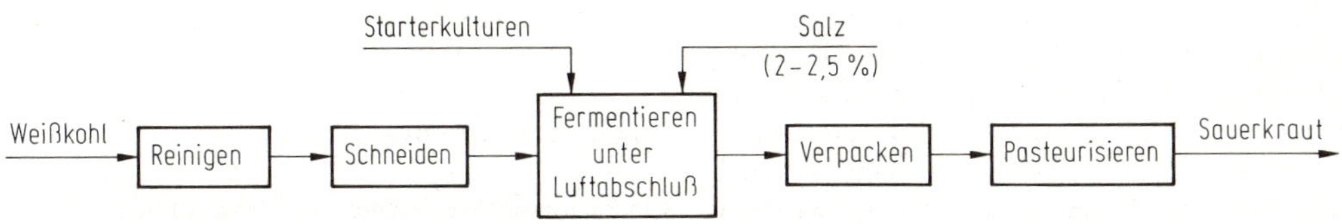

Abb. 17.7. Herstellung von Sauerkraut

Tabelle 17.15. Zusammensetzung[a] des Fruchtfleisches von frischen (1) und grünen, milchsauren Oliven (2)

Bestandteil	1	2
Wasser	50 –75	61 –81
Lipide	6 –30	9 –28
Red. Zucker	2 – 6	
Nichtred. Zucker	0,1– 0,3	
Rohprotein	1 – 3	1 – 1,5
Rohfaser	1 – 4	1,4– 2,1
Asche	0,6– 1	4,2– 5,5
Sonstige Komponenten	6 –10	

[a] Gewichts-%.

Bitterstoffs Oleuropein (Formel 17.20) hydrolysiert.

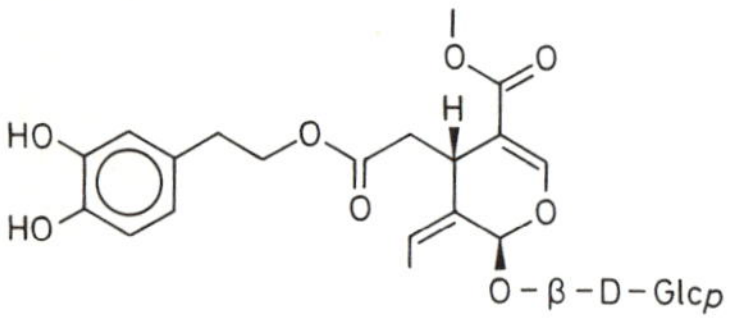

(17.20)

Anschließend werden die Oliven mit Wasser gewaschen und in 10–12%iger NaCl-Lösung einer spontanen Milchsäuregärung überlassen. Die Gärung wird in mit Epoxidharzen beschichteten Betonbehältern oder in mit Glasfasern verstärkten Polyestertanks durchgeführt. Beteiligt sind in den ersten Gärungsstadien *Pediococcus* und *Leuconostoc spp.*, später *Lactobacillus spp. (L. plantarum)*, daneben auch Hefen. Nach beendeter Gärung werden die Oliven in der Lake belassen oder unter Verwendung frischer Salzlösung in Kleinpackungen abgefüllt und pasteurisiert. Vor dem Abpacken werden die Oliven meist entsteint und gefüllt (Paprika, Sardellen, Mandeln, Kapern, Zwiebeln). Das Endprodukt hat einen pH-Wert von 3,8–4,2 und enthält 0,8–1,2% Milchsäure. Die Salzkonzentration sollte bei mindestens 7%, für länger lagerfähige Produkte bei 8% und mehr liegen.

Zur Herstellung von schwarzen, milchsauren Oliven werden reife, violette bis schwarze Früchte nach dem Waschen direkt in 8–10%iger Salzlösung einer spontanen Milchsäuregärung überlassen. Beteiligt sind Lactobacillen und Hefen. Normalerweise dominieren die Hefen. Die Gärung verläuft langsam, da die Schale der Oliven nicht so permeabel ist wie nach einer Alkalibehandlung. Nach beendeter Gärung wird in Glas- oder Plastikbehälter abgefüllt und pasteurisiert. Das Endprodukt hat einen pH-Wert von 4,5–4,8 und enthält 0,1–0,6% Milchsäure. Die Salzkonzentration liegt bei 6–9%.

Zur Herstellung von schwarzen, unvergorenen Oliven werden die reifen Früchte 3–5mal in 1–2%ige NaOH eingelegt. Zwischendurch werden sie gewaschen und dabei gut belüftet, um das Fruchtfleisch durch intensive Phenoloxidation gleichmäßig schwarz einzufärben. Dem letzten Waschwasser wird zur Farbstabilisierung Eisengluconat zugesetzt. Die Oliven werden anschließend in 3%ige NaCl-Lösung abgepackt und sterilisiert. Das Produkt hat einen pH-Wert von 5,8–7,9 und enthält 1–3% Kochsalz.

17.2.4.5 Fehlerhafte Gärprodukte

Saure Gurken werden oft weich, verursacht durch gurkeneigene oder mikrobielle pektinolytische Enzyme. Sie verfärben sich z.T. auch bräunlich bis schwärzlich, hervorgerufen durch Eisensulfidbildung oder durch schwarze, von Mikroorganismen *(Bacillus nigrificans)* erzeugte Pigmente. Das „Hohlwerden" der Gurken beruht auf gasbildenden Mikroorganismen (Hefen, *Enterobacter spp.*), die durch Sorbinsäure weitgehend ausgeschaltet werden können.

Sauerkraut erleidet Dunkelfärbung durch chemisch oder enzymatisch bedingte Oxidationen, wenn durch fehlende Brühe die Oberfläche des Produktes freiliegt. Rot- und Graufärbungen werden durch Hefen (wahrscheinlich *Rhodotorula*) und auch durch *Lactobacillus brevis* unter aeroben Bedingungen verursacht. Reduktionsmittel wie Cystein und Ascorbinsäure wirken den Verfärbungen entgegen. Weichwerden tritt ein, wenn zu hohe Gärtemperaturen herrschen, die Luft Zutritt erhält, die Salzzugabe zu gering oder, durch fehlerhafte Gärführung, der Milchsäuregehalt zu niedrig ist. Außer durch Fehlgärungen kann Sauerkraut auch durch Schimmelpilz- und Kahmhefenbefall (Luftsauerstoff) sowie durch Fäulnis (mangelnder Schutz durch zu wenig Salzbrühe) verderben.

Niederkettige Fettsäuren wie Propionsäure und Buttersäure bedingen ein Fehlaroma.

17.2.5 Essiggemüse

Als Essiggemüse bezeichnet man Produkte, die durch Übergießen des Materials mit oft vorgekochtem heißen Essig hergestellt werden. Als Gemüsearten dienen Gurken, Rote Rüben, Perl- und Silberzwiebeln, Paprika und Gemüsemischungen, die außer den genannten Gemüsearten Blumenkohl, Karotten, Zwiebeln, Erbsen, Pilze (vor allem Steinpilze, Champignons, Reizker, Hallimasch und Kremplinge), Spargel, Maiskolben, Sellerie, Petersilienwurzel, Pastinak, Schwarzwurzeln, Kohlrabi, Kürbis und Peperoni enthalten.

Zur Herstellung wird einwandfreie Rohware mit einem Aufguß von 2,5%igem Essig versehen. Zusätze von Speisesalz, Gewürzen und Kräutern, Kräuterauszügen, Zucker und Konservierungsmitteln sind üblich. Man unterscheidet nach Art der Gemüse und ihrer Zubereitung Einzelgemüse in Essig (Essiggurken, Pfeffergurken, Cornichons, Senfgurken, sterilisierte Delikateß- und Gewürzgurken), außerdem Gemüsemischungen in Essig wie die z.T. aus frischen, z.T. aus vorkonservierten Bestandteilen (unzerteilte Gurken, Blumenkohl, Zwiebeln, zarte Maiskölbchen und Paprika) hergestellten „Mixed Pickles“. Mit einem Aufguß von Senftunke werden sie Piccalilly genannt.

Weiterhin werden eingelegt: Zwiebeln, Tomatenpaprika und Peperoni, Maiskölbchen und (z.T. unter Phantasienamen) gemischte Salate aus Essiggemüse. Produkte dieser Art werden z.T. pasteurisiert.

17.2.6 Salzgemüse

Unter Salzgemüse versteht man Produkte, bei denen Gemüse durch Zusatz von Salz, meist nach vorhergehender Blanchierung, jedoch ohne gleichzeitige Gärung haltbar gemacht wird. Salzgemüse sind für die Weiterverarbeitung bestimmte Halberzeugnisse. Salzspargel hat z.B. für die Herstellung von „Leipziger Allerlei“ und von Frischgemüsemischungen Bedeutung und wird durch Zusatz von 20% Salz zum frischen Spargel gewonnen. Auch die Herstellung von Salzbohnen spielt eine Rolle. Die blanchierten oder nichtblanchierten Bohnen werden mit Salzlake oder mit 10–12% festem Kochsalz (Salzstreu) eingelegt und müssen gleich anderem Salzgemüse vor dem Verzehr gründlich gewässert oder mit heißem fließendem Wasser durchgespült werden. In gleicher Weise salzt man andere zur Weiterverarbeitung (z.B. auf „Mixed Pickles“) bestimmte Gemüsearten (Blumenkohl, Kohlrabi, Karotten, Perlzwiebeln und Cornichons) ein. Pilze (Morcheln u.a.) werden vor allem in Polen und der USSR eingesalzen.

17.2.7 Gemüsesäfte

Das Gemüse wird geputzt, gewaschen, meist blanchiert und in einer Mühle zerkleinert. In einigen Fällen, z.B. bei Tomaten, wird auch zuerst zerkleinert und der resultierende Brei dann einige Zeit auf Temperaturen >70 °C erhitzt. Der Saft wird in Pressen oder Zentrifugen abgetrennt. Ein Zusatz von 0,25–1% NaCl ist üblich. Säfte, die nicht sauer sind, werden zum Teil mit Milchsäure oder Citronensäure versetzt. Zur Haltbarmachung werden die Produkte in Plattenerhitzern einer Pasteurisierung unterworfen.

Auf Saft verarbeitet werden in erster Linie Tomaten, aber z.B. auch Gurken, Möhren, Rettiche, Rote Rüben, Sauerkraut, Sellerie und Spinat.

17.2.8 Gemüsemark

Es handelt sich um, gegebenenfalls von Schalen und Samen befreiten, fein passierten und eingedickten Gemüsebrei. Die größte Bedeutung hat Tomatenmark, das durch Eindampfen von Tomatenpulpe oder -saft erhalten wird und je nach Produkt 14–36% Trockenmasse und 0,8 bis 2% NaCl enthält.

Tomatenketchup wird durch intensives Vormischen von Tomatenmark (28%ig oder 38%ig), Essig, Wasser, Zucker, Gewürzen und Stabilisatoren, sowie gegebenenfalls anschließende Feinhomogenisation über Kolloidmühlen hergestellt. Die meist batchweise geführten Ansätze werden über einen Plattenwärmeaustauscher (90 °C) und über die Haltestrecke einer Entgasungseinrichtung der Heißabfüllung mit nachgeschalteter Abkühlung zugeführt. Durch zu lange Hitzeeinwirkung können Fehler wie Karamelisierung, Farbveränderung und bitterer Geschmack bewirkt werden. Da das Produkt zur Separation neigt, die bei ungenügender Entgasung besonders an Luftblasen auftritt, ist eine ausreichende Viskosität wichtig. Bei guter Erhaltung des natürlichen Pektingehaltes (z.B. durch Hot break-Tomatenpüree) ist die Verwendung von Verdickungsmitteln unnötig. Die gefüllten Flaschen werden oft

über Kopf gelagert, um den relativ häufigen Defekt „black neck", eine Bräunung am Hals der Flasche auf Grund eines zu hohen Luftanteils im Kopfraum, zu verhindern.
Erzeugnisse aus anderen Gemüsen spielen vor allem in der Säuglingsernährung eine Rolle.

17.2.9 Gemüsepulver

Gemüsepulver werden durch Trocknung von Gemüsesäften mit oder ohne Zusatz von Trockenhilfsmitteln (Stärke, Stärkeabbauprodukte) auf einen Restwassergehalt von ca. 3% gewonnen. Übliche Verfahren sind Sprühtrocknung, Vakuumwalzentrocknung und Gefriertrocknung. Die größte Bedeutung hat Tomatenpulver. Andere Gemüsepulver, z. B. aus Spinat oder Roten Rüben, dienen z. T. zur Färbung anderer Lebensmittel.

17.3 Literatur

Adler, G.: Kartoffeln und Kartoffelerzeugnisse. Verlag Paul Parey: Berlin. 1971

Bötticher, W.: Technologie der Pilzverwertung. Verlag Eugen Ulmer: Stuttgart. 1974

Chung, T.-Y., Hayase, F., Kato, H.: Volatile components of ripe tomatoes and their juices, purées and pastes. Agric. Biol. Chem. *47*, 343 (1983)

Fenwick, G. R., Griffiths, N. M.: The identification of the goitrogen, (-)5-vinyloxazolidine-2-thione (goitrin), as a bitter principle of cooked Brussels sprouts (*Brassica oleracea* L. var. *gemmifera*). Z. Lebensm. Unters. Forsch. *172*, 90 (1981)

Fernández Díez, M. J.: Olives. In: Biotechnology (Eds.: Rehm, H.-J., Reed, G.), Vol. 5, p. 379, Verlag Chemie: Weinheim. 1983

Herrmann, K.: Gemüse und Gemüsedauerwaren. Verlag Paul Parey: Berlin. 1969

Herrmann, K.: Tiefgefrorene Lebensmittel. Verlag Paul Parey: Berlin. 1970

Kaiser, K.-P., Bruhn, L. C., Belitz, H.-D.: Proteaseinhibitors in potatoes. Protein-, trypsin- and chymotrypsininhibitor patterns by isoelectric focusing in polyacrylamidgel. A rapid method for identification of potato varieties. Z. Lebensm. Unters. Forsch. *154*, 339 (1974)

Ross, A. E., Nagel, D. L., Toth, B.: Evidence for the occurrence and formation of diazonium ions in the *Agaricus bisporus* mushroom and its extracts. J. Agric. Food Chem. *30*, 521 (1982)

Salunkhe, D. K., Do, J. Y.: Biogenesis of aroma constituents of fruits and vegetables. Crit. Rev. Food Sci. Nutr. *8*, 161 (1977)

Schobinger, U.: Frucht- und Gemüsesäfte, Verlag Eugen Ulmer: Stuttgart. 1978

Schormüller, J.: Die Erhaltung der Lebensmittel. Ferdinand Enke Verlag: Stuttgart. 1966

Shah, B. M., Salunkhe, D. K., Olson, L. E.: Effects of ripening processes on chemistry of tomato volatiles. J. Am. Soc. Hortic. Sci. *94*, 171 (1969)

Stamer, J. R.: Lactic acid fermentation of cabbage and cucumbers. In: Biotechnology (Eds.: Rehm, H.-J., Reed, G.), Vol. 5, p. 365, Verlag Chemie: Weinheim. 1983

Tiu, C. S., Purcell, A. E., Collins, W. W.: Contribution of some volatile compounds to sweet potato aroma. J. Agric. Food Chem. *33*, 223 (1985)

Whitaker, J. R.: Development of flavor, odor and pungency in onion and garlic. Adv. Food Res. *22*, 73 (1976)

18 Obst und Obstprodukte

18.1 Obst

18.1.1 Einführung

Als Obst werden Früchte bzw. Scheinfrüchte sowie Samen kultivierter und wildwachsender, mehrjähriger Pflanzen bezeichnet. Eine in der Praxis übliche Einteilung unterscheidet Kernobst, Steinobst, Beerenobst, Südfrüchte, Schalenobst und Wildfrüchte. In Tab. 18.1 sind die wichtigsten Obstarten aufgeführt mit Hinweisen auf die botanische Systematik und die Verwendung. Tab. 18.2 orientiert über die Obsterzeugung.

18.1.2 Zusammensetzung

Die Zusammensetzung von Obst kann in Abhängigkeit von Sorte und Reifezustand stark schwanken. Die folgenden Werte können deshalb nur zur Orientierung dienen. Aus Tab. 18.3 folgt, daß die Trockenmasse von Obst (Kern-, Stein-, Beerenobst und Südfrüchte) meist zwischen 10 und 20% liegt. Hauptbestandteile sind Zucker, Polysaccharide und organische Säuren, während Stickstoffverbindungen und Lipide zurücktreten. Unter den Nebenbestandteilen haben Farbstoffe und Aromastoffe für den Genußwert, Vitamine und Mineralstoffe für den Nährwert besondere Bedeutung. Schalenobst hat eine stark abweichende Zusammensetzung (Tab. 18.4). Der Wassergehalt liegt unter 10%, der Gehalt an Stickstoffverbindungen um 20%, der an Lipiden um 50%.

18.1.2.1 Stickstoffverbindungen

Obst enthält 0,1–1,5% Stickstoffverbindungen. Davon sind 35–75% Proteine. Auch freie Aminosäuren sind stark vertreten. Alle anderen Stickstoffverbindungen treten zurück. Auf die Sonderstellung des Schalenobstes mit seinem hohen Proteinanteil wurde bereits hingewiesen.

18.1.2.1.1 Proteine, Enzyme

Bei der Proteinfraktion, die in Abhängigkeit von Obstart und Reifezustand großen Veränderungen unterworfen ist, handelt es sich größtenteils um Enzyme. Neben Enzymen des Kohlenhydratstoffwechsels (z. B. pektinolytische Enzyme, Cellulasen, Amylasen, Phosphorylasen, Saccharasen, Enzyme des Pentosephosphatcyclus, Aldolase) sind Enzyme des Lipidstoffwechsels (z. B. Lipasen, Lipoxygenasen, Enzyme der Fettsäuresynthese), Enzyme des Proteinstoffwechsels (z. B. Proteinasen, Transaminasen), Enzyme des Citrat- und Glyoxylatcyclus sowie viele weitere Enzyme (z. B. saure Phosphatasen, Ribonucleasen, Esterasen, Katalasen, Peroxidasen, Phenoloxidasen, O-Methyltransferasen) vorhanden.
Die Protein- und Enzymmuster, die z. B. bei elektrophoretischer Trennung erhalten werden, sind im allgemeinen sehr typisch und können zur analytischen Differenzierung von Arten und Sorten herangezogen werden. Abb. 18.1 (s. S. 649) zeigt Proteinmuster verschiedener Weintraubensorten, Abb. 18.2 (s. S. 650) Enzymmuster verschiedener Erdbeerarten und -sorten.

18.1.2.1.2 Freie Aminosäuren

Im Durchschnitt entfallen 50% der löslichen Stickstoffverbindungen auf freie Aminosäuren. Die Aminosäuremuster sind für die Obstarten charakteristisch und können zur analytischen Kennzeichnung von Obstprodukten herangezogen werden. Tab. 18.5 gibt einige Zahlenwerte.
Neben den üblichen Proteinbausteinen kommen in Obst wie in anderen Pflanzengeweben auch Nichtprotein-Aminosäuren vor, so z. B. das toxische 2-(Methylencyclopropyl)-glycin (Tab. 17.5, 17.6; I) in Samen der Litchipflaume, das toxische Hypoglycin A (II) in der Akipflaume, 1-Aminocyclopropan-1-carbonsäure (X) in Apfel und Birne, trans-4-Methylprolin (XXII), 4-Hydroxymethylproline (XXIII–XXV) und 4-Methylenprolin (XXVI) in Apfel und japanischer Woll-

Tabelle 18.1. Obstarten

Nr.	Deutscher Name	Lateinischer Name	Familie/Unterfamilie	Bemerkungen	Verwendung
Kernobst					
1	Apfel	*Malus sylvestris*	Rosaceae	Sammelbalgfrucht	roh, getrocknet, Mus. Apfelkraut, Gelee, Saft, Wein, Branntwein
2	Birne	*Pyrus communis*	Rosaceae	Sammelbalgfrucht	roh, getrocknet, Kompott, Branntwein
3	Quitte Apfelquitte Birnenquitte	*Cydonia oblonga* *var. maliformis* *var. pyriformis*	Rosaceae	Sammelbalgfrucht	Gelee, Zusatz zu Apfelmus
Steinobst					
4	Aprikose	*Prunus armeniaca*	Rosaceae	Steinfrucht	roh, getrocknet, Kompott, Marmelade, Saft, Same als Persipan, Branntwein
5	Pfirsich	*Prunus persica*	Rosaceae	Steinfrucht	roh, Kompott, Saft, Branntwein
6	Pflaume	*Prunus domestica*	Rosaceae	Steinfrucht	roh, getrocknet, Kompott, Mus, Marmelade, Branntwein
7	Sauerkirsche	*Prunus cerasus*	Rosaceae	Steinfrucht	(roh), Kompott, Marmelade, Saft, Branntwein
8	Süßkirsche	*Prunus avium*	Rosaceae	Steinfrucht	roh, kandiert, Kompott
Beerenobst					
9	Brombeere	*Rubus fruticosus*	Rosaceae	Sammelsteinfrucht	roh, Marmelade, Gelee, Saft, Wein, Likör, Branntwein
10	Erdbeere	*Fragaria vesca*	Rosaceae	Sammelnußfrucht	roh, Kompott, Marmelade, Branntwein
11	Heidelbeere	*Vaccinium myrtillus*	Ericaceae	Beere	roh, Kompott, Marmelade, Branntwein
12	Himbeere	*Rubus idaeus*	Rosaceae	Sammelsteinfrucht	roh, Marmelade, Gelee, Sirup, Branntwein
13	Johannisbeere, rot	*Ribes rubrum*	Saxifragaceae	Beere	roh, Gelee, Saft, Branntwein
14	Johannisbeere, schwarz	*Ribes nigrum*	Saxifragaceae	Beere	roh, Saft, Likör
15	Preiselbeere	*Vaccinium vitis-idaea*	Ericaeae	Beere	Kompott
16	Stachelbeere	*Ribes uva-crispa*	Saxifragaceae	Beere	unreif: Kompott, reif: roh, Marmelade, Saft
17	Weintraube	*Vites vinifera ssp. vinifera*	Vitaceae	Beere	roh, getrocknet (Rosine), Saft, Wein, Weinbrand
Südfrüchte					
	Citrusfrüchte				
18	Apfelsine	*Citrus sinensis*	Rutaceae	Beere	roh, Saft
19	Grapefruit	*Citrus paradisi*	Rutaceae	Beere	roh, Saft
20	Kumquat	*Fortunella margarita*	Rutaceae	Beere	roh, Kompott, Marmelade
21	Mandarine	*Citrus reticulata*	Rutaceae	Beere	roh, Kompott
22	Pampelmuse	*Citrus maxima*	Rutaceae	Beere	roh, Saft
23	Pomeranze	*Citrus aurantium ssp. aurantium*	Rutaceae	Beere	kandiert (Orangeat), Marmelade
24	Zitrone	*Citrus limon*	Rutaceae	Beere	Saft
25	Zitronatzitrone	*Citrus medica*	Rutaceae	Beere	Fruchtschale: kandiert (Zitronat)

Tabelle 18.1. (Fortsetzung)

Nr.	Deutscher Name	Lateinischer Name	Familie/Unterfamilie	Bemerkungen	Verwendung
	Sonstige Südfrüchte				
26	Acerola	*Malpighia emarginata*	Malpighiaceae	Steinfrucht	roh, Kompott, Saft
27	Ananas	*Ananas comosus*	Bromeliaceae	Beerenfruchtverband	roh, Kompott, Marmelade, Saft
28	Avocadobirne	*Persea americana*	Lauraceae	Steinfrucht	roh
29	Banane	*Musa*	Musaceae	Beere	roh, getrocknet, gekocht, gebraten
30	Cherimoya	*Annona cherimola*	Annonaceae	Sammelbeere	roh
31	Dattel	*Phoenix dactylifera*	Arecaceae	Beere	roh, getrocknet
32	Feige	*Ficus carica*	Moraceae	Steinfruchtverband	roh, getrocknet, Marmelade, Dessertwein
33	Feigenkaktus	*Opuntia ficus-indica*	Cactaceae	Beere	roh
34	Guava	*Psidium guajava*	Myrtaceae	Beere	Kompott, Saft
35	Kakipflaume	*Diospyros kaki*	Ebenaceae	Beere	roh, kandiert, Kompott
36	Kiwifrucht	*Actinidia chinensis*	Actinidiaceae	Beere	roh, Kompott
37	Litchipflaume	*Litchi chinensis*	Sapindaceae	Samenobst	roh, getrocknet, Kompott
38	Mango	*Mangifera indica*	Anacardiaceae	Steinfrucht	roh, Kompott, Saft
39	Melone				
	Zuckermelone	*Cucumis melo*	Cucurbitaceae	Beere	roh
	Wassermelone	*Citrullus lanatus*	Cucurbitaceae	Beere	roh
40	Papaya	*Carica papaya*	Caricaceae	Beere	roh, Kompott, Saft
41	Passionsfrucht	*Passiflora edulis*	Passifloraceae	Samenobst	roh, Saft
42	Röhrenmanna	*Cassia fistula*	Caesalpiniaceae	Fruchthülse	roh
Schalenobst					
43	Cashewnuß	*Anacardium occidentale*	Anacardiaceae	Samenobst	geröstet
44	Erdnuß	*Arachis hypogaea*	Fabaceae	Same aus Nuß	geröstet und gesalzen
45	Haselnuß	*Corylus avellana*	Betulaceae	Same aus Nuß	roh, in Back- und Süßwaren (Nougat, Krokant)
	Türkische Hasel	*Corylus colurna*			
46	Mandel	*Prunus dulcis*	Rosaceae	Same aus Steinfrucht	
	Süßmandel	*var. dulcis*			in Back- und Süßwaren (Marzipan)
	Bittermandel	*var. amara*			zur Aromatisierung von Back- und Süßwaren
47	Paranuß	*Bertholletia excelsa*	Lecythidaceae	Same aus Kapsel	roh
48	Pistazie	*Pistacia vera*	Anacardiaceae	Same aus Steinfrucht	roh, gesalzen, zur Aromatisierung von Wurstwaren, zur Verzierung von Backwaren
49	Walnuß	*Juglans regia*	Juglandaceae	Same aus Steinfrucht	roh, in Back- und Süßwaren; unreife Früchte: in Essig, Zuckerlösung eingelegt
Wildobst					
50	Hagebutte	*Rosa sp.*	Rosaceae	Sammelnußfrucht	Marmelade, Wein
51	Holunder	*Sambucus nigra*	Caprifoliaceae	Steinfrucht	Saft, Mus
52	Sanddorn	*Hippophaë rhamnoides*	Elaeagnaceae	Scheinbeere mit nußartiger Innenfrucht	Marmelade, Saft

Tabelle 18.2. Produktion von Obst 1984 (1000 t)

Erdteil	Obst[a] insgesamt	Nüsse insgesamt	Wein-trauben	Rosinen	Datteln
Welt	299517	3874	64423	1096	2379
Afrika	33939	296	2776	35	1018
Amerika, Nord-, Mittel-	41487	806	5322	284	21
Amerika, Süd-	44365	127	4609	11	1
Asien	83939	1659	7611	526	1327
Europa, West-	58223	744	30365	155	12
Europa, Ost- + USSR	33838	234	12827	4	–
Ozeanien	3725	7	912	80	–

Erdteil	Äpfel	Birnen	Pfirsiche + Nektarinen	Pflaumen	Orangen	Mandarinen[b]	Zitronen
Welt	40378	9092	7697	6087	39679	6620	4907
Afrika	627	256	246	76	3499	542	256
Amerika, Nord-, Mittel-	4493	728	1584	717	9111	615	1532
Amerika, Süd-	1599	275	572	89	15524	915	636
Asien	10299	3256	1193	980	7037	3172	1281
Europa, West-	11767	3200	3202	1129	3706	1343	1164
Europa, Ost- + USSR	12710	1245	814	3071	404	–	–
Ozeanien	450	133	93	25	397	34	39

Erdteil	Grapefruit	Aprikosen	Avocado	Mango	Ananas	Bananen	Mehlbananen	Papayas
Welt	3775	1806	1573	14213	8752	41113	20268	2097
Afrika	289	200	121	874	1064	4668	12867	221
Amerika, Nord-, Mittel-	2286	126	986	1354	1205	7215	1671	402
Amerika, Süd-	302	43	311	769	1313	11698	4011	662
Asien	840	473	150	11204	5030	15947	1718	794
Europa, West-	25	592	2	–	2	476	–	–
Europa, Ost- + USSR	–	336	–	–	–	–	–	–
Ozeanien	35	36	3	11	138	1108	1	18

Erdteil	Erdbeeren	Himbeeren	Johannisbeeren	Mandeln	Pistazien	Haselnüsse	Cashewnüsse	Edelkastanien	Walnüsse
Welt	1938	277	542	1118	128	435	397	601	794
Afrika	4	–	–	72	–	2	138	–	6
Amerika, Nord-, Mittel-	569	28	–	417	28	12	3	–	195
Amerika, Süd-	16	–	–	–	–	–	65	12	8
Asien	290	–	–	243	96	306	191	431	295
Europa, West-	568	59	225	369	4	109	–	143	103
Europa, Ost- + USSR	482	189	315	14	–	5	–	16	186
Ozeanien	8	3	3	2	–	–	–	–	–

[a] Ohne Melonen und Nüsse.
[b] Einschließlich Tangerinen, Clementinen, Satsumas.
[c] Weltproduktion ≙ 100%.

Tabelle 18.2. (Fortsetzung)

Land	Obst insgesamt	Land	Nüsse insgesamt	Land	Weintrauben
Brasilien	24542	USA	768	Italien	11200
USA	22743	Türkei	517	Frankreich	9400
Italien	19660	China	496	USSR	7500
Indien	19450	Italien	274	Spanien	5569
USSR	18409	Spanien	274	USA	4644
Frankreich	13836	Indien	201	Türkei	3300
China	11913	Iran	152	Argentinien	2759
Spanien	11383	Brasilien	98	Südafrika	1700
Türkei	8140	USSR	85	Rumänien	1600
Mexiko	7425	Griechenland	81	Griechenland	1565
Philippinen	6998	Σ (%)[c]	76	Σ (%)[c]	76
Japan	5642				
Argentinien	5587				
BRD	4294				
Thailand	4111				
Kolumbien	4021				
Uganda	3871				
Indonesien	3769				
Griechenland	3692				
Südafrika	3569				
Iran	3354				
Yugoslawien	3336				
Rumänien	3328				
Vietnam	3328				
Ecuador	3313				
Ägypten	2812				
Nigeria	2520				
Σ (%)[c]	75				

Land	Rosinen	Land	Datteln	Land	Äpfel
Türkei	380	Ägypten	450	USSR	7500
USA	280	Saudi-Arabien	450	China	3810
Griechenland	150	Iran	330	USA	3729
Australien	80	Pakistan	225	Frankreich	2935
Afghanistan	72	Algerien	207	Italien	2050
Iran	52	Irak	115	Türkei	1900
Südafrika	30	Sudan	115	BRD	1752
China	9	Libyen	98	Polen	1566
Syrien	9	UA Emirates	58	Ungarn	1144
Argentinien	8	Bahrein	40	Spanien	1019
Σ (%)[c]	98	Marokko	40	Japan	986
		Σ (%)[c]	89	Indien	980
				Argentinien	934
				Σ (%)[c]	75

[c] Weltproduktion ≙ 100%.

Tabelle 18.2. (Fortsetzung)

Land	Birnen	Land	Pfirsiche	Land	Pflaumen
China	2023	Italien	1616	USSR	1100
Italien	1070	USA	1365	Rumänien	694
USA	648	Spanien	527	Jugoslawien	644
USSR	580	Griechenland	520	USA	630
Spanien	489	Frankreich	454	China	546
Frankreich	485	USSR	430	BRD	436
Japan	480	China	426	Frankreich	212
BRD	429	Argentinien	241	Bulgarien	200
Türkei	340	Türkei	230	Ungarn	170
Argentinien	155	Japan	216	Italien	160
Österreich	151	Σ (%)[c]	78	Σ (%)[c]	79
Σ (%)[c]	75				

Land	Orangen	Land	Mandarinen	Land	Zitronen
Brasilien	13372	Japan	2187	USA	787
USA	6566	Spanien	861	Italien	690
Italien	1700	Brasilien	530	Mexiko	600
Mexiko	1600	USA	446	Indien	500
China	1495	Italien	370	Argentinien	320
Spanien	1310	China	248	Türkei	300
Ägypten	1300	Marokko	243	Spanien	283
Indien	1223	Türkei	230	Griechenland	170
Israel	921	Argentinien	225	Brasilien	120
Marokko	746	Pakistan	205	Peru	74
Σ (%)[c]	76	Σ (%)[c]	84	Σ (%)[c]	78

Land	Grapefruit	Land	Aprikosen	Land	Avocado
USA	1945	Spanien	216	Mexiko	440
Israel	409	Türkei	195	USA	223
China	161	USSR	175	Dominikanische Rep.	136
Kuba	151	Italien	170	Brasilien	115
Argentinien	140	USA	115	Indonesien	69
Mexiko	105	Griechenland	100	Peru	67
Cypern	89	Frankreich	80	Haiti	61
Südafrika	81	Marokko	67	Israel	53
Paraguay	61	Syrien	60	Venezuela	43
Sudan	58	Iran	55	El Salvador	34
Σ (%)[c]	85	Algerien	50	Σ (%)[c]	79
		Pakistan	44		
		Rumänien	42		
		Σ (%)[c]	75		

[c] Weltproduktion ≙ 100%.

Tabelle 18.2. (Fortsetzung)

Land	Mango	Land	Ananas	Land	Bananen
Indien	8919	Thailand	1650	Brasilien	6968
Pakistan	683	Philippinen	1250	Indien	4606
Mexiko	670	Brasilien	956	Philippinen	4100
Philippinen	550	Indien	691	Thailand	2045
Brasilien	520	USA	544	Indonesien	2000
China	387	Mexiko	400	Ecuador	1924
Indonesien	360	Vietnam	395	Mexiko	1500
Haiti	340	Indonesien	299	Honduras	1250
Bangladesch	185	China	252	Kolumbien	1200
Dominikanische Rep.	185	Elfenbeinküste	220	Vietnam	1200
				Panama	1100
				Tansania	1000
				Burundi	980
				Venezuela	965
Σ (%)[c]	90	Σ (%)[c]	76	Σ (%)[c]	75

Land	Mehlbananen	Land	Papaya	Land	Erdbeeren
Uganda	3410	Brasilien	470	USA	447
Kolumbien	2300	Indonesien	300	Japan	201
Ruanda	2200	Mexiko	300	Polen	186
Zaire	1480	Indien	272	Italien	151
Nigeria	1420	Zaire	160	USSR	110
Sri Lanka	1000	Philippinen	105	Frankreich	92
Tansania	1000	China	83	Mexiko	92
Kamerun	970	Kolumbien	67	Spanien	85
Elfenbeinküste	850	Peru	49	UK	59
Ecuador	680	Kuba	42	Korea Rep.	53
Σ (%)[c]	76	Σ (%)[c]	88	Σ (%)[c]	76

Land	Himbeeren	Land	Johannisbeeren	Land	Mandeln
USSR	110	Polen	158	USA	417
Polen	30	BRD	134	Spanien	221
BRD	24	USSR	75	China	95
Jugoslawien	24	Tschechoslowakei	37	Italien	95
UK	22	Österreich	30	Iran	60
Kanada	15	DDR	29	Tunesien	42
Ungarn	15	Ungarn	22	Griechenland	37
USA	13	Norwegen	20	Türkei	28
Bulgarien	8	UK	18	Pakistan	27
Frankreich	7	Frankreich	11	Portugal	12
Σ (%)[c]	97	Σ (%)[c]	99	Σ (%)[c]	92

[c] Weltproduktion ≙ 100%.

Tabelle 18.2. (Fortsetzung)

Land	Pistazien	Land	Haselnüsse	Land	Edelkastanien
Iran	70	Türkei	300	China	240
USA	28	Italien	80	Korea Rep.	75
Syrien	12	Spanien	17	Italien	70
Türkei	12	USA	12	Türkei	55
Afghanistan	2	Griechenland	9	Japan	53
Griechenland	2	Iran	6	Frankreich	24
Italien	2	USSR	5	Portugal	18
Σ (%)[c]	100	Burkina Faso	2	Spanien	18
		Frankreich	2	Griechenland	13
		Portugal	1	Bolivien	12
		Σ (%)[c]	100	Σ (%)[c]	96

Land	Cashewnüsse	Land	Walnüsse
Indien	180	USA	191
Brasilien	65	China	130
Tansania	49	Türkei	120
Nigeria	37	USSR	61
Mozambique	20	Rumänien	42
Kenia	15	Jugoslawien	38
Gum Bissan	10	Italien	23
Thailand	5	Indien	21
Madagaskar	4	Bulgarien	20
Philippinen	4	Griechenland	20
Σ (%)[c]	98	Σ (%)[c]	84

[c] Weltproduktion ≙ 100%.

Tabelle 18.3. Zusammensetzung von Obst (in % des Frischgewebes, eßbarer Anteil)

Obstart	Trockenmasse	Gesamtzucker	Titrierbare Säure[a]	Unlösl. Stoffe	Pektin[b]	Asche	pH
Apfel	16,0	11,1	0,6 (Ä)	2,1	0,6	0,3	3,3
Birne	17,5	9,8	0,2 (Ä)	3,1	0,5	0,4	3,9
Aprikose	12,6	6,1	1,6 (Ä)	1,6	1,0	0,6	3,7
Sauerkirsche	14,7	9,4	0,7 (Ä)	1,6	0,3		3,4
Süßkirsche	18,7	12,4	0,7 (Ä)	2,0	0,3	0,6	4,0
Pfirsich	12,9	8,5	0,6 (Ä)			0,5	3,7
Pflaume	14,0	7,8	1,5 (Ä)	1,3	0,9	0,5	3,3
Brombeere	19,1	5,0	0,6 (C)	9,2	0,7	0,5	3,4
Erdbeere	10,2	5,7	0,9 (C)	2,4	0,5	0,5	
Johannisbeere, rot	16,4	5,1	2,3 (C)	5,9	0,7	0,6	3,0
Johannisbeere, schwarz	19,7	6,3	3,2 (C)	5,9	1,1	0,6	3,3
Himbeere	13,9	4,5	1,8 (C)	5,1	0,4	0.5	3,4
Weintraube	17,3	14,8	0,4 (W)			0.5	3,3

Tabelle 18.3. (Fortsetzung)

Obstart	Trockenmasse	Gesamtzucker	Titrierbare Säure[a]	Unlösl. Stoffe	Pektin[b]	Asche	pH
Apfelsine	13,0	7,0	0,8 (C)			0,5	3,3
Grapefruit	11,4	6,7	1,3 (C)			0,4	3,3
Zitrone	11,7	2,2	6,0 (C)			0,5	2,5
Ananas	15,4	12,3	1,1 (C)	1,5		0,4	3,4
Banane	26,4	18,0	0,4 (Ä)	4,6	0,9	0,8	4,7
Cherimoya	19	13	0,2			0,9	
Dattel	80	61				1,8	
Feige	22	16	0,4 (C)		0,6		
Guava	22	4,9			0,7		
Mango	19	14	0,5		0,5		
Papaya	11	9	0,1		0,6		

[a] Berechnet als Äpfelsäure (Ä), Citronensäure (C), Weinsäure (W).
[b] Als Calciumpektat.

Tabelle 18.4. Zusammensetzung von Schalenobst (in % des Frischgewebes, eßbarer Anteil)

Obstart	Wasser	N-Verbindungen	Lipide	Kohlenhydrate	Asche	Rohfaser
Cashewnuß		16	45,5	21,5		
Erdnuß	5,0	28,5	47,5	20	2,9	2,8
Haselnuß	7,1	17,4	62,6	9,5	2,5	3,2
Pistazie		21	53,5	16,5		
Mandel	4,7	20,5	53,5	16,5	2,3	3,7
Walnuß	3,3	15,0	64,4	15,6	1,7	2,1

mispel, 3,4-Dihydroxyglutaminsäure (XXXV) in der Johannisbeere, 4-Methylenglutaminsäure (XXXI) und 4-Methylenglutamin (XXXII) in der Erdnuß, 3-Amino-3-carboxypyrrolidin (LIV) im Moschuskürbis. In Abschnitt 17.1.2.1.2 werden die Nichtprotein-Aminosäuren zusammenfassend behandelt. Die römische Bezifferung der hier angeführten Verbindungen bezieht sich auf Tab. 17.5 und Tab. 17.6.

18.1.2.1.3 Amine

Eine Reihe von aliphatischen und aromatischen Aminen wurde in verschiedenen Obstarten nach-

Tabelle 18.5. Freie Aminosäuren in Obst

Obstart	Asp	Asn	Glu	Gln	Ser	Thr	Pro	Ala	Abu[c]	His	Arg	Pip[d]
Apfel (Saft)[a]	21	17	15		10	3	2	7	5			
Birne (Saft)[a]	10	9	10		11	2	14	9	3			
Weintraube[a]	3		13			6	31	9	6		27	
Johannisbeere, schwarz[a]		7	17	24	5		8	17	12			
Apfelsine[b]	7–115	20–188	6–71	3–63	4–37		6–295	3–26	4–73		23–150	
Grapefruit[b]	470		280		310	10				76		
Zitrone[b]	19–60		6–35		12–28			1–31	4–20		25–106	
Banane[a]	5–10	15		10–15					5–10	10–15		5–10

[a] Werte in %, bezogen auf Summe der freien Aminosäuren.
[b] Werte in mg/100 ml Saft.
[c] γ-Aminobuttersäure.
[d] Pipecolinsäure.

gewiesen (Tab. 18.6 und 18.7). Sie entstehen zum Teil durch Decarboxylierung von Aminosäuren, zum Teil, wie z. B. in Äpfeln, durch Aminierung oder Transaminierung von Aldehyden:

$$R{-}CHO \xrightarrow[2\,[H]]{NH_3} R{-}CH_2{-}NH_2 \qquad (18.1)$$

$$R{-}CHO + R^1{-}\underset{\displaystyle NH_2}{\underset{|}{CH}}{-}COOH \longrightarrow R{-}CH_2{-}NH_2 + R^1{-}\underset{\displaystyle O}{\underset{\|}{C}}{-}COOH \qquad (18.2)$$

Einige Amine sind Folgeprodukte des Tyramins (Hordenin, Synephrin, Octopamin, Dopamin, Noradrenalin; Formel 18.3).

Tabelle 18.6. Amine in Obst

Obstart	Amine
Apfel	Methylamin, Ethylamin, Propylamin, Butylamin, Hexylamin, Octylamin, Dimethylamin, Spermin, Spermidin
Pflaume	Dopamin
Apfelsine	Feruloylputrescin, Methyltyramin, Synephrin
Grapefruit	Feruloylputrescin
Zitrone	Tyramin, Synephrin, Octopamin
Ananas	Tyramin, Serotonin
Avocado	Tyramin, Dopamin
Banane	Methylamin, Ethylamin, Isobutylamin, Isoamylamin, Dimethylamin, Putrescin, Spermidin, Ethanolamin, Propanolamin, Histamin, 2-Phenylethylamin, Tyramin, Dopamin, Noradrenalin, Serotonin

18.1.2.2 Kohlenhydrate

18.1.2.2.1 Monosaccharide

Neben Glucose und Fructose, deren Verhältnis bei verschiedenen Obstarten sehr unterschiedlich sein kann (Tab. 18.8), kommen andere Monosaccharide nur in Spuren vor. In einigen Früchten wurden z. B. Arabinose und Xylose gefunden. Eine Sonderstellung nimmt die Avocado ein, die eine Reihe von höheren Zuckern in Mengen von 0,2–5% des Frischgewichtes enthält (D-manno-Heptulose, D-talo-Heptulose, D-glycero-D-galacto-Heptose, D-glycero-D-manno-Octulose, D-glycero-L-galacto-Octulose, D-erythro-L-gluco-Nonulose, D-erythro-L-galacto-Nonulose). In geringen Mengen wurden Heptulosen auch im Fruchtfleisch von Apfelsinen und Erdbeeren sowie in der Schale von Grapefruits, Apfelsinen und Weintrauben nachgewiesen.

18.1.2.2.2 Oligosaccharide

Saccharose ist das dominierende Oligosaccharid. Andere Disaccharide haben mengenmäßig keine

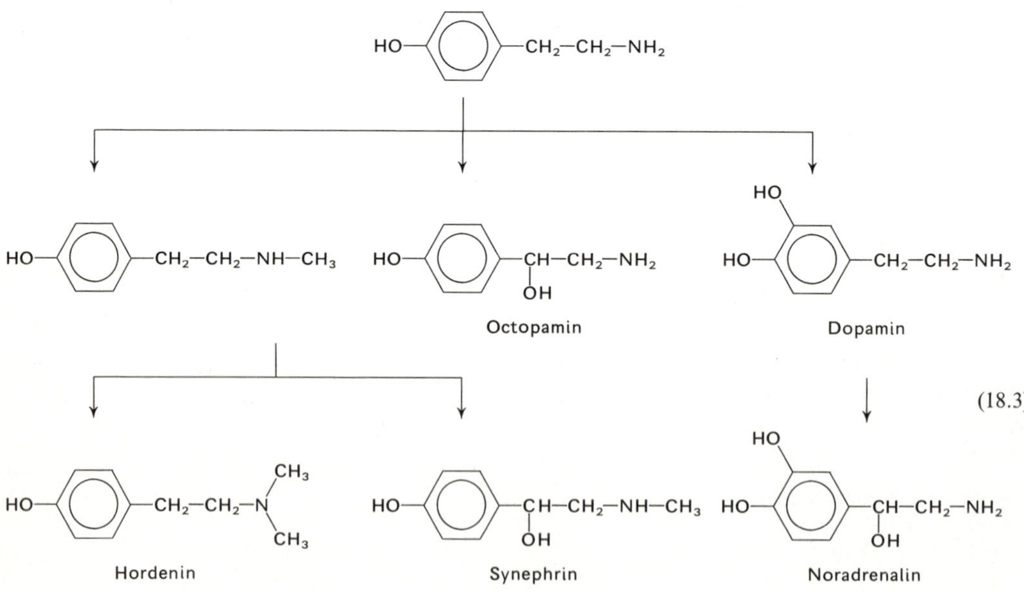

(18.3)

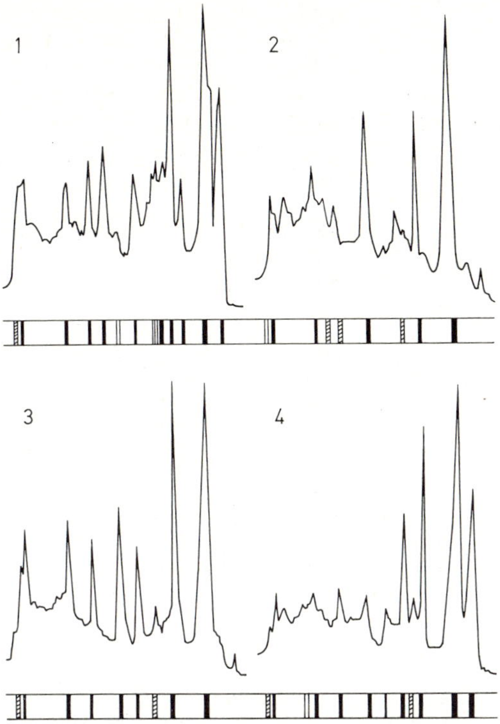

Abb. 18.1. Proteinmuster verschiedener Weintraubensorten nach isoelektrischem Fokussieren (pH 3–10) in Sephadex G-75. Anfärbung des Papierabklatsches mit Coomassie Blue. Die Abbildungen zeigen das Pherogramm und das dazugehörige Densitogramm; Anbaugebiet Südpfalz, 1 Morio Muskat, 2 Müller-Thurgau, 3 Ruländer, 4 Silvaner. (Nach *Drawert* und *Müller*, 1973)

Bedeutung. Maltose kommt in geringer Menge in Weintrauben, Bananen und Guaven vor. In Weintrauben wurden auch Melibiose, Raffinose und Stachyose nachgewiesen. In reifen Bananen wurde 6-Kestose nachgewiesen. Andere Oligosaccharide kommen nur in Spuren vor. Das Verhältnis reduzierender Zucker zu Saccharose kann sehr unterschiedlich sein (Tab. 18.8). Einige Obstarten enthalten keine Saccharose (z. B. Kirsche, Weintraube, Feige), bei anderen ist der Saccharosegehalt deutlich höher als die Summe der reduzierenden Zucker (z. B. Aprikose, Pfirsich, Ananas).

18.1.2.2.3 Zuckeralkohole

Speziell in Früchten von *Rosaceae* (Kernobst, Steinobst) kommt D-Glucit (Sorbit) vor. In

Tabelle 18.7. Amine in Schale und Fruchtfleisch der Banane (μg/g Frischgewebe)

Amin	Schale	Fruchtfleisch
Serotonin	50–150	28
Tyramin	65	7
Dopamin	700	8
Noradrenalin	122	2

Tabelle 18.8. Zuckergehalt verschiedener Obstarten (in % des eßbaren Anteils)

Obstart	Glucose	Fructose	Saccharose
Apfel	1,8	5,0	2,4
Birne	2,2	6,0	1,1
Aprikose	1,9	0,4	4,4
Kirsche	5,5	6,1	0,0
Pfirsich	1,5	0,9	6,7
Pflaume	3,5	1,3	1,5
Brombeere	3,2	2,9	0,2
Erdbeere	2,6	2,3	1,3
Johannisbeere, rot	2,3	1,0	0,2
Johannisbeere, schwarz	2,4	3,7	0,6
Himbeere	2,3	2,4	1,0
Weintraube	8,2	8,0	0,0
Apfelsine	2,4	2,4	4,7
Grapefruit	2,0	1,2	2,1
Zitrone	0,5	0,9	0,2
Ananas	2,3	1,4	7,9
Banane	5,8	3,8	6,6
Dattel	32,0	23,7	8,2
Feige	5,5	4,0	0,0

Tabelle 18.9. Lipide des Apfelfruchtfleisches (in % des Gesamtlipids)

Triacylglyceride	5	Sterine	15
		Sterinester	2
Glykolipide	17	Sulpholipide	1
Phospholipide	47	Sonstige	15

Apfelsaft wurden z. B. Mengen von 300–800 mg/100 ml gefunden. Da andere Früchte, z. B. Beerenobst, Citrusfrüchte, Ananas, Banane, kein Sorbit enthalten, kommt seinem Nachweis Bedeutung für die Beurteilung von Wein und anderen Obstprodukten zu. In Früchten verbreitet ist myo-Inosit; in Apfelsinensaft liegen z. B. 130–170 mg/100 ml vor.

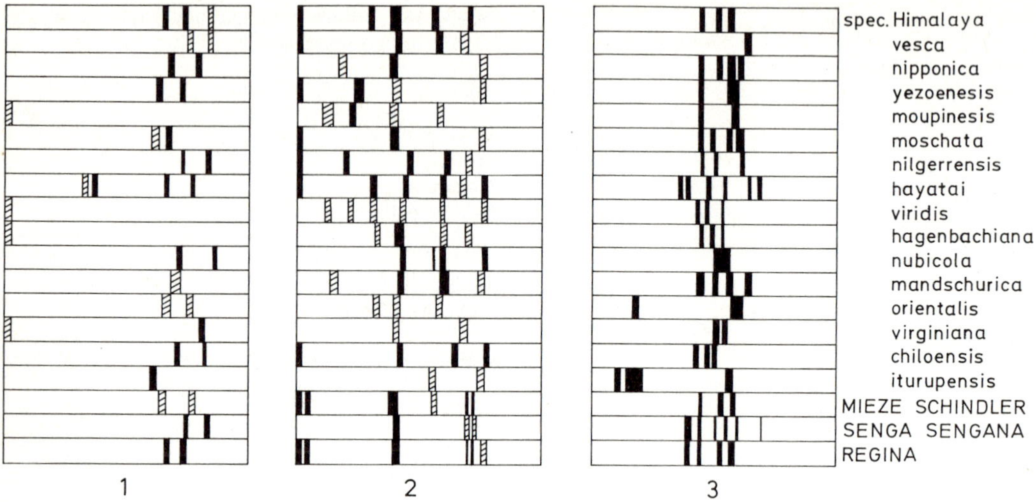

Abb. 18.2. Enzymmuster verschiedener Erdbeerarten *(Fragaria sp.)* und -sorten *(Fragaria ananas)* nach Disk-Elektrophorese in Polyacrylamidgel. Sammelgel pH 6,7, Trenngel pH 8,9; *1* Peroxidase: Inkubation mit o-Toluidin/H_2O_2 bei pH 7; *2* Esterasen: Inkubation mit α-Naphthylacetat bei pH 7, das freigesetzte α-Naphthol wird diazotiert und mit p-Chloranilin gekoppelt; *3* Malatdehydrogenase: Inkubation mit Malat, Nitro-blue-tetrazoliumchlorid und NAD bei pH 7,5. (Nach *Drawert* et al., 1974)

18.1.2.2.4 Polysaccharide

In allen Obstarten kommen Cellulose, Hemicellulosen, Pentosane und Pektine vor. Bausteine dieser Polysaccharide sind Glucose, Galactose, Mannose, Arabinose, Xylose, Rhamnose, Fucose, Galacturonsäure und Glucuronsäure. Besonders starken Veränderungen während der Reifung ist die Pektinfraktion unterworfen. Eine Abnahme unlöslicher Pektine ist mit einer Zunahme löslicher Pektine verbunden. Der Gesamtpektingehalt kann abnehmen. Stärke findet sich meist nur in unreifen Früchten und nimmt mit zunehmender Reife bis auf geringe Mengen ab. Ausnahmen sind die Banane, deren Stärkegehalt auch in reifem Zustand $\geq 3\%$ sein kann, und verschiedene Schalenobstarten, die hohe Stärkeanteile haben können (Cashewnuß, Paranuß).

18.1.2.3 Lipide

Der Lipidanteil von Obst ist meist niedrig und liegt bei 0,1–0,5% des Frischgewichtes. Nur Fruchtsamen und Schalenobst enthalten beträchtlich größere Mengen an Lipiden (cf. Tab. 18.4). Sehr fettreich ist auch das Fruchtfleisch der Avocado. Die Lipidfraktion von Obst umfaßt Triacylglyceride, Glykolipide, Phospholipide, Carotinoide, Triterpenoide und Fruchtwachse.

18.1.2.3.1 Fruchtfleischlipide (außer Carotinoide und Triterpenoide)

Aus Tab. 18.9 ist am Beispiel der Lipidfraktion des Fruchtfleisches vom Apfel zu ersehen, daß Phospholipide mit ca. 50% den Hauptanteil bilden. Unter den Fettsäuren dominieren Palmitinsäure, Ölsäure und Linolsäure (Tab. 18.10).

18.1.2.3.2 Carotinoide

Carotinoide sind in Früchten verbreitet und tragen bei einer Reihe von Obstarten, z. B. bei Citrusfrüchten, Pfirsich, Zuckermelone, entscheidend zur Farbe bei. Tab. 18.11 enthält eine Zusammenstellung der für Obst wichtigen Carotinoide, Tab. 18.12 Angaben über die Carotinoidmuster einiger Obstarten.
Entsprechend der Carotinoidmenge und -verteilung lassen sich die Obstarten in verschiedene Klassen einteilen mit

- kleinen Mengen (hauptsächlich in den Chloroplasten) von β-Carotin, Lutein, Violaxanthin, Neoxanthin (z. B. Ananas, Banane, Feige, Weintraube)

Tabelle 18.10. Fettsäurezusammensetzung einiger Fruchtfleischfette (in % der Gesamtfettsäuren)

Fettsäuren	Avocado	Apfel	Banane
12:0	+[a]	0,6	+
14:0	+	0,6	0,6
16:0	15	30	58
16:1	4	0,5	8,3
18:0	+	6,4	2,5
18:1	69	18,5	15
18:2	11	42,5	10,6
18:3	+	1	3,6

[a] Spuren.

Tabelle 18.11. Liste von Carotinoiden, die in Obst vorkommen (Römische Ziffern beziehen sich auf die in Abschnitt 3.8.4 angegebenen Formeln)

Nr.	Carotinoid
1	Phytoen (I)
2	Phytofluen (II)
3	ζ-Carotin (III)
4	Lycopin (IV)
5	α-Carotin (VI)
6	β-Carotin (VII)
7	β-Zeacarotin (V a)
8	Lycoxanthin (16-Hydroxylycopin)
9	α-Kryptoxanthin (3-Hydroxy-α-carotin)
10	β-Kryptoxanthin (3-Hydroxy-β-carotin)
11	β-Carotin-5,6-epoxid
12	Mutatochrom (β-Carotin-5,8-epoxid)
13	Lutein (IX)
14	Zeaxanthin (VIII)
15	Kryptoflavin (α-Kryptoxanthin-5,8-epoxid)
16	β-Carotin-5,6,5′,6′-diepoxid
17	Antheraxanthin (Zeaxanthin-5,6-epoxid)
18	Lutein-5,6-epoxid
19	Mutatoxanthin (XVI)
20	Lutein-5,8-epoxid
21	Kryptoxanthin-5,8,5′,8′-diepoxid
22	Violaxanthin (XIII)
23	Luteoxanthin (XIV)
24	Auroxanthin (Zeaxanthin-5,8,5′,8′-diepoxid)
25	Neoxanthin (XX)
26	Capsanthin (X)

- relativ großen Mengen von Lycopin, Phytoen, Phytofluen, ζ-Carotin und Neurosporin (z. B. Pfirsich)
- relativ großen Mengen von β-Carotin, Kryptoxanthin, Zeaxanthin (z. B. Apfelsine, Birne, Pfirsich, Zuckermelone)
- großen Mengen von Epoxiden (z. B. Apfelsine, Birne)
- seltenen Carotinoiden (z. B. Apfelsine).

Tabelle 18.12. Carotinoidmuster einiger Obstarten

Obstart	Carotinoide	
	Menge[a]	Verbindungen[b]
Ananas		6, 13
Apfelsine	24	1, 2, 3, 4, 6, 10, 11, 12, 15, 17, 20, 21, 22, 23, 24
Banane		6, 13
Birne	0,3–1,3	2, 3, 6, 7, 8, 11, 12, 13, 14, 16, 18, 20, 24, 25
Feige	8,5	1, 2, 5, 6, 13, 14, 22, 23, 25
Guava		5, 6
Pfirsich	27	1, 2, 3, 5, 6, 9, 10, 13, 14, 17, 18, 19, 22, 23, 24
Pflaume		1, 2, 3, 5, 6, 9, 10, 12, 14, 15, 17, 18, 19, 20, 22, 23, 25
Weintraube	1,8	1, 2, 4, 5, 13, 14, 22, 23
Zuckermelone	20–30	1, 2, 3, 5, 6, 13, 14, 22, 23

[a] mg/kg Frischgewicht.
[b] Die Ziffern beziehen sich auf die arabische Numerierung in Tab. 18.11.

Das Carotinoidmuster hat für die analytische Kennzeichnung von Obstprodukten Bedeutung.

18.1.2.3.3 Triterpenoide

In der Triterpenoidfraktion sind die Limonoide und die Cucurbitacine als Bitterstoffe von besonderem Interesse.

Limonoide sind in Früchten und Samen der *Rutaceae* verbreitet. Limonin (II) kommt z. B. in Samen, Saft und Fruchtfleisch von Apfelsine und Grapefruit vor. Während der Limoningehalt von Apfelsinen mit der Reifung abnimmt, bleibt er bei der Grapefruit konstant. Ein technologisches Problem ist die Entwicklung von Bittergeschmack in erhitzten Apfelsinensäften. Limoninmonolacton (I), eine nichtbittere, im neutralen pH-Bereich stabile Verbindung, kommt in Albedo und Endocarp von Apfelsinen vor. Es gelangt bei der Saftgewinnung in den Saft und geht bei dem niedrigen pH-Wert in das bittere Dilacton Limonin (II) über (Formel 18.4).

Von vielen *Cucurbitaceae* sind bittere und nichtbittere Formen bekannt. Die bitteren Formen enthalten in Früchten und Samen Cucurbitacine (III), so z. B. *Citrullus lanatus* (Wassermelone) III E als Glykosid, *Cucumis sativus* (Gurke) III C und *Cucurbita spp.* (Kürbis) III B, D, E und I (Formel 18.5).

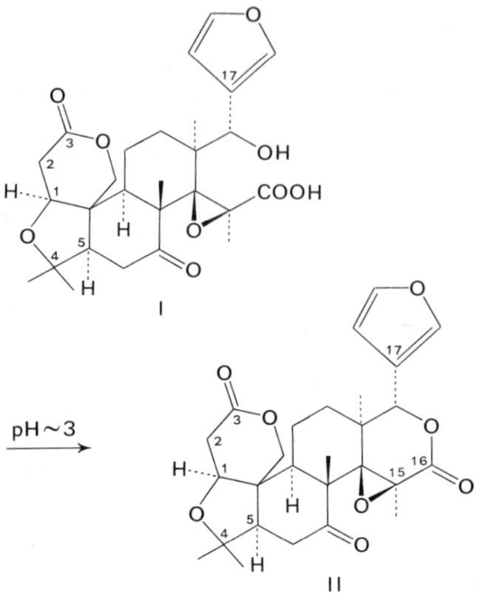

(18.4)

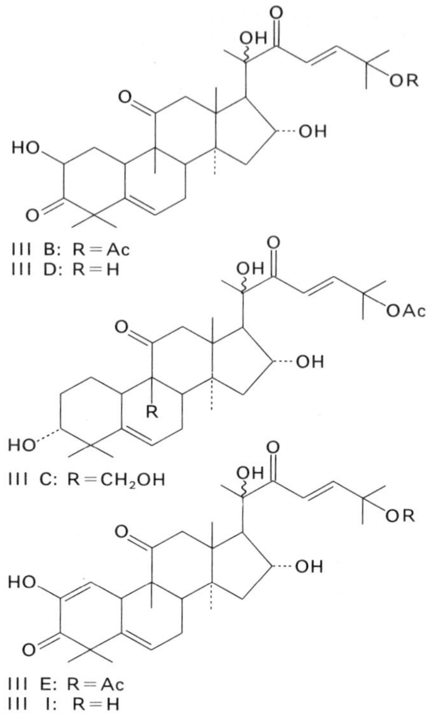

(18.5)

Bei der Biosynthese der Limonoide und der Cucurbitacine wird das Squalen-2,3-oxid (Formel 18.6; IV) gemeinsamer Vorläufer sein. Auf Grund einiger bekannter Zwischenverbindungen sind die in Formel 18.6 angegebenen Wege als wahrscheinlich anzusehen.

Tabelle 18.13. Organische Säuren in verschiedenen Obstarten (mval/100 g Frischgewicht)

Obstart	Hauptsäure	Andere Säuren
Apfel	Äpfelsäure 3–19	Chinasäure (in unreifen Früchten)
Birne	Äpfelsäure 1–2	Citronensäure
Aprikose	Äpfelsäure 12	Citronensäure 12, Chinasäure 2–3
Kirsche	Äpfelsäure 5–9	Citronensäure, Chinasäure, Shikimisäure
Pfirsich	Äpfelsäure 4	Citronensäure < 4
Pflaume	Äpfelsäure 6–11	Chinasäure (besonders in unreifen Früchten)
Erdbeere	Citronensäure 10–18	Äpfelsäure 1–3, Chinasäure 0,1, Bernsteinsäure 0,1
Himbeere	Citronensäure 24	Äpfelsäure 1
Johannisbeere, rot	Citronensäure 21–28	Äpfelsäure 2–4, Bernsteinsäure, Oxalsäure
Johannisbeere, schwarz	Citronensäure 43	Äpfelsäure 6
Stachelbeere	Citronensäure 11–14	Äpfelsäure 10–13, Shikimisäure 1–2
Weintraube	Weinsäure 1,5–2	Äpfelsäure 1,5–2
Apfelsine	Citronensäure 15	Äpfelsäure 3, Chinasäure
Zitrone	Citronensäure 73	Äpfelsäure 4, Chinasäure
Ananas	Citronensäure 6–20	Äpfelsäure 1,5–7
Banane	Äpfelsäure 4	
Feige	Citronensäure 6	Äpfelsäure, Essigsäure
Guava	Citronensäure 10–20	Äpfelsäure

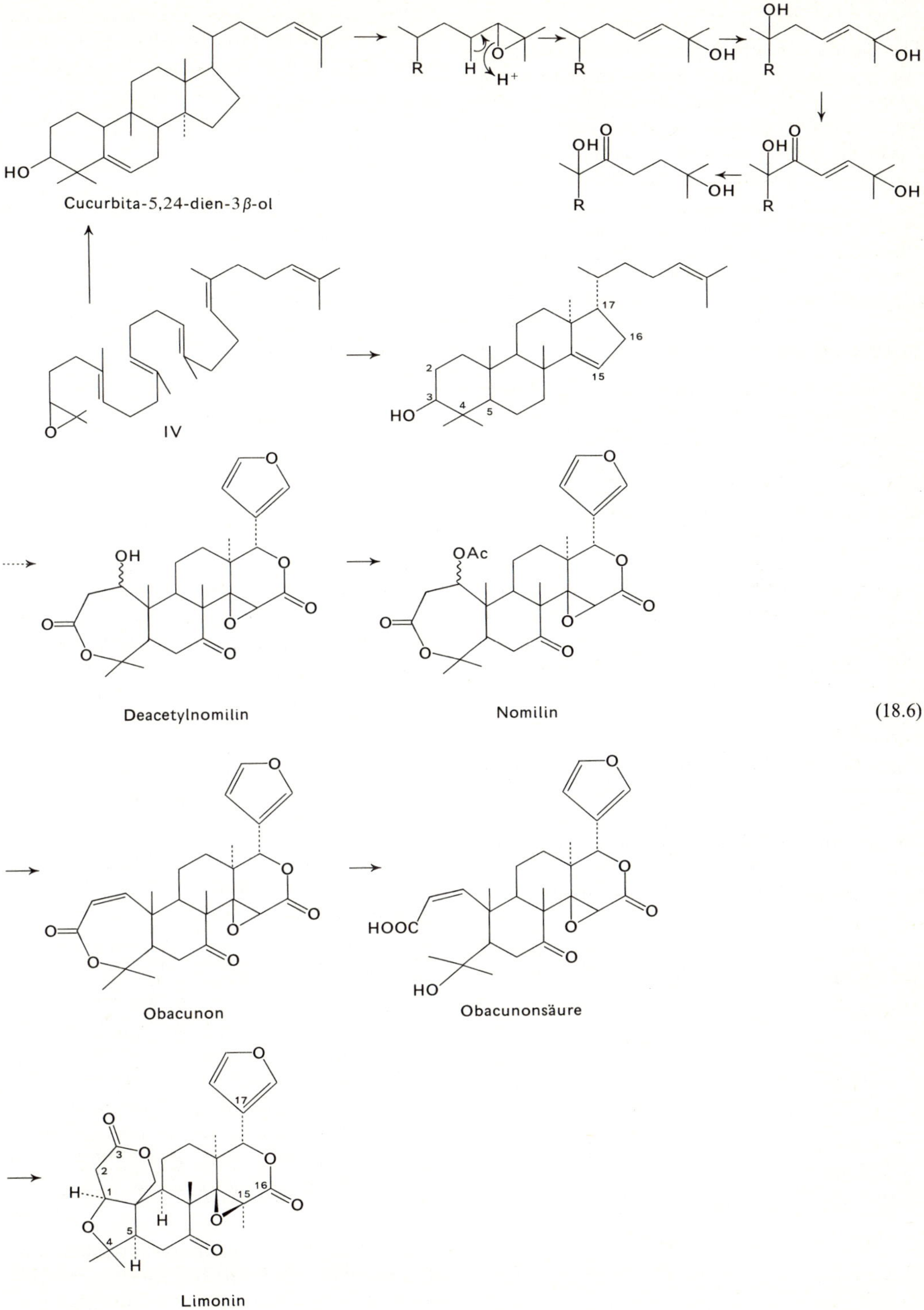

HO
Cucurbita-5,24-dien-3β-ol
R
H
O
H+
R
OH
OH
R
OH
OH
O
OH
R
OH
O
OH
R
OH
O
IV
HO
2
3
4
5
15
16
17
OH
O
O
O
O
O
O
O
Deacetylnomilin
OAc
Nomilin
Obacunon
HOOC
HO
Obacunonsäure
H
1
2
3
4
5
15
16
17
H
H
Limonin

(18.6)

18.1.2.3.4 Fruchtwachse

Die Schale von Früchten ist häufig mit einer Wachsschicht bedeckt. Diese enthält neben Estern höherer Fettsäuren mit höheren Alkoholen, Kohlenwasserstoffe, freie Fettsäuren, freie Alkohole, Ketone und Aldehyde. In der Esterfraktion überwiegen bei Apfel und Weintraube die Alkohole mit 26, 28 und 24 C-Atomen. Im Fettsäuremuster unterscheiden sich die beiden Obstarten dagegen. Äpfel enthalten vorwiegend die Säuren 18:1, 18:2, 16:0, 18:0, Weintrauben die Säuren 20:0, 18:0, 22:0, 24:0.

18.1.2.4 Organische Säuren

Die Hauptsäuren des Obstes sind L-Äpfelsäure und Citronensäure (Tab. 18.13). In Kern- und Steinobst überwiegt meist die Äpfelsäure, in Beerenobst und Südfrüchten die Citronensäure. Das Vorkommen von (2R, 3R)-Weinsäure ist auf Weintrauben beschränkt. Eine große Zahl anderer Säuren, darunter alle Säuren des Citratcyclus, kommt in kleinerer Menge vor, z. B. cis-Aconitsäure, Bernsteinsäure, Brenztraubensäure, Citramalsäure, Fumarsäure, Glycerinsäure, Glykolsäure, Glyoxylsäure, Isocitronensäure, Milchsäure, Oxalessigsäure, Oxalsäure, 2-Oxoglutarsäure. In der Gruppe der phenolischen Säuren, die im Abschnitt 18.1.2.5.1 behandelt wird, sind neben Chinasäure vor allem Kaffeesäure, Chlorogensäure und Shikimisäure wichtig. Galacturonsäure und Glucuronsäure werden ebenfalls angetroffen.
Die Biosynthese der Weinsäure in *Vitis spp.* geht von Glucose bzw. Fructose aus und verläuft wahrscheinlich über 5-Oxogluconsäure bzw. Ascorbinsäure:

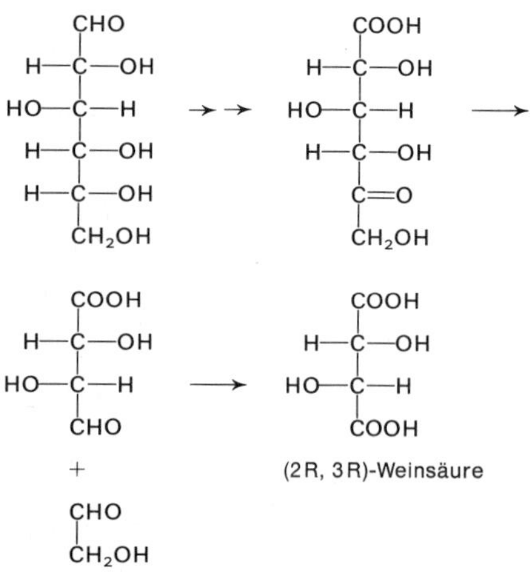

(18.7)

Im Stoffwechsel von Tier und Mensch werden (2R, 3R)-Weinsäure und meso-Weinsäure oxidativ zu Glyoxylat bzw. Hydroxypyruvat abgebaut:

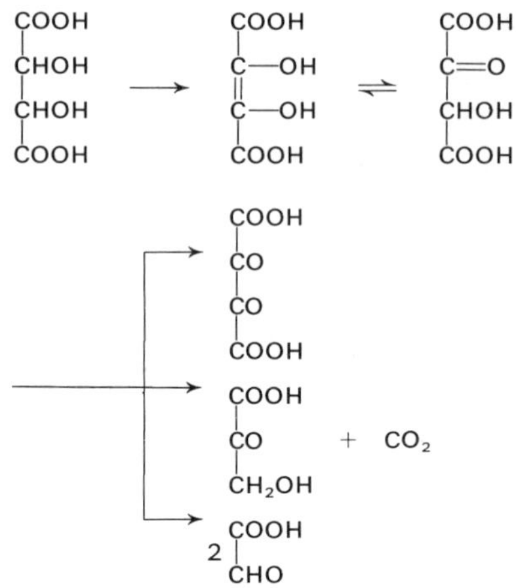

(18.8)

18.1.2.5 Phenolische Verbindungen

Phenolische Verbindungen kommen verbreitet in Pflanzen vor. In vielen Obstarten tragen sie zu Farbe und Geschmack bei. Bei der Verarbeitung können sie durch Bildung von Metallkomplexen zu Verfärbungen führen. Tab. 18.14 orientiert über den Gesamtgehalt einiger Obstarten an phenolischen Verbindungen

18.1.2.5.1 Hydroxyzimtsäuren, Hydroxycumarine, Hydroxybenzoesäuren und Lignin

Weit verbreitet bei Obst und Gemüse sind p-Cumarsäure (I), Ferulasäure (II), Kaffeesäure (III) und Sinapinsäure (IV):

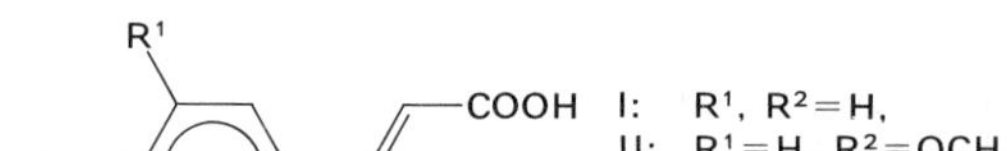

(18.9)

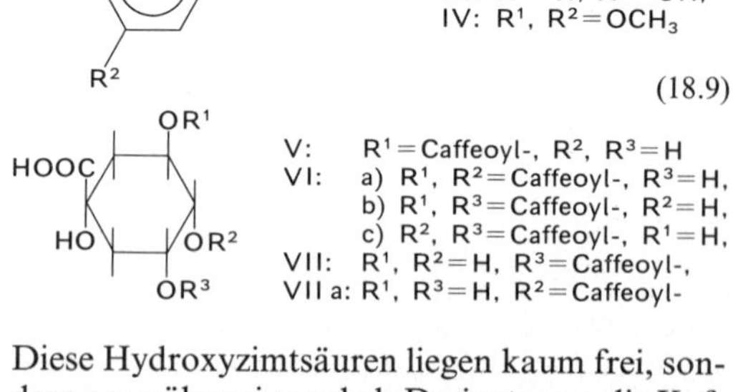

Diese Hydroxyzimtsäuren liegen kaum frei, sondern ganz überwiegend als Derivate vor, die Kaffeesäure z. B. verestert mit Chinasäure als Chlo-

Tabelle 18.14. Phenolische Verbindungen in Obst

Obstart	Gesamtphenole (g/100 g Frischgewebe)
Apfel	0,1–1
Birne	0,4
Kirsche	0,2
Pfirsich	0,03–0,14
Pflaume	0,2–1,4
Weintraube	0,1–1

Tabelle 18.15. Hydroxycumarine (VIII)[a]

Verbindung	Substitutionsmuster		
	R^1	R^2	R^3
Cumarin	H	H	H
Umbelliferon	H	OH	H
Herniarin	H	OCH_3	H
Aesculetin	OH	OH	H
Scopoletin	OCH_3	OH	H
Fraxetin	OCH_3	OH	OH

[a] Formel 18.10.

rogensäure (V), Isochlorogensäure a, b und c (VI), Neochlorogensäure (VII) und Kryptochlorogensäure (VII a).

Auch Ester der anderen Hydroxyzimtsäuren mit Chinasäure sind verbreitet. Neben Chinasäure kommen als Alkoholkomponenten Shikimisäure, Äpfelsäure, Weinsäure und myo-Inosit vor. Das in Senfsamen als Gegenion des Glucosinolats Sinalbin vorkommende Sinapin ist der Cholinester der Sinapinsäure. Glykoside und Amide der Hydroxyzimtsäuren werden ebenfalls in Pflanzen angetroffen.

Aus der Gruppe der Hydroxycumarine (VIII, Tab. 18.15) wurde bei Obst bisher nur Scopoletin in Pflaumen und Aprikosen in geringer Menge nachgewiesen.

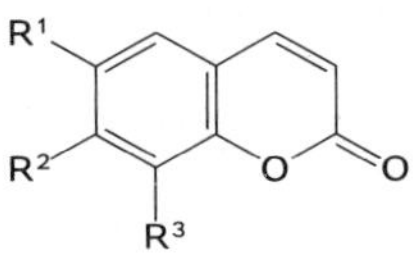

VIII (18.10)

Aus der Gruppe der Hydroxybenzoesäuren wurden Salicylsäure (2-Hydroxybenzoesäure), 4-Hydroxybenzoesäure, Gentisinsäure (2,4-Dihydroxybenzoesäure), Protocatechusäure (3,4-Dihydroxybenzoesäure), Gallussäure (3,4, 5-Trihydroxybenzoesäure), Vanillinsäure (3-Methoxy-4-hydroxybenzoesäure) und Ellagsäure (IX, Formel 18.11) in verschiedenen Obstarten gefunden.

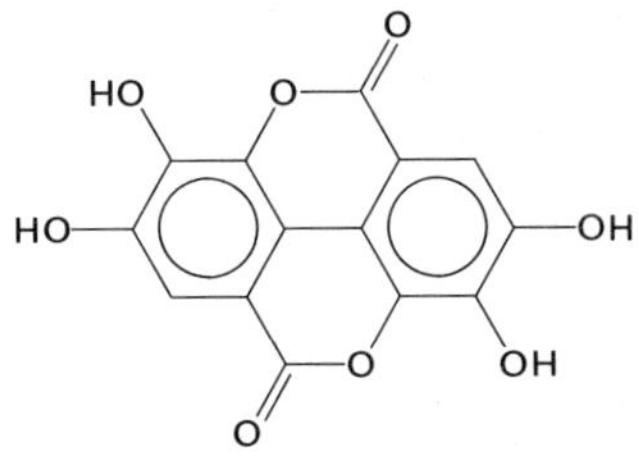

IX (18.11)

Tab. 18.16 orientiert über das Vorkommen von Phenolcarbonsäuren in verschiedenen Obstarten, Tab. 18.17 über ihre Veränderungen bei Apfel und Erdbeere während Reifung und Lagerung der Früchte.

Die Biosynthese der Hydroxyzimtsäuren geht vom Phenylalanin aus. Beteiligt sind: a) Phenylalanin-Ammoniak-Lyase, b) Zimtsäure-4-Hydroxylase, c) Phenolasen, d) Methyltransferasen (R:OH und OCH_3 in verschiedenen Positionen):

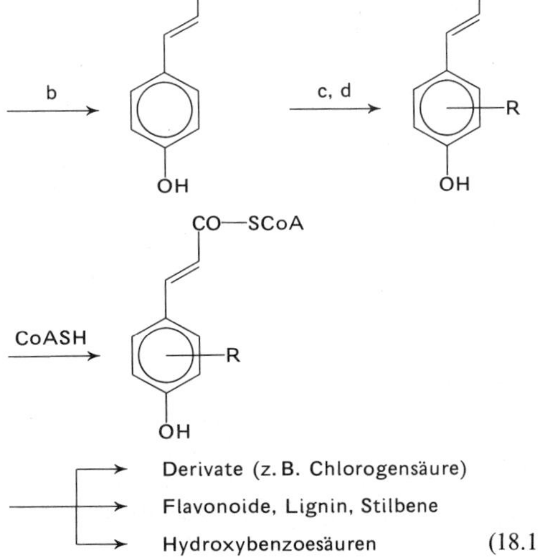

(18.12)

Tabelle 18.16. Vorkommen von Phenolcarbonsäuren in Obst

Obstart	1[a]	2	3	4	5	6	7	8	9	10	11	12	13	14	15	16	17
Birne	+	+	+	+													
Quitte	+	+	+		+	+											
Kirsche	+	+	+	+		+											
Pflaume	+	+	+	+	+	+											
Pfirsich	+	+	+				+										
Brombeere	+	+			+												
Erdbeere	+	+				+	+				+	+	+	+	+	+	+
Himbeere	+	+			+												
Johannisbeere	+	+			+	+											
Stachelbeere	+	+			+	+				+							
Weintraube	+	+	+	+			+		+	+	+	+					
Apfelsine					+	+	+	+			+		+				
Grapefruit					+	+	+	+		+	+		+				
Zitrone					+	+	+	+			+		+				

[a] 1 = Chlorogensäure, 2 = Neochlorogensäure, 3 = Isochlorogensäure, 4 = Kryptochlorogensäure, 5 = Ferulasäure, 6 = p-Cumarsäure, 7 = Kaffeesäure, 8 = Sinapinsäure, 9 = Zimtsäure, 10 = Chinasäure, 11 = Salicylsäure, 12 = p-HO-Benzoesäure, 13 = Gentisinsäure, 14 = Gallussäure, 15 = Ellagsäure, 16 = Protocatechusäure, 17 = Vanillinsäure.

Die Hydroxybenzoesäuren resultieren aus den Hydroxyzimtsäuren durch eine Reaktionsfolge analog der β-Oxidation der Fettsäuren:

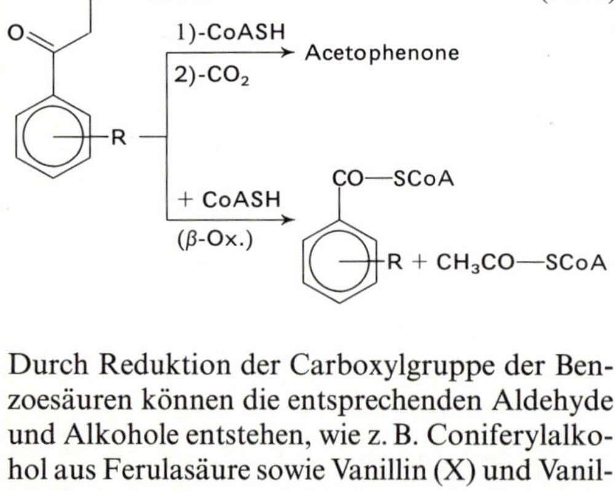

(18.13)

Durch Reduktion der Carboxylgruppe der Benzoesäuren können die entsprechenden Aldehyde und Alkohole entstehen, wie z. B. Coniferylalkohol aus Ferulasäure sowie Vanillin (X) und Vanillylalkohol (XI) aus 3-Methoxy-4-hydroxybenzoesäure.

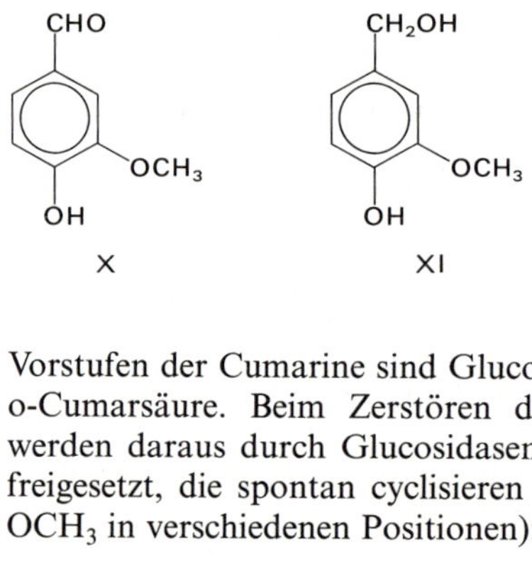

X XI (18.14)

Vorstufen der Cumarine sind Glucoside der cis-o-Cumarsäure. Beim Zerstören des Gewebes werden daraus durch Glucosidasen die Säuren freigesetzt, die spontan cyclisieren (R:OH und OCH_3 in verschiedenen Positionen):

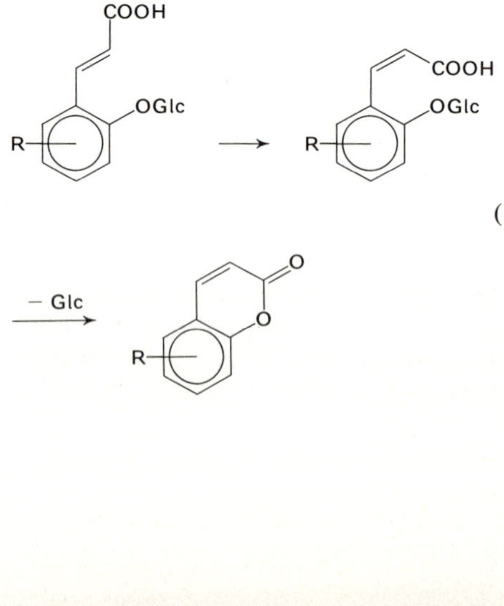

(18.15)

Tabelle 18.17. Phenolcarbonsäuren während der Reifung und Lagerung von Apfel und Erdbeere (mg/kg Frischgewicht)

	p-Cumars.	Kaffees.	Ferulas.	Galluss.	p-Hydroxy-benzoes.	Vanillins.
Reifung von Äpfeln Pflückdatum						
Juni 01		640				
Juni 07	250	1000	60			
Juni 12	460	1270	95			
Juni 23	425	1010	50			
Juli 03	250	665	29			
Juli 14	147	470	22			
August 04	51	214	12			
September 07	28	137	6,4			
Oktober 05	15	85	4,0			
Reifung von Erdbeeren Pflückdatum						
Juni 05	69	15		80		3
Juni 20	110	34		110	19	23
Juni 27	119	30		111	87	25
Juli 01 (reif)	175	39		121	108	34
Lagerung von Äpfeln bei 4 °C, Pflückdatum: Oktober 19 Untersuchungsdatum						
Oktober 28	4,4	42	1,0			
Dezember 16	3,0	30,1	0,6			
Januar 20	2,3	28,5	0,4			
Februar 01	2,2	19,7	0,4			
Februar 15	2,2	19,7	0,4			
März 01	1,9	10,4	0,4			

Durch eine dehydrierende Polymerisation (cf. 15.2.3.2.1) von Coniferyl-, Sinapyl- und p-Cumarylalkohol, die von einer Peroxidase katalysiert wird und H_2O_2 benötigt, wird Lignin gebildet. Abb. 18.3 zeigt einen Ausschnitt aus der Struktur eines durch Polymerisation von Coniferylalkohol entstandenen Lignins. Lignine verstärken die Wände pflanzlicher Zellen. In der Nahrung spielen sie als Ballaststoffe eine Rolle (cf. 15.2.3.2).

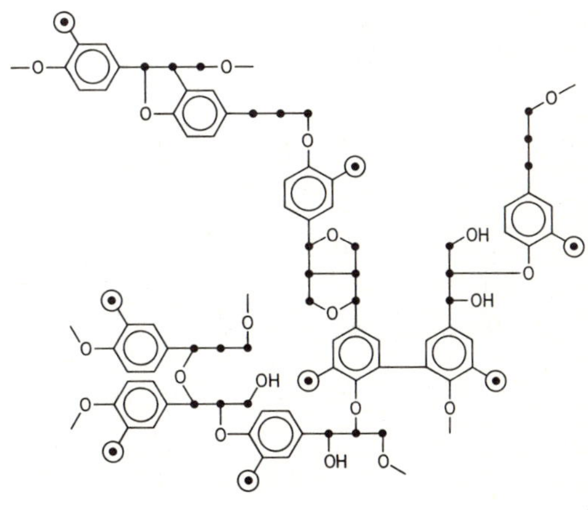

Abb. 18.3. Ausschnitt aus der Struktur eines Lignins. (Nach *H. Kindl* u. *G. Wöber*, 1975)

18.1.2.5.2 Catechine (3-Hydroxyflavane) und Leucoanthocyanidine (3,4-Dihydroxyflavane)

Es handelt sich um farblose Verbindungen (Tab. 18.23), die als Zwischenstufen der Biosynthese anderer Flavonoide (cf. 18.1.2.5.6) in allen heimischen Obstarten vorkommen ($R, R^1 = H$: a) Catechin, b) Epicatechin; R = H, R^1 = OH: Gallocatechin, Epigallocatechin; R = OH: Leucoanthocyanidine):

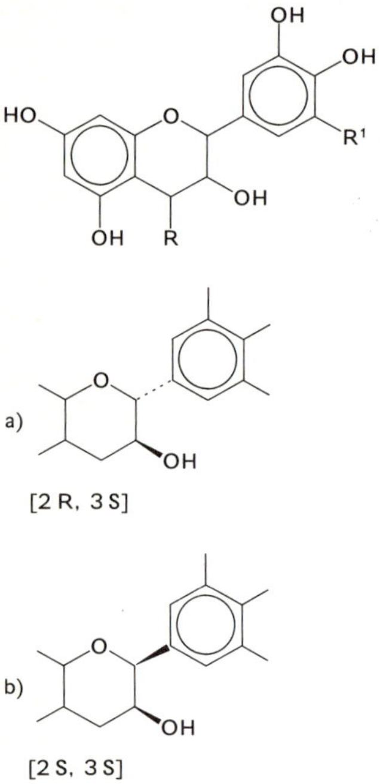

(18.16)

Durch Oxidation können diese Verbindungen in Gerbstoffe von unterschiedlichem Polymerisationsgrad übergehen, die bis zu Molekulargewichten von ca. 3000 einen adstringierenden Geschmack haben (R^1: verschiedene HO-Substituenten; R = H: Dimeres; R = weitere Flavan-Monomere: Oligomere):

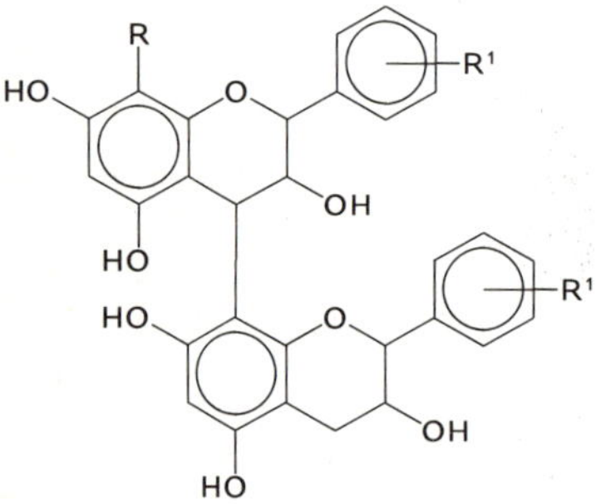

(18.17)

18.1.2.5.3 Anthocyanidine

Die rot, blau oder violett gefärbten Verbindungen kommen in Form der Glykoside, der Anthocyane in fast allen heimischen Obstarten und auch in Südfrüchten vor (Tab. 18.18):

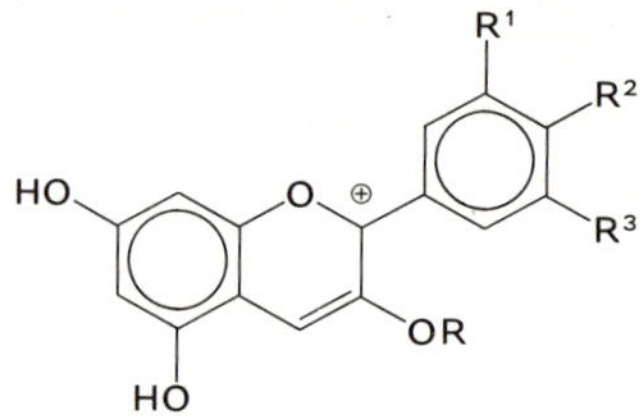

(18.18)

Tabelle 18.18. Anthocyane in verschiedenen Obstarten (Hauptvertreter kursiv)

Obstart	Anthocyane
Apfel	*Cy-3-gal,* Cy-3-ara, Cy-7-ara
Birne	Cy-3-gal
Pfirsich	Cy-3-glc
Pflaume	*Cy-3-glc,* Cy-3-rut, Päo-3-glc, Päo-3-rut
Sauerkirsche	*Cy-3-sop,* Cy-3-rut, Cy-3-glc-rut, Cy-3-glc
Süßkirsche	Cy-3-glc, Cy-3-rut
Brombeere	*Cy-3-glc,* Cy-3-rut
Erdbeere	*Pg-3-glc,* Pg-3-gal, Cy-3-glc
Heidelbeere	Pet-3-gly, Cy-3-gly, Pet-gly, Del-3-glc, Del-3-gal, Mv-3-glc
Himbeere	*Cy-3-glc,* Cy-3-glc-rut, Cy-3-rut, Cy-3-sop, Cy-3-glc-sop
Johannisbeere, rot	Del-3-glc, Cy-3-rut, Cy-3-xyl-rut, Cy-3-glc-rut, Cy-3-sop, Cy-3-sam
Johannisbeere, schwarz	Cy-3-glc, Cy-3-rut, Del-3-glc
Weintraube (*Vitis vinifera, V. labrusca, V. riparia* einschl. Hybriden)	Cy-, Del-, Päo-, Pet-, Mv-3-glc, Mv-3,5-diglc, Mv-3-p-cumaroylglc-5-glc, Mv-3-p-caffeoylglc-5-glc, Päo-3-p-cumaroylglc-5-glc
Apfelsine (Blutorange)	Cy-3-glc, Del-3-glc
Banane	Pet-3-gly
Feige	Cy-3-gly
Passionsfrucht	Del-3-glc, Del-3-glc-glc

Cy: Cyanidin, Del: Delphinidin, Mv: Malvidin, Päo: Päonidin, Pet: Petunidin, Pg: Pelargonidin, ara: Arabinosid, gal: Galactosid, glc: Glucosid, gly: Glykosid, rut: Rutinosid, sam: Sambubiosid, sop: Sophorosid, xyl: Xylosid, glc-rut: Glucosyl-rutinosid etc. (Sophorose: β-D-Glc*p*(1 → 2)-D-Glc*p*, Sambubiose: β-D-Xyl*p*(1 → 2)-D-Glc*p*).

Tabelle 18.19. Absorptionsmaxima von Anthocyanidinen

Verbindung	R^1	R^2	R^3	λ_{max} (nm)[a]	
				R = H	R = Glc[b]
Pelargonidin	H	OH	H	520	506
Cyanidin	OH	OH	H	535[c]	525[c]
Päonidin	OCH_3	OH	H	532	523
Delphinidin	OH	OH	OH	544[c]	535[c]
Petunidin	OCH_3	OH	OH	543[c]	535[c]
Malvidin	OCH_3	OH	OCH_3	542	535

[a] In Methanol, 0,01%ig an HCl.
[b] 3-Glucoside.
[c] $AlCl_3$ bewirkt Blauverschiebung um 14–23 nm.

Tab. 18.19 orientiert über Struktur und Absorptionsmaxima der wichtigsten Anthocyanidine. Zunehmende Hydroxylierung bewirkt eine Blauverschiebung (Pelargonidin → Cyanidin → Delphinidin), Glykosylierung und Methylierung eine Rotverschiebung (Pelargonidin → Pelargonidin-3-glucosid; Cyanidin → Päonidin).

In Abhängigkeit vom pH-Wert treten bei den Anthocyanen starke Farbänderungen auf (Formel 18.19; R = Zucker).

Das Flavyliumkation (I) ist nur bei sehr niedrigen pH-Werten stabil. Mit steigendem pH-Wert geht es zunehmend in das farblose Chromenol (II) über. Abb. 18.4 zeigt den mit diesem Übergang verbundenen Absorptionsabfall bei ver-

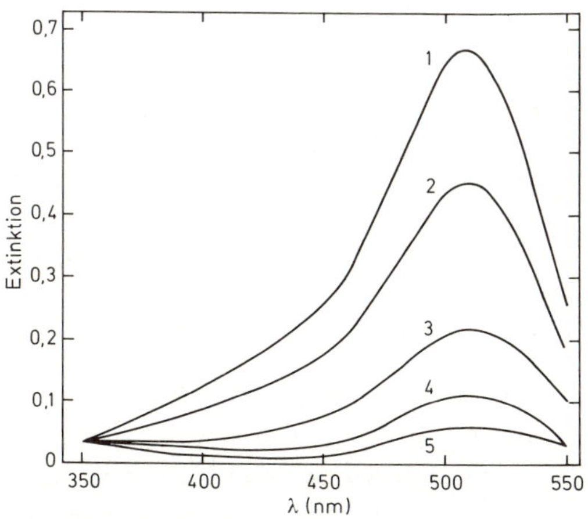

Abb. 18.4. Absorptionsspektrum von Cyanidin-3-rhamnoglucosid (16 mg/l) in gepufferten wäßrigen Lösungen bei pH 0,71 (1), 2,53 (2), 3,31 (3), 3,70 (4) und 4,02 (5). (Nach *Jurd*, 1964)

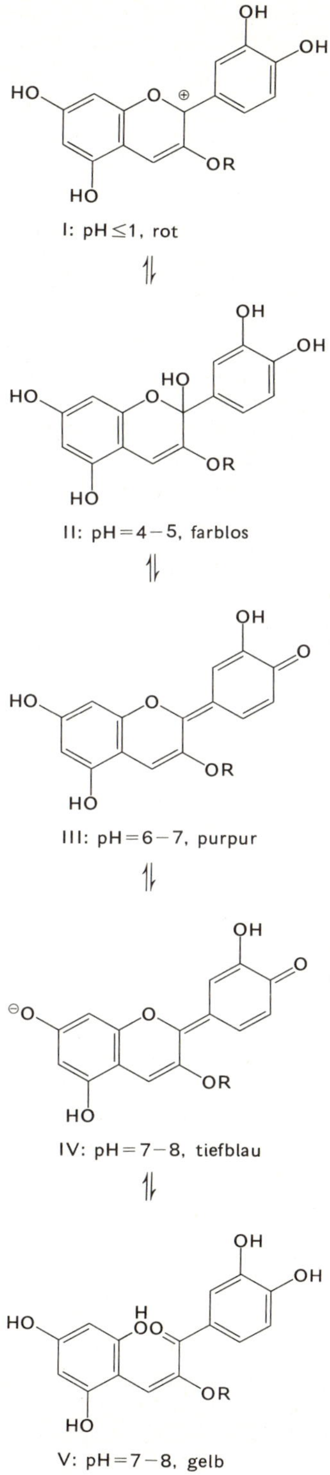

(18.19)

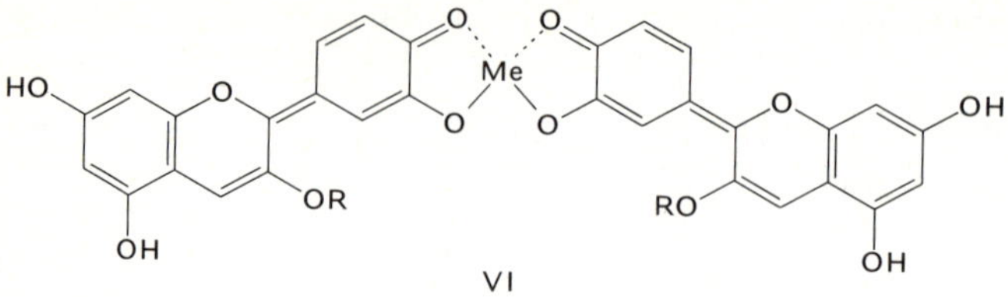

VI (18.20)

schiedenen pH-Werten. Im pH-Bereich 6–8 erfolgt unter Bildung der chinoiden (III) und ionischen Anhydrobasen (IV) wieder Farbvertiefung. Bei pH 7–8 geht IV unter Ringöffnung in das gelbe Chalkon (V) über. Eine Stabilisierung bei höheren pH-Werten ist in Gegenwart von mehrwertigen Metallionen ($Al^{3\oplus}$, $Fe^{3\oplus}$) unter Bildung von tiefblau gefärbten Komplexen möglich (VI, Formel 18.20).

Abb. 18.5 zeigt die Verschiebung des Absorptionsmaximums (510 nm → 558 nm) von Cyanidin-3-glucosid im pH-Bereich von 1,9 bis 5,4. Die Messungen erfolgten in Gegenwart von $AlCl_3$.

Die freien Anthocyanidine (VII, Formel 18.21) zerfallen bei höheren pH-Werten über die Chromenole (VIII) und α-Diketone (IX) zu Aldehyden (X) und Carbonsäuren (XI).

Zusatz von SO_2 führt zur Bleichung von Anthocyanen. Das Flavyliumkation reagiert dabei zu

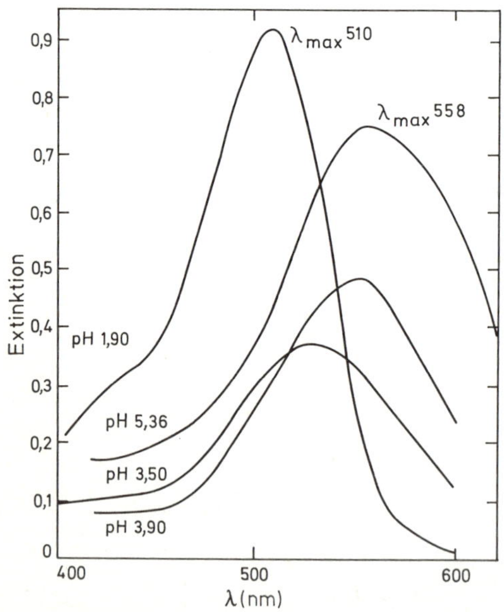

Abb. 18.5. Absorptionsspektrum von Cyanidin-3-glucosid (35 μmol/l + 830 μmol/l $AlCl_3$) in wäßriger gepufferter Lösung bei pH 1,90; 3,50; 3,90 und 5,36. (Nach *Jurd* und *Asen*, 1966)

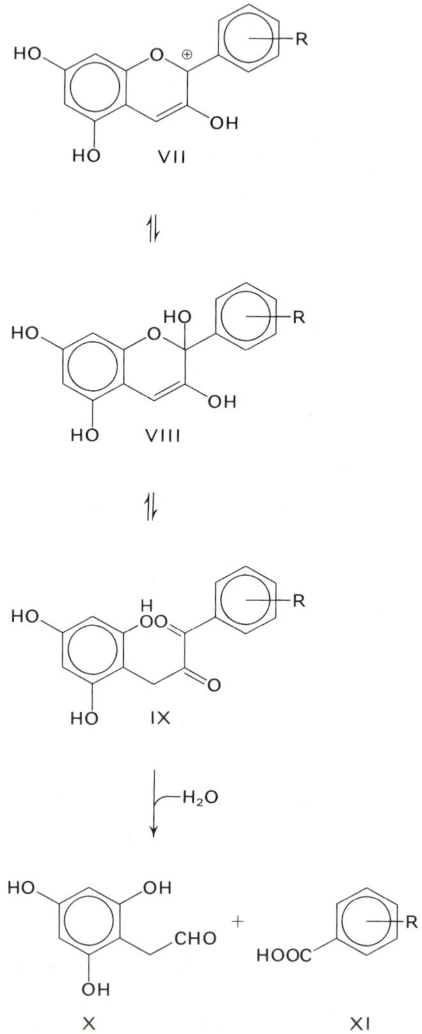

(18.21)

den der Carbinolbase entsprechenden Verbindungen XII oder XIII (Formel 18.22). Die Farbe tritt beim Ansäuern auf pH 1 oder bei Zusatz von Carbonylverbindungen (z. B. Ethanal) wieder auf. Da Verbindungen vom Typ XIV (R^1 = CH_3, C_6H_5) durch SO_2 nicht angegriffen werden, scheint XIII gebildet zu werden.

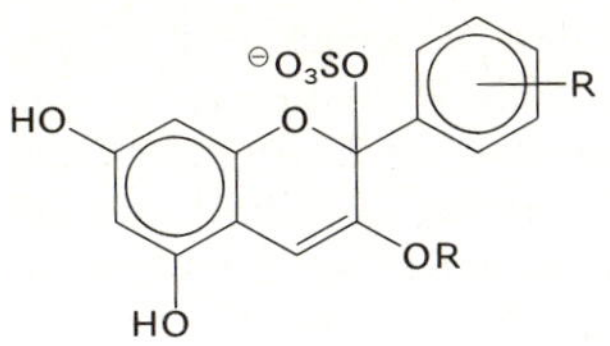

XII

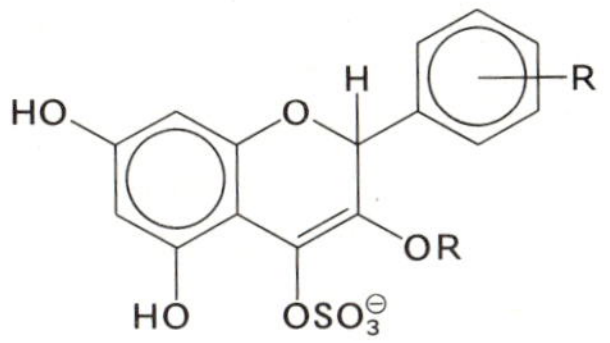

XIII (18.22)

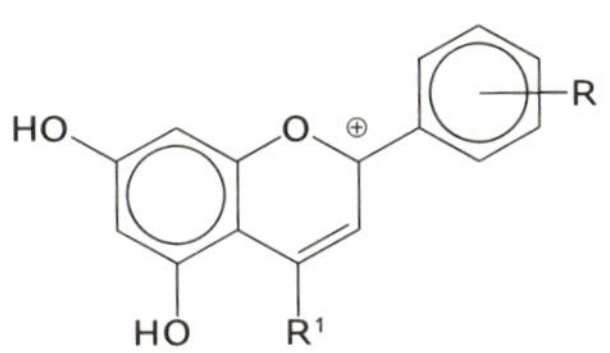

XIV

18.1.2.5.4 Flavanone

Flavanone (Formel 18.23; $R^1 = H$, $R^2 = OCH_3$: Isosakuranetin; $R^1 = H$, $R^2 = OH$: Naringenin; $R^1 = OH$, $R^2 = OCH_3$: Hesperitin; R^1, $R^2 =$ OH: Eriodictyol) kommen als Glykoside hauptsächlich in Citrusfrüchten vor (Tab. 18.20).

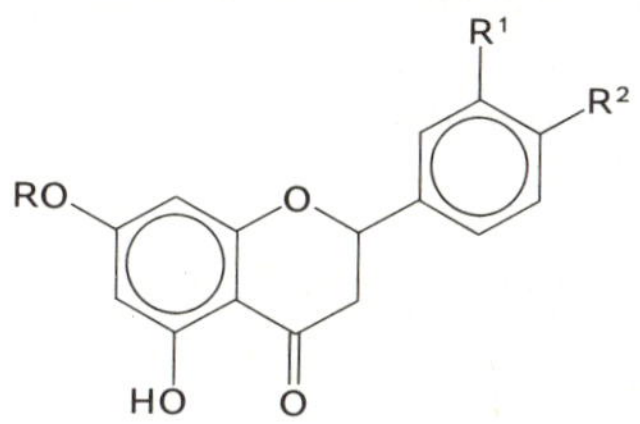

(18.23)

Tab. 18.21 zeigt, daß die Flavanon-7-rutinoside durchweg nicht bitter, die isomeren Flavanon-7-neohesperidoside dagegen durchweg bitter sind. Die Intensität der Bitterkeit hängt vom Substitutionsmuster ab. Die Verbindungen mit $R^1 = H$, $R^2 = OH$, OCH_3 (Naringin, Poncirin) sind um den Faktor 10 bitterer als die Verbindungen mit $R^1 = OH$, $R^2 = OH$, OCH_3 (Neohesperidin, Neoeriocitrin). Naringenin-7-neohesperidosid (Naringin) ist ein Bitterstoff der Grapefruit, Hesperitin-7-neohesperidosid (Neohesperidin) ein Bitterstoff der Bitterorange *(Citrus auranticum)*.

Tabelle 18.20. Flavanone, Flavone und Flavonole in Citrusfrüchten

Obstart	Verbindung
Apfelsine	
Frucht	Hes-7-rut
Schale	Hes-7-rut, Nob, Nar-7-neo, Isa-7-rha-glc
Bitterorange	Hes-7-neo
Grapefruit	Nar-7-neo, Isa-7-neo, Api-7-rut
Zitrone	
Schale	Hes-7-rut, Dio-7-rut, Lin, Eri-7-rut, Lol, Api, Lut, Chr, Que, Irh

Api: Apigenin, Chr: Chrysoeriol, Dio: Diosmetin, Eri: Eriodictyol, Hes: Hesperitin, Irh: Isorhamnetin, Isa: Isosakuranetin, Lin: Limocitrin, Lol: Limocitrol, Nar: Naringenin, Nob: Nobiletin, Que: Quercetin, glc: Glucosid, neo: Neohesperidosid, rha: Rhamnosid, rut: Rutinosid.

Tabelle 18.21. Geschmack von Flavanonglykosiden[a]

Verbindung	R	R^1	R^2	Geschmack	
				Qualität	Intensität[b]
Naringenin-rutinosid	rut[c]	H	OH	neutral	–
Naringin	neo[d]	H	OH	bitter	20
Isosakuranetinrutinosid	rut	H	OCH_3	neutral	–
Poncirin	neo	H	OCH_3	bitter	20
Hesperidin	rut	OH	OCH_3	neutral	–
Neohesperidin	neo	OH	OCH_3	bitter	2
Eriocitrin	rut	OH	OH	neutral	–
Neoeriocitrin	neo	OH	OH	bitter	2

[a] Die Angaben über R, R^1, R^2 beziehen sich auf Formel 18.23.
[b] Relative Bitterkeit bezogen auf Chinin · HCl ≙ 100.
[c] Rutinosyl.
[d] Neohesperidosyl.

Das nichtbittere isomere Hesperitin-7-rutinosid (Hesperidin) kommt in der Apfelsine *(Citrus sinensis)* vor.
Eine Entbitterung von Citrussäften und Citruspürees ist durch enzymatische Abspaltung der Zuckerreste mit Hilfe von α-Rhamnosidase/β-Glucosidase-Gemischen möglich, die aus Mikroorganismen (z. B. *Phomopsis citri, Cochliobo-*

lus miyabeanus, Rhizoctonia solanii) gewonnen werden:

Naringin → Naringenin + Rhamnose + Glucose

Einige neutrale und bittere Flavanonglykoside (I) sind durch Ringöffnung in die süßen Chalkone (II) überführbar, die durch anschließende Hydrierung zu den ebenfalls süßen Dihydrochalkonen (III) stabilisiert werden können:

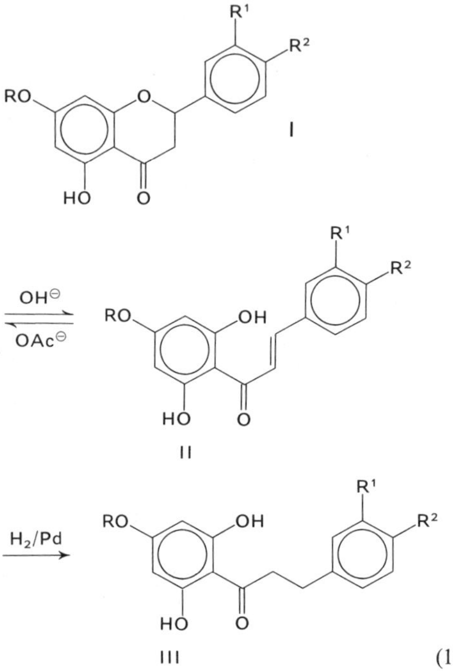

(18.24)

Tabelle 18.22. Geschmack von Dihydrochalkonen

Dihydrochalkon aus	Geschmack		
	Qualität	Intensität[a] (µmol/l)	Relative Intensität[b]
Naringin	süß	200	1
Neohesperidin	süß	10	20
Neoeriocitrin	schwach süß	–	–
Poncirin	schwach bitter	–	–
Saccharin (Na-Salz)	süß	200	1

[a] Konzentration isosüßer Lösungen.
[b] Bezogen auf Saccharin.

Voraussetzung für das Auftreten von Süßgeschmack ist eine freie HO-Gruppe in der Position von R^1 oder R^2. Aus Tab. 18.22 folgt, daß das Dihydrochalkon des Naringins in der Intensität des Süßgeschmacks dem Saccharin entspricht, während das Dihydrochalkon des Neohesperidins sogar um den Faktor 20 süßer ist als Saccharin.
Eine Überführung von Naringin in das extrem süße Neohesperidindihydrochalkon (VII) ist durch alkalische Fragmentierung bis zum Methylketon (IV), Kondensation mit Isovanillin (V) zum entsprechenden Chalkon (VI) und anschließende Hydrierung möglich:

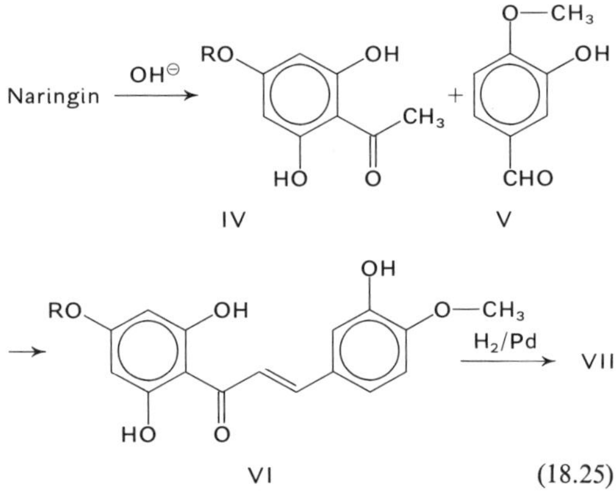

(18.25)

Auch aus dem neutralschmeckenden Hesperidin der Apfelsine ist ein Süßstoff zu gewinnen durch Überführung in das ebenfalls neutrale Hesperidindihydrochalkon und anschließende säure- oder enzymkatalysierte Entfernung des Rhamnoserestes. Das resultierende Hesperidindihydrochalkonglucosid ist süß.
Die Dihydrochalkone sind potentielle neue Süßstoffe (cf. 8.8.13).

18.1.2.5.5 Flavone, Flavonole

Flavone (Formel 18.26; I, R = H; R^1, R^2 = H, R^3 = OH: Apigenin; R^1, R^2 = OH, R^3 = H: Luteolin; R^1 = OH, R^2 = H, R^3 = OCH_3: Diosmetin; R^1 = OCH_3, R^2 = H, R^3 = OH: Chrysoeriol; II: Nobiletin) und Flavonole (Formel 18.26; I, R, R^3 = OH; R^1, R^2 = H: Kämpferol; R^1 = OH, R^2 = H: Quercetin; R^1, R^2 = OH: Myricetin; R^1 = OCH_3, R^2 = H: Isorhamnetin) liegen in allen heimischen Obstarten und in Südfrüchten meist als 3-Glykoside, weniger als 7-Glykoside vor (Tab. 18.20 und 18.23).

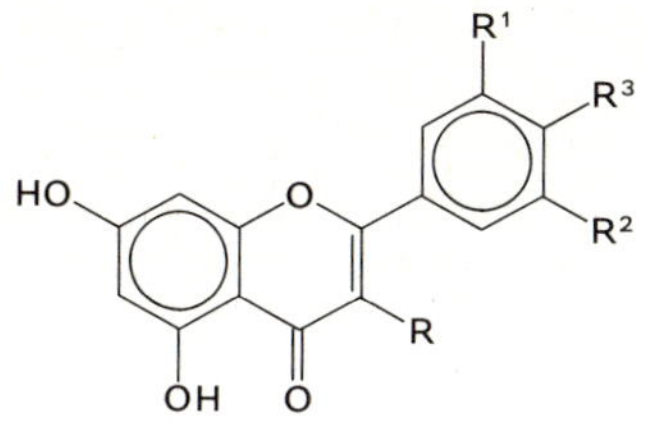

I

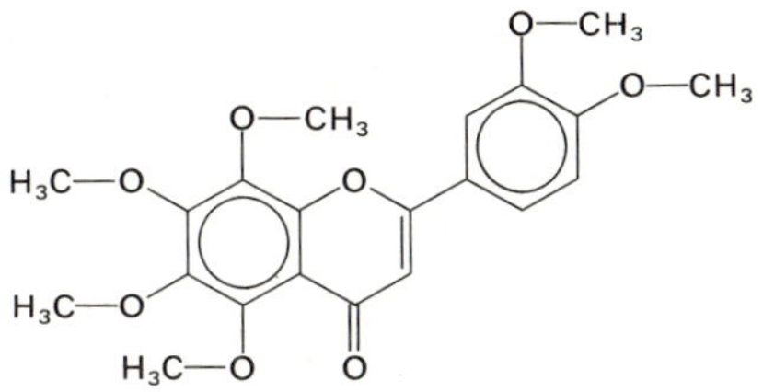

II (18.26)

Es sind schwach gelbe Verbindungen.

18.1.2.5.6 Biosynthese der Flavonoide

Die Biosynthese (cf. Formel 18.27) erfolgt durch stufenweise Kondensation einer aktivierten Hydroxyzimtsäure (I) mit drei aktivierten Malonsäuren (II). Das primär resultierende Chalkon (III) steht im Gleichgewicht mit dem Flavanon (IV), das weit auf der Seite von IV liegt. Nach neueren Untersuchungen führt die Kondensation direkt zum Flavanon, so daß das Chalkon kein obligatorisches Zwischenprodukt ist.
Eine 2,7-Cyclisierung würde zu Stilbenen (III a) führen.
Vom Flavanon (IV) aus sind einerseits die Flavone (V), andererseits die Flavanonole (VI) zugänglich. Von letzteren führen Wege zu den Flavandiolen (VII), Flavanolen (VIII) und Flavonolen (IX) sowie über die Endiole (X) und Enole (XI) zu den Anthocyanidinen (XII).

18.1.2.5.7 Technologische Bedeutung der phenolischen Verbindungen

Phenolische Verbindungen haben Einfluß auf den Geschmack von Obst. Die Kondensation von Catechinen zu Gerbstoffen bewirkt einen adstringierenden, herben Geschmack, der z. B. für unreife Äpfel oder für Wirtschaftsäpfel charakteristisch ist. Tafeläpfel sind demgegenüber arm an phenolischen Verbindungen. Flavanone (Naringin, Neohesperidin) sind Bitterstoffe in Citrusfrüchten.

Tabelle 18.23. Vorkommen von Catechinen und Flavonolen in Obst (Hauptvertreter kursiv)

Obstart	Catechine	Flavonole
Apfel	Cat, *Epi*, Gal	Que-3-gal, Que-3-glc, Que-3-rha, Que-3-rha-glc, Que-3-ara, Que-3-xyl
Birne	Cat, *Epi*	Que-3-glc
Aprikose	Cat, *Epi*	Que-3-glc
Pfirsich	Cat	Que-3-glc, Käm-gly
Pflaume	*Cat*, Epi, Gal	Que-3-glc, Que-3-rha, Que-3-ara
Sauerkirsche	Cat, *Epi*	
Süßkirsche	Cat, *Epi*	Que-3-glc
Brombeere	Cat, *Epi*	Que-3-glc
Erdbeere	*Cat*, Gal	
Johannisbeere, schwarz	Cat, Gal	Que-3-glc, Käm-3-glc, Myr-3-glc, weitere Que-glc, Käm-glc
Himbeere	Cat, *Epi*	
Weintraube	*Cat*, Epi, Gal	Que-3-rha, Que-3-glc, Que-3-rha-glc

Cat: Catechin, Epi: Epicatechin, Gal: Gallocatechin. Käm: Kämpferol, Myr: Myricetin, Que: Quercetin. ara: Arabinosid, gal: Galactosid, glc: Glucosid, gly: Glykosid, rha: Rhamnosid, xyl: Xylosid.

Phenolische Verbindungen sind Substrate für Phenoloxidasen, die sowohl Monophenole zu o-Diphenolen hydroxylieren, als auch o-Diphenole zu o-Chinonen oxidieren:

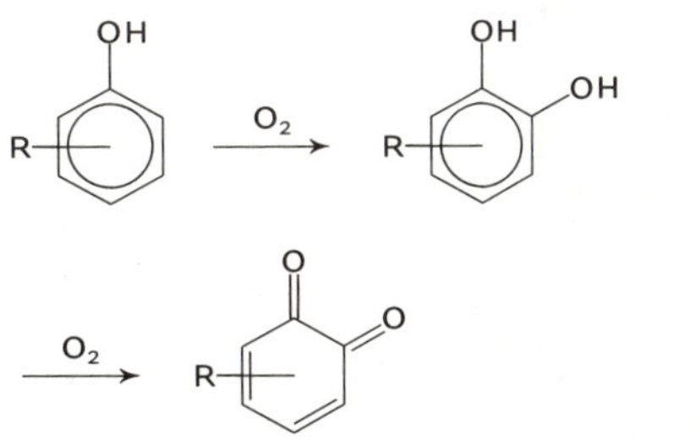

(18.28)

o-Chinone können eine Vielzahl weiterer Reaktionen eingehen, die u. a. zu störenden braunen Verfärbungen bei Obst und Obstprodukten führen („enzymatische Bräunung“). Gegenmaßnahmen sind Inaktivierung des Enzyms durch Erhitzen, Zusatz von Reduktionsmitteln (SO_2, Ascorbinsäure) oder Entzug von Sauerstoff.

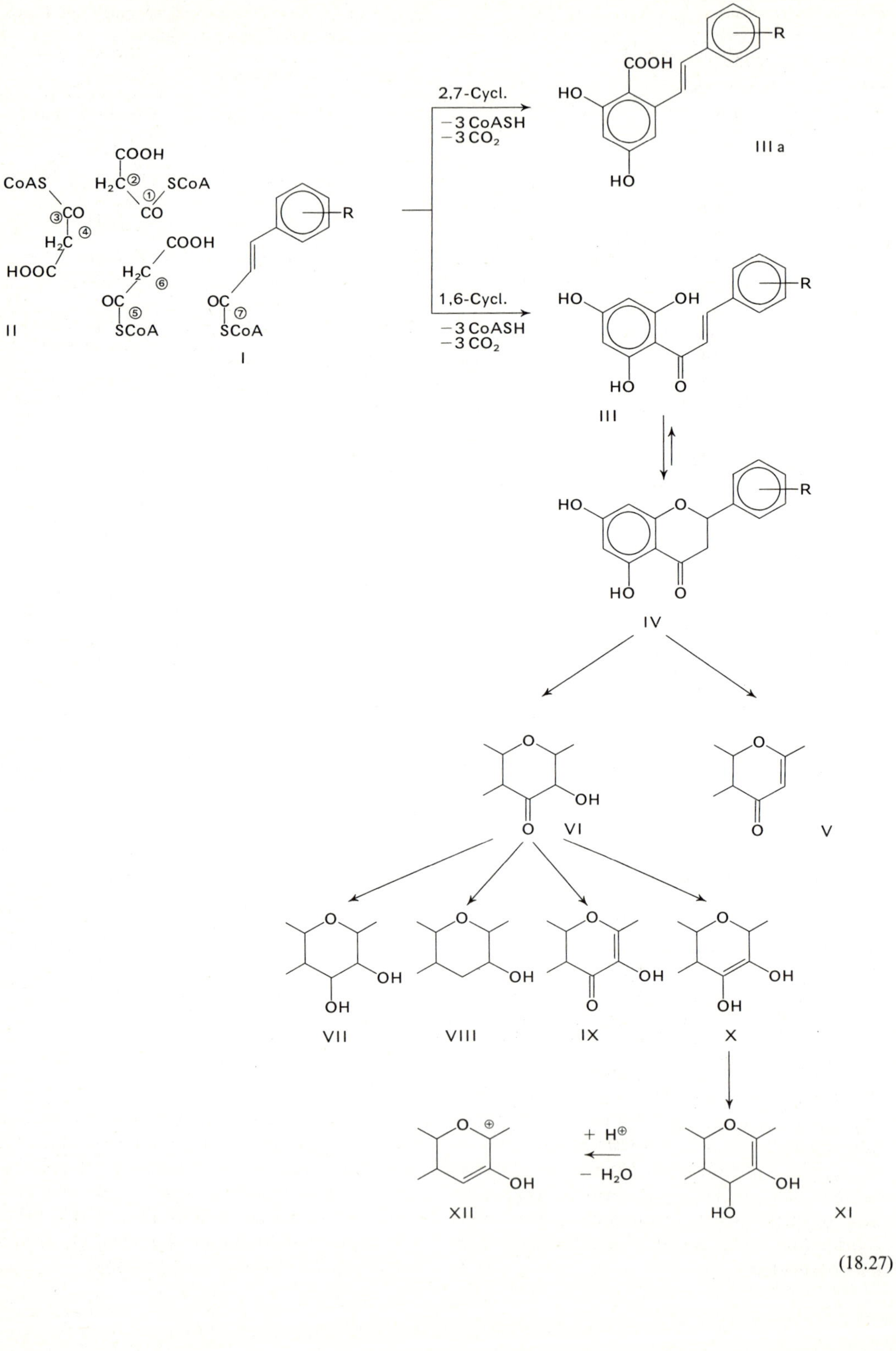
2,7-Cycl.
−3 CoASH
−3 CO_2
1,6-Cycl.
−3 CoASH
−3 CO_2
+ $H^\oplus$
− H_2O
I
II
III
III a
IV
V
VI
VII
VIII
IX
X
XI
XII

(18.27)

Mehrwertige Phenole geben mit Metallionen mehr oder weniger stark gefärbte Komplexe. Mit $Fe^{3\oplus}$-Ionen treten bei pH > 4 blaugraue bis blauschwarze Verfärbungen auf. Auch $Al^{3\oplus}$-Ionen und $Sn^{2\oplus}$-Ionen geben intensiv gefärbte Komplexe. Leukoanthocyane gehen beim Erhitzen in Gegenwart von Säuren in Anthocyane über. Rötliche Verfärbungen von Äpfeln und Birnen beim Kochen werden darauf zurückgeführt.
Phenolische Verbindungen können durch Komplexbildung mit Proteinen zu Trübungen bei Säften führen.

18.1.2.5.8 Analytische Bedeutung der phenolischen Verbindungen

Untersuchungen über die Zusammensetzung der Pflanzenphenole bei einzelnen Obstarten, die mit der HPLC schnell und sehr genau ermittelt werden kann, haben gezeigt, daß bestimmte Verbindungen als Indikatoren für Verfälschungen geeignet sind (cf. Tab. 18.24).
Natürlich muß sichergestellt sein, daß die gewählte Indikatorsubstanz unter den Herstellungsbedingungen für das jeweilige Obstprodukt stabil ist. Anthocyane sind deshalb in der Regel nicht geeignet. Für vergorene Erzeugnisse kommen die O-Glykoside nicht in Betracht, da sie durch hefeeigene Enzyme abgebaut werden. Geeignet sind C-glykosidisch gebundene Flavonoide, die gegen enzymatische und gängige chemische Hydrolysen stabil sind; z. B. kann Schaftosid (cf. Tab. 18.24) auch im Wein oder Sekt nachgewiesen werden, wenn der Most mit Feigensaft verfälscht worden ist.

18.1.2.6 Aromastoffe

Die Aromastoffe tragen ganz entscheidend zu dem hohen Stellenwert bei, den Obst in der Ernährung des Menschen hat. Im folgenden werden die Aromastoffe einiger ausgewählter Obstarten etwas näher besprochen. Die Strukturen gängiger Aromastoffe und Reaktionswege, die zur Bildung führen, sind in Kapitel 5 angegeben.

18.1.2.6.1 Banane

Bei der Banane ist Isopentylacetat der charakteristische Aromastoff. Daneben haben auch einige Ester von Pentanol mit Essigsäure, Propionsäure und Buttersäure typisches Bananenaroma, während Ester des Butanols und Hexanols mit Essigsäure und Buttersäure als allgemein fruchtig empfunden werden. Einen wichtigen Beitrag zum vollen, milden Aroma leisten auch Eugenol (I), O-Methyleugenol (II) und Elemicin (III):

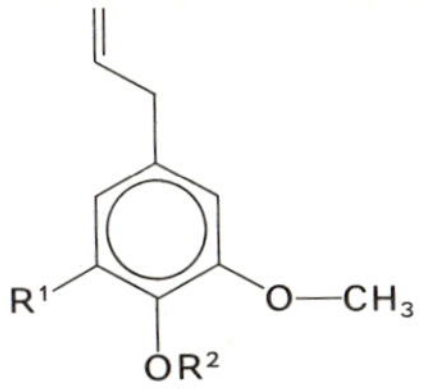

I: R^1, R^2=H
II: R^1=H, R^2=CH_3
III: R^1=OCH_3, R^2=CH_3

(18.29)

18.1.2.6.2 Weintraube

Die Rolle der Terpene, die wesentlich zu den unterschiedlichen Aromen der Sorten beitragen, ist im einzelnen noch ungeklärt, da eine analytische Differenzierung der freien Terpene, die als Aromastoffe in Frage kommen, von den aromainaktiven Terpenglykosiden, -diphosphaten und hydroxylierten Terpenen noch im Gange ist (cf. 20.2.6.9). An den fruchtigen Noten sind Ester beteiligt. Auf 2-Aminobenzoesäuremethylester

Tabelle 18.24. Phenolische Verbindungen als Indikatorsubstanzen für den Nachweis von Verfälschungen bei Fruchtprodukten

Verbindung	Vorkommen	Nachweis
Quercetin-3-rutinosid	verbreitet, aber nicht in Erdbeeren	Holundersaft in Erdbeersaft
Quercetin-3-O-(2″-O-α-L-rhamnosyl-6″-O-α-L-rhamnosyl)-β-D-glucosid	Rote Johannisbeeren	Rote Johannisbeeren in schwarzen Johannisbeererzeugnissen
Naringin oder Naringenin	Grapefruit	Grapefruitsaft in Orangensaft
Apigenin-6-C-β-D-glucopyranosyl-8-C-α-L-arabinopyranosid (Schaftosid)	Feigen	Feigensaft in Traubensaft

(Methylanthranilat), der in europäischen Sorten nicht vorkommt, beruht die blumig-fruchtige Aromanote amerikanischer Trauben *(Vitis labrusca)*. 2-Isobutyl-3-methoxypyrazin ist für die an grüne Paprika erinnernde Aromanote von Cabernet-Sauvignon-Trauben verantwortlich.

18.1.2.6.3 Citrusfrüchte

Bei allen Citrusfrüchten sind Terpene von großer Bedeutung. Die Hauptkomponente (70–90% der Citrusöle) ist das d-Limonen (IX in Tab. 5.24), dessen Schwellenwerte in Wasser 10 µg/kg (Geruch) und 210 µg/kg (Geschmack) betragen und das die Basis der Citrusaromen bildet.
Für das typische Aroma von Grapefruitsaft sind 1-p-Menthen-8-thiol (IV) und das im Grapefruitöl zu ca. 5% anwesende Nootkaton (V) entscheidend. Das 1-p-Menthen-8-thiol ist ein außerordentlich wirksamer Aromastoff (cf. Tab. 5.2), der möglicherweise durch Addition von H_2S an Limonen entsteht. Spuren von Schwefelwasserstoff und Dimethylsulfid kommen in sämtlichen Citrussäften vor und tragen auch zum Aroma bei.

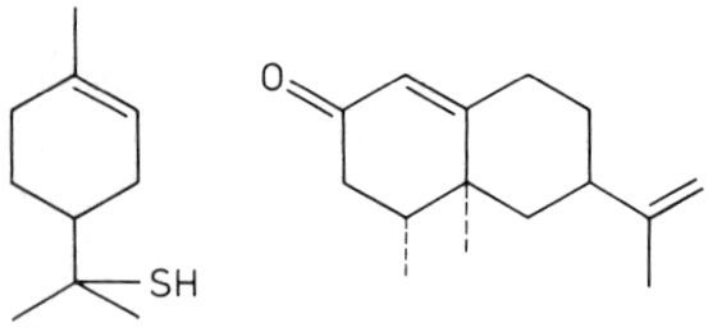

IV V (18.30)

Charakteristisch für das Aroma von Zitronenöl ist das als Citral bezeichnete Isomerengemisch Geranial (VI)/Neral (VII):

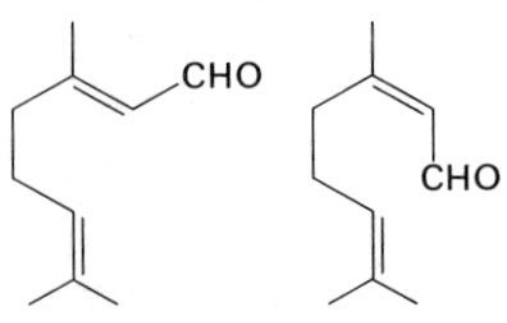

VI VII (18.31)

Hohe Aromawerte haben auch noch Linalool, Myrcen und Limonen.
Das Aroma von Mandarinen beruht im wesentlichen auf dem Vorkommen (Gew.-% im ätherischen Öl) von Thymol (0,18), N-Methylanthranilsäuremethylester (0,65), γ-Terpinen (14,0) und α-Pinen (1,8). Das Aroma von Apfelsinen ist komplizierter aufgebaut. Zu den typischen Aromastoffen gehören die Aldehyde Octanal, Nonanal sowie α-Pinen, Valencen, α- und β-Sinensal und auch Neral und Geranial.

18.1.2.6.4 Apfel

Für das Aroma von Äpfeln sind 2-trans-Hexenal, 3-cis-Hexenal, die entspechenden Alkohole, β-Damascenon sowie Buttersäureethylester und 2-Methylbuttersäurehexylester von ausschlaggebender Bedeutung. Die Konzentration des zuletzt genannten Esters ist direkt korreliert mit der Aromaqualität der Sorte Golden Delicious. 1-Methoxy-4-(2-propenyl)benzol (Estragol) ergibt die anisartige Aromanote der Sorte Cox Orange.

18.1.2.6.5 Himbeere

Für das Himbeeraroma ist das „Himbeer-Keton" 1-(p-Hydroxyphenyl)-3-butanon besonders typisch. Daneben spielen cis-3-Hexenol, α-(VIII) und β-Ionon (IX) sowie α-Iron (X) eine Rolle:

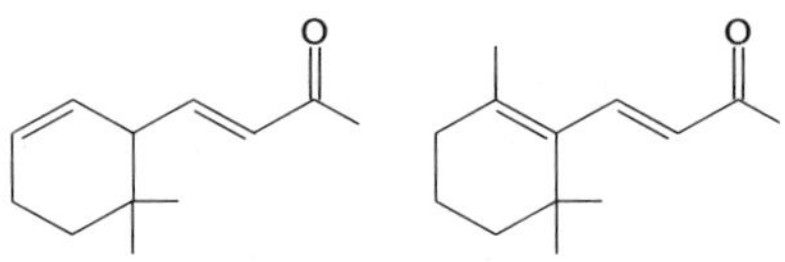

VIII IX

(18.32)

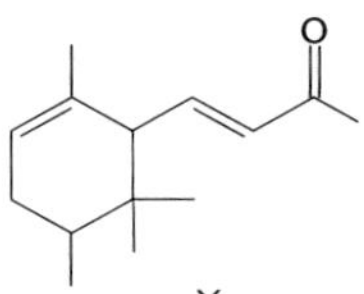

X

Außerdem tragen die Ethylester der 5-Hydroxyoctansäure und der 5-Hydroxydecansäure zum Aroma bei. Beim Kochprozeß hydrolysiert ein Teil der Ester, und die freigesetzten Hydroxysäuren cyclisieren zu den entsprechenden Lactonen.

18.1.2.6.6 Aprikose

Bei Aprikosen ist das richtige Mengenverhältnis einer Reihe von Verbindungen wichtig für das Aroma. Dazu gehören Myrcen, Limonen, p-Cymen, Terpinolen, α-Terpineol, Geranial, Geraniol, Linalool, Säuren (2-Methylbuttersäure, Essigsäure), Alkohole (2-trans-Hexenol) und eine Reihe von γ- und δ-Lactonen (γ-Caprolacton, γ-Octalacton, γ-Decalacton, γ-Dodecalacton, δ-Octalacton, δ-Decalacton).

18.1.2.6.7 Pfirsich

Den Hintergrund des Pfirsicharomas bilden γ-Lactone (C_6–C_{12}) und δ-Lactone (C_{10} und C_{12}). Außerdem sind von Bedeutung Benzaldehyd, Benzylalkohol, Zimtsäureethylester, Isopentylacetat, Linalool, α-Terpineol, α- und β-Ionon, 6-Pentyl-α-pyron (Formel 18.33; XI), Hexenal, 3-cis-Hexenal und 2-trans-Hexenal. Aromaunterschiede bei Pfirsichsorten sind mit unterschiedlichen Mengenverhältnissen bei den Estern und Monoterpenen korreliert.

18.1.2.6.8 Passionsfrucht

Im Aroma sollen die gelben (*Passiflora edulis* var. *flavica*) den purpurroten Früchten (*Passiflora edulis* var. *edulis*; auch Maracuja genannt) überlegen sein. Am Aroma beider Sorten sind beteiligt β-Ionon und die folgenden Ester (% der flüchtigen Fraktion): Ethylbutyrat (1,4), Ethylhexanoat (9,7), Hexylbutyrat (13,9), Hexylhexanoat (69,6).

In den purpurroten Früchten wurden vier stereoisomere Megastigmatriene gefunden. Eine Mischung der Isomeren XII a und XII b (Formel 18.33) ergibt ein rosenartiges, an Erdbeeren erinnerndes Aroma, mit einer Schwelle von 100 µg/kg (Wasser).

Aus den gelben Früchten wurden die S-haltigen Aromastoffe 3-Methylthiohexan-1-σl und daraus wahrscheinlich hervorgehende 2-Methyl-4-propyl-1,3-oxathiane (cis-/trans-Isomere im Verhältnis 10:1) isoliert (XIII a, b; Formel 18.33). Von

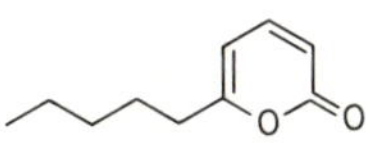

XI

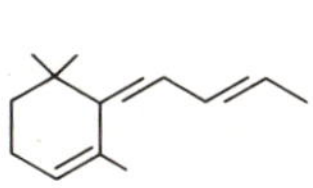

XII a

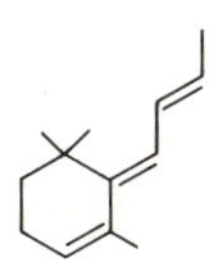

XII b

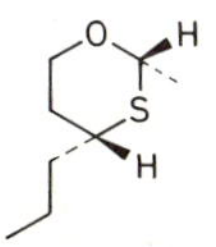

XIII a

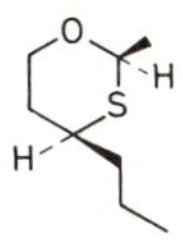

XIII b

(18.33)

den beiden cis-Isomeren wurde nur das 2R,4S-Isomere (XIII b), das schweflig-krautartig riecht (Schwelle = 4 µg/kg; Wasser), in den Früchten gefunden. Die für Passionsfrüchte typischere Aromanote zeigt jedoch das 2S, 4R-Isomere (XIII a).

18.1.2.6.9 Erdbeere

Obwohl durch intensive Studien des Erdbeeraromas über 300 flüchtige Verbindungen bekannt geworden sind, ist deren Bedeutung für das Aroma noch unklar. Abgesehen von Estern und C_6-Aldehyden, die die fruchtigen und grünen Noten bedingen, sind das 2,5-Dimethyl-4-hydroxy-3(2H)-furanon (DHF) und der entsprechende Methylether von besonderer Bedeutung. Die Aromanote des DHF ist konzentrationsabhängig. In der Nähe der sehr niedrig liegenden Geruchsschwelle (cf. Tab. 5.2) erinnert es an Erdbeeren. Bei der Lagerung von Erdbeeren nimmt das DHF ab und der entsprechende Methylether zu (Tab. 18.25). Da der Methylether einen „sherryartigen" Charakter hat, können diese Konzentrationsverschiebungen zu Änderungen im Aroma führen. Synthetische Erdbeeraromen können 3-Methyl-3-phenylglycidsäureethylester bzw. verwandte Verbindungen enthalten, die in Erdbeeren nicht vorkommen. Von den vier möglichen Isomeren hat nur die (2R, 3R)-Verbindung (XIV, Formel 18.34) reinen Erdbeergeruch, während die anderen Isomeren ein unspezifisches, schwaches Aroma haben.

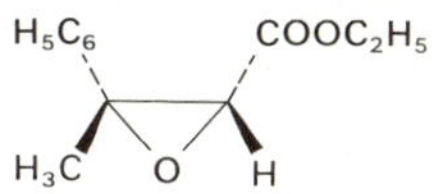

(18.34)

XIV

18.1.2.6.10 Kirsche, Pflaume

Am Aroma der Kirsche sind Benzaldehyd, Linalool, Hexanal, 2-trans-Hexenal, Phenylacetaldehyd, 2-trans, 6-cis-Nonadienal und Eugenol wesentlich beteiligt. Beim Erhitzen von Kirschsaft oder bei der Herstellung von Konfitüren nimmt die Konzentration an Benzaldehyd durch Hydrolyse von Amygdalin und Prunasin (cf. Tab. 16.12) sowie die an Linalool durch Hydrolyse des entsprechenden Glykosids zu. Da gleichzeitig die C_6-Aldehyde und das Nonadienal abnehmen, werden die fruchtig-blumigen Aromanoten verstärkt und die „grünen" Noten treten zurück.

Tabelle 18.25. 2,5-Dimethyl-4-hydroxy-3(2H)-furanon (DHF) und der entsprechende Methylether (DHFM) in Erdbeeren und Ananas

Frucht	DHF[a]	DHFM[a] (mg/l)[b]
Erdbeeren, 1 Tag nach der Ernte	6,3	2,7
Erdbeeren, 8 Tage bei 3 °C gelagert	3,9	10,9
Wilde Erdbeeren	2,2	0,5
Ananas	7,3	0,2
Ananas, 10 Tage bei 22 °C gelagert	3,6	0,2

[a] Strukturformeln in Tab. 5.10.
[b] Die Früchte (500 g) wurden mit flüssigem Stickstoff tiefgefroren, gemahlen und nach Zusatz von 600 ml Wasser aufgetaut. Die Angaben beziehen sich auf den nach Filtration erhaltenen Saft.

Bei Pflaumen sind Linalool, Benzaldehyd, Zimtsäuremethylester und γ-Decalacton zusammen mit den C_6-Aldehyden wichtig. Zum Aroma von Pflaumen in Dosen tragen Benzaldehyd, Nonanal und Essigsäurebenzylester bei.

18.1.2.7 Vitamine

Viele Obstarten sind wichtige Lieferanten von Ascorbinsäure (Tab. 18.26). Die Ascorbinsäurebiosynthese in Pflanzen geht von Hexosen, z. B. Glucose (I) aus, ist aber noch nicht vollständig aufgeklärt. Man nimmt an, daß nach Oxidation am C-1 und Cyclisierung zum 1,4-Lacton (II) die 5-Ketoverbindung (III) als Zwischenprodukt auftritt, die nach Oxidation zum 2,3-Endiol (IV) stereospezifisch zu L-Ascorbinsäure (V) reduziert wird:

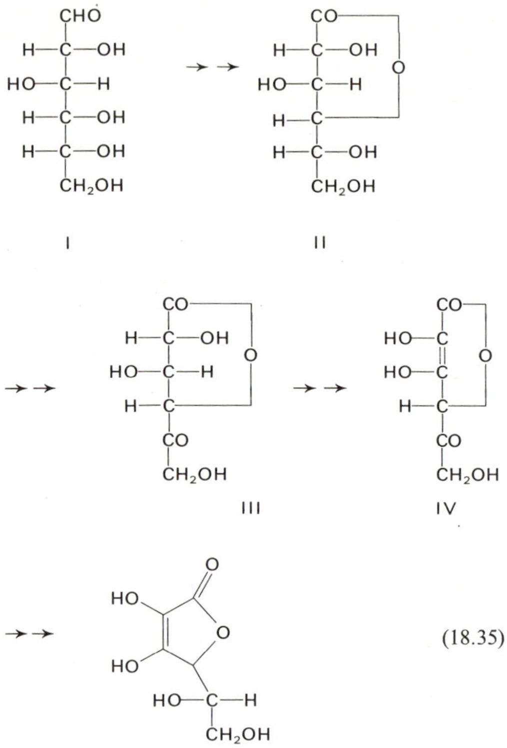

(18.35)

Tabelle 18.26. Ascorbinsäure in verschiedenen Obstarten (mg/100 g eßbarer Anteil)

Obstart	Ascorbinsäure	Obstart	Ascorbinsäure
Apfel	2–10	Johannisbeere, schwarz	210
Birne	4		
Aprikose	7–10	Apfelsine	50
Kirsche	5–8	Grapefruit	40
Pfirsich	7	Zitrone	50
Pflaume	3		
Brombeere	15	Acerola	1300
Erdbeere	60	Ananas	25
Himbeere	25	Banane	10–30
Johannisbeere, rot	40	Guava	300
		Melone	25–35

Tabelle 18.27. Mineralstoffe in Obst

Element	Orangensaft (% der Asche)	Apfel (mg/100 g TM)
Kalium	40	840
Natrium	1,8	
Calcium	2,8	90
Magnesium	1,7	40
Eisen	0,06	2,5
Aluminium	0,12	
Phosphor	6,8	90
Schwefel	0,8	
Chlor	0,7	
Zink, Titan, Barium		Zink 4,8
Kupfer, Mangan, Zinn	≤ 0,03	Mangan 0,6
Bor	≤ 0,01	Kupfer 1,2

Eine technische Ascorbinsäuresynthese geht ebenfalls von Glucose aus, die zu Sorbit (VI) reduziert wird. *Acetobacter suboxidans* oxidiert zu L-Sorbose (VII), die als Diisopropylidenderivat (VIII) zum entsprechenden Derivat der L-2-Ketogulonsäure (IX) oxidiert wird, aus dem durch Abspaltung der Schutzgruppen über L-2-Ketogulonsäure (X) L-Ascorbinsäure erhalten wird:

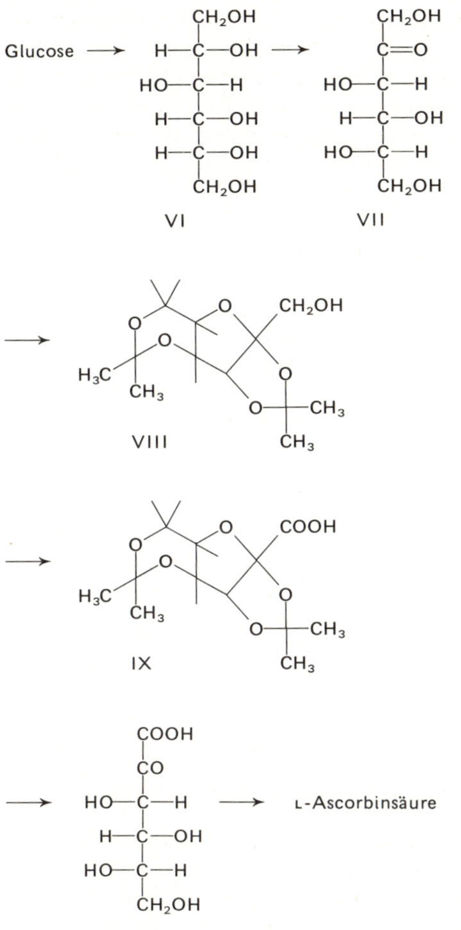

X (18.36)

β-Carotin als Provitamin A ist in größeren Mengen z. B. in Aprikose, Kirsche, Melone, Pfirsich vorhanden. Aus der Gruppe der B-Vitamine sind Pantothensäure und Biotin in einigen Obstarten vorhanden (Aprikose, Citrusfrüchte, Feige, Schwarze Johannisbeere, Stachelbeere). Andere B-Vitamine kommen nicht in für die Ernährung interessanten Mengen vor. Vitamin B_{12}, Vitamin D und die Tocopherole sind praktisch abwesend.

18.1.2.8 Mineralstoffe

Tab. 18.27 orientiert über die Zusammensetzung der Asche von Orangensaft und von Äpfeln. Unter den Kationen hat Kalium die größte Bedeutung, unter den anorganischen Anionen Phosphat.

18.1.3 Chemische Veränderungen während der Reifung

Die Reifung von Früchten ist mit sehr komplexen Änderungen physikalischer und chemischer Eigenschaften verbunden. Weichwerden, zunehmende Süße, Aromaänderungen und Farbänderungen sind besonders auffallende Erscheinungen. Im folgenden werden einige Phänomene etwas näher behandelt.

18.1.3.1 Änderungen der Atmungsintensität

Die Atmungsintensität hängt vom Entwicklungszustand der Frucht ab. Mit zunehmendem Wachstum erfolgt zunächst ein Atmungsanstieg, der dann in einen langsamen Abfall bis zur Reife übergeht. Bei einer Reihe von Früchten ist das Einsetzen der Reifung mit einem erneuten Anstieg der Atmung verknüpft, der auch als klimakterischer Anstieg bezeichnet wird. In diesem Klimakterium wird ein Maximum der CO_2-Produktion durchlaufen, das – in Abhängigkeit von Frucht und Ernteprozedur – vor oder nach der Ernte der Frucht auftreten kann. Aus den Abb. 18.6 und 18.7, die diesen Anstieg für Apfel und Tomate zeigen, ist zu ersehen, daß der Anstieg einige Zeit nach der Ernte einsetzt und daß er von einem Anstieg der Ethylenproduktion begleitet wird.

Der klimakterische Atmungsanstieg ist so charakteristisch, daß man danach die als Obst und Gemüse dienenden Früchte einteilt in

- *klimakterische Typen:* Apfel, Aprikose, Avocado, Banane, Birne, Mango, Papaya, Passionsfrucht, Pfirsich, Pflaume, Tomate
- *nichtklimakterische Typen:* Ananas, Apfelsine, Erdbeere, Feige, Grapefruit, Gurke, Kirsche, Melone, Weintraube, Zitrone.

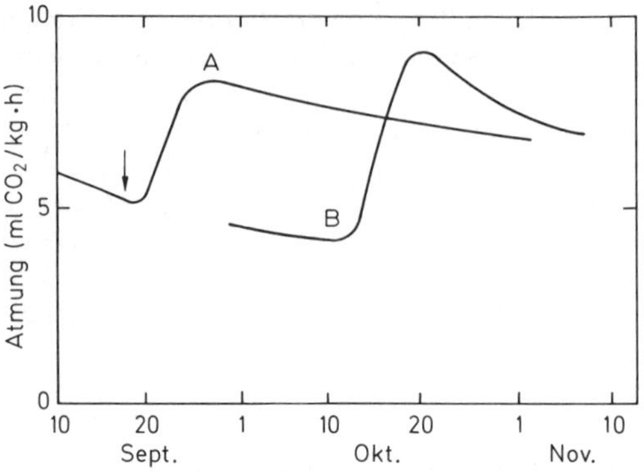

Abb. 18.6. Atmungsanstieg beim Apfel, Bramley's Seedlings (nach *A. C. Hulme*, 1963). A Apfel geerntet →, B Apfel am Baum ausgereift

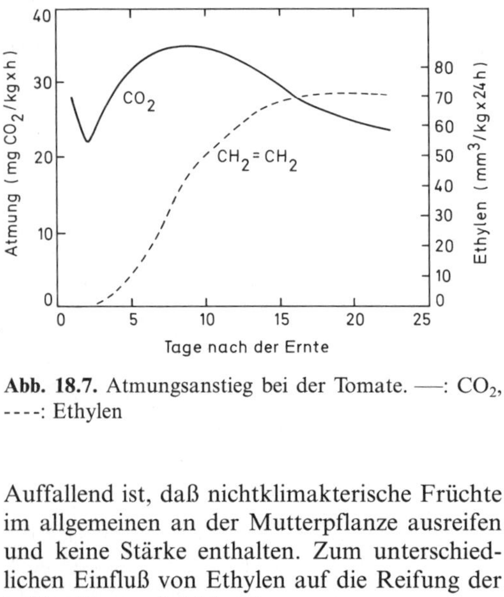

Abb. 18.7. Atmungsanstieg bei der Tomate. —: CO_2, ----: Ethylen

Auffallend ist, daß nichtklimakterische Früchte im allgemeinen an der Mutterpflanze ausreifen und keine Stärke enthalten. Zum unterschiedlichen Einfluß von Ethylen auf die Reifung der beiden Typen cf. 18.1.4.2.

Eine andere Einteilung unterscheidet auf Grund des Atmungsverhaltens nach der Ernte sogar drei Typen:

Typ 1: langsamer Abfall der CO_2-Produktion während der Reifung (z. B. Citrusfrüchte)

Typ 2: vorübergehender Anstieg der CO_2-Produktion, Vollreife nach dem Maximum (z. B. Avocado, Banane, Mango, Tomate)

Typ 3: Maximum der CO_2-Produktion im Stadium der Vollreife bis Überreife (z. B. Erdbeere, Pfirsich).

Die Ursachen für den Anstieg der CO_2-Produktion werden noch nicht voll verstanden. Beteiligt sind physikalische und chemische Faktoren. So ändert sich die Permeabilität der Schale von Früchten für Gase. Mit zunehmendem Alter wird die Cuticula dicker und stärker mit flüssigen Wachsen und Ölen imprägniert. Die Gesamtpermeabilität nimmt demzufolge ab, die CO_2-Konzentration im Innern der Frucht steigt. Für den Anstieg der CO_2-Produktion werden drei Gründe diskutiert. Ein Grund wird in der gesteigerten Proteinsynthese gesehen, die ATP verbraucht und damit die Atmung ankurbelt. Da der respiratorische Quotient von ca. 1 auf 1,4 bis 1,6 ansteigt, wird als weitere CO_2-Quelle nicht die Atmung, sondern die Decarboxylierung von Malat und Pyruvat angesehen, also ein Umschalten vom Citratcyclus auf Malatabbau. Schließlich wird auch die Möglichkeit einer teilweisen Entkopplung von Atmung und Phosphorylierung durch einen unbekannten Entkoppler diskutiert.

Neuere Vorstellungen bringen strukturelle Faktoren ins Spiel. Sie gehen davon aus, daß Früchte auch im Inneren merkliche fotosynthetische Aktivität besitzen, die einen CO_2-Verbrauch bedingt. Mit Beginn der Reife kommt es zu zunehmender Desorganisation der Chloroplasten und anderer Zellorganellen. Die fotosynthetische Aktivität nimmt ab und erlischt schließlich ganz. Das gleiche gilt für andere synthetische Aktivitäten. Abbauprozesse, katalysiert durch Enzyme des Cytoplasmas, überwiegen. Nach diesen Vorstellungen (*Phan, Pantastico* et al., 1975) „the climacteric is seen as an indication of the natural end of a period of active synthesis and maintenance, and the beginning of the actual senescence of the fruit".

18.1.3.2 Änderungen in Stoffwechselwegen

Verschiebungen im Stoffwechsel konnten für mehrere Fruchtarten während der Reifung wahrscheinlich gemacht werden. So ist bei Bananen die Aldolase- und Carboxylaseaktivität während der Reifung stark erhöht und es scheint, daß in dieser Phase der *Embden-Meyerhoff*-Weg stärker hervortritt gegenüber dem Pentose-Phosphat-Weg.

In Äpfeln wurde im Klimakterium ein Ansteigen der Aktivitäten des Malatenzyms und der Pyruvatdecarboxylase beobachtet, die dann parallel zum Abfall der CO_2-Produktion auch wieder sanken. Es ist darin eine Erklärung für die Änderung des respiratorischen Quotienten während des Klimakteriums zu sehen. Die CO_2-Produktion steigt stärker als die O_2-Aufnahme, so daß $RQ > 1$ wird. Für eine solche Verschiebung vom Citratcyclus zum Malatabbau spricht auch der Einfluß von Citrat und Malat auf die Succinatproduktion in Äpfeln. Mit zunehmender Reife wird die Succinatbildung aus Citrat geringer und fällt schließlich bis auf Null. Der Anstieg von Succinat auf Malatzusatz in den ersten Phasen der Reifung ist wahrscheinlich auf einen Rückstau zurückzuführen. Später ist auch hier ein Abfall festzustellen, der zeigt, daß zunehmend ein anderer Stoffwechselweg eingeschlagen wird.

18.1.3.3 Stoffliche Änderungen

18.1.3.3.1 Kohlenhydrate

In der Kohlenhydratfraktion sind große Änderungen zu verzeichnen. Bei Äpfeln werden z. B. zwischen Ernte und Verderb durch Fäulnis ca. 20% der vorhandenen Kohlenhydrate umgesetzt.

Der Stärkegehalt steigt bei Äpfeln während der Entwicklung am Baum an und fällt dann wieder ab, so daß bei der Ernte nur noch Restmengen vorhanden sind. Nach der Ernte verschwindet diese Reststärke sehr schnell im Zusammenhang mit dem klimakterischen Atmungsanstieg. Der Gehalt an Zuckern steigt dagegen. Für die Zuckerbildung müssen demnach neben Stärke noch andere Quellen existieren. Ein Abfall der Hemicellulosen läßt diese als Quelle erscheinen. Auch Säuren kommen für die Zuckerbildung in Frage. Bei Bananen geht ein starker Stärkeabfall parallel mit einem Anstieg von Glucose, Fructose und Saccharose. Die Saccharosesynthese erfolgt auf zwei Wegen:

$$1)\ \text{UDPG} + \text{Fru-6-P} \longrightarrow \text{UDP} + \text{Sac-6}^{F}\text{-P} \longrightarrow \text{Sac} + P_{an}$$

$$2)\ \text{UDPG} + \text{Fru} \longrightarrow \text{UDP} + \text{Sac} \qquad (18.37)$$

Die Hemicellulosen fallen von 9% auf 1–2% (bezogen auf Frischgewicht), haben also auch Bedeutung als Reservekohlenhydrate für den Stoffwechsel. Im postklimakterischen Zustand erfolgt bei der Banane auch ein Abfall im Zuckergehalt.

Die Unterschiede können bei verschiedenen Früchten sehr groß sein. Bei Apfelsine und Grapefruit fällt der Säuregehalt und steigt der Zukkergehalt während der Reifung, bei der Zitrone ist dagegen ein Säureanstieg zu verzeichnen.

Ein Abfall von Arabinanen, Cellulose und anderen Polysacchariden wurde während der Reifung von Birnen beobachtet. In Tomaten wurden Cellulasen nachgewiesen.

Starke Verschiebungen treten bei vielen Früchten (z. B. Banane, Citrusfrüchte, Erdbeere, Mango, Melone) während der Reifung in der Pektinfraktion auf, die sich in Verringerung des Molekulargewichtes und Demethylierung äußern. Unlösliches Protopektin geht zunehmend in lösliches Pektin über. Protopektin kommt eng vergesellschaftet mit Cellulose in der Matrix der Zellwand vor. Die HO-Gruppen in 2- und 3-Stellung der Galacturonsäurereste sind acetyliert oder an Polysaccharide bzw. Lignin gebunden ($R^1 = H$, CH_3; Polysaccharid: Arabinan, Galactan, möglicherweise auch Cellulose; $R^2 = H$, CH_3CO, Polysaccharid, Lignin):

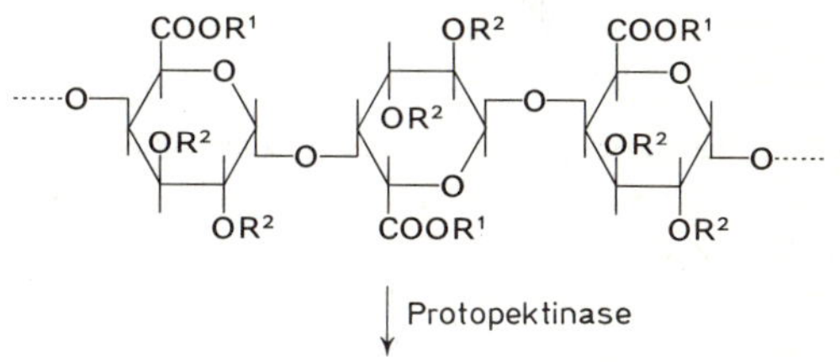

Polysaccharide + lösliches Pektin (18.38)

Bei Äpfeln wurde im weiteren Reifungsverlauf dann auch ein Abfall des löslichen Pektins beobachtet, der mit der Ausbildung einer mehligen Textur verbunden war. In Birnen sind die gleichen Erscheinungen vorhanden, nur verlaufen sie schneller. Eine Demethylierung des Pektins tritt ebenfalls auf. Während der Reifung von Birnen, Pfirsichen und Avocados sinkt der Veresterungsgrad z. B. von ca. 85% auf ca. 40%. Ursache für die genannten Veränderungen ist ein starker Anstieg der Aktivität von Polygalacturonasen und Pektinesterasen. Der Gehalt der Früchte an Galacturonsäure steigt etwas, doch scheint der größte Teil der freigesetzten Uronsäuren in andere Reaktionen einzugehen.

18.1.3.3.2 Proteine, Enzyme

Bei manchen Früchten wurde bei konstantem Gesamtstickstoff eine Zunahme des Proteinge-

haltes während der Reifung beobachtet, die zum größten Teil auf die Synthese von Enzymen zurückgehen dürfte. So wurde während der Reifung z.B. ein Anstieg von Hydrolasen (Amylasen, Cellulasen, pektinolytischen Enzymen), glykolytischen Enzymen, Enzymen des Citratcyclus, Transaminasen, Peroxidase und Katalase beobachtet. Enzyminhibitoren mit Proteincharakter, die für Amylase, Peroxidase und Katalase in unreifen Bananen und Mangos nachgewiesen wurden, scheinen mit zunehmender Reifung abzunehmen.
Das Verhältnis NADH/NAD bzw. NADPH/NADP durchläuft während der Reifung ein Maximum. Für Mango wurden z.B. im unreifen Zustand 0,32 bzw. 0,67, im halbreifen Zustand 1,44 bzw. 6,50 und im reifen Zustand 0,57 bzw. 0,93 gemessen.
Auch in der Aminosäure- und Aminfraktion treten Verschiebungen auf, die jedoch sehr uneinheitlich sind und von Obstart sowie Reifungsstadium abhängen.

18.1.3.3.3 Lipide

Über Veränderungen in der Lipidfraktion ist noch wenig bekannt. Verschiebungen wurden insbesondere bei Phospholipiden beobachtet.

18.1.3.3.4 Säuren

Meist erfolgt während der Reifung ein Abfall im Säuregehalt. Auf die gegenteilige Entwicklung bei der Zitrone wurde bereits hingewiesen. Auch das Mengenverhältnis verschiedener Säuren kann wechseln: In reifen Äpfeln ist Äpfelsäure die Hauptsäure, während junge, unreife Äpfel viel Chinasäure enthalten. In verschiedenen Geweben einer Frucht können verschiedene Säuren dominieren. In der Schale von Äpfeln kommt z.B. Citramalsäure (Formel 18.39, I) vor, die aus Brenztraubensäure gebildet wird und über Acetessigsäure Aceton liefern kann, das bei der Apfelreifung reichlich gebildet wird.
Wichtig ist auch die Synthese von Ascorbinsäure, die in vielen Früchten während der Reifung abläuft (cf. 18.1.2.7).

18.1.3.3.5 Farbstoffe

Die Reifung von Früchten ist meist mit einer Farbänderung gekoppelt. Der Übergang von grün zu andersfarbig geht zurück auf einen Chlorophyllabbau, so daß überdeckte Farbstoffe in Erscheinung treten. Weiterhin spielt die Synthese anderer Farbstoffe eine große Rolle. Der Lycopingehalt der Tomate nimmt z.B. während der Reifung stark zu. Das gleiche gilt für den Carotinoidgehalt von Citrusfrüchten und Mango. Die Anthocyanbildung wird häufig durch Licht gesteigert.

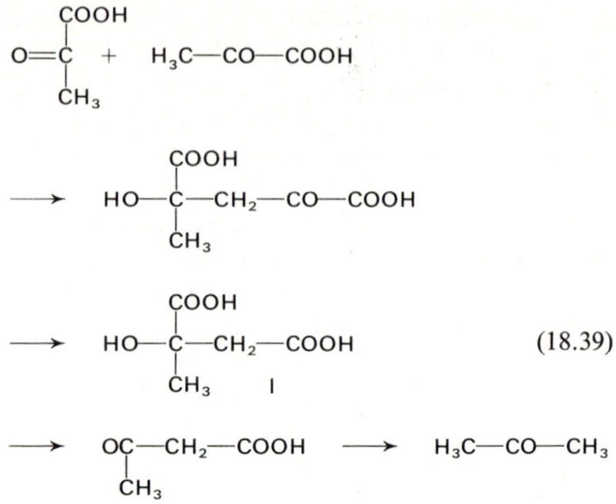

(18.39)

18.1.3.3.6 Aromastoffe

Die Ausbildung des typischen Aromas erfolgt während der Reifung der Frucht. Bei der Banane werden z.B. merkliche Mengen an flüchtigen Verbindungen erst 24 h nach Durchlaufen des Klimakteriums produziert. Die Aromabildung hängt von äußeren Faktoren wie der Temperatur und ihren Tag/Nacht-Schwankungen stark ab. Bananen produzieren z.B. bei einem Tag/Nacht-Rhythmus von 30 °C/20 °C 60% mehr flüchtige Verbindungen als bei einer konstanten Temperatur von 30 °C. Die Synthese flüchtiger Verbindungen wird in Abschnitt 5.3.2 behandelt.

18.1.4 Chemische Beeinflussung der Reifung

Die natürliche Regulation des Pflanzenwachstums erfolgt durch Phytohormone, die sich im wesentlichen in die fünf Klassen Auxine, Gibberelline, Cytokinine, Abscisinsäure und Ethylen einteilen lassen. Es ist eine große Zahl von synthetischen Verbindungen bekannt, die diesen Phytohormonen in ihren Wirkungen entsprechen oder die Antagonisten sind. Sie werden aus den verschiedensten Gründen eingesetzt, z. B. zur Blühinduktion, zur Auslösung von Parthenokarpie, zur Ertragssteigerung, zur Ernteerleichterung, zur Reifungsbeschleunigung, zur Keimhemmung, zur Verzögerung der Alterung und damit zur Erhöhung der Lagerstabilität. Im folgenden werden einige wichtige Beispiele behandelt.

18.1.4.1 Verbindungen mit verzögernder Wirkung

Es sind eine Reihe von Verbindungen bekannt, die eine Verzögerung der Reifung und Alterung bei Obst und Gemüse und damit eine Verlängerung der Lagerfähigkeit bewirkt.
Die zur Gruppe der Cytokinine gehörenden Verbindungen *Kinetin* (I) und *N*^{6}*-Benzyladenin* (II) verzögern Chlorophyllabbau und Alterung bei Blattgemüsen (z. B. Spinat, Bohne, Gurke). II beeinflußt die Lagerfähigkeit von Obst (z. B. Süßkirsche, Erdbeere) und Gemüse (z. B. Blumenkohl, Endivie, verschiedene Kohlarten, Radieschen, Sellerie, Spargel). Es verbessert auch den Fruchtansatz und führt zu Ertragssteigerungen bei Weintrauben, Melonen und anderen Früchten.
Gibberellin A$_3$ (III) kann vor der Ernte (z. B. Apfelsine, Zitrone) oder nach der Ernte (z. B. Banane, Guava, Tomate) angewendet werden und verzögert die Reifung. Zum Teil wird die Zusammensetzung der Früchte beeinflußt. Insgesamt wird bei vielen Obst- und Gemüsesorten von einer Qualitätsverbesserung berichtet. Bei der Weintraube resultieren z. B. große Beeren und lockere Fruchtstände. Bei Tomate und Weintraube wird Parthenokarpie ausgelöst.
Anwendung des Gibberellinantagonisten *N,N-Dimethylsuccinamidsäure* (IV) beeinflußt Festigkeit und Farbe von Früchten günstig und führt bei Kirsche, Pfirsich und Nektarine zur Reifungsbeschleunigung, bei der Weintraube zur Verbesserung des Fruchtansatzes. Die *N-Pyrrolidinosuccinamidsäure* (V) soll eine noch bessere Wirkung haben.
β-Naphthoxyessigsäure (VI), aus der Reihe synthetischer Auxine, hat bei Anwendung vor der Ernte günstigen Einfluß auf die Lagerfähigkeit von Mandarinen. Der Gewichtsverlust ist geringer, der Ascorbinsäuregehalt bleibt höher. *α-Naphthylessigsäure* (VII) wird z. B. zur Blühinduktion bei Ananas und zur Ausdünnung bei

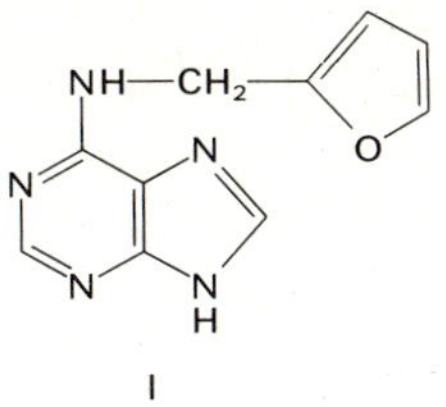
I

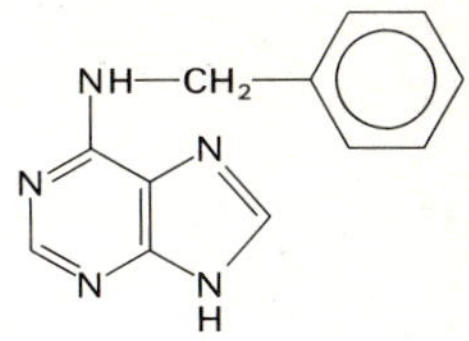
II

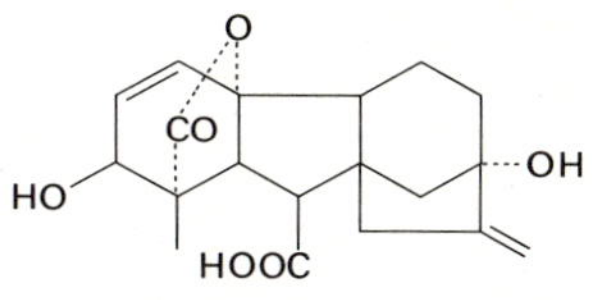
III

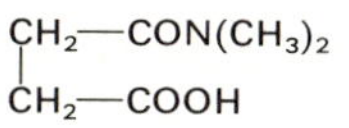
IV

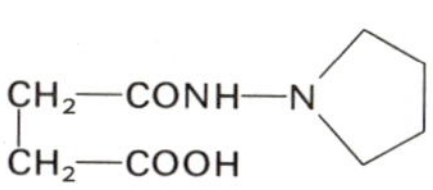
V

(18.40)

Apfel und Apfelsine eingesetzt. *2-(3-Chlorphenoxy)-propionsäure* (VIII) kann zur Ausdünnung bei Pfirsichen Verwendung finden, *2,3,5-Trijodbenzoesäure* (IX) zur Blühinduktion beim Apfel und zur Wachstumshemmung bei der Tomate.

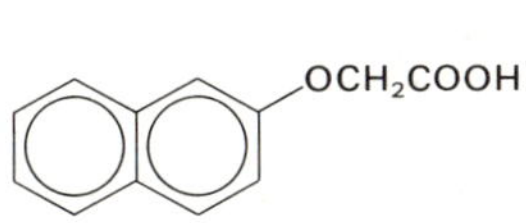
VI

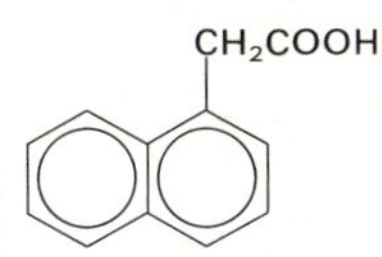
VII

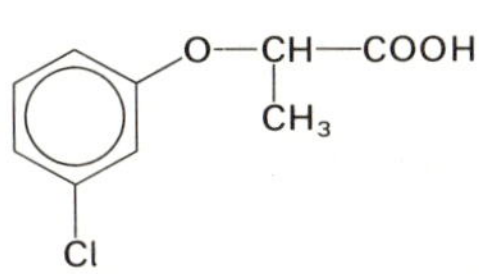
VIII

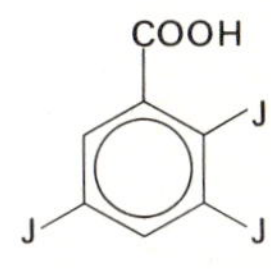
IX (18.41)

Maleinsäurehydrazid (X) greift in die Zellteilung ein und bewirkt auch eine Mobilisierung von Reservepolysacchariden zugunsten von Mono- und Oligosacchariden. Es ist als Keimungshemmer (z. B. Kartoffel, Möhre, Zwiebel) bekannt, verzögert die Reifung verschiedener Früchte (z. B. Mango, Tomate) und führt bei der Lage-

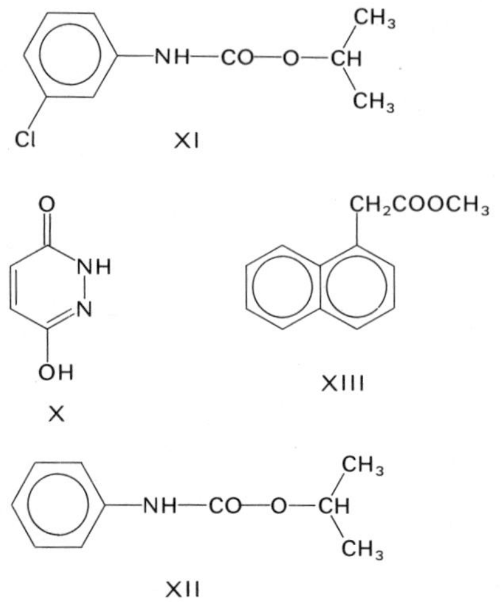

(18.42)

rung von Äpfeln zu einer Verfestigung des Fruchtfleisches.

Als Keimungshemmer sind auch verschiedene Carbamate (z. B. *Isopropyl-(3-chlorphenyl)-carbamat,* XI; *Isopropyl-n-phenylcarbamat,* XII) und *α-Naphthylessigsäuremethylester* (XIII) wirksam.

Eine Reifungsverzögerung bei verschiedenen Früchten wurde mit *Cycloheximid* (XIV) beobachtet. Bei Citrusfrüchten und Oliven wird dagegen die Fruchtablösung gefördert.

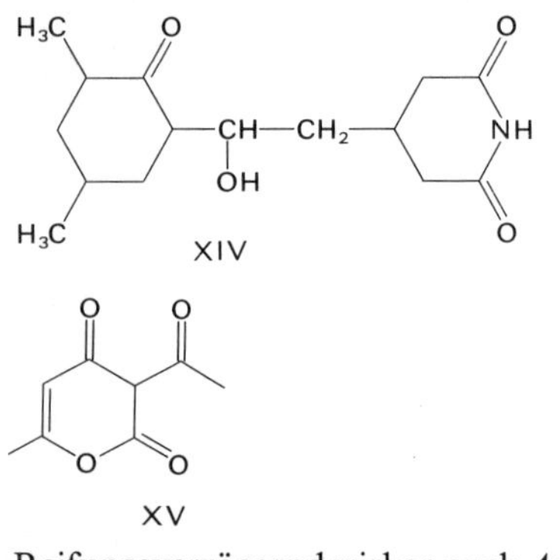

(18.43)

Reifungsverzögernd wirken auch *Actinomycin D, Ethylenoxid* (z. B. bei Mango) und *Dehydroacetsäure* (XV, z. B. bei Erdbeere).

Verbindungen, die das als Reifungsbeschleuniger wirkende Ethylen abfangen, haben ebenfalls verzögernde Wirkung. Die Haltbarkeit von in verschweißten Polyethylenbeuteln verpackten Bananen wurde z. B. durch die Anwesenheit von *alkalischem* $KMnO_4$ auf einem Silikatträger verlängert.

18.1.4.2 Verbindungen mit beschleunigender Wirkung

Die Reifung von Früchten ist mit der Biosynthese von *Ethylen* gekoppelt. Die Verbindung erhöht die Permeabilität von Membranen und beschleunigt auf diese Weise wahrscheinlich den Stoffwechsel und damit die Fruchtreifung. An Mango wurde z. B. gezeigt, daß Ethylen vor Beginn des Klimakteriums oxidative und hydrolyti-

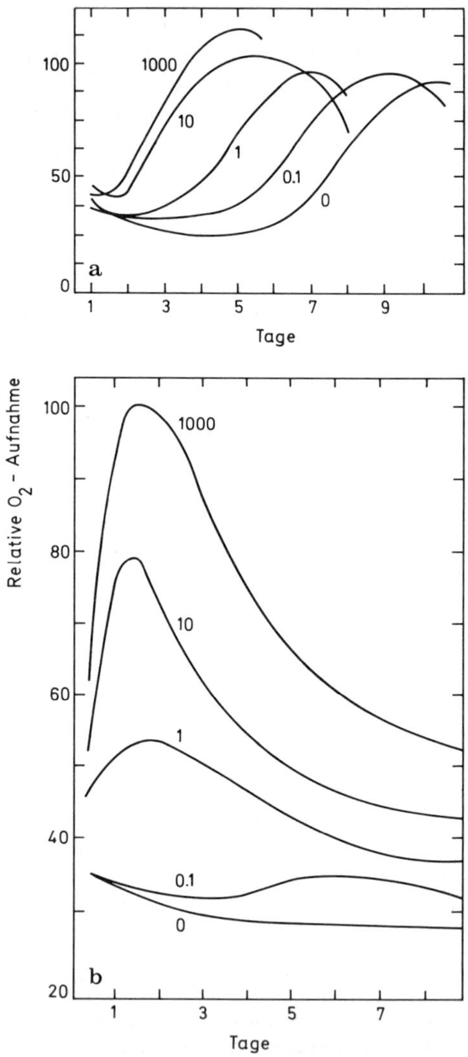

Abb. 18.8. Einfluß von Ethylen auf die Atmung von Früchten. **a** klimakterisch, **b** nichtklimakterisch. Zahlenwerte an der Kurve: ppm Ethylen in der Atmosphäre. (Nach *Biale*, 1964)

sche Enzyme stimuliert (Katalase, Peroxidase, Amylase) und Inhibitoren dieser Enzyme inaktiviert.

Klimakterische und nichtklimakterische Früchte reagieren unterschiedlich auf externes Ethylen (Abb. 18.8). Bei unreifen klimakterischen Früchten erfolgt eine von der Ethylendosis abhängige Vorverlegung des Atmungsanstiegs, dessen Höhe aber nicht wesentlich beeinflußt wird. Bei nichtklimakterischen Früchten ist dagegen in jedem Reifungsstadium ein von der Ethylendosis abhängiger Atmungsanstieg zu erzielen.

Für die Biosynthese des Ethylens wird folgender Weg diskutiert (R—CHO: Pyridoxalphosphat):

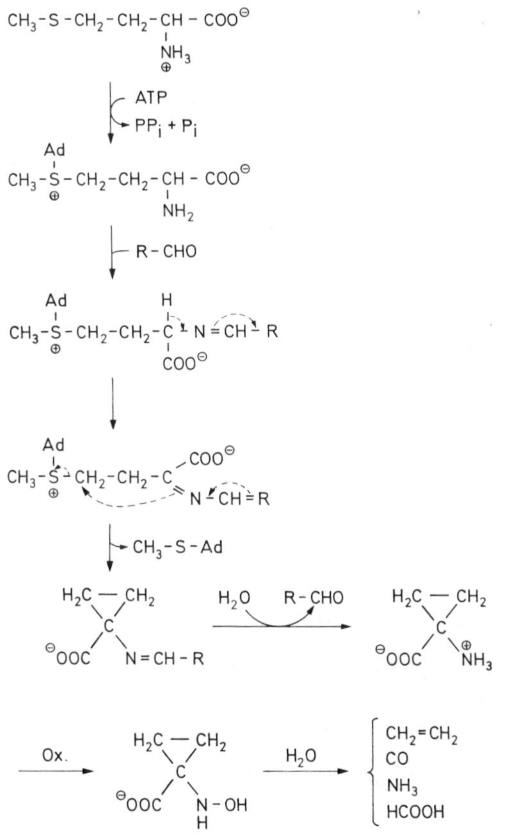

(18.44)

Ethylen und Verbindungen, die Ethylen unter geeigneten Bedingungen erzeugen, werden zur Reifungsbeschleunigung eingesetzt. Es sind eine Reihe solcher Verbindungen bekannt, z. B. 2-Chlorethanphosphorsäure (Ethephon, R = H oder CH_2—CH_2Cl):

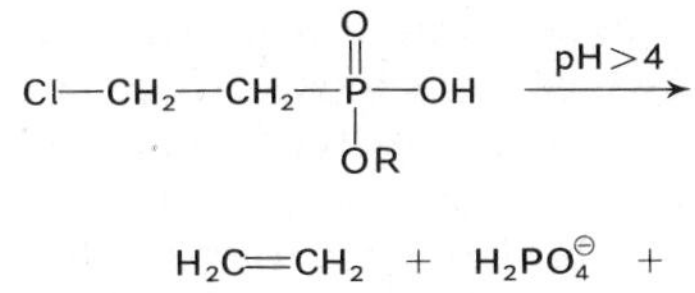

(18.45)

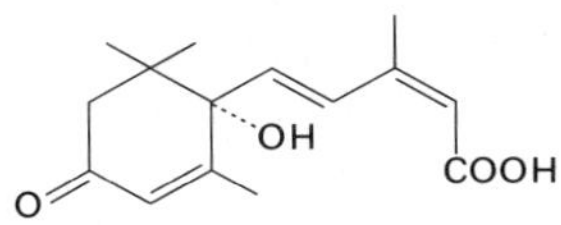

XVI

$$HO{-}N{=}CH{-}CH{=}N{-}OH$$

XVII

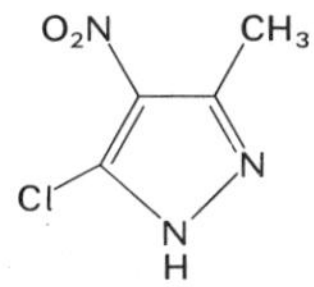

XVIII

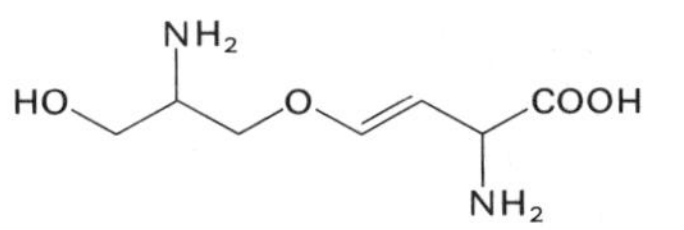

XIX

(18.46)

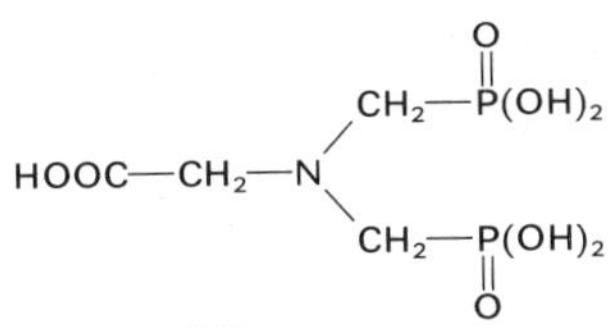

XX

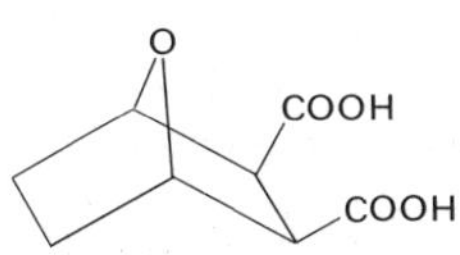

XXI

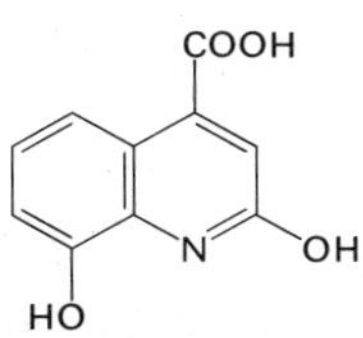

XXII

Eine Anwendung vor der Ernte, z. B. bei Ananas, Feige, Mango, Melone und Tomate, führt zu schneller und gleichmäßiger Reifung. Eine Anwendung nach der Ernte bewirkt eine Reifungsbeschleunigung, z. B. bei Banane, Citrusfrüchten und Mango. Mit Ethylen ist auch eine Blühinduktion bei Ananas möglich, ebenso eine Beschleunigung des Fruchtabfalls bei Steinobst und Olive, sowie eine Entblätterung von Reben.

Propylen hat nur 1% der Wirkung von Ethylen. Auch *Acetylen* beschleunigt nur in höheren Konzentrationen.

Methionin-Gaben stimulieren bei Apfel, Banane und Mango die Reifung über die Ankurbelung der Ethylenbiosynthese. Beispiele für Stimulatoren sind auch *Auxin, Abscisinsäure* (Formel 18.46, XVI), *Ethandial-dioxim* (XVII, bei Citrusfrüchten) und *5-Chlor-3-methyl-4-nitropyrazol* (XVIII, Ernteerleichterung bei reifen Apfelsinen).

Die Ethylenbiosynthese aus Methionin wird gehemmt durch *Rhizobitoxin* (XIX), eine von *Rhizobium japonicum*, das in Knöllchenwurzeln der Sojabohne vorkommt, produzierte Aminosäure. Ein Ethylen-Antagonist und damit Reifungsverzögerer ist CO_2.

Das in die Proteinsynthese eingreifende *N,N-Bisphosphonomethylglycin* (XX) bewirkt eine Reifungsbeschleunigung und Ertragssteigerung bei Zuckerrohr und Zuckerrübe. Die Ausbeute an Saccharose wird bis zu 10% erhöht. Eine entsprechende Wirkung, Erhöhung der Saccharoseausbeute bei Zuckerrohr bis zu 25%, hat *7-Oxabicyclo[2.2.1]heptan-2,3-dicarbonsäure* (XXI), das über Eingriffe in die Lipidbiosynthese wahrscheinlich Permeabilitätsänderungen bewirkt und offensichtlich die Saccharosespaltung hemmt.

Ein Wachstumsförderer mit unbekanntem Wirkungsmechanismus ist auch die aus Rückständen der Maisstärkegewinnung zu erhaltende *Zeaninsäure* (XXII), die z. B. den Fruchtansatz bei Weintrauben verbessert.

18.1.5 Lagerung

18.1.5.1 Kühllagerung

Die Eignung von Obst zur Lagerung, die mögliche Lagerdauer und die dabei einzuhaltenden Bedingungen hängen von Art, Sorte und Qualität ab. Übliche Bedingungen sind −1 °C bis +2 °C bei einer relativen Luftfeuchtigkeit von 80–90%. Die Lagerfähigkeit schwankt von 4–8 Monaten beim Apfel, über 2–6 Monate bei der Birne, 2–3 Monate bei der Weintraube, bis zu 1–2 Wochen bei Erdbeere und Himbeere, bzw. 4–5 Tagen bei der Kirsche. Erforderlich ist eine gute Belüftung. Die Luftumwälzung wird häufig mit einer Luftwäsche zur Entfernung reifungsfördernder flüchtiger Stoffe (Ethylen) verbunden. Während der Lagerung treten Gewichtsverluste durch Wasserverdampfung auf, die bei 3–10% liegen.

18.1.5.2 Lagerung in kontrollierter Atmosphäre

Der Begriff wird im allgemeinen für eine Atmosphäre verwendet, die gegenüber Luft einen O_2-Unterschuß und einem CO_2-Überschuß aufweist. Übliche Bedingungen für viele Obstarten sind z. B.: Temperatur 0–5 °C, O_2-Konzentration ca. 3%, CO_2-Konzentration 0–5%. Es ist wichtig, die für die jeweilige Obstart optimalen Bedingungen einzuhalten. So kann z. B. eine zu hohe O_2-Konzentration die Reifung beschleunigen, eine zu niedrige O_2-Konzentration dagegen eine zu hohe CO_2-Produktion auslösen. Eine zu hohe CO_2-Konzentration hinwiederum kann zu Fehlaroma (Apfel, Apfelsine, Banane, Erdbeere) und auch zu Verfärbung führen.

18.2 Obstprodukte

Die geringe Haltbarkeit der meisten Obstarten und die Notwendigkeit, den zur Zeit der Ernte anfallenden Überfluß auf längere Zeiträume zu verteilen, hat zur Entwicklung einer Reihe von Verfahren geführt, die mehr oder weniger lange haltbare Produkte ergeben.

18.2.1 Trockenobst

Wie bei zahlreichen anderen Lebensmitteln stellt auch beim Obst der Wasserentzug durch Trocknen eine geeignete Methode dar, die Entwicklung von Mikroorganismen zu hemmen und gleichzeitig durch entsprechende Vorbehandlung die im Frischmaterial wirksamen Enzyme weitgehend zu inaktivieren. Die Obsttrocknung ist wahrscheinlich das älteste Verfahren der Obsterhaltung. Sie wurde ursprünglich in gemäßigten Breiten recht primitiv (Auslegen an warmer Luft, Trocknen auf Herden, Horden oder Backöfen) betrieben und liefert dementsprechend dunkel verfärbtes „Backobst". In warmen Ländern wird auch heute noch die Sonnentrocknung angewendet, und zwar zur Herstellung von Ringäpfeln, getrockneten Aprikosen, Pfirsichen, Birnen u. dgl. sowie zur Trocknung von Südfrüchten (Datteln, Feigen, Weintrauben). Oft wird auch an der Sonne vorgetrocknet und bei künstlicher Wärme nachgetrocknet. Die Trocknungstemperaturen im Kammer-, Flächen-, Schrank- oder Kanaltrockner liegen zwischen 75 °C (Eintrittsluft) und 65 °C (Austrittsluft) bei einer relativen Luftfeuchtigkeit von 15–20%. Vakuumtrocknung bei etwa 60 °C ist besonders schonend.

Die sorgfältig gereinigten und ausgeputzten Früchte geeigneter Sorten werden je nach Obstart in verschiedener Weise vorbehandelt.

Kernobst (Äpfel, Birnen) wird zunächst maschinell geschält sowie von Kerngehäuse und Kelch befreit. Äpfel werden in Stücke geschnitten (Apfelschnitten), vorzugsweise jedoch als 5 bis 7 mm dicke Scheiben zu Apfelringen getrocknet (Ausbeute 10–20%, bezogen auf ungeschälte Frischäpfel). Um das Braunwerden bei Verarbeitung und Lagerung zu verhindern, ist Schwefelung üblich. Die schweflige Säure verhindert sowohl enzymatische wie nichtenzymatische Bräunungsreaktionen, wirkt stabilisierend auf das Vitamin C des Obstes und hemmt gleichzeitig den Mikrobenbefall bei der Lagerung. Um das Braunwerden zu verhindern, ist auch die Anwendung verdünnter Lösungen von Citronensäure geeignet. Birnen werden unzerteilt oder zerschnitten vielfach in Wasserdampf erhitzt, um ihnen ein durchscheinendes Aussehen zu verleihen und dann bei 60–65 °C getrocknet. Die Ausbeute beträgt 13–14% des Frischobstes.

Von *Steinobst* trocknet man vor allem Pflaumen, Aprikosen und Pfirsiche. Pflaumen werden 5 bis 15 s in heiße verdünnte Natronlauge oder in 0,7%ige Kaliumcarbonatlösung getaucht, gewaschen und bei 70–75 °C oder an der Sonne getrocknet. Zur Erleichterung des Trocknens ist auch das Anritzen der Schale üblich. Um die Oberfläche zu reinigen und der Trockenpflaume ein glänzend schwarzes Aussehen zu verleihen, wird sie zusätzlich kurze Zeit bei 80–85 °C gedämpft. Die Ausbeute liegt bei einem Wassergehalt von maximal 19% zwischen 25 und 30%.

Tabelle 18.28. Zusammensetzung einiger Trockenobstarten (g/100 g eßbarer Anteil)

Obstart	Wasser	Stickstoffverbindungen	Fett	Kohlenhydrate	Rohfaser	Mineralstoffe	Vitamin C
Aprikosen	15–24	5,0	0,4	68	3,2	3,5	0,011
Datteln	20,2	1,9	0,5	73,2	2,4	1,8	0,003
Feigen	24,6	3,5	1,3	61,5	6,7	2,4	0–0,005
Pfirsiche	24,0	3,0	0,6	65,9	3,5	3,0	0,017
Pflaumen	24,0	2,3	0,6	69,4	1,6	2,1	0,004
Rosinen	24,2	2,3	0,5	64,2	7,0	1,86	0,001

Aprikosen und Pfirsiche werden zunächst zur leichteren Entfernung der Haut wechselweise in heißes und kaltes Wasser getaucht, halbiert, entsteint und entweder an der Sonne oder bei 65–70 °C künstlich getrocknet. Die Ausbeute beträgt je nach Fruchtgröße 10–15%. Bei Aprikosen und Pfirsichen ist die erwähnte Schwefelung allgemein üblich. Kirschen spielen als Trokkenobst eine untergeordnete Rolle; zur Vermeidung beträchtlicher Aromaverluste müssen sie langsam und sehr vorsichtig getrocknet werden.

Vom *Beerenobst* wird in erster Linie die Weintraube getrocknet. Sie liefert Rosinen, Sultaninen und Korinthen. Rosinen sind kernhaltige dunkelfarbige, Sultaninen kernlose hellfarbige Trockenfrüchte. Korinthen, mit oder ohne Kern, sind dunkelfarbig und viel kleiner als die anderen Sorten. Zur Oberflächenbehandlung von getrockneten Weinbeeren, ausgenommen Korinthen, wird z. B. acetyliertes Monoglycerid aus natürlichen Fetten verwendet, das ein Zusammenbacken verhindert.

Über die Zusammensetzung einiger Trockenobstarten orientiert Tab. 18.28. Trockenobst ist ein ausgesprochen kalorienreiches Lebensmittel und liefert außerdem beträchtliche Mineralstoffmengen. Von den Vitaminen des Obstes bleiben β-Carotin und die Vitamine der B-Gruppe praktisch erhalten. Vitamin C wird stark geschädigt, jedoch nicht in dem früher vermuteten Ausmaß. Durch Schwefelung wird das Vitamin B_1 zerstört, Farbe und Vitamin C-Gehalt werden jedoch stabilisiert.

18.2.2 Obststerilkonserven

Seit der Mitte des letzten Jahrhunderts ist die Hitzekonservierung (Sterilisierung) in Dosen

und Gläsern das wichtigste Verfahren zur Haltbarmachung von Obst.
Für die Hitzesterilisierung ist nur einwandfreies, an Aroma reiches, doch nicht überreifes Obst geeignet. Aseptische Konservierung ist nur für passierte Früchte anwendbar. Verarbeitet werden vor allem Steinobst, Birnen und Ananas sowie Äpfel vorwiegend zu Apfelmus, weniger Erdbeeren und Stachelbeeren.
Kompottfrüchte werden in großem Ausmaß von der Industrie, daneben auch im Haushalt hergestellt. Kirschen werden entstielt und entkernt, Zwetschgen, Aprikosen und Pfirsiche halbiert und entsteint, Erdbeeren entkelcht, Stachel- und Johannisbeeren entstielt, Äpfel, Birnen geschält und geschnitten. Für die genannten Prozeduren wurden zahlreiche Spezialmaschinen entwickelt. Mit wenigen Ausnahmen (Himbeeren, Brombeeren) werden alle Früchte gewaschen. Aprikosen lassen sich nach Behandlung mit Alkali bei 65 °C leicht schälen. Mit der Haut sterilisierte Früchte, z. B. Mirabellen oder Pflaumen, werden zur Verhinderung des Platzens angeritzt. Zur Vermeidung von Aromaverlusten und zur Verhinderung des Schwimmens oder Hochsteigens in der Dose ist es bei stark schrumpfenden Früchten (Kirschen, Mirabellen, Erd- und Stachelbeeren) häufig üblich, diese vor dem Eindosen in heiße ca. 30%ige Zuckerlösungen zu „tauchen" und dann mit Zuckerlösung zu übergießen, deren Konzentration ca. doppelt so hoch ist wie die gewünschte Endkonzentration in der Konserve. Anschließend wird im allgemeinen bei 77–95 °C 4–6 min exhaustiert, verschlossen und je nach Fruchtart unter wechselnden Bedingungen durch Erhitzen haltbar gemacht. Als 1/1-Dosen werden z. B. Erdbeeren im offenen Wasserbad bei 100 °C 18 min, Birnen, Pfirsiche und Aprikosen bei 100 °C 22 min sterilisiert. Zugaben von Ascorbinsäure und Citronensäure zur Farberhaltung, von Calciumsalzen zur Erhaltung der Festigkeit haben sich bei Kompottfrüchten bewährt.
Dunstfrüchte für Backwaren, Süßwaren und Konfitüren werden ähnlich den Kompottfrüchten hergestellt; Aufgußflüssigkeit ist hier anstelle der Zuckerlösung Wasser.

18.2.3 Tiefgefrorenes Obst

Obst wird sowohl zum Endverbrauch als auch zur Weiterverarbeitung eingefroren. Die Wahl geeigneter Obstarten und -sorten von optimaler Reife ist bei der Herstellung von Gefrierkonserven von größter Bedeutung. Gut geeignet sind z. B. Ananas, Apfel, Aprikose, Grapefruit, Erdbeere, dunkle Kirschen, nicht oder schlecht geeignet sind z. B. helle Kirschen, helle Pflaumen, Weintrauben und viele subtropische und tropische Früchte.
Rasches Einfrieren ist wichtig (Lufttemperatur $\leq -30\,°C$, Einfrierzeit ca. 3 h) zur schnellen Unterbindung mikrobiellen Wachstums, zur Vermeidung größerer Konzentrationsverschiebungen im Gewebe und zur Vermeidung der Bildung großer Eiskristalle, die das Gewebe schädigen. Ein Blanchieren vor dem Einfrieren ist nur in einigen Fällen üblich, z. B. bei Birnen, zum Teil auch bei Äpfeln, Aprikosen und Pfirsichen. Zum Teil werden die Früchte vor dem Einfrieren mit Zuckerlösung (30–50%ig) bedeckt oder mit Zukker (1 Teil auf 4–10 Teile Obst) behandelt und bis zum Austreten von Saft stehen gelassen. In beiden Fällen wird Sauerstoff ferngehalten, enzymatische Bräunungen werden verhindert, Konsistenz und Aroma bleiben besser erhalten. Zusätze von Ascorbinsäure und Citronensäure sind ebenfalls üblich.
Gefrorenes Obst wird bei -18 bis $-24\,°C$ gelagert und ist zwei bis vier Jahre haltbar.

18.2.4 Rumfrüchte, Früchte in Dickzucker u. a.

Rumfrüchte (Rumtopf) werden durch Einlegen der Früchte in verdünnte Branntweine unter reichlicher Zuckerzugabe hergestellt.
Essigfrüchte gewinnt man vor allem aus Birnen und Pflaumen, indem man das Obst in gezuckertem, mit Zimt und Nelken gewürztem Weinessig pochiert.
Früchte in Dickzucker erhält man durch Behandlung der rohen oder vorgekochten Früchte oder Fruchtteile, neuerdings auch im Vakuum, mit Saccharoselösungen steigender Konzentration, denen zur Erhöhung der Transparenz und Geschmeidigkeit etwas Stärkesirup beigegeben wird. Produkte dieser Art sind z. B. Zitronat und Orangeat. Andere Fruchtarten liefern die sog. Belegfrüchte, die als Zwischenprodukte hauptsächlich auf Fruchtkonfekt weiter verarbeitet werden, und zwar zu glasierten Früchten, indem man nach kurzem Waschen anschließend mit

schwachen, etwas Gummi arabicum enthaltenden Zuckerlösungen behandelt und bei 30–35 °C nachtrocknet, oder zu kandierten Früchten, indem die getrockneten Belegfrüchte in starke Zuckerlösungen getaucht und dann in „Kandierkästen“ nachgetrocknet werden. Ein weiteres Produkt sind die kristallisierten Früchte; hier wird die getrocknete Belegfrucht in Kristallzucker gewälzt, nachgetrocknet und zur Erzielung eines kräftigen Glanzes mit Wasserdampf kurz nachbehandelt.

18.2.5 Fruchtpülpe und Fruchtmark

Fruchtpülpe ist ein nicht zum unmittelbaren Genuß geeignetes, aus frischem Obst hergestelltes Einfruchthalberzeugnis, das neben Obstbestandteilen in breiig-stückiger Form auch unzerteilte Früchte und große Fruchtstücke enthält und gegebenenfalls unter Zusatz von Konservierungsstoffen haltbar gemacht ist. Der Mindestgehalt an löslicher Trockensubstanz verschiedener Pülpen liegt bei 7–11%. Zur Herstellung der Obstpülpe wird das in besonderen Waschmaschinen gereinigte Obst im Dämpfkanal oder in Vorkochkesseln weichgedämpft.
Fruchtmark ist als Halberzeugnis gleichfalls nicht zum unmittelbaren Genuß bestimmt. Die Herstellung von Fruchtmark entspricht in den ersten Stadien der von Pülpe, nur daß anschließend die Gesamtfrucht passiert wird. Fruchtmark und Fruchtpülpe können auch eingefroren werden.

18.2.6 Marmelade, Konfitüre, Gelee

Marmeladen sind dickbreiige, streichfähige Zubereitungen, die durch Einkochen von frischem oder frisch erhaltenem, entkerntem oder entsteintem Obstfruchtfleisch oder von Fruchtpülpe oder Fruchtmark und Zuckern hergestellt sind. Zusätze von ungeschältem Obst, Obstpektin, Stärkesirup, Weinsäure, Citronensäure oder Milchsäure sind üblich. Man unterscheidet Einfruchtmarmeladen, Mehrfruchtmarmeladen und gemischte Marmeladen.
Zur Herstellung der Marmeladen kocht man das Obst oder die Halbfabrikate in offenen Kesseln mit dem (oft in zwei Chargen zugegebenen) Zukker vor. Kurz vor dem Ende des Einkochens setzt man die weiteren Bestandteile (Gelierstoffe, Stärkesirup, Säure) zu. Das Ende des Kochprozesses, der 15–30 min erfordert, wird durch Refraktometrie festgestellt. Bei der industriellen Herstellung wird der Kochvorgang gewöhnlich in geschlossenen Vakuumanlagen durchgeführt, wobei die flüchtigen Aromastoffe aus den Brüden zurückgewonnen und in konzentrierter Form vor der meist heißen Abfüllung zurückgeführt werden. Den Vorteilen der Farb- und Aromaerhaltung steht hier die fehlende Saccharose-Inversion und die geringe Karamelisierung entgegen. Diese Reaktionen bedingen den charakteristischen Geschmack der im offenen Kessel gekochten Marmelade. Die fertig gekochte Marmelade wird heiß abgefüllt.
Ungekochte Konfitüren und Marmeladen werden durch Pasteurisieren bei höchstens 85 °C hergestellt, um Aroma- und Farbstoffe der Früchte zu schonen.
Konfitüren (Jams) werden ähnlich wie Marmeladen meist aus einer Obstart hergestellt, und zwar durch Einkochen von unzerteiltem oder in Stücke geschnittenem frischem oder frisch erhaltenem Ausgangsmaterial bzw. Pülpe unter Rühren. Zum Unterschied von Marmeladen enthalten sie also im fertigen Erzeugnis noch ganze Obststücke. Tab. 18.29 orientiert über die Zusammensetzung einiger Handelskonfitüren.

Tabelle 18.29. Zusammensetzung verschiedener Handelskonfitüren (Durchschnittswerte in %)

Konfitüre aus	Wasser	Wasserlösl. Extrakt	Gesamtzucker	Zuckerfreier Extrakt	Titrierbare Säure	Asche	Pektin als Ca-pektat
Erdbeeren	32,2	66,2	57,7	8,5	0,49	0,30	0,34
Aprikosen	33,1	66,2	51,3	5,0	0,71	0,36	0,50
Kirschen	28,6	70,8	61,6	9,3	0,55	0,38	0,42
Brombeeren	34,2	64,8	58,0	6,8	0,71	0,32	0,34
Himbeeren	30,0	67,2	60,3	6,8	0,90	0,30	0,38
Heidelbeeren	30,1	68,0	60,0	8,0	0,78	0,22	0,37
Pflaumen	31,1	68,0	59,5	8,3	0,42	0,24	0,43

Gelee wird als gallertartige streichfähige Zubereitung aus dem Saft oder dem wäßrigen Auszug von frischen Früchten durch Einkochen mit Zukker hergestellt. Üblich sind Zusätze von Obstpektin (0,5%, ber. als Calciumpektat) und Wein- oder Milchsäure (0,5%). Der Wassergehalt liegt im allgemeinen bei 42%, der Zuckergehalt zwischen 50% und 70%. Zur Herstellung wird der Saft im offenen Kessel oder in Vakuumapparaten mit etwa dem halben Obstgewicht an Zucker, wenn nötig unter Pektinzusatz und Zugabe der obenerwähnten Stoffe eingekocht, sorgfältig abgeschäumt und bis zu einem Wassergehalt von ca. 42% weiter gekocht.

18.2.7 Pflaumenmus

Pflaumenmus wird durch Einkochen der Pülpe oder des Marks von frischen Pflaumen hergestellt. Die teilweise Verwendung von Trockenpflaumen ist möglich. Normale Ware enthält keinen Zuckerzusatz, doch ist die Herstellung von Erzeugnissen, die gesüßt sind oder andere Bestandteile enthalten, ebenfalls üblich.

18.2.8 Obstkraut

Unter Obstkraut versteht man Zubereitungen, die aus frischen Äpfeln oder Birnen durch Dämpfen oder Kochen, Abpressen und Eindampfen des gewonnenen Auszuges oder aus Apfel- oder Birnensaft durch Eindampfen ohne oder mit Zuckerzusatz hergestellt werden. Ihr Trockensubstanzgehalt beträgt mindestens 65%.
Zur Herstellung werden frische in Wasser weichgekochte oder gedämpfte Süßäpfel oder Birnen unter hydraulischem Druck in Saft und Trester geschieden und der abfließende Extrakt in offenen Kesseln unter Rühren auf einen Maximalgehalt von 35% Wasser eingedampft. In gleicher Weise werden gesüßtes Apfelkraut (mit 25% Saccharose bezogen auf das Endprodukt), Apfel-Birnen-Kraut und Rübenkraut (Rübensaft, Rübensirup; eingedickter Saft von Zuckerrüben) hergestellt.

18.2.9 Fruchtsaft

Fruchtsäfte werden aus Früchten im allgemeinen durch mechanische Verfahren oder auch aus Fruchtsaftkonzentraten (cf. 18.2.11) durch Verdünnen mit Wasser als gärfähige aber nicht vergorene Produkte gewonnen. Sie enthalten im allgemeinen 5–20% Trockenmasse. Sie sind entweder zum unmittelbaren Verzehr bestimmt oder werden als Halbfabrikate, z. B. bei der Herstellung von Fruchtsirup, Gelee, Limonade, Fruchtsaftlikör und Zuckerwaren, verwendet. Säfte aus stark sauren Früchten werden im allgemeinen gezuckert, wobei der Zuckerzusatz (Saccharose, Glucose, Fructose) in den meisten Ländern gesetzlich geregelt ist. Bei Säften zur Weiterverarbeitung ist eine Konservierung zur Unterdrükkung der Gärung üblich.
Fruchtsäfte aus Beeren- und Steinobst sind zum Teil wegen ihres hohen Säuregehaltes nicht zum unmittelbaren Genuß geeignet. Die durch Zukkern und Verdünnen mit Wasser erhaltenen Produkte rechnen zu den Fruchtnektaren und werden im allgemeinen als Süßmoste bezeichnet (cf. 18.2.10). Tabelle 18.30 informiert über Produktionszahlen von Fruchtsäften und nichtalkoholischen Getränken, Tabelle 18.31 über die Zusammensetzung einiger Produkte.
Die Herstellung von Fruchtsäften umfaßt das *Vorbereiten* der Früchte, die *Entsaftung*, die *Saftbehandlung* und die *Haltbarmachung*.

18.2.9.1 Vorbereiten der Früchte

Zur Vorbereitung wird das Obst gewaschen und zur Entfernung fauler und unreifer Früchte sortiert. Je nach Obstart wird anschließend entsteint, entstielt bzw. abgebeert. Die Zerkleinerung erfolgt mechanisch durch Obstmühlen, thermisch durch Erhitzen (Thermobreak, ca. 80 °C) bzw. durch Gefrieren (< – 5 °C). Die Saftausbeuten liegen je nach Obstart zwischen 70% (Äpfel, Birnen) und 80% (Trauben, Beerenobst) und können durch enzymatischen Pektin-

Tabelle 18.30. Produktion von Fruchtsäften und nichtalkoholischen Getränken (Bundesrepublik Deutschland, 1982)

Art	Menge (10^6 l)
Limonaden	4130
Fruchtsäfte	910
Fruchtnektare	670
Fruchtsaftgetränke	445
Diät. Fruchtsaftgetränke	125
Sonstige	49

Tabelle 18.31. Zusammensetzung von Fruchtsäften und Fruchtnektaren (g/l)

	Extrakt	Gesamt-zucker	Flüchtige Säure	Zuckerfreier Extrakt	Asche	Titrierbare Säure[a]	Vitamin C
Apfelsaft	97–130	72–102	0,15–0,25	14–34	2,2–3,1	4,1–10,4 (Ä)	0–0,03
Traubensaft	145–195	120–180	0,08–0,25	21,6–35	2,1–3,2	3,6–11,7 (W)	0,017–0,02
Schwarzer Johannisbeernektar	120–165	95–145	0,12–0,25	13,3–44,5	2,25–3,2	9,15–12,75 (W)	0,1–0,56
Kirschnektar	126,4–166,4	104,3–138,4	0,08–0,12	17,8–32,6	1,99–3,02	8,0–10,1 (W)	–
Himbeersaft	45–100	2,7–69,6	–	22,8–64,8	3,5–5,4	13,5–27,8 (W)	0,12–0,49
Orangensaft	87–148	60–110	–	15,2–41,0	2,2–4,0	5–18 (C)	0,28–0,86
Zitronensaft	71–119	7,7–40,8	–	–	1,5–3,5	42–83,3 (C)	0,37–0,63
Grapefruitsaft	76–126	50–83	–	10,3–53	2,5–5,6	5–27 (C)	0,25–0,5

[a] Berechnet als Äpfelsäure (Ä), Weinsäure (W) bzw. Citronensäure (C).

abbau (Maischefermentierung, insbesondere bei Stein- und Beerenobst) oder auch durch weitere Verfahren (Ultraschall, Elektroplasmolyse) bis auf 90% gesteigert werden.

18.2.9.2 Entsaftung

Zur Entsaftung werden diskontinuierliche oder kontinuierliche Pressen eingesetzt, aber auch andere Verfahren, wie Vakuumfiltration oder Extraktion (Heiß- und Kaltextraktion auf Bandextraktoren).

Neue Aspekte bietet die *Verflüssigung* des Fruchtgewebes mit pektinolytischen und cellulolytischen Enzymen, die z. B. für weiche, tropische Früchte besonders geeignet ist und nach dem Schema Vorbereiten – Waschen – Mahlen – Enzymieren – Filtrieren – Pasteurisieren – Abfüllen ohne Wasserzusatz direkt zu trinkbaren Säften führt.

18.2.9.3 Saftbehandlung

Die der Saftgewinnung folgende Saftbehandlung hat eine Vorklärung zur Erleichterung der Abtrennung des Trubs sowie eine Stabilisierung des Saftes durch Verhinderung von Nachtrübungen zum Ziel. Sie umfaßt im allgemeinen einen enzymatischen Abbau von Pektinen und gegebenenfalls auch von Stärke, eine Entfernung von Polyphenolen durch Zusatz von Gelatine (allein oder zusammen mit Kieselsol bzw. Tannin) oder Polyvinylpyrrolidon und eine Entfernung von Proteinen durch Adsorption an Bentonit.

Die Klärung des Saftes erfolgt anschließend durch Filtration über poröse Schichten (Asbest, Cellulose, Kieselgur) oder durch Zentrifugation. Da beim Verarbeitungsprozeß große Luftmengen in den Saft gelangen, ist bei sauerstoffempfindlichen Produkten eine Entlüftung zweckmäßig, die durch Evakuieren oder durch Spülen mit einem Inertgas (N_2, CO_2) erfolgen kann.

Fruchtsäfte werden, abgesehen von den Citrussäften, überwiegend als klare Produkte hergestellt, doch spielen auch trübe Säfte eine gewisse Rolle. Bei ihnen erfolgt eine Trubstabilisierung, d. h. eine Behandlung der Trubstoffe, die zu einer stabilen Suspension führt. Bei Kernobstsäften werden die Trubstoffe durch kurzzeitige Behandlung mit Polygalacturonasepräparaten, die nur geringe Esteraseaktivität besitzen, partiell abgebaut und dadurch stabilisiert. Bei Citrussäften erfolgt eine Hitzeinaktivierung der natürlicherweise vorhandenen Pektinmethylesterase, die Pektinat liefern würde, das bei fehlender Polygalacturonase in Gegenwart von Calciumionen aggregiert. Da die thermische Behandlung das Aroma schädigt, ist ein Zusatz von Polygalacturonasen vorzuziehen, die demethyliertes Pektin soweit abbauen, daß durch bivalente Kationen keine Aggregation zu sedimentierenden Partikeln mehr erfolgt.

18.2.9.4 Haltbarmachung

Übliche Verfahren zur Haltbarmachung von Fruchtsäften sind Pasteurisation, Gefrierkonservierung, Lagerung unter Inertgasen sowie Konzentrierung (cf. 18.2.11) und Trocknung (cf. 18.2.13).

Das Pasteurisieren dient der Abtötung von Mikroorganismen und der Inaktivierung von Enzymen, insbesondere der Phenoloxidasen. Da längere Heißhaltezeiten die Qualität der Säfte mindern, ist eine Hochtemperatur-Kurzzeit-Erhitzung durch Plattenwärmeaustauscher (82–90 °C über 15–150 s) mit anschließender schneller Abkühlung zu bevorzugen. Die Lagerung erfolgt in keimfreien Tanks. Bei der Ausla-

gerung, Trinkfertigmachung bzw. Abfüllung ist wegen der dabei erfolgenden Reinfektion eine zweite Pasteurisation erforderlich, die durch Heißabfüllen in vorerhitzte Flaschen oder durch Erhitzen der verschlossenen Flaschen (Kammerberieselungsanlage, Tunnelpasteurisationsapparatur) erfolgt.
Bei der Gefrierkonservierung wird im allgemeinen Saft oder Saftkonzentrat in Kratzkühlern bei $-2{,}5$ bis $-6{,}5\,°C$ zu Eisbrei verarbeitet, der dann abgepackt und auf die Lagertemperatur abgekühlt wird. Bei -18 bis $-23\,°C$ sind die Produkte 5–10 Monate stabil.
Die Lagerung unter Inertgas macht sich den Umstand zunutze, daß filtrierte, keimarme Säfte bei Temperaturen $< 10\,°C$ und Kohlendioxidkonzentrationen $> 14{,}6$ g/l mikrobiologisch stabil sind. Zur Erzielung dieser Konzentration ist z. B. im gefüllten Tank bei 10 °C ein Überdruck von 5,9 bar, bei 5 °C ein Überdruck von 4,7 bar erforderlich.
Abgefüllt wird in Flaschen oder in Kunststoff- bzw. aluminiumkaschierten Papierverpackungen.

18.2.9.5 Nebenprodukte

Die Rückstände der Saftgewinnung (Trester) aus Citrusfrüchten und Äpfeln dienen zur Pektingewinnung. Andere Rückstände werden als Futtermittel verwendet, kompostiert oder verbrannt.

18.2.10 Fruchtnektar

Fruchtnektar wird meist durch Homogenisieren von Fruchtmark oder ganzen Früchten unter Zusatz von Zucker, Wasser und gegebenenfalls Citronensäure sowie Ascorbinsäure gewonnen. Der Fruchtanteil liegt bei 25–50% und ist in den meisten Ländern gesetzlich geregelt, ebenso wie der Mindestgehalt an Gesamtsäure. Zur Herstellung werden z. B. Aprikosen, Birnen, Erdbeeren, Pfirsiche und Sauerkirschen eingesetzt. Die Früchte werden gewaschen, vorzerkleinert und zur Enzyminaktivierung erhitzt. Die Maische wird dann mit geeigneten Gemischen pektinolytischer und cellulolytischer Enzyme behandelt mit dem Ziel, durch Abbau des Protopektins eine Desintegrierung des Pflanzengewebes unter weitgehendem Erhalt intakter Zellen (Mazerierung) zu erreichen. Das aus dem Protopektin dabei gebildete hochmolekulare und hochveresterte Pektin bedingt eine hohe Viskosität und eine gute Trubstabilität. Anschließend wird heiß passiert, mit den übrigen Zusätzen versetzt, homogenisiert und pasteurisiert.
Ganzfruchterzeugnisse aus Citrusfrüchten (comminuted bases) werden durch Autoklavieren (2–3 min bei 3 bar), Passieren und Homogenisieren der Früchte erhalten. Zum Teil wird Fruchtsaft zugesetzt.
Zu den Fruchtnektaren rechnen auch die aus Säften oder Saftkonzentraten von Beeren- oder Steinobst durch Zusatz von Wasser und Zucker erhaltene Produkte. Sie werden im allgemeinen als Süßmoste bezeichnet.

18.2.11 Fruchtsaftkonzentrat

Fruchtsaftkonzentrate sind in chemischer und mikrobiologischer Hinsicht stabiler als Fruchtsäfte, außerdem sind die Lager- und Transportkosten reduziert. Die Trockenmasse von Konzentraten liegt bei 60–75%. Als Zwischenprodukte werden auch Halbkonzentrate mit 36–48% Trockenmasse hergestellt, die allerdings weniger stabil sind. Das Konzentrieren des Saftes kann durch *Eindampfen, Gefrieren* oder *Druckfiltrieren* erfolgen. Zuvor wird im allgemeinen das Pektin abgebaut, um hohe Viskositäten bzw. ein Gelieren zu vermeiden.

18.2.11.1 Eindampfen

Das Konzentrieren durch Eindampfen spielt die größte Rolle. Da es zu Verlusten an flüchtigen Aromastoffen führt, wird es meist mit einer Aromagewinnung verbunden. Dazu wird der aromahaltige Brüden durch Gegenstromdestillation auf das 100- bis 200fache zu einem Aromakonzentrat angereichert. Saftkonzentrat und Aromakonzentrat werden getrennt gelagert und erst bei der Rückverdünnung wieder vereinigt. Für die Erhaltung der Qualität ist es wichtig, daß die Verweilzeit des Produktes im Verdampfer so kurz wie möglich ist. Sie beträgt in einer Hochtemperatur-Kurzzeit-Apparatur, z. B. in einem 3–4stufigen Fallstromverdampfer 3–8 min, bei Verdampfungstemperaturen von ca. 100 °C in der ersten und ca. 40 °C in der letzten Stufe. Anschließend wird auf ca. 10 °C gekühlt. Die Aromagewinnung erfolgt durch Rektifizierung

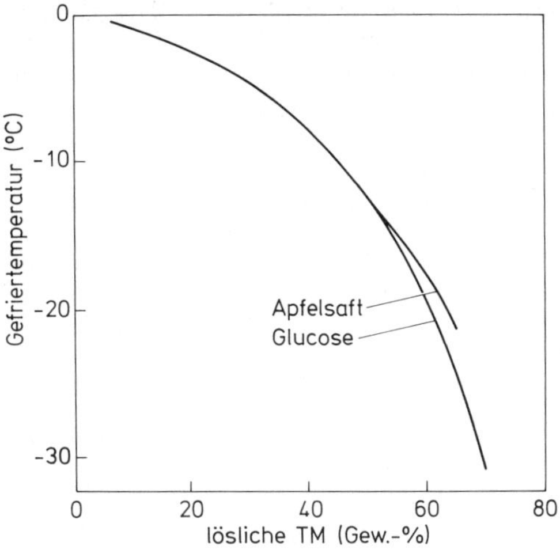

Abb. 18.9. Gefriertemperatur von Apfelsaft und Glucoselösung in Abhängigkeit von der löslichen Trockenmasse (TM). (Nach *Schobinger,* 1978)

des Brüden der ersten Verdampfungsstufe. Eine geringe Belastung des Gutes ist auch bei Dünnschichtverdampfern gewährleistet, die u.a. für die Konzentrierung hochviskoser Güter, wie z.B. Fruchtmark geeignet sind.

18.2.11.2 Gefrieren

Das Konzentrieren durch Gefrieren ist teurer als das Eindampfen und wird deshalb insbesondere für Produkte mit empfindlichem Aroma, wie z.B. Orangensaft, eingesetzt. Die Säfte werden, gegebenenfalls mehrstufig, in kontinuierlichen Kratzkühlern unter den Gefrierpunkt gekühlt. Aus dem Eisbrei werden die Eiskristalle in Pressen oder Zentrifugen abgetrennt. Die erreichbaren Endkonzentrationen liegen bei 40–50% Trockenmasse und sind eine Funktion der Gefriertemperatur wie Abb. 18.9 am Beispiel von Apfelsaft zeigt.

18.2.11.3 Druckfiltrieren

Das Konzentrieren durch Filtration über semipermeable Membranen bei hohem Druck wird als *Ultrafiltration* (1–10 bar) bezeichnet, wenn die Membran für Wasser und kleinere Moleküle, als *umgekehrte Osmose*, wenn sie nur für Wasser und in sehr begrenztem Umfang für Stoffe mit Molmassen < 500 (Salze, Zucker, Aromastoffe) durchlässig ist. Eine Konzentrierung von Fruchtsäften ist wegen des viskositätsabhängigen Druckanstiegs nur bis zu ca. 25% Trockenmasse möglich. Die umgekehrte Osmose befindet sich noch im Versuchsstadium, kann jedoch als Vorstufe in Verbindung mit einem anderen Konzentrierungsprozeß und auch zur Aufbereitung von Wasser zur Verdünnung von Konzentraten Bedeutung erlangen.

18.2.12 Fruchtsirup

Fruchtsirupe sind dickflüssige Zubereitungen, die durch Aufkochen des Fruchtsaftes aus einer Obstart mit Zucker entstehen. Sie werden zuweilen auch auf kaltem Wege durch unmittelbares Behandeln von frischem Obst oder Obstsäften mit Zucker, zuweilen auch unter Verwendung einer geringen Menge Weinsäure oder Milchsäure hergestellt. Obstsirupe aus Citrusfrüchten enthalten meist einen geringen Zusatz von Schalenaroma. Zur Vermeidung von Aromaverlusten und Karamelisierung kühlt man möglichst schnell. Durch den Kochprozeß tritt teilweise Zuckerinversion ein, die ein nachträgliches Auskristallisieren der Saccharose verhindert. Säurearme Früchte werden mit Wein- oder Milchsäure versetzt. Abgedampfte Aromastoffe können beim Kochen im geschlossenen Kessel zurückgewonnen und dem Fertigprodukt wieder zugesetzt werden. Ähnlich wie bei Marmelade arbeitet man auch hier bisweilen zur Erhaltung des Aromas im Vakuum (50 °C Anfangstemperatur, 65–70 °C Endtemperatur). Besonders schonende Sirupgewinnung ist mit Kaltlöseverfahren möglich, wobei der Rohsaft in der Kälte über kristallisierten Zucker läuft, bis die erforderliche Zukkerkonzentration erreicht ist. Aromaempfindliche Sirupe, die noch Trubstoffe enthalten, z.B. Citrusfruchtsirupe, gewinnt man oft derart, daß der Zucker in den Muttersaft unter starkem Rühren eingebracht wird.

18.2.13 Fruchtpulver

Fruchtpulver wird aus Fruchtsaft, Fruchtsaftkonzentrat oder Fruchtmark durch Trocknung auf einen Restwassergehalt von 3–4% als hygroskopisches Produkt erhalten. Durch Zusatz von Trockenhilfsmitteln (Glucose, Maltose, Stärkesirup), die mehr als 50% der Trockenmasse ausmachen können, lassen sich die vor allem durch die Klebrigkeit der Fructose bedingten Schwierigkeiten bei der Trocknung beherrschen. Geeignete Verfahren sind Gefriertrocknung, Vakuumschaumtrocknung (1–10 Torr, 40–60 °C) und Sprühtrocknung. Die größte Bedeutung haben die beiden letztgenannten Verfahren.

18.3 Alkoholfreie Erfrischungsgetränke

18.3.1 Fruchtsaftgetränke

Fruchtsaftgetränke werden aus Fruchtsäften, Fruchtsaftgemischen oder Konzentraten mit oder ohne Zusatz von Saccharose bzw. Glucose, Wasser und gegebenenfalls Kohlensäure sowie weiteren Zusätzen hergestellt. Sie haben in erster Linie auf der Basis von Citrusfrüchten Bedeutung und enthalten mindestens 6% Fruchtsaftanteil. Zur Geschmacksabwandlung oder -abrundung wird den Grundstoffen bisweilen Pomeranzen-, Mandarinen-, Tangerinen- oder Limettensaft beigemengt.

18.3.2 Limonaden, Kalt- und Heißgetränke

Die Produkte werden aus Essenzen natürlicher Herkunft unter Verwendung von Zuckern (Saccharose, Glucose) sowie Genußsäuren, mit kohlensäurehaltigem Wasser oder anderem Tafelwasser hergestellt. Erzeugnisse dieser Art, jedoch ohne Kohlensäure, die zum Genuß in kaltem Zustand bestimmt sind, werden als Kaltgetränke, soweit sie zum Genuß in warmem Zustand dienen sollen, als Heißgetränke bezeichnet. Limonaden, Kalt- und Heißgetränke können gefärbt sein.
Tonic Water ist Limonade mit Chininzusatz (ca. 80 mg/l).

18.3.3 Coffeinhaltige Erfrischungsgetränke

Sie zählen zu den Limonaden. Die größte Bedeutung besitzen Colagetränke, die neben Auszügen aus der Colanuß (*Cola nitida*) Extrakte aus aromatischen Stoffen wie Ingwer, Orangenblüten, Johannisbrot, Tonkabohnen oder Limettenschalen enthalten. Vielfach wird auch Coffein zugesetzt (6,5 bis 25 mg/100 ml). Teilweise wird Phosphorsäure (70 mg/100 ml) verwendet. Der Zuckergehalt liegt im Mittel bei 10–11%; Farbgebung erfolgt mit Zuckercouleur.

18.3.4 Brausen, künstliche Heiß- und Kaltgetränke

Brausen sind nachgemachte Fruchtsaftgetränke und Limonaden, bei denen Zucker ganz oder teilweise durch künstliche Süßstoffe und die natürlichen Essenzen durch künstliche oder künstlich verstärkte Essenzen ersetzt sind. Der Zusatz von Farbstoffen ist üblich.
Künstliche Heiß- und Kaltgetränke sind im gleichen Sinne nachgemachte Heiß- und Kaltgetränke.

18.4 Literatur

Bell, E.A., Charlwood, B.Y. (Eds.): Secondary plant products. Springer-Verlag: Berlin. 1980

Biale, J.B.: Growth, maturation, and senescence in fruits. Science *146*, 880 (1964)

Demole, E., Enggist, P., Ohloff, G.: 1-p-Menthene-8-thiol: A powerful flavor impact constituted of grapefruit juice (*Citrus paradisi* MacFayden) Helv. Chim. Acta *65*, 1785 (1982)

Drawert, F., Müller, W.: Über die elektrophoretische Differenzierung und Klassifizierung von Proteinen. II. Dünnschichtisoelektrische Fokussierung von Proteinen aus Trauben verschiedener Rebsorten. Z. Lebensm. Unters. Forsch. *153*, 204 (1973)

Drawert, F., Görg, A., Staudt, G.: Über die elektrophoretische Differenzierung und Klassifizierung von Proteinen. IV. Disk-Elektrophorese und isoelektrische Fokussierung in Poly-Acrylamid-Gelen von Proteinen und Enzymen aus verschiedenen Erdbeerarten, -sorten und Artkreuzungsversuchen. Z. Lebensm. Unters. Forsch. *156*, 129 (1974)

Fowden, L., Lea, P.J., Bell, E.A.: The nonprotein amino acids of plants. Adv. Enzymol. *50*, 117 (1979)

Herrmann, K.: Obst, Obstdauerwaren und Obsterzeugnisse. Verlag Paul Parey: Berlin. 1966

Hulme, A.C.: Problems in the biochemistry of fruits. In: Biochemical principals of the fruit industry (Eds.: Kretovich, V.L., Pijanowski, E.), p. 143, Pergamon Press: Oxford. 1963

Hulme, A.C. (Ed.): The biochemistry of fruits and their products. Vol. 1, Academic Press: London. 1970

Jurd, L.: Reactions involved in sulfite bleaching of anthocyanins. J. Food Sci. *29*, 16 (1964)

Jurd, L., Asen, S.: Formation of metal and copigment complexes of cyanidin 3-D-glucoside. Phytochemistry *5*, 1263 (1966)

Maga, J.A.: Amines in foods. Crit. Rev. Food Sci. Nutr. *10*, 373 (1978)

Mosandl, A.: Struktur und Geruch substituierter Glycidsäureester. Habilitationsschrift, Würzburg 1981

Mosel, H.D., Herrmann, K.: Changes in catechins and hydroxycinnamic acid derivatives during development of apples and pears. J. Sci. Food Agric. *25*, 251 (1974)

Nagy, S., Attaway, J.A. (Eds.): Citrus nutrition and quality. ACS Symposium Series 143, American Chemical Society: Washington, D.C. 1980

Pantastico, E.B. (Ed.): Postharvest physiology, handling and utilization of tropical and subtropical fruits and vegetables. AVI Publ. Co.: Westport, Conn. 1975

Phan, C.T., Pantastico, E.B., Ogata, K., Chachin, K.: Respiration and respiratory climacteric. In: Postharvest physiology, handling and utilization of tropical and subtropical fruits and vegetables (Ed.: Pantastico, E.B.), p. 86, AVI Publ. Co.: Westport, Conn. 1975

Pickenhagen, W., Velluz, A., Passerat, J.-P., Ohloff, G.: Estimation of 2,5-dimethyl-4-hydroxy-3(2H)-furanone in cultivated and wild strawberries, pineapples and mangoes. J. Sci. Food Agric. *32*, 1132 (1981)

Salunkhe, D.K.: Biogenesis of aroma constituents of fruits and vegetables. Crit. Rev. Food Sci. Nutr. *8*, 161 (1977)

Schobinger, U. (Hrsg.): Frucht- und Gemüsesäfte. Verlag Eugen Ulmer: Stuttgart. 1978

Schormüller, J.: Die Erhaltung der Lebensmittel. Ferdinand Enke Verlag: Stuttgart. 1966

Shaw, P.E., Wilson, C.W., III: Importance of nootkatone to the aroma of grapefruit oil and the flavor of grapefruit juice. J. Agric. Food Chem. *29*, 677 (1981)

Siewek, F., Galensa, R., Herrmann, K.: Nachweis eines Zusatzes von Feigensaft zu Traubensaft und daraus hergestellten alkoholischen Erzeugnissen über die HPLC-Bestimmung von Flavon-C-glykosiden. Z. Lebensm. Unters. Forsch. *181*, 391 (1985)

Stöhr, H., Herrmann, K.: Die phenolischen Inhaltsstoffe des Obstes, VI. Die phenolischen Inhaltsstoffe der Johannisbeeren, Stachelbeeren und Kulturheidelbeeren. Veränderungen der Phenolsäuren und Catechine während Wachstum und Reife von schwarzen Johannisbeeren. Z. Lebensm. Unters. Forsch. *159*, 31 (1975)

Van Straten, S. (Ed.): Volatile compounds in food. 4th edn., with supplements 1–7, Central Institute for Nutrition and Food Research TNO: Zeist, the Netherlands. 1977–1981

Wegler, R. (Ed.): Chemie der Pflanzenschutz- und Schädlingsbekämpfungsmittel. Bde. 1–8, Springer-Verlag: Berlin. 1970–1982

Williams, A.A.: The flavour of non-citrus fruits and their products. In: International symposium on food flavors (Eds.: Adda, J., Richard, H.), p. 46, Technique et Documentation (Lavoisier): Paris. 1983

19 Zucker, Zuckeralkohole und Honig

19.1 Zucker, Zuckeralkohole und Zuckerwaren

19.1.1 Einführung

Von den in der Natur vorkommenden Zuckerarten werden nur wenige in größerem Umfang als Süßungsmittel genutzt. Neben Saccharose (Rohr- oder Rübenzucker) spielen eine Rolle Glucose (Stärkezucker und Stärkesirup), Invertzucker (äquimolares Gemisch von Glucose und Fructose), Maltose, Lactose und Fructose. Darüber hinaus sind für diätetische Zwecke oder für bestimmte technische Zwecke weitere Zucker oder Zuckeralkohole brauchbar, die auch im großtechnischen Maßstab zugänglich sind, z. B. Sorbit, Xylit, Mannit, Maltulose, Isomaltulose, Maltit, Isomaltit, Lactulose, Lactit. Sie werden entweder bereits verwendet oder ihre Verwendung wird diskutiert. Tab. 19.1 gibt einen Überblick über die Produktion, Tab. 19.2 über relative Süße, Ausgangsmaterial, Herstellungsprozesse und Tab. 19.3 über ernährungsphysiologische Eigenschaften. Inwieweit in der Diskussion befindliche Verbindungen Bedeutung als Süßungsmittel erlangen werden, hängt u.a. von ihren ernährungsphysiologischen und technologischen Eigenschaften ab, von ihrer Kariogenität im Vergleich zu Saccharose, von ihrer Wirtschaftlichkeit und von Qualität und Intensität des Süßgeschmacks.

Tabelle 19.1. Ungefähre Weltproduktion von Süßungsmitteln auf Kohlenhydratbasis (1978)

Süßungsmittel	Menge (1000 t)
Saccharose	90000
Glucosesirup (80%ig)	4000
Glucose	2000
Isoglucose (72%ig)	1500
Sorbit (70%ig) und Sorbit, kristallin	300
Lactose	150
Fructose	20
Mannit	8
Xylit	5
Hydrierter Glucosesirup (75%ig)	4

19.1.2 Eigenschaften aus technologischer Sicht

Die Einsatzmöglichkeiten von Süßungsmitteln werden durch eine Reihe von physikalischen, chemischen und sensorischen Eigenschaften bestimmt. Wichtige physikalische Eigenschaften sind Löslichkeit, Viskosität von Lösungen und Hygroskopizität. Abb. 19.1 zeigt, daß die Löslichkeit von Zuckern und Zuckeralkoholen in Wasser sehr unterschiedlich ist und daß sie auch in unterschiedlichem Maße von der Temperatur abhängt.

Die Temperatur- und Konzentrationsabhängigkeit der Viskositäten wäßriger Lösungen vieler Zucker und Zuckeralkohole ist relativ ähnlich. In Abb. 19.2 sind als Beispiel Viskositätskurven für Saccharose wiedergegeben.

Bei Glucosesirupen hängt die Viskosität von der Zusammensetzung ab. Sie steigt mit zunehmendem Anteil höhermolekularer Saccharide stark an (Abb. 19.3).

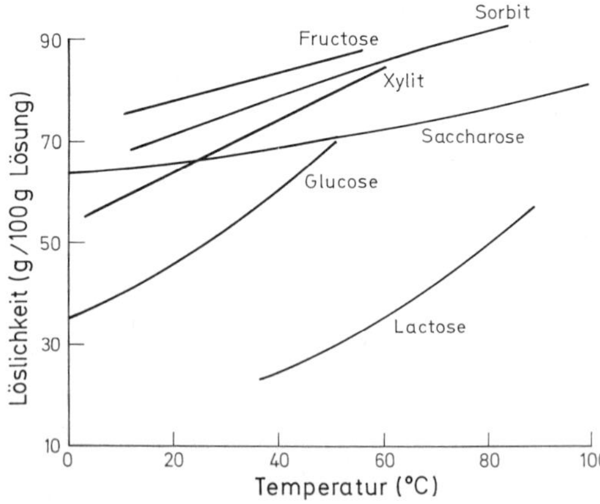

Abb. 19.1. Löslichkeit von Zuckern und Zuckeralkoholen in Wasser. (Nach *Koivistoinen*, 1980)

Tabelle 19.2. Süßungsmittel auf Kohlenhydratbasis

Name	Relative Süße[a]	Ausgangsmaterial, Herstellungsprozeß
Produkte mit wirtschaftlicher Bedeutung		
Saccharose	1,00	Isolierung aus Zuckerrübe, Zuckerrohr
Glucose	0,5–0,8	Hydrolyse von Stärke mit Säuren und/oder Enzymen (α-Amylasen + Glucoamylasen)
Fructose	1,1–1,7	a) Hydrolyse von Saccharose und chromatographische Trennung des Hydrolysats b) Hydrolyse von Stärke zu Glucose, Isomerisierung und chromatographische Trennung
Lactose	0,2–0,6	Isolierung aus Molke
Mannit	0,4–0,5	Hydrierung von Fructose
Sorbit	0,4–0,5	Hydrierung von Glucose
Xylit	1,0	Hydrierung von Xylose
Glucosesirup (Stärkesirup)	0,3–0,5[b]	Hydrolyse von Stärke mit Säuren und/oder Enzymen, Zusammensetzung je nach Prozeßführung sehr unterschiedlich (Glucose, Maltose, Maltotriose, höhere Saccharide)
Maltosesirup		wie Glucosesirup, hoher Maltoseanteil durch geeignete Prozeßführung (Amylase aus *Aspergillus oryzae*)
Glucose/Fructose-Sirup (Isoglucose, high fructose syrup)	0,8–0,9	Isomerisierung von Glucose mit Glucoseisomerase zu Glucose/Fructose-Gemisch, Konversionsgrad 45–50%
Invertzucker		Hydrolyse von Saccharose
Hydrierter Glucosesirup	0,3–0,8	Hydrierung von Stärkehydrolysaten (Glucosesirup), Zusammensetzung je nach Ausgangsmaterial sehr unterschiedlich (Sorbit, Maltit, hydrierte Oligosaccharide)
Maltitsirup		Hydrierung von Maltosesirup
Produkte mit potentieller wirtschaftlicher Bedeutung		
Arabinit	ca. 1,0	Hydrierung von Arabinose
Galactit		Hydrierung von Galactose
Galactose	0,3–0,5	Hydrolyse von Lactose, Trennung des Hydrolysats
Isomaltit	0,5	Hydrierung von Isomaltulose (Palatinose)
Lactit	0,3	Hydrierung von Lactose
Lactulose	ca. 0,6	Isomerisierung von Lactose
Maltose	0,3–0,6	Hydrolyse von Stärke
Maltit	ca. 0,9	Hydrierung von Maltose
L-Sorbose	0,6–0,8	aus Glucose
D-Xylose	ca. 0,5	Hydrolyse von Hemicellulosen
Palatinit		Isomerisierung von Saccharose zu Isomaltulose (Palatinose), Hydrierung zu Gemisch aus Glucopyranosidosorbit und Glucopyranosidomannit

[a] Bezogen auf Saccharose, Werte von der Konzentration abhängig.
[b] Werte in Abhängigkeit von der Zusammensetzung stark variierend.

Tabelle 19.3. Ernährungsphysiologische Eigenschaften von Süßungsmitteln auf Kohlenhydratbasis

Name	Resorption	Verwertung im Stoffwechsel	Einfluß auf Blutzuckerspiegel und Insulinsekretion	Bemerkungen
Saccharose	aktiv nach Hydrolyse	Hydrolyse zu Glucose und Fructose	mäßig groß	kariogen
Glucose	aktiv	Insulinabhängig in allen Geweben	groß	weniger kariogen als Saccharose
Fructose	schneller als Diffusion	80% in der Leber	gering	beschleunigt Umsatz von Alkohol in der Leber
Lactose	aktiv nach Hydrolyse	Hydrolyse zu Glucose und Galactose	groß	bei Lactasemangel Intoleranz, laxierend
Sorbit	Diffusion	Oxidation zu Fructose	klein	leicht kariogen, laxierend
Mannit	Diffusion	partielle Verwertung in der Leber	klein	leicht kariogen, laxierend
Xylit	Diffusion	vorwiegend in der Leber, in Erythrocyten	klein	nicht kariogen, wahrscheinlich antikariogen, etwas laxierend
Hydrierter Glucosesirup	nach Hydrolyse: Glucose aktiv, Sorbit durch Diffusion	Hydrolyse zu Glucose und Sorbit	unterschiedlich je nach Zusammensetzung	leicht kariogen, etwas laxierend
Arabinit	Diffusion	kein Umsatz beim Menschen	ohne	Nebenwirkungen unbekannt, wahrscheinlich laxierend
Galactose	aktiv	Isomerisierung zu Glucose	groß	Katarakte in der Augenlinse von Ratten
Isomaltit	keine	partielle Hydrolyse zu Glucose, Sorbit und Mannit	ohne	Nebenwirkungen unbekannt, stark laxierend
Lactit	keine	partielle Hydrolyse zu Galactose und Sorbit	ohne	Nebenwirkungen unbekannt, stark laxierend
Lactulose	keine	keine Hydrolyse	ohne	Einfluß auf die N-Balance, stark laxierend
Maltit	nach Hydrolyse: Glucose aktiv, Sorbit durch Diffusion	langsamer aber vollständiger Umsatz	wahrscheinlich gering	Nebenwirkungen unbekannt, laxierend
Maltose	aktiv nach Hydrolyse	Hydrolyse zu Glucose	groß	kariogen, bei intravenöser Zufuhr ist wahrscheinlich eine direkte Verwertung möglich, die wie bei Glucose insulinabhängig erfolgt

Tabelle 19.3. (Fortsetzung)

Name	Resorption	Verwertung im Stoffwechsel	Einfluß auf Blutzuckerspiegel und Insulinsekretion	Bemerkungen
L-Sorbose	Diffusion	vorwiegend in der Leber	wahrscheinlich gering	beim Hund wurde nach großen Dosen hämolytische Anämie beobachtet, wahrscheinlich laxierend
D-Xylose	Diffusion	kein Umsatz beim Menschen	ohne	Katarakte in der Augenlinse von Ratten, wahrscheinlich laxierend
Palatinit		partielle Hydrolyse zu Glucose, Sorbit und Mannit	wahrscheinlich gering	Nebenwirkungen unbekannt

Aus Abb. 19.4 folgt die Wasserabsorption einiger Süßungsmittel. Sorbit und auch Fructose sind sehr hygroskopisch, während andere Zucker erst bei hoher relativer Luftfeuchtigkeit Wasser aufnehmen.

Chemische Reaktionen von Zuckern werden in Kapitel 4 ausführlich behandelt. Hier sollen nur die aus technologischer Sicht wichtigen Punkte nochmals berührt werden.

Alle Zucker mit reduzierenden Gruppen sind sehr reaktiv. Monosaccharide sind in schwach saurer Lösung stabil, während Disaccharide unter diesen Bedingungen hydrolysieren. Das Stabilitätsmaximum liegt z. B. für Fructose bei pH 3,3, für Glucose bei pH 4. Bei niedrigeren pH-Werten überwiegen Dehydratisierungsreaktionen, bei höheren die *Lobry-de-Bruyn-van-Ekenstein*-Umlagerung. Schon in schwach alkalischer Lösung sind reduzierende Zucker wenig stabil, bei den nichtreduzierenden Disacchariden, z. B. der Saccharose, liegt jedoch in diesem pH-Bereich das Stabilitätsmaximum. Die thermische

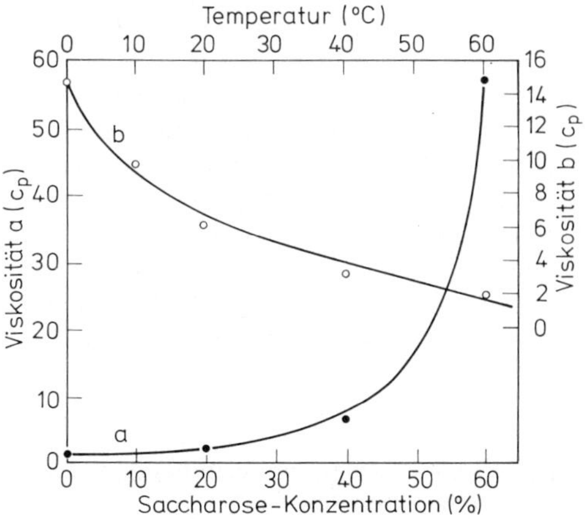

Abb. 19.2. Viskosität von wäßrigen Saccharoselösungen in Abhängigkeit von (a) Konzentration (20 °C) und (b) Temperatur (40% Saccharose). (Nach *Shallenberger, Birch*, 1975)

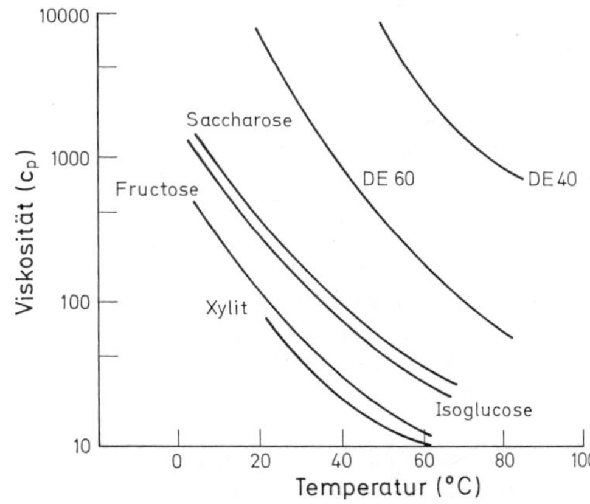

Abb. 19.3. Viskosität von Zuckerlösungen. Glucosesirup DE 40: 78 Gewichts-%, Glucosesirup DE 60: 77 Gewichts-%, alle anderen Zuckerlösungen: 70 Gewichts-%. (Nach *Koivistoinen*, 1980)

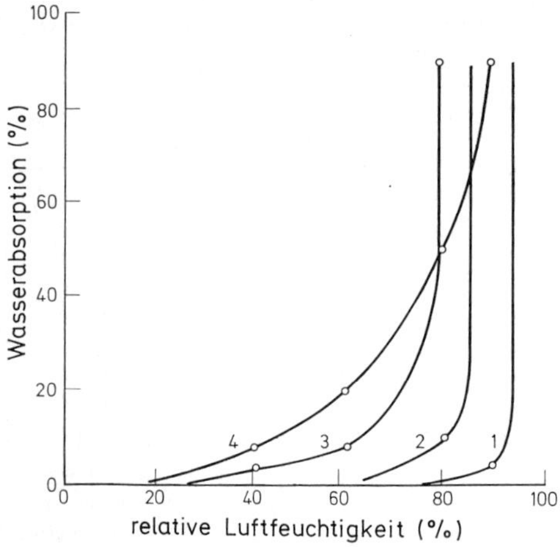

Abb. 19.4. Wasserabsorption von Zucker bei Raumtemperatur. 1 Saccharose, 2 Xylit, 3 Fructose, 4 Sorbit. (Nach *Koivistoinen*, 1980)

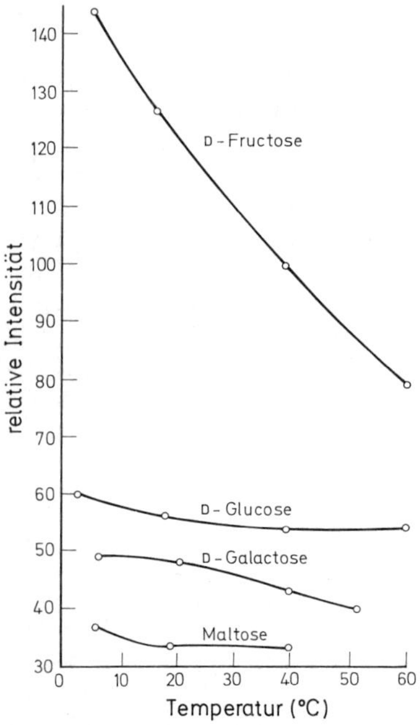

Abb. 19.5. Temperaturabhängigkeit der Intensität des Süßgeschmacks bei Zuckern. Geschmacksintensität von Saccharose bei allen Temperaturen gleich 100. (Nach *Shallenberger*, 1975)

Stabilität ist sehr unterschiedlich. Während Saccharose und Glucose in neutraler Lösung bis auf 100 °C erhitzt werden können, zersetzt sich Fructose bereits bei Temperaturen von 60 °C. Zuckeralkohole sind in saurer und alkalischer Lösung sehr stabil.

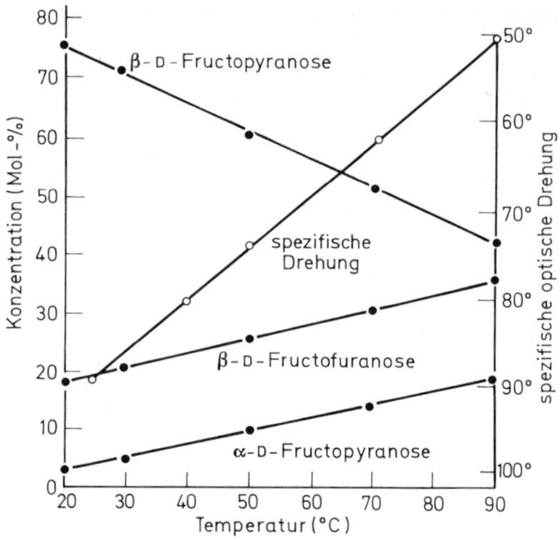

Abb. 19.6. Temperaturabhängigkeit des Mutarotationsgleichgewichts bei Fructose. (Nach *Shallenberger*, 1975)

Werte für die relative Intensität des Geschmacks verschiedener Süßungsmittel sind in Tab. 19.2 zu finden. Im Lebensmittel kann die Intensität von einer Reihe von Parametern abhängen, z. B. vom Aroma, vom pH-Wert, von der Textur. Schäume und Gele werden bei gleicher Konzentration an Süßungsmittel häufig als weniger süß empfunden als Lösungen. Die Intensität des Süßgeschmacks kann auch von der Temperatur abhängen (Abb. 19.5). Besonders ausgeprägt ist dieser Effekt bei Fructose: Heiße Fructoselösungen sind weniger süß als kalte. Die Ursache ist in der temperaturabhängigen Änderung der Gleichgewichtskonzentrationen der in Lösung vorliegenden Isomeren zu sehen. Bei höherer Temperatur nimmt die Konzentration der sehr süßen β-D-Fructopyranose zugunsten der weniger süßen α-D-Fructopyranose und β-D-Fructofuranose ab (Abb. 19.6). Bei Glucose ist keine so starke Verschiebung der Isomerenkonzentrationen vorhanden, so daß die Intensität des Süßgeschmacks im Bereich von 5–50 °C relativ konstant ist (Abb. 19.5).

19.1.3 Eigenschaften aus ernährungsphysiologischer Sicht

Die Wirkung von Kohlenhydraten im Stoffwechsel wird zunächst bei Oligosacchariden durch die Hydrolysierbarkeit im Verdauungstrakt und bei

Monosacchariden durch die Art der Resorption bestimmt.
Der menschliche Organismus hydrolysiert Saccharose, Lactose und Oligosaccharide vom Maltose- und Isomaltosetyp. Lactase kann bei Erwachsenen fehlen. Glucose und Galactose werden aktiv transportiert, alle anderen Monosaccharide durch Diffusion. Die Phosphorylierung erfolgt vorwiegend in der Leber. Alle umsetzbaren Monosaccharide sind ineinander überführbar. Zuckeralkohole werden oxidiert (Sorbit → Fructose, Xylit → Xylulose). Nur Glucose geht direkt in den insulinabhängigen Energiestoffwechsel und wird in allen Geweben verwertet. Galactose wird sehr schnell in Glucose überführt und ist demzufolge wie Glucose zu betrachten. Orale Zufuhr von Glucose und Galactose hat einen schnellen Anstieg von Blutzucker und Insulinsekretion zur Folge. Alle anderen Monosaccharide werden primär in der Leber metabolisiert und wirken nicht direkt auf Glucosespiegel und Insulinausschüttung. Nach Fructosegaben liegt die Insulinsekretion z.B. bei ca. 50% des Wertes für die Zufuhr der gleichen Menge an Glucose. Für Diabetiker zu vermeiden sind Glucose, Galactose, Lactose und Maltose. Ohne großen Einfluß sind Fructose, Xylit, Sorbit und Mannit, während Saccharose, Invertzucker und hydrierte Glucosesirupe eine Mittelstellung einnehmen.

19.1.4 Einzelne Zucker und Zuckeralkohole

19.1.4.1 Saccharose (Rohrzucker, Rübenzucker)

19.1.4.1.1 Allgemeines

Saccharose ist in der Natur außerordentlich weit verbreitet, und zwar in grünen Pflanzen, Blättern und Stengeln (Zuckerrohr 12–26%, Zuckermais 12–17%, Zuckerhirse 7–15%, Palmsaft 3–6%), in Früchten und Samen (Steinfrüchte, Süßäpfel, Mispel, Apfelsine, Kürbis, Johannisbrot, Ananas, Kokosnuß, Kastanie) und in Wurzeln und Rhizomen (Süßkartoffel 2–3%, Erdnuß 4–12%, Zwiebel 10–11%, Runkelrübe und abgeleitete Zuchtformen 3–20%). Die beiden wichtigsten Rohstoffe für die Saccharosegewinnung sind Zuckerrohr (*Saccharum officinarum*) und Zukkerrübe (*Beta vulgaris ssp. vulgaris var. altissima*).

Tabelle 19.4. Entwicklung der Welterzeugung an Rüben- und Rohrzucker

Jahr	Gesamterzeugung Mio. t	Rohrzucker %
1900/01	11,3	47,0
1920/21	16,4	70,5
1940/41	30,9	62,3
1960/61	61,1	60,3
1965/66	71,1	61,8
1970/71	82,3	64,2
1975/76	92,2	64,6
1980/81	98,4	66,6
1981/82	108,5	66,2
1982/83	98,6	62,9

Saccharose ist die wirtschaftlich bedeutungsvollste Zuckerart und wird von allen industriell hergestellten organischen Stoffen in der größten Menge gewonnen. Tab. 19.4 gibt einen Überblick über die Entwicklung der Welterzeugung an Rüben- und Rohrzucker. Tab. 19.5 informiert über die Haupterzeuger, Tab. 19.6 über den Zuckerverbrauch in einigen Ländern.
Rohrzucker hat erst relativ spät den Honig als ältestes Süßungsmittel verdrängt. Er kam durch die Araber aus Persien nach Europa, wurde seit den Kreuzzügen über Zypern und Venedig, später vorwiegend über Holland aus Kuba, Mexiko, Peru und Brasilien importiert.
1747 entdeckte *A.S. Marggraf* Saccharose in der Runkelrübe und 1802 produzierte *F.C. Achard* den ersten Rübenzucker. Größere wirtschaftliche Bedeutung erlangte der neue Rohstoff aber erst nach Steigerung des Zuckergehaltes der Rübe durch Züchtung.

19.1.4.1.2 Gewinnung von Rübenzucker

Zunächst soll die Gewinnung des Rübenzuckers geschildert werden, da hier die Verfahren der Materialaufbereitung und Zuckerabscheidung zu besonderer Vollkommenheit entwickelt und später auch auf die lange Zeit recht primitiv betriebene Verarbeitung des Rohrzuckers vom Stadium der Eindickung des Klarsaftes an übertragen wurden.
Die Zuckerrübe als Ausgangsmaterial hat heute durch zielbewußte Züchtung einen etwa Mitte Oktober maximalen Zuckergehalt von 15–20% erreicht (Mittelwert der letzten 5 Jahre in der BRD 16,3%). Damit stieg die Ausbeute an Zuk-

Tabelle 19.5. Produktion von Zuckerrohr, Zuckerrüben und Saccharose 1984 (1000 t)

Erdteil	Zuckerrohr	Zuckerrüben	Saccharose[a]
Welt	935769	293478	99421
Afrika	68511	3212	7753
Amerika, Nord-, Mittel-	180363	21078	20663
Amerika, Süd-	307534	2463	13976
Asien	348827	29153	23180
Europa, West-	349	102678	15706
Europa, Ost- + USSR	–	134893	14059
Ozeanien	30185	–	4083

Land	Zuckerrohr	Land	Zuckerrüben
Brasilien	241518	USSR	85300
Indien	177020	Frankreich	27790
Kuba	75000	USA	20146
China	46191	BRD	20018
Mexiko	36500	Polen	16048
Pakistan	34287	Türkei	12000
Australien	25600	Italien	11180
USA	25427	Spanien	9064
Thailand	24894	UK	8563
Kolumbien	24000	China	8284
Σ (%)[b]	76	Tschechoslowakei	7517
		Σ (%)[b]	77

Land	Saccharose[a]	Land	Saccharose[a]
Brasilien	9100	Philippinen	2400
USSR	8350	Thailand	2350
Kuba	8331	Polen	1891
Indien	6420	Indonesien	1675
USA	5394	Türkei	1630
China	5119	Argentinien	1450
Frankreich	4340	UK	1400
Australien	3550	Italien	1370
Mexiko	3260	Spanien	1328
BRD	3150		
Südafrika	2500	Σ (%)[b]	75

[a] Zentrifugierter Zucker als Rohzucker.
[b] Weltproduktion ≙ 100%.

ker seit *F.C. Achard* von 4,5 kg auf etwa 14 kg pro 100 kg Rüben. Neben hohem Zuckergehalt soll die Rübe wenig Nichtzuckersubstanzen aufweisen und anatomisch günstige Struktur (glatte Oberfläche, kleine und schlanke Form, festes Fleisch) zeigen. Wegen der im Oktober optimalen

Tabelle 19.6. Zuckerverbrauch[a] in ausgewählten Ländern

Erdteil/ Land	Verbrauch	Erdteil/ Land	Verbrauch
Welt	19,4	Niederlande	39,6
Europa	38,1	Schweiz	38,6
Nordamerika	40,0	Argentinien	37,2
Südamerika	40,1	Frankreich	36,1
Afrika	13,0	BRD	35,1
Asien	9,2	Belgien/ Luxemburg	33,8
Australien	50,9	Italien	30,5
Brasilien	46,2	Spanien	28,2
DDR	45,4	Pakistan	24,0
Ungarn	45,0	Japan	23,0
Kanada	43,7	Indien	20,7
USSR	42,4	Ägypten	20,2
UK	41,8	Sri Lanka	13,9
Österreich	40,8	Südkorea	13,4
USA	39,7	China	4,8

[a] kg/Jahr und Kopf.

Zuckerbildung und wegen des Zuckerabbaues durch Atmungsvorgänge bei der Lagerung müssen die Rüben während der meist von Ende September bis Mitte Dezember dauernden Kampagne schnell verarbeitet werden.

Der Zellsaft der Rüben enthält etwa 17% Zucker und 1,4% organische sowie 0,5% anorganische Nichtzuckerstoffe, denen vom Standpunkt der Zuckerfabrikation alle Substanzen mit Ausnahme der Saccharose zugerechnet werden. Von Zuckern sind dies vor allem geringe Mengen an Invertzucker (0,1–0,2%) und Raffinose (0,05–0,2%; bis zu 2% in der Melasse). Die in Zuckersäften gefundene Kestose, ein Trisaccharid (cf. Tab. 4.14), bildet sich erst im Gange der Rübenverarbeitung. Neben Pektinstoffen kommen auch Saponine vor, die das Schäumen von Zuckersäften und saponinhaltigen Verbrauchszuckern bedingen. Von stickstoffhaltigen Nichtzuckerstoffen besonders wichtig sind Proteine, Peptide, freie Aminosäuren (Glutamin, Glutaminsäure, Asparagin etc.) sowie Glycinbetain (Betain). Es findet sich in der Rübe zu rund 0,3% und in der Melasse zu etwa 5%. Die Rübenasche enthält im Mittel 28% Kalium, 4% Natrium, 5% Calcium und 13% Phosphorsäure, daneben zahlreiche Spurenelemente. Unter die Nichtzuckerstoffe des Zuckersaftes rechnen außerdem noch organische Säuren (Oxalsäure, Citronensäure, Weinsäure, Äpfelsäure, etc.), wasserdampfflüchtige Geruchsstoffe, phenolische Verbindungen, wie die Ferulasäure und zahlreiche im Rahmen der Saftverarbeitung weitgehend inaktivierte Enzyme. Die Polyphenoloxidase bewirkt z. B. die Dunkelfärbung des durch Extraktion gewonnenen Rohsaftes durch Melaninbildung.

Die Verarbeitung der Rübe umfaßt folgende Prozeduren:

- *Schwemmen und Waschen* in Schwemmrinnen, Quirlwäschen oder Vibrationswäschen. Das Schwemm- und Waschwasser wird geklärt und im Kreislauf geführt. Zur Unterdrückung von Mikroorganismen wird es mit CaO auf pH 10–12 gebracht.
- *Zerkleinern* in Schneidmaschinen zu Schnitzeln von etwa 2–3 mm Dicke und 4–7 mm Breite.
- *Saftgewinnung* durch Extraktion der Schnitzel. Das Extraktionswasser wird auf pH 5,6–5,8 und, zur Stabilisierung der Gerüstsubstanzen der Schnitzel beim nachfolgenden Abpressen, mit $CaCl_2$ oder $CaSO_4$ auf 30–60 °dH eingestellt. Zur Denaturierung der Zellen werden die Schnitzel zunächst ca. 5 min auf 70–78 °C erhitzt (Vorbrühen) und anschließend 70–85 min bei 69–73 °C extrahiert. Um thermophile Mikroorganismen im Extraktionssystem auszuschalten, wird dem Rohstoff in Intervallen von 8–24 h stoßweise 30–40%ige Formaldehydlösung in Mengen von 0,5–1% des stündlich anfallenden Rohsaftes zugesetzt. Früher arbeitete man vorwiegend mit sog. Diffusionsbatterien, 12 bis 14 mit Bodensieben ausgestatteten zylindrischen Gefäßen (Diffuseure), die in Reihe geschaltet und diskontinuierlich im Gegenstromprinzip betrieben wurden. Heute ist die Batteriearbeit weitgehend durch vollständig kontinuierlich und automatisch arbeitende Extraktionsanlagen ersetzt, die nach verschiedenen Prinzipien mit und ohne Schnitzel- und Saftzwangsführung arbeiten. Verbreitet sind u. a. Extraktionstürme, bei denen die Schnitzel unten eingeführt, der Extraktionsflüssigkeit entgegen nach oben geführt und dort als extrahierte Schnitzel ausgeworfen werden. Der Restzuckergehalt liegt, bezogen auf Rübenmasse, bei ca. 0,2%. Die Schnitzel werden abgepreßt, auf Bandtrocknern getrocknet und pelletiert. Sie dienen als Viehfutter. Zum Teil werden vor der Trocknung 2–3% Melasse und zur Stickstoffanreicherung auch Harnstoff zugesetzt.
- *Reinigung des Rohsaftes* (Kalkung und Carbonatation). Die Saftreinigung führt zu einer Entfernung von 30–40% der Nichtzuckerstoffe und hat im Einzelnen folgende Ziele:
  - Entfernung von Fasern und Zellresten,
  - Fällung von Proteinen und Polysacchariden (Pektine, Arabane, Galactane),
  - Fällung von anorganischen (Phosphat, Sulfat) und organischen Anionen (Citrat, Malat, Oxalat) als Calciumsalze und Fällung von Magnesiumionen als $Mg(OH)_2$,
  - Abbau reduzierender Zucker (Invertzucker, Galactose) und damit Zurückdrängung der *Maillard*-Reaktion beim Eindampfen,
  - Überführung von Glutamin in Pyrrolidoncarbonsäure und von Asparagin in Asparaginsäure. Diese Reaktionen erfolgen allerdings unter den üblichen Bedingungen der Saftreinigung nur teilweise.
  - Absorption von Farbstoffen an das gebildete $CaCO_3$.

Der gebildete Schlamm muß zudem gut sedimentierbar und filtrierbar sein. Der aus dem Extraktionsturm kommende, trübe und durch enzymatische Oxidation von Phenolen, insbesondere von Tyrosin, sowie durch Phenol-Eisen-Komplexe grau-schwarz gefärbte Rohsaft hat einen pH-Wert von 6,2 und enthält durchschnittlich 15% Trockenmasse, davon 13,5% Saccharose. Er wird zunächst mechanisch gefiltert. Anschließend wird, und zwar zweistufig (Vorkalkung, Hauptkalkung), mit Kalkmilch versetzt. Die Vorkalkung erfolgt meist bei 60–70 °C bis zu einem pH von 10,8–11,9 mit einer Verweilzeit von mindestens 20 min, die Hauptkalkung dann bei 80–85 °C bis zu einem Gesamtgehalt des Saftes an CaO von 2–2,5% mit einer Verweilzeit von ca. 30 min. Eine Reihe organischer Säuren und Phosphat werden als Calciumsalze ausgefällt; die Kolloide flocken aus. Um überschüssiges Calcium zu entfernen, gebildetes Calciumsaccharat ($C_{12}H_{22}O_{11} \times 3\,CaO$) zu zerlegen und die ausgefallenen Trubstoffe leichter filtrierbar zu erhalten, wird die zur Bildung von Calciumcarbonat notwendige Menge Kohlendioxid schnell eingeleitet. Man arbeitet wiederum zweistufig in Form der 1. und 2. Carbonatation. Durch die 1. Carbonatation bei 85 °C wird der pH wieder auf 10,8–11,9 gesenkt. Der

gebildete Schlamm (50–60 g TM/l) wird bei 90–95 °C über Dekanteure und Filter abgetrennt und auf den Filtern bis auf einen Restzuckergehalt von 0,1–1% gewaschen. Bei der 2. Carbonatation wird bei 94–98 °C ein pH von 8,9–9,2 erreicht. Von der geringen Menge an Schlamm (1–3 g TM/l) wird abfiltriert. Vielfach werden dem Dünnsaft zur Farbaufhellung und zur Farbstabilisierung beim nachfolgenden Eindampfen 50 g/m³ an SO_2 zugesetzt (Sulfitation). Anschließend wird nochmals klar filtriert. Man gewinnt so schließlich den klaren hellfarbigen Dünnsaft mit 15–18% Trockensubstanz. Neben diesen klassischen Saftreinigungsverfahren sind verschiedene Varianten bekannt, die Vor- und Nachteile haben. Sie liefern besser dekantierbare und filtrierbare Schlammsäfte, die aber vielfach wegen unvollständiger Zerstörung des Invertzuckers thermolabil sind und sich beim Eindampfen verfärben.
Ionenaustauscher haben zur Saftreinigung ebenfalls Bedeutung erlangt. Sie gestatten eine Enthärtung des Dünnsaftes, so daß Steinansätze an den Verdampferrohren vermieden werden. Eine Rolle spielt auch ein Austausch von Alkaliionen gegen Erdalkaliionen (Mg), da auf diese Weise infolge der stärkeren Hydradation der Erdalkaliionen ca. 30% des sonst in die Melasse gehenden Zuckers gewonnen werden können. Eine Entfärbung von Dünnsäften ist mit Aktivkohle oder auch mit großporigen Anionenaustauschern möglich, die Farbstoffe vorwiegend adsorptiv binden.
Eine weitgehende Entfernung (ca. 85%) von Nichtzuckerstoffen mit entsprechender Erhöhung der Zuckerausbeute ist durch Kombination von Kationenaustauschern ($H^{\oplus}$-Form) und Anionenaustauschern ($OH^{\ominus}$-Form) möglich (Vollentsalzung). Zur Zurückdrängung der Inversion bei der vorübergehenden starken pH-Absenkung muß bei tiefen Temperaturen (14 °C) gearbeitet werden. Höhere Temperaturen (60 °C) sind möglich, wenn die Kationen zunächst gegen Ammoniumionen ausgetauscht werden, die dann mit Hilfe eines Anionenaustauschers als Ammoniak entfernt oder an einem Mischbettaustauscher fixiert werden. Die Vollentsalzung hat sich aber bisher gegenüber der Kalk-Kohlendioxid-Behandlung nicht durchsetzen können.

- *Das Eindampfen des Dünnsaftes* (15–18% TM) erfolgt in mehrstufigen Umlauf- oder Fallstromverdampfern (Druckverdampfung), wobei zur Verhinderung der Inversion, wie oben erwähnt, schwach alkalische Reaktion (pH = 9) eingehalten und die Siedetemperaturen fallend im Bereich von 130–90 °C gehalten werden. Der mit einer Ausbeute von 25–30 kg pro 100 kg Rüben anfallende Dicksaft wird nochmals filtriert. Er enthält 68–72% Trockensubstanz mit 61–67% Zucker. Roh-, Dünn- und Dicksaft weisen jeweils einen „Reinheitsquotienten Q" von ca. 89 bzw. 92–93 auf, worunter man den Saccharoseanteil (%) in der Trockenmasse versteht.
Während des Eindampfens fallen Calciumsalze aus, noch vorhandenes Glutamin wird unter pH-Absenkung in Pyrrolidoncarbonsäure überführt, in geringem Umfang erfolgt ein alkalischer Zuckerabbau und ein stark von der Prozeßführung (Temperatur, Verweilzeit in den Verdampferstufen) abhängige Dunkelfärbung des Saftes infolge von *Maillard*-Reaktion und Karamelisierung.
- *Kristallisation.* Durch mehrstufige Kristallisation können 85–90% der im Dicksaft enthaltenen Saccharose isoliert werden. Der Rest geht mit praktisch den gesamten Nichtzuckerstoffen in die als Melasse bezeichnete letzte Mutterlauge. Der Kristallisationsprozeß wird ganz überwiegend diskontinuierlich geführt. Die Bestrebungen gehen aber dahin, eine kontinuierliche Arbeitsweise zu verwirklichen (Verdampfungskristallisation und Zentrifugation). Der Dicksaft wird in Kochapparaten bei 0,2–0,3 bar und 65–80 °C bis zur leichten Übersättigung eingeengt (Verdampfungskristallisation). Dann wird die Kristallisation durch Animpfen, z. B. durch Zugabe einer Dispersion von Saccharosekristallen (0,5–30 µm) in Isopropanol, ausgelöst. Anschließend wird weiter gekocht, bis die Kristalle zu der gewünschten Größe herangewachsen sind. Dabei ist sowohl die Bildung neuer Kristalle als auch die von Kristallkonglomeraten durch intensive Zirkulation (Dampfentwicklung, Rühren) sorgfältig zu vermeiden. Der Kristallbrei (Kochmasse, Magma) mit einem Kristallgehalt von 50–60% wird abgelassen und in sogenannten Maischen zur Homogenisierung bei konstanter Temperatur ständig gerührt. Zum Teil erfolgt aber auch unter sehr langsamer Abkühlung auf 35–40 °C eine weitere Kristalli-

sation (Kühlungskristallisation), wobei die Viskosität der Maische durch Zusatz von Wasser oder Muttersirup konstant gehalten werden muß. Diese Kühlungskristallisation ist heute nur bei Nachproduktmassen allgemein üblich, wird aber auch für Rohrzucker und Weißzucker größere Bedeutung erlangen. Anschließend wird der kristalline Zucker aus der Maische oder Füllmasse in Siebkorbzentrifugen von dem als Grünablauf bezeichneten Muttersirup abgeschleudert, der in den Prozeß zurückgeführt wird. Durch Waschen mit heißem Wasser und Dampf (Decken) wird der Zucker, mit Ausnahme des Rohzuckers, auf der Zentrifuge von anhaftendem Sirup befreit. Die dabei anfallende Zuckerlösung (Deckablauf) wird ebenfalls wieder in den Kristallisationsprozeß eingeschleust. Höhere Konzentrationen an Raffinose in den Magmen (>1% bezogen auf TM) setzen die Kristallisationsgeschwindigkeit der Saccharose herab und führen zu nadelförmigen Kristallen. Die Raffinose wird deshalb mit α-Galactosidase gespalten.

Auf diese Weise kann Dicksaft je nach Prozeßführung auf Rohzucker oder Verbrauchszukker (Weißzucker bzw. Raffinade) verarbeitet werden. Abb. 19.7 orientiert in stark vereinfachter Weise über die verschiedenen Kristallisationsschemata.

Rohzucker enthält 1–1,2% organische und 0,8–1% anorganische Nichtzuckerstoffe sowie 1–2% Wasser und ist wegen des anhaftenden Sirups hellgelb bis dunkelbraun gefärbt. Er ist ebenso wie der in der letzten Kristallisationsstufe anfallende Nachproduktzucker (3–4% organische und 1,5–2,5% anorganische Nichtzuckerstoffe sowie 2–3% Wasser) für eine direkte Verwendung im allgemeinen nicht geeignet und wird deshalb in Raffinerien auf Verbrauchszucker verarbeitet. Die Zucker werden dazu mit einem geeigneten Sirup zu einem Magma aufgemaischt, zentrifugiert, mit Wasser und Dampf gewaschen (Affination) und liefern so direkt einen als Affinade bezeichneten Verbrauchszucker. Ein anderer Weg ist, die Zucker aufzulösen und den erhaltenen Sirup (Kläre) einem Kristallisationsprozeß zuzuführen, der dann Raffinade liefert, einen Verbrauchszucker der höchsten Qualitätsstufe.

Als Beispiel für die Führung eines Kristallisationsprozesses ist in Abb. 19.8 nochmals ein vereinfachtes Kochschema für Weißzucker angegeben. Der im Prozeßverlauf anfallende Roh- und Nachproduktzucker wird nach Affination und Auflösung zusammen mit dem Dicksaft „verkocht“, wobei schließlich aus der übersättigten Lösung die Hauptmenge des Zuckers als Weißzucker auskristallisiert. Zentrifugieren bei 40–45 °C liefert neben den 2–4 mm großen Kristallen (Erstprodukt) den Ablaufsirup (Grünsirup), der über zwei wei-

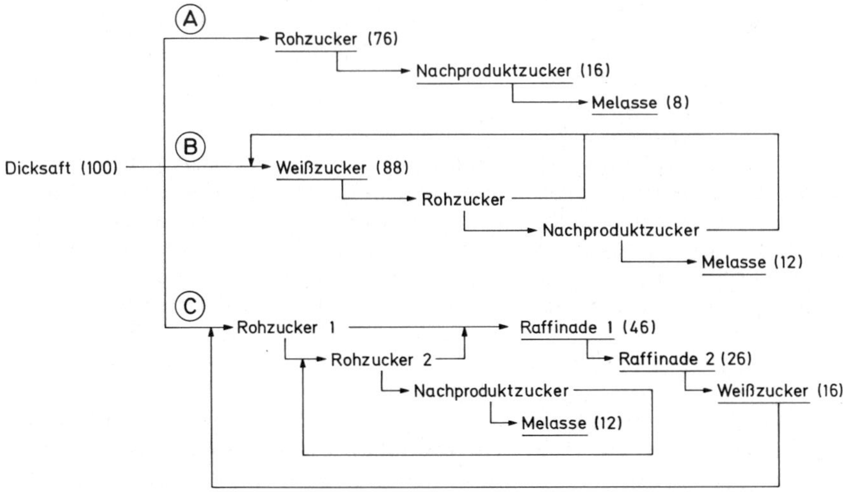

Abb. 19.7. Kristallisationsschemata für die Herstellung von A) Rohzucker, B) Weißzucker, C) Raffinade. Hinter den Endprodukten (unterstrichen) sind in Klammern die Ausbeuten an Saccharose (%) angegeben, bezogen auf die mit dem Dicksaft eingesetzte Saccharosemenge.

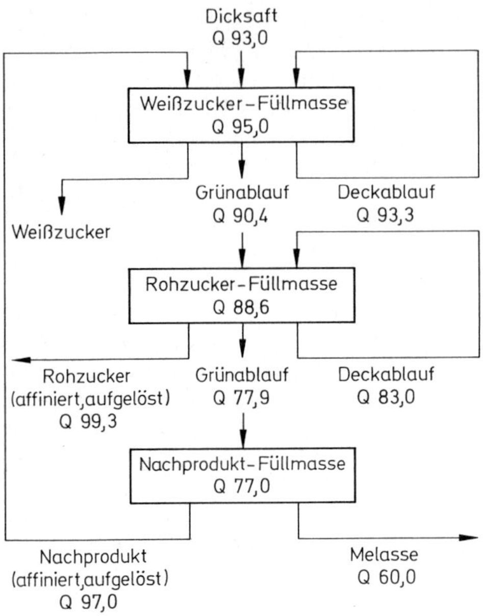

Abb. 19.8. Kochschema für Weißzucker (Q, Reinheitsquotient: % Saccharose in der Trockenmasse)

tere Kristallisationsstufen geführt wird. Der letzte Ablauf, ein hochviskoser brauner Sirup, ist die Melasse. Bei der Verarbeitung von Dicksaft auf Raffinade wird zunächst ausschließlich Rohzucker gewonnen, der nach Auflösen wieder in den Kristallisationsprozeß eingeht. Auf diese Weise ist man von Schwankungen der Dicksaftqualität unabhängig.
Die Verarbeitungsverluste bei der Saccharosegewinnung aus Rüben lagen 1974 bei 0,4 bis 0,9% (polarimetrisch ermittelter Zucker, bezogen auf die verarbeitete Rübenmasse) und sind damit infolge der technischen Entwicklung gegenüber 1950 stark zurückgegangen (Tab. 19.7). Der technische Fortschritt kommt auch in der Steigerung der Arbeitsproduktivität (Arbeitsminuten/t Rüben) zum Ausdruck, die 1950 bei 130–150, 1974 dagegen bei 12–30 lag.

19.1.4.1.3 Gewinnung von Rohrzucker

Die Zuckergewinnung aus Zuckerrohr beginnt mit dem Auspressen des Saftes in Rohr-(Walzen-)mühlen, denen Vorbrecher vorgeschaltet sind. Vorbrecher und erste Mühle entziehen dem Rohr mehr als 60% seines Gewichtes an Saft bzw. 70% und mehr an Saccharose. Wiederholte

Tabelle 19.7. Verarbeitungsverluste[a] bei der Saccharosegewinnung aus Rüben

Prozeßstufe	1950	1974
Saftgewinnung	0,4–0,5	0,15–0,25
Saftreinigung	0,1–0,2	0,02–0,05
Sonstige Stufen	0,6–0,8	0,25–0,60
Gesamtprozeß	1,1–1,5	0,42–0,90

[a] Zuckermenge in %, bezogen auf die verarbeitete Rübenmenge.

Verfahrensgänge ermöglichen Zuckerausbeuten von 93–97,5%. Teilweise wird das Auspressen mit einer Extraktion kombiniert. Die Nutzung von Erfahrungen bei der kontinuierlichen Rübensaftgewinnung erlaubt Einsparungen an Energie und Steigerung der Zuckerausbeute.
Die Reinigung des schwach sauren Rohsaftes (pH 4,8–5,6) erfolgt mit Kalkmilch oder mit Kalk und Kohlendioxid. Die weitere Verarbeitung des geklärten und gereinigten Saftes gleicht der in der Zuckerrübenindustrie üblichen. Die Ausbeuten an Rohzucker liegen zwischen 6 und 11% des Rohrgewichtes.
Die Preßrückstände (Bagasse) dienen als Heizmaterial oder zur Herstellung von Pappe und Isolierstoffen.

19.1.4.1.4 Weitere Saccharosequellen

Neben Zuckerrübe und Zuckerrohr spielen einige weitere Pflanzen eine gewisse Rolle als Saccharoselieferanten.
Dattelzucker läßt sich aus den bis zu 81% Saccharose in der Trockenmasse enthaltenden Dattelfrüchten gewinnen (Algerien, Irak).
Palmzucker stammt aus verschiedenen Palmenarten, deren Zellsaft Saccharose enthält (*Phoenix sylvestris, Borassus flabilliformis, Cocos nucifera, Caryota ureus*) und wird in Indien sowie auf den Philippinen produziert.
Neben Rohr- und Rübenzucker ist von gewisser Bedeutung der *Ahornzucker*, der in Kanada, den USA und Japan aus dem frischen etwa 5% Zukker enthaltenden Saft des Zuckerahorns (*Acer saccharum*) hergestellt wird. Er kommt als Ahornsirup (maple syrup) und Ahornzucker in den Handel. Wertbestimmend sind vor allem die Aromastoffe. Ahornsirup enthält verschiedene Säuren, z. B. Citronen-, Äpfel- und Bernsteinsäure. Hauptzucker (88–99% der Trockenmasse)

ist die Saccharose. An Aromakomponenten wurden u. a. Vanillin, Syringaldehyd, Dihydroconiferylalkohol, Vanilloylmethylketon und Furfurale nachgewiesen.
Hirsezucker aus den Halmen der etwa 12% Saccharose enthaltenden Zuckerhirse (*Sorghum dochna*) besaß in den USA früher Bedeutung. Heute wird die Zuckerhirse vor allem auf Sorghumsirup verarbeitet.

19.1.4.1.5 Verpackung und Lagerung

Weißzucker und Raffinade sind praktisch reine Saccharose und verlassen die Zentrifugen mit einem Wassergehalt von 0,5–1%. Für die Lagerung werden sie auf 0,03–0,05% Wasser getrocknet und durch Sieben in verschiedene Korngrößenklassen getrennt. Der für den Haushaltsbereich bestimmte Zucker wird in den Zuckerfabriken abgepackt. Der übrige Zucker wird in Großraumsilos gelagert und mit Silowagen ausgeliefert.

19.1.4.1.6 Zuckersorten

Saccharose ist unter einer großen Zahl von Handelsbezeichnungen mit zum Teil volkstümlichem Charakter bekannt. Diese Bezeichnungen beziehen sich z. B. auf den Reinheitsgrad (Raffinade, Weißzucker, Halbweißzucker, Rohzucker), auf die Korngröße bzw. Form (Puderzucker, Kristallzucker, Sandzucker, Hagelzucker, Kandiszucker, Würfelzucker, Hutzucker) und auf die Verwendung (Einmachzucker, Gelierzucker). Flüssigzucker ist eine Saccharoselösung mit mindestens 62% Trockenmasse (davon höchstens 3% Invertzucker). Bei Invertflüssigzucker und Invertzuckersirup liegen höhere Invertzuckergehalte vor. Solche Lösungen sind relativ gut lager- und transportfähig. Sie ermöglichen eine leichte Dosierung durch Umpumpen und finden z. B. in der Getränke- und Spirituosenindustrie, in Eiscremebetrieben, Bäckereien und bei der Marmelade- und Geleeherstellung Verwendung. Es entfallen hier die Kristallisationsprozesse und die bis zum Abpacken notwendigen Arbeiten.
Kriterien für die analytische Bewertung von Zuckersorten sind u. a.: a) äußerlich erkennbare Farbe (Farbtype); b) Farbe (Extinktion) einer 50%igen Zuckerlösung in sog. ICUMSA-Einheiten; c) Aschegehalt des Zuckers, bestimmt aus der elektrischen Leitfähigkeit einer 28%igen wäßrigen Zuckerlösung; d) Wassergehalt; e) Polarisation und f) Gehalt an Invertzucker.

19.1.4.1.7 Zusammensetzung der Zuckersorten

Die chemische Zusammensetzung der Zuckersorten hängt vom Grad der Raffination ab. Raffinaden bestehen, wie oben erwähnt, praktisch zu 100% aus Saccharose; Rübenrohzucker enthält neben etwa 96% Zucker, $<1{,}4\%$ Wasser, 0,9% Asche und 1,5% organische Nichtzuckerstoffe; Farinzucker 98,8% Zucker neben 0,70% Wasser, 0,20% Asche und 0,29% organischen Nichtzuckerstoffen. Ein Gehalt an Raffinose gibt sich durch hohe Polarisationswerte, in Extremfällen durch spießige oder nadelförmige Kristalle zu erkennen.

19.1.4.1.8 Melasse

Die bei der Rübenzuckergewinnung anfallende Melasse enthält in der Trockensubstanz rund 60% Saccharose und 40% Nichtzuckerstoffe (Reinheit ca. 60). Von den Nichtzuckerstoffen sind, bezogen auf das Melassegewicht, etwa 10% anorganische Salze, vor allem solche des Kaliums. Außerdem kommen in der Melasse Raffinose (rund 1,2%), das Trisaccharid Kestose als Artefakt der Fabrikation, verschiedene Säuren, wie Ameisen-, Essig-, Propion-, Butter- und Valeriansäure und schließlich Stickstoffverbindungen (Aminosäuren, Betain u. a.) vor. Unter den Aminosäuren überwiegt Glutaminsäure bzw. Pyrrolidoncarbonsäure. Verwendung findet Melasse zur Gewinnung von Bäckereihefe, Alkohol, Citronen-, Milch- und Gluconsäure sowie von Glycerin, Butanol und Aceton, außerdem als Beigabe zu Mischfuttermitteln und zur Gewinnung von Aminosäuren.
Die bei der Rohrzuckergewinnung zu etwa 4% anfallende invertzuckerreiche Melasse enthält im Mittel 30–40% Saccharose, 10–25% reduzierende Substanzen, sehr geringe Mengen an Raffinose, kein Betain, dagegen die in der Rübenzuckermelasse nicht vorkommende Aconitsäure (ca. 5%). Rohrmelasse liefert nach Vergärung Arrak und Rum.

19.1.4.2 Folgeprodukte der Saccharose

Durch Hydrolyse von Saccharose mit Säuren oder Enzymen entsteht *Invertzucker*, aus dem

durch chromatographische Trennung *Glucose* und *Fructose* gewonnen werden können. Invertzuckersirupe gehören zu den im Handel erhältlichen flüssigen Zuckern. Invertzucker ist ferner Ausgangsmaterial für die Herstellung von *Sorbit* und *Mannit*. Isomerisierung von Saccharose mit *Leuconostoc mesenteroides, Protaminobacter rubrum* etc., bzw. mit Enzymen aus diesen Mikroorganismen liefert Isomaltulose. Neben der 6-O-α-Glucopyranosidofructose (Palatinose, I a; Formel 19.1) entsteht auch die 1-O-α-Glucopyranosidofructose (I b); das Mengenverhältnis hängt von den Reaktionsbedingungen ab. Der Prozeß wird mit immobilisierten Zellsystemen bzw. Enzymen kontinuierlich geführt. Die Fructosekomponente der Isomaltulose liegt als Furanose vor; das Anomerenverhältnis ist $\alpha/\beta = 0{,}25$ (34 °C). Die Süßkraft liegt bei 0,4 bezogen auf 10%ige Saccharoselösung. Isomaltulose wird von der Mundflora des Menschen nicht, von den Glucosidasen der Dünndarmwand verzögert gespalten.
Durch katalytische Hydrierung entsteht ein als Isomalt (Palatinit) bezeichnetes Gemisch der Disaccharidalkohole 6-O-α-D-Glucopyranosidosorbit (II a; Formel 19.1) und 1-O-α-D-Glucopyranosidosorbit (II b) (Isomaltit) sowie 1-O-α-D-Glucopyranosidomannit (III). Die Süßkraft liegt bei 0,45 bezogen auf 10%ige Saccharoselösung. Palatinit ist praktisch nicht hygroskopisch, nicht kariogen und wird von den Glucosidasen der Dünndarmwand des Menschen nur sehr langsam gespalten.

Das Gemisch der Zuckeralkohole ist durch fraktionierte Kristallisation trennbar. Palatinit ist ein potentieller Zuckeraustauschstoff.

19.1.4.3 Stärkeabbauprodukte

19.1.4.3.1 Allgemeines

Prinzipiell sind Stärke und Cellulose zur Verzuckerung geeignete Rohstoffe; wirtschaftliche Bedeutung hat zur Zeit nur die Stärkehydrolyse. An der Verbesserung der Celluloseverzuckerung wird aber intensiv gearbeitet.

19.1.4.3.2 Stärkesirup (Glucosesirup, Maltosesirup)

Die Stärkeverzuckerung erfolgt durch Hydrolyse mit Säuren und/oder Enzymen, wobei je nach Prozeßführung Produkte von sehr unterschiedlicher Zusammensetzung für die verschiedensten Einsatzgebiete erhalten werden.
Die Säurehydrolyse erfolgt mit Salzsäure oder Schwefelsäure überwiegend kontinuierlich und führt zu Glucosesirupen mit Dextroseäquivalenten (DE-Wert) zwischen 20 und 68. Die Zusammensetzung ist für jeden DE-Wert konstant (Abb. 19.9).
Der Rohsaft wird neutralisiert und durchläuft verschiedene Reinigungsstufen. Proteine und Lipide aus der Stärke flocken bei geeignetem pH-Wert aus und werden als Schlamm abgetrennt. Farbstoffe werden mit Aktivkohle, Mineral-

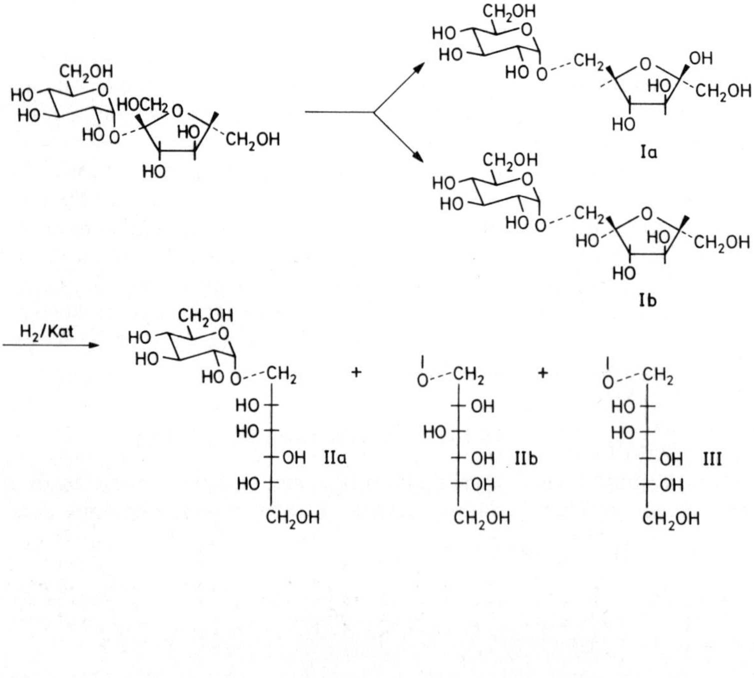

(19.1)

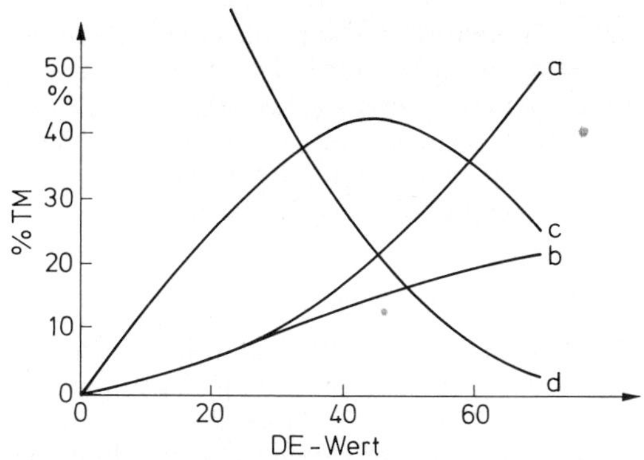

Abb. 19.9. Zusammensetzung von Stärkesirupen (Säurehydrolyse). *a* Glucose, *b* Maltose (Disaccharide), *c* Oligosaccharide (Polymerisationsgrad DP = 3–7), *d* höhere Saccharide

stoffe mit Ionenaustauschern entfernt. Der gereinigte Saft wird im Vakuum (Fallstromverdampfer) auf 70–85% Trockenmasse eingeengt. Bei der Säurehydrolyse treten eine Reihe von Nebenreaktionen auf (cf. 4.2.4.3.1). So werden Reversionsprodukte in Mengen von 5–6% der eingesetzten Glucose gebildet, vorwiegend Isomaltose (68–70%) und Gentiobiose (17–18%), daneben weitere Di- und Trisaccharide. Weiterhin treten Abbauprodukte der Glucose auf, wie z. B. 5-Hydroxymethylfurfural und andere für Karamelisierung (cf. 4.2.4.3.3) und *Maillard*-Reaktion typische Verbindungen (cf. 4.2.4.4).

Beim enzymatischen Prozeß werden α-Amylasen, β-Amylasen, Glucoamylasen und Pullulanasen eingesetzt.

Zunächst erfolgt die Stärkeverflüssigung mit Säure, mit α-Amylase oder durch einen kombinierten Säure-/Enzymprozeß.

Die verwendeten Enzyme sind meist bakterielle α-Amylasen, z. B. aus *Bacillus subtilis* oder aus *B. licheniformis*. pH- und Temperaturoptima liegen bei 6,5 und 70–90 °C. Das Enzym aus *B. licheniformis* ist sogar bei 110 °C einsetzbar. Die anschließende Verzuckerung kann so gelenkt werden, daß Produkte entstehen, die vorwiegend Maltose neben Maltotriose und etwas Glucose enthalten. So liefert z. B. ein kombinierter Stärkeabbau mit bakterieller α-Amylase und β-Amylase oder Pilz-α-Amylase ein Produkt mit 5% Glucose, 55% Maltose, 15% Maltotriose, 5% Maltotetraose und 20% Dextrinen in der Trokkenmasse. Maltosegehalte bis zu 95% (TM) können durch Zuschalten von Pullulanasen erzielt werden (cf. 2.8.2.2.4).

Tabelle 19.8. Durchschnittliche Zusammensetzung[a] von Stärkehydrolysaten

DE-Wert	Glucose	Maltose	Maltotriose	Höhere Oligosaccharide
Säurehydrolyse				
30	10	9	9	72
40	17	13	11	59
60	36	20	13	31
Enzymatische Hydrolyse[b]				
20	1	5	6	88
45	5	50	20	25
65	39	35	11	15
97	96	2	–	2

[a] Alle Werte in %.
[b] Gegebenenfalls auch kombinierte Hydrolyse Säure/Enzym.

Durch geeignete Kombination von Enzymen sind Produkte zugänglich, die durch Säurehydrolyse allein nicht zu erhalten sind.

Der Verzuckerungsgrad wird im allgemeinen in Dextroseäquivalenten (DE-Wert) angegeben, d. h. als Summe der reduzierenden Zucker, berechnet als Glucose. Die Intensität des süßen Geschmacks von Stärkehydrolysaten ist vom Verzuckerungsgrad abhängig und liegt bei 25–50% der von Saccharose. Tab. 19.8 informiert über die Zusammensetzung einiger Produkte. Die Palette der Stärkesirupe reicht von solchen mit DE-Werten 10–20 (Maltodextrine) bis zu solchen mit DE-Werten ≥96.

Verwendet werden Stärkesirupe in der Süßwarenindustrie. Sie verhindern die Saccharosekristallisation (Hartkaramellen) und wirken als Weichhaltemittel (Weichkaramellen, Fondant, Kaugummi). Weiterhin werden sie bei der Herstellung von Speiseeis, alkoholischen Getränken, Erfrischungsgetränken, Obstprodukten und in der Backwarenindustrie eingesetzt.

19.1.4.3.3 Trockenstärkesirup (Trockenglucosesirup)

Trockenstärkesirup wird nach dem Zerstäubungsverfahren aus Stärkehydrolysaten mit einem Endwassergehalt von 3–4% gewonnen. Das Produkt löst sich leicht in Wasser und in verdünntem Alkohol und findet u. a. bei der Wurstherstellung als Umrötungshilfsmittel Verwendung. Die durchschnittliche Zusammensetzung liegt bei 50% Dextrin, 30% Maltose und 20% Glucose.

19.1.4.3.4 Glucose (Dextrose)

Rohstoffe für die Glucosegewinnung sind vorwiegend die Stärken aus Mais, Kartoffeln und Weizen. Die Verzuckerung erfolgt enzymatisch mit α-Amylasen und mikrobieller Amyloglucosidase oder nach partieller Säurehydrolyse mit Amyloglucosidase. Das entsprechende Enzym aus *Aspergillus niger* wird bei pH 4,5 und 60 °C eingesetzt und liefert Hydrolysate mit 94–96% Glucose. Das Hydrolysat wird nach Reinigung eingedampft und zur Kristallisation gebracht. Glucose kristallisiert als α-Glucosemonohydrat. Wasserfreie α-Glucose kann durch Trocknen des Monohydrates in einem warmen Luftstrom oder durch Kristallisation aus Ethanol, Methanol oder Essigsäure erhalten werden. Dextrose wird in großem Ausmaß wegen ihrer schnellen Resorption als Kräftigungsmittel, in Nährpräparaten und Arzneimitteln verwendet. Weiterhin wird sie u.a. bei Getränken, Backwaren, Marmeladen, Süßwaren, Marinaden und bei der Umrötung von Fleisch und Wurstbrät eingesetzt.

19.1.4.3.5 Glucose-Fructose-Sirup (high fructose syrup)

In bestimmten Stämmen von *Bacillus megaterium, B. coagulans* und *Lactobacillus brevii* wurde eine Glucose-Fructose-Isomerase gefunden, die im neutralen bis schwach alkalischen Bereich (pH 8,2) bei 35–60 °C Glucose in Fructose überführt. Mit dem trägergebundenen Enzym lassen sich in großem Maßstab Glucosesirupe in Glucose-Fructose-Sirupe mit relativen Fructosegehalten im Bereich von 40–50% herstellen. Durch anschließende Chromatographie sind Produkte mit Fructosegehalten bis zu 90% zugänglich. Glucose-Fructose-Sirup wird wie Invertzuckersirup aus Saccharose verwendet.

19.1.4.3.6 Folgeprodukte von Stärkesirup

Die *Hydrierung von Glucosesirup* führt zu Produkten (Lycasin), die nicht gärfähig und weniger kariogen sind und die bei der Herstellung von Süßwaren verwendet werden. Maltosesirup liefert bei alkalischer Isomerisierung *Maltulose*, die süßer als Maltose ist. Hydrierung führt zu *Maltit*, im Gemisch mit Maltotriit. Das nicht kristallisierende Gemisch dieser Zuckeralkohole kann unter Zusatz von geeigneten Polysacchariden (Alginat, Methylcellulose) durch Sprühtrocknung in ein Trockenprodukt überführt werden.

19.1.4.3.7 Polydextrose

Beim Schmelzen von D-Glucose in Gegenwart kleiner Mengen an Sorbit und Citronensäure entsteht ein als Polydextrose bezeichnetes vernetztes Polymeres, das vorwiegend 1,6-glucosidische aber auch andere Bindungen enthält. Ca. 60% werden vom Menschen unverändert ausgeschieden. Es wird deshalb u.a. als Süßungsmittel für Diabetiker und für die Herstellung kalorienarmer Backwaren und Süßwaren diskutiert.

19.1.4.4 Milchzucker (Lactose) und Folgeprodukte

19.1.4.4.1 Milchzucker

Lactose wird aus Lab- oder Sauermolke, auch aus Molkekonzentraten mit höchstmöglichem Milchzuckergehalt gewonnen. Die auf pH 4,7 eingestellte Molke wird durch Erhitzen mit Direktdampf auf 95–98 °C vom Milchalbumin befreit. Die enteiweißte, filtrierte Flüssigkeit wird im Mehrstufenverdampfer konzentriert und von ausgeschiedenen Milchsalzen befreit. Sie liefert beim weiteren Eindampfen gelblich gefärbten Rohzucker mit einem Wassergehalt von 12–14%. Die nach dem Abschleudern verbleibende Melasse enthält noch beträchtliche Mengen Lactose. Sie geht entweder in den Prozeß zurück oder dient zur Gewinnung von Alkohol, Milch- oder Propionsäure. Der Rohzucker wird durch Lösen, Filtrieren und oft mehrmals durchgeführtes Kristallisieren raffiniert. Das schneeweiße α-Lactosemonohydrat wird in Stiftmühlen und Zentrifugalsichtmaschinen zerkleinert. Neuerdings gewinnt die Sprühtrocknung der Lactose immer mehr an Bedeutung.
Zur Steigerung von Verdaulichkeit, Süßkraft und Löslichkeit wird das Produkt oft in 60%iger Lösung auf wenig mehr als 93,5 °C erhitzt und das Kristallisat auf Vakuumwalzentrockner gebracht. Dabei entsteht die gegenüber der α-Form wesentlich besser lösliche β-Lactose, deren Wassergehalt nicht über 1% liegen darf. Lactose fin-

det u.a. in Kindernährmitteln, in Süßwaren, Backwaren, Suppen, Soßen, Soßenbindern, außerdem als Verdünnungsmittel oder Trägersubstanz in Arzneizubereitungen (Tabletten) und nicht zuletzt als Bestandteil von Nährlösungen bei der Antibioticaproduktion Verwendung.

19.1.4.4.2 Folgeprodukte

Das durch Hydrolyse mit Säuren oder Enzymen aus Lactose resultierende Glucose-Galactose-Gemisch schmeckt etwa doppelt so süß wie Lactose. Eine weitere Steigerung der Geschmacksintensität ist durch enzymatische Isomerisierung der Glucose zu erreichen. Dabei wird ein Zuckergemisch aus ca. 50% Galactose, 29% Glucose und 21% Fructose erhalten.
Süßer als Lactose ist auch die durch Isomerisierung zugängliche *Lactulose*. Hydrierung von Lactose liefert *Lactit*, Hydrierung von Lactulose ein Gemisch aus Lactit und β-D-Galactopyranosido-1,4-mannit.

19.1.4.5 Fruchtzucker (Fructose)

Fructose ist aus dem Inulin der Topinamburknolle, Zichorie, Dahlienwurzel und Artischocke durch Säurehydrolyse erhältlich, oder aus Glucose-Fructose-Gemischen (Invertzucker, isomerisierter Glucosesirup) durch Chromatographie. Heute spielt nur das letztgenannte Verfahren eine Rolle. Die etwas süßer als Saccharose schmeckende Fructose dient als Zuckeraustauschstoff für Diabetiker. Durch die Säure von Obsterzeugnissen kann sie bei längerer Kochzeit zum Teil in Glucose umgewandelt werden.

19.1.4.6 Sorbit

Ein fast halb so süß wie Saccharose schmeckender hygroskopischer Zuckeralkohol ist der D-Sorbit. Außer als Süßungsmittel für Diabetiker hat er u.a. Eingang gefunden als Feucht- und Weichhaltungsmittel für Süß- und Backwaren, wo er in Mengen zwischen 5 und 10% benutzt und meist in Form eines 70%igen Sirups zugesetzt wird. Sorbit ist auch für die Herstellung zuckerfreier Süßwaren (u.a. Kaugummi) geeignet. Technisch hergestellt wird Sorbit durch elektrochemische Reduktion, vor allem aber durch katalytische Hydrierung von Glucose. Säurekatalysierte Wasserabspaltung liefert ein Gemisch aus 1,4-Sorbitan (85%, I) und 3,6-Sorbitan (15%, II); unter drastischeren Bedingungen (Einwirkung konz. Säuren) entsteht 1,4:3,6-Dianhydrosorbit (Isosorbid, III):

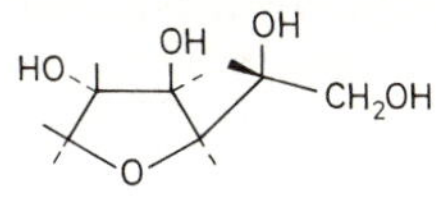

I

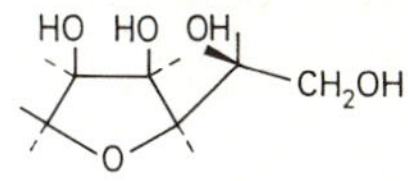

II

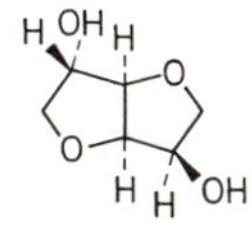

III (19.2)

19.1.4.7 Sorbose

Der Zucker ist aus Glucose über Sorbit zugänglich. Sorbit wird durch *Acetobacter suboxidans* in L-Sorbose überführt, ein Zwischenprodukt der Ascorbinsäuresynthese (cf. 18.1.2.7.). Sorbose wird als Zuckeraustauschstoff für Diabetiker und als Bestandteil kalorienarmer Lebensmittel mit geringer Kariogenität diskutiert.

19.1.4.8 Xylit

Durch Hydrolyse von Hemicellulosen wird Xylose erhalten, die bei katalytischer Hydrierung Xylit liefert. Xylit ist wie Fructose und Sorbit Zuckeraustauschstoff für Diabetiker, hat Bedeutung für die parenterale Ernährung und wird für eine Verwendung in Zuckerwaren (Kaugummi) diskutiert, da er nicht kariogen ist.

19.1.4.9 Mannit

Mannit ist durch die Hydrierung von Invertzukker zugänglich und wird von Sorbit auf Grund seiner geringeren Löslichkeit und durch Chromatographie abgetrennt. Er wird wegen seiner laxierenden Wirkung vorwiegend bei Kaugummi und bei Diabetikerbackwaren verwendet.

19.1.5 Zuckerwaren

19.1.5.1 Allgemeines

Unter Zuckerwaren ist eine Untergruppe der als Süßwaren bezeichneten Lebensmittel zu verstehen. Der übergeordnete Begriff der Süßwaren

umfaßt außer den Zuckerwaren Dauerbackwaren, Kakao- und Schokoladenerzeugnisse, Speiseeis sowie Kunsthonig, die an anderer Stelle behandelt werden. Zuckerwaren sind Erzeugnisse, die aus Zucker jeglicher Art allein oder mit mannigfaltigen Zusätzen von anderen Lebensmitteln (Milcherzeugnisse, Honig, Fette, Kakao, Schokolade, Früchte, Marmeladen, Gelees, Fruchtsäfte, Gewürze, Malzextrakt, Samenkerne, Gelstoffe, Genußsäuren, Essenzen u. a.) hergestellt werden.
Wesentlicher und kennzeichnender Bestandteil all dieser Produkte ist Zucker, wobei außer Saccharose auch andere Zuckerarten (Glucose, Fructose, Maltose, Lactose usw.) Verwendung finden.
Wichtige Produktgruppen sind u. a. Hart- und Weichkaramellen (Bonbons, Toffees), Fondant, Kokosflocken, Schaumzuckerwaren, Gummizuckerwaren, Lakritzwaren, Dragées, Komprimate, Pastillen, Fruchtpasten, Kaugummi, Krokant und Brausepulver sowie die Erzeugnisse aus Zucker und Mandeln, Nüssen und anderen eiweißreichen, ölhaltigen Samen (Marzipan, Persipan, Nugat).

19.1.5.2 Hartkaramellen (Bonbons)

Zur Herstellung wird Saccharoselösung mit Stärkesirup gemischt und chargenweise oder kontinuierlich auf den gewünschten Wassergehalt eingekocht (Abb. 19.10). Verwendet werden meist Vakuumkocher (120–160 °C), auch in der Ausführung als Dünnschichtkochmaschinen, bei denen die Verdampfung in einem rotierenden Zylinder (Rotorkocher) erfolgt (110 °C → 142 °C, 5 s). Flüchtige, labile Bestandteile (Aromastoffe) werden nach dem Abkühlen zudosiert. Das gilt zur Vermeidung einer Inversion auch für Säuren. Gegebenenfalls wird auch Luft in die Masse eingearbeitet. Anschließend wird die Masse zu einem Strang geformt und mit Hilfe von Prägemaschinen oder auch Gießmaschinen, die eine etwas dünnflüssigere Masse erfordern, auf Bonbons verarbeitet. Moderne Anlagen setzen 0,6–1,5 t/h durch.

Über die Zusammensetzung von Hartkaramellen orientiert Tab. 19.9.

19.1.5.3 Weichkaramellen (Toffees)

Milch, Stärkesirup und Fett werden homogenisiert, mit Saccharoselösung vermischt und wie beschrieben (cf. 19.1.5.2) eingekocht. Labile Komponenten werden nach dem Abkühlen zugesetzt. Die durch den Fettgehalt und den gegenüber den Hartkaramellen etwas höheren Wassergehalt bedingte charakteristisch plastische, teilweise elastische Konsistenz, wird durch das Einarbeiten von Luft in Ziehmaschinen noch verbessert. Das Einarbeiten von Puderzucker oder Fondantmasse während des Ziehens führt durch partielle Saccharosekristallisation zu einer bröckligen Konsistenz. Die abgekühlte Masse wird zu Strängen geformt und geschnitten.
Die durchschnittliche Zusammensetzung folgt aus Tab. 19.9.

19.1.5.4 Fondant

Saccharose- oder Glucoselösung und Stärkesirup werden gemischt und auf 10–15% Wasser eingekocht. Die Masse wird in Tabliermaschinen unter intensiver mechanischer Bearbeitung stark abgekühlt. Unter partieller Kristallisation (Kristalldurchmesser 3–30 μm) entsteht eine Dispersion von Saccharose in einer gesättigten Zuckerlösung. Die Masse wird bei weiterem Abkühlen fest und ist durch Erwärmen aufschmelzbar und gießbar. Sie wird aromatisiert zu den verschiedensten Produkten verarbeitet.
Über die Zusammensetzung orientiert Tab. 19.9.

19.1.5.5 Schaumzuckerwaren

Zur Herstellung wird heiße Zuckerlösung (Saccharose/Stärkesirup) unter einen stabilen Proteinschaum (Eiklar, aufgeschlossenes Milcheiweiß, Gelatine) gezogen. Neben herkömmlichen Schlagmaschinen werden auch Druckschlagmaschinen verwendet, in denen alle Komponenten bei 2–9 bar zunächst gemischt und

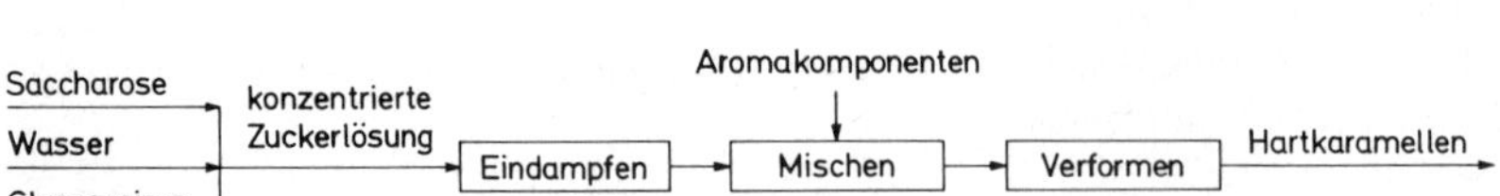

Abb. 19.10. Herstellung von Hartkaramellen

Tabelle 19.9. Zusammensetzung[a] einiger Zuckerwaren

Bestandteil	Hartkaramellen	Weichkaramellen	Fondantmasse	Marzipanrohmasse	Marzipan
Saccharose	40 –70	30 –60	65–80[d]	≤35	≤67,5
Stärkesirup[b]	30 –60	20 –50	10–20	0	3,5
Invertzucker	1 – 8	1 –10		0 –10	0 –20
Lactose		0 – 6			
Sorbit				0	0 – 5
Fett		2 –15		28 –33	14 –16
Säuren[c]	0,5– 2				
Milcheiweiß		0 – 5			
Gelatine		0 – 0,5			
Aromastoffe	0,1– 0,3				
Wasser	1 – 3	4 – 8	10–15	15 –17	7 – 8,5
Mineralstoffe	0,1– 0,2	0,5– 1,5		1,4– 1,6	0,7– 0,8

[a] Orientierungswerte in %.
[b] Trockenmasse.
[c] Citronensäure oder Weinsäure.
[d] Gegebenenfalls wird auch Glucose verwendet.

durch anschließende Entspannung aufgeschäumt werden.

19.1.5.6 Gelee, Gummi- und Gelatine-Zuckerwaren

Zur Herstellung wird eine aromatisierte Zuckerlösung mit Polysacchariden (Agar, Pektin, Gummi arabicum, dünnkochende Stärke, Amylopektin) und Gelatine erhitzt, in Stärkeformen gegossen und nach dem Erstarren ausgepudert.

19.1.5.7 Komprimate

Puderzucker bzw. Dextrose werden aromatisiert, unter Zusatz von Bindemitteln (Fett, Gelatine, Traganth, Stärke) und Gleitmitteln (Magnesiumstearat) granuliert und unter Druck tablettiert.

19.1.5.8 Dragées

Die Kerne (Mandel, Nuß, Zuckerkristall etc.) werden in rotierenden Kesseln mit Zuckerlösung befeuchtet und durch anschließende Zugabe von Puderzucker mit einer Zuckerschicht überzogen. Der Vorgang wird wiederholt, bis die gewünschte Schichtdicke erreicht ist. Entsprechend wird gegebenenfalls Schokolade aufgetragen.
Ein bekanntes Produkt sind gebrannte Mandeln. Sie bestehen aus rohen oder gerösteten Mandeln, die mit heißgesättigtem und karamelisiertem Zuckersirup überzogen (dragiert) werden; durch Aufblasen heißer Luft bildet sich eine gekräuselte Oberfläche. Sie enthalten außerdem Gewürz- oder Geschmacksstoffzusätze, wie Vanillin u. dgl. In einer größeren Durchschnittsprobe soll das Verhältnis von Zucker zu Mandeln nicht mehr als etwa 4:1 betragen. Die Zuckerüberzüge der im Dragierverfahren hergestellten gebrannten Mandeln können gefärbt sein.

19.1.5.9 Marzipan

Bei der traditionellen Herstellung von Marzipanrohmassen werden süße Mandeln gebrüht, auf Gummiwalzen geschält, grob zerkleinert, unter Zusatz von maximal 35% Saccharose vermahlen und durch offenes Erhitzen in Abröstkesseln auf maximal 17% Restwasser getrocknet. Aus diesem Halbfabrikat wird durch Einarbeitung der gleichen Menge gepuderter Saccharose, evtl. auch unter Verwendung von Stärkesirup und/oder Sorbit die eigentliche Marzipanmasse (angewirktes Marzipan) hergestellt. Aus Gründen der Rationalisierung und bakteriologischen Stabilität ist man bei modernen Verfahren bestrebt, alle Verfahrensschritte in einem hermetisch abgeschlossenen Reaktionsraum, z. B. einer kombinierten Vakuum-/Koch-/Schneid- und Mischmaschine (High Speed Cooker) durchzuführen und damit Infektionen zu vermeiden. Die partielle Trocknung erfolgt hierbei nach der Erhitzung durch Anlegen von Vakuum. Die Belüftung der Trommel erfolgt mit keimfrei gefilterter Luft.

Königsberger Marzipan wird nach der Formung kurz überbacken. Marzipankartoffeln sind in Kakao gewälzte Marzipanware.

19.1.5.10 Persipan

Zunächst wird wie bei Marzipan eine Rohmasse hergestellt, für die aber nicht Mandeln, sondern entbitterte Aprikosenkerne, Pfirsichkerne oder entbitterte bittere Mandeln verwendet werden. Die Entbitterung besteht in einer Wässerung, während der das Amygdalin enzymatisch gespalten wird (cf 16.2.6). Persipan ist eine Mischung aus Persipanrohmasse und höchstens der anderthalbfachen Gewichtsmenge Zucker. Die Saccharose kann teilweise durch Stärkesirup und/oder Sorbit ersetzt werden.

19.1.5.11 Andere Rohmassen

Sie werden aus geschälten Nußkernen (Cashewkernen oder Erdnußkernen) hergestellt, entsprechen in der Zusammensetzung der Persipanrohmasse und werden nach den Ölsamenarten benannt, aus denen sie hergestellt sind, z. B. „Nußrohmasse, Erdnußrohmasse".

19.1.5.12 Nugatmasse

Es handelt sich um höchstens 2% Wasser enthaltende, weiche bis schnittfeste Erzeugnisse, die aus gleichen Teilen geschälten, gerösteten Haselnußkernen und Zucker durch Feinzerkleinerung unter Zusatz von Kakaoerzeugnissen hergestellt werden. Als Kakaoerzeugnisse werden verwendet: Kakaokerne, Kakaomasse, Kakaobutter, Kakaopulver (auch stark entölt), Schokolade, Schmelzschokolade, Sahneschokolade, Milchschokolade, Schokoladenüberzugsmasse, Sahne- und Milchschokoladenüberzugsmasse, Schokoladenpulver. Sie können einen Zusatz geringer Mengen von geschmackgebenden Stoffen und/oder von Lecithin enthalten. Ein Teil des Zuckers kann durch Sahne- oder Milchpulver ersetzt werden. Zu den Nugatmassen wird auch süßes Nußmark gerechnet, das ohne Kakaoerzeugnisse und ohne Sahne- oder Milchpulver hergestellt wird. Mit höchstens der halben Menge Puderzucker angewirkte Nugatmassen werden als Nugat oder Noisette bezeichnet.
Nuß-Nugat-Creme enthält u. a. 10–15% Haselnüsse, 50–60% Zucker, Pflanzenfette und Kakaopulver. Es wird wie Nugat hergestellt und als Brotaufstrich oder Füllung verwendet.

19.1.5.13 Krokant

Krokant wird aus geschmolzenem und mehr oder weniger karamelisierten Zucker sowie zerkleinerten und gerösteten Mandeln oder Nüssen, gelegentlich auch unter Zusatz von Marzipan, Nugat, Milchdauerwaren, Fruchtbestandteilen und Stärkesirup hergestellt und ist von spröder oder weicher Konsistenz. Es dient im allgemeinen als Füllung für andere Süßwaren.

19.1.5.14 Lakritzen und Lakritzwaren

Zur Herstellung von Lakritzwaren wird Mehl verkleistert und mit Zucker, Stärkesirup, eingedicktem Süßholzsaft und Gelatine vermischt und eingedickt. Nach Formung zu Stangen, Bändern, Figuren usw. wird nachgetrocknet.
Charakteristischer und geschmacksbestimmender Inhaltsstoff der Süßholzwurzel ist das Diglucuronid der β-Glycyrrhetinsäure (cf. 8.8.11). Einfache Lakritzwaren enthalten neben 30 bis 45% Stärke und 30–40% Saccharose, wenigstens 5% Süßholzextrakt. Bessere Erzeugnisse enthalten 30% und mehr Süßholzextrakt. Zur Aromatisierung dienen ätherische Öle, vor allem Anisöl und Pflanzenauszüge, daneben geringe Mengen Ammoniumchlorid.

19.1.5.15 Kaugummi

Der erste Kaugummi wurde 1869 in einem New Yorker Drugstore verkauft.
Kaugummi besteht im wesentlichen aus der Kaubasis, sowie aus Saccharose, Invertzucker, Stärkesirup, Süßstoffen und Aromakomponenten. Die Basis kann aus kautschuk- und guttaperchaartigen Naturstoffen (Chiclegummi, Siak- und Pahang-Guttapercha, mit Harz vermischter Plantagenkautschuk, Mastix, Wachs u. a.) sowie aus thermoplastischen Kunststoffen (Polyvinylester und -ether, Polyethylen, Polyisobutylen, Butadien-Styrol-Copolymerisate, Paraffin, mikrokristalline Wachse etc.), auch unter Zusatz von Cellulose als Füll- und Trennmittel hergestellt sein. Um die Basis zu einer homogenen, plastischen Masse verarbeiten zu können, muß sie auf ca. 60 °C erwärmt werden, bevor sie mit den Zuckerkomponenten verknetet wird. Durch

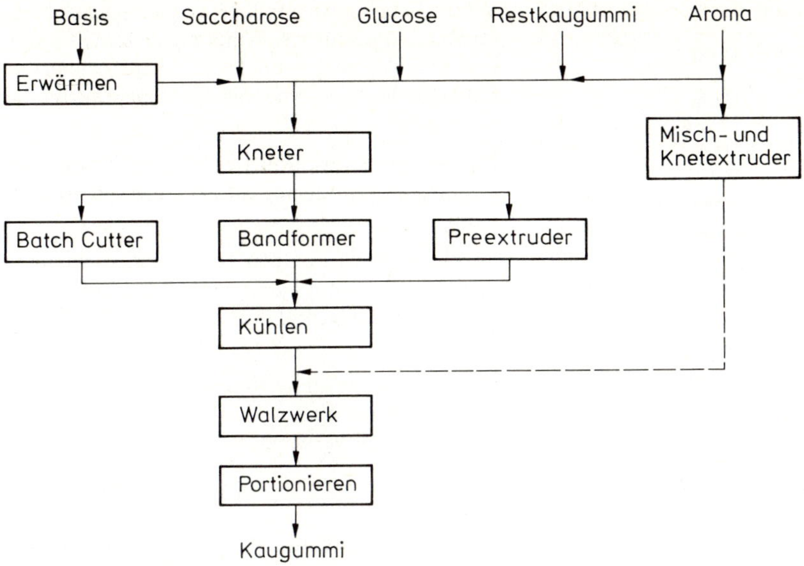

Abb. 19.11. Herstellung von Kaugummi

Zusatz von geringen Mengen Glycerin oder Glycerintriacetat wird die Masse geschmeidiger. Vor dem Auswalzen wird die Masse dann wieder auf ca. 30 °C abgekühlt. Auf Grund der hohen Viskosität der Masse müssen sehr starke Knetwerke eingesetzt werden. In den letzten Jahren ist ein vermehrter Einsatz von Extrudern zu beobachten, der auch den Aufbau kontinuierlicher Produktionslinien ermöglichte. In Abb. 19.11 ist die Herstellung von Kaugummi zusammengefaßt.

19.1.5.16 Brauselimonadenpulver

Brauselimonadenpulver oder in Tabletten gepreßte Brausebonbons dienen zur Herstellung künstlicher Brauselimonaden. Sie enthalten Natriumhydrogencarbonat und Milch-, Wein- oder Citronensäure, aus denen beim Auflösen in Wasser die Kohlensäure des Getränkes entsteht, außerdem Zucker und/oder Süßstoff sowie natürliche und/oder künstliche Essenzen. Oft werden Natriumhydrogencarbonat und Säure getrennt in Kapseln oder Beuteln geliefert. Auch kann das Natriumhydrogencarbonat zur Verzögerung der CO_2-Freisetzung mit Hilfe von Gummi arabicum granuliert werden.

19.2 Honig und Invertzuckercreme (Kunsthonig)

19.2.1 Honig

19.2.1.1 Einführung

Honig wird von Bienen erzeugt, indem sie Nektariensäfte oder auch andere an lebenden Pflanzenteilen sich vorfindende süße Säfte aufnehmen, durch körpereigene Stoffe bereichern, in ihrem Körper verändern, in Waben aufspeichern und dort reifen lassen.
Die Honigbereitung beginnt nach dem Sammeln von Blütenpollen, Nektar und Honigtau in der Honigblase der Sammelbiene, wird dann von der die Rohstoffe übernehmenden Arbeitsbiene fortgesetzt und geht in den Zellen des Stockes zu Ende. Sie umfaßt im wesentlichen folgende Stufen: Eindicken des Nektars, Zunahme des Invertzuckers (durch Säuren des Ausgangsmaterials wie des Bienenkörpers und durch Enzyme der Biene, wobei im Honigmagen der Biene außerdem Isomerisierung von Glucose zu Fructose stattfindet), Aufnahme von Eiweißstoffen aus Pflanze und Biene, von Säuren aus dem Bienenkörper, Aufnahme von Mineralstoffen, Vitaminen und Aromastoffen aus dem Futter, von En-

Tabelle 19.10. Produktion von Honig 1979 (1000 t)

Erdteil		Land	
Welt	1031	China	257
Afrika	90	USSR	220
Amerika, Nord-,		USA	108
Mittel-	210	Mexiko	56
Amerika, Süd-	44	Kanada	30
Asien	301	Argentinien	28
Europa, West-	82	Türkei	21
Europa, Ost-		Äthiopien	20
+ USSR	280	Frankreich	20
Ozeanien	24	Australien	18
		Σ (%)[a]	75

[a] Weltproduktion ≙ 100%.

zymen aus Speicheldrüsen und Honigblase der Biene. Wenn der Wassergehalt der Honigmasse auf etwa 16–19% gesunken ist, werden die Zellen mit einem Wachsdeckel verschlossen, der reife Honig erfährt in den Zellen weitere Umwandlungen, vor allem Inversion des Zuckers. Tab. 19.10 informiert über die Erzeugung von Honig in verschiedenen Ländern. Der Honigverbrauch in der BRD lag 1970 bei 0,98 kg/Kopf und Jahr.

19.2.1.2 Gewinnung und Arten

Bei der Gewinnung und Verarbeitung von Honig ist vor allem darauf zu achten, daß die ursprüngliche Zusammensetzung, insbesondere der Gehalt an Aromastoffen, nicht leidet und der Honig frei von Verunreinigungen bleibt.
Je nach der *Gewinnungsart* unterscheidet man folgende Honige:

Scheibenhonig (Wabenhonig), der sich in frisch erbauten, weißen, verdeckelten und nicht bebrüteten Waben (Jungfernwaben) befindet. Derartiger Honig setzt sehr gute Trachten voraus, ist in Deutschland nicht häufig anzutreffen, in außerdeutschen Ländern (vor allem USA, auch in Kanada und Mexiko) weit verbreitet. Dunkler Scheibenhonig ist solcher, der in brutfreien, größtenteils verdeckelten, höchstens ein Jahr alten Waben steckt, die wenig bebrütet waren.

Leckhonig (Tropf-, Lauf-, Senkhonig) fließt aus brutfreien, zerkleinerten Waben ohne weitere Einwirkung aus (Ausbeute 50–70%). Bei zähflüssigen Honigen (Honigtau-, Heidehonig) ist diese Gewinnungsart meist nicht möglich.

Schleuderhonig wird mit der Schleuder aus brutfreien, stockwarmen Waben auszentrifugiert. Diese Gewinnungsart liefert die Hauptmenge an Honig; gelinde Wärme (bis 40 °C) begünstigt das Auslaufen.

Preßhonig ist aus brutfreien Waben durch hydraulisches Pressen auf kaltem Wege gewonnener Honig.

Seimhonig wird aus den brutfreien, nichteingestampften oder eingestampften Waben durch gelindes Erwärmen und nachfolgendes Pressen gewonnen.

Stampfhonig gewinnt man durch Einstampfen nichtbrutfreier Waben. Er wird nur als Futterhonig für Bienen verwendet.

Nach dem *Verwendungszweck* unterscheidet man:

Speisehonig als vollwertigen, zum unmittelbaren Genuß durch den Menschen bestimmten und geeigneten Honig, und

Backhonig als nicht vollwertigen, nur als Zusatz zu Backwaren verwendbaren Honig. Solcher Honig ist entweder in starke Gärung übergegangen, hat infolge Treibens fremdartigen Geruch und Geschmack angenommen oder wurde stark erhitzt. Auch angebrannter (karamelisierter) Honig rechnet hierher.

Nach der *Eintragszeit* unterscheidet man:
Frühhonige (Tracht bis Ende Mai), Haupthonige (Tracht im Juni und Juli) sowie Späthonige (Tracht im August und September).
Nach der geographischen Herkunft trennt man in *deutsche Honige* (Schwarzwald-, Allgäu-Honig) und in *ausländische Honige* (z. B. ungarischer oder kalifornischer Honig, Chile- oder Havanna-Honig).

Nach der *Pflanzenherkunft* unterscheidet man die folgenden Sorten:

Blütenhonig (Heide-, Linden-, Akazien-, Klee-, Esparsetten-, Raps-, Buchweizen-, Obstblütenhonig usw.) ist in frischem Zustand dickflüssig durchscheinend und wird allmählich mehr oder minder fest und kristallinisch. Honige dieser Art zeigen weiße, hellgelbe bis dunkelgelbe, grünlichgelbe oder braune Farbe. So ist Ahornhonig hellgelb, Heidehonig dunkelrötlich, Kleehonig hellgelb bis rötlich und Wiesenblumenhonig gelb bis braun gefärbt. Blütenhonige haben einen von der

Tracht abhängigen typischen Geschmack, sind süß und aromatisch, z. T. hocharomatisch und zeigen manchmal, wie vor allem einige Heidehonige, spezifischen, an Melasse erinnernden Beigeschmack (Esparsetten- und Buchweizenhonig).

Honigtauhonige (Tannen-, Fichten-, Blatthonig) erstarren nur schwer. Sie sind meist weniger süß, dunkel gefärbt und weisen nicht selten einen gewürzhaften, harzigen, terpentinartigen Geruch und Geschmack auf.

19.2.1.3 Verarbeitung

Honig kommt als flüssiges und als halbfestes Produkt in den Handel.
Honig ist meist mit Glucose übersättigt. Bei der Gewinnung fällt er als stabiles System von Glucosehydratkristallen in Sirup an. Zur Stabilisierung des flüssigen Zustandes wird bei der Verarbeitung auf *flüssigen Honig* das Produkt durch Druckfiltration von Zuckerkristallen und anderen als Kristallisationskeime wirkenden Bestandteilen befreit. Die zur Erniedrigung der Viskosität während Verarbeitung und Abfüllung notwendige Erhitzung, die zugleich der vollständigen Lösung der Glucose und der Pasteurisierung dient, ist so schonend wie möglich durchzuführen, da Honig infolge des relativ niedrigen pH-Wertes und des hohen Fructosegehaltes sehr empfindlich ist. Wie bei anderen Lebensmitteln ist auch bei Honig kontinuierlichen Hocherhitzungskurzzeitverfahren (z. B. ca. 65 °C/30 s, dann schnelle Abkühlung auf ca. 50 °C) der Vorzug zu geben.
Für die Verarbeitung auf *halbfesten Honig* wird dem flüssigen Produkt bei ca. 27 °C 10% feinkristalliner Honig zugesetzt. Anschließend wird das Produkt zur vollständigen Kristallisation eine Woche bei ca. 14 °C belassen.

19.2.1.4 Physikalische Eigenschaften

Die Dichte (20 °C) hängt vom Wassergehalt ab und liegt zwischen 1,44404 (14% Wasser) und 1,3550 (21% Wasser). Honig ist hygroskopisch. Über die Viskosität bei verschiedenen Temperaturen informiert Tab. 19.11. Die meisten Honige sind *Newton*sche Flüssigkeiten, einige haben jedoch auch thixotrope Eigenschaften (z. B. Heidehonig), die auf Proteine zurückgehen sollen, oder dilatante Eigenschaften (z. B. Opuntiahonig), die auf Dextrane zurückgehen sollen.

Tabelle 19.11. Viskosität von Honig bei verschiedenen Temperaturen

	Temperatur (°C)	Viskosität (Poise)
Honig 1[a]	13,7	600,0
	20,6	189,6
	29,0	68,4
	39,4	21,4
	48,1	10,7
	71,1	2,6
Honig 2[b]	11,7	729,6
	20,2	184,8
	30,7	55,2
	40,9	19,2
	50,7	9,5

[a] Steinkleehonig (*Melilotus,* 16,1% Wasser).
[b] Salbeihonig (*Salvia,* 18,6% Wasser).

Die spezifische Wärme (20 °C, 17,4% Wasser) liegt bei 2,26 J/g und °C. Wegen der schlechten Wärmeleitung sind die Möglichkeiten einer Hochfrequenzerhitzung geprüft worden. Für das Erhitzen von 1 t/h von 30 °C auf 55 °C werden danach ca. 25 kW benötigt.

19.2.1.5 Zusammensetzung

Honig, der im wesentlichen eine konzentrierte wäßrige Lösung von Invertzucker darstellt, enthält daneben eine sehr komplexe Mischung ver-

Tabelle 19.12. Zusammensetzung von Honig (%)

Bestandteil	Mittelwert	Schwankungsbreite
Wasser	17,2	13,4–22,9
Fructose	38,2	27,3–44,3
Glucose	31,3	22,0–40,8
Saccharose	1,3	0,3–7,6
Maltose	7,3	2,7–16,0
Höhere Zucker	1,5	0,1–8,5
Sonstiges	3,1	0–13,2
Stickstoff	0,04	0–0,13
Mineralstoffe	0,17	0,02–1,03
Freie Säure[a]	22	6,8–47,2
Lactone[a]	7,1	0–18,8
Gesamtsäure[a]	29,1	8,7–59,5
pH-Wert	3,9	3,4–6,1
Diastase-Zahl	20,8	2,1–61,2

[a] mval/kg.

Tabelle 19.13. In Honig nachgewiesene Zucker

Trivialname	Systematischer Name
Glucose	
Fructose	
Saccharose	α-D-Glucopyranosyl-β-D-fructofuranosid
Maltose	O-α-D-Glucopyranosyl-(1 → 4)-D-glucopyranose
Isomaltose	O-α-D-Glucopyranosyl-(1 → 6)-D-glucopyranose
Maltulose	O-α-D-Glucopyranosyl-(1 → 4)-D-fructose
Nigerose	O-α-D-Glucopyranosyl-(1 → 3)-D-glucopyranose
Turanose	O-α-D-Glucopyranosyl-(1 → 3)-D-fructose
Kojibiose	O-α-D-Glucopyranosyl-(1 → 2)-D-glucopyranose
Laminaribiose	O-β-D-Glucopyranosyl-(1 → 3)-D-glucopyranose
α,β-Trehalose	α-D-Glucopyranosyl-β-D-glucopyranosid
Gentiobiose	O-β-D-Glucopyranosyl-(1 → 6)-D-glucopyranose
Melizitose	O-α-D-Glucopyranosyl-(1 → 3)-O-β-D-fructofuranosyl-(2 → 1)-α-D-glucopyranosid
3-α-Isomaltosylglucose	O-α-D-Glucopyranosyl-(1 → 6)-O-α-D-glucopyranosyl-(1 → 3)-D-glucopyranose
Maltotriose	O-α-D-Glucopyranosyl-(1 → 4)-O-α-D-glucopyranosyl-(1 → 4)-D-glucopyranose
1-Kestose	O-α-D-Glucopyranosyl-(1 → 2)-β-D-α-fructofuranosyl-(1 → 2)-β-D-fructofuranosid
Panose	O-α-D-Glucopyranosyl-(1 → 6)-O-α-D-glucopyranosyl-(1 → 4)-D-glucopyranose
Isomaltotriose	O-α-D-Glucopyranosyl-(1 → 6)-O-α-D-glucopyranosyl-(1 → 6)-D-glucopyranose
Erlose	O-α-D-Glucopyranosyl-(1 → 4)-α-D-glucopyranosyl-β-D-fructofuranosid
Theanderose	O-α-D-Glucopyranosyl-(1 → 6)-α-D-glucopyranosyl-β-D-fructofuranosid
Centose	O-α-D-Glucopyranosyl-(1 → 4)-O-α-D-glucopyranosyl-(1 → 2)-D-glucopyranose
Isopanose	O-α-D-Glucopyranosyl-(1 → 4)-O-α-D-glucopyranosyl-(1 → 6)-D-glucopyranose
Isomaltotetraose	O-α-D-Glucopyranosyl-(1 → 6)-[O-α-D-glucopyranosyl-(1 → 6)]$_2$-D-glucopyranose
Isomaltopentaose	O-α-D-Glucopyranosyl-(1 → 6)-[O-α-D-glucopyranosyl-(1 → 6)]$_3$-D-glucopyranose

schiedener anderer Kohlenhydrate, außerdem Enzyme, Aminosäuren, organische Säuren, Mineralstoffe, Aromastoffe, Pigmente, Wachse, Pollenkörner usw. Tab. 19.12 informiert über die Zusammensetzung. Die Analysenwerte stammen von Honigen aus den USA, die aber denen anderer Länder im wesentlichen entsprechen.

Tabelle 19.14. Zusammensetzung der Oligosaccharidfraktion von Honig

Zucker	Menge[a] (%)
Disaccharide	
Maltose	29,4
Kojibiose	8,2
Turanose	4,7
Isomaltose	4,4
Saccharose	3,9
Maltulose (und zwei nicht identifizierte Ketosen)	3,1
Nigerose	1,7
α-, β-Trehalose	1,1
Gentiobiose	0,4
Laminaribiose	0,09
Trisaccharide	
Erlose	4,5
Theanderose	2,7
Panose	2,5
Maltotriose	1,9
1-Kestose	0,9
Isomaltotriose	0,6
Melizitose	0,3
Isopanose	0,24
Centose	0,05
3-α-Isomaltosylglucose	+[b]
Höhere Oligosaccharide	
Isomaltotetraose	0,33
Isomaltopentaose	0,16
Saure Fraktion	6,51

[a] Die Werte sind auf die gesamten Oligosaccharide (= 100%) bezogen, die in Honig zu durchschnittlich 3,65% vertreten sind. Berücksichtigt sind nur die wichtigsten Zucker.
[b] Spuren.

19.2.1.5.1 Wasser

Der Wassergehalt sollte unter 20% liegen, da Honige mit höheren Werten sehr anfällig gegen eine Vergärung durch osmophile Hefen sind. Bei Werten $< 17{,}1\%$ ist praktisch keine Anfälligkeit gegeben, bei Werten zwischen 17,1% und 20% hängt sie vom Keimgehalt (osmophile Hefen) ab.

19.2.1.5.2 Kohlenhydrate

Vorherrschende Zucker sind Fructose mit durchschnittlich 38% und Glucose mit durchschnittlich 31%. Andere Monosaccharide sind bisher nicht aufgefunden worden. Daneben wurden mehr als 20 Oligosaccharide identifiziert (Tab. 19.13). Mengenmäßig steht Maltose in der Oligosaccharidfraktion an erster Stelle, gefolgt von Kojibiose (Tab. 19.14). Der Saccharosegehalt kann in Abhängigkeit vom Reifegrad des Honigs stark schwanken. Vorwiegend wird die Zusammensetzung der Oligosaccharidfraktion durch die Pflanzen bestimmt, von denen der Honig stammt, regionale und jahreszeitliche Einflüsse sind geringer.

19.2.1.5.3 Enzyme

Die wichtigsten Enzyme in Honig sind α-Glucosidasen (Invertase, Saccharase), α- und β-Amylasen (Diastase), Glucoseoxidase, Katalase und saure Phosphatase. Die durchschnittlichen Aktivitäten sind Tab. 19.15 zu entnehmen. Invertase- und Diastaseaktivitäten haben, zusammen mit dem Hydroxymethylfurfuralgehalt, Bedeutung erlangt für die Abschätzung der thermischen Belastung, die ein Honig erfahren hat.
Von der *α-Glucosidase* sind 7–18 Isoenzyme bekannt. Sie hat ein breites pH-Optimum zwischen 5,8 und 6,5. Der K_M-Wert für Saccharose ist 0,030 mol/l. Das Enzym hydrolysiert Maltose und andere α-Glucoside. Es besitzt auch Transglucosylaseaktivität. Bei der Hydrolyse von Saccharose wird vorwiegend Erlose (α-Maltosyl-β-D-fructofuranosid) neben anderen Oligosacchariden gebildet (E: Enzym, S: Saccharose, G: Glucose, F: Fructose):

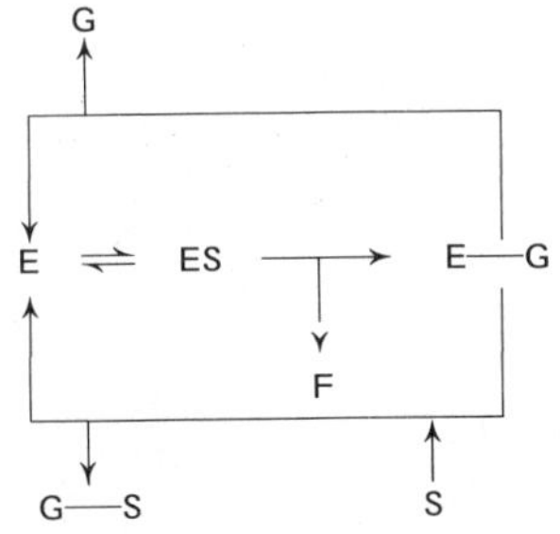

(19.3)

Im weiteren Verlauf der Hydrolyse werden diese Oligosaccharide zum größten Teil wieder gespalten.
Über die thermische Inaktivierung von *Invertase* und über ihre Halbwertszeiten bei verschiedenen Temperaturen in Honig, die aus dem genannten Grund viel untersucht wurden, informieren Abb. 19.12 und Abb. 19.13. Praktisch die gesamte Invertaseaktivität stammt von der Biene. Die α- und *β-Amylasen* des Honigs, deren pH-Optimum im Bereich von 5–5,3 liegt, stammen hauptsächlich ebenfalls von der Biene. Die Diastase-Aktivität ist etwas thermostabiler als die Invertaseaktivität (Abb. 19.12, 19.13).
Die *Glucoseoxidase* in Honig, deren pH-Optimum bei 6,1 liegt, geht ebenfalls auf die Biene zurück. Neben Glucose (100%) wird Mannose (9%) oxidiert. Die enzymatische Oxidation von Glucose liefert Gluconsäure, die Hauptsäure des Honigs, und Wasserstoffperoxid. Kürzlich durchgeführte Untersuchungen widersprechen der Annahme, daß die bakteriostatische Wirkung von nichterhitztem Honig allein auf das Vorkommen von Wasserstoffperoxid zurückgeht. Die Ursache für diesen Effekt ist weiterhin unklar. Da sowohl die Aktivität als die Thermostabilität der Glucoseoxidase in Honig stark zu variieren scheinen (Grenzwerte in Abb. 19.13),

Tabelle 19.15. Durchschnittliche Enzymaktivitäten in Honig

Nr.	Enzym	Aktivität[a]
1	α-Glucosidase (Saccharase)	7,5–10
2	Diastase (α- und β-Amylase)	16–24
3	Glucoseoxidase	80,8–210
4	Katalase	0–86,8
5	Saure Phosphatase	5,07–13,4

[a] 1: g Saccharose hydrolysiert/100 g Honig und Stunde (40 °C), 2: g Stärke abgebaut/100 g Honig und Stunde (40 °C), 3: μg H_2O_2 gebildet/g Honig und Stunde, 4: katalytische Aktivität/g Honig, 5: mg P/100 g Honig und 24 Stunden.

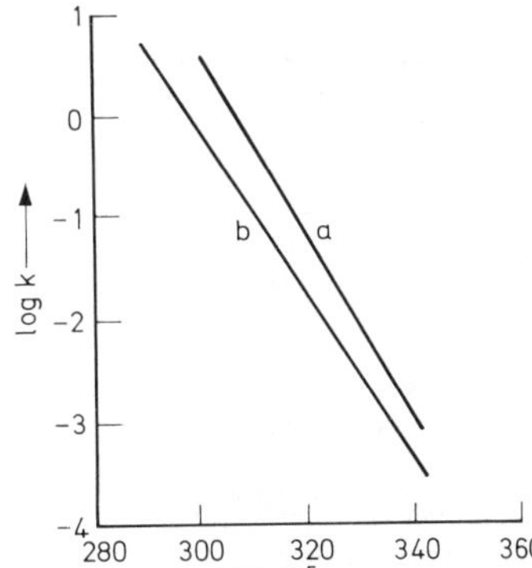

Abb. 19.12. Inaktivierungsgeschwindigkeit von (a) Invertase, (b) Diastase in Honig. (Nach *White*, 1978)

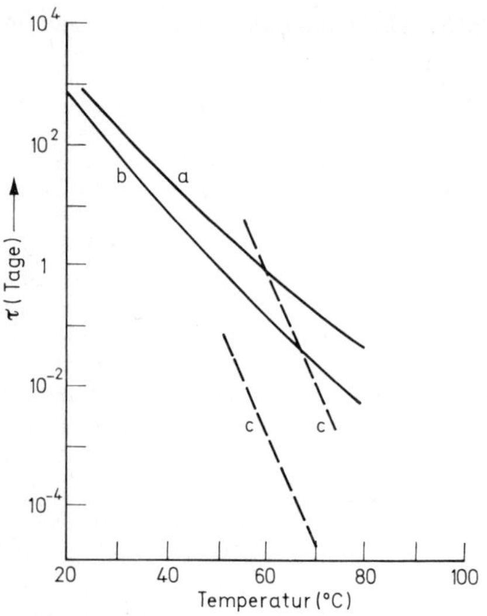

Abb. 19.13. Halbwertszeiten (τ) der Aktivitäten von Diastase (a), Invertase (b) und Glucoseoxidase (c) in Honig bei verschiedenen Temperaturen. (Nach *White*, 1978)

ist dieses Enzym kein geeigneter Indikator für eine thermische Belastung von Honig.

Die im Honig gefundene *Katalase* stammt wahrscheinlich aus den Pollen, die im Gegensatz zum

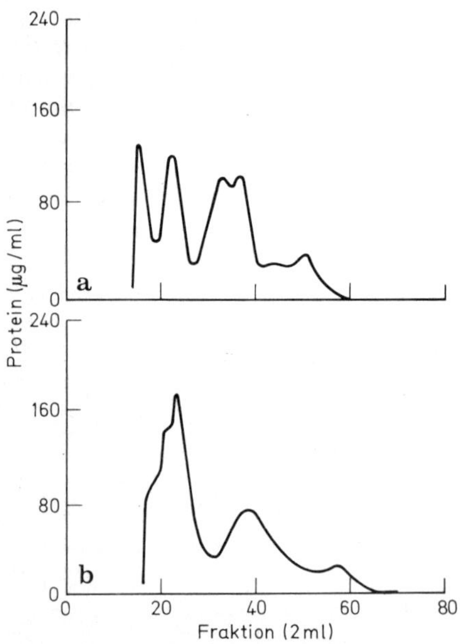

Abb. 19.14. Proteinmuster von zwei Honigsorten, Sephadex G-200, **a** Baumwollhonig, **b** Honig von zuckergefütterten Bienen. (Nach *White*, 1978)

Nektar hohe Aktivität besitzen. Ähnliches gilt für die *saure Phosphatase*, deren Anwesenheit vorwiegend auf die Pollen, zum Teil aber auch auf den Nektar zurückzuführen ist.

19.2.1.5.4 Proteine

Die Proteine des Honigs stammen zum Teil aus dem pflanzlichen Material, zum Teil von der Biene. Abb. 19.14 zeigt, daß Honig von zuckergefütterten Bienen ein weniger komplexes Proteinmuster hat als z. B. Baumwollhonig.

19.2.1.5.5 Aminosäuren

Honig enthält freie Aminosäuren in Mengen von 100 mg/100 g Trockenmasse. Prolin, das von der Biene stammen soll, überwiegt ganz stark und macht 50–85% der Aminosäurefraktion aus (Tab. 19.16). Auf Grund des Aminosäuremusters ist eine regionale Zuordnung von Honig möglich (Abb. 19.15).

19.2.1.5.6 Säuren

Die Hauptsäure im Honig ist die durch Glucoseoxidase gebildete Gluconsäure, die im Gleichgewicht mit Gluconolacton vorliegt. Die Gluconsäuremenge ist hauptsächlich abhängig von der Zeit, die vergangen ist zwischen der Nektaraufnahme durch die Biene und dem Erreichen der endgültigen Honigdichte im Stock, bei der das Enzym nur noch geringe Aktivität besitzt. Eine Reihe anderer Säuren kommt in geringer Menge

Tabelle 19.16. Freie Aminosäuren in Honig

Aminosäure	mg/100 g Honigtrockenmasse	Aminosäure	mg/100 g Honigtrockenmasse
Asp	3,44	Tyr	2,58
Asn + Gln	11,64	Phe	14,75
Glu	2,94	β-Ala	1,06
Pro	59,65	γ-Abu	2,15
Gly	0,68	Lys	0,99
Ala	2,07	Orn	0,26
Cys	0,47	His	3,84
Val	2,00	Tyr	3,84
Met	0,33	Arg	1,72
Met-O	1,74	Unbekannte As (6)	24,53
Ile	1,12		
Leu	1,03		
		Summe	118,77

vor, z. B. Essigsäure, Buttersäure, Milchsäure, Citronensäure, Bernsteinsäure, Ameisensäure, Maleinsäure, Äpfelsäure und Oxalsäure.

19.2.1.5.7 Aromastoffe

Über 120 flüchtige Verbindungen wurden in Honig nachgewiesen, von denen mehr als 80 identifiziert sind. Es handelt sich um Ester aliphatischer und aromatischer Säuren, Aldehyde, Ketone und Alkohole. Von Bedeutung sind offensichtlich insbesondere Phenylacetaldehyd sowie Ester der Phenylessigsäure, die honigähnlichen Geruch und Geschmack haben. Anthranilsäure ist typisch für Honig von Citrusarten und von Lavendel.

19.2.1.5.8 Farbstoffe

Über die Farbstoffe des Honigs ist relativ wenig bekannt. Die Farbe wird auf phenolische Verbindungen und auf Bräunungsreaktionen zwischen Aminosäuren und Fructose in saurer Lösung zurückgeführt.

19.2.1.5.9 Toxische Inhaltsstoffe

Giftige Honige sind schon seit *Xenophon* und *Plinius* bekannt (pontischer Honig, Trapezunt-Honig, Tollhonig). *Xenophon* beschreibt eine Massenvergiftung einer Expedition von *Kyros* in Kleinasien 401 v. Chr. Andere Gegenden, aus denen in neuerer Zeit Intoxikationen berichtet wurden, sind die USSR, einige Staaten der USA und Japan. Toxische Honige stammen vor allem von Bienen, die aus Rhododendronarten (Kleinasien, Kaukasus) und anderen *Ericaceae*, aus der Tollkirsche, aus Kalmiaarten, aus *Euphorbiaceae* oder aus verschiedenen anderen Trachten Stoffe sammeln, z. B. auch den von der Zikade ausgeschiedenen toxischen Honigtau. Rhododendren enthalten als Giftstoffe u. a. die Grayanotoxine I, II und III, tetracyclische Diterpene, die in der Medizin als Antihypertonica Verwendung finden (I: R^1 = OH, R^2 = CH_3, R^3 = $COCH_3$; II: R^1, R^2 = CH_2, R^3 = H; III: R^1 = OH, R^2 = CH_3, R^3 = H):

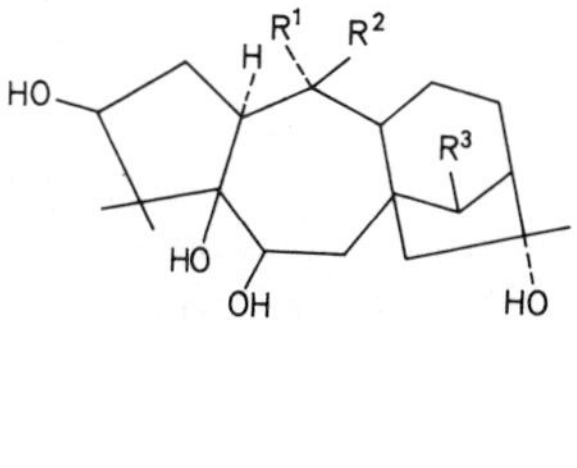

(19.4)

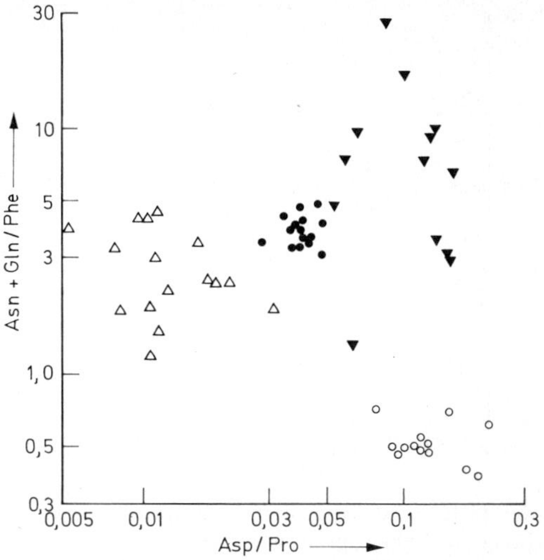

Abb. 19.15. Regionale Zuordnung von Honigen auf Grund von Aminosäureanalysen. (Nach *White*, 1978) Herkunft: △ Australien, ● Kanada, ▼ USA (Klee), ○ Yukatan

Für die Giftwirkung neuseeländischer Honige sind die aus dem Tutu-Strauch (Gerberstrauchgewächs, *Coriaria arborea*) stammenden Toxine Tutin und Hyenanchin verantwortlich. Offenbar nicht giftig, zum mindesten jedoch in Deutschland mengenmäßig als Trachten zu vernachlässigen sind die Nektarien mancher giftiger Blüten, wie Tabak, Oleander, Jasmin, Bilsenkraut oder Schierling.

19.2.1.6 Lagerung

Bei der Lagerung von Honig wird die Farbe im allgemeinen dunkler und das Aroma nimmt ab. Der Gehalt an Hydroxymethylfurfural steigt in Abhängigkeit von pH-Wert, Zeit und Temperatur (Abb. 19.16). Die enzymatische Inversion von Saccharose geht in kleinem Umfang auch in Honig weiter, der seine endgültige Dichte erreicht hat.

Honig sollte vor Luftfeuchtigkeit geschützt aufbewahrt werden bei Temperaturen < 10 °C falls er nicht, bei Temperaturen von 18–24 °C falls er verarbeitet ist.

19.2.1.7 Verwendung

Die Verwendung von Honig geht in prähistorische Zeiten zurück. Im Altertum spielte er neben

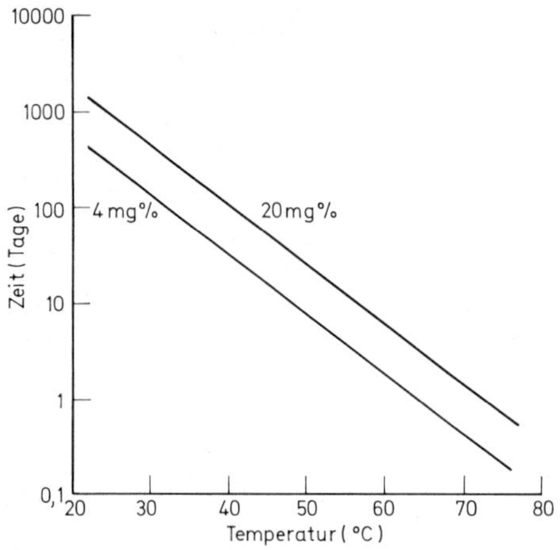

Abb. 19.16. Entstehung von Hydroxymethylfurfural in Honig in Abhängigkeit von Temperatur und Zeit. (Nach *White*, 1978)

dem Wachs als Erzeugnis der Honigbiene bei allen Kulturvölkern eine wichtige Rolle. Honig wurde den Verstorbenen als Seelenspeise mit ins Grab gegeben, und das Alte Testament kennzeichnet das Land der Verheißung als solches, „darin Milch und Honig fließt". Auch im Mittelalter galt Honig als hervorragendes Stärkungsmittel, er war außerdem bis zur Einführung des Rohrzuckers das einzige Süßungsmittel der alten Welt für Speisen. Außer zum unmittelbaren Genuß als Speisehonig dient er zu Backzwecken (Honigkuchen usw.), zur Herstellung alkoholischer Getränke durch Mischen mit Alkohol (Honiglikör, Bärenfang) oder durch Vergären zu gewürztem Honigwein (Met). In Kombination mit Milch und Getreideprodukten findet man Honig auch in Kindernährmitteln. Tabake werden mitunter durch Honigzusatz aromatisiert. Medizinisch wird Honig in reiner Form oder in Zubereitungen (Honigmilch, Fenchelhonig) verordnet, auch in honighaltigen Wundsalben benutzt. Die kosmetische Industrie stellt Glycerin-Honig-Gelee und honighaltige Hautcreme her.
Die Bedeutung des Honigs als Lebensmittel liegt vor allem in seinem hohen Gehalt an leicht resorbierbaren Kohlenhydraten und in seinem Gehalt an Aromastoffen.

19.2.2 Invertzuckercreme (Kunsthonig)

19.2.2.1 Einführung

Unter Invertzuckercreme versteht man aus mehr oder weniger stark invertierter Saccharose (Rüben- oder Rohrzucker) mit oder ohne Verwendung von Stärkezucker oder Stärkesirup hergestellte, aromatisierte, in Aussehen, Geruch und Geschmack dem Honig ähnliche Erzeugnisse, die von ihrer Herstellung her organische Nichtzuckerstoffe, Mineralstoffe und Saccharose sowie stets Hydroxymethylfurfural enthalten.

19.2.2.2 Herstellung

Eine 75%ige Saccharoselösung wird säurehydrolytisch (Salz-, Schwefel-, Phosphor- und Kohlensäure, Ameisen-, Milch-, Wein- und Citronensäure) oder seltener durch Invertase in Glucose und Fructose gespalten. Der zur Inversion benutzte Säurezusatz wird mit Natriumcarbonat oder -hydrogencarbonat, Calciumcarbonat, Ätzkalk u. a. neutralisiert. Der invertierte Sirup wird schließlich aromatisiert, bisweilen auch mit stark schmeckenden Honigen, zur Erleichterung der Kristallisation mit schon erstarrter Invertzuckercreme geimpft und automatisch abgepackt. Bei der Inversion entstehen hauptsächlich aus der Fructose als Reversionsdextrine bezeichnete Oligosaccharide. Allzulanges Erhitzen des Sirups im Gange der Inversion führt zur Überinversion, wobei der Sirup sich dunkel färbt und mehr oder minder bitteren Geschmack annimmt. Weiterhin entsteht durch Zersetzung von Fructose und Glucose eine merkliche Menge an Hydroxymethylfurfural, dessen Anwesenheit zur Erkennung dieses Erzeugnisses dient.
Flüssige Invertzuckercreme wird aus invertiertem, neutralisierten Sirup durch Zusatz von Saccharosesirup gewonnen. Zur Verhinderung der Kristallisation können bis zu 20% Stärkesirup (zweckmäßig schwach abgebauter, dextrinreicher Sirup), bezogen auf das fertige Produkt, zugegeben werden.

19.2.2.3 Zusammensetzung

Invertzuckercreme enthält Invertzucker ($\geq 50\%$), Saccharose ($\leq 38{,}5\%$), Wasser ($\leq 22\%$), Asche ($\leq 0{,}5\%$) und gegebenenfalls Stärkeverzuckerungsprodukte ($\leq 38{,}5\%$). Der pH-Wert soll

$\geq 2,5$ sein. Aromaträger sind vor allem Phenylessigsäureethylester, bisweilen auch Diacetyl u. a. Das oben erwähnte Hydroxymethylfurfural kommt in Mengen zwischen 0,08 und 0,14% vor. Färbung mit zugelassenen Farbstoffen ist üblich.

19.2.2.4 Verwendung

Verwendung findet Kunsthonig als Brotaufstrich sowie zur Herstellung von Printen, Lebkuchen und anderen Backwaren.

19.3 Literatur[a]

Birch, G. G., Green, L. F. (Eds.): Molecular structure and function of food carbohydrate. Applied Science Publ.: London. 1973

Crane, E. (Ed.): Honey. Heinemann: London. 1979

Fincke, A.: Zuckerwaren. In: Ullmanns Encyklopädie der technischen Chemie, 4. Aufl., Bd. 24, S. 795, Verlag Chemie: Weinheim. 1983

Hough, C. A. M., Parker, K. J., Vlitos, A. J. (Eds.): Developments in sweeteners-1 ff, Applied Science Publ.: London. 1979 ff

Jeanes, A., Hodge, J. (Eds.): Physiological effects of food carbohydrates. ACS Symposium Series 15, American Chemical Society: Washington, D. C. 1975

Koivistoinen, P., Hyvönen, L. (Eds.): Carbohydrate sweeteners in foods and nutrition. Academic Press: New York. 1980

Lehmann, J., Tegge, G., Huchette, M., Pritzwald-Stegmann, B. F., Reiff, F., Raunhardt, O., Van Velthuysen, J. A., Schiweck, H., Schulz, G.: Zucker, Zuckeralkohole und Gluconsäure. In: Ullmanns Encyklopädie der technischen Chemie, 4. Aufl., Bd. 24, S. 749, Verlag Chemie: Weinheim. 1983

Pancoast, H. M., Junk, W. R.: Handbook of sugars, 2nd edn., AVI Publ. Co.: Westport, Conn. 1980

Schiweck, H.: Disaccharidalkohole. Süßwaren *22* (14), 13 (1978)

Schiweck, H.: Zucker, Rüben- und Rohr-. In: Ullmanns Encyklopädie der technischen Chemie, 4. Aufl., Bd. 24, S. 703, Verlag Chemie: Weinheim. 1983

Shallenberger, R. S., Birch, G. G.: Sugar chemistry. AVI Publ. Co.: Westport, Conn. 1975

Tegge, G., Riehm, T., Sinner, M., Puls, J., Sahm, H.: Verzuckerung von Stärke und cellulosehaltigen Materialien. In: Ullmanns Encyklopädie der technischen Chemie, 4. Aufl., Bd. 23, S. 555, Verlag Chemie: Weinheim. 1983

White jr., J. W.: Honey. Adv. Food Res. *24*, 287 (1978)

[a] cf. 4.5.

20 Alkoholische Getränke

Alkoholische Getränke werden aus zuckerhaltigen Flüssigkeiten durch alkoholische Gärung erzeugt. Dabei kann von Hefe vergärbarer Zucker als solcher vorliegen oder aber im Gange der Rohstoffverarbeitung durch hydrolytische Spaltung von Stärke, Dextrinen, Di- und anderen Sacchariden gebildet werden. Die wichtigsten alkoholischen Getränke sind Bier, Wein und Branntwein. Die Gewinnung von Bier und Wein war vielen Kulturvölkern schon lange vor Beginn unserer Zeitrechnung bekannt und wurde z.T. als hochentwickelte Industrie betrieben. Der Destillationsvorgang zur Herstellung von Branntwein ist erst wesentlich später erfunden worden. Abb. 20.1 bringt zur Orientierung das *Embden-Meyerhoff-Parnas*-Schema der alkoholischen Gärung und Glykolyse. Hinsichtlich aller Einzelheiten über den Reaktionsablauf und die beteiligten Enzyme wird auf die Lehrbücher der Biochemie verwiesen.

20.1 Bier

20.1.1 Einführung

Bier wird vorwiegend aus Gerstenmalz, Hopfen, Hefe und Wasser hergestellt. Neben Gerstenmalz spielen andere stärke- und/oder zuckerhaltige Rohstoffe eine Rolle, z.B. andere Malzarten (Weizenmalz), nicht gemälzte Getreide, auch als Rohfrucht bezeichnet (Gerste, Weizen, Mais, Reis), Stärkemehle, Stärkeabbauprodukte und Zucker. Die genannten zusätzlichen Rohstoffe erfordern zum Teil den Einsatz von mikrobiellen Enzympräparaten.

Bier verdankt seine anregenden und berauschenden Eigenschaften dem Ethanol, seine aromatischen dem Hopfen, den Darrprodukten und zahlreichen, bei der Gärung gebildeten Aromastoffen, seine nährenden dem nicht unerheblichen Gehalt an unvergorenem Extrakt (Kohlenhydrate, Proteine) und schließlich seine erfrischende Wirkung der Kohlensäure als wichtigem, wertgebenden Bestandteil. Über Produktion und Verbrauch informiert Tab. 20.1, einen Überblick über die Herstellung von Bier gibt Abb. 20.2.

Tabelle 20.1. Produktion und Verbrauch von Bier (1978)

Erdteil	Produktion (10^6 hl)
Welt	873,1
Afrika	27,4
Amerika, Nord-, Mittel-	237,2
Amerika, Süd-	58,3
Asien	67,6
Europa, West-	275,3
Europa, Ost- + USSR	152,1
Ozeanien	23,9

Land	Produktion (10^6 hl)	Verbrauch (l/Einwohner)
USA	190,3	88,6
BRD	91,7	145,6
UK	66,4	122,1
USSR	65,0	24,0[a]
Japan	44,3	32,4[b]
Brasilien	26,5	
DDR	23,0	
Frankreich	22,8	45,9
Tschechoslowakei	22,1	130,7
Mexiko	22,0	34,0
Kanada	20,4	84,9[b]
Australien	19,5	137,7
Spanien	18,7	52,1
Niederlande	14,7	84,9
Belgien	13,4	124,0
	Σ 75,7%[c]	

[a] 1977.
[b] 1976.
[c] Weltproduktion ≙ 100%.

20.1.2 Rohstoffe

20.1.2.1 Gerste

Gerste nimmt unter den Rohstoffen die erste und durch keine andere Getreidefrucht ersetzbare

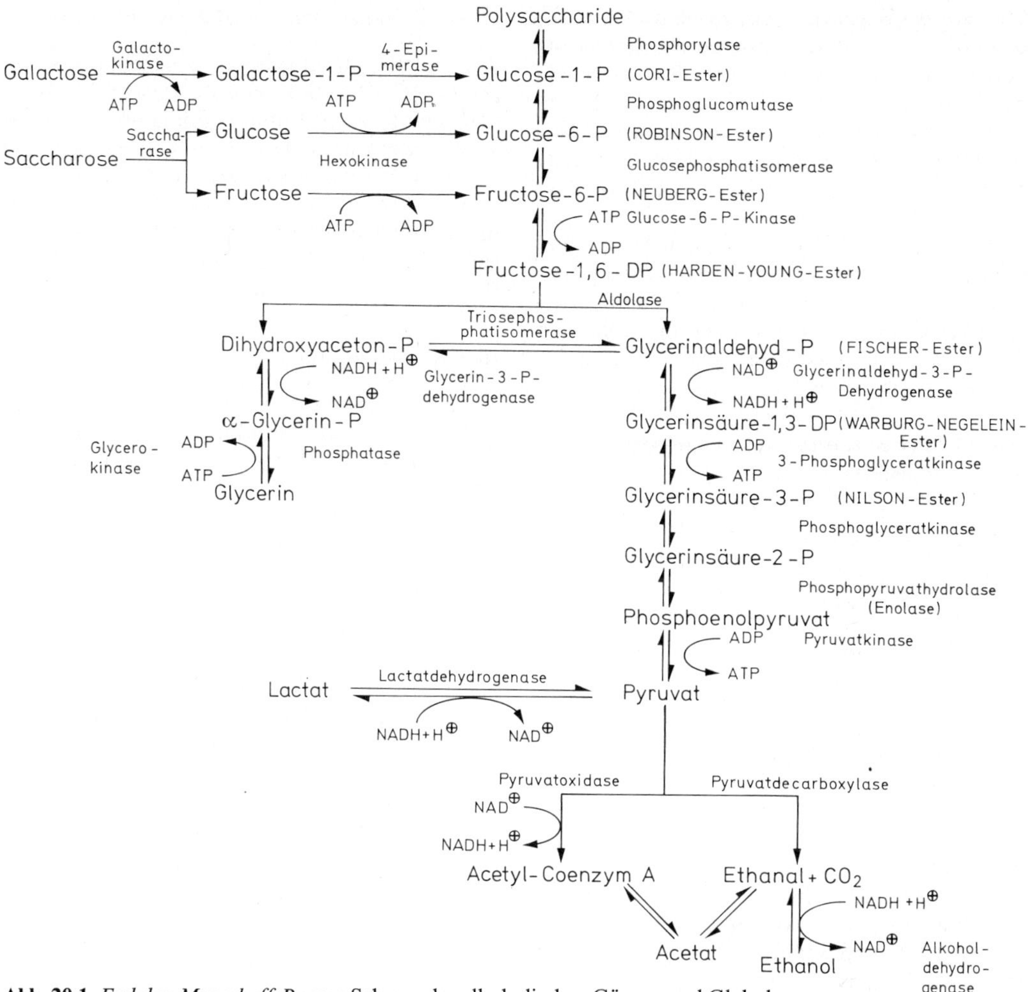

Abb. 20.1. *Embden-Meyerhoff-Parnas*-Schema der alkoholischen Gärung und Glykolyse

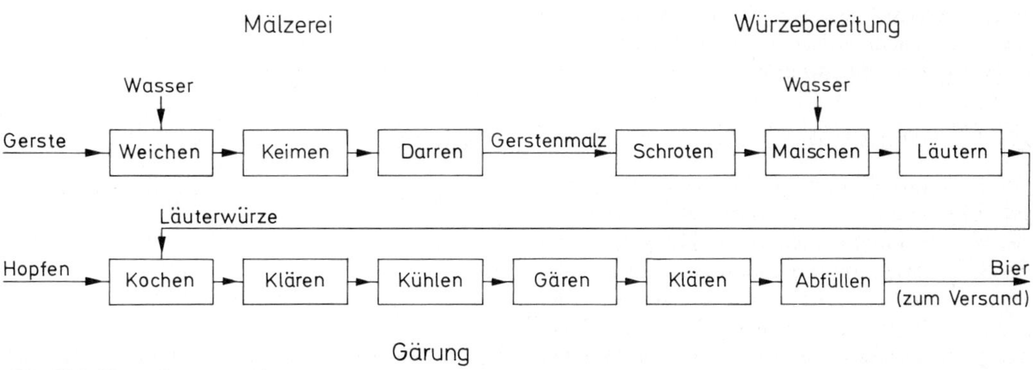

Abb. 20.2. Herstellung von Bier

Stelle ein. Als Braugerste wird in Deutschland vor allem die zweizeilige nickende Sommergerste (*Hordeum vulgare convar. distichon*) in reinen Gerstensorten mit besonders geeigneten Eigenschaften verwendet. Daneben spielt die sechszeilige Wintergerste eine zunehmende Rolle. Gerste hohen Brauwertes liefert reichliche Extraktmengen aus dem Malz, zeigt hohen Stärke-, doch mäßigen Eiweißgehalt (9–10%), gute Keimfähigkeit (mindestens 95% der Körner), große Keimenergie und gutes Quellvermögen. Zur Beurteilung der Gerste wird auch der Sinnenbefund (Handbonitierung) herangezogen.

20.1.2.2 Andere stärke- und zuckerhaltige Rohstoffe

20.1.2.2.1 Weizenmalz

Weizenmalz wird in Mischung mit Gerstenmalz (40:60) bei der Herstellung obergäriger Biere verwendet.

20.1.2.2.2 Rohfrucht

Neben Gerstenmalz werden als Rohfrucht bezeichnete unvermälzte Getreide in Anteilen von 15–50% eingemaischt, z.B. Gerste, Weizen, Mais, Reis (Bruchreis). Die Verwendung erfolgt in Form von Schrot, Grieß oder Mehl.
Da Rohfrucht nur geringe Enzymaktivitäten enthält, erfordert ihre Verwendung den Einsatz mikrobieller Enzympräparate mit α-Amylase- und Proteinaseaktivität.
Ungemälzte Gerste enthält ca. dreimal soviel β-Glucane wie Gerstenmalz. Zur Senkung der Viskosität des Extraktes auf die bei Verwendung von Malz üblichen Werte ist deshalb ein Abbau mit β-Glucanasen erforderlich, die in den erwähnten Enzympräparaten enthalten sind.

20.1.2.2.3 Sirupe, Extraktpulver

Da die Verarbeitung von Rohfrucht zu Störungen führen kann, werden zum Teil Extrakte eingesetzt, die durch enzymatische Hydrolyse oder durch Säurehydrolyse von Gerste, Weizen oder Mais erhalten werden, und die als Sirup oder auch als Pulver im Handel sind. Eine Verwendung von Gerstensirup ist z.B. bis zu 45% der Gesamtmaische möglich.

20.1.2.2.4 Malzextrakte, Würzekonzentrate

Zur Herstellung ungehopfter Malzextrakte und gehopfter Würzekonzentrate werden Würzen herkömmlicher Art durch Eindampfen im Vakuum oder durch Ausfrieren konzentriert. Bei der Verarbeitung werden sie auf die gewünschte Konzentration rückverdünnt. Bitterstoffgehalt und Trübungsneigung sind im allgemeinen geringer, infolge Ausflockung von Gerbstoffen und Proteinen beim Konzentrieren.

20.1.2.2.5 Brauzucker

Verwendung finden Saccharose, Invertzucker und Stärkezucker, die beim Hopfenkochen oder auch vor der Abfüllung zugesetzt werden.

20.1.2.3 Hopfen

20.1.2.3.1 Allgemeines

Hopfen ist ein wichtiger und unentbehrlicher Rohstoff bei der Bierbereitung. Er bewirkt als Klärmittel eine Fällung der Eiweißstoffe in der Würze, verändert den Charakter der Würze nach der Richtung eines spezifischen Aromas und bitteren Geschmackes, trägt durch seinen Gehalt an antibiotisch wirksamen Substanzen neben Alkohol und Kohlensäure zur Haltbarkeit des Bieres bei und unterstützt durch seinen Pektingehalt die Schaumbildung.
Hopfen (*Humulus lupulus*) ist eine winterharte, zweihäusige Kletterpflanze. In Hopfenkulturen

Tabelle 20.2. Produktion von Hopfen 1984 (1000 t)

Erdteil	Hopfen	Land	Hopfen
Welt	117	BRD	36
Amerika, Nord-, Mittel-	26	USA	25
Asien	3	Tschechoslowakei	11
Europa, West-	49	USSR	10
Europa, Ost- + USSR	35	UK	9
Ozeanien	2	Jugoslawien	6
		DDR	3
		Polen	3
		Australien	2
		Spanien	2
		Σ (%)[a]	90

[a] Weltproduktion ≙ 100%.

baut man nur weibliche Pflanzen an und vermehrt vegetativ. Trotz fehlender Bestäubung wachsen die Blütenstände unter Verlängerung der Hoch- und Vorblätter zu sogenannten „Dolden" heran, die im August/September gepflückt werden. Die becherförmigen Drüsenhaare der Hoch- und Vorblätter enthalten neben ätherischen Ölen auch die Hopfenbitterstoffe. Über die Hopfenproduktion informiert Tab. 20.2.

20.1.2.3.2 Zusammensetzung

Über die Zusammensetzung von Hopfen informiert Tab. 20.3. Weitaus die wichtigsten Bestandteile des Hopfens sind die Bitterstoffe. In frischem Hopfen liegen sie vorwiegend in Form der α-Bittersäuren (Humulon, I; Cohumulon, II; Adhumulon, III) und der β-Bittersäuren (Lupulon, IV; Colupulon, V; Adlupulon, VI) vor. Es handelt sich um sehr reaktionsfähige Verbindungen, die während der Trocknung, Lagerung und Verarbeitung durch Isomerisierung, Oxidation, Polymerisation eine große Zahl von Folgeprodukten liefern.

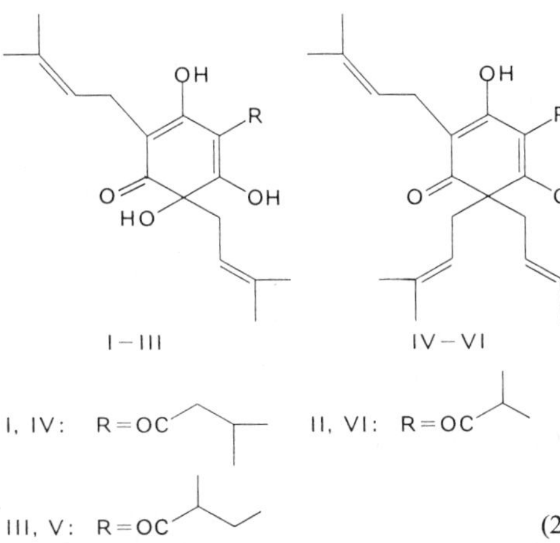

(20.1)

Tabelle 20.3. Zusammensetzung von Hopfen

Inhaltsstoff	Menge (%)[a]	Inhaltsstoff	Menge (%)[a]
Bitterstoffe	18,3	Rohfaser	15,0
Ätherische Öle	0,5	Asche	8,5
Polyphenole	3,5	N-freie Extraktstoffe	34,0
Rohprotein	20,0		

[a] Bezogen auf Trockenmasse, Wassergehalt ca. 11%.

Qualität und Intensität des Bittergeschmacks dieser verschiedenen Folgeprodukte ist unterschiedlich. Die Bewertung eines Hopfens wird deshalb entscheidend von der Zusammensetzung der Bitterstofffraktion bestimmt, die sehr unterschiedlich sein kann (Tab. 20.4).

Beim Würzekochen gehen die Humulone in Isohumulone (cis-Verbindungen: VII, trans-Verbindungen: VIII) über, die leichter löslich und bitterer als die Ausgangsverbindungen sind. Die Isohumulone können zu den Humulinsäuren (IX, X) weiterreagieren, deren Bitterkeit im Vergleich zu den Isohumulonen bei etwa 30% liegt.

Folgeprodukte der Lupulone, die Hulupone (XI) bzw. Luputrione (XII) haben einen besonders angenehmen milden Bittergeschmack. Sie sind aber deutlich weniger bitter, so daß der Bittergeschmack des Bieres vorwiegend von der Humulonfraktion geprägt wird.

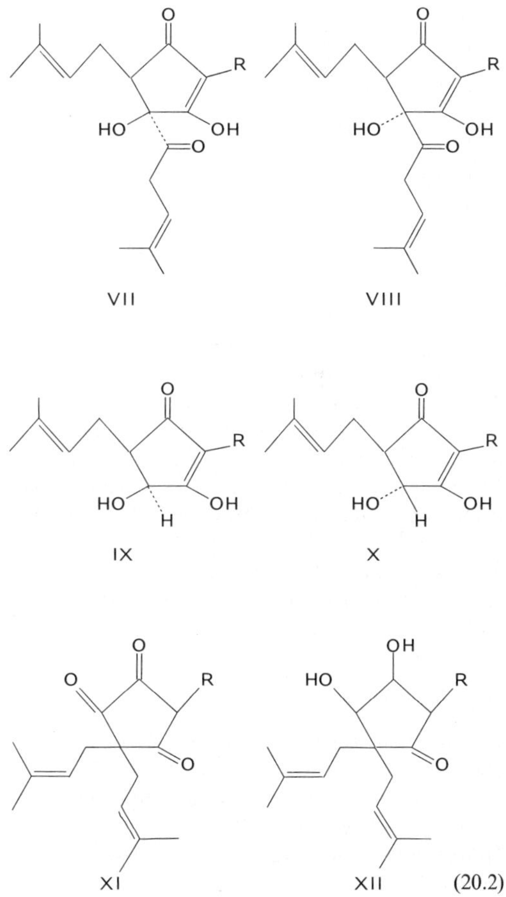

(20.2)

Tabelle 20.4. Humulone und Lupulone in Hopfen verschiedener Herkunft (Werte in %)

Hopfen	α-Säuren			β-Säuren		
	Humulon	Cohumulon	Adhumulon	Lupulon	Colupulon	Adlupulon
Japan	46	41	13	21	68	11
Amerika	54	34	12	32	57	11
Hallertau	59	27	14	45	43	12
Northern Brewer	64	24	12	46	43	11
Saaz	67	21	12	51	37	12

Im ätherischen Öl des Hopfens wurden mehr als 150 Verbindungen nachgewiesen. Wichtige Bestandteile sind Terpene, z. B. Myrcen, das biosynthetisch aus Farnesylpyrophosphat (XIII) entstehende Humulen (XIV) und das isomere Caryophyllen (XV):

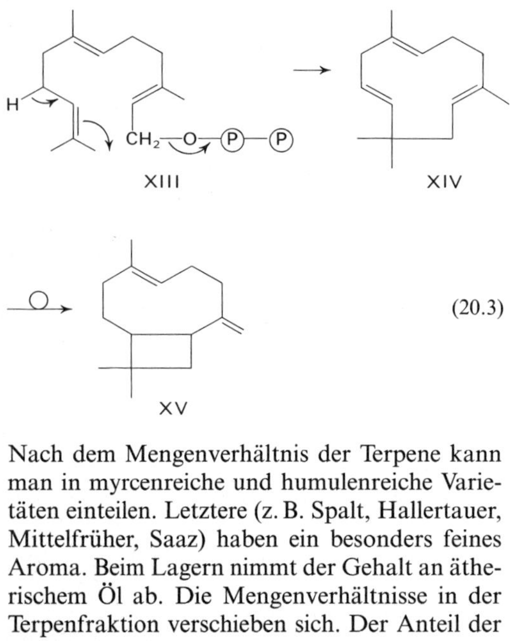

XIII XIV XV (20.3)

Nach dem Mengenverhältnis der Terpene kann man in myrcenreiche und humulenreiche Varietäten einteilen. Letztere (z. B. Spalt, Hallertauer, Mittelfrüher, Saaz) haben ein besonders feines Aroma. Beim Lagern nimmt der Gehalt an ätherischem Öl ab. Die Mengenverhältnisse in der Terpenfraktion verschieben sich. Der Anteil der Kohlenwasserstoffe nimmt ab, der Anteil sauerstoffhaltiger Verbindungen zu.

20.1.2.3.3 Verarbeitung

Frisch geernteter Hopfen wird in Hopfendarren mit warmer Luft (30–65 °C) auf 8–10% Restwassergehalt getrocknet und anschließend auf 11–12% Wasser eingestellt. Zur Steigerung der Haltbarkeit wird getrockneter Hopfen geschwefelt.

Neben Doldenhopfen, der auch bei sachgemäßer Lagerung Qualitätsverluste erleidet, werden teilweise weiterverarbeitete Produkte eingesetzt.

Durch Vermahlen von Doldenhopfen erhält man Hopfenpulver, bei dem die aromawirksamen Inhaltsstoffe besser extrahierbar sind. Zum Teil wird vor der Vermahlung inertes Material abgetrennt, so daß lupulinreiche Hopfenkonzentrate entstehen.

Durch Extraktion von Hopfen mit Gemischen aus organischen Lösungsmitteln (z. B. Dichlormethan) und Wasser werden Hopfenextrakte unterschiedlicher Zusammensetzung erhalten. Neuerdings ist auch eine Extraktion mit überkritischem CO_2 möglich. Hopfenextrakte können Hopfen bis zu einem Anteil von 20–60% ersetzen.

Zur Kalthopfung eignen sich Isoextrakte, bei denen der sonst beim Würzekochen ablaufende Übergang von Humulonen in Isohumulone durch einen Hitzeschritt schon vollzogen ist. Isoextrakte werden bei der Hauptgärung oder auch erst später zugesetzt.

Beim Hopfenkochen geht ein großer Teil der Bestandteile des Hopfenöls mit dem Wasserdampf verloren. Zugabe von Hopfen kurz vor dem Ende des Kochprozesses oder von Hopfenöl zum Fertigprodukt verstärken deshalb das Hopfenaroma.

Die in Hopfen enthaltenen phenolischen Bestandteile tragen beim Würzekochen zum Ausfällen des Proteins bei. Zum Teil scheiden sich die Gerbstoff-Protein-Komplexe allerdings erst bei tieferen Temperaturen und nach längerer Lagerung ab, so daß Trübungen im Endprodukt auftreten können.

20.1.2.4 Brauwasser

Brauwasser ist das im Sudhaus zur Herstellung der Würze benutzte Wasser, dessen Zusammensetzung von großem Einfluß auf die Qualität und den Charakter des Bieres ist. Die Salze des Wassers verändern vor allem den pH-Wert von Maische und Würze, wobei praktisch als pH-erhöhendes Ion das Hydrogencarbonation, als pH-erniedrigende Ionen das Ca- und das Mg-Ion in Frage kommen. Beim Erhitzen hydrogencarbonathaltiger Wässer tritt Alkalitätserhöhung gemäß der Gleichung

$$HCO_3^{\ominus} + H^{\oplus} \rightleftharpoons CO_2 + H_2O \qquad (20.4)$$

ein, da in der Wärme CO_2 entweicht. Ca-Ionen bilden, gleich den Mg-Ionen, mit den Ionen des sekundären Phosphates aus der Würze unlösliches tertiäres Phosphat und Protonen, die zur Säuerung des Wassers führen:

$$3\,Ca^{2\oplus} + 2\,HPO_4^{2\ominus} \rightleftharpoons Ca_3(PO_4)_2 + 2\,H^{\oplus} \quad (20.5)$$

Magnesiumsulfat macht in hohen Konzentrationen das Bier unangenehm bitter, Mangan- und Eisensalze bedingen Trübungen, Verfärbungen und Geschmacksverschlechterung. Nitrate und Silikate verursachen Gärstörungen.
Die Eigenart vieler Biere und Biertypen (Pilsen, Dortmund, München, Burton-on-Trent) ist historisch gesehen zweifellos auf die jeweils verfügbaren Brauwässer zurückzuführen, wobei die Restalkalität eine wesentliche Rolle spielt. Wässer mit niedriger Restalkalität (Pilsen) eignen sich für stärker gehopfte, helle Biere, Wässer mit höherer Restalkalität (München) für dunkle Biere.
Bei der Aufbereitung des Brauwassers handelt es sich meist um die Entfernung der Carbonate. Fällung mit Kalk in der Hitze ist gebräuchlich („Entcarbonisieren"). Außerdem wird mit Kalkwasser in der Kälte enthärtet. Zur Eliminierung großer Salzmengen lassen sich mit Vorteil Ionenaustauscher einsetzen. Heute ist man in der Lage jedes Wasser so aufzubereiten, wie es der gewünschte Biertyp erfordert.

20.1.2.5 Bierhefe

Als Bierhefen werden ausschließlich *Saccharomyces*-Arten verwendet. Man unterscheidet obergärige Hefen, die bei Temperaturen $> 10\,°C$ arbeiten und untergärige Hefen, die bis zu $0\,°C$ verwendet werden können. Die obergärigen Hefen, z. B. *Saccharomyces cerevisiae* Hansen, scheiden sich während der Gärung durch Bildung größerer Sproßverbände an der Oberfläche des Bieres ab. Sie vergären Raffinose zu nur ca. 30%, da ihnen das Enzym Melibiase fehlt. Untergärige Hefen der Art *Saccharomyces carlsbergensis* Hansen setzen sich im Gärungsverlauf zu Boden und vergären neben den meisten anderen Zuckern auch Raffinose vollständig. Man unterscheidet hochvergärende Hefen, die als „Staubhefen" lange suspendiert bleiben und hohen Vergärungsgrad liefern, von den niedrigvergärenden Hefen, die frühzeitig als Flocken oder Bruch zu Boden sinken („Bruchhefen") und damit ihre Gärkraft nur teilweise zur Wirkung bringen können. Bei der Reinzucht der großen Zahl heute verwendeter Hefestämme geht man von einer einzelnen Hefezelle aus und verwendet die reingezüchtete Hefe als „Anstellhefe" im Betrieb. Ein Teil der nach beendeter Hauptgärung entnommenen Hefe wird wieder mit frischer Würze angestellt, bis die Hefe durch Infektion oder Degenerierung unbrauchbar geworden ist. Auf diese Weise läßt sich stets ein für bestimmte Zwecke geeigneter Stamm auswählen.

20.1.3 Malzbereitung

Getreide wird durch Weichen mit Wasser zum Keimen gebracht und das so erhaltene Grünmalz durch Trocknen und Rösten in mehr oder weniger dunkles und aromareiches Darrmalz überführt. Der auf Trockenmasse bezogene Mälzungsverlust liegt bei 11–13%. Bis zur Verwendung wird Darrmalz 4–6 Wochen gelagert.

20.1.3.1 Weichen

Beim Weichen wird dem Getreide das zum Keimen notwendige Wasser zugeführt. Die Endwassergehalte liegen für helles Malz bei 42–44%, für dunkles Malz bei 44–46%. Der Prozeß läuft meist als Naß-Trocken-Prozeß, d. h. Weichwasser wird periodisch zu- und abgeführt. Auf diese Weise wird gegenüber dem reinen Naßprozeß sowohl eine Verkürzung der Weichzeit (36–52 h), als auch eine verbesserte Keimung und Enzymbildung erreicht. Eine gute Belüftung ($15\ m^3/t \cdot h$) ist in allen Phasen von Bedeutung, da sie durch Entfernung des gebildeten CO_2 keimungsfördernd wirkt. Die meist konischen Weichbehälter werden über Ringdüsensysteme belüftet und bewässert, gleichzeitig werden CO_2 und Wasser abgeführt. Die normale Weichtemperatur liegt bei 12–18 °C. Eine Warm- (20–30 °C) oder Heißwasserweiche (35–38 °C) kürzt den Prozeß ab. Eine Alkalisierung des Weichwassers (CaO, NaOH) dient der Keimabtötung und der Entfernung unerwünschter Polyphenole aus den Spelzen.

20.1.3.2 Keimen

Wenn das Getreide den gewünschten Weichgrad erlangt hat, läßt man es auf Tennen, in Kasten oder in Trommeln keimen. Die Abführung von CO_2 und Wärme erfolgt bei der klassischen Tennenmälzerei durch Wenden, bei den neueren Kasten- und Trommelverfahren durch Einblasen von feuchter Luft (500 m^3/t) über Siebplatten. Die optimale Keimtemperatur liegt bei 15 bis 20 °C. Der Prozeß erfordert für die Herstellung hellen Malzes ca. 7 Tage, für die Herstellung dunklen Malzes ca. 9 Tage. Er kann durch Zusätze von Gibberellinsäure stimuliert werden.

20.1.3.3 Darren

Das als Grünmalz bezeichnete gekeimte Getreide mit einem Wassergehalt von 42–45% wird durch den Darrprozeß in lagerfähiges Darrmalz mit 2–3% Wasser überführt. Gleichzeitig bilden sich über die *Maillard*-Reaktion Röstaroma und Farbe aus.
Zunächst wird ca. 12 h bei 35–40 °C getrocknet, wobei der Wassergehalt für die Herstellung hellen Malzes schnell auf ca. 10% gesenkt wird, während er für die Herstellung dunklen Malzes zur Intensivierung hydrolytischer Prozesse längere Zeit bei $>$20% gehalten wird. Dann wird in ca. 2 h auf die Rösttemperatur aufgeheizt und 4–5 h bei 80 °C (helles Malz) oder 105 °C (dunkles Malz) geröstet. Anschließend wird das Darrmalz von den Keimen befreit, gereinigt und poliert.

20.1.3.4 Kontinuierliche Verfahren

Es sind eine Reihe von Anlagen bekannt, die eine kontinuierliche Führung von Weichen, Keimen und gegebenenfalls auch Darren gestatten und damit eine Einsparung von Zeit. Das Weichen besteht dabei meist in einem Waschen und in einem anschließenden Berieseln und geht kontinuierlich in das Keimen über. Die erforderlichen Betriebsbedingungen werden durch das Einblasen von Luft gesteuert. Grünmalz wird auf diesem Weg in 5–7 Tagen erhalten. Bei einigen Anlagen wird das Gut bewegt, bei anderen verbleibt es vom Weichen bis zum Darren im gleichen Behälter.

20.1.3.5 Spezialmalze

Spezialmalze werden für zahlreiche Sonderzwecke hergestellt. Dunkles Karamelmalz wird zur Verzuckerung der Stärke kurz bei 60–80 °C gehalten und dann bei 150–180 °C bis zum gewünschten Farbgrad geröstet. Das farbstoffreiche Malz ist frei von Diastase, ein guter Schaumbildner und dient hauptsächlich zum Aromatisieren von Malz- und Bockbieren. Helles Karamelmalz wird ähnlich wie das vorgenannte Malz gewonnen, jedoch nach der Verzukkerung bei niedriger Temperatur getrocknet. Es ist noch enzymatisch aktiv, schwach gefärbt und erhöht Vollmundigkeit sowie Schaum der aus hellem Malz hergestellten Biere. Farbmalz entsteht durch Rösten von Darrmalz ohne vorhergehende Verzuckerung bei 190–220 °C. Es dient zur Erhöhung der Farbe dunkler Biere.

20.1.4 Würzebereitung

Das geschrotete Malz wird in Wasser dispergiert, wobei durch die malzeigenen Enzyme eine Hydrolyse von Stärke und anderen Malzinhaltsstoffen erfolgt. Durch Filtration wird eine vergärbare, klare Lösung, die Würze, erhalten, die zur Aromatisierung mit Hopfen gekocht wird.

20.1.4.1 Schroten der Malze

Das Malz wird über mehrere Walzenstühle mit dazwischengeschalteten Sieben zerkleinert. Die anfallenden Mahlprodukte, Spelzen, Grieße und Mehle, werden dann in der gewünschten Weise kombiniert. Zu feine Schrotung steigert zwar die Extraktausbeute, erschwert aber die Filtration der Würze. Bevorzugt wird vielfach das Naßschroten, da es die für die Filtration wichtigen Spelzen vermehrt intakt läßt und die Extraktausbeute steigert. Dazu wird das Malz auf 25 bis 30% Wassergehalt eingestellt, mit einem Walzenstuhl vermahlen und sofort verarbeitet.
Um eine definierte Einweichzeit zu gewährleisten und damit ein Schmierigwerden und Verkleistern der Malzkörner durch zu langes Einweichen zu vermeiden, sind kontinuierliche Naßschrotweichen entwickelt worden.

20.1.4.2 Maischen

Zum Maischen wird das Malzschrot (heizbare Rührbehälter) mit Brauwasser angeteigt und durch malzeigene Enzyme teilweise abgebaut und löslich gemacht.
Für 100 kg Malz werden ca. 8 hl Wasser benötigt. Diese als Guß bezeichnete Wassermenge unter-

teilt sich in den Hauptguß zum Einmaischen und in einen oder mehrere Nachgüsse zum Auswaschen der Treber (Ausschwämmwasser). Verlauf von pH-Wert und Temperatur beim Maischen sind für die Zusammensetzung der Würze und damit für Typ und Qualität des Bieres von entscheidender Bedeutung. Die α-Amylasen der Malze wirken optimal bei 72–76 °C und pH 5,3–5,8, die β-Amylasen bei 60–65 °C und pH 4,6, die Proteinasen bei 55–65 °C und pH 4,6.
Da Würze einen pH-Wert von ca. 6 hat, liegen ohne pH-Korrektur keine optimalen Bedingungen vor.
Die Verfahren zur Steuerung des Temperaturverlaufs beim Maischen kann man in zwei große Gruppen einteilen, in die Dekoktionsverfahren und die Infusionsverfahren. Bei den Dekoktionsverfahren wird die Temperatur der Gesamtmaische von der Anfangs-(Einmaisch-)temperatur auf die End-(Abmaisch-)temperatur dadurch gesteigert, daß Teilmengen der Maische abgezogen, getrennt, gekocht und dann wieder mit der im Maischbottich verbliebenen Restmaische gemischt werden. Je nach der Zahl solcher Kochmaischen unterscheidet man Ein-, Zwei- oder Dreimaischverfahren, von denen das letztgenannte fast ausschließlich für die Herstellung dunkler Biere, das Zweimaischverfahren für helle Biere und das Einmaischverfahren (Kesselmaischverfahren) für Biere aller Art benutzt wird.
Als Beispiel sei das Dreimaischverfahren kurz geschildert. Hier wird bei 37 °C im Maischbottich eingemaischt und eine erste Kochmaische entnommen, zum Kochen erhitzt und wieder in den Bottich zurückgebracht, so daß die Gesamtmaische eine Temperatur von 52 °C erreicht. Durch mehrmalige Wiederholung dieser Prozedur werden stufenweise Hauptmaischetemperaturen von 64° und 75 °C erreicht. Bei einer Abmaischtemperatur von etwa 74–78 °C ist das Verfahren beendet.
Bei schlecht „gelösten“ Malzen, bei denen die stärkeführenden Membranen nicht gesprengt sind, kann der enzymatische Abbau und damit die Extraktausbeute dadurch verbessert werden, daß bei 47–50 °C eine kurze Rast vor der weiteren Temperatursteigerung eingelegt wird. Dadurch wird die Enzyminaktivierung verzögert. Umgekehrt kann für die Herstellung alkoholarmer Biere bei 37 °C eingemaischt und dann durch Einfließenlassen in kochendes Wasser sofort eine Temperatur von 70 °C und damit eine weitgehende Enzyminaktivierung erreicht werden.
Bei den Infusionsverfahren, die vor allem in England zur Gewinnung obergäriger Biere in Gebrauch sind, wird die Abmaischtemperatur nicht durch Kochen von Teilen der Maische, sondern durch Zusatz von Dampf oder Heißwasser erreicht, wobei der Temperaturverlauf wie bei den Dekoktionsverfahren sehr unterschiedlich sein kann.

20.1.4.3 Abtrennung der Treber

Die Trennung der Würze von den als Treber bezeichneten unlöslichen Rückständen (Läutern) erfolgt beim klassischen Verfahren in einem zylindrischen Gefäß mit doppeltem Boden, wobei der obere ein Siebboden ist, auf dem der Treber eine natürliche, etwa 35 cm hohe Filterschicht bildet. Die Filterschicht wird während des Abläuterns durch rotierende Messer aufgelokkert und der Filterkuchen zur Ausbeutesteigerung mit Wasser nachgewaschen (Anschwänzen). Neben solchen Läuterbottichen werden leistungsstärkere Aggregate wie Strainmaster oder Maischefilter eingesetzt. Maischefilter sind als Kammerpresse wirkende Plattenfilter mit Filterschichten aus Polypropylen. Die Treber dienen als Futtermittel.

20.1.4.4 Kochen und Hopfen der Würze

Das Kochen der Würze mit Hopfen oder Hopfenprodukten erfolgt beim klassischen Prozeß in der Würzepfanne (Hopfenkessel), wo Vorderwürze und Nachwürze des Läuterungsprozesses („Pfannevollwürze“) gesammelt werden. Der Zusatz von Hopfen richtet sich nach Bierart und Bierqualität. Er beträgt (Doldenhopfen/hl) für helles Lagerbier 130–150 g, für Dortmunder Bier 180–220 g, für Pilsener Bier 250–400 g, für dunkles Münchner Bier 130–170 g, für Malzbier und dunklen Bock 50–90 g. Entscheidend für die Dosierung des Hopfens ist der Bitterstoffgehalt. Durch das Kochen (70–120 min) wird die Würze auf die gewünschte Konzentration eingedampft, das Eiweiß koaguliert („Bruchbildung“), verschiedene wertvolle Hopfenbestandteile gehen in Lösung (Übergang der Bitterstoffe in die Isoverbindungen) und die Enzyme werden inaktiviert. Bei modernen Verfahren wird die klassische Würzepfanne durch Whirlpoolpfannen mit Außenkocher abgelöst. Mit diesem System lassen

sich verkürzte Kochzeiten und bessere Bierqualitäten erzielen, zudem kann die Hopfentreberabtrennung im gleichen Gerät vorgenommen werden.
Bei Verfahren, die mit Druckkochung arbeiten (Hochtemperaturwürzekochung, bis zu 150 °C), können die Biere einen unangenehmen Kochgeschmack haben.

20.1.4.5 Kontinuierliche Verfahren

Es laufen Bestrebungen, den Prozeß über Wärmeaustauscher kontinuierlich und durch Wärmerückgewinnung aus den Brüden sowohl energetisch günstiger als auch umweltfreundlicher zu gestalten.
Die Würzeaufbereitung, d. h. die Entfernung des beim Kochen gebildeten Trubs (Eiweiß-Gerbstoffverbindungen), erfolgt meist in Whirlpoolbottichen (evtl. kombiniert mit Würzetrocknung) oder über kontinuierliche Zentrifugen. Nach Abkühlung auf die Anstelltemperatur (6–8 °C) wird der entstandene Kühltrub durch Filtration oder Zentrifugation abgetrennt.

20.1.5 Gärung

20.1.5.1 Untergärung

Bei der Untergärung unterscheidet man zwischen Hauptgärung und Nachgärung.
Zur Hauptgärung wird die gekühlte Würze, die ca. 6,5–18% Malzextraktstoffe enthält, in Gärtanks (meist Aluminium oder V_2A-Stahl) mit Hefe in Form von dickem Hefebrei aus *Saccharomyces spp.* versetzt (ca. 1 l/hl Bier) und bei Temperaturen zwischen 6 und 10 °C über 6–10 d vergoren, wobei ca. 90% des vergärbaren Extraktes umgesetzt werden. Zur Nachgärung (Reifung) wird das Jungbier im Lagerkeller über 1–2 Monate bei 1–2 °C gelagert.

20.1.5.2 Obergärung

Die Obergärung wird bei höheren Temperaturen (18–25 °C) durchgeführt. Dadurch verkürzt sich die Gärzeit auf 2–7 d. Eine Nachgärung unterbleibt vielfach, kann aber sowohl in Tanks als auch in Flaschen erfolgen. Die Obergärung spielt vor allem in England und Belgien eine Rolle, in Deutschland zur Herstellung von Weißbieren.

20.1.5.3 Kontinuierliche Verfahren, Schnellverfahren

Es sind verschiedene Verfahren bekannt, die bei kontinuierlicher Führung eine Beschleunigung der Gärung ermöglichen. Sie arbeiten z. B. mit thermophilen Hefen, höheren Gärtemperaturen und stärkerer Würzebelüftung.
In neuerer Zeit wird die Bierherstellung mit trägerfixierten Hefezellen diskutiert, die aber noch keinen Eingang in Produktionsverfahren gefunden hat.

20.1.6 Filtrieren und Abfüllen

Zur Abtrennung der Hefen werden heute meist Anschwemmfilter mit Kieselgur als Filterhilfsmittel eingesetzt. Oft wird die Kieselgurfiltration mit einem Schichtenfilter aus stark gepreßten Baumwollfasern und Asbest (Entkeimungsschicht) kombiniert. Eine Pasteurisation wird bei Übersee-Exportware angewendet, nach vorheriger adsorptiver Entfernung der hitzeinstabilen Kolloide über Bentonite, Kieselgele, Xerogele oder Polyvinylpyrrolidon.
Um Bier ohne CO_2-Verluste schaumfrei in Lager- und Versandbehälter (Fässer, Flaschen, Dosen) abfüllen zu können, arbeiten die Füllmaschinen isobarometrisch. Die bei längerer Lagerung von Bieren auftretenden Kältetrübungen können durch Proteinasenzusatz verhindert werden.
Wesentlich für die Bierqualität ist die Vermeidung von Temperaturschwankungen beim Lagern und beim Transport.

20.1.7 Zusammensetzung

20.1.7.1 Ethanol

Der Ethanolgehalt beträgt bei niedrig vergorenen, extraktreichen Bieren 1,0–1,5 Gew.-%, Dünnbieren 1,5–2,0 Gew.-%, Vollbieren 3,5–4,5 Gew.-%, Starkbieren 4,8–5,5 Gew.-%. Daneben liegen in geringen Mengen (ca. 68 mg/l) höhere Alkohole wie 3-Methylbutanol, 2-Methylbutanol, 2-Methylpropanol und 2-Phenylethanol als Gärungsnebenprodukte vor.

20.1.7.2 Extrakt, Stammwürze

Der alkoholfreie Extrakt des Bieres schwankt innerhalb weiter Grenzen von 2–3% bei einfachen Bieren, bis zu 8–10% bei Starkbieren. Er besteht zu etwa 80% aus Kohlenhydraten, im wesentlichen Dextrinen. Aus ihm und dem Alkoholgehalt läßt sich auf Grund der Gärungsgleichung, wonach 2 Gewichtsteile Zucker 1 Gewichtsteil Alkohol liefern, der ursprüngliche Extraktgehalt der Würze errechnen, der bei der Bierherstellung zur Vergärung gekommen ist. Man bezeichnet diesen ursprünglichen Extraktgehalt, der gleichzeitig ein Maß für das verarbeitete Malz ist, als Stammwürze (St) und berechnet ihn aus dem Extrakt (E) und dem Alkoholgehalt (A) nach der Formel:

$$St = \frac{100\,(E + 2{,}0665\,A)}{100 + 1{,}0665\,A} \qquad (20.6)$$

Der Stammwürzegehalt beträgt in Deutschland für Einfachbiere 2–5,5%, Schankbiere 7–8%, Vollbiere 11–14%, Starkbiere über 16%.

20.1.7.3 Säuren

Für den Genußwert und die Haltbarkeit wesentlich ist der Kohlensäuregehalt (0,36–0,44% bei untergärigen Bieren, bei Weißbier bis zu 0,6 bis 0,7%). Ein Kohlensäuregehalt unter 0,2% liefert schale Biere. Kleine Mengen an Milch-, Essig-, Ameisen- und Bernsteinsäure finden sich in jedem Bier. Der pH-Wert liegt zwischen 4,7 (dunkles Starkbier) und 4,1 (Weißbier).

20.1.7.4 Stickstoffverbindungen

Die Stickstoffsubstanz des Bieres (0,15 bis 0,75%) stammt vor allem aus den Eiweißstoffen des Ausgangsmaterials und der Hefe und besteht zum Teil aus Proteinen, die für die Kältetrübung verantwortlich sind, vorwiegend aber aus hochmolekularen Proteinabbauprodukten. An Aminosäuren kommen im Bier alle auch im Malz gefundenen vor. Dabei scheint die Glutaminsäure Bedeutung für den Biergeschmack zu haben. Auch flüchtige Amine finden sich.

20.1.7.5 Kohlenhydrate

Der Gehalt an Kohlenhydraten liegt bei etwa 3–5%, bei manchen Starkbieren und Malzbieren erheblich höher. Neben Dextrinen, Mono- und Oligosacchariden (Maltotriose, Maltose u. a.) finden sich auch Pentosane. Glycerin ist im Bier normalerweise zu 0,2–0,3% enthalten.

20.1.7.6 Mineralstoffe

Die Mineralstoffe (0,3–0,4%) bestehen vorwiegend aus Kalium und Phosphat, daneben aus Calcium, Magnesium, Eisen, Chlorid, Sulfat und Silikat.

20.1.7.7 Vitamine

Vitamine, vor allem solche der B-Gruppe (Vitamin B_1 und B_2, Nicotinsäure, Pyridoxin und Pantothensäure), finden sich gleichfalls in den verschiedenen Bieren.

20.1.7.8 Aromastoffe

Geruchs- und Geschmacksstoffe, die zum Bieraroma beitragen, sind in Tab. 20.5 nach Aromawerten gruppiert.

Die primären Geruchs- und Geschmacksstoffe bestimmen wesentlich den Typ des Bieres. So werden der bittere Geschmack und die Hopfennote der Pilsener Biere durch relativ hohe Konzentrationen an Isohumolonen, Humulenen (einschl. Oxidationsprodukte) und Myrcen hervorgerufen, während größere Mengen Maltol und Isomaltol die Karamelnote dunkler Biere ergeben.

Die sekundären Geruchs- und Geschmacksstoffe liegen nur im Bereich der Wahrnehmungsschwelle (Definition cf. 5.1.3), doch können sich manche Aromanoten soweit addieren, daß die Erkennungsschwelle erreicht wird. Entsprechende Untersuchungen an Mischungen haben ergeben, daß Ähnlichkeiten im Aromaprofil für additive Effekte von größerer Bedeutung sind als Übereinstimmungen in funktionellen Gruppen; z. B. verhalten sich Buttersäure und Diacetyl additiv, da ihre Aromaprofile Butteraromanoten enthalten, während eine Mischung von Essig- und Caprylsäure die typischen Noten beider Komponenten getrennt zeigt. Bei additivem Verhalten von zwei Aromastoffen, die im Bier jeweils mit einem Aromawert $A_x = 0{,}5$ vorkommen, entsteht im allgemeinen ein Aroma mit einem $A_x = 0{,}8 \pm 0{,}2$.

Da häufig erst durch Addition mehrerer sekundärer Aromastoffe die Erkennungsschwelle für eine bestimmte Aromanote überschritten wird, hat das Fehlen einer Komponente nur geringe Veränderungen im Bieraroma zur Folge. Erhöht sich dagegen die Konzentration eines sekundären oder tertiären Aromastoffes soweit, daß ein A_x von 1 erreicht oder überschritten wird, so

Tabelle 20.5. Beispiele für Bieraromanoten und dafür verantwortliche Geruchs- und Geschmacksstoffe

Aromanote[a]	Geruchs-/Geschmacksstoff[b]
	Primäre Geruchs- u. Geschmacksstoffe ($A_x > 2$)
1200 bitter	Hopfenbitterstoffe (trans-Isohumolon)
0110 alkoholisch	Ethanol
1360 Kohlensäure	Kohlensäure
0170 Hopfennote	Humulene u. Oxidationsprodukte, Myrcen
0410 Karamel	Maltol, Isomaltol
0130 esterartig	Ester (3-Methylbutylacetat)
1000 süß	Zucker
	Sekundäre Geruchs- u. Geschmacksstoffe ($A_x = 0{,}5$–2)
0730 gekochtes Gemüse	Dialkylsulfid (Dimethylsulfid)
0620 butterartig	Diacetyl
0910 Essignote	Essig- u. Propionsäure
0920 sauer	Milch-, Citronen- u. Äpfelsäure
1340 adstringierend	Polyphenole
1410 Fülle (Körper)	Aminosäuren, Peptide, Nucleoside, Nucleotide
	Tertiäre Geruchs- u. Geschmacksstoffe ($A_x = 0{,}1$–$0{,}5$)
0140 fruchtig	Lactone (δ-Decalacton)
0820 papierartig	Ungesättigte Aldehyde (2-trans-Nonenal)
0500 phenolisch	Flüchtige Phenole (4-Vinylguajacol)
1100 salzig	Anorganische Salze (NaCl)
0720 sulfidisch	Thiole (H_2S)

[a] Die Code-Nummer stellt die Verbindung zur Terminologie her, die für die Kennzeichnung des Aromaprofils angewandt wird (cf. Abb. 20.3).

[b] Die Aromastoffe sind nach fallenden Aromawerten A_x (cf. 5.1.4) gegliedert. Die Aromawerte basieren auf Schwellenwerten für Geruch und/oder Geschmack, die in einem aromastoffarmen sog. „Null"-Bier bestimmt wurden.

entstehen Aromafehler. Beispiele für kritische Verbindungen sind Diacetyl, Acetaldehyd, 2-trans-Nonenal und Dimethylsulfid (cf. 20.1.9).

20.1.7.9 Schaumbildner

An der Schaumbildung sind Proteine, Polysaccharide und Bitterstoffe beteiligt. β-Glucane wirken durch Viskositätserhöhung schaumstabilisierend. Zusatz halbsynthetischer Polysaccharide, wie z. B. Propylenglykolalginat (4 g/hl), führt zu sehr stabilen Schäumen, die negativ zu bewerten sind.

Lysophosphatidylcholine (LPC), die im Getreide als Amylose-Einschlußverbindungen (Stärkelipide: cf. 15.2.4) vorkommen, setzen die Schaumstabilität herab. Die Temperaturführung beim Maischprozeß reguliert die LPC-Konzentration, da sie das Aktivitätsverhältnis bestimmt zwischen der α-Amylase, die an der Freisetzung der LPC aus der Amylose mitwirkt, und der Phospholipase B, die den Abbau der LPC katalysiert. Temperaturen über 65 °C begünstigen die stabilere α-Amylase, so daß die LPC-Konzentration steigt.

20.1.8 Biertypen

Zu unterscheiden sind obergärige und untergärige Biere.

20.1.8.1 Obergärige Biere

Obergärige, in Deutschland hergestellte Biere sind z. B. das auf 7–8% Stammwürze eingebraute, aus Gersten- und Weizenmalz mit Hefe und Milchsäurebakterien hergestellte Berliner Weißbier, das aus schwach geräuchertem Gerstenmalz und wenig Weizenmalz nur mit Hefe vergorene Bayerische Weißbier, das aus Weizenmalz mit Rauchgeschmack hergestellte Grätzer Bier (7–8% Stammwürze) und das Malzbier (Karamelbier), ein dunkles, süßes und schwach gehopftes Vollbier. Bitterbiere, wie Kölsch und Düsseldorfer Altbier sind stark gehopfte Vollbiere. Obergärige Einfachbiere (Jungbier, Frischbier) sind schwach eingebraute, oft mit künstlichem Süßstoff gesüßte Biere. Braunschweiger Mumme ist nichtgehopfter Malzextrakt, der nicht nach einem Gärverfahren gewonnen wird und deshalb nicht als Bier oder bierähnliches Getränk gilt. Englische Biertypen haben Stammwürzegehalte bis zu 11–13%. Ein tief dunkelgefärbtes, stark eingebrautes und alkoholreiches Bier (bis zu 25% Stammwürze, über 6,5% Alkohol) ist Stout, in leichteren Sorten auch als Porter bezeichnet. Helle, stark gehopfte Biere sind das Pale Ale und das milder gehopfte, dunklere Mild Ale. Zusätze von Ingwerwurzelauszügen liefern Ingwerbiere (Ginger Ale).

Obergärige Biere belgischer Herkunft von langer Lagerzeit sind Lambic und Faro.

20.1.8.2 Untergärige Biere

Sie zeigen wesentlich erhöhte Lagerfähigkeit und werden als helle, mittelfarbige oder dunkle Biere hergestellt.
Pilsener Bier als Prototyp der hellen Qualitätsbiere ist ein ausgesprochenes Hopfenbier mit 11,8–12,7% Stammwürze im Gegensatz zum Dortmunder Typ, der stärker eingebraute, höher vergorene und damit alkoholreichere Biere liefert. Lagerbiere (Norddeutsches Lagerbier) stehen in der Hopfengabe dem Dortmunder, im Stammwürzegehalt dem Pilsener Bier nahe. Münchner Biere sind dunkle, schwach gehopfte Biere, die unter Zusatz von 0,5–2% Farbmalz, oft auch von wenig Karamelmalz hergestellt sind. Sie schmecken süßlich und ausgesprochen malzaromatisch und enthalten 11–14% Stammwürze. Die extraktreichen Biere werden auch als Exportbiere bezeichnet. Dunkle, neuerdings auch helle Spezialbiere (Bockbier, Salvator, Animator u. a.) enthalten als Starkbiere über 16% Stammwürze. Noch reicher an Farbmalzextraktstoffen und damit noch dunkler als die Münchner Biere sind die dunklen Nürnberger und Kulmbacher Biere. Als Beispiel eines mittelfarbigen, ohne Mitverwendung von Farbmalz aus Münchner Malz hergestellten Bieres sei das Märzenbier genannt (im Mittel 13,8% Stammwürze).

20.1.8.3 Diätbiere

Sie weisen hohen Vergärungsgrad auf und enthalten fast keine den Diabetiker belastenden Kohlenhydrate. Sie werden nach speziellen Gärführungen hergestellt und enthalten relativ viel Alkohol.
Durch geeignete technologische Maßnahmen ist auch die Herstellung alkoholarmer Biere möglich.

20.1.8.4 Übersee-Exportbiere

Sie können den verschiedensten Typen entstammen. Sie werden meist pasteurisiert und zur weitgehenden Entfernung von Eiweißstoffen mit mechanisch wirkenden Fällungs- oder Adsorptionsmitteln (Tannin, Bentoniterden) oder mit proteolytischen Enzympräparaten behandelt, die hochmolekulare Eiweißstoffe zu löslichen Spaltprodukten abbauen und solche Biere auch bei langem Transport und in der Kälte trübungsfest machen (chill proofing).

20.1.9 Biergeschmack und Bierfehler

Das Geschmacks- und Geruchsprofil eines Bieres einschließlich möglicher Aromafehler kann mit den in Abb. 20.3 angegebenen 44 Begriffen, die zu 14 Oberbegriffen zusammengefaßt sind, detailliert beschrieben werden. Neben einer Vielfalt von Begriffen für Geruchsnoten werden die Begriffe bitter, salzig, metallisch und alkalisch nur auf den Geschmack und die Begriffe sauer, süß, „Körper“ u. a. sowohl auf den Geschmack als auch auf den Geruch angewandt.
Neun der in Abb. 20.3 angegebenen Begriffe beschreiben bei einem guten Bier die wichtigsten Geruchs- und Geschmacksmerkmale (Tab. 20.6). Sie sind auch zur Unterscheidung von Biersorten geeignet (Tab. 20.6). Geruchs- und Geschmacksstoffe, die diese Merkmale prägen, sind unter 20.1.7.8 und in Tab. 20.5 angegeben. Zum Biergeschmack tritt als wesentliches Kriterium die Schaumbildung, unterschieden nach Schaumvolumen (bedingt durch den Kohlensäuregehalt), Schaumdichte und insbesondere nach Schaumhaltigkeit (bedingt durch Eiweißabbauprodukte, Hopfenbitterstoffe und Pentosane). Schaumzerstörend wirken niedere Fettsäuren, die im Bierbukett vorkommen.
Bierfehler beeinträchtigen Geruch und Geschmack und werden durch unsachgemäße Herstellung und Lagerung verursacht. Als Geschmacksfehler ist z. B. ein unausgewogener, harter Bittergeschmack zu bewerten, der durch die Oxidation von Polyphenolen und von Hopfeninhaltsstoffen hervorgerufen wird. Schaler Geschmack rührt wie oben erwähnt von zu geringem Kohlensäuregehalt her. Diacetyl und Ethanal bedingen in Konzentrationen über 0,13 mg/l bzw. 25 mg/l einen Fehlgeschmack. Eine Gärbeschleunigung, z. B. durch intensives Rühren der Würze, steigert den Gehalt des Bieres an Diacetyl und an höheren Alkoholen und senkt den Gehalt an Estern und Säuren. Insgesamt wird das Aroma negativ beeinflußt. Höhere Konzentrationen an Ethanal können z. B. bei höheren Gärtemperaturen und bei höheren Hefekonzentrationen auftreten.
Bier ist ausgesprochen licht- und oxidationsempfindlich. Der Lichtgeschmack wird auf die Bildung von 3-Methyl-2-buten-1-thiol (cf. Tab. 5.5) zurückgeführt. Durch enzymatische Peroxidation von Lipiden, die in der Würze enthalten sind, und durch nichtenzymatische Folgereaktio-

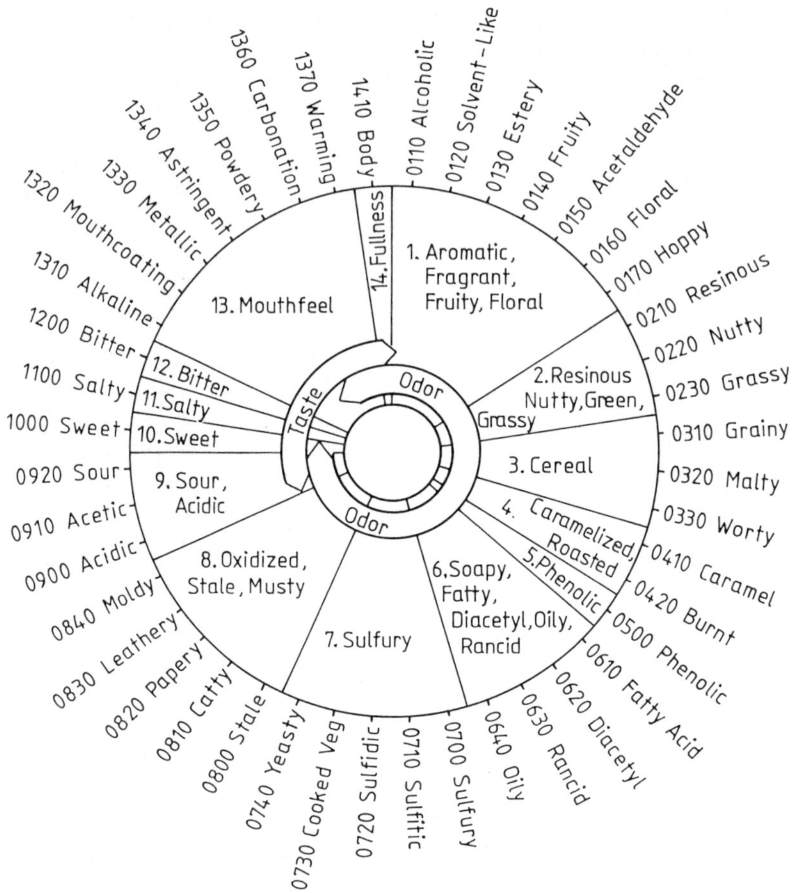

Abb. 20.3. Terminologie für die Beschreibung von Geruchs- und Geschmacksnoten bei Bier (*American Society of Brewing Chemists*; nach *Meilgaard*, 1982)

Tabelle 20.6. Hauptmerkmale des Geruchs und Geschmacks von Biersorten

Geruch/Geschmack	Intensität[a]					
	Münchner	Pilsener	Pale Ale	U.S.-Lager	Stout[b]	Lambic
bitter	3–6	6–10	5–8	2–4	6–10	3–6
alkoholisch	2–4	3–4	3–4	3–5	3–5	3–6
Kohlensäure	3–4	3–4	1–3	4	3–4	3–5
Hopfennote	2–6	6–10	5–8	0,5–4	6–10	3–6
Karamelnote	4–8	0,5–2	3–5	0,5–1	6–100	1–3
Esternote	1–2	1–1,5	1–2	2–3	2–3	3–5
süß	2–3	1–2	1–2	2–3	1–2	1–2
sauer	1–2	1–2	1–2	1–2	2–3	3–20
gekochtes Gemüse	1–2	1–3	0,2–0,8	1–3	0,2–0,8	1–10

[a] Angabe als Aromawert A_x (cf. 5.1.4).
[b] Obergäriges engl. Starkbier mit einem Stammwürzegehalt bis zu 25%.

nen beim Würzekochen entstehen die in Abb. 20.3 unter Nr. 8 aufgeführten Aromafehler. Eine Leitsubstanz für solche Erscheinungen ist das 2-trans-Nonenal, das bei sehr niedrigem Schwellenwert (11 µg/l Bier) einen „papierartigen" Aromafehler verursacht. Zur Bekämpfung oxidativ bedingter Farb- und Geschmacksfehler wird Zusatz von Ascorbinsäure oder von Glucoseoxidase/Katalase (cf. 2.8.2.1.1) empfohlen. Auch ein sauerstoffarmes Abfüllen ist deshalb von großer Bedeutung. Flaschenbier sollte nicht mehr als 1 mg O_2/l enthalten.
Bier kann sich bei der Lagerung eintrüben und es kann sich ein Bodensatz bilden. 40–75% der Trubstoffe sind Proteine und Polypeptide, die u.a. durch Ausbildung intermolekularer Disulfidbindungen, Komplexbildung mit Polyphenolen oder Reaktion mit Schwermetallionen (Cu, Fe, Sn) unlöslich geworden sind. Zu den weiteren Bestandteilen der Trubstoffe gehören Kohlenhydrate (2–15%), in erster Linie α- und β-Glucane. Über Maßnahmen zur Verhinderung einer Trübung cf. 20.1.8.4.
Unerwünschte Mikroorganismen, z. B. thermophile Milchsäurebakterien, Essigbakterien (*Acetobacter, Gluconobacter*) und Hefen, können auf verschiedenen Prozeßstufen (Maische, Gärung, Fertigprodukte) zu Störungen und Fehlern führen. Ein bekannter Aromafehler ist z. B. der Diacetylgeschmack.

20.2 Wein

20.2.1 Einführung

Wein ist das durch vollständige oder teilweise alkoholische Gärung von frischen, auch eingemaischten Weintrauben oder von Traubenmost erhaltene Getränk. Der Weinbau spielte in den Mittelmeerländern von alters her eine große Rolle

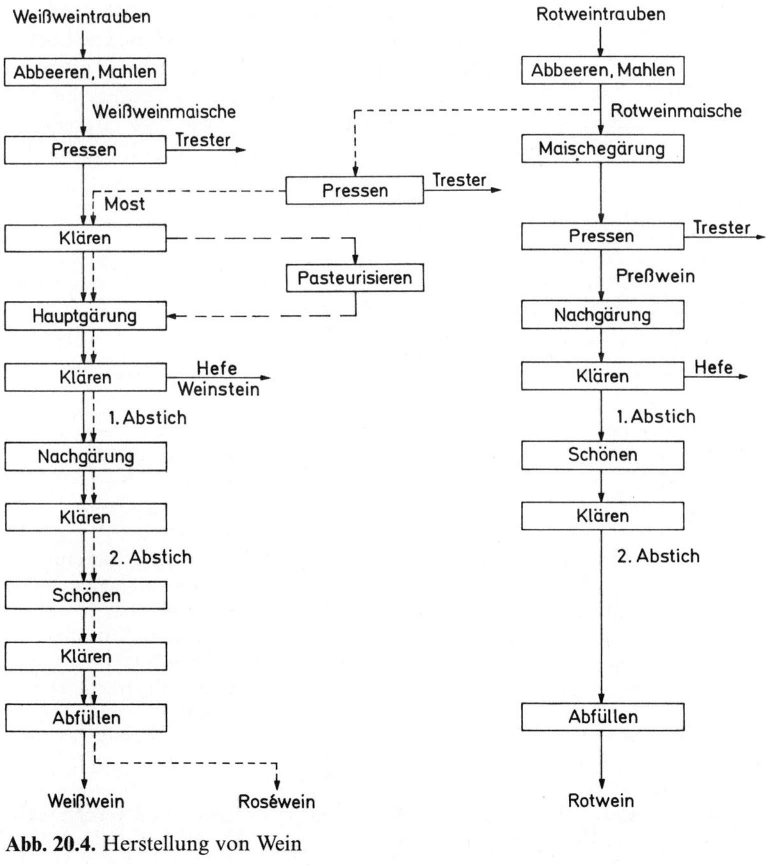

Abb. 20.4. Herstellung von Wein

Tabelle 20.7. Weinproduktion (1000 t) und Weinverbrauch (l/Kopf)

Erdteil	Produktion (1984)
Welt	32759
Afrika	1245
Amerika, Nord-, Mittel-	1737
Amerika, Süd-	2896
Asien	253
Europa, West-	19476
Europa, Ost- + USSR	6694
Ozeanien	458

Land	Produktion (1984)	Verbrauch (1971)
Italien	7000	111
Frankreich	6447	107
USSR	3800	
Spanien	3554	60
Argentinien	2000	85
USA	1620	5
Rumänien	920	23
BRD	810	18
Jugoslawien	750	27
Portugal	730	91
Σ (%)[a]	84	

[a] Weltproduktion ≙ 100%.

und noch jetzt sind Italien, Frankreich und Spanien zu über 50% an der Weltproduktion von Wein beteiligt. Bedeutende Weinproduzenten sind heute aber auch die USSR, Argentinien und die USA. Tab. 20.7 orientiert über Weinproduktion und Weinverbrauch in verschiedenen Ländern. Abb. 20.4 gibt einen Überblick über die einzelnen Verfahrensschritte bei der Weinherstellung.

20.2.2 Rebsorten

Von der europäischen Kulturrebe *Vitis vinifera* L. *subsp. sativa* ist eine große Zahl von Sorten bekannt. Sie werden u. a. veredelt auf reblausfesten Unterlagen angebaut, bei denen es sich meist um Kreuzungen verschiedener resistenter Wildformen nordamerikanischen Ursprungs handelt. Der Form nach gibt es rund- und langbeerige, groß-, mittel- und kleinbeerige Trauben, dem Verwendungszweck nach unterscheidet man Keltertrauben für Weiß- und Rotweine und Tafeltrauben (Eßtrauben), die in nördlichen Ländern in Gewächshäusern gezogen werden. Die Sorten können sich sowohl im Zuckergehalt, als auch im Aroma sehr voneinander unterscheiden. Tab. 20.8 orientiert über wichtige Rebsorten Deutschlands und einige ihrer Merkmale,

Tabelle 20.8. Wichtige deutsche Rebsorten

Sorte	Bestockte Rebfläche 1981		Weinart[a]	Säure[b]	Mostgewicht[c]	Reife[d]	Ertrag[e]	Bemerkungen zum Wein
	(ha)	(%)						
Weißweinsorten								
Albalonga	46	0,05						
Auxerrois	109	0,12				4		lebhaftes, vornehmes Bukett
Bacchus	1157	1,32	M	2	2	3	3	blumig, dezenter Muskatton
Burgunder, Weißer	802	0,91	S	3	2	4		vollmundig, fein aromatisch, neutraler als Ruländer
Ehrenfelser	171	0,19	R	2	2	5	2	feine Säure, fruchtig, rieslingähnlich
Elbling, Weißer	1196	1,36	S	3	1	6	3	leicht, körperarm, ohne Bukett
Faber	1157	1,32	M		2	2	3	elegant, fruchtig, frisch
Findling	44	0,05						
Freisamer	77	0,09						
Gutedel, Weißer	1221	1,39	M	1	1	3	3	leicht, ansprechend, süffig, mild, wenig Bukett

Tabelle 20.8. (Fortsetzung)

Sorte	Bestockte Rebfläche 1981 (ha)	(%)	Weinart[a]	Säure[b]	Mostgewicht[c]	Reife[d]	Ertrag[e]	Bemerkungen zum Wein
Huxelrebe	746	0,85	T	2	2	2	3	reif, rassig, dezentes Muskatbukett
Kanzler	117	0,13						
Kerner	2116	2,41	R	2	2	4	2	frisch, rassig, feines Bukett, rieslingähnlich
Mariensteiner	32	0,04						
Morio-Muskat	2777	3,16	B	2	1	3	3	kräftiges Muskatbukett
Müller-Thurgau	24116	27,45	M		1	2	3	mild, frisch, feiner Muskatgeschmack
Muskateller, Gelber	19	0,02	B	2				leicht, rassig, kräftiges, feines Muskatbukett
Muskat-Ottonel	25	0,03	B	2				gefällig, kräftiges, sehr feines Muskatbukett
Nobling	105	0,12	S	2	2	2	2	fruchtig, körperreich, feines Bukett
Optima	216	0,25	A	2	3	2	2	elegant, rassig, duftiges Bukett
Ortega	350	0,40	B	2	3	1	1	feines, pfirsichartiges Bukett, harmonisch
Perle	276	0,31	T	1	2	3	3	leicht, mild, blumig
Regner	96	0,11						
Reichensteiner	296	0,34						
Rieslauer	49	0,06						
Riesling, Weißer	18351	20,89	R	3	1	5	2	frisch, rassig, elegant, würzig, sehr fruchtig, sehr blumig
Ruländer (Grauer Burgunder)	3221	3,67	T	2	2	3		feurig, gehaltvoll, körperreich, zartes Bukett
Scheurebe	2529	2,88	T	3	2	4	3	kräftig, fruchtig, körperreich, Bukett nach schwarzer Johannisbeere
Schönburger	67	0,08						
Septimer	32	0,04						
Siegerrebe	195	0,22	B	1	3	1	1	extrem starkes Bukett von feiner Art
Silvaner, Grüner	14111	16,06	S	2	1	4		mild, lieblich, angenehm, mundig, feinfruchtig
Traminer, Roter (Clevner)	881	1,00	T	2	2	4	1	starkes, langanhaltendes Bukett
Würzer	97	0,11						
Sonstige	110	0,13						
Weißwein insgesamt	76950	87,60						
Rotweinsorten								
Bornfelder	71	0,08						
Burgunder, Blauer Spät-	3086	3,51						vollmundig, samtig kräftig, feingewürzt, dunkelrot, weiches, volles Bukett

Tabelle 20.8. (Fortsetzung)

Sorte	Bestockte Rebfläche 1981 (ha)	(%)	Weinart[a]	Säure[b]	Mostgewicht[c]	Reife[d]	Ertrag[e]	Bemerkungen zum Wein
Burgunder, Blauer Früh-	37	0,04						
Helfensteiner	71	0,08						
Heroldrebe	165	0,19						leicht, rassig, neutral, gerbstoffbetont
Limberger, Blauer	376	0,43						charaktervoll, fruchtig, feinherb, frisch
Müllerrebe (Schwarzriesling)	903	1,03						ähnlich Spätburgunder, aber nicht so gut
Portugieser, Blauer	4062	4,62						mild, neutral, bukettarm
Samtrot	45	0,05						
Trollinger, Blauer	1866	2,12						mild, hellrot, frisch, leicht, pikant, herzhaft
Sonstige	209	0,24						
Rotwein insgesamt	10891	12,40						

[a] R: Rieslinggruppe (rassiger, fruchtiger Wein mit deutlicher Säure)
S: Silvanergruppe (neutraler Wein ohne deutliches Bukett)
M: Müller-Thurgaugruppe (leichter, blumiger Wein mit dezentem Bukett)
T: Traminergruppe (Wein mit feinem Bukett)
B: Bukettgruppe (Wein mit kräftigem, dicken Bukett)
A: Auslesegruppe (Wein dick, hochedel).

[b] 1: niedrig (ca. 5 g/l), 2: mittelhoch (ca. 5–10 g/l), 3: hoch (10–15 g/l).

[c] 1: 60–70° Oe, 2: 70–85° Oe, 3: > 85° Oe (cf. 20.2.3.3).

[d] 1: sehr früh (Anfang–Mitte Sept.), 2: früh (Mitte–Ende Sept.), 3: mittelfrüh (Ende Sept.–Anfang Okt.), 4: mittelspät (Anfang–Mitte Okt.), 5: spät (Mitte–Ende Okt.), 6: sehr spät (Ende Okt.–Anfang Nov.).

[e] 1: niedrig (60 hl/ha), 2: mittelhoch (60–80 hl/ha), 3: hoch (≥90 hl/ha).

Tabelle 20.9. Anteil (%) wichtiger Rebsorten an der gesamten Rebfläche deutscher Weinbaugebiete (1982)

Weinbaugebiet	Fläche (ha)	1	2	3	4	5	6	7	8	9	10	11	12	13	14	15
Rheinhessen	21259	5	15	27			9				96					4
Rheinpfalz	20047	14	10	24	11	9					91		8			9
Baden	14761	2	3	26					8	11	79	17				21
Mosel-Saar-Ruwer	11515	62		22				9			100					0
Württemberg	8997	24		17	11						51			21	10	49
Franken	4320	2	26	49							99					1
Nahe	4143	22	17	29							99					1
Rheingau	2664	80	1	7							96	4				4
Mittelrhein	750	70		11	5						99					1
Ahr	389	18		15							41	30	30			59
Hessische Bergstraße	351	54		19							99					1
Bundesrepublik Deutschland	89196	20	11	27							86	4				14

1: Riesling, 2: Silvaner, 3: Müller-Thurgau, 4: Kerner, 5: Morio-Muskat, 6: Scheurebe, 7: Elbling, 8: Gutedel, 9: Ruländer, 10: Weiße Trauben insgesamt, 11: Blauer Spätburgunder, 12: Portugieser, 13: Trollinger, 14: Schwarzriesling, 15: Blaue Trauben insgesamt.

Tabelle 20.10. Wichtige Rebsorten verschiedener Länder

Land	Rebsorte	Bemerkungen über Anbaugebiete und Qualität
Frankreich	*Weißweinsorten*	
	Aligote	Bourgogne, einfache Qualität
	Chardonnay	Champagne, Bourgogne (Chablis, Montrachet, Pouilly), sehr gute Qualität
	Chemin blanc	Tourraine, Anjou, Loiregebiet
	Folle blanche	Grundstoff für Branntwein in Cognac und Armagnac
	Grenach blanc	Midi
	Melon blanc (Muscadet)	leicht, frisch, lieblich, leichtes Muskatbukett
	Muscadel	Bourdeaux, Charente, zu 5–10% an Wein von Sauternes und Graves beteiligt
	Pinot blanc	Elsaß, Champagne, Loire, Cote d'Or
	Pinot gris	Elsaß
	Roussane (Rouselle)	Rhonegebiet, körperreich, lieblich, duftig
	Sauvignon	Bordeaux, Gebiet von Loire und Cher, voll, rund, feines Bukett, mit Semillon an Weinen von Sauternes beteiligt
	Semillon blanc	wie Sauvignon, an Weinen von Sauternes beteiligt
	Rotweinsorten	
	Cabernet Franc	Bordeaux, Loire-Gebiet, harmonisch, vollkommen, vornehm, kräftig, rassig, mit Cabernet Sauvignon und Merlot Bestandteil der Bordeaux-Weine
	Cabernet Sauvignon	wie Cabernet Franc, tief gedeckt, bukettreich, auserlesene Qualität
	Carignan	Rhonegebiet, Midi, Provence
	Cot (Malbec)	Bordeaux, eine der besten Rebsorten
	Cinsault	Südfrankreich
	Grenach noir	Südfrankreich
	Gamay noir	Beaujolais, Maconnais, fruchtig, frisch, angenehm
	Merlot	Bordeaux, körperreich, vollmundig, mild, wie Cabernet Franc und Cabernet Sauvignon, Bestandteil der Bordeaux-Weine
	Petite Verdot	Bordeaux, an Bordeaux-Weinen beteiligt
	Pinot noir	Bourgogne, Weine der Cote d'Or
	Syrah	Südfrankreich
Italien	*Weißweinsorten*	
	Malvasia, bianca	wichtige Sorte in ganz Italien
	Mascato bianco	vorwiegend im Norden, Wein des Asti-Gebietes
	Trebbiano	weit verbreitet in ganz Italien
	Vermentino	italienische Riviera, sehr guter Weißwein
	Weißterlaner	Südtirol
	Rotweinsorten	
	Aleatico	weit verbreitet in ganz Italien
	Barbera	eine der wichtigsten Sorten
	Freisa	Piemont, Vercelli, eine der besten Sorten Italiens
	Groß-Vernatsch (Trollinger)	Bozen, Trient, Como
	Lagrein	Südtirol

Tabelle 20.10. (Fortsetzung)

Land	Rebsorte	Bemerkungen über Anbaugebiete und Qualität
	Merlot	
	Nebbiolo	Piemont, Lombardei, vorzügliche Sorte
	Pinot Nero	Norditalien bis Rom
	San Giovese	Toscana bis Latium, Hauptbestandteil von Chiantiweinen
Österreich	*Weißweinsorten*	
	Müller-Thurgau	
	Muskat-Ottonel	
	Neuburger	ausgeprägtes Sortenbukett, angenehme Säure
	Rheinriesling	
	Rotgipfler	fruchtig, bukettreich, rassig, vollmundig, mit Zierfandler an Gumpoldskirchner Weinen beteiligt
	Sylvaner	
	Traminer	
	Veltliner, Grüner	ansprechend, frisch, angenehmes Bukett
	Veltliner, Roter	fruchtig, feines Bukett
	Veltliner, Früher Roter (Malvasier)	
	Welschriesling	mild, feines Bukett
	Zierfandler, Roter	feurig, würzig, charakteristisches Sortenbukett
	Rotweinsorten	
	Spätburgunder, Blauer	
	Blaufränkisch (Limberger)	
	Portugieser, Blauer	
	Sankt Laurent	kräftige, tiefrote Farbe, feines Bordeaux-Bukett
Schweiz	*Weißweinsorten*	
	Gutedel (Chasselas, Fendant Dorin)	Hauptrebsorte
	Marsanne Blanche (Hermitage)	weich, feines Bukett
	Riesling	
	Müller-Thurgau	wichtigste Sorte der Ostschweiz
	Rotweinsorten	
	Burgunder, Blauer	
	Gamay	Westschweiz
	Merlot	Tessin
Ungarn	*Weißweinsorten*	
	Furmint, Gelber	an Tokayer beteiligt
	Rotweinsorten	
	Kadarka	gehört zu den wichtigsten Rotweinsorten Ungarns

Tab. 20.9 über den Anteil der Hauptsorten an der gesamten Rebfläche der deutschen Anbaugebiete, Tab. 20.10 schließlich über Rebsorten einiger anderer Länder.

Spitzensorten für Weißweine sind:

- *Riesling*, in Deutschland heimisch und an Mosel, Rhein, Pfalz und Nahe besonders gut gedeihend,

- *Traminer*, im Elsaß, in Baden, in der Pfalz und in Österreich viel angebaut,
- *Ruländer* (Grauer Burgunder), im Elsaß, am Kaiserstuhl, in Burgund und in Ungarn eine Rolle spielend,
- *Semillon blanc*, zusammen mit Sauvignon und gegebenenfalls auch mit Muscadel die Sauternes-Weine des Gebietes um Bordeaux liefernd,
- *Sauvignon*, neben der genannten Verwendung, z. B. im Loire-Gebiet auch zu eigenständigen Weinen verarbeitet,
- *Weißburgunder* (Pinot blanc), die weißen Weine Burgunds (Chablis, Meursault, Puligny-Montrachet) liefernd,
- *Chardonnay*, mit Weißburgunder verwandt und z. B. in der Champagne gebaut,
- *Auxerrois*, ebenfalls mit Weißburgunder verwandt.

Rebsorten für gute Weißweine sind darüber hinaus:

- *Muskateller* und *Muskat-Ottonel*, die besonders bukettreich sind,
- *Furmint*, die Rebsorte des ungarischen Tokajers,
- *Silvaner*, in der Pfalz, in Rheinhessen und Franken eine Rolle spielend,
- *Müller-Thurgau*, eine in der Ostschweiz und in Deutschland viel angebaute Kreuzung aus Riesling und Silvaner,
- *Gutedel* (Chasselas, Fendant, Dorin), in Baden, im Elsaß, in der Westschweiz und in Frankreich häufig anzutreffen,
- *Scheurebe*, eine in Deutschland beliebte Kreuzung aus Silvaner und Riesling,
- *Morio-Muskat*, eine sehr bukettreiche Sorte,
- *Veltliner*, in Österreich von Bedeutung, ebenso wie
- *Zierfandler*.

Rebsorten für Spitzenrotweine sind:

- *Blauer Spätburgunder* (Pinot noir), die berühmten Rotweine der Cote d'Or Burgunds liefernd und in Deutschland an der Ahr und in Baden gebaut,
- *Cabernet-Sauvignon*,
- *Cabernet-Franc*,
- *Merlot*, die im gemischten Satz angebaut werden und die berühmten Rotweine des Gebietes um Bordeaux ergeben.

Andere rote Rebsorten sind:

- *Gamay*, in den südlichen Gebieten Burgunds, im Beaujolais und Maconnais angebaut,
- *Müllerrebe* (Pinot meunier, Schwarzriesling), in der Champagne, in Württemberg und Baden von Bedeutung,
- *Portugieser*, in der Pfalz, in Rheinhessen und in Württemberg anzutreffen,
- *Trollinger* (Vernatsch), u. a. in Südtirol und in Württemberg angebaut,
- *Limberger*, in Württemberg und Österreich zu finden,
- *Blauer Aramon*, die Weine des Midi liefernd,
- *Rossara*, in Südtirol viel gebaut.

Für die Kultur der Rebe notwendig sind mittlere Jahrestemperaturen von 10–12 °C; die mittlere Monatstemperatur soll von April bis Oktober nicht unter 15 °C liegen, womit die nördliche Grenze der Weinbaumöglichkeit etwa durch den 50. Grad n. B. gegeben ist. Die mögliche Höhenlage ist abhängig vom Klima (Ebenen Italiens, Spaniens und Portugals, sonnige Südhänge Deutschlands, am Ätna bis etwa 1300 m, am Himalaya bis zu 2700 m). Bodenpflege, Bodenbeschaffenheit und Witterung sind von entscheidender Bedeutung.

20.2.3 Traubenmost

20.2.3.1 Entwicklung und Lese der Trauben

Nach Blüte und Befruchtung beginnen die Beeren bis Mitte oder Ende August zu wachsen, bleiben aber grün und hart. Der Säuregehalt ist hoch, der Zuckergehalt noch niedrig. Mit einsetzender Reife geht die Farbe in gelbgrün bzw. blaurot über, der Zuckergehalt steigt stark, der Säuregehalt sinkt, ebenso der Wassergehalt (Abb. 20.5).

Die Ernte der Trauben erfolgt, wenn irgend möglich, im Stadium der Vollreife, etwa Mitte September bis Ende November, oft auch im Stadium der Überreife. Man unterscheidet Vorlese, Hauptlese und Spätlese. Die letztgenannte Bezeichnung dient in Deutschland auch als Qualifizierung der betreffenden, meist hochwertigen Weine. Besonders gut entwickelte Trauben edler Sorten aus guten Lagen werden getrennt auf Weine mit dem Prädikat Auslese verarbeitet. Läßt man die Trauben über die Vollreife hinaus (zuweilen nach vorzeitiger Knickung der Stiele) am Stock eintrocknen, so erhält man Beeren- bzw. Trockenbeerenauslesen (Ausbruchweine). In manchen Gegenden (Tirol, Trentino) werden

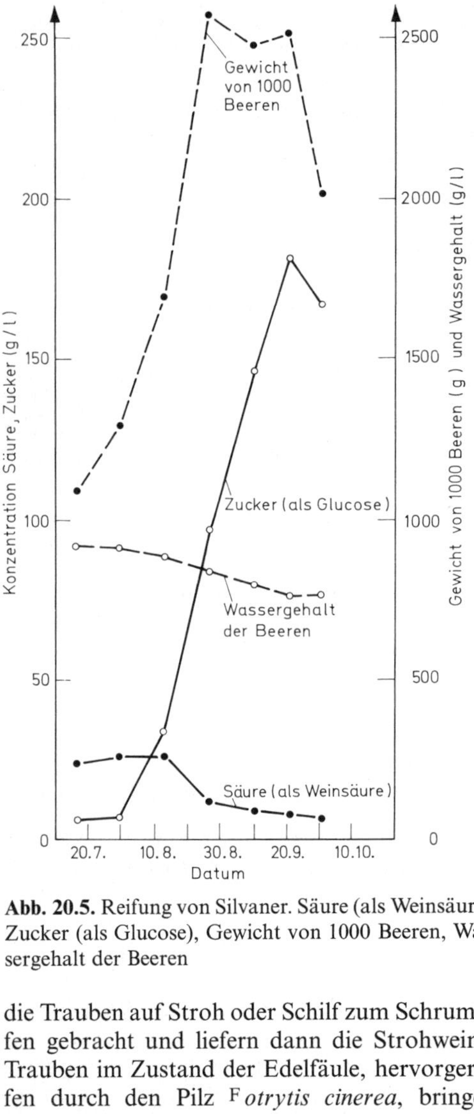

Abb. 20.5. Reifung von Silvaner. Säure (als Weinsäure), Zucker (als Glucose), Gewicht von 1000 Beeren, Wassergehalt der Beeren

die Trauben auf Stroh oder Schilf zum Schrumpfen gebracht und liefern dann die Strohweine. Trauben im Zustand der Edelfäule, hervorgerufen durch den Pilz F*otrytis cinerea*, bringen gleichfalls Ausbruchweine. Gefrieren reifer Trauben am Stock liefert Eismoste, die (durch Ausfrieren des Wassers) zuckerreich sind und zu edlen Weinen führen können.

20.2.3.2 Gewinnung und Behandlung des Mostes

Nach der zum richtigen Zeitpunkt fachgerecht ausgeführten Lese werden die Trauben bei qualitativ hochwertigen Weinen maschinell abgebeert und zwischen Gummiquetschwalzen vermahlen. Die so gewonnene Maische wird in mechanischen, z.T. kontinuierlich arbeitenden Keltern (Spindel-, Schneckenpressen) oder hydraulischen bzw. pneumatischen Pressen (meist Packpressen) abgepreßt, wobei der Most (Ausbeute ca. 75–85%) vom Trester getrennt wird. Bei Rotweinen werden Saft und Trester zunächst gemeinsam vergoren (Maischegärung), da die roten und blauen Farbstoffe (Anthocyane) in der Schale lokalisiert sind und erst während der Gärung in Lösung gehen. Daneben sind Verfahren zum thermischen oder enzymatischen Aufschluß bekannt. Werden blaue Trauben so wie die weißen gekeltert und vergoren, erhält man schwach rosa gefärbten Wein (Rosé, Weißherbst). Die gemeinsame Verarbeitung von weißen und blauen Trauben liefert Rotling (Schillerwein). Die als Trester zurückbleibenden Stiele, Schalen und Kerne dienen als Futter- und Düngemittel.

Für die sehr arbeitsintensive Traubenlese werden in den USA und auch in Europa zunehmend Maschinen, sog. Traubenvollernter eingesetzt.

Der frische noch süße Most wird zur Unterdrükkung oxidativer Verfärbungen und unerwünschter Mikroorganismen geschwefelt (50 mg SO_2/l) und zur Entfernung von Geruchs- und Geschmacksabweichungen mit Aktivkohle behandelt. Zur Klärung des Mostes werden Hochleistungsklärseparatoren mit selbstentleerender Trommel eingesetzt. Zur Vorabscheidung grober Feststoffe ist häufig ein Drehbürstensieb vorgeschaltet. Gegebenenfalls wird der Most durch Kurzzeiterhitzen (87 °C/2 min) pasteurisiert.

20.2.3.3 Zusammensetzung des Mostes

Tab. 20.11 orientiert über die durchschnittliche Zusammensetzung von Traubenmost. Für die Bewertung eines Traubenmostes ist seine spezifische Masse bei 20 °C maßgebend (Mostgewicht, M), die meist in *Oechsle*-Graden (°Oe) angegeben wird.

$$°Oe = (M - 1) \times 10^3$$

Tabelle 20.11. Durchschnittliche Zusammensetzung von Traubenmost

Bestandteil	Menge (g/l)
Wasser	780–850
Zucker (als Glucose)	120–250
Säuren (als Weinsäure)	6–14
N-Verbindungen	0,5–1
Mineralstoffe	2,5–3,5

Tabelle 20.12. Deutsche Güteklassen für Wein

Güteklasse	Mostgewicht (°Oe)	Bemerkungen
Tafelwein		Zusatz von Saccharose oder Traubensaftkonzentrat zulässig
Landwein		Zusatz von Saccharose zulässig
Qualitätswein		Zusatz von Saccharose zulässig
Qualitätswein eines bestimmten Anbaugebietes (Q. b. A.)	≥60	
Qualitätswein mit Prädikat	≥73	kein Zuckerzusatz zulässig
– Spätlese		späte Lese, vollreife Beeren
– Auslese		wie Spätlese, unreife und kranke Beeren ausgelesen
– Beerenauslese		nur edelfaule (*Botrytis cinerea*) oder überreife Beeren
– Trockenbeerenauslese	≥150	wie Beerenauslese, weitgehend eingeschrumpfte Beeren
– Eiswein		Beeren bei Lese und Kelterung gefroren

Der Zuckergehalt (Z in g/l) kann mit folgender Beziehung abgeschätzt werden (X ist der Säuregehalt in g/l, für den in guten Jahren 25, im Durchschnitt 30 anzusetzen sind):

$$Z = 2{,}5\,OG - X$$

In Deutschland ist das Mostgewicht für die Einstufung des späteren Weins in Güteklassen maßgeblich. Tabelle 20.12 orientiert über dieses System.

Kohlenhydrate. Reife Trauben enthalten Glucose und Fructose in etwa gleichen Mengen; in überreifen oder edelfaulen Trauben überwiegt Fructose. Saccharose tritt mit 10–12 g/l stark zurück. In geringer Menge kommen Pektine (0,12 bis 0,15%) und Pentosane vor.

Säuren. Die Hauptsäuren des Mostes sind Weinsäure und Äpfelsäure. Bernsteinsäure, Citronensäure und einige andere Säuren (cf. 18.1.2.4 und 20.2.6.5) treten stark zurück. In guten, reifen Jahrgängen hat Weinsäure einen Anteil von 65–70% an der titrierbaren Säure, in unreifen Jahrgängen geht der Anteil auf 35–40% zurück, so daß Äpfelsäure überwiegt. Der gute Jahrgang 1911 enthielt z. B. 3,1 g/l Äpfelsäure und 6,4 g/l Weinsäure, der geringe Jahrgang 1912 dagegen 10,7 g/l Äpfelsäure und 6,0 g/l Weinsäure.

Stickstoffverbindungen. Proteine, darunter verschiedene Enzyme, Peptide und Aminosäuren sind in geringer Menge vorhanden (cf. 18.1.2.1).

Lipide. Der Gehalt des Mostes an Lipiden liegt bei 0,01 g/l (cf. 18.1.2.3).

Phenolische Verbindungen (cf. 18.1.2.5). Gerbstoffe sind vorwiegend in Stielen, Schalen und Kernen enthalten. Bei vorsichtiger Gewinnung ist der Gerbstoffgehalt weißer Moste mit ≤0,2 g/l gering. Rotweine enthalten dagegen 1–2,5 g/l und mehr. Als Farbstoffe sind Anthocyane vorhanden. Bei weißen Trauben tragen Quercetin, dessen 3-Rhamnosid Quercitrin und Carotinoide zur Farbe bei.

Mineralstoffe. Most enthält vorwiegend Kalium, gefolgt von Calcium, Magnesium, Natrium und Eisen. Wichtige Anionen sind Phosphat, Sulfat, Silikat und Chlorid.

Aromastoffe. Die Aromastoffe des Mostes werden zusammen mit denen des Weines behandelt (cf. 20.2.6.9).

20.2.4 Gärung

Die Weingärung erfolgt entweder spontan durch verschiedene, an der Beerenoberfläche sitzende Hefen, meist aber durch Zugabe von Reinzuchthefen, gegebenenfalls nach vorhergehender Pasteurisation des Mostes. Wilde Formen sind insbesondere *Saccharomyces apiculatus* und *exiguus*, Reinhefen entstammen der Art *Saccharomyces cerevisiae, var. ellipsoideus* oder *pastorianus*. Die Reinhefearten zeigen recht verschiedene Aktivität. Benutzt werden hochvergärende Stämme, die hohe Alkoholausbeuten (bis 145 g/l) liefern und solche, die bei hohem Endvergärungsgrad resistent gegen Gerbstoffe sind (für Rotwein). Andere Hefetypen sind „Sulfithefen", die gegen schweflige Säure geringe Empfindlichkeit zeigen, „Kaltgärhefen", die bei niedrigen Temperaturen gärwirksam bleiben und schließ-

lich Spezialhefen der Schaumweinherstellung, die dichten, körnigen und daher leicht abtrennbaren Trub liefern. Hefeansätze dieser Arten werden zu dem in Gärbehälter (Eichenholzfässer, Tanks aus Chrom-Nickel-Stahl mit Glas, Emaille oder Kunststoff ausgekleidet) abgefüllten Most gegeben. Der Most muß gezügelt, d.h. langsam (bis 21 Tage) und kühl (12–14 °C bei Weißwein, 20–24 °C bei Rotwein) vergären. Bei nicht zu stark geschwefelten Mosten setzt die Hauptgärung schon nach einem Tag ein und erreicht nach 3–4 Tagen ihren Höhepunkt.
Zum Schutz gegen Lufteinwirkung (Braunwerden), Fremdinfektion (Essigsäurebakterien) und zur Erhaltung der Kohlensäure wird der Flüssigkeitsverlust im Gärbehälter durch Nachfüllen gleichartigen Weines ausgeglichen. Am Ende der Hauptgärung, die in 5–7 Tagen abläuft, ist der Zucker weitgehend zu Alkohol vergoren, Eiweiß-, Pektin- und Gerbstoffe, außerdem Tartrate und Zellfragmente scheiden sich zusammen mit der Hefe als Bodensatz ab (Weingeläger, Trub, Drusen). Die Ausscheidung eines Teils der Weinsäure in Form des sauren Kaliumtartrats (Weinstein) hängt von Temperatur, Alkoholgehalt und pH-Wert ab (Abb. 20.6). Neben Weinstein fällt in geringer Menge meist auch Calciumtartrat. Der noch vorhandene, nicht vergorene Zucker (Restsüße) wird gegebenenfalls durch Unterbindung der Nachgärung mit Sorbinsäure und Pyrokohlensäurediethylester bzw. -dimethylester erhalten. Bei 12–15 Vol.-% an Ethanol kommt die Gärung zum Stillstand.
Der junge Wein, in einigen Gegenden als „Federweißer" oder „Sauser" getrunken, wird nach der Hauptgärung meist über Klärseparatoren aus dem Gärtank abgezogen und in mehreren Ruhe-

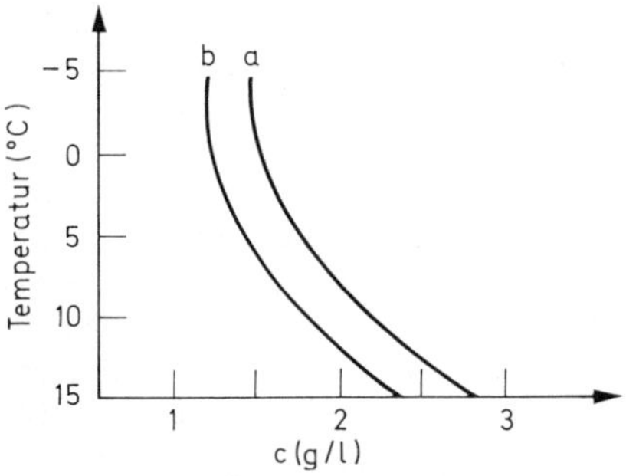

Abb. 20.6. Löslichkeit von Weinstein in Wein in Abhängigkeit von Temperatur und Ethanolkonzentration. **a**: 8 Vol.-%, **b**: 12 Vol.-%. (Nach *Vogt*, 1974)

und Klärzwischenstufen über einen Zeitraum von einigen Wochen bis zu mehreren Monaten nachvergoren, wobei der Restzucker praktisch abgebaut wird, die wertvollen Aromastoffe (das Bukett oder die Blume) sich entwickeln und ein weiteres Geläger (Hefe, Weinstein) sich abscheidet.
Rotweinmaischen werden auf den Trestern bei etwas höherer Temperatur nach verschiedenen Verfahren, vielfach in geschlossenen, doppelwandigen, emaillierten Stahltanks vergoren und oft kräftig geschwefelt. Beim Ablassen von der Maische wird der bessere Wirzwein und durch anschließendes Auspressen herber Preßwein erhalten. Der junge Wein darf nicht länger als für eine ausreichende Farbstofflösung notwendig auf der Maische verbleiben, da er sonst zu gerbstoffreich und rauh wird. In größeren Betrieben erfolgt die Farbstofflösung im allgemeinen nicht durch Maischegärung, sondern durch das erwähnte Erhitzen der Maische (cf. 20.2.3.2).
Die Rückstände der Gärung (Geläger) werden auf Hefepreßwein oder Hefebranntwein, auf Weinöl (für Branntweinessenzen) und auf Weinsäure verarbeitet. Die Rückstände sind ein ausgezeichnetes Futter- und Düngemittel. Tresterwein, der durch Vergären von Zuckerwasser auf ausgepreßten Trestern gewonnen wird (Petiotisieren), wird nur als Haustrunk hergestellt und nicht in den Verkehr gebracht.

20.2.5 Kellerbehandlung nach der Gärung, Lagerung

Die weitere Kellerbehandlung, auch als Ausbau des Weines bezeichnet, umfaßt das Herausarbeiten eines bestimmten Weincharakters sowie die Stabilisierung und Haltbarmachung.

20.2.5.1 Abstechen, Lagern und Reifen

Das Abstechen des Jungweines, d.h. das Abziehen aus dem Faß vom gebildeten Trub auf große geschwefelte Fässer, erfolgt mit oder ohne Lüftung; der Zeitpunkt bleibt der Erfahrung des Kellermeisters überlassen. Bisweilen ist wiederholter Abstich notwendig. Immer mehr wird möglichst früher Abstich angestrebt. Gegebenenfalls werden dem Wein zur Abrundung und Süßung 5–10% angegorener steriler Traubenmost, die Süßreserve, zugesetzt.
Die Lagerung des Weines bezweckt den weiteren

Ausbau der Geruchs- und Geschmackskomponenten und benötigt recht verschiedene Zeiten. Im allgemeinen wird Wein nach 3–9 Monaten vom Faß in Flaschen gefüllt, in denen sich die Reifung fortsetzt. Dauer der Reifung und Lagerfähigkeit sind unterschiedlich und hängen von der Qualität ab. Große Burgunder- und Bordeauxweine brauchen mindestens 4–8 Jahre zur Entwicklung, bei durchschnittlichen deutschen Weinen ist der Höhepunkt der Entwicklung nach 5–7 Jahren erreicht oder bereits überschritten. Nur edle Weine vertragen ein Alter von mehr als 10–12 Jahren ohne Qualitätsverlust.

Ein für den Geschmack wichtiger Vorgang bei der Reifung ist der Abbau eines Teils der Äpfelsäure zu Milchsäure, der durch verschiedene Mikroorganismen bedingt ist, vorwiegend aus den Gattungen *Pediococcus* (*P. pentosaceus, P. cerevisiae*), *Leuconostoc* (*L. oenos*) und *Lactobacillus*:

$$\mathrm{HOOC{-}CHOH{-}CH_2{-}COOH} \longrightarrow \mathrm{HOOC{-}CHOH{-}CH_3} + \mathrm{CO_2} \qquad (20.7)$$

Durch diesen Abbau verliert der Wein Säure und wird milder. Tab. 20.13 gibt einen Einblick in das Ausmaß dieser Reaktion.

Die Veränderungen beim Reifen des Weines sind noch ungenügend bekannt. Es finden Reaktionen zwischen Inhaltsstoffen wie Ethanol, Säuren, Carbonylverbindungen statt, die zur Ausbildung typischer Aromastoffe führen, die im Abschnitt 20.2.6.9 abgehandelt werden.

20.2.5.2 Schwefeln

Das Schwefeln der Maische oder des Mostes unmittelbar nach der Kelterung dient der Erhaltung oxidationsempfindlicher Inhaltsstoffe, der Verhinderung der enzymatischen Bräunung durch Phenoloxidation und der Hemmung unerwünschter Mikroorganismen (Essigbakterien, wilde Hefen, Schimmelpilze). Das Schwefeln des Weines vor dem ersten Abstich und danach trägt aus den gleichen Gründen zur Stabilisierung bei. Ein sehr wichtiger Effekt ist weiterhin die Unterdrückung unerwünschter Aromanoten („Luftton", „Oxidationston", „Alterston", „Sherryton") durch die Bindung von Carbonylverbindungen, insbesondere von Ethanal, als Hydroxysulfonsäuren. Das Schwefeln kann erfolgen durch Verbrennen von Schwefelschnitten, durch Zusatz von Sulfiten, durch wäßrige etwa

Tabelle 20.13. Milchsäurebildung bei der Reifung eines Weißweins

Datum	Gesamtsäure[a] (g/l)	Milchsäure[a] (g/l)
Juni	11,3	0,0
Juli	11,0	0,4
September	10,5	0,8
Februar	9,3	2,0
Juli	8,1	2,8

[a] Berechnet als Weinsäure.

6%ige Lösungen von schwefliger Säure oder durch flüssiges SO_2. Von der zugeführten schwefligen Säure bleibt nur ein Teil als freie Säure erhalten. Ein Teil wird zu Sulfat oxidiert, ein weiterer Teil wird an Zucker und andere Carbonylverbindungen gebunden. Die richtige Dosierung von SO_2 ist für den Verlauf von Gärung und Reifung und damit für die Weinqualität von großer Bedeutung. Angestrebt werden in fertig ausgebautem Wein 30–50 mg freies SO_2/l.

20.2.5.3 Klären und Stabilisieren

Geeignete Maßnahmen sollen vorhandene Trübungen beseitigen und ihrem Entstehen bei der Lagerung vorbeugen.

Trubstoffe sind meist Proteine sowie oxidierte und kondensierte Polyphenole. Weiterhin können mehrwertige Metallionen zu Verfärbungen und Abscheidungen führen.

Eine Klärung der Weine ist durch Fällung (Schönung), Filtration oder Zentrifugation üblich. Bei der Blauschönung werden die für Metalltrübungen verantwortlichen Metalle Eisen, daneben auch Kupfer und Zink durch genau berechnete Mengen an Kaliumhexacyanoferrat(II) ausgefällt, gleichzeitig werden mit dem entstehenden „Blautrub" hartnäckige Eiweißtrübungen beseitigt (grauer und schwarzer Bruch). Überschönung mit zu reichlich bemessenen Mengen des Kaliumhexacyanoferrats(II) führt zur Bildung von Blausäure im Wein. Bei anderen Schönungsverfahren werden Gelatine, Hausenblase, Eiereiweiß, Tannin, eisenfreier Bentonit, Kaolin, Agar-Agar und gereinigte Holz- oder Knochenkohle zugesetzt, die trübende Stoffe adsorbieren oder ausfällen. Zur Entfernung von Eisenverbindungen aus Wein werden auch Phytate verwendet, zur Entfernung von phenolischen Verbindungen Polyvinylpyrrolidon, zur Entfernung uner-

wünschter Schwefelverbindungen kolloidales Silberchlorid.
Die Klärung durch Filtration erfolgt über Asbest, Cellulose oder Kieselgur. Die Filter sind meist als Schichtenfilter oder Anschwemmfilter ausgebildet. Entkeimungsfilter eignen sich zur Unterbrechnung der Gärung, um bestimmte Mengen unvergorenen Zuckers bei einem gewünschten Vergärungsgrad zu erhalten. In Großbetrieben werden zunehmend sehr leistungsfähige Separatoren eingesetzt.
Geeignete Maßnahmen gegen kristalline Ausscheidungen in der Flasche sind z. B. Kühlen des Weins über einige Tage auf 0–4 °C, animpfen mit Weinsteinkristallen, Senkung der Konzentrationen an Kalium, Calcium und Weinsäure durch Ionenaustausch oder durch Elektrodialyse. Überhöhte Calciumkonzentrationen, die durch Entsäuerungsmaßnahmen bedingt sind (cf. 20.2.5.4), können zusätzliche Kristallausscheidungen (Calciumtartrat, -mucat, -oxalat) bedingen. Als Gegenmaßnahme wird die Abscheidung des überschüssigen Calciums mit D-Weinsäure empfohlen.

20.2.5.4 Verbessern

Ein Verbessern der Moste und Weine ist dann notwendig, wenn infolge der Ungunst der Witterung mancher Jahre derart viel Säure oder derart wenig Zucker in den erntereifen Trauben enthalten ist, daß der gewonnene Most nicht ohne weiteres trinkbaren, harmonischen Wein liefert. Solche Verbesserungen laufen allerdings oft auf eine Streckung hinaus. Der verbesserte Wein sollte nicht mehr Alkohol und nicht weniger Säure enthalten als Weine gleicher Art und Herkunft aus guten Jahrgängen. Übliche Verfahren sind insbesondere die Zuckerung, die Entsäuerung und das Verschneiden.
Bei der Zuckerung, für die in den meisten Ländern gesetzliche Regelungen bestehen, kann der Zuckerzusatz vor, während und nach der Gärung erfolgen, doch wird er meist als Most- oder Herbstzuckerung durchgeführt. Zugesetzt werden Saccharose (Trockenzuckerung), Saccharoselösungen (Naßzuckerung), Traubenmostkonzentrate oder haltbar gemachter Traubenmost („Süßreserve"). Mangel an Blume und Bukett kann durch Zuckerung nicht behoben werden. Kleiner Wein bleibt klein.
Eine Entsäuerung erfolgt meist mit $CaCO_3$, wobei je nach den Bedingungen nur Calciumtartrat oder ein Gemisch aus Calciumtartrat und Calciummalat ausfällt. Zur Entsäuerung können auch Ionenaustauscher verwendet werden. In der Regel wird bereits der Most entsäuert.
Das Verschneiden der Weine stellt eine geeignete Maßnahme dar, um Geschmacksfehler zu korrigieren, alte Weine aufzufrischen, die Farbe von Rotweinen zu vertiefen (Deckweine), zu geringes Bukett zu verstärken oder zu hohen bzw. zu niedrigen Säuregehalt auszugleichen und so Weine gleichmäßiger Qualität in den Verkehr zu bringen.
Andere Behandlungsverfahren sind z. B. die Zugabe von Wein- oder Citronensäure bei säurearmen Weinen südlicher Länder und der Zusatz von Glycerin zur Steigerung der Vollmundigkeit. Das Gipsen oder Phosphatieren zur Verstärkung der Rotweinfarbe beruht auf der Erhöhung der Farbausbeute durch pH-Absenkung mit $CaSO_4$ oder $CaHPO_4$. Imprägnieren leerer und matter Weine mit Kohlendioxid bringt keine wesentliche Verbesserung.

20.2.6 Zusammensetzung der Weine

Die chemische Zusammensetzung der Weine schwankt verständlicherweise innerhalb weiter Grenzen. Sie wird beeinflußt durch Klima und Witterungsbedingungen, Boden, Lage, Art und Behandlung von Trauben, Most und Wein.
Im Rahmen der Weinanalyse sind besonders wichtig Extrakt, Alkohol, Zucker, Säuren, Asche, Gerb- und Farbstoffe, Stickstoffverbindungen und Bukettstoffe. Wert und Güte des Weines werden insbesondere bestimmt durch den Gehalt an Ethanol, Extrakt, Zucker, Glycerin, Säuren und Bukettstoffen.
Bei der Vielzahl wertbestimmender Inhaltsstoffe ist die Beurteilung und Einordnung von Wein nur durch eine Kombination von chemischer Analyse und sensorischer Prüfung möglich.

20.2.6.1 Extrakt

Unter Extrakt faßt man alle genannten Komponenten, mit Ausnahme der destillierbaren Anteile, zusammen. Viele von ihnen sind auch im Most vorhanden und dort beschrieben worden, andere treten als typische Gärungs- und Abbauprodukte hinzu. Der Extraktgehalt liegt bei etwa 85% aller deutschen Weißweine zwischen 20 und 30 g/l (Mittel etwa 22 g/l), der von Rotweinen ist

meist etwas höher. Deutsche Ausleseweine enthalten etwa 60 g, ausländische Süßweine zwischen 30 und 40 g/l.
Da der Zuckergehalt manipulierbar ist, hat für eine Qualitätsbeurteilung der „zuckerfreie Extrakt" (Extrakt in g/l minus reduzierende Zucker in g/l plus 1 g/l für Arabinose, die bei der reduktometrischen Bestimmung mit erfaßt wird, aber nicht vergärbar ist) größere Bedeutung.

20.2.6.2 Kohlenhydrate

Als Kohlenhydrate (0,03–0,5%) treten bei vollständig vergorenen Weinen in geringen Mengen Glucose und Fructose auf. Weine mit unterbrochener Gärung enthalten beide Monosaccharide, und zwar wesentlich mehr an langsam vergärender Fructose als an Glucose. Im Durchschnitt liegt das Verhältnis Glucose/Fructose im Restzucker bei 0,58, schwankt aber in weiten Grenzen (0,48–0,90). Weine, die weniger als 4 g/l Restzukker enthalten, werden als durchgegoren (trocken) bezeichnet.
Pentosen kommen in vergorenen Weinen stets vor: Arabinose zu 0,05–0,13%, Rhamnose zu 0,02–0,04%, Xylose in sehr geringer Menge.

20.2.6.3 Ethanol

Die Ethanolkonzentration in Wein ist sehr wechselnd. Normale Traubenweine enthalten je nach Jahrgang und Sorte zwischen 55 und 110 g/l. Leichte Weine enthalten 55–75 g/l, mittlere 75–90 g/l, gute bis sehr gute Weine 90–110 g/l Alkohol und mehr. Sehr starke Weine aus südlichen Ländern enthalten 110–130 g/l Alkohol. Ein Alkoholgehalt über 144 g/l weist darauf hin, daß Ethanol zugesetzt wurde.

20.2.6.4 Andere Alkohole

Methanol findet sich stets in sehr kleinen Mengen (38–200 mg/l) im Wein, reichlicher vor allem nach Vergärung auf Trestern als Spaltprodukt der Pektine. Tresterbranntweine enthalten oft 1–2% Methanol. Höhere Alkohole sind Propyl-, Butyl- und Amylalkohole (99% des Fuselöles) sowie kleine Mengen noch höherer Alkohole (Hexyl-, Heptyl-, Nonylalkohol u. a.). Butylenglykol (2,3-Butandiol) als zweiwertiger Alkohol kommt im Mittel zu 0,4–0,7 g/l vor, und zwar als Gärprodukt der Hefe aus Diacetyl. Glycerin entsteht aus dem Zucker, kommt zu 6–10 g/l vor und verleiht dem Wein Vollmundigkeit und abgerundeten Geschmack (Körper). Sorbit findet sich nur in sehr kleinen Mengen. Höhere Konzentrationen sind ein Indikator für einen Verschnitt mit Kern- oder Steinobstprodukten. D-Mannit ist in gesunden Weinen nicht, wohl aber in kranken, bakteriell infizierten Weinen bis zu 35 g/l enthalten.

20.2.6.5 Säuren

Der pH-Wert von Traubenweinen liegt zwischen 2,8 und 3,8. Titrierbare Säuren kommen in ausgebauten deutschen Weinen zwischen etwa 5,5 und 8,5 g/l (als Weinsäure berechnet) vor. Säureabbau und Weinsteinausscheidung mindern die Säure des reifen Weines. Rotweine enthalten meist mehr Säure als Weißweine. Säurearm sind vor allem Weine aus südlichen Ländern. An der Gesamtsäure sind Wein-, Äpfel- und Citronensäure, außerdem als Gärungsprodukte und als Produkte des Säureabbaues Bernsteinsäure, Kohlensäure und Milchsäure sowie geringe Mengen flüchtiger Säuren beteiligt. Essigsäure, Propionsäure, höhere Fettsäuren und anomale Mengen von Milchsäure kommen in kranken Weinen vor.
Botrytis cinerea kann bis zu 2 g/l Most an Gluconsäure bilden, die deshalb in entsprechenden Weinen anzutreffen ist.

20.2.6.6 Phenolische Verbindungen

Die phenolischen Verbindungen werden bei Traubenmost bzw. bei Obst behandelt (cf. 18.1.2.5).

20.2.6.7 Stickstoffverbindungen

Von den Stickstoffverbindungen des Mostes fällt ein Teil beim Einmaischen und Keltern gebunden an Gerbstoffe aus, ein großer Teil (70–80%) wird durch die wachsende Hefe assimiliert. Der Hauptteil des noch vorhandenen Stickstoffes (etwa 200–800 mg/l) besteht aus freien Aminosäuren.

20.2.6.8 Mineralstoffe

Der Mineralstoffgehalt ist niedriger als der des Mostes, da ein Teil durch die Hefe verbraucht

und durch Abscheidung weinsaurer Salze eliminiert wird. Weine enthalten im Mittel etwa 1,8 bis 2,5 g/l Asche, gegenüber Mosten mit 3 bis 5 g/l. Die durchschnittliche Zusammensetzung der Weinasche (%) beträgt K_2O:40, MgO:6, CaO:4; Na_2O:2; Al_2O_3:1; CO_2:18; P_2O_5:16; SO_3:10; Cl:2; SiO_2:1.
Eisen findet sich zu 5,7–13,4 mg Fe_2O_3/l, kann jedoch durch unsachgemäße Verarbeitung der Trauben und des Mostes beträchtlich höhere Werte (20–30 mg Fe/l) erreichen.

20.2.6.9 Aromastoffe

Unter dem Begriff Aroma faßt man im allgemeinen die flüchtigen Stoffe eines relativ jungen Weines zusammen. Bei der Lagerung und Reifung guter Weine führen Veränderungen des Aromas dann zum Bukett. Das Bukett kann je nach den Reifungsbedingungen z. B. durch oxidative Reaktionen geprägt sein. Das ist der Fall bei Südweinen, wie Madeira, für die hohe Konzentrationen an Aldehyden und Acetalen typisch sind. Für die Entwicklung des Buketts feiner Tafelweine nach langer Flaschenlagerung spielen dagegen offensichtlich reduktive Reaktionen eine Rolle. Insgesamt ist über das Bukett von Weinen noch wenig bekannt. Zu den Aromastoffen, die bei Flaschenlagerung gebildet werden, gehört das 1,1,6-Trimethyl-1, 2-dihydronaphthalin. Nach längerer Lagerung überschreitet es die Aromaschwelle (ca. 20 µg/l Wasser) und trägt mit einer kerosinartigen Aromanote zum Aromaprofil alter Weine bei.
Die Aromastoffe in Wein, 400–600 Verbindungen mit einer Gesamtkonzentration von 0,8–1,2 g/l, stammen zum Teil aus der Traube (Primäraroma), zum Teil werden sie bei der Gärung (Sekundäraroma) gebildet. Ein großer Teil der verwendeten Trauben ist im Aroma neutral. Es gibt aber auch aromareiche Trauben, wie z. B. Muskateller, Pinot, Sauvignon.
Am Aroma von Muskateller-Weinen und in geringerem Umfang auch am Aroma anderer Weine sind Terpene beteiligt, die aber im Most noch überwiegend als geruchlose Glykoside, Di- und Polyole vorliegen. Tab. 20.14 zeigt, daß nur beim Linalool die Konzentration höher als die Geruchsschwelle ist. Bei der Reifung der Trauben nehmen die hydroxylierten Terpene und die Terpenglykoside zunächst stärker zu als die freien Terpene (Abb. 20.7, a). Erst gegen Ende der Reifung, wenn der pH-Wert und die Zuckerkonzentration sich nur noch wenig ändern (Abb. 20.7, b), steigen die freien auf Kosten der gebundenen Terpene an (Abb. 20.7, a), wodurch sich das Aroma verstärkt. Der niedrige pH-Wert in Verbindung mit einer Hitzebehandlung des Mostes führt zu einer verstärkten Hydrolyse der Glykoside und damit zu einem Anstieg von Linalool, Geraniol, Nerol und α-Terpineol. Außerdem wird die Cyclisierung und Dehydratisierung von Monoterpendi- und -polyolen unter Bildung von Aromastoffen (z. B. Neroloxid, Linalooloxide, Hotrienol) gefördert (cf. 5.3.2.3). Aus der begrenzten Zahl von Monoterpenen im Most entsteht eine große Vielfalt von Aromastoffen.
Das Monoterpenmuster ist zur Sortendifferenzierung geeignet. Ein Beispiel ist die Unterscheidung von Weinen der Rebsorte „Weißer Riesling“ von Weinen anderer Rebsorten, die auch unter der Bezeichnung „Riesling“ in den Handel

Tabelle 20.14. Freie und glykosidisch gebundene Monoterpene in Muskat-Trauben

Monoterpene	Frei (µg/kg)	Gebunden (µg/kg)	Geruchsschwelle (µg/l; Wasser)
Linalool	100	390	6
Geraniol	<5	330	130
Nerol	<5	170	400
α-Terpineol	<5	40	350
trans-Furanlinalooloxid[a]	<5	130	7000
cis-Furanlinalooloxid[a]	<5	<5	6000
trans-Pyranlinalooloxid	100	20	3600
cis-Pyranlinalooloxid	30	5	5400
3,7-Dimethylocta-1,5-trans-dien-3,7-diol[a]	2200	300	geruchlos

[a] Zur Struktur cf. 5.3.2.3.

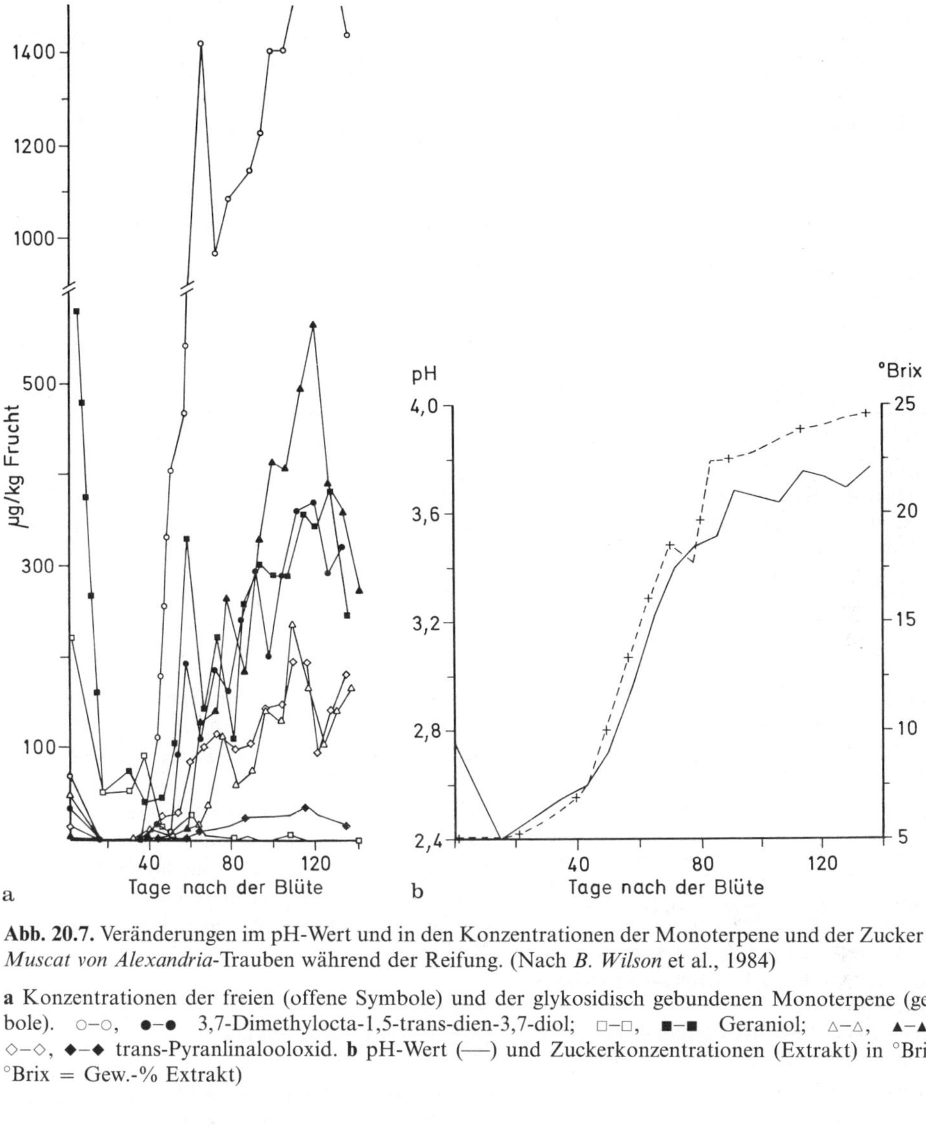

Abb. 20.7. Veränderungen im pH-Wert und in den Konzentrationen der Monoterpene und der Zucker im Saft von *Muscat von Alexandria*-Trauben während der Reifung. (Nach *B. Wilson* et al., 1984)

a Konzentrationen der freien (offene Symbole) und der glykosidisch gebundenen Monoterpene (gefüllte Symbole). ○–○, ●–● 3,7-Dimethylocta-1,5-trans-dien-3,7-diol; □–□, ■–■ Geraniol; △–△, ▲–▲ Linalool; ◇–◇, ◆–◆ trans-Pyranlinalooloxid. **b** pH-Wert (—) und Zuckerkonzentrationen (Extrakt) in °Brix (– + – +; °Brix = Gew.-% Extrakt)

gebracht werden. Wie aus Abb. 20.8 hervorgeht, sind die Konzentrationen der Monoterpene (insbesondere Linalool, Hotrienol, α-Terpineol, 3,7-Dimethylocta-1,5-trans-dien-3,7-diol) im „Weißen Riesling" wesentlich höher als in den anderen „Riesling"-Weinen.

Das bei der Gärung gebildete Aroma wird durch höhere Alkohole und Ester bestimmt. Eine Bewertung der sensorischen Relevanz einzelner Verbindungen ist sehr schwierig, da komplexe Gemische vorliegen, in denen sich die Verbindungen hinsichtlich ihrer sensorischen Wirkung gegenseitig beeinflussen. Außerdem sind andere Faktoren, wie z. B. pH-Wert und Zuckergehalt, von großer Bedeutung (Tab. 20.15).

Tab. 20.16 orientiert über die Konzentrationsbreiten, in denen höhere Alkohole und Ester bei der Untersuchung einer größeren Zahl von Weiß- und Rotweinen angetroffen wurden.

Die höheren Alkohole sind in Mengen anwesend, die wenig über den Schwellenwerten liegen. In diesen geringen Konzentrationen sind sie typisch

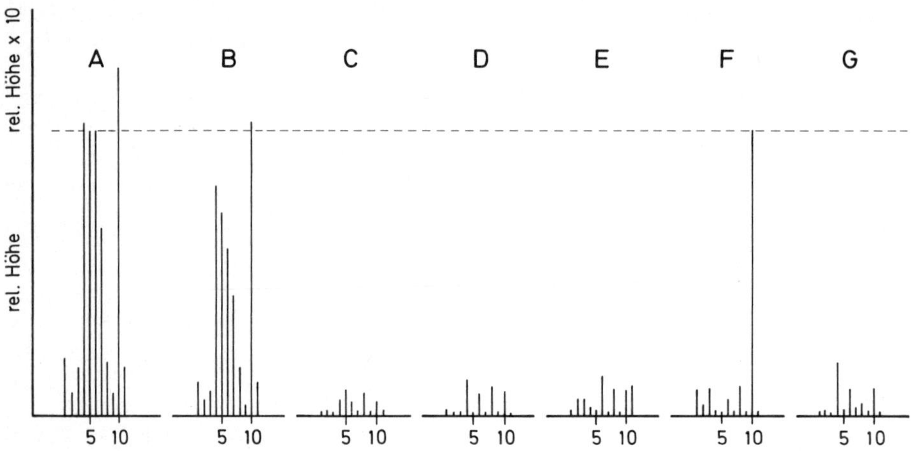

Abb. 20.8. Monoterpene in Weinen der Rebsorte „Weißer Riesling" und in Weinen anderer Rebsorten, die als „Riesling" in den Handel gebracht werden (nach *A. Rapp* et al., 1985).
A: Weißer Riesling (Rheinpfalz), B: Weißer Riesling (Frankreich), C: Welschriesling (Österreich), D: Welschriesling (Italien), E: Laski Rizling (Jugoslawien), F: Riesling (Australien), G: Emerald Riesling (USA).
Monoterpene: **1** trans-Furanlinalooloxid, **2** cis-Furanlinalooloxid, **3** Neroloxid, **4** Linalool, **5** Hotrienol, **6** α-Terpineol, **7** nicht identifiziert, **8** trans-Pyranlinalooloxid, **9** cis-Pyranlinalooloxid, **10** 3,7-Dimethylocta-1,5-trans-dien-3,7-diol, **11** 3,7-Dimethyl-1-octen-3,7-diol.

Tabelle 20.15. Abhängigkeit des Schwellenwertes einiger Weinaromastoffe vom Medium

Verbindung	Schwellenwert (µg/l) in Lösung[a]			
	1	2	3	4
Ethylcapronat	36	37	56	850
Ethylacetat	25000	40000		160000
Amylalkohol[b]	1900	12500	60000	180000

[a] 1: Wasser, 2: 12%iges Ethanol, mit Weinsäure auf pH 3 eingestellt, 3: Lösung 2 + 100 g/l Saccharose, 4: Trockener Weißwein.
[b] Gemisch (1:3) von 2-Methyl-1-butanol und 3-Methyl-1-butanol.

für das Weinaroma. In höheren Konzentrationen (>400 mg/l) werden sie dagegen als unangenehm empfunden.
Unter den Estern tritt Ethylacetat hervor. Sein Schwellenwert in Wasser liegt bei 25 mg/l. In geringen Konzentrationen (50–80 mg/l) trägt es insbesondere zum angenehmen Bukett von Rotweinen bei. Ethyllactat und Ethylsuccinat, deren Schwellenwerte bei 100 mg/l liegen, sind für das Aroma wahrscheinlich ohne Bedeutung. Die Ethylester von Capron-, Capryl-, Caprin- und Laurinsäure, deren Konzentration jeweils etwa eine Zehnerpotenz über dem Schwellenwert liegt, sind insbesondere für das Aroma von Weißwein wichtig. Während Capronsäureethylester fruchtig ist, geht die Aromaqualität mit zunehmender C-Zahl in weich und schließlich in seifenähnlich über. Menge und Zusammensetzung der Esterfraktion wird durch die Gärungsbedingungen wesentlich beeinflußt. Höhere Temperaturen und niedrigere pH-Werte senken die Konzentration (Tab. 20.17).

20.2.7 Fehler des Weins

Wie bei Bier beeinträchtigen Mängel und Fehler Aussehen, Geruch und Geschmack des Weines und können, wenn sie nicht rechtzeitig bekämpft werden, ein völliges Verderben herbeiführen. Beide Möglichkeiten sind außerordentlich vielgestaltig und können hier nur in großen Zügen Erwähnung finden.
Fehler sind zunächst das Braunwerden (Rahn- oder Fuchsigwerden, brauner Bruch), das auf der Oxidation phenolischer Verbindungen beruht und bei Rotweinen bis zur völligen Ausflockung des Farbstoffes führen kann. Die hier ablaufenden Oxidationsprozesse sind sowohl chemischer wie enzymatischer (Polyphenoloxidasen) Art.

Tabelle 20.16. Flüchtige Verbindungen in Wein

Verbindung	Weißwein (mg/l)	Rotwein (mg/l)
Methanol	38–118	43–222
1-Propanol	9–48	11–52
2-Methyl-1-propanol	28–170	45–140
1-Butanol	1,4–8,5	2,1–2,3
2-Methyl-1-butanol	17–82	48–150
3-Methyl-1-butanol	70–320	117–490
1-Hexanol	3–10	3–10
Ethylformiat	0,02–0,84	0,03–0,20
Methylacetat	0–0,11	0,08–0,15
Ethylacetat	4,5–180	22–190
Ethylpropionat	0–7,50	0,07–0,25
Propylacetat	0–0,04	0–0,08
Ethyl-2-methyl-propionat	0–0,60	0,03–0,08
2-Methylpropylacetat	0,03–0,60	0,01–0,08
Ethylbutyrat	0,04–1,0	0,01–0,20
Ethyl-2-methylbutyrat	0–0,02	0–0,08
Ethyl-3-methylbutyrat	0–0,04	0–0,09
3-Methylbutylacetat	0,04–6,10	0,04–0,15
Ethylcapronat	0,06–0,60	0,06–0,13
Hexylacetat	0–0,63	0–0,60
Ethyllactat	3,80–15	9–17
Ethylcaprylat	1,10–5,10	1,0–6,0
Ethylcaprinat	0,90–3,50	0,60–4,0
Diethylsuccinat	0,01–0,80	
2-Phenylethylacetat	0,20–5,10	
Ethyllaurat	0,10–1,20	
Ethylmyristat	0,10–1,20	
Ethylpalmitat	0,10–0,85	

Tabelle 20.17. Einfluß der Gärungsbedingungen auf die Bildung höherer Alkohole und Ester

Temperatur (°C)	pH	Höhere Alkohole insgesamt (mg/l)	Fettsäure-ester insgesamt (mg/l)
20	3,4	201	10,8
20	2,9	180	9,9
30	3,4	188	7,8
30	2,9	148	5,4

Als vorzügliches Mittel zur Verhütung des braunen Bruches hat sich die schweflige Säure bewährt; braungewordene Weine können mit Aktivkohle aufgehellt werden. Mit dieser Behandlung können auch Geschmacksfehler (Maischegeschmack, Geschmack nach faulen Trauben) beseitigt werden. Die Eisentrübung (weißer oder grauer Bruch) tritt in Form weißer, grauweißer oder grauer Schleier bzw. Trübungen auf, die im wesentlichen aus unlöslichem Eisen(III)-phosphat ($FePO_4$) bestehen und durch Einwirkung von Luftsauerstoff aus den im Wein enthaltenen Eisen(II)-verbindungen gebildet werden. Eiweiß, Gerbstoffe oder Pektine können an solchen Trübungen beteiligt sein und z. B. zum schwarzen Bruch führen. Die sogenannte Kupfertrübung beruht auf der Bildung von Cu_2S und anderen Verbindungen, die einwertiges Kupfer enthalten. Sie entstehen, wenn die vorhandenen $Cu^{2\oplus}$-Ionen durch einen zu großen Überschuß an SO_2 reduziert werden. Böckser der Weine tritt als Schwefelwasserstoffgeruch bei jungen Weinen auf. Der viel unangenehmere Faul- und Hefeböckser (Mercaptan-Böckser) wird durch das übelriechende und fest haftende Ethylmercaptan verursacht, kann aber durch Behandlung mit Aktivkohle beseitigt werden. Die flüchtigen Schwefelverbindungen entstehen, indem Sulfit von den Hefen bis zum H_2S reduziert wird, das dann mit Ethanol zu Ehtylmercaptan reagiert. Weitere Geschmacksfehler sind z. B. der Firn- und Altgeschmack sowie der Korkgeschmack, der wahrscheinlich auf Stoffwechselprodukte von Mikroorganismen zurückgeht. Der Korkgeschmack beruht auf 2,4,6-Trichloranisol in Konzentrationen oberhalb von 15–20 ng/l (cf. 5.1.5). Weitere Fehler sind das durch Milchsäurebakterien verursachte „Zähwerden" oder „Öligwerden", das auf der Bildung von viskositätserhöhenden Polysacchariden beruht, und der durch Essigsäure- oder Milchsäurebakterien bedingte Essig- oder Milchsäurestich (pigure oder acescence), oft verbunden mit der Mannitgärung, bei der zuweilen beträchtliche Mengen an Mannit entstehen.

Sorbinsäure kann durch heterofermentative Milchsäurebakterien zu 2-Ethoxy-3,5-hexadien umgesetzt werden, das in Konzentrationen von 0,1 mg/l einen „Geranienton" bedingt.

Das häufig bei Obst- und Beerenweinen, seltener bei Traubenweinen, anzutreffende Mäuseln ist mit einem an Mäuseharn erinnernden Geruch verbunden. Es wird angenommen, daß dieser Aromafehler von 2-Acetyl-1,4,5,6-tetrahydropyridin, das aus dem Stoffwechsel von Mikroorganismen hervorgehen soll, verursacht wird. Im Brot entsteht es auf nichtenzymatischem Weg und trägt zum angenehmen Röstaroma bei (cf. 15.4.3.2.2).

Rotweine zeigen das gleichfalls mikrobiell verursachte Umschlagen (la tourne), vor allem bei farbstoffarmen Weinen, wobei gleichzeitig der Gehalt an flüchtigen Säuren beträchtlich erhöht wird und Weinsäure sowie Glycerin abgebaut werden. Das Bitterwerden von Rotweinen wird durch Bakterien, Schimmelpilze und Hefen verursacht. Der Bittergeschmack ist in erster Linie dem aus Glycerin gebildeten Divinylglykol zuzuschreiben. Trübungen der Weine können als Hefe- und Bakterientrübungen auftreten und auch rein physikalisch bedingt sein, wie die Weinsteintrübung, bei der – häufig erst auf der Flasche – aus übersättigten Lösungen saures Kaliumtartrat (Weinstein) oder Calciumtartrat ausfällt, oder die Eiweiß-Gerbstoff-Trübungen, bei denen gelblichgraue, feine Schleier sich am Boden absetzen. Auch Trübungen, bedingt durch Salze der Schleimsäure sind bekanntgeworden.

20.2.8 Dessertweine

Die Herstellung von Dessertweinen, die sich durch hohe, nicht durch Vergärung frischen Traubensaftes zu erreichende Alkoholgehalte und vielfach auch durch hohe Zuckergehalte auszeichnen, erfolgt nach zwei grundsätzlich verschiedenen Verfahren, die teilweise auch kombiniert werden:

- durch Vergären von Traubensaft besonders hoher Konzentration oder durch Zusatz von konzentriertem Traubensaft zu normalem Wein (konzentrierte Dessertweine);
- durch Zusatz von Alkohol oder von gespritetem, eingedicktem Most zu genügend vorgegorenem Most (gespritete Dessertweine), wobei die Gärung zum Stillstand kommt.

Von der großen Zahl südländischer Weine dieser Art seien genannt als ungarische Dessertweine Szamorodny, Tokajer Ausbruchweine und Tokajer Essenz sowie der französische Haute Sauternes, die zur Gruppe der konzentrierten Dessertweine gehören. Aus Spanien stammen Malaga- und Sherryweine, aus Portugal Portwein und Madeirawein, aus Italien der sizilianische Marsala, der Calabrese aus Syrakus, die süßen Muskatweine aus Syrakus und Catania. In Griechenland werden auf dem Festland wie auf den Inseln Dessertweine erzeugt, z. B. der Samoswein oder der Vino santo auf der Insel Santorin. Extrakt-, Alkohol- und Zuckergehalt derartiger Weine gehen aus Tab. 20.18 hervor.

Tabelle 20.18. Zusammensetzung von Dessertweinen und Trockenbeerenauslesen

	Extrakt (g/l)	Alkohol (g/l)	Zucker (g/l)	Glycerin (g/l)	titrierbare Säure[a] (g/l)
Malaga	159,2	143,4	135,8	5,0	5,3
Portwein	67,6	166,5	47,0	2,8	4,5
Madeira	129,0	149,5	107,5		
Marsala	81,0	150,4	52,2	6,2	5,9
Samos	119,0	152,0	82,0	7,5	6,8
Tokayer Essenz	257,5	84,4	225,3	4,1	6,5
Rheingauer Trockenbeerenauslese	140,6	107,7	99,4	14,3	10,2
Pfälzer Trockenbeerenauslese	171,6	86,7	121,3	10,5	11,6
Sauternes Trockenbeerenauslese	127,8	101,2	82,7		0,3

[a] Als Weinsäure.

Der Ausbau dieser Weine erfordert zumeist 2–5 Jahre. Zum Teil, z. B. bei Sherry, erfolgt die Lagerung in nur teilweise gefüllten Fässern unter Luftzutritt. Auf der Oberfläche bildet sich eine geschlossene Hefedecke (Sherryhefe). Der typische Geschmack geht auf die aeroben Bedingungen der Reifung zurück, bei denen unter Verbrauch von Alkohol und flüchtigen Säuren andere Verbindungen zunehmen, vor allem Ethanal, Acetale, Ester, auch Acetoin und Butylenglykol. Bei Portwein wird vor der Beendigung der Gärung abgestochen und in Fässer mit Weindestillat gefüllt. Durch mehrmalige Wiederholung dieser Prozedur wird schließlich der gewünschte Endalkoholgehalt erreicht.

20.2.9 Schaumwein

Ausgehend von der Erfahrung, daß Kohlensäure die Weine, z. B. auch die bereits erwähnten Jungweine (Federweißer, Sauser), frisch, spritzig und lebendig macht, hat sich eine verfeinerte Form der Herstellung kohlensäurereicher Weinarten, der Schaumweine, entwickelt, die zu Beginn des 18. Jahrhunderts zuerst in der Champagne durchgeführt wurde (Champagner).

20.2.9.1 Flaschengärung (méthode champenoise)

Zur Herstellung von Schaumwein (Sekt) dient Jungwein geeigneter Weinbaugebiete, der aus Traubensäften besonderen Buketts (cuvé) durch

Vergärung in Fässern gewonnen wird. Durch Verschnitt (coupage) von Weinen verschiedener Lagen, häufig unter Zusatz alter Weine, strebt man eine einheitliche Qualität des Endproduktes an. Um den geklärten und ausgebauten stillen Wein in ein moussierendes Getränk umzuwandeln, wird er einer zweiten Gärung unterworfen, indem man die für den gewünschten Endalkoholgehalt (85–108 g/l) und den Kohlendioxiddruck (etwa 4,5 bar bei 20 °C) notwendige Zuckermenge (etwa 20–25 g/l) zusammen mit Reinzuchthefe zugibt. Gewählt werden Spezialhefen, die gärkräftig und wenig kohlensäureempfindlich sind und sich nach beendeter Gärung als fester körniger Trub (Depot) abscheiden.
Die Flaschen werden bis auf einen geringen Luftrest (Kammer) gefüllt (tirage) und mit Korken (auch mit Kunststoff-Stopfen und in großem Umfang mit Kronkorken) verschlossen und der Verschluß durch einen Stahlbügel (Agraffe) gesichert. Die Verwendung der Kulturgärhefen erlaubt es heute, die Flaschen sofort in Kellerräume von normaler Temperatur (9–12 °C) zu bringen. Die Gärung dauert mehrere Monate, der Ausbau des Sektes kann sich über 3–5 Jahre hinziehen. Dabei steigt der Kohlendioxiddruck stark an und je nach dem Druck unterscheidet man in Frankreich Schaumweine hohen Druckes (4,5–5 bar) als „grand mousseux", solche mittleren Druckes (4–4,5 bar) als „mousseux" und solche geringen Druckes (unter 4 bar) als „cremant". Der in diesem Stadium „auf Stoß" gestapelte Sekt wird nun zur Entfernung der Hefe (Degorgieren) in Rüttelpulten mit dem Hals nach unten mehrmals geschüttelt, bis der Hefetrub sich als Propf auf dem Korken ansammelt. Nach 6–8 Wochen wird die Flasche nach oben gedreht und der Kork mit Hilfe einer Degorgierzange entfernt. Dabei wird gleichzeitig der angesammelte Hefesatz aus der Flasche geschleudert. Um diesen schwierigsten Arbeitsgang der Schaumweinfabrikation zu erleichtern, friert man oft den obersten Teil des Flaschenhalses ein, so daß beim Degorgieren die Hefe im gebildeten Eispfropf abgetrennt werden kann. Der von der Hefe befreite Schaumwein (vin brut) wird je nach gewünschter Geschmacksrichtung dosiert, indem „Likör" (dosage; heute meist eine Lösung von Kandiszucker in Wein) zugegeben und die Flasche dann bis zur „Kammer" (etwa 15 ml) aufgefüllt und wieder verschlossen wird. Zum weiteren harmonischen Ausbau lagert der Fertigsekt noch 3–6 Monate. Um die zeitraubende und kostspielige Prozedur des Degorgierens zu vermeiden, ist man vielfach zur Filtrationshefung übergegangen: der in der Flasche vergorene Rohsekt wird zunächst in einen Tank gegeben, dort dosiert und dann in die Versandflasche gefiltert. Nach dem Restzuckergehalt (g/l) werden die Sekte als brut (< 15), extra dry (12–20), trocken (17–35), halbtrocken (35–50) oder mild (> 50) bezeichnet. Diabetikerschaumwein wird mit Sorbit gesüßt.

20.2.9.2 Großraumgärverfahren (produit en cuve close)

Um das teure und zeitraubende klassische Verfahren der Schaumweinherstellung zu vereinfachen, wird kohlensäurehaltiger Wein nicht in Flaschen, sondern in druckfesten Stahltanks vergoren und dosiert und nach entsprechender Klärung und Filtration stark unterkühlt auf Flaschen abgefüllt. Die Gärung dauert hier bei einem Druck von etwa 7 bar 3–4 Wochen.

20.2.9.3 Imprägnierverfahren

Beim Imprägnierverfahren (vin mousseux gacéifié) wird die Kohlensäure des Fertigproduktes nicht durch Gärung, sondern durch künstliche Imprägnierung des Weines – ähnlich wie bei künstlichem Mineralwasser – zugeführt. Zweite Gärung, Zuckerzusatz und Degorgieren entfallen hier, doch wird derartiger Schaumwein gleich anderen Sorten mit Likör gesüßt, verkorkt und verdrahtet.

20.2.9.4 Verschiedene Schaumweintypen

Champagner ist ein nach dem Flaschengärverfahren aus Weinen des französischen Weinbaugebietes der Champagne und nur dort hergestellter Schaumwein.
Fruchtschaumweine werden aus Obst- und Beerenweinen (Äpfel, Birnen, weiße und rote Johannisbeeren, Heidelbeeren) hergestellt. Das Verfahren der Wahl ist hier fast ausschließlich die oben beschriebene Imprägnierung.
Perlwein ist Wein, der frühzeitig in Flaschen gefüllt wurde und dort eine stärkere Nachgärung erfuhr.

20.2.10 Weinähnliche Getränke

Über die Zusammensetzung einiger typischer Produkte orientiert Tab. 20.19.

Tabelle 20.19. Zusammensetzung einiger weinähnlicher Getränke[a]

Getränk	Alkohol	Extrakt	Säure[b]	Zucker	Mineralstoffe
Tafelapfel	58,4	23,4	3,8+	1,7	2,8
Cidre	51,0	29,7	2,8+	10,4	2,6
Mostbirne	49,3	53,7	6,5+	9,0	4,1
Rote Johannisbeere	62,1	39,8	18,6*	1,8	4,0
Stachelbeere	96,3	78,6	7,5*	55,8	1,8
Sauerkirsche	101,4	62,7	11,7*	3,8	3,61
Malzwein	70,6	24,5	4,6+	4,9	1,36
Malton-Sherry	123,0	115,2	8,1+	55,9	2,3
Met	51,4	242,4	3,9+	208,0	1,34
Sake	121,2	28,6	5,7+	5,5	1,0

[a] Werte in g/l.
[b] Säure berechnet als Äpfelsäure+, als Citronensäure*.

20.2.10.1 Fruchtweine

Zur Herstellung verwendet man insbesondere Obstpreßsäfte (Obstmost) von Äpfeln, Birnen, Kirschen, Zwetschgen, Pfirsichen, Johannis-, Stachel- und Heidelbeeren, Preisel- und Himbeeren, von Hagebutten und Rhabarber. Die Verarbeitung entspricht im allgemeinen den bei Wein besprochenen Gesichtspunkten. Äpfel- und Birnenmaische wird zuerst abgekeltert und dann wird der abgepreßte Most vergoren. Beerenfruchtmaische wird dagegen zur Extraktion der Farbstoffe meist direkt zur Vergärung gebracht. Zur Unterdrückung von Fremdgärungen ist der Zusatz von Reinzuchthefen (Kaltgärhefen) üblich, die Gärkraft in den stickstoffarmen Beerenmosten kann durch geringe Mengen an Ammoniumsalzen gesteigert werden. Bei säurearmen Mosten, vor allem solchen aus Birnen, wird Milchsäure bis zu 3 g/l zugesetzt. Um reintönige Gärungen zu erzielen und den oft sauren Charakter zu mildern, ist bei Beeren- und Steinobstwein ein Zusatz von Zuckerwasser üblich. Kernobstsäfte werden durch Anrühren der Trester mit 10% Wasser und durch Zuckerzusatz bis zur Erhöhung des Mostgewichtes auf 55° Oechsle verbessert.
Kellereitechnische Maßnahmen, insbesondere Klärung und Stabilisierung erfolgen bei Fruchtweinen wie bei Wein.
Fruchtweine werden in vielen Ländern in größtem Umfang großtechnisch wie im Kleinstbetrieb aus den verschiedensten Obstarten gewonnen, z. B. der Apfelwein (Cidre) und der Birnenwein (Poiré) in Frankreich. In Deutschland sind Fruchtweine, z. B. an der Mosel, um Frankfurt, in Baden-Württemberg, ein Volksgetränk und werden meist als Most schlechthin bezeichnet.

20.2.10.2 Malzweine, Met

Malzweine werden durch Vergärung von Malzauszügen (Heißwasserextrakte aus geschrotetem Malz) hergestellt. Maltonweine werden gleichfalls aus Malz gewonnen, dem man zur Steigerung des Zucker- und Alkoholgehaltes bis zur 1,8fachen Menge des Malzes Zucker zusetzt. Die Würze wird mit Milchsäurebakterien gesäuert (0,6–0,8% Milchsäure), die Säurebildung durch Erhitzen auf 78 °C sistiert und anschließend wird mit Reinzuchthefe auf einen Alkoholgehalt von 10–13,5% vergoren. Es entstehen Getränke vom Charakter der Dessertweine, die aber durch ihren hohen Gehalt an Milchsäure und den Geschmack nach Malzextrakt sich von echten Dessertweinen unterscheiden.
Kwaß wird aus Gerstenmalz, Roggenmalz und Roggenmehl, gegebenenfalls unter Zuckerzusatz hergestellt.
Met wird durch Vergärung einer Honig-Wasser-Mischung (höchstens 2 l Wasser auf 1 kg Honig) hergestellt. Er war bereits in frühgeschichtlicher Zeit ein weitverbreitetes Getränk in Europa und wird auch heute noch, vor allem in Ost- und Nordeuropa genossen.

20.2.10.3 Sonstige Erzeugnisse

Weitere weinähnliche Erzeugnisse sind Palm- und Agavenweine (Pulque), Ahorn- und Tamarindenweine sowie der Reiswein (Sake), ein sherryartiges Getränk, das warm genossen wird.

20.2.11 Weinhaltige Getränke

Weinhaltige Getränke sind unter Verwendung von Wein, Likörwein und/oder Schaumwein hergestellte alkoholische Getränke.

20.2.11.1 Wermutwein

Wermutwein wurde zuerst im letzten Drittel des 18. Jahrhunderts in Italien (Vermouth di Torino, Vino Vermouth), später auch in Ungarn, Frankreich, Slowenien und Deutschland erzeugt. Zur Herstellung wird entweder Wermutkraut (*Artemisia absynthium*) mit gärendem Most oder mit Wein extrahiert, oder es wird ein Extrakt aus der

Pflanze zugegeben. Zusätze anderer würzender Pflanzenteile (Thymian, Enzian, Calmus u.a.) sind üblich.

20.2.11.2 Kräuterweine (aromatische Weine)

Kräuterweine sind Getränke, die aus Wein unter Verwendung würzender Kräuter hergestellt werden, z.B. Bitterweine von der Art des Ingwerweines.

20.2.11.3 Arzneiweine oder Medizinische Weine

Derartige Weine sind Arzneizubereitungen (z.B. Chinawein, Kondurangowein, Kampferwein und Pepsinwein).

20.2.11.4 Maiwein und Bowlen

Maiwein hat Wein als Grundlage und ist ein mit Zucker gesüßtes, durch Waldmeisterkraut (*Asperula odorata*) oder Maikräuteressenzen aromatisiertes Getränk. Maibowle kann auch Schaumwein und Mineralwasser enthalten. Bei Verwendung von weinähnlichen Getränken anstelle von Wein, z.B. von Obst- oder Beerenwein, werden die Erzeugnisse z.B. als Maitrank aus Fruchtwein bezeichnet. Wein ist auch die Grundlage anderer ähnlicher Getränke, z.B. von Bowlen (Aufgüsse von Wein, Schaumwein, Selterswasser u.dgl. auf Früchte wie Ananas, Erdbeeren oder Pfirsiche), bei Schorle-Morle (Gespritztem, Mischungen von Wein mit Selterswasser), bei Kalter Ente oder Kardinal (Mischungen von Schaumwein mit Weiß- oder Rotwein, Zucker, Apfelsinen, Zitronen oder Ananas) u.a.m.

20.2.11.5 Weinpunsch

Unter Punsch versteht man ein Gemisch von Wein mit Rum oder Arrak, Zitronensaft, Zucker, Wasser und aromatischen Stoffen (Sanskrit: pantscha = fünf).

20.3 Spirituosen

20.3.1 Einführung

Spiritousen sind alkoholische Getränke, deren Alkohol aus der Destillation (Brennen) vergorener zuckerhaltiger Flüssigkeiten stammt. Man unterscheidet Branntweine, Liköre, Punschextrakte und alkoholhaltige Mischgetränke. Tab. 20.20 enthält einige Produktionszahlen.

Tabelle 20.20. Spirituosenproduktion in der Bundesrepublik Deutschland (1983)

Spirituose	Menge in 1000 hl
Kornbranntwein	844,1
Branntwein aus Wein	833,5
Steinhäger	39,6
Gin und Genever	23,9
Sonstige Wacholderbranntweine	60,7
Obstbranntweine	82,2
Bittere, Halbbittere und Kräuterliköre	231,9
Sonstige Liköre	311,2
Rum und Arrak	296,0
Whisky	43,3
Wodka	54,9
Sonstige Spirituosen	294,6
Insgesamt	3115,9

20.3.2 Branntweine und Alkohol für Lebensmittel

Branntweine sind extraktfreie oder extraktarme Spirituosen mit oder ohne Geschmackszutaten.

20.3.2.1 Herstellung von Branntweinen

Die Herstellung läuft darauf hinaus, aus alkoholhaltigen Flüssigkeiten den Alkohol durch Destillation abzutreiben. Flüssigkeiten, die solchen Bedingungen genügen, können entweder bereits Alkohol enthalten oder aber über die alkoholische Vergärung von zuckerhaltigen Maischen gewonnen werden, wobei gärfähige Zucker (D-Glucose, D-Fructose, D-Mannose und D-Galactose) entweder bereits vorliegen, oder aber durch Hydrolyse von Di- und Oligosacchariden (Saccharose, Lactose, Raffinose, Gentianose, Melecitose u.a.) bzw. von Polysacchariden erst gebildet werden.

Rohstoffe sind vor allem:

- alkoholische Flüssigkeiten (Wein, Bier, Obstweine, vergorene Milch);
- zuckerhaltige Stoffe (Zuckerrohr, Zuckerrübe und deren Melassen, Obstarten und Obsterzeugnisse, Obsttrester, Molke, Palmensaft und tropische zuckerreiche Pflanzenteile);
- stärke- und inulinhaltige Rohstoffe (Früchte und Getreidearten, Kartoffel, Topinambur, Batate, Maniok, Tapioka, Zichorie).

Die Verzuckerung wird bei stärkehaltigem Material mit Malz (Grünmalz und Darrmalz) und mit mikrobiellen Amylasen, z. B. aus Stämmen von *Aspergillus niger* und *A. oryzae* durchgeführt. Die Destillation erfolgt je nach Art des Ausgangsmaterials und des gewünschten Endproduktes auf verschiedene Weise. Bei Weinbrand, Rum, Arrak, Obst- und Getreidebranntweinen wird sie oft unter Verwendung relativ einfacher Apparaturen derart geleitet, daß neben dem Ethanol auch die bei der Gärung entstehenden oder dem Ausgangsmaterial eigentümlichen Aromastoffe wie höhere Alkohole, Ester, Aldehyde, Säuren, ätherische Öle, Blausäure ganz oder teilweise in das Destillat (Lutter, Raubrand) übergehen. Zur Gewinnung alkoholreicher Destillate ist mehrmalige Destillation notwendig. Bei der Darstellung reinen Alkohols wird dagegen die möglichst vollkommene Entfernung aller Nebenprodukte, insbesondere des Fuselöls, und oft die Gewinnung absoluten Alkohols angestrebt.

20.3.2.2 Herstellung von Alkohol

Der zu Trinkzwecken bestimmte Alkohol wird vor allem aus Kartoffeln, Getreide und Melasse sowie im Ausland auch aus Sulfitablaugen gewonnen. Zur Vergärung werden Brennereihefen, insbesondere obergärige Heferassen benutzt. Da die nicht sterilen Maischen rasch bei höherer Temperatur vergoren werden und die Hefeentwicklung in mit Milch- oder Schwefelsäure angesäuerten Maischen erfolgt, müssen die Hefen hohe Gärkraft haben, an relativ hohe Gärtemperaturen gewöhnt und gegen Säure sowie gegen Alkohol resistent sein. Neben der Verzuckerung mit hauptsächlich β-Amylase enthaltendem Malz hat sich auch die Verwendung α-amylasereicher mikrobieller Enzyme eingebürgert. Melasse bedarf keiner Verzuckerung und kann direkt vergoren werden. Die verzuckerten Maischen werden auf 30 °C abgekühlt und mit einer in milchsaurem oder schwefelsaurem Medium auf der Maische gezüchteten Anstellhefe oder direkt mit Backhefe versetzt. Nach der meist 48 h dauernden Gärung wird der in der vergorenen Maische zu 6–10 Vol.-% vorhandene Alkohol samt allen flüchtigen Bestandteilen abgebrannt, und zwar in drei- oder mehrteiligen kontinuierlich arbeitenden Kolonnenapparaten. Diese erlauben direkt die Gewinnung eines Alkohols mit einem Alkoholgehalt bis zu 96,6 Vol.-%.

Die Reinigung des Rohalkohols erfolgt durch kontinuierliche Rektifikation, nachdem der Rohalkohol zur Erleichterung der Fuselölabtrennung auf etwa 15 Vol.-% verdünnt worden ist. Das Kopfprodukt der Rektifizierkolonne ist fast reines Ethanol von 96,6 Vol.-%. Es liefert den für Trinkbranntweinzwecke geeigneten Neutralalkohol (Primasprit). In den Abzügen der Vorlaufkolonne finden sich viel Acetaldehyd, Methanol und niedrigsiedende Ester, in der Nachlaufkolonne vor allem die Fuselöle, andere höhere Alkohole und Furfural sowie Ester. Vor- und Nachlauf sowie die Zwischenfraktionen liefern technischen Alkohol. Das in Mengen von 0,1–0,5 l je 100 l Alkohol anfallende Fuselöl findet technische Verwendung, die verbleibende Schlempe dient in der Regel als Viehfutter. Die Ausbeute an Sprit aus 100 kg eingemaischter Stärke beträgt 62–64 l Reinalkohol (etwa 89% der Theorie).

Technischen Zwecken dienender Alkohol wird zur Verhinderung mißbräuchlicher Verwendung für den Genuß unbrauchbar gemacht (vergällt, denaturiert). Die Vergällung erfolgt entweder bei Brennspiritus mit einer Mischung aus Pyridinbasen oder bei Ethanol für industrielle Zwecke mit verschiedenen Stoffen, z. B. mit Petroleumbenzin, Kampfer, Ethylether, Farbstoff oder anderen geeigneten Vergällungsmitteln.

20.3.2.3 Branntweine aus Wein, Obst, Getreide und Zuckerrohrstoffen

Die genannten Branntweine zeichnen sich durch einen besonders ausgeprägten Geschmack und Geruch aus und enthalten mindestens 38 Vol.-% Ethanol. Sie werden als natürliche oder originäre Branntweine bezeichnet. Im einfachen Destillationsgang wird ein Destillat mit geringem Alkoholgehalt gewonnen (Lutter oder Rauhbrand), das oft spezifische Geruchs- und Geschmackskomponenten des Ausgangsmaterials enthält (Kornlutter, Wacholderlutter).

Bei der Herstellung kommt es darauf an, durch geeignete Maischung, Gärung und Destillation die wertgebenden spezifischen Duft- und Aromastoffe weitgehend zu erhalten (Ester, ätherische Öle) oder zu entwickeln (Blausäure, Gärprodukte, Hefeöl). Zur Abrundung von Geschmack und Aroma ist die Lagerung von ausschlaggebender Bedeutung.

20.3.2.3.1 Branntwein aus Wein

Weinbrand ist die auf der Grundlage von Weindestillat hergestellte Flüssigkeit, die mindestens 38 Vol.-% Alkohol aufweist. Trinkbranntwein, der neben Weinbrand Sprit enthält, wird als Weinbrandverschnitt bezeichnet.
Das Wort *Cognac* bleibt dem Weinbrand vorbehalten, der aus bestimmten Gebieten Frankreichs (Charente u. a.) stammt. Von annähernd gleichem Qualitätsniveau ist der aus Anbaugebieten Südfrankreichs stammende Armagnac.
Die Herstellung von Weinbrand erfolgte ursprünglich in Frankreich aus gegorenem Traubensaft, der in Destillationsvorrichtungen einfachster Art (kupfernen Branntweinblasen) auf offenem Feuer, oft ohne vorhergehende Entfernung der Hefe, gebrannt, d. h. destilliert wurde. Dabei wird zunächst ein Rauhbrand (sectionnement) gewonnen; das Destillat (brouillis) liefert durch wiederholte Destillation (repasse) den Weinbrand. Die Herstellung dieses Trinkbranntweines verbreitete sich bald auf viele Länder (Deutschland, Rußland, Spanien, Ungarn, Kalifornien, Australien) und wird heute auch in kontinuierlich arbeitenden Großbetrieben durchgeführt. In Deutschland dienen als Ausgangsmaterial Brennweine, die aus dem Ausland eingeführt werden und mit Weindestillat verstärkte (vinierte) Weine darstellen.
Das anfallende Weindestillat (52–86 Vol.-% Ethanol) ist als Rohstoff für die Weinbrandherstellung ein Halbfabrikat. Der eigentliche Weinbrand entsteht aus dem Destillat erst dann, wenn es „nach Art des Cognacs" behandelt wird, d. h. eine veredelnde halb- bis mehrjährige Lagerung (Reifung) in Holzfässern durchmacht. Als Faßmaterial dienen vor allem Eiche (barriques aus Limousinholz von etwa 300 l Inhalt), daneben Kastanienholz und andere Holzarten. Das Weindestillat nimmt dabei phenolische Verbindungen des Holzes und Holzfarbstoffe auf, wodurch die typische, mehr oder minder goldgelbe, zuweilen auch grüngelbe Farbe des Weinbrandes entsteht. Gleichzeitig ablaufende Oxidations- und Veresterungsprozesse verfeinern Aroma und Geschmack. Zur Qualitätsverbesserung üblich sind Zusätze von Auszügen, die mit Weindestillat aus Eichenholz, Pflaumen, grünen Walnüssen oder getrockneten Mandelschalen gewonnen wurden (Typagestoffe, Bonifikateure), außerdem Zusätze von Wasser, Zucker, Zuckercouleur und 1 Vol.-% Dessertweine zum Aufsüßen. Auch Behandlung mit Filter- und Klärstoffen ist üblich. Die erforderliche Alkoholkonzentration wird durch entsprechende Verdünnung der Destillate erzielt. Um die kostspielige und langdauernde Faßlagerung abzukürzen, ist immer wieder versucht worden, den Weinbrand gleich anderen Trinkbranntweinen auf künstlichem Wege zu altern. Vorgeschlagen wurden u. a. die Behandlung mit Ozon oder Sauerstoff, mit Ionenaustauschern sowie die Anwendung von Ultraschall. Keinem dieser Verfahren war ein wesentlicher Erfolg beschieden.

20.3.2.3.2 Obstbranntweine

Erzeugnisse dieser Art sind unter Bezeichnungen wie Kirschwasser, Zwetschgenwasser, Heidelbeergeist, Himbeergeist u. dgl. anzutreffen. Als Beispiel für die Herstellung derartiger Obstbranntweine sei die Gewinnung von Kirschwasser und Zwetschgenwasser dargestellt.
Kirschwasser (Kirschbranntwein) wird vor allem in Süddeutschland (Schwarzwälder Kirschwasser), Frankreich und in der Schweiz (Chriesiwasser) derart gewonnen, daß verschiedene Süßkirschensorten meist ganz oder unter Zerkleinerung eines Teiles der Kerne (elsässische Art) zerstampft und einige Wochen der Gärung (meist mit Reinzuchthefe) überlassen werden. Die vergorene Maische wird dann in kupfernen Blasen über freiem Feuer oder mit Dampf unter Abscheidung eines Vor- und Nachlaufes destilliert. Das anfallende Destillat enthält 60% und mehr Alkohol und wird als klarer, farbloser Branntwein meist mit einem Alkoholgehalt von 50% in den Handel gebracht. Der im Destillat gefundene geringe Blausäuregehalt (Steingeschmack) stammt aus dem enzymatisch abgebauten Amygdalin der Kerne. Kirschwasser, z. B. der Maraskasprit aus Dalmatien und Italien, dient auch als Zusatz zu Likören (Curaçao, Cherry Brandy, Maraschino u. a.).
Für die Herstellung von Zwetschgenwasser werden die vollreifen Pflaumen ähnlich den Kirschen, doch meist ohne Zerkleinerung der Kerne, behandelt und liefern ein Produkt, das vielfach als Slibowitz in den Verkehr gebracht wird. Hauptproduktionsländer sind außer Deutschland, die Schweiz (Pflümliwasser), Jugoslawien, Rumänien, die Tschechoslowakei und Ungarn sowie Frankreich. Neben der gewöhnlichen

Zwetschge wird auch die hocharomatische Mirabelle verarbeitet. Mirabellenbranntwein dient als wertvoller Zusatz zu Fruchtsaftlikören.
Obstgeiste werden aus frischen oder tiefgekühlten Früchten oder deren Säften (Heidelbeeren, Himbeeren, Erdbeeren, Johannisbeeren, Aprikosen, Pfirsichen u. a.) unter Zusatz von Alkohol destilliert. Kernobstbranntweine werden aus frischen vergorenen Äpfeln oder aus anderem Kernobst, aus der vollen Obstfrucht oder deren Säften ohne Zusatz von zuckerhaltigen Stoffen, Zucker oder Alkohol anderer Art mit einem Mindestalkoholgehalt von 38 Vol.-% gewonnen.
In der chemischen Zusammensetzung spielt bei Obstbranntweinen der Blausäuregehalt eine wesentliche Rolle. Kirschwässer des Handels enthalten etwa 0,3–60 mg Gesamtblausäure/l Alkohol. Daneben kommen Benzaldehyd (mindestens 20 mg/l) und Bukettstoffe (etwa 7–15 mg/100 ml Kirschwasser) vor. Zwetschgenwasser enthält geringere Blausäuremengen (0,6–21,3 mg/l).

20.3.2.3.3 Enzianbranntwein

Enzian oder Enzianbranntwein ist ein Erzeugnis, das durch Abtrieb von Maische aus vergorenen Enzianwurzeln oder aus Enziandestillat, das unter Verwendung von vergorenen Enzianwurzeln gewonnen wurde, hergestellt wird.
Ausgangsmaterial sind die Wurzeln verschiedener *Gentiana*-Arten (Bitterwurzel, Fieberwurzel), die in frischem Zustand reichliche Mengen an Zucker (6–13%) sowie als Bitterstoffträger verschiedene Glykoside wie Gentiopikrin, Gentiogenin, Gentiomarin u. a. enthalten. Hauptfabrikationsgebiete sind die Alpenländer (Tirol, Bayern, Schweiz) sowie der Französische und Schweizer Jura.

20.3.2.3.4 Wacholderbranntwein

Wacholder ist ein Branntwein, der aus Sprit- und/oder Korndestillat unter Hinzufügung von Wacholderdestillat und/oder Wacholderlutter hergestellt wird. Die Verwendung von Wacholderöl ist unüblich. Wacholdergeist wird ausschließlich unter Verwendung von Wacholderdestillat aus der vollen Beere oder aus deren vergorenen wäßrigen Auszügen hergestellt. Die Beeren des Wacholderstrauches (*Juniperus communis*) werden in Deutschland, Ungarn, Mähren, Frankreich und in der Schweiz auf Branntwein verarbeitet. Steinhäger wird ausschließlich durch Abtrieb unter Verwendung von Wacholderlutter aus vergorener Wacholderbeermaische mit mindestens 38 Vol.-% Alkohol hergestellt. Reine Wacholderbranntweine werden auch als Halbfabrikate zur Herstellung von Trinkbranntweinen mit Wacholderbeeraroma verwendet, z. B. für Genever, der aus einer Maische von Getreide und reichlich Darrmalz gebrannt wird, für Bommerlunder aus Schleswig-Holstein oder für Doornkaat aus Ostfriesland. Gin wird gleichfalls unter Verwendung von Wacholderbeerdestillaten und Gewürzen mit mindestens 38 Vol.-% Alkohol hergestellt. Trokkener Gin (Dry Gin) hat einen Alkoholgehalt von mindestens 40 Vol.-%.

20.3.2.3.5 Rum

Haupterzeugungsländer sind Jamaika, Cuba, Barbados, Puerto-Rico, Britisch- und Niederländisch-Guayana, Brasilien, Mauritius und Martinique.
Die Herstellung von Rum in den Zuckerrohranbaugebieten erfolgt aus Rohrzuckersirup und frischem Preßsaft, häufig unter Zusatz von Nebenprodukten, wie Schaumrückstände (skimmings), Melasse, Preßrückständen und deren Extrakten, Schlempe (Dunder) aus früheren Destillationen. Die zuckerhaltigen, verdünnten Lösungen werden bei maximal 36 °C einer Spontangärung überlassen und dann meist in einfachen Blasenapparaten (pot still) destilliert. Zur Erhöhung und Fixierung des Aromas werden der Maische zuweilen aromatisierende Pflanzenteile beigegeben, so daß Rumsorten verschiedensten Aromas (mit Ananas-, Juchten- oder Neutralgeschmack) im Handel anzutreffen sind. Auch die Qualität der einzelnen Erzeugnisse schwankt beträchtlich. Besonders hochgeschätzt ist Jamaika-Rum, der in verschiedenen Qualitäten im Handel ist. Allgemeine Klassifizierung erfolgt als Trink-Rum (Drinking Rum) und Verschnitt-Rum (Blending Rum). Der zur Ausfuhr bestimmte Rum weist einen Alkoholgehalt von etwa 76–80 Vol.-% auf (Original-Rum). Als Trink-Rum (Echter Rum) wird er meist auf 50 Vol.-% verdünnt oder mit Sprit und Wasser verschnitten. Rum weist unter allen Trinkbranntweinen das intensivste Aroma auf, das er erst durch längere Faßlagerung unter dem Einfluß des Luftsauerstoffs, durch Aufnahme von Extraktstoffen aus dem Eichenholz und durch Neubildung von

Estern sowie von anderen Aromastoffen erlangt. Original-Rum enthält etwa 80–150 mg/100 ml Gesamtsäure (ber. als Essigsäure), wobei ein Großteil frei in Form von Ameisen- und Essigsäure, der Rest zusammen mit anderen niederen Fettsäuren verestert vorkommt. Zusammensetzung und Gehalt an Estern ist für die Wertbestimmung von größter Bedeutung.

20.3.2.3.6 Arrak

Arrak wird unter Verwendung von Reis, Zuckerrohrmelasse oder zuckerhaltigen Pflanzensäften (vor allem dem Saft von Blütenkolben der Kokospalme) durch Gärung und Destillation gewonnen.
Produktionsländer sind vor allem Java, Sri Lanka, die Malabarküste und Thailand; bekannte Handelssorten sind Batavia und Goa. Arrak weist im Vergleich zu Rum geringeren Sortenreichtum auf und wird mit einem Alkoholgehalt von 56–60 Vol.-% als Original-Arrak importiert. Echter Arrak ist ein Original-Arrak, der auf Trinkstärke (50 oder 38 Vol.-% Alkohol) herabgesetzt wurde. Bei Arrak-Verschnitt soll mindestens 10% des Alkohols aus echtem Arrak stammen. Arrak dient zur Bereitung von Heißgetränken, von Schwedenpunsch, als Zusatz zu Likören sowie in der Süßwarenindustrie und bei Bäckereiprodukten als Würzkomponente. Batavia-Arrak enthält bei einer Alkoholkonzentration von 57,3 Vol.-% bezogen auf 100 ml reinen Alkohol im Mittel 92 mg Säuren, 189 mg Ester, 21 mg Aldehyde und 174 mg höhere Alkohole.

20.3.2.3.7 Getreidebranntweine

Hierher rechnen als typische Vertreter der Kornbranntwein und der Whisky. Zur Herstellung dienen verschiedene Getreidearten (Roggen, Weizen, Buchweizen, Hafer, Gerste, Mais, Hirse), die zunächst geschrotet und mit schwefelsäurehaltigem Wasser verkleistert werden. Die Verzuckerung erfolgt nach Zusatz von etwa 15% Darrmalz im Vormaischbottich bei etwa 56 °C unter Rühren. Sie geht im Temperaturbereich von 55–60 °C unter dem Einfluß der Malzdiastase schnell vonstatten. Anschließend wird zur Inaktivierung auf 62 °C erhitzt und dann sofort auf 19–23 °C abgekühlt. Kornbranntwein wird aus Roggen, Weizen oder Gerste stets im Maische- und nicht im Würzeverfahren gewonnen, d. h. ein Abläutern von den Trebern unterbleibt. Die Gewinnung von Malzbranntwein kann dagegen auch im Würzeverfahren erfolgen. Die süße Maische wird durch eine Spezialhefe vergoren und abgebrannt. Zum Brennen dienen im Kleinbetrieb einfache Blasen, bei der industriellen Verarbeitung im Gange der Destillation und Rektifikation kontinuierliche Kolonnenapparate hoher Leistungsfähigkeit. Die Ausbeuten betragen je nach der Verarbeitungstechnik 30 bis 35 l Alkohol aus 100 kg Getreide (Roggen). Es ist verständlich, daß die verschiedenen Verfahren Kornbranntweine sehr verschiedenartigen Charakters und wechselnder Qualität liefern. Einfache Blasenapparate führen bei primitiver Abtrennung von Vor- und Nachlauf zu charakteristischen Erzeugnissen, die jedoch oft reich an Kornfuselölen sind. Der moderne Brennereibetrieb erlaubt die weitgehende Abtrennung der Fuselöle und gibt hochprozentigen Kornsprit, aus dem mild schmeckende, geschmacklich reine Kornbranntweine mit weniger aufdringlichem Aroma herstellbar sind. Wichtig für den Endgeschmack all dieser Erzeugnisse ist eine gut geleitete Faßlagerung.
Whisky wird je nach Typ auf verschiedene Weise hergestellt. Rohstoff für den schottischen Malzwhisky (Malt Whisky) ist ein über Torf- oder Kohlerauch gedarrtes Malz. Dieses Rauchmalz wird bei 60 °C mit Wasser eingemaischt und die erhaltene Würze bei 20–32 °C vergoren. Die Destillation erfolgt zweistufig, zum Teil noch in einfachen Blasenapparaten. Bei der zweiten Destillation werden mit dem Vor- und Nachlauf aus dem zunächst erhaltenen Rauhbrand unerwünschte Komponenten abgetrennt.
Bei der Herstellung von schottischem Getreidewhisky (Grain Whisky) wird nach Verzuckerung der Stärke und Vergärung meist in kontinuierlichen Apparaturen ein Destillat gewonnen, das neutraler und aromastoffärmer ist, als der Malzwhisky.
In beiden Fällen muß das Destillat mit ca. 63 Vol.-% Alkohol zur vollen Aromaentfaltung eine längere Lagerung durchmachen, die am besten in alten Sherry-Fässern oder in angekohlten Holzfässern erfolgt. Anschließend wird auf eine Trinkstärke von 43 Vol.-% Alkohol herabgesetzt. Je nach der gewünschten Geschmacksrichtung wird Malzwhisky mit Getreidewhisky verschnitten (Blended Whisky).

Amerikanischer Whisky wird aus Mais, Roggen und Weizen durch Verzuckerung mit Malz, Vergären der Würze und zweimalige Destillation in Kolonnenapparaten gewonnen. Die Lagerung erfolgt meist in angekohlten Eichenholzfässern. Bourbon-Whisky enthält mindestens 51%, Corn-Whisky mindestens 80% Maisdestillat. Rye-Whisky enthält mindestens 51% Roggen- und Wheat-Whisky überwiegend Weizendestillat.

20.3.2.3.8 Flüchtige Inhaltsstoffe der Branntweine

Neben Ethanol enthalten Branntweine eine größere Zahl von flüchtigen Bestandteilen, die aus den verwendeten Rohstoffen stammen oder Gärungsnebenprodukte sind. Weitere Verbindungen können sich bei der Lagerung und Reifung solcher Erzeugnisse durch Reaktion zwischen Inhaltsstoffen bilden. Viele dieser flüchtigen Verbindungen sind für das Aroma der einzelnen Erzeugnisse von wesentlicher Bedeutung und variieren je nach Ausgangsmaterial und Verfahren beträchtlich nach Art und Menge. Tab. 20.21 gibt einen Überblick über die in einigen Branntweinen vorkommenden Mengen an ausgewählten flüchtigen Verbindungen, die ohne vorhergehende Anreicherung durch Direkteinspritzung der Proben gaschromatographisch erfaßt wurden.

Wichtige Gruppen von flüchtigen Verbindungen sind:

- Methanol und höhere Alkohole
  Methanol findet sich vor allem in pektinreichen Obst- und Tresterbranntweinen; Getreidespritsorten sind relativ arm an Methanol. Höhere Alkohole kommen regelmäßig vor, allerdings in stark wechselnden Mengen. Durchschnittswerte sind z. B. für Cognac 1,5 g/l, für Whisky 1,0 g/l, für Rum 0,6 g/l. Sie entstehen entweder aus Aminosäuren über die durch Oxidation oder Transaminierung gebildeten Ketosäuren und die daraus durch Decarboxylierung folgenden Aldehyde

$$\underset{\substack{|\\ NH_2}}{R{-}CH}{-}COOH \longrightarrow R{-}CO{-}COOH \longrightarrow R{-}CHO \longrightarrow R{-}CH_2OH \qquad (20.8)$$

  oder im Verlauf der Aminosäurebiosynthese.

- Carbonylverbindungen, Acetale
  Acetaldehyd als wichtigste bei der alkoholischen Gärung gebildete Carbonylverbindung und Diethylacetal beeinflussen schon in geringen Mengen die Qualität der Trinkbranntweine. Weitere Carbonylverbindungen in Branntweinen sind Propanal, Isobutanal, Pentanal, Isopentanal, Hexanal, Diacetyl, 2,3-Pentandion, Acrolein, Furfural, verschiedene Ketone, Vanillin, Coniferyl- und p-Hydroxybenzaldehyd. Manche dieser Verbindungen stammen aus dem Holz der Lagerfässer.

- Organische Säuren
  Vorherrschend ist Essigsäure (40–95% der Gesamtsäure); daneben wurden Propionsäure, Isobuttersäure, Buttersäure, Isovaleriansäure, Valeriansäure, Capronsäure, Caprylsäure, Caprinsäure und Laurinsäure gefunden. 2-Ethyl-3-methylbuttersäure scheint für Rum charakteristisch zu sein.
  Die Gesamtsäure liegt für Cognac bei 200 mg/l, für Scotch-Whisky bei 100 mg/l, für Bourbon-Whisky bei 400 mg/l und für Rum mit gutem Aroma bei 600 mg/l.

- Ester
  Ester, besonders solche kurzkettiger Carbonsäuren mit aliphatischen Alkoholen (Fruchtester) spielen für den Geruch und Geschmack bei Branntweinen eine wesentliche Rolle. Vorherrschend ist Ethylacetat; daneben kommen die Ethyl-, Isobutyl- und 3-Methylbutylester der niederen Fettsäuren vor. Auch Ethylester höherer Fettsäuren, z. B. die von Capryl-, Caprin-, Laurinsäure und in Scotch-Whisky sogar Palmitinsäureethylester, sind vorhanden. Der Einfluß des Herstellungsverfahrens auf die Zusammensetzung der flüchtigen Fraktion zeigt sich z. B. darin, daß der Gehalt an höheren Estern im Destillat deutlich erhöht ist, wenn in Gegenwart der Hefe destilliert wird. Kirsch- und Aprikosenbranntweine enthalten 1,1–4,3 g/l an Estern. Bei der Qualitätseinstufung des Rums bildet der Estergehalt eine wichtige Beurteilungsgrundlage. Die sog. Esterzahl gibt an, wieviel mg Ester, berechnet als Essigsäureethylester, in 100 ml reinem Alkohol enthalten sind. Je nach der Intensität des Aromas liegen die Esterzahlen bei Jamaika-Rum zwischen 80 und 1600.

Tabelle 20.21. Flüchtige Verbindungen in Branntweinen (Durchschnittswerte in mg/100 ml Reinalkohol)

Verbindung	Zwetschgenwasser	Kirschwasser	Williamsbirnenbrand	Cognac	Deutscher Weinbrand	Korn	Blended Whisky (Schottland)	Bourbon Whisky
Methanol	1137	681	1408	69	97	30	23	26
1-Propanol	146	806	134	52	41	0,4	44	29
1-Butanol	16	2,5	33	0,6	5	–	0,4	0,7
2-Butanol	23	44	16	2,5	13			
Isobutanol	86	47	56	112	63	+	69	81
2-Methyl-1-butanol	46	28	37	60	53	+	25	129
3-Methyl-1-butanol	143	98	119	218	150	0,8	50	207
1-Pentanol	0,4	+	0,6	–	+	–	+	+
1-Hexanol	2	0,8	11	2	1,5	–	+	0,4
1-Octanol	+	+	+	+	+	–	+	+
Benzylalkohol	3	4,5	–					
2-Phenylethanol	3	1,5	0,7	3,5	2	+	2,2	7,5
Ethylformiat	0,5	0,5	1,5	3,5	2	+	1,1	2,0
Methylacetat	9	7	33					
Ethylacetat	204	295	151	50	55	0,9	26	71
Propylacetat	–	4,5	–					
Isoamylacetat	0,7	0,7	0,7	+	0,4	–	1,0	0,5
Hexylacetat	+	–	–			–	+	+
Benzylacetat	+	+	–					
2-Phenylethylacetat	+	–	–	+	+	–	0,4	+
Ethylpropionat	4	4,5	0,6	1	3	–	0,4	0,3
Ethyllactat	57	100	34	15	9	–	1,1	2,4
Isoamyllactat	0,4	0,4	+	0,4	+	–	–	+
Diethylsuccinat	2	2	+	0,8	0,6	–	+	+
Ethylbutyrat	0,5	+	+	+	1			
Ethylcapronat	0,7	0,4	0,3	0,9	0,8	–	+	0,4
Ethylcaprylat	1,5	0,8	0,5	2	2	–	0,9	1,5
Ethylpelargonat	+	–	–			–	+	+
Ethylcaprinat	3	2	1	4	4	+	2,9	2,8
Ethyl-trans-2-decenoat	–	–	+					
Ethyllaurat	2	0,6	0,4	2,5	2	+	2,5	1,5
Ethyl-trans-2-cis-4-decadienoat	–	–	11					
Ethyl-trans-2-trans-4-decadienoat	–	–	5					
Ethylbenzoat	0,8	0,6	–					
Ethanal	18	16	17	21	53	1,5	7,0	8,6
Benzaldehyd	2,5	1	+	+ +	+ +	–	+	+
Furfural				+ +	+ +	–	0,8	2,0
Aceton	1	1	0,4	1	0,9	+	+	+
Diethylacetal	7	6	11	7	15	0,9	4,4	6,5
cis-Linalooloxid	+	+	+					
trans-Linalooloxid	0,3	+	+					
Terpineol	+	+	–					

• Weitere Verbindungen
Zu nennen sind Phenole (p-Methyl- und p-Ethylguajacol, Guajacol u. a.), Terpene und (in Rum und Whisky) Pyridine, Picoline und Pyrazine. Insbesondere in Steinobstbränden kommt Ethylcarbamat in Mengen von 0,3–3,2 μg/ml vor (cf. 8.12.7). Als Bildungsweg wird die Ethanolyse von Carbamoylphosphat aus dem Hefestoffwechsel diskutiert. Die Verbindung kann offensichtlich aber auch aus 1,2-Dicarbonylverbin-

dungen (Methylglyoxal, Diacetyl, 2,3-Pentandion) und HCN in Gegenwart von Ethanol entstehen.

20.3.2.4 Andere Branntweine

Viele Trinkbranntweine werden auf kaltem Wege durch einfaches Vermischen von gereinigtem Sprit unterschiedlicher Herkunft mit Wasser hergestellt und tragen örtlich gebundene Bezeichnungen wie Klarer, Weißer, Ostdeutscher. Oft enthalten sie auch Geschmacksträger (Würzen) wie Kornlutter, Kornbranntwein, Abtriebe von Kümmel, Anis, Fenchel usw. sowie Zucker, Essenzen, ätherische Öle und andere Geschmacksstoffe und werden dann als aromatisierte Branntweine bezeichnet. Im folgenden werden einige Beispiele gegeben.

Wodka (russisch = Wässerchen) ist ein Branntwein, der aus Sprit und/oder Korndestillat nach besonderen Verfahren mit geringen Zusätzen hergestellt wird. Dabei müssen die charakteristischen Merkmale, vor allem die Weichheit des Geschmacks erreicht werden. Die Zusätze dürfen geschmacklich kaum spürbar sein, der Extraktgehalt liegt bei 0,3 g/100 ml, der Mindestalkoholgehalt bei 40 Vol.-%.

Aquavit ist ein vorwiegend mit Kümmel aromatisierter Branntwein. Er wird unter Verwendung eines Destillats von Kräutern, Gewürzen oder Drogen hergestellt und hat mindestens 35 Vol.-% Alkohol.

Bittere Erzeugnisse. Bittere Branntweine werden mit bitteren und aromatischen Pflanzen- und Fruchtauszügen und/oder -destillaten, Fruchtsäften, ätherischen Ölen mit oder ohne Zucker bzw. Stärkesirup hergestellt. Erzeugnisse dieser Art sind z. B. Boonekamp, Bittere Tropfen, Englisch- und Spanisch-Bitter, Angostura. Aufgesetzter wird aus schwarzen Johannisbeeren mit Sprit oder Korn hergestellt.

Absinth ist Branntwein, der aromatische Bestandteile des Wermutkrautes in Verbindung mit anderen aromatischen Pflanzenstoffen enthält und sich beim Verdünnen mit Wasser trübt.

Sonstige Erzeugnisse. An Spezialbranntweinen von regionaler Bedeutung sind zu erwähnen: Tequilla und Mescal Südamerikas aus Agaven sowie Branntweine des Nahen Ostens aus Rosinen, Feigen und Datteln.

20.3.3 Liköre

Liköre sind Spirituosen mit 20–35 Vol.-% Alkohol, 220–500 g/l Zucker oder Stärkesirup, die mit Früchten, Gewürzen, Extrakten, Essenzen aromatisiert sind.

20.3.3.1 Fruchtsaftliköre

In Fruchtsaftlikören ist der Saft derjenigen Fruchtarten, nach denen die Liköre benannt sind, als wesentlicher geschmacksbestimmender Bestandteil enthalten. Der Mindestanteil an Fruchtsaft beträgt 20 l pro 100 l Fertigware, an Alkohol 25 Vol.-%. Möglich sind Zusätze anderer Fruchsäfte, natürlicher Aromastoffe und Zusätze von Zuckercouleur, unüblich ist jegliche Färbung. Erzeugnisse dieser Art sind z. B. solche aus Ananas-, Erdbeer-, Kirsch- oder Himbeersaft u. a. Eine besondere Art Kirschlikör ist der Cherry Brandy, der im wesentlichen aus Kirschsaft, Kirschwasser, Zucker oder Stärkesirup, Weingeist und Wasser hergestellt wird.

20.3.3.2 Fruchtaromaliköre

Fruchtaromaliköre sind Spirituosen, die unter Verwendung von natürlichen Essenzen, Destillaten und Extrakten hergestellt werden. Verwendung künstlicher Aromastoffe (mit Ausnahme von Vanillin) ist unüblich. Liköre dieser Art werden aus Aprikosen, Berberitzen, Hagebutten, Pflaumen, Citrusfrüchten u. a. m. hergestellt. Bezeichnungen wie „Triple" oder „Triple sec" sind nur für Citrusliköre mit mindestens 38 Vol.-% Alkohol gebräuchlich.

20.3.3.3 Fruchtbrandies

Fruchtbrandies sind Fruchtsaft- und Fruchtaromaliköre mit mindestens 5 l Obstbranntwein (40 Vol.-% Ethanol) je 100 l Fertigerzeugnis, gewonnen aus der Frucht, nach der das Erzeugnis benannt ist.

20.3.3.4 Sonstige Liköre

Weitere Liköre sind Kristall-Liköre, die Zuckerkristalle enthalten (z. B. Kristall-Kümmel) und Allasch als besonders aromatischer, alkohol- und zuckerreicher Kümmellikör mit mindestens 40 Vol.-% Alkohol. Eisliköre werden mit Eis vermischt getrunken (z. B. Zitronen-Eislikör). Sie weisen einen Mindestextraktgehalt von 30 g in 100 ml und einen Mindestalkoholgehalt von 35 Vol.-% auf. Cordial Medoc mit mindestens 38 Vol.-% Alkohol enthält mindestens 20% des Gesamtalkohols aus Weindestillat oder Weinbrand. Goldwasser ist ein Gewürzlikör, der Blattgold als charakteristischen Bestandteil enthält und nach Art des zuerst in Danzig hergestellten Erzeugnisses gewonnen wird.

Schließlich rechnen hierher auch Vanillelikör, dessen Aroma ausschließlich aus Vanilleschoten stammt, Goniglikör (Bärenfang, Petzfang) mit mindestens 25 kg Bienenhonig auf 100 l Fertigerzeugnis und Schwedenpunsch, der unter Mitverwendung von Arrak und Gewürzen hergestellt wird und mindestens 25 Vol.-% Alkohol enthält.

Kakao-, Kaffee- und Teeliköre werden unter Verwendung von Extrakten aus den entsprechenden Ausgangsmaterialien hergestellt. Emulsionsliköre sind Schokoladen-, Sahne- und Milchliköre, Mokka-mit-Sahne-Likör, Eierlikör (Eiercreme, Advokat), Eierweinbrand und Liköre mit Eizusatz. Der verbreitet konsumierte Eierlikör ist eine Zubereitung aus Alkohol, Zucker und Hühnereigelb.

Kräuter-, Gewürz- und Bitterliköre werden mit Fruchtsäften und/oder Pflanzenteilen, natürlichen ätherischen Ölen, natürlichen Essenzen und mit Zucker hergestellt (Anis-, Kümmel-, Curaçao- bzw. Pomeranzen-, Pfefferminz-, Ingwer-, Quittenlikör u. v. a.).

20.3.4 Punschextrakte

Punschextrakte oder Punschsirupe, auch kurz Punsche genannt, sind Konzentrate, die dazu bestimmt sind, verdünnt getrunken zu werden.

Rum- oder Arrakpunsche enthalten 5% Rum oder 10% Arrak, bezogen auf den Gesamtalkoholgehalt. Aromatisierung mit künstlichen Rum- oder Arrakessenzen, Fruchtethern oder -estern ist unüblich.

20.3.5 Alkoholhaltige Getränke

Mischgetränke (Mixgetränke, Cocktails) sind Mischungen von Branntweinen, Likören, Weinen, Essenzen, Frucht- und Pflanzensäften u. a. Sie werden – wie dies meist der Fall ist – zum sofortigen Genuß in Gaststätten ausgeschenkt oder als fertige Cocktailmischungen oder Grundstoffe in den Verkehr gebracht.

20.4 Literatur

Becker, H., Wucherpfennig, K., Kiefer, W., Stellwaag-Kittler, F., Haubs, H., Dittrich, H. H.: Wein. In: Ullmanns Encyklopädie der technischen Chemie, 4. Aufl., Bd. 24, S. 381, Verlag Chemie: Weinhein. 1983

Bluhm, L.: Distilled beverages. In: Biotechnology (Eds.: Rehm, H.-J., Reed, G.), Vol. 5, p. 447, Verlag Chemie: Weinheim. 1983

Buser, H.-R., Zanier, C., Tanner, H.: Identification of 2,4,6-trichloroanisole as a potent compound causing cork taint in wine. J. Agric. Food Chem. *30*, 359 (1982)

Dittrich, H. H.: Mikrobiologie des Weines. Verlag Eugen Ulmer: Stuttgart. 1977

Hardwick, W. A.: Beer. In: Biotechnology (Eds.: Rehm, H.-J., Reed, G.), Vol. 5, p. 165, Verlag Chemie: Weinheim. 1983

Hillebrand, W.: Taschenbuch der Rebsorten. 5. Aufl., Zeitschriftenverlag Dr. Bilz und Dr. Fraund KG.: Wiesbaden. 1978

Hoffmann, K. M.: Weinkunde in Stichworten. Verlag Ferdinand Hirt: 1970

Horak, W., Drawert, F., Schreier, P., Heitmann, W., Lang, H.: Äthanol und Spirituosen. In: Ullmanns Encyklopädie der technischen Chemie, 4. Aufl., Bd. 8, S. 80, Verlag Chemie: Weinheim. 1974

Jounela-Eriksson, P.: The aroma composition of distilled beverages and the perceived aroma of whisky. In: Flavor of foods and beverages (Eds.: Charalambous, G., Inglett, G. E.), p. 339, Academic Press: New York. 1978

Kreipe, H.: Getreide- und Kartoffelbrennerei, 3. Aufl., Verlag Eugen Ulmer: Stuttgart. 1981

Lafon-Lafourcade, S.: Wine and brandy. In: Biotechnology (Eds.: Rehm, H.-J., Reed, G.), Vol. 5, p. 81, Verlag Chemie: Weinheim. 1983

Macher, L.: Bier. In: Ullmanns Encyklopädie der technischen Chemie, 4. Aufl., Bd. 8, S. 462, Verlag Chemie: Weinheim. 1974

Meilgaard, M. C.: Prediction of flavor differences between beers from their chemical composition. J. Agric. Food Chem. *30*, 1009 (1982)

Molyneux, R. J., Wong, Yen-i: High-pressur liquid chromatography in the separation and detection of bitter compounds. J. Agric. Food Chem. *21*, 531 (1973)

Narziß, L.: Abriß der Bierbrauerei, 4. Aufl., Ferdinand Enke Verlag: Stuttgart. 1980

Nykänen, L., Suomalainen, H.: Aroma of beer, wine and distilled alcoholic beverages. D. Reidel Publ. Co.: Dordrecht. 1983

Palamand, S. R., Aldenhoff, J. M.: Bitter tasting compounds of beer. Chemistry and taste properties of some hop resin compounds, J. Agric. Food Chem. *21*, 535 (1973)

Piggott, J. R. (Ed.): Flavour of distilled beverages: origin and development. Ellis Horwood Limited: Chichester. 1983

Pieper, H. J., Bruchmann, E.-E., Kolb, E.: Technologie der Obstbrennerei. Verlag Eugen Ulmer: Stuttgart. 1977

Pollock, J. R. A. (Ed.): Brewing Science, Vol. 1, 2. Academic Press: London. 1979/81

Postel, W., Drawert, F., Adam, L.: Aromastoffe in Branntweinen. In: Geruch- und Geschmackstoffe (Hrsg.: Drawert, F.), S. 99, Verlag Hans Carl: Nürnberg. 1975

Rapp, A., Hastrich, H., Engel, L., Knipser, W.: Possibilities of characterizing wine quality and vine varieties by means of capillary chromatography. In: Flavor of foods and beverages (Eds.: Charalambous, G., Inglett, G. E.), p. 391. Academic Press: New York. 1978

Rapp, A., Güntert, M., Heimann, W.: Beitrag zur Sortencharakterisierung der Rebsorte Weißer Riesling. Z. Lebensm. Unters. Forsch. *181*, 357 (1985)

Ribereau-Gayon, P.: Wine flavor. In: Flavor of foods and beverages (Eds.: Charalambous, G., Inglett, G. E.), p. 355, Academic Press: New York. 1978

Rinke, W.: Das Bier. Verlag Paul Parey: Berlin. 1967

Strauss, C. R., Heresztyn, T.: 2-Acetyltetrahydropyridines – a cause of the „mousy" taint in wine. Chem. Ind. *1984*, 109

Tressl, R., Friese, L., Fendesack, F., Köppler, H.: Gas chromatographic – mass spectrometric investigation of hop aroma constituents in beer. J. Agric. Food Chem. *26*, 1422 (1978)

Tressl, R., Friese, L., Fendesack, F., Köppler, H.: Studies of the volatile composition of hope during storage. J. Agric. Food Chem. *26* 1426 (1978)

Troost, G.: Technologie des Weines, 5. Aufl., Verlag Eugen Ulmer: Stuttgart. 1980

Troost, G., Haushofer, H.: Sekt, Schaum- und Perlwein. Verlag Eugen Ulmer: Stuttgart. 1980

Vogt, E., Jakob, L., Lemperle, E., Weiss, E.: Der Wein, 7. Aufl., Verlag Eugen Ulmer: Stuttgart. 1977

Williams, P. J., Strauss, C. R., Wilson, B., Dimitriadis, E.: Recent studies into grape terpene glycosides. In: Progress in flavour research 1984 (Ed.: Adda, J.), p. 349, Elsevier Science Publ.: Amsterdam. 1985

Wilson, B., Strauss, C. R., Williams, P. J.: Changes in free and glycosidically bound monoterpenes in developing muscat grapes. J. Agric. Food Chem. *32*, 919 (1984)

Zimmerli, B., Baumann, U., Nägeli, P., Battaglia, R.: Occurrence and formation of ethylcarbamate (urethane) in fermented foods. Some preliminary results. Proc. Euro Food Tox II, Zürich, October 1986, p. 243.

21 Kaffee, Tee, Kakao

21.1 Kaffee und Kaffee-Ersatz

21.1.1 Einführung

Unter Kaffee (Bohnenkaffee) versteht man die von der Fruchtschale vollständig und von der Samenschale („Silberhaut") nach Möglichkeit befreiten, rohen (Rohkaffee) oder gerösteten (Röstkaffee), ganzen oder zerkleinerten Samen von Pflanzen der Gattung *Coffea,* wie auch das daraus zubereitete Getränk.
Die Heimat des Kaffees ist Afrika (Äthiopien, Abessinien). Von dort aus kam er über Arabien und Konstantinopel nach Venedig und verbreitete sich trotz zahlreicher behördlicher Verbote und ärztlicher Warnungen seit Mitte des 17. Jahrhunderts über ganz Europa. Der Kaffeebaum gehört zur Familie der *Rubiaceae.* Je nach Art erreicht er eine Höhe von 3–12 m. Zur Erleichterung der Ernte wird er meist strauchartig auf 2–2 ½ m gestutzt. Er besitzt lederartige, immergrüne, kurzstielige Blätter und weiße, jasminähnlich duftende Blüten, aus denen sich kirschenähnliche Steinfrüchte von etwa 1,5 cm Durchmesser entwickeln. Die Frucht (Abb. 21.1) zeigt ledrige Oberhaut, ist anfangs grün, färbt sich im reifen Zustand rot bis violett und enthält im süßen Fruchtfleisch (Mesokarp, Pulpa) zwei mit ihren abgeflachten Seiten aneinanderliegende Steinkerne. Sie sind mit einer Furche versehen, fest vom gelblichen, durchscheinenden Silberhäutchen (Samenhaut, Tegument) eingehüllt und darüber von der Pergamentschicht oder Hornschale, dem kräftig entwickelten Endokarp bedeckt. Gelegentlich findet sich (zu etwa 10–15%) in der Frucht nur ein einzelner Samen in Form einer rundlich-walzenförmigen Bohne, die im Handel als Perlkaffee bezeichnet wird.

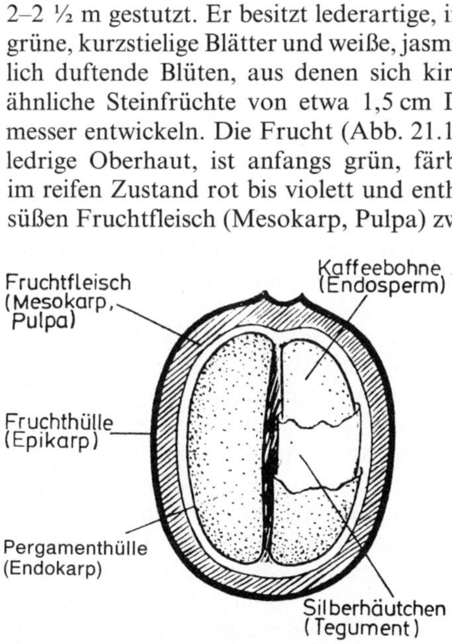

Abb. 21.1. Schnitt durch die Kaffeefrucht. (Nach *Vitzthum,* 1976)

Für das Gedeihen des Kaffeebaumes sind mittlere tropische Höhenlagen (nicht zu feucht und schattig, mittlere Jahrestemperatur zwischen 15–25 °C, 600–1200 m ü. M.) besonders günstig. Nach 3–4 Jahren beginnt der Strauch zu blühen, liefert nach dem 6. Jahr Vollernten und erreicht sein Maximum nach 10–15 Jahren. Die Reifezeit nach der Blüte beträgt 8–12 Monate. Von den ca. 70 *Coffea*-Arten sind nur zwei von großer wirtschaftlicher Bedeutung: *Coffea arabica* liefert rund 75% der Welterzeugung und *C. canephora* rund 25%. Die Anteile von *C. liberica* und weiteren Arten liegen bei weniger als 1%. Die Menge frischer Kaffeekirschen, die 1 kg marktfertigen Kaffee liefern (Rendement) beträgt für *C. arabica* 6,38 kg, *C. canephora* 4,35 kg und *C. liberica* 11,5 kg.
Daten über die Produktion von Rohkaffee bringt Tab. 21.1.

21.1.2 Rohkaffee

21.1.2.1 Ernte und Aufbereitung

Auf der nördlichen Halbkugel fällt die Ernte etwa in die Monate Dezember bis Februar, südlich des Äquators erfolgt sie etwa in den Monaten Mai bis August. Die Aufbereitung der mit der Hand gepflückten oder abgestreiften und am Boden eingesammelten Früchte erfordert vor allem die Entfernung des Fruchtfleisches und geschieht nach zwei Verfahren:
Bei der trockenen, in Brasilien fast ausschließlich üblichen Aufbereitung bringt man die Früchte

Tabelle 21.1. Produktion von Rohkaffee 1984 (1000 t)

Erdteil	Rohkaffee	Land	Rohkaffee
Welt	5210	Brasilien	1353
Afrika	1133	Kolumbien	780
Amerika, Nord-, Mittel-	948	Indonesien	329
Amerika, Süd-	2412	Mexiko	262
Asien	659	Äthiopien	240
Ozeanien	58	Uganda	204
		El Salvador	166
		Philippinen	145
		Guatemala	140
		Kamerun	127
		Costa Rica	124
		Indien	103
		Σ (%)[a]	76

[a] Weltproduktion ≙ 100%.

sofort nach der Ernte auf Trockenterrassen, breitet sie dort aus und trocknet sie an der Sonne, bis die Bohnen in der Schale rascheln.
Mit Schälmaschinen (konischen Schneckenwalzen) werden das getrocknete Fruchtfleisch, außerdem die Pergamenthaut und (soweit wie möglich) auch das Silberhäutchen entfernt. Der geschälte und gereinigte Kaffee wird nach Größe sortiert und in Säcken zu 60 kg verpackt. Häufig schichtet man die frischen Früchte in Haufen, läßt sie 3–4 Tage unter Selbsterhitzung fermentieren und verarbeitet sie dann wie geschildert weiter. In beiden Fällen erhält man ungewaschenen Kaffee.
Die nasse Aufbereitung ist kostspieliger, moderner und bei den Arabica-Kaffees üblich, vor allem in Mittelamerika, Kolumbien und Afrika. Hier werden die Kirschen dem Pulper zugeführt, der durch ein System verstellbarer, zum Teil gerauhter Scheiben und Walzen das weiche Fruchtfleisch abquetscht, ohne die Bohnen zu beschädigen. Das Fruchtfleisch dient als Düngemittel. Die so behandelten Bohnen enthalten neben Silberhaut und Pergamentschicht noch erhebliche Mengen Fruchtfleisch. Sie werden in wasserdurchströmten Gärbassins 12–48 h fermentiert, wobei durch kaffee-eigene pektinolytische Enzyme, gegebenenfalls auch unter Beteiligung von Mikroorganismen das Fruchtfleisch soweit gelockert und abgebaut wird, daß es durch Waschen leicht entfernt werden kann. Die auf Sieben abgetropften, auf Zementböden an der Sonne oder mit Heißluft bei 65–85 °C getrockneten Bohnen sind noch von der Pergamenthülse umgeben (Pergament- oder Hülsenkaffee, Cafe in pergamino) und werden wie bei der trockenen Aufbereitung in Schälmaschinen weiter verarbeitet. Sie liefern die gewaschenen Kaffeesorten (milds, Cafe lavado). Hochwertige Bohnen werden oft zur restlosen Entfernung der Silberhaut und zur Glättung der Oberfläche poliert.

21.1.2.2 Rohkaffeesorten

Von den drei genannten *Coffea*-Arten sind ca. 80 Varietäten bekannt. Am wichtigsten sind bei *Coffea arabica* die Varietäten *typica, bourbon, maragogips* und *mocca*, bei *Coffea canephora* die Varietäten *robusta, typica, uganda* und *quillon.* Alle Varietäten von *Coffea canephora* sind als Robusta im Handel.
Üblicherweise wird Rohkaffee nach seiner Herkunft bezeichnet, d. h. nach dem Erzeugerland oder dem Verschiffungshafen (Provenienzen). Wichtige gewaschene Arabicas sind z. B. Kenya, Tansania, Columbia, Salvador, Guatemala, Mexico. Ungewaschene Arabicas sind der milde Santos und die harten Rio und Bahia, alle aus Brasilien. Meist ungewaschene Robustas sind z. B. Angola, Uganda, Elfenbeinküste, Madagaskar.
Arabicas, insbesondere solche aus Kenia, Kolumbien und Mittelamerika, haben eine „feine Säure“ und „gute Fülle“. Der brasilianische Arabica Santos ist infolge seines kräftigen aber weichen Geschmacks ein wichtiger Bestandteil von Röstkaffeemischungen. Robustas sind dagegen kräftiger, grober und herber im Aroma.
Die Qualitätsbeurteilung von Rohkaffee erfolgt neben der Geruchs- und Geschmacksprüfung insbesondere nach Größe, Farbe, Form, Härte und Schnitt. Hauptfehler (Defects, Imperfections) sind vor allem „Fehlbohnen“, die sorgfältig ausgelesen werden müssen, da sie zum Teil ganze Partien geschmacklich verderben, zum mindesten aber das Aussehen des Kaffees mindern können. Es sind dies vor allem unreife Samen (Grasbohnen), die beim Rösten hell bleiben, überfermentierte Bohnen, deren Geschmacksfehler u. a. auf Essigsäure, Acetoin, Diacetyl, Butanol und Isobutanol beruhen, Frost- und Brechbohnen, insekten- und regenbeschädigte Bohnen sowie vertrocknete Bohnen (feve noir, black beans). Eine einzige solche Bohne verdirbt den

ganzen Kaffeeaufguß. Weitere Kaffeefehler sind vor allem muffige (ungenügend getrocknete, zu früh eingesackte) und erdige (fehlerhaft, z. B. auf Gras getrocknete) Produkte. In höheren Lagen gewachsene Kaffeesorten sind im allgemeinen wertvoller als solche aus Niederungen.

21.1.2.3 Zusammensetzung des Rohkaffees

Die Zusammensetzung von Rohkaffee ist von Sorte, Herkunft, Gewinnung und von klimatischen Einflüssen abhängig. Tab. 21.2 gibt einen Überblick. Bei Röstkaffee wird näher auf verschiedene Inhaltsstoffe eingegangen.

21.1.3 Röstkaffee

21.1.3.1 Röstung

Beim Rösten gehen im Temperaturbereich zwischen 200 und 250 °C tiefgreifende Veränderungen vor sich, die rein äußerlich durch Volumenzunahme (50–80%), Struktur- und Farbveränderungen, Gewichtsminderung (Einbrand, 13–20%) und insbesondere durch Ausbildung eines typischen, der Rohbohne fehlenden Aromas (Röstgeruch und -geschmack) gekennzeichnet sind. Gleichzeitig geht die spezifische Masse von

Tabelle 21.2. Zusammensetzung von Rohkaffee (Werte in % der Trockenmasse[a])

Bestandteil	Menge	
	Mittelwert	Schwankungsbreite
Wasserextrakt	33	29,0–36,2
Reinprotein		8,7–12,2
Fett	12,6	8,3–17,0
Red. Zucker[b]		0–0,5
Red. Zucker nach Inversion[c]		2–9
Saccharose	6–7	
Rohfaser		10–11,7
Citronensäure		0,5–1,15
Äpfelsäure		0–0,5
Oxalsäure		< 0,2
Chlorogensäuren		4,5–11,1
Coffein	1,45	0,9–2,6
Trigonellin	0,63	0,24–1,2
Mineralstoffe	4,0	3,0–5,4

[a] Wassergehalt 9,5% (5,0–12,1%).
[b] Berechnet als Glucose.
[c] Berechnet als Saccharose.

1,126–1,272 auf 0,570–0,694 zurück: der geröstete Kaffee schwimmt nach Benetzung auf dem Wasser, Rohkaffee geht unter. Die im rohen Zustand hornartige, zähe und schwer zu zerkleinernde Bohne wird spröde und mürbe.

Im Rahmen des Röstprozesses unterscheidet man 4 Hauptphasen: Trocknung, Entwicklung, Zersetzung und Vollröstung. Die ersten Veränderungen treten bei 50 °C in den Gewebeschichten auf, dann gerinnt das Eiweiß und das Wasser verdampft. Oberhalb von 100 °C bräunt sich die Bohne durch thermische Zersetzung der organischen Substanz nach Art einer Schwelung oder einer beginnenden trockenen Destillation, bei etwa 150 °C treten gasförmige Produkte auf (Wasserdampf, CO_2, CO), die zur Volumenvermehrung führen (die Bohne wächst). Bei 180 bis 200 °C beginnt die Zersetzungsphase, gekennzeichnet durch Sprengung der Bohne (Platzen der Kaffeefurche unter Knacken, Knallen), Bildung bläulichen Rauches und Auftreten des Kaffeearomas. Anschließend wird unter optimaler Karamelbildung das Stadium der Vollröstung erreicht, wobei der Wassergehalt auf 1,5–3,5% fällt.

Der Röstprozeß ist gekennzeichnet durch die Abnahme alter und das Auftreten neuer Inhaltsstoffe. Darüber wird bei den einzelnen Inhaltsstoffen berichtet (Abschnitt 21.1.3.3). Die Führung des Röstvorganges erfordert viel Übung und Erfahrung, um gleichmäßige Tönung und optimale Aromaentwicklung zu erzielen und Schädigung durch Überrösten und Anbrennen zu vermeiden.

Die Wärmeübertragung bei der Röstung erfolgt durch Kontakt der Bohnen mit den Wänden der Röstapparatur bzw. durch heiße Luft oder Flammenabgase (Konvektion). Die reine *Kontaktröstung* hat wegen der ungleichmäßigen Wärmeübertragung und den erforderlichen langen Röstzeiten (20–40 min) heute keine Bedeutung mehr. Bei *Kontakt-Konvektions-Röstverfahren* (Röstzeit 6–15 min) ist man bestrebt, den Konvektionsanteil durch geeignete Prozeßführung möglichst groß zu machen. Man arbeitet u. a. mit Zentrifugalröstern (rotierende flache Schalen), Drehrohrröstern, Wirbelschichtröstern (ca. 90% Konvektion). Der Betrieb erfolgt chargenweise oder auch kontinuierlich. Bei den neuen *Kurzzeit-Röstverfahren* (Röstzeit 2 bis 5 min) ist die Aufheizphase durch bessere Wärmeübertragung stark abgekürzt worden.

Die dadurch bedingte puffartige Wasserverdampfung führt zu einer stärkeren Volumenvergrößerung der Bohne als herkömmliche Röstverfahren. Die Dichte des auf diesem Wege hergestellten Röstkaffees ist demzufolge im gemahlenen Zustand um 15–25% geringer.
Der Röstvorgang wird durch Probenziehung oder elektronisch kontrolliert, das fertiggeröstete Produkt möglichst schnell auf Kühlsieben oder durch Aufsprühen von Wasser abgekühlt, um Nachrösten, Verbrennen oder Aromaverlust zu vermeiden. Während des Röstens auftretende Dämpfe sowie Zellfragmente (Silberhäutchen) werden durch Exhaustoren abgesaugt und in größeren Betrieben verbrannt.
Der angestrebte Röstgrad ist sehr unterschiedlich. In den USA und in Mitteleuropa wird hell geröstet (200–220 °C, 3–10 min, Einbrand 14–17%), in Frankreich, Italien und den Balkanländern zum Teil auch stark dunkel (Espressokaffee, 230 °C, Einbrand 20%).
Das Kandieren oder Glasieren von Kaffee ist veraltet.

21.1.3.2 Aufbewahrung und Verpackung

Gerösteter Kaffee wird durch Handarbeit an Verlesetischen, in großen Röstereien fotoelektrisch vollautomatisch verlesen, um Fehlbohnen zu entfernen. Handelsüblicher Röstkaffee ist eine Mischung aus 4–8 Provenienzen, die infolge unterschiedlichen Verhaltens meist getrennt geröstet werden müssen. Als Mokka werden im allgemeinen besonders kräftige Mischungen bezeichnet.
Während Rohkaffee 1–3 Jahre gelagert werden kann, bleibt Röstkaffee in handelsüblicher Verpackung nur 8–10 Wochen frisch. Das Röstaroma geht zurück, und zunehmend tritt eine ranzige Aromanote auf (Alterung, staling). Gemahlener Kaffee ist bei Verpackung unter Sauerstoffausschluß 6–8 Monate haltbar, altert jedoch nach Öffnen der Packung in 1–2 Wochen. Der Alterungsprozeß, über dessen chemischen Hintergrund noch wenig bekannt ist, wird durch Lagerung des Röstkaffees bei möglichst tiefer Temperatur unter Ausschluß von Sauerstoff und Wasserdampf verzögert.

21.1.3.3 Zusammensetzung von Röstkaffee

Tab. 21.3 orientiert über die Zusammensetzung von Röstkaffee, die in Abhängigkeit von Sorte und Röstgrad erheblich schwanken kann.

Tabelle 21.3. Zusammensetzung von Röstkaffee[a]

Bestandteil	Menge (%)
Wasser	2,5
Protein[b]	9
Polysaccharide, wasserunlöslich	24
Polysaccharide, wasserlöslich	6
Saccharose	0,20
Glucose, Fructose, Arabinose	0,10
Lipide	13
Ameisensäure	0,10
Essigsäure	0,25
Nichtflüchtige Säuren[c]	0,40
Chlorogensäuren	3,7
Coffein	1,2
Trigonellin	0,4
Nicotinsäure	0,02
Flüchtige Aromastoffe	0,1
Mineralstoffe (Asche)	4[d]
Unbekannte Bestandteile	35[e]

[a] Arabica-Kaffee normaler Röstung.
[b] Berechnet als Summe der Aminosäuren nach Säurehydrolyse; wasserlöslich sind 1,5%.
[c] Milchsäure, Brenztraubensäure, Oxalsäure, Weinsäure, Citronensäure.
[d] Wasserlöslich sind 3,5%.
[e] Wasserlöslich sind 7,5%.

21.1.3.3.1 Proteine

Beim Erhitzen in Gegenwart von Kohlenhydraten ist das Protein großen Veränderungen unterworfen, die in der Verschiebung der Aminosäurezusammensetzung von Säurehydrolysaten vor und nach der Röstung zum Ausdruck kommen (Tab. 21.4). Der Gesamtgehalt an in Säurehydrolysaten erfaßbaren Aminosäuren nimmt um ca. 30% ab. Arginin, Asparaginsäure, Cystin, Histidin, Lysin, Serin, Threonin und Methionin haben als besonders reaktive Aminosäuren in Röstkaffee gegenüber dem Rohkaffee mehr oder weniger stark abgenommen, während die stabileren Aminosäuren, insbesondere Alanin, Glutaminsäure und Leucin relativ zugenommen haben. Freie Aminosäuren sind in Röstkaffee nur in Spuren vorhanden.

21.1.3.3.2 Kohlenhydrate

Überwiegend liegen unlösliche Verbindungen vor und zwar neben Cellulose Polysaccharide, die aus Mannose, Galactose und Arabinose bestehen. Die hochmolekulare lösliche Fraktion

Tabelle 21.4. Aminosäurezusammensetzung von Säurehydrolysaten aus Columbia-Kaffee vor und nach der Röstung

Aminosäure	Rohkaffee (%)	Röstkaffee[a] (%)
Alanin	4,75	5,52
Arginin	3,61	0
Asparaginsäure	10,63	7,13
Cystin	2,89	0,69
Glutaminsäure	19,80	23,22
Glycin	6,40	6,78
Histidin	2,79	1,61
Isoleucin	4,64	4,60
Leucin	8,77	10,34
Lysin	6,81	2,76
Methionin	1,44	1,26
Phenylalanin	5,78	6,32
Prolin	6,60	7,01
Serin	5,88	0,80
Threonin	3,82	1,38
Tyrosin	3,61	4,35
Valin	8,05	8,05

[a] Einbrand: 17,6%.

besteht aus Bruchstücken der zuletzt genannten Polysaccharide.
Die in Rohkaffee vorhandene Saccharose wird zum größten Teil abgebaut. Auch Monosaccharide sind kaum vorhanden.

21.1.3.3.3 Lipide

Die Lipidfraktion erleidet durch den Röstprozeß nur geringe Veränderungen. Ihre Zusammensetzung geht aus Tab. 21.5 hervor.
An Fettsäuren herrscht Linolsäure vor, gefolgt von Palmitinsäure. Aus der Hüllschicht der Bohne stammt das in Rohkaffee gefundene Wachs, das u. a. Hydroxytryptamide verschiedener Fettsäuren (Arachinsäure, Behensäure, Lignocerinsäure) enthält. In normalem Röstkaffee kommen diese Verbindungen in Mengen von 0,06–0,1% vor.

Tabelle 21.5. Zusammensetzung der Lipidfraktion des Röstkaffees (Kaffeeöl)

Bestandteil	Menge (%)	Bestandteil	Menge (%)
Triglyceride	78,8	Triterpene (Sterine)	0,34
Diterpenester	15,0	Unbekannte Substanzen	4,0
Diterpene	0,12		
Triterpenester	1,8		

Bei den Diterpenen handelt es sich um Cafestol (I) und Kahweol (II), von denen Kahweol durch den Röstprozeß weitgehend abgebaut wird:

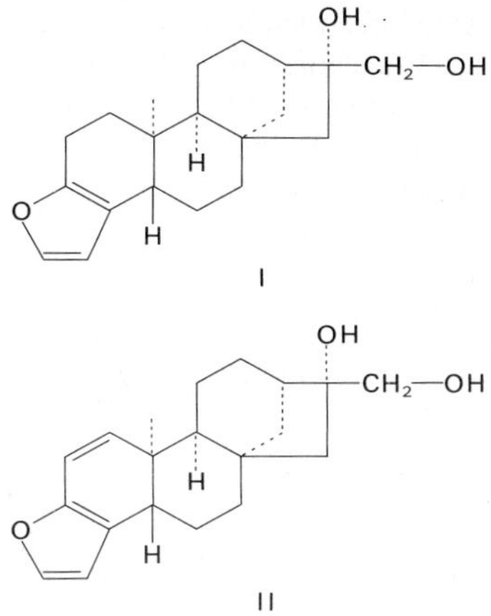

(21.1)

Ein Diterpenglykosid ist Atractylosid, dessen Aglykon das Atractyligenin ist:

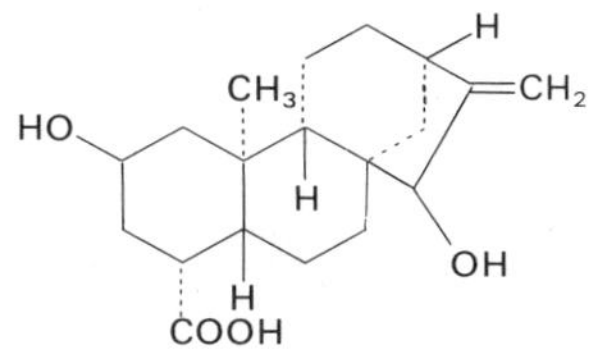

(21.2)

Hauptkomponenten der Sterinfraktion sind Stigmasterin und Sitosterin.

21.1.3.3.4 Säuren

Unter den flüchtigen Säuren überwiegen Ameisensäure und Essigsäure, unter den nichtflüchtigen Milchsäure, Weinsäure, Brenztraubensäure und Citronensäure. Höhere Fettsäuren sowie Malonsäure, Bernsteinsäure, Glutarsäure und Äpfelsäure kommen nur in geringen Mengen vor. Itaconsäure (I), Citraconsäure (II) und Mesaconsäure (III) sind als Folgeprodukte der Citronensäure, Fumarsäure und Maleinsäure als Folgeprodukte der Äpfelsäure anzusehen:

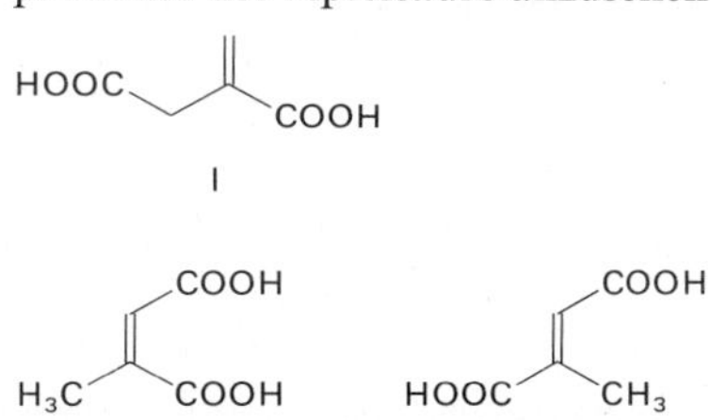

(21.3)

Die mengenmäßig wichtigsten Säuren des Kaffees sind die Chlorogensäuren, die bei normaler Röstung zu etwa 30%, bei starker Röstung zu etwa 70% abgebaut werden (Tab. 21.2, Tab. 21.3). Über den Anteil der verschiedenen Isomeren orientiert Tab. 21.6. Daneben werden in geringen Mengen freie Kaffeesäure und freie Ferulasäure sowie Ester der Ferulasäure und der Cumarsäure mit Chinasäure gefunden.

21.1.3.3.5 Coffein

Unter den Stickstoffsubstanzen am besten bekannt ist auf Grund seiner pharmakologischen

Tabelle 21.6. Chlorogensäuren in Röstkaffee

Verbindung	Menge (%)
3-Caffeoylchinasäure (Chlorogensäure)	2,0
4-Caffeoylchinasäure (Kryptochlorogensäure)	0,2
5-Caffeoylchinasäure (Neochlorogensäure)	1,0
3,4-Dicaffeoylchinasäure (Isochlorogensäure a)	0,01
3,5-Dicaffeoylchinasäure (Isochlorogensäure b)	0,09
4,5-Dicaffeoylchinasäure (Isochlorogensäure c)	0,01

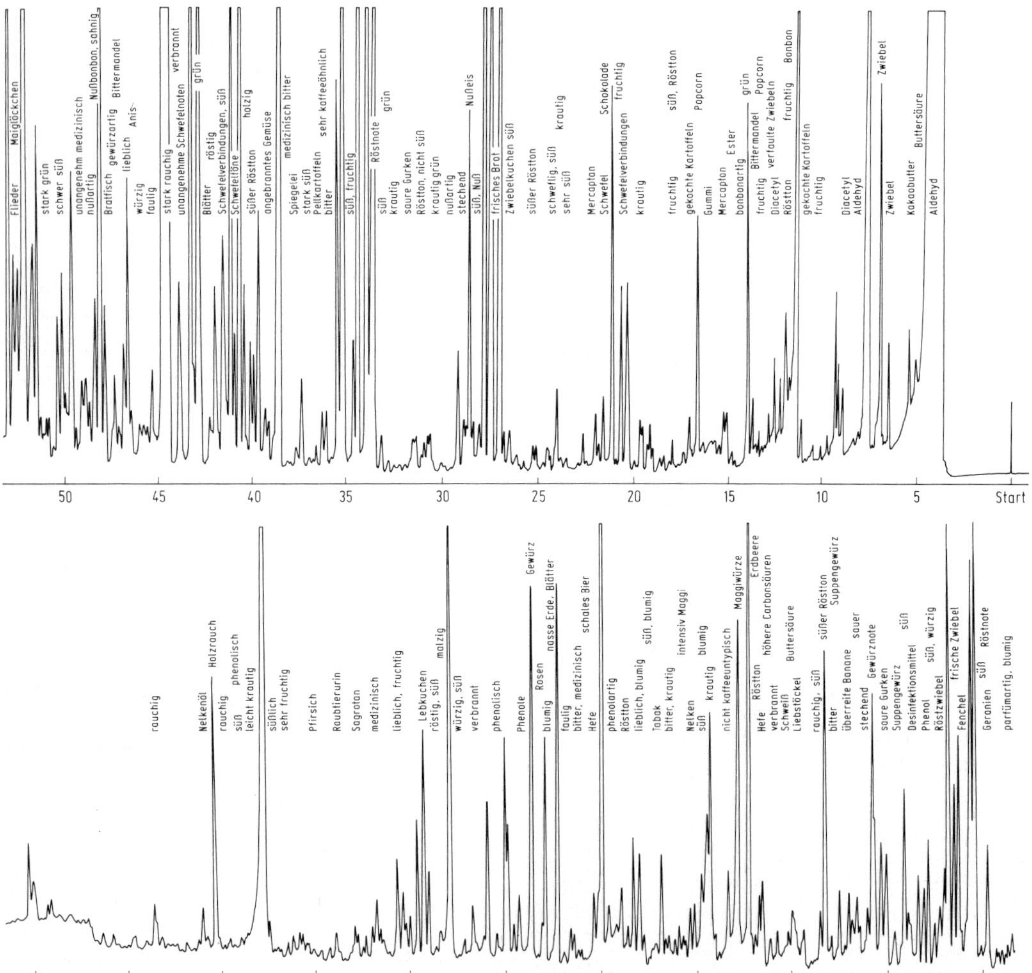

Abb. 21.2. Gaschromatographie eines Aromakonzentrates aus Kaffee mit sensorischer Beurteilung der Fraktionen. Glaskapillarsäule UCON HB 5100, Temperaturgradient 20–180 °C. (Nach *Vitzthum*, 1976)

Wirkungen das Coffein, 1,3,7-Trimethylxanthin. Es zeigt schwach bitteren Geschmack (Schwellenwert in Wasser: 0,8–1,2 mmol/l), kristallisiert mit 1 Mol Kristallwasser in seidenglänzenden Nadeln, schmilzt unter Druck bei 236,5 °C und sublimiert ab 178 °C. Der Coffeingehalt des Rohkaffees liegt bei 0,8–2,5% und kann bei Robusta bis auf 4,0% ansteigen. Umgekehrt gibt es auch coffeinfreie *Coffea*-Arten. Arabica Santos liegt an der unteren, Robusta Angola an der oberen angegebenen Grenze. Coffein bildet teilweise einen hydrophoben π-Molekülkomplex mit Chlorogensäure im molaren Verhältnis 1:1. Im Kaffeegetränk liegen ca. 1% des Coffeins und ca. 6% der Chlorogensäure in dieser Form vor. Durch den Röstprozeß verringert sich die Coffeinmenge nur geringfügig. Neben dem bei der Entcoffeinierung von Kaffee anfallenden Coffein wird in der pharmazeutischen Industrie und in der Getränkeindustrie auch synthetisches Coffein verwendet, das durch Methylierung des aus Harnsäure und Formamid zugänglichen Xanthins erhalten wird.

21.1.3.3.6 Trigonellin, Nicotinsäure

Trigonellin, N-Methylnicotinsäure, von dem in Rohkaffee ca. 0,6% vorkommen, wird beim Rösten zu ca. 50% abgebaut. Dabei entstehen u.a. Nicotinsäure, Pyridin, 3-Methylpyridin, Nicotinsäuremethylester und eine Vielzahl anderer Verbindungen.

21.1.3.3.7 Aromastoffe

Durch Dünnschichtdestillation eines aus Röstkaffee ausgepreßten Öls läßt sich ein Aromastoffkonzentrat erhalten, das etwa 0,1% des Röstkaffees ausmacht. Die gaschromatographische Trennung eines solchen oder auf anderen Wegen gewonnenen Aromakonzentrats ergibt eine Vielzahl von Verbindungen und Verbindungsgemischen mit sehr unterschiedlichem Geruch (Abb. 21.2). Keine der bisher identifizierten ca. 600 Verbindungen hat für sich allein den typischen Kaffeegeruch. Dieser ist aber durch Wiedervereinigung der getrennten Fraktionen annähernd zu rekonstituieren. Offensichtlich sind für den sensorischen Gesamteindruck von Kaffee eine Vielzahl von einzelnen Verbindungen verantwortlich, die in ganz bestimmten Mengenverhältnissen vorliegen müssen. Möglicherweise sind aber auch unter den noch nicht identifizierten flüchtigen Inhaltsstoffen des Röstkaffees, deren Zahl nach Schätzungen bei 300 liegen soll, noch kaffeetypische Aromastoffe.

Die bisher identifizierten Verbindungen gehören den verschiedensten Stoffklassen an, die in Tab. 21.7 aufgeführt sind.

In der Gruppe der aliphatischen Verbindungen finden sich Kohlenwasserstoffe, Alkohole und vor allem Carbonylverbindungen, die beim Rösten durch Fragmentierung aus Kohlenhydraten entstehen. Auch unter den alicyclischen Verbindungen sind zahlreiche Carbonylverbindungen vertreten, z.B. verschiedene Cyclopentanone,

Tabelle 21.7. Flüchtige Inhaltsstoffe des Röstkaffees (nach Verbindungsklassen, Stand 1976)

Stoffklasse	Anzahl	
Aliphatische Verbindungen		148
Kohlenwasserstoffe	27	
Alkohole, Ketoalkohole	19	
Aldehyde	17	
Acetale	1	
Ketone, Diketone	38	
Thioketone	1	
Carbonsäuren	19	
Ester, Ether	13	
N-Verbindungen (Amine, Nitrile)	4	
S-Verbindungen	9	
Alicyclische Verbindungen		21
Aromatische Verbindungen		55
Kohlenwasserstoffe	20	
Phenole	11	
Alkohole, Aldehyde, Ketone	11	
Ether, Ester	11	
S-Verbindungen (Thioether)	2	
Heterocyclische Verbindungen		317
Furane	92	
Lactone	8	
Säureanhydride	4	
Pyrrole	37	
Indole	3	
Pyridine	9	
Chinoline	2	
Pyrazine	70	
Chinoxaline	8	
Thiophene	28	
Thiazole	28	
Oxazole	28	
Insgesamt		541

2-Cyclopenten-1-one, 2-Cyclohexen-1-one, 1,2-Cyclopentandione- und 1,2-Cyclohexandione-. Unter den aromatischen Verbindungen sind Phenole stark vertreten, die vorwiegend aus dem thermischen Abbau der Chlorogensäuren stammen dürften (cf. 5.3.1.11). Daneben finden sich Phenolether, Carbonylverbindungen, Ester und auch polycyclische Verbindungen.
Zahlenmäßig stark vertreten sind die heterocyclischen Verbindungen, darunter viele 2-, und 2,5-substituierte Furane, bei denen es sich vorwiegend um Pyrolyseprodukte von Saccharose und anderen Zuckern handeln dürfte. Weiterhin wurden Pyrrole, Pyrazine, Thiophene, Thiazole und Oxazole in großer Zahl gefunden.
Aus der Vielzahl flüchtiger Verbindungen heben sich die in Tab. 21.8 zusammengestellten Aromastoffe heraus, die wesentlich zum Kaffeearoma beitragen sollen. Unter ihnen beanspruchen das Furfurylmercaptan und das 5-Methylfurfurylmercaptan besonderes Interesse, da es sich um sehr potente Aromastoffe (Geruchsschwellen in Wasser: 0,005 µg/l bzw. 0,05 µg/l) handelt, die während der Lagerung von Kaffee zunehmen und dabei durch Änderung der Aromaqualität zur Abflachung des Aromas beitragen. Furfurylmercaptan riecht in einer Konzentration von 0,01–0,5 µg/l nach frisch geröstetem Kaffee und oberhalb 1 µg/l „schal-schweflig". Das 5-Methyl derivat hat diese Geruchsnote oberhalb 1 µg/l und darunter eine „fleischartige" Note.

Tabelle 21.8. Aromastoffe von Röstkaffee

Verbindung	Aroma
Diacetyl	butterartig
2,3-Pentandion	butterartig
2-trans-Nonenal	holzartig
1-Octen-3-ol	pilzartig
3-Methylbutanal	brenzlig, erdig
Methylmercaptan	schweflig
Kahweofuran[a]	röstig, rauchig
Dimethylsulfid	butter-, cremeartig
Furfural	erdig, brenzlig, karamelartig
Alkylpyrazine	röstig, brenzlig
2-Furfurylmercaptan	kaffeeartig, brenzlig, röstig
5-Methylfurfurylmercaptan	fleischartig
Guajacol	brenzlig, rauchig
2-Methyl-4,5-dihydro-3(2H)-thiophenon	grün, brenzlig
2-Acetyl-4-methylthiazol	grün, brenzlig
Maltol	
2-Hydroxy-3-methylcyclopent-2-en-1-on	süß, karamelartig, brenzlig
4-Hydroxy-2,5-dimethyl-3(2H)-furanon	süß, karamelartig, brenzlig

[a] 2-Methyl-3-oxa-8-thia-bicyclo (3.3.0)-1,4-octadien.

21.1.3.3.8 Mineralstoffe

Wie bei allen pflanzlichen Materialien enthält die Asche vorwiegend Kalium (1,1%), gefolgt von Calcium (0,2%) und Magnesium (0,2%). Unter den Anionen sind Phosphat (0,2%) und Sulfat (0,1%) vorherrschend. Daneben sind viele weitere Elemente in Spuren vertreten.

21.1.3.3.9 Sonstige Bestandteile

In der wasserlöslichen Fraktion von Röstkaffee kommen braungefärbte Verbindungen (Melanoidine) vor, die Molekulargewichte von 5000–10000 haben und aus der *Maillard*-Reaktion oder aus der Karamelisierung von Kohlenhydraten stammen. Über die Struktur dieser Pigmente ist noch wenig bekannt. Offensichtlich ist auch Chlorogensäure an solchen Bräunungsreaktionen beteiligt, da in alkalischen Hydrolysaten von Melanoidinen Kaffeesäure gefunden wurde.
Folgeprodukte der gemeinsamen Thermolyse von Kohlenhydraten und Proteinen sind wahrscheinlich auch maßgeblich am Bittergeschmack von Röstkaffee beteiligt (Röstbitterstoffe), wie Modellversuche mit Zucker-Aminosäure-Gemischen zeigen. Besonders intensiver Bittergeschmack tritt beim Erhitzen von Saccharose und Prolin auf (Tab. 21.9). Die Struktur einiger Röstbitterstoffe ist bekannt (cf. 4.2.4.4).
Aus Röstkaffeeaufgüssen wurden durch Gelchromatographie Fraktionen mit Kaffeegeschmack erhalten, die Kohlenhydrate, organische Säuren, Aminosäuren und Trigonellin enthielten.

21.1.3.4 Kaffeegetränk

Zur Gewinnung aromatischer Kaffeegetränke mit hohem Gehalt an Geschmacks- und Anregungsstoffen sind eine Reihe von Bedingungen zu erfüllen, die bei den wichtigsten Verfahren, dem Aufbrüh-, Auslaug- und Filtrationsverfah-

Tabelle 21.9. Bittergeschmack beim Rösten von Aminosäuren und Zuckern (Molverhältnis 1 : 1; Rösten bei 190 °C/ 30 min)

Aminosäure	Zucker	Ausbeute[a] (g/100 g)	c_{Sbi}[b] (g/100 ml)	GB[c] (ml/g)	Bemerkungen zur Aromanote
L-Pro	Sac	75	0,01–0,03	3750	Brezelaroma, Aroma von gerösteten Erdnüssen
L-Pro	Fru	59	0,02–0,03	2360	Brezelaroma, Aroma von gerösteten Erdnüssen
L-Pro	Glc	39	0,03–0,04	1114	Brezelaroma, Aroma von gerösteten Erdnüssen
D-Pro	Sac	69	0,01–0,03	3450	Brezelaroma, Aroma von gerösteten Erdnüssen
L-Lys	Sac	71	0,04–0,05	1578	laugenartig, verbrannt
L-Lys	Fru	25	0,04–0,06	500	laugenartig, verbrannt
L-Lys	Glc	22	0,05–0,06	400	laugenartig, verbrannt
cyclo-Leu	Sac	60	0,07–0,09	750	schwach verbrannt
L-Met	Sac	76	0,11–0,13	633	Kartoffelaroma, Aroma von Kartoffelchips
L-Met	Fru	6	0,05–0,06	109	Kartoffelaroma, Aroma von Kartoffelchips
L-Met	Glc	19	0,18–0,22	95	Kartoffelaroma, Aroma von Kartoffelchips
L-Phe	Sac	63	0,12–0,14	485	blumig, mit Kakaoaroma
L-Phe	Fru	16	0,12–0,14	123	blumig, wenig Kakaoaroma
L-Phe	Glc	15	0,12–0,13	120	blumig, kaum Kakaoaroma
L-Val	Sac	78	0,18–0,22	390	Kakaoaroma
L-Val	Fru	20	0,13–0,15	143	schwaches Kakaoaroma, verbrannt
L-Val	Glc	28	0,20–0,22	133	schwaches Kakaoaroma, verbrannt
L-Thr	Sac	61	0,18–0,19	330	karamelartig bis rauchig
L-Thr	Fru	18	0,16–0,18	106	karamelartig bis rauchig
L-Thr	Glc	25	0,22–0,26	104	karamelartig bis rauchig
L-Ala	Sac	80	0,30–0,34	250	rauchig
L-Ala	Fru	7	0,09–0,10	74	rauchig
L-Ala	Glc	7	0,11–0,12	61	rauchig
L-Leu	Sac	81	0,40–0,50	180	Kakaoaroma, schwach süße Note
L-Leu	Fru	17	0,13–0,15	121	schwaches Kakaoaroma, rauchig
L-Leu	Glc	16	0,15–0,16	103	schwaches Kakaoaroma, rauchig
D-Leu	Sac	79	0,40–0,50	176	Kakaoaroma
D-Leu	Fru	16	0,15–0,17	100	schwaches Kakaoaroma, rauchig
D-Leu	Glc	22	0,25–0,35	73	kaum Kakaoaroma, rauchig
Gly	Sac	84	0,45–0,55	168	karamelartig
Gly	Fru	35	0,40–0,50	78	schwach verbrannt
Gly	Glc	41	0,60–0,70	63	schwach verbrannt
L-His	Sac	65	0,35–0,45	163	karamelartig
L-His	Fru	34	0,25–0,35	113	rauchig
L-His	Glc	38	0,35–0,40	101	rauchig
L-Ile	Sac	69	0,40–0,45	162	Kakaoaroma
L-Ile	Fru	16	0,13–0,15	114	schwaches Kakaoaroma, rauchig
L-Ile	Glc	22	0,20–0,24	100	schwaches Kakaoaroma, rauchig

[a] Wasserlösliche Substanzen, bezogen auf eingesetztes Reaktionsgemisch.
[b] Erkennungsschwellenwerte für Bittergeschmack.
[c] Die Gesamtbitterkeit GB entspricht dem Volumen der Lösung mit c_{Sbi}-Konzentration pro Gramm Reaktionsgemisch (Ausbeute/c_{Sbi}).

ren jeweils nicht vollkommen gegeben sind und zu mannigfachen Kombinationen Anlaß gaben. Während in unserem Kulturkreis Kaffee als Klargetränk genossen wird, bereitet man im Orient den Kaffee aus staubfein gemahlenen Bohnen, setzt mit kaltem Wasser an, erhitzt zum Sieden und genießt ihn samt dem Satz als Trübgetränk (Türkischer Mokka). Beim Aufgußverfahren (Aufbrühen) läßt man den Kaffee etwa 10 min mit kochend heißem Wasser ziehen und seiht ab oder filtriert. Beim Aufkochen wird der Kaffee ins heiße Wasser gegeben, kurz aufgekocht und wie oben abgegossen, beim Auslaugverfahren zieht das mit heißem Wasser übergos-

sene, in einem Beutel befindliche Kaffeemehl gleichfalls etwa 10 min. Im Filtrationsverfahren (Perkolation) wird das Kaffeepulver auf einer filtrierenden Unterlage (Papier-, Leinen-, Kunststoffilter, Glasfritte usw.) mit heißem Wasser extrahiert. Dieses Prinzip liegt den meisten Kaffeemaschinen zugrunde. Bei den in Italien entwickelten Espressomaschinen wird mit 100–110 °C heißem Wasser kurz extrahiert und die Filtration durch Druck (4–5 bar) beschleunigt. Das besonders starke Getränk ist meist trübe und wird aus spezialgerösteten dunklen Kaffees hergestellt. Zur Gewinnung aromatischer Getränke, bei denen die flüchtigen Aromastoffe weitgehend erhalten bleiben, soll die Wassertemperatur nicht über 85–95 °C liegen. Die Beschaffenheit des Wassers spielt zweifellos eine Rolle, vor allem bei anomal zusammengesetzten Wässern (gewisse Mineralquellen, übermäßig hartes, gips- und magnesiumhaltiges, auch gechlortes Wasser). Auch das längere Stehen zubereiteter Kaffeegetränke ist mit Geschmacksveränderungen verbunden.
Für einen normalen Kaffeeaufguß verwendet man ca. 50 g Röstkaffee/l (7,5 g/Tasse zu 150 ml), für Mokka 100 g/l und für italienischen Espresso 150 g/l. Je nach Mahlgrad und Zubereitungsart gehen 18–35% des Röstkaffees in Lösung, bei haushaltsüblicher Zubereitung ca. 22%. Die Trockenmasse des Getränks liegt bei 1–3%. Über

Tabelle 21.10. Zusammensetzung des Kaffeegetränkes[a]

Bestandteil	Menge (% der Trockenmasse)
Protein[b]	6
Polysaccharide	24
Saccharose	0,8
Monosaccharide	0,4
Lipide	0,8
Flüchtige Säuren	1,4
Nichtflüchtige Säuren	1,6
Chlorogensäuren	14,8
Coffein	4,8
Trigonellin	1,6
Nicotinsäure	0,08
Flüchtige Aromastoffe	0,4
Mineralstoffe	14
Unbekannte Bestandteile (Farbstoffe, Bitterstoffe etc.)	29,4

[a] Arabica-Kaffee, normal geröstet, 50 g/l.
[b] Berechnet als Summe der Aminosäuren nach Säurehydrolyse.

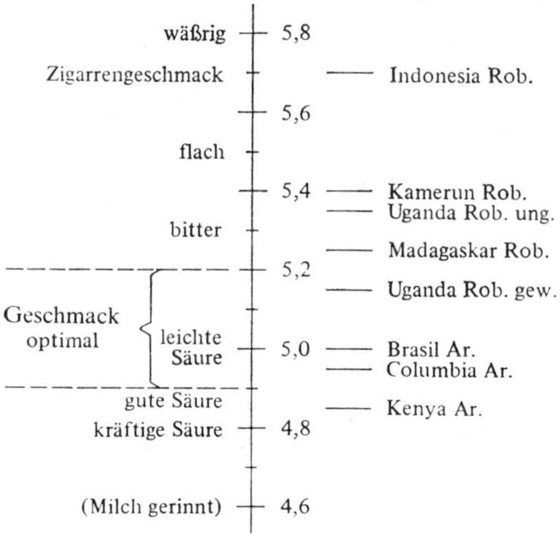

Abb. 21.3. Geschmack und pH-Wert von Röstkaffeeaufgüssen. (Nach *Vitzthum,* 1976)
(Rob.: Robusta, Ar.: Arabica, ung.: ungewaschen, gew.: gewaschen).

ihre Zusammensetzung orientiert Tab. 21.10. Die Bestandteile wurden bei Röstkaffee bereits behandelt.
Der pH-Wert ist für den Kaffeegeschmack von großer Bedeutung. Er sollte bei Verwendung von 42,5 g/l Kaffee mittlerer Röstung bei 4,9–5,2 liegen. Bei pH <4,9 schmeckt Kaffee zu sauer, bei pH 5,2 flach und bitter. Verschiedene Provenienzen ergeben Aufgüsse mit unterschiedlichen pH-Werten. Im allgemeinen ist der pH-Wert bei Robusta-Sorten höher als bei Arabica-Sorten. Abb. 21.3 zeigt den Zusammenhang zwischen pH-Wert und Geschmack bei Aufgüssen aus verschiedenen Einzelprovenienzen.

21.1.4 Kaffeeprodukte

Als Kaffeeprodukte werden hier zusammengefaßt löslicher Kaffee, entcoffeinierter Kaffee und Kaffee, dem verschiedene andere Inhaltsstoffe entzogen worden sind.

21.1.4.1 Löslicher Kaffee

Löslicher Kaffee (Instantkaffee) wird durch Extraktion von Röstkaffee gewonnen. Das erste technisch brauchbare Verfahren wurde 1938 in der Schweiz von *Morgenthaler* entwickelt. Der gemahlene Kaffee (2–6 mm Korngröße) wird un-

ter Druck in Perkolatoren-Batterien nach dem Gegenstromprinzip chargenweise oder in Extraktoren kontinuierlich extrahiert. Das Heißwasser kann Temperaturen bis zu 200 °C aufweisen; der Extrakt verläßt die letzte Zelle mit einer Austrittstemperatur von 40–80 °C. Die Extraktlösungen weisen eine Konzentration von ca. 15% auf und werden in Vakuumdünnschichtverdampfern auf 35–70% Trockenmasse eingedampft. Um Aromaverluste zu vermeiden, kann die Extraktion zweistufig geführt werden: Auf schonende Weise wird ein erster Extrakt mit 25–27% Trockenmasse gewonnen, der den Hauptteil des Aromas mitführt, und ohne Konzentrierung einem zweiten Extrakt, der unter schärferen Bedingungen gewonnen und aufkonzentriert wurde, zugemischt.
Daneben können auch Aromakonzentrate durch Strippen gewonnen und vor oder nach der Trocknung wieder zugesetzt werden. Die technischen Extraktionsausbeuten werden mit 36–46% angegeben. Die Trocknung der Extrakte erfolgt durch Sprühtrocknung oder durch Gefriertrocknung. Bei dem letzteren Verfahren wird der Dickextrakt unter Verschäumen mit inerten Gasen gefroren (-40 °C), in Körner von 2–3 mm Durchmesser zerhackt und im Vakuum getrocknet. Sprühgetrockneter Kaffee-Extrakt kann in Vibrationsfließbetten durch Dampf oder Sprühnebel agglomeriert werden. Getrocknete Kaffee-Extrakte sind äußerst hygroskopisch und müssen daher unmittelbar nach der Herstellung in wasserdampfundurchlässige Behältnisse abgefüllt werden. Wie bei Röstkaffee sind auch hier verschiedene Sorten im Handel, neben Extrakten aus normal geröstetem Kaffee, z. B. stark geröstete Espressoprodukte oder coffeinfreie Kaffee-Extrakte. Löslicher Kaffee enthält 1,0–6,0% Wasser, in der Trockensubstanz 7,6–14,6% Asche, 3,2–13,1% reduzierende Zucker (ber. als Glucose), 2,4–10,5% Galactomannane, 12% niedermolekulare organische Säuren, 15–28% braune Pigmente, 2,5–5,4% Coffein und 1,56–2,65% Trigonellin.
Außer zur Bereitung von Kaffeegetränk werden derartige Produkte auch zur Aromatisierung von Süßspeisen, Gebäck und Speiseeis benutzt.
Der Verbrauch an Trockenextrakten nimmt langsam aber stetig zu. Der Anteil der Kaffeetrockenextrakte am gesamten Kaffeeverbrauch betrug in der BRD 1963/65 10%, 1974 dagegen 18%.

21.1.4.2 Entcoffeinierter Kaffee

Um die physiologischen Wirkungen des nicht allen Menschen zuträglichen Coffeins auszuschalten, wurden Verfahren entwickelt, dem Kaffee das Coffein weitgehend zu entziehen. Das erste, technisch brauchbare Verfahren wurde 1908 von *Roselius* in Bremen entwickelt. Bei diesem auch heute in Europa noch vorwiegenden direkten Verfahren wird die Rohbohne zunächst mit gespanntem Wasserdampf aufgeschlossen. Die gequollenen Bohnen werden zur selektiven Entfernung des Coffeins mit verschiedenen Lösungsmitteln (z. B. Dichlormethan, Essigester) unter ständigem Rühren extrahiert; anschließend wird den entcoffeinierten Bohnen das Lösungsmittel durch Abdämpfen entzogen. Die feuchten Bohnen werden schließlich im Vakuum oder in Warmluft getrocknet. Bei indirekten, vorwiegend in den USA angewendeten Verfahren werden der Rohbohne zunächst alle wasserlöslichen Stoffe einschießlich des Coffeins entzogen. Der wäßrige Extrakt wird dann mit einem organischen Lösungsmittel (z. B. Dichlorethan) entcoffeiniert, dem Rohkaffee wieder zugesetzt und aufgetrocknet.
Ein neues Verfahren arbeitet mit überkritischem Kohlendioxid (70–90 °C, 100–200 bar) als Extraktionsmittel. Coffeinfreier Kaffee-Extrakt läßt sich nach diesem Verfahren auch aus Röstkaffee herstellen.
Die Hochdruckextraktion ist ein Verfahren zum Trennen von Stoffgemischen, bei dem komprimierte Gase als Lösemittel (z. B. CO_2, N_2O, Frigentypen, Propan, Toluol) eingesetzt werden. In der Lebensmitteltechnologie kommt dem Kohlendioxid auf Grund der physiologischen Unbedenklichkeit und guten Handhabbarkeit (kritische Temperatur: 31 °C, kritischer Druck: 73,8 bar) eine besondere Bedeutung zu. Der hohe Dampfdruck unter Normalbedingungen garantiert ein Produkt, das frei von Lösemittelrückständen ist. Neben der Coffeinextraktion sind die Extraktion von Geruchs- und Geschmacksstoffen aus Hopfen und anderen pflanzlichen Materialien weitere Anwendungsgebiete für dieses Verfahren.
Der Marktanteil von coffeinfreiem Kaffee lag 1974 in der BRD bei 12%.

21.1.4.3 Behandelter Kaffee

Als Reizstoffe in Kaffee werden die Röststoffe, die phenolischen Säuren und die Kaffeewachse angesehen. Um Röstkaffee für empfindliche Menschen bekömmlicher zu machen, wurden verschiedene Verfahren entwickelt.
Lendrich (1927) hat versucht, ohne Abtrennung des Coffeins durch Wasserdampfbehandlung der Rohbohne unter erhöhtem Druck bestimmte Stoffe (z. B. Wachse) zu entfernen und Chlorogensäure zu spalten. Beim *Bach*-Verfahren (1957) werden die gerösteten Bohnen mit flüssigem CO_2 gewaschen. Bei einem weiteren Verfahren werden zunächst beim Rohkaffee Oberflächenwachse mit einem leichtflüchtigen organischen Lösungsmittel entfernt. Anschließend wird nach *Lendrich* gedämpft. Die Entfernung von Wachsen läßt sich z. B. über eine Analyse der erwähnten Carbonsäuretryptamide nachweisen.

21.1.5 Kaffee-Ersatz und Kaffeezusatzstoffe

21.1.5.1 Einführung

Kaffee-Ersatzstoffe sind durch Rösten von Pflanzenteilen, auch unter Zusatz anderer Stoffe, hergestellte Erzeugnisse, die durch Ausziehen mit heißem Wasser ein kaffeeähnliches Getränk liefern und als Ersatz des Kaffees oder als Zusatz zu ihm dienen.
Kaffeezusatzstoffe (Kaffeegewürze) sind durch Rösten von Pflanzenteilen, Pflanzenstoffen, Zuckerarten oder Gemischen dieser Stoffe, auch unter Zusatz anderer Stoffe, hergestellte Erzeugnisse, die als Zusatz zu Kaffee oder Kaffee-Ersatzstoffen dienen.
Die Ausgangsmaterialien zur Herstellung derartiger Erzeugnisse sind sehr vielgestaltig: Gerste, Roggen, Milo und ähnliche stärkereiche Früchte, Gersten- und Roggenmalz sowie anderes gemälztes Getreide, Zichorie, Zuckerrüben, Mohrrüben und weitere Wurzelgewächse, Feigen, Datteln, Johannisbrot und andere zuckerreiche Früchte, Erdnüsse, Sojabohnen und andere öl- und fettreiche, auch ganz oder teilweise entölte Samen, Eicheln und andere gerbstoffreiche Pflanzenteile und schließlich verschiedene Zuckerarten.
Kaffee-Ersatzmittel sind schon sehr lange bekannt, z. B. der aus Wurzeln der Zichorie (*Cichoricum intybus var. sativum*) hergestellte Zichorienkaffee oder Klargetränke (Brennsuppen) aus gerösteten Cerealien. Die Kaffee-Ersatz-Industrie hat während des 2. Weltkrieges etwa 315000 t solcher Erzeugnisse produziert, in der BRD betrug die Produktion an Kaffeesurrogaten 1966 etwa 24000 t, was einem Verbrauch von etwa 27 l pro Kopf und Jahr entspricht. Im Vergleich dazu betrug der Kaffeekonsum 127 l. 1977 wurden bei einer Produktion an Kaffeesurrogaten von ca. 10000 t 10,3 l pro Kopf getrunken, im Vergleich zu 159 l Kaffee.

21.1.5.2 Verarbeitung der Rohstoffe

Die Rohstoffe werden entweder als solche gelagert (sämtliche Getreidearten, Feigen u. a.) oder aber bis zur Verarbeitung in Trockenschnitzelform gewonnen (Hackfrüchte, wie Zichorie und Zuckerrübe). Nach sorgfältiger Reinigung erfolgt je nach Erfordernis das Weichen, die Mälzung und das Dämpfen in Dampffässern, Dampftöpfen oder Druckgefäßen. Der Röstprozeß wird bis zu der bei 180–200 °C liegenden Endphase geführt. Zur Herstellung von Ersatz- und Zusatzessenzen werden flüssige, zuckerhaltige Säfte (Rohr- und Rübenmelassen, Siruparten und Stärkezucker, Pflanzenauszüge) in Kochkesseln bei normalem Druck durch Erhitzen auf über 160 °C karamelisiert. Das dunkelbraune bis schwarze Produkt erstarrt nach dem Erkalten zu einer glasharten, stark hygroskopischen Masse, die vermahlen wird.
Pulverförmige Kaffeesurrogatextrakte werden aus entsprechenden Ausgangsmaterialien, ähnlich wie bei Kaffee beschrieben, durch Sprüh-, Walzen-, Band- oder Luftumwälzertrocknung gewonnen.
Bei der Gewinnung von Kaffeesurrogaten, beim Weichen, Dämpfen und insbesondere beim Mälzen wird die vorhandene Stärke diastatisch abgebaut zu leicht karamelisierbaren, wasserlöslichen Kohlenhydraten, speziell in Malzkaffee. Beim Röstprozeß auftretende Karamelstoffe (Assamar, Röstbitter), die dem Getränk Farbe und Aroma geben, werden vor allem aus kohlenhydratreichen Rohstoffen (Stärke, Inulin, Zucker) gebildet. Da fettreiches Material zur raschen Ranzigkeit führt, bevorzugt man kohlenhydratreiche gegenüber fett- und proteinreichen Rohstoffen.
Röstöle als Aromaträger sind insbesondere für Malz- und Zichorienkaffee eingehend untersucht

worden. Unter den Aromastoffen wurden zahlreiche der beim Kaffeearoma erwähnten Komponenten auch aufgefunden. Ein grundsätzlicher Unterschied scheint jedoch darin zu liegen, daß die in der Röstbohne so zahlreich vorkommenden schwefelhaltigen Verbindungen, daneben auch die stickstoffhaltigen Aromaträger, praktisch fehlen oder nur in geringer Menge auftreten.

21.1.5.3 Einzelne Produkte

21.1.5.3.1 Gerstenkaffee

Gersten-(Roggen-, Korn-, Weizen-)kaffee wird aus gereinigten Früchten der genannten Pflanzen durch Rösten hergestellt. Die Früchte müssen einen Weich- oder Dämpfungsprozeß durchgemacht haben; die Erzeugnisse enthalten bis zu 12% Wasser und liefern bis zu 4% Asche.

21.1.5.3.2 Malzkaffee

Malzkaffee wird aus Gerstenmalz durch Rösten mit oder ohne nachherige Behandlung mit Wasserdampf hergestellt. Malzkaffee des Handels enthält 4,5% Wasser, 2,6% Mineralstoffe, 74,7% Kohlenhydrate (berechnet), 1,8% Fett, 10,8% Rohprotein, 5,6% Rohfaser und liefert 42,4% wasserlöslichen Extrakt. Außerdem wurden polycyclische aromatische Kohlenwasserstoffe nachgewiesen. Roggen- und Weizenmalzkaffee sind aus Roggen- oder Weizenmalz in gleicher Weise wie Malzkaffee hergestellte Erzeugnisse.

21.1.5.3.3 Zichorienkaffee

Zichorienkaffee (Zichorie) ist das aus den gereinigten Wurzeln der Zichorie auch unter Zusatz von Zuckerrüben, geringen Mengen von Speisefetten, Speiseölen, Speisesalz und Alkalicarbonaten durch Rösten und Zerkleinern mit oder ohne nachherige Behandlung mit Wasserdampf oder Wasser hergestellte Erzeugnis. Es enthält im Mittel 13,3% Wasser, 4,4% Mineralstoffe, 68,4% Kohlenhydrate, 1,6% Fett, 6,8% Rohprotein, 5,5% Rohfaser und liefert 64,6% wasserlöslichen Extrakt.

21.1.5.3.4 Feigenkaffee

Feigenkaffee wird aus Feigen durch Rösten und Zerkleinern, mit oder ohne nachherige Behandlung mit Wasserdampf oder Wasser hergestellt und enthält neben 11,4% Wasser, 70,2% Kohlenhydrate, 3,0% Fett und 67,9% wasserlösliche Extraktstoffe.

21.1.5.3.5 Eichelkaffee

Eichelkaffee wird aus den von der Fruchtschale und dem größten Teil der Samenschale befreiten Samen der Eiche (*Quercus*-Arten) gleich dem Feigenkaffee hergestellt. Er enthält im Mittel u.a. 10,5% Wasser, 73,0% Kohlenhydrate und 28,9% wasserlöslichen Extrakt.

21.1.5.3.6 Weitere Produkte

Kaffee-Ersatzmischungen und gleichsinnig bezeichnete Erzeugnisse sind Mischungen von Kaffee-Ersatzstoffen, auch mit Kaffeezusatzstoffen und auch mit Bohnenkaffee. Coffeinhaltigen Kaffee-Ersatz- und Kaffeezusatzstoffen können als Zusatzstoffe vor, bei oder nach dem Rösten coffeinhaltige Pflanzenauszüge zugegeben werden. Der Coffeingehalt beträgt nicht mehr als 0,2%.

21.2 Tee und teeähnliche Erzeugnisse

21.2.1 Einführung

Als Tee oder Teemischungen werden die nach den in den Ursprungsländern üblichen Verfahren zubereiteten Blattknospen, jungen Blätter und jungen Triebe des Teestrauchs bezeichnet.

Der Teestrauch wurde schon in vorchristlicher Zeit in China und Japan kultiviert und wird auch in Indien, Pakistan, Sri Lanka, Indonesien, Formosa, Ostafrika, Südamerika usw. angebaut. Tab. 21.11 informiert über die Teeproduktion.

Der immergrüne Teestrauch (*Camellia sinensis*, syn. *Thea sinensis*) wird als *var. sinensis* (kleine Blätter) und als *var. assamica* (große Blätter) kultiviert, erreicht wildwachsend eine Höhe bis zu 9 m, wird jedoch auf den Plantagen und in den Teegärten zur leichteren Ernte durch ständiges Beschneiden in Form von 1–1,5 m hohen Büschen gehalten. Der Teestrauch wird aus Setzlingen gezogen; er gedeiht im tropischen und subtropischen Klima bei ausreichender Luftfeuchtigkeit und liefert nach 4–5 Jahren die ersten Vollernten.

Tabelle 21.11. Produktion von Tee 1984 (1000 t)

Erdteil	Tee	Land	Tee
Welt	2218	Indien	645
Afrika	224	China	435
Amerika, Süd-	58	Sri Lanka	230
Asien	1772	USSR	155
Europa, Ost-		Türkei	119
+ USSR	155	Kenia	116
Ozeanien	9	Indonesien	115
		Japan	102
		Bangladesch	46
		Iran	45
		Σ (%)[a]	91

[a] Weltproduktion ≙ 100%.

Seine durchschnittliche Nutzungsdauer liegt bei 60–70 Jahren. Je nach Lage und klimatischen Verhältnissen erntet man 8–9 Monate im Jahr oder pflückt das ganze Jahr hindurch alle 6–9 Tage. In China sind 3–4 Ernten pro Jahr üblich.
Die Qualität des Tees ist um so besser, je jünger die Blätter sind. Man erntet die weißlich behaarte Knospe (Pekko: Silberhaar) und die jüngsten 2–3 Blätter (tips; two leaves and the bud). Wird mittel oder grob gepflückt, so kommen auch ältere Blätter in das Gut. Die weitere Behandlung des so gepflückten Materials liefert schwarzen oder grünen Tee.

21.2.2 Schwarzer Tee

Die Hauptmenge der Tee-Ernte wird auf schwarzen Tee verarbeitet. Zunächst erfolgt das Welken in Welkhäusern oder Welktrommeln; es entzieht den frischen Teeblättern das Wasser so weit (von ca. 75% auf 55–65%), daß sie sich ohne Bruch rollen lassen, und dauert bei 25–35 °C etwa 4–18 h. Die in möglichst dünnen Schichten ausgebreiteten Blätter verlieren an der Luft oder durch Zufuhr von Warmluft etwa 50% ihres Gewichts. Anschließend werden die Blätter ganz leicht und drucklos gerollt (Konditionieren), um eine gleichmäßige Verteilung der in diskreten Zellen der Epidermis lokalisierten Phenoloxidasen zu erzielen. Als weiterer Arbeitsgang schließt sich das eigentliche Rollen an. In Rollmaschinen wird durch mehrmals wiederholte Rollprozesse (dhools) der Saft herausgepreßt und die Zellstruktur zerstört, um dem Sauerstoff der Luft Zugang für die anschließende Oxidation zu verschaffen. Die dann einsetzende Fermentation erfolgt bei 35–40 °C über 45 min bis 4 h, wobei die Teeblätter etwa 5–7,5 cm hoch aufgeschichtet werden. Der Fermentationsprozeß ist beendet, wenn die Blätter die Farbe einer angelaufenen Kupfermünze und einen an saure Äpfel erinnernden Geruch aufweisen. Anschließend erfolgt das Rösten (Feuern, Trocknen) in Kasten- oder Etagentrocknern (Desiccator) bei 87–93 °C über 20–22 min, zunehmend auch in Vollautomaten. Durch das Rösten wird der Wassergehalt auf rund 3% reduziert, das Aroma fixiert und die kupferrote Farbe in einen schwärzlichen Ton verwandelt (schwarzer Tee).
Spezielle Verarbeitungsmethoden sind das vor allem in Assam geübte CTC-Verfahren (crushing, tearing, curling = zerquetschen, zerreißen, rollen), bei dem Rollzeit und Fermentierungsdauer wesentlich verringert werden, und die Tobacco- oder leg-cut-Methode, die von nicht gewelkten Blättern ausgeht und damit das Welkhaus entbehrlich macht.
Earl Grey-Tee ist mit Bergamotteöl parfümierter schwarzer Tee.

21.2.3 Grüner Tee

Bei dem vor allem in China und Japan hergestellten grünen Tee unterbleibt die Fermentierung. Bei dem ursprünglichen Verfahren werden die Blätter zunächst auf Matten über siedendem Wasser oder im eigenen Saft zur Inaktivierung der Oxidasen gedämpft, wodurch die Oxidation der Gerbstoffe verhindert wird und das Chlorophyll erhalten bleibt. Anschließend breitet man den Tee an der Sonne aus, rollt und trocknet. Nach einem anderen Verfahren wird das Erntegut unmittelbar nach dem Pflücken in rotierenden zylindrischen Behältern unter Druck gedämpft und in mehreren Stufen gerollt und getrocknet. Grüner Tee liefert sehr helle, klare, bitter schmeckende Aufgüsse. Er wird in China und Japan oft mit Orangen-, Rosen-, Jasminblüten u. a. m. parfümiert. Eine Mittelstellung zwischen schwarzem und grünem Tee nehmen die in China, insbesondere in Taiwan produzierten Oolong- und Pouchong-Tees ein, die nur zu 50% und 30% fermentiert sind. Gelber Tee (Blumentee) unterscheidet sich von grünem Tee dadurch, daß hier nicht an der Sonne, sondern im Schatten getrocknet wird. In Indonesien wird grüner Tee zum Teil abschließend bei 200 °C geröstet. Dieser geröstete grüne Tee (roasted green tea, Hoji-cha) unterscheidet sich von grünem Tee beträchtlich im Aroma.

21.2.4 Teesorten

Die zahlreichen Handelssorten werden bestimmt durch Herkunft, klimatische Verhältnisse, Alter, Verarbeitungsart und Sortierung der Blätter. Sie lassen sich, ohne Anspruch auf Vollständigkeit, etwa folgendermaßen einordnen:

- nach dem Blattgrad (Sorten mit großem, kaum gebrochenem Blatt) als Flowery Orange Pekoe und Orange Pekoe, bestehend aus den Blattknospen und den zwei jüngsten silberbehaarten Blättern mit gelblichweißen Spitzen (tips), Pekoe (die dritten Blätter), Pekoe Souchong, mit den gröbsten (vierten bis sechsten) handelsüblichen Blättern.
- Broken-Tee mit gebrochenen oder geschnittenen Blättern, ähnlich den obengenannten Sorten, wobei fein gebrochene Tees mit den äußersten goldgelben Blattspitzen neben gröber gebrochenen Tees unterschieden werden. Broken-Tee wird heute im Welthandel bevorzugt, da er ein feineres Aroma aufweist und durch Vergrößerung der Oberfläche ergiebiger ist.
- Fannings aus Blattbruch und Flaum, weitgehend frei von Stengeln und Stielen, wird bevorzugt von der Aufgußbeutel-Industrie aufgenommen.
- Dust ist Teestaub, der in Europa keine Bedeutung besitzt.
- Ziegeltee kommt gleichfalls für den europäischen Konsum nicht in Frage. Er wird aus Teestaub durch Sieben, Dämpfen und Pressen in hölzernen Formen gewonnen, wobei zugefügte Bindemittel eine sehr feste Konsistenz des Backsteintees ergeben. Tafeltee stammt von besseren Sorten Teegrus.

Hinsichtlich der Provenienz besonders hochwertig sind die aus der Provinz Darjeeling am Himalaya und aus dem Hochland von Sri Lanka stammenden Teesorten. Zur Qualitätssteigerung, Entwicklung und gleichbleibenden Erhaltung bestimmter vom Verbraucher geforderter Geschmacksrichtungen und um regional verschiedenen Wasserverhältnissen zu entsprechen, werden in aller Welt Teemischungen hergestellt (Chinesische, Russische, Ostfriesische Mischung, Haushaltsmischungen). Wie bei Kaffee werden auch bei Tee Extrakte in Trockenpulverform (Instanttee) in den Handel gebracht.

21.2.5 Zusammensetzung

Die chemische Zusammensetzung des Teeblattes schwankt je nach Herkunft, Alter und Behandlung innerhalb weiter Grenzen. Tab. 21.12 informiert über die Bestandteile frischer und fermentierter Teeblätter. Bei fermentiertem Tee sind 38–41% der Trockenmasse in heißem Wasser löslich, d. h. deutlich mehr als bei Röstkaffee.

21.2.5.1 Phenolische Verbindungen

25–35% der Trockenmasse von frischen jungen Teeblättern sind phenolische Verbindungen, 80% davon Flavanole (Tab. 21.13). Der Rest verteilt sich auf Leukoanthocyane, phenolische Säuren, Flavonole und Flavone. Während der Fermentation werden die Flavanole enzymatisch oxidiert. Die Folgeprodukte sind für Farbe und Geschmack von schwarzem Tee von großer Bedeutung. Die kräftige rötlich-gelbe Farbe eines Aufgusses aus schwarzem Tee ist im wesentlichen auf Theaflavine und Thearubigene (cf. 21.2.6) zurückzuführen, während die Geschmacksstärke mit dem Gesamtphenolgehalt und der Aktivität

Tabelle 21.12. Zusammensetzung der Trockensubstanz (%) von frischen und fermentierten Teeblättern und von Teeaufguß

Bestandteil	Frisches Material	Schwarzer Tee	Teeaufguß[a]
Phenolische Verbindungen[b]	30	5	4,5
Oxidierte phenolische Verbindungen[c]	0	25	15
Proteine	15	15	+[d]
Aminosäuren	4	4	3,5
Coffein	4	4	3,2
Rohfaser	26	26	0
Andere Kohlenhydrate	7	7	4
Lipide	7	7	+
Pigmente[e]	2	2	+
Flüchtige Verbindungen	0,1	0,1	0,1
Mineralstoffe	5	5	4,5

[a] Brühzeit 3 min. [b] Vorwiegend Flavanole. [c] Vorwiegend Thearubigene, weniger Theaflavine. [d] Spuren. [e] Chlorophyll und Carotinoide.

Tabelle 21.13. Phenolische Verbindungen in frischen Teeblättern (% der Trockenmasse)

Verbindung	Menge
(−)-Epicatechin	1–3
(−)-Epicatechingallat	3–6
(−)-Epicatechindigallat	+[a]
(−)-Epigallocatechin	3–6
(−)-Epigallocatechingallat	9–13
(−)-Epigallocatechindigallat	+
(+)-Catechin	1–2
(+)-Gallocatechin	3–4
Flavonole und Flavonolglykoside (u. a. Quercetin, Kämpferol)	+
Flavone (u. a. Vitexin)	+
Leukoanthocyane	2–3
Phenolcarbonsäuren und Ester (u. a. Gallussäure, Chlorogensäuren, p-Cumaroylchinasäuren, Theogallin)	~5
Phenole insgesamt	25–35

[a] Keine quantitativen Daten vorhanden.

der Phenoloxidasen korreliert ist. Bei grünem Tee werden die Phenoloxidasen inaktiviert, um die Oxidation der Flavanole zu verhindern. Die grünliche bis zitronengelbe Farbe von grünem Tee geht dementsprechend auf die anwesenden Flavonole und Flavone zurück. Auf Grund dieser unterschiedlichen Herstellung unterscheiden sich schwarzer und grüner Tee chemisch vor allem in der Zusammensetzung der Phenolfraktion.

Während der Entwicklung des Teeblattes am Strauch treten Veränderungen in der Phenolfraktion auf. Mit zunehmender Entwicklung nimmt der Gesamtphenolgehalt ab, und es kommt auch zu quantitativen Verschiebungen innerhalb der anwesenden Komponenten. Tee guter Qualität ist deshalb nur aus jungen Blättern zu erhalten.

Unter den übrigen Phenolen nimmt Theogallin (3-Galloylchinasäure) eine Sonderstellung ein, da es nur in Tee vorkommt und da seine Menge auch mit der Teequalität korreliert ist:

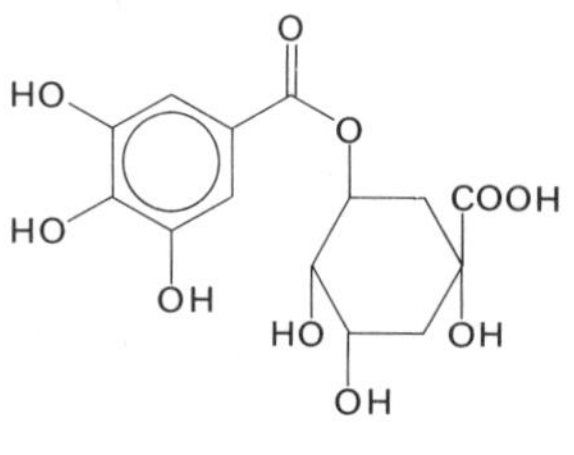

(21.4)

Die Biosynthese der phenolischen Verbindungen erfolgt über Shikimisäure und Phenylalanin. Möglicherweise existiert daneben ein Weg, der nicht über Phenylalanin läuft.

21.2.5.2 Enzyme

Ein wesentlicher Teil der Proteinfraktion dürfte von Enzymen gestellt werden.

Besonders wichtig für die Fermentation sind die *Phenoloxidasen*, die hauptsächlich in der Blattepidermis lokalisiert sind. Ihre Aktivität nimmt während des Welkens und Rollens zu, während der Fermentation dann ab, wahrscheinlich infolge von Reaktionen zwischen Produkten der Phenoloxidation und dem Enzymprotein.

5-Dehydroshikimatreduktase ist ein Schlüsselenzym für die Biosynthese von Phenolen über den Phenylalaninweg.

Die *Phenylalanin-Ammoniak-Lyase* ist ebenfalls wichtig für die Phenolbiosynthese. Ihre Aktivität in Teeblättern geht parallel mit dem Catechingehalt.

Proteinasen bewirken einen Proteinabbau während des Welkens, der zu einem Anstieg der freien Aminosäuren führt.

Die beobachtete Oxidation von Linolensäure zu cis-3-Hexenal, das zu trans-2-Hexenal isomerisiert, erfolgt enzymatisch (*Lipoxygenase, Hydroperoxid-Lyase*, cf. 3.7.2.3) und durch Autoxidation. Beide Aldehyde sind für das Teearoma von Bedeutung, ebenso wie die durch enzymatische Reduktion (*Alkoholdehydrogenase*) daraus gebildeten Alkohole.

Chlorophyllasen sind am Chlorophyllabbau beteiligt, *Transaminasen* an der Bildung von Vorläufern für Aromastoffe.

Die Demethylierung der Pektine durch *Pektinmethylesterase* soll zur Bildung eines Pektinsäuregels und damit zur Abnahme der Geschwindigkeit der Sauerstoffdiffusion während der Fermentation führen.

21.2.5.3 Aminosäuren

Freie Aminosäuren machen etwa 1% der Trokkenmasse von Teeblättern aus. 50% davon entfallen auf Theanin (5-N-Ethylglutamin), der Rest auf alle übrigen Proteinbausteine. Zusätzlich ist β-Alanin anwesend.

Grüner Tee enthält viel mehr Theanin als schwarzer Tee. Insgesamt bestehen bei diesen beiden

Tabelle 21.14. Aminosäuren und phenolische Verbindungen in grünem und schwarzem Tee (% der Trockenmasse)

Tee	Phenolische Verbindungen	Aminosäuren
Grüner Tee		
Beste Qualität (Japan)	13,2	4,8
Konsumqualität (Japan)	22,9	2,1
Konsumqualität (China)	25,8	1,8
Schwarzer Tee		
Hochland (Sri Lanka)	28,0	1,6
Ebene (Sri Lanka)	30,2	1,7

Teearten charakteristische Unterschiede im Gehalt an Aminosäuren einerseits und an phenolischen Verbindungen andererseits (Tab. 21.14). Theanin soll für den Geschmack von grünem Tee Bedeutung haben. Die Biosynthese erfolgt in der Wurzel aus Glutaminsäure und Ethylamin, das aus Alanin stammt. Die Verbindung wird dann in die Blätter transportiert. In geringer Menge kommen analoge Verbindungen in Tee vor und zwar 4-N-Ethylasparagin und 5-N-Methylglutamin.

21.2.5.4 Coffein

Coffein macht 2,5–5,5% der Trockenmasse aus und ist für den Geschmack von Tee bedeutungsvoll. In sehr geringer Menge kommen daneben Theobromin (0,07–0,17%) und Theophyllin (0,002–0,013%) vor. Die Biosynthese erfolgt durch Methylierung von Hypoxanthin bzw. Xanthin:

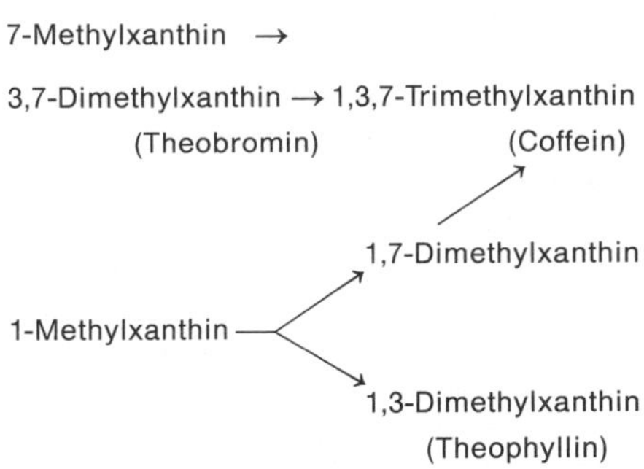

(21.5)

21.2.5.5 Kohlenhydrate

An Zuckern wurden Glucose (0,72%), außerdem Fructose, Saccharose, Arabinose und Ribose gefunden. Rhamnose und Galactose stammen aus Glykosiden. Von Polysacchariden sind neben Cellulose auch Hemicellulosen und Pektinsubstanzen anwesend. Inosit kommt gleichfalls im Teeblatt vor.

21.2.5.6 Lipide

Lipide sind nur in kleinen Mengen vorhanden. In jungen Blättern überwiegen in der polaren Fraktion Glycerophospholipide, in älteren Blättern Glykolipide.
In der unverseifbaren Fraktion überwiegen Triterpenalkohole mit β-Amyrin, Butyrospermol und Lupeol als Hauptkomponenten. Die Sterinfraktion enthält nur Δ^7-Sterine, vor allem α-Spinasterin und Δ^7-Stigmasterin.

21.2.5.7 Pigmente (Chlorophyll und Carotinoide)

Chlorophyll wird bei der Verarbeitung abgebaut. In fermentierten Blättern finden sich Chlorophyllide und Phäophorbide (braun), die beim Erhitzen in Phäophytine (schwarz) übergehen.
In Teeblättern wurden 14 Carotinoide identifiziert. Hauptkomponenten sind Xanthophyll, Neoxanthin, Violaxanthin und β-Carotin (cf. 3.8.4.1). Der Carotingehalt nimmt während der Herstellung von schwarzem Tee ab. Abbauprodukte, wie z.B. das aus β-Carotin entstehende β-Ionon (Tab. 21.15), tragen zum Teearoma bei (Tab. 21.16).

Tabelle 21.15. Flüchtige Folgeprodukte der Oxidation von Carotinoiden bei der Teeherstellung

Carotinoid	Folgeprodukte
β-Carotin (102/61)[a]	1: β-Ionon, 2: Dihydroactinidiolid, 3: Theaspiron, 4: Theaspiran, 5: 3-Oxo-β-ionon, 6: 2,2,6-Trimethyl-6-hydroxycyclohexanon, 7: 3,7-Dimethyl-1,5,7-octatrien-3-ol, 8: 6-Methyl-trans-3,5-heptadien-2-on, 9: 2,2,6-Trimethylcyclohexanon, 10: 2,4,6-Decatrienal, 11: Limonen (?), 12: Terpinolen (?), 13: Linalool (?)
Xanthophyll (260/154)	2, 3, 5, 7, 8, 9, 11–13
Neoxanthin (51/23)	2, 3, 5, 7, 8, 9, 11–13
Violaxanthin (120/36)	2, 3, 5, 7, 8, 9, 11–13

[a] In Klammern sind die Mengen an Carotinoid in frischem Material und in schwarzem Tee angegeben (μg/g Trokkenmasse).

Tabelle 21.16. Aromastoffe von schwarzem Tee

Verbindung	Aroma
3-Methylbutanol	fettig, brenzlig
3-cis-Hexenol	grün, blattartig
2-trans-Hexenal } Hexanal	grün, fruchtig, fettig
2-Phenylethanol	blumig, gegoren
Salicylsäuremethylester	blumig, metallisch
α-Terpineol	blumig, fruchtig, erdig
Linalool	blumig
Nerol	fruchtig, blumig
Phenol	phenolisch, animalisch
Guajacol	rauchig, lederartig
Linalooloxide	erdig, blattartig
β-Damascon[a]	fruchtig, gegoren
Damascenon[a]	blumig, fruchtig, holzig
β-Ionon	blumig, holzig
Dihydroactinidiolid[a]	heuartig
Theaspirane u. Derivate[a]	heuartig, erdig

[a] Strukturformeln, cf. Tab. 3.55.

21.2.5.8 Aromastoffe

Flüchtige Verbindungen machen ca. 0,01 bis 0,02% der Trockenmasse von Tee aus. Schwarzer Tee liefert ca. 4–5 mal so viel Aromakonzentrat wie grüner Tee. Bisher wurden über 300 Verbindungen identifiziert, die aber nicht alle von gleicher Bedeutung zu sein scheinen. Offensichtlich beruht das Teearoma auf einem ausgewogenen Verhältnis einer Anzahl von Schlüsselverbindungen, wobei die in Tab. 21.16 aufgeführten Aromastoffe in die engere Wahl kommen. Von den flüchtigen Verbindungen sind 1% Theaspirane und Theaspirone. Auf Grund der niedrigen Geruchsschwelle (0,2 µg/kg; Wasser) ist ein Hydroxytheaspiran (I, Formel 21.6) mit einer erdigen Aromanote ein besonders wichtiger Aromastoff:

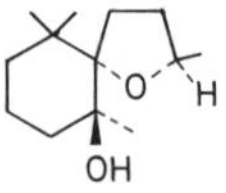

(I) (21.6)

Bei grünem Tee treten offensichtlich Linalool, Linalooloxide und eine Reihe anderer Verbindungen relativ zurück, dafür sind Nerolidol, β-Ionon und verschiedene andere Verbindungen stärker vertreten als bei schwarzem Tee. Möglicherweise spielen auch noch weitere unbekannte Verbindungen eine Rolle.

21.2.5.9 Mineralstoffe

Tee enthält etwa 5% Mineralstoffe. Hauptelement mit etwa 50% ist Kalium. Manche Teesorten enthalten viel Fluor (0,015–0,03%).

21.2.6 Reaktionen während der Herstellung

Die Veränderungen beginnen beim *Welken*. Es kommt zur Bildung von Aminosäuren durch enzymatische Proteinhydrolyse und zur Bildung von Ketosäuren durch Transaminierung. Sowohl Aminosäuren als auch Ketosäuren sind Vorläufer für Aromastoffe. Der einsetzende Chlorophyllabbau ist wichtig für das Aussehen der Endprodukte. Ein zu starker, durch Chlorophyllase katalysierter Übergang in Chlorophyllide ist unerwünscht, da er letzthin braune Phäophorbide und nicht die erwünschten schwarzen Phäophytine liefert. Die Erhöhung der Zellpermeabilität während des Welkens begünstigt die spätere Fermentation.

Beim *Konditionieren* erfolgt die bereits erwähnte gleichmäßige Verteilung der Phenoloxidasen.

Beim *Rollen* wird das Blatt mazeriert, Substrate und Enzyme kommen zusammen. Die Voraussetzungen für die anschließende Fermentation sind gegeben.

Die irreführende Bezeichnung *Fermentation* für die nun ablaufenden oxidativen enzymatischen Reaktionen stammt aus einer Zeit, in der die Beteiligung von Mikroorganismen angenommen wurde. Bei dem Prozeß kommt es zur Bildung von Farb- und Aromastoffen, vorwiegend infolge der Oxidation von Phenolen durch Phenoloxidasen. Daneben spielt die Oxidation von Aminosäuren, Carotinoiden und ungesättigten Fettsäuren eine Rolle.

Harler (1963) beschreibt die Entwicklung des Teearomas während der Herstellung wie folgt: *„The aroma of the leaf changes as fermentation proceeds. Withered leaf has the smell of apples. When rolling (or leaf maceration) begins, this changes to one of pears, which then fades and the acrid smell of green leaf returns. Late, a nutty aroma develops and finally a sweet smell, together with a flowery smell if flavour is present."*

Die enzymatische Oxidation von Flavanolen führt über die entsprechenden o-Chinone zu den Theaflavinen (Formel 21.7, IX–XII: leuchtend rote Farbe, gute Löslichkeit), Bisflavanolen (XIII–XV: farblos) und den Epitheaflavinsäuren

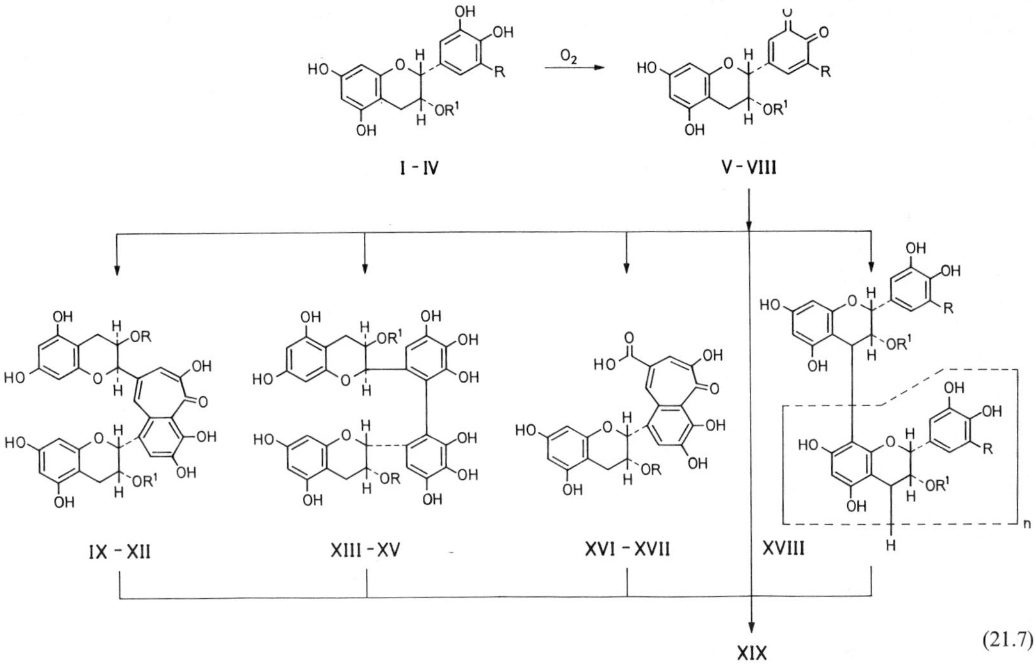

(21.7)

I: (–)-Epicatechin, R, R^1 = H,
II: (–)-Epicatechin-3-gallat, R = H, R^1 = 3,4,5-Trihydroxybenzoyl,
III: (–)-Epigallocatechin, R = OH, R^1 = H,
IV: (–)-Epigallocatechin-3-gallat, R = OH, R^1 = 3,4,5-Trihydroxybenzoyl,
V–VIII: o-Chinone von I–IV,
IX: Theaflavin, R, R^1 = H,
X: Theaflavingallat A, R = H, R^1 = 3,4,5-Trihydroxybenzoyl,
XI: Theaflavingallat B, R = 3,4,5-Trihydroxybenzoyl, R^1 = H,
XII: Theaflavindigallat, R, R^1 = 3,4,5-Trihydroxybenzoyl,
XIII: Bisflavanol A, R = R^1 = 3,4,5-Trihydroxybenzoyl,
XIV: Bisflavanol B, R = 3,4,5-Trihydroxybenzoyl, R^1 = H,
XV: Bisflavanol C, R = R^1 = H,
XVI: Epitheaflavinsäure, R = H,
XVII: 3-Galloylepitheaflavinsäure, R = 3,4,5-Trihydroxybenzoyl,
XVIII: Thearubigene (Proanthocyanidin-Typ), R = H, OH; R^1 = H, 3,4,5-Trihydroxybenzoyl,
XIX: Thearubigene (Polymere Catechine unbekannter Struktur).

(XVI, XVII: leuchtend rote Farbe, ausgezeichnete Löslichkeit). Die Theaflavine und Epitheaflavinsäuren sind für die Fabe von schwarzem Tee wesentliche Benzotropolonderivate.

Eine zweite, offensichtlich sehr heterogene Gruppe von Verbindungen, die bei der enzymatischen Oxidation von Flavanolen in Tee gebildet werden, sind die Thearubigene (XVIII, XIX), die ebenfalls zur charakteristischen rötlich-gelben Farbe und zum strengen Geschmack beitragen, über deren Struktur aber noch keine völlige Klarheit besteht. Die Aromaentwicklung während der Fermentation kommt in der Zunahme von für Tee typischen flüchtigen Verbindungen zum Ausdruck, die durch *Strecker*-Reaktion von Aminosäuren mit oxidierten Flavanolen (Formel 21.8).

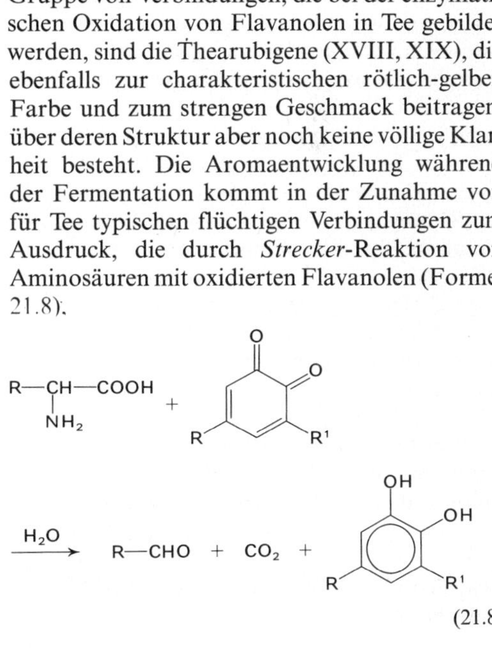

(21.8)

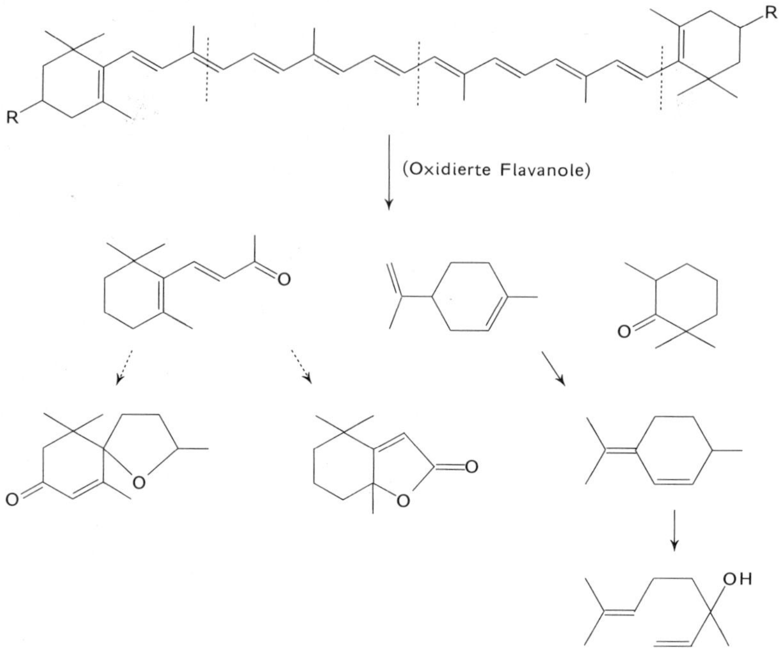

(21.9)

durch Oxidation ungesättigter Fettsäuren und insbesondere durch Oxidation von Carotinoiden (Formel 21.9) entstehen. Aus β-Carotin (R = H) bzw. Xanthophyll (R = OH) könnten z. B. als Primärprodukte u. a. β-Ionon bzw. Hydroxy-β-Ionon und möglicherweise auch Limonen entstehen, die dann als Sekundärprodukte die für das Teearoma wichtigen Verbindungen Dihydroactinidiolid, Theaspiron und Linalool liefern (cf. Tab. 21.15, 21.16).

Neben Abbaureaktionen scheinen auch biosynthetische Reaktionen zur Aromabildung beizutragen. Mit markierten Verbindungen wurde z. B. die Beteiligung von Leucin an der Bildung von Nerolidol über Mevalonsäure nachgewiesen.

Während des *Trocknens* kommt es zunächst zu einer Steigerung der Enzymaktivität: 10–15% des Theaflavins werden während der ersten 10 min der Trocknung gebildet. Dann erfolgt die Inaktivierung aller Enzyme. Der Tee erhält seine schwarze Farbe durch Übergang von Chlorophyll in Phäophytin. Voraussetzung für die Reaktion ist höhere Temperatur und ausreichend saures Milieu. Bei höheren pH-Werten kommt es zur Bildung unerwünschter brauner Produkte. Komplexbildung zwischen phenolischen Verbindungen und Proteinen mildert den adstringierenden Charakter.

Auch für die Balance zwischen den flüchtigen Verbindungen scheint der Trocknungsprozeß wesentlich zu sein. Einerseits kommt es zu einem Verlust flüchtiger Verbindungen, andererseits tritt bei der höheren Temperatur verstärkt die Bildung typischer Aromastoffe ein, wie β-Ionon, Theaspiron und Dihydroactinidiolid. Auch die in Tee nachgewiesenen Pyrazine, Pyridine und Chinoline bilden sich wahrscheinlich während der Trocknung durch Reaktionen zwischen Zukkern und Aminosäuren.

21.2.7 Verpackung, Lagerung, Zubereitung

Tee wird im Ursprungsland von gröberen Verunreinigungen und Teestaub befreit, nach Blattgröße sortiert und in Standardsperrholzkisten mit 20 oder 50 kg Inhalt, die mit Aluminium-, Zinn- oder Kunststoffolien ausgelegt sind, verpackt. Zur Qualitätserhaltung werden die Folien verlötet bzw. verschweißt. Zur Aufbewahrung eignen sich vor allem Porzellan-, Glas- und Metallbehälter. Große Bedeutung hat die portionsweise Abfüllung in Teebeutel aus Pergament- oder Filterpapier erlangt.

Bei der Lagerung muß Tee vor Licht, Wärme (T $< 30\,°C$) und Feuchtigkeit (Wassergehalt

3–5%) geschützt werden, sonst wird das Aroma flach und weich. Auch Fremdgerüche sind fernzuhalten.
Die Zubereitung des Teegetränkes erfolgt meist durch Übergießen der Teeblätter mit heißem Wasser und Ziehenlassen bis zu 5 min. Oft gewinnt man zunächst ein Teekonzentrat, das dann mit Wasser verdünnt wird. Gewöhnliche Aufgüsse erfordern 4–6 g, starker Aufguß etwa 8 g Teeblätter pro Liter. Die anregende Wirkung des Teegetränkes beruht in erster Linie auf seinem Gehalt an Coffein.

21.2.8 Löslicher Tee

Zur Herstellung von löslichem Tee (Instanttee) wird Schwarzer Tee mit Wasser extrahiert, der Extrakt konzentriert und sprühgetrocknet. Meist werden die Aromastoffe aus dem Extrakt abgetrennt, konzentriert und vor dem Sprühtrocknen dem Teekonzentrat wieder zugeführt. Das erhaltene Produkt ist infolge der Bildung eines Komplexes aus Coffein und phenolischen Verbindungen nur in heißem Wasser löslich. Zur Herstellung eines in kaltem Wasser löslichen Teepulvers wird dieser Komplex aus dem gekühlten Extrakt abgetrennt, durch Oxidation mit Luft im alkalischen Milieu oder durch Behandlung mit Tannase löslich gemacht und wieder zugesetzt.

21.2.9 Maté, Paraguaytee

Maté besteht aus den Blättern von in Südamerika (Argentinien, Brasilien, Paraguay, Uruguay) heimischen Stechpalmenarten (*Ilex paraguariensis* u. a.). Sie wachsen wild, werden auch kultiviert und erreichen eine Höhe von 8–12 m. Zur Gewinnung des Maté dienen die Blätter, Blattstiele, Blütenstiele und jungen Triebspitzen, die gebrochen und dann über offenem Feuer oder in Drahtgeflechttrommeln geschwelt werden. Dabei tritt Inaktivierung der Oxidasen ein, die grüne Farbe bleibt erhalten und gleichzeitig bilden sich spezifische Aromastoffe aus. Anschließend wird das getrocknete Produkt zerstampft, in feste Jutesäcke eingefüllt oder zu feinem Pulver vermahlen (Pulvermaté, Maté en pod). Es ist auch üblich, die Blätter kurz in kochendem Wasser zu blanchieren, auf geheizten Böden zu trocknen und lediglich zu gröberen Blattstückchen zu zerkleinern. Im Heimatgebiet des Maté wird das heiße Getränk (Yerva) aus ausgehöhltem Flaschenkürbis (Maté: Kürbis) mittels metallischer Siebröhren (Bombilla) getrunken oder als trockenes Pulver genossen. Maté regt den Appetit an und stellt durch seinen Coffeingehalt (0,5–1,5%) seit ältesten Zeiten das wichtigste alkaloidhaltige Genußmittel des südlichen und mittleren Südamerikas dar. Maté enthält im Mittel in der Trockensubstanz 12% Rohprotein, 4,5% Etherextrakt, 7,4% Gerbstoffe und 6% Mineralstoffe. Etwa ein Drittel der Gesamtsubstanz (Coffein zu 0,019–0,028%) gehen in das Getränk über. Das Coffein liegt zu 50% in gebundener Form vor.

21.2.10 Erzeugnisse aus der Colanuß

Die Colanuß (Bissy- oder Gurunuß) ist keine Nuß, sondern der von der Samenschale befreite Keimling des Samens verschiedener *Sterculiaceae* (*Cola verticillata, C. nitida, C. acuminata*), in Afrika heimische bis zu 20 m hohe Bäume, die auch in Madagaskar, Sri Lanka, Süd- und Mittelamerika angepflanzt werden. Die frischen Kerne sind gelblichweiß bis leuchtend rot und werden beim Trocknen braunrot, wobei durch Oxidasenwirkung das typische Colarot entsteht. Sie sind bis zu 5 cm lang und 3 cm breit und zeigen bitteren adstringierenden Geschmack. Die frischen, in Colablätter eingeschlagenen und mit Wasser feucht gehaltenen Kerne sind das wichtigste Genußmittel West- und Zentralafrikas; sie werden vor allem frisch, daneben auch getrocknet gekaut oder aber gemahlen in Milch oder Honig genossen. Colanüsse dienen zur Bereitung von Tinkturen, Extrakten und Anregungsmitteln, zur Herstellung von Colapräparaten in Tabletten- und Pastillenform und finden Verwendung in der Likör-, Kakao- und Schokoladenindustrie sowie zur Bereitung alkoholfreier Getränke und von Colawein usw. Ihre anregende Wirkung verdanken sie vor allem dem Gehalt an Coffein (im Mittel 2,16%), das größtenteils in gebundener Form vorliegt. Die Colanuß enthält außerdem im Mittel 12,2% Wasser, 9,2% Stickstoffsubstanz, 0,05% Theobromin, 1,35% Rohfett (Etherextrakt), 3,4% Gerbstoff und 1,25% Colarot, 2,8% Zucker, 43,8% Stärke, 15% andere stickstofffreie Extraktstoffe, 7,9% Rohfaser und 3% Asche.

21.3 Kakao und Schokolade

21.3.1 Einführung

Kakao nimmt, abweichend von Kaffee und Tee, insofern eine Sonderstellung ein, als er nicht in Form von wäßrigen Auszügen (Klargetränken), sondern in Substanz verzehrt wird. Neben den anregenden Alkaloiden, insbesondere dem Theobromin, enthalten derartige Zubereitungen auch beträchtliche Mengen an Nährstoffen (Fett, Kohlenhydrate und Eiweiß). Im Gegensatz zu Kaffee und Tee sind hier wesentlich größere Substanzmengen zur Erzielung einer anregenden Wirkung erforderlich.

Mehr als 1000 Jahre vor der Entdeckung Amerikas durch *Columbus* war in Mexiko und Zentralamerika die Kakaobohne bereits bekannt. Die ursprüngliche Zubereitungsform als Brei aus gerösteten Bohnen und Mais, gewürzt mit Paprika und Vanille oder Zimt, fand in Europa wenig Anklang. In der ersten Hälfte des 17. Jahrhunderts kamen die Kakaobohnen nach Deutschland. Erst die durch Zusatz von Zucker gewonnenen Schokoladenzubereitungen entsprachen dem Geschmack der Alten Welt. Sie waren zunächst ein ausgesprochener Luxusartikel, bis dann im 19. Jahrhundert die fabrikmäßige Herstellung Schokolade und das entölte Kakaopulver zu weit verbreiteten Lebensmitteln machten. Die Welternte an Kakao lag 1870/80 bei 31 000 t, 1900 bei 103 000 t und betrug 1979 1,585 Mio. t. Die Verteilung auf die wichtigsten Kakao produzierenden Länder zeigt Tab. 21.17.

In Abb. 21.4 ist die Verarbeitung von Kakaobohnen zu Kakaopulver und Schokoladen schematisch dargestellt.

Tabelle 21.17. Produktion von Kakaobohnen 1984 (1000 t)

Erdteil	Kakaobohnen	Land	Kakaobohnen
Welt	1660	Elfenbeinküste	411
Afrika	939	Brasilien	346
Amerika, Nord-, Mittel-	102	Ghana	188
Amerika, Süd-	471	Nigeria	160
Asien	117	Kamerun	115
Ozeanien	32	Malaysien	93
		Ecuador	60
		Dominikanische Rep.	44
		Kolumbien	41
		Mexiko	38
		Σ (%)[a]	90

[a] Weltproduktion ≙ 100%.

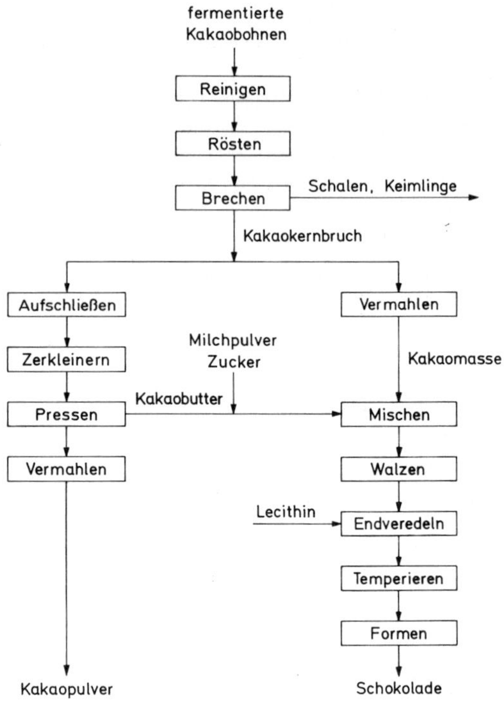

Abb. 21.4. Herstellung von Kakaopulver und Schokoladen.

21.3.2 Kakao

21.3.2.1 Allgemeines

Kakaobohnen sind die vom Fruchtfleisch befreiten, ungerotteten oder gerotteten rohen Samen des Kakaobaumes (*Theobroma cacao*) eines Sterculiaceengewächses. Der aus dem nördlichen Südamerika stammende, heute über den ganzen Tropengürtel verbreitete Kakaobaum erfordert ein feuchtheißes Klima mit mittleren Jahrestemperaturen von 24–28 °C, gedeiht in Höhen bis zu 600 m und wird wegen seiner Empfindlichkeit gegen Sonne und Wind oft zusammen mit Schattenpflanzen (Kakaomutter), wie stehengebliebenen Urwaldbäumen, Kokospalmen, Bananen usw. kultiviert. Wildwachsend erreicht der immergrüne, gleichzeitig über das ganze Jahr Blüten und Früchte tragende Baum eine Höhe von 10–15 m, in den Plantagen wird er auf 2–4 m Höhe beschnitten. Die kleinen roten oder weißen Blüten liefern pro Baum 20–50 reife Früchte. Die botanisch als Beere anzusprechende Frucht von gurkenförmiger Form ist 15–25 cm lang, 7–10 cm dick, von einer etwa 10–15 mm starken Fruchtschale umgeben und trägt, eingebettet in ein schleimiges, 10% Glucose- und Fructose enthaltendes Fruchtmus (Pulpa), 25–50 Samen (Bohnen). Die Bohne selbst zeigt oval-abgeplattete Form, ist etwa 2 cm lang, 1 cm breit und wiegt nach dem Trocknen rund 1 g. Unter einer dünnen spröden Schale liegt der Embryo mit 2 dicken Keimblättern (Nibs) und dem 5 mm langen, 1 mm dicken Keimwürzelchen. Die ziemlich glatten längsstreifigen Bohnen zeigen im Querschnitt weiße, hell- bis graubraune oder braunviolette bis tief violette Farbe.

Geerntet wird die Frucht während des ganzen Jahres, vorzugsweise jedoch zweimal im Jahr. Haupterntezeiten sind in Mexiko März bis April, in Brasilien Februar und insbesondere Juli. Die Sommerernten bringen größere und qualitativ bessere Erträge. Fruchttragend wird der Kakaobaum im 5. oder 6. Jahr, er bringt maximale Erträge zwischen dem 20. und 30. Jahr und ist nach dem 40. Jahr meist erschöpft. Ein Kakaobaum liefert nach Erreichen seiner vollen Ertragsfähigkeit 0,5–2 kg Bohnen (fermentiert und getrocknet) pro Jahr. Von größter Wichtigkeit für das Aroma des Kakaos und der daraus hergestellten Erzeugnisse ist, daß die Früchte im vollreifen, nicht aber im überreifen Zustand geerntet und, um eine Beschädigung der Samen zu vermeiden, vorsichtig geöffnet werden.

Innerhalb der Art *Theobroma cacao* sind zwei Hauptsorten zu unterscheiden. Die Criollo-Bäume (criollo: einheimisch) sind gegen klimatische Einflüsse und Schädlinge sehr empfindlich. Sie liefern hocharomatische Bohnen in relativ geringer Ausbeute. Die Forastero-Bäume (forastero: fremd) sind kräftiger, widerstandsfähiger und bringen regelmäßig hohe Erträge. Die purpurrote Forasterobohne ist weniger aromatisch als die Criollobohne, bestreitet jedoch den Hauptanteil der Welternte an Konsumkakao (Bahia, Accra). Als weitere Spielarten sind die besonders widerstandsfähige und ergiebige Calabacillo-Sorte und der Amelonado (Ecuador-Kakao) zu nennen. Die beiden Hauptsorten sind beliebig kreuzbar.

Die Kakaobohnen werden im allgemeinen nach der geographischen Herkunft, dem Grade der Reinheit und nach der Stufe der Zubereitung unterschieden. Zu den „Edelsorten" (Flavour Beans) rechnen die Provenienzen Ecuador, Venezuela, Trinidad, Ceylon und Indonesien, zu den „Konsumsorten" (Commercial Beans) die Provenienzen Westafrika, Ghana, Nigeria, Elfenbein, Kamerun, Brasilien, Bahia, San Domingo.

21.3.2.2 Ernte und Verarbeitung

Bei der Ernte werden die vollreifen Früchte sorgfältig vom Baum geschnitten und samt dem Fruchtmus aus der Fruchtschale gelöst. Nur in wenigen Fällen (Arriba- und Machala-Sorten Südamerikas) werden die Samen direkt an der Sonne getrocknet, wobei kaum eine Fermentation abläuft. Der Hauptteil der Ernte wird vor dem Trocknen einer Fermentation, dem Rotten, unterworfen. Zu diesem Zweck schichtet man die Bohnen samt dem anhaftenden Fruchtmus (Pulpa) in Gruben, auf Gärböden, in Körbe, Kästen oder perforierte Fässer, beläßt sie dort je nach Sorte 2–8 Tage und sorgt durch Umsetzen für den zum Fermentationsprozeß notwendigen Luftsauerstoff. Dabei steigt die Temperatur des Gärgutes schnell auf 45–50 °C an, die Keimfähigkeit geht verloren, die Reaktion wird sauer. Es erfolgen Geschmacks-, Aroma- und Farbbildung sowie Umwandlung eines Teiles der adstringierend schmeckenden Gerbstoffe. Gleichzeitig fließt das enzymatisch abgebaute Fruchtmus als Gärsaft ab. Zwischen Kakaokern und Pulpa treten außerdem Austauschreaktionen ein. Die so fermentierten Bohnen werden bisweilen noch gewaschen (Java, Sri Lanka) und anschließend bis auf einen Wassergehalt von 6–8% getrocknet.

Gut fermentierter Kakao zeigt gleichmäßig dunkelbraunes, leicht in einzelne Bruchstücke zerfallendes Kotyledon. Unzureichend vergorene oder unreif fermentierte Bohnen sind als schliffige Bohnen (violetas) von minderer Qualität. Zur weiteren Verarbeitung werden die verlesenen Rohbohnen zunächst in rotierenden Bürstenwalzen, Aspirateuren, Magnetapparaten sowie auf Sortierbändern von Fremdstoffen befreit, oft auch zur gleichmäßigen Führung des Röstprozesses in Sortierzylindern nach verschiedenen Bohnengrößen getrennt. Beim anschließenden

Rösten, das zunehmend auch zweistufig erfolgt, sinkt der Wassergehalt auf etwa 2%, die Gerbstoffe werden oxidiert, Essigsäure, Essigsäureester und andere unerwünschte Aromastoffe entfernt, Schädlingseier und -larven abgetötet. Durch enzymatische und thermische Reaktionen wird das Aroma verstärkt, die Farbe vertieft, der Kern wird hart und spröde, die Abtrennung der Schale wird erleichtert. Reifungsgrad und Wassergehalt, Sorte und Bohnengröße sowie Vorbehandlung der Bohne im Gewinnungsland bestimmen Ausmaß und Führung des Röstprozesses. Im allgemeinen darf die Temperatur bei der Röstung 150 °C nicht übersteigen; sie liegt damit beträchtlich unter der bei der Kaffeeröstung. Bei der Herstellung von Kakao für Schokolade wird heute stärker geröstet als bei der Kakaopulvergewinnung. Edelsorten werden zur Aromaerhaltung schwächer geröstet als Konsumsorten. Die Röstverluste liegen zwischen 5 und 8%. Wie bei Kaffee muß auch hier das geröstete Gut sofort gekühlt werden, um Überröstung zu vermeiden. Die verwendeten Darr- oder Röstapparaturen arbeiten im Chargenverfahren oder kontinuierlich, die Wärmeübertragung auf die Bohnen kann unmittelbar durch beheizte Flächen oder durch strömende Heißluft erfolgen. Die Heißluftbehandlung erstreckt sich je nach Röstgrad über 10–35 min.

Die gerösteten Bohnen werden nach dem Abkühlen den Brech- und Reinigungsanlagen zur Abtrennung der Schalen und der im Fettanteil unangenehm schmeckenden, als harte Teile auf der Zunge grießig fühlbaren und in Getränken zur Satzbildung führenden Keimwürzelchen zugeführt. Beim Brechen sollen die Kakaobohnen so zertrümmert werden, daß sie in großen Bruchstücken mit einem geringen Staub- und Feingutanteil anfallen.

Als Ausbeute dieser Prozedur erhält man aus der Rohbohne im Mittel 78–80% gebrochene Kakaokerne (Kakaobruch), 10–12% Schalen sowie Keime und eine geringe Menge Kakaoabfall (4%).

Kakaokerne als gedarrte oder geröstete, entschälte und entkeimte Kakaobohnen sowie Kakaobruch als gebrochene Samenkerne enthalten Samenschalen, Samenhäutchen und Keime nur noch in technisch nicht vermeidbaren Mengen (weniger als 2%). Kakaogrus sind kleine Kakaokernteilchen, die bei der Reinigung des Kakaoabfalles gewonnen werden und Samenschalen, Samenhäutchen und Keime in Mengen von höchstens 10% enthalten. Kakaogrus darf den Kernen nur in Mengen von höchstens 2% zugesetzt werden. Kakaoschalen dienen zur Gewinnung von Theobromin und Aktivkohle, als Futtermittel, Korkersatz und Tee-Ersatz (Kakaoschalentee) sowie nach Extraktion des Fettes als Düngemittel oder ganz allgemein als Brennstoff. Der Nachweis von Kakaoschalen als Verfälschung von Kakao ist mit zunehmender Verfeinerung der Zerkleinerungstechnik immer schwerer zu führen. Chemische Verfahren wie Rohfaserbestimmung, Furfuralwert, Bestimmung des Schleimanteils eignen sich im allgemeinen nicht zur Bestimmung des Kakaoschalengehaltes. Mikroskopische Verfahren nach Isolierung, Anreicherung und Zählung der Sklereidenzellen sind besser geeignet, doch gleichfalls mit Vorsicht zu bewerten. Ermittlung der im Schalenteil vorkommenden Galacturonsäure sowie Bestimmung des Pektins, das in der Schale reichlich (4,62–7,0%) im Kern nur geringfügig (maximal 0,2%) vorhanden ist, sind weitere Möglichkeiten zur Differenzierung.

21.3.2.3 Zusammensetzung

Die Zusammensetzung der fermentierten, lufttrockenen Kakaokerne, der Kakaoschalen und der Keimlinge geht aus Tab. 21.18 hervor.

Tabelle 21.18. Zusammensetzung von fermentierten, lufttrockenen Kakaokernen (1), Kakaoschalen (2) und Kakaokeimlingen (3) in (%)

Bestandteile	1	2	3
Wasser	5,0	4,5	8,5
Fett	54,0	1,5	3,5
Coffein	0,2		
Theobromin	1,2	1,4	
Polyhydroxyphenole	6,0		
Rohprotein	11,5	10,9	25,1
Mono- und Oligosaccharide	1,0	0,1	2,3
Stärke	6,0		
Pentosane	1,5	7,0	
Cellulose	9,0	26,5	4,3
Carbonsäuren	1,5		
Sonstige Stoffe	0,5		
Asche	2,6	8,0	6,3

21.3.2.3.1 Proteine und Aminosäuren

Vom Gesamtstickstoff der fermentierten Bohne sind etwa 60% Protein. Im Nichteiweißanteil finden sich Aminosäuren, geringe Mengen Amidstickstoff (etwa 0,3%) sowie Ammoniak (0,02%), das wohl bei der Fermentierung gebildet wird. In frischen Kakaobohnen wurden u. a. α-Amylase, β-Fructosidase, β-Glucosidase, β-Galactosidase, Pektinesterase, Polygalacturonase, Proteinasen, alkalische und saure Phosphatasen, Lipase, Katalase, Peroxidase und Polyphenoloxidasen nachgewiesen. Der Großteil von ihnen wird während der Verarbeitung inaktiviert.

21.3.2.3.2 Theobromin und Coffein

Physiologisch bedeutungsvoll ist der Gehalt an Theobromin (3,7-Dimethylxanthin), dem der Kakao seine anregende, gegenüber dem coffeinhaltigen Kaffee jedoch weit weniger ausgeprägte Wirkung verdankt. Neben Theobromin kommt auch Coffein, allerdings in recht geringer Menge (im Mittel 0,2%) vor. Eine normale Tasse Kakaogetränk enthält 0,1 g Theobromin und 0,01 g Coffein. Theobromin bildet kleine rhombische Prismen, die unzersetzt und ohne zu schmelzen bei 290 °C subliminieren. Theobromin ist in der Kakaobohne offenbar schwach an Tannin gebunden, wird während der Essigsäuregärung im Verlauf der Fermentierung freigesetzt und wandert dann teilweise in die Schale.

21.3.2.3.3 Lipide

Das Kakaofett (Kakaobutter), nach Menge und Wert der wichtigste Anteil der Kakaobohne, wird an anderer Stelle (cf. 14.3.2.2.3) besprochen.

21.3.2.3.4 Kohlenhydrate

Die Kohlenhydrate bestehen zum großen Teil aus der im Schalenanteil nicht vorkommenden Stärke, die als Leitelement bei der mikroskopischen Untersuchung wichtig ist. Daneben finden sich als weitere hochmolekulare Produkte Pentosane, Galactane, Galacturonsäure enthaltende Schleimstoffe, Cellulose und andere inkrustierende Substanzen, die zum Teil in die Rohfaser eingehen. An löslichen Kohlenhydraten wurden Stachyose, Raffinose und Saccharose (0,08 bis 1,5%), sowie Glucose und Fructose nachgewiesen. Die bei der Hydrolyse aus Saccharose während des Fermentationsprozesses gebildeten reduzierenden Zucker spielen bei der Aromaausbildung während des Röstprozesses eine wichtige Rolle. Auch meso-Inosit, Phytin, Tetrosen wie Verbascotetrose und andere Zucker wurden im Kakaokern aufgefunden.

21.3.2.3.5 Phenolische Verbindungen

Die Kotyledonen bestehen aus zwei Typen von Parenchymzellen (Abb. 21.5). Über 90% der Zellen sind klein und enthalten Protoplasma, Stärkekörner, Aleuronkörner und Fetttröpfchen. Eingestreut sind größere Zellen, die alle Phenole und Purine enthalten. Diese Polyphenolspeicherzellen (Pigmentzellen) machen 11–13% des Gewebes aus und sind je nach Anthocyangehalt weiß bis tiefpurpur gefärbt. Über ihre Zusammensetzung im Vergleich zum Gesamtgewebe informiert Tab. 21.19.

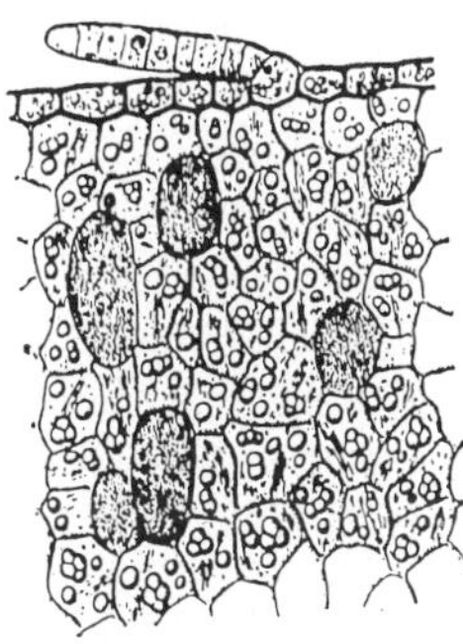

Abb. 21.5. Querschnitt durch ein Keimblatt

Tabelle 21.19. Zusammensetzung der Polyphenolspeicherzellen und der Kotyledonen

Bestandteile	Polyphenol-speicherzellen (%)[a]	Kotyle-donen (%)[a]
Catechine	25,0	3,0
Leucocyanidine	21,0	2,5
Polymere Leucocyanidine	17,5	2,1
Anthocyane	3,0	0,4
Gesamtphenole	66,5	8,0
Theobromin	14,0	1,7
Coffein	0,5	0,1
Freie Zucker	1,6	
Polysaccharide	3,0	
Sonstige	14,4	

[a] Trockenmasse.

Es liegen drei Gruppen von Phenolen vor: Catechine (ca. 37%), Anthocyane (ca. 4%) und Leukoanthocyane (ca. 58%).
Das Hauptcatechin ist (–)-Epicatechin, daneben wurden (+)-Catechin, (+)-Gallocatechin und (–)-Epigallocatechin nachgewiesen. Die Anthocyanfraktion enthält vorwiegend Cyanidin-3-α-L-arabinosid und Cyanidin-3-β-D-galactosid.
Leukoanthocyane sind Verbindungen, die beim Erhitzen in saurer Lösung Anthocyane und Catechine bzw. Epicatechine liefern. Es handelt sich meist um Flavan-3,4-diole (I), die über 4 → 8- (II) oder 4 → 6-Bindungen (III) zu Dimeren, Trimeren oder höheren Oligomeren kondensiert sind:

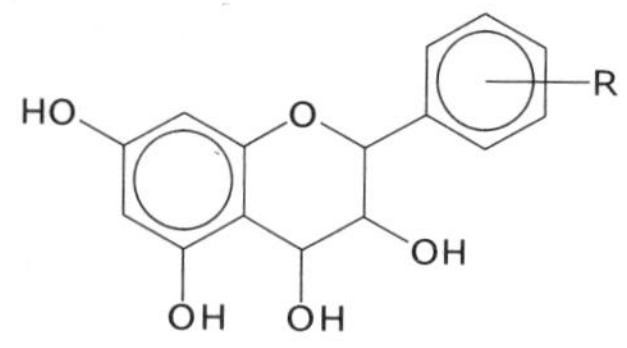

I

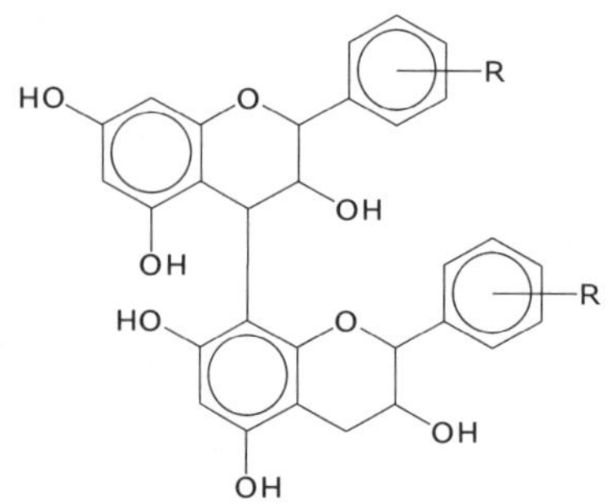

II

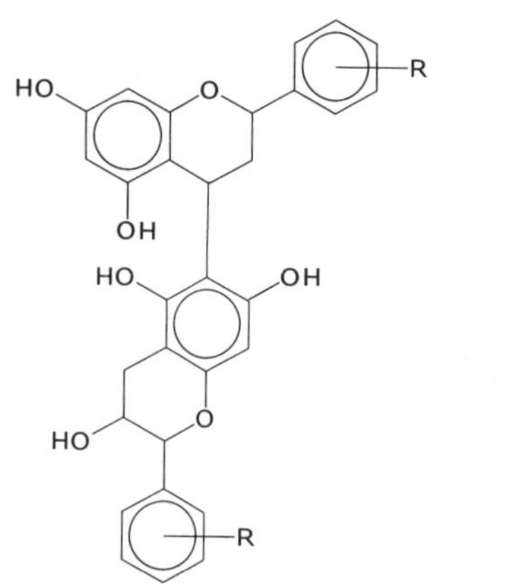

III (21.10)

Leukoanthocyane kommen in verschiedenen pflanzlichen Materialien vor, außer in Kakao z. B. auch in Äpfeln, Birnen, Colanüssen.

21.3.2.3.6 Organische Säuren

Organische Säuren (1,2–1,6%) sind vor allem die bei der Fermentierung gebildete, am Geschmack des Kakaos beteiligte Essigsäure, daneben Citronensäure (0,45–0,75%) und Oxalsäure (0,32 bis 0,50%). Die Menge an Essigsäure, die aus der Pulpe aufgenommen und in den Cotyledonen zurückgehalten wird, hängt von der Fermentierungsdauer und der Trocknungsart ab. In 8 Kakaosorten wurden 1,22–1,64% Gesamtsäuren, 0,79–1,25% flüchtige Säuren und 0,19–0,71% Essigsäure gefunden.

21.3.2.3.7 Geruchs- und Geschmacksstoffe

Das Aroma des Kakaos wird entscheidend beeinflußt durch richtige Ernte, Fermentierung, Trocknung und Röstung. Die frische Bohne zeigt essigartigen Geruch und Geschmack; der eigentümlich bitter adstringierende, dabei deutlich süße Geschmack der fermentierten Bohnen kann durch verschiedene Fehler beeinträchtigt werden, so durch Verarbeitung unreifer oder überreifer Früchte, ungenügendes Belüften und Umsetzen, Infektion mit Fremdorganismen oder Rauchschäden beim Trocknen.
Gegenwärtig sind mehr als 400 im Röstkakao gefundene flüchtige Verbindungen bekannt, die mehr oder minder bedeutungsvoll für das Aroma des gerösteten Kakaos sind. Die Aromavorläufer sind unter den Reaktionsprodukten der anaeroben Fermentationsstufen zu suchen, insbesondere unter den Aminosäuren und Zuckern, die nach bekannten Mechanismen miteinander reagieren (*Maillard*-Reaktion, *Strecker*-Reaktion und Folgereaktionen).
Wichtige Kakaoaromastoffe sind unter den Aldehyden, heterocyclischen Verbindungen, Säuren und Terpenen zu finden (Tab. 21.20). Für die süße, blumige, grüne Note des Kakaoaromas sind z. B. Linalool und einige Aldehyde, wie Isovaleraldehyd und Phenylethanal verantwortlich. Die zuletzt genannten Aldehyde ergeben als Aldolkondensationsprodukt 5-Methyl-2-phenylhex-2-enal (cf. Formel 21.11), dessen Geruch an

Tabelle 21.20. Aromastoffe von Kakao

Verbindung	Aroma
2-Methylpropanal	malzig, kakaoartig
2-Methylbutanal	grün, kakaoartig
Dimethylsulfid	butterartig, cremig
2-Phenylethanol	rosenartig, gegoren
2-Phenylethanal	grün, blumig
5-Methyl-2-phenylhex-2-enal	schokoladenartig
Linalool	blumig, süß
Benzylmethylsulfid	brenzlig, fleischartig
Anthranilsäuremethylester	fruchtig
Trimethylpyrazin	süß, nußartig
Maltol	karamelartig
Trimethyloxazol	süß, nußartig
4-Methyl-5-vinylthiazol	nußartig
2-Acetylpyridin	röstig

Schokolade erinnert. Die typische Röstnote wird u. a. vom 2-Acetylpyridin beigesteuert.

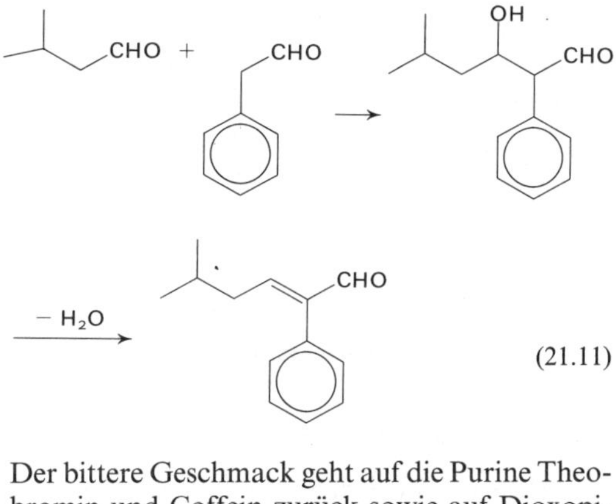

(21.11)

Der bittere Geschmack geht auf die Purine Theobromin und Coffein zurück sowie auf Dioxopiperazine, die durch thermische Fragmentierung von Proteinen beim Röstprozeß gebildet werden:

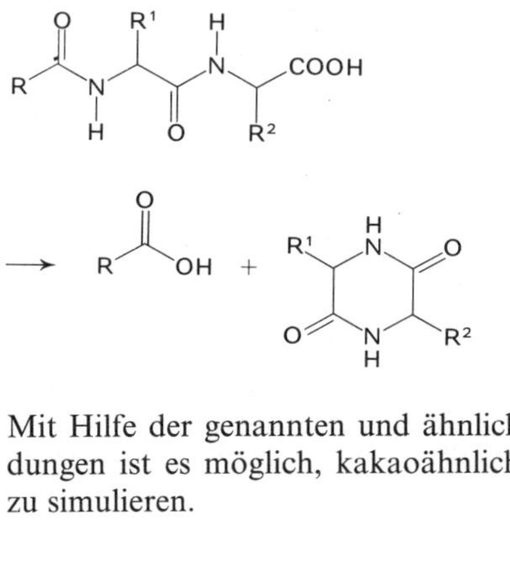

(21.12)

Mit Hilfe der genannten und ähnlicher Verbindungen ist es möglich, kakaoähnliche Aromen zu simulieren.

21.3.2.4 Reaktionen bei der Fermentierung und Trocknung

Bei der Fermentierung der Gesamtfrucht ist zwischen im Fruchtfleisch und in den Cotyledonen ablaufenden Reaktionen zu unterscheiden. Am ersten Tag werden die Zucker der Pulpa durch Hefen zu Alkohol und CO_2 vergoren. In geringem Umfang kann auch eine Milchsäuregärung ablaufen. Pektinolytische Enzyme und andere Glykosidasen bewirken durch den Abbau von Polysacchariden eine Verflüssigung des Fruchtfleisches, das abzufließen beginnt. Dadurch wird der Luftzutritt verbessert, und es kommt am zweiten bis vierten Tag zur Oxidation des Alkohols durch Essigsäurebakterien zu Essigsäure. Der pH-Wert sinkt von ca. 6,5 auf ca. 4,5 und die Temperatur steigt auf 45–50 °C. Der Kakaosamen stirbt ab, die Zellwände werden permeabel, oxidative Vorgänge laufen in der gesamten Masse ab. Am fünften bis siebten Tag stehen Oxidations- und Kondensationsreaktionen der phenolischen Verbindungen im Vordergrund. Aminosäuren und Peptide reagieren mit Phenoloxidationsprodukten zu den wasserunlöslichen braunen oder violettstichigbraunen Phlobaphenen. Diese Verbindungen (Kakaobraun, Kakaorot) verleihen der fermentierten Kakaobohne ihre charakteristische Farbe. Die Verminderung des Gehaltes an löslichen phenolischen Verbindungen mildert den ursprünglich sehr herben und adstringierenden Geschmack. Durch die anschließende Trocknung auf Wassergehalte $< 8\%$ werden die oxidativen Reaktionen unterbrochen. Die richtige Führung der Fermentation ist für die Ausbildung des Kakaoaromas außerordentlich wichtig. Sie verhindert auch die Entwicklung von unerwünschten Mikroorganismen wie Schimmelpilzen, Buttersäurebakterien und putrifizierenden Bakterien.

21.3.2.5 Herstellung der Kakaomasse

Nach dem Rösten und Trocknen werden die Kakaokerne zur Freilegung der Kakaobutter aus den Zellverbänden zerkleinert und vermahlen. Zur Vorzerkleinerung dienen vor allem Messer-, Schläger- oder Schlagleistenmühlen, zur Feinzerkleinerung Kakaowalzwerke, Kugel-, Ring- oder Scheibenmühlen. Dabei entsteht eine homogene, fließfähige Masse, die Kakaomasse.

21.3.2.6 Herstellung aufgeschlossener Kakaomasse

Um den Geschmack durch teilweise Abstumpfung der Säure zu mildern, die Farbe zu vertiefen, das Kakaopulver benetzbar und im Kakaogetränk ohne Bodensatzbildung länger suspensionsfähig zu erhalten, kann Kakaokernbruch einer Aufschließung (solubilisation, alcali process) unterworfen werden. Als Aufschlußmittel benutzt werden Alkalicarbonate und andere alkalisch reagierende Stoffe (z. B. Magnesiumoxid, Kalium-, Natrium-, Magnesiumhydroxide). Üblich ist gelegentlich der Aufschluß mit Wasserdampf, auch unter Druck. Bei diesem zuerst 1828 durch *C. I. van Houten* eingeführten Verfahren behandelt man die gerösteten Kerne mit der alkalischen Lösung (2–2,5% des Alkalis) bei 75–100 °C, stumpft – wenn nötig – mit Weinsäure ab und trocknet anschließend auf einen Restwassergehalt von ca. 2% durch Vakuum, Heißluft oder durch längeres Kneten bei Temperaturen über 100 °C. Beim Aufschluß wird außer einer Neutralisation der sauren Anteile die Verquellung der Stärke und die Lockerung des Zellgefüges erreicht. Das so gewonnene, fälschlich als löslicher Kakao bezeichnete Erzeugnis wird schließlich noch durch Feinwalzen weiter zerkleinert. Normale wie aufgeschlossene Massen enthalten im allgemeinen 52–58% Kakaobutter. Kakaomasse liefert bis zu 5%, aufgeschlossene Kakaomasse bis zu 7% Asche.

21.3.2.7 Abpressen der Kakaomasse, Gewinnung von Kakaopulver

Um aus der Kakaomasse Kakaopulver zu gewinnen, muß ein Teil des Fettes abgepreßt werden, wozu meist hydraulische, vorzugsweise horizontal bei einem Druck von 900 kp/cm^2 arbeitende Topfpressen dienen. Die Masse wird auf 90 bis 100 °C erwärmt, die abfließende Kakaobutter in einer Filterpresse von mitgerissenen Gewebsteilchen befreit, geformt und gekühlt. Die Hauptmenge der Kakaobutter findet in der Schokoladenherstellung Verwendung. Der steinharte, bis zu einem Fettgehalt von 10–24% entfettete Preßkuchen wird im Vorbrecher (Kuchenbrecher) zerkleinert, dann in Prallmühlen gemahlen und mit Windsichtern in Grob- und Feingut aufgeteilt, wobei das Grobgut wieder der Mühle zugeführt wird. Je nach der Höhe des Fettgehaltes unterscheidet man schwach entöltes Kakaopulver mit 20–22% Kakaobuttergehalt und stark entöltes Kakaopulver, das weniger als 20%, jedoch mindestens 10% Kakaofett enthält. Schwach entölte Pulver sind dunkler gefärbt und milder im Geschmack. Kakaopulver wird als Halbfabrikat sehr vielseitig verwendet, z. B. bei der Herstellung von Füllmassen, Überzugsmassen, Puddingpulver, Eiscreme und Getränken.

21.3.3 Schokolade

21.3.3.1 Einführung

Schokolade wurde ursprünglich direkt durch Verreiben von Kakaokernen mit Zucker hergestellt. Heute geht man von der nicht aufgeschlossenen Kakaomasse aus, die unter Zusatz von Saccharose, Kakaobutter, Aromastoffen und gegebenenfalls verschiedenen weiteren Bestandteilen (Milchbestandteile, Nußmassen, Kaffeepasten u. a.) vermischt, zerkleinert, salbig verrieben und schließlich geformt wird. Um hocharomatische, homogene, struktur- und formbeständige und auf der Zunge zergehende Erzeugnisse zu erhalten, ist eine Reihe von Arbeitsgängen notwendig, die im folgenden geschildert werden sollen.

21.3.3.2 Schokoladenherstellung

21.3.3.2.1 Mischen und Kneten

Das Mischen von Kakaomasse, Kristallzucker, Kakaobutter und, bei Milchschokoladen, Milchpulver erfolgt in Knetmischern. Durch intensives Bearbeiten wird eine homogene, plastische Schokoladengrundmasse erhalten.

21.3.3.2.2 Zerkleinerung

Beim anschließenden Walzen wird die fertiggemischte, noch verhältnismäßig grobe Schokoladenmasse auf mehrstufigen Walzwerken durch Vor- und Feinwalzen fein zerrieben. Die Walzen sind hohl und lassen sich durch Wasserkühlung auf die gewünschte Temperatur einstellen. Im Endprodukt haben die Kakaopartikel eine Teilchengröße von weniger als 30–40 μm. Die zu walzende Masse soll einen Fettgehalt etwa zwischen 23 und 28% aufweisen.

21.3.3.2.3 Endveredlung (Conchieren)
Die gewalzte Schokoladenmasse ist bei Zimmertemperatur trocken und pulverförmig und von saurem, unharmonischen Geschmack. Vor der Weiterverarbeitung läßt man sie deshalb in Wärmekammern etwa 24 h bei 45–50 °C stehen (Ausreifen). Sie nimmt dabei eine teigartige Konsistenz an und kann in diesem Zustand zur Herstellung von Koch- oder Konsumschokoladen dienen. Für feine Schokoladen muß sie noch zur Erzielung besonderer Glattheit im Conchierungsprozeß in Längs- oder Rundconchen (concha: Muschelschale) gerieben, gerührt und geknetet werden. Der Prozeß wird meist zweistufig geführt. In der ersten Stufe wird die Schokoladengrundmasse bei Temperaturen bis zu 80 °C über 6–12 h bearbeitet. Dabei wird der Wassergehalt gesenkt, ein Teil der flüchtigen Bestandteile (Ethanal, Aceton, Diacetyl, Methanol, Ethanol, i-Propanol, i-Butanol, i-Pentanol, Essigsäureethylester) entfernt und das Fett gleichmäßig verteilt, so daß alle Partikelchen von einem Fettfilm umgeben sind. Die Temperatur darf keinesfalls so hoch sein, daß wichtige Aromastoffe, z. B. Pyrazine (cf. 21.3.2.3.7), zu stark abnehmen. In der zweiten Stufe wird die Masse durch Zufügen der restlichen Kakaobutter verflüssigt und weiter homogenisiert, zuletzt unter Zugabe von Lecithin. Dabei wird die Oberfläche der Masse über einen Zentrifugalversprüher erhöht, wodurch bessere Wärme- und Stoffübergangswerte erzielt werden. Die beim Conchieren ablaufenden chemischen Vorgänge sind bisher nur teilweise geklärt.
Versuche, die viel Zeit, Energie und Raum beanspruchende Endveredelung in Conchen zu verkürzen, führten zu Verfahren, die auf einer separaten Vorveredelung des Kakaokernbruches bzw. der Kakaomasse beruhen. Bei der Sprüh-Dünnschicht-Technik wird die Kakaomasse mit ihrem natürlichen Wassergehalt, oder bei stark sauren Kakaosorten unter kontinuierlicher Zugabe von 0,5–2% Wasser, in turbulenter Dünnschicht bei direktem Wärmeübergang im Gegenstromprinzip mit Heißluft (bis 130 °C) kontinuierlich entfeuchtet, entsäuert, entgast und geröstet. Zur Endveredlung können neben den bewährten Conchen auch neuentwickelte Intensivveredler eingesetzt werden, wodurch sich die Conchierzeiten bis auf 8 h reduzieren lassen. Daneben wird die Entwicklung von kontinuierlich arbeitenden Conchen vorangetrieben.

21.3.3.2.4 Kristallisieren und Formen
Vor dem Formen muß die Masse zur Einleitung der Kristallisation temperiert werden, ein für Struktur (harter Bruch, Füllung der Form) und Aussehen (glänzende, nicht matte Oberfläche) entscheidender Arbeitsgang, bei dem Kristallkeime unter kontrollierten Arbeitsbedingungen erzeugt werden (Vorkristallisation). Die vollständig geschmolzene Schokoladenmasse wird unter ständigem Rühren zunächst von ca. 50 °C in 10 min auf 18 °C heruntergekühlt, ca. 10 min bei dieser Temperatur gehalten und anschließend zur Bildung der stabilen β-Modifikation der Kakaobutter (cf. 3.3.1.2) in ca. 5 min wieder auf 29–31 °C erwärmt. Die Prozeßbedingungen schwanken je nach Zusammensetzung der Schokoladenmasse. Entscheidend ist, daß sich bei der Vorkristallisation möglichst viele und möglichst kleine Fettkristalle mit möglichst hohem Schmelzpunkt bilden, da sich dann beim anschließenden Abkühlen der Schmelzmasse ein homogenes, feinkristallines, wärmestabiles Fettgefüge mit guten Schmelzeigenschaften und schönem Oberflächenglanz bildet.
Vor dem Formen wird die Masse auf 30–32 °C gehalten und dann durch Dosierpumpen in vorgewärmte Kunststoff- oder Metallformen eingefüllt. Auf Klopfbahnen entweicht beim heftigen Rütteln die Luft, auf Kühlbahnen wird langsam gekühlt, und bei etwa 10 °C fallen die fertigen Tafeln aus der Form.
Temperier-, Teil-, Einstreich-, Kühl- und Verpackungsmaschinen haben die Schokoladenherstellung weitgehend mechanisiert und automatisiert.

21.3.3.3 Schokoladensorten

Schokolade im engeren Sinne ist eine geformte oder nicht geformte Zubereitung aus Kakaokernen, Kakaobruch oder aus Kakaomasse und Saccharose, ohne oder mit Zusatz von Kakaobutter, natürlichen Gewürzen, Vanillin oder Ethylvanillin. Schokolade besteht zu mindestens 40% aus Kakaomasse oder aus einem Gemisch von Kakaomasse und Kakaobutter und zu höchstens 60% aus Zucker. Der Gehalt an Kakaobutter beträgt mindestens 21%, der Gehalt an Kakaomasse bei Mitverwendung von Kakaobutter mindestens 33%.
Die Zusammensetzung der wichtigsten Schokoladen- und Überzugsmassen bringt Tab. 21.21.
Schmelzschokolade ist eine durch besondere Be-

Tabelle 21.21. Zusammensetzung einiger Schokoladen- und Überzugsmassen

Erzeugnis	Kakao-masse %	Fettfreie Milchtrocken-masse %	Zugesetzte Kakaobutter %	Gesamt-fett %	Milchfett %	Zucker %
Koch- und Speise-schokolade	33–50	–	5–7	22–30	–	50–60
Schmelzschokolade	35–60	–	bis 15	28–35	–	38–50
Sahneschokolade	10–20	8–16	10–22	33–36	5,5–10	35–60
Vollmilchschokolade	10–30	9,3–23	12–20	28–32	3,2–7,5	32–60
Magermilchschokolade	10–35	12,5–25	15–25	22–30	0–2	30–60
Überzugsmassen	33–65		5–25	35–46		25–50

arbeitung hergestellte Schokoladenzubereitung. Spezialschokoladen sind z. B. Sahne-(Rahm-) schokolade, Vollmilch- und Magermilchschokoladen, gefüllte Schokoladen, Frucht-, Nuß-, Mandelschokoladen und solche, die Kaffee oder Orangeat enthalten. Colaschokolade ist eine coffeinhaltige Schokolade, deren Coffeingehalt (maximal 0,25%) nicht aus reinem Coffein, sondern ausschließlich aus Cola oder anderen coffeinhaltigen Pflanzenteilen oder Auszügen hieraus (Kaffee) stammt. Diabetikerschokoladen werden nur mit den Zuckeraustauschstoffen Fructose, Mannit, Sorbit und Xylit hergestellt. Tab. 21.21 informiert auch über die Zusammensetzung von Schokoladenüberzugsmasse (Kuvertüre). Nuß- und Mandelschokoladen enthalten Nüsse und Mandeln, deren Gehalt an leicht verderblichen und außerdem niedriger als Kakaobutter schmelzendem Öl bisweilen durch Abpressen auf ⅔ des ursprünglichen Gehaltes herabgesetzt ist. Bei gefüllten Schokoladen wird die Füllung in eine Schokoladenhalbform eingegossen und dann ein Schokoladenteppich aufgetragen. Für Schokoladenstreusel wird fettarme trokkene Schokoladenmasse durch eine gelochte Platte gepreßt. Hohlfiguren werden in zweiteiligen Klappformen oder in Hohlpressen oder durch Zusammenkleben einzeln geformter Teile hergestellt.

Pralinen sollen ihre Bezeichnung dem Küchenmeister *Pralin* des französischen Marschalls *du Plassis* verdanken, der als erster mit Schokolade überzogene Süßigkeiten machte. Aus der Vielfalt der Fabrikationsmöglichkeiten können hier nur einige erwähnt werden. Zur Herstellung von Pralinen mit festen Kernen wird heiße übersättigte Zuckerlösung (Fondant-, Geleemasse) in Weizenpuderformen gegossen, und der nach dem Abkühlen erstarrte Kern (Korpus) durch Tauchen in geschmolzene Kuvertüre (s. oben) mit einem Schokoladenüberzug, der Decke, versehen (Cremepralinen). Die Fondantmasse kann ganz oder teilweise durch andere Füllungen (Fruchtpasteten, Marzipan, Marmelade, Mandeln, Nüsse, Trüffelmassen usw.) ersetzt sein (Dessertpralinen). Solche Pralinen werden mit oder ohne Zuckerkruste hergestellt. Erzeugnisse mit Zukkerkruste entstehen aus Mischungen dicker Zukkerlösungen mit Likör, die man in geformte Vertiefungen gießt. Dabei kristallisiert an der Außenwand eine feste Kruste, der Inhalt bleibt flüssig und der so gewonnene Kern kann, wie oben beschrieben, getaucht (getunkt) werden. Für Pralinen ohne Zuckerkruste (Weinbrand- und Likörbohnen) dienen in Hohlkörpermaschinen automatisch geformte Schokoladenschalen, die man mit der Masse füllt und in Deckelmaschinen verschließt. Fondantmassen werden vor dem Formen mit Invertase versetzt. Dadurch verflüssigt sich die Pralinenfüllung nach wenigen Tagen. Plastische Massen werden in letzter Zeit immer mehr in Dressiermaschinen, die mit Überziehmaschinen in einer Anlage zusammengefaßt sind, durch Walzen und Düsen (Dressierköpfe) ausgeformt und überzogen.

Trinkschokolade (Schokoladenpulver, Schokoladenmehl) entsteht durch Verarbeitung von Kakaomasse oder Kakaopulver mit Saccharose. Üblich sind Zusätze von Gewürzen, insbesondere auch von Vanillin, der Zuckergehalt beträgt maximal 65%.

Schokoladensirupe werden in den USA unter Verwendung von Bakterienamylase hergestellt. Der Enzymzusatz verhindert durch Dextrinierung und Lösung der Kakaostärke ein späteres Dickwerden.

Fettglasuren sind nachgemachte Schokoladenüberzugsmassen (vgl. Kuvertüre), die unter Verwendung von Fremdfetten (Erdnuß-, Kokosfett u. a.) gewonnen werden und zum Überziehen von Backwaren oder Konditoreierzeugnissen dienen. Tropenschokolade enthält entweder Hartfette oder wird durch spezielle Verfahrenstechniken wärmeresistenter gemacht. So kann der Schmelzpunkt der Kakaobutter z. B. durch bestimmte Vorkristallisationsverfahren angehoben werden. Eine andere Möglichkeit besteht im Aufbau eines zusammenhängenden Zuckerskeletts, in dessen Hohlräume das Fett eingelagert ist. Im Gegensatz zu normaler Schokolade liegt in diesem Fall keine kontinuierliche Fettphase vor, die beim Erwärmen zusammenbricht.

21.3.4 Lagerung von Kakaoerzeugnissen und dabei auftretende Veränderungen

Alle Erzeugnisse, vom Rohkakao bis zur Schokolade, erfordern besondere Sorgfalt bei der Lagerung (trockene, kühle, gut durchlüftete Räume, geschützt vor Licht und Fremdgerüchen). Geeignete Lagerbedingungen sind z. B. 10–12 °C bei 55–65% relativer Luftfeuchtigkeit. Schokoladenerzeugnisse werden auch leicht von Schädlingen befallen, insbesondere von Kakao-, Mehl- und Dörrobstmotten, Schaben oder Ameisen. Schokolade wird bei unsachgemäßer Lagerung an der Oberfläche leicht grau oder matt. Zuckerreif (sugar-bloom) entsteht dadurch, daß bei relativen Gleichgewichtsfeuchtigkeiten oberhalb 75–80% oder bei Unterschreitung des Taupunktes der Luft kleinste Zuckerteile sich an der Oberfläche lösen und dann beim Trocknen sich grobkristallin ausscheiden. Fettreif (fat-bloom) tritt dann auf, wenn bei höherer Temperatur (über 30 °C) an der Oberfläche sich flüssiges Fett abscheidet, das beim neuerlichen Erstarren weiße Flecke bildet. Fettreif kann auch bei unsachgemäßer Vorkristallisation auftreten. Er läßt sich durch Nachtempern der Schokolade (6 h bei ca. 30 °C) verhindern.

21.4 Literatur

Bokuchava, M. A., Skobeleva, N. I.: The biochemistry and technology of tea manufacture. Crit. Rev. Food Sci. Nutr. *12*, 303 (1979/80)

Castelein, J., Verachtert, H.: Coffee fermentation. In: Biotechnology (Eds.: Rehm, H.-J., Reed, G.), Vol. 5, p. 587, Verlag Chemie: Weinheim. 1983

Clarke, R. J., Macrae, R. (Eds.): Coffee. Vol. 1: Chemistry. Elsevier Applied Science Publ.: London. 1985

Clifford, M. N., Willson, K. C. (Eds.): Coffee: botany, biochemistry and production of beans and beverage. AVI Publ. Co.: Westport, Conn. 1985

Flament, I.: Coffee, cocoa and tea flavours: a review on present knowledge. In: International symposium of food flavors (Eds.: Adda, J., Richard, H.), p. 82, Technique et Documentation (Lavoisier): Paris. 1983

Forsyth, W. G. C., Quesnel, V. C.: The mechanism of cacao curing. Adv. Enzymol. *25*, 457 (1963)

Harler, C. R.: Tea manufacture. Oxford University Press: London. 1963

Kleinert-Zollinger, J.: Schokolade. In: Ullmanns Encyklopädie der technischen Chemie, 4. Aufl., Bd. 20, S. 673, Verlag Chemie: Weinheim. 1981

Lange, H., Fincke, A.: Kakao und Schokolade. In: Handbuch der Lebensmittelchemie, Bd. VI (Hrsg.: Schormüller, J.), S. 210, Springer-Verlag: Berlin. 1970

Lehrian, D. W., Patterson, G. R.: Cocoa fermentation. In: Biotechnology (Eds.: Rehm, H.-J., Reed, G.), Vol. 5, p. 529, Verlag Chemie: Weinheim. 1983

Maier, H. G.: Kaffee. Verlag Paul Parey: Berlin. 1981

Sanderson, G. W.: Black tea aroma and its formation. In: Geruch- und Geschmackstoffe (Hrsg.: Drawert, F.), S. 65, Verlag Hans Carl: Nürnberg. 1975

Sanderson, G. W.: Tea manufacture. In: Biotechnology (Eds.: Rehm, H.-J., Reed, G.), Vol. 5, p. 577, Verlag Chemie: Weinheim. 1983

Vitzthum, O. G.: Chemie und Bearbeitung des Kaffees. In: Kaffee und Coffein (Hrsg.: Eichler, O.), S. 3, Springer-Verlag: Berlin. 1976

Wickremasinghe, R. L.: Tea. Adv. Food Res. *24*. 229 (1978)

Wurziger, J.: Tee. In: Ullmanns Encyklopädie der technischen Chemie, 4. Aufl., Bd. 22, S. 405, Verlag Chemie: Weinheim. 1982

Yamanishi, T.: The aroma of various teas. In: Flavor of foods and beverages (Eds.: Charalambous, G., Inglett, G. E.), p. 305, Academic Press: New York. 1978

22 Gewürze, Speisesalz, Essig

22.1 Gewürze

Teile bestimmter Pflanzen, die sich durch ein sehr intensives und charakteristisches Aroma auszeichnen, finden im frischen oder getrockneten Zustand als Würzmittel Verwendung. In Tab. 22.2 sind die wichtigsten Gewürzpflanzen, gegliedert nach den Pflanzenteilen, die zum Würzen dienen, aufgeführt.

22.1.1 Zusammensetzung

22.1.1.1 Ätherische Öle

Bei den meisten Gewürzen fallen die Aromastoffe als ätherisches Öl an (Tab. 22.1), das wie unter 5.5.1.1 angegeben, durch Wasserdampfdestillation abgetrennt werden kann. Seine Hauptkomponenten sind entweder Mono- und Sesquiterpene oder Phenole bzw. Phenolether (Tab. 22.3). Beispiele aus den zuletzt genannten beiden Verbindungsklassen sind Eugenol (I, Formel 22.1), Carvacrol (II), Thymol (III), Estragol (IV), Anethol (V), Safrol (VI) und Myristicin (VII).

Tabelle 22.1. Gehalt einiger Gewürze an ätherischem Öl[a]

Gewürz	% Vol/Gewicht
Schwarzer Pfeffer	2,0 – 4,5
Weißer Pfeffer	1,5 – 2,5
Anis	1,5 – 3,5
Kümmel	2,7 – 7,5
Koriander	0,4 – 1,0
Dill	2,0 – 4,0
Muskatnuß	6,5 –15
Cardamom	4 –10
Ingwer	1 – 3
Curcuma	4 – 5
Majoran	0,3 – 0,4
Origano	1,1
Rosmarin	0,72
Salbei	0,7 –2,0

[a] Die Angaben bei Blattgewürzen beziehen sich auf das Gewicht des frischen Materials.

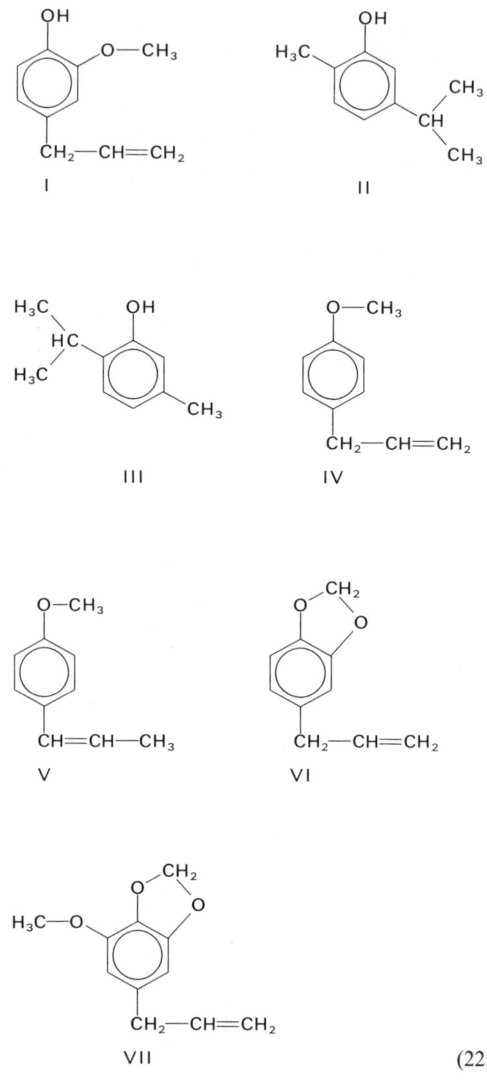

(22.1)

Die Biosynthese von Zimtaldehyd (IX), der Hauptkomponenten der Zimtrinde (Tab. 22.3), aber auch von Eugenol (I) und Safrol (VI) geht aus vom Phenylalanin (vgl. Biosynthese anderer Pflanzenphenole in 18.1.2.5.1). Die in Formel 22.2 angegebenen Reaktionsschritte werden vermutet.

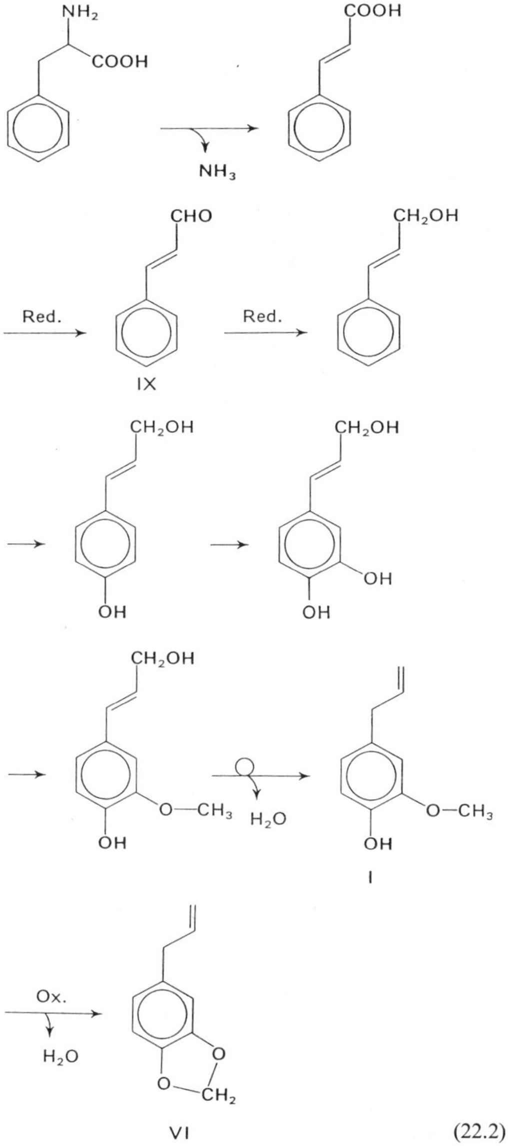

(22.2)

Bestimmte aromatische Kohlenwasserstoffe entstehen in den Gewürzen wahrscheinlich durch Oxidation von Terpenen. Beispiele sind 1-Methyl-4-isopropenylbenzol (XI, Formel 22.3) aus 1,3,8-p-Menthantrien (X) und (+)-*ar*-Curcumen (XIV) aus Zingiberen (XII) bzw. β-Sesquiphellandren (XIII) (s. Formel 22.3).
Bei der Lagerung von Ingweröl konnte die Bildung von (+)-*ar*-Curcumen aus den genannten Vorläufern nachgewiesen werden.
Ein weiterer aromatischer Kohlenwasserstoff, der in den ätherischen Ölen einiger Gewürze in größeren Mengen vorkommt (Tab. 22.3), ist p-Cymol (XV, Formel 22.3).

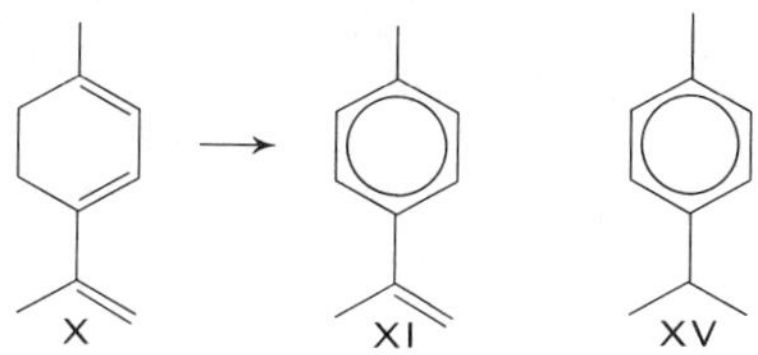

(22.3)

Unter den Aromastoffen des Safrans dominieren die Terpenaldehyde Safranal (XVIII) und 2,6,6-Trimethyl-4-hydroxy-1-cyclohexen-1-formaldehyd (XVII), die wahrscheinlich durch Hydrolyse und Wasserabspaltung aus dem Bitterstoff Picrocrocin (XVI) hervorgehen:

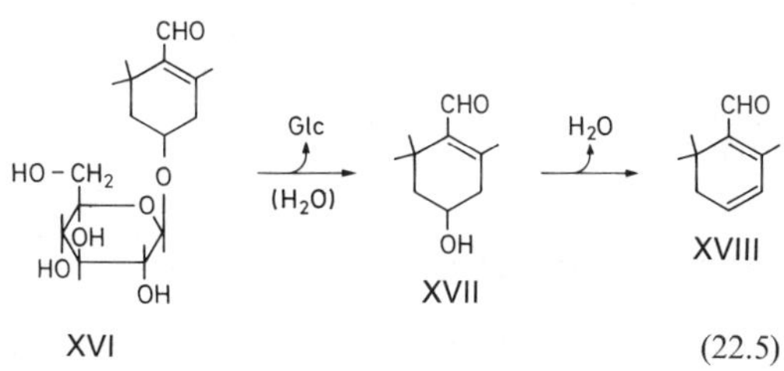

(22.5)

Bei einigen Gewürzen sind unter den Hauptverbindungen der ätherischen Öle die „characteristic impact components" (cf. 5.1.2), die das typische Aroma hervorrufen. Beispiele sind Zimtaldehyd im Zimt, Anethol im Anis, d-Carvon im Kümmel, Eugenol in der Gewürznelke, 1,3,8-p-Menthantrien und 1-Methyl-4-isopropenylben-

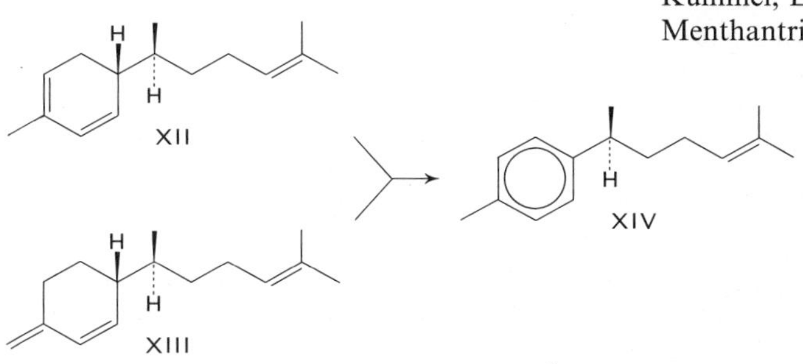

(22.4)

Tabelle 22.2. Gewürze

Nr.	Deutscher Name	Lateinischer Name	Klasse/Ordnung/ Familie	Anbaugebiet
Frucht				
1	Pfeffer	*Piper nigrum*	Piperaceae	Tropische und subtropische Gebiete
2	Vanille	*Vanilla planifolia*	Orchidaceae	Madagaskar, Komoren, Mexiko, Uganda
3	Piment	*Pimenta dioica*	Myrtaceae	Westindische Inseln, Mittelamerika
4	Gewürzpaprika	*Capsicum annuum*	Solanaceae	Mittelmeergebiet, Balkan
5	Lorbeerbaum[a]	*Laurus nobilis*	Lauraceae	Mittelmeergebiet
6	Wacholder	*Juniperus communis*	Cupressaceae	Gemäßigte Breiten
7	Chillies	*Capsicum frutescens*	Solanaceae	Tropische Gebiete
8	Anis	*Pimpinella anisum*	Apiaceae	Gemäßigte Breiten (8–11)
9	Kümmel	*Carum carvi*	Apiaceae	
10	Koriander	*Coriandrum sativum*	Apiaceae	
11	Dill[a]	*Anethum graveolens*	Apiaceae	
Same				
12	Senf	*Sinapsis alba*[b] *Brassica nigra*[c]	Brassicaceae Brassicaceae	Gemäßigte Breiten
13	Muskatnußbaum	*Myristica fragrans*	Myristicaceae	Indonesien, Sri Lanka, Indien
14	Cardamom	*Elettaria cardamomum*	Zingiberaceae	Indien, Sri Lanka
Blüte				
15	Gewürznelkenbaum	*Syzygium aromaticum*	Myrtaceae	Indonesien, Sri Lanka, Madagaskar
16	Safran[d]	*Crocus sativus*	Iridaceae	Mittelmeergebiet, Indien, Australien
Rhizom				
17	Ingwer	*Zingiber officinale*	Zingiberaceae	Südchina, Indien, Japan, Westindien, Afrika
18	Gelbwurz, Curcuma	*Curcuma longa*	Zingiberaceae	Indien, China, Indonesien
Rinde				
19	Zimtbaum	*Cinnamomum zeylanicum, C. aromaticum, C. burmanii*	Lauraceae	China, Sri Lanka, Indonesien, Westindien, Brasilien
Wurzel				
20	Meerrettich	*Armoracia rusticana*	Brassicaceae	Gemäßigte Breiten
Blatt				
21	Blattpetersilie	*Petroselinum crispum*	Apiaceae	Gemäßigte Breiten (21–24)
22	Bohnenkraut	*Satureja hortensis*	Lamiaceae	
23	Majoran	*Origanum majorana*	Lamiaceae	
24	Origano	*Origanum heracleoticum, O. onïtes*	Lamiaceae	
25	Rosmarin	*Rosmarinus officinalis*	Lamiaceae	Mittelmeergebiet
26	Salbei	*Salvia officinalis*	Lamiaceae	Mittelmeergebiet
27	Schnittlauch	*Allium schoenoprasum*	Liliaceae	Gemäßigte Breiten
28	Thymian	*Thymus vulgaris*	Lamiaceae	Gemäßigte Breiten

[a] Früchte und Blätter, [b] Weißer Senf, [c] Schwarzer Senf, [d] Narbenschenkel ohne Griffel.

Tabelle 22.3. Hauptbestandteile der ätherischen Öle aus Gewürzen

Gewürz[a]	Bestandteile[b]
Pfeffer (1)	22% α-Pinen (XXIX*), 21% Sabinen (XXV*), 17% β-Caryophyllen (XLIX*), Δ^3-Caren (XXXII*), Limonen (IX*), β-Pinen (XXX*)
Piment (3)	70% Eugenol (I), β-Caryophyllen (XLIX*), Methyleugenol, 1,8-Cineol (XXIII*), α-Phellandren (XI*)
Lorbeerblatt (5)	50–70% 1,8-Cineol (XXIII*), α-Pinen (XXIX*), β-Pinen (XXX*), α-Phellandren (XI*), Linalool (IV*)
Wacholder (6)	36% α-Pinen (XXIX*), 13% Myrcen (I*), β-Pinen (XXX*), Δ^3-Caren (XXXII*)
Anis (8)	80–90% Anethol (V)
Kümmel (9)	55% Carvon (XXI*), 44% Limonen (IX*)
Koriander (10)	Linalool (IV*), Linalylacetat, Citral[c]
Dill (Frucht, 11)	35% Carvon (XXI*), 12% Dihydrocarvon, 10% Limonen (IX*), Carveol (XVI*), α-Terpinen (X*)
Macis (13)	27% α-Pinen (XXIX*), 21% β-Pinen (XXX*), 15% Sabinen (XXV*), 9% Limonen (IX*), Safrol (VI), Myristicin (VII)
Cardamom (14)	20–40% 1,8-Cineol (XXIII*), 28–34% α-Terpinylacetat, 2–14% Limonen (IX*), 3–5% Sabinen (XXV*)
Gewürznelke (15)	80–90% Eugenol (I), 9% β-Caryophyllen (XLIX)*, Eugenolacetat
Ingwer (17)	30% (–)-Zingiberen (XLII*), 10–15% β-Bisabolen (XLI*), 15–20% (–)-Sesquiphellandren (XLIII*), (+)-*ar*-Curcumen (XIV), Citral[c], Citronellylacetat
Curcuma (18)	30% Turmeron (XIX), 25% *ar*-Turmeron (XX), 25% Zingiberen (XLII*)
Zimt (19)	50–80% Zimtaldehyd (IX), 10% Eugenol (I), 0–11% Safrol (VI), 10–15% Linalool (IV*), und Campher (XXXIII*)
Petersilie (21)	1,3,8-p-Menthantrien (X), 1-Methyl-4-isopropenylbenzol (XI), β-Phellandren (XII*), Myrcen (I*)
Majoran (23)	49–65% 1,8-Cineol (XXIII*), 25% Estragol (IV), 15% α-Terpineol (XVII*), 11% Eugenol (I), Linalool (IV*), Geranylacetat, Ocimen (II*)
Origano (24)	Carvacrol (II), Thymol (III), p-Cymol (XV), Carvacrolmethylether
Rosmarin (25)	1,8-Cineol (XXIII*), Campher (XXXIII*), β-Pinen (XXX*), Camphen (XXXI*)
Salbei (26)	1,8-Cineol (XXIII*), Campher (XXXIII*), Thujon (XXVI*)
Thymian (28)	Thymol (III), p-Cymol (XV), Carvacrol (II), Linalool (IV*)

[a] Die Zahlen in ( ) nehmen Bezug auf Tab. 22.2.
[b] Römische Ziffern *mit* * beziehen sich auf die in Tab. 5.24 dargestellten Terpene; römische Ziffern *ohne* * nehmen Bezug auf Strukturen, die im Kapitel 22 dargestellt sind.
[c] Mischungen aus Neral und Geranial (cf. Fußnote b in Tab. 5.24).

zol in Petersilienblättern, Turmeron (XIX) und *ar*-Turmeron (XX) in Curcuma und 3,9-Epoxy-p-menth-1-en (XXI) im Dill (Kraut).

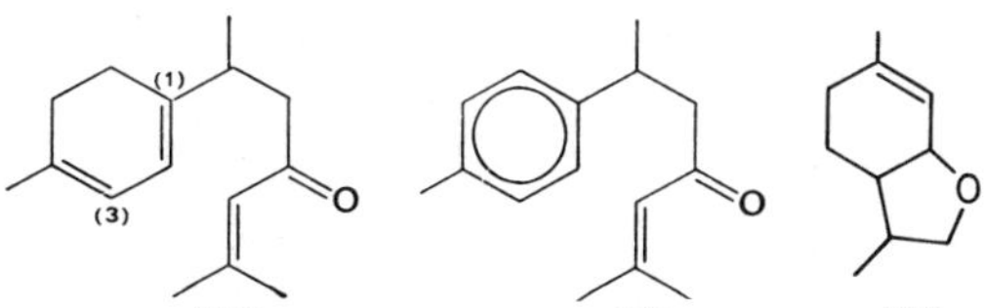

XIX XX XXI

Die Doppelbindung in 3-Stellung kann sich auch in 4- oder 5-Stellung befinden (22.6)

22.1.1.2 Glucosinolate, Pyrazine

Senf und Meerrettich enthalten Glucosinolate (Tab. 22.4), die beim Aufbrechen der Zellen mit einer Thioglucosidase in Kontakt kommen und wie unter 17.1.2.6.5 beschrieben in Isothiocyanate (Senföle) umgelagert werden. Aus Sinigrin entsteht Allylisothiocyanat, das für den beißend-stechenden Geruch und Geschmack der beiden Würzpflanzen verantwortlich ist. p-Hydroxybenzylisothiocyanat, das aus dem Sinalbin hervorgeht, ist nur wenig flüchtig, leistet aber einen wesentlichen Beitrag zum scharfen Geschmack von Senf.

Das Aroma von Meerrettich wird noch mitbestimmt von Methyl-, Ethyl-, Isopropyl- und 4-Pentenylisothiocyanat, die aber mengenmäßig gegenüber Allylisothiocyanat stark zurücktreten. Am Aroma der Capsicumarten sind Pyrazine, insbesondere das 2-Isobutyl-3-methoxypyrazin (cf. 5.3.2.5) beteiligt.

Tabelle 22.4. Die wichtigsten Glucosinolate im Senf und Meerrettich

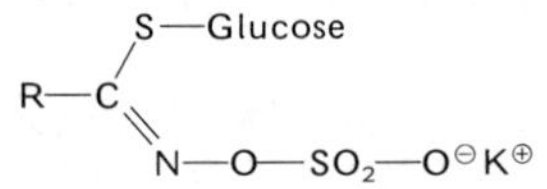

R	Name	Vorkommen
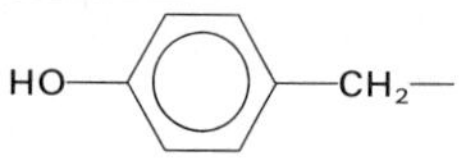	Sinalbin	Senf
$H_2C{=}CH{-}CH_2{-}$	Sinigrin	Senf, Meerrettich
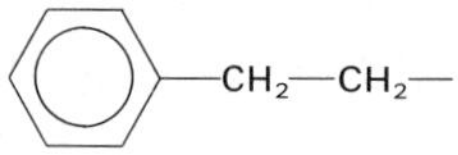	Gluconasturtiin	Meerrettich

22.1.1.3 Stoffe mit scharfem Geschmack

Der brennend scharfe Geschmack der Paprikaarten, des Pfeffers und Ingwers wird von den in Tab. 22.5 zusammengestellten nichtflüchtigen Verbindungen ausgelöst. Bei der Verarbeitung und Lagerung von Ingwer dehydratisiert Gingerol leicht zum Shogaol. Die Schärfe nimmt dadurch zu (Tab. 22.5). Es kann auch noch zur Retroaldolspaltung des Shogaols unter Bildung von süß-würzigem Zingeron und von Hexanal kommen, das ab einer bestimmten Konzentration bei Ingwer-Oleoresinen einen Aromafehler verursacht:

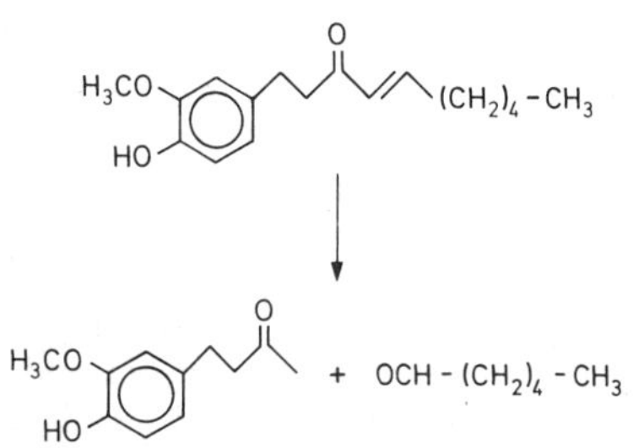

(22.8)

Vom Capsaicin, dessen Gehalt in Capsicumarten in Abhängigkeit von der Varietät, den Anbau-, Trocknungs- und Lagerbedingungen zwischen 0,075% und 0,8% schwankt, geht der intensivste Scharfgeschmack aus (Tab. 22.5).

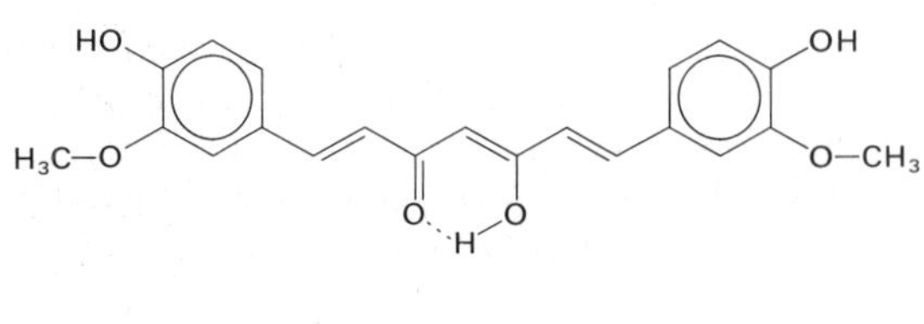

(22.7)

22.1.1.4 Farbstoffe

Paprika und Curcuma werden auch zum Färben von Lebensmitteln eingesetzt. Die Farbstoffe der Paprika sind Carotinoide mit Capsanthin als Hauptverbindung (Formel cf. 3.8.4.1.2). Curcumin ist der Hauptfarbstoff der Curcuma (s. Formel 22.7).

22.1.1.5 Antioxidantien

Extrakte aus einigen Gewürzen, insbesondere aus Salbei und Rosmarin, hemmen die Autoxidation ungesättigter Triacylglyceride. Als wichtigste antioxidativ wirksame Bestandteile der beiden genannten Gewürze wurden die cyclischen Diterpendiphenole Carnosolsäure (XXII) und Carnosol (XXIII) identifiziert:

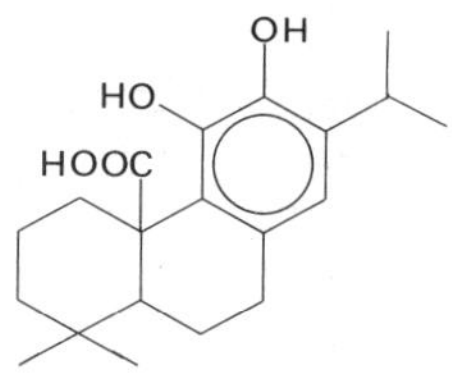

XXII

(22.9)

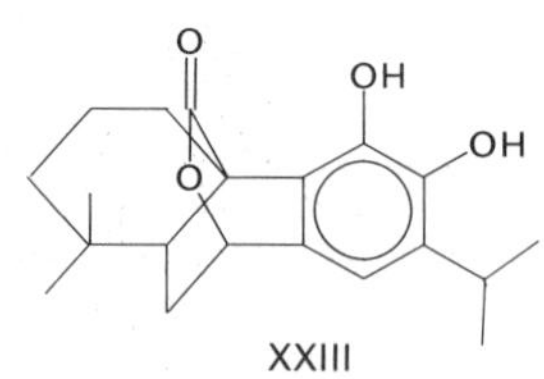

XXIII

(22.10)

Tabelle 22.5. Stoffe mit scharfem Geschmack aus Gewürzen

Name	Struktur	Vorkommen[a]	Relative Schärfe[b]
Piperin[c]	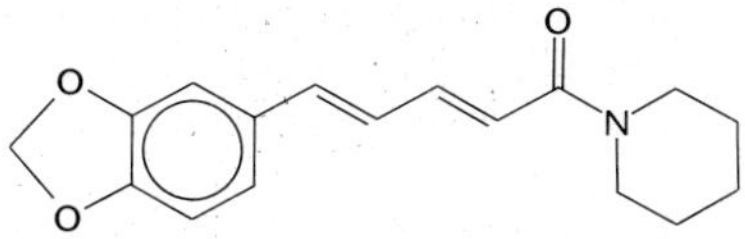	Pfeffer (1)	1,0
Piperanin	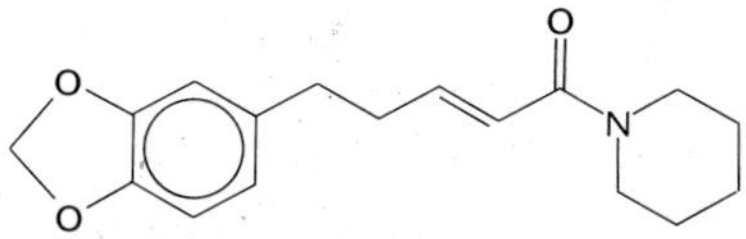	Pfeffer (1)	0,5
Piperylin	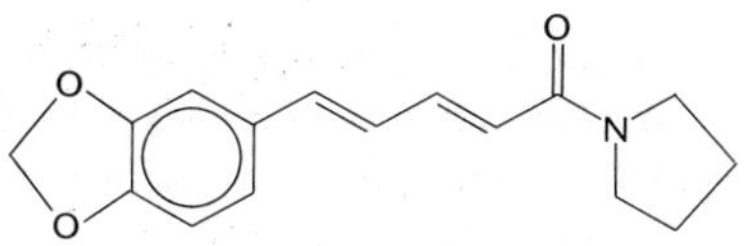	Pfeffer (1)	0–1[d]
Gingerol	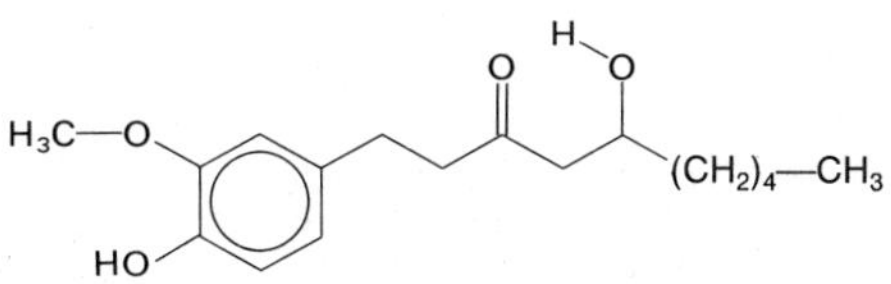	Ingwer (17)	0,8
Shogaol	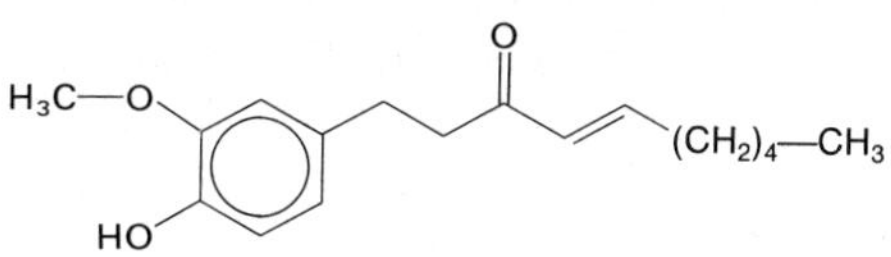	Ingwer (17)	1,6
Capsaicin	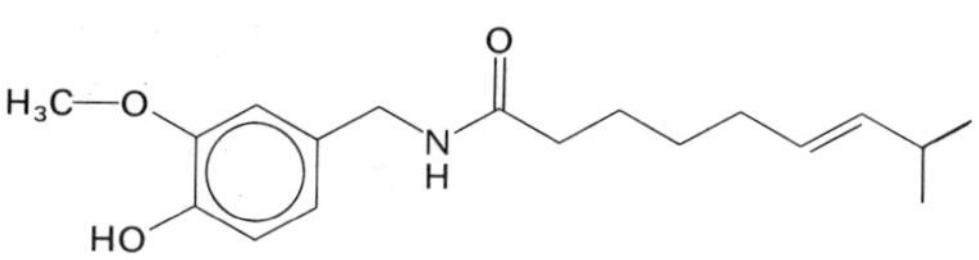	Capsicum (4; 7)	150–300[d]
Dihydro-capsaicin	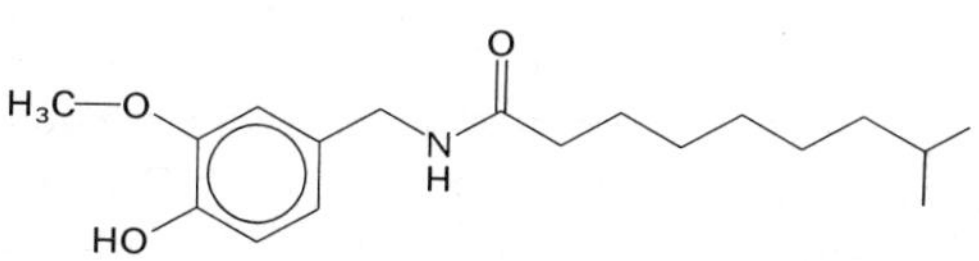	Capsicum (4; 7)	wie Capsaicin
Nordihydro-capsaicin	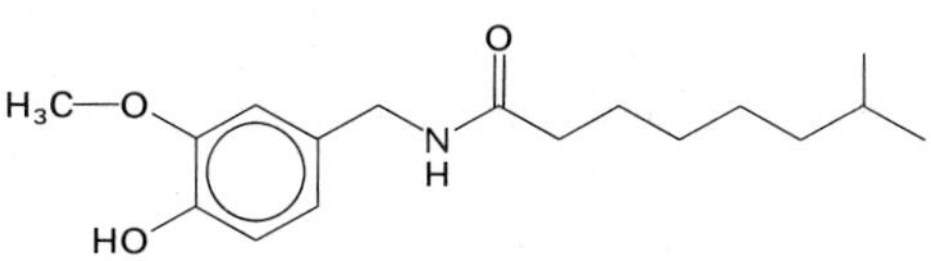	Capsicum (4; 7)	75% Capsaicin

[a] Die Zahlen in ( ) nehmen Bezug auf Tab. 22.2.
[b] Bezug: Schärfe des Piperins.
[c] Die entsprechende cis,cis-Verbindung schmeckt nicht scharf.
[d] Die Angaben in der Literatur bewegen sich innerhalb des angegebenen Bereiches.

22.1.2 Produkte

22.1.2.1 Gewürzpulver

Gewürze kommen unzerkleinert, grob oder fein gemahlen in den Handel. Insbesondere im zerkleinerten Zustand ist die Haltbarkeit bei der Lagerung, die am besten unter Luftabschluß bei einer relativen Luftfeuchtigkeit von max. 60% und Temperaturen unter 20 °C durchgeführt wird, begrenzt, da Gewürzpulver schnell an Aroma verlieren und leicht fremde Aromastoffe sorbieren.

Blatt- und Krautgewürze werden vor der Zerkleinerung getrocknet. Der Verlust an Aromastoffen hängt vom Gewürz und von den Trocknungsbedingungen ab. Besonders hohe Verluste erleidet Dill (Tab. 22.6). Das beste Ergebnis hinsichtlich einer Aromaerhaltung wird durch Gefriertrocknung erzielt, wenn der Wassergehalt nur auf 16% reduziert wird. Doch führt die schonende Trocknung zu einer verstärkten Hydrolyse der Chlorophylle und zu einer Dehydratisierung des freigesetzten Phytols zu den Phytadienen, z. B. zum Neophytadien (7,11,15-Trimethyl-3-methylen-1-hexadecen):

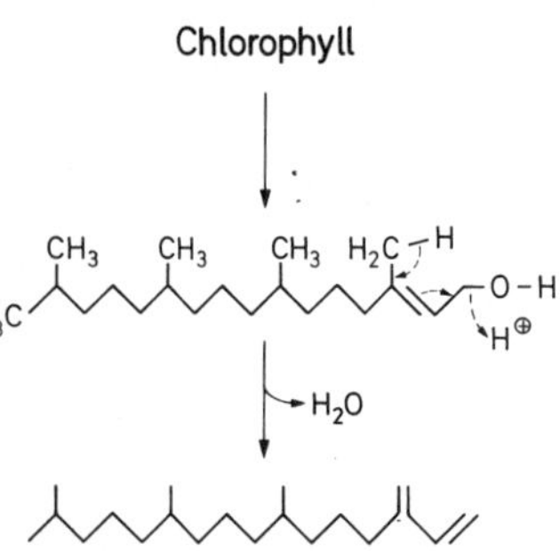

(22.11)

Die Keimzahlen liegen bei Gewürzpulvern häufig sehr hoch, so daß solche Zusätze den mikrobiellen Verderb von Lebensmitteln beschleunigen können.

22.1.2.2 Gewürzextrakt bzw. -konzentrat

Bei der industriellen Verarbeitung von Lebensmitteln werden in steigendem Umfang Gewürzextrakte eingesetzt, da sie leichter als Gewürzpulver zu handhaben und frei von Mikroorganismen sind. Sie werden hergestellt wie unter 5.5.1.2 angegeben.

22.1.2.3 Gewürzmischungen

Für bestimmte Lebensmittel werden speziell zusammengestellte Gewürzmischungen angeboten, z. B. Leberwurstgewürz (Majoran, Macis, Muskatnuß, Cardamom, Ingwer, Pfeffer, etwas Zimt), Zervelatwurstgewürz (Koriander, Ingwer, Senfkörner, Paprika, Pfeffer), Brotgewürz (Anis, Fenchel, Kümmel), Lebkuchengewürz (Anis, Gewürznelken, Koriander, Cardamom, Piment, Zimt).

22.1.2.4 Gewürzzubereitungen

Durch Zusatz von anderen Stoffen wie Kochsalz, Zucker, Glutamat, Hefeextrakt, Stärkemehl werden aus Gewürzen oder Gewürzmischungen Gewürzzubereitungen erhalten.

22.1.2.4.1 Currypulver

Eine Gewürzmischung, die Curcuma als Hauptkomponente und daneben Pfeffer, Paprika, Chillies, Ingwer, Koriander, Cardamom, Gewürznelken, Piment und Zimt enthält, ist bis zu 10% mit Leguminosenmehlen, Stärke und Dextrose und bis zu 5% mit Kochsalz verschnitten.

22.1.2.4.2 Speisesenf

Fein gemahlener, oft auch entfetteter Senfsamen wird mit Wasser, Essig, Salz, Öl und anderen Gewürzen (Pfeffer, Gewürznelken, Koriander, Curcuma, Ingwer, Paprika u. a.) zu einer Maische angeteigt und weiter vermahlen. Während dieses Vorgangs, der 1–4 Stunden dauert und bei dem eine Temperatur von 60 °C nicht überschritten werden darf, werden wie unter 22.1.1.2 angegeben die Senföle freigesetzt. Der „extra scharfe" Speisesenf wird überwiegend aus geschältem schwarzen Senf, die „mittelscharfen" bis „scharfen" Sorten aus ungeschälten Senfkörnern mit wechselnden Anteilen von schwarzem und weißem Senf hergestellt.

22.1.2.4.3 Sambal

Grundlage der aus Asien stammenden Gewürzzubereitung für Reisgerichte ist Sambal Oelek, die hauptsächlich aus zerstoßenen, mit Salz konservierten Chillies besteht.

Tabelle 22.6. Veränderungen von Aromastoffen beim Trocknen von Dill (Kraut)

		Trocknung (Luft)		Gefriertrocknung	
	Frisch	25 °C/4 h	50 °C/4 h	−25 °C/59 h	−25 °C/65 h
Wasser (Gew.-%)	90	11	12	16	2
Flüchtige Verbindungen[a]	326	49	37	188	83
			Flüchtige Verbindungen[a]		
α-Pinen	5,8	1,2	1,4	3,1	0,6
α-Phellandren	198,1	13,3	8,1	41,6	14,9
Limonen	10,0	0,7	0,4	2,0	0,7
β-Phellandren	27,5	2,2	1,1	6,5	1,8
p-Cymol	5,5	1,1	0,4	4,0	0,1
3,9-Epoxy-p-menth-1-en	39,8	0,5	Spuren	8,9	1,4
Myristicin	4,4	0,6	0,3	4,3	1,5
Neophytadien	1,0	6,3	2,6	38,2	26,0

[a] Angaben in mg pro 100 g Trockenmasse.

22.2 Speisesalz (Kochsalz)

Gegenüber den Gewürzen nimmt das Speisesalz eine Sonderstellung ein. Als Würzmittel überragt es mengenmäßig alle anderen Zusätze, die zur Geschmackshebung der Nahrung eingesetzt werden. Außerdem werden bestimmte Lebensmittel durch Zusatz größerer Salzmengen konserviert (cf. 0.3.2).

Der Mensch ist auf eine bestimmte Zufuhr an Natrium- und auch an Chloridionen angewiesen, damit die lebensnotwendigen Konzentrationen im Plasma und in der extrazellulären Flüssigkeit aufrechterhalten werden. Der tägliche Bedarf liegt bei etwa 5 g NaCl; eine übermäßige Zufuhr ist schädlich.

22.2.1 Zusammensetzung

Speise- bzw. Kochsalz besteht ganz überwiegend aus NaCl. Beimengungen sind Wasser (bis 3%) und bis 2,5% Fremdsalze (Magnesium- und Calciumchlorid; Sulfate des Magnesiums, Calciums und Natriums). Außerdem enthält es Spurenelemente.

22.2.2 Vorkommen

Salz findet sich im Meerwasser (2,7–3,7%) und in verschiedenen Binnenseen (7,9% im Toten Meer, 15,1% im Großen Salzsee in Utah), in Solen (Lüneburg, Reichenhall) und vor allem in Lagern, die in verschiedenen geologischen Epochen entstanden sind, z. B. in den europäischen Zechsteinsalzlagern.

22.2.3 Gewinnung

In der Bundesrepublik wird das meiste Salz als sog. Steinsalz bergmännisch gefördert, verlesen, gebrochen und fein vermahlen. Daneben ist noch die Soleverarbeitung von Bedeutung. Die Sole mit einem Mindestgehalt von 4% NaCl wird entweder direkt eingedampft (evtl. im Vakuum) oder vorher über heute noch in Bädern anzutreffende „Gradierwerke" geleitet. Dies sind mit Reisig ausgefüllte Gerüste, an deren großer Oberfläche die Sole nach mehrmaligem Überpumpen eine Konzentrierung auf etwa 20% NaCl erfährt. Das aus der Sole gewonnene Salz wird Siedesalz genannt.

In wärmeren Ländern wird Meerwasser in flachen Grubenanlagen von der Sonnenwärme und vom Wind eingedunstet bis das Salz auskristallisiert.

Durch Zugabe von 0,25–2% Calciumcarbonat oder Magnesiumcarbonat bzw. 20 ppm Kaliumferrocyanid wird das Verklumpen des Salzes verhindert. Die zuletzt genannte Verbindung modifiziert die beim Eindampfen der Sole entstehenden NaCl-Kristalle. Es bilden sich spitze Ansätze (Dendriten) aus, die das Schüttgewicht und die Neigung zum Zusammenbacken stark herabsetzen.

1975 wurden weltweit $1{,}62 \cdot 10^8$ t NaCl gewonnen. In der Bundesrepublik wurden 1974 nur 5% des verbrauchten NaCl als Speisesalz gehandelt; 95% dienten industriellen oder gewerblichen Zwecken (Rohstoff, Streusalz, Regeneriersalz für Ionenaustauscher usw.).

22.2.4 Spezialsalz

Zur prophylaktischen Bekämpfung des Kropfes (cf. 17.1.2.9.3) wird *jodiertes Speisesalz* hergestellt. Es enthält 5 mg/kg Natrium-, Kalium- oder Calciumjodid.
Zum Pökeln von Fleischwaren (cf. 12.6.2.4) dient *Nitritpökelsalz*, das aus Speisesalz und Natriumnitrit (0,4–0,5%) ohne oder mit Zusatz von Kaliumnitrat besteht. Die Nitrit- und Nitratmengen, die bei Fleischwaren eingesetzt werden dürfen, sind durch gesetzliche Vorschriften geregelt.

22.2.5 Speisesalzersatz

Um die bei vielen Krankheiten schädliche Zufuhr von Natriumionen zu vermeiden, hat man versucht, Kochsalz als Würzmittel vollständig zu umgehen, ohne damit selbstverständlich kochsalzfreie Ernährung zu erreichen. Unumstritten ist heute, daß die Wirkung der bisher als „kochsalzarm" bezeichneten Nahrung allein von der Reduzierung des Natriums abhängt, weshalb nur von „natriumarmer" Nahrung die Rede sein kann.
Als Speisesalzersatz dienen die in Tab. 22.7 aufgeführten Verbindungen. Mischungen dieser Substanzen werden vom Handel als *„Diätsalze"* angeboten. Peptidhydrochloride mit salzigem Geschmack werden im Abschnitt 1.3.3 behandelt.

22.3 Essig

Essig war schon den alten Kulturvölkern des Orients bekannt und wurde als Getränk der Armen, später im klassischen Altertum auch als Heilmittel benutzt. Essig ist das wichtigste Würzmittel, um den sauren Geschmack von Speisen zu erzeugen oder zu verstärken (cf. 8.12.5).

Tabelle 22.7. Substitute für Speisesalz

Verbindungen des Kaliums, Calciums und Magnesiums mit Adipin-, Bernstein-, Glutamin-, Kohlen-, Milch-, Salz-, Wein- und Citronensäure;
Monokaliumphosphat, Adipinsäure, Glutaminsäure, Kaliumsulfat;
Cholinsalze der Essig-, Kohlen-, Milch-, Salz-, Wein- und Citronensäure;
Kaliumguanylat, Kaliuminosinat

22.3.1 Herstellung

Essig wird mikrobiologisch aus Ethanol oder durch Verdünnen von synthetischer Essigsäure hergestellt.

22.3.1.1 Mikrobiologische Gewinnung

Bei den mikrobiologischen Verfahren werden wäßrige Lösungen von reinem Ethanol, in vermindertem Umfang auch Wein, vergorener Apfelmost, vergorene Malzmaische oder vergorene Molke durch *Acetobacter*-Arten umgesetzt. Ethanol wird dabei, wie in Abb. 22.1 dargestellt, gestuft zur Essigsäure dehydriert und die entstehenden reduzierten Formen der Cosubstrate werden in der Atmungskette oxidiert. Ein Teil der bei der Oxidation des Ethanols entstehenden Energie wird als Wärme freigesetzt (cf. Formel 22.12), die durch Kühlung abgeführt werden muß. Bei ungenügender Versorgung mit Sauerstoff disproportionieren die Mikroorganismen den intermediär entstehenden Acetaldehyd (cf. Formel 22.13).

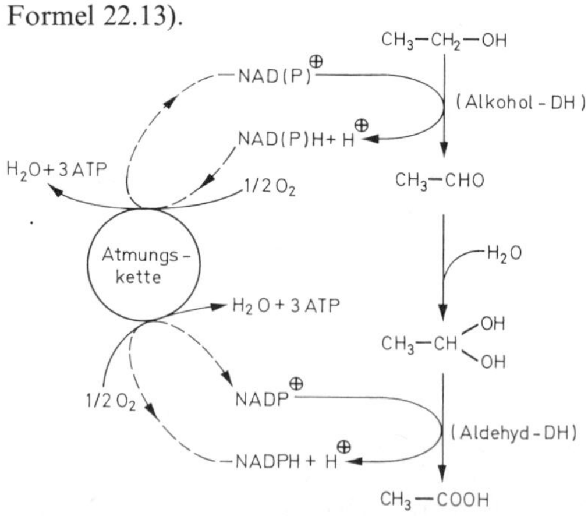

Abb. 22.1. Oxidation von Ethanol durch *Acetobacter*-Arten zu Essigsäure. (Nach *H.J. Rehm*, 1980)

$$CH_3CH_2OH + O_2 \longrightarrow CH_3COOH + H_2O + 494\ kJ \quad (22.12)$$

$$2\,CH_3CHO \longrightarrow CH_3COOH + CH_3CH_2OH \quad (22.13)$$

Die Vergärung des Ethanols erfolgt vorwiegend in geeigneten Fermentern im Submersverfahren. Daneben spielt das klassische Oberflächenverfahren noch eine gewisse Rolle, bei dem die Bakterien auf locker geschichteten Trägern (meistens Buchenholzspäne) kultiviert werden, die von oben mit der alkoholischen Flüssigkeit und von unten her mit Luft durchströmt werden. Zur Vermeidung von Überoxidation, d.h. einer Oxidation der gebildeten Essigsäure zu CO_2 und Wasser, wird die Gärung bei einem Restgehalt von 0,3 Vol.-% Ethanol abgestoppt.

22.3.1.2 Chemische Synthese

Essigsäure wird meist durch katalytische Oxidation von Acetaldehyd hergestellt, der aus der katalytischen Hydratation von Acetylen oder der katalytischen Dehydrierung von Ethanol stammt:

$$CH_3CHO + \tfrac{1}{2}O_2 \xrightarrow{\text{Kat.}} CH_3COOH \quad (22.14)$$

Nebenprodukte der Synthese, z.B. Ameisensäure und Formaldehyd, werden destillativ abgetrennt. Die chemisch reine Essigsäure wird zur Herstellung von Essigessenz mit Wasser auf einen Gehalt von 60–80 Vol.-% Säure verdünnt. Essigessenz, eine stark ätzende Flüssigkeit, darf nur unter besonderen Vorsichtsmaßnahmen in den Verkehr gebracht werden. Zur Herstellung von Speiseessig wird sie weiter mit Wasser verdünnt.

22.3.2 Zusammensetzung

In 100 g Essig sind 5–15,5 g Essigsäure enthalten. Ein Verschnitt von Gärungsessig mit synthetisch hergestellter Essigsäure kann durch massenspektrometrische Bestimmung des $^{13}C/^{12}C$-Isotopenverhältnisses nachgewiesen werden, da Gärungsessig 5‰ mehr vom Kohlenstoff-Isotop ^{13}C enthält als aus Petrochemikalien synthetisierte Essigsäure. Durch eine Analyse der Begleitstoffe ist sowohl eine Unterscheidung möglich zwischen mikrobiologisch und chemisch hergestelltem Essig, als auch zwischen den verschiedenen Gärungsessigen, z.B. Spritessig (Vergärung von wäßrigem Ethanol), Wein-, Apfel-, Malz- und Molkenessig. Die Gärungsessige enthalten Stoffwechselprodukte der *Acetobacter*-Arten wie Aminosäuren, 2,3-Butylenglykol, Acetylmethylcarbinol und außerdem Substanzen, die aus den Rohstoffen stammen.

22.4 Literatur

Brockhaus, R., Förster, G.: Essigsäure. In: Ullmanns Encyklopädie der technischen Chemie. 4. Aufl., Bd. 11, S. 57, Verlag Chemie: Weinheim. 1976

Ebner, H.: Essig. In: Ullmanns Encyklopädie der technischen Chemie, 4. Aufl., Bd. 11, S. 41, Verlag Chemie: Weinheim. 1976

Ebner, H., Follmann, H.: Acetic acid. In: Biotechnology (Eds.: Rehm, H.-J., Reed, G.), Vol. 3, p. 387, Verlag Chemie: Weinheim. 1983

Govindarajan, V.S.: Pepper – chemistry, technology, and quality evaluation. Crit. Rev. Food Sci. Nutr. *9*, 115 (1977)

Govindarajan, V.S.: Turmeric – chemistry, technology, and quality. Crit. Rev. Food Sci. Nutr. *12*, 199 (1980)

Govindarajan, V.S.: Ginger – chemistry, technology, and quality evaluation. Crit. Rev. Food Sci. Nutr. *17*, 1 u. 189 (1982)

Govindarajan, V.S., Narasimhan, S., Raghuveer, K.G., Lewis, Y.S.: Cardamom – production, technology, chemistry, and quality. Crit. Rev. Food Sci. Nutr. *16*, 229 (1982)

Herrmann, K.: Übersicht über nichtessentielle Inhaltsstoffe der Gemüsearten: II. Cruciferen (Kohlarten, Radieschen, Rettiche, Speiserüben, Kohlrüben, Meerrettich) sowie Gramineen (Zwiebeln, Porree, Schnittlauch, Knoblauch, Spargel). Z. Lebensm. Unters. Forsch. *165*, 151 (1977)

Huopalahti, R., Kesälahti, E., Linko, R.: Effect of hot air and freeze drying on the volatile compounds of dill (*Anethum graveolens* L.) herb. J. Agric. Sci. Finland *57*, 133 (1985)

Maga, J.A.: Capsicum, Crit. Rev. Food Sci. Nutr. *6*, 177 (1975)

Masada, Y.: Analysis of essential oils by gas chromatography and mass spectrometry. John Wiley and Sons: New York. 1976

Melchior, H., Kastner, H.: Gewürze. Verlag Paul Parey: Berlin. 1974

Rehm, H.-J.: Industrielle Mikrobiologie, 2. Aufl., Springer-Verlag: Berlin. 1980

Salzer, U.-J.: The analysis of essential oils and extracts (oleoresins) from seasonings – a critical review. Crit. Rev. Food Sci. Nutr. *9,* 345 (1977)

Sampathu, S. R., Shivashankar, S., Lewis, Y. S.: Saffron (*Crocus sativus* Linn.) – Cultivation, processing, chemistry and standardization. Crit. Rev. Food Sci. Nutr. *20*, 123 (1984)

Schmid, E. R., Fogy, I., Schwarz, P.: Beitrag zur Unterscheidung von Gärungsessig und synthetischem Säureessig durch die massenspektrometrische Bestimmung des $^{13}C/^{12}C$-Isotopenverhältnisses. Z. Lebensm. Unters. Forsch. *166,* 89 (1978)

Wijesekera, R. O. B.: The chemistry and technology of cinnamon. Crit. Rev. Food Sci. Nutr. *10,* 1 (1978)

Allgemeine Literaturhinweise

(Handbücher, Tabellen, Schriftenreihen)

„Advances in Food Research“, 1948 ff. Hrsg. v. C.O. Chichester, E.M. Mrak u. G.F. Stewart. Academic Press: New York

„Amtliche Sammlung von Untersuchungsverfahren nach § 35 LMBG“, 1980 ff. Hrsg. v. Bundesgesundheitsamt. Beuth Verlag: Berlin

„Compilation of Odor and Taste Threshold Values Data“. Hrsg. v. F.A. Fazzalari. American Society for Testing and Materials: Philadelphia 1978

„Critical Reviews in Food Science and Nutrition“. 1970 ff. Hrsg. v. T.E. Furia. CRC Press. Inc.: Boca Raton, Florida

„Die Zusammensetzung der Lebensmittel. Nährwert-Tabellen 1986/87“. Hrsg. v. d. Deutschen Forschungsanstalt für Lebensmittelchemie. Wissenschaftliche Verlagsgesellschaft mbH: Stuttgart 1986

„FAO Production Yearbook“. Hrsg. v. d. Food and Agriculture Organization of the United Nations: Rom

„Food Reviews International“. 1985 ff. Hrsg. v. Roy Teranishi u. I. Hornstein. Marcel Dekker; New York

„Food Science“. A Series of Monographs, 1975 ff. Hrsg. v. O.R. Fennema. Marcel Dekker, Inc.: New York

„Grundlagen und Fortschritte der Lebensmitteluntersuchung und Lebensmitteltechnologie“, 1953 ff. Hrsg. v. F. Kiermeier. Verlag Paul Parey: Berlin

„Handbuch der Lebensmittelchmie“. Hrsg. v. L. Acker, K.-G. Bergner, W. Diemair, W. Heimann, F. Kiermeier, J. Schormüller u. S.W. Souci. 9 Bände; Springer Verlag: Berlin. 1965/1970

„Lebensmittel-Lexikon“. Hrsg. v. einem Autorenkollektiv. 2. Auflage. VEB Fachbuchverlag: Leipzig 1981

„Official Methods of Analysis“. 15. Auflage. Hrsg. v. S. Williams. Association of Official Analytical Chemists: Washington 1984

„Schriftenreihe des Bundes für Lebensmittelrecht und Lebensmittelkunde“. 1955 ff. B. Behr's Verlag: Hamburg

„Schweizerisches Lebensmittelbuch“. Methoden für die Untersuchung und Beurteilung von Lebensmitteln und Gebrauchsgegenständen. 5. Auflage 1964 ff. Eidg. Drucksachen- und Materialzentrale: Bern

„Source Book for Food Scientists“. H.W. Ockerman. AVI Publ. Co., Westport, Conn. 1978

„Ullmanns Encyklopädie der technischen Chemie“, 4. Auflage 1972 ff. Hrsg. v. E. Bartholomé, E. Biekert, H. Hellmann, H. Ley, M. Weigert u. E. Weise. Verlag Chemie: Weinheim

„Ullmann's Encyclopedia of Industrial Chemistry“, 5. Auflage 1985 ff. Verlag Chemie: Weinheim

„Untersuchung von Lebensmitteln“. Begründet v. K. Rauscher, fortgeführt v. R. Engst u. U. Freimuth. VEB Fachbuchverlag Leipzig 1986

„Volatile Compounds in Food – Qualitative Data“, 5. Auflage 1983 ff. Hrsg. v. S. van Straten u. H. Maarse. Central Institute for Nutrition and Food Research TNO: Zeist

„Volatile Compounds in Food – Quantitative Data“ 1982 ff. Hrsg. v. H. Maarse u. C.A. Visscher. Central Institute for Nutrition and Food Research TNO: Zeist

Sachverzeichnis

Kursiv gedruckte Seitenzahl: Formel od. Reaktionsgleichung
Seitenzahl (T): Tabelle
Seitenzahl (A): Abbildung